DICTIONNAIRE

DE CHIMIE

PURE ET APPLIQUÉE

PARIS
IMPRIMERIE GÉNÉRALE LAHURE
9, RUE DE FLEURUS, 9.

DICTIONNAIRE
DE CHIMIE
PURE ET APPLIQUÉE

COMPRENANT :

LA CHIMIE ORGANIQUE ET INORGANIQUE
LA CHIMIE APPLIQUÉE A L'INDUSTRIE, A L'AGRICULTURE ET AUX ARTS
LA CHIMIE ANALYTIQUE, LA CHIMIE PHYSIQUE ET LA MINÉRALOGIE

PAR AD. WURTZ
Membre de l'Institut (Académie des sciences

AVEC LA COLLABORATION DE MM.

J. Bouis — E. Caventou — Ph. de Clermont — H. Debray — P.-P. Dehérain
M. Delafontaine — Ch. Friedel — A. Gautier
Ch. Girard et de Laire — E. Grimaux — P. Hautefeuille — A. Henninger — E. Kopp
F. de Lalande — Ch. Lauth — F. Le Blanc — A. Naquet
G. Salet — P. Schützenberger — Dr Thiercelin — L. Troost — G. Vogt
et Ed. Willm.

TOME SECOND

(DEUXIÈME PARTIE)

P — S

PARIS
LIBRAIRIE HACHETTE ET Cie
79, BOULEVARD SAINT-GERMAIN, 79

DICTIONNAIRE

DE CHIMIE

PURE ET APPLIQUÉE

P

— SUITE —

PHÉORÉTINE, $C^{16}H^{16}O^{7}$. Principe retiré de la rhubarbe par MM. Schlossberger et Döpping [*Ann. der Chem. u. Pharm.*, t. L, p. 213]. — Pour préparer la phéorétine, on lave l'extrait de rhubarbe alcoolique avec de l'eau tant que celle-ci dissout encore quelque chose, on dessèche au bain-marie le résidu insoluble, on le fait dissoudre dans la plus petite quantité possible d'alcool à 80 °/₀ et l'on ajoute à la solution de l'éther qui précipite un mélange d'aporétine, de phéorétine et de résine. En ajoutant de nouveau de l'alcool à 80 °/₀, on dissout la phéorétine seule et l'aporétine reste indissoute.

La phéorétine est une poudre d'un jaune-brun, ayant une faible odeur de rhubarbe lorsqu'on la chauffe. Elle est très-soluble dans l'alcool et se dissout avec une couleur jaune dans l'acide acétique. Chauffée sur une lame de platine, elle fond et émet des vapeurs jaunes; elle colore l'eau en jaune pâle et s'y dissout difficilement. Elle forme avec l'acide sulfurique une solution de laquelle l'eau précipite des flocons jaunes. Elle se dissout facilement avec une couleur rouge-brun foncé dans les alcalis aqueux et est précipitée par les acides. Sa solution ammoniacale est précipitée par l'acétate basique de plomb en rouge violet; ce précipité est facilement altéré par l'eau et l'alcool. Kubly [*Pharm. Zeitsch. für Russland*, 1867, p. 603; *Zeitsch. für Chem.*, nouv. sér., t. IV, p. 308; *Bull. de la Soc. chim.*, 1868, t. X, p. 293] a rencontré aussi la phéorétine dans la portion soluble dans l'alcool de l'extrait aqueux de rhubarbe; elle est précipitée avec le tannin par l'acétate de plomb et reste mélangée au sulfure quand on décompose le précipité par l'hydrogène sulfuré : on l'enlève par l'alcool. Elle est insoluble dans l'eau, l'éther, le chloroforme, soluble dans les acides tartrique et azotique. Ph. de C.

PHÉOSINE. — Substance brune extraite par M. Grosourdi du péricarpe des fruits de laurier [*Journ. de Chim. méd.*, (3), t. VII, p. 257].

PHILLIPSITE (Min.). — Voyez le SUPPLÉMENT.

PHILYGÉNINE, $C^{21}H^{24}O^{6}$ [Bertagnini, *Ann. de Chim. et de Phys.*, (3), 1855, t. XLIII, p. 351; *Ann. der Chem. u. Pharm.*, t. XCII, p. 109]. — La philygénine se produit lorsqu'on fait bouillir la philyrine avec de l'acide chlorhydrique étendu, ou même lorsqu'on la place dans les conditions de la fermentation lactique.

Ce dédoublement s'exprime par l'équation suivante :

$$\underset{\text{Philyrine.}}{C^{27}H^{34}O^{11}} + H^{2}O = \underset{\text{Philygénine.}}{C^{21}H^{24}O^{6}} + \underset{\text{Glucose.}}{C^{6}H^{12}O^{6}}.$$

La philygénine cristallise facilement et forme dans cet état une matière nacrée d'un blanc pur.

Elle est soluble dans l'alcool froid, mais moins que la philyrine; l'éther la dissout facilement. Elle fond sans altération.

L'acide sulfurique concentré la colore en rouge. L'acide azotique l'attaque violemment.

La potasse et l'ammoniaque en solution aqueuse dissolvent la philygénine.

La philygénine est un polymère de la salicine. On a, en effet,

$$\underset{\text{Saligénine.}}{3C^{7}H^{8}O^{2}} = \underset{\text{Philygénine.}}{C^{21}H^{24}O^{6}}.$$

La philyrine bromée donne, sous l'influence des acides ou du ferment lactique, de la philygénine bromée qui cristallise en aiguilles brillantes.

Les dérivés de la philygénine que Bertagnini et de Luca ont étudiés sont les suivants :

Dichlorophilygénine, $C^{7}H^{22}Cl^{2}O^{6}$.
Dibromophilygénine, $C^{21}H^{22}Br^{2}O^{6}$.
Nitrophilygénine, $C^{21}H^{23}(AzO^{2})O^{6}$.
Dinitrophilygénine, $C^{21}H^{22}(AzO^{2})^{2}O^{6}$.
Chloronitrophilygénine, $C^{21}H^{22}Cl(AzO^{2})O^{6}$.
Bromonitrophilygénine, $C^{21}H^{22}Br(AzO^{2})O^{6}$.

Ph. de C.

PHILYRINE (de φιλύρα; malgré cette étymologie, on a écrit phillyrine et phillygénine), $C^{27}H^{34}O^{11}$ [Bertagnini, *Ann. der Chem. u. Pharm.*, t. XCII, p. 109; *Ann. de Chim. et de Phys.*, (3), 1855, t. XLIII, p. 351; *Journ. de Pharm.*, (3), t. XXVII, p. 158; — Bertagnini et de Luca, *Compt. rend.*, t. LI, p. 368; *Ann. der Chem. u. Pharm.*, 1861, t. CXVIII, p. 124]. — On désigne sous le nom de philyrine un glucoside cristallisable, que renferment les feuilles et principalement l'écorce des *Philyrea latifolia* et *media*; ces plantes sont connues en Italie sous le nom de *lillatro;* Carboncini, pharmacien italien, a décrit le premier la philyrine [*Gaz. eclettica di chimica*, nov. 1836; *Repertorium für Pharmacie*, (2), t. VIII, p. 323; *Ann. der Chem. u. Pharm.*, t. XXIV, p. 242]. Pour l'obtenir, on traite la décoction de la racine de cette plante par la chaux ou par l'oxyde de plomb, et on évapore la liqueur filtrée. La philyrine s'en dépose en cristaux. Les eaux mères qui ne déposent plus de philyrine renferment de la mannite.

La philyrine est presque sans saveur, peu soluble dans l'eau froide; 1 p. de philyrine exige environ 1300 p. d'eau à 9° pour se dissoudre; elle est assez facilement soluble dans l'eau bouillante et dans l'alcool. 40 p. d'alcool à 9° dissolvent 1 p. de philyrine.

Elle est insoluble dans l'éther. Ses solutions ne sont pas précipitées par les sels métalliques. Bouillie avec de l'acide chlorhydrique étendu, elle se dédouble en glucose et en une substance résineuse. Ce dédoublement n'est pas opéré par la synaptase, mais il s'effectue lorsqu'on met la philyrine dans les conditions de la fermentation lactique. Les cristaux de philyrine sont hydratés et renferment $(C^{27}H^{34}O^{11})^2 + 3H^2O$; l'eau de cristallisation se dégage au-dessous de 100°, et à la température ordinaire au-dessus de l'acide sulfurique, ou lorsqu'on soumet les cristaux à l'action d'un courant d'air sec. La philyrine fond à 160°; à 200°, elle se colore en rouge pâle et cette coloration devient de plus en plus foncée à mesure que la température s'élève; à 250°, elle commence à se décomposer.

Le chlore et le brome transforment la philyrine en dérivés chlorés ou bromés, qui cristallisent en aiguilles, et qui sont moins solubles que la philyrine. Ils se dédoublent comme le fait cette dernière substance sous l'influence des acides ou du ferment lactique.

L'acide sulfurique concentré dissout à froid la philyrine avec une coloration d'un rouge-violet; l'eau décolore la solution et précipite une substance brune; la solution renferme du glucose.

L'acide nitrique attaque la philyrine et la transforme, suivant sa concentration, en différents produits cristallisables et en acide oxalique.

Bertagnini et de Luca ont préparé les dérivés suivants :

Dichlorophilyrine, $C^{27}H^{32}Cl^2O^{11}$.
Dibromophilyrine, $C^{27}H^{32}Br^2O^{11}$.
Nitrophilyrine, $C^{27}H^{33}(AzO^2)O^{11}$.
Dinitrophilyrine, $C^{27}H^{32}(AzO^2)^2O^{11}$.
Chloronitrophilyrine, $C^{27}H^{32}Cl(AzO^2)O^{11}$.
Bromonitrophilyrine, $C^{27}H^{32}Br(AzO^2)O^{11}$.

Ph. de C.

PHLOBAPHÈNE, $C^{10}H^8O^4$ (?). — Les écorces de certains arbres (*Pinus sylvestris, Platanus acerifolia, China flava, Betula alba*) contiennent, suivant Hoftsetter et Stähelin [*Ann. der Chem. u. Pharm.*, t. LIII, p. 63] une substance brune, mal définie, soluble dans les alcalis et précipitable de cette solution par les acides en flocons bruns. Suivant M. Hlasiwetz, le phlobaphène du pin et celui du quinquina donnent, sous l'influence de la potasse fondante, de l'acide protocatéchique, mais point de phloroglucine. D'autres phlobaphènes, ceux de la racine de fougère, de ratanhia et de châtaigne, donnent en outre de la phloroglucine [*Zeitsch. für Chem.*, t. III, p. 483; *Bull. de la Soc. chim.*, 1868, t. IX, p. 68].

PHLOGISTIQUE. — Stahl a donné ce nom, au commencement du XVIIIe siècle, au principe inflammable dont il admettait l'existence dans tous les corps combustibles.

L'idée d'attribuer la faculté que possèdent certains corps de brûler à un principe existant dans ce corps combustible n'était pas nouvelle de son temps. Les alchimistes avaient conçu l'existence d'un tel principe dans les métaux et l'avaient nommé *soufre*. Becker avait repris cette idée; il admettait que les corps combustibles renferment une *terre inflammable*.

C'est ce principe combustible que Stahl, généralisant les idées de Becker et de ses prédécesseurs, nomma *phlogistique*. En brûlant, un corps *perd* du phlogistique, et le résidu de la combustion est un des éléments du corps combustible : celui-ci est en réalité une combinaison du phlogistique avec le produit de la combustion. Ainsi les chaux métalliques, c'est-à-dire les produits de la calcination des métaux, sont des métaux moins du phlogistique, ou, comme on disait, des métaux déphlogistiqués. Les métaux eux-mêmes étaient envisagés comme une combinaison de phlogistique avec le résidu de leur calcination, c'est-à-dire avec la chaux métallique. Pour reconstituer un métal avec cette dernière, il faut restituer à celle-ci le phlogistique qu'elle a perdu : c'est ce qu'on fait en la chauffant avec un corps riche en phlogistique, tel que le charbon, qui est capable de lui céder ce principe.

Telle est, en peu de mots, la célèbre théorie de Stahl, théorie ingénieuse, mais erronée, ainsi que Lavoisier l'a démontré. — Voyez DISCOURS PRÉLIMINAIRE, p. III.

On a tenté récemment de réhabiliter le phlogistique : Stahl, a dit M. Odling, n'avait pas tort en soutenant que les corps combustibles perdent quelque chose en brûlant. Ils perdent de la force vive sous forme de chaleur. Le dégagement de phlogistique représente cette perte de force vive.

En faisant ce rapprochement, on n'a envisagé que le côté physique de la question et ce n'est pas ainsi que l'entendait Stahl. Il avait donné une théorie chimique de la combustion, méconnaissant le fait chimique qui domine le phénomène : l'addition de l'oxygène au corps combustible. Il ne suffit pas de dire que les oxydes sont des métaux qui ont perdu de la chaleur, il faut ajouter qu'ils ont gagné de l'oxygène. C'est Lavoisier qui a fait cette addition à la théorie de Stahl, et on la faisant il a renversé cette théorie.

A. W.

PHLOGOPITE (Min.). — Mica magnésien à axes optiques rapprochés. — Voyez MICA.

PHLORAMINE,

$$C^6H^7AzO^2 = \left.\begin{matrix} C^6H^5O^2 \\ H^2 \end{matrix}\right\} Az$$

[Hlasiwetz et Pfaundler, *Ann. der Chem. u. Pharm.*, t. CXIX, p. 202; *Répert. de Chim. pure*, t. III, p. 459; *Journ. de Pharm.*, (3), t. XLI, p. 87]. — La phloramine, qui dérive d'une molécule de phloroglucine et d'une molécule d'ammoniaque, par l'élimination d'une molécule d'eau, peut être envisagée comme la première amine de la phloroglucine, phénol triatomique. Sa formule est donc

$$C^6H^3 \left\{\begin{matrix} AzH^2 \\ OH \\ OH \end{matrix}\right.$$

[A. Wurtz, *Répert. de Chim.*, *loc. cit.*].

Une dissolution de phloroglucine dans l'ammoniaque laisse déposer au bout de quelques heures de petits cristaux de phloramine que l'on obtient pure par une nouvelle cristallisation et en les séchant ensuite dans le vide. Le gaz ammoniac sec transforme également la phloroglucine en phloramine.

La phloramine est insoluble dans l'éther, très-soluble dans l'alcool et peu soluble dans l'eau froide. Sa dissolution aqueuse brunit à l'air. Son goût est légèrement astringent. Elle ne donne pas de réaction avec le perchlorure de fer, l'acétate de plomb et l'azotate d'argent; à chaud, elle réduit ce dernier sel. Les alcalis la colorent et la décomposent; la plupart des acides, au contraire, forment avec elle des combinaisons bien cristallisées. La phloramine chauffée au bain-marie devient jaune, se décompose en perdant les éléments de l'eau et finit par ne plus se dissoudre dans l'eau.

Si l'on abandonne pendant longtemps une solution ammoniacale de phloroglucine à l'air, en renouvelant de temps en temps l'ammoniaque, la phloramine qui se forme d'abord disparaît, et, par l'évaporation spontanée du liquide, il reste finalement une masse noire soluble dans l'ammoniaque et qu'on peut précipiter de sa solution ammoniacale par les acides.

Le *chlorhydrate de phloramine* est obtenu en cristaux par voie directe en traitant la phloramine avec l'acide chlorhydrique. Après une nouvelle cristallisation dans l'eau, on l'obtient pur. Sa composition correspond à la formule

$$C^6H^7AzO^2.HCl + H^2O;$$

il perd son eau à 100° sans se décomposer.

L'*azotate de phloramine* s'obtient directement. Les cristaux séchés à 100° présentent la composition $C^6H^7AzO^2, HAzO^3$. Ce sel abandonné à l'air, à l'état humide, se décompose en formant probablement un composé nitré.

Le *sulfate de phloramine* est préparé en dissolvant la phloramine dans de l'acide sulfurique étendu. Les cristaux de ce sel correspondent à la formule $2(C^6H^7AzO^2)SO^4H^2 + 2H^2O$; ils perdent leur eau à 100°.

L'*acétate de phloramine* ne cristallise pas.

L'*oxalate de phloramine* est un sel cristallin.

Ph. de C.

PHLORÉTAMIQUE (ACIDE) [Syn. *Acide phlorétylamique*],

$$C^9H^{11}AzO^2 = \left.\begin{matrix}H^2 \\ (C^9H^8O)'' \\ H\end{matrix}\right\}\begin{matrix}Az \\ O\end{matrix}$$

[Hlasiwetz, *Wien. Akad. Ber.*, t. XXIV, p. 237; *Ann. der Chem. u. Pharm*, t. CII, p. 162; *Ann. de Chim. et de Phys*, (3), t. LII, p. 335]. — Lorsqu'on traite l'éther phlorétique par l'ammoniaque, il s'y dissout peu à peu en se décomposant. Par l'évaporation de la liqueur on obtient une masse cristalline qu'on purifie en la faisant cristalliser dans l'eau. C'est l'acide phlorétamique

$$C^9H^9(C^2H^5)O^3 + AzH^3 = C^9H^{11}AzO^2 + C^2H^6O.$$

Il forme des prismes fins et brillants, solubles dans l'eau chaude, dans l'alcool et dans l'éther, et fusibles de 110° à 115°. Sa solution aqueuse est colorée en bleu par le chlorure de fer. Il se combine avec les alcalis, mais il ne décompose pas les carbonates; sa nature acide est peu accusée.

Ph. de C.

PHLORÉTINE, $C^{15}H^{14}O^5$ [Stas, *Ann. de Chim., et de Phys.*, t. LXIX, p. 367; — G. Roser, *Ann. der Chem. u. Pharm.*, t. LXXXIV, p. 178; *Compt. rend. de Chim.*, 1850, p. 306; — H. Hlasiwetz, *Wien. Akad. Ber.*, t. XVII, p. 382; *Ann. der Chem. u. Pharm.*, t. XCVI, p. 118]. — La phlorétine se produit par l'action des acides dilués sur la phlorizine; elle se dépose sous forme cristalline lorsqu'on dissout la phlorizine dans de l'acide dilué et qu'on chauffe ensuite à 90°. Cette substance constitue de petites feuilles blanches cristallines, de saveur sucrée, fusibles à 180° et se décomposant à une température plus élevée; elle est presque insoluble dans l'eau froide, très-peu soluble dans l'eau bouillante. Elle est soluble sans décomposition dans les acides concentrés, à l'exception de l'acide azotique qui la transforme en nitrophlorétine; l'acide acétique concentré et bouillant la dissout en toute proportion; pendant le refroidissement, elle cristallise en petits grains brillants; elle est très-soluble dans l'alcool et l'esprit de bois, à peine dans l'éther froid et peu dans l'éther bouillant.

Le brome transforme la phlorétine en présence de l'éther en un mélange de phlorétine tri- et tétrabromée, qu'un excès de brome convertit en phlorétine tétrabromée. A chaud, un excès de brome transforme la phlorétine en un mélange de deux produits cristallisés qui semblent être de la mono- et tribromophloroglucine [Schmidt et Hesse, *Ann. der Chem. u. Pharm.*, t. CXIX, p. 103].

Un mélange de chlorate de potassium et d'acide chlorhydrique transforme la phlorétine en une résine jaune soluble dans l'alcool [Hofmann, *Ann. der Chem. u. Pharm.*, t. LII, p. 65]; traitée par de l'acide chromique, la phlorétine fournit les acides formique et carbonique.

Suivant H. Schiff [*Compt. rend.*, t. LXIX, p. 1236; *Bull. de la Soc. chim.*, (2), t. XIII, p. 465], on obtient, en faisant agir de l'anhydride acétique sur la phlorétine, la diacétyle-phlorétine à laquelle il assigne la formule suivante qui se déduit de celle qu'il adopte pour la phlorizine(1):

$$\begin{matrix}C^6H^3 \\ \\ C^8H^8\end{matrix}\left\{\begin{matrix}(O.C^2H^3O)^2 \\ O \\ CO.OH.\end{matrix}\right.$$

Les alcalis dissolvent la phlorétine sans altération en donnant des liqueurs de saveur sucrée, qui absorbent de l'oxygène au contact de l'air en même temps qu'il se forme une matière de couleur orangée; la potasse caustique bouillante transforme la phlorétine en acide phlorétique et phloroglucine.

La phlorétine absorbe rapidement 13,5 à 14,18 % de gaz ammoniac, sans élimination d'eau, et avec production d'une masse amorphe. Elle se dissout dans l'ammoniaque concentrée et après quelques instants il se sépare de petits grains jaunes brillants, qui à l'air libre, ou lorsqu'on chauffe leur solution aqueuse, perdent leur ammoniaque. Ce composé précipite les sels métalliques.

Lorsqu'on ajoute de l'acétate basique de plomb à de la phlorétine-ammoniaque en excès, il se forme un précipité qui, après dessiccation à 140° dans un courant d'air, a une composition exprimée par $(C^{15}H^{14}O^5)^2.5PbO$. — La combinaison de phlorétine et d'argent se décompose facilement et renferme 26,6 % d'oxyde d'argent et 73,4 % de phlorétine.

Phlorétine tétrabromée, $C^{15}H^{10}Br^4O^5$ [Schmidt et Hesse, *loc. cit.*]. — Lorsqu'on ajoute de l'éther à de la phlorétine finement pulvérisée et qu'on verse goutte à goutte du brome dans le mélange refroidi, le brome est absorbé avec dégagement de chaleur et il se forme un mélange de phlorétine tri- et tétrabromée, qui, après que l'éther et l'acide bromhydrique ont été chassés, est transformée par un nouveau traitement par le brome à une douce chaleur en phlorétine tétrabromée. Après avoir épuisé par l'eau bouillante, on dissout le résidu dans l'alcool bouillant, on précipite par l'eau et on purifie le précipité cristallin jaune pâle en faisant bouillir avec de l'alcool dilué et en faisant cristalliser dans l'alcool bouillant.

Si l'on ajoute du brome goutte à goutte à de la phlorizine recouverte d'éther aussi longtemps qu'il y a décoloration, tout se dissout; on évapore, on

(1) La phlorétine est l'éther phloroglucique de l'acide phlorétique. En adoptant pour ce dernier acide la formule donnée page 924, on est conduit à la formule suivante pour la phlorétine :

$$C^6H^3\left\{\begin{matrix}C^7H^5 & HO \\ OH & HO \\ CO & \text{—— } O\end{matrix}\right\}C^6H^3.$$

A. W.

fait bouillir le résidu avec de l'acide sulfurique dilué pour décomposer l'excès de phlorizine, on fait cristalliser; on obtient ainsi de la phlorétine tétrabromée. Il se forme en même temps un mélange de phloroglucine mono- et polybromée.

La phlorétine tétrabromée se présente sous forme de petites aiguilles jaune pâle, ne perdant pas de leur poids jusqu'à 100° et qui, décolorées par le charbon animal, redeviennent rapidement jaunes. Elle fond entre 205° et 210°, en se colorant en rouge foncé, et se décompose avec effervescence.

Elle se dissout dans l'ammoniaque et la soude avec une coloration jaune; sa solution ammoniacale se colore en brun après quelque temps. L'eau de chaux bouillante se colore en violet et il se produit une matière amorphe violette.

Nitrophlorétine, $C^{15}H^{13}(AzO^2)O^5$ (?). — Stas nomme ce corps acide phlorétique. Il est produit par l'action de l'acide azotique concentré sur la phlorétine; il est brun, amorphe, insoluble dans l'eau et dans les acides dilués, soluble dans l'alcool, l'esprit de bois et les alcalis; il se décompose à 150° en dégageant de l'oxyde d'azote: l'acide sulfurique le dissout en un liquide de couleur rouge de sang.

ISOMÈRES DE LA PHLORÉTINE.

1. Hlasiwetz [*Ann. der Chem. u. Pharm.*, t. CXIX, p. 109] a fait connaître un isomère de la phlorétine que Gmelin appelle α-phlorétine, Watts, métaphlorétine.

Lorsqu'on porte un mélange d'acide phlorétique et de phloroglucine sèche à la température de 130°, la masse fond et de l'eau est éliminée. En maintenant pendant six heures de 160° à 180°, on obtient une matière granuleuse qui se solidifie au bout de quelque temps. On fait bouillir la masse brune avec de l'eau qui la dissout peu à peu; avant le refroidissement complet de la liqueur filtrée il se sépare des écailles cristallines, qu'on purifie en lavant avec de l'eau chaude et en faisant cristalliser dans l'eau bouillante avec addition de charbon animal.

Ce composé constitue de petites feuilles microscopiques, incolores, d'une saveur acerbe d'abord, douceâtre ensuite, de réaction neutre, inaltérables à 150° et colorant le perchlorure de fer aqueux en violet.

2. *Isophlorétine*, $C^{15}H^{14}O^5$. — Voyez t. II, p. 134.

Ph. de C.

PHLORÉTIQUE (ACIDE),

$$C^9H^{10}O^3 = C^6H^3\left\{\begin{array}{l}C^2H^5\\OH\\CO^2H\end{array}\right. \quad (1)$$

[Hlasiwetz, *Wien. Acad. Ber.*, t. XVII, p. 382, et t. XXIV, p. 237; *Journ. für prakt. Chem.*, t. LXVII, p. 105; t. LXIX, p. 107, et t. LXXII, p. 395; *Ann. der Chem. u. Pharm.*, t. XCVI, p. 118, t. CII, p. 145; *Chem. Centralblatt*, 1857, p. 721]. — Cet acide, qui est un homologue de l'acide salicylique, est isomérique avec les acides mélilotique, hydroparacoumarique, phényllactique, xylétinique, oxymésitylénique, isophlorétique et tropique.

Il se produit en même temps que de la phloroglucine par l'action de la potasse caustique sur la phlorétine:

$$\underset{\text{Phlorétine.}}{C^{15}H^{14}O^5} + H^2O = \underset{\text{Acide phlorétique.}}{C^9H^{10}O^3} + \underset{\text{Phloroglucine.}}{C^6H^6O^3}.$$

(1) Cette formule s'accorde assez bien avec les réactions de l'acide phlorétique, qui rappellent jusqu'à un certain point celles de l'acide salicylique. Elle rendrait compte notamment de la formation du phlorétol,

$$C^6H^4\left\{\begin{array}{l}C^2H^5\\OH.\end{array}\right.$$

A. W.

Pour le préparer, on fait dissoudre environ 30 grammes de phlorétine dans 200 centimètres cubes de potasse caustique d'une densité de 1,25, et on évapore en faisant bouillir jusqu'à ce que la masse soit devenue épaisse. On redissout dans l'eau, on fait passer un courant d'acide carbonique, on évapore de nouveau, on traite par l'alcool bouillant, on laisse déposer et on décante: il reste une masse huileuse, formée de phloroglucine et de carbonate de potassium. On ajoute au liquide décanté de l'éther qui précipite du phlorétate de potassium sous forme d'une couche huileuse; on sépare l'éther qui surnage et on dissout le phlorétate de potassium dans l'eau; on évapore et on ajoute à la solution sirupeuse un excès d'acide chlorhydrique: le liquide se prend en une bouillie cristalline, qu'on exprime et qu'on fait cristalliser dans de l'alcool concentré pour éliminer un peu de chlorure de potassium; on purifie ensuite l'acide en le faisant cristalliser dans l'eau avec addition d'un peu de charbon animal.

L'acide phlorétique constitue des prismes fragiles, longs d'un pouce et d'une saveur acide légèrement astringente. L'alcool et l'éther fournissent des cristaux particulièrement grands, qui appartiennent au système clinorhombique présentant les combinaisons $b^{1/2}$, m, o^1, $a^{2/5}$, e^1, g^1, h^1, p. les inclinaisons des diverses faces sont $p\,h^1 = 105°\,47'$; $h^1\,o^1 = 138°\,51'$; $h^1\,a^{2/5} = 143\text{-}144°$; $mm = 136\text{-}137°$; $e^1\,p = 114°\,20'$; $p\,b^{1/2} = 119°\,10'$; $b^{1/2}\,m = 150°\,37'$.

Il fond à 128-130° et se concrète par le refroidissement en une masse cristalline; il est plus soluble dans l'alcool que dans l'eau; sa solution aqueuse se colore en rouge au contact de l'ammoniaque en présence de l'air, en rouge-brun d'une manière passagère avec le chlorure de chaux, en vert avec le perchlorure de fer. Sa solution sursaturée d'ammoniaque réduit à chaud le nitrate d'argent.

L'acide phlorétique chauffé jusqu'à une certaine température émet des vapeurs suffocantes, puis brûle en laissant un peu de charbon; traité par le brome, il forme l'acide phlorétique dibromé. L'acide phlorétique pulvérisé, introduit dans un flacon rempli de chlore, fond en dégageant de la chaleur, et donne naissance à de l'acide chlorhydrique et à un produit qui est insoluble dans l'eau, mais se dissout dans l'alcool et dans l'éther; la dissolution évaporée abandonne une masse molle, gluante, qui traitée par le carbonate de sodium donne au bout de quelque temps une matière cristalline déliquescente. Traité par un mélange d'acide chlorhydrique et de chlorate de potassium, l'acide phlorétique se colore d'abord en rouge-brun. Si l'on chauffe, il donne naissance à un abondant dégagement de gaz, redevient jaune et se transforme en partie en flocons jaunes. Lorsqu'on triture l'acide phlorétique avec du perchlorure de phosphore, il se liquéfie, s'échauffe et dégage de l'acide chlorhydrique. Du chlorure de phlorétyle, $C^9H^8O.Cl^2$, paraît se former en vertu de l'équation suivante:

$$3\left[\begin{array}{l}H^2\\(C^9H^8O)''\end{array}\right\}O^2\Big] + 6PCl^5$$
$$= 3C^9H^8OCl^2 + 6POCl^3 + 6HCl;$$

soumis à la distillation, le produit abandonne à 110° de l'oxychlorure de phosphore et il reste un résidu fumant que l'eau décompose en acide phlorétique, chlorhydrique et phosphorique; à une température plus élevée le produit brunit, se boursoufle; il passe un peu d'oxychlorure de phosphore et il reste un peu de charbon.

L'acide sulfurique anhydre en vapeur transforme l'acide phlorétique en acide sulfo-phlorétique, $C^9H^9O^3.SO^3H$.

L'acide phlorétique traité par l'acide nitrique

concentré se transforme en acide phlorétique dinitré.

L'acide phlorétique traité par la potasse en fusion fournit de l'acide paroxybenzoïque [Barth, *Ann. der Chem. u. Pharm.*, t. CLII, p. 96].

Lorsqu'on chauffe un mélange de phlorétate de baryum, de chaux caustique et d'un peu de verre pulvérisé, il se forme du phlorétol; ce même composé se produit lorsqu'on soumet à la distillation un mélange de phlorétate et de formiate de calcium. L'acide phlorétique traité par les chlorures d'acétyle, de butyryle et de benzoyle, fournit de l'acide chlorhydrique et des acides particuliers.

L'*acide acétylphlorétique*, $C^9H^9(C^2H^3O)O^3$ [H. v. Gilm, *Ann. der Chem. u. Pharm.*, t. CXII, p. 180; *Répert. de Chim. pure*, 1860, t. II, p. 64], est produit par l'action du chlorure d'acétyle sur l'acide phlorétique; il cristallise dans l'alcool faible en prismes minces, incolores, feutrés, d'un éclat vitreux, à réaction acide, insolubles dans l'eau froide et solubles dans l'alcool et l'éther; il fond au-dessous de 100° et se sublime en partie; il décompose les carbonates et n'est pas coloré par le perchlorure de fer. On obtient l'*acide nitroacétylphlorétique*, $C^9H^8(C^2H^3O)(AzO^2)O^3$, en dissolvant l'acide acétylphlorétique dans l'acide nitrique de concentration moyenne et en mélangeant immédiatement le produit avec de l'eau; il cristallise de l'alcool en lames brillantes d'un jaune d'or.

Lorsqu'on mélange une dissolution de 3 p. d'urée et de 1 p. d'acide phlorétique, il se produit du phlorétate d'urée, $CH^4Az^2O.2C^9H^{10}O^3$; ce composé se présente sous forme de larges feuilles cristallines brillantes ou de cristaux découpés comme des plumes.

PHLORÉTATES. — L'acide phlorétique décompose les carbonates; les phlorétates sont tous cristallisables; chauffés, ils dégagent une odeur de phénol.

Phlorétate d'argent, $C^9H^9O^3.Ag$ — En précipitant le phlorétate de sodium par du nitrate d'argent, le liquide se prend en une bouillie cristalline, on filtre à l'abri de la lumière et on lave avec de l'eau froide. Ce sel constitue des aiguilles d'un blanc éclatant qui à l'état humide noircissent facilement à la lumière; il est très-soluble dans l'ammoniaque et l'acide acétique.

Phlorétate de baryum. — Le sel neutre, $C^9H^8O^3.Ba + 2\ 1/2\ H^2O$, se forme lorsqu'on précipite une solution bouillante du sel acide par de l'eau de baryte très-concentrée. Il cristallise dans l'eau en grumeaux; sa réaction est alcaline; il est décomposé par l'acide carbonique, et perd son eau de cristallisation à 100°. Le sel acide, $(C^9H^9O^3)^2Ba$, constitue de grands prismes aplatis transparents, qui à 100° deviennent opaques.

Phlorétate de calcium. — Le sel neutre se produit lorsqu'on ajoute jusqu'à réaction alcaline une solution sucrée de chaux à de l'acide phlorétique tenant de la chaux en dissolution. Il cristallise dans le vide en petites feuilles blanches de réaction alcaline, l'acide carbonique le décompose.

Phlorétates de cuivre. — Le sel neutre, $C^9H^8O^3.Cu + H^2O$, se dépose sous forme de très-belles paillettes brillantes d'un vert bleu, lorsqu'on fait bouillir une solution éthérée du sel acide; à 100°, il perd la moitié de son eau de cristallisation. Le sel acide, $(C^9H^9O^3)^2Cu + 2H^2O$, s'obtient en décomposant une solution de sulfate de cuivre par le phlorétate de baryum; il constitue des cristaux vert-émeraude, perdant leur eau à 100°, peu solubles dans l'eau et l'alcool, mais solubles dans l'éther.

Phlorétate de magnésium. — Cristaux incolores rappelant la wavellite, produits par l'action du carbonate de magnésium sur une solution d'acide phlorétique.

Phlorétates de mercure. — L'acide phlorétique donne avec le nitrate mercureux un précipité formé d'aiguilles cristallines. Avec le nitrate mercurique, il se produit un précipité cristallin composé de tables transparentes.

Phlorétate de plomb. — On obtient le sel neutre, $2C^9H^8O^3Pb + H^2O$, sous forme de précipité volumineux, en saturant l'acide phlorétique par du carbonate de plomb, filtrant et ajoutant à la solution chaude de l'acétate basique de plomb. On filtre vite et on lave. Ce sel se décompose un peu par le lavage. Il se forme un sel basique dont la composition s'approche de

$$(C^9H^8O^3Pb)^2.PbO + 2H^2O,$$

lorsqu'on ajoute de l'acétate basique de plomb à une solution froide d'acide phlorétique saturé par du carbonate de plomb.

Phlorétate de potassium, $C^9H^9O^3.K$. — On l'obtient en saturant une solution d'acide phlorétique par du carbonate de potassium, ou en mélangeant une solution d'acide phlorétique avec de la potasse caustique, saturant d'acide carbonique, évaporant, épuisant la masse par de l'alcool concentré, faisant cristalliser et purifiant par expression et par cristallisation. Une solution alcoolique soumise à l'évaporation spontanée fournit des feuilles cristallines rayonnées, incolores, ou des prismes volumineux. Ce sel a une saveur saline, brûlante, s'effleurit à l'air et perd la totalité de son eau de cristallisation à 100°; exposé à l'air en solution alcaline, il se colore en brun.

Phlorétate de sodium, $C^9H^9O^3.Na$. — On le prépare comme le sel de potassium; une solution très-concentrée se colore légèrement en rouge à l'air et fournit des prismes rayonnés efflorescents.

Phlorétates de zinc. — Le sel neutre semble se produire sous forme de précipité insoluble, lorsqu'on fait bouillir de l'acide phlorétique avec un excès de carbonate de zinc auquel il reste mélangé, tandis que le sel acide entre en dissolution. Le sel acide, $(C^9H^9O^3)^2Zn$, cristallise immédiatement d'une solution bouillante, en prismes aplatis et en petites lames veloutées, rappelant la cholestérine, inaltérables à l'air et très-peu solubles.

ÉTHERS PHLORÉTIQUES. — *Phlorétate d'éthyle* [Syn. *Acide éthylphlorétique*], $C^9H^9(C^2H^5)O^3$. — On prépare ce composé en chauffant à 100°, en tube scellé, du phlorétate de potassium ou d'argent avec de l'iodure d'éthyle. Le phlorétate d'éthyle est incolore et visqueux, a une odeur faible et une saveur irritante, bout au-dessus de 265°, n'est pas inflammable, se dissout dans l'alcool et dans l'éther, mais non dans l'eau. Il a le même indice de réfraction que l'éther salicylique pour une raie particulière de l'orangé, mais son pouvoir dispersif est beaucoup plus faible que celui du même éther.

Le *dinitrophlorétate éthylique*,

$$C^9H^7(C^2H^5)(AzO^2)^2O^3,$$

est une huile jaune doré qui cristallise après quelque temps et se dépose de l'alcool en cristaux d'un jaune pâle; on l'obtient en traitant le phlorétate éthylique par l'acide azotique.

Le *phlorétate d'amyle* ou acide amylphlorétique, $C^9H^9(C^5H^{11})O^3$, qu'on obtient comme le produit éthylé correspondant, est incolore, très-visqueux, a une odeur légèrement rance, une saveur âcre, et bout au-dessus de 290°. Avec l'acide azotique, il forme un composé nitré cristallin.

DÉRIVÉS DE L'ACIDE PHLORÉTIQUE.

Acide dibromophlorétique, $C^9H^8Br^2O^3$ [Hlasiwetz, *Ann. der Chem. u. Pharm.*, t. CII, p. 145; *Journ. für prakt. Chem.*, t. LXXII, p. 413]. — On ajoute du brome goutte à goutte à de l'acide phlorétique pulvérisé, aussi longtemps qu'il se dégage de l'acide bromhydrique; on brasse la masse d'abord pâteuse qui se solidifie ensuite, on laisse évaporer l'excès de brome, on lave à plusieurs reprises avec de l'eau la poudre légèrement colorée qui reste, on dessèche sur de la chaux et on fait cristalliser dans l'alcool; on dissout à chaud dans l'ammoniaque étendue, on précipite par l'acide chlorhydrique et on fait cristalliser dans l'alcool. Cet acide se présente sous forme de prismes très-durs, incolores, fusibles; il est très-soluble dans l'alcool et l'éther, insoluble dans l'eau; il fond dans une atmosphère de chlore, en s'échauffant, laissant dégager de l'acide chlorhydrique et formant un produit non cristallisé, insoluble dans l'eau, soluble dans l'alcool et l'éther.

Le dibromophlorétate d'ammonium,

$$C^9H^7Br^2O^3.AzH^4,$$

s'obtient en saturant l'acide dibromophlorétique par de l'ammoniaque chaude; pendant le refroidissement, se déposent de petites aiguilles incolores. Ce sel perd à une douce chaleur de l'ammoniaque, il est peu soluble dans l'eau froide. Le sel de baryum, $(C^9H^7Br^2O^3)^2.Ba$, anhydre à 120°, est obtenu par la précipitation du sel d'ammonium par le chlorure de baryum; il forme des cristaux prismatiques.

Acide sulfophlorétique,

$$C^9H^{10}O^3.SO^3 = C^9H^9O^3.SO^3H$$

[Nachbaur, *Wien. Akad. Ber.*, t. XXX, p. 122; *Chem. Centralb.*, 1858, p. 593]. — On obtient cet acide par l'action de l'acide sulfurique anhydre sur l'acide phlorétique; il se présente sous forme d'un sirop très-acide, peu coloré et cristallisant difficilement. Il est très-soluble dans l'eau et l'alcool. Il est bibasique. Le sel de sodium neutre cristallise en croûtes cristallines dures, légèrement jaunâtres, perd son eau de cristallisation à 200°, est très-soluble dans l'eau et insoluble dans l'alcool et l'éther. Le sel de baryum neutre se présente sous forme de cristaux durs, assez bien développés, appartenant au système hexagonal; il renferme 3 molécules d'eau qu'il perd à 160°; il est insoluble dans l'alcool et l'éther. Le sel de calcium neutre est une masse cristalline, renfermant 4 molécules d'eau que chasse une température de 170°. Le sel de magnésium est une matière gommeuse devenant dure et pouvant être réduite en poudre; il renferme 2 molécules d'eau.

Acide dinitrophlorétique, $C^9H^8(AzO^2)^2O^3$ [Hlasiwetz, *Ann. der Chem. u. Pharm.*, t. CII, p. 145]. — On connaît deux modifications de cet acide. On obtient la première, la modification α, en ajoutant à de l'acide azotique de concentration moyenne et convenablement refroidi de l'acide phlorétique pulvérisé, en ayant soin d'attendre sa disparition avant chaque nouvelle addition; on fait égoutter les cristaux qui se forment, on les lave et on les fait cristalliser de nouveau. Cet acide se produit encore lorsqu'on verse de l'acide azotique sur de l'acide phlorétique; celui-ci se dissout avec dégagement de chaleur et production de vapeurs rouges, et pendant le refroidissement l'acide nitré se dépose. Il cristallise en prismes d'un jaune de citron clair. Sa saveur est d'abord faible, puis légèrement amère. Il colore les substances organiques à la manière de l'acide picrique. Il ne perd pas de son poids à 100°; chauffé sur une lame de platine, il fond et brûle avec une flamme fuligineuse sans détoner; chauffé dans un tube, il donne un produit de distillation huileux et une fumée jaune. Traité en solution ammoniacale par de l'hydrogène sulfuré, il donne naissance à un dépôt de soufre; le liquide rouge foncé laisse, par l'évaporation, un résidu qui, additionné d'acide chlorhydrique, après filtration, fournit des cristaux fortement colorés, facilement solubles dans l'eau bouillante et dont la composition est sans doute celle du chlorhydrate d'acide diamidophlorétique. L'acide dinitrophlorétique est soluble dans l'alcool, peu soluble dans l'eau froide qu'il colore en jaune, et très-soluble dans l'eau bouillante. Il est bibasique. Ses sels neutres sont obtenus en saturant l'acide par des carbonates ou par double décomposition entre le dinitrophlorétate d'ammonium et d'autres sels; ils détonent lorsqu'on les chauffe. Les solutions des sels alcalins sont d'un jaune-rouge intense. Le sel ammoniacal donne avec les chlorures de baryum et de calcium des précipités cristallins. Le sel de potassium cristallise, par l'évaporation spontanée de la solution alcoolique diluée, en prismes rouge-orangé foncé. Le sel effleuri est d'un rouge vif, vert par réflexion; il est moins soluble dans l'alcool étendu que dans l'eau. Le sel de baryum constitue des aiguilles jaune orangé, peu solubles dans l'eau froide. Le sel de calcium se présente sous forme d'aiguilles jaunes. Le sel ammoniacal forme avec l'acétate de zinc un précipité amorphe d'un beau jaune; avec le protochlorure d'étain, il se produit un précipité jaunâtre, puis la solution se décolore; l'acétate de plomb est précipité en rouge intense; le sesquichlorure de fer fournit un précipité floconneux, brun clair; les sels de cuivre sont précipités en jaune; le chlorure de mercure donne naissance à un précipité amorphe d'un jaune de chrome, qui devient cristallin et qu'un excès de sel de mercure redissout. Le sel d'argent est rouge et devient cristallin par le repos.

Acide dinitrophlorétique β. — On ajoute goutte à goutte de l'acide azotique à une solution chaude d'acide phlorétique; celle-ci se colore en dégageant de l'acide hypoazotique et il se dépose des gouttes résineuses jaunes, qu'on dissout en chauffant et en ajoutant un peu d'acide azotique; quelque temps après, le liquide se remplit de cristaux jaunes. Cet acide se présente sous forme de belles petites feuilles ou écailles très-brillantes, d'un jaune doré foncé. On obtient les sels en saturant l'acide par les carbonates; le sel ammoniacal ne précipite ni le chlorure de baryum ni celui de calcium; il cristallise en aiguilles jaune foncé lorsqu'on évapore dans le vide la solution de l'acide saturé par l'ammoniaque. Le sel de baryum constitue des aiguilles jaune orangé agglomérées en grumeaux, qui à 120° deviennent rouges. Le dinitrophlorétate d'ammonium β précipite l'acétate de zinc et celui de plomb en rouge, le sulfate de cuivre en jaune; avec le protochlorure il forme un précipité rougeâtre : ces précipités deviennent pour la plupart cristallins par le repos.

Acide isophlorétique, $C^9H^{10}O^3$. — Voyez t. II, p. 154.

Ph. de C.

PHLORÉTOL,

$$C^8H^{10}O = C^6H^4\begin{cases}C^2H^5\\OH\end{cases}$$

[Hlasiwetz, *Ann. der Chem. u. Pharm.*, t. CII, p. 166]. — Ce composé est un isomère du phénétol; on le prépare en distillant à feu nu par petites portions un mélange de phlorétate de baryum, de chaux caustique et d'un peu de verre en poudre; le distillé huileux est desséché sur du chlorure de calcium et rectifié. C'est une huile très-réfringente qui s'épaissit à — 18° et bout de 190° à 200°. Densité, 1,0374 à 12°. Densité de vapeur, 4,22 (4,23 calcul). Son odeur est aromatique et rappelle le phénol, sa saveur est brûlante; en contact avec la peau, il la cautérise, il coagule l'albumine presque aussi vite que le phénol. Il est peu soluble dans l'eau, soluble dans l'alcool et l'éther en toutes proportions. Un copeau de bois de pin imprégné d'une solution de phlorétol d'abord, d'acide chlorhydrique ensuite, prend après dessiccation au soleil une coloration analogue à celle que détermine le phénol.

Le phlorétol renfermé dans un vase rempli d'air acquiert l'odeur du styrol; on peut l'enflammer lorsqu'il imprègne une mèche : il brûle avec une flamme éclairante et fuligineuse. Il forme avec l'acide sulfurique une dissolution qui, au bout de quelque temps, n est plus précipitée par l'eau, mais renferme un acide sulfoconjugué ; ce dernier forme avec la baryte un sel soluble, facilement cristallisable. Lorsqu'on ajoute du brome à du phlorétol, de l'acide bromhydrique est mis en liberté, et après que l'excès de brome est chassé, il reste un produit de substitution cristallisé, soluble dans l'alcool et insoluble dans l'eau. Avec le chlore, le phlorétol forme un produit de substitution. Lorsqu'on le verse goutte à goutte dans de l'acide azotique concentré, il se produit une vive réaction accompagnée d'un sifflement et d'un dégagement d'acide hypoazotique et il se forme du trinitrophlorétol. Ce corps cristallise dans l'alcool et a pour composition

$C^8H^7(AzO^2)^3O$. Ph. de C.

PHLORIZÉINE, $C^{21}H^{30}Az^2O^{13}$ [Stas, *Ann. de Chim. et de Phys.*, t. LXIX, p. 393; *Ann. der Chem. u. Pharm.*, t. XXX, p. 206]. — La phlorizéine se forme par l'action de l'air et de l'ammoniaque sur la phlorizine :

$$C^{21}H^{24}O^{10} + 2AzH^3 + O^3 = C^{21}H^{30}Az^2O^{13};$$

on ajoute au produit de la réaction de l'alcool; on dissout le précipité dans la plus petite quantité d'eau possible et on ajoute goutte à goutte de l'alcool aiguisé d'acide acétique, en évitant d'en mettre un excès. Il se forme un précipité qu'on lave avec de l'alcool concentré.

La phlorizéine est amorphe, infusible; prise en masse, elle ressemble à une résine rouge; sa cassure est brillante et ses éclats sont transparents; sa saveur est légèrement amère. Elle est plus soluble dans l'eau bouillante que dans l'eau froide; mais elle est presque insoluble dans l'alcool, l'esprit de bois et l'éther. La chaleur décompose la phlorizéine. Les alcalis fixes altèrent peu à peu sa couleur, en la transformant en une substance brunâtre.

Phlorizéate d'ammonium. — La phlorizine saturée d'ammoniaque et à l'état humide se colore à l'air en rouge orangé, puis en rouge pourpre, enfin en bleu foncé, et se transforme en phlorizéate d'ammonium.

On l'obtient en plaçant la phlorizine sous une cloche de verre au-dessus d'une solution de carbonate d'ammonium dans laquelle on jette de temps en temps des morceaux de potasse caustique. Le phlorizéate d'ammonium est amorphe, d'un bleu pourpre avec des reflets cuivrés, d'une saveur amère ammoniacale; il est inaltérable à l'air sec. Par l'action prolongée de l'air et principalement de l'oxygène, le phlorizéate d'ammonium est détruit et transformé en une matière amère brun-rouge, peu soluble dans l'alcool. Si on évapore la solution brun-rouge, qu'on redissolve et qu'on précipite par l'acétate basique de plomb, le liquide filtré, presque incolore, présente les réactions du sucre [Hlasiwetz, *Ann. der Chem. u. Pharm.*, t. CXIX, p. 211].

Lorsqu'on chauffe le phlorizéate d'ammonium, il se dégage de l'ammoniaque et de l'eau. Le chlore le décolore instantanément; les acides concentrés, à l'exception de l'acide azotique, le dissolvent en un liquide rouge de sang; les alcalis dégagent de l'ammoniaque sans produire de décoloration. Le phlorizéate d'ammonium se dissout facilement dans l'eau, en donnant un liquide d'un bleu magnifique. Chauffée, cette solution dégage de l'ammoniaque et il se dépose de la phlorizéine; les acides dilués exercent la même action. L'hydrogène sulfuré, le sulfure d'ammonium et le stannate de potassium décolorent le phlorizéate d'ammonium, mais à l'air la solution reprend peu à peu sa couleur. L'hydrate d'alumine la décolore également en devenant bleu lui-même. La solution de phlorizéate d'ammonium précipite les sels de fer, de zinc, de plomb et d'argent; le précipité qui renferme de l'argent est bleu et est décomposé par l'eau. Ph. de C.

PHLORIZINE, $C^{21}H^{24}O^{10}$ [Syn. *Phlorrhizine, phloridzine*], de φλοιός, écorce, et ῥίζα, racine [Stas et L. de Koninck, *Ann. der Chem. u. Pharm.*, t. XV, p. 75 et 258; *Journ. für prakt. Chem.*, t. VIII, p. 88; — Stas, *Ann. de Chim. et de Phys.*, t. LXIX, p. 367; *Ann. der Chem. u. Pharm.*, t. XXX, p. 192; *Journ. für prakt. Chem.*, t. XVII, p. 273; — Mulder, *Journ. für prakt. Chem.*, t. XVII, p. 299 et 304; t. XVIII, p. 256; t. XXXII, p. 330; — G. Roser, *Ann. der Chem. u. Pharm.*, t. LXXIV, p. 178; *Compt. rend. de Chim.*, 1850, p. 306; *Pharm. Centr.*, 1850, p. 778; — Strecker, *Ann. der Chem. u. Pharm.*, t. LXXIV, p. 184]. — La phlorizine se rencontre dans l'écorce de la racine de pommier, de poirier, de prunier, de cerisier, etc. C'est la racine de pommier qui convient le mieux à cette préparation, parce qu'il renferme moins de matière colorante que les autres arbres. On extrait la phlorizine au moyen de l'alcool aqueux; la solution, décolorée par le charbon animal et concentrée ensuite, laisse déposer des cristaux de phlorizine pendant le refroidissement. L'écorce fraîche de la racine de pommier peut fournir jusqu'à 5 % de phlorizine.

Fr. Rochleder [*Wien. Akad. Ber.*, t. LV, 2e section, p. 211; *Zeitsch. für Chem.*, 1867, p. 237] a extrait de la phlorizine en abondance de l'écorce de tronc de pommier; on ajoute à la décoction aqueuse de l'écorce de l'acétate de plomb aussi longtemps qu'il se forme un précipité insoluble dans l'acide acétique.

Ce précipité renferme beaucoup de pectine et peu de quercétine. Lorsqu'on continue la précipitation, il se produit encore de la quercétine plombique jaune; si plus tard on ajoute de l'acétate basique, il se dépose de la phlorizine plombique jaune renfermant de la quercétine; à la fin le précipité devenant blanc est formé entièrement de phlorizine plombique dont la quantité augmente lorsqu'on ajoute de l'ammoniaque. On enlève le plomb à la phlorizine au moyen de l'acide acétique dilué et on fait cristalliser la partie indissoute dans l'alcool faible.

La phlorizine cristallise en aiguilles soyeuses, souvent groupées concentriquement; si elle se dépose lentement dans des solutions étendues, les aiguilles sont aplaties et plus grandes et possèdent un éclat nacré. Leur composition est exprimée par la formule $C^{21}H^{24}O^{10} + 2H^2O$; à 100°, ces cristaux perdent leur eau et il reste de la phlorizine anhydre qui fond à 109° et se décompose à 200° en fournissant de la rufine et d'autres produits. La phlorizine cristallisée a un pouvoir rotatoire moléculaire vers la gauche qui est pour $[\alpha]r = 39°,98$ [Bouchardat, *Compt. rend.*, t. XVIII, p. 299; — Wilhelmy, *Poggend. Ann.*, t. LXXXI, p. 527]. La densité de la phlorizine est de 1,4298 à 19°; sa saveur est légèrement amère. La phlorizine cristallisée se dissout dans 1016 p. d'eau froide et dans 833 p. d'eau à 22°; elle est très-soluble dans l'eau à 50° et soluble en toutes proportions dans l'eau bouillante; elle est facilement soluble dans l'alcool et l'esprit de bois, insoluble dans l'éther et soluble dans un mélange d'alcool et d'éther.

L'acide sulfurique anhydre colore la phlorizine en jaune, puis en brun et la charbonne à la fin.

L'acide sulfurique concentré à 60° ou 70° la

transforme en une matière rouge nommée acide rufi- ou rutilo-sulfurique.

L'acide sulfurique dilué ainsi que les acides phosphorique, iodhydrique, chlorhydrique et oxalique dissolvent à froid la phlorizine sans l'altérer. Lorsqu'on chauffe à 80° ou 90°, il se dépose de la phlorétine cristallisée et du glucose entre en solution :

$$\underset{\text{Phlorizine.}}{C^{21}H^{24}O^{10}} + H^2O = \underset{\text{Glucose.}}{C^6H^{12}O^6} + \underset{\text{Phlorétine.}}{C^{15}H^{14}O^5}.$$

La phlorizine est donc un glucoside de la phlorétine et l'on peut exprimer sa constitution par par la formule

$$\begin{array}{r}C^6H^7O\\ \\ C^6H^3\end{array}\left\{\begin{array}{l}(OH)^4\\ O\\ OH\\ O(C^9H^9O^2).\end{array}\right.$$

L'acide azotique concentré transforme la phlorizine en acide oxalique et en nitrophlorétine,

$$C^{15}H^{13}(AzO^2)O^5.$$

Avec l'acide chlorhydrique concentré, il se forme une substance amorphe insoluble, d'un rouge sale.

Lorsqu'on triture la phlorizine avec le dixième de son poids d'iode, il se produit une masse d'un gris-violet qui, additionnée d'eau, donne naissance à des flocons noirs.

Le brome en présence de l'éther transforme la phlorizine en phlorétine tétrabromée. La phlorizine sèche traitée par le chlore, le brome ou l'iode, dégage de la chaleur et se transforme en une matière résineuse, visqueuse, brune. Traitée par le chlorure d'iode, la phlorizine ne fournit que des produits amorphes [Stenhouse, *Bull. de la Soc. chim.*, t. V, p. 292, 1866].

En traitant la phlorizine par le chlorure ou l'anhydride d'acétyle, on remplace 5 atomes d'hydrogène par de l'acétyle ; on peut donc admettre qu'elle renferme 5 atomes d'hydroxyle et qu'elle est représentée par $C^{21}H^{19}O^5(OH)^5$ [Schiff, *Zeitsch. für Chem.*, (2), t. V, p. 519].

Par l'action de l'anhydride acétique sur la phlorizine, on obtient trois dérivés :

$$\begin{array}{r}C^6H^7O\\ \\ C^6H^3\end{array}\left\{\begin{array}{l}(OH)^4\\ O\\ O.C^2H^3O\\ O.C^9H^9O^2\end{array}\right.$$

Acétyle-phlorizine.

$$\begin{array}{r}C^6H^7O\\ \\ \\ C^6H^3\end{array}\left\{\begin{array}{l}(OH)^2\\ (O.C^2H^3O)^2\\ O\\ O.C^2H^3O\\ O.C^9H^9O^2\end{array}\right.$$

Triacétyle-phlorizine.

$$\begin{array}{r}C^6H^7O\\ \\ C^6H^3\end{array}\left\{\begin{array}{l}(O.C^2H^3O)^4\\ O\\ O.C^2H^3O\\ O.C^9H^9O^2\end{array}\right.$$

Pentacétyle-phlorizine.

Le premier est cristallin, les deux autres sont vitreux.

Le chlorure de benzoyle fournit la tribenzoyle-phlorizine. C'est une poudre blanche.

Les phlorizines polyacétiques chauffées peu à peu à 200° fondent et donnent de l'acétyl-rufine,

$$\begin{array}{r}C^6H^7O\\ \\ C^6H^3\end{array}\left\{\begin{array}{l}O\\ O\\ O\\ O.C^2H^3O\\ O.C^9H^9O^2\end{array}\right.$$

[H. Schiff, *Compt. rend.*, t. LXIX, p. 1236 ; *Bull. de la Soc. chim.*, (2), t. XIII, p. 465].

La phlorizine saturée d'ammoniaque et à l'état humide se transforme au contact de l'air en phlorizéate d'ammonium.

La potasse caustique à 45° B. transforme à l'ébullition la phlorizine en un acide noir dérivé du glucose qui prend naissance dans cette réaction.

Les alcalis dilués dissolvent la phlorizine, et ces dissolutions absorbent l'oxygène de l'air avec avidité ; elles passent du jaune au rouge-brun ; la réaction alcaline disparait et il se forme des acides carbonique, acétique et une matière colorante rouge-brun ; à l'abri de l'air, la phlorizine ne s'altère pas dans ces mêmes dissolutions.

On obtient le *phlorizate de baryum* en mélangeant des solutions de phlorizine et de baryte dans l'esprit de bois ; on lave le précipité qui se forme avec de l'esprit de bois et on sèche à l'abri de l'air. Ainsi préparé, il retient un peu d'esprit de bois et renferme en moyenne 30,01 % de baryte ; la formule $4C^{21}H^{24}O^{10}.5BaO$ exige 30,45 % de baryte. La strontiane se combine également à la phlorizine.

Lorsqu'on ajoute de la phlorizine à un lait de chaux, la chaux se dissout ; en évaporant dans le vide, il reste une masse cristalline jaune qui renferme en moyenne 15,03 % de chaux et dont la composition se rapproche de

$$(C^{21}H^{24}O^{10})^2.H^2O.3CaO.$$

Phlorizate de plomb. — Précipité blanc qui se produit lorsqu'on ajoute de l'acétate basique de plomb à une solution bouillante de phlorizine, cette dernière restant en excès. Sa composition semble être $C^{21}H^{24}O^{10}.3PbO$.

Isophlorizine, $C^{21}H^{24}O^{10}$. — Voyez t. II, p. 155.

Ph. de C.

PHLOROGLUCINE,

$$C^6H^6O^3 = C^6H^3\left\{\begin{array}{l}OH\\ OH\\ OH\end{array}\right.$$

— Cette substance, qu'on regarde généralement comme un triphénol de la benzine, isomère avec l'acide pyrogallique, a été découverte en 1855 par M. H. Hlasiwetz ; ce chimiste l'avait préparée en chauffant la phlorétine avec une solution très-concentrée de potasse :

$$\underset{\text{Phlorétine.}}{C^{15}H^{14}O^5} + H^2O = \underset{\text{Phloroglucine.}}{C^6H^6O^3} + \underset{\text{Acide phlorétique.}}{C^9H^{10}O^3}$$

[*Wien. Akad. Berichte*, t. XVII, p. 382].

Depuis elle a été obtenue dans une foule de réactions : 1° dans l'action de la potasse fondante ou de l'amalgame de sodium en solution alcaline sur la quercitine et sur le morin :

$$\underset{\text{Morin.}}{C^{12}H^{10}O^6} + H^2 = 2C^6H^6O^3$$

[Hlasiwetz, *Ann. der Chem. u. Pharm.*, t. CXII, p. 96 ; *ibid.*, t. CXXIV, p. 358 ; *Répert. de Chim. pure*, 1860, p. 139].

2° Dans l'action de la potasse sur l'acide morintannique (voyez t. II, p. 455) :

$$\underset{\text{Acide morintannique.}}{C^{13}H^{10}O^6} + H^2O = \underset{\text{Phloroglucine.}}{C^6H^6O^3} + \underset{\text{Acide protocatéchique.}}{C^7H^6O^4}$$

[Hlasiwetz et F. Pfaundler, *Ann. der Chem. u. Pharm.*. t. CXXVII, p. 351 ; *Bull. de la Soc. chim.*, 1864, t. I, p. 201].

3° Par la fusion avec la potasse de la catéchine, du kino, du sang-dragon, de la gomme-gutte et de certains phlobaphènes (voyez ce mot) [Hlasiwetz, *Ann. der Chem. u. Pharm.*, t. CXXXIV, p. 118 ; *Bull. de la Soc. chim.*, 1865, t. III, p. 437. — Hlasiwetz et L. Barth, *Ann. der Chem. u. Pharm.*, t. CXXXIV, p. 265, et t. CXXXVIII, p. 61 ; *Bull. de la Soc. chim.*, 1866, t. V, p. 62, et t. VI, p. 338].

4° La scoparine fondue avec la potasse donne de la phloroglucine et de l'acide protocatéchique [Hlasiwetz, *Ann. d. Chem. u. Pharm.*, t. CXXXVIII, p. 190 ; *Bull. de la Soc. chim.*, 1866, t. VI, p. 412] :

$$\underset{\text{Scoparine.}}{C^{21}H^{22}O^{10}} + O^8$$

$$= C^6H^6O^3 + 2C^7H^6O^4 + CO^2 + 2H^2O.$$

5° La lutéoline $C^{20}H^{14}O^8$ et le tannin des marrons d'Inde $C^{26}H^{24}O^{12}$ donnent, sous l'influence de la potasse fondante, de la phloroglucine et de l'acide protocatéchique [Rochleder, *Wien. Akad. Berichte*, t. LIV, 2e part., p. 127 et p. 607; *Bull. de la Soc. chim.*, 1867, t. VIII, p. 122 et 115] :

$$C^{20}H^{14}O^8 + 2H^2O + O^2 = 2C^6H^6O^3 + C^7H^6O^4 + CO^2;$$

$$C^{26}H^{24}O^{12} + O^2 = 2C^6H^6O^3 + 2C^7H^6O^4.$$

6° Le rouge de ratanhia, qui possède la même composition que le tannin de marron, fournit de la phloroglucine et de l'acide protocatéchique (Grabowsky).

7° L'acide filicique (voyez t. I, p. 1462) se dédouble par la potasse en acide butyrique et phloroglucine :

$$C^{14}H^{18}O^5 + 2H^2O = 2C^4H^8O^2 + C^6H^6O^3$$

[A. Grabowsky, *Wien. Akad. Berichte*, t. LV, 2e part., p. 562; *Ann. de Chim. et de Phys.*, (4), t. XIII, p. 481].

8° L'acide filicitannique fondu avec la potasse donne de la phloroglucine et de l'acide protocatéchique.

9° L'extrait du bois jaune renferme, suivant Stein, de la phloroglucine [*Journ. für prakt. Chem.*, t. LXXXIX, p. 495; — Malin, *Wien. Akad. Berichte*, t. LV, 2e part., p. 364].

M. Hlasiwetz classe de la manière suivante les corps qui fournissent de la phloroglucine par dédoublement sous l'influence des alcalis ou des acides concentrés : I. *Phloroglucides* qui ne donnent que de la phloroglucine (phlorétine, quercétine, maclurine, lutéoline, catéchine, acide filicique); II. *Phloroglucosides* qui fournissent en même temps du glucose (phlorizine, quercitrine, robinine, rutine). — Voyez t. I, p. 1573.

Préparation. — 1° On fait dissoudre 30 p. de phlorétine dans environ 200 centimètres cubes d'une lessive de potasse de densité 1,25 et l'on évapore jusqu'à ce que la masse soit devenue épaisse. Après avoir redissous le produit dans l'eau, on y fait passer de l'acide carbonique, on évapore à siccité et l'on reprend le résidu par l'alcool bouillant. Le phlorétate de potassium se dissout, tandis que la phloroglucine reste pour la plus grande partie non dissoute. On dissout ce résidu dans l'eau, on neutralise par l'acide sulfurique, l'on évapore de nouveau et l'on reprend par l'alcool fort. La phloroglucine, qui en présence du carbonate de potassium est insoluble dans ce solvant, entre maintenant en dissolution et on n'a plus qu'à chasser l'alcool et faire cristalliser dans l'eau, pour obtenir des cristaux de phloroglucine. Ceux-ci sont toujours colorés; pour les avoir incolores le meilleur moyen consiste à ajouter à la solution un peu d'acétate de plomb, qui ne précipite pas la phloroglucine, et à faire passer un courant d'hydrogène sulfuré; enfin on la fait cristalliser dans l'éther.

2° On introduit dans 3 p. de potasse en solution très-concentrée 1 p. de quercétine, on évapore et l'on continue à chauffer jusqu'à ce que la masse dissoute dans l'eau se colore en rouge sur les bords. On dissout alors le tout dans l'eau, on neutralise immédiatement par l'acide chlorhydrique; on additionne le liquide d'un quart de volume d'alcool et l'on épuise par l'éther. Ce dernier étant chassé par la distillation, on reprend par l'eau, on ajoute de l'acétate de plomb, qui précipite l'acide quercétique et quelques impuretés; on débarrasse le liquide du plomb qu'il contient; on évapore et l'on purifie la phloroglucine par cristallisation dans l'éther et dans l'eau.

3° On peut se servir avantageusement, pour préparer la phloroglucine, du kino qui en fournit 12 %, lorsqu'on le fond avec de la potasse. On l'isole par un procédé analogue au précédent.

Propriétés et réactions. — La phloroglucine constitue des prismes rhomboïdaux durs, d'une saveur extrêmement sucrée. La solution éthérée évaporée sur le porte-objet du microscope laisse des prismes enchevêtrés et des formes dendritiques très-caractéristiques. Elle est fort soluble dans l'eau, l'alcool et l'éther; mais lorsqu'on évapore un mélange de phloroglucine et de carbonate de potassium, l'alcool ou l'éther n'extraient du résidu que des traces de phloroglucine. La solution est neutre aux papiers réactifs. Les cristaux renferment $C^6H^6O^3 + 2H^2O$; l'eau de cristallisation se dégage à 100°. Les cristaux qui se déposent dans l'éther absolu sont anhydres. Desséchés, ils fondent à 220°, en se colorant légèrement, et se subliment en partie à une température plus élevée.

Par ses réactions, la phloroglucine se rapproche beaucoup de l'orcine. Elle n'est pas altérée par l'acide chlorhydrique et forme avec les alcalis des combinaisons qui se colorent rapidement à l'air; on les obtient sous forme de liquides épais qui cristallisent peu à peu, en mélangeant des solutions alcooliques concentrées de phloroglucine et d'alcalis. A l'air, la solution ammoniacale se colore en brun foncé et finit par devenir entièrement opaque. Les cristaux de phloroglucine se liquéfient dans le gaz ammoniac et se transforment avec perte d'eau en *phloramine* (voyez ce mot) : $C^6H^6O^3 + AzH^3 = C^6H^7AzO^2 + H^2O$.

Les sels métalliques, à part le sous-acétate de plomb, ne précipitent pas la phloroglucine. La combinaison plombique, qu'on obtient sous la forme d'un précipité blanc, en mélangeant des solutions de phloroglucine et de sous-acétate de plomb, renferme

$$C^6H^4PbO^3 + PbH^2O^2.$$

Le nitrate mercureux, le nitrate d'argent ammoniacal et la solution alcaline d'oxyde cuivrique sont réduits par la phloroglucine. Le chlorure de fer la colore en rouge violacé foncé.

Le chlorure de chaux lui communique une teinte jaune rougeâtre fugitive. Le permanganate de potassium la transforme en acide oxalique.

L'acide nitrique la dissout avec une coloration rouge en donnant de la nitrophloroglucine; lorsqu'on opère sans prendre certaines précautions, on obtient de l'acide oxalique.

Traitée en solution aqueuse par le chlore, elle fournit de l'acide dichloracétique [Hlasiwetz et J. Habermann, *Deutsch. Chem. Gesells.*, t. III, p. 486; *Bull. de la Soc. chim.*, 1870, t. XIV, p. 264].

Le brome la convertit en tribromophloroglucine.

Une solution de phloroglucine dissout l'iode sans coloration sensible et le sulfure de carbone n'enlève pas d'iode au liquide; mais lorsqu'on évapore dans le vide, l'iode se sublime et il reste un résidu de phloroglucine.

Chauffée à 140° avec de l'acide iodhydrique d'une densité de 1,5 (avec ou sans phosphore), elle n'est pas réduite, mais fournit un anhydride $C^{12}H^{10}O^5 = 2C^6H^6O^3 - H^2O$, qui forme des écailles insipides, microscopiques, peu solubles dans l'eau ou dans l'alcool chaud, insolubles dans l'éther. Les cristaux renferment 2 molécules d'eau qu'ils perdent à 120° [H. Hlasiwetz, *Wien. Akad. Berichte*, t. LII, 2e part., p. 84].

Les chlorures d'acétyle et de benzoyle transforment la phloroglucine en dérivés substitués.

Lorsqu'on chauffe la phloroglucine avec de l'anhydride phtalique, on obtient une matière jaune (voyez PHTALÉINE) [A. Baeyer, *Deutsch. Chem. Gesells.*, t. IV, p. 664].

Une solution assez concentrée de phloroglucine additionnée d'une solution de sulfate acide de quinine dépose de longues aiguilles groupées concentriquement, qu'on peut faire cristalliser dans l'eau bouillante. Cette combinaison renferme

$$C^{20}H^{24}Az^2O^2,SO^4H^2 + C^6H^6O^3 + 2H^2O$$

[Hlasiwetz, *loc. cit.*].

DÉRIVÉS DE LA PHLOROGLUCINE.

Acétylphloroglucine. — Le chlorure d'acétyle réagit déjà à la température ordinaire sur la phloroglucine : on chasse l'excès de réactif et l'on fait cristalliser dans l'alcool le résidu blanc cristallin. On obtient ainsi de petits prismes incolores, possédant la composition de l'acétylphloroglucine; l'analyse ne peut décider si c'est un dérivé mono-, bi- ou triacétylé, car ces trois corps possèdent la même composition centésimale.

Amide de la phloroglucine. — Voyez PHLORAMINE.

Benzoylphloroglucine, $C^6H^3(C^7H^5O)^3O^3$. — Le produit de l'action du chlorure de benzoyle sur la phloroglucine est solide et cristallin. On le purifie par une ébullition avec l'alcool, dans lequel il est presque insoluble. Lamelles blanches brillantes, possédant la composition du dérivé tribenzoïque [Hlasiwetz et Pfaundler, *loc. cit.*].

Nitrophloroglucine, $C^6H^5(AzO^2)O^3$ [H. Hlasiwetz et Pfaundler, *Ann. der Chem. u. Pharm.*, t. CXIX, p. 199; *Répert. de Chim. pure*, 1861, p. 459]. — On introduit peu à peu avec précaution la phloroglucine dans de l'acide azotique un peu étendu et légèrement chauffé. La solution rouge foncé dépose par le refroidissement des cristaux groupés en mamelons, qui après une cristallisation dans l'eau se présentent sous la forme de lamelles orangées d'un goût amer, et possèdent la composition d'un dérivé mononitré.

Tribromophloroglucine, $C^6H^3Br^3O^3$. — Lorsqu'on verse goutte à goutte du brome dans une solution concentrée de phloroglucine, jusqu'à ce que la coloration du premier ne disparaisse plus, on obtient le dérivé tribromé sous la forme d'un précipité cristallin très-abondant. Il se dépose dans l'eau bouillante en longues aiguilles peu solubles dans l'eau froide, fort solubles dans l'alcool et dans les alcalis. Les cristaux renferment 3 molécules d'eau, qu'ils perdent en partie en devenant opaques à la température ordinaire, complétement à 100°.

Acide sulfophloroglucique (trioxyphénylsulfureux),

$$C^6H^6SO^6 = C^6H^2\left\{\begin{matrix}SO^3H\\(OH)^3.\end{matrix}\right.$$

— On l'obtient en traitant la phloroglucine par l'acide sulfurique fumant, neutralisant le produit par du carbonate de baryum et évaporant le liquide filtré, qui renferme le sel de baryum. L'acide libre est cristallin; ses sels alcalins et alcalino-terreux sont très-solubles; celui de potassium cristallise dans l'alcool étendu en longues aiguilles aplaties. L'eau de baryte et le chlorure ferrique colorent l'acide en violet foncé.

Par l'action de l'oxychlorure de phosphore, l'acide sulfophloroglucique subit une déshydratation intéressante : 2 molécules d'acide perdent 1 molécule d'eau en se transformant en une substance qui se rapproche par ses propriétés de l'acide tannique.

Dans la réaction, il se dégage de l'acide chlorhydrique; il y a dépôt d'acide métaphosphorique et formation d'une poudre amorphe légèrement colorée; on chauffe au bain d'huile pour chasser l'excès d'oxychlorure, on lave à l'éther anhydre, ensuite à l'eau glacée, et deux fois à l'eau ordinaire. Finalement on laisse digérer le résidu pendant quelques heures avec de l'eau à 50-60° : la majeure partie se dissout et peut être précipitée de nouveau par l'acide chlorhydrique. Ce produit, qu'on purifie complétement en le dissolvant une seconde fois dans l'eau et précipitant incomplétement par l'acide chlorhydrique, renferme $C^{12}H^{10}S^2O^{11} = 2C^6H^6SO^6 - H^2O$. On obtient ainsi une poudre jaunâtre, très-soluble dans l'eau; la solution aqueuse possède une saveur astringente et se comporte avec l'albumine, la gélatine, les alcaloïdes, les acides, les sels, l'iodure d'amidon, etc., comme le *tannin;* chauffé avec les acides étendus, il régénère l'acide sulfophloroglucique.

Indépendamment de cette substance tannique, on obtient des produits moins solubles qui paraissent provenir d'une déshydratation plus profonde; Schiff en a analysé un dont la composition se rapproche de la formule $C^{12}H^8S^2O^{10}$, et qui régénère l'acide sulfophloroglucique par l'ébullition avec les acides étendus [H. Schiff, *Deutsch. Chem. Gesells.*, 1873, t. VI, p. 26].

CONSTITUTION DE LA PHLOROGLUCINE. — Quoiqu'on n'ait jamais obtenu cette substance en partant de la benzine, on la considère généralement comme un triphénol de la série benzénique

$$C^6H^3\left\{\begin{matrix}OH\\OH\\OH\end{matrix}\right.$$

On se base principalement sur l'existence d'un dérivé tribenzoïque, d'un dérivé tribromé et surtout sur l'analogie des réactions colorées de la phloroglucine avec celles de l'orcine. MM. Hlasiwetz et Habermann opposent à cette manière de voir la facile décomposition par le chlore en présence de l'eau et le rapprochent des sucres non fermentescibles. Ils établissent la formule suivante :

$$\begin{matrix}HC\text{-}COH\\HC\text{-}COH\\HC\text{-}COH\end{matrix}$$

Nous ne croyons pas fondée la supposition de MM. Hlasiwetz et Habermann; un corps de cette formule serait non saturé et trois fois aldéhyde et ne résisterait pas à l'action de la potasse, comme le fait la phloroglucine. De plus, nous ne voyons pas comment il pourrait donner un dérivé tribenzoïque. La solubilité du dérivé tribromé dans la potasse confirme d'ailleurs la nature phénolique de la phloroglucine. A. H.

PHLOROL (*alcool phlorylique*),

$$C^8H^{10}O = C^6H^3\left\{\begin{matrix}(CH^3)^2\\OH.\end{matrix}\right.$$

— Suivant M. Marasso, la portion de la créosote du goudron de hêtre bouillant de 217° à 220° est un mélange de phlorol et de créosol (éther monométhylique de l'homopyrocatéchine). Par un traitement à l'acide iodhydrique, on décompose le créosol et on peut alors isoler le phlorol par distillation. A l'état de pureté, c'est un liquide oléagineux, incolore, bouillant à 220° [S. Marasse, *Ann. der Chem. u. Pharm.*, t. CLII, p. 75; *Bull. de la Soc. chim.*, 1869, t. XII, p. 410].

PHLORONE, $C^8H^8O^2$ [Rommier et Bouilhon, *Compt. rend. de l'Acad.*, t. LV, p. 214; — Gorup Besanez et v. Rad, *Zeitsch. für Chem.*, nouv. sér., t. IV, p. 560, et *Bull. de la Soc. chim.*, 1869, t. XI, p. 491; — A. von Rad, *Ann. der Chem. u. Pharm.*, t. CLI, p. 158, et *Bull. de la Soc. chim.*,

1870, t. XIII, p. 72]. — Ce composé, homologue de la quinone, a été découvert par MM. Rommier et Bouilhon en distillant 2 p. de créosote brut de goudron de houille (passant entre 195° et 200°, probablement le crésylol) avec 3 p. d'acide sulfurique et ajoutant de temps en temps du peroxyde de manganèse. Il distille un liquide jaune d'où se séparent des gouttelettes huileuses de phlorone, qui se solidifient; on purifie la matière par compression entre des doubles de papier, et recristallisation dans l'eau à la température de 62°.

Quand on dissout la phlorone brute dans l'eau à 62°, il reste une portion insoluble, qu'on peut faire cristalliser dans l'eau bouillante, et qui est en petites aiguilles fusibles à 125°; les auteurs la désignent sous le nom de *métaphlorone*. Gorup Besanez et Rad ont obtenu également de la phlorone en oxydant la créosote du goudron de hêtre qui renferme du créosol (dérivé méthylé de l'homopyrocatéchine), $C^8H^{10}O^2$, par l'acide sulfurique et le peroxyde de manganèse. Suivant v. Rad, on obtient la phlorone de la créosote du goudron de houille en dissolvant la portion bouillant entre 190° et 220° dans 3 p. d'acide sulfurique concentré, étendant, après 24 heures, le mélange sirupeux de 6 volumes d'eau et traitant par le bioxyde de manganèse dans une grande cornue. On chauffe, et bientôt il se manifeste une réaction énergique accompagnée d'un dégagement d'acide carbonique; on retire le feu, qu'on remet dès que la réaction s'est calmée. Il se sublime des cristaux de phlorone, et il passe une solution aqueuse de phlorone. On agite celle-ci avec de l'éther, on évapore l'éther, on réunit les cristaux, on les comprime, et on les purifie par sublimation au bain-marie.

L'auteur s'est assuré par une expérience directe que la phlorone dérive du crésylol C^7H^8O renfermé dans la créosote du goudron de houille et non du xylénol qu'elle contient également. On comprend difficilement comment le crésylol fournit par oxydation une quinone dont la molécule renferme plus de carbone. Cependant il se passe peut-être ici un phénomène analogue à celui étudié par M. Carius, qui a trouvé de l'acide benzoïque et même de l'acide téréphtalique parmi les produits d'oxydation de la benzine. Il y aurait lieu d'examiner quelle quinone on obtiendrait avec le crésylol solide, qu'on peut avoir pur de toute substance étrangère.

La phlorone forme de longues aiguilles jaunes, solubles dans l'alcool, difficilement solubles dans l'eau froide, présentant l'odeur de la quinone. Elle est plus dense que l'eau, et se volatilise avec les vapeurs aqueuses. Ses solutions sont jaunes et colorent la peau en jaune. Elle fond au-dessus de 100° (v. Rad); à 61-62° et la métaphlorone fond à 125° (Rommier et Bouilhon).

L'acide chlorhydrique concentré la dissout à l'ébullition en la transformant en chlorhydrophlorone $C^8H^9ClO^2$; le chlorure stanneux et l'acide sulfureux la convertissent en hydrophlorone $C^8H^{10}O^2$. Le chlore sec la transforme en deux dérivés chlorés.

Chlorophlorone, $C^8H^7ClO^2$, et Dichlorophlorone, $C^8H^6Cl^2O^2$ (v. Rad). — Lorsqu'on dirige un courant de chlore sec sur de la phlorone, celle-ci se liquéfie; on chauffe légèrement en continuant le courant de chlore, tant qu'il se dégage de l'acide chlorhydrique. On reprend le produit par l'alcool bouillant, qui dépose un mélange d'aiguilles et de lamelles. On traite ce mélange par l'alcool froid qui dissout les aiguilles formées de monochlorophlorone, tandis qu'il laisse les lamelles de dichlorophlorone, qu'on fait recristalliser dans l'alcool bouillant.

La *monochlorophlorone* fond au-dessous de 100°; elle est soluble dans l'éther et dans l'acide acétique. Les alcalis et les acides la colorent en jaune ou en brun. L'acide sulfureux la transforme en *chlorohydrophlorone*, $C^8H^9ClO^2$.

La *dichlorophlorone* est en lamelles très-peu solubles dans l'alcool froid, solubles dans l'éther, et que l'acide sulfureux transforme en dichlorohydrophlorone, $C^8H^8Cl^2O^2$.

Hydrophlorone, $C^8H^{10}O^2$ (v. Rad). — On l'obtient en dirigeant un courant d'acide sulfureux dans de l'eau tenant de la phlorone en suspension; elle se présente sous l'aspect de lamelles nacrées, incolores, fusibles et sublimables. L'ammoniaque colore sa solution en brun. Elle réduit l'azotate d'argent et l'acétate de cuivre. Par l'ébullition avec le chlorure ferrique ou l'acide azotique, elle se convertit en phlorone.

Chlorhydrophlorone, $C^8H^9ClO^2$. — On l'obtient par l'action de l'acide chlorhydrique bouillant sur la phlorone, ou par celle de l'acide sulfureux sur la chlorophlorone. Cristallisé dans l'eau, il est en aiguilles soyeuses, incolores, solubles dans l'alcool et dans l'éther; fusibles et sublimables en lamelles brillantes, mélangées d'aiguilles violettes. Le chlorure ferrique la colore en violet, les alcalis en brun; elle réduit l'acétate de cuivre.

Dichlorhydrophlorone, $C^8H^8Cl^2O^2$. — Préparée par l'action de l'acide sulfureux sur la dichlorophlorone, elle est en cristaux incolores, solubles dans l'eau bouillante et dans l'acide acétique, se sublimant avec décomposition partielle. Elle réduit à chaud l'azotate d'argent et l'acétate de cuivre. Le chlorure ferrique donne un précipité violet.

Si la formule de la phlorone est exacte, elle doit constituer la diméthylquinone ou l'éthylquinone,

$C^6H^4(O^2)''$	$C^6H^2\begin{cases}(CH^3)^2\\(O^2)''\end{cases}$	$C^6H^3\begin{cases}C^2H^5\\(O^2)''\end{cases}$
Quinone.	Diméthylquinone.	Éthylquinone.

E. G.

PHOCÉNINE [Syn. de *Valérine*]. — Voyez t. I, p. 1587.

PHOCÉNIQUE (ACIDE). — Nom donné par M. Chevreul à l'acide valérique qu'il avait retiré de l'huile de dauphin.

PHŒNICITE (Min.) [Syn. *Phénicochroïte, mélanochroïte*]. — Chromate de plomb basique,

$$2CrO^3, 3PbO.$$

Cristaux tabulaires, clivables dans une seule direction et probablement orthorhombiques, d'un éclat résineux ou adamantin, d'une couleur rouge-cochenille ou hyacinthe, devenant d'un jaune-citron à l'air. Translucide ou opaque. Se trouvant dans un calcaire à Bérésow (Oural), avec chrocoïse, vauquelinite, pyromorphite, etc.

Caractères. — Au chalumeau, fond facilement en une masse noire cristallisant par le refroidissement. Au feu de réduction sur le charbon, donne un globule de plomb; avec les flux, réactions du chrome.

Dureté, 3 à 3,5. Poussière rouge-brique.

Densité, 5,75. F. et S.

PHŒSTINE ou **PHAESTINE** (Min.). — Bronzite altérée, d'un éclat perlé, d'une couleur gris jaunâtre. Très-tendre, en lames foliacées, trouvée à Kupferberg (Bavière) et à Einsiedel (Bohême).

Densité, 2,8.

PHOLÉRITE (Min). — Hydrosilicate d'alumine, dont la composition assez variable a été exprimée par la formule $2Al^2O^3, 3SiO^2, 4H^2O$; elle se rapproche de la kaolinite (voyez ce mot), qui peut y être rapportée au moins en partie; elle renferme aussi des traces de chaux et de fer; se présente en lamelles rhombiques ou hexagonales ou en masses granulaires, fibreuses ou amorphes, d'un éclat nacré. Parfois les lamelles sont assez étendues et assez transparentes pour présenter les caractères optiques des substances orthorhombiques. Leur couleur est blanche, grise, jaunâtre, verdâtre; elle est douce au toucher et happe à la langue. On la trouve à Fuis (Allier), à Rive-de-Gier (Loire), dans les fentes des schistes houillers, à Mons (Belgique), à Lodève (Hérault), à Naxos, avec émeril, à Schemnitz (Hongrie), à Tamaqua (Pensylvanie).

Caractères. — Inattaquable aux acides. Dans le tube, donne de l'eau; infusible au chalumeau. Avec l'azotate de cobalt, donne une coloration bleue.

Dureté, 1 à 2,5; densité, 2,34 à 2,57.

Forme cristalline.—Orthorhombique. F. et S.

PHONITE (Min.). — Substance d'un jaune-brun, venant de Norwége et ayant beaucoup d'analogie avec l'éléolithe.

PHORONE [Syn. *Camphorone, camphoryle* (Laurent)], $C^9H^{14}O$. — Ce corps a été considéré généralement comme une acétone; néanmoins ses propriétés et sa fonction auraient besoin d'être déterminées avec plus de précision. Il a été obtenu par la distillation sèche du camphorate de calcium, $C^{10}H^{14}O^4Ca = CO^3Ca + C^9H^{14}O$.

Il est bon d'opérer par petites portions. La phorone s'isole des produits accessoires par distillation fractionnée [Laurent, *Ann. de Chim. et de Phys.*, (2), t. LXV, p. 329; — Gerhardt et Liès Bodart, *Compt. rend. des trav. de Chim.*, 1849, p. 385].

Le glucose distillé avec la chaux a fourni de la phorone bouillant à 208°, en même temps qu'un liquide commençant à bouillir à 86° et identique avec la métacétone de M. Fremy. Un sirop extrait des baies de sorbier mûres a donné également de la phorone par distillation avec la chaux [Liès Bodart, *Compt. rend.*, t. XLIII, p. 394]. Ces réactions se rattachent à la suivante, le glucose fournissant de l'acétone par l'action de la chaux.

La phorone se produit également quand on distille l'acétone avec la chaux; il y a condensation de 3 molécules d'acétone avec perte d'eau :

$$3C^3H^6O = C^9H^{14}O + 2H^2O.$$

Le produit brut renferme avec la phorone l'oxyde de mésityle, $C^6H^{10}O$, bouillant à 120°, que l'on en sépare par distillation [Fittig, *Ann. der Chem. u. Pharm.*, t. CX, p. 33].

Daprès M. Baeyer, la meilleure manière de transformer l'acétone en phorone consiste à la saturer d'acide chlorhydrique et à l'abandonner pendant 8 ou 15 jours. L'addition de l'eau sépare alors une huile brune formée en grande partie de combinaisons chlorhydriques de l'oxyde de mésityle et de la phorone. On décompose ces dernières par la potasse alcoolique, en ajoutant celle-ci peu à peu et avec précaution, jusqu'à ce que le mélange ne s'échauffe plus et en séparant ensuite par l'addition d'eau la partie huileuse.

L'huile est traitée une deuxième fois par la potasse alcoolique et par l'eau; elle est formée en grande partie d'oxyde de mésityle et de phorone mêlés à des produits de condensation bouillant à une température plus élevée [*Ann. der Chem. u. Pharm.*, t. CXL, p. 297].

Il est fort douteux que la phorone de l'acétone soit identique avec celle de l'acide camphorique.

Lorsqu'on distille la métacétone avec l'anhydride phosphorique, on obtient de la phorone [Liès Bodart, *Compt. rend.*, t. XLIII, p. 396].

Propriétés. — La phorone constitue un liquide incolore ou jaunâtre, très-mobile, d'une odeur camphrée, plus léger que l'eau, dans laquelle il est insoluble. Elle bout à 208°. Sa densité de vapeur = 4,98. Théorie = 4,78.

D'après M. Baeyer, la phorone dérivée de l'acétone bout à 196°, cristallise en gros prismes fusibles à 28°. Elle ne se colore pas à l'air. Elle a une odeur de géranium.

Elle est soluble dans l'alcool et dans l'éther. Elle ne se combine pas aux bisulfites alcalins [Limpricht, *Ann. der Chem. u. Pharm.*, t. XCIV, p. 246]. Elle ne se combine ni aux acides, ni aux alcalis. Elle brunit à l'air. Elle se dissout dans l'acide sulfurique concentré en lui donnant une couleur rouge de sang. L'eau la sépare en grande partie de cette solution.

L'acide azotique agit vivement sur elle en produisant une matière résineuse, analogue à celle que donne l'acétone. La chaux potassée mélangée avec la phorone s'échauffe et paraît s'y combiner; on peut chauffer le mélange à 20° ou 30° au-dessus du point d'ébullition de la phorone sans qu'il passe aucun liquide; mais à 240°, il s'opère une réaction particulière qui a pour effet la distillation d'une huile incolore, paraissant différente de la phorone. La chaux potassée ne renferme aucun acide particulier, mais seulement un produit résineux.

L'anhydride phosphorique attaque vivement la phorone et fournit une huile, C^9H^{12}, ayant l'odeur et sensiblement le point d'ébullition du cumène, de même que la plupart de ses propriétés.

Le perchlorure de phosphore transforme la phorone en chlorure de phoryle, $C^9H^{13}Cl$; ce dernier produit est une huile plus légère que l'eau, d'une odeur très-agréable, bouillant vers 175°. Ce chlorure dissous dans l'alcool, saturé d'ammoniaque et chauffé en vase clos, paraît fournir un composé $C^9H^{15}Az.HCl$. Le chlorure traité par la potasse alcoolique régénère la phorone (Baeyer).

Le potassium est sans action à froid; à chaud, il se dégage de l'hydrogène et il se forme un produit que M. Liès Bodart regarde comme ayant la composition $C^9H^{13}KO$.

Le chlore et le brome fournissent des produits de substitution.

L'amalgame de sodium réduit la phorone en donnant une matière résineuse.

Le chlorure de zinc et l'anhydride phosphorique détruisent presque entièrement la phorone (de l'acétone) à chaud; la petite quantité de matière volatile qui se dégage est détruite à son tour par l'action du sodium et renferme sans doute de l'oxygène. On n'a pas réussi à obtenir du cumène (Baeyer).

Le zinc-éthyle paraît agir sur la phorone comme sur l'acétone et fournit des produits de condensation, à point d'ébullition élevé. C. F.

PHOSÈNE, $C^{14}H^{10}$(?). — Fritzsche a donné ce nom à un hydrocarbure isomérique avec l'anthracène (*photène* de Fritzsche) et qui accompagne celui-ci dans le goudron de houille; il est plus soluble que l'anthracène et reste par conséquent dans les eaux mères provenant de la purification de l'anthracène brut. Par plusieurs cristallisations fractionnées dans l'huile de houille, on sépare des produits de points de fusion différents; pour isoler le phosène, on expose aux rayons solaires la solution des produits fondant vers 193°; le phosène se convertit en *paraphosène* insoluble, qu'on n'a qu'à séparer et à fondre pour régénérer le phosène.

Ce carbure forme des lamelles possédant une fluorescence violette, moins marquée que celle de l'anthracène; à l'état fondu, il montre une fluorescence bleu foncé. Il est plus soluble dans l'alcool, l'éther et l'huile de houille que l'anthracène; il fond à 193°. Traité par l'acide azotique, il donne de l'*oxyphosène binitré* qui s'unit directement avec les carbures d'hydrogène, comme l'anthraquinone binitrée (t. I, p. 1053).

La combinaison de phosène et d'anthraquinone binitrée forme des plaques clinorhombiques isomorphes avec les cristaux que donne l'anthracène avec le réactif de Fritzsche; rapport des axes : 0,904 : 1 : 0,714; angle des axes : 79°45'. Elle est rouge-brun [Fritzsche, *Bull. de l'Acad. de Petersb.*, t. XIII, p. 531; *Bull. de la Soc. chim.*, 1869, t. XII, p. 415].

Fritzsche avait avancé que, dans la réduction de l'alizarine par la poudre de zinc, l'anthracène ne se forme pas seul, mais qu'il est mélangé avec une certaine proportion de phosène; MM. Graebe et Liebermann, ayant même opéré sur d'assez grandes quantités d'alizarine, n'ont pu constater ce fait. Les propriétés du phosène diffèrent peu de celles de l'anthracène et l'existence de ce carbure n'est pas suffisamment démontrée. A. H.

PHOSGÉNITE (Min.) [Syn. *Plomb corné, plomb chlorocarbonaté, kérasine, galéno-cératite, cromfordite*]. — Chlorocarbonate de plomb,

$$Pb^2CO^3Cl^2 = CO^3(PbCl)^2.$$

Beaux cristaux ou aiguilles cristallines d'un vif éclat adamantin, d'une couleur blanche ou jaune; transparent ou translucide, tendre, pouvant être coupé au couteau, se trouvant à Crawford, près de Matlock (Derbyshire), à Gibbas et à Monteponi (Sardaigne); on en trouve aussi dans des minerais de plomb venant d'Espagne.

Caractères. — Décomposable par l'eau à chaud en laissant un résidu de carbonate de plomb; soluble dans l'acide azotique avec effervescence. Au chalumeau fond facilement en un globule jaune qui par le refroidissement devient blanc et cristallin. Sur le charbon donne un globule de plomb; avec le sel de phosphore et l'oxyde de cuivre, réaction du chlore.

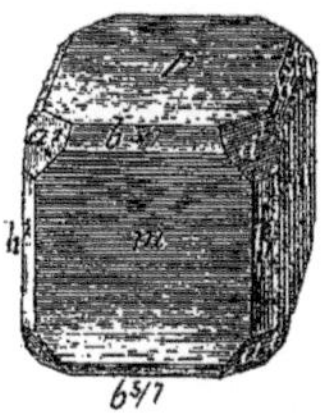

Dureté, 2,75 à 3. Poussière blanche.

Densité, 6 à 6,31.

Fig. 479. — Phosgénite.

Forme cristalline. — Prisme quadratique; angles : $b^{1/2}$, $b^{1/2}$ = 107° 17' (arête culminante). Faces dominantes : m, p, h^1, h^2, $b^{1/2}$, a^3. Clivages : h^1, p. F. et S.

PHOSPHAM. — Voyez t. II, p. 978.

PHOSPHAMIDES. — Voyez t. II, p. 978.

PHOSPHAMIQUE. — Voyez t. II, p. 979.

PHOSPHANILIDES. — Voyez PHÉNYLAMINE, t. II, p. 846.

PHOSPHATES (EMPLOI AGRICOLE DES). — Depuis l'époque à laquelle nous avons inséré dans le *Dictionnaire* l'article ENGRAIS, de nombreux gisements de phosphates ont été découverts dans diverses localités; de plus, les procédés de fabrication des superphosphates ont été mieux étudiés et rendus plus faciles; l'exposé des faits nouveaux relatifs à l'emploi agricole des phosphates fait l'objet de cet article.

Gisement des nodules de phosphate de calcium en Russie. — Les géologues qui ont exploré le sol de la Russie d'Europe y ont signalé depuis longtemps déjà une pierre noirâtre abondante, particulièrement dans les environs des villes de Koursk et de Voronèje où elle servait depuis un temps immémorial aux constructions; la première analyse de cette pierre date de 1858, elle est due à M. Chodnef, professeur de chimie à Saint-Pétersbourg. Cette analyse démontra que la pierre noire renfermait une proportion notable d'acide phosphorique. Ce n'est cependant qu'en 1866 que M. Engelhardt, professeur à Saint-Pétersbourg, fut chargé par son gouvernement d'explorer les gisements de ce précieux engrais. M. Yermoloff, à qui nous empruntons les éléments de cet article [*Journal d'agriculture pratique*, 1872, t. I, p. 660], accompagnait M. Engelhardt dans cette exploration.

On reconnut facilement que le *samorod* russe est identique avec les nodules ou pseudo-coprolithes exploités en Angleterre et en France depuis une quinzaine d'années; le gisement des phosphates fossiles s'est trouvé être en Russie presque semblable à celui qu'ils affectent dans l'Europe occidentale. Les phosphates se trouvent le plus généralement dans les assises du terrain crétacé correspondant à la formation du grès vert; toutefois il en a été signalé d'autres gisements moins considérables, il est vrai, dans des terrains *tertiaire, jurassique* et même silurique. Dans le terrain crétacé, le phosphate apparaît le plus souvent comme couche subordonnée à la craie blanche; d'autres fois, c'est au-dessous du grès vert qu'on le découvre, encaissé dans une masse de sable verdâtre; d'autres fois encore, c'est à la surface même du sol que l'on trouve les nodules de phosphates disséminés en masse dans la couche de terre arable. Le terrain crétacé forme, dans la Russie méridionale, une espèce de bassin, dont le côté nord a seul été exploré, et c'est précisément dans cette direction, là où le terrain crétacé fait place aux terrains jurassique et dévonien, que l'on a découvert les gisements les plus riches et les plus favorables à l'exploitation.

L'étendue de terrain, entre le Dnieper et le Volga, sur laquelle s'étend la zone phosphatée principale est immense, elle n'embrasse pas moins de *20 millions d'hectares*.

La forme que le phosphate assume varie considérablement; il en est de même de l'épaisseur des couches, de la profondeur à laquelle elles se trouvent au-dessous du sol et même du nombre des couches superposées de phosphate; seule la composition chimique de la matière est presque partout uniforme. Le phosphate de calcium se présente le plus souvent sous la forme de nodules ou rognons pareils à ceux que l'on trouve dans les Ardennes, de grandeur très-différente, noirs, bruns, gris, verdâtres, etc. Quelquefois aux environs de Koursk, de Voronèje, de Tambof, par exemple, le phosphate assume la forme de schistes, il apparaît en blocs massifs presque semblables à de la pierre de taille, mais qui ne sont rien autre qu'une agglomération de gros nodules, réunis entre eux par une espèce de ciment; c'est principalement sous cette dernière forme que le phosphate de calcium est employé comme pierre de construction et de pavage.

La richesse en acide phosphorique des nodules russes est à peu près semblable à celle des nodules des Ardennes; ils renferment en moyenne 20 % d'acide phosphorique.

Voici au reste la composition de quelques échantillons :

N° 1. Débris d'un bloc de phosphates des environs de Koursk (analyse du professeur Claus).

N° 2. Nodules des environs de Spask (analyse de M. Yermoloff).

N° 3. Nodules des environs de Spask (analyse de M. Yermoloff).

N° 4. Débris d'un bloc de phosphate provenant d'un des plus riches gisements du gouvernement de Tambof (analyse de M. Yermoloff).

N° 5. Os fossile provenant du même gisement (analysé par les élèves de l'Institut agricole de Saint-Pétersbourg).

N° 6. Bois fossile trouvé dans les couches de phosphates aux environs de Spask (analyse du professeur Engelhardt).

N° 7. Nodules et débris organiques venant des

couches de phosphate du gouvernement d'Orel (analysé par les élèves de l'Institut).

N° 8. Pour comparaison, analyse d'un nodule des Ardennes de Dehérain.

	I.	II.	III.	IV.	V.	VI.	VII.	VIII.
	Pour 100.	Pour 100.	Pour 100.	Pour 100.	Pour 100.	Pour 100.	Pour 100.	Pour 100.
Argile et sable	50,00	9,50	59,70	35,50	1,45	»	7,10	33,40
Acide phosphorique	13,60	27,48	12,63	20,26	31,76	35,23	29,84	20,80
Acide carbonique	3,45	3,93	1,98	»	»	3,44	6,06	»
Acide sulfurique	0,86	1,08	0,44	0,85	»	»	1,39	»
Chaux	21,00	42,00	18,54	29,07	48,53	51,90	47,99	22,50
Magnésie	0,65	0,40	»	»	1,48	»	0,47	3,00
Oxyde de fer et alumine	2,20	3,19	»	3,47	0,32	1,15	0,89	3,80

Les gisements de phosphate commencent à être exploités en Russie; une maison établie à Riga en exporte déjà avec avantage dans les provinces baltiques; on estime que le prix de revient sur les lieux de production est compris entre 3 et 6 fr. la tonne selon les localités.

Il faudra sans doute encore quelques années pour que les cultivateurs russes utilisent ce précieux engrais, mais il était important de constater que la Russie est en possession d'un gisement d'une abondance extraordinaire, capable non-seulement de fournir à l'agriculture nationale tous les phosphates dont elle aura besoin pendant des siècles, mais encore d'en livrer à toute l'Europe aussitôt que le besoin s'en fera sentir.

Chaux phosphatée terreuse des départements de Tarn-et-Garonne et du Lot. — La chaux phosphatée terreuse a été découverte d'abord à la Caussade, près de Caylus, par M. Poumarède, mort récemment. Ce ne fut qu'au mois de décembre 1870 qu'on commença l'exploration.

La chaux phosphatée, dit M. Daubrée [*Compt. rend.*, t. LXXIII, p. 1028], appartient ici à des variétés dépourvues de cristallisation, c'est-à-dire à celles qui sont désignées sous le nom de *phosphorites*, pour les distinguer de l'apatite qui est cristallisée et qui est d'ailleurs caractérisée par une proportion atomique constante de chlore et de fluor; le plus ordinairement elle est blanchâtre et pâle, quelquefois aussi colorée en gris, en jaune et en rouge.

A part les masses compactes, comme la variété qu'on a désignée sous le nom d'*ostéolite,* cette chaux phosphatée offre fréquemment une masse concrétionnée très-caractéristique. Parfois ce sont des formes mamelonnées à couches concentriques, rappelant tout à fait les travertins que certaines sources incrustantes déposent dans leur bassin ou encore l'albâtre calcaire dite onyx qui s'est produite autrefois, par exemple dans la province d'Oran, non loin de Tlemcen.

Sur d'autres points, la chaux phosphatée rappelle tout à fait certaines agates, tant par la nuance que par la faible épaisseur des zones alternantes; sur un centimètre, on peut distinguer trente ou quarante de ces dépôts successifs. Il n'est pas rare que le phosphate possède l'éclat et même la nuance de certains quartz résinites (Pendaré, près de Caylus et Coucets, département du Lot).

Ailleurs, c'est sous forme de rognons que s'est déposée la chaux phosphatée, par exemple à Cos, près de Caylus. Tantôt ces rognons sont pleins et avec une cassure fibreuse rappelant celle de l'aragonite; tantôt ils offrent des gerçures comme les rognons de fer carbonaté connus depuis longtemps sous le nom de *septaria*; tantôt ces rognons sont creux, et alors ils peuvent être mamelonnés intérieurement ou contenir un noyau non adhérent, comme les rognons de minerai de fer désignés sous le nom d'*œtites*. Leur dimension varie ordinairement de un à plusieurs centimètres.

Enfin, pour donner une idée de l'aspect que la phosphorite revêt très-fréquemment dans les gîtes, il convient d'ajouter que cette substance, par ses cavités irrégulières et cloisonnées et par sa structure, ressemble beaucoup à la calamine de diverses localités.

On doit à M. Bobierre une analyse de différentes variétés des chaux phosphatées de Caylus. Il a trouvé pour 100 p. [*Compt. rend.*, 1871, t. LXXIII, p. 1361]:

	I.	II.	III.	IV.	V.	VI.	VII.	VIII.
Sable siliceux	1,0	4,70	12,7	12,6	3,0	1,6	1,4	0,93
Acide phosphorique	33,0	32,04	36,48	36,84	36,8	37,1	37,0	38,32
Chaux totale	54,47	»	»	»	»	»	51,50	»
Complément représentant l'eau volatile au rouge, le fluor, le chlore, l'acide carbonique, les oxydes de fer et de manganèse	9,53						10,1	11,83
	100,00						100,0	100,00
Phosphate de calcium tribasique, correspondant à l'acide phosphorique.	82,6	71,16	79,3	77,9	80,0	»	80,4	83,3

Observations. — Les résultats de la colonne VIII ont été obtenus par l'essai de huit échantillons. L'ensemble du tableau se rapporte donc à quinze analyses. L'acide phosphorique a toujours été dosé à l'état de phosphate ammoniaco-magnésien.

Fabrication des superphosphates. — Nous avons indiqué, à l'article ENGRAIS, l'emploi considérable qu'on fait en Angleterre des phosphates traités par les acides; cet emploi s'est propagé en France pendant ces dernières années et la fabrication des superphosphates a été l'objet d'études intéressantes que nous résumerons dans ce paragraphe, d'après une note publiée par M. Millot [*Bull. de la Soc. chim.*, 1872, t. XVIII, p. 13].

Quand on attaque exclusivement les nodules par l'acide sulfurique, on obtient, par le séchage à l'air libre, une masse compacte, dure et qui nécessite un nouveau broyage avant l'épandage. Aussi n'a-t-on guère employé les coprolithes dans cette fabrication qu'en mélange avec des os, des noirs ou des phosphorites riches en phosphates et pauvres en carbonate de calcium. Ces matières, attaquées seules par l'acide sulfurique, donnent des masses pâteuses très-difficiles à sécher. En les mélangeant dans la proportion de 2 p. d'os ou d'apatite riche pour 1 p. de coprolithes en poudre, le séchage est plus lent et on évite sensiblement la prise des produits.

Un mélange de 60 p. d'acide sulfurique et de 15 p. d'acide chlorhydrique employé pour 100 p. de poudre de nodules donne aussi un produit qui se sèche lentement et qui ne durcit pas, le chlorure de calcium formé maintient la masse humide plus longtemps et empêche la prise du plâtre.

Phosphates rétrogradés. — Les transactions sur les superphosphates s'établissent d'après la richesse des produits en acide phosphorique soluble, auquel on attribue habituellement une valeur de 1 franc par kilo ; mais les fabricants ont bientôt rencontré une difficulté qui n'est pas encore complétement levée ; on a remarqué, en effet, que si on analyse à quelques jours de distance un superphosphate, on trouvait que la quantité de phosphate soluble diminuait rapidement; ainsi M. Millot a reconnu que :

100 kilogrammes de poudre de nodules qui avaient fourni 160 kilogrammes de superphosphate contenaient à la fin de l'opération

Acide phosphorique	soluble.....	15,70
— —	insoluble...	4,00

Six semaines plus tard, les produits étaient sensiblement secs, le même mélange pesait 150 kilogrammes et contenait

Acide phosphorique	soluble.....	9,00
— —	insoluble...	10,70

Pour éviter cette rétrogradation, M. Millot conseille d'employer des poudres très-bien blutées, de façon à obtenir une attaque complète de tout le produit; on détermine ainsi la formation, non pas de phosphate acide de calcium comme on le pense généralement, mais bien d'acide phosphorique libre, ainsi que nous l'avons nous-même reconnu depuis longtemps [*Recherches sur l'emploi agricole des phosphates*, 1860]; cet acide trouve d'autant plus de base à saturer pendant le séchage que l'attaque par l'acide sulfurique a été moins complète; s'il reste, par exemple, du carbonate de calcium ou du phosphate de calcium tribasique non attaqués, l'acide phosphorique libre donnera naissance à du phosphate de calcium insoluble et le produit marquera à l'analyse une moins grande richesse.

La rétrogradation ne pouvant être complétement évitée, il y a avantage à déterminer le poids d'acide phosphorique qui, après avoir été séparé des bases, est rentré en combinaison; en effet, ce qui importe au cultivateur, ce n'est pas d'avoir de l'acide phosphorique soluble qui est bientôt ramené à l'état insoluble dans la terre arable (voyez un mémoire de M. Voelcker, résumé dans le *Cours de Chimie agricole*, de P. P. Dehérain, p. 277), mais de répandre sur le sol un produit dans un état de division chimique tel qu'il se prête facilement aux métamorphoses qui se produisent dans le sol et qui l'amènent à une forme favorable à l'assimilation par les végétaux. On emploie pour cette détermination soit le carbonate de sodium, soit l'oxalate, soit le citrate d'ammonium; mais M. Millot a reconnu que le phosphate resté insoluble, même le premier jour, était facilement attaqué par ces divers agents, de telle sorte qu'on ne dose pas par ce moyen les phosphates *rétrogradés*, mais bien le phosphate insoluble total qui, après l'action de l'acide sulfurique, paraît être dans un état favorable à la dissolution ; il est probable, en effet, que ce phosphate a été amené entièrement à l'état de phosphate bicalcique plus facilement par les dissolutions salines que le phosphate primitif, et il est vraisemblable qu'on peut attribuer à ce phosphate soluble dans les carbonates alcalins une valeur marchande analogue à celle de l'acide phosphorique soluble dans l'eau. P. P. D.

PHOSPHATIQUE. — Voyez Phosphore, t. II, p. 970.

PHOSPHINES. — On a donné ce nom à des composés dérivant de l'hydrogène phosphoré PH^3 par substitution de radicaux d'alcools à tout ou partie de l'hydrogène, de même que les amines ou ammoniaques composées dérivent de l'ammoniaque. Les composés qui dérivent de l'iodure de phosphonium PH^4I portent le nom de phosphonium et sont comparables aux ammoniums substitués.

Les premières indications relatives à l'étude de ces corps intéressants sont dues à P. Thenard, en 1846 [*Compt. rend.*, t XXI, p. 144, et t. XXV, p. 892], qui, en examinant l'action du chlorure de méthyle sur le phosphure de calcium, avait obtenu plusieurs produits solides et liquides. P. Thenard n'avait pas méconnu le caractère alcalin d'une partie de ces produits, notamment de celui qu'il envisageait comme une combinaison de méthylène et d'hydrogène phosphoré, $PH^3,3CH^2$, et qui n'est autre que la triméthylphosphine $(CH^3)^3P$.

Un autre de ces produits liquides paraît correspondre au cacodyle $2As(CH^3)^2$ et Thenard l'a envisagé comme de l'hydrogène phosphoré liquide combiné à $(CH^2)^2$. C'est un liquide incolore, très-réfringent, dont l'odeur rappelle celle du cacodyle. Il est insoluble dans l'eau, bout vers 250° et s'enflamme au contact de l'air. Conservé dans un flacon mal bouché, il s'oxyde lentement en se transformant en un corps cristallisé très-acide qui est très-probablement le correspondant de l'acide cacodylique $(CH^3)^2PO.OH$. Un excès d'acide chlorhydrique dédouble ce dérivé phosphoré en triméthylphosphine et en un corps solide jaune, se formant aussi dans la réaction primitive et que Thenard envisage comme le dérivé méthylénique de l'hydrogène phosphoré solide $P^2H.CH^2$, soit $P^2(CH^3)$ ou plutôt le double. L'étude du cacodyle phosphoré n'a pas été reprise jusqu'à présent. On n'avait pas, à l'époque des recherches de P. Thenard, attaché à ces résultats l'importance qu'ils méritaient. Cette indifférence doit être attribuée surtout à ce que l'on ne connaissait pas encore les ammoniaques composées découvertes seulement quatre ans plus tard par Ad. Wurtz.

L'étude des phosphines a été reprise plus tard, en 1857, par A. Cahours et A.-W. Hofmann [*Ann. de Chim. et de Phys.*, (3), t. LI, p. 5], puis par Hofmann tout seul, qui en a beaucoup étendu le champ [*Ann. de Chim. et de Phys.*, (3), LXII, p. 385; t. LXIII, p. 257, et t. LXIV, p. 110]. Jusqu'à ces derniers temps, on ne connaissait que les phosphines tertiaires et les phosphoniums quaternaires. Grâce aux récentes investigations de Hofmann, la série des phosphines est aujourd'hui complète et l'on connaît des phosphines primaires et des phosphines secondaires, c'est-à-dire des phosphines dérivant de l'hydrogène phosphoré par la substitution de 1 ou 2 radicaux alcooliques seulement à 1 ou 2 atomes d'hydrogène [*Deutsch. Chem. Gesellsch.*, t. IV, p. 605, t. V, p. 100, et t. VI, p. 292; *Bull. de la Soc. chim.*, 1871, t. XVI, p. 102; 1872, t. XVII, p. 262, et 1873, t. XX, p. 194].

Les *phosphines primaires et secondaires* prennent naissance par l'action de l'iodure de phosphonium sur les alcools ou sur leurs iodures, en présence d'un oxyde métallique, par exemple l'oxyde de zinc :

$$2C^2H^5I + 2PH^4I + ZnO$$
$$= 2[(C^2H^5)H^2P.HI] + ZnI^2 + H^2O;$$
$$2C^2H^5I + PH^4I + ZnO$$
$$= (C^2H^5)^2HP.HI + ZnI^2 + H^2O.$$

Ces deux phosphines se forment simultanément et leur séparation n'est pas difficile.

Les phosphines secondaires forment des sels bien définis et leurs caractères basiques sont nettement indiqués ; les phosphines primaires se combinent également aux acides, mais les sels résultant de cette combinaison sont décomposés par l'eau. De là un moyen très-simple pour séparer les phosphines produites. En traitant par l'eau le produit de la réaction, on ne décompose que l'iodhydrate de la phosphine primaire qui est ainsi mise en liberté; quant à la phosphine secondaire, on peut l'isoler ensuite par l'action d'un alcali.

Les *phosphines tertiaires* se forment, outre la réaction indiquée par Thenard, par l'action des iodures alcooliques, plutôt que des chlorures, sur les phosphures métalliques. Mais Cahours et Hofmann ont substitué à cette réaction, qui est complexe et incertaine, une autre réaction d'une grande simplicité, l'action du trichlorure de phosphore sur les dérivés zinco-alcooliques. Ainsi la triméthylphosphine se forme par la réaction

$$2PCl^3 + 3ZnMe^2 = 2Me^3P + 3ZnCl^2.$$

Elles se produisent également dans l'action de l'hydrogène phosphoré sur les iodures alcooliques, ou mieux par celle de l'iodure de phosphonium $PH^4I = PH^3IH$ sur les alcools :

$$PH^4I + 3C^2H^5.OH = (C^2H^5)^3P + HI + 3H^2O.$$

Les phosphines tertiaires s'unissent aux iodures alcooliques pour fournir les iodures de phosphonium quaternaires :

$$PEt^3 + IEt = PEt^4I;\ PEt^3 + IMe = PMeEt^3I, \text{etc.}$$

Elles peuvent s'unir également aux bromures de radicaux diatomiques pour donner naissance à des diphosphoniums :

$$2P(C^2H^5)^3 + C^2H^4Br^2 = P^2(C^2H^5)^6C^2H^4Br^2.$$

Les phosphines tertiaires, étant diatomiques, s'unissent directement à des radicaux ou à des groupes diatomiques, tels que l'oxygène, le soufre. Elles se combinent de même à 2 atomes de chlore, de brome ou d'iode.

Elles s'unissent au sulfure de carbone et forment des combinaisons cristallines insolubles dans l'eau. C'est là un caractère qui permet de les reconnaître facilement et même de les distinguer des phosphines primaires et secondaires qui donnent des combinaisons liquides.

Traitées par les éthers sulfocyaniques, elles donnent des combinaisons ayant la constitution des urées.

Drechsel et Finkelstein avaient cherché à obtenir des phosphines inférieures par l'action des iodures alcooliques sur le phosphure de zinc, Zn″HP, produit par l'action de l'hydrogène phosphoré sur le zinc-éthyle; mais ils n'ont obtenu que des phosphines tertiaires. Les mêmes savants ont cru obtenir des phosphines primaires en chauffant les iodures alcooliques saturés d'hydrogène phosphoré [*Deutsch. Chem. Gesells.*, t. IV, p. 352, et *Bull. de la Soc. chim.*, t. XV, p. 223]; mais, d'après Hofmann, on n'obtient ainsi que des phosphines tertiaires.

Oxydation des phosphines. — Cette oxydation donne naissance à des produits très-intéressants et qui caractérisent nettement chaque ordre de phosphines. Tandis que les phosphines tertiaires ne fixent que 1 atome d'oxygène pour donner un oxyde, les phosphines secondaires en fixent 2 et les phosphines primaires 3 pour donner, les premières, des acides bibasiques, les secondes, des acides monobasiques. Si l'on ajoute à ces faits l'oxydation de l'hydrogène phosphoré, donnant de l'acide phosphorique, on est conduit à envisager les produits d'oxydation des phosphines comme de l'acide phosphorique dans lequel un, deux ou les trois hydroxyles sont remplacés par un radical d'alcool.

L'analogie des phosphines avec les amines fait prévoir l'existence de diphosphines et de triphosphines primaires. Mais on obtient toujours des monophosphines lorsqu'on cherche à les préparer. Ainsi, par l'action de l'iodure de phosphonium sur le bromure d'éthylène, en présence d'oxyde de zinc, on obtient de l'éthylphosphine parce que le bromure d'éthylène est d'abord transformé en iodure d'éthyle par l'action de l'iodure de phosphonium.

Le chloroforme donne de même de la méthylphosphine et l'iodure d'allyle de la propylphosphine [A. W. Hofmann, *Deutsch. Chem. Gesells.*, t. VI, p. 301].

Acide orthophosphorique..........	$PO\begin{cases}OH\\OH\\OH.\end{cases}$
Acide monométhylphosphinique...	$PO\begin{cases}CH^3\\OH\\OH.\end{cases}$
Acide diméthylphosphinique.....	$PO\begin{cases}CH^3\\CH^3\\OH.\end{cases}$
Oxyde de triméthylphosphine.....	$PO\begin{cases}CH^3\\CH^3\\CH^3.\end{cases}$

Cette série correspond aux produits d'oxydation des arsines : acide arsénique, acide arsénomonométhylique, acide cacodylique et oxyde de triméthylarsine. Les acides phosphiniques sont des composés très-stables isomériques avec les éthers acides des acides phosphoreux et hypophosphoreux. Ils fournissent des *chlorures phosphiniques* correspondants par l'action du perchlorure de phosphore (A. W. Hofmann).

PHOSPHINES MÉTHYLIQUES.

MONOMÉTHYLPHOSPHINE, $(CH^3)H^2P$. — On fait réagir dans des tubes scellés 2 molécules d'iodure de phosphonium, 2 molécules d'iodure de méthyle et 1 molécule d'oxyde de zinc :

$$2CH^3.I + 2PH^4I + ZnO$$
$$= ZnI^2 + 2CH^3.H^2P,HI + H^2O.$$

On introduit d'abord dans le tube l'iodure de phosphonium, puis l'oxyde de zinc que l'on tasse un peu pour que l'iodure de méthyle que l'on verse ensuite ne vienne pas immédiatement au contact de l'iodure de phosphonium et que l'on ait ainsi le temps de fermer le tube. On peut mettre sans danger 70 à 80 grammes de mélange dans un tube de 150 centimètres cubes. On chauffe les tubes au bain-marie pendant 6 et 8 heures. A l'ouverture des tubes, il se dégage toujours un peu d'hydrogène phosphoré. Le produit de la réaction (iodhydrate de monométhyl- et de diméthylphosphine et iodure de zinc) est ensuite introduit dans un ballon communiquant d'une part avec un serpentin refroidi à —25°, d'autre part avec un appareil d'hydrogène; il porte en outre un entonnoir à robinet. Quand l'appareil est rempli d'hydrogène, on laisse tomber de l'eau bouillie et froide sur le produit, la monométhylphosphine se dégage aussitôt avec effervescence et se condense dans le récipient, après avoir traversé un tube à chlorure de calcium. Pour faciliter la condensation, l'appareil est terminé par un tube plongeant dans du mercure.

La solution contenue dans le ballon, après le dégagement de la méthylphosphine, se prend par le refroidissement en une masse cristalline formée d'iodure double de zinc et de diméthylphosphonium. On en isole la diméthylphosphine en la traitant par la potasse, dans le même appareil, en se contentant de refroidir à 0°.

La monométhylphosphine est un gaz incolore, d'une odeur épouvantable, pouvant se condenser en un liquide plus léger que l'eau et bouillant à —14° (758^{mm},5). A 0° la condensation a lieu sous une pression de 1 atmosphère 3/4, à 10° sous une pression de 2 atmosphères 1/2, et à 20° sous une pression de 4 à 4 atmosphères 1/2. Densité de vapeur = 24,35 par rapport à l'hydrogène; densité théorique = 24.

La méthylphosphine est à peu près insoluble dans l'eau; l'alcool fort en dissout 20 volumes à 0° et l'éther 70 volumes. Elle répand des fumées blanches à l'air en se transformant en un acide soluble dans l'eau, l'acide méthylphosphinique $PO(CH^3)(OH)^2$. Elle s'enflamme au contact du chlore.

Les sels de méthylphosphine sont décomposés par l'eau; ils décolorent les couleurs végétales, ce que ne fait pas la base libre.

Chlorhydrate de méthylphosphine,

$$(CH^3)H^2P.HCl = (CH^3)H^3P.Cl.$$

— S'obtient par la combinaison des deux gaz, en lamelles quadrangulaires. Il est très-volatil; il forme un chloroplatinate cristallisé, d'un rouge-orange.

Iodhydrate de méthylphosphine,

$$(CH^3)H^2P.HI = (CH^3)H^3P.I.$$

— Ce sel cristallise facilement et peut être sublimé dans un courant d'hydrogène sec.

Sulfite de méthylphosphine. — Masse blanche amorphe, obtenue par le mélange des gaz sur le mercure.

L'acide sulfurique absorbe la méthylphosphine et l'abandonne de nouveau par l'addition d'eau.

La méthylphosphine ne se combine ni au gaz carbonique, ni à l'hydrogène sulfuré [A. W. Hofmann, *Deutsch. Chem. Gesells.*, t. IV, p. 605, et *Bull. de la Soc. chim.*, t. XVI, p. 102].

Acide monométhylphosphinique,

$$P(CH^3)H^2O^3 = PO(CH^3)(OH)^2.$$

— On le prépare en dirigeant la méthylphosphine gazeuse pure à travers de l'acide nitrique fumant. Si elle renferme de l'hydrogène phosphoré, il peut se produire des explosions et le produit est alors mélangé d'acide phosphorique. On évapore au bain-marie, on reprend par l'eau, on fait bouillir avec de l'oxyde de plomb et l'on traite le sel de plomb insoluble par de l'acide acétique qui dissout le méthylphosphinate et laisse le phosphate de plomb, s'il y en a. La solution acétique, traitée par l'hydrogène sulfuré, puis évaporée au bain-marie, laisse une masse cristalline blanche, semblable au blanc de baleine, hygroscopique, qui est l'acide monométhylphosphinique.

Cet acide est soluble dans l'eau et dans l'alcool; il est très-stable, car l'eau régale même ne l'attaque pas. Il fond à 105° et se volatilise sans décomposition notable. Il est donc très différent de son isomère l'acide méthylphosphoreux. C'est un acide bibasique.

Méthylphosphinates d'argent. — Le sel acide se dépose en aiguilles blanches de la solution sirupeuse. L'eau et l'alcool le dédoublent en acide libre et en sel neutre $PO(CH^3)(OAg)^2$ ou $P(CH^3)O^3Ag^2$, presque insoluble, blanc et amorphe.

Le *sel acide de baryum* $[P(CH^3)O^3H]^2Ba''$, obtenu par dissolution du carbonate de baryum dans l'acide libre, se précipite en aiguilles microscopiques par l'addition d'alcool à sa solution sirupeuse.

Sels de plomb. — Le sel acide cristallise de sa solution bouillante en longues aiguilles. L'eau le dédouble en donnant le sel neutre $P(CH^3)O^3Pb''$ insoluble dans l'eau, soluble dans l'acide acétique [A. W. Hofmann, *Deutsch. Chem. Gesells.*, t. V, p. 104; *Bull. de la Soc. chim.*, t. XVII, p. 263].

Chlorure méthylphosphinique, $PO(CH^3)Cl^2$. — Il se produit à froid par l'action du perchlorure de phosphore sur l'acide méthylphosphinique :

$$PO(CH^3)(OH)^2 + 2PCl^5 = PO(CH^3)Cl^2 + 2POCl^3 + 2HCl.$$

C'est une masse cristalline fusible à 32° et bouillant à 163°. L'eau le décompose violemment en reproduisant l'acide. L'alcool, l'ammoniaque et l'aniline le décomposent aussi; ces derniers d'une manière plus nette [A. W. Hofmann, *Deutsch. Chem. Gesellsch.*, t. VI, p. 306].

Diméthylphosphine, $(CH^3)^2HP$. — On l'obtient en même temps que la phosphine précédente. Séparée de son iodhydrate, elle forme un liquide incolore, plus léger que l'eau, insoluble dans l'eau, bouillant à 25°, comme son isomère l'éthylphosphine. La diméthylphosphine s'enflamme au contact de l'air et peut donner lieu à des explosions. Il faut donc, dans sa préparation et dans son maniement, opérer avec quelque précaution.

La diméthylphosphine se combine aux acides et forme des sels très-solubles. Le chloroplatinate est cristallisable. Elle s'unit au soufre et au sulfure de carbone (Hofmann).

Acide diméthylphosphinique,

$$P(CH^3)^2O^2H = PO(CH^3)^2(OH).$$

— On le prépare par l'action de l'acide nitrique fumant sur la solution chlorhydrique de la diméthylphosphine. On chasse autant que possible les acides nitrique et chlorhydrique par la chaleur, puis on neutralise par l'oxyde d'argent, on filtre et on traite la solution par l'hydrogène sulfuré. Après évaporation, l'acide diméthylphosphinique reste à l'état d'une masse blanche, ressemblant à la paraffine, soluble dans l'eau, l'alcool et l'éther, fusible à 76° et volatile sans décomposition. C'est un acide monobasique.

Le *sel d'argent*, $P(CH^3)^2O^2Ag$, est très-soluble dans l'eau; l'alcool le précipite de sa solution aqueuse concentrée en aiguilles feutrées, blanches.

Le *sel barytique* est soluble dans l'eau et dans l'alcool; il reste, après évaporation, sous forme d'un vernis devenant cristallin par le frottement.

Le *sel de plomb*, qui est généralement basique, ressemble au sel barytique (A. W. Hofmann).

Chlorure diméthylphosphinique, $PO(CH^3)^2Cl$. — Il se forme comme le chlorure monométhylphosphinique, il fond à 66° et distille à 204°. Ses réactions sont celles des chlorures d'acides en général. L'*anilide* correspondante est un liquide oléagineux, insoluble dans l'eau, soluble dans l'éther (A. W. Hofmann).

TRIMÉTHYLPHOSPHINE, $(CH^3)^3P$. — Ce corps se produit par la réaction du trichlorure de phosphore sur le zinc-méthyle :

$$2Cl^3P + 3Zn(CH^3)^2 = 3ZnCl^2 + 2(CH^3)^3P.$$

L'opération se fait dans l'appareil qui sera décrit plus loin à l'occasion de la préparation de la triéthylphosphine. Seulement, comme la réaction est encore beaucoup plus énergique, les précautions indiquées sont d'autant plus nécessaires; le courant de gaz carbonique doit être entretenu pendant toute la durée de l'opération. Dans la décomposition de la combinaison de chlorure de zinc et de triméthylphosphine par la potasse, il faut refroidir le récipient par de la glace. La distillation de la triméthylphosphine doit ensuite être effectuée dans un courant lent d'hydrogène [Cahours et Hofmann, *Ann. de Chim. et de Phys.*, (3), t. LI, p. 35].

La triméthylphosphine se produit également dans l'action de l'iodure de méthyle à 180° sur les phosphures métalliques, notamment sur le phosphure de zinc (préparé par l'action des vapeurs de phosphore sur le zinc chauffé au rouge). Il se forme des iodures doubles de zinc et de tétraméthylphosphonium et de zinc et de triméthylphosphonium, donnant de la triméthylphosphine par distillation sur la potasse [Cahours, *Ann. de Chim. et de Phys.*, (3), t. LXII, p. 330].

Enfin, on l'obtient, à l'état d'iodhydrate, par la réaction de l'iodure de phosphonium sur l'alcool méthylique; il se forme d'abord de l'iodure de méthyle et de l'hydrogène phosphoré qui réagit alors à l'état naissant sur l'iodure de méthyle. Il faut 1 molécule d'iodure de phosphonium pour 3 molécules d'alcool méthylique (25 grammes du premier et 16 grammes du second dans un même tube) (A. W. Hofmann).

La triméthylphosphine est un liquide incolore, mobile, très-réfringent, d'une odeur épouvantable. Elle est plus légère que l'eau et insoluble dans ce liquide; elle bout à 40-42°. Elle fume à l'air et s'y enflamme quelquefois (P. Thénard, Cahours et Hofmann). Par son oxydation lente, elle se transforme en un produit cristallisé qui est l'oxyde de triméthylphosphine $(CH^3)^3PO$.

Les réactions de la triméthylphosphine sont les mêmes que celles de la triéthylphosphine, mais elles sont plus énergiques.

Chlorure de triméthylphosphonium,

$$(CH^3)^3P.HCl = (CH^3)^3HP.Cl.$$

— La triméthylphosphine se dissout dans l'acide chlorhydrique; cette solution donne avec le tétrachlorure de platine un sel orange, cristallisant difficilement et se décomposant à 100°,

$$[(CH^3)^3P.HCl]^2PtCl^4.$$

Elle forme de même avec l'iodure de zinc et le chlorure d'or des combinaisons semblables à celles que donne la triéthylphosphine.

Oxyde de triméthylphosphine, $(CH^3)^3P.O$. — Cet oxyde, qui se forme directement par oxydation de la triméthylphosphine, s'obtient aussi par la distillation de l'hydrate de tétraméthylphosphonium; il se dégage en même temps de l'hydrure de méthyle :

$$(CH^3)^4P.OH = (CH^3)^3P.O + CH^3.H.$$

L'oxyde de triméthylphosphine peut être préparé par l'action du phosphore sur l'iodure de méthyle (Crafts et Silva). — Voyez TRIÉTHYLPHOSPHINE.

Sulfure et séléniure. — Ces composés ressemblent aux dérivés éthyliques, mais ils sont plus solubles et plus volatils. Le sulfure cristallise de sa solution aqueuse concentrée en prismes à quatre pans, fusibles à 105°. Le séléniure, fusible à 84°, cristallise comme celui de triéthylphosphine (Cahours et Hofmann).

La triméthylphosphine se combine au sulfure de carbone, en donnant des cristaux rouges $(CH^3)^3P.CS^2$ plus pâles, plus solubles et plus altérables que la combinaison éthylique. La solution éthérée de ces cristaux abandonne par l'évaporation des cristaux de sulfure de triméthylphosphine.

Traitée par le chlorure platinique, la triméthylphosphine se comporte comme la triéthylphosphine. On obtient deux produits de même composition, l'un jaune et soluble dans l'éther, l'autre blanc et insoluble. Le premier cristallise dans l'éther en prismes transparents, se transformant facilement dans la modification blanche. Ces dérivés ont pour composition $[(CH^3)^3P]^2PtCl^2$ (Cloëz et Gal).

Avec les éthers sulfocyaniques et l'essence de moutarde, on observe encore les mêmes phénomènes qu'avec la combinaison éthylique. Le sulfocyanate de phényle donne naissance à un corps huileux, soluble dans l'eau, et produisant avec l'acide chlorhydrique une masse cristalline d'un jaune de soufre, renfermant

$$\left.\begin{matrix}(CH^3)^3(C^6H^5)\\(CS)''\end{matrix}\right\}AzP.HCl.$$

Avec l'essence de moutarde, on obtient le dérivé allylique

$$\left.\begin{matrix}(CH^3)^3(C^3H^5)\\CS\end{matrix}\right\}AzP,$$

cristallisant en prismes incolores et transparents.

TÉTRAMÉTHYLPHOSPHONIUM (*phosphométhylium*). — L'iodure de méthyle se combine à la triéthylphosphine en solution éthérée en donnant l'iodure de tétraméthylphosphonium $(CH^3)^4PI$. Le même iodure se produit par l'action de l'iodure de méthyle sur les phosphures métalliques.

L'*iodure de tétraméthylphosphonium* forme une masse cristalline blanche, soluble dans l'alcool et possédant l'aspect de la naphtaline sublimée. Il rougit peu à peu à l'air.

L'*hydrate de tétraméthylphosphonium*,

$$(CH^3)^4P.OH,$$

se prépare par l'action de l'oxyde d'argent sur une solution de l'iodure. Sa solution est très-caustique. Additionnée d'acide chlorhydrique, puis de chlorure platinique, elle fournit un *chloroplatinate* $[(CH^3)^4P.Cl]^2PtCl^4$ insoluble dans l'alcool et dans l'éther, soluble dans l'eau bouillante et cristallisant en octaèdres. Le *chloraurate*,

$$(CH^3)^4P.Cl.AuCl^3,$$

cristallise en aiguilles d'un jaune d'or.

La chaleur décompose l'hydrate de tétraméthylphosphonium en oxyde de triéthylphosphine et gaz des marais.

TRIMÉTHYLÉTHYLPHOSPHONIUM. — L'*iodure*,

$$(CH^3)^3(C^2H^5)PI,$$

s'obtient par l'action de l'iodure d'éthyle sur une solution éthérée de triméthylphosphine et se dépose rapidement. L'*hydrate* obtenu par l'action de l'oxyde d'argent sur l'iodure forme une solution très-caustique, fournissant un chloroplatinate cristallisable en octaèdres.

TRIMÉTHYLAMYLPHOSPHONIUM. — Les composés de ce groupe s'obtiennent de même par l'action de l'iodure d'amyle. L'*iodure* est très-soluble dans l'eau et cristallisable dans l'alcool. Son *chloroplatinate*, $[(CH^3)^3(C^5H^{11})P.Cl]^2PtCl^4$, est très-soluble et cristallisable en belles aiguilles [Cahours et Hofmann, *Ann. de Chim. et de Phys.*, (3), t. LI, p. 37].

MÉTHYLPHOSPHONIUMS MIXTES. — La triméthylphosphine réagit énergiquement sur le bromure d'éthylène, et donne, suivant les proportions, du *bromure de brométhylène-triméthylphosphonium*,

$$\left.\begin{matrix}C^2H^4Br\\(CH^3)^3\end{matrix}\right\}P.Br,$$

ou du *dibromure d'éthylène-hexaméthyldiphosphonium*,

$$\left[(C^2H^4)''\begin{Bmatrix}(CH^3)^3.P\\(CH^3)^3.P\end{Bmatrix}''\right]Br^2.$$

Ces composés et leurs dérivés se trouvent décrits à l'article BASES ÉTHYLÉNIQUES, t. I, p. 1385.

Oxyphosphonévrine. — La triméthylphosphine, chauffée à 100° avec de l'acide monochloracétique, fournit une masse cristalline déliquescente, donnant un chloroplatinate en cristaux rhomboïdaux $[C^2H^2(CH^3)^3PO^2.HCl]^2PtCl^4$. Le *chlorure* est déliquescent; le *chloraurate* est en longues aiguilles jaunes.

La base libre se présente sous la forme d'une masse cristalline radiée.

L'*azotate* est soluble et cristallisable.

L'*iodure*, $C^2H^2(CH^3)^3PO^2.IH$, est en lamelles solubles [Arth. Meyer, *Deutsch. Chem. Gesells.*, t. IV, p. 734; *Bull. de la Soc. chim.*, t. XV, p. 272].

PHOSPHINES ÉTHYLIQUES.

MONÉTHYLPHOSPHINE, $(C^2H^5)H^2P$. — Cette phosphine se produit à l'état d'iodhydrate en même temps que la diéthylphosphine, par l'action de l'iodure de phosphonium sur l'iodure d'éthyle, en présence d'oxyde de zinc. On mélange 4 p. d'iodure de phosphonium, 4 p. d'iodure d'éthyle et 1 p. d'oxyde de zinc qu'on chauffe à 150° en tubes scellés pendant 6 à 8 heures. On sépare les deux phosphines éthyliques en se fondant sur la décomposition par l'eau de l'iodhydrate de monéthylphosphine, puis sur celle de l'iodhydrate de diéthylphosphine par la potasse. — Voyez MONOMÉTHYLPHOSPHINE, p. 937.

La monéthylphosphine est un liquide mobile, incolore et transparent, très-réfringent et plus léger que l'eau, dans laquelle il est insoluble. Elle est neutre aux réactifs colorés. Son odeur et sa saveur rappellent celles des formonitriles. Ses vapeurs blanchissent le liége et altèrent le caoutchouc.

La monéthylphosphine bout à 25°. Elle s'enflamme au contact du chlore, du brome, de l'acide nitrique fumant. Elle s'unit au soufre et au sulfure de carbone, en donnant des combinaisons liquides.

Elle se combine aux hydracides concentrés.

L'*iodhydrate*, $(C^2H^5)H^2P.HI$, est en tables quadrangulaires blanches, sublimables à 100° dans un courant d'hydrogène, inaltérables à l'air sec. Il est décomposé par l'eau et par l'alcool. Il se dissout dans l'acide iodhydrique concentré, d'où l'éther le précipite en lamelles irisées [Hofmann, *Deutsch. Chem. Gesells.*, t. IV, p. 430; *Bull. de la Soc. chim.*, t. XV, p. 224].

Drechsel et Finkelstein disent avoir obtenu de l'iodhydrate de monéthylphosphine en chauffant à 100° de l'iodure d'éthyle saturé d'hydrogène phosphoré [*Bull. de la Soc. chim.*, t. XV, p. 223].

ACIDE MONÉTHYLPHOSPHINIQUE,

$$(C^2H^5)PO^3.H^2 = PO(C^2H^5)(OH)^2.$$

— Son aspect, son mode de préparation et ses propriétés générales sont les mêmes que ceux de l'acide méthylphosphinique. Il fond à 44° et distille sans décomposition.

Son *sel d'argent* neutre $(C^2H^5)PO^3.Ag^2$ forme une poudre amorphe, jaunâtre et insoluble (A. W. Hofmann).

DIÉTHYLPHOSPHINE, $(C^2H^5)^2HP$. — Liquide incolore et transparent, neutre, insoluble dans l'eau et moins dense que ce liquide. Elle bout à 85°. Elle est très-avide d'oxygène et s'enflamme quelquefois spontanément à l'air. Elle donne avec le soufre et avec le sulfure de carbone des combinaisons liquides.

Les *sels de diéthylphosphine* cristallisent difficilement, sauf l'*iodhydrate*. Il ne sont pas décomposés par l'eau. Le *chloroplatinate* est en prismes d'un jaune-orange.

ACIDE DIÉTHYLPHOSPHINIQUE,

$$(C^2H^5)^2PO^2H = PO(C^2H^5)^2OH.$$

— Il n'a été obtenu qu'à l'état d'un liquide ne se concrétant pas à 25°. Son *sel d'argent*,

$$PO(C^2H^5)^2OAg,$$

forme de fines aiguilles feutrées, solubles dans l'eau et précipitables par l'alcool (Hofmann).

TRIÉTHYLPHOSPHINE, $(C^2H^5)^3P$. — Cette phosphine se forme :

1° Dans l'action de l'iodure d'éthyle sur les phosphures métalliques (P. Thenard);

2° Par l'action de l'hydrogène phosphoré sur l'iodure d'éthyle, en tube scellé;

3° Par l'action de l'iodure de phosphonium sur l'alcool absolu ou sur l'iodure d'éthyle;

4° Par l'action du zinc-éthyle sur le trichlorure de phosphore.

Ces deux derniers modes de formation sont les seuls qu'on puisse employer avantageusement.

Préparation par l'iodure de phosphonium et l'alcool. — Lorsqu'on chauffe à 180° de l'iodure de phosphonium avec de l'alcool absolu, ou avec de l'iodure d'éthyle, après huit heures, les tubes sont remplis par une masse cristalline blanche formée d'iodure de triéthyl- et de tétréthylphosphonium, d'où l'on peut séparer la triéthylphosphine par l'action de la soude.

La réaction a lieu entre 1 molécule d'iodure de phosphonium et 3 molécules d'alcool :

$$PH^4I + 3C^2H^5,OH = (C^2H^5)^3PH.I + 3H^2O.$$

Elle se produit en réalité en deux phases avec l'alcool; dans la première il se forme de l'iodure d'éthyle et de l'hydrogène phosphoré, ce que l'on peut constater en ouvrant le tube avant la fin de la réaction. La production d'iodure d'éthyle explique celle d'une petite quantité d'iodure de tétréthylphosphonium.

Un seul tube de 150 centimètres cubes peut contenir sans danger 25 grammes d'iodure de phosphonium et 22 grammes d'alcool [Hofmann, *Deutsch. Chem. Gesells.*, t. IV, p. 221; *Bull. de la Soc. chim.*, t. XV, p. 221].

Préparation par le zinc-éthyle et le trichlorure de phosphore. — C'est le procédé qui a servi à Cahours et Hofmann [*Ann. de Chim. et de Phys.*, (3), t. LI, p. 8]; il a été un peu modifié par Hofmann [*ibid.*, t. LXII, p. 306]. Il est fondé sur la réaction très-simple représentée par l'équation

$$2PCl^3 + 3Zn(C^2H^5)^2 = 2(C^2H^5)^3P + 3ZnCl^2.$$

Mais l'opération ne laisse pas que d'être délicate et exige certaines précautions.

L'appareil consiste en une cornue tubulée portant sur la tubulure un réservoir à robinet et communiquant avec un récipient suivi d'un tube en V, puis d'un flacon et d'un appareil d'acide carbonique sec. On remplit d'abord le flacon d'acide carbonique dont on entretient ensuite le dégagement pendant toute l'opération en lui donnant issue par un tube ouvert adapté au flacon-réservoir et qui avait d'abord été fermé. Après expulsion complète de l'air, on introduit dans la cornue une solution éthérée de zinc-éthyle, puis on remplit le réservoir à robinet de trichlorure de phosphore qu'on laisse tomber goutte à goutte dans le zinc-éthyle. Chaque goutte qui tombe ainsi produit un sifflement qui témoigne de la violence de la réaction. Quelque précaution que l'on prenne, une partie du zinc-éthyle est entraînée en vapeurs, et, pour ne pas le perdre, on place du trichlorure de phosphore dans le tube en V, de manière à le décomposer complétement. Le récipient doit être refroidi par de l'eau glacée. A mesure que la réaction fait des progrès, elle devient moins violente. Lorsqu'elle est terminée, on trouve dans la cornue, dans le récipient, dans le tube en V et quelquefois même dans le réservoir d'acide carbonique deux couches liquides, l'une épaisse, pesante, jaune-paille, l'autre transparente, incolore et surnageant la première.

La couche pesante se solidifie presque entièrement par le refroidissement en une masse visqueuse; c'est une combinaison de triéthylphosphine et de chlorure de zinc. La couche légère est un mélange d'éther et de trichlorure de phosphore; elle peut servir à une nouvelle opération.

Pour séparer la triéthylphosphine de sa combinaison avec le chlorure de zinc, il suffit d'une simple distillation avec de la potasse caustique. A cet effet, on ajoute de l'eau, puis, lentement, de la potasse concentrée, et l'on chauffe au bain de sable dans un courant lent d'hydrogène. La triéthylphosphine passe avec la vapeur d'eau et forme une couche huileuse à la surface de l'eau condensée. On la sépare et on la redistille sur de la potasse solide, dans un courant d'hydrogène sec.

Hofmann a cherché à éviter la préparation préalable du zinc-éthyle en chauffant à 150° du zinc en excès avec un mélange de trichlorure de phosphore et d'iodure d'éthyle, mais on n'obtient ainsi que des traces de triéthylphosphine. On arrive à un meilleur résultat en chauffant à 160° un mélange de zinc, de phosphore et d'iodure d'éthyle. Par le refroidissement, le contenu des tubes se prend en une masse cristalline, et lorsqu'on les ouvre il se dégage des torrents de gaz. En reprenant par l'eau, on décompose le zinc-éthyle formé et l'on dissout de l'iodure double de triéthylphosphonium et de zinc, une combinaison d'oxyde de triéthylphosphine et d'iodure de zinc, enfin de l'iodure de tétréthylphosphonium. Ces trois iodures cristallisent successivement par la concentration de la solution aqueuse. La réaction principale peut se représenter par l'équation

$$8\,C^2H^5I + P^2 + 3\,Zn$$
$$= [(C^2H^5)^3HP.I]^2ZnI^2 + 2\,ZnI^2 + 2\,C^2H^4.$$

L'iodure de tétréthylphosphonium résulte d'une fixation de C^2H^5I et l'oxyde de triéthylphosphine doit sa formation à l'oxygène de l'air contenu dans les tubes.

Propriétés. — La triéthylphosphine se présente sous la forme d'un liquide mobile, incolore, transparent et très-réfringent. Sa densité à 15°,5 est égale à 0,812. Elle est insoluble dans l'eau, soluble en toutes proportions dans l'alcool et dans l'éther. Son odeur est vive et pénétrante et rappelle celle de la jacinthe, lorsqu'elle est délayée dans une grande quantité d'air. Le maniement prolongé de la triéthylphosphine produit des maux de tête et l'insomnie.

La triéthylphosphine bout à 127°,5, sous la pression de $0^m,744$. Elle est très-avide d'oxygène et s'échauffe sensiblement à l'air : aussi faut-il la distiller dans un courant d'hydrogène. A la fin de la distillation, la cornue se revêt de beaux cristaux qui sont de l'oxyde de triéthylphosphine dont la triéthylphosphine n'est jamais exempte. Ces cristaux se liquéfient à l'air humide. Introduite dans un flacon d'oxygène, la triéthylphosphine s'échauffe et s'enflamme quelquefois. Si l'on en imprègne une feuille de papier qu'on introduit dans un tube à essai, il se produit un mélange qui détone avec violence lorsqu'on introduit le tube dans de l'eau chaude. La triéthylphosphine s'enflamme dans le chlore; elle se combine tout aussi énergiquement au brome et à l'iode, et si l'on modère la réaction on obtient des corps bien cristallisés. Avec le cyanogène, on obtient une masse résinoïde brune.

Le soufre se combine à la triéthylphosphine avec élévation de température; par le refroidissement, on obtient une masse cristalline, qui est du sulfure de triéthylphosphine. Il faut opérer à l'abri de l'air, sans quoi les vapeurs de triéthylphosphine produiraient un mélange détonant spontanément. Le sélénium produit une réaction analogue, mais moins vive.

La triéthylphosphine récemment préparée est neutre aux réactifs colorés; après son exposition à l'air, elle est acide. Elle s'unit lentement aux acides, avec élévation de température. Les sels qui en résultent sont en général cristallisables et très-solubles dans l'eau. Ils ne se prêtent pas à l'analyse. Le chlorhydrate donne avec le chlorure platinique un précipité peu soluble dans l'eau froide, encore moins dans l'alcool et dans l'éther, et qui a pour composition $[(C^2H^5)^3PHCl]^2PtCl^4$. Ce sel doit être séché en dessous de 100°, car, à cette température, il fond et se décompose entièrement.

Le chlorure platinique agit en effet sur la triéthylphosphine en donnant du dichlorure de triéthylphosphine et un composé platinique analogue au sel vert de Magnus, $Az^2H^6Pt.Cl^2$, et aux combinaisons décrites par Schützenberger,

$$P^2(OH)^6PtCl^2, \text{etc.},$$

et renfermant $(C^2H^5)^6P^2 = Pt = Cl^2$. La réaction a lieu suivant l'équation

$$3\,(C^2H^5)^3P + PtCl^4$$
$$= (C^2H^5)^3P.Cl^2 + (C^2H^5)^6P^2.PtCl^2.$$

Le *chlorure de platosotriéthylphosphine* cristallise dans l'alcool bouillant en beaux prismes d'un jaune de soufre et dans l'éther en prismes volumineux rhomboïdaux obliques (angle du rhombe = 92°31', inclinaison du prisme = 112°30', Des Cloizeaux).

Le *bromure* correspondant et l'*iodure* cristallisent en prismes jaunes. Le *sulfhydrate* est en aiguilles transparentes; le *sulfure* est incristallisable. L'*acétate* cristallise en prismes incolores et transparents.

On obtient un *chlorure* blanc, isomérique avec le chlorure jaune, en faisant bouillir celui-ci avec de l'eau et un excès de triéthylphosphine. Les deux chlorures peuvent absorber 1 molécule de brome ou d'iode en donnant des composés cristallisés [Cahours et Gal, *Compt. rend.*, t. LXX, p. 897].

La triéthylphosphine est diatomique ; elle s'unit directement à l'oxygène, au soufre, à 2 atomes de chlore, de brome ou d'iode; aux iodures alcooliques, pour donner les iodures de phosphoniums quaternaires qui seront étudiés plus loin. Elle s'unit de même aux chlorures, bromures et iodures de radicaux diatomiques, tels que le dibromure d'éthylène, en donnant soit des phosphoniums renfermant du brométyle, etc., soit des diphosphoniums renfermant le radical diatomique qui unit 2 molécules de triéthylphosphine. Ces combinaisons et leurs dérivés seront décrits plus loin.

La triéthylphosphine produit des réactions intéressantes, analogues à celles que donnent l'ammoniaque et les ammoniaques composées, avec le sulfure de carbone, les éthers cyaniques et sulfocyaniques, le chloroforme, etc.

On connaît aussi des dérivés mixtes azotés et phosphorés, arséniés et phosphorés, les phosphammoniums et les phospharsoniums que nous classerons dans le groupe des diphosphoniums.

Bichlorure, bibromure et biiodure de triéthylphosphine. — Ces composés s'obtiennent par l'action des hydracides correspondants sur l'oxyde de triéthylphosphine, à l'état de liquides, se concrétant lentement en cristaux fusibles à 100° avec volatilisation partielle.

On obtient les mêmes produits impurs par l'action directe des halogènes sur la triéthylphosphine en solution alcoolique (Cahours et Hofmann).

Iodhydrate de triéthylphosphine et iodure de zinc, $[(C^2H^5)^3PHI]^2ZnI^2$. — Ce sel double s'obtient par l'action du zinc et du phosphore sur l'iodure d'éthyle; c'est le produit qui se dépose le premier par l'évaporation de la solution aqueuse du produit de la réaction (voyez plus haut); il se sépare sous forme d'une huile se concrétant par le refroidissement et cristallisant dans l'eau bouillante ou dans l'alcool.

OXYDE DE TRIÉTHYLPHOSPHINE, $(C^2H^5)^3PO$. — Il se forme par l'oxydation de la triéthylphosphine à l'air et se sépare facilement de l'excès de triéthylphosphine par distillation : l'oxyde distille en dernier et se solidifie sur les parois de la cornue [Cahours et Hofmann, *Ann. de Chim. et de Phys.*, (3), t. LI, p. 15, et t. LXII, p. 391].

On l'obtient aussi par la distillation de l'hydrate de tétréthylphosphonium (Cahours et Hofmann) : $(C^2H^5)^4POH = (C^2H^5)^3PO + C^2H^6$.

L'oxyde de triéthylphosphine se produit en petite quantité, en combinaison avec l'iodure de zinc par l'action simultanée du phosphore et du zinc sur l'iodure d'éthyle, en présence de l'air (Hofmann). Carius chasse l'air et ajoute un peu d'eau au mélange. Mais on peut le produire plus simplement et à l'état isolé, en chauffant à 150-170° de l'iodure d'éthyle avec du phosphore rouge jusqu'à ce que le mélange se prenne en masse par le refroidissement. Ce premier produit est de l'iodure de tétréthylphosphonium combiné à de l'iodure de phosphore. On ouvre alors le tube, on ajoute de l'alcool, on ferme et l'on chauffe de nouveau à 160°; l'iodure de tétréthylphosphonium se décompose alors d'après l'équation

$$(C^2H^5)^4P.I + C^2H^6O$$
$$= C^2H^5I + C^2H^5,H + (C^2H^5)^3PO.$$

On distille au bain-marie, on neutralise le résidu par du carbonate de plomb, on filtre, on évapore au bain-marie, et l'on distille le résidu [Carius, *Ann. der Chem. u. Pharm.*, t. CXXXVII, p. 117; *Bull. de la Soc. chim.*, (2), t. VI, p. 160].

Crafts et Silva [*Bull. de la Soc. chim.*, (2), t. XVI, p. 43] ont modifié la réaction indiquée par Carius et en ont donné une autre interprétation. Ils chauffent 1 p. de phosphore ordinaire (2 atomes) avec 13 p. d'iodure d'éthyle (5 molécules) à 180° pendant 24 heures, dans des tubes horizontaux. Il n'y a pas de production de gaz si les produits sont secs. Le contenu des tubes, lorsque la réaction est terminée, est formé par une masse cristalline colorée par de l'iode et recouvrant un gâteau de phosphore rouge. On fait bouillir le tout avec de l'alcool à 97 centièmes, au réfrigérant ascendant. Quand tout l'iode a été transformé en iodure d'éthyle, on distille celui-ci ainsi que l'alcool et l'on obtient un résidu cristallin blanc qui est sans doute formé de sels de tétréthylphosphonium. On distille finalement ce résidu dans un alambic en cuivre avec 4 p. de potasse solide. Il se dégage un peu d'hydrure d'éthyle et d'hydrogène phosphoré, puis il distille de l'eau et finalement de l'oxyde de triéthylphosphine.

D'après Crafts et Silva, l'iodure de phosphore formé d'après l'équation de Carius,

$$P^2 + 4C^2H^5I = (C^2H^5)^4P.I + PI^3,$$

réagit lui-même sur de l'iodure d'éthyle et sur l'iodure de tétréthylphosphonium pour donner le diiodure de triéthylphosphine :

$$PI^3 + 3C^2H^5I = (C^2H^5)^3P.I^2 + 2I^2;$$
$$PI^3 + 3(C^2H^5)^4PI + I^2 = 4(C^2H^5)^3PI^2.$$

Ce diiodure est ensuite décomposé par la potasse :

$$(C^2H^5)^3P.I^2 + 2KHO$$
$$= (C^2H^5)^3PO + 2KI + H^2O,$$

en même temps que l'iodure de tétréthylphosphonium qui existe dans le mélange et qui donne de l'hydrure d'éthyle.

L'oxyde de triéthylphosphine se produit aussi lorsqu'on traite par la potasse le produit de l'action de l'oxychlorure de phosphore sur le zinc-éthyle; il n'existe pas dans le produit immédiat de cette réaction comme on aurait pu s'y attendre. Cette réaction donne du chlorure double de tétréthylphosphonium et de zinc :

$$2(PO.Cl^3) + 4Zn(C^2H^5)^2$$
$$= [(C^2H^5)^4P.Cl]^2ZnCl^2 + 2ZnO + ZnCl^2$$

[Pebal, *Ann. der Chem. u. Pharm.*, t. CXX, p. 194]. Par contre, Wichelhaus [*Ann. der Chem. u. Pharm.*, suppl., t. VI, p. 273] l'a obtenu par l'action du zinc-éthyle sur le chlorure éthylphosphoreux $PO(C^2H^5)Cl^2$; aussi l'envisage-t-il comme la *diéthyloxéthylphosphine*

$$P\begin{cases}(C^2H^5)^2\\(OC^2H^5).\end{cases}$$

Propriétés. — L'oxyde de triéthylphosphine, $PO(C^2H^5)^3$, qui correspond à l'oxychlorure de phosphore $POCl^3$, est un corps qui cristallise en longues aiguilles extrêmement déliquescentes; il est soluble en toutes proportions dans l'eau et dans l'alcool et ne se solidifie que lorsque toute trace de ces liquides a été éliminée. La présence de la potasse diminue sa solubilité dans l'eau. Son point de fusion est situé à 44° (Hofmann), à 51°,6 (Crafts et Silva); il bout à 242,8-243° (Crafts et Silva). Sa densité de vapeur, prise à 266°, a été trouvée égale à 66,3 (H = 1); la densité théorique est 67 (Hofmann).

L'acide nitrique, même à 170°, est sans action sur l'oxyde de triéthylphosphine (Carius); il en est de même du sodium. Aussi ne peut-on le transformer en triéthylphosphine. L'hydrogène sulfuré est sans action; le chlore également, à 100°; vers 200° seulement il y a une attaque partielle, qu'on observe aussi avec le brome. Le soufre s'y dissout à chaud avec une coloration bleue passagère, mais il ne se forme point de sulfure.

Action de l'acide chlorhydrique sur l'oxyde de triéthylphosphine. — La triéthylphosphine fondue absorbe le gaz chlorhydrique sec en produisant un produit cristallisé très-déliquescent, soluble dans l'alcool, insoluble dans l'éther, se rapprochant de la composition d'un *oxychlorure* $[(C^2H^5)^3P]^2OCl^2$ (Hofmann). D'après Crafts et Silva [*loc. cit.*], ce ne peut être qu'un produit d'addition, car il ne se sépare pas d'eau; par la distillation du produit, ils ont obtenu de petits cristaux soyeux, fusibles et se concrétant à 127°,5 et ayant une composition se rapprochant beaucoup de la formule $(C^2H^5)^3P.OH.Cl$; mais la composition du produit brut indique en général plus ou moins d'acide chlorhydrique. Traité par le zinc, il dégage de l'hydrogène et fournit de l'oxyde de triéthylphosphine.

L'oxyde de triéthylphosphine forme avec l'iodure de zinc une combinaison cristallisée

$$[(C^2H^5)^3PO]^2.ZnI^2$$

qui se produit directement et qui prend aussi naissance dans l'action du zinc et du phosphore sur l'iodure d'éthyle (Hofmann).

Cette combinaison se sépare en gouttes huileuses qui cristallisent peu à peu. Ses cristaux appartiennent au système clinorhombique.

On obtient un *chloroplatinate* très-soluble dans l'eau, peu soluble dans l'alcool et cristallisant dans ce dernier en lames hexagones; il renferme $(C^2H^5)^3PO,(C^2H^5)^3PCl^2.PtCl^4$.

Lorsqu'on ajoute de l'oxyde de triéthylphosphine à une solution de sulfate de cuivre, il se sépare du sulfate basique et la solution laisse déposer des cristaux verts qui renferment

$$SO^4Cu + 3(C^2H^5)^3PO$$

(Pebal).

SULFURE DE TRIÉTHYLPHOSPHINE, $(C^2H^5)^3PS$. — On a vu que ce corps se forme par l'union directe du soufre avec la triéthylphosphine. Il se produit également par la distillation de la triéthylphosphine avec le sulfure de mercure, par son action sur le sulfure d'azote et sur le mercaptan; mais il ne prend pas naissance par l'action de l'hydrogène sulfuré ou du sulfure ammonique sur l'oxyde de triéthylphosphine. Pour préparer ce sulfure, on ajoute par petites portions de la fleur de soufre à une solution éthérée de triéthylphosphine. Quand le soufre cesse de se dissoudre, on évapore l'éther et on reprend le résidu par de l'eau bouillante. Par un refroidissement lent de la solution filtrée, le sulfure cristallise en longues et belles aiguilles hexagonales (système rhomboédrique) (1). La solution refroidie n'en contient plus qu'une petite quantité, qu'elle laisse déposer en petits cristaux par l'addition de potasse. Le sulfure est plus soluble dans l'alcool et dans l'éther et surtout dans le sulfure de carbone, mais il y cristallise moins bien.

Le sulfure de triéthylphosphine fond à 94° et se solidifie à 88°,6. Chauffé au-dessus de 100°, il se volatilise; il passe aussi avec la vapeur d'eau.

L'acide chlorhydrique le dissout plus facilement que l'eau; le chlorure de platine sépare de cette solution un chloroplatinate instable. L'acide sulfurique le dissout également. L'acide nitrique l'attaque avec violence s'il est fumant.

La solution aqueuse de ce sulfure n'est pas décomposée par les sels de plomb, d'argent ou de mercure; mais la solution alcoolique est immédiatement décomposée par ces sels avec précipitation de sulfure métallique et formation d'oxyde de triéthylphosphine.

Chauffé avec du sodium, le sulfure de triéthylphosphine est réduit et donne de la triéthylphosphine (Cahours et Hofmann).

SÉLÉNIURE DE TRIÉTHYLPHOSPHINE, $(C^2H^5)^3PSe$. — Il s'obtient comme le sulfure et cristallise de sa solution aqueuse avec la même facilité. Il fond à 112° et se volatilise en se décomposant en partie (Cahours et Hofmann).

SULFURE DE CARBONE ET TRIÉTHYLPHOSPHINE, $(C^2H^5)^3P.CS^2$. — Ces deux corps réagissent l'un sur l'autre, à l'état anhydre, avec une énergie telle qu'il peut y avoir explosion; il est bon de les dissoudre dans l'alcool ou dans l'éther. La combinaison formée se sépare en belles lames rouges. (Les eaux mères déposent une autre substance bien cristallisée non encore étudiée.) Cette combinaison est insoluble dans l'eau, peu soluble dans l'éther et dans le sulfure de carbone, un peu plus dans l'alcool, surtout à chaud. Elle cristallise dans le système clinorhombique. Ses cristaux fondent à 95° et se volatilisent à 100°.

La combinaison sulfocarbonique de triéthylphosphine se dissout dans l'acide chlorhydrique concentré en donnant une solution incolore, d'où les alcalis la reprécipitent. Cette solution fournit un chloroplatinate, $[(C^2H^5)^3PCS^2.HCl]^2PtCl^4$, amorphe, d'un jaune pâle, insoluble dans l'alcool et se décomposant facilement. On obtient également un chloraurate.

Cette même combinaison a une grande tendance à fournir du sulfure $(C^2H^5)^3PS$, notamment par l'action de l'oxyde d'argent:

$$(C^2H^5)^3PCS^2 + 2Ag^2O$$
$$= Ag^2S + Ag^2 + CO^2 + (C^2H^5)^3PS.$$

L'humidité produit une transformation analogue. Le composé sec peut être chauffé sans altération à 150° en tube scellé.

La décomposition par l'eau à 100° est assez complexe; elle est achevée après plusieurs jours de digestion et donne lieu à de grandes quantités d'hydrogène sulfuré et d'acide carbonique, qui brisent quelquefois les tubes. Le liquide d'où se séparent les cristaux de sulfure possède une réaction alcaline due à de l'hydrate de méthyltriéthylphosphonium; en outre il se forme de l'oxyde de triéthylphosphine: la réaction peut se représenter par l'équation

$$4(C^2H^5)^3P.CS^2 + 2H^2O$$
$$= 2(C^2H^5)^3PS + (C^2H^5)^3PO$$
$$+ (CH^3)(C^2H^5)^3P.OH + 3CS^2,$$

le sulfure de carbone qui se sépare donne ensuite naissance aux gaz sulfhydrique et carbonique. Si l'on arrête l'opération avant que la transformation ne soit complète, on observe la production de cristaux jaunes; ceux-ci résultent de l'action de l'hydrogène sulfuré produit.

Le sulfure de carbone est le meilleur réactif des phosphines ternaires et réciproquement. Ainsi Hofmann a pu reconnaître la présence du sulfure de carbone dans le gaz d'éclairage, en faisant passer quelques litres de ce gaz dans une solution éthérée de triéthylphosphine [Hofmann, *Ann. de Chim. et de Phys.*, (3), t. LXII, p. 413].

Action de l'hydrogène sulfuré sur la combinaison sulfocarbonique. — Les cristaux jaunes signalés plus haut, résultant de l'action incomplète de l'eau sur la combinaison sulfocarbonique de la triéthylphosphine, s'obtiennent aisément par l'action à 100° d'une solution saturée d'hydrogène sulfuré. Ces cristaux jaunes sont faciles à isoler par suite de leur insolubilité dans l'éther. Ils s'obtiennent purs par des cristallisations dans l'alcool bouillant; comme ils se décomposent à 100°, il faut les sécher dans le vide. Ils ont pour composition $C^8H^{17}PS^3$ et constituent la *sulfocarbamide sulfométhyltriéthylphosphinique*,

$$\left.\begin{matrix} CH^2S \\ (C^2H^5)^3P \end{matrix}\right\} CS^2.$$

La formation de ce corps a lieu d'après l'équation

$$2(C^2H^5)^3P.CS^2 + H^2S$$
$$= (C^2H^5)^3PS + (CH^2S)(C^2H^5)^3P.CS^2.$$

Par l'ébullition de la solution aqueuse, ce corps donne du sulfure de carbone et une solution à réaction alcaline fournissant des sels bien cristallisés, notamment un iodure qui est l'*iodure de sulfométhyltriéthylphosphonium*,

$$(CH^3S)(C^2H^5)^3P.I.$$

(1) Q. Sella a soumis un grand nombre de dérivés phosphiniques à des déterminations cristallographiques; elles sont consignées dans les *Mém. de l'Acad. de Turin*, (2), t. XX, et dans les mémoires de Hofmann [*Ann. de Chim. et de Phys.*, (3), t. XLII, LXIII et LXIV].

L'hydrate lui-même n'a pu être isolé ; sa formation a lieu d'après l'équation

$$\left.\begin{array}{c}CH^2S\\(C^2H^5)^3P\end{array}\right\}CS^2 + H^2O$$
$$= CS^2 + (CH^3S)(C^2H^5)^3P.OH$$

[A.-W. Hofmann, *Compt. rend.*, t. LII, p. 835].

SULFOCYANATE DE TRIÉTHYLPHOSPHONIUM,

$$(C^2H^5)^3HP.CAzS.$$

— Ce sel s'obtient facilement en dissolvant la triéthylphosphine dans de l'acide sulfocyanique. Chauffé, il se volatilise, non sans se décomposer en partie, en donnant du sulfure et du sulfocarbonate de triéthylphosphine et du sulfure de carbone (Hofmann). — Voir plus loin pour les sulfocyanates de phosphoniums quaternaires.

PHOSPHONIUMS ÉTHYLIQUES QUATERNAIRES. — En fixant des iodures, etc., d'alcool monatomiques, la triéthylphosphine donne naissance à des dérivés quaternaires, comme le fait la triéthylamine. Sous l'influence des bromures, etc., de radicaux diatomiques, elle fournit soit des phosphines quaternaires avec substitution d'un atome de brome, soit des diphosphoniums contenant le radical diatomique.

TÉTRÉTHYLPHOSPHONIUM (*phosphéthylium*),

$$[(C^2H^5)^4P]'.$$

— L'*iodure*, $(C^2H^5)^4P.I$, se forme par l'action de l'iodure d'éthyle sur la triéthylphosphine. La combinaison est très-vive; le liquide bout avec violence, puis se prend en masse cristalline. Il vaut mieux dissoudre la triéthylphosphine dans l'éther. Ce sel est très-soluble dans l'eau, moins soluble dans l'alcool et insoluble dans l'éther. La potasse, ajoutée à la solution aqueuse, en provoque la cristallisation. L'éther précipite le sel à l'état d'une poudre cristalline de la solution alcoolique. Il cristallise en beaux cristaux d'une solution éthéro-alcoolique bouillante [Cahours et Hofmann, *Ann. de Chim. et de Phys.*, (3), t. LI, p. 19].

L'iodure de tétréthylphosphonium cristallise dans le système rhomboédrique (pyramides hexagonales plus ou moins modifiées). Angles observés : $pp = 83°26'$; $e^3e^3 = 126°4, 101°2'$ et $52°52'$; $a^1b^1 = 40°22'$ [Sella, *Ann. de Chim. et de Phys.*, (3), t. LXIII, p. 333].

Hydrate de tétréthylphosphonium,

$$(C^2H^5)^4P.OH.$$

— La solution de l'iodure, traitée par de l'oxyde d'argent, fournit un précipité d'iodure d'argent et une solution très-alcaline, à saveur amère, retenant de l'argent en dissolution. Cet argent se dépose à l'état d'un miroir métallique par la concentration sur l'acide sulfurique et l'on obtient en même temps une masse cristalline très-déliquescente et attirant l'acide carbonique de l'air.

La solution de cet hydrate précipite les solutions métalliques ; elle redissout les précipités d'alumine et de zinc. Elle donne des sels cristallisables et déliquescents, insolubles dans l'éther, avec les acides chlorhydrique, azotique et sulfurique.

Le *chloroplatinate*, $[(C^2H^5)^4P.Cl]^2PtCl^4$, forme un précipité orange pâle, altérable à l'ébullition ; il cristallise en octaèdres réguliers.

Le *chloraurate*, $(C^2H^5)^4P.Cl.AuCl^3$, cristallise dans l'eau bouillante en aiguilles d'un jaune d'or.

Soumis à la distillation, l'hydrate de tétréthylphosphonium se décompose avec effervescence en produisant un gaz inflammable (hydrure d'éthyle) et de l'eau, puis il distille vers 240° de l'oxyde de triéthylphosphine. Cette décomposition a lieu d'après l'équation

$$(C^2H^5)^4P.OH = (C^2H^5)^3P.O + C^2H^5,H.$$

Lorsque l'hydrate a attiré l'acide carbonique de l'air, la décomposition n'est plus la même et l'on obtient de la triéthylphosphine et un liquide qui constitue du carbonate d'éthyle. Si l'hydrate est complétement carbonaté, il ne se dégage pas de gaz inflammable :

$$[(C^2H^5)^4P]^2CO^3 = 2(C^2H^5)^3P + CO^3(C^2H^5)^2$$

(Cahours et Hofmann).

TRIÉTHYLMÉTHYLPHOSPHONIUM, $(CH^3)(C^2H^5)^3P$. — La réaction de l'iodure de méthyle sur la triéthylphosphine est encore plus violente que celle de l'iodure d'éthyle. On obtient ainsi l'*iodure de triethylméthylphosphonium*, $(CH^3)(C^2H^5)^3P.I$, qui ressemble à celui de tétréthylphosphonium. Traité par l'oxyde d'argent, il fournit l'*hydrate*,

$$(CH^3)(C^2H^5)^3P.OH,$$

en solution très-alcaline. Cette solution, saturée d'acide chlorhydrique, donne avec le chlorure platinique un *chloroplatinate*,

$$[(CH^3)(C^2H^5)^3P.Cl]^2PtCl^4,$$

cristallisant en cubo-octaèdres insolubles dans l'alcool et dans l'éther (Cahours et Hofmann).

TRIÉTHYLAMYLPHOSPHONIUM, $(C^5H^{11})(C^2H^5)^3P$. — L'iodure d'amyle agit lentement sur une solution éthérée de triéthylphosphine. Après quelques jours, il se sépare de beaux cristaux d'*iodure*, $(C^5H^{11})(C^2H^5)^3P.I$. Cet iodure fournit l'hydrate correspondant par l'action de l'oxyde d'argent. Le *chloroplatinate* cristallise en beaux prismes droits assez solubles dans l'eau, insolubles dans l'alcool et dans l'éther.

L'hydrate de triéthylamylphosphonium, soumis à la distillation, fournit un gaz combustible et un liquide bouillant vers 280° et qui constitue probablement l'oxyde de diéthylamylphosphine,

$$(C^2H^5)^2(C^5H^{11})P.O$$

(Cahours et Hofmann) :

$$(C^2H^5)^3(C^5H^{11})P.OH$$
$$= (C^2H^5)^2(C^5H^{11})P.O + C^2H^5,H.$$

TRIÉTHYLALLYLPHOSPHONIUM, $(C^3H^5)(C^2H^5)^3P$. — L'iodure d'allyle agit avec une grande énergie sur la triéthylphosphine en donnant de l'*iodure de triéthylallylphosphonium*, $(C^3H^5)(C^2H^5)^3PI$, qui cristallise de l'alcool en belles aiguilles. L'oxyde d'argent transforme cet iodure en *hydrate*. Le chlorure fournit un chloroplatinate cristallisable en octaèdres.

Le *sulfocyanate de triéthylallylphosphonium* est un sel très-soluble, difficilement cristallisable et différent du composé obtenu par l'action de la triéthylphosphine sur l'essence de moutarde et qui constitue une urée composée (voyez p. 946) [A.-W. Hofmann, *Ann. de Chim. et de Phys.*, (3), t. LXII, p. 441].

TRIÉTHYLVINYLPHOSPHONIUM,

$$\left.\begin{array}{c}(C^2H^3)'\\(C^2H^5)^3\end{array}\right\}P.$$

— Les composés de cet ammonium se trouvent décrits t. I, p. 1386.

TRIÉTHYLBENZYLPHOSPHONIUM, $(C^7H^7)(C^2H^5)^3P$. — Le chlorure de cet ammonium résulte de l'action du chlorure de benzylidène sur la triéthylphosphine (voyez plus loin). Il forme une masse cristalline très-déliquescente. Le *chloroplatinate*, $[(C^7H^7)(C^2H^5)^3P.Cl]^2PtCl^4$, se précipite en lamelles légèrement solubles (Hofmann).

Action des bromure, chlorure et iodure d'éthylène sur la triéthylphosphine.

Cette action donne lieu simultanément à deux séries de produits, les uns ont pour point de départ le bromure de *brométhylène-triéthylphosphonium*,

$$\left.\begin{matrix}C^2H^4Br\\(C^2H^5)^3\end{matrix}\right\}P.Br,$$

les autres le dibromure *d'éthylène-hexéthyldiphosphonium*,

$$\left.\begin{matrix}C^2H^4\\(C^2H^5)^6\end{matrix}\right\}P^2Br^2.$$

Si le bromure d'éthylène est en excès, c'est surtout le premier bromure qui prend naissance; au contraire, si l'on emploie 2 molécules de triéthylphosphine (3 volumes) par 2 molécules de bromure d'éthylène (1 volume), le second bromure se forme presque en quantité théorique. Ce second bromure se distingue par une plus grande solubilité, même dans l'alcool absolu dont il ne se sépare que par une évaporation presque complète. Ces deux bromures se forment d'après les équations

$$C^2H^4Br^2 + (C^2H^5)^3P = (C^2H^4Br)(C^2H^5)^3P.Br$$
$$\text{et } C^2H^4Br^2 + 2(C^2H^5)^3P = (C^2H^4)(C^2H^5)^6P^2.Br^2.$$

A ces deux phosphoniums correspondent de nombreux sels résultant de la substitution du brome combiné au phosphore par des restes acides.

Le bromure du diphosphonium, traité par l'oxyde d'argent, donne l'hydrate correspondant

$$\left.\begin{matrix}C^2H^4\\(C^2H^5)^6\end{matrix}\right\}P^2(OH)^2.$$

Le bromure du monophosphonium se comporte d'une manière différente : sous l'influence de l'oxyde d'argent, il échange non-seulement l'atome de brome combiné au phosphore contre de l'hydroxyle, mais encore l'atome de brome uni avec l'éthylène, et donne *l'hydrate d'hydroxéthylène-triéthylphosphonium*,

$$\left.\begin{matrix}C^2H^4.OH\\(C^2H^5)^3\end{matrix}\right\}P.OH.$$

Cet hydrate se comporte comme une base forte et fournit de nombreux sels. Soumis à l'action de la chaleur, les sels du brométhylène-phosphonium ou de l'hydroxéthylène-phosphonium perdent de l'acide bromhydrique ou de l'eau et se transforment en dérivés vinyltriéthylphosphoniques :

$$\underset{\text{Bromure brométhylénique.}}{\left.\begin{matrix}C^2H^4Br\\(C^2H^5)^3\end{matrix}\right\}P.Br} = HBr + \underset{\text{Bromure vinylique.}}{\left.\begin{matrix}(C^2H^3)'\\(C^2H^5)^3\end{matrix}\right\}P.Br},$$

$$\underset{\text{Bromure hydroxéthylénique.}}{\left.\begin{matrix}C^2H^4.OH\\(C^2H^5)^3\end{matrix}\right\}P.Br} = H^2O + \underset{\text{Bromure vinylique.}}{\left.\begin{matrix}C^2H^3\\(C^2H^5)^3\end{matrix}\right\}P.Br}.$$

La découverte et l'étude de tous ces composés, qui se trouvent décrits t. I, p. 1385, est due à Hofmann.

Avec le *chlorure d'éthylène*, les choses se passent à peu près de même; cependant, si l'on opère à chaud, quelles que soient les proportions du mélange, c'est le chlorure de diphosphonium qui prend naissance, et si l'on veut préparer le chlorure de chloréthylène-phosphonium, il faut abandonner à lui-même pendant quelques jours un mélange de triéthylphosphine avec un grand excès de chlorure d'éthylène. Ici encore le produit est mélangé d'une grande quantité de chlorure de diphosphonium. Les réactions de ces composés sont tout à fait analogues à celles des corps bromés.

Le chlorure d'éthyle monochloré et le bromure d'éthyle bromé agissent comme les dichlorure et dibromure d'éthylène.

La réaction de l'iodure d'éthylène a lieu avec explosion si les corps ne sont pas étendus par un dissolvant (alcool). On n'obtient presque que de l'iodhydrate de triéthylphosphine; il ne se forme pas de quantités appréciables d'iodures correspondant aux chlorures et bromures décrits plus haut; la triéthylphosphine paraît agir sur l'iodure d'éthylène à la manière de la potasse :

$$(C^2H^5)^3P + C^2H^4I^2 = (C^2H^5)^3HP.I + C^2H^3I.$$

Action du chlorure et de l'iodure de méthylène sur la triéthylphosphine.

La réaction a lieu avec énergie et l'on obtient deux iodures bien cristallisés, séparables par l'alcool absolu. Le moins soluble est l'iodure d'iodométhylo-phosphonium, le second est de l'iodure d'oxyméthyltriéthylphosphonium, résultant évidemment d'une transformation du premier.

COMPOSÉS D'IODOMÉTHYLE-TRIÉTHYLPHOSPHONIUM ET DÉRIVÉS. — *Iodure*, $(CH^2I)(C^2H^5)^3P.I.$ — Aiguilles incolores, peu solubles dans l'alcool, produites par l'action de l'iodure de méthylène sur la triéthylphosphine. L'iodure iodométhylé donne, par l'action de l'oxyde d'argent humide *l'hydrate iodométhylé*, $(CH^2I)(C^2H^5)^3P.OH$, qui n'a pas son correspondant dans les composés éthyliques. Le *chloroplatinate* iodométhylé cristallise dans l'eau bouillante en prismes.

En même temps que l'iodure iodométhylé, on obtient d'autres aiguilles, plus solubles dans l'alcool, qui constituent *l'iodure hydroxyméthylé*,

$$(CH^3O)(C^2H^5)^3P.I,$$

fournissant *l'hydrate* correspondant par l'action de l'oxyde d'argent, et un chloroplatinate cristallisable en octaèdres d'un jaune foncé (Hofmann).

COMPOSÉS CHLOROMÉTHYLÉS. — Le *chlorure*,

$$(CH^2Cl)(C^2H^5)^3P.Cl,$$

s'obtient sous forme d'une belle masse cristalline par l'action à 100° du chlorure de méthylène sur la triéthylphosphine. Le *chloroplatinate* est en aiguilles peu solubles.

Un excès de triéthylphosphine paraît transformer ce chlorure en chlorure de *diphosphonium méthylénique* $(CH^2)''(C^2H^5)^6P^2Cl^2$, mais ce corps se décompose immédiatement par l'eau d'après l'équation

$$(CH^2)(C^2H^5)^6P^2Cl^2 + H^2O$$
$$= \underset{\text{Chlorure de méthyl-triéthylphosphonium.}}{(CH^3)(C^2H^5)^3PCl} + \underset{\text{Oxyde de triéthylphosphine.}}{(C^2H^5)^3PO} + HCl.$$

[Hofmann, *Compt. rend.*, t. LII, p. 947].

Le chlorure chloréthylé est aussi un des produits de l'action du chlorure de carbone sur la triéthylphosphine. — Voyez TRIPHOSPHONIUMS.

Action des combinaisons propyléniques et amyléniques.

Les bromures de propylène, de butylène et d'amylène sont violemment attaqués par la triéthylphosphine, mais la réaction est beaucoup moins nette qu'avec le bromure d'éthylène. Les bromures diphosphoniques qui paraissent prendre naissance sont très-altérables, et l'on n'obtient presque que du bromure de triéthylphosphonium (Hofmann).

Action du chlorure de benzylène.

Le chlorure de benzylène, $C^7H^6Cl^2$, produit par l'action du perchlorure de phosphore sur l'essence d'amandes amères, n'agit sur la triéthylphosphine que vers 120-130°. La masse cristalline produite est surtout formée de chlorure de triéthylphosphonium. Après la décomposition de celui-ci par la baryte et l'enlèvement de la triéthylphosphine par l'éther, on obtient, en traitant le résidu par de l'oxyde d'argent, un liquide très-alcalin. L'étude des sels qu'il forme et l'analyse du chloroplatinate correspondant ont montré que le corps en question est l'hydrate de benzyltriéthylphosphonium. La réaction a sans doute lieu suivant l'équation

$$3(C^2H^5)^3P + C^7H^6Cl^2 + H^2O = (C^2H^5)^3HP.Cl + (C^2H^5)^3(C^7H^7)P.Cl + (C^2H^5)^3PO.$$

Elle est peut-être précédée de la formation d'un chlorure de diphosphonium instable,

$$(C^7H^6)''(C^2H^5)^6P^2.Cl^2$$

[A.-W. Hofmann, *Ann. de Chim. et de Phys.*, (3), t. LXIV, p. 166].

Action de la triéthylphosphine sur l'éther monochloracétique.

Cette action est analogue à celle de la triéthylamine qui donne du glycocolle triéthylique. Il faut modérer la réaction en dissolvant la triéthylphosphine dans l'éther. Le produit de la réaction fournit un chloroplatinate bien cristallisé, ayant pour composition

$$[(C^2H^5)^3(C^2H^2(C^2H^5)O^2)P.Cl]^2PtCl^4.$$

Si l'on traite par l'oxyde d'argent le chlorure obtenu en décomposant ce chloroplatinate par l'hydrogène sulfuré, on obtient un corps bien cristallisé qui représente le *glycocolle triéthylique phosphoré*,

$$\begin{matrix} CH^2.P(C^2H^5)^2 \\ | \\ CO.OC^2H^5, \end{matrix}$$

et qui reste après évaporation à l'état d'une masse cristalline radiée. Il forme un chloroplatinate,

$$[C^2H^3(C^2H^5)^3PO^2.Cl]^2PtCl^4,$$

et un iodure,

$$C^2H^3(C^2H^5)^3PO^2I + C^2H^2(C^2H^5)^3PO^2$$

[Hofmann, *Compt. rend.*, t. LIV, p. 252].

COMPOSÉS PHOSPHAMMONIQUES.

Ces corps, intermédiaires entre les diphosphoniums et diammoniums éthyléniques, s'obtiennent par l'action de l'ammoniaque ou des ammoniaques substituées sur le bromure de brométhylène-triéthylphosphonium (t. I, p. 1385). Leur étude a été faite par Hofmann, qui a décrit les dérivés des phosphammoniums suivants :

Éthylène-triéthylphosphammonium,

$$C^2H^4 < \begin{matrix} P(C^2H^5)^3 \\ AzH^3. \end{matrix}$$

Éthylène-méthyltriéthylphosphammonium,

$$C^2H^4 < \begin{matrix} P(C^2H^5)^3 \\ AzH^2(CH^3). \end{matrix}$$

Éthylène-tétréthylphosphammonium,

$$C^2H^4 < \begin{matrix} P(C^2H^5)^3 \\ AzH^2(C^2H^5). \end{matrix}$$

Éthylène-pentéthylphosphammonium.

$$C^2H^4 < \begin{matrix} P(C^2H^5)^3 \\ AzH(C^2H^5)^2. \end{matrix}$$

Éthylène-triméthyltriéthylphosphammonium,

$$C^2H^4 < \begin{matrix} P(C^2H^5)^3 \\ Az(CH^3)^3. \end{matrix}$$

L'étude de ces corps est déjà faite dans cet ouvrage à l'article BASES ÉTHYLÉNIQUES, t. I, p. 1389, et nous ne décrirons ici que les dérivés du premier phosphammonium, dont on a omis la description à l'endroit cité.

ÉTHYLÈNE-TRIÉTHYLPHOSPHAMMONIUM. — L'ammoniaque, en solution alcoolique, agit à froid sur une solution alcoolique de bromure de brométhyltriéthylphosphonium. La réaction étant achevée à 100° et l'alcool ayant été distillé, il reste une masse saline déliquescente. Celle-ci, traitée par l'oxyde d'argent, fournit le *dihydrate d'éthylène-triéthylphosphammonium*

$$C^2H^4 < \begin{matrix} P(C^2H^5)^3.OH \\ AzH^3.OH \end{matrix}$$

en solution très-alcaline, se séparant en gouttelettes par l'addition de potasse.

La réaction a lieu d'après l'équation

$$(C^2H^4Br)(C^2H^5)^3P.Br + AzH^3 = (C^2H^4)''(C^2H^5)^3H^3PAz.Br^2.$$

Le *chloroplatinate,*

$$(C^2H^4)''(C^2H^5)^3H^3.PAzCl^2.PtCl^4,$$

forme un précipité légèrement cristallin, soluble dans l'eau bouillante et cristallisable en prismes bien définis, du système orthorhombique (Q. Sella).

Le *chloraurate* forme de belles aiguilles peu solubles dans l'eau

Le *dichlorure*, le *dibromure* et le *diiodure* cristallisent bien ; ils sont plus solubles et moins stables que les sels diphosphoniques.

L'hydrate se décompose par la distillation en donnant l'hydrate de triéthylvinylphosphonium :

$$C^2H^4(C^2H^5)^3H^3.PAz(OH)^2 = H^3Az + H^2O + (C^2H^3)(C^2H^5)^3P.OH.$$

ÉTHYLÈNE-HEXÉTHYLPHOSPHAMMONIUM. — Le bromure devrait se former de même par l'action de la triéthylamine sur le bromure de brométhylène-triéthylphosphonium ; mais il n'en est rien, quoique la réaction soit très-énergique. Cette réaction donne naissance à du bromure oxéthylique :

$$(C^2H^4Br)(C^2H^5)^3P.Br + (C^2H^5)^3Az + H^2O = (C^2H^5O)(C^2H^5)^3P.Br + (C^2H^5)^3HAz.Br.$$

Les corps complétement secs donneraient sans doute lieu à du bromure vinylique.

Par l'action de la triéthylarsine sur le bromure de brométhylène-triéthylphosphonium, on obtient des dérivés *phospharsoniques*. Ces dérivés ont été décrits t. I, p. 421.

Nous rattacherons aux dérivés phosphammoniques les composés suivants dont la constitution est analogue à celle des *urées* et qui renferment également 1 atome de phosphore et 1 atome d'azote.

Action du sulfocyanate de phényle sur la triéthylphosphine.

Le sulfocyanate de phényle et la triéthylphosphine réagissent vivement l'un sur l'autre ; aussi est-il bon d'employer cette dernière en solution éthérée. Le produit de la réaction, peu soluble dans l'éther, se sépare en cristaux ou à l'état d'une huile se solidifiant lentement. On fait recristalliser ce produit dans l'éther bouillant. Le composé ainsi obtenu résulte d'une addition de molécules :

$$(C^2H^5)^3P + CAz(C^6H^5)S = C^{13}H^{20}AzPS;$$

il cristallise en prismes jaunes clinorhombiques (Sella). Il possède la constitution chimique des urées ; le mode de formation est le même ; comme elles, il s'unit aux acides. Si on regarde l'urée comme une diamine $(CO)''H^4.Az^2$, les cristaux jaunes doivent avoir pour formule

$$\left. \begin{matrix} (CS)'' \\ (C^2H^5)^3(C^6H^5) \end{matrix} \right\} AzP.$$

C'est de la *triéthylphénylsulfo-urée* dont la moitié de l'azote est remplacée par du phosphore.

Cette urée est insoluble dans l'eau, soluble dans les acides étendus, en donnant des sels.

Chlorure, $(CS)''(C^2H^5)^3(C^6H^5)AzP \,.\, HCl$. — Beaux cristaux jaunes obtenus par le refroidissement de la solution dans l'acide chlorhydrique concentré et bouillant. L'eau bouillante les décompose. Le *chloroplatinate* est un précipité cristallin jaune pâle,

$$[(CS)''(C^2H^5)^3(C^6H^5)AzP \,.\, HCl]^2PtCl^4.$$

Le *bromure* ressemble au chlorure. Les acides sulfurique et azotique décomposent l'urée sulfotriéthylphénylique.

Celle-ci se combine directement aux iodures de méthyle et d'éthyle, formant une masse cristalline soluble dans l'eau bouillante et se déposant en belles aiguilles d'un jaune d'or, qui renferment

$$\left.\begin{matrix}(CS)''\\(C^2H^5)^3\\(C^6H^5)\end{matrix}\right\}AzP.I(CH^3).$$

Cet iodure est décomposé par le chlorure d'argent, en donnant le chlorure correspondant, dont le chloroplatinate est cristallisable dans l'eau bouillante en cristaux aciculaires. L'oxyde d'argent transforme l'iodure, en solution aqueuse, en une solution très-alcaline, renfermant l'hydrate $(CS)''(CH^3)(C^2H^5)^3(C^6H^5)AzP.OH$, se décomposant par la chaleur en sulfocyanate de phényle et hydrate de méthyltriéthylphosphonium.

L'urée précédente donne également du sulfocyanate de phényle par l'acide nitrique. Son chlorure, en solution concentrée, abandonne l'urée inaltérée par l'addition d'ammoniaque; mais si l'on fait bouillir sa solution étendue avec de l'ammoniaque, elle dépose après quelque temps des cristaux de *phénylsulfo-urée* et laisse dégager de la triéthylphosphine :

$$(C^2H^5)^3\left.\begin{matrix}(CS)''\\(C^6H^5)\end{matrix}\right\}AzP + H^3Az$$
$$= (C^2H^5)^3P + \left.\begin{matrix}(CS)''\\(C^6H^5)H^3\end{matrix}\right\}Az^2.$$

La potasse agit d'une manière analogue, mais en donnant de la *diphénylsulfo-urée*, de la triéthylphosphine, du carbonate et du sulfure de potassium.

La solution éthérée de l'urée, chauffée doucement avec du sulfure de carbone, donne une solution cramoisie d'où se déposent des cristaux rouge-rubis de la combinaison $(C^2H^5)^3P.CS^2$ (voyez p. 942); les eaux mères renferment du sulfocyanate de phényle [A.-W. Hofmann, *Ann. de Chim. et de Phys.*, (3), t. LXII, p. 424].

Action du sulfocyanate d'allyle sur la triéthylphosphine.

L'essence de moutarde réagit violemment sur la triéthylphosphine et l'on obtient, après quelques jours, des cristaux bruns difficiles à purifier. Il vaut mieux opérer en présence de l'éther; on obtient alors une masse cristalline qu'on lave à l'éther et qu'on fait recristalliser dans l'éther bouillant. La combinaison allylique a la même constitution que l'urée phénylique précédente et renferme

$$(C^2H^5)^3\left.\begin{matrix}(CS)''\\(C^3H^5)\end{matrix}\right\}AzP;$$

c'est de la *triéthylallylsulfo-urée phosphorée*.

L'urée allylique est insoluble dans l'eau, soluble dans l'alcool; sa solution est légèrement alcaline. Elle fond à 68° et se concrète à 61°; chauffée plus fort, elle se décompose. Elle cristallise en tables volumineuses et transparentes, du système clinorhombique (Q. Sella), isomorphes avec l'urée phénylique ainsi qu'avec la thiosinamine et l'urée allylique sulfurée.

La solution chlorhydrique de l'urée donne avec le chlorure de platine des écailles soyeuses, fusibles dans l'eau bouillante et renfermant

$$\left[(C^2H^5)^3\left.\begin{matrix}(CS)''\\(C^3H^5)\end{matrix}\right\}AzP.HCl\right]^2PtCl^4.$$

Cette urée a la composition du sulfocyanate de triéthylallylphosphonium décrit plus haut (p. 943); mais ses propriétés sont différentes [A.-W. Hofmann, *loc. cit.*, p. 435].

Les *sulfocyanates de méthyle et d'éthyle* agissent tout autrement sur la triéthylphosphine, ce qui n'a rien d'étonnant quand on songe à la manière dont ils se comportent à l'égard de l'ammoniaque. Le mélange, chauffé quelques heures à 100°, fournit des cristaux de sulfure de triéthylphosphine et un corps visqueux brun renfermant de l'hydrate de tétréthylphosphonium; la réaction peut se représenter par l'équation

$$CAz(C^2H^5)S + 2(C^2H^5)^3P + H^2O$$
$$= (C^2H^5)^3PS + (C^2H^5)^4P.OH + CAzH.$$

Le *sulfocyanate d'éthylène* donne naissance à un dicyanure diphosphonique. — Voyez t. I, p. 1387.

Action du cyanate de phényle sur la triéthylphosphine.

La réaction de ce corps sur la triéthylphosphine dégage beaucoup de chaleur. Mais le produit n'est pas une urée; en effet, il est uniquement composé de *dicyanate de phényle*, résultant d'une polymérisation provoquée par la triéthylphosphine. Il suffit du reste d'une trace de cette dernière pour transformer une grande quantité de cyanate de phényle.

Le *cyanate d'éthyle* se convertit en cyanurate, et l'acide cyanique en acide cyanurique.

Composés triphosphoniques. — *Action de l'iodoforme sur la triéthylphosphine.* — La réaction doit n'être tentée que sur de petites quantités de matière, et à la température ordinaire. On obtient une masse visqueuse jaune clair, que l'alcool transforme en un produit cristallisé blanc, soluble dans l'eau, peu soluble dans l'alcool, et qui constitue l'*iodure triphosphonique*

$$[(CH)'''(C^2H^5)^9P^3]'''I^3.$$

Cet iodure forme avec l'iodure de zinc un sel peu soluble, formant un précipité cristallisé blanc $[(CH)'''(C^2H^5)^9P^3.I^3]^2 3ZnI^2$. Traité par les sels d'argent, il fournit les sels correspondants.

Le *chloroplatinate* est un précipité jaune pâle, se séparant de sa solution chlorhydrique bouillante en paillettes rectangulaires,

$$[(CH)''', (C^2H^5)^9P^3.Cl^3]^2, 3PtCl^4.$$

L'oxyde d'argent décompose l'iodure précédent, mais il ne donne pas l'hydrate correspondant; on obtient de l'hydrate de méthyltriéthylphosphonium et de l'oxyde de triéthylphosphine :

$$2[(CH)'''(C^2H^5)^9P^3.I^3] + 3Ag^2O + 3H^2O$$
$$= 2[(CH^3)(C^2H^5)^3P.OH] + 4(C^2H^5)^3PO + 6AgI.$$

Le chloroforme et le bromoforme agissent comme l'iodoforme [A.-W. Hofmann, *Compt. rend.*, t. XLIX, p. 928].

Le *chlorure de carbone* agit aussi très-énergiquement sur la triéthylphosphine. Il faut employer celle-ci en solution éthérée, et opérer dans une atmosphère de gaz carbonique. On obtient une masse cristalline blanche, soluble dans l'eau et fournissant le chloroplatinate triphosphonique décrit ci-dessus. Les eaux mères de ce chloroplatinate fournissent du chloroplatinate de phosphonium chlorométhylé, et de l'oxyde de triéthylphosphine. Tous ces composés doivent résulter de la décomposition des produits primitifs par l'eau, qui sont, d'après Hofmann, du *chlorure de carbo-dodécaéthyltétraphosphonium*

$$(C^{iv})(C^2H^5)^{12}P^4.Cl^4$$

et du *chlorure de chlorocarbonéthyltriphosphonium* $(CCl)'''(C^2H^5)^9P^3.Cl^3$ [*Compt. rend.*, t. LII, p. 947].

PHOSPHINES ISOPROPYLIQUES.

Ces phosphines s'obtiennent comme les phosphines éthyliques et méthyliques [A.-W. Hofmann, *Deutsch. Chem. Gesells.*, t. VI, p. 292 et p. 304; *Bull. de la Soc. chim.*, 1873, t. XX, p. 194].

Isopropylphosphine, $C^3H^7.H^2P$. — Liquide incolore, réfringent, à odeur pénétrante, facilement inflammable et bouillant à 41°, comme son isomère la triméthylphosphine, dont elle se distingue aisément en ce qu'elle ne donne pas de combinaisons cristallisées avec le soufre et avec le sulfure de carbone.

Elle est insoluble dans l'eau et plus légère que ce liquide.

Ses sels sont décomposés par l'eau.

Acide isopropylphosphinique, $PO(C^3H^7)(OH)^2$. — Il s'obtient comme l'acide méthylphosphinique. C'est une masse cireuse soluble dans l'eau, très-soluble dans l'alcool, fusible entre 60° et 70°.

Son *sel d'argent*, $PO(C^3H^7)(AgO)^2$, est un précipité amorphe blanc.

Méthylisopropylphosphine, $(CH^3)(C^3H^7)HP$. — Liquide très-oxydable, bouillant à 78-80°. Elle est isomérique avec la diéthylphosphine et la butylphosphine, bouillant l'une à 85°, l'autre à 62°.

L'*iodure* forme une masse cristalline blanche qu'on obtient en chauffant la propylphosphine avec l'iodure de méthyle.

Diisopropylphosphine, $(C^3H^7)^2.HP$. — Liquide bouillant à 118°, encore plus avide d'oxygène que la phosphine précédente. Il s'enflamme lorsqu'on le répand sur une feuille de papier à filtrer. Cette phosphine est insoluble dans l'eau, soluble dans l'alcool et dans l'éther, plus légère que l'eau.

Son isomère, la triéthylphosphine, bout à 228°. Elle donne des sels très-solubles.

Acide diisopropylphosphinique,

$$PO(C^3H^7)^2(OH).$$

— Huile insoluble dans l'eau. Son sel d'argent est incristallisable.

Triisopropylphosphine, $(C^3H^7)^3P$. — Elle s'obtient à l'état d'iodure par la digestion à 120° de la phosphine secondaire avec de l'iodure d'isopropyle. C'est un liquide incolore. Elle s'unit au sulfure de carbone en donnant des cristaux rouges.

L'*iodure*, $(C^3H^7)^3HP.I$, forme de beaux cristaux très-solubles dans l'eau et dans l'alcool, insolubles dans l'éther.

Tétraisopropylphosphonium. — L'*iodure*,

$$(C^3H^7)^4PI,$$

obtenu par digestion de la phosphine tertiaire avec l'iodure isopropylique, cristallise dans l'eau en cubes ou en octaèdres.

PHOSPHINES BUTYLIQUES.

Elles s'obtiennent comme les phosphines éthyliques [A.-W. Hofmann, *Deuts. Chem. Gesellsch.*, t. VI, p. 296 et p. 304].

Butylphosphine, $C^4H^9.H^2P$. — Liquide incolore bouillant à 62°, isomérique avec la diéthylphosphine.

Acide butylphosphinique, $PO(C^4H^9)(OH)^2$. — Masse paraffinée soluble dans l'eau et dans l'alcool, fusible à 100°. Le *sel d'argent*,

$$PO(C^4H^9)(OAg)^2,$$

est un précipité amorphe blanc.

Dibutylphosphine, $(C^4H^9)^2.HP$. — Liquide très-oxydable, pouvant s'enflammer à l'air et bouillant à 153°.

Propylbutylphosphine, $(C^3H^7)(C^4H^9).HP$. — Liquide très-oxydable bouillant à 139-140°.

Acide dibutylphosphinique, $PO(C^4H^9)^2OH$. — Huile insoluble. Le *sel d'argent* est incristallisable.

Éthylpropylbutylphosphine,

$$(C^2H^5)(C^3H^7)(C^4H^9)P.$$

— Liquide bouillant vers 190°.

Son *iodhydrate* se forme par l'action de l'iodure d'éthyle sur la propylbutylphosphine.

Tributylphosphine, $(C^4H^9)^3P$. — Liquide bouillant à 215°, obtenu en décomposant par la potasse l'iodhydrate $(C^4H^9)^3PHI$, préparé par digestion de la dibutylphosphine avec l'iodure de butyle. Ce sel cristallise facilement.

Méthyltributylphosphonium, $CH^3(C^4H^9)^3P$. — Son *iodure*, cristallisable dans l'eau, s'obtient par l'action de l'iodure de méthyle sur la tributylphosphine. L'action est des plus vives.

Méthyléthylpropylbutylphosphonium. — L'*iodure*, $CH^3, C^2H^5, C^3H^7, C^4H^9, P.I$, est cristallisable. Il se forme par la réaction réciproque de l'iodure de méthyle et de l'éthylpropylbutylphosphine.

Tétrabutylphosphonium. — L'*iodure*,

$$(C^4H^9)^4P.I,$$

forme une masse cristalline.

PHOSPHINES AMYLIQUES.

Elles ont été décrites par Hofmann [*Deutsch. Chem. Gesellsch.*, t. VI, p. 297 et p. 305; *Bull. de la Soc. chim.*, 1873, t. XX, p. 196].

Leur préparation s'effectue comme celle des autres phosphines. Il faut chauffer à 150° pour obtenir les phosphines primaire et secondaire.

Amylphosphine $(C^5H^{11}).H^2P$. — Liquide léger, soluble dans l'alcool et dans l'éther, bouillant à 106-107°.

Acide amylphosphinique, $PO(C^5H^{11})(OH)^2$. — Peu soluble dans l'eau froide, cristallisable dans l'eau bouillante en lamelles rhombiques nacrées fusibles à 160°.

Diamylphosphine, $(C^5H^{11})^2.HP$. — Liquide bouillant à 210-215°. Lorsqu'on le conserve, il éprouve une oxydation lente et laisse déposer une matière blanche.

Triamylphosphine, $(C^5H^{11})^3P$. — Base incolore, bouillant vers 300°. Elle s'unit, avec élévation de température, à l'oxygène, au soufre et à l'iodure de méthyle. Son *iodure* est incristallisable.

Oxyde de triamylphosphine, $(C^5H^{11})^3PO$. — Ce composé se forme toujours dans la préparation de la triamylphosphine, quel que soit le soin avec lequel on a empêché l'action de l'air. Il fond à 60-65°, se dissout dans l'alcool et en est précipité par l'eau sous forme cristalline.

Tétramylphosphonium. — L'*iodure*, $(C^5H^{11})^4PI$, forme un liquide qui se prend à la longue en une masse cristalline.

PHOSPHINES PHÉNYLIQUES.

Ces phosphines n'ont pas pu être obtenues par le procédé qui donne les autres phosphines, c'est-à-dire en traitant le chlorure de phényle par l'iodure de phosphonium en présence d'oxyde de zinc.

On y arrivera sans doute en partant du composé $C^6H^5.PCl^2$, récemment découvert par A. Michaelis [*Deutsch. Chem. Gesells.*, t. VI, p. 601].

Le corps $C^6H^5.PCl^2$ ou *chlorure de phosphényle* (bichlorophénylphosphine) se produit lorsqu'on dirige un mélange de vapeurs de benzine et de trichlorure de phosphore sur de la pierre ponce chauffée au rouge. C'est un liquide fumant à l'air, bouillant à 222°; son odeur rappelle à la fois celle de l'hydrogène phosphoré et celle de l'acide chlorhydrique. L'eau le décompose en produisant le dérivé hydroxylé correspondant. Le chlorure de phosphényle fixe le chlore, le brome, l'oxygène en donnant les composés

$$C^6H^5.PCl^2.Cl^2 \text{ (ou } Br^2\text{)} \quad \text{et} \quad C^6H^5.PCl^2.O.$$

Le *tétrachlorure* est en fines aiguilles blanches, fusibles à 73° et sublimables.

Le *chlorobromure* forme une masse jaunâtre, fusible à 208° et sublimable déjà à 130°.

L'*oxychlorure* est liquide et bout à 260° en se décomposant partiellement. Densité = 1,375.

Traités par un excès d'eau, ces trois composés fournissent l'*acide phosphénylique* $C^6H^5.PO(OH)^2$ qui cristallise en lamelles nacrées blanches, fusibles à 158°. Le sel d'argent forme un précipité blanc volumineux $C^6H^5.PO(OAg)^2$.

PHOSPHINES BENZYLIQUES.

MONOBENZYLPHOSPHINE, $(C^7H^7)H^2P$. — On fait digérer à 160° 2 molécules de chlorure de benzyle (portion du toluène chloré à chaud bouillant de 150° à 180°) avec 2 molécules d'iodure de phosphonium et 1 molécule d'oxyde de zinc. A l'ouverture des tubes, il se dégage de l'hydrogène phosphoré. Le produit est une masse cristalline blanche qu'on distille avec de l'eau. Il passe une huile dense, d'une odeur caractéristique; quand l'eau a distillé, le thermomètre monte jusqu'à 180°, température à laquelle passe la benzylphosphine.

La benzylphosphine est un liquide très-oxydable à l'air, insoluble dans l'eau, soluble dans l'alcool et dans l'éther. Elle forme avec l'acide iodhydrique gazeux une masse cristalline blanche soluble dans l'acide iodhydrique concentré, d'où elle se sépare en longues aiguilles. Ce sel renferme $(C^7H^7)H^3PI$. Il est décomposé par l'eau.

Le chlorhydrate et le bromhydrate de benzylphosphine n'ont pas été obtenus cristallisés. Le *chloroplatinate* est un précipité amorphe.

La monobenzylphosphine est formée d'après l'équation

$$2C^7H^7Cl + 2H^4P.I + ZnO = 2[(C^7H^7)H^3P.I] + ZnCl^2 + H^2O,$$

mais il se produit en outre de la dibenzylphosphine :

$$2C^7H^7Cl + H^4PI + ZnO = (C^7H^7)^2H^2P.I + ZnCl^2 + H^2O;$$

DIBENZYLPHOSPHINE, $(C^7H^7)^2H^2P$. — Elle se trouve dans le produit de la réaction précédente et s'en sépare par l'action de la potasse, après que l'on a enlevé la monobenzylphosphine par l'action de l'eau, sous forme d'une masse cristalline qu'on exprime.

La dibenzylphosphine est solide et cristallise dans l'alcool bouillant en longues aiguilles blanches groupées en faisceaux. Elle est insoluble dans l'eau et dans l'éther. Elle est inodore et sans saveur, fusible à 205° et volatile à une température plus élevée, en éprouvant un commencement de décomposition. La dibenzylphosphine ne présente pas de caractère basique et est insoluble dans les acides. Il est à remarquer que le caractère basique s'affaiblit également dans les amines aromatiques secondaires.

Ce qui distingue encore la dibenzylphosphine des phosphines méthyliques et éthyliques, c'est qu'on peut les chauffer dans l'oxygène, sans qu'il y ait réaction [A.-W. Hofmann, *Deutsch. Chem. Gesells.*, t. V, p. 100; *Bull. de la Soc. chim.*, 1872, t. XVII, p. 202].

On n'a pas obtenu la tribenzylphosphine. E. W.

PHOSPHOBERGAMIQUE (ACIDE). — Voyez BERGAMOTE (ESSENCE DE), t. I, p. 584.

PHOSPHOCÉRITE. — Voyez CRYPTOLITHE.

PHOSPHOGLYCÉRIQUE (ACIDE). — Voyez GLYCÉRIDES, t. I, p. 1589.

PHOSPHOGUMMITE. — Voyez GUMMITE.

PHOSPHOHYDROQUINONE. — Voyez QUINONE.

PHOSPHOMOLYBDIQUE (ACIDE). — Voyez MOLYBDÈNE, t. II, p. 445.

PHOSPHOPLATINIQUES (COMBINAISONS). — Baudrimont avait observé que le platine est attaqué vers 200° par le perchlorure de phosphore avec formation d'un corps brun, qu'il considérait comme une combinaison de tétrachlorure de platine et de perchlorure de phosphore. M. Schützenberger, en reprenant l'étude de cette réaction, a trouvé que Baudrimont avait entièrement méconnu la nature du produit brun et que le corps formé était une combinaison de chlorure platineux et de trichlorure de phosphore $PtCl^2,PCl^3$ formée en vertu de l'équation

$$Pt + PCl^5 = PtCl^2.PCl^3.$$

Ce composé, analogue à la combinaison d'oxyde de carbone et de chlorure platineux (voyez PLATINE), fixe comme celle-ci directement des groupes diatomiques PCl^3, CO, C^2H^4 ou Cl^2 et donne $PtCl^2, P^2Cl^6$; $PtCl^2.PCl^3, CO$, etc. M. Schützenberger a donné aux composés

$$PtCl^2.PCl^3 \quad \text{et} \quad PtCl^2.P^2Cl^6$$

les noms de *chlorures phosphoplatineux* et *phosphoplatinique*; mais nous les décrirons ici sous les noms de *chlorures phosphoplatinique* et *diphosphoplatinique* qui nous paraissent préférables.

Ces corps échangent facilement le chlore uni au phosphore contre de l'hydroxyle et fournissent ainsi, le premier un acide *tribasique*, le second un acide *hexbasique;* les 2 atomes du chlore combinés au platine résistent au contraire à l'action de l'eau et se comportent comme le chlore des chlorures métalliques; ils peuvent être remplacés par des restes acides.

D'après ces faits la constitution de ces composés intéressants peut être exprimée par les formules suivantes :

$Cl^2\overset{IV}{Pt}=\overset{V}{P}Cl^3$	$Cl^2\overset{IV}{Pt}<\begin{matrix}PCl^3\\ \vert\\ PCl^3\end{matrix}$
Chlorure phosphoplatinique.	Chlorure diphosphoplatinique.

Lorsque le chlorure phosphoplatinique fixe un groupe diatomique, la double liaison qui existe entre Pt et P se défait et le groupe introduit vient saturer par une atomicité et le platine et le phosphore.

L'existence des composés phosphoplatiniques est une preuve de la *pentatomicité* du phosphore.

M. Schützenberger a fait l'étude de ces corps avec la collaboration de plusieurs de ses élèves, MM. Fontaine, Risler et Saillard [*Bull. de la Soc. chim.*, 1870, t. XIV, p. 178; 1872, t. XVII, p. 482, et t. XVIII, p. 101 et 148].

CHLORURE PHOSPHOPLATINIQUE ET DÉRIVÉS.

CHLORURE PHOSPHOPLATINIQUE, $Cl^2Pt=PCl^3$. — Dans un ballon à long col on introduit de la mousse de platine bien sèche et du perchlorure de phosphore dans le rapport de leurs poids moléculaires et l'on chauffe vers 250°; quand la première réaction est passée, on chauffe encore une demi-heure, et l'on décante ensuite la masse fondue, pour séparer un peu de platine non combiné : par le refroidissement on obtient une masse brun-rouge, cristalline, formée d'aiguilles enchevêtrées. Lorsqu'on décante, avant que tout se soit solidifié, la partie liquide, on trouve dans le vase une géode de magnifiques aiguilles assez volumineuses, groupées en houppes. On peut aussi purifier ce composé par cristallisation dans le chloroforme ou dans la benzine.

Le chlorure phosphoplatinique forme de belles aiguilles de couleur marron, fusibles vers 170°, solubles à chaud dans le chlorure de carbone, le chloroforme, la benzine et le toluène ; ces deux derniers liquides en dissolvent des quantités notables. Chauffé avec ménagement, il se dissocie peu à peu en chlorure platineux et trichlorure de phosphore ; chauffé brusquement, il dégage du perchlorure de phosphore et laisse un résidu de platine, en même temps une faible proportion se volatilise non altérée.

Chauffé doucement dans un courant de chlore, le chlorure phosphoplatinique fixe deux atomes de chlore et donne une poudre jaune renfermant $Cl^3Pt\text{-}PCl^4$; ce corps se dédouble au-dessous de 200° en trichlorure de phosphore et chlorure platinique.

Le chlorure phosphoplatinique se dissout rapidement dans l'eau ; la solution renferme de l'acide chlorhydrique et un acide tribasique, l'acide *phosphoplatinique* (voyez plus loin), formé d'après l'équation

$$Cl^2Pt{=}PCl^3 + 3H^2O = Cl^2Pt{=}P(OH)^3 + 3HCl.$$

L'eau n'enlève donc que les 3/5 du chlore à l'état d'acide chlorhydrique. Avec les *alcools*, on obtient une réaction analogue qui donne l'éther correspondant de l'acide phosphoplatinique :

$$Cl^2Pt{=}PCl^3 + 3C^2H^5.OH$$
$$= Cl^2Pt{=}P(O.C^2H^5)^3 + 3HCl.$$

La glycérine est également attaquée avec mise en liberté d'acide chlorhydrique et formation d'une matière sirupeuse soluble dans l'eau. L'acide acétique donne du chlorure d'acétyle et de l'acide phosphoplatinique :

$$Cl^2Pt{=}PCl^3 + 3C^2H^3O.OH$$
$$= Cl^2Pt{=}P(OH)^3 + 3C^2H^3O.Cl.$$

L'ammoniaque et les monamines organiques s'unissent directement au chlorure phosphoplatinique en donnant des bases complexes qui seront décrites plus loin.

Le chlorure phosphoplatinique fixe directement le trichlorure de phosphore et fournit le *chlorure diphosphoplatinique* $Cl^2Pt{=}P^2Cl^6$.

ACIDE PHOSPHOPLATINIQUE, $Cl^2Pt{=}P(OH)^3$. — On dissout le chlorure dans l'eau et l'on évapore la solution dans le vide ; on obtient ainsi des cristaux prismatiques jaune orangé, très-déliquescents, d'une saveur acide et métallique.

L'acide phosphoplatinique est tribasique.

Le nitrate d'*argent* produit dans la solution de l'acide un précipité blanc jaunâtre, dont la composition n'est pas tout à fait constante, mais qui renferme probablement $Cl^2Pt{=}P(OH)(OAg)^2$.

Avec l'acétate *neutre* de *plomb* on obtient un précipité jaune clair, qui, lavé à l'eau et séché dans le vide, contient $(Cl^2Pt{=}PO^3)^2Pb^3 + 8H^2O$; ce sel se décompose par la chaleur en donnant des quantités notables d'eau.

L'acétate *basique* de *plomb* donne un précipité jaune de la formule

$$(Cl^2Pt{=}PO^3)^2Pb^3, 2PbO + 4H^2O ;$$

ce sel détone faiblement lorsqu'on le chauffe.

On n'a pas réussi à préparer des sels alcalins ; lorsqu'on sature l'acide par un alcali ou par un carbonate alcalin, le liquide noircit promptement et fournit par l'addition d'alcool un précipité noir qui ne renferme plus de chlore.

Phosphoplatinate acide d'allyle,

$$Cl^2Pt = P(OH)^2(O.C^3H^5).$$

— On l'obtient en faisant agir l'alcool allylique sur le chlorure : il est cristallisable et soluble dans l'eau.

Éther amylique. — Lorsqu'on ajoute à une solution de 1 molécule de chlorure phosphoplatinique dans la benzine 3 molécules d'alcool amylique, qu'on lave à l'eau et qu'on évapore à une douce chaleur ; on obtient un résidu épais, fortement coloré, qui ne cristallise pas. On n'arrive pas à un meilleur résultat en traitant le chlorure directement par l'alcool amylique. Ce corps visqueux traité par l'ammoniaque donne une masse gluante jaune-brun insoluble et une solution incolore qui laisse après évaporation un chlorhydrate cristallisant en feuilles nacrées, blanches ; ce sel correspond à un éther diamylique et renferme $(C^5H^{11}.O)^2(OH)P{=}Pt.Az^2H^4, HCl$.

Phosphoplatinate d'éthyle, $Cl^2Pt{=}P(O.C^2H^5)^3$. — Le chlorure phosphoplatinique se dissout dans l'alcool absolu avec dégagement de chaleur et mise en liberté d'acide chlorhydrique ; si l'on étend d'eau et qu'on neutralise la solution exactement au moyen du carbonate de sodium, il se sépare une masse cristalline jaune facile à purifier par cristallisation dans l'alcool. Il est plus avantageux de laisser évaporer dans le vide la solution alcoolique du chlorure, de laver à l'eau le résidu cristallisé et de le purifier par une cristallisation lente dans l'alcool.

L'éther phosphoplatinique forme de beaux prismes anorthiques, jaunes et très-volumineux ; il est insoluble dans l'eau pure, mais il se dissout dans l'eau chargée d'acide chlorhydrique, dans l'alcool et la benzine. Il fond à 83° et se décompose vers 180°, en dégageant du chlorure d'éthyle, de l'éthylène et de l'acide chlorhydrique et, vers la fin, du formène et de l'oxyde de carbone ; il reste un résidu gris renfermant du platine et de l'acide métaphosphorique. L'éther phosphoplatinique, traité, en solution alcoolique, par du nitrate d'argent, échange son chlore partiellement ou totalement contre le reste AzO^3 et donne des composés sirupeux, rouges, incristallisables,

$$(AzO^3)ClPt{=}P(O.C^2H^5)^3$$
$$\text{et } (AzO^3)^2Pt{=}P(O.C^2H^5)^3.$$

La solution de l'éther phosphoplatinique dans l'alcool brunit immédiatement lorsqu'on y ajoute une solution alcoolique de potasse : il se dépose du chlorure de potassium et l'eau précipite du liquide des flocons bruns qui, à l'état sec, sont spontanément inflammables à l'air ; si on les dissout de nouveau dans l'alcool et qu'on évapore la solution dans le vide, on obtient une masse noire, amorphe, beaucoup plus stable. L'analyse de ce composé conduit sensiblement à la formule $PtPO(C^2H^5O)^2$ (?).

La solution alcoolique de l'éther phosphoplatinique traitée par le zinc, à froid, brunit et donne au bout de quelques heures par addition d'eau un précipité floconneux brun, dont la composition se rapproche de la formule $[PtP(O.C^2H^5)^3]^2Zn$.

Lorsqu'on fait agir le zinc à chaud, on obtient un composé analogue, plus foncé, qui ne renferme pas de zinc et dont la composition peut se traduire par la formule $Pt^3P^2(O.C^2H^5)^6$.

L'éther phosphoplatinique, se combine avec élévation de température au trichlorure de phosphore et donne le composé *diphosphoplatinique*, $Cl^2Pt{=}P^2Cl^3(O.C^2H^5)^3$. —Voyez plus loin.

Si l'on sature d'éthylène une solution alcoolique de l'éther phosphoplatinique, on obtient après évaporation du dissolvant un liquide huileux, jaune clair, insoluble dans l'eau et renfermant

$$Cl^2Pt = P(O.C^2H^5)^3 + Cl^2Pt \begin{matrix} < P(O.C^2H^5)^3 \\ < C^2H^4. \end{matrix}$$

Ce composé, formé par addition, dégage de l'éthylène, lorsqu'on le met en présence du protochlorure de phosphore ou de l'ammoniaque.

L'éther phosphoplatinique se combine aussi directement avec l'oxyde de carbone, lorsqu'on fait passer ce gaz dans une solution dans l'éther anhydre, et donne un composé liquide huileux jaune clair de la formule

$$Cl^2Pt \begin{matrix} < P(O.C^2H^5)^3 \\ < CO. \end{matrix}$$

Ce corps est soluble dans l'alcool, l'éther, la benzine, insoluble dans l'eau; au contact avec ce liquide, il se décompose peu à peu en donnant les acides carbonique et chlorhydrique et une substance visqueuse jaune, renfermant

$$ClPt\text{-}PH(O.C^2H^5)^3.$$

Ce corps se forme selon l'équation

$$Cl^2Pt \begin{matrix} < P(O.C^2H^5)^3 \\ < CO \end{matrix} + H^2O$$
$$= ClPt\text{-}PH(O.C^2H^5)^3 + CO^2 + HCl.$$

Action de l'ammoniaque sur le phosphoplatinate d'éthyle. — Le phosphoplatinate d'éthyle fixe directement de l'ammoniaque et donne des bases complexes. Sa solution dans l'ammoniaque fournit par l'évaporation des cristaux incolores prismatiques, très-solubles dans l'eau et dans l'alcool; le même sel s'obtient plus facilement lorqu'on dirige un courant d'ammoniaque dans une solution d'éther phosphoplatinique dans la benzine; au bout de peu de temps le liquide se prend en une masse de cristaux blancs. Ce sel est le *chlorhydrate* d'une *diamine*

$$(C^2H^5.O)^3P = Pt(AzH^3, HCl)^2$$

ou $$(C^2H^5.O)^3P = PtCl^2, + 2AzH^3.$$

Le *chloroplatinate* constitue un précipité jaune clair, soluble dans l'eau chaude et cristallisant par le refroidissement en prismes jaunes de la formule $(C^2H^5.O)^3P = Pt(AzH^3, HCl)^2 + PtCl^4$.

Si l'on sature de gaz ammoniac une solution d'éther phosphoplatinique, dans l'alcool absolu, le liquide se décolore et laisse déposer peu à peu de volumineux cristaux incolores, moins déliquescents que les premiers. Ce corps ne possède pas une composition simple; il serait un sel double formé par le chlorhydrate précédent et le composé

$$\begin{matrix} (C^2H^5.O)^3P^v \\ H^3Az^v \end{matrix} > Pt^{iv}(AzH^3, HCl)^2,$$

dans lequel AzH^3 jouerait le rôle d'un groupe diatomique comme CO et C^2H^4 dans les corps décrits plus haut et comme PCl^3 dans le chlorure diphosphoplatinique. On peut donc représenter ce sel double par la formule

$$(C^2H^5.O)^3P = Pt(AzH^3, HCl)^2$$
$$+ \begin{matrix} (C^2H^5.O)^3P \\ H^3Az \end{matrix} > Pt(AzH^3, HCl)^2.$$

Le chloroplatinate correspondant est jaune et cristallin.

Le chlorhydrate double, traité par la potasse concentrée, dégage de l'éthylamine, en même temps qu'il se forme une matière huileuse qui, sous l'influence d'une solution très-concentrée de potasse, se change par simple déshydratation en une masse cristalline. Ce produit est soluble dans l'eau pure et dans l'alcool, mais très-peu soluble dans une lessive de potasse; après évaporation au bain-marie, sa solution laisse un résidu amorphe, incolore et transparent, dont la composition correspond à la formule

$$(C^2H^5.O)^2P \overset{O}{\lessgtr} Pt.AzH^3$$
$$+ \begin{matrix} (C^2H^5.O)^2P \overset{O}{\diagup} \\ H^3Az \end{matrix} > Pt.AzH^3.$$

Ce corps est probablement un mélange de deux bases, qui diffèrent des alcalis primitifs par une molécule d'éthylamine en moins.

Le chlorhydrate double, dont il a été question plus haut, entre en fusion vers 150° et se décompose en dégageant de l'ammoniaque et du chlorure d'éthyle; après la réaction il reste une masse cassante, vitreuse, incolore et transparente, très-soluble dans l'eau et dans l'alcool. Ce composé renferme $(C^2H^5.O)^2PPtOAz^2H^6Cl$; on peut le considérer comme le monochlorhydrate d'une diamine, ou comme le chlorhydrate d'une monamine ammoniacale, et choisir entre les deux formules:

$$(C^2H^5.O)^2(OH)P = Pt, Az^2H^4, HCl$$

et $$\begin{matrix} (C^2H^5.O)^2P \overset{O}{\diagup} \\ H^3Az \end{matrix} > Pt.AzH^3, HCl.$$

Le chloroplatinate, précipité jaune, contient 48,5 % de platine; ce chiffre s'accorde avec les formules.

Lorsqu'on cherche à faire cristalliser ce chloroplatinate dans l'eau bouillante, ou plus simplement lorsqu'on ajoute de l'eau de chlore ou un grand excès de chlorure platinique à la solution du sel vitreux, on obtient un dépôt cristallin, légèrement jaunâtre, qui se dissout dans l'eau bouillante et qui cristallise en belles aiguilles jaune clair. Ce corps ne contient plus ni carbone ni phosphore. Sa composition correspond à la formule

$$PtOAzH^7Cl^2 = AzH^4.H.PtCl^2 + H^2O.$$

L'éther phosphoplatinique se combine aussi avec la *toluidine* solide; si l'on chauffe une solution alcoolique de l'éther avec un excès de cette base, le liquide se décolore et donne par le refroidissement un dépôt cristallin; lavé à l'acide chlorhydrique étendu et soumis à des cristallisations dans l'alcool bouillant, ce corps se présente sous la forme d'aiguilles prismatiques, incolores, très-peu solubles dans l'eau et l'éther, solubles dans l'alcool. Il renferme $(C^2H^5.O)^3P(C^7H^9Az)PtCl^2$. Traité en solution alcoolique par la potasse, il donne du chlorure de potassium et un produit incolore cristallisant en fines aiguilles soyeuses, insolubles dans l'eau et moins solubles dans l'alcool. Ce corps, séché à 100°, renfermerait

$$(C^2H^5.O)^3P(C^7H^9Az)Pt(OH)^2.$$

Phosphoplatinate de méthyle, $Cl^2Pt = P(O.CH^3)^3$. — Le chlorure phosphoplatinique agit énergiquement sur l'alcool méthylique; par évaporation du liquide dans le vide, on obtient une masse cristalline, qu'on purifie par des cristallisations répétées dans l'alcool, ou par dissolution dans la benzine. L'éther se sépare par évaporation lente en fines aiguilles jaune orangé, peu solubles dans l'eau pure, solubles dans l'eau chargée d'acide chlorhydrique, dans l'alcool, l'éther et la benzine; il fond et se décompose par la chaleur.

CHLORURE DIPHOSPHOPLATINIQUE ET DÉRIVÉS.

CHLORURE DIPHOSPHOPLATINIQUE,

$$Cl^2Pt = P^2Cl^6 = Cl^2Pt \begin{matrix} < PCl^3 \\ < PCl^3. \end{matrix}$$

— On obtient facilement ce corps en dissolvant à chaud le chlorure phosphoplatinique dans un excès de trichlorure de phosphore : par le refroidissement la solution laisse déposer des cristaux qu'on lave avec un peu de benzine ou de chloroforme et qu'on dessèche à 100° dans l'air sec. On peut aussi ajouter du trichlorure de phosphore en proportion équivalente à une solution dans la benzine du chlorure phosphoplatinique; par le refroidissement le chlorure diphosphoplatinique cristallise.

Il se forme encore, en même temps qu'il se dégage de l'oxyde de carbone, lorsqu'on traite par le protochlorure de phosphore les combinaisons du chlorure platineux et d'oxyde de carbone, $Cl^2Pt{=}CO$ et $Cl^2Pt{=}C^2O^2$. — Voyez PLATINE.

Le chlorure diphosphoplatinique est en beaux cristaux jaune-serin, ayant la forme de volumineuses trémies à section de parallélogramme; il fond à 160° et se dissocie à une température plus élevée en dégageant du trichlorure de phosphore. Il est soluble dans le protochlorure de phosphore, le chlorure de carbone, le chloroforme, la benzine et le toluène.

L'eau l'attaque vivement, avec mise en liberté d'acide chlorhydrique et formation d'un acide hexabasique, de l'acide *diphosphoplatinique :*

$$Cl^2Pt{=}P^2Cl^6 + 6H^2O = Cl^2Pt{=}P^2(OH)^6 + 6HCl.$$

Si la température s'élève pendant la réaction, on obtient un autre acide de la formule

$$ClPt\overset{O}{=}P^2(OH)^5,$$

dérivé du premier par perte d'une molécule d'acide chlorhydrique. En dosant au moyen d'une liqueur titrée d'azotate d'argent le chlore précipitable après l'action de l'eau, on trouve d'une manière constante 48,6 °/₀, ce qui correspond à 7 1/2 atomes de chlore; M. Schützenberger explique ce résultat en admettant que l'acide pentabasique, sous l'influence du nitrate d'argent, échange la moitié de son chlore contre le groupe (AzO^3). — Voyez plus loin, DIPHOSPHOPLATINIQUE (ACIDE).

Les alcools éthylique et méthylique dissolvent le chlorure en donnant des éthers correspondants :

$$Cl^2Pt{=}P^2Cl^6 + 6CH^3.OH$$
$$= Cl^2Pt{=}P^2(O.CH^3)^6 + 6HCl.$$

L'alcool amylique se comporte de même. Avec la glycérine, il se dégage également de l'acide chlorhydrique et l'on obtient une masse épaisse, presque incolore.

ACIDE DIPHOSPHOPLATINIQUE,

$$Cl^2Pt{=}P^2(OH)^6 = Cl^2Pt\begin{cases}P(OH)^3\\ |\\ P(OH)^3.\end{cases}$$

— La préparation de ce composé ne réussit qu'en hiver, à basse température. On abandonne le chlorure diphosphoplatinique dans de l'air humide; lorsque la masse est tombée en déliquescence, on évapore le liquide sirupeux jaune clair dans le vide, également à basse température. On obtient ainsi des aiguilles d'acide diphosphoplatinique, jaune clair, extrêmement déliquescentes.

Lorsque dans l'opération la température monte vers 10° à 12°, on obtient un acide incolore, cristallisé, moins déliquescent que le premier, et qui en diffère par 1 molécule d'acide chlorhydrique en moins,

$$ClPt\overset{O}{=}P^2(OH)^5.$$

Cet acide est beaucoup plus stable; chauffé à 150°, il perd de l'eau et se convertit en une poudre jaune clair, non déliquescente, soluble dans l'eau, qui renferme

$$ClPt\overset{O}{=}P^2\begin{cases}(OH)^3\\ O.\end{cases}$$

La solution de l'acide $ClPtOP^2(OH)^5$ donne avec le nitrate d'argent un précipité blanc, légèrement jaunâtre, renfermant 6,83 P; 2,19 Cl; 23,33 Pt; 51,25 Ag. Ces chiffres conduisent sensiblement à la formule $ClPtOP^2(OH)(OAg)^4$, dans laquelle la moitié du chlore serait remplacée par le reste (AzO^3); il est probable que le précipité en question est un mélange de deux sels.

L'acide déshydraté à 150° produit avec le nitrate d'argent un précipité analogue, qui renferme 5,5 Cl et 41,8 Ag; d'après cela, c'est un mélange en proportions équivalentes des sels *di-* et *triargentiques,*

$$ClPtOP^2O(OH)(OAg)^2 \quad \text{et} \quad ClPtOP^2O(OAg)^3.$$

Diphosphoplatinate d'éthyle,

$$Cl^2Pt{=}P^2(O.C^2H^5)^6.$$

— Ce corps se forme facilement par l'action de l'alcool absolu sur le chlorure diphosphoplatinique; en ajoutant de l'eau à la dissolution, on précipite une huile jaune clair qui, soumise à une basse température, se prend en une masse de cristaux prismatiques (clinorhombiques ou anorthiques). L'éther diphosphoplatinique peut rester longtemps en surfusion. Décomposé par la chaleur, il donne de l'éthylène, du chlorure d'éthyle, du platine et de l'acide phosphorique.

Il se dissout dans l'ammoniaque aqueuse; la solution fournit par évaporation dans le vide une masse cristalline blanche, déliquescente et soluble dans l'alcool. Ce corps est le chlorhydrate d'une monamine qui ne dérive pas de l'éther diphosphoplatinique, mais d'un composé différant de l'éther par 1 molécule de chlorure d'éthyle en moins; ce chlorhydrate renferme

$$(C^2H^5.O)^5P^2\overset{O}{=}Pt.AzH^2.HCl.$$

Diphosphoplatinate de méthyle,

$$Cl^2Pt{=}P^2(O.CH^3)^6.$$

— On l'obtient en ajoutant par petites portions le chlorure dans l'alcool méthylique refroidi, précipitant le liquide par l'eau et dissolvant dans l'alcool le produit précipité; la solution laisse déposer par l'évaporation de longues aiguilles blanches, prismatiques, aplaties. Le diphosphoplatinate de méthyle est presque insoluble dans l'eau, soluble dans l'alcool, l'esprit de bois, l'éther et la benzine, fusible et décomposable par la chaleur. Il se dissout dans l'ammoniaque et donne un chlorhydrate blanc, très-déliquescent, qui renferme $(CH^3.O)^6P^2{=}Pt(AzH^2,HCl)^2$. A. H.

PHOSPHORE, P ou Ph. — Poids atomique = 31 (équivalent = 31). — *Historique.* — La découverte de ce corps remonte à 1669 et est due à un marchand de Hambourg, Brandt, qui n'en voulut pas divulguer le secret. Kunckel, savant alchimiste, né en 1630 à Rendsburg, qui avait tenté vainement des démarches auprès de Brandt, ne tarda pas à faire la même découverte; il en raconte lui-même, dans son *Laboratorium chymicum,* publié en 1716, toutes les circonstances, mais ne décrit pas son procédé de crainte de donner lieu à des accidents; il le communiqua cependant gratuitement à plusieurs personnes, notamment à Homberg. Boyle, à la même époque, essayait de traiter avec Kraft, l'associé de Brandt; mais, échouant comme avait échoué Kunckel, il refit, comme lui, la même découverte [*Philos. Transac.,* n° 135, p. 196 et 428]. L'opération consistait à évaporer l'urine à siccité et à calciner le résidu avec du sable fin. Homberg a publié le procédé de Kunckel en 1692 dans les *Mémoires de l'Académie des sciences.* — Voyez *Histoire de la Chimie,* de F. Hœfer, t. II, p. 175 et 195.

L'urine fut pendant un siècle la seule source d'où l'on retirât le phosphore. Gahn ayant reconnu en 1769 la présence de l'acide phosphorique dans les os, Scheele indiqua le procédé à suivre pour en retirer le phosphore.

État naturel. — Le phosphore se rencontre dans la nature presque exclusivement à l'état de phosphates, notamment de phosphate calcique (apatite, phosphorite, coprolithes). On rencontre des phosphates dans toutes les terres arables, où ils jouent un rôle considérable dans la nutrition des plantes. Du règne végétal, ces phosphates passent, avec les aliments, dans le règne animal. On trouve l'acide phosphorique dans le sang, l'urine, la substance cérébrale, les nerfs et surtout dans les os, qui sont formés en grande partie de phosphate tricalcique.

Extraction. — La fabrication industrielle du phosphore faisant l'objet d'un article spécial, nous nous bornons à rappeler ici les réactions chimiques sur lesquelles elle se base

Il existe, comme on le verra plus loin, trois phosphates calciques, qui sont : le phosphate tricalcique ou basique $(PO^4)^2Ca^3$, c'est le phosphate naturel; le phosphate dicalcique $(PO^4)^2Ca^2H^2$ ou PO^4CaH, et le phosphate monocalcique ou phosphate acide $(PO^4)^2CaH^4$; le second donne, par la calcination, du *pyrophosphate* $(P^2O^7)Ca^2$; le dernier, du *métaphosphate* $(PO^3)^2Ca$.

Le premier est insoluble dans l'eau et irréductible par le charbon ; le dernier, au contraire, est très-soluble et fournit du phosphore par sa calcination avec du charbon ; seulement, par cette calcination il perd d'abord les éléments de l'eau et se transforme en métaphosphate calcique.

Il faut donc d'abord transformer le phosphate tricalcique en phosphate acide, ce qui se fait en le traitant par de l'acide sulfurique :

$$(PO^4)^2Ca^3 + 2H^2SO^4 = 2CaSO^4 + (PO^4)^2CaH^4,$$

puis on convertit ce phosphate acide en métaphosphate, en le calcinant :

$$(PO^4)^2CaH^4 = (PO^3)^2Ca^2 + 2H^2O.$$

Ce métaphosphate, mélangé intimement avec du charbon et fortement calciné, fournit du phosphore libre et un résidu formé de pyrophosphate calcique :

$$2(PO^3)^2Ca + C^5 = (P^2O^7)Ca^2 + 5CO + P^2.$$

On voit donc qu'on ne peut retirer par ce procédé que la moitié du phosphore contenu dans le phosphate. On parvient à en retirer tout le phosphore en calcinant à une température très-élevée le phosphate des os avec du charbon et de la silice, cette dernière ayant pour but d'enlever une partie du calcium au phosphate (Wœhler) :

$$(PO^4)^2Ca^3 + 3SiO^2 + 5C = 3SiO^3Ca + 5CO + P^2.$$

On arrive à un résultat analogue en calcinant le mélange de charbon et de phosphate dans un courant d'acide chlorhydrique (Cari-Montrant).

Propriétés physiques. — Le phosphore ordinaire, lorsqu'il est pur, est incolore ou jaune pâle, mais il prend peu à peu une teinte plus foncée, sous l'influence de la lumière. Il est, en général, transparent, mais peut aussi devenir opaque, surtout à sa surface. Il prend un aspect cristallin et opaque lorsque, après l'avoir fondu, on le refroidit brusquement. On a même pu obtenir du phosphore cristallisé par voie de fusion ; dans ce cas il se présente en dodécaèdres réguliers (Mitscherlich) ; il cristallise sous la même forme, ou en octaèdres réguliers, par l'évaporation de sa solution dans le sulfure de carbone.

Le phosphore se présente sous divers états allotropiques, qui seront étudiés plus loin. Il ne sera question pour le moment que du phosphore ordinaire.

Le phosphore est mou comme de la cire, à la température ordinaire ; à une basse température, il est cassant. On peut le réduire en poudre en l'agitant avec de l'eau, ou mieux avec une solution d'urée, après l'avoir fondu (Boettger). D'après Schiff, l'influence de l'urée sur cette pulvérisation est due à la formation de gaz enveloppant les particules du phosphore et empêchant leur réunion ; l'eau chargée d'acide carbonique produit le même effet. Suivant Blondlot, au contraire, cette influence n'est due qu'à la viscosité de la solution et on arrive au même résultat avec des solutions salines.

Le phosphore fond à 44°,5 (J. Davy ; à 44°,2, Desains). Sa chaleur latente de fusion est égale à 5,4 (Desains). Par le refroidissement lent, il éprouve facilement la surfusion et redevient brusquement solide au contact d'un corps solide, surtout d'un fragment de phosphore ; en même temps sa température remonte à 44°.

Fondu, le phosphore présente l'aspect d'une huile jaune, limpide. Il bout à 290° (Pelletier ; à 250°, Heinrich ; à 288°, Dalton). On peut le distiller, mais il faut opérer dans une atmosphère privée d'oxygène. Sa vapeur est incolore. Il peut aussi se volatiliser à une température plus basse, dans le vide barométrique ; il se sublime alors en petits cristaux à faces miroitantes. Ces cristaux sublimés sont incolores, mais ils se colorent facilement en rouge. Le phosphore est entraîné en vapeurs par la vapeur d'eau et par un grand nombre de gaz.

La densité de vapeur du phosphore prise à 1040° a été trouvée égale à 65, et, prise à 500°, égale à 62,9 (Deville et Troost ; 63,9, Dumas ; 66, Mitscherlich). Le poids atomique du phosphore étant 31, on voit que ce corps présente la même particularité que l'arsenic ; c'est-à-dire que la molécule de phosphore contient 4 atomes au lieu de 2, soit P^4.

La densité du phosphore solide est égale à 1,83 (Schroetter) à 10°, et celle du phosphore liquide est 1,88 à 45° (V. Regnault) ; Gladstone et Dale ont trouvé pour le phosphore maintenu en surfusion à 35° la densité 1,763 ; à cet état, il est donc dilaté de 3,4 % de son volume. (Bœckman, Fourcroy, Boettger avaient trouvé les nombres beaucoup plus forts pour le phosphore solide, à 17°, 1,896, 2,0332, 2,089.)

La chaleur spécifique du phosphore à 10° est égale à 0,2 (Desains) ; de — 7° à + 10°, elle est 0,1740, et de 10° à + 30°, 0,1887 (Regnault).

Le phosphore, solide ou fondu, ne conduit pas l'électricité (Faraday).

Il possède une odeur alliacée particulière, qui, d'après Schœnbein, ne se manifeste que par suite de son oxydation à l'air ; en fait, il possède la même odeur que l'ozone, quel que soit le moyen par lequel celui-ci ait été obtenu. Le phosphore, lorsqu'il est dissous, possède une saveur nauséabonde. Il constitue un violent poison. — Voir p. 955.

Le phospore est insoluble dans l'eau et dans l'alcool ; cependant l'eau qui a séjourné avec du phosphore ou qui en a entraîné par volatilisation présente certains caractères qui pourraient faire croire qu'elle en tient quelques traces en dissolution. Ainsi elle luit dans l'obscurité lorsqu'on l'agite avec de l'air, après l'avoir filtrée ; ce phénomène paraît plutôt dû à de très-petites parcelles de phosphore tenues en suspension.

Le phosphore se dissout facilement dans de l'éther, dans les huiles fixes et essentielles, ainsi que dans la benzine et dans le pétrole. Ses meilleurs dissolvants sont le sulfure de carbone, le chlorure de soufre et le trichlorure de phosphore. Le sulfure de carbone peut en dissoudre jusqu'à 17 ou 18 p. (Vogel).

Le spectre du phosphore s'obtient à l'aide de

l'étincelle électrique; il est composé de raies peu nombreuses dans l'orangé et dans le vert. — Voyez LUMIÈRE.

Propriétés chimiques. — Le phosphore est un corps extrêmement inflammable : il prend feu à une température peu supérieure à son point de fusion, vers 60°; aussi faut-il ne le manier qu'avec beaucoup de précaution et est-on obligé de le conserver sous l'eau. Il suffit d'un très-léger frottement pour lui faire prendre feu. Il brûle avec une flamme très-éclairante, surtout dans l'oxygène, en répandant d'abondantes fumées d'anhydride phosphorique. On peut effectuer cette combustion sous l'eau en y maintenant le phosphore fondu et y faisant arriver un courant d'oxygène. Exposé à l'air à une basse température, le phosphore s'oxyde lentement. Cette oxydation est accompagnée d'un phénomène lumineux qui s'observe facilement dans l'obscurité et d'un dégagement de vapeurs blanches dues sans doute à la condensation des vapeurs aqueuses, par les acides phosphoreux et phosphorique qui prennent naissance. Cette oxydation est également accompagnée de la formation d'ozone; Schœnbein admet qu'il se forme en même temps de l'azotite d'ammonium. Dans l'air sec, l'oxydation s'arrête bientôt par suite de la formation d'une couche d'anhydride phosphoreux; mais à l'air humide, cet anhydride se transforme en acide qui se liquéfie et qui abandonne le phosphore, de sorte que l'oxydation peut continuer aussi longtemps qu'il y a de l'oxygène. L'oxydation lente du phosphore est accompagnée d'un dégagement de chaleur qui, si elle ne se dissipe pas immédiatement, provoque l'inflammation du phosphore; c'est ce qui arrive lorsqu'on empêche celui-ci de se refroidir en l'enveloppant dans du coton. Lorsque le phosphore est très-divisé, il s'enflamme spontanément à l'air; on produit facilement ce phénomène en laissant évaporer sur une feuille de papier à filtrer une solution de phosphore dans le sulfure de carbone.

La lumière qui accompagne la combustion lente du phosphore et qui a fait donner son nom à ce corps (de φῶς et de φέρω) a été interprétée de différentes manières. Elle présente certaines particularités qui ne permettent pas encore de lui assigner sa véritable cause.

Berzelius et après lui Marchand ont attribué à l'évaporation du phosphore la cause principale des lueurs qu'il produit dans l'obscurité. Ces savants croyaient qu'elles pouvaient se produire dans des gaz exempts d'oxygène tels que l'hydrogène et l'azote et même dans le vide barométrique [Berzelius, *Traité de Chim.*, édit. franç., t. I, p. 183; Marchand, *Journ. für prakt. Chem.*, t. L, p. 1].

Les recherches faites depuis ont démontré la nécessité de la présence de l'oxygène pour que le phénomène puisse se produire; antérieurement déjà, Fischer avait mis ce point en évidence [*Journ. für prakt. Chem.*, t. XXXV, p. 342, et XXXIX, p. 48].

Le phosphore luit dans l'air à la température ordinaire, à partir de 0°, en répandant des fumées blanches. A —6°, il répand des fumées, mais sans luire. Mais, chose particulière, il ne se combine pas à l'oxygène pur sous la pression ordinaire et ne luit pas dans ce gaz, si ce n'est à une température supérieure à 20°, et alors il ne tarde pas à s'enflammer. Il faut, pour que les lueurs puissent se manifester, que cette pression soit ramenée à celle que l'oxygène possède dans l'air, c'est-à-dire au 1/5 de la pression atmosphérique. L'expérience se fait facilement avec un long tube contenant de l'oxygène pur et un bâton de phosphore, et pouvant être plongé plus ou moins profondément dans une cuve à mercure profonde. Si le niveau du mercure est le même, intérieurement et extérieurement, on ne remarque aucune lueur; mais si on soulève le tube, il arrive un moment où les lueurs apparaissent : c'est lorsque la pression se rapproche du 1/5 de la pression atmosphérique. Si à ce moment on refroidit le tube, les lueurs cessent, pour apparaître de nouveau lorsqu'on échauffe le tube avec la main.

On peut de même faire apparaître les lueurs dans l'oxygène en faisant arriver dans ce gaz de l'azote ou de l'hydrogène, ce qui revient à diminuer sa pression

Le phosphore ne luit pas dans le vide barométrique, ni dans les gaz hydrogène, azote, protoxyde d'azote, acide carbonique, à moins que ces gaz ne renferment des traces d'air. Dans ce dernier cas, les lueurs cessent dès que tout l'oxygène a été absorbé.

La présence de certains gaz ou vapeurs diminue ou arrête complétement la formation des lueurs de phosphore dans l'air. Tels sont les gaz éthylène, hydrogène sulfuré, hydrogène phosphoré, acide sulfureux, le gaz d'éclairage, les vapeurs d'éther, de pétrole, d'essence de térébenthine, etc. L'action qu'exercent ces gaz n'est pas expliquée; il a seulement été établi qu'elle n'empêche pas la volatilisation du phosphore.

Lorsque, dans un mélange gazeux saturé de vapeurs de phosphore, on fait arriver de l'air, toute l'atmosphère gazeuse devient lumineuse; c'est l'hydrogène qui se prête le mieux à cette expérience. Les gaz qui empêchent la phosphorescence ne deviennent pas lumineux dans ce cas.

Lorsque le phosphore luit dans une atmosphère limitée, on ne tarde pas à remarquer une diminution de volume due à l'absorption d'oxygène; mais si les lueurs sont empêchées par un des gaz énumérés plus haut, il n'y a pas d'oxygène absorbé.

En résumé, les lueurs sont dues à la combustion lente des vapeurs émises par le phosphore, et la présence de l'oxygène est indispensable. Quant aux fumées, elles sont le résultat de cette combustion et sont formées d'anhydrides phosphoreux et phosphorique ou à l'humidité qu'ils condensent. D'après Schœnbein, elles renferment du nitrite d'ammoniaque et du peroxyde d'hydrogène. Meissner les regarde comme de l'antozone. Ces fumées ne se produisent que si l'air est humide.

Nous rappellerons que, pendant l'oxydation lente du phosphore à l'air, il se forme de l'ozone [Schrœtter, *Jahresb.*, 1852, p. 332; — Meissner, *ibid.*, 1862, p. 51; — W. Schmid, *Journ. für prakt. Chem.*, t. XCVIII, p. 414; — *Bull. de la Soc. chim.*, 1867, t. VII, p. 238; — W. Mueller, *Deutsch. Chem. Gesellsch.*, t. III, p. 84].

L'eau dans laquelle a séjourné le phosphore possède également la propriété de luire dans l'obscurité lorsqu'on l'agite avec de l'air.

L'acide qui se forme par l'oxydation lente du phosphore à l'air humide a reçu autrefois le nom d'*acide phosphatique;* ce n'est qu'un mélange d'acides phosphoreux et phosphorique.

Le phosphore s'enflamme lorsqu'on le plonge dans un flacon de gaz chlore; il se forme du perchlorure de phosphore.

Il s'unit au brome avec une grande violence. L'iode s'y combine de même, mais à l'aide d'une douce chaleur.

Le soufre s'unit au phosphore en produisant une élévation de température souvent accompagnée d'une violente explosion.

Le phosphore ne se combine pas directement avec l'hydrogène.

La plupart des métaux se combinent avec le phosphore à une température élevée pour donner des phosphures. Ceux-ci prennent aussi naissance par l'action du phosphore sur les oxydes à une haute température.

Le phosphore réduit un grand nombre d'oxydes métalliques. Ainsi, lorsqu'on tasse de l'oxyde de cuivre autour d'un bâton de phosphore, et qu'on recouvre le tout d'eau, on trouve après quelques semaines le phosphore entouré d'une couche de cuivre métallique.

L'acide azotique légèrement chauffé attaque le phosphore avec une grande énergie en donnant de l'acide phosphorique.

L'eau est décomposée par le phosphore à la température de 250° en donnant de l'hydrogène phosphoré spontanément inflammable. La même décomposition a lieu lentement sous l'influence de la lumière.

La potasse donne lieu à la même réaction; il se forme en même temps de l'acide hypophosphoreux ou de l'acide phosphorique. L'action de la potasse a déjà lieu lentement à la température ordinaire.

Chauffé avec de l'ammoniaque aqueuse, en tube scellé, le phosphore donne de l'hydrogène phosphoré et un dérivé ammoniacal qui, si l'on emploie de l'ammoniaque alcoolique, se dépose en pellicule noire et métallique (Flückiger).

Le phosphore (il vaut mieux employer le phosphore rouge) chauffé avec de l'acide iodhydrique exempt d'iode, à 160°, donne de l'acide phosphoreux et de l'iodure de phosphonium (iodhydrate d'hydrogène phosphoré):

$$HI + 2P + 3H^2O = PH^4I + P(OH)^3.$$

L'acide bromhydrique se comporte de même, mais plus lentement. Avec l'acide chlorhydrique concentré à 200°, on obtient la réaction

$$2P + 3H^2O = PH^3 + P(OH)^3.$$

L'acide sulfurique est réduit par le phosphore à l'état d'acide sulfureux et ce dernier lui-même peut être ramené à l'état d'hydrogène sulfuré:

$$3SO^4H^2 + 3H^2O + 2P = 2PH^3O^4 + 3H^2S.$$

L'acide phosphorique est réduit, à 200°, par le phosphore à l'état d'acide hypophosphoreux [Oppenheim, *Bull. de la Soc. chim.*, 1864, t. I, p. 163].

Le phosphore réduit également l'acide iodique, l'acide chromique, les acides arsénieux et arséniques. Avec ces derniers, il se recouvre d'une couche brune de phosphure d'arsenic (Dupasquier).

Le phosphore se comporte comme un réducteur énergique à l'égard des solutions métalliques. Il précipite à l'état métallique l'or, le platine, le palladium, l'argent, le mercure et le cuivre de leurs solutions salines.

Il décompose les carbonates en mettant du charbon en liberté (Tennant). Du phosphore rouge, chauffé à 240° avec du carbonate de sodium, donne une masse brune qui s'enflamme à l'air et qui décompose l'eau en donnant de l'hydrogène phosphoré [Dragendorff, *Chem. Central.*, 1861, p. 865].

MODIFICATIONS ALLOTROPIQUES.

PHOSPHORE BLANC. — Le phosphore conservé sous l'eau, à la lumière diffuse, se recouvre peu à peu d'une pellicule blanche et opaque. La densité de cette couche à 15° est égale à 1,515 (Pelouze). Ce phosphore blanc luit dans l'obscurité et répand la même odeur que le phosphore ordinaire, dans lequel il se transforme de nouveau par la fusion, sans perte de poids (H. Rose). Ce n'est donc pas un hydrate, comme on l'a cru, mais du phosphore pur dans un état particulier d'agrégation. Cette transformation paraît due à une structure semi-cristalline qui rend le phosphore opaque. Cagniard-Latour a observé que le phosphore n'éprouve pas cette transformation lorsqu'on le conserve en tube scellé dans de l'eau purgée d'air. C'est donc surtout à l'action de l'air qu'il faut attribuer ce phénomène; mais la lumière exerce aussi une influence, car dans l'obscurité le phosphore conserve sa transparence.

PHOSPHORE NOIR. — Le phosphore, chauffé à 70° et refroidi brusquement, se transforme en une masse opaque noire qui, par une nouvelle fusion et un refroidissement lent, reproduit le phosphore ordinaire (Thenard). Ce phosphore noir est plus mou que le phosphore ordinaire. Lorsqu'on refroidit brusquement du phosphore chauffé vers son point d'ébullition, il acquiert une consistance visqueuse, comme fait le soufre. D'après Blondlot, le phosphore noir est le type du phosphore pur. Après l'avoir plusieurs fois exposé au soleil, puis distillé, le phosphore, refroidi lentement, devient subitement noir lorsque sa température atteint — 5°. Par la fusion il redevient blanc, puis de nouveau noir à — 5° [*Compt. rend.*, t. LX, p. 830]. L'existence de cette modification a été contestée.

PHOSPHORE ROUGE (*phosphore amorphe, phosphore métallique*). — C'est la modification la plus remarquable et la mieux caractérisée du phosphore. Elle se produit sous l'influence de la chaleur ou de la lumière; elle est aussi le résultat d'actions chimiques énergiques. La formation du phosphore rouge sous l'influence de la lumière dans le vide ou dans un gaz inerte avait été observée dès 1800 par Boeckmann, mais ce corps rouge a été envisagé comme un oxyde inférieur du phosphore. En réalité, ce dernier ne paraît pas exister.

La première mention de ce corps, comme modification allotropique du phosphore, est due à Em. Kopp [*Compt. rend.*, 1844, t. XVIII, p. 871] qui avait observé sa formation dans la préparation de l'iodure d'éthyle, par l'action simultanée du phosphore et de l'iode sur l'alcool. Il avait remarqué son peu d'affinité pour l'oxygène et sa transformation en phosphore ordinaire par la distillation. Dans la combustion du phosphore à l'air ou sous l'eau, dans un courant d'oxygène, il se forme toujours une quantité notable de ce phosphore rouge.

C'est à Schroetter qu'on doit les premières recherches étendues sur ce sujet. Ce savant a fait voir que le phosphore rouge se forme par l'action soutenue d'une température de 250° sur le phosphore ordinaire. C'est encore le moyen employé pour préparer le phosphore rouge en grand [voyez PHOSPHORE (INDUSTRIE DU)]. Brodie a fait voir qu'une petite quantité d'iode peut provoquer la transformation d'une quantité presque indéfinie de phosphore ordinaire en phosphore rouge. A cet effet, on fond du phosphore dans un ballon rempli de gaz carbonique et on y laisse tomber quelques fragments d'iode. La réaction est immédiate et accompagnée d'un dégagement de chaleur. On obtient ainsi une masse dure, noire, semi-métallique, à poussière rouge. On peut aussi ajouter l'iode au phosphore fondu sous une couche d'acide chlorhydrique. Brodie admet que dans cette transformation il se forme momentanément un iodure de phosphore, renfermant le phosphore à l'état amorphe; en se décomposant immédiatement après s'être formé, celui-ci est mis en liberté et l'iode agit sur une nouvelle quantité de phosphore. Hittorf n'admet pas cette explication et pense que la transformation est due à une action de contact de l'iodure de phosphore qui se dissout dans le phosphore fondu. Le sélénium agit comme l'iode, à une température inférieure à 200°, mais plus lentement.

On verra plus loin que le phosphore rouge de Brodie présente quelques caractères différents de ceux du phosphore de Schroetter.

On doit à Hittorf des recherches sur les circonstances qui accompagnent la transformation du phosphore ordinaire en phosphore rouge, qu'il nomme phosphore métallique. Cette transformation est toujours accompagnée d'une élévation de température. Le meilleur procédé consiste à chauffer du phosphore, dans un tube purgé d'air et scellé, à la température d'ébullition du soufre; Hittorf a pu observer un excès de température de 75° du phosphore sur le bain d'air.

Hittorf a obtenu du *phosphore métallique cristallisé* en petits cristaux réunis en gerbes ou en mamelons, en chauffant du phosphore amorphe dans un tube purgé d'air, à la température de 530°, la partie supérieure du tube dans laquelle se condensait la vapeur n'étant qu'à 447°. On peut préparer cette variété de phosphore en plus grande quantité par dissolution du phosphore dans le plomb.

On choisit un tube en verre fort, on le ferme à une de ses extrémités, puis, après y avoir fait arriver de l'acide carbonique, on le remplit au quart de phosphore ordinaire et le reste de plomb, puis on le ferme à la lampe et on l'introduit dans un tube de fer en remplissant l'intervalle des deux tubes avec de la magnésie. On chauffe ce tube pendant 8 à 10 heures sur une grille à gaz en le retournant de temps en temps. Après le refroidissement, on trouve le plomb recouvert de lamelles cristallines et toute sa masse remplie de cristaux compactes et bien formés. Les cristaux de la surface sont minces et striés normalement à l'axe du tube. Ils laissent traverser la lumière avec une couleur jaune-rouge.

Pour isoler les cristaux disséminés dans la masse de plomb, on dissout celui-ci à froid dans l'acide azotique d'une densité de 1,1. Ces cristaux, qu'on achève de purifier par l'acide chlorhydrique bouillant, sont d'un violet noir; au microscope ils apparaissent comme des rhomboèdres se rapprochant du cube, probablement isomorphes avec l'arsenic, l'antimoine et le bismuth.

Le phosphore rouge obtenu par le procédé de Schroetter est en masses compactes, d'un rouge-brun, à cassure conchoïde et brillante, donnant une poudre brun-chocolat.

Les différences de propriétés du phosphore rouge et du phosphore ordinaire sont très-tranchées. L'affinité du premier pour l'oxygène est beaucoup moindre. Il ne s'enflamme qu'à 260°, température à laquelle il se transforme en phosphore ordinaire. Il ne devient lumineux qu'à 200°. Il est inaltérable à l'air sec. A l'air humide, il s'oxyde lentement, sans luire, en fournissant un liquide acide, mélange d'acides phosphoreux et phosphorique, et répand alors l'odeur de l'ozone (G. Wilson, J. Personne, Grove).

Le phosphore rouge est insoluble dans le sulfure de carbone et c'est cette propriété qu'on utilise pour le priver entièrement de phosphore ordinaire. Il est également insoluble dans le trichlorure de phosphore et dans les autres dissolvants du phosphore jaune.

Sa densité à + 10° est égale à 1,964 (Schroetter) (celle du phosphore ordinaire est égale à 1,83). La densité du phosphore rouge obtenu par le procédé de Brodie ou du phosphore métallique cristallisé, de Hittorf, est beaucoup plus considérable, c'est-à-dire 2,34 (Hittorf), 2,23 (Brodie). Hittorf a du reste observé que le phosphore rouge de Schroetter peut se transformer dans la modification plus dense lorsqu'on la chauffe en vase clos à 447°.

D'après Schroetter, le phosphore rouge fond à 250° et se transforme à 260° en phosphore ordinaire, qui distille. Hittorf, qui a soumis le phosphore rouge à l'action de la chaleur dans des appareils clos, a observé la volatilisation de ce corps; jusqu'à 250° sa tension de vapeur est absolument nulle; à partir de 260° elle est très-faible, et à 447° la moitié seulement avait distillé, à l'état de phosphore ordinaire. L'autre moitié n'était pas fondue, mais avait acquis la couleur et la densité du phosphore rouge cristallisé. Quant au phosphore de Brodie, il est infusible et donne à la distillation du phosphore rouge, ce qui doit être attribué à la présence de traces d'iodure de phosphore.

Les conditions exactes de cette transformation inverse, ainsi que du passage lui-même du phosphore en phosphore rouge, ont été également étudiées par Lemoine, qui a notamment déterminé l'influence du temps sur ces transformations.

Lorsqu'on chauffe à 440° soit du phosphore rouge, soit du phosphore ordinaire, la transformation tend vers une même limite. La vitesse de transformation varie, suivant la masse de substance employée. Les transformations du phosphore sont donc tout à fait analogues aux phénomènes de volatilisation et de dissociation.

D'après Troost et Hautefeuille, la transformation du phosphore réduit en vapeur serait d'autant plus considérable que la température est plus élevée (?). La transformation du phosphore liquide n'obéit pas aux mêmes lois que celle du phosphore en vapeur.

La chaleur spécifique du phosphore rouge, déterminée par V. Regnault, est égale à 0,16681, c'est-à-dire plus faible que celle du phosphore ordinaire. Le phosphore rouge possède une faible conductibilité électrique, exprimée par le coefficient 0,00000123, celui de l'argent à 0° étant à 100°.

Le chlore attaque facilement le phosphore rouge, mais sans donner lieu à un phénomène lumineux. L'acide azotique l'attaque comme le phosphore ordinaire, mais avec moins de violence. Le soufre fondu ne s'y combine pas, tandis qu'il produit une explosion par son contact avec le phosphore ordinaire. L'action du phosphore amorphe sur les solutions d'argent et de cuivre est la même que celle du phosphore ordinaire, mais moins rapide. En général, l'activité chimique du phosphore rouge est beaucoup plus faible que celle du phosphore jaune.

Enfin, pour terminer, le phosphore rouge est absolument sans action sur l'économie animale; aussi est-il à désirer qu'il remplace exclusivement le phosphore ordinaire dans la fabrication des allumettes [Schroetter, *Ann. de Chim. et de Phys.*, (3), t. XXIV, p. 406; *Compt. rend.*, t. XXXI, p. 139; — Regnault, *Ann. de Chim. et de Phys.*, (3), t. XXXVIII, p. 129; — Brodie, *Quart. Journ. of Chem. Soc.*, (2), t. V, p. 289, et *Ann. de Chim. et de Phys.*, (3), t. XXXIX, p. 492; — Personne, *Compt. rend.*, t. XLV, p. 113; — Hittorf, *Ann. der Chem. u. Pharm.*, suppl., t. IV, p. 37; — G. Lemoine, *Bull. de la Soc. chim.*, 1867, t. VIII, p. 71, et t. XVI, p. 8; — Troost et Hautefeuille, *Compt. rend.*, t. LXVI, p. 76 et 192].

Poids atomique. Atomicité. — Berzelius admettait pour le poids atomique du phosphore le nombre 31,60; Pelouze, 31. Schroetter, par la combustion du phosphore rouge, est arrivé au nombre 31,027, et Dumas, par la décomposition du trichlorure de phosphore, au nombre 31, qui est celui adopté par tous les chimistes.

Par sa valeur atomique, le phosphore se classe dans le groupe de l'azote, de l'arsenic, etc. Dans ses combinaisons saturées, il est pentatomique, comme dans le perchlorure, l'oxychlorure, l'acide phosphorique, $P^{v}Cl^{5}$; $P^{v}OCl^{3}$; $P^{v}O(OH)^{3}$; mais il donne aussi des composés dans lesquels il joue le rôle d'un élément triatomique, par exemple le trichlorure PCl^{3}, l'acide phosphoreux $P(OH)^{3}$ et l'hydrogène phosphoré PH^{3}, comparable à l'ammoniaque, mais doué d'affinités beaucoup plus faibles. Il peut encore s'unir à l'acide iodhydrique et se place par cette propriété entre l'ammoniaque et l'hydrogène arsénié, dont les affinités sont nulles.

Action du phosphore sur l'économie animale. — Le phosphore est un poison des plus violents. Ingéré dans l'estomac en morceaux compactes, il en détermine l'inflammation; celle-ci provoque des douleurs très-vives, des vomissements, des déjections alvines, puis du délire, des convulsions, enfin un état comateux bientôt suivi de la mort.

La marche de l'empoisonnement est plus lente lorsque le phosphore a été ingéré en petites doses, surtout lorsqu'il est en dissolution dans une huile ou dans un état très-divisé, comme dans la pâte phosphorée. Les premiers accidents se manifestent en général après l'ingestion. Ce sont des symptômes d'une phlegmasie locale, tels que nausées, vomissements, douleurs de la région épigastrique. A cette première période succède un moment de rémission qui est bientôt suivi d'autres symptômes; un ictère se déclare souvent et des phénomènes de dépression nerveuse se manifestent et se terminent par le coma et la mort. Dans ces cas on peut trouver la muqueuse de l'estomac exempte d'altérations.

Parmi les lésions occasionnées par l'empoisonnement du phosphore, on a noté une certaine diffluence du sang, une transformation graisseuse du foie, des reins, du cœur et de la langue.

Le phosphore peut tuer à la dose de quelques centigrammes, et la gravité des accidents est surtout due aux perturbations des fonctions du système nerveux.

L'action toxique du phosphore paraît due à l'affinité de ce corps pour l'oxygène; il tue en empêchant l'hématose du sang, qu'il prive d'oxygène. Personne a trouvé dans l'essence de térébenthine le seul antidote connu contre l'empoisonnement par le phosphore. L'essence enlève à celui-ci la propriété qu'il possède de s'unir à l'oxygène du sang, de même qu'elle arrête son oxydation dans un espace limité d'air (voyez p. 953) [Personne, *Compt. rend.*, t. LXVIII, p. 543]. On a vu que le phosphore rouge est sans action sur l'économie : cela résulte évidemment de ce qu'il n'exerce aucune action sur l'oxygène du sang.

On verra plus loin quels sont les procédés à suivre pour retrouver le phosphore dans les cas d'empoisonnement. — Voyez PHOSPHORE (ANALYSE).

USAGES. — Le principal usage du phosphore consiste dans la fabrication des allumettes [voyez PHOSPHORE (INDUSTRIE)]. On s'en sert aussi pour préparer des pâtes pour empoisonner les rats. En outre, il est d'un usage fréquent dans les laboratoires.

COMBINAISONS DU PHOSPHORE AVEC LES ÉLÉMENTS MONATOMIQUES.

On connaît trois combinaisons du phosphore avec l'hydrogène : l'une gazeuse, PH^3; la seconde liquide, P^2H^4, et la dernière solide, P^4H^2; il est possible qu'il existe encore d'autres hydrures solides.

HYDROGÈNE PHOSPHORÉ GAZEUX, PH^3 (*phosphamine*). — Ce gaz a été découvert en 1783 par Gengembre, qui l'a obtenu en chauffant du phosphore avec une lessive de potasse. Quelques années plus tard Davy le préparait par la décomposition de l'acide phosphoreux par la chaleur. Le gaz de Gengembre était spontanément inflammable à l'air, celui de Davy ne s'enflammait que par une élévation de température. On croyait d'abord que ces deux gaz étaient de composition différente; H. Rose pensait qu'ils constituaient deux états isomériques. Graham regardait l'hydrogène phosphoré inflammable comme renfermant des impuretés, se basant sur ce que l'addition de certains corps rendait spontanément inflammable l'hydrogène phosphoré qui ne l'était pas. C'est P. Thenard qui a reconnu que le gaz spontanément inflammable doit cette propriété à un mélange d'hydrogène phosphoré liquide dont on peut le priver par un refroidissement convenable; cette opinion avait été énoncée par Leverrier, qui avait observé que la perte de l'inflammabilité coïncidait avec la formation d'un hydrure solide [Gengembre, *Ann. de Crell.*, 1789, t. I, p. 450; — Dumas, *Ann. de Chim. et de Phys.*, (2), t. XXXI, p. 113; — H. Rose, *Poggend. Ann.*, t. VI, p. 199; t. VIII, p. 191; t. XXIV, p. 295; t. XXXII, p. 467, et t. XLVI, p. 633; — Graham, *Philos. Magaz.*, t. V, p. 401 ; — Leverrier, *Ann. de Chim. et de Phys.*, (2), t. LX, p. 174; — P. Thenard, *Compt. rend.*, t. XVIII, p. 252 et 914; t. XIX, p. 313].

L'hydrogène phosphoré ne se forme pas par l'union directe des deux éléments. Il s'en forme des traces par l'action de l'hydrogène naissant sur les acides phosphoreux et hypophosphoreux (Woehler). Il se produit par la putréfaction des matières organiques phosphorées. C'est lui qui donne lieu, dit-on, aux phénomènes désignés sous le nom de *feux follets*. C'est aussi à sa formation qu'est due l'odeur des poissons pourris. Il s'en forme de petites quantités par l'action lente du phosphore sur l'eau, à la lumière. Il se produit, en général, par la décomposition de l'eau par les phosphures ou par le phosphore, sous l'influence des alcalis ou des terres alcalines et par la décomposition des acides phosphoreux (Davy) et hypophosphoreux (Dulong) et de leurs sels par la chaleur. Dans ces différentes circonstances, il est ou il n'est pas spontanément inflammable, mais il est toujours mélangé avec une quantité plus ou moins grande d'hydrogène libre. Il s'obtient tout à fait pur par la décomposition de l'iodure de phosphonium ou iodhydrate d'hydrogène phosphoré (A.-W. Hofmann). Enfin, il se forme par l'action du phosphore à 120° sur l'acide chlorhydrique, en même temps que de l'acide phosphoreux (Oppenheim).

Préparation de l'hydrogène phosphoré spontanément inflammable. — 1° On chauffe dans un ballon du phosphore avec de la lessive de potasse concentrée, et on n'y adapte le tube de dégagement que lorsque l'air a été à peu près expulsé, de crainte d'explosion. L'opération marche régulièrement jusqu'à disparition du phosphore.

La réaction du phosphore sur la potasse commence déjà à la température ordinaire. Elle donne lieu en même temps à de l'hypophosphite de potassium; mais celui-ci se décomposant par la potasse en excès est entièrement remplacé par du phosphate, en même temps que le gaz est mélangé à une proportion considérable d'hydrogène, qui peut s'élever à 85 °/₀ du volume total du gaz :

$$P^4 + 3KHO + 3H^2O = 3PO^2H^2K + PH^3;$$
$$PO^2H^2K + 2KHO = PO^4K^3 + H^4.$$

On remplace fréquemment la potasse par de la chaux éteinte, en bouillie épaisse ou en boulettes renfermant chacune un fragment de phosphore. On emploie aussi, d'une manière avantageuse, le sulfure de baryum. L'hypophosphite formé dans ce cas ne se décompose pas comme celui de potassium et on écarte ainsi une des causes qui fournissent de l'hydrogène libre.

2° On décompose le phosphure de calcium par l'eau froide, en l'introduisant dans un flacon tubulé, rempli d'eau, à l'aide d'un tube de fort diamètre. La réaction peut s'expliquer par l'équation

$$2P^2Ca^3 + 14H^2O$$
$$= (PO^2H^2)^2Ca + 5CaH^2O^2 + 4H^2 + 2PH^3.$$

Chaque bulle de gaz en arrivant à l'air s'enflamme et brûle en produisant des couronnes de fumée très-régulières, si l'air est calme.

Le phosphure de calcium (voyez t. I, p. 704) n'a pas une composition constante, aussi cette équation n'est-elle qu'approchée. Il fournit un gaz moins impur que la potasse et le phosphore, car il peut ne renfermer que 7 °/₀ d'hydrogène, tandis que l'autre en renferme au moins 60 °/₀.

3° Le phosphure de cuivre obtenu en précipitant le sulfate de cuivre par un excès de phosphore (il se forme d'abord du cuivre métallique) donne de l'hydrogène phosphoré par l'action d'une solution de cyanure de potassium. On le mélange avec ce cyanure en poudre, puis on arrose le mélange d'eau; il se dégage aussitôt de l'hydrogène phosphoré inflammable. Si on remplace l'eau par de l'alcool, on obtient du gaz moins inflammable [Boettger, *Poggend. Ann.*, t. CI, p. 153].

Préparation du gaz hydrogène phosphoré non spontanément inflammable.— 1° On chauffe de l'acide phosphoreux dans une petite cornue; on peut se servir pour cela du mélange désigné sous le nom d'acide phosphatique, qui se forme dans la combustion lente du phosphore à l'air humide. Les premières portions du gaz sont de l'hydrogène phosphoré à peu près pur, mais celles qui se dégagent à la fin de l'expérience renferment 17 à 25 % d'hydrogène (Dumas, H. Rose). L'acide hypophosphoreux se comporte de même, mais il peut fournir un gaz spontanément inflammable :

$$4PO^3H^3 = H^3P + 3H^3PO^4;$$
$$2PO^2H^3 = H^3P + H^3PO^4.$$

2° L'hydrogène phosphoré qui se forme dans l'action du phosphore sur la solution alcoolique de potasse n'est pas spontanément inflammable.

3° On décompose le phosphure de calcium par l'acide chlorhydrique concentré. On obtient ainsi un gaz ne renfermant que peu d'hydrogène (Dumas, P. Thenard), $P^2Ca^3 + 6HCl = 2PH^3 + 3CaCl^2$.

4° Le seul moyen d'obtenir de l'hydrogène phosphoré parfaitement pur est la décomposition de l'iodhydrate d'hydrogène phosphoré par l'eau, ou plutôt par la potasse. On introduit cet iodhydrate, mélangé de fragments de verre, dans un petit ballon et l'on y fait arriver goutte à goutte de la potasse par un entonnoir à robinet [A.-W. Hofmann, *Deutsch. Chem. Gesells.*, t. IV, p. 200, et *Bull. de la Soc. chim.*, 1871, t. XV, p. 175].

Enfin on peut enlever à l'hydrogène phosphoré son inflammabilité spontanée en le privant de l'hydrogène phosphoré liquide qui lui communique cette propriété, ce qui peut se faire soit en condensant ce dernier, soit en le décomposant.

L'hydrogène phosphoré perd son inflammabilité sous l'influence de la lumière; dans ce cas il se dépose un corps jaune, qui est de l'hydrure de phosphore solide. Il perd également cette propriété au contact d'un grand nombre de corps, notamment du potassium, du charbon, de l'acide chlorhydrique, de l'éther, de l'essence de térébenthine, etc., en général, au contact de tous les corps qui décomposent l'hydrogène phosphoré liquide.

Inversement, on peut communiquer à l'hydrogène phosphoré la propriété de s'enflammer spontanément : ainsi lorsqu'on y fait arriver quelques bulles de bioxyde d'azote, ou lorsqu'on lui fait traverser une petite couche d'acide azotique renfermant des traces de vapeurs nitreuses. L'acide azotique pur ne produit pas cet effet; une trop grande quantité de vapeurs nitreuses décompose le gaz.

Propriétés. — L'hydrogène phosphoré pur est un gaz incolore, d'une odeur fétide, très-peu soluble dans l'eau. Son coefficient de solubilité à 15° est égal à 0,1122 (Dybkowsky). Il est un peu soluble dans l'alcool et dans les essences, plus soluble dans l'éther. Sa densité est égale à 17,53 (Dumas, densité théorique = 17). Il est irrespirable et vénéneux; il agit comme le phosphore en enlevant l'oxygène au sang. En effet, tandis que le sang désoxydé ou veineux n'absorbe que 0,13 % de son volume d'hydrogène phosphoré, le sang artériel peut en absorber 26,73 % [Dybkowsky, *Bull. de la Soc. chim.*, 1866, t. VI, p. 343].

Exempt de phosphure d'hydrogène liquide, qui le rend spontanément inflammable, l'hydrogène phosphoré est un gaz qui s'enflamme par une faible élévation de température à l'air (à 149° d'après Davy). Mélangé d'oxygène, il forme un mélange détonant qui fait explosion par une diminution de pression; ce fait se produit si l'on soulève brusquement de quelques décimètres un tube contenant ce mélange sur la cuve à mercure (Houton Labillardière). Ce mélange est peu à peu absorbé par l'eau, qui renferme alors de l'acide phosphoreux. De semblables mélanges ne doivent être maniés qu'avec une grande prudence, car ils peuvent faire explosion spontanément.

Quant à l'hydrogène phosphoré spontanément inflammable, il brûle immédiatement en arrivant à l'air en produisant des couronnes de fumée. Si l'on y fait arriver avec précaution des bulles d'oxygène, il se produit une lumière très-vive. Si on le fait arriver dans un vase contenant de l'oxygène, il se produit des explosions qui peuvent être très-violentes; aussi faut-il avoir soin de ne fermer complétement les appareils où on le dégage que lorsque l'air a été expulsé, ce que l'on peut faire par un courant de gaz carbonique.

L'hydrogène phosphoré brûle avec une flamme éclairante en répandant des fumées d'acide phosphorique s'élevant en couronnes qui vont en s'élargissant. En brûlant dans une éprouvette, il donne un dépôt de phosphore, par suite d'une combustion incomplète.

Soumis à l'action de l'étincelle électrique, le gaz hydrogène phosphoré pur se décompose en donnant un dépôt de phosphore et de l'hydrogène pur dont le volume est les 3/2 de celui du gaz employé : 20 centimètres cubes d'hydrogène phosphoré donnent 30 centimètres cubes d'hydrogène (Buff et Hofmann). Si l'étincelle n'agit que pendant quelques instants, le gaz devient spontanément inflammable (Graham).

L'hydrogène phosphoré réduit le bioxyde d'azote, l'acide azotique, l'acide sulfurique, l'acide sulfureux, etc. Il est complétement absorbé par la solution d'acide hypochloreux ou des hypochlorites, ou par la solution de sulfate de cuivre. Ces réactions peuvent servir à déterminer son degré de pureté. Il agit sur les solutions métalliques comme réducteur : le plomb est précipité lentement, le cuivre plus vite, et les métaux précieux le plus rapidement. Tous ces précipités, sauf ceux qui fournissent les sels de mercure, sont noirs ou très-foncés. Le précipité est soit du phosphure comme pour le cuivre, soit du métal réduit comme pour l'or, l'argent, soit encore un mélange de métal, de phosphure et de sel métallique comme pour le mercure. Les oxydes métalliques eux-mêmes donnent des réactions analogues.

La plupart des métaux, chauffés dans l'hydrogène phosphoré, le décomposent en donnant du phosphure et du gaz hydrogène libre.

Le chlore, le brome et l'iode décomposent l'hydrogène phosphoré en s'emparant de son hydrogène et en se combinant en même temps au phosphore.

Lorsqu'on fait arriver des bulles d'hydrogène phosphoré dans un flacon rempli de chlore ou réciproquement, elles s'y enflamment en produisant une forte détonation. L'expérience doit se faire avec prudence, mais on peut l'effectuer sans danger en faisant arriver les deux gaz bulle à bulle dans un vase rempli d'eau, les orifices des deux tubes de dégagement se trouvant en face l'un de l'autre (Leras).

Lorsqu'on chauffe du soufre dans de l'hydrogène phosphoré, il se forme de l'hydrogène sulfuré et du sulfure de phosphore.

L'hydrogène phosphoré décompose le trichlorure de phosphore en donnant de l'acide chlorhydrique et du phosphore libre.

Il est neutre aux réactifs colorés; néanmoins il présente avec l'ammoniaque une grande analogie. Il se combine de même avec un grand nombre de chlorures métalliques, tels que les perchlorures d'antimoine, d'étain, de titane. Ces combinaisons sont décomposées par l'eau en dégageant du gaz hydrogène phosphoré non spontanément inflammable (H. Rose).

Il s'unit à l'acide iodhydrique et à l'acide bromhydrique, mais non à l'acide chlorhydrique. L'acide sulfurique l'absorbe et n'en est réduit à froid qu'après quelque temps; l'eau ajoutée à la solution en sépare le gaz spontanément inflammable (Buff).

L'iodhydrate d'hydrogène phosphoré ou *iodure de phosphonium*, $PH^3HI = PH^4I$, se produit par l'addition d'une petite quantité d'eau à un mélange en proportions équivalentes d'iode et de phosphore. On peut en obtenir de grandes quantités en suivant la marche indiquée par A. Baeyer: on dissout 100 grammes de phosphore dans du sulfure de carbone sec, puis, par petites portions, 170 grammes d'iode; on distille le sulfure de carbone dont on chasse avec soin les dernières portions par un courant de gaz carbonique sec. On adapte ensuite à la cornue un tube large et l'on verse par la tubulure 60 grammes d'eau par petites portions. A chaque addition d'eau, il se manifeste une vive réaction donnant lieu à une petite quantité d'acide iodhydrique et l'iodure de phosphonium formé se condense sur les parois de la cornue. Finalement on chauffe celle-ci et on sublime ainsi tout l'iodure dans le tube large qui termine la cornue. Le rendement est presque théorique [*Ann. der Chem. u. Pharm.*, t. CLV, p. 269, et Hofmann, *Deutsch. Chem. Gesellsch.*, t. VI, p. 286, et *Bull. de la Soc. chim.*, 1873, t. XX, p. 165]. Sa formation peut se représenter par l'équation

$$2P^2I + 7H^2O = 2PH^4I + PO^3H^3 + PO^4H^3.$$

Avec le biiodure de phosphore et l'eau, la réaction est la suivante:

$$6PI^2 + 15H^2O = 5PO^3H^3 + 11HI + PH^4I.$$

L'iodure de phosphonium se produit lorsqu'on chauffe de l'iode dans un courant d'hydrogène phosphoré (Hofmann): $I^5 + 4H^3P = PI^2 + 3PH^4I$, ainsi que par l'action à 160° du phosphore rouge sur l'acide iodhydrique en solution concentrée, dans des tubes scellés. La réaction terminée, la partie supérieure des tubes est tapissée de magnifiques cristaux d'iodure de phosphonium, tandis que la solution renferme de l'acide phosphoreux [Oppenheim, *Bull. de la Soc. chim.*, 1864, t. I, p. 164]: $2P + HI + 3H^2O = PH^4I + PO^3H^3$.

L'iodure de phosphonium cristallise en cubes incolores, brillants, très-réfringents, souvent assez volumineux. Ces cristaux peuvent se sublimer sans altération à l'abri de l'air. Ils sont déliquescents et se décomposent sous l'influence de l'eau en acide iodhydrique et hydrogène phosphoré. C'est un réducteur énergique; il réduit notamment l'acide sulfurique. Baeyer l'a employé [*loc. cit.*] pour la réduction ou l'hydrogénation des matières organiques.

Bromhydrate d'hydrogène phosphoré, PH^4Br. — Cette combinaison se forme un peu plus difficilement que la précédente et forme des cristaux moins volumineux. On l'obtient par le mélange des deux gaz sur le mercure. Oppenheim l'a aussi obtenue en chauffant à 160° du phosphore amorphe avec de l'acide bromhydrique concentré. Elle bout vers 30°. La densité de sa vapeur a été trouvée égale à 27,6 (Bineau), ce qui indique qu'elle se dissocie de manière à occuper 4 volumes comme le sel ammoniac.

On n'a pas pu obtenir de chlorhydrate d'hydrogène phosphoré.

Action du chlorure de cyanogène sur l'hydrogène phosphoré. Le chlorure de cyanogène agit sur l'hydrogène phosphoré, en solution éthérée, seulement l'éther prend part à la réaction et l'on obtient des tables rhombiques, fusibles à 50°, très-solubles dans l'eau, l'alcool et l'éther, qui constituent le *cyanéthyle-phosphide*, $CAz.C^2H^5.HP$ [Henninger et Darmstaedter, *Bull. de la Soc. chim.*, 1870, t. XIII, p. 196].

Dérivés organiques de l'hydrogène phosphoré. — L'hydrogène phosphoré donne des dérivés organiques basiques, comparables aux ammoniaques composées, dans lesquels l'hydrogène est remplacé en tout ou en partie par des radicaux d'alcools. En faisant agir l'iodure de phosphonium sur les iodures alcooliques, on obtient les *phosphines primaires* et *secondaires* (Hofmann),

$$P(C^2H^5)H^2 \text{ et } P(C^2H^5)^2H.$$

Par l'action du trichlorure de phosphore sur le zinc-éthyle, on obtient la *triéthylphosphine*, $P(C^2H^5)^3$. Enfin cette dernière se combine à l'iodure d'éthyle pour donner l'*iodure de tétréthylphosphonium*, $P(C^2H^5)^4I$ (Hofmann et Cahours). — Voyez PHOSPHINES.

HYDROGÈNE PHOSPHORÉ LIQUIDE, P^2H^4. — Ce composé accompagne l'hydrogène phosphoré gazeux obtenu par différents procédés, et c'est lui qui lui communique la propriété de s'enflammer spontanément à l'air. Il a été découvert par P. Thenard en 1845 [*loc. cit.*] en faisant passer l'hydrogène phosphoré spontanément inflammable à travers un tube placé dans un mélange réfrigérant.

Pour le préparer, on se sert de l'appareil suivant. On remplit aux trois quarts d'eau un flacon tubulé placé dans un bain-marie et l'on y fait tomber par la tubulure du milieu, portant un tube à large diamètre, des fragments de phosphure de calcium, en bouchant d'abord l'extrémité du tube dans lequel doit se condenser le phosphure liquide et laissant dégager l'air par la troisième tubulure, qu'on ne ferme, au moyen d'un bouchon portant un tube de dégagement, que lorsque l'air de l'appareil a été expulsé. Quand l'hydrogène phosphoré se dégage régulièrement par ce tube de dégagement, on brise l'extrémité du tube à condensation de manière à y faire passer le gaz. Celui-ci se débarrasse alors de l'hydrogène phosphoré liquide, qui se condense dans le mélange réfrigérant et qui est emprisonné par de la glace résultant de l'eau entraînée. Celle-ci finit par boucher le tube et le gaz s'échappe de nouveau par le tube de dégagement. On ferme alors à la lampe l'extrémité du tube à condensation, puis faisant fondre la glace avec la main et inclinant le tube, on fait tomber les gouttes de phosphure liquide dans les ampoules ménagées à la partie antérieure du tube; on isole ensuite ces ampoules l'une de l'autre au moyen d'un chalumeau. L'opération dure 20 minutes et n'exige que 30 à 40 grammes de phosphure de calcium.

Le phosphure P^2H^4 est un liquide incolore, très-réfringent, dense, ne se concrétant pas à — 20° et se décomposant déjà à + 30°. Il est insoluble dans l'eau. L'essence de térébenthine le décompose; l'alcool et l'éther le dissolvent. La lumière le décompose rapidement en hydrure solide et en hydrogène phosphoré gazeux,

$$5P^2H^4 = P^4H^2 + 6PH^3.$$

Ce dédoublement se produit dans un grand nombre de circonstances; au contact de l'acide chlorhydrique, de l'essence de térébenthine, des corps pulvérulents. Aussi dans toutes ces circonstances l'hydrogène phosphoré gazeux perd-il la propriété de s'enflammer spontanément.

L'hydrogène phosphoré liquide s'enflamme dès qu'il arrive au contact de l'air. Il communique cette propriété, non-seulement à l'hydrogène phosphoré gazeux, mais aux autres gaz combustibles, tels que l'hydrogène, l'oxyde de carbone, le cyanogène, l'éthylène, etc.

L'analyse de ce corps a été faite en décomposant un poids connu par la lumière sous une cloche sur la cuve à mercure, et déterminant le poids d'hydrure solide et le volume d'hydrogène phosphoré gazeux formés; ces quantités satisfont à l'équation ci-dessus. Le poids moléculaire a pu être fixé par une détermination de densité de vapeur dans le vide barométrique; la densité trouvée se rapproche beaucoup du nombre 32, qui est la moitié du poids moléculaire P^2H^4. Le nombre trouvé est 34,6 (2,4 par rapport à la densité de l'air, au lieu de 2,28) (Croullebois, *expér. inédit.*).

Hydrogène phosphoré solide, P^4H^2. — Ce phosphure solide a été obtenu pour la première fois par Leverrier, en exposant à la lumière l'hydrogène phosphoré gazeux spontanément inflammable. C'est une poudre jaune, qu'on obtient en plus grande quantité en décomposant le phosphure liquide par l'acide chlorhydrique ou, plus simplement, en faisant passer le gaz spontanément inflammable dans cet acide. Il se forme aussi lorsqu'on décompose le phosphure de calcium par l'acide chlorhydrique concentré; on a vu que dans ce cas c'est l'hydrogène phosphoré non inflammable qui se produit. Enfin, on peut aussi décomposer le gaz hydrogène phosphoré par le chlore en diluant ce dernier dans du gaz acide carbonique, pour éviter les accidents. En général, il se forme dans toutes les circonstances qui font perdre son inflammabilité à l'hydrogène phosphoré gazeux.

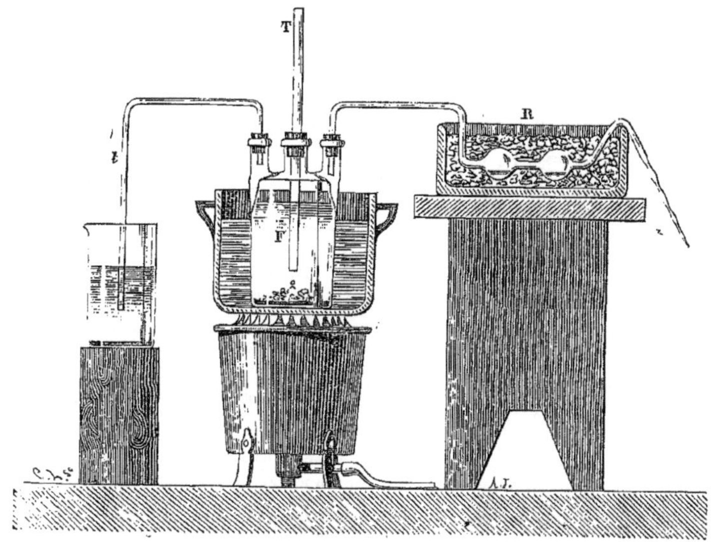

Fig. 480. — Préparation de l'hydrogène phosphoré liquide.

Le corps P^4H^2 est solide, jaune, doué d'une faible odeur de phosphore; il devient rouge quand il reste exposé à l'action de la lumière. Il ne luit pas dans l'obscurité et ne s'enflamme qu'à 160°. Chauffé à l'abri de l'air, il se décompose au delà de 175°. Il est insoluble dans l'eau et dans l'alcool. La potasse le dissout à chaud en dégageant de l'hydrogène phosphoré non inflammable. Il détone lorsqu'on le chauffe avec du chlorate de potassium, de l'oxyde de cuivre ou de l'oxyde d'argent. Il réduit les dissolutions des sels d'argent et de cuivre. Il s'enflamme au contact de l'acide azotique concentré.

On obtient le même phosphure, P^4H^2, lorsqu'on décompose l'iodure de phosphure, P^2I^4, par l'eau chaude. Rüdorff représente cette réaction par l'équation

$$10P^2I^4 + 45H^2O$$
$$= P^4H^2 + 2PH^3 + 40HI + 3PO^4H^3 + 11PO^3H^3$$

[*Poggend. Ann.*, t. CXXVIII, p. 473].

Phosphures métalliques. — On obtient des phosphures métalliques, dont quelques-uns correspondent à l'hydrogène phosphoré, soit par union directe du phosphore avec le métal ou par son action sur les oxydes ou sur les sels, soit par l'action de l'hydrogène phosphoré sur les sels, sur les oxydes ou sur les métaux eux-mêmes portés à une haute température. Il en est encore qu'on peut préparer en réduisant le phosphate correspondant par du charbon,

Quelques-uns s'obtiennent, mais à l'état impur, par l'action du phosphore sur les solutions métalliques neutres ou alcalines. Le seul qu'on obtienne ainsi avec une composition définie est celui de cadmium P^2Cd^3 (Oppenheim).

Les phosphures métalliques sont cassants, à aspect métallique. Quelques-uns perdent du phosphore par l'action d'une température élevée Quelques-uns seulement s'oxydent à la température ordinaire. Par la calcination à l'air chaud, ils s'oxydent en donnant en général un phosphate. L'acide azotique les oxyde de même. Les phosphures alcalins et alcalino-terreux sont décomposés par l'eau en donnant de l'hydrogène phosphoré et un hypophosphite. Un grand nombre de phosphures ont pour composition générale PM'^3 ou $P^2M''^3$; d'autres ont une composition correspondant à celle du biiodure de phosphure ou d'un grand nombre d'arséniures, soit PM'' ou PM'^2, ($P^2M''^2$ ou $P^2M'^4$).

Il paraît exister des phosphures dans lesquels une partie seulement de l'hydrogène phosphoré est remplacée par du métal. Ainsi on obtient un phosphure de zinc, $PZn''H$, par l'action du zinc-éthyle sur l'hydrogène phosphoré. Ce composé donne avec l'eau de l'hydrogène phosphoré et de l'hydrate de zinc (Drechsel et Finkelstein).

Les phosphures, en agissant sur les iodures alcooliques, donnent naissance à des phosphines : ceux de sodium, de zinc, etc., sont dans ce cas.

COMBINAISONS DU PHOSPHORE AVEC LES CORPS HALOGÈNES.

Le phosphore forme avec les corps haloïdes plusieurs types de combinaisons. Avec le chlore et le brome, il forme des combinaisons renfermant 3 et 5 atomes d'halogène ; avec l'iode, il forme les composés PI^2 ou P^2I^4, correspondant à l'hydrogène phosphoré liquide, et PI^3.

TRIBROMURE DE PHOSPHORE, PBr^3 (*bromide phosphoreux*). — Ce composé s'obtient facilement par l'union directe du brome et du phosphore, ce dernier maintenu en excès. Comme la réaction est très-violente, il faut laisser tomber le brome goutte à goutte sur le phosphore. La réaction s'effectue alors assez tranquillement ; le mieux est de placer le phosphore dans un long tube vertical, effilé à sa partie inférieure ; de cette manière, le bromure formé s'écoule immédiatement (Balard). Un procédé préférable consiste à ajouter le brome, dissous dans le sulfure de carbone, à une solution sulfocarbonique de phosphore, puis à distiller le sulfure de carbone.

Le tribromure de phosphore est un liquide incolore, bouillant à 175°,3 et ne se solidifiant pas à — 15°. Il dissout facilement le phosphore. L'eau le décompose en produisant de l'acide bromhydrique et de l'acide phosphoreux. Densité = 2,85.

PENTABROMURE DE PHOSPHORE, PBr^5 (*perbromure, bromide phosphorique*). — Ce composé se forme aisément par l'action d'un excès de brome sur le tribromure maintenu froid. C'est un composé cristallin, se volatilisant sans fondre, mais se dédoublant facilement en tribromure et brome, qui se recombinent dans le récipient. Si l'on maintient le perbromure à 100° dans un courant d'acide carbonique, celui-ci enlève tout le brome et laisse le tribromure (Balard).

Lorsque le perbromure de phosphore se refroidit lentement, il fournit une modification rouge, devenant jaune par le frottement. Quand il est refroidi brusquement, il devient immédiatement jaune [Baudrimont, *Compt. rend.*, t. LIII, p. 401].

Le brome, en agissant sur le trichlorure de phosphore, donne le chlorobromure PCl^3Br^2 (voyez p. 964), ou, s'il est en excès, une huile brune, non miscible au brome, bouillant à 75° et renfermant $PBr^5,3ClBr$; on obtient en même temps des prismes orthorhombiques $PBr^5,2ClBr$. Enfin, on obtient une autre combinaison qui renferme PBr^4Cl^3, probablement $PBr^3Cl^2,BrCl$, lorsqu'on verse le trichlorure de phosphore sur du brome. Cette dernière combinaison est en prismes clinorhombiques fusibles à 45° [Prinvault, *Bull. de la Soc. chim.*, 1870, t. XIII, p. 3, et 1872, XVII, p. 447 ; — A. Michaelis, *Deuts. Chem.*, *Gesells.*, t. V, p. 411, et *Bull. de la Soc. chim.*, 1872, t. XVIII, p. 1.5].

OXYBROMURE DE PHOSPHORE, $POBr^3$. — Il se produit par l'action lente de l'eau sur le pentabromure. Il se forme aussi par l'action de l'acide acétique (Hiller) ou de l'acide oxalique (Baudrimont) sur le pentabromure de phosphore :

$$PBr^5 + C^2H^2O^4 = POBr^3 + 2HBr + CO + CO^2.$$

La réaction s'établit facilement. Lorsqu'elle est terminée, on chauffe. Il distille d'abord un liquide brun, qui est du tribromure impur, puis l'oxybromure se condense à l'état d'un produit cristallin rougeâtre. On le purifie en le faisant fondre et le maintenant à 180° jusqu'à ce qu'il ne fournisse plus de produit liquide.

C'est un corps cristallisé en lamelles à peu près incolores, fumant à l'air humide en répandant des vapeurs irritantes, et ne tardant pas à se liquéfier. Il fond à 55° (Baudrimont), à 45-46° (Hilles), et bout à 193°. L'eau le décompose en acides bromhydrique et phosphorique.

Il se dissout dans le sulfure de carbone et dans le chloroforme. L'hydrogène sulfuré le transforme en bromosulfure de phosphore ; le sulfure d'antimoine fournit le même produit. Sa densité de vapeur a été trouvée égale à 145,3 au lieu de 145,5 qu'exige la formule $POBr^3$ (Baudrimont).

OXYCHLOROBROMURE DE PHOSPHORE, $POCl^2Br$. — Ce composé se forme par l'action du brome sur le *chlorure éthylphosphoreux :*

$$PC^2H^5O.Cl^2 + Br^2 = C^2H^5Br + POCl^2Br.$$

C'est un liquide limpide, très-réfringent, jaunissant peu à peu. Il bout à 135-137°. Densité à 0° = 2,059. L'eau le décompose en donnant de l'acide phosphorique [Menschutkine, *Ann. der Chem. u. Pharm.*, t. CXXXIX, p. 343 ; *Bull. de la Soc. chim.*, 1866, t. VI, p. 481].

SULFOBROMURE DE PHOSPHORE, $PSBr^3$. — L'hydrogène sulfuré sec agit sur le pentabromure de phosphore, avec élévation de température ; il se dégage de l'acide bromhydrique et le produit, qui s'était liquéfié, se solidifie par le refroidissement : c'est le sulfobromure de phosphore.

Ce corps se forme aussi par l'action du sulfure d'antimoine, action qui a lieu avec élévation de température :

$$3PBr^5 + Sb^2S^3 = 3PSBr^3 + 2SbBr^3.$$

Obtenu par ce moyen, il est difficile à débarrasser entièrement du bromure d'antimoine. Il vaut mieux faire agir directement le soufre sur le tribromure bouillant. On traite le produit brut par de l'eau froide, qui décompose le tribromure en excès ; il faut avoir soin de refroidir. Le sulfobromure se solidifie alors ; on le chauffe pour le sécher, puis on le distille.

Michaelis le prépare par l'action du brome sur le trisulfure de phosphore. Il ajoute 8 p. de brome à des solutions sulfocarboniques mélangées de 1 p. de soufre et de 1 p. de phosphore, puis distille dans un courant d'acide carbonique sec [*Deutsch. Chem. Gesells.*, t. IV, p. 777 ; t. V, p. 4 ; *Ann. der Chem. u. Pharm.*, t. CLXIV, p. 9 ; *Bull. de la Soc. chim.*, 1872, t. XVII, p. 144, et t. XVIII, p. 444].

C'est un corps solide, jaune-citron, cristallisable en octaèdres réguliers dans le bromure de phosphore ou dans le sulfure de carbone ; son odeur est vive, piquante et nauséabonde. Il cristallise en lamelles fusibles à 39° (à 38° d'après Michaelis) ; chauffé plus fort, il se colore en brun et distille entre 175° et 215° en se décomposant en partie. Sa densité est à peu près égale à 2,7 (2,85 à 17°, d'après Michaelis).

Il se dissout dans le sulfure de carbone, l'éther, le chloroforme, les chlorure et bromure de phosphore Il fume à l'air ; néanmoins, l'eau froide la décompose lentement. Ses réactions sont analogues à celles du sulfochlorure [Baudrimont, *Compt. rend.*, t. LIII, p. 517].

D'après Michaelis, les produits de l'action de l'eau sur le sulfobromure de phosphore sont du soufre et les produits de décomposition de PBr^3. Avec l'alcool, on obtient au contraire le sulfophosphate triéthylique de Carius, $PS(OC^2H^5)^3$.

Il existe un hydrate $PSBr^3 + H^2O$ qui fond à 35° en se dissociant. Le sulfure de carbone le dédouble également. Cet hydrate forme une masse cristalline jaune, d'une densité de 2,80 (Michaelis.)

Le bromosulfure $PSBr^3$ se produit aussi par la distillation du bromosulfure suivant.

Sulfobromure pyrophosphorique, $P^2S^3Br^4$ (*bromure pyrosulfophosphorique*). — On ajoute, en refroidissant à 0°, 2 p. de brome dissous dans le sulfure de carbone à 1 p. de trisulfure P^2S^3 arrosé de sulfure de carbone. On chasse ce dernier par distillation dans un courant d'acide carbonique; on reprend le résidu par de l'éther anhydre, qui laisse une masse visqueuse. La solution éthérée abandonne le bromosulfure sous la forme d'un liquide oléagineux jaune pâle.

Ce composé, d'une odeur piquante et aromatique, fume à l'air et abandonne du soufre sous l'influence de l'humidité. Densité à 17° = 2,266. La distillation le décompose en donnant du soufre, du pentasulfure de phosphore et un liquide bouillant à 205°, représentant une combinaison

$$PSBr^3 + PBr^3, \quad \text{soit} \quad P^2Br^6S.$$

L'eau décompose le bromosulfure $P^2S^3Br^4$ en séparant du soufre et en donnant les acides sulfhydrique, bromhydrique et phosphoreux, ainsi qu'un acide sulfophosphorique, peut-être

$$P^2S^3(OH)^4.$$

La matière visqueuse laissée par l'éther dans la préparation précédente paraît être le bromure métasulfophosphorique PS^2Br.

Le sulfobromure $P^2S^3Br^4$ donne successivement, sous l'influence de l'alcool absolu, l'éther $P^2S^3(OC^2H^5)^3Br$ et l'éther $P^2S^3(OC^2H^5)^4$.

Le premier est un liquide jaune, fumant à l'air, de 1,357 de densité à 19°, décomposable par la distillation.

Le second distille avec la vapeur d'eau; sa densité à 17° est égale à 1,189.

Enfin, on obtient un éther plus complexe

$$P^2S^3(OC^2H^5)^2(SC^2H^5)^2$$

lorsqu'on remplace l'alcool absolu par de l'alcool aqueux, ou qu'on traite par l'alcool le sulfobromure métaphosphorique PS^2Br. D = 1,318 à 25°. Prismes clinorhombiques fusibles à 71°,2. Cet éther a aussi été décrit par Carius [Michaelis, *Ann. der Chem. u. Pharm.*, t. CLXIV, p. 9; *Bull. de la Soc. chim.*, 1872, t. XVIII, p. 442].

Trichlorure de phosphore, PCl^3. — Le phosphore brûle dans le chlore avec une lumière verdâtre, en produisant du trichlorure ou du pentachlorure, suivant que le phosphore ou le chlore est en excès.

Pour préparer le trichlorure, on fait arriver du chlore sec sur du phosphore placé dans une cornue que l'on chauffe légèrement pour distiller le chlorure à mesure qu'il se forme; la température s'entretient du reste d'elle-même au degré voulu lorsque la réaction est bien établie. Le réfrigérant doit être bien refroidi et tout l'appareil bien desséché. Pour purifier le chlorure de phosphore, on le rectifie au thermomètre; cette opération est nécessaire pour débarrasser le produit du phosphore qu'il tient en dissolution.

On peut aussi préparer le trichlorure de phosphore en chauffant le calomel ou le sublimé corrosif avec du phosphore ordinaire, ou, mieux, avec du phosphore rouge (H. Davy, Dumas).

Il se produit encore par l'action ménagée du chlore sur l'hydrogène phosphoré sec; cette expérience est fort dangereuse.

Un excès de chlore le transforme en pentachlorure.

Le trichlorure de phosphore est un liquide incolore doué d'une odeur vive et irritante, fumant à l'air. Sa densité à 0° est égale à 1,6125; à son point d'ébullition, elle est égale à 1,4686 (H. Kopp; 1,45 d'après H. Davy). Il bout à 78° (Dumas; 76°, H. Kopp; 73°,8, Regnault). Sa densité de vapeur est égale à 68,75. Il dissout le phosphore et l'abandonne par l'évaporation. Il se dissout dans la benzine et dans le sulfure de carbone.

L'eau décompose le trichlorure de phosphore en produisant de l'acide phosphoreux :

$$PCl^3 + 3H^2O = 3HCl + PO^3H^3.$$

Si le chlorure est ajouté à de l'eau bouillante, la réaction se complique, car il se dépose du phosphore amorphe et il se forme de l'acide phosphorique : elle a lieu avec production de lumière; cette réaction secondaire peut s'expliquer par l'équation

$$5PCl^3 + 12H^2O = 3PO^4H^3 + 2P + 15HCl$$

[Wichelhaus, *Ann. der Chem. u Pharm.*, t. CLVIII, p. 332]. — Voyez aussi C. Kraut, *Ann. der Chem. u. Pharm.*, t. CLVIII, p. 332, et A. Geuther, *Journ. für prakt. Chem.*, (2), t. IV, p. 440.

Il peut aussi se produire le composé P^4HO de A. Gautier. — Voyez p. 967.

L'hydrogène sulfuré le transforme en acide chlorhydrique et sulfure de phosphore (Serullas).

Le potassium brûle avec éclat dans la vapeur du trichlorure de phosphore (Davy). Le fer le décompose au rouge en produisant du chlorure et du phosphure de fer (Gay-Lussac et Thenard). L'hydrogène phosphoré le décompose avec formation d'acide chlorhydrique et de phosphore.

Le trichlorure de phosphore est un corps réducteur. A chaud, il se combine directement à 1 atome d'oxygène pour former de l'oxychlorure de phosphore $POCl^3$ (Brodie) Il s'unit directement au soufre à 130°, en donnant du sulfochlorure de phosphore (L. Henry). Traité par le chlorure de soufre, il donne du sulfochlorure $PSCl^3$ et du perchlorure PCl^5. Avec le chlorure de thionyle, il donne de l'oxychlorure et du sulfochlorure de phosphore :

$$3PCl^3 + SOCl^2 = PCl^5 + POCl^3 + PSCl^3.$$

Il réduit l'anhydride sulfurique et l'anhydride arsénieux d'après les équations

$$SO^3 + PCl^3 = SO^2 + POCl^3$$

$$\text{et} \quad 5As^2O^3 + 6PCl^3 = 4As + 3P^2O^5 + 6AsCl^3.$$

Avec l'anhydride sulfureux, il donne la réaction

$$SO^2 + 3PCl^3 = PCl^3S + PCl^3O$$

[Michaelis, *Jenaische Zeitsch.*, t. VI, p. 240; *Bull. de la Soc. chim.*, 1871, t. XV, p. 185, et 1872, t. XVII, p. 205].

Distillé avec l'acide phosphoreux, il donne du phosphore, de l'acide phosphorique et de l'acide chlorhydrique (Wichelhaus).

Il se combine à l'ammoniaque. Traité par le brome, il donne des composés qui constituent des combinaisons de perbromure de phosphore et de chlorure de brome (Prinvault).

Pentachlorure de phosphore, PCl^5 (*perchlorure*). — Ce corps, découvert par H. Davy, fut analysé en 1816 par Dulong, qui en reconnut la véritable composition. Il se forme par l'action du chlore en excès sur le phosphore ou sur le trichlorure de phosphore. Pour l'obtenir en grandes quantités, on commence par préparer le trichlorure de phosphore, puis l'on traite celui-ci par un excès de chlore en le plaçant dans un flacon à large ouverture que l'on maintient froid; on fait arriver le chlore par un tube à diamètre un peu large pour qu'il ne puisse pas se boucher et ne plongeant qu'à la surface du liquide. La préparation ne présente de cette manière aucune difficulté; elle est achevée lorsque le produit contenu dans le flacon constitue une poudre parfaitement sèche.

H. Müller recommande la marche suivante pour préparer de grandes quantités de perchlorure de phosphore. On commence par préparer une petite quantité de trichlorure dans lequel on dissout du phosphore; on y fait arriver du chlore jusqu'à ce que le phosphore soit transformé en trichlorure; on dissout alors dans celui-ci une nouvelle quantité de phosphore, on sature derechef par du chlore et l'on continue ainsi jusqu'à l'addition de tout le phosphore à transformer en perchlorure. On termine en saturant le trichlorure par du chlore [*Dingler's Polytech. Journ.*, t. CLXIV, p. 385].

Lorsqu'on sature de chlore une solution de phosphore dans le sulfure de carbone, le perchlorure formé se dépose en cristaux rhomboïdaux (Brodie). Ce procédé a été appliqué à la préparation du perchlorure en grand, mais il est difficile d'en obtenir ainsi de grandes masses à l'état de pureté.

Le pentachlorure de phosphore est un corps cristallin jaune ou presque incolore, suivant son état de division. Il fume à l'air et émet des vapeurs extrêmement irritantes, qu'il faut éviter de respirer en grandes quantités. Il distille à 148°, mais se volatilise déjà vers 100° ; on ne peut le fondre qu'en le soumettant à une faible pression. Il cristallise alors par le refroidissement en prismes transparents. Il cristallise aussi par sublimation et par dissolution. Il se dissout facilement dans le trichlorure, l'oxychlorure et le chlorosulfure de phosphore, ainsi que dans le sulfure de carbone.

La densité de vapeur du pentachlorure de phosphore présente une anomalie : elle répond à 4 volumes au lieu de 2. Prise à 190°, elle a été trouvée égale à 72 (par rapport à l'hydrogène), ce qui correspond à 3 volumes; mais si on la prend vers 300°, elle est constante et égale à 52,7 [Cahours, *Compt. rend.*, t. XXI, p. 625]. Ce dernier nombre correspond à 4 volumes de vapeur (densité théorique pour 2 volumes = 104,25; pour 4 volumes = 52,125). On est donc là en présence d'une anomalie à la loi d'Ampère. Cahours en a conclu que le pentachlorure de phosphore en vapeur est formé de volumes égaux de chlore et de trichlorure de phosphore $PCl^3.Cl^2$ unis sans condensation, comme cela a lieu pour tous les gaz se combinant à volumes égaux. Cette interprétation a été appuyée sur ce fait que les densités de vapeur du sulfochlorure PCl^3S et de l'oxychlorure PCl^3O correspondent à 2 volumes, ces corps pouvant être envisagés comme résultant de la combinaison de 2 volumes PCl^3 avec 1 volume de vapeur de soufre ou d'oxygène, avec condensation aux 2/3, comme cela a lieu pour les gaz simples, s'unissant dans le rapport de 2 à 1.

Mais les faits concernant la densité de vapeur du perchlorure de phosphore peuvent recevoir une autre interprétation. L'anomalie que montre cette densité de vapeur disparaît si l'on considère que la vapeur de perchlorure se dissocie par la chaleur, dissociation qui n'est complète qu'à partir de 300°. Wanklyn et Robinson ont démontré qu'il en est ainsi en diffusant la vapeur de PCl^5 dans une grande quantité d'acide carbonique et en constatant la production de chlore libre et de trichlorure de phosphore. Wurtz, pensant que la dissociation devait être retardée par la présence d'un grand excès de l'un des produits de dissociation, a pris la densité du perchlorure de phosphore, en la faisant diffuser dans de la vapeur de trichlorure. Il introduisait dans un ballon taré du perchlorure de phosphore parfaitement pur avec un grand excès de trichlorure, et chauffait à 160° ou 175° dans un bain de paraffine. Du poids du ballon refroidi et de l'analyse du produit condensé, on déduit, après jaugeage du ballon, la densité de vapeur du perchlorure. Les nombres obtenus se rapprochent singulièrement du nombre théorique 104,25 correspondant à 2 volumes.

Voici quelques-uns des résultats obtenus, ramenés à la densité de l'hydrogène prise pour l'unité. La première colonne indique la pression que supportait la vapeur de perchlorure :

	Densité.
194mm	104,69
338	106,57
271	101,95
411	99,35
304	102,40
214	107,43
318	101,10

Il résulte de ces expériences que l'anomalie que présente la densité de vapeur de perchlorure de phosphore n'est qu'apparente.

La coloration verdâtre que prend la vapeur de perchlorure à mesure que sa température s'élève indique aussi qu'il y a dissociation (Deville) [Cahours, *Ann. de Chim. et de Phys.*, (3), t. XX, p. 369 ; *Compt. rend.*, t. LXIII, p. 14 ; — Wanklin et Robinson, *Compt. rend.*, LVI, p. 195 et 322, et *Bull. de la Soc. chim.*, 1863, p. 249 ; — Deville, *Compt. rend.*, t. LXII, p. 1157 ; — A. Wurtz, *Compt. rend.*, t. LXXVI, p. 601, et *Bull. de la Soc. chim.*, 1873, t. XIX, p. 451].

Dans la plupart des réactions chimiques, le perchlorure de phosphore se comporte comme un composé de chlore et de trichlorure $PCl^3.Cl^2$, le trichlorure PCl^3 jouant le rôle de radical diatomique, et les deux derniers atomes de chlore pouvant être remplacés par le même nombre d'atomes monovalents ou par 1 atome bivalent, par exemple d'oxygène, de soufre, d'amidogène, AzH^2, etc. Cette interprétation pourtant ne cadre pas avec la transformation du pentachlorure en acide phosphorique $PO(HO)^3$ dans lequel on est conduit à admettre le radical diatomique phosphoryle PO, dont on peut aussi supposer l'existence dans l'oxychlorure de phosphore, qui devient alors $(PO)'''Cl^3$ au lieu de $(PCl^3)''O$.

Si l'on envisage la pentatomicité du phosphore, cette formule devient $O{=}P{=}Cl^3$ et l'on peut concevoir que ce corps, ou ses analogues, puissent fonctionner comme renfermant tantôt le radical $(PCl^3)''$, tantôt le radical triatomique $(OP)'''$, suivant la nature de la réaction à laquelle il participe. Menschutkine ainsi que Wichelhaus [*Ann. der Chem. u. Pharm.*, suppl., t. VI, p. 257] envisagent l'oxychlorure comme renfermant du *chloroxyle* $(OCl)'$, soit $P'''(OCl)Cl^2$. Cette hypothèse nous paraît inadmissible; elle n'est nullement en rapport avec les propriétés de l'oxychlorure de phosphore.

Le pentachlorure de phosphore brûle dans la flamme d'une lampe. Il est inaltérable à l'air sec, mais est décomposé par l'air humide.

La réaction de l'eau sur le perchlorure de phosphore s'accomplit en deux phases. Dans la première, il se forme de l'oxychlorure $POCl^3$, d'après l'équation

$$PCl^5 + H^2O = POCl^3 + 2HCl;$$

cet oxychlorure tombe au fond de l'eau sous la forme d'un liquide qui ne tarde pas à disparaître en bouillonnant et en se transformant en acide phosphorique et acide chlorhydrique :

$$POCl^3 + 3H^2O = PO(HO)^3 + 3HCl,$$

de sorte que la réaction complète est représentée par l'équation

$$PCl^5 + 4H^2O = PO(HO)^3 + 4HCl.$$

Cette décomposition est très-énergique.

L'hydrogène sulfuré agit d'une manière analogue, donnant du sulfochlorure $PSCl^3$, puis le pentasulfure P^2S^5.

L'hydrogène, à une température élevée, réduit le perchlorure à l'état de trichlorure, et même de phosphore libre.

L'oxygène au rouge sombre en déplace deux atomes de chlore pour fournir de l'oxychlorure. Cette réaction est accompagnée de lumière (Baudrimont).

Le pentachlorure de phosphore, chauffé avec le tiers de son poids de soufre, fournit un liquide incolore, bouillant de 100° à 150°, renfermant un excès de pentachlorure et de soufre dont on le débarrasse difficilement; les dernières portions renferment des cristaux dont Gladstone représente la composition par les rapports PS^2Cl^5 qui doivent peut-être se traduire par $PSCl^3 + SCl^2$. Quant au liquide formé en même temps, et qui bout à 118°, sa composition paraît être

$$PCl^3.S^2Cl^2$$

[*Ann. der Chem. u. Pharm.*, t. LXXIV, p. 88].

Le sélénium réagit d'après l'équation

$$PCl^5 + 2Se = PCl^3 + Se^2Cl^2$$

(Baudrimont).

Chauffé avec du phosphore, le pentachlorure de phosphore se convertit en trichlorure. Avec l'antimoine et l'arsenic on obtient les chlorures de ces éléments, mélangés de PCl^3. L'iode réduit partiellement le pentachlorure et fournit un composé cristallisable $PCl^5.ICl$. Le brome n'exerce aucune réaction.

Le sodium réduit avec énergie le pentachlorure de phosphore à l'état de trichlorure; mais en même temps il se produit un peu de phosphure de sodium. L'aluminium produit une réaction analogue, en mettant du phosphore en liberté. La plupart des métaux exercent de même une action réductrice et le chlorure formé reste combiné à une portion de PCl^3; si cette action a lieu au rouge, la réaction va généralement plus loin et il se forme du phosphore libre ou un phosphure métallique [Baudrimont, *Compt. rend.*, t. LI, p. 823, et t. LIII, p. 637].

Le pentachlorure de phosphore agit sur les sulfures alcalins ou alcalino-terreux comme sur l'hydrogène sulfuré. Avec les sulfures d'antimoine, de plomb, de mercure, etc., il donne des sulfophosphures, par exemple $P^2S^3, 3HgS$. — Voyez SULFURES DE PHOSPHORE.

L'acide iodhydrique agit sur le pentachlorure de phosphore d'après l'équation (Wurtz)

$$PCl^5 + 2HI = PCl^3 + 2HCl + I^2$$

Le cyanure de mercure fournit du trichlorure de phosphore et du chlorure de cyanogène (Wurtz).

Parmi les réactions les plus importantes auxquelles donne lieu le pentachlorure de phosphore, il faut citer en première ligne celles qu'il produit avec les anhydrides, les acides et les sels. Les réactions sur les anhydrides ont d'abord été étudiées par Kremer [*Ann. der Chem. u. Pharm.*, t. LXX, p. 297], puis par Bloch et Persoz [*Compt. rend.*, t. XXVIII, p. 86 et 389]; mais ces savants en ont mal interprété les résultats, car ils croyaient avoir obtenu des combinaisons de pentachlorure de phosphore avec les anhydrides, tandis qu'en réalité il se forme un mélange d'oxychlorure de phosphore et de chlorure correspondant à l'anhydride. C'est ainsi qu'on admettait le composé $PCl^5 2SO^3$ que Rose avait aussi obtenu par l'action du trichlorure de phosphore sur l'anhydride sulfurique, et qui n'est qu'un mélange de chlorure de thionyle $SOCl^2$ et d'oxychlorure $POCl^3$ (H. Schiff, *Ann. de Chim. et de Phys.*, t. LII, p. 218). De même, l'acide sulfurique donne les chlorures S^2O^5ClH et SO^2Cl^2 en même temps que de l'oxychlorure de phosphore (Williamson). Ce dernier est en définitive un produit constant de la réaction du pentachlorure de phosphore sur les acides et les anhydrides.

La réaction sur l'anhydride phosphorique est identique aux précédentes :

$$3PCl^5 + P^2O^5 = 5POCl^3.$$

Le pentachlorure de phosphore est d'un usage fréquent en chimie organique. Il réagit sur les alcools pour donner les éthers chlorhydriques; sur les acides organiques, pour fournir les chlorures correspondants; sur les amides, pour donner leurs dérivés chlorés, etc., etc. Dans toutes ces réactions le pentachlorure se transforme en oxychlorure, par exemple :

$$\underset{\text{Acide benzoïque.}}{C^7H^5O(OH)} + PCl^5$$

$$= \underset{\text{Chlorure de benzoyle.}}{C^7H^5OCl} + HCl + POCl^3;$$

$$\underset{\text{Glycérine.}}{C^3H^5(OH)^3} + 2PCl^5$$

$$= \underset{\text{Dichlorhydrine.}}{C^3H^5(OH)Cl^2} + 2HCl + 2POCl^3, \text{ etc., etc.}$$

L'emploi du perchlorure de phosphore dans ces réactions a surtout été généralisé par Cahours et par Gerhardt [*Ann. de Chim. et de Phys.*, t. XXIII, p. 327, et t. XXXVII, p. 285].

D'après R. Weber, les acides silicique, stannique, titanique, l'alumine, l'oxyde ferrique, etc., donnent tous de l'oxychlorure de phosphore, en même temps qu'une combinaison d'un excès de perchlorure avec le chlorure formé dans la réaction [*Poggend. Ann.*, t. CVII, p. 375, et *Répert. de Chim. pure*, 1859, p. 446]. Ces mêmes combinaisons doubles ont été étudiées par Casselmann [*Ann. der Chem. u. Pharm.*, t. LXXXIII, p. 227], par E. Baudrimont [*Compt. rend.*, t. LIII, p. 637, et t. LV, p. 361] et par Cronander [*Bull. de la Soc. chim.*, 1873, t. XIX, p. 499].

Perchlorure de phosphore et chlorure d'iode, $PCl^5.ICl$ (chlorophosphate chloroiodique). — Cette combinaison se forme par l'action de l'iode sur le pentachlorure de phosphore, dont il réduit une partie à l'état de trichlorure. Elle se forme aussi par union directe des deux chlorures ou par l'action du trichlorure d'iode sur le trichlorure ou sur le pentachlorure de phosphore; dans ce dernier cas, du chlore est mis en liberté. Elle se sublime à 200°, en belles lames d'un jaune-orange. Son odeur est vive et piquante. Elle attire l'humidité en se liquéfiant, et se décompose par l'eau. C'est un caustique d'une grande énergie. Sa densité de vapeur a été trouvée, dans quatre expériences, égale à 72, nombre qui s'éloigne considérablement de 95,25 qu'exige la formule PCl^5ICl correspondant à 4 volumes de vapeur (E. Baudrimont).

Perchlorure de phosphore et chlorure de sélénium, $PCl^5.SeCl^4$. — C'est une combinaison orange sublimable, bouillant à 220° et se colorant en rouge-cinabre par la chaleur (Baudrimont).

Perchlorure de phosphore et chlorure d'arsenic, PCl^5AsCl^3. — Masse nacrée blanche, très-instable. Ce produit absorbe le chlore, en paraissant donner une combinaison de *pentachlorure* d'arsenic (Cronander).

Combinaison antimonique. — Voyez t. I, p. 352.

Combinaison aluminique, $2PCl^5.Al^2Cl^6$. — On l'obtient par l'union directe (Baudrimont), ou par l'action de PCl^5 sur l'aluminium (R. Weber). Elle forme des flocons sublimés blancs, fondant en une masse brune qui bout vers 400°.

Combinaison ferrique. — Voyez t. I, p. 1407.

Combinaison chromique, $2PCl^5, Cr^2Cl^6$. — Masse bleuâtre non cristalline (Cronander).

Combinaison mercurique, $2PCl^5, 3HgCl^2$. — Aiguilles nacrées, fusibles, volatiles vers 200°, se décomposant lorsqu'on les chauffe brusquement (Baudrimont).

Combinaison stannique, $PCl^5, SnCl^4$.—Obtenue directement par Casselmann, elle se forme aussi par l'action de l'étain sur le pentachlorure de phosphore : $3PCl^5 + Sn = 2PCl^3 + PCl^5SnCl^4$. Elle est en belles aiguilles nacrées très-avides d'humidité, volatiles à 220° en se décomposant en partie. L'eau décompose ce corps en donnant du phosphate stannique $P^2O^5.2SnO^2 + x aq$ (Baudrimont).

Combinaisons tungstique et *uranique*. — Voyez TUNGSTÈNE et URANE.

Combinaison platinique, $2PCl^5.PtCl^4$. — Elle se forme par l'action de l'éponge de platine sur le perchlorure de phosphore et se sublime en croûtes amorphes d'un jaune d'ocre, fumant à l'air. Chauffée au delà de 300°, elle se décompose en partie, mais la plus grande quantité se volatilise sans décomposition (Baudrimont).

L'*ammoniaque* agit sur le pentachlorure de phosphore en produisant de la *chlorophosphamide* $PCl^3(AzH^2)^2$ qui, à une température élevée, se transforme en *phospham* $PHAz^2$ (Gerhardt). Un autre produit de cette réaction est le chlorophosphure d'azote. — Voyez *Dérivés azotés du phosphore*, p. 978.

L'*hydrogène phosphoré* décompose PCl^5 d'après l'équation (H. Rose)

$$3PCl^5 + 5PH^3 = 15HCl + 8P.$$

CHLOROBROMURE DE PHOSPHORE, PCl^3Br^2. — Composé très-instable, cristallisant dans un mélange réfrigérant et se produisant par l'action du brome sur le trichlorure de phosphore (Wichelhaus). Suivant Michaelis, il se dissocie à 35° [*Deutsch. Chem. Gesellsch.*, t. V, p. 9].

OXYCHLORURES DE PHOSPHORE. — Il paraît en exister trois, correspondant aux trois acides phosphoriques : l'acide phosphorique ordinaire, l'acide pyrophosphorique et l'acide métaphosphorique, l'hydroxyle de ces acides étant remplacé par du chlore :

$PO(HO)^3$	$POCl^3$	(chlorure de phosphoryle).
$P^2O^3(HO)^4$	$P^2O^3Cl^4$	(chlorure de pyrophosphoryle).
$PO^2(HO)$	PO^2Cl	(chlorure de métaphosphoryle).

L'*oxychlorure*, $POCl^3$, le plus important, a été découvert en 1847, par Wurtz [*Ann. de Chim. et de Phys.*, (3), t. XX, p 472]. Il se forme par l'action d'une petite quantité d'eau sur le perchlorure de phosphore :

$$PCl^5 + H^2O = POCl^3 + HCl.$$

Il se forme en outre, comme on l'a vu, dans toutes les réactions du pentachlorure sur les matières oxygénées, minérales ou organiques.

On le prépare en introduisant un tube renfermant de l'eau dans un flacon de perchlorure de phosphore qui, absorbant lentement cette eau, se transforme en oxychlorure. Mais cette opération est extrêmement lente et il vaut mieux décomposer le perchlorure par un autre corps, notamment par l'acide borique cristallisé, qui se transforme en anhydride, et qui agit d'une manière très-régulière [Gerhardt, *Ann. de Chim. et de Phys.*, (3), t. XLV, p. 102] :

$$2BoO^3H^3 + 3PCl^5 = Bo^2O^3 + 3POCl^3.$$

La réaction de PCl^5 sur l'acide oxalique fournit aussi un bon procédé de préparation de l'oxychlorure de phosphore (Gerhardt) :

$$PCl^5 + C^2H^2O^4$$
$$= POCl^3 + 2HCl + CO + CO^2.$$

Gerhardt utilisait aussi la réaction du pentachlorure de phosphore sur l'acide benzoïque, qui donne du chlorure de benzoyle et de l'oxychlorure, faciles à séparer l'un de l'autre.

L'oxychlorure se produit encore dans quelques autres circonstances : 1° par l'action de l'oxygène sec sur la vapeur de perchlorure : 2 atomes de chlore sont mis en liberté et remplacés par 1 atome d'oxygène (Baudrimont); 2° par l'action de l'anhydride phosphorique : $P^2O^5 + 5PCl^5 = 5POCl^3$ (Bloch); 3° par l'action du chlorure de sodium sur l'anhydride phosphorique (Lautemann) :

$$P^2O^5 + 3NaCl = PO^4Na^3 + POCl^3.$$

L'oxychlorure de phosphore est un liquide fumant, incolore et limpide, d'une odeur analogue à celle du perchlorure. Sa densité à 12° est égale à 1,7 (Wurtz); à 10°, 1,693, et à 110°, 1,508 (H. Kopp). Il bout à 110° et sa densité de vapeur a été trouvée égale à 78 (Wurtz; théorie = 76,75 pour 2 vol. de vapeur). Refroidi à — 10°, il cristallise en une masse d'aiguilles ou de lamelles, fusibles de nouveau à — 1°,5 [Geuther et Michaelis, *Deutsch. Chem. Gesells.*, t. IV, p. 769].

Versé dans de l'eau, il tombe d'abord au fond de ce liquide, puis se dissout avec élévation de température en produisant de l'acide chlorhydrique et de l'acide phosphorique :

$$POCl^3 + 3H^2O = 3HCl + PO(OH)^3.$$

L'alcool réagit d'une manière analogue, en produisant du phosphate triéthylique $PO(OC^2H^5)^3$; avec l'ammoniaque, il se forme de la triphosphamide $PO(AzH^2)^3$. L'hydrogène phosphoré ne paraît pas réagir (H. Schiff). La réaction avec les sels organiques donne naissance aux chlorures et phosphates correspondants (Gerhardt); par exemple :

$$3C^2H^3O(ONa) + POCl^3$$
$$= 3C^2H^3O.Cl + PO(ONa)^3.$$

Le zinc-éthyle en solution éthérée produit une réaction très-énergique, qui donne naissance à du chlorure de tétréthyle-phosphonium (Pebal).

L'oxychlorure de phosphore forme des combinaisons avec d'autres chlorures [Casselmann, *Ann. der Chem. u. Pharm.*, t. XCVIII, p. 213].

Oxychlorure de phosphore et chlorure d'aluminium, $Al^2Cl^6, 2POCl^3$. — Il cristallise dans un excès d'oxychlorure en aiguilles incolores fusibles à 165° et volatiles au rouge sans décomposition. L'eau le décompose, comme elle agirait sur les deux chlorures isolés.

Combinaison magnésique, $MgCl^2, 2POCl^3$. — Elle est insoluble dans l'oxychlorure de phosphore, déliquescente et décomposable par l'eau et par la distillation.

La *combinaison zincique* se sublime en tables rhomboïdales blanches. On obtient de même une *combinaison stannique* $SnCl^4.POCl^3$.

Avec les chlorures alcalins, on obtient des masses gélatineuses.

OXYCHLORURE MÉTAPHOSPHORIQUE, PO^2Cl. — Il s'obtient à l'état de masse sirupeuse transparente, par l'action à 200° de l'oxychlorure de phosphore sur l'anhydride phosphorique :

$$P^2O^5 + POCl^3 = 3PO^2Cl$$

[Gustavson, *Deuts. Chem. Gesells.*, t. IV, p. 853].

OXYCHLORURE PYROPHOSPHORIQUE, $P^2O^3Cl^4$. — Il s'obtient, d'après Michaelis et Geuther, par l'action du peroxyde d'azote sur le trichlorure de phosphore :

On fait passer les vapeurs de 20 grammes de peroxyde d'azote dans 100 grammes de trichlorure de phosphore placés dans un mélange réfrigérant. Il se dégage des gaz dont une partie, formée de chlorure de nitrosyle AzOCl, peut être condensée; le reste est formé d'azote et de bioxyde d'azote. Le produit liquide renferme du chlorure de nitrosyle, de l'anhydride phosphorique, de l'oxychlorure de phosphore ordinaire, l'oxychlorure pyrophosphorique et un excès de trichlorure. Par la rectification, l'oxychlorure pyrophosphorique distille de 200° à 230°. Son rendement est faible; avec les proportions indiquées, on en obtient environ 40 grammes.

Rectifié, il distille, non sans altération, de 210° à 215°. C'est un liquide incolore, fumant à l'air, d'une densité égale à 1,58 à 7°. L'eau le décompose en donnant de l'acide phosphorique ordinaire, ce qu'il faut attribuer au peu de stabilité de l'acide pyrophosphorique. Le perchlorure de phosphore le transforme en oxychlorure $POCl^3$; le perbromure, en oxybromure et oxychlorobromure : $P^2O^3Cl^4 + PBr^5 = 2POBrCl^2 + POBr^3$ [*Deutsch. Chem. Gesell.*, t. IV, p. 766].

SULFOCHLORURE DE PHOSPHORE, $PSCl^3$ (*chlorure de sulfophosphoryle*). — Ce composé, découvert par Serullas, se forme dans des circonstances analogues à celles qui donnent naissance à l'oxychlorure. La réaction type qui le produit est celle de l'hydrogène sulfuré sur le pentachlorure de phosphore, $PCl^5 + H^2S = PSCl^3 + 2HCl$ [Serullas, *Ann. de Chim. et de Phys.*, (2), t. XLII, p. 25]. Il se produit de même par l'action du sulfure d'antimoine et des autres sulfures [R. Weber, *Journ. für prakt. Chem.*, t. LXXVII, p. 65; — E. Baudrimont, *Compt. rend.*, t. LIII, p. 418, 517, et t. LV, p. 277].

Il se forme directement par l'action du soufre sur le trichlorure de phosphore chauffé à 130° en tubes scellés [L. Henry, *Deutsch. Chem. Gesells.*, t. II, p. 638].

On l'obtient aussi par l'action du perchlorure de phosphore sur le sulfure de carbone :

$$2PCl^5 + CS^2 = CCl^4 + 2PSCl^3$$

(Rathke), sur le sulfocyanate de potassium (H. Schiff),

$$CySK + PCl^5 = CyCl + KCl + PSCl^3,$$

ou sur le pentasulfure de phosphore (Thorpe), enfin, par l'action du chlorure de soufre sur le phosphore (Wœhler, Chevrier),

$$2P + 3S^2Cl^2 = 2PSCl^3 + S^4.$$

Pour le préparer, on fait arriver de l'hydrogène sulfuré sec sur le perchlorure légèrement chauffé; celui-ci se convertit peu à peu en un liquide jaunâtre qu'on rectifie.

On ajoute par petites portions 115 grammes de sulfure d'antimoine en poudre fine à 210 grammes de perchlorure de phosphore dans un ballon de plusieurs litres de capacité. Les premières portions ne réagissent que lentement, mais une fois que le mélange s'est échauffé, la réaction est très-active. Quand elle est achevée, on rectifie le produit en recueillant ce qui passe de 125° à 135°. Ce produit retient toujours du chlorure d'antimoine dont on le débarrasse en y ajoutant une solution faible de sulfure de sodium qui ne réagit pas immédiatement à froid sur le chlorosulfure, tandis qu'il décompose le sulfure d'antimoine. On sèche ensuite sur du chlorure de calcium et l'on rectifie (Baudrimont).

Le chlorosulfure de phosphore est un liquide incolore, d'une odeur vive et irritante. Sa densité à 22° est égale à 1,631. Il bout à 124°,25 (Baudrimont; à 125°, Serullas). L'eau ne le décompose que lentement en acides sulfhydrique, chlorhydrique et phosphorique.

L'hydrogène sulfuré et les sulfures en excès le transforment en persulfure de phosphore P^2S^5 (Baudrimont).

L'ammoniaque le transforme en sulfotriphosphamide $PS(AzH^2)^3$ (H. Schiff) ou en acide thiophosphodiamidique $P(AzH^2)^2H^2SO$ (Gladstone et Holmes). Avec l'aniline, on obtient la sulfotriphosphanilide $PS(AzC^6H^5.H)^3$ (H. Schiff).

L'alcool donne naissance, d'après Cloëz, à de l'acide sulfoxyphosphovinique, et, d'après H. Schiff, à du sulfophosphate triéthylique $PS(C^2H^5O)^3$.

Les alcalis réagissent sur le sulfochlorure de phosphore en produisant des sulfoxyphosphates, PSO^3M^3, qui sont étudiés plus loin (Wurtz):

$$6HNaO + PSCl^3 = 3NaCl + PS(ONa)^3 + 3H^2O.$$

H. Rose a décrit un autre sulfochlorure obtenu à l'état d'un liquide sirupeux jaune, par l'action de l'hydrogène phosphoré sur le chlorure de soufre. Ce composé renfermerait PS^5Cl^4; il constitue sans doute un mélange ou une combinaison d'un sulfure de phosphore et d'un chlorure de soufre.

SULFOCHLOROBROMURE DE PHOSPHORE, $PSCl^2Br$. — Liquide jaunâtre, d'une odeur piquante et aromatique, commençant à bouillir à 150° en se décomposant. L'eau ne le décompose qu'en vase clos, à 150°, en soufre, hydrogène sulfuré, acides chlorhydrique, bromhydrique, phosphoreux et phosphorique.

Michaelis l'a obtenu par l'action du brome sur le composé $PCl^2(SC^2H^5)$ préparé par l'action du mercaptan sur le trichlorure de phosphore [*Deuts. Chem. Gesellsch.*, t. V, p. 6; *Bull. de la Soc. chim.*, 1872, t. XVII, p. 115].

IODURES DE PHOSPHORE. — Ces composés, au nombre de deux, PI^2 et PI^3, ont été étudiés par Corenwinder, qui les prépare par l'action de l'iode sur le phosphore dissous dans le sulfure de carbone [*Ann. de Chim. et de Phys.*, (3), t. XXX, p. 243].

BIIODURE DE PHOSPHORE, PI^2 ou P^2I^4 (protoiodure). — On l'obtient en ajoutant de l'iode à une solution de phosphore dans du sulfure de carbone, dans la proportion de 2 atomes d'iode (254 p.) pour 1 atome de phosphore (31 p.). La solution, d'abord d'un brun rougeâtre, s'éclaircit après peu de temps et devient d'un beau rouge orangé; refroidie à 0°, elle laisse déposer de beaux cristaux d'iodure qui forment des prismes aplatis de plusieurs centimètres de longueur. Si l'on distille la solution, l'iodure reste sous forme d'une masse cristalline rouge-orangé clair. Le biiodure de phosphore, qui correspond à l'iodure liquide P^2H^4, fond à 110° en un liquide rouge clair. Il attire l'humidité de l'air en répandant quelques fumées d'acide iodhydrique et d'iodhydrate d'hydrogène phosphoré. Humecté d'un peu d'eau, il fournit un dégagement régulier d'acide iodhydrique. En même temps, il se forme de l'acide phosphoreux et, peut-être, de l'acide hypophosphoreux :

$$P^2I^4 + 5H^2O = 4HI + PO^3H^3 + PO^2H^3.$$

La réaction est du reste complexe, car il se dépose en même temps des flocons jaunes de phosphore ou de sous-oxyde de phosphore. Une des réactions secondaires, donnant de l'acide phosphoreux et de l'iodure de phosphonium, peut se représenter par

$$4P^2I^4 + 20H^2O = 5PO^4H^3 + 13HI + 3PH^4I.$$

Si l'iodure de phosphore est préparé avec un excès de phosphore, la décomposition par l'eau donne principalement de l'iodure de phosphonium (Baeyer).

Si l'on prépare cet iodure par l'action de l'iode sur le phosphore en grand excès, celui-ci se transforme en phosphore rouge (Corenwinder, Brodie). — Voyez p. 954.

Le biiodure de phosphore est utilisé en chimie organique comme corps réducteur. Berthelot et de Luca l'ont employé pour la première fois pour transformer la glycérine, $C^3H^5(OH)^3$, en propylène iodé (iodure d'allyle), $C^3H^5.I$.

Triodure de phosphore, PI^3 (*deutoiodure*). — Si l'on ajoute de l'iode à du phosphore dissous dans le sulfure de carbone, dans les rapports indiqués par la formule PI^3, on obtient une solution qui ne fournit des cristaux que si l'on évapore à consistance épaisse et si on la refroidit par un mélange de glace et de sel.

Ces cristaux sont en lames hexagonales confuses, très-solubles dans le sulfure de carbone, fusibles à 55° et cristallisant par le refroidissement en prismes volumineux. Chauffé plus fort, le triiodure de phosphore entre en ébullition et perd une partie de son iode. Ce composé est très-avide d'eau, qui le décompose en acide iodhydrique et acide phosphoreux. En même temps il se dépose quelques flocons jaunes (Corenwinder).

Quelles que soient les autres proportions dans lesquelles on cherche à combiner l'iode et le phosphore, on n'obtient jamais d'autres combinaisons que P^2I^4 et PI^3. Celles qu'avait obtenues Gay-Lussac n'étaient que des mélanges.

Fluorure de phosphore, PFl^3. — Liquide fumant et incolore, obtenu en distillant dans un vase de platine du fluorure de plomb ou de mercure avec du phosphore. L'eau le décompose en acide fluorhydrique et acide phosphoreux [H. Davy, Dumas, *Ann. de Chim. et de Phys.*, (2), t. XXXI, p. 435].

Cyanure de phosphore, PCy^3. — On l'obtient par l'action du cyanure d'argent sur le trichlorure de phosphore dissous dans le chloroforme, en tubes scellés, à 120-140°, distillant le chloroforme et chauffant ensuite le résidu au bain d'huile. Le cyanure de phosphore se sublime en longues aiguilles d'un blanc de neige, ou en tables hexagonales.

Le cyanure de phosphore s'enflamme par une très-faible élévation de température et brûle avec une flamme éclatante. Chauffé, il fond, puis se volatilise à 190°. Il reste facilement en surfusion. Il attire l'humidité de l'air et se décompose au contact de l'eau en acides phosphoreux et cyanhydrique. Il est à peu près insoluble dans le chloroforme, l'éther, le sulfure de carbone, le trichlorure de phosphore.

L'alcool le décompose en produisant du phosphite d'éthyle, mais pas de cyanure d'éthyle. Avec l'acide acétique, la réaction est très-vive et le produit se charbonne. L'acide valérique donne un produit se comportant comme le cyanure de valéryle. L'ammoniaque ne paraît pas réagir sur le cyanure de phosphore.

Si l'on fait agir le perchlorure de phosphore sur le cyanure d'argent, on obtient le tricyanure de phosphore et du chlorure de cyanogène :

$$PCl^5 + 4AgCAz = P(CAz)^3 + CAzCl + 4AgCl.$$

L'oxychlorure ne paraît pas réagir sur le cyanure d'argent [Huebner et Wehrhane, *Ann. der Chem. u. Pharm.*, t. CXXVIII, p. 254, et t. CXXXII, p. 277, et *Bull. de la Soc. chim.*, 1864, t. I, p. 273, et 1865, t. IV, p. 24].

COMBINAISONS OXYGÉNÉES DU PHOSPHORE.

Le phosphore possède une grande affinité pour l'oxygène. Dans sa combustion vive il donne naissance à l'anhydride phosphorique, P^2O^5, qui correspond à l'acide PO^4H^3; dans sa combustion lente, à l'anhydride ou à l'acide phosphoreux, P^2O^3 ou PO^3H^3, suivant qu'elle a lieu à l'air sec ou à l'air humide. Indépendamment de ces deux termes d'oxydation, il en existe un autre, inconnu à l'état d'anhydride, P^2O, mais formant un acide, PO^2H^3, l'acide hypophosphoreux, qui ne se produit pas par oxydation directe. Enfin on admet l'existence d'un sous-oxyde de phosphore, existence qui n'est pas mise hors de doute, car on a souvent confondu ce corps avec le phosphore rouge.

Les trois acides du phosphore,

Hypophosphoreux........	PO^2H^3,
Phosphoreux...............	PO^3H^3,
Phosphorique..............	PO^4H^3,

forment une série dont le premier terme POH^3 manque, et dont le point de départ est l'hydrogène phosphoré. Ces acides ne diffèrent pas seulement par les quantités d'oxygène qu'ils renferment, mais encore par leur constitution intime. Tous trois sont triatomiques, mais leur basicité est en rapport avec la quantité d'oxygène. Tandis que l'acide phosphorique est tribasique, l'acide phosphoreux est bibasique et l'acide hypophosphoreux monobasique. Il est probable que, si l'on connaissait le terme POH^3, celui-ci ne serait plus un acide. En d'autres termes, tous ces composés renferment trois atomes d'hydrogène ; mais, tandis que l'acide phosphorique peut les échanger tous trois contre du métal et former trois espèces de sels, l'acide phosphoreux n'en peut échanger que deux et former deux espèces de sels, le troisième atome d'hydrogène étant contenu dans le radical de l'acide; quant à l'acide hypophosphoreux, un seul de ses atomes d'hydrogène est remplaçable par un métal et les deux autres sont contenus dans le radical. Ces relations ont été mises pour la première fois en évidence par Ad. Wurtz, en 1846, et toutes les interprétations qu'on en a données depuis n'en diffèrent que par la forme [*Ann. de Chim. et de Phys.*, (3), t. XVI, p. 190]. Ainsi envisagés, ces acides deviennent :

Acide phosphorique.....	$PO(OH)^3$	ou	PO^4H^3,
— phosphoreux......	$PHO(OH)^2$	ou	PHO^3H^2,
— hypophosphoreux.	$PH^2O(OH)$	ou	$PH^2O^2.H$.

Rapportées au type eau, ces formules deviennent :

Acide phosphorique.........	$\left.\begin{matrix}(PO)'''\\H^3\end{matrix}\right\}O^3$,
Acide phosphoreux..........	$\left.\begin{matrix}(PHO)''\\H^2\end{matrix}\right\}O^2$,
Acide hypophosphoreux.....	$\left.\begin{matrix}(PH^2O)'\\H\end{matrix}\right\}O$.

L'hydrogène contenu dans le radical est de l'hydrogène alcoolique, c'est-à-dire qu'il peut être remplacé par des radicaux d'alcools ou par des radicaux d'acides.

Ceci a été démontré pour l'acide phosphoreux, qui donne l'acide éthylphosphoreux,

$$P(C^2H^5)O(OH)^2,$$

et l'acide acétylphosphoreux, $P(C^2H^3O)O(OH)^2$.

L'acide phosphorique forme plusieurs anhydrides acides, dont les deux principaux sont :

L'acide métaphosphorique,

$$PO(OH)^3 - H^2O = PO^2(OH),$$

ou

$$\left.\begin{matrix}(PO)'''\\H\end{matrix}\right\}O^2,$$

et l'acide pyrophosphorique,

$$2PO(OH)^3 - H^2O = P^2O^3(OH)^4,$$

ou

$$\left.\begin{matrix}(PO)^2\\H^4\end{matrix}\right\}O^5.$$

Entre ces deux acides s'en placent plusieurs autres, dont on ne connaît que quelques sels. On ne connaît pas de dérivé analogue de l'acide phosphoreux; quant à l'acide hypophosphoreux, il ne peut pas donner d'anhydride acide.

Sous-oxyde de phosphore, P^4O. — Pendant longtemps on a regardé comme du sous-oxyde de phosphore ce qui n'est que la modification rouge du phosphore. L'existence même d'un semblable oxyde a été mise en doute et même niée, notamment par Schrœtter. Les circonstances dans lesquelles cet oxyde est censé se produire sont précisément celles qui donnent naissance à du phosphore rouge. L'étude de cet oxyde a été faite par Pelouze, puis par Leverrier avant la découverte du phosphore rouge [*Ann. de Chim. et de Phys.*, (2), t. L, p. 83; *ibid.*, (2), t. LXV, p. 257].

L'oxyde de phosphore se forme pendant la combustion du phosphore sous l'eau, par un courant d'oxygène, à l'état de flocons rouges qu'on lave à l'eau chaude pour les priver d'acide phosphorique, et au sulfure de carbone pour enlever le phosphore libre (inutile d'ajouter que ce traitement n'enlève pas le phosphore rouge formé en même temps) (Pelouze).

On l'a aussi préparé en fondant du phosphore dans un ballon de 1/2 litre, l'étalant sur les parois et y projetant de l'azotate d'ammonium, puis chauffant dans une petite cornue, traversée par un courant d'hydrogène pour volatiliser le phosphore [Marchand, *Journ. für prakt. Chem.*, t. XIII, p. 442]. Benckiser le préparait en faisant bouillir du phosphore avec une solution d'acide iodique ou d'iodate de sodium dans l'acide azotique [*Ann. de Pharm.*, t. XVII, p. 258].

Enfin, Leverrier l'obtenait en abandonnant à l'air une solution de phosphore dans le trichlorure de phosphore. Il se forme une croûte jaune (*phosphate d'oxyde de phosphore*),

$$P^2O^5.P^4O = P^2O^2,$$

soluble dans l'eau et dans l'alcool, avec une coloration jaune, et précipitable par l'addition d'éther. En chauffant la solution aqueuse jaune, il se dépose des flocons jaunes d'hydrate de sous-oxyde, $P^4O\ 2H^2O$, qui se transforment par la dessiccation dans le vide en oxyde anhydre et cristallin.

L'oxyde ainsi préparé est jaune, inodore lorsqu'il est sec. Celui obtenu par le premier procédé est rouge. La distillation à l'abri de l'air transforme l'un et l'autre en phosphore qui distille et anhydride phosphorique qui reste.

Voici les analyses qui ont été faites :

			Leverrier.	Pelouze.
P^4.....	124	88,57	88,64	85,5
O......	16	11,43	11,36	14,5
		100,00	100,00	100,0

L'oxyde de phosphore s'enflamme au contact de l'acide azotique et détone à froid quand il est mêlé à du chlorate de potassium; il est insoluble dans tous les dissolvants du phosphore. Il attire l'humidité de l'air. L'oxyde jaune se transforme à 300° en oxyde rouge. Il décompose les oxydes métalliques faciles à réduire, en donnant un mélange de phosphure et de phosphate. Il absorbe le gaz ammoniac en donnant une masse noire, $2AzH^3P^4O$; il se combine à la potasse, formant des composés brun foncé, très-peu solubles dans l'eau qui les décompose après quelque temps en dégageant de l'hydrogène phosphoré.

Arm. Gautier a décrit plusieurs composés de phosphore appartenant à la série des sous-oxydes, mais renfermant de l'hydrogène, et qui se produisent par l'action de l'eau sur certains composés haloïdes du phosphore.

Le composé P^4HO se forme par la réaction de l'acide phosphoreux sur le trichlorure de phosphore :

$$27P(OH)^3 + 11PCl^3$$
$$= 4P^4HO + 33HCl + 11P^2O^7H^4.$$

La température de la réaction ne doit pas dépasser 80°, sans quoi c'est du phosphore rouge qui se forme en même temps que de l'acide phosphorique.

Le composé P^4HO forme une poudre jaune, amorphe, inaltérable à l'air lorsqu'il est sec; il s'enflamme à 200° et par le choc. Exposé à l'air humide il se transforme en acide hypophosphoreux; chauffé à l'abri de l'air, il se décompose vers 265° en émettant de l'hydrogène phosphoré, puis, à 350°, du phosphore; le résidu est oxygéné et perce le verre.

Le composé dont il s'agit est insoluble dans tous les dissolvants du phosphore. L'acide azotique l'oxyde avec violence; l'eau le décompose à 170° en produisant de l'hydrogène phosphoré, de l'acide phosphoreux et de l'acide hypophosphoreux. Les alcalis agissent d'une manière analogue; l'ammoniaque donne une combinaison très-instable.

On conçoit que ce corps puisse se produire par l'action de l'eau sur le trichlorure de phosphore. A. Gautier pense que le composé de Leverrier est identique avec P^4HO.

L'action de l'eau chaude sur l'iodure de phosphore produit un composé P^5H^3O ou $P^{15}H^9O^3$, que Thenard avait pris pour un hydrure de phosphore. Ce composé se dédouble, sous l'influence de l'eau, à 160°, de la même manière que P^4HO; la réaction qui lui donne naissance peut être exprimée par l'équation

$$12PI^2 + 24H^2O$$
$$= P^5H^3O + PH^3O^2 + 3PH^3O^4 + 24HI.$$

C'est un composé jaune-serin, peu oxydable; la chaleur le dédouble en donnant un nouveau composé, $P^{15}H^9O^3 = 2PH^3 + P^{12}H^3O^3$ [*Compt. rend.*, t. LXVI, p. 49 et 173].

A. Gautier a publié un troisième mémoire dans lequel il décrit un corps analogue, obtenu par l'action du phosphore sur l'iodoforme [*Compt. rend. des séances de l'Association française*, Bordeaux, 1873].

Dans tous ces produits, le phosphore paraît exister sous la modification amorphe.

Acide hypophosphoreux, $PO^2H^3 = POH^2(OH)$. — Cet acide ne s'obtient à l'état de liberté que par la décomposition d'un hypophosphite par un acide. On dissout l'hypophosphite de baryum, $(POH^2O)^2Ba$, dans l'eau et on le traite par une quantité équivalente d'acide sulfurique. On filtre et on concentre la liqueur. On peut aussi décomposer l'hypophosphite de plomb par l'hydrogène sulfuré.

L'acide hypophosphoreux s'obtient à l'état d'un liquide sirupeux, incristallisable, très-acide (Dulong). La chaleur le décompose complétement en hydrogène phosphoré et acide phosphorique,

$$2PO^2H^3 = PH^3 + PO^4H^3.$$

Si l'on opère dans une capsule ouverte, l'acide hypophosphoreux s'enflamme.

Exposé à l'air, il s'oxyde peu à peu pour se transformer en acide phosphoreux (Rammelsberg); le permanganate de potassium l'oxyde à l'état d'acide phosphorique. Sa solution aqueuse est un agent réducteur puissant. Elle réduit à l'état métallique l'or et l'argent de leurs solutions (Dulong). Elle ramène de même la solution de bichlorure de mercure à l'état de calomel, puis celui-ci à l'état métallique (H. Rose). Sa réaction caractéristique est celle qu'elle exerce sur la solution de sulfate de cuivre, réaction qui la distingue nettement de la solution d'acide phosphoreux. Lorsqu'on ajoute un excès d'acide hypophosphoreux à une solution de sulfate de cuivre, et qu'on chauffe vers 60°, il se forme un précipité rouge, presque insoluble dans l'eau, qui est non du cuivre métallique, mais de l'*hydrure de cuivre*, Cu'H car il se dissout très-rapidement dans l'acide chlorhydrique avec dégagement d'hydrogène. Si l'on chauffe trop fort ou si le sulfate de cuivre est en excès, c'est du cuivre métallique qui se précipite (Wurtz).

Mélangé d'acide sulfurique et traité par le zinc,

l'acide hypophosphoreux fournit de l'hydrogène phosphoré. Chauffé avec l'acide sulfurique, il le ramène à l'état d'acide sulfureux et produit un dépot de soufre.

Voici les principaux travaux sur l'acide hypophosphoreux et ses sels [Dulong, *Ann. de Chim. et de Phys.*, (2), t. II, p. 141; — H. Rose, *Poggend. Ann.*, t. IX, p. 225 et 361, et Ad. Wurtz, *Ann. de Chim. et de Phys.*, (3), t. VII, p. 35, t. XI, p. 250, et t. XVI, p. 191].

Hypophosphites. — L'acide hypophosphoreux ne forme, ainsi qu'on l'a vu, qu'une seule classe de sels qui renferment $POH^2.OM'$ ou

$$(POH^2.O)^2M''.$$

Il renferme 2 atomes d'hydrogène qui font partie intégrante du radical monatomique, $(POH^2)'$ (Wurtz). Cet hydrogène ne peut être éliminé à l'état d'eau sans que le sel se décompose.

On prépare les hypophosphites par l'action du phosphore sur les lessives alcalines ou sur la chaux, la baryte, le sulfure de baryum. Avec les alcalis, l'opération réussit mal ou ne réussit pas, parce qu'ils décomposent l'hypophosphite formé, en dégageant de l'hydrogène et en le transformant en phosphate :

$$POH^2.OK + 2KHO = PO(OK)^3 + H^4.$$

Mais avec les terres alcalines elle réussit parfaitement :

$$3BaH^2O^2 + 8P + 6H^2O$$
$$= 3(POH^2.O)^2Ba + 2PH^3.$$

On obtient aussi les hypophosphites alcalinoterreux en décomposant par l'eau les phosphures impurs correspondants, produits par l'action des vapeurs de phosphore sur les bases anhydres. Ces sels étant solubles, il faut évaporer la solution à cristallisation.

Les autres hypophosphites se préparent soit par neutralisation de l'acide libre, soit par double décomposition; par exemple, en traitant l'hypophosphite de calcium par un oxalate, ou celui de baryum par un sulfate.

Enfin, A. Winkler a signalé la formation d'hypophosphites par l'action de l'hydrogène phosphoré sur les sels de certains métaux; ces hypophosphites sont souvent mélangés de phosphates [*Poggend. Ann.*, t. CXI, p. 443].

La plupart des hypophosphites sont solubles et incristallisables; ceux des terres alcalines, des alcalis, de cuivre et de plomb sont anhydres. Le sel barytique cristallise aussi avec 1 molécule d'eau; celui de magnésium renferme $6H^2O$ dont cinq se dégagent à 100° et la dernière à 180°. Celui de manganèse renferme H^2O qu'il perd à 150°. Enfin, ceux de zinc, de fer, de cobalt, de nickel contiennent $6H^2O$ qu'ils perdent à 100° (Ad. Wurtz).

Les hypophosphites secs sont inaltérables à l'air; leur solution s'oxyde lentement. Les alcalis les décomposent, comme on l'a vu plus haut. Le sous-acétate de plomb même exerce cette action : il se dégage de l'hydrogène et il se forme du phosphite (Wurtz) ou du phosphate (H. Rose).

Chauffés, les hypophosphites dégagent de l'hydrogène phosphoré et se transforment en pyrophosphates :

$$2(PO^2H^2)^2Ba = 2PH^3 + P^2O^7Ba + H^2O.$$

Rammelsberg, qui a étudié plus récemment l'action de la chaleur sur ces sels, a trouvé que les uns laissent un mélange de pyrophosphate et de métaphosphate, ou de métaphosphate et de phosphure, mais jamais de pyrophosphate seul [*Deutsch. Chem. Gesellsch.*, t. V, p. 492; *Bull. de la Soc. chim.*, 1872, t. XVIII, p. 218].

Les hypophosphites purs sont colorés en bleu par le molybdate d'ammonium; ce réactif colore la solution des phosphates en jaune et un mélange des deux sels en vert (A. Winkler).

Anhydride phosphoreux, P^2O^3. — Ce composé ne se produit que lorsqu'on brûle lentement le phosphore. Celui-ci, exposé à l'air sec ou dans l'oxygène, produit des fumées d'anhydride phosphoreux, mais cette production est très-peu abondante. L'opération se fait en brûlant le phosphore sec dans un courant d'air très-lent. Le phosphore brûle alors avec une flamme verdâtre pâle. L'anhydride se dépose alors à l'état de flocons blancs, volatils, doués d'une odeur alliacée (*Journ. der Chem. de Gehlen*, 1803; — Dulong, *Ann. de Chim. et de Phys.*, (2), t. II, p. 141]. Il absorbe l'humidité avec une grande énergie et l'addition d'une petite quantité d'eau peut en élever la température au point de l'enflammer. Si ce phénomène ne se produit pas, l'anhydride se transforme en acide phosphoreux, $P^2O^3 + 3H^2O = 2PO^3H^3$.

La formation d'anhydride phosphoreux est accompagnée de production de lueurs phosphorescentes. On a vu p. 953 à quelles influences sont soumises ces lueurs.

Acide phosphoreux, $PO^3H^3 = PHO(HO)^2$ — Cet acide, qui se produit par l'hydratation de l'anhydride phosphoreux, se forme dans différentes circonstances. Il prend naissance par l'oxydation lente de l'hydrogène phosphoré, par exemple au contact de l'eau aérée, ou si l'on mélange 2 volumes d'hydrogène phosphoré non inflammable et 3 volumes d'oxygène, en refroidissant assez pour qu'il n'y ait pas explosion.

Il se forme par l'oxydation lente du phosphore à l'air humide, mais dans ce cas il est toujours accompagné d'acide phosphorique. On obtient ainsi un liquide sirupeux très-acide, qu'on a pris pendant longtemps pour un terme particulier d'oxydation du phosphore, auquel on donnait le nom d'*acide phosphatique* (Pelletier). Ce mode de production est très-avantageux lorsqu'on ne tient

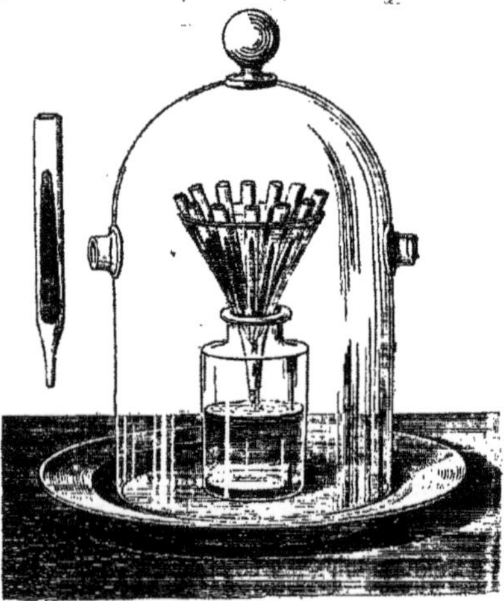

Fig. 481. — Préparation de l'acide phosphoreux.

pas à avoir de l'acide phosphoreux pur. On dispose des bâtons de phosphore dans une série de tubes effilés à une extrémité et ouverts, que l'on dispose en cercle dans un entonnoir placé sur un flacon. Le tout est placé dans une atmosphère humide, par exemple sous une cloche dans laquelle l'air peut circuler, en présence d'une couche d'eau. Le liquide épais ainsi obtenu peut être employé à presque tous les usages de l'acide phosphoreux.

On prépare aussi l'acide phosphoreux par la décomposition du trichlorure de phosphore par l'eau :

$$PCl^3 + 3H^2O = PO^3H^3 + 3HCl.$$

— Généralement on n'isole pas pour cela le trichlorure de phosphore, et on le forme au sein de l'eau qui le décompose au fur et à mesure. On fait passer un courant de chlore sur une couche de phosphore fondue sous l'eau et toujours maintenue en excès, puis l'on évapore la solution pour chasser l'acide chlorhydrique formé; l'évaporation doit être poussée jusqu'à ce qu'il commence à se dégager de l'hydrogène phosphoré [Droguet, *Journ. ch. médic.*, t. IV, p. 220].

L'acide phosphoreux obtenu à l'aide de ces procédés forme un liquide sirupeux qui se prend en une masse cristalline lorsque la concentration est suffisante. Hürtzig et Geuther l'obtiennent cristallisé en chauffant au réfrigérant ascendant 3 molécules d'acide oxalique sec, $C^2H^2O^4$, avec 2 molécules de trichlorure de phosphore. Il se produit une réaction énergique déjà à froid, avec dégagement d'acide carbonique, d'oxyde de carbone et d'acide chlorhydrique. Lorsque la réaction est calmée, on chauffe au bain-marie, dans un courant de gaz carbonique sec. Après le refroidissement, le liquide se prend en une masse cristalline déliquescente, fusible à 74° [*Ann. der Chem. u. Pharm.*, t. CXI, p. 159 ; *Ann. de Chim. et de Phys.*, (3), t. LVII, p. 350].

L'acide phosphoreux se forme aussi lorsqu'on fait agir le phosphore sur une solution saturée de sulfate de cuivre, à l'abri de l'air. Il se sépare du cuivre et du phosphure de cuivre et l'on obtient une solution qui renferme de l'acide phosphoreux et de l'acide sulfurique. Ce dernier peut être précipité par une quantité déterminée de baryte [H. Schiff, *Ann. der Chem. u. Pharm.*, t. CXIV, p. 200; *Répert. de Chim. pure*, 1860, p. 247].

L'acide phosphoreux se décompose, lorsqu'on le chauffe, en acide phosphorique et hydrogène phosphoré : $4PO^3H^3 = PH^3 + 3PO^4H^3$. Si on le chauffe au contact de l'air, il prend feu. Sa solution aqueuse est très-acide; exposée à l'air, elle se transforme peu à peu en acide phosphorique. C'est un puissant agent de réduction, qui précipite à l'état métallique l'or, l'argent et le mercure de ses solutions. Il ne réduit pas les sels de cuivre, ce qui le distingue de l'acide hypophosphoreux. Traité par le zinc et l'acide sulfurique, il fournit de l'hydrogène phosphoré.

Traité par 1 molécule de brome, l'acide phosphoreux se transforme en acide métaphosphorique :

$$PO^3H^3 + Br^2 = 2HBr + PO^3H;$$

si le brome est en excès, la réaction a lieu, d'après Gustavson, suivant l'équation

$$4PO^3H^3 + 3Br^2 = 3PO^4H^3 + 3HBr + PBr^3.$$

Avec l'iode en excès, on obtient de l'iodure de phosphonium, de l'acide phosphorique et du biiodure de phosphore [*Bull. de la Soc. chim.*, 1867, t. VIII, p. 29].

Suivant Ordinaire, lorsqu'on chauffe en tubes scellés de l'acide phosphoreux avec 2 molécules de brome, on obtient des aiguilles très-déliquescentes, qu'il envisage comme de l'acide bromophosphoreux, $POBr(OH)^2$. Le chlore sec agirait comme le brome [*Compt. rend.*, t. LXIV, p. 363].

Phosphites. — L'acide phosphoreux, quoique renfermant H^3, ne peut former que deux espèces de sels : $POH.O^2HM$ et $POH.O^2M^2$; les premiers sont les sels acides, les seconds sont les sels neutres. Le troisième atome d'hydrogène ne peut pas être remplacé par un métal, mais il peut l'être par un radical d'alcool. La constitution des phosphites a été établie par Ad. Wurtz [*Ann. de Chim. et de Phys.*, (3), t. XVI, p. 206]. Rammelsberg, se basant sur la composition de quelques phosphites, a cru pouvoir leur assigner une constitution différente et envisager les phosphites normaux comme les sels de l'acide

$$\left.\begin{matrix}HPO\\H^2\end{matrix}\right\}O^2$$

qui représente l'anhydride de l'acide

$$\left.\begin{matrix}HPO\\H^4\end{matrix}\right\}O^3,$$

qu'il considère comme l'acide phosphoreux normal, correspondant à l'acide phosphorique

$$\left.\begin{matrix}PO\\H^3\end{matrix}\right\}O^3.$$

Il admet en outre l'existence d'un acide pyrophosphoreux,

$$\left.\begin{matrix}2HPO\\H^6\end{matrix}\right\}O^5,$$

correspondant à l'acide pyrophosphorique,

$$\left.\begin{matrix}2PO\\H^4\end{matrix}\right\}O^5$$

[*Acad. des Sc. de Berlin*, 1866, p. 637, et 1867, p. 211 ; *Bull. de la Soc. chim.*, 1867, t. VIII, p. 27].

Les phosphites se préparent par neutralisation directe de l'acide ou par double décomposition. Les phosphites alcalins neutres, PHO^3M^2, sont solubles, les autres phosphites neutres sont insolubles. La magnésie n'est précipitée par un phosphite soluble qu'en solution concentrée, additionnée d'ammoniaque et de sel ammoniac. Les phosphites acides sont en général solubles dans l'eau, insolubles dans l'alcool qui les précipite de leurs solutions. Les phosphites neutres se décomposent par la chaleur en dégageant de l'hydrogène et les phosphites acides en donnant de l'hydrogène phosphoré. Les phosphites acides présentent une grande tendance à se combiner à un excès d'acide phosphoreux.

Les phosphites sont plus stables que les hypophosphites; leurs solutions ne s'altèrent pas à l'air. Les alcalis bouillants ne les transforment pas en phosphates. Ils réduisent à froid les sels d'or, d'argent et de mercure. Ils réduisent l'acide sulfureux à l'état d'hydrogène sulfuré.

Acide pyrophosphoreux,

$$P^2O^5H^4 = O \begin{matrix}\nearrow P(OH)^2\\ \searrow P(OH)^2.\end{matrix}$$

— Cet acide est inconnu, mais certains phosphites peuvent s'y rapporter et l'on connaît un dérivé acétylique qui représente l'acide acétylo-pyrophosphoreux, résultant de l'action du chlorure d'acétyle sur l'acide phosphoreux :

$$2POH(OH)^2 + 2C^2H^3O.Cl$$
$$= 2HCl + C^2H^3O.OH + (PO)^2H(C^2H^3O)O.(OH)^2.$$

Cet acide, dont le sel de potassium,

$$P^2H(C^2H^3O)O^5K^2,$$

forme des prismes monocliniques avec $2H^2O$, cristallise lui-même en une masse radiée, ressemblant à l'acide phosphoreux, mais moins déliquescente [Menschutkine, *Compt. rend.*, t. LIX, p. 295; *Bull. de la Soc. chim.*, 1864, t. II, p. 241].

L'acide pyrophosphoreux résulterait d'une double molécule d'acide phosphoreux, par élimination d'une molécule d'eau :

$$2POH(OH)^2 - H^2O = P^2O^5H^2.H^2.$$

Anhydride phosphorique, P^2O^5. — Ce composé se produit par la combustion vive du phosphore dans un excès d'air ou d'oxygène sec. L'expérience peut se faire en petit dans une cloche sèche, remplie d'air et posée sur une assiette. L'anhydride phosphorique s'y répand en fumées épaisses qui se déposent à l'état de flocons neigeux sur les parois de la cloche et sur l'assiette; il faut le recueillir rapidement. Si l'on en veut préparer des quantités plus considérables, on emploie un appareil qui permet d'opérer d'une manière continue. Celui que l'on emploie généralement dans les laboratoires présente la disposition suivante :

On prend un grand ballon portant deux tubulures latérales. Son col porte un bouchon traversé

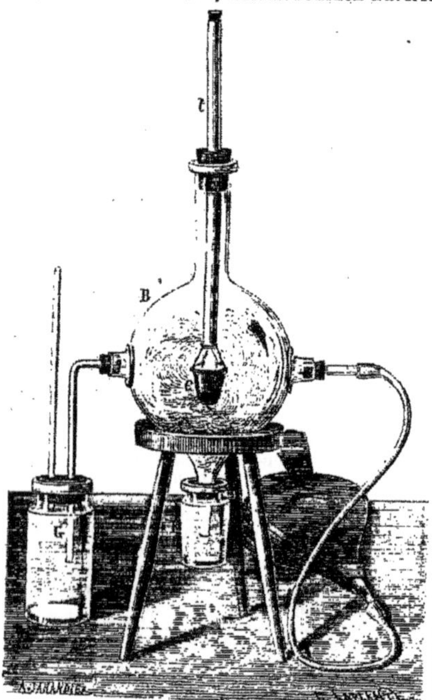

Fig. 482. — Préparation de l'anhydride phosphorique.

par un large tube de verre ou de porcelaine descendant jusqu'au centre du ballon et à la partie inférieure duquel est suspendu par des fils de platine une capsule de porcelaine destinée à recevoir le phosphore. L'une des tubulures du ballon communique avec un flacon rempli de chlorure de calcium desséché ou de ponce sulfurique; l'autre tubulure communique avec un flacon qui porte en même temps une cheminée de métal entourée d'une galerie dans laquelle on peut brûler de l'alcool.

On laisse tomber dans la capsule un fragment de phosphore auquel on met le feu par une tige de fer chauffée, et l'on ferme le tube de porcelaine à l'aide d'un bouchon. L'alcool brûlant dans la galerie détermine un tirage qui amène dans l'appareil de l'air qui a traversé le flacon desséchant. Quand le fragment de phosphore a entièrement brûlé, on y introduit un nouveau morceau par le tube *t* et l'on peut continuer ainsi jusqu'à ce que l'on ait préparé la quantité d'anhydride voulue. On peut remplacer la cheminée d'appel par tout autre moyen d'aspiration, ou bien insuffler de l'air par l'extrémité qui termine le flacon desséchant (c'est cette disposition qui est figurée dans la gravure 482, où l'on a omis le flacon desséchant). L'anhydride phosphorique se condense en grande partie dans le ballon B et le flacon F, mais une partie est entraînée par le courant d'air dans le flacon G; aussi le tube qui communique avec le flacon doit-il être très-large, pour qu'il ne puisse pas se boucher. L'opération terminée, on retire l'anhydride formé et on l'introduit le plus rapidement possible dans des flacons bien secs [Delalande, *Ann. de Chim. et de Phys.*, (3), t. L, p. 117].

L'anhydride phosphorique se présente en flocons amorphes, blancs, légers, très-déliquescents, fusibles au rouge et volatils au rouge blanc. Lorsqu'il est tout à fait exempt d'anhydride phosphoreux, il est inodore. Il ne rougit le papier de tournesol qu'après avoir absorbé de l'eau.

Il se combine à l'eau en produisant un sifflement et une grande élévation de température, néanmoins une portion résiste assez longtemps à l'action de l'eau. La solution renferme de l'acide métaphosphorique : $P^2O^5 + H^2O = 2PO^3H$.

Calciné avec du charbon, il donne de l'oxyde de carbone et du phosphore. Il est aussi réduit à chaud par un grand nombre de métaux. En raison de sa fixité il décompose une foule de sels dont il chasse l'anhydride; c'est ce qui a lieu notamment pour les sulfates. On trouve dans le résidu soit des phosphates ordinaires, soit des pyrophosphates ou des métaphosphates (Odling). Traité par le chlorure de sodium, l'anhydride phosphorique donne de l'oxychlorure de phosphore. C'est un déshydratant énergique qui agit sur un grand nombre de substances pour leur enlever les éléments de l'eau; c'est ainsi qu'il transforme, par exemple, l'acétamide en acétonitrile.

Acides phosphoriques. — L'anhydride phosphorique, en se dissolvant dans l'eau, fournit un acide monobasique, PO^3H, qu'on a appelé acide métaphosphorique; il se transforme peu à peu, en solution aqueuse, en acide phosphorique tribasique ordinaire, ou acide orthophosphorique, PO^4H^3, par fixation de 1 molécule d'eau. Indépendamment de ces deux acides, il en existe un autre, intermédiaire, qu'on obtient par la décomposition de ses sels par un acide ou par l'action de la chaleur sur l'acide orthophosphorique et qu'on a nommé acide pyrophosphorique; il renferme $P^2O^7H^4$ et représente en quelque sorte le résultat de l'union des acides méta- et orthophosphoriques : $PO^3H + PO^4H^3 = P^2O^7H^4$.

Nous allons examiner quelles sont les relations qui rattachent ces acides les uns aux autres et quelles sont les conditions de leur formation.

L'acide phosphorique ordinaire, ou *orthophosphorique*, PO^4H^3, perd 1 molécule d'eau par la calcination et fournit l'acide métaphosphorique, PO^3H. Il forme trois séries de sels, suivant que 1, 2 ou 3 atomes d'hydrogène sont remplacés par leur équivalent de métal. Les sels de sodium, par exemple, sont : PO^4H^2Na, PO^4HNa^2 et PO^4Na^3.

Le premier étant soumis à la calcination abandonne les éléments d'une molécule d'eau et se transforme en métaphosphate,

$$PO^4H^2Na - H^2O = PO^3Na.$$

Tous les phosphates monométalliques sont dans ce cas.

Le second perd également les éléments de l'eau par la calcination; mais comme il ne renferme qu'un seul atome d'hydrogène, il en faut 2 molécules pour donner 1 molécule d'eau; le sel qui en résulte est un *pyrophosphate*,

$$2PO^4HNa^2 - H^2O = P^2O^7Na^4.$$

Ce sel étant transformé en sel de plomb, celui-ci fournit l'acide pyrophosphorique, $P^2O^7H^4$, par l'action de l'hydrogène sulfuré.

Inversement, les acides méta- et pyrophosphoriques fixent les éléments de l'eau pour donner l'acide orthophosphorique. De même, les métaphosphates et les pyrophosphates peuvent fixer de l'eau ou des oxydes et fournir des orthophosphates :

$$PO^3Na + NaHO = PO^4HNa^2.$$

Les phosphates trimétalliques, chauffés seuls, ne se modifient pas ; mais si on les calcine avec un anhydride fixe, comme l'anhydride silicique ou borique, ils fournissent du métaphosphate :

$$PO^4Na^3 + SiO^2 = SiO^3Na^2 + PO^3Na.$$

Les phosphates ammoniacaux se comportent comme les phosphates acides : ainsi le phosphate ammoniaco-magnésien, $(PO^4)Mg''(AzH^4)$, se transforme en pyrophosphate comme le ferait le phosphate $(PO^4)Mg''H$:

$$2PO^4Mg''AzH^4 = P^2O^7Mg^2 + 2AzH^3 + H^2O.$$

Le phosphate sodico-ammonique,

$$PO^4HNa(AzH^4)$$

(sel microcosmique), se transforme de même en métaphosphate de sodium.

Les phosphates d'ammonium eux-mêmes donnent tous de l'acide métaphosphorique :

$$PO^4(AzH^4)^3 = PO^3H + 3AzH^3 + H^2O.$$

Les différents acides phosphoriques ne diffèrent pas seulement par les éléments de l'eau, leurs réactions sont également différentes, notamment avec l'albumine, les sels d'argent et les sels de baryum. La découverte de ces relations est due à Graham [*Phil. Trans.*, 1833, p. 253, et *Ann. de Chim. et de Phys.*, (2), t. LVIII, p. 88]. On doit aussi à H. Rose des recherches étendues sur ce sujet [*Poggend. Ann.*, t. LXXVI, p. 1].

Nous rappellerons que dans la théorie dualistique ces acides sont envisagés comme des combinaisons d'anhydride phosphorique avec 1, 2 ou 3 molécules d'eau. Ils sont représentés, dans ce cas, par les formules :

$P^2O^5 3H^2O$, acide phosphorique.
$P^2O^5 2H^2O$, acide pyrophosphorique.
$P^2O^5 H^2O$, acide métaphosphorique.

Acide métaphosphorique, PO^3H. — Il se forme, comme on l'a vu, par l'action de l'eau froide sur l'anhydride phosphorique; par l'action de la chaleur sur les acides pyro- ou orthophosphoriques ou sur leurs sels ammoniacaux. On peut l'obtenir aussi en décomposant par l'hydrogène sulfuré le métaphosphate de plomb en suspension dans l'eau.

L'acide métaphosphorique, ou acide phosphorique vitreux, est solide, transparent, incristallisable et déliquescent. Il se dissout lentement, mais en grande quantité dans l'eau. Sa solution aqueuse, récemment préparée, est caractérisée par les réactions suivantes. Elle *coagule l'albumine ;* elle précipite en *blanc* les sels d'argent, et donne un précipité blanc avec les solutions neutres des sels de baryum.

Cette solution aqueuse se transforme lentement à froid, plus rapidement à l'ébullition, en acide orthophosphorique, sans qu'il se produise d'abord d'acide pyrophosphorique.

L'acide métaphosphorique se volatilise au rouge blanc ; mais, d'après H. Rose, les dernières portions renferment de l'anhydride phosphorique.

Métaphosphates, PO^3M. — Ces sels, qui représentent les phosphates normaux neutres, moins une molécule de base, se forment par la calcination des phosphates monométalliques, qui perdent ainsi H^2O. Inversement, ils se transforment en orthophosphates par fixation de 1 molécule d'eau ou de 1 molécule de base. Le métaphosphate de baryum, par exemple, qui est insoluble dans l'eau, s'y dissout néanmoins peu à peu, en se transformant en orthophosphate acide,

$$(PO^3)^2Ba'' + 2H^2O = (PO^4)^2Ba''H^4.$$

L'action d'un alcali ou d'un carbonate produit la même transformation. Celle-ci peut même être produite par l'action des sels basiques. C'est ainsi que le sous-acétate de plomb fournit de l'orthophosphate de plomb lorsqu'on l'ajoute à une solution de métaphosphate de sodium.

D'après Gladstone, il se forme encore du métaphosphate par l'action de l'oxychlorure de phosphore sur l'oxyde de potassium,

$$POCl^3 + 2K^2O = 3KCl + PO^3K.$$

Enfin, on les obtient par l'action de l'anhydride phosphorique sur les orthophosphates trimétalliques.

Les métaphosphates, tels que ceux d'argent et de plomb, se transforment par l'action de l'eau en orthophosphates trimétalliques et acide phosphorique :

$$3PO^3Ag + 3H^2O = PO^4Ag^3 + 2PO^4H^3.$$

Les métaphosphates alcalins sont solubles, fusibles et incristallisables, les autres sont insolubles et s'obtiennent facilement par double décomposition; ils sont souvent gélatineux. Le métaphosphate d'argent est blanc; ce sel est caractéristique, car l'orthophosphate est jaune et ne se précipite qu'après neutralisation. Le charbon ne réduit que partiellement les métaphosphates :

$$3PO^3Na + 5C = PO^4Na^3 + 5CO + P^2.$$

Les métaphosphates PO^3M sont comparables aux azotates AzO^3M et l'on sait que certains azotates basiques peuvent être envisagés comme des orthoazotates $(AzO^4)'''M^3$ comparables aux orthophosphates $(PO^4)'''M^3$.

A l'acide métaphosphorique se rattache une série d'acides qui en constituent des polymères, mais qu'on ne connaît que par quelques-uns de leurs sels; l'acide métaphosphorique lui-même paraît former une modification isomérique fournissant des sels alcalins insolubles dans l'eau. Ces modifications ont été décrites par Maddrell [*Ann. der Chem. u. Pharm.*, t. LXI, p. 53], plus spécialement par Fleitmann et Henneberg [*Ann. der Chem. u. Pharm.*, t. LXV, p. 304; *Poggend. Ann.*, t. LXXVIII, p. 233 et 338; *Annuaire de Millon et Reiset*, 1848, p. 57; 1849, p. 90, et 1850, p. 62].

Ces acides sont :

L'acide	monométaphosphorique.....	PO^3H.
—	dimétaphosphorique........	$(PO^3)^2H^2$.
—	trimétaphosphorique........	$(PO^3)^3H^3$.
—	tétramétaphosphorique......	$(PO^3)^4H^4$.
—	hexamétaphosphorique......	$(PO^3)^6H^6$.

L'*acide monométaphosphorique* se forme lorsqu'on chauffe le dimétaphosphate d'ammonium à 25.° ou, comme sel potassique, lorsqu'on chauffe 1 molécule d'acide phosphorique avec 1 molécule de potasse ou avec du chlorate de potassium. Les autres sels s'obtiennent lorsqu'on évapore une solution des oxydes ou carbonates dans un excès d'acide phosphorique; lorsque la température de la solution atteint 316°, le sel se dépose à l'état d'une poudre amorphe. Tous ces sels, même les sels alcalins, sont insolubles dans l'eau, mais ces derniers se dissolvent dans les acides (Maddrell).

Suivant Fleitmann, la nature de l'acide métaphosphorique qui prend naissance dépend de la nature de l'oxyde qu'on chauffe avec l'acide phosphorique. La calcination avec les oxydes de zinc, de cuivre, de manganèse donne constamment l'*acide dimétaphosphorique*.

Si l'on fait fondre l'acide phosphorique ordinaire (1 molécule) avec de la soude (1 molécule) et qu'on laisse refroidir lentement, il se forme une cristallisation de *trimétaphosphate*. Sous l'influence des oxydes de plomb, de bismuth, de cadmium ou d'un mélange à équivalents égaux d'oxydes de cuivre et de soude (CuO et $2NaHO$ pour $4PO^4H^3$), on obtient l'*acide tétramétaphosphorique* dont le sel de sodium forme une masse glutineuse, élastique.

Enfin, quand on calcine l'acide phosphorique, l'acide qui prend naissance est l'acide métaphosphorique ordinaire, que Fleitmann considère comme de l'*acide hexamétaphosphorique*.

Dimétaphosphates. — On les prépare par le sel de cuivre qui forme une poudre cristalline insoluble et qui se forme par l'action de l'oxyde de cuivre sur l'acide phosphorique en excès, vers 300°. Les sels alcalins s'obtiennent par l'action des sulfures alcalins sur le sel de cuivre. Le sel sodique, $(PO^3)^2Na^2 + 2H^2O$, se précipite par l'addition d'alcool à sa solution aqueuse; il perd toute son eau à 100°. Le sel potassique renferme H^2O; il se dissout dans 1,2 p. d'eau; il devient insoluble par une faible calcination. Le sel ammoniacal est anhydre, en prismes rhomboïdaux obliques, inaltérables jusqu'à 300°, puis se transformant peu à peu à cette température en monométaphosphate. Il existe un sel sodico-potassique, $(PO^3)^2KNa + H^2O$, qui forme une poudre cristalline, soluble dans 24 p. d'eau, et un sel sodico-ammonique un peu plus soluble et perdant H^2O à 110°. Il existe d'autres sels doubles, par exemple de cuivre et d'ammonium.

Nous nous bornons à ces indications; qu'il suffise d'ajouter que les autres acides métaphosphoriques sont caractérisés par les sels doubles qu'ils sont susceptibles de former.

ACIDE PYROPHOSPHORIQUE, $P^2O^7H^4$ (acide paraphosphorique). — Cet acide est intermédiaire entre les acides méta- et orthophosphoriques. On l'obtient en décomposant le pyrophosphate de plomb par l'hydrogène sulfuré. On peut aussi l'obtenir directement par l'acide orthophosphorique, en le chauffant à 213° (Graham) :

$$2PO^4H^3 - H^2O = P^2O^7H^4.$$

D'après Ohme, l'acide nitrique concentré transforme le phosphore en acide pyrophosphorique.

Gladstone a obtenu du pyrophosphate par l'action de la potasse alcoolique ou de la potasse aqueuse concentrée sur l'anhydride phosphorique [*Journ. of Chem. Soc.*, t. V, p. 435, et *Bull. de la Soc. chim.*, 1868, t. IX, p. 205].

Chauffé avec de l'eau, l'acide pyrophosphorique se transforme en acide orthophosphorique. Concentré, il constitue une masse vitreuse, molle (Graham), quelquefois opaque et demi-cristalline [Peligot, *Ann. de Chim. et de Phys.*, (2), t. LXXIII, p. 286].

Suivant Em. Zettnow, les petits cristaux qui se produisent à la longue sur l'acide métaphosphorique fondu présentent la composition de l'acide pyrophosphorique [*Poggend. Ann.*, t. CXLV, p. 643].

Cet acide se distingue de l'acide métaphosphorique en ce qu'il *ne coagule pas* l'albumine et qu'il ne précipite les solutions d'argent et de baryum qu'après neutralisation. Le précipité argentique, $P^2O^7Ag^4$, est *blanc*, tandis que l'orthophosphate est jaune. La solution de l'acide pyrophosphorique se conserve à froid pendant très-longtemps (six mois d'après Graham); à chaud, elle se transforme rapidement en acide orthophosphorique.

Pyrophosphates. — L'acide pyrophosphorique est un acide tétrabasique; l'hydrogène peut y être remplacé en totalité par un métal ou par plusieurs métaux à la fois. Beaucoup de ces sels doubles dérivent de 2 molécules d'acide dans lesquelles un métal remplace 6 atomes d'hydrogène, tandis que les deux autres sont remplacés par un autre métal. Tel est le pyrophosphate cuprico-sodique, $(P^2O^7)^2Cu''^3Na^2$. On peut envisager ces sels comme des combinaisons de métaphosphate et d'orthophosphate,

$$(PO^4)^2Cu^3.2PO^3Na.$$

Un grand nombre de pyrophosphates métalliques sont solubles dans un excès de pyrophosphate alcalin; tel est notamment le pyrophosphate de fer, $P^2O^7Fe''^2$, qui donne sans doute le sel double soluble, $P^2O^7Fe''Na^2$. Il existe aussi des pyrophosphates acides [Persoz, *Ann. de Chim. et de Phys.*, (3), t. XX, p. 315; — Schwartzenberg, *Ann. der Chem. u. Pharm.*, t. LXV, p. 133; — Gladstone, *loc. cit.*; — Fleitmann et Henneberg, *Ann. der Chem. u. Pharm.*, t. LXV, p. 387; — Baer, *Poggend. Ann.*, t. LXXV, p. 152; — Pahl, *Bull. de la Soc. chim.*, 1873, t. XIX, p. 115].

Les pyrophosphates s'obtiennent par la calcination des orthophosphates dimétalliques ou en chauffant l'acide phosphorique ordinaire ou un métaphosphate avec une quantité déterminée d'un oxyde ou d'un carbonate. On les obtient aussi par saturation directe de l'acide libre ou par double décomposition.

Les pyrophosphates alcalins sont seuls solubles; ils offrent une réaction alcaline. Leurs solutions, même très-étendues, donnent des précipités avec les sels de baryum, de calcium, de plomb et d'argent. Avec les sels de cuivre et de nickel on obtient des sels doubles.

Le pyrophosphate d'argent, chauffé avec de l'eau à 280°, se transforme en phosphate triargentique jaune et en phosphate acide d'argent qui reste dissous : $P^2O^7Ag^4 + H^2O = PO^4Ag^3 + PO^4H^2Ag$.

Le pyrophosphate potassique donne dans le même cas du phosphate dipotassique (A. Reynoso) : $P^2O^7K^4 + H^2O = 2PO^4HK^2$.

Hürtzig et Geuther ont observé une transformation inverse. Lorsqu'on évapore une solution de phosphate triargentique dans l'acide phosphorique, et qu'on ajoute de l'éther, il se sépare du pyrophosphate d'argent [*Ann. de Chim. et de Phys.*, (3), t. LVII, p. 350].

Calcinés dans un courant d'hydrogène, les pyrophosphates des métaux réductibles par la chaleur seule donnent du métal, de l'eau et de l'acide métaphosphorique. Ceux des métaux réductibles par l'hydrogène donnent un phosphure métallique. Ceux des autres métaux fournissent des phosphates ordinaires et de l'anhydride phosphorique qui se réduit plus ou moins, donnant de l'acide phosphoreux, du phosphore ou de l'hydrogène phosphoré :

$$3P^2O^7R''^2 = 2(PO^4)^2R^3 + P^2O^5$$

[H. Struve, *Répert. de Chim. pure*, t. II, p. 311].

Fleitmann et Henneberg, en fondant 1 molécule de pyrophosphate (100 p.) et 2 molécules de métaphosphate de sodium (76,8 p.), ont obtenu un sel ayant pour composition $P^4O^{13}Na^6$. Ce sel se dissout dans une petite quantité d'eau bouillante et cristallise par le refroidissement ou l'évaporation. Un excès d'eau bouillante le décompose et lui communique une réaction acide. Uelsmann a trouvé que ce sel cristallise avec $30H^2O$, qu'il perd entièrement au-dessus de l'acide sulfurique [*Ann. der Chem. u. Pharm.*, t. CXVIII, p. 99]. On peut, par double décomposition, obtenir des sels insolubles ayant une constitution analogue.

En fondant 1 molécule de pyrophosphate avec 8 molécules de métaphosphate, Fleitmann et

Henneberg ont obtenu un autre sel cristallisable, très-instable, auquel ils attribuent la composition

$$P^{10}O^{31}Na^{12} = PO^4Na^3 . 9PO^3Na.$$

On obtient, par double décomposition, des phosphates correspondants insolubles. La meilleure manière de comparer ces sels aux autres phosphates est de les rapporter tous à la même quantité de base. On a alors :

Orthophosphate........	$2P^2O^5, 6M^2O = 4PO^4M^3.$
Pyrophosphate...	$3P^2O^5, 6M^2O = 3P^2O^7M^4.$
1er sel de Fleitmann et Henneberg..........	$4P^2O^5, 6M^2O = 2P^4O^{13}M^6.$
2e sel de Fleitmann et Henneberg...........	$5P^2O^5, 6M^2O = P^{10}O^{31}M^{12}.$
Métaphosphates........	$6P^2O^5, 6M^2O = 12PO^3M.$

Acide orthophosphorique (acide phosphorique ordinaire), PO^4H^3 ou $PO(OH)^3$. — Cet acide se forme :

1° Par l'action de l'eau bouillante sur l'anhydride phosphorique ou sur les acides méta- et pyrophosphoriques;

2° Par l'oxydation lente du phosphore à l'air humide; il est alors mélangé d'acide phosphoreux (acide phosphatique);

3° Par oxydation du phosphore par l'acide azotique et par quelques autres agents oxydants;

4° Par la calcination des acides phosphoreux ou hypophosphoreux, calcination qui donne de l'hydrogène phosphoré,

$$4PO^3H^3 = PH^3 + 3PH^3O^4$$

et

$$2PO^2H^3 = PH^3 + PO^4H^3,$$

ou par l'oxydation de ces acides sous l'influence du chlore et de tout autre agent oxydant;

5° Par l'action de l'eau en excès sur le pentachlorure de phosphore. Dans cette décomposition, il se forme d'abord de l'oxychlorure de phosphore qui tombe au fond de l'eau à l'état d'un liquide pesant qui se décompose peu à peu :

$$PCl^5 + H^2O = POCl^3 + 2HCl$$

et

$$POCl^3 + 3H^2O = PO(OH)^3.$$

On peut ainsi faire arriver du chlore en excès sur le phosphore chauffé sous l'eau : il se forme d'abord de l'acide phosphoreux qu'un excès de chlore transforme en acide phosphorique :

$$PO^3H^3 + H^2O + Cl^2 = 2HCl + PO^4H^3;$$

6° Par la décomposition de certains phosphates par l'acide sulfurique ou par l'hydrogène sulfuré.

Préparation. — On chauffe dans une cornue 1 p. de phosphore avec 10 à 15 p. d'acide azotique étendu, d'une densité de 1,2, jusqu'à dissolution complète. On cohobe plusieurs fois l'acide qui distille, puis on soumet le tout à l'évaporation. L'attaque du phosphore par l'acide azotique doit être faite avec beaucoup de prudence, car elle peut devenir très-violente; il est bon d'employer le phosphore rouge.

Lorsque la solution a atteint une certaine concentration, il se produit une vive effervescence; celle-ci est due à la présence d'une certaine quantité d'acide phosphoreux qui s'oxyde aux dépens de l'acide azotique en excès. On ajoute alors peu à peu de petites quantités d'acide azotique jusqu'à ce que toute effervescence ait cessé; puis on continue la concentration. Si celle-ci a été poussée trop loin, il faut faire bouillir le résidu avec de l'eau pour transformer en acide orthophosphorique les acides pyro- ou métaphosphoriques qui se sont produits.

Ce mode de préparation est généralement abandonné et il est préférable de retirer directement l'acide phosphorique des cendres d'os. Ces acides contiennent environ 90 % de phosphate tricalcique et 10 p. de carbonate de calcium. Pour cela, on peut suivre l'un des procédés indiqués ci-dessous, lequel consiste à transformer le phosphate des os ou en phosphate de plomb, qu'on décompose ensuite par l'hydrogène sulfuré, ou en phosphate barytique, qu'on décompose par l'acide sulfurique; ou bien en phosphate diammonique qu'on décompose par la calcination.

1° Pour préparer le phosphate de plomb, on dissout les cendres d'os dans une quantité aussi faible que possible d'acide azotique, et l'on ajoute de l'acétate de plomb à la solution; l'orthophosphate de plomb se précipite à l'état d'une poudre dense qu'on lave à l'eau bouillante. Ce précipité étant mis en suspension dans l'eau, on le décompose par un courant d'hydrogène sulfuré, ou bien par une quantité convenable d'acide sulfurique qui précipite du sulfate de plomb. Il ne reste plus qu'à concentrer la liqueur filtrée. 100 p. d'orthophosphate de plomb exigent 36,66 p. d'acide sulfurique, d'après l'équation

$$(PO^4)^2Pb^3 + 3SO^4H^2 = 3SO^4Pb + 2PO^4H^3.$$

Si l'on a employé l'acide sulfurique, il faut, avant de concentrer la solution, la traiter par l'hydrogène sulfuré pour en précipiter une petite quantité de plomb restée en dissolution (Berzelius).

Il est inutile d'ajouter que dans la concentration à une température élevée, dans ce cas comme dans les suivants, il se forme de l'acide métaphosphorique qu'il faut reprendre par l'eau bouillante.

2° Pour transformer le phosphate des os en phosphate barytique, on arrose les cendres d'os de 4 p. d'eau et de 1 p. d'acide chlorhydrique d'une densité de 1,18, on ajoute à la solution décantée une dissolution bouillante de 1,5 p. de sulfate de sodium anhydre. On filtre pour séparer le précipité de gypse, on exprime ce résidu; on neutralise la liqueur par du carbonate sodique, et, après une nouvelle filtration, on la précipite par du chlorure de baryum. Le phosphate barytique ainsi obtenu est alors mis en digestion avec 1 p. d'acide sulfurique concentré étendu de 3 p. d'eau. La solution filtrée fournit l'acide phosphorique pur par la concentration [Neustadtl, *Polyt. Journ.*, t. CLIX, p. 441].

3° Enfin, pour transformer le phosphate des os en phosphate diammonique, qui donne de l'acide métaphosphorique par la calcination, on ajoute de l'ammoniaque au phosphate calcique acide obtenu en traitant les cendres d'os par les deux tiers de leur poids d'acide sulfurique. Il se précipite du phosphate calcique insoluble et, si l'on ajoute un peu de carbonate ammonique, du carbonate calcique provenant du sulfate resté en dissolution. Le sulfate ammonique formé se volatilise entièrement par la calcination et il ne reste que de l'acide métaphosphorique.

On peut aussi décomposer le phosphate tricalcique directement par l'acide sulfurique, mais l'opération est assez longue parce qu'il faut s'y prendre à plusieurs fois pour séparer tout le sulfate de calcium; en outre l'acide obtenu est moins pur. A un certain moment de la concentration, il se sépare un sel sodico-magnésien qui renferme $3(PO^3)^2Mg + 2PO^3Na$ provenant de la magnésie contenue dans les os et de la soude enlevée aux appareils (Liebig et Gregory).

Propriétés. — L'acide phosphorique peut s'obtenir en prismes transparents lorsqu'on évapore la solution à consistance sirupeuse et qu'on l'abandonne ensuite au-dessus d'un vase contenant de l'acide sulfurique (Peligot). Il est inodore et très-acide; sa densité est égale à 1,88 (H. Schiff).

Lorsqu'on chauffe l'acide phosphorique, il fond et se transforme à 213° en acide pyrophosphorique; au rouge, il se transforme entièrement en acide métaphosphorique ou *acide phosphorique vitreux*. Ces anhydrides acides se transforment de nouveau en acide orthophosphorique par l'action de l'eau, lentement à froid, plus rapidement à l'ébullition. Fondu avec du charbon ou en présence d'un gaz réducteur, l'acide phosphorique se réduit avec production de phosphore. Si l'opération a lieu dans un creuset de platine, celui-ci est rapidement percé par suite de la formation de phosphure de platine fusible.

Chauffé à 200°, en tube scellé, avec du phosphore, l'acide phosphorique donne de l'acide hypophosphoreux, de l'acide phosphoreux et de l'hydrogène phosphoré (Oppenheim).

L'acide phosphorique est soluble en toutes proportions dans l'eau.

Sa solution *ne coagule pas* l'albumine; elle ne précipite les sels de baryte et les sels d'argent qu'après avoir été neutralisée. Le précipité barytique est blanc, le précipité argentique, PO^4Ag^3, est *jaune*. Ces caractères distinguent nettement l'acide orthophosphorique de l'acide métaphosphorique qui coagule l'albumine et qui précipite directement les sels de baryum et d'argent en blanc, ainsi que de l'acide pyrophosphorique qui donne un précipité argentique blanc, $P^2O^7Ag^4$.

L'acide orthophosphorique et ses sols solubles donnent, avec les sels magnésiens additionnés d'un sel ammoniacal et d'ammoniaque en excès, un précipité cristallin de phosphate ammoniaco-magnésien, $PO^4Mg''(AzH^4)$; cette réaction est utilisée pour la recherche et le dosage de l'acide phosphorique.

Cet acide produit une réaction très-caractéristique avec le molybdate d'ammonium. Lorsqu'on ajoute quelques gouttes d'une dissolution de ce sel à la solution bouillante d'un phosphate dissous dans l'acide azotique ou chlorhydrique, il se forme une coloration d'un jaune vif, qui disparait par le refroidissement; si la solution est concentrée, on obtient en même temps un précipité jaune (Svanberg et Struve).

Pour quelques autres réactions, voyez Dosage de l'acide phosphorique.

Voici, d'après Watts, la densité des solutions aqueuses d'acide phosphorique [*Chem. News*, t. XII, p. 160].

DENSITÉ.	P^2O^5 %.	PO^4H^3 %.	DENSITÉ.	P^2O^5 %.	PO^4H^3 %.	DENSITÉ.	P^2O^5 %.	PO^4H^3 %.
1,508	49,60	68,35	1,339	36,74	50,71	1,162	19,73	27,24
1,492	48,41	66,81	1,328	36,15	50,93	1,153	18,81	26,00
1,476	47,10	64,03	1,315	34,82	48,10	1,144	17,89	24,71
1,464	45,63	63,00	1,302	33,49	46,26	1,136	16,95	23,41
1,453	45,38	62,64	1,293	32,71	45,05	1,124	15,64	21,67
1,442	44, 8	60,90	1,285	31,94	44,11	1,113	14,38	19,80
1,434	43,95	60,67	1,276	31,03	42,87	1,109	13,25	18,30
1,426	43,28	59,73	1,268	30,13	41,60	1,081	10,44	14,42
1,418	42,61	58,22	1,257	29,16	40,29	1,073	9,53	13,16
1,401	41,60	57,42	1,247	28,24	39,00	1,066	8,62	11,91
1,392	40,86	56,40	1,236	27,30	37,69	1,058	7,39	10,21
1,384	40,12	55,40	1,226	26,36	36,38	1,047	6,17	8,53
1,376	39,66	54,75	1,211	24,79	34,26	1,031	4,15	5,73
1,369	39,21	54,20	1,197	23,23	32,10	1,022	3,03	4,18
1,356	38,00	52,46	1,185	22,07	30,48	1,014	1,91	2,64
1,347	37,37	51,62	1,173	20,91	28,87	1,006	0,79	1,10

Orthophosphates. — L'acide orthophosphorique, PO^4H^3 ou $PO(OH)^3$ forme trois séries de sels, suivant que l'hydrogène y est remplacé en tout ou en partie par son équivalent de métal. Ces sels sont mono-, di- ou trimétalliques; ils ont pour formule générale :

Sels monométalliques. PO^4H^2M' ou $(PO^4)^2H^4M''$.

— dimétalliques.... PO^4HM^2 ou PO^4HM''.

— trimétalliques... PO^4M^3 ou $(PO^4)^2M^3$ ou PO^4M'''.

Nous appelons di- et trimétalliques les sels qui renferment 2 ou 3 atomes de métaux monovalents ou 1 atome métallique bi- ou trivalent. Les sels monométalliques sont diacides, car ils constituent en réalité des acides bibasiques; de même les sels dimétalliques sont monacides; quant aux sels trimétalliques, ce sont les sels neutres ou normaux. On a pendant longtemps désigné comme sels neutres les sels bimétalliques, notamment le phosphate de sodium ordinaire, PO^4Na^2H; les sels monométalliques étaient désignés sous le nom de phosphates acides et les sels trimétalliques sous celui de phosphate basique. Ces dénominations sont évidemment fautives, car un sel neutre est un sel dont tous les atomes d'hydrogène hydroxylique sont remplacés par du métal, et pour les phosphates ce sont les sels trimétalliques qui sont dans ce cas.

Les sels monométalliques ou diacides sont tous solubles, et leurs solutions sont très-acides. Parmi les sels dimétalliques ou monoacides, ceux des métaux alcalins sont seuls solubles dans l'eau, et leurs solutions possèdent une faible réaction alcaline. Les autres sont en général instables et offrent une tendance marquée à se transformer en sel diacide et sel neutre :

$$4PO^4H^2M'' = (PO^4)^2H^4M'' + (PO^4)^2M^3.$$

Calcinés, ces sels donnent des pyrophosphates ou des métaphosphates :

$$2PO^4Na^2H = P^2O^7Na^4 + H^2O;$$
$$PO^4NaH^2 = PO^3Na + H^2O.$$

Calcinés avec du charbon, ils donnent du phosphate bi- ou trimétallique et du phosphore.

Les phosphates alcalins normaux sont les seuls phosphates trimétalliques solubles; leurs solutions ont une réaction fortement alcaline; elles sont décomposées même par l'acide carbonique, qui leur enlève 1 atome de métal :

$$PO^4Na^3 + CO^3H^2 = PO^4HNa^2 + CO^3HNa.$$

Les phosphates trimétalliques sont en général irréductibles par le charbon.

Certains métaux, notamment l'argent et le plomb, ont une tendance toute spéciale à former des phosphates trimétalliques. Ce fait est la cause d'une réaction très remarquable, restée inexpliquée jusqu'aux recherches de Graham. Lorsqu'on mélange une solution de phosphate disodique, dont la réaction est légèrement alcaline, avec une solution neutre d'azotate d'argent, on obtient un précipité de phosphate jaune d'argent et une solution à réaction acide. Cette réaction s'explique parfaitement quand on considère qu'il se forme du phosphate triargentique et que par conséquent il doit y avoir 1 molécule d'acide azotique mise en liberté :

$$PO^4HNa^2 + 3AzO^3Ag$$
$$= PO^4Ag^3 + 2AzO^3Na + AzO^3H.$$

Avec le phosphate monosodique, on a une réaction analogue :

$$PO^4H^2Na + 3AzO^3Ag$$
$$= PO^4Ag^3 + AzO^3Na + 2AzO^3H.$$

Le phosphate triargentique est soluble dans l'acide azotique en excès et dans l'ammoniaque. Le phosphate triplombique est également soluble dans l'acide azotique. Le phosphate calcique des os et presque la totalité des phosphates naturels (triphylline, hureaulite, triplite, vivianite, etc.) sont trimétalliques; quelques-uns même renferment un excès de base.

Le phosphate le plus usuel est le phosphate disodique, généralement désigné sous le nom de *phosphate neutre de sodium;* on l'obtient en traitant le phosphate acide de calcium (phosphate des os traité par l'acide sulfurique) par du carbonate de sodium. Le *sel de phosphore* ou *sel microcosmique*, employé dans l'analyse au chalumeau, est du phosphate sodico-ammonique, $PO^4H.Na.AzH^4$.

Les orthophosphates donnent avec la solution d'azotate de bismuth un précipité blanc, $PO^4.Bi'''$, insoluble dans l'acide azotique étendu. Cette réaction et les suivantes sont utilisées pour le dosage et la séparation de l'acide phosphorique.

Avec les sels ferriques, on obtient un précipité jaune clair, insoluble dans l'acide acétique, soluble dans les acides minéraux. Lorsqu'on fait bouillir un phosphate soluble avec de l'acétate de fer, l'hydrate ferrique qui se précipite entraîne tout l'acide phosphorique.

Tous les phosphates acides, sauf ceux des métaux alcalins, neutralisés par de l'ammoniaque, donnent un précipité de phosphate trimétallique. Nous verrons plus loin quelles sont les méthodes à suivre pour séparer l'acide phosphorique des bases avec lesquelles il est combiné.

Tous les phosphates, calcinés avec du potassium ou du sodium, produisent un phosphure alcalin qui, humecté d'eau, dégage de l'hydrogène phosphoré reconnaissable à son odeur.

On doit à Debray un grand nombre d'expériences relatives à la reproduction artificielle des phosphates naturels. Ainsi, le phosphate tricuivrique, $(PO^4)^2Cu^3 + 3H^2O$, chauffé sous pression avec de l'eau, donne un sel basique,

$$PO^4Cu(CuOH)',$$

identique avec la *libéthénite*. La *chalcolite,* ou phosphate de cuivre et d'urane,

$$(PO^4)^2(UO)^4Cu + 8H^2O,$$

peut s'obtenir en chauffant un mélange de phosphate de cuivre et d'azotate d'urane. En ajoutant du phosphate sodique en excès à du chlorure ferreux, on produit un précipité blanc qui, maintenu pendant plusieurs semaines à 50-60°, se transforme en petits cristaux ayant l'aspect et la composition de la *vivianite*, $(PO^4)^2Fe^3 + 4H^2O$.

Il existe des phosphates associés aux chlorures ou aux fluorures. Ces chloro- ou fluophosphates, dont les principaux sont l'apatite, la wagnérite, la pyromorphite, la wavellite, ont également pu être reproduits artificiellement en traitant les phosphates par de l'eau, sous pression, en présence des chlorures ou fluorures [Debray, *Ann. de Chim. et de Phys.*, (3), t. LXI, p. 419; *Compt. rend.*, t. LIX, p. 40; — Deville et Caron, *Compt. rend.*, t. XLVII, p. 985, et *Ann. de Chim. et de Phys.*, (3), t. LXVII, p. 443; *Répert. de Chim. pure*, 1859, p. 170; *Bull. de la Soc. chim.*, février 1860, et t. II, p. 11, 1864; t. III, p. 129, 554, 1865]. Ces sels constituent des chlorhydrines ou des fluorhydrines et peuvent être représentés par les formules (Wurtz)

$$\left.\begin{matrix}(PO)''' \\ 2Mg'' \\ Fl\end{matrix}\right\} O^3 = PO^4 \left\{\begin{matrix}Mg'' \\ (MgFl)'\end{matrix}\right.$$

Wagnérite.

$$\left.\begin{matrix}3(PO)''' \\ 5Ca \\ Fl\end{matrix}\right\} O^9 = (PO^4)^3 \left\{\begin{matrix}Ca''_4 \\ (CaFl)'\end{matrix}\right.$$

Apatite.

Dans ces minéraux, le fluor peut être remplacé en tout ou en partie par du chlore, l'un et l'autre occupant les positions d'un groupe hydroxylique. La pyromorphite est un chlorophosphate de plomb, ayant la constitution de l'apatite. Il existe de même des apatites à base de strontium, à base de fer et de manganèse, etc. La wavellite est un fluophosphate d'aluminium.

Les phosphates jouent un rôle important dans la nutrition des plantes. Ce sujet a été traité dans le t. I, à l'article ASSIMILATION, p. 443, et aux articles ENGRAIS, p. 1239, CENDRES, p. 785, et PHOSPHATES, t. II, p. 933.

COMBINAISONS DU PHOSPHORE AVEC LE SOUFRE ET AVEC LE SÉLÉNIUM.

Le phosphore se combine directement avec le soufre, et cette combinaison est accompagnée de violentes explosions. Aussi faut-il opérer avec beaucoup de précautions. Les sulfures de phosphore ont été étudiés par Pelletier, Faraday [*Ann. de Chim. et de Phys.*, (2), t. VII, p. 71], Boettger [*Journ. prakt. Chem.*, t. XII, p. 357]; Laval [*Ann. de Chim. et de Phys.*, (2), t. LXVII, p. 332]; Dupré, *ibid.*, t. LXXIII, p. 435]. C'est à Berzelius qu'on doit les recherches les plus complètes à ce sujet [*Traité de Chimie*, édit. française, t. I, p. 815]. Récemment, G. Lemoine a fait connaître un nouveau sulfure, qui ne s'obtient qu'avec le phosphore rouge [*Bull. de la Soc. chim.*, t. I, p. 407, 1864].

Ces combinaisons sont nombreuses et quelques-unes présentent des cas d'isomérie qui s'expliquent d'après Berzelius par l'état allotropique sous lequel le phosphore y est contenu. Voici la série de ces sulfures :

P^4S, sous-sulfure.
P^2S, sulfure hypophosphoreux, correspondant à l'anhydride hypophosphoreux inconnu.
P^4S^3, sesquisulfure phosphoreux.
P^2S^3, sulfure phosphoreux.
P^2S^5, sulfure phosphorique.
P^2S^{12}, persulfure de phosphore.

SOUS-SULFURE DE PHOSPHORE, P^4S (*hyposulfide phosphoreux*). — On peut provoquer l'union du soufre et du phosphore ordinaire, dans le rapport de S à P^4, soit par fusion dans de l'eau bouillie, soit à sec dans un tube scellé, après que tout l'oxygène a été absorbé à froid par le phosphore. On peut aussi faire digérer le phosphore avec une solution alcoolique de persulfure de potassium (Boettger).

Le corps qu'on obtient est un liquide incolore, qui fume à l'air et qui luit dans l'obscurité. Il distille sans altération à l'abri de l'air et se prend en cristaux incolores par refroidissement au-dessous de 0°. Il s'enflamme facilement. L'eau froide, privée d'air, ne l'altère pas. L'eau bouillante le décompose en dégageant de l'hydrogène sulfuré et de l'hydrogène et en donnant de l'acide phosphorique et du phosphore. Les alcalis le décomposent d'une manière analogue. Il ne se dissout pas dans l'alcool ou l'éther, qui l'altèrent peu à peu. Il se dissout un peu dans les huiles et dans les essences.

Modification rouge. — Lorsqu'on chauffe au bain de sable, un peu au-dessus de 100°, le sulfure P^2S avec du carbonate de sodium sec, il éprouve une décomposition partielle et se transforme en une poudre cristalline rouge qu'on sépare par de l'eau froide bouillie et qu'on sèche sur du papier. Cette poudre possède la composition P^4S; elle s'enflamme facilement à l'air et distille sans fondre, dans un courant d'hydrogène, en fournissant le sous-sulfure liquide.

Le sous-sulfure liquide peut être transformé directement en la modification solide lorsqu'on le chauffe avec des sulfures métalliques. Il se combine à quelques sulfures pour former des sulfosels (Berzelius).

Sulfure hypophosphoreux, P^2S (*hyposulfide phosphorique*). — On l'obtient, comme le précédent, en employant une quantité double de soufre. Dans le cas où le produit de la réaction serait trouble, il conviendrait de filtrer sous l'eau à travers une toile de lin. C'est un liquide jaune clair, épais, à odeur forte et repoussante. Il s'enflamme facilement à l'air, surtout lorsqu'il est divisé par un corps poreux. Il luit dans l'obscurité. Il distille sans altération dans une atmosphère exempte d'oxygène; sa vapeur est incolore. A quelques degrés au-dessous de 0°, il se prend en petits cristaux enchevêtrés. A l'air humide, il s'oxyde avec formation d'acides sulfurique et phosphorique; à l'air sec, il s'oxyde également, mais plus lentement, en donnant une masse brune d'où l'on sépare du sous-oxyde de phosphore hydraté et du persulfure de phosphore (Berzelius). L'eau le décompose lentement. Traité par les alcalis, il donne du phosphate, du sulfhydrate et du polysulfure alcalin.

Traité par un sulfure métallique, il produit une réaction des plus violentes, une partie distille et l'autre se combine au sulfure. (Ces combinaisons n'ont pas été analysées et se forment aussi par l'action du sulfure de phosphore sur les solutions métalliques.) Berzelius admet que dans ces sulfures doubles le sulfure de phosphore existe sous sa modification isomérique. Le sulfure hypophosphoreux donne avec les solutions métalliques des précipités renfermant du sulfure métallique et de l'hyposulfophosphite métallique. Ce dernier se décompose lentement et s'oxyde à l'air. Avec le protochlorure de cuivre ammoniacal, on obtient un précipité rouge; avec le sulfate cuivrique ammoniacal, un précipité brun.

Modification rouge. — Lorsqu'on chauffe dans un courant d'hydrogène le sulfure P^2S avec du sulfure de manganèse précipité et séché dans un courant de gaz sulfhydrique sec, il se produit une réaction très-vive; les deux sulfures se combinent en formant une masse jaune verdâtre qui, traitée par l'acide chlorhydrique, laisse le sulfure de phosphore sous forme d'un précipité rouge orange, tandis que le sulfure de manganèse est décomposé. Le sulfure de phosphore ainsi modifié régénère le sulfure primitif par la distillation.

Berzelius a décrit une combinaison des deux sulfures P^2S et P^4S; il l'a obtenue en décomposant par l'acide chlorhydrique le produit de l'action du sulfure P^2S sur le sulfure de zinc. Ce composé, qui renferme P^6S^2, est solide, rouge, inodore, inaltérable à l'air. Le sulfure hypophosphoreux le dissout avec une coloration rouge et l'abandonne de nouveau par une distillation ménagée. Le composé P^6S^2, distillé lui-même, donne un liquide de même composition.

Liquides, ces corps renferment, d'après Berzelius, le phosphore dans sa modification ordinaire, tandis que leurs modifications solides renferment du phosphore rouge.

Sulfure, P^4S^3 (*sesquisulfure*). — Ce composé ne peut s'obtenir qu'avec le phosphore rouge; aussi Lemoine [*loc. cit.*] pense-t-il qu'il renferme cet élément sous cette modification allotropique. La réaction du phosphore rouge sur le soufre a lieu à 160°, d'une manière subite et avec élévation de température. Quel que soit l'excès de phosphore, c'est toujours le sulfure P^4S^3 que l'on obtient; si le soufre est en excès, on obtient

$$P^2S^3 \text{ ou } P^2S^4$$

On opère dans un ballon muni d'un long tube recourbé plongeant dans du mercure afin d'empêcher la rentrée de l'air. Pour débarrasser le sulfure P^4S^3 de l'excès de phosphore employé pour sa préparation, on le fond à 260°. Il s'opère une espèce de liquation; à la partie inférieure, il se sépare un culot qui est du sulfure avec l'excès de phosphore, tandis que le sulfure se sépare à l'état de pureté à la partie supérieure. La séparation peut se faire plus nettement par le sulfure de carbone qui dissout P^4S^3, surtout à chaud, et l'abandonne par le refroidissement en prismes orthorhombiques, avec les angles $mm = 81° 30'$; mo^1 obtus $= 116°$; mo^1 aigu $= 64° 30'$; $o^1a^1 = 70° 45'$. Sublimé, il est en cristaux paraissant appartenir au système régulier. C'est donc un corps dimorphe.

Le sulfure P^4S^3 est jaune à froid; il fond à 142° en un liquide rouge et bout sans altération entre 300° et 400°; dans un courant d'acide carbonique sec, il distille déjà à 260°. Le sulfure de carbone en dissout 60 °/₀. Le trichlorure et le sulfochlorure de phosphore le dissolvent, surtout à chaud. L'alcool et l'éther le dissolvent, mais en le décomposant. Il est inaltérable à l'air, indécomposable par l'eau froide et par les acides chlorhydrique et sulfurique froids. L'acide azotique l'attaque en laissant du soufre.

Il paraît se combiner avec les sulfures alcalins.

Sulfure phosphoreux, P^2S^3 (*sesquisulfure, trisulfure, sulfide phosphoreux*). — Serullas a obtenu ce sulfure en faisant réagir l'hydrogène sulfuré sur le trichlorure de phosphore,

$$2PCl^3 + 3H^2S = 6HCl + P^2S^3.$$

On l'obtient aussi en chauffant avec un excès convenable de soufre les sulfures précédents, ou leurs combinaisons avec les sulfures métalliques, notamment l'hyposulfophosphite manganeux ou celui d'argent; dans ce dernier cas, la moitié du sulfure phosphoreux se sublime et l'autre reste combinée au sulfure d'argent (Berzelius). En supposant que ces sulfures possèdent une constitution analogue à celle des phosphites et des hypophosphites, cette dernière réaction se représente par l'équation

$$4PH^2S^2Ag + 4S = 2PHS^3Ag^2 + 3H^2S + P^2S^3,$$

ou plutôt, d'après Berzelius,

$$2(P^2S.Ag^2S) + 2S^2 = P^2S^3.2Ag^2S + P^2S^3.$$

Michaelis prépare le sulfure phosphoreux en introduisant par petites portions, dans une cornue traversée par un courant d'acide carbonique, un mélange de 3 p. de soufre et de 2 p. de phosphore rouge, et chauffant jusqu'à ce qu'il y ait combinaison. Il se forme une masse cristalline grise qui fournit le sulfure pur par distillation [*Ann. der Chem. u. Pharm.*, t. CLXIV, p. 9].

Le sulfure phosphoreux s'unit directement au brome, pour donner le sulfobromure pyrophosphorique. — Voyez p. 961.

Le sulfure phosphoreux est d'un jaune pâle. Après avoir été sublimé et fondu, il reste longtemps mou. Il brûle avec une flamme jaune blanchâtre. Il s'altère rapidement à l'air humide. Les alcalis et l'ammoniaque le dissolvent et les acides le précipitent de nouveau de ces solutions en flocons légers, d'un jaune pâle, moins altérables que le sulfure sublimé. Ses combinaisons avec les sulfures correspondent aux phosphites. Berzelius les représente par les formules

$$(MnS)^2P^2S^3;\ (HgS)^2P^2S^3;$$

ce seraient, dans ce cas, des pyrosulfophosphites, $(P^2S^5)^{iv}M''^2$.

Baudrimont a décrit un sulfophosphite de mercure dont la constitution est cependant différente, car il renferme $P^2S^3.3HgS = (PS^3)^2Hg^3$.

Il l'a obtenu par l'action des chlorures de phosphore sur le cinabre. Il se sublime en croûtes cristallines rouges. L'acide azotique ne l'altère pas sensiblement, mais l'eau régale l'attaque. La potasse le décompose en sulfure phosphoreux qui se dissout et en sulfure de mercure insoluble.

Le pentachlorure de phosphore donne le même produit que le trichlorure, ce qui tient à l'action exercée par PCl^5 sur P^2S^5, action qui donne naissance à P^2S^3 et à du chlorure de soufre [*Thèse pour le doct. ès sciences*, 1864].

SULFURE PHOSPHORIQUE (*pentasulfure, sulfide phosphorique*), P^2S^5. — Il s'obtient, soit directement, soit en faisant agir le soufre sur les sulfures de phosphore inférieurs ou sur leurs combinaisons métalliques. Il se forme aussi par l'action de l'hydrogène sulfuré sur le sulfure hypophosphoreux ; dans ce cas il se dégage de l'hydrogène (Berzelius).

C'est un corps solide, d'un jaune pâle, cristallisant facilement, fusible sans décomposition. Il s'altère à l'air humide. Les alcalis et leurs sulfures le dissolvent pour former des combinaisons. Ces solutions sont décomposées par les acides, avec dégagement d'hydrogène sulfuré et dépôt de soufre. Le sulfure hypophosphoreux le dissout à chaud et le laisse cristalliser par le refroidissement.

PERSULFURE DE PHOSPHORE, P^2S^{12}. — Ce sulfure se forme lorsqu'on dissout à chaud du soufre dans le sulfure hypophosphoreux, P^2S ; par le refroidissement, le persulfure cristallise dans l'excès de ce dernier. Si l'on dissout ainsi 1 atome de soufre dans 1 molécule de P^2S et que la température s'élève au-dessus de 100°, il y a explosion et formation de sulfure phosphorique.

Le persulfure de phosphore forme des cristaux jaunes et brillants, inaltérables à l'air sec, fondant à la même température que le soufre, et distillant ensuite sans décomposition ; mais le produit distillé reste longtemps mou.

Il se dissout dans les alcalis et les produits sont les mêmes que ceux qui résulteraient d'un mélange de sulfure P^2S et de soufre (Berzelius).

COMBINAISONS SALINES DES SULFURES DE PHOSPHORE. — Ces combinaisons avec les sulfures métalliques ont principalement été étudiées par Berzelius ; mais les formules qu'il en a données ont probablement besoin d'être revisées. Nous donnerons une idée de ces combinaisons, en indiquant les formules de quelques sels de sodium qui seront décrits à l'article *Sodium* :

Sulfhypophosphites.	$P^2S.Na^2S = PSNa.$
Sulfophosphites.....	$P^2S^3 2Na^2S = P^2S^5Na^4.$
Sulfophosphates....	$P^2S^5.3Na^2S = PS^4Na^3.$

Les deux premières formules ne correspondent pas aux hypophosphites et aux phosphites, mais à des métahypophosphites et pyrophosphites, qui sont inconnus.

ACIDE SULFOXYPHOSPHORIQUE. — Wurtz a décrit des combinaisons mieux définies, formées par un acide du phosphore, renfermant du soufre et de l'oxygène, et qui prend naissance par l'action des alcalis sur le chlorosulfure de phosphore [*Ann. de Chim. et de Phys.*, (3), t. XX, p. 473] :

$$PSCl^3 + 6HNaO$$
$$= PS(NaO)^3 + 3H^2O + 3NaCl.$$

Il a donné à ce corps le nom d'acide sulfophosphorique. Pour éviter la confusion avec un des acides précédents, il convient de le nommer sulfoxyphosphorique. M. Cloëz a décrit l'éther de cet acide (t. I, p. 1339).

Pour le préparer, on chauffe le chlorosulfure au bain-marie, avec de la lessive de soude. La réaction terminée, on laisse refroidir et on lave à l'eau froide les cristaux qui se déposent, puis on les purifie par plusieurs cristallisations. Il est nécessaire d'employer un excès de soude, sans quoi le chlorosulfure réagirait sur l'eau et fournirait de l'hydrogène sulfuré et de l'acide phosphorique, et, la liqueur devenant acide, le sulfoxyphosphate formé d'abord se décomposerait :

$$PS(NaO)^3 + H^2O + 2HCl$$
$$= PO(O^3H^2Na) + 2NaCl + H^2S.$$

Le sulfoxyphosphate de sodium se dépose de sa solution aqueuse bouillante en tables hexagonales brillantes, appartenant au système rhomboédrique et renfermant $12H^2O$; ces cristaux ont été mesurés par de la Provostaye [*Ann. de Chim. et de Phys.*, (3), t. XX, p. 482]. Sa solution est alcaline. Les corps haloïdes le décomposent en donnant du phosphate acide et un dépôt de soufre. L'acide azotique agit d'une manière analogue.

L'acide sulfoxyphosphorique libre est décomposé par l'eau en acides phosphorique et sulfhydrique.

Les sulfoxyphosphates de calcium, de strontium et de baryum sont insolubles dans l'eau ; il en est de même de ceux de nickel et de cobalt, qui noircissent par l'ébullition. Le sel ferrique est gélatineux et d'un rouge foncé ; celui de plomb est bleu, mais il noircit rapidement, surtout à 100°, en se décomposant d'après l'équation

$$(PSO^3)^2Pb^3 + H^2O = (PO^4)^2H^4Pb + 2PbS.$$

On voit que l'acide sulfoxyphosphorique n'est pas sans analogie avec l'acide hyposulfureux ou thiosulfurique, SSO^3H^2.

Le pentasulfure de phosphore P^2S^5 produit des réactions très-nettes avec les alcools (voyez t. I, p. 1340) :

$$\underset{\text{Alcool.}}{5C^2H^5.OH} + P^2S^5$$
$$= 2H^2S + \underset{\substack{\text{Acide d'éthyle-}\\\text{sulfoxyphosphorique.}}}{PSO^3.H.(C^2H^5)^2} + \underset{\substack{\text{Disulfoxyphosphate}\\\text{triéthylique.}}}{PS.O^2S(C^2H^5)^3}.$$

Avec l'alcool amylique, on obtient même du tétrasulfophosphate d'amyle :

$$PS(C^5H^{11}S)^3 = PS^4(C^5H^{11})^3$$

[Carius, *Ann. der Chem. u. Pharm.*, t. CXII, p. 190 ; Kovalevsky, *ibid.*, t. CIX, p. 303].

SÉLÉNIURES DE PHOSPHORE. — Berzelius a constaté que le phosphore et le sélénium peuvent être fondus ensemble en toutes proportions, mais il n'en a pas décrit de composé défini. Le seul travail sur ce sujet est dû à O. Hahn [*Journ. für prakt. Chem.*, 1864, t. CXXXI, p. 375 ; *Bull. de la Soc. chim.*, 1865, t. IV, p. 20]. W. Bogen a aussi décrit la préparation du pentaséléniure et son action sur l'alcool [*Ann. der Chem. u. Pharm.*, t. CXXIV, p. 57].

Le phosphore amorphe et le sélénium se combinent au-dessus de 100°, dans un courant d'hydrogène, avec incandescence. Suivant les proportions employées, on obtient l'un des séléniures suivants.

SOUS-SÉLÉNIURE DE PHOSPHORE, P^4Se. — On le prépare en chauffant le phosphore et le sélénium en proportions convenables, dans un gaz inerte. C'est un liquide huileux, cristallisant à — 12°, s'enflammant à l'air. Il est insoluble dans l'alcool et dans l'éther, soluble dans le sulfure de carbone. Il décompose les solutions métalliques. La potasse le décompose en donnant de l'hydrogène phosphoré, du phosphate, du séléniure et du sélénite de potassium.

Séléniure hypophosphoreux, P^2Se (*monoséléniure*). — La réaction du phosphore sur le sélénium dans le rapport de P^2 à Se est très-vive. Une partie du produit se sublime, l'autre se prend en masse. C'est un corps solide rouge clair, inaltérable à l'air sec. Il brûle avec une flamme éclairante. La potasse le décompose. Le sulfure de carbone lui enlève une partie de son phosphore. Avec les solutions métalliques, ce séléniure donne soit un séléniophosphure, soit un mélange de phosphure et de séléniure.

Le séléniure hypophosphoreux P^2Se se combine aux séléniures métalliques, par exemple à celui de potassium, lorsqu'on chauffe les deux corps dans un courant d'hydrogène. Le séléniure double, qui se forme avec une faible explosion, est blanc ou rougeâtre; soumis à une température élevée, il donne un sublimé de séléniure de phosphore. L'eau le décompose; l'alcool le dissout, mais en l'altérant un peu. Cette solution donne des précipités avec les sels métalliques. Ces précipités sont des mélanges de séléniure et de sélénhypophosphite métalliques, qu'on peut aussi obtenir directement. Ces sels sont colorés.

Séléniure phosphoreux, P^2Se^3 (*triséléniure*). — Ce composé est d'un rouge rubis; on peut le distiller à l'abri de l'air. Il s'oxyde lentement à l'air humide. Il est insoluble dans l'eau, l'alcool, l'éther, et le chloroforme. La potasse le dissout.

On obtient le séléniosulfite de potassium en chauffant ce séléniure de phosphore avec du séléniure de potassium, dans un courant d'hydrogène. Cette combinaison est soluble dans l'alcool, décomposable par l'eau, avec dégagement d'hydrogène sélénié. Sa solution alcoolique précipite les sels métalliques. Les séléniophosphites se produisent facilement par union directe.

Le *séléniophosphite de plomb*, $P^2Se^5.Pb^2$, est d'un gris métallique; il est soluble dans l'acide azotique.

Le *séléniophosphite d'argent*, $P^2Se^5.Ag^4$, est gris cendré; celui *de cuivre*, $P^2Se^5.Cu^2$, est gris foncé, décomposable par la calcination à l'abri de l'air en laissant un résidu de phosphure et de séléniure de cuivre. Le *séléniophosphite de manganèse* renferme $P^2Se^5Mn^2$.

On n'a pas obtenu de séléniophosphites présentant une composition différente des précédents; cette composition correspond à des pyrophosphites inconnus.

Séléniure phosphorique, P^2Se^5 (*pentaséléniure*). — Masse vitreuse d'un rouge-brun, très-stable. Elle brûle en donnant des vapeurs rouges. Ce séléniure est insoluble dans le sulfure de carbone. La potasse l'attaque à froid. Les séléniophosphates correspondent aux pyrophosphates.

Séléniophosphate de cuivre, $P^2Se^7Cu^4$. — Il est noir, à éclat métallique, décomposable par la chaleur. Le *séléniophosphate d'argent*, $P^2Se^7Ag^4$, est noir et se comporte comme le précédent.

D'après Bogen, le séléniure phosphorique réagit sur l'alcool comme le séléniure phosphoreux : il se dégage de l'hydrogène sélénié, il se dépose un peu de sélénium et il se produit un liquide oléagineux rougeâtre, qui est du *diséléniophosphate d'éthyle*,

$$PSe.O^2Se(C^2H^5)^3.$$

COMBINAISONS AZOTÉES DU PHOSPHORE.

L'ammoniaque réagit sur les chlorures de phosphore et sur l'anhydride phosphorique en donnant naissance à plusieurs séries de composés dans lesquels le phosphore entre soit comme élément triatomique ou pentatomique, soit comme radical phosphoryle, $(PO)'''$, comme sulfophosphoryle, $(PS)'''$, ou comme pyrophosphoryle,

$$(P^2O^3)^{iv}.$$

Toutes ces combinaisons peuvent être envisagées comme des amides dérivant des phosphates ammoniques par élimination d'eau. On en connaît deux qui sont chlorées et qui se rapportent au type PCl^5; l'une, la chlorophosphamide, renferme

$$P\left\{\begin{matrix}Cl^3\\(AzH^2)^2\end{matrix}\right.;$$

l'autre, le chlorazoture de phosphore, renferme

$$P\left\{\begin{matrix}Az\\Cl^2\end{matrix}\right.,$$

ou le triple de cette formule.

Phospham (*azoture de phosphore*), PAz^2H. — Ce corps a été obtenu par Liebig et Wœhler en faisant agir l'ammoniaque sur le pentachlorure de phosphore. Ces savants lui assignaient la formule PAz^2 [*Ann. der Chem. u. Pharm.*, t. XI, p. 139]. Gerhardt a fait ressortir l'invraisemblance de cette formule, car elle suppose un dégagement d'hydrogène dans la préparation; inversement, la transformation de ce corps en acide phosphorique par l'action de la potasse exigerait la fixation d'hydrogène. Gerhardt a en outre démontré expérimentalement l'exactitude de la formule PAz^2H [*Ann. de Chim. et de Phys.*, (3), t. XVIII, p. 188].

La formation du phospham est précédée de celle d'un composé chloré, la *chlorophosphamide*, $PCl^3(AzH^2)^2$, qu'on n'a pas pu séparer du sel ammoniac qui l'accompagne; c'est cette chlorophosphamide qui fournit ensuite le phospham sous l'influence de la chaleur :

$$PCl^5 + 4AzH^3 = PCl^3(AzH^2)^2 + 2AzH^4Cl$$

et $$PCl^3(AzH^2)^2 = 3HCl + PAz^2H.$$

On fait passer sur du perchlorure de phosphore du gaz ammoniac sec jusqu'à refus; le produit s'échauffe beaucoup et il se dégage de l'acide chlorhydrique. La réaction terminée, on chauffe au rouge pendant un quart d'heure, opération dans laquelle il se dégage de l'acide chlorhydrique et du sel ammoniac. On peut aussi faire passer des vapeurs de perchlorure sur du sel ammoniac chauffé dans un tube:

$$2AzH^4Cl + PCl^5 = PAz^2H + 7HCl.$$

Il se forme en même temps du chlorazoture qui se sublime.

H. Rose préparait le phospham par l'action du gaz ammoniac sur le trichlorure de phosphore, mais il est probable qu'on obtient ainsi d'autres produits. Pauli l'a obtenu en chauffant du sel ammoniac avec du soufre et du phosphore rouge; l'équation suivante rend compte de cette réaction :

$$3AzH^4Cl + P^2S^5 = 2PAz^2H + 4H^2S + 3HCl + (AzH^4)^2S$$

[*Ann. de Chim. et de Phys.*, (3), t. L, p. 484].

Balmain l'a préparé en faisant tomber de temps en temps des fragments de phosphore sur du chloramidure de mercure légèrement chauffé [*Phil. Mag.*, (3), t. XXIV, p. 191].

Enfin, le phospham paraît se former aussi par l'action de la chaleur sur la sulfotriphosphamide:

$$PS(AzH^2)^3 = PAz^2H + AzH^3 + H^2S.$$

Le phospham est une poudre blanche, inaltérable à l'air, insoluble dans l'eau, l'alcool et l'éther. Le chlore sec, le soufre en vapeurs sont sans action sur lui. L'hydrogène le décompose au rouge en donnant de l'ammoniaque et du phosphore.

Les alcalis l'attaquent en donnant de l'acide phosphorique et de l'ammoniaque :

$$PAz^2H + 3KHO + H^2O = 2AzH^3 + PO^4K^3.$$

L'acide azotique l'oxyde. Chauffé avec les azotates, il détone. Chauffé avec du zinc à une température élevée, il dégage de l'ammoniaque, ce qui prouve qu'il renferme de l'hydrogène (Pauli).

Le phospham représente le nitrile du phosphate diammonique :

$$PO^4(AzH^4)^2H - 4H^2O = PAz^2H.$$

Azoture de phosphore (*phosphorosamide*), PAz. — L'existence de ce corps n'est pas certaine. Lorsqu'on traite le trichlorure de phosphore par l'ammoniaque, on obtient une masse blanche ayant sans doute pour composition PAz^3H^6 (phosphorosotriamide) :

$$PCl^3 + 6AzH^3 = 3AzH^4Cl + PAz^3H^6.$$

Cette masse blanche, calcinée à l'abri de l'air, dégage des vapeurs de sel ammoniac, de l'ammoniaque, et laisse un résidu blanc jaunâtre qui renferme très-probablement PAz^2H^3 et PAz qui représentent les amides de l'acide phosphoreux, $PO^3H(AzH^4)^2 - 3H^2O$ et $PO^3H^2(AzH^4) - 3H^2O$.

Chlorazoture de phosphore (ou *chloramidure*), PCl^2Az ou $P^3Cl^6Az^3$. — On peut envisager ce composé comme du pentachlorure dans lequel 3 atomes de chlore sont remplacés par l'azote triatomique. Il est contenu, avec la chlorophosphamide et le sel ammoniac, dans le produit brut de la réaction de l'ammoniaque sur le pentachlorure de phosphore et peut en être séparé par un traitement à l'éther qui le dissout et l'abandonne par l'évaporation en prismes rhomboïdaux de 48-49° : $PCl^5 + AzH^3 = 3HCl + PCl^2Az$. Il se forme aussi par la distillation de 2 p. de sel ammoniac avec 1 p. de perchlorure de phosphore.

Gladstone l'a obtenu par l'action du perchlorure de phosphore sur le chloramidure de mercure.

Le chlorazoture de phosphore fond à 210° et bout à 240°. Il distille facilement avec la vapeur d'eau et on peut le purifier de cette manière. Il est insoluble dans l'eau, soluble dans l'alcool, l'éther, le chloroforme, l'essence de térébenthine. Densité = 1,88.

Liebig et Wœhler avaient assigné à ce composé la formule $P^3Az^2Cl^5$. Mais d'après les recherches de Gladstone il renferme PCl^2Az, formule qui doit être triplée, en raison de la densité de vapeur qui a été trouvée égale à 176,36; la densité théorique pour $P^3Cl^6Az^3$ est 174 (par rapport à H).

La potasse alcoolique transforme le chlorazoture de phosphore en acide pyrophosphodiamique et en acide phosphamique.

L'acide azotique ne l'oxyde qu'à chaud. L'iode ne l'attaque pas [Gladstone, *Ann. der Chem. u. Pharm.*, t. LXXVI, p. 74; — Gladstone et Holmes, *Journ. Chem. Soc.*, (2), t. II, p. 225; *Bull. de la Soc. chim.*, 1865, t. III, p. 113].

Phosphomonamide, $(PO)'''Az$ (*biphosphamide* de Gerhardt). — On l'obtient sous forme d'une masse amorphe, blanche, très-stable, par l'action de la chaleur sur la phosphodiamide et la phosphotriamide :

$$(PO)Az^2H^3 - AzH^3 = (PO)Az$$

et

$$(PO)Az^3H^6 - 2AzH^3 = (PO)Az$$

(H. Schiff).

On peut la considérer comme du phosphate monammonique moins de l'eau :

$$PO^4H^2(AzH^4) - 3H^2O = (PO)Az'''.$$

Elle représente donc l'acide phosphorique,

$$PO(OH)^3,$$

dont les 3 atomes d'hydroxyle sont remplacés par 1 atome d'azote.

Phosphodiamide,

$$(PO)'''Az^2H^3 = H^2Az - PO''' = AzH$$

(*phosphamide* de Gerhardt). — Elle se forme par l'action de la chaleur sur la triamide :

$$(PO)Az^3H^6 - AzH^3 = (PO)Az^2H^3;$$

ou par l'action de l'eau ou des alcalis aqueux sur la chlorophosphamide :

$$PCl^3(AzH^2)^2 + H^2O = (PO)Az^2H^3 + 3HCl.$$

C'est une poudre blanche insoluble. La potasse fondue la transforme en ammoniaque et phosphate de potassium.

Elle représente du phosphate diammonique, moins les éléments de 3 molécules d'eau.

Phosphotriamide, $(PO)'''(AzH^2)^3$. — Elle se forme par l'action du gaz ammoniac sec sur l'oxychlorure de phosphore :

$$(PO)Cl^3 + 6AzH^3 = 3AzH^4Cl + (PO)(AzH^2)^3.$$

Elle représente du phosphate triammonique moins 3 molécules d'eau.

On lave à l'eau pour enlever le sel ammoniac, et il reste une poudre blanche amorphe, inattaquable par l'eau bouillante.

Chauffée à l'abri de l'air, elle perd de l'ammoniaque en se transformant successivement en diamide et en monamide. La chaux sodée ne l'attaque qu'incomplétement; la potasse fondue la transforme en phosphate potassique et ammoniaque.

L'acide sulfurique la décompose à chaud :

$$2(PO)(AzH^2)^3 + 3SO^2(OH)^2 + 6H^2O = 2PO(OH)^3 + 3SO^2(OAzH^4)^2$$

[H. Schiff, *Ann. der Chem. u. Pharm.*, t. C p. 299].

Sulfophosphotriamide, $(PS)'''(AzH^2)^3$. — Elle s'obtient sous la forme d'une masse amorphe blanche, par l'action de l'ammoniaque sur le sulfochlorure de phosphore. L'eau la décompose peu à peu, avec production d'hydrogène sulfuré (Schiff, Baudrimont). D'après Chevrier, ce composé donne du sulfure ammonique à 200°. Il est peu soluble dans l'éther et dans le sulfure de carbone. Densité = 1,7 [*Compt. rend.*, t. LXVI, p. 748].

Les amides qui viennent d'être décrites peuvent être rapportées à une, deux ou trois molécules d'ammoniaque dans lesquelles trois atomes d'hydrogène sont remplacés par le groupe triatomique PO ou PS :

$$Az\{(PO)''',\quad Az^2\left\{\begin{matrix}(PO)'''\\H^3,\end{matrix}\right.\quad Az^3\left\{\begin{matrix}(PO)'''\\H^3\\H^3.\end{matrix}\right.$$

Les ammoniaques composées agissent sur l'oxychlorure ou sur le sulfochlorure de phosphore comme l'ammoniaque en donnant les phosphotriamides substituées. C'est ainsi qu'on obtient la *phosphotrianilide*,

$$Az^3\left\{\begin{matrix}(PO)'''\\(C^6H^5)^3\\H^3,\end{matrix}\right.$$

et la sulfophosphotrianilide (H. Schiff). — Voyez t. II, p. 840.

Acide phosphamique,

$$PO^2AzH^2 = PO\left\{\begin{matrix}OH\\(AzH)''.\end{matrix}\right.$$

— Cet acide se forme par l'action du gaz ammoniac sec sur l'anhydride phosphorique :

$$P^2O^5 + 2AzH^3 = 2PO^2AzH^2 + H^2O.$$

L'action se produit avec un grand dégagement de chaleur et l'on obtient un produit fondu, blanc jaunâtre, qui renferme en outre du phosphamate d'ammonium. On le dissout dans l'eau et on sature par l'ammoniaque. Cette solution donne avec les sels métalliques des précipités d'où l'on peut extraire l'acide.

L'acide phosphamique, mis en liberté de son sel calcique par l'acide sulfurique, est une masse demi-solide, incristallisable, soluble dans l'eau et dans l'alcool, donnant du phosphate acide d'ammonium par l'ébullition.

Il est identique, d'après Schiff, avec un des

acides obtenus par Gladstone par l'action des alcalis sur le chlorazoture de phosphore :

$$PAzCl^3 + 2H^2O = PO^2AzH^2 + 2HCl.$$

L'acide phosphamique représente du phosphate acide d'ammonium moins $2H^2O$, et sa formule peut être rapportée au type ammonique,

$$Az\begin{cases}(PO.OH)''\\ H,\end{cases}$$

ou au type phosphorique,

$$PO\begin{cases}OH\\ (AzH)''.\end{cases}$$

C'est un acide monobasique.

Le *phosphamate d'ammonium*,

$$PO.AzH.O(AzH^4),$$

forme une masse cristalline radiée soluble; les autres sels alcalins sont également solubles.

Le *sel calcique*, $(PO.AzH.O)^2Ca$, est un précipité blanc, anhydre à 100°. Il en est de même des autres sels alcalino-terreux.

Le *sel ferreux*, $(PO.AzH.O)^2Fe + 2H^2O$, est un précipité floconneux, blanc et cristallin. L'ammoniaque le dissout avec une coloration pourpre et laisse par l'évaporation une masse amorphe, d'un rouge de rubis,

$$(PO.AzH.O)^2Az^2H^6Fe.$$

Le *sel de nickel*, $(PO.AzH.O)^2Ni + 2H^2O$, est un précipité verdâtre. Le *sel de cadmium*, de composition analogue, est un précipité cristallin blanc. Le *sel de cobalt* est un précipité vert; le *sel de cuivre*, un précipité bleu clair; les sels de mercure, d'argent, de zinc constituent des précipités blancs. Tous ces sels sont solubles dans l'ammoniaque. Les précipités de plomb et de manganèse y sont insolubles [H. Schiff, *Ann. der Chem. u. Pharm.*, t. CIII, p. 168, et t. CIV, p. 327].

Chauffé dans un courant d'ammoniac sec, l'acide phosphamique se transforme en phospham :

$$PO.AzH.OH + AzH^3 = PAz^2H + 2H^2O.$$

Acide thiophosphamique, $PS(AzH^2)(OH)^2$. — Cet acide, qui est l'amide diacide de l'acide sulfoxyphosphorique de Wurtz, s'obtient par l'action d'une solution concentrée d'ammoniaque sur le chlorosulfure de phosphore :

$$PSCl^3 + AzH^3 + 2H^2O = PS.AzH^2.(OH)^2 + 3HCl.$$

La solution neutralisée donne avec les sels de cadmium et de plomb des précipités qui renferment $PS(AzH^2)O^2Cd$ et $PS(AzH^2)O^2Pb$. Les sels terreux et alcalino-terreux, de nickel, de cobalt et de fer sont solubles [Gladstone et Holmes, *Journ. Chem. Soc.*, (2), t. III, p. 1; *Bull. de la Soc. chim.*, 1865, t. IV, p. 188].

Acide thiophosphodiamique, $PS(AzH^2)^2OH$. — Il s'obtient en traitant par l'eau le produit solide obtenu par l'action du gaz ammoniac sur le chlorosulfure de phosphore, qui absorbe ainsi $4AzH^3$, c'est-à-dire 40 % d'ammoniaque :

$$PSCl^3 + 2AzH^3 + H^2O = PS(AzH^2)^2OH + 3HCl.$$

Il représente le sulfoxyphosphate diammonique, $PS.OH(OAzH^4)^2$, moins 2 molécules d'eau.

L'acide thiophosphodiamique libre n'a pas été obtenu. Sa solution, neutralisée par un alcali, donne avec les solutions métalliques des précipités dont quelques-uns ont été analysés.

Le *sel de zinc*, $[PS(AzH^2)^2O]^2Zn$, est un précipité floconneux, blanc, soluble dans les acides étendus et dans l'ammoniaque.

Le *sel de cuivre* forme un précipité insoluble dans les acides étendus, soluble dans le cyanure de potassium. Les *sels d'argent* et *de plomb* sont blancs. Tous ces sels se décomposent facilement.

L'acide thiophosphodiamique ne forme pas de précipités avec les sels ferriques et les sels terreux et alcalino-terreux (Gladstone et Holmes).

Amides pyrophosphoriques. — Gladstone a décrit une série d'amides dérivant de l'acide pyrophosphorique, $P^2O^7H^4 = P^2O^3(OH)^4$, par substitution de AzH^2 à OH. Ces amides sont les suivantes :

$$P^2O^3\begin{cases}(OH)^3\\ AzH^2,\end{cases}\quad P^2O^3\begin{cases}(OH)^2\\ (AzH^2)^2,\end{cases}\quad P^2O^3\begin{cases}OH\\ (AzH^2)^3.\end{cases}$$

Cependant ce dernier acide doit avoir une constitution différente, car il est tétrabasique. Gladstone le représente par la formule

$$P^2(AzH)^3(OH)^4$$

[*Journ. of Chem. Soc.*, (2), t. IV, p. 290; t. VI, p. 64 et 261, et *Bull. de la Soc. chim.*, 1865, t. III, p. 113, et 1869, t. XII, p. 3..].

Ces acides amidés proviennent de l'action de l'ammoniaque sur l'oxychlorure de phosphore et de l'action subséquente de l'eau.

Enfin Gladstone a aussi décrit une amide dérivant d'un acide tétraphosphorique (p. 981).

Acide pyrophosphamique (*acide azophosphorique*), $P^2O^3(AzH^2)(OH)^3$. — Cet acide s'obtient par l'action de la chaleur ou du temps sur la solution de l'acide pyrophosphodiamique :

$$P^2O^3(AzH^2)^2(OH)^2 + H^2O = P^2O^3(AzH^2)(OH)^3 + AzH^3.$$

Il se forme aussi par la décomposition de la tétraphosphamide. On obtient des précipités qui présentent pareillement les caractères des pyrophosphamates lorsqu'on ajoute de la baryte, de l'acétate de plomb ou du chlorure ferrique à de l'acide pyrophosphorique saturé par l'ammoniaque (qui ne doit pas être ajoutée en excès). La composition du sel ferrique obtenu ainsi, de même que dans quelques autres circonstances, est celle d'un pyrophosphate ammoniacal ou d'un pyrophosphamate hydraté,

$$(P^2O^3.O^4)^2(AzH^4)^2(Fe^2)^{VI},$$

soit $[P^2O^3(AzH^2)O^3]^2Fe^2 + 2H^2O.$

Le sel de cuivre est sujet à la même remarque.

Le sel barytique renferme $[P^2O^3(AzH^2)O^3]^2Ba^3$.

Les pyrophosphamates sont insolubles dans les acides étendus, sauf les sels alcalins; on les obtient en chauffant ces derniers avec les sels métalliques renfermant un peu d'acide en excès. Chauffés, ils noircissent, perdent de l'ammoniaque et donnent un précipité blanc (Gladstone).

Acide pyrophosphodiamique, $P^2O^3(AzH^2)^2(OH)^2$ (*acide diazophosphorique*). — Cet acide se forme par l'action de la potasse alcoolique sur le chlorazoture de phosphore :

$$2P^3Az^3Cl^6 + 15H^2O = 3P^2O^3(AzH^2)^2(OH)^2 + 12HCl.$$

On l'obtient aussi par l'action du perchlorure de phosphore ou de l'oxychlorure sur l'ammoniaque en solution concentrée et refroidie :

$$2PCl^5 + 2AzH^3 + 5H^2O = P^2O^3(AzH^2)^2(OH)^2 + 10HCl.$$

Si l'ammoniaque est étendue, on n'obtient que du phosphate et du chlorure d'ammonium. Il se forme en même temps de l'acide pyrophosphotriamique et des produits intermédiaires (*tétraphosphamides*).

Pour le préparer, on peut aussi saturer l'oxychlorure par du gaz ammoniac et reprendre le produit par l'eau; dans ce cas, il se forme sans doute des amides chlorées décomposables par l'eau, par exemple :

$$2PO(AzH^2)Cl^2 + 3H^2O = 4HCl + P^2O^3(AzH^2)^2(HO)^2.$$

La phosphodiamide, par l'ébullition avec les acides, donne les mêmes produits :

$$2\,PO\,Az^2H^3 + H^2SO^4 + 3H^2O = P^2O^3(AzH^2)^2(OH)^2 + SO^4(AzH^4)^2.$$

Il en est de même de l'acide phosphotriamique :

$$P^2O^3(AzH^2)^3(OH) + HCl + H^2O = AzH^4Cl + P^2O^3(AzH^2)^2(OH)^2.$$

Enfin, l'acide triamidé, chauffé à 250°, puis repris par l'eau, donne également l'acide diamidé.

L'acide pyrophosphodiamique est soluble dans l'eau et dans l'alcool. Sa solution, neutralisée, précipite les sels métalliques. Les sels de zinc et de baryum donnent des précipités gélatineux, $P^2O^3(AzH^2)^2O^2.Ba$ (ou Zn) ; le pyrophosphodiamate d'argent renferme $P^2O^3(AzH^2)^2O^2Ag^2$. Les sels ferriques, chromiques, d'alumine, de magnésie ne sont pas précipités; ceux de cadmium, manganèse, cobalt, cuivre, nickel, donnent des précipités solubles dans l'ammoniaque et dans les acides. La solution de l'acide, additionnée de sel ferrique, donne par l'ébullition du pyrophosphodiamate insoluble.

Acide pyrophosphotriamique, $P^2O^3(AzH^2)^3OH$ ou $P^2Az^3H^3(OH)^4$. — On sature l'oxychlorure de phosphore par de l'ammoniaque, et, après avoir chauffé le produit, on le reprend par de l'eau, puis par de l'alcool faible. L'acide triamidé reste sous la forme d'une poudre amorphe, blanche, insipide, très-peu soluble dans l'eau, qui le transforme peu à peu en acide diamidé, surtout en présence des acides. Sa formation est représentée par l'équation

$$2POCl^3 + 9AzH^3 + 2H^2O = P^2O^3(AzH^2)^3OH + 6AzH^4Cl.$$

C'est un acide tétrabasique, ce qui semble indiquer que sa constitution est toute différente de celles des autres acides de la même série. Ses sels de potassium et d'ammonium sont monobasiques; ils sont insolubles. Gladstone a analysé les sels de plomb mono-, bi- et tribasique, le sel ferreux monobasique, le sel mercurique et le sel platinique tétrabasique et plusieurs autres.

Tétraphosphamides. — La solution aqueuse du produit obtenu en faisant réagir l'ammoniaque sur l'oxychlorure de phosphore renferme plusieurs corps. L'alcool précipite de cette solution soit un liquide visqueux, soit un précipité solide, ou bien un mélange des deux. Le premier, purifié par plusieurs dissolutions dans l'eau et précipitations par l'alcool, puis séché dans le vide, renferme $P^4Az^5H^{17}O^{11}$. Gladstone l'envisage comme le sel ammoniacal de l'*acide tétraphosphodiamique*,

$$P^4O^{11}(AzH^2)^2(AzH^4)^3H.$$

Quant au précipité floconneux, il présente la composition d'un *acide tétraphosphotétramique*, $P^4O^7(AzH^2)^4(OH)^2$. — On l'obtient aussi par l'action des acides ou des alcalis sur le composé liquide précédent. Cet acide paraît former deux sels d'argent,

$$P^4O^7Az^4H^4Ag^4(OAg)^2 \quad \text{et} \quad P^2O^7Az^4H^8(OAg)^2.$$

Enfin, lorsqu'on opère la saturation de l'oxychlorure de phosphore par de l'ammoniaque, de manière que le produit s'échauffe beaucoup, on obtient un composé blanc, insoluble, qui n'est pas de l'acide pyrophosphotriamique, mais un autre composé qu'on purifie en le chauffant longtemps à 200°. Ce nouveau composé, $P^4Az^5H^9O^7$, n'est pas une amide proprement dite, car il ne renferme pas 2 atomes d'hydrogène pour 1 atome d'azote. Gladstone le nomme *acide tétraphosphopentazotique*. Cet acide est très-instable, il s'altère peu à peu et l'eau bouillante le transforme facilement dans les amides pyrophosphoriques. Le sel potassique renferme $P^4Az^5H^8KO^7$. Ses sels métalliques n'ont pas une composition constante. E. W.

PHOSPHORE (ANALYSE). — Nous traiterons dans ce chapitre : 1° de la recherche du phosphore libre dans les cas d'empoisonnement ; 2° de la recherche du phosphore dans les substances minérales et organiques ; 3° du dosage du phosphore et de l'acide phosphorique ; 4° enfin de la séparation de l'acide phosphorique d'avec les bases et les acides.

Recherche du phosphore dans les cas d'empoisonnement. — La présence du phosphore libre dans les matières suspectes se reconnaît souvent à son odeur, mais ce caractère ne peut suffire dans aucun cas et il faut isoler le phosphore lui-même. Le procédé basé sur la solubilité de ce corps dans le sulfure de carbone est très-défectueux. Il a été remplacé avantageusement par la méthode recommandée en 1855 par Mitscherlich et fondée sur la propriété que possède le phosphore de luire dans l'obscurité et de passer à la distillation avec l'eau.

On délaye les matières suspectes dans de l'eau distillée, de manière à former une bouillie claire que l'on introduit dans un ballon A (fig. 483) communiquant avec un tube *b*, de 1 centimètre environ de diamètre, disposé dans un réfrigérant vertical C dans lequel on fait circuler un courant d'eau froide. On porte le liquide du ballon à l'ébullition de manière à entraîner le phosphore en vapeurs. On voit alors, si l'on opère dans l'obscurité, des lueurs phosphorescentes apparaître dans le tube *b*, immédiatement au-dessus du niveau de l'eau du réfrigérant; ces lueurs voltigent dans le tube. En même temps l'eau se condense et s'écoule dans le flacon E avec le phosphore volatilisé ; cette eau luit quand on l'agite dans l'obscurité et l'on pourra y retrouver de petits grains de phosphore. Elle possède, en outre, la propriété de noircir certaines solutions métalliques, notamment l'azotate d'argent.

On peut, avant d'opérer la distillation, procéder à un essai préalable. Cet essai consiste à ajouter quelques gouttes d'acide sulfurique à la liqueur, et à plonger dans l'atmosphère du ballon une bande de papier humide imprégnée d'azotate d'argent, après toutefois avoir constaté, à l'aide d'un papier à l'acétate de plomb, qu'il ne se dégage pas d'hydrogène sulfuré. Pour peu qu'il y ait du phosphore, la bande de papier imprégné d'argent ne tarde pas à noircir. Le phosphure d'argent ainsi formé peut être caractérisé par des essais subséquents : traité par l'acide azotique, il donne de l'acide phosphorique (Scherer).

Dans le procédé qui vient d'être décrit, une partie du phosphore peut s'oxyder dans le tube *b*; on évite cet inconvénient en opérant dans un courant d'acide carbonique, gaz que l'on peut développer dans le ballon A lui-même en ajoutant de petits fragments de marbre à la liqueur acide [Scherer, *Ann. der Chem. u. Pharm.*, t. CII, p. 214].

Généralement on modifie l'appareil ci-dessus en adoptant la disposition représentée par la figure 484. A représente le flacon générateur d'acide carbonique, B un flacon laveur; C le ballon dans lequel se fait la distillation des vapeurs suspectes; R le réfrigérant et D le ballon dans lequel se condensent l'eau et le phosphore. On ne porte le contenu du ballon C à l'ébullition que lorsque l'appareil est plein de gaz carbonique. L'eau condensée en D renferme le phosphore à l'état de petits grains et luit lorsqu'on l'agite dans l'obscurité. Cette méthode permet de retrouver de très-petites quantités de phosphore (0gr,000015 dans 300 grammes de matière, d'après de Vrij et van der Burg).

Il peut arriver que le phosphore soit transformé en totalité en acide phosphoreux ou en un mélange d'acides phosphoreux et phosphorique. La présence de l'acide phosphorique dans les

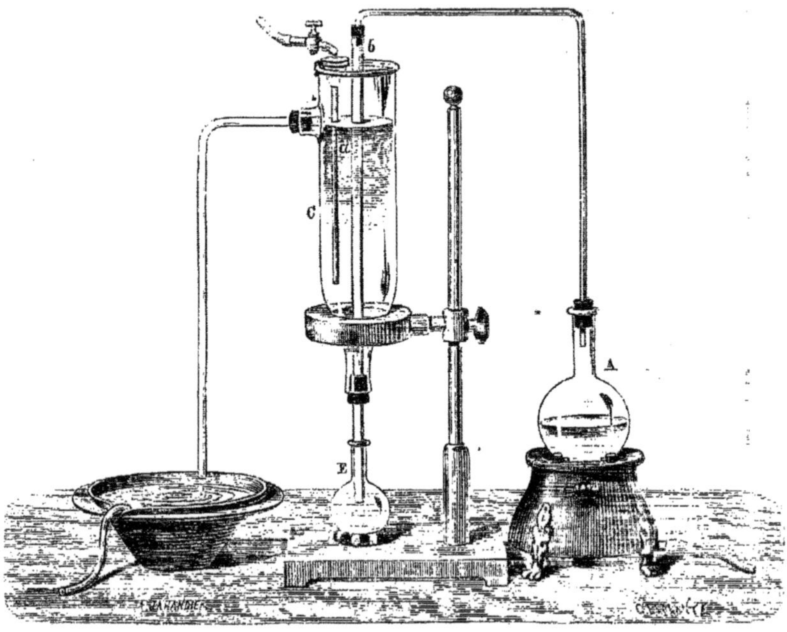

Fig. 483. — Appareil de Mitscherlich pour la recherche du phosphore.

matières suspectes ne serait caractéristique que si l'on en découvrait une proportion notable. Celle de l'acide phosphoreux est plus significative. Cet acide est facile à reconnaître par sa réaction sur les sels d'argent et sur les sels de mercure et par la couleur verte qu'il communi-

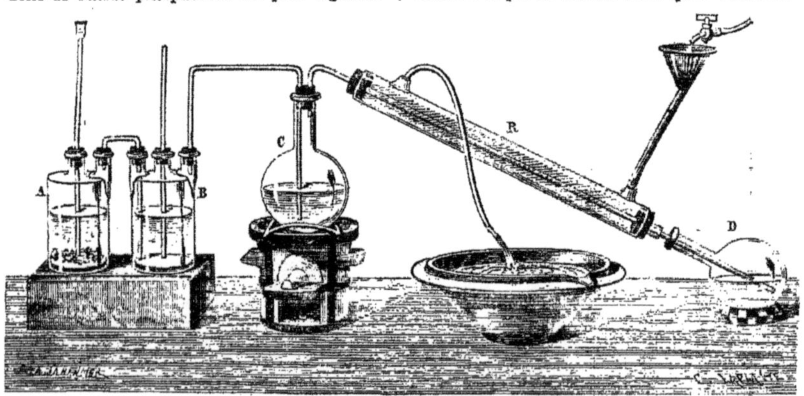

Fig. 484. — Appareil de Mitscherlich modifié.

que ainsi que le phosphore libre à la flamme de l'hydrogène, lorsqu'on l'introduit dans l'appareil de Marsh (Woehler et Dusart). Pour mettre à profit ce caractère, on emploie le procédé recommandé par Blondlot.

On introduit le liquide à essayer dans un appareil à hydrogène pur, assez spacieux à cause de la mousse qui se produit ordinairement ; on dirige le gaz dans une solution étendue d'azotate d'argent ; on recueille le précipité qui se forme (phosphure d'argent et argent) et on l'introduit dans un appareil de Marsh modifié comme il suit : B est un flacon dans lequel s'engage exactement une allonge A ; sa tubulure latérale communique avec un tube en U renfermant du chlorure de calcium; *b* est un bec à bout de platine relié au tube en U par un tube de caoutchouc qui peut être fermé par une pince *p*. On introduit dans le flacon du

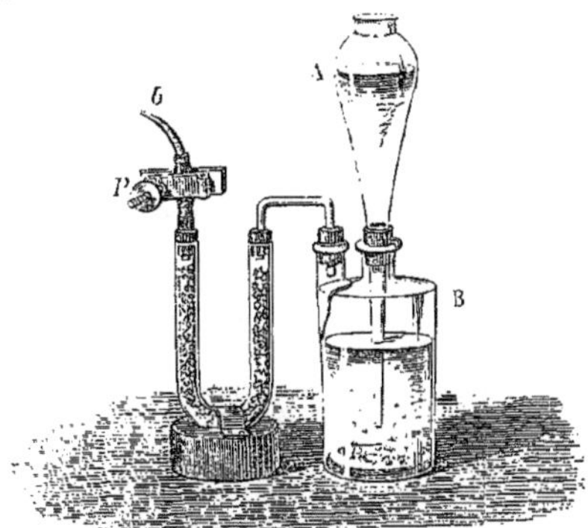

Fig. 485. — Appareil de Marsh modifié.

zinc pur, de l'acide sulfurique et de l'eau, de manière à le remplir complétement; on adapte ensuite l'allonge et l'on serre la pince *p*. L'hydrogène qui se dégage force alors le liquide à remonter dans l'allonge, et lorsque la quantité de gaz accumulée dans le flacon est assez considérable, on desserre la pince *p* et on enflamme le jet de gaz, après avoir attendu un instant pour que l'air soit chassé du tube en U. Si le liquide suspect renferme du phosphore ou de l'acide phosphoreux, la flamme est colorée en vert émeraude. L'acide phosphorique ne produit pas cette réaction. Cette flamme, examinée au spectroscope, fait apparaître deux raies vertes magnifiques, à peu près de même intensité, et une troisième, plus faible, entre les deux précédentes et le sodium (Christofle et Beilstein). Si l'on fait arriver autour de la flamme un courant assez vif d'air atmosphérique, la coloration sera plus visible et le spectre présentera l'aspect représenté dans la planche en couleur, t. II, p. 236, fig. 12.

Recherche du phosphore combiné. — Pour reconnaître si une substance renferme du phosphore parmi ses éléments, on la soumet à l'oxydation par l'acide azotique, par l'eau régale ou par fusion avec de l'azotate de potasse; dans ce dernier cas, on reprend par l'eau acidulée. Tout le phosphore est alors transformé en acide phosphorique; on neutralise cette solution par une base. On chauffe le sel ainsi obtenu avec du potassium ou du sodium. Si c'est un phosphate, il se forme du phosphure alcalin qui, humecté d'eau, fournit de l'hydrogène phosphoré reconnaissable à son odeur, s'il est en petite quantité, ou à la facilité avec laquelle il s'enflamme. Si l'acide phosphorique était accompagné d'acide sulfurique, il serait bon de précipiter d'abord celui-ci par de l'azotate barytique. On peut du reste se contenter généralement des caractères que présentent l'acide phosphorique et les phosphates (voyez p. 974 et 975). — Voyez Recherche et dosage du phosphore dans le fer, t. I, p. 1431.

Quant à la recherche du phosphore dans les matières organiques, elle peut se faire d'une manière analogue en le transformant en acide phosphorique, par exemple par la méthode de Carius. — Voyez t. I, p. 293.

Dosage de l'acide phosphorique. — L'acide phosphorique peut être dosé sous un grand nombre de formes. Nous allons examiner les méthodes les plus importantes. Le choix de la méthode à employer dépend en général des circonstances de l'analyse et des éléments auxquels est associé l'acide phosphorique, et, par suite, des procédés qu'on a dû suivre pour sa séparation. Quant aux acides méta- et pyrophosphorique ou à leurs sels, il convient de les transformer d'abord en acide phosphorique ordinaire.

Dosage à l'état de phosphate de plomb. — Le procédé est le même que pour le dosage de l'acide arsénique, et applicable dans les mêmes circonstances. — Voyez t. I, p. 415.

Dosage à l'état de pyrophosphate de magnésium. — Ce procédé, le plus souvent employé, est un des plus exacts; il consiste à précipiter l'acide phosphorique, à l'état de phosphate ammoniaco-magnésien, $PO^4Mg''(AzH^4)$, en ajoutant un mélange de sulfate de magnésium, de sel ammoniac et d'ammoniaque. Ce sel se transforme par la calcination en pyrophosphate, $P^2O^7Mg^2$. On opère comme pour le dosage de la magnésie (voyez t. II, p. 278). Les résultats sont très-exacts; toutefois, comme les eaux de lavage renferment un peu de phosphate ammoniaco-magnésien, on peut faire subir une correction à la pesée du phosphate en ajoutant au poids de ce sel 0gr,001 par 54 centimètres cubes d'eau de lavage (Fresenius).

Lorsque l'acide phosphorique a été précipité à un autre état, on peut toujours le ramener, par une opération convenable, à l'état de pyrophosphate de magnésium.

Le poids du pyrophosphate, multiplié par le rapport $\frac{P^2O^5}{P^2O^7Mg^2} = 0,63964$, donne le poids d'anhydride phosphorique contenu dans l'essai; pour avoir le poids d'acide phosphorique ou de phosphore, il faut de même multiplier le poids du pyrophosphate par les rapports $\frac{2.PO^4H^3}{P^2O^7Mg^2} = 0,8820$ ou $\frac{P^2}{P^2O^7Mg^2} = 0,27928$.

On sépare fréquemment l'acide phosphorique à l'état de phosphomolybdate d'ammonium; ce sel n'offrant pas une composition constante ne peut être pesé tel quel et il est nécessaire de le transformer en phosphate ammoniaco-magnésien. Pour cela, on redissout le précipité dans l'ammoniaque, on neutralise en partie par l'acide chlorhydrique et l'on précipite par le sulfate de magnésium.

Dosage par l'étain métallique. — Ce procédé est applicable à toute substance phosphatée lorsqu'elle est soluble sans résidu dans l'acide azotique. Il est basé sur ce fait que l'étain, en se transformant en acide stannique insoluble par l'acide azotique, fixe tout l'acide phosphorique dissous dans cet acide. On dissout donc le phosphate à analyser dans l'acide azotique, puis on y ajoute un poids connu d'étain (8 à 10 fois le poids probable d'acide phosphorique). Quand celui-ci est entièrement transformé en acide stannique, on lave la matière, on la dessèche et on la calcine (voyez t. I, p. 1296). L'excès de poids sur le poids de l'acide stannique qui aurait dû se former indique la quantité d'anhydride phosphorique. Il est bon de déterminer cette quantité par une expérience préalable, l'étain employé étant rarement pur [Alv. Reynoso, *Ann. de Chim. et de Phys.*, (3), t. XXXIV, p. 321].

Reissig a modifié le procédé de Reynoso en ce sens qu'il ne pèse pas l'acide stannique, mais qu'il le dissout dans la potasse, sature la solution par de l'hydrogène sulfuré, puis par de l'acide acétique, de manière à précipiter l'étain à l'état de sulfure; l'acide phosphorique se trouve entièrement dans la liqueur filtrée et peut y être précipité à l'état de phosphate ammoniaco-magnésien

[*Ann. der Chem. u. Pharm.*, t. XCVIII, p. 339].

D'après A. Girard, le procédé de Reynoso n'est pas directement applicable en présence du fer et de l'alumine qui sont précipités en même temps. Il faut, dans ce cas, reprendre ce précipité, bien lavé, par l'eau régale, saturer par l'ammoniaque, puis ajouter un excès de sulfhydrate d'ammoniaque. On filtre pour séparer le sulfure de fer et l'alumine et l'on précipite directement dans la liqueur filtrée l'acide phosphorique par le sulfate de magnésium [*Compt. rend.*, t. LIV, p. 468].

Dosage à l'état de phosphate trimagnésique, $(PO^4)^2Mg^3$. — Ce procédé est très-commode lorsqu'on a à séparer l'acide phosphorique des alcalis. On ajoute à la solution du phosphate alcalin une quantité pesée de magnésie pure après l'avoir mélangée de sel ammoniac; on évapore à sec, on calcine pour chasser le sel ammoniac. On transforme alors le chlorure de magnésium formé en magnésie par l'oxyde de mercure (voyez t. II, p. 278); on calcine de nouveau, on reprend par l'eau pour enlever les chlorures alcalins, on lave la partie insoluble et on la pèse après l'avoir encore une fois soumise à la calcination. L'excès de poids pour la quantité de magnésie employée correspond à l'anhydride phosphorique [Fr. Schulze, *Journ. für prakt. Chem.*, t. LXIII, p. 440].

Schulze a proposé un procédé qui a de l'analogie avec le précédent et qui est fondé sur la précipitation complète de l'acide phosphorique lorsqu'on ajoute du perchlorure d'antimoine à la solution acide d'un phosphate [*Ann. der Chem. u. Pharm.*, t. CIX, p. 171; *Rép. de Chim. pure*, 1850, p. 550].

Dosage à l'état de phosphate de bismuth. — Ce procédé est fondé sur l'insolubilité du phosphate de bismuth dans l'eau en présence d'acide azotique libre. Ce sel renferme PO^4Bi. L'acide pyrophosphorique et l'acide métaphosphorique sont également précipités et les sels obtenus se transforment par l'ébullition avec un excès d'azotate de bismuth en phosphate ordinaire.

On dissout le phosphate à analyser dans une petite quantité d'acide azotique, on étend d'eau et on ajoute l'azotate de bismuth; on lave le précipité à l'eau bouillante, puis on le sèche et on le calcine, en le séparant aussi complétement que possible du filtre qu'on incinère à part. Le poids trouvé, multiplié par 0,2328, indique le poids d'anhydride phosphorique. Quant aux bases, elles se dosent facilement dans la liqueur filtrée, après qu'on en a séparé le bismuth par l'hydrogène sulfuré [Chancel, *Compt. rend.*, t. L, p. 416, et t. LI, p. 883].

Ce procédé, excellent en présence de l'alumine, est défectueux en présence du fer et est inapplicable en présence des chlorures et des sulfates, dont on peut du reste toujours se débarrasser par l'azotate d'argent et par l'azotate de baryum.

La solution d'azotate de bismuth peut être préparée en dissolvant 68gr,45 d'azotate neutre cristallisé dans une quantité d'acide azotique correspondant à 68gr,5 de Az^2O^5 et étendu d'eau de manière à produire 1 litre. 1 centimètre cube de cette solution correspond alors à 1 centigramme d'anhydride phosphorique.

Dosage à l'état de phosphate d'urane. — Les solutions aqueuses chaudes ou acétiques des phosphates donnent avec l'acétate d'urane un précipité de phosphate d'urane. Ce précipité est ammoniacal, $(PO^4)(UO)^2AzH^4 + xH^2O)$, si la solution renferme un sel ammoniacal; lorsqu'elle renferme en outre de l'alumine et de l'oxyde de fer, ceux-ci sont en partie entraînés dans la précipitation. Le phosphate d'urane ammoniacal est un précipité jaunâtre, difficile à filtrer à cause de sa consistance mucilagineuse; l'addition de quelques gouttes de chloroforme en facilite le dépôt.

Le précipité est insoluble dans l'acide acétique, soluble dans les acides minéraux; mais dans ce cas l'ébullition en présence d'un acétate alcalin le précipite de nouveau. Par la calcination, il se transforme en pyrophosphate d'uranyle,

$$P^2O^7(UrO)^4.$$

Ce dernier correspond à 19,91 °/₀ d'anhydride phosphorique. On dissout le phosphate dans l'acide chlorhydrique, on chasse la majeure partie de cet acide, on neutralise par l'ammoniaque et on redissout le précipité dans l'acide acétique, on ajoute l'acétate d'urane et l'on fait bouillir, puis l'on filtre et l'on calcine. Après calcination, il faut ajouter une goutte d'acide azotique, évaporer et calciner de nouveau. Le résidu doit être jaune [Leconte, Arend et Knop, *Chem. Centralbl.*, 1856, p. 769, 803, et 1857, p. 177].

On a aussi fondé une méthode de dosage volumétrique sur l'emploi de l'acétate d'urane. — Voyez plus bas.

Dosage à l'état de phosphate de fer. — On opère comme pour le dosage de l'arsenic (t. I, p. 415).

Dosage par le phosphate de mercure. — Ce procédé, dû à H. Rose, est applicable à la séparation de l'acide phosphorique de toutes les bases sauf l'alumine [*Poggend. Ann.*, t. LXXVI, p. 218]. On ajoute à la solution azotique du phosphate, sans trop grand excès d'acide, du mercure pur en léger excès. On évapore à sec au bain-marie jusqu'à ce que l'odeur de l'acide azotique ait disparu. On reprend alors par l'eau bouillante, on filtre la partie insoluble (phosphate de mercure, azotate basique et mercure métallique), on la lave, puis on la calcine avec du carbonate potassique. Le mercure se volatilise ainsi en totalité et l'on peut doser l'acide phosphorique dans le résidu en dissolvant celui-ci dans l'eau, saturant par de l'acide chlorhydrique, puis par de l'ammoniaque, et précipitant par le sulfate de magnésium.

Dosage volumétrique.— On a proposé plusieurs méthodes; la meilleure consiste à précipiter l'acide phosphorique par une solution titrée d'acétate d'urane. Elle est due primitivement à Leconte et a été perfectionnée par Neubauer, Pincus, Boedeker, Lipowitz. Pour reconnaître le moment où l'on a ajouté assez d'acétate d'urane, on ajoute du cyanure jaune à la solution de phosphate; ce sel donne immédiatement un précipité brun-rouge avec l'excès d'acétate d'urane.

Le titre de la solution d'acétate d'urane est établi par une solution de phosphate de soude renfermant 0gr,1 P^2O^5 par 50 centimètres cubes (10gr,085 de sel non effleuri dans 1,000 centimètres cubes d'eau) [*Journ. für prakt. Chem.*, t. LXXVI, p. 104; *Ann. der Chem. u. Pharm.*, t. CXVII, p. 195; *Poggend Ann.*, t. CIX, p. 135; *Rép. de Chim. pure*, 1859, p. 300; 1860, p. 117; 1861, p. 383]. H. Rheineck [*Chem. News.*, t. XXIV, p. 233] fait usage des cristaux d'acétate uranoso-sodique, $(C^2H^3O^2)^3Na(U^2O^2)$. Il dissout 23gr,6 de ce sel dans un litre d'eau (soit 1/20 du poids moléculaire). Ce sel s'obtient lorsqu'on fait bouillir une solution de sels de fer et d'urane avec de l'acétate de sodium; il se précipite en cristaux avec l'hydrate de fer et peut être redissous dans l'eau bouillante. Il est soluble dans 25 parties d'eau froide.

SÉPARATION DE L'ACIDE PHOSPHORIQUE.

MÉTHODES GÉNÉRALES. — 1° L'acide phosphorique peut être séparé d'un grand nombre de bases (terres alcalines, alumine, oxydes de manganèse, nickel, cobalt, zinc et fer, si ce dernier n'est pas en trop grande quantité) à l'état de phosphate d'étain. — Voir plus haut.

2° On sépare les métaux sous forme de sulfures,

lorsqu'ils sont précipitables par l'hydrogène sulfuré ou par le sulfure ammonique.

3° On peut séparer l'acide phosphorique de toutes les bases par le molybdate d'ammonium. Le phosphomolybdate ammonique est un précipité d'un jaune vif, soluble seulement dans 10,000 p. d'eau (Eggertz), soluble dans les liqueurs alcalines, dans beaucoup de sels ammoniacaux, dans quelques sels potassiques, très-peu soluble dans les acides étendus. L'eau renfermant 1 % d'acide azotique n'en dissout que $\frac{1}{6600}$. Cette solubilité disparaît en présence d'un excès de molybdate d'ammonium. L'acide tartrique empêche sa précipitation; il en est de même de beaucoup de matières réductrices.

On ajoute la solution azotique du molybdate ammonique à la solution concentrée du phosphate; le molybdate doit être en grand excès, de manière qu'il y ait environ 40 p. d'acide molybdique pour 1 p. d'acide phosphorique. On laisse reposer pendant 12 à 24 heures dans un endroit chaud (40°). Après ce temps, on décante une portion du liquide et on y ajoute une nouvelle quantité du liquide molybdique pour voir si celui-ci occasionne un nouveau dépôt. On recueille le précipité sur un filtre, lorsque la précipitation est complète.

Cette méthode nécessitant de grandes quantités d'acide molybdique, on ne l'emploie que lorsqu'on ne peut pas employer les autres méthodes. Elle est très-bonne surtout quand on a à doser une petite quantité d'acide phosphorique en présence de beaucoup de fer ou d'alumine, notamment dans les terres arables.

Si la liqueur renfermait de l'acide arsénique ou de l'acide silicique, il faudrait d'abord les séparer [Sonnenschein, *Journ. für prakt. Chem.*, t. LIII, p. 343].

MÉTHODES SPÉCIALES.— *Séparation des alcalis.*— 1° On précipite la solution par un léger excès d'acétate de plomb. La liqueur filtrée renferme l'excès de ce sel et les alcalis qu'on peut doser par les méthodes ordinaires, en précipitant d'abord le plomb par l'hydrogène sulfuré; quant à l'acide phosphorique, on le précipite à l'état de phosphate ammoniaco-magnésien après avoir redissous le précipité dans l'acide azotique et séparé le plomb par l'acide sulfurique.

2° On ajoute du perchlorure de fer et l'on fait digérer la solution avec du carbonate barytique; l'hydrate ferrique qui se précipite entraîne tout l'acide phosphorique.

3° On précipite par une solution ammoniacale de chlorure de magnésium.

4° On précipite l'acide phosphorique à l'état de phosphate triargentique, par l'addition d'azotate d'argent, puis de carbonate d'argent lorsque la liqueur est acide. L'argent est ensuite facilement séparé par l'acide chlorhydrique [Chancel, *Compt. rend.*, t. XLIX, p. 997].

Séparation des terres alcalines et du plomb.— On dissout le phosphate dans l'acide azotique et on précipite la base par l'acide sulfurique, avec addition d'alcool dans le cas de la chaux et de la strontiane.

Acide phosphorique et magnésie. — On sépare l'acide phosphorique à l'état de phosphate de fer.

Acide phosphorique et alumine.—1° On calcine au rouge vif le composé à analyser avec 1 1,2 p. de silice précipitée et 6 p. de cabonate sodique sec. Le produit calciné est repris par l'eau, mis en digestion avec du bicarbonate d'ammonium en excès, puis filtré. Le liquide filtré renferme du phosphate alcalin; quant à l'alumine, elle reste sur le filtre à l'état de silicate (Berzelius).

2° On peut aussi précipiter l'alumine à l'état de silicate en ajoutant du silicate potassique à la solution potassique de l'essai, faisant bouillir et filtrant (Fuchs).

3° On dissout l'essai dans l'acide chlorhydrique ou azotique, on étend d'eau, puis on ajoute assez d'acide tartrique pour que l'ammoniaque en excès ne produise pas de précipité. On ajoute alors du sulfate de magnésium ammoniacal, on laisse reposer 24 heures, puis l'on recueille le phosphate ammoniaco-magnésien sur un filtre. Ce précipité peut renfermer un peu de tartrate basique de magnésium, de l'alumine et du fer; pour le débarrasser de ces sels, on le redissout dans l'acide chlorhydrique et on le reprécipite par l'ammoniaque, en ajoutant très-peu d'acide tartrique.

Pour isoler l'alumine qui est dans la liqueur filtrée, on évapore celle-ci en ajoutant du carbonate sodique pour décomposer les sels ammoniacaux, on évapore à sec et l'on calcine. Le résidu étant dissous dans l'acide chlorhydrique à chaud, on sépare l'alumine de la magnésie en la précipitant par l'ammoniaque en présence de sel ammoniac (Otto). Ce procédé est applicable à la séparation simultanée du fer.

On remplace avec avantage l'acide tartrique par l'acide citrique, ou plutôt on fait usage de citrate de magnésium ammoniacal. On dissout 400gr d'acide citrique et 20 grammes de carbonate de magnésium dans 550 centimètres cubes d'ammoniaque concentrée, puis on étend d'eau de manière à produire 1lit,5. Cette solution s'ajoute directement à la solution acide du phosphate, dans laquelle on verse ensuite un excès d'ammoniaque. Le précipité ammoniaco-magnésien se forme ainsi plus rapidement et plus complétement. Ce procédé est surtout recommandable pour l'analyse des phosphates fossiles.

Acide phosphorique et zinc, manganèse, nickel, cobalt, fer. — 1° On transforme les phosphates en phosphate sodique par calcination avec du carbonate alcalin; on reprend par l'eau et l'on précipite l'acide phosphorique dans la liqueur filtrée, à l'état de phosphate ammoniaco-magnésien. Dans la partie insoluble on dose les métaux d'après les procédés ordinaires.

2° On ajoute à la solution chlorhydrique du phosphate de l'acide tartrique, du sel ammoniac, de l'ammoniaque et du sulfhydrate d'ammoniaque, on laisse digérer dans un endroit chaud, puis l'on filtre; tous les métaux sont transformés en sulfures et l'acide phosphorique peut être précipité directement dans la liqueur filtrée.

3° On traite la solution par le sulfite de sodium pour réduire le fer, puis l'on fait bouillir avec un excès de potasse jusqu'à ce que le précipité soit devenu noir et pulvérulent. Il est alors formé d'hydrate ferroso-ferrique; on le filtre et on le lave à l'eau bouillante. Tout l'acide phosphorique passe dans la liqueur filtrée et peut en être précipité (Fresenius).

4° On ajoute un poids connu d'alumine à la solution chlorhydrique de l'essai; après avoir neutralisé en grande partie par la potasse, on traite la solution par de l'hyposulfite de sodium. Dans ces conditions, l'alumine se précipite en entraînant tout l'acide phosphorique. La différence du poids de ce précipité avec celui de l'alumine indique le poids de l'anhydride phosphorique (Chancel).

Acide phosphorique et chrome.— On fond avec de l'azotate et du carbonate de potassium, on reprend par l'eau le mélange de phosphate et de chromate, on sature par un acide et on précipite l'acide phosphorique par le sulfate de magnésium ammoniacal; quant à l'acide chromique, on le précipite à l'état de chromate de mercure.

Acide phosphorique et urane, tungstène ou molybdène. — Voyez ces métaux.

Acide phosphorique et acides de l'arsenic. — La séparation s'effectue complétement par l'hydrogène sulfuré, en observant les précautions indiquées pour la précipitation de l'arsenic.

Acide phosphorique et acide sulfurique. — On précipite l'acide sulfurique par le chlorure de baryum, dans une liqueur renfermant de l'acide azotique.

Acide phosphorique et acide borique. — On précipite l'acide phosphorique à l'état de phosphate ammoniaco-magnésien et on dose l'acide borique dans la liqueur filtrée, par les procédés ordinaires.

Séparation des phosphates et des fluorures. — Si les deux sels sont solubles, on les précipite par le chlorure de calcium, avec addition d'eau de chaux; on traite le mélange de phosphate et de fluorure de calcium par l'acide sulfurique jusqu'à expulsion de tout le fluor, puis on dose la chaux et l'acide phosphorique; la quantité de fluor est donnée par l'excès de chaux sur le poids calculé de phosphate tricalcique.

Dans une solution ne renfermant qu'une petite quantité de fluor, on précipite l'acide phosphorique à l'état de phosphate trimercurique par l'addition d'azotate basique de mercure : le fluorure de mercure reste dissous.

Si le mélange est insoluble dans l'eau ou dans les acides, on le fond avec du carbonate de sodium et de la silice, comme pour la séparation de l'acide phosphorique d'avec l'alumine (page 987). La solution aqueuse du produit fondu renferme l'acide phosphorique et le fluor.

DOSAGE DE L'ACIDE PHOSPHORIQUE DANS LES ENGRAIS. — Voyez t. I, p. 1249. E. W.

PHOSPHORE (INDUSTRIE). — PRÉPARATION DU PHOSPHORE. — *Historique.* — Le phosphore a été découvert par hasard en 1669, par l'alchimiste Brandt, de Hambourg, qui vendit bientôt après son secret à Kraft de Dresde. Le chambellan et chimiste saxon Kunckel, d'après la seule donnée que le phosphore avait été obtenu au moyen de l'urine, parvint, de son côté, à le préparer et publia, en 1678, sa brochure *de Phosphoro mirabili*, mais sans faire connaître le procédé de préparation.

Les premières notions sur la méthode d'obtenir le phosphore sont de Boyle [*Philosophical Transactions*, 1680]; en 1683, Kraft divulgua son secret dans le journal le *Mercure*.

Leibnitz publia, en 1710, dans les *Berliner Miscellen* les renseignements qu'il avait reçus à la fois de Kraft et de Brandt.

Homberg fit connaître dans les *Mémoires de l'Académie des sciences*, 1692, le procédé de Kunckel, et en 1726 Hook décrivit dans le *Recueil expérimental* la méthode de Brandt.

En 1737 [*Encyclop. méthodique*, 1808, t. IV], du phosphore fut préparé par un étranger au laboratoire du Jardin des Plantes, en présence de Geoffroy, Duhamel et Hellot; ce dernier rendit public le procédé dans les *Mémoires de l'Académie*. Tous ces procédés consistaient à évaporer de l'urine soit seule, soit mélangée de sang en consistance sirupeuse, à y ajouter du sable ou du charbon et à soumettre le tout à la distillation sèche. Au rouge blanc distillait alors un peu de phosphore, qui se déposait en une masse de consistance cireuse au fond du récipient.

Ce fut Marggraf qui, en 1743, démontra pour la première fois que c'était l'acide phosphorique (jusqu'alors inconnu) qui fournissait le phosphore par la calcination avec des substances réductrices.

Il fonda sur son observation le procédé suivant. L'urine putréfiée évaporée en consistance d'extrait (9 à 10 p.) est mélangée avec le chlorure de plomb, résultant de la calcination d'un mélange de 4 p. de minium avec 2 p. de sel ammoniac; l'on y ajoute encore 1/2 p. de charbon pulvérisé et l'on chauffe le tout dans un vase en fonte, en remuant constamment jusqu'à transformation en une poudre noire. Celle-ci est enfin soumise, dans une cornue en grès, à la distillation sèche. Le phosphore brut est purifié par une nouvelle distillation.

Giobert [*Ann. de Chim.*, t. XII, p. 15] modifia légèrement le procédé en précipitant l'urine par le nitrate de plomb. Le précipité consistant principalement en phosphate et chlorure de plomb, après avoir été recueilli sur filtre, lavé, mélangé avec le quart de son poids de charbon, puis séché, était pareillement soumis à la distillation dans une cornue en grès. Ce procédé est basé sur la décomposition complète du phosphate de plomb par le charbon, en phosphore, plomb et oxyde de carbone.

Ce procédé permit d'obtenir une quantité de phosphore bien plus notable que les méthodes antérieures, où l'on perdait les 5/6 de l'acide phosphorique qui, irréductible dans sa combinaison avec les alcalis fixes, se retrouvait à l'état de phosphates alcalins, surtout de sodium, dans le résidu de la cornue.

Un siècle après la découverte de Brandt, Gahn constata la présence de l'acide phosphorique dans les os.

Scheele en tira parti pour son nouveau procédé de préparation du phosphore, qui consistait à dissoudre les os calcinés dans l'acide nitrique faible, précipiter la chaux par l'acide sulfurique, filtrer, évaporer en séparant avec soin le sulfate de calcium, mélanger la liqueur sirupeuse avec du charbon pulvérisé, dessécher et calciner dans une cornue en grès.

Ce procédé, publié en 1775 dans la *Gazette sanitaire de Bouillon*, fut modifié avantageusement par Nicolas et ensuite par Pelletier [*Journ. de Phys.*, t. XI et t. XXVIII] qui traitèrent 1/2 p. d'os calcinés par 1 p. d'acide sulfurique étendu de 8 à 10 p. d'eau; après séparation du sulfate de chaux, la solution fut évaporée presque à siccité, mélangée avec du charbon pulvérisé et le tout calciné dans une cornue en terre.

Plus tard, Creil, Chaptal, Richter donnèrent des recettes ne différant que par les proportions d'acide sulfurique et de charbon.

C'est aux belles recherches de Fourcroy et Vauquelin [*Journ. de Pharm.*, 1797, t. I, n° 9], qu'on doit l'explication du procédé Nicolas-Pelletier. Ces savants montrèrent qu'aucun acide, même l'acide sulfurique, ne peut enlever toute la chaux à l'acide phosphorique; que le liquide acide, séparé du sulfate de calcium, était encore un phosphate calcaire, mais avec excès d'acide phosphorique « un phosphate acidulé de chaux, » et que ce n'était que cet excès d'acide phosphorique qui était réduit par le charbon.

Ils conseillèrent de traiter 100 p. d'os calcinés et pulvérisés par 400 p. d'eau et 40 p. d'acide sulfurique, d'abandonner pendant 24 heures, de filtrer, de laver le sulfate de calcium et de précipiter la liqueur claire par une solution d'acétate de plomb. Le précipité de phosphate de plomb bien lavé était séché et mélangé avec 1/6 à 1/5 de son poids de charbon en poudre. Le tout était enfin calciné au blanc dans une cornue dont le col plongeait un peu au-dessous de la surface de l'eau du récipient.

Berzelius proposa plus tard [*Journ. der Chem. u. Phys.*, t. III, p. 33] de précipiter le phosphate de plomb par l'addition d'acétate de plomb à la solution des os dans l'acide nitrique, de décomposer le phosphate de plomb lavé par digestion avec l'acide sulfurique, de filtrer pour séparer du sulfate de plomb, de concentrer l'acide phosphorique, retenant un petit excès d'acide sulfurique jusqu'au point où ce dernier serait expulsé, de mélanger l'acide phosphorique vitreux au 1/3 de charbon en poudre et de distiller au blanc dans une cornue en porcelaine.

Un procédé tout différent fut indiqué par [.] Woehler [*Poggend. Ann.*, t. XVII]; il consiste [à] calciner au blanc les os carbonisés et pulvé[ri]sés, puis mélangés de silice et, au besoin, [d]'un peu de charbon en poudre fine. L'acide [p]hosphorique déplacé par l'acide silicique est [ré]duit par le charbon en phosphore et oxyde de [ca]rbone. Cette méthode, excellente en théorie, [n]'a pu devenir pratique, non-seulement à cause [d]e l'énorme chaleur et dépense de combustible [q]u'elle exige, et à cause de la difficulté de trou[v]er des vases assez résistants, mais encore parce [q]ue la décomposition du phosphate de calcium [p]ar la silice et le charbon est toujours très-[in]complète, même avec l'addition de fondants [p]our obtenir la fusion du silicate de calcium, in[fu]sible par lui-même.

Pour vaincre ces difficultés, MM. Aubertin, [B]oblique, et plus tard M. Brisson, ont imaginé [d]'opérer la décomposition et la réduction du [p]hosphate de calcium dans une espèce de haut-[f]ourneau ou four à manche construit en briques [r]éfractaires et revêtu extérieurement d'une che[m]ise en tôle. Le gueulard est hermétiquement [f]ermé par une soupape conique qui n'est ouverte [q]ue de temps à autre, au moment de l'introduc[t]ion de nouvelles charges.

A quelque distance au-dessous du gueulard se [t]rouve la conduite par laquelle se dégagent les [v]apeurs et gaz; cette conduite aboutit à des ap[p]areils de condensation destinés à recueillir le [p]hosphore condensé, tout en laissant échapper [l]es gaz permanents. On commence par remplir [l]e four de combustible (coke, anthracite, charbon [d]e bois), et l'on met la soufflerie en activité. Une [f]ois le four bien chauffé, l'on y introduit, par [c]ouches alternatives, le mélange de phosphate de [c]alcium, de silice et de charbon (M. Brisson y [a]joute encore du carbonate de sodium anhydre, [p]our provoquer la formation d'une scorie plus [f]usible). A la faveur de la haute température, la [s]ilice déplace l'acide phosphorique qui est aussi[t]ôt réduit par le combustible, et les vapeurs du [p]hosphore se rendent avec les gaz (oxyde de car[b]one, hydrogène et azote) dans les réfrigérants [o]ù le phosphore se condense.

La scorie, formée par le silicate double de [c]alcium et de sodium, les cendres du combustible [e]t les autres matières qui accompagnent le phos[p]hate de calcium (surtout dans le cas de l'emploi [d]u phosphate minéral), s'accumule peu à peu dans le creuset du haut-fourneau. On en pratique de temps à autre la coulée.

La nécessité d'opérer à une température très-élevée et surtout la difficulté de trouver des vases assez résistants se sont opposées à l'adoption du procédé de M. Cary-Montrand [*Monit. scient.*, 1857, t. I, p. 72] qui consiste à faire passer du gaz chlorhydrique sur un mélange de phosphate de calcium des os et de charbon porté à peu près au rouge blanc. L'on obtient presque tout le phosphore renfermé dans les os. La formule suivante représente la réaction :

$$P^2O^8Ca^3 + 6HCl + C^8 = P^2 + 8CO + H^6 + 3Cl^2Ca.$$

Lorsqu'on substitue au gaz chlorhydrique le chlore sec, la réaction s'opère à une température moins élevée :

$$P^2O^8Ca^3 + 6Cl + C^8 = P^2 + 3Cl^2Ca + 8CO;$$

mais, dans ce cas, il faut bien régler le courant du chlore et ne pas en employer en excès, parce que le phosphore déjà distillé se combinerait au chlore pour former du proto- ou du perchlorure de phosphore ou bien, sous l'influence de l'eau, de l'acide chlohydrique et de l'acide phosphoreux ou phosphorique.

Dans tous les procédés qui viennent d'être sommairement indiqués, l'on a fait usage d'os calcinés, c'est-à-dire d'os dont la partie organique, l'osséine ou gélatine, avait été complétement détruite par une combustion ou calcination préalable.

Dans les procédés qui suivent, l'on a cherché au contraire à combiner la fabrication de la gélatine ou colle forte des os avec celle du phosphore.

Dunovan, reprenant la méthode de Berzelius, proposa de traiter les os frais par de l'acide nitrique étendu (5 kilogrammes os, 3 kilogrammes acide nitrique et 20 litres d'eau) pour dissoudre le phosphate de chaux et isoler l'osséine. La solution nitrique était alors précipitée par 4 kilogrammes d'acétate de plomb; le phosphate de plomb, lavé, séché et mélangé de 1/6 de charbon, était distillé. L'on obtenait ainsi, avec 100 d'os frais, de 7,5 à 9 °/₀ de phosphore.

M. Fleck opère d'une autre manière : il traite les os frais d'abord par de l'eau chaude pour les dégraisser, puis pendant sept à huit jours par de l'acide chlorhydrique faible d'une densité de 1,05, et achève la dissolution du phosphate de calcium en faisant digérer les os dans un acide chlorhydrique d'un poids spécifique de 1,02, jusqu'à ce que l'osséine soit devenue entièrement flexible et translucide.

Les solutions acides sont concentrées dans des vases en grès vernissé ou en fonte émaillée, au moyen de la chaleur perdue des fours à phosphore, jusqu'à l'apparition d'un léger dépôt de phosphate acide de calcium. Les liqueurs sont alors coulées dans des cuves en bois où ce sel cristallise. On le recueille sur toiles, on laisse bien drainer, opération qui est favorisée par la nature déliquescente du chlorure de calcium enfermé dans les eaux mères, puis l'on exprime très-fortement et l'on dessèche enfin le phosphate acide de calcium de manière à pouvoir le réduire en une poudre blanche, d'un éclat nacré. Cette poudre est mélangée au 1/4 de son poids de charbon de bois pulvérisé, passé au tamis, et la matière ainsi obtenue est enfin distillée au rouge blanc pour l'obtention du phosphore.

Les premières eaux mères étant de nouveau concentrées laissent encore déposer par le refroidissement un phosphate acide de calcium impur, qu'on redissout dans les premières solutions acides en évaporation. Les deuxièmes eaux mères sont étendues d'eau et neutralisées avec soin par un lait de chaux; il se dépose du phosphate tribasique de calcium qu'on recueille, lave et convertit plus tard, de nouveau par l'acide chlorhydrique en chlorure de calcium et phosphate acide. Le résidu des cornues à phosphore étant un mélange de phosphate tribasique ou de pyrophosphate de calcium et de charbon, M. Fleck, après l'avoir grillé pour brûler le charbon, le traite de même par l'acide chlorhydrique concentré, comme le phosphate basique précédent.

Ce procédé, théoriquement très-rationnel puisqu'il permet d'isoler l'osséine des os frais et de retirer presque tout le phosphore renfermé dans le phosphate de calcium, présente cependant dans la pratique de si grandes difficultés, et exige tant de main-d'œuvre, qu'il n'est guère parvenu à devenir industriel.

A Bouxwiller, dans le Bas-Rhin, dans la grande fabrique de gélatine, de prussiate de potasse et d'alun de M. Schattenmann, les os frais étaient aussi débarrassés du phosphate de calcium par digestion avec l'acide chlorhydrique. Mais la solution acide était ensuite neutralisée par du carbonate d'ammonium brut provenant de la distillation sèche de matières animales, qu'on convertissait par la calcination en vases clos en charbon azoté. Le charbon azoté servait à la fabrication du prussiate de potasse. La neutralisation donnait naissance, d'un côté à une solution de chlorure ammonique, qui, concentrée dans des chaudières en fer, fournissait ce sel cristallisé; et de l'autre à une précipitation de phosphate tribasique de calcium, qui était recueilli, lavé et puis traité à la manière ordinaire par l'acide sulfurique pour être converti en sulfate de calcium et phosphate acide.

En 1864, M. G. rland proposa de faire usage d'une solution aqueuse d'acide sulfureux pour dissoudre le phosphate de calcium des os frais et isoler l'osséine. La solution sulfureuse portée ensuite à l'ébullition laissait dégager le gaz sulfureux, qu'on reconduisait dans une tour ou colonne d'absorption, et il se précipitait du phosphate calcique tribasique. Le même acide sulfureux servait ainsi presque indéfiniment. Les difficultés de cette méthode sont la solubilité assez restreinte du phosphate de calcium dans l'acide sulfureux et la facile oxydation de ce dernier, en solution aqueuse, au contact de l'air, en acide sulfurique.

Au premier abord, il paraît plus simple, lorsqu'on a dissous le phosphate de calcium dans l'acide chlorhydrique, de le reprécipiter de cette solution par l'addition de lait de chaux, de laver complétement le phosphate calcique tribasique pour le débarrasser de toute trace de chlorure de calcium et de le traiter ensuite par l'acide sulfurique, absolument comme s'il s'agissait du phosphate de calcium des os calcinés.

Mais l'expérience a démontré que cette précipitation entraînait avec le phosphate de calcium tant de chaux hydratée et de carbonate de calcium, qu'il fallait une proportion d'acide sulfurique bien plus considérable, ce qui, joint aux frais d'appareils et de main-d'œuvre, compensait à peu près le bénéfice résultant de la fabrication simultanée de la gélatine.

Une méthode qui a été assez fréquemment employée, et qui se pratique même encore aujourd'hui dans des cas exceptionnels, consiste à dégraisser les os frais, à en extraire la gélatine par digestion avec de l'eau liquide ou de la vapeur d'eau dans des autoclaves sous pression, à dessécher le phosphate de calcium humide, encore imprégné de matière organique, et à le griller pour carboniser et détruire les restes d'osséine, enfin à faire réagir l'acide sulfurique sur le phosphate tribasique de calcium ainsi obtenu.

En jugeant la valeur comparative de tous ces procédés, il ne faut point perdre de vue que la préparation de la gélatine n'est possible qu'avec des os frais et bien conservés; tandis que pour la fabrication du phosphore avec les os calcinés l'on peut employer même des os déjà anciens, dont l'osséine est plus ou moins décomposée et par conséquent impropre à la préparation de la gélatine.

Si la valeur commerciale des os, dont le prix a notablement augmenté depuis une série d'années, venait à atteindre une limite trop élevée, il est probable que la matière première pour la fabrication du phosphore ne serait plus prise dans le règne animal, mais dans le règne minéral.

On pourrait utiliser les substances suivantes, qui jouent d'ailleurs un rôle déjà très-important dans l'industrie des engrais artificiels, et sont employées en très-grandes quantités pour la fabrication du superphosphate. — Voyez t. I, p. 1239, article *Engrais*.

L'*apatite*, [$3P^2Ca^3O^8 + Fl^2Ca$], renfermant de 80 à 92 % de phosphate de calcium tribasique.

La *phosphorite*, une apatite fibreuse ou compacte renfermant de 50 à 90 % de phosphate tribasique, dont on trouve des amas à peu près inépuisables à Logrosan (Estramadure), dans les schistes argileux siluriens, et à Carceres et Montenchez (également en Espagne), dans la craie, qu'on rencontre également à Amberg, en Bavière, dans le calcaire jurassique (92 %), à Fuchsmühl et Zotterwies dans le Palatinat supérieur, en nids, entre le basalte et les couches tertiaires, à Friedland, en Bohême, entre les colonnes basaltiques, 75 %, à Hanau, en Hesse, dans la dolérite, à Honnef, vallée de la Lahn, dans le conglomérat trachytique, en Norwége, en France, dans le Jura, dans le Lot, etc., en Amérique, dans le Canada, 86-90 %, etc.

La *sombrerite*,

$$[8P^2Ca^3O^8 + 3P^2O^5,2Al^2O^3 + 20H^2O],$$

qu'on rencontre en quantité aux Antilles, surtout dans l'île de Sombrero, sous des couches de guano, et qui renferme 65 % de phosphate de calcium et 17 % de phosphate d'aluminium.

Le *guano bakerien*, 75-80 %; celui des *îles à Corail*, 60 %, et celui de l'île Navassa, 66 %.

Les *coprolithes* du lias et de la craie, les *rognons* de phosphate de calcium dans les couches du gault, si répandus en France et exploités dans les Ardennes et dans le département de la Meuse. — Voyez *Rapport sur l'Exposition de Paris en 1867*, t. V, p. 206.

Les os fossiles. — Un traitement plus ou moins analogue à celui auquel sont soumis les os servirait à préparer le phosphate acide de calcium, qui constitue jusqu'ici la base de la fabrication du phosphore.

FABRICATION INDUSTRIELLE DU PHOSPHORE. — La fabrication du phosphore, telle qu'elle est généralement pratiquée, comprend les opérations suivantes :

1° *Calcination et pulvérisation des os*. — La proportion de phosphate de calcium contenue dans les os varie de 42 à 62 %. Les os durs en renferment plus que les os spongieux. On utilise surtout les os de cheval, de bœuf et de mouton.

La calcination s'effectue souvent dans une espèce de four à manche, à barreaux de grille mobiles, ou dans un petit four coulant semblable aux fours à chaux. Le four doit être surmonté d'un cône renversé en tôle, terminé par un tuyau plus ou moins élevé, afin que les gaz, à odeur très-infecte, puissent être dirigés dans une cheminée.

L'on allume un feu vif sur la grille, d'abord pour fortement échauffer les parois du four, puis pour enflammer les os qu'on charge par le haut, jusqu'à ce que le four soit peu à peu aux trois quarts rempli. La matière organique des os (osséine, graisse, moelle, etc.), prend feu et entretient la combustion; de temps en temps on retire des barreaux de la grille pour laisser tomber les os calcinés à blanc dans le cendrier, d'où on les enlève après refroidissement. Les barreaux sont remis immédiatement en place, l'on remplit d'os frais le vide formé dans le four; ils s'enflamment et la calcination s'opère ainsi d'une manière continue, sans qu'il soit besoin d'autre combustible, que les os mêmes.

En donnant à la sole du four une inclinaison vers la porte du cendrier, l'on peut supprimer la grille. Les os frais reposent sur les os déjà calcinés, qu'on retire au fur et à mesure que la calcination avance; l'air, passant à travers la couche d'os calcinés encore rouges de feu, les refroidit en s'échauffant lui-même, ce qui contribue puissamment à activer la combustion et à la rendre continue.

S'il est nécessaire d'interrompre l'opération pendant la nuit, l'on ferme avec soin toutes les issues, de même que la porte du cendrier. La combustion se ralentit beaucoup, mais l'intérieur du four reste rouge. Le lendemain, l'on dégage les issues, on comble le vide du four par des os frais et l'on enlève une certaine quantité d'os calcinés, en laissant le cendrier ouvert, pour permettre l'accès de l'air. En peu de temps, la combustion redevient très-active et la calcination s'opère comme précédemment.

Pour brûler les gaz infects et les rendre ainsi inodores, M. Payen avait imaginé le four coulant à combustion renversée, présentant les dispositions suivantes :

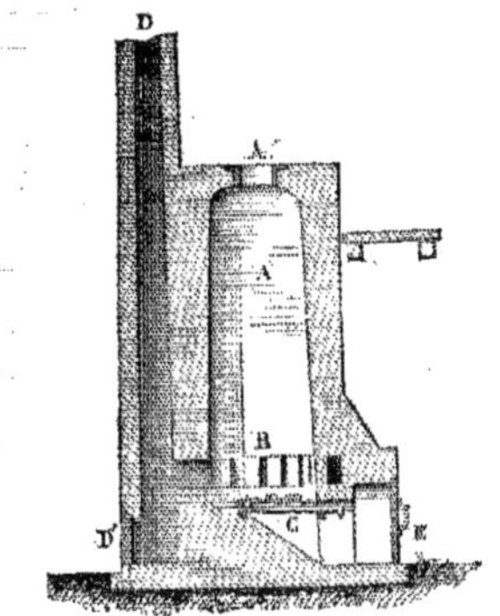

Fig. 486. — Four de M. Payen.

A, Four coulant cylindrique. — A', Gueulard supérieur rétréci garni d'un manchon en fonte. — B, Ouvertures mettant en communication l'intérieur du four avec un canal circulaire aboutissant à la cheminée D. — C, Barreaux de grille soutenus par deux barres transversales.

La porte E étant ouverte, on charge la grille de combustible, puis on allume. La combustion étant bien activée, on ferme E, on allume au bas de la cheminée D, par une ouverture D', quelques poignées de copeaux pour établir le tirage de la cheminée.

Cet effet étant obtenu, on referme D'; alors la flamme du foyer passe par les ouvertures B dans le canal circulaire et de là dans la cheminée. L'air atmosphérique entre par A'.

On commence alors à charger les os, qui s'enflamment au contact du combustible; la combustion se propage graduellement vers le haut, l'inflammation gagnant de proche en proche les couches supérieures, la flamme et les gaz traversent constamment la couche encore incandescente des os calcinés; il en résulte une combustion complète. Lorsque le four est rempli, on ferme un instant le gueulard A', on retire les barreaux de grille C, afin que les os calcinés tombent sur le sol en pente; on les retire par la porte E, qu'on referme aussitôt, et l'on réintroduit des os frais par A', qu'on laisse ouvert, et ainsi de suite.

Le four Payen étant sujet à s'éteindre spontanément, surtout lorsqu'on calcine des os humides, et n'utilisant d'ailleurs nullement la chaleur des gaz, on lui préfère généralement le four de M. Fleck.

Celui-ci consiste dans un four coulant ordinaire A; l'air a accès par les canaux *a* et *b*, les os calcinés sont retirés de temps à autre par la porte C; le four est rechargé périodiquement d'os frais par la porte *d*, qui est refermée immédiatement.

Les gaz fétides se rendent par le canal B dans la cheminée C. En B, ils sont comburés en passant par-dessus un feu brûlant sur la grille du foyer *f*. La chaleur provenant soit de la combustion des gaz, soit de la flamme du foyer *f*, sert à chauffer les chaudières en plomb *g*, *g'*, *g''* (reposant sur des plaques de fonte) dans lesquelles s'opère la concentration des solutions de phosphate acide de calcium.

Les os calcinés ou os blancs sont formés d'environ 80-82 % de phosphate calcique tribasique, de 15-17 % de carbonates de calcium et de magnésium, de 2 à 3 % impuretés, sables, argiles, poussière, sels solubles alcalins, etc.

On les réduit en poudre dans un moulin à

Fig. 487. — Four de M. Fleck.

meules verticales ou en les faisant passer à travers des cylindres cannelés, puis on les tamise. Les fragments trop gros restant sur les tamis repassent sous les meules ou à travers les cylindres.

La poudre d'os ne doit pas être trop fine, parce qu'elle est alors trop sujette à s'agglomérer en masses compactes, difficiles à délayer, lorsqu'on fait réagir sur elle l'acide sulfurique.

Le mieux est de l'employer en consistance de sable grossier, d'un grain uniforme.

2° *Décomposition de la poudre d'os par l'acide sulfurique.* — Pour opérer exactement la décomposition de 100 kilogrammes de poudre d'os de la composition indiquée en sulfate de calcium et en phosphate acide de calcium, on devrait faire usage théoriquement :

De 106^{kg},73 d'acide sulfurique de chambre de 50° Baumé, ou d'une densité de 1,5255;

Ou de 85^{kg},63 d'acide de 60° Baumé; densité, 1,702;

Ou de 73^{kg},63 d'acide de 66° Baumé; densité, 1,834.

Mais dans la pratique, on préfère employer un petit excès d'acide pour être certain d'une attaque parfaite : à 100 kilogrammes d'os blancs pulvérisés l'on ajoute donc de 115 à 120 kilogrammes d'acide sulfurique de chambre de 50° Baumé ou bien 94 à 97 kilogrammes d'acide de 60° Baumé.

Payen n'indique dans sa *Chimie industrielle*, sur 100 kilogrammes d'os, que 100 kilogrammes d'acide sulfurique à 50° Baumé, ou 66 kilogrammes d'acide concentré à 66° Baumé. Cette proportion nous paraît un peu trop faible.

La décomposition s'opère dans de grands cuviers en bois, bien cerclés de fer goudronné; ces cuviers peuvent être doublés de plomb, mais cela n'est point indispensable. L'on opère sur 80 à 150 kilogrammes d'os à la fois, suivant la grandeur des vases, dont la capacité doit être au moins double du volume du mélange. Ordinairement l'on y introduit toute la quantité de poudre d'os, puis l'on y ajoute de l'eau bouillante, en remuant, jusqu'à ce que l'eau recouvre un peu les os. Après cela, on y laisse couler, en un filet pas trop volumineux, les proportions indiquées d'acide sulfurique à 50° ou 60° Baumé, en agitant continuellement la masse, qui fait au commencement une très-vive effervescence due à un dégagement d'acide carbonique et finit par s'épaissir considérablement. L'agitation a lieu généralement à la main, au moyen de spatules en bois; l'on peut également faire usage d'agitateurs mécaniques en fer, entièrement recouverts de plomb.

Quelquefois l'on commence par verser l'acide dans l'eau bouillante et à y délayer graduellement la poudre d'os; quelquefois aussi l'on fractionne l'opération, en n'opérant, par exemple, que sur 20 à 25 kilogrammes de poudre d'os à la fois et les mélangeant avec des quantités proportionnelles d'eau et d'acide sulfurique.

Le point important est d'obtenir un mélange aussi homogène et aussi chaud que possible, qui puisse conserver sa haute température pendant un temps prolongé. Cette condition est plus facile à réaliser en été qu'en hiver : aussi beaucoup de fabricants font-ils encore passer dans le mélange de poudre d'os, d'acide sulfurique et d'eau un courant de vapeur d'eau, au moyen d'un gros tube en plomb, plongeant presque au fond du cuvier, jusqu'à ce que le tout soit porté à l'ébullition. Pendant le passage de la vapeur, il faut agiter très-vivement toute la masse, pour éviter des projections et même des explosions.

De quelque manière qu'on ait opéré, l'on couvre le cuvier et l'on abandonne le tout pendant 24 à 36 heures, en agitant cependant de temps à autre.

La masse très-pâteuse est alors délayée, dans le cuvier même, avec son volume d'eau bouillante. On laisse déposer pendant 8 à 10 heures et, l'eau sortie, on siphonne la solution claire et limpide de phosphate acide de chaux. Elle marque 8-10° Baumé et est conduite par des caniveaux dans les chaudières en plomb. On délaye le sulfate de calcium de nouveau avec son volume d'eau bouillante, on laisse déposer et l'on obtient une solution de 5-6° Baumé, destinée également à la concentration. Les eaux de lavages plus faibles servent au lieu d'eau pure pour de nouvelles opérations.

A cette méthode de lavage primitive et imparfaite, l'on a substitué presque partout les procédés de lixiviation ou de filtration méthodiques. A cet effet, l'on emploie des cuviers à double fond percés d'un grand nombre de petites ouvertures. Sur le double fond l'on dépose d'abord une couche de gravier, puis une couche de sable grossier et par-dessus une natte tressée de paille, de fibre de coco, etc. Ces cuviers sont disposés en gradins. On y jette le sulfate de calcium imprégné de solution de phosphate acide de calcium, le tout ayant été délayé préalablement avec une certaine quantité d'eau bouillante pour en permettre le tassement régulier dans les cuviers ainsi préparés. On soutire d'abord les liqueurs qui ont filtré dans le double fond, puis on commence le lavage méthodique, en faisant toujours usage d'eau bouillante (qui dissout moins de sulfate de calcium que l'eau froide). Les premières eaux de lavage du cuvier supérieur s'écoulent sur le deuxième cuvier, s'y chargent davantage, passent sur le contenu du troisième cuvier, et ainsi de suite. Le sulfate de calcium peut être lavé avec une quantité d'eau relativement petite et l'on n'obtient que des solutions de phosphate acide de calcium suffisamment concentrées (10-12° Baumé) pour être envoyées aux chaudières d'évaporation.

3° *Concentration des solutions et préparation de la masse.* — Les chaudières en plomb, de 2m,50 de longueur, 1 mètre de largeur et 0m,30 de profondeur, sont chauffées par la chaleur perdue, soit du four à calcination des os, soit du four à phosphore. On y concentre les solutions de phosphate acide de calcium jusqu'à ce qu'elles marquent 24° Baumé. Pendant la concentration, il se dépose beaucoup de sulfate de calcium, sous la forme de croûtes cristallines dures et assez compactes qu'il faut enlever dès qu'elles s'accumulent. Les solutions, après s'être clarifiées par le repos, sont décantées et concentrées à 33-35° Baumé; après cela, on les laisse de nouveau déposer et au besoin on les filtre pour éliminer tout le sulfate de calcium.

Ce dernier est toujours broyé et lavé méthodiquement avant d'être jeté.

Les solutions sont enfin concentrées jusqu'à 45-50° Baumé, c'est-à-dire jusqu'à consistance sirupeuse. Il est bon d'en avoir toujours une provision, afin de pouvoir les laisser se clarifier par un séjour prolongé dans des tonneaux ou réservoirs plus hauts que larges.

La solution sirupeuse de phosphate acide de calcium, ($P^2O^8H^4Ca$), ainsi préparée renferme toujours un excès d'acide sulfurique dont il faut la débarrasser, et de l'eau.

On la mélange avec 25-27 % de son poids de charbon de bois en poudre (ou plutôt en petits grains, qui est préférable au poussier des magasins) et on la soumet dans cet état à une dernière concentration dans des chaudières en fonte à foyer spécial, de 1m,10 à 1m,20 de diamètre sur 0m,44 à 0m,50 de profondeur.

Après 1 heure et demie à 2 heures de chauffe, la matière commence à se boursoufler fortement et menace de déborder. Il faut la battre constamment pour empêcher cet accident. Lorsque le boursouflement se modère, il se fait un abondant dégagement de gaz acide sulfureux, provenant de la réduction de l'acide sulfurique par le charbon. La chaudière doit donc être recouverte d'une hotte ou même d'une voûte en communication avec une cheminée à bon tirage, pour que l'ouvrier ne soit pas incommodé par les vapeurs sulfureuses.

A partir de ce moment la masse s'épaissit rapidement et présente une grande tendance à s'attacher aux parois et au fond de la chaudière. L'ouvrier doit donc la travailler continuellement et la détacher au moyen de ringards et de spatules en fer.

A ce moment on laisse tomber le feu : la masse devient bientôt assez consistante pour pouvoir se laisser presser à travers une plaque en cuivre, en forme de tamis, avec trous de 0m,006 à 0m,007 de diamètre. La poudre granulée ainsi obtenue est encore desséchée à petit feu jusqu'au point où, sans être entièrement sèche, elle ne mouille plus la main et ne s'y attache point.

L'expérience a prouvé que 5 % d'humidité dans la masse sont plutôt favorables que nuisibles au rendement en phosphore. Cette phase de la fabrication est extrêmement importante et doit être parfaitement conduite.

100 p. de sirop de 45-50° fournissent environ 70 p. de masse.

4° *Décomposition de la masse et distillation du phosphore.* — La masse, qu'on a laissée refroidir dans un vase bien couvert, pour éviter qu'elle n'absorbe de l'humidité, est introduite dans des cornues.

Celles-ci présentent généralement l'une ou l'autre des deux formes indiquées en *a* et *b* (fig. 488).

Celle de cornues ordinaires est moins usitée.

Elles sont en grès ou bien en argile réfractaire et présentent souvent 0m,50 de longueur sur 0m,12 à 0m,15 de diamètre.

M. Fleck conseille l'emploi de cylindres en terre cuite réfractaire de 0m,10 à 0m,20 de longueur sur 0m,25 de diamètre. L'un des bouts est fermé et sur l'autre se place un couvercle circulaire portant au centre une ouverture à laquelle s'adapte un tuyau en terre cuite qui fait communiquer le cylindre avec les réfrigérants condensateurs. Cette disposition permet un remplissage et une vidange faciles. Après avoir vérifié les cornues pour constater qu'elles ne présentent aucune fissure, on les recouvre à deux ou trois reprises d'un enduit d'argile mêlée de crottin, qu'on laisse chaque fois parfaitement sécher.

On les remplit ensuite aux trois quarts de masse, en tassant par de légères secousses et leur donnant l'inclinaison qu'elles auront une fois placées dans le four.

Les réfrigérants condensateurs présentent également des dispositions variées. Ceux dessinés dans la figure 489 sont des espèces de cloches en terre vernissée, *c* et *c'*, plongeant dans des soucoupes profondes, dans lesquelles se rassemble le phosphore condensé. Celui-ci peut donc en être enlevé avec la plus grande facilité. La première cloche *c* est en communication d'un côté avec le col de la cornue et de l'autre avec la deuxième cloche *c'*; les gaz se dégagent par l'ouverture *o*.

Les condensateurs *d* et *d'* sont des pots fermés par des couvercles lutés. On les remplit d'eau presque jusqu'aux ouvertures de communication, mais jamais, ni pour *c* ni pour *d*, l'on ne fait plonger le col de la cornue dans l'eau; il en reste toujours éloigné de la distance d'environ $0^m,001$. Généralement pour éviter un trop fort échauffement de l'eau des condensateurs, l'on plonge les cloches avec les pots dans une caisse remplie d'eau, qui peut être renouvelée au besoin.

Pour retirer le phosphore de *d* et *d'*, il faut enlever les couvercles.

Les ouvertures *o*, par lesquelles se dégagent les gaz, doivent toujours rester bien nettes. Quelquefois, lorsque la distillation procède trop rapidement, elles menacent de se boucher par des dépôts d'oxyde rouge de phosphore. Dans ce cas,

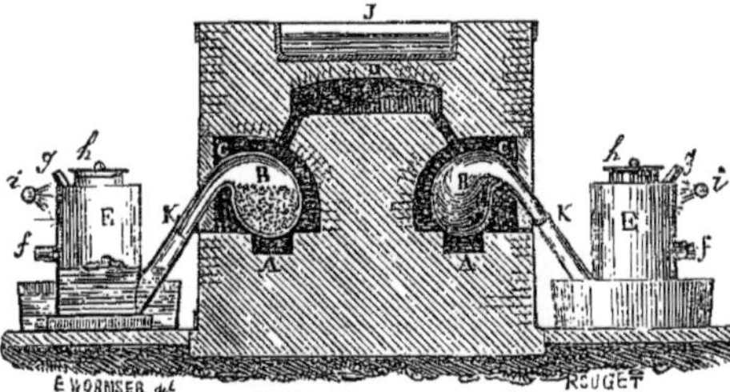

Fig. 488. — Ancien four français.

l'ouvrier se sert d'un fort fil de fer ou de cuivre pointu pour dégager l'ouverture.

Les fours à distillation doivent être construits en briques réfractaires cimentées avec une argile peu susceptible de vitrification.

Les carneaux doivent être faciles à nettoyer et munis de registres au moyen desquels on se rend maître de la conduite du feu.

Les figures suivantes donnent une idée de la construction des fours, de la disposition des cornues et des réfrigérants et de la manière dont la chaleur perdue est utilisée, sans qu'il soit nécessaire d'entrer à cet égard dans trop de détails.

Ancien four français. — C'est un four à double voûte, dans lequel une double rangée de cornues, chacune de cinq, est chauffée par un foyer situé en avant et au-dessous du caniveau A. La flamme, qui s'étend sous toute la voûte, s'échappe par des carneaux situés au-dessus de chaque cornue; ces carneaux sont graduellement plus larges, pour mieux régulariser la température.

Les produits de la combustion s'engagent ensuite sous une voûte générale D, qui les dirige vers la cheminée centrale. Un bassin en plomb I, posé sur des plaques en fonte, sert à la concen-

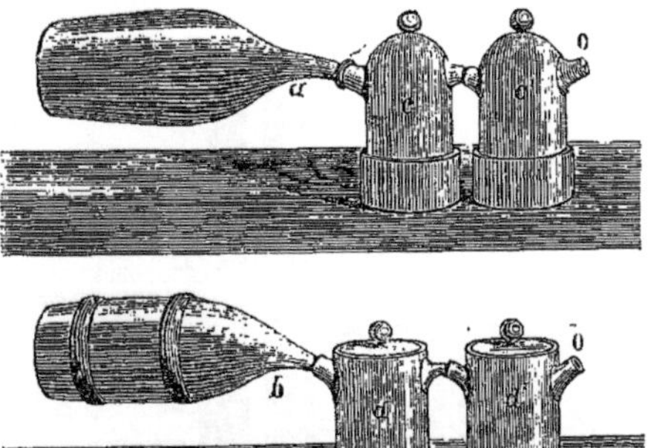

Fig. 489. — Cornues.

tration d'une partie des solutions, utilise la chaleur perdue et s'oppose à ce que le haut du four s'échauffe trop.

Le bec de chacune des cornues B s'adapte dans une allonge en cuivre K qui entre elle-même dans le bec relevé d'un récipient en cuivre E. Ces deux joints sont soigneusement lutés avec un mélange de chaux hydratée en poudre délayée avec du sang, de limaille fine de fer et de soufre en poudre, ou bien avec un mélange de glaise très-sèche en poudre et d'huile de lin formant une pâte épaisse et ductile.

Le récipient offre une large ouverture par laquelle le bras peut aisément passer et qui se ferme par un couvercle *h*; un petit ajutage *g* est laissé ouvert pour le dégagement des gaz, et un autre ajutage latéral *f*, jusqu'à la hauteur duquel on remplit d'eau le récipient, sert de trop-plein. Toutes les cornues ainsi disposées, on maçonne avec des briques la devanture des fours O, sous la voûte, puis on allume le feu, que l'on active très-graduellement pendant 12 heures, afin d'éviter des changements brusques de température qui détermineraient la rupture des cornues. On commence le chauffage avec de la tourbe qui, par sa combustion régulière et sa moindre puissance calorifique à volume égal, permet d'éviter plus facilement les chances de fracture des cornues; on le termine en employant du bois sec, fendu, dont la flamme plus longue enveloppe mieux toutes les cornues; on soutient la température jusqu'à ce que tout dégagement de gaz ait cessé.

Nous devons faire observer qu'aujourd'hui les allonges en cuivre ne sont plus usitées; elles ont été remplacées par des allonges en poterie, moins chères, non attaquables par les vapeurs acides et qui, conservant mieux la chaleur, sont moins sujettes à s'engorger.

Four allemand. — La figure 490 représente un four chauffé au coke ou à la houille. Les cornues ont la forme cylindrique et sont rangées sur deux étages. La flamme, qui sort par les carneaux, chauffe d'abord des bassins en plomb *m* placés sur une couche d'argile, établie elle-même sur des plaques en fonte. Elle passe ensuite plus loin au-dessus d'autres bassins, renfermant également des solutions, mais plus étendues, de phosphate acide de chaux, puis se recourbe pour passer au-dessous des plaques de fonte sur lesquelles reposent ces bassins et se rend de là dans la cheminée. Des registres permettent du reste de faire passer directement la flamme dans la cheminée, sans lui laisser faire un long parcours, pour le cas où il s'agit de donner aux cornues un fort coup de feu.

La figure représente également une des dispositions adoptées pour conserver automatiquement

Fig. 490. — Four allemand.

le même niveau dans les chaudières évaporatoires d, d', d''. Le tonneau A sert de réservoir des solutions de phosphate acide de chaux. Il est rempli par le tube a, dont on ouvre le robinet, tandis que le robinet b reste fermé. L'air déplacé s'échappe par le tube c, qui se recourbe et aboutit à la surface du liquide de la chaudière d. Le tube b, au contraire, y plonge assez profondément. Les tubes a et c sont scellés hermétiquement dans l'ouverture supérieure o du tonneau.

Celui-ci étant rempli, on ferme a et l'on ouvre b. Il est évident qu'il ne peut rien sortir du tonneau tant que le tube c affleure encore le liquide des chaudières d. Mais dès que par suite de l'évaporation le niveau s'y est abaissé et est descendu au-dessous de l'ouverture inférieure de c, l'air y entre, parvient dans le tonneau, permet l'écoulement du liquide par le tube b, jusqu'à ce que le niveau s'élevant produise l'occlusion de c et fasse obstacle à la rentrée de l'air en A. Des siphons constamment amorcés garantissent le maintien du même niveau dans les trois chaudières d.

Il est indispensable que celles-ci soient constamment remplies presque jusqu'au bord, pour éviter tout danger de fusion du plomb. Pour qu'elles ne se déforment pas, on a soin d'appuyer de toutes parts les parois contre des dalles en pierre ou contre des murettes en briques.

On conçoit, du reste, que l'utilisation des chaleurs perdues puisse être réalisée par une foule de dispositions diverses, pourvu qu'on se ménage toujours la possibilité du passage direct des gaz des fours à cornues dans la cheminée, pendant la période du grand feu.

La figure 491 représente un four semblable au précédent, à deux rangées de cornues cylindriques superposées.

Les allonges de chacune des rangées peuvent se rendre séparément dans la paire de réfrigérants condensateurs appartenant à chaque cylindre, ou bien l'on peut aussi faire aboutir les allonges des deux cornues dans les mêmes condensateurs.

Mais, dans ce cas, il faut avoir soin de placer les cloches ou les pots condensateurs dans une cuve d'eau froide, pour assurer le refroidissement suffisant et par suite la condensation des vapeurs de phosphore.

Fig. 491. — Four à deux rangées de cornues.

La figure 492 représente un four à trois étages de cornues, lesquelles communiquent par leurs allonges avec le même tube qui amène les vapeurs aux condensateurs.

Ces derniers, ainsi que le gros tube collecteur a, sont en fonte émaillée. Des dispositions sont prises pour qu'en cas de besoin l'on puisse dégorger et nettoyer par un fil de fer, non-seulement le gros tube a, mais encore les allonges y aboutissant, et en enlever tout ce qui pourrait les obstruer.

Les condensateurs sont à plusieurs étages chacun, à moitié remplis d'eau et communiquant les uns aux autres de haut en bas par des tuyaux assez larges; les gaz se dégagent enfin par les ouvertures *b*. La flamme sort du four par des ouvertures pratiquées dans la voûte et chauffe les plaques en fonte sur lesquelles sont posées les chaudières à évaporation en plomb.

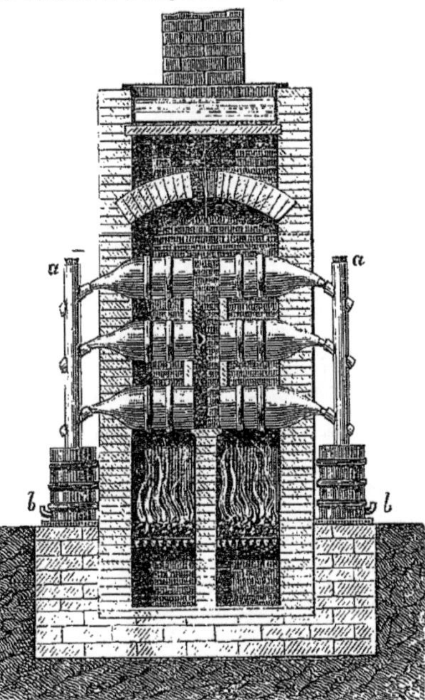

Fig. 492. — Four à trois étages de cornues.

La distillation du phosphore est conduite de la manière suivante :

Les cornues étant mises en place, on maçonne toutes les ouvertures, on lute exactement tous les joints et l'on allume le feu, qu'on n'active que très-graduellement pour dégourdir les cornues et empêcher qu'elles ne se fendent par suite d'une élévation trop brusque de température.

Au bout de quelques heures les cornues commencent à rougir.

Il se dégage d'abord de la vapeur d'eau, puis des gaz constitués par de l'hydrogène, de l'oxyde de carbone, un peu d'acide carbonique provenant du charbon et de sa réaction sur la vapeur d'eau ; plus tard apparaît du gaz hydrogène phosphoré qui s'enflamme à l'air, en répandant des vapeurs blanches et produisant une flamme très-lumineuse.

A ce moment, le phosphore commence à distiller. L'ouvrier doit alors veiller à ce que les luts ne perdent pas, à ce qu'aucun tuyau ne s'obstrue et à ce que l'eau de condensation ne s'échauffe pas trop. Les allonges, au contraire, doivent être maintenues aussi chaudes que possible.

L'on active le feu de plus en plus, de manière à soutenir le dégagement des vapeurs et du gaz. L'introduction du combustible dans le foyer doit se faire le plus rapidement possible et la porte être refermée immédiatement, pour éviter que les cornues portées presque au blanc ne soient frappées par un courant d'air froid.

La cessation presque complète du dégagement de gaz et de vapeurs indique la fin de l'opération, qui dure en moyenne 48 à 60 heures (un peu plus, un peu moins, suivant la capacité des cornues et la construction plus ou moins rationnelle des fours).

On ferme et on lute alors les portes du foyer et du cendrier et l'on abandonne le four à un refroidissement lent. La température s'étant suffisamment abaissée, on retire les allonges qu'on plonge de suite dans de l'eau froide et en même temps l'on bouche le col des cornues et l'ouverture des recipients condensateurs avec des cônes en bois.

On défait alors la devanture du four, pour mettre à nu les cornues (qui ne servent qu'une seule fois). On en casse le col, qui renferme ordinairement encore un peu de phosphore très-impur et on le jette dans l'eau.

Au moyen d'une tige introduite dans les cornues, on les soulève, on les extrait du four et on les jette, après s'être assuré par l'examen de leur contenu qu'elles ne renferment plus de phosphate acide de chaux non décomposé.

A la place des anciennes cornues, on en place de suite de nouvelles, déjà remplies et un peu dégourdies, on maçonne la devanture, on ajuste les allonges et les condensateurs, on rouvre le cendrier peu à peu, après avoir rallumé le feu et l'on commence une nouvelle distillation.

D'autre part, on vide les récipients, les allonges et les cols des cornues, en opérant toujours sous l'eau. L'ouvrier, les bras protégés par de longs gants en peau, imbibés d'eau, racle tous ces vases aussi exactement que possible avec une sorte de spatule en fer peu tranchante.

Dans le premier récipient, l'on trouve généralement une masse solide de phosphore d'un rouge orange ; dans le deuxième récipient se rencontre, très-souvent, une masse très-impure, spongieuse, qui nage sur l'eau et qu'il faut manier avec précaution ; on la presse à la main, pour en exprimer l'air et la faire plonger. 100 kilogrammes d'os calcinés peuvent fournir 15,4 kilogrammes de phosphore brut humide. L'eau des récipients condensateurs est ordinairement très-acide ; on l'ajoute aux solutions de phosphate acide de chaux.

5° *Purification du phosphore brut.* — On purifiait anciennement le phosphore brut en l'enfermant dans une peau de chamois mouillée, qu'on nouait très-fortement et qu'on plaçait sur une passoire en cuivre, maintenue au milieu d'un vase A, rempli d'eau chauffée à 50°.

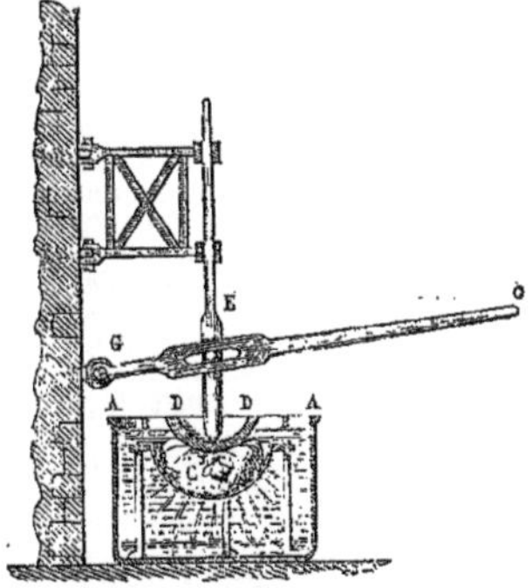

Fig. 493. — Purification du phosphore brut.

Dès que le phosphore était fondu, on pressait le nouet avec une capsule en bois DD sur la quelle on appuyait graduellement, au moyen du levier CC. Le phosphore passait à travers la peau, dans laquelle restaient les impuretés, et se rassemblait liquide au fond du vase.

Aujourd'hui le phosphore brut est purifié dans l'appareil suivant (fig. 494) :

Il se compose d'un cylindre en fonte B, auquel est adapté très-exactement à la partie inférieure une plaque C en pierre poreuse, naturelle ou artificielle. Pour éviter que les pores de la pierre ne soient trop rapidement bouchés, on la recouvre d'une couche de charbon animal en grain. Par une espèce de petit trou d'homme, qu'on referme ensuite exactement, l'on introduit le phosphore brut dans le cylindre B rempli d'eau.

Fig. 494. — Mode actuel de purification du phosphore brut.

Le tout étant alors chauffé au moyen du bain-marie DD, l'on fait arriver par le tube F de la vapeur d'eau de 1 1/2 à 2 atmosphères de pression. L'on ouvre en même temps le robinet G dont le tube plonge dans un vase rempli d'eau à 50°.

La pression de la vapeur s'exerce sur la surface de l'eau en A et oblige le phosphore de passer à travers le charbon animal et les pores de la pierre et de s'écouler purifié par le robinet G.

L'on ne perd ainsi que fort peu de phosphore, 5 à 6 %; le charbon imprégné des impuretés, parmi lesquelles du phosphore rouge, est enlevé du cylindre et ajouté à une masse prête à être distillée.

Un autre mode de purification du phosphore brut repose sur l'oxydation des impuretés par l'acide chromique. A cet effet l'on fond 100 p. de phosphore brut dans l'eau et l'on y ajoute, en agitant vivement et par petites portions, 3 p. 1/2 de bichromate de potasse et autant d'acide sulfurique. Il se fait une légère effervescence et le phosphore devient translucide et presque incolore.

En Allemagne, le phosphore brut est ordinairement purifié par une nouvelle distillation dans une cornue en fonte.

A cet effet, l'on commence par fondre le phosphore brut sous l'eau et l'on y incorpore 1/8 de sable quartzeux. On refroidit, en remuant constamment, par l'addition d'eau froide, de manière à obtenir une matière granuleuse.

Celle-ci est introduite dans la cornue, qu'on remplit entièrement et qu'on maintient renversée pendant quelque temps, afin de laisser égoutter l'excédant d'eau. On la redresse ensuite et on la place dans le four. Le col de la cornue doit être assez long et ne plonger que fort peu dans l'eau du récipient, afin que, même en cas d'absorption, l'eau ne puisse pénétrer dans la cornue.

Celle-ci est alors chauffée très-graduellement et régulièrement, peu à peu jusqu'au rouge. L'eau adhérente au phosphore se réduit en vapeur, en chassant l'air; le phosphore fond et finit par distiller.

On recueille les gouttes de phosphore, à mesure qu'elles tombent dans l'eau, dans une capsule en plomb ou en fer-blanc, fixée à une tige et qui repose au fond du récipient. L'on peut ainsi fractionner les produits.

Le phosphore qui passe d'abord est blanc jaunâtre; plus tard il devient jaune, puis orange et enfin rouge. Ce dernier est redistillé.

Ce mode de purification entraîne une perte de 10 à 15 % du poids du phosphore brut.

Le rendement en phosphore purifié est de 8 à 11 kilogrammes pour 100 kilogrammes d'os calcinés.

6° *Moulage du phosphore.* — Le phosphore purifié, n'étant obtenu qu'en masses irrégulières, doit être moulé en baguettes, en disques, en secteurs ou en grains pour être livré au commerce.

Le moulage en disques, ou plutôt en cinq ou six secteurs qui, ensemble, forment le disque, se fait au moyen de moules, qu'on remplit sous l'eau de phosphore fondu et qu'on laisse refroidir. C'est la forme sous laquelle le phosphore peut être expédié avec la moindre quantité d'eau possible.

Le moulage en baguettes se fait ordinairement au moyen de quinze à vingt tubes en verre un peu coniques, mastiqués par la partie la plus étroite à un ajutage cylindrique en fer, servant comme embouchure et muni d'un robinet bien rodé et facile à manœuvrer.

Le phosphore étant fondu dans un grand vase, forme capsule, rempli d'eau d'une température pas trop supérieure à celle du point de fusion du phosphore, l'ouvrier plonge le tube de verre dans le phosphore fondu et, aspirant, le fait monter assez rapidement dans le tube, jusqu'à ce que la petite colonne d'eau qui surnage le phosphore soit arrivée au robinet ouvert. Il ferme alors celui-ci, bouche avec le doigt, sous l'eau, l'extrémité inférieure du tube et porte ce dernier dans un réservoir plein d'eau froide; le phosphore s'y solidifie aussitôt, en prenant du retrait. Tous les tubes étant ainsi remplis, on ouvre les robinets et au moyen d'une petite tige de fer ronde, passant à travers le trou du robinet, on pousse les baguettes cylindriques translucides du phosphore hors du tube et on les découpe immédiatement en morceaux d'une longueur voulue.

Un ouvrier habile peut mouler ainsi en un jour 100 kilogrammes de phosphore. Un autre mode de moulage, dû à M. Seubert, mode moins expéditif, mais aussi moins dangereux, est indiqué par la figure 495.

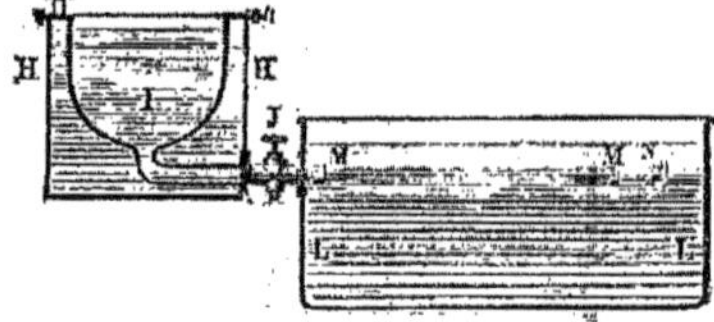

Fig. 495. — Appareil de M. Seubert.

Le phosphore est liquéfié, exactement à son point de fusion, au moyen du bain-marie HH, dans le vase I. Celui-ci communique par un tube coudé avec le robinet J soudé dans la paroi du vase LL, rempli d'eau froide. Au robinet est adapté le tube en verre. Le robinet J étant ouvert, le phosphore liquide remplit le tube MM; mais avant qu'il soit arrivé à l'extrémité du tube, on ferme celui-ci par un bouchon traversé par une petite tige de cuivre, légèrement recourbée en spirale. On attend que le phosphore se soit solidifié autour de cette tige; on retire le bouchon, avec lui la tige de cuivre qui entraîne le cylindre du phosphore.

Ce robinet restant ouvert, le phosphore liquide continue d'affluer dans le tube de verre et de s'y solidifier en faisant corps avec la baguette de phosphore déjà solidifiée. En tirant d'une manière continue et en réglant la vitesse d'après la rapidité de solidification du phosphore, on obtient une baguette d'une longueur limitée seulement par la quantité de matière, et qu'on découpe à volonté, au fur et à mesure, en bâtons plus ou moins longs.

Le même appareil rend très-facile la granulation du phosphore. A cet effet, il suffit de verser sur une planchette, nageant à la surface de l'eau froide et à peu près à la hauteur du tube, une couche d'eau tiède à 44-45° centigrades, épaisse de $0^m,06$ à $0^m,08$, couche qui ne se mêle pas à l'eau froide en raison de la différence de densité.

On ouvre alors modérément le robinet J de manière à laisser écouler le phosphore liquide goutte à goutte. Ces gouttes en traversant l'eau froide se solidifient et le phosphore s'amasse en grains au fond du vase. La forme granuleuse est commode pour les dosages.

Pour réduire le phosphore en poudre fine, on le fait fondre dans un vase à moitié rempli d'un liquide très-légèrement visqueux et un peu chargé de gaz, puis on agite jusqu'à complet refroidissement. Les grains de phosphore s'entourent d'une enveloppe gazeuse presque imperceptible qui empêche leur réunion jusqu'à ce qu'ils se soient solidifiés.

Le phosphore est ordinairement expédié dans des boîtes cylindriques en fer-blanc : on ajoute assez d'eau pour le recouvrir entièrement. Le couvercle est ensuite soudé hermétiquement.

De plus grandes quantités sont expédiées en petits tonnelets; en hiver, on emploie au lieu d'eau pure une eau alcoolisée ou une solution de sel marin, pour éviter la congélation. Les tonneaux bien cerclés et bouchés sont enduits de goudron solide ou d'asphalte, entourés de paille et cousus enfin dans de la toile grossière.

Préparation industrielle du phosphore rouge amorphe. — Le phosphore rouge amorphe, observé pour la première fois en 1844, par M. E. Kopp, qui constata son inaltérabilité à l'air et sa conversion en phosphore ordinaire par la distillation sèche, fut étudié plus complétement en 1848 par M. Schroetter. Ce dernier chimiste indiqua en 1851 un procédé, ou plutôt un appareil assez compliqué pour préparer le phosphore amorphe sur une certaine échelle.

Cet appareil consistait en un premier vase cylindrique en fonte, plongeant dans un second vase en fonte, l'intervalle entre les deux étant garni de sable. Le second vase était à son tour plongé dans un troisième vase, renfermant un alliage formé de parties égales de plomb et d'étain.

Le premier vase cylindrique, après avoir été rempli de phosphore desséché, était fermé par un couvercle maintenu par une vis de pression. Au couvercle s'adaptait un assez long tube de cuivre, qui à une certaine hauteur portait un robinet et se recourbait ensuite pour plonger dans un vase renfermant du mercure recouvert d'une couche d'eau. Le robinet servait à empêcher l'ascension du mercure et son entrée dans l'appareil lorsque celui-ci se refroidissait à la fin de l'opération. Pour empêcher l'obstruction du tube par un bouchon de phosphore solidifié, le tube était constamment réchauffé par une petite flamme. Des thermomètres indiquaient la température de l'alliage et du bain de sable. On chauffait d'abord doucement pour chasser l'air et la vapeur d'eau; puis on élevait la température pendant 36 à 48 heures à 240° : on voyait alors apparaître des gaz qui s'enflammaient à l'air après avoir traversé le mercure.

Le dégagement des gaz ayant cessé, l'on élevait la température à 270° et on la maintenait aussi exactement que possible à ce degré pendant 10 à 12 jours. Vers la fin on poussait jusqu'à 280°, en ayant grand soin de ne pas dépasser cette limite.

Aujourd'hui l'on opère tout simplement avec une grande et forte chaudière en fonte qui peut renfermer jusqu'à 250 kilogrammes de phosphore. Cette chaudière est chauffée soit dans un bain d'air également en fonte, soit dans un bain d'alliage ou même dans un bain de sable.

La masse des chaudières et la quantité de matière sur laquelle on opère facilitent le maintien d'une température constante. L'opération devient même facile en employant le chauffage au gaz à l'aide de régulateurs de pression.

La chaudière renfermant le phosphore est fermée par un couvercle très-solidement assujetti, qui porte, outre le tube abducteur des gaz, une soupape de sûreté à ressort.

On opère du reste avec les précautions indiquées plus haut, élevant graduellement la température à 100°, puis à 240°, température qu'on maintient pendant 2 à 3 jours, puis à 270°, enfin à 280°.

La transformation du phosphore ordinaire en phosphore amorphe est beaucoup facilitée par l'addition d'une minime quantité d'iode.

En ouvrant la chaudière, après son refroidissement complet, on trouve une masse rouge-brun, compacte, dure, qu'on détache au ciseau et au marteau et qu'on broie ensuite sous de l'eau dans un moulin à meules siliceuses.

Le phosphore rouge retient cependant toujours une certaine quantité de phosphore ordinaire, qu'il est important de lui enlever.

On emploie pour cela différentes méthodes.

On lave la matière brute avec du sulfure de carbone, qui dissout le phosphore ordinaire; en distillant au bain-marie cette solution (qu'il ne faut manier qu'avec les plus grandes précautions à cause de son inflammabilité spontanée à l'air), on recouvre le sulfure de carbone et le phosphore ordinaire reste dans le vase distillatoire.

Généralement on introduit dans l'alambic, avant la distillation, une certaine quantité d'eau, pour que le phosphore fondu en reste couvert, à la fin de l'opération.

On peut aussi étendre le phosphore rouge brut à l'air, en couches minces et dans des vases très-larges en plomb, en le remuant et l'humectant de temps à autre. Le phosphore ordinaire s'oxyde, se transforme en acides phosphoreux et phosphorique solubles, et on n'a plus qu'à laver le phosphore rouge jusqu'à disparition de toute acidité.

D'après M. Coignet, un bon moyen serait de faire bouillir le phosphore amorphe brut pulvérisé en une solution de soude caustique. Celle-ci attaque le phosphore ordinaire avec production de gaz hydrogène phosphoré et d'hypophosphite sodique soluble. Lorsqu'il ne se dégage plus de gaz fétide, on lave à grande eau et l'on fait sécher.

M. Nicklès a proposé d'utiliser la différence de densité du phosphore amorphe (2,1) et du phosphore ordinaire (1,84) en agitant le phosphore rouge brut en poudre avec une solution de chlorure de calcium d'une densité de 1,95. Le phosphore ordinaire surnage, tandis que le phosphore amorphe tombe au fond de la solution. Mais évidemment ce moyen ne peut produire qu'une séparation imparfaite, puisque de petites parcelles de phosphore ordinaire collées à du phosphore rouge sont entraînées avec lui.

Il faudrait dans tous les cas laisser exposé le phosphore rouge, ainsi traité et lavé, pendant quelque temps au contact de l'air, et opérer ensuite un second lavage.

Usages du phosphore. — La principale application du phosphore, tant ordinaire qu'amorphe, consiste dans la fabrication des allumettes à friction et d'autres préparations pyrogénées. Cette fabrication consomme plus de 95 °/₀ de tout le phosphore fabriqué. Le reste est employé dans les laboratoires et dans les pharmacies, et sert à la préparation des pâtes vénéneuses avec lesquelles on empoisonne des animaux nuisibles.

Statistique de la fabrication du phosphore. — L'on évalue la production du phosphore :

En France et en Italie, à.......	100,000 kilogr. par an.
En Allemagne et en Autriche...	90,000 —
En Angleterre...............	80,000 —
Total.......	270,000 kilogr. par an.

Sur cette quantité, la fabrication des allumettes absorbe à elle seule niron 250,000 kilogrammes.

En admettant un rendement de 8 °/₀ de phosphore, il a fallu traiter environ 3,375,000 kilogrammes d'os, auxquels toutefois l'on n'a enlevé que les deux tiers du phosphore. Un tiers au moins est resté dans les résidus de la distillation de la masse. En supposant qu'il reste à l'état de phosphate de calcium tribasique, cela fait certainement plus de 316,000 kilogrammes d'acide phosphorique qui demeurent disponibles pour l'agriculture.

Si l'on évalue approximativement la quantité d'os annuellement produits et plus ou moins recueillis en Europe, on trouve que la fabrication du phosphore en emploie à peine 1/2 °/₀. Cette quantité est évidemment plus que couverte par les importations de sombrerite, d'apatite, de guano de poissons et d'oiseaux, de même que par les matières alimentaires provenant des rivières et de la mer.

La fertilité de la terre n'est donc compromise que d'une manière tout à fait insensible par la fabrication du phosphore. E. K.

PHOSPHORITE. — Voyez APATITE.

PHOSPHOROCHALCITE. — Voyez LUNNITE.

PHOTÈNE. — Voyez ANTHRACÈNE, t. I, p. 1053, et le mot PHOSÈNE.

PHOTIZITE (Min.). — Rhodonite altérée contenant de l'acide carbonique (jusqu'à 14 °/₀).

PHOTOCHIMIE. — Voyez AFFINITÉ et LUMIÈRE.

PHOTOGRAPHIE. — L'art de produire des images durables par l'action seule de la lumière date des premières années de ce siècle. Le physicien Charles obtenait bien vers 1785 des décalques et des silhouettes à l'aide d'un papier imprégné de sel d'argent, mais il ne savait pas fixer cette épreuve, qui d'ailleurs était *négative*, c'est-à-dire dans laquelle les endroits frappés par la lumière étaient représentés par des noirs et les ombres par des clairs. En 1802, Wedgwood et Davy échouèrent devant la solution du même problème. Comme Charles, ils obtenaient des copies négatives des gravures, et, pas plus que leur devancier, ils ne réussissaient à fixer l'impression lumineuse. Ils songèrent aussi à reproduire l'image fournie par la chambre noire de Porta, mais le peu de sensibilité de leurs préparations ne permettait pas d'arriver à un résultat satisfaisant avec une lumière aussi faible. La même difficulté arrêta longtemps Niepce et Daguerre.

Niepce, dont les travaux remontent à 1813, créa de toutes pièces un procédé actuellement tombé dans un profond oubli, mais qui constituait la première méthode photographique complète, l'*héliographie*. Il réussit à reproduire les gravures ou les dessins en *positif*, il fixa même en 1826 l'image de la chambre noire. A vrai dire, le temps d'exposition était si long qu'il était impossible de copier à l'aide du nouveau procédé un être animé quelconque. La matière impressionnable était l'asphalte ou *bitume de Judée*, étendu à l'état de solution dans l'essence de lavande sur une planche de plaqué d'argent bien polie. On chauffait légèrement la plaque par derrière, puis lorsqu'elle ne poissait plus, on l'exposait au foyer de la chambre noire : après une très-longue pose (6 à 8 heures), on lavait la planche avec un mélange de 1 volume d'essence de lavande et de 10 volumes d'huile de pétrole, puis avec de l'eau. Le bitume oxydé et devenu insoluble dans le pétrole sous l'influence de la lumière formait les blancs de l'épreuve dont les noirs étaient constitués par la surface polie de la plaque. Enfin on pouvait transformer la plaque en une planche à graver en la passant à l'eau-forte.

Pour rendre l'épreuve sur argent plus noire, Niepce songea à l'attaquer par la vapeur d'iode. Daguerre s'empara de la plaque iodée et fonda sur son emploi un procédé photographique infiniment supérieur au précédent, et qui permit d'atteindre une telle rapidité et une telle finesse qu'on le préfère encore quelquefois dans les recherches scientifiques à la photographie sur collodion. Voici son procédé tel qu'il le publia d'abord (1838) : 1° on dégraisse la plaque à l'aide de l'acide nitrique étendu et de la ponce ; 2° on la polit ; 3° on l'expose aux vapeurs d'iode dans une pièce obscure jusqu'à la production d'une couche jaune d'or d'iodure d'argent ; 4° on la soumet à l'action de la lumière au foyer de la chambre noire ; 5° on *révèle* l'image ; pour cela, on place la plaque dans une boîte contenant du mercure chauffé à 60°. Les vapeurs mercurielles amalgament l'argent mis à nu par l'action de la lumière et en rendent la présence visible ; 6° enfin on *fixe* l'image en dissolvant à l'aide d'une solution concentrée de sel marin l'iodure non altéré, de façon à empêcher toute action ultérieure de la lumière.

Ce procédé reçut bon nombre d'heureuses modifications, John Herschel conseilla de remplacer le sel marin par l'hyposulfite de soude dont l'action est plus sûre et plus rapide. Claudet exalta beaucoup la sensibilité de la plaque iodée en l'exposant aux vapeurs de chlorure d'iode. MM. Fizeau, Foucault, Bingham obtinrent des résultats d'accélération encore meilleurs avec le brome ; enfin M. Fizeau enseigna à renforcer l'épreuve pendant le fixage en déposant de l'or à sa surface.

Le *daguerréotype* fut abandonné au moment même où il semblait atteindre la perfection. C'est qu'en effet les épreuves étaient coûteuses, elles réfléchissaient désagréablement la lumière, et surtout elles exigeaient une pose nouvelle pour chacune d'elles ; or la photographie sur papier, inventée par Talbot quelque temps après le procédé de Daguerre, n'avait aucun de ces inconvénients ; elle remplaça tout à fait le daguerréotype à partir du jour où l'épreuve négative, dont les images sur papier ne sont que les contre-épreuves, put être faite sur collodion.

Fox Talbot avait obtenu dès 1830 des épreuves négatives sur papier, à l'aide de la chambre noire. Il lavait alternativement le papier avec du sel marin et du nitrate d'argent, le faisait sécher et recommençait plusieurs fois le traitement. Il n'obtenait ainsi rien autre chose qu'un papier plus sensible que celui de Charles ; mais en 1840 il imagina une nouvelle méthode de reproduction irréprochable dans son principe et dont les procédés généraux sont restés en usage. Il l'appela *calotypie* ; c'est la photographie sur papier.

Voici le mode opératoire indiqué par Talbot : on lave la surface d'un morceau de papier avec une solution de nitrate d'argent à 4 °/₀ ; on fait sécher, puis on trempe la feuille dans une solution d'iodure de potassium à 6 ou 7 °/₀ ; on lave à l'eau et l'on sèche : le papier contient alors de l'iodure d'argent jaune ; il se conserve bien à l'abri de la lumière. Lorsqu'on veut s'en servir, on lave la surface iodurée avec une solution argentique préparée en mêlant au moment un volume de solution de nitrate d'argent à 12 °/₀, additionnée de 1/6 de son poids d'acide acétique, à un égal volume de solution saturée d'acide gallique dans l'eau. Après un contact d'une demi-minute, on lave le papier et on le sèche au buvard, puis on l'expose à la chambre noire. L'impression est rapide ; elle est d'abord latente, mais l'image négative apparaît au bout d'un certain temps, même si l'on a reporté la feuille dans l'obscurité. On peut encore la *révéler* en lavant le papier avec le mélange de nitrate d'argent et d'acide gallique. Ce moyen de provoquer après coup un dépôt abondant d'argent dans les endroits où la lumière a commencé à en faire naître un est employé aujourd'hui pour la production de tous les négatifs. Quoi qu'il en soit, on *fixe* l'épreuve en la lavant au bromure de potassium, puis à l'eau. C'est avec ce négatif représentant en noir les clairs du modèle, en blanc les parties sombres, et à gauche sa droite, que l'on peut produire une quantité innombrable d'épreuves positives dans lesquelles cette fois le clair est rendu par le blanc, les couleurs foncées par le noir et où la situation relative des objets ne paraît pas altérée : pour cela il suffit de placer un papier sensible semblable au premier sous le négatif et d'exposer le tout au soleil. L'épreuve obtenue, grâce à cette double interversion des teintes et des lignes, représentera le modèle sous son aspect véritable.

Le procédé de Talbot, n'avait guère qu'un défaut, les négatifs manquaient de finesse. On chercha à leur en donner en modifiant le grain du papier avec de l'amidon, de la cire, de la gélatine, etc. Niepce de Saint-Victor, neveu de l'inventeur de l'héliographie, dirigea ses recherches d'un tout autre côté et obtint d'excellents résultats en prenant pour couche sensible une pellicule d'albumine déposée à la surface d'une plaque de verre (1848). L'albumine de l'œuf était additionnée d'iodure de potassium; on l'étendait sur une glace horizontale, puis on la laissait sécher spontanément. Cela fait, on sensibilisait la glace comme le papier de Talbot. Le bain d'acétonitrate coagulait l'albumine et l'on continuait l'opération de la même manière. Les négatifs étaient d'une finesse admirable, bien supérieure à celle du cliché sur collodion de la méthode actuelle, mais le temps d'exposition et les diverses manipulations étaient si longs que le procédé resta peu employé dans la pratique usuelle. Les positifs sur albumine sont d'un effet excellent, surtout au stéréoscope; ils sont obtenus d'une façon analogue.

L'albumine a été remplacée à son tour par une substance beaucoup plus commode à employer, le *collodion* ou dissolution de coton-poudre dans l'éther et l'alcool : cette innovation, due à Legray et à Fry et Scott Archer, a été la cause d'un développement très-considérable de l'art photographique. La simplicité des procédés, la rapidité des opérations et l'excellence des résultats ont donné une immense impulsion à la branche spéciale des portraits, et bon nombre d'artistes frappés de ces avantages ont même abandonné l'albumine et le papier ciré pour la reproduction des sites les plus éloignés ou les plus inaccessibles, malgré l'encombrement amené par l'adoption du collodion humide.

Il existe plusieurs procédés dans lesquels le collodion est employé à sec et peut être préparé à l'avance comme la plaque albuminée ou le papier ciré; ils sont fréquemment usités lorsque le bagage du touriste photographe doit être simplifié.

Avec tous les négatifs, qu'ils soient sur verre ou sur papier, on tire des épreuves positives de la même façon. On prépare un papier sensible aux sels d'argent analogue à celui de Talbot, mais sans substance réductrice. Puis on l'expose à la lumière sous le négatif et l'on attend que l'image se soit produite, ou encore on la *révèle* bien avant ce terme; on n'a plus alors qu'à la fixer à l'hyposulfite et à lui donner une teinte agréable et solide en la plongeant dans une solution d'or dont le métal prend la place de l'argent réduit.

On s'est aperçu qu'au bout de quelques années toutes les épreuves aux sels d'argent manifestent un commencement d'altération sensible, leur tirage est lent et minutieux. On a donc dû chercher à produire des épreuves à la presse et avec l'encre au charbon qui seule est absolument indélébile. C'était revenir à l'héliographie de Niepce; nous décrirons plus loin les procédés qui ont été imaginés pour atteindre ce but particulier.

Certains expérimentateurs se contentèrent de demander au charbon son inaltérabilité. De là plusieurs procédés au charbon dans lesquels chaque épreuve se produit bien par l'action de la lumière passant à travers le négatif, mais au moyen de la poudre de charbon qui est retenue grâce à des artifices particuliers aux seuls endroits frappés par la lumière, c'est-à-dire sur les noirs. Un semblable positif peut être produit à la surface d'un émail ou d'un morceau de porcelaine; et si dans ce cas la poudre de charbon a été remplacée par un émail foncé pulvérisé, la chaleur du feu en faisant fondre celui-ci l'incorporera intimement à la surface qui lui sert de support. De là les plus solides des photographies.

Après ce court exposé historique, et sans entrer dans aucun détail technique touchant les appareils employés pour l'obtention des épreuves (1), nous

(1) Bien que nous n'ayons pas l'intention de décrire les détails de construction des divers appareils employés en photographie, nous devons dire quelques mots de l'organe le plus important de ces appareils, c'est-à-dire de l'objectif. Porta est le premier qui ait disposé une lentille convergente devant l'ouverture de la chambre noire. Quoiqu'il limitât à l'aide d'un diaphragme la surface utile de celle-ci, les images produites sur le plan de verre dépoli n'avaient toute leur netteté que sur un espace assez réduit : la surface *au point* était fortement courbe. Lorsqu'on employa la chambre noire à la photographie, on vit de plus que le foyer des rayons chimiques ne coïncidait pas avec le foyer visible, même si l'on employait une lentille achromatisée à la façon ordinaire. On dut donc achromatiser les nouveaux *objectifs simples* pour des couleurs beaucoup plus réfrangibles et l'on chercha par la forme et par l'ordre de succession du flint et du crown à élargir autant que possible sur le plan de verre la surface *au point*. Dans la combinaison la plus commune (fig. 496), le flint est en avant, c'est une lentille biconcave, laquelle est suivie d'un crown biconvexe. M. Andrew Ross a proposé la disposition inverse : le crown est en avant et tourne une surface concave vers l'objet; cette forme, qui paraît la meilleure, est adoptée assez généralement en Angleterre et en Amérique.

Les objectifs simples conviennent au paysage, ils ont une grande tolérance de foyer, c'est-à-dire que des objets situés à une distance plus ou moins grande se reproduisent sur l'écran avec une netteté presque égale;

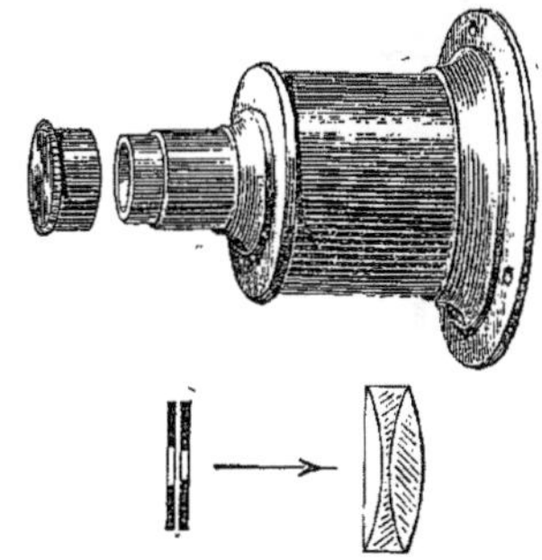

Fig. 496. — Objectif simple.

comme ils sont généralement assez fortement diaphragmés ils donnent des détails d'une extrême délicatesse. En revanche, ils exigent un temps de pose assez long et rendent les lignes droites du modèle par des courbes dont la concavité est tournée vers le centre de l'écran; cette distorsion, qui n'est pas à la vérité très-considérable, em-

allons décrire brièvement les procédés photographiques les plus usités, en renvoyant le lecteur aux ouvrages spéciaux, pour une foule de détails, tours de main, etc., qui ne peuvent être consignés dans cet ouvrage.

Nous traiterons successivement des procédés employés pour obtenir :

I. Les négatifs et positifs sur collodion humide;
II. Les négatifs sur collodion sec;
III. Les négatifs et les positifs sur albumine;
IV. Les négatifs sur papier ciré;
V. Les positifs sur papier aux sels d'argent et de fer;
VI. Les positifs sur papier au charbon;
VII. Les épreuves daguerriennes;
VIII. Les gravures photographiques;
IX Les photolithographies;
X. Les émaux.

I. — COLLODION HUMIDE.

Négatifs. — Comme la plupart des négatifs s'obtiennent aujourd'hui à l'aide du collodion humide, nous décrirons ce procédé avec quelques détails. Voici d'abord plusieurs recettes de collodions dont les résultats sont également satisfaisants.

α. Collodion photographique.

	Bourbouze.	Bayard.	Aguado.
Éther rectifié..........	75 gr	600 cc	300 cc
Alcool à 40°..........	35	400	200
Iodure de zinc..........	1	»	»
Iodure de cadmium	»	6 gr	1 gr,75
Iodure d'ammonium....	»	4	1 75
Iodure de potassium...	»	2	1
Bromure de zinc	0,1	»	»
Bromure de cadmium ..	»	8	0 50
Bromure d'ammonium..	»	»	0 50
Bromure de potassium..	»	»	0 25
Coton-poudre...... ...	1	8 à 10	5

Voici, d'après M. de Monckhoven, les propriétés des diverses substances qui entrent dans la composition des collodions. Le coton-poudre, suivant sa fabrication, donne à quantité égale des collodions simples plus ou moins épais. S'il a été formé à froid, le collodion sera peu fluide, très-sensible, et les images produites peu vigoureuses. S'il a été fabriqué à 50-55°, le collodion sera mince, moins sensible, mais donnera des épreuves très-vigoureuses. Supposons que l'on ait fait un collodion avec 500 centimètres cubes d'alcool, 500 centimètres cubes d'éther et 10 grammes de pyroxyline; fournit-il des couches trop minces? on l'iodurera au cadmium seul et l'on ne pourra s'en servir qu'au bout d'un mois. Voici les quantités pour un litre :

Iodure de cadmium........	10	grammes.
Bromure de cadmium.....	4	—

Est-il trop épais, au contraire? on le rendra propre aux usages photographiques avec des composés ammoniacaux et l'on pourra s'en servir au bout de 3 ou 4 jours, mais il sera hors d'usage au bout d'un mois. Quantité de sels pour un litre :

Iodure d'ammonium.......	5	grammes.
— de cadmium.........	5	—
Bromure d'ammonium.....	2	—
— de cadmium......	2	—

Enfin présente-t-il la résistance convenable? on obtiendra un excellent produit, utilisable dès le troisième jour et se conservant 2 ou 3 mois, en employant le mélange suivant pour un litre :

Iodure double de cadmium et de potassium..	10
Bromure de cadmium........................	4

ou

Iodure de cadmium........................	5,2
— de potassium........................	4,8
Bromure de cadmium........................	4

Dans l'été, on peut porter la proportion d'alcool jusqu'au 3/2 du volume de l'éther; lorsqu'il fait très-froid, la proportion sera renversée.

Les bromures donnent au collodion la faculté d'être impressionné par des lumières très-faibles et surtout par le vert; comme il se *solarise* moins vite que l'iodure (c'est-à-dire que l'action chimique est pendant plus de temps proportionnelle à l'intensité de la lumière), on peut reproduire avec lui des sujets présentant des tons très-variés. Les

pêche de les employer à la reproduction des monuments.

Petzval a inventé en 1841 une combinaison de lentilles particulière qui est devenue bientôt populaire sous le nom d'*objectif double*. La forme et la distance des verres en a été étudiée mathématiquement par lui

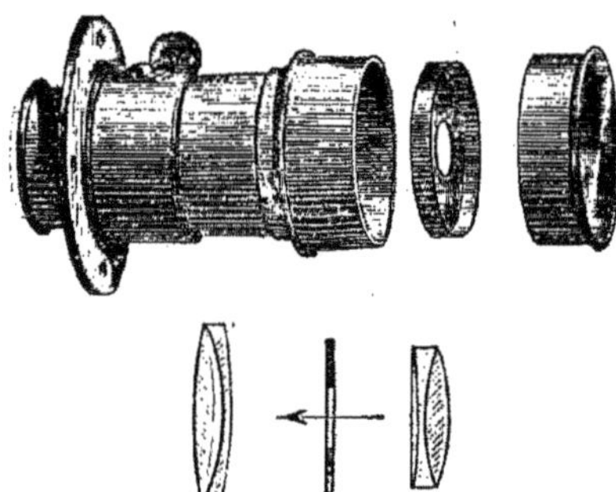

Fig. 497. — Objectif double.

avec un très-grand talent et les résultats obtenus ont été conformes aux espérances données par la théorie. Dans cet objectif (fig. 497), à la suite d'un ménisque convergent achromatisé et tournant sa convexité vers l'objet à reproduire, se trouve disposé un système de deux lentilles dont l'action combinée est divergente; leur but est de corriger l'aberration sphérique du système total et d'allonger son foyer pour les rayons très-obliques à l'axe, de manière que la surface *au point* ne soit pas trop courbe. L'objectif double, grâce à son ouverture, qu'on peut laisser entière, est extrêmement rapide. Il est excellent pour les portraits; c'est le but qu'on se proposait d'atteindre. Il peut servir à la rigueur à faire le paysage; mais il faut alors l'additionner d'un diaphragme très-étroit, pour atténuer l'inégalité de l'éclairage et pour lui rendre une plus grande tolérance de foyer. Il n'est pas exempt de distorsion.

En dehors de l'objectif simple et de l'objectif double, l'on emploie encore quelques combinaisons de lentilles présentant certains avantages spéciaux Il faut citer d'abord l'*aplanat* de Steinheil, composé de deux ménisques symétriques formés chacun d'un flint très-lourd collé à un flint léger; les concavités des ménisques sont tournées l'une vers l'autre. M. Dallmeyer le construit aussi avec du flint et du crown. L'aplanat est assez rapide et peut servir pour les groupes en plein air. Il est excellent pour les paysages animés, les monuments, les tableaux; avec un diaphragme, il est tellement exempt de distorsion, qu'il est employé journellement pour les reproductions qui exigent une exactitude absolue, celle des cartes géographiques.

Le *doublet* de Th. Ross diffère de l'aplanat en ce qu'il n'est pas symétrique et exige un diaphragme; il embrasse un grand angle (80°) et est doué d'une grande tolérance de foyer; comme il est d'ailleurs à peu près exempt de distorsion, il est surtout employé pour copier les monuments rapprochés. Le *périscope* a une ouverture encore plus grande (100°) et jouit d'avantages analogues; mais comme il est simplement composé de deux ménisques symétriques et non achromatisés, il possède une distance focale chimique différant de 1/40 de sa distance focale lumineuse. L'*objectif globe* réclame des diaphragmes assez étroits et présente encore moins de rapidité; son ouverture est de 75°. Le *triplet*, avec trois verres achromatisés, n'a guère d'avantages sur l'aplanat et présente une rapidité deux fois moindre.

collodions destinés à être employés à sec doivent être fortement bromurés.

Les images fournies par un collodion neuf sont en général assez peu intenses, elles s'obtiennent très-rapidement; un collodion vieux donne, avec plus de lenteur, des épreuves beaucoup plus vigoureuses. Un collodion très-vieux perd peu à peu sa sensibilité et s'altère profondément.

A cause de cette altération, on préfère généralement aujourd'hui préparer un collodion exempt de sels (*normal*) et y ajouter pour le rendre applicable à l'usage photographique, et seulement lorsqu'on doit s'en servir, une certaine quantité d'alcool chargé d'iodures, bromures, etc. Exemples :

β. *Collodion normal.*

	(1)	(2)	(3)	(4)	(5)
Éther rectifié..	60cc	67cc	100cc	600cc	1,000cc
Coton-poudre..	2gr,25	1gr	»	12	20
Papier-poudre.	»	»	0,75	»	»
Alcool à 40°...	40	33cc	»	300	500cc
Alcool absolu.	»	»	Assez pour dissoudre le papier.	»	»

Ajoutez au collodion normal (1) 1/10 de son volume de la solution suivante (*a*).

Ajoutez au collodion normal (2) 7/100 de son volume de la solution (*b*) et 3/100 de son volume de la solution (*c*) (portraits), ou bien 3/100 de son volume de (*b*) et 2/100 de (*c*) (paysage).

Ajoutez au collodion (3) 1/3 de son volume de (*d*).

Ajoutez au collodion (4) 1/10 de son volume de (*e*).

Ajoutez au collodion (5) 1/3 de son volume de (*f*).

γ. *Liqueur sensibilisatrice.*

	(*a*)	(*b*)	(*c*)	(*d*)	(*e*)	(*f*)
Alcool à 36°...	120cc	»	»	»	»	500cc
Alcool à 40°..	»	100cc	100cc	275cc	»	»
Alcool absolu.	»	»	»	»	250cc	»
Iodure de potassium.....	2gr	»	»	»	»	»
Iodure de sodium.......	»	»	»	2gr,75	»	»
Iodure d'ammonium....	2	»	7gr,50	»	10gr	»
Iodure de cadmium......	6	7gr,50	»	5	10	»
Iodure de Cd et de K....	»	»	»	»	»	40gr
Bromure de cadmium...	3	3, 75	»	1, 75	10	16
Bromure d'ammonium....	»	»	3, 75	»	»	»

On ajoute une paillette d'iode pour donner une coloration ambrée dite « vin de madère. »

On prépare le *coton-poudre* photographique en cellulose *tétranitrée* d'une façon particulière. Voici les recettes. Nous donnons aussi celle du *papier-poudre*.

	(1)	(2)	(3)	(4)
Acide sulfurique à 66°...	400gr	310gr	500cc	510cc
Azotate de potassium en poudre..............	200	100	15gr,5	»
Acide azotique à 40°.....	»	100	200cc	»
Acide azotique à 45°.....	»	»	»	190
Eau.................	»	»	»	150

M. Gaudin attend que le mélange n° 1 soit froid et ajoute par petites portions, en agitant chaque fois, 10 grammes de coton cardé. On chasse les bulles d'air avec un agitateur; après 15 minutes on décante l'acide et verse le reste dans une grande quantité d'eau. On rince à l'eau chaude, puis à l'eau courante jusqu'à cessation de réaction acide. On écarte les fibres du coton avec les doigts et on laisse sécher. M. Laporte, qui a donné la formule n° 2, ajoute après refroidissement du mélange et avec les mêmes précautions 10 à 15 grammes de coton cardé. Il laisse 3 heures en contact et continue comme ci-dessus.

M. Maxwell Lyte mélange ensemble les acides et le salpêtre du n° 3. Lorsque la température s'est élevée à 54°, il ajoute environ 10 grammes de papier à cigarettes feuille à feuille. Le papier Berzelius donne d'aussi bons résultats. On laisse en contact pendant une demi-heure ou une heure et on continue la préparation de la façon ordinaire.

M. de Monckhoven chauffe à 55-60° le bain (4) et y plonge le coton (20 grammes) pendant 9 minutes; certains cotons se dissolvent, on doit alors diminuer la portion d'eau.

δ. *Bain d'argent pour collodion.*

Azotate d'argent pur et neutre (1)...	7 à 8gr	80
Eau distillée..........................	100	1,000
Collodion en usage..................	2 à 3	»
Iodure de potassium.................	»	0,5

Si le bain est devenu alcalin, on doit le neutraliser avec de l'acide nitrique faible. Il est même bon d'ajouter à un litre de bain parfaitement neutre 2 gouttes d'acide nitrique ordinaire.

ε. *Bain révélateur pour collodion.*

	Barreswil et Davanne.	Meynier.	Barreswil et Davanne.
Acide pyrogallique....	»	»	1gr
Solution saturée de sulfate ferreux........	100cc	»	»
Sulfate double de fer et d'ammonium.......	»	50gr	»
Eau ordinaire........	800 à 1,000cc	1,000	250cc
Acide acétique cristallisable............	20	50	De 5 à 20cc
Alcool à 36°.........	20	50	»

Ces bains s'altèrent assez vite à l'air. Il faut les préparer au fur et à mesure des besoins. On peut faire dissoudre à part l'acide pyrogallique dans 5 fois son poids d'alcool et faire le bain au moment en ajoutant à 250 centimètres cubes d'eau 5 centimètres cubes de la solution alcoolique, qui peut se conserver très-longtemps, et 5 centimètres cubes d'acide acétique.

ζ. *Bain de renforçage.*

Bain d'argent à 3/100.................	1 volume.
Bain révélateur à l'acide pyrogallique..	2 —

Mélanger au moment.

η. *Bains de fixage pour collodion.*

	(1)	(2)	(3)
Hyposulfite de sodium........	250	»	»
Cyanure de potassium........	»	20gr	»
Sulfocyanate d'ammonium....	»	»	600 à 750
Eau.........................	1,000	1,000	1,000

θ. *Solutions de renforçage après fixage.*

Chlorure d'or.........	»	0g,5	»
Chlorure de platine...	0gr,55	»	»
Chlorure de mercure..	0 45	»	Solution
Eau..	600cc	250	saturée.

ι. *Rongeant pour enlever le voile.*

Cyanure de potassium....	10 à 15 grammes.
Iode......................	2 à 3 —
Eau......................	1000 —

κ. *Vernis.*

Alcool à 40°..........	1,000cc	1,000cc
Gomme laque.........	100gr	»
Benjoin..............	»	100gr

MODE OPÉRATOIRE. — Nous ne pouvons le décrire ici avec détail. Le collodion est étendu sur la glace, préalablement bien nettoyée et époussetée au blaireau, d'une façon sûre et pas trop rapide. Il y a plusieurs manières d'opérer que la pratique seule peut apprendre. On balance la glace pendant qu'on fait couler l'excès de liquide

(1) M. de Monckhoven recommande expressément de faire fondre le nitrate d'argent à la plus basse température possible et cela à deux reprises; cette précaution est d'après lui indispensable pour obtenir d'excellentes épreuves.

pour empêcher la formation des stries, puis on l'introduit dans le bain d'argent contenu dans une cuvette destinée à cet usage. Cette opération se fait dans l'obscurité à la clarté d'une bougie ou mieux d'une petite fenêtre fermée par un verre jaune. On surveille la glace qui devient laiteuse et on la retire lorsqu'elle a perdu son aspect huileux; on l'égoutte un instant, puis on la porte dans son châssis à la chambre noire. Après l'exposition, qui dure depuis quelques secondes jusqu'à une minute selon l'appareil et le sujet à reproduire, on rentre dans le laboratoire obscur et l'on verse d'un seul coup sur la couche collodionnée tenue horizontalement un excès de bain révélateur. Avec les liquides ε (1) et ε (2), l'image apparaît presque subitement; avec la solution ε (3), elle vient peu à peu et les demi-teintes sont beaucoup mieux conservées. Quoi qu'il en soit, il est bien rare qu'une épreuve ainsi obtenue n'ait pas besoin d'être renforcée. Le procédé du renforçage, qui a abrégé de beaucoup le temps de pose, est toujours employé pour le portrait. Si l'épreuve est très-près de la perfection et si l'on a opéré avec le bain de fer, on rejette le bain et on le remplace par du bain d'argent à 3/100. Après quelques secondes, on rejette celui-ci et on recommence le développement. Si l'on a opéré avec l'acide pyrogallique ou si l'épreuve est très-faible, on lave à l'eau et l'on verse sur la couche collodionnée le liquide ζ contenu dans un verre à bec; on le promène sur toute la glace, on le reçoit dans le verre, puis on le reverse sur la glace et ainsi de suite. Il acquiert une teinte foncée et commence à déposer de l'argent. Il faut alors s'arrêter, et si l'épreuve n'est pas encore bonne les chances de réussite sont à peu près perdues.

On lave soigneusement l'épreuve avec une pissette ou sous une fontaine, puis on plonge l'épreuve dans l'hyposulfite η (1). On peut aussi verser sur l'épreuve une solution saturée d'hyposulfite ou les liqueurs η (2) et η (3). On lave avec soin, on laisse sécher, on chauffe légèrement et l'on vernit de la même façon qu'on a collodionné.

Si l'épreuve fixée et lavée doit être renforcée, on la traite par les liqueurs θ; mais il est rare que les résultats soient bien satisfaisants.

Si elle est voilée, on peut faire disparaître ce défaut à l'aide du rongeant ι, et rien n'empêche de la renforcer ensuite.

La liqueur de renforçage au mercure donne des clichés très-opaques, surtout si on verse du bromure de potassium sur la glace après un séjour assez long de l'épreuve dans le bain et après un lavage subséquent. Ce procédé est excellent lorsqu'il s'agit de reproduire un objet sans demi-teintes, une gravure par exemple.

Positifs transparents sur collodion. — On peut les obtenir directement à la chambre noire : pour cela on sensibilise une glace collodionnée à la manière ordinaire, on l'éclaire pendant quelques secondes, on la lave et on y verse de l'iodure de potassium à 3 centièmes. On l'expose alors à la chambre noire, pendant au moins trois fois plus de temps que s'il s'agissait de faire un négatif ordinaire. On lave et l'on révèle à l'acide pyrogallique additionné de nitrate d'argent [Poitevin, *Bull. de la Soc. photog.*, 1869].

On obtient encore des images positives transparentes sur collodion en impressionnant celui-ci sous un négatif. Elles se font à l'aide du *collodion-chlorure* de Whartmann Simpson. Ce corps s'étend sur le verre à la façon du collodion ordinaire, mais on doit prolonger son séjour sur la plaque beaucoup plus longtemps. Il donne des épreuves d'une grande finesse qu'on examine par transparence et qui résistent au frottement comme celles sur albumine. Pour faire le collodion-chlorure, on agite 200 centimètres cubes de collodion A avec 200 centimètres cubes de collodion B, puis on ajoute 4 centimètres cubes de solution C et 8 gouttes d'ammoniaque.

A	Chlorure de magnésium	1gr
	dissous dans : Alcool à 90 %	100cc
	Pyroxyle	3gr
	Éther à 66° (Baumé)	100cc
B	Alcool à 90 %	200cc
	Nitrate d'argent fondu	8gr
	dissous dans : Eau	8cc
	Le tout est additionné de : Pyroxyle	6gr
	Et peu à peu en agitant de : Éther	200cc
C	Alcool à 90 %	162cc
	Acide citrique	18gr
	dissous dans : Eau	18cc

On agite le mélange et l'on conserve dans l'obscurité; il est bon à employer dès le lendemain et se conserve pendant plus d'un mois.

Avant de recevoir le collodion, qui a un aspect laiteux dû au chlorure d'argent en supension, et qui est tout sensibilisé, les glaces sont recouvertes d'une couche extrêmement mince d'albumine (celle qui reste adhérente à la surface par capillarité lorsqu'on redresse la glace). Puis on les collodionne avec lenteur et on les met à sécher pendant plusieurs heures. Pour s'en servir, on les soumet pendant 5 minutes à l'action des vapeurs émises par une trentaine de grammes de carbonate d'ammoniaque qu'on a introduits dans une boite de bois, et on les expose sous le négatif la face collodionnée en dessus. Il est bon de maintenir entre les deux glaces un contact parfait, au moyen d'un matelas de papier ou de feutre de la grandeur de la glace-épreuve, placé entre celle-ci et la planchette de la presse. On surveille l'image comme on le fait pour le papier, puis on la vire dans un bain obtenu en ajoutant goutte à goutte la liqueur B dans la liqueur A, laissant reposer 2 ou 3 heures et filtrant.

A	Eau distillée	1,000	grammes.
	Sulfocyanate d'ammonium	15	—
	Hyposulfite de sodium	1	—
B	Chlorure d'or et de potassium	1	—
	Eau	10	—

On immerge ensuite la glace dans de l'hyposulfite à 10,100 et on lave pendant un quart d'heure.

Épreuves positives transparentes vitrifiées. — Procédé Tessié du Motay et Maréchal (de Metz). — On couvre la glace d'une solution de caoutchouc dans la benzine mélangée de collodion, puis, cette couche étant sèche, on la recouvre de collodion ioduré ordinaire, et l'on obtient d'après un négatif une image positive par transparence.

Il s'agit maintenant d'accumuler assez d'argent sur les noirs de l'épreuve pour que, après virage à l'or ou au platine, ceux-ci restent noirs à la vitrification. Pour cela on renforce énergiquement, on enlève le voile avec le cyanure de potassium iodé (voyez p. 999) et l'on répète l'opération plusieurs fois. On vire dans des bains au platine pour avoir des noirs verts, ou bien au platine et à l'or pour avoir des noirs purs, on fixe au cyanure, on sèche la glace et on la porte au feu de moufle. Lorsque les matières organiques sont brûlées, on la couvre d'un fondant silicique ou borique et l'on vitrifie par la chaleur.

II. — COLLODION SEC.

Négatifs. — Nous donnons d'abord un procédé peu employé aujourd'hui. C'est celui au collodion résineux.

Collodion résineux.

	Robiquet et Dubosq.	Jean-renaud.
Collodion ordinaire..........	300gr	100gr
Éther saturé d'ambre jaune..	»	4
Chloroforme, 150 grammes... / Ambre jaune, 40 — / Éther, 150 grammes.	25cc	»

On collodionne la glace à la façon ordinaire, on attend 50 à 60 secondes, on la plonge dans un bain d'argent additionné de 1/10 de son volume d'acide acétique ou 1/100 d'acide azotique. On lave soigneusement après sensibilisation et l'on sèche; la glace sèche s'impressionne trois à quatre fois plus lentement que la glace humide. On mouille avec de l'eau avant de révéler. Ces manipulations peuvent détacher la couche collodionnée si on n'a pas eu le soin de vernir les bords de la plaque.

On peut remplacer l'emploi des collodions résineux par l'addition sur la couche collodionnée et sensibilisée d'une solution de miel, de métagélatine, de tannin, d'albumine, d'acétate de morphine, etc. Le procédé à la gomme et au miel a été fort employé; le voici.

Solution conservatrice au miel.

Eau..................	300 grammes.
Gomme arabique.....	50 —
Miel..................	5 —
Alcool...............	50 —

On lave la glace sensible, on promène sur sa surface à deux ou trois reprises la solution conservatrice; on laisse égoutter et l'on sèche. Le temps de pose est doublé; on développe après lavage.

On emploie surtout aujourd'hui le procédé à la morphine de M. Bartholomew. On collodionne la glace avec un des collodions suivants :

Collodions pour procédés secs.

Alcool à 40°....	500cc	Alcool à 40°...	500cc
Coton-poudre...	10 à 12gr	Pyroxyline.....	10 à 12gr
Iodure de potassium et de cadmium........	8	Bromure de cadmium et d'ammonium......	20
Bromure de cadmium........	8	Éther..........	500cc
Éther..........	500cc		

On sensibilise à la façon ordinaire, on lave la glace, puis on la recouvre à plusieurs reprises d'une solution aqueuse d'acétate de morphine à 4 millièmes qu'on y laisse sécher. La couche reste sensible pendant un jour ou deux et donne des épreuves difficiles à distinguer de celles dues au collodion humide. Elles exigent pour se produire quatre fois plus de temps que celles-ci, et deux fois plus de temps seulement si l'on emploie les *révélateurs alcalins*.

Ceux-ci donnent de très-bons résultats avec tous les collodions secs dans lesquels les bromures dominent. On prépare d'avance les solutions suivantes :

(1)	Bromure de potassium..	4	grammes.
	Eau distillée.........	100	—
(2)	Acide pyrogallique.....	1	—
	Eau distillée..........	300	—
(3)	Carbonate d'ammonium.	6	—
	Eau distillée..........	100	—
(4)	Acide pyrogallique.....	6	—
	Acide citrique..........	18	—
	Eau distillée..........	1,000	—
(5)	Nitrate d'argent.......	10	—
	Eau distillée..........	500	—

Pour révéler une épreuve, on la lave et on l'égoutte, on verse dans un verre une quantité de la solution (2) suffisante pour couvrir la glace, on y ajoute 6 gouttes de la solution (1) et on la répand sur la glace à plusieurs reprises pendant une demi-minute. La solution est toujours reçue dans le même verre : on l'additionne de 8 gouttes de la solution alcaline (3) et l'on recommence le développement. Les grandes lumières apparaissent rapidement. On ajoute alors à la solution 6 gouttes (1) et 8 gouttes (3), et l'on continue. L'épreuve est souvent assez vigoureuse : si elle ne l'est pas, on renforce avec la liqueur (4) additionnée de quelques gouttes de nitrate (5). Avant le développement on vernit les bords de l'épreuve avec une solution de 2 p. de caoutchouc dans 100 de benzine, de peur que la couche ne se soulève.

Il existe plusieurs procédés, connus sous le nom de procédés au *collodion-bromure*, suivant lesquels on sensibilise les glaces avec un collodion contenant en suspension du bromure d'argent; on les lave et on les recouvre d'une solution de gomme, sucre et tannin. Le collodion peut être additionné de sel d'urane et donne, dit-on, de meilleurs résultats. Ces procédés tout nouveaux n'ont pas encore reçu la sanction de l'expérience.

Nous avons cru devoir séparer des méthodes précédentes le procédé Russell au tannin, et le procédé Taupenot à l'albumine. Tous deux donnent de magnifiques résultats.

Solution conservatrice au tannin.

	Russell.	England.	Brébisson.	Jouet.
Tannin...........	3gr	3	3	4gr
Eau..............	100cc	100cc	90cc	100cc
Alcool à 36°.......	4 à 5	»	10	5
Miel..............	»	3	»	»
Gomme arabique...	»	»	3gr	»
Pâte de jujube du codex...........	»	»	4	»
Sucre.............	»	»	»	2
Acide citrique.....	»	»	»	0gr,25

On commence par produire une grande adhérence du collodion en versant préalablement sur la glace une solution chaude de gélatine et en laissant égoutter et sécher. Cette solution se prépare en dissolvant à chaud 1gr,5 de gélatine blanche dans 250 centimètres cubes d'eau, ajoutant 5 à 6 centimètres cubes d'alcool et 8 centimètres cubes d'acide acétique. La glace gélatinée est couverte de collodion et sensibilisée à la manière ordinaire, seulement le bain d'argent doit être très-légèrement acide. On lave consciencieusement, puis on verse la solution conservatrice, on la rejette pour la remplacer par une nouvelle quantité de liqueur; on recommence une troisième fois l'opération; enfin on fait sécher le tout dans l'obscurité la plus complète. On peut vernir la plaque sur les bords si l'on n'a pas employé le premier enduit à la gélatine; mais celui-ci donne de plus beaux résultats. Après la pose, qui peut avoir lieu fort longtemps après la sensibilisation, on couvre la plaque d'eau distillée pendant 3 ou 4 minutes et l'on développe avec l'acide pyrogallique auquel on ajoute un peu de bain d'argent faible, d'autant plus que l'épreuve est plus uniforme. Le procédé de M. de Brébisson est, dit-on, le plus rapide. Il arrive presque à l'instantanéité.

La méthode au collodion albuminé de Taupenot se distingue des autres par une double sensibilisation. Hâtons-nous de dire qu'elle peut être simplifiée sur ce point, mais parfois au détriment de l'excellence des épreuves.

On commence par nettoyer les glaces avec un soin minutieux, à la potasse, à la terre pourrie, à l'acide azotique, etc., puis on collodionne avec un bon collodion additionné de 1/9 de son volume d'alcool et de 2/9 d'éther. On sensibilise dans le bain d'argent à 7 %; on lave, puis on laisse égoutter pendant 50 à 60 secondes. On verse alors à la manière du collodion l'albumine préparée de la façon suivante :

Solution d'albumine, procédé Taupenot.

	Taupenot.	De Brébisson.	Jeanrenaud.
Albumine (blanc d'œuf sans germe)........	240cc	240cc	300cc
Eau distillée..........	50	50	75
Iodure d'ammonium...	2gr,50	2gr,5	»
Iodure de potassium...	»	»	3gr
Bromure d'ammonium.	0 75	0 75	»
Ammoniaque pure....	20cc	20cc	5cc
Sucre candi blanc.....	6gr	»	»
Dextrine.............	»	30	»
Acide acétique cristallisable...............	»	»	5

On bat le blanc d'œuf avec la solution de sels; l'ammoniaque et l'acide acétique s'ajoutent après. Lorsque la mousse est devenue très-consistante, on laisse reposer 24 heures et on décante le liquide clair. L'emploi de la dextrine, d'après Barreswil et Davanne, ne paraît pas recommandable.

On promène l'albumine sur la glace en rejetant l'excès d'eau qu'elle chasse devant elle, on la ramène vers l'angle par lequel elle a été versée, puis on la fait écouler. On laisse égoutter et l'on fait sécher complétement. On porte la glace pendant quelques instants à la lumière pour anéantir la sensibilité que lui a donnée le premier bain, puis on la trempe dans un bain renfermant 8/100 de nitrate d'argent et 8/100 d'acide acétique. On laisse en contact une demi-minute, on lave à deux reprises avec la pipette ou sous la fontaine (on peut terminer par un lavage à l'eau salée à 2/1000) enfin on sèche. La glace est très-sensible après 24 ou 48 heures; elle exige seulement cinq ou six fois le temps de pose du collodion humide.

On peut développer plusieurs heures ou même un ou deux jours après l'exposition. Cette opération a lieu après qu'on a mouillé la glace avec de l'eau. On introduit le bain révélateur dans une cuvette et on y plonge la glace, le collodion en dessous, et on l'agite de temps à autre pendant un temps qui peut aller de 10 minutes à plusieurs heures. Voici deux exemples de bain de développement; on peut en employer d'autres; le second est facile à emporter en voyage.

ζ. Bain de développement, procédé Taupenot.

Eau..................	1,000cc	»	
Acide gallique........	3gr	15	1 gramme pour un verre d'eau.
— pyrogallique....	1	5	
— acétique........	5	»	
— citrique........	»	5gr	
Alcool...............	20cc	»	

On fixe après un temps illimité avec l'hyposulfite à 10/100, ou mieux le sulfocyanate de potasse à 60/100, mais jamais avec le cyanure de potassium.

M. Gaumé emploie un collodion non ioduré et ne le sensibilise pas. Il le lave et passe à l'application de l'albumine préparée. Mme Lebreton, au contraire, verse l'albumine pure sur une glace collodionnée et sensibilisée, fait sécher et expose à la chambre noire sans seconde sensibilisation. Enfin M. Fothergill, après avoir versé l'albumine pure et étendue de 1/4 son volume d'eau sur la couche sensible du collodion, l'y laisse séjourner une minute et lave ensuite à l'eau. La portion d'albumine absorbée par la couche de collodion suffit pour lui conserver sa sensibilité.

III. — ALBUMINE.

Négatifs. — La difficulté de ce procédé repose uniquement dans la formation d'une couche régulière d'albumine sur la glace ; son avantage est dans la finesse des épreuves et la conservation des glaces sensibles. Les modes de sensibilisation, de révélation et de fixage sont presque identiquement ceux décrits plus haut pour le collodion.

L'albumine photographique se fait en ajoutant à 100 centimètres cubes de blanc d'œuf privé de germes 1 gramme d'iodure de potassium (celui-ci est conservé dans un flacon avec quelques paillettes d'iode). On la dépose généralement à l'aide d'une pipette sur la glace préalablement bien nettoyée et posée sur une table de façon à faire un angle de 10° au plus avec l'horizontale. On promène la pipette jusqu'à ce que la glace soit couverte. On enlève les bulles avec une pointe d'aiguille, on aspire avec une seconde pipette le bourrelet d'albumine accumulé vers le bas de la glace, puis on laisse sécher dans une armoire dans une position parfaitement horizontale. On sensibilise la glace lorqu'elle est sèche, c'est-à-dire le lendemain. Pour cela on la plonge pendant une minute dans un bain contenant, pour 100 grammes d'eau distillée, 10 grammes de nitrate d'argent et 10 grammes d'acide acétique. On lave à l'eau par immersion pendant 2 ou 3 minutes, puis sous un courant, et l'on fait sécher. La glace étant impressionnée (l'impression est peu rapide, environ 1 minute par 3 centimètres de foyer au soleil; Fortier), on verse sur la glace une solution aqueuse saturée d'acide gallique; aussitôt que l'image paraît, on remplace le révélateur par une autre portion d'acide gallique additionné d'un peu de bain d'argent. L'image vient lentement (on doit attendre depuis une 1/2 heure jusqu'à une journée); mais elle est toujours bonne. On lave à l'eau, puis à l'hyposulfite à 10/100, puis de nouveau à l'eau, et l'on sèche.

M. Bacot a cherché à donner plus de rapidité au procédé à l'albumine. Voici sa méthode. On ajoute à l'albumine de six œufs la solution filtrée suivante :

Solution accélératrice pour albumine.

Eau distillée...........	45 grammes.
Dextrine...............	9 —
Iodure de potassium....	3 —
Bromure de potassium..	0gr,5

On bat en neige et l'on décante après un repos de 2 heures. La glace albuminée et séchée de la façon ordinaire est posée sur une *boîte à iode* (voir plus loin Daguerréotype), jusqu'à ce qu'elle ait pris la coloration jaune d'or. On la sensibilise dans un bain contenant, pour 280 grammes d'eau, 32 grammes de nitrate d'argent et 80 grammes d'acide acétique cristallisable. On lave, on sèche et l'on impressionne. On développe à chaud (50-60°) en plongeant la glace dans la solution suivante : eau, 400 grammes; acide gallique, 7 grammes ; acétate de chaux, 3 grammes. Quand le liquide est refroidi, on y verse quelques gouttes de nitrate d'argent (eau, 100 grammes; nitrate d'argent, 6 grammes ; acide acétique, 20 grammes). On fixe comme ci-dessus.

Positifs. — Les positifs sur albumine se font en exposant pendant quelques instants sous un négatif une glace albuminée préparée par un des procédés ci-dessus, mais contenant environ 1/3 en moins d'iodure, et en continuant l'opération comme plus haut.

Les *photographies microscopiques* sont des positifs sur albumine obtenus avec des objectifs à court foyer.

IV. — PAPIER CIRÉ.

Négatifs. — On prend une feuille de papier de

fabrication soignée et généralement spéciale, non encollé à la gélatine; on la trempe dans un bain de cire blanche ou même de cire jaune convenablement purifiée. On la retire pour la mettre entre plusieurs feuilles de papier buvard et l'on passe sur le tout un fer à repasser moyennement chaud (il faut qu'une goutte d'eau qu'on y projette s'évapore en sifflant, mais ne prenne pas l'état sphéroïdal et ne quitte pas la surface chaude). On peut encore chauffer le papier sur une plaque recouverte de quelques feuilles de papier buvard et en frotter la surface avec de la cire. On empile successivement sur cette première feuille huit à dix autres feuilles que l'on cire de la même façon, puis on sépare les feuilles cirées, on les remet sur la surface chaude en les intercalant de feuilles non cirées et on les repasse avec un tampon de papier en retournant plusieurs fois le paquet tout d'une pièce. Si la cire est en excès et forme couche hors de la pâte du papier, on recommence avec une nouvelle feuille non cirée. Cela fait, on *décire* en posant sur la plaque chauffée et couverte de deux feuilles de papier buvard, d'abord une feuille non cirée, puis la feuille cirée qu'on essuie avec un tampon de papier joseph en la retournant plusieurs fois jusqu'à ce qu'elle soit parfaitement lisse et ait perdu le luisant de la cire sans avoir le mat du papier ordinaire. M. Civiale fils a proposé de faire ces préparations avec de la paraffine.

Pour iodurer le papier, on le plonge dans le bain suivant (α) en évitant les bulles et on l'y laisse de 1 à 2 heures. On iodure dans le même bain huit ou dix feuilles et plus à la fois. Avant de préparer le bain, on se procure du petit-lait clarifié de la façon suivante : On fait bouillir 1 à 2 litres de lait; lorsqu'il commence à monter, on ajoute quelques gouttes d'acide acétique, jusqu'à coagulation. On filtre sur une toile et on laisse refroidir le liquide. Lorsqu'il n'est plus qu'à 40° environ, on ajoute un blanc d'œuf battu. On fait bouillir; l'albumine clarifie le sérum en se coagulant; on filtre.

α. Bain iodurant pour papier ciré.

Petit lait clarifié (sérum).......	500gr
Iodure de potassium..........	7,5
Bromure de potassium........	2,0
Sucre de lait.................	10

On peut aussi faire bouillir 80 grammes de riz avec 8 grammes de colle de poisson et 1 litre d'eau jusqu'à ce que le riz commence à se gonfler et crever, filtrer ensuite à travers une mousseline et ajouter 40 grammes de sucre de lait et 20 grammes d'iodure de potassium (Sella), ou 40 grammes de sucre de lait, 15 grammes d'iodure de potassium ou d'ammonium et 4 grammes de bromure de potassium (Legray).

Lorsque les feuilles sont sèches, elles se conservent fort bien; pour les sensibiliser, on les trempe complètement une par une, et en évitant les bulles, dans le bain d'acétonitrate d'argent suivant :

β. Bain d'argent pour papier ciré ioduré.

Eau distillée.................	500 grammes.
Nitrate d'argent.......... ...	85 —
Acide acétique cristallisable ...	40 à 50 —

On peut y ajouter un peu de bain iodurant afin que les premières feuilles iodurées n'y perdent pas une partie de leur iodure d'argent. On laisse la feuille le temps nécessaire pour la double décomposition (quelques minutes). On lave à l'eau par immersion à deux reprises; on égoutte, on éponge avec du papier buvard et l'on sèche entre des feuilles du même papier.

Après l'exposition à la chambre noire entre deux glaces (2 ou 3 minutes jusqu'à 45 et même 60 minutes) et le lendemain ou le surlendemain, on développe en plongeant la feuille dans le bain révélateur suivant :

γ. Bain révélateur pour papier ciré.

Eau..................	500gr		500gr
Acide gallique........	2	20,0gr	} 10cc
Alcool à 40°..........	»	1,000cc	
Acide acétique........	»	10gr	
Bain d'argent : au moment	30 gouttes.		30 gouttes.

Le développement dure d'une demi-heure à une journée. On doit surveiller l'épreuve par transparence, surtout vers la fin, les noirs du cliché se renforçant alors d'eux-mêmes avec rapidité.

On lave à l'eau. On laisse dégorger pendant 2 ou 3 heures ou même une nuit. L'épreuve alors n'est presque plus sensible à la lumière. On la fixe après un temps quelconque avec de l'hyposulfite à 12,5 pour 100 que l'on laisse en contact jusqu'à disparition des parties jaunes de l'image dues à l'iodure d'argent. On lave. On fait dégorger. On passe au-dessus du feu pour rendre à la cire sa transparence.

Un nouveau procédé, dû à M. Schaëb, modifie l'ordre des opérations décrites dans les lignes qui précèdent. Ce procédé nécessite l'emploi d'un papier encollé d'une façon particulière, que l'on trouve chez M. Marion. On le sensibilise avec du nitrate d'argent à 8 %, contenant en outre 10 % d'acide acétique cristallisé; après une minute et demie d'immersion, on lave à trois eaux pour ôter tout le nitrate d'argent libre; on éponge deux fois, l'on sèche et l'on conserve dans la boîte au chlorure de calcium (voyez Positifs sur papier). On développe après l'impression, laquelle a lieu comme avec le papier ciré, dans un bain contenant :

Bain révélateur pour papier Schaëb.

Eau....................	500 grammes.
Acide gallique..........	1 —
Acide acétique..........	10 —
Solution d'argent qui a servi à la sensibilisation......	1cc

Ce bain ne doit pas être trop froid; le développement est complet en une demi-heure en été. On lave pendant un quart d'heure et l'on fixe avec de l'hyposulfite à 25 %, additionné de 5/100 de carbonate de soude fondu, puis on lave abondamment à plusieurs eaux pendant une heure ou deux.

Lorsque le négatif est sec, on le cire, comme il est dit pour le papier ciré ordinaire; les résultats sont, paraît-il, fort bons.

V. — POSITIFS SUR PAPIER AUX SELS D'ARGENT.

Bien que le papier pour positifs soit aujourd'hui vendu chloruré et albuminé, et même quelquefois sensibilisé, nous décrirons brièvement les opérations nécessaires pour faire des épreuves avec du papier collé ordinaire. On fait flotter les feuilles de papier, le côté satiné en dessous et en évitant des bulles, sur un bain de sel marin ou de chlorhydrate d'ammoniaque à 4/100. Au bout de 3 minutes on fait égoutter. Les feuilles séchées sont déposées de la même manière sur un bain d'albumine purifiée par battage et contenant 5/100 de sel marin; cette albumine est pure ou additionnée de 3 ou 4 fois son poids d'eau, suivant le degré de vernis que l'on veut obtenir. On fait égoutter au bout de 2 ou 3 minutes et on laisse sécher.

Pour sensibiliser la feuille, on la dépose, toujours en évitant les bulles, sur un bain de nitrate d'argent neutre à 15/100. La neutralité qu'on obtient en ajoutant quelques gouttes d'acide azotique, puis un peu de craie, et filtrant, est obligatoire avec le virage α (1). On laisse de 2 à 5 minutes, on suspend par un angle et on laisse sécher. On peut renfermer les feuilles sèches dans une éprouvette bien bouchée au fond de laquelle on met du chlorure de calcium, cette éprouvette étant elle-même tenue dans l'obscurité complète. Elles se conservent ainsi fort bien pendant plusieurs jours (¹). Le bain appauvri par le papier doit être analysé volumétriquement, ce qui est très-facile, et rendu à sa concentration primitive.

On expose le papier sensible sous le négatif et on attend que l'image ait dépassé assez notablement la teinte qui paraît la plus avantageuse, puis on lave l'épreuve par immersion dans l'eau ordinaire pendant 5 minutes au plus et on la porte au bain de virage ou au bain de fixage et virage. Le virage se fait aujourd'hui exclusivement aux sels d'or. Voici les principales formules données :

α. Bain de virage pour positifs sur papier.

	(1) Davanne.	(2) Abbé Laborde.	(3) Maxwell Lyte.	(4) Legray.	(5) Parkinson.	(6)	(7) Caranza.
Eau distillée	1,000	1,000gr	1,000gr	1,000gr	4,000gr	1,000gr	1,000cc
Craie en poudre	4 à 5	»	»	»	1gr,8	»	»
Acétate de sodium	»	30	»	»	1 8	»	»
Chlorure double d'or et de potassium	1gr	»	»	»	»	»	»
Chlorure d'or ou chlorure double ci-dessus	»	1	1	1	10 1	»	»
Chlorure de chaux	»	»	»	3	0 5	»	»
Phosphate ou borate de sodium	»	»	20	»	»	»	»
Acide chlorhydrique	»	»	»	»	»	10	30
Chlorure de platine sirupeux	»	»	»	»	»	»	1cc

La recette α (1) a pour elle l'épreuve du temps. Sous l'influence de la craie, le bain devient incolore. Il est prêt à servir du jour au lendemain. On remonte le bain en ajoutant 0gr,5 de chlorure et 100 grammes d'eau par chaque dizaine de feuilles de 44 centimètres sur 57. La formule n° 2 est aussi excellente, mais peut-être moins régulière et moins économique. Le n° 4 est à employer lorsque le papier a jauni avant l'exposition ; le n° 6, lorsque l'épreuve est trop vigoureuse et heurtée. Un bon bain de virage est encore celui-ci, d'après Liesegang : eau, 30 à 60 grammes ; chlorure d'ammonium, 2 à 3 grammes ; sulfocyanate d'or et d'ammonium, 0gr,06. M. de Monckhoven recommande aussi les bains suivants :

Eau	4,000	grammes.
Chlorure d'or	1	—
Acétate de sodium	30	—

ou

Eau	2,000	grammes.
Chlorure d'or	1	—
Borax fondu	8	—

On fait nager les épreuves sur le bain pendant quelques minutes.

Lorsqu'on a obtenu une teinte d'un noir bleu, on les lave par immersion dans l'eau et on les plonge dans l'hyposulfite à 25/100 ; au bout de dix minutes, on retire ; on lave à plusieurs eaux 5 ou 6 fois, on laisse dégorger 24 heures dans un baquet et l'on sèche.

On peut encore fixer avec du sulfocyanate d'ammoniaque à 40/100 ; au bout de 10 minutes, on trempe dans l'eau, puis de nouveau dans un bain de sulfocyanate frais (le premier étant enrichi de sel d'argent). On lave comme à l'ordinaire.

Nous avons donné le procédé le plus employé ; il en existe d'autres où l'on se sert d'un bain révélateur comme pour les négatifs. On atteint ainsi une grande rapidité et l'on peut employer des clichés faibles très-doux, les clichés très-vigoureux réussissent même moins bien. On prend du papier fortement encollé (papier anglais à la gélatine, par exemple) et on l'humecte de la solution d'iodure double suivante, en déposant le liquide sur le papier fixé horizontalement sur une planche, l'étendant à l'aide d'un triangle de verre sur toute la surface du papier et faisant écouler l'excès.

Bain d'iodure pour positifs sur papier.

1°	Eau distillée	150cc
	Azotate d'argent	6,5
2°	Eau distillée	150cc
	Iodure de potassium	65

Verser 1 dans 2 et ajouter des cristaux d'iodure de potassium jusqu'à dissolution du précipité d'iodure d'argent.

On fait sécher. On plonge deux feuilles dos à dos dans une terrine pleine d'eau. On les retourne plusieurs fois, et après 12 ou 24 heures on les pend et on les sèche. Un semblable traitement avec un bain concentré donne un papier sec pour négatifs.

On sensibilise les feuilles de papier en les faisant nager pendant 2 ou 3 minutes sur un bain d'acétonitrate d'argent contenant, pour 250 grammes d'eau distillée, 5 grammes de la solution suivante :

Acétonitrate concentré.

Eau distillée	100	grammes.
Azotate d'argent	10	—
Acide acétique	20	—

On éponge fortement la feuille avec du papier buvard et l'on expose sous le négatif pendant 5 à 50 secondes à la lumière diffuse. On développe avec une solution saturée d'acide gallique additionnée d'un tiers d'acétonitrate sur laquelle on fait flotter l'épreuve. On lave, on fixe et l'on vire avec de l'hyposulfite de soude à 20/100 contenant 1 gramme de chlorure d'or par litre, et l'on lave de nouveau (vicomte Vigier).

Nous ne décrirons pas ici le procédé à l'eau de riz de Legray, qui est analogue à celui employé

(1) M. Marion vend des boîtes et étuis à fermeture hermétique, qui contiennent du chlorure de calcium et dans lesquelles les papiers gardent fort longtemps leur sensibilité. Du reste, on peut résoudre le problème de la conservation du papier sensible encore plus simplement : par exemple, en le sensibilisant avec du nitrate d'argent à 12/100, additionné de nitrate de magnésie (en poids égal à celui du sel d'argent), ou encore en purgeant le papier ordinaire de son excès de nitrate d'argent par deux immersions, de 5 minutes chacune, dans l'eau distillée. Le papier se conserve, dans les deux cas, très-longtemps dans l'obscurité, mais le dernier procédé donne des épreuves ternes, à moins qu'avant le tirage on ne le soumette pendant 5 minutes, et à sec, à l'action des vapeurs de carbonate d'ammoniaque. Ce sel se place sur une assiette dans une grande boîte en bois. Il est à remarquer qu'une telle fumigation donne généralement une excellente qualité à tous les papiers sensibles ; ils virent à la fois mieux et plus vite.

pour papier ciré, mais nous dirons quelques mots du procédé curieux de Bayard, qui est assez rapide pour permettre d'obtenir un positif par l'exposition pendant 1 heure à la lumière d'une lampe Carcel. On trempe le papier pendant un quart d'heure au moins dans une solution renfermant :

Bain d'iodure pour positifs sur papier.

Iodure de potassium.......	7 grammes.
Bromure de potassium.....	2 —
Chlorure d'ammonium.....	2 —
Cyanure de potassium.....	1 —
Eau.....................	1,000 —

On fait sécher, puis on expose aux vapeurs d'acide chlorhydrique iodé contenu dans une cuvette un peu moins large que la feuille de papier, laquelle repose sur les bords de la cuvette et est pressée par une glace. Voici comment on fait l'acide en question : on mélange 12 grammes d'iode avec 200 grammes d'acide chlorhydrique fumant. On laisse pendant 12 heures en contact en agitant fréquemment, puis on ajoute 75 grammes d'eau.

Après une exposition de 5 ou 6 minutes aux vapeurs acides, on agite la feuille à l'air et on la sensibilise en la faisant nager sur un bain de nitrate d'argent à 8/100. Quand la coloration du papier a disparu, on pend la feuille pour la faire sécher. Le même papier, dont la sensibilité dure plusieurs jours, peut servir pour négatif à la chambre noire ou pour positif. Le développement se fait à l'acide gallique et le fixage à l'hyposulfite.

Nous ne pouvons passer sous silence un procédé dans lequel les sels d'argent sont parfois employés, mais ne le sont pas nécessairement; nous voulons parler de la méthode aux *sels d'urane*. M. Liesegang étend sur le papier préalablement encollé avec du tapioca (5 p. dans 100 à 120 d'eau chaude) un collodion renfermant :

Alcool absolu...............	45 grammes.
Éther......................	25 —
Coton-poudre...............	1 —
Solution de baume de Canada dans son poids d'éther....	1 —

auquel il incorpore au moment de s'en servir un volume égal de la solution suivante :

Eau distillée...............	20 grammes.
Azotate d'argent............	7 —
Azotate d'urane.............	65 —
Alcool.....................	200 —

Le papier étant sec, on l'expose sous le cliché, l'image sort en assez peu de temps, on lave à l'eau jusqu'à ce que le fond soit blanc, et l'on vire avec :

Solution de chlorure d'or et de calcium à 1/100............................	1 partie.
Solution de sulfocyanate d'ammoniaque à 15/70...........................	1 —

M. Liesegang a d'abord employé le citrate d'urane ammoniacal (azotate précipité par l'ammoniaque, le précipité dissous dans l'acide citrique) additionné de sel d'argent ou de chlorure d'or et de solution de tapioca dans l'eau. Il lavait le papier avec cette solution, exposait sous le négatif et fixait par un simple lavage à l'eau de pluie.

Niepce de Saint-Victor prend du papier tenu pendant plusieurs jours à l'obscurité et le fait flotter durant quelques minutes sur un bain d'azotate d'urane à 20/100. On sèche dans l'obscurité, on expose sous un négatif de 1 à 10 minutes au soleil, de 15 à 60 à l'ombre; l'image est très-faible, on la développe en plongeant la feuille pendant 30 à 40 secondes dans un bain d'azotate d'argent à 6/100 avec des traces d'acide acétique. Il suffit de laver avec soin et à plusieurs eaux à la façon ordinaire pour fixer l'épreuve. On peut encore la faire venir ou la virer, si on l'a produite avec le bain précédent, à l'aide d'une courte immersion dans une solution de chlorure d'or à 2/100 additionnée par 100 centimètres cubes de 2 à 3 gouttes d'acide chlorhydrique. On termine par des lavages à l'eau.

Papier au collodion-chlorure. — Ce papier se fait avec du collodion Simpson (p. 1000) dans lequel on a presque doublé la proportion de coton-poudre. On choisit du papier très-épais; on le rend imperméable à l'aide de la gélatine, dans laquelle on incorpore une poudre blanche telle que l'oxyde de zinc ou le sulfate de baryte; on rend insoluble la gélatine dans un bain d'alun, on colle le papier sur une glace et on le laisse sécher de façon qu'il soit tout à fait blanc; on le collodionne comme une glace. Après l'action de la lumière, on vire et l'on fixe, comme il est dit pour les épreuves sur verre, au collodion-chlorure. On peut verser le collodion-chlorure sur toile à peindre et obtenir par agrandissement des épreuves qu'on fixe au sulfocyanate et qui sont très-utiles aux artistes.

Papier nitroglucose de Monckhoven. — Le nitroglucose s'obtient en mettant pendant 5 minutes en contact 1 p. de sucre blanc avec 2 p. d'acide sulfurique et 1 partie d'acide nitrique concentré; on dissout 50 grammes du produit dans 1 litre d'alcool et on le conserve pendant 2 à 3 mois dans une étuve à 30° jusqu'à ce que la liqueur précipite abondamment le nitrate d'argent. On plonge le papier pendant 1 minute dans la solution; on le sèche par suspension, on le sale en l'immergeant dans un bain contenant :

Eau......................	1,000 grammes.
Chlorure de sodium.......	20 —
Citrate de soude..........	20 —

puis on le sensibilise en le plongeant pendant 5 minutes dans un bain d'argent contenant :

Eau distillée........	500 grammes.
Nitrate d'argent..........	25 à 40
Acide citrique...........	2 —

Ce papier, qui est fort sensible et qui se prête fort bien aux agrandissements, peut fonctionner de deux façons : ou bien on laisse venir l'image, comme on le fait avec le papier positif ordinaire, puis on la vire et on la fixe dans un bain contenant :

Eau.......................	5,000 grammes.
Hyposulfite de sodium.......	1,000 —
Chlorure d'or et de potassium.	2 —

ou bien encore on ne laisse se produire qu'un commencement d'impression, et les agrandissements sont quelquefois impuissants à en produire davantage, puis on *développe* l'image, qui prend alors toute sa vigueur, et on finit comme précédemment. Le développement peut s'opérer de deux façons : 1° on plonge l'épreuve pendant 10 à 40 minutes dans un bain composé de 1 litre d'eau, additionné de 2 1/2 centimètres cubes d'acide gallique à 10/100, de 10 centimètres cubes d'acide acétique cristallisable et de 2 1/2 centimètres cubes d'acétate de plomb à 10/100. 2° On l'immerge dans une solution renfermant :

Eau distillée.............	2,000 grammes.
Acide pyrogallique.......	1 —
Acide citrique...........	10 —

Appendice. — Positifs sur papier aux sels de fer.

On les obtient avec le papier dit au *prussiate*, qui renferme un sel ferrique et du ferricyanure de potassium; l'action de la lumière donne du bleu de Prusse par réduction du sel ferrique. L'épreuve est bleue et se fixe par un simple lavage. Comme ce papier se garde facilement, il est utile, pour obtenir rapidement des décalques négatifs de gravures, plans, etc. La couleur bleue ne permet guère de l'employer à un autre usage. Après lavage, on peut tremper l'épreuve dans de la potasse très-diluée, puis dans un bain d'acide gallique; les parties primitivement bleues deviennent noires; de fait elles contiennent de l'encre ordinaire.

VI. — POSITIFS SUR PAPIER AU CHARBON.

Le procédé au charbon est dû à M. Poitevin. On savait déjà que le mélange de bichromate alcalin avec une substance telle que la gélatine, l'albumine, la gomme, donne naissance sous l'influence de la lumière à des produits insolubles (Mungo-Ponton, 1838; Talbot, 1853). Il s'ensuit que si l'on expose sous un négatif une couche formée par ce mélange et une poudre noire, et que l'on lave après l'exposition, les noirs seuls formés par la poudre inerte englobée dans la gélatine insoluble persisteront, et le reste sera dissous (Poitevin).

M. Léon Vidal, après avoir passé en revue dans une série d'articles (1) les nombreux modes opératoires proposés jusqu'en 1869, a indiqué le procédé suivant : on dissout 12 grammes de gélatine dans 100 grammes d'eau et 15 centimètres cubes d'encre de Chine liquide ; on passe dans un linge fin, puis on ajoute 1gr,60 de bichromate d'ammoniaque (on peut sensibiliser des feuilles simplement gélatinées et noircies, par une immersion ultérieure dans le bichromate). On enduit avec cette mixtion des feuilles de papier *très*-transparent; après dessiccation on expose en appliquant le côté *non préparé* du papier contre le cliché, puis au bout d'un temps que l'habitude ou un essai photométrique aux sels d'argent peut donner, on lave à l'eau tiède (2). Le dessin apparaît, il est inaltérable, mais il est à l'*envers* (à moins qu'on n'ait aussi retourné le cliché) et le grain du papier a détruit une partie de la finesse de l'épreuve.

Cette manière singulière d'impressionner est due à l'absolue nécessité de dissoudre la couche de gélatine par le côté opposé à celui qui a reçu l'impression, car c'est celui où le mélange non altéré n'est pas protégé plus ou moins par le mélange insolubilisé. Pour éviter cet inconvénient, on détache souvent la pellicule impressionnée à la façon ordinaire, on la retourne et on la colle sur papier stéariné, sur verre, sur zinc, sur porcelaine, etc., et c'est sur ce nouveau support que l'épreuve est révélée par lavage à l'eau tiède. Ce sont là des tours de main qui varient à l'infini. Nous allons en décrire quelques-uns.

M. Swann et M. Braun étendent sur du beau papier un mélange de gélatine et de poudre colorée. Ils sensibilisent avec du bichromate à 3/100. Ils exposent, la couche sensible étant en contact avec le cliché, puis ils appliquent sur celle-ci une feuille de papier caoutchouqué qu'ils font adhérer avec force. Ils immergent le tout dans l'eau chaude, qui dissout la gélatine non altérée et décolle la feuille de papier primitive. L'image est donc à l'envers sur le caoutchouc du second papier. On applique dessus avec une forte pres-

(1) Voyez *Annuaire photographique de Davanne*, 1869.

(2) L'impression est de 5 à 10 fois plus rapide que celle des papiers aux sels d'argent. Comme on ne peut surveiller la *venue* de l'épreuve, il faut opérer par tâtonnements, en exposant chaque fois, dans les mêmes conditions que le cliché, une bandelette de papier à l'argent. On note la teinte à laquelle celui-ci est parvenu, lorsque l'épreuve au charbon obtenue en même temps est satisfaisante; et, pour les épreuves ultérieures, on arrête l'impression quand une bande semblable de papier sensible a acquis la même coloration. On juge facilement de ces teintes à l'aide d'un photomètre très-pratique, composé d'une suite de carrés de différentes teintes, percés chacun d'un trou par lequel on voit la bande de papier sensible ; le trou cesse de se voir lorsque la coloration du papier sensible est identique avec celle du carré correspondant.

sion une troisième feuille de papier à laquelle la gélatine adhère; le papier au caoutchouc est enlevé par la benzine.

M. Marion retourne le cliché; pour cela, il applique sur l'image négative une pellicule transparente de collodion, la fait adhérer avec un vernis, puis enlève le tout en le plongeant dans l'eau; un semblable cliché pelliculaire peut être employé au recto ou au verso. Cela fait, il prépare sur glace ou sur papier une couche sensible de gélatine colorée. Il impressionne sous le négatif retourné, puis il plonge l'épreuve dans l'eau froide. Il applique cette épreuve humide sur une feuille de papier albuminé dont l'envers a été mouillé d'eau pure, puis les deux feuilles sont mises à sécher sous la presse et [illegible]ises à l'action de la vapeur d'eau dans une boîte fermée, de façon à coaguler l'albumine. On immerge dans l'eau chaude, la feuille primitive se détache et l'image se développe sur son nouveau support.

M. Léon Vidal, dans le livre de Monckhoven, recommande le procédé suivant : on impressionne sous un négatif ordinaire une feuille de papier recouverte d'une couche de mixtion composée de gélatine et de poudre colorante, et préalablement sensibilisée par une immersion de 3 minutes dans du bichromate à 5/100. On prépare d'autre part un *papier stéariné* en trempant du papier albuminé dans une solution tiède de 5 p. de résine de pin et 15 p. de stéarine dans 100 p. d'alcool; on retire ce papier immédiatement et l'on frictionne la surface albuminée avec du coton. On introduit dans un bain d'eau froide d'abord une feuille de ce papier (albumine en dessus), puis la feuille impressionnée (mixtion en dessous) ; quand la mixtion est distendue, on enlève les deux feuilles juxtaposées d'un mouvement lent mais continu, puis, lorsque l'excès de liquide s'est écoulé, on les pose à plat sur un buvard et on les frictionne avec une raclette de caoutchouc. L'adhérence est alors parfaite. On fait sécher la double feuille par un angle. On plonge alors dans l'eau à 35°, la feuille gélatinée étant en dessus. On la décolle au bout de 20 minutes et l'on retourne la feuille stéarinée qui porte maintenant l'épreuve. On attend que toute la matière colorante soluble soit dissoute; on enlève l'épreuve, on la plonge dans l'eau, puis dans un bain d'alun à 5/100. Au bout d'un quart d'heure on la passe à deux eaux et on la pique sur une planche. Quand elle est égouttée, mais non sèche, on la gélatine en la déposant pendant un instant, l'image étant en dessous, sur un bain de gélatine à 8/100; on attend que la gélatine soit solidifiée, puis on applique l'épreuve par le côté gélatiné sur un morceau de papier, de la même façon qu'on a fait le premier transport, c'est-à-dire dans l'eau froide. Après l'action de la raclette on laisse sécher spontanément. Le papier stéariné se soulève alors facilement, abandonnant sur la dernière feuille de papier l'image définitive, laquelle n'est pas retournée (1).

Bien qu'on trouve aujourd'hui les papiers re-

(1) Tout récemment, M. Léon Vidal a substitué au papier stéariné le papier végétal enduit de gomme laque. Ce nouveau support provisoire a l'avantage d'être imperméable, transparent, inextensible; on le prépare en plongeant les feuilles de papier végétal dans une solution alcoolique saturée de gomme laque blanche.

L'image y adhère parfaitement; les bulles d'air, s'il en existait, seraient visibles grâce à la transparence du support. On développe l'image, on la passe à l'alun et on la lave à la façon ordinaire, puis on la couvre d'une légère couche de gélatine et on l'abandonne à la dessiccation. On plonge dans l'eau le support définitif et le support provisoire et on les retire, le premier étant en contact avec l'image; on passe au borax et on laisse sécher. Le papier végétal est alors enlevé facilement grâce à une immersion dans l'alcool.

M. Vidal signale l'emploi qu'on peut faire de sa mé-

couverts de mixtion à la gélatine tout préparés, tous ces procédés font acheter par un travail bien compliqué le grand avantage de l'inaltérabilité.

Une tout autre manière d'employer les poudres colorées a été imaginée par M. Poitevin. L'auteur dissout 10 grammes de perchlorure de fer du commerce dans 30 centimètres cubes d'eau; dans une égale quantité d'eau, il dissout 5 grammes d'acide tartrique. Les liquides filtrés sont mélangés et conservés à l'abri de la lumière. On étend la solution sur une glace *doucie* horizontale, on en fait couler l'excédant. On applique une bande de papier non collé en haut et en bas de la plaque pour égaliser la couche; on fait sécher 12 heures et plus dans l'obscurité parfaite. On expose 5 minutes environ au soleil sous un négatif verni au copal. Au sortir de la presse, l'image est peu visible; les parties insolubles ne tardent pas à attirer l'humidité et à devenir aptes à retenir les matières pulvérulentes. On applique alors avec précaution sur l'épreuve et à l'aide d'un blaireau fin et sec une poudre colorée quelconque. L'image apparaît successivement, on peut la monter de ton à volonté et dans des endroits déterminés. On obtient ainsi un grand effet artistique. On peut laisser l'épreuve sur verre ou bien la transporter sur papier : pour cela on la recouvre de collodion normal, on lave à l'eau, puis à l'eau acidulée, la couche quitte alors la glace. On l'applique sur papier albuminé ou sur émail, etc., par des moyens faciles à imaginer et dont les détails ne sont pas toujours publiés.

Positifs sur gélatine par impression. — Ce procédé, dû à M. Woodbury, fournit de magnifiques épreuves, parfaitement inaltérables; il permet un tirage de plusieurs centaines d'exemplaires par jour. Étant donné un négatif sur collodion, on commence par en tirer un positif sur gélatine. Pour cela on dissout 125 grammes de gélatine dans 600 centimètres cubes d'eau, on clarifie avec un blanc d'œuf et l'on filtre; on ajoute à 125 centimètres cubes de la solution 4 grammes de bichromate d'ammonium dissous au préalable dans 10 grammes d'eau chaude colorée par du bleu de Prusse; cette coloration est destinée à faire juger plus tard du relief de la couche. La gélatine est versée à chaud sur des feuilles de talc ou de mica fixées sur une glace, ou simplement sur une couche de collodion à l'huile de ricin déposée à la surface de la glace; lorsque la gélatine a fait prise, on la fait sécher dans l'obscurité et on détache la pellicule du verre avec le talc, le mica ou le collodion. Cela fait, on l'impressionne sous le négatif, le mica ou le collodion étant en contact avec le cliché; on développe à l'eau chaude, comme dans le procédé au charbon, et l'on sèche. La pellicule ainsi obtenue présente en relief les noirs de l'épreuve; on l'interpose entre une plaque d'acier et une plaque de métal mou (plomb et antimoine), et l'on exerce sur le tout une pression de 500 kilogrammes par centimètre carré. Il faut donc, pour les dimensions un peu considérables, avoir recours à de fortes presses hydrauliques. Le plomb prend la contre-épreuve exacte des saillies de la gélatine, c'est lui qui est devenu le négatif propre à fournir les épreuves par pression.

Pour imprimer, on verse sur ce moule légèrement graissé une solution tiède de gélatine colorée, on pose dessus une feuille de papier satiné, puis on presse modérément le papier contre le moule. La gélatine en excès est chassée, elle abandonne complétement les saillies du moule, c'est-à-dire les blancs, et reste dans les noirs; au bout de quelques instants la couche est solidifiée, elle adhère fortement au papier; on enlève la feuille, on la plonge dans un bain d'alun, puis on la satine : cette dernière opération, en écrasant les reliefs, ôte aux détails un peu de leur netteté, mais elle communique à l'épreuve un brillant tout à fait analogue à celui des meilleures photographies sur papier albuminé.

thode pour obtenir des images polychromes. On fait plusieurs négatifs d'après le même sujet, chacun des négatifs représentant une seule couleur de celui-ci. Pour les obtenir, on peut employer un moyen purement physique et interposer entre l'objet et la glace sensible un écran ne laissant passer que la couleur à reproduire; on peut se contenter aussi de couvrir d'une couche opaque sur des négatifs identiques toutes les portions qui ne contiennent pas cette couleur. Cela fait, on tire sur papier végétal des épreuves monochromes, à l'aide de mixtions colorées présentant précisément la teinte correspondante à celles reproduites par les négatifs, puis on superpose toutes les images sur un même support.

Grâce au *fondu* des demi-teintes des images monochromes, on peut, avec un petit nombre de négatifs, obtenir un meilleur effet que celui présenté par une chromolithographie tirée avec un nombre égal de planches [*Compt. rend.*, t. LXXVII, p. 340, 1873].

VII. — DAGUERRÉOTYPIE.

La lame de plaqué, argentée au moins au trentième, est adoucie sur ses angles et nettoyée au tripoli et à l'alcool à 32°. Le tripoli doit être très-fin et mordre la plaque sans la rayer. On la polit avec un polissoir en peau de daim et de l'excellent rouge d'Angleterre, puis on la sensibilise dans une *double boîte* à châssis mobile. Dans cet appareil elle peut être placée au-dessus d'une cuvette contenant de l'iode dont la vapeur est tamisée par une feuille de papier à filtre ou bien au-dessus d'une autre cuvette contenant du bromure ou du chlorobromure de chaux. Cette opération se fait dans le laboratoire obscur; on arrête l'action de l'iode quand la plaque passe du jaune au rouge; on fait agir alors le brome jusqu'à production du rouge-violacé, puis enfin on ramène la plaque sur l'iode et on l'y laisse juste 3 fois moins de temps que la première fois. La plaque est alors très-sensible, elle l'est encore davantage au bout d'un quart d'heure, mais après plusieurs heures elle perd beaucoup de sa sensibilité. Après l'exposition à la chambre noire, on place la plaque dans une position inclinée de 45° avec l'horizontale, et la couche impressionnée en dessous, dans une boîte au fond de laquelle on chauffe un peu de mercure vers 60° dans une capsule. On examine l'image de temps en temps; aussitôt que les blancs sont bien dégagés, on retire la plaque et on l'agite dans une solution d'hyposulfite à 20/100. Après l'avoir lavée on la fixe bien horizontalement sur un support *ad hoc*, on y verse une solution d'hyposulfite d'or et de sodium (sel de Fordos et Gelis) à 1,5/1000, et l'on chauffe rapidement par-dessous. Lorsque des bulles gazeuses apparaissent, on continue à chauffer encore quelques instants, puis on plonge la plaque dans l'eau. L'épreuve est alors terminée.

VIII. — GRAVURE PHOTOGRAPHIQUE.

M. Fizeau, reprenant l'idée mère de Niepce, transforme la plaque daguerrienne en planche gravée de la façon suivante : il attaque la plaque par un mélange d'acides nitrique, nitreux et chlorhydrique. Les noirs seuls, c'est-à-dire la surface de la plaque non protégée par le mercure, sont altérés, mais le chlorure d'argent formé arrête bientôt l'action. On dissout celui-ci et l'on renouvelle l'attaque. Les noirs sont ainsi creusés, mais d'une façon très-légère. On les encre, on essuie la plaque et on dépose de l'or à sa surface par voie électro-chimique; les endroits respectés par la première manipulation, c'est-à-dire les blancs, sont seuls dorés; on peut alors dégraisser et attaquer fortement les noirs à l'acide nitrique. On peut solidifier par clichage galvanique cette planche qui est réellement gravée par la lumière et qui donnera d'assez bons résultats artistiques si, avant le dernier traitement à l'acide nitrique, elle est couverte par les procédés connus d'un *grain de résine*. Les épreuves ont les qualités de l'aqua-tinta.

Talbot recouvre une planche d'acier d'une couche de gélatine imprégnée de bichromate. Il expose sous un positif, lave à l'eau et attaque les portions de la plaque mises à nu par le lavage (les noirs du positif), à l'aide du chlorure de platine. Comme il n'y a pas de *grain*, la dégradation des teintes n'est pas obtenue; l'inconvénient n'existe pas lorsqu'on reproduit une gravure.

MM. Niepce de Saint-Victor et Lemaître ont remis en usage le bitume de Judée de l'héliographie de Niepce (voyez p. 996). Ils préparent la plaque d'acier de la même façon que Niepce, ou mieux ils l'enduisent avec un mélange de : benzine, 90; essence de zeste de citron, 10; bitume de Judée, 2; ils sèchent au feu, exposent sous un positif pendant un quart d'heure au soleil (1 heure à la lumière diffuse), puis font apparaître l'image avec un mélange de 3 p. d'huile de naphte et de 1 p. de benzine. Ils lavent à l'eau, sèchent et versent sur la plaque le mordant suivant :

Mordant héliographique.

Acide nitrique à 36°..........	1 partie.
Eau distillée..................	8 —
Alcool à 36°...................	8 —

On laisse le mordant peu de temps pour ne pas altérer le vernis, puis on applique le grain d'aqua-tinta et l'on fait mordre à l'acide azotique très-faible (on peut même commencer par l'eau iodée).

M. Nègre emploie un procédé élégant, avec lequel on se sert, non pas d'un positif, mais d'un négatif. Les parties à creuser et qui donnent les noirs sont formées par du bitume de Judée (comme les blancs dans la méthode Niepce) ou par de la gélatine rendue insoluble (comme les blancs de la méthode Talbot). On dore la planche par la pile, les futurs noirs sont réservés. On attaque par l'acide nitrique; ils se creusent à leur tour. Le grain est formé par le léger réseau d'or déposé sur les endroits préservés par le bitume ou la gélatine.

Les résultats les plus beaux paraissent être obtenus par les procédés Woodbury et Rousselon.

M. Woodbury recouvre une glace d'une mince pellicule de cire, puis de collodion, et enfin d'une couche épaisse de gélatine bichromatée contenant en suspension une petite quantité d'une poudre dure (verre pilé, émeri, charbon). La couche est détachée de la glace et impressionnée sous le négatif du côté du collodion; on la fixe temporairement sur une plaque de verre au moyen d'une solution de caoutchouc et on la révèle à l'eau chaude. On la détache encore une fois de son support et on la comprime fortement contre une feuille de métal mou; celui-ci reproduit le dessin primitif par un pointillé d'une délicatesse extrême et d'un grain plus ou moins serré, suivant l'épaisseur plus ou moins grande de la portion de la couche gélatineuse avec laquelle il a été en contact. On fait par voie d'électrotypie des clichés aciérés semblables au modèle en plomb et on les tire en taille-douce.

M. Rousselon [*Bull. Soc. Franc. photogr.*, 1873, p. 14] produit dans la gélatine sensible et par l'action même de la lumière un précipité dont le grain est d'autant plus gros que l'action de la lumière a été plus intense; ce grain se reproduit sur plomb comme précédemment, et la planche en plomb est changée en une planche aciérée par la galvanoplastie.

IX. — PHOTOLITHOGRAPHIE.

M. Barreswil a donné un bon procédé de photolithographie très-analogue au procédé de gravure de Niepce de Saint-Victor. On dissout le bitume de Judée dans l'éther et on l'étend sur une pierre lithographique. L'enduit sec doit présenter de lui-même un *grain* formé par des fissures entre-croisées et visibles à la loupe. Pour que ce grain soit convenable, la pierre doit être un peu chaude et l'éther additionné d'une faible proportion d'un dissolvant moins volatil. On impressionne sous un négatif; on lave à l'éther qui dissout le bitume non insolé, puis on traite la pierre comme si elle venait d'être terminée par le crayon de l'artiste.

M. Poitevin emploie le bichromate et la gélatine d'une façon tout à fait analogue. Il impressionne cette couche à la manière ordinaire, puis encre la pierre sur toute sa surface à l'aide du rouleau; il lave alors à l'eau et repasse le rouleau, et, après plusieurs opérations usitées en lithographie pour égaliser l'épreuve, il la gomme, l'encre et l'acidule. La pierre peut alors servir à l'impression lithographique.

Plusieurs modifications de détail introduites dans le procédé Poitevin permettent à deux photographes de Munich d'obtenir des résultats pratiques fort remarquables. M. Albert commence par recouvrir une glace finement dépolie d'une couche d'albumine bichromatée qui, après séchage, est exposée à la lumière du côté de la glace; on couvre alors la première couche d'une seconde, dont la composition est fort compliquée, mais qui peut être remplacée par une solution de colle de poisson naturelle et fraîche, additionnée de bichromate de potassium et d'albumine; on impressionne alors sous un négatif retourné, puis on révèle à l'eau tiède. Pour tirer des épreuves, on immerge la glace dans une solution froide de glycérine, on l'essuie, on y passe un morceau de flanelle imbibée d'huile, puis on procède à l'encrage et l'on imprime à la presse lithographique. M. Obernetter, après avoir impressionné la deuxième couche, la recouvre de zinc en poudre impalpable; la glace est alors chauffée à 200°, puis soumise à l'action de l'acide chlorhydrique faible; les blancs qui ont fixé la poudre métallique se laissent alors facilement mouiller par l'eau, les autres parties reçoivent l'encre grasse; on obtient ainsi un certain grain dans les clairs, et les plaques peuvent subir un tirage très-considérable (plusieurs milliers d'exemplaires).

X. — ÉMAUX.

On peut les obtenir, comme il est dit au § VI, avec une pellicule positive Poitevin, qu'on applique sur l'émail; dans ce cas la poudre colorée doit être un émail pulvérisé; les résultats obtenus sont très-artistiques. M. Leth, de Vienne, se procure d'abord un positif pelliculaire sur collodion; la couche est consolidée par un vernis contenant 1 gramme de gutta-percha pour 30 grammes de chloroforme; on l'applique sur la plaque émaillée à décorer, laquelle est revêtue de la mixtion suivante, qu'on y a fait sécher dans l'obscurité :

Mixtion par émaux.

Eau distillée.............	100 grammes.
Bichromate de potassium.	6 —
Gomme arabique........	5 —
Miel....................	1 —
Sucre blanc.............	1 —

Après une exposition de 1 à 2 minutes au soleil (5 à 15 minutes à l'ombre), on enlève la pellicule positive et l'on passe la poudre d'émail sur la surface dont les noirs sont hygrométriques.

Si l'épreuve est trop noire, on la chauffe un peu et on détache la poudre au blaireau; si elle est trop légère, on halète à la surface et l'on réitère l'action de la poudre. Il ne reste plus qu'à immerger la plaque dans un bain d'acide sulfurique étendu de 2 fois son volume d'eau et d'alcool pour ôter les sels de chrome; on lave, on sèche et l'on vitrifie au feu de moufle. G. S.

PHOTOCYANINE. — Voyez CYANINE, t. I, p. 1070.

PHOTOÉRYTHRINE. — Voyez CYANINE, t. I, p. 1070.

PHOTOLITHE. — Voyez PECTOLITHE.

PHOTOSANTONINE, $C^{23}H^{34}O^{6}$(?) [Fausto Sestini, *Bull. de la Soc. chim.*, 1864, t. II, p. 21; 1865, t. III, p. 271]. — La santonine, sous l'influence de la lumière solaire (surtout des rayons chimiques), se colore en jaune et se convertit en un nouveau corps, en même temps qu'il se forme de petites quantités d'acide formique et d'une matière résineuse. Cette transformation, lente avec la substance solide, s'accélère beaucoup en présence de l'eau et surtout lorsqu'on opère avec une solution alcoolique. Pour préparer le produit de transformation, on expose la solution alcoolique de santonine pendant 30 à 40 jours aux rayons solaires; après ce temps on verse le liquide dans 15 fois son volume d'eau : il se précipite une matière huileuse qui cristallise après quelques jours. On traite la masse cristalline par une solution faible de potasse, qui dissout la matière résineuse, et on la purifie par cristallisation dans l'alcool.

La photosantonine forme des lamelles carrées, incolores, qui n'ont pas d'action sur la lumière polarisée; elle est sans odeur, mais possède une faible saveur amère. Elle fond à 64-65° et cristallise de nouveau par le refroidissement; elle bout à 305°. Chauffée pendant très-longtemps au contact de l'air à 100°, elle se colore en jaune et se transforme partiellement en une substance amorphe facilement soluble dans les alcalis. Peu soluble dans l'eau chaude, elle se dissout aisément dans l'alcool et l'éther. L'acide nitrique la convertit en un liquide incolore qui donne de nouveau la photosantonine cristallisée par addition d'eau.

La photosantonine a donné à l'analyse

$$C = 68,15;\ H = 8,27,$$

chiffres que Sestini traduit par la formule non contrôlée, $C^{23}H^{34}O^{6}$. A. H.

PHTALAMINE, $C^{8}H^{9}AzO^{2}$ [Schützenberger et Willm, *Compt. rend. de l'Acad.*, t. XLVII, p. 82, et *Répert. de Chim. pure*, 1859, p. 38]. — Elle se rencontre dans la naphtylamine brute, obtenue par l'acétate ferreux et la nitronaphtaline. Lorsqu'on traite cette naphtylamine par l'acide sulfurique, on obtient un sulfate plus soluble que le sulfate de naphtylamine, et qui constitue le *sulfate de phtalamine*, $(C^{8}H^{9}AzO^{2})^{2}, SO^{4}H^{2} + 2H^{2}O$.

En ajoutant de l'ammoniaque à ce sel, on isole la base sous la forme de gouttes oléagineuses, un peu plus denses que l'eau, de l'odeur et de la saveur de la naphtylamine, dont les sels ne rougissent pas à l'air. Elle fournit un dérivé éthylé, altérable à l'air, volatil vers 300°.

PHTALAMIQUE (ACIDE). — Voyez AMIDES PHTALIQUES, p. 1013.

PHTALÉINES [Bæyer, *Deutsch. Chem. Gesells.*, t. IV, p. 457, 555 et 658, et *Bull. de la Soc. chim.*, 1871, t. XVI, p. 184 et 377]. — M. Bæyer, donne le nom de phtaléines à des matières colorantes, cristallisées ou amorphes, qui résultent de l'union de l'anhydride phtalique et des phénols mono- ou polyatomiques avec élimination de une ou plusieurs molécules d'eau. Les phtaléines fixent l'hydrogène naissant en formant des composés incolores, *phtalines*, qui s'oxydent à l'air en repassant à l'état de phtaléines. L'anhydride phtalique n'est pas le seul corps qui se comporte ainsi. Les acides mellique, pyromellique, l'acide oxalique en présence de l'acide sulfurique donnent de même naissance à des matières colorantes: celle que produit le phénol avec l'acide oxalique constitue l'acide rosolique (voyez ce mot). Nous décrirons ici les matières colorantes produites par l'anhydride phtalique ou phtaléines.

PHTALÉINE DU PHÉNOL, $C^{20}H^{14}O^{4}$. — L'anhydride phtalique n'agit sur le phénol qu'à une température supérieure au point d'ébullition de celui-ci : mais on facilite la réaction à l'aide de l'acide sulfurique. On chauffe à 120-130° un mélange de 10 p. de phénol, 5 p. d'anhydride phtalique et 4 p. d'acide sulfurique concentré; on obtient après plusieurs heures une masse rouge, qui, traitée par l'eau bouillante, fournit une résine; celle-ci se transforme par l'ébullition en une poudre jaunâtre, qui se dissout dans la potasse en donnant une solution rouge-fuchsine d'où l'acide chlorhydrique précipite la phtaléine du phénol à l'état de flocons résineux blancs. Ce corps prend naissance en vertu d'une réaction représentée par l'équation

$$C^{8}H^{4}O^{3} + 2C^{6}H^{6}O = C^{20}H^{14}O^{4} + H^{2}O.$$

Ce corps est isomérique avec le phtalate de phényle (1). Quand on fait agir le phénol sur le chlorure de phtalyle et qu'on traite le produit de la réaction par la potasse, celle-ci se colore en rouge, tandis qu'il reste une huile insoluble. Dans cette réaction, il paraît se former tout à la fois le phtalate de phényle et la phtaléine.

La solution potassique de la phtaléine se décolore, quand on la traite par la poudre de zinc, et l'acide sulfurique en précipite alors la *phtaline* $C^{20}H^{16}O^{4}$, qui se sépare sous forme de grains blancs. La phtaline donne avec la potasse une solution incolore, qui rougit lentement à l'air.

PHTALÉINE DU NAPHTOL [Grabowski, *Deutsch. Chem. Gesells.*, t. IV, p. 725, et *Bull. de la Soc. chim.*, 1871, t. XVI, p. 379]. — Lorsqu'on chauffe l'anhydride phtalique avec le naphtol, le liquide se colore en vert et dégage de l'eau; la masse refroidie et épuisée par l'alcool laisse une substance blanche, cristallisable dans la benzine, insoluble dans la potasse et qui renferme $C^{28}H^{16}O^{3}$. Ce corps n'est pas l'analogue de la phtaléine du phénol, car il se produit par l'union de l'anhydride phtalique et de 2 molécules de naphtol avec élimination de 2 molécules d'eau :

$$C^{8}H^{4}O^{3} + 2C^{10}H^{8}O = C^{28}H^{16}O^{3} + 2H^{2}O.$$

C'est donc l'anhydride de la phtaléine du naphtol; chauffé avec l'acide sulfurique anhydre, il donne un corps rouge paraissant renfermer $C^{28}H^{18}O^{8}$.

PHTALÉINE PYROGALLIQUE (*galléine*), $C^{20}H^{12}O^{7}$ (Bæyer). — On chauffe 1 p. d'anhydride phtalique et 2 p. d'acide pyrogallique pendant quelques heures à 200°, jusqu'à ce que le mélange s'épaississe, on dissout dans l'alcool bouillant et l'on ajoute de l'eau à la solution filtrée; la galléine se précipite. On la fait cristalliser dans l'alcool bouillant faible, d'où elle se dépose en cristaux verts ou sous la forme d'une poudre rouge. Elle est très-peu soluble dans l'éther, qu'elle ne colore pas. La potasse la dissout avec une coloration bleue; cette solution s'altère rapidement La galléine colore les tissus mordancés à la manière du bois rouge.

(1) On peut exprimer cette isomérie par les formules suivantes :

$$C^{6}H^{4}\left\{\begin{matrix} CO.OC^{6}H^{5} \\ CO.OC^{6}H^{5} \end{matrix}\right. \qquad C^{6}H^{4}\left\{\begin{matrix} CO(C^{6}H^{4}.OH) \\ CO(C^{6}H^{4}.OH) \end{matrix}\right.$$

Phtalate de phényle. — Phtaléine de phénol.

Lorsqu'on la fait bouillir avec de l'acide sulfurique étendu et du zinc, la solution devient rouge clair limpide, et laisse déposer, par refroidissement, des gouttelettes oléagineuses qui se concrètent bientôt, et qui constituent la *galline* $C^{20}H^{14}O^{7}$. Ce corps est soluble dans l'éther, mais il s'y transforme, et se sépare sous la forme de cristaux volumineux, blancs et brillants, ayant perdu leur solubilité dans l'éther et se convertissant à l'air en une poudre rougeâtre. Il vaut mieux faire cristalliser la galline dans une solution chaude d'acide pyrogallique, d'où elle se dépose par le refroidissement en rhomboèdres ou en prismes brillants. La *galline* est soluble dans l'eau bouillante et l'alcool, peu soluble dans l'eau froide ; elle se comporte comme la galléine avec les tissus mordancés.

Lorsqu'on chauffe à 200° la galléine avec 20 p. d'acide sulfurique concentré, la solution brune prend une teinte verdâtre; la réaction est terminée, lorsque la solution donne avec l'eau des flocons bruns et une solution incolore. Ce précipité lavé avec de l'eau bouillante et desséché au bain-marie constitue une masse d'un noir bleuâtre, la *céruléine* $C^{20}H^{10}O^{6}$. Ce corps, très-peu soluble dans l'eau, l'alcool et l'éther, donne avec la potasse une solution verte; la céruléine teint en vert très-solide les tissus mordancés à l'alumine. Elle se dissout dans l'aniline bouillante avec une coloration bleue. Cette solution additionnée d'acide acétique teint la laine en indigo. La céruléine traitée par l'ammoniaque et la poudre de zinc se réduit et se transforme en céruline, dont la solution est orange; la surface de cette solution s'oxyde de nouveau rapidement à l'air en devenant verte. La céruléine présente une grande ressemblance avec le lo-kao ou vert de Chine.

FLUORESCÉINE (*phtaléine résorcique*), $C^{20}H^{12}O^{5}$. — L'anhydride phtalique agit à 75° sur la résorcine comme sur l'acide pyrogallique. Elle donne la *fluorescéine* qui cristallise dans l'alcool en croûtes brunes, et qui, précipitée de sa solution potassique, se sépare sous la forme d'une poudre rouge-brique. La poudre de zinc transforme la fluorescéine en fluorescine incolore.

L'hydroquinone et la pyrocatéchine donnent également des phtaléines ; celle de la première se dissout dans la potasse avec une coloration violette et colore les mordants à peu près comme le bois rouge. Celle de la pyrocatéchine se dissout en bleu dans la potasse, elle est analogue à la matière colorante du campêche.

La phloroglucine donne un corps jaune avec l'anhydride phtalique et l'acide sulfurique, tandis que le morin donne un corps rouge. E. G.

PHTALIDINE [Dusart, *Ann. de Chim. et de Phys.*, (3), t. XLV, p. 332]. — M. Dusart désigne sous le nom de phtalidine et représente par la formule $C^{8}H^{9}Az$ une amine obtenue par l'action du sulfure d'ammonium sur le nitrophtalène, produit dans l'action de la chaux potassée sur la nitronaphtaline. Comme le corps qu'il appelle nitrophtalène et auquel il donne la formule

$$C^{8}H^{7}(AzO^{2})$$

présente tous les caractères de la nitronaphtaline, avec laquelle on ne peut se dispenser de l'identifier, la phtalidine doit être de la naphtylamine, dont elle possède, du reste, l'odeur et les principales réactions colorées. L'existence de la phtalidine nous semble donc très-douteuse; les analyses rapportées par l'auteur ne suffisent pas pour infirmer cette opinion, car on sait combien il est difficile de brûler tout le charbon des composés naphtaliques, dont l'analyse, dans un grand nombre de cas, doit être faite dans un courant d'oxygène. E. G.

PHTALIMIDE. — Voyez AMIDES PHTALIQUES, p. 1013.

PHTALIQUE (ACIDE),

$$C^{8}H^{6}O^{4} = C^{6}H^{4}\left\{\begin{matrix}CO^{2}H\\CO^{2}H.\end{matrix}\right.$$

— *Origine.* — L'acide phtalique a été découvert par Laurent dans l'oxydation du tétrachlorure de naphtaline par l'acide azotique. Laurent, croyant alors qu'il renfermait 10 atomes de carbone dans sa molécule, l'avait appelé d'abord acide naphtalique. L'acide phtalique se forme également dans l'action de l'acide azotique sur l'alizarine, ainsi que l'a constaté Schunck, qui le nomma *acide alizarique*. Laurent démontra l'identité de l'acide alizarique de Schunck avec son acide naphtalique, MM. Wolf et Strecker confirmèrent cette identité, et obtinrent aussi de l'acide phtalique en oxydant la purpurine au moyen de l'acide azotique. La munjistine (voyez ce mot) a fourni à Stenhouse de l'acide phtalique sous l'influence de l'acide azotique. Les eaux mères de la préparation des nitronaphtalines renferment de l'acide phtalique. M. Lossen obtient de l'acide phtalique, en même temps que du dinaphtyle, en oxydant la naphtaline, par l'acide sulfurique et le bichromate de potassium; avec l'acide sulfurique et le peroxyde de manganèse, la naphtaline donne de l'acide phtalique et un corps résineux. Le composé $C^{10}H^{8}Cl^{2}(OH)^{2}$, *glycol naphthydrénique bichloré*, dérivé du tétrachlorure de naphtaline, se comporte comme lui à l'oxydation et donne de l'acide phtalique (Grimaux). M. Carius, en oxydant la benzine au moyen du bioxyde de manganèse et de l'acide sulfurique, a obtenu de l'acide benzoïque et de l'acide phtalique; l'oxydation de l'acide benzoïque avec les mêmes agents fournit aussi de petites quantités d'acide phtalique [Laurent, *Ann. de Chim. et de Phys.*, 1836, t. LXI, p. 113; *Revue scientifique*, t. VI, p. 92; t. IX, p. 31; t. XIII, p. 508; — Marignac, *Ann. der Chem. u. Pharm.*, t. XLII, p. 215; — Schunck, *même recueil*, t. XLVI, p. 197; — Wolf et Strecker, *Compt. rend. de l'Acad. des sciences*, t. XXXI, p. 206, et *Annuaire de Millon*, 1851, p. 444; — Lossen, *Zeitsch. für Chem.*, nouv. sér., t. III, p. 419, et *Bull. de la Soc. chim.*, 1867, t. VIII, p. 342; — E. Grimaux, *Bull. de la Soc. chim.*, 1872, t. XVIII, p. 205; — Carius, *Ann. der Chem. u. Pharm.*, t. CXLVIII, p. 50, et *Bull. de la Soc. chim.*, 1869, t. XI, p. 413].

Préparation. — Pour préparer l'acide phtalique avec le tétrachlorure de naphtaline α, Laurent opère de la manière suivante : on introduit dans une cornue du tétrachlorure de naphtaline, on y verse 4 à 5 fois son poids d'acide azotique ordinaire et on porte le tout à l'ébullition. La réaction est très-lente et exige au moins une journée lorsqu'on opère sur 15 à 20 grammes. On évapore la dissolution jusqu'à siccité, afin de chasser la plus grande partie de l'acide azotique, et on obtient une masse cristalline, confuse, plus ou moins colorée en jaune. On verse ensuite dans la cornue une assez grande quantité d'eau, et on fait bouillir jusqu'à ce que la majeure partie du résidu soit dissoute ; il reste ordinairement une petite quantité d'une matière brune, qui peut être mêlée avec un peu de chlorure de naphtaline non attaqué ; on filtre la dissolution bouillante. Par le refroidissement, elle laisse déposer des lamelles nacrées, qui se réunissent ordinairement en groupes concentriques et arrondis. L'eau mère décantée et évaporée fournit de nouveaux cristaux par le refroidissement. Pour obtenir l'acide phtalique parfaitement pur, on le sublime en le transformant en anhydride, et on fait redissoudre l'anhydride dans l'eau, par une ébullition prolongée. Dans l'oxydation du tétrachlorure de naphtaline par l'acide azotique, il se forme en outre de l'acide oxalique qui reste dans les eaux mères, et il se dégage avec les vapeurs nitreuses un composé volatil observé par M. Marignac, et qui renferme $CCl^2(AzO^4)^2$, *dichlorodinitrométhane*. — Voyez t. II, p. 416.

MM. Depouilly ont préparé l'acide phtalique industriellement en oxydant le mélange de tétrachlorure de naphtaline α et de tétrachlorure de chloronaphtaline que leur fournit l'action du chlorate de potassium et de l'acide chlorhydrique sur la naphtaline. Ils opèrent l'oxydation par l'acide azotique au bain-marie ; dans cette action lente, le tétrachlorure α se transforme en acide phtalique, tandis que le tétrachlorure de chloronaphtaline fournit du chlorure de chloroxynaphtyle ou naphtoquinone chlorée, $C^{10}H^4Cl^2O^2$. Il se dépose une masse complexe, d'où l'on extrait l'acide phtalique par l'eau bouillante [P. et E. Depouilly, *Bull. de la Soc. chim.*, 1865, t. IV, p. 10].

Suivant M. Vohl, ce procédé offre industriellement de grandes difficultés ; pour préparer l'acide phtalique, ce chimiste préfère oxyder la naphtaline. On dissout 12 p. de naphtaline dans 109 p. d'acide sulfurique à 66°, et y ajoute par petites portions 80 p. de bichromate de potassium. Lorsque la première réaction est terminée, on étend d'eau bouillante, ce qui détermine un abondant dégagement d'acide carbonique, on sature par du carbonate de sodium, on porte à l'ébullition pendant un quart d'heure, et on filtre la solution bouillante pour séparer l'oxyde de chrome. A cette solution qui est d'un beau jaune d'or, on ajoute de l'acide chlorhydrique ; il se dépose une matière rouge qui constitue le carminaphte de Laurent ; après séparation de ce produit, on évapore ; il se dépose alors successivement du sulfate de sodium, du chlorure de sodium et finalement de l'acide phtalique [Vohl, *Dingler's polyt. Journ.*, t. CLXXXVI, p. 138, et *Bull. de la Soc. chim.*, 1868, t. IX, p. 338].

Propriétés. — L'acide phtalique se présente sous la forme de lamelles réunies en groupes arrondis (Laurent). Par le refroidissement de sa solution chaude, il donne de petites tables, et par l'évaporation lente, des cristaux monocliniques brillants (Carius). Suivant Scheibler, l'acide phtalique obtenu par oxydation de la naphtaline se sépare lentement en prismes souvent longs d'un centimètre, larges de 2 millimètres ; soumis à une nouvelle cristallisation, il se présente en lames minces qui sont sa forme habituelle. La forme des prismes d'acide phtalique est celle d'un prisme rhomboïdal droit *m* avec les faces terminales *p* et les faces modifiantes g^1 et e^1. Rapport des axes = 0,3549 : 1 : 0,4838 [*Deutsch. Chem. Gesells.*, t. I, p. 125, et *Bull. de la Soc. chim.*, 1869, t. XI, p. 322].

Il fond à 178-180° (Carius) ; à 184° (Lossen). Suivant Ador, il fond à 182°, quand il est précipité de ses sels, mais préparé avec l'anhydride pur et l'eau, il fondrait à 213° quand il est cristallisé et à 203° quand il est en poudre [Ador, *Bull. de la Soc. chim.*, 1872, t. XVIII, p. 507]. Il est peu soluble dans l'eau froide : à 11°,5, 100 p. d'eau en dissolvent 0,77 seulement. Il est soluble dans l'eau bouillante, l'alcool et l'éther.

Soumis à l'action de la chaleur, il se dédouble en eau et en anhydride phtalique, qui se sublime en longues aiguilles ou qui distille sous la forme d'un liquide limpide, se prenant rapidement en une masse cristalline. Ce dédoublement est complet à 230° (Carius).

Distillé avec un excès de chaux, il donne de la benzine et du carbonate (Marignac, Schunck) :

$$C^6H^4\left\{\begin{matrix}CO^2H\\CO^2H\end{matrix}\right. + 2CaO = C^6H^6 + 2(CO^3Ca).$$

Lorsqu'on chauffe une molécule de phtalate neutre de calcium avec une demi-molécule de chaux, à 330-350° pendant quelques heures, il se forme du carbonate et du benzoate :

$$2\left(C^6H^4\left\{\begin{matrix}CO^2\\CO^2\end{matrix}\right> Ca\right) + (CaH^2O^2)$$
$$= (C^6H^5.CO^2)^2Ca + 2CO^3Ca$$

[P. et E. Depouilly, *Bull. de la Soc. chim.*, 1865, t. III, p. 163].

Traité en solution sodique par l'amalgame de sodium, l'acide phtalique se convertit en acide *hydrophtalique*, $C^8H^8O^4$ (voyez t. II, p. 76). Chauffé avec de la poudre de zinc, il donne de l'aldéhyde phtalique (voyez ce mot plus loin). Avec le perchlorure de phosphore, il donne le chlorure de phtalyle. Chauffé avec un excès d'acide iodhydrique à 280°, il fournit de l'hydrure d'heptyle, C^7H^{16}, et de l'hydrure d'octyle, C^8H^{18} [Berthelot, *Bull. de la Soc. chim.*, 1868, t. IX, p. 293]. Avec le brome, avec l'acide azotique, il donne, quoique difficilement, des dérivés de substitution. — Voyez plus loin.

Chauffé pendant quelque temps avec de l'acide sulfurique anhydre, il donne de l'acide phtalylsulfureux,

$$C^8H^6SO^7 = C^6H^3\left\{\begin{matrix}(CO^2H)^2\\SO^3H.\end{matrix}\right.$$

— Voyez plus loin.

PHTALATES. — On les prépare, soit directement soit par double décomposition. Les phtalates alcalins sont très-solubles dans l'eau, un peu moins dans l'alcool ; les phtalates alcalino-terreux sont peu solubles. L'acide phtalique étant bibasique donne des sels acides et des sels neutres.

Le *sel d'ammonium* acide, $C^8H^5O^4(AzH^4)$, cristallise ordinairement en prismes terminés par des pyramides à 4 ou 8 faces, souvent en tables hexagonales. Les cristaux appartiennent au système rhombique. Formes $p, b^{1/2}, e^1$; angles $pb^{1/2} = 112°$; $b^{1/2}b^{1/2} = 133°50'$; $pe^1 = 127°$; $e^1e^1 = 103°30'$. Il se décompose en phtalimide, $C^8H^5AzO^2$, par la distillation.

Le *sel d'argent*, $C^8H^4O^4.Ag^2$, est une poudre blanche, cristalline, un peu soluble dans l'eau.

Le *sel de baryum* cristallise en paillettes peu solubles, qu'on obtient en versant une solution concentrée de phtalate d'ammonium dans du chlorure de baryum. Suivant Carius, pour avoir le phtalate de baryum neutre, $C^8H^4O^4.Ba$ (à 100°), il faut ajouter une solution concentrée d'acide phtalique à de l'eau de baryte bouillante maintenue en excès, puis laver le précipité avec de l'eau privée d'acide carbonique. Ce sel est très-peu soluble dans l'eau et insoluble dans l'alcool. On obtient un *sel basique* en versant une solution chaude d'acide phtalique dans une solution bouillante, saturée à froid, d'hydrate de baryum employé en quantité double de celle qui est nécessaire à la saturation ; ce *sel basique*, $3(C^8H^4O^4.Ba) + BaO$, cristallise en prismes clinorhombiques brillants, plus solubles que le sel neutre.

Le *sel de potassium* et le *sel de sodium* neutres cristallisent en paillettes très-solubles.

Le *sel de plomb*, $C^8H^4O^4Pb$, est en paillettes blanches ; il s'obtient en précipitant à l'ébullition le sel d'ammonium par l'acétate de plomb.

Le *sel de zinc* est une poudre cristalline, à peine soluble dans l'eau froide.

PHTALATE D'ÉTHYLE, $C^8H^4O^4(C^2H^5)^2$. — C'est une huile incolore, épaisse, qu'on obtient en dirigeant un courant de gaz chlorhydrique dans une solution alcoolique d'acide phtalique (Laurent). Il bout à 288° (Græbe et Born).

Produits de substitution de l'acide phtalique.

ACIDE BROMOPHTALIQUE,

$$C^8H^5BrO^4 = C^6H^3Br\left\{\begin{matrix}CO^2H\\CO^2H\end{matrix}\right.$$

[H. Müller, *Watt's Dictionary of Chemistry*, t. IV, p. 629; — Faust, *Zeitsch. für Chem.*, t. V, p. 107, et *Bull. de la Soc. chim.*, 1869, t. XII, p. 317]. — Le brome n'agit pas à froid sur l'acide phtalique, mais si l'on opère en présence de l'eau et à une température de 170°, il se forme de l'acide bromophtalique, cristallisable en feuillets solubles dans l'eau, volatils sans décomposition (H. Müller). Suivant Faust, la bromuration n'est pas complète; pour retirer l'acide bromophtalique du mélange, on évapore à sec le contenu des tubes et on reprend par l'eau bouillante; l'acide bromophtalique reste à l'état impur dans les eaux mères. On le transforme en sel de potassium qu'on fait cristalliser dans l'alcool à 90 centièmes, et, par l'addition d'un acide à la solution aqueuse concentrée de ce sel, on précipite l'acide bromophtalique sous la forme d'une poudre cristalline, soluble dans l'eau, l'alcool et l'éther.

Le *sel de baryum*, $C^8H^3BrO^4, Ba + 2H^2O$, est une poudre cristalline peu soluble, qui perd son eau à 140°.

Le *sel d'argent*, $C^8H^3BrO^4, Ag^2$, est un précipité blanc, caillebotté, peu soluble.

Le *sel de cuivre*, $C^8H^3BrO^4, Cu$, est une poudre bleu clair, peu soluble.

Le *sel de plomb*, $C^8H^3BrO^4, Pb$, est une poudre blanche, presque insoluble.

Le *sel de potassium*, $C^8H^3BrO^4, K^2 + 2H^2O$, cristallise dans l'alcool en longues aiguilles brillantes, déliquescentes, perdant leur eau à 120°.

Le *bromophtalate d'éthyle* est une huile jaunâtre, bouillant vers 295° en se décomposant.

ACIDES CHLOROPHTALIQUES. — Le chlore n'agit pas sur l'acide phtalique; les trois dérivés chlorés, l'acide dichloro-, l'acide trichloro- et l'acide tétrachlorophtalique ont été obtenus indirectement.

ACIDE DICHLOROPHTALIQUE, $C^8H^4Cl^2O^4$ [Wolf et Strecker, *Ann. der Chem. u. Pharm.*, t. LXXV, p. 16]. — Dans la préparation de la chloroxynaphtoquinone, $C^{10}H^5ClO^3$, par l'action de la potasse alcoolique bouillante sur la bichloronaphtoquinone, on obtient par le refroidissement un précipité formé de lames brillantes, qui présentent à 100° la composition du dichlorophtalate de potassium.

ACIDE TRICHLOROPHTALIQUE, $C^8H^3Cl^3O^4$ [Laurent, *Revue scientifique*, t. XIII, p. 603]. — La naphtaline hexachlorée, après trois ou quatre jours d'ébullition avec l'acide azotique ordinaire, est transformée en une masse qui renferme de la perchloronaphtoquinone et de l'acide trichlorophtalique. On reprend le produit de la réaction par l'eau, qui dissout seulement l'acide, et la solution concentrée se prend par le refroidissement en une bouillie blanche et cristalline. On purifie le corps par une seconde cristallisation dans l'eau bouillante; il se dépose en grains cristallins, très-solubles dans l'alcool et dans l'air. A la distillation, il donne de l'anhydride trichlorophtalique.

ACIDE TÉTRACHLOROPHTALIQUE, $C^8H^2Cl^4O^4$ [Graebe, *Ann. der Chem. u. Pharm.*, t. CXLIX, p. 1, et *Bull. de la Soc. chim.*, 1869, t. XII, p. 406]. — Cet acide s'obtient par l'oxydation de la naphtaline pentachlorée; celle-ci résiste énergiquement aux agents d'oxydation; elle n'est attaquée qu'en vase scellé, à la température de 180-200°, par l'acide azotique d'une densité de 1,15 à 1,20. Dans ces conditions, il se forme de l'acide tétrachlorophtalique, qu'on purifie par cristallisation dans l'eau ou par sublimation.

L'acide phtalique tétrachloré est peu soluble dans l'eau froide, plus soluble à l'ébullition et se sépare par le refroidissement en lamelles incolores. L'évaporation lente le fournit en tables épaisses et dures. Il est soluble dans l'alcool et dans l'éther; il fond à 250° en se transformant en anhydride. — Voyez ANHYDRIDES PHTALIQUES, t. II, p. 1014.

Le *sel d'argent*, $C^8Cl^4O^4, Ag^2$, est un précipité blanc, formé d'aiguilles microscopiques; il est assez soluble dans l'eau.

Le *sel d'ammonium* est soluble dans l'eau; exposé sur l'acide sulfurique, il se transforme en sel acide, cristallisable en lamelles.

Le *sel de plomb* est un précipité blanc, cristallin, insoluble dans l'eau.

ACIDE NITROPHTALIQUE, $C^8H^5(AzO^2)O^4$ [Laurent, *Revue scientifique*, t. VI, p. 95, t. IX, p. 51, et t. XIII, p. 602; — Marignac, *Ann. der Chem. u. Pharm.*, t. XXXVIII, p. 1, et *Revue scientifique*, t. V, p. 370; — Hugo Müller, *loc. cit.*; — Faust, *Zeitsch. für Chem.*, t. V, p. 107, et *Bull. de la Soc. chim.*, 1869, t. XII, p. 317]. — Cet acide a été découvert par Laurent et par Marignac dans les eaux mères de la préparation des naphtalines nitrées, où il se trouve avec l'acide phtalique. M. H. Müller le prépare en traitant l'acide phtalique par l'acide azotique ou par un mélange d'acide azotique et d'acide sulfurique; il se produit en même temps de l'acide dinitrophtalique. C'est par ce dernier procédé que l'a obtenu M. Faust, qui le purifie en transformant le produit brut en sel potassique, faisant cristalliser celui-ci dans l'alcool à 90°, et précipitant la solution aqueuse du sel potassique par un acide.

L'acide nitrophtalique se dépose en tables rhomboïdales jaunâtres, qui dérivent d'un prisme monoclinique; mais ordinairement, par la troncature des angles aigus du rhombe, ces tables deviennent hexagonales ($pm = 104°$; $mm = 125°$ environ; $ph^1 = 124°$); la plupart de ces cristaux sont hémitropiques.

Il est assez soluble dans l'eau bouillante, peu soluble dans l'eau froide; l'alcool et l'éther le dissolvent facilement. Il fond à 208-210° en se transformant en anhydride. Par réduction avec le sulfhydrate d'ammoniaque ou le fer et l'acide acétique, il donne de l'acide amidophtalique; l'acide chlorhydrique et l'étain le convertissent en acide amidobenzoïque.

Le *sel d'ammonium neutre*,

$$C^8H^3(AzO^2)O^4, (AzH^4)^2,$$

se produit en même temps que le sel acide lorsqu'on abandonne à l'évaporation spontanée une solution d'acide nitrophtalique dans l'ammoniaque. Au milieu des lamelles brillantes du sel acide, on trouve des cristaux plus épais et moins larges du sel d'ammonium neutre, qu'on peut séparer à l'aide d'une pince. Le sel neutre cristallise en prismes obliques à base rhombe, dont les angles obtus sont d'ordinaire tronqués ($pm = 103°$; $mm = 127°$ environ).

Le *sel d'ammonium acide*,

$$C^8H^4(AzO^2)O^4, AzH^4 + 2H^2O,$$

s'obtient ordinairement en prismes terminés par des pyramides et plus souvent en tables hexagonales ou rhomboïdales; chauffé jusqu'à ce qu'il commence à entrer en fusion, il perd de l'eau et se convertit en nitrophtalimide (Laurent).

Le *sel d'argent*, $C^8H^3(AzO^2)O^4Ag^2$, est un précipité blanc, insoluble dans l'eau.

Le *sel de baryum* est une poudre légère, blanc jaunâtre, anhydre à 100°. Suivant Faust, il est en lamelles brillantes, jaunâtres, renfermant $2H^2O$ qu'il ne perd qu'à 150°.

Le *sel de cuivre acide*,

$$[C^8H^4(AzO^2)O^4]^2Cu + 5H^2O,$$

est en aiguilles microscopiques, qui perdent leur eau à 100°.

Le *sel de plomb*, $C^8H^3(AzO^2)O^4Pb + 1\,1/2\,H^2O$ (?), est un précipité blanc peu soluble (Faust). Laurent n'a obtenu qu'un sel basique,

$$C^8H^3(AzO^2)O^4Pb + PbO.$$

Le *sel de zinc* forme des tables quadratiques, solubles dans l'eau, renfermant 1 1/2 H^2O, qu'il perd à 130°.

L'*éther éthylique* est un liquide oléagineux, qui finit par se prendre en une masse solide.

ACIDE AMIDOPHTALIQUE, $C^8H^5(AzH^2)O^4$ [H. Müller, *Watt's Dictionary of Chemistry*, t. IV, p. 630]. — On le prépare en laissant en contact une solution aqueuse concentrée d'acide nitrophtalique avec du fer et de l'acide acétique ; on abandonne le tout dans un endroit chaud, et quand la réaction est terminée, on sépare autant que possible la poudre brune, qui a pris naissance, du fer métallique, et on la laisse à l'air à l'état humide jusqu'à ce que l'acétate ferreux soit passé à l'état de sel ferrique. On épuise par l'ammoniaque à chaud, on évapore l'ammoniaque au bain-marie, et on traite le résidu par l'eau. On évapore la solution, on reprend le résidu par l'alcool bouillant, et on décolore la solution par le noir animal. Par le refroidissement, l'acide amidophtalique se sépare en cristaux d'un jaune-citron, fibreux et ayant un éclat nacré.

L'acide amidophtalique est très-peu soluble à froid dans l'eau et dans l'alcool ; à chaud, il donne des solutions qui présentent une fluorescence verte des plus remarquables. Il se combine aux acides et aux alcalis. Le *chlorhydrate* est en cristaux incolores, qui jaunissent à l'air en perdant leur acide.

Lorsqu'on fait bouillir l'acide amidophtalique pendant quelque temps avec de l'acide chlorhydrique ou de l'acide sulfurique, il se transforme en un isomère incolore, d'une saveur amère, facilement soluble dans l'alcool et dans l'éther ; c'est le même corps qui s'obtient lorsqu'on réduit l'acide nitrophtalique par l'acide chlorhydrique et l'étain (H. Müller); toutefois, suivant Faust, ce serait de l'acide amidobenzoïque qui se produit dans ce cas, et le prétendu isomère de l'acide amidonaphtalique préparé par l'ébullition avec l'acide chlorhydrique ne serait que de l'acide amidobenzoïque.

ACIDE AZOPHTALIQUE,

$$2(C^8H^5AzO^4) = \begin{array}{l} Az-C^6H^3(CO^2H)^2 \\ \| \\ Az-C^6H^3(CO^2H)^2 \end{array}$$

(H. Müller). — Quand on traite une solution d'acide nitrophtalique par l'amalgame de sodium, elle devient successivement jaune et brune ; on sature le produit de la réaction par l'acide acétique, qui sépare une matière résineuse, puis par l'acide chlorhydrique qui précipite l'acide azophtalique, sous la forme d'un précipité jaune. Purifié par solution dans l'alcool ou dans l'eau, il se présente sous la forme de petits cristaux d'un rouge-orange. Très-peu soluble dans l'eau froide, il se dissout surtout dans l'alcool bouillant. Les *azophtalates* sont jaunes ou orangés ; le *sel de baryum* est un précipité cristallin, jaune ; le *sel de potassium* est très-soluble dans l'eau et cristallise bien.

ACIDE PHTALYLSULFUREUX (*acide phtalylsulfurique*),

$$C^8H^6SO^7 = C^6H^3\left\{\begin{array}{l}(CO^2H)^2 \\ SO^3H\end{array}\right.$$

[O. Lœw, *Ann. der Chem. u. Pharm.*, t. CXLIII, p. 257]. — On chauffe pendant quelque temps l'acide sulfurique anhydre à 100-105° avec de l'acide phtalique, et on abandonne le produit à l'air humide. En concentrant ensuite la solution dans le vide, elle se prend en une masse cristalline : c'est l'acide, mais les sels de cet acide sont incristallisables. Par l'ébullition avec l'eau, il se détruit. M. Oppenheim a décrit, sous le nom d'acide *phtalylsulfurique*, un composé tout différent,

$$C^6H^4\left\{\begin{array}{l}CO.SO^4H \\ CO.SO^4H.\end{array}\right.$$

Ce composé prend naissance par l'action de l'acide sulfurique sur le chlorure de phtalyle ; le produit de la réaction traité par l'eau donne une poudre cristalline, qui, par une seconde cristallisation dans l'eau, forme des tables jaunâtres, fusibles à 174-178°. Ce corps n'a pas été obtenu entièrement pur ; il était mélangé d'acide phtalique [Oppenheim, *Bull. de la Soc. chim.*, 1870, t. XIV, p. 399]. E. G.

PHTALIQUE (ALDÉHYDE),

$$C^8H^6O^2 = C^6H^4\left\{\begin{array}{l}COH \\ COH\end{array}\right.$$

[Kolbe et Wischin, *Zeitsch. für Chem.*, t. II, p. 315, et *Bull. de la Soc. chim.*, 1867, t. VII, p. 172]. — L'aldéhyde phtalique s'obtient par l'hydrogénation du chlorure de phtalyle. En traitant celui-ci par le zinc et l'acide chlorhydrique, on obtient une masse visqueuse brunâtre, qu'on reprend par l'éther ; on évapore la solution éthérée, on lave le résidu avec du carbonate d'ammonium pour enlever l'acide phtalique, puis on fait dissoudre dans l'éther, qui par évaporation laisse l'aldéhyde phtalique.

C'est une substance cristallisable, blanche, fusible à 65°, soluble dans l'alcool et dans l'éther, peu soluble dans l'eau froide, assez soluble dans l'eau bouillante ; en solution aqueuse chaude, l'aldéhyde phtalique se combine avec le bisulfite de sodium, et finit par donner une masse cristalline composée d'aiguilles soyeuses et brillantes. Elle distille à 180° avec la vapeur d'eau. Ce corps est très-stable. On l'obtient également dans l'action de l'amalgame de sodium sur l'acide phtalique.

M. Baeyer a préparé l'aldéhyde phtalique en dissolvant le chlorure de phtalyle dans 20 fois son poids d'acide acétique, et y introduisant peu à peu du magnésium ; il faut avoir soin de refroidir ; avec le sodium, la réaction est trop énergique. En même temps que l'aldéhyde phtalique, il se produit une petite quantité d'un liquide plus volatil qui paraît être l'anhydride du glycol phtalique [*Deutsch. Chem. Gesells.*, t. II, p. 98, et *Bull. de la Soc. chim.*, 1869, t. XII, p. 472]. E. G.

PHTALIQUES (AMIDES). — Les amides de l'acide phtalique comprennent : l'*acide phtalamique*, improprement appelé *phtalamide*, $C^8H^7AzO^3$, et la *phtalimide*, $C^8H^5AzO^2$. A ces amides se rattachent des dérivés phénylés, c'est-à-dire des anilides phtaliques, qui sont : l'*acide phénylphtalamique*, $C^8H^6(C^6H^5)AzO^3$, et la *phénylphtalimide* ou *phtalanile*, $C^8H^4(C^6H^5)AzO^2$.

ACIDE PHTALAMIQUE,

$$C^8H^7AzO^3 = C^6H^4\left\{\begin{array}{l}CO^2H \\ CO.AzH^2\end{array}\right.$$

[Marignac, *Ann. der Chem. u. Pharm.*, t. XLII, p. 219 ; — Laurent, *Revue scientifique*, t. XIII, p. 601 ; *Ann. de Chim. et de Phys.*, (3), t. XXIII, p. 117]. — L'anhydride phtalique se dissout complétement dans l'ammoniaque liquide en s'échauffant beaucoup ; la dissolution évaporée donne de l'acide phtalamique sous la forme d'aiguilles fines et flexibles qui se dissolvent dans l'eau en lui communiquant une légère réaction acide. Dans d'autres conditions, en dissolvant l'anhydride phtalique dans l'alcool chaud, et y versant de l'ammoniaque, Laurent a obtenu du *phtalamate d'ammonium* en petits prismes incolores terminés à chaque base par deux facettes.

L'acide phtalamique chauffé à 100-120° se transforme en phtalimide ; bouilli avec de l'eau, il donne du phtalate acide d'ammonium.

Le *phtalamate d'argent*,

$$C^6H^4\left\{\begin{array}{l}CO^2Ag \\ COAzH^2,\end{array}\right.$$

est un précipité blanc, qui prend naissance lorsqu'on verse de l'azotate d'argent dans une solution d'acide phtalamique; si l'on emploie des liqueurs bouillantes, le précipité se compose de paillettes cristallines.

PHTALIMIDE,

$$C^8H^5AzO^2 = C^6H^4\left\{\begin{matrix}CO\\CO\end{matrix}\right\rangle AzH$$

[Laurent, *Ann. de Chim. et de Phys.*, t. LXI, p. 121; *Revue scientifique*, t. XIII, p. 600]. — Elle se produit par la distillation sèche du phtalate acide d'ammonium.

Elle se sublime des lamelles très-légères, en même temps qu'il se dégage de l'eau.

La phtalimide est incolore, insipide, presque insoluble dans l'eau froide, peu soluble dans l'eau bouillante, où elle cristallise en longues aiguilles, assez soluble dans l'alcool et l'éther bouillants. Ses solutions éthérées l'abandonnent par l'évaporation spontanée sous la forme de prismes à six pans, dérivant d'un prisme rhomboïdal, dont les angles sont de 113°. Une dissolution bouillante et alcoolique de potasse la change en ammoniaque et en phtalate de potassium.

Sa solution alcoolique, additionnée d'ammoniaque, donne avec l'azotate d'argent un précipité blanc, pulvérulent, renfermant 41 °/₀ d'argent.

La distillation sèche du nitrophtalate d'ammonium acide fournit la *nitrophtalimide* (Laurent).

ACIDE PHÉNYLPHTALAMIQUE (*acide phtalanilique*),

$$C^8H^6(C^6H^5)AzO^3 = C^6H^4\left\{\begin{matrix}CO^2H\\CO.Az(H,C^6H^5)\end{matrix}\right.$$

Laurent et Gerhardt, *Ann. de Chim. et de Phys.*, (3), 1848, t. XXIV, p. 188]. — Il prend naissance par la fixation de l'eau sur la phénylphtalimide. On l'obtient en faisant bouillir ce dernier corps avec de l'ammoniaque additionnée d'un peu d'alcool; au bout de quelques minutes, on neutralise la liqueur par l'acide azotique, pendant qu'elle est encore chaude. Il se produit alors par le refroidissement une cristallisation lamelleuse d'acide phénylphtalamique.

Ce corps est très-peu soluble dans l'eau froide, plus soluble dans l'eau chaude; la solution rougit le tournesol. Il est facilement soluble dans l'alcool et dans l'éther; il fond à 192°, mais à cette température il perd déjà de l'eau et donne de la phénylphtalimide.

PHÉNYLPHTALIMIDE (*phtalanile*),

$$C^8H^4\left\{\begin{matrix}CO\\CO\end{matrix}\right\rangle Az, C^6H^5$$

[Laurent et Gerhardt, *mém. cit.*]. — Lorsqu'on fait fondre un mélange d'acide phtalique et d'aniline, la matière se solidifie par le refroidissement.

On la pulvérise, on la lave avec un peu d'alcool bouillant qui dissout des matières étrangères et laisse une poudre cristalline de phénylphtalimide, qu'on purifie par distillation et cristallisation du produit distillé dans l'alcool bouillant.

La phénylphtalimide cristallise en belles aiguilles, fusibles à 20-30°, se sublimant, avant de fondre, en aiguilles. Chauffée avec une solution d'ammoniaque, elle se transforme en phénylphtalamate d'ammonium. E. G.

PHTALIQUES (ANHYDRIDES). — L'acide phtalique et ses dérivés de substitution se transforment par l'application de la chaleur en anhydrides, en perdant les éléments de 1 molécule d'eau; outre l'anhydride phtalique, on a décrit l'anhydride trichlorophtalique, tétrachlorophtalique et l'anhydride nitrophtalique.

ANHYDRIDE PHTALIQUE (*phtalide*),

$$C^8H^4O^3 = C^6H^4\left\{\begin{matrix}CO\\CO\end{matrix}\right\rangle O$$

[Laurent, Marignac]. — Ce corps, appelé par Schunck *acide pyro-alizarique*, s'obtient très-facilement par la distillation de l'acide phtalique. Si l'on chauffe lentement, l'anhydride phtalique se sublime en belles aiguilles élastiques, dont la section est un rhombe de 52° et 128°. Si l'on chauffe rapidement, il distille sous la forme d'une huile transparente, qui se solidifie en une masse blanche, dure, toute hérissée d'aiguilles sublimées. La décomposition de l'acide phtalique est complète à 230° (Carius).

L'anhydride phtalique, peu soluble dans l'eau froide, se dissout dans l'eau bouillante en régénérant l'acide phtalique hydraté. Il fond à 105°, suivant Laurent; mais ce point de fusion est trop bas, d'après d'autres observateurs. Il est situé à 120° (Carius), 129° (Graebe et Born, Lossen); l'anhydride phtalique distille à 275° (Carius).

L'anhydride phtalique est très-soluble dans l'alcool et dans l'éther. Il se dissout dans l'ammoniaque liquide en donnant des aiguilles fines et flexibles, qui paraissent être non le phtalate d'ammonium, mais l'acide phtalamique ou le phtalamate d'ammonium.

M. Bæyer a découvert d'intéressantes réactions de l'anhydride phtalique; chauffé avec les phénols mono- ou polyatomiques, il s'y combine avec élimination de 1 molécule d'eau et production de matières colorantes auxquelles M. Bæyer a donné le nom de *phtaléines*. — Voyez ce mot p. 1009.

ANHYDRIDE TRICHLOROPHTALIQUE, $C^8HCl^3O^3$ [Laurent, *Revue scientifique*, t. XIII, p. 603]. — Produit par la distillation de l'acide trichlorophtalique, il est incolore et cristallise en aiguilles.

ANHYDRIDE TÉTRACHLOROPHTALIQUE, $C^8Cl^4O^3$ [Graebe, *Bull. de la Soc. chim.*, 1869, t. XII, p. 410]. — Longs prismes brillants, fusibles à 245°, très-peu solubles dans l'éther.

ANHYDRIDE NITROPHTALIQUE, $C^8H^3(AzO^2)O^3$ [Laurent, *Revue scientifique*, t. VI, p. 96, et t. XIII, p. 602]. — Il est sous forme de longues aiguilles blanches, très-peu solubles dans l'eau; la section de ces aiguilles est un rhombe de 128° et 52°. E. G.

PHTALYLE. — Ce nom est donné au groupe

$$C^8H^4O^2 = C^6H^4\left\{\begin{matrix}CO\\CO\end{matrix}\right.$$

qui existe dans l'acide phtalique et ses dérivés; ainsi le chlorure de phtalyle est

$$C^6H^4\left\{\begin{matrix}COCl\\COCl\end{matrix}\right.$$

M. Ador a essayé d'isoler ce groupe en soumettant ce chlorure à l'action de l'argent, mais il a constaté que le groupe phtalyle se double en se mettant en liberté, et constitue alors le *diphtalyle* $C^{16}H^8O^4$ [Ador, *Ann. der Chem. u. Pharm.*, t. CLXIV, p. 229; *Bull. de la Soc. chim.*, 1870, t. XIV, p. 418, et 1872, t. XVIII, p. 505].

DIPHTALYLE,

$$C^{16}H^8O^4 = C^6H^4\left\{\begin{matrix}CO-OC\\CO-OC\end{matrix}\right\}C^6H^4.$$

— L'argent divisé agit sur le chlorure de phtalyle avec élévation de température; la réaction étant achevée à 150°, on reprend par l'eau bouillante, qui enlève de l'anhydride phtalique, puis par l'alcool bouillant, et on distille le résidu dans un courant d'acide carbonique. Il passe ainsi une masse jaune-orange, qu'on lave avec de la potasse et qu'on fait cristalliser dans le phénol bouillant additionné d'un peu d'alcool. Le diphtalyle se sépare en belles aiguilles jaunâtres, insolubles dans l'eau, très-peu solubles dans l'alcool, l'éther, le sulfure de carbone et les hydrocarbures, solubles dans le phénol bouillant, sublimables en lamelles, mais en se colorant.

Le brome le dissout à froid sans l'attaquer; à chaud, il donne des produits de substitution, mélanges de dipthalyle mono-et dibromé. Quand on chauffe le dipthalyle avec 1 molécule de brome en présence de l'eau, à 100°, on obtient du *diphtalyle monobromé* $C^{16}H^{7}BrO^{4}$, en lamelles hexagonales, solubles dans l'alcool. Par l'action du perchlorure de phosphore, en vase clos, vers 160°, le diphtalyle se transforme en *diphtalyle bichloré* $C^{16}H^{6}Cl^{2}O^{4}$, tandis que le perchlorure passe à l'état de protochlorure. Le *diphtalyle bichloré* cristallise dans la benzine bouillante en tables fusibles à 218°, se figeant de nouveau vers 196° et fondant alors à 233°; à une température plus élevée, il distille sans altération. Presque insoluble dans l'alcool, il se dissout dans la potasse alcoolique en donnant du chlorure de potassium et un composé cristallisé en lamelles hexagonales, fusibles à 250°.

M. Ador a décrit plusieurs acides dérivés du diphtalyle, et dont l'existence n'est pas absolument certaine, car ils n'ont pas été obtenus à l'état de pureté complète; ce sont les corps qu'il appelle *acide diphtalyle-aldéhydique* $C^{16}H^{10}O^{5}$, *acide diphtalique* $C^{16}H^{10}O^{6}$, et des composés acides innomés, $C^{16}H^{10}O^{3}$, $C^{16}H^{10}O^{4}$, etc.

Acide diphtalyle-aldéhydique, $C^{16}H^{10}O^{5}$. — Il se forme lorsqu'on dissout le diphtalyle à une douce chaleur dans la potasse; l'acide chlorhydrique le précipite de ses solutions. C'est un précipité blanc, soluble dans le phénol chaud, très-peu soluble dans l'alcool, l'éther, le chloroforme, la benzine, ne fondant qu'au-dessus de 300° en se décomposant. Chauffé pendant 6 heures à 180°, il donne de l'anhydride phtalique, du diphtalyle et un nouvel acide $C^{16}H^{10}O^{3}$.

La solution potassique abandonnée à l'air dépose du diphtalyle et contient de l'acide diphtalique, et l'acide $C^{16}H^{10}O^{3}$. Lorsqu'on chauffe les sels de l'acide diphtalyle-aldéhydique, ils se transforment en diphtalates. La même transformation a lieu par l'action des sels d'argent, qui sont réduits par l'acide diphtalyle-aldéhydique.

Acide $C^{16}H^{10}O^{3}$. — Cet acide, dont nous venons d'indiquer le mode de formation, n'a pas été obtenu à l'état de pureté; il se présente sous la forme d'aiguilles ou de prismes microscopiques fondant entre 200° et 225° et dont les sels sont incristallisables.

Acide diphtalique, $C^{16}H^{10}O^{6}$. — On le prépare par l'oxydation du diphtalyle au moyen de l'acide azotique ou par oxydation de l'acide diphtalyle-aldéhydique; il est en aiguilles ou lamelles microscopiques, insolubles dans l'eau, l'alcool et l'éther, solubles dans le phénol, les alcalis et les carbonates alcalins. Il fond entre 255° et 265°; chauffé pendant quelques heures au-dessus de son point de fusion, il se décompose en donnant de l'anhydride phtalique et du diphtalyle.

Le *sel de baryum*, $C^{16}H^{8}O^{6}Ba + 2H^{2}O$, est en petites lamelles incolores, solubles dans l'eau; le *sel d'argent* est en petites aiguilles groupées en mamelons.

Acide $C^{16}H^{10}O^{4}$. — Dans la préparation du diphtalyle, après avoir épuisé la masse par l'eau bouillante, on la traite par l'alcool bouillant, qui ne dissout pas le diphtalyle, et se charge d'un corps résineux. En reprenant par le carbonate de sodium, la résine s'y dissout en partie en se transformant, et l'acide chlorhydrique précipite de cette solution un mélange d'acide diphtalique et d'un acide $C^{16}H^{10}O^{4}$; on les sépare par l'alcool qui dissout lentement le second.

L'acide $C^{16}H^{10}O^{4}$, purifié par cristallisation dans beaucoup d'eau bouillante, est en aiguilles blanches fondant à 240° en donnant de l'anhydride phtalique. Cet acide paraît être un anhydride, car le *sel d'argent* renferme $C^{16}H^{10}O^{5}Ag^{2}$, et le *sel de baryum* $C^{16}H^{10}O^{5}Ba$.

L'étude de ces corps aurait besoin d'être reprise. E. G.

PHTALYLE (CHLORURE DE),

$$C^{8}H^{4}O^{2}Cl^{2} = C^{6}H^{4}\begin{cases}COCl\\COCl\end{cases}$$

[H. Müller, *Zeitsch. für Chem. u. Pharm.*, 1863, p. 257; — G. Wischin, *Ann. der Chem. u. Pharm.*, t. CXLIII, p. 259, et *Bull. de la Soc. chim*, 1868, t. IX, p. 476]. — Pour préparer le chlorure de phtalyle, on mélange 1 molécule d'acide phtalique desséché à 100° avec 2 molécules de perchlorure de phosphore; après quelques minutes, il s'établit une réaction assez vive. Comme il se forme de l'anhydride phtalique, on fait bouillir pendant 5 ou 6 heures, en mettant la cornue en communication avec un réfrigérant ascendant. Lorsque tout l'anhydride est transformé en chlorure, on distille.

Le chlorure de phtalyle est un liquide très-réfringent, d'une odeur analogue à celle du chlorure de benzoyle. Il bout à 268° et se congèle à 0°. Il est très-stable et l'eau ne le décompose que lentement; on peut même le chauffer longtemps avec une solution de carbonate de sodium sans l'altérer.

Chauffé avec de l'acide acétique cristallisable, il donne un composé cristallisé, qui est l'*anhydride mixte acéto-phtalique* $C^{6}H^{4}(CO.OC^{2}H^{3}O)^{2}$. Avec certains agents réducteurs, il donne de l'aldéhyde phtalique,

$$C^{6}H^{4}\begin{cases}COH\\COH\end{cases}$$

(Kolbe et Wischin, Bæyer). — Voyez Aldéhyde phtalique, p. 1013.

Étendu de benzine, et additionné de zinc-éthyle, il donne la *phénylène-diéthylacétone*, $C^{8}H^{4}O^{2}(C^{2}H^{5})^{2}$, en beaux cristaux incolores, fusibles à 52°, solubles dans l'éther; ce corps ne se combine pas aux bisulfites alcalins (Wischin).

En traitant 1 molécule d'acide phtalique par 1 molécule de perchlorure de phosphore, laissant déposer l'anhydride phtalique, décantant, refroidissant à 0° et comprimant la masse pour séparer le chlorure de phtalyle non encore solidifié, M. Ador a obtenu des cristaux tabulaires, fusibles à 17° et renfermant $C^{16}H^{9}O^{5}Cl^{3}$, formule qui correspond à une combinaison de chlorure de phtalyle $C^{8}H^{4}O^{2}Cl^{2}$ et de chlorhydrine phtalique

$$C^{8}H^{4}O^{2}\begin{cases}OH\\Cl.\end{cases}$$

Traité par l'argent en poudre, ce corps fournit du diphtalyle, de l'anhydride phtalique et une grande quantité d'acide diphtalique. L'auteur admet que le chlorure de phtalyle reste liquide à 0°, tandis qu'il se solidifie à cette température suivant Wischin [Ador, *Ann. der Chem. u. Pharm.*, t. CLXIV, p. 229, et *Bull. de la Soc. chim.*, 1872, t. XVIII, p. 505]. E. G.

PHYCIQUE (ACIDE) [Lamy, *Ann. de Chim. et de Phys.*, (3), t. XXXV, p. 129]. — Cette substance se trouve, d'après Lamy, à côté de l'érythrite (phycite) dans le *Protococcus vulgaris*. Pour l'extraire, on fait digérer pendant 3 à 4 heures au bain-marie, entre 50° et 100°, 1 kilogramme de cette algue avec 4 litres d'alcool à 85 centièmes; on exprime la matière et l'on concentre à moitié le liquide filtré. L'acide phycique se dépose par le refroidissement sous la forme de grains cristallins, qu'on lave à l'éther et qu'on purifie par cristallisation dans l'alcool bouillant. On obtient ainsi une dizaine de grammes d'acide phycique pur.

Ce corps se dépose par l'évaporation lente en cristaux aciculaires, groupés en étoiles, incolores, un peu onctueux au toucher, sans odeur ni saveur, inaltérables à l'air. Sa densité est de 0,896. Il fond à 136° en se colorant légèrement et se prend par le refroidissement en une masse soyeuse; à 250°, il commence à bouillir et se décompose en répandant une odeur particulière, caractéristique. A la distillation, il donne des produits huileux, insolubles dans l'eau.

Insoluble dans l'eau, il se dissout, surtout à chaud, dans l'alcool, l'éther, l'acétone, les essences, les huiles grasses. 1 p. exige 15 p. d'alcool absolu et bouillant pour se dissoudre. La solution alcoolique n'a pas d'action sur les couleurs végétales. L'acide phycique est azoté; sa formule n'est pas connue; il a donné à l'analyse : C = 70,2; H = 11,8; Az = 3,7. L'acide sulfurique concentré le dissout avec une légère coloration; l'eau l'en précipite. L'acide nitrique l'attaque lentement à chaud et donne une huile légère très-âcre et un composé cristallin. Le chlore sec n'agit pas sur lui, même à la lumière solaire; l'iode et le phosphore ne l'attaquent qu'à une température élevée.

Le potassium donne à chaud du cyanure et d'autres produits; la chaux sodée en dégage de l'ammoniaque.

L'acide phycique se dissout dans les alcalis caustiques en formant des *sels* : l'ammoniaque est sans action. Ces sels sont solubles dans l'eau et dans l'alcool et cristallisent en aiguilles; ils sont neutres aux papiers. Leurs dissolutions moussent comme de l'eau de savon.

La plupart des autres sels sont insolubles; celui d'*argent* est blanc et noircit promptement à la lumière. A. H.

PHYCITE. — Identique avec l'ÉRYTHRITE, t. I, p. 1257.

PHYLLÉSCITANNIN. — Rochleder a donné ce nom à un tannin amorphe, contenu dans les petites feuilles enfermées dans les bourgeons du marronnier, et qui ressemble beaucoup par ses propriétés au tannin que contiennent presque toutes les parties de la plante. Il renfermerait $C^{26}H^{24}O^{13} + H^2O$ [*Wien. Acad. Bericht.*, 1866, t. LIV, 2e part., p. 607].

PHYLLITE. — Voyez OTTRÉLITE.

PHYLLOCYANINE. — Voyez CHLOROPHYLLE, t. I, p. 880.

PHYLLORETINE (Min.). — Hydrocarbure identifié par Fritzsche avec la könlite, fondant à 86-87°, très-soluble dans l'alcool, et provenant de la solution alcoolique d'une résine trouvée dans les marais tourbeux de Holtegard (Danemark).

PHYLLOXANTHINE. — Voyez CHLOROPHYLLE, t. I, p. 880.

PHYSALINE, $C^{14}H^{16}O^5$. — C'est le principe amer de l'alkékenge (*Physalis Alkekenge*, L. Solanées), employée autrefois comme succédané de la quinine pour guérir les fièvres intermittentes.

Pour l'extraire, on épuise par l'eau froide les feuilles de l'alkékenge, on agite vivement l'extrait aqueux avec du chloroforme (2 grammes par litre), jusqu'à ce que ce solvant ait enlevé à l'extrait toute son amertume. Le chloroforme dépose la physaline par un repos prolongé; on la purifie en la dissolvant dans l'alcool, décolorant avec du charbon animal, précipitant par l'eau la liqueur filtrée et lavant le précipité sur un filtre avec peu d'eau froide.

La physaline forme une poudre amorphe légère, jaunâtre, d'une amertume faible d'abord, mais ensuite franche et persistante. Très-peu soluble dans l'eau froide, elle se dissout un peu mieux dans l'eau bouillante; l'éther ne la dissout qu'en petite quantité, mais elle est très-soluble dans le chloroforme et surtout dans l'alcool. Elle devient électrique par le frottement. A l'analyse elle a donné des chiffres correspondant à la formule non contrôlée, $C^{14}H^{16}O^5$.

La physaline se ramollit vers 180° et se décompose à une température plus élevée. Les acides étendus ne la dissolvent qu'en petite quantité; elle est assez soluble dans l'ammoniaque, mais ne s'y combine pas; la solution perd toute l'ammoniaque par l'évaporation. La solution alcoolique n'est pas précipitée par le nitrate d'argent ammoniacal; mais elle donne avec l'acétate de plomb et l'ammoniaque un précipité blanc renfermant 50,43 % Pb [Dessaignes et Chautard, *Journ. de Pharm.*, (3), t. XXI, p. 24]. A. H.

PHYSALITHE (Min.). — Variété opaque et pierreuse de topaze de Finbo (Finlande).

PHYSÉTOLÉIQUE (ACIDE), $C^{16}H^{30}O^2$. — Suivant Hofstaedter [*Ann. der Chem. u. Pharm.*, t. XCI, p. 177], la partie liquide de la matière grasse contenue dans la tête du *Physeter macrocephalus* (Shaw) donne par saponification un acide homologue de l'acide oléique, renfermant $C^{16}H^{30}O^2$. Il est identique ou isomérique avec l'acide HYPOGÉIQUE (voyez t. II, p. 85). Pour l'isoler, on transforme le mélange d'acides gras en sels de plomb et l'on traite ceux-ci par l'éther qui dissout le physétoléate. On le convertit en sel de baryum qu'on traite d'abord par l'éther, qu'on fait cristalliser dans l'alcool à 93 centièmes et bouillant, et qu'on décompose finalement par l'acide tartrique.

L'acide physétoléique est incolore et inodore; il fond à 30° et se concrète de nouveau à 28°. Il s'altère à 100° en absorbant de l'oxygène; il ne donne pas d'acide sébacique à la distillation sèche et ne se solidifie pas par l'acide nitreux.

Le sel *barytique*, $(C^{16}H^{29}O^2)^2Ba$, forme une poudre blanche cristalline, soluble dans l'alcool bouillant. A. H.

PHYSODINE. — Gerding a donné ce nom à un principe neutre qu'il a extrait du lichen *Parmelia ceratophylla*, variété *physodes*. On fait digérer le lichen séché à l'air avec de l'éther pendant plusieurs jours, on évapore l'extrait éthéré et l'on purifie le résidu par lavage à l'alcool froid et cristallisation dans l'alcool bouillant.

La physodine constitue une masse blanche, formée de prismes microscopiques, et fusible à 125°. Elle a donné à l'analyse : C = 49,75; H = 4,63; O = 45,62, chiffres qu'on a traduits par la formule non contrôlée, $C^{14}H^{12}O^8$.

Elle est insoluble dans l'eau, mais elle se dissout dans l'éther, l'acide acétique et l'alcool à 80 centièmes, l'alcool absolu ne la dissout pas. Les *alcalis* et l'ammoniaque la dissolvent avec une coloration jaune. Les *acides* étendus ne l'altèrent pas; l'acide sulfurique concentré lui fait perdre une molécule d'eau et la convertit en une substance rouge, la *physodéine*.

Sa solution alcoolique ne donne pas de précipité avec le *chlorure de baryum*, mais elle précipite en jaune par l'*acétate de plomb*, en vert pâle par le *sulfate de cuivre* et en rouge-brun par l'*azotate d'argent* [Gerding, *Arch. de Pharm.*, t. LXXXVII, p. 1].

Hesse n'est pas parvenu à préparer la physodine, mais il a extrait par la chaux du *Parmelia ceratophylla, var. physodes*, une nouvelle substance qu'il a nommée *cératophylline*.

Pour la préparer, on lave le lichen à l'eau froide et on le fait macérer ensuite pendant 15 heures dans l'eau de chaux. La liqueur donne avec l'acide chlorhydrique un précipité jaunâtre, qu'on lave à l'eau, qu'on sèche et qu'on épuise par de l'alcool à 75 centièmes bouillant. La partie insoluble, élastique et vert foncé renferme la cératophylline; on la fait bouillir avec une solution concentrée de carbonate de sodium et l'on obtient par le refroidissement des cristaux de cette substance, qu'on purifie par cristallisation dans l'alcool faible en ajoutant du noir animal.

La cératophylline est en petits prismes blancs, solubles dans l'eau chaude, dans l'alcool, l'éther, la potasse, l'ammoniaque et l'eau de chaux. La solution alcoolique, dont la réaction est neutre, donne avec le chlorure ferrique une coloration pourpre, et avec le chlorure de chaux une coloration rouge de sang, qu'un excès de réactif fait disparaître. La cératophylline fond à 147° et se concrète de nouveau entre 136° et 138°; déjà vers la température de fusion elle commence à se volatiliser et peut être sublimée sans décomposition. Sa composition n'est pas connue; mais elle paraît se rapprocher de l'orsellate d'éthyle [O. Hesse, *Ann. de Chim. et de Pharm.*, t. CXIX, p. 365; *Répert. de Chim. pure*, 1862, p. 150]. A. H.

PHYSOSTIGMINE [Syn. *Ésérine*]. — Ce nom a été donné par MM. J. Jobst et O. Hesse à un produit impur et incristallisable qu'ils ont retiré de la fève de Calabar. On sait que ce fruit est la graine du *Physostigma venenosum*, plante grimpante de la famille des Légumineuses, et originaire de la partie occidentale de l'Afrique située à l'ouest des sources du Niger. Le docteur Daniell, qui le premier a appelé l'attention des praticiens sur les propriétés toxiques de cette semence, a fait connaître aussi l'usage cruel qu'on en fait dans le pays de production, comme poison dit d'épreuve.

MM. J. Jobst et O. Hesse ont vainement tenté d'obtenir le principe actif de la fève de Calabar à l'état de pureté [*Ann. der Chem. u. Pharm.*, t. CXXIX, p. 115; et *Bull. de la Soc. chim.*, 1864, t. I, p. 387; *Ann. der Chem. u. Pharm.*, t. CXLI, p. 82; et *Bull. de la Soc. chim.*, 1867, t. VIII, p. 446]. C'est M. A. Vée qui a isolé le premier, sous forme de cristaux bien définis, l'alcaloïde spécial auquel cette semence doit son action antimydriatique et ses propriétés toxiques. Ce chimiste a décrit cet alcali sous le nom d'*ésérine*, du mot *éséré* employé par les nègres du Vieux-Calabar pour désigner cette plante.

M. A. Vée a obtenu l'ésérine à l'état cristallisé en opérant de la manière suivante. Les semences pulvérisées ont été épuisées par l'alcool à 90° bouillant. Les solutions alcooliques distillées ont abandonné un résidu extractif, qui a été broyé avec une petite quantité d'acide tartrique cristallisé et traité à plusieurs reprises par l'eau distillée. La solution aqueuse, saturée par un excès de bicarbonate de potassium, est ensuite agitée à plusieurs reprises avec un excès d'éther qui abandonne l'alcaloïde par l'évaporation. Pour l'obtenir entièrement exempt des matières étrangères qui l'empêchent de cristalliser, il convient, suivant M. A. Vée, de reprendre le résidu par de l'eau acidulée, de précipiter la dissolution par l'acétate de plomb et de filtrer. On ajoute un excès de bicarbonate de potassium, on filtre, et l'on soumet la liqueur de nouveau au traitement par l'éther : ce dernier abandonne alors l'ésérine incolore et cristallisée; 1 kilogramme de semence donne par ce procédé environ 1 gramme d'ésérine [*Thèse pour le doctorat en médecine; Recherches chimiques et physiologiques sur la fève de Calabar*, Paris, 1865; *Compt. rend.*, t. LX, p. 1194].

L'ésérine de M. Vée ou physostigmine se présente sous la forme de cristaux rhombiques très-aplatis, altérés par des modifications sur les angles obtus. Elle est incolore lorsqu'elle est parfaitement pure, mais, sous l'influence de l'air et d'une eau mère alcaline, elle s'altère avec facilité et prend souvent une teinte rosée. Les cristaux examinés au microscope se colorent dans la lumière polarisée. L'ésérine fond à 69° et commence à se décomposer à 150°. Elle est peu soluble dans l'eau, mais en quantité suffisante néanmoins pour ramener au bleu le papier de tournesol rougi par un acide. Elle possède la propriété de prendre une coloration rouge ou rosée sous l'influence de l'oxygène de l'air.

L'ésérine forme avec les acides des sels solubles pour la plupart qui n'ont pas encore été suffisamment étudiés. M. A. Vée donne, comme réaction caractéristique de l'ésérine libre ou de ses sels, la propriété que possède cet alcaloïde de se colorer en rouge intense sous l'influence de l'air, par l'addition d'une très-petite quantité de potasse, de soude ou de chaux : mais la teinte rouge n'est pas permanente, elle passe bientôt au jaune, au vert et au bleu. Enfin si l'on agite une solution aqueuse ainsi colorée avec le chloroforme, celui-ci se charge des principes colorants, phénomène qui ne se produit pas avec l'éther, ce dernier restant incolore dans les mêmes conditions. Cette réaction peut, d'après M. A. Vée, déceler dans une liqueur incolore la présence de moins d'un cent-millième d'ésérine. Les carbonates alcalins et la magnésie produisent également cette teinte, les bicarbonates la développent à peine.

MM. J. Jobst et O. Hesse, dans un mémoire postérieur aux recherches de M. A. Vée, indiquent un procédé pour l'extraction de la physostigmine, très-analogue à celui qu'a suivi M. A. Vée, et à l'aide duquel, cependant, ils n'ont pu obtenir cette base cristallisée; néanmoins le produit obtenu était incolore et plus pur que celui dont ils avaient donné les propriétés dans leur première publication. Ils ont constaté que la physostigmine détermine un précipité de peroxyde de fer dans le perchlorure neutre; elle donne aussi un précipité brun avec l'iodure de potassium ioduré. Les solutions de ses sels donnent des précipités avec le bichlorure de mercure et le chlorure d'or. Le chlorure de platine ne forme pas de combinaison avec cet alcaloïde, il y a même décomposition de la base. L'iodure double de potassium et de mercure précipite en blanc la physostigmine. Le précipité, insoluble dans l'eau, est soluble dans l'éther et l'alcool, et ce dernier dissolvant abandonne par l'évaporation de petits cristaux prismatiques incolores groupés concentriquement. Ce composé fond vers 70° et se prend en une masse amorphe par le refroidissement. Sa composition répondrait à la formule $C^{30}H^{21}Az^{3}O^{4}, HI + HgI^{2}$.

MM. J. Jobst et O. Hesse attribuent à la physostigmine la composition $C^{30}H^{21}Az^{3}O^{4}$, mais cette formule aurait besoin d'être confirmée par de nouvelles recherches, puisque la substance analysée n'était pas dans un état de pureté complète.

L'ésérine ou physostigmine est un poison violent. M. Frazer est le premier qui ait constaté que l'extrait de la fève jouit de la propriété d'agir sur l'iris, de déterminer les contractions de cette membrane, de rétrécir la pupille (ce qui en fait l'antagoniste de l'atropine) et d'exercer une action immédiate sur l'appareil accommodateur de la vision.

D'après M. A. Vée, 1° l'ésérine peut être opposée à l'atropine, pour combattre la mydriase produite par cette dernière;

2° Cet alcaloïde n'est pas le contre-poison de la strychnine, malgré l'opposition apparente que l'on observe entre les effets de ces deux bases; les quantités d'ésérine et de strychnine suffisantes pour amener la mort de deux animaux comparables paraissent être dans le rapport de 5 à 3 [*loc. cit.*]. E. C.

PHYTOMÉLINE. — Identique avec RUTINE.

PIAUZITE (Min.). — Résine fossile provenant du lignite de Piauze, près de Neustadt (Carniole), ressemblant à une houille lamellaire. Se présente en masses foliacées d'un noir brunâtre ou verdâtre; elle est brune, en lames très-minces, et fond à 315°. Soluble dans l'éther et dans l'alcool absolu, ainsi que dans la potasse caustique; à la distillation, donne un liquide huileux acide.

Dureté, 1,5. Poussière brun clair.

Densité, 1,18 à 1,22.

PICAMARE. — Nom donné par Reichenbach [*Journ. für prakt. Chem.*, t. I, p. 1] à une huile bouillant vers 270°, extraite du goudron de bois. Le picamare possède une densité de 1,10; il est gras au toucher, d'une faible odeur, d'une saveur brûlante et amère. Il se combine avec les alcalis en donnant des composés cristallisables. Son existence est fort problématique.

PICHURINSTÉARIQUE (ACIDE). — Syn. avec LAURIQUE (ACIDE), t. II, p. 208.

PICKERINGITE (Min.). — Sulfate hydraté d'alumine et de magnésie,

$$SO^4Mg, (SO^4)^3Al^2, 22H^2O.$$

Fines aiguilles cristallines ou masses à longues fibres d'un éclat soyeux, d'une couleur blanche ou jaunâtre, légèrement efflorescentes, trouvées près d'Iquique (Pérou), et aussi à Newport (Nouvelle-Écosse), sous la forme d'efflorescences sur un schiste.

Caractères. — Soluble dans l'eau; présentant une saveur astringente et amère. Dureté, 1.

Forme cristalline. — Monoclinique (?).

PICOLINE [Syn. *Odorine*], C^6H^7Az. — Cette base présentant la même composition que l'aniline se trouve dans le goudron provenant de la distillation de différentes matières organiques. Elle a été isolée pour la première fois par Unverdorben [*Ann. de Poggendorff*, t. VIII, p. 259 et 280, t. XI, p. 50] de l'huile fétide qu'on obtient dans les fabriques de noir animal, par la distillation des os (*huile animale de Dippel*). Ce chimiste ne l'a pas obtenue à l'état de pureté; il lui avait donné le nom d'*odorine*. Plus tard, Anderson isola du goudron de houille une base isomérique avec l'aniline, qu'il nomma picoline et dont il démontra l'identité avec l'odorine [*Ann. der Chem. u. Pharm.*, t. LX, p. 86; *Journ. für prakt. Chem.*, t. XL, p. 481, t. XLV, p. 160]. On l'a trouvée depuis dans le goudron provenant de la distillation de schistes bitumineux du Dorsetshire [C. Greville Williams, *Chem. Soc. Journ.*, t. VII, p. 97]; enfin, on l'a signalée parmi les produits de distillation de la tourbe [A. H. Church et E. Owen, *Phil. Mag.*, (4), t. XX, p. 110].

La formation de la picoline dans la distillation de la pipérine avec la chaux potassée, réaction indiquée par Wertheim [*Ann. der Chem. u. Pharm.*, t. LXX, p. 62] a été contredite plus tard; il se forme, dans cette réaction, de la pipéridine. Dans la distillation de la cinchonine avec la potasse, il se forme non-seulement des bases appartenant à la série de la quinoléine, mais encore en petite quantité des bases de la série de la pyridine; parmi ces dernières se trouve une base C^6H^7Az qui se rapproche de la picoline, et qui néanmoins ne paraît être qu'isomérique avec elle [C.-G. Williams, *Trans. of the Roy. Soc. Edinburgh*, t. XXI, 2ᵉ part., p. 313].

Récemment, la picoline a été obtenue synthétiquement, par distillation de l'acroléine-ammoniaque, et par l'action de l'ammoniaque alcoolique sur le tribromure d'allyle.

Lorsqu'on distille l'acroléine-ammoniaque (t. I, p. 64), il se forme de l'eau et une base présentant tous les caractères de la picoline :

$$\underset{\text{Acroléine ammoniaque.}}{(C^3H^4O)^2AzH^3} = 2H^2O + \underset{\text{Picoline.}}{C^6H^7Az.}$$

Dans la seconde réaction, il se forme d'abord de la dibromallylamine (voyez t. I, p. 158) qui, en perdant de l'acide bromhydrique, se convertit en picoline :

$$\underset{\text{Tribromure d'allyle.}}{2C^3H^5Br^3} + 5AzH^3 = \underset{\text{Dibromallylamine.}}{\begin{matrix}C^3H^4Br\\C^3H^4Br\end{matrix}\!\!>AzH} + 4AzH^4Br;$$

$$\begin{matrix}C^3H^4Br\\C^3H^4Br\end{matrix}\!\!>AzH + 2AzH^3$$

$$= \underset{\text{Picoline.}}{\begin{matrix}C^3H^3\\C^3H^4\end{matrix}\!\!>Az} + 2AzH^4Br$$

[A. Baeyer, *Ann. der Chem. u. Pharm.*, t. CLV, p. 281, *Bull. de la Soc. chim.*, 1869, t. XII, p. 474].

La picoline est une amine tertiaire $(C^6H^7)'''Az$; elle est un des termes d'une série de bases qui l'accompagnent toujours et dont le premier terme est la pyridine C^5H^5Az. — Voyez ce mot.

Préparation. — Pour extraire la picoline des huiles provenant de la destruction des matières organiques, on suit le procédé suivant, qui s'applique aussi à l'extraction de toutes les bases analogues. Comme ces huiles n'en contiennent généralement qu'une faible proportion, il faut opérer sur une grande quantité de matière.

Les huiles sont agitées avec de l'acide sulfurique étendu de deux volumes d'eau, et ce traitement est répété si cela est nécessaire; la solution acide est abandonnée pendant quelque temps, et lorsqu'elle a déposé, le liquide clair est soutiré. On le fait bouillir ensuite dans un vase ouvert, jusqu'à ce qu'il ne se volatilise plus de pyrrol; on s'en assure en plaçant de temps en temps, dans les vapeurs aqueuses, un morceau de bois de pin humecté d'acide chlorhydrique; l'opération est terminée quand le bois ne rougit plus. Ce moment atteint, le liquide est passé à travers une toile, additionné d'un excès de soude et distillé aussi longtemps que la vapeur d'eau entraîne des bases. Si l'eau qui a passé dans cette première distillation n'est pas assez riche en bases, on la soumet à une nouvelle distillation; on sature alors le liquide de potasse solide, en ayant soin que la température ne s'élève pas trop, ce qui pourrait amener une perte des bases les plus volatiles. On décante les bases qui viennent nager à la surface, et si elles contiennent de l'aniline, on ajoute, avec précaution, de l'acide azotique et l'on chauffe peu à peu, jusqu'à l'ébullition. L'aniline est détruite, tandis que la picoline et les bases analogues résistent à l'action de l'acide azotique. On précipite par l'eau, on filtre et l'on sature le liquide clair de nouveau avec de la potasse. L'huile décantée contient encore beaucoup d'eau qu'on enlève au moyen de la potasse solide; il est essentiel que la déshydratation soit complète avant qu'on commence la rectification, car la présence même d'une petite quantité d'eau altère notablement les points d'ébullition des bases les plus volatiles. Finalement on soumet le produit à une série de distillations fractionnées méthodiques et l'on recueille après un très-grand nombre de rectifications de la picoline bouillant vers 135°. G. Thenius a décrit un procédé d'extraction très-analogue au précédent [*Chem. Centralb.*, 1862, p. 53].

Propriétés. — La picoline constitue un liquide incolore, mobile, d'une odeur pénétrante. Elle bout à 135° et possède à 0° une densité de 0,9613; sa densité de vapeur a été trouvée de 3,29 (théorie, 3,224) (Anderson); elle bout à 134° et possède à 22° une densité de 0,933 (Thenius). L'indice de réfraction déterminé à 22°,5 par Gladstone et Dale sur une picoline ayant pour densité 0,955 est pour la raie A, 1,4888; pour D, 1,4980; pour H, 1,5314. La picoline ne se colore pas à l'air. Elle se mélange avec l'eau en toutes proportions et est séparée de cette solution par la potasse et les sels alcalins. Elle ramène au bleu le tournesol rouge et répand d'abondantes fumées blanches quand on en approche une baguette humectée d'acide chlorhydrique : elle ne coagule pas l'albumine.

Elle ne se colore ni par le chlorure de chaux ni par l'acide chromique; ce dernier ne donne qu'un léger précipité jaune.

La picoline précipite en partie la solution de chlorure cuivrique, et produit un liquide bleu clair qui dépose par l'évaporation des cristaux prismatiques. Elle donne des sels doubles semblables avec les chlorures de mercure, d'or, d'étain et d'antimoine. Elle ne précipite ni le nitrate d'argent, ni les chlorures de baryum et de strontium, ni le sulfate de magnésium.

L'action du *chlore* sur la picoline varie avec les conditions de l'expérience. Lorsqu'on fait passer du chlore dans une solution aqueuse de picoline, le liquide brunit et donne avec la potasse un précipité résineux ; mais lorsqu'on introduit dans un flacon rempli de chlore de la picoline en excès, celle-ci se transforme en une masse cristalline de *chlorhydrate de trichloropicoline* $C^6H^4Cl^3Az, HCl$; celui-ci est insoluble dans l'eau, soluble dans l'alcool, et se décompose par l'ébullition de la solution [Th. Anderson, *Trans. Roy. Soc. Edinburgh*, t. XXI, 4e part., p. 571 ; *Ann. der Chem. u. Pharm.*, t. CV, p. 335].

La picoline additionnée d'un excès d'eau de *brome* donne un abondant précipité rougeâtre, qui, du jour au lendemain, se convertit en une huile de même couleur. Le produit est insoluble dans l'eau et ne possède pas de propriétés basiques.

L'*iode*, en présence de l'eau, donne de l'iodhydrate de picoline et une substance résineuse.

L'acide *nitrique* n'altère pas la base, même à l'ébullition.

La picoline chauffée pendant plusieurs jours avec du sodium se polymérise et se transforme en parapicoline. — Voyez plus loin.

La picoline, comme base tertiaire, fixe directement de l'iodure d'éthyle en donnant l'iodure d'un ammonium ; de même elle se combine directement avec le chlorure d'éthylène. — Voyez plus loin.

Sels de picoline. — Les sels de picoline cristallisent moins facilement que ceux d'aniline ; ils ressemblent beaucoup aux sels de pyridine. La combinaison de la base avec l'acide est très-énergique et produit un dégagement de chaleur considérable. Les sels sont fort solubles dans l'eau et dans l'alcool et plusieurs d'entre eux sont déliquescents. On peut évaporer leur solution à 100° ; ils ne brunissent que très-peu à l'air.

L'*azotate*, C^6H^7Az, AzO^3H, s'obtient en grands prismes, lorsqu'on abandonne dans un vase fermé sa solution avec un excès de sel solide.

Le *chlorhydrate* se présente en cristaux prismatiques, déliquescents, qui peuvent être sublimés.

Chloromercurate, $C^6H^7Az, HgCl^2$. — Quand on mélange de la picoline avec une solution concentrée de chlorure mercurique, il se forme un précipité blanc et floconneux ; si la solution est étendue, on n'obtient qu'après un certain temps des aiguilles soyeuses et radiées. Ce sel est assez soluble dans l'eau froide ; l'eau bouillante le décompose à la longue ; il se dissout aussi dans l'alcool et cristallise par le refroidissement.

Chloraurate, $C^6H^7Az, HCl + AuCl^3$. — Fines aiguilles jaunes, solubles dans 20 p. d'eau bouillante.

Chloroplatinate, $(C^6H^7Az, HCl)^2 + PtCl^4$. — Quand on ajoute de la picoline à une solution de tétrachlorure de platine, contenant un excès d'acide chlorhydrique, il se dépose, par la concentration, des aiguilles orangées, assez longues, qu'on peut purifier par cristallisation dans l'eau bouillante ; elles se dissolvent dans environ 4 p. d'eau bouillante. Suivant Baeyer, les cristaux renferment 1 molécule d'eau et dérivent du prisme clinorhombique. Formes : m, h^1, p, $b^{1/2}$; rapport des axes, 0,9089 : 1 : 0,6641 ; angle des axes, 81° 7' [Baeyer, *loc. cit.*].

Le chloroplatinate se décompose lentement par l'ébullition avec l'eau ; au bout de huit à dix jours il s'est transformé en une poudre insoluble, jaune, de *chlorure de platinopicolyl-ammonium*,

$$C^{12}H^{14}PtAz^2Cl^4 = \left.\begin{matrix}(PtCl^2)''\\(C^6H^7)^2\end{matrix}\right\} Az^2Cl^2 ;$$

cette même transformation a lieu en quelques heures, lorsqu'on ajoute un peu de picoline à la solution. Si l'on arrête l'ébullition avant que tout le sel soit transformé, on obtient un sel double cristallisant en grains, formé de chloroplatinate de picoline et du chlorure précédent :

$$(C^6H^7Az, HCl)^2PtCl^4 + C^{12}H^{14}PtAz^2Cl^4$$

[Anderson, *Ann. der Chem. u. Pharm.*, t. XCVI, p. 199].

Oxalate. — Il se dépose en prismes raccourcis et radiés, fort solubles dans l'eau et dans l'alcool.

Sulfate, C^6H^7Az, SO^4H^2. — On ne connaît pas encore le sel neutre ; le sel acide forme des tables incolores, fort déliquescentes, insolubles dans l'éther.

Éthylpicolyle-ammonium. — On obtient l'hydrate de cet ammonium,

$$C^8H^{12}Az.OH = (C^6H^7)'''(C^2H^5)'Az.OH,$$

en traitant par l'oxyde d'argent humide la solution de l'iodure ; il faut avoir soin de ne pas faire agir l'oxyde d'argent trop longtemps, et surtout pas à chaud, ce qui amènerait une décomposition de l'hydrate, accompagnée d'une coloration violette. La liqueur filtrée est incolore et d'une saveur caustique, d'une réaction alcaline très-forte ; elle attire l'acide carbonique, précipite et redissout l'alumine et se comporte en général avec les sels métalliques comme la potasse. On ne peut pas la concentrer, même dans le vide ; elle laisse une masse dure, semblable à la gomme, et donnant avec l'eau une solution rouge de sang. Portée à l'ébullition, la solution de l'hydrate se colore en rouge foncé et dégage de l'éthylamine ; la potasse facilite beaucoup cette réaction.

Iodure d'éthylpicolyle-ammonium,

$$C^8H^{12}AzI = (C^6H^7)(C^2H^5)AzI.$$

— En chauffant en vase clos et au bain-marie la picoline avec un excès d'iodure d'éthyle, la combinaison se fait en très-peu de temps et on obtient par le refroidissement des cristaux d'iodure qu'on lave avec un mélange d'alcool et d'éther et qu'on fait cristalliser dans ce même dissolvant. Il est en tables douées d'un éclat argentin, fort solubles dans l'eau et dans l'alcool, peu dans l'éther. Il fond au-dessous de 100° en un liquide huileux. La potasse ne le décompose pas, mais le sépare non altéré de sa solution sous la forme d'une masse huileuse, qui se solidifie bientôt ; à chaud, cet alcali le détruit.

Chloraurate, $C^8H^{12}AzCl + AuCl^3$. — On le prépare comme le chloroplatinate ; il se dépose peu à peu en prismes aplatis, d'un jaune d'or, peu solubles dans l'eau froide, fort solubles à chaud, mais insolubles dans l'alcool et l'éther.

Chloroplatinate, $(C^8H^{12}AzCl)^2 + PtCl^4$. — On l'obtient en précipitant l'iodure par du nitrate d'argent, enlevant par l'acide chlorhydrique l'excès d'argent et ajoutant du chlorure de platine à la liqueur. Il se dépose alors peu à peu en belles tables orangées, fort solubles dans l'eau ; sa solution se décompose par l'ébullition prolongée [Th. Anderson, *Trans. Roy. Soc. Edinburgh*, t. XXI, 1re part., p. 219 ; *Ann. der Chem. u. Pharm.*, t. XCIV, p. 361].

Éthylène-dipicolyle-diammonium. — On obtient le chlorure ou le bromure de cet ammonium en traitant la picoline par le chlorure ou le bromure d'éthylène. Le chlorure

$$C^{14}H^{18}Az^2Cl^2 = \left.\begin{matrix}C^2H^4\\(C^6H^7)^2\end{matrix}\right\} Az^2Cl^2$$

cristallise bien [Church et Owen, *Phil. Mag.*, (4), t. XX, p. 110].

PARAPICOLINE.

Anderson a donné ce nom à une base polymérique avec la picoline qui se forme dans l'action du sodium sur cette dernière. Lorsqu'on chauffe à l'ébullition pendant plusieurs jours la picoline avec 1/8 à 1/4 de son poids de sodium, il se forme une masse brun foncé dure, qui contient le métal à l'état combiné; il ne se dégage pas d'hydrogène dans cette réaction. L'eau détruit cette masse avec production de soude et d'une huile épaisse contenant la parapicoline. On la lave à l'eau et on la soumet à la distillation fractionnée dans un courant d'hydrogène, en recueillant les portions passant entre 260° et 315° qui sont formées de parapicoline.

Cette base constitue un liquide jaune clair, qui ne possède pas un point d'ébullition constant; sa densité est de 1,077 et sa composition centésimale est la même que celle de la picoline. D'après son point d'ébullition élevé, elle constitue probablement une *dipicoline*, $C^{12}H^{14}Az^2$. Elle est insoluble dans l'eau, mais se dissout en toutes proportions dans l'alcool, l'éther, les huiles grasses et les essences. Son odeur est empyreumatique, différente de celle de la picoline; elle se rapproche de l'odeur des portions les moins volatiles de l'huile animale de Dippel, qui contiennent probablement aussi de la parapicoline.

Elle bleuit le tournesol rouge, et se résinifie partiellement sous l'influence de l'acide azotique concentré. Elle précipite le sulfate de cuivre en vert-émeraude. Ses sels, en général, sont incristallisables et très-solubles dans l'eau.

Le *chlorhydrate* constitue une masse résineuse, très-soluble dans l'eau.

Le *chlorure de mercure* produit dans la solution alcoolique de la base un précipité blanchâtre insoluble dans l'eau et dans l'alcool, soluble dans l'acide chlorhydrique.

Le *chloraurate* est jaune, amorphe, et se décompose par l'ébullition avec l'eau.

Le *chloroplatinate* renferme

$$C^{12}H^{14}Az^2(HCl)^2 + PtCl^4.$$

Le *nitrate* forme un liquide sirupeux, qui se prend peu à peu en une masse de petites aiguilles non cristallines.

Le *sulfate* se présente sous la forme d'une masse gommeuse, très-soluble dans l'eau, moins soluble dans l'alcool [Th. Anderson, *Trans. Roy. Soc. Edinburgh*, t. XXI, 4e part., p. 571; *Ann. der Chem. u. Pharm.*, t. CV, p. 335]. A. H.

PICOLITE (Min.). — Spinelle chromifère de la lherzolite du lac de Lherz, renfermant $Al^2O^3 = 55,34$, $Cr^2O^3 = 7,90$, $FeO = 24,60$, $MgO = 10,18$, $SiO^2 = 1,98$. Petits cristaux octaédriques de couleur noire.

Densité, 4,08.

PICRAMIQUE (ACIDE). — Voyez PHÉNOL, t. II, p. 817.

PICRAMMONIUM. — Voyez PHÉNOL, t. II, p. 816.

PICRANALCIME (Min.). — Analcime altérée et magnésifère du gabbro de Toscane.

PICRANISIQUE (ACIDE). — Identique avec l'acide picrique. — Voyez PHÉNOL, t. II, p. 807.

PICRINE. — Substance amère, d'une existence fort douteuse, extraite par Radig de la digitale pourprée. Elle formerait une poudre jaune brunâtre, soluble dans l'eau, l'alcool et l'éther, et précipitable en solution aqueuse par le chlorure de mercure, le ferrocyanure de potassium, l'acétate de plomb, mais non par le carbonate de potassium ou le sulfate de cuivre.

PICRIQUE (ACIDE). — Voyez PHÉNOL, t. II, p. 807.

PICROCYANIQUE (ACIDE). — Synonyme d'ISOPURPURIQUE (ACIDE), t. II, p. 150.

PICROÉRYTHRINE. — Elle représente l'érythrite monorsellique. — Voyez t. I, p. 1297.

PICROFLUITE (Min.). — Masse amorphe d'un éclat gras ou terne, d'une couleur blanche ou bleuâtre, paraissant être un mélange de fluorine avec un silicate magnésien. Trouvé à Lupikko (Finlande).

PICROGLUCIONE. — Substance contenue conjointement avec la solanine dans la douce-amère (*Solanum dulcamara*).

Pour l'extraire, on reprend l'extrait aqueux des tiges par l'alcool, on distille ce solvant, on dissout le résidu dans l'eau et l'on précipite la solution par le sous-acétate de plomb. Le précipité plombique est décomposé par l'hydrogène sulfuré et la solution est évaporée à sec; le résidu est formé de picroglucione encore impure, qu'on purifie par dissolution dans l'éther acétique. Elle est en petits cristaux, d'une saveur à la fois douce et amère, très-soluble dans l'eau, l'alcool et l'éther acétique, insoluble dans l'éther ordinaire. Elle fond à une douce chaleur et se charbonne à une température plus élevée. Ses solutions ne sont pas précipitées par les sels métalliques ou le tannin. A. H.

PICROLICHÉNINE. — Substance amère et cristallisable contenue dans le lichen *Variolaria amara*. Pour l'extraire, on traite le lichen en poudre par l'alcool, et on évapore à consistance sirupeuse. La picrolichénine cristallise au bout de quelque temps en octaèdres tronqués, à base rhombe, inaltérables à l'air, très-amers, d'une densité de 1,176. Elle fond au-dessous de 100°. Elle est insoluble dans l'eau froide, peu soluble dans l'eau bouillante, très-soluble dans l'alcool et dans l'éther, les essences, le sulfure de carbone, etc. La solution alcoolique est acide. Elle n'est que peu soluble dans le carbonate potassique. L'eau de chlore la colore en jaune, sans la dissoudre.

Lorsqu'on l'abandonne avec de l'ammoniaque dans un vase fermé, elle devient visqueuse et finit par se dissoudre en donnant un liquide d'abord incolore, puis rougeâtre et enfin jaune. Sa solution dépose à la longue des aiguilles aplaties, jaunes, brillantes, groupées en aigrettes et efflorescentes. Ces cristaux sont solubles dans l'alcool et dans les alcalis. Leur solution n'est point amère. Ils fondent à 40°, en perdant de l'ammoniaque et en donnant une masse gluante rouge qui se produit également par l'évaporation à l'air de la solution ammoniacale de picrolichénine.

La potasse caustique dissout la picrolichénine avec une couleur d'un rouge vineux passant peu à peu au brun. Les acides précipitent de la solution une matière brune et amère [Alms, *Ann. der Chem. u. Pharm.*, t. I, p. 61].

D'après A. Vogel [*Journ. für prakt. Chem.*, t. LXXII, p. 272], la picrolichénine est en petites pyramides rhombiques et sa composition répond à la formule brute $C^6H^{10}O^3$, qui est aussi celle qui exprime la composition de l'acide polygallique de M. Quévenne. E. W.

PICROLITE (Min.). — Serpentine d'un vert foncé plus ou moins grisâtre et brunâtre, en masses fibreuses ou bacillaires, difficiles à séparer. Le type de la variété vient de Taberg (Suède).

PICROMÉRIDE. — Voyez KAINITE.

PICROPHARMACOLITHE (Min.). — Pharmacolithe renfermant de la magnésie à l'état de combinaison ou de mélange.

PICROPHYLLE (Min.). — Petites masses cristallines bacillaires, ressemblant un peu à la sahlite, mais dont la forme appartient probablement au type orthorhombique. Clivage assez net dans une direction. Éclat chatoyant gris-verdâtre foncé. C'est un silicate magnésien et ferreux hydraté se rapprochant de l'antigorite. Trouvé à Sala (Suède). Au chalumeau, blanchit sans fondre.

PICROSMINE (Min.). — Silicate de magnésie hydraté, $MgSiO^3 + 1/2 H^2O$, avec un peu de fer, d'alumine et de manganèse.

Masses bacillaires ou fibreuses, d'un blanc verdâtre ou d'un vert noirâtre, d'un éclat nacré sur *p*, vitreux sur les autres faces, translucides sur les bords ou opaques, à cassure inégale, trouvées dans la mine de fer d'Engelsburg, près de Pressnitz, en Bohême; dans les schistes chloriteux de Greiner (Tyrol), et dans la serpentine de Waldheim (Saxe).

Caractères. — Dans le tube, donne de l'eau ammoniacale et noircit. Au chalumeau, blanchit sans fondre. Avec le sel de cobalt, coloration rouge pâle.

Dureté, 2,5 à 3. Poussière blanche.

Densité, 2,66.

Forme cristalline. — Prisme orthorhombique, $mm = 117°40'$, $pe^{1/4} = 116°34'$. Faces dominantes, *m*, *p*, $e^{1/4}$, g^1. Clivages : parfait *p*, moins parfait g^1, *m*. F. et S.

PICROTANITE (Min.). — Ilménite magnésifère, contenant de 10 à 15 % de magnésie.

Densité, 4,29 à 4,31.

PICROTÉPHROÏTE (Min.). — Variété magnésifère de téphroïte, renfermant jusqu'à 18,7 % de magnésie.

PICROTHOMSONITE (Min.). — Variété de thomsonite magnésifère du gabbro de Toscane.

Dureté, 5.

Densité, 2,28. Renferme 6,26 % de magnésie.

PICROTOXINE. — La picrotoxine est une matière douée de propriétés toxiques assez énergiques, et qui a été retirée par Boullay de la coque du Levant. Ce fruit est connu depuis très-longtemps sous le nom de *Cocculi Indi*, mais on ne paraît pas encore bien fixé sur l'arbre qui le produit; on le rapporte généralement au *Menispermum Cocculus*, famille des Menispermacées.

Préparation. — Le procédé le plus avantageux pour isoler la picrotoxine paraît être le suivant. On traite à deux reprises par de l'alcool chaud les coques du Levant réduites en poudre, on sépare l'alcool par distillation, on fait bouillir le résidu avec de l'eau à laquelle on ajoute un peu d'acétate de plomb, afin de précipiter la matière colorante. L'excès de plomb ayant été enlevé par un courant d'hydrogène sulfuré, on fait évaporer la solution; la majeure partie de la picrotoxine se sépare aussitôt; il ne reste plus qu'à la purifier à l'aide de plusieurs cristallisations dans l'eau [Pfaundler, *Zeitsch. für Chem. u. Pharm*, t. VI, p. 587; *Journ. de Pharm. et de Phys.*, t. XLV, p. 280].

M. Merck épuise les graines mondées par l'alcool et chasse l'alcool par une douce chaleur; la picrotoxine se trouve alors cristallisée sous une couche d'huile; pour enlever cette huile, il suffit d'exprimer le tout entre des doubles de papier à filtre. La purification s'achève en dissolvant de nouveau les cristaux dans l'alcool; on décolore par le charbon animal, et l'on évapore à un feu modéré.

Pelletier et Couerbe forment un extrait alcoolique qu'ils traitent par l'eau bouillante légèrement acidulée; par le refroidissement la picrotoxine cristallise.

Propriétés. — La picrotoxine ne possède pas de propriétés alcalines; elle se présente sous la forme de petits prismes quadrilatères blancs et transparents, ou bien en aiguilles groupées en étoiles. Elle est inaltérable à l'air, sans odeur, et douée d'une amertume insupportable; elle est sans action sur les couleurs végétales. Projetée sur des charbons ardents, elle brûle sans entrer en fusion. Elle exige pour se dissoudre 150 p. d'eau froide et 25 p. seulement d'eau bouillante; elle est soluble dans 3 p. d'alcool et dans 2 p. 1/2 d'éther; les huiles grasses et les huiles essentielles ne la dissolvent pas. Elle se dissout plus facilement dans de l'eau légèrement acide que dans l'eau pure; mais elle ne forme pas de sels; les alcalis la dissolvent également. Sa solution alcoolique dévie à gauche le plan de polarisation de la lumière : $[\alpha] = -28°$.

D'après Oppermann, on pourrait assigner à la picrotoxine la formule $C^5H^6O^2$ (?).

La picrotoxine donne avec l'acide sulfurique concentré une dissolution d'une couleur de safran.

L'acide azotique la transforme en acide oxalique.

Sous l'influence de la chaleur, les alcalis altèrent la picrotoxine. Ce corps forme des combinaisons avec la chaux, la baryte, la magnésie, la strontiane. Il forme aussi avec l'oxyde de plomb une combinaison très-soluble et incristallisable.

La picrotoxine n'est pas précipitée par l'acétate ou le sous-acétate de plomb [Boullay, *Ann. de Chim.*, t. XXX, p. 209; *Journ. de Pharm.*, t. V, p. 1, t. XI, p. 105; — Casaseca, *Ann. de Chim. et de Phys.*, t. XXX, p. 307; — C. Oppermann, *Magaz. für Pharm.*, t. XXXV, p. 233; — Pelletier et Couerbe, *Ann. de Chim. et de Phys.*, t. LIV, p. 181; — Liebig, *Ann. der Chem. u. Pharm.*, t. X, p. 203; — Regnault, *Ann. de Chim. et de Phys.*, t. LXVIII, p. 160].

D'après M. Barth, la picrotoxine en solution alcaline dévie à gauche le plan de polarisation de la lumière; ce pouvoir, ramené à une épaisseur de 1 millimètre, est de 0,3827°.

L'auteur croit pouvoir assigner à cette substance la formule $C^{12}H^{14}O^5$; la picrotoxine ne formant pas de combinaisons définies, cette formule ne peut être contrôlée.

La picrotoxine chauffée en présence des alcalis ou des acides éprouve, d'après M. Barth, une modification; dans ces conditions l'auteur a obtenu une matière gommeuse incristallisable, renfermant $C^{12}H^{16}O^6$; ce corps représente donc la picrotoxine, plus 1 molécule d'eau.

La picrotoxine traitée par un excès de brome donne une masse soluble dans l'alcool et s'en déposant sous la forme d'une masse cristalline molle. La solution alcoolique de ce corps est précipitée par l'eau : c'est un produit de substitution de la picrotoxine; il présente la composition de la bibromopicrotoxine $C^{12}H^{12}Br^2O^5$.

M. Barth n'a pu réussir à dédoubler la picrotoxine; il pense que cette substance doit être envisagée comme une espèce de sucre. Elle réduit les solutions alcalines de cuivre, fixe de l'eau par une ébullition prolongée avec les acides, et donne de l'acide oxalique lorsqu'on la traite par l'acide azotique.

Le même chimiste a essayé l'action de l'acide iodhydrique sur la picrotoxine, mais il n'a obtenu que des produits difficiles à purifier [Barth, *Journ. für prakt. Chem.*, 1864, n° 3, t. XCI, p. 155, et *Bull. de la Soc. chim.*, 1864, t. II, p. 388].

Nitropicrotoxine. — La nitropicrotoxine se prépare comme la nitromannite; l'eau la précipite de la liqueur acide sous la forme d'une masse floconneuse, soluble dans l'alcool, d'où elle se dépose en petites aiguilles. La nitropicrotoxine ne détone pas par la chaleur, mais elle se décompose déjà à 100°. Sa composition est exprimée par la formule $C^{12}H^{13}(AzO^2)O^5$.

Les propriétés énergiques de la coque du Levant sont utilisées dans l'Inde pour la pêche du poisson, qui, après avoir avalé l'appât contenant cette substance, vient tournoyer et mourir à la surface de l'eau. D'après le docteur Goupil, cependant, cet emploi présenterait de graves inconvénients lorsqu'on n'a pas le soin de prendre et de vider immédiatement le poisson aussitôt qu'il paraît sur l'eau; la chair devient alors vénéneuse et agit sur l'homme et les animaux comme la coque du Levant elle-même [*Bull. de Pharm.*, t. II, p. 500].

L'amertume excessive dont est douée la picrotoxine a donné l'idée de s'en servir pour augmenter l'amertume de la bière. Plusieurs chimistes ont indiqué des procédés pour constater cette falsification, procédés qui reposent sur la facilité avec laquelle l'éther enlève la picrotoxine par l'agitation avec une liqueur acide. La marche à suivre consiste donc à éliminer les matières étrangères, d'abord à l'aide de l'ammoniaque, puis par l'acétate de plomb; l'excès de plomb est enlevé par un courant d'hydrogène sulfuré, et la liqueur évaporée en consistance sirupeuse. Le résidu fortement acétique est alors agité avec de l'éther qui dissout la picrotoxine [Kœhler, *Zeitsch. für analyt. Chem.*, t. VIII, p. 80, et *Bull. de la Soc. chim.*, 1870, t. XIII, p. 191; — Gunckel, *Archiv. der Pharm.*, t. XCIV, p. 14, et *Journ. de Pharm. et de Chim.*, t. XXXIV, p. 78; — Langley, *Americ. Journ. of sciences, pharmaceutical Journ.*, t. IV, p. 276; — Barreswill, *Répert. de Chim. appl.*, t. V, p. 105]. E. C.

PICTITE. — Voyez SPHÈNE.

PIDDINGTONITE (Min.). — Silicate de fer, de magnésie et de chaux, se rapprochant de l'anthophyllite par sa composition et constituant une partie de la météorite de Chalka, près de Bancocrah (Inde). Grains d'un vert grisâtre ayant deux clivages faisant entre eux un angle de 100°.

Dureté, 6,5. Densité, 2,41 à 2,66.

PIÉMONTITE (Min.) [Syn. *Épidote manganésifère*]. — Une partie de l'alumine de l'épidote ordinaire est remplacée par du sesquioxyde de manganèse. L'oxyde manganeux peut aussi remplacer partiellement la chaux (voyez ÉPIDOTE). Prismes fortement allongés parallèlement à la diagonale horizontale de la base, présentant rarement des sommets, et masses bacillaires et fibreuses, d'un brun-rouge, opaques ou faiblement translucides, fragiles; venant de Saint-Marcel, vallée d'Aoste (Piémont).

Caractères. — Inattaquable aux acides. Au chalumeau, fond avec boursouflement en une perle noire brillante. Avec le borax, réaction du manganèse. D'après M. Rammelsberg, la poudre perd 2,76 % de son poids à la calcination.

Dureté, 6,5. Poussière rouge-cerise.

Densité, 3,40.

Forme cristalline. — Prisme clinorhombique; angles, $ph^1 = 115°20'$; $pb^{1/2} = 105°$ environ; pa^2 adj. $= 145°37'$. Clivage, net p, moins net h^1. Les faces de la zone ph^1 sont fortement striées parallèlement à leur intersection. F. et S.

PIERRE D'AIGLE. — Voyez ŒTITE.

PIERRE DE CROIX. — Voyez STAUROTIDE.

PIERRE DE LUNE (Min.). — Feldspath orthose à reflets nacrés bleuâtres dans une direction voisine de h^1.

PIERRE DE PIPE. — Voyez SCOULERITE.

PIERRE DE SAVON. — Voyez SAPONITE.

PIERRE DE SOLEIL (Min.). — Variété d'oligoclase à reflets chatoyants rouges, produits par la réflexion de la lumière sur des lamelles de fer oligiste interposées dans la masse.

PIERRE DE TOUCHE (Min.). — Quartz compacte à grain fin d'un noir foncé; quartz lydien.

PIERRE DES AMAZONES (Min.). — Feldspathorthose vert de Sibérie renfermant un peu de cuivre.

PIERRE GRASSE. — Voyez NÉPHÉLINE.

PIERRE OLLAIRE (Min.). — C'est en général un mélange de talc, de chlorite, de mica et d'asbeste.

PIGOTITE (Min). — Sel d'alumine fourni par l'action de la végétation sur le granit en Cornouailles et renfermant d'après Johnston l'acide *mudescent*, $C^6H^{10}O^{4}2Al^2O^3 + 21/2\,H^2O$.

PIHLITE (Min.). — Substance lamellaire verte, à éclat mat, tendre, intermédiaire entre le talc et le mica, et venant de Fahlun (Suède).

Densité, 2,73.

Dureté, 1,5.

PILSENITE (Min.). — Voyez TÉTRADYMITE.

PIMARIQUE (ACIDE), $C^{20}H^{30}O^2$. — Cet acide a été extrait par Laurent du galipot, résine formée par les exsudations qui s'écoulent à la fin de saison (après le mois d'octobre) des plaies du pin maritime et qui se solidifient en majeure partie. Suivant Laurent, l'acide pimarique existe aussi dans la colophane, résidu de la distillation de la térébenthine avec de l'eau, mais la colophane renfermerait principalement de l'acide *pimarique amorphe* ou acide *pinique*, et de l'acide *sylvique* $C^{20}H^{30}O^2$ découvert par Trommsdorff, et qui se produit aussi par la transformation de l'acide pimarique soumis à la distillation. Les résultats indiqués par Laurent ont été confirmés par Sievert, mais, d'après Maly, l'acide pimarique et l'acide sylvique de Trommsdorff renfermeraient $C^{44}H^{64}O^5$, et ne seraient autres que l'acide abiétique bibasique décrit par Maly. Duvernoy a repris l'étude de l'acide pimarique et a confirmé les résultats de Laurent (voyez ACIDE ABIÉTIQUE, t. I, p. 1, et ACIDE SYLVIQUE) [Laurent, *Ann. de Chim. et de Phys.*, (2), t. LXXII, p. 384, et (3), t. XXII, p. 459; — Sievert, *Zeitschr. für die gesammten Naturwissenschaften*, t. XIV, p. 311; — Duvernoy, *Ann. der Chem. u. Pharm.*, t. CXLVIII, p. 143, et *Bull. de la Soc. chim.*, 1869, t. XI, p. 493; — R. Maly, voir les *sources*, t. I, p. 1].

L'acide pimarique (*résine de térébenthine* γ de Gerhardt) se prépare en traitant à froid le galipot par un mélange de 6 p. d'alcool et de 1 p. d'éther, ou en le faisant digérer pendant deux jours avec de l'alcool faible, pour enlever l'essence et une résine amorphe, reprenant le résidu grenu par l'alcool bouillant et abandonnant la solution à elle-même. Au bout de deux ou trois jours, il se dépose des croûtes cristallines, qu'on fait recristalliser dans l'alcool bouillant.

L'acide pimarique se présente en masses ou en croûtes cristallines d'une blancheur éclatante, hérissées de cristaux dont il est impossible de reconnaître la forme. Insoluble dans l'eau, peu soluble dans l'alcool froid qui n'en dissout à 18° qu'un dixième de son poids, il est très-soluble dans l'alcool bouillant, qui en dissout un poids presque égal au sien (Laurent). Il exige, à froid, 13 p. d'alcool et 2 p. à l'ébullition (Sievert). Il est très-soluble dans l'éther. Il fond à 125° et reste en surfusion jusqu'à 68° où il se solidifie (Laurent). Il se ramollit entre 120° et 135°, mais ne fond complètement qu'à 158°; dans un tube capillaire; il fond à 153° (Sievert). Suivant Duvernoy, il fond à 149°, et distille vers 320° en se transformant en acide sylvique, transformation que Laurent a opérée en distillant l'acide pimarique dans le vide. Par distillation à l'air libre, il fournit surtout de la pimarone. — Voyez ce mot.

Lorsque l'acide pimarique a été fondu en quantité assez notable, il est résineux et se dissout alors par trituration dans son poids d'alcool froid; mais si l'on verse la dissolution dans un verre, on la voit se troubler et déposer de l'acide pimarique cristallisé, qui alors n'est plus soluble que dans dix fois au moins son poids d'alcool. Si l'on ajoute de l'eau à la solution alcoolique de l'acide résineux, il se dépose une masse d'acide amorphe que Laurent considère comme identique avec l'acide pinique. Si l'on ne fond qu'une quantité d'acide pimarique inférieure à 10 grammes, il ne reste pas résineux après fusion, mais se solidifie en une masse cristalline, qui présente les mêmes propriétés que l'acide cristallisé dans l'alcool.

Bouilli avec de l'acide azotique pendant longtemps, il se transforme en une croûte solide, jaune, résineuse, très-friable, qu'on ne peut faire cristalliser et qui constitue l'*acide nitromarique* ou azomarique $C^{20}H^{22}(AzO^4)^2O^4$? (Laurent).

Le pimarate d'argent traité par l'iodure d'éthyle donne de l'acide pimarique et non du pimarate d'éthyle. Si l'on traite une solution alcoolique d'acide pimarique par un courant de gaz chlorhydrique, on obtient un précipité cristallin, fusible à 143° et qui est de l'acide pimarique modifié, donnant avec l'ammoniaque un sel gélatineux et non en aiguilles comme le pimarate d'ammonium.

L'acide pimarique est lévogyre.

PIMARATES (Duvernoy). — Le *sel d'argent*,

$$C^{20}H^{29}O^2,Ag,$$

forme un précipité blanc qui rougit à l'air.

Le *sel d'ammonium acide*,

$$C^{20}H^{29}O^2,AzH^4 + C^{20}H^{30}O^2,$$

cristallise en aiguilles soyeuses, solubles dans l'eau, mais décomposables par beaucoup d'eau.

Le *sel de potassium*, $C^{20}H^{29}O^2,K+2C^{20}H^{30}O^2$, est incristallisable, peu soluble dans l'eau, soluble dans l'alcool.

Le *sel de sodium*, $C^{20}H^{29}O^2,Na + 4H^2O$, cristallise en lamelles nacrées presque insolubles dans l'eau froide, solubles dans l'eau bouillante, l'alcool et l'éther. Il perd son eau de cristallisation à 100°. E. G.

PIMARONE, $C^{20}H^{28}O$ (?). — Quand on distille à la pression ordinaire une grande quantité d'acide pimarique, il distille une masse aqueuse contenant de l'acide sylvique ou pyromarique et de la pimarone. On traite le tout par la potasse, on agite avec de l'éther qui dissout la pimarone et l'abandonne sous forme d'une huile fixe, jaunâtre, qu'on purifie en la lavant avec de la potasse étendue, puis avec de l'eau. La pimarone se solidifie presque entièrement au bout de quelque temps d'exposition à l'air.

PIMÉLIQUE (ACIDE),

$$C^7H^{12}O^4 = C^5H^{10}\left\{\begin{matrix}CO^2H\\CO^2H.\end{matrix}\right.$$

— Cet acide a été découvert par Laurent dans les eaux mères provenant de l'action de l'acide azotique sur l'acide oléique. On l'obtient aussi dans l'oxydation de la cire, du blanc de baleine et d'autres corps gras.

M. Sacc l'a obtenu en faisant agir l'acide azotique sur l'huile de lin [*Ann. der Chem. u. Pharm.*, t. LI, p. 221].

Il prend naissance en même temps que d'autres produits par la fusion de l'acide camphorique avec la potasse [Hlasiwetz et Grabowski].

D'après Laurent, on fait bouillir pendant 12 heures 200 à 300 grammes d'acide oléique avec un poids égal d'acide azotique. On cohobe de temps en temps le liquide distillé. On décante ensuite l'acide azotique; on traite la partie non dissoute avec autant d'acide azotique que la première fois et l'on continue également l'ébullition pendant 12 heures. On répète cette opération plusieurs fois, de manière à dissoudre les 4/5 de l'acide oléique. On réunit les diverses portions d'acide azotique décantées et on les évapore jusqu'à ce qu'il ne reste plus que 1/4 de la liqueur. On abandonne celle-ci au repos pendant 12 heures; il se dépose de l'acide subérique. On exprime cet acide, on recueille le liquide, on mouille l'acide subérique d'eau froide, on l'exprime de nouveau; on ajoute cette liqueur à la première et on évapore; on refroidit de temps en temps pour enlever l'acide subérique qui se dépose. On reconnaît cet acide à ce qu'il forme des grains qui sont mous sous la pression d'une baguette de verre. Peu à peu il se dépose d'autres grains; mais ceux-ci sont durs comme du sable : ils constituent l'acide pimélique. Ce dernier est d'abord souillé d'acide subérique qu'on enlève facilement en lavant à l'eau. Par une nouvelle évaporation, on obtient encore de l'acide pimélique; mais il cristallise si lentement qu'il n'est entièrement déposé qu'au bout de quelques jours. Il ne faut pas pousser l'évaporation trop loin, parce que la liqueur renferme d'autres acides plus solubles.

L'acide pimélique souillé d'acide subérique peut être purifié au moyen de l'alcool qui dissout bien plus facilement ce dernier. On complète la purification par une cristallisation dans l'eau bouillante [Laurent, *Ann. de Chim. et de Phys.*, t. LXVI, p. 163].

Il se produit aussi de l'acide pimélique fusible à 114° lorsqu'on fond de l'acide camphorique avec un excès d'alcali caustique. Il se forme en même temps de l'acide butyrique, mélangé peut-être d'acide valérique, et un acide ressemblant à l'acide camphrétique de M. Schwanert [Hlasiwetz et Grabowski, *Zeit. für Chem.*, (2), t. IV, p. 508].

Propriétés. — L'acide pimélique est blanc, formé de grains de la grosseur d'une tête d'épingle, qui sont composés de très-petits cristaux indistincts. Il est sans odeur et possède une saveur acide. Il fond vers 114° (Laurent); à 134° [Bromeis, *Ann. der Chem. u. Pharm.*, t. XXXV, p. 134]. Il distille à une température plus élevée. Il est très-soluble dans l'eau bouillante. A 18°, 1 p. d'acide se dissout dans 35 p. d'eau. L'alcool et l'éther le dissolvent facilement à l'aide de la chaleur.

Lorsqu'on le fond avec l'hydrate de potasse, il dégage de l'hydrogène sans noircir; les acides minéraux mettent en liberté, en agissant sur le résidu, un acide volatil ayant de l'analogie avec l'acide valérianique [Gerhardt, *Revue scientifique*, t. XIX, p. 22]. L'acide sulfurique concentré dissout l'acide pimélique à chaud.

PIMÉLATES. — L'acide pimélique est bibasique, les pimélates neutres renferment

$$C^7H^{10}O^2(OM')^2.$$

Le *pimélate d'ammonium* ne précipite pas les solutions des chlorures de baryum, de strontium, de manganèse, de zinc; mais il précipite le perchlorure de fer en rouge clair, le sulfate de cuivre en vert, l'azotate de plomb, l'azotate d'argent et le bichlorure de mercure en blanc.

Le *pimélate d'argent*, $C^7H^{10}O^2(OAg)^2$, forme un précipité blanc insoluble dans l'eau.

ÉTHERS PIMÉLIQUES. — *Pimélate de méthyle*, $C^7H^{10}O^2(OCH^3)^2$. — Il se prépare comme le composé éthylique et se décompose comme lui à la distillation.

Pimélate d'éthyle, $C^7H^{10}O^2(OC^2H^5)^2$. — Il s'obtient par l'action répétée de l'acide chlorhydrique sur une solution alcoolique d'acide pimélique. La portion volatile avant 100° est chassée par distillation; le résidu est neutralisé par le carbonate de sodium; l'huile rouge foncé qui se sépare, et dont la quantité augmente par l'addition d'eau, est desséchée à l'aide du chlorure de calcium. Le liquide ainsi obtenu a une odeur de fruit. Il paraît être l'éther pimélique impur. Il commence à bouillir à 185°; mais le point d'ébullition s'élève; il se sépare du charbon et il passe un liquide qui fait effervescence avec le carbonate de sodium et qui paraîtrait être l'acide éthylpimélique $C^7H^{10}O^2(OC^2H^5)OH$.

Le *pimélate d'amyle*, $C^7H^{10}O^2(OC^5H^{11})^2$, se prépare de même. Il est rouge foncé, huileux et a une odeur pénétrante qui n'est pas désagréable. Il bout entre 170° et 200°. Insoluble dans l'eau, soluble dans l'alcool et dans l'éther [Marsh, *Ann. der Chem. u. Pharm.*, t. CIV, p. 125]. C. F.

PIMÉLITE (Min.). — Silicate hydraté d'alumine, d'oxyde de nickel (25,8 à 15,6 %) et de magnésie, de composition très-variable, d'une couleur verte, d'un éclat gras à cassure écailleuse, ne happant pas à la langue. Se trouve avec chrysoprase près de Frankenstein (Silésie).

Caractères. — Décomposé par les acides. Dans le tube, donne de l'eau; infusible au chalumeau. Densité, 2,2 à 2,7.

PINACOLINE,

$$C^6H^{12}O = \left.\begin{matrix}(CH^3)^2{=}C \\ (CH^3)^2{=}C\end{matrix}\right> O.$$

— Ce corps est l'anhydride de la pinacone (voir ce mot). Il ne se forme pas lorsqu'on chauffe simplement la pinacone (Friedel); mais il prend naissance dans plusieurs réactions :

1° L'acide sulfurique étendu dissout l'hydrate cristallisé de pinacone sans se colorer; la dissolution étant chauffée se trouble et se recouvre d'une couche huileuse de pinacoline. Cette dernière distille avec la vapeur d'eau [Fittig, *Ann. der Chem. u. Pharm.*, t. CXIV, p. 57];

2° L'acide chlorhydrique étendu agit comme l'acide sulfurique; mais la pinacoline obtenue n'est pas pure, le produit paraît renfermer un peu de chlore (Fittig);

3° Le chlore n'agit pas sur l'hydrate de pinacone fondu à 60°; mais ce dernier ne se solidifie plus par le refroidissement et donne, lorsqu'on le chauffe plus fort, de la pinacoline, mélangée de petites quantités de produits chlorés qu'on ne peut pas en séparer (Fittig);

4° L'acide chlorhydrique gazeux transforme la pinacone sèche en un produit chloré qui se décompose à la distillation et qui fournit par l'action de la potasse de la pinacoline [Friedel, *Ann. de Chim. et de Phys.*, (4), t. XVI, p. 390];

5° La pinacoline prend aussi naissance quand on chauffe la pinacone avec l'acide acétique cristallisable (Friedel).

Le meilleur mode de préparation consiste dans l'emploi de l'acide sulfurique étendu. Il se produit toujours en même temps que la pinacoline des hydrocarbures qui n'ont pas encore été étudiés et dont l'un bout vers 210° (Friedel).

Propriétés. — La pinacoline constitue un liquide incolore, limpide, mobile, d'une odeur agréable de menthe. Sa densité a été trouvée de 0,7999 à 16° (Fittig); de 0,8233 à 0° et de 0,8004 à 25° (Friedel et Silva). Elle bout à 105° (Fittig), à 106° (Friedel et Silva). Elle est presque insoluble dans l'eau et soluble en toute proportion dans l'alcool et dans l'éther (Fittig). Elle est un peu soluble dans l'eau, peut en être séparée par la distillation et passe avec les premières parties de la vapeur (Friedel et Silva). La pinacoline n'est pas susceptible de fixer de l'eau et de régénérer la pinacone.

Le chlore la transforme en un dérivé bichloré $C^6H^{10}Cl^2O$, cristallisé en longues aiguilles incolores. La *bichloropinacoline* possède une très-forte odeur excitant le larmoiement et rappelant celle de la bichloracétone. Elle fond à 51° en un liquide limpide, incolore, qui bout vers 178°. Les cristaux sont presque absolument insolubles dans l'eau à froid; à chaud, il s'en dissout une petite quantité qui se sépare par le refroidissement; l'éther et l'alcool absolu les dissolvent; l'eau précipite la solution alcoolique. La potasse concentrée ne les décompose pas à l'ébullition.

En faisant bouillir la pinacoline avec l'acide azotique concentré et en la traitant par un mélange d'acide sulfurique et d'acide azotique, on obtient des combinaisons nitrées huileuses d'un brun-rouge, qui ne cristallisent pas. L'hydrate de pinacone paraît fournir les mêmes produits.

La pinacoline ne se combine pas avec les bisulfites alcalins.

Traitée par l'hydrogène naissant, elle en fixe 1 molécule ou seulement 1 atome, pour *former* l'alcool pinacolique ou une pinacone pinacolique (Friedel et Silva). — Voyez ALCOOL PINACOLIQUE.

Le perchlorure de phosphore attaque la pinacoline avec l'aide d'une douce chaleur et la transforme en un chlorure $C^6H^{12}Cl^2$, qui est au corps générateur ce que le chlorure d'éthylène est à l'oxyde d'éthylène. Il se produit en même temps des chlorures liquides à point d'ébullition élevé. Le chlorure $C^6H^{12}Cl^2$ est cristallisé; il se présente en petits cristaux qui se groupent en dendrites sur les parois du tube; ils se subliment déjà à la température ordinaire et plus facilement à 100°, bien avant leur point d'ébullition. Les cristaux n'agissent pas sur la lumière polarisée, et appartiennent donc au type cubique. Dans un petit tube fermé, ils fondent à 158°. Ce chlorure paraît identique avec un corps obtenu par M. Schorlemmer par l'action du chlore, en présence de l'iode, sur le diisopropyle. Le même chlorure s'obtient aussi, en même temps qu'une certaine quantité de pinacoline, par l'action de l'oxychlorure de phosphore sur la pinacone sèche (Friedel et Silva).

Cette réaction est en opposition avec l'idée que M. Boutlerow se fait de la constitution de la pinacoline, qu'il considère comme une acétone $(CH^3)^3{\equiv}C{-}CO{-}CH^3$, tout en conservant pour la pinacone la formule $(CH^3)^2COH{-}COH(CH^3)^2$ [*Berichte der deutsch. Chem. Gesellsch.*, t. VI, p. 505].

L'oxydation de la pinacoline par le bichromate de potassium et l'acide sulfurique la transforme, avec dégagement d'acide carbonique, en un acide $C^5H^{10}O^2$ isomérique avec l'acide valérianique. Cette réaction fournit presque la quantité théorique d'acide. Le sel de sodium de cet acide cristallise en lamelles; le sel de potassium est déliquescent; celui de calcium renferme $4H^2O$, et cristallise en petites aiguilles; celui de baryum renferme $5H^2O$, et se présente en fines aiguilles; celui d'argent est en lamelles facilement altérables et peu solubles; celui de cuivre est très-peu soluble et forme une poudre vert clair. L'acide bout à 163°. Il fond à 30°. Il paraît être identique avec l'acide triméthylacétique de M. Boutlerow. C. F.

PINACOLIQUE (ALCOOL),

$$C^6H^{14}O = (CH^3)^2{=}CH{-}C(OH){=}(CH^3)^2.$$

— Lorsqu'on verse dans une fiole renfermant une certaine quantité d'eau une couche d'environ un centimètre d'épaisseur de pinacoline et qu'on y laisse tomber de petits fragments de sodium, on voit le sodium se dissoudre au sein de la couche de pinacoline. Le dégagement d'hydrogène est assez faible. Peu à peu, on voit le liquide se remplir d'une matière blanche ayant l'apparence des alcoolates alcalins. On agite de temps à autre pour amener cette matière en contact avec l'eau, qui la décompose et rend au liquide toute sa fluidité. Au bout de deux ou trois jours le dégagement d'hydrogène devient plus abondant; on décante alors le liquide, on le lave à l'eau, et on le sèche avec du carbonate de potassium fondu. A la distillation, les premières gouttes mélangées de traces d'eau passent avant 100°; puis on voit le thermomètre s'élever à 120° et rester fixé entre 120° et 121°, pour monter ensuite très-rapidement. Il reste alors dans le vase distillatoire une petite quantité d'un corps qui cristallise par le refroidissement.

Le premier produit est l'alcool pinacolique; il est isomérique avec les alcools hexyliques connus. Il forme un liquide limpide, d'une odeur camphrée très-prononcée, d'une saveur brûlante, très-peu soluble dans l'eau. Sa densité est de 0,8347 à 0° et de 0,8122 à 25°. Il bout à 120°,5; il cristallise dans la glace, et plus facilement dans un mélange réfrigérant, et ne fond qu'à + 4°. Cristallisé, il constitue une masse formée de longues aiguilles soyeuses, rappelant le phénol solide. Cette propriété le rapproche du triméthylcarbinol.

Il se transforme facilement en iodure par l'action de l'iode et du phosphore, ou par celle de l'acide iodhydrique lorsqu'on le sature de ce gaz et qu'on le chauffe à 100°, pour achever la réaction qui commence déjà à froid. L'iodure $C^6H^{13}I$ bout entre 140° et 144° et possède une densité de 1,4739 à 0° et de 1,4420 à 25°. Il n'est pas très-stable et se décompose légèrement à la distillation. Distillé avec l'eau, il subit une décomposition plus forte et se dédouble en partie en un hexylène bouillant à 70°, et en acide iodhydrique. L'hexylène ainsi obtenu se combine à froid avec l'acide iodhydrique gazeux et régénère un iodure bouillant à 140° qui paraît identique avec l'iodure primitif.

L'iodure réagit à froid sur l'acétate d'argent en suspension dans l'éther et donne un acétate $C^6H^{13}(C^2H^3O^2)$ bouillant de 140° à 143°. Il se forme en même temps une assez grande quantité d'hexylène capable de se combiner au brome en donnant un bromure cristallisé $C^6H^{12}Br^2$.

Le chlorure $C^6H^{13}Cl$ peut être obtenu en chauffant l'alcool pinacolique saturé de gaz chlorhydrique, à 100° en vase clos. Il bout de 112°,5 à 114°,6 et est isomérique avec un chlorure obtenu par M. Schorlemmer, par l'action du chlore sur le diisopropyle; ce dernier bout à 120° (à 118° d'après M. Silva). La densité du chlorure pinacolique est de 0,8991 à 0° et de 0,8749 à 25°.

Le brome agit sur l'alcool pinacolique en fournissant un bromure cristallisé $C^6H^{12}Br^2$. Cette réaction et le facile dédoublement de l'iodure et du chlorure rapprochent l'alcool pinacolique de l'hydrate d'amylène.

L'oxydation de l'alcool régénère la pinacoline, qui elle-même fournit un acide isomérique avec l'acide valérianique.

Le produit cristallisé formé en même temps que l'alcool pinacolique est une pinacoline qui a pris naissance par fixation de H^2 sur $2C^6H^{12}O$. Sa composition répond à la formule $C^{12}H^{26}O^2$. Cristallisé dans l'éther, ce corps fond à 69° [Friedel et Silva, *Compt. rend.*, t. LXXVI, p. 216]. C. F.

PINACONE,

$$C^6H^{14}O^2 = (CH^3)^2\text{-}COH\text{-}COH\text{-}(CH^3)^2.$$

— Ce corps, isomérique avec le glycol hexylique, a été découvert par M. Fittig dans les produits de l'action du sodium sur l'acétone [*Ann. der Chem. u. Pharm.*, t. CX, p. 23]. Sa nature et sa composition avaient été méconnues par M. Fittig, qui le regardait comme un polymère de l'acétone. M. Staedeler, qui lui a donné le nom de *pinacone* pour rappeler sa propriété de former un hydrate cristallisé en tables (πίναξ), admettait que l'hydrogène enlève de l'oxygène à l'acétone et que le corps privé d'eau de cristallisation a pour formule $C^6H^{12}O$ [*Ann. der Chem. u. Pharm.*, t. CXI, p. 277]. M. Friedel ayant obtenu le même composé par l'action de l'hydrogène naissant sur l'acétone en solution aqueuse, a montré que c'est un glycol formé par simple fixation de H^2 sur $2C^3H^6O$ et soudure des deux groupes monatomiques formés. La soudure ne se fait pas par l'intermédiaire de l'oxygène, car le groupement hydrocarboné qui prend naissance est stable et se maintient même après enlèvement de l'oxygène. La constitution la plus probable pour la pinacone est celle qui est exprimée par la formule

$$\begin{array}{ccc} CH^3 & & CH^3 \\ HO\overset{|}{C} & - & \overset{|}{C}OH \\ \overset{|}{C}H^3 & & \overset{|}{C}H^3 \end{array}$$

et qui en fait un glycol tertiaire constitué par la soudure de 2 molécules isopropyliques. Cette formule répond d'ailleurs jusqu'ici à toutes les propriétés connues du corps [*Compt. rend.*, t. LV, p. 57; *Ann. de Chim. et de Phys.*, (4), t. XVI, p. 390].

Préparation. — La pinacone a été obtenue par MM. Fittig et Staedeler dans l'action du sodium sur l'acétone sèche. Mais dans cette réaction, il se produit beaucoup de produits accessoires et le rendement est faible.

On obtient un meilleur résultat en opérant comme pour la préparation de l'alcool isopropylique (voyez ce mot), en traitant l'acétone étendue d'eau par l'amalgame de sodium. La liqueur huileuse séparée de l'eau par le carbonate de potassium renferme, avec l'alcool isopropylique, de la pinacone facile à séparer par distillation, et que l'on débarrasse de produits huileux par dissolution dans l'eau et par cristallisation. On obtient ainsi l'hydrate de pinacone qui fournit la pinacone anhydre par simple distillation.

MM. Friedel et Silva ont modifié ce procédé de manière à le rendre beaucoup plus rapide et à éviter les inconvénients de la préparation et de l'emploi de l'amalgame de sodium. Dans une série de fioles refroidies avec de l'eau, on verse d'abord une solution concentrée de carbonate de potassium, puis une couche d'acétone de 1 centimètre à 2 d'épaisseur. On y introduit ensuite successivement de petits fragments de sodium de la grosseur d'un pois tout au plus. Le sodium se dissout rapidement d'abord, puis il se forme dans l'acétone des matières blanches solides qu'il faut faire disparaître en agitant un peu la fiole, pour les amener en contact avec la solution alcaline. Au bout de quelque temps, la dissolution du sodium devient très-lente et le liquide brunit; on arrête alors l'opération, on décante la couche huileuse et on la soumet à la distillation. On traite par l'eau la partie recueillie entre 100° et 200°; on sépare des matières huileuses, et on fait cristalliser l'hydrate de pinacone, dont il est facile d'extraire ensuite la pinacone anhydre. Avec 200 grammes de sodium et 600 ou 700 grammes d'acétone, on peut obtenir ainsi 250 à 300 grammes d'alcool isopropylique (renfermant encore un peu d'acétone) et 30 grammes de pinacone anhydre [*Bull. de la Soc. chim.*, 1873, t. XIX, p. 289].

Propriétés. — La pinacone pure se présente sous la forme d'une masse cristalline incolore, facilement fusible, dont le point de cristallisation est situé à 42° et qui est très-susceptible de surfusion. M. Linnemann a considéré la pinacone liquide et la pinacone solide comme deux corps isomériques; mais il n'y a aucune raison pour cela. La pinacone impure cristallise encore beaucoup plus difficilement que la pinacone pure. L'une et l'autre se transforment facilement en hydrate cristallisé quand on les met en présence d'une certaine quantité d'eau. La pinacone anhydre bout à 175°. L'hydrate cristallisé, qui renferme

$$C^6H^{14}O^2 + 6H^2O,$$

commence à distiller à 100° en donnant à cette température de l'eau avec très-peu de pinacone; peu à peu la température s'élève et le liquide qui distille devient de plus en plus riche en pinacone, à un certain moment distille un hydrate qui cristallise dans le récipient; enfin, il reste dans le vase distillatoire de la pinacone anhydre.

L'hydrate perd facilement une partie de son eau et s'effleurit à l'air. Sur l'acide sulfurique il peut être entièrement desséché; mais une partie de la pinacone se volatilise en même temps. Elle possède une grande tension de vapeur à la température ordinaire et se volatilise dans les vases à la façon du camphre; ceci a lieu surtout pour l'hydrate.

La pinacone possède une légère odeur camphrée. Elle est soluble dans l'eau et peut être obtenue en beaux cristaux à l'état d'hydrate par évaporation lente ou par refroidissement de sa solution aqueuse; les cristaux de pinacone se dissolvent dans l'eau avec des mouvements analogues à ceux du camphre; puis, quand la quantité d'eau n'est pas trop grande, on voit se former tout à coup des groupes rayonnés de cristaux d'hydrate.

L'hydrate de pinacone est soluble dans l'éther, de même que la pinacone anhydre, et cristallise par évaporation de sa solution éthérée.

Les cristaux d'hydrate de pinacone sont des lames appartenant au type quadratique, fortement aplaties parallèlement à p; $pb^1 = 111°,56'$, $b : h = 0,40268$.

Lorsqu'on traite la pinacone à froid par l'acide chlorhydrique gazeux, on obtient un produit chloré; ce dernier se décompose à la distillation et donne avec la potasse de la pinacoline $C^6H^{12}O$ (voyez ce mot). La pinacoline se forme dans diverses autres réactions, telles que celle de l'acide sulfurique ou de l'oxychlorure de phosphore sur la pinacone. Elle paraît être à cette dernière ce que l'oxyde d'éthylène est au glycol.

Le perchlorure de phosphore attaque assez vivement la pinacone sèche, avec dégagement d'acide chlorhydrique. Lorsqu'on chauffe, pour achever la réaction, le produit noircit un peu. En décomposant ensuite par l'eau l'oxychlorure qui a pris naissance et en distillant avec la vapeur d'eau, on obtient un liquide huileux, qui peut distiller, mais non sans une légère décomposition, et qui, abandonné à lui-même, noircit assez rapidement. C'est le mélange de deux chlorures $C^6H^{11}Cl$ et $C^6H^{10}Cl^2$; c'est ce que prouvent l'analyse du liquide et l'action qu'exerce sur lui le brome. Il fixe directement le brome avec production d'un mélange de chlorobromures. Il se sépare du mélange des cristaux clinorhombiques, qui ont pour composition $C^6H^{10}Cl^2Br^2$. Il est probable que le corps $C^6H^{10}Cl^2$ a pris naissance par l'action chlorurante du perchlorure sur une partie du chlorure $C^6H^{11}Cl$, qui est lui-même un produit de décomposition du chlorure $C^6H^{12}Cl^2$, dérivé régulièrement du glycol $C^6H^{14}O^2$.

Ce dernier chlorure a d'ailleurs pu être obtenu par l'action de l'oxychlorure de phosphore sur la pinacone. Le produit de la réaction est un mélange de pinacoline et d'un chlorure $C^6H^{12}Cl^2$ cristallisé, fusible dans un petit tube fermé, à 158°, et sublimable déjà à 100°. Les cristaux de ce chlorure rappellent les dendrites de sel ammoniac; ils n'agissent pas sur la lumière polarisée et appartiennent donc au type cubique.

Le même chlorure s'obtient par l'action de $PhCl^5$ sur la pinacoline (Friedel et Silva) et probablement aussi par l'action du chlore en présence de l'iode sur le diisopropyle [Schorlemmer, *Ann. der Chem. u. Pharm.*, t. CXLIV, p. 184].

La pinacone anhydre dissoute dans l'éther anhydre est attaquée facilement par le sodium, et fournit un composé sodé.

La pinacone résiste sans décomposition à une température élevée; elle ne se scinde pas facilement en eau et en un hydrocarbure, comme fait l'hydrate d'amylène.

D'après M. Linnemann, le bichromate de potassium et l'acide sulfurique transforment la pinacone en acétone. C. F.

PINGUITE (Min.). — Silicate ferrique hydraté en masses amorphes, d'un éclat gras, d'un vert-serin, ou d'un blanc verdâtre, translucide sur les bords, ductile, onctueux au toucher, ne happant pas à la langue. Se ramollit lentement dans l'eau. Se rencontre dans des filons traversant le gneiss, à Wolkenstein et Geilsdorf (Saxe); dans les fentes du basalte près d'Eisenach (Saxe-Weimar), etc.

Caractères. — Attaquable aux acides, avec dépôt de silice pulvérulente. Au chalumeau, devient noir et fond sur les bords.

Dureté, 1. Densité, 2,31.

Celle de Wolkenstein renferme, d'après Kersten : $SiO^2 = 36,90$; $Fe^2O^3 = 29,50$; $Al^2O^3 = 1,80$; $FeO = 6,10$; $MnO = 0,14$; $MgO = 0,45$; $H^2O = 25,11$.

PINICORRÉTINE, $C^{24}H^{38}O^5$(?). — Substance retirée par Kawalier de l'écorce du pin (*Pinus sylvestris*). Elle forme une masse visqueuse brun noirâtre, soluble dans l'ammoniaque, et précipitable en rouge-brun par le chlorure de baryum et par l'acétate de plomb; le précipité plombique est insoluble dans l'acide acétique étendu [*Ann. der Chem. u. Pharm.*, t. LXXXVIII, p. 360].

PINICORTANNIQUE (ACIDE), $C^{32}H^{38}O^{23}$ (?). — Acide contenu dans l'écorce de pin; il est rouge brunâtre, soluble dans l'eau, précipitable par l'acétate de plomb; le précipité est soluble dans l'acide acétique étendu. Le chlorure ferrique colore la solution de l'acide en vert foncé. Chauffé avec de l'acide chlorhydrique étendu, il perd de l'eau et se convertit en une poudre d'un rouge vif [Kawalier, *loc. cit.*].

PINIPICRINE, $C^{22}H^{36}O^{11}$. — Ce nom a été donné par Kawalier à la matière amère des aiguilles du pin (*Pinus sylvestris*); cette même substance se rencontrerait dans l'écorce du pin et dans les parties vertes du *Thuya occidentalis*. C'est un glucoside [Kawalier, *Ann. der Chem. u. Pharm.*, t. LXXXVIII, p. 360; *Wien. Acad. Bericht*, t. XI, p. 344, et t. XIII, p. 514].

Pour l'extraire, on épuise les aiguilles du pin par de l'alcool à 40 centièmes bouillant, on chasse l'alcool par distillation et l'on mélange le résidu avec de l'eau. On filtre pour séparer le précipité gluant qui s'est formé, on précipite la liqueur à froid par l'acétate de plomb et ensuite à chaud par le sous-acétate. On filtre de nouveau, on enlève l'excès de plomb de la liqueur filtrée par un courant d'hydrogène sulfuré, on évapore dans un courant d'acide carbonique et l'on purifie le résidu formé de pinipicrine impure par plusieurs dissolutions dans un mélange d'alcool et d'éther.

La pinipicrine est amorphe, brun jaunâtre, soluble dans l'eau, ainsi que dans un mélange d'alcool et d'éther, insoluble dans l'éther pur. Elle commence à se ramollir vers 55°, mais ne fond complétement qu'à 100°.

Son goût est très-amer.

A l'analyse, elle a donné des chiffres correspondant à la formule $C^{22}H^{36}O^{11}$.

Lorsqu'on chauffe la solution aqueuse de pinipicrine avec un peu d'acide chlorhydrique ou sulfurique, il distille avec les vapeurs aqueuses une huile qui serait de l'*éricinol*, $C^{10}H^{16}O$ (t. I, p. 1255), en même temps qu'il se forme un sucre de la composition du glucose et une résine foncée; Kawalier représente ce dédoublement par l'équation suivante :

$$C^{22}H^{36}O^{11} + 2H^2O = C^{10}H^{16}O + 2C^6H^{12}O^6.$$

A. H.

PINIQUE (ACIDE), $C^{20}H^{30}O^2$. — Ce nom a été donné par Unverdorben à l'acide résineux, incristallisable, qui se trouve avec les acides pimarique et sylvique dans la colophane; il est isomérique avec ces deux acides et paraît être identique avec l'acide pimarique amorphe (Laurent). Pour l'extraire de la colophane, dont il constitue la partie principale, on épuise celle-ci à froid par de l'alcool à 72 centièmes, on précipite le liquide par une solution alcoolique d'acétate de cuivre et l'on décompose le sel de cuivre par un acide.

L'acide pinique est amorphe et ressemble tout à fait à la colophane; il est insoluble dans l'eau, mais il se dissout dans l'alcool, l'éther, les essences et les huiles grasses. Il fond par la chaleur et se décompose à une température élevée. A chaud, il déplace l'acide carbonique des carbonates et les acides gras dans les solutions alcooliques de leurs savons. D'après des analyses de Blanchet et Sell, de Liebig et de Laurent, sa composition correspond à la formule $C^{20}H^{30}O^2$ [Unverdorben, *Poggendorff's Ann.*, t. XI, p. 28]. A. H.

PINITANNIQUE (ACIDE), $C^{14}H^{16}O^8$ (?) [Kawalier, *Ann. der Chem. u. Pharm.*, t. LXXXVIII, p. 360; *Wien. Acad. Ber.*, t. XI, p. 357, t. XXIX, p. 19]. — Tannin contenu dans les aiguilles du *Pinus sylvestris* et les parties vertes du *Thuya occidentalis*. Il se trouve dans le précipité plombique qu'on obtient en traitant dans la préparation de la pinipicrine (voyez ce mot) la solution par le sous-acétate de plomb. Le précipité formé par l'acétate de plomb est de l'oxypinotannate (voyez t. II, p. 715). Ce précipité, décomposé sous l'eau par l'hydrogène sulfuré, fournit l'acide pinitannique. C'est une poudre jaune rougeâtre, très-soluble dans l'eau, l'alcool et l'éther, qui se ramollit à 100°, émet entre 160° et 200° un liquide faiblement acide, et se solidifie de nouveau vers 240° ; à une température plus élevée, il se décompose complétement. Sa solution possède une saveur astringente; elle n'est pas précipitée par le tannin, l'émétique ou l'eau de baryte. L'ammoniaque ne l'altère pas, mais la solution absorbe de l'oxygène à l'air en se colorant. L'acide pinitannique donne avec le chlorure *ferrique* une coloration rouge-brun foncé, précipite l'acétate et le sous-acétate de plomb en jaune, et après addition d'un peu d'ammoniaque le sulfate cuivrique en vert grisâtre, le nitrate d'argent en gris; ce dernier précipité se réduit facilement. L'acide se dissout dans l'acide sulfurique; si l'on évite toute élévation de température, l'eau le précipite non altéré. Additionné d'une petite quantité de chlorure stannique, il teint les tissus de laine mordancée au sel d'étain ou à l'alun en un beau jaune, solide. A. H.

PINITE, $C^6H^{12}O^5$. — Cette substance, isomérique avec la quercéite, la mannitane, et la dulcitane, a été découverte par M. Berthelot dans les exsudations concrètes d'un pin de Californie (*Pinus lambertiana*) ; les Indiens mangent cette substance.

On traite par l'eau et le noir animal les concrétions, et l'on abandonne la solution filtrée à l'évaporation spontanée. La pinite cristallise ; mais les cristaux ne se développent que très-lentement, de telle sorte que la cristallisation exige plusieurs semaines. On purifie la pinite par compression et par une nouvelle cristallisation.

Elle cristallise en mamelons blancs, demi-sphériques, radiés, très-durs, croquant sous la dent, d'une densité de 1,52. Elle possède un goût sucré, est extrêmement soluble dans l'eau, presque insoluble dans l'alcool absolu et dans l'éther, elle se dissout un peu dans l'alcool ordinaire. La pinite est dextrogyre, $[\alpha]j = +58°,6$. Elle fond, sans s'altérer, au-dessus de 150°. Elle donne avec l'acide sulfurique un acide pinisulfurique; par l'oxydation, elle se transforme en acide oxalique. Elle ne fermente pas et ne réduit pas les solutions alcalines de cuivre, même après avoir été traitée par l'acide sulfurique; elle réduit le nitrate d'argent ammoniacal.

La pinite ne précipite pas par l'acétate de plomb, mais elle donne avec le sous-acétate de plomb ammoniacal un précipité blanc renfermant $C^6H^{12}O^5, 2PbO$.

Chauffée avec les acides pendant un temps assez long à une température élevée, elle donne des éthers ; M. Berthelot a décrit une *pinite dibenzoïque*, $C^{20}H^{20}O^7 = C^6H^{10}(C^7H^5O)^2O^5$; une *pinite tétrabenzoïque*, $C^{34}H^{28}O^9 = C^6H^8(C^7H^5O)^4O^5$; deux dérivés stéariques analogues, et un acide pinitartrique [*Ann. de Chim. et de Phys.*, (3), t. XLVI, p. 66; *Compt. rend.*, t. XLI, p. 452, t. XLV, p. 268]. A. H.

PINITE (Min.). — Cristaux à six ou à douze pans, d'une couleur brune ou grise, présentant la forme et les particularités de cristallisation de la cordiérite dont elle paraît être une altération ; se trouve dans les granits et dans les porphyres feldspathiques, à Saint-Pardoux (Auvergne), à Elbingerode, Penig, Schneeberg (Saxe), etc.

Analyses de pinite de Saint-Pardoux (Auvergne), par Marignac (1), et de Aue, près Schneeberg (2).

	1.	2.
SiO^2......	48,92	46,83
Al^2O^3......	32,29	27,65
Fe^2O^3......	8,49	8,71
MgO......	1,80	1,02
CaO......	0,51	0,49
Na^2O......	»	0,40
K^2O......	9,14	6,52
H^2O......	4,27	7,80
MnO......	0,11	»
	100,03	99,42

Caractères. — Difficilement attaquable par l'acide chlorhydrique. Dans le tube, donne une eau fréquemment alcaline; au chalumeau, fond sur les bords en un émail blanc.

La pinite d'Auvergne agit sur la lumière polarisée comme une matière complétement amorphe ; d'autres variétés présentent encore des parties de cordiérite inaltérée.

Dureté, 2 à 3. Poussière blanche, grisâtre, rougeâtre.

Densité, 2,7 à 2,9. F. et S.

PINITOÏDE (Min.). — Pinite à structure compacte d'un vert grisâtre, quelquefois rouge ou blanche. C'est un des éléments d'une roche granitoïde, près de Chemnitz (Saxe).

PIPÉRIDINE, $C^5H^{11}Az$. — La pipéridine est un alcali organique qui se produit par l'action de la potasse sur la pipérine ; il se forme en même temps de l'acide pipérique :

$$\underset{\text{Pipérine.}}{C^{17}H^{19}AzO^3} + \underset{\text{Potasse.}}{KHO} = \underset{\text{Pipéridine.}}{C^5H^{11}Az} + \underset{\text{Pipérate de potassium.}}{C^{12}H^9KO^4}.$$

On doit sa découverte, ainsi que l'étude de ses propriétés et de ses combinaisons, à M. Cahours.

La pipéridine s'obtient lorsqu'on distille 1 p. en poids de pipérine bien pure avec 2 1/2 à 3 p. de chaux potassée. Le produit de la distillation se compose d'eau, de deux bases volatiles distinctes et d'une trace de substance neutre, douée d'une odeur aromatique agréable, rappelant celle des dérivés de la série benzoïque. En traitant le liquide brut par de la potasse caustique en fragments, on sépare une matière huileuse, légère, d'une odeur fortement ammoniacale, et soluble en toute proportion dans l'eau : c'est la pipéridine [Cahours, *Ann. de Chim. et de Phys.*, (3), t. XXXVIII, p 76].

M. Wertheim prépare la pipéridine en distillant directement l'extrait alcoolique de poivre en présence d'un excès de potasse ; le produit distillé est incolore et renferme, outre la pipéridine, de l'ammoniaque et une huile essentielle. On sépare cette dernière en grande partie par l'eau, après avoir transformé la pipéridine et l'ammoniaque en chlorhydrates. Après l'évaporation de l'eau jusqu'à siccité, on reprend les sels par de l'alcool absolu qui ne dissout que le chlorhydrate de pipéridine. On distille l'alcool, on chauffe le sel obtenu au bain-marie pour le débarrasser des dernières traces d'essence, et il ne reste plus qu'à le traiter de nouveau par la potasse pour obtenir la pipéridine pure. 28 kilogrammes de poivre noir mélangé de poivre blanc ont donné ainsi 350 grammes de pipéridine pure [Wertheim, *Ann. der Chem. u. Pharm.*, t. CXXVII, p. 75, 1863, et *Bull. de la Soc. chim.*, 1864, t. I, p. 151].

Cet alcali est liquide et incolore, doué d'une odeur particulière qui rappelle à la fois celle du poivre et de l'ammoniaque. La pipéridine possède une saveur caustique, elle ramène fortement au bleu le papier de tournesol rougi par un acide, elle sature les acides les plus puissants. Cette base se dissout en toute proportion dans l'eau, à laquelle elle communique des propriétés alcalines très-prononcées. Elle bout d'une manière constante à 106°. La densité de sa vapeur a été trouvée égale à 2,982. Théorie, 2,976.

D'après les recherches de M. Cahours, la pipéridine représenterait de l'ammoniaque dans laquelle 2 atomes d'hydrogène seraient remplacés par le radical diatomique C^5H^{10}; cette base est donc une ammoniaque secondaire, comme il résulte de l'action des iodures de méthyle et d'éthyle sur la pipéridine, cette dernière, en effet, ne pouvant fixer plus de 2 molécules d'éther iodhydrique.

M. Cahours a cherché, mais sans pouvoir y réussir, à reproduire cette base synthétiquement à l'aide de l'amylène bromé C^5H^9Br et de l'ammoniaque. Ces deux corps ne réagissent nullement l'un sur l'autre, même après un contact de quinze jours à une température de 100°.

La solution de pipéridine possède les mêmes propriétés que l'ammoniaque à l'égard des sels métalliques; toutefois elle se distingue de cet alcali en ce qu'elle ne paraît pas redissoudre les oxydes de zinc et de cuivre.

L'acide azoteux attaque vivement la pipéridine et donne naissance à un liquide pesant, doué d'une odeur aromatique, étudié par M. Wertheim, et qu'il désigne sous le nom de *nitrosopipéridine* ou de *nitrosylpipéridine*.

Le sulfure de carbone, les chlorures d'acétyle, de benzoyle, de cumyle, transforment la pipéridine en des composés analogues aux amides.

SELS DE PIPÉRIDINE.

Azotate de pipéridine, $C^5H^{11}Az, AzHO^3$. — Cristallise sous la forme de petites aiguilles. On l'obtient en saturant la base par l'acide azotique étendu, et en évaporant dans le vide. Ce sel se décompose sous l'influence de la chaleur en donnant des vapeurs douées d'une odeur aromatique.

Chloraurate de pipéridine. — S'obtient avec le chlorure d'or et le chlorhydrate de pipéridine sous la forme d'une poudre cristalline d'un beau jaune.

Chlorhydrate de pipéridine, $C^5H^{11}Az, HCl$. — Se présente en longues aiguilles incolores, très-solubles dans l'eau et dans l'alcool; la solution alcoolique l'abandonne sous forme de longs prismes. Ces cristaux se volatilisent à une température peu élevée, et ne s'altèrent pas à l'air.

Chloroplatinate de pipéridine,

$$(C^5H^{11}Az, HCl)^2PtCl^4.$$

— S'obtient avec le chlorhydrate de pipéridine et le tétrachlorure de platine; il est très-soluble dans l'eau, moins soluble dans l'alcool; il cristallise en longues aiguilles orangées.

Iodhydrate de pipéridine, $C^5H^{11}Az, HI$. — Cristallise en longues aiguilles qui ressemblent beaucoup au chlorhydrate.

Oxalate de pipéridine, $C^5H^{11}Az, C^2H^2O^4$. — Ce sel se présente sous la forme de fines aiguilles, qu'on obtient en saturant une solution de pipéridine par une solution d'acide oxalique.

Sulfate de pipéridine, $(C^5H^{11}Az)^2SH^2O^4$. — S'obtient directement en saturant l'acide sulfurique par la pipéridine. C'est un sel cristallisable, très-soluble dans l'eau et déliquescent.

ACTION DE L'ACIDE AZOTEUX SUR LA PIPÉRIDINE.

Nitrosopipéridine ou *nitrosylpipéridine*,

$$C^5H^{10}Az^2O.$$

— L'action de l'acide azoteux sur la pipéridine est très-vive : il se forme finalement un liquide jaune clair, oléagineux et d'une odeur aromatique. Ce liquide purifié par la potasse, lavé à l'acide et séché, présente une saveur amère; il est neutre, un peu soluble dans l'eau et plus soluble dans les acides étendus. Sa densité est de 1,0659; il distille sans altération de 160° à 180°. Au-dessus de 200°, il se colore fortement et devient alcalin. Sa composition répond à la formule $C^5H^{10}Az^2O$. Cette formule a été vérifiée par la densité de vapeur. La théorie indique 3,94, l'expérience a donné 4,04.

M. Wertheim explique sa formation par l'équation suivante :

$$2(C^5H^{11}Az) + Az^2O^3 = 2(C^5H^{10}Az^2O) + H^2O.$$

Cette formule représente de la pipéridine dont un atome d'hydrogène est remplacé par le nitrosyle AzO. Cette hypothèse se trouve confirmée par la possibilité d'effectuer la substitution inverse en régénérant la pipéridine, réaction qui se produit à l'aide de l'hydrogène naissant développé par le zinc et l'acide chlorhydrique. Il se forme de la pipéridine et de l'ammoniaque. Cette réaction s'accomplit suivant l'équation

$$\left.\begin{matrix}(C^5H^{10})'' \\ (AzO)'\end{matrix}\right\}Az + 6H = \left.\begin{matrix}(C^5H^{10})'' \\ H\end{matrix}\right\}Az + H^3Az + H^2O.$$

La régénération de la pipéridine au moyen de ce composé peut encore s'effectuer par l'action du gaz acide chlorhydrique; elle a lieu en vertu de l'équation suivante :

$$\underset{\text{Nitrosylpipéridine.}}{C^5H^{10}Az^2O} + 2(HCl) = \underset{\text{Chlorhydrate de pipéridine.}}{C^5H^{11}Az, HCl} + \underset{\text{Chlorure de nitrosyle}}{AzOCl.}$$

La production du chlorure de nitrosyle a été constatée par M. Wertheim, à l'aide de l'analyse.

La nitrosylpipéridine peut se combiner avec l'acide chlorhydrique, ce qui montre que les propriétés basiques de la pipéridine ne sont pas détruites. Cependant cette combinaison n'est pas stable; en présence de l'eau, elle se détruit, et il se forme de la nitrosopipéridine et de l'acide chlorhydrique.

La proportion d'acide chlorhydrique absorbée par la nitrosopipéridine correspond à la formule $C^5H^{10}Az^2O, HCl$; ce sel ne donne pas de chloroplatinate [Wertheim, *loc. cit.*].

ACTION DE L'ACIDE CYANIQUE SUR LA PIPÉRIDINE.

Cyanate de pipéridine ou *pipéryl-urée*,

$$C^6H^{12}Az^2O = CO\left\{\begin{matrix}Az(C^5H^{10}) \\ AzH^2.\end{matrix}\right.$$

— La pipéryl-urée se présente sous la forme de longues aiguilles blanches. On l'obtient en faisant bouillir une solution de sulfate de pipéridine et de cyanate de potassium, dans le rapport de leurs poids atomiques : il se forme du sulfate de potassium et l'urée pipéridique. On la sépare en évaporant à siccité et reprenant le mélange par l'alcool concentré qui dissout l'urée pipéridique et laisse le sulfate non dissous.

On obtient encore ce composé en faisant passer à travers la base pure ou dissoute dans l'alcool un courant de chlorure de cyanogène humide ou des vapeurs d'acide cyanique.

Si l'on remplace les vapeurs cyaniques par le cyanate de méthyle ou le cyanate d'éthyle, il se produit une réaction très-vive, la température s'élève notablement, et par le refroidissement le liquide se concrète entièrement. Ce produit dissout dans l'alcool bouillant, se sépare par l'évaporation en longues aiguilles très-brillantes, qui ressemblent beaucoup à l'urée pipéridique, et dont elles ne diffèrent que par CH^3 :

$$CO\left\{\begin{array}{l}Az\,C^5H^{10}\\ Az\,H^2;\end{array}\right. \qquad CO\left\{\begin{array}{l}Az\,C^5H^{10}\\ Az\left\{\begin{array}{l}CH^3\\ H.\end{array}\right.\end{array}\right.$$

Urée pipéridique. — Méthyl-pipéryl-urée.

ACTION DE L'IODURE DE MÉTHYLE.

Méthylpipéridine,

$$C^6H^{13}Az = Az\left\{\begin{array}{l}C^5H^{10}\\ CH^3.\end{array}\right.$$

Lorsqu'on verse de l'iodure de méthyle sur la pipéridine, il se produit une réaction violente; il faut, pour éviter les projections, ajouter l'iodure de méthyle goutte à goutte, et refroidir le tube où l'on opère. En employant volumes égaux des deux liquides, on obtient l'iodhydrate de méthylpipéridine sous la forme d'une masse cristallisée, d'un beau blanc, soluble dans l'eau; on en sépare l'alcaloïde au moyen de la potasse; il se produit ainsi un liquide huileux qu'on rectifie après l'avoir mis en digestion sur de la potasse caustique en fragments.

La méthylpipéridine est un liquide huileux, incolore, très-mobile, doué d'une odeur ammoniacale, aromatique, soluble dans l'eau et bouillant à la température de 118°. La densité de sa vapeur a été trouvée égale à 3,544 (théorie, 3,513).

Cette base forme avec les acides des sels cristallisés bien définis.

Chlorhydrate de méthylpipéridine,

$$C^6H^{13}Az, HCl.$$

— Ce sel cristallise en belles aiguilles incolores.

Chloroplatinate de méthylpipéridine,

$$(C^6H^{13}AzHCl)^2PtCl^4.$$

— La solution du sel précédent forme avec le tétrachlorure de platine une combinaison soluble dans l'eau et mieux encore dans l'alcool, qui, par l'évaporation spontanée de la solution alcoolique, se sépare tantôt sous forme d'aiguilles, tantôt sous forme de tables d'un bel orangé.

Iodhydrate de méthylpipéridine. — Sel cristallisé soluble dans l'eau.

La méthylpipéridine fixe encore 1 molécule d'iodure de méthylpipéridine en donnant l'iodure de *dipipéryle-ammonium*, combinaison peu stable, soluble dans l'alcool et qui se sépare par l'évaporation en magnifiques cristaux qui deviennent très-éclatants par la dessiccation. Soumis à la distillation, ces cristaux se volatilisent en partie et se décomposent partiellement en méthylpipéridine et iodure de méthyle; il en est de même quand on distille ces cristaux sur de l'hydrate de potasse en fragments.

ACTION DE L'IODURE D'ÉTHYLE.

Éthylpipéridine,

$$C^7H^{15}Az = Az\left\{\begin{array}{l}C^5H^{10}\\ C^2H^5.\end{array}\right.$$

— Mise en contact avec l'iodure d'éthyle, la pipéridine s'échauffe fortement, moins cependant qu'avec l'iodure de méthyle. Néanmoins il faut opérer avec précaution et refroidir le mélange. On chauffe ensuite ce dernier au bain-marie dans des tubes fermés; il se forme une masse de cristaux blancs d'iodhydrate d'éthylpipéridine qui, décomposés par la potasse, donnent de l'éthylpipéridine.

L'éthylpipéridine est un liquide incolore et très-mobile qui bout à la température de 128°. Densité de vapeur égale 3,986, théorie 3,959. Cette base se dissout dans l'eau, mais en moins forte proportion que la pipéridine : de la potasse en fragments, ajoutée à la solution, en sépare complétement la base. L'alcool et l'éther la dissolvent facilement.

Elle forme des sels cristallisables.

Chlorhydrate d'éthylpipéridine, $C^7H^{15}Az, HCl$. — Ce sel se présente sous la forme de belles aiguilles douées de beaucoup d'éclat.

Chloroplatinate d'éthylpipéridine,

$$(C^7H^{15}Az, HCl)^2PtCl^4.$$

— Lorsqu'on mêle une solution concentrée du sel précédent avec une solution concentrée de tétrachlorure de platine, il se forme un abondant précipité qui se dissout dans une plus grande quantité d'eau, surtout à chaud. Si on emploie pour le redissoudre un mélange à parties égales d'eau et d'alcool et qu'on abandonne la solution à l'évaporation spontanée, le sel cristallise en prismes volumineux de couleur orangée.

L'éthylpipéridine s'échauffe à peine au contact de l'iodure d'éthyle. En la chauffant en tubes scellés pendant plusieurs jours au bain-marie, avec un excès d'éther iodhydrique, on obtient une masse visqueuse qui surnage l'excès d'iodure d'éthyle. L'eau dissout facilement cette combinaison en toutes proportions; la solution placée dans le vide ne cristallise pas. En la traitant par un excès d'oxyde d'argent récemment précipité, il se forme de l'iodure d'argent et un liquide qui, évaporé dans le vide, donne des cristaux très-déliquescents doués d'une saveur amère et possédant une réaction alcaline très-énergique. Soumis à une forte chaleur, ils se décomposent en donnant un gaz inflammable et de l'éthylpipéridine.

L'éthylpipéridine forme des sels cristallisables.

Chlorure de diéthylpipéryle-ammonium. — S'obtient à l'aide des cristaux précédents, dissous dans l'acide chlorhydrique; il y a élévation de température. La liqueur évaporée dans le vide abandonne un sel très-déliquescent qui cristallise en écailles.

Chloroplatinate de diéthylpipéryle-ammonium, $[C^5H^{10}, (C^2H^5)^2AzCl]^2 + PtCl^4$. — Lorsqu'on traite une solution du chlorhydrate précédent par une solution concentrée de tétrachlorure de platine, il se produit un abondant précipité de chloroplatinate. Si l'on opère avec des liqueurs plus étendues et bouillantes, il se dépose par le refroidissement de petits cristaux orangés qui ressemblent beaucoup au chlorure double de platine et de potassium.

Iodure de diéthylpipéryle-ammonium. — C'est le sel qui se produit, comme on vient de l'indiquer plus haut, lorsqu'on chauffe l'iodure d'éthyle en contact avec l'éthylpipéridine. Il ne cristallise pas.

ACTION DE L'IODURE D'AMYLE.

Amylpipéridine, $C^5H^{10}(C^5H^{11})Az$. — L'iodure d'amyle s'échauffe à peine en présence de la pipéridine; mais si l'on porte le mélange à la température de l'eau bouillante dans des tubes fermés, il ne tarde pas à se concréter; au bout de quelques jours l'expérience est terminée. On reprend les cristaux par un peu d'eau, on distille sur des fragments de potasse caustique, et on obtient alors un liquide : c'est l'amylpipéridine. Séché sur de la potasse fondue, puis distillé, cet alcali se présente sous la forme d'un liquide incolore, moins soluble dans l'eau que la méthyl- et l'éthylpipéridine; cette base bout à 186°.

Sa densité de vapeur a été trouvée égale à 5,477. Théorie, 5,452.

L'amylpipéridine forme, avec la plupart des acides, des sels cristallisables.

Iodhydrate d'amylpipéridine,

$$C^5H^{10}(C^5H^{11})Az, HI.$$

— Ce sel forme de larges lames blanches éclatantes.

Chloroplatinate d'amylpipéridine,

$$[C^5H^{10}(C^5H^{11})Az, HCl]^2PtCl^4.$$

— S'obtient en versant une solution de tétrachlorure de platine dans une solution chaude de chlorhydrate d'amylpipéridine; il se sépare des gouttes huileuses de couleur orangé foncé. Celles-ci se concrètent au bout de quelques heures en présentant un aspect cristallin. Si on les dissout à une douce chaleur dans de l'alcool étendu et qu'on abandonne la solution à une évaporation lente, il se sépare des prismes souvent assez volumineux, très-durs et d'un bel orangé.

DÉRIVÉS DE LA PIPÉRIDINE ANALOGUES AUX AMIDES.

Les acides anhydres et les chlorures correspondants réagissent sur la pipéridine en produisant des composés semblables aux amides et aux acides amidés.

Pipéryle-benzamide, benzopipéride ou azoture de benzoyle et de pipéryle, $C^5H^{10}(C^7H^5O)Az$. — Lorsqu'on fait réagir le chlorure de benzoyle sur la pipéridine, il se développe beaucoup de chaleur, et l'on obtient un liquide huileux, pesant, qui, par un lavage avec de l'eau acidulée, peut être facilement débarrassé du chlorhydrate de pipéridine. L'huile pesante, abandonnée à elle-même, ne tarde pas à se concréter. Cette masse solide, reprise par l'alcool dans lequel elle se dissout facilement, se sépare, par l'évaporation du liquide, sous la forme de beaux prismes incolores.

Pipéryle-cuminamide ou azoture de cumyle et de pipéryle, $C^5H^{10}(C^{10}H^{11}O)Az$. — Le chlorure de cumyle se comporte à l'égard de la pipéridine de la même manière que le chlorure de benzoyle, et donne un produit cristallisé en belles tables.

ACTION DU SULFURE DE CARBONE.

Acide pipéryle-sulfocarbamique,

$$C^{10}H^{22}(CS^2)Az^2.$$

— Lorsqu'on ajoute du sulfure de carbone goutte à goutte à la pipéridine, il se produit une réaction très-vive qui se manifeste par une grande élévation de température. On n'observe aucun dégagement de gaz dans cette réaction; il ne se forme pas la moindre trace d'acide sulfhydrique. Il est nécessaire pour éviter les projections d'opérer le mélange avec précaution; le sulfure de carbone doit être employé en excès.

On reprend par l'alcool chaud la masse solide formée, puis on abandonne la solution à l'évaporation spontanée. La solution laisse déposer par l'évaporation, tantôt de fines aiguilles, tantôt des cristaux volumineux dont la forme appartient au type clinorhombique. Senarmont en a donné la description suivante : combinaison ordinaire, $p, m, b^{1/2}, b^{1/6}, a^{1/2}, g^1$. Inclinaison des faces, $mm = 110°4'$; $pm = 96°52'$; $bm^{1/2} = 141°6'$; $mb^{1/6} = 166°23'$; $pa^{1/2} = 140°30'$ [de Senarmont, *Ann. de Chim. et de Phys.*, (3), t. XXXVIII, p. 89]. D'après l'analyse de ce corps, M. Cahours le considère comme résultant de l'union pure et simple d'une molécule de sulfure de carbone avec deux molécules de pipéridine. Gerhardt pense qu'il représente le sel de pipéridine de l'acide pipéryle-sulfocarbamique,

$$(CS)''\left\{\begin{matrix}S(AzC^5H^{11})\\(AzC^5H^{11})\end{matrix}\right.$$

[Cahours, *Ann. de Chim. et de Phys.*, 3e sér., t. XXXVIII, p. 76]. É. C.

PIPÉRINE, $C^{17}H^{19}AzO^3$. — La *pipérine*, désignée aussi sous le nom de *pipérin*, est un alcaloïde faible découvert en 1819 par Oersted dans les différentes variétés de poivre, *Piper longum*, *P. nigrum*, *P. caudatum*. Les poivres appartiennent au genre *Piper* de la famille des *Pipéracées*. D'après M. Landerer, la pipérine existerait aussi dans le *Schinus mollis*, arbre appartenant à la famille des *Térébinthacées* [Oersted (1819), *Journ. für Chem. u. Phys.*, v. *Schweigger*, t. XXIX, p. 80; — Pelletier, *Ann. de Chim. et de Phys.*, t. XVI, p. 344; — Liebig, *Ann. der Chem. u. Pharm.*, t. VI, p. 35; — Régnault, *Ann de Chim. et de Phys.*, t. LXVIII, p. 158; — Gerhardt, *Revue scient.*, t. X, p. 201; — Laurent, *Ann. de Chim. et de Phys.*, t. XIX, p. 363, 3e série; — Anderson, *Compt. rend.*, t. XXXI, p. 136, et t. XXXIV, p. 564; — Wittstein, *Vierteljahrsschr.*, t. XI, p. 72, *Répert. de Chim. appliquée*, t. IV, p. 288, 1862].

M. Cuzent a fait connaître, sous le nom de *kawaïne*, un principe analogue à la pipérine, retiré de la racine du *Piper Methysticum* et auquel M. Gobley a donné le nom de *méthysticine*. — Voyez ce mot, t. II, p. 420.

Préparation. — La pipérine s'obtient en faisant digérer à plusieurs reprises avec de l'alcool à 80° centésimaux du poivre pulvérisé grossièrement et déjà épuisé par l'eau froide. Les liqueurs alcooliques sont réunies et soumises à la distillation. Il reste un résidu qu'on lave à l'eau froide et qu'on reprend par de l'alcool après addition d'un seizième en poids de chaux hydratée, correspondant à la quantité de poivre employé. La liqueur filtrée et convenablement concentrée laisse déposer la pipérine. Pour la purifier, on la lave à l'éther et on la fait cristalliser dans l'alcool auquel on a ajouté du charbon animal lavé pour achever la décoloration.

La pipérine cristallise en prismes à quatre pans incolores et transparents, appartenant au système monoclinique. [Combinaisons observées, p, m, avec quelquefois g^1. Inclinaison des faces, mm, dans le plan de la diagonale droite et de l'axe principal $= 84°42'$ $pm = 75°31'$.] Cette base est presque sans saveur, cependant sa solution alcoolique possède une saveur piquante et poivrée. Son point de fusion est situé vers 100°. Elle est insoluble dans l'eau froide, peu soluble dans l'eau bouillante et dans l'éther; son véritable dissolvant est l'alcool, surtout bouillant. La solution alcoolique est neutre et optiquement inactive; la pipérine se dissout aussi très-bien dans l'acide acétique. La pipérine forme avec les acides énergiques des combinaisons facilement décomposables par l'eau. L'acide chlorhydrique donne pourtant un composé relativement stable. L'acide sulfurique concentré la colore en rouge de sang.

D'après Anderson, l'acide azotique attaque la pipérine avec énergie en la transformant en un corps brun qui, traité par la potasse, donne de la pipéridine. Soumise à la distillation avec de la chaux sodée, la pipérine donne de la *pipéridine*. — Voyez ce mot.

La potasse alcoolique la dédouble en pipéridine et en un acide complexe qui a été désigné sous le nom d'*acide pipérique* (de Babo, Keller et Strecker). — Voyez ce mot, p. 1031.

$$\underset{\text{Pipérine.}}{C^{17}H^{19}AzO^3} + KHO = \underset{\text{Pipéridine.}}{C^5H^{11}Az} + \underset{\text{Pipérate de potassium.}}{C^{12}H^9KO^4}.$$

D'après MM. Rochleder et Wertheim, la pipérine serait une combinaison de picoline avec un acide azoté particulier qui pourrait reproduire la pipérine en se combinant avec la picoline.

Sels de pipérine.

Le *chlorhydrate de pipérine* est un sel soluble dans l'alcool, mais qui se décompose au contact de l'eau; on l'obtient en mettant en présence de la pipérine avec de l'acide chlorhydrique gazeux.

Le *chloroplatinate de pipérine* est un sel obtenu par MM. Rochleder et Wertheim, il se présente en gros cristaux solubles dans l'alcool bouillant, peu solubles dans l'eau, qui les décompose en partie. On l'obtient en mélangeant des solutions alcooliques concentrées de tétrachlorure de platine et de pipérine acidulée par l'acide chlorhydrique [*Ann. der Chem. u. Pharm.*, t. LXX, p. 58; *Journ. de Pharm. et de Chim.*, 3e série, 1850, t. XVII, p. 65].

Le *chloromercurate de pipérine* se présente sous la forme de gros cristaux jaunâtres; on l'obtient en mélangeant des solutions alcooliques de pipérine et de bichlorure de mercure dans les proportions de 1 p. d'alcali pour 2 p. de sel mercuriel.

Triiodure de pipérine, $C^{34}H^{38}Az^2O^6HI^3$. — Ce sel s'obtient très-facilement en ajoutant une solution aqueuse iodure ioduré de potassium, en proportion déterminée, à une solution alcoolique chaude de pipérine additionnée d'acide chlorhydrique et laissant refroidir. Il se dépose en beaux prismes d'un bleu d'acier [Jœrgensen, *Deutsch. Chem. Gesells.*, 1869, p. 460; *Bull. de la Soc. chim.*, t. XIII, p. 180]. E. C.

PIPÉRIQUE (ACIDE), $C^{12}H^{10}O^4$ [Von Babo et Keller, *Dissertation*, Freyberg, 1856, p. 10; — Strecker, *Ann. der Chem. u. Pharm.*, t. CV, p. 317, t. CXVIII, p. 280, et *Rép. de Chim. pure*, 1861, p. 454; — G. Foster, *Chem. Soc. quart. Journ.*, t. XV, p. 17, et *Rép. de Chim. pure*, 1862, p. 309; — Fittig et Mielch, *Ann. der Chem. u. Pharm.*, t. CLII, p. 25, et *Bull. de la Soc. chim.*, 1869, t. XII, p. 389].

Cet acide a été découvert par MM. de Babo et Keller qui l'ont obtenu par l'ébullition de la pipérine avec la potasse. La pipérine, en s'assimilant les éléments de 1 molécule d'eau, se dédouble en acide pipérique et pipéridine :

$$\underset{\text{Pipérine.}}{C^{17}H^{19}AzO^3} + H^2O = \underset{\text{Acide pipérique.}}{C^{12}H^{10}O^4} + \underset{\text{Pipéridine.}}{C^5H^{11}Az.}$$

Pour opérer ce dédoublement, on fait bouillir pendant quelques heures une partie de pipérine avec 3 p. de potasse et 16 à 20 p. d'alcool absolu dans un ballon en communication avec un réfrigérant de Liebig, jusqu'à ce que le produit ne précipite plus par l'eau. On sépare de la liqueur le pipérate de potassium cristallisé qui s'en dépose par le refroidissement, et on le purifie par plusieurs cristallisations dans de petites quantités d'eau bouillante en présence du noir animal; on le dissout alors dans l'eau et on le décompose par l'acide chlorhydrique étendu; il se sépare de l'acide pipérique qu'on recueille, qu'on lave et qu'on purifie par des cristallisations répétées dans l'alcool.

Suivant Foster, on obtient facilement le dédoublement de la pipérine en dissolvant dans l'alcool concentré et bouillant un mélange de parties égales de pipérine et de potasse solide, et chauffant le tout en vase clos à 100°, pendant cinq ou six heures.

L'acide pipérique forme des aiguilles très-fines, jaunâtres; à l'état humide, il se présente sous l'aspect d'une gelée d'un jaune de soufre, qui se contracte par la dessiccation. Il fond à 150° et se sublime vers 200°, en partie inaltéré et répandant une odeur de coumarine (de Babo et Keller). Suivant Fittig et Mielch, son point de fusion est situé à 212-213°.

Presque insoluble dans l'eau, l'acide pipérique se dissout facilement dans l'alcool bouillant, mais il exige à froid 270 p. d'alcool absolu; il est très-peu soluble dans l'éther, à peine dans le sulfure de carbone, un peu plus dans la benzine.

L'hydrogène naissant le convertit en acide hydropipérique $C^{12}H^{12}O^4$ (voyez t. II, p. 77). Avec l'acide iodhydrique, à 100°, il donne de l'acide carbonique et une substance brune, incristallisable (Foster). Fondu avec la potasse, il donne de l'acide protocatéchique, de l'acide oxalique, de l'acide acétique et de l'acide carbonique (Strecker). Chauffé avec de l'eau à 235-245° ou avec de l'acide chlorhydrique concentré à 100°, il donne de l'acide carbonique et des corps résineux. Chauffé avec de la chaux, il se décompose presque entièrement en eau, charbon et acide carbonique et il distille une très-petite quantité d'une huile ressemblant au phénol (Fittig et Mielch).

L'acide sulfurique le colore en rouge de sang, puis le charbonne. En contact avec du perchlorure de phosphore, il prend une couleur de vermillon; après quelques jours de contact, la masse tombe en déliquescence, et il se forme des cristaux rouges, en même temps que de l'oxychlorure de phosphore (de Babo et Keller).

L'action du brome a été étudiée par Fittig et Mielch. Lorsqu'on agite 1 molécule d'acide pipérique délayé dans un peu d'eau avec 4 molécules de brome dissous dans l'éther, puis avec un peu de carbonate de sodium pour enlever l'acide bromhydrique, l'éther se sépare par le repos de la couche aqueuse et celle-ci se remplit de lamelles nacrées incolores. On purifie ce corps par des lavages à l'éther et à l'eau, puis par une cristallisation dans l'alcool faible. Il renferme

$$C^9H^9Br^3O^6.$$

Il se colore à 80°, fond à 127° et se décompose à 128° en laissant une masse goudronneuse. L'éther de l'opération précédente renferme un autre corps cristallisable en prismes incolores, gros et courts, fusibles à 135-136°,5 et constituant soit l'acide bibromopipérique, $C^{12}H^8Br^2O^4$, soit le bromure d'acide pipérique $C^{12}H^{10}Br^2O^4$. Ce composé chauffé doucement avec de la potasse concentrée fournit de l'aldéhyde pipéronylique ou pipéronal, $C^8H^6O^3$.

Lorsqu'on fait agir le brome sur l'acide pipérique en ajoutant peu à peu 2 molécules de brome à une molécule d'acide, et qu'on fait cristalliser dans l'alcool le produit de la réaction, il se dépose beaucoup d'acide pipérique non attaqué, et il reste dans les eaux mères alcooliques un composé résineux qui, distillé avec du carbonate de sodium, fournit du pipéronal bromé $C^8H^5BrO^3$. D'après les auteurs, le pipéronal bromé n'existe pas tout formé dans le corps résineux qui le fournit par la distillation avec le carbonate de sodium, mais il provient du dédoublement du corps $C^9H^9Br^3O^6$, qu'on obtient cristallisé, comme nous l'avons dit plus haut, en traitant l'acide pipérique délayé dans l'eau par le brome dissous dans l'éther.

Pipérates (de Babo et Keller). — L'acide pipérique est monobasique.

Le *sel d'ammonium*, $C^{12}H^9O^4(AzH^4)$, est en lamelles brillantes, ressemblant à la cholestérine. Il se décompose entre 180° et 200°.

Le *sel d'argent*, $C^{12}H^9O^4, Ag$, est une poudre

incolore, à peine cristalline, insoluble dans l'eau et dans l'alcool.

Le *sel de baryum*, $(C^{12}H^9O^4)^2Ba$, est en aiguilles microscopiques, se dissolvant avec décomposition partielle dans environ 5000 p. d'eau froide. Il est plus soluble dans l'eau chaude. Il est entièrement décomposé, lorsqu'on dirige un courant d'acide carbonique dans la solution aqueuse.

Le *sel de calcium* ressemble au sel de baryum; il est un peu plus soluble.

Le *sel de magnésium* est en aiguilles.

Les *sels de cadmium, de cobalt, de nickel, de cuivre, mercureux, mercurique, ferreux, de strontium, de zinc,* sont des précipités amorphes.

Le *sel de manganèse* forme de petites lames jaunes.

Le *sel de potassium*, $C^{12}H^9O^4,K$, forme des lames d'un blanc-jaune, appartenant au système orthorhombique. Il se dissout facilement dans l'eau bouillante, difficilement dans l'eau froide et dans l'alcool; il est presque insoluble dans l'éther.

Le *sel de sodium* est une poudre cristalline.

Constitution de l'acide pipérique. — L'acide pipérique, fournissant par oxydation de l'acide pipéronylique (méthylène-protocatéchique) et par fusion avec la potasse de l'acide protocatéchique et de l'acide oxalique, semble devoir être représenté par la formule

$$C^6H^3 \begin{cases} C^4H^4\text{-}CO^2H \\ O \\ O \end{cases} \!\!> CH^2.$$

E. G.

PIPÉRONAL. — Voyez p. 1033.

PIPÉRONYLIQUE (ACIDE) (acide méthylène-protocatéchique),

$$C^8H^6O^4 = C^6H^3 \begin{cases} CO^2H \\ O \\ O \end{cases} \!\!> CH^2.$$

— Cet acide n'est autre que l'éther méthylénique de l'acide protocatéchique. Obtenu d'abord par Fittig et Mielch dans l'oxydation de l'acide pipérique (qui fournit surtout le pipéronal ou aldéhyde pipéronylique qu'on oxyde ultérieurement), il se forme aussi par l'action de l'iodure de méthylène sur l'acide protocatéchique, en présence de la potasse, réaction qui indique sa constitution, ainsi que l'ont établi Fittig et Remsen [Fittig et Mielch, *Zeitsch. für Chem.*, nouv. sér., t. V, p. 326, et *Bull. de la Soc. chim.*, 1869, t. XII, p. 389; — Fittig et Remsen, *Ann. der Chem. u. Pharm.*, t. CLIX, p. 129, et *Bull. de la Soc. chim.*, t. XIII, p. 455, et t. XVI, p. 331].

L'acide pipéronylique se forme en petite quantité dans la préparation du pipéronal, mais on l'obtient facilement à l'aide de celui-ci, en ajoutant à sa solution aqueuse chaude du permanganate de potassium, jusqu'à ce que l'odeur du pipéronal ait disparu. On filtre la liqueur, on la concentre et on la précipite par l'acide chlorhydrique; on purifie l'acide par cristallisation ou par sublimation.

On obtient synthétiquement l'acide pipéronylique en chauffant dans un tube scellé d'abord au bain-marie, puis à 140° pendant quelques heures, 1 molécule d'acide protocatéchique, 3 molécules de potasse et 1 molécule d'iodure de méthylène. Le produit de la réaction est repris par l'alcool bouillant, et soumis à l'ébullition avec la potasse pour décomposer l'éther méthylénique qui aurait pu se former; la solution est étendue d'eau et additionnée d'acide chlorhydrique. Il se précipite un corps brun amorphe, qu'on sépare par filtration, et on distille la solution alcoolico-aqueuse, de manière à chasser la majeure partie de l'alcool. On obtient ainsi des cristaux bruns d'acide pipéronylique qu'on purifie par plusieurs cristallisations en présence du noir animal et enfin par sublimation.

L'acide pipéronylique est presque insoluble dans l'eau froide, peu soluble dans l'eau bouillante, dans l'alcool froid ou dans l'éther, assez soluble dans l'alcool bouillant d'où il cristallise en longues aiguilles. Chauffé, il se sublime en cristaux volumineux durs, incolores et miroitants, paraissant être des prismes monocliniques.

Il fond à 227°,5-228°,5. Chauffé à 100° avec de l'acide chlorhydrique étendu, il donne de l'acide protocatéchique et du charbon; à 200°, on obtient de la pyrocatéchine et de l'acide carbonique, produits de décomposition de l'acide protocatéchique.

L'amalgame de sodium le convertit en un acide aromatique, soluble dans l'eau bouillante et dans l'éther.

Le *sel d'argent*, $C^8H^5O^4,Ag$, forme un précipité grenu, cristallisant dans l'eau bouillante en grandes lames incolores.

Le *sel de baryum*, $(C^8H^5O^4)^2Ba + H^2O$, se dépose de sa solution aqueuse bouillante en prismes durs et brillants.

Le *sel de calcium*, $(C^8H^5O^4)^2Ca + 3H^2O$, forme des aiguilles soyeuses ou des lamelles peu solubles dans l'eau froide.

Le *sel de potassium*, $C^8H^5O^4,K$, cristallise dans l'alcool en petits prismes durs, solubles dans l'eau, peu solubles dans l'alcool froid.

Le *sel de zinc* forme des cristaux lancéolés peu solubles dans l'alcool froid.

E. G.

PIPÉRONYLIQUE (ALCOOL),

$$C^8H^8O^3 = C^6H^3 \begin{cases} CH^2.OH \\ O \\ O \end{cases} \!\!> CH^2.$$

— Il provient de l'hydrogénation du pipéronal ou aldéhyde méthylène-protocatéchique (Fittig et Remsen) (voyez les sources à l'article ACIDE PIPÉRONYLIQUE). Lorsqu'on chauffe le pipéronal pendant quelque temps avec de l'eau et de l'amalgame de sodium, on obtient, outre l'alcool pipéronylique, l'hydropipéroïne et l'isohydropipéroïne, $C^{16}H^{14}O^6$, qu'on isole en mettant à profit leurs différences de solubilité dans l'eau et dans l'alcool. Le pipéronal se comporte, dans cette réaction, comme l'aldéhyde benzoïque.

L'alcool pipéronylique, tout à la fois alcool monatomique et éther méthylénique d'un diphénol, forme des cristaux incolores, fusibles à 51°, peu solubles dans l'eau d'où il se sépare à l'état liquide, solubles en toutes proportions dans l'alcool. Chauffé avec du chlorure d'acétyle, il donne un éther volatil. L'acide azotique d'une densité de 1,33 le convertit en nitropipéronal, $C^8H^5(AzO^2)O^3$.

HYDROPIPÉROÏNE, $C^{16}H^{14}O^6$. — Ce corps, constitué comme l'hydrobenzoïne, est presque insoluble dans l'eau bouillante, et se sépare sous la forme d'une poudre grise amorphe dans l'attaque du pipéronal. Il est peu soluble dans l'alcool bouillant, d'où il se sépare en cristaux durs et incolores, fusibles à 202°. Traité par le chlorure d'acétyle, il se transforme lentement en chlorure d'hydropipéroïne, $C^{16}H^{12}O^4Cl^2$. Avec l'acide azotique, il donne du nitropipéronal.

ISOHYDROPIPÉROÏNE, $C^{16}H^{14}O^6$. — Elle cristallise en longues aiguilles ressemblant à l'amiante, fusibles à 138°, puis à 135° après une première fusion. Avec l'acide azotique, elle fournit du nitropipéronal comme son isomère; elle donne le même chlorure $C^{16}H^{12}O^4Cl^2$ avec le chlorure d'acétyle, mais la réaction est plus rapide, l'isohydropipéroïne se dissolvant facilement dans le chlorure d'acétyle.

CHLORURE D'HYDROPIPÉROÏNE, $C^{16}H^{12}O^{4}Cl^{2}$. — Ce composé est l'éther chlorhydrique de l'hydro- et de l'isohydropipéroïne. Il est en prismes durs et transparents, insolubles à l'ébullition dans l'eau et dans l'alcool, jaunissant à 150°, fondant à 190° et se décomposant peu au-dessus de cette température. La constitution de ce corps est exprimée par la formule

$$\begin{array}{l} CH(C^6H^3, O^2CH^2)Cl \\ CH(C^6H^3, O^2CH^2)Cl. \end{array}$$

E. G.

PIPÉRONYLIQUE (ALDÉHYDE) (*pipéronal, aldéhyde méthylène-protocatéchique*),

$$C^8H^6O^3 = C^6H^3 \left\{ \begin{array}{l} CO.H \\ O \\ O \end{array} \right\rangle CH^2$$

(voir les sources à ACIDE PIPÉRONYLIQUE). — Cette aldéhyde, donnant par oxydation de l'acide pipéronylique ou méthylène-protocatéchique, n'est autre que le dérivé méthylénique de l'aldéhyde protocatéchique. Elle a été obtenue par Fittig et Mielch dans l'action du permanganate de potassium sur l'acide pipérique. Lorsqu'on ajoute une solution de permanganate à une solution de pipérate de potassium, elle se décolore immédiatement. Il se développe une odeur agréable, et si l'on distille, l'aldéhyde pipéronylique ou pipéronal passe avec les vapeurs d'eau. Il se produit en même temps un peu d'acide pipéronylique qui reste dans la solution.

Le pipéronal cristallise dans l'eau en longs prismes incolores, transparents et brillants. Il se dissout dans 5 à 600 p. d'eau froide, il est plus soluble dans l'eau bouillante; il se dissout en toutes proportions dans l'alcool et dans l'éther. Il fond à 37° et bout à 263°. Il donne avec le bisulfite de sodium une combinaison cristalline peu soluble dans l'eau et dans l'alcool. En solution aqueuse chaude, par addition de permanganate de potassium, il fournit l'acide pipéronylique. L'hydrogène naissant le convertit en alcool pipéronylique, $C^8H^8O^3$, hydropipéroïne, $C^{16}H^{14}O^6$, et isohydropipéroïne. — Voyez ALCOOL PIPÉRONYLIQUE.

Chauffé à 200° avec de l'acide chlorhydrique étendu de 10 à 12 volumes d'eau, il donne du charbon et de l'aldéhyde protocatéchique,

$$C^6H^3 \left\{ \begin{array}{l} CO.H \\ OH \\ OH. \end{array} \right.$$

CHLORURE DE PIPÉRONAL,

$$C^8H^6O^2Cl^2 = C^6H^3 \left\{ \begin{array}{l} CCl^2.H \\ O \\ O \end{array} \right\rangle CH^2.$$

— Il se produit par l'action à froid du perchlorure de phosphore; il est liquide et bout de 230° à 240° en se décomposant. L'eau le détruit en régénérant le pipéronal.

CHLORURE DE DICHLOROPIPÉRONAL,

$$C^8H^4O^2Cl^4 = C^6H^3 \left\{ \begin{array}{l} CCl^2H \\ O \\ O \end{array} \right\rangle CCl^2.$$

—Lorsqu'on chauffe le pipéronal avec un excès de perchlorure, on obtient ce composé sous la forme d'un liquide jaunâtre, bouillant vers 280° en se détruisant, et que l'eau convertit en dichloropipéronal, $C^8H^4O^3Cl^2$.

DICHLOROPIPÉRONAL,

$$C^8H^4O^3Cl^2 = C^6H^3 \left\{ \begin{array}{l} COH \\ O \\ O \end{array} \right\rangle CCl^2.$$

— Il est solide, insoluble dans l'eau froide, soluble dans l'alcool et dans le toluène. On l'obtient en aiguilles incolores et brillantes, en ajoutant peu à peu de l'eau à sa solution alcoolique; il fond à 90°.

Traité par l'eau à 100°, il donne de l'acide chlorhydrique, de l'acide carbonique et l'aldéhyde protocatéchique :

$$C^6H^3 \left\{ \begin{array}{l} COH \\ O \\ O \end{array} \right\rangle CCl^2 + 2H^2O = C^6H^3 \left\{ \begin{array}{l} COH \\ OH \\ OH \end{array} \right. + CO^2 + 2HCl.$$

PIPÉRONAL BROMÉ, $C^8H^5BrO^3$. — Il se produit par l'action du brome sur l'acide pipérique. On ajoute 2 molécules de brome à une molécule d'acide pipérique, et on fait cristalliser dans l'alcool le produit lavé à l'eau. Il se dépose beaucoup d'acide pipérique inaltéré, et les eaux mères retiennent un corps résineux, non acide, qui, distillé avec une solution de carbonate de sodium, fournit du pipéronal bromé, qui se dépose dans le récipient en aiguilles incolores.

Le pipéronal bromé est insoluble dans l'eau froide, un peu soluble dans l'eau bouillante et l'alcool froid, facilement soluble dans l'alcool bouillant d'où il cristallise en longues aiguilles brillantes et flexibles.

Il fond à 129° et se sublime déjà vers 70°. Avec l'amalgame de sodium, il donne du pipéronal et les produits de réduction de celui-ci.

Le pipéronal bromé n'existe pas tout formé dans le corps résineux qui le fournit par distillation avec le carbonate de sodium; il résulte de la décomposition d'un corps cristallisé,

$$C^9H^9Br^3O^6,$$

qu'on peut obtenir avec l'acide pipérique. — Voyez ACIDE PIPÉRIQUE, p. 1031.

NITROPIPÉRONAL,

$$C^8H^5(AzO^2)O^3 = C^6H^2(AzO^2) \left\{ \begin{array}{l} COH \\ O \\ O \end{array} \right\rangle CH^2.$$

— Il se forme lorsqu'on dissout à chaud l'hydropipéroïne ou l'isohydropipéroïne dans l'acide azotique concentré. Il prend également naissance, lorsqu'on fait agir l'acide azotique d'une densité de 1,39 sur le pipéronal ou l'alcool pipéronylique. Il cristallise dans l'eau en aiguilles incolores, jaunissant à la lumière, presque insolubles dans l'eau froide, solubles dans l'eau bouillante et dans l'alcool, fondant à 95°,5.

E. G.

PIPITZAHUIQUE (ACIDE), $C^{15}H^{20}O^3$. — Weld a donné ce nom à un acide qu'il a extrait d'une racine qui sert comme purgatif au Mexique et qui est connue sous le nom de *Raiz del pipitzhauac*; d'après M. Ramon de la Sagra, cette racine vient de la *Dumerilia humboldtia* (Synanthérées, Lessing); l'acide est désigné par lui sous le nom d'acide *riolozinique* [*Compt. rend.*, t. XLII, p. 873 et 1072].

On l'extrait de la racine par l'alcool bouillant, on évapore et l'on reprend le résidu par l'alcool ou par l'éther anhydre, qui laissent une matière résineuse insoluble. L'acide pur cristallise dans l'alcool en aiguilles aplaties, larges, réunies en faisceaux, d'un jaune d'or; dans l'éther en prismes clinorhombiques très-courts; les angles de la base sont de 84° et 96°, et l'inclinaison de la base et des faces du prisme 94°. Il se dissout aisément dans l'alcool et l'éther, mais il est presque insoluble dans l'eau; il fond vers 100° en un liquide rouge, qui cristallise de nouveau par le refroidissement; à une température plus élevée, il se sublime en lamelles dorées. Sa solution se colore par les alcalis ou carbonates alcalins en rouge pourpre foncé. Sa composition correspond à la formule $C^{15}H^{20}O^3$. Il forme des sels. Les sels *alcalins* sont solubles dans l'eau, l'alcool et l'éther et se séparent par l'évaporation de la solution alcoolique en flocons pourpres; celui de *baryum* forme une masse grenue, pourpre, peu soluble dans l'eau et dans l'alcool; l'acide carbonique le décompose, de même que les sels de sodium, de calcium et de plomb. Le *sel d'argent*, $C^{15}H^{19}O^3,Ag$, constitue un précipité pourpre foncé, insoluble dans l'eau, soluble dans l'alcool et dans l'éther. Le *sel de cuivre*, obtenu par double décomposition entre le sel de sodium et l'acétate de cuivre, forme une masse vert brunâtre foncé, insoluble dans l'eau, soluble dans l'alcool et dans l'éther; il fond beaucoup au-dessus de 100° et renferme $(C^{15}H^{19}O^3)^2Cu$. Le *sel de plomb* a donné des chiffres correspondant à la formule $C^{15}H^{18}O^3.Pb$ [M. C. Weld, *Ann. der Chem. u. Pharm.*, t. XCV, p. 188]. A. H.

PISANITE (Min.). — Sulfate de cuivre et de fer hydraté, $RSO^4 + 7H^2O.R = FeCu$. Concrétions ou masses stalactitiques, d'un bleu clair, devenant ocreuses à la surface, provenant de l'intérieur de la Turquie.

PISSOPHANE (Min.). — Sous-sulfate aluminoferrique hydraté, de composition variable, en masses amorphes ou stalactitiques, d'un vert plus ou moins brunâtre, transparentes, très-fragiles. Cassure conchoïdale. Trouvé à Garnsdorf, près Sahlfeld et à Reichenbach (Saxe).

Caractères. — En grande partie insoluble dans l'eau, soluble dans l'acide chlorhydrique.

Dureté, 1,5.

Densité, 1,93 à 1,98.

PISTAZITE (Min.). — Voyez ÉPIDOTE.

PISTOMÉSITE (Min.). — Carbonate double de magnésie et de fer, $MgCO^3 + FeCO^3$. Les caractères sont ceux de la mésitine. L'angle du rhomboèdre est de 107° 8'. Vient de Traverselle (Piémont), et de Thurnberg, près de Salzburg.

PITIXYLONIQUE (ACIDE), $C^{28}H^{40}O^8(?)$. — Wittstein a donné ce nom à une matière amère, se rapprochant des résines, qu'il a extraite du bois de pin; elle serait acide et donnerait un sel de plomb [*Pharm. Centralb.*, 1854, p. 12].

PITKARANDITE (Min.). — Variété altérée d'amphibole ou de pyroxène de Pitkaranda (Finlande). Prismes rhomboïdaux obliques, clivables parallèlement à h^1.

PITTACALLE. — C'est un des corps nombreux que Reichenbach a obtenus avec le goudron de bois; il se produit par l'action de la baryte sur l'huile de goudron. Il possède une couleur bleu foncé, est insoluble dans l'eau, l'alcool et l'éther, mais il se dissout dans les acides en donnant une solution rougeâtre, et en est reprécipité par les alcalis. Il peut être fixé sur des tissus mordancés à l'alumine.

PITTINITE. — Voyez ÉLIASITE.

PITTIZITE (Min.) [Syn. *Sidérétine* (Beudant), *Eisensinter* (Werner)]. — Mélanges d'arséniates et de sulfates ferriques hydratés. Certaines analyses se rapprochent de la formule

$$(AsO^4)^2\overset{\text{II}}{Fe^2} + (SO^4)Fe^2O^2 + 15H^2O.$$

Masses concrétionnées réniformes, d'un éclat vitreux quelquefois gras, d'une couleur jaune, plus ou moins brunâtre ou rougeâtre, translucide ou opaque, trouvées dans de vieilles mines, en Saxe et ailleurs.

Caractères. — Dans le tube bouché, donne de l'eau, et à une plus haute température de l'acide sulfureux. Avec la soude sur le charbon, donne des fumées arsénicales, et un sulfure qui noircit l'argent.

Dureté, 2 à 3. Poussière blanche ou jaune.

Densité, 2,2 à 2,5. F. et S.

PLAGIONITE (Min.). — Antimoniosulfure de plomb, $5PbS, 4Sb^2S^3$. Petits cristaux tabulaires ou masses compactes ou granulaires, d'un éclat métallique et d'une couleur gris de plomb foncé; en géodes à Wolfsberg (Saxe).

Caractères. — Soluble dans l'acide chlorhydrique à chaud avec dégagement d'hydrogène sulfuré. Fond aisément sur le charbon en donnant un enduit d'antimoine et de plomb.

Dureté, 2,5.

Densité, 5,4.

Forme cristalline. — Prisme clinorhombique $mm = 120°\ 49'$; $pm = 138°\ 52'$; $pb^{1/2} = 154°\ 20'$; faces p brillantes, m, $b^{1/2}$ striées. Clivages : m très-nets. F. et S.

PLANÉRITE (Min.). — Wavellite impure de Gumeschefsk (Oural) renfermant un peu de fer et de cuivre. En couches botryoïdes minces dans les cavités d'une roche quartzeuse. Vert bleuâtre ou vert-olive.

Dureté, 5.

Densité, 2,65.

PLASME (Min.). — Variété de jaspe d'un vert plus ou moins foncé, subtranslucide.

PLASMINE. — Denis a donné ce nom à une matière albuminoïde qu'il a extraite du sang et à laquelle serait due la coagulation spontanée de ce liquide. — Voyez à l'article FIBRINE, t. I, p. 1450, et l'article SANG.

PLATINE. — *Poids atomique*, 198.

Historique. — Le minerai de platine a été découvert en 1735 dans les provinces de Choco et de Barbacoas en Colombie. Mais les premières notions un peu exactes de ses propriétés nous ont été données par Antonio de Ulloa, savant espagnol, qui avait accompagné les académiciens français dans le voyage du Pérou, entrepris pour déterminer la figure de la terre; elles sont consignées dans la relation de son voyage publiée à Madrid en 1748. Charles Wood, métallurgiste anglais, aurait rapporté du platine de la Jamaïque dès 1741, mais les expériences qu'il a faites sur ce nouveau métal n'ont été publiées dans les *Transactions philosophiques* qu'en 1749 et 1750. Ces premières publications annonçaient des propriétés tout à fait extraordinaires, aussi le platine fut-il, à partir de cette époque, l'objet d'un grand nombre de travaux.

En 1752, le Suédois Scheffer publia dans les *Mémoires de l'Académie de Stockholm* la première suite exacte d'expériences sur ce métal, qu'il appela *or blanc*, pour indiquer sa ressemblance de propriétés chimiques avec l'or. Après lui Lewis, Marggraf, Macquer, etc., ont étudié le platine; mais c'est seulement à la fin du siècle dernier qu'on a commencé à le travailler pour en faire des miroirs de télescope, des creusets et des ustensiles de chimie et de physique. Le Français Chabanon, professeur de chimie en Espagne, paraît avoir réussi l'un des premiers à le préparer facilement. A Paris, Carrochez, et surtout l'orfèvre Jannetty, ont également fabriqué ce métal à l'aide de procédés particuliers. Toutefois le travail du platine ne devint facile qu'au commencement de ce siècle, après les recherches de Wollaston.

État naturel. — On le trouve en grains ou en pépites disséminées dans les terrains de transport anciens qui contiennent l'or et le diamant. C'est ainsi qu'on l'a rencontré d'abord dans les sables aurifères de la Colombie, puis au Brésil avec l'or et le diamant, à Haïti (Saint-Domingue), à Bornéo, dans la Birmanie, toujours dans les sables aurifères. En 1825, on en a découvert d'abord sur les pentes orientales des monts Ourals, puis sur le versant occidental, à Nischné-Tagilsk, qui est encore actuellement le grand centre d'exploitation du platine en Europe. C'est dans cette localité que l'on a trouvé les plus grosses pépites de platine connues. L'une d'elles, trouvée en 1831, pèse plus de 9 kilogrammes et demi.

On a trouvé depuis des sables platinifères dans le nord de l'Amérique, en Californie, au Canada, en Australie; mais le minerai de platine est toujours bien moins abondant que l'or. Le platine a été trouvé en place par M. Boussingault dans les filons aurifères de Santa-Rosa de Osos en Colombie. Ce sont des filons de quartz hyalin et de limonite traversant une roche de syénite ou de diorite; en Sibérie, MM. G. Rose et Leplay ont toujours trouvé le platine dans les vallées ouvertes au milieu des roches serpentineuses.

Il adhère souvent à des fragments de ces roches, et il est d'autant plus abondant qu'on se rapproche des points où elles sont encore en place. Il paraît donc probable que le platine s'est formé au milieu de ces serpentines et de ces diorites par suite de phénomènes éruptifs particuliers.

Le platine natif n'est pas un métal pur, il est associé à diverses substances pour la plupart isomorphes et forme ainsi plusieurs variétés qui sont :

1° Le platine ferrifère, dont la densité est 17 et qui contient parfois de 12 à 13 % de fer. Il devient alors magnétique. On le trouve à Nischné-Tagilsk dans les monts Ourals.

2° Le platine polyxène, qui est un véritable alliage contenant du palladium, de l'iridium, du rhodium, du ruthénium et même de l'osmium avec du fer et du cuivre. Ce platine est très-commun dans l'Oural et dans la Colombie.

3° Wollaston a découvert dans le minerai du Brésil du platine natif presque pur avec une trace d'or. Ce platine aurifère n'est point magnétique, sa densité peut s'élever jusqu'à 20.

4° On trouve aussi un alliage d'iridium et de platine, le plus souvent en grains arrondis très-pesants, d'une dureté considérable, et quelquefois en petits cristaux cubiques ou cubo-octaédriques. Une variété analysée par Swanberg lui assigne la composition suivante :

Iridium	76,85
Platine	19,64
Cuivre	1,78
Palladium	0,89
Total	99,16

5° Enfin le minerai de platine contient en outre diverses variétés d'osmiure d'iridium en petites tables hexagonales ou en grains arrondis, d'une grande dureté.

Ces diverses matières étant très-pesantes, il est assez facile de les séparer par le lavage des sables qui les contiennent; néanmoins elles restent toujours mélangées avec une certaine quantité de quartz, de zircon ou de fer chromé et, dans les minerais russes, de fer titané.

Préparation du platine. — Le minerai de platine est attaqué par l'eau régale, qui laisse sans altération l'osmiure d'iridium et les matières minérales, quartz, zircon, etc., que contenait la mine de platine. On fait digérer à chaud cette dernière avec de l'acide chlorhydrique auquel on ajoute de l'acide azotique peu à peu, au fur et à mesure que la dissolution s'opère. Quand on est arrivé au point où l'acide chlorhydrique est saturé, on évapore la liqueur de manière à l'amener à la consistance de sirop. Si l'on opère dans un appareil distillatoire, on pourra recueillir tout l'acide non utilisé, avec un peu d'acide osmique qui se forme toujours dans l'attaque du minerai. La dissolution de platine est étendue avec de l'eau, puis décantée. On peut alors cohober le liquide distillé, c'est-à-dire le remettre dans la cornue pour le distiller de nouveau sur le résidu, ce qui permettra de dissoudre une nouvelle quantité de platine si la première attaque n'avait pas épuisé le minerai. On utilise ainsi le mieux possible l'eau régale employée.

La dissolution du minerai est ordinairement d'un rouge foncé; elle dégage quelquefois une odeur de chlore, ce qui annonce qu'elle contient encore du chlorure palladique qu'il faut décomposer, en faisant bouillir la liqueur, en chlore qui se dégage et chlorure palladeux qui reste avec les autres chlorures. On précipite alors par le chlorhydrate d'ammoniaque qui donne un précipité plus ou moins rougeâtre, suivant que la liqueur contient plus ou moins d'iridium. Le chlorure palladeux et le chlorure de rhodium restent en dissolution avec une notable proportion de fer et un peu de cuivre. La précipitation du platine et de l'iridium n'est complète qu'à la condition de l'effectuer avec une solution concentrée de sel ammoniac; dans la pratique, il reste toujours une certaine quantité de ces métaux dans l'eau mère où s'est précipité le chloroplatinate plus ou moins mélangé d'iridium (1).

La présence de ce dernier métal dans le platine n'est pas nuisible, elle lui donne plus d'élasticité et de dureté, il n'est donc pas nécessaire de séparer les deux métaux dans une opération industrielle. On recueille le chloroplatinate d'ammonium, on le dessèche et on le chauffe doucement jusqu'au rouge naissant : il se dégage du sel ammoniac, de l'acide chorhydrique et de l'azote, et il reste du platine iridié sous la forme d'une masse spongieuse et peu cohérente, de couleur grise. C'est la mousse ou éponge de platine. Pour transformer cette mousse en métal, on la comprime à froid, au moyen d'une presse à vis, dans un anneau de fer, et l'on martèle à chaud le disque ainsi obtenu. Le platine possède en effet, comme le fer, la propriété de se ramollir bien avant de fondre, et de se souder alors à lui-même lorsqu'on le comprime. Il arrivait souvent autrefois que le platine ainsi préparé, en apparence irréprochable, se couvrait de bulles ou soufflures quand on le chauffait fortement dans une flamme. Ces soufflures sont dues à ce que la mousse présente des parties trop fortement agglomérées et d'apparence métallique qui ne se soudent pas bien avec les autres portions du métal; il en résulte des cavités imperceptibles, puisque leurs parois opposées sont accolées l'une contre l'autre; mais quand on place le métal dans une flamme contenant de l'hydrogène, ce gaz, pénétrant dans le platine, distend les parois de ces cavités, et la surface du métal se couvre alors de soufflures. Quelquefois même, si la cavité a de grandes dimensions et si l'épaisseur de sa paroi extérieure est très-mince, la distension peut être assez forte pour déterminer la déchirure du métal avec une véritable explosion. Aujourd'hui, avec des compressions puissantes qui amènent une soudure plus complète, on évite ces inconvénients.

Pour éviter les soufflures, Wollaston réduisait le chloroplatinate d'ammonium à la plus basse température possible et divisait la mousse de platine en poussière avec les mains, la délayait dans l'eau, et après l'avoir fait bouillir avec l'acide chlorhydrique, il la tamisait à travers un tamis très-fin. Les parties plus grossières étaient broyées et divisées dans un mortier de bois afin de ne pas brunir le métal. Toutes les parties qui avaient l'aspect métallique étaient soigneusement rejetées; les autres formaient avec l'eau une boue que l'on

(1) L'eau mère, mise en contact avec des morceaux de fer, laisse précipiter tous les autres métaux du platine avec un peu de platine et une proportion plus ou moins forte d'iridium. Ce résidu peut servir avec avantage à la préparation du rhodium; il en contient parfois 12 à 15 % de son poids.

comprimait dans un cylindre de laiton, de forme légèrement conique, qui s'emboîtait à sa partie inférieure dans un bouchon d'acier. L'eau se séparait d'abord du platine et l'on obtenait une masse cohérente que l'on soumettait ensuite à l'action d'une presse. Le platine ainsi comprimé, déjà très-dense, était chauffé au rouge blanc dans un creuset de terre pour en souder les diverses parties; on le forgeait ensuite en le réchauffant à diverses reprises comme on ferait pour un morceau de fer.

Ce procédé, qui donne à coup sûr un métal irréprochable, a été longtemps tenu secret par son auteur, qui fabriquait la majeure partie du platine employé par les chimistes. Wollaston ne l'a publié que quelques années avant sa mort.

D'après Jacquelain, on évite la formation de parcelles fondues ou trop agglomérées dans la mousse de platine, en précipitant ce métal par un mélange de 1 p. de chlorure de potassium et de 1 p. 1/2 de sel ammoniac; de cette manière chaque particule de platine se trouve, pendant la décomposition au rouge, entourée de chlorure de potassium, et l'agglomération se trouve ainsi évitée. Pour décomposer le sel jaune, on le projette successivement dans un creuset préalablement chauffé, on le lave ensuite à l'acide chlorhydrique, puis à l'eau, et on l'agglomère comme il a été dit plus haut.

Bréant a étendu le procédé de Wollaston à la limaille de platine, c'est-à-dire qu'il est parvenu à la souder, en la mélangeant toutefois à une petite quantité de mousse de platine et en comprimant d'abord fortement le mélange. On peut ainsi revivifier du vieux platine sans être obligé de le dissoudre, mais à la condition que la limaille soit parfaitement propre. On l'amène à cet état par l'ébullition avec l'acide chlorhydrique quand le métal n'a pas éprouvé d'altération particulière.

C'est encore par l'agglomération de la mousse et du métal bien décapé que les fabricants de platine préparent aujourd'hui ce métal.

Avant Wollaston, on fabriquait à Paris un platine qui contenait tous les métaux précieux de la mine, l'osmium excepté, par un procédé dû à l'orfèvre Jannetty. Il chauffait 3 p. de minerai de platine du Brésil, bien trié, avec 6 p. d'arsenic blanc (acide arsénieux) et 2 p. de potasse. Le fer et le cuivre s'oxydaient aux dépens de l'acide arsénieux et passaient dans la scorie, l'arsenic provenant de cette réduction et de la réaction de la potasse sur l'acide arsénieux (qui fournit de l'acide arsénique et de l'arsenic) se combinait au platine et autres métaux précieux et donnait un arséniure fusible qui se réunissait en culot au fond du creuset. On refondait une seconde fois ce culot sur de l'acide arsénieux et de la potasse, pour le dépouiller complétement de fer, on le moulait en gâteau mince et, par un grillage bien conduit, on éliminait l'arsenic: le platine pouvait alors se forger et être amené à l'état compacte (1).

(1) *Procédé du citoyen Jannetty pour obtenir le platine en barre et malléable* (publié en 1790 dans le rapport fait au bureau de consultation par Pelletier) : « Il faut piler le platine pour le débarrasser des parties ferrugineuses et hétérogènes qui lui sont mêlées; ce préliminaire rempli, je prends 3 marcs de platine, 6 marcs d'arsenic blanc en poudre et 2 marcs de potasse raffinée, je mêle le tout; je mets au feu un creuset du contenu de 40 marcs, et, quand mon fourneau et mon creuset sont bien chauds, je jette dans le creuset un tiers du mélange et je donne une bonne chaude, ensuite une seconde charge et ainsi de suite, en ayant soin à chaque charge de mêler le tout avec une baguette de platine, je donne alors un bon coup de feu, et, après m'être assuré que tout est bien liquide, je retire mon creuset et je le laisse refroidir. Après l'avoir cassé, je trouve un culot bien formé qui attire le barreau aimanté, je brise mon culot, je le fonds une seconde fois de la même manière, et si cette seconde fois ne l'a pas purifié du fer, je le fonds une troisième; mais, en général, deux fontes suffisent, et si je suis forcé d'en faire une troisième, je réunis deux culots pour épargner un creuset et du charbon.

« Cette première opération étant faite, je prends des creusets dont le fond est plat, d'une circonférence qui donne au culot trois pouces et un quart de diamètre, je fais bien rougir ces vaisseaux et je jette dans chaque 3 marcs de platine qui a été fondu par l'arsenic après l'avoir brisé, auquel je joins son poids égal d'arsenic et 1 marc environ de potasse raffinée; je donne alors un bon coup de feu, et, après m'être assuré que tout est bien liquide, je retire mon creuset du feu et je le mets à refroidir, observant de le placer horizontalement pour que mon culot soit d'égale grosseur. Après avoir cassé le creuset, je trouve un culot bien net et sonore, pesant communément 3 marcs et 3 onces. J'ai observé que plus il se combinait d'arsenic avec le platine, plus sa purification était prompte et facile; dans cet état, je mets mon culot dans un fourneau à moufle, laquelle ne doit pas être plus haute que la circonférence des culots placés sur le champ et un peu inclinés contre les parois de la moufle; j'en place de cette manière trois de chaque côté, je mets le feu à mon fourneau afin que la moufle soit également chauffée dans sa circonférence, et, à l'instant que les culots commencent à évaporer, je ferme les portes de mon fourneau pour soutenir le feu au même degré, ce qui doit être observé jusqu'à la fin de l'opération, car un seul coup de feu trop violent détruirait toutes les peines que l'on se serait données jusque-là. Je fais évaporer mes culots pendant six heures, ayant soin de les changer de place pour qu'ils reçoivent tous le même degré de chaleur, et je les mets dans de l'huile commune; je les tiens le même espace de temps à un feu suffisant pour dissiper l'huile en fumée, je continue cette opération tout le temps que le culot évapore, et, lorsque l'évaporation cesse, je pousse le feu autant qu'il m'est possible par le moyen de l'huile. Les vapeurs arsénicales ont un brillant métallique que je n'obtiens pas sans cet intermède, et je n'avais pu avoir le platine parfaitement malléable sans l'intermède de cet agent.

« Si les préliminaires que j'indique ont été bien suivis, l'opération ne dure que huit jours; alors je décape mes culots dans l'acide nitreux, je les fais bouillir dans l'eau distillée jusqu'à ce qu'ils ne contiennent plus d'acide; j'en mets alors plusieurs l'un sur l'autre, je leur applique le degré de chaleur le plus fort possible et je les frappe au mouton, ayant soin, à la première chaude, de les rougir dans un creuset pour qu'il ne s'introduise aucun corps étranger dans mes culots, qui ne sont que des masses spongieuses avant cette première compression; après je les chauffe à nu et j'en forme un carré que je frappe sur toutes les faces, plus ou moins longtemps, suivant qu'ils ont du volume. »

Si le platine était très-abondant et que ses usages fussent plus répandus qu'ils ne le sont aujourd'hui à cause de son prix fort élevé (1), on pourrait traiter le minerai par des procédés beaucoup plus rapides et certainement économiques que nous exposerons sommairement [H. Sainte-Claire Deville et Debray, *Métallurgie du platine*, et *Ann. de Chim. et de Phys.*, (3), t. LVI, et t. LXI].

1° *Procédé de fusion directe.* — On fond le minerai dans un four en chaux en ajoutant 2 à 5 % de chaux qui s'empare de l'oxyde de fer et l'empêche d'attaquer aussi fortement les parois du four. On coule ensuite le platine fondu dans une lingotière en chaux, en général une seule fusion ne suffit pas pour un affinage complet, on le fond de nouveau dans une atmosphère oxydante et on le coule après fusion.

Le four en chaux se compose de deux parties, la sole ou creuset et le couvercle. On obtient le creuset en pratiquant une cavité hémisphérique dans un morceau de chaux vive, le couvercle est aussi légèrement creusé en calotte sphérique surbaissée; il est en outre percé d'un trou suivant l'axe des deux calottes sphériques. C'est dans ce trou que l'on introduit un chalumeau à gaz séparés au moyen duquel on chauffe la cavité inté-

(1) Le platine vaut actuellement 900 francs le kilogramme; il valait 700 francs seulement il y a deux ans.

rieure du four; la flamme s'échappe par une ouverture rectangulaire, pratiquée en partie dans le couvercle et le creuset, qui permet de voir dans l'intérieur de celui-ci. On pratique aussi dans le couvercle une autre ouverture qui sert à introduire le mélange de minerai et de chaux par petites portions de 2 à 3 grammes dans le four; un morceau de chaux ferme cette ouverture quand on n'introduit pas de minerai.

Le gaz de l'éclairage suffit pour ces expériences; le fer est oxydé comme nous l'avons dit et forme avec la chaux impure une scorie fusible, le cuivre passe surtout dans la flamme à cause de sa volatilité relative, il en est de même de l'or et du palladium et il reste un alliage triple de platine, d'iridium et de rhodium, qui présente plus de raideur et plus de résistance à l'action du feu et des agents chimiques que le métal pur.

2° *Procédé par coupellation.* — On sépare d'abord le platine du fer et du cuivre par une opération de voie sèche. On chauffe le minerai dans un creuset de terre avec des quantités égales de galène et de plomb. Le fer et le cuivre passent à l'état de sulfures qui se mélangent à la galène, les métaux du platine entrent en dissolution dans le plomb que l'on coupelle. Il reste un alliage de platine et de plomb que l'on rôtit à la plus haute température possible dans des coupelles de cendres d'os ou de chaux, de manière à déterminer la production de la plus grande quantité possible de litharge. On fond ensuite dans le creuset de chaux la partie non oxydée; le plomb se volatilise en totalité.

3° *Traitement par voie mixte.* — On attaque le minerai par l'eau régale, on évapore les chlorures dissous, puis on les calcine; les métaux du platine sont réduits, les métaux oxydables, comme le fer, restent à l'état d'oxydes; on peut les séparer par un simple lavage des métaux plus denses que l'on fond directement dans le creuset de chaux. Dans cette méthode, on a le résidu ordinaire qui contient l'osmiure d'iridium et tout ce qui est insoluble dans l'eau régale.

Préparation du platine pur. — Si l'on voulait avoir du platine chimiquement pur, on pourrait partir du platine du commerce, que l'on dissoudrait dans l'eau régale, en précipitant la dissolution contenant un grand excès d'acide chlorhydrique par du chlorhydrate d'ammoniaque; l'iridium, s'il n'est pas très-abondant, reste en totalité dissous, d'après Sobolewsky. Le chloroplatinate est alors d'un beau jaune; il est rougeâtre quand il contient un peu d'iridium.

Berzelius opérait la séparation des deux métaux en chauffant lentement jusqu'à fusion, dans un creuset de platine, le chloroplatinate d'ammonium plus ou moins rouge, avec un poids double de carbonate de potassium. Il se forme du chlorure de potassium, du platine métallique et de l'oxyde d'iridium : on traite le mélange successivement par l'eau et l'acide chlorhydrique qui enlèvent tout le chlorure alcalin et l'eau régale étendue qui ne dissout que du platine. L'oxyde d'iridium qui reste retient une certaine quantité de platine qu'on ne peut attaquer que par l'eau régale concentrée en dissolvant un peu d'iridium. La dissolution dans l'eau régale faible permet donc de préparer le platine pur. Ce procédé s'applique également à la préparation du platine pur en partant du minerai lui-même.

Döbereiner employait un procédé fondé sur une curieuse propriété découverte par John Herschel. L'hydrate de chaux ne précipite pas l'oxyde de platine dans l'obscurité, ni à la lumière artificielle, tandis qu'il précipite les autres métaux du platine. Il suffit donc de traiter une solution de platine obtenue en dissolvant dans l'eau régale, le métal du commerce ou le minerai, par de la chaux hydratée pure que l'on ajoute peu à peu à la liqueur jusqu'à ce que la liqueur prenne une réaction faiblement alcaline. Le mélange, maintenu d'abord dans l'obscurité, laisse précipiter tous les métaux qui accompagnent le platine à l'état d'oxydes. Si on l'expose ensuite à la lumière directe du soleil, il se forme peu à peu du chlorure de calcium et de l'oxyde de platine; mais il est plus simple de traiter la liqueur qui ne doit plus contenir que du platine par l'acide chlorhydrique et le sel ammoniac. On n'a jamais bien examiné si dans cette méthode les séparations sont bien complètes; d'après Berzelius, il resterait un peu de palladium avec le platine dans la liqueur alcaline, il n'est pas démontré non plus que les oxydes précipités par la chaux ne retiennent pas du platine. Au point de vue de la purification du platine, cela n'aurait d'ailleurs qu'un intérêt secondaire.

Les méthodes de séparation décrites un peu plus loin peuvent servir aussi à la préparation du platine pur.

Propriétés physiques. — Le platine du commerce est un métal ductile et malléable, d'un gris blanc intermédiaire entre la couleur de l'argent et celle de l'étain. Le métal pur diffère peu de l'argent par sa couleur et il est aussi mou que lui. Il est très-tenace et peut être étiré en fils très-fins. On sait que Wollaston, en étirant des fils de platine placés dans l'axe d'un gros cylindre d'argent, parvint à obtenir des fils de platine de moins de 1/1200 de millimètre de diamètre, invisibles à l'œil nu et capables néanmoins de supporter un poids sensible (1). Le même chimiste a trouvé que des fils de platine et de fer tirés dans le même trou de filière exigeaient pour se rompre des poids proportionnels à 5,9 et 6. La ténacité du platine est donc à peu près la même que celle du fer; elle augmente encore beaucoup quand le platine contient une proportion notable d'iridium.

Le platine est avec l'iridium le plus lourd des métaux connus. Fondu, il pèse 21,15 environ; sa densité s'élève jusqu'à 21,7 par le martelage. On ne peut le fondre dans les fourneaux ordinaires, on peut seulement l'y ramollir et l'y souder. On le fond facilement à l'aide du chalumeau à oxygène dans des creusets de chaux; il s'y volatilise même d'une manière sensible. Le platine fondu présente comme l'argent le phénomène du rochage. Pour réussir dans cette expérience, il faut opérer sur une masse de platine un peu forte, de 500 à 600 grammes au moins, et découvrir brusquement le bain de métal pour qu'il refroidisse brusquement. Un refroidissement lent évite le rochage.

Propriétés chimiques. — Le platine ne s'oxyde ni dans l'air ni dans l'oxygène, quelle que soit la température. Les métalloïdes qui l'attaquent facilement sont le phosphore, l'arsenic et le silicium; le soufre, le chlore et le charbon n'agissent sur lui, et encore assez difficilement, que dans des circonstances particulières; les autres métalloïdes ne se combinent pas directement avec le platine.

Le phosphore chauffé légèrement dans un vase de platine le perce instantanément parce qu'il donne un phosphure très-fusible. Une petite quantité de phosphore rend le platine aigre et cassant. On détériore très-souvent des creusets de platine en y chauffant des phosphates en présence du charbon, quand on calcine par exemple des filtres contenant un peu de ces sels. En chauffant, à l'abri du contact de l'air, du platine en poudre dans de la vapeur de phosphore, on obtient une matière

(1) On enlevait la couche extérieure d'argent par de l'acide azotique, qui n'attaque point le platine.

d'un blanc argentin dur, à cassure cristalline, plus fusible que l'argent et pouvant cristalliser en cubes d'après E. Davy. Pelletier, à l'époque où il examinait le procédé de Jannetty, était parvenu à retirer du platine malléable de ce phosphure de platine en éliminant le phosphore par l'action de la chaleur.

Il n'est point nécessaire de chauffer le platine au contact du silicium pour obtenir du siliciure de platine. Ce métal, au contact d'un silicate et d'une matière réductrice comme le charbon et l'hydrogène, réduit la silice et donne un siliciure cassant et plus fusible que le métal.

Au commencement de ce siècle, Collet-Descotils avait fondu un mélange de platine et de charbon dans un creuset de Hesse, à un bon feu de forge; il croyait avoir ainsi obtenu un carbure de platine que Berzelius avait vainement tenté d'affiner par des procédés analogues à ceux qui servent à décarburer la fonte et à la transformer en fer. M. Boussingault, plus tard, fit voir que c'était un siliciure de platine.

Le platine en morceaux n'est pas attaqué par le soufre; mais lorsqu'on chauffe du platine divisé dans de la vapeur de soufre, la combinaison a lieu avec dégagement de chaleur.

Quoique le platine ne se combine pas directement au carbone, cependant les creusets de ce métal qui sont chauffés dans la partie réductrice des flammes se tapissent d'une suie qui contient un peu de platine; en faisant brûler cette suie, le métal se recouvre d'une pellicule grise dans toute l'étendue recouverte de charbon. Cette poudre est du platine qu'on enlève facilement en frottant le creuset. Le platine s'altère donc au contact des flammes, mais cette altération ne s'explique pas nécessairement par la tendance que le carbone aurait à se combiner au platine.

L'eau et la plupart des acides sont sans action sur le platine. Si l'eau est décomposée par ce métal à une haute température, c'est par un effet de dissociation auquel la nature du métal est étrangère (voir DISSOCIATION). L'acide azotique ne dissout le platine que s'il est allié à une forte proportion d'argent; la dissolution du platine n'est même complète que si l'alliage contient en même temps de l'or dans la proportion de 10 p. d'or pour 1 de platine (Vauquelin). Le véritable dissolvant du platine est l'eau régale.

Le platine est attaqué fortement à chaud par la lithine, moins fortement par la potasse et presque pas par la soude, qui peut être fondue sans danger dans le platine. Un mélange de nitre et de potasse le corrode assez facilement; le bisulfate de potassium fondu le ternit superficiellement.

Effets catalytiques du platine. — Humphry Davy découvrit en 1821 la propriété que possède un fil de platine rougi de se maintenir incandescent dans un mélange de vapeur d'alcool et d'air. En 1823, Ed. Davy montrait que le platine très-divisé obtenu par la réduction du sulfate platinique par l'alcool devenait incandescent lorsqu'on l'humectait d'alcool. Ce dernier corps se trouvait alors transformé, en partie du moins, en acide acétique. Döbereiner, en 1827, faisait rougir l'éponge de platine en insufflant sur elle un courant d'hydrogène. Ces faits, qui se sont multipliés depuis, avaient conduit Berzelius à admettre l'existence d'une force catalytique à laquelle étaient dus ces effets, et d'autres encore, tels que les fermentations. D'autres substances que le platine possèdent la propriété de produire des effets semblables, l'iridium et l'osmium au même degré que le platine, l'or, l'argent et le charbon à un degré beaucoup moindre. On n'admet plus aujourd'hui qu'il y ait la moindre analogie entre la fermentation et l'inflammation d'un mélange détonant sous l'influence de la mousse de platine (voir CATALYSE, t. I, p. 777). La plupart des effets de ce métal s'expliquent facilement par la propriété qu'il a de condenser les gaz et les vapeurs et en particulier l'hydrogène avec un dégagement souvent considérable de chaleur. Cette condensation varie d'intensité avec l'état du platine; elle est d'autant plus intense que le platine est plus divisé; elle est donc plus considérable pour la mousse de platine que pour le platine en lames; mais c'est surtout le *noir de platine* qui possède le pouvoir condensant le plus considérable.

Liebig l'obtient en dissolvant à chaud du chlorure platineux dans une lessive concentrée de potasse et en versant peu à peu de l'alcool dans la liqueur chaude contenue dans un grand vase. Lorsqu'on remue le mélange, il se produit une vive effervescence due à un dégagement très-abondant d'acide carbonique. Le platine se dépose sous la forme d'une poudre noire très-tenue, que l'on décante et que l'on fait bouillir successivement avec de l'alcool, de l'acide chlorhydrique, de la potasse et finalement avec beaucoup d'eau pour bien la débarrasser de tout corps étranger. Séché, le noir de platine ressemble à du noir de fumée et tache les doigts comme cette substance; on peut le chauffer jusqu'au rouge sombre sans lui faire perdre sa propriété absorbante, il ne la perd qu'au rouge vif en prenant l'aspect métallique.

Le noir de platine peut absorber 250 fois son volume d'oxygène. Si, avec Döbereiner, on admet que le volume des pores représente le quart du volume total, l'oxygène se trouverait comprimé dans cette substance à une pression de 1000 atmosphères. Sans attacher à ce chiffre plus d'importance qu'il ne convient, il n'en est pas moins établi que le platine peut, à certains états, condenser les gaz avec une force extraordinaire. Lorsque cette condensation a lieu simultanément pour deux gaz susceptibles de se combiner par une élévation de température, la chaleur dégagée par la compression peut bien évidemment déterminer la combustion dans les pores en chauffant fortement le platine, qui peut alors, s'il est assez chaud, déterminer l'inflammation du mélange extérieur. Les expériences de Humphry et d'Edmond Davy, celle de Döbereiner que Gay-Lussac a appliquée au briquet à hydrogène s'expliquent tout naturellement de cette manière.

Le platine, même fondu, condense aussi les gaz au même degré que celui qui résulte du martelage de la mousse. H. Sainte-Claire Deville et Debray ont réalisé l'expérience de la lampe sans flamme de Davy, en plaçant un creuset de platine fondu au-dessus d'un brûleur de Bunsen que l'on éteint quand le creuset est bien chaud; si on rend le mélange d'air et de gaz lorsque le creuset cesse d'être rouge, on le voit bientôt s'échauffer et redevenir incandescent. Il arrive parfois que le mélange gazeux se rallume.

L'expérience suivante de Wöhler ne paraît pas davantage exiger l'intervention d'une force spéciale. On mêle des rognures de liége avec un peu de sel de platine ammoniacal et l'on calcine le mélange dans un creuset ouvert; on obtient ainsi un charbon qui s'enflamme plus facilement que le charbon de liége fait sans platine, et qui brûle comme de l'amadou dès qu'on l'enflamme en un point, ce que ne fait pas le charbon de liége ordinaire. La condensation de l'oxygène dans les pores du platine rend nécessairement son action plus énergique que celle de l'air; la conductibilité du platine détermine en outre la propagation rapide de la combustion. On a vu à l'article CATALYSE comment Gernez a expliqué la décomposition de l'eau oxygénée sous l'influence de la mousse de platine, et l'expérience d'Hautefeuille sur la combinaison directe de l'iode et de l'hydrogène et sur la dissociation de l'acide iodhydrique sous la même influence. Les expériences de Kuhlmann sur la transformation du gaz ammoniac, du protoxyde d'azote et du cyanogène en acide azotique par l'oxygène humide en présence de la mousse de platine et sur la réaction inverse qui permet de transformer l'acide azotique en ammoniaque au moyen de l'hydrogène, rentrent probablement dans la même classe de phénomènes que la combinaison et la décomposition de l'acide iodhydrique en présence de la mousse de platine et s'expliqueront sans doute d'une façon analogue. Ce sont maintenant les seuls phénomènes *catalytiques* du platine dont l'explication soit encore obscure ou incomplète. H. D.

PLATINE (COMBINAISONS).

ALLIAGES DU PLATINE.

Le platine se combine avec un grand nombre de métaux. Il faut généralement le concours d'une température élevée. Quelques-uns de ces alliages s'obtiennent en chauffant, au chalumeau, le métal entouré d'une feuille de platine; la combinaison a lieu quelquefois avec incandescence (Murray). Beaucoup de métaux en fusion attaquent le platine; c'est là une circonstance dont il faut tenir compte dans l'emploi des creusets de platine.

Platine et antimoine. — Voyez p. 1046.

Platine et argent. — Le platine et l'argent se combinent en toutes proportions. L'argent perd de sa blancheur, devient moins ductile et plus dur. Ces alliages éprouvent une liquation partielle lorsqu'on les fond; la couche inférieure de l'alliage fondu est plus riche en platine. L'acide nitrique attaque les alliages de platine et d'argent en dissolvant toujours une partie du platine; l'acide sulfurique chaud dissout l'argent et laisse le platine. Ces alliages ont été employés dans l'orfévrerie.

Platine et baryum. — Alliage bronzé, se transformant, après 24 heures, en une poudre rouge. L'union a lieu à la température produite par le gaz oxhydrique (Clarke).

Platine et bismuth. — La fusion de 2 p. de bismuth avec 1 p. de mousse de platine produit un alliage bleuâtre, fusible, lamelleux et cassant. Cet alliage est sujet à la liquation; par le grillage, la majeure partie du bismuth s'oxyde (Gehlen).

Platine et cadmium. — Alliage d'un blanc d'argent, très-fragile, grenu, peu fusible (Stromeyer). Préparé avec un excès de cadmium et chauffé jusqu'à expulsion de ce dernier, il renferme $PtCd^2$.

Platine et cuivre. — La combinaison a lieu au rouge blanc. L'alliage à poids égaux est ductile et possède la couleur et la densité de l'or (Clarke). On peut en modifier les propriétés en faisant varier les proportions. L'alliage renfermant 26 p. de cuivre et 1 p. de platine est ductile, rose, à grain fin Bolzani a fait connaître un alliage ressemblant à l'or et renfermant :

Platine............	2	parties.
Argent............	1	—
Laiton............	2	—
Nickel............	1	—
Cuivre............	5	—

Le platine dur du commerce employé par les dentistes et dans la bijouterie est un alliage contenant environ 5 % de cuivre et 95 % de platine. On le prépare par la fusion directe des métaux dans un creuset de chaux, avec le chalumeau à gaz hydrogène et oxygène; il y a volatilisation d'une petite quantité de cuivre pendant la fusion. On peut aussi préparer l'alliage en comprimant d'abord un mélange de cuivre et de platine très-divisés que l'on forge ensuite, comme on le fait pour le platine pur.

Platine et étain. — La mousse de platine s'unit au rouge vif avec le double de son poids d'étain. L'alliage est d'un blanc d'étain, cassant, lamelleux, fusible (Gehlen).

Lorsqu'on fond du platine avec 6 fois son poids d'étain, qu'on laisse refroidir lentement et qu'on traite par l'acide chlorhydrique, pour dissoudre l'étain non combiné, on obtient des cristaux cubiques, ou des rhomboèdres très-voisins du cube, qui renferment Pt^2Sn^3 [Deville et Debray, *Ann. de Chim. et de Phys.*, (3), t. LVI].

Platine et fer. — Voyez t. I, p. 1405.

Platine et iridium. — Le platine s'unit très-facilement à de petites quantités d'iridium. Le platine absolument pur est aussi mou que l'argent, plus ductile que l'or, et ce sont des traces d'iridium qui lui communiquent ses propriétés habituelles, sans le rendre cassant, comme on le croyait. Deville et Debray ont pu allier 15 à 20 % d'iridium et un peu de rhodium au platine, sans lui enlever sa malléabilité. Ces alliages résistent beaucoup mieux que le platine seul à l'action de la chaleur, de l'eau régale et de l'acide sulfurique bouillant. Plus on diminue la quantité d'iridium, plus le métal prend de douceur.

La préparation de ces alliages est très-facile. Il suffit d'ajouter à du minerai de platine, d'une composition connue, une quantité d'osmiure d'iridium grillé telle qu'on obtienne, après fusion et affinage, un métal d'une dureté et d'une ductilité convenables [Deville et Debray, *Ann. de Chim. et de Phys.*, (3), t. LVI, p. 435].

Platine et mercure. — Le mercure s'unit à la mousse de platine, mais non au platine forgé. On obtient facilement un amalgame de platine en traitant par une solution concentrée et neutre de perchlorure de platine un amalgame de sodium à 1 % de sodium. On lave l'amalgame de platine formé, et on le sèche à une douce chaleur. En chauffant cet amalgame plus fortement, on lui enlève la majeure partie du mercure, mais le reste ne peut lui être enlevé, même par l'acide azotique bouillant. On obtient ainsi une poudre noire contenant 7 à 8 % de mercure et douée des propriétés catalytiques du noir de platine (Bœttger).

Quand on soumet le chlorure de platine à l'électrolyse, au contact du mercure, on obtient un amalgame pâteux qui, soumis à la compression, laisse un corps gris foncé contenant 43,2 % de platine et répondant à la formule Hg^2Pt (Joule, *Journ. of the Chem. Society* (2), t. I, p. 378].

Suivant Levol, les amalgames de platine sont attaqués par l'acide azotique et lui cèdent du platine.

Platine et molybdène. — Masse cassante, dure, d'un gris métallique; un alliage renfermant 25 % de molybdène est gris-bleu, dur et grenu (Hjelm).

Platine et nickel. — Voyez t. II, p. 537.

Platine et or. — Voyez Or.

Platine et plomb. — Voyez Plomb.

Platine et potassium (ou sodium). — Combinaison facile au rouge. Masse fragile et brillante absorbant de l'oxygène à chaud. L'eau le décompose en fournissant des paillettes noires qu'on a regardées comme un hydrure de platine (H. Davy).

Platine et zinc. — L'union a lieu au-dessous du rouge, avec une vive incandescence (Gehlen, Fox). L'alliage est fusible, très-dur, d'un blanc bleuâtre. Le zinc devient cassant par l'addition de 5 % de platine et il rend ce dernier cassant lorsqu'il y est allié dans la proportion de 20 %. Le grillage oxyde presque tout le zinc. Deville et Debray ont obtenu un alliage Pt^2Zn^3 en opérant comme pour l'alliage de platine et d'étain.

Platinage. — Le platinage des métaux, notamment du bronze et du laiton, peut se faire comme la dorure par immersion. Le bain est préparé en chauffant du chlorure platinique, additionné d'un peu de chlorure d'or, avec un mélange de carbonates de potassium et de sodium. On peut aussi platiner le fer, l'acier, le cuivre par des procédés galvaniques en employant comme bain une solution de chlorure de platine additionnée de cyanure de potassium alcalin.

Un autre procédé consiste à introduire les métaux bien décapés dans une solution bouillante de 8 p. de sel ammoniac et de 1 p. de chloroplatinite d'ammonium dans 30 à 40 p. d'eau. On a aussi recommandé de plonger d'abord les objets de bronze ou de laiton dans une solution bouillante de crème de tartre, puis successivement dans une solution bouillante très-étendue de chlorure platinique (1 p. dans 3350 p. d'eau) et dans une solution plus concentrée, chauffée à 45°.

Bœttger recommande le bain galvanique suivant pour platiner les métaux. On sature du chlorure platinique par du carbonate de sodium, jusqu'à ce qu'il ne se dégage plus d'acide carbonique. On y ajoute alors un peu de glucose et de chlorure de sodium. Ce bain peut servir à platiner de petits objets, sans intervention de courant électrique. Pour cela, on plonge les objets dans la solution, chauffée à 60°, en les mettant en contact avec une lame de zinc [*Journ. für prakt. Chem.*, t. CIII, p. 311].

Dodé a recommandé le procédé suivant pour le platinage du verre. On mélange du tétrachlorure de platine, exempt d'acide, avec de l'essence de lavande ; d'un autre côté on broie parties égales de litharge et de borate de plomb avec un peu d'essence de lavande et on ajoute ce second mélange au premier. On étend ce mélange sur la glace à platiner et quand le mélange est sec on passe la glace au four. Avec 1 gramme de platine on peut métalliser 1 mètre carré de glace. Le platine adhère au verre par l'intermédiaire du fondant [Dodé, *Bull. de la Soc. chim.*, 1865, t. III, p. 398 ; — Jouglet, *ibid.*, t. XIII, p. 477]. La couche de platine peut être facilement détachée de la glace en plongeant celle-ci dans de l'eau acidulée et la touchant avec une lame de zinc ; la couche de platine se détache alors instantanément (Bœttger).

ATOMICITÉ DU PLATINE.

Le platine forme deux ordres de combinaisons ; dans les unes il est diatomique, dans les autres, qui sont des combinaisons saturées, il est tétratomique. Il appartient donc au groupe, de l'étain, du titane, du silicium, du carbone ; un grand nombre de ses combinaisons sont isomorphes avec les combinaisons correspondantes de ces éléments. Ainsi les chloroplatinates et bromoplatinates sont isomorphes avec les chlorures stanniques doubles, avec les fluotitanates, fluosilicates, etc. (Marignac, Joergensen, Topsöe).

Dans les combinaisons complexes que forme le platine avec l'ammoniaque, il remplace dans des molécules complexes d'ammonium 2 ou 4 atomes d'hydrogène. Dans quelques-unes, il paraît s'accumuler à la manière du carbone dans les combinaisons organiques. Le poids atomique du platine est égal à 198

COMBINAISONS DU PLATINE AVEC LES ÉLÉMENTS MONATOMIQUES.

Dichlorure de platine, anciennement chlorure platineux, protochlorure, $Pt''Cl^2$. — Pour le préparer, on chauffe vers 200° le tétrachlorure $PtCl^4$. Si tout le tétrachlorure est décomposé, il reste une poudre d'un gris verdâtre d'une densité de 5,87 (Bœdecker). Il est insoluble dans l'eau ; mais s'il reste du tétrachlorure, le résidu se dissout dans l'eau avec une couleur brune très-foncée ; en effet, le dichlorure de platine, insoluble dans l'eau, se dissout dans le tétrachlorure et l'on obtient toujours une semblable solution par la réduction incomplète du tétrachlorure sous l'influence de divers agents.

Le dichlorure de platine est soluble dans l'acide chlorhydrique avec une couleur pourpre.

L'acide azotique bouillant, ainsi que l'acide chlorhydrique, au contact de l'air, le transforment en perchlorure. La potasse le transforme en protoxyde. Sous l'influence de la lumière, il se décompose lentement en platine et tétrachlorure. La calcination le décompose en laissant un résidu de platine spongieux.

Le dichlorure de platine se combine à l'ammoniaque.—Voyez Platine (combinaisons ammoniées).

Il s'unit de même au trichlorure de phosphore pour donner des composés particuliers, qui ont été étudiés, ainsi que leurs dérivés, par Schützenberger. L'une, $PtCl^2.PCl^3$, s'obtient par l'action du pentachlorure de phosphore sur le platine ; l'autre, $PtCl^2(PCl^3)^2$, forme des cristaux transparents que l'on obtient par l'action de PCl^3 sur le premier. — Voyez t. II, p. 948.

Schützenberger a décrit en outre des combinaisons de $PtCl^2$ avec l'oxyde de carbone. Dans ces combinaisons, les deux atomicités libres de $PtCl^2$ sont saturées par celles de l'oxyde de carbone :

$$(PtCl^2)=CO; \quad (PtCl^2)\!<\!\begin{matrix}CO\\|\\CO\end{matrix} \quad \text{ou} \quad CO\!<\!\begin{matrix}PtCl^2-CO\\|\\PtCl^2-CO\end{matrix}$$

Schützenberger donne à ces composés les noms de *chloroplatinites de carbonyle* [*Bull. de la Soc. chim.*, 1870, t. XIV, p. 17]. On les obtient en faisant agir sur le platine soit un mélange de chlore et d'oxyde de carbone ; soit d'abord du chlore à 250°, puis de l'oxyde de carbone.

Chloroplatinite de carbonyle, $PtCl^2.CO$. — Corps solide, jaune d'or ou jaune orangé, fusible à 195°, sublimable à 240°, dans un courant de gaz carbonique, en longues aiguilles jaune d'or. L'eau le décompose en acide chlorhydrique, acide carbonique et platine métallique. Entre 300° et 400°, il se décompose en platine et gaz chloroxycarbonique $COCl^2$. Le chlorure de carbone, CCl^4, bouillant le dissout et l'abandonne en aiguilles par le refroidissement.

Chloroplatinite de dicarbonyle, $PtCl^2.C^2O^2$. — Il se forme lorsqu'on chauffe à 150° le produit brut de l'action du chlore et de l'oxyde de carbone sur le platine. Masse jaune clair ou sublimé d'aiguilles incolores. Il fond à 142° en un liquide jaune, transparent, cristallisant par le refroidissement. Il se sublime à 150°. L'humidité le noircit. L'eau le décompose d'après l'équation

$$PtCl^2.C^2O^2 + H^2O = 2HCl + CO^2 + CO + Pt.$$

A 210°, il perd de l'oxyde de carbone et se transforme successivement en $Pt^2Cl^4.C^3O^3$ et en $PtCl^2.CO$.

Chauffé dans un courant de chlore, il donne de l'oxychlorure de carbone et un liquide rouge se concrétant à 120° en une masse amorphe qui paraît être un isomère du chlorure $PtCl^2.CO$.

Chloroplatinite de sesquicarbonyle ou *tétrachlorure de diplatosocarbonyle*, $(PtCl^2)^2.C^3O^3$. — C'est le principal produit formé vers 250°. Il se forme aussi par la sublimation de l'un ou l'autre des corps précédents dans un courant d'oxyde de carbone.

C'est un corps solide, jaune, fusible à 130°. A 250°, il se convertit en $PtCl^2.CO$.

L'eau et l'alcool le décomposent.

Il est à remarquer que les composés

$$PtCl^2.C^2O^2 \quad \text{et} \quad (PtCl^2)^2C^3O^3$$

tendent à perdre CO par la chaleur, mais qu'ils

sont relativement stables dans une atmosphère de ce gaz.

Le chlorure platineux forme également avec l'éthylène une combinaison qui s'obtient par l'action de l'alcool bouillant sur le tétrachlorure de platine. Ce composé, qui renferme $(C^2H^4) = PtCl^2$, est amorphe et soluble; il forme avec les chlorures alcalins des combinaisons salines bien cristallisées, solubles dans l'eau [Zeise, *Poggend. Ann.*, 1831, t. XXI, p. 497 et 542].

La même combinaison se produit par la fixation directe de l'éthylène sur le dichlorure de platine [Birnbaum, *Bull. de la Soc. chim.*, 1867, t. VIII, p. 389].

Le dichlorure de platine forme avec les chlorures métalliques des chlorures doubles, les *chloroplatinites*. Ces sels ont été décrits par Vauquelin, Magnus [*Poggend. Ann.*, t. XIV, p. 241], Lang [*Journ. für prakt. Chem.*, t. LXXXVI, p. 126], et par Commaille [*Compt. rend.*, t. LXIII, p. 533].

Chloroplatinite d'ammonium,

$$PtCl^4(AzH^4)^2 = PtCl^2, 2AzH^4Cl.$$

—Prismes quadrangulaires, rouge pourpre, brunissant peu à peu à la lumière, solubles dans l'eau. On l'obtient en évaporant une solution chlorhydrique de $PtCl^2$ avec du sel ammoniac (Vauquelin).

Chloroplatinite d'argent, $PtCl^4Ag^2$. — Précipité rouge, insoluble dans l'eau, noircissant à la lumière, produit par l'addition d'azotate d'argent à une solution de chloroplatinite de potassium (Lang).

Le précipité produit par l'action de l'azotate d'argent sur le tétrachlorure de platine renferme sensiblement $PtCl^2.AgCl$. Commaille l'envisage comme un mélange.

Chloroplatinite de baryum, $PtCl^4Ba + 3H^2O$. — Prismes carrés, d'un rouge foncé, inaltérables à l'air, solubles dans l'eau, peu solubles dans l'alcool. La solution de ce sel, additionnée d'ammoniaque, donne le sel vert de Magnus. Il perd $2H^2O$ à 100° (Lang).

Chloroplatinite cuivrique ammoniacal. — Précipité prismatique, gris ou violet, produit par le tétrachlorure de platine dans une solution ammoniacale de chlorure cuivreux [Millon et Commaille, *Compt. rend.*, t. LVI, p. 822].

Chloroplatinite de plomb, $PtCl^4Pb$. — Ressemble au sel d'argent.

Chloroplatinite de potassium, $PtCl^4K^2$. — Prismes rouges, anhydres, solubles dans l'eau et précipitables par l'alcool en aiguilles déliées roses (Magnus).

Chloroplatinite de sodium, $PtCl^4Na^2$. — Incristallisable, très-soluble dans l'eau, soluble dans l'alcool (Magnus).

Chloroplatinite stanneux. — Sel rouge peu soluble, décomposable par beaucoup d'eau. On peut obtenir un second sel double renfermant moins de chlorure d'étain que le précédent et formant une masse cristalline déliquescente, vert-brun [Kane, *Phil. Mag.*, t. VII, p. 399].

Chloroplatinite de zinc, $PtCl^4Zn$. — Cristaux durs, d'un jaune clair et brillants, peu solubles dans l'eau froide, insolubles dans l'alcool (Hünefeld).

Les chloroplatinites traités par les sulfites donnent des combinaisons mixtes qui seront étudiées plus loin.

TÉTRACHLORURE DE PLATINE, anciennement bichlorure, perchlorure, chlorure platinique, $PtCl^4$. — On dissout le platine dans de l'eau régale (2 p. d'acide chlorhydrique et 1 p. d'acide azotique) et l'on évapore à sec pour chasser l'excès d'acide. L'addition d'un azotite à l'eau régale favorise l'attaque du platine.

On l'obtient très-pur en traitant le chloroplatinate d'ammonium par le chlore, jusqu'à décomposition de toute l'ammoniaque.

La dissolution du platine dans l'eau régale est assez lente; Boettger l'active en alliant le platine à 3 p. de plomb. Le platine s'attaque alors plus facilement, mais le produit est mélangé de chlorure de plomb qu'il faut enlever par le carbonate de sodium.

La pression favorise la dissolution du platine dans l'eau régale.

Le platine est aussi attaqué par une solution concentrée de chlorure ferrique.

Le tétrachlorure de platine forme une masse cristalline brune, très-soluble et déliquescente, à réaction acide, à saveur astringente et métallique; sa solution brunit la peau. Il est aussi très-soluble dans l'alcool. La densité des cristaux hydratés est égale à 2,431 (Boedecker).

L'acide sulfurique ajouté à sa solution aqueuse concentrée le précipite à l'état anhydre.

D'après Mather et d'après Lawrence, il cristallise avec $10H^2O$; d'après Boedecker, avec $8H^2O$ (gros prismes bruns déliquescents). Enfin, d'après Norton, il peut former des cristaux clinorhombiques rouges non déliquescents, renfermant $5H^2O$ [*Journ. prakt. Chem.*, (2), t. II, p. 449, et t. V, p. 365].

Sa solution dans l'alcool absolu laisse par l'évaporation une masse cristalline jaune, déliquescente, se décomposant à 50° et renfermant

$$PtCl^4.2C^2H^6O$$

[Schützenberger, *Bull. de la Soc. chim.*, 1870, t. XIV, p. 27].

Chauffé, le chlorure platinique perd du chlore et se transforme successivement en chlorure platineux et en platine.

Les agents réducteurs transforment le chlorure platinique en chlorure platineux; l'alcool produit peu à peu cet effet et donne naissance à une combinaison de chlorure platineux et d'éthylène,

$$C^2H^4 = PtCl^2$$

(Zeise). L'acide sulfureux fournit d'abord une solution brune qui renferme $PtCl^2$ (elle donne le sel vert de Magnus par l'addition d'ammoniaque), puis elle se décolore et fournit par l'évaporation un composé blanc qui est probablement un sulfite platineux (Berthier).

L'hydrogène réduit la solution de $PtCl^4$ en précipitant du platine métallique (Brunner). Le mercure agit de même, ainsi que beaucoup d'autres métaux. — Voyez pour les autres réactions les caractères des sels de platine.

Acide chloroplatinique, $PtCl^6H^2$. — Cristaux prismatiques très-déliquescents, renfermant $6H^2O$ de cristallisation, et que l'on obtient en évaporant sur de la chaux et sur de l'acide sulfurique une solution chlorhydrique de tétrachlorure de platine, exempte d'acide azotique. Ces cristaux ne perdent que difficilement de l'acide par l'action de la chaleur, sans que le chlorure soit décomposé [R. Weber, *Poggend. Ann.*, t. CXXXI, p. 443].

A cet acide correspondent un grand nombre de sels, ou *chloroplatinates*, qui s'obtiennent, soit par addition d'un chlorure au tétrachlorure de platine, soit par neutralisation de l'acide chloroplatinique. Quelques-uns de ces sels, notamment ceux des métaux alcalins, sont très-caractéristiques. Ces sels, d'après Topsöe, qui en a déterminé les formes cristallines, sont isomorphes avec les chlorostannates, aussi bien qu'avec les fluorures doubles de l'étain, du titane, du zirconium et du silicium, tous éléments tétratomiques comme le platine [*Bull. Soc. Roy. danoise*, 1868].

Chloroplatinate d'aluminium. — Masse radiée jaune citron ou prismes hexagonaux déliquescents [Salm-Horstmar, *Poggend. Ann.*, 1868, t. XCIX, p. 638].

Chloroplatinate d'ammonium, $PtCl^6(AzH^4)^2$. — Précipité jaune, très-peu soluble, cristallisable en octaèdres réguliers d'un jaune-orange. Ce sel se prête parfaitement à la séparation du platine qu'il abandonne par la calcination à l'état de pureté, sous la forme de mousse de platine. Densité = 2,955 (Boedecker). Le chlore le décompose en détruisant l'ammoniaque :

$$PtCl^6(AzH^4)^2 + 6Cl = PtCl^4 + 8HCl + Az^2.$$

L'acide sulfurique le décompose. Le chlorure stanneux le dissout avec une coloration brune [Fischer, *Poggend. Ann.*, t. XIX, p. 343]. Ce chloroplatinate, qui exige 150 p. d'eau froide et 80 p. d'eau bouillante pour se dissoudre, est beaucoup moins soluble dans l'alcool, car il ne se dissout que dans 26535 p. d'alcool à 77 centièmes et dans 665 p. d'alcool à 55 centièmes (Fresenius).

L'acide chlorhydrique augmente très-peu sa solubilité. L'ammoniaque le décolore à froid et le dissout à l'ébullition.

Chloroplatinate d'argent, $PtCl^6Ag^2$. — Le chlorure d'argent se dissout dans le chlorure de platine, mais on n'obtient pas de combinaison cristallisée. Par le mélange de tétrachlorure de platine ammoniacal et de chlorure d'argent ammoniacal, on obtient un composé,

$$PtCl^6Ag^2.2AzH^3 + H^2O,$$

qui appartient aux dérivés ammonio-platiniques (Birnbaum).

Chloroplatinate de baryum, $PtCl^6Ba + 4H^2O$. — Prismes orthorhombiques, de 107° et 73°, efflorescents, solubles [de Bonsdorff, *Poggend. Ann.*, t. XVII, p. 250, et t. XIX, p. 337; — Topsöe, *loc. cit.*].

Chloroplatinate de calcium, $PtCl^6Ca + 9H^2O$ (Topsöe; $+ 8H^2O$, de Bonsdorff). Cristaux lamelleux un peu déliquescents.

Chloroplatinate de cadmium, $PtCl^6Cd + 6H^2O$. — Comme le sel de magnésium.

Chloroplatinate de cérium, $PtCl^6Ce + 8H^2O$. — Cristaux oranges, solubles dans l'eau et dans l'alcool, déliquescents, fusibles au bain-marie. Il cristallise dans l'alcool en beaux prismes rectangulaires (Holzmann).

Chloroplatinate de césium. — Voyez t. I, p. 807 et 808.

Chloroplatinates de cobalt, de cuivre, de fer, de nickel. — Isomorphes avec le sel de magnésium, solubles dans l'eau (de Bonsdorff, Topsöe).

Chloroplatinate de magnésium,

$$PtCl^6Mg + 6H^2O.$$

—Prismes hexagonaux, d'un jaune rougeâtre, dérivés d'un rhomboèdre de 127° 17' (Topsöe), ainsi que tous les chloroplatinates des autres métaux de la série magnésienne, qui tous renferment $6H^2O$ (les angles du rhomboèdre varient de 126° 46' à 127° 32'). Tous ces sels sont solubles et cristallisent facilement. Celui de magnésium renferme $12H^2O$ quand il cristallise au-dessous de 20°.

Chloroplatinate de manganèse. — Comme celui de magnésium. Les cristaux obtenus avec $12H^2O$ dérivent d'un rhomboèdre de 113° 40'.

Chloroplatinate mercureux (?). — Le calomel se dissout dans le chlorure platinique; la solution donne des cristaux de sublimé, puis une masse déliquescente brune, indéterminée [Birnbaum, *Zeitsch. für Chem.*, t. III, p. 520].

Chloroplatinate de plomb, $PtCl^6Pb + 3H^2O$ (Topsöe), $+ 4H^2O$ (Birnbaum). — Cristaux cubiques durs, d'un jaune clair, déliquescents, solubles dans l'eau et dans l'alcool. Il est décomposé par beaucoup d'eau. On l'obtient par dissolution du chlorure de plomb dans le perchlorure de platine.

Chloroplatinate de potassium, $PtCl^6K^2$. — Poudre cristalline jaune-citron, obtenue par l'addition de chlorure de potassium à du perchlorure de platine. L'eau en dissout 0,90 % à 10°; 2,17 à 50° et 5,18 % à 100° (Bunsen). Il cristallise par le refroidissement en petits octaèdres réguliers d'un jaune-orange, d'une densité de 3,586 (Boedecker). Il ne se dissout que dans 12083 p. d'alcool fort. Calciné, il laisse un résidu de platine et du chlorure de potassium.

Il est soluble dans les alcalis; à chaud, la solution dépose de l'hydrate de platine. L'hyposulfite de sodium, avec un excès de soude, le dissout aussi; si l'on chauffe, il se dépose du bisulfure de platine.

Chloroplatinate de rubidium (voyez RUBIDIUM). — Pour la solubilité relative des chloroplatinates alcalins, voyez t. I, p. 807.

Chloroplatinate de sodium, $PtCl^6Na^2 + 6H^2O$. — Sel très-soluble, cristallisable en prismes rouges ou en tables. Il se dissout aussi dans l'alcool. Sa solution aqueuse est précipitée par les sels de potassium et d'ammonium. Sa forme cristalline appartient au type clinorhombique [Marignac, *Compt. rend.*, t. XLII, p. 288].

Chloroplatinate de strontium. — Sel soluble, ressemblant à celui de baryum. Il renferme $8H^2O$. Angles du rhombe = 93° et 87° (Bonsdorff).

Chloroplatinate de zinc, $PtCl^6Zn + 6H^2O$. — Prismes oranges, solubles dans l'eau et dans l'alcool, déliquescents. Isomorphe avec celui de magnésium.

COMBINAISONS DIVERSES DU TÉTRACHLORURE DE PLATINE. — On a vu que $PtCl^4$ forme une combinaison cristallisée avec l'alcool et avec l'éthylène. Il se combine de même aux sulfures d'éthyle et de méthyle (Loir).

Baudrimont avait décrit une combinaison de pentachlorure de phosphore, $PCl^5.PtCl^4$, obtenue par l'action du platine sur le perchlorure de phosphore; mais d'après les recherches de M. Schützenberger, ce corps n'existe pas; la réaction a fourni du chlorure phosphoplatinique. — Voyez t. II, p. 918.

Combinaison avec le chlorure de nitrosyle,

$$PtCl^4, 2AzOCl + H^2O.$$

— R. Weber a obtenu cette combinaison par l'addition d'acide azotique fumant à une solution de perchlorure de platine. Elle forme, après dessiccation, une poudre jaune-brun, déliquescente. L'eau la décompose avec dégagement d'oxyde d'azote, AzO [*Poggend. Ann.*, t. CXXXI, p. 441]. Suivant Jœrgensen [*Jahresb.*, 1868, p. 275], cette combinaison est anhydre et renferme $PtCl^4, 2AzOCl$.

Rogers et Boyé avaient déjà décrit un composé analogue, qu'ils avaient obtenu par l'évaporation d'une solution de platine dans l'eau régale, avec excès d'acide azotique, sous la forme de petits cristaux jaune-orange, déliquescents, ne perdant pas de leur poids à 100° et renfermant Pt = 41,26 %; Cl = 43,89; AzO = 4,89; eau et perte = 9,96 : ces chiffres correspondent à peu près à

$$PtCl^4AzOCl^2 + 2H^2O$$

[*Phil. Mag.*, t. XVII, p. 397]. R. Weber pense que cette combinaison est identique à celle qu'il a décrite.

DIBROMURE PLATINEUX, $PtBr^2$. — Poudre d'un vert-brun, insoluble dans l'eau, soluble dans l'acide bromhydrique et le bromure de potassium. On obtient en chauffant à 200° le bromure platinique acide (Topsöe). Il se décompose à 240°.

TÉTRABROMURE DE PLATINE, $PtBr^4$. — Masse cristalline brune et déliquescente, que l'on obtient en dissolvant le platine dans un mélange d'acide bromhydrique et d'acide azotique, ou l'hydrate de platine dans l'acide bromhydrique, et évaporant à 70°. La calcination le décompose.

Il forme des bromures doubles, isomorphes avec les chloroplatinates [de Bonsdorff, *Poggend. Ann.*, t. XIX, p. 343; — Topsöe, *Bull. Soc. Roy. danoise*, 1868].

Acide bromoplatinique,

$$PtBr^6H^2 + 9H^2O = PtBr^4.2HBr + 9H^2O.$$

— Prismes transparents, d'un rouge cramoisi, déliquescents.

Bromoplatinate d'ammonium, $PtBr^6(AzH^4)^2$.— Précipité cristallin, orange, soluble dans 200 p. d'eau et cristallisable en cubo-octaèdres brillants, d'un rouge cramoisi (Topsöe).

Bromoplatinate de baryum,

$$PtBr^6Ba + 10H^2O.$$

— Cristaux feuilletés d'un rouge cramoisi, un peu déliquescents (Topsöe).

Bromoplatinate de calcium,

$$PtBr^6Ca + 12H^2O.$$

— Petits cristaux rouges, mal déterminés.

Bromoplatinate de cobalt. — Isomorphe avec le sel de magnésium.

Bromoplatinate de cuivre, $PtBr^6Cu + 8H^2O$. — Grandes tables déliquescentes, d'apparence rhombique (Topsöe).

Bromoplatinates de magnésium et de manganèse. — Solubles, cristallisant en formes rhomboédriques, avec $12H^2O$. Angle du rhomboèdre = 113° 53' à 114° 12' (Topsöe).

Bromoplatinate de nickel, $PtBr^6Ni + 6H^2O$. — Cristaux rhomboédriques, d'un vert brunâtre. Rapport des axes = 1 : 0,5136; angle du rhombe = 127° 34' (Topsöe).

Bromoplatinate de plomb, $PtBr^6Pb$. — Grains cristallins brillants, d'un rouge-brun, peu solubles, décomposables par beaucoup d'eau.

Bromoplatinate de potassium, $PtBr^6K^2$. — Précipité grenu, rouge-cochenille, peu soluble dans l'eau, insoluble dans l'alcool. Il cristallise en octaèdres réguliers ou en cubo-octaèdres d'un beau rouge (de Bonsdorff); densité = 4,68 (Boedecker).

Bromoplatinate de sodium, $PtBr^6Na^2 + 6H^2O$. — Prismes clinorhombiques, isomorphes avec le chloroplatinate (Topsöe).

Bromoplatinate de zinc. — Prismes isomorphes avec le sel de magnésium; cristallise en aiguilles réunies en faisceaux (de Bonsdorff, Topsöe).

Le bromure platinique se combine au *bromure de nitrosyle ;* cette combinaison, qui renferme

$$PtBr^4, 2AzOBr,$$

se produit lorsqu'on traite le platine par de l'acide bromhydrique et de l'acide azotique en excès. C'est une poudre formée de cubes microscopiques brillants, d'un brun foncé, déliquescents, décomposables par l'eau avec dégagement d'oxyde d'azote, AzO (Topsöe).

Diiodure de platine (*iodure platineux*), PtI^2.— Poudre noire obtenue en traitant le chlorure platineux par l'iodure de potassium. Il se décompose entièrement à 350°. L'acide iodhydrique ainsi que l'iodure de potassium le dédoublent en donnant du platine et du tétraiodure [Lassaigne, *Ann. de Chim. et de Phys.*, (2), t. LI, p. 113]. Il se combine à l'ammoniaque. — Voyez Platine (combinaisons ammoniées, IV, n° 13, p. 1057).

Iodure platoso-platinique, Pt^2I^6. — C'est le précipité noir obtenu par l'addition d'iodure de potassium au tétrachlorure de platine. C'est un mélange ou une combinaison de $PtI^2 + PtI^4$. Il est insoluble dans l'eau bouillante. L'iodure de potassium le dédouble en diiodure et tétraiodure qui se combinent chacun à 2KI. Il perd une partie de son iode à 120° et le tout au-dessous du rouge [Kane, *Phil. Mag.*, t. II, p. 197; — Clementi, *Cimento*, t. II, p. 192].

Tétraiodure de platine (*iodure platinique*), PtI^4. — Il s'obtient lorsqu'on chauffe en tubes scellés du platine divisé avec de l'iode, ou du bioxyde de platine avec de l'acide iodhydrique (Clementi). Lassaigne l'a obtenu en précipitant à froid le tétrachlorure de platine par l'iodure de potassium. C'est une poudre noire, amorphe ou cristalline, inodore, inaltérable par l'eau bouillante (Lassaigne). Il commence à se décomposer à 130°. Il se dissout dans l'alcool avec une coloration jaune-citron. Il se combine à l'acide iodhydrique et aux iodures.

Acide iodoplatinique, $PtI^6H^2 = PtI^4, 2HI$. — La solution iodhydrique de PtI^4 évaporée dans le vide ou sur la chaux donne des aiguilles métalliques d'un rouge noir, perdant de l'acide iodhydrique à 100° et même dans le vide. Ce composé est peu hygroscopique, soluble dans l'eau; la solution laisse déposer de l'iodure platinique par l'addition de beaucoup d'eau.

Iodoplatinate d'ammonium, $PtI^5(AzH^4)$. — Tables quadratiques noirâtres, anhydres, inaltérables à l'air, peu solubles dans l'eau, insolubles dans l'alcool [Lassaigne, *Journ. de Chim. médic.*, t. VIII, p. 715].

Iodoplatinate de baryum, PtI^6Ba. — Moins soluble que le sel de sodium, auquel il ressemble (Lassaigne).

Iodoplatinate ferreux, PtI^6Fe. — Masse amorphe déliquescente, altérable à l'air.

Iodoplatinate de potassium, PtI^6K^2. — On évapore une solution de tétrachlorure de platine dans de l'iodure de potassium en excès et on lave le résidu à l'alcool [Lassaigne; Mather, *Sillim. Amer. Journ.*, t. XXVII, p. 257].

Tables rectangulaires noires et pyramides quadrangulaires; inaltérable à l'air, soluble avec une coloration rouge vineux; la solution laisse déposer PtI^4 par l'addition de beaucoup d'eau; insoluble dans l'alcool. Densité = 5,17 (Boedecker).

Iodoplatinate de sodium, PtI^6Na^2. — Aiguilles d'un gris de plomb, déliquescentes, très-solubles dans l'eau et dans l'alcool (Lassaigne).

Iodoplatinate de zinc, PtI^6Zn. — Confusément cristallin et très-déliquescent.

Chloroiodure de platine, PtI^2Cl^2.—Il s'obtient en dissolvant du platine avec de l'iode (4 atomes) dans de l'eau régale, évaporant au bain-marie et laissant refroidir. Grands prismes rouge-brique, déliquescents, fusibles à 100°. Les chlorures de potassium et d'ammonium précipitent de la solution du chloroplatinate, tandis qu'il reste de l'iodure alcalin dans l'eau mère.

Le chlorure d'iode le transforme en tétrachlorure : $PtI^2Cl^2 + 2ICl = PtCl^4 + I^4$ [Kaemmerer, *Ann. der Chem. u. Pharm.*, t. CXLVIII, p. 329].

Fluorure platinique, $PtFl^4$. — Masse limpide, jaune, soluble dans l'eau. Chauffé à 60°, il brunit et ne se dissout plus entièrement dans l'eau. On l'obtient en ajoutant du fluorure de potassium à du tétrachlorure de platine, aussi longtemps qu'il se précipite du chloroplatinate, puis l'on filtre, on évapore et on reprend le résidu par l'alcool (Berzelius).

Fluoplatinate d'ammonium. — Masse gommeuse, brun foncé, insoluble dans l'alcool, décomposable par l'eau (Berzelius).

Fluoplatinate de potassium. — Sel brun foncé, déliquescent, insoluble dans l'alcool, obtenu en précipitant le fluorure de potassium en excès par du tétrachlorure de platine et évaporant la liqueur filtrée.

Fluoplatinate de sodium. — Masse gommeuse décomposable par l'eau en sel acide et basique, d'après Berzelius.

Fluosilicate de platine. — Voyez t. I, p. 1478.

COMBINAISONS DU PLATINE AVEC LES ÉLÉMENTS DIATOMIQUES.

Sous-oxyde de platine, Pt^2O. — R. Schneider admet l'existence de cet oxyde dans le produit de l'action du chlorure stanneux sur le chlorure platinique. Cette existence est loin d'être démontrée. — Voir STANNATE PLATOSO-STANNEUX, p. 1048.

PROTOXYDE DE PLATINE, PtO. — Cet oxyde s'obtient par une calcination modérée de l'hydrate platineux, ou par celle du platinate de calcium dans un creuset couvert. Dans ce dernier cas, on obtient une poudre violette qui, lavée à l'acide et à l'eau, laisse le protoxyde de platine pur.

Projeté sur un charbon rouge, le protoxyde de platine se décompose brusquement.

L'*hydrate platineux* s'obtient par l'action de la potasse sur le chlorure platineux; une portion reste dissoute dans la potasse et en est reprécipitée par un acide avec une coloration vert foncé.

L'hydrate platineux forme une poudre noire; il a une tendance marquée à se dédoubler en platine métallique et en composé platinique; l'acide chlorhydrique ainsi que la potasse bouillante produisent ce dédoublement.

L'hydrate platineux forme des sels avec les acides et avec les alcalis, mais ces derniers sont mal définis. On connaît deux dérivés ammoniacaux du protoxyde de platine; ils seront étudiés plus loin.

Platinite de potassium. — Il se forme par l'action de la potasse en fusion sur le platine, à l'abri de l'air; le produit se dissout avec une coloration vert-noir. On obtient une solution semblable lorsqu'on traite le chlorure platineux par un excès de potasse. La soude produit des réactions analogues.

BIOXYDE DE PLATINE, PtO^2. — Cet oxyde, qui est noir à l'état anhydre, s'obtient par la calcination ménagée de son hydrate. C'est ce degré d'oxydation que l'on obtient par l'action de la potasse fondue sur le platine, au contact de l'air.

Hydrate platinique, $Pt(OH)^4 = PtO^2, 2H^2O$. — Cet hydrate se précipite par l'addition de potasse à une solution d'azotate platinique; les autres sels donnent en général un précipité de sel basique double. Cependant en faisant bouillir du chlorure platinique avec un excès de potasse, jusqu'à redissolution du précipité, puis en saturant par l'acide acétique, on obtient de l'hydrate platinique pur (Fremy). Ainsi obtenu, l'hydrate platinique est jaune-brun et a pour composition $PtO^2.4H^2O$; séché à 100°, il renferme $PtO^2.2H^2O = Pt(OH)^4$. Cet hydrate a été obtenu par Dœbereiner en décomposant le platinate de sodium par l'acide acétique, et par Wittstein en traitant un sel platinique (le sulfate) par du carbonate calcique, lavant le précipité à l'acide acétique, puis à l'eau.

La calcination décompose brusquement l'hydrate platinique en platine, eau et oxygène. Les corps combustibles le réduisent très-facilement.

Il se dissout dans les principaux acides pour former des sels colorés. — Voir plus loin les caractères de ces sels, p. 1046.

Il joue par contre le rôle d'acide à l'égard des hydrates basiques; les alcalis caustiques le dissolvent.

Pour ses combinaisons ammoniacales, voyez PLATINE (COMPOSÉS AMMONIÉS).

Platinate de potassium, PtO^3K^2. — Ce composé paraît se former par l'oxydation de l'alliage de platine et de potassium à l'air (E. Davy). Il se produit lorsqu'on traite le platine par du nitre ou par de la potasse en fusion, au contact de de l'air. Enfin on l'obtient sous la forme d'une masse rouge lorsqu'on évapore à sec du perchlorure de platine avec de la potasse et qu'on calcine légèrement (Berzelius).

Platinate de baryum. — Il se produit par l'action de l'eau de baryte sur un sel platinique (Berzelius). Suivant Topsöe, cette précipitation n'a lieu qu'à l'ébullition et le précipité varie suivant les circonstances. Avec des solutions étendues et de la baryte en excès, le précipité est jaunâtre et forme des lamelles brillantes; avec des solutions concentrées, il est formé d'étoiles microscopiques jaune-paille. Si la baryte n'est pas en excès, le précipité est floconneux et rougeâtre.

Le précipité cristallin est insoluble dans la baryte, dans les alcalis et dans l'acide acétique. Il renferme $PtO^3Ba + 4H^2O$, il perd $3H^2O$ à 300° et devient brun-noir.

Le précipité floconneux est un mélange à proportions variables de platinate de baryum et d'hydrate platinique [*Deutsch. Chem. Gesells.*, t. III, p. 462].

Le chlorure platinique se comporte avec l'eau de baryte comme avec l'eau de chaux.

Platinate de calcium. — Le mélange de chlorure platinique et d'eau de chaux se trouble à la lumière et laisse déposer un précipité pulvérulent blanc (sel de Herschell) renfermant, d'après Dœbereiner, $CaCl^2 + Pt^2O^5Ca + 7H^2O$, formule confirmée par Johanssen [*Ann. der Chem. u. Pharm.*, t. CLV, p. 204].

La calcination du platinate de calcium à l'abri de l'air le transforme en une poudre violette qui abandonne de l'oxyde platineux par des lavages à l'acide acétique.

L'acide chlorhydrique et l'acide azotique le dissolvent.

Platinate de sodium. — Le mélange de chlorure platinique et de carbonate de sodium dépose au soleil ou à 100° un sédiment jaune rougeâtre, en partie cristallin et renfermant $Pt^3O^7Na^2 + 6H^2O$ [Weiss et Dœbereiner, *Pogg. Ann.*, t. XIV, p. 21].

La calcination le décompose en laissant de la soude et du platine.

L'acide formique le réduit. L'acide oxalique le dissout avec dégagement d'acide carbonique; la solution devient verte, puis bleue, par le refroidissement, et laisse déposer des aiguilles d'oxalate platineux. L'acide acétique enlève la soude et laisse de l'hydrate platinique. L'acide azotique étendu le dissout en jaune foncé; la solution donne avec l'azotate d'argent un précipité jaune.

PROTOSULFURE DE PLATINE, PtS. — Préparé par union directe du platine et du soufre, au rouge sombre, il forme une poudre matte, d'un gris bleu, de 6,2 de densité (E. Davy). Préparé par l'action du soufre (2 p.) sur le chloroplatinate d'ammonium (1 p.) au rouge et dans un creuset fermé, il forme une poudre noire, brillante. On l'obtient en fines aiguilles noires en ajoutant du carbonate sodique au mélange et lavant à l'eau le produit de la réaction (Vauquelin).

Par la calcination du sulfure platinique oxydé à l'air, il reste un mélange de protosulfure et de bisulfure de platine qu'on sépare par l'action de l'eau régale, qui ne dissout que le second et laisse le premier sous la forme d'une poudre sablonneuse d'un bleu noir, d'une densité de 8,847 (Bœttger).

Enfin, le sulfure platineux se forme par voie humide, par l'action de l'hydrogène sulfuré ou des sulfures alcalins sur le chlorure platineux.

Calciné à l'air, le sulfure platineux donne de l'anhydride sulfureux et un résidu de platine.

L'hydrogène le réduit à froid, avec élévation de température. Il est inaltérable à l'air, inattaquable par les acides bouillants, même par l'eau régale.

Il agit souvent à la manière de la mousse de platine.

BISULFURE DE PLATINE, PtS^2. — On chauffe au rouge sombre 3 p. de chloroplatinate d'ammonium avec 2 p. de soufre jusqu'à ce que le dégagement de gaz ait cessé. Il reste une poudre d'un gris d'acier, douce au toucher, d'une densité de 3,5, infusible, ne conduisant pas l'électricité (E. Davy).

Il s'obtient par voie humide lorsqu'on précipite le chlorure planitique par l'hydrogène sulfuré; il est alors d'un brun-noir ; après dessiccation, il est noir.

Bœttger l'obtient sous la forme d'une poudre sablonneuse, d'une densité de 7,224, conductrice de l'électricité, en agitant une solution alcoolique de chlorure platinique avec du sulfure de carbone, abandonnant le mélange à l'ombre pendant huit jours, en agitant de temps en temps. On lave à l'alcool la gelée qui se sépare, on la fait bouillir avec de l'eau, on la lave et on la sèche à 125° dans le vide.

Chauffé vers 250°, le sulfure platinique commence à perdre du soufre et donne du sulfure platineux.

Le chlore, le sodium lui enlèvent tout le soufre.

L'eau régale bouillante est le seul acide qui l'attaque.

Le sulfure précipité s'oxyde lentement à l'air. Il se dissout dans les sulfures alcalins en donnant des solutions brunes. Les alcalis en séparent du platine métallique.

Les sulfures de platine se combinent avec d'autres sulfures. Ces combinaisons ont surtout été étudiées par R. Schneider.

On obtient les *sulfoplatinates* proprement dits en dissolvant le bisulfure de platine dans les sulfures alcalins, ou en attaquant le platine ou quelques-unes de ses combinaisons par les sulfures alcalins ou par un mélange de carbonate alcalin et de soufre, et lavant le produit à l'eau ; le sulfoplatinate formé se dissout avec une coloration rouge foncé.

Les sulfures multiples décrits par R. Schneider sont beaucoup plus complexes. Ils renferment à la fois le sulfure platineux et le sulfure platinique. Schneider croyait d'abord que ces combinaisons renferment de l'oxygène, mais il a reconnu ensuite qu'il n'en est rien, mais seulement qu'elles absorbent de l'oxygène à 110°. Il a décrit aussi une série de combinaisons qui renferment du sulfure stannique à la place du sulfure platinique [*Poggend. Ann.*, t. CXXXVI, p. 105, t. CXXXVIII, p. 604, et t. CXXXIX, p. 661; *Bull. de la Soc. chim.*, 1869, t. XII, p. 243, et 1870, t. XIV, p. 205].

Sulfure platosoplatinique, $\overset{IV}{Pt}\overset{''}{Pt}^3S^5$. — Poudre cristalline, d'un gris d'acier, se formant par l'action de l'acide chlorhydrique, puis de l'air sur le sulfoplatinate platosopotassique, $K^2\overset{''}{Pt}^3\overset{IV}{Pt}S^6$. Densité = 5,52. De tous les acides, l'eau régale seule l'attaque lentement.

Platino-stannicosulfure platineux,

$$\overset{IV}{Pt}\overset{IV}{Sn}\overset{''}{Pt}^2S^6.$$

— Il s'obtient de même en partant du platososulfostannate de potassium, $K^2\overset{''}{Pt}^3\overset{IV}{Sn}S^6$.

Sulfoplatinate platoso-potassique, $K^2\overset{''}{Pt}^3\overset{IV}{Pt}S^6$. — Il se forme lorsqu'on fait fondre 2 p. de mousse de platine avec 6 p. de carbonate de potassium et 6 p. de soufre. Il reste à l'état de cristaux volumineux rougeâtres lorsqu'on reprend la masse par l'eau. Densité = 6,44. Il est inaltérable à l'air. L'acide chlorhydrique le décompose sans dégagement d'hydrogène sulfuré, en donnant sans doute le composé acide, $H^2Pt^3PtS^6$, qui perd rapidement son hydrogène à l'air, par oxydation.

Traité par un courant d'hydrogène, il perd les deux tiers de son soufre et laisse un mélange de platine et de *sulfure platoso-potassique*, $K^2Pt''S^2$.

La *combinaison sodique* est tout à fait semblable.

Sulfoplatinate platoso-tétrasodique,

$$Na^4\overset{''}{Pt}^2\overset{IV}{Pt}S^6 = (Na^2S)^2(PtS)^2(PtS^2).$$

— Cristaux rouges obtenus en fondant 1 p. de platine, 6 p. de soude et 6 p. de soufre ; il faut les laver rapidement avec un peu d'eau bouillie ; l'eau aérée les altère, et, par des lavages prolongés, les convertit en sulfure platinique. Traités par des solutions métalliques, ces cristaux fournissent les combinaisons métalliques correspondantes.

Sel d'argent, $Ag^4Pt^2PtS^6$. — Masse grise, inaltérable à l'air, attaquable par l'acide azotique, mais non par l'acide chlorhydrique.

Sel de thallium, $Tl^4Pt^2PtS^6$. — Cristaux mats, d'un gris d'acier.

Sel cuivrique, $\overset{''}{Cu}^2Pt^2PtS^6$. — Agrégation d'aiguilles d'un gris d'acier. Chauffé à l'air, il brûle comme de l'amadou. Les acides l'attaquent difficilement.

Sel de plomb, $Pb^2Pt^2PtS^6$. — Aiguilles d'un gris-noir.

Sel mercurique. — Amas spongieux d'aiguilles d'un gris cendré mat; il renferme du chlorure mercurique que l'eau bouillante n'enlève pas. Composition, $\overset{''}{Hg}^2Pt^2PtS^6$.

On peut obtenir de même les sels ferreux, de manganèse, de cadmium, de zinc, mais non les sels des métaux terreux.

Platosulfostannate de potassium,

$$K^2\overset{''}{Pt}^3\overset{IV}{Sn}S^6 = K^2S + 3(PtS) + SnS^2.$$

— Poudre cristalline rouge obtenue en épuisant par l'eau le produit de la fusion de 2 p. de platine avec 1 p. de sulfure d'étain, 3 p. de potasse et 3 p. de soufre. Une portion du platine se transforme en sulfoplatinate soluble.

L'acide chlorhydrique transforme ce composé, sans dégagement d'hydrogène sulfuré, en un produit gris-brun, $H^2Pt^3SnS^6$, qui perd son hydrogène à l'air, par oxydation, en donnant $\overset{''}{Pt}^2\overset{IV}{Pt}\overset{IV}{Sn}S^6$.

Traité par l'hydrogène, puis par l'acide chlorhydrique, il laisse du sulfure stannoso-platineux.

Le *composé sodique* s'obtient lorsqu'on ajoute aux 3 p. de potasse, dans la préparation précédente, 1/6 de soude; avec la soude seule, il ne se produit pas. Il est d'un rouge plus brun et en cristaux plus petits que le composé potassique (R. Schneider).

Sulfocarbonate de platine, $(CS^3)Pt$. — On l'obtient à l'état d'un précipité brun par double décomposition entre le chlorure platinique et le sulfocarbonate de calcium; il se dissout dans un excès du dernier et est presque noir après dessiccation. Par la distillation il laisse du sulfure platineux (Berzelius).

Séléniure de platine. — Il se forme par union directe, avec incandescence. Poudre grise, infusible.

Sulfotellurite de platine, $3PtS^2, 2TeS^2$. — Flocons brun foncé, noirs après dessiccation. Il se dépose lentement d'un mélange de chlorure platinique et de sulfotellurite de potassium (Berzelius).

COMBINAISONS DU PLATINE AVEC LES AUTRES ÉLÉMENTS.

Azoture de platine, Pt^3Az^2. — Il reste par la décomposition de la base de Reiset à 180°. Il se décompose subitement à 190° en platine et azote.

Phosphure de platine. — Le phosphore se combine très-facilement au platine en donnant des combinaisons fusibles et cassantes. Aussi faut-il éviter de chauffer dans des vases de platine des combinaisons phosphorées pouvant être réduites. Si l'on chauffe du platine avec du sel de phosphore et du charbon, on obtient un phosphure dur et cassant, blanc, fusible, cristallisable en cubes (Pelletier).

La mousse de platine chauffée à l'abri de l'air avec du phosphore, au-dessous du rouge, s'y combine avec incandescence; on obtient une masse semi-fondue, poreuse, parsemée de petits cristaux cubiques et renfermant 17,5 % de phosphore (E. Davy).

Schrœtter a obtenu un phosphure, PtP^2, en chauffant le platine dans de la vapeur de phosphore. Densité = 8,77.

En chauffant 3 p. de chloroplatinate d'ammonium avec 2 p. de phosphore au rouge sombre, on obtient une masse noirâtre, mate, en partie pulvérulente, d'une densité de 5,28. Ce produit est difficilement attaqué par les acides; mélangé de chlorate de potassium, il détone sous le choc (E. Davy).

Arséniure de platine. — La mousse de platine, chauffée avec un excès d'arsenic, s'y combine avec incandescence en donnant 173,5 °/₀ d'arséniure, soit $PtAs^2$. Ce même composé se forme aussi lorsqu'on chauffe du platine avec de l'anhydride arsénieux et du carbonate de sodium.

L'arséniure de platine est cassant et fusible. Calciné à l'air, au-dessous de son point de fusion, il perd son arsenic et laisse du platine spongieux (Gehlen).

Antimoniure de platine. — L'antimoine pulvérisé et le platine spongieux s'unissent à chaud avec incandescence. L'antimoniure formé est gris, grenu et fragile (Gehlen). Il se comporte au grillage comme l'arséniure (Fox).

Borure de platine. — Chauffé avec du borax et du charbon, le platine fournit une masse cristalline, dure et cassante, qui se dissout dans l'eau régale avec formation d'acide borique [Descotils, *Ann. de Chim.*, t. LXVII, p. 88]. Wœhler et Deville ont obtenu un borure de platine en fondant du bore amorphe avec de la mousse de platine. Ce borure, qui est une masse cassante, d'un blanc d'argent, renferme des cavités tapissées de petits cubes disposés en trémies et contenant, d'après Martius, 91,8 °/₀ de platine [*Ann. der Chem. u. Pharm.*, t. CIX, p. 79].

Carbure de platine. — Le platine chauffé au feu de forge avec du charbon devient plus fusible (Chenevix, Descotils). C'est peut-être, dans ce cas, le silicium, provenant des cendres, qui s'unit au platine (Boussingault).

Le carbure de platine se forme par la calcination de certains sels organiques de platine. D'après Zeise [*Journ. für prakt. Chem.*, t. XX, p. 209], le chlorure éthylène-platineux, chauffé au rouge, laisse un résidu noir de carbure de platine, PtC^2. L'eau régale attaque ce carbure en laissant 12,29 °/₀ de charbon.

Siliciure de platine. — Lorsqu'on chauffe du platine avec du charbon donnant des cendres siliceuses, il s'unit au silicium qui est réduit. La combinaison est dure, grise, grenue. Densité = 17,5 à 20,5 (Boussingault). L'eau régale l'attaque difficilement en donnant de la silice gélatineuse.

Winckler a obtenu un siliciure, $PtSi^3$, en fondant du platine avec du silicium, sous une couche de cryolithe. C'est une masse cristalline blanche [*Journ. für prakt. Chem.*, t. XCI, p. 193].

SELS DE PLATINE.

On connaît des sels platineux et des sels platiniques. Les premiers sont bruns, rouges ou incolores; les seconds sont jaunes ou bruns, à réaction acide. Leur saveur est astringente. Les uns et les autres se combinent à l'ammoniaque pour donner des sels de bases ammonio-platinées. Ils se décomposent par la calcination en donnant du platine métallique. Ils ne colorent pas les flux au chalumeau. Quant à leurs réactions, nous les étudierons plus loin.

Azotate platineux. — On l'obtient par dissolution de l'hydrate platineux dans l'acide azotique étendu; la solution se dessèche en une masse sirupeuse d'un brun foncé. Il renferme toujours de l'azotate platinique (Berzelius).

Azotate platinique. — On le prépare par dissolution de l'hydrate platinique dans l'acide azotique, ou par double décomposition entre le chlorure platinique et l'azotate de potassium, aussi longtemps qu'il se précipite du chloroplatinate de potassium :

$$3PtCl^4 + 4AzO^3K = 2PtCl^6K^2 + Pt(AzO^3)^4.$$

La solution étendue est jaune; elle devient brune par la concentration; l'évaporation complète détermine la transformation de ce sel en sel basique.

L'azotate platinique prend aussi naissance lorsqu'on attaque un alliage d'argent et de platine par l'acide azotique.

Les alcalis séparent de ce sel la moitié du platine à l'état d'hydrate, le reste forme un sel basique double, d'un brun clair (Berzelius).

Azotite platineux. — On n'a obtenu ce sel qu'à l'état de sels doubles. Lang a cependant décrit un azotite acide, $(AzO^2)^4H^2Pt''$, sous la forme d'une masse saline rouge, formée de prismes confus et obtenue en évaporant la solution du sel barytique précipitée par l'acide sulfurique et filtrée [Lang, *Journ. für prakt. Chem.*, t. LXXXIII, p. 415; *Rép. de Chim. pure*, 1862, p. 221].

Azotite platoso-potassique, $(AzO^2)^4K^2Pt''$. — Il se dépose en fines aiguilles hexagonales incolores du mélange, incolore à froid, d'azotite de potassium et de chlorure platoso-potassique. Il se dissout à 15° dans 27 p. d'eau pure; il est plus soluble à chaud. Cristallisé par évaporation lente, il se présente en tables rhombiques efflorescentes, renfermant $2H^2O$.

Le *sel de sodium* est très-soluble.

Le *sel ammonique*, $(AzO^2)^4(AzH^4)^2Pt'' + H^2O$, se dépose par l'évaporation dans le vide en prismes jaunâtres, inaltérables à l'air. Sa solution dégage de l'azote par l'ébullition.

L'*azotite platoso-argentique*, $(AzO^2)^4Ag^2Pt''$, obtenu par double décomposition avec le sel potassique, est en cristaux jaunâtres, altérables à la lumière, solubles à chaud.

Azotite platoso-barytique,

$$(AzO^2)^4Ba''Pt'' + 3H^2O.$$

— Cristaux octaédriques incolores, peu solubles dans l'eau froide.

Azotite platoso-dimercureux,

$$(AzO^2)^4[Hg^2]''Pt'', Hg^2O + H^2O.$$

— Précipité blanc jaunâtre, obtenu par l'addition d'azotite mercureux au sulfite platoso-potassique (Lang).

Bromate platinique. — Il reste en dissolution lorsqu'on précipite le sulfate platinique par le bromate de baryum; sa solution se décompose au bain-marie, en perdant de l'oxygène et du brome [Rammelsberg, *Poggend. Ann.*, t. LV, p. 86].

Iodate platinique. — Précipité jaune, un peu soluble (Pleischl).

Sulfate platineux. — L'hydrate platineux se dissout dans l'acide sulfurique étendu avec une couleur brune (Berzelius). Lorsqu'on traite le chlorure platineux par l'acide sulfurique et qu'on chauffe jusqu'à expulsion complète de l'acide chlorhydrique, on obtient une masse amorphe noire, déliquescente, très-soluble et altérable (Vauquelin). On obtient le même sel en chauffant la solution brune obtenue par l'action de l'acide sulfureux sur l'hydrate platinique.

Sulfate platinique, $Pt(SO^4)^2$. — On l'obtient par dissolution de l'hydrate, par l'action de l'acide sulfurique sur le chlorure platinique (Berzelius), enfin, par oxydation du sulfure de platine par l'acide azotique. C'est une masse noire, amorphe, brillante, déliquescente, très-soluble dans l'eau, dans les acides et dans l'alcool. La potasse et la soude en précipitent des sels basiques doubles, mal définis (E. Davy, Berzelius, Liebig).

Sulfate platino-barytique. — Précipité brun indécomposable par les alcalis, soluble dans l'eau régale et dans l'acide sulfurique, mais non dans les acides chlorhydrique ou azotique (E. Davy).

Sulfate platino-aluminique. — Le sulfate d'alumine donne dans le chlorure platinique un précipité gélatineux brun. Ce corps perd 27 % d'eau par la calcination; il est insoluble dans les acides froids.

SULFITE PLATINEUX. — Le sulfite platineux donne naissance à des combinaisons doubles, quelquefois assez complexes, qui ont fait l'objet d'un grand nombre de recherches, mais dont l'histoire néanmoins est encore assez obscure [Dœbereiner, *Journ. für prakt. Chem.*, t. XV, p. 315; — Litton et Schnedermann, *Ann. der Chem. u. Pharm.*, t. XLII, p. 316; — Claus, *Journ. für prakt. Chem.*, t. XXXIX, p. 88; — Lang, *ibid.*, t. LXXXIII, p. 415, et *Répert. de Chim. pure*, 1862, p. 220; — Birnbaum, *Zeitsch. für Chem.*, (2), t. II, p. 235, t. V, p. 504; *Ann. der Chem. u. Pharm.*, t. CLIX, p. 116, et *Bull. de la Soc. chim.*, 1870, t. XIII, p. 139, et 1871, t. XVI, p. 453].

Le protoxyde de platine se dissout facilement dans l'acide sulfureux. La solution incolore laisse, par l'évaporation à l'abri de l'air, un sel gommeux, à réaction acide, soluble dans l'eau et dans l'alcool. Sa solution réduit le chlorure d'or. Traitée par le chlorure stanneux, elle donne un précipité brun et un dégagement d'acide sulfureux. La calcination le décompose en platine et acide sulfurique.

Dœbereiner regardait ce corps comme du sulfite platinique, ce qui est improbable. Gmelin, dans son *Traité de Chimie*, l'envisage comme le sulfite platineux SO^3Pt''; peut-être est-ce le sulfite acide $(SO^3)^2PtH^2$ ou acide platoso-sulfureux $Pt(SO^3H)^2$. Ce sulfite acide a été obtenu par Birnbaum en décomposant par l'acide hydrofluosilicique, les sulfites doubles correspondants. C'est une masse gommeuse, d'un jaune verdâtre.

SULFITES PLATINEUX DOUBLES. — On peut les grouper en deux catégories qui ont pour type $(SO^3)^2Pt''Na^2$ et $(SO^3)^4Pt''Na^6$. A côté des premiers se rangent des combinaisons mixtes représentant l'acide platosodisulfureux $Pt(SO^3H)^2$ dans lequel un groupe SO^3H est remplacé par du chlore, par exemple

$$Pt''\left\{\begin{matrix}Cl\\SO^3K;\end{matrix}\right.$$

mais il est à remarquer que ces composés sont toujours associés à du chlorure ou du sulfite du second métal. Birnbaum envisage les sels de la seconde série comme des combinaisons doubles de sulfite et de platosulfite, par exemple

$$Pt(SO^3Na)^2 + 2SO^3Na^2.$$

On obtient de l'acide platosodisulfureux combiné à du sel ammoniac, lorsqu'on dissout le chloroplatinate d'ammonium dans le sulfite acide d'ammonium. Il se forme des cristaux volumineux incolores qui renferment

$$Pt(SO^3H)^2 + 2AzH^4Cl + H^2O.$$

Ces cristaux perdent H^2O à 100° et de l'acide sulfureux à 150° (Birnbaum).

On connaît également des sulfites doubles de platosammonium. — Voir p. 1054.

Sulfite platoso-disodique, $(SO^3)^2PtNa^2$. — Poudre jaunâtre, soluble dans l'eau, non précipitable par le chlorure de sodium. Il se produit par l'évaporation à une douce chaleur de la solution du sel hexasodique (p. 1048) additionnée d'une faible quantité d'acide chlorhydrique (Litton et Schnedermann).

Sulfite platoso-diammonique,

$$(SO^3)^2Pt(AzH^4)^2 + H^2O.$$

— Longues aiguilles aplaties, blanches, très-solubles, obtenues en neutralisant l'acide platoso-sulfureux par l'ammoniaque et précipitant par l'alcool (Liebig, Boeckmann).

L'acide chloroplatoso-sulfureux (voir ci-dessous) se dissout dans le sulfite acide d'ammonium et l'on obtient par l'évaporation des prismes incolores, renfermant $Pt(SO^3AzH^4)^2 + 2AzH^4Cl$ (Birnbaum).

CHLOROPLATOSOSULFITES. — Ces sels, combinés aux chlorures, s'obtiennent par l'action de l'acide sulfureux ou des sulfites sur les chloroplatinates. Ils correspondent à un acide

$$Pt''\left\{\begin{matrix}Cl\\SO^3H\end{matrix}\right. + 2AzH^4Cl$$

qu'on obtient par l'action de l'acide sulfureux sur le chloroplatinate d'ammonium. Il se forme une solution jaune qui, évaporée sur l'acide sulfurique, fournit des cristaux de chloroplatinate d'ammonium, puis des aiguilles anhydres, jaunes, déliquescentes, qui constituent l'acide libre.

Chloroplatososulfites de potassium. Le sel obtenu en neutralisant par le carbonate potassique l'acide précédent forme des cristaux rhomboïdaux orangés, qui renferment

$$PtCl.SO^3K + 2AzH^4Cl.$$

On obtient un autre sel double, $PtCl,SO^3K+2KCl$, en traitant le chloroplatinite de potassium par le sulfite de potassium. Il est en cristaux rhomboïdaux.

Si l'on emploie le sulfite acide d'ammonium, on obtient des prismes incolores et brillants :

$$PtCl.SO^3K + SO^3(AzH^4)K + 3H^2O.$$

Chloroplatososulfites d'ammonium. — L'acide précédent, neutralisé par l'ammoniaque, ne donne pas le sel vert de Magnus, ni le chloroplatososulfite, mais des aiguilles microscopiques blanches qui renferment $SO^3Pt(AzH^3)^4$.

On obtient un chloroplatososulfite

$$PtCl.SO^3AzH^4 + SO^3(AzH^4)^2 + 3H^2O,$$

en cristaux clinorhombiques d'un jaune pâle, lorsqu'on dissout le chloroplatinite d'ammonium dans du sulfite d'ammonium.

Chloroplatososulfite de sodium,

$$PtCl.SO^3Na + 2AzH^4Cl + H^2O.$$

— Masse cristalline déliquescente.

Les *sels de calcium et de magnésium*, obtenus comme celui de potassium, sont très-déliquescents et renferment, si l'on ne tient pas compte du chlorure d'ammonium,

$$(PtCl\,SO^3)^2Ca \text{ et } (PtCl.SO^3)^2Mg.$$

Le *sel barytique* forme des groupes mamelonnés composés de lamelles jaune-rouge. Leur composition est très-complexe (Birnbaum). Elle est représentée par la formule

$$Pt^3Cl^2(SO^3)^3Ba + BaCl^2 + 6AzH^4Cl + 3H^2O.$$

PLATOSOSULFITES HEXABASIQUES. — *Sulfite platoso-hexammonique*, $(SO^3)^4Pt''(AzH^4)^6$. — Sel cristallin blanc, assez soluble, que Lang a obtenu en ajoutant du sulfite d'ammonium au chloroplatinite d'ammonium, en solution concentrée. Il est à remarquer que Birnbaum prétend avoir préparé le chloroplatososulfite à l'aide de la même réaction. La présence du chlore a-t-elle échappé à Lang ou bien la réaction est-elle différente suivant les conditions? Ces dernières ne sont pas assez spécifiées pour qu'on puisse répondre à cette question.

Birnbaum a obtenu ce sel en petites aiguilles, avec $3H^2O$, en faisant passer un courant de gaz sulfureux dans du sulfite d'ammonium tenant de l'hydrate platinique en suspension.

Sulfite platoso-hexapotassique, $(SO^3)^4PtK^6$. —

Il se forme par l'addition de sulfite potassique acide à une solution étendue de chloroplatinite de potassium ; en chauffant, la solution se décolore instantanément et le sel double se dépose en prismes hexagonaux microscopiques, solubles dans l'eau bouillante et renfermant $1\frac{1}{2}H^2O$ (Lang). Sa solution n'est précipitée ni par le carbonate ammonique ni par l'hydrogène sulfuré.

Birnbaum, qui assigne à ce sel $2H^2O$, l'a obtenu en aiguilles étoilées incolores par l'action de l'acide sulfureux sur du sulfite neutre de potassium tenant de l'hydrate platinique en suspension.

Claus paraît l'avoir obtenu par l'action du sulfite de potassium sur le chloroplatinate.

Sulfite platoso-hexasodique,

$$(SO^3)^4Pt''Na^6 + 7H^2O.$$

— Ce sel, qui se distingue par sa faible solubilité, s'obtient par l'addition d'un sel de sodium au sulfite hexapotassique. On l'obtient aussi par l'addition de carbonate sodique au sulfite platineux ou à une solution de tétrachlorure de platine saturée d'acide sulfureux. C'est une poudre renfermant $7H^2O$; à 100° il en renferme encore 1/2 qu'il perd de 100° à 200°. Au delà de 240°, il se décompose en platine, sulfite et sulfate sodiques. L'hydrogène sulfuré ne le décompose qu'après addition d'un acide.

Les acides le dissolvent avec dégagement de gaz sulfureux.

Sa solution laisse, par l'évaporation, un vernis blanc ; elle est neutre. Elle est précipitée par le chlorure de sodium (Litton et Schnedermann).

Sulfite platoso-argentique, $(SO^3)^4PtAg^6$. — Précipité blanc, soluble dans l'ammoniaque.

Sulfite platinique. — Quand on traite l'hydrate platinique, en suspension dans l'eau, par l'acide sulfureux, on obtient une solution brune qui ne renferme pas d'acide sulfurique ; elle contient donc du sulfite platinique ; mais celui-ci est très-instable et se transforme aisément en sulfate platineux. Birnbaum en a décrit des sels doubles.

Sulfite platino-potassique,

$$SO^3K^2.SO^4Pt + H^2O, \text{ soit } (SO^3)^2K^2(PtO)'' + H^2O.$$

— Précipité cristallin brun, se décolorant facilement, obtenu en ajoutant à la solution du sulfite platinique un mélange légèrement alcalin de sulfite et de carbonate potassiques.

Le *sel sodique*, $(SO^3)^3Na^4(PtO)'' + 2H^2O$, est un précipité brun clair, peu soluble.

Le *sel ammoniacal* est soluble ; sa solution se décolore très-rapidement.

Hyposulfite platoso-sodique,

$$(S^2O^3)^4Pt''Na^6 + 10H^2O.$$

— Ce sel se sépare en un liquide oléagineux jaune, se prenant en une masse cristalline, par l'addition d'alcool à la solution du chloroplatinite d'ammonium dans l'hyposulfite de sodium. On le purifie par dissolution dans l'eau et une nouvelle précipitation par l'alcool. Il est très-soluble. L'acide chlorhydrique altère sa solution en occasionnant un dépôt de sulfure de platine et un dégagement de gaz sulfureux. L'hydrogène sulfuré ne le précipite pas [Schottlaender, *Ann. der Chem. u. Pharm.*, t. CXL, p. 200 ; *Bull. de la Soc. chim.*, 1867, t. VII, p. 403].

Stannate platineux. — Lorsqu'on traite le tétrachlorure de platine par un excès de chlorure stanneux, la solution se colore en rouge-brun. L'ammoniaque y produit alors un précipité volumineux, d'un brun-noir, renfermant $Pt^2Sn^6O^{16}$. R. Schneider admet que ce corps constitue un stannate platoso-stanneux renfermant un sous-oxyde de platine Pt^2O ; ce qui prouve en effet que ce composé ne renferme pas de protoxyde PtO, c'est qu'on l'obtient également avec le chlorure platineux, qui, dans ce cas, éprouve lui-même une réduction. La composition de ce produit est du reste peu constante. Schneider le compare avec raison au pourpre de Cassius ; on pourrait donc y admettre la présence de platine très-divisé [*Poggend. Ann.*, t. CXXXVI, p. 105 ; *Bull. de la Soc. chim.*, 1869, t. XII, p. 243]. E. W.

PLATINE (réactions, dosage et séparation).

Réactions des sels de platine. — Les sels de platine sont précipités de leurs solutions par un grand nombre de métaux. Le zinc, le cadmium, le fer, le cobalt, le cuivre le précipitent rapidement en poudre ou en lamelles ; le nickel, le mercure, le bismuth, plus lentement. L'étain ne produit qu'une réduction partielle ; il en est de même du plomb et de l'argent.

Les agents réducteurs, surtout en présence d'un alcali, précipitent le platine métallique ; tels sont l'acide formique, l'acide tartrique, l'alcool, le sucre. Les acides oxalique, acétique et citrique ne produisent pas de réduction.

Le chlorure stanneux donne une coloration brune très-intense.

La chaleur décompose tous les sels de platine en donnant du platine métallique.

Sels platineux. — *Hydrogène sulfuré.* — Précipité brun, soluble dans un excès de sulfure ammonique.

Ammoniaque. — Précipité cristallin vert, avec le chlorure ou en présence d'acide chlorhydrique.

Potasse. — Rien en solution étendue.

Carbonate ammonique. — Rien.

Carbonate potassique. — Précipité brun, se formant lentement.

Iodure de potassium. — D'abord coloration rouge, puis précipité noir et décoloration de la solution.

Azotate mercureux. — Précipité noir.

Sels platiniques. — *Hydrogène sulfuré.* — Précipité brun, se formant lentement, soluble dans les sulfures alcalins. La chaleur facilite sa formation.

Potasse, ammoniaque et leurs carbonates, en présence d'acide chlorhydrique. — Précipité jaune de chloroplatinate très-peu soluble, surtout dans l'alcool ; soluble dans un grand excès de potasse caustique.

Soude et carbonate de sodium. — Pas de précipité à froid ; à chaud, précipité jaune-brun de platinate de sodium.

Hydrogène phosphoré. — Pas de réaction, ce qui distingue le platine du palladium.

Iodure de potassium. — Coloration brune, puis précipité jaune-brun.

Cyanures jaune et rouge. — Pas de précipité ; coloration verdâtre.

Azotate mercureux. — Précipité jaune rougeâtre.

Dosage du platine. — On dose le platine à l'état métallique ; il est toujours possible de le transformer en une combinaison donnant du platine pur par calcination, ou de l'amener à cet état par l'action d'un agent réducteur. Quelquefois il suffit de calciner le composé à analyser pour avoir le platine métallique. On opère alors comme pour l'or.

Précipitation à l'état de chloroplatinate d'ammonium. — On ajoute à la solution chlorhydrique, concentrée au besoin, de l'ammoniaque pour la neutraliser en partie, puis du sel ammoniac et de l'alcool. Après 24 heures, on filtre, on lave avec de l'alcool à 80 centièmes, puis on sèche le filtre et on calcine le précipité avec le filtre, dans un creuset de platine, en observant les précautions indiquées plus loin pour la calcination du chloroplatinate de potassium. Les résultats sont en général un peu trop faibles. On ne peut pas peser directement le chloroplatinate desséché, car il retient du chlorure d'ammonium que les lavages à l'alcool ne peuvent lui enlever complétement.

Précipitation à l'état de chloroplatinate de potassium. — On procède à peu près de même, seulement on recueille le précipité sur un filtre taré, puis on en calcine un poids déterminé dans un courant d'hydrogène; il reste ainsi du platine métallique et du chlorure de potassium facile à enlever par l'eau; on lave le platine, on le sèche et on le pèse. Les résultats sont plus rigoureux que par le procédé précédent.

La décomposition des chloroplatinates de potassium et d'ammonium par la calcination n'est complète que si l'on opère sur de petites quantités, surtout pour le dernier; si la quantité de matières à calciner dépasse quelques décigrammes, il est bon de terminer la décomposition du sel double dans un courant d'hydrogène. On chauffe d'abord lentement pour ne pas avoir d'entraînement du métal par les gaz qui se dégagent, et quand la décomposition est à peu près terminée, on recouvre le creuset d'un couvercle traversé par un tube abducteur pouvant amener l'hydrogène au fond du creuset et l'on achève la réduction dans ce gaz. La chaleur d'une lampe à alcool suffit pour terminer cette réaction.

Lorsqu'on se sert d'un creuset de platine pour opérer cette décomposition, une partie du platine réduit se soude au creuset et en augmente le poids; avec le chloroplatinate de potassium, la nature du platine peut même être profondément modifiée. Le chlore qui se dégage réagit sur le platine du creuset, surtout en présence du chlorure de potassium, et forme du chlorure de platine qui finalement se trouve réduit en donnant une matière poreuse et friable à la place de la substance compacte et résistante du creuset; celui-ci peut se trouver ainsi hors d'usage.

Précipitation à l'état de sulfure. — Cette précipitation a quelquefois lieu lorsqu'on sépare le platine d'autres métaux. Il faut, pour qu'elle soit complète, porter la solution à l'ébullition, après l'avoir saturée d'hydrogène sulfuré; la saturer de nouveau par ce gaz, puis laver le précipité. La calcination du sulfure de platine à l'air le transforme en platine métallique.

Précipitation par les agents réducteurs. — Cette réduction peut se faire par le sulfate ferreux et un alcali, ou mieux encore par le zinc métallique dont on enlève l'excès par l'acide chlorhydrique. On peut également employer un formiate alcalin; mais alors la réduction est plus lente et il faut chauffer. Enfin on fait quelquefois usage de l'azotate mercureux; le platine est entièrement précipité, mais il faut le soumettre à une forte calcination pour le priver entièrement de mercure.

SÉPARATION DU PLATINE.—Le platine se sépare des métaux alcalins et alcalino-terreux par l'hydrogène sulfuré, en suivant les recommandations indiquées plus haut.

Pour séparer le platine des métaux précipitables par l'hydrogène sulfuré ou le sulfure ammonique (sauf l'argent et le plomb), on peut le précipiter à l'état de chloroplatinate. Le platine obtenu par la calcination de ce précipité doit être fondu avec du sulfate acide de potassium pour constater s'il ne renferme pas d'autres métaux, notamment du fer.

Si la dissolution du platine contenait du plomb, on évaporerait autant que possible, pour chasser l'excès d'eau régale, et l'on reprendrait par l'alcool qui dissoudrait le chlorure de platine et les chlorures métalliques solubles en laissant tout le plomb à l'état de chlorure de plomb insoluble. En ajoutant à la liqueur une solution alcoolique de chlorure d'ammonium, on obtiendra le chloroplatinate d'ammonium insoluble, qu'on achèvera de laver avec de l'alcool.

On peut aussi dans ce cas éliminer le plomb par l'acide sulfurique: on évapore lentement et l'on reprend par l'eau, puis on précipite comme précédemment.

Ce qui vient d'être dit s'applique naturellement à tous les cas où la solution de chlorure platinique est mélangée à d'autres solutions des métaux communs. E. W.

PLATINE ET MÉTAUX PRÉCIEUX.

Séparation du platine et de l'argent. — Lorsqu'on dissout un alliage d'argent et de platine dans l'acide azotique, une portion du platine entre en dissolution et l'autre reste en suspension dans la liqueur, qui ne s'éclaircit que très-lentement, à moins qu'on ne l'étende de beaucoup d'eau. Lors même que l'alliage est peu riche en platine, ce métal n'est jamais complétement dissous, si l'alliage ne contient pas également de l'or. Vauquelin a fait voir que, si la proportion de l'or était dix fois celle du platine, l'argent étant en grand excès, la solution du platine est complète, et c'est pour cela que les essais d'or contenant peu de platine sont aussi exacts que les essais d'or qui en sont exempts. Mais, que le platine soit totalement ou incomplétement dissous, il n'est pas facile de le séparer de l'argent, car, si l'on précipite ce métal à l'état de chlorure, celui-ci entraîne du chlorure de platine dont il est difficile de le séparer, même par l'ébullition avec l'eau régale. La seule méthode qui permette de séparer facilement l'argent du platine consiste à chauffer l'alliage réduit en grenailles, ou mieux en lames, avec de l'acide sulfurique concentré qui ne dissout que l'argent et qui laisse le platine en lames qui se brisent au moindre choc et qu'on peut facilement laver à l'eau chaude.

L'alliage doit contenir au moins 3 ou 4 p. d'argent pour une de platine, mais il n'y a pas d'inconvénient à ce qu'il contienne plus d'argent. S'il contenait trop de platine, l'acide sulfurique l'attaquerait mal; on le fondrait dans ce cas avec de l'argent.

L'attaque de l'alliage par l'acide sulfurique se fait dans une capsule de platine ou même dans un vase de Bohême que l'on recouvre d'un entonnoir; on se sert d'acide sulfurique concentré que l'on peut étendre de la moitié de son poids d'eau; en chauffant, on a d'abord un dégagement considérable d'acide sulfureux, puis les vapeurs épaisses d'acide sulfurique concentré apparaissent; on continue de maintenir l'ébullition 15 ou 20 minutes, on laisse refroidir et l'on décante le liquide qui contient presque tout l'argent. On fait bouillir une seconde fois avec de l'acide concentré qui enlève encore un peu d'argent, on décante et on lave le platine à l'eau bouillante jusqu'à ce que le liquide ne se trouble plus par l'acide chlorhydrique.

On dose l'argent à l'état de chlorure. Le platine, lavé et calciné, peut être facilement pesé.

Lorsqu'on dissout le platine ainsi obtenu dans l'eau régale, on trouve qu'il contient toujours une trace d'argent; car en étendant d'eau la liqueur on obtient un léger précipité de chlorure d'argent dont on peut d'ailleurs facilement tenir compte.

Séparation du platine et de l'or. — La séparation du platine et de l'or n'offre pas de difficultés; les deux métaux étant dissous dans l'eau régale, on ajoute à leur dissolution concentrée de l'alcool, puis une solution concentrée de chlorure d'ammonium. On précipite ainsi le platine à l'état de chloroplatinate qu'on lave à l'alcool. La liqueur filtrée ajoutée à l'eau de lavage est portée à l'ébullition pour chasser l'alcool; on en précipite ensuite l'or, soit par l'acide oxalique, soit par le protochlorure de fer.

On peut commencer par précipiter l'or en ajoutant à la solution dans l'eau régale une solution de protochlorure de fer qui n'a pas d'action sur le platine. On recueille l'or sur un filtre, on évapore la liqueur avec un peu d'acide chlorhydrique afin d'empêcher la production de sous-sels de fer, et l'on précipite le platine par une solution concentrée de sel ammoniac; le précipité jaune doit être bien lavé avec la solution de sel ammoniac, car, s'il retient du fer, il se produit dans la calcination du sel jaune un alliage de platine et de fer, et l'on ne peut séparer ce dernier du platine qu'en chauffant au rouge la masse de platine avec du bisulfate de potassium fondu.

Séparation de l'or, du platine et de l'argent. — On a souvent à essayer, dans le commerce, des lingots contenant de l'or, du platine et de l'argent. Comme le platine y est toujours en petite quantité, on peut très-exactement et très-rapidement déterminer leur titre en opérant de la manière suivante :

1° On coupelle 0gr,5 de l'alliage (1 gramme de la boîte à l'or) avec une quantité de plomb suffisante, à une température d'autant plus élevée que l'alliage contient plus d'or et de platine; les métaux oxydables sont enlevés par la litharge, il reste dans la coupelle un bouton dont le poids donne la proportion des trois métaux dans l'alliage essayé.

2° On fait une seconde coupellation en ajoutant à l'alliage, s'il est nécessaire, assez d'argent pour que la proportion de ce métal soit à peu près 3 fois celle de l'or et du platine; le bouton de retour, laminé et traité par l'acide nitrique comme dans les essais ordinaires, laisse un cornet d'or pur, le platine se dissolvant tout entier avec l'argent si l'alliage contient au moins 10 fois plus d'or que de platine. Mais si la proportion de platine par rapport à l'or dépassait ce chiffre, il resterait du platine dans l'or, et il faudrait repasser à la coupelle le cornet d'or comme s'il s'agissait d'un or fin, c'est-à-dire en l'enquartant de nouveau. En traitant le bouton de retour par l'acide azotique après l'avoir laminé, on obtiendrait un cornet d'or fin si la proportion de platine n'était pas trop grande.

3° D'ordinaire le premier cornet d'or que l'on obtient ne contient plus de platine, on détermine alors la proportion de ce métal contenue dans l'alliage, en en coupellant une troisième prise d'essai avec une quantité d'argent égale à 2 fois 1/2 environ le poids des autres métaux précieux; le bouton de retour laminé est traité par l'acide sulfurique concentré à deux reprises dans un matras d'essayeur; le cornet d'or contient alors tout le platine.

La première opération donne le poids de l'or, du platine et de l'argent, la troisième le poids de l'or et du platine, la deuxième celui de l'or pur; on peut donc déterminer par différence celui du platine et de l'argent.

Ces opérations que l'on peut effectuer en quelques heures suffisent dans les cas ordinaires aux besoins du commerce des métaux précieux; mais quand l'alliage contient une proportion un peu notable de platine, elles deviennent absolument insuffisantes; les méthodes analytiques habituelles sont dans ce cas bien préférables et leur exactitude laisse peu à désirer.

Analyse d'un alliage d'or, de platine et d'argent. — L'alliage étant réduit en lames minces, on le fait bouillir à deux reprises avec de l'acide sulfurique concentré qui dissout l'argent; il reste une poudre contenant tout l'or et le platine avec des traces d'argent. Cette poudre, bien lavée, est traitée par l'eau régale qui dissout l'or et le platine; l'argent reste à l'état de chlorure qu'on recueille. La séparation et le dosage de l'or et du platine se font comme il a été dit plus haut.

L'acide sulfurique n'attaque bien que les alliages qui contiennent de 60 à 80 % d'argent au moins; on fondra donc l'alliage primitif, s'il contient peu d'argent, avec 3 fois son poids de ce métal, dans un petit creuset de charbon. Le culot, laminé, sera traité ensuite par l'acide sulfurique.

PLATINE ET MÉTAUX DU MÊME GROUPE.

Séparation du platine et de l'iridium. — Le platine et l'iridium se trouvent presque toujours associés. Les tétrachlorures de ces métaux sont en effet précipités de leurs dissolutions par les chlorures alcalins, qui donnent avec les sesquichlorures de rhodium et de palladium des composés doubles, solubles dans une solution concentrée de chlorure de potassium ou de sel ammoniac.

Les méthodes employées jusqu'ici pour la séparation complète des deux métaux sont très-défectueuses. Lorsqu'on fait digérer avec de l'eau régale faible la mousse de platine iridiée que l'on obtient en réduisant le mélange des deux chlorures, il est bien difficile de ne pas laisser dans l'iridium, qui reste comme résidu, une notable proportion de platine.

Lorsqu'on chauffe à 150° la solution des deux métaux dans l'eau régale, on réduit bien une grande partie du tétrachlorure d'iridium à l'état de sesquichlorure que le sel ammoniac ne précipite plus, mais le platine contient toujours la proportion notable d'iridium provenant du chlorure non réduit, et l'on retrouve du platine dans le précipité d'iridium, obtenu en faisant bouillir la solution contenant le sesquichlorure d'iridium avec de l'acide nitrique pour faire passer celui-ci au maximum de chloruration.

MM. Sainte-Claire-Deville et Debray, qui s'étaient servis de la première méthode dans leurs recherches sur le platine, ont employé récemment, à propos de la préparation de l'alliage de platine et d'iridium destiné à la confection du mètre international, une autre méthode, beaucoup plus exacte que les précédentes, pour la séparation et la préparation de l'iridium pur.

On fond la mousse métallique formée des deux métaux avec cinq ou six fois son poids de plomb dans un creuset de charbon de cornue; le platine s'unit au plomb, l'iridium y cristallise sans se combiner avec lui. On traite alors le culot par l'acide nitrique étendu qui dissout la majeure partie du plomb, et qui laisse un mélange d'un alliage de platine et de plomb contenant peu de ce dernier métal et d'iridium en grains cristallins. Cet iridium est inattaquable dans l'eau régale concentrée; l'alliage de platine et de plomb se dissout au contraire dans l'eau régale, même très-étendue. La séparation de l'iridium est donc très-facile. Nous avons dit plus haut comment on séparait le platine du plomb.

Par cette méthode, on peut constater facilement la présence du platine dans l'iridium obtenu par les divers moyens connus; l'iridium cristallisé contient néanmoins des traces de platine et de ruthénium que l'on peut constater : le platine, en traitant de nouveau par le plomb, le ruthénium en chauffant au rouge sombre l'iridium avec du nitre et de la potasse. La liqueur reprise par l'eau contient du ruthéniate jaune de potassium.

Analyse d'un alliage contenant platine, iridium, rhodium et palladium. — On peut dissoudre l'alliage dans l'eau régale, s'il y est soluble; on évapore la liqueur pour décomposer le tétrachlorure de palladium et l'on reprend par un peu d'eau pour s'assurer que tout y est soluble. On additionne alors la liqueur de deux fois son volume d'alcool et on y verse une solution concentrée de chlorhydrate d'ammoniaque qui précipite la majeure partie du platine et de l'iridium à l'état de sels doubles, qu'on lave avec de l'alcool jusqu'à décoloration de la liqueur. La dissolution, bouillie pour chasser l'alcool, est additionée d'acide azotique et évaporée jusqu'à cristallisation du sel ammoniac en excès; il se dépose en même temps un peu de chlorure d'iridium platiné provenant de ce que dans la première partie de l'opération le tétrachlorure d'iridium avait subi une réduction partielle, en donnant un sesquichlorure que le sel ammoniac ne précipite pas. L'acide nitrique ramène ce corps à l'état de tétrachlorure.

On recueille ce précipité et on le lave comme le premier. On en retire le platine et l'iridium.

La liqueur filtrée contient le rhodium et le palladium, que l'on en peut extraire en évaporant à sec et en calcinant ensuite dans l'hydrogène. La partie métallique traitée par l'eau régale faible cède son palladium, qui se dissout avec un peu de rhodium. Pour séparer le rhodium qui se trouve dissous avec le palladium, on évapore à siccité et on reprend par l'eau; on ajoute à la dissolution du cyanure de mercure qui précipite le palladium à l'état de cyanure blanc que l'on recueille sur un filtre. La dissolution filtrée rendue alcaline est évaporée à siccité et calcinée; le mercure est chassé; on lave pour enlever les sels alcalins : l'oxyde de rhodium reste à l'état insoluble. On le réduit par l'hydrogène.

Si l'alliage contenait 30 à 40 % d'iridium ou de rhodium, on ne pourrait plus le dissoudre facilement dans l'eau régale, même en l'y faisant bouillir durant plusieurs jours. On fondra cet alliage avec 5 à 6 fois son poids de plomb, et l'on attaquera le culot par l'acide azotique étendu. Le plomb, le palladium et un peu de rhodium se dissoudront, il restera un résidu insoluble composé d'iridium cristallisé et d'alliages de plomb, de platine et de rhodium facilement solubles dans l'eau régale.

Après avoir évaporé à siccité, on reprendra par l'eau et on éliminera le plomb de cette liqueur par l'acide sulfurique, puis on précipitera le platine par le sel ammoniac, le rhodium restera en dissolution. Nous avons dit tout à l'heure comment on peut le retirer en évaporant et calcinant.

La séparation du palladium, du rhodium et du plomb se fait en évaporant la liqueur qui les contient avec un excès d'acide azotique; la majeure partie du nitrate de plomb, insoluble dans l'acide concentré, cristallise et peut être séparée par décantation. On évapore à sec et l'on reprend par une solution bouillante et concentrée de soude caustique qui dissout l'oxyde de plomb et laisse insolubles les oxydes de palladium et de rhodium qu'on redissout facilement dans l'acide chlorhydrique. Nous avons vu plus haut comment on peut séparer ces deux métaux.

Analyse du minerai de platine. — Lorsqu'on attaque le minerai de platine par l'eau régale (préparation du platine), il se dissout du platine, de l'iridium, du palladium, du rhodium, du fer et du cuivre. Un peu d'acide osmique distille. On peut le recueillir dans un appareil distillatoire avec les vapeurs condensables de l'eau régale. Pour le retirer de ce liquide, on y ajoute un excès d'ammoniaque et du sulfhydrate d'ammoniaque et l'on fait évaporer à siccité. Ce résidu mélangé de soufre fortement calciné dans un creuset de charbon donne de l'osmium dense et inaltérable, le sulfure d'osmium étant décomposable par la chaleur.

La liqueur contenant tous les métaux du platine est traitée par le chlorure d'ammonium pour en extraire le platine et l'iridium comme il a été dit au paragraphe précédent. La dissolution qui contient le palladium et le rhodium est évaporée avec beaucoup d'acide nitrique, pour détruire l'excès de sel ammoniac. On opère d'abord dans un vase recouvert d'un entonnoir, puis on introduit la liqueur dans un petit creuset taré, et l'on évapore à sec. On ajoute un peu de soufre et de sulfhydrate d'ammoniaque au résidu, et on chauffe dans un creuset de charbon placé lui-même dans un creuset de terre. Les sulfures de rhodium et de palladium sont réduits par la chaleur; le fer et le cuivre restent à l'état de sulfures. En faisant digérer ce résidu avec de l'acide azotique concentré à la température de 70° environ, on dissout le palladium, le fer et le cuivre. Le rhodium reste. La solution des nitrates, évaporée et calcinée au rouge, donne un mélange de palladium et d'oxydes que l'on sépare par l'acide chlorhydrique concentré, qui est sans action sensible sur le métal. Il ne reste plus qu'à doser le cuivre et le fer.

On ne pèsera le rhodium et le palladium qu'après les avoir réduits par l'hydrogène; on s'assurera de leur pureté en les dissolvant, le premier dans le bisulfate de sodium fondu au rouge, le second dans l'acide azotique, d'où on pourra le précipiter par le cyanure de mercure.

On fait ordinairement ces analyses sur 2 à 3 grammes de matières; le dosage des métaux peu abondants est alors assez peu exact; si on veut une plus grande approximation, il convient d'opérer sur de plus grandes quantités; on se bornera alors à précipiter le platine et l'iridium sans les doser et on déterminera seulement la proportion des autres métaux.

Détermination de la quantité de sable et d'osmiure d'iridium contenus dans un minerai de platine. — La partie insoluble dans l'eau régale est composée d'osmiure et d'un *sable complexe*. On peut facilement en déterminer le poids total; pour avoir celui du sable, qui n'a aucune valeur commerciale, on peut fondre dans un petit creuset de terre 2 grammes de minerai bien choisi avec 7 à 8 grammes d'argent pur et 10 grammes de borax fondu, on obtient un culot qui contient la partie métallique; le sable passe dans le borax. L'augmentation de poids de l'argent donne le poids du platine et de l'osmiure [1]. Si l'on a déterminé également sur 2 grammes le poids de la partie insoluble dans l'eau régale, on aura tous les éléments pour calculer la proportion du sable et celle de l'osmiure contenue dans le minerai essayé.

On peut aussi traiter directement le résidu insoluble par le borax et l'argent. L'osmiure se précipitera au fond du métal fondu sans se combiner avec lui, et se séparera ainsi du sable. La première méthode est naturellement plus rapide, puisque les deux essais se font simultanément.

Analyse de l'osmiure d'iridium. — L'analyse de l'osmiure d'iridium a été indiquée à l'article Osmium (p. 664); nous y ajouterons seulement quelques mots. L'iridium qu'on extrait de l'osmiure contient, suivant la provenance [2], des quantités plus ou moins grandes de ruthénium. On sépare ces deux métaux en attaquant l'iridium impur par 2 fois son poids d'un mélange de nitre et de potasse fondue. On opère dans une capsule d'argent, et l'on porte progressivement le mélange jusqu'à la température du rouge sombre. La matière fondue est coulée dans une autre capsule d'argent, dont le fond baigne dans l'eau froide, elle s'y solidifie sans y adhérer beaucoup et peut en être facilement détachée. On introduit la matière concassée dans un flacon contenant de l'eau ordinaire additionnée d'un peu d'eau de chlore; le ruthéniate alcalin s'y dissout en donnant une liqueur jaune rougeâtre, l'oxyde d'iridium se dépose au fond du flacon. On décante et on ajoute 1/10 d'alcool ordinaire qui réduit le ruthéniate, surtout à chaud. Il se précipite alors un oxyde noir de ruthénium que l'on réduit par l'hydrogène.

(1) On nettoie le culot d'argent, s'il est nécessaire, avec un peu d'acide fluorhydrique faible.

(2) C'est l'osmiure de Russie qui contient la plus grande proportion de ruthénium.

Les osmiures d'iridium que l'on soumet à l'analyse doivent toujours être séparés du sable qui les accompagne; si l'on veut opérer sur une grande quantité de matière, au lieu d'effectuer la séparation du sable et de l'osmiure au moyen de l'argent et du borax, on fond l'osmiure brut avec 5 ou 6 fois son poids de plomb et le même poids de litharge. L'osmiure va dans le plomb dont on le sépare, après refroidissement du culot, par l'acide azotique étendu. Le sable reste dans la litharge.

H. D.

PLATINE (COMPOSÉS AMMONIÉS). — Les chlorures de platine et d'autres composés possèdent la propriété de s'unir à l'ammoniaque et de produire ainsi des dérivés doués de propriétés spéciales pouvant donner naissance à plusieurs séries de sels qu'on désigne fréquemment par les noms des auteurs qui les ont découverts; c'est ainsi que l'on dit sel de Magnus, sels de la première base de Reiset, sels de la seconde base de Reiset, sels de Gros, sels de Gerhardt, etc.

C'est Magnus qui a découvert le premier dérivé ammoniacal du platine, composé qui se forme par l'addition d'ammoniaque au chlorure platineux. Ce corps renferme $PtCl^2.2AzH^3$.

Gros, en soumettant ce sel à l'action de l'acide azotique, obtint le sel d'une base renfermant du chlore et ne précipitant cependant pas par l'azotate d'argent. Berzelius envisageait ce sel comme de l'azotate ammonique soudé à du chloramidure de platine, $PtCl^2Az^2H^6 + 2(AzO^3, AzH^4)$.

Reiset fit un peu plus tard l'observation que le sel vert de Magnus peut fixer une nouvelle quantité d'ammoniaque pour donner $PtCl^2 2Az^2H^6$ (chlorure de la première base de Reiset). En même temps, il découvrit un isomère du sel vert de Magnus (chlorure de la deuxième base de Reiset), dont il envisageait la base comme de l'oxyde d'ammonium dans lequel le platine remplace de l'hydrogène, tandis que Berzelius le regardait comme du protoxyde de platine copulé avec de l'ammoniaque inactive.

Peyrone obtint des résultats analogues à ceux de Reiset, mais il crut avoir affaire à des isomères; il montra que le sel vert de Magnus peut être envisagé comme le chloroplatinite de la deuxième base de Reiset :

$$PtCl^2 + Pt(AzH^3)^4Cl^2 = 2Pt(AzH^3)^2Cl^2,$$

ce qui rendait compte de l'isomérie du sel vert de Magnus et du sel jaune de Reiset. Raewsky obtint des sels intermédiaires entre les sels de Gros et ceux de Reiset.

Quant à la constitution de ces composés, on a émis diverses opinions. Nous avons déjà fait observer que Berzelius les regardait comme des combinaisons copulées; Reiset, puis Gerhardt y voyaient une substitution du platine à l'hydrogène de l'ammoniaque. Gerhardt croyait devoir admettre pour le platine deux *équivalents*, le *platinicum*, Pt = 49,5, et le *platosum*, Pt = 99 (le poids atomique est égal à 198), pour expliquer comment la même quantité de platine peut se substituer à H tantôt dans AzH^3 et tantôt dans Az^2H^6.

Weltzion, admettant avec A. W. Hofmann que l'ammonium lui-même peut se substituer à l'hydrogène dans une molécule ammoniacale, a formulé ainsi les dérivés ammoniacaux du platine (oxydes d'ammoniums) :

$$Az^2 \left\{ \begin{matrix} H^6 \\ Pt \end{matrix} \right\} O, \qquad Az^2 \left\{ \begin{matrix} H^6 \\ Pt \end{matrix} \right\} O^2,$$

2e base de Reiset. — Platinamine de Gerhardt.

$$Az^2 \left\{ \begin{matrix} H^4 \\ (AzH^4)^2 \\ Pt \end{matrix} \right\} O, \qquad Az^2 \left\{ \begin{matrix} H^4 \\ (AzH^4)^2 \\ Pt \end{matrix} \right\} O^2.$$

1re base de Reiset. — Base de Gros.

De leur côté, Grimm et Kolbe formulaient ainsi les radicaux de ces bases (ammoniums) :

$$\left. \begin{matrix} H^6 \\ Pt \end{matrix} \right\} Az^2 \qquad \left. \begin{matrix} (AzH^4)^2 \\ H^4 \\ Pt \end{matrix} \right\} Az^2.$$

Radical de la 2e base de Reiset. — Radical de la 1re base de Reiset.

$$\left. \begin{matrix} H^6 \\ (PtO) \end{matrix} \right\} Az^2 \quad \text{et} \quad \left. \begin{matrix} H^6 \\ (PtCl^2) \end{matrix} \right\} Az^2.$$

Radicaux des sels de platinamine.

$$\left. \begin{matrix} (AzH^4)^2 \\ H^4 \\ (PtO) \end{matrix} \right\} Az^2 \quad \text{et} \quad \left. \begin{matrix} (AzH^4)^2 \\ H^4 \\ (PtCl^2) \end{matrix} \right\} Az^2.$$

Radicaux des sels de Gros, de Raewsky, et de Gerhardt.

Dans cette dernière manière de formuler on voit assez clairement les relations que ces corps présentent entre eux, ainsi que la particularité que présentent les sels de Gros de contenir dans le radical du chlore (ou un autre élément électronégatif) dans un état particulier qui fait qu'il n'est pas précipité par le nitrate d'argent.

Tout récemment, Cleve a fait connaître une classification et une nomenclature des bases du platine, proposées par Blomstrand. Fondées sur l'atomicité, elles rendent compte d'une manière très-simple de toutes les relations et de toutes les transformations de ces corps. C'est celle que nous adopterons pour leur exposition.

Le platine dans les uns est diatomique (*plato* ou *platoso*) et échange deux atomicités avec deux groupes diatomiques AzH^3 ou Az^2H^6 dont chacun conserve une atomicité libre.

Dans d'autres, le platine est tétratomique (*platino*) et échange une partie de ses atomicités avec de l'ammoniaque ou de la diammoniaque, tandis que les atomicités restantes peuvent être saturées par des éléments électronégatifs.

Dans d'autres enfin, le platine s'accumule de manière à donner des combinaisons qui renferment $(Pt^2)''$, $(Pt^2)^{vi}$, $(Pt^4)^{x}$, et peut-être davantage.

Les dénominations de ces différents radicaux ammoniés s'expliquent par le groupement des radicaux $(AzH^3)''$ ou $(Az^2H^6)'' = (AzH^2.AzH^4)''$, dont une atomicité est saturée par une des atomicités du platine. Les radicaux renfermant AzH^3 sont des monammoniums, ceux renfermant Az^2H^6 des diammoniums, et ceux renfermant à la fois l'un et l'autre, des monodiammoniums.

Les groupes AzH^3 et Az^2H^6 vont toujours par paires, sauf dans les radicaux semi-diammoniums dans lesquels la moitié ou le quart des atomicités du platine est saturé par une fois Az^2H^6.

Le tableau suivant indique la nomenclature et la composition des ammoniums platiniques. L'azote y est toujours pentatomique. Les atomicités libres sont marquées par des traits d'union.

1. Platosammonium (2e base de Reiset)	$\overset{''}{Pt} \left\{ \begin{matrix} AzH^3- \\ AzH^3- \end{matrix} \right.$
2. Platosémidiammonium	$\overset{''}{Pt} \left\{ \begin{matrix} AzH^2(AzH^4)- \\ - \end{matrix} \right.$
3. Platosomonodiammonium	$\overset{''}{Pt} \left\{ \begin{matrix} AzH^2(AzH^4)- \\ AzH^3- \end{matrix} \right.$
4. Platosodiammonium (1re base de Reiset)	$\overset{''}{Pt} \left\{ \begin{matrix} AzH^2(AzH^4)- \\ AzH^2(AzH^4)- \end{matrix} \right.$
5. Platinammonium (base de Gerhardt)	$= \overset{IV}{Pt} \left\{ \begin{matrix} AzH^3- \\ AzH^3- \end{matrix} \right.$
6. Platinosémidiammonium	$= \overset{IV}{Pt} \left\{ \begin{matrix} AzH^2(AzH^4)- \\ - \end{matrix} \right.$
7. Platinomonodiammonium	$= \overset{IV}{Pt} \left\{ \begin{matrix} AzH^2(AzH^4)- \\ AzH^3- \end{matrix} \right.$
8. Platinodiammonium (radicaux des bases de Gros et de Raewsky)	$= \overset{IV}{Pt} \left\{ \begin{matrix} AzH^2(AzH^4)- \\ AzH^2(AzH^4)- \end{matrix} \right.$

9. Diplatinammonium (l'iodure seul en est connu)....... $= \overset{vi}{Pt^2}\left\{\begin{matrix} AzH^3- \\ AzH^3- \\ AzH^3- \\ AzH^3- \end{matrix}\right.$

0. Diplatosodiammonium..... $(Pt^2)'' \left\{\begin{matrix} AzH^2(AzH^4)- \\ AzH^2(AzH^4)- \end{matrix}\right.$

1. Diplatinodiammonium...... $\equiv \left\} \overset{vi}{Pt^2} \right\{\begin{matrix} AzH^2(AzH^4)- \\ AzH^2(AzH^4)- \end{matrix}$

2. Diplatinotétradiammonium.. $= \overset{vi}{Pt^2}\left\{\begin{matrix} AzH^2(AzH^4)- \\ AzH^2(AzH^4)- \\ AzH^2(AzH^4)- \\ AzH^2(AzH^4)- \end{matrix}\right.$

Magnus, *Poggend. Ann.*, t. XIV, p. 242; *Ann. de Chim. et de Phys.*, (2), t. XL, p. 110; — Berzelius, *Rapport sur les progrès de la chimie*, 1841, p. 59; — J. Gros, *Ann. de Chim. et de Phys.*, (2), t. LXIX, p. 204; — Reiset, *ibid.*, (3), t. XI, p. 417, et *Compt. rend.*, t. X, p. 870, et t. XVIII, p. 1103; — Peyrone, *Ann. de Chim. et de Phys.*, (3), t. XII, p. 193, et t. XVI, p. 462; — Raewsky, *Compt. rend.*, t. XXIII, p. 353, t. XXIV, p. 1151, et t. XXV, p. 794; *Ann. de Chim. et de Phys.*, (3), t. XXII, p. 278; *Cimento*, t. II, p. 387; — Gerhardt, *Rev. scientif. et industr.*, t. XXXVII, p. 273; *Compt. rend.*, t. XXXI, p. 241; — Buckton, *Chem. Soc.*, t. V, p. 213; *Ann. der Chem. u. Pharm.*, t. LXXXIV, p. 270; — Thomsen, *Deutsch. Chem. Gesells.*, t. III, p. 42; *Bull. de la Soc. chim.*, 1870, t. XIII, p. 503; — Blomstrand, *Ofversig. K. Vetensk. Akad.*, 1870, p. 789; *Deutsch. Chem. Gesells.*, 1871, p. 639; — Cleve, *Bull. de la Soc. chim.*, 1867, t. VII, p. 12, 1871, t. XV, p. 161, t. XVI, p. 203, et 1872, t. XVII, p. 289.]

Enfin on a décrit des bases platinées contenant des radicaux organiques; les premières ont été obtenues par Ad. Wurtz [*Ann. de Chim. et de Phys.*, (3), t. XXX, p. 462 et 485]. Elles ont été étudiées plus tard par Gordon [*Deutsch. Chem. Gesells.*, t. III, p. 174; *Bull. de la Soc. chim.*, 1870, t. XIII, p. 518], et par Cleve [*Bull. de la Soc. chim.*, 1872, t. XVII, p. 294].

I. COMPOSÉS DE PLATOSAMMONIUM (2e base de Reiset),

$$Pt''\begin{matrix} \diagup AzH^3\text{-}R' \\ \diagdown AzH^3\text{-}R' \end{matrix} = \left.\begin{matrix} H^3 \\ Pt'' \\ H^3 \end{matrix}\right\} Az^2.(R')^2$$

(R étant un radical électronégatif). — Ils se produisent en général à l'aide des sels de platodiammonium, par élimination de $2\,AzH^3$; inversement, ils donnent ces derniers par fixation d'ammoniaque (Reiset).

1. CHLORURE DE PLATOSAMMONIUM,

$$Pt''\begin{matrix} \diagup AzH^3.Cl \\ \diagdown AzH^3.Cl \end{matrix} = Pt(Az^2H^6)Cl^2$$

ou

$$(PtH^6)Az^2.Cl^2.$$

Voici les circonstances dans lesquelles prend naissance le chlorure de platosammonium, qui sert à préparer la plupart des autres sels de la même série [Reiset, *Ann. de Chim. et de Phys.*, (3), t. XI, p. 426; — Peyrone, 1871, *ibid.*, t. XVI, p. 462; — Cleve, *Bull. de la Soc. chim.*, t. XVI, p. 203].

Reiset l'a obtenu en premier lieu par l'action d'une température de 220° à 270° sur le chlorure de platodiammonium (ou chlorure de la 1re base de Reiset) $Pt(Az^2H^6)^2Cl^2$.

Peyrone l'a également obtenu en chauffant ce sel avec de l'acide chlorhydrique.

Le sel vert de Magnus, qui se dissout à chaud dans une solution de sulfate ou d'azotate d'ammonium, se transforme peu à peu par l'ébullition dans son isomère jaune, qui se dépose par le refroidissement de la solution filtrée bouillante.

Les sulfate et azotate de platosammonium, dissous dans l'eau, fournissent le chlorure par addition d'acide chlorhydrique (Reiset).

Peyrone prépare ce chlorure en chauffant le tétrachlorure vers 250° dissolvant dans l'acide chlorhydrique le protochlorure $PtCl^2$ formé, faisant bouillir cette solution avec un excès de carbonate ammonique et filtrant la liqueur bouillante.

On peut aussi précipiter par le carbonate de sodium la solution de chlorure platinique décolorée par l'acide sulfureux; on redissout le précipité dans l'acide chlorhydrique et on précipite la solution par l'ammoniaque. Le chlorure de platosammonium se précipite en même temps que du chlorure de platodiammonium. On redissout dans l'acide chlorhydrique bouillant; par le refroidissement, le premier se dépose et le second reste en solution.

Le chlorure de platosammonium se dépose sous la forme d'une poudre cristalline ou de lamelles rhomboédriques d'un beau jaune. Il est soluble dans 4472 p. d'eau à 0° et dans 130 p. d'eau bouillante (Cleve). Chauffé à 270°, il se décompose suivant l'équation

$$3\,Pt(AzH^3)^2Cl^2$$
$$= 3\,Pt + 4\,AzH^4Cl + 2\,HCl + Az^2.$$

L'azotate d'argent en précipite tout le chlore. Le carbonate d'ammonium le dissout et le transforme en chlorure de platodiammonium. Il est un peu soluble dans les acides chlorhydrique et sulfurique étendus ainsi que dans le carbonate potassique.

Évaporé avec de l'acide azotique, il donne des prismes jaunes, dont la composition empirique répond à la formule $PtAz^3H^6Cl^3O^5$; ils sont peu solubles dans l'eau (qui en dissout 1,18 % à 18° et 6 % à 100°), décomposables à 200°; transformables par l'ammoniaque en une substance plus soluble. L'azotate d'argent n'en précipite le chlore qu'incomplétement (Peyrone).

Il existe trois autres sels possédant la composition du chlorure de platosammonium, mais doués de propriétés différentes. L'un est le sel vert de Magnus, qui peut être envisagé comme du chloroplatinite de platosodiammonium; le second est le chlorure jaune de platosémidiammonium qui a été obtenu par Peyrone en même temps que le chlorure de platosammonium; le troisième enfin constitue un chloroplatinite de platosomonodiammonium, c'est le sel brun de Peyrone. A vrai dire, le sel de Peyrone et le sel vert de Magnus sont des polymères du chlorure de platosammonium et du chlorure jaune de platosémidiammonium.— Voyez pour ces isomères, II, n° 1; III, n° 2, et IV, n° 2.

On obtient un *chlorure double de platosammonium et de cuprammonium*,

$$(PtCuH^{12})Az^4.Cl^4$$
$$= Pt(AzH^3)^2Cl^2 + Cu(AzH^3)^2Cl^2,$$

en ajoutant du chlorure platinique à une solution ammoniacale concentrée de chlorure cuivreux. C'est un précipité cristallin violet, insoluble [Millon et Commaille, *Compt. rend.*, t. LVII, p. 820]. — Voyez CHLORURES DOUBLES DE PLATOSODIAMMONIUM, IV, 5.

2. BROMURE DE PLATOSAMMONIUM,

$$Pt''(AzH^3)^2Br^2 \quad \text{ou} \quad (H^6Pt'')Az^2.Br^2.$$

— Précipité cristallin jaune, très-peu soluble, obtenu par double décomposition avec l'azotate (Cleve).

3. IODURE DE PLATOSAMMONIUM, $(H^6Pt'')Az^2.I^2$. — Poudre jaune, soluble dans l'ammoniaque, obtenue par l'ébullition de la solution d'iodure de platosodiammonium, il y a en même temps dégagement d'ammoniaque (Reiset). L'iode le transforme en iodure de platinammonium.

4. CYANURE DE PLATOSAMMONIUM,

$$(H^6Pt'')Az^2(CAz)^2.$$

— Voyez t. I, p. 1118.

5. *Platocyanure de platosammonium,*

$$(H^6Pt)Az^2(CAz)^4Pt''.$$

— Précipité amorphe orange (Cleve).

6. *Sulfocyanate,* $(H^6Pt)Az^2(CAzS)^2$. — Cristaux jaunes et minces. Sa solution donne avec l'azotate d'argent un précipité jaune renfermant $(H^6Pt)Az^2.Ag^4.(CAzS)^6$ (Cleve).

Le platososulfocyanate de potassium, additionné d'ammoniaque, donne des cristaux jaunes isomériques avec le sel précédent.

7. Azotate de platosammonium,

$$(H^6Pt).Az^2(AzO^3)^2.$$

— Il s'obtient par double décomposition avec le chlorure correspondant et l'azotate d'argent. La solution filtrée donne par l'évaporation des croûtes cristallines jaunâtres. La chaleur le décompose rapidement en laissant du platine spongieux (Reiset). Sa solution réduit le chloroplatinate de sodium en donnant du chlorure de platinammonium; elle réduit aussi le chlorure ferrique (Cleve).

8. Azotite, $(H^6Pt).Az^2(AzO^2)^2$. — Lang l'a obtenu par double décomposition. C'est une poudre cristalline blanche, très-peu soluble dans l'eau froide, soluble dans l'eau bouillante. Il se décompose violemment quand on le chauffe. L'acide azotique le transforme en azotate de nitroplatinamine, $[H^6Pt^{iv}(AzO^2)^2]Az^2(AzO^3)^2$. Il se combine au chlore et au brome en donnant les azotites de chloro- et de bromoplatinamine,

$$[H^6(PtCl^2)'']Az^2(AzO^2)^2.$$

9. Sulfate, $(H^6Pt).Az^2SO^4 + H^2O$. — Reiset l'a obtenu par double décomposition entre l'iodure correspondant et le sulfate d'argent. La solution filtrée cristallise difficilement en une masse blanchâtre. Sa réaction est acide. L'ammoniaque le dissout en le transformant en sulfate de platosodiammonium.

10. Sulfite, $(H^6Pt).Az^2SO^3$. — On l'obtient en traitant une solution bouillante de l'azotite par un courant d'acide sulfureux. La solution se colore d'abord en vert; quand elle s'est de nouveau décolorée, on filtre, on évapore au bain-marie, on lave le résidu à l'alcool et on le redissout dans l'eau. La solution aqueuse abandonne par l'évaporation libre des prismes déliés incolores (Cleve).

11. *Chlorosulfite,*

$$(H^6Pt)Az^2\left\{\begin{matrix}SO^3H\\Cl.\end{matrix}\right.$$

— Aiguilles obtenues en traitant une solution bouillante du chlorure par l'acide sulfureux et laissant évaporer la solution (Cleve).

En faisant agir le sulfate d'ammonium sur le chlorure, Peyrone a obtenu un composé qui renferme probablement

$$(H^6Pt)Az^2\left\{\begin{matrix}SO^3(AzH^4)\\Cl.\end{matrix}\right.$$

12. Sulfites doubles de platosammonium. — — Ils correspondent à un sulfite acide,

$$(H^6Pt).Az^2(SO^3H)^2.$$

Le sel ammonique a été obtenu par Peyrone par l'action du sulfite d'ammonium en excès sur le chlorure. Il forme des cristaux incolores bien définis. Les sels suivants ont été obtenus par double décomposition (Cleve) :

Sel d'argent, $(H^6Pt).Az^2(SO^3Ag)^2 + H^2O$. — Poudre cristalline blanche.

Sel de baryum. — Poudre cristalline :

$$(H^6Pt).Az^2(SO^3)^2Ba.$$

Sel de manganèse. — Précipité cristallin dense : $(SO^3)^2Mn.Az^2(H^6Pt)$.

Sel de zinc. — Prismes microscopiques aplatis, renfermant $6H^2O$.

Sel de nickel. — Poudre cristalline bleuâtre, renfermant $7H^2O$ qu'elle ne perd pas à 100°.

Sel de cobalt. — Petits cristaux rosés, renfermant $6H^2O$.

Sel d'uranyle, $(H^6Pt).Az^2(SO^3.UO)^2 + 2H^2O$. — Poudre cristalline jaune, perdant H^2O à 100°.

Sel de cuivre. — Prismes aplatis d'un vert bleuâtre, renfermant $5H^2O$.

Sel de plomb. — Précipité non cristallin.

13. Oxalate acide de platosammonium,

$$(C^2O^4H)^2.Az^2(H^6Pt) + 2H^2O.$$

— Précipité blanc, formé de prismes microscopiques; il perd $2H^2O$ à 100°.

14. Oxyde, $[(H^6Pt)Az]^2O = PtO(AzH^3)^2$. — Il se forme d'après Reiset lorsqu'on chauffe à 110° l'hydrate de platosodiammonium (1re base de Reiset). C'est une masse grisâtre, qui se décompose vers 200° en donnant un azoture de platine, Pt^3Az^2. Cleve pense que ce composé n'appartient pas à la série du platosammonium.

II. Isomères des composés de platosammonium ou composés de *platosémidiammonium,*

$$Pt''\left\{\begin{matrix}(Az^2H^6)-\\-\end{matrix}\right.$$

— Le radical de ces composés est représenté par Blomstrand et par Cleve par la formule

$$Pt''(AzH^2-AzH^4).$$

Ses combinaisons peuvent se représenter par la formule générale

$$Pt\left\langle\begin{matrix}Az^2H^6R'\\R'.\end{matrix}\right.$$

Elles se produisent en général par l'addition d'ammoniaque aux sels platineux, tandis que leurs isomères, les composés de platosammonium, résultent d'une soustraction d'ammoniaque aux combinaisons de platosodiammonium [Peyrone, *loc. cit.*; Cleve, *Bull. de la Soc. chim.*, 1871, t. XVI, p. 207].

1. Chlorure,

$$(H^4.H^2Pt)Az^2.Cl^2 = Pt\left\langle\begin{matrix}Az^2H^6Cl\\Cl.\end{matrix}\right.$$

— Cet isomère du sel vert de Magnus se forme d'après Peyrone par l'addition d'ammoniaque à la solution chlorhydrique froide de chlorure platineux. On filtre après 24 heures et on traite le résidu jaune verdâtre par l'eau bouillante qui dissout le chlorure de Peyrone et laisse le sel vert formé en même temps. La solution dépose par le refroidissement le chlorure en petits prismes jaunes. Ceux-ci ne paraissent pas avoir la même forme que le sel de Reiset. Ils sont aussi plus solubles, car ils n'exigent pour se dissoudre que 387 p. d'eau froide et 26 p. d'eau bouillante (Cleve).

Suivant Peyrone, c'est toujours cet isomère que l'on obtient par formation directe (dans certaines circonstances on obtient un sel brun, qui sera décrit plus loin), tandis que le chlorure de Reiset ne se forme que par soustraction d'ammoniaque au chlorure de platosodiammonium.

Il est décomposé par les sels d'argent en donnant les sels correspondants. Il s'unit à l'ammoniaque en donnant le chlorure de platosodiammonium. La soude lui enlève l'acide chlorhydrique et donne une poudre sale, probablement

$$\overset{iv}{Pt^2}\left\{\begin{matrix}(OH)^2\\(Az^2H^5)^2\end{matrix}\right. + H^2O$$

(Cleve).

En ajoutant peu à peu de l'ammoniaque concentrée à une solution presque bouillante de chlorure platineux, il se sépare d'abord un sel cristallin rouge, puis le sel vert de Magnus. La liqueur filtrée donne, par l'action prolongée de la chaleur, des cristaux rouges qui se forment aussi lorsqu'on évapore le chlorure de platosodiammonium avec beaucoup de sel ammoniac. Ces cristaux, insolubles dans l'alcool, solubles dans l'eau bouillante et dans l'ammoniaque, ont une composition exprimée par la formule $Pt(Az^2H^6)Cl^2.2AzH^4Cl$. Cependant ce ne peut être un sel double, car il n'abandonne que la moitié du chlore au nitrate d'argent (Grimm). D'un autre côté, ce ne peut être le chlorure, $PtCl^2(Az^2H^6)^2Cl^2$, car dans les conditions où il se forme il ne peut pas se produire de combinaison platinique.

2. BROMURE,

$$Pt\begin{matrix}\swarrow Az^2H^6Br \\ \searrow Br.\end{matrix}$$

— Aiguilles volumineuses jaunes, obtenues à l'aide de l'azotate correspondant. Ce sel jaune se transforme bientôt en une masse cristalline rouge-brique qui donne de nouveau des cristaux jaunes par une nouvelle cristallisation dans l'eau bouillante.

3. L'IODURE cristallise en fines aiguilles jaunes. Il se combine à l'iode pour donner un periodure noir.

4. CYANURE. — Aiguilles incolores. Le platinocyanure, $Pt(Az^2H^6), Pt(CAz)^4 + 3H^2O$, forme une poudre jaune de soufre (Cleve).

5. SULFOCYANATE. — Petits prismes aplatis, d'un jaune d'or, dont la solution se décompose à l'ébullition. Il paraît se comporter autrement que son isomère le sulfocyanate de platosammonium au contact de l'eau régale (Cleve).

Buckton a décrit un composé isomérique avec celui-ci, c'est le platosulfocyanate de platosodiammonium.

6. AZOTATE,

$$Pt\begin{matrix}\swarrow Az^2H^6, AzO^3 \\ \searrow AzO^3.\end{matrix}$$

— Obtenu en décomposant le chlorure par l'azotate d'argent : cristaux mal définis réunis en croûtes blanchâtres. Sa solution laisse précipiter le chlorure primitif par l'action de l'acide chlorhydrique.

7. AZOTITE,

$$Pt\begin{matrix}\swarrow Az^2H^6, AzO^2 \\ \searrow AzO^2.\end{matrix}$$

— Lang l'a obtenu par l'addition d'ammoniaque à l'azotite platineux. On peut aussi le préparer par double décomposition. Il forme de longues aiguilles soyeuses, détonant par la chaleur. L'acide chlorhydrique le transforme à chaud en chlorure de platinosémidiammonium. L'acide sulfureux le transforme en un corps amorphe vert (Cleve).

8. SULFATE,

$$Pt\begin{matrix}\swarrow Az^2H^6 \\ \searrow SO^4.\end{matrix}$$

— Croûtes cristallines d'un blanc jaunâtre.

9. CHLOROSULFITE,

$$Pt\begin{matrix}\swarrow Az^2H^6, Cl \\ \searrow SO^3H.\end{matrix}$$

— Aiguilles incolores assez solubles, obtenues en faisant passer un courant de gaz sulfureux à travers une solution bouillante du chlorure et évaporant au bain-marie.

10. SULFITES DOUBLES. — *Sulfite ammoniacal*,

$$(SO^3)^3\left\{\begin{matrix}(AzH^4)^4 \\ (PtAz^2H^6)''.\end{matrix}\right.$$

— On dissout le chlorure dans un excès de sulfite d'ammonium. Par l'addition d'alcool le sel se précipite en gouttes huileuses cristallisant bientôt. Recristallisé, il est en aiguilles minces.

Sulfite ammoniacal chloré,

$$(SO^3)^2\left\{\begin{matrix}(AzH^4)^3 \\ (PtAz^2H^6Cl)' \\ (PtAz^2H^6)''.\end{matrix}\right.$$

— S'obtient comme le précédent, mais en maintenant le chlorure en excès. Il forme des cristaux prismatiques volumineux très-solubles (Peyrone ; Cleve).

Le sulfite ammoniacal double donne avec les sels de baryum et d'argent des précipités blancs renfermant

$$(SO^3)^3\left\{\begin{matrix}Ba^2 \\ (PtAz^2H^6)''\end{matrix}\right. + H^2O$$

et

$$(SO^3)^3\left\{\begin{matrix}Ag^4 \\ (PtAz^2H^6)''.\end{matrix}\right.$$

11. OXALATES. — Cleve a décrit l'oxalate neutre obtenu par l'action de l'oxalate ammonique sur l'azotate. Il renferme $C^2O^4.Pt(Az^2H^6) + 2H^2O$, et forme des aiguilles microscopiques incolores.

III. COMPOSÉS DE PLATOSOMONODIAMMONIUM,

$$Pt''\left\{\begin{matrix}Az^2H^6- \\ AzH^3-\end{matrix}\right. = Az^2\left\{\begin{matrix}H^3(AzH^2Pt'') \\ H^4\end{matrix}\right.$$

[Cleve, *Bull. de la Soc. chim.*, 1871, t. XVI, p. 21].

1. CHLORURE,

$$Pt''\left\{\begin{matrix}Az^2H^6Cl \\ AzH^3Cl.\end{matrix}\right.$$

— Aiguilles incolores ou écailles nacrées très-solubles, obtenues par l'azotate et l'acide chlorhydrique. Sa solution, additionnée de chloroplatinite de potassium, donne le sel suivant :

2. CHLOROPLATINITE,

$$2\left[Pt''\left\{\begin{matrix}Az^2H^6Cl \\ AzH^3Cl\end{matrix}\right.\right].Pt''Cl^2.$$

— Présente la composition du chlorure de platosammonium ; en effet, sa formule équivaut à $3Pt(AzH^3)^2Cl^2$. Il a été obtenu par Peyrone et forme des lamelles carrées brunes. Il se forme toujours, mais en petite quantité, par l'addition d'ammoniaque à une solution de chlorure platineux. Il est peu soluble dans l'eau froide, plus soluble dans l'eau bouillante. Traité par l'azotate d'argent, il donne l'azotate correspondant et du chloroplatinite d'argent. Avec le permanganate de potassium et l'acide chlorhydrique, il donne des tables rhombiques de chlorure de platino-monodiammonium.

3. AZOTATE,

$$Pt\left\{\begin{matrix}Az^2H^6 \\ AzH^3\end{matrix}\right\}(AzO^3)^2.$$

— Cristaux mal définis, réunis en croûtes jaunâtres, très-solubles. Il se décompose violemment quand on le chauffe.

4. SULFATE,

$$Pt\left\{\begin{matrix}Az^2H^6 \\ AzH^3\end{matrix}\right\}SO^4.$$

— Croûtes assez solubles, d'un blanc de neige (Cleve).

IV. COMBINAISONS DE PLATOSODIAMMONIUM (1re base de Reiset),

$$Pt''\begin{matrix}\swarrow Az^2H^6R' \\ \searrow Az^2H^6R'\end{matrix} \quad \text{ou} \quad Az^2\left\{\begin{matrix}H^6 \\ Az^2H^6Pt''\end{matrix}\right\}(R')^2$$

[Reiset, *loc. cit.*; — Peyrone, *Ann. de Chim. et de Phys.*, (3), t. XII, p. 193; — Cleve, *Bull. de la Soc. chim.*, 1867, t. VII, p. 12].

1. CHLORURE,

$$Pt(Az^2H^6)^2.Cl^2 \quad \text{ou} \quad (Az^2H^6Pt.H^6)Az^2Cl^2.$$

— Ce composé, un des premiers qui aient été décrits, se forme par l'action de l'ammoniaque sur le sel vert de Magnus ou sur son isomère, le chlorure de platosammonium. Il fournit toujours ce dernier en perdant la moitié de son ammoniaque.

On fait bouillir le chlorure platineux avec un excès d'ammoniaque, jusqu'à dissolution du précipité vert d'abord formé. La solution filtrée donne par l'évaporation de magnifiques cristaux jaunes. Il est soluble dans l'eau. Ses cristaux renferment une molécule d'eau qu'ils perdent à 110° (Reiset).

On a vu que dans certaines circonstances il

s'obtient en même temps que le chlorure de platosammonium et reste dans les eaux mères, d'où on peut le précipiter par l'alcool. Peyrone pensait avoir obtenu ainsi un isomère du sel de Reiset. Cette opinion n'a pas été confirmée; Q. Sella a soumis ces chlorures et les sels correspondants à une étude cristallographique qui n'a révélé aucune différence entre les sels de Reiset et ceux de Peyrone [*Cimento*, t. V, p. 81].

Ce chlorure donne facilement les sels correspondants par l'action des divers acides ou de leurs sels. Avec une solution de chlorure platineux, il donne le chloroplatinite, qui n'est autre que le sel vert de Magnus. Nous le décrivons plus bas en même temps que d'autres sels doubles. Traité par le chlore, il donne le chlorure de Gros, $(PtCl^2)''(Az^2H^6)^2Cl^2$; traité par l'acide azotique, il donne de l'azotate chloré.

Le chlorure de platosodiammonium fournit aussi des sels doubles avec un certain nombre de chlorures métalliques, notamment avec les chlorures de platine [Peyrone, *loc. cit.*; — Buckton, *Chem. Soc. quart. Journ.*, t. V, p. 213; *Ann. der Chem. u. Pharm.*, t. LXXXIV, p. 270; — Thomsen, *Deutsch. Chem. Gesellsch.*, t. III, p. 42].

2. Chloroplatinite de platosodiammonium,

$$(Az^2H^6Pt.H^6)Az^2.Cl^2.PtCl^2.$$

— Ce sel, qui n'est autre que le *sel vert de Magnus*, isomère du chlorure de platosammonium, se forme par l'addition du chlorure platineux à la solution du chlorure précédent. Cette relation, découverte par Peyrone et qui a dévoilé la constitution du sel vert de Magnus, est corroborée par l'action de l'azotate d'argent : il se forme par double décomposition du chloroplatinite d'argent et de l'azotate de platosodiammonium (Cleve).

Le sel vert de Magnus, le premier composé ammonio-platiné qui ait été décrit, s'obtient facilement d'une manière plus directe. La solution chlorhydrique du chlorure platineux le laisse déposer après quelque temps lorsqu'on la sature d'ammoniaque. On obtient des aiguilles d'un vert foncé par l'addition d'ammoniaque à une solution bouillante de perchlorure de platine traitée par l'acide sulfureux, jusqu'à ce qu'elle ne précipite plus par le sel ammoniac; si la solution se décolore par l'acide sulfureux, il ne se forme pas de sel vert (Gros). Claus recommande d'employer le chloroplatinite d'ammonium préparé par addition de sel ammoniac à une solution de chlorure platinique traitée par l'acide sulfureux; il chauffe d'abord ce sel avec de l'acide chlorhydrique, puis le traite par l'ammoniaque en excès. Les eaux mères séparées du sel vert fournissent le chlorure de Reiset en longs prismes incolores.

Le sel vert de Magnus est en aiguilles insolubles dans l'eau, dans l'alcool et dans l'acide chlorhydrique. Traité par les acides bouillants, il ne leur cède pas d'ammoniaque; il ne dégage pas non plus d'ammoniaque par l'action des alcalis. L'acide azotique en excès le transforme en sels ammonio-platiniques de Raewsky. — Voyez VIII, n° 10.

L'ammoniaque bouillante le dissout et fournit, comme on l'a vu, par le refroidissement le chlorure de platosodiammonium. La calcination à 300° le décompose en acide chlorhydrique, azote, sel ammoniac et platine métallique.

3. Chloroplatinates de platosodiammonium. — Reiset en avait décrit deux, $Pt(Az^2H^6)^2Cl^2 + PtCl^4$ et $[Pt(Az^2H^6)^2Cl^2]^2 + PtCl^4$; mais d'après Cleve ces sels ne renferment pas de chlorure platinique, celui-ci étant réduit par le chlorure de Reiset. Le premier, qui est rouge, donne du chloroplatinite d'argent, par digestion avec l'azotate d'argent, en même temps que le chloro-diazotate de Raewsky. Il constitue donc le chloroplatinite de platino-diammonium, $Pt(AzH^3)^4Cl^4.PtCl^2$.

Le second ne serait autre que le sel vert de Magnus, qui se produit si l'on opère avec des solutions étendues et bouillantes; la solution renferme dans ce cas le chlorure de Gros,

$$(PtCl^2)(Az^2H^6)^2.Cl^2.$$

4. Sels doubles de Buckton. —

a. $Pt(Az^2H^6)^2Cl^2.PbCl^2$.

— Précipité cristallin blanc obtenu par le chlorure de platosodiammonium et l'azotate de plomb en solutions concentrées. Insoluble dans l'alcool et dans l'acide chlorhydrique.

b. $Pt(Az^2H^6)^2Cl^2.HgCl^2$. — Précipité cristallin volumineux, soluble dans l'eau bouillante et s'en déposant en cristaux plumeux formés de cubes microscopiques.

c. $Pt(Az^2H^6)^2Cl^2.ZnCl^2$. — Sel soluble, cristallisable en lamelles incolores; l'alcool le précipite de sa solution aqueuse.

d. $Pt(Az^2H^6)^2Cl^2.CuCl^2$. — Lamelles brillantes d'un vert-olive, décomposables par l'eau bouillante en chlorure de la base de Gros et en une combinaison de chlorure cuivreux, se précipitant par l'addition d'alcool :

$$2Pt(Az^2H^6)^2Cl^2.CuCl^2$$
$$= Pt(Az^2H^6)^2Cl^2.Cu^2Cl^2 + (PtCl^2)''(Az^2H^6)^2.Cl^2.$$

La combinaison cuivreuse s'obtient aussi directement. La combinaison cuivrique est isomérique avec celle de Millon et Commaille (I, 1).

e. Combinaison stanneuse. — Précipité volumineux blanc, soluble à chaud; la solution rougit par l'ébullition et laisse déposer un mélange de platine et d'oxyde stannique.

La *combinaison stannique* s'obtient difficilement.

Les chlorures ferreux, mercureux, de baryum et d'argent n'ont pas donné de combinaisons.

Le *chlorure ferrique* donne un précipité grenu jaunâtre, mais qui est une combinaison du chlorure de Gros avec le chlorure ferreux.

5. Sels doubles de Thomsen. — Le chlorure de platosammonium donne, avec les solutions ammoniacales de cuivre, de zinc, de cadmium, de nickel et d'argent, des combinaisons ayant la composition des sels de Buckton, mais douées de propriétés différentes. Ces sels doubles cristallisent en prismes diversement colorés. Sauf celui d'argent, ils supportent une température de 120° sans s'altérer. Ils sont insolubles ou peu solubles dans l'eau et dans l'ammoniaque, solubles dans l'acide chlorhydrique.

Le sel de Millon et Commaille appartient sans doute à cette série.

Thomsen envisage les sels de Buckton comme des chlorures doubles de métal et de platosodiammonium, et les siens comme des chloroplatinites de dérivés métalliques ammoniacaux. Le sel vert de Magnus se trouve ainsi être intermédiaire entre ces deux classes de sels. En représentant le métal par R, ces sels sont :

Sels de Buckton........	$Pt(Az^2H^6)^4Cl^2.RCl^2.$
Sel vert de Magnus.....	$Pt(Az^2H^6)^4Cl^2.PtCl^2.$
Sels de Thomsen........	$R(Az^2H^6)^4Cl^2.PtCl^2.$

6. Bromure de platosodiammonium,

$$Pt(Az^2H^6)^2Br^2 \quad ou \quad (Az^2H^6Pt.H^6)Az^2.Br^2.$$

— Ce sel, obtenu en décomposant le sulfate par le bromure de baryum, cristallise en prismes aplatis incolores, très-solubles, renfermant $3H^2O$ qu'ils perdent à 100° (Cleve). D'après Reiset, il cristallise en cubes. L'eau bouillante ne le décompose pas.

7. Iodure, $Pt(Az^2H^6)^2I^2$. — S'obtient comme le bromure ; il est soluble et cristallise en cubes par l'évaporation. Il perd $2\,AzH^3$ par l'ébullition et se transforme en iodure de platosammonium (Reiset).

8. Hydrate de platosodiammonium,

$$Pt(Az^2H^6)^2(OH)^2.$$

— On l'obtient sous la forme d'aiguilles blanches en évaporant à l'abri de l'air la solution que l'on obtient par la décomposition du sulfate par une quantité exacte de baryte. C'est un composé déliquescent, peu soluble dans l'alcool, très-caustique, attirant l'acide carbonique de l'air et précipitant certaines solutions métalliques.

Chauffé à 110°, il se boursoufle en perdant de l'eau et de l'ammoniaque et en se transformant en oxyde de platosammonium. Il s'unit aux acides pour former des sels neutres (Reiset).

9. Azotate de platosodiammonium,

$$(Az^2H^6)^2Pt(AzO^3)^2 \text{ ou } (Az^2H^6Pt.H^6)Az^2(AzO^3)^2.$$

— S'obtient en aiguilles jaunes ou incolores par l'action de l'acide azotique en excès sur le chlorure. Il est peu soluble à froid. Il déflagre comme la poudre.

Il se combine directement au chlore, au brome, et à l'iode, ainsi qu'au peroxyde d'azote, avec lequel il donne des cristaux d'un bleu indigo (Cleve) ; ceux-ci paraissent déjà avoir été obtenus par Reiset.

L'acide azotique concentré le transforme en un dérivé trinitrique (Cleve).

10. Sulfates. — *Sulfate neutre*, $(Az^2H^6)^2PtSO^4$. — Octaèdres rectangulaires transparents obtenus en faisant cristalliser la liqueur filtrée provenant de la décomposition du chlorure par le sulfate d'argent ou par l'acide sulfurique (Reiset). D'après Peyrone, il est très-peu soluble à froid et se dissout dans 50 à 60 p. d'eau bouillante.

Il se combine au chlore, etc. L'acide azoteux le colore en bleu indigo en donnant un azotate bleu indigo de nitroplatinammonium,

$$(Az^2H^6)^2\overset{\text{IV}}{Pt}(AzO^2)^2(AzO^3)^2.$$

Sulfate acide,

$$(Az^2H^6)^2Pt.SO^4+2[(Az^2H^6)^2Pt(SO^4H)^2]+8H^2O.$$

— Paillettes nacrées qui se précipitent par l'addition d'acide sulfurique à la solution du chlorure (Cleve) ; a déjà été entrevu par Peyrone.

Cleve a obtenu accidentellement un autre sulfate acide en prismes incolores, très-fragiles, renfermant

$$2[(Az^2H^6)^2Pt.SO^4] + (Az^2H^6)^2Pt(SO^4H)^2.$$

11. Sulfite. — Le sulfite acide de sodium donne avec le chlorure de platosodiammonium un précipité d'aiguilles incolores renfermant, d'après Cleve,

$$3[(Az^2H^6)^2Pt.SO^3] + 2PtSO^3 + 4H^2O.$$

Sa solution chlorhydrique donne le sel vert de Magnus par l'addition d'ammoniaque.

12. Carbonate, $(Az^2H^6)^2Pt.CO^3 + H^2O$. — Il se produit par la décomposition du chlorure sous l'influence du carbonate de sodium ou par l'exposition de l'hydrate à l'air libre. Il peut absorber une plus grande quantité d'acide carbonique et donner le carbonate acide

$$(Az^2H^6)^2Pt.(CO^3H)^2.$$

13. Chromate neutre, $CrO^4(Az^2H^6)^2Pt$. — Poudre jaune-citron presque insoluble (Cleve).

Dichromate, $(Az^2H^6)^2Pt.Cr^2O^7$. — Précipité jaune peu soluble dans l'eau, insoluble dans l'alcool, cristallisable en petits cubes dans l'eau bouillante. Sa solution ammoniacale abandonne des cristaux de chromate neutre. La calcination le décompose en oxyde de chrome, ammoniaque, eau, azote et platine (Buckton).

14. Phosphate, $(Az^2H^6)^2PtPO^4H + 2\frac{1}{2}H^2O$. — Prismes aplatis, incolores. Il est soluble dans l'eau, précipitable par l'alcool (Cleve). Traité par le brome, il donne le bromure $(PtBr^2)(Az^2H^6)^2.Br^2$ et les phosphates bromés $(Az^2H^6)^2(PtBr)PO^4$ et $(Az^2H^6)^2(PtBr^2)(PO^4H^2)^2+4H^2O$. Il paraît former des combinaisons avec le phosphate d'ammonium.

15. Cleve a également décrit quelques sels organiques de la 1re base de Reiset.

L'*acétate*, $(Az^2H^6)^2Pt.(C^2H^3O^2)^2$, est incolore, très-soluble et cristallisable en prismes aplatis.

Le *benzoate*, $(Az^2H^6)^2Pt.(C^7H^5O^2)^2$, forme des paillettes incolores.

Le *tartrate neutre*, $(Az^2H^6)^2Pt.C^4H^4O^6+2H^2O$, est soluble et cristallisable.

Le *tartrate acide*, $(Az^2H^6)^2Pt(C^4H^5O^6)^2$, cristallise en fines aiguilles solubles dans l'eau chaude.

L'*oxalate neutre* cristallise en petites aiguilles.

Le *sel acide* forme des aiguilles incolores solubles.

V. Combinaisons de platinammonium (base de Gerhardt),

$$=Pt\begin{matrix}<AzH^3-\\<AzH^3-\end{matrix}$$

[Gerhardt, *Revue scientifique*, t. XXVIII, p. 273. — Cleve, *Bull. de la Soc. chim.*, 1872, t. XVII, p. 100].

Ces combinaisons correspondent à celles du platosammonium, avec cette différence que le platine y est tétratomique. Elles ont été découvertes par Gerhardt, qui leur assignait la même formule qu'à celles de platosammonium en remplaçant le platosum Pt par deux équivalents de platinicum (pt^2). Son chlorure s'obtient par fixation du chlore sur le chlorure de platosammonium. Les autres sels s'obtiennent d'une manière analogue ou par double décomposition ; ou bien encore par l'action des acides sur l'hydrate. Ces combinaisons renferment toutes quatre éléments électronégatifs, dont deux sont évidemment fixés au platine et les deux autres aux groupes AzH^3. Elles correspondent aux combinaisons de platinodiammonium décrites plus loin. Le chlorure, par exemple, renferme

$$Cl^2=Pt\begin{matrix}<AzH^3Cl\\<AzH^3Cl\end{matrix} = (PtCl^2)''(AzH^3)^2.Cl^2.$$

1. Chlorure de platinammonium,

$$Cl^2Pt(AzH^3)^2.Cl^2.$$

— Gerhardt l'a obtenu par l'action du chlore sur le chlorure de platosammonium en suspension dans l'eau bouillante. C'est une poudre cristalline formée d'octaèdres quadratiques, à sommets tronqués, d'un jaune-citron. Il exige environ 700 p. d'eau froide et 33 à 34 p. d'eau bouillante pour se dissoudre. Il est anhydre ; il ne se décompose pas à 200°. Il n'est attaqué ni par l'acide azotique, ni par l'acide sulfurique, non plus que par le tétrachlorure de platine.

L'ammoniaque bouillante le dissout en le transformant en chlorure $PtCl^2(Az^2H^6)^2.Cl^2$ (chlorure de Gros).

La potasse le dissout sans dégagement d'ammoniaque, avec une couleur jaune d'or. Neutralisée par les acides, cette solution donne une poudre jaune sale qui est l'hydrate de platinammonium d'après Gerhardt.

2. Bromure, $(Br^2Pt)(AzH^3)^2.Br^2$. — Poudre cristalline pesante, d'un rouge orangé, ayant la même forme cristalline que le chlorure.

3. Iodure, $(I^2Pt)(AzH^3)^2.I^2$. — Poudre noire non cristalline, obtenue en faisant digérer l'io-

dure de platosammonium avec de la teinture d'iode (Cleve).

Il donne avec l'ammoniaque une poudre cristalline $Pt^2(AzH^3)^8I^4$. — Voyez XII, n° 17.

Traité par une solution bouillante de potasse, il fournit une poudre jaune, de composition variable; cette matière donne avec l'acide iodhydrique une poudre amorphe noire d'iodure de diplatinammonium $(Pt^2)^{vi}(AzH^3)^4I^6$. Celui-ci, traité à son tour successivement par la potasse et par l'acide iodhydrique, donne $(Pt^4)^{x}(AzH^3)^8I^{10}$, qui lui-même fournit un iodure plus condensé,

$$(Pt^8)^{xviii}(AzH^3)^{16}I^{18}.$$

Ces iodures, dont l'existence n'est pas encore démontrée, formeraient une série homologue

$$Pt^n(AzH^3)^{2n}I^{2n+2}$$

dont le premier terme est l'iodure de platinammonium $Pt(AzH^3)^2I^4$ (Cleve).

4. Hydrate de platinammonium,

$$(OH)^2Pt(AzH^3)^2(OH)^2.$$

— Petits cristaux brillants, qui se forment lorsqu'on traite l'azotate de platinammonium en excès par de l'ammoniaque. Il ne perd rien à 130°; il est à peine soluble dans l'eau bouillante, soluble dans les acides étendus, même dans l'acide acétique. La potasse n'en dégage pas d'ammoniaque (Gerhardt).

5. Oxyde platinique ammoniacal (platine fulminant). — Ce corps, dont la composition n'est pas bien établie, se forme par l'action de la potasse sur le chloroplatinate d'ammonium. C'est une poudre jaune, qui détone à la manière de l'or fulminant, mais plus difficilement et avec moins de force (Proust). D'après Dœbereiner, il renferme $3PtO^2.2AzH^3$.

En faisant bouillir avec de la potasse le précipité obtenu par l'action de l'ammoniaque sur le sulfate platinique, on obtient une poudre brune qui détone à 205°, mais non par le choc, et qui renferme 73,75 % Pt; 9 % AzH^3 et 8,50 d'eau.

6. Azotates de platinammonium. — *Sel neutre*, $Pt(AzO^3)^2(AzH^3)^2(AzO^3)^2$. — Ce sel s'obtient par l'action de l'acide azotique sur l'azotate basique. Il cristallise par l'évaporation en prismes bien définis, solubles sans décomposition dans l'eau bouillante. Sa solution donne avec le chlorure de potassium du chlorure de platinammonium, tandis qu'une grande partie de l'azotate reste inaltérée.

7. Azotate basique,

$$(HO)^2Pt(AzH^3)^2(AzO^3)^2 + 2H^2O.$$

— Poudre jaunâtre composée d'écailles rhombiques ou hexagonales. Il s'obtient par double décomposition. Il est peu soluble à froid et possède une réaction acide. Il donne par les alcalis un précipité d'hydrate de platinammonium; par le carbonate potassique, un précipité cristallin jaunâtre; par le phosphate de sodium, un précipité floconneux blanc, soluble dans un excès de phosphate (Gerhardt).

8. Nitro-azotate ou Azotite nitrique,

$$(AzO^3)^2Pt(AzH^3)^2(AzO^2)^2.$$

— Obtenu par l'action de l'acide azotique bouillant sur l'azotite de platosammonium. La solution donne par l'évaporation des tables volumineuses incolores. Elle produit avec l'iodure de potassium un précipité d'iodure de platinammonium (Cleve).

9. Azotites. — *Azotite chloronitrique*,

$$(AzO^3)ClPt(AzH^3)^2(AzO^2)^2.$$

— Il se précipite en écailles rhombiques par l'addition d'acide chlorhydrique à la solution du sel précédent.

10. Azotite bichloré, $Cl^2Pt(AzH^3)^2.(AzO^2)^2$. — Il se dépose en écailles brillantes par l'addition d'acide chlorhydrique à la solution bouillante de l'azotate nitré (n° 8). Sa solution n'est pas précipitée par l'azotate d'argent. Mais, additionnée à chaud d'azotite d'argent, elle donne par le refroidissement de petites tables rhombiques, qui constituent un azotite double

$$(AzO^2)^4\left\{\begin{matrix}(AzH^3)^2PtCl^2\\ Ag^2\end{matrix}\right.$$

(Cleve).

L'*azotite bibromé* de *platinammonium* forme des tables rhombiques microscopiques très-peu solubles.

11. *Chloro-azotite bichloré*,

$$Cl^2Pt\left\{\begin{matrix}AzH^3.(AzO^2)\\ AzH^3.Cl.\end{matrix}\right.$$

— Petits cristaux jaunes se déposant par l'addition de chloroplatinite de potassium au sel n° 8.

12. Sulfate de platinammonium,

$$SO^4Pt(AzH^3)^2(SO^4).$$

— Masse jaunâtre se dissolvant dans l'eau, mais en donnant le sulfate basique

$$(OH)^2Pt(AzH^3)^2SO^4 + H^2O$$

qui se dépose en croûtes peu solubles.

13. Oxalates. — L'*oxalate neutre* renferme

$$C^2O^4Pt(AzH^3)^2(C^2O^4);$$

l'*oxalate basique*, $(OH)^2Pt(AzH^3)^2C^2O^4$, est un précipité jaune, cristallisable en lamelles dans l'eau bouillante. Il détone par la chaleur (Gerhardt).

VI. Platinosémidiammonium,

$$=Pt^{iv}<(Az^2H^6)-$$ (1)

— Les combinaisons de cette base, décrites par Blomstrand et par Cleve [*Bull. de la Soc. chim.*, t. XVII, p. 105], sont isomériques avec les précédentes.

1. Chlorure,

$$Cl^2Pt\begin{matrix}<Az^2H^6Cl\\ <Cl.\end{matrix}$$

— Il s'obtient par l'action du chlore sur le chlorure de platosémidiammonium (II, n° 1, p. 1054). Il cristallise en lamelles rhombiques hexagonales, jaunes et anhydres, solubles dans 300 p. d'eau froide et dans 65 p. d'eau bouillante. Il devient vert-olive à 160°. Il n'est pas décomposé par l'acide sulfurique concentré. La potasse le dissout sans dégagement d'ammoniaque. L'acide sulfureux le ramène à l'état de sulfite chloré de platosémidiammonium.

2. Bromure,

$$Br^2Pt\left\{\begin{matrix}Az^2H^6Br\\ Br.\end{matrix}\right.$$

— Il ressemble au chlorure, sauf qu'il est rouge.

3. Polyiodure,

$$I^2Pt\left\{\begin{matrix}Az^2H^6I.I^2\\ I\end{matrix}\right. = Pt(Az^2H^6)I^6.$$

— Cristaux octaédriques formant une poudre presque noire, obtenus par l'action de l'iode sur l'iodure de platosémidiammonium (p. 1055). Il est soluble avec une couleur pourpre.

(1) Les groupes $Az^2H^6 = AzH^2(AzH^4)$, qui figurent dans toutes ces formules, sont diatomiques, de même que dans les sels décrits sous les n°s II, III et IV. Un de leurs atomes d'azote est en rapport avec le platine, et, d'un autre côté, avec l'atome d'azote d'un groupe AzH^4. Il ne faut pas confondre, par conséquent, ce groupe Az^2H^6 avec le groupe $(AzH^3)^2$ qui existe dans les combinaisons du platosammonium (I) ou du platinammonium (V).

4. Azotate,

$$(OH)^2 Pt \begin{cases} Az^2H^6.AzO^3 \\ OH. \end{cases}$$

— Le chlorure précédent, traité par l'azotate d'argent, fournit, par l'addition d'alcool, un précipité amorphe jaune, qui paraît présenter la composition indiquée (Cleve). L'azotate neutre n'a pas été obtenu.

5. Azotite chloré,

$$Cl^2 Pt \begin{cases} Az^2H^6.AzO^2 \\ AzO^2. \end{cases}$$

— Longues aiguilles jaune pâle, très-fragiles, obtenues par l'action du chlore sur l'azotite de platosémidiammonium (Blomstrand). L'azotate d'argent n'enlève que 1 atome de chlore à ce sel.

L'*azotite bromé* correspondant est en aiguilles oranges se comportant de même avec les sels d'argent.

On obtient un azotite chloré basique

$$Cl^2 Pt \begin{cases} Az^2H^6.AzO^2 \\ OH \end{cases}$$

en faisant bouillir l'azotite chloré avec de l'azotite d'argent. Longues aiguilles d'un jaune pâle.

6. Sulfate,

$$(OH^2)Pt \begin{matrix} \diagup Az^2H^6 \diagdown \\ \diagdown \;-\; \diagup \end{matrix} SO^4.$$

— S'obtient par double décomposition à l'état d'une masse visqueuse jaune (Cleve).

VII. Composés de platinomonodiammonium,

$$=Pt^{IV} \begin{cases} Az^2H^6- \\ AzH^3- \end{cases}$$

1. Chlorure,

$$Cl^2 Pt \begin{cases} (Az^2H^6)Cl \\ AzH^3.Cl. \end{cases}$$

— Il se forme par l'action de l'eau régale sur le chlorure de platomonodiammonium. Il est en écailles rhombiques ou hexagonales.

2. Azotate basique,

$$(OH)^2Pt(Az^2H^6)(AzH^3)(AzO^3)^2 + H^2O.$$

— Cristaux microscopiques blancs qui se déposent par la concentration après qu'on a fait bouillir le sel n° 3 avec de l'azotate d'argent.

3. Azotate bibromé,

$$Br^2Pt(Az^2H^6)(AzH^3)(AzO^3)^2 + H^2O.$$

— Croûtes jaunes solubles obtenues par l'addition de brome à l'azotate de platosomonodiammonium (III, n° 3, p. 1055). On obtient l'azotate monobromé en faisant bouillir ce sel avec une quantité d'azotate d'argent suffisante pour n'enlever que la moitié du brome.

4. Sulfate bromé, $Br^2Pt(Az^2H^6)(AzH^3)SO^4$. — Croûtes d'un beau jaune. On l'obtient par l'addition de brome au sulfate de platosomonodiammonium [Cleve, *Bull. de la Soc. chim.*, t. XVII, p. 107].

VIII. Composés de platinodiammonium (radical des sels de Gros et de Raewsky),

$$=\overset{IV}{Pt} \begin{matrix} \diagup AzH^2(AzH^4) \\ \diagdown AzH^2(AzH^4) \end{matrix} \quad \text{ou} \quad =Pt \begin{matrix} \diagup (Az^2H^6)- \\ \diagdown (Az^2H^6)- \end{matrix}$$

— Les composés de platinodiammonium présentent une grande variété, ce qui tient à ce que la moitié des groupes ou éléments électronégatifs, ceux qui sont unis au platine, ne se prêtent que difficilement aux doubles décompositions; ainsi lorsque cet élément est du chlore, comme dans les sels de Gros, celui-ci ne peut être déplacé par les sels d'argent, ou ne l'est qu'en partie et très-difficilement. C'est pourquoi nous envisagerons ces sels comme renfermant un groupe diatomique formé de l'atome de platine tétratomique, uni à deux éléments ou groupes monatomiques, ou à un élément diatomique :

$$(Cl^2Pt^{IV})''; \; [(OH)^2Pt^{IV}]''; \; (SO^4.Pt^{IV})'', \text{ etc.}$$

Ce groupe diatomique remplace 2 atomes d'hydrogène dans le groupe diammonium,

$$(PtR^2) \begin{matrix} \diagup Az^2H^6- \\ \diagdown Az^2H^6- \end{matrix}$$

Ces composés, qu'on a quelquefois envisagés comme des sels doubles, se forment par fixation d'un élément électronégatif sur les composés de platosodiammonium, ou par leur oxydation.

Ils ont été principalement étudiés par Gros, Raewsky, Grimm (voir les sources, p. 1053), et plus récemment par Cleve qui en a fait connaître un grand nombre [*Bull. de la Soc. chim.*, 1867, t. VII, p. 19, et 1871, t. XV, p. 162].

1. Chlorure de platinodiammonium (chlorure de Gros),

$$Pt^{IV}(Az^2H^6)^2Cl^4 \text{ ou } (PtCl^2)'' \begin{matrix} \diagup Az^2H^6.Cl \\ \diagdown Az^2H^6.Cl. \end{matrix}$$

— Gros l'a obtenu en traitant l'azotate,

$$(PtCl^2)(Az^2H^6)^2(AzO^3)^2,$$

par l'acide chlorhydrique; il se précipite sous la forme d'une masse sablonneuse, blanche et pesante.

Il se forme aussi par l'action du chlore sur une solution de chlorure de platosodiammonium (Reiset), et, d'après Gerhardt, en dissolvant le chlorure de platinammonium dans l'ammoniaque, et chassant l'excès d'ammoniaque. Ce chlorure, un peu soluble dans l'eau bouillante, s'en dépose en octaèdres réguliers, transparents, jaunâtres. L'acide azotique le transforme de nouveau en azotate. L'azotate d'argent n'en précipite d'abord que la moitié du chlore; le reste n'est séparé que par une ébullition prolongée (Gros).

Le chloroplatinate d'ammonium, traité par l'ammoniaque, donne une poudre jaune verdâtre, que Berzelius regardait comme le chlorure précédent (mélangé de sel vert de Magnus). Laurent et Gerhardt l'ont envisagé comme du *monochlorhydrate de platine-diamine*. Dans cette réaction, il se dégage de l'azote.

On obtient un *chlorure basique*,

$$Pt(OH.Cl).(Az^2H^6)^2Cl^2,$$

en cristaux microscopiques insolubles, par l'addition de sel ammoniac à la solution du monochlorazotate basique.

Chlorure de Raewsky, $PtCl^2O(Az^2H^6)^2Cl^2$. — Poudre blanche et grenue obtenue en décomposant l'azotate, $Pt^2(Cl^2O)(Az^2H^6)^4O^2.(AzO^3)^4$ (voir n° 10), par l'acide chlorhydrique en excès. Il est assez soluble dans l'eau froide et beaucoup plus dans l'eau bouillante; il est moins soluble dans l'acide chlorhydrique, qui trouble sa solution aqueuse (Raewsky).

Le *chloroplatinite* et le *chloroplatinate* se forment par l'addition de chloroplatinite ou de chloroplatinate de sodium au dichlorazotate de platinodiammonium. — Voyez n° 9, *c*.

2. Bromure de platinodiammonium,

$$(PtBr^2)(Az^2H^6)^2.Br^2.$$

— Aiguilles microscopiques peu solubles, se précipitant par l'addition d'un bromure à l'azotate de bibromoplatinodiammonium. Bouilli avec une solution d'azotate d'argent, il donne du bromure d'argent et une solution qui laisse déposer par le refroidissement des cristaux jaunes peu solubles, probablement de l'azotate bromé basique (Cleve).

Le *bromure basique*, $Pt(OH.Br).(Az^2H^6)^2.Br^2$, obtenu comme le chlorure basique, est un précipité cristallin jaune pâle (Cleve).

3. IODURE, $(Pt I^2).(Az^2 H^6)^2 I^2$. — Poudre graphitoïde. L'ammoniaque le transforme en une poudre cristalline jaune,

$$Pt(Az H^2)^3(Az H^4) I^2 + H^2 O,$$

ou plus probablement,

$$I^2 (Pt^2)'' \left\{ \begin{matrix} (Az^2 H^6)^2 I^2 \\ (Az H^2 Az H^4)^2 O. \end{matrix} \right.$$

— Voyez DIPLATINOTÉTRADIAMMONIUM, XII, n° 17.

4. CHLOROBROMURE, $Pt Br Cl.(Az^2 H^6)^2 Br Cl$. — Ce sel, qu'on peut envisager comme une combinaison de chlorure et de bromure, a été obtenu par Raewsky [*Ann. de Chim. et de Phys.*, (3), t. XXII, p. 296] en traitant le chlorure de platosodiammonium par le brome. On l'obtient également par double décomposition, soit entre le chlorure d'ammonium et le bibromazotate de platinodiammonium, soit entre le bromure d'ammonium et le bichlorazotate. Dans les deux cas, on obtient le même sel sous la forme d'un précipité jaune, se comportant de la même manière avec l'acide chlorhydrique et avec l'azotate d'argent; par le premier de ces réactifs le brome est plus ou moins remplacé par du chlore; par le second il se précipite un mélange de chlorure et de bromure d'argent et des sels, $Pt(OH.Br).(Az^2H^6)^2.2 Az O^3$

et $Pt(OH.Cl).(Az^2 H^6)^2 2 Az O^3$.

On obtient une combinaison renfermant 1 atome de brome pour 3 atomes de chlore en précipitant le bromazotate basique par l'acide chlorhydrique (Cleve).

Les *chloroiodures* obtenus dans les mêmes conditions ne paraissent pas offrir une composition constante. On en obtient un,

$$Pt(Cl I)(Az^2 H^6)^2 Cl^2,$$

en petits octaèdres bruns par l'action de l'acide chlorhydrique sur l'azotate iodé de diplatinotétradiammonium (XII, n° 2).

Chlorobromures basiques,

$$Pt(OH.Cl)(Az^2H^6)^2 Br^2 \text{ et } Pt(OH.Br)(Az^2 H^6)^2 Cl^2.$$

— Précipités cristallins (Cleve).

5. FERROCYANURE. — L'azotate de Gros (n° 9) donne, avec une solution de cyanure jaune, un précipité violet, formé par des octaèdres microscopiques dont la composition paraît répondre à la formule $(FeCy^3K)^2[PtO.(Az^2H^6)^2Cy^2]^3$ (Cleve). Les eaux mères fournissent le cyanure platosoammonique correspondant au sel vert de Magnus. — Voyez t. I, p. 1117.

6. *Sulfocyanate chloré*, $PtCl^2(Az^2H^6)^2.(CAzS)^2$. — Précipité orange cristallin.

7. AZOTATES DE PLATINODIAMMONIUM. — L'*azotate normal*, $Pt(AzO^3)^2.(Az^2H^6)^2.(AzO^3)^2$, n'est pas connu.

L'*azotate basique* (sesquiazotate de Gerhardt), $Pt(OH)AzO^3(Az^2H^6)^2(AzO^3)^2$, se forme par l'action de l'acide azotique sur l'azotate de platosodiammonium. C'est une poudre cristalline blanche, très-peu soluble. Il s'obtient aussi par l'action de l'azotate d'argent sur l'iodazotate. Traité par l'ammoniaque, il donne l'*azotate dibasique*,

$$Pt(OH)^2(Az^2 H^6)^2.(Az O^3)^2,$$

constituant une poudre amorphe blanche, détonant par la chaleur, et devenant bleue par l'action de l'acide sulfurique. L'acide chlorhydrique le transforme en chlorure de Gros.

C'est probablement cet azotate dibasique qui se forme par l'addition d'ammoniaque à l'azotate platinique (Bergman).

8. AZOTATE DINITRÉ, $Pt(Az O^2)^2 (Az^2 H^6)^2.(Az O^3)^2$. — Ce sel se forme dans différentes circonstances, notamment par l'action des vapeurs nitreuses sur le sulfate de platosodiammonium. Il se précipite en petits octaèdres très-nets, d'un bleu indigo, qui, en se dissolvant dans l'eau, se décomposent avec dégagement de vapeurs nitreuses.

9. AZOTATES CHLORÉS.

a. $Pt(Cl.AzO^3)(Az^2H^6)^2.(AzO^3)^2$. — Précipité cristallin blanc, produit par l'addition d'acide azotique à la solution du sel suivant. L'eau le décompose en acide et sel basique *b*.

b. $Pt(OH.Cl)(Az^2H^6)^2.(Az O^3)^2$. — Cristaux microscopiques blancs, peu solubles, que Cleve a obtenus en faisant agir l'azotate d'argent sur le sel *c*. Ce n'est que par une ébullition prolongée avec l'azotate d'argent qu'il abandonne son chlore. Cleve envisage ce sel comme identique avec un des azotates de Raewsky.

c. $PtCl^2(Az^2 H^6)^2.(AzO^3)^2$ (*azotate de Gros*). — On l'obtient en faisant chauffer le sel vert de Magnus (IV, n° 2) avec de l'acide azotique concentré. Le sel vert devient d'abord brun, puis se transforme en une poudre cristalline qu'on fait cristalliser dans l'eau. Il se sépare du platine métallique :

$$Pt(Az^2 H^6)^2 Cl^2.PtCl^2 + H^2O + 2AzO^3H$$
$$= PtCl^2(Az^2H^6)^2.(AzO^3)^2 + Pt + 2HCl.$$

Il se forme aussi par l'action du chlore sur l'azotate de platosodiammonium.

L'azotate de Gros cristallise en prismes aplatis, brillants, incolores ou d'un jaune pâle. L'azotate d'argent n'en précipite pas le chlore à froid; à l'ébullition, il ne s'en sépare que la moitié (Cleve).

La potasse bouillante en dégage de l'ammoniaque, et produit une poudre blanche renfermant encore de l'azote, mais pas de chlore. Les carbonates alcalins en précipitent un corps floconneux, faisant effervescence avec les acides.

L'hydrogène sulfuré n'en précipite pas de sulfure de platine. Le phosphate sodique en précipite du phosphate monochloré.

d. $(AzO^3)^2Pt.(Az^2 H^6)^2.Cl^2$. — Cette combinaison est isomérique avec la précédente. Elle s'en distingue en ce que le chlore en est facilement précipité par l'azotate d'argent et que c'est au contraire le groupe $(AzO^3)^2$ qui est uni au platine et qui y reste uni dans les doubles décompositions du sel. Cleve l'a obtenu par l'action de l'acide chlorhydrique sur l'azotate basique de platinodiammonium en solution bouillante : il se dépose une poudre blanche, formée de petits prismes droits. Recristallisé par évaporation lente, il forme des cristaux volumineux, renfermant H^2O.

Il forme un chloroplatinate cristallin orangé,

$$(Az O^3)^2 Pt.(Az^2 H^6)^2.Cl^2 + PtCl^4 + 2 H^2O.$$

10. AZOTATES DE RAEWSKY. — En faisant agir l'acide azotique en grand excès sur le sel vert de Magnus, Raewsky a obtenu deux sels; le premier, peu soluble dans l'acide azotique, est en petites aiguilles brillantes dont il représente la composition par la formule

$$Pt^2 \left\{ \begin{matrix} Cl^2 \\ O \end{matrix} \right\} O^2(Az^2 H^6)^4(Az O^3)^4.$$

Les eaux mères de ce sel en fournissent un second, cristallisant difficilement, et que Raewsky représente par

$$Pt^2 \left\{ \begin{matrix} Cl^2 \\ Cl^2 \end{matrix} \right\} O^2(Az^2 H^6)^4(Az O^3)^4.$$

Ces sels sont les points de départ de deux séries, dont Raewsky a fait connaître quelques termes. La constitution de ces sels, en admettant que les analyses soient bien interprétées, est très-difficile à établir. Toutes ces formules auraient besoin d'être vérifiées. Le premier des azotates de Raewsky renferme peut-être de l'hydrogène et serait alors l'azotate chloro-basique *b* décrit ci-dessus.

D'après Gerhardt, le chlorure de Gros, bouilli avec de l'azotate d'argent, fournit par le refroidissement de petites tables rhombiques dures et brillantes d'un sel identique avec le second azotate de Raewsky.

Gerhardt les envisageait comme des sels sesquiacides de diplatinamine, par exemple

$$2\,Az^2H^4Pt + HCl + 2\,AzO^3H + H^2O,$$

et Grimm comme des sels doubles d'ammon-chloroplatinammonium et d'ammon-oxyplatinammonium.

On pourrait les regarder comme des azotates complexes renfermant de l'oxydiammonium. Mais il est encore plus probable qu'elles se rangent parmi les combinaisons de diplatinodiammonium

11. Azotates bromés.

a. $Pt(Br, AzO^3)(Az^2H^6)^2(AzO^3)^2$. — Poudre cristalline orange, décomposable par l'eau, qu'on obtient par l'action de l'acide azotique sur le sel suivant, en solution bouillante.

b. $Pt(Br.OH)(Az^2H^6)^2.(AzO^3)^2$. — Sel grenu, peu soluble, d'un jaune pâle obtenu par l'action de l'azotate d'argent sur *c*.

c. $PtBr^2(Az^2H^6)^2.(AzO^3)^2$ (*sel bromé de Gros*). — Se prépare comme l'azotate chloré correspondant. Prismes aplatis, d'un jaune-citron, solubles. L'ébullition avec l'azotate d'argent lui enlève la moitié du brome et fournit le sel *b*.

12. Azotate iodé, $PtI^2(Az^2H^6)^2.(AzO^3)^2$. — Préparé par l'action de l'iode sur l'azotate de platosodiammonium, il est en cristaux presque noirs, de même forme que le sel chloré. L'azotate d'argent bouillant lui enlève tout l'iode et donne l'azotate basique.

L'ammoniaque précipite de sa solution une poudre jaune sale, formée d'aiguilles microscopiques, qui constituent peut-être, d'après Cleve, l'azotate oxyiodé de diplatinotétradiammonium. — Voyez XII, n° 18.

Azotate nitroiodé, $Pt(AzO^2.I)(Az^2H^6)^2(AzO^3)^2$. — Cristaux brun orangé obtenus par l'action de l'acide nitrique sur l'oxyiodure de diplatinotétradiammonium, XII, n° 17 (Cleve).

13. Carbonates de platinodiammonium. — Sel *a*, $[Pt(AzO^3)(Az^2H^6)^2]^2(CO^3)^3$ (?). — Poudre cristalline blanche, obtenue par l'addition de sesquicarbonate ammonique à l'azotate basique.

b. $[PtBr(Az^2H^6)^2]^2(CO^3)^3 + 4\,H^2O$. — Poudre cristalline jaune, obtenue de même avec l'azotate bibromé. Ce sel forme avec l'azotate bibromé une combinaison cristallisée en prismes microscopiques jaunes.

c. On obtient une combinaison de carbonate monochloré avec 1 molécule de l'azotate chloré de Gros, en versant une solution de ce dernier dans une solution bouillante de carbonate ammonique. C'est un précipité cristallin blanc.

d. $Pt(OH.Cl)(Az^2H^6)^2(CO^3)$. — Il se forme par l'addition de l'azotate de Gros à du carbonate de sodium en excès. Ces sels ont été décrits par Cleve.

e. Carbonate de Raewsky,

$$Pt^2(O.Cl^2)(Az^2H^6)^4O^2.(CO^3)^2.$$

— Précipité grenu blanc, très-peu soluble.

14. Sulfates de platinodiammonium. — *Sulfate neutre*, $(PtSO^4)(Az^2H^6)^2SO^4 + 2\,H^2O$. — Poudre amorphe blanche, se formant par l'action de l'acide sulfurique sur l'azotate basique.

Sulfate basique,

$$SO^4\begin{cases}Pt(OH).Az^2H^6.Az^2H^6.SO^4\\ Pt(OH).Az^2H^6.Az^2H^6.SO^4\end{cases} + 3\,H^2O.$$

— Prismes aplatis incolores, solubles dans l'eau, obtenus en évaporant la solution du sulfate bromé neutre, précipitée à chaud par le sulfate d'argent.

La solution de ce sel n'abandonne que le tiers environ de son acide sulfurique au chlorure de baryum, ce qui indique qu'une partie de cet acide est contenue dans le radical (Cleve). Il donne, par double décomposition, une série de sels contenant de l'acide sulfurique non précipitable. Nous décrivons ces sels plus bas, n° 19.

On obtient un sulfate basique, d'après E. Davy, lorsqu'on fait bouillir la solution de sulfate platinique neutralisée par l'ammoniaque. Il se précipite une poudre brun clair, légèrement explosible insoluble dans l'eau, soluble dans les acides.

15. Sulfate chloré, $PtCl^2(Az^2H^6)^2SO^4$. — Il se forme par l'action de l'acide sulfurique sur l'azotate ou le chlorure de Gros. Lorsqu'on ajoute du sulfate de sodium à la solution chaude de ces mêmes sels, on obtient par le refroidissement une bouillie cristalline. Ce sel, qui renferme de l'eau de cristallisation lorsqu'il est déposé à froid, forme de fines aiguilles transparentes, efflorescentes à chaud. Il est peu soluble à froid. La solution chaude, additionnée d'acide azotique ou chlorhydrique, laisse déposer l'azotate ou le chlorure par le refroidissement.

Le chlorure de baryum n'en précipite l'acide sulfurique qu'après addition d'un acide (Gros).

Monochloro-trisulfate,

$$\begin{matrix}PtCl\\PtCl\end{matrix}\Big\}SO^4\begin{cases}(Az^2H^6)^2SO^4\\(Az^2H^6)^2SO^4.\end{cases}$$

— Prismes déliés obtenus en traitant le carbonate chloré de Gros par l'acide sulfurique (Cleve).

16. Sulfate bromé, $PtBr^2(Az^2H^6)^2.SO^4$. — Poudre cristalline jaune-citron, peu soluble.

En traitant ce sel par une quantité d'azotate d'argent suffisante pour ne précipiter que la moitié du brome, on obtient une solution déposant des aiguilles jaunes.

Celles-ci ont pour composition

$$\begin{matrix}PtBr\\PtBr\end{matrix}\Big\}SO^4\begin{cases}(Az^2H^6)^2SO^4\\(Az^2H^6)^2SO^4.\end{cases}$$

Le chlorure de baryum n'en précipite que les 2/3 de l'acide sulfurique (Cleve).

17. Sulfate iodé, $PtI^2(Az^2H^6)^2SO^4$. — Poudre cristalline brune, peu soluble.

18. Sulfates chloronitrique et bromonitrique. — Ces sels s'obtiennent cristallisés lorsqu'on dissout l'azotate monochloré ou monobromé dans l'acide sulfurique, et qu'on verse la solution dans l'eau froide. Le premier,

$$Pt(Cl.AzO^3)(Az^2H^6)^2SO^4 + H^2O,$$

est blanc ; le second, qui renferme Br à la place de Cl, est jaune (Cleve).

19. Combinaisons d'hydroxylsulfoplatinodiammonium. — Ces combinaisons, décrites par Cleve [*Bull. de la Soc. chim.*, 1871, t. XV, p. 162], dérivent du sulfate basique (n° 14) qui, comme on l'a vu, renferme le groupe SO^4 lié au platine et ne faisant pas la double décomposition avec les sels de baryum. On peut admettre que ces sels renferment le radical

$$\left[Pt^{IV}\begin{cases}SO^4\\(Az^2H^6)\\Az^2H^6-\\OH\end{cases}\right]' = [PtOH.SO^4.(Az^2H^6)^2]'.$$

Chlorure, $[Pt(OH).SO^4(Az^2H^6)^2]'Cl + 2\,H^2O$. — Prismes tronqués, incolores, solubles dans l'eau. On l'obtient par la décomposition du sulfate n° 14 par le chlorure de baryum. Sa solution aqueuse, additionnée d'acide chlorhydrique, l'abandonne à l'état anhydre. Le chlore de ce sel est précipité par l'azotate d'argent, mais l'acide sulfurique ne l'est pas par le chlorure de baryum.

Le *chloroplatinate* correspondant forme des cristaux aplatis orangés, renfermant $2\,H^2O$.

Bromure. — S'obtient comme le chlorure et

renferme également $2H^2O$. Cristaux aplatis, incolores ou jaunâtres.

Azotate, $[PtOH.SO^4(Az^2H^6)^2]'AzO^3$. — Poudre cristalline blanche peu soluble.

Sulfate. — Décrit sous le nº 14.

Chromate neutre,

$$[PtOH.SO^4(Az^2H^6)^2]^2CrO^4 + 2H^2O.$$

— Groupes arrondis, de couleur jaune, obtenus avec le chlorure.

Le *dichromate* est un précipité orange peu soluble.

Oxalate, $[PtOH.SO^4.(Az^2H^6)^2]^2C^2O^4 + 2H^2O$. — Précipité cristallin.

Lorsqu'on cherche à préparer l'*hydrate* correspondant, $[Pt(OH).SO^4(Az^2H^6)^2]OH$, par l'action de la baryte sur le sulfate, on obtient une solution incolore et alcaline, fournissant subitement par l'évaporation des cristaux incolores et peu solubles qui sont l'isomère de l'hydrate cherché, c'est-à-dire le sulfate basique $SO^4Pt(OH)^2.(Az^2H^6)^2$.

20. Chromates de platinodiammonium. — Cleve a étudié les chromates suivants, qui forment tous des précipités cristallisables, jaunes ou orangés. Ils s'obtiennent par double décomposition.

$$Pt(AzO^3)^2(Az^2H^6)^2.CrO^4.$$
$$PtCl^2(Az^2H^6)^2.CrO^4.$$
$$Pt(OH.Cl)(Az^2H^6)^2.CrO^4.$$
$$Pt(AzO^3)^2(Az^2H^6)^2.Cr^2O^7$$
$$PtCl^2(Az^2H^6)^2.Cr^2O^7.$$
$$PtBr^2(Az^2H^6)^2.Cr^2O^7.$$

21. Phosphates. — En ajoutant un phosphate alcalin à l'azotate bichloré, Gros a obtenu de petits cristaux brillants et transparents très-peu solubles. Cleve a fait connaître la série suivante :

a. $Pt(AzO^3)(Az^2H^6)^2.PO^4 + H^2O.$
b. $PtCl(Az^2H^6)^2.PO^4 + 2H^2O.$
c. $PtBr(Az^2H^6)^2.PO^4 + 2H^2O.$
d. $PtBr^2(Az^2H^6)^2.(PO^4H^2)^2 + 2H^2O.$
e. $[Pt(AzO^3)(OH)(Az^2H^6)^2]^2P^2O^7 + H^2O.$

Les sels *a* et *e* se forment par l'addition de phosphate disodique ou de pyrophosphate à l'azotate basique de platinodiammonium ; les sels *b* et *c*, avec le sel de Gros chloré ou nitré. Ils sont cristallins et peu solubles. Enfin, le sel *d* est obtenu par l'addition de brome au phosphate de platosodiammonium ; il est assez soluble et cristallise en prismes aplatis, jaune-citron.

22. Le phosphate de Raewsky,

$$Pt^2(Cl^2O).(Az^2H^6)^4O^2.(PO^4H)^2,$$

se dépose en houppes cristallines lorsqu'on mélange les solutions chaudes et concentrées de l'azotate correspondant et de phosphate trisodique. Si les solutions sont étendues et froides, il se dépose lentement en aiguilles brillantes groupées en étoiles.

23. Oxalates de platinodiammonium. — *Oxalate de Gros*, $PtCl^2.(Az^2H^6)^2C^2O^4$. — Il a été obtenu par double décomposition avec le chlorure de Gros et l'oxalate d'ammonium sous forme d'une poudre cristalline très-peu soluble (Gros). Le sel bromé correspondant est jaune.

Oxalate de Raewsky,

$$Pt^2(Cl^2.O)(Az^2H^6)^4O^2(C^2O^4)^2.$$

— Précipité cristallin blanc, à peu près insoluble dans l'eau bouillante.

Oxalate mononitrique,

$$Pt(OH.AzO^3)(Az^2H^6)^2C^2O^4.$$

— Flocons blancs obtenus par l'addition d'oxalate ammonique à l'azotate basique. Il détone par la chaleur (Gerhardt).

24. Combinaisons d'acétylo-hydroxylo-platinodiammonium. — Ces sels ont été décrits par Cleve. Lorsqu'on décompose le bromosulfate de platinodiammonium (nº 16) par l'acétate basique de plomb, il se produit un acétosulfate basique

$$Pt(OH.C^2H^3O^2)(Az^2H^6)^2SO^4 + 1\tfrac{1}{2}H^2O$$

dans lequel le groupe SO^4 peut être remplacé par double décomposition. On peut donc y admettre le radical $[Pt(OH.C^2H^3O^2)(Az^2H^6)^2]''$, que nous désignerons, pour abréger, par la lettre R.

Chlorure, $2RCl^2 + H^2O$. — Petites aiguilles incolores, assez solubles. L'azotate d'argent en déplace tout le chlore. Son *chloroplatinate*

$$PtCl^6R + 2H^2O$$

cristallise en aiguilles rouge orangé assez solubles.

Azotate, $(AzO^3)^2R''$. — Poudre cristalline blanche, peu soluble dans l'eau froide.

Sulfate, $2(SO^4.R'') + 3H^2O$, signalé plus haut, se dépose par l'évaporation en cristaux incolores, assez volumineux et bien définis.

Dichromate, $Cr^2O^7.R'' + H^2O$. — Précipité orangé, perdant son eau à 100°.

IX. Diplatinammonium, $(Pt^2)^{VI}(AzH^3)^4$. — On ne connaît que l'*iodure* de ce radical, $I^2Pt^2(AzH^3)^4I^4$. — Voyez V, nº 3.

X. Diplatodiammonium,

$$(Pt^2)''(Az^2H^6)^2 \quad \text{ou} \quad =Pt^2 \begin{cases} (AzH^2AzH^4) \\ (AzH^2AzH^4) \end{cases}$$

— Lorsqu'on fait bouillir le chlorure de platosémidiammonium avec de la soude, on obtient une poudre cristalline pseudomorphique grisâtre, insoluble, détonant avec violence par la chaleur. Cette poudre, qui donne des combinaisons noires avec les acides, constitue l'*hydrate de diplatosodiammonium* ou de *diplatinosémidiammonium*,

$$\overset{IV}{Pt^2}\begin{cases} Az^2H^6.OH \\ Az^2H^6.OH \end{cases} + H^2O$$

ou

$$(OH)^2\overset{IV}{Pt^2} \begin{cases} (AzH^3AzH^2)'\ {}^{(1)} \\ (AzH^3AzH^2)' \end{cases} + H^2O.$$

La première de ces formules a été proposée par Blomstrand, la seconde par Cleve, qui a découvert cette base et ses sels. La différence de H^2 entre les deux formules est trop faible pour pouvoir être accusée par l'analyse.

Cleve appuie son opinion sur la formation même de cet hydrate qui, s'il avait la composition assignée par Blomstrand, devrait avoir lieu suivant l'équation

$$2\left[Pt\begin{cases} Az^2H^6Cl \\ Cl \end{cases}\right] + 4NaHO$$
$$= \left(Pt^2\begin{cases} Az^2H^6.OH \\ Az^2H^6.OH \end{cases} + H^2O\right) + 4NaCl + O.$$

Inversement, l'action de l'acide chlorhydrique, qui donne à la longue du chlorure de platosémidiammonium, devrait avoir lieu avec dégagement d'hydrogène. Or Cleve n'a observé ni oxydation ni dégagement d'oxygène dans le premier cas, ni dégagement d'hydrogène dans le second. L'eau régale transforme cet hydrate en chlorure de diplatinodiammonium $(Pt^2)^{VI}(Az^2H^6)^2Cl^4$.

1. Chlorure de diplatosémidiammonium,

$$Cl^2Pt^2(AzH^3.AzH^2)^2.$$

— L'acide chlorhydrique transforme l'hydrate précédent en une poudre jaune que l'eau bouillante convertit en une poudre amorphe noire, en même temps qu'elle dissout du chlorure de platosémidiammonium. Ce corps noir est le chlorure en question.

2. Azotate, $(AzO^3)^2Pt^2(AzH^3.AzH^2)^2$. — Pou-

(1) La formule $(AzH^3.AzH^2)$ est celle de l'ammonium, dans lequel 1 atome d'hydrogène est remplacé par de l'amidogène

dre noire, amorphe et insoluble, détonant violemment lorsqu'on la chauffe.

3. Sulfate, $SO^4.Pt^2(AzH^3.AzH^2)^2$. — Poudre noire, insoluble [Cleve, *Bull. de la Soc. chim.*, t. XVII, p. 109].

XI. DIPLATINODIAMMONIUM,

$$\equiv \Big\} \overset{VI}{Pt^2} \begin{array}{l} \diagup AzH^3(AzH^2) \\ \diagdown AzH^3(AzH^2) \end{array}$$

— On n'en connaît que le chlorure

$$Cl^4.Pt^2(AzH^3AzH^2)^2 + H^2O,$$

qui se produit par l'action de l'eau régale sur l'hydrate de la base précédente. C'est une poudre jaune, amorphe (Cleve).

XII. DIPLATINO-TÉTRADIAMMONIUM,

$$= (Pt^2)^{VI} \left\{ \begin{array}{l} Az^2H^6- \\ Az^2H^6- \\ Az^2H^6- \\ Az^2H^6- \end{array} \right.$$

— Ces combinaisons ont été étudiées par Cleve [*Bull. de la Soc. chim.*, t. XV, p. 168]. On peut y faire rentrer les sels de Raewsky.

1. Iodure, $I^2(Pt^2)^{VI}(Az^2H^6)^4I^4$. — Poudre noire obtenue par l'addition d'iodure de potassium à l'azotate iodé.

2. Azotate iodé, $I^2(Pt^2)(Az^2H^6)^4(AzO^3)^4$. — Il se forme par l'action de l'acide azotique sur l'azotate oxyiodé de diplatinotétradiammonium (n° 18) :

$$I^2Pt^2 \left\{ \begin{array}{l} Az^2H^6.AzO^3 \\ AzH^2.(AzH^4) \\ AzH^2.(AzH^4) \\ Az^2H^6.AzO^3 \end{array} \right. > O + 2AzO^3H.$$

$$= I^2(Pt^2)(Az^2H^6)^4(AzO^3)^4 + H^2O.$$

Il constitue une poudre orangée qui se dissout dans l'eau chaude et qui cristallise en petits prismes. Il renferme 3 à 4 molécules d'eau qu'il perd à 100°. Sa solution n'est pas précipitée par l'azotate d'argent à froid ; à chaud, il se dépose lentement de l'iodure d'argent. L'ammoniaque en sépare l'azotate oxyiodé dont l'azotate iodé dérive. L'acide chlorhydrique le transforme en une poudre cristalline brune de chlorure de platinodiammonium chloroiodé $Pt(ClI)(Az^2H^6)^2Cl^2$.

Le brome le décompose en mettant de l'iode en liberté et en donnant plusieurs produits, entre autres des prismes microscopiques jaunes

$$(PtI)'''(AzH^3)^3.(AzO^3)Br^2.$$

Il fournit les sels suivants par double décomposition :

3. Sulfate iodé, $I^2(Pt^2)(Az^2H^6)^4(SO^4)^2$. — Poudre amorphe jaune, insoluble.

4. Phosphate iodé, $I^2(Pt^2)(Az^2H^6)^4(HPO^4)^2$. — Précipité jaune, formé d'aiguilles microscopiques.

5. Oxalate iodé, $I^2(Pt^2)(Az^2H^6)^4(C^2O^4)^2$. — Poudre volumineuse jaune.

6. Azotate basique, $(HO)^2(Pt^2)(Az^2H^6)^4(AzO^3)^4$. — Poudre cristalline blanche, peu soluble dans l'eau froide, détonant avec violence quand on la chauffe. Ce sel se forme par l'ébullition de l'azotate oxyiodé avec de l'azotate d'argent et se dépose peu à peu de la solution incolore. Il renferme $2H^2O$ qu'il perd à 100°.

7. Azotate neutre,

$$(AzO^3)^2(Pt^2)(Az^2H^6)^4(AzO^3)^4 + 4H^2O.$$

— Il se forme par l'action de l'acide azotique sur l'azotate basique. L'eau le dédouble de nouveau.

L'azotate basique donne, par double décomposition, les sels suivants :

8. Chlorure, $(OH)^2(Pt^2).(Az^2H^6)^4Cl^4 + H^2O$. — Aiguilles microscopiques blanches, très-peu solubles, entièrement décomposées par l'azotate d'argent.

9. Sulfate, $(OH)^2(Pt^2)(Az^2H^6)^4(SO^4)^2 + 2H^2O$. — Poudre blanche et amorphe.

10. Orthophosphate, $(Pt^2)(Az^2H^6)^4(PO^4)^2 + 2H^2O$. — Poudre volumineuse blanche.

11. Dichromate, $(OH)^2(Pt^2)(Az^2H^6)^4(Cr^2O^7)^2$. — Précipité orangé.

12. Oxalate, $(HO)^2(Pt^2).(Az^2H^6)^4(C^2O^4)^2$. — Poudre blanche renfermant $2H^2O$.

13. Azotate bromé, $Br^2(Pt^2)(Az^2H^6)^4(AzO^3)^4$. — Il se forme par l'addition de brome à l'azotate basique. Il contient $2H^2O$ et est en petits cristaux jaunes, assez solubles dans l'eau chaude, ne précipitant pas l'azotate d'argent. L'ammoniaque en précipite une poudre cristalline jaune, qui est du diazotate bromé. L'azotate bromé donne, par double décomposition, les sels suivants :

14. Chlorure bromé, $Br^2(Pt^2).(Az^2H^6)^4Cl^4$. — Précipité blanc jaunâtre, formé d'aiguilles microscopiques.

15. Sulfate bromé, $Br^2(Pt^2)(Az^2H^6)^4(SO^4)^2$. — — Précipité blanc jaunâtre renfermant $2H^2O$, qu'il perd à 100°.

16. Oxalate bromé acide,

$$Br^2(Pt)^2(Az^2H^6)^4 \left\{ \begin{array}{l} C^2O^4 \\ (C^2O^4H)^2. \end{array} \right.$$

— Précipité blanc, formé de prismes microscopiques.

17. Oxyiodure de diplatinotétradiammonium iodé

$$I^2(Pt^2)^{VI} \left\{ \begin{array}{l} Az^2H^6.I \\ AzH^2AzH^4 \\ AzH^2AzH^4 \\ Az^2H^6I \end{array} \right. > O.$$

— C'est la poudre jaune que donne l'iodure de platinodiammonium par l'action de l'ammoniaque (voyez V, n° 3). L'acide azotique l'attaque en dégageant des vapeurs d'iode et en donnant l'azotate nitro-iodé de platinodiammonium,

$$Pt^{IV}(AzO^2.I)(Az^2H^6)^2(AzO^3)^2.$$

18. Azotate oxyiodé de diplatinotétradiammonium,

$$I^2(Pt^2) \left\{ \begin{array}{l} Az^2H^6.AzO^3 \\ AzH^2.AzH^4 \\ AzH^2.AzH^4 \\ Az^2H^6.AzO^3 \end{array} \right. > O.$$

— Aiguilles microscopiques jaunes obtenues par l'action de l'ammoniaque sur l'azotate iodé de platinodiammonium (VIII, n° 12). L'acide azotique le transforme en azotate de diplatinotétradiammonium iodé décrit plus haut (n° 2).

C'est peut-être à ces combinaisons oxydées que se rapportent les sels de Raewsky, quoique ceux-ci renferment 2 ou 3 atomes d'oxygène, ce qui est discutable. — Voir, pour ces sels, VIII, n°s 10, 22, 23.

XIII. BASES AMMONIACALES A RADICAUX ORGANIQUES. — Les ammoniaques composées telles que l'éthylamine, l'aniline, la picoline, etc., donnent avec le chlorure platineux des combinaisons analogues à celles de Magnus et de Reiset. Les premières combinaisons de cet ordre ont été décrites par Wurtz [*Ann. de Chim. et de Phys.*, (3), t. XXX, p. 462, 486]. Leur étude a été reprise par Gordon [*Deutsch. Chem. Gesells.*, t. III, p. 174], et par Cleve [*Bull. de la Soc. chim.*, t. XVII, p. 294]. Nous ne traiterons ici que des dérivés éthylés et méthylés, renvoyant pour les dérivés phényliques et autres aux articles Phénylamine (t. II, p. 845), Picoline, Pyridine, Quinoléine, Toluidine, Xylidine.

Platosométhylammonium. — On n'a décrit que l'isomère du chlorure $Pt(CH^5Az)^2.Cl^2$, le chloroplatinite de platosodiméthylammonium, correspondant au sel vert de Magnus. Celui qui correspond au deuxième chlorure de Reiset s'obtiendrait évidemment par soustraction d'ammoniaque au chlorure de platosodiméthylammonium. C'est sans doute ce chlorure qu'a obtenu Wurtz en chauffant ce dernier à 100° et faisant cristalliser le résidu dans l'eau.

PLATOSODIMÉTHYLAMMONIUM. — Le *chloroplatinite* (sel vert méthylique),

$$Pt''[(CH^3)^2H^4Az^2]^2Cl^2.PtCl^2,$$

se produit lorsqu'on ajoute une solution concentrée de méthylamine à du chlorure platineux; le mélange s'échauffe et le chloroplatinite se dépose sous la forme d'une poudre vert de chrome.

Ce sel, traité par un excès de méthylamine dans des tubes scellés et chauffés au bain-marie, donne le *chlorure*

$$Pt\begin{cases}[Az^2(CH^3)^2H^4]Cl\\ [Az^2(CH^3)^2H^4]Cl.\end{cases}$$

Celui-ci se prend en une masse cristalline lorsqu'on évapore la solution à consistance sirupeuse. Il est moins soluble dans l'alcool. Le résidu de l'action de la chaleur (100°) fournit de petits cristaux brillants se déposant de leur solution bouillante (Wurtz).

Le sel vert méthylique donne, par l'action de l'acide azotique, des cristaux constituant sans doute l'azotate correspondant à celui de Gros (VII, n° 9, *c*), $(AzO^3)^2[Az^2(CH^3)^2H^4]^2(PtCl^2)$.

PLATOSÉTHYLAMMONIUM, $Pt''[Az(C^2H^5)H^2]^2=$. — On n'en a décrit qu'une combinaison, l'*iodure*, dont la formation est indiquée plus loin.

PLATOSODIÉTHYLAMMONIUMS,

$$Pt''\begin{cases}(Az^2H^6)-\\ [Az^2(C^2H^5)^2H^4]-;\end{cases}\quad Pt\begin{cases}AzH^2.Az(C^2H^5)H^3-\\ AzH^2.Az(C^2H^5)H^3-\end{cases}$$

et

$$Pt\begin{cases}[Az^2(C^2H^5)^2H^4]-\\ [Az^2(C^2H^5)^2H^4]-.\end{cases}$$

— Le *chlorure* du premier composé diéthylique

$$Pt\begin{cases}(Az^2H^6).Cl\\ [Az^2(C^2H^5)^2H^4].Cl\end{cases}$$

se forme par l'ébullition du chlorure de platosémidiammonium avec de l'éthylamine aqueuse. Il constitue une masse cristalline très-soluble. Sa solution donne, avec le chlorure platineux, un sel double cristallin vert, correspondant au sel vert de Magnus.

Gordon a obtenu ce chlorure par l'action de l'ammoniaque sur le sel vert de Magnus éthylique. Il ne se forme pas par l'action de l'éthylamine sur le sel vert ordinaire.

Son isomère, le *chlorure*

$$Pt\begin{cases}[AzH^2.Az(C^2H^5)H^3].Cl\\ [AzH^2.Az(C^2H^5)H^3].Cl,\end{cases}$$

se forme par l'action de l'éthylamine sur le chlorure de platosammonium. Il est beaucoup moins soluble et cristallise en belles aiguilles blanches. Sa solution donne, avec l'iodure de potassium, des écailles blanches et nacrées

$$Pt[AzH^2.Az(C^2H^5)H^3]^2I^2,$$

qui perdent de l'ammoniaque par l'ébullition en donnant une poudre cristalline jaune.

Le *chloroplatinite*,

$$Pt[AzH^2.Az(C^2H^5)H^3]^2Cl^2.PtCl^2$$
$$=2[Pt(Az^2H^8.C^2H^5).Cl^2],$$

forme des aiguilles brillantes vertes, peu solubles.

Le *sulfate*, $Pt[AzH^2.Az(C^2H^5)H^3]^2SO^4+6H^2O$, est très-soluble et cristallise en beaux prismes incolores, perdant leur eau à 100°.

Le *chloroplatinite* de la base tétréthylique $Pt(AzH^2C^2H^5)^4Cl^2.PtCl^2=2[Pt(AzH^2.C^2H^5)^2Cl^2]$ a été préparé par Wurtz, ainsi que ses dérivés. Il se produit par l'addition d'éthylamine au chlorure platineux. Il constitue une poudre de couleur chamois insoluble dans l'eau.

Le *chlorure*,

$$Pt\begin{cases}[Az^2(C^2H^5)^2H^4].Cl\\ [Az^2(C^2H^5)^2H^4].Cl\end{cases}+2H^2O,$$

se forme par l'action d'un excès d'éthylamine sur ce chloroplatinite, qu'il régénère par l'addition de $PtCl^2$. Il forme de magnifiques cristaux incolores, assez solubles dans l'eau, peu solubles dans l'alcool.

Le *sulfate*, $Pt[Az^2(C^2H^5)^2H^4]^2SO^4$, obtenu par double décomposition, forme des cristaux incolores, volumineux, solubles dans l'eau et précipitables par l'alcool.

PLATOSODIBUTYLAMMONIUM. — Le *chloroplatinite*, correspondant au sel vert de Magnus, forme une poudre verte et s'obtient par l'action de la butylamine sur le chlorure platineux. Traité par un excès de butylamine, il donne le *chlorure*

$$Pt''[Az^2(C^4H^9)^2H^4]^2Cl^2;$$

traité par l'ammoniaque, il fournit le chlorure du diammoniure monobutylique,

$$Pt''[AzH^2.Az(C^4H^9)H^3]^2Cl^2.$$

Ces combinaisons ont été indiquées par Gordon. E. W.

PLATINE (Min.). — Platine métallique allié avec des proportions assez considérables de fer et avec les métaux dits de la mine du platine : iridium, rhodium, palladium et osmium. En grains plus ou moins gros, rarement en pépites et plus rarement encore en cristaux cubiques ou octaédriques, d'un gris d'étain et d'un éclat métallique, dans les sables gemmifères de l'Oural, du Brésil, de la Colombie, de Saint-Domingue, de Bornéo, etc. M. Boussingault l'a trouvé dans la syénite dans les régions aurifères d'Antioquia (Brésil). Analyses de platine de Choco, Colombie (1), de Californie (2), d'Australie (3), de Russie (4), par MM. H. Sainte-Claire Deville et Debray.

	1.	2.	3.	4.
Platine	80,00	85,50	59,80	76,40
Or..................	1,50	0,80	2,40	0,40
Fer.................	7,20	6,75	4,30	11,70
Iridium.............	1,55	1,05	2,20	4,30
Rhodium.............	2,50	1,00	1,50	0,30
Palladium.....	1,00	0,60	1,50	1,40
Cuivre.......	0,65	1,40	1,10	4,10
Osmiure d'iridium....	1,40	1,10	25,00	0,50
Sable.....	4,85	2,95	»	1,40
Perte avec un peu d'osmium.........	»	»	0,30	»

Caractères. — Soluble dans l'eau régale. Infusible. En poussière très-fine donne avec le borax les réactions du cuivre et du fer.

Dureté, 4 à 4,5. Densité, 17,2 à 17,8.

Ductile et parfois magnétopolaire. F. et S.

PLATINIRIDIUM (Min.), — Platine natif allié à des proportions d'iridium allant jusqu'à 76 %.

Dureté, 6 à 7. Densité, 22,6 à 23. En petits grains blanc d'étain et quelquefois en petits cubes tronqués, d'Ava (Inde).

PLATRAGE DES TERRES ARABLES (Chimie agricole). — On attribue généralement au pasteur Mayer, ministre protestant de la principauté de Hohenlohe, les premières observations suivies sur les effets du plâtre en agriculture. Ses écrits popularisèrent l'emploi du gypse vers le milieu du XVIIIe siècle. Tscheffeli en Suisse, Schubart en Allemagne, multiplièrent les essais et l'emploi du plâtre se généralisa rapidement.

L'expérience que fit Franklin en Amérique, aux environs de Washington, est célèbre; il possédait, auprès d'une route très-fréquentée, un champ de luzerne situé en contre-bas de la chaussée; il y répandit du plâtre de façon à former les mots : « Ceci a été plâtré, » et bientôt les pieds ainsi amendés, plus vigoureux, élevèrent leurs feuilles au-dessus des plantes voisines et le relief formé par la luzerne elle-même forma les mots : « Ceci a été plâtré. » Ainsi qu'on l'a souvent observé dans l'histoire des engrais, on passa d'un extrême à l'autre, et après s'être longtemps refusés à employer le plâtre, les agriculteurs s'engouèrent de cette matière ; on s'imagina que le plâtre était un engrais universel et qu'il allait remplacer tous les autres. Il n'en était rien, cependant ; les mécomptes arrivèrent et on reconnut bientôt que le plâtre n'agissait qu'avec l'aide d'engrais organiques et que, s'il est très-efficace pour certaines plantes, il n'exerce au contraire aucune action favorable sur beaucoup d'autres.

Comme ces résultats contradictoires avaient jeté quelque trouble dans les esprits, et qu'après avoir exagéré les effets utiles du plâtre, il était à craindre qu'on ne le négligeât outre mesure, la Société d'agriculture de France jugea utile d'ouvrir une enquête et de s'adresser aux agriculteurs eux-mêmes de façon à connaître leur opinion sur les conditions dans lesquelles le plâtre devait être employé ; le résultat de cette enquête fut présenté à la Société par Bosc, un de ses membres, dans la séance du 20 avril 1822. M. Boussingault a résumé, à son tour, le rapport assez confus de Bosc, et nous lui empruntons la page dans laquelle il en rend compte.

« Pour simplifier le questionnaire adressé aux cultivateurs, on peut supposer qu'il ne comporte que les quatre demandes suivantes, auxquelles sont jointes les réponses obtenues :

« 1° Le plâtre agit-il favorablement sur les prairies artificielles ? »

Sur quarante-trois opinions émises, il y en a quarante affirmatives, trois négatives.

« 2° Le plâtre agit-il favorablement sur les prairies artificielles dont le sol est extrêmement humide ? »

Non, à l'unanimité. Il y a eu six opinions émises.

« 3° Le plâtre peut-il suppléer à l'engrais organique, à l'humus du sol ? En d'autres termes, un sol stérile peut-il porter une prairie artificielle par le seul fait du plâtrage ? »

Non, à l'unanimité. Il y a eu sept opinions émises.

« 4° Le plâtre augmente-t-il d'une manière perceptible la récolte des céréales ? »

Sur trente-deux opinions émises, il y en a eu trente négatives et deux affirmatives.

Ces résultats sont importants et les nombreuses observations qui ont été faites depuis cette époque sont venues confirmer complétement les réponses des correspondants de la Société d'agriculture. Nous avons au reste, sur l'emploi du plâtre, des documents plus précis que ceux qui sont insérés dans le rapport de Bosc. Il existe, en effet, quelques expériences chiffrées exécutées en Angleterre et en France, que nous allons brièvement résumer.

Pendant les années 1792, 1793, 1794, M. Smith fit en Angleterre l'essai comparatif du plâtre sur une culture de sainfoin et sur une culture de trèfle ; le sainfoin plâtré rendit un tiers de plus que celui qui n'avait pas reçu cet amendement, le trèfle donna une récolte plus que double ; en représentant par 100 le poids de la récolte obtenue sur le sol non plâtré, on trouve que la récolte plâtrée est égale à 225.

Les expériences de M. de Villèle, postérieures aux précédentes, furent exécutées près de Caraman, dans la Haute-Garonne ; le plâtre doubla habituellement la récolte du trèfle quand il fut employé à la dose de 500 kilogrammes à l'hectare ; il ne donna qu'une augmentation d'un tiers quand on le répandit à la dose de 700 kilogrammes ; à la dose de 300 kilogrammes à l'hectare, le plâtre doubla la récolte de sainfoin, il ne donna plus qu'une augmentation d'un tiers quand il fut employé à la dose de 600 kilogrammes.

L'emploi du plâtre n'est pas partout aussi avantageux, et dans les essais que nous avons faits à l'école de Grignon pendant la saison 1865-66, nous n'avons obtenu qu'une très-faible augmentation dans le rendement de la luzerne ; c'est surtout dans le terrain parisien où le sulfate de chaux se rencontre fréquemment qu'on observe ces résultats négatifs.

On s'accorde en général à reconnaître que, quelle que soit sa forme, le plâtre peut être employé aux usages agricoles ; on fera aussi bien usage du plâtre cru bien pulvérisé que du plâtre cuit, de l'anhydrite que des plâtras de démolition ; la dose la plus convenable paraît être de 400 à 500 kilogrammes par hectare.

Quelques praticiens emploient le plâtre à l'automne, mais la plupart reconnaissent qu'il est préférable de le donner au printemps sur les jeunes feuilles et par un temps un peu humide ; nous verrons que cet usage s'accorde très-bien avec la théorie du plâtrage que nous proposons.

Explication des effets utiles du platre. — Le plâtre réussit sur les légumineuses et n'exerce aucune action sur les céréales ; c'est là le point le plus curieux de son histoire agricole qu'il convient surtout d'expliquer.

Avant d'indiquer ici comment nous comprenons ce résultat singulier que ne présente aucun autre amendement, il est utile de rappeler les diverses théories qui ont été émises pour rendre compte des effets du plâtre.

H. Davy admettait que les plantes qui bénéficient de son emploi absorbent ce sel en nature ; il serait indispensable à la formation de leurs tissus comme le sont les phosphates à la formation des matières albuminoïdes, mais cette hypothèse ne peut se soutenir devant les analyses exécutées par M. Boussingault ; ce savant chimiste a reconnu que, dans les cendres d'un trèfle plâtré, l'acide sulfurique et la chaux sont loin d'être dans les rapports où on les trouve combinés dans le gypse ; tandis que la chaux forme une partie importante de ces cendres, l'acide sulfurique n'y entre que pour une faible proportion ; on le reconnaîtra à l'inspection du tableau suivant :

Matières dosées (1).	Récolte extraordinaire de 1841.		Récolte peu favorable de 1842.	
	Cendres de trèfle.		Cendres de trèfle.	
	Non plâtré.	Plâtré.	Non plâtré.	Plâtré.
Chlore	4,1	3,8	3,3	3,0
Acide phosphorique	9,7	9,0	7,1	8,2
Acide sulfurique	3,9	3,4	3,1	3,2
Chaux	28,5	20,4	33,2	36,7
Magnésie	7,6	6,7	7,3	10,2
Oxyde de fer de manganèse	1,2	1,0	0,6	traces.
Potasse	23,6	35,4	29,4	34,7
Soude	1,2	0,9	2,9	0,3
Silice	20,2	10,4	13,1	3,7
	100,0	100,0	100,0	100,0

Si le plâtre était absorbé en nature, s'il servait directement d'aliment à la plante, on devrait le

(1) On a calculé en faisant abstraction de l'acide carbonique et de la perte.

retrouver dans les cendres, dans le rapport de 28 de chaux à 40 d'acide sulfurique; or on trouve que, pour 28 de chaux, il y a 3,9 d'acide sulfurique, c'est-à-dire 1/10 de la quantité qu'exige la chaux pour être saturée; on remarquera de plus, ce qui est fort curieux, qu'il n'y a pas plus d'acide sulfurique dans les cendres du trèfle plâtré que dans celles des plantes qui n'ont pas reçu de sulfate de calcium; et il est bien clair que l'explication si simple de Davy ne peut être adoptée. Liebig avait supposé que le plâtre fixe le carbonate d'ammonium des eaux pluviales en le métamorphosant en sulfate d'ammonium. On sait, en effet, que si on mélange le carbonate d'ammonium avec du sulfate de calcium, on obtient un précipité de carbonate de calcium et il reste en dissolution du sulfate d'ammonium; c'est ce qu'exprime l'équation suivante :

$$SO^4Ca + CO^3(AzH^4)^2$$
$$= CO^3Ca + SO^4(AzH^4)^2.$$

Le sulfate d'ammonium n'étant pas volatil comme le carbonate, il ne sera plus entraîné au moment de la dessiccation du sol pendant les chaleurs de l'été; les plantes pourront donc bénéficier de cette ammoniaque qui, sans l'intervention du plâtre, se fût dissipée dans l'air et leur eût échappé.

Cette théorie a été émise évidemment à un moment où Liebig croyait encore à l'efficacité des engrais azotés; mais elle a le défaut de s'appliquer très-mal, car il est peu de plantes qui profitent aussi peu des engrais azotés que les légumineuses. Il est à remarquer, en outre, qu'ils sont très-efficaces sur les céréales; or il se trouve que les céréales ne profitent pas de l'emploi du plâtre, tandis qu'il agit, au contraire, sur les légumineuses; cette théorie est donc absolument erronée; elle a été proposée, au reste, à une époque où l'analyse des eaux pluviales n'était pas faite; on ignorait combien elles sont pauvres en ammoniaque et par suite quelle faible action fertilisante elles peuvent exercer.

M. Kuhlmann avait proposé une explication qui au premier abord est plus satisfaisante : le plâtre, suivant lui, se décomposerait dans la terre arable sous l'influence des matières organiques, leur céderait son oxygène en les métamorphosant en nitrates; le sulfure de calcium, résultat de cette décomposition, exposé à l'air s'oxyderait de nouveau pour être bientôt après décomposé encore une fois; il se ferait ainsi dans la terre arable une série d'oxydations dont le plâtre serait l'agent intermédiaire et il jouerait, par rapport aux matières organiques, le rôle des vapeurs nitreuses qui, dans les chambres de plomb où l'on fabrique l'acide sulfurique, portent l'oxygène de l'air sur l'acide sulfureux pour le métamorphoser en acide sulfurique.

A priori, il est clair cependant que cette théorie est incomplète, car, nous le répétons, les nitrates sont bien plus efficaces sur les cultures de céréales que sur le trèfle, la luzerne et le sainfoin, et cependant ce sont ces dernières plantes qui bénéficient de l'emploi du plâtre et non les céréales. Toutefois, voulant reconnaître si le plâtre favorisait la nitrification comme le pensait M. Kuhlmann, j'entrepris une série de recherches précises sur ce sujet. Elles me conduisirent à cette conclusion, qu'une terre plâtrée renfermait après un ou deux mois moins d'acide azotique formé qu'une terre qui avait été laissée à l'état normal et surtout beaucoup moins qu'une terre qui avait été mélangée à du sable pour la diviser et favoriser l'accès de l'air; on reconnut également par des recherches précises, dans lesquelles on employa les procédés indiqués par M. Boussingault pour rechercher l'ammoniaque toute formée dans la terre arable, que le mélange du plâtre à la terre arable n'y déterminait pas la formation de l'alcali volatil.

En examinant la composition du trèfle plâtré et non plâtré que nous avons donnée plus haut, on reconnaît que la potasse est plus abondante dans les cendres de la plante qui avait reçu du plâtre que dans celles des végétaux qui en ont été privés, et, bien qu'au premier abord on ne vît guère de raison pour que le plâtre favorisât l'assimilation de la potasse, on se résolut à tenter quelques essais dans ce sens et à rechercher comparativement la quantité de potasse que l'eau peut enlever à une terre plâtrée et à une terre normale. Après quelques essais préalables dans lesquels on rechercha une quantité déterminée de potasse introduite dans une matière inerte en même temps que du plâtre et qui avait pour but de s'assurer que les dosages seraient régulièrement exécutés, on mélangea à des terres de natures variées le dixième de leur poids de plâtre, puis on rechercha la potasse; on reconnut ainsi qu'en lavant dix échantillons de 1 kilogramme de terres normales très-diverses, l'eau leur enlevait $1^{gr},095$ de potasse, tandis que les mêmes terres après avoir été plâtrées cédaient à l'eau $2^{gr},525$; on reconnut aussi que l'eau était impuissante à enlever de la potasse à des terres choisies parmi celles que le cultivateur ne plâtre jamais, tandis qu'au contraire l'eau extrayait une quantité sensible de la potasse des terres qui sont plâtrées avec avantage.

Pour s'assurer que le plâtre a bien pour effet de mobiliser l'alcali contenu dans le sol, on institua une autre série d'essais : du carbonate de potasse fut introduit dans diverses matières absorbantes, telles que du kaolin ou de l'alumine, puis on y rechercha la potasse; la même expérience était faite en ajoutant du plâtre aux mélanges précédents; en résumant les essais, on trouva ainsi que 250 grammes de matières absorbantes ne cédèrent à l'eau que $0^{gr},354$ de potasse sur les $0^{gr},614$ qu'elles avaient reçus, c'est-à-dire 45 %, tandis que lorsqu'on ajouta le plâtre aux matières absorbantes, on trouva que les 240 grammes, ayant reçu encore $0^{gr},614$ de potasse à l'état de carbonate, en cédèrent à l'eau $0^{gr},470$, c'est-à-dire 82 %; des expériences analogues eurent lieu sur du carbonate d'ammoniaque introduit dans des matières absorbantes mélangées ou non de plâtre; tandis que, sur 100 p. d'ammoniaque introduites dans les terres soumises à l'expérience et laissées à l'état normal, l'eau en enlevait 32,6, elle en dissolvait 60 quand les matières absorbantes avaient été additionnées de plâtre.

Ce premier fait étant acquis, le plâtre favorise la diffusion de la potasse contenue dans la terre arable, il restait à en déterminer la cause; or on sait que toutes les fois qu'on mélange deux sels en dissolution on en produit deux nouveaux; il est clair que si on ajoute au carbonate de potasse contenu dans le sol du sulfate de chaux, il se formera du sulfate de potasse et du carbonate de chaux, et il devenait probable que si le plâtre favorise la diffusion de la potasse contenue dans la terre arable, c'était en l'amenant à l'état de sulfate; toutefois, pour que cette hypothèse fût admise, il fallait démontrer par l'expérience que le sulfate de potasse est plus diffusible et échappe plus complétement aux propriétés absorbantes de la terre arable que le carbonate; c'est ce qu'on vérifia facilement. 500 grammes de matières absorbantes reçurent $1^{gr},505$ de potasse à l'état de carbonate, la terre en retint $1^{gr},276$, c'est-à-dire 74 %; quand, au contraire, on employa sur 350 grammes de matières absorbantes 0,933 de potasse à l'état de sulfate, la terre en retint $0^{gr},284$, c'est-à-dire 31 %.

Il est clair d'après les faits précédents que, lorsqu'on jette du plâtre sur la terre arable, il a pour effet d'y mobiliser les alcalis et de leur permettre de s'enfoncer dans les profondeurs de la terre arable au lieu de rester dans les couches superficielles où ils sont mis en liberté par l'action de l'acide carbonique sur les argiles, et l'on conçoit que, tant qu'on cultivera des plantes comme les céréales dont les racines restent à la surface du sol, il importe peu que la potasse ou l'ammoniaque soient retenues dans ces couches superficielles par les propriétés absorbantes de la terre, mais on comprend en outre qu'il n'en soit plus ainsi pour les légumineuses dont les racines s'enfoncent au-dessous de la couche arable ordinaire : les racines de sainfoin, par exemple, pénètrent quelquefois jusqu'à 2 mètres de profondeur et peuvent s'étendre plus loin dans les interstices des roches calcaires(1). On rencontre des racines de luzerne à des profondeurs plus grandes encore : nous avons à l'école de Grignon une racine de luzerne de 2m,50 de long. M. de Gasparin en a vu de 4 mètres de longueur, et il en existe, dit-on, qui atteignent même des dimensions plus considérables encore. Pour prospérer, ces plantes doivent donc rencontrer de la potasse soluble jusqu'à une profondeur assez considérable, et le plâtre leur est utile en faisant descendre dans le sous-sol la potasse que les agents atmosphériques ont mise en liberté dans les couches superficielles.

Le plâtre me paraît donc avoir sur la terre arable une action tout à fait déterminée, tout à fait spéciale : il a pour but de faire passer les alcalis de la couche superficielle, où ils sont habituellement retenus, dans les couches profondes où les racines des légumineuses vont chercher leurs aliments.

On remarquera que cette conclusion est tout à fait indépendante de l'explication que je donne des effets du plâtre; qu'il ait ou non pour effet de transformer les carbonates alcalins en sulfate, qu'il agisse chimiquement ou physiquement, les faits qu'établissent les deux paragraphes précédents suffisent pour qu'on puisse se convaincre que le plâtre donne à la potasse et à l'ammoniaque contenues dans la terre arable une mobilité qu'elles n'auraient pas sans lui. Ces faits expliquent comment cet agent favorise la végétation des plantes à racines profondes, comme les légumineuses, tandis qu'il n'exerce aucune action sur les plantes dont les racines s'arrêtent dans les couches supérieures du sol.

L'interprétation que j'ai proposée de l'effet du plâtre trouve en outre plusieurs confirmations qui me paraissent prouver qu'elle est exacte.

J'ai montré plus haut que les sulfates passent bien au travers de la terre arable. Or à quelque état qu'on suppose l'ammoniaque ou la potasse dans la terre, elle finira toujours, sous l'influence du plâtre, par se métamorphoser plus ou moins complétement en sulfate, et par pouvoir pénétrer dans les couches profondes. Si le plâtre agit bien comme sulfate, s'il a bien pour but d'amener la potasse et l'ammoniaque à l'état de sulfate, il ne doit pas être seul à exercer son effet et pourra être remplacé par d'autres sulfates. Or il est reconnu que les agronomes ont obtenu d'excellents effets d'un mélange de sulfate de magnésie et de sulfate de potasse : les récoltes amendées avec ces sels ont même été supérieures à celles qui avaient reçu du plâtre seulement; et cela se conçoit, car le plâtre ne crée pas la potasse et ne fait que la mobiliser. Si donc on ajoute à la terre arable la matière que le plâtre doit rendre soluble, on produira un effet plus efficace encore que celui que détermine le gypse lui-même.

Nous trouvons un argument singulièrement favorable à cette manière de voir dans les expériences de MM. Lawes et Gilbert, exécutées sur le trèfle rouge, pendant plusieurs années, sur les mêmes sols. Pendant les quatre dernières années l'hectare a rendu sans engrais une quantité totale de foin dépassant 35,200 kilogrammes; c'est 8,700 kilogrammes environ par année moyenne. Quand le sol a reçu du plâtre, il a donné pendant ces quatre ans 47,500 kilogrammes environ, ce qui fait monter la moyenne pour chaque année à un chiffre voisin de 12,000 kilogrammes, mais cependant un peu inférieur. Quand, enfin, on a amendé la terre avec des sulfates de potasse, de soude, de magnésie, on a obtenu un produit total supérieur à 55,000 kilogrammes, et par conséquent la moyenne annuelle a été de 13,850 kilogrammes.

Ainsi c'est comme sulfate que le plâtre agit; c'est en métamorphosant en sulfate le carbonate de potasse, en rendant mobile l'alcali, en le faisant pénétrer dans les couches profondes qu'il exerce une action efficace. Une objection reste toutefois à lever : si le plâtre amène la potasse à l'état de sulfate, comment se fait-il qu'on ne trouve pas dans les cendres des plantes plâtrées l'acide sulfurique en quantité suffisante pour saturer la potasse et la chaux qui y sont contenues? Pour le comprendre, il faut se rappeler que les sulfates sont facilement réduits dans la terre arable par les matières organiques amenées à l'état de sulfures, puis de carbonates, de telle sorte que la potasse ne persiste pas sous la forme que le plâtre lui a fait revêtir; elle est bientôt ramenée à l'état de carbonate, et c'est à cet état qu'elle pénètre dans les végétaux, ou encore sous une forme plus complexe, combinée à des acides ulmiques.

MM. Lawes et Gilbert ont remarqué, en effet, dans le beau Mémoire qu'ils ont consacré à l'étude de la culture du trèfle rouge(1), que si le plâtre et les sulfates alcalins qu'ils employaient comme engrais réussissaient très-bien les premières années de leur emploi sur un certain sol couvert de légumineuses, ils cessaient d'être efficaces après un an ou deux, quand bien même on ajoutait à ces substances des sels ammoniacaux ou du fumier; aucun engrais, au reste, ne pouvait maintenir la culture des légumineuses sur la même parcelle du champ d'expériences, mais elle restait, au contraire, abondante dans un jardin situé très-près du champ d'expériences, qui supportait par conséquent les mêmes conditions climatériques.

Frappés de ces résultats, MM. Lawes et Gilbert cherchent à les interpréter : ils rappellent une hypothèse digne d'attention proposée par Mulder, qui, remarquant que les débris organiques enfouis dans le sol subissent une série de métamorphoses complexes avant d'être amenés à l'état d'acide carbonique, admet que ces composés intermédiaires constituent une série d'acides qui se combinent avec l'ammoniaque ou avec les alcalis fixes, pour former des sels à acides organiques. Tout le monde sait, en effet, que la terre arable renferme une proportion notable de matières ulmiques solubles dans les alcalis. M. Rissler a insisté, il y a déjà plusieurs années, sur leur importance, et M. L. Grandeau leur accorde également une influence considérable sur l'assimilation des substances minérales. Imagi-

(1) Voyez, sur ce sujet, un excellent travail de M. Is. Pierre : *Prairies artificielles, des causes de diminution de leurs produits*, ouvrage couronné par la Société d'agriculture d'Orléans, 1861.

(1) *Report of experiments on the growth of red clover by different manures, in the Journ. of the Roy. Agric. Soc. of Engl.*, t. XXI, p. 1.

nons maintenant que certaines plantes, le trèfle, la luzerne, par exemple, demandent, pour donner une récolte abondante, qu'une partie de leurs aliments leur soit présentée sous la forme de composés carbonés, combinés avec l'ammoniaque ou avec la potasse, et nous aurons émis une hypothèse qu'on ne pourra admettre que lorsqu'elle aura été démontrée exacte par l'expérience, mais qui aura l'avantage d'éclairer tout ce qui reste encore d'obscur dans la question du plâtrage.

Nous concevrons aisément, en effet, comment il est nécessaire qu'une certaine période de temps se soit écoulée avant qu'on puisse faire revenir la luzerne sur un sol qu'elle a déjà occupé, car les composés complexes en question ne se forment dans le sol en quantité suffisante, pour fournir au besoin de ces plantes, qu'avec une certaine lenteur.

Nous comprendrons encore les différences si curieuses observées par les chimistes de Rothamsted sur l'action des engrais chimiques employés à la culture des céréales et à celle des légumineuses. Dans quelques-uns de leurs champs d'expériences, MM. Lawes et Gilbert ont pu obtenir des récoltes de blé abondantes pendant dix-sept années de suite, sans fournir au sol un gramme de carbone: les récoltes étaient considérablement plus abondantes sur certaines parcelles où l'engrais ne renfermait pas de carbone que sur celles qui en recevaient des proportions considérables : il y a donc, dans ce cas, de fortes raisons d'admettre que ces plantes puisent la plus grande partie, sinon la totalité de leur carbone, dans l'acide carbonique de l'air, et qu'il suffit que le sol leur donne de l'azote sous forme de nitrates et des sels ammoniacaux, des phosphates et quelques autres matières minérales.

Quand le sol est abondamment fourni de matières minérales, la quantité de matières végétales élaborées par les céréales semble dépendre de la proportion de matières azotées assimilables qui leur est fournie; mais il n'en est plus ainsi pour les légumineuses, et l'addition d'azote sous forme d'ammoniaque ou de nitrates, qui est si avantageuse pour les graminées, leur est plutôt nuisible. Cependant celles-là renferment une quantité notable de principes albuminoïdes; or nous savons (voyez l'article Assimilation) qu'elles ne prennent pas l'azote libre de l'atmosphère; nous reconnaissons que les engrais azotés ne leur conviennent pas; quand on amende une prairie avec des engrais azotés, on voit aussitôt les graminées prendre le dessus et se substituer aux légumineuses : ainsi celles-ci exigent une alimentation différente de celles-là, et il est probable qu'elles prennent leur azote sous une forme complexe, sous celle de composés azotocarbonés. Ces principes sont insolubles dans l'eau, puisqu'ils s'accumulent dans le sol; pour qu'ils soient assimilés, il faut cependant qu'ils se dissolvent, et le rôle de la potasse paraît être dès lors d'amener ces principes à l'état soluble. Si l'on admet cette hypothèse, on en conclut que la potasse ne pourra avoir d'effet utile qu'autant que le sol renfermera ces produits complexes, et que son action sera nulle aussitôt qu'ils auront disparu. On comprend dès lors facilement comment un long espace de temps doit s'écouler avant qu'un sol ordinaire soit capable de porter une récolte de légumineuses; tandis qu'un sol de jardin, fumé abondamment avec des matières organiques, peut-être depuis des siècles, pourra porter de semblables cultures plusieurs années de suite, sans qu'on les voie dépérir. On comprend enfin comment la potasse est utile au début de la culture de la luzerne, au moment où le sol est riche en matières ulmiques; comment elle est sans action sensible lorsque le sous-sol est épuisé.

Les opinions émises dans le mémoire de MM. Lawes et Gilbert méritent une confirmation expérimentale, et ne pourront être admises que lorsqu'on aura démontré que les légumineuses prospèrent dans un sol amendé avec des ulmates alcalins; mais nous devons faire observer cependant que le rôle que nous avons attribué au plâtre s'accorde très-bien avec cette manière de voir. Nous avons reconnu dans les pages précédentes que les sulfates alcalins descendus dans les couches profondes sont bientôt ramenés à l'état de carbonates, qui peuvent fournir aux acides ulmiques la base nécessaire pour les dissoudre. Ce ne serait donc pas seulement parce qu'il mettrait la potasse à la disposition de la plante que le plâtre serait utile, mais encore parce qu'il faciliterait à l'aide de cette potasse entraînée dans les couches profondes la dissolution, puis l'assimilation des acides ulmiques, qui contribuent particulièrement à l'alimentation des légumineuses. Or, bien avant que nous eussions émis les opinions précédentes, M. Rissler avait reconnu que l'eau chargée de plâtre enlève plus de matières organiques à une terre riche en débris végétaux que de l'eau pure, ce qui vient encore confirmer la manière de voir que nous avons développée dans cet article. P.-P. D.

PLATRE (INDUSTRIE DU). — Le plâtre est le produit de la déshydratation à température modérée du gypse. Le gypse ou pierre à plâtre est du sulfate de calcium hydraté, $CaSO^4+2H^2O$. — Voyez à l'article Calcium (sulfate de).

Le gypse chauffé dans un courant d'air commence à perdre son eau de cristallisation vers 80° ou vers 115° en vase clos, avant 132° il a perdu complétement ce liquide. C'est le gypse ainsi chauffé qui porte le nom de plâtre; il a la propriété de reprendre les 2 molécules d'eau qu'il a perdues à la cuisson, quand on en forme une pâte avec ce liquide, et de *se solidifier* après s'être combiné à l'eau avec élévation de température. Pour déshydrater le gypse il ne faut pas le chauffer au delà de 204°, car alors il commence à perdre la propriété de se réhydrater; quand le gypse a été soumis à une température de 300° à 350°, il cesse de reprendre son eau de cristallisation et ressemble au sulfate de chaux anhydre de la nature nommé *anhydrite*, qui ne peut donner de plâtre capable de se gâcher et de faire prise avec l'eau. Chauffé au rouge, le gypse se fritte, puis fond.

Une des molécules d'eau du gypse peut être remplacée par un sel. C'est ce qui explique pourquoi le gypse fait prise sans être déshydraté quand on le gâche avec une solution de sulfate de potassium, de carbonate de potassium, etc. Il se forme un sel double, $K^2SO^4+CaSO^4+H^2O$. Le durcissement a lieu dans ce cas plus vite qu'avec le plâtre cuit gâché avec l'eau; avec le bitartrate de potassium la solidification a lieu de suite, mais le produit n'est qu'un mélange de cristaux de bitartrate de potassium et de gypse.

Aux environs de Paris, à Montmartre, Belleville, Argenteuil, Clamart, on trouve de vastes gisements de gypse dans le terrain tertiaire inférieur; on en fait l'exploitation soit à ciel ouvert, soit en galerie. Ces gypses sont à l'état de cristaux grenus et renferment ordinairement 12 % de carbonate de chaux, d'argile et de matières organiques. Les plâtres qu'ils fournissent sont de qualité supérieure à ceux fournis par les gypses très-purs de l'Autunois et du Dauphiné. Les plâtres sont plus ou moins faciles à cuire suivant leur texture plus ou moins serrée. L'un des plus durs porte le nom de *pied noir*; le plâtre pour figuristes et mouleurs provient d'un banc appelé *banc de mouton*.

Cuisson du plâtre. — Le plus généralement, la cuisson du plâtre pour construction se fait comme il a été indiqué à l'article CALCIUM, malgré les inconvénients que ce procédé présente.

La durée de la cuisson du plâtre varie de 10 à 15 heures, suivant la quantité de pierre mise au four, le degré de dessiccation du bois et l'état de l'atmosphère. On brûle environ, par mètre cube de plâtre :

210 kilogrammes	de fagots de chêne.	
192	—	de bouleau et châtaignier mélangés.
135	—	de chêne et charme mélangés.

On modère le feu au commencement de la cuisson et on augmente graduellement jusqu'à ce que toute l'eau du sulfate soit évaporée.

Le poids de la pierre à plâtre a alors diminué de 1/4 environ.

Le plâtre bien cuit est doux au toucher et adhère aux doigts.

Le plâtre incomplètement cuit est aride, prend mal l'eau; trop cuit, il est devenu maigre et graveleux.

La cuisson du plâtre peut être faite dans des fours coulants semblables à ceux employés pour la chaux (fig. 127, t. I, p. 850), qui permettent de brûler du bois, de la tourbe, des lignites ou du coke. C'est surtout pour les plâtres destinés à l'agriculture qu'on emploie cette méthode.

Dans quelques cas particuliers où l'on a le débit du coke, on peut cuire le plâtre avec la chaleur perdue des fours à coke; les gaz qui s'en échappent se rendent dans un espace voûté, situé au-dessus, où ils se mélangent avec une certaine quantité d'air pour en modérer la température, de là ils passent dans le four à plâtre proprement dit.

On a essayé de diminuer les frais de cuisson du plâtre en brûlant de la houille; la conduite du foyer demande alors à être faite avec soin; le feu doit toujours être clair et brillant, afin d'éviter toute trace de fumée qui altérerait la qualité du plâtre en transformant les sulfates en sulfures; on introduit, pour atteindre ce but, une grande quantité d'air dans le foyer, soit naturellement, soit, mieux, à l'aide d'un ventilateur.

M. Dumesnil a imaginé un four à plâtre qui permet d'obtenir économiquement des plâtres de qualité très-constante. La figure 498 représente la coupe et le plan de ce four : A, massif de maçonnerie sous le sol; B, foyer; *b'*, conduit par lequel on introduit les fagots; *b''*, ouvreau servant à donner plus ou moins d'air sous la grille et à retirer les cendres; *cc*, carneaux au nombre de 6 ou 8 partant du bas de la voûte et s'élevant en forme de coude jusqu'à la sole, où ils débouchent sous des cloches en fonte *i* percées de 28 embrasures consolidées par autant de nervures verticales; C, intérieur du four voûté; *f*, porte par laquelle se fait la première partie du chargement du four; *f'*, porte pour le chargement de la partie supérieure; *gg*, cheminées tenues ouvertes pour le départ des premières vapeurs, que l'on ferme à volonté lorsque la grande cheminée suffit.

Pour le chargement, on concasse les pierres à plâtre en morceaux de $0^m,12$ à $0^m,15$ d'épaisseur; on les range debout sur la sole et sur les cloches en fonte; on met les menus à la partie supérieure. La cuisson dans ce four dure pour 30 mètres cubes 12 heures et coûte 5 fr. 15 par mètre cube. Après avoir laissé le four refroidir 12 heures, on commence à en retirer le plâtre cuit.

Outre les fours que nous venons d'indiquer et qui sont d'un emploi général, il en a été essayé d'autres d'usage plus restreint, que nous allons citer.

M. Violette a essayé de cuire le plâtre à l'aide de la vapeur surchauffée à 200°. Ce procédé est très-couteux, mais donne une très-grande régularité dans la température, ce qui permettrait peut-être de l'employer pour les albâtres, qui donnent des plâtres de qualité tout à fait supérieure.

Pendant longtemps on a perdu les menus des mines de plâtre, parce qu'on ne peut pas les cuire dans les fours ordinaires. MM. Arson et Bellanger sont parvenus à les utiliser en les cuisant par

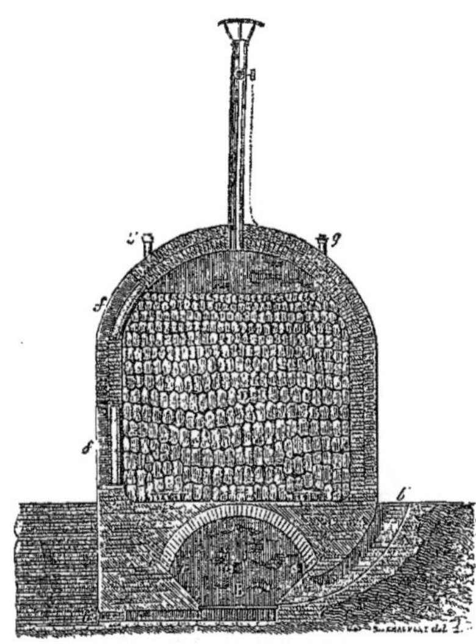

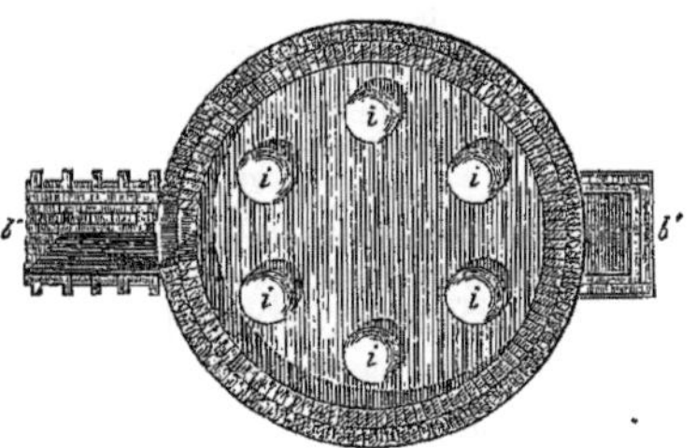

Fig. 498. — Four à plâtre.

le procédé suivant. Ils se sont servis d'un cylindre horizontal en tôle mobile autour de son axe et chauffé extérieurement. Ce cylindre muni intérieurement de nervures hélicoïdales est placé dans un fourneau en briques, ayant un foyer à une extrémité du cylindre et une cheminée à l'autre. Il tourne uniformément et reçoit le plâtre cru en poudre à un bout pour le rejeter, grâce au mouvement hélicoïdal, calciné à l'autre.

Le plâtre pour figurine et moulage est obtenu par la cuisson de gypse de très-belle qualité dans des fours de boulanger chauffés au rouge-brun; après pulvérisation on le passe au tamis de soie.

Pulvérisation du plâtre. — Aussitôt après la cuisson du plâtre, on le pulvérise. Cette opération peut se faire au moyen de moulins à noix très-solides, analogues aux moulins à café, ou mieux avec des meules verticales en pierre roulant dans une auge en pierre, ou enfin dans des moulins du genre de ceux à farine. Les plâtres fins sont passés dans des blutoirs spéciaux.

Le plâtre exposé à l'air *s'évente*, c'est-à-dire qu'il absorbe l'humidité et perd la qualité de faire prise. Pour conserver le plâtre, on le tasse dans des tonneaux qu'on laisse dans des lieux secs. On peut encore le conserver en tas recouvert d'une couche *prise*, formant une croûte solide préservant la masse.

Le *gâchage* du plâtre a pour but de faire reprendre au plâtre l'eau qu'il a perdu à la cuisson.

Quand on gâche le plâtre, il faut mettre la quantité d'eau dans l'auge et semer le plâtre peu à peu en remuant avec la truelle.

La quantité d'eau à employer pour gâcher varie du quart du volume du plâtre à volumes égaux suivant la qualité du plâtre et le but qu'on se propose.

Plâtre aluné ou durci. — Ce plâtre a été inventé par M. Kean; on le prépare comme il suit: la matière première est le gypse lamelleux, fibreux ou compacte; on choisit les morceaux les plus blancs, on les concasse à la grosseur du poing; on les cuit dans un four à réverbère semblable aux fours à soude; le défournement fait, on met ce plâtre dans des caisses à claire-voie qu'on plonge dans une solution aqueuse d'alun à 12 °/₀; après 3 ou 4 heures on enlève les caisses contenant le plâtre imbibé d'alun, on laisse égoutter, puis on fait sécher sur le four à réverbère.

Après dessiccation, on passe de nouveau au four et on porte la température au rouge-brun. On termine la préparation en broyant sous un moulin à meule verticale et tamisant dans un blutoir mécanique. Il faut pour gâcher ce plâtre 55 à 60 °/₀ d'eau alunée, la prise est lente et ne se fait qu'après environ une heure.

Ce plâtre durci reçoit le poli du marbre et en possède la transparence. On peut atteindre plus simplement le même résultat en faisant cuire en une seule fois un mélange intime de gypse et d'une certaine quantité d'alun.

On a quelquefois employé le borax à la place d'alun dans l'opération précédente.

En gâchant le plâtre avec des solutions de colle forte, d'ichthyocolle ou de gomme arabique, on obtient après la prise une masse dure qu'on peut polir, appelée *stuc*. Ces stucs ne résistent pas à l'humidité. G. Vogt.

PLATTNÉRITE (Min.) [Syn. *Schwerbleierz*, Breithaupt].—Cette espèce douteuse serait, d'après Plattner, du bioxyde de plomb, PbO^2, en cristaux pseudo-morphiques ayant la forme de la pyromorphite, d'un noir de fer, d'un vif éclat métallique, opaques. Provient probablement de Leadhills (Écosse). Densité, 9,4.

PLÉONASTE. — Voyez SPINELLE.

PLESSITE (Min.). — Variété de gersdorffite dans laquelle les rapports du soufre, de l'arsenic et du nickel, partiellement remplacé par du fer et du cobalt, peuvent être exprimés par la formule $Ni^3S^2As^2$.

PLEUROCLASE. — Voyez WAGNERITE.

PLINIANE (Min.). — Variété de mispickel que Breithaupt a regardée comme clinorhombique.

PLINTHITE (Min.). — Argile ferrugineuse rouge-brique, d'Antrim (Irlande), ne happant pas à la langue.

PLOMB, Pb = 207 (équivalent = 103,5). — *Historique.* — Le plomb est connu depuis les temps historiques. Les Romains le tiraient des Gaules et de l'Espagne et n'ignoraient pas qu'il renferme en général de l'argent. Il était, entre autres usages, employé pour des conduites de fontaines. Les anciens utilisaient également la litharge et le minium ainsi que la céruse, qu'on fabriquait par l'action du vinaigre sur le plomb, à l'air; le minium était obtenu par la calcination de cette céruse et servait surtout dans la peinture. Le plomb portait chez les alchimistes le nom de *Saturne* en raison de son avidité pour les autres métaux. Ce nom est quelquefois encore usité dans la dénomination de certains sels, notamment l'acétate et le sous-acétate, ou *sucre de Saturne* et *extrait de Saturne*.

État naturel. — Le plomb se rencontre en général dans la nature à l'état de carbonate et de sulfure (*galène*) associés à des gangues quartzeuses ou calcaires. Ce sont là les minerais de plomb. Mais on rencontre encore ce métal à l'état de molybdate, de tungstate ou d'autres sels à acides métalliques; à l'état de sulfate, de phosphate, de séléniure, de tellurure et de sulfures complexes. Enfin on a signalé l'existence de plomb natif. Gray l'a observé à l'état de paillettes dans un fer météorique du Chili. Majerus en a trouvé disséminé irrégulièrement dans la galène d'une mine de San Guillermo (Vera-Cruz); il renfermait 7,7 °/₀ de sulfure de fer.

Propriétés physiques. — Le plomb est d'un gris bleuâtre; sa surface fraîche est brillante, mais elle se ternit rapidement à l'air. Il est très-mou, se raye facilement avec l'ongle et laisse sur le papier une trace grise. Il se laisse ployer avec une grande facilité. Il répand une odeur spéciale très-faible lorsqu'on le frotte. Sa cassure est blanche et fibreuse lorsqu'il est pur, dans le cas contraire elle est grenue. Chauffé vers son point de fusion et brisé par le marteau, il présente une cassure cristalline [Baker, *Dingler's polyt. Journ.*, t. CLXXIII, p. 122].

Lorsqu'on fait cristalliser le plomb par voie de fusion, on l'obtient en octaèdres réguliers bien définis ou en groupes étoilés (D = 11,254).

Le plomb occupe le sixième rang parmi les métaux pour la malléabilité, le huitième pour la ductilité et le dernier pour la ténacité; un fil de plomb de 2 millimètres de diamètre se rompt sous un poids de 9 kilogrammes.

Sa densité, d'après Berzelius, est égale à 11,445; 11,352, Brisson; 11,389, Kersten; 11,370 à 0° (eau à + 4°), Reich; 11,395 à 4°, Streng; 11,363, Deville.

Le plomb fond à 334° (Kupffer; 326°, A. de Riemsdyk; 325°, Rudberg; 322°, Dalton). Sous l'influence d'une température élevée, il répand des fumées et se volatilise sensiblement; maintenu au rouge clair pendant une heure, il perd environ $\frac{1}{1000}$ de son poids (A. de Riemsdyk). Dans un four à porcelaine, cette perte est beaucoup plus considérable (9 °/₀). Le plomb peut dissoudre un peu d'oxyde par la fusion, dans ce cas il est plus dur; pour lui rendre sa mollesse, il faut le fondre et l'agiter avec du charbon (Coriolis).

Chaleur spécifique = 0,0314 (Regnault).

Dilatation totale entre 0° et 100° = 0,002948 (Fizeau).

Conductibilité calorifique = 287 (Ag = 100) (Calvert et Johnson).

Conductibilité électrique = 7,7 à 17° (Ag = 100 à 0°) (Matthiessen).

Propriétés chimiques. — Le plomb se ternit à l'air par suite d'une oxydation qui s'arrête à la surface. Si on le fond à l'air, cette oxydation est beaucoup plus rapide, et si l'on enlève la couche d'oxyde à mesure qu'elle se forme, on peut rapidement transformer tout le plomb en oxyde.

L'eau distillée froide privée d'air est sans action sur le plomb; mais si l'air intervient, le plomb ne tarde pas à se recouvrir d'une croûte blanche qui est un hydrocarbonate cristallin. Les eaux pluviales attaquent assez rapidement le plomb, mais ce métal ne paraît pas entrer en dissolution; un simple filtrage prive le liquide de tout le plomb (Langlois, Varrentrapp et autres).

D'après Stolba, l'eau pure est un peu décomposée à l'ébullition par le plomb divisé (10 à 20 grammes de ce métal fournissent 1 à 2 centimètres cubes d'hydrogène en 10 minutes); la liqueur se trouble et est alcaline. La vapeur d'eau attaque le plomb pur; la présence de l'étain le protége.

Agité avec de l'air et de l'eau, le plomb très-divisé, ou mieux encore le plomb amalgamé, s'oxyde, et il se forme des traces d'ozone et d'eau oxygénée. L'eau oxygénée elle-même recouvre le plomb d'une couche d'hydrate (Schoenbein).

L'action des eaux sur le plomb présente une importance majeure sous le rapport de l'hygiène, c'est pourquoi nous entrerons dans quelques autres détails sur les causes qui facilitent ou qui entravent cette action.

D'après Medlock [*Philos. Magaz.*, (4), t. XIV, p. 202], les eaux contenant une quantité notable de matières organiques azotées donnent lieu à une production spontanée et continue de sels solubles de plomb, en agissant sur ce métal par suite de la transformation de l'azote d'abord en ammoniaque, puis en acides nitreux et nitrique qui, quoique extrêmement dilués, attaquent le plomb, en donnant de l'azotite basique; celui-ci est décomposé par l'acide carbonique en carbonate de plomb insoluble et en sel neutre qui peut attaquer une nouvelle quantité de métal. Les eaux qui ne peuvent contenir ni acide nitreux ni acide nitrique seraient sans action sur le plomb.

D'après Kersting, au contraire, les nitrates dissous dans les eaux seraient sans influence, et cet auteur attribue surtout l'action de l'eau à la présence de carbonates.

Par l'exposition dans une solution de chlorure de sodium, le plomb se recouvre peu à peu d'une croûte blanche renfermant de l'hydrate, du carbonate et du chlorure de plomb; on trouve du plomb en dissolution (C. Reichelt).

Des expériences publiées récemment par Pattison Muir [*Chem. New.*, t. XXV, p. 283], il résulte que les nitrates, surtout celui d'ammonium, favorisent beaucoup la dissolution du plomb, tandis que les carbonates et les sulfates exercent, au contraire, une action protectrice, si bien qu'une solution renfermant une proportion notable de nitrates est sans action sur le plomb si elle renferme en même temps des carbonates et des sulfates. Cette action protectrice des sulfates a été déjà constatée par d'autres auteurs.

L'absence de sulfates dans les eaux pluviales rend celles-ci plus actives à l'égard du plomb.

MM. Belgrand et F. Le Blanc ont confirmé récemment les faits connus concernant l'attaque du plomb par l'eau distillée, et ont constaté que les eaux de la Seine n'exercent pas une semblable action. Les tuyaux de plomb peuvent donc servir à la distribution des eaux courantes, toujours chargées de petites quantités de sels. Leur surface interne se recouvre bientôt d'un léger dépôt qui forme comme un enduit et préserve l'eau du contact immédiat du métal.

On a proposé divers moyens pour préserver les tuyaux de plomb de l'action des eaux; l'un d'eux consiste à recouvrir la surface du métal d'une couche de sulfure de plomb produite par l'action d'une solution de sulfure alcalin (H. Schwartz).

L'acide azotique attaque très-énergiquement le plomb. Lorsqu'on additionne l'acide azotique concentré d'acide sulfurique, l'attaque du plomb est très-lente à cause de la couche protectrice de sulfate de plomb qui prend naissance.

L'acide sulfurique n'attaque que peu le plomb à froid; mais à chaud l'attaque a lieu et elle commence à une température d'autant moins élevée que l'acide est plus concentré. Plus le plomb est pur, plus cette attaque se fait facilement. Un acide d'une densité de 1,84 dissout à froid, par mètre carré et dans le même temps, 67 grammes de plomb impur et 201 grammes de plomb pur; un acide d'une densité de 1,7 ne dissout que 54 à 59 grammes de plomb par mètre carré, à la température de 45°. Hasenclever a repris récemment l'étude de cette question, qui a une grande importance pour la concentration de l'acide sulfurique dans des chaudières de plomb. Avec le plomb pur, l'acide à 54° Baumé produit déjà des bulles à 40°; à 80°, ces bulles augmentent notablement; elles sont formées d'hydrogène et d'hydrogène sulfuré; le plomb associé à un peu d'antimoine ne s'attaque pas sensiblement à 140° avec le même acide [*Deuts. Chem. Gesells.*, t. V, p. 502]. L'étain protége également le plomb contre cette attaque. L'acide sulfurique bouillant attaque rapidement le plomb avec dégagement d'acide sulfureux et formation de sulfate. L'acide étendu d'eau n'attaque pas le plomb. L'acide chlorhydrique étendu est également sans action. L'acide chlorhydrique, d'une densité de 1,12, l'attaque déjà à froid, plus rapidement à chaud, avec dégagement d'hydrogène (Stolba); la présence du cuivre facilite cette attaque.

Lorsqu'on décompose une solution d'azotate de plomb par la pile, il se dépose au pôle négatif des lames de plomb de couleur cuivrée; ce plomb conserve sa couleur à l'air; les acides et les alcalis sont sans action sur lui. Exposé à l'air et humecté d'eau, il se recouvre rapidement d'une couche d'hydrate de plomb. Chauffé dans l'hydrogène à 200°, ce plomb ne change pas de couleur; chauffé plus fort, il fournit des globules de plomb fondu ordinaire. Wœhler envisage ce plomb rouge comme une modification allotropique [*Ann. der Chem. u. Pharm.*, suppl., t. II, p. 135, et *Bull. de la Soc. chim.*, 1863, p. 196], opinion qui a été combattue par Stolba.

Le plomb du commerce n'est jamais pur, il renferme généralement des traces de fer, de cuivre et d'argent. Le plomb qui a été privé d'argent par la coupellation porte le nom de plomb pauvre [voir PLOMB (MÉTALLURGIE)]. La présence du cuivre est nuisible pour l'industrie du cristal, dans laquelle on fait surtout usage du minium, car il empêche d'obtenir des verres parfaitement incolores.

Le soufre, l'arsenic, l'antimoine donnent plus de dureté au plomb, la présence du zinc et de l'étain le rend plus blanc.

Pour obtenir du plomb chimiquement pur, il faut le retirer d'une de ses combinaisons. Généralement on emploie l'azotate, qu'on obtient facilement pur par cristallisation et qu'on soumet à la calcination; on obtient ainsi de l'oxyde de plomb qu'on réduit dans un creuset avec du poussier de charbon.

Usages. — On connaît les usages du plomb métallique pour les tuyaux de conduite des eaux et du gaz. Sa souplesse est d'une grande utilité pour cet usage, car elle permet de faire suivre aux tuyaux les courbures les plus accidentées. La grande mollesse du plomb le fait employer pour relier des pièces d'autres métaux, tels que tuyaux de fer, pièces de chaudières à vapeur, d'autoclaves, etc. En exerçant une pression convenable sur ces jointures, celles-ci deviennent hermétiques.

La résistance du plomb à l'acide sulfurique le rend très-précieux dans l'industrie de ce produit, ainsi que dans plusieurs autres.

Le plomb entre dans la composition d'un grand nombre d'alliages.

Atomicité. — Le plomb joue dans la plupart de ses combinaisons le rôle d'un métal diatomique. Mais il est à remarquer qu'il en est d'autres dans lesquelles il est tétratomique. Ainsi l'existence d'un tétrachlorure, $Pb^{IV}Cl^4$, ne paraît pas douteuse, quoiqu'on n'ait pas encore pu l'isoler. Dans certaines combinaisons organiques, le plombo-tétréthyle, $Pb^{IV}(C^2H^5)^4$, le chlorure de plombotriéthyle, $Pb(C^2H^5)^3Cl$, etc., combinaisons parfaitement étudiées, le plomb est tétratomique. Il peut également être envisagé comme tel dans le peroxyde de plomb.

Le poids atomique (double de l'ancien équivalent) est égal à 207,5 (Marignac, Dumas ; 206,934 d'après Stas).

ALLIAGES DU PLOMB. — Le plomb s'allie facilement avec presque tous les métaux.

Plomb et antimoine. — On a décrit plusieurs alliages en proportions définies de plomb et d'antimoine. Kersten en décrit un, $Pb^{18}Sb^2$, obtenu accidentellement et cristallisé en prismes à six pans. Densité = 9,21. Il était malléable, d'un gris d'acier, de la dureté du spath [*Poggend. Ann.*, t. LV, p. 118].

Un mélange de 4 atomes de plomb et de 2 d'antimoine donne un alliage cassant, lamelleux, d'un blanc bleuâtre (Fournet).

L'alliage Pb^2Sb^2 perd un peu d'antimoine au rouge blanc.

L'antimoine donne de la dureté au plomb et l'on se sert de cet alliage pour les caractères d'imprimerie. Cet alliage doit être très-fusible, il ne doit pas être trop mou, pour ne pas se déformer sous la presse, ni trop dur, sans quoi il couperait le papier. Celui qui convient le mieux renferme 17 à 18 % d'antimoine. On va souvent jusqu'à 20 % ; l'alliage pour clichés n'en renferme que 14 %. L'addition de 8 à 10 centièmes d'étain donne plus de ténacité à l'alliage dont le grain est alors plus fin ; mais cette proportion ne doit pas être dépassée.

La densité des alliages d'antimoine et de plomb a été étudiée par Riche [*Compt. rend.*, t. LV, p. 143]. Pour l'alliage Pb^5Sb^2, elle est égale à la densité théorique, soit 10,040. A mesure que le plomb augmente, la densité observée est plus forte ; si c'est l'antimoine qui augmente, elle est plus faible.

Plomb et argent. — Ces deux métaux s'allient très-aisément. Le plomb brut renferme toujours de petites proportions d'argent qu'on en retire par la coupellation. Ce plomb, en effet, en s'oxydant à l'air au rouge, dans une coupelle poreuse, fournit de l'oxyde plombique qui fond et s'écoule dans la masse de la coupelle ; l'argent reste finalement à l'état de pureté.

Le plomb argentifère étant fondu et refroidi lentement abandonne du plomb cristallisé exempt d'argent, tandis que ce dernier métal reste dans la portion fondue [Pattinson, *Journ. für prakt. Chem.*, t. X, p. 321].

Les alliages de plomb et d'argent ont été principalement étudiés par Levol [*Ann. de Chim. et de Phys.*, (3), t. XXXIX, p. 173].

Plomb et bismuth. — Ces deux métaux s'unissent en toutes proportions et avec condensation ; la densité de l'alliage est en effet toujours plus forte que la densité théorique. Ces alliages ont tous un point de fusion situé bien au-dessous de la moyenne des métaux alliés [Rudberg ; Riche. *Compt. rend.*, t. LV, p. 143]. Lorsque la proportion du bismuth n'excède pas celle du plomb, l'alliage est beaucoup plus tenace que ce dernier métal.

L'alliage Pb^3Bi^2 (621 p. Pb et 420 p. Bi) fond à 163-171° (Dœbereiner). L'alliage Pb^2Bi^2 est cassant et lamelleux.

Voir les alliages fusibles, de plomb, bismuth et étain, t. I, p. 606.

Plomb et cuivre. — Ces alliages n'ont que peu de stabilité, car ils se liquatent très-facilement. Pour les obtenir, il faut fondre les métaux au rouge vif et refroidir brusquement. Ils sont d'un gris rougeâtre, peu ductiles.

Mais si les alliages de plomb et de cuivre ne possèdent pas de qualités utiles, l'addition de plomb aux autres alliages du cuivre leur fait acquérir des propriétés spéciales. Associé au laiton et au bronze, le plomb leur donne plus de sécheresse et les empêche de rester fibreux ; il facilite beaucoup le travail du burin. Le laiton le plus estimé par les tourneurs contient 2 à 3 centièmes de plomb, il se travaille alors avec plus de netteté. La malléabilité de ce laiton est diminuée, ce qui le rend impropre au martelage. Le bronze de quelques statues romaines renfermait environ 5 % de plomb.

Plomb et fer. — Voyez t. I, p. 1405.

Plomb et étain. — Le plomb et l'étain s'allient pour ainsi dire en toutes proportions. La densité de ces alliages est différente de la densité calculée. Leur point de fusion se trouve également considérablement abaissé (Kupffer). D'après Riche, ces alliages ont lieu tantôt avec contraction, tantôt avec dilatation, ainsi qu'il résulte du tableau suivant [*Compt. rend.*, t. LV, p. 143] :

	Densité théorique.	Densité observée.	Différence.	Point de fusion (Kupffer).
Sn^5Pb...	8,047	8,046	— 0,001	194°
Sn^4Pb...	8,193	8,195	+ 0,002	189°
Sn^3Pb...	8,407	8,414	+ 0,007	186°
Sn^5Pb^2..	8,562	8,565	+ 0,003	—
Sn^2Pb...	8,764	8,7662	+ 0,0022	196°
$SnPb$....	9.455	9.451	— 0,004	241°
$SnPb^2$...	10.115	10.110	— 0,005	
$SnPb^3$...	10,437	10,419	— 0,018	239°

Il est remarquable de voir que le plomb, ce métal si mou, jouit de la propriété d'augmenter la dureté de l'étain. Les alliages sont aussi plus blancs que ce dernier métal. Le plus dur et le plus tenace de ces alliages est $PbSn^5$.

D'après Proust, l'alliage de 1 p. d'étain et de 3 p. de plomb ne cède pas de plomb à l'acide acétique. Suivant Pleischl, au contraire, on peut toujours constater qu'il se dissout du plomb, quelles que soient les proportions de l'alliage. Enfin, suivant Roussin, un alliage à 5 % de plomb ne cède rien de ce métal à l'acide acétique ; celui à 10 % en cède sensiblement.

Les alliages de plomb et d'étain s'oxydent très-facilement par la calcination à l'air. Un alliage de 4 à 5 p. de plomb pour 1 p. d'étain brûle comme de l'amadou. Ce phénomène paraît résulter de l'affinité réciproque des deux oxydes. Le produit de cette combustion porte le nom de *potée d'étain* et est utilisé pour émaux soit par la fusion simple, soit par la fusion avec de la silice et un alcali. Les principaux alliages usuels de l'étain sont :

	Plomb.	Étain.
La soudure des plombiers......	66 parties.	38 parties.
— des ferblantiers.....	50 —	50 —
Alliage pour vaisselle et robinets.	8 —	92 —
— pour flambeaux.........	20 —	80 —

Plomb et mercure. — Le mercure dissout le plomb à froid, très-rapidement à chaud ; il peut absorber la moitié de son poids de plomb sans perdre complétement sa liquidité. L'amalgame à parties égales est susceptible de cristalliser. L'alliage a lieu avec contraction ; en effet, il est plus dense que la moyenne des métaux alliés.

L'alliage HgPb, obtenu en versant du plomb fondu dans du mercure chauffé, est bleuâtre ; sa densité est égale à 11,93 (Crookewit).

Becquerel a obtenu un amalgame de plomb cristallisé en faisant digérer des feuilles de plomb avec une solution de bichlorure de mercure. On en obtient un autre par l'électrolyse d'un sel de plomb en se servant de mercure comme électrode négative ; cet amalgame renferme 100 p. de mercure et 69,83 de plomb, soit Hg^3Pb^2 ; densité = 12,04.

Le mercure ajouté à d'autres alliages de plomb en modifie beaucoup les propriétés. Ainsi, ajouté à l'alliage fusible de Darcet, il en abaisse le point de fusion à 45°, ce qui permet de l'utiliser pour le moulage de pièces anatomiques.

Wetterstedt a trouvé que l'addition d'une petite quantité de mercure à l'alliage de 94,4 p. de plomb et 4,3 d'antimoine en empêche l'oxydation; il a proposé l'usage de cet alliage triple pour le doublage des navires.

Plomb et manganèse. — On obtient un alliage homogène, ductile et compacte, en fondant au creuset brasqué des molécules égales d'oxyde de plomb et d'oxyde manganeux avec du charbon.

Plomb et nickel. — Alliage gris, peu brillant, cassant et lamelleux, difficile à obtenir.

Plomb et or. — Alliages très-cassants. Un deux-millième de plomb suffit pour altérer la ductilité de l'or. L'alliage renfermant 8 °/₀ de plomb est jaune pâle, extrêmement fragile. Ces alliages se font avec dilatation; le dernier a pour densité 18,08. Par leur calcination à l'air, le plomb s'oxyde et laisse l'or métallique. La même chose a lieu par l'action simultanée de l'air et de l'acide acétique.

Plomb et palladium. — Parties égales des deux métaux s'unissent par la fusion, avec production de lumière. L'alliage solidifié est gris, dur et cassant. L'alliage Pd^3Pb s'obtient à l'état d'une poudre cristalline. Densité = 11,255 (la densité calculée est 11,65). L'acide acétique l'attaque au contact de l'air en dissolvant un peu de palladium ainsi que de plomb [A. Bauer, *Deutsch. Chem. Gesellsch.*, t. IV, p. 449].

Plomb et platine. — Le plomb fondu dissout un peu de platine (Berzelius). 1 p. de mousse de platine se combine au rouge, sans incandescence, avec 2 p. 7 de plomb en donnant un alliage fusible, très-fragile, ayant la couleur du bismuth (Gehlen). L'alliage à poids égaux est dur, de couleur pourpre, grenu et cassant.

Lorsqu'on expose à l'air et aux vapeurs acétiques un alliage de 3 p. de plomb et de 1 p. de platine, réduit en poudre, il se transforme en une poudre cristalline, d'un gris d'acier, mélangée d'une poudre amorphe. Cette dernière est du platine très-divisé; la poudre cristalline est un alliage PtPb, facilement attaquable par les acides minéraux et d'une densité de 15,77; la moyenne arithmétique est 16,150, ce qui indique une forte dilatation.

Cet alliage PbPt s'obtient aussi par la fusion du platine avec un léger excès de plomb, sous une couche de borax. En laissant refroidir lentement, on obtient un culot cristallin rougeâtre. Densité = 15,736 [A. Bauer, *Deutsch. Chem. Gesells.*, t. III, p. 836, et t. IV, p. 449].

Plomb et potassium ou sodium. — On obtient ces alliages en fondant par exemple 100 p. de litharge avec 60 p. de bitartrate alcalin. On les obtient aussi en fondant ensemble les deux métaux. L'alliage renfermant 25 °/₀ de son volume de potassium est cassant, sa cassure est grenue. Avec le sodium, l'alliage est bleuâtre et malléable. Ces alliages s'oxydent à l'air et décomposent l'eau. Ils servent à préparer les composés organométalliques du plomb en les traitant par les iodures alcooliques.

Plomb et zinc. — Le zinc communique de la dureté au plomb et le rend susceptible de poli. Il ne nuit pas à sa malléabilité. Sous l'influence d'une chaleur blanche, tout le zinc est volatilisé. D'après Matthiessen et Bose, le plomb ne peut dissoudre que 1,2 °/₀ de zinc et, inversement, celui-ci ne peut dissoudre que 1,6 °/₀ de plomb.

Par la fusion de parties égales de plomb, de zinc et de bismuth, on obtient un alliage qui fond dans l'eau bouillante.

Un alliage de plomb, d'étain et de zinc $Zn.Sn^9Pb^2$ fond à 168°.

COMBINAISONS DU PLOMB AVEC LES ÉLÉMENTS MONATOMIQUES.

CHLORURES DE PLOMB. — Le plomb forme deux chlorures, le premier, $PbCl^2$, désigné souvent sous le nom de plomb corné; le second, $PbCl^4$, qu'on ne connaît qu'en combinaison avec d'autres chlorures. Ces dernières combinaisons, très-instables, n'ont même été obtenues qu'en solution.

BICHLORURE DE PLOMB, $PbCl^2$. — Il se forme par l'action du chlore sur le plomb chauffé au rouge, mais la combinaison a lieu sans incandescence. L'acide chlorhydrique bouillant attaque le plomb avec dégagement d'hydrogène et formation de $PbCl^2$. A froid, l'attaque est très-lente. On obtient plus facilement ce chlorure en traitant l'oxyde de plomb par l'acide chlorhydrique, ou en ajoutant cet acide ou un chlorure soluble à la solution d'un sel de plomb. Dans ce dernier cas, si les solutions ne sont pas trop étendues, le chlorure de plomb se précipite; il se dépose alors sous la forme d'une poudre cristalline. On l'obtient en cristaux plus nets par le refroidissement lent de sa solution aqueuse bouillante, ou mieux de sa solution nitrique ou chlorhydrique. Cristaux orthorhombiques. Formes observées : $b^{1/2}$, $b^{1/4}$, p, e^1, $e^{1/4}$, g^1. Angle $b^{1/2}$: $b^{1/2}$ = 134° 24' [Schabus, *Akad. Wien.*, 1850, p. 456].

Le chlorure de plomb cristallise en lamelles ou en aiguilles hexagonales blanches et soyeuses. Il fond au-dessous du rouge et se prend par le refroidissement en une masse cornée blanche assez molle et translucide. Au rouge, il se volatilise un peu en répandant des vapeurs blanches. Chauffé au rouge, dans un courant d'air, il perd du chlore et laisse de l'oxychlorure de plomb (Dœbereiner). Fondu avec du soufre, il se transforme en partie en sulfure.

La densité du chlorure cristallisé est égale à 5,8022 (5,78, Schiff), et celle du chlorure fondu à 5,6824 (Karsten).

Le chlorure de plomb se dissout dans 135 p. d'eau à 12°,5 (Bischoff); dans 105 p. d'eau à 16°,5 (J.-C. Bell). Il est encore moins soluble dans l'eau additionnée d'acide chlorhydrique. Cependant l'acide chlorhydrique concentré en dissout davantage. Voici les données concernant cette solubilité, d'après J.-C. Bell [*Chem. News*, t. XVI, p. 69]. L'acide, d'une densité de 1,116 (à 23,5 °/₀ HCl) en dissout 2,566 °/₀ à 16°,5, tandis que l'eau additionnée de 1 à 10 °/₀ du même acide n'en dissout que 0,347 à 0,093 °/₀. Il suit de là qu'une première addition d'acide à une solution aqueuse de chlorure de plomb le précipite et qu'inversement l'eau le précipite de sa solution dans l'acide chlorhydrique concentré.

La solution de chlorure de plomb dans l'acide chlorhydrique concentré n'est pas précipitée par l'hydrogène sulfuré; mais elle l'est aussitôt lorsqu'on l'étend d'eau. Le chlorure de plomb se dissout assez abondamment dans une solution d'hyposulfite de soude. Il est insoluble dans l'alcool.

Il est inaltérable à la lumière (W. Schmid).

CHLORURES DOUBLES. — Le chlorure de plomb forme plusieurs chlorures doubles. Quelques-uns de ceux-ci ont été obtenus par Becquerel par une action hydroélectrique faible. Dans l'une des branches d'un tube en U, dont la courbure était remplie d'argile, on introduisait du nitrate de plomb; dans l'autre, un chlorure soluble. Un fil de cuivre recourbé plongeait dans les deux branches jusque près du tampon d'argile. Après plusieurs mois, il se formait dans la solution du chlorure des cristaux de chlorure plombique double [*Compt. rend.*, t. XX, p. 1509].

Becquerel a obtenu ainsi les chlorures doubles de plomb et de sodium, sel cristallisé en tétraèdres; de plomb et de baryum, en cristaux soyeux; de plomb et d'ammonium, en aiguilles, etc.

Lang a décrit un *chloroplatinite de plomb*, $PtCl^2,PbCl^2$. C'est un précipité jaune pâle, peu soluble dans l'eau froide, décomposable à l'ébullition.

D'après H. Rose, le chlorure de plomb peut absorber 9,31 % d'ammoniaque, ce qui correspond à la formule $2PbCl^2,3AzH^3$. Il devient ainsi pulvérulent.

Oxychlorures. — On a décrit plusieurs oxychlorures de plomb à proportions définies. Mais on peut fondre de l'oxyde de plomb avec du chlorure en toutes proportions. Quelques-uns de ces oxychlorures (jaune de Cassel, etc.) sont employés comme couleurs.

Oxychlorure $PbCl^2.PbO$. — On l'obtient en fondant du chlorure de plomb à l'air jusqu'à ce qu'il n'émette plus de vapeurs. Ou bien on chauffe équivalents égaux de chlorure et de carbonate de plomb. Fondu, il est d'un jaune foncé, mais il devient jaune-citron et cristallin par le refroidissement. Il s'obtient aussi à l'état d'une poudre blanche par la digestion du chlorure de plomb avec l'acétate neutre (Brandes). Il se forme encore par la digestion du chlorure plombique avec une solution concentrée d'acétate neutre de plomb. Il est alors hydraté (Berzelius).

L'*oxychlorure* $PbCl^2,2PbO$ se rencontre dans la nature en prismes orthorhombiques, d'une densité de 7,077. — Voyez Mendipite.

Oxychlorure $PbCl^2,3PbO$. — On l'obtient hydraté, renfermant 1 molécule d'eau, lorsqu'on traite le chlorure de plomb par un alcali, ou lorsqu'on précipite l'acétate tribasique de plomb par du chlorure de sodium (Berzelius); ou encore par la digestion de l'oxyde de plomb avec une solution de chlorure de sodium. Après quatre jours, la solution ne renferme que de la soude caustique (Vauquelin). On obtient ainsi une poudre légère renfermant $4H^2O$, soit 7 %. Il est à peu près insoluble dans l'eau. Les acides lui enlèvent l'oxyde de plomb et laissent le chlorure.

Oxychlorure $PbCl^2,5PbO$. — Il s'obtient par fusion de l'oxyde de plomb avec le chlorure, en proportions convenables. Il est jaune-orange.

Oxychlorure $PbCl^2,7PbO$. — Cet oxychlorure est connu sous le nom de *jaune de Cassel, de Paris, de Vérone, de Turner*. Il possède une belle couleur jaune d'or. Il cristallise par fusion en octaèdres volumineux.

On l'obtient par différents procédés :

1° En fondant un mélange de 1 p. de sel ammoniac et de 10 p. environ de litharge, de minium ou de carbonate de plomb.

2° Turner l'obtenait en faisant digérer 7 p. de litharge et 1 p. de sel marin avec un peu d'eau. On décante la liqueur alcaline, on lave l'oxychlorure, on le sèche, on le fait fondre et on le porphyrise.

3° On peut aussi fondre 1 p. de chlorure de plomb avec 6 p. de litharge.

Sulfochlorure de plomb, $PbCl^2,3PbS$. — On l'obtient en traitant une solution acide et étendue de chlorure plombique par un peu d'hydrogène sulfuré ou en faisant digérer du sulfure de plomb précipité, encore humide, avec une solution de chlorure de plomb en excès. Ce sulfochlorure est jaune ou rougeâtre. Un excès d'hydrogène sulfuré le transforme en sulfure. L'eau bouillante le décompose en dissolvant le chlorure et en laissant un résidu noir de sulfure. La formation de ce composé est importante à considérer dans l'analyse chimique.

Tétrachlorure de plomb, $PbCl^4$. — On ne connaît pas ce chlorure à l'état isolé, mais son existence n'est pas douteuse d'après les faits qui suivent. Cette existence met hors de doute la tétratomicité du plomb.

Quand on fait passer un courant de chlore à travers du chlorure de plomb tenu en suspension dans la solution d'un chlorure alcalin, le chlorure de plomb se dissout peu à peu en abondance et l'on obtient une solution jaune-serin ou jaune foncé (Sobrero et Selmi). On peut remplacer le chlorure alcalin par le chlorure de calcium, et dans ce cas on obtient une solution plus concentrée (Nicklès), ou bien encore par de l'acide chlorhydrique fort. La solution jaune se conserve sans altération dans un flacon fermé; exposée à l'air, elle perd lentement du chlore et laisse déposer de belles aiguilles de chlorure.

Les alcalis précipitent du peroxyde de plomb de cette solution; il en est de même des carbonates (il y a alors dégagement de CO^2). Le phosphate de sodium y forme un précipité brun, peut-être de phosphate perplombique. Les eaux calcaires donnent un précipité de peroxyde de plomb.

Le chlorure manganeux y produit immédiatement un précipité de peroxyde de manganèse.

La solution jaune, qui renferme une combinaison double de perchlorure de plomb et d'un chlorure ($PbCl^4$, $9NaCl$, d'après Sobrero et Selmi; $PbCl^4$, $10CaCl^2$ d'après Nicklès), est un chlorurant très-énergique. Elle décolore l'indigo, etc. Elle dissout une foule de métaux, notamment l'or et le noir de platine. Dans toutes ces réactions, il se précipite du bichlorure de plomb bien cristallisé.

L'acide oxalique est décomposé par cette solution jaune, avec un vif dégagement d'acide carbonique [Sobrero et Selmi, *Ann. de Chim. et de Phys.*, (3), t. XXIX, p. 162; — Nicklès, *ibid.*, (4), t. X, p. 323].

D'après Nicklès, on obtient une combinaison éthérée du tétrachlorure de plomb en agitant la solution jaune précédente, additionnée d'acide phosphorique, avec de l'éther. Cette combinaison éthérée donne des colorations jaune ou rouge avec divers alcaloïdes (morphine, cinchonine, brucine), mais non avec la quinine et la strychnine.

Nous ajouterons aux faits précédents celui signalé par Rivot, Beudant et Daguin [*Ann. des Mines*, (5), t. IV, p. 239]. Le peroxyde de plomb se dissout dans l'acide chlorhydrique froid, sans dégagement de chlore. La solution rose (?) donne dans le vide deux sortes de cristaux, $PbCl^2$ et peut-être $PbCl^4$ (?).

Bromure de plomb, $PbBr^2$. — On l'obtient par les mêmes procédés que ceux qui donnent le chlorure. Il se précipite sous forme d'une poudre cristalline blanche et se dépose de sa solution aqueuse bouillante en aiguilles blanches et brillantes. Il est très-peu soluble dans l'eau froide, un peu plus à l'ébullition et dans l'acide chlorhydrique. Sa densité est égale à 6,63 (6,611, Kremers). Chauffé à l'abri de l'air, il fond en un liquide rouge, et se prend par le refroidissement en une masse cornée, d'un jaune-citron. Chauffé fortement à l'air, il répand de légères fumées blanches et se transforme en oxybromure (Balard).

Le brome attaque le plomb, en présence de l'éther, mais le bromure formé ne se combine pas à ce dernier (Nicklès).

Le bromure de plomb n'absorbe pas le gaz ammoniac.

L'*oxybromure plombique*, $PbBr^2,PbO$, s'obtient comme l'oxychlorure correspondant. Obtenu par digestion du bromure avec de l'acétate de plomb, il est d'un blanc jaunâtre. Après avoir été fondu, il se présente sous la forme d'une masse jaunâtre, nacrée et translucide.

Lœwig a décrit un *bromure plombo-potassique* $PbBr^2,2KBr$ en petits octaèdres, décomposables par une grande quantité d'eau; on l'obtient en mélangeant des solutions concentrées de nitrate de plomb et de bromure de potassium en excès, filtrant et évaporant.

Le *sel sodique* double cristallise en prismes.

Iodure de plomb, PbI^2. — L'iodure de plomb s'obtient par l'action de l'iodure de potassium sur la solution d'un sel de plomb. C'est un précipité d'un beau jaune-citron, à peine soluble dans l'eau froide, un peu plus dans l'eau bouillante. Il cristallise par le refroidissement de sa solution bouillante en lamelles hexagonales d'un jaune d'or. Il exige 1235 p. d'eau froide et 194 p. d'eau bouillante pour se dissoudre. La solution est incolore.

Becquerel l'a obtenu, par une action hydroélectrique lente, en octaèdres.

Densité = 6,0282 (Karsten); 6,070 (Schiff); 6,110 (P. Boullay).

Chauffé à l'abri de l'air, l'iodure de plomb devient successivement jaune-rouge, rouge-brique, rouge-brun, et finit par fondre en un liquide transparent rouge-brun qui se prend en une masse jaune par le refroidissement. Il se volatilise au rouge vif (H. Davy).

Fondu à l'air, il perd de l'iode et se transforme en oxyiodure. Il se dissout dans une solution de sel ammoniac (Boullay), dans l'hyposulfite de soude (Field) et dans les iodures alcalins et alcalino-terreux concentrés (Berthemot). Il est un peu soluble dans l'alcool (O. Henry). La potasse le dissout en le décomposant.

L'iodure de plomb, exposé à la lumière solaire avec de l'empois d'amidon, fournit une coloration bleue (Schœnbein). Cette influence de la lumière sur l'iodure de plomb a été étudiée par Roussieu [*Ann. de Chim. et de Phys.*, (3), t. XLVII, p. 154], qui est parvenu à obtenir des images photographiques d'après ce principe. Suivant W. Schmid, la lumière n'attaque l'iodure de plomb que lorsqu'il est humide; il se formerait dans ce cas, par la présence de l'air, du carbonate et du peroxyde de plomb.

L'iodure de plomb est décomposé par l'acide chorhydrique au-dessous de son point de fusion (Hautefeuille).

L'iodure de plomb se combine à quelques acétates. La combinaison potassique renferme

$$2\left[Pb\left\{\begin{matrix}C^2H^3O^2\\ I\end{matrix}\right. . C^2H^3O^2K\right] + 3H^2O.$$

Elle est en lamelles cristallines d'un blanc nacré, s'altérant à l'air humide [Tommasi, *Bull. de la Soc. chim.*, 1872, t. XVII, p. 337].

Iodure de plomb ammoniacal, $PbI^2, 2AzH^3$. — L'iodure de plomb absorbe à froid 7,2 °/₀ de gaz ammoniac en donnant une combinaison blanche qui perd de l'ammoniaque à l'air [Rammelsberg, *Poggend. Ann.*, t. XLVIII, p. 166]. L'iodure de plomb se transforme dans la même combinaison par l'action d'une solution d'ammoniaque (Labouré).

Iodures doubles. — *Iodhydrate d'iodure de plomb*, $PbI^2, 2HI$. — Il se dépose en aiguilles concentriques blanches d'une solution bouillante d'iodure de plomb dans l'acide iodhydrique étendu. Il perd l'acide iodhydrique par la chaleur ou par l'exposition dans le vide. L'eau le décompose [Lassaigne; Guyot, *Journ. de Chim. médic.*, t. XII, p. 247].

On obtient un *iodure potassique double* $PbI^2, 5KI$ (d'après l'analyse de P. Boullay qui admettait la formule $PbI^2, 4KI$), en cristaux jaunâtres et soyeux, par l'addition de nitrate de plomb à une solution concentrée d'iodure de potassium en excès. On obtient de même un *iodure double de plomb et d'ammonium*.

L'iodure double $3PbI^2, 4KI$ (ou plutôt $5PbI^2, 6KI$), également décrit par Boullay [*Ann. de Chim. et de Phys.*, (2), t. XXXIV, p. 306], se dépose en prismes jaunes des eaux mères du sel précédent, l'addition d'alcool en sépare une nouvelle quantité en cristaux soyeux blancs.

Lorsqu'on dissout 1 molécule d'iodure de plomb et 1 molécule d'iodure potassique dans l'eau bouillante, on obtient par le refroidissement de grandes lamelles hexagonales, jaunes et brillantes, renfermant PbI^2, KI, et se transformant en $PbI^2, 4KI$, par dissolution dans un excès d'iodure potassique bouillant; ce dernier sel se dépose en aiguilles soyeuses blanches (Boullay jeune).

Becquerel a obtenu des iodures plombo-potassique et plombo-sodique en aiguilles soyeuses blanches.

Chloroiodure de plomb. — Lorsqu'on traite l'iodure de plomb par de l'acide chlorhydrique bouillant, il se dissout avec une couleur jaune-rouge pâle et l'on obtient par le refroidissement des aiguilles quadrangulaires d'un jaune pâle qui constituent sans doute un chloroiodure. L'eau bouillante lui enlève peu à peu le chlorure de plomb [Labouré, *Journ. Pharm.*, (3), t. IV, p. 328].

Dietzel a décrit un chloroiodure, $PbCl, I$, bien cristallisé [*Dingl. polyt. Journ.*, t. CXC, p. 41].

L'iodure de plomb se combine au *chlorure d'ammonium* et forme de longues aiguilles jaunes. On obtient ce composé par le refroidissement lent d'une solution concentrée et bouillante d'iodure de potassium et de sel ammoniac, additionnée d'acétate de plomb. Ce sel a pour composition $PbI^2, 3AzH^4Cl$ [Voelkel, *Poggend. Ann.*, t. LXII, p. 252]. On en a décrit un autre,

$$PbI^2, 2AzH^4Cl + 2H^2O.$$

Oxyiodures de plomb. — 1° $PbI^2.PbO$. — Précipité produit par l'iodure de potassium dans un grand excès d'acétate de plomb; après quelque temps de digestion avec le liquide, on filtre le précipité et on le traite par l'eau bouillante pour dissoudre l'iodure de plomb en excès.

On peut aussi mettre en digestion l'iodure de plomb avec de l'acétate de plomb. Enfin, on peut précipiter l'iodure de potassium par un mélange d'acétate et de sous-acétate de plomb. D'après Kühne, cet oxyiodure est hydraté et prend naissance lorsqu'on fait bouillir l'hydrate de plomb avec l'iodure.

Il forme un précipité jaune-citron ou des aiguilles d'un vert jaunâtre (Gregory). Il fond entre 300° et 350°, dégage des vapeurs blanches et laisse une masse vitreuse flexible et translucide. Il abandonne de l'oxyde de plomb à l'acide acétique.

2° $PbI^2.3PbO$. — On précipite le sous-acétate de plomb par l'iodure de potassium. Kühne l'obtient sous la forme d'une poudre blanche, renfermant $2H^2O$, par l'addition d'ammoniaque à une solution aqueuse saturée d'iodure de plomb [*Pharm. Centr.*, 1847, p. 1].

3° $PbI^2, 5PbO$. — On précipite l'acétate hexabasique de plomb par l'iodure de potassium (Denot). La chaleur agit sur ces deux derniers oxyiodures comme sur le premier.

Iodure de plomb bleu. — A ces oxyiodures se rattache l'iodure bleu décrit d'abord par Denot, Berthemot et quelques autres, puis par Filhol. L'addition d'une solution d'un atome d'iode dans une molécule de soude à du nitrate ou de l'acétate de plomb y produit un précipité violet qui se décompose sous l'eau en iode libre et en une poudre bleue. Avec une solution sodique renfermant moins d'iode, on obtient immédiatement le précipité bleu. On donne naissance au même produit en triturant l'hydrate de plomb avec de l'iode précipité, et faisant bouillir pour chasser l'excès d'iode. La poudre bleue ne perd pas d'iode par la dessiccation dans le vide; l'eau ne l'altère pas; mais les acides, même les plus faibles, par exemple l'acide carbonique, mettent de l'iode en liberté. Chauffée, elle devient jaune-vert sans perdre d'iode : il se forme sans doute de l'iodure et de l'iodate basique de plomb [Durand, *Nou. Journ. Pharm.*, t. II, p. 311].

Lorsqu'on précipite le sous-acétate de plomb par son équivalent d'iodure ioduré de potassium et 4 équivalents de carbonate de soude, on obtient de même un précipité bleu auquel Filhol assigne la formule $PbI^2,PbOI^2 + 4CO^3Pb$ [*Compt. rend.*, t. XIX, p. 761]. Si l'on fait abstraction du carbonate de plomb contenu dans ce précipité bleu, ce qui peut se faire sans inconvénient puisque ce corps bleu peut se produire sans l'intervention de carbonate, on arrive à la formule simple $PbI,OI + PbI^2$, qui exprime une combinaison d'iodure et d'hypoiodite de plomb, comparable au chlorure de chaux. Gmelin l'a classée comme hypoiodite.

On obtient une combinaison violette semblable à la précédente par l'action de l'iode sur l'hydrate de plomb (procédé qui donne l'iodure bleu suivant Durand). D'après Jammes [*Neu. Journ. Pharm.*, t. III, p. 356], cette combinaison renfermerait 83,82 % d'oxyde de plomb et 16,23 d'iode. Calcinée, elle fournit de l'oxygène et laisse un oxyiodure de plomb. Filhol, qui lui assigne la formule $PbI^2,PbOI^2$ (celle du corps bleu moins du carbonate de plomb), dit qu'elle perd de l'iode à 110° et devient verte, puis jaune. Il l'obtient en précipitant le sous-acétate de plomb par l'iodure ioduré de potassium.

Il est probable, comme le suppose Gmelin, que cette combinaison violette ne diffère de la précédente que par une teneur différente en oxyde de plomb.

Oxychloroiodure de plomb,

$$2Pb^3Cl^4I^2 + 9PbO.$$

— Ce composé, analysé par Domeyko [*Ann. des Mines*, (6), t. V, p. 453], a été trouvé dans une mine de plomb d'Atakama en croûtes amorphes, d'un jaune-citron, recouvrant la galène. Chauffé, il fond en perdant de l'iode.

Dietzel a obtenu un oxychloroiodure cristallisable dans l'acide acétique, en précipitant un mélange de chlorure et d'iodure alcalin par un excès d'acétate de plomb [*Dingler's polyt. Journ.*, t. CXC, p. 41].

Fluorure de plomb, $PbFl^2$. — L'acide fluorhydrique est sans action sur le plomb au-dessous de son point d'ébullition (Gay-Lussac et Thenard). Pour obtenir le fluorure de plomb, on précipite un sel de plomb soluble par l'acide fluorhydrique ou par un fluorure alcalin; ou bien on traite l'hydrate ou le carbonate de plomb par l'acide fluorhydrique.

Le fluorure de plomb forme une poudre blanche amorphe, devenant cristalline à la longue (Fremy), très-peu soluble dans l'eau, même en présence d'acide fluorhydrique. Il se dissout dans les acides nitrique et chlorhydrique. Il fond facilement. Il est décomposé au rouge par l'oxygène, l'hydrogène, le chlore et la vapeur de soufre, mais non par le phosphore [Fremy, *Ann. de Chim. et de Phys.*, (3), t. XLVII, p. 24].

Il s'unit par fusion aux fluorures de sodium et de baryum.

Fluochlorure de plomb, $PbFlCl$. — Il s'obtient en précipitant une solution de chlorure de plomb par le fluorure de sodium, ou bien une solution d'acétate de plomb par un mélange de chlorure et de fluorure de sodium. Poudre blanche, fusible sans décomposition, peu soluble dans l'eau, soluble dans l'acide nitrique (Berzelius).

Oxyfluorure de plomb. — Il se forme lorsqu'on fond du fluorure de plomb avec de l'oxyde de plomb ou lorsqu'on traite le fluorure de plomb par l'ammoniaque aqueuse. Il est plus soluble que le fluorure de plomb lui-même. Sa dissolution, douée d'une saveur astringente, laisse déposer à l'air du carbonate et du fluorure de plomb (Berzelius).

Fluoborate de plomb, $Pb(BoFl^4)^2$. — Voyez t. I, p. 1474.

Fluosilicate de plomb, $Pb(SiFl^6)$. — Voyez t. I, p. 1477.

COMBINAISONS DU PLOMB AVEC LES ÉLÉMENTS DIATOMIQUES.

Le plomb forme avec l'oxygène la série d'oxydes suivante :

Sous-oxyde...... Pb^2O.
Protoxyde........ PbO.
Minium.......... $Pb^3O^4 = PbO^2.2PbO$.
Sesquioxyde..... $Pb^2O^3 = PbO^2.PbO$.
Peroxyde........ PbO^2.

Les oxydes Pb^3O^4 et Pb^2O^3 sont des combinaisons salines de protoxyde et de peroxyde. Le protoxyde est une base puissante. Le peroxyde est un anhydride d'acide faible, pouvant également jouer le rôle de base. Les oxydes salins se dédoublent sous l'influence des acides. Tous ces oxydes sont facilement réduits à l'état métallique par le charbon.

Sous-oxyde de plomb, Pb^2O. — On admet que la couche noire qui se forme à la surface du plomb est du sous-oxyde. Berzelius admet que c'est le même composé qui se forme lorsque l'on chauffe le plomb à l'air au-dessous de son point de fusion.

Dulong l'a obtenu par une calcination modérée de l'oxalate de plomb. Cette calcination, d'après Pelouze [*Ann. de Chim. et de Phys.*, (3), t. IV, p. 109], doit se faire à 300°; il se dégage des gaz formés de 3 volumes d'anhydride carbonique et de 1 volume d'oxyde de carbone, ce qui répond à l'équation $2C^2O^4Pb = Pb^2O + 3CO^2 + CO$.

Le sous-oxyde de plomb forme une poudre noire, tantôt mate, tantôt veloutée et brillante. Broyé avec du mercure, il ne lui cède pas de plomb; traité par une solution de sucre, il ne lui cède pas non plus d'oxyde de plomb. Winkelblech était arrivé à des résultats contradictoires, ce que Pelouze attribue à cette circonstance, que l'oxalate avait été chauffé à une température trop élevée. En effet, lorsqu'on le calcine en vase clos au rouge, il se transforme en un mélange vert jaunâtre de plomb et de massicot. Boussingault était déjà arrivé aux mêmes résultats que Pelouze [*Ann. de Chim. et de Phys.*, (2), t. LIV, p. 264]. Chauffé à l'air, il brûle comme de l'amadou et se transforme en protoxyde.

Les acides étendus et les alcalis le dédoublent en plomb métallique très-divisé et protoxyde qui se dissout. Exposé humide à l'air, il s'y oxyde avec élévation de température.

Protoxyde de plomb (massicot, litharge), PbO. — *État naturel et modes de formation.* — L'oxyde de plomb se rencontre quelquefois dans la nature en masses opaques jaunes, à structure écailleuse. Densité = 8,0. On le trouve à Badenweiler (Bade), dans les environs de Mexico, en Virginie (Dana), dans la Vera-Cruz (Pugh). L'oxyde de plomb est le produit de la calcination du plomb à l'air. Lorsque cet oxyde a été fondu, il porte le nom de *litharge;* dans le cas contraire, celui de *massicot;* l'un et l'autre ont du reste la même composition.

L'oxyde de plomb anhydre se produit en outre par la calcination du carbonate ou de l'azotate de plomb, ainsi que par l'ébullition de l'hydrate avec une quantité de potasse insuffisante pour le dissoudre.

Dans l'industrie, le massicot se prépare par la calcination du plomb sur des soles horizontales; on enlève la pellicule d'oxyde à mesure qu'elle se forme, puis on broie l'oxyde et on le débarrasse par lévigation du plomb métallique qui l'accompagne. — Voyez p. 1077.

La litharge qui se produit dans le traitement du plomb pour en retirer l'or et l'argent est ou *jaune* ou *rouge;* cette dernière est plus estimée; elle doit sa couleur à la formation d'un peu de minium pendant son refroidissement.

On fait couler l'oxyde de plomb en fusion dans de grands creusets qu'on laisse refroidir lentement et l'on obtient ainsi la litharge rouge; la variété jaune se produit, au contraire, lorsqu'on fait couler la masse fondue en filets minces qui se refroidissent aussitôt.

La litharge renferme en général de la silice, de l'oxyde de fer et de l'oxyde de cuivre; ce dernier peut être enlevé par digestion avec de l'ammoniaque.

La litharge du commerce, qui contient généralement un peu de plomb métallique, forme des écailles brillantes, n'ayant de cristallin que l'apparence.

On peut l'obtenir cristallisée dans une foule de circonstances. Fondue, elle cristallise par le refroidissement en lames micacées, formant des tables hexagonales ou, d'après Mitscherlich, des octaèdres à base rhombe. Grailich l'a observée en lamelles transparentes, d'un jaune de soufre, présentant sous le microscope des stries disposées en rhombes de 83° et 97°, avec des troncatures sur les angles aigus.

Lorsqu'on fond l'oxyde de plomb avec 4 à 5 p. de potasse au creuset d'argent et qu'on épuise la masse refroidie par de l'eau, on l'obtient en cubes ou en tables quadratiques [Becquerel, *Ann. de Chim. et de Phys.*, (2), t. LI, p. 105]. Suivant Hammann et Nordenskjöld, ces cristaux sont rhombiques [*Poggend. Ann.*, t. CXIV, p. 612].

Une solution saturée à chaud d'oxyde de plomb dans la potasse ou la soude abandonne par le froid cet oxyde en petits dodécaèdres rhomboïdaux blancs et translucides [Houton-Labillardière, *Journ. de Pharm.*, (3), t. III, p. 335].

La soude bouillante, marquant 40-41° Baumé, saturée d'oxyde de plomb, abandonne celui-ci en cristaux cubiques roses, donnant une poudre jaune-orange, se colorant à 400° en noir et devenant jaune de soufre à une température plus élevée [Calvert, *Ann. de Chim. et de Phys.*, (3), t. VIII, p. 253].

Si l'on fait bouillir de l'hydrate de plomb avec une quantité de soude insuffisante pour le dissoudre, il se transforme en oxyde anhydre cristallin; la solution fournit d'autres cristaux par l'évaporation [Fremy, *Ann. de Chim. et de Phys.*, (3), t. XII, p. 489].

Une solution d'acétate de plomb, traitée par un excès d'ammoniaque, abandonne au soleil, après quelques jours, des cristaux durs, d'un vert-olive [Tunnermann, Behrens, *Journ. Pharm.*, (3), t. IV, p. 18].

Lorsqu'à une solution saturée froide d'acétate de plomb on ajoute 25 fois son volume d'eau bouillante additionnée de 12 volumes d'ammoniaque, il se dépose des lamelles rhomboïdales soyeuses, d'un blanc jaunâtre, en même temps que des grains cristallins d'hydrate de plomb qu'on peut séparer par lévigation.

Si à une solution d'acétate de plomb tribasique on ajoute à l'ébullition un demi-volume d'eau additionnée d'un tiers de volume d'ammoniaque, on obtient des lamelles rhomboïdales jaunâtres, groupées en étoiles. Si l'on opère à froid, dans des flacons bien bouchés, il se forme des cristaux octaédriques brillants constituant un sous-hydrate $PbH^2O^2, 2PbO$ [Payen, *Ann. de Chim. et de Phys.*, (2), t. LXVI, p. 51; (4), t. VIII, p. 302].

Propriétés. — L'oxyde de plomb fond un peu au-dessous du rouge, en devenant plus foncé, en se solidifiant, il augmente de volume d'après Marx. Densité = 9,2092 (Karsten; 9,277, Herapath; 9,361, Filhol); après fusion = 9,50 (P. Boullay). Il se volatilise au rouge blanc (Fournet).

Dilatation cubique entre 0° et 100° = 0,00795 (Joule et Playfair).

Pendant sa fusion à l'air il dissout un peu d'oxygène, qu'il abandonne de nouveau en se refroidissant [Le Blanc, *Compt. rend.*, t. XXI, p. 293].

Si on le maintient à 300° au contact de l'air, il s'oxyde et se transforme en minium.

Exposé à l'air humide, il s'oxyde également sous l'influence des rayons solaires [Levol, *Ann de Chim. et de Phys.*, (3), t. XLII, p. 190].

A l'état de fusion, la litharge attaque les creusets de terre avec une rapidité telle, qu'il suffit de quelques minutes pour les percer. Elle se combine dans ce cas à la silice en donnant un silicate très-fusible.

L'oxyde de plomb est un peu soluble dans l'eau pure; cette solution, qui possède une réaction alcaline, en renferme environ 1/7000.

La présence de certains sels (sulfates, phosphates, carbonates) dans l'eau empêche cette dissolution; les sels ammoniacaux la favorisent. La solution d'oxyde de plomb décompose les sels alcalins en mettant de l'alcali en liberté (Bineau).

La vapeur d'eau agit sur l'oxyde de plomb au rouge blanc en donnant du plomb métallique. H. Deville explique ce fait en disant que l'oxyde de plomb enlève peut-être son oxygène à l'eau à une haute température, pour l'abandonner en se refroidissant, avec celui qu'il contient.

La litharge humectée d'acide acétique absorbe à l'air de l'acide carbonique plus rapidement que ne le fait le massicot.

L'oxyde de plomb est facilement réduit au rouge par le charbon, l'hydrogène, le cyanure de potassium, etc. Le chlore le transforme en chlorure avec dégagement d'oxygène. En présence de l'eau, il se forme du chlorure et du peroxyde de plomb.

L'oxyde de plomb se comporte à l'égard des acides comme une base puissante qui a une tendance très-prononcée à former des sels basiques. Il se combine également avec les alcalis et les terres alcalines, soit par voie sèche, soit par voie humide en donnant des *plombites*. Les plombites de potassium et de sodium sont solubles dans l'eau; en effet, la potasse et la soude redissolvent le précipité d'hydrate de plomb.

Le plombite de calcium est cristallisable. On l'obtient en faisant bouillir l'oxyde de plomb avec un lait de chaux. La solution de ce plombite sert à teindre les cheveux en noir, ce qui tient à la formation de sulfure de calcium d'abord, puis de sulfure de plomb.

On obtient un *plombite d'argent*, $Pb^2O^3Ag^2$, en précipitant par la potasse une solution mixte d'un sel d'argent et d'un sel de plomb. Ce plombite est jaune, insoluble dans la potasse et se sépare ainsi facilement de l'excès d'oxyde de plomb. Il noircit à la lumière. Il est soluble dans l'acide nitrique. Chauffé dans un courant d'hydrogène, il laisse un alliage de plomb et d'argent [Wœhler, *Poggend. Ann.*, t. XLI, p. 344].

Oxyde de plomb ammoniacal. — L'ammoniaque dissout la litharge en donnant une solution incristallisable (Karsten, Wittstein).

HYDRATE DE PLOMB. — Au contact de l'air et de l'eau, le plomb fournit de l'hydrate de plomb, PbH^2O^2; cette action est accompagnée de la formation de peroxyde d'hydrogène (Schœnbein). Le contact d'autres métaux, le platine, le cuivre, par exemple, accélère cette oxydation. On obtient aussi un hydrate en décomposant les sels de plomb solubles par un excès d'ammoniaque. Les alcalis fixes donnent pareillement dans les sels de plomb solubles un précipité d'hydrate. Celui-ci est partiellement dissous par un excès d'alcali et disparaît entièrement dans un très-grand excès. C'est en général un précipité volumineux blanc formé de prismes microscopiques. On l'a obtenu aussi en cristaux plus volumineux. Séché à basse température, il renferme $PbH^2O^2.PbO$ (Tünnermann, Schaffner et autres). Payen l'a obtenu en petits grains cristallins, avec la formule $PbH^2O^2,2PbO$. Il ne perd toute son eau qu'un peu au delà de 100°.

L'ébullition avec les alcalis caustiques le transforme en oxyde anhydre. Il attire facilement l'acide carbonique de l'air.

Traité par le gaz ammoniac, l'hydrate de plomb fournit deux combinaisons,

$$PbH^2O^2,2AzH^3 \quad \text{et} \quad 8PbO,2AzH^3.H^2O$$

[Calvert, *Compt. rend.*, t. XXII, p. 480].

OXYDE ROUGE DE PLOMB OU MINIUM. — Le minium n'a pas, en général, une composition constante; mais on s'accorde à lui assigner la formule

$$Pb^3O^4 = PbO^2.2PbO,$$

c'est-à-dire à le considérer comme du plombate de plomb. Le plus souvent, il renferme de l'oxyde de plomb en excès. Certains auteurs, Winkelblech, Houton-Labillardière et autres, l'envisageaient comme une combinaison de sesquioxyde de plomb et de protoxyde. Mais ce sesquioxyde, dont l'existence est douteuse, n'est lui-même qu'une combinaison $PbO^2.PbO$.

Quelquefois, le minium renferme une proportion de protoxyde de plomb plus considérable que celle qui correspond à la formule Pb^3O^4; par exemple,

$$Pb^4O^5 = PbO^2,3PbO \text{ (Mulder)};$$
$$Pb^6O^7 = PbO^2.5PbO \text{ (Longchamp)}.$$

Tous ces composés sont d'un très-beau rouge.

Le minium se rencontre dans la nature, souvent avec la forme du plomb carbonaté qui l'a produit.

Il s'obtient par l'action de l'air, au rouge sombre, sur la litharge. Cette suroxydation peut se faire à froid sous certaines influences, notamment sous l'influence de la lumière et de l'humidité ou plutôt d'un alcali. A une température plus élevée, le minium perd de nouveau l'oxygène absorbé et régénère la litharge.

Le minium se produit aussi lorsqu'on chauffe au rouge sombre de l'oxyde de plomb avec un nitrate alcalin :

$$3PbO + AzO^3K = Pb^3O^4 + AzO^2K.$$

A cet effet, on chauffe 3 molécules d'oxyde de plomb (ou d'un sel de plomb mélangé de carbonate de sodium) avec 1 molécule de salpêtre, puis on lessive le produit [C.-L. Burton, *Dingl. polyt. Journ.*, t. CLXVII, p. 361].

Enfin Fremy a obtenu du minium hydraté, par voie humide, en mélangeant des solutions alcalines de protoxyde et de peroxyde de plomb. Il se produit un précipité jaune qui, par une légère calcination, prend une belle teinte rouge.

Fabrication industrielle du minium. — Cette fabrication a toujours lieu par la calcination de la litharge à l'air. Le fourneau destiné à cette opération est un fourneau à réverbère à deux chauffes renfermées sous la même voûte, placées de chaque côté à la naissance de cette voûte. Elles sont éloignées l'une de l'autre de $1^m,45$; leur largeur est de $0^m,32$ et leur longueur de $1^m,70$. L'aire est pavée avec des briques placées de champ, maintenues par un fort cadre de fer. Cette aire doit être légèrement concave pour que le métal fondu puisse s'y maintenir; la distance de cette aire au sommet de la voûte est de $0^m,40$. Le dessus de la voûte est destiné à opérer la dessiccation du massicot. Le fourneau est muni de trois ouvertures, l'une pour introduire le plomb, les deux autres pour régler le tirage.

Quand le plomb (300 kilogrammes) est fondu, on l'agite avec un long râteau en fer et l'on repousse l'oxyde formé au fond du fourneau. Il faut éviter, dans cette opération, d'atteindre la température de fusion du massicot; en même temps on laisse les portes ouvertes pour la circulation de l'air.

Quand tout le plomb a été oxydé, on ramène l'oxyde à l'aide du râteau en fer, et on l'étend uniformément sur la sole. On le retourne au moyen d'un ringard recourbé et on achève son oxydation. Cela fait, le massicot a besoin d'être broyé; on le retire du four et on le porte au moulin. Quand il est moulu, on le délaye dans l'eau et on le tamise. On achève de le débarrasser du plomb qui y est encore mélangé en le soumettant à l'action d'un courant d'eau qui entraîne l'oxyde dans des caisses où il se dépose. Lorsque le lavage est fait, on laisse déposer l'oxyde dans des terrines, on décante l'eau et on porte les terrines sur la partie supérieure du four à oxydation.

L'oxyde retiré de l'étuve est pulvérisé sous un lourd cylindre de fonte placé dans une grande boîte fermée de tous côtés, ou sous une meule verticale. On charge le massicot dans des caisses en fer battu, pouvant en contenir 7 à 8 kilogrammes, que l'on introduit dans le fourneau où l'on a calciné le plomb pendant la journée; on ferme les ouvertures et l'on abandonne l'opération à elle même; le massicot absorbe alors l'oxygène et passe à l'état de minium. Les Anglais étendent directement le massicot sur la sole du four; le lendemain il est rouge jaunâtre. On passe souvent le massicot plusieurs fois au feu; on a ainsi du minium à plusieurs feux.

On emploie aussi comme matière première les litharges marchandes provenant de la coupellation.

Le meilleur minium est obtenu en Angleterre par la calcination de la céruse; il est désigné sous le nom de *mine orange*.

On construit, dans certaines usines, des fours à deux étages dont l'inférieur est destiné à la préparation du massicot et le supérieur à la transformation du massicot en minium.

Le plomb employé à la fabrication du minium doit être exempt de cuivre (dont la présence est facile à déceler par l'ammoniaque). S'il n'en est pas ainsi, il faut le purifier par une opération analogue au pattinsonage (voyez p. 1104): lorsqu'on oxyde du plomb impur, il suffit de mettre à part le premier tiers du massicot formé, qui contient toutes les impuretés.

La transformation du massicot en minium s'effectue à une température peu élevée; mais elle est d'autant plus rapide que la température est plus constante et plus voisine du rouge sombre. La qualité du minium dépend de la pureté du massicot; le temps nécessaire varie de quinze à vingt heures. Le minium fabriqué en quelques heures a autant d'éclat que celui qui est produit lentement.

G. Mercier a proposé la disposition suivante pour la fabrication du minium, disposition qui a pour but d'obtenir une température plus constante et de soustraire le massicot au contact des flammes. Son four se compose essentiellement d'un grand moufle de $2^m,50$ de longueur, de 2 mètres de large, $0^m,60$ de haut et $0^m,11$ d'épaisseur, pouvant être chauffé sur toute sa surface extérieure par deux foyers. Le massif du four entoure le moufle à une distance de $0^m,11$. Les parois latérales sont garnies de carneaux par lesquels passent les produits de la combustion. Le courant d'air destiné à l'oxydation du massicot entre par deux portes situées à la partie antérieure du moufle et sort par deux fontes horizontales reliées à la cheminée, de manière à produire un appel d'air [*Ann. des Mines*, 1871, t. XIX, p. 1].

Le minium renferme en général un excès de protoxyde de plomb, qu'on enlève facilement par une digestion avec une solution d'acétate neutre de sodium ou avec un alcali.

Le minium constitue une poudre rouge brillante ; à chaud, sa couleur prend plus de feu et finit par passer au violet. Densité = 8,62 (Karsten), 9,082 (Herapath). On a trouvé dans les fours à minium des fragments cristallisés (Houton-Labillardière).

Soumis à une forte calcination, le minium perd de l'oxygène (2,4 %, Dumas) et se transforme en litharge. Les agents réducteurs le transforment de même en protoxyde de plomb. Les acides étendus le dédoublent en peroxyde insoluble et en protoxyde qui se dissout.

L'acide acétique concentré forme avec le minium une masse blanche qui se dissout dans une plus grande quantité d'acide et qui dépose peu à peu du peroxyde de plomb (Berzelius).

L'acide chlorhydrique le décompose en donnant du chlore libre, du chlorure de plomb et de l'eau.

Usages du minium. — Le minium est employé pour colorer les papiers de tenture, les cires à cacheter, etc. Il sert à la fabrication du strass, du flint-glass et du cristal, auxquels le plomb communique une grande réfrangibilité et une limpidité parfaite ; l'emploi du minium est bien préférable à celui de la litharge ; cela tient sans doute à ce que, lors de sa transformation en silicate, il abandonne de l'oxygène qui détruit des traces de matières organiques accompagnant la soude. Cette application nécessite un minium très-pur, celui qui est exempt de cuivre. Le minium entre dans la composition des émaux, des faïences, des couvertes de poteries. Enfin il sert à faire des mastics pour la construction des machines, etc. On peint au minium les pièces en fer des roues de bateaux à vapeur, et même les œuvres vives ; on y associe souvent le bioxyde ou le sulfate de mercure pour empêcher les mollusques de s'attacher à la carène des vaisseaux. Cependant d'après certaines observations (Mercer, Jouvin), le minium provoquerait la détérioration des carènes en fer.

Le minium du commerce est souvent falsifié avec de l'oxyde de fer ou de la brique pilée. Cette fraude est facile à reconnaître, car le minium pur donne par la calcination au rouge un résidu jaune, tandis que la couleur de l'oxyde de fer ou de la brique persiste.

On peut aussi reconnaître cette fraude en faisant bouillir le minium avec de l'eau sucrée aiguisée d'acide azotique. S'il est pur, il se dissout rapidement d'une manière complète (Fordos et Gelis).

Sesquioxyde de plomb, Pb^2O^3. — Il se précipite, d'après Winkelblech [*Ann. der Chem. u. Pharm.*, t. LI, p. 175], par l'addition de chlorure de soude à une solution alcaline de protoxyde de plomb. C'est un précipité jaune-rouge (il est mélangé de chlorure de plomb) qui se transforme à la longue en peroxyde. La calcination le décompose en donnant 3,47 % d'oxygène et 96,53 de protoxyde de plomb. Séché à 150°, il renferme encore 1,2 % d'eau [Hammann, *Ann. der Chem. u. Pharm.*, t. XCI, p. 235]. D'après Jacquelain, il se forme par l'addition d'un alcali à la solution acétique du minium [*Journ. prakt. Chem.*, t. LIII, p. 151].

Peroxyde de plomb, PbO^2 (oxyde puce, acide plombique). — Cet oxyde, découvert par Scheele, se rencontre dans la nature (*plattnérite*) en prismes à six pans, pyramidés. Densité = 9,392 à 9,448.

Préparation. — L'électrolyse par une pile faible des sels de plomb en solution alcaline fournit au pôle positif des lamelles cristallines de peroxyde de plomb (Fischer). Le peroxyde séparé dans ces conditions est hydraté, PbO^3H^2, et plus ou moins dense. Cependant, le dépôt obtenu après 36 heures avec une solution de 1 p. d'azotate dans 8 p. d'eau est anhydre ; densité = 9,045. Si la pile est énergique, c'est du protoxyde de plomb qui se dépose et il se dégage de l'oxygène [Wernicke, *Poggend. Ann.*, t. CXLI, p. 109].

Le sous-acétate de plomb fournit du peroxyde de plomb au contact de l'ozone et de l'eau oxygénée ; cependant un excès d'eau oxygénée décompose ce dernier.

Le plomb précipité se recouvre à l'air humide, en présence de vapeurs ammoniacales, d'une couche de peroxyde et de carbonate (Schœnbein).

Le peroxyde de plomb se forme par l'action du chlore, de l'acide hypochloreux ou des hypochlorites sur le protoxyde de plomb, le minium, l'hydrate de plomb, le carbonate ou les sels basiques de plomb. Lorsqu'on fait passer un courant de chlore dans de l'hydrate ou du carbonate de plomb en suspension dans l'eau (solution d'un sel de plomb traitée par un alcali ou un carbonate, — Wœhler), le précipité se transforme en une poudre brune qu'il faut laver avec un acide et avec de l'eau bouillante. Il retient facilement du chlorure de plomb. Pour l'avoir exempt de ce dernier, Bœttger fait bouillir du carbonate de plomb précipité, ou du chlorure de plomb, avec une solution claire de chlorure de chaux. Le précipité de peroxyde est traité une seconde fois de la même manière. Le peroxyde obtenu ainsi est grenu et cristallin [*Journ. für. prakt. Chem.*, t. LXXIII, p. 492].

Le protoxyde de plomb est également transformé en peroxyde par l'action d'une solution bouillante de cyanure rouge (Overbeck). Lorsqu'on le chauffe avec le quart de son poids de chlorate de potassium et qu'on lave le produit à l'eau bouillante, ou lorsqu'on fond le minium (ou le protoxyde de plomb au contact de l'air) avec de la potasse, il se produit du peroxyde en tables hexagonales noires, qui restent lorsqu'on épuise la masse par l'eau bouillante (Becquerel).

Le mode de préparation le plus usité du peroxyde de plomb consiste à décomposer le minium ou plombate de plomb par l'acide azotique étendu et bouillant ; il se forme de l'azotate de plomb qui se dissout et du peroxyde qu'on lave à l'eau bouillante et qu'on sèche à 100°.

Propriétés. — Le peroxyde de plomb, qu'on nomme souvent *oxyde puce* à cause de sa couleur, est une poudre d'un rouge-brun foncé, quelquefois cristalline. Densité = 8,903 à 9,190. La chaleur le transforme d'abord en minium, puis en protoxyde de plomb.

C'est un oxydant énergique. Ainsi, lorsqu'on le broie dans un mortier chaud avec un 1/6 de son poids de soufre, le mélange prend feu. Il absorbe le gaz sulfureux en devenant incandescent et en se transformant en sulfate. L'acide hypophosphoreux le transforme en phosphite de plomb (Wurtz) ; le peroxyde d'azote en azotate de plomb, etc.

L'acide chlorhydrique est décomposé par le peroxyde de plomb : il se produit du chlore libre, du chlorure de plomb et de l'eau. Cependant il peut se dissoudre sans dégagement de gaz dans l'acide chlorhydrique froid (voyez p. 1074) (Rivot, Beudant et Daguin).

Le peroxyde de plomb est un anhydride acide, ainsi que l'a fait voir Fremy [*Ann. de Chim. et de Phys.*, (3), t. XII, p. 45].

Plombate de potassium, $PbO^3K^2.3H^2O$. — Pour préparer ce sel, on verse une solution concentrée de potasse à l'alcool sur du peroxyde de plomb bien pur, contenu dans un creuset d'argent, et l'on chauffe le mélange. La réaction est terminée quand la solution aqueuse d'une prise d'essai donne avec l'acide azotique un précipité d'oxyde puce. On verse alors quelques gouttes d'eau sur le mélange et l'on décante rapidement la solution très-chaude. Le plombate se dépose par un refroidissement lent en cristaux volumineux; la solution alcaline froide ne renferme plus trace de plombate.

Le plombate de potassium cristallise en cubes incolores; il est soluble dans une liqueur alcaline bouillante, mais l'eau pure le décompose.

Le sel de sodium est à peine soluble. Les autres plombates sont insolubles.

On obtient le sel de calcium en faisant digérer à 57° du nitrate de plomb avec un excès de chaux et de chlorure de chaux; c'est un composé incolore que les acides dédoublent [W. Crum, *Ann. der Chem. u. Pharm.*, t. LV, p. 218].

Le peroxyde de plomb paraît aussi former des combinaisons avec les acides; ces combinaisons sont très-instables. Le minium (mais non le peroxyde pur) se dissout dans l'acide acétique concentré et froid; la chaleur et l'addition d'eau séparent du peroxyde de plomb de la solution. Si l'on y ajoute de l'acide sulfurique étendu et froid, on obtient une solution incolore, qui ne renferme plus que du peroxyde en dissolution, et qui est stable à — 18°; à la température ordinaire, déjà, il se précipite du peroxyde.

L'acide phosphorique moyennement concentré dissout le minium. La solution, privée de protoxyde de plomb par l'acide sulfurique, est assez stable à la température ordinaire; à l'ébullition, elle dégage de l'oxygène. L'acide arsénique donne une solution du même genre. Ces solutions ont un grand pouvoir oxydant [Jacquelain, *Journ. f. prackt. Chem.*, t. LIII, p. 151; — Schœnbein, *Journ. f. prackt. Chem.*, t. LXXIV, p. 325].

Sulfures de plomb. — Sous-sulfures. — Berthier a mentionné un sous-sulfure de plomb obtenu par la calcination du sulfate de plomb dans un creuset de charbon; il y a dégagement d'acide sulfureux [*Ann. de Chim. et de Phys.*, (2), t. XXII, p. 240]. Bredberg a décrit deux sous-sulfures qu'il obtenait en chauffant dans un fourneau à vent du sulfate de plomb avec 84 % de plomb au creuset de charbon ou au creuset de terre sous une couche de borax. Dans le premier cas on obtient une masse grenue renfermant 3,96 % de soufre (Pb^4S); dans le second cas le produit est cassant, d'un gris foncé, et renferme 7,2 % de soufre, soit Pb^2S. Ce sont ces sulfures qui constituent les mattes plombeuses obtenues dans le traitement de la galène.

Sulfure de plomb, PbS. — Ce composé se rencontre abondamment dans la nature; il est connu sous le nom de *galène* (voyez t. I, p. 1512) et constitue le principal minerai de plomb.

Formation et préparation. — Le sulfure de plomb se forme par l'union directe du soufre avec le plomb; la combinaison a lieu avec incandescence. Des lames de plomb, plongées dans la vapeur de soufre bouillant, y brûlent vivement en donnant des globules de sulfure fondu.

On l'obtient aussi en chauffant de l'oxyde de plomb avec du soufre ou dans la vapeur de sulfure de carbone; dans ce dernier cas, on obtient des cristaux de galène (Schlagdenhauffen). Les silicates de plomb, chauffés dans la vapeur de soufre, fournissent des cristaux cubiques de galène (Sidot).

Le sulfure de plomb se forme par la réaction de l'hydrogène sulfuré ou des sulfures alcalins sur l'oxyde ou sur les sels de plomb. Becquerel a obtenu des tétraèdres réguliers, brillants, tapissant les parois du vase, en faisant agir pendant quelques semaines du plomb métallique sur du cinabre arrosé de chlorure de magnésium. Le reste du plomb s'était amalgamé [*Ann. de Chim. et de Phys.*, (2), t. LIII, p. 106].

Durocher a obtenu des cristaux de galène cubique par la réaction de l'hydrogène sulfuré sur la vapeur de chlorure de plomb.

Propriétés. — Le sulfure de plomb naturel est cubique. Sa densité est de 7,58. Celui qu'on obtient par voie sèche forme une masse d'un gris de plomb, à cassure cristalline. Obtenu par voie humide, il forme une poudre noire qui a pour densité 6,924. Dilatation cubique = 0,01045 (Joule et Playfair).

Le sulfure de plomb fond au rouge; chauffé plus fort, il se volatilise et peut se sublimer; cependant il perd du soufre et le résidu constitue un sous-sulfure. Chauffé à l'air, il donne du sulfate et de l'oxyde de plomb et il se dégage de l'acide sulfureux. L'eau oxygénée le transforme en sulfate.

Le sulfure précipité s'oxyde un peu à l'air; à 100°, il augmente d'environ 0,1 à 0,2 % de son poids: il se forme du sulfate de plomb.

Le sulfure précipité de l'acétate est amorphe; celui précipité d'une solution chaude d'azotate de plomb au dixième est cristallin (Muck).

Calciné à l'abri de l'air, il devient compacte et cristallin. Chauffé au rouge dans un courant d'oxyde de carbone, il perd 0,5 % de soufre à l'état de sulfure de carbone et cristallise. Exposé à une chaleur plus forte, il fournit dans la partie antérieure du tube des cristaux cubiques de galène [Rodwell, *Journ. of Chem. Soc.*, (2), t. I, p. 42].

Lorsqu'on le chauffe dans un courant d'hydrogène, il est réduit. La vapeur d'eau le décompose au rouge suivant l'équation

$$3PbS + 2H^2O = SO^2 + 2H^2S + 3Pb.$$

En réalité, il se forme d'abord de l'hydrogène sulfuré et de l'oxyde de plomb qui, réagissant ensuite sur l'excès de sulfure, donnent du gaz sulfureux et du plomb [Regnault, *Ann. de Chim. et de Phys.*, (2), t. LXII, p. 381].

L'acide azotique fumant transforme le sulfure de plomb en sulfate; l'acide étendu l'attaque en donnant de l'azotate de plomb et du soufre, en même temps qu'un peu de sulfate. L'acide chlorhydrique concentré et bouillant l'attaque à la longue. L'acide sulfurique bouillant donne du sulfate de plomb et de l'acide sulfureux.

Le chlore l'attaque à chaud en donnant du chlorure de soufre et du chlorure de plomb (H. Rose). Le chlorure de phosphore donne d'abord un produit rouge (chlorosulfure de plomb), puis du chlorure de plomb.

Calciné avec du carbonate de sodium, le sulfure de plomb donne du plomb métallique et une scorie très-fusible renfermant du sulfure de sodium, du sulfure et du sulfate de plomb (Berthier).

Le salpêtre en excès le transforme entièrement en sulfate; mais si le sulfure est en excès, on obtient du plomb métallique, résultant de la réaction du sulfate d'abord formé sur l'excès de sulfure.

Certains oxydes, fondus avec le sulfure de plomb, sont réduits à l'état métallique ou au minimum d'oxydation, en donnant du plomb métallique et de l'acide sulfureux; tels sont, par exemple, les oxydes de fer, de cuivre et de manganèse.

L'oxyde de plomb lui-même, ainsi que le sulfate de plomb, agissent de cette manière:

$$2PbO + PbS = 3Pb + SO^2$$

et

$$PbS + SO^4Pb = 2Pb + 2SO^2.$$

Ces réactions offrent une grande importance au point de vue métallurgique.

Le sulfure de plomb fondu est décomposé par un grand nombre de métaux en donnant du plomb métallique et le sulfure correspondant. Tels sont le fer, le cuivre, l'étain, le zinc.

Le sulfure de plomb précipité agit sur les solutions de cuivre et d'argent en en séparant les sulfures correspondants.

Le sulfure de plomb précipité possède un pouvoir décolorant comparable à celui du noir animal.

Le précipité obtenu par l'action de l'hydrogène sulfuré sur une solution de chlorure de plomb est rouge-brun et constitue non du sulfure, mais du chlorosulfure de plomb (voyez p. 1074). Le précipité ne se forme pas si le chlorure de plomb est dissous dans l'acide chlorhydrique concentré; il faut dans ce cas étendre d'eau.

Usages. — Le sulfure de plomb est employé à l'extraction du plomb. Il sert en outre pour le vernissage des poteries communes, sous le nom d'*alquifoux*. On le délaye dans l'eau avec de la bouse de vache et on l'applique sur la poterie. Ces poteries se recouvrent alors à la cuisson, qui en général a lieu à une température peu élevée, d'une couche de sulfure fondu, dont l'oxydation est empêchée par la bouse de vache. Néanmoins il se forme toujours une certaine quantité d'oxyde qui ne peut se combiner à la silice et qui rend l'usage de ces poteries très-insalubre. Cela n'arrive pas si l'on fait entrer de la silice dans la composition du vernis et si la température est assez élevée pour combiner l'oxyde de plomb à la silice.

Sulfures doubles. — Lorsqu'on chauffe au creuset de charbon du sulfate de plomb avec la moitié de son poids de sulfate de sodium, il se produit une masse cassante, d'un gris de plomb, brillante, renfermant 20 à 25 °/₀ de sulfure de sodium qu'on peut enlever par l'eau. On obtient un produit analogue avec le sulfate de baryte et le sulfure de plomb [Berthier, *Ann. de Chim. et de Phys.*, (2), t. XXXVIII, p. 256].

On trouve dans la nature un sulfure triple de plomb, d'antimoine et de bismuth, qu'on désigne sous le nom de *kobellite* (voyez t. II, p. 173), et des sulfoantimonites (*géocronite, boulangérite, jamesonite, plagionite, zinkénite*).

Séléniure de plomb. — Le plomb s'unit au sélénium avec incandescence en donnant une masse grise, poreuse, qui, si l'on élève la température, abandonne du sélénium sans fondre et émet des vapeurs blanches. L'acide nitrique l'attaque en laissant le sélénium. Ce corps rend le plomb plus blanc, moins ductile et moins fusible (Berzelius).

La *clausthalite* est du séléniure de plomb, et la *lehrbachite* un séléniure de plomb et de mercure.

Tellurure de plomb, PbTe (voyez *Altaïte*). — L'*élasmose* ou *nagyagite* est un sulfotellurure d'or et de plomb.

COMBINAISONS DU PLOMB AVEC LES AUTRES ÉLÉMENTS.

Phosphure de plomb. — On obtient un phosphure de plomb renfermant environ 15 °/₀ de phosphore lorsqu'on jette du phosphore sur du plomb fondu. Il possède la couleur du plomb, se laisse couper au couteau, mais se brise en éclats sous le marteau (Pelletier).

L'hydrogène phosphoré donne dans une solution d'acétate de plomb un précipité brun de phosphure de plomb. On l'obtient également par l'action du phosphore sur un sel de plomb (H. Rose).

Arséniure de plomb. — Le plomb chauffé avec l'arsenic s'y combine; le produit renferme 20 °/₀ d'arsenic; il est lamelleux et cassant. Le plomb de chasse renferme 1 ou 2 millièmes d'arsenic qui facilite la formation des globules.

On obtient un arséniure blanc, semi-ductile, en réduisant l'arséniate de plomb par le charbon. Il perd tout son arsenic au rouge-blanc (Fournet).

Carbure de plomb. — Le carbone peut s'unir en petite quantité au plomb au moment où celui-ci se réduit. On obtient une poudre noire par la calcination du cyanure de plomb ou d'un mélange de charbon et d'oxyde de plomb (Berzelius).

Le plomb fondu en présence de charbon se volatilise et se dépose en parcelles métalliques noires renfermant du carbure de plomb (John).

La calcination du tartrate ou de l'acétate de plomb à l'abri de l'air laisse un résidu de plomb carburé, souvent pyrophorique (Proust).

Siliciure de plomb. — Le plomb fondu se combine au silicium. Le produit se dissout dans les acides en laissant de la silice (Berzelius).

SELS DE PLOMB.

Nous verrons plus loin quels sont les caractères généraux des sels de plomb. Nous ferons seulement remarquer qu'ils ont une grande tendance à former des sels basiques.

Azotates de plomb. — On connaît un azotate neutre et des azotates basiques. Ces derniers répondent, en partie, aux acides parazotique et orthoazotique qui n'ont pas été obtenus à l'état de liberté :

AzO^4H^3, acide orthoazotique;
$Az^2O^7H^4$, acide parazotique;
AzO^3H, acide métazotique (azotique ordinaire).

1° *Azotate neutre* (métazotate), $(AzO^3)^2Pb$. — Il s'obtient en dissolvant le plomb, son protoxyde ou son carbonate dans l'acide azotique étendu et bouillant, maintenu en excès. Il cristallise en octaèdres réguliers, opaques, durs et blancs; déposés d'une solution renfermant beaucoup d'acide libre, ils sont transparents (de Hauer). D'après Knop, ils sont transparents lorsqu'ils se déposent par évaporation et opaques par refroidissement. Les cristaux sont anhydres. Leur densité est égale à 4,3998 (Karsten), 4,509 (Schrœder), 4,235 (H. Schiff).

L'azotate de plomb est inaltérable à l'air; il se dissout dans l'eau avec absorption de chaleur. Il exige pour se dissoudre 1 p. 989 d'eau à 17°,5 (Karsten); 1 p. 707 à 22°,3; 1 p. 585 à 24°,7 et 0 p. 7 à 100° (Kopp). La densité de la solution saturée à 8° est de 1,372 (cette solution renferme 34 °/₀ de sel, d'après Anthon).

L'azotate de plomb est insoluble dans l'alcool concentré; l'alcool faible en dissout une petite quantité. L'alcool d'une densité de 0,939 en dissout 5,8 °/₀ à 8°, 12,8 °/₀ à 40° et 14,9 °/₀ à 50°. L'acide azotique le précipite de sa solution aqueuse; le sel est insoluble dans l'acide concentré.

Chauffé, l'azotate de plomb décrépite, puis se décompose en fournissant du peroxyde d'azote, de l'oxygène et un résidu d'oxyde de plomb,

$$(AzO^3)^2Pb = PbO + O + Az^2O^4.$$

Il facilite beaucoup la combustion de l'amadou ou des mèches qui en sont imprégnées.

On connaît un *azotate double mercuroso-plombique*, $(AzO^3)^6Pb^2(Hg^2)''.Hg^2O$, qui forme un précipité dense, formé d'octaèdres microscopiques lorsqu'on mélange les solutions concentrées des deux azotates [Staedeler, *Ann. der Chem. u. Pharm.*, nouv. sér., t. XI, p. 129].

L'azotate de plomb se combine au formiate de plomb pour donner le sel double,

$$\left.\begin{matrix}AzO^3\\(CHO^2)^3\end{matrix}\right\}Pb^2 + H^2O,$$

qui forme de grandes tables rhombiques peu solubles dans l'eau froide [Lucius, *Ann. der Chem. u. Pharm.*, t. CIII, p. 113].

2° *Azotate diplombique*, $(AzO^3)^2Pb.PbO$, ou parazotate, $(Az^2O^7)Pb^2$. — D'après la plupart des auteurs, il est hydraté; il représente alors un orthoazotate, $(AzO^4)'''Pb''H$. Pour le préparer, on fait bouillir une solution de 1 p. d'azotate neutre avec 1 p. d'oxyde de plomb, et l'on filtre la liqueur bouillante (Chevreul). En remplaçant l'oxyde par le carbonate de plomb, on obtient ce sel basique plus pur, car il ne peut se former un sel plus basique [Pelouze, *Ann. de Chim. et de Phys.*, (2), t. IV, p. 107]. Persoz l'a préparé par l'action de l'oxyde de zinc sur une solution d'azotate neutre de plomb.

Enfin, il se forme aussi en ajoutant une solution de sous-acétate de plomb à une solution d'azotate de potassium à 1 °/₀ (Guignet, J. Lœw).

Il se sépare par le refroidissement en lamelles ou en aiguilles nacrées. Il perd son eau entre 100° et 190°; à 200°, il se décompose (Pelouze). Il est peu soluble dans l'eau, qui en dissout 5,15 °/₀ à 19° (Phillips). L'acide carbonique en précipite la moitié du plomb.

3° *Azotate triplombique*, $(AzO^3)^2Pb.2PbO$, ou *orthoazotate*, $(AzO^4)^2Pb^3$; il contient $1\frac{1}{2}H^2O$; d'après Lœw, il ne renfermerait que H^2O. — Poudre blanche très-peu soluble, obtenue par l'action d'un faible excès d'ammoniaque sur l'azotate neutre (Berzelius). D'après Calvert, il peut se combiner à une molécule d'ammoniaque.

On l'obtient aussi en mélangeant des solutions d'azotate neutre et d'acétate tribasique de plomb. Un excès de sous-acétate le redissout. L'alcool le précipite à l'état cristallin. Sa solution aqueuse bouillante l'abandonne en petits prismes durs [J. Lœw, *Journ. f. prakt. Chem.*, t. XCVIII, p. 385].

D'après A. Vogel jeune [*Ann. der Chem. u. Pharm.*, t. XCIV, p. 96], il ne perd son eau qu'à 205° dans le vide. Il se dissout dans 119 p. d'eau froide et dans 10,5 d'eau bouillante.

4° *Azotate tétraplombique*, $(AzO^3)^2Pb.3PbO$. — Il renferme H^2O, d'après Gerhardt [*Ann. de Chim. et de Phys.*, (3), t. XVIII, p. 178], et est anhydre d'après Calvert [*Compt. rend.*, t. XXII, p. 480]. Il se produit par l'action d'un excès d'ammoniaque sur l'azotate neutre.

5° *Azotate quintiplombique*, $(AzO^3)^2Pb.4PbO$. — Obtenu de même par l'action de l'ammoniaque sur le sel neutre (Calvert).

6° *Azotate hexaplombique*, $(AzO^3)^2Pb.5PbO$, il renferme H^2O, d'après Berzelius; $1\frac{1}{2}H^2O$, d'après Calvert. — Obtenu par digestion prolongée de l'azotate neutre avec ammoniaque en excès. Il peut fixer AzH^3 d'après Calvert.

Calvert [*loc. cit.*], en faisant bouillir les sels précédents avec de l'ammoniaque, a obtenu des poudres cristallines d'un jaune verdâtre de diverses compositions qu'il représente par les formules

$$\left\{\begin{matrix}(Az^2O^7)Pb^2\\(AzH^4)^2O.8PbO\end{matrix}\right. \qquad \left\{\begin{matrix}(AzO^3)^2Pb.3PbO\\(AzH^4)^2O.8PbO,\end{matrix}\right. \text{ etc.}$$

Azotites de plomb. — On connaît plusieurs azotites de plomb : le sel neutre et des sels basiques. Leur étude et celle des hypoazotates ou *nitrosonitrates* est principalement due à Chevreul [*Ann. de Chim.*, t. LXXXIII, p. 72], à Peligot [*Ann. de Chim. et de Phys.*, (2), t. LXXVII, p. 87], à Berzelius [*Gilb. Ann.*, t. XL, p. 194 et 200; XLVI, p. 150] et à Bromeis [*Ann. der Chem. u. Pharm.*, t. LXXII, p. 38].

1° *Azotite de plomb neutre*, $(AzO^2)^2Pb + H^2O$. — Il se forme soit par l'action de l'acide carbonique sur les azotites basiques décrits ci-dessous (Chevreul, Peligot), soit par double décomposition entre l'azotite d'argent et le chlorure de plomb (Lang). C'est un sel soluble dans l'eau, assez altérable, surtout à l'ébullition. Il cristallise, par l'évaporation de sa solution dans le vide, en prismes jaunes, isomorphes, d'après Nicklès, avec l'azotate de plomb.

L'azotite neutre de plomb forme avec l'azotite neutre de potassium des sels doubles qui ont été décrits par Lang [*Pogg. Ann.*, t. CXVIII, p. 282; *Bull. de la Soc. chim.*, 1863, t. V, p. 77], par Hampe [*Ann. der Chem. u. Pharm.*, t. CXXV, p. 334; *Bull. de la Soc. chim.*, 1866, t. V, p. 334] et par Hayes [*Sillim. Amer. Journ.*, (2), t. XXX, p. 226, et *Répert. de Chim. pure*, 1861, p. 216].

a. $(AzO^2)^4PbK^2 + H^2O$. — Prismes rhomboïdaux aplatis, d'un jaune-brun, obtenus par le mélange d'azotate neutre de plomb et d'un excès d'azotite de potassium. L'addition d'un grand excès d'azotite de potassium fournit des prismes déliés, moins solubles que le sel précédent et paraissant renfermer

$$\left.\begin{matrix}(AzO^2)^8\\(AzO^3)^4\end{matrix}\right\}Pb^3K^6 \text{ (Lang).}$$

b. $2[(AzO^2)^7.Pb^2K^3] + 3H^2O$. — Prismes orthorhombiques d'un jaune-orange, inaltérables à l'air, solubles dans l'eau et dans l'alcool, obtenus par le mélange d'acétate de plomb avec un excès d'azotite de potassium (Hampe).

c. Hayes a obtenu un azotite double, dont il ne donne pas la formule rationnelle, et qui cristallise en longs prismes jaunes, solubles, en traitant une solution d'azotate de plomb sursaturée de potasse par un mélange d'air et de bioxyde d'azote.

2° *Azotite diplombique*, $(AzO^2)^2Pb.PbO.H^2O$ ou *orthoazotite*, $(AzO^3)'''PbH$. — Ce sel se produit par l'action du plomb sur le nitrosonitrate diplombique (voyez plus loin). Il est en longues aiguilles prismatiques rhomboïdales d'un jaune d'or, faciles à séparer du sel orange produit en même temps (Bromeis).

3° *Azotite triplombique*, $(AzO^2)^2Pb.2PbO$, ou *orthoazotite*, $(AzO^3)'''^2Pb^3$. — Lamelles rouge-brique, qui se forment quand on fait bouillir le nitrosonitrate orange (n° 2) avec du plomb et qu'on laisse refroidir la liqueur filtrée.

4° *Azotite tétraplombique*, $(AzO^2)^2Pb.3PbO$. — Ce sel se forme par l'ébullition prolongée d'une solution concentrée de 1 p. d'azotate neutre de plomb avec $1\frac{1}{2}$ à 2 p. de plomb (Berzelius, Chevreul). La solution se colore d'abord en jaune par la formation de nitroso-nitrates. Il se dégage un peu de bioxyde d'azote et la réaction peut se représenter par l'équation

$$5(AzO^3)^2Pb + 11Pb = 4[(AzO^2)^2Pb.3PbO] + 2AzO.$$

Aiguilles soyeuses, couleur de chair, groupées en étoiles (Chevreul), ou en aiguilles roses (Peligot); d'après Bromeis, les cristaux sont d'un vert brunâtre et ne se décomposent pas à 150°. Dissous dans l'acide azotique ou acétique froids, ils donnent, sans dégagement de gaz, une solution jaune; cette solution fournit de l'azotate de plomb par l'action du bioxyde de plomb. Ce sel se dissout à 25° dans 143 p. d'eau, et à 100° dans 33 p. (Chevreul); d'après Peligot, il exige 1250 p. d'eau froide pour se dissoudre.

Tous ces azotites basiques se transforment en azotite neutre par l'action de l'acide carbonique.

Hypoazotates ou nitrosonitrates de plomb. — Ces sels, assez nombreux, se forment tous par l'action du plomb, dans certaines circonstances, sur l'azotate de plomb. Les premières observations à ce sujet sont dues à Proust, qui attribuait leur formation à une réduction de l'oxyde de plomb. Berzelius et Chevreul firent voir que c'est l'acide azotique qui est réduit. Peligot, et plus tard Bromeis, complétèrent cette étude.

Les hypoazotates, dans lesquels on admettait autrefois la présence de l'anhydride hypoazotique, doivent être envisagés comme des sels mixtes à radicaux azoteux et azotique, c'est-à-dire comme des *nitrosonitrates*. Certains de ces sels décrits par Bromeis ne renferment pas les radicaux azoteux et azotique dans le rapport simple de 1 : 1 comme on le verra plus loin.

La solubilité de ces sels diminue à mesure que la proportion d'oxyde de plomb augmente. Ils se dissolvent dans l'acide acétique; la solution, qui est jaune, laisse déposer un liquide huileux. L'alcool précipite les solutions de ces sels. Leur réaction est alcaline. Ils cristallisent tous dans le système orthorhombique ou dans les systèmes obliques (Bromeis). Traités par un alcali, ils ne fournissent pas les sels alcalins correspondants, mais de simples mélanges d'azotite et d'azotate.

1° *Nitrosonitrate diplombique,*

$$Az^2O^4.2PbO + H^2O = \left.\begin{matrix}AzO^2\\AzO^3\end{matrix}\right\} Pb.PbO + H^2O.$$

— Il se dépose par refroidissement en lamelles jaunes lorsqu'on a chauffé pendant quelques heures vers 75° au plus une solution de nitrate de plomb avec 78 % de son poids de plomb; si l'on chauffe davantage, il se dégage du bioxyde d'azote (Berzelius). Peligot n'emploie que 63 % de plomb, d'après l'équation

$$(AzO^3)^2Pb + Pb = \left.\begin{matrix}AzO^2\\AzO^3\end{matrix}\right\} Pb.PbO.$$

S'il se formait en même temps des cristaux du sel orange, on en opérerait facilement la séparation par cristallisation dans l'eau bouillante qui dissout ce dernier plus facilement.

Fritzsche a obtenu ce sel, mais moins pur, par l'action des vapeurs nitreuses sur l'oxyde de plomb en suspension dans l'eau [*Journ. für prakt. Chem.*, t. XIX, p. 179].

Longues aiguilles aplaties ou lamelles rhomboïdales jaunes, présentant deux axes de double réfraction. Ils perdent leur eau à 100° (Peligot), se dissolvent dans 80 p. d'eau à 25° et dans 10,6 p. d'eau bouillante (Chevreul). Une ébullition prolongée décompose le sel. D'après Bromeis, il commence déjà à se décomposer à 85°; à une température plus élevée, il fond en se boursouflant.

Berzelius et Chevreul avaient envisagé ce sel comme un azotite basique.

L'acide carbonique lui enlève de l'oxyde de plomb; la solution filtrée émet des vapeurs rouges par la concentration et fournit des aiguilles blanches d'azotate basique de plomb, puis de l'azotite basique, enfin de l'azotate neutre (Chevreul). Dans cette réaction, on devrait obtenir le nitrosonitrate neutre,

$$\left.\begin{matrix}AzO^2\\AzO^3\end{matrix}\right\} Pb,$$

mais ce sel se décompose spontanément.

2° *Dinitrosonitrate heptaplombique,*

$$\left.\begin{matrix}(AzO^2)^2\\(AzO^3)^2\end{matrix}\right\} Pb^2.5PbO + 3H^2O.$$

— Ce sel s'obtient en faisant bouillir le sel précédent avec de l'oxyde de plomb ou, directement, en traitant 166 p. d'azotate de plomb en solution étendue par 156 p. de plomb à l'ébullition; il se produit toujours un dégagement de bioxyde d'azote.

La solution filtrée bouillante laisse déposer par le refroidissement des prismes jaune-rouge ne perdant leur eau qu'au delà de 100°, solubles dans 1250 p. d'eau froide et dans 34 p. d'eau bouillante (Peligot).

La formation de ce sel est souvent accompagnée de celle des nitrosonitrates suivants (Bromeis).

3° *Nitrosotrinitrate heptaplombique,*

$$\left.\begin{matrix}(AzO^2)\\(AzO^3)^3\end{matrix}\right\} Pb^2.5PbO + 3H^2O.$$

— Cristaux durs, de couleur orange; angle du prisme vertical = 123°; angle du prisme horizontal = 63°.

4° *Trinitrosomononitrate heptaplombique,*

$$\left.\begin{matrix}(AzO^2)^3\\(AzO^3)\end{matrix}\right\} Pb^2.5PbO + 3H^2O.$$

— Cristaux très-brillants, présentant beaucoup de facettes.

5° Enfin Bromeis a décrit un sel,

$$\left.\begin{matrix}(AzO^2)^6\\(AzO^3)^4\end{matrix}\right\} Pb^5.5PbO + 7H^2O,$$

qui se forme en même temps que le nitrosonitrate diplombique (n° 1) lorsque, dans la préparation de ce sel, on opère à une température trop élevée.

Nous ajouterons que Gomès [*Compt. rend.*, t. XXXIV, p. 187] assigne la formule

$$\left.\begin{matrix}AzO^3\\(AzO^2)^3\end{matrix}\right\} Pb^2 + 2H^2O$$

au sel obtenu par l'action de l'acide carbonique sur l'hypoazotate basique de Peligot.

En résumé, à part les derniers sels décrits par Bromeis, l'azotate de plomb fournit par l'action du plomb métallique, suivant la proportion de ce dernier et la température à laquelle on porte la solution :

1° Du nitrosonitrate diplombique (lamelles jaunes);
2° Du nitrosonitrate heptaplombique (prismes oranges);
3° De l'azotite quadriplombique (sel rose).

Bromate de plomb, $(BrO^3)^2Pb + H^2O$. — Il s'obtient sous forme d'une poudre blanche, par double décomposition. Lorsqu'on dissout du carbonate de plomb dans une solution chaude d'acide bromique, on obtient des cristaux brillants, isomorphes avec le bromate de strontium [Rammelsberg, *Poggend. Ann.*, t. LII, p. 96]. Le bromate de plomb se dissout dans 75 p. d'eau froide. Il commence à se décomposer vers 180° en donnant beaucoup de gaz et laissant comme résidu du peroxyde de plomb, qui, lorsqu'on élève la température, se transforme d'abord en minium et ensuite en protoxyde de plomb.

Perchlorate de plomb, $(ClO^4)^2Pb$. — On l'obtient par concentration d'une solution d'oxyde de plomb dans l'acide perchlorique : il se dépose en petits prismes non déliquescents, solubles dans leur poids d'eau (Serullas).

Marignac a obtenu un sel basique,

$$(ClO^4)^2Pb.PbO + 2H^2O,$$

en faisant bouillir la solution du sel neutre avec de l'oxyde de plomb.

D'après Roscoe, le perchlorate de plomb renferme $3H^2O$; il est déliquescent et ne perd pas d'eau dans le vide.

Chlorate de plomb, $(ClO^3)^2Pb$. — Prismes rhomboïdaux tronqués, solubles dans l'eau et dans l'alcool. Il renferme H^2O qu'il perd à 130°. A 230° il se décompose subitement et laisse un résidu de chlorure et d'oxyde de plomb (Marignac). Sa forme cristalline a été déterminée par Marignac [*Compt. rend.*, t. XLII, p. 288].

Chlorite de plomb, $(ClO^2)^2Pb$. — Il se produit lorsqu'on ajoute de l'azotate de plomb à une solution de chlorite de baryum, avec excès d'acide. Ce dernier sel doit rester en excès, l'azotate de plomb dissolvant le chlorite de plomb. Il se précipite en lamelles cristallines d'un jaune de soufre. Ce sel se détruit à 126° avec une sorte d'explosion. Mis en présence du soufre, il l'enflamme. L'acide sulfurique étendu en dégage vers 40-50° de l'acide chloreux pur [Millon, *Ann. de Chim. et de Phys.*, (3), t. VII, p. 327].

Les eaux mères du chlorite de plomb laissent peu à peu déposer sur les parois du vase de petits cristaux jaunâtres, peu solubles, faisant explosion avec le soufre et renfermant tantôt

$$2(ClO^2)^2Pb + PbCl^2,$$

tantôt
$$3(ClO^2)^2Pb + 2PbCl^2$$

[Schiel, *Ann. der Chem. u. Pharm.*, t. CIX, p. 317].

Hypochlorite de plomb, $(ClO)^2Pb$. — Lorsqu'on

ajoute de l'azotate de plomb à du chlorure de chaux neutralisé par l'acide nitrique, il se précipite du chlorure de plomb, tandis que l'hypochlorite reste dissous. Ce sel détruit les couleurs végétales. Sa solution se décompose spontanément en peroxyde de plomb et chlore libre (Berzelius).

PERIODATE DE PLOMB, $(I^2O^{10})Pb^3 + 2H^2O$. — Il s'obtient en précipitant le periodate basique de sodium par de l'azotate de plomb (Benckieser). C'est un précipité cristallin blanc. Il laisse par la calcination un oxyiodure de plomb, $PbI^2,5PbO$ [Langlois, *Ann. de Chim. et de Phys.*, (3), t. XXXIV, p. 270]. Ces résultats ont été confirmés par Rammelsberg [*Deuts. Chem. Gesells.*, 1868, p. 131]. Mis en digestion avec une solution d'acide periodique, il se colore en jaune-rouge et est alors insoluble dans l'acide azotique (Rammelsberg).

IODATE DE PLOMB, $(IO^3)^2Pb$. — Précipité blanc insoluble dans l'eau, soluble dans un excès d'acide. Il laisse par la calcination un résidu d'oxyiodure de plomb (Rammelsberg).

HYPOIODITE DE PLOMB. — Voyez OXYIODURES DE PLOMB, modification bleue, p. 1075.

CARBONATE DE PLOMB, CO^3Pb. — L'oxyde de plomb, et surtout l'hydrate, absorbent l'acide carbonique de l'air. Le plomb lui-même se transforme au contact de l'eau distillée ou de l'eau de pluie et de l'air en hydrocarbonates, par exemple

$$CO^3Pb.PbH^2O^2 \quad \text{et} \quad 3(CO^3Pb) + PbH^2O^2.$$

Le carbonate de plomb qu'on emploie dans les arts comme peinture est généralement un hydrocarbonate, de composition variable, connu sous le nom de *céruse*. — Voyez ce mot.

Voici, d'après H. Rose, la composition des hydrocarbonates produits dans des conditions déterminées :

$8CO^3Pb + PbH^2O^2 + H^2O$;	mélange de solutions concentrées et froides, à équivalents égaux d'azotate de plomb et de carbonate de sodium.
$5CO^3Pb + PbH^2O^2$......	mêmes solutions étendues et froides.
$3CO^3Pb + PbH^2O^2$......	mêmes solutions étendues et bouillantes.
$2CO^3Pb + PbH^2O^2$.....	les mêmes solutions avec excès de carbonate alcalin.

[*Poggend. Ann.*, t. LXXXIV, p. 52; *Ann. de Chim. et de Phys.*, (3), t. XXXV, p. 110]. M. Phillips, de son côté, est arrivé à des résultats analogues [*Journ. of the Chem Soc.*, t. IV, p. 165].

Le carbonate neutre de plomb se rencontre dans la nature (cérusite ou plomb carbonaté). On l'obtient en précipitant un sel de plomb par un carbonate alcalin. C'est une poudre blanche, d'une densité de 6,43. Il est insoluble dans l'eau; l'eau chargée d'acide carbonique ne le dissout que très-difficilement.

Calciné à l'abri de l'air, il laisse un résidu de litharge; calciné modérément au contact de l'air, il laisse le minium désigné sous le nom de mine orange.

Le carbonate de plomb forme une combinaison avec le chlorure : $CO^3Pb.PbCl^2$. — Cette combinaison, qu'on rencontre dans la nature (phosgénite), s'obtient artificiellement par l'ébullition du carbonate avec le chlorure et de l'eau. C'est une poudre blanche et dense (Dœbereiner).

Il se combine de même au bromure de plomb (Lœwig). Ces combinaisons sont insolubles; elles perdent l'anhydride carbonique par la calcination.

Carbonate sodico-plombique,

$$4CO^3Pb + CO^3Na^2.$$

Il s'obtient d'après Berzelius en précipitant l'azotate de plomb par un excès de carbonate de sodium.

Carbonate calcico-plombique.— Voyez PLOMBOCALCITE.

SULFOCARBONATE DE PLOMB, CS^3Pb. — Voyez SULFOCARBONIQUE (ACIDE).

CHROMATES DE PLOMB. — Voyez t. I, p. 896.

MANGANATE et PERMANGANATE DE PLOMB. — Voyez t. II, p. 299 et 301.

SULFATE DE PLOMB, SO^4Pb. — Le sulfate de plomb se produit par l'action de l'acide sulfurique concentré et bouillant sur le plomb; il y a dégagement d'acide sulfureux. A froid, l'acide étendu n'attaque le plomb qu'au contact de l'air, à mesure que le métal s'oxyde. Le sulfate de plomb se produit aussi par double décomposition entre un sel de plomb et l'acide sulfurique ou un sulfate soluble; aussi l'obtient-on comme produit secondaire dans un certain nombre de préparations, par exemple dans celle de l'acétate d'alumine, employé en teinture, e obtenu par double décomposition entre l'acétate de plomb et l'alun.

Enfin, il se forme par l'union de l'acide sulfureux avec le peroxyde de plomb.

Le sulfate de plomb se rencontre cristallisé dans la nature (voyez ANGLÉSITE). — On a trouvé dans les chambres de plomb des fabriques d'acide sulfurique des cristaux de sulfate semblables aux cristaux naturels, ou bien en aiguilles soyeuses ou en lamelles [Kuhlmann, *Ann. de Chim. et de Phys.*, (3), t. I, p. 496].

La densité du sulfate cristallisé est égale à 6,17 (Karsten; 6,30, Mohr).

Le sulfate de plomb obtenu dans les circonstances indiquées forme une poudre amorphe blanche, insipide, anhydre. Il se dépose de sa solution dans l'acide sulfurique bouillant en lamelles brillantes. Il est à peu près insoluble dans l'eau, moins pourtant que le sulfate de baryum. D'après Rodwel, l'eau en dissout 0,00315 %.

Il est soluble dans les acides et dans certains sels, en général par suite d'une décomposition.

L'acide chlorhydrique le dissout plus ou moins, suivant sa concentration, en donnant du chlorure de plomb, qui se précipite lorsqu'on étend d'eau.

Il se dissout dans	682	p. d'acide à	10,6	%.
—	106	—	22	—
—	47,3	—	27,5	—
—	35	—	31	—

L'acide azotique agit comme l'acide chlorhydrique :

Le sulfate se dissout dans	303	p. d'acide à	11,55	%.
—	127,5	—	34,00	—
—	10282,8	—	60,00	—

Les solutions donnent par évaporation des cristaux d'azotate; le sulfate, digéré avec l'acide à 60°, se transforme presque entièrement en azotate, insoluble lui-même dans l'acide concentré [Rodwell, *Chem. Soc.*, (2), t. I, p. 42].

L'acide sulfurique concentré dissout facilement le sulfate de plomb, surtout à chaud (il en prend environ 6 %). La solution est précipitée par l'eau (c'est ce qui arrive avec l'acide du commerce, qui renferme toujours un peu de sulfate de plomb).

La solution sulfurique bouillante abandonne le sulfate de plomb en lamelles par le refroidissement. La solution froide, exposée à l'air, attire l'humidité et laisse déposer un *sulfate acide*,

$$(SO^4)^2Pb.H^2 + H^2O$$

[Schultz, *Poggend. Ann.*, t. CXXXIII, p. 137; *Bull. de la Soc. chim.*, t. X, p. 240]. Voici, d'après Anthon, la solubilité du sulfate de plomb dans l'acide sulfurique concentré :

L'acide d'une densité	de 1,724	en dissout	1/480.
—	—	de 1,791	—	1/86.
—	—	de 1,885	—	1/46.

Le sulfate de plomb se dissout à chaud dans l'ammoniaque et s'en dépose par le refroidissement (sulfate basique?) d'après Wittstein. Il se dissout dans les sels ammoniacaux (azotate, chlorure, tartrate, citrate), notamment dans le tartrate. L'acétate d'ammoniaque en dissout 1/47e (Bischof). L'acétate d'aluminium le dissout également en petite quantité; mais la présence de sulfate d'aluminium ou de sulfate de potassium en excès diminue cette solubilité.

L'acétate de calcium, en solution étendue, dissout 1/12e de sulfate de plomb (Staedel).

L'azotate ou l'acétate de baryum le transforment en azotate ou acétate de plomb et sulfate de baryum (Thenard).

La solubilité du sulfate de plomb dans les acétates a été étudiée récemment par Debbits [*Bull. de la Soc. chim.*, 1873, t. XX, p. 258].

L'hyposulfite de sodium le dissout, en formant un hyposulfite double; la solution laisse déposer lentement à froid, rapidement à l'ébullition, du sulfure de plomb. Les acides séparent de cette solution un mélange de sulfate et de sulfure de plomb [J. Lœwe, *Journ. prakt. Chem.*, t. LXXIV, p. 348; — Field, *Journ. of the Chem. Soc.*, (2), t. I, p. 28].

Les matières organiques le réduisent à l'état de sulfure par un contact prolongé en présence de l'eau.

Soumis à la calcination, le sulfate de plomb fond sans se décomposer; il cristallise par le refroidissement. Cependant, d'après Boussingault, il se décompose au-dessous du point de fusion du fer. Fondu en présence d'une matière siliceuse, il se décompose en partie en donnant du silicate de plomb.

Le charbon, l'oxyde de carbone, l'hydrogène réduisent le sulfate de plomb à une température peu élevée en formant, suivant les proportions du corps réducteur, de l'oxyde, du sous-sulfure ou du plomb métallique (Berthier, Gay-Lussac).

Le cyanure de potassium le réduit facilement.

Fondu avec du sulfure de plomb, il fournit du plomb métallique, $PbS + SO^4Pb = 2Pb + 2SO^2$.

L'ammoniaque le réduit au rouge, en produisant du sous-sulfure de plomb, du sulfate d'ammonium et de l'azote (Hodwell).

Le fer, le zinc le réduisent par la voie sèche aussi bien que par voie humide en présence d'un acide. Le métal réduit est exempt d'argent et peut servir pour la coupellation.

Le carbonate de sodium le décompose par voie sèche ou par voie humide.

Pour régénérer le plomb du sulfate de plomb, composé à peu près sans emploi, on a proposé divers moyens. Trommsdorff et Hermann le traitent par du zinc en présence d'eau et de 1/10e de chlorure de sodium. Il se forme un mélange de plomb métallique et de sulfate de zinc qu'on enlève par lavages. Kraft a proposé de le traiter par de l'acétate de baryum qui le transforme en acétate de plomb.

Sulfate basique. — On admet que le produit de l'action de l'ammoniaque sur le sulfate de plomb est un sulfate basique.

L'addition de 1 molécule d'oxyde de plomb à 1 molécule de sulfate rend celui-ci beaucoup plus fusible. Par le refroidissement de la masse en fusion, on obtient des prismes limpides. En augmentant beaucoup la dose d'oxyde, on obtient une masse vitreuse, un peu cristalline [Berthier, *Ann. de Chim. et de Phys.*, (2), t. XLIII, p. 287].

Par l'addition de formiate diplombique à une solution de sulfate de sodium, on obtient un précipité cristallin blanc, un peu soluble, fusible en devenant momentanément jaune et renfermant $SO^4Pb.PbO$ [Barfœd, *Journ. für prakt. Chem.*, t. CVIII, p. 1].

Sulfate acide. — Se dépose lorsqu'on abandonne à l'air humide une solution sulfurique de sulfate de plomb (Schultze).

Sulfate double de plomb et d'ammonium, $(SO^4)^2Pb(AzH^4)^2$. — Le sulfate de plomb se dissout dans une solution bouillante de sulfate ammonique. Par le refroidissement, on obtient de petits cristaux limpides de sulfate double. L'eau pure les rend laiteux en leur enlevant le sulfate ammonique et en laissant 69,8 % de sulfate de plomb [Wœhler et Litton, *Ann. der Chem. u. Pharm.*, t. XLIII, p. 126].

Sulfate double de plomb et de potassium. — Sel décomposable par l'eau, s'obtenant, d'après Trommsdorff, lorsqu'on précipite l'acétate de plomb par le sulfate de potassium.

Sulfate et carbonate de plomb. — Voyez Leadhillite.

Hyposulfate de plomb, $S^2O^6Pb + 4H^2O$. — Cristaux volumineux, inaltérables à l'air, appartenant au système hexagonal et isomorphes avec les sels de strontium et de calcium. Ce sel, soluble dans l'eau, s'obtient par dissolution du carbonate de plomb dans une solution d'acide hyposulfurique (Heeren).

Hyposulfate diplombique, $S^2O^6Pb.PbO$. — Aiguilles soyeuses blanches, à réaction alcaline, peu solubles, obtenues par l'action de l'ammoniaque sur le sel neutre. Un excès d'ammoniaque transforme ce sel en un sel encore plus basique, renfermant environ $S^2O^6Pb.9PbO + 20H^2O$ et formant une poudre ténue blanche. L'acide carbonique de l'air neutralise peu à peu l'excès d'oxyde (Heeren).

Sulfite de plomb, SO^3Pb. — Composé insoluble, se transformant par la calcination en un mélange de sulfate et de sulfure de plomb qui réagissent l'un sur l'autre à une température plus élevée.

Hyposulfite ou thiosulfate de plomb, SSO^3Pb. — Poudre farineuse blanche et insoluble, se décomposant à 200°. Letts l'a obtenu en cristaux anhydres. Il forme des sels doubles.

Hyposulfite d'ammonium et de plomb,

$$(S^2O^3)^3Pb(AzH^4)^4 + 3H^2O.$$

— Cristaux limpides, solubles dans l'eau. La solution se trouble peu à peu en laissant déposer de l'hyposulfite mélangé de sulfure de plomb. Cette solution n'est pas précipitée immédiatement par les sulfates. On obtient ce sel en dissolvant l'hyposulfite de plomb dans une solution d'hyposulfite d'ammonium [Rammelsberg, *Poggend. Ann.*, t. LVI, p. 312].

Hyposulfite de potassium et de plomb,

$$(S^2O^3)^3PbK^4 + 2H^2O.$$

— Obtenu comme le sel ammoniacal. Si la solution est assez concentrée, elle se prend par le refroidissement en une masse blanche formée d'aiguilles soyeuses. Chauffé, ce sel perd de l'acide sulfureux et du soufre et laisse un résidu formé de sulfure de potassium, de sulfure de plomb et de sulfates de potassium et de plomb. L'eau pure l'altère. Sa solution n'est pas précipitée par les sulfates (Rammelsberg).

Hyposulfite de sodium et de plomb,

$$(S^2O^3)^3PbNa^4.$$

— Précipité cristallin peu soluble dans l'eau, soluble dans l'acétate de sodium. Il s'obtient en versant de l'acétate de plomb dans une solution d'hyposulfite de sodium aussi longtemps que le précipité se redissout (Lenz, Rammelsberg). Ce sel double se forme aussi lorsqu'on dissout le sulfate de plomb dans l'hyposulfite de sodium

Hyposulfite de calcium et de plomb,

$(S^2O^3)^3PbCa^2 + 4H^2O$.

— L'alcool le précipite de sa solution aqueuse en grains cristallins blancs (Rammelsberg).

Les sels doubles strontique et barytique sont, le premier incristallisable; le second, un précipité insoluble.

PENTATHIONATE DE PLOMB, $S^5O^6Pb + 4H^2O$. — Précipité volumineux obtenu par l'addition d'acétate de plomb à une solution de pentathionate de baryum.

TÉTRATHIONATE DE PLOMB, S^4O^6Pb. — Ce sel reste en dissolution lorsqu'on ajoute de l'iode à une solution aqueuse d'hyposulfite de plomb. Il se précipite de l'iodure de plomb (Fordos et Gélis).

TRITHIONATE DE PLOMB, S^3O^6Pb. — Il reste en dissolution par l'addition de trithionate de potassium à une solution d'acétate de plomb. La solution noircit par la chaleur.

SÉLÉNIATE DE PLOMB, SeO^4Pb. — Poudre blanche insoluble, obtenue par double décomposition (Mitscherlich).

SÉLÉNITE DE PLOMB, SeO^3Pb. — Poudre blanche et pesante, à peu près insoluble dans l'eau; facilement fusible et perdant de l'anhydride sélénieux au rouge vif, en entrant en ébullition. Il se forme dans ce cas un sélénite basique demi-transparent, à cassure grenue et cristalline (Berzelius).

TELLURATE DE PLOMB, TeO^4Pb. — Précipité blanc un peu soluble. On obtient un sel basique en précipitant le sous-acétate de plomb par le tellurate de potassium; il n'est pas tout à fait insoluble.

On obtient un *ditellurate* Te^2O^7Pb, un peu plus soluble que le sel neutre, en précipitant un sel de plomb par un tellurate acide. Enfin on obtient de même un *quadritellurate*. Ce sel jaunit momentanément par la calcination sans se modifier. Il est assez soluble (Berzelius).

TELLURITE DE PLOMB, TeO^3Pb. — Précipité blanc. Chauffé, il jaunit en perdant de l'eau, puis fond en une masse translucide. Le *tellurite basique* est un précipité volumineux, difficile à laver (Berzelius).

MOLYBDATES, TITANATES, TUNGSTATES, VANADATES DE PLOMB. — Voyez MOLYBDÈNE, TITANE, etc.

ARSÉNIATE, ARSÉNITE, SULFARSÉNIATE, etc. — Voyez t. I, p. 405, 406, 407, 410.

ANTIMONIATE DE PLOMB. — Voyez t. I, p. 349.

PHOSPHATES DE PLOMB. — 1° *Phosphate triplombique*, $(PO^4)^2Pb^3$. — Se produit par la digestion des phosphates acides avec l'ammoniaque; lorsqu'on précipite l'acétate de plomb par le phosphate de sodium ordinaire, il y a de l'acide acétique mis en liberté. C'est un précipité blanc, moins fusible que le sel suivant. Le phosphate précipité renferme 3 à $4H^2O$ (J.-H. Fischer).

On obtient un *nitrophosphate*,

$$PO^4 \begin{matrix} \nearrow Pb'' \\ \searrow Pb''\text{-}AzO^3 \end{matrix} + 1/2\,H^2O,$$

cristallisant dans l'acide nitrique en tables hexagonales clinorhombiques, lorsqu'on précipite le nitrate de plomb en excès par le phosphate de sodium (Gerhardt).

Ce nitrophosphate possède la même constitution que le *chlorophosphate* (pyromorphite)

$$PO^4 \begin{matrix} \nearrow Pb'' \\ \searrow Pb\text{-}Cl \end{matrix}$$

qui se rencontre dans la nature et que l'on a pu reproduire artificiellement. W. Heintz a obtenu deux autres chlorophosphates :

$(PO^4)^3Pb^5\text{-}Cl + 12H^2O$ et $(PO^4)^4Pb^7\text{-}Cl^2$

ou $2[(PO^4)^2Pb^3] + PbCl^2$,

le premier, en versant une solution bouillante de chlorure de plomb dans une solution bouillante et en excès de phosphate de soude; le second en opérant en sens inverse, et maintenant le chlorure de plomb en excès.

2° *Phosphate dimétallique*, $(PO^4)Pb''H$. — On l'obtient par le mélange d'une solution bouillante de chlorure de plomb avec du phosphate disodique (Berzelius). D'après Gerhardt [*Ann. de Chim. et de Phys.*, (3), t. XXII, p. 505], si le chlorure de plomb est maintenu en excès, on obtient un précipité cristallin insoluble dans l'eau bouillante et constituant un *chlorophosphate de plomb* $[(PO^4)PbH]^2Cl^2Pb$.

Le phosphate dimétallique de plomb est une poudre blanche, fusible et qui cristallise en se concrétant. Chauffé avec du charbon, il fournit du plomb et du phosphore qui distille. Il est insoluble dans l'eau, soluble dans les acides et dans les alcalis, ainsi que dans une solution de sel ammoniac (Brett).

3° *Phosphate monométallique*, $(PO^4)^2PbH^4$. — Le plomb se dissout dans l'acide phosphorique au contact de l'air. Les phosphates précédents s'y dissolvent également. La solution fournit par évaporation quelques cristaux grenus.

4° *Pyrophosphate de plomb*, $(P^2O^7)Pb^2$. — Il s'obtient en précipitant un sel de plomb par du pyrophosphate de sodium; un excès de ce dernier redissout le précipité. C'est un dépôt blanc, amorphe, retenant H^2O, d'après Schwarzenberg.

Si l'on verse du nitrate de plomb dans une solution de pyrophosphate alcalin, le précipité se redissout d'abord; si l'on fait bouillir un instant cette solution, il se forme un précipité grenu, insoluble dans l'eau bouillante et qui constitue un pyrophosphate double $(P^2O^7)Pb''Na^2$ (Gerhardt).

5° *Métaphosphate de plomb*, $(PO^3)^2Pb$. — Précipité insoluble (Persoz).

Lorsqu'on mélange des solutions d'azotate de plomb et de bimétaphosphate de sodium de Fleitmann, il se sépare peu à peu, si les solutions sont très-étendues, de petits cristaux très-nets de bimétaphosphate de plomb. Arrosés avec une solution de sel ammoniac, ils se transforment en un bimétaphosphate double $(P^2O^6)^2Pb(AzH^4)^2$.

PHOSPHITE DE PLOMB, $(PO^3H)''Pb$. — Poudre blanche obtenue par double décomposition. Calciné, il noircit, dégage de l'hydrogène et de l'hydrogène phosphoré. Chauffé avec de l'acide sulfurique, il le réduit et dégage de l'anhydride sulfureux (Wurtz). Il se dissout à froid dans l'acide azotique sans s'oxyder; à chaud, il se transforme en phosphate (Berzelius).

Mis en digestion prolongée avec de l'ammoniaque, puis lavé à l'alcool, il laisse un sel basique $(PO^3)PbH.PbO + 1/2H^2O$ [H. Rose, *Pogg. Ann.*, t. IX, p. 222].

HYPOPHOSPHITE DE PLOMB, $(PO^2H^2)^2Pb''$. — On l'obtient en prismes rectangulaires en neutralisant l'acide hypophosphoreux par du carbonate de plomb précipité, filtrant et évaporant. Ces cristaux ont une réaction acide; ils ne perdent pas de poids à 100° [Wurtz, *Ann. de Chim. et de Phys.*, (3), t. VII, p. 43].

L'hypophosphite de plomb est assez peu soluble dans l'eau froide; l'alcool l'en précipite en paillettes nacrées.

Calciné, il dégage de l'hydrogène phosphoré et laisse un résidu de phosphate de plomb. (D'après Rammelsberg, le résidu est formé de pyrophosphate et de métaphosphate dans le rapport de 4 à 1.)

Les hypophosphites alcalins ne précipitent pas le sous-acétate de plomb, mais le mélange se trouble peu à peu, surtout à chaud; il se dégage de l'hydrogène et il se précipite du phosphate de plomb (Wurtz).

BORATES DE PLOMB. — Ces sels sont très-nombreux, comme on devait s'y attendre. Leur classification est très-difficile, car on peut les envisager à différents points de vue. La plupart de ces sels ont été décrits comme contenant de l'eau ; nous envisagerons en général cette eau comme ne faisant pas partie constituante du sel.

Faraday a étudié les combinaisons obtenues par la voie sèche. La fusion de 1 molécule d'oxyde de plomb avec 1 molécule d'anhydride borique donne un verre jaune, de 6,4 de densité, se ramollissant dans l'huile bouillante. Avec 2 molécules d'anhydride borique, le verre est moins coloré et plus dur. Avec 3 molécules, il est presque incolore, de la dureté du flint, mais plus réfringent.

Tous les borates de plomb sont facilement fusibles, peu solubles ou insolubles dans l'eau. Celui qu'on obtient en précipitant un sel de plomb par du borax et qui, d'après Soubeiran [*Journ. Pharm.*, t. XI, p. 31], renferme $(Bo^4O^7)Pb''$ est un peu soluble dans l'eau pure, mais insoluble en présence d'un sel de sodium, notamment de borax.

Suivant Herapath [*Journ. für prakt. Chem.*, t. XLVII, p. 225], le *borate neutre* ou *métaborate*, $(BoO^2)^2Pb$, s'obtient par la digestion avec de l'ammoniaque concentrée du borate obtenu en précipitant un sel de plomb par le borax; ou en précipitant le sous-acétate de plomb par le borax. C'est une poudre blanche, pesante et cristalline, soluble dans les acides azotique et acétique étendus. Il devient anhydre à 230° (il est donc probable que le sel précipité renferme $(Bo^2O^5)PbH^2$ comme celui de H. Rose),

Le *sesquiborate* $3Bo^2O^3.2PbO.4H^2O$ ou *hexaborate diplombique* $(Bo^6O^{13})Pb^2H^4 + 2H^2O$ se forme lorsqu'on précipite une solution bouillante d'azotate de plomb par un excès de borax. Il perd $2H^2O$ à 180-200°.

Le *tétraborate diplombique* (vulg. *biborate*) $(Bo^4O^7)Pb + 4H^2O$ se forme par la digestion des précédents avec une solution d'acide borique. Il est peu fusible.

H. Rose a publié des recherches étendues sur les borates de plomb [*Poggend. Ann.*, t. LXXXVII, p. 470 et 587]. Voici les borates qu'il a décrits : 1° borate précipité à froid par des solutions d'azotate de plomb et de monoborate de sodium,

$$3(Bo^2O^3.PbO.H^2O) + PbH^2O^2 + H^2O = 2[Bo^3O^7Pb^2H + 2H^2O].$$

Triborate diplombique.

Ce sel, lavé à l'eau froide, puis à l'eau bouillante, devient successivement

$$Bo^2O^3.PbO.H^2O + PbH^2O^2 = (Bo^2O^5)Pb^2 + 2H^2O$$

Diborate diplombique.

et $$3(Bo^2O^3.PbO.H^2O) + 5PbH^2O^2 = (Bo^6O^{13})Pb^4.4PbH^2O^2 + 4H^2O.$$

Hexaborate octoplombique.

Le diborate diplombique se produit aussi lorsque la précipitation a lieu à l'ébullition.

2° Borate précipité par le mélange d'azotate de plomb et de borax en solutions concentrées et froides,

$$(Bo^2O^3)^2.PbO.H^2O + 8[Bo^2O^3PbO + H^2O] = Bo^{20}O^{39}Pb^9.9H^2O,$$

soit $$Bo^4O^7Pb + 8Bo^2O^4Pb + 9H^2O;$$

après lavage à l'eau froide,

$$Bo^2O^3.PbO.H^2O = Bo^2O^4Pb + H^2O$$

Diborate monoplombique.

ou $$(Bo^2O^5)PbH^2.$$

3° En solutions étendues et froides,

$$5(Bo^2O^3.PbO.H^2O) + 4PbH^2O^2 = Bo^{10}O^{24}Pb^9 + 9H^2O,$$

soit $$5(Bo^2O^5)PbH^2 + 4PbH^2O^2.$$

4° En solutions concentrées et bouillantes,

$$5(Bo^2O^3.PbO.H^2O) + PbH^2O^2 = Bo^{10}O^{21}Pb^6 + 6H^2O,$$

soit $$5(Bo^2O^5)PbH^2 + PbH^2O^2;$$

et après lavage à l'eau bouillante,

$$3(Bo^2O^3.PbO.H^2O) + PbH^2O^2 = (Bo^6O^{13})Pb^4 + 4H^2O.$$

Hexaborate tétraplombique.

5° Enfin, en solutions étendues et bouillantes,

$$Bo^2O^3.PbO.H^2O + PbH^2O^2 = (Bo^2O^5)Pb^2 + 2H^2O.$$

Diborate diplombique.

Herapath a décrit en outre des combinaisons de borate et d'azotate ou de chlorure de plomb [*loc. cit.*].

Nitroborate de plomb. — Les sels précédents dissous dans l'acide nitrique donnent, par une concentration convenable, des cristaux brillants, perdant de l'eau à 120° en devenant opaques, et qui peuvent se représenter par la formule

$$Az^2O^5.PbO, Bo^2O^3.PbO + H^2O,$$

soit $$\left.\begin{matrix}BoO^2\\AzO^3\end{matrix}\right\}Pb'' + 1/2H^2O.$$

Chloroborate de plomb,

$$Bo^2O^3.PbO.PbCl^2 + H^2O,$$

soit $$\left.\begin{matrix}BoO^2\\Cl\end{matrix}\right\}Pb'' + 1/2H^2O.$$

— Obtenu en précipitant une solution chaude de borax par une solution bouillante de chlorure de plomb. Aiguilles microscopiques nacrées. Il devient anhydre à 150-180°. L'eau bouillante le dédouble.

Silicates de plomb. — La silice mélangée d'oxyde de plomb donne un verre fusible et coloré. D'après Elsner, la coloration pour un verre de même composition varie avec les conditions de la fusion. Il peut être jaune, rouge-brun ou noirâtre [*Poggend. Ann.*, t. CXV, p. 508].

La fusibilité du silicate de plomb augmente avec la proportion d'oxyde de plomb. Lorsque la silice est en grand excès, le silicate est incolore.

On a vu que l'oxyde de plomb a une grande tendance à s'unir à la silice et qu'il attaque cette matière dès qu'il est en fusion.

On obtient un silicate de plomb (probablement SiO^3Pb) en faisant digérer le fluosilicate de plomb avec de l'ammoniaque.

Le silicate de plomb entre dans la composition du cristal, du strass, des couvertes de faïence et de poteries communes. Dans le cristal, il est associé aux silicates alcalins. — Voyez Verre. E. W.

PLOMB (réactions, dosage et séparation). — Réactions des sels de plomb. — Les sels de plomb sont incolores lorsque l'acide n'est pas lui-même coloré. Ils sont lourds, d'une saveur douceâtre et astringente. Ils sont très-vénéneux. Chauffés, ils fondent sans se décomposer, si l'acide est assez stable à la température de fusion.

Chauffés sur du charbon, au chalumeau, avec du carbonate de sodium ou du cyanure de potassium, ils donnent un globule de plomb métallique, s'aplatissant sous le marteau; le charbon se recouvre en outre d'un dépôt jaune ou rougeâtre d'oxyde de plomb.

Avec le sel de phosphore ou le borax, ils donnent une perle incolore, qui peut être jaunâtre s'il y a beaucoup de plomb.

Les sels de plomb insolubles dans l'eau sont

en général solubles dans l'acide azotique ou dans une solution chaude de sel ammoniac. Tous les sels de plomb sont décomposés par l'hydrogène sulfuré.

Les solutions des sels de plomb donnent les réactions suivantes :

Hydrogène sulfuré. — Précipité noir ou brun-noir si la solution est très-étendue. Le précipité est insoluble dans les acides et dans les sulfures alcalins. En présence de beaucoup d'acide chlorhydrique, le précipité est rouge-brun (chlorosulfure de plomb) et peut même ne pas se produire, si l'on ne prend pas la précaution d'ajouter de l'eau (Reinsch, H. Rose).

L'hydrogène sulfuré précipite le plomb dans une solution qui contient $\frac{1}{100000}$ d'azotate.

Sulfures alcalins. — Précipité noir insoluble dans un excès de réactif.

Les sulfures de cadmium, de manganèse, de fer, de cobalt et de nickel, mis en digestion avec un sel de plomb, en séparent du sulfure de plomb.

Acide chlorhydrique et chlorures solubles. — Précipité blanc, soluble dans l'eau bouillante et cristallisant par le refroidissement. L'ammoniaque ne change pas en apparence le précipité, néanmoins elle le transforme en oxychlorure.

Bromure de potassium. — Précipité blanc.

Acide iodhydrique et iodures solubles. — Précipité jaune, un peu soluble dans l'eau bouillante, soluble dans un grand excès d'iodure de potassium.

Ammoniaque. — Précipité blanc d'hydrate de plomb ou d'un sel basique, insoluble dans un excès d'ammoniaque.

Potasse. — Précipité d'hydrate de plomb soluble dans un excès de potasse, surtout à chaud. Le précipité ainsi que la solution donnent par l'addition de *chlore* un précipité brun de peroxyde de plomb.

Carbonates alcalins. — Précipité soluble dans un grand excès de potasse.

Acide sulfurique et sulfates. — Précipité insoluble dans les acides faibles, soluble dans certains sels, notamment dans le tartrate d'ammonium. — Voyez p. 1085.

D'après Fresenius, il se dissout dans 22800 p. d'eau; l'addition d'alcool le précipite complétement.

Chromate de potassium. — Précipité jaune, insoluble dans l'eau (il se produit encore avec une solution contenant $\frac{1}{70000}$ d'oxyde de plomb (d'après Harting), soluble dans la potasse.

Acide oxalique. — Précipité d'oxalate de plomb insoluble dans l'eau.

Noix de galle. — Précipité jaune-paille.

Cyanure jaune. — Précipité blanc.

Cyanure rouge. — Pas de précipité.

Le *fer*, le *zinc* et le *cadmium* précipitent le plomb de ses dissolutions à l'état métallique. L'*étain* ne le précipite pas, c'est l'inverse qui a lieu.

DOSAGE DU PLOMB.

Le plomb, suivant les circonstances, peut être dosé à l'état d'oxyde, de sulfate, de chromate, de sulfure, de chlorure.

Dosage à l'état d'oxyde. — On ajoute à la solution du carbonate d'ammoniaque en excès et de l'ammoniaque, on chauffe légèrement et l'on filtre après quelque temps. On sèche le précipité et on le calcine dans un creuset de porcelaine, en brûlant le filtre sur le couvercle. Le précipité doit être soigneusement détaché du filtre. Il y a une légère perte. On peut aussi employer l'oxalate d'ammonium pour précipiter le plomb ; mais le carbonate est préférable.

Certaines combinaisons, telles que le carbonate et l'azotate de plomb, fournissent directement de l'oxyde par la calcination.

Dosage à l'état de sulfure. — La précipitation du plomb est complète par l'hydrogène sulfuré, en solutions acides ou alcalines. Le précipité, bien lavé, est mis, avec les cendres du filtre, dans un petit creuset de porcelaine; on y ajoute du soufre et on calcine au rouge dans un courant d'hydrogène, jusqu'à poids constant.

Le précipité doit être lavé à l'eau chargée d'hydrogène sulfuré, car il peut s'oxyder légèrement à l'air; il faut aussi éviter de le dessécher à 100°.

On peut aussi transformer le sulfure en sulfate en l'oxydant par de l'acide azotique étendu, auquel on ajoute ensuite quelques gouttes d'acide sulfurique.

Dosage à l'état de sulfate. — On ajoute à la solution un léger excès d'acide sulfurique et le double de son volume d'alcool, on laisse reposer quelques heures, on filtre et on lave à l'alcool faible. Après dessiccation, on calcine le sulfate de plomb en brûlant le filtre à part.

Quand il n'y a pas de substance fixe en présence du plomb, on dissout l'essai dans un peu d'acide nitrique, on ajoute un peu d'acide sulfurique étendu, on évapore à sec, puis on calcine le résidu au rouge. Ce procédé convient pour l'analyse des substances organiques renfermant du plomb.

Dosage à l'état de chromate. — La solution, additionnée d'acide acétique ou d'acétate de sodium, si elle est acide, est précipitée par le bichromate de potassium. On recueille le précipité sur un filtre taré et l'on sèche à 100°. Les résultats sont bons.

Dosage à l'état de chlorure. — On ajoute à la liqueur un excès d'acide chlorhydrique, on évapore au bain-marie, on reprend le résidu par de l'alcool absolu additionné d'un peu d'éther; on filtre, on lave à l'alcool éthéré, puis on dessèche et on calcine au-dessous du rouge pour ne pas volatiliser de chlorure de plomb.

Dosage du plomb dans les matières organiques. — On calcine progressivement la substance dans un creuset de porcelaine. Il reste un mélange d'oxyde et de plomb métallique. On oxyde ce mélange par du nitrate d'ammonium, on calcine de nouveau et on pèse l'oxyde restant.

Dosage volumétrique. — On a proposé divers procédés pour doser le plomb par la méthode des volumes.

L'un d'eux consiste à précipiter le plomb à l'état de chromate et à titrer ce dernier : pour cela on traite le chromate de plomb par une quantité connue de chlorure ferreux, on filtre et on détermine l'excès de chlorure ferreux par une solution titrée de permanganate [H. Schwartz, *Ann. der Chem. u. Pharm.*, t. LXXXIV, p. 92].

On peut aussi précipiter le plomb à l'état de carbonate, redissoudre celui-ci dans de l'acide azotique titré, précipiter par du sulfate de sodium bien neutre et doser l'excès d'acide libre, dans la liqueur filtrée, par une solution titrée de potasse.

Pour les essais métallurgiques du plomb et de ses minerais, voyez PLOMB (MÉTALLURGIE).

SÉPARATION DU PLOMB. — La séparation du plomb d'avec le zinc, le cobalt, le nickel, le fer, le manganèse et les alcalis s'effectue très-bien soit par l'hydrogène sulfuré (en agissant sur une solution acide), soit par l'acide sulfurique, en suivant les précautions indiquées plus haut. Pour séparer le plomb des métaux alcalino-terreux, il faut le précipiter par l'hydrogène sulfuré.

L'antimoine, l'arsenic, l'étain se séparent facilement du plomb soit en précipitant ce dernier par l'acide sulfurique, soit en faisant digérer le précipité des sulfures avec du sulfure ammonique jaune.

Dans bien des cas, on peut précipiter le plomb;

à l'état de peroxyde en neutralisant par du carbonate de sodium et faisant passer un courant de chlore.

Plomb et argent. — On précipite la solution nitrique des deux métaux, étendue de beaucoup d'eau, par une quantité aussi petite que possible d'acide chlorhydrique, en présence d'acétate de sodium qui dissout assez facilement le chlorure de plomb. Ce dernier peut être précipité par l'hydrogène sulfuré dans la liqueur filtrée.

On peut aussi précipiter l'argent, dans la solution nitrique, par l'acide cyanhydrique; filtrer et précipiter ensuite le plomb par l'hydrogène sulfuré. Ou bien on précipite les deux métaux à l'état de carbonates qu'on fait digérer avec du cyanure de potassium, qui ne dissout que le carbonate d'argent.

Enfin, lorsqu'on traite la solution des deux métaux, neutralisée, par un formiate alcalin, l'argent est entièrement réduit, tandis que tout le plomb reste dissous.

Voyez ESSAIS et PLOMB (MÉTALLURGIE) pour la séparation par voie sèche.

Plomb et mercure. — Voyez t. II, p. 365.

Plomb et cuivre. — Voyez t. I, p. 1028.

Plomb et bismuth. — Voyez t. I, p. 615.

Plomb et cadmium. — On sépare le plomb à l'état de sulfate. Ou bien on suit la méthode indiquée pour séparer le mercure du plomb, par le cyanure de potassium.

Plomb et or. — Voyez ESSAIS.

Plomb et palladium, platine. — Voyez ces métaux.

Plomb et molybdène, tungstène, vanadium, etc. — Voyez chacun de ces métaux.

Plomb et chrome. — On peut séparer le plomb à l'état de sulfure (si l'on a affaire à un chromate de plomb, le sulfure sera mélangé de soufre, ce qui n'a pas d'inconvénient si l'on calcine le précipité). On peut aussi précipiter le plomb à l'état de chlorure ou bien faire digérer le composé avec de l'acide sulfurique étendu. E. W.

PLOMB (MÉTALLURGIE DU). — MINÉRAUX ET MINERAIS. — Les espèces minérales du plomb sont très-nombreuses : nous ne citerons que celles qui ont une importance réelle dans la métallurgie. Au point de vue du traitement, les minerais de plomb peuvent être divisés en deux groupes : les minerais sulfurés et les minerais oxydés.

Au premier groupe se rapporte spécialement la *galène*, ou sulfure de plomb, qui est le minerai le plus important : elle se présente en amas ou en filons, quelquefois très-puissants, dans presque tous les terrains; on la trouve aussi sous forme de nodules disséminés dans les couches de grès de la formation triasique. Les émanations plombifères qui ont donné lieu aux gisements exploités se sont produites à peu près à toutes les époques géologiques; certains dépôts de plomb n'ont traversé que les terrains les plus anciens, d'autres arrivent jusqu'aux terrains tertiaires.

La galène est presque toujours plus ou moins argentifère; il est très-rare de ne pas y trouver au moins des traces d'argent; ce métal constitue souvent la valeur principale du minerai. La présence de l'argent dans les galènes semble due le plus souvent au mélange avec ce minéral d'une certaine quantité de sulfure d'argent ou de minéraux de l'argent dont on peut quelquefois reconnaître la présence par l'examen minéralogique : la preuve en est dans la manière dont se comportent les galènes argentifères à la préparation mécanique; les composés argentifères sont très-friables et plus facilement entraînés par l'eau que la galène même. On a prétendu qu'on pouvait juger de la richesse en argent d'une galène d'après les dimensions de ses facettes, les galènes à grandes lamelles étant pauvres, les galènes à petits grains étant très-riches : ce caractère n'offre rien d'absolu. La richesse des filons varie plutôt avec les conditions géologiques dans lesquelles ils se trouvent : les filons de plomb sont généralement plus riches dans les terrains anciens, au milieu des roches dures que dans les terrains plus récents et dans les roches tendres, comme si les parois moins perméables des premiers eussent mieux retenu les émanations des métaux précieux; ce fait se remarque souvent sur le même filon traversant des roches dures, comme des porphyres ou des granites et des roches plus tendres, comme des schistes ou des calcaires.

La galène se trouve le plus souvent mélangée plus ou moins intimement avec divers sulfures métalliques, blende, pyrites de fer et de cuivre, pyrite arsenicale, cuivre gris, sulfure d'antimoine, sulfure d'argent, etc.; les gangues qui l'accompagnent le plus souvent sont le quartz, le carbonate de calcium, la dolomie, le sulfate de baryum, le spath fluor, le fer carbonaté et l'oxyde de fer, divers silicates, l'argile, etc. La venue de ces divers minéraux contenus dans un filon de galène a pu avoir lieu à un moment quelconque, avant, pendant ou après les émanations plombifères; ces dernières peuvent même s'être produites à différentes époques; il est quelquefois possible de déterminer l'âge relatif des divers remplissages, même des remplissages de galène caractérisés par des aspects différents ou des teneurs variables en argent.

On peut placer à côté de la galène le séléniure de plomb ou *clausthalite* qui s'y trouve parfois mélangé en faible quantité; mais ce minéral est fort rare.

Le soufre semble avoir été le plus souvent l'agent minéralisateur du plomb; les divers minéraux oxydés du plomb seraient dus à l'altération de la galène et à sa transformation sous diverses influences; dans certains cas néanmoins des dépôts de plomb carbonaté semblent avoir été formés par des sources minérales. L'influence des agents atmosphériques est rendue manifeste par la proportion souvent considérable de minerais oxydés que renferment les filons de galène vers la surface.

Parmi les produits oxydés, le plus abondant est le *plomb carbonaté*. Il se trouve souvent en grande quantité dans les filons de galène et forme également de puissants amas où l'on ne rencontre pas de sulfure métallique. Il recouvre d'ordinaire les morceaux de galène sous forme de cristaux plus ou moins nets et se trouve plus ou moins mélangé avec les produits de l'altération des minéraux qui accompagnent le sulfure de plomb, et surtout avec le *plomb sulfaté* formé en même temps que lui par la décomposition de la galène : ce mélange est quelquefois intime et dans un rapport à peu près constant. Le phosphate de plomb se trouve également associé au carbonate. Les gangues les plus habituelles, outre celles de la galène, sont la calamine, les oxydes de fer, les minerais oxydés de cuivre, etc. Le carbonate de plomb est généralement moins argentifère que la galène; il est quelquefois coloré en gris par du sulfure d'argent disséminé et peut renfermer de l'argent ou du cuivre natifs en filaments.

Le *plomb sulfaté* existe rarement en masses un peu considérables.

Le *plomb chlorophosphaté* est plus commun : il semble provenir généralement de l'altération du sulfure de plomb aux affleurements des filons; il est souvent plus ou moins mélangé avec le *plomb chloroarséniaté*.

Citons encore le *plomb molybdaté*, trouvé en proportion un peu notable en Carinthie et dans les mines de Nevada (États-Unis).

Les autres minéraux du plomb sont trop peu

abondants pour avoir une importance quelconque au point de vue de la métallurgie.

La grande densité des minéraux du plomb relativement aux gangues qui les accompagnent permettrait, en général, d'enrichir les minerais jusqu'à une teneur très-élevée en plomb, car l'accroissement des frais et des pertes est moindre à la préparation mécanique que dans le traitement métallurgique des mêmes minerais moins riches. Mais il se présente une difficulté spéciale pour les minerais très-argentifères. Dans ce cas, en effet, l'argent se trouve entraîné très-facilement avec les gangues, surtout dans les parties les plus fines, de sorte que, si on poursuivait l'enrichissement assez loin, la majeure partie de l'argent serait perdue avec les stériles. Cette considération impose donc à la préparation mécanique une limite qui ne peut être déterminée pour chaque minerai particulier que par l'expérience. Les minerais peu riches peuvent être facilement enrichis jusqu'à une teneur de 70 à 80 % de plomb. Il est inutile de chercher à séparer les minerais sulfurés et les minerais oxydés : leur mélange ne peut être qu'avantageux pour le traitement métallurgique.

ESSAI DES MINERAIS DE PLOMB.

Ces essais sont toujours inexacts : on n'évite qu'incomplétement les pertes de plomb par volatilisation en employant des fondants alcalins qui permettent d'opérer à une température relativement basse; la scorie retient toujours une proportion notable de métal. Néanmoins ces procédés ont sur les dosages par voie humide l'avantage de la rapidité et peuvent, lorsque les conditions de richesse et de composition des minerais ne sont pas trop différentes, donner des indications comparables et utiles.

La détermination de l'argent par voie sèche ne présente une réelle exactitude que pour les minerais oxydés; pour les minerais sulfurés la teneur indiquée est toujours trop faible, et la preuve en est que les opérations métallurgiques en grand donnent presque toujours un rendement en argent supérieur, quelquefois de 12 à 14 %, à celui indiqué par les essais.

Voici, d'après Rivot, les meilleures méthodes d'essai :

Minerais oxydés (carbonates, phosphates, litharges, etc.). — Le minerai (10 à 15 grammes) est mélangé avec 2 p. de carbonate de sodium desséché lorsque la gangue est argileuse; 2 p. de carbonate de sodium et 1 p. de borax lorsque la gangue est calcaire ou ferrugineuse et 1 à 2 grammes de charbon de bois pulvérisé. Le creuset de terre doit être à moitié rempli; on chauffe progressivement en remuant constamment avec une lame de fer (qui n'a pas d'action chimique) pour calmer le boursouflement dû au dégagement de l'acide carbonique. Lorsque les matières sont en fusion tranquille, 20 minutes environ après le commencement de l'opération, la température étant voisine du rouge vif, on laisse refroidir lentement le creuset; on le casse et on sépare le culot de plomb. La scorie ne doit pas renfermer de grenailles. Il peut y avoir avantage à couler les matières en fusion tranquille dans une lingotière conique où la séparation des grenailles et des scories est plus nette.

Ce mode d'essai demande une grande habitude pour donner des résultats exacts et constants. Il est important de n'employer que la quantité de fondants strictement nécessaire pour donner une scorie fluide. Pour les minerais très-riches, contenant 10 à 12 % de gangue, on ne doit pas dépasser 1/2 à 1 p. de carbonate de sodium dans le cas de la gangue argileuse, et 1/2 p. de carbonate de sodium et autant de borax dans le cas de la gangue calcaire.

Le mélange de carbonate de sodium et de charbon peut être avantageusement remplacé par du flux noir, lorsque celui-ci ne contient ni trop ni trop peu de charbon.

La présence d'une quantité notable de calamine conduit à augmenter la proportion de fondants. S'il y a 10 à 15 % de calamine, on prendra pour 15 grammes de minerai 40 à 50 grammes de carbonate de sodium, 10 grammes de borax et 3 grammes de charbon.

Pour les minerais pauvres ou les scories plombeuses, il est nécessaire d'opérer sur un poids assez fort, 100 grammes par exemple, et d'employer 50 grammes environ de flux noir ou 50 grammes de carbonate de sodium et 2 grammes de charbon. Si le minerai contient des sulfures ou des sulfates, comme cela a lieu souvent pour les scories, le culot de plomb obtenu est loin de renfermer tout l'argent; il est nécessaire de faire un essai spécial pour doser ce corps.

La perte peut être estimée de la manière suivante :

	Teneur %.	Rendement.	Perte % de plomb contenu.
Litharges à peu près pures..	93	90	8 environ.
Litharges antimoniales......	93	88 à 89	4 à 5
Minerais carbonatés très-riches....................	70 à 75	66 à 71	5 à 5,7
Minerais carbonatés à gangue de calcaire et d'argile	45 à 60	40 à 56	11 à 6
Minerais carbonatés et produits d'art..............	15 à 25	10 à 20	40 à 20
Scories....................	8 à 10	2 à 4	Plus de 70
Minerais carbonatés avec 10 à 15 % de calamine.. ...	50	42 à 44	16 à 12
Id.	20	10	50

L'argent peut généralement être déterminé par coupellation des culots de plomb obtenus.

Minerais sulfurés. — On emploie un flux composé de :

Tartre brut ou blanc......	30 parties.
Carbonate de sodium sec..	30 —
Borax fondu..............	15 —
Spath fluor..............	15 —
Nitre....................	10 —
	100 parties.

Les divers réactifs sont en poudre fine, sauf le nitre qui est à l'état de gros sable. L'essai se fait de même pour les minerais à gangue quelconque ne renfermant pas de pyrites, de blende ou de sulfures.

Pour l'essai d'une galène riche, on mélange 10 à 15 grammes de minerai finement pulvérisé avec 3 p. du flux indiqué et on enferme le mélange dans un cornet de papier. Un creuset de fer d'une dimension convenable et dont les parois sont bien décapées est porté au rouge; on y introduit alors le cornet de papier. Les matières fondent rapidement et on les maintient en fusion pendant dix minutes; on retire alors le creuset et on verse son contenu dans une lingotière conique. Le culot de plomb peut être séparé nettement de la scorie refroidie, qui ne doit pas contenir de grenailles; on le nettoie avec soin et on le pèse : son poids sert à calculer la teneur du minerai. Dans le cas où l'on veut se servir du culot pour la détermination de l'argent, il est nécessaire de vérifier que la scorie ne contient pas de sulfures, en la traitant par l'acide chlorhydrique; il ne doit pas y avoir de dégagement d'hydrogène sulfuré; dans le cas contraire, la scorie contient une fraction plus ou moins grande de l'argent du minerai.

En ce qui concerne les pertes, « la galène pure donne jusqu'à 83 % de plomb : la perte est d'environ 4 % du plomb contenu. On ne perd probablement pas dans l'opération une fraction plus notable de l'argent.

« Les minerais à gangues terreuses, contenant 40, 50, 60, 70 %, donnent assez facilement 34, 45, 55, 65 % de plomb avec des pertes de 15, 10, 8, 7 % du plomb contenu. Pour des minerais plus pauvres, le rendement s'écarte davantage de la teneur réelle : une galène contenant 25 % de plomb ne rend pas ordinairement plus de 13 % ; la perte est par conséquent d'au moins 35 % du plomb contenu dans le minerai. » [Rivot, *Docimasie*, t. IV, p. 828.]

On peut remplacer le creuset de fer par un creuset de terre, en se servant d'une lame de fer recourbée en fer à cheval pour produire l'action des parois métalliques. L'opération doit durer un peu plus longtemps : le rendement est un peu plus faible qu'au creuset de fer.

Les essais où l'on emploie le flux noir ou le carbonate de sodium et la soude caustique avec une lame de fer ne conduisent pas à des pertes moindres.

Pour les minerais pauvres, on opère au creuset de fer sur 25 à 100 grammes de minerai mélangé avec son poids d'un flux d'une composition analogue à celui précédemment indiqué, mais ne renfermant que 3 % de nitre. La perte, faible pour l'argent, est considérable pour le plomb ; un minerai à 2 % de plomb ne rend guère que 0,70 ; la teneur en argent doit être rapportée au minerai et non au plomb.

Il est préférable pour l'essai des minerais très-pauvres de les soumettre, au laboratoire, à un enrichissement préalable par lavage à l'auget.

Pour les minerais blendeux, le mieux est d'opérer sur 20 grammes environ de minerai mélangé avec 2 p. de carbonate de sodium, 2 p. de borax et une quantité de nitre variable avec la proportion de la blende. On introduit dans un creuset de terre 20 à 30 grammes de soude caustique en fragments, puis le mélange qu'on recouvre d'un peu de carbonate de sodium, et enfin la lame de fer. On maintient la masse pendant 20 minutes environ en fusion tranquille. L'oxydation des sulfures doit être faite en partie par l'oxygène de l'air : l'emploi d'une trop forte proportion de nitre fait passer une quantité notable d'oxyde de plomb dans la scorie. Les pertes pour le plomb et pour l'argent sont plus fortes encore que dans les cas précédents.

Minerais pyriteux. — Pour obtenir une scorie ne renfermant pas de sulfures, la quantité de nitre indiquée dans le premier mode d'essai décrit doit être augmentée ; elle est variable suivant les conditions et doit être estimée par l'opérateur. On peut faire deux essais, avec excès de nitre et sans excès, le premier destiné au dosage des métaux précieux, le second au dosage du plomb. Le procédé précédemment indiqué pour les galènes blendeuses donne d'aussi bons résultats, en faisant varier les proportions de nitre d'une manière convenable, que l'expérience peut seule indiquer.

Galènes antimoniales. — On fond dans un creuset le minerai mélangé à 4 p. de carbonate de sodium, sans employer de lame de fer, en maintenant les matières 20 minutes à l'état fluide. Le culot contient un peu d'antimoine. Les pertes de plomb et de métaux précieux sont assez fortes.

Sulfate de plomb, minerais grillés. — On fond au creuset de fer le minerai mélangé avec 4 p. du flux suivant :

Tartre	40
Carbonate de sodium	40
Borax	20
	100

en ajoutant au mélange soit une certaine quantité de charbon, soit une proportion de nitre, variable avec la nature du minerai ou du produit d'art soumis à l'essai [Rivot, *loc. cit.*].

D'après Percy [*Métallurgie du plomb en Angleterre, d'après le Dr J. Percy*, par A. Ronna, p. 18], le procédé d'essai suivi en Angleterre ne donnerait lieu qu'à des pertes très-faibles. Les mélanges employés comme flux sont les suivants :

	I.		II.	
Minerai	30	grammes.	30	grammes.
Carbonate de sodium	30	—	23	—
Borax	»		10	—
Tartre	3	—	3	—

le mélange n° I pour les minerais riches exempts de gangue, le n° II pour les minerais pauvres ou riches indistinctement. « Le tartre n'est pas indispensable pour l'essai des galènes riches, mais sa présence est utile en ce qu'il tend à rendre réductrice l'atmosphère de l'intérieur du creuset, et par là à prévenir ou diminuer l'oxydation du sulfure de fer résultant de l'opération. » On voit que l'auteur cherche à obtenir une scorie sulfurée, ce qui ne présente peut-être pas de grands inconvénients pour le dosage du plomb seul ; il ne donne aucune indication au sujet des pertes d'argent que doit entraîner ce procédé ; il est en effet généralement admis, et il paraît indubitable, que les scories sulfurées retiennent une notable proportion d'argent. L'essai se fait, du reste, au creuset de fer d'une manière analogue à celle que nous avons précédemment indiquée. La galène la plus pure rendrait par ce procédé de 84 1/4 à 85 1/4 % de plomb, le sulfure de plomb pur rendant 86,61 %.

Pour les minerais, carbonatés, phosphatés, sulfatés, oxydés, on emploie les mélanges suivants :

	I.	II.	III.
Minerai	20	20	30
Carbonate de sodium	26	23	30
Charbon pulvérisé	1,3	»	»
Tartre	»	6,5	6,5
Borax	2	2	2

les nos I et II pour les phosphates, le n° III pour le carbonate. On emploie des creusets en terre et une lame de fer comme agent de réduction pour les minerais sulfatés ou les phosphates contenant de l'arséniate de plomb. Tous les minerais oxydés peuvent être essayés au creuset de fer avec le flux n° II indiqué pour les minerais sulfurés, en diminuant la quantité de borax.

« L'écart entre la quantité de plomb indiquée par l'essai au creuset en fer, avec flux, et la quantité réelle de plomb contenu, est, dit l'auteur, à peu près le même pour tous les minerais à teneur élevée, jusqu'à 50 %. Dans les minerais à moins de 50 % de plomb, la différence est bien moindre qu'on ne l'a généralement affirmé. »

RÉACTIONS FONDAMENTALES. — MÉTHODES DIVERSES.

Considérons d'abord de la galène supposée pure : nous verrons ensuite l'influence exercée sur les réactions par la présence de produits oxydés ou des diverses gangues qui accompagnent généralement ce minerai.

La galène fond au rouge-cerise. Chauffée en vase clos, elle perd du soufre, se volatilise partiellement et donne naissance à un composé indéterminé, sorte de sous-sulfure, plus fusible que la galène et se scindant par refroidissement lent en sulfure de plomb et plomb métallique.

L'action simultanée de la chaleur et de l'air donne lieu à des phénomènes utilisés dans la métallurgie du plomb.

1° Il semble possible de griller la galène, à une

température relativement basse et dans une atmosphère moyennement oxydante, de manière à brûler le soufre seul qui est transformé en gaz sulfureux, sans oxyder le plomb qui s'écoule à l'état métallique, $PbS + O^2 = Pb + SO^2$.

Cette réaction semble se produire lorsqu'on grille au chalumeau un fragment de galène sur un morceau de charbon de bois. C'est peut-être la réaction principale qui sert de base à la *méthode du bas foyer* où l'on traite par un courant d'air injecté par une tuyère un mélange de combustible et de galène. Il est probable néanmoins que les réactions suivantes acquièrent, dans ce traitement, suivant les conditions, une importance plus ou moins grande.

2° Lorsqu'on grille à l'air de la galène, ses deux éléments s'oxydent simultanément : une partie de l'acide sulfureux se dégage; une autre partie, en présence de l'air, donne naissance à du sulfate de plomb; le sulfate de plomb lui-même peut réagir sur le sulfure, de manière à donner naissance à du gaz sulfureux et à de l'oxyde de plomb, de sorte que les réactions suivantes peuvent avoir lieu :

$$PbS + O^3 = PbO + SO^2;$$
$$PbS + O^4 = PbSO^4;$$
$$PbS + 3(PbSO^4) = 4PbO + 4SO^2.$$

En fait, d'après Plattner, la galène pure, grillée avec soin à une température qui ne dépasse pas le rouge sombre, augmente de poids et donne pour 100 parties :

66,3 d'oxyde de plomb.
36,7 de sulfate de plomb.
103,0

A cette température, ni le sulfate ni l'oxyde ne réagissent sur le sulfure; l'oxyde et le sulfure peuvent même fondre ensemble sans réagir et donner naissance à un mélange homogène ou composé indéterminé (oxysulfure) contenant du soufre, de l'oxygène et du plomb.

Mais si la température vient à s'élever, la réaction entre le sulfure et les composés oxydés, oxyde ou sulfate, a lieu avec production de gaz sulfureux et de plomb métallique d'après les équations

$$PbS + 2PbO = 3Pb + SO^2,$$
$$PbS + PbSO^4 = 2Pb + 2SO^2.$$

Ces réactions servent de base à la *méthode par grillage et réaction*. Il suffit en effet de griller à basse température la galène, de manière à en transformer une portion suffisante en oxyde et sulfate de plomb, puis d'élever la température pour obtenir la réaction des corps oxydés formés sur la partie du sulfure qui est restée intacte. Lorsque le minerai contient naturellement une certaine proportion de produits oxydés, une partie du travail du grillage se trouve fait d'avance.

Dans la pratique, il est impossible de déterminer exactement le moment où il faudrait arrêter le grillage et donner naissance à la réaction. Si le grillage n'a pas été poussé assez loin, il reste, après écoulement du plomb, du sulfure : aussi procède-t-on d'habitude par grillage et coups de feu successifs jusqu'à ce que la masse soit épuisée. Dans le cas où le grillage aurait été poussé trop loin, il reste après réaction des matières oxydées en excès qui doivent être réduites au moyen du charbon. La volatilisation d'une partie du soufre de la galène avec production de sous-sulfure se décomposant à plus basse température en sulfure et plomb métallique vient s'ajouter aux actions précédentes. Cette dernière action semble prendre une notable importance lorsqu'on élève rapidement la température sans chercher à opérer lentement le grillage.

3° Après avoir grillé les minerais sulfurés, on peut les traiter autrement que par réaction pour en obtenir le plomb; on peut les réduire au moyen du charbon. Cette *méthode par grillage et réduction* est surtout avantageuse lorsque le minerai contient une certaine proportion de silice ou de silicates. L'oxyde de plomb formé, étant, en effet, très-facilement scorifié par la silice, ne réagit plus qu'avec une grande difficulté sur la galène. La réduction se fait le plus souvent dans des fours à cuve où l'action réductrice est plus énergique que dans les réverbères. Le minerai est d'abord grillé aussi complétement que possible, car la présence d'une trop grande quantité de soufre donnerait lieu à des mattes, ce que l'on ne recherche que dans le cas où les minerais contiennent du cuivre qu'on peut séparer de cette façon : la masse agglomérée ou fondue, suivant les cas, est passée au four à cuve avec du combustible et des fondants convenables : outre l'action réductrice, il y a réaction des produits oxydés sur le sulfure de plomb resté intact. Les fondants siliceux que l'on ajoute ou qui existent naturellement dans le lit de fusion peuvent avoir un effet utile : la silice se substituant en partie à l'anhydride sulfurique du sulfate de plomb. Cet effet est obtenu au grillage lorsque les minerais contiennent une certaine proportion de silice et qu'on fond la masse sous forme de verre plombeux. On obtient comme produits du plomb d'œuvre, des scories et quelquefois une matte plus ou moins riche en plomb qui peut être traitée de nouveau.

4° Lorsque l'on fond de la galène avec du fer métallique, le fer s'empare du soufre de la galène et met le plomb en liberté :

$$PbS + Fe = Pb + FeS.$$

Tel est le principe de la *méthode par précipitation*. Le sulfure de fer qui prend naissance retient une quantité de plomb, variable suivant les conditions et plus forte à basse qu'à haute température. On ajoute souvent au lit de fusion des silicates ferrugineux : dans ces conditions il y a réaction entre l'oxyde ferreux et le sulfure de plomb et formation d'oxyde de plomb et de sulfure de fer : l'oxyde de plomb peut alors être réduit. Enfin on est arrivé, en disposant les fours d'une manière convenable, à supprimer complétement l'addition coûteuse de fer métallique qu'on remplace par des matières ferrugineuses oxydées ou des minerais de fer, lesquels sont réduits et donnent naissance à du fer métallique qui produit la précipitation du plomb.

On traite ainsi par précipitation soit les galènes crues, soit les galènes incomplétement grillées : dans ce dernier cas le fer ou les matières ferrugineuses qu'on ajoute au lit de fusion servent à séparer le soufre qui n'a pas été chassé : on n'en emploie qu'une plus faible proportion. Cette méthode intermédiaire entre la réduction et la précipitation prend le nom de *méthode mixte*.

La métallurgie du plomb présente de sérieuses difficultés, tant à cause de la volatilité du plomb et du facile entraînement de ses composés qu'en raison des pertes notables d'argent qui se produisent, surtout en présence des mattes ou des sulfures. Pour les minerais fortement argentifères et dont, pour cette raison, l'enrichissement ne peut être poussé très-loin, d'autres difficultés sont apportées par la présence des diverses gangues métalliques ou terreuses contenues dans le minerai. Nous verrons dans chaque cas particulier l'influence de ces substances.

I. — MÉTHODE DU BAS FOYER.

Ce procédé, connu aussi sous le nom de *procédé américain*, *procédé écossais*, *procédé du slag-*

heart, est le plus simple de tous : ce fut probablement le premier employé. Il est économique au point de vue du combustible, mais donne lieu à des pertes assez fortes et est très-insalubre. C'est cette raison surtout qui l'a fait généralement abandonner. Le procédé, conservé dans le nord de l'Angleterre, passa de là en Amérique, et fut, vers 1849, appliqué, avec des modifications nouvelles à Przibram (Bohême) et au Bleiberg de Carinthie, puis plus tard à Pesey en Savoie.

La figure 499 représente le bas foyer employé au Bleiberg de Carinthie pendant les années

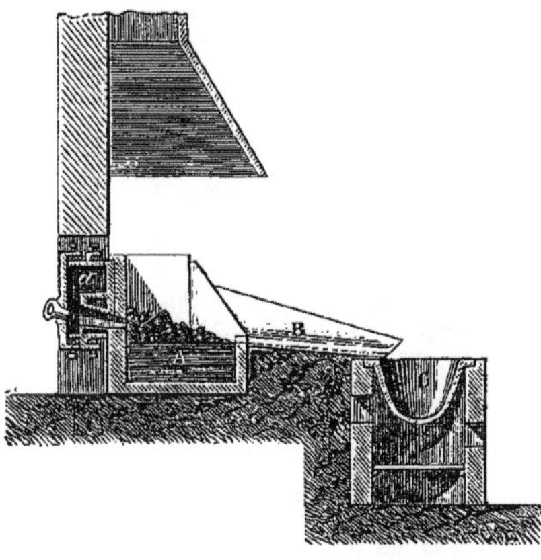

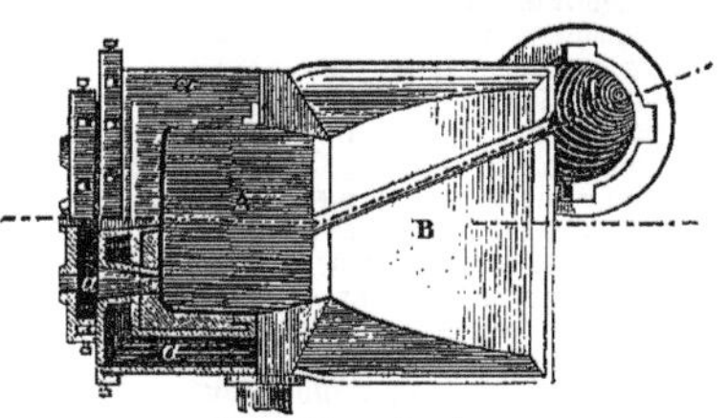

Fig. 499. — Bas foyer.

1849 à 1857. Le foyer, adossé contre un mur en maçonnerie, est formé par une cuvette en fonte A mesurant environ 0m,60 de largeur sur 0m,15 à 0m,20 de profondeur. La face des tuyères est percée de trois ouvertures par lesquelles arrive le vent. Le foyer est entouré par une caisse *aaa*, que traverse l'air avant d'arriver aux tuyères et qui sert à en refroidir les parois. Sur le devant du four se trouve une plaque de fonte B, nommée *plaque de travail* ou *de triage*, munie d'une rigole aboutissant à un chaudron en fonte C placé au-dessus d'un petit foyer.

Le travail se fait de la manière suivante. Le creuset A étant complétement rempli de plomb fondu sur lequel a toujours lieu la réduction, on allume à la surface du bain une petite quantité de combustible montant à la hauteur des tuyères. Le combustible le plus convenable est un combustible développant peu de chaleur, tel que de la tourbe, du bois vert, un mélange de tourbe et de houille ou de bois et de charbon. Le minerai en grenailles est jeté sur le combustible par doses de 10 à 15 kilogrammes, de façon à passer 100 à 150 kilogrammes par heure. On donne alors le vent en recouvrant le minerai d'une petite quantité de combustible que l'on dispose devant les tuyères de manière à répartir l'air soufflé dans toute la masse. Dans ces conditions, le soufre est brûlé et le plomb se sépare à l'état métallique et coule dans le chaudron. Au bout de 3 à 4 minutes, il ne s'écoule plus de plomb et l'ouvrier ajoute une nouvelle charge de minerai avec du combustible : quand les résidus deviennent trop abondants dans le foyer, l'ouvrier arrête le vent et retire avec une pince la masse pâteuse sur la plaque de travail. Là la matière se refroidit peu à peu; le sous-sulfure abandonne en se refroidissant du plomb qui s'écoule, et l'ouvrier sépare les parties les plus pauvres. Le triage terminé, on rajoute du combustible dans le foyer; on y rejette les parties restées sur la plaque de triage auxquelles on ajoute une nouvelle charge de minerai et ainsi de suite. Le plomb reçu dans le chaudron est de temps à autre puisé avec des poches et coulé en lingots.

On passe par 24 heures 3 ou 4 tonnes de minerai au bas foyer. En Amérique, on est allé jusqu'à 5 tonnes. Les résidus de ces opérations contiennent encore du plomb, ils sont traités dans un four à manche. Le déchet est assez fort; on accorde aux ouvriers :

Pour une teneur du minerai de 74 °/ₒ de plomb, 10 °/ₒ sur le plomb contenu.
Pour une teneur du minerai de 72 °/ₒ de plomb, 11 °/ₒ sur le plomb contenu
Pour une teneur du minerai de 70 °/ₒ de plomb, 12 °/ₒ sur le plomb contenu.

En comptant le plomb extrait des résidus, la perte totale est en définitive plus forte que dans certaines autres méthodes de traitement, mais la consommation de combustible est moins considérable. Cette consommation par tonne de minerai est de :

Bois..............	41 kilogrammes.
Charbon..........	113 —
Total......	154 kilogrammes.

Les minerais que l'on peut traiter directement au bas foyer doivent être en schlichs assez gros; autrement ils seraient entraînés par le vent. Les parties les plus fines des minerais doivent être agglomérées : on y arrive en Angleterre en les soumettant d'abord à un grillage généralement très-imparfait, terminé par un coup de feu produisant l'agglomération. Les réactions sont sensiblement les mêmes, mais les frais du grillage augmentent le prix du traitement. Le bas foyer doit être recouvert d'une hotte reliée à une cheminée d'appel, pour entraîner les vapeurs plombeuses : on interpose souvent sur ce trajet des chambres de condensation où l'on recueille une certaine quantité de fumées. Néanmoins, quelles que soient les précautions que l'on ait prises, le procédé est pénible et excessivement insalubre. Il n'est plus guère suivi que dans quelques usines du nord de l'Angleterre, de l'Écosse et de l'Amérique du Nord.

Les plombs que l'on obtient par le procédé du bas foyer sont généralement assez purs pour n'avoir pas besoin d'un affinage spécial, ce qui est dû surtout à la basse température à laquelle on opère. Il n'y a guère que les minerais d'une teneur élevée en plomb qui puissent être traités de cette façon. Les gangues les plus nuisibles sont les gangues siliceuses ou argileuses qui tendent à augmenter la quantité de plomb retenue par les scories.

II. — MÉTHODE PAR GRILLAGE ET RÉACTION.

Cette méthode, dont le principe a été précédemment exposé, se pratique dans des conditions différentes qui exercent une influence notable sur les résultats obtenus. Suivant que l'opération est effectuée plus ou moins rapideme t et à une température plus ou moins élevée, les réactions varient ainsi que les conditions économiques du travail. On est ainsi conduit à subdiviser la méthode en plusieurs procédés distincts dont nous indiquerons successivement les caractères.

PROCÉDÉ CARINTHIEN.

Le minerai soumis au traitement est toujours fort riche : il est formé de galène; la gangue contient surtout de la blende et du calcaire accompagné d'un peu de calamine, de pyrite de

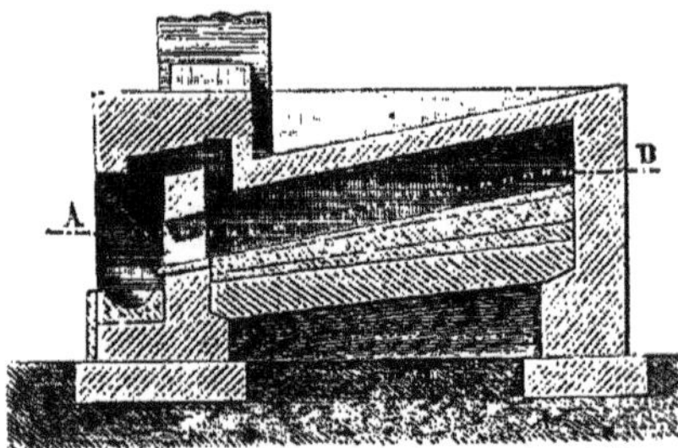

Fig. 500. — F.ur carinthien (élévation suivant CD).

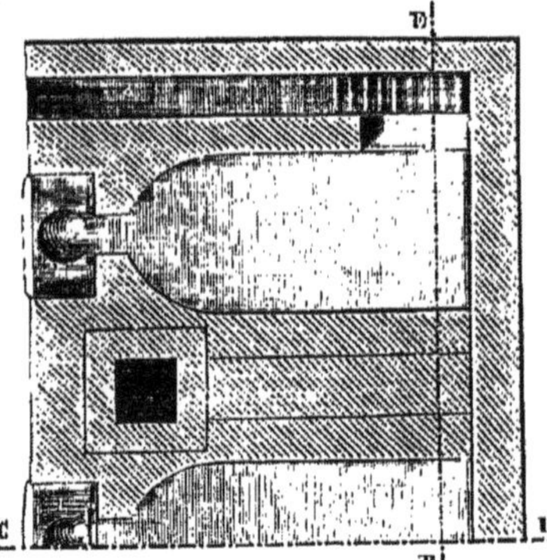

Fig. 501. — Four carinthien (plan suivant AB).

fer et d'argile; il rend à l'essai de 70 à 80 % de plomb. Le four à réverbère employé (fig. 500, 501 et 502) a une sole de $1^m,40$ de largeur sur $3^m,45$ de longueur, munie d'une seule porte de travail à son extrémité; cette sole est assez fortement inclinée vers la porte du four, de manière à permettre au plomb formé de s'écouler dans une lingotière placée devant la porte de travail. La chauffe placée latéralement, parce que le four est desservi par un seul ouvrier, est formée par plusieurs arceaux en briques sur lesquels on brûle les bûches de bois.

On charge 210 kilogrammes de minerai par opération, quantité très-faible qui ne forme qu'une épaisseur de $0^m,03$ à $0^m,04$ sur la sole. Le grillage se fait à une température relativement basse, vers le rouge sombre, pendant 3 à 4 heures; de temps à autre l'ouvrier soumet, au moyen d'un ringard, la masse à un rablage destiné à renouveler les surfaces. Dans ces conditions, il se forme surtout un mélange d'oxyde et de sous-sulfure de plomb, qui ne réagissent pas à cette température. L'ouvrier repousse alors la masse au fond du four en face du pont et active le feu, la porte de travail étant fermée. La réaction entre les parties oxydées et sulfurées se produit et le plomb s'écoule dans la lingotière. Au bout de 2 à 3 heures l'ouvrier étend de nouveau le minerai sur la sole, grille pendant un temps variant d'un quart d'heure à une demi-heure, repousse la masse près du pont et donne un nouveau coup de feu. Ce mode de travail est répété pendant 4 à 5 heures : il est connu sous le nom de *brassage*. La masse ramenée à 80 kilogrammes environ est alors retirée du four, dans lequel on recommence une nouvelle opération. Ces crasses riches contiennent encore une notable proportion de plomb; on les ajoute à celles restées dans le four de deux en deux opérations et on les soumet au *ressuage*, c'est-à-dire

Fig. 502. — Four carinthien (coupe suivant EF).

à un traitement à plus haute température en présence du charbon, de manière à réduire les parties oxydées et décomposer les oxysulfures : le zinc est aussi en partie réduit et volatilisé. Les crasses étendues sur la sole sont recouvertes de braise, et repoussées en tas vers le fond du four : l'ouvrier donne alors un violent coup de feu. Il s'écoule du plomb plus impur que celui déjà obtenu et qu'on ne mélange pas avec lui. Ce plomb spongieux est refondu au commencement d'une des périodes de ressuage suivantes, en le plaçant dans de la braise ardente sur le devant du four. Cette opération du ressuage, durant près de 12 heures, nécessite une consommation considérable de combustible, 60 % de la quantité totale de bois consommé; les résidus seraient plus avantageusement traités dans un four à cuve. Les scories pauvres résultant de cette opération contiennent des grenailles de plomb. Elles sont bocardées et lavées : la partie enrichie est ajoutée aux minerais à fondre.

On accorde aux ouvriers :

Pour une teneur de 82 % un déchet de 2 % sur le plomb contenu.

Pour une teneur de	76 %	un déchet de	5 %	id.
—	70	—	8	id.
—	66	—	10	id.
—	58	—	14	id.

Avec des teneurs plus faibles, les pertes augmentent très-rapidement et rendent le procédé inapplicable. La consommation de combustible est d'environ 4 stères 5 par tonne de minerai.

Ce procédé est à peu près complétement abandonné.

PROCÉDÉ BRETON.

Le procédé breton diffère surtout de la méthode précédente par la nature du four et par la plus grande rapidité du grillage à une température plus élevée et avec une plus grande épaisseur de minerai sur la sole. Comme dans le procédé carinthien, on pousse le ressuage jusqu'à épuiser les matières plombeuses.

Le four employé d'abord à Albertville en Savoie et à Poullaouen s'est maintenu dans quelques usines, notamment dans les environs de Marseille. Il est formé de deux soles elliptiques placées à la suite l'une de l'autre et séparées par une partie un peu rétrécie; la première mesure 2 mètres de largeur sur $2^m,70$ de longueur, la seconde 2 mètres sur $3^m,50$. Ce four est muni de six portes de travail situées d'un même côté, d'un foyer placé à l'extrémité de la petite sole et de deux cheminées, une pour chaque sole, permettant de régler la température pour chacune d'elles, au moyen de registres. La plus grande sole, la dernière, sert au grillage, la plus petite à la réaction : celle-ci est inclinée de 15 °/₀ vers le trou de coulée situé au-dessous de la seconde porte dont il est muni. La troisième porte est située sur la partie rétrécie réunissant les deux soles et sert à faire passer les matières de l'une sur l'autre.

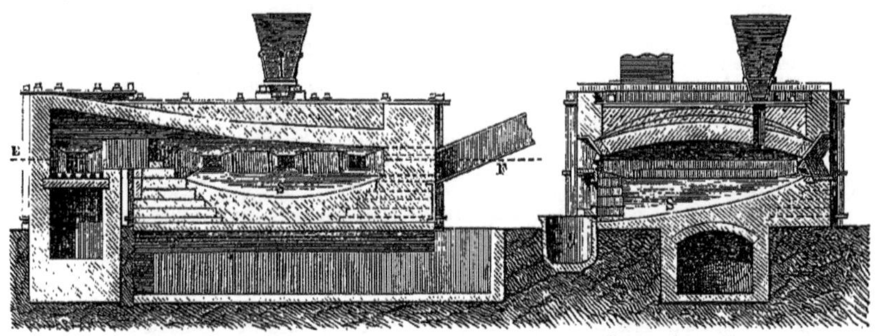

Elévation suivant AB. Coupe suivant CD.

Fig. 503. — Four gallois.

Le chargement se fait sur la sole de grillage au moyen d'une trémie dans laquelle se dessèchent les minerais. A Albertville, le minerai, qui rend à peu près 70 °/₀ de plomb à l'essai, était surtout formé de galène accompagnée comme gangue de pyrite de fer et de baryte sulfatée ainsi que d'une très-faible proportion de quartz. La charge est d'environ 1,200 kilogrammes : elle forme sur la sole une épaisseur de $0^m,08$ à $0^m,09$. Le grillage dure 7 heures, et pendant ce temps les ouvriers retournent très-fréquemment la masse au moyen de spadelles. A ce moment, le traitement de la charge précédente dans le four de réaction étant terminé, et celui-ci se trouvant à une température très-élevée, on refroidit la masse en y jetant quelques seaux d'eau et on la pousse dans le four à réaction. Là, le grillage et le travail des spadelles sont continués pendant 2 heures; puis on élève la température, et le plomb commence à couler vers le point le plus bas du four; lorsqu'il est en quantité suffisante, on ouvre le trou de coulée et on le reçoit dans un bassin, où on le recouvre de sciure de bois pour le préserver de l'oxydation; on l'écume pour rejeter dans le four une petite proportion de sulfure ou sous-sulfure de plomb entraîné. Il reste dans le four des oxysulfures qui sont décomposés par addition de chaux ou de charbon : le charbon semble préférable. Les matières agglomérées, un peu refroidies par addition de charbon, redeviennent pulvérulentes et sont mélangées à la spadelle; le sulfate et l'oxyde de plomb sont réduits. On coule d'heure en heure le plomb formé. On termine enfin par un coup de feu assez vif. La scorie est surtout formée de silicate de baryum avec un peu de silicates de plomb et de fer. Le plomb obtenu est d'habitude assez impur pour devoir être soumis à un raffinage.

Les crasses sont refondues dans un four à manche et donnent encore une certaine quantité de plomb.

La charge du four se fait toutes les huit heures; on passe 3,600 kilogrammes de minerai en 24 heures; sept ouvriers travaillent ensemble au four. La consommation de bois est de 2 stères 10 par tonne de minerai et de 20 kilogrammes de charbon.

La main-d'œuvre et la consommation de combustible sont moindres que dans la méthode carinthienne, mais la perte de plomb est plus considérable, en raison de la température plus élevée à laquelle se fait le travail. De même, l'usure des outils de fer est de 20 kilogrammes par tonne de minerai, tandis qu'elle n'est que de 2 kilogrammes dans l'autre méthode.

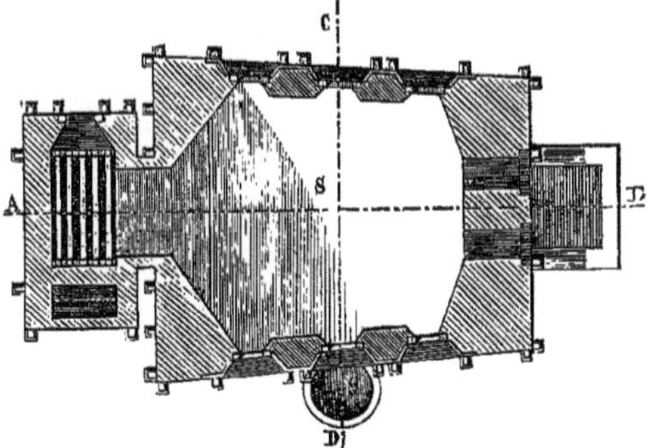

Fig. 504. — Four gallois (plan-coupe suivant EF).

MÉTHODE ANGLAISE.

Ce qui caractérise cette méthode, c'est la grande rapidité des opérations. Les fours, dans lesquels on traite environ une tonne de minerai, sont assez grands pour que l'épaisseur de la couche de minerai sur la sole ne dépasse pas $0^m,05$ à $0^m,06$. Le grillage est mené activement à une température relativement élevée et on donne un coup de feu avant qu'il ne soit terminé : une partie du plomb se sépare de la masse totale qui renferme beaucoup de sous-sulfure. On ouvre alors toutes les portes du four de manière à produire un refroidissement assez rapide : le sous-sulfure se décompose et donne une nouvelle quantité de plomb. On assèche alors la masse au moyen de chaux éteinte et on procède à un nouveau grillage assez court suivi d'un nouveau coup de feu. On opère ainsi 3 ou 4 fois de suite par grillages et coups de feu successifs. On ajoute quelquefois, vers la fin de l'opération, du charbon pour réduire les matières plombeuses oxydées qui composent la majeure partie de la masse. Les scories que l'on retire à l'état pâteux ou fondu sont encore assez riches : on les refond dans un four à manche. Toutes ces opérations au réverbère, pour 1,000 kilogrammes environ de minerai, ne durent que 5 à 7 heures.

Dans ces conditions, si la consommation de combustible est assez faible, le plomb obtenu est impur et demande un affinage avant d'être pattinsonné ou coupellé. La perte par volatilisation est également assez élevée; mais les fours anglais sont le plus souvent munis d'appareils de condensation très-complets, qui permettent de recueillir une notable partie des matières entraînées.

Le réverbère du Flintshire, connu aussi sous le nom de *four gallois* (fig. 503 et 504), a une sole trapézoïdale S de 3 mètres environ de longueur sur 2m,75 de largeur vers les portes du milieu. Cette sole repose sur un canal voûté communiquant avec l'air extérieur. La sole possède dans tous sens une assez forte inclinaison vers la porte centrale de la face d'avant, au-dessous de laquelle se trouve un chaudron de coulée en fonte *g*. La voûte surbaissée du réverbère est formée de deux parties à génératrices rectilignes formant un angle de raccordement très-obtus. Le pont est refroidi par un canal où peut circuler l'air. A l'extrémité de la sole s'ouvrent deux carneaux pour la sortie des gaz; le carneau de la face d'arrière est plus large que celui de la face d'avant. Ces carneaux sont réunis par un canal muni d'un registre avec les appareils de condensation et la cheminée. Le four est muni de trois portes de travail sur chacune de ses faces, ainsi que d'une trémie de chargement. La grille mesure environ 1m,30 de longueur sur 0m,75 de largeur.

La sole de travail est formée avec les scories riches du four : elles sont concassées et fondues dans le four sur la maçonnerie; lorsqu'elles prennent l'état pâteux, on les bat avec des spadelles et on leur fait prendre la forme et l'inclinaison voulues : cette sole se laisse difficilement traverser par les produits plombeux; elle est entretenue avec des scories.

Le four tout entier est consolidé par de puissantes armatures de fer et de fonte.

Traitement a l'usine de Bagillt (Flintshire). — La charge est de 1,066 kilogrammes de minerai sec : ce minerai est très-riche et rend à l'essai de 75 à 80 % de plomb. Il est introduit par la trémie et réparti sur la sole du four qui, après l'opération précédente, est à peine à la température rouge. Pendant 2 heures, le minerai est rablé et retourné fréquemment : l'entrée de l'air est réglée au moyen des portes que l'on ouvre plus ou moins; la température est, au moyen de registres, maintenue aussi élevée que possible, sans toutefois produire la fluidité pâteuse et l'agglomération du minerai. On donne alors un coup de feu, de manière à rendre la masse semi-liquide. La partie de la masse qui s'écoule vers le bassin est relevée jusqu'à la partie supérieure de la sole : on ouvre les portes de manière à produire un refroidissement assez rapide, et lorsque la charge prend une consistance pâteuse, on la repousse vers le pont et l'arrière du four faisant face au trou de coulée. On referme alors les portes et on fond rapidement la charge qui coule dans le bassin intérieur; puis on jette de la chaux éteinte en poudre à la surface de la masse fondue, et on rable la surface de manière à assécher la scorie et la partie non réduite du minerai, qui sont de nouveau relevées sur les côtés de la sole, soumises à un refroidissement et refondues. On ajoute de nouveau de la chaux, on sépare les scories qu'on laisse un peu égoutter; on coule le plomb. Les scories sont enfin extraites à l'état pâteux. Le plomb reçu dans le chaudron est recouvert d'un peu de charbon menu : on brasse le tout; on écume les mattes qui viennent surnager et on coule le plomb en saumons. L'opération, dans de bonnes conditions, dure 5 heures.

Le four est desservi par trois ouvriers, deux fondeurs et un manœuvre, qui font deux opérations par poste. Pour la charge indiquée, le rendement est de 736 kilogrammes de plomb, dont 91 % sont extraits directement au four et 9 % des crasses et des fumées traitées au four à manche. La consommation de combustible varie, suivant diverses circonstances, entre 610 et 812 kilogrammes de houille.

Ce traitement est quelquefois un peu modifié dans les autres usines anglaises. On intercale souvent un grillage de peu de durée entre le rélèvement de la masse asséchée par la chaux et la fusion. Dans certains cas, on projette un peu de charbon sur la masse avant la dernière fusion. Enfin la scorie, lorsqu'elle est très-fusible, comme cela arrive lorsque le minerai contient comme gangue du sulfate de baryum et du spath fluor (Derbyshire), est coulée à l'état fondu. Le nombre des ouvriers par poste pour chaque four est souvent réduit à deux.

Quant à la perte de plomb, d'après les documents anglais, elle est évaluée à 5 % environ par rapport au résultat de l'essai au plat en fer. (Ce genre d'essai, employé dans quelques usines anglaises, donne des résultats qui ne sauraient être comparés aux résultats obtenus par les autres méthodes d'essai.) Il faut ajouter que la perte, qui serait très-considérable par volatilisation, est notablement diminuée par la condensation très-parfaite des fumées qui s'opère dans la plupart des usines importantes de la Grande-Bretagne.

Traitement au Bleiberg (Belgique). — Le four adopté en vue d'économiser le combustible est à deux chauffes, une à chaque extrémité du four, avec un seul rampant au milieu de la voûte. La sole a 4m,70 de long sur 2m,90 de large. Elle est inclinée vers le milieu du four avec un trou de coulée constamment ouvert, et a dans tous les sens une pente de 0m,20 par mètre. Chacune des chauffes a 1m,30 sur 1m,40. La charge totale est de 2,000 kilogrammes; elle est répartie également sur les deux soles et traitée par deux brigades de deux ouvriers.

L'opération est moins rapide qu'en Angleterre : elle dure 12 heures. Le minerai contenant 80 % de plomb rend 76,12 %, dont 55,00 au réverbère, le reste par traitement des crasses blanches. La perte est de 4,20 % du plomb contenu et de 5,09 avec le déchet du pattinsonage.

La quantité de houille consommée est de 325 à 350 kilogrammes par tonne de minerai.

On grille d'abord pendant 4 à 5 heures en élevant lentement la température du rouge sombre au rouge-cerise et opérant un rablage actif. Au bout de 4 à 5 heures, on pousse le feu à portes ouvertes, en brassant fréquemment; le grillage continue en même temps que la réaction. Au bout de 10 heures et demie on ferme les portes et on donne un coup de feu de manière à agglomérer les scories. La galène traitée est peu argentifère (145 grammes d'argent aux 100 kilogrammes). Elle contient de plus de l'antimoine et du cuivre. Pour éviter le raffinage que nécessiterait la présence de ces impuretés avant la cristallisation, on n'extrait au réverbère que les deux tiers environ du plomb contenu dans le minerai. Ce plomb entraîne la majeure partie de l'argent; les impuretés sont concentrées dans les résidus; le plomb obtenu est coulé en deux fois pour le fractionner d'après sa richesse en argent; il peut être passé directement au pattinsonage. Les crasses blanches renferment 24 grammes d'argent à la tonne; cette partie de l'argent est perdue; on réduit les crasses avec les fumées pour obtenir du plomb dur à 15 % d'antimoine.

Traitement au four espagnol. — C'est celui qui est suivi pour une partie des minerais de la province de Murcie.

Le four est circulaire et a 2 mètres de diamètre. Il est muni d'une seule porte. La houille qui sert de combustible est brûlée dans un canal voûté communiquant avec le four et disposé à peu près tangentiellement à sa base circulaire. Le rampant est coupé par une galerie transversale à laquelle on donne la direction des vents régnants dans le pays. En fermant l'extrémité opposée à celle par laquelle s'engouffre le vent, on obtient un tirage assez actif.

On procède par grillages et refroidissements successifs, comme en Angleterre. La charge est de 690 kilogrammes de minerai à gangue de calcaire rendant 70 % à l'essai. L'atmosphère du four est très-oxydante; la température est peut-être un peu moins élevée qu'en Angleterre, ce qui donne du plomb plus pur. Les crasses obtenues sont fondues dans un petit four à manche.

Traitement a Tarnowitz (Haute-Silésie). — Le four employé est assez analogue au réverbère du Flintshire, sauf ses dimensions un peu plus grandes. La sole a 3m,60 de longueur sur 3m,60 de largeur près du pont et 3 mètres près du rampant. La grille mesure 2m,50 sur 0m,60. En outre le bassin intérieur est placé à l'extrémité de la sole, auprès de la dernière porte, ce qui semble présenter de sérieux avantages, le plomb étant mieux soustrait à l'action de la chaleur.

Le minerai très-pur est formé de sulfure de plomb et renferme 30 à 35 % d'éléments oxydés, surtout du carbonate de plomb. La gangue peu abondante est formée de carbonates de calcium, de zinc et de fer, avec 1 % d'argile à peine.

Le four est desservi par deux ouvriers par poste de 12 heures. La charge est de 2,300 kilogrammes, donnant une épaisseur de minerai de 0m,08 à 0m,10 sur la sole. Le grillage avec rablage se fait au rouge sombre et dure 5 heures. A ce moment le rapport entre le sulfure et les parties oxydées est assez près du rapport théorique pour la réaction, de sorte qu'on se rapproche par là du traitement carinthien. La réaction dure 7 heures. Lorsque la masse devient trop fluide, on l'assèche au moyen de chaux éteinte. On donne ainsi plusieurs coups de feu successifs, en brassant constamment les matières et ajoutant à la fin un peu de houille qui sert à figer les scories qui sont retraitées à part.

L'opération dure 12 heures. La perte n'est que de 1k,07 de plomb par 100 kilogrammes de minerai. Ce faible déchet est sans doute dû à ce que, le minerai contenant déjà une forte proportion de minerai oxydé, le travail se trouve fait naturellement en partie, et d'autre part à la température assez basse à laquelle s'opère le grillage.

III. — MÉTHODE PAR GRILLAGE ET RÉDUCTION.

Le traitement par grillage et réaction est difficilement applicable aux minerais de plomb contenant une forte proportion de silice et d'argile : il se forme dans ce cas pendant le grillage des silicates dont la réduction au four à réverbère présente de grandes difficultés. Ce fait a été vérifié à Poullaouen, où l'on a éprouvé des pertes énormes dès que les minerais renfermaient 3 à 4 % de quartz, et au Harz, où les minerais sont très-quartzeux et où le four breton a été essayé sans succès. La méthode par grillage et réduction est utilement employée dans le cas de minerais fortement argentifères dont, pour cette raison, l'enrichissement ne peut pas être poussé très-loin. L'opération de la réduction, au lieu de s'effectuer dans un four à réverbère, où elle n'est guère possible, s'effectue dans un four à cuve où le minerai grillé subit une sorte de *ressuage* énergique.

Les conditions qu'on doit rechercher pour un bon traitement sont assez délicates. Le grillage doit être fait avec beaucoup de soin : on doit s'efforcer autant que possible d'obtenir un produit grillé ne renfermant que très-peu de soufre à l'état de sulfure ou de sulfate, car, sous l'influence réductrice du four à cuve, il se formerait des mattes retenant une proportion notable d'argent, qu'on devrait retraiter. La formation de mattes ne présente pas d'inconvénient dans le cas des minerais cuivreux : c'est alors un moyen de retirer le cuivre. Aussi, lorsque le soufre du minerai est complétement oxydé par le grillage, donne-t-on un coup de feu assez violent pour décomposer les sulfates; cette décomposition est favorisée par la présence de la silice qui chasse l'anhydride sulfurique à haute température, en donnant naissance à du silicate de plomb. Le plus souvent on se contente d'agglomérer les minerais par ce coup de feu; quelquefois on les transforme complétement en silicates fondus; mais, dans ce cas, la température nécessaire à la réduction du silicate est assez élevée et les pertes par volatilisation sont augmentées.

Le four à cuve que l'on emploie pour la réduction doit avoir une faible hauteur, car l'action réductrice, dont l'intensité augmente avec la hauteur du four, tendrait à former des mattes avec les sulfates dont on ne peut débarrasser complétement le minerai grillé. Le fond du creuset est souvent incliné afin que le plomb fondu se rende rapidement dans l'avant-creuset et soit soustrait à l'action de la chaleur.

Le lit de fusion se compose essentiellement de minerai grillé et de coke; on y ajoute des fondants, de manière à obtenir une scorie assez basique qui facilite la réduction de l'oxyde de plomb : on emploie le plus souvent la chaux ou l'oxyde de fer, surtout ce dernier qui donne des silicates très-fusibles : on ajoute quelquefois du sulfate de baryum et du spath fluor.

Ce procédé est suivi à Vialas, Pontgibaud, La Pise, Saint-Louis, en France; à Stolberg, Freyberg, Przibram, etc., en Allemagne.

Traitement a Vialas. — Le minerai assez riche en argent est formé de galène avec gangue de quartz, de schiste, de baryte sulfatée et de carbonates de calcium, magnésium et fer. Il n'est enrichi que jusqu'à 45 % de plomb.

Le grillage se fait dans un grand four à réverbère où une charge de 1,100 kilogrammes forme une couche d'une assez faible épaisseur, d'environ 0m,05. Le minerai est chargé à l'état humide; il est formé du mélange de tous les produits plombeux à traiter et contient beaucoup de parties très-fines. Ce n'est qu'au bout de 4 heures, lorsque la masse est portée au rouge sombre et légèrement frittée de manière à diminuer l'entraînement par les gaz, que l'on commence à la travailler au rable et à la spadelle. La période de grillage dure 12 heures. A ce moment, les matières sont en grande partie oxydées; on pousse plus activement le feu et on amène successivement toute la charge auprès du pont, de manière à l'agglomérer, tout en la laissant poreuse, et on la fait sortir par la porte de travail la plus rapprochée de la chauffe. L'opération complète dure 16 heures.

Les minerais grillés et agglomérés sont alors soumis à la fusion. Les fours à manche employés sont très-peu élevés : ils ont 1m,60 de hauteur à la poitrine et 0m,85 de profondeur sur 0m,65 de largeur. Le vent est fourni par une seule tuyère à une pression de 0m,025 à 0m,030 de mercure. L'avant-creuset s'avance à 0m,25 de la poitrine; les scories coulent par-dessus la brasque des avant-creusets. La quantité d'air injecté est d'environ 7,500 kilogrammes par 24 heures. Des chambres de condensation permettent de recueillir environ 3 °/₀ de la matière chargée.

Le lit de fusion est formé de :

Minerai grillé	1000
Scories de la même opération (on choisit les plus riches)	500
Débris de fours, fonds de coupelle, litharges sales	100
Minerai de fer grillé	40
Sulfate de baryum	40

Le prix élevé des fondants ne permet pas d'en ajouter une plus forte proportion, comme il serait utile. La consommation du coke est de 12 à 14 °/₀ du poids du lit de fusion.

On marche avec un nez de 0m,25 environ. Le minerai est chargé du côté de la tuyère, le combustible du côté de la poitrine : l'action réductrice se trouve modérée de cette façon. Le gueulard est maintenu constamment obscur. La fonte est menée rapidement; les gaz chauds passent surtout à travers le combustible; le sulfate de plomb qui peut rester est décomposé en grande partie sans se réduire. On perce le plomb de temps à autre.

Une campagne dure généralement 10 jours : on passe pendant ce temps de 60 à 70 tonnes de minerai grillé. Il est très-rare qu'il se forme des mattes, qui, dans ce cas, repassent au grillage. Les scories généralement fluides sont rejetées; celles qui sortent un peu pâteuses ou en même temps que le plomb d'œuvre, et qui contiennent des grenailles, servent à faire les lits de fusion. Les scories rejetées renferment de 1 1/2 à 2 1/2 °/₀ de plomb et ne sont pas sensiblement argentifères. Les fumées recueillies sont passées au grillage avec les schlichs.

Traitement a Stolberg. — On y traite un minerai très-siliceux formé de galène mêlée de carbonate de plomb provenant du grès triasique à nodules : on y trouve 55 à 58 °/₀ de plomb et 15 à 20 °/₀ de silice. Le grillage est rendu complet et la matière fondue par le dernier coup de feu. On jette quelquefois un peu de sable sur le minerai soumis au grillage. La réduction se fait dans des fours prismatiques de 4 mètres de hauteur, 1 mètre de profondeur, 1m,10 environ de largeur, munis de deux tuyères à eau de 0m,05 de diamètre, lançant le vent sous une pression de 0m,02 à 0m,03.

On charge par couches successives le lit de fusion formé de :

Minerai grillé	1000
Scories de puddlage	780 à 800
Calcaire	180 à 200

avec une quantité de coke égale à 25 °/₀ du poids du minerai. On obtient 1,000 à 1,100 kilogrammes de scories à 2 ou 3 °/₀ de plomb et 1 °/₀ de matte du poids du minerai. Ces mattes sont broyées et grillées et repassent au traitement.

On passe 6 à 7 tonnes de minerai par 24 heures : les campagnes durent 6 à 9 semaines.

Traitement a la Pise. — Les minerais traités à la Pise sont généralement à gangue de quartz et de pyrite de fer. Ils sont grillés dans de grands réverbères à sole rectangulaire plane de 8 à 12 mètres de longueur sur 2 mètres de largeur, munis de portes d'un seul côté. L'agglomération a lieu après un grillage très-soigné, mais sans fusion.

Le four employé (fig. 505) est circulaire comme les fours castillans. Le creuset, formé de brasque, est maintenu par un anneau en fonte; il a 1m,90 de diamètre sur 0m,00 de profondeur. Il est entouré d'une rangée de briques réfractaires

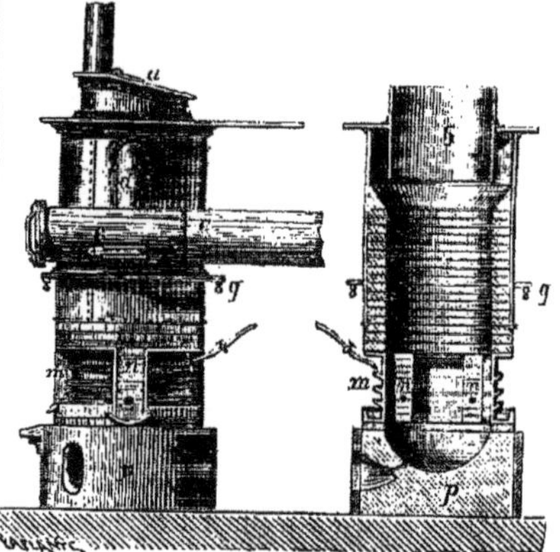

Fig. 505. — Four de la Pise.

sur laquelle reposent quatre plaques de fonte, formant, par leur assemblage, la partie cylindrique du four au niveau de la zone de fusion. Ces plaques sont séparées par de petits piliers *n* en briques réfractaires : trois d'entre eux servent au passage des tuyères; le quatrième est traversé par le trou de coulée des scories. Ces plaques portent en outre trois rigoles horizontales *m* venues de fonte dans lesquelles circule de l'une à l'autre un courant d'eau servant à refroidir la zone de fusion; l'excès d'eau s'écoule dans une cuvette formant la base des plaques. La partie supérieure des plaques porte un rebord horizontal en fonte supportant la partie supérieure du four formée de maçonnerie et maintenue par une enveloppe de tôle. Le gueulard du four porte une trémie cylindrique *b* en tôle fermée par une plaque de fonte *a* mobile autour de charnières. Un tuyau cylindrique en tôle, destiné à évacuer les gaz et fumées vers les chambres de condensation, vient déboucher dans l'espace annulaire compris entre la trémie et le prolongement de la chemise extérieure du four. Un petit tuyau placé sur la trémie sert à évacuer, au besoin, les gaz qui ne seraient pas aspirés.

On ne souffle généralement qu'avec deux tuyères de 0m,05 de diamètre, avec une pression de 0m,03 à 0m,04. Le minerai est chargé le long des parois du four, au-dessus des tuyères, en forme de croissant, le combustible au centre et du côté opposé.

Le minerai grillé renferme 40 °/₀ de plomb, accompagné de 30 °/₀ d'oxyde de fer et de 20 °/₀ de silice. On lui ajoute comme fondant :

Calcaire	20 à 25 °/₀
Minerai de fer riche	3 à 4
Fonte	2 à 3

de manière à donner aux scories une composition voisine des protosilicates. La consommation de coke est de 25 °/₀ du poids du minerai; on passe par 24 heures 8 à 10 tonnes de minerai grillé. Le plomb d'œuvre est percé deux ou trois fois par jour. Les scories s'écoulent dans des pots en fonte portés sur de petits chariots : la partie inférieure du bloc ainsi formé peut contenir un peu de mattes ou être assez riche pour repasser au traitement.

La fonte n'agit guère que comme combustible : elle pourrait être remplacée par du minerai de fer en diminuant un peu la section du four au niveau des tuyères, de manière à rendre l'allure plus réductrice. Cet emploi de fonte, qui rapprocherait ce mode de traitement de la méthode mixte, a pu, comme nous le verrons à propos de la méthode par précipitation, être le plus souvent remplacé par l'emploi de matières ferrugineuses oxydées.

Les canaux souterrains où se fait la condensation des fumées ont un développement de 470 mètres et cubent 1,860 mètres. Les fumées qui s'y déposent, et qui forment 6 à 7 °/₀ du poids des minerais, sont lourdes et renferment 50 à 60 °/₀ de plomb. Avec le mode de fermeture employé, en réglant le tirage, les gaz ne s'enflamment pas et le dépôt des chambres ne prend pas feu, comme il arrive souvent sans cela, ce qui le rend léger et facilement entraînable par le courant gazeux.

La perte, qui était de 7 à 8 unités sur la teneur lorsqu'on marchait à gueulard ouvert, est descendue à moins de 4 unités, dont la moitié à peu près par volatilisation.

IV. — MÉTHODE PAR PRÉCIPITATION.

Cette méthode permet de supprimer le grillage, opération assez dispendieuse lorsque le combustible est cher. Les frais de traitement étaient néanmoins assez élevés lorsque l'on employait le fer métallique pour obtenir la précipitation. Mais

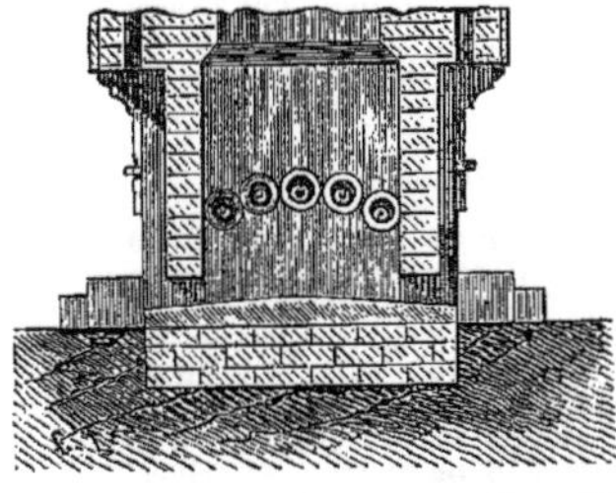

Fig. 506. — Four Raschette (coupe verticale montrant la disposition des cinq tuyères).

on est arrivé, par une disposition convenable du four, à remplacer le fer ou la fonte par des matières ferrugineuses oxydées, telles que minerais de fer, scories de forge, mattes grillées, etc. L'oxyde de fer se réduit dans le four même et le fer produit déplace le plomb dans la galène. La raison qui avait empêché d'abord d'employer ce procédé, après plusieurs essais infructueux, consistait dans la corrosion rapide des parois des fours à la haute température produite, sous l'influence des silicates métalliques et dans la difficulté de maintenir les tuyères. L'emploi de tuyères à eau et de caisses à eau pour refroidir les parois du four a permis d'éviter ces inconvénients. Après l'essai couronné de succès, qui fut fait en 1864, à Altenau (Harz) avec un four Raschette, le nouveau procédé s'est rapidement substitué à la précipitation par le fer métallique. L'emploi d'oxydes de fer au lieu de fonte présente un autre avantage : l'oxygène de l'oxyde de fer brûle une partie du soufre et diminue la quantité de mattes obtenues.

Fig. 507. — Four Raschette (coupe verticale par l'axe d'une des tuyères).

Le four Raschette d'Altenau (fig. 506 et 507) est muni de cinq tuyères à eau sur chaque face. Chaque tuyère est dirigée vers le milieu de la distance comprise entre deux tuyères de la face opposée. La distance des deux parois est, au niveau des tuyères, de $0^m,90$, et au niveau du gueulard de $1^m,40$. La longueur du four, invariable sur toute la hauteur, est de $2^m,20$; sa hauteur, de $5^m,50$. La sole du four est inclinée à partir du milieu vers les faces étroites munies chacune d'un avant-creuset et d'un bassin de coulée. Les tuyères ont un diamètre de $0^m,04$; la pression du vent est de $0^m,02$ de mercure.

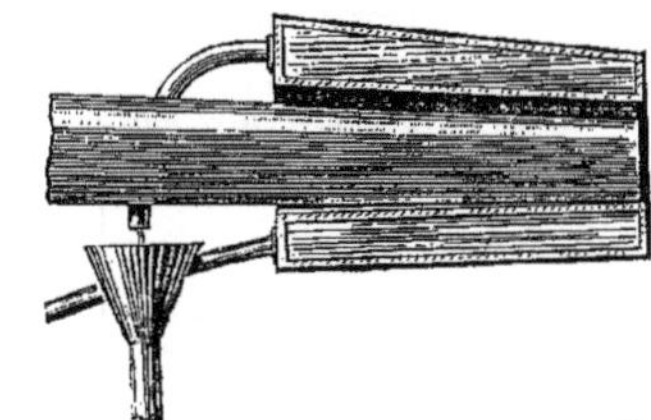

Fig. 508. — Tuyère refroidie par un courant d'eau.

Le minerai fondu à Altenau rend 65 à 70 °/₀ de plomb à l'essai : la gangue est formée surtout de quartz, de carbonates de calcium et de fer et de schiste avec un peu de sulfate de baryum. Il renferme environ 100 grammes d'argent aux 100 kilogrammes de plomb.

Le lit de fusion se compose de :

Minerai en schlich	1000
Scories ferrugineuses d'Ocker, à 65 ou 70 °/₀ de protoxyde de fer et 1 à 2 °/₀ de cuivre	1050
Scories de la même opération	870
Mattes plombeuses	65
Chaux	50

On brûle 405 kilogrammes de coke par tonne de schlich; on fond par 24 heures environ 6 tonnes de minerai. Le lit de fusion précédent donne comme produit :

Plomb d'œuvre, 605 kilogrammes d'une teneur de 140 grammes d'argent aux 100 kilogrammes.
Mattes, 520 kilogrammes à 0,10 de plomb, 0,04 de cuivre et 0,00034 d'argent.
Scories rejetées, 1840 kilogrammes à 0,01 de plomb et 0,000008 d'argent.
Fumées et cadmies, 30 kilogrammes.

Les scories sont assez pauvres; mais elles sont en quantité considérable, grâce à l'addition d'une proportion énorme de scories de la même opération, qui a encore l'inconvénient d'augmenter la quantité de combustible consommée. Leur composition les rapproche des bisilicates. Les pertes par entraînement ou par volatilisation sont assez faibles, grâce à l'évasement du four Raschette et bien que les minerais chargés soient en schlichs non agglomérés : on n'obtient que 1 °/₀ de fumées. La campagne dure un an environ.

Les mattes sont grillées en tas à quatre ou cinq feux : après deux fontes de concentration, on obtient du cuivre noir qui est désargenté par traitement à l'acide sulfurique. — (Méthode indiquée plus loin; voyez TRAITEMENT DES MINERAIS COMPLEXES.)

TRAITEMENT A LAUTENTHAL. — Les conditions sont analogues; le four employé est encore le four Raschette. Le minerai rend à l'essai 66 °/₀ de plomb : il renferme 1 à 2 °/₀ de zinc, 0,5 °/₀ de cuivre, et donne 100 grammes d'argent aux 100 kilogrammes de plomb. La présence de la blende est un inconvénient considérable, car elle favorise l'entraînement du plomb et de l'argent, rend les scories pâteuses et tend à former des cadmies qui entravent la marche du four.

Aussi les scories renferment-elles 6 grammes d'argent aux 100 kilogrammes, près du double de ce que renferment les scories d'Altenau. Néanmoins on n'ajoute au minerai, pour former le lit de fusion, que 56 °/₀ de scories de l'opération même. La consommation de coke est ainsi ramenée à 362 kilogrammes par 1000 kilogrammes de schlich.

MÉTHODE MIXTE.

Lorsque le minerai est fondu au four à cuve après avoir été incomplétement grillé, avec addition de matières ferrugineuses oxydées ou de fer métallique, la séparation du plomb a lieu partie par réduction, partie par précipitation. En fait, la précipitation a généralement une certaine influence dans la plupart des traitements dits par grillage et réduction, puisque le lit de fusion contient presque toujours des matières ferrugineuses. Cette influence varie avec la disposition du four permettant une réduction plus ou moins énergique de l'oxyde de fer; la réduction s'exerce presque toujours à un degré variable dans les fours à plomb, car ils périssent généralement par formation d'un loup ferreux vers le niveau des tuyères.

Nous ne donnerons que quelques indications sur ce mode de traitement, dont les méthodes précédemment décrites suffisent à donner une idée.

A Przibram, le minerai traité est quartzo-blendeux, riche en argent : il rend à l'essai 35 à 40 °/₀ de plomb et renferme 250 à 300 grammes d'argent aux 100 kilogrammes. Le minerai grillé contient environ 15 °/₀ d'oxyde de zinc provenant de la blende et presque autant d'oxyde de fer provenant des pyrites et du fer spathique. Il retient encore 3 à 5 °/₀ de soufre.

Le lit de fusion est formé pour 100 de minerai grillé de 8 à 10 de fonte, 90 à 100 de scories de forge et 20 à 40 de matières plombeuses. Il est passé dans un four à cuve de 6 à 7 mètres de haut, rétréci au gueulard et mesurant jusqu'à 1m,25 de profondeur dans le sens du vent. C'est cette disposition défavorable à la réduction du fer et le manque de calcaire dans le lit de fusion qui nécessitent l'emploi de la fonte. Il se forme des mattes qu'on doit retraiter et les scories renfermant du soufre retiennent 3 à 5 °/₀ de plomb et 8 à 10 grammes d'argent aux 100 kilogrammes. Ces pertes sont aussi dues en partie à la présence du zinc, qu'il serait utile de mieux séparer par la préparation mécanique et de traiter à part.

L'addition de fonte a été supprimée dans les mines d'Ems, où l'on emploie le four Raschette et où le lit de fusion est formé de :

Minerai grillé à 50 °/₀ de plomb	100
Scories de puddlage	21
Fer spathique	24
Calcaire	16

On ne consomme en coke que 10 °/₀ du poids du minerai.

De même à Freyberg, on emploie un four octogone évasé à sa partie supérieure et muni de sept tuyères. On ajoute au minerai grillé 40 à 45 °/₀ de mattes grillées, 85 °/₀ de scories de la même opération et 2,5 °/₀ de calcaire; on emploie 24 °/₀ de coke pour la fusion. Les scories renferment 1k,5 de plomb, 0k,1 de cuivre et 1 gramme d'argent aux 100 kilogrammes. Elles sont rejetées.

TRAITEMENT DES MINERAIS OXYDÉS.

On trouve quelquefois le carbonate de plomb en masses considérables. Il peut être passé directement à la fonte de réduction, ou être mélangé à de la galène et traité par la méthode de réaction dans laquelle on supprime la période de grillage.

Dans le cas où les minerais oxydés sont plus ou moins mélangés de galène, ils peuvent être traités comme des minerais plus ou moins bien grillés.

Le sulfate de plomb n'a guère été trouvé en masses considérables qu'à la mine de Pallières. On en produit des quantités assez notables dans l'industrie. On pourrait le traiter par réaction en le mélangeant à la galène. Rivot et Philipps ont proposé de traiter ces produits au réverbère : on les fond avec 12 °/₀ de silice qui chasse l'anhydride sulfurique et donne un silicate de plomb qui est réduit par du fer métallique, ou un mélange de charbon et de minerai de fer. Les sulfates précipités de l'industrie donnent ainsi directement 75 °/₀ de plomb en lingots.

TRAITEMENT DES MINERAIS COMPLEXES.

TRAITEMENT SUIVI DANS LE HARZ. — Les minerais exploités renferment, outre la galène, des pyrites de fer et de cuivre, de la blende et des gangues terreuses, et une certaine proportion d'argent. Le problème consiste à obtenir le plomb assez exempt de cuivre pour que sa valeur commerciale ne soit pas trop diminuée, et le cuivre qui a une assez grande valeur, le tout sans pertes trop notables sur l'argent. Le minerai contient 60 °/₀ de plomb, 1/2 à 1 °/₀ de cuivre, 5 à 25 °/₀ de quartz et un peu d'argile, de calcaire et de blende.

Le mode de traitement anciennement suivi consistait dans des opérations multipliées, fontes de réduction et grillage des mattes, de manière à appauvrir les mattes en plomb et en argent et à les enrichir en cuivre. Les pertes étaient considérables et les frais de traitement très-élevés.

Le traitement actuellement suivi dans l'usine d'Ocker comprend les opérations suivantes :

1° Fonte au four à manche du minerai mélangé avec des scories du traitement de minerai de cuivre et des scories de la même opération.

Cette fonte est faite dans des demi-hauts-fourneaux à deux ou trois tuyères ou dans des fours Raschette. Le lit de fusion se compose de :

Minerai non grillé	100
Scories cuivreuses de l'usine	100
Scories de l'opération même	30 à 60
Coke	33

On obtient comme produits :

92 à 94 °/₀ du plomb et de l'argent contenus dans les lits de fusion : ce plomb est très-peu cuivreux;

Une matte à 3 °/₀ de cuivre, 5 à 10 °/₀ de plomb et peu d'argent;

Des scories très-pauvres rejetées ou employées comme fondants dans d'autres opérations;

2° Grillage de la matte : l'acide sulfureux est conduit dans des chambres de plomb et sert à la fabrication de l'acide sulfurique;

3° Fonte au four à manche de la matte grillée : on obtient :

Du plomb argentifère, peu cuivreux;

Une nouvelle matte à 12 °/₀ de cuivre et un peu d'argent;

Des scories pauvres qui sont rejetées;

4° Traitement de cette matte pour cuivre et argent. Elle est grillée deux fois et fondue au four à manche. On obtient :

Du cuivre noir argentifère;

Une nouvelle matte (Rohstein);

Des scories employées aux usines de Clausthal;

5° La matte précédente est grillée deux ou trois fois, fondue de nouveau, et donne :

Du cuivre noir argentifère;

Une matte (Kupferstein) pauvre en argent;

6° Cette matte grillée est fondue et donne du cuivre noir pauvre qui est affiné pour cuivre rosette et une matte (Stein) qui repasse au même traitement.

On a ainsi retiré du minerai soumis au traitement :

1° Du plomb argentifère peu cuivreux, dont l'argent est extrait par pattinsonage; les litharges obtenues par la coupellation du plomb riche peuvent être vendues;

2° Du cuivre pauvre marchand;

3° Du cuivre noir argentifère.

Pour compléter ce traitement, indiquons rapidement le mode de désargentation du cuivre noir argentifère. Il subit un léger affinage et est coulé dans l'eau sous forme de grenailles. Ces grenailles sont introduites dans des tonneaux doublés de plomb, portant une ouverture carrée de 0ᵐ,20 à la base. On les arrose de 5 en 5 minutes avec une certaine quantité d'acide sulfurique à 40° Baumé, chauffé par un serpentin vers 80°. Dans l'intervalle, il se produit dans l'intérieur du tonneau, par l'ouverture inférieure, une aspiration énergique d'air qui oxyde la surface des grenailles; l'addition d'acide sulfurique entraîne les sels formés. Le liquide qui s'écoule contient du sulfate de cuivre, un peu de sulfate de fer et de l'argent à l'état métallique, formant une boue avec du sulfate de plomb et diverses impuretés et un excès d'acide. Les sulfates se déposent en grande partie par le refroidissement dans de longs cristallisoirs, avec les boues argentifères. Le liquide acide repasse de nouveau sur le cuivre. On reprend le dépôt par l'eau; on sépare la partie insoluble et on fait cristalliser les sulfates (on pourrait réduire le sulfate de cuivre à l'état métallique par du fer).

Les boues argentifères contenant environ 2 °/₀ d'argent sont agglomérées avec une certaine proportion de litharge et donnent du plomb riche qui passe directement à la coupellation. L'argent obtenu contient un peu d'or.

Dans ce traitement remarquable, la perte sur le plomb n'est guère que de 4 °/₀. Elle est très-faible sur le cuivre et sur l'argent.

INFLUENCE DES GANGUES DANS LES DIVERS PROCÉDÉS.

Quartz, argile, silicates. — Ils sont très-nuisibles dans la méthode par réaction et *a fortiori* dans la méthode du bas foyer, même à la dose de 5 à 6 °/₀. Avec une proportion de 12 °/₀, on n'obtient plus du tout de plomb. Les sables et matières siliceuses fines sont plus nuisibles qui le quartz en grains. Ces matières gênent également le grillage des produits qui doivent être réduits au four à cuve, surtout au commencement du grillage : leur influence à la fin est plutôt utile en ce qu'elles décomposent les sulfates; on en ajoute même quelquefois à la fin du grillage, de manière à couler la masse qui est transformée en silicate de plomb. Dans le traitement au four à cuve, où l'on ajoute des fondants convenables, ces matières ne nuisent que lorsqu'elles sont en trop forte proportion.

Carbonate de calcium et dolomie. — Dans le grillage, une certaine proportion de ces matières, jusqu'à 10 ou 12 °/₀, ne nuit pas. La chaux formée aide à la décomposition du sulfure et empêche la masse de s'agglomérer trop facilement. Une quantité plus forte agit comme matière inerte et empêche plus ou moins la réaction de se produire. L'influence du calcaire est généralement utile dans la fusion au four à cuve pour réduction ou précipitation : c'est un fondant existant naturellement dans le minerai.

Carbonate de fer. — Il agit au grillage comme le calcaire pour retarder la fusion. Une trop forte proportion est nuisible. Il sert également d'une manière très-utile dans la fonte au four à cuve, soit comme fondant, soit pour fournir le fer qui doit servir à la précipitation.

Spath fluor. — Il agit au grillage comme le carbonate de calcium. Pour la fusion, il contribue à rendre les scories plus fusibles, surtout en présence des sulfates.

Sulfate de baryum. — En faible proportion, il ne nuit pas pendant le grillage. Pendant la réduction, il peut se transformer en sulfure et augmenter le poids des mattes dans la méthode par précipitation, ou entraîner de l'argent dans la méthode de réduction. Il forme avec le spath fluor un composé très-fluide, propriété qui est quelquefois utilisée.

Pyrite de fer et pyrite de cuivre. — Une petite quantité n'entrave pas sensiblement le grillage ni la réaction; une forte proportion est très-nuisible : elle empêche le contact intime des matières et donne lieu à une matte très-fusible de sulfure de fer et de plomb. Le grillage doit être conduit avec une grande lenteur; mais l'entraînement du plomb semble être diminué par la légère agglomération qui se produit toujours. La matte formée est très-difficilement réduite par les composés oxydés de plomb. Il paraît utile d'ajouter une certaine quantité de silice, si ce corps manque. Après grillage complet, la présence des composés résultant de l'oxydation de la pyrite n'est pas nuisible, à moins qu'il ne reste des sulfates ou du sulfure non décomposés; dans la fonte de précipitation, ces composés augmentent inutilement le poids des mattes. Dans le cas de la pyrite de cuivre, il y a toujours du cuivre entraîné avec le plomb, ce qui peut en diminuer notablement la valeur : nous avons indiqué comment le cuivre peut être extrait lorsqu'il existe en quantité suffisante.

Blende. — Au four à réverbère, la blende est surtout nuisible par suite de la formation d'oxyde et de sulfate de zinc agissant comme matières inertes. Pendant la période de réaction, le sulfure de zinc réagit comme la galène sur les composés oxydés de plomb. L'oxyde de zinc est facilement entraîné et augmente les pertes en plomb et en argent. Si l'on ajoute du charbon pendant le ressuage, une partie du zinc est réduite et volatilisée, ce qui peut donner des pertes énormes. Les crasses sont aussi rendues moins fusibles par les composés de zinc. En proportion un peu forte, la blende est excessivement nuisible dans tous les traitements. La matière grillée renferme toujours du sulfate de zinc qui est difficilement décomposé par le grillage. Dans la fonte de réduction, l'oxyde de zinc se réduit; le zinc se volatilise et se réoxyde à la partie supérieure du four en donnant lieu à des cadmies très-résistantes qu'il faut enlever de temps à autre, qui attaquent le four et en dérangent la marche. Le sulfate se réduit à l'état de sulfure qui réagit en partie sur les composés oxydés de plomb et en partie forme une matte peu fusible. Les scories renferment du zinc à l'état de sulfure et d'oxyde qui les rend pâteuses et leur fait entraîner des grenailles de plomb. Une portion notable d'argent et de plomb est entraînée avec le zinc volatilisé, une autre portion avec le sulfure de zinc dans la scorie; ainsi, les pertes sont toujours considérables. Des réactions analogues se passent dans la méthode par précipitation : la blende y est tout aussi nuisible.

On doit séparer la blende le plus possible par la préparation mécanique, et, dans le cas où elle est argentifère, la traiter à part pour argent.

Sulfure d'antimoine et pyrite arsenicale. — Une faible quantité, 2 à 3 °/₀, est toujours nuisible. Au grillage, il se forme des composés arsenicaux ou antimoniaux volatils qui entraînent du plomb et de l'argent; une partie de l'arsenic ou de l'antimoine passe dans le plomb, ce qui lui fait perdre sa ductilité et augmente les pertes à la coupellation. Une forte proportion de ces corps rendrait tout traitement impossible. Au grillage, il se forme des arséniates et des antimoniates. A la fonte de réduction, ces composés sont réduits, se volatilisent en partie en entraînant du plomb et de l'argent, et passent en partie dans le plomb d'œuvre dont ils altèrent la pureté. Ces inconvénients sont encore plus marqués dans la fonte de précipitation.

Le *cuivre gris* qui se trouve quelquefois associé à la galène agit à peu près comme les composés précédents. La présence du cuivre augmente encore les impuretés.

CONDENSATION DES FUMÉES.

La condensation des fumées plombeuses a un double but : supprimer l'influence malsaine qui en résulte pour l'homme, les animaux et les végétaux, influence qui chez l'homme peut se traduire par de très-graves maladies, et recueillir la quantité de plomb, souvent considérable, jusqu'à 12 et 15 °/₀, qui se trouve ainsi entraînée. C'est donc un des points les plus importants de la métallurgie du plomb. Mais les matières plombeuses entraînées se composent non-seulement de schlichs pulvérulents qui se déposent assez facilement, mais de matières oxydées à un état de division extrême et tel qu'il est très-difficile de les faire déposer. Il semble que le moyen le plus simple devrait être d'augmenter la section des carneaux conduisant à la cheminée d'appel; la vitesse des gaz se trouvant ainsi réduite en raison inverse de la section, on doit obtenir les conditions les plus favorables pour le dépôt des matières entraînées. On a, dans ce but, intercalé de grandes chambres entre les fours et la cheminée. Mais dans ce cas le courant principal se dirige du carneau d'entrée au carneau de sortie, sans que toute la masse de gaz de la chambre se mette en mouvement; on est obligé, pour arriver à ce résultat, d'établir des chicanes; mais la condensation reste toujours imparfaite.

On a proposé également d'injecter dans les gaz de la vapeur ou de l'eau sous forme de pluie, mais ce procédé n'a pas donné tout ce qu'on en attendait; il présente, de plus, l'inconvénient de refroidir les gaz et de diminuer le tirage.

On a même employé un moyen plus énergique, consistant à faire barboter la fumée dans l'eau en l'aspirant au moyen d'appareils mécaniques.

Le procédé généralement adopté dans les usines d'une importance suffisante pour en faire la dépense consiste à faire passer la fumée dans des canaux d'une section assez grande et d'une longueur considérable, souvent de plusieurs kilomètres, aboutissant à une cheminée qui donne le tirage. Les fumées se déposent sur les parois rugueuses et sur toute la longueur des galeries : leur richesse semble même s'accroître avec la distance où elles se déposent. Le frottement paraît être une des conditions nécessaires de leur dépôt. On les extrait de temps à autre. Au Bleiberg (Belgique), les canaux de condensation ont 950 mètres de longueur; la section a $1^{m},50$ de large sur $1^{m},75$ de hauteur. On les vide une fois par an et on en retire des produits rendant pour 80,000 francs de plomb. A Allendale (Derbyshire), les canaux de condensation mesurent dans une seule usine 4,070 et 3,967 mètres de longueur. La section est de $2^{m},44$ de hauteur sur $1^{m},83$. Le plus souvent on fait courir les canaux sur le flanc des coteaux; la différence de niveau tend à activer le tirage.

Quelques usines anglaises condensent les fumées en les faisant filtrer à travers des fagots, des lits de pierres arrosés d'eau ou des matières poreuses comme du coke. Les difficultés qui se présentent ainsi que l'augmentation des frais ne semblent pas en rapport avec les résultats obtenus quelque bons qu'ils soient. Le dépôt des fumées encrasse facilement les appareils de filtrage et diminue le tirage, et le dépôt se fait d'autant mieux que l'encrassement est plus avancé, c'est-à-dire que la vitesse des gaz est plus faible.

On a reconnu que dans les galeries humides, dont le sol était recouvert d'une petite couche d'eau, il ne s'effectuait qu'un très-faible dépôt, ce qui semble indiquer que l'emploi de l'eau n'est pas très-favorable à la condensation : il semble probable que les fumées sont difficilement mouillées par ce liquide.

Les fumées, de composition très-variable, contiennent surtout du sulfate, carbonate et oxyde de plomb; suivant la nature des minerais, elles contiennent souvent de l'oxyde de zinc, de l'acide antimonique ou arsénique, etc. Elles sont quelquefois notablement argentifères.

Quel que soit le procédé employé, la condensation est toujours très-imparfaite : c'est là le desideratum principal de la métallurgie du plomb.

CHOIX D'UNE MÉTHODE.

Dans son important mémoire sur l'*État actuel de la métallurgie du plomb* [*Ann. des Mines*, 6e sér., 1868, t. XIII], Gruner, après avoir exposé et discuté les diverses méthodes, émet les conclusions suivantes :

« 1° Que le *procédé du bas foyer* devrait partout faire place à la *méthode par grillage et réaction.*

« 2° Que les minerais riches, purs, non quartzeux, devraient toujours être traités par cette dernière méthode. Que l'opération doit se faire dans de grands réverbères, à facile accès d'air, pourvus d'un seul foyer et d'un bassin de réception intérieur ou extérieur, placé dans la région la moins chaude du four.

« L'opération doit être conduite lentement et se composer de deux phases bien distinctes, le *grillage* et la *réaction.* Pour le grillage, il faut que la couche de schlich n'ait pas au delà de $0^m,08$ à $0^m,09$ d'épaisseur.

« On grille à basse température, et l'on doit aller jusqu'à la limite théorique d'un équivalent de sulfate, ou de deux équivalents d'oxyde, par équivalent de sulfure. Après le premier coup de feu, qui produit le plomb, et deux ou trois nouveaux grillages et coups de feux répétés, il faut retirer du réverbère les crasses riches sans recourir au *ressuage,* ou plutôt pratiquer ce ressuage au four à cuve, en soumettant les crasses à la fonte de réduction.

« 3° Lorsque les minerais sont impurs ou quartzeux, il faut, autant que possible, avoir recours à la méthode de *grillage et réduction.* Comme fondant, on ajoutera du calcaire et des matières ferrugineuses oxydées. On évitera la formation des mattes en grillant bien, du moins lorsque les minerais sont argentifères sans être cuivreux.

« Le four de réduction doit être au niveau des tuyères à section circulaire, muni de deux ou de plusieurs tuyères à eau, et pourvu à ce niveau de parois en fonte, entièrement rafraîchies. Il faut évaser la cuve à partir de là jusqu'au gueulard. On marchera à gueulard fermé, en soutirant les gaz par une ouverture latérale.

« Lorsque la galène sera mêlée de blende, il faudra la séparer, autant que possible, dans la préparation mécanique; celle qui restera devra être grillée avec beaucoup de soin, pour que le zinc passe dans les scories sous forme d'oxyde. On empêchera la réduction de l'oxyde de zinc en marchant vite et en ajoutant, au lit de fusion, des matières ferrugineuses oxydées, sans toutefois dépasser certaines limites; sans cela on réduirait l'oxyde de zinc par le fer lui-même.

« 4° La méthode de précipitation ne devrait être appliquée que là où le combustible manque pour le grillage au réverbère, ou lorsque les minerais sont plombo-cuivreux. Et même dans ce dernier cas, lorsque les minerais renferment de l'argent, il convient de les griller partiellement, pour réduire le poids des mattes. Le four doit d'ailleurs être disposé comme pour une fonte de réduction, surtout lorsque le fer, comme cela est convenable, est chargé à l'état d'oxyde... »

RAFFINAGE ET DÉSARGENTATION.

Le plomb obtenu par une quelconque des méthodes exposées contient le plus souvent une quantité d'argent suffisante pour qu'on puisse en retirer ce métal avec avantage. D'autre part, lorsque la quantité d'argent est très-faible, le plomb doit souvent être raffiné avant d'être livré au commerce : ce raffinage précède même le travail de la désargentation lorsque les plombs sont trop impurs.

RAFFINAGE.

Lorsque la quantité de matières étrangères est assez faible, il suffit, avant de livrer les plombs au commerce, de les refondre sur la sole inclinée d'un petit four à réverbère sur laquelle il se produit une sorte de liquation : le plomb purifié s'écoule à l'extérieur dans des chaudrons et est coulé en lingots. D'autres fois on se contente de fondre le plomb dans de grandes chaudières, comme les chaudières de pattinsonage, à une température plus ou moins élevée, en enlevant les crasses et au besoin faisant bouillonner la masse en y plongeant des bûches ou des tiges de bois vert, comme cela se pratique dans le raffinage du cuivre.

Lorsque le plomb à raffiner contient, outre le soufre, le fer, le cuivre, de l'arsenic, de l'antimoine et surtout du zinc, le traitement doit être plus énergique. Il faut faire subir au métal fondu une oxydation sous l'influence de l'air. On emploie des réverbères dont la sole creusée forme un bassin dans lequel le bain de plomb fondu a une hauteur de $0^m,15$ à $0^m,20$. La grande difficulté est dans la tendance du plomb et des matières plombeuses à traverser la sole : le mieux est de la construire avec un mélange d'argile, de sable et de scories plombeuses; on la bat à chaud lorsqu'elle est suffisamment ramollie. D'autres fois, on garnit la sole de dalles de grès ou de tuf volcanique ou on y dispose une auge en tôle. Le four est muni d'ouvertures latérales pour l'accès de l'air et d'une porte de travail généralement située sous le rampant. On emploie aussi dans le même but les fours de coupellation ordinaires. — Voyez ARGENT (MÉTALLURGIE).

La charge varie suivant la dimension du four; elle est généralement de 7 à 8 tonnes. Le plomb est porté au rouge sombre et les matières étrangères s'oxydent progressivement et successivement sous l'influence de l'air. On injecte quelquefois de l'air au moyen de tuyères sur le plomb fondu pour activer l'opération. On décrasse et on écume le bain de temps à autre jusqu'au moment où les litharges qui se forment sont suffisamment pures. Il suffit alors de couler le plomb. La durée de l'opération est très-variable suivant l'impureté des plombs soumis au travail; elle est généralement comprise entre 12 heures et 60 heures. Au Bleiberg, par exemple, où l'on raffine avant le pattinsonage des plombs contenant 0,3 % de soufre, 0,15 de fer, des traces de cuivre et de zinc et 2 à 3 % d'antimoine et d'arsenic, il faut 48 heures pour raffiner 8 tonnes de plomb avec une consommation de 600 à 700 kilogrammes de houille. Le plomb est écoulé directement dans les chaudières de pattinsonage. On recueille 11 à 12 % de crasses contenant 80 % de métal.

Les crasses obtenues dans le raffinage sont ou repassées à la fusion avec les autres minerais, ou réduites à part de manière à donner des plombs durs, arsenicaux ou antimoniaux, employés, les premiers pour la fabrication du plomb de chasse, les seconds pour la fonte des caractères d'imprimerie.

DÉSARGENTATION.

Les procédés de désargentation ont déjà été décrits à l'article ARGENT (voyez ce mot); nous compléterons seulement ce qui a été dit précédemment à ce sujet.

COUPELLATION DIRECTE. — Ce procédé est presque partout abandonné, à moins que les litharges n'aient un écoulement avantageux : on suit alors le plus souvent la méthode allemande, car la méthode anglaise *par filage* ne donne que des litharges impures, à moins d'une pureté exceptionnelle du plomb d'œuvre.

Deux procédés très-remarquables, le *pattinsonage* et le *zingage*, permettent de séparer l'argent et d'obtenir des plombs doux marchands sans coupeller la masse totale du plomb et à meilleur compte.

PATTINSONAGE. — Ce procédé est fondé sur la différence de fusibilité du plomb et des alliages de plomb et d'argent. En laissant refroidir un alliage de plomb et d'argent, le plomb cristallise le premier et peut être séparé de la partie restée liquide qui renferme l'argent. Néanmoins lorsque la quantité d'argent augmente dans l'alliage, le degré de fusibilité diminue, et, d'après Reich, le plomb renfermant 2,25 °/₀ d'argent se fige à la température de fusion même du plomb pur. C'est pour cela que dans la pratique on n'enrichit pas par pattinsonage les plombs au delà d'une teneur de 10,000 à 15,000 grammes à la tonne.

Dans l'opération du pattinsonage, on divise la masse du plomb en deux parties, l'une liquide enrichie, l'autre enlevée à l'état de cristaux, appauvrie. En faisant subir la même opération à la partie enrichie d'une part et à la partie appauvrie de l'autre, on obtient d'un côté du plomb encore plus riche et de l'autre du plomb plus pauvre, ainsi que des produits intermédiaires. Au bout d'un nombre suffisant d'opérations on conçoit que l'on arrive d'un côté au plomb le plus riche, destiné à la coupellation, et de l'autre au plomb le plus pauvre, qui constitue le métal marchand. Dans ce travail, les plombs de teneur analogue sont mélangés, de manière à opérer toujours sur une masse suffisante. La main d'œuvre est assez considérable et variable, toutes choses égales d'ailleurs, avec le rapport d'après lequel on divise le plomb d'œuvre en $\frac{1}{m}$ de plomb liquide enrichi et $\frac{m-1}{m}$ de plomb cristallin appauvri. En effet, le rapport d'appauvrissement p, c'est-à-dire le rapport de la teneur du plomb appauvri à celle du plomb primitif, varie avec la valeur de m; il varie également avec la teneur du plomb d'œuvre. Les nombres le plus généralement adoptés pour m sont 3 et 8; c'est-à-dire qu'on enlève les $\frac{2}{3}$ ou les $\frac{7}{8}$ du plomb d'œuvre à l'état de cristaux en laissant $\frac{1}{3}$ ou $\frac{1}{8}$ à l'état liquide et enrichi; mais ces nombres sont complétement arbitraires, et rien ne prouve que ce soit ceux qui présentent le plus d'avantages, c'est-à-dire qui, avec la plus faible main-d'œuvre et la moindre consommation de combustible, conduisent aux deux produits définitifs, plomb pauvre marchand et plomb riche à coupeller. La relation existant entre p, m et la teneur du plomb étant inconnue, la question ne saurait être résolue par le calcul : néanmoins les résultats de l'expérience pour diverses valeurs de m peuvent donner des indications utiles. D'après Gruner, pour les valeurs 2, 3, 4 et 8 de m avec des plombs riches, moyens ou pauvres, on a les valeurs de p inscrites dans le tableau suivant :

VALEUR DE p.		$m=2$.	$m=3$	$m=4$.	$m=8$.
Pour les plombs	riches. .	0,70	0,71 à 0,72	»	0,75
	moyens	0,54 à 0,58	0,56	0,60	0,73
	pauvres.	0,50	0,50	»	0,69

Ce tableau montre que le plomb enlevé à l'état de cristaux dans la chaudière est d'autant plus pauvre que le plomb primitif est lui-même moins riche ; ces cristaux sont en effet toujours plus ou moins imbibés de plomb liquide plus riche dont la teneur plus ou moins élevée vient s'ajouter à la leur. Il en résulte que, pour les plombs très-pauvres, il doit y avoir avantage à profiter de cette faible teneur pour enrichir rapidement le plomb liquide; on devra prendre une valeur de m assez forte; pour les plombs riches, au contraire, il vaut mieux prendre une valeur de m voisine de l'unité. Le système $m=3$ conviendrait donc mieux aux plombs riches, et $m=8$ aux plombs pauvres, si on n'avait qu'à choisir entre eux. On pourrait même, pour les plombs assez pauvres, comme ceux qu'on soumet le plus souvent au pattinsonage, commencer l'enrichissement avec $m=8$ et le finir avec $m=3$ [Gruner, *mém. cit.*].

A Freiberg, on calcule le nombre d'opérations n et n', nécessaire pour arriver d'un côté au plomb pauvre et de l'autre au plomb riche, par les formules :

$$n=\frac{\log\frac{b}{a}}{\log p}, \qquad n'=\frac{\log\frac{c}{a}}{\log q},$$

a étant la teneur initiale du plomb d'œuvre, b celle du plomb pauvre, c celle du plomb riche, p et q les rapports d'appauvrissement et d'enrichissement que l'on admet égaux à 0,62 et 1,76 pour la méthode des tiers, et 0,714 et 3 pour la méthode des huitièmes.

Avec le plomb d'œuvre à 500 ou 600 grammes que l'on cristallise à Freiberg, on trouve d'après ces formules :

Par la méthode des tiers, $n=11$ à 12, $n'=2$.

Par la méthode des huitièmes, $n=16$ à 17, $n'=1$.

C'est là une preuve de l'avantage de traiter les plombs riches avec une faible valeur de m, puisqu'on peut ainsi économiser quatre à cinq opérations.

Deux méthodes peuvent être suivies pour l'enrichissement par pattinsonage. Dans la première on emploie une série ou *batterie* de chaudières disposées les unes à côté des autres et qui servent au travail des produits intermédiaires que l'on obtient entre le plomb riche et le plomb pauvre.

Le plomb est d'abord fondu; on enlève au moyen de l'écumoire les crasses qui se forment et qui sont retraitées à part ou avec les minerais; le poids de ces crasses peut varier entre 20 et 40 °/₀ du poids des plombs d'œuvre suivant qu'ils sont plus ou moins purs et qu'ils ont été préalablement affinés ou non. L'écumoire est en forte tôle légèrement bombée ; son diamètre est d'environ 0^m,50; elle est munie d'un manche de bois légèrement flexible de 2^m,50 de long; elle pèse, vide, 60 kilogrammes, et pleine, 150 à 200 kilogrammes. Deux ouvriers travaillent en général ensemble par chaudière. Le plomb étant fondu et décrassé, on le laisse refroidir lentement en le remuant constamment au moyen d'une spadelle qui sert à rendre la température égale dans le bain et à détacher les croûtes qui se forment contre les parois. Lorsque les cristaux commencent à se former, les deux ouvriers les recueillent au moyen de l'écumoire, les égouttent en donnant quelques secousses au moyen du manche flexible reposant sur le bord de la chaudière et les rejettent dans la chaudière voisine, toujours du même côté; l'écumage terminé, le plomb liquide enrichi est transporté en sens inverse au moyen de poches et s'ajoute aux cristaux ayant à peu près la même teneur. L'opération est ainsi continue : le plomb d'œuvre entrant vers le milieu de la batterie sort aux extrémités à l'état de plomb riche et de plomb marchand. Ces deux produits sont coulés en lingots pour être coupellés ou vendus.

Les chaudières contiennent généralement 12 tonnes de plomb : deux ouvriers manipulent trois chaudières en 12 heures; il faut manipuler de 18 à 36 tonnes de plomb pour obtenir une tonne de produits finis, plomb pauvre et plomb riche. Une chaudière dure en moyenne quatre à cinq mois; on brûle par tonne de plomb d'œuvre 200 à 250 kilogrammes de houille, et environ autant pour la réduction des crasses. On peut estimer les frais du pattinsonage, y compris la coupellation, la réduction des litharges, etc., à 25 ou 30 francs par tonne de plomb d'œuvre pour les plombs purs et assez pauvres. Une batterie de chaudières peut pattinsoner environ 250 à 300 tonnes par mois.

Le prix demandé en Angleterre pour le pattinsonage à façon varie entre 33 fr. 60 et 92 fr. 40 par tonne de plomb d'œuvre pour les teneurs extrêmes de 28 grammes et 7000 grammes à la tonne. Plus la teneur est forte, plus la quantité de plomb riche à coupeller est considérable, ce qui augmente les frais.

Lorsque la quantité de plomb d'œuvre à traiter n'est pas suffisante pour occuper couramment une batterie de chaudières, on emploie le système des *chaudières conjuguées*. Deux chaudières suffisent au travail. Le plomb d'œuvre est fondu dans l'une d'elles; on le fait cristalliser et les cristaux sont rejetés dans l'autre chaudière. Le plomb liquide enrichi est coulé en lingots et mis en réserve pour une opération postérieure. On ajoute aux cristaux écumés une quantité suffisante de plomb de même teneur; on fait cristalliser de nouveau et l'on obtient de nouveaux cristaux plus pauvres. On procède ainsi jusqu'à obtenir le plomb pauvre marchand que l'on coule en lingots et on recommence l'opération sur de nouveau plomb d'œuvre plus ou moins riche. Ce mode de traitement est un peu plus coûteux que le précédent, car il faut refondre le plomb liquide enrichi qui a été coulé en lingots; mais l'installation de l'atelier est moins dispendieuse.

Pattinsonage mécanique. — Ce procédé, dû à Boudehen, et appliqué en France par Laveyssière, permet de diminuer la main-d'œuvre exigée par les modes de travail précédents, et supprime la partie la plus pénible du pattinsonage, le travail de l'écumage. On emploie le système des chaudières conjuguées : les deux chaudières sont superposées, la chaudière supérieure est placée au-dessus d'un foyer et munie d'un ajutage à tampon permettant de couler le plomb qu'elle contient dans la chaudière inférieure; celle-ci peut de même laisser couler son contenu dans une lingotière.

Le procédé consiste à fondre le plomb d'œuvre dans la chaudière supérieure et à le couler dans la chaudière inférieure d'une contenance de 9 tonnes, qui est cylindrique, à fond plat, et munie de deux agitateurs en fer, dont l'un épouse assez exactement la forme de la paroi de la chaudière pour racler les croûtes qui pourraient se déposer; l'autre, formé de palettes hélicoïdales, est destiné à brasser le bain et à mélanger les diverses parties. On laisse, en maintenant constamment le brassage, se former la proportion de cristaux voulue pour les valeurs le plus souvent adoptées de $m = 2$ ou $m = 3$; le refroidissement est activé au moyen d'un petit filet d'eau coulant sur la surface du plomb fondu. La fin de l'opération est indiquée par l'arrêt du moteur de 8 à 9 chevaux nécessaire au travail; on coule alors le plomb liquide enrichi qui se rend dans la lingotière, tandis que les cristaux formés restent dans la chaudière.

Pendant ce travail, on a fondu et surchauffé dans la chaudière supérieure du plomb en saumons de la teneur des cristaux de la chaudière inférieure, de sorte qu'en le coulant sur les cristaux, on voit ceux-ci entrer en fusion; on recommence alors l'opération sur ce nouveau bain appauvri, et ainsi de suite, jusqu'à ce qu'on obtienne des cristaux de la teneur du plomb marchand, en procédant d'une manière générale comme avec les chaudières conjuguées.

Avec ce système, l'économie est d'environ la moitié du prix de la main-d'œuvre; mais on ne peut guère appauvrir le plomb au delà de 20 grammes à la tonne. On conçoit, en effet, que, dans l'ancien procédé, les derniers cristaux écumés sont seuls imprégnés par le plomb enrichi, tandis qu'ici c'est la masse totale des cristaux qui se trouve en présence du plomb riche : l'appauvrissement doit donc être, dans ce cas, moins rapide.

Pattinsonage par emploi de la vapeur, procédé Luce fils et Rozan (brevet français du 24 août 1869, n° 86,671). — Ce procédé appliqué à l'usine Saint-Louis, près Marseille, consiste à remplacer le système d'agitation mécanique précédemment décrit par celle que produit un jet de vapeur d'eau à 3 atmosphères de pression arrivant dans la masse fondue.

L'appareil se compose, comme le précédent, de deux chaudières superposées, la chaudière supérieure, de 10 tonnes, la chaudière inférieure pour la cristallisation, de 15 tonnes. La vapeur est donnée dans le fond de cette chaudière, au moyen d'un tube muni d'un robinet à clapet, sous une plaque de fonte bien horizontale qui la distribue dans toute la masse. Pendant que le plomb se refroidit et cristallise sous l'influence d'un filet d'eau répandu à sa surface et de l'agitation produite par la vapeur, un ouvrier soulève successivement les divers segments du couvercle de la chaudière et détache avec une pince le plomb qui est venu, pendant le bouillonnement, se figer contre les parois supérieures de la chaudière : ces parois sont en outre léchées par une portion des flammes du foyer de la chaudière de fusion. Les oxydes formés se déposent en grande partie à la surface; on en recueille 20 à 28 kilogrammes par 100 kilogrammes de plomb traité, ainsi que 1 kilogramme environ entraîné dans une chambre de condensation. On coule le plomb liquide enrichi, lorsqu'il ne forme plus que le tiers de la masse totale, en deux pains de 2,500 kilogrammes.

L'opération continue aussitôt avec le plomb fondu dans la chaudière supérieure qui s'ajoute aux cristaux appauvris; on peut faire douze opérations environ par 24 heures.

Quant à l'enrichissement, un plomb d'œuvre à 170 grammes d'argent aux 100 kilogrammes de plomb passe par les teneurs de 305, 600, 1230, et 2100 grammes en montant, et 89, 45, 22, 12, 6, 3 et 1,5 grammes en descendant. Le plomb à la teneur de $1^{gr},5$ est le plomb marchand; celui à 2100 grammes est coupellé.

Ce procédé semble présenter de sérieux avantages sur le pattinsonage ordinaire. La vapeur paraît exercer une action chimique réelle, et produire un vrai raffinage du plomb, quoique le cuivre et l'antimoine ne décomposent pas la vapeur à la température à laquelle on opère. Les plombs très-durs sont seuls soumis à un raffinage préalable. Vers la fin des opérations, les oxydes de plomb deviennent noirs et sont fortement chargés de cuivre; l'antimoine s'oxyde surtout pendant les refontes successives. Les plombs obtenus sont plus doux et le raffinage préalable nécessité souvent par le pattinsonage ordinaire est généralement supprimé. Le plomb provenant de la réduction des oxydes subit seul un raffinage préalable.

Il y a de plus économie de temps et de main

d'œuvre et une moindre oxydation du plomb; l'enrichissement peut être poussé plus loin, ce qui économise une partie des frais de réduction et de coupellation des plombs riches.

On obtient en définitive une économie d'environ moitié sur le prix du pattinsonage ordinaire par chaudières conjuguées.

Désargentation par le zinc. — En 1842, Karsten avait reconnu qu'en mélangeant du zinc avec du plomb argentifère, l'alliage se séparait par le repos; le zinc s'emparait de l'argent et montait à la surface sous la forme d'écumes contenant un peu de plomb; le plomb ne retenait plus qu'une faible portion de zinc, 1/2 % environ; mais cette faible dose suffit pour altérer sa malléabilité.

L'argent peut être séparé en distillant le zinc argentifère.

Dix ans plus tard, Parkes prit une patente anglaise pour la désargentation des plombs d'œuvre par zincage. Son procédé consiste à mélanger au plomb fondu une quantité de zinc égale à environ 30 fois le poids de l'argent contenu, laisser reposer, séparer les écumes de zinc argentifères et les distiller : on obtient ainsi du zinc qui peut servir de nouveau et un alliage riche formé par l'argent et le plomb contenus dans les écumes zincifères; l'argent en est retiré par coupellation. Quant au plomb appauvri, on le purifie du zinc

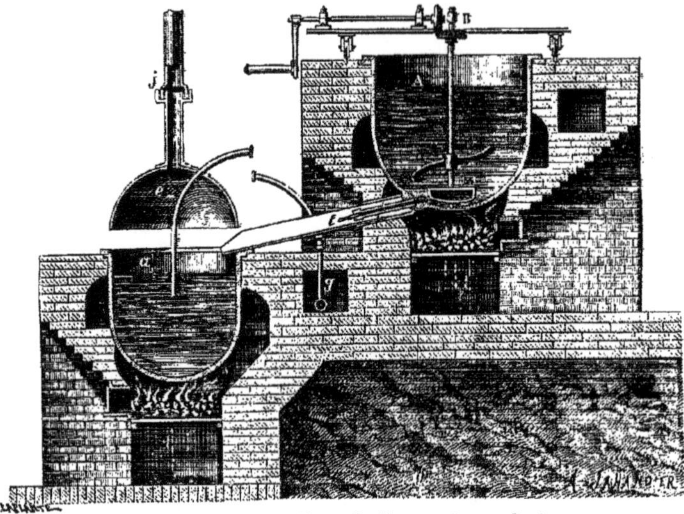

Fig. 509. — Appareil Cordurié pour la désargentation par le zinc.

qu'il contient encore par oxydation sur la sole d'un four de coupellation.

Ce procédé, plus ou moins modifié, a été, à partir de 1859, introduit en Espagne, en Italie, en Angleterre, en Allemagne et en France par C. Roswag. Actuellement, après d'importants perfectionnements et avec les modifications nouvelles, les avantages en sont tels, qu'il semble devoir remplacer toutes les méthodes antérieures.

Le procédé Cordurié (brevet français du 18 octobre 1866, n° 73,167), parait être le plus avantageux. Il consiste essentiellement dans l'emploi de la vapeur d'eau surchauffée pour débarrasser le plomb pauvre de la faible quantité de zinc qu'il renferme. Le fer, le zinc et une partie de l'antimoine s'oxydent en n'entraînant que peu de plomb. Voici le mode de travail adopté au Havre [Gruner, *Mém. cit.*, p. 71] : le plomb est fondu dans une chaudière de 10 tonnes A surélevée au-dessus du sol de l'atelier : la désargentation se fait dans cette chaudière; deux chaudières *a* placées à un niveau inférieur reçoivent alternativement par les deux tubulures à tampon *t* de la chaudière supérieure le plomb désargenté et zincifère à purifier. Le plomb étant fondu dans la chaudière supérieure, le zinc y est introduit en morceaux contenus dans une boîte en tôle Z percée de trous, portée à l'extrémité d'un axe vertical qui va jusqu'au fond de la chaudière. Cet arbre est muni également au-dessus de la boîte à zinc d'un agitateur à palettes pouvant recevoir un mouvement de rotation (fig. 509). De cette façon, le zinc fond peu à peu et s'échappe sous la forme de gouttelettes qui montent à la surface du bain après un contact assez prolongé avec le plomb. Lorsque le zinc est fondu, on retire l'appareil et on brasse le bain pendant quelques minutes avec des écumoires; on laisse alors refroidir et, au bout d'un certain temps de repos, on écume le zinc argentifère qui entraîne une certaine proportion de plomb. Ces écumes sont reçues dans une petite chaudière et fondues : on sépare ainsi par liquation une partie du plomb qui est ajouté au plomb d'œuvre. Ce traitement par le zinc est en général répété trois fois; chaque zincage, avec le temps de repos qui semble très-favorable à la désargentation, dure trois heures. Par 100 kilogrammes de plomb à désargenter, on emploie une quantité totale de 1 kilogramme de zinc pour une teneur de 100 grammes d'argent et 1 1/2 à 2 kilogrammes pour les fortes teneurs.

Le plomb désargenté est alors coulé dans l'une des chaudières inférieures, recouverte d'un dôme en tôle, lequel communique par un tuyau à fermeture hydraulique qui en assure la mobilité avec une chambre de condensation. Le plomb étant porté au rouge, on y fait passer au moyen d'un tuyau plongeant jusqu'au fond du bain un courant de vapeur surchauffée, pendant 2 à 3 heures. La majeure partie des oxydes reste à la surface du bain, une petite quantité est entraînée dans les chambres de condensation. On laisse refroidir un peu le métal, on écume les oxydes et on coule le plomb doux en lingots.

Quant aux écumes argentifères recueillies et liquatées, elles contiennent l'or, le cuivre et l'argent du plomb d'œuvre, et c'est dans cet ordre que les métaux sont successivement entraînés; elles renferment également une notable proportion de plomb qui n'a pu être séparé par liquation. Lorsqu'on en a recueilli une quantité suffisante, on les fond et on les traite par la vapeur surchauffée dans l'une des chaudières précédentes. Le zinc est oxydé et l'argent qu'il contenait se réunit dans le plomb qui restait dans les écumes, de manière à donner un plomb d'œuvre riche à 1 ou 2 % d'argent qui passe à la coupellation. Les oxydes ainsi obtenus contiennent une certaine proportion de plomb argentifère en grenailles et sont eux-mêmes argentifères. Les grenailles sont séparées par criblage dans l'eau et ajoutées au plomb à coupeller; le reste des oxydes est traité par l'acide chlorhydrique marquant 12° B. L'oxyde de zinc se dissout et les chlorures et oxychlorures restants sont fondus dans un chaudron de fonte, ce qui donne encore un peu de plomb riche, puis réduits dans un four à réverbère avec du charbon et un peu de chaux, ce qui donne du plomb d'œuvre. Ce mode de traitement des oxydes riches tend à être remplacé par le traitement suivant qui était employé à Lautenthal en 1860. On les ajoute pendant la coupellation au plomb riche, qui leur fait subir une sorte d'imbibition et les débarrasse de l'argent qu'ils contiennent.

Quant aux oxydes obtenus dans l'affinage du plomb désargenté, ils subissent sur des tables de préparation mécanique un classement par densité et donnent des grenailles de plomb qui repassent au traitement et des oxydes plus ou moins denses, contenant, suivant leur densité, une proportion variable d'oxyde de plomb. Les plus riches sont réduits de nouveau; les autres peuvent être vendus pour la peinture à l'huile et présentent, grâce à l'oxyde de plomb qu'ils contiennent, la propriété de *couvrir* beaucoup mieux que l'oxyde de zinc pur.

En résumé, dans un atelier comprenant deux chaudières supérieures et deux chaudières inférieures, on traite d'une manière complète 500 tonnes par mois, avec 23 ouvriers pour exécuter les divers traitements. Les plombs marchands ne contiennent que 5 à 6 grammes d'argent à la tonne; le déchet sur les plombs purs n'est que de 1 % (avec les mêmes plombs, il était de 4 % par le pattinsonage). L'économie sur le pattinsonage est en définitive de plus de moitié.

D'autres procédés sont également suivis pour la purification du plomb zincifère après le zincage. A Braubach, par exemple, le plomb pauvre zincifère est chauffé au rouge avec du chlorure de plomb obtenu par l'action de l'acide chlorhydrique sur la litharge. Il se forme du plomb et du chlorure de zinc qu'on sépare. Les écumes riches de zinc argentifère sont traitées de même.

A la Pise, on se contentait de volatiliser dans des creusets le zinc des écumes plombo-zincifères de manière à obtenir un culot de plomb riche, et le plomb pauvre était affiné au réverbère. C'est, à peu près, la première méthode de Parkes. Le zinc est complétement sacrifié et il y a des pertes de plomb que le procédé Cordurié permet d'éviter.

A Call (Eifel) on suit un procédé différent [*Ann. des Mines*, (6), t. XVII, p. 447, 1870]. Le zincage se fait sur le plomb d'œuvre assez impur, sans affinage préalable.

Le mélange du zinc avec le plomb s'opère par un brassage de 20 minutes. On fait trois zincages sur 15 tonnes de plomb avec des quantités de 90, 50 et 67 kilogrammes de zinc. Les écumes du premier zincage pèsent 500 kilogrammes; pour les suivants on fait des écumages successifs en laissant se solidifier la surface du bain, et on recueille 2,500 kilogrammes d'écumes. Après une liquation qui donne du plomb d'œuvre, le poids de ces dernières écumes est réduit à 400 kilogrammes tenant 2 à 3 % d'argent.

Le plomb pauvre restant dans la chaudière est traité par un mélange de 150 kilogrammes de sulfate de plomb qu'on peut se procurer à bon compte et de 50 kilogrammes de sel marin. En maintenant le bain au rouge pendant 24 heures, il se forme du chlorure de zinc, du sulfate de soude et du plomb métallique. La scorie est écumée; puis on ajoute 40 kilogrammes de chaux vive à la surface du bain en brassant la masse, on chauffe pendant 12 heures : l'antimoine est éliminé; on décrasse le bain, on fait bouillonner pendant un quart d'heure avec des perches de bois vert et on coule le plomb pauvre qui est très-pur.

Les écumes ressuées sont traitées par 450 kilogrammes de carnallite de Stassfurt,

$$(KCl + MgCl^2 + 6H^2O),$$

et 150 kilogrammes de sel ammoniac pour 1500 kilogrammes d'écumes. Le traitement dure 3 jours à une température d'environ 400°. On obtient ainsi du plomb riche qui est coupellé. La scorie qui contient encore de l'argent est refondue avec 250 à 300 kilogrammes de plomb de ressuage, ce qui l'épuise en partie et donne du plomb d'œuvre, puis ajoutée aux écumes du premier zincage.

Ce mélange est refondu au four à cuve avec du coke et des scories de forge et donne du plomb d'œuvre déjà riche qui est soumis séparément au zincage. Il paraît qu'il se produit au four à cuve une purification qui est nécessaire pour que l'on puisse coupeller les plombs riches.

Dans le Harz, où le procédé Cordurié est employé sans grandes modifications, on a reconnu qu'on pouvait faire l'épuration du plomb appauvri dans la chaudière même de zincage, en prenant le soin de bien décrasser le bain et d'enlever toutes les croûtes zincifères. L'oxydation de l'antimoine se fait dans la même chaudière, après l'oxydation du zinc, en portant le plomb au rouge et ouvrant les portes du dôme.

Production du plomb. — La production du plomb en Europe peut être estimée aux chiffres suivants :

	Années.	Tonnes.	
Grande-Bretagne....	1868	72,000	
Espagne...........	1866	67,000	
États de l'Allemagne.	1867	49,000	
France.............	1868	27,400	
Sardaigne..........	1867	23,000	(Calculé d'après les quantités de minerai exportées.)
Belgique...........	1867	10,000	
Grèce..............	1869	8,000	(Exporté en Angleterre.)
Autriche-Hongrie...	1867	7,000	
Suède..............	»	284	

En France, où il n'existe pas de mines d'argent proprement dites en cours d'exploitation, la majeure partie de l'argent produit provient des mines de plomb argentifère ou des minerais importés : nous mettons en regard dans le tableau suivant la production du plomb et de l'argent en France.

Années.	Plomb.	Valeur.	Argent.	Valeur.
1866.	23,600 tonn.	11,960,000 fr.	32,410 kil.	7,096,000 fr.
1867.	27,800	13,210,000	41,080	8,996,000
1868.	27,400	12,650,000	42,574	9,920,000

Après le fer et le cuivre, c'est le plomb qui

occupe le premier rang comme importance de la production.

BIBLIOGRAPHIE. — L.-E. Rivot, *Principes généraux du traitement des minerais métalliques*, t. II; *Métallurgie du plomb et de l'argent*, 1860, et *Docimasie*, t. IV, 1866; — Berthier, *Traité des essais par la voie sèche*; — M. Cahen, *Métallurgie du plomb* (*Revue universelle des mines*), 1863; — L. Gruner, *Mémoire sur l'état actuel de la métallurgie du plomb* (*Ann. des mines*, (6), t. XIII, 1868, et (6), t. XVI, 1870); *Notes du cours de metallurgie de l'École des mines* (autographié); — A. Ronna, *État actuel de la métallurgie du plomb en Angleterre*, d'après M. le Dr J. Percy (*Revue universelle des mines*), 1871; — B. Kerl, *Beschreibung der Oberharzer Hüttenprozesse*, 1857; *Handbuch der Metallurgischen Hüttenkunde*, 1863; *Berg und Hüttenmännische Zeitung*, 1867; — Plattner, *Die Metallurgischen Röstprozesse*; — J. Percy, *The Metallurgy of Lead*, 1870, etc.; — *Annales des Mines*: — *Mémoire de MM. Coste et Perdonnet*, (2), t. VII; — *de M. Replat*, (3), t. XVIII, et (4), t. IV; — *de M. Phillips*, (4), t. VIII; — *de M. Moissenet*, (6), t. I; — *de M. Carnot*, (6), t. VI; — *de MM. Zeiller et Henry*, (6), t. XVII; — *de M. V. Bouhy*, (6), t. XVII, etc.; — Journaux scientifiques divers français et étrangers. F. de L.

PLOMB (Min.) [Syn. *Plomb natif*]. — Plomb métallique trouvé en lamelles et en petits globules dans la galène à Alstonmoor, dans la lave à Madère, dans les mines de Carthagène (Espagne), dans le calcaire carbonifère à Bristol et à Kenmare (Irlande), dans une amygdaloïde près de Wissig, avec l'or dans l'Altaï, etc.

Dureté, 1,5. Densité, 11,44.

Forme cristalline. — Cubique.

PLOMB ANTIMONIÉ SULFURÉ. — Voyez BOURNONITE, BOULANGÉRITE, JAMESONITE.

PLOMB ARSÉNIATÉ. — Voyez MIMÉTÈSE.

PLOMB CARBONATÉ. — Voyez CÉRUSITE.

PLOMB CHLOROCARBONATÉ. — Voyez PHOSGÉNITE.

PLOMB CHLORURÉ. — Voyez COTUNNITE et MATLOCKITE.

PLOMB CHROMATÉ. — Voyez CROCOÏSE et PHÉNICOCROÏTE.

PLOMB HYDROALUMINEUX. — Voyez PLOMBGOMME.

PLOMB MOLYBDATÉ. — Voyez WULFÉNITE.

PLOMB OXYCHLOROIODURÉ. — Voyez SCHWARZENBERGITE.

PLOMB OXYDÉ. — Voyez MASSICOT et MINIUM.

PLOMB SÉLÉNIÉ. — Voyez CLAUSTHALITE et LEHRBACHITE.

PLOMB SULFATÉ. — Voyez ANGLÉSITE.

PLOMB SULFURÉ. — Voyez GALÈNE.

PLOMBAGIN (Dulong). — C'est le principe âcre de la racine du dentelaire (*Plumbago europæa*, *L.*). On épuise cette racine par de l'éther, on évapore et l'on traite le résidu à plusieurs reprises par de l'eau bouillante. La solution laisse déposer du plombagin impur qu'on purifie par cristallisation dans l'éther ou dans l'alcool éthéré.

Le plombagin cristallise en aiguilles ou en prismes déliés d'un jaune orangé, souvent groupés sous forme d'aigrettes. Sa saveur est d'abord styptique et sucrée, puis âcre et mordicante. Il est très-fusible et volatil en partie sans altération. Il est neutre; il se dissout à peine dans l'eau froide, bien mieux à chaud, mais l'alcool et l'éther le dissolvent aisément. L'acide sulfurique concentré et l'acide nitrique fumant le dissolvent à froid en se colorant en jaune; l'eau en précipite des flocons jaunes. Les alcalis donnent à la solution aqueuse une belle teinte cerise, que les acides ramènent au jaune. L'acétate basique de plomb colore la solution également en rouge, en donnant un précipité cramoisi [Dulong, *Journ. de Pharm.*, t. XIV, p. 441]. A. H.

PLOMBAGINE. — Voyez GRAPHITE.

PLOMBÉINE (Min.). — Pseudomorphose de pyromorphite en galène, ayant, suivant Breithaupt, un clivage hexagonal.

PLOMB-ÉTHYLE. — Voyez ÉTHYLE (DÉRIVÉS MÉTALLIQUES), t. I, p. 1354.

PLOMBGOMME (Min.) [Syn. *Plombogummite*, *plomb hydroalumineux*, *plomborésinite* (Dana), *hitchcockite*]. — Phosphate hydraté de plomb et d'alumine, $Ph^2O^8Pb^3 + 6(Al^2O^3 3H^2O)$, d'après une analyse de M. Damour. Les autres analyses du même savant, quoique montrant de grandes variations de composition, indiquent que l'alumine et l'eau sont dans le rapport correspondant à l'hydrate d'alumine, $Al^2(OH)^6$. Masses réniformes, globulaires ou botryoïdes, concrétionnées ou massives, formant souvent des croûtes minces, d'un éclat résineux et d'une apparence gommeuse, d'une couleur jaunâtre, brunâtre, verdâtre; transparentes ou translucides, fragiles, se trouvant à Huelgoat (Bretagne), sur un schiste argileux avec galène, blende, pyromorphite, etc.; aussi à Nussière, près de Beaujeu; à Roughten-Gill (Cumberland); à la mine Lamotte (Missouri); à Canton-Mine (Georgie), avec galène (variété hitchcockite).

Caractères. — Soluble dans l'acide azotique; dans le tube, décrépite et donne de l'eau; au chalumeau, se gonfle, comme une zéolithe et colore la flamme en bleu, sans fondre complétement. Sur le charbon, donne une auréole de plomb. Avec la solution de cobalt, couleur bleue.

Dureté, 4 à 5. Fragile, poussière blanche.

Densité, 4 à 6,4. Amorphe. F. et S.

PLOMBIÉRITE (Min.). — Silicate de chaux hydraté renfermant à 100° $SiO^3Ca + 2H^2O$. C'est une substance gélatineuse blanche, durcissant à l'air, formée par l'action des eaux thermales de Plombières sur le béton romain.

PLOMBOCALCITE (Min.). — Variété de calcite renfermant jusqu'à 7 % de carbonate de plomb. Densité, 2,75.

PLUMBOSTIBE — Voyez BOULANGÉRITE.

PLUMOSITE (Min.). — Variété capillaire de jamesonite.

PNEUMIQUE (ACIDE). — Voyez TAURINE.

PODOCARPIQUE (ACIDE), $C^{17}H^{22}O^3$ [A.-C. Oudemans, jun., *Ann. der Chem. u. Pharm.*, t. CLXX, p. 213; *Bull. de la Soc. chim.*, 1874, t. XXI, p. 82]. — Cet acide a été retiré par Oudemans d'une résine cristallisée trouvée par M. de Vrij dans le bois d'un vieil arbre de l'espèce *Podocarpus cupressina*. On dissout la résine dans l'alcool, on précipite par l'eau et l'on purifie l'acide précipité par cristallisation dans l'alcool faible.

L'acide podocarpique est en cristaux rhombiques ($mm = 88°$), très-nets, insolubles dans l'eau, peu solubles dans la benzine, le chloroforme et le sulfure de carbone, solubles dans l'alcool, l'éther et l'acide acétique. Il fond à 187-188° et se décompose vers 330°; sa solution dans l'alcool est dextrogyre et possède à 17° un pouvoir rotatoire de + 136°.

C'est un acide diatomique monobasique.

Le *sel d'ammonium* perd facilement de l'ammoniaque, donne d'abord un sel suracide grenu et laisse finalement de l'acide libre.

Le *sel de sodium*, $C^{17}H^{21}NaO^3 + 7H^2O$, forme de belles aiguilles, solubles à 21° dans 3 p. d'eau.

Les métaux diatomiques donnent généralement des sels basiques qui correspondent à la formule $C^{17}H^{20}M''O^3$; M. Oudemans en a étudié un grand nombre; ils sont pour la plupart peu solubles ou insolubles et se préparent par double décomposition.

Podocarpate méthylique, $C^{17}H^{21}(CH^3)O^3$. — Obtenu par l'action de l'iodure de méthyle sur le sel d'argent, il constitue de petits grains fusibles à 174°, très-solubles dans l'alcool.

Podocarpate éthylique, $C^{17}H^{21}(C^2H^5)O^3$. — On le prépare comme le dérivé méthylique ; il est en fines aiguilles fusibles à 143-146°, et se dissout facilement dans l'alcool et le chloroforme.

Acide acétylpodocarpique, $C^{17}H^{21}(C^2H^3O)O^3$. — Obtenu par l'action à chaud du chlorure d'acétyle sur l'acide et cristallisation dans l'alcool étendu, il est en aiguilles blanches, qui se ramollissent déjà à 100°, mais qui ne fondent que vers 152°.

ACIDES PODOCARPIQUES NITRÉS. — Sous l'influence de l'acide nitrique étendu et chaud, l'acide podocarpique donne facilement deux dérivés nitrés, qu'on peut séparer par cristallisation dans l'alcool dans lequel l'acide dinitré est plus soluble. Ce dernier se prépare plus facilement et à l'état de pureté, lorsqu'on fait bouillir l'acide sulfopodocarpique brut avec de l'acide nitrique étendu.

ACIDE MONONITROPODOCARPIQUE,

$$C^{17}H^{21}(AzO^2)O^3.$$

— Il est en petits cristaux jaunes brillants, très-irréguliers, peu solubles dans l'alcool, le chloroforme et la benzine; il fond à 205°. Ce corps se comporte comme un acide bibasique et forme deux séries de sels; ceux-ci sont jaunes ou rouges et possèdent des reflets métalliques.

Sel de potassium,

$$C^{17}H^{19}(AzO^2)K^2O^3 + 5\,1/2\,H^2O.$$

— Aiguilles rouges avec reflets verts, très-solubles dans l'eau et dans l'alcool; la solution dans l'eau pure ne dépose pas le sel en cristaux.

Sel de sodium, $C^{17}H^{19}(AzO^2)Na^2O^3 + 9H^2O$. — Lamelles d'un rouge-cinabre, très-solubles.

Sel d'ammonium,

$$C^{17}H^{19}(AzO^2)(AzH^4)^2O^3 + 4H^2O.$$

— Cristaux clinorhombiques, d'un rouge grenat, qui s'effleurissent à l'air en perdant de l'eau et de l'ammoniaque; l'eau dédouble ce sel.

Sel de baryum neutre,

$$C^{17}H^{19}(AzO^2)BaO^3 + 7H^2O.$$

— Aiguilles rouges magnifiques, peu solubles; il existe un sel avec $3H^2O$ qui cristallise en petits mamelons d'un rouge-carmin.

Sel de baryum acide,

$$[C^{17}H^{20}(AzO^2)O^3]^2Ba + 4H^2O.$$

— Aiguilles jaunes peu solubles dans l'eau et dans l'alcool.

Sel de calcium acide. — Il contient $8H^2O$ et forme de fines aiguilles orangées, à peine solubles.

L'étain et l'acide chlorhydrique réduisent l'acide nitropodocarpique et le convertissent en un dérivé amidé peu stable, dont le chlorhydrate contient $C^{17}H^{21}(AzH^2)O^3, HCl + 1/2H^2O$.

ACIDE DINITROPODOCARPIQUE, $C^{17}H^{20}(AzO^2)^2O^3$. — Il constitue des octaèdres orthorhombiques modifiés, d'un jaune clair, assez solubles dans l'alcool, mais peu solubles dans le chloroforme, la benzine et le sulfure de carbone; il fond à 203°, et se comporte comme un acide bibasique.

Sel de potassium,

$$C^{17}H^{18}(AzO^2)^2K^2O^3 + 5H^2O.$$

— Il est d'un rouge-carmin foncé avec reflets verts, très-soluble dans l'eau et ne cristallise qu'en présence d'un excès d'alcali.

Sel diargentique. — Précipité orangé, renfermant $4H^2O$, qu'il ne perd complétement qu'à 140°.

Sel de baryum. — Lamelles rhombiques d'un brun-rouge, à peine solubles dans l'eau; il contient $4H^2O$ qui ne se dégagent complétement qu'à 140°. Les cristaux polarisent fortement la lumière à la manière de l'hérapathite.

ACIDE SULFOPODOCARPIQUE,

$$C^{17}H^{21}(SO^3H)O^3 + 8H^2O.$$

— On le prépare en chauffant l'acide avec un excès d'acide sulfurique vers 60° et on l'isole par les procédés connus. Le produit de la réaction additionné d'eau peut donner des liqueurs très-diversement colorées, vert sale, rouge, bleu et vert-émeraude; ces solutions sont très-fortement fluorescentes.

L'acide sulfopodocarpique pur forme une masse amorphe, se dissolvant facilement dans l'eau et donnant une solution incolore; cette solution additionnée de quelques gouttes d'acide nitrique se trouble peu à peu et laisse déposer de l'acide dinitropodocarpique. La réaction est très-sensible et permet de déceler 1/1000 à 1/1500 d'acide. L'acide sulfopodocarpique est un acide bibasique.

Sel de sodium, $C^{17}H^{20}(SO^3)Na^2O^3 + 7H^2O$. — Cristaux groupés en rosettes.

Le *sel de baryum* est en lamelles blanches avec $8H^2O$, très-solubles dans l'eau et l'alcool chaud; le *sel acide*,

$$[C^{17}H^{21}(SO^3)O^3]^2Ba + 6H^2O,$$

forme de petites lamelles moins solubles.

Le *sel de calcium acide* contient $14H^2O$ et cristallise en lamelles minces groupées concentriquement.

L'action du brome sur l'acide podocarpique en solution sulfocarbonique est peu nette et donne des produits que M. Oudemans n'a pu purifier; en mélangeant rapidement des solutions éthérées d'acide et de brome, ce chimiste a obtenu, après distillation de l'éther, un produit fusible à 80° qu'il considère comme un alcoolate d'acide éthylbromopodocarpique,

$$C^{17}H^{20}(C^2H^5)BrO^3 + C^2H^6O;$$

chauffé, ce composé fournit de l'alcool et l'acide *éthylbromopodocarpique* sous la forme d'une poudre cristalline fusible vers 158° et donnant des sels incristallisables.

MÉTHANTHRÈNE, $C^{15}H^{12}$. — Ce carbure d'hydrogène, qui est peut-être du méthylanthracène, se produit dans la distillation de l'acide podocarpique avec 20 à 25 fois son poids de poudre de zinc. Purifié par sublimation, il est en lamelles légères blanches qui offrent une fluorescence violette; il fond à 117° et distille au-dessus de 360°. Le méthanthrène se dissout facilement dans l'alcool bouillant et surtout dans le sulfure de carbone et dans l'acide acétique. Il donne un picrate

$$C^{15}H^{12} + C^6H^3(AzO^2)^3O$$

en aiguilles très-fines d'un orangé foncé, fusibles à 117°.

Oxydé vers 70°, en solution acétique, par l'acide chromique, il donne la *méthanthraquinone*

$$C^{15}H^{10}O^2,$$

fusible à 187° et distillable à une haute température. Cette quinone se présente sous la forme d'une poudre cristalline d'un beau jaune, insoluble dans l'eau, un peu soluble dans l'éther et soluble dans l'alcool. L'anhydride sulfureux la réduit.

PRODUITS DE LA DISTILLATION SÈCHE DU PODOCARPATE DE CALCIUM. — La décomposition, par la chaleur, du sel de calcium seul sans mélange de chaux est très-complexe; Oudemans a isolé les produits suivants : du *paracrésylol* C^7H^8O (crésylol α, t. II, p. 829), un carbure d'hydrogène, le *carpène*, et deux corps phénoliques, l'*hydrocarpol* et le *méthanthrol*.

Carpène, C^9H^{14}. — Cet hydrocarbure bout à 155-157°; il possède à la fois l'odeur de l'essence de térébenthine et du styrol et paraît constituer l'homologue inférieur du terpène. A l'air, il attire l'oxygène et se convertit assez vite en un corps résineux $C^{18}H^{28}O^3$. Traité en solution sulfocarbonique par du brome, le carpène donne le dérivé monobromé $C^9H^{13}Br$. Sous l'influence d'un mélange d'acide chromique et d'acide sulfurique, il paraît se brûler complétement, car Oudemans n'a pu trouver d'acide aromatique parmi les produits d'oxydation.

Hydrocarpol, $C^{16}H^{20}O$. — C'est la partie principale du produit de la distillation ; il constitue un liquide visqueux, jaunâtre, bouillant dans le vide vers 220°. Chauffé à la pression ordinaire, vers son point d'ébullition (360-400°), il donne du carpène, du crésylol α, du méthanthrol et probablement du formène. L'alcool, l'éther et la benzine le dissolvent facilement. Il se dissout aussi dans la potasse et en est précipité de nouveau par l'acide chlorhydrique; l'acide nitrique le convertit en un produit nitré. Lorsqu'on distille l'hydrocarpol avec de l'anhydride phosphorique, il passe du carpène et il reste un résidu de phosphate de crésyle.

Méthanthrol, $C^{15}H^{12}O$. — Ce composé phénolique, qui provient probablement d'une décomposition ultérieure de l'hydrocarpol, se forme en petite quantité dans la distillation du sel de calcium. Il se présente sous la forme d'une masse blanche cristalline feutrée, fusible à 122°, soluble dans l'éther et dans les alcalis.

Lorsqu'on soumet l'acide podocarpique libre à la distillation, il perd d'abord de l'eau et paraît donner l'anhydride $C^{34}H^{42}O^5$, puis il dégage un mélange d'anhydride carbonique, d'oxyde de carbone et d'hydrogène, en même temps qu'il passe de l'hydrocarpol :

$$C^{34}H^{42}O^5 = 2(C^{16}H^{20}O) + CO^2 + CO + H^2.$$

Il ne se forme presque pas de carpène ou de méthanthrol dans cette distillation.

Se basant sur ces différentes réactions de l'acide podocarpique, Oudemans établit la formule suivante,

$$C^6H^3 \begin{cases} OH \\ CO^2H \\ CH^3 \\ C^9H^{15}, \end{cases}$$

qui en fait du crésylol dans lequel 1 atome d'hydrogène se trouve remplacé par du carboxyle et l'autre par le groupement monatomique C^9H^{15}, ou plutôt de l'acide crésotique modifié par substitution du groupe C^9H^{15}. Cette manière de voir rend bien compte des produits de dédoublement si complexes de l'acide podocarpique; seulement la constitution du groupe C^9H^{15} reste encore à élucider. Ce groupe est certainement analogue au groupe térébique et appartient par conséquent à la classe des produits d'addition de la série aromatique. A. H.

POIKILOPYRITE (Glocker). — Voyez PHILLIPSITE (SUPPLÉMENT).

POIRÉ. — Voyez CIDRE.

POIX-NOIRE. — Matière résineuse, molle, noire, qu'on obtient en brûlant le dépôt des filtres de paille qui ont servi à la filtration de la térébenthine brute. Elle est très-probablement constituée par des produits de condensation et de décomposition térébiques colorés en noir par du noir de fumée.

POLIANITE. — Voyez PYROLUSITE.

POLIÈNE. — Voyez CYANAMIDES, t. I, p. 1054.

POLLUX (Min.). — Silicate d'alumine et de césium. Analyse de M. Pisani :

SiO^2	44,03
Al^2O^3	15,97
Fe^2O^3	0,68
CaO	0,68
Cs^2O	34,07
Na^2O, Li^2O	3,88
H^2O	2,40
Total	101,71

Cristaux très-rares trouvés à l'île d'Elbe avec le Castor, dans un granite; transparent, incolore, d'un éclat gommeux.

Fig. 510. — Pollux.

Caractères.—Dans l'acide chlorhydrique, se décompose lentement avec séparation de silice pulvérulente. Dans le tube bouché, devient opaque et donne de l'eau. Dans la pince, blanchit, fond difficilement et colore la flamme en jaune.

Dureté, 6,5.

Densité, 2,9.

Forme cristalline. — Cubique, avec les faces de l'icositétraèdre a^2. F. et S.

POLYADELPHITE (Min.). — Variété de grenat mélanite, jaune brunâtre, de Franklin-Furnace (New-Jersey).

POLYARGITE (Min.). — Masses laminaires ayant deux clivages inégaux dans deux directions faisant ensemble un angle de 93°; translucides, d'un éclat nacré; blanches, roses, violettes, ressemblant à la rosite et paraissant être comme elle une variété d'anorthite. Se trouve dans un granite, près de Tunaberg (Suède).

POLYBASITE (Min.) [Syn. *Sprödglaserz*, *Eugenglanz*]. — Antimonio-arsénio-sulfure de cuivre et d'argent avec un peu de fer et de zinc. Les analyses conduisent aux formules

$$(Sb, As)^2S^3 + 9 \text{ ou } 10\ (Ag^2, Cu^2)S.$$

Cristaux tabulaires et masses cristallisées, d'un vif éclat métallique, ressemblant au fer oligiste; en lames extrêmement minces, laisse passer une lumière rouge. Se trouve aux mines de Guanaxuato et Guadalupe y Calvo (Mexique), à Guarisamez, Durango, avec chalcopyrite et calcite; à Tres-Puntas et Chañarcillo (Chili); à Freiberg et à Przibram, etc.

Caractères. — Attaqué dans l'acide azotique; dans le tube ouvert, fond et donne des fumées sulfureuses, antimoniales et arsenicales. Au chalumeau, sur le charbon, fond en bouillonnant en un globule, qui s'entoure d'une auréole antimoniale. Réactions du cuivre, de l'argent et quelquefois du zinc.

Dureté, 2 à 3. — Poussière noir de fer; fragile.

Densité, 6,21.

Forme cristalline. — Prisme orthorhombique $mm = 120°$ environ; $pb^{1/2} = 121°\ 30'$; $b^{1/2}b^{1/2}$ (culminant) $= 129°\ 32'$. Clivage basal imparfait; la base présente des stries formant des triangles. F. et S.

POLYCHROÏLITE (Min.). — Variété altérée de cordiérite, en prismes à six faces d'environ 120°; transparent ou faiblement translucide, à éclat vitreux, un peu gras. Rarement incolore, ordinairement d'une couleur mélangée de vert, de brun ou de rouge.

Dureté, 3 à 7. Trouvé dans le gneiss à Krageroë (Norwége).

POLYCHROÏSME (Min.). — Certains cristaux

naturels ou artificiels manifestent par transparence des colorations très-diverses, selon qu'on les regarde dans un sens ou dans un autre. Ainsi une sphère taillée dans un cristal de cordiérite paraît d'un bleu-indigo foncé, ou d'un gris bleuâtre très-clair, ou encore d'un jaune brunâtre suivant qu'on la fait traverser par la lumière dans le sens de la bissectrice des axes optiques ou dans deux directions perpendiculaires entre elles et à la première. Ces phénomènes sont intimement liés à la structure cristalline et dépendent de ce fait que les rayons de lumière polarisés peuvent être absorbés dans des proportions différentes suivant leur direction par rapport à celle des axes optiques ; l'absorption peut aussi porter, selon la direction, sur telle ou telle région du spectre. D'après cela l'on comprend que les deux faisceaux polarisés dans lesquels se décompose un rayon de lumière naturelle pénétrant dans un cristal des cinq derniers types puissent subir dans le sein de celui-ci des absorptions inégales et donner à la sortie un faisceau résultant d'une couleur variable selon sa direction. Telle est en effet l'explication la plus vraisemblable du polychroïsme (Brewster).

On montre facilement l'absorption prépondérante du rayon ordinaire dans la tourmaline verte, à l'aide d'un petit instrument constitué par un prisme aigu de tourmaline dont l'arête réfringente est parallèle à l'axe. On compense la déviation des rayons par un prisme inverse en verre et l'on observe les objets extérieurs à l'aide de ce prisme dont on limite la surface au moyen d'un écran percé d'un très-petit œilleton. Si, cet œilleton étant voisin de l'arête réfringente, l'on examine une source de lumière blanche, on en verra deux images, l'une jaune brunâtre (*image ordinaire*) et l'autre verte (*image extraordinaire*). Si l'on fait croître l'épaisseur du milieu absorbant en amenant l'œilleton du côté de la base du prisme, on voit l'image extraordinaire s'affaiblir peu à peu, mais l'autre disparaître complétement. C'est sur cette propriété fondamentale que repose l'usage des tourmalines dans l'étude de la polarisation. Un nombre considérable de cristaux colorés manifestent ainsi une absorption élective pour certaines couleurs contenues dans des rayons polarisés dans une certaine direction. Aussi le polychroïsme devient-il un phénomène très-général, lorsqu'on l'étudie, non pas simplement à l'œil nu comme on peut le faire avec la cordiérite, mais à l'aide d'un prisme biréfringent qui sépare les deux rayons transmis par le cristal et les montre juxtaposés avec leurs teintes propres. Un tel instrument, c'est-à-dire un rhomboèdre de spath, compensé par deux prismes de verre de 18° et placé entre une loupe faible par laquelle on observe, et une petite ouverture dont les deux images sont parfaitement séparées, constitue le *dichroscope* ou *loupe dichroscopique*. Avec lui, Haidinger a observé la couleur de la lumière transmise par les rayons ordinaire (O) et extraordinaire (E) dans les cristaux biréfringents à un axe dont les noms suivent :

	O.	E.
Apatite de Schlaggenwald	Vert de montagne.	Bleuâtre.
Carbonate de manganèse........	Rose-rouge.	Rouge jaunâtre.
Mica du Vésuve..	Vert-pistache.	Brun de cannelle.
Chlorite de Zillerthal..........	Id.	Id.
Saphir...........	Bleu de Prusse.	Blanc verdâtre.
Émeraude du Pérou............	Vert jaunâtre.	Vert pur.
Béryl du Brésil...	Id.	Vert bleuâtre.
Zircon...........	Brun de girofle.	Vert jaunâtre.

Il a aussi taillé des plaques parallèles à p, h^1, g^1 dans des cristaux orthorhombiques et observé avec le dichroscope, dans le premier cas, une image ordinaire (b) et une extraordinaire (c), toutes deux correspondant aux axes horizontaux; dans le second, une image ordinaire (c) et une extraordinaire (a), celle-ci correspondant à l'axe vertical; enfin dans le troisième, une image extraordinaire (a) correspondant aussi à l'axe vertical et une ordinaire (b). Voici le nom des cristaux étudiés avec leurs diverses teintes :

	(a).	(b).	(c).
Anhydrite d'Aussée............	Bleu-violet.	Jaunâtre.	Bleu-violet pâle.
Barytine de Felsobanya.........	Jaune-citron.	Jaune de vin pâle.	Jaune de vin foncé.
Barytine de Baira...............	Jaune-paille.	Gris-perle.	Bleu-violet foncé.
Célestine de Herrengrund.......	Bleuâtre.	Bleu de lavande.	Gris-perle.
Diaspore de Schemnitz..........	Bleu de ciel.	Jaune de vin.	Bleu-violet.
Topaze du Brésil...............	Jaune de vin.	Jaune de miel.	Jaune-paille.
Péridot........................	Vert d'huile.	Vert d'herbe.	Vert-pistache pâle.

Ces tableaux ne comprennent qu'un très-petit nombre de substances parmi celles dont le polychroïsme a été constaté. Nous ajouterons à ces listes, parmi les cristaux naturels biréfringents à un axe, l'idocrase et l'apophyllite, et parmi ceux qui possèdent deux axes, l'andalousite (orthorhombique), le pyroxène diopside et l'euclase (clinorhombiques) et enfin l'axinite (anorthique). Les cristaux artificiels polychroïques sont très-nombreux; nous ne citerons que le bichromate de potasse, le ferricyanure de potassium, le sulfate d'iodoquinium et l'acétate de cuivre, mais il n'en est pas de plus intéressants pour l'étude de leurs propriétés optiques que les sels de didyme (1). M. Bunsen a montré que le sulfate de didyme cristallisé,

$$SO^4Di + \frac{8}{3}H^2O,$$

possède la propriété de donner un spectre d'absorption différent lorsqu'on le fait traverser par un rayon de lumière polarisée selon différentes directions. Ses cristaux, qui appartiennent au type clinorhombique, sont en général aplatis parallèlement à la base p. Une plaque parallèle à la base, lorsqu'elle reçoit un rayon de lumière polarisé dans un plan faisant avec la diagonale horizontale de la base un angle de 20° environ, donne un spectre notablement différent de celui que fournit la même plaque dans une position du polariseur perpendiculaire avec la première. L'un et l'autre diffèrent du spectre produit par une solution renfermant une quantité d'oxyde de didyme correspondant à celle contenue dans la plaque [*Poggend. Ann.*, t. CXXVIII, p. 100].

Babinet avait émis cette opinion que, dans les différents cristaux, le rayon le plus lent, c'est-à-dire le plus dévié, était le plus absorbé : c'était par conséquent le rayon ordinaire dans les cristaux positifs comme la tourmaline et le rayon extraordinaire dans les cristaux négatifs comme le quartz enfumé. MM. Haidinger et Beer ont trouvé depuis de nombreuses exceptions à cette règle.

M. Hagen a étudié d'une façon un peu plus précise l'absorption de divers rayons polarisés par les cristaux polychroïques, en faisant varier

(1) On sait que ces sels en cristaux ou en solution présentent au spectroscope des bandes d'absorption caractéristiques. — Voyez ANALYSE SPECTRALE.

méthodiquement la couleur ou la direction de ces rayons. Soit $\frac{o}{e}$ le rapport de l'éclat des images ordinaire et extraordinaire fournies par une couleur élémentaire (*o* et *e* étant les proportions de lumière *non* absorbée), il a trouvé : 1° que ce rapport change avec la longueur d'onde et présente un maximum ou un minimum (il doit en présenter plusieurs si le spectre d'absorption des substances dichroïques est composé de plusieurs bandes); 2° que la grandeur de ce maximum ou de ce minimum et sa position dépendent de la direction des rayons. Il n'a pas été formulé de loi simple à ce sujet.

De Senarmont a prouvé, par de nombreuses expériences, qu'une matière colorante, disséminée uniformément à l'intérieur d'un cristal entre ses lames d'accroissement, mais étrangère à sa constitution, inerte chimiquement et pouvant s'éliminer par des dissolutions et des cristallisations répétées, peut lui communiquer à un haut degré les propriétés du polychroïsme. Il a produit de volumineux cristaux d'azotate de strontium (clinorhombiques) au milieu d'une teinture concentrée de bois de campêche rendue légèrement ammoniacale. Ceux-ci avaient une couleur analogue à celle de l'alun de chrome et offraient un polychroïsme encore plus frappant que celui de la cordiérite. Des plaques taillées dans un sens ou dans un autre paraissaient rouges, bleues ou violettes. L'absorption des deux rayons était assez différente pour que l'on ait pu répéter facilement avec ces plaques l'expérience des tourmalines croisées. On a pu aussi en faire une autre qui réussit avec la cordiérite, l'andalousite, l'épidote et le diopside vert, l'axinite, les micas à deux axes, etc. ; nous voulons parler de la production de branches hyperboliques sans le secours d'un analyseur, ni d'un polariseur. L'azotate de strontium coloré artificiellement présente donc à un haut degré le caractère des substances dites *idiocyclophanes*. Il suffit de placer très-près de l'œil une plaque parallèle à *m* ou à e^1 pour observer deux taches orangées brillantes dans la direction des axes optiques s'épanouissant à droite et à gauche de la section principale sous la forme de pinceaux courbes en partie violet et bleu sombre. La grande activité de ces cristaux tient 1° à ce que le sel dédouble fortement les deux rayons ; 2° qu'étant très-hydraté (il est efflorescent), il se charge facilement de pigments colorés; 3° que la teinture de campêche absorbe les rayons d'une réfrangibilité moyenne et laisse passer le rouge et le violet de façon qu'un déplacement peu considérable du maximum d'absorption amène un changement notable dans la teinte résultante, comme c'est le cas pour la teinte dite *sensible* [*Ann. de Chim. et de Phys.*, (3), t. XLI, p. 319, 1854]. F. et S.

POLYCHROÏTE (Min.). — Cordiérite altérée venant probablement d'Arendal. Ce sont des masses difficilement clivables dans deux directions rectangulaires, à cassure vitreuse, d'un bleu violacé avec reflets rougeâtres.

Dureté, 7. Renferme de nombreuses lamelles rouges de fer oligiste. En aiguilles minces, fond difficilement sur les bords.

POLYCHROÏTE. — Synonyme de SAFRANINE. — Voyez SAFRAN.

POLYCHROMATIQUE ou **POLYCHROMIQUE.** — Synonyme d'ALOÉTIQUE (ACIDE). — Voyez t. I, p. 164.

POLYCHROME. — Synonyme d'ESCULINE. — Voyez t. I, p. 1359.

POLYCRASE (Min.). — Longs cristaux prismatiques d'un noir brunâtre, à cassure conchoïde, trouvés à Hitteroë, dans le granite, avec gadolinite et orthite.

Renferme, selon Scheerer, de l'acide niobique, de l'oxyde d'urane, de l'acide titanique, de la zircone, de l'oxyde de fer, de l'yttria, du protoxyde de cérium, avec un peu d'alumine et des traces de chaux et de magnésie.

Fig. 511. — Polycrase.

Caractères. — Attaqué à l'ébullition par l'acide sulfurique concentré; le produit traité par l'acide chlorhydrique et l'étain donne une solution ayant une couleur permanente d'un bleu d'azur. Dans le tube, décrépite et donne des traces d'eau. Au chalumeau, devient incandescent et passe au gris-brun, mais sans fondre. Avec le borax, au feu d'oxydation, verre jaune clair, qui avec l'étain au feu de réduction devient brun. Avec le sel de phosphore, verre jaune devenant verdâtre par le refroidissement.

Dureté, 5,5. Poussière gris-brun.

Densité, 5,09 à 5,12.

Forme cristalline. — Prisme orthorhombique $mm = 140°$; $b^1 b^1 = 152°$. F. et S.

POLYGALINE ou **POLYGALIQUE (ACIDE).** — Principe extrait de la racine de *Polygala amara*, qui serait identique avec la saponine. — Voyez ce mot.

POLYGLYCÉRIQUES (ALCOOLS). — Voyez GLYCÉRYLE, t. I, p. 1596.

POLYHALITE (Min.). — Sulfate hydraté de chaux, de potasse et de magnésie avec trace d'oxyde ferrique $RSO^4 + 1/2H^2O$; $R = Ca, K^2, Mg$. Il y a souvent un mélange de chlorure de sodium. Masses compactes, fibreuses, d'un éclat résineux ou légèrement nacré, d'un rouge-brique plus ou moins jaunâtre, translucide, présentant parfois des indices d'un prisme de 115° dont les angles aigus sont tronqués. Se trouve dans les mines d'Ischl et d'Aussée (Tyrol), à Stassfurt, à Berchtesgaden (Bavière), à Vic-sur-Seille.

Caractères.— Partiellement soluble dans l'eau; dans le tube bouché donne de l'eau; fond facilement avec une flamme jaune. Sur le charbon, fond en un globule rougeâtre, qui devient incoloro à la flamme de réduction et qui prend alors une saveur hépatique.

Forme cristalline. — Orthorhombique ou clinorhombique.

Dureté, 2,5 à 3. Poussière rouge.

Densité = 2,77. F. et S.

POLYHYDRITE (Min.). — Variété d'hisingerite de Breitenbrunn (Saxe).

POLYLACTIQUES (ACIDES). — Voyez LACTIQUE (ACIDE), t. II, p. 183.

POLYLITE (Min.). — Variété d'hudsonite présentant un seul clivage. De couleur noire, opaque. Vient de Hoboken (New-Jersey).

POLYMÉRIE. — Voyez ISOMÉRIE.

POLYMIGNITE (Min.). — Petits cristaux longs, minces et plats, striés longitudinalement, d'un éclat assez vif, demi-métallique, d'une couleur noire, opaques, et renfermant suivant Berzelius : $TiO^2 = 46,30$; $ZrO^2 = 14,14$; $Fe^2O^3 = 12,20$; $CaO = 4,20$; $Mn^2O^3 = 2,70$; $Ce^2O^3 = 5,0$; $YO = 11,50$. Total : 96,04. Se trouve à Frederichswärn (Norwége) dans la syénite zirconienne.

Caractères. — Attaqué par l'acide sulfurique concentré en laissant un résidu blanc, lequel traité par l'acide chlorhydrique et une feuille d'étain donne une belle couleur bleue, et non pas violette, comme cela aurait lieu si l'acide titanique était pur. La solution étendue donne, avec le papier de curcuma, la coloration orange de la zircone. Infusible au chalumeau. Avec le borax, se dissout facilement et donne la réaction du fer; avec plus de matière, la perle devient brune au flamber et opaque par le refroidissement; avec addition d'étain, la perle devient jaune-rouge. Avec le carbonate de soude, réaction du manganèse.

Dureté, 6,5. Poussière brun-noir. Cassure conchoïdale. Densité, 4,77 à 4,85.

Forme cristalline. — Prisme orthorhombique $mm = 109° 46'$; $b^{1/2} b^{1/2}$ au-dessus de $h^1 = 136° 28'$, $b^{1/2} b^{1/2}$ (au-dessus de g^1) $= 116° 22'$.

Clivages h^1 imparfait, g^1 traces. F. et S.

POLYMORPHISME. — On donne ce nom à la propriété que possèdent un grand nombre de corps simples ou composés de cristalliser sous des formes incompatibles, appartenant le plus souvent à des types cristallins différents, quelquefois cependant au même type. Haüy déjà avait reconnu que la chaux carbonatée peut se présenter avec des formes rhomboédriques ou avec des formes orthorhombiques; mais, donnant un sens trop étroit à la loi qui attribue à chaque composé chimique une forme cristalline distincte, il admettait que, dans l'arragonite, la forme orthorhombique est commandée par la présence du carbonate de strontium, corps dont on avait en effet signalé l'existence dans plusieurs variétés de ce minéral. Mitscherlich, ayant découvert la deuxième forme cristalline du soufre et étudié un certain nombre d'autres substances susceptibles de se rencontrer en cristaux ayant des formes primitives différentes, a donné à cette propriété le nom de *dimorphisme* lorsqu'il existe seulement deux formes différentes, et celui plus général de *polymorphisme* lorsque le nombre des formes différentes est plus grand.

Mitscherlich a reconnu que le changement de forme est accompagné d'un changement dans la densité, la dureté, la chaleur spécifique et naturellement aussi dans les propriétés optiques.

Le nombre des corps polymorphes connus s'est considérablement multiplié depuis, et, d'accord avec les observations de Mitscherlich, celles de la plupart des savants qui se sont occupés de la question tendent à faire attribuer le changement de forme cristalline principalement à des différences de température au moment de la cristallisation. Ces différences de température influent sur le mode d'agrégation des substances polymorphes, et celles-ci se concrètent à des états qui sont tantôt stables, tantôt instables dans les conditions ordinaires de température. Le soufre présente un exemple de cette instabilité : cristallisé par fusion, il forme des prismes clinorhombiques ($mm = 90° 32'$; $pm = 94° 5'$; $e^1 e^1$ pardessus $p = 90° 11'$) ; ces cristaux, jaune foncé et transparents au moment de leur formation, changent peu à peu de couleur et deviennent opaques. A ce moment, ils forment de véritables pseudomorphoses, les cristaux clinorhombiques étant constitués par la réunion irrégulière d'une infinité de cristaux orthorhombiques. Il en est de même, suivant M. Debray, du soufre cristallisé dans le sulfure de carbone et obtenu par le refroidissement rapide d'une solution de soufre dans le sulfure de carbone saturée à 80°, et contenue dans un tube scellé. Dans ces conditions, il se dépose des cristaux prismatiques instables, qui se détruisent encore plus rapidement quand ils se trouvent en contact avec les cristaux orthorhombiques qui se déposent dans ce tube après les cristaux clinorhombiques [*Compt. rend.*, t. XLVI, p. 576].

Dans d'autres cas, les deux formes sont stables à la température ordinaire; mais l'une d'elles se détruit par une élévation de température. C'est ce qui a lieu pour l'arragonite. G. Rose a fait voir dans une série de mémoires que, lorsqu'on précipite du carbonate de calcium à la température ordinaire, que ce soit par décomposition du bicarbonate de calcium, par précipitation d'une solution d'hydrate de calcium par l'acide carbonique, ou enfin par décomposition du chlorure de calcium par le carbonate d'ammonium, il se dépose des cristaux rhomboédriques, ou des globules amorphes se transformant en cristaux rhomboédriques. Si l'on élève la température de la dissolution, on voit à partir d'une température comprise entre 30° et 50° apparaître des prismes d'arragonite, mélangés avec les rhomboèdres de calcite. Si la température s'élève encore, l'arragonite devient dominante et existe presque seule à 90° et 100°. Néanmoins l'arragonite peut aussi se produire à la température ordinaire, quand les solutions sont extrêmement étendues [*Poggend. Ann.*, t. XLII, p. 335, t. CXI, p. 156, t. CXII, p. 43, et *Répert. de Chim. pure*, 1861, t. III, p. 130 et 380]. L'arragonite en cristaux étant chauffée à une température inférieure au rouge sombre, décrépite et se transforme en une poussière formée de petits rhomboèdres, dont la densité ne correspond plus à celle de l'arragonite, mais bien à celle de la calcite.

Lorsque, dans une solution, il peut se déposer un sel hydraté sous plusieurs formes, il y a toujours une de ces formes plus stable que les autres. Les cristaux des autres formes, qui peuvent parfois se conserver lorsqu'ils existent seuls dans la solution, se détruisent au contact de ceux de la forme stable. C'est ce qui a lieu, par exemple, pour le sulfate de magnésium clinorhombique à $7 H^2O$; ses cristaux se déposent dans une solution sursaturée que l'on vient à toucher avec une trace de sulfate de fer ou de cobalt cristallisés; ils sont détruits par le contact avec le sulfate orthorhombique à $7 H^2O$ et s'opacifient déjà à l'air [Lecoq de Boisbaudran, *Ann. de Chim. et de Phys.*, (4), t. XVIII, p. 261].

Le changement de forme cristalline se produit le plus habituellement pour les substances qui cristallisent en ce qu'on a appelé des formes limites, c'est-à-dire des formes appartenant à un type cristallisé, mais très-voisines par leurs angles de certaines formes d'un autre type. La calcite et l'arragonite en fournissent un exemple : l'arragonite cristallise dans le type orthorhombique, mais son prisme offre un angle de 118°, voisin de celui du prisme hexagonal régulier que peut présenter la calcite. Plusieurs substances, parmi lesquelles le sulfure de zinc, cristallisent en formes appartenant au type régulier et au type hexagonal. Néanmoins il arrive aussi que le rapprochement semble moins naturel; c'est ce qui a lieu pour les acides arsénieux et antimonieux octaédrique et prismatique; pour l'acide titanique, qui cristallise en formes incompatibles du type quadratique (*rutile et anatase*) et en formes du type orthorhombique (*brookite*), etc.

Les exemples de dimorphisme sont assez nombreux déjà et se multiplient tellement chaque jour, qu'il est inutile de les énumérer; on peut entrevoir aujourd'hui que le polymorphisme est, non pas une exception, mais l'application d'une loi générale liant les diverses formes possibles d'un même composé chimique. F. et S.

POLYSILICIQUES (ACIDES). — Voyez Silicium.

POLYSPHÉRITE. — Synonyme de Pyromorphite.

POLYTÉLITE (Kobell). — Panabase argentifère. Le même nom a été donné (Glocker) à des sulfoantimoniures de plomb et d'argent.

POONAHLITE. — Voyez Scolézite.

POPULINE, $C^{20}H^{22}O^8 = C^{13}H^{17}(C^7H^5O)O^7$ [Syn. *Benzoyle-salicine*] [Braconnot, *Ann. de*

Chim. et de Phys., (2), t. XLIV, p. 206; *Journ. de Chim. méd.*, t. VII, p. 21; — Herberger, *Buchner's Répert.*, t. LV, p. 214; — de Koninck, *Rev. scient.*, t. I, p. 332; — Piria, *Ann. de Chim. et de Phys.*, (3), t. XXXIV, p. 278, et t. XLIV, p. 366; *Cimento*, t. I, p. 198]. — La populine, qui a été découverte en 1830 par Braconnot et plus tard étudiée par Piria, est un glucoside que renferment l'écorce, les feuilles et la racine du tremble (*Populus tremula*). On la rencontre également dans le *Populus alba* et le *Populus græca*. Pour la préparer, on précipite la décoction aqueuse de l'écorce de tremble par du sous-acétate de plomb, on filtre et l'on précipite le plomb par l'acide sulfurique, après avoir fait bouillir avec du charbon animal; on concentre pour faire cristalliser la salicine; l'eau mère traitée par du carbonate de potasse fournit un précipité blanc de populine qui dissous dans l'eau bouillante cristallise par le refroidissement (Braconnot). Herberger, après avoir précipité par le sous-acétate de plomb, filtre et précipite le plomb par l'acide carbonique; le liquide concentré en sirop fournit de la populine cristallisée. Suivant van de Gheju, la décoction de l'écorce de la racine fournit par la concentration de la populine, sans qu'il soit nécessaire d'ajouter du sous-acétate de plomb. Ce sont les feuilles du tremble qui donnent le meilleur rendement de populine; on les fait bouillir avec de l'eau, on précipite à chaud par le sous-acétate de plomb; le dépôt entraine de la populine qu'on enlève au moyen de l'eau bouillante, on filtre et on concentre le liquide en consistance de sirop; la masse cristalline qui se produit est comprimée, puis dissoute dans 160 p. d'eau. La solution est chauffée avec du charbon animal et filtrée à chaud; elle abandonne pendant le refroidissement des cristaux de populine (Braconnot).

La populine cristallise en aiguilles incolores, soyeuses et très-fines, renfermant $2H^2O$; elle devient anhydre à 100° et fond à 180° en un liquide huileux incolore qui se solidifie pendant le refroidissement en une masse vitreuse. Chauffée au-dessus de 180°, elle dégage des vapeurs piquantes qui se concrètent en aiguilles, vers 220° elle brunit sans éprouver d'altération profonde. Soumise à la distillation, elle se boursoufle et donne une huile empyreumatique qui par le refroidissement cristallise et renferme de l'acide benzoïque suivant Braconnot. Elle brûle avec flamme en donnant une odeur résineuse aromatique. Elle possède une saveur sucrée semblable à celle de la réglisse. Elle dévie le plan de polarisation à gauche et son pouvoir rotatoire moléculaire est proportionnel à la quantité de salicine qu'elle fournit par décomposition [Biot et Pasteur, *Compt. rend.*, t. XXXIV, p. 606]. Elle se dissout dans 2000 p. d'eau froide (Braconnot), dans 1896 p. d'eau à 9° (Piria), et dans 70 p. d'eau bouillante; elle se dissout dans 100 p. d'alcool absolu de 14° à 15°; elle est plus soluble dans l'alcool bouillant que dans l'eau bouillante, elle se dissout à peine dans l'éther. Avec les acides, elle forme des dissolutions que précipitent partiellement l'eau et en totalité les alcalis; elle se dissout facilement dans l'acide acétique concentré à froid. La populine forme avec l'oxyde de plomb une combinaison blanche peu soluble dans l'eau.

Les acides étendus et bouillants transforment la populine en acide benzoïque, salirétine et glucose :

$$\underset{\text{Populine.}}{C^{20}H^{22}O^{8}} + H^2O$$

$$= \underset{\text{Salirétine.}}{C^7H^6O} + \underset{\text{Acide benzoïque.}}{C^7H^6O^2} + \underset{\text{Glucose.}}{C^6H^{12}O^6}.$$

Traitée par un mélange de bichromate et d'acide sulfurique, elle donne de l'hydrure de salicyle en abondance. L'acide azotique concentré la transforme en acides nitrobenzoïque, picrique et oxalique.

L'acide azotique étendu d'une densité de 1,30 transforme la populine en benzoyle-hélicine :

$$C^{20}H^{22}O^8 + O = C^{20}H^{20}O^8 + H^2O.$$

L'acide azotique étendu n'agit qu'à l'ébullition en donnant de l'hydrure de salicyle.

L'acide sulfurique forme avec la populine une solution rouge foncé de laquelle l'eau précipite une poudre rouge qui est de la rutiline; à chaud, l'acide sulfurique la charbonne.

Chauffée à 100° en tube scellé avec de l'ammoniaque alcoolique, la populine forme de la salicine, de la benzamide et du benzoate d'éthyle. Chauffée avec de la potasse, elle fournit de l'acide oxalique.

Lorsqu'on la fait bouillir avec de l'hydrate de baryum ou de calcium, on obtient de l'acide benzoïque et de la salicine :

$$\underset{\text{Populine.}}{C^{20}H^{22}O^8} + H^2O = \underset{\text{Acide benzoïque.}}{C^7H^6O^2} + \underset{\text{Salicine.}}{C^{13}H^{18}O^7}.$$

En contact avec de l'eau, la caséine en putréfaction et du carbonate de calcium, la populine se décompose au bout de quelque temps en saligénine, acide lactique et acide benzoïque.

Le chlore, l'iode et l'émulsine n'ont pas d'action sur la populine. Suivant Phipson [*Chem. News*, t. VI, p. 278], une solution alcoolique renfermant 1 molécule de salicine et 1 molécule d'acide benzoïque laisserait déposer des cristaux de populine.

H. Schiff [*Ann. der Chem. u. Pharm.*, t. CLIV, p. 5; *Bull. de la Soc. chim.*, 1862, t. XII, p. 404] a obtenu de la populine par synthèse. On mélange 10 grammes de salicine sèche avec 40 grammes de chlorure de benzoyle dans des vases à fond plat; au bout de 24 heures, on chauffe à 40°, ensuite on élève la température graduellement jusqu'à ce qu'après deux jours elle atteigne 80°. On obtient ainsi une masse demi-liquide qu'on épuise par l'éther; après élimination de ce dernier, on distille sous pression réduite la majeure partie du chlorure de benzoyle distille; le résidu étant additionné de beaucoup d'eau et traité par l'eau bouillante, il cristallise pendant le refroidissement de l'acide benzoïque; après évaporation à siccité des eaux mères, le résidu lavé à l'éther laisse des cristaux de monobenzoyle-salicine. En soumettant à la fusion un mélange de salicine et d'anhydride benzoïque, on obtient également de la populine.

La benzoyle-salicine artificielle se distingue de la populine naturelle en ce qu'elle a une odeur rappelant le benjoin; elle se dissout dans 2,420 p. d'eau à 15° et dans 42 p. d'eau bouillante. Schiff, ayant eu entre les mains de la populine préparée par Piria, a constaté qu'elle se dissolvait dans 40 p. d'eau bouillante. La formation de la benzoyle-salicine est accompagnée de celle d'autres benzoyle-salicines renfermant un plus grand nombre d'atomes d'hydrogène remplacés par du benzoyle. Le résidu de la solution éthérée insoluble dans l'eau qu'on obtient dans la préparation de la populine renferme ces corps; pour les extraire, on traite par l'éther absolu, la tétrabenzoyle-salicine s'y dissout et il reste principalement de la *dibenzoyle-salicine*, $C^{27}H^{26}O^9$; au moyen de l'eau bouillante on la sépare de la monobenzoyle-salicine qui se dissout seule; on la purifie en la dissolvant plusieurs fois dans de l'alcool et en versant le liquide dans de l'eau aiguisée d'acide chlorhydrique; elle constitue des flocons blancs à peine cristallins, qui à l'état sec se présentent sous la forme d'une masse terreuse légère. Elle est peu soluble dans l'eau, n'a pas de saveur et est un peu plus soluble dans l'éther que la populine.

La *tétrabenzoyle-salicine*, $C^{41}H^{34}O^{11}$, est amorphe, fusible au-dessous de 100°, et se concrète après le refroidissement en une masse résineuse blanche, soyeuse; elle est facilement soluble dans l'alcool et l'éther, insoluble dans l'eau. Ph. de C.

PORCELAINE. — Voyez POTERIES.

PORCELLOPHITE (Min.). — Variété de serpentine terreuse ressemblant à l'écume de mer et souvent très-tendre au sortir de la carrière. De Taberg et Sala (Suède).

PORPÉZITE (Min.). — Alliage d'or et de palladium, argentifère, renfermant jusqu'à 10 °/₀ de palladium. De Porpez (Brésil). Une autre variété de Jacotinga (Brésil) renferme seulement 6 °/₀ de palladium.

PORPHYRINE [O. Hesse, *Ann. der Chem. u. Pharm., Supplement b.* IV, p. 40]. — Hesse a donné ce nom à un alcaloïde qui existe indépendamment de la chlorogénine (t. I, p. 879) dans une écorce australienne. Pour l'isoler, on épuise celle-ci par l'eau bouillante, on concentre et l'on acidule fortement avec de l'acide sulfurique. On précipite la chlorogénine par le chlorure mercurique, on débarrasse le liquide filtré par l'hydrogène sulfuré du mercure qu'il contient, on neutralise par l'ammoniaque, on évapore, on ajoute du carbonate de sodium et l'on agite avec de l'éther. Celui-ci dissout l'alcaloïde, qu'on lui enlève en l'agitant avec de l'acide sulfurique dilué et qu'on purifie par un nouveau traitement au carbonate de sodium et à l'éther. Finalement on décolore la solution éthérée par du charbon animal et l'on évapore.

On obtient ainsi la porphyrine sous la forme d'une masse amorphe, transparente, qui cristallise dans l'alcool en prismes blancs, minces, fusibles à 87°,2. L'alcaloïde se dissout dans l'eau, l'alcool et l'éther; ses solutions possèdent une réaction alcaline et un goût très-amer.

L'acide nitrique concentré le colore en rouge-pourpre.

La porphyrine donne avec les acides des sels à réaction neutre; les solutions du sulfate et du chlorhydrate additionnées d'un petit excès d'acide offrent une fluorescence bleue.

Le sulfate cristallise en petits prismes très-solubles dans l'eau et dans l'alcool. Le dichromate de potassium produit avec la solution du sulfate acide une coloration rouge, qui disparaît bientôt, en même temps qu'il se forme un précipité jaune.

L'iodhydate, le chloromercurate, le chloroplatinate et le chloraurate constituent des précipités blancs ou jaunes. A. H.

PORPHYRIQUE (ACIDE). — Voyez EUXANTHONE, t. I, p. 1396.

PORPHYROXINE. — D'après Merck, la porphyroxine existerait dans l'opium des Indes orientales et de Smyrne. Ces différentes espèces d'opium en contiendraient 1/2 °/₀ [*Ann. der Chem. u. Pharm.*, t. XXI, p. 201]. Suivant M. G. Gibb [*Pharm. Journ. Transat.*, (2), t. I, p. 454], ce même corps existerait dans le *Sanguinaria Canadensis* à côté de la sanguinarine. Dragendorff [*Russ. Zeits. für Pharm.*, 1864, t. II, p. 457] a étudié l'action de l'acide sulfurique contenant un peu d'acide nitrique sur la porphyroxine : la dissolution est brun noirâtre, et devient rouge-grenat foncé lorsqu'on la chauffe à 150°. Cependant l'existence de cette base paraît douteuse. Anderson n'est pas parvenu à l'isoler, et d'après O. Hesse, elle serait un mélange de plusieurs bases, telles que la méconidine, la laudanine, etc., qu'il a retirées de l'extrait aqueux de l'opium, après avoir traité cette solution par un excès de soude ou de chaux [*Ann. der Chem. u. Pharm.*, janvier 1870, t. CLIII, p. 47; *Bull. de la Soc. chim.*, 1870, t. XIV, p. 73]. E. C.

PORRICINE (Min.). — Nom donné à des cristaux de pyroxène qui se trouvent dans la lave à Niedermendig et Andernach (Prusse rhénane).

PORTITE (Min.). — Silicate d'alumine hydraté, avec magnésie, chaux, etc., présentant deux clivages qui font un angle de 120° environ, et se trouvant dans le Gabbro de Toscane, en masses radiées blanches, opaques. C'est une altération de cordiérite ou d'une zéolithe.

PORTOR. — Voyez MARBRE.

PORZELLANSPATH. — Voyez PASSAUITE.

POTASSE CHLORURÉE. — Voyez SYLVINE.

POTASSE NITRATÉE. — Voyez NITRE.

POTASSE SULFATÉE. — Voyez APHTHALOSE.

POTASSIUM. — Symbole K. Poids atomique, 39,1 (équivalent, 39,1). Le potassium est très-répandu dans la nature, mais il ne s'y rencontre que combiné avec d'autres corps. Dans le règne minéral, on le trouve à l'état de sels divers : les principaux silicates, tels que le feldspath orthose, le mica, etc., contiennent de la potasse. Dans l'alunite, elle existe à l'état de sulfate double d'aluminium et de potassium. On la trouve en petite quantité dans le sol et dans les eaux de la mer. Les végétaux terrestres contiennent dans leur tige et dans leurs racines de la potasse unie à des acides organiques. Aussi y a-t-il dans les cendres de tous les bois du carbonate de potasse résultant de la décomposition du sel organique sous l'influence de la chaleur.

PRÉPARATION DU POTASSIUM. — Jusqu'au commencement de ce siècle, la potasse et la soude étaient regardées comme des corps simples. Lavoisier avait bien pensé que ces alcalis étaient des corps composés [Lavoisier, *Traité de Chimie*, t. II, p. 194, 3e édition], mais sans pouvoir le démontrer. L'honneur de la découverte du potassium était réservé à Sir Humphry Davy, qui fit en 1807 cette mémorable expérience de la décomposition de la potasse.

« Je plaçai, dit-il, un petit fragment de potasse sur un disque isolant de platine communiquant avec le côté négatif d'une batterie électrique de 250 plaques (cuivre et zinc) en pleine activité. Un fil de platine communiquant avec le côté positif fut mis en contact avec la face supérieure de la potasse. Tout l'appareil fonctionnait à l'air libre. Dans ces circonstances, une action très-vive se manifesta; la potasse se mit à fondre à ses deux points d'électrisation. Il y eut à la face supérieure (positive) une vive effervescence déterminée par le dégagement d'un fluide élastique; à la face inférieure (négative) il ne se dégageait aucun fluide élastique, mais il y apparut de *petits globules d'un vif éclat métallique tout à fait semblables aux globules de mercure*. Quelques-uns de ces globules, à mesure qu'ils se formaient, brûlaient avec explosion et une flamme brillante; d'autres perdaient peu à peu leur éclat et se couvraient finalement d'une croûte blanche. Ces globules formaient la substance que je cherchais : c'était un principe combustible particulier, c'était la *base de la potasse*, le *potassium*. » [Mémoire lu à la Société royale de Londres, le 19 novembre 1807. — *Philos. Trans.*, 1808, p. 1, 1809, p. 39, et 1810, p. 16; — *Gilb. Ann.*, t. XXXI, p. 113; t. XXXII, p. 365; t. XXXIII, p. 257; t. XXXV, p. 151; t. XXXVI, p. 180; t. XXXVII, p. 35.]

Si l'on repète cette expérience en creusant dans la partie supérieure d'un fragment de potasse une petite cavité, que l'on remplit de mercure et dans laquelle on fait arriver le pôle négatif de la pile, on constate que le potassium vient former un amalgame d'où l'on peut chasser le mercure par la chaleur dans un courant de gaz hydrogène sec.

Davy obtint le sodium par le même procédé. Il

eut le mérite, en décomposant la potasse et la soude, non-seulement de découvrir deux métaux nouveaux, mais encore de démontrer ce fait, qu'avait soupçonné Lavoisier, que, si la potasse et la soude se conduisent vis-à-vis des acides comme les oxydes métalliques de plomb ou d'argent, c'est qu'ils sont, comme ces derniers, composés d'un métal et d'oxygène. Il conclut immédiatement de ses expériences que la chaux, la magnésie, l'alumine et les bases analogues contiennent chacune un métal particulier. Ses propres recherches et celles de ses successeurs ont vérifié la parfaite exactitude de cette conclusion.

Procédé de Gay-Lussac et Thenard.— Les piles les plus énergiques ne pouvant donner que de petites quantités de potassium, on a cherché à préparer ce métal industriellement, par des procédés purement chimiques. C'est en faisant passer l'hydrate de potasse sur de la tournure de fer chauffée au rouge blanc que Gay-Lussac et Thenard ont obtenu les premiers, en 1808, le potassium en quantité assez grande pour en faire une étude complète. Leur procédé a été seul employé pendant plus de quinze années. La tournure de fer est placée dans la partie moyenne d'un canon de fusil bien décapé intérieurement et recourbé comme le montre la figure 512. Toute cette partie moyenne *cc* recouverte d'un lut infusible de sable et de terre réfractaire est contenue dans un fourneau à réverbère où on la chauffe au rouge blanc. L'extrémité relevée du canon de fusil contient des fragments de potasse caustique; elle supporte une grille à com-

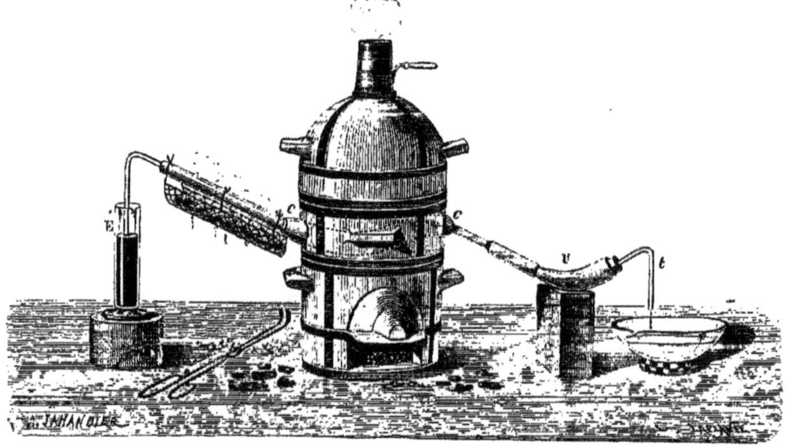

Fig. 512. — Préparation du potassium par le fer (procédé de Gay-Lussac et Thenard).

bustion qui permet de chauffer la potasse de manière à la faire couler sur la tournure de fer au moment où celle-ci est suffisamment chauffée. Cette extrémité est fermée par un bouchon traversé par un tube qui plonge dans une éprouvette E pleine de mercure et à travers laquelle l'hydrogène pourra se dégager si l'autre extrémité de l'appareil vient à se boucher pendant l'opération. Cet autre bout du canon s'engage dans une allonge en cuivre à laquelle s'adapte un récipient U rempli d'huile de naphte et dans lequel le potassium vient se condenser [Gay-Lussac et Thenard, *Recherches physico-chimiques*, t. I, p. 74 à 380; — *Gilb. Ann.*, t. XXIX, p. 135; t. XXXII, p. 23; t. XXXV, p. 179; t. XXXVI, p. 204, 217, 222 et 232].

Ce procédé, très-remarquable pour l'époque où il a été imaginé, était d'une application pénible; l'opération toujours difficile à conduire donnait un rendement assez faible; la théorie n'en était pas connue. On admettait en général que l'hydrate de potasse était décomposé par le fer, qui s'emparait de son oxygène pour former de l'oxyde magnétique suivant l'équation

$$3Fe + 4(KHO) = Fe^3O^4 + 2K^2 + 2H^2.$$

Mais Gay-Lussac et Thenard avaient eux-mêmes remarqué que, dans les parties les plus chauffées, le fer ne subit aucune altération; et cependant on n'en pouvait pas conclure que l'on avait trop élevé la température, car, si on recommence l'opération avec le même tube, le même fourneau, mais seulement en élevant moins la température, on n'a plus de potassium; on voit sortir de l'appareil, sous forme de fumées, de l'hydrate de potasse qu'on a volatilisé sans altération apparente.

La véritable théorie de la préparation du potassium par la méthode de Gay-Lussac et Thenard a été donnée par M. H. Sainte-Claire Deville [*Leçon sur la dissociation, faite à la Société chimique en 1866*]. Dans cette opération, la potasse en vapeur qui traverse la partie chauffée du tube en sort imparfaitement transformée en un mélange d'hydrogène et de potassium. La plus grande partie de la potasse reste dans la portion du tube de fer voisine des parois du fourneau du côté de la sortie des gaz et vapeurs. Elle y est intimement mélangée avec du protoxyde de fer, et le tout forme un magma tellement compacte et tellement imperméable que l'eau ne l'attaque que très-difficilement. La préparation ne réussit d'ailleurs qu'à la condition de faire marcher l'opération avec une très-grande vitesse; elle ne donne que de mauvais résultats si l'expérience traîne.

La potasse hydratée KHO, en traversant la partie du tube où la température est le plus élevée, n'agit pas sur le fer; elle se décompose, d'après M. H. Deville, en potassium, hydrogène et oxygène : quand ces gaz arrivent dans la partie moins chaude, une partie de l'oxygène est absorbée par le fer, et l'oxyde de fer ainsi produit résiste en partie parce qu'il se recouvre au contact des premières portions de potassium d'une couche de potasse fusible qui résulte de la réaction inverse du potassium sur les parties superficielles de l'oxyde; aussi le mélange de protoxyde de fer et de potasse est-il intime. Le potassium est donc ici obtenu par une opération dérobée, qui ne réussit qu'à la condition de faire passer les vapeurs assez rapidement pour que la réaction inverse n'ait pas le temps de se compléter.

Procédé de Brunner. — En 1823, M. Brunner, de Berne, mettant à profit l'observation faite par Curaudau, dès 1808, qu'un mélange intime de carbonate de potasse ou de soude et de charbon suffisamment chauffé peut dégager du potassium ou du sodium, a fait adopter une méthode plus commode et plus productive [Curaudau, *Ann. de Chim.*, t. LXVI, p. 97; — *Gilb. Ann.*, t. XXIX, p. 85; — Brunner, *Bibliothèque universelle de Genève*, t. XXII, p. 36, et *Schw.*, t. XXXVIII, p. 517].

Elle consiste à chauffer au rouge blanc, dans un cylindre de fer B (ou une bouteille à mercure) placé au milieu d'un bon fourneau à vent, le résidu charbonneux qu'on obtient en calcinant du tartre brut dans un creuset dont le couvercle est bien luté avec de l'argile, pour éviter la rentrée de l'air. Le produit de cette calcination est pulvérisé dans un mortier et mélangé avec du charbon grossièrement broyé. Le mélange est introduit dans une bouteille en fer forgé. Les bouteilles dans lesquelles on expédie ordinairement le mercure sont excellentes pour cet usage; elles se trouvent entre les mains de tous les chimistes et à très-bas prix, de sorte qu'on peut préparer partout du potassium. Quand la bouteille est remplie aux trois quarts, on la place horizontalement dans un fourneau où l'on peut produire une température très-élevée.

Ce fourneau se compose d'une cuve parallélipipédique dont les parois sont en briques réfractaires (fig. 513) [*Ann. de Chim. et de Phys.*, (3), t. XLVI]; la grille doit être faite avec des barreaux mobiles; il communique par sa partie supérieure avec une cheminée d'un bon tirage. Le canal qui relie le fourneau à la cheminée doit être muni d'un registre fermant bien et doit s'ouvrir à la partie supérieure de la cuve à un point tel que le centre de l'ouverture se trouve sur l'axe de figure de la cuve; le tirage se répartit ainsi sur les divers points de la grille aussi également que possible. On charge le coke au moyen de deux ouvertures latérales placées au point de jonction du canal avec la cuve, de chaque côté du fourneau. Il suffit pour cela de laisser libre une des briques du toit de la cuve. En l'ôtant et la replaçant successivement, on ouvre et on ferme le fourneau; on doit avoir soin de maintenir plein de combustible l'espace compris entre la grille et la bouteille, pour empêcher le fer de brûler. En avant du fourneau se trouve une ouverture carrée garnie d'une plaque de fonte épaisse et percée d'un trou par lequel le tube *t* pourra faire saillie au dehors du fourneau.

La bouteille à mercure recouverte sur toute sa surface d'un lut réfractaire est soutenue dans la cuve par deux briques réfractaires taillées à leur partie supérieure en forme de cylindre sur lequel repose et s'appuie solidement la bouteille. Ces briques doivent avoir $0^m,20$ de hauteur pour qu'il y ait entre la grille et la bouteille la distance convenable. Le tube *t* en fer par lequel se dégageront les gaz et la vapeur de potassium est pris sur un canon de fusil; on le fixe à la bouteille B après y avoir taraudé un pas de vis qui s'applique à la matrice présentée par l'ouverture de la bouteille; il s'engage dans le récipient en cuivre composé de deux parties C, D qui s'emboîtent l'une dans l'autre. La partie inférieure est un vase cylindrique en cuivre. La partie supérieure qui sert de couvercle entre dans la première; elle est séparée en deux compartiments par une paroi verticale *c* qui descend jusqu'à une petite distance du fond du vase D

Fig. 513. — Préparation du potassium par le carbonate de potasse brut et le charbon (procédé de Brunner).

quand les deux parties sont réunies. Deux tubulures sont placées exactement en face l'une de l'autre et la paroi verticale *c* porte une ouverture dans la direction de ces tubulures. Enfin une troisième ouverture est percée sur la face antérieure.

On verse dans le vase D de l'huile de naphte jusqu'à une hauteur de $0^m,05$ à $0^m,06$, on ajuste les deux pièces et on fixe le récipient au tube *t*; dans la tubulure antérieure on adapte un tube de verre par lequel sortiront les gaz; la tubulure *b* est fermée par un bouchon de liége. L'appareil étant ainsi disposé, on introduit dans le fourneau d'abord du charbon incandescent, puis du charbon noir, et on remplit avec du coke. La réaction du charbon sur le carbonate de potasse commence quand l'appareil est porté au rouge vif; du gaz oxyde de carbone se dégage, puis le potassium en vapeur arrive dans le récipient, s'y condense et se réunit sous l'huile de naphte. Un courant d'eau froide coulant sur le couvercle maintient le récipient à une température peu élevée. Pendant l'opération, le tube *t* s'obstrue fréquemment soit par des matières entraînées mécaniquement, soit par le dépôt de substances provenant de la réaction du potassium sur l'oxyde de carbone au rouge sombre. On en est averti parce que le dégagement de gaz s'arrête; on introduit alors par l'ouverture *b* une tige de fer avec laquelle on cherche à percer le dépôt formé dans le tube; si on y réussit, l'opération continue; elle est terminée quand tout dégagement de gaz cesse, le tube *t* étant bien ouvert.

Le potassium se trouve sous la forme de globules irréguliers mêlés avec diverses matières étrangères. Le métal impur mis en contact avec l'eau donnerait lieu à des explosions très-dangereuses. Pour séparer les matières étrangères, on met le potassium impur dans un linge dont on forme un nouet, on plonge ce nouet dans une marmite contenant de l'huile de naphte à 60°, on comprime le nouet à l'aide d'une pince en fer; le potassium filtre sous la forme de globules très-fins qui se réunissent au fond de la capsule; les matières étrangères restent dans le nouet; elles sont formées de charbon et des composés résultant de l'action de la vapeur de potassium sur l'oxyde de carbone au rouge sombre. La vapeur de potassium se trouvant pendant quelque temps en contact avec l'oxyde de carbone à cette température, il se forme des produits particuliers incomplétement étudiés et auxquels on a donné les noms de *croconate* et de *rhodizonate* de potasse. Pour diminuer la perte de potassium occasionnée par cette réaction inverse, il importe de donner au tube *t* une très-petite longueur.

Pour obtenir du potassium purifié, ce qui est indispensable pour qu'on puisse le manier sans être exposé à de dangereuses explosions, on soumet le produit filtré à une distillation. Cette opération s'exécute dans une, bouteille à mercure sur laquelle on visse un tube de fer recourbé dont l'extrémité plonge dans un flacon rempli d'huile de naphte.

Le procédé de Brunner, tel que venons de l'indiquer, donne des résultats très-variables et un rendement généralement très-faible, quelquefois nul [Dumas, *Chim. appl.*, t. II; — Berzelius, *Traité de Chim.*, t. I]; cependant, dans quelques expériences, il a donné 92 grammes de potassium pour 1 kilogramme de tartre employé; c'est à peu près la moitié de la quantité du métal contenu dans la matière première [Pleischl, *Zeitsch. Phys. v. W.*, t. II, p. 307 et 343; t. III, p. 320].

Les défauts du procédé Brunner ont été étudiés par MM. Mareska et Donny, qui ont en même temps indiqué les moyens de les éviter.

Ils ont établi par des expériences directes que, quand on fait arriver un mélange d'oxyde de carbone et de potassium en vapeur dans un récipient spacieux et refroidi, le potassium ne se condense pas à l'état métallique, il se produit uniquement un mélange de charbon et de potasse. Le potassium qui pénètre à l'état de vapeur dans le récipient de Brunner est donc perdu, il n'y a que celui qui s'est condensé dans le tube de communication qu'on peut espérer recueillir. Or, si on pouvait le recueillir en totalité, le rendement serait encore satisfaisant malgré la perte du métal qui se dégage en vapeur, mais il n'y a qu'une faible partie de ce métal condensé qui coule à l'état liquide dans le récipient, le reste s'attache aux parois internes du tube et, comme il est soumis au contact incessant de l'oxyde de carbone, il s'altère, se transforme en matière charbonneuse infusible, très-compacte, qui devient en s'accumulant la cause des obstructions insurmontables qui rendent l'opération dangereuse.

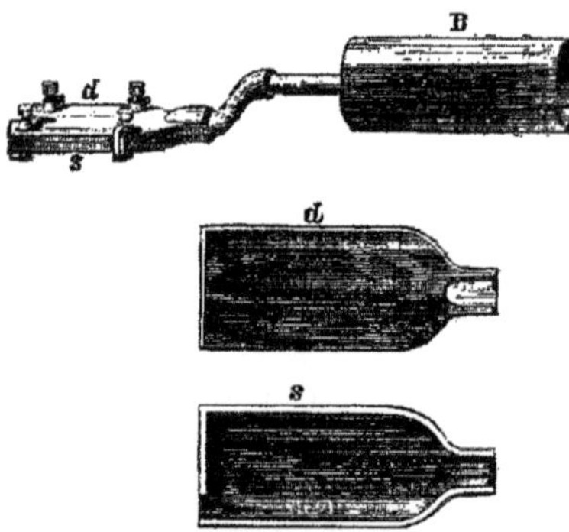

Fig. 514. — Récipient de MM. Mareska et Donny.

Perfectionnement Donny et Mareska. — Mitscherlich [*Lehrbuch der Chem.*, t. II, p. 10, 1840] et avec lui beaucoup de chimistes ont reconnu la nécessité de maintenir une grande partie du tube de communication à une température très-élevée pour éviter les obstructions qui se produisent par suite du contact prolongé du potassium à l'état liquide avec l'oxyde de carbone; mais en diminuant ainsi les chances d'obstruction, on augmente la quantité de métal qui arrive à l'état gazeux dans le récipient; il fallait donc découvrir un récipient qui, au lieu de laisser se perdre le potassium qui arrive en vapeur, fût capable de le condenser rapidement et d'en soustraire le plus possible à l'action de l'oxyde de carbone. C'est ce qu'ont fait MM. Mareska et Donny. Leur récipient *d*, *s* (fig. 514) est une boite allongée et plate ouverte à ses deux extrémités, dont l'une se termine par un col arrondi s'adaptant au col de la cornue. Il est en fer laminé d'une épaisseur de $0^{m},004$. Sa longueur est de $0^{m},30$, sa largeur de $0^{m},12$ et sa hauteur intérieure de $0^{m},006$. La partie supérieure *d* de la boite est mobile, elle se fixe sur la partie inférieure *s* à l'aide de vis de pression. Le tube de communication ne doit pas avoir plus de $0^{m},11$.

Les cornues dans lesquelles on chauffe le mélange se percent souvent avant la fin de l'opération par l'action de l'oxygène de l'air qui transforme le fer en oxyde de fer. Les luts réfractaires ne protégent pas sûrement parce qu'ils se fendillent fréquemment ou n'adhèrent pas bien. MM. Mareska et Donny ont obtenu un très-bon résultat en répandant sur toute la longueur de la cornue, quand elle commence à rougir, du borax préalablement fondu et pulvérisé. Par la chaleur le borax fond et coule sur toute la surface des parois; il y forme un vernis qui les préserve complétement pendant le cours de l'opération.

On n'adapte le récipient que quand la cornue, portée au rouge-blanc, laisse dégager des fumées blanches abondantes de potasse régénérée. Aussitôt qu'il est en place, on voit sortir par l'extrémité libre et ouverte une flamme formée par la combustion de l'oxyde de carbone, mais ne contenant que très-peu de vapeur blanche.

Au bout d'une demi-heure, le récipient est à peu près plein, on le retire, on le plonge dans un vase contenant de l'huile de naphte que l'on ferme et on laisse refroidir. Quand le récipient est suffisamment refroidi, on l'ouvre, et on détache le potassium au moyen d'un ciseau pour l'introduire dans des flacons remplis de naphte. On purifie ce potassium par distillation, comme nous l'avons indiqué.

Une cornue contenant de 800 à 900 grammes de tartre calciné donne en moyenne 200 grammes de potassium sur 350 qu'elle contenait. La perte est due au dégagement d'une partie du métal à l'état gazeux [Mareska et Donny, *Ann. de Chim. et de Phys.*, (3), t. XXXV, p. 147].

La réaction qui donne naissance au potassium peut se représenter par l'équation

$$CO^3K^2 + 2C = K^2 + 3CO.$$

Mais on a, dès l'origine, constaté que l'opération marche mal quand on fait directement le mélange avec du carbonate de potasse pur et du charbon; on a attribué d'abord cet insuccès à la difficulté de mélanger intimement le charbon au carbonate. Cela ne pouvait être la véritable cause de l'insuccès, car on n'obtient pas de meilleur résultat en employant le mélange intime que l'on prépare par la calcination en vase clos du bitartrate de potasse pur. MM. Mareska et Donny, après avoir analysé un grand nombre de mélanges, ont cru pouvoir en conclure que les mélanges qui donnaient de bons résultats étaient seulement ceux dans lesquels le carbone et le carbonate de potasse se trouvent à très-peu près dans les conditions indiquées par la théorie pour la production du potassium. En examinant les analyses données par MM. Mareska et Donny des mélanges qui fournissaient de bons résultats, M. H. Sainte-Claire Deville a montré que les insuccès tenaient à une cause passée inaperçue. Il a fait remarquer que tous les tartres qui donnent par calcination de bons mélanges contiennent du tartrate de chaux mêlé au tartrate de potasse.

Ce tartrate de chaux donne pendant la calcination du carbonate de chaux, de sorte que le mélange que l'on chauffe dans la préparation du potassium n'est pas un mélange de carbonate de potasse et de charbon, mais un mélange de carbonate de potasse, de carbonate de chaux et de charbon. Le carbonate de chaux joue ici un rôle purement physique, mais très-important : il empêche le carbonate de potasse de fondre et de se séparer du charbon; il maintient donc intime le contact des deux corps qui doivent réagir l'un sur l'autre. Sa décomposition en chaux et acide carbonique donne de plus des gaz qui facilitent la vaporisation du potassium.

PROPRIÉTÉS DU POTASSIUM.— 1° *Propriétés physiques.*— Le potassium est un corps solide, blanc comme l'argent, doué d'un grand éclat, mais cet éclat ne se conserve pas à l'air. A 0° il est cassant, mais à 15° il est mou comme la cire; il fond à 62°,5 (Bunsen); il distille au rouge en donnant des vapeurs de couleur verte. Suivant Pleischl [*Zeitschr. für Phys., u. verw. Wissenschaft.*, 1834, t. III, p. 1], ses vapeurs se condensent en cristaux cubiques. Les cristaux, souvent assez beaux, qu'on obtient en fondant dans un tube contenant du gaz d'éclairage quelques grammes de potassium et en retournant le tube lorsque la masse est en voie de cristallisation, sont, d'après Long, des octaèdres quadratiques présentant des angles de 52° (culmin.) et 76° [*Journal of the Chem. Soc.*, t. XIII, 122]. La densité du potassium est 0,865 à 15° (Gay-Lussac et Thenard); sa chaleur spécifique est de 0,1691; il est bon conducteur de la chaleur et de l'électricité. Sa conductibilité électrique à 20°,4 est représentée par 20,84, celle de l'argent à 0° étant de 100. Sa densité de vapeur est normale et correspond à deux volumes pour K^2, d'après les nombres encore incorrects obtenus par MM. Dewar et Dittmar [*Chem. News.*, t. XXVII, p. 121, 1873].

2° *Propriétés chimiques.* — C'est le seul métal susceptible de s'oxyder à froid dans l'air sec. A l'air ordinaire, il se recouvre rapidement d'une couche blanche d'hydrate de potasse; il s'échauffe en même temps et peut s'enflammer, s'il est en lames minces. Chauffé au contact de l'air, il brûle avec une flamme violette. On le conserve sous l'huile de naphte.

Le potassium introduit dans un flacon plein de chlore se combine en dégageant assez de chaleur pour s'enflammer. Il se combine de même directement avec le soufre, avec le phosphore et l'arsenic.

Maintenu en fusion dans une cloche courbe pleine d'hydrogène, il absorbe ce gaz en formant un hydrure peu stable que le mercure décompose à froid en dégageant de l'hydrogène (voyez PRESSION) [Gay-Lussac et Thenard, *Recherches physico-chimiques*, t. I, p. 175; — Jacquelain, *Ann. de Chim. et de Phys.*, (2), t. LXXIV, p. 203]. Le gaz ammoniac est également absorbé par le potassium en fusion, il se dégage de l'hydrogène et il se forme un composé, AzH^2K, de couleur vert-olive foncé. Ce corps se décompose au rouge en dégageant de l'ammoniaque et laissant un résidu qui paraît être un azoture de potassium (Gay-Lussac et Thenard).

Le potassium forme des alliages avec un grand nombre de métaux, et souvent la combinaison se fait avec chaleur et lumière; c'est ce qui arrive avec l'étain, l'antimoine, l'arsenic. Au lieu de préparer les alliages directement, on peut chauffer un métal avec du flux noir dans un creuset brasqué [Vauquelin, *Ann. de Chim. et de Phys.*, (2), t. VII, p. 32; — Sérullas, *Ann. de Chim. et de Phys.*, (2), t. XXI, p. 97, et *Journ. de Pharm.*, t. VI, p. 571]. En plongeant un fragment de potassium dans le mercure légèrement chauffé, on constate qu'il y a dégagement de chaleur avec un sifflement aigu. L'amalgame qui contient 1 p. de potassium pour 72 p. de mercure est solide, cristallisé; celui qui contient 145 p. de mercure pour 1 p. de potassium est liquide; ces deux alliages absorbent l'oxygène et l'humidité de l'air en donnant de l'hydrate de potassium. Au contact des sels ammoniacaux, ils donnent un amalgame d'ammonium.

En chauffant ensemble du potassium et du sodium sous l'huile de naphte, on obtient des alliages dont plusieurs sont liquides à la température ordinaire; l'alliage de 3 p. de sodium pour 1 p. de potassium est liquide à 0°. L'alliage de 10 p. de potassium avec 1 p. de sodium est liquide et plus léger que l'huile de naphte (Gay-Lussac et Thenard).

L'affinité du potassium pour l'oxygène est telle qu'il peut s'emparer de ce métalloïde combiné avec d'autres corps. Ainsi le potassium décompose l'eau en donnant de l'hydrogène qui se dégage et de la potasse qui se dissout dans l'eau. Si on fait passer sous une éprouvette pleine de mercure d'abord un peu d'eau, puis un globule de potassium, ce métal en arrivant au contact de l'eau la décompose : il se dégage de l'hydrogène qui se rassemble au sommet de l'éprouvette et déprime le liquide.

Quand, au lieu d'opérer sous une éprouvette, on met un globule de potassium sur l'eau contenue dans un vase à bords très-élevés, on voit le métal fondre en un globule brillant qui, émettant une flamme rouge violacé, tournoie rapidement à la surface du liquide. Au bout de quelque temps la flamme s'éteint et il reste un petit globule incandescent de potasse, qui bientôt éclate en projetant de l'eau et de la potasse. C'est pour ne pas être blessé par ces projections qu'on emploie un vase dont les bords, très-élevés au-dessus du liquide, retiendront la potasse projetée. Dans cette expérience, la chaleur dégagée par la combinaison du potassium avec l'oxygène a suffi pour enflammer l'hydrogène et volatiliser une partie du potassium, lequel, en brûlant, communique à la flamme sa couleur rouge violacé. L'hydrogène, en se dégageant d'un côté, supprime en cet endroit le contact du globule avec l'eau et le repousse dans une direction opposée à celle de son dégagement; la décomposition de l'eau et par suite le dégagement de l'hydrogène se font en des points qui varient à chaque instant : de là le mouvement giratoire que l'on observe. Quand tout le potassium est oxydé, la flamme disparaît, et le globule incandescent de potasse ne touche pas l'eau; mais dès qu'il est suffisamment refroidi, il arrive en contact avec elle, et alors la chaleur propre du globule, jointe à celle qui se dégage de la combinaison de la potasse avec l'eau, détermine une vaporisation brusque qui lance de tous côtés des gouttelettes de liquide.

Cette affinité du potassium pour l'oxygène a permis de l'employer pour réduire un grand nombre de composés oxygénés, tels que l'acide borique, la silice, etc. On l'emploie également pour analyser plusieurs gaz composés contenant de l'oxygène. L'affinité du potassium pour le chlore l'a fait employer pour réduire certains chlorures métalliques, tels que le chlorure de magnésium, le chlorure d'aluminium et les chlorures des autres métaux terreux.

Le danger du maniement de ce corps en grande masse lui fait aujourd'hui préférer le sodium, qui se manie sans danger et réagit avec moins de violence. L'équivalent plus faible du sodium, son prix de revient moins élevé, justifieraient d'ailleurs la préférence qu'on lui donne sur le potassium.

Action de l'oxyde de carbone sur le potassium. — *Carboxyde de potassium*, $C^2O^2K^2$. — Liebig a observé le fait de la combinaison directe de l'oxyde de carbone avec le potassium [*Ann. der Chem. u. Pharm.*, t. XI, p. 182]. Brodie ayant chauffé du potassium pur dans un courant de gaz oxyde de carbone pur, à 80°, a vu le métal, se convertir en groupes arborescents de cristaux gris; ensuite, par suite d'une plus grande absorption d'oxyde de carbone, en une masse rouge foncé à laquelle il attribue la composition $C^2O^2K^2$. Cette dernière peut être conservée sous l'huile de naphte; mais au contact de l'eau ou de l'humidité, elle se décompose violemment. Elle détone quelquefois, même à l'état sec. Avec l'alcool anhydre, elle s'échauffe beaucoup, les 2/5 du potassium entrent en dissolution et il reste du rhodizonate de potassium. — Voyez ce mot.

Les cristaux gris paraissent renfermer COK^2 [Brodie, *Quart. Journ. of the Chem. Soc.*, t. XII, p. 269]. La substance noire explosive qu'on obtient quelquefois dans la préparation du potassium paraît renfermer la combinaison $C^2O^2K^2$ qui vient d'être décrite.

Oxydes de potassium. — Le potassium forme avec l'oxygène deux oxydes, un protoxyde, K^2O, et un peroxyde dont la formule est K^2O^4, d'après M. Vernon Harcourt [*Quart. Journal of the Chem. Soc.*, t. XV, p. 267]. Ce dernier chimiste admet aussi l'existence d'un bioxyde de potassium, qui se formerait dans une certaine phase de la préparation du tétroxyde, mais qui n'a pas été isolé à l'état de pureté.

Protoxyde de potassium. — Le protoxyde de potassium anhydre s'obtient en chauffant équivalents égaux d'hydrate de potassium et de potassium; il se dégage de l'hydrogène :

$$2KHO + K^2 = 2K^2O + H^2.$$

On peut encore l'obtenir en chauffant fortement le peroxyde de potassium, qui abandonne peu à peu l'excès d'oxygène.

C'est une poudre grise qui, au contact de l'air, en absorbe l'humidité et se transforme en hydrate; ce dernier seul a de l'importance :

$$K^2O + H^2O = 2KHO.$$

Peroxyde de potassium, K^2O^4. — Ce corps a été découvert et étudié par Gay-Lussac et Thenard, qui lui ont attribué la formule K^2O^3. Plus récemment M. H. Vernon Harcourt a repris cette étude et a assigné au peroxyde de potassium une composition correspondant à la formule K^2O^4 [*Quart. Journ. of the Chem. Soc.*, t. XV, p. 267]. Le peroxyde de potassium s'obtient en chauffant sur une coupelle d'argent du potassium dans un excès d'oxygène. L'action est énergique et donne lieu à un fort dégagement de chaleur. Pour éviter la fusion du tétroxyde, on fait bien de commencer l'oxydation dans un courant d'air sec et de l'achever dans l'oxygène pur. Le produit renferme des quantités variables de protoxyde. Il se forme aussi du peroxyde lorsqu'on maintient de l'hydrate de potassium en fusion au contact de l'air dans une capsule d'argent. L'action de l'ozone sur la potasse sèche donne lieu pareillement à la formation du peroxyde jaune.

C'est un corps solide, jaune, fusible au rouge et cristallisant en lamelles par refroidissement. Une chaleur longtemps prolongée le ramène à l'état de protoxyde. Au contact de l'eau, il donne de l'hydrate de potassium et de l'oxygène avec une vive effervescence. Chauffé dans un courant de gaz oxyde de carbone, il donne du carbonate de potassium et il se dégage de l'oxygène :

$$K^2O^4 + CO = CO^3K^2 + O^2.$$

Avec le bioxyde d'azote, il donne à la fois du nitrate et du nitrite de potassium, avec dégagement de peroxyde d'azote :

$$K^2O^4 + 3AzO = AzO^3K + AzO^2K + AzO^2.$$

C'est un oxydant très-énergique; l'hydrogène, le phosphore, le soufre, le charbon le décomposent à une température peu élevée en donnant de l'hydrate, du phosphate, du sulfate ou du carbonate de potasse. Il transforme les acides sulfureux et phosphoreux en acides sulfurique et phosphorique. Il est décomposé par les métaux oxydables, fer, zinc, antimoine, étain, cuivre, etc.

Hydrate de potassium ou potasse caustique, KHO. — *Préparation.* — On prépare l'hydrate de potassium en décomposant le carbonate de potassium en dissolution par la chaux, qui forme avec l'acide carbonique un carbonate de calcium insoluble. On opère de la manière suivante : on dissout 1 p. de carbonate de potassium dans 10 p. d'eau et on porte à l'ébullition dans une chaudière en fonte; on ajoute alors par petites portions de la chaux éteinte délayée dans l'eau chaude (lait de chaux) de manière à ne pas arrêter l'ébullition; on continue ainsi jusqu'à ce qu'en prenant avec une pipette une petite quantité de la liqueur, la laissant s'éclaircir dans un verre et décantant la partie claire, celle-ci ne donne plus d'effervescence par l'addition de l'acide chlorhydrique. On enlève alors la chaudière du feu, on la couvre de manière à éviter que la potasse n'absorbe l'acide carbonique de l'air et on la laisse se clarifier par un repos de quelques heures. Quand le carbonate de calcium s'est déposé, on décante la liqueur claire dans une bassine de cuivre ou mieux d'argent, on lave avec de l'eau bouillante le résidu, et après ébullition et repos on ajoute l'eau de lavage à la liqueur, qu'on évapore par une ébullition rapide; la vapeur d'eau en s'échappant empêche le contact de l'air avec la dissolution [Mohr, *Ann. der Pharm.*, t. XXIII, p. 338].

On chauffe vers la fin jusqu'au rouge sombre; l'hydrate de potassium KHO, qui reste, fond alors en un liquide de consistance huileuse; s'il s'est formé un peu de carbonate de potassium pendant l'évaporation, ce carbonate, qui ne fond qu'à une température plus élevée, forme à la surface du liquide une écume que l'on peut enlever à l'aide d'une écumoire. On verse ensuite l'hydrate sur une plaque de cuivre où il se solidifie immédiatement. On concasse en fragments et on renferme dans des flacons que l'on bouche hermétiquement.

La potasse ainsi préparée est appelée *potasse à la chaux ;* elle est pure quand le carbonate et la chaux employés sont eux-mêmes purs, mais il en est rarement ainsi dans le commerce. Le carbonate de potassium qui sert en général à la préparation de la potasse contient des sulfate, silicate et chlorure de potassium, qui sont restés en partie dans l'hydrate; il s'y trouve de plus un peu de carbonate de potassium et de la chaux.

Pour purifier la potasse à la chaux du commerce, on la concasse en petits fragments que l'on introduit dans un grand flacon, on achève de le remplir avec de l'alcool concentré [*Crell. Ann.*, 1786, t. II, p. 211]. On agite fréquemment et on chauffe même légèrement pour faciliter la dissolution. On laisse ensuite reposer la liqueur. Il se forme au fond du flacon un dépôt cristallin formé de sulfate et de chlorure de potassium. A peu près insolubles dans l'alcool concentré, ces cristaux sont baignés par une liqueur sirupeuse formée par du carbonate de potassium dissous dans l'eau enlevée à l'alcool; enfin le reste de la liqueur est une dissolution d'hydrate de potassium dans l'alcool presque absolu. On décante cette liqueur à l'aide d'un siphon dans une cornue où on la soumet à la distillation, de manière à en retirer les deux tiers de l'alcool; puis on verse la liqueur ainsi concentrée dans une bassine d'argent où on achève de l'évaporer rapidement. On chauffe vers la fin jusqu'au rouge sombre pour fondre l'hydrate de potassium; on le coule sur une plaque d'argent, on le concasse en fragments et on le conserve dans des flacons bien bouchés.

La solution alcoolique s'est colorée en brun pendant l'évaporation par suite de l'oxydation d'une partie de l'alcool sous l'influence de l'air et de la potasse; l'acide organique brun résultant de cette oxydation et combiné avec la potasse se décompose au moment où la potasse fond et donne de l'acide carbonique qui reste uni à la potasse devenue incolore.

La potasse ainsi purifiée porte le nom de potasse à l'alcool, elle renferme toujours une petite quantité de carbonate de potassium, mais elle ne renferme ni chlorure ni sulfate. Si l'on veut avoir une dissolution de potasse exempte de carbonate, on peut dissoudre dans l'eau la potasse à l'alcool, y ajouter un peu de chaux éteinte pure et conserver le liquide avec la chaux dans des flacons bien bouchés. La décomposition du carbonate de potassium par la chaux ne se fait que dans les dissolutions étendues, la potasse concentrée décomposerait au contraire en partie le carbonate de calcium [Liebig, *Ann. Chem. u. Pharm.*, t. I, p. 124; — Watson, *Phil. Mag.*, t. III, p. 314; — Mitscherlich, *Lehrb.*, t. II, p. 15].

Parmi les autres procédés indiqués pour la préparation de la potasse caustique, nous mentionnerons les suivants :

1° Décomposition du sulfate de potassium en solution par une quantité exactement suffisante d'eau de baryte (Schubert);

2° Décomposition du nitrate pur par le cuivre. M. Wœhler, qui a indiqué ce procédé, emploie 1 p. de salpêtre et 2 à 3 p. de cuivre laminé en feuilles minces, qu'il coupe en menus morceaux. Il dispose le mélange par couches alternatives dans un creuset couvert et chauffe celui-ci pendant une demi-heure. La masse refroidie est traitée par l'eau, qui dissout de la potasse et laisse de l'oxyde cuivrique mêlé d'oxyde cuivreux. On laisse déposer dans un vase cylindrique et l'on décante la lessive claire à l'aide d'un siphon [*Ann. der Chem. u. Pharm.*, t. LXXXVII, p. 373].

Propriétés de l'hydrate de potassium. — La potasse hydratée pure constitue des masses blanches, opaques, à cassure fibreuse. Sa densité est de 2,1 environ (Dalton). Elle fond au rouge sombre et se volatilise sans altération au rouge blanc. Sa composition répond à la formule KHO.

Au contact de l'air, la potasse attire l'humidité et l'acide carbonique. Elle est déliquescente. Elle se dissout dans environ la moitié de son poids d'eau, avec dégagement de chaleur. Elle est presque aussi soluble dans l'alcool que dans l'eau.

Si on dissout l'hydrate de potassium KHO dans une très-petite quantité d'eau chaude et qu'on laisse refroidir le liquide dans un flacon fermé, il se forme des cristaux qui ont pour formule $KHO + 2H^2O$ et qui se présentent en rhomboèdres très-aigus [Ph. Walter, *Pogg. Ann.*, t. XXXIX, p. 192]. Cet hydrate se dissout dans l'eau avec abaissement de température; les cristaux, placés dans le vide, perdent de l'eau et donnent un hydrate, $4KHO + H^2O$.

La table suivante, extraite du Dictionnaire de Liebig, Poggendorff et Wœhler, donne approximativement la proportion d'oxyde anhydre contenue dans 100 p. de solution de potasse de diverses concentrations.

Dalton.			Tünnermann.			
Densités.	K^2O en centièmes.	Points d'ébullition.	Densités à 15°.	K^2O en centièmes.	Densités à 15°.	K^2O en centièmes.
2,40	39,9	129°,5	1,3300	28,290	1,1437	14,145
2,20	36,8	123 9	1,3131	27,158	1,1308	13,013
1,42	34,4	118 3	1,2966	26,027	1,1182	11,882
1,39	32,4	115 5	1,2805	24,895	1,1059	10,750
1,36	29,4	112 2	1,2648	23,764	1,0938	9,619
1,33	26,3	109 4	1,2493	22,632	1,0819	8,487
1,28	23,4	106 6	1,2342	21,500	1,0703	7,355
1,23	19,5	104 4	1,2268	20,935	1,0589	6,224
1,19	16,2	103 3	1,2122	19,803	1,0478	5,002
1,15	13,0	101 7	1,1979	18,671	1,0369	3,961
1,1	9,5	101 1	1,1839	17,540	1,0260	2,829
1,0	4,7	100 5	1,1702	16,408	1,0153	1,697
			1,1568	15,277	1,0050	0,5658

La potasse solide du commerce contient souvent 50 % de son poids d'eau; on peut déterminer l'excès d'eau qu'elle contient en la fondant au rouge sombre dans un creuset d'argent.

En dissolution concentrée, la potasse attaque le verre et la porcelaine en dissolvant la silice et l'alumine.

La potasse en fusion absorbe l'oxygène de l'air et forme du peroxyde de potassium qui reste dissous dans la potasse en excès.

Le chlore décompose l'hydrate de potassium à une température élevée et en dégage de l'eau et de l'oxygène. L'action du chlore sur la dissolution de potasse sera indiquée à l'article CHLORATE. — Voyez plus loin.

Le soufre chauffé au rouge avec de l'hydrate de potassium donne du pentasulfure de potassium et du sulfate de potassium :

$$8KHO + 16S = SO^4K^2 + 3K^2S^5 + 4H^2O.$$

Chauffé avec une dissolution de potasse, le soufre donne du pentasulfure et de l'hyposulfite de potassium :

$$6KHO + 12S = 2K^2S^5 + S^2O^3K^2 + 3H^2O.$$

Le phosphore chauffé avec une dissolution de potasse donne de l'hypophosphite de potassium et du phosphure gazeux d'hydrogène mêlé de plus de moitié de son volume d'hydrogène libre (Dumas).

La potasse possède les caractères d'un alcali puissant. Elle est caustique et corrode les tissus. Elle s'unit aux acides et surtout aux acides minéraux puissants, avec un vif dégagement de chaleur. Elle précipite la plupart des sels métalliques, déplaçant tantôt des oxydes anhydres, tantôt des hydrates métalliques. Quelques-uns de ces derniers se dissolvent dans un excès d'alcali (hydrates de plomb, de zinc, alumine, etc.). Chauffée avec des sels insolubles, tels que silicates, phosphates, etc., elle leur enlève les acides. Toutes ces réactions offrent une haute importance au point de vue de la chimie analytique. La potasse est un des principaux agents de l'analyse minérale qualitative et quantitative.

En chimie organique son rôle n'est pas moins important. Elle intervient dans les transformations et les dédoublements d'un très-grand nombre de substances. Sans vouloir entrer dans l'étude de ces réactions, très-nombreuses et très-diverses, nous en résumerons les principales en faisant remarquer que la plupart de ces réactions concernent non-seulement la potasse, mais encore la soude.

En qualité d'alcali puissant, la potasse s'unit aux acides organiques. La formation des sels de potassium, c'est-à-dire l'affinité puissante qu'elle exerce sur les acides, est en jeu dans diverses réactions fondamentales en chimie organique, telles que le dédoublement des éthers composés, la saponification des corps gras, la décomposition des amides et des nitriles sous l'influence des alcalis. Nous nous bornons à indiquer les réactions qui rentrent, en somme, dans la classe des doubles décompositions.

Dans d'autres réactions, les éléments de la potasse se fixent purement et simplement sur les éléments d'un corps neutre, et un acide est formé par une sorte d'hydratation. Ainsi, en se fixant à une température élevée et sous pression sur les éléments du camphre, la potasse donne lieu à du campholate de potassium. Dans les mêmes circonstances l'isatine se convertit en acide isatique, l'alloxane en acide alloxanique, l'acide parabanique en acide oxalurique. Tous les acides ainsi formés se distinguent par les éléments de l'eau du corps dont ils dérivent :

$$\underset{\text{Camphre.}}{C^{10}H^{16}O} + H^2O = \underset{\text{Acide campholique.}}{C^{10}H^{18}O^2}.$$

L'action de la potasse en solution alcoolique sur l'hydrure de benzoyle fournit un exemple d'un autre genre de réaction ; il y a fixation de KHO sur *deux* molécules d'aldéhyde benzoïque, qui se convertit en acide et en alcool benzoïque. Telle est aussi l'action que la potasse alcoolique exerce sur le camphre.

A une température élevée, la potasse agit comme un oxydant énergique sur un grand nombre de composés organiques et cette oxydation est souvent accompagnée d'un dégagement d'hydrogène. Rappelons à cet égard l'action de la potasse sur quelques aldéhydes aromatiques et sur les alcools. Cette oxydation s'accomplit généralement à une température élevée par l'action de la potasse fondue ou de la chaux potassée.

Les réactions précédentes sont relativement simples. Les suivantes donnent lieu à des décompositions plus profondes. Les molécules complexes de certains acides sont en quelque sorte coupées en deux lorsqu'on les fond avec un excès de potasse et de nouveaux acides prennent naissance. C'est ainsi que l'acide acétique est dédoublé, par un excès de potasse, en acide carbonique et en gaz des marais ; l'acide succinique est dédoublé en acide oxalique et acétique avec élimination d'eau. Les acides de la série acrylique éprouvent, par l'action de la potasse fondante, un dédoublement caractéristique. Il se forme un acétate et un acide inférieur de la série $C^nH^{2n}O^2$. Ainsi l'acide oléique se dédouble en acide acétique et en acide palmitique avec dégagement d'hydrogène :

$$C^{18}H^{34}O^2 + 2KHO$$
$$= C^2H^3KO^2 + C^{16}H^{31}KO^2 + H^2.$$

Enfin, il y a décomposition complète lorsqu'on fond avec la potasse des corps organiques complexes tels que le sucre, la cellulose, etc. ; il se forme finalement du carbonate et de l'oxalate de potassium. Ici il se dégage encore de l'hydrogène et la potasse agit comme un oxydant énergique.

La potasse est employée en chimie pour préparer par voie humide un grand nombre d'oxydes insolubles. Elle sert en médecine, sous le nom de pierre à cautère, pour cautériser les chairs ; elle ramollit et détruit la peau, elle perfore les muqueuses et occasionne des ulcérations.

SULFURES DE POTASSIUM. — Le soufre, en s'unissant au potassium, peut donner naissance aux composés K^2S, K^2S^2, K^2S^3, K^2S^4, K^2S^5. Le premier et le dernier sont seuls importants.

MONOSULFURE DE POTASSIUM, K^2S. — Pour obtenir le monosulfure de potassium, on prend une dissolution de potasse que l'on divise en deux portions égales ; on sature la première par un courant de gaz acide sulfhydrique qui forme du sulfhydrate de potassium :

$$KHO + H^2S = KHS + H^2O.$$

En mêlant ensuite à cette liqueur la seconde moitié de la solution de potasse, il se forme du monosulfure de potassium selon la réaction

$$KHS + KHO = K^2S + H^2O.$$

La dissolution de monosulfure de potassium est incolore, lorsqu'elle est récemment préparée ; elle est fortement alcaline. Concentrée par la chaleur, elle donne des cristaux d'une odeur et d'une saveur sulfureuse. Au contact de l'air, elle se transforme en hyposulfite de potassium et en carbonate de potassium ; la solution peut jaunir par suite de la décomposition du sulfure par l'acide carbonique de l'air, qui met en liberté de l'acide sulfhydrique d'où l'oxygène de l'air sépare le soufre ; ce dernier se dissolvant dans le monosulfure de potassium le colore en jaune. On peut enlever l'excès de soufre en agitant la liqueur avec du cuivre qui ramène le polysulfure à l'état de monosulfure.

On obtient encore du monosulfure de potassium en chauffant au rouge vif le sulfate de potassium dans un creuset brasqué : il se dégage de l'oxyde de carbone et il reste une masse rougeâtre qui, par dissolution, donne toujours un peu de polysulfure. M. Bauer a constaté qu'il se forme, en effet, par l'action du charbon ou de l'hydrogène sur le sulfate de potassium au rouge, indépendamment du monosulfure, un sulfure supérieur en même temps que de l'oxyde de potassium [*Jahresbericht*, 1858, p. 116].

On prépare un monosulfure de potassium très-divisé et prenant feu au contact de l'air (*pyrophore de Gay-Lussac*), en calcinant dans une cornue de grès un mélange de 27,3 p. de sulfate de potassium avec 15 p. de noir de fumée préalablement calciné. On chauffe au rouge vif après avoir fermé la cornue par un bouchon traversé par un tube recourbé, ayant une branche verticale de plus de $0^m,80$ de longueur, dont l'extrémité plonge dans un verre à demi rempli de mercure. Il se dégage de l'oxyde de carbone et de l'acide carbonique ; quand tout dégagement de gaz a cessé, on ferme les ouvertures du fourneau pour qu'il se refroidisse lentement. Lorsque la cornue est refroidie, on constate que le produit qu'elle contient, projeté dans l'air, y brûle avec un très-grand éclat; c'est un mélange de polysulfure de potassium, d'oxyde de potassium anhydre et de charbon [Regnault, *Ann. de Chim. et de Phys.*, (2), t. LXII, p. 386; — Berthier, *Ann. de Chim. et de Phys.*, (2), t. XXII, p. 233; — Rose, *Poggend. Ann.*, t. LV, p. 533; — Berzelius, *Poggend. Ann.*, t. VI, p. 438].

SULFHYDRATE DE POTASSIUM, KHS. — Ce composé s'obtient en saturant une dissolution de potasse par un courant d'acide sulfhydrique; la liqueur évaporée dans un courant de gaz acide sulfhydrique abandonne des cristaux incolores qui ont pour formule KHS. Au contact des sels de cuivre ou de plomb, cette solution donne un précipité de sulfure insoluble avec dégagement d'acide sulfhydrique [Gay-Lussac et Thenard, *Recherches physico-chimiques*, t. I, p. 185; *Ann. de Chim.*, (1), t. XCV, p. 165; *Ann. de Chim. et de Phys.*, (2), t. XIV, p. 363].

Exposée à l'air, la solution incolore du sulfhydrate de potassium absorbe de l'oxygène et se colore en jaune avec formation de bisulfure :

$$2KHS + O = H^2O + K^2S^2.$$

BISULFURE DE POTASSIUM, K^2S^2. — On l'obtient, d'après Berzelius, en exposant à l'air une solution alcoolique de sulfhydrate, jusqu'à ce qu'elle commence à se troubler et en évaporant ensuite dans le vide. C'est une masse cristalline d'un jaune orangé, fusible, déliquescente.

TRISULFURE DE POTASSIUM, K^2S^3. — Ce corps prend naissance lorsqu'on fait passer la vapeur du sulfure de carbone sur du carbonate de potassium chauffé au rouge :

$$2\,CO^3K^2 + 3CS^2 = 2K^2S^3 + 4CO + CO^2.$$

On admet que le trisulfure existe dans certains foies de soufre obtenus en chauffant au rouge dans un creuset 69 p. de carbonate de potassium (4 molécules) avec 40 p. de soufre (10 atomes) :

$$4CO^3K^2 + S^{10} = SO^4K^2 + 3K^2S^3 + 4CO^2.$$

Masse jaune brunâtre. La solution brune exposée à l'air se décolore avec formation d'hyposulfite et dépôt de soufre (Berzelius).

TÉTRASULFURE DE POTASSIUM, K^2S^4. — Il prend naissance, d'après Berzelius, lorsqu'on fait passer de la vapeur de sulfure de carbone sur du sulfate de potassium chauffé au rouge. Masse jaune brunâtre, dont la solution s'oxyde à l'air avec formation d'hyposulfite et dépôt de soufre.

PENTASULFURE DE POTASSIUM, K^2S^5. — On l'obtient en chauffant un quelconque des sulfures précédents avec du soufre jusqu'à ce que l'excès de ce dernier ait été chassé par distillation.

Il se forme aussi du pentasulfure de potassium lorsqu'on chauffe 100 p. de carbonate de potassium avec 94 p. de soufre dans un creuset fermé; il se forme du pentasulfure et de l'hyposulfite si la température ne dépasse pas 250°, ou du sulfate si on chauffe jusqu'au rouge. Ces mélanges portent le nom de *foie de soufre.*

$$3CO^3K^2 + S^{12} = 3CO^2 + 2K^2S^5 + S^2O^3K^2;$$
$$4CO^3K^2 + S^{16} = 4CO^2 + 3K^2S^5 + SO^4K^2.$$

Le foie de soufre est brun rougeâtre; il se dissout dans le double de son poids d'eau et donne une liqueur jaune. Au contact de l'air, il donne du soufre, de l'hyposulfite et du carbonate de potassium. Les acides en dégagent de l'acide sulfhydrique avec dépôt de soufre.

On peut obtenir la dissolution de pentasulfure de potassium mêlée d'hyposulfite, en faisant bouillir une solution de potasse avec un excès de soufre.

Le foie de soufre est employé en médecine; on l'administre surtout en bains de Barrèges artificiels [Fordos et Gelis, *Ann. de Chim. et de Phys.*, (3), t. XVIII, p. 86; — Vauquelin, *Ann. de Chim. et de Phys.*, (2), t. VI, p. 25; — H. Rose, *Poggend. Ann.*, t. LV, p. 533, et t. XVII, p. 327; — Duflos, *Schw.*, t. LXII, p. 212; — Berzelius, *Traité de Chimie*].

SÉLÉNIURES DE POTASSIUM. — Il existe plusieurs séléniures de potassium, mais leur composition et leurs propriétés sont peu connues; leur maniement est d'ailleurs très-dangereux, l'acide sélénhydrique, qu'ils laissent dégager par l'action des acides, étant un poison extrêmement actif.

Ils se forment dans les circonstances suivantes : le sélénium et le potassium fondus ensemble se combinent avec dégagement de lumière pour former du séléniure de potassium. Il se forme aussi du séléniure de potassium lorsqu'on réduit le sélénite ou le séléniate par le charbon ou l'hydrogène au rouge. Le sélénium en poudre se dissout dans une solution bouillante de potasse; la solution est rouge-brun. Au contact de l'air, elle laisse déposer du sélénium. Elle renferme probablement un polyséléniure. Le même corps se forme sans doute aussi lorsqu'on fond le sélénium avec du carbonate de potassium ou avec de la potasse caustique.

TELLURURE DE POTASSIUM. — Le tellure se combine avec le potassium en dégageant de la chaleur et de la lumière; ce tellurure est soluble dans l'eau, qu'il colore en rouge. La dissolution exposée à l'air se recouvre d'une couche mince de tellure.

PHOSPHURE DE POTASSIUM. — On le prépare en chauffant du potassium avec un excès de phosphore dans une cornue de verre mince, traversée par un courant de gaz hydrogène; la combinaison se fait avec dégagement de chaleur et de lumière; on continue à chauffer jusqu'à ce que l'excès de phosphore soit volatilisé. Il est brun-chocolat, dénué d'éclat métallique. Il devient rouge, cristallise et acquiert l'éclat métallique quand il est préparé avec un excès de potassium. Chauffé au contact de l'air, il brûle en se transformant en phosphate de potassium. Au contact de l'eau, il se décompose en donnant du gaz hydrogène phosphoré, du phosphure solide d'hydrogène, de l'hypophosphite de potassium. La réaction se fait souvent avec explosion [Gay-Lussac et Thenard, H. Rose, *Poggend. Ann.*, t. XII, p. 547; — Magnus, *Poggend. Ann.*, t. XVII, p. 527].

CHLORURE DE POTASSIUM, KCl. — Ce sel important est connu depuis des siècles. On l'appelait autrefois *sel digestif, sel de Sylvius, sel polychreste de Sylvius.*

Il existe dans la nature à l'état de pureté ou, plus souvent, combiné ou mélangé avec d'autres chlorures. La *sylvine,* qu'on trouve en cristaux cubiques autour des fumerolles du Vésuve, est du chlorure de potassium pur. A Stassfurt, près Magdebourg, on trouve un chlorure double de potassium et de magnésium, $KCl, MgCl^2 + 6H^2O$, qui est la *carnallite.* Le même sel se dépose pendant la concentration des eaux mères des marais salants (Balard). Enfin on rencontre le chlorure de potassium en petite quantité et mélangé aux chlorures de sodium, de magnésium, de calcium et d'autres sels dans certaines sources minérales.

Propriétés. — Le chlorure de potassium cristallise en cubes anhydres. Il se dépose quelquefois en octaèdres de solutions renfermant de la potasse libre. Sa densité est de 1,945 (H. Kopp), 1,998 (Schroeder), 1,986 (H. Schiff). Sa saveur se rapproche de celle du chlorure de sodium. Il est inaltérable à l'air. Chauffé, il décrépite; il fond au rouge sombre et se volatilise au rouge vif, un peu plus facilement que le chlorure de sodium. Il est plus soluble dans l'eau que le sel marin. D'après Gay-Lussac, 100 p. d'eau à 0° dissolvent 29,23 p. de chlorure de potassium et 0,2738 p. de plus pour chaque degré de température. D'après H. Kopp, 1 p. de chlorure de potassium exige pour se dissoudre, 2,89 p. d'eau à 11°,8; 2,87 p. à 13°,8; 2,85 p. à 15°,6. Voici, d'après H. Schiff [*Ann. der Chem. u. Pharm.*, t. CVII, p. 293], la densité des solutions du chlorure de potassium de diverses concentrations :

Chlorure de potassium en 100 parties.......	2,75	5,50	8,25	11,00	16,50	24,75
Densité à 15°........................	1,017	1,0350	1,0529	1,0730	1,1115	1,1729

M. Gerlach a publié sur le même sujet la table suivante [*Jahresber.*, 1859, p. 39] :

Chlorure de potassium en 100 parties...........	5	10	15	20	24,9
Densité à 15°.............................	1,0325	1,0351	1,1004	1,1361	1,1733

Le chlorure de potassium est très-peu soluble dans l'alcool. M. Schiff a dressé la table suivante des solubilités de ce sel dans l'alcool à divers degrés :

Alcool absolu en 100 parties de liqueur alcoolique....	0	10	20	30	40	50	60	80
Chlorure de potassium en 100 parties de solution.....	24,6	19,8	14,7	10,7	7,7	6,0	2,8	0,45

Voici une réaction intéressante du chlorure de potassium. Ce sel absorbe les vapeurs de l'acide sulfurique anhydre pour former un chlorosulfate de potassium,

$$SO^3 + KCl = SO^2 \begin{cases} OK \\ Cl. \end{cases}$$

Ce sel correspond à l'acide chlorosulfurique ou chlorhydrine sulfurique

$$SO^2 \begin{cases} OH \\ Cl \end{cases}$$

de M. Williamson. C'est une masse dure et transparente, que l'eau décompose instantanément.

En traitant par l'acide chlorhydrique une solution de bichromate de potassium et en évaporant on obtient un chlorochromate

$$CrO^2 \begin{cases} OK \\ Cl \end{cases}$$

analogue au chlorosulfate.

Lorsqu'on fond du chlorure de potassium avec du potassium dans un courant de gaz hydrogène, on obtient une matière bleue que H. Rose considère comme un sous-chlorure de potassium et qui est décomposée par l'eau avec dégagement d'hydrogène et formation de chlorure de potassium et de potasse caustique [*Poggend. Ann.*, t. CXX, p. 1]. Les matières bleues qui prennent naissance lorsqu'on décompose des chlorures, bromures ou iodures organiques par un excès de potassium ou de sodium, dans le but de mettre les radicaux organiques en liberté, sont sans doute analogues au composé bleu de H. Rose.

Usages du chlorure de potassium.— Le chlorure de potassium est employé pour la transformation de l'azotate de sodium du Pérou en azotate de potassium, pour la préparation de l'alun de potassium (voyez ALUN), pour la préparation du chlorate de potassium, du chromate de potassium, du sulfate de potassium qui, traité par le procédé de Leblanc, donnera le carbonate de potassium. On en a employé de grandes quantités comme engrais, pour restituer au sol les sels de potassium enlevés par la culture. — Voyez ENGRAIS.

PRODUCTION INDUSTRIELLE DU CHLORURE DE POTASSIUM. — Le chlorure de potassium est actuellement la source la plus importante des sels de potasse nécessaires à l'industrie et à l'agriculture. On en a découvert récemment des gisements considérables et cette découverte a eu d'autant plus de retentissement, que la production de la potasse par l'incinération des végétaux terrestres en Amérique, en Russie, en Hongrie, en Bohême et en Italie devenait de plus en plus restreinte, circonstance qui augmentait par suite de jour en jour le prix des sels de potassium.

Nous allons décrire sommairement les opérations industrielles qui ont pour but la production du chlorure de potassium.

I. EXTRACTION DU CHLORURE DE POTASSIUM DES MINES DE STASSFURT. — Une grande partie du chlorure de potassium employé par le commerce vient aujourd'hui des mines de Stassfurt et des régions voisines en Prusse.

Les puits de mine creusés à Stassfurt de 1839 à 1843 étaient d'abord destinés à rechercher le sel gemme, dont de nombreuses sources salées trahissaient l'existence. On rencontra le sel gemme en couches d'une très-grande puissance à la profondeur de 324 mètres. De nouveaux puits, commencés en 1851 et en 1852, firent apparaître, à la profondeur de 255 mètres, des sels impurs, puis à 333 mètres le niveau de l'exploitation actuelle du sel gemme. On ne reconnut pas immédiatement la valeur des sels impurs, qui s'étendent de la profondeur de 255 mètres à celle de 304 mètres et qui devaient bientôt avoir une si grande importance pour l'exploitation.

On ne connut bien la constitution des diverses couches salines qu'après qu'on eut creusé dans le duché d'Anhalt, en 1858, deux nouveaux puits qui rencontrèrent les premières couches salines à une profondeur de 150m,24, c'est-à-dire à 105 mètres moins bas qu'en Prusse, ce qui fit en même temps reconnaître l'inclinaison du gîte salifère.

Dans cette mine, les différentes couches salines, superposées par ordre de solubilité, montrent que l'on se trouve au milieu d'une masse provenant du dessèchement d'un lac salé longtemps alimenté par l'eau de la mer; ces couches s'y trouvent exactement dans l'ordre dans lequel se déposent les sels, soit dans les salins de la Méditerranée, soit dans les lacs salés de l'époque actuelle.

L'étage inférieur des mines de Stassfurt-Anhalt est formé par des couches de sel gemme, alternant avec de minces dépôts d'anhydrite; son épaisseur est de plus de 200 mètres : c'est la région de l'anhydrite.

Au-dessus de la couche de sel gemme, les dépôts salins prennent de plus en plus le caractère de ceux des eaux mères actuelles; le sel gemme qui a continué à se déposer y devient de plus en plus impur, il est mélangé avec des combinaisons salines plus solubles. Le sulfate de calcium, au lieu de s'être déposé anhydre, s'y trouve combiné avec le sulfate de potassium et le sulfate de magnésium à l'état de *polyhalite*, dont la composition, lorsqu'elle est pure et cristalline, est

$$2SO^4Ca + SO^4Mg + SO^4K^2 + H^2O :$$

c'est la région de la polyhalite.

Le troisième étage est la région de la *kiesérite*, sulfate de magnésium hydraté ayant pour formule $SO^4Mg + H^2O$ (MM. Siewert et Léopold) et correspondant au sulfate de magnésium ordinaire maintenu longtemps à une température de 100°.

Le quatrième étage contient surtout de la *carnallite*, chlorure double de magnésium et de potassium, en dépôts alternant avec de la kiesérite et du sel marin noirci par des matières bitumineuses; la formule de la carnallite pure est

$$KCl + MgCl^2 + 6H^2O.$$

On trouve à la base de cet étage des cristaux de *sylvine*, chlorure de potassium pur. Au-dessus de la région de la carnallite se trouve un dépôt de sels très-déliquescents (chlorure de calcium, chlorure de magnésium et eau). Cette substance, appelée *tachhydrite*, ne diffère de la carnallite qu'en ce que le chlorure de potassium y a été remplacé par le chlorure de calcium; sa formule est $CaCl^2 + 2MgCl^2 + 12H^2O$.

On trouve au-dessus de la tachhydrite un dépôt d'une espèce de boracite à laquelle on a donné le nom de stassfurtite; on n'est pas entièrement d'accord sur la proportion de chlorure de magnésium et de borate de magnésium qu'elle contient [H. Ludwig, Bischof, Heintz et Siewert, *Zeitschrift für die gesammten Naturwissenschaften*, 1850]. La *stassfurtite* est elle-même recouverte par de nouvelles couches de carnallite.

De tout ce gisement salin on n'exploite que le sel gemme, dont nous n'avons pas à parler ici, et les sols de potassium ou *kalisalz*, dont l'importance a donné naissance à Stassfurt à une industrie de plus en plus florissante.

La carnallite impure (kalisalz), triée au sortir de la mine et broyée, a en moyenne la composition suivante [*Bull. de la Soc. chim.*, 1865, p. 404]:

Chlorure de potassium..........	16
— de magnésium.........	20
— de sodium.............	25
Sulfate de magnésium...........	10
Eau et impuretés...............	29
	100

L'extraction du chlorure de potassium de ce kalisalz se fait à Stassfurt, qui se trouve dans de bonnes conditions pour devenir un centre industriel, grâce aux gisements de lignites que l'on rencontre à peu de distance.

Le kalisalz pulvérisé est placé avec de l'eau dans des cuves en fonte chauffées par de la vapeur d'eau; un arbre en fer muni de tiges transversales brasse constamment la matière de manière à faciliter la dissolution. Au bout de trois heures, on laisse reposer et on décante le liquide.

Le résidu de la dissolution est composé de la plus grande partie du sulfate de magnésium monohydraté, qui ne se dissout que lentement, et du chlorure de sodium : il retient environ 3 °/₀ de son poids de chlorure de potassium. La dissolution qui marque 32° Baumé est amenée dans des cristallisoirs en fonte, où elle laisse déposer des cristaux de chlorure de potassium mêlé de chlorure de sodium et de chlorure de magnésium. Ces sels, lavés dans des caisses en tôle où on les laisse tremper avec de l'eau froide pendant une heure, arrivent à contenir 80 °/₀ de chlorure de potassium.

Les eaux mères marquant 28° Baumé sont concentrées jusqu'à ce qu'elles marquent 36° Baumé. Pendant l'opération, il se dépose du chlorure de sodium; les chlorures de potassium et de magnésium qui restent en dissolution donnent par refroidissement de la carnallite artificielle. Cette carnallite est dissoute dans de l'eau portée à l'ébullition et concentrée jusqu'à ce qu'elle marque 36° Baumé. Décantée dans des cristallisoirs, elle dépose du chlorure de potassium à 80 ou 82 °/₀; les eaux mères sont rejetées; le sel lavé à l'eau froide donne du chlorure à 85 ou 90 °/₀, on le mêle au sel de la première cristallisation. On le sèche dans des fours à réverbère, puis on le casse, on le crible et on l'embarille; il a alors la composition suivante :

Chlorure de potassium........	82,00
— de sodium...........	15,80
Sulfate de potassium..........	0,50
— de magnésium........	0,50
Eau........................	1,20
	100,00

Le sel ainsi livré au commerce revient à 20 fr. environ les 100 kilogrammes rendus à Paris.

On utilise sur place une portion du chlorure de potassium pour préparer du sulfate de potasse par la réaction de ce chlorure sur la kiesérite (sulfate de magnésium):

$$3SO^4Mg + 2KCl$$
$$= SO^4K^2 + 2SO^4Mg + MgCl^2.$$

Les sulfates de potassium et de magnésium sont séparés par de simples lavages. M. Droncke et MM. Voster et Grüneberg sont parvenus à obtenir ainsi des sulfates de potassium à 95 °/₀ de sel pur. Nous verrons plus loin quelles sont les applications du sulfate de potassium [Joulin, *Bull. de la Soc. chim.*, 1865, t. III, p. 323 et 401, et t. IV, p. 329].

II. Extraction du chlorure de potassium des eaux mères des marais salants, procédé Balard. — Au moment où les sels de potassium de Stassfurt ont fait leur apparition sur le marché, l'industrie des eaux mères des marais salants allait, après de nombreux tâtonnements, fournir le chlorure de potassium nécessaire à l'industrie, mais à un prix plus élevé que celui du chlorure de potassium de Stassfurt. La découverte des mines de Stassfurt a arrêté pendant quelque temps l'essor de l'industrie des sels de potassium retirés des eaux de la mer. Aujourd'hui cette industrie tend à se relever. Nous indiquerons ici les principes sur lesquels elle est fondée.

On rejette ordinairement les eaux mères des marais salants lorsqu'elles commencent à déposer du sulfate de magnésium avec le sel marin; on perd de cette façon tout l'acide sulfurique du sulfate de magnésium et tous les sels de potassium contenus dans ces eaux mères. M. Balard a réussi à donner des procédés industriels qui, successivement perfectionnés, permettent de retirer tout l'acide sulfurique à l'état de sulfate de sodium et tout le potassium à l'état de chlorure de potassium. Le principe de cette exploitation repose sur ce fait que, le sulfate de sodium étant très-peu soluble à basse température, on réalise, en refroidissant convenablement la dissolution d'un mélange de sulfate de magnésium et de chlorure de sodium, une double décomposition donnant du chlorure de magnésium qui reste dans la liqueur et du sulfate de sodium qui se dépose :

$$MgSO^4 + 2NaCl = MgCl^2 + Na^2SO^4.$$

L'eau contient alors, outre le chlorure de magnésium, du chlorure de sodium et du chlorure de potassium qu'on peut extraire en profitant de la différence de leur solubilité à chaud. Cela posé, voici comment on opère.

Les eaux mères des marais salants sont évaporées sur le sol jusqu'à 28° Baumé. Elles ont alors déposé les 4/5 du sel marin qu'elles contenaient; on les amène dans de grands réservoirs profonds d'où on les prend au fur et à mesure pour les refroidir à — 18° à l'aide de puissantes machines réfrigérantes à ammoniaque (machines Carré). A cette température, l'eau abandonne les $\frac{65}{100}$ de son acide sulfurique à l'état de sulfate de sodium qu'on égoutte et qu'on sèche. La petite quantité de sulfate de magnésium que contient encore l'eau mère ne nuit pas au reste de l'opération. Au sortir du réfrigérant, l'eau passe dans des chaudières où on l'amène à l'ébullition; elle laisse alors déposer du sel marin très-pur et fin, auquel son extrême légèreté assure des débouchés avantageux. Quand l'eau marque 36° Baumé à l'ébullition, on la fait écouler dans des cristallisoirs où, en se refroidissant, elle abandonne à l'état de chlorure double de potassium et de magnésium, $KCl + MgCl^2 + 6H^2O$, toute la potasse qu'elle contenait. Ce chlorure double, lavé avec la moitié de son poids d'eau froide, cède à celle-ci du chlorure de magnésium et laisse du chlorure de potassium. Ce dernier est soumis à un simple *turbinage* qui en chasse l'eau mère. Après ce traitement on obtient un produit commercial, suffisamment pur. Ce procédé exploité par la compagnie Merle, dite des produits chimiques d'Alais et de la Camargue, a donné dans les deux dernières années de bons résultats; mais il offrait l'inconvénient d'exiger une dépense assez forte en main-d'œuvre et en combustible. De plus les dépôts de sulfates (schlots) qui se formaient pendant l'évaporation entraînent une certaine quantité de potassium.

Procédé de MM. Balard et H. Merle. — La méthode dite des eaux à 28° et que l'on vient de décrire a été remplacée récemment par un procédé plus économique, combinaison heureuse d'anciens procédés dus à M. Balard. Les eaux mères du sel marin sont évaporées sur le sol en été jusqu'à ce qu'elles marquent 35°. Entre 32° et 35°, elles laissent déposer un produit connu sous le nom de *sel mixte*, et qui est un mélange de sulfate de magnésium et de sel marin. Ce produit est redissous dans l'eau et la solution saturée refroidie à — 3° ou — 4° dans l'appareil Carré donne du sulfate de sodium et du chlorure de magnésium.

Les eaux à 35° qui ont laissé déposer le sel mixte et qui renferment encore une certaine quantité de sulfate magnésien, sont emmagasinées à la fin de la campagne dans de grands réservoirs bétonnés où elles laissent déposer, sous l'influence des premiers froids (à + 10° environ), une quantité notable de sulfate de magnésium. On les soutire alors et on les évapore dans des chaudières. Pendant la concentration, elles ne donnent lieu qu'à des dépôts peu considérables. Par le refroidissement elles laissent déposer le chlorure double de potassium et de magnésium, qu'on dédouble par un lavage à l'eau froide comme il a été dit precédemment.

III. Extraction du chlorure de potassium des cendres de varechs. — On extrait du chlorure de potassium en même temps que du sulfate de potasse des *cendres de varechs*. Les *varechs*, appelés aussi *goëmons*, sont des plantes marines qui croissent en abondance sur les côtes de l'Océan et de la Manche; on y distingue les *Fucus saccharinus*, *digitatus*, *vesiculosus*, et *serratus*. Les goëmons rejetés par la mer peuvent être recueillis en toute saison; on en arrache aussi des rochers sous-marins dans les grandes marées de mars, avril, septembre et octobre; ces plantes sont mises à sécher au soleil, puis empilées en tas recouverts de mottes de terre. L'incinération se fait d'ordinaire en été dans des fosses dont les parois sont garnies d'un revêtement en briques. On remplit les fosses de varechs secs et on y met le feu que l'on entretient en ajoutant de nouvelles quantités de varechs au fur et à mesure que les premières disparaissent. La chaleur produite par la combustion est suffisante pour fondre les sels que renferment les cendres et pour former une masse pâteuse que l'on brasse continuellement pour déterminer la combustion complète des matières organiques. Dans cette combustion, on perd une partie des bromures et iodures. M. Moride évite cette déperdition en substituant à l'incinération des varechs desséchés une carbonisation en petites meules closes. M. Stanford les calcine au rouge sombre dans des cylindres en fonte, et recueille les produits volatils [Stanford, *Chemical News*, mars 1862, p. 167].

Les blocs pierreux, compactes, obtenus par l'incinération constituent les cendres ou soudes de varechs; ces matières étaient autrefois employées directement pour la fabrication des verres communs. Plus tard, on en retira les sels solubles qui, évaporés, constituaient les sels de varechs qu'on livrait aux verriers, aux salpêtriers et aux fabricants d'alun. Courtois utilisa mieux ces différents sels en les séparant les uns des autres et donnant à chacun d'eux une destination spéciale. C'est ce que l'on fait partout depuis cette époque. Les cendres de varechs ont une composition à peu près constante dans une même localité parce qu'on y brûle les mêmes espèces de varechs; mais elles varient d'un lieu à un autre. Leur composition moyenne est la suivante :

Chlorure de potassium........	13,48
Sulfate de potassium.........	10,20
Chlorure de sodium..........	16,02
Iode..........................	0,60
Brome et sels solubles divers..	2,70
Matières insolubles...........	57,00
	100,00

Les blocs de cendres de varechs en arrivant aux usines sont broyées en menus fragments; on en remplit aux 2/3 des filtres rectangulaires en tôle à faux fond troué. Ces filtres sont disposés deux par deux au nombre de six paires. Dès qu'un couple de filtres est rempli, on y fait arriver de l'eau jusqu'à ce que le niveau du liquide s'élève de quelques centimètres au-dessus de la matière solide; on ouvre alors un robinet placé sous le faux fond et la filtration commence; le liquide coule dans un bassin inférieur d'où on le fait passer, à l'aide d'une pompe, sur la soude du second couple de filtres. La solution dissout surtout les chlorures de potassium et de sodium plus solubles que le sulfate de potassium. On fait passer la même solution sur les différents filtres; elle sort enfin marquant d'abord 31° Baumé; on continue ce lessivage jusqu'à ce que les eaux sortant des derniers filtres ne marquent plus que 19° Baumé.

Le marc de soude qui reste dans les filtres après l'extraction des eaux à 19° Baumé est soumis à un second lessivage méthodique qui fournit des eaux dont le titre diminue de 18° à 8° et qui contiennent surtout du sulfate de potassium avec de petites quantités de chlorure; on en extraira le sulfate de potassium. Un troisième lessivage du marc de soude fournit des eaux dont le titre s'abaisse de 8° à 0°. Ces petites eaux serviront pour épuiser de nouvelles cendres dans les opérations ultérieures.

Les eaux marquant de 31° à 18° sont concentrées dans des chaudières en tôle jusqu'à ce qu'elles marquent 35° Baumé; pendant cette concentration, le chlorure de sodium, qui n'est pas beaucoup plus soluble à chaud qu'à froid, se dépose en cristaux; on l'enlève avec des écumoires et on le met à égoutter dans des trémies placées de manière que l'eau d'égouttage retombe dans la chaudière. Ce sel entraîne toujours du chlorure de potassium et un peu de sulfate de potassium qu'on lui enlève en le lessivant avec de l'eau, où l'on fait arriver un courant de vapeur par un double fond, de manière à renouveler sans cesse les surfaces de contact du sel et du liquide qui le baigne. Quand l'évaporation dans les chaudières en tôle a concentré les eaux de lessivage de manière qu'elles marquent 35° Baumé à chaud, on procède à l'extraction du chlorure de potassium. Pour cela, après les avoir laissées reposer une heure ou deux, on les fait écouler dans des cristallisoirs où le chlorure de potassium se dépose en cristaux blancs, que l'on purifie ensuite par un lessivage à l'eau froide; celle-ci enlève le chlorure de sodium qui souillait les cristaux de chlorure de potassium. Les eaux mères renferment le brome et l'iode.

Extraction du sulfate de potassium des cendres de varechs. — Les eaux marquant de 18° à 8° et qui proviennent du second lessivage des cendres de varech, contiennent, comme nous l'avons dit, le sulfate de potassium. Il suffit, pour le recueillir, d'évaporer ces eaux dans des chaudières plates jusqu'à ce qu'elles marquent 30° Baumé; le sulfate de potassium se dépose pendant cette concentration en petits cristaux que l'on enlève avec des écumoires et qu'un simple lavage à l'eau froide suffit à purifier. Les eaux mères d'où s'est déposé le sulfate de potassium peuvent, par une nouvelle concentration, donner du chlorure de potassium en fins cristaux et un peu de sulfate de potassium adhérent aux parois du cristallisoir.

BROMURE DE POTASSIUM, KBr. — Pour l'obtenir, on sature le brome par de la potasse caustique; il se forme ainsi un mélange de bromure et de bromate de potassium. On évapore la liqueur à siccité et on calcine le résidu au rouge sombre dans un creuset en fonte; le bromate se change en bromure et fond avec le bromure qui existait déjà dans le mélange. La matière fondue est redissoute dans l'eau, filtrée, concentrée et abandonnée à la cristallisation. Löwig conseille de décomposer le bromate en faisant passer à travers la solution un courant de gaz sulfhydrique. L'excès de gaz étant chassé par l'ébullition, on filtre pour séparer le soufre et l'on évapore.

Un autre procédé consiste à décomposer le bromure terreux par le carbonate de potassium.

Le bromure de potassium cristallise en cubes incolores et brillants. Ces cristaux sont quelquefois allongés de manière à présenter l'apparence de prismes. D'autres fois ils sont aplatis en tables. Leur saveur est piquante. Leur densité est de 2,690 (Schröder). Le bromure de potassium décrépite au feu et fond sans décomposition. Il est très-soluble dans l'eau, plus à chaud qu'à froid. L'alcool en dissout une petite quantité. Le chlore le décompose en mettant le brome en liberté. La solution aqueuse se colore par l'action du chlore en rouge orangé et peut être sensiblement décolorée par l'agitation avec de l'éther qui lui enlève du brome. Cette réaction est mise à profit pour déceler la présence du brome dans certaines eaux salines où le bromure accompagne, en petite quantité, le chlorure de sodium et où il se concentre dans les eaux mères.

Une solution aqueuse d'acide hypochloreux décompose le bromure de potassium avec formation de bromate et de chlorure, en même temps que du chlore et du brome sont mis en liberté. Le permanganate de potassium ne décompose pas une solution neutre de bromure de potassium, même à l'ébullition; mais lorsqu'on ajoute de l'acide sulfurique, du brome est mis en liberté, et la solution est entièrement dépouillée de brome par l'ébullition [Hempel, *Ann. der Chem. u. Pharm.*, t. CVII, p. 100].

On l'utilise en médecine comme sédatif du système nerveux.

IODURE DE POTASSIUM, KI. — Pour le préparer, on peut employer divers procédés :

1° On prend l'iode en poudre, précipité par le chlore des eaux mères des cendres de varechs, on le lave à l'eau froide et on le traite ensuite par la potasse caustique jusqu'à décoloration complète de la liqueur, qui prend d'abord une teinte rouge-brun grâce à l'iode dissous dans l'iodure formé. La liqueur est évaporée à sec, et le résidu formé d'iodure et d'iodate de potassium est chauffé au rouge sombre dans un creuset de fonte; l'iodate se décompose, il se dégage de l'oxygène et on obtient en définitive de l'iodure de potassium. On redissout dans l'eau et on fait cristalliser la liqueur après l'avoir concentrée jusqu'à ce que la dissolution marque 65° Baumé. L'iodure de potassium se dépose en cubes transparents, que l'on égoutte et que l'on sèche sur des châssis dans un courant d'air chaud. Les cristaux deviennent alors opaques par suite de l'évaporation de l'eau mécaniquement interposée; ils sont d'un beau blanc mat.

Ces beaux cristaux contiennent toujours du carbonate de potassium (3 à 4 %) et de l'iodure de potassium ioduré [Payen, *Ann. de Chim. et de Phys.*, (4), t. VI, p. 221].

2° Un procédé qui donne l'iodure de potassium plus pur consiste à transformer d'abord l'iode en iodure de fer et à transformer ensuite ce dernier en iodure de potassium par le sulfate de potassium, additionné de chaux.

L'iode en poudre précipité par le chlore et lavé est chauffé doucement avec de l'eau et de la limaille de fer dans une chaudière en fonte. Dès que la réaction est commencée, on peut supprimer le feu. Quand tout l'iode est dissous, on filtre, pour séparer la liqueur de la limaille en excès et du soufre que l'iode pouvait contenir. La solution est alors mêlée avec une liqueur contenant une quantité équivalente de sulfate de potassium et de la chaux éteinte, puis chauffée par un courant de vapeur. Il se précipite de l'oxyde de fer et du sulfate de calcium; l'iodure de potassium reste dissous, on laisse reposer, puis on décante la liqueur; on lave le résidu et on ajoute les eaux de lavage à la liqueur primitive. On évapore ensuite à sec, on calcine, on redissout et on fait cristalliser comme dans la première méthode.

3° Liebig recommande le procédé suivant, fondé sur la décomposition de l'iodure de calcium par le sulfate de potassium.

Pour obtenir l'iodure de calcium, on délaye 30 grammes de phosphore amorphe dans 900 gr. d'eau et l'on ajoute petit à petit, en agitant continuellement, de l'iode aussi longtemps que ce corps se dissout sans colorer la liqueur (il en faut environ 450 grammes) : on décante la liqueur et on y ajoute jusqu'à réaction alcaline un lait de chaux. Il se forme de l'iodure de calcium soluble et des phosphates et phosphites de calcium insolubles. On filtre, on lave et on ajoute à la liqueur une solution bouillante de 270 grammes de sulfite de potassium dans 1 litre 1/2 d'eau. On laisse reposer le tout pendant 6 heures; on décante, on lave et on exprime le résidu de sulfate de calcium. On réduit par l'évaporation à 1 litre et l'on ajoute du carbonate de potassium pour précipiter une petite quantité de sulfate de calcium. On filtre de nouveau et l'on évapore à cristallisation. On obtient 450 grammes d'iodure cristallisé, et par l'évaporation de l'eau mère 105 grammes d'iodure pulvérulent. D'après M. W. Squire, les cristaux présentent généralement une teinte rougeâtre. On les décolore par fusion et par une nouvelle cristallisation.

Propriétés. — L'iodure de potassium cristallise en cubes, rarement en octaèdres. Les cristaux sont transparents lorsque le sel est pur; ils sont opaques lorsqu'il renferme une petite quantité de carbonate de potassium. Leur densité est de 2,9084 (Karsten), 2,85 (Schiff), 3,079 (Schröder). Ils ne sont point déliquescents. Leur saveur est salée, piquante, désagréable. L'iodure de potassium est très-soluble dans l'eau; il produit un abaissement de température en se dissolvant; le froid peut aller ainsi jusqu'à — 24°. La solution saturée bout à 120° (Baup).

L'iodure de potassium fond au rouge sombre et donne en se refroidissant une masse cristalline nacrée; au rouge, il se volatilise à l'air.

100 p. d'iodure de potassium se dissolvent à :

12°,5 dans 73 p. 5 d'eau.
16° — 70 9 —
18° — 70 0 —
120° — 45 0 —

La table suivante, dressée par M. Kremers [*Poggend. Ann.*, t. CVIII, p. 115; *Jahresb.*, 1869, p. 49], montre l'expansion que prennent par la chaleur à partir de 19°,5 des solutions diversement concentrées d'iodure de potassium.

Volumes des solutions d'iodure de potassium à diverses températures (vol. à 19°,5 = 1).

QUANTITÉ de sel en 100 p. d'eau.	28 p. 2.	56 p. 1.	92 p. 6.	135 p. 8.
Densité à 19°,5.	1,1856	1,3445	1,5144	1,6822
0°	0,99422	0,99231	0,99127	?
19°,5	1,00000	1,00000	1,00000	1,00000
40°	1,00843	1,00956	1,01016	1,01022
60°	1,01856	1,02017	1,02090	1,02085
80°	1,03039	1,03195	1,03247	1,03022
100°	1,04388	1,04500	1,04487	1,04376

A 12°,5, l'iodure de potassium exige pour se dissoudre 5,5 p. d'alcool d'une densité de 0,85; à 13°,5, il se dissout dans 30 à 40 p. d'alcool absolu. Il est plus soluble dans l'alcool bouillant et se dépose par le refroidissement.

Le chlore décompose l'iodure de potassium à froid. Si l'on fait passer dans une solution d'iodure de potassium un excès de chlore, le précipité d'abord formé se redissout et la liqueur se colore en jaune. Il se forme, d'après M. Filhol, une combinaison de trichlorure d'iode avec du chlorure de potassium, qui se dépose en cristaux par l'évaporation.

Les acides nitrique et nitreux décomposent la solution d'iodure de potassium en mettant de l'iode en liberté. Fondu avec du chlorate de potassium, l'iodure se convertit en iodate. Il absorbe la vapeur de l'anhydride sulfurique en se colorant en brun rougeâtre et avec formation de gaz sulfureux, d'iode et de sulfate de potassium :

$$2KI + 2SO^3 = SO^4K^2 + SO^2 + I^2$$

[H. Rose, *Poggend. Ann.*, t. XXXVIII, p. 121].

L'acide sulfurique étendu en dégage de l'acide iodhydrique, mais lorsqu'on chauffe ou qu'on emploie de l'acide concentré, une portion de l'acide sulfurique est réduite avec formation de gaz sulfureux et d'iode. Un mélange d'acide sulfurique et de peroxyde de manganèse décompose l'iodure de potassium facilement et complétement : tout l'iode est mis en liberté et il se forme des sulfates manganeux et potassique.

Voici une réaction intéressante qui a été indiquée par M. Mohr [*Ann. der Chem. u. Pharm.*, t. CV, p. 57]. Une solution *concentrée* de ferricyanure de potassium réduit l'iodure de potassium avec formation de ferrocyanure. La réaction inverse a lieu par l'action de l'iode sur une solution très-étendue ou chaude de ferrocyanure :

$$[Fe^2]''Cy^{12}K^6 + 2KI = 2Fe''Cy^6K^4 + I^2.$$

Lorsqu'on ajoute de l'iode à une solution chaude de ferrocyanure, l'iode se dissout et il se forme une combinaison double possédant la composition indiquée par le premier membre de l'équation précédente et qu'on peut obtenir sous forme d'une poudre cristalline jaune d'or [Preuss, *Ann. der Chem. u. Pharm.*, t. XXIX, p. 323].

La solution d'iodure de potassium peut dissoudre de l'iode en grande quantité. La solution de 4 p. d'iodure avec 3 p. d'iode dans 100 p. d'eau constitue l'*iodure de potassium ioduré*.

L'iodure de potassium se combine avec un grand nombre d'autres iodures pour former des iodures doubles. — Voyez aux différents métaux.

L'iodure de potassium est souvent impur; il peut contenir du chlorure, du bromure ou du carbonate de potassium.

Pour reconnaître la présence du chlorure, on ajoute à la dissolution de l'iodure une dissolution d'azotate d'argent et de l'ammoniaque. L'iodure d'argent insoluble dans l'ammoniaque est précipité, le chlorure d'argent étant soluble dans l'ammoniaque reste dissous, on filtre et on neutralise par l'acide azotique, le chlorure se précipite.

On reconnaît la présence du bromure en ajoutant à la dissolution de l'iodure un excès de sulfate de cuivre et y faisant passer un courant d'acide sulfureux. L'iode se précipite à l'état d'iodure cuivreux. La liqueur filtrée est portée à l'ébullition pour chasser l'acide sulfureux et traitée après refroidissement par le chlore et l'éther qui dissout le brome et se colore en jaune (Personne).

Pour reconnaître la présence du carbonate de potassium dans l'iodure de potassium, on ajoute à la dissolution d'iodure un lait de chaux qui s'empare de l'acide carbonique, puis on filtre et on ajoute une petite quantité d'iode à la liqueur filtrée. Si elle reste incolore, c'est que l'iodure contient de la potasse ou du carbonate de potassium. —L'iodure de potassium est employé en médecine dans le traitement des maladies scrofuleuses et syphilitiques.

FLUORURE DE POTASSIUM, KFl. — On prépare le fluorure de potassium en saturant incomplétement par du carbonate de potassium une dissolution d'acide fluorhydrique contenue dans une capsule d'argent ou de platine [Gay-Lussac et Thenard, *Recherches physico-chimiques*, t. II, p. 18]. Si l'acide fluorhydrique contient, comme celui du commerce, un peu d'acide hydrofluosilicique, il se forme du fluosilicate de potassium que l'on séparera par filtration ou décantation. La liqueur limpide est ensuite évaporée et calcinée pour chasser l'excès d'acide fluorhydrique. La masse reprise par l'eau tiède donne par évaporation à 40° des cristaux cubiques de fluorure de potassium anhydre. A basse température, ce sel cristallise avec 2 molécules d'eau [H. Rose, *Pogg. Ann.*, t. LV, p. 537 et 554].

Il fond au-dessous du rouge et est indécomposable par la chaleur. Il possède une saveur âcre, forte, salée. Sa densité est de 2,454 (Boedecker). Il est déliquescent et très-soluble dans l'eau. L'alcool le précipite de sa solution aqueuse concentrée en longs cristaux filiformes renfermant $KFl + 2H^2O$ (H. Rose). Le fluorure de potassium attaque les vases de verre et de porcelaine, dont il prend la silice. L'acide sulfurique le décompose et en dégage de l'acide fluorhydrique.

Le fluorure de potassium forme, avec un grand nombre d'autres fluorures, des fluorures doubles parmi lesquels les plus importants sont le fluoborate et le fluosilicate de potassium, $KBoFl^4$ et K^2SiFl^6. Il forme avec l'acide fluorhydrique une combinaison que nous allons décrire.

FLUORHYDRATE DE FLUORURE DE POTASSIUM,

$$KHFl^2 = KFl, HFl.$$

—Pour le préparer, on partage dans des vases d'argent ou de platine en deux parties égales une solution d'acide fluorhydrique du commerce (impure); on sature l'une d'elles par du carbonate de potassium, puis on ajoute la seconde partie. On filtre en employant un entonnoir en gutta-percha, en argent ou en platine. La liqueur évaporée doucement abandonne par refroidissement des tables carrées de fluorhydrate de fluorure de potassium.

Ces cristaux sont très-solubles dans l'eau pure, et difficilement solubles dans l'eau chargée d'acide fluorhydrique Sous l'influence de la chaleur, ils fondent, puis se décomposent en fluorure neutre de potassium et acide fluorhydrique qui se dégage.

FLUOBORATE DE POTASSIUM. — Voyez t. I, p. 1474.

FLUOSILICATE DE POTASSIUM. — Voyez t. I, p. 1122.

Voyez t. I, p. 1473 et suivantes, pour les autres *fluorures doubles*.

CYANURE DE POTASSIUM. — Voir t. I, p. 1122.

SULFOCYANATE DE POTASSIUM. — Voyez SULFOCYANIQUE (ACIDE).

SÉLÉNIOCYANATE DE POTASSIUM. — Voyez SÉLÉNIOCYANIQUE (ACIDE).

CARBONATES DE POTASSIUM. — On ne connaît à l'état de combinaison bien définie que deux carbonates de potassium : le carbonate neutre CO^3K^2 et le carbonate acide

$$CO^3\left\{\begin{matrix}K\\H\end{matrix}\right.;$$

ils répondent tous deux à l'hydrate métacarbonique

$$CO\left\{\begin{matrix}OH\\OH\end{matrix}\right. = CO^3H^2$$

qui n'existe pas à l'état libre et dont on connaît l'éther $CO^3(C^2H^5)^2$. Quant à l'orthocarbonate de potassium $\overset{IV}{C}(OK)^4 = CO^2,2K^2O$ (carbonate basique de potassium), correspondant à l'orthocarbonate d'éthyle $C(OC^2H^5)^4$, il n'est point connu. On a décrit un sesquicarbonate,

$$2K^2O,3CO^2 + H^2O,$$

qui n'est peut-être qu'un mélange de carbonate neutre ordinaire et de bicarbonate. Nous décrirons ici ces deux derniers sels et nous ferons suivre cette description de celle des procédés industriels qui servent à la préparation des carbonates de potassium plus ou moins purs et qui existent dans le commerce sous le nom de *potasses*.

CARBONATE NEUTRE DE POTASSIUM, CO^3K^2. — Ce sel était connu autrefois sous les noms d'*alcali végétal fixe*, d'*alcali végétal aéré*, de *sel de tartre*. On le prépare à l'état de pureté en calcinant le bicarbonate de potassium que l'on peut facilement purifier par plusieurs cristallisations. On l'obtient également en décomposant le bioxalate de potassium par la chaleur. Par la calcination du tartrate acide de potassium pur, on obtient un mélange de carbonate neutre de potassium et de charbon d'où l'on retire ensuite le carbonate par l'eau froide.

Propriétés. — Le carbonate de potassium est blanc; il est déliquescent au contact de l'air humide; il se dissout dans son poids d'eau froide. D'après Ohms, 1 p. de sel anhydre se dissout dans 1,05 p. d'eau à 3°; dans 0,9 p. à 12°; dans 0,49 p. à 70°. La solution la plus concentrée, renfermant 48,8 % de sel anhydre, possède une densité de 1,54 à 15° et bout à 113° (Dalton). Le carbonate de potassium est insoluble dans l'alcool. Sa réaction est fortement alcaline. Il fond au rouge et ne se décompose pas au rouge blanc. La vapeur d'eau le décompose à une température élevée.

Le charbon le décompose à une température élevée en donnant de l'oxyde de carbone et du potassium.

Une solution concentrée de carbonate de potassium laisse déposer à la longue à basse température un carbonate à 2 molécules d'eau,

$$CO^3K^2 + 2H^2O.$$

CARBONATE ACIDE DE POTASSIUM (BICARBONATE OU CARBONATE MONOPOTASSIQUE), CO^3KH. — Pour le préparer, on dissout 1 p. de carbonate neutre dans 4 à 5 p. d'eau et on y fait passer un courant d'acide carbonique jusqu'à refus; il se dépose des cristaux qu'on lave à l'eau froide. Ce sont des prismes obliques à base rhombe. Ils se dissolvent dans 4 fois leur poids d'eau froide. Quelquefois le passage de l'acide carbonique dans la dissolution du carbonate neutre de potassium détermine la formation d'un précipité de silice et d'alumine; il faut alors filtrer la solution avant de continuer le passage de l'acide carbonique. Si on n'observait pas cette précaution, il faudrait à la fin de l'opération redissoudre le bicarbonate dans l'eau à 60°, puis filtrer et faire cristalliser par le refroidissement.

Les cristaux de bicarbonate chauffés à 100° perdent du gaz carbonique et de l'eau et se transforment en carbonate neutre.

Le carbonate monopotassique cristallise en prismes clinorhombiques $mm = 138°$, $o^1h^1 = 127° 5'$, il est beaucoup moins soluble dans l'eau que le carbonate neutre. D'après M. Poggiale, 100 p. d'eau en dissolvent :

à 0°......	19,61 p.	à 50°......	37,92 p.
10.......	23,33	60.......	41,35
20.......	26,91	70.......	45,24

A l'ébullition, la solution laisse dégager du gaz carbonique et se convertit graduellement en carbonate neutre : $2CO^3KH = CO^3K^2 + CO^2 + H^2O$. A la température ordinaire, cette solution placée dans le vide ou traversée par un courant de gaz inerte perd de l'acide carbonique [Gernez, *Compt. rend. de l'Acad. des sc.*, t. LXIV, p. 606].

Ces faits s'expliquent par l'existence, pour le bicarbonate de potassium à la température ordinaire, d'une tension de dissociation qui n'existe pas pour le carbonate neutre. L'existence de cette tension de dissociation se démontre en faisant le vide au-dessus d'une solution concentrée de bicarbonate en contact avec des cristaux en excès; il se produit comme une ébullition du liquide par suite du dégagement abondant d'acide carbonique qui part de la surface des cristaux (Debray) [Waitzell, *Ann. de Pharm.*, t. IV, p. 80; — Mohr, *Ann. de Pharm.*, t. XXIX, p. 268; — Wöhler, *Ann. der Pharm.*, t. XXIV, p. 49; — Duflos, *N. Br. Arch.*, t. XXIII, p. 305; — Creuzburg, *Kastn. Arch.*, t. XVII, p. 252; — Cartheuser, *Acta Ac. El. Mogunt.*, 1757, t. I, p. 149; — Bucholz, *Taschenb.*, 1817; — Trommsdorf, *Neu. Journ. Pharm. v. Trommsdorf*, t. XVII, p. 17; — Sehlmeyer, *Kastn. Arch.*, t. II, p. 495; — H. Rose, *Poggend. Ann.*, t. XXXIV, p. 149].

POTASSES DU COMMERCE. — LEUR FABRICATION INDUSTRIELLE. — Sous le nom très-impropre de *potasse du commerce*, on désigne le carbonate de potassium impur que fournit l'incinération des végétaux terrestres. Les plantes qui croissent loin de la mer renferment de grandes quantités de potasse combinée avec des acides organiques, comme l'acide acétique, l'acide oxalique, l'acide tartrique, etc. Aussi, quand on les brûle, elles laissent un résidu grisâtre appelé cendres, dans lequel le potassium se trouve généralement à l'état de carbonate mêlé avec des chlorures, sulfates, phosphates ou silicates de différentes bases, qu'un lessivage méthodique permet de séparer facilement. Toutes les plantes sont loin de laisser la même quantité de cendres; les plantes herbacées en donnent plus que les plantes ligneuses.

Cendres laissées par 100 parties du végétal :

Aune......	0,40	Chêne..................	3,30
Charme...	0,60	Chardons...............	4,03
Peuplier...	0,80	Paille de blé............	4,50
Sapin.....	0,83	Sarments de vigne......	4,66
Bouleau...	1,00	Tiges de pois...........	11,30
Pin.......	1,50	Tiges de pommes de terre.	15,00

Ces nombres représentent seulement des moyennes. Ils varient pour une même plante avec la nature du terrain. D'ailleurs, les différentes parties d'une même plante ne fournissent pas la même quantité de cendres. Dans les arbres, l'écorce en donne plus que les feuilles, celles-ci plus que les branches, les branches plus que le tronc [de Saussure, *Journal de Physique*, t. LI, p. 9; — P. Berthier, *Ann. de Chim. et de Phys.*, (2), t. XXXII, p. 240 à 265].

Ces cendres ont une composition complexe, variable; elles contiennent une partie soluble formée de carbonate de potassium, de sulfate de potassium et de chlorure de potassium avec des traces de silicate de potassium. La partie insoluble est surtout composée de carbonate de calcium avec un peu de phosphate de calcium et de la silice. Ces matières solubles et insolubles sont à peu près dans les proportions suivantes :

	Matières solubles.	Matières insolubles.
Fougères	29,00	71,00
Sapin............	25,70	74,30
Hêtre blanc.......	19,22	80,78
Bouleau..........	16,00	84,00
Chêne............	12,00	88,00
Paille de blé......	10,10	89,90

L'incinération des végétaux pour l'extraction de la potasse se pratique dans les contrées où les forêts sont abondantes et les moyens de transporter le bois difficiles, comme dans plusieurs parties de l'Amérique, par exemple. On utilise aussi pour cet usage les plantes herbacées qui couvrent les immenses steppes de la Russie et les broussailles que fournit l'exploitation des forêts de l'Allemagne ou des Vosges.

Les plantes, préalablement desséchées par une longue exposition à l'air, sont brûlées soit dans des fosses de 1 mètre environ de profondeur, soit sur des aires planes bien battues et abritées contre le vent. On alimente le feu jusqu'à ce que la fosse soit remplie ou jusqu'à ce que l'on ait sur l'aire plane une quantité suffisante de cendres.

Lessivage. — Les cendres ainsi obtenues sont passées au crible et tassées dans des tonneaux munis d'un double fond en bois percé de trous et recouverts de paille et de toile grossière. Quand le tonneau est rempli, on ajoute de l'eau jusqu'à ce que la masse complétement imbibée en soit recouverte. Au bout de douze heures, l'eau a dissous la plus grande partie des substances solubles; on la soutire et on la verse sur des cendres neuves pour qu'elle s'enrichisse encore plus, et on verse sur les premières cendres une nouvelle quantité d'eau qui leur enlève encore des sels solubles. Après trois ou quatre lessivages successifs, les cendres ne contiennent plus que des matières insolubles constituant ce qu'on appelle la *charrée*.

Les eaux, qui en passant sur des cendres neuves se sont enrichies de manière à marquer 15° Baumé, sont évaporées, d'abord dans des chaudières plates en tôle jusqu'à ce qu'elles deviennent pâteuses, puis dans des chaudières en fonte où on les agite constamment jusqu'à dessiccation complète; elles donnent une matière solide de couleur brune, qui constitue le *salin;* 100 kilogrammes de bonnes cendres donnent, en général, 10 kilogrammes de salin.

La charrée peut-être employée comme engrais, grâce aux matières organiques et aux phosphates qu'elle contient. La charrée de Nantes contient, d'après MM. Morido et Bobierre :

Matières organiques..........................	9,80
Sels insolubles dans l'eau.....................	1,05
Silice..	13,60
Oxyde de fer, alumine, phosphate de calcium...	27,30
Carbonate de calcium..........................	47,10
Magnésie et pertes............................	1,15

Calcination du salin. — Le salin n'est pas employé directement; on le transforme en potasse par une calcination à l'air, de manière à brûler toutes les matières organiques qu'il contient. Cette calcination s'effectue sur la sole d'un four à réverbère chauffée au rouge sombre par des foyers latéraux et munie d'une cheminée d'appel placée en avant et au-dessus de l'ouverture de la sole : le salin (1,200 kilogrammes environ), étendu en couche uniforme sur la sole préalablement chauffée, reçoit la flamme des deux foyers; on facilite l'accès de l'air en agitant avec un ringard; l'eau retenue dans le salin s'échappe d'abord, puis la matière organique brûle à la surface des fragments qui blanchissent peu à peu. On conduit le feu lentement, de manière à éviter la fusion de la masse. Lorsque l'opération tire à sa fin, c'est-à-dire au bout de six heures de chauffe environ, un ouvrier écrase les morceaux de manière à obtenir une potasse en granules. Les potasses ainsi obtenues sont en général colorées en rouge, en jaune ou en bleu verdâtre par de petites quantités d'oxyde de fer ou de manganèse. La nuance de la potasse est en général un caractère de son origine. Les plus belles potasses sont blanches, on les appelle *perlasses* (*pearl ashes*, cendres perlées); elles nous viennent ordinairement d'Amérique.

Ces différentes potasses contiennent, outre le carbonate de potassium, du sulfate, du chlorure, du silicate et du phosphate de potassium, du

MATIÈRES.	Potasse de Toscane.	Potasse perlasse d'Amérique.	Potasse rouge d'Amérique.	Potasse de Russie.	Potasse des Vosges.	POTASSE DE BETTERAVES. Salin brut.	POTASSE DE BETTERAVES. Potasse ordinaire épurée.	POTASSE DE BETTERAVES. Potasse raffinée.
Carbonate de potassium.........	74,10	71,38	68,04	69,61	38,63	35,00	53,90	95,24
Carbonate de sodium...........	3,01	2,31	5,85	3,09	4,17	16,00	23,17	2,12
Sulfate de potassium...........	13,47	14,38	15,32	14,11	38,84	5,00	2,98	0,70
Chlorure de potassium..........	0,95	3,64	8,15	2,09	9,16	17,00	19,69	1,70
Eau..........................	7,28	4,56	non dosée.	8,82	5,34	non dosée.	»	»
Acide phosphorique, chaux et silice......................	1,19	3,78	2,64	2,28	3,86	27,00	0,26	0,24
	100,00	100,00	100,00	100,00	100,00	100,00	100,00	100,00

carbonate de sodium et de petites quantités de chaux, d'alumine et de manganèse. Voir, au bas de la page précédente, d'après Perier, la composition moyenne des principales potasses commerciales [*Mémoires de la Société d'agriculture, sciences et arts de Valenciennes*, t. V].

Raffinage. — Pour extraire des potasses brutes le carbonate de potassium, on les traite à froid par leur poids d'eau; le carbonate de potassium, qui est extrêmement soluble, se dissout presque seul, parce que le chlorure et le sulfate de potassium sont très-peu solubles dans une dissolution de carbonate de potassium. La liqueur décantée et évaporée constitue la potasse raffinée ou le carbonate de potassium du commerce. Il contient toujours un peu de carbonate de sodium.

CENDRES GRAVELÉES. — Les cendres gravelées sont le résultat de la calcination à l'air de la lie des vins; le bitartrate de potassium qu'elles contiennent donne du carbonate de potassium. Ce produit était recherché à cause de sa pureté, mais, depuis que les applications de l'acide tartrique se sont multipliées, on en fabrique beaucoup moins. Les produits vendus sous ce nom sont moins purs qu'autrefois, parce que l'on ajoute aujourd'hui à la lie les pepins, les grappes et même des sarments de vigne.

Les lies sont d'abord mises à égoutter dans des chausses de laine ou sur des toiles serrées; on les soumet ensuite sur le filtre même à une pression graduée qui leur donne la forme de tourteaux. On les abandonne à la dessiccation à l'air. On les brûle sur une aire bien battue et entourée d'un mur en pierres sèches, en ajoutant de nouveaux tourteaux au fur et à mesure que les premiers se réduisent en cendres. Le produit ainsi obtenu constitue des masses légères, boursouflées, poreuses, d'un blanc grisâtre. Une bonne cendre gravelée laisse au plus un sixième de résidu insoluble.

FLUX. — *Flux noir*. — On désigne sous ce nom le mélange de carbonate de potassium et de charbon que l'on préparait autrefois en chauffant au rouge dans un creuset de fer un mélange de 2 p. de crème de tartre et 1 p. de nitre. La température ayant été suffisamment élevée, tout le nitre a été décomposé, et il s'est formé, outre le carbonate de potassium, un peu de cyanure de potassium. Le mélange est noir, parce que l'oxygène dégagé par la décomposition du nitre était insuffisant pour brûler tout le charbon.

Flux blanc. — Il s'obtient en calcinant parties égales de crème de tartre et de nitre. Tout le charbon brûle, aussi la matière est-elle blanche; mais il reste généralement avec le carbonate un peu d'azotite de potassium.

POTASSE DES MÉLASSES DE BETTERAVE. — M. Dubrunfaut a introduit, vers 1845, dans les pays où l'on fabrique du sucre de betterave, une industrie nouvelle qui permet de tirer parti des mélasses épuisées de sucre cristallisable; ces mélasses de betterave soumises à la fermentation et ensuite à la distillation donnent de l'alcool et laissent un résidu liquide auquel on donne le nom de *vinasses*. Les vinasses très-riches en sel de potassium, évaporées et calcinées, donnent 10 à 12 % d'un salin dont la composition varie avec la nature du sol où la betterave a été cultivée, mais qui s'éloigne généralement peu de la suivante :

Carbonate de potassium	35
Sulfate de potassium	5
Chlorure de potassium	17
Carbonate de sodium	16
Matières insolubles	27
	100

Pour obtenir séparément ces divers sels, on opère de la manière suivante :

Les vinasses au sortir de l'alambic marquent environ 4° Baumé; on sature les acides libres qu'elles contiennent avec des eaux de lavage de salins précédemment obtenus. On évapore ensuite jusqu'à ce que le liquide marque 25°, dans des chaudières à fond bombé (fig. 515), étagées de manière que la solution passe de l'une dans l'autre. Le liquide sirupeux marquant environ 25° est abandonné au repos dans un réservoir où se dépose du sulfate de calcium. On le fait ensuite arriver dans un bac placé à la partie supérieure d'un four à réverbère (fig. 515). Le liquide coule

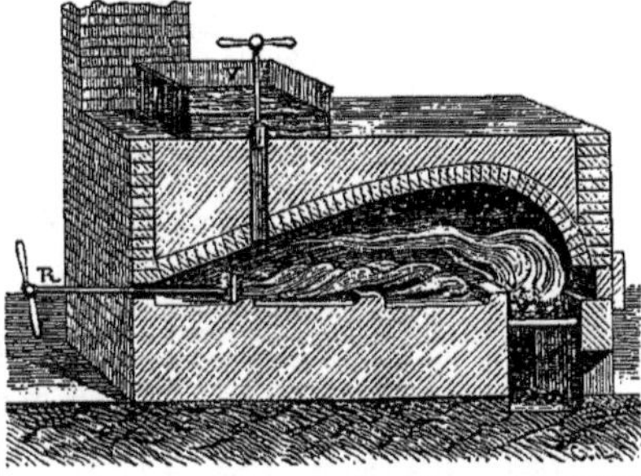

Fig. 515. — Chaudière à fond bombé pour évaporation des vinasses et four à réverbère pour l'incinération du résidu de l'évaporation.

du bac par un conduit vertical et tombe sur une première sole où il se concentre jusqu'à devenir pâteux. Un ouvrier le fait alors passer à l'aide d'un ringard R sur la sole antérieure plus rapprochée du foyer, où s'achève la dessiccation et où se fait la destruction des matières organiques. On régularise l'incinération en agitant la matière, mais on évite que la calcination ne soit poussée trop loin, pour empêcher la décomposition du sulfate par le charbon et pour éviter la fusion ignée qui rendrait la masse compacte et par suite difficile à lessiver. L'incinération est suffisante, quand un échantillon de cette matière charbonneuse, mise dans l'eau, donne une solution incolore après filtration. On retire la masse du four et on la dépose en petits tas dans une chambre bien aérée où la combustion des matières organiques s'achève. Il reste une masse poreuse, légère, d'un gris cendré, constituant le salin brut de betterave qui est employé pour les savons mous. Pour les autres industries, il est nécessaire de raffiner le salin brut.

Raffinage des salins bruts de betterave. — Pour préparer la potasse épurée de betterave, on soumet le salin à un lavage méthodique, de manière à avoir des liquides aussi concentrés que possible, qu'on évapore ensuite à siccité. On obtient ainsi une masse d'un blanc grisâtre qui est livrée aux savonniers sous le nom de potasse de betterave.

Quand on veut avoir la potasse raffinée de betterave, il faut procéder à une purification plus complète. Pour cela, on porte les lessives à l'ébullition; elles déposent en se concentrant presque tout leur sulfate de potassium que l'on enlève avec des écumoires. Quand elles marquent 40° Baumé, on les écoule dans des cristallisoirs coniques en tôle où elles déposent en quelques jours la presque totalité de leur chlorure de potassium. Les eaux mères décantées sont portées à l'ébullition dans une série d'autres chaudières plates à fond bombé; elles laissent déposer dans la première une petite quantité de chlorure de potassium presque insoluble dans une solution de carbonate alcalin bouillant. Il se dépose dans la chaudière suivante du carbonate de sodium moins soluble que le carbonate de potassium. Enfin, dans les dernières chaudières on obtient du carbonate de potassium ne contenant que très-peu de carbonate de sodium. On le chauffe au rouge sombre, on le dessèche et on réduit la masse en granules. Ce produit blanc constitue la potasse raffinée de betteraves.

Pour déterminer la richesse en alcalis des diverses potasses, on emploie le procédé décrit à l'article ANALYSE VOLUMÉTRIQUE, t. I, p. 255.

EXTRACTION DE LA POTASSE DU FELDSPATH ET D'AUTRES SILICATES. — On a essayé de préparer du carbonate de potassium à l'aide des roches feldspathiques: pour cela on peut employer divers procédés, dont aucun, il faut le dire, n'est entré définitivement dans la pratique industrielle :

1° Lawrence chauffe le minéral, l'étonne en le projetant dans l'eau froide et le réduit en poudre fine. Celle-ci est mêlée avec de la sciure de bois humide et ce mélange est empilé en couches avec de la paille. Les tas, arrosés de temps en temps avec de l'urine, sont abandonnés à la fermentation pendant six mois. On mêle ensuite la poudre avec une bouillie épaisse de chaux, on en forme des briques que l'on calcine à une température très-élevée. En les lessivant on en extrait de la potasse et il reste du silicate de calcium.

2° M. Ward a recommandé le procédé suivant: on calcine les roches feldspathiques au four à réverbère avec 8 °/₀ de fluorure de calcium et une quantité de carbonate de calcium telle qu'il y ait 3 molécules de calcium pour 1 molécule d'alumine et de silice. Par un lessivage, on obtient du silicate de potassium d'où l'on précipite la silice par un courant de gaz acide carbonique [M. Ward, *Compt. rend. de l'Acad. des sciences*].

3° Un autre procédé consiste à calciner le feldspath ou les roches analogues avec une fois et demie leur poids de chaux et à soumettre ensuite le produit à l'action de l'eau sous une pression de 7 à 8 atmosphères. Pour faire l'opération, on mélange d'abord le feldspath pulvérisé et la chaux avec un peu d'eau, de manière à en former des gâteaux de 0m,01 de diamètre, on les fait sécher, puis on les calcine assez fortement pour que la chaux entre tout entière en combinaison et que l'eau n'échauffe plus la masse fondue. Après la cuisson, on pulvérise et on chauffe avec de l'eau en vase clos à 8 atmosphères pendant 3 à 4 heures. On laisse refroidir; la liqueur contient alors le potassium et le sodium sans calcium; on retire ainsi 10 p. d'alcali pour 100 p. de feldspath. On sature par l'acide carbonique qui précipite un peu d'alumine et de silice. Le mélange de carbonate de potassium et de sodium évaporé à chaud laisse déposer le carbonate de sodium.

EXTRACTION DE LA POTASSE DES LAINES EN SUINT. — On obtient enfin, depuis quelques années, un carbonate de potassium presque pur par le lavage à froid des laines en suint. Les eaux de lavage, d'une densité de 1,10, évaporées donnent un résidu (sudorate de potassium) que l'on calcine. Ce salin, traité par l'eau, fournit une lessive que l'on concentre à 30° ou même 50° Baumé. Par le refroidissement, il se sépare une certaine quantité de chlorure et de sulfate de potassium. L'eau mère, évaporée à siccité, donne du carbonate de potassium exempt de sodium. Le suint provenant du lessivage de 1,000 kilogrammes de laine en fournit au moins 75 kilogrammes [Maumené et Rogelet, *Répert. de Chim. appliquée*, 1860, p. 133].

Remarque. — Indépendamment des potasses dont nous venons de parler, on trouve encore dans le commerce de la *potasse artificielle* préparée par le procédé qui sera décrit à propos de la *soude artificielle*.

SULFOCARBONATE DE POTASSIUM. — Voyez SULFOCARBONIQUE (ACIDE).

SULFATES DE POTASSIUM. — On connaît un sulfate neutre ou dipotassique et plusieurs sulfates acides, parmi lesquels le sulfate monopotassique ou bisulfate de potassium

$$SO^4 \begin{cases} K \\ H \end{cases}$$

est le plus important. Philipps [*Phil. Mag.*, t. I, p. 429] a décrit un sesquisulfate de potassium,

$$(SO^4)^3 \begin{cases} K^4 \\ H^2, \end{cases}$$

que l'on peut envisager comme une sorte de sel double formé de 1 molécule de sulfate neutre avec 2 molécules de sulfate acide,

$$SO^4K^2 + 2SO^4KH.$$

M. Jacquelain n'a réussi qu'une fois à obtenir ce sel, qui est en houppes semblables à l'asbeste.

D'un autre côté, M. Marignac a décrit un sulfate hydro-tripotassique,

$$(SO^4)^2 \begin{cases} K^3 \\ H, \end{cases}$$

que l'on peut envisager comme formé par l'union de 1 molécule de sulfate neutre avec 1 molécule de sulfate acide, $SO^4K^2 + SO^4KH$. Enfin M. Jacquelain a fait connaître un sulfate acide de potassium très-intéressant qui renferme

$$S^2O^7K^2$$

et qu'on a envisagé comme une combinaison de sulfate neutre avec de l'anhydride sulfurique, $SO^4K^2 + SO^3$. Cet anhydro-sulfate, qui correspond au bichromate de potassium, est évidemment un dérivé de l'acide sulfurique de Nordhausen,

$$S^2O^7H^2 = \begin{matrix} SO^2-OH \\ >O \\ SO^2-OH \end{matrix}$$

SULFATE NEUTRE, SO^4K^2. — Ce sel était connu des anciens chimistes sous les noms de *tartre vitriolé*, d'*arcanum duplicatum*, de *sel polychreste de Glaser*, de *sel de duobus*, de *nitre vitriolé*, etc., etc. On le rencontre à l'état natif, sous forme d'aiguilles fines ou de croûtes, sur les laves du Vésuve (*glasérite, arcanite, aphtalose*, t. I, p. 358). On le trouve dans les cendres de varech, dans les salins de betterave, dans les eaux de la mer, dans tous les carbonates impurs connus sous le nom de *potasses du commerce* et provenant de la combustion des végétaux terrestres.

Le sulfate de potassium existe en abondance dans les mines de Stassfurt; il y est combiné avec du sulfate de calcium et du sulfate de magnésium. Ce sel mixte constitue la *polyhalite*, dont la formule est

$$2SO^4Ca + SO^4Mg + SO^4K^2 + H^2O.$$

Préparation. — On prépare à Stassfurt une grande quantité de sulfate de potassium en traitant la *kiesérite*, sulfate naturel de magnésium, par la *carnallite*, $(KCl + MgCl^2 + 6H^2O)$. On a la réaction

$$3SO^4Mg + 2[KCl + 2MgCl^2]$$
$$= SO^4K^2 + 2SO^4Mg + 3MgCl^2.$$

Les sulfates de potassium et de magnésium sont séparés par de simples lavages.

Le sulfate de potassium se forme, en outre, comme produit accessoire dans diverses opérations industrielles. On l'obtenait autrefois en assez grande quantité en neutralisant par la potasse le sulfate acide de potassium, résidu de la préparation de l'acide nitrique. Depuis la substitution du nitre du Chili au salpêtre, dans cette préparation, cette source de sulfate de potassium est bien diminuée. Ce sel est un des produits de l'exploitation des cendres de varech. D'après M. Payen, cette industrie procure annuellement à la France 300,000 kilogrammes de sulfate de potassium. Ajoutons que M. Tilghmann a proposé de préparer ce sel à l'aide du feldspath, en calcinant ce minéral avec de la chaux et du sulfate de calcium ou de baryum.

On obtient encore du sulfate de potassium en chauffant le chlorure de potassium avec du sulfate de plomb.

Propriétés. — Le sulfate de potassium cristallise à l'état anhydre en prismes orthorhombiques généralement à 6 pans terminés par des pyramides hexagonales $mm = 73° 28'$; $b^{1/2}b^{1/2} = 131° 8'$; $e^1 e^1 = 59° 36'$; $g^3 g^3 = 112° 22'$. Clivages h^1, g. Ces cristaux sont durs, inaltérables à l'air. Leur densité est de 2,662 (H. Kopp), 2,572 (Buignet). Leur saveur est à la fois salée et amère. Le sulfate de potassium est peu soluble dans l'eau; sa solubilité croît à peu près proportionnellement à l'élévation de température.

100 p. d'eau à	0°	dissolvent	8 p. 3	de sulfate de potassium.
—	12	—	10 5	—
—	49	—	16 9	—
—	101°,5	—	26 3	—

D'après H. Kopp, 100 p. d'eau à 0° dissolvent 8,36 p. de sulfate de potassium et 0,1741 p. pour chaque degré de température à partir de 0° [*Ann. der Chem. u. Pharm.*, t. XXXIV, p. 361]. La table suivante donnée par M. Kremers [*Poggend. Ann.*, t. XCV, p. 120] indique les relations qui existent entre la densité des solutions de sulfate de potassium et leur degré de concentration :

Densités des solutions du sel à 19°,5 (Densité de l'eau à 19°,5 = 1).	Quantités de SO^4K^2 dans 100 p. de la solution.	Quantités de SO^4K^2 dans 100 p. d'eau.
1,0193	2,401	2,46
1,0385	4,744	4,98
1,0568	6,968	7,49
1,0768	9,264	10,21
1,0909	10,945	12,29

La solution saturée de sulfate de potassium bout à 103° (Kremers). Ce sel est insoluble, d'après Liebig, dans une lessive de potasse d'une densité de 1,35. Les solutions des sulfates de sodium, de magnésium, de cuivre le dissolvent plus abondamment que l'eau pure (Pfaff), circonstance qui est due sans doute à la formation des sels doubles dont quelques-uns ont déjà été décrits (t. I, p. 1021; t. II, p. 274).

Le sulfate de potassium est insoluble dans l'alcool absolu, mais il se dissout en petite quantité dans l'alcool faible ou plutôt dans l'eau alcoolisée.

La table suivante, indiquant ces solubilités, a été donnée par M. H. Schiff [*Ann. der Chem. u. Pharm.*, t. CXVIII, p. 365].

Densité du mélange d'alcool et d'eau.	Teneur en alcool (en poids).	Sulfate de potassium contenu dans 100 p. de la solution saturée à 15°.
1,000	0	10,4
0,986	10	3,9
0,972	20	1,46
0,958	30	0,55
0,939	40	0,21

Les acides oxalique et tartrique en grand excès précipitent la solution concentrée de sulfate de potassium.

Les acides chlorhydrique, azotique, phosphorique ajoutés à une solution de sulfate neutre de potassium donnent naissance à du bisulfate de potassium et à un sel qui contient à la fois les deux acides. M. Jacquelain a décrit le composé

$$SO^4K^2, AzO^3H$$

qu'il a obtenu en prismes obliques à 4 pans, d'une densité de 2,381, fusibles à 150° et que l'eau et l'alcool décomposent. Le composé

$$SO^4K^2, PO^4H^3$$

se dépose par le refroidissement d'une solution faite à chaud de sulfate de potassium dans l'acide phosphorique ordinaire. Ce sont des prismes à 6 pans, d'une densité de 2,296, fusibles à 240°, et décomposables par l'eau et l'alcool [Jacquelain, *Ann. de Chim. et de Phys.*, t. LXX, p. 311].

Le sulfate de potassium est employé dans la préparation des aluns et dans celle de la potasse artificielle.

SULFATE ACIDE DE POTASSIUM, SO^4KH. — On trouve ce sel en fibres soyeuses dans la grotte *del Solfo*, à Miseno, près de Naples. De là le nom de *misénite*. On l'obtenait autrefois dans la préparation de l'acide azotique par l'action de l'acide sulfurique sur l'azotate de potassium.

En chauffant 1 équivalent de sulfate neutre de potassium avec 1 équivalent ou 1 1/2 équiv. d'acide sulfurique, on obtient un sulfate acide cristallisé en prismes aiguillés très-déliés, dont la formule est

$$4\,SO^4K^2 + 3\,(SO^4H^2);$$

ce sel mis en présence d'un excès d'acide donne le sulfate acide de potassium SO^4KH. Ce sel se dépose par refroidissement en octaèdres orthorhombiques $a^1a^1 = 132°$; a^2a^2 96° 38'; $b^{1/2}b^{1/2} = 142° 44'$ (base.) Les cristaux sont souvent rendus tabulaires par la prédominance de la face p (Marignac). Il est soluble dans l'eau, à laquelle il communique une réaction acide. Il se dissout dans 2 p. d'eau froide ou dans environ la moitié de son poids d'eau bouillante. L'alcool décompose sa solution en sulfate neutre insoluble et acide sulfurique soluble dans l'alcool. Les cristaux possèdent une densité de 2,163. Ils fondent à 197°; par le refroidissement, le sel fondu se prend en une masse cristalline offrant l'apparence du feldspath. A une température plus élevée, il se décompose en perdant d'abord de l'eau; il se dégage ensuite de l'acide sulfureux, de l'oxygène et de l'acide sulfurique. Il reste du sulfate neutre de potassium [Berthollet, *Stat. chim.*, t. I, p. 356; — Geiger, *Mag. Pharm.*, t. IX, p. 251; — Link, *Crell. Ann.*, 1796, t. I, p. 26; — R. Phillips, *Phil. Mag. Ann.*, t. I, p. 429, et *Kastn. Arch.*, t. XIII, p. 128; — Mitscherlich, *Poggend. Ann.*, t. XVIII, p. 152 et 173; — Graham, *Phil. Mag.*, t. VI, p. 321; — Jacquelain, *Ann. de Chim. et de Phys.*, t. LXX, p. 311].

ANHYDROSULFATE DE POTASSIUM, $S^2O^7K^2$. — M. Jacquelain a obtenu ce sel en dissolvant dans l'eau du sulfate neutre et de l'acide sulfurique dans le rapport de 1 molécule du premier pour 1 molécule 1/2 du second. Par l'évaporation de la solution, le sel se dépose en aiguilles d'une densité de 2,277, fusibles à 210°. Il est soluble dans l'eau bouillante et peut cristalliser de cette solution. Une grande quantité d'eau le décompose et le convertit en sulfate acide ordinaire.

HYPOSULFATE DE POTASSIUM, $S^2O^6K^2$. — On obtient ce sel en traitant l'hyposulfate de baryum par le sulfate de potassium. Il est anhydre, inaltérable à l'air. Il se dissout dans 16,5 p. d'eau à la température ordinaire et dans 1,58 p. d'eau bouillante. Il cristallise comme le sulfate de potassium en prismes hexagonaux [Walchner, *Schw.*, t. XLIV, p. 245; — Heeren, *Poggend. Ann.*,

t. VII, p. 72]. Les cristaux possèdent le pouvoir rotatoire [M. Pape, *Poggend. Ann.*, t. CXXXIX, p. 124-139]. Ils sont hémièdres et le sens de l'hémiédrie est intimement lié au sens du pouvoir rotatoire [Bichat, *Compt. rend.*, t. LXXVII, p. 1189]. Les cristaux décrépitent par la chaleur. A une haute température, le sel se dédouble en gaz sulfureux et en sulfate neutre.

SULFITES DE POTASSIUM. — On en connaît trois qui correspondent aux principaux sulfates, savoir un sulfite neutre ou dipotassique,

$$SO^3K^2 = SO \begin{matrix} \diagup OK \\ \diagdown OK \end{matrix}$$

qui cristallise avec 2 molécules d'eau; un sulfite acide ou sulfite monopotassique,

$$SO^3KH = SO \begin{matrix} \diagup OK \\ \diagdown OH \end{matrix}$$

et un anhydrosulfite,

$$S^2O^5K^2 = \begin{matrix} SO \diagup OK \\ \quad \diagdown O \\ SO \diagup \\ \quad \diagdown OK \end{matrix}$$

SULFITE NEUTRE DE POTASSIUM, SO^3K^2. — On obtient ce sel en saturant de gaz sulfureux une solution de carbonate de potassium, jusqu'à ce que tout l'acide carbonique soit chassé et en laissant évaporer la liqueur au-dessus d'un vase renfermant de l'acide sulfurique. Il cristallise, d'après Muspratt, en octaèdres clinorhombiques. Bernhardi dit l'avoir obtenu en doubles pyramides à six faces, tronquées et présentant souvent le prisme à six pans intermédiaire, rappelant la forme du sulfate correspondant (orthorhombique). Ces cristaux possèdent une saveur sulfureuse piquante. Chauffé, le sel décrépite en perdant un peu d'eau interposée, puis il laisse dégager une petite quantité d'acide sulfureux, de soufre, et abandonne, au rouge, un mélange de sulfate et de sulfure [Vauquelin, *Ann. de Chim. et de Phys.*, t. VI, p. 19].

Exposé à l'air, il absorbe de l'oxygène et se transforme en sulfate. Il se dissout dans son poids d'eau froide et dans une moindre quantité d'eau chaude [Fourcroy et Vauquelin, *Ann. de Chim.*, t. XXIV, p. 254].

SULFITE ACIDE DE POTASSIUM. — C'est le sulfite monopotassique, SO^3KH. On le nommait autrefois *bisulfite de potassium*. On le prépare en sursaturant une dissolution de carbonate de potassium par un courant de gaz acide sulfureux. En ajoutant à la liqueur de l'alcool absolu, on obtient un précipité cristallin qu'on recueille sur un filtre et qu'on lave avec de l'alcool absolu.

Ce sel abandonné à l'air dégage peu à peu de l'acide sulfureux. Sa dissolution sursaturée, abandonnée à elle-même dans un vase fermé, donne de beaux prismes droits à base rhombe, offrant la composition indiquée plus haut. La saveur du sel est sulfureuse et désagréable. Sa réaction est neutre.

ANHYDROSULFITE DE POTASSIUM, $S^2O^5K^2$. — On obtient ce sel en faisant passer un courant d'acide sulfureux dans une dissolution saturée et bouillante de carbonate de potassium. Il se forme de petits cristaux en écailles qu'on lave à l'alcool absolu et qu'on sèche entre des feuilles de papier à filtre. Ce sel anhydre se décompose, lorsqu'on le chauffe, en donnant du soufre, de l'acide sulfureux et du sulfate de potassium [Muspratt, *Ann. der Chem. u. Pharm.*, t. L, p. 259].

HYPOSULFITE DE POTASSIUM,

$$S^2O^3K^2 = S \begin{matrix} \diagup S.OK \\ \diagdown O\ OK. \\ \quad\ O \end{matrix}$$

— On l'obtient comme l'hyposulfite de sodium en faisant bouillir du soufre en fleur avec du sulfite neutre de potassium. Il se forme aussi lorsqu'on dirige un courant de gaz sulfureux dans une solution de foie de soufre jusqu'à décoloration. Kessler le prépare en ajoutant peu à peu une solution chaude de bichromate de potassium à une solution chaude de pentasulfure de potassium; on attend après chaque addition de bichromate jusqu'à ce que le sesquioxyde de chrome se soit précipité avec sa couleur verte :

$$2K^2S^5 + (4Cr^2O^7K^2) + H^2O$$
$$= 5(S^2O^3K^2) + 4Cr^2O^3 + 2KHO.$$

La liqueur filtrée et évaporée à 30° donne des prismes minces à quatre pans, renfermant

$$3S^2O^3K^2 + H^2O$$

[Kessler, *Poggend. Ann.*, t. LXXIV, p. 274].

Les cristaux de ce sel sont déliquescents; ses propriétés sont les mêmes que celles de l'hyposulfite de sodium. Chauffé, il se décompose en sulfate et pentasulfure de potassium [Rammelsberg, *Pogg. Ann.*, t. LVI, p. 296].

Indépendamment du sel prismatique précédemment décrit, il existe un hyposulfite de potassium cristallisant en octaèdres rhomboïdaux ou en formes dérivées d'un tel octaèdre. Ces cristaux renferment 13,62 % d'eau et constituent l'hydrate $3S^2O^3K^2 + 5H^2O$ (Kessler) ou

$$2S^2O^3K^2 + 3H^2O$$

(Döpping). Ils se séparent quelquefois de la solution qui renferme l'hyposulfite prismatique, avant ou après la cristallisation de celui-ci. On en détermine immédiatement le dépôt en projetant dans la solution un cristal octaédrique. On peut les séparer de l'eau mère du sel prismatique en refroidissant et en agitant celle-ci : il se forme un dépôt de petits cristaux granulés. On redissout ceux-ci dans la même eau mère en chauffant et en ajoutant une petite quantité d'eau : par le refroidissement, le sel octaédrique se dépose. Les cristaux de ce sel sont incolores et très-brillants. Ils s'effleurissent rapidement à 40° ou dans une atmosphère séchée par l'acide sulfurique.

M. Plessy avait décrit un hyposulfite,

$$S^2O^3K^2 + 2H^2O.$$

Kessler envisage le sel de Plessy comme identique avec l'hyposulfite octaédrique. Le même chimiste n'a pas réussi à obtenir un hyposulfite cristallisant en prismes avec 8,5 % d'eau et qui avait été mentionné par Döpping.

Par contre, il a décrit un sel double formé d'hyposulfite de potassium et de cyanure de mercure, $S^2O^3K^2 + HgCy^2$. Ce sel cristallise en prismes volumineux à quatre pans, qui perdent 2 % d'eau dans une atmosphère séchée par l'acide sulfurique. Il n'a été obtenu qu'une seule fois.

TRITHIONATE DE POTASSIUM, $S^3O^6K^2$. — Ce sel a été découvert par Langlois [*Compt. rend.*, t. X, p. 461; *Ann. de Chim. et de Phys.*, (2), t. XXIX, p. 77]. Il se forme dans diverses circonstances, notamment lorsqu'on chauffe doucement une solution de sulfite acide de potassium avec du soufre (Langlois) :

$$\underset{\text{Sulfite monopotassique.}}{6SO^3KH} + S^2 = \underset{\text{Trithionate de potassium.}}{2S^3O^6K^2} + \underset{\text{Sulfite de potassium.}}{S^2O^3K^2} + 3H^2O$$

Une portion de trithionate se décompose par la chaleur; de là dégagement de gaz sulfureux, dépôt de soufre, et formation d'une petite quantité de sulfate. On filtre au bout de quelques jours la liqueur chaude. Par le refroidissement, elle laisse déposer des cristaux de trithionate mêlés de soufre et d'une petite quantité de sulfate. On les purifie par une nouvelle cristallisation.

Plessy [*Ann. de Chim. et de Phys.*, (3), t. XX,

p. 162] a obtenu le trithionate de potassium par l'action de l'acide sulfureux sur l'hyposulfite :

$$2S^2O^3K^2 + 3SO^2 = 2S^3O^6K^2 + S.$$

On prépare d'abord une solution concentrée d'hyposulfite de potassium en ajoutant ce sel à un mélange de 8 p. d'eau et de 1 p. d'alcool jusqu'à ce que l'alcool commence à se séparer, et dans cette solution chauffée de 25° à 30°, et maintenue à l'état de concentration par une addition fréquente de petites quantités de sel solide, on dirige un courant de gaz sulfureux jusqu'à ce que la liqueur prenne une teinte jaune et exhale une odeur de gaz sulfureux. Elle laisse déposer alors des cristaux abondants de trithionate potassique. L'eau mère devenue incolore, saturée de nouveau par de l'hyposulfite et traitée par le gaz sulfureux, fournit une nouvelle quantité de cristaux. On purifie ceux-ci en les dissolvant dans l'eau à 60° ou 70°, filtrant pour séparer du soufre, et ajoutant à la liqueur étendue 8 fois son volume d'alcool à 84 centièmes. Par le refroidissement le trithionate se sépare.

Rathke [*Jahresb.*, 1865, p. 164] a modifié le procédé de Plessy en ce sens qu'il obtient directement des cristaux de trithionate en mélangeant des solutions de sulfite acide et d'hyposulfite de potassium.

Chancel et Diacon [*Compt. rend.*, t. LVI, p. 720] ont obtenu du trithionate en convertissant 2 p. de potasse caustique en sulfite acide, 1 p. en monosulfure K^2S, ajoutant la première solution à la seconde, en ayant soin d'agiter, dirigeant dans le mélange un courant de gaz sulfureux et évaporant rapidement la liqueur, en couches minces. Les cristaux déposés sont redissous dans l'eau à 60°, et la solution, additionnée d'un peu d'alcool, est filtrée. Par le refroidissement elle laisse déposer des cristaux prismatiques de trithionate.

Ce sel se présente en prismes orthorhombiques terminés en biseaux très-aigus; $mm = 108°\ 40'$; $h^3h^3 = 140°\ 35'$; $e^1e^1 = 134°$ (134° 13', Rammelsberg) [La Prevostaye, *Ann. de Chim. et de Phys.*, (3), t. III, p. 354]. Sa saveur est à la fois salée et amère. Il est neutre et inaltérable à l'air.

Chauffé au rouge, il se décompose en soufre, acide sulfureux et sulfate de potassium, suivant la formule $S^3O^6K^2 = S + SO^2 + SO^4K^2$ (Langlois).

Tétrathionate de potassium, $S^4O^6K^2$. — On l'obtient en ajoutant peu à peu de l'iode à une solution concentrée d'hyposulfite de potassium jusqu'à ce que la coloration de l'iode cesse de disparaître. Le tétrathionate se précipite; on le redissout dans l'eau bouillante; on filtre, pour séparer du soufre, et l'on ajoute de l'alcool à la dissolution tant que le précipité qui se forme d'abord se redissout. Par refroidissement on obtient de gros cristaux. Lorsqu'on ajoute de l'acide tétrathionique à une solution d'acétate de potassium, il se sépare du tétrathionate pulvérulent. Sous cette forme il est plus stable qu'à l'état de cristaux (Fordos et Gélis) [Kessler, *Poggend. Ann.*, t. LXXIV, p. 249].

Pentathionate de potassium, $S^5O^6K^2$. — Ce sel s'obtient en saturant par la potasse l'acide pentathionique, formé par l'action réciproque des gaz sulfureux et sulfhydrique en présence de l'eau. D'après Rammelsberg, il cristallise en prismes clinorhombiques $mm = 95°\ 24'$; $b^{1/2}b^{1/2} = 101°\ 38'$; $d^{1/2}d^{1/2} = 112°\ 12'$ [*Jahresb.*, 1857, p. 136].

Séléniates de potassium. — Sel neutre, SeO^4K^2. — Ce sel s'obtient en chauffant un mélange de sélénium avec deux fois son poids d'azotate de potassium; la réaction s'effectue avec détonation. On dissout la masse dans l'eau chaude. L'excès de nitre cristallise d'abord; on obtient ensuite des cristaux de séléniate de potassium dont les propriétés rappellent celles du sulfate de potassium avec lequel il est isomorphe. Il est aussi soluble à chaud qu'à froid. Sur des charbons ardents il fuse comme le nitre [Mitscherlich, *Poggend. Ann.*, t. IX, p. 623].

Séléniate acide de potassium, SeO^4KH. — On l'obtient en mêlant le séléniate neutre avec de l'acide sélénique. Il est isomorphe avec le sulfate acide de potassium (Mitscherlich).

Sélénites de potassium. — Sel neutre,

$$SeO^3K^2.$$

— Le sélénite neutre de potassium s'obtient en saturant la potasse par l'acide sélénieux; il se dépose, par l'évaporation de la solution, en petits grains cristallins, solubles en toute proportion dans l'eau et insolubles dans l'alcool. Chauffé, il prend une couleur jaune qui disparaît par le refroidissement. Sa saveur est désagréable; sa réaction sur le papier fortement alcaline.

Sélénite acide de potassium, SeO^3KH. — On l'obtient en ajoutant au sélénite neutre de potassium une molécule d'acide sélénieux. Sa solution, évaporée à consistance sirupeuse, laisse déposer des aiguilles penniformes, très-solubles dans l'eau et un peu solubles dans l'alcool. Chauffé, il perd la moitié de son acide. Il est déliquescent. Berzelius a décrit une combinaison de ce sel avec l'acide sélénieux. Elle est incristallisable et très-déliquescente.

Tellurates de potassium. — Sel neutre,

$$TeO^4K^2 + 5H^2O.$$

— On obtient ce sel en sursaturant l'acide tellurique par la potasse caustique. Le tellurate, peu soluble dans un excès d'alcali, se dépose en un coagulum gommeux, qui se dissout à chaud et se sépare, par l'évaporation lente, en aiguilles. On peut aussi chauffer du tellure avec de l'azotate de potassium; la masse reprise par l'eau bouillante laisse déposer par refroidissement l'excès d'azotate. Le tellurate se dépose à la température de 0° en mamelons aiguillés. Il est insoluble dans l'alcool.

D'après Handl [*Jahresb.*, 1861, p. 266], il est isomorphe avec le sulfate de potassium. Exposés à l'air, ses cristaux deviennent humides, sans tomber en déliquescence, et se convertissent en un mélange de tellurate acide et de carbonate de potassium.

La solution de ce sel additionnée d'un acide laisse déposer le sel acide ou même l'anhydrotellurate.

Tellurate acide de potassium,

$$2TeO^4KH + 3H^2O.$$

— On peut l'obtenir en évaporant le sel neutre avec une quantité équivalente d'acide tellurique. Il se dépose en houppes laineuses, peu solubles dans l'eau froide, plus solubles dans l'eau chaude. Sa réaction est alcaline, sa saveur à la fois métallique et alcaline. Chauffé, il laisse dégager son eau et devient jaune au-dessous du rouge. L'eau extrait de la masse jaune du tellurate neutre et laisse du tétratellurate (anhydrotellurate).

Il existe une combinaison de tellurate acide de potassium et d'acide tellurique, combinaison analogue au quadroxalate de potassium et qui constitue une des combinaisons décrites par Berzelius sous le nom de quadritellurate de potasse. Ce sel renferme $2(TeO^4KH, TeO^4H^2) + H^2O$. Chauffé, il laisse dégager la plus grande partie de son eau et devient jaune. Au rouge, il est réduit en tellurite.

Anhydrotellurate de potassium, $Te^4O^{13}K^2$. — C'est la modification jaune du quadritellurate de potassium. Il se forme par l'action de la chaleur sur le tellurate acide, ou encore lorsqu'on chauffe modérément un mélange intime d'acide tellurique et de nitre, ou d'acide tellureux avec du chlorate de potassium. C'est une poudre jaune insoluble, à la température ordinaire, dans l'eau, l'acide chlorhydrique, l'acide sulfurique, la potasse caustique. C'est le sel de potassium d'un acide anhydro-tellurique, qui serait formé par la déshydratation de 4 molécules d'acide tellurique,

$$4TeO^4H^2 - 3H^2O = Te^4O^{13}H^2.$$

L'acide tellureux forme un anhydride et un sel de potassium correspondants. — Voyez plus loin.

TELLURITES DE POTASSIUM. — SEL NEUTRE,

$$TeO^3K^2.$$

—Le tellurite neutre se prépare en faisant fondre ensemble molécules égales d'acide tellureux et de carbonate de potassium. Ce sel se dissout difficilement dans l'eau froide; il est plus soluble dans l'eau bouillante. Sa solution possède une saveur alcaline et est décomposée par l'acide carbonique.

ANHYDRO-BITELLURITE DE POTASSIUM, $Te^2O^5K^2$.— On l'obtient par voie sèche en fondant ensemble 2 équivalents d'acide tellureux avec 1 équivalent de carbonate de potasse. Il fond au-dessous du rouge en un liquide jaune qui se prend par refroidissement en une masse cristalline. L'eau chaude le dissout et laisse déposer par refroidissement du quadritellurite; il reste en dissolution du tellurite neutre.

On obtient le bitellurite par voie humide en faisant bouillir 1 équivalent de tellurite neutre avec 1 équivalent d'acide tellureux, et évaporant au bain-marie; il se présente alors sous forme de croûtes cristallines.

ANHYDRO-TÉTRATELLURITE DE POTASSIUM,

$$Te^4O^9K^2 + 4H^2O.$$

— On l'obtient en faisant bouillir pendant quelque temps l'acide tellureux avec du carbonate de potasse et filtrant la liqueur bouillante. Par le refroidissement la solution laisse déposer la plus grande partie du sel sous forme de grains nacrés, qui apparaissent sous le microscope sous forme de prismes ou de tables à six pans. L'eau froide le décompose en tellurite et en anhydroditellurite qui se dissolvent, et en acide tellureux qui se sépare sous forme d'un précipité gélatineux. Chauffé, il perd son eau et laisse le sel anhydre, $Te^4O^9K^2$, qui fond au rouge naissant et se solidifie par le refroidissement en un verre incolore.

Les sels que nous venons de décrire sous le nom d'anhydrotellurites et d'anhydrotellurates dérivent, en effet, d'acides formés par la déshydratation partielle de plusieurs molécules d'acides tellureux ou tellurique :

TeO<OH
   <OH
Acide tellureux.

TeO^2<OH
   <OH
Acide tellurique.

TeO<OH
   >O
TeO<OH
Acide anhydroditellureux.

TeO^2<OH
   >O
TeO^2<OH
Acide anhydroditellurique.

TeO<OH
   >O
TeO<
   >O
TeO<
   >O
TeO<OH
Acide anhydrotétratellureux.

TeO^2<OH
   >O
TeO^2<
   >O
TeO^2<
   >O
TeO^2<OH
Acide anhydrotétratellurique.

AZOTATE DE POTASSIUM, AzO^3K. — On a décrit la fabrication de ce sel à l'article NITRE, t. II, p. 558, et les conditions de sa formation à l'article NITRIFICATION, t. II, p. 562.

Propriétés de l'azotate de potassium. — L'azotate de potassium cristallise à l'état anhydre. Il se présente d'ordinaire en prismes droits à base rhombe, groupés de manière à présenter l'aspect de prismes à six faces cannelées (voyez t. II, p. 558); il peut aussi cristalliser dans certaines conditions en rhomboèdres isomorphes avec l'azotate de sodium. Il est donc dimorphe. Frankenheim a observé que, lorsqu'une goutte de solution d'azotate de potassium s'évapore sous le microscope, les cristaux rhomboédriques apparaissent avec les cristaux prismatiques; les prismes sont d'autant plus abondants que l'évaporation est plus lente. Au contact d'un cristal prismatique, ils deviennent troubles et se convertissent en une masse de cristaux prismatiques. D'un autre côté, un de ces derniers cristaux chauffé à une température voisine de son point de fusion est converti en une masse de cristaux rhomboédriques. Tous ces phénomènes peuvent être observés avec le microscope polarisant [*Poggend. Ann.*, t. XCII, p. 354]. Les cristaux sont inaltérables à l'air. Leur densité est = 2,11 (H. Kopp), 2,1006 (Karsten), 2,100 (Schiff), 2,036 (Schröder).

L'azotate de potassium se dissout dans l'eau avec abaissement de température; la solution possède une saveur fraîche et piquante. La solubilité augmente rapidement avec la température :

100 p. d'eau dissolvent	13 grammes de nitre	à	0°.
—	85	—	50
—	246	—	100
—	335	—	115°,9.

D'après H. Schiff, des solutions aqueuses d'azotate de potassium présentent, à divers degrés de concentration, les densités suivantes [*Ann. der Chem. u. Pharm.*, t. CVII, p. 293]:

Poids de AzO^3K en 100 p. de la solution.	Densité de la solution à 21°.
24,93	1,1683
16,62	1,1073
11,08	1,0695
8,31	1,0595
5,54	1,0310
2,77	1,0170

L'azotate de potassium se dissout en plus grande proportion dans l'eau contenant du sel marin [Lemery, Vauquelin, Longchamp, *Ann. de Chim. et de Phys.*, t. IX, p. 5]. Il est très-peu soluble dans l'alcool faible, insoluble dans l'alcool absolu. H. Schiff [*loc. cit.*, p. 87] a donné la table suivante des solubilités de l'azotate de potassium dans l'alcool faible :

Alcool en 100 p. de liqueur spiritueuse.	Quantité de AzO^3K dans 100 p. de solution saturée à 15°.	Alcool en 100 p. de liqueur spiritueuse.	Quantité de AzO^3K dans 100 p. de solution saturée à 15°.
0	20,5	40	4,3
10	13,2	50	2,8
20	8,5	60	1,7
30	5,6	80	0,4

Dans le commerce on trouve le nitre en masses saccharoïdes formées, comme le sucre en pain, de parties cristallines fortement adhérentes. Ces masses écrasées et criblées à travers un tamis donnent une poudre sableuse.

Le nitre, soumis à l'action de la chaleur, fond à la température de 350° sans rien perdre, et par refroidissement il se solidifie en une masse blanche opaque, fibreuse, autrefois connue sous le nom de *cristal minéral*. Il se décompose au-dessous du rouge en oxygène et en azotite de potasse. Si on chauffe davantage, il se décompose en azote, oxygène et protoxyde de potassium mêlé de peroxyde. Par suite de la facilité avec laquelle il cède son oxygène, l'azotate de potassium est un oxydant énergique. Projeté sur des charbons ardents, il fond en activant la combustion. Un mélange intime et bien sec de 20 grammes de nitre et 3 grammes de charbon projeté dans un creuset chauffé au rouge déflagre avec une violence extrême par suite de la grande quantité de chaleur dégagée par la combustion du charbon et de la force expansive qui résulte de l'élévation de température des gaz formés. La réaction produite est la suivante :

$$4AzO^3K + 5C = 2CO^3K^2 + 3CO^2 + 4Az.$$

15 p. de nitre et 5 p. de soufre en poudre, bien mélangées et projetées dans un creuset chauffé au rouge, brûlent avec une flamme éblouissante; il se produit du sulfate de potassium, de l'acide sulfureux et de l'azote :

$$2AzO^3K + 2S = SO^4K^2 + SO^2 + 2Az.$$

Ce mélange brûle à une température inférieure à celle qui est nécessaire pour déterminer l'inflammation du mélange précédent, mais il dégage moins de chaleur.

On obtient un mélange à la fois très-combustible et doué d'une grande force explosive en mêlant à 2 molécules de nitre 1 atome de soufre et 3 atomes de charbon :

$$2AzO^3K + S + 3C = K^2S + 2Az + 3CO^2.$$

Ce mélange s'enflamme vers 300° et produit un volume de gaz qui, ramené à 0° et sous la pression de 0m,760, est environ 300 fois le volume du mélange primitif.

On a longtemps employé sous le nom de *poudre de fusion* ou de *fondant de Baumé* un mélange de 3 p. de nitre pour 1 p. de soufre et 1 p. de sciure de bois.

Le nitre chauffé avec les métaux usuels réduits en limaille les transforme en oxydes. Il oxyde de même l'or et le platine. Il convertit au rouge les sulfures en sulfates, les phosphures en phosphates. Il attaque les vases de verre et de terre dans lesquels on le fond, et dissout la silice qu'ils contiennent. Il oxyde les vases de platine; ceux d'or et d'argent résistent mieux.

Essai du salpêtre. — 1° Le procédé le plus usité pour l'essai du salpêtre a été proposé en 1789 par Riffault; il est fondé sur ce fait qu'une solution saturée d'azotate de potassium peut dissoudre les sels étrangers contenus dans le salpêtre. Pour l'exécuter, on prend en différents points de la masse de petites quantités de sel que l'on broie ensemble et sur lesquelles on prélève un échantillon de 400 grammes. On l'agite dans un vase à large ouverture avec 500 centimètres cubes d'une dissolution saturée d'azotate de potassium pur; on verse ensuite le tout sur un filtre, et on lave avec 250 centimètres cubes de la même dissolution saturée. Le salpêtre égoutté est séché à la température ordinaire sur du papier à filtre.

Pour éviter la cause d'erreur provenant des variations de température qui pourraient changer la solubilité de l'azotate de potassium, on traite, dans les mêmes circonstances que l'échantillon, 400 grammes de nitre pur par 750 centimètres cubes de la même dissolution saturée d'azotate de potassium pur et on note la perte ou l'augmentation de poids que ces 400 grammes ont éprouvée dans l'opération.

Malgré cette précaution, ce mode d'essai ne permet pas d'atteindre une grande exactitude, 1° parce que les matières terreuses qui pourraient se trouver dans l'échantillon y resteront; 2° parce que les sels étrangers en se dissolvant modifient la quantité de nitre susceptible de rester en dissolution. Ainsi, le chlorure de sodium permet à la liqueur de dissoudre une nouvelle quantité de nitre, et par suite abaisse le titre; le chlorure de potassium agit en sens contraire et élève le titre. En général, le titre indiqué est supérieur de 1 à 3 centièmes au titre réel.

2° Une seconde méthode, indiquée par Gay-Lussac, consiste à calciner le salpêtre à essayer avec la moitié de son poids de charbon et avec quatre fois son poids de sel marin (pour modérer la réaction) et à déterminer ensuite par les méthodes alcalimétriques la quantité de potasse contenue dans le carbonate obtenu, on en déduit par le calcul la quantité correspondante d'azotate de potassium. Ce procédé n'est exact qu'autant qu'il n'y a pas d'azotate de sodium mêlé à l'azotate de potassium. Il peut donner lieu à la formation d'une certaine quantité de cyanure. Abel et Bloxam conseillent de substituer au charbon le graphite de Brodie. Ils emploient 20 p. de salpêtre, 5 p. de graphite et 80 p. de sel marin [*Quart. Journ. of the Chem. Society*, t. IX, p. 87].

3° Une troisième méthode, proposée par Pelouze [*Ann. de Chim. et de Phys.*, t. LXIV, p. 100, et *Compt. rend. de l'Acad. des sciences*, 1847], consiste à déterminer la quantité de fer, dissous dans l'acide chlorhydrique, qu'un poids connu d'azotate fera passer de l'état de protochlorure à l'état de sesquichlorure de fer.

On sait que 2 grammes de fer pur (fils de clavecin), dissous dans 100 grammes d'acide chlorhydrique fumant, sont transformés en sesquichlorure par 1gr,126 de nitre, suivant l'équation

$$2AzO^3K + 6FeCl^2 + 8HCl = 3Fe^2Cl^6 + 2KCl + 4H^2O + 2AzO.$$

On dissoudra donc 2 grammes de fils de clavecin dans 100 grammes d'acide chlorhydrique contenus dans un petit ballon de verre, on y ajoutera 1gr,216 du salpêtre à essayer, on fermera le ballon avec un bouchon traversé par un tube effilé et on maintiendra l'ébullition pendant 5 minutes environ; la liqueur, qui était devenue brune par l'addition du nitre, sera jaune clair. On la versera ensuite dans un ballon de 1 litre que l'on remplira avec les eaux de lavage, et on déterminera par une dissolution titrée de permanganate de potassium la proportion de fer restée à l'état de protochlorure.

Si par exemple on a reconnu que 25 centimètres cubes de la dissolution de permanganate sont nécessaires pour perchlorurer le protochlorure correspondant à 1 gramme de fer et que dans l'essai on ait constaté qu'il a fallu employer 1,5 centimètre cube de cette liqueur pour achever la réaction commencée par le salpêtre, on en conclura que la quantité de fer restée à l'état de protochlorure était

$$25 : 1^{gr},000 :: 1,5 : x; \quad x = \frac{1^{gr},500}{25} = 0^{gr},060.$$

La quantité de fer transformé par le salpêtre était donc 2gr,000 — 0gr,060 = 1gr,940, et par suite la quantité de nitre pur contenu dans 1gr,126 de salpêtre était

$$2 : 1,126 :: 1,940 : y \quad \text{ou} \quad y = 1^{gr},0922$$

et la richesse du salpêtre était $\frac{1,09222}{1,126} = 97\,\%$.

Cette méthode donne le titre à 2 ou 3 millièmes près, mais elle suppose, comme la précédente, qu'il n'y a pas d'azotate de sodium mêlé à l'azotate de potassium.

Pour reconnaître et doser la soude dans le nitrate de potassium, on peut employer le procédé indiqué par M. Pesier [*Mémoire de la Société d'agriculture, sciences et arts de Valenciennes*, t. V, p. 144]. Sa méthode repose sur les faits suivants :

1° L'eau se sature très-rapidement de sulfate de potassium par son agitation avec ce sel réduit en poudre fine, et la densité de la dissolution saturée est constante à la même température; 2° le sulfate de sodium en se dissolvant dans cette solution saturée en augmente la densité progressivement avec la quantité; l'effet est d'autant plus sensible que la solubilité du sulfate de potassium est accrue par la présence du premier sel.

L'accroissement de densité se constate rapidement à l'aide d'un aréomètre spécial dont la graduation a été faite par des essais préliminaires. Cet aréomètre (natromètre) porte deux échelles : l'une (celle de température) indique pour chaque degré du thermomètre le point d'affleurement dans une solution de sulfate de potassium pur; l'autre (échelle sodique) indique les centièmes de soude correspondants.

Si la potasse essayée est pure, l'instrument affleure au degré correspondant à la température de l'expérience; si elle contient de la soude, l'instrument affleurera à un degré supérieur et l'échelle sodique indiquera le nombre de centièmes de soude.

AZOTITE DE POTASSIUM, AzO^2K. — On obtient l'azotite de potassium en calcinant à une température peu élevée l'azotate de potassium; il se dégage 1 atome d'oxygène par molécule d'azotate décomposé. Il faut arrêter la réaction avant que tout l'azotate ait été ramené à l'état d'azotite. On reprend ensuite la masse refroidie par l'alcool qui dissout l'azotite et laisse l'azotate. On peut aussi précipiter par le nitrate d'argent la solution concentrée d'azotate et d'azotite de potassium. L'azotite d'argent peu soluble se dépose : par double décomposition avec le chlorure de potassium, il donne de l'azotite de potassium.

Un autre procédé consiste à décomposer une dissolution de sulfate de potassium par l'azotite de baryum obtenu en faisant passer du bioxyde d'azote sur du bioxyde de baryum chauffé au rouge sombre.

Enfin, on obtient l'azotite de potassium mêlé avec de l'azotate, quand on fait passer dans une dissolution de potasse le mélange gazeux qui se dégage lorsqu'on chauffe de l'amidon avec de l'acide azotique [Fritzsche, *Poggend. Ann.*, t. XLIX, p. 134; — Hess, *Poggend. Ann.*, t. XII, p. 257].

L'azotite de potassium cristallise difficilement; il est déliquescent. Les acides énergiques en dégagent des vapeurs rouges, l'acide azoteux mis en liberté se décomposant en acide azotique et en bioxyde d'azote, lequel s'oxyde à l'air. On emploie ce sel mélangé avec du chlorhydrate d'ammoniaque pour préparer du gaz azote.

CHLORATE DE POTASSIUM, ClO^3K. — Ce sel a été signalé en 1786 par Berthollet. Ses propriétés ont été étudiées par Gay-Lussac en 1814.

Préparation. — On le prépare dans les laboratoires en dissolvant 1 p. d'hydrate de potassium dans 3 p. d'eau et faisant passer dans cette solution un courant de chlore jusqu'à saturation. Le tube qui amène le gaz doit être très-large, de manière à n'être pas obstrué par les cristaux de chlorate. Il se produit d'abord de l'hypochlorite de potassium et du chlorure de potassium; mais, la température s'élevant rapidement par suite de la chaleur dégagée dans la réaction, l'hypochlorite, qui n'est stable qu'à la température ordinaire, se dédouble lui-même en chlorure et chlorate, de sorte qu'on a, en définitive, les réactions suivantes :

$$6KHO + 3Cl^2$$
$$= 3ClOK + 3KCl + 3H^2O$$
$$= ClO^3K + 5KCl + 3H^2O.$$

Le chlorate de potassium, étant très-peu soluble à froid, se dépose pendant le refroidissement en lamelles rhomboïdales souillées d'un peu de chlorure. On le purifie en le lavant d'abord à l'eau froide, puis le redissolvant dans le moins d'eau bouillante possible; le sel pur se dépose par le refroidissement. Pendant le passage du chlore, la liqueur se colore souvent en rose par la production d'un peu de permanganate de potassium.

Préparation industrielle. — Le procédé qui vient d'être décrit étant très-coûteux, par suite du prix élevé de la potasse caustique, on a remplacé ce dernier corps par du carbonate de potassium ou par un mélange d'équivalents égaux de carbonate de potassium et de chaux caustique. Le carbonate de calcium qui se produit reste inattaqué [Graham, *Phil. Mag.*, t. XVIII, p. 518, et *Ann. de Pharm.*, t. XLI, p. 306].

Le procédé employé dans l'industrie permet de se servir du chlorure de potassium, qui a encore moins de valeur que le carbonate.

Le procédé de préparation industrielle dû à Liebig [*Ann. der Chem. u. Pharm.*, t. XLI, p. 307] est fondé sur les deux réactions suivantes :

1° L'hypochlorite de calcium en dissolution n'est stable qu'à la température ordinaire; il se dédouble à une température voisine de l'ébullition en chlorure et chlorate de calcium :

$$3(ClO)^2Ca = (ClO^3)^2Ca + 2CaCl^2.$$

2° Une dissolution concentrée et bouillante, contenant du chlorate de calcium et du chlorure de potassium mêlés à équivalents égaux, donne, pendant le refroidissement de la liqueur, des cristaux de chlorate de potassium par suite de la faible solubilité de ce sel à froid :

$$(ClO^3)^2Ca + 2KCl = 2(ClO^3K) + CaCl^2.$$

Le chlorure de calcium reste dans la liqueur. On peut opérer de diverses manières pour effectuer ces réactions. Un des procédés consiste à faire arriver le chlore directement dans un mélange de chaux éteinte et de chlorure de potassium; un autre, à former d'abord du chlorate de calcium qu'on décompose ensuite par le chlorure de potassium.

a. Dans un grand cylindre en plomb C (fig. 516) d'une capacité de 2 mètres cubes, on introduit 300 kilogrammes de chaux éteinte et 150 kilogrammes de chlorure de potassium, et l'on porte la température à 60° à l'aide de la vapeur d'eau amenée par un serpentin. On fait arriver jusqu'au fond du cylindre, par un tube en plomb, un courant de chlore produit dans des bombonnes en terre chauffées au bain-marie. Le chlore qui se dégage abandonne la vapeur d'eau entraînée dans un vase F refroidi par un courant d'eau.

La température du cylindre C s'élève à 100° par suite de la chaleur dégagée dans la réaction; on renouvelle les surfaces en remuant de temps à autre la masse à l'aide d'un agitateur en fonte doublée de plomb. Quand le mélange n'absorbe plus de chlore, on arrête l'opération.

On fait écouler le liquide dans un bassin en plomb où la chaux non attaquée et les impuretés se déposent; on décante la liqueur claire à l'aide d'un siphon et on la concentre rapidement dans une chaudière à double fond chauffée par de la vapeur d'eau. Quand la concentration est suffisante (30° à l'aréomètre), on laisse refroidir; le chlorate de potassium se dépose. La réaction peut se représenter par la formule

$$KCl + 3Cl^2 + 3CaO = ClO^3K + 3CaCl^2.$$

Le chlorure de calcium reste dans les eaux mères. Celles-ci, concentrées et abandonnées à une nouvelle cristallisation, donnent une nouvelle quantité de chlorate de potassium. Souvent même on opère une troisième cristallisation [Liebig,

Ann. der Chem. u. Pharm., t. XLI, p. 307, et *Mag. Pharm.*, t. XXXV, p. 225; — Vée, *Journ. Pharm.*, t. XIX, p. 270; — Gay-Lussac, *Compt. rend. de l'Acad. des sc.*, t. XIV, p. 951].

On purifie le sel en le redissolvant dans l'eau bouillante, de manière à avoir une liqueur d'une densité de 1,16, et on ajoute 2k,500 de cristaux de soude par 1,000 litres de liqueur. La chaux, l'oxyde de fer et toutes les autres impuretés sont éliminés. On laisse reposer, on décante et on fait cristalliser. Les cristaux, lavés à l'eau froide, sont ensuite séchés à l'étuve.

b. Un autre procédé consiste à produire d'abord le chlorate de calcium et à ajouter ensuite à la solution chaude de ce dernier une quantité de chlorure de potassium suffisante pour le transformer en chlorate de potassium. Voici comment procède M. H. Merle dans l'usine de Salindres (Gard). Le chlore est dégagé dans des cuves en pierre de Volvic (Auvergne), goudronnées, et

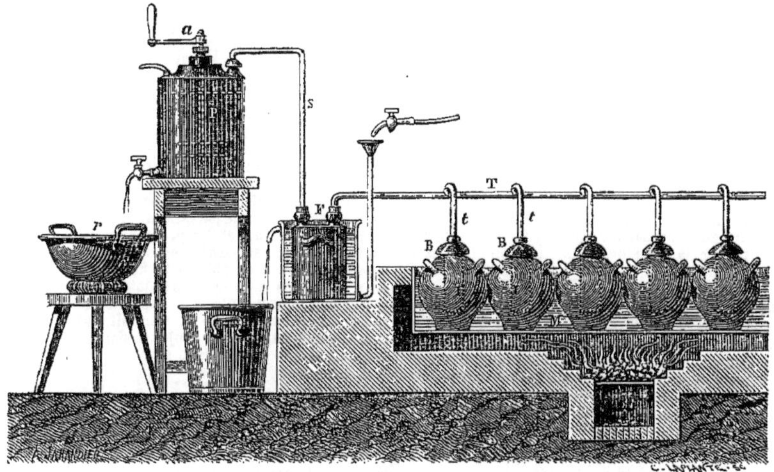

Fig. 516. — Préparation industrielle du chlorate de potasse

dont les joints sont garnis d'un mastic formé par un mélange de goudron et de terre réfractaire. Dans ces cuves, on introduit le mélange de peroxyde de manganèse et d'acide chlorhydrique. La réaction s'établit sans le secours de la chaleur, mais au bout de quelque temps il est nécessaire de chauffer en faisant barboter de la vapeur d'eau dans le mélange. Le chlore ainsi dégagé est conduit dans des barattes en plomb munies d'un agitateur, et dans lesquelles on introduit un lait de chaux. La réaction développe une chaleur qu'il est important de modérer, pour éviter un dégagement d'oxygène résultant de la décomposition brusque du chlorate de calcium. Pour cela on fait arriver de l'eau froide dans le double-fond où baignent les barattes. Lorsque la saturation est effectuée, on ajoute du chlorure de potassium à la liqueur, et on porte à l'ébullition pour achever la transformation de l'hypochlorite en chlorate. Enfin on concentre la liqueur claire à 40° et on la verse dans des bassins en tôle, où elle cristallise. Le chlorate brut ainsi obtenu est soumis à un turbinage. Les eaux mères renfermant le chlorure de calcium sont conservées dans de très-grands réservoirs en tôle. Pendant l'hiver, elles laissent déposer encore 4 kilogrammes de chlorate de potassium par mètre cube. Le chlorate brut est purifié par une nouvelle cristallisation.

Propriétés. — Le chlorate de potassium cristallise à l'état anhydre en lamelles transparentes et brillantes appartenant au type clinorhombique : $mm = 104°22'$; $pm = 105°35'$; $mb^{1/2} = 149°6'$. Il est inaltérable à l'air.

Il est peu soluble dans l'eau froide, assez soluble dans l'eau bouillante. Voici, d'après Gay-Lussac, une table des solubilités de ce sel.

100 p. d'eau dissolvent :

à 0° ...	3,3 p. de ClO^3K	à 49°,06....	18,98 p
15°,37.	6,03 —	74°,39....	35,40
24°,43.	8,44 —	104°,78....	60,24
35°,02.	12,05 —		

Le chlorate de potassium fond à la température d'environ 400°. Si l'on continue à chauffer, il se décompose d'abord en chlorure et en perchlorate de potassium avec dégagement d'oxygène [Sérullas, *Ann. de Chim. et de Phys.*, t. XLVI, p. 323, et *Poggend. Ann.*, t. XXII, p. 301] :

$$2ClO^3K = KCl + ClO^4K + O^2.$$

Une température plus élevée détermine la décomposition du perchlorate en chlorure de potassium et oxygène.

Si l'on mêle au chlorate du bioxyde de manganèse ou de l'oxyde de cuivre, on provoque une décomposition complète du chlorate en chlorure de potassium et oxygène, sans avoir besoin d'élever autant la température [$ClO^3K = KCl + O^3$]. Dans ces conditions, le sel donne 39,15 °/₀ de son poids d'oxygène [Dœbereiner, *Ann. de Pharm.*, t. I, p. 236; — Mitscherlich, *Pogg. Ann.*, t. LV, p. 220]. Le gaz oxygène ainsi préparé contient des traces de chlore [Marignac, *Ann. der Chem. u. Pharm.*, t. XLIV, p. 13].

L'extrême facilité avec laquelle le chlorate de potassium abandonne tout son oxygène en fait un oxydant d'une extrême énergie. Projeté sur des charbons ardents, il déflagre vivement et active la combustion.

Mêlé avec des corps combustibles comme le soufre, le charbon, le phosphore, les métaux en poudre, les sulfures métalliques, la sciure de bois ou les résines, il donne des poudres qui détonent très-brusquement (poudres brisantes) par la chaleur ou par le choc.

Un mélange de 1 p. de soufre et de 3 p. de chlorate de potassium en poudre, placé dans un papier sur une enclume et frappé ensuite avec un marteau, détone avec une forte explosion. Celle-ci est encore plus forte si l'on remplace le soufre par le phosphore, mais l'expérience est dangereuse.

Un mélange de chlorate et de charbon détone de même. On obtient une poudre encore plus explosive en mélangeant 3 p. de chlorate de potassium avec 1/2 p. de soufre et 1/2 p. de charbon. De très-petites quantités de ce mélange, triturées dans un mortier, y produisent une série de détonations avec projection de flammes. Une pareille poudre a une force de projection bien supérieure à celle de la poudre ordinaire, mais les dangers causés par sa facile explosion sous l'influence des vibrations empêchent de l'employer [Aubert, Pellissier et Gay-Lussac, *Ann. de Chim. et de Phys.*, t. XLII, p. 6].

L'acide sulfurique concentré, versé à la température ordinaire sur du chlorate de potassium, donne une vapeur jaune verdâtre de peroxyde de chlore qui détone par la chaleur. Si on agissait sur une grande quantité de matière, il y aurait détonation et projection du mélange. Il se forme en même temps du perchlorate :

$$3ClO^3K + 2SO^4H^2$$
$$= 2ClO^2 + ClO^4K + 2SO^4KH + H^2O.$$

Lorsqu'on verse de l'acide sulfurique sur un mélange de chlorate de potassium avec du soufre, du sucre, de la résine, de l'amidon, de la sciure de bois ou du sulfure d'antimoine, on détermine l'inflammation du corps combustible, qui brûle aux dépens de l'oxygène de l'acide chlorique.

Un mélange intime d'acide oxalique et de chlorate de potassium, chauffé à 70°, laisse dégager du peroxyde de chlore et de l'acide carbonique, en même temps qu'il reste du chlorure et de l'oxalate acide de potassium [Calvert et Davies, *Quart. Journ. of the Chem. Soc.*, t. XI, p. 193].

Chauffé avec de l'acide nitrique concentré, le chlorate de potassium donne du nitrate et du perchlorate, en même temps qu'il se dégage du chlore et de l'oxygène (Penny). L'acide nitrique étendu et pur est sans action sur ce sel, mais en présence d'un agent réducteur, tel que l'acide nitreux, l'acide arsénieux, l'acide tartrique, etc., il se forme un degré d'oxydation inférieur du chlore. Ainsi, par l'action de l'acide azoteux sur le chlorate de potassium additionné d'acide azotique, il se forme de l'acide chloreux, et l'acide azoteux se convertit en acide azotique (Millon).

Chauffé avec de l'acide chlorhydrique, le chlorate laisse dégager un mélange de chlore et de peroxyde de chlore :

$$4ClO^3K + 12HCl$$
$$= 4KCl + 6H^2O + 3ClO^2 + Cl^9.$$

Un tel mélange est fréquemment employé pour la destruction des matières organiques, par exemple dans les expertises médico-légales, où l'on recherche la présence des métaux ou de l'arsenic.

D'après H. Schiff [*Ann. der Chem. u. Pharm.*, t. CVI, p. 116], le perchlorure de phosphore réagit sur le chlorate de potassium avec dégagement d'un gaz jaune foncé, lequel ne détone pas par la chaleur et donne du chlorure, du chlorate et de l'hypochlorite lorsqu'on le dirige dans la potasse caustique.

Chauffé avec de l'iode, le chlorate de potassium laisse distiller du chlorure d'iode, et il reste de l'iodate mélangé avec l'excès de chlorate et du chlorure formé en vertu d'une réaction secondaire (Wœhler) : $ClO^3K + I^2 = ICl + IO^3K$.

Le chlorate de potassium est très-employé en pyrotechnie. Son principal usage est dans la fabrication des allumettes. Voici quelques détails sur ce sujet.

En imprégnant l'extrémité soufrée de petites allumettes d'une pâte molle, formée d'une dissolution de gomme arabique et d'un mélange de 30 p. de chlorate de potassium, 10 p. de soufre et 8 p. de lycopode, on fabriquait les allumettes dites oxygénées qui s'enflammaient quand on les plongeait dans de l'acide sulfurique concentré. La fabrication de ces allumettes, établie en 1813 par Ch. Wagemann de Tübingue, se développa rapidement à Berlin en 1815 [M. Stas, *Rapport sur l'exposition universelle de 1855*].

En 1832, parurent les allumettes à friction ; on les obtenait en imprégnant les allumettes soufrées d'un mélange de 1 p. de chlorate de potassium et 2 p. de sulfure d'antimoine mis en pâte à l'aide d'une solution de gomme. C'est en 1833 qu'en remplaçant le sulfure d'antimoine par le phosphore, on créa les allumettes chimiques. L'auteur de cette préparation est inconnu. M. Moldenhauer formait une pâte de 11 p. de chlorate de potassium, 44 p. de phosphore, 45 p. de gomme et 0,5 p. de bleu de Prusse, que l'on ajoutait successivement dans de l'eau gommée maintenue de 55° à 60°. En 1837, M. Preshel a remplacé le chlorate de potassium par le bioxyde de plomb, puis par l'azotate de plomb. Depuis, MM. Hochstetter et Canouil ont supprimé le phosphore, qui est toujours dangereux ; ils emploient une pâte formée de :

Chlorate de potassium..........	28
Chromate de potassium.........	8
Oxyde de plomb................	18
Sulfure rouge d'antimoine.......	7
Pierre ponce ou verre pilé......	12
Gomme........................	8
Eau...........................	36

Un mélange comprimé formé de chlorate de potassium et de pulpe de coton-poudre constitue une poudre très-puissante pour les mines.

Perchlorate de potassium, ClO^4K. — On obtient du perchlorate dans la préparation de l'oxygène, en chauffant avec précaution le chlorate de potassium en fusion jusqu'à ce qu'il ne se dégage plus d'oxygène et que la masse devienne pâteuse. En prenant une petite quantité de cette matière, la pulvérisant et la traitant par l'acide chlorhydrique concentré, on ne doit avoir qu'une faible coloration jaune verdâtre, ce qui prouve que presque tout le chlorate a été transformé en chlorure et perchlorate. La matière refroidie est dissoute dans l'eau bouillante. Le perchlorate se dépose pendant le refroidissement, tandis que le chlorure et le chlorate de potassium restent dans la liqueur [Sérullas, *Ann. de Chim. et de Phys.*, t. XLVI, p. 325, et *Poggend. Ann.*, t. XXII, p. 301].

On obtient encore le perchlorate de potassium en ajoutant peu à peu à 2 p. d'acide sulfurique concentré 1 p. de chlorate de potassium pulvérisé et chauffant ensuite doucement au bain-marie pendant 24 heures jusqu'à ce que toute couleur verte et toute odeur de peroxyde de chlore aient disparu. On dissout ensuite dans l'eau bouillante. Le perchlorate se sépare pendant le refroidissement, tandis que le bisulfate de potassium reste en dissolution [Sérullas, *Ann. de Chim. et de Phys.*, t. XLVI, p. 297, et *Poggend. Ann.*, t. XXII, p. 292].

En remplaçant l'acide sulfurique par l'acide azotique concentré, on obtient de même du perchlorate [Penny, *Journ. für prakt. Chem.*, t. XXIII, p. 296]. Enfin, d'après Stadion, ce sel se forme par l'électrolyse du chlorate.

Propriétés. — Le perchlorate de potassium cristallise en prismes orthorhombiques transparents

($mm = 103°58'$; $a^1a^1 = 101°19'$). Ces cristaux sont anhydres, mais renferment une petite quantité d'eau d'interposition. Ils se dissolvent dans 65 p. d'eau à 15° et dans une quantité beaucoup plus petite d'eau bouillante. Ils sont presque insolubles dans l'alcool. M. Roscoe admet qu'ils se dissolvent dans l'alcool absolu, comme le carbonate de baryum dans l'eau, mais qu'ils sont entièrement insolubles dans l'alcool renfermant une petite quantité d'acétate de potassium.

Nous avons indiqué plus haut l'action de la chaleur sur le perchlorate de potassium.

Hypochlorite de potassium, ClOK. — On obtient une dissolution d'hypochlorite de potassium pur en saturant incomplètement la potasse par l'acide hypochloreux. Toute élévation de température ou addition d'un excès d'acide déterminerait la formation de chlorate et de chlorure de potassium.

L'hypochlorite impur, qu'on trouve dans le commerce sous le nom d'*eau de Javel*, est un mélange d'hypochlorite et de chlorure de potassium.

Pour le préparer, on peut employer deux procédés : le premier consiste à dissoudre dans 100 litres d'eau 7 kilogrammes de potasse perlasse (carbonate impur de potassium) et à faire arriver dans la liqueur ainsi préparée un courant de chlore jusqu'à ce qu'elle marque 8° Baumé ; la liqueur contient alors un petit excès d'alcali qui favorise sa conservation :

$$CO^3K^2 + Cl^2 = CO^2 + KCl + ClOK.$$

Ce procédé a été généralement remplacé par le suivant : on dissout d'une part 10 kilogrammes de chlorure de chaux dans 120 litres d'eau et on filtre; on dissout d'autre part 12 kilogrammes de potasse perlasse dans 40 litres d'eau chaude et on verse cette liqueur encore tiède dans la dissolution de chlorure de chaux. Il se produit une double décomposition par suite de l'insolubilité du carbonate de calcium qui se précipite :

$$(ClO)^2Ca + CO^3K^2 = 2ClOK + CO^3Ca.$$

Chlorite de potassium, ClO²K. — On obtient le chlorite de potassium en saturant la potasse caustique avec une solution d'acide chloreux, et laissant digérer pendant quelques heures. Pour être sûr que tout l'alcali est saturé, on ajoute l'acide jusqu'à ce que la liqueur prenne une légère teinte rouge. On évapore ensuite rapidement à siccité au bain-marie. Ce sel reste inaltéré dans l'air sec; il tombe en déliquescence à l'air humide. Par une ébullition prolongée, ou plus rapidement par l'action d'une température de 160°, le chlorite de potassium se convertit en chlorure et en chlorate (Millon).

Bromate de potassium, BrO³K. — On l'obtient en ajoutant peu à peu du brome à une solution concentrée de potasse, jusqu'à saturation et laissant refroidir la liqueur qui s'est fortement échauffée ; il s'est formé du bromate de potassium qui cristallise par refroidissement et du bromure qui reste dans la liqueur (Balard). Le bromate de potassium cristallise en aiguilles d'une dissolution chaude; par un refroidissement lent, il se sépare en tablettes hexagonales ; par l'évaporation spontanée, en écailles, quelquefois en masses dendritiques. D'après Fritzsche, les cristaux appartiennent au système régulier; d'après Rammelsberg, ils seraient rhomboédriques [Rammelsberg, *Poggend. Ann.*, t. LII, p. 80, et t. LV, p 88; — Fritzsche, *Journ. für prakt. Chem.*, t. XXIV, p. 285; — Penny, *ibid.*, t. XXIII, p. 298].

Leur densité est de 3,271 (Kremers).

D'après Kremers, le bromate de potassium se dissout dans 32,5 p. d'eau à 0°, dans 18,8 p. à 10°, dans 14,4 p. à 20°, dans 7,5 p. à 40°, dans 4,4 p. à 60°, dans 2,9 p. à 80°, et dans 2 p. à 100° [*Poggend. Ann.*, t. XCII, p. 497 ; t. XCIV, p. 255; t. XCVII, p. 1 ; t. XCIX, p. 25, 58]. D'après Pohl, 1 p. de sel exige 17,5 p. d'eau à 17° pour se dissoudre. Les cristaux déposés d'une solution parfaitement neutre ou légèrement acidulée par l'acide acétique décrépitent avec violence entre 300° et 350° et se résolvent en une poudre qui se dissout dans l'eau en dégageant des bulles d'oxygène. Les cristaux déposés au sein d'une solution alcaline ne décrépitent que faiblement (Fritzsche). Au-dessus de 350°, le bromate de potassium fond et se décompose ensuite avec dégagement d'oxygène. Le dégagement, d'abord lent, s'accomplit bientôt avec une grande violence, et la masse devient incandescente.

Iodates de potassium. — On en connaît plusieurs : un sel neutre ou normal, IO³K, et deux anhydro-iodates, savoir un diiodate,

$$K^2O, 2I^2O^5 = I^4O^{11}K^2,$$

et un triiodate,

$$K^2O, 3I^2O^5 = I^6O^{16}K^2.$$

On peut envisager ces derniers sels comme des sels doubles formés par l'union de 1 ou 2 molécules d'iodate de potassium avec de l'anhydride iodique :

$$2IO^3K + I^2O^5 = I^4O^{11}K^2;$$

Diiodate de potassium.

$$IO^3K + I^2O^5 = I^3O^8K.$$

Triiodate de potassium.

L'iodate de potassium s'unit aussi au sulfate acide de potassium pour former un sel double,

$$IO^3K + SO^4KH.$$

Iodate de potassium, IO³K. — On l'obtient par divers procédés.

1° On sature une solution concentrée de potasse par de l'iode : il se forme un mélange d'iodure et d'iodate de potassium d'où l'on sépare ce dernier par cristallisation.

2° On fond dans un creuset 1 p. d'iodure de potassium; on laisse refroidir un peu et l'on ajoute à la masse demi-fluide 1 p. 1/2 de chlorate de potassium. Le mélange redevient fluide, se boursoufle et se concrète en une masse spongieuse, mélange de chlorure et d'iodate de potassium. On dissout le tout dans l'eau bouillante et l'on laisse cristalliser l'iodate par le refroidissement. Pour purifier les cristaux, on les redissout dans l'eau bouillante et l'on précipite la solution par l'alcool [O. Henry, *Journ. Pharm.*, t. XVIII, p. 345, et *Schw.*, t. LXV, p. 442].

3° On dissout le trichlorure d'iode dans la potasse : il se forme du chlorure et de l'iodure de potassium et de l'iodate qui se précipite :

$$12KHO + 3ICl^3 = 2IO^3K + 9KCl + KI + 6H^2O.$$

L'iodate de potassium se présente en cristaux cubiques blancs, assez indistincts (Gay-Lussac, Marignac). Leur densité = 3,979 (rapportée à celle de l'eau à 17°,5). Il exige pour se dissoudre 13 p. d'eau à 14° (Gay-Lussac); 19,102 p. d'eau à 0°; 14,85 p. d'eau à 9°,4; 10,77 p. d'eau à 22°,2; 5,95 p. d'eau à 45°,8; 3,67 p. d'eau à 69°,2. La solution saturée bout à 102° [Kremers, *Ann. de Poggend.*, t. XCIV, p. 271, t. XCV, p. 121].

L'iodate de potassium est plus soluble dans une solution d'iodure de potassium que dans l'eau. Il est insoluble dans l'alcool. Il fond au rouge et laisse dégager 22,50 % d'oxygène en se transformant en iodure (Gay-Lussac). La décomposition ne donne pas lieu à la formation du periodate (Rammelsberg).

L'iodate de potassium est réduit par l'acide sulfureux et par l'hydrogène sulfuré. Dans le premier cas, il se forme de l'iode et du sulfate;

dans le second, de l'acide iodhydrique, du soufre et un sulfate (H. Rose). L'acide iodhydrique réduit l'iodate de potassium avec formation d'iode, d'eau et d'iodure de potassium. L'acide chlorhydrique concentré le décompose à chaud, en formant du chlorure de potassium, de l'eau, du trichlorure d'iode et de l'iode libre (Filhol) :

$$O^3K + 6HCl = 3H^2O + KCl + ICl^3 + Cl^2.$$

Additionnée d'acide azotique bouillant, la solution d'iodate de potassium laisse déposer par le refroidissement des cristaux d'acide iodique.

Sérullas a obtenu une *combinaison d'iodate de potassium et de sulfate acide de potassium,*

$$IO^3K + SO^4KH.$$

Elle se sépare après le triiodate (voyez plus loin), lorsqu'on ajoute de l'acide sulfurique à une solution d'iodate de potassium. Marignac, qui a reconnu la composition de ce sel double, a déterminé la forme de ses cristaux. Ils appartiennent au type clinorhombique : $mm = 54°53'$; $h^3h^3 = 92°10'$; $pm = 91°29'$; $ph^1 = 93°14'$. Chauffés au rouge, ils laissent dégager de l'oxygène et de l'iode et laissent un mélange de sulfate et d'iodure [*Ann. des Mines*, (5), t. IX, p. 1].

Diiodate de potassium,

$$I^2O^{11}K^2 = 2IO^3K + I^2O^5.$$

— On obtient ce sel en ajoutant de l'acide chlorhydrique, puis de l'alcool à une solution d'iodate. Un autre procédé consiste à saturer partiellement du trichlorure d'iode avec de la potasse. La liqueur s'échauffe et laisse déposer par le refroidissement une combinaison cristalline de diiodate et de chlorure de potassium. On reprend ce composé par une grande quantité d'eau et l'on laisse évaporer la solution à 25°. Le diiodate se sépare sous forme de beaux prismes orthorhombiques à sommets dièdres. D'après Marignac, ces cristaux renferment une molécule d'eau. S'il en était ainsi, on pourrait les envisager comme un diiodate acide, $(IO^3)^2HK$:

$$2IO^3K + I^2O^5 + H^2O = 2(IO^3)^2HK$$

(voyez t. II, p. 123). Ils affectent trois formes différentes, l'une dérivant du type orthorhombique, les deux autres du type clinorhombique. La forme orthorhombique s'obtient surtout en présence d'un peu de mono-iodate; elle présente les angles $mm = 82°10'$; $b^{1/2}b^{1/2} = 87°10'$; $pb^{1/2} = 106°4'$. Les cristaux sont aplatis selon p et ne possèdent pas de clivage (ou seulement un clivage imparfait selon p).

La première forme clinorhombique s'obtient en présence d'un léger excès d'acide : $ph^1 = 91°56'$; $pe^1 = 110°53'$; $pe^2 = 127°20'$. Clivage p.

La seconde forme clinorhombique accompagne les deux autres : $mm = 99°30'$; $pd^{1/2} = 122°$; $pm = 96°40'$.

Le diiodate de potassium se dissout dans 75 p. d'eau à 15°. Il est insoluble dans l'alcool (Sérullas). Chauffé, il dégage de l'oxygène et de l'iode et laisse de l'iodate, lequel est converti finalement en iodure. Sérullas a découvert une combinaison de *diiodate de potassium et de chlorure de potassium*, $2KCl + 2IO^3K.I^2O^5$. Elle forme des prismes brillants ou des tables quadrilatères allongées et portant des troncatures aux angles terminaux [*Ann. de Chim. et de Phys.*, (2), t. XLIII, p. 121]. Millon et Marignac ont obtenu ces cristaux avec une molécule d'eau. Ils sont efflorescents et se dissolvent dans 19 p. d'eau à 15° (Sérullas). D'après Rammelsberg [*Poggend. Ann.*, t. XCVII, p. 92], ils sont anhydres et appartiennent au type du prisme orthorhombique ($mm = 97°53'$; $h^1a^1 = 130°30'$).

Triiodate de potassium, $I^3O^8K = IO^3K, I^2O^5$. — On obtient ce sel en ajoutant un acide minéral énergique à la solution d'iodate. Ainsi lorsqu'on chauffe cette solution avec un grand excès d'acide sulfurique étendu et qu'on évapore ensuite à 25°, le triiodate cristallise, tandis qu'une combinaison d'iodate et de sulfate acide de potassium reste en dissolution (voyez plus haut). Le triiodate de potassium se sépare en cristaux volumineux appartenant au type anorthique : $pm = 124°40'$; $pt = 107°40'$; $mt = 115°22$ (Rammelsberg et Marignac). D'après Millon et Marignac, ils renferment deux molécules d'eau. S'il en est ainsi, on pourrait les envisager comme un triiodate de la formule $(IO^3)^3H^2K$. Ils se dissolvent dans 25 p. d'eau à 15° [Sérullas, *Ann. de Chim. et de Phys.*, (2), t. XLIII, p. 117].

Periodate de potassium. — On l'obtient en faisant passer un courant de chlore dans une dissolution d'iodate de potassium, contenant un grand excès d'alcool [Magnus et Ammermüller, *Pogg. Ann.*, t. XXVIII, p. 521]. Il forme de très-petits cristaux peu solubles dans l'eau.

Rammelsberg a obtenu le periodate de potassium normal, IO^4K, en cristaux définis isomorphes avec le perchlorate. Il se dissout dans 300 p. d'eau froide et forme une solution acide. L'acide periodique forme, comme on sait, divers hydrates (t. II, p. 124). Le periodate normal peut fixer de la potasse. Lorsqu'on évapore sa solution avec de la potasse caustique, on obtient des cristaux transparents d'un periodate tétrapotassique, $I^2O^9K^4 + 9H^2O$. Ce sel se dissout à la température ordinaire dans 10 p. d'eau. Dans une atmosphère séchée par l'acide sulfurique et à 100° il perd son eau. La chaleur le décompose; il se dégage de l'oxygène et il reste un mélange d'iodure de potassium et de potasse caustique.

Cyanate de potassium. — Voyez t. I, p. 1071.

Cyanurates de potassium. — Voyez t. I, p. 1125.

Phosphates de potassium. — Nous décrirons successivement les phosphates ordinaires ou orthophosphates PO^4R^3, les pyrophosphates $P^2O^7R^4$ et les métaphosphates PO^3R.

Orthophosphate tripotassique, PO^4K^3. — On le prépare en calcinant de l'acide phosphorique avec un excès de carbonate de potassium. Il se dissout dans l'eau bouillante et cristallise par refroidissement en fines aiguilles. Il n'est point déliquescent, mais il attire l'acide carbonique de l'air [Graham, *Poggend. Ann.*, t. XXXII, p. 47].

Orthophosphate dipotassique, PO^4K^2H. — Ce sel, appelé aussi improprement *phosphate neutre*, s'obtient en dissolvant une molécule d'acide phosphorique avec une molécule de carbonate de potassium; suivant Graham, il ne cristallise pas. Berzelius l'a obtenu en cristaux irréguliers. Il est très-soluble dans l'eau, insoluble dans l'alcool. Au rouge, il se convertit en pyrophosphate.

Orthophosphate monopotassique, PO^4KH^2. — Ce composé, appelé aussi *phosphate acide de potassium*, s'obtient en dissolvant une molécule de carbonate de potassium dans deux molécules d'acide phosphorique, ou en ajoutant deux molécules d'acide phosphorique à une molécule de phosphate tripotassique. Il cristallise en prismes quadratiques terminés par les faces d'un octaèdre; quelquefois en octaèdres à base carrée : $b^{1/2}m = 133°12'$ (Rammelsberg).

Ces cristaux restent inaltérés à 200°. Au rouge, ils perdent une molécule d'eau et donnent le métaphosphate de potassium.

Le phosphate monopotassique possède une saveur acide; il est très-soluble dans l'eau; il ne se dissout pas dans l'alcool [Vauquelin, *Ann. de Chim.*, t. LXXIV, p. 96; — Mitscherlich, *Ann. de Chim. et de Phys.*, (2), t. XIX, p. 364].

On a décrit des orthophosphates doubles où 1 atome de potassium se joint à 1 atome d'un métal diatomique. On les obtient par voie sèche en calcinant un phosphate ou un pyrophosphate du métal diatomique avec du carbonate de potassium. Ainsi, en chauffant du pyrophosphate barytique $P^2O^7Ba^2$ avec une quantité convenable de carbonate de potassium, on obtient un *orthophosphate baryto-potassique*, $PO^4Ba''K$, plus soluble que le phosphate tribarytique avec lequel il est mélangé. On obtient de même les sels $PO^4Ca''K$ et $PO^4Mg''K$ (H. Rose).

Pyrophosphate de potassium, $P^2O^7K^4$. — On le prépare en calcinant au rouge le phosphate dipotassique ordinaire. On peut encore, dans une solution alcoolique de potasse, verser un léger excès d'acide phosphorique ordinaire et ajouter de l'alcool jusqu'à ce que la liqueur devienne laiteuse. Il se forme au bout de 24 heures au fond du vase une couche sirupeuse acide qui est un mélange des phosphates PO^4K^2H et PO^4KH^2. On évapore ce liquide dans une capsule de platine, puis on le calcine. Il reste un mélange de pyrophosphate tétrapotassique et de métaphosphate faciles à séparer par suite de la très-faible solubilité du métaphosphate [A. Schwarzenberg, *Ann. der Pharm.*, t. LXV, p. 133]. Fondu, le pyrophosphate de potassium forme une masse blanche qui tombe en déliquescence à l'air; sa solution possède une réaction alcaline. Évaporée en consistance sirupeuse et abandonnée dans une atmosphère sèche, elle fournit les cristaux $P^2O^7K^4 + 3H^2O$ qui perdent une molécule d'eau à 100°, une seconde molécule à 180° et la troisième à 300°.

Pyrophosphate dipotassique, $P^2O^7K^2H^2$. — En traitant par l'acide acétique le pyrophosphate précédent et ajoutant ensuite de l'alcool, on obtient un liquide sirupeux qui contient le pyrophosphate dipotassique; l'acétate de potassium reste dissous dans l'eau alcoolisée. Le liquide sirupeux lavé avec de l'alcool et mis à évaporer sur de l'acide sulfurique laisse une masse blanche déliquescente [A. Schwarzenberg, *Ann. der Pharm.*, t. LXV, p. 133].

On connaît divers *pyrophosphates doubles*. Schwarzenberg a obtenu un pyrophosphate ammonio-potassique, $2P^2O^7K^2(AzH^4)H + H^2O$, en ajoutant de l'ammoniaque au pyrophosphate dipotassique et en évaporant au-dessus d'un vase renfermant de la chaux vive et du sel ammoniac. Ce sel est déliquescent. Sa solution est alcaline.

Persoz a obtenu une solution de *pyrophosphate cuprico-potassique* en dissolvant du pyrophosphate cuivrique dans un excès de pyrophosphate de potassium. Par l'évaporation, la solution laisse déposer du pyrophosphate cuivrique.

Le pyrophosphate chromique se dissout de même dans le pyrophosphate de potassium.

Métaphosphate de potassium, PO^3K. — On l'obtient sous forme d'une masse fondue, insoluble dans l'eau, en calcinant au rouge le phosphate monopotassique ordinaire [Graham, *Pogg. Ann.*, t. XXXII, p. 64]. On peut enfin calciner parties égales de chlorure de potassium et d'acide phosphorique sirupeux. Maddrell l'a obtenu en évaporant 2 p. de chlorate de potassium avec 1 p. d'acide phosphorique sirupeux, calcinant fortement le résidu et reprenant par l'eau : il reste une poudre blanche. Le produit ainsi obtenu est presque insoluble dans l'eau, mais très-soluble dans les acides étendus; sa solution dans l'acide acétique donne avec l'azotate d'argent un précipité blanc de métaphosphate d'argent.

Dimétaphosphate potassique, $P^2O^6K^2 + H^2O$. — On l'obtient en faisant digérer à chaud le dimétaphosphate cuivrique anhydre avec une solution de monosulfure de potassium. On filtre et l'on précipite par l'alcool. Le dimétaphosphate se sépare sous forme d'un liquide sirupeux qui cristallise au bout d'un temps assez long. Il se dissout dans 1,2 p. d'eau froide ou chaude. Sa solution possède une saveur saline un peu amère. A 100°, il perd son eau. Au rouge, il se convertit en monométaphosphate PO^3K qui fond au rouge vif (Fleitmann).

Lorsqu'on évapore le sel précédent avec une quantité équivalente de sel ammoniac, la solution laisse déposer des sels doubles qui offrent la composition de tétramétaphosphates $P^4O^{12}R^4$. Il se dépose d'abord des cristaux

$$P^4O^{12}K^3(AzH^4) + 2H^2O,$$

et puis un sel double plus riche en ammoniaque et renfermant probablement $P^4O^{12}K(AzH^4)^3$ (Fleitmann).

Arsénites de potassium. — Voyez t. I, p. 400.

Sulfoarsénite de potassium. — Voyez t. I, p. 407.

Arséniate de potassium. — Voyez t. I, p. 405.

Sulfoarséniate de potassium. — Voyez t. I, p. 410.

Sulfoantimoniate de potassium. — Voyez t. I, p. 351.

Borates de potassium. — On en connaît plusieurs qui correspondent à divers hydrates de l'acide borique. Le bore étant un élément triatomique, l'acide borique normal serait $Bo'''H^3O^3$. En se déshydratant cet hydrate donne l'acide métaborique $Bo'''HO^2$. Mais plusieurs molécules d'acide borique peuvent se déshydrater et se souder en perdant de l'eau :

$$Bo\begin{cases}OH\\OH\\OH\end{cases} + Bo\begin{cases}OH\\OH\\OH\end{cases} = \begin{matrix}Bo=(OH)^2\\ >O\\ Bo=(OH)^2\end{matrix} + H^2O.$$

On obtient ainsi des acides polyboriques :

$$2Bo(OH)^3 - H^2O = Bo^2O^5H^4;$$
Acide dipyroborique.

$$2Bo(OH)^3 - 2H^2O = Bo^2O^4H^2;$$
Acide dimétaborique.

$$3Bo(OH)^3 - 2H^2O = Bo^3O^7H^5;$$
Acide tripyroborique.

$$3Bo(OH)^3 - 3H^2O = Bo^3O^6H^3;$$
Acide trimétaborique.

$$5Bo(OH)^3 - 5H^2O = Bo^5O^{10}H^5.$$
Acide pentamétaborique.

Il existe un dipyroborate, un dimétaborate, un trimétaborate et un pentamétaborate de potassium.

Monométaborate de potassium, BoO^2K. — On l'obtient en fondant ensemble une molécule d'acide borique vitreux (70 p.) et une molécule de carbonate de potassium sec (138 p.). Il fond au rouge blanc. Il est très-peu soluble dans l'eau, il ne forme pas de cristaux nets. D'après Schabus, ces derniers seraient clinorhombiques. Exposé à l'air, il attire l'acide carbonique et se transforme en carbonate et en biborate de potassium [Berzelius, *Pogg. Ann.*, t. XXXIV, p. 568].

Dipyroborate potassique, $Bo^2O^5K^4$. — D'après Bloxam, ce sel se formerait lorsqu'on chauffe l'anhydride borique au rouge avec un excès de carbonate de potassium.

Dimétaborate monopotassique, Bo^2O^4KH. — On obtient ce sel en sursaturant une solution bouillante de carbonate de potassium avec l'acide borique et ajoutant ensuite de la potasse jusqu'à réaction alcaline très-forte. Il forme deux hydrates. Le premier renferme 2 molécules d'eau de cristallisation. Il cristallise en prismes réguliers à six pans, terminés par des pyramides à six faces, très-solubles dans l'eau, à laquelle ils communiquent une forte réaction alcaline. L'autre hydrate, $2Bo^2O^4KH + 5H^2O$, forme des prismes orthorhombiques de 98°35'.

Conservé en vase clos, ce sel se sépare en une partie solide et cristalline et en une solution. Ces deux hydrates se boursouflent beaucoup lorsqu'on les chauffe.

TRIMÉTABORATE POTASSIQUE, $Bo^3O^6KH^2 + 3H^2O$. — Ce sel, qui a été décrit par Laurent, s'obtient comme le précédent, mais en employant moins de potasse.

Il cristallise en prismes rectangulaires du type orthorhombique terminés par des pyramides à quatre faces : $g^2h^1 = 164°$; $e^1g^1 = 125°$; $a^1h^1 = 132°15'$. Il est inaltérable à l'air (Rammelsberg).

PENTAMÉTABORATE MONOPOTASSIQUE,

$$Bo^5O^{10}KH^4 + 2H^2O.$$

— On obtient ce sel en ajoutant de l'acide borique à une solution bouillante de carbonate de potassium, jusqu'à réaction fortement acide. Par le refroidissement, la liqueur laisse déposer de petits prismes brillants, isomorphes avec le sel ammoniacal correspondant. Les cristaux sont inaltérables à l'air, peu solubles dans l'eau; la solution est neutre.

Laurent a décrit en outre un hexamétaborate $2Bo^6O^{12}H^8K + 5H^2O$ [Laurent, *Ann. de Chim. et de Phys.*, (2), t. LXVII, p. 215; *Ann. der Pharm.*, t. XXVIII, p. 80, et *Journ. für prakt. Chem.*, t. XIV, p. 506].

SILICATES DE POTASSIUM. — On ne connaît pas l'orthosilicate de potassium $Si(OK)^4$, correspondant à l'acide orthosilicique. Il existe un métasilicate de potassium qui correspond à l'acide métasilicique $SiO^3H^2 = SiO^4H^4 - H^2O$. Enfin on a préparé divers polysilicates de potassium. L'un d'eux correspond à l'acide disilicique

$$Si^2O^5H^2 = \begin{matrix} Si\left\{\begin{matrix}OH\\O\end{matrix}\right. \\ \quad O \\ Si\left\{\begin{matrix}O\\OH\end{matrix}\right.\end{matrix} = 2Si(OH)^4 - 3H^2O.$$

Un autre correspond à l'acide tétrasilicique $Si^4O^9H^2 = 4Si(OH)^4 - 7H^2O$, etc.

MÉTASILICATE, SiO^3K^2. — Ce sel se forme lorsqu'on calcine fortement 31 p. d'acide silicique avec 69,2 p. de carbonate de potassium. Il prend naissance même lorsqu'on fond l'acide silicique avec un excès de carbonate de potassium. Du moins H. Rose a-t-il trouvé [*Ann. de Gilbert*, t. LXXIII, p. 84] que, dans ces circonstances, l'acide silicique chasse une quantité d'acide carbonique renfermant autant d'oxygène que lui; le carbonate CO^3K^2 devient donc silicate SiO^3K^2.

Berzelius paraît avoir obtenu ce sel en fondant 1 p. de silice avec 4 p. d'hydrate de potassium, laissant refroidir de manière à solidifier partiellement la masse et décantant la partie demeurée liquide. Il a obtenu comme résidu des cristaux nacrés, dont l'analyse n'a pas été faite.

Le métasilicate de potassium obtenu par fusion constitue une masse vitreuse qui attire l'humidité de l'air et se résout en un liquide qu'on appelait autrefois *liqueur des cailloux*, et qu'on peut obtenir aussi en dissolvant la silice gélatineuse dans la lessive de potasse. Cette solution est transparente, fortement alcaline, caustique même. Les acides en précipitent de la silice gélatineuse à moins que la liqueur ne soit fortement étendue. Le précipité formé par une quantité insuffisante d'acide retient de l'alcali (Dalton). Exposée à l'air, la liqueur des cailloux attire l'acide carbonique et se convertit peu à peu en une gelée de silice qui se contracte bientôt et acquiert au bout de quelques mois une dureté suffisante pour rayer le verre. M. Kuhlmann, qui a observé ce phénomène, pense que tel est le procédé de formation du silex et de l'opale.

DISILICATE DE POTASSIUM, $Si^2O^5K^2$. — Forchhammer a préparé une solution de ce sel en dissolvant la silice gélatineuse dans un excès de potasse bouillante et ajoutant à la solution refroidie la moitié de son volume d'alcool. Le disilicate se sépare sous forme d'une couche sirupeuse insoluble dans l'alcool. On décante la couche alcoolique; on étend d'eau la couche aqueuse et on la précipite de nouveau par l'alcool. On laisse reposer le tout pendant 24 heures et on décante avec un siphon. La solution séchée a donné à l'analyse des nombres qui correspondent à la formule précédente [Forchhammer, *Poggend. Ann.*, t. XXXV, p. 339].

TÉTRASILICATE DE POTASSIUM, $Si^4O^9K^2$. — C'est le verre soluble de Fuchs. Pour le préparer, on calcine 15 p. de poudre de quartz avec 10 p. de potasse et 1 p. de charbon jusqu'à vitrification complète. Le charbon sert à faciliter le départ de l'acide carbonique et de l'acide sulfurique que renferme la potasse. La masse grisâtre, dure, poreuse, que l'on obtient est pulvérisée et soumise pendant longtemps à l'ébullition avec de l'eau dans laquelle elle se dissout lentement, mais complétement. On évapore la solution.

Le tétrasilicate de potassium est une masse vitreuse, dure, difficilement fusible. Exposée à l'air, cette masse se fendille en attirant l'humidité. La solution concentrée est sirupeuse. Avec une densité de 1,25, elle renferme 28 °/₀ de silicate. Complétement desséchée, elle contient 26 °/₀ de potasse, 62 °/₀ d'acide silicique et 12 °/₀ d'eau. La solution est alcaline. Elle est précipitée, non-seulement par les acides, mais par les carbonates alcalins, par les chlorures, et surtout par le sel ammoniac, qui en sépare de la silice. D'après Persoz, la solution de silicate de potassium est aussi précipitée par l'acétate de sodium. Les solutions des sels terreux et métalliques y forment de volumineux précipités. L'alcool en précipite un silicate un peu moins riche en potassium et enlève au précipité, par des lavages prolongés, assez de potasse pour transformer le silicate précipité en un octosilicate. M. Forchhammer, qui a observé ce fait, a même décrit des silicates plus condensés, mais rien ne prouve qu'il n'a pas analysé des mélanges [*Poggend. Ann.*, t. XXXV, p. 339].

Applications du verre soluble. — La solution de silicate de potassium est devenue l'objet de diverses applications industrielles.

Le bois et les tissus qui ont été imprégnés de cette dissolution bouillante peuvent être détruits par le feu, mais ils se consument sans flamme et ne peuvent par suite propager les incendies.

Si l'on met de la craie en poudre en contact à froid avec une dissolution de silicate de potassium, une portion de cette craie est changée en silicate de calcium et une quantité correspondante de potasse en carbonate de potassium; la pâte qui résulte de cette réaction durcit peu à peu à l'air et prend une dureté égale à celle des meilleurs ciments hydrauliques; appliquée à la surface des pierres, elle y adhère avec force.

Si, au lieu de mettre la dissolution de silicate en contact avec la craie en poudre, on a immergé dans cette dissolution des blocs de craie ou de calcaire plus ou moins compactes, il suffit de les laisser ensuite quelques jours à l'air pour que leur surface soit transformée en un calcaire siliceux assez dur pour rayer le marbre. Dans cette silicatisation de la pierre, l'acide carbonique de l'air intervient, le carbonate de potassium formé produit à la surface de la pierre une exsudation légère qui disparaît peu à peu; on peut faire contribuer cette potasse au durcissement de la pierre, en arrosant les pierres silicatisées avec de l'acide hydrofluosilicique qui forme un fluosilicate insoluble et acquérant une très-grande dureté.

Le silicate de potassium agit pareillement sur le sulfate de calcium ou plâtre; il se forme alors du silicate de calcium et du sulfate de potassium. La dissolution du silicate doit être très-étendue, sans quoi le sulfate de potassium, en cristallisant, désagrégerait les surfaces.

M. Kuhlmann a proposé d'utiliser l'action du silicate de potassium sur les calcaires, pour rendre moins altérables par les agents atmosphériques les sculptures et les divers ornements des constructions monumentales taillés dans les pierres tendres. Il suffit, pour cette opération, de laver d'abord la pierre à l'eau, puis de l'arroser avec la solution de silicate de potassium. Ce mode de conservation a été appliqué aux statues qui décorent le Louvre et aux principales sculptures de l'église Notre-Dame de Paris.

Comme la silicatisation simple donnait lieu à des colorations qui rendaient les joints plus marqués, on a ajouté à la dissolution de silicate de potassium, soit un peu de silicate de manganèse qui donne une coloration brune aux calcaires trop blancs, soit un peu de sulfate de baryte artificiel qui blanchit les surfaces trop foncées.

Fuchs de Munich a proposé l'emploi du verre soluble pour la fixation des couleurs dans la peinture murale. Son procédé de *stéréochromie* consistait à appliquer d'abord les couleurs et à les recouvrir d'une couche de silicate. Plus tard, les couleurs à l'eau étaient appliquées sur une surface préalablement silicatisée, puis le tout était fixé au silicate.

M. Kuhlmann a également cherché à remplacer, dans l'application des couleurs minérales sur pierres, l'huile et les essences par des dissolutions de silicate de potassium. L'oxyde de zinc et surtout le mélange d'oxyde de zinc et de sulfate artificiel de baryte fournit avec le silicate de potassium une couleur blanche d'un grand éclat. On peut employer de même, avec le silicate de potassium, les matières colorantes minérales inaltérables par les alcalis, telles que les ocres, le bleu et le vert d'outremer, l'oxyde de chrome, le jaune de zinc, le sulfure de cadmium, le minium, le noir de fumée calciné, l'oxyde de manganèse, etc. Ces différentes couleurs s'appliquent mieux sur les pierres préalablement silicatisées que sur les calcaires naturels; on devra donc commencer par imprégner les calcaires d'une dissolution faible de silicate de potassium quelque temps avant d'y appliquer les couleurs. Pour les appartements, on emploie le procédé ordinaire de peinture à la détrempe, puis on fixe les couleurs au bout de quelques heures, en appliquant successivement avec de larges brosses molles deux couches de silicate de potassium en solution marquant 6 à 10° Baumé.

Pour obtenir économiquement le silicate de potassium destiné à ces applications, M. Kuhlmann fait réagir à chaud, sous la pression de plusieurs atmosphères, la lessive caustique de potasse sur le silex pulvérisé. La dissolution se fait rapidement. Le silicate de potassium, ainsi obtenu en solution marquant 35° Baumé, est livré au commerce au prix de 30 francs les 100 kilogrammes. Il suffit d'étendre cette dissolution de deux fois son volume d'eau pour avoir le degré de concentration le plus convenable au durcissement. On peut, par suite, effectuer la silicatisation pour moins de 1 franc le mètre carré; et le prix de la peinture au silicate ne dépasse pas celui des peintures à l'huile ou à l'essence. L. T. et A. W.

POTASSIUM (ANALYSE). — CARACTÈRES DES SELS DE POTASSIUM. — Les sels de potassium sont incolores lorsque l'acide n'est pas coloré. Ils sont presque tous solubles dans l'eau.

Leurs solutions ne sont précipitées ni par l'hydrogène sulfuré, ni par le sulfure ammonique, ni par le carbonate ammonique.

Le *tétrachlorure de platine* produit dans les solutions potassiques, additionnées d'acide chlorhydrique, un précipité jaune clair de *chloroplatinate de potassium* $PtCl^6K^2$ qui est cristallin lorsqu'il se dépose lentement. Il est un peu soluble dans l'eau, aussi ne se produit-il pas avec des solutions étendues, surtout si elles sont acides. L'alcool facilite beaucoup sa précipitation. Ce sel double exige en effet 12083 p. d'alcool absolu pour se dissoudre; 3775 p. d'alcool à 75 centièmes et 1053 p. d'alcool à 55 centièmes. Il est soluble dans la potasse caustique.

L'*acide tartrique* ajouté en excès à un sel potassique y produit un précipité cristallin de *tartrate acide de potassium* (crème de tartre). L'agitation facilite le dépôt, ainsi que l'addition d'alcool. Le précipité est soluble dans les alcalis et dans les acides concentrés. La réaction est plus sensible avec le tartrate acide de sodium.

Le *sulfate d'aluminium* donne, si les solutions ne sont pas très-étendues, un précipité cristallin d'*alun* qui ne se forme souvent que par l'agitation.

L'*acide hydrofluosilicique* produit un précipité gélatineux transparent qui ne s'aperçoit qu'après un certain temps. Le précipité perd sa transparence à la longue. Le précipité se dissout dans la potasse et dans les acides forts. L'addition d'alcool favorise la précipitation.

L'*acide perchlorique* donne naissance à un précipité de perchlorate peu soluble dans l'eau, insoluble dans l'alcool.

L'*acide phosphomolybdique* précipite lentement les sels de potassium acides, ce qu'il ne fait pas avec les sels de sodium (H. Debray).

Ces caractères sont identiques avec des sels d'ammonium dont on distingue facilement les sels de potassium par l'action de la chaux ou d'une autre base qui, dans le premier cas, dégage de l'ammoniaque.

Au *chalumeau*, les sels de potassium communiquent à la flamme extérieure une coloration violette. Cette coloration peut s'observer directement avec la flamme du gaz ou celle de l'alcool. Vue à travers un verre coloré en bleu par du cobalt, cette flamme paraît pourpre (Bunsen). Grâce à cet artifice, la coloration de la potasse peut se reconnaître à côté de celle de la soude dont la flamme jaune devient à peu près invisible

Au *spectroscope*, les sels de potassium produisent une raie à l'extrémité du rouge, une raie caractéristique dans le violet et plusieurs raies moins importantes, rouge, jaunes et vertes intermédiaires. — Voyez le tableau, t. I, p. 296.

SÉPARATION ET DOSAGE DU POTASSIUM. — La séparation du potassium des métaux proprement dits et des métaux alcalino-terreux s'effectue sans difficulté par l'hydrogène sulfuré, le sulfure et le carbonate ammoniques; le potassium reste dissous avec le magnésium, le sodium, le lithium, le césium et le rubidium.

Pour la séparation du magnésium, voyez t. II, p. 279. La séparation du lithium, du césium et du rubidium est indiquée dans les articles qui traitent de ces métaux. Quant à la séparation du potassium et du sodium, elle se trouvera traitée à l'article SODIUM, où nous indiquerons en même temps la marche à suivre pour rechercher et doser les alcalis dans les silicates. Nous nous bornerons donc à indiquer ici les méthodes à suivre pour doser le potassium.

Ce dosage peut s'effectuer, suivant les circonstances de l'analyse, par les méthodes suivantes :

1° *A l'état de chlorure.* — Le potassium reste souvent à l'état de chlorure dans la dissolution d'où l'on a séparé d'autres métaux. Il suffit alors d'évaporer la solution et de calciner le résidu au rouge sombre, en prenant les précautions nécessaires pour éviter les projections. Le sel ne doit pas être porté à une température dépassant le rouge sombre, sans quoi il y aurait des pertes notables par volatilisation.

Ce procédé se prête au dosage du potassium dans le carbonate potassique provenant de la calcination de sels organiques de potassium. On peut, ou bien dissoudre le carbonate dans l'acide chlorhydrique, ou bien le calciner avec du chlorure d'ammonium dont l'excès est facilement chassé par la chaleur. Comme confirmation, on peut doser le chlore dans le chlorure obtenu, à l'état de chlorure d'argent, ou le transformer en sulfate. 1 p. KCl correspond à 0,5235 de potassium et à 0,7437 d'oxyde K^2O.

2° *A l'état de sulfate.* — Lorsque le potassium est à l'état de sulfate, on peut opérer comme pour le chlorure. Si l'on avait du sulfate acide de potassium, il faudrait calciner jusqu'à ce qu'il ne se dégageât plus de vapeurs sulfuriques, ou mieux, ajouter un peu de carbonate ammonique pur et calciner de nouveau. Le résidu dissous dans l'eau ne doit être ni acide ni alcalin.

3° *A l'état de chloroplatinate.* — Ce procédé est principalement applicable lorsque la solution renferme des acides fixes tels que l'acide phosphorique ou l'acide borique, ou lorsqu'il s'agit de séparer le potassium du sodium.

On ajoute à la solution du chlorure platinique et de l'acide chlorhydrique et on l'évapore au bain-marie à consistance sirupeuse. On reprend le résidu par l'alcool à 80 centièmes et, après quelque temps de digestion, on recueille le précipité sur un filtre taré ; on le lave à l'alcool, on le sèche à 130° et on le pèse. 1 p. de chloroplatinate correspond à 0,1598 de potassium ; à 0,1946 de K^2O. Au lieu de peser directement le chloroplatinate, on peut le calciner dans un petit creuset de porcelaine. Le résidu, formé de chlorure de potassium et de platine métallique, est lavé à l'eau, qui dissout le chlorure de potassium et laisse le platine qu'on pèse après calcination. 1 p. de platine correspond à 0,3959 de potassium.

4° *A l'état de fluosilicate.* — Cette méthode s'applique à tous les sels de potassium dont l'acide est soluble dans l'alcool, excepté au borate.

La solution, additionnée d'acide hydrofluosilicique en excès, puis de son volume d'alcool, est abandonnée à elle-même pendant quelque temps, puis filtrée. On lave le précipité à l'alcool faible, puis on introduit le filtre dans le vase où l'on a fait la précipitation ; on porte à l'ébullition avec de l'eau et l'on ajoute au liquide, coloré par du tournesol, une liqueur alcaline titrée jusqu'à coloration bleue persistante. Comme la potasse réagit sur le fluosilicate de potassium d'après l'équation $SiFl^6K^2 + 4KHO = 6KFl + SiO^2 + 2H^2O$, on voit que la quantité de potasse contenue dans le fluosilicate est la moitié de celle contenue dans la liqueur alcaline titrée qu'on a dû ajouter. Le chloroplatinate de potassium étant facilement transformé en fluosilicate, on peut opérer cette transformation au lieu de le peser.

Si la solution potassique était trop acide, il faudrait chasser une partie de cet acide par évaporation. Une petite quantité de sels ammoniacaux ne gêne pas [Stolba, *Zeit. für analyt. Chem.*, t. III, p. 298].

On peut enfin précipiter le potassium à l'état de *perchlorate* en présence d'alcool, laver le précipité à l'alcool, puis le calciner pour le transformer en chlorure que l'on pèse. Ce procédé a été recommandé autrefois par Sérullas, et plus récemment par Schlœssing, pour séparer le potassium du sodium.

E. W.

POTERIES. — L'art du potier remonte aux temps les plus reculés. Les villes des plaines de l'Asie, sur les bords du Tigre et de l'Euphrate, où l'on suppose que se sont formées les sociétés, étaient construites en briques. Les premières poteries étaient façonnées à l'aide de limon séché au soleil. Chez tous les peuples, tant d'Europe que d'Amérique, on trouve dans les tombeaux des vases funéraires ou honorifiques en poterie cuite. Dès l'antiquité, les arts céramiques furent en grande considération ; Homère a chanté les poteries de Samos, dans une pièce de vers intitulée *le Fourneau*. Partout, et surtout en Grèce, il y eut des potiers célèbres, dont les noms sont parvenus jusqu'à nous, tels que : Dibutade de Sicyone, inventeur de la plastique en terre cuite ; Corœbus d'Athènes, inventeur de la poterie ; Talus, inventeur du tour ; Thériclès de Corinthe, et plus de quarante autres. Chez les Romains, Numa établit un collége pour la communauté des poteries. Dans la tribu de Juda, on trouve une famille de potiers qui travaillait dans les jardins du roi.

La plupart des vases antiques sont perméables et ne contiennent que mal les liquides. Ce n'est que vers le XIe siècle qu'on voit apparaître en Europe des poteries à pâte compacte, imperméable et dure.

Les poteries à glaçure furent introduites en Espagne par les Arabes vers la même époque. Les terres cuites et poteries tendres réellement émaillées ne paraissent pas remonter au delà du XIVe siècle ; c'est surtout en Italie que s'est développée cette fabrication. Elle y fut introduite par les Arabes qui venaient de l'île Mayorque (Majorica), d'où le nom de Majolica appliqué aux faïences à émail stannifère. La fabrication de ces faïences a été élevée à la hauteur d'un art par Luca della Robia (1388-1430) et ses neveux, puis par Orazzio et Flaminio Fontana d'Urbin, sous la protection des ducs de Toscane. Mais bientôt, cette protection cessant, cette fabrication tomba en décadence et même dans l'oubli.

Vers 1550, Bernard de Palissy entreprit de retrouver les modes de fabrication de ces belles faïences ; il y parvint avec un grand succès, après de nombreuses déceptions. Bernard de Palissy et ses frères continuèrent leurs travaux sous la protection des rois de France jusque sous le règne de Henri IV. Bernard de Palissy n'a malheureusement laissé aucune indication sur ses procédés de fabrication ; et comme il se l'est dit à lui-même par la bouche de la Théorique dans l'*Art de la terre*, « il a porté son secret dans la fosse et nul ne s'en est ressenti. »

L'introduction de la porcelaine de Chine en Europe, vers 1600, donne un nouvel essor aux arts céramiques. Morin établit à Saint-Cloud, en 1695, la première fabrique de porcelaine à pâte tendre. Quinze ans après, Bœttger et Tchirnhaus découvrirent par hasard le kaolin dans une certaine poudre à poudrer qu'on employait en Saxe et créèrent en Europe la première fabrique de porcelaine à pâte dure identique à celle de Chine. C'est aussi vers cette époque que se développa la fabrication des grès cérames, qui avait commencé en 1550. Au milieu du XVIIIe siècle, Wegdwood créa l'industrie des faïences fines anglaises et s'illustra par la perfection qu'il apporta à la fabrication des grès fins.

Depuis le commencement du même siècle se développait l'industrie de la porcelaine anglaise à pâte tendre ; vers 1800, Ch. Spode perfectionna cette fabrication et introduisit dans la pâte des os calcinés.

Nous voyons, d'après cet exposé succinct du développement des arts céramiques, que cette industrie est restée stationnaire pendant plusieurs siècles, mais que les découvertes et les perfectionnements industriels se sont succédé avec la plus grande rapidité, dès que la chimie, la minéralogie et la mécanique sont devenues des sciences réelles.

Dans la description des différentes fabrications que nous avons à décrire, nous suivrons la classification donnée par A. Brongniart dans le tableau

suivant; cette classification, du reste, suit presque l'ordre chronologique du développement de ces diverses industries.

I. Poterie a pate tendre, c'est-à-dire rayable par le fer. Argilo-sableuse, calcarifère, fusible au feu de porcelaine. Du XIIe siècle avant J.-C. au XVe siècle après, avec une lacune de vingt siècles.	1°	*Terres cuites.* — Pâte argilo-sableuse, surface mate, sans aucune glaçure. Les ustensiles : briques, fourneaux, moules.
	2°	*Poteries mates tournées.* — Plastique, moulée. *Poteries lustrées.* — Glaçure mince, silico-alcaline.
	3°	*Poteries vernissées.* — Glaçure plombique.
	4°	*Poteries émaillées.* — Faïence commune, glaçure stannifère.
II. Poterie a pate dure, non rayable par l'acier, opaque, argilo-siliceuse, infusible. Du XVIe au XVIIe siècle.	5°	*Faïence fine.* — Pâte blonde, glaçure vitro-plombique.
	6°	*Grès-cérame.* — Pâte colorée, sans glaçure ou glaçure silico-alcaline.
III. Poterie a pate dure, translucide, argilo-siliceuse, alcaline, ramollissable; terre lavee, décantée. Du XVIIIe au XIXe siècl.	7°	*Porcelaine dure.* — Pâte blanche de kaolin; glaçure couverte feldspathique.
	8°	*Porcelaine tendre,* anglaise ou naturelle. — Pâte argilo-saline, phosphatique kaolinique, glaçure plombique, boracique.
	9°	*Porcelaine tendre,* française ou artificielle. — Pâte marno-saline, frittée; glaçure plombique.

POTERIES A PATE TENDRE.

Terres cuites. — Les terres cuites sont des produits à pâte peu dure, d'une texture lâche et poreuse, rayable par l'acier. On les cuit généralement à une température relativement basse; cuites, elles sont peu sonores.

Leur pâte est composée presque toujours d'argile ou de marne argileuse.

Les argiles que l'on emploie dans la fabrication des poteries ont, suivant leur provenance, des compositions assez variables; mais, en général, la majeure partie est formée de silicate d'alumine hydraté. Exposées à l'air, les diverses argiles donnent une matière blanche ou grise, quelquefois colorée par des corps étrangers. Elles sont douces au toucher; quand elles sont sèches, elles happent à la langue. Pétries avec de l'eau, elles forment une pâte plus ou moins plastique et possèdent alors une odeur particulière dont on ignore la cause. Les argiles séchées à l'air libre contiennent toujours une quantité d'eau de 2 à 3 %, qu'elles ne perdent qu'à 100°. De 100° à l'incandescence, elles perdent encore environ 15 %. Une argile qui a été chauffée jusqu'à 300° a perdu son eau de combinaison et ne peut plus former de pâte par un nouveau pétrissage avec de l'eau. La composition des diverses argiles est, comme nous l'avons dit, variable; on peut le voir d'après le tableau suivant :

PROVENANCE.	Eau hygrométrique.	ARGILES SÉCHÉES A 100°.							AUTEURS.
		Eau combinée.	Silice.	Alumine.	Oxyde de fer.	Chaux.	Magnésie.	Alcalis.	
Arcueil	»	11,01	62,14	22,00	3,09	1,68	traces.	traces.	Salvétat.
Belin	1,27	8,64	63,57	27,45	0,15	0,55	traces.	»	Id.
Condé	12,87	16,48	44,50	33,00	1,91	1,34	0,60	traces.	Id.
Forges-les-Eaux	»	11,00	65,00	24,00	traces.	»	»	»	Berthier.
Hayanges	»	7,50	66,10	19,80	6,30	»	»	»	Id.
Retourneloup	2,27	16,96	42,00	38,96	0,85	1,04	0,17	»	Salvétat.
Saveignies	»	»	65,00	31,00	1,00	traces.	2,00	»	Buisson.
Strasbourg	»	12,00	66,70	18,20	1,60	»	0,60	»	Berthier.
Vaugirard	»	14,58	51,84	26,10	4,91	2,25	0,23	»	Salvétat.
Helimybory	»	9,00	61,00	24,00	7,50	0,50	»	»	Laurent.
Devonshire	»	11,20	49,60	37,40	»	»	»	»	Berthier.
Stonebridge	»	17,34	45,25	28,77	7,72	0,47	»	»	Salvétat.
Hesse	0,43	14,00	47,50	34,37	1,24	0,50	1,00	traces.	Id.

Suivant leur composition, les argiles ont des propriétés et des applications différentes. En général, les argiles alumineuses sont les plus plastiques et celles qui contiennent le plus d'eau de combinaison. Les argiles pures, qui ne contiennent ni fer, ni chaux, en un mot, qui ne peuvent fournir par la cuisson des silicates multiples, donnent des produits réfractaires, c'est-à-dire ne fondant pas aux plus hautes températures par la cuisson. Les argiles prennent de la dureté, de la cohésion, et du retrait; ce dernier, qui est en moyenne de 10 %, peut s'élever jusqu'à 20 %.

Les argiles légèrement calcaires qui ont été soumises à une faible cuisson sont plus attaquables par les acides qu'à l'état cru. Cette propriété est utilisée dans la fabrication du sulfate d'aluminium.

Outre les substances dosées dans l'argile lavée, il se trouve dans sa masse souvent des grains de quartz, de mica, de pyrite, de matières organiques qui les colorent en brun, gris ou noir.

Les argiles se trouvent dans les terrains stratifiés; ce sont des produits de décomposition des feldspaths transportés qui, dans leur transport, ont été souillés par des matières étrangères.

Les argiles se divisent en deux catégories : la première, dite *plastique*, est un silicate d'alumine hydraté presque pur. Elle est réfractaire. Cette argile sert à la fabrication des grès-cérames, des creusets, des pots de verrerie, des faïences fines, etc.

La seconde, dite *figuline*, est moins plastique que la précédente et forme une pâte moins longue; elle contient toujours 5 à 6 % de chaux à l'état de carbonate ou peut-être aussi de silicate; elle produit une légère effervescence avec l'acide nitrique; elle renferme du fer et cuit avec un ton plus ou moins rouge, suivant la teneur en fer et le mode de cuisson. Une très-haute température couvre les objets faits avec cette argile d'une sorte de vernis et les ramollit légèrement.

Elle tient le milieu entre l'argile plastique et les marnes dont nous allons parler.

L'argile figuline trouve son emploi dans la préparation des pâtes pour les faïences communes, les poteries, les briques ordinaires et les tuiles.

Les *marnes* sont des matières terreuses contenant de l'argile, du carbonate de calcium et souvent du sable en proportions très-variables. Elles font effervescence avec les acides.

Suivant la prédominance de l'un des éléments qui les composent, les marnes se distinguent en *marnes argileuses, marnes calcaires* et *marnes limoneuses*.

Les *marnes argileuses* font pâte avec l'eau et deviennent dures et solides par l'action du feu; elles sont employées presque exclusivement pour la fabrication des poteries communes.

Les *marnes calcaires*, généralement blanches, grises ou verdâtres, présentent une texture compacte et solide; elles se délitent à l'air sous les influences atmosphériques. Elles ne forment pas de pâte avec l'eau; elles n'entrent dans la composition des pâtes que comme agents arides ou dégraissants, empêchant la fente, et donnent aux faïences la propriété de mieux recevoir l'émail.

Les *marnes limoneuses* sont légères, poreuses et friables; elles sont brunes ou noires; traitées par les acides, elles font effervescence et laissent un dépôt sableux.

Elles donnent une pâte assez liante, mais sans solidité. Elles jouissent de propriétés dégraissantes.

L'analyse de quelques marnes a conduit aux résultats consignés dans le tableau suivant :

PROVENANCE.	Eau combinée.	Silice.	Alumine.	Oxyde de fer.	Carbonate de calcium.	Carbonate de magnésium.	Matières organiques et alcalis.	AUTEURS.
Marne d'Argenteuil.	5,00	9,00	8,90	»	80,46	»	traces.	Salvétat.
— de Belleville.	»	46,03	17,28	5,70	27,64	»	»	Buisson.
— de Viroflay..	»	37,00	11,00	6,50	55,00	»	»	Id.
— de Tournay..	4,50	25,40	14,10	»	55,53	»	traces.	Salvétat.

Telles sont les propriétés générales des matières plastiques qui entrent dans la composition des pâtes des poteries de la première classe.

Ce sont ces matériaux qu'on utilise dans la fabrication des briques.

Briques. — Les briques sont des matériaux de construction artificiels, sorte de pierres factices. Suivant leur destination, elles se divisent en deux classes : les briques destinées simplement aux constructions de bâtiments et celles destinées aux fours, fourneaux et cheminées.

Les premières doivent être assez solides pour résister aux injures du temps et assez homogènes pour se fendre régulièrement sous le choc du marteau de l'ouvrier.

Les secondes sortes de briques doivent, de plus, être infusibles à de très-hautes températures, c'est-à-dire être réfractaires.

Pour les briques de construction, on emploie dans certains pays le limon qui se dépose à l'embouchure des fleuves, sans aucune préparation de la pâte.

Si on emploie des argiles plus pures, dites grasses, on est forcé de les dégraisser en ajoutant du sable ou de la terre végétale sableuse; sans cette précaution, les briques façonnées se déformeraient et se fendraient par le séchage ou la cuisson.

On fait des briques de qualité inférieure avec la terre franche, qui est un mélange de sable, de calcaire et d'argile.

Préparation de la pâte. — Quand on le peut, on n'emploie pas la terre à briques aussitôt après son extraction de la carrière; on l'extrait en automne et on la laisse exposée aux agents atmosphériques jusqu'au printemps. Elle acquiert par cette exposition aux intempéries de la mauvaise saison plus de ductilité et de ténacité.

Quand on juge la terre bonne à être employée, on la détrempe avec un peu d'eau, puis on la met sur un sol uni : un ouvrier la pétrit en marchant dessus les pieds nus; cette opération se fait à deux ou trois reprises. C'est pendant cette opération que l'on ajoute les matières *dégraissantes* dans l'argile, si cela est nécessaire. Ces matières dégraissantes sont, pour les briques de construction : le sable et les escarbilles, scories vitro-ferrigineuses qui tombent des forges où l'on travaille le fer avec la houille.

Pour les briques réfractaires on emploie l'argile plastique additionnée de 1 ou 2 p. de ciment réfractaire.

Le ciment est obtenu par pulvérisation mécanique des pâtes qui ont déjà été cuites. Cette pulvérisation se fait à l'aide de meules d'huilerie. On divise le ciment en morceaux de différentes grosseurs à l'aide de bluteries.

Quand l'ouvrier a fini de marcher la terre, on la met en pains prismatiques dits ballons et elle est prête au façonnage.

Pour pétrir la pâte aux pieds, l'ouvrier marcheur, pieds nus, va du centre à la circonférence et revient de même en spirale de la circonférence au centre.

Ce procédé primitif et coûteux n'a été abandonné que depuis peu d'années, même dans les fabriques de Paris. Maintenant il est remplacé par des appareils mécaniques dont nous allons donner la description.

On a employé des espèces de laminoirs à plusieurs paires de cylindres unis ou cannelés entre lesquelles on fait passer et repasser la pâte à malaxer.

Mais l'appareil le plus généralement employé est celui que l'on nomme *tinne* ou malaxeur.

Il se compose d'un tonneau de bois T (fig. 517) solidement cerclé et surmonté d'une trémie en tronc de cône. Dans l'axe de ce cylindre se trouve un arbre *a* qui peut recevoir un mouvement de rotation. Cet arbre porte les couteaux *c* qui doivent malaxer la pâte. A la partie inférieure de l'arbre, se trouve une lame *p* destinée à racler le fond de la tinne et à empêcher la pâte d'y séjourner.

Le tonneau porte en bas une ouverture S par laquelle s'échappe la pâte au fur et à mesure de son broyage.

Quand la terre arrive de la carrière en pain et qu'on veut l'employer de suite, on la coupe en tranches minces à l'aide d'un plateau circulaire horizontal, muni de couteaux placés suivant les rayons, tournant avec une certaine rapidité autour d'un axe vertical. On peut par ce moyen enlever les nodules de craie ou de pyrites qui se trouvent quelquefois dans les argiles. Ces tranches minces d'argile se détrempent facilement dans l'eau. La terre ainsi préparée est bonne à être malaxée et additionnée des matières dégraissantes.

Façonnage. — Le façonnage de la brique, qui consiste à lui donner les formes et autres préparations qu'elle doit recevoir avant d'être cuite, peut se faire à la main ou à la mécanique. C'est surtout aux briques creuses et aux tuiles qu'est appliqué ce dernier procédé.

On emploie pour façonner les briques à la

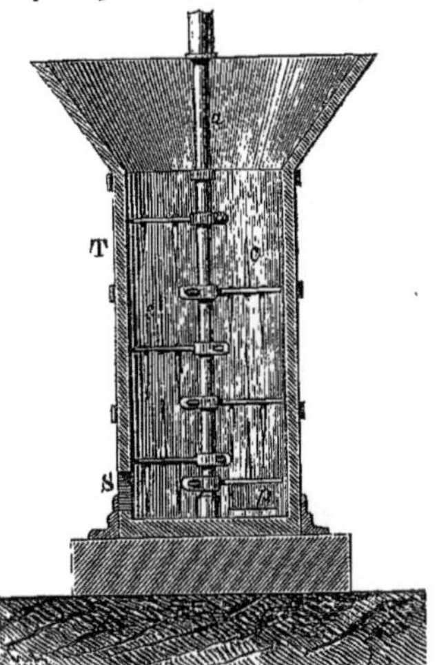

Fig. 517. — Malaxeur.

main des moules en bois. Ces moules sont des rectangles de bois dont les quatre côtés déterminent les dimensions de la brique.

Il faut avoir soin de donner au moule des dimensions supérieures à celle qu'on désire obtenir après cuisson, pour prévenir le retrait que la pâte subit par l'action du feu.

L'ouvrier mouleur, après avoir saupoudré de sable fin le moule et la table où il travaille, y introduit la pâte et la comprime en enlevant l'excès à l'aide d'un outil de bois. Il doit employer une pâte assez ferme. Un apprenti transporte les briques avec le moule et les démoule à plat. Quand les briques ont acquis une certaine dureté, on les redresse sur champ, ensuite on les bat sur toutes les faces à l'aide d'une batte et on les met en haie, c'est-à-dire qu'on les met en tas en laissant entre elles des espaces pour faciliter la circulation de l'air et par conséquent le séchage. Un ouvrier peut mouler de 4 à 5,000 briques en une journée de douze heures.

Le moulage à la machine ne peut être employé que dans les endroits où la consommation de briques est très-grande.

Les machines que l'on a proposées peuvent se ramener à quatre types :

1° Machines qui imitent le moulage à la main;

2° Machines qui font le moulage par un mouvement de rotation;

3° Machines qui font le moulage avec un moule qui découpe;

4° Machines qui font le moulage au moyen d'une filière et qui découpent ensuite, soit avec un couteau, soit avec un fil.

Les machines qui imitent le moulage à la main se composent d'un cadre en fonte soumis à un mouvement continu ou de va-et-vient. Dans la première partie de la course, le moule se remplit en passant sous une trémie qui contient la pâte; puis il passe sous une pièce qui comprime la terre dans le moule; enfin, un troisième organe, un poussoir, fait sortir la brique du moule.

Les machines qui font le moulage par un mouvement de rotation continu se composent d'une série de moules disposés tantôt sur un plateau circulaire tournant autour d'un axe vertical, tantôt sur la face d'un cylindre tournant autour d'un axe horizontal. Ces machines sont très-compliquées.

Les machines qui font le moulage avec un moule qui découpe diffèrent des précédentes en ce que la terre doit être préparée en nappe d'une épaisseur convenable. Le moule tombe sur cette nappe avec une pression suffisante pour agir comme un emporte-pièce.

Enfin, les machines qui font le moulage par une filière sont composées d'un piston qui pousse la terre mise en un espace clos et la fait traverser par une filière; puis un couteau ou un fil coupe les briques de longueur.

Nous allons décrire une machine de ce dernier type, celle qui est employée pour la fabrication des briques creuses.

Pour ce genre de fabrication, on prépare la pâte comme il a été dit, mais en mettant plus

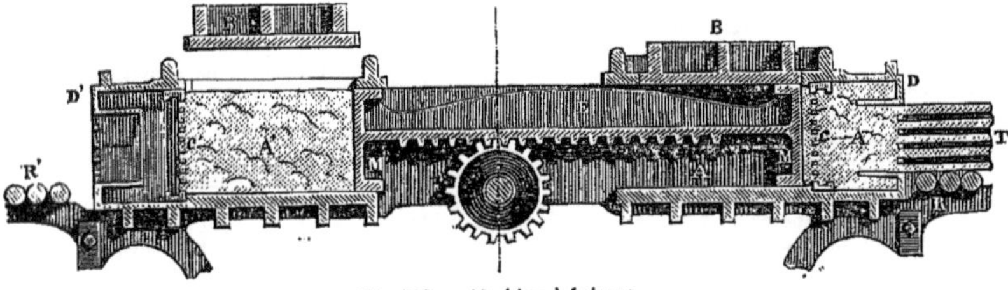

Fig. 518. — Machine à briques

de soin et employant des matériaux de meilleure qualité que pour les briques ordinaires.

A Paris, à l'usine de la Muette, on emploie des argiles d'Ivry ou de Gentilly et l'on y ajoute 33 % de sable fin.

La machine à mouler (fig. 518) se compose d'un double piston MM' porté par une crémaillère F, mis en mouvement par des engrenages et qui accomplit un mouvement horizontal de va-et-vient dans l'intérieur de deux caisses AA' prismatiques en fonte placées sur un bâti. Ces caisses portent à la partie supérieure des couvercles BB' à charnières. Chaque caisse porte à son extrémité antérieure une filière DD' derrière laquelle est placé un crible épurateur CC'. Une table couverte de rouleaux RR', enveloppés de drap grossier, fait suite à chaque filière; elle est munie d'un châssis mobile sur lequel sont tendus des fils de fer distancés entre eux de la longueur d'une brique et faisant l'office de couteaux.

Une des caisses étant remplie de la terre sortant du malaxeur, on fait avancer le piston dans ce sens; la terre se comprime et traverse le crible C qui arrête toutes les matières d'un diamètre de plus de 0m,005, puis elle se moule en passant par la filière et roule sur la table à rouleau. Quand toute la terre est sortie, on rabat le châssis à fils qui coupent les briques de longueur. On les enlève alors et on les porte au séchoir. Pendant le temps de cette opération on chargeait l'autre caisse. On voit donc que la machine est à double effet.

Le piston ne va pas jusqu'au fond, il s'arrête à environ 0m,003 du crible; lorsque cet espace est rempli d'impuretés, on les enlève à la truelle. Une machine de ce genre, mue à la vapeur, peut fournir 7 à 8,000 briques par jour.

Ces briques se sèchent généralement sur des planches qu'on étage les unes au-dessus des autres.

Les briques séchées convenablement, soit en haie, soit sur des planches, sont soumises à la cuisson.

Cuisson. — La cuison des briques se fait pour les briques pleines communes en tas, c'est-à-dire que les briques à cuire forment elles-mêmes le four, ou dans des fours spéciaux construits avec des briques cuites. Cette dernière méthode est seule employée pour les briques réfractaires et les briques creuses.

Le combustible employé peut être la houille, le bois ou la tourbe.

Dans la cuisson en tas, on élève le fourneau par assises de briques à cuire et couches de charbons. Un massif contient quelquefois jusqu'à 500 milliers de briques. Sa construction dure de 15 à 20 jours; il faut pour la cuisson 20 à 25 jours. On allume le feu dès que l'ouvrier qui monte le tas a dépassé la huitième assise. Ce procédé de cuisson est employé en Angleterre et en Flandre.

Les fours à briques sont à section ordinaire carrée ou rectangulaire, et formés de murs assez épais afin de maintenir le plus possible la chaleur. Ils sont, soit découverts à la partie supérieure, soit recouverts d'une voûte cylindrique percée d'ouvertures appelées *carneaux*, servant au tirage et à l'issue de la fumée. Au-dessus du foyer, la voûte peut être fixe ou formée à chaque cuisson par une certaine quantité de briques à cuire.

Pour la cuisson des briques nous n'entrerons que dans la description du four Hoffmann.

Ce four (fig. 519) se compose essentiellement d'une galerie annulaire de 2 mètres de haut sur 3 mètres de large, dans laquelle on pénètre par des portes ménagées dans le mur extérieur. Le combustible est introduit par un grand nombre de petites ouvertures pratiquées dans le dessus. Les produits de la combustion s'échappent en contre-bas par des conduits se dirigeant vers la cheminée centrale et pourvus de trappes régulatrices. Des registres verticaux en tôle, également espacés et en nombre égal aux conduits de fumée, permettent d'établir à volonté des cloisons dans la galerie. Ce four fonctionne d'une manière continue. Supposons-le en marche : le registre R sera baissé; la soupape *a* ouverte, toutes les autres fermées; en E on enfourne et en D on défourne. Vers le point M, se trouve la température maxima. L'air frais qui entre par la porte des fours qu'on charge et qu'on décharge passe sur les poteries qui sont encore chaudes et va ainsi s'échauffant jusqu'en M où est la température maxima, puis la fumée passe sur les poteries en les échauffant d'autant moins qu'elles sont enfournées plus récemment; enfin elle s'échappe en *a* dans la cheminée. La portion E étant enfournée et D défournée, on lève le registre R, on baisse celui qui se trouve entre E et D, on enfourne en D et on défourne la section suivante. La marche se continue ainsi sans interruption dans le sens de la flèche marquée sur le dessin; cette flèche indique aussi la marche des gaz. On obtient avec ce four une très-grande économie de combustible. Les briques bien cuites doivent être sonores quand on les frappe. Certaines briques, comme celles de Hollande, sont cuites très-fortement et à demi vitrifiées.

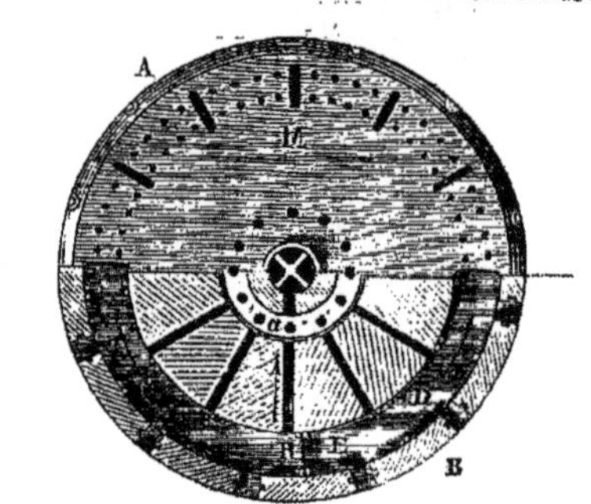

Fig. 519. — Four continu de Hoffmann.

Dans la classe des ustensiles en terre cuite, rentrent les tuiles, les carreaux pour carrelage, les réchauds et les tuyaux de conduite pour eaux ou cheminées.

Les tuiles se font comme les briques, soit à la main, soit à la machine ou à la presse. Les pâtes employées sont préparées avec plus de soin et plus fines; il en est de même pour les carrelages.

La cuisson doit être assez forte pour que la texture de la terre cuite résiste aux intempéries pour les tuiles ou aux frottements pour les carreaux. Quelquefois on recouvre les tuiles d'un vernis fait à l'aide de l'*alquifoux*, nom donné à la galène. On fait un mélange de 20 p. de galène, 3 p. de peroxyde de manganèse, finement pulvérisés, qu'on met en suspension dans une bouillie claire d'argile; on plonge dans le mélange les tuiles séchées avant de les porter au four.

Les carreaux pour carrelages sont quelquefois faits d'argile qui donnent à la cuisson des couleurs différentes qu'on dispose sous forme d'ornements.

Lorsqu'on veut avoir des tuiles ou des briques d'une couleur gris foncé, on charge sur la grille du four, dès que la cuisson est terminée et que les briques sont encore bien rouges, des branches de bois vert avec leurs feuilles, puis on forme toutes les ouvertures du four. La fumée qui en résulte dépose dans la masse des tuiles du charbon très-divisé qui les colore en gris.

Les réchauds, fours de laboratoire, se font à la main avec la pâte préparée comme il a été dit.

Les tuyaux de conduite pour eaux ou cheminées se font à l'aide de machines analogues à celle que nous avons décrite pour les briques creuses.

Pour les tuyaux de grand diamètre, la presse est verticale et à simple effet; cette disposition permet de recevoir les tuyaux debout; ce qui empêche la déformation suivant le diamètre.

La *plastique* comprend la *statuaire* et la fabrication des ornements pour constructions. Ce mode de décoration des édifices est employé surtout en Autriche, en Angleterre, en Allemagne, et en général dans les pays où la pierre à construire est rare. La fabrication est analogue à celle des briques; on emploie des matériaux de choix et on les façonne soit à la main, soit dans des moules généralement en plâtre sur lesquels nous reviendrons plus loin.

Poteries mattes. — Ces poteries diffèrent des terres cuites en ce qu'elles sont à contours courbes, qu'elles sont faites sur le tour ou par colombins, c'est-à-dire à l'aide de longs cylindres de pâte que l'ouvrier place successivement l'un sur l'autre et qu'il lie ensemble avec les mains; elles sont rarement moulées. Elles sont destinées à contenir des liquides, des grenailles, des poudres, etc. La pâte employée est composée d'argile figuline, de marne argileuse et de sable. Sa préparation se fait comme précédemment.

Les jarres et les cuviers de grandes dimensions se façonnent par colombins. Le façonnage du plus grand cuvier ne prend que deux à trois jours; on les cuit à basse température dans des fours à murs droits, sans voûte ni courbure. On met les petites jarres dans les grandes et on superpose ainsi plusieurs assises. Ce mode se nomme enfournement en charge. Pour un four contenant soixante jarres environ, le feu dure douze heures et consume vingt stères de bois.

On rend quelquefois ces poteries noires par enfumage qui ramène le fer à l'état d'oxyde noir et qui dépose du charbon à la surface, ou par l'introduction d'une matière charbonneuse dans la pâte. On leur donne aussi des couleurs variées à l'aide d'engobes qui sont des matières terreuses fixées par un fondant vitreux.

Les poteries plus fines sont faites au tour, mode de façonnage sur lequel nous donnerons quelques détails plus loin. Parmi ces poteries se rangent : les hydrocérames ou alcarazas, qui sont d'une pâte très-poreuse; les pots à fleurs qui se font sur le tour avec de l'argile figuline dégraissée avec du sable siliceux, on les enfourne en charge et on les cuit assez fortement; les formes à sucre qui s'ébauchent sur le tour et se terminent sur un mandrin fixé sur un autre tour.

Poteries tendres lustrées. — Les poteries tendres lustrées sont d'une pâte homogène fine, à cassure matte, colorée, rougeâtre ou jaunâtre. La pâte est composée de silice, d'alumine, de fer et de chaux.

Ces poteries sont à surface luisante due à l'application d'un lustre ou enduit vitreux très-mince; ce lustre à base alcaline est rouge et souvent noir.

C'est à cet ordre qu'appartiennent les vases antiques grecs, égyptiens, étrusques et campaniens.

De nos jours, cette fabrication a été abandonnée.

Poteries tendres vernissées. — Cette classe comprend les ustensiles de ménage les plus variés; ils sont recouverts d'un vernis généralement plombifère et peuvent servir à la cuisson des aliments.

Aux environs de Paris, la pâte est composée d'argile brune extraite à Gentilly, Arcueil, Vauves, Vaugirard, etc., et de sable provenant du nord et du sud de Paris.

On mélange :

Argile	80
Sable de Belleville	20

Ce sable contient :

Silice	960
Alumine	20
Chaux	5
Oxyde de fer hydraté	15

Les mottes de terre provenant de la carrière sont coupées à l'aide du couteau mécanique que nous avons décrit, mises à tremper dans l'eau et malaxées avec le sable dans des tinnes mécaniques (fig. 517).

Les objets sont façonnés sur le tour à ébaucher, qui est à axe vertical; jamais on ne les

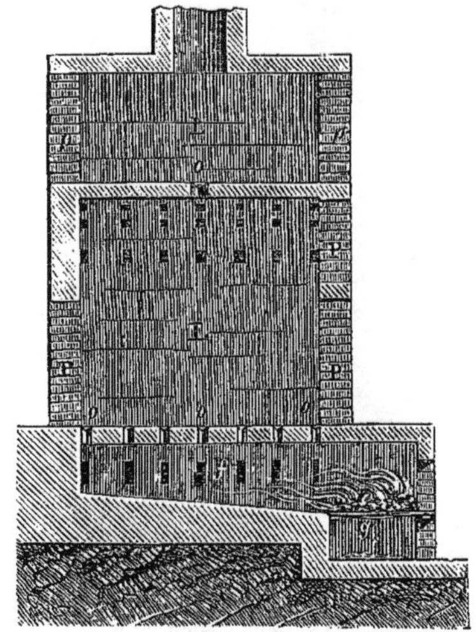

Fig. 520. — Four à faïences.

repasse sur le tour à tournasser, c'est-à-dire à finir, si ce n'est que parfois pour l'intérieur. L'ébauchage sur le tour consiste à donner à des pâtes molles une forme quelconque de révolution avec le seul moyen des mains. Les tours peuvent être mus mécaniquement.

Les garnitures telles que : anses, manches, oreilles, se font à la main et s'ajustent sur la pièce.

Les pièces faites sont séchées lentement dans des chambres chauffées par la chaleur perdue des fours. Elles sont alors cuites une première fois sans vernis.

Cette opération est la cuisson en biscuit.

On vernit ensuite les pièces et on les repasse au four pour fondre le vernis.

Le four pour cuire les faïences (fig. 520) est formé par superposition de deux laboratoires L L' surmontés de voûtes. L' porte le nom d'*enfer*; on y cuit les biscuits. O O sont des carneaux qui laissent passer la flamme. *ff*, cendrier où l'on fait fondre la composition pour l'émail. *g*, grille. PP*pp*, portes d'accès dans le four. Ces portes sont fermées à chaque cuisson à l'aide de briques qu'on maçonne.

On chauffe au bois ou à la houille. Il y a deux époques de cuisson : le petit feu nommé *trempe*, qui échauffe doucement le four et les matières à cuire; elle dure douze heures environ; puis le grand feu, qui cuit les poteries et se prolonge environ douze heures.

On a essayé avec un certain succès économique, dans ces derniers temps, d'employer, pour

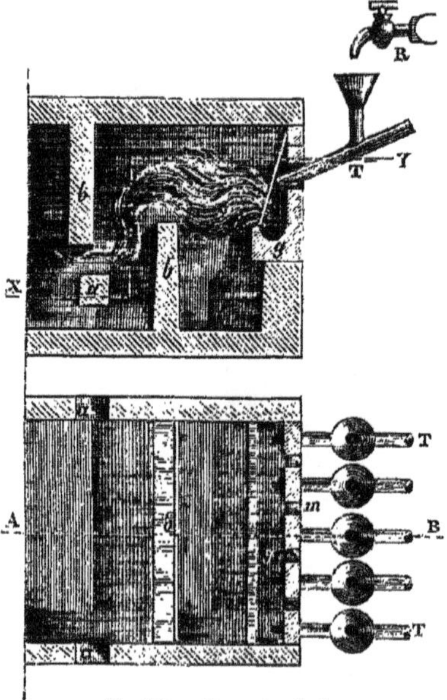

Fig. 521. — Foyer à pétrole.

cuire les poteries, les huiles lourdes de houille. Le brûleur dont on se sert se compose d'une plaque A (fig. 521) en fonte percée de fentes *m* et ayant à l'intérieur un godet *g*. Cette plaque porte en outre des tubes T ouverts aux deux bouts; dans ces tubes arrive le goudron par un petit entonnoir placé sous un robinet R qui communique au réservoir. La flamme produite se renverse sur un autel, derrière lequel on peut introduire de l'air pour brûler les dernières traces de fumée. Ce procédé de cuisson demande encore à être étudié.

Le vernis employé est généralement plombifère, bien qu'au point de vue hygiénique on ait cherché à supprimer le plomb.

M. Constantin a breveté récemment un vernis plombifère qui semble inoffensif; il se compose de minium, silice et silicate de sodium.

Voici les compositions des divers vernis les plus employés :

	Jaune.	Brun.	Vert.
Minium	70	64	65
Argile de Vanves	16	15	16
Sable de Belleville	14	15	16
Manganèse	»	6	»
Protoxyde de cuivre	»	»	3

Ces matières sont mêlées et broyées dans des moulins à meules, en grès ou silex, analogues aux moulins à blé; ces moulins sont mus à bras ou à la vapeur. On fait le broyage en ajoutant de l'eau, de sorte que la masse est un liquide tenant la matière vitrifiable en suspension.

Le vernis se met par immersion de la pièce cuite en biscuit dans le liquide précédent ou en l'arrosant avec ce liquide.

Après la pose du vernis, les pièces sont reportées au four et placées dans le bas, près du foyer; les pièces crues sont mises au-dessus; l'enfournement se fait en charge, c'est-à-dire sans supports.

Poteries émaillées. — Les faïences communes, telles que tasses, assiettes, etc., rentrent dans cette catégorie.

On la divise en deux sections : les faïences qui ne vont pas au feu et celle qu'on peut mettre sur le feu, c'est la faïence brune.

Les pâtes pour les faïences se composent, à Paris :

	Brune.	Blanche.
Argile d'Arcueil	30	8
Marne argileuse verdâtre	32	36
Marne calcaire blanche	10	28
Sable marneux jaunâtre	28	28

En général le mélange des argiles, des marnes et du sable doit être fait en telle proportion qu'on ait la composition suivante :

	Faïence blanche.	Faïence brune.
Alumine ferrugineuse	35	38
Silice	58	57
Carbonate de calcium	7	5

Les matériaux sont mêlés au malaxeur; la pâte qui en résulte est délayée dans assez d'eau pour qu'on puisse enlever par décantage et tamisage les corps pesants étrangers (pyrites, cailloux, etc.). On dirige la pâte en bouillie dans des fosses où elle s'améliore et se dépose; on raffermit cette pâte déposée en l'exposant à l'air en couche mince ou en la mettant sur des aires en plâtre absorbant; on la malaxe de nouveau et on la met en pains ou ballons.

Ces ballons sont livrés aux ouvriers façonneurs qui battent la pâte avant de la mettre en œuvre et la pétrissent. Puis on tourne à la main les pièces, pour leur donner la forme voulue; quand la pièce doit être soignée, on la *tournasse*, c'est-à-dire que, lorsqu'elle a acquis une certaine dureté, on l'achève sur le tour à l'aide d'instruments tranchants. On sèche alors les pièces dans des chambres chaudes.

Les assiettes et les plats sont moulés à la *croûte*.

La *croûte* est une lame de terre bien égale d'épaisseur, qu'on applique sur le moule à l'aide du tour.

Les pièces qui doivent être rapportées sont moulées dans des moules en plâtre. Souvent aussi les objets comme les assiettes sont moulés à la presse à vis. Le four est généralement rectangulaire, terminé par un demi-cylindre couché, rarement à deux étages ou laboratoires; il est analogue au four indiqué figure 520.

Dans l'enfournement, on soustrait les pièces émaillées à l'action directe de la flamme, en les enfermant dans une enveloppe en terre très-réfractaire que l'on nomme *cazette*. Ce mode se nomme *encastage en cazette* et n'est employé que pour les poteries de valeur.

Pour éviter que les pièces supérieures n'écrasent les inférieures, on établit dans le four plusieurs planchers avec des plaques octogones de terre cuite, supportées par des espèces de colonnes ou piliers; c'est sur ces planchers qu'on place les pièces à cuire qui n'ont pas de glaçure; c'est l'*encastage en échappade*.

Les objets crus placés à la partie supérieure sont enfournés en *charge*.

La figure 522 représente l'enfournement en échappade.

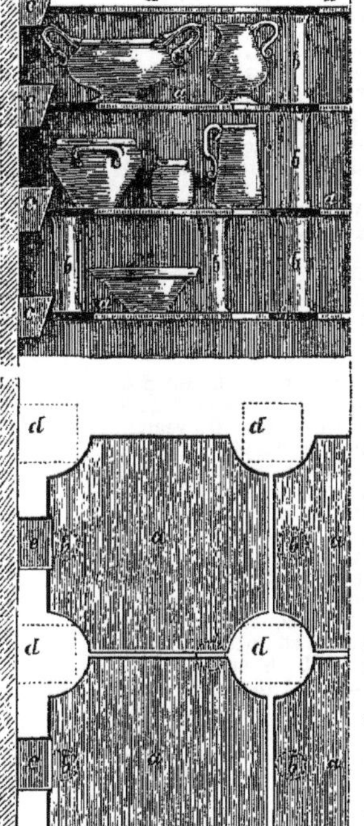

Fig. 522. — Encastage en échappade.

Les pièces *a* sont des tuiles en terre cuite échancrées sur les angles pour laisser passer la flamme venant des carneaux *d* du four. Les piliers qui supportent ces tuiles sont représentés en *b*; on en met cinq pour deux tuiles. Les tuiles sont serrées l'une contre l'autre par des coins *c* en terre cuite qui s'appuient sur les parois du four. La figure 523 représente une cazette à *pernettes* contenant des assiettes de faïence. Les *pernettes* sont les supports. Ces supports varient de forme et de nom suivant les pièces à encaster; nous en verrons d'autres exemples en parlant de la porcelaine, cas où l'encastage doit être très-soigné.

Les cazettes ainsi remplies se placent dans le four les unes sur les autres, jusqu'à une certaine hauteur; au-dessus, on enfourne le cru en échappade. Les pièces émaillées se cuisent encastées dans le bas du four.

Les glaçures qu'on emploie pour les faïences sont opaques. L'émail pour la faïence brune est composé de :

Minium	52	53
Manganèse	7	5
Poudre de brique fusible	41	42

On pulvérise ces matières et on les broie à l'eau.

L'émail de la faïence blanche se compose d'oxyde de plomb, d'oxyde d'étain, de sable quartzeux, de sel marin et de soude.

On oxyde dans un four spécial nommé *fournette* le plomb et l'étain ensemble. Ce mélange d'oxydes s'appelle *calcine*. Cette calcine, additionnée des produits que nous allons indiquer, est fondue en une masse vitreuse opaque au fond du foyer du four dans une place, que l'on

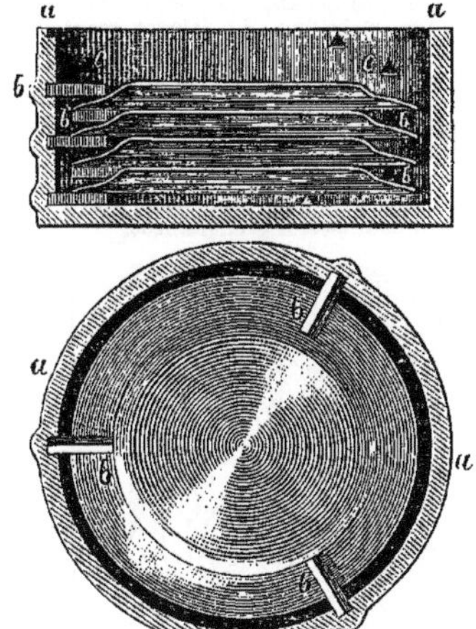

Fig. 523. — Encastage en cazette à pernettes.

nomme bassin, indiquée sur le dessin du four (fig. 524).

Les matières qui entrent dans la composition de l'émail blanc sont :

Émail dur :

Calcine composée de.. { Oxyde d'étain.... 23 / Oxyde de plomb.. 77 }		44
Minium		2
Sable de Nevers		44
Sel marin		8
Soude d'Alicante		2

Émail tendre :

Calcine { Oxyde d'étain.... 18 / Oxyde de plomb.. 82 }		47
Minium		»
Sable de Nevers		47
Sel marin		3
Soude d'Alicante		3

L'émail de la faïence peut être coloré en jaune, en vert pur, vert-pistache, en bleu, par les oxydes métalliques suivants :

Émail jaune.

Émail blanc	91
Oxyde d'antimoine	9

Émail bleu.

Émail blanc	95
Oxyde de cobalt à l'état d'azur	5

Émail vert pur.

Émail blanc	95
Protoxyde de cuivre (battitures)	5

Émail vert-pistache.

Émail blanc	94
Protoxyde de cuivre	4
Jaune de Naples	2

Émail violet.

Émail blanc	96
Peroxyde de manganèse	4

L'émail broyé bien finement et tenu en suspension dans l'eau à l'état de bouillie claire se met sur les pièces par immersion ou par arrosement.

Après dessiccation, on enlève, à l'aide d'une brosse, l'émail des endroits où il ne doit pas y en avoir.

Les pièces étant placées dans le four comme il a été dit, on procède à la cuisson; elle dure de 27 à 30 heures; au commencement on fait un petit feu de *trempe* pendant 15 à 16 heures; le grand feu dure de 12 à 14 heures. La cuisson se fait au bois; mais en soignant l'encastage, on peut cuire à la houille, ce qui apporte une grande économie dans cette opération. La faïence est susceptible d'être décorée par des peintures; on les cuit alors après la peinture dans un four spécial, dit à réverbère.

La composition et l'application de ces couleurs sont analogues à celles que nous décrirons pour la porcelaine.

Dans la classe des FAÏENCES ÉMAILLÉES, on remarque la faïence pour poêles et cheminées.

Fig. 524. — Moule pour terres de couleurs variées.

La fabrication de cette faïence tient tantôt à la *plastique*, tantôt à la *faïence commune*.

La pâte des poêles de Paris est faite comme il suit :

Argile de Gentilly	540
Ciment	225
Sable de Belleville	120

Les poêliers emploient souvent une autre composition, plus soignée, destinée à être placée à la surface extérieure des pièces et à rendre l'émail plus uni. Cette composition s'appelle *terre à sable*; elle contient :

Argile de Gentilly	540
Sable de Belleville	278

On peut, au lieu de sable, employer du ciment tamisé très-fin; les gerçures dont se couvrent ces faïences sont beaucoup moins apparentes, d'après M. Barral.

Ces pâtes donnent des gerçures ou tressaillures dans l'émail, parce qu'elles ne contiennent pas de chaux.

Mais en introduisant de la chaux pour faire adhérer l'émail, on risque de rendre la faïence trop cassante par les changements de température brusques.

M. Pichenot a employé le mélange suivant pour terre ingerçable :

Argile plastique de Vaugirard	25
Craie de Meudon	25
Sable	13
Ciment	37

Une très-bonne pâte, donnant des pièces qui restent droites à la cuisson et ingerçables, est celle qui résulte du mélange suivant :

Argile plastique de Gentilly	32
Marne sablonneuse d'Ivry	38
Ciment de terre cuite	30

Cette pâte, employée par M. Vogt, a surtout l'avantage de ne pas être courte comme celle de M. Pichenot, qui présente de grandes difficultés de travail.

Le moulage dans cette fabrication se fait dans des moules en plâtre. La cuisson est la même que pour les autres faïences.

On peut décorer ces faïences par un procédé que M. Vogt a donné vers 1830. M. Vogt fait d'abord un modèle en terre sur lequel sont en creux tous les ornements de couleurs différentes de celles du fond (fig. 524).

Il coule sur ce modèle un plâtre ML qui présente en saillie tout ce qui est en creux dans le modèle. On obtient ainsi un moule. On remplit tous les creux de ce moule avec des pâtes colorées. Ainsi dans la pièce donnée comme exemple les feuilles *b* sont blanches, les perles A sont jaunes, le culot D est vert, la palmette est brune; la pâte colorée s'arrête aux lignes noires qui sont en saillie; on couvre le tout d'une couche de quelques millimètres d'épaisseur de la pâte brune B qui fait le fond sur lequel les ornements sont incrustés et qui doit être appliquée sur la pâte ordinaire T, base des plaques en question.

On ôte alors le moule ML, la croûte à fond brun B est creusée de sillons *l* (fig. 524) limités par les saillies du moule. On remplit ces sillons avec une pâte généralement noire. On cuit une première fois, puis on met un vernis incolore plombifère et l'on recuit pour vitrifier ce vernis.

Les pâtes colorées employées sont les unes naturelles, les autres de l'argile blanche colorée par des ocres ou des oxydes.

La grande difficulté est d'accorder les terres, c'est-à-dire de faire en sorte que, par la dessiccation et la cuisson, elles se retirent toutes de la même quantité sans la production d'aucun fendillement, d'aucune gerçure.

Ce mode de décoration donne de très-beaux résultats.

POTERIES A PATE DURE.

Faïence fine ou anglaise. — Ce genre de poteries porte aussi en français les noms de terre de pipe, de cailloutage.

Les qualités de cette poterie sont : la couleur blanche de la pâte, l'éclat et la solidité des vernis et surtout la finesse, la légèreté, la pureté de contours que peuvent offrir ces faïences; enfin la plasticité de la pâte qui en rend le travail facile et sûr.

La faïence fine comprend trois variétés :

1° La faïence fine marnée, qui renferme de la chaux dans la composition de la pâte : c'est la *terre de pipe* proprement dite;

2° La faïence fine cailloutée (cailloutage ou terre anglaise), qui n'est essentiellement formée que d'argile plastique et de silex ou de quartz;

3° La faïence fine, dure ou feldspathique, qui admet dans la composition de sa pâte du kaolin et dans son vernis de l'acide borique.

La faïence fine a généralement pour base de l'argile plastique mêlée de silice, prise dans le silex pyromaque (pierre à fusil) ou dans le quartz.

Mais, suivant les circonstances, la composition de la pâte est plus compliquée.

Pâtes pour faïence fine cailloutée :

1°	Argile plastique de Montereau lavée...	87
	Silex broyé...	13
2°	Argile plastique d'Angleterre...	83
	Silex broyé...	17

Pâte pour faïence fine marnée :

Argile renfermant silice...	75	85,4
— alumine...	25	
Silex broyé...	13	
Chaux...	1,6	

Pâte pour faïence fine feldspathique pour les impressions sur biscuit :

Argile plastique...	64
Kaolin...	16
Silex...	16
Feldspath altéré...	4

Autre pâte pour faïence dite Cream-Colour :

Argile plastique de Montereau...	56
Kaolin...	27
Feldspath altéré...	3
Silex...	14

Pâte pour même usage :

Argile plastique...	82
Silex...	16
Feldspath altéré...	2

Dans ces deux dernières pâtes entrent de nouveaux éléments, le kaolin et le feldspath, dont nous parlerons avec plus de détails en nous occupant de la porcelaine dure. Les argiles et kaolins qui entrent dans la composition des faïences fines sont broyés, malaxés, lavés et tamisés avec soin.

Le silex pyromaque ou pierre à fusil est calciné dans des fours en cône renversé; par cette calcination il devient blanc; les silex noirs sont préférables aux blonds parce qu'ils deviennent d'un blanc plus pur. Le silex, après calcination, est étonné, c'est-à-dire précipité chaud dans l'eau, ce qui le désagrége, broyé et réduit en poudre fine, soit à l'aide de meules analogues au moulin à farine, soit à l'aide de meules analogues à celles des huileries. Le broyage peut aussi se faire en présence de l'eau.

Les matériaux ainsi préparés sont mélangés de la manière la plus intime; pour cela on amène chacun de ces matériaux à l'état de *barbotine*, c'est-à-dire de bouillie assez épaisse pour que l'argile et les matières pierreuses ne puissent pas se séparer trop facilement par ordre de densité; on achève le mélange en faisant passer la barbotine à travers des tamis.

La barbotine ainsi obtenue est dirigée dans des fosses chauffées où l'on raffermit la pâte; on la brasse en même temps à l'aide de râteaux de bois.

Lorsque par cette évaporation la pâte a acquis une consistance convenable, on la malaxe mécaniquement et on la fait vieillir dans des caves humides.

La pâte ainsi préparée est prête pour le façonnage.

Le façonnage se fait sur le tour avec ou sans moule et calibres suivant la nature des objets. Les pièces sont tournassées, c'est-à-dire, après un premier façonnage, repassées, avant complète dessiccation, sur le tour à tournasser, qui est à axe horizontal. La cuisson est double : la pâte est cuite d'abord en biscuit; ensuite on vernit et on repasse au four.

Les vernis employés ont la composition suivante :

Glaçure pour terre de pipe :

1°	Feldspath calciné...	7
	Sable...	31
	Minium...	30
	Litharge...	27
	Borax...	3
	Verre de cristal...	2
2°	Sable quartzeux...	36
	Minium...	45
	Carbonate de sodium...	17
	Nitre...	2
	Azur de cobalt...	0,001

Glaçure pour faïence fine cailloutée :

Sable de feldspath altéré...	42	40
Minium...	26	23
Borax...	21	23
Carbonate de sodium...	11	14
Bleu de cobalt...	0,001	0,001

Glaçure pour faïence fine feldspathique :

1° *Pour Cream-Colour :*

Feldspath altéré...	25
Silex...	13
Oxyde blanc de plomb...	52
Verre de cristal...	10

2° *Pour faïence imprimée :*

Kaolin caillouteux...	28
Silex...	16
Carbonate de calcium...	4
Oxyde blanc de plomb...	30
Acide borique...	6
Carbonate de sodium...	16

On a substitué dans beaucoup de fabriques le minium au blanc de plomb et à la litharge.

Les éléments de la glaçure, sauf le minium, sont frittés et finement pulvérisés.

On ne fond généralement pas le vernis à l'état de verre avant l'emploi.

Le minium est ajouté à la fritte pendant le broyage de cette dernière. L'oxyde de cobalt sert à masquer par son ton bleu la couleur jaunâtre du biscuit.

Le vernis broyé à l'eau est tenu en suspension dans ce liquide à l'état de bouillie claire. On l'applique sur les pièces en biscuit par immersion ou arrosage.

La cuisson se fait dans des cazettes fermées; l'encastage doit être très-soigné, surtout pour les pièces vernies.

Les fours employés sont en général du type de celui que nous décrivons pour les grès-cérames fins (fig. 526).

Le combustible employé pour la cuisson est la houille. On a généralement deux fours, l'un pour le biscuit, l'autre pour les pièces vernies. La cuisson dure 15 heures.

On suit la marche du feu à l'aide de pyromètres de Wegdwood ou du pyromètre métallique, soit enfin à l'aide de celui de M. Lamy qui est basé sur la dissociation à haute température du carbonate de chaux.

La faïence fine est susceptible de recevoir des décorations très-variées en fond de couleur, lustre métallique, décoration et peinture par voie d'impression; les modes de préparation et d'application de ces couleurs, qui sont les mêmes que pour la porcelaine, se trouveront décrits à ce paragraphe.

Pipes. — Les pipes en terre peuvent se classer parmi les faïences fines. La pâte se compose exclusivement d'argile blanche qui est épluchée avec beaucoup de soin, broyée et malaxée.

Le façonnage se fait comme il suit : l'ouvrier mouleur fait à la main des rouleaux qui sont l'ébauche du tuyau. Il colle à l'extrémité qui porte le fourneau un petite masse conique qu'il fait à la main. Quand la masse s'est raffermie, on perce le tuyau à l'aide d'une tige de laiton.

Le cylindre de pâte ainsi préparé est mis dans un moule de cuivre en deux parties ou coquilles qu'on peut serrer à l'aide d'une vis de pression. Le fourneau se fait alors à l'aide d'un étampon qu'on enfonce dans le moule en cuivre et qui comprime la pâte en lui donnant la forme voulue.

On cuit les pipes après séchage dans des fours spéciaux. Les pipes sont cuites en cazette. La cuisson dure 14 à 16 heures.

Grès-céramES. — Les grès sont à pâte dure, sonore, homogène, imperméable à l'eau. Ils peuvent se diviser en deux sections : les grès-céramcs fins et les grès-cérames communs.

Grès-cérames communs. — Cette classe comprend les cruches, les vases de chimie, les tourilles, les jarres, etc. La pâte est formée d'argile plastique mélangée d'un élément dégraissant, soit de sable quartzeux, soit de ciment formé de débris de grès ayant déjà subi la cuisson.

On arrive aussi à composer des pâtes très-convenables par le mélange de plusieurs argiles. Des essais de mélanges d'argiles peuvent seuls conduire aux proportions qu'on doit employer pour arriver à un bon résultat.

Les argiles ne sont pas lavées; on les taille en

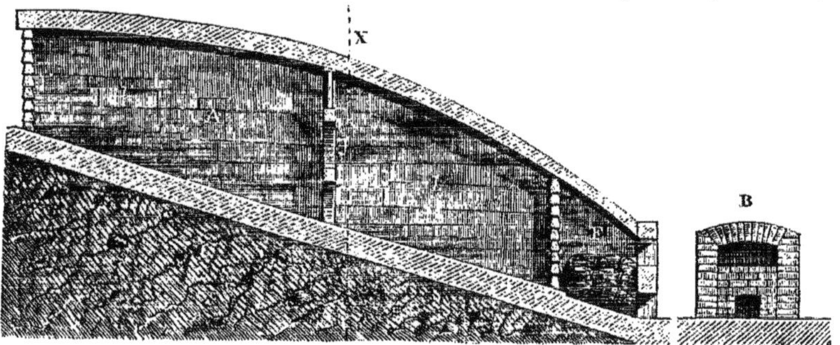

Fig. 525. — Four pour grès communs.

lames minces à l'aide de couteaux comme nous l'avons indiqué, pour enlever les silex, la craie et les pyrites; on met ces morceaux tremper et on les malaxe à l'aide des tinnes ordinaires.

Les pièces en grès sont presque toutes façonnées au tour. Le tour de *potier* se compose d'un axe vertical en fer, d'un disque de bois, appelé *girelle*, fixé horizontalement à l'extrémité supérieure de cet axe, et d'un volant qui se trouve au bas de l'axe. Le tourneur dépose sur la girelle la masse de pâte à façonner, il met l'appareil en rotation en poussant du pied le volant inférieur et tient ses mains pressées doucement contre la pâte. S'il appuie les pouces au milieu de la masse et s'il presse en bas, il produit une cavité qui s'élargit quand il écarte les pouces, et qui prend la forme d'une cloche quand il les rapproche. Le tourneur rend ses mains glissantes en les plongeant dans de la barbotine. Si l'ouvrier presse la pâte entre la main et le pouce, il peut amincir et élever les parois suivant son désir. Lorsque la forme du vase est aussi près que possible de celle qu'il veut avoir, le tourneur achève la forme à l'aide de l'*estèque*, qui est une sorte de calibre en bois ou métal, dont la forme varie suivant l'objet à préparer. Le tournage peut se faire aussi dans des moules qu'on place sur le plateau du tour.

Nous entrerons dans quelques détails sur le façonnage au tour en donnant la méthode suivie pour exécuter une bouteille en grès :

L'ouvrier met sur la girelle du tour un bloc de terre du poids voulu; il le perce et en fait un cylindre, puis il rétrécit ce cylindre à la base pour faire le pied, il le rétrécit aussi à la partie supérieure pour former le goulot, et la terre accumulée par ce rétrécissement sert à faire le collier et le bourrelet du goulot.

Pour les touries à acides, on ébauche séparément les deux hémisphères qui doivent former la sphère; on laisse une rainure au bord de chacun d'eux, mais on coupe, à la pièce qui doit faire la partie inférieure, une lanière de pâte qui enlève la moitié extérieure de la rainure. L'ouvrier amincit avec les doigts et finit en biseau l'autre moitié; il introduit ce biseau dans la rainure de la partie supérieure, la colle avec de la *barbotine* et la ferme en battant cette jonction extérieurement avec une batte en bois, appuyant le coup de battoir sur un tampon de bois qu'il tient à l'aide d'une poignée au dedans du vase.

Avant de passer à la cuisson, on laisse sécher les pièces à l'air libre, ou mieux dans des chambres chauffées par la chaleur perdue des fours.

Les fours pour cuire les grès communs sont d'une forme assez spéciale; nous allons décrire un four employé en Picardie (fig. 525).

Il est construit sur une sole en pente douce recouverte de sable. A la partie inférieure se trouve le foyer F qui est voûté en briques; ce foyer a environ 1m,80 de large.

Les parois latérales et la voûte du dessus sont construites en tessons de poteries de grès reliés par du mortier.

Au milieu du four se trouve une cloison *f*, dite fenêtre, percée d'orifices qui laissent passer la flamme; elle est construite en briques, et sert à répartir uniformément les gaz du foyer et à consolider la voûte. Cette cloison soutient aussi les pièces de la partie supérieure et protége ainsi celles placées vers le bas contre l'écrasement.

Le four a environ 13 à 14 mètres de long; à la fenêtre, la largeur est de 2m,65.

On chauffe d'abord lentement à l'aide de bourrées; ce petit feu, qu'on appelle la trempe, dure 5 jours, puis on chauffe au grand feu avec des fagots pendant 3 jours. Il se forme dans cette combustion beaucoup de braise. On cuit dans certains pays à la houille; alors le four a une forme spéciale. Pour cuire les grès, on porte le four à une température très-élevée; souvent il se forme sur les pièces à cuire, grâce à cette haute température, une couche vitrifiée par un commencement de fusion qui sert de glaçure et rend les vases imperméables.

Pour faciliter cette vitrification à la surface des grès, on projette peu à peu du sel marin dans le four vers la fin de la cuisson. Le sel marin se volatilise, passe sur les grès; la silice décompose le sel marin, en présence des vapeurs aqueuses, en acide chlorhydrique et en soude avec laquelle elle se combine, pour former une glaçure qui est un silicate de soude et d'alumine.

Un four de grandeur moyenne exige environ 40 à 50 kilogrammes de sel marin; les potiers préfèrent le sel rouge de Terre-Neuve ayant servi aux salaisons de morue.

On emploie quelquefois aussi des couvertes terreuses pour les grès communs.

Grès-cérames fins. — La fabrication des grès fins est semblable à celle des faïences fines; nous n'y reviendrons pas.

Ces poteries sont classées parmi les grès-cérames à cause de la température élevée à laquelle on peut les cuire et de l'opacité, de la dureté et de la texture serrée de la pâte à cassure légèrement vitreuse.

La composition de la pâte est très-complexe et varie suivant les endroits de fabrication.

Ces pâtes peuvent être différemment colorées.

M. de Saint-Amans donne la composition suivante pour pâte blanche :

Kaolin de Saint-Yrieix	14
Argile plastique de Montereau	14
Silex	15
Sulfate de baryum	9
Pegmatite altérée de Saint-Yrieix	27
Sulfate de calcium	21

La pâte des grès fins peut cependant être, d'après M. Brongniart, réduite aux éléments suivants :

Argile plastique de Dreux	25
Kaolin argileux de Saint-Yrieix	25
Feldspath de Saint-Yrieix	50

En général, pour qu'un grès-cérame soit fin et ne soit pas une porcelaine, c'est-à-dire qu'il puisse devenir très-dur au feu de biscuit de faïence fine, il faut qu'à une pâte renfermant de l'argile plastique qui prend une grande dureté à moyenne température, on ajoute un fondant propre à en lier intimement les parties, et à donner à la surface un aspect luisant qui l'empêche sans glaçure spéciale de se salir. Ce fondant dégraisse en même temps l'argile qui serait trop plastique.

Souvent les pâtes des grès fins sont colorées à l'aide d'oxydes métalliques qui leur donnent la couleur qui leur est propre, ravivée par la nature fusible de la pâte. Ainsi, en ajoutant à une pâte blanche 0,005 d'oxyde de chrome et un ciment de porcelaine finement broyé, on obtient un vert clair.

Si on ajoute 0,005 d'oxyde de cobalt, on a un bleu ciel.

Un mélange de 0,003 d'oxyde de chrome et 0,003 de cobalt ajouté avec du ciment de porcelaine donne un bleu céladon.

On varie les tons en variant la quantité d'oxyde introduit dans les pâtes.

Les pâtes noires se produisent à l'aide d'un mélange d'oxydes de fer et de manganèse :

Kaolin	2
Argile plastique bleuâtre	48
Ocre calcinée	43
Manganèse	7

Les pâtes des grès fins sont faites avec beaucoup de soin et composées d'éléments très-finement broyés.

Le façonnage se fait au tour et l'on tournasse les pièces. On rapporte souvent sur les pièces tournées des garnitures et des ornements en reliefs très-délicats qui sont de couleurs différentes du fond. Ces ornements se font dans des moules

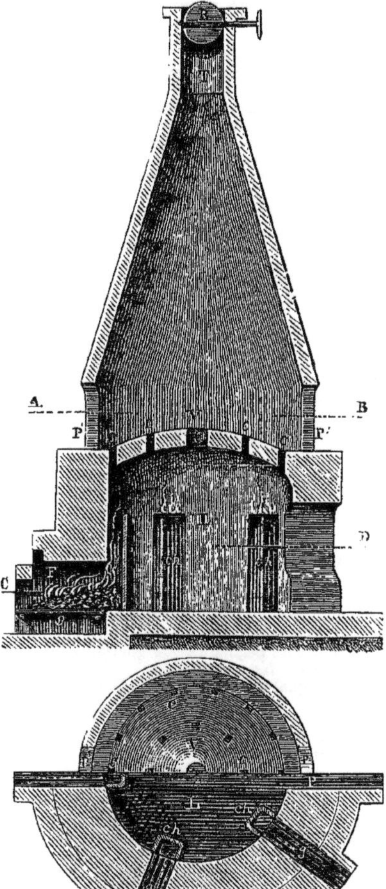

Fig. 526. — Four pour grès fins.

en terre cuite. La cuisson des grès-cérames est exécutée ordinairement dans des fours cylindriques à axe vertical.

Elle se fait à la houille; le four a cinq foyers ou alandiers F. Des cheminées cylindriques *ch.* percées de trous de distance en distance, partent des alandiers et montent le long des parois intérieures du four pour porter et répartir le plus également possible la haute température nécessaire à la cuisson de cette poterie (fig. 526).

L'enfournement se fait en *échappade*.

La cuisson dure environ trente heures et le refroidissement près de deux jours.

Les grès sont quelquefois recouverts d... glaçures minces.

Les principes de composition de ces glaçures et les recettes que l'on a données sont encore plus incertains que ceux des pâtes, à cause de la liaison qu'il faut établir entre elles et le corps de pâte sur lequel elles doivent être appliquées.

Dans les grès fins entrent les vases et autres objets si richement décorés qui ont fait le renom du célèbre Wedgwood.

POTERIES A PATE DURE TRANSLUCIDE.

Cette classe comprend, comme nous l'avons indiqué, trois subdivisions : la porcelaine dure ou vraie, la porcelaine tendre naturelle ou anglaise et la porcelaine tendre artificielle ou française.

La pâte de ces poteries est dure, non rayable par l'acier, et translucide.

La présence d'une base alcaline, soit terreuse, soit saline, dans cette pâte, est encore un caractère distinctif qui est lié avec la translucidité.

PORCELAINE DURE OU VRAIE. — La poterie de cet ordre est caractérisée par sa pâte, fine, dure, translucide, et une glaçure dure, terreuse, nommée *couverte*.

La pâte est composée de deux éléments essentiels : l'un, argileux, infusible, le kaolin, soit seul, soit associé d'argile plastique ou de magnésite ; l'autre, aride, fusible, le feldspath ou le sable, la craie, le gypse.

Avant de parler de la fabrication de la pâte, nous allons entrer dans quelques détails sur la nature et la composition des éléments qu'on emploie.

Le kaolin est un produit de décomposition, avec élimination d'un silicate alcalin, des feldspaths ou des roches qui ont ce minéral pour base. Il se trouve contenu dans des masses de consistance terreuse, mêlé à du feldspath non décomposé, à de la silice, etc. ; ces masses se nomment roches kaoliniques. Le kaolin pur est séparé de ces masses par des lavages très-soignés.

Les roches kaoliniques sont généralement blanches, quelquefois roses ou jaunes ; leur texture est lâche, terreuse, souvent grenue ; les grains sont du quartz, du feldspath, du mica.

Le kaolin obtenu par lavage est un mélange d'argile kaolinique et de silicate de diverses bases.

L'argile kaolinique pure répond presque toujours à la formule d'un silicate d'aluminium hydraté.

Le tableau suivant renferme les analyses de kaolins de provenances variées.

PROVENANCE.	Silice.	Alumine.	Eau.	Chaux.	Magnésie.	Potasse.	Soude.	Résidu.	AUTEURS.
Saint-Yrieix	36,25	33,35	12,00	»	2,40	»	»	16,00	Berthier.
Plymton (Devonshire)	44,26	36,81	12,74	2,72		»	»	4,30	Malaguti.
Passau	45,34	35,18	17,24	1,55		»	»	3,48	Forchhammer.
Aue	35,08	34,12	11,09	»	0,60	»	»	18,00	Malaguti.
Sosa	45,07	38,15	9,69	»	1,80	»	»	5,58	Id.
Lochkarewska	46,75	34,98	13,70	1,25	0,48	0,29	1,34	0,95	Salvétat.
Tong-Kong (Chine)	50,50	33,70	11,20	»	0,80	1,90	»	1,80	Id.
Sy-Kang	55,3	30,3	8,2	»	0,40	1,10	2,70	2,00	Id.

Les roches qui se présentent ordinairement avec les kaolins sont : les pegmatites, le gneiss, les granites, les diorites, les porphyres.

On distingue trois qualités différentes de kaolin :

Le *caillouteux*, qui est grenu, friable, à grains quelquefois pisaires, les uns quartzeux et durs, les autres argileux et tendres ;

Le *sablonneux*, qui est friable, très-maigre au toucher, et dans lequel le quartz est à l'état de sable très-fin ;

L'*argileux*, qui est assez doux au toucher, d'une couleur blanche uniforme, et formant avec l'eau une pâte assez liante.

Les kaolins sont exploités par banquettes en gradins.

Les kaolins argileux sont simplement épluchés à la main.

Les kaolins caillouteux sont lavés pour en extraire la portion argileuse. Ces lavages se font par décantation et tamisage dans des bassins superposés. On laisse déposer le kaolin entraîné et séparé des matières grossières par l'eau, et on met la *barbotine* à sécher dans des cuves ouvertes. Quand la barbotine a acquis une certaine consistance, on l'expose sous des hangars en petits pains pour achever le raffermissement.

Le *kaolin argileux* donne à la pâte de la porcelaine plus de liant, d'infusibilité, mais moins de blancheur ; il diminue le danger de déformation à la cuisson.

Le *kaolin caillouteux* donne plus de blancheur, de translucidité et de fusibilité. On l'emploie surtout pour les pièces de sculpture.

Souvent avant l'emploi les kaolins sont relavés dans des moulins broyeurs et dans des cuves de décantage superposées et munies de tamis.

Le sable qu'on sépare ainsi sert dans la composition des pâtes.

Les *feldspaths* sont tous des silicates d'aluminium et d'alcalis ou terres alcalines diverses. Deux espèces entrent seules dans la composition des pâtes, ce sont le *feldspath orthose* et l'*albite*.

Les feldspaths employés dans les pâtes à porcelaine ne sont jamais purs. Ce sont de vrais mélanges de roches appartenant à l'espèce qu'on nomme *pegmatite*, qui est une roche de feldspath et de quartz entrelacés.

Dans les arts céramiques, on donne au feldspath le nom de *caillou* ; il sert de fondant dans les porcelaines et constitue la couverte ou glaçure de cette poterie.

Avant leur emploi, les feldspaths sont finement broyés à l'eau dans des moulins spéciaux et amenés à l'état de bouillie.

A Sèvres, on emploie en outre de la craie de Meudon, du sable siliceux d'Aumont, qui est de la silice presque pure, et de l'argile plastique d'Abondant près de Dreux.

Composition des pâtes. — Les pâtes, à Sèvres, sont de trois types : la pâte de service ordinaire, la pâte dite chinoise et la pâte de sculpture.

Pâte de service :

	I.	II.
Argile de kaolin argileux....	430	48
Sable de kaolin argileux....	490	48
Sable d'Aumont...........	43	»
Craie.....................	45	4

Pâte chinoise :

Argile de kaolin caillouteux.........	43
Argile plastique de Dreux...........	21
Feldspath ou sable de kaolin.........	16
Sable quartzeux d'Aumont..........	16
Craie............................	4

Pâte de sculpture :

Argile de kaolin caillouteux.........	64
Feldspath.........................	16
Sable d'Aumont....................	16
Craie............................	4

Nous ajouterons à ces compositions celles des pâtes pour service de Saxe, de Vienne et celle de Munich.

Saxe :

Kaolin d'Aue.......	18
— de Sosa......	18
— de Sedlitz....	36
Feldspath..........	26
Débris de biscuit....	2

Vienne :

Kaolin de Sedlitz...	34
— de Passau...	25
— d'Unghvar...	6
Quartz.............	14
Feldspath..........	6
Débris.............	8

Munich :

Kaolin de Passau..................	65
Sable du kaolin de Passau..........	4
Quartz...........................	21
Gypse............................	5
Débris...........................	5

Les pâtes de service sont celles qui servent à la fabrication des assiettes, tasses, etc.; à Sèvres, leur composition centésimale, après cuisson, est, quel que soit le mélange employé, d'après les analyses de A. Laurent :

Silice....................	58
Alumine..................	34,5
Chaux....................	4,5
Potasse..................	3,0

On voit que la composition des pâtes est complexe, car on est obligé de faire de tels mélanges. En effet, le kaolin pur, qui est très-plastique, donne des pièces qui se fendent à la dessiccation et se ramollissent au feu. Pour éviter cet inconvénient, on ajoute du sable au kaolin, mais à la cuisson une pâte formée seulement de ces deux éléments reste poreuse et ne peut être facilement couverte d'une glaçure. Si l'on ajoute du feldspath au mélange, celui-ci forme dans le four un verre qui pénètre la masse poreuse et a rend imperméable et propre à recevoir la glaçure.

Les matières qui entrent dans la composition de la porcelaine sont mélangées à l'état d'une bouillie claire dans des cuves munies d'agitateurs.

Quand la pâte s'est déposée sous la forme d'un limon qu'on nomme *barbotine,* on décante l'eau et on amène la barbotine à une consistance convenable par dessiccation. Cette opération s'appelle *raffermissement* ou *ressuage*; elle peut se faire dans de grandes caisses exposées à un vif courant d'air; en hiver, on est obligé de chauffer légèrement la masse, le chauffage a l'inconvénient de rendre la pâte courte et difficile à employer. Quelquefois le ressuage se fait par *absorption* en mettant la barbotine sur des plaques d'argile cuite ou de plâtre. Ce moyen est lent et coûteux. Le plus souvent on raffermit la pâte en la comprimant lentement à la presse dans des sacs en chanvre. On a aussi proposé de raffermir les pâtes en les filtrant; on fait au-dessous du filtre un vide relatif soit par un courant d'eau, soit par condensation de vapeur; la filtration se trouve ainsi activée énergiquement.

La pâte amenée par l'un de ces procédés à l'état de fermeté convenable pour le travail a besoin d'être rendue homogène par pétrissage, battage et coupage. On se sert des tinnes à malaxer pour cette opération.

Il est une autre opération qui améliore beaucoup les pâtes, en augmentant leur plasticité et leur homogénéité, c'est la *pourriture*. Cette action, toute chimique, s'accomplit avec le temps, en laissant les pâtes se putréfier en des lieux humides.

On active la pourriture en humectant les pâtes à l'aide d'eaux de fumier ou de marécage. Suivant A. Brongniart, l'action favorable de la pourriture de la pâte est due à ce que les gaz, qui se dégagent pendant la fermentation, communiquent à toutes les parties un mouvement continuel, lequel surpasse le malaxage le plus énergique, parce qu'il s'étend aux particules les plus fines. Il se dégage pendant la pourriture de l'hydrogène sulfuré; M. Salvetat émet l'hypothèse suivante : « Ce gaz prend vraisemblablement naissance par suite de la transformation du sulfate de chaux en sulfure de calcium sous l'influence de matières organiques et se dégage quand ce sulfure est décomposé par l'acide carbonique de l'air. »

La coloration de la pâte en noir pendant la pourriture et son blanchiment à l'air libre s'expliquent par la formation de sulfure de fer qui ensuite se transforme à l'air en sulfate et est éliminé par les eaux de lavage.

Quand la pâte soumise à la pourriture est redevenue blanche, elle est pétrie et battue par l'ouvrier qui doit l'employer.

Façonnage. — Le façonnage se fait, soit sur le tour, opération que nous avons décrite, soit par moulage.

Le tournage s'exécute à l'aide de calibre et est toujours suivi d'un tournassage.

Le moulage se fait, soit à la croûte ou à la balle, soit par coulage.

On se sert dans le premier procédé de moules représentant en creux les surfaces qui doivent être en relief sur les objets à confectionner et réciproquement. On emploie ordinairement des moules en plâtre. Dans le moulage à la balle, l'ouvrier applique sur le moule une série de petits morceaux de pâte en les comprimant avec les doigts; puis, quand le moule est complétement couvert, il régularise l'épaisseur de la couche de pâte employée.

Le moulage à la croûte consiste à déposer sur le moule une feuille de pâte plate et mince préparée à l'avance et couvrant exactement le moule.

Le moulage par coulage repose sur la propriété des moules poreux d'absorber l'humidité. La barbotine, perdant son eau par absorption, devient consistante, et prend l'empreinte du moule dans lequel on l'a coulée. Il faut que l'air puisse s'échapper du moule dans lequel on coule la barbotine, afin d'éviter les bulles qui pourraient rester emprisonnées dans la pâte ; on atteint ce but à l'aide d'évents.

Quand par suite de l'absorption une couche mince de pâte s'est déposée, on décante la masse liquide et on la remplace par une nouvelle quantité de *barbotine* fraîche, et ainsi de suite jusqu'à ce que la pâte déposée ait l'épaisseur désirée. C'est ainsi qu'on fabrique les tubes et les cornues de porcelaine.

Beaucoup de pièces se façonnent en les sculptant à la main.

Les objets de porcelaines façonnées et tournassées sont séchés lentement dans des séchoirs.

Couverte. — La plupart des porcelaines qui sont livrées au commerce sont recouvertes d'une glaçure brillante appelée *couverte*. Les objets sans glaçure sont dits en *biscuit*.

La couverte est donnée par une roche de feldspath plus ou moins mêlée de quartz, suivant le degré de fusibilité qu'on désire.

La roche employée à Sèvres est la pegmatite, appelée dans le métier *cailloux* ou petuntzé.

En Saxe, on se sert d'un mélange de :

Quartz hyalin calciné......	37
Kaolin de Sedlitz calciné...	37
Chaux de Pirna...........	17,5
Débris de porcelaine.......	8,5

La *couverte* doit fondre à la température où la porcelaine commence à se vitrifier; elle doit être incolore, lisse et avoir un éclat vitreux. Son coefficient de dilatation doit être le même que celui de la pâte, pour ne pas se fendiller ou se gercer. Sa dureté doit être telle qu'elle puisse résister sans se rayer à l'acier, au frottement et à la pression.

On pose la couverte en immergeant des objets en porcelaine ayant été soumis préalablement à une première cuisson, dite *cuisson au dégourdi*, dans une bouillie claire formée par la matière vitrifiable porphyrisée, tenue en suspension dans l'eau.

Les pièces de porcelaine doivent, pour la cuisson, être encastées avec beaucoup de soin. Les cazettes sont en argiles réfractaires de première qualité.

On distingue à Sèvres trois genres d'encastages, savoir : l'encastage en cazette à fond plat et plein, l'encastage à cul-de-lampe, enfin l'encastage double.

Les croquis suivants représentent les divers modes d'encastage.

Les cazettes à fond plat représentées en A dans la figure 527 sont destinées à recevoir, les unes à

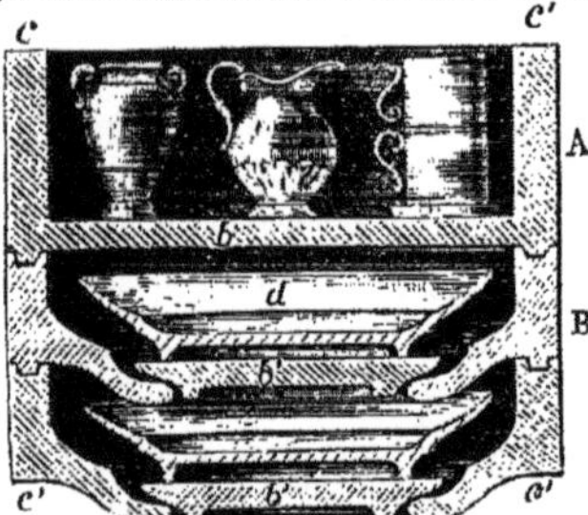

Fig. 527. — Cazette à fond plat.

côté des autres, les petites pièces creuses; on les met à la base des piles.

En B se trouve représenté l'ancien encastage à cul-de-lampe; *b' b'* sont les pièces dites rondeaux.

Cet encastage perd trop d'espace.

On l'a remplacé par les deux suivants : l'encastage à cerces à talon et rondeaux (fig. 528), et l'encastage double dû à M. Régnier (fig. 529).

Les cazettes sont empilées avec soin dans des fours.

Four à porcelaine. — Nous allons décrire le type de four employé à Sèvres.

Ce four (fig. 530) a trois laboratoires, séparés par des voûtes percées de trous que l'on nomme carneaux. Les deux étages inférieurs servent à la cuisson en couverte de la porcelaine. Dans la partie supérieure, on cuit la porcelaine crue à *dégourdir*.

Les deux laboratoires inférieurs sont munis chacun de quatre alandiers G.

Le four se charge et se décharge par les portes P. On commence la cuisson par un feu

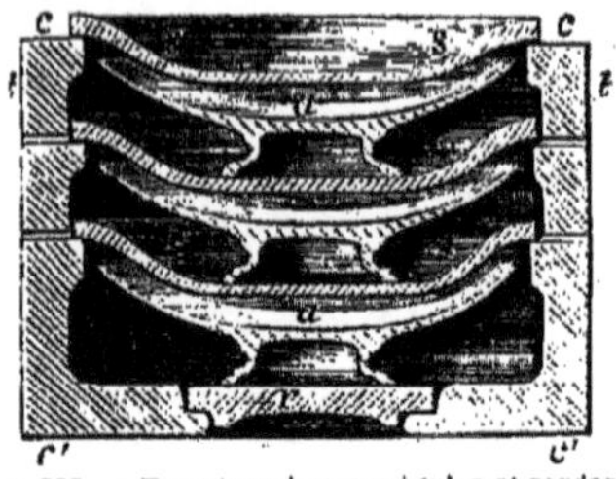

Fig. 528. — Encastage à cerces à talon et rondeaux.

cc', pile d'étuis. — *tt'*, cerces à talon. — *s*, plateau plafond pénétrant dans la concavité du compotier *a*. — *r*, rondeau. — *c' c'*, étuis inférieurs très-épais.

léger dit *petit feu*. Quand on est arrivé au rouge, on commence le grand feu. On chauffe ces fours à l'aide de bois. Tant qu'on n'est pas arrivé au rouge-blanc, on n'a pas besoin de déterminer la température; mais, à cette température, on

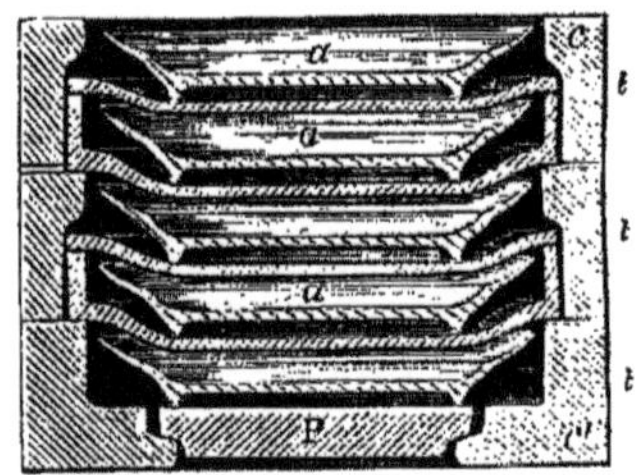

Fig. 529. — Encastage Régnier.

cc', pile d'étuis. — *c'*, dernier étui avec un rondeau P très-fort. — *tt*, cerces à talon. — *a*, assiettes placées entre des porte-pièces alternativement à rebord et sans rebord.

suit l'état du four, en retirant des petites pièces de porcelaine vernissée appelées *montres*. Pour cela, quand on a empilé les cazettes, on mure les portes, mais on laisse dans le mur une petite ouverture dite *ouverture de montre;* c'est par ces ouvertures qu'on retire les *montres* qui étaient placées dans des cazettes spéciales. On juge de la température par l'état de fusion de la glaçure de ces pièces. La cuisson dure de 17 à 18 heures. Le four met 3 à 4 jours à refroidir.

Pendant le petit feu, les gaz exercent une action oxydante; durant le grand feu, ils sont au contraire réducteurs.

Nous parlerons des décorations si variées des porcelaines à la fin de cet article.

Boutons. — A l'industrie de la porcelaine dure se rattache une fabrication qui a pris un grand développement, grâce aux soins de M. Bapterosse. C'est la fabrication des boutons. On distingue deux genres de boutons : les boutons dits agates et les boutons strass. La pâte à boutons agates est composée de feldspath lavé à l'acide pour enlever le fer et d'une petite quantité de phosphate de chaux. La pâte à boutons strass est formée de feldspath pur. On donne du liant à ces pâtes en y ajoutant du lait. Le moulage se fait à la presse; un seul coup de presse moule 500 boutons; au sortir de la presse, les boutons se rangent mécaniquement sur une feuille de papier, qui empêche, en laissant du charbon, l'adhérence aux parois des moufles pendant la cuisson. Le four se compose d'une série de moufles placés autour d'un foyer central.

Porcelaine tendre, anglaise ou naturelle. — Cette porcelaine tient le milieu entre la porcelaine dure et la faïence fine; elle se distingue de la première parce que la pâte est plus *tendre*, c'est-à-dire plus fusible, et que sa glaçure est plombifère et rayable par l'acier, et de la seconde parce que la pâte est transparente et que son vernis est plus dur.

Les matières qui servent à composer la porcelaine anglaise sont :

Le kaolin argileux et un peu talqueux du Cornouailles, dit *Cornish clay;* il arrive lavé aux fabriques.

Le kaolin caillouteux ou pegmatite altérée, dit *Cornish stone;* il arrive brut et est soumis au broyage.

Le silex pyromaque et la cendre d'os finement pulvérisés et quelquefois de l'argile plastique.

L'addition d'os calcinés, indiquée en 1800 par Ch. Spode, facilite la fusibilité du produit. La cendre d'os peut être remplacée par le phosphate de chaux naturel provenant des espèces suivantes : apatite, phosphorite, staffélite, navassite et sombrérite.

Pour la glaçure, on emploie le *Cornish stone,* la craie, le silex pyromaque, le borax, le carbonate de sodium et le minium.

Tels sont les éléments des pâtes et des couvertes; les dosages suivis varient considérablement, suivant les fabriques et les qualités de porcelaines qu'on désire.

Il y a deux sortes de pâtes bien distinctes : les pâtes ordinaires et les pâtes dans les compositions desquelles entre une fritte. Voici des compositions de pâtes :

Kaolin argileux	11	41
Argile plastique	19	»
Phosphate de calcium	49	43
Silex	21	16

Ces pâtes servent à la fabrication des services de table.

Les pâtes frittées pour les objets sculptés en relief sont composées comme il suit :

Sable siliceux	33
Os calcinés	63
Potasse	2

On fait fritter et on ajoute à cette fritte broyée :

Kaolin	21 à 22

Ces pâtes peuvent être colorées par des oxydes.

Le façonnage se fait comme pour les faïences fines. La main-d'œuvre est facilitée par la longueur de la pâte.

Le vernis pour les pâtes de service se compose :

Feldspath	48
Silex	9
Borax	22
Verre flint glass	21

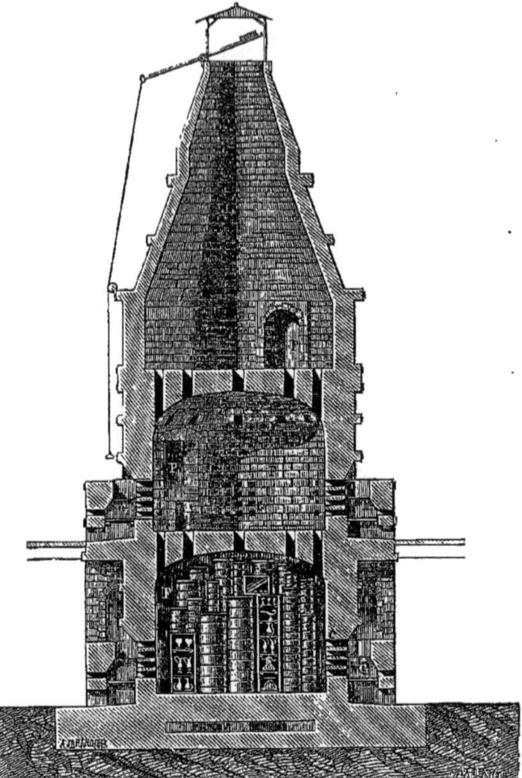

Fig. 530. — Four à porcelaine

Les pièces se cuisent en cazette dans des fours analogues à ceux pour faïence fine, ayant un ou deux étages. La cuisson se fait à la houille.

La décoration de la porcelaine tendre, tant en peinture qu'en dorure, se fait comme pour la porcelaine dure.

Cette classe de poteries comprend les porcelaines de Creil, de Bordeaux et les célèbres vases de Minton de Stoke-upon-Trent.

Porcelaine tendre artificielle. — La porcelaine tendre artificielle ou française a été inventée par Morin en 1695; c'est un silicate alcalino-terreux incomplétement fondu. La fusibilité de la pâte est due à l'addition soit de soude, de potasse, soit de sels tels que le sel marin, le nitre, ou encore de sulfates de calcium ou de baryum.

La composition de l'ancienne porcelaine tendre de Sèvres était la suivante :

Nitre	22,0
Sel gris	7,2
Alun	3,6
Soude d'Alicante	3,6
Gypse de Montmartre	3,6
Sable de Fontainebleau	60,0

Après avoir mêlé ces matières on les fritte. On broie cette fritte, on la lave et on forme la pâte en ajoutant à

Fritte	75
Craie blanche	17
Marne calcaire	8

On mélange ces matériaux en les broyant au moulin avec de l'eau et on laisse ces pâtes quelques mois, puis on les dessèche et on les repulvérise.

On emploie maintenant une fritte :

Soude	2
Sable gris de terre de bruyère	7

La pâte se compose de :

Marne argileuse	9
Craie	9
Fritte	100

Les pâtes ainsi obtenues sont très-peu liantes; on leur donne de la plasticité en ajoutant 1/8 en poids d'un mélange de gélatine et de savon noir. On emploie quelquefois un mucilage de gomme.

Le vernis ou glaçure est composé comme il suit :

Litharge	38
Sable calciné	27
Silex calciné	11
Carbonate de potassium	15
Carbonate de sodium	9

Ces matières, mêlées et broyées, sont fondues dans des creusets, pilées et broyées de nouveau et fondues une seconde fois. Le façonnage de la porcelaine tendre était très-difficile, vu le peu de plasticité de la pâte. On moulait les pièces et on les tournassait à sec. Cette opération donnait une poussière silico-alcaline nuisible aux ouvriers.

La cuisson est double comme pour la faïence fine. On cuit d'abord en biscuit; mais comme on va jusqu'au ramollissement de la pâte pour que les pièces ne se déforment pas, on les cuit sur des espèces de noyaux qu'on nomme *renversoirs*, ayant exactement la forme de la pièce façonnée. Le tout est enfermé dans des cazettes.

Le biscuit n'étant pas absorbant, on met par arrosage le vernis en bouillie épaisse. La cuisson en biscuit se fait à une température plus élevée que celle en couverte.

On peut se servir successivement du même four pour cuire le biscuit et le vernis, ou bien avoir un four à deux étages; on cuit alors en bas le biscuit et en haut les pièces en vernis.

Les pâtes peuvent être très-diversement colorées. Cette fabrication est presque abandonnée.

MATIÈRES DÉCORANTES ET COLORANTES.

Il nous reste à parler des divers modes de décoration employés dans les arts céramiques. Ces modes peuvent se diviser comme il suit :

1. Les oxydes métalliques;
2. Les engobes;
3. Les émaux;
4. Les couleurs;
5. Les métaux;
6. Les lustres métalliques.

Oxydes métalliques. — On se sert des oxydes talliques comme nous l'avons vu (p. 1157) pour lorer les pâtes dans leur masse.

Les oxydes qu'on emploie peuvent quelquefois donner des nuances différentes, suivant la nature de l'atmosphère du four pendant la cuisson; ainsi l'oxyde de chrome donne un vert jaunâtre dans un milieu oxydant et du vert bleu dans un milieu réducteur.

Le mode de préparation des oxydes exerce aussi une certaine influence.

Les oxydes les plus employés pour colorer les pâtes sont :

Les oxydes de fer, qui donnent, suivant la température de la cuisson, du jaune, du rouge, du brun;

Les oxydes de manganèse, qui donnent du violet ou du brun;

Les oxydes de chrome, qui donnent du vert jaune ou du vert bleu;

Les oxydes de cobalt, qui donnent du bleu;

Les oxydes d'urane, qui donnent du jaune ou du brun.

Les oxydes s'emploient généralement par incorporation dans la pâte, pendant sa préparation.

Cependant les oxydes de grande valeur sont posés sur la pâte elle-même, tantôt crue, tantôt cuite.

La coloration dans les pâtes s'emploie surtout pour les grès fins, les faïences fines et les porcelaines.

Engobes. — Les engobes sont des matières terreuses fixées par un fondant vitreux; ils sont employés pour décorer les poteries en cachant la couleur naturelle de la terre, souvent désagréable. Les engobes sont faits soit avec des ocres lavés, soit à l'aide de terre blanche colorée artificiellement par des oxydes.

Les engobes doivent cuire au même feu que les pièces sur lesquelles on les applique, présenter la même fusibilité, la même dilatabilité pour bien adhérer à la pâte.

Les engobes peuvent recevoir la glaçure ou rester mats. Ils s'appliquent tantôt sur cru, tantôt sur cuit ou dégourdi. On peut les placer pendant le moulage ou par arrosement après le moulage; on les emploie à l'état de barbotine.

Émaux. — Les émaux sont des matières fusibles, vitrifiables, généralement rendues opaques par les acides stannique ou antimonique; ils servent à recouvrir les poteries pour former des fonds colorés et dissimuler la couleur des terres qui ont servi à la préparation des vases.

Les émaux doivent être assez durs pour résister à l'usure et être inaltérables à l'eau et à l'air, de manière à conserver l'éclat dû à la vitrification.

La température de fusibilité des émaux et leur dilatabilité doivent varier avec la nature des poteries sur lesquelles on les applique. Les poteries tendres sont susceptibles de recevoir des émaux bien plus variés de nuance que les autres parce que, la cuisson se faisant à une température assez basse, on n'a pas à craindre la destruction des émaux. Ceux-ci s'emploient surtout pour les faïences et les grès; nous avons donné, en parlant des poteries émaillées, la composition et la préparation des émaux les plus employés.

L'application des émaux sur les poteries se fait, comme on l'a dit, par immersion ou par arrosement, la matière vitrifiable étant en suspension dans l'eau.

M. Salvetat a donné les formules suivantes, à l'aide desquelles on peut obtenir des émaux variés résistant à une température élevée. Ces émaux ont pour base un borosilicate de plomb qui sert de fondant; il est composé de :

Sable	1000	Fondant.
Minium	2000	
Borate de calcium	500	

Ce fondant est coloré comme il suit :

On ajoute à la mixtion indiquée :

Pour les gris :	Clair.	Foncé.
Oxyde de cobalt	2	60
Oxyde de cuivre noir	12	100
Oxyde de fer rouge	12	120
Carbonate de manganèse	24	120
Pour les bleus :		
Oxyde de cobalt	40	125

Pour les verts :

	Bleu.	Jaune.
Oxyde de cuivre	125	50
Chromate de potassium	»	12

Pour les jaunes :

Chromate de potassium	25	»

Pour les bruns :

	Violâtre.	Foncé.
Oxyde de fer rouge	250	250
Carbonate de manganèse	125	125
Oxyde de cobalt	»	60

Pour les violets :

Oxyde de cobalt	»	6
Carbonate de manganèse	125	125

On fond au creuset ces divers mélanges, on coule et on porphyrise. L'application peut se faire au pinceau en broyant l'émail porphyrisé avec de l'essence de térébenthine.

Les pièces décorées à l'aide de ces émaux sont généralement cuites dans les moufles employés pour la porcelaine peinte.

Couleurs vitrifiables. — Les couleurs vitrifiables servent plus spécialement à la peinture des poteries. Elles sont composées d'un mélange de flux vitreux et de principe colorant. Le flux fait adhérer la couleur et lui donne du brillant. Quelquefois on fait des couleurs mattes en diminuant la quantité du flux vitreux.

Les qualités que doivent présenter les couleurs sont les mêmes que celles que nous avons indiquées pour les émaux et les engobes.

Les couleurs peuvent se diviser en trois groupes suivant les températures de cuisson qu'elles peuvent supporter. Ce sont :

Les couleurs tendres ou de moufle ordinaire,
Les couleurs dures ou de demi-grand feu,
Les couleurs de grand feu.

Les couleurs sont formées d'oxydes ou de sels métalliques ou terreux et d'un fondant. Les oxydes ou sels employés sont :

L'oxyde de chrome,
L'oxyde de fer,
L'oxyde d'urane,
L'oxyde de manganèse,
L'oxyde de zinc,
L'oxyde de cobalt,
L'oxyde d'antimoine,
L'oxyde de cuivre,
L'oxyde d'étain,
L'oxyde d'iridium.

Parmi les oxydes salifiés et mêlés de matières terreuses, on compte :

Le chromate de fer,
Le chromate de baryum,
Le chromate de plomb,
Le chlorure d'argent,
Le pourpre de Cassius,
La terre d'ombre,
La terre de Sienne,
Les ocres rouges et jaunes.

Le mode de préparation de ces diverses matières influe beaucoup sur la qualité de la couleur obtenue. Dans les couleurs produites, il y a quelquefois combinaison de la matière colorante avec le flux ou fondant, c'est le cas des oxydes de cuivre ou de cobalt, qui ne se colorent qu'à l'état de silicates ou de sels; dans les autres cas, le flux maintient simplement en suspension l'oxyde colorant et le fait adhérer aux poteries, comme pour l'oxyde de chrome, de fer, etc. Le fondant doit donc varier suivant la nature des oxydes à employer.

Pour la peinture sur porcelaine il faut, pour arriver à varier les tons, pouvoir mélanger les couleurs sans les altérer; de là la nécessité de proscrire l'emploi de toutes les substances capables de réagir les unes sur les autres à la cuisson de manière à changer de ton. C'est cette considération qui limite les matières que l'on peut employer aux quelques substances que nous avons citées.

Les matières qui entrent dans la composition des fondants doivent être incolores et choisies de telle sorte que, par les mélanges des couleurs entre elles, il ne se produise pas de réaction modifiant les oxydes; elles se trouvent par ces faits réduites aux suivantes :

Le sable ou quartz,
Le feldspath,
Le borax,
L'acide borique,
Le borate de calcium,
Le nitre,
Le carbonate de potassium,
Le carbonate de sodium,
Le minium et la litharge,
L'oxyde de bismuth.

En général, on réduit le nombre des fondants à six pour la fabrication des couleurs de porcelaine dure; de légères modifications peuvent les rendre propres à la porcelaine tendre, les faïences fines et communes, etc.

Ce sont :

1. Fondant aux rouges;
2. Fondant aux gris;
3. Fondant aux carmins;
4. Le fondant de pourpre;
5. Le fondant de violet;
6. Le fondant de bleu.

Fondant n° 1. — On fond au creuset :

Sable	25
Minium	75

On mélange intimement ces matières, on les fond rapidement; la masse est après fusion un verre jaunâtre. Si l'on chauffe lentement, on perd du plomb et l'on attaque le creuset.

Quand la masse est fondue, on coule sur une plaque de métal et on pulvérise au mortier de porcelaine.

Fondant n° 2. — On fond le mélange suivant :

Minium	66,66	ou	600
Sable	22,22		200
Borax fondu	11,11		100

Fondant n° 3 ou pour carmins. — On prend :

Borax fondu	55,55	ou	500
Sable	33,33		300
Minium	11,11		100

Après fusion, on ne coule pas. On retire la masse vitreuse avec les pinces; la matière fondue est blanche et opaline.

Fondant n° 4. — Il se compose de :

Borax	600
Sable	400
Minium	100

Fondants n° 5 et n° 6. — On prend :

Acide borique cristallisé	400	300
Sable	100	100
Minium	400	600

Ces deux derniers fondants sont assez fusibles.

Il ne faut pas couler les fondants dans l'eau, de peur d'enlever une portion du borax au fondant.

Nous allons maintenant donner rapidement un aperçu des mélanges de fondant et d'oxydes qu'on emploie pour se procurer les couleurs. On peut aussi préparer la couleur d'un seul coup en mélangeant directement les oxydes colorants et les matières destinées à former le fondant. On évite par ce procédé une fusion.

Les couleurs ne se fondent pas toutes; on les

divise même au point de vue de leur préparation en trois groupes :

1° Les couleurs qui se fondent ;

2° Les couleurs qui ne se fondent pas ;

3° Les couleurs qui se frittent.

Les *couleurs qui se fondent* sont celles dans lesquelles entrent des oxydes qui ne colorent la masse qu'en se combinant au fondant; une telle combinaison se produit entre la silice et le cobalt ou le cuivre, ou encore entre les oxydes de plomb et d'antimoine ; on fond le mélange pour développer la couleur.

Les *couleurs qui ne se fondent pas* sont celles dans lesquelles les oxydes se mêlent simplement au fondant, parce que ces oxydes restent tels quels et ont le ton qu'ils doivent avoir, comme les oxydes de fer et de chrome; ou celles qui comme les couleurs tirées de l'or ne supporteraient pas cette fusion préalable sans s'altérer.

Les *couleurs qui se frittent* sont celles qui ne peuvent supporter une fusion préalable complète; on les fritte pour agglomérer le fondant et l'oxyde colorant par cette demi-fusion. Ces couleurs demandent une grande pratique pour être réussies convenablement.

Couleurs de moufles tendres. — Voici quelques recettes comme exemples de composition de ces couleurs variables à l'infini.

Ces recettes sont celles suivies à Sèvres.

Les *blancs* ont pour base, comme nous l'avons vu, l'oxyde d'étain, l'acide arsénieux, ou le phosphate des os. On peut aussi fritter plusieurs fois le mélange suivant :

Sable blanc	53
Calcine à 15 d'étain pour 100 de plomb.	26
Carbonate de potassium	21

Les *gris* étant des mélanges de diverses couleurs, ils s'altèrent facilement aux températures élevées ; on les obtient par des mélanges variés d'oxydes de fer, de manganèse et de cobalt additionnés de fondant n° 2.

	Gris foncé.
Fondant n° 2	88
Carbonate de cobalt	8
Hydrate de peroxyde de fer (oxyde jaune)	4
Carbonate de zinc hydraté	0

	Gris roussâtre.
Fondant n° 2	88
Carbonate de cobalt	6
Oxyde rouge de fer par calcination du sulfate	3
Carbonate de zinc hydraté	3

On triture le mélange et on le fond à une chaleur légère. Ces gris se mêlent aux autres couleurs et glacent bien.

Les *noirs* s'obtiennent avec les mêmes matières que les gris, en mettant un peu moins de fondant. M. Salvetat indique la méthode suivante : on dissout dans l'acide chlorhydrique 400 grammes de fer et 200 grammes de cobalt oxydé; on précipite le mélange des solutions par le carbonate de soude, on lave avec soin, on sèche et l'on calcine avec 2 fois son poids de sel. On lave, sèche et calcine de nouveau; on a ainsi l'oxyde à noir. On mélange pour avoir la couleur :

Fondant n° 6	500
Oxyde à noir	100

et on fond au creuset; on obtient aussi un très-beau noir en mélangeant :

Fondant n° 2	75
Oxyde d'iridium	25

Les *bleus* se préparent à l'aide du cobalt amené à l'état de silicate ou de borate. Pour les bleus rappelant l'indigo, on ajoute de l'oxyde de manganèse; pour les bleus azurés, du carbonate de zinc.

On fond pour :

	Bleu foncé.	Bleu azur.
Fondant n° 2	61	79
Carbonate de cobalt	13	7
Carbonate de zinc hydraté	26	4

Les *verts* sont fournis tantôt par l'oxyde de chrome, tantôt par le peroxyde de cuivre. On y joint souvent de l'oxyde de cobalt ou de zinc. Les verts au cuivre gagnent sur les couvertes alcalines; ceux au chrome, au contraire, jaunissent dans ce cas et doivent s'appliquer sur les couvertes boro-siliceuses.

M. Salvetat mélange intimement en broyant à l'eau :

Oxyde de chrome	50
Carbonate de potassium	25
Carbonate de zinc hydraté	25

Quand ce mélange est sec, on le calcine fortement, on prend ensuite

De cet oxyde	25
Fondant n° 3 ou n° 6	75

et on broie sans fondre.

Les *jaunes* s'obtiennent au moyen de l'antimoniate de potassium et de l'oxyde de plomb. On peut ajouter pour les jaunes foncés de l'oxyde d'urane. Le chromate de plomb donne des jaunes orangés, mais on ne peut pas mélanger cette couleur avec les autres, il en est de même des jaunes d'urane, qui ne se mettent que par touches isolées.

On fond ensemble pour :

	Jaune jonquille.	Jaune foncé.
Fondant n° 2	75	75
Antimoniate de potassium	17	17
Carbonate de zinc hydraté	8	0
Oxyde de fer rouge	0	8

Les *bruns-jaunes* se font à l'aide de fondant n° 2 qu'on mélange sans fondre avec des proportions variables d'oxyde de zinc et d'oxyde de fer obtenu, soit par l'action de l'ammoniaque sur le chlorure de fer, soit par l'action de l'eau sur le sulfate de protoxyde; on met environ 75 °/₀ de fondant n° 2.

Les *rouges* sont tous obtenus au moyen du fer. L'oxyde de fer employé provient de la décomposition du sulfate par la chaleur; suivant la température de calcination, la couleur obtenue varie du rouge-capucine au rouge violâtre. Les tons que donnent les couleurs de fer passent aux températures élevées.

On emploie en général pour les rouges foncés :

Oxyde de fer de nuance voulue	100
Fondant n° 2	100
Fondant n° 6	300

Pour les rouges tendres :

Oxyde de fer	100
Fondant n° 1	100
Fondant n° 6	300

On triture ces mélanges sans les fondre.

En Angleterre, il existait une couleur rose appelée *pink-colour*, dont on ignorait la composition ; M. Malaguti, après une étude de cette matière, est arrivé à la reproduire à l'aide du mélange suivant :

Acide stannique	100
Craie	34
Oxyde de chrome	1 à 1,25
Silice	5
Alumine	2

On chauffe ces matières au rouge clair, dans un creuset luté, pendant quelques heures. La masse devient d'un beau rose par un lavage à l'acide chlorhydrique très-étendu.

Couleurs d'or. — Ces couleurs sont données par le pourpre de Cassius ; ce sont le carmin, le pourpre et le violet.

Pour le carmin, on broie sur une glace :

Or à l'état de pourpre	5,00
Argent à l'état de chlorure	1,70
Fondant n° 8	250,00

Pour les pourpres, on triture sans fondre :

Or à l'état de pourpre	5,00
Chlorure d'argent	1,25
Fondant n° 4	200,00

Pour le violet on mélange de même :

Or à l'état de pourpre	5,00
Fondant n° 5	150,00

Pour les *couleurs demi-grand feu* ou de moufles durs, on se sert des mêmes mélanges que nous venons de citer, en les durcissant par l'addition de corps convenables ; le carbonate de zinc convient dans presque tous les cas, on en fait une addition de 20 %, on durcit les jaunes en ajoutant 20 à 25 % de jaune de Naples, les rouges par l'oxyde de fer seul ou mélangé de carbonate de zinc. Il suffit de broyer l'oxyde avec la couleur déjà préparée, excepté dans le cas du cobalt où il faut refondre le tout.

Les *couleurs de grand feu* sont celles qui cuisent à la même température que la glaçure. Les émaux, sauf leur composition, rentrent dans cette classe.

Pour la porcelaine dure, les couleurs grand feu sont peu nombreuses.

Le noir pur s'obtient avec 1 p. d'oxyde d'urane délayée dans 22 p. de couverte ; le noir ordinaire avec de l'oxyde de manganèse ou d'iridium ; le noir bleuâtre par l'oxyde de cobalt mélangé de celui de manganèse ; le gris par le chlorure de platine ; les bleus se font à l'aide de l'oxyde de cobalt pur ou mélangé d'oxyde de zinc ou d'alumine ; les verts par le chrome additionné de cobalt ; le jaune se produit par l'oxyde de titane ; le rose s'obtient en délayant du chlorure d'or dans de la couverte ; les bruns sont donnés par l'oxyde de manganèse et la terre d'ombre ou l'oxyde de fer, ou bien par le chromite de fer additionné d'oxyde de chrome.

Les couleurs grand feu et demi-grand feu ne sont en général employées que pour les fonds ; on les pose sur le dégourdi par immersion, si ces couleurs sont en suspension dans l'eau ; on ménage s'il y a lieu des réserves en mettant aux endroits voulus du suif avant l'immersion. Quand les couleurs sont broyées à l'essence, on les applique avec une espèce de brosse appelée putois.

Toutes les couleurs, avant d'être mises en usage, sont pulvérisées au mortier, puis broyées à l'eau dans des moulins analogues à ceux employés pour les pâtes. En général, quand on applique les couleurs au pinceau, au moment de l'emploi on les broye à l'essence sur une glace dépolie à l'aide d'une molette. Les couleurs peuvent s'appliquer sur le dégourdi, dans la glaçure ou sur la glaçure. Dans la peinture sur émail, on peut peindre à l'eau sur émail cru ou à l'essence sur cuit.

On a décoré les porcelaines par impression et par des procédés analogues à la chromolithographie. On dépose sur un papier préparé et portant le dessin imprimé en encre grasse les couleurs en poudre : elles se fixent sur l'encre. Ou encore, on enduit la pièce à décorer d'un mucilage, on applique sur la pièce le papier portant le dessin, les poudres colorantes quittent le papier et adhèrent au mucilage en conservant la forme des contours. On enlève le papier, puis on peut procéder à la cuisson.

Les couleurs grand feu se cuisent dans les fours ordinaires où l'on cuit la glaçure ; les autres, dites de moufle, tirent leur nom du four spécial dans lequel on les cuit. Les moufles (fig. 531) sont des espèces de boîtes rectangulaires M en terre réfractaire dont la partie supérieure est ordinairement voûtée. A la partie supérieure se trouve une douille d'évaporation *d*. La porte P est munie en son centre d'une visière V ; *m'* est un mur qu'on construit après l'emmouflement. Le tout est recouvert à la partie supérieure d'un cintre arqué percé de carneaux *o o*. Pour éviter la casse, on chauffe le moufle légèrement avant l'emmouflement. Quand les pièces sont emmouflées, on place la porte P et on construit le mur *m'*. On élève alors la température progressivement et l'on finit par un feu assez vif. On cuit au bois ou à la houille. On suit le feu avec beaucoup de soin ; il y a trois procédés pour cela. En regardant par la visière, un cuiseur habile juge très-sûrement son feu d'après la couleur.

Fig. 531. — Moufle.

Le second procédé est celui des montres : on appelle ainsi des touches d'une couleur susceptible de changer de ton avec la température, placées sur des morceaux de poterie qu'on met dans le moufle. On emploie en général le carmin. On classe en général les feux comme il suit :

DÉNOMINATION DES FEUX.	COULEURS DES CARMINS.	Degré au pyromètre d'argent.	Évaluation en degrés centigrades.
Feu d'or, sur fonds tendres	Rouge-brun sale, à peine glacé	De 200 à 230	620
— de 2e retouche	Rouge un peu briqueté	250	800
— de 1re retouche	Rose dans les minces, briqueté dans les épais.	255	800
— de peinture tendre	Rose purpurin	260	900
— d'or sur blanc	Rose tirant sur le violâtre	275	920
— de garniture d'assiettes en filet d'or.	Ton violacé	287	950
— de couleur dure	Ton violacé pâle	290	950
— d'or mat	Ton rose et violacé disparus	315 à 320	1000

Le troisième procédé est celui des pyromètres.

Métaux. — Quelques métaux sont employés en nature pour la décoration des poteries; ce sont l'or, le platine et l'argent. C'est grâce à leur malléabilité et à leur inaltérabilité au feu et à l'air qu'on peut les employer à cet usage.

On réduit ces métaux en poudre impalpable en précipitant leur dissolution par des réactifs convenables. La poudre est ensuite broyée à l'essence et appliquée au pinceau.

L'or est précipité de sa solution dans l'eau régale par le sulfate de protoxyde de fer en solution étendue ou par le nitrate mercureux. On emploie aussi l'or divisé mécaniquement par le broyage de feuilles minces avec du miel, du sucre, du sel ou tout autre divisant que l'eau puisse enlever. Cet or se place dans des coquilles de moules, d'où le nom d'or en coquilles.

L'or peut se mettre à l'aide de solution gommeuse ou mucilagineuse directement sur les poteries qui, comme les faïences fines et les porcelaines tendres, sont recouvertes d'une glaçure fondant assez facilement pour faire adhérer le métal.

Dans le cas des porcelaines dures, on est obligé d'ajouter un fondant spécial à l'or. C'est le nitrate de bismuth précipité par l'eau de sa solution azotique. On ajoute à l'oxyde de bismuth 1/12 de borax fondu et on mêle 1/12 ou 1/15 de fondant pour 1 p. d'or.

Le platine se prépare par calcination du chloroplatinate d'ammonium.

L'argent est obtenu en poudre fine par la précipitation d'une solution étendue d'un de ses sels au moyen du cuivre métallique. Pour empêcher l'argent de se sulfurer, on le recouvre d'une légère couche d'or.

Les métaux s'appliquent au pinceau; les filets circulaires se font en plaçant la pièce sur un petit tour à axe horizontal.

La cuisson des métaux se fait dans les moufles.

Après la cuisson, les métaux sont généralement mats. On leur donne l'éclat métallique en les frottant à l'aide de brunissoirs en hématite brune ou en agate.

Lustres métalliques. — Les lustres sont des métaux appliqués sur les glaçures en couche très-mince; ils peuvent recevoir par le feu, sans brunissage, l'éclat métallique ou des nuances irisées dues à la minceur de la couche.

Les lustres les plus employés sont ceux d'or, de platine et de bismuth.

Le *burgos* est un lustre d'or à chatoyement jaunâtre et rosâtre. Il est transparent et laisse voir la couleur de la couverte.

On l'obtient en précipitant par un acide faible un sulfure double d'or et de potassium et broyant le précipité avec un peu de fondant et d'essence de lavande. On l'étend en couche très-mince.

Les lustres d'or se distinguent, suivant l'éclat de l'or et son épaisseur, en dorure de Meissen et lustre d'or proprement dit.

Ce lustre d'or se prépare en broyant de l'or fulminant avec de l'essence de lavande. On a aussi proposé des solutions d'or dans les sulfures alcalins.

La dorure de Meissen possède l'éclat métallique et la couleur de l'or sans avoir besoin d'être brunie. Les procédés employés à Meissen sont encore secrets. C'est probablement une dissolution de sulfure d'or ou d'or fulminant dans du baume de soufre. Cette dorure ne présente aucune résistance à l'usure.

Le lustre de platine se fait à l'aide du chlorure de platine ou du chloroplatinate d'ammonium broyé avec de l'essence de lavande ou une autre essence. Après cuisson, le platine paraît avec son éclat métallique. Ce lustre est opaque.

Il existe un lustre de cuivre qui se rapproche du burgos et se fait probablement en volatilisant du cuivre dans le four où l'on cuit des faïences à glaçure stannifère.

Le lustre d'argent donne une coloration brillante métallique à reflets jaunâtres. Il est composé de chlorure d'argent fondu avec un verre fusible et plombifère; la cuisson doit avoir lieu ou du moins se terminer dans un milieu réducteur.

Si la pièce sur laquelle on met ce lustre est bleue, on a le lustre cantharide dû au mélange du bleu et du jaune du lustre.

Le lustre de *bismuth* a donné à M. Brianchon des résultats très-beaux et très-variés rappelant la nacre.

Il prépare un *fondant* composé de 10 p. de nitrate de bismuth, 30 p. de résine arcanson, 75 p. d'essence de lavande.

On ajoute à ce fondant des colorants faits de la même façon : avec le nitrate d'uranium on produit, après cuisson, un ton jaune brillant.

Avec le nitrate de fer, une couleur rouge orange.

Avec le mélange des deux sels précédents, on obtient une coloration métallique imitant les différents tons de l'or poli.

Les lustres se posent tous sur la glaçure, qui doit être très-brillante, et s'appliquent au pinceau.

La cuisson des lustres se fait en moufle.

Nous renvoyons le lecteur désireux de faire une étude plus approfondie des arts céramiques aux divers articles du *Dictionnaire des arts et manufactures*, de Laboulaye, aux leçons de M. Salvetat, professées à l'École centrale, et au traité de A. Brongniart, dont cet article n'est pour ainsi dire qu'un extrait. G. Vogt.

POUDRES ET MATIÈRES EXPLOSIVES. — Nous ferons, dans cet article, l'histoire des différentes matières explosives employées dans l'industrie et dans l'art de la guerre.

On s'accordait autrefois à attribuer la découverte de la poudre à tirer au moine bénédictin Berthold Schwarz (1334). C'était une erreur, car la connaissance plus ou moins complète des propriétés que possède le mélange de salpêtre, charbon et soufre paraît remonter à une haute antiquité. Ce mélange était employé en Chine, et son emploi s'est propagé en Orient. Il entrait dans la composition du feu grégeois, dont les Arabes se sont servis au VIIIe siècle. On n'arriva que plusieurs siècles plus tard à reconnaître et à utiliser les propriétés balistiques de la poudre : c'est seulement au XIVe siècle, à la bataille de Crécy, en 1346, que la poudre et les canons apparaissent sur les champs de bataille.

La poudre n'était alors qu'un mélange assez grossier des matières pulvérisées; elle fut peu à peu perfectionnée. On reconnut la nécessité d'un mélange intime et les avantages de la poudre en grains sur le pulvérin; les poudres grenées furent définitivement adoptées à partir du XVIe siècle.

A la fin du siècle dernier, Berthollet, qui venait de découvrir le chlorate de potassium, reconnut que ce corps, substitué au salpêtre dans la poudre ordinaire, donnait une matière explosive d'une puissance bien supérieure. Cette fabrication, commencée en 1786 à la poudrière d'Essonnes, amena un accident terrible où Berthollet lui-même faillit perdre la vie; elle dut être abandonnée. L'explosion arrivée à Paris le 6 octobre 1870 et qui coûta la vie à treize personnes montra une fois de plus les dangers des poudres au chlorate : ces poudres, en effet, détonent très-facilement par le choc et par le frottement.

Jusqu'en 1846, époque où Schœnbein attira l'attention sur le fulmi-coton, la poudre ordinaire fut à peu près seule employée. On proposa seulement de remplacer le salpêtre par des corps moins chers, comme le nitrate de sodium, et le charbon de bois par des charbons minéraux ou des corps organiques, l'amidon, le sucre, la sciure de bois.

Quelques industriels, en partie pour se soustraire au monopole de l'État, employèrent des mélanges assez grossiers qui possédaient, outre leur prix de revient assez bas, la propriété de moins projeter les matériaux dans l'explosion des grandes mines. Ces mélanges formaient des poudres lentes qui présentaient certains avantages. Des poudres possédant des propriétés analogues et fabriquées par l'État n'eurent néanmoins aucun succès.

La propriété que possède l'acide nitrique de donner avec les matières ligneuses des produits explosifs avait été reconnue dès 1823 par Braconnot, et ces matières elles-mêmes proposées en 1838 par Pelouze pour l'usage de l'artillerie. A partir de cette époque, on reconnut qu'un grand nombre de corps nitrés jouissent de propriétés explosives très-puissantes. En 1863, Nobel commença à faire usage de la nitroglycérine. Ce corps très-dangereux a donné lieu à un grand nombre d'explosions désastreuses; mais il s'est transformé peu à peu, grâce aux persévérantes recherches de Nobel, en une nouvelle poudre qui paraît relativement peu dangereuse, la dynamite, constituée par une matière inerte imbibée de nitroglycérine.

Vers la même époque, on proposa l'emploi des picrates (Désignolles, Fontaine, Brugère, Abel).

Enfin, il y a quelques années, pendant que les nouvelles substances, généralement beaucoup plus dangereuses que la poudre ordinaire, faisaient leur apparition, une idée suggérée par l'étude des poudres nouvelles a pris une certaine importance. C'est celle des poudres dites *inexplosibles*. On appelle ainsi les composés qui brûlent lentement ou fusent simplement à l'air libre et ne développent leur force explosive que lorsqu'ils sont renfermés dans des capacités closes. On peut citer comme exemple la poudre Neumeyer et Klein (dans laquelle le lignite remplace le charbon de bois) et jusqu'à un certain point, peut-être, les poudres au picrate d'ammonium. Parmi les nouveaux composés, quelques-uns jouissent de la même propriété plus ou moins accentuée; mais la plupart sont, par contre, d'une stabilité douteuse.

POUDRE A TIRER.

La poudre, mélange d'un puissant agent d'oxydation, le salpêtre, avec deux substances facilement oxydables, le soufre et le charbon, jouit de propriétés qui en assureront sans doute pendant longtemps l'emploi à peu près exclusif dans les armes à feu. Son peu de sensibilité à l'action du choc et du frottement permet une fabrication relativement peu dangereuse. La poudre se conserve assez facilement sans altération; elle répond, par ses qualités, aux nécessités de l'emploi dans les bouches à feu, en communiquant au projectile une force vive considérable, sans détériorer trop rapidement l'arme; enfin, le prix de revient de la poudre est peu élevé.

La poudre laisse dans les armes un résidu solide constituant le *crassement* : ce résidu se dépose en partie dans la chambre de combustion, en partie le long des parois de l'âme. Cette dernière portion est, suivant le mode de chargement, entraînée en plus ou moins forte proportion par les bourres et projectiles du coup suivant. Le crassement des poudres de chasse françaises est de 3 à 8 %.

La poudre est très-stable à la température ordinaire; elle est peu hygrométrique. L'humidité diminue la vitesse de combustion de la poudre; au delà de 5 % d'eau la poudre est altérée et ne reprend plus complétement ses propriétés par la dessiccation; le salpêtre vient s'effleurir sur les grains et le mélange perd son homogénéité. Le grenage et le lissage de la poudre lui donnent assez de résistance pour en permettre le transport sans formation de poussière ou altération. Cette stabilité, qui est une des plus importantes propriétés de la poudre, paraît due à la stabilité relative de l'azotate de potassium. En effet, en remplaçant ce corps par du chlorate de potassium, on obtient une poudre détonant par le choc ou la friction, très-dangereuse à fabriquer et brisante. Le soufre contribue à augmenter l'inflammabilité de la poudre : d'après Violette, le charbon torréfié décompose le salpêtre à 400°, le soufre à 432° et le mélange de salpêtre et de soufre à 250°.

Influence de l'état physique. — La combustion de la poudre se propage plus ou moins rapidement suivant que la masse offre plus ou moins d'intervalles libres à la circulation de la flamme. La poudre soumise simplement à la dessiccation brûle très-rapidement. Au contraire, dans la poudre comprimée la combustion ne se propage que lentement et successivement; il en est de même dans la poudre en poussière fine. En formant la poudre de grains compactes et de grosseur convenable, on conçoit qu'on puisse faire varier dans certaines limites la vitesse de combustion : la poudre en grains peut brûler deux fois plus vite que la poudre en poussière. Cette dernière, du reste, se sépare par densité dans les transports, et perd son homogénéité. Aussi le grenage est-il universellement adopté.

La poudre grenée donne de la poussière par le frottement : d'où une altération dans le transport. Aussi a-t-on l'habitude de lisser les grains des poudres de qualité supérieure. Le lissage s'obtient en faisant frotter les uns contre les autres les grains encore légèrement humides. Quelquefois on ajoute un peu de graphite, mais celui-ci étant peu combustible diminue l'inflammabilité : le graphite obtenu par la méthode de Brodie présente cet inconvénient à un moindre degré. En France, les poudres à canon sont soumises au lissage pendant 12 minutes, la poudre à mousquet 15 minutes; les poudres de chasse 24 à 48 heures. Le lissage rend la surface du grain brillante et en augmente la densité d'une manière notable (jusqu'à $\frac{1}{15}$) : par suite l'inflammabilité et la vitesse de combustion diminuent, surtout pour les parties superficielles. La poudre lissée est propre, peu hygrométrique et peut être transportée sans altération.

MATIÈRES PREMIÈRES EMPLOYÉES DANS LA FABRICATION DE LA POUDRE (1).

Salpêtre. — On n'emploie pour la fabrication de la poudre que de l'azotate de potassium raffiné : en France, les règlements exigent qu'il ne renferme pas plus de 3/1000 de chlorure de potassium. Suivant les pays, on l'emploie à l'état de petits cristaux, comme on l'obtient dans le raffinage, ou en pains obtenus par fusion.

Soufre. — On se sert du soufre raffiné en canons : il doit être d'un beau jaune, ne pas laisser de cendres par la combustion et ne pas renfermer d'arsenic, ce qui fait rejeter le soufre extrait des pyrites; il doit se dissoudre complétement dans les dissolvants neutres. Quelquefois, pour purifier le soufre, on le fond; on laisse déposer les impuretés et l'on sépare la partie inférieure du pain. La fleur du soufre est généralement rejetée à cause de la présence des acides sulfureux et sulfurique qui en nécessiteraient la purification par lavage.

Charbon. — C'est le corps qu'il est le plus difficile d'obtenir dans un état convenable et constant; les

(1) Pour ce qui concerne ce chapitre et le suivant (Fabrication des poudres), nous avons fait de nombreux emprunts à la *Chimie technologique de Knapp*, traduite et augmentée par MM. Mérijot et Debize.

diverses substances végétales produisent par carbonisation des charbons dont la composition, la densité, la porosité, et par suite l'inflammabilité, sont très-variables; les propriétés des charbons varient également avec la température et la durée de la carbonisation. On n'emploie que les bois tendres renfermant le moins possible de matière incrustante et seulement les tiges et branches débarrassées de leur écorce; on choisit les essences à tissu homogène. En France on donne la préférence au bois de bourdaine; en Angleterre à l'aune et au peuplier; dans d'autres pays on utilise la chènevotte, le saule, le tilleul, le fusain, le noisetier. On ne carbonise d'habitude que des branches de $0^m,03$ à $0^m,05$ de diamètre.

L'opération doit être faite à une température aussi constante que possible, en évitant la production de goudrons qui se transforment, sous l'influence de la chaleur, en charbon dense et peu combustible. Suivant la température de carbonisation, le poids spécifique des charbons et leur inflammabilité varient notablement. Le tableau suivant, d'après Violette, indique ces variations :

Température de carbonisation.	Poids spécifique.	Température d'inflammation.
260-280°	1,40 à 1,41	340-360°
290-350°	1,40 à 1,50	360-370°
432°	1,71	400°
1000-1500°	1,81 à 1,87	600-800°

Les mélanges de salpêtre et de charbon fusent à des températures variables, suivant la température de carbonisation du bois.

Sous l'influence de la chaleur, le bois perd son eau hygrométrique sans décomposition, si la température ne dépasse pas 150°; entre 150° et 260°, il se décompose progressivement, de manière à donner un charbon imparfait appelé *brûlot*. Entre 270° et 330°, il se transforme en charbon *roux*, soluble encore en partie dans les alcalis caustiques; à 340° et au delà on obtient un charbon noir insoluble dans ces réactifs. Le poids du charbon va constamment en diminuant avec l'accroissement de température à laquelle on le soumet; sa composition varie de même, comme l'indique le tableau suivant (Violette), pour le bois de bourdaine desséché à 150°, les brûlots obtenus à 260° et le charbon roux obtenu à 300°.

	Carbonisation à une température de		
	150°.	260°.	300°.
Carbone	47,51	67,00	73,20
Hydrogène	6,12	5,00	4,25
Oxygène, azote et pertes	46,29	27,50	21,95
Cendres	0,08	0,50	0,60
	100,00	100,00	100,00

Les rendements sont :

En bois desséché	50 % du bois sec.
En charbon roux	36 %.
En charbon noir obtenu à 400°.	30 %.

Lorsqu'on échauffe progressivement du bois soumis à la carbonisation, il se produit un phénomène remarquable. Vers 270°, sous l'influence de la formation et du dégagement des carbures d'hydrogène, la température s'élève rapidement jusque vers 340° et une partie du charbon se transforme en charbon noir : on ne peut obtenir de charbons roux homogènes qu'en maintenant la température très-proche de 270°, sans dépasser ce point.

Les charbons roux sont employés pour les poudres de chasse; les charbons noirs pour les poudres de guerre et de mine.

Procédés divers de carbonisation. — La carbonisation en meules, anciennement pratiquée, est abandonnée à cause du faible rendement, de la mauvaise qualité des produits et de la présence de grains de sable qui peuvent produire des accidents pendant le travail.

La carbonisation en fosses n'est plus guère suivie, non plus que la carbonisation dans des fours; l'emploi de chaudières munies d'un couvercle hermétique, dans lesquelles on allumait le bois pour l'étouffer lorsque la carbonisation était assez avancée, est resté jusqu'en 1862 le procédé réglementaire en France pour la fabrication du charbon de poudre de guerre. Mais tous ces procédés, outre qu'ils nécessitent une main-d'œuvre considérable, donnent de mauvais rendements, et les produits renfermant toutes les variétés de charbons, depuis le brûlot jusqu'au charbon noir, doivent être soumis au triage.

On a d'abord perfectionné la carbonisation du charbon en exécutant l'opération dans des cylindres chauffés par un foyer, dans lequel une partie du combustible employé est formée par les gaz dégagés par le bois. Un foyer chauffe généralement deux cylindres. L'aspect et la couleur de la flamme produite par les gaz indique le point où est arrivée l'opération. Le produit, refroidi pendant 24 heures dans les cylindres, est alors jeté dans des étouffoirs en tôle. Suivant que l'opération a été poussée plus ou moins loin, on obtient du charbon roux ou du charbon noir.

Quel que soit le soin avec lequel l'opération ait été conduite, les produits sont variables, mélangés des diverses sortes de charbon, et doivent être triés.

Un procédé plus perfectionné pour la carbonisation du bois, consistant dans l'emploi de la vapeur d'eau surchauffée, fut proposé par Violette en 1847. Les goudrons étant entraînés par le courant de vapeur, les produits deviennent bien plus purs et plus homogènes. L'appareil est formé par un système de deux cylindres en tôle, concentriques, disposés dans un fourneau où ils sont chauffés par les flammes perdues du foyer qui surchauffe la vapeur circulant dans un serpentin métallique. Le bois, introduit dans un cylindre en tôle perforée, est chargé dans le cylindre intérieur; on fait arriver la vapeur surchauffée sous une pression comprise entre 1/2 et 1 atmosphère. La température dans le cylindre intérieur est indiquée par des alliages fusibles : on règle en conséquence la conduite du feu. On obtient facilement du charbon roux sans mélange renfermant à peine 1 à 2 % de brûlots ou des charbons noirs d'une composition régulière.

On peut néanmoins arriver, comme l'a fait Maurouard à la poudrerie de Metz, à des résultats aussi parfaits que par le procédé précédent en perfectionnant la méthode de distillation en cylindres. Il faut pour cela régulariser le chauffage et rendre l'action aussi symétrique que possible. Dans ce but, chaque cornue est chauffée par un foyer spécial; les gaz et produits de la combustion sont évacués à chaque extrémité du cylindre et sont brûlés sur toute la longueur du cylindre où ils sont distribués par un tube muni d'une fente longitudinale. De plus, un pyromètre indique la température intérieure. Dans un travail continu, les produits de la distillation suffisent à peu près à la carbonisation. Les produits obtenus sont très-réguliers, renfermant à peine 1 à 2 % de brûlots : on obtient avec du bois de bourdaine à 11 % d'humidité 40 % de charbon roux ou 30 % de charbon noir.

FABRICATION DES POUDRES.

Les dosages adoptés, assez variables pour les diverses poudres et pour les divers pays, ont été déterminés plutôt pratiquement que d'après des considérations théoriques. Une légère variation dans les proportions des matières employées a moins d'influence, toutes choses égales d'ailleurs, sur la force de la poudre qu'on ne serait tenté de le croire *a priori*. La nature du charbon employé paraît avoir une influence plus considérable. Mais les qualités d'une poudre sont plus spécialement en relation avec ses propriétés physiques.

Les dosages adoptés en France sont les suivants :

		Salpêtre.	Soufre.	Charbon.
Poudres de chasse		78	10	12
Poudres de guerre	à canon	75	12,5	12,5
	à chassepot	74	10,5	15,5
Poudres de mine		62	18	20

Les dosages adoptés dans d'autres pays sont indiqués dans le tableau suivant :

SUBSTANCES.	ANGLETERRE.	BELGIQUE.	PRUSSE.	WURTEMBERG.	HESSE DARMSTADT.	HANOVRE.
Salpêtre	76,0	75,0	74,0	75,0	73,66	71,0
Soufre	10,0	12,5	10,0	13,5	15,56	18,0
Charbon	14,0	12,5	16,0	11,5	10,66	11,0

La poudre de chasse est celle qui est le plus soignée : les grains en sont très-fins et très-bien lissés. La poudre de guerre, pour divers motifs, et spécialement par raison d'économie et de rapidité de travail, est plus grossière, surtout la poudre à canon. La poudre de mine ne présente pas les mêmes exigences que les poudres employées dans les armes à feu : sa fabrication a lieu par les moyens les plus simples et les plus économiques.

La fabrication de la poudre comprend plusieurs opérations :

1° Le mélange mécanique des éléments qui la constituent : ce mélange doit être aussi intime que possible ; il nécessite un broyage qui réduise les matières en particules très-ténues, de manière à pouvoir donner une grande homogénéité à la masse ;

2° La compression du mélange qui doit donner à la masse une grande densité. Cette opération se confond quelquefois avec les précédentes comme dans le procédé des meules ;

3°, 4° et 5° Le grenage, le séchage et le lissage.

POUDRES DE CHASSE.

Les deux matières premières les plus difficiles à broyer, le soufre et le charbon, sont d'abord triturées séparément dans des tonnes en bois, mobiles autour d'un axe horizontal, ayant 1m,30 de diamètre et 1m,20 à 1m,30 de longueur, complétement garnies de cuir à l'intérieur, et dont le pourtour est muni de douze saillies longitudinales à section demi-cylindrique. Une cloison verticale divise ces tonnes en deux compartiments. On charge dans l'un d'eux 15 kilogrammes de charbon avec 30 kilogrammes de gobilles en bronze de 0m,007 de diamètre, et dans l'autre 30 kilogrammes de soufre avec 60 kilogrammes de gobilles en bronze de 0m,007 de diamètre.

Les matières étant blutées, on pèse :

Salpêtre	15k,60
Soufre	2 00
Charbon	2 40
	20k,00

C'est la quantité qui peut être triturée en une opération sous les meules. Ces meules (fig. 532), disposées par paires, sont en fonte et pèsent 5,000 kilogrammes chacune : elles se meuvent autour d'axes horizontaux dans une auge cylindrique dont la sole est plane : la forme des meules est un cylindre ayant 1m,50 de diamètre sur une largeur de 0m,47. Cette disposition donne lieu à un mouvement de roulement et à un mouvement de glissement très-favorables à la trituration des matières.

L'appareil est complété par des repoussoirs qui ramènent les matières sous la piste des meules.

Les 20 kilogrammes de mélange humectés avec 1 litre et demi d'eau sont triturés sous les meules

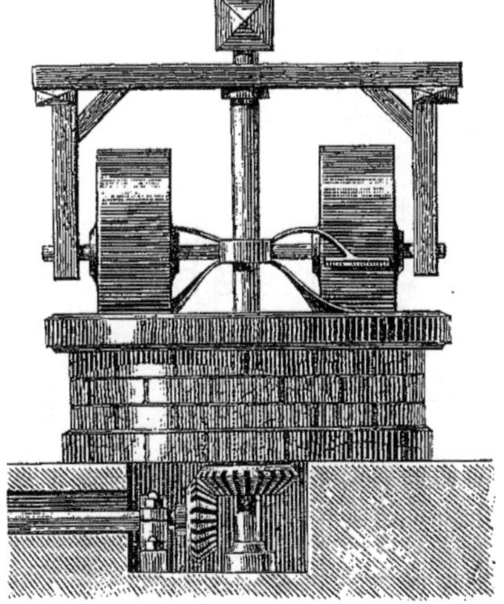

Fig. 532. — Meules de trituration.

animées d'une vitesse de 10 tours à la minute. On les arrose de temps à autre, de manière à maintenir l'humidité entre 6 et 7 °/o d'eau ; la quantité d'eau à employer varie avec la température et l'état hygrométrique de l'air. D'habitude la trituration dure :

2 heures pour la poudre dite *fine*.
4 — — *superfine*.
5 — — *extra-fine*.

L'humidité finale doit être très-proche de 4 °/o.

Pour obtenir le *galetage*, on fait tourner les meules pendant un quart d'heure avec une vitesse de 1/2 tour par minute.

On retire alors la galette qui est dure et compacte et on la brise en morceaux de 1 à 2 centimètres au moyen d'un maillet de bois garni de clous en bronze. Ces fragments sont réduits à l'état de grains au moyen d'un grenoir mécanique connu sous le nom de *guillaume*, sorte de crible portant un fond en bois muni de trous de 0m,001. au-dessous duquel sont disposés deux tamis qui limitent les dimensions maxima et minima des grains de poudre. Un disque de bois dur mis en mouvement sur le fond supérieur brise les morceaux de galette. Une disposition spéciale permet aux fragments refusés par le premier tamis de

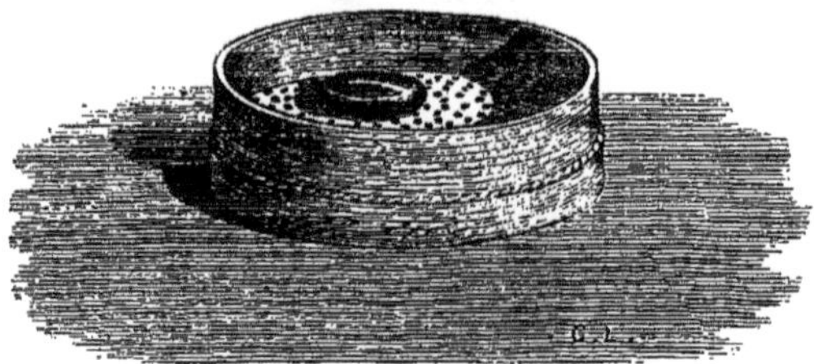

Fig. 533. — Guillaume.

remonter sur le fond supérieur où ils sont soumis de nouveau à l'action du tourteau. La partie restant entre les deux tamis, et qui possède les dimensions des grains de la poudre, est reçue d'une manière continue dans un vase : cette portion forme 60 à 70 % du poids de la galette.

Le lissage du bon grain ainsi obtenu s'effectue dans des tonnes en bois de $1^m,70$ de diamètre à deux compartiments dont chacun reçoit une charge de 150 kilogrammes. On fait tourner respectivement pendant 24, 36 ou 48 heures pour la poudre fine, superfine ou extra-fine. La vitesse est d'abord de 10 tours pendant 1 ou 2 heures, puis de 20 tours à la minute.

Le séchage des grains, qui renferment encore 2 à 3 % d'humidité, s'effectue à l'air libre ou dans des sécheries artificielles dans lesquelles on insuffle de l'air chaud : la couche de poudre est de $0^m,05$.

La dernière opération est l'époussetage, qui consiste à débarrasser la poudre de la poussière qui a pu se former : on l'effectue en passant la poudre sur un tamis suffisamment fin.

POUDRES DE GUERRE.

Les poudres de guerre françaises sont fabriquées par la méthode des pilons.

Fig. 534. — Pilon.

On commence par triturer séparément le soufre et le charbon dans des tonnes garnies de cuir pareilles à celles qui servent au broyage des matières pour la fabrication des poudres de chasse. La charge se compose de :

30 kil. de soufre avec 60 kil. de gobilles de bronze de 10 à 12 millimètres de diamètre.
ou 15 — de charbon avec 15 — de gobilles de bronze de 10 millimètres de diamètre.

Les pilons (fig. 534), analogues aux bocards employés pour la préparation mécanique des minerais (voyez MÉTALLURGIE), se composent d'une flèche mise en mouvement par un arbre à cames et portant une tête de forme arrondie en bronze : la flèche armée pèse 40 kilogrammes environ. Chaque pilon bat généralement dans un mortier séparé, creusé dans une forte pièce de bois et garni à sa partie inférieure d'un culot de bois dur dont les fibres sont disposées verticalement. La hauteur de chute est de $0^m,40$; le nombre des coups de 30 à 60 par minute. Les pilons sont disposés par séries de 8 à 12 formant une batterie (fig. 535).

Chaque mortier reçoit une charge de 10 kilogrammes de matière humectée avec 1 litre 1/2 d'eau. Le battage a lieu d'abord avec une faible vitesse, qu'on augmente lorsque la masse s'est un peu agglomérée. Toutes les heures on change la matière de mortier, de manière à empêcher la formation de culots durs et agglomérés au fond du vase, culots qui ne se mélangent plus. Le battage a lieu pendant 11 heures ; on ne fait pas de rechange pendant les deux dernières heures, pour produire le galetage. La matière doit être fréquemment arrosée ; l'humidité de la masse sortant du mortier doit être de 8 à 9 %.

Avant d'opérer le grenage, il est nécessaire de laisser sécher un peu la pâte jusqu'à ce que son humidité soit d'environ 6 % ; cette opération, qu'on nomme *essorage*, se pratique en exposant la masse en couches minces sur des tables pendant deux ou trois jours.

Le grenage s'opère dans un appareil nommé *tonne-grenoir* et qui se compose d'une sorte de tambour de $1^m,20$ de diamètre muni de deux enveloppes cylindriques superposées et fermé à ses extrémités : la galette est introduite à l'intérieur avec 50 à 60 gobilles de bois dur de $0^m,05$ de diamètre. Le concassage a lieu par le mouvement de rotation. L'enveloppe extérieure qui limite les dimensions du bon grain est supportée par une enveloppe plus solide et à mailles plus larges, qui la protége contre les chocs. La vitesse est d'environ 30 tours par minute ; on passe par heure 220 kilogrammes de galette de poudre à canon ou 130 kilogrammes de galette de poudre à mousquet.

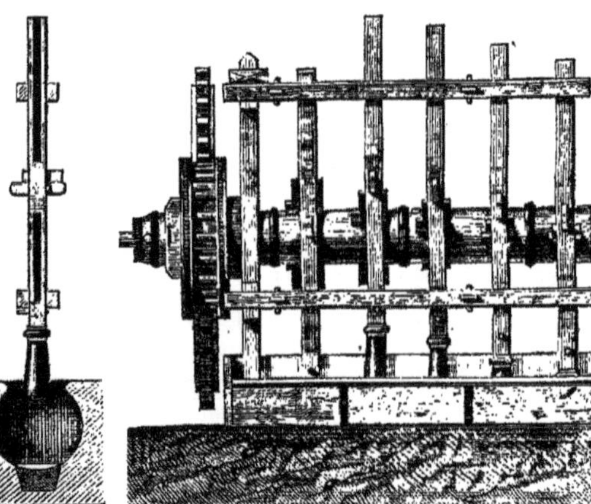

Fig. 535. — Batterie de pilons.

La partie pulvérisée est recueillie et soumise au *sous-égalisage* consistant en un tamisage à bras qui sépare les parties trop fines. Le rendement en bon grain est d'environ 38 % pour la poudre à canon et 45 % pour la poudre à mousquet.

Le lissage s'effectue comme pour la poudre de chasse; mais il ne dure que 10 à 15 minutes.

La poudre est alors séchée à l'air libre ou artificiellement, puis elle passe à l'époussetage et est embarillée.

POUDRE A CHASSEPOT. — Elle se prépare à peu près comme la poudre de chasse, mais avec du charbon noir. Le dosage est également différent (voyez plus haut). On triture 3 heures sous les meules, et on produit un galetage rapide en faisant tourner pendant 2 ou 3 minutes à la vitesse de 3 à 4 tours par minute. Les grains sont compris entre $0^m,004$ et $0^m,006$. Le lissage a lieu pendant 36 heures.

PROCÉDÉ RÉVOLUTIONNAIRE. — Ce procédé de fabrication rapide, employé au commencement de la révolution française, est caractérisé surtout en ce que le mélange des éléments s'opère uniquement dans des tonnes avec des gobilles (fig. 536). On triturait au préalable avec des gobilles de bronze le salpêtre et une partie du charbon, et le soufre avec le reste du charbon. La trituration ternaire avait lieu avec

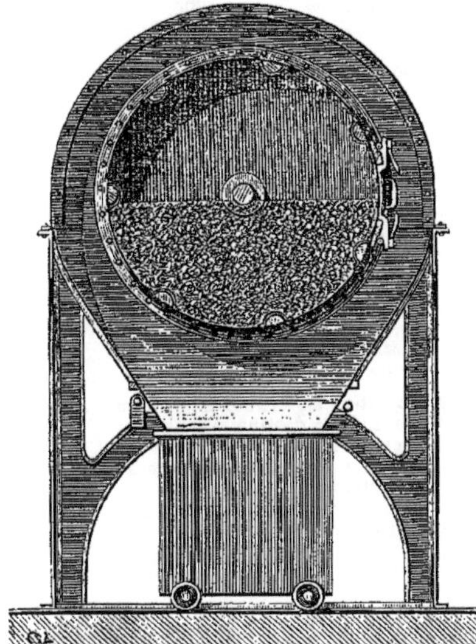

Fig. 536. — Tonne de trituration binaire.

des gobilles d'étain. On formait des galettes minces par compression au moyen de presses hydrauliques. Le concassage et le grenage se faisaient au maillet.

PROCÉDÉS SUIVIS PENDANT LE SIÉGE DE PARIS. — Le salpêtre et le soufre étaient broyés au préalable dans des broyeurs Carr (voyez MÉTALLURGIE, t. II, p. 386). Le charbon était du charbon de bois blanc obtenu par distillation; il était réduit en poudre fine sous des meules et tamisé. Comme dans le procédé révolutionnaire, on opérait les triturations binaires et ternaires dans des tonnes et on produisait le galetage à la presse hydraulique. La galette était concassée au maillet et broyée entre des cylindres en bois de gaïac. On séparait ensuite par tamisage les grains pour la poudre à canon et ceux pour la poudre chassepot.

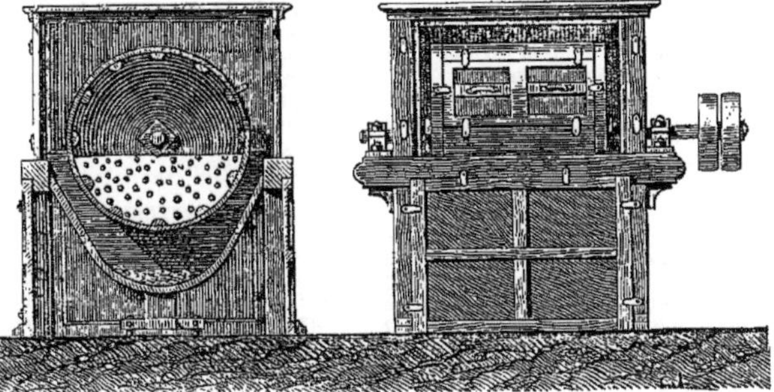

Fig. 537. — Tonnes de trituration

Le lissage s'opérait dans des tonnes qui, étant traversées par un courant d'air, opéraient en même temps le séchage, la température s'élevant suffisamment grâce au frottement.

Cette méthode rapide donnait d'assez bons produits et les observations faites pendant le cours de cette fabrication pourront être utilisées par la suite.

PROCÉDÉ MIXTE. — Le procédé des meules ne permet que de passer 160 kilogrammes par 24 heures sous une paire de meules. On peut le rendre plus expéditif en opérant d'abord une trituration binaire dans des tonnes garnies de cuir (fig. 537) où l'on charge, dans l'un des compartiments :

Salpêtre.	195	207 kil. avec 150 kil. gobilles de bronze
Charbon.	12	de 12 millimètre de diamètre,

et dans l'autre :

Soufre...	50	$86^k,5$ avec 150 kil. gobilles de bronze
Charbon.	36,5	de 12 millimètres de diamètre.

La trituration est de 6 heures pour le premier mélange, et 12 heures pour le second.

Les mélanges binaires sont alors réunis en proportions convenables et triturés 2 heures dans des tonnes analogues à celles décrites précédemment, avec des gobilles en bois; le mélange ternaire obtenu est bluté à la main ou mécaniquement. Après ces opérations, il suffit de le soumettre aux meules :

2 heures pour la poudre fine.
3 — — superfine.
4 — — extra-fine.

Les autres opérations restent les mêmes.

Quel que soit le procédé suivi, les poussiers (partie trop fine obtenue au grenage) sont humectés et soumis aux meules pendant 30 minutes; on forme des galettes qui sont traitées comme celles obtenues dans l'opération directe.

POUDRE DE MINE, POUDRE RONDE. — PROCÉDÉ CHAMPY. — Le dosage employé pour ces poudres (voyez plus haut) a pour but d'en empêcher l'emploi comme poudre de tir, en raison de l'impôt plus élevé auquel ces dernières sont soumises.

Le charbon employé est du charbon noir provenant de bois blancs (aune, tremble, saule, etc.).

La fabrication comprend :

1° Une trituration binaire de 4 heures avec des gobilles de bronze dans des tonnes en fer, chargées de 170k.5 de mélange : salpêtre et charbon, d'une part, et 80 kilogrammes de mélange : soufre et charbon, de l'autre ;

2° Une trituration ternaire de 2 heures avec des gobilles en bois ou en bronze, dans des tonneaux garnis de cuir ;

3° La granulation : elle s'opère en introduisant dans une tonne en bois de 1m,65 de diamètre, et 0m,60 de longueur, des grains fins de poudre auxquels on ajoute progressivement du mélange ternaire en y faisant arriver une petite quantité d'eau en pluie : la matière ternaire vient s'attacher à la surface des grains qui forment le *noyau* et augmentent progressivement de volume en prenant la forme ronde.

On introduit dans le tonneau granulateur 100 kilogrammes de noyau (grains d'un diamètre inférieur à 0m,0022) et 50 kilogrammes de *galles* concassées (grains d'un diamètre supérieur à 0m,005), produits d'une opération précédente. Un tube de cuivre percé de trous capillaires permet de faire arriver de l'eau en pluie fine à peu près perpendiculairement à la surface qui limite la masse de poudre pendant le mouvement. Le mouvement du tonneau soulève fréquemment un maillet de bois qui vient frapper fortement les douves et empêcher la matière d'y adhérer. On arrose successivement la masse et on ajoute par petites portions le pulvérin, jusqu'à ce qu'on ait ajouté 200 kilogrammes de mélange ternaire. L'opération dure environ 1 heure.

La matière formée de grains ronds est reçue sur un tamis qui sépare le noyau et les galles (qui servent à une opération suivante) du bon grain qui est alors lissé dans des tonnes de lissage pendant 3 heures ; après avoir été séchée, la poudre est prête pour la vente.

L'administration des poudres avait, dans ces dernières années, fabriqué deux nouvelles poudres de mine où le dosage seul était différent ; c'était :

La poudre de mine dite :

Forte, formée de 72 p. salpêtre, 13 p. soufre, 15 p. charbon.
Lente — de 44 — 26 — 30 —

Ces nouveaux produits ont eu peu de succès.

La fabrication des poudres présente d'assez grands dangers, qui nécessitent des précautions et des dispositions spéciales que nous n'avons pas à décrire ici.

FABRICATIONS ÉTRANGÈRES.

Nous indiquerons brièvement les différences les plus importantes que présentent les fabrications étrangères avec la fabrication française.

ANGLETERRE. — A la poudrerie de Waltham-Abbey, les charbons sont obtenus par carbonisation en cylindres de bois d'aune et de saule pour les poudres de guerre, et de bois de bourdaine pour les poudres de chasse. Les matières premières sont broyées au préalable sous des meules. Les éléments sont ensuite mélangés dans des tonnes tournantes et traversées par un arbre à palettes animé d'un mouvement de sens contraire à celui de la tonne. Enfin le mélange obtenu est trituré sous des meules ; la masse concassée entre des cylindres armés de dents est soumise sous des presses hydrauliques à une pression de 140 kilogrammes par centimètre carré. Le grenage de la galette ainsi obtenue se fait également entre des cylindres armés de dents. On fait deux lissages en interposant le séchage entre ces deux opérations.

HOLLANDE. — A la poudrerie de Wetteren, les charbons sont obtenus au moyen de la vapeur surchauffée. Les matières pulvérisées sont mélangées dans des tonneaux avec des gobilles, puis soumises aux meules ; pendant cette opération, les poudres de chasse sont arrosées avec une solution saturée de salpêtre. Les autres opérations ne diffèrent pas notablement de celles usitées dans les poudreries françaises.

SUISSE. — La poudre suisse est préparée comme la poudre de mine française.

PRUSSE. — Les matières sont d'abord pulvérisées séparément, puis mélangées dans des tonnes. Le mélange ternaire est alors humecté et retourné à la pelle, puis laminé entre des cylindres qui lui font subir une pression considérable. Le grenage, le lissage et le séchage s'opèrent à très-peu près comme en France.

POUDRES DIVERSES.

Ces poudres peuvent se diviser en deux catégories : celles qui ne diffèrent de la poudre ordinaire que par le mode de préparation, tout en restant composées de substances analogues, et celles dont la composition est essentiellement différente. Ces diverses poudres présentent quelquefois des avantages au point de vue du prix de revient ou de la force explosive, mais elles ne sont généralement pas susceptibles d'être employées dans les armes à feu.

On a cherché tout d'abord à remplacer en tout ou en partie l'azotate de potassium par l'azotate de sodium, substance bien moins chère et dont 5 p. environ correspondent à 6 p. de salpêtre. Mais ce sel présente l'inconvénient d'attirer l'humidité, surtout lorsqu'il est mal purifié. Une poudre au nitrate de sodium fabriquée au Bouchet ne présentait plus, après deux mois de conservation, que le tiers de sa force primitive.

Poudre de mine de Detret (pyronome) :

Azotate de sodium	52,5
Soufre	20
Tannée	27,5

La tannée (tan épuisé) est imbibée avec le salpêtre en solution et le mélange des matières est simplement séché.

Poudre d'Oxland :

Azotate de sodium purifié	85
Soufre	16
Charbon de bois	18
Lignite	20

Robert et Dale ajoutent au nitrate de sodium 18 °/o de sulfate de sodium destiné à absorber l'humidité attirée par le nitrate ; mais cette eau reste également nuisible, car elle se dégage au moment de la combustion.

Les poudres suivantes renferment les azotates de potassium et de sodium :

	Poudre de Schwartz.		Poudre de mine de Küp.
Azotate de potassium	46,6	56,2	66
— de sodium	26,5	18,1	8
Soufre	9,2	9,6	9
Charbon	14,7	15,0	16
Humidité	1,0	1,0	»
	100,0	99,9	99

Poudre de Büdenberg :

Nitrate de potassium	30 à 38
Nitrate de sodium	40
Soufre	12 à 8
Charbon de bois	8 à 7
Lignite	4 à 3
Tartrate de sodium et de potassium	6 à 4

Cette poudre brûle sans explosion à l'air libre, donne peu de fumée et présente à peu près la même force que la poudre ordinaire : mais elle est trop hygrométrique,

Lithofracteur dynamital. — La société Lannoy et Cie fabrique sous ce nom une poudre blanche composée de salpêtre mal broyé, de soufre, de sciure de bois et de son : ces dernières substances qui remplacent le charbon paraissent avoir été traitées préalablement par l'acide nitrique.

Poudre de Davey. — On substitue au charbon des matières comme la farine, l'amidon, le son, etc.; on fait avec les matières une bouillie épaisse qu'on comprime et qu'on graine.

Saxifragine. — Ce mélange, dû au capitaine Wynands, se compose de :

Azotate de baryum	76
— potassium	2
Charbon de bois	22
	100

Cette poudre, remarquable par l'absence de soufre, aurait produit de bons résultats comme poudre de mine.

Enfin Neumeyer et Klein (brevet 77,003, 3 juillet 1867) ont proposé une poudre de mine composée de :

Salpêtre	72
Soufre	10
Charbon de bois	12
Lignite	8
	100

Les matières mélangées pendant 15 minutes avec 40 °/₀ d'eau et simplement séchées donnent une poudre qui fuse à l'air sans faire explosion, propriété qui semble tenir à l'état grossier du mélange et peut-être aussi à la présence du lignite. La force développée dans un trou de mine est comparable à celle de la poudre de mine ordinaire.

Poudres au chlorate de potassium. — Les premiers essais de cette poudre sont dus à Berthollet, qui faillit trouver la mort dans un accident qui coûta la vie à six personnes. On l'obtient en broyant séparément le chlorate de potassium et le mélangeant en présence d'eau avec le soufre et le charbon pulvérisés. De Cossigny a déterminé les proportions les plus avantageuses, savoir : chlorate, 75; soufre, 12,5; charbon, 12,5. Cette poudre a une puissance plus grande que la poudre ordinaire, mais sa fabrication et son emploi sont très-dangereux : elle détone par le choc ou le frottement. De plus, ses propriétés brisantes et la nature des produits qu'elle dégage, altèrent rapidement les armes à feu.

Kellow et Short préparent une poudre formée de nitrate de potassium, 10; nitrate de sodium, 20; chlorate de potassium, 10; fleur de soufre, 10; tannée, 64. Les sels dissous dans l'eau servent à arroser le tan.

Spence prépare une poudre sans soufre en mélangeant le chlorate de potassium avec du bicarbonate de sodium et du charbon de bois, du lignite ou de la farine.

Poudre blanche. — Augendre a proposé [*Compt. rend. de l'Acad. des sc.*, 18 février 1850] une poudre nouvelle composée de :

Chlorate de potassium	2 p.
Sucre blanc	2 p. (mieux 1 seule partie).
Ferrocyanure de potassium.	1 p.

Cette poudre se fait à sec en mélangeant les matières préalablement pulvérisées. C'est une poudre brisante, n'attirant pas l'humidité et d'une force considérable; mais elle détone par le choc et semble même capable de faire explosion par le frottement.

Pohl a indiqué le dosage suivant :

Chlorate de potassium	49
Sucre blanc	23
Ferrocyanure de potassium	28

On a également proposé de remplacer le sucre par de l'amidon.

Une poudre analogue, dont la fabrication avait été entreprise pendant le siége de Paris, donna lieu à un accident terrible.

Fehleisen a proposé, sous le nom de *haloxyline,* une poudre de mine brûlant lentement à l'air et ne s'allumant ni par les étincelles ni par le choc. Ses effets sont supérieurs à ceux de la poudre ordinaire. La composition est la suivante (brevet 73,110, 29 septembre 1866) :

	1.	2.
Charbon de bois	3	5,2
Cellulose	9	15,5
Nitrate de potassium	45	79,3
Ferrocyanure de potassium	1	»
	58	100,0

PROPRIÉTÉS PHYSIQUES DE LA POUDRE.

Les grains d'une bonne poudre doivent être durs et difficiles à écraser pour qu'elle ne soit pas altérée par les transports; la poudre ne doit pas contenir de poussier, elle doit être peu hygrométrique. Le mélange des éléments doit être aussi intime que possible. Les grains lissés ont une surface brillante et polie; la couleur varie du noir roux au noir bleuté, suivant que le charbon employé est du charbon roux ou du charbon noir.

La densité de la poudre constitue une de ses propriétés physiques les plus importantes, car elle a une influence considérable sur ses propriétés balistiques.

On appelle *densité gravimétrique* le poids du litre de poudre, y compris les interstices existant entre les grains : elle varie en général de 900 à 984 grammes.

Le poids spécifique du grain obtenu en chassant l'air des pores est peu variable et très-proche du nombre 2. On le prend par la méthode du flacon en employant comme liquide l'alcool ou une solution saturée de salpêtre.

On entend généralement, par *densité* de la poudre, le poids spécifique du grain y compris l'air contenu dans les pores. Le procédé employé ordinairement pour le déterminer consiste à verser un poids connu de poudre dans un volume donné d'alcool contenu dans un vase gradué. On détermine immédiatement l'augmentation de volume. Les nombres obtenus sont un peu trop forts, surtout pour les poudres peu denses et non lissées, pour lesquelles l'alcool déplace assez rapidement l'air contenu dans les pores.

INFLAMMATION DE LA POUDRE.

La poudre présente une assez grande résistance au choc. Le choc du fer contre le fer est celui qui produit le plus facilement l'explosion. Néanmoins on peut arriver à la déterminer par un choc très-violent de fer contre laiton, de laiton contre laiton et même de plomb contre plomb ou contre bois. Le choc de cuivre contre cuivre, bronze ou bois paraît le moins dangereux.

La poudre s'enflamme lorsqu'on la porte subitement à une température de 270° à 320° (Violette); cette température est d'autant plus basse que les grains sont plus fins. En l'échauffant lentement on détermine la fusion du soufre, dont la vapeur s'enflamme à l'air vers 250° et produit l'explosion. L'étincelle électrique peut enflammer la poudre.

Pour produire l'inflammation de la poudre au moyen d'un corps en ignition il faut qu'une portion de la matière soit portée à une température suffisante; son inflammation détermine l'explosion de la masse. Les flammes ne déterminent l'explosion de la poudre qu'après l'avoir échauffée; le fulmi-coton peut faire explosion sur de la poudre sans l'enflammer.

Dans le vide, la présence d'un corps incandescent ne détermine pas l'explosion. D'après Bianchi, la poudre soumise dans le vide à une température de 2000°, produite par un courant électrique, brûle lentement et sans explosion. Dans une atmosphère d'azote, d'acide carbonique ou d'un gaz non oxydant, l'inflammation et l'explosion se produisent comme dans l'air. On conçoit que, dans le cas du vide, les gaz produits se répandant dans l'espace vide empêchent la poudre de s'échauffer jusqu'à la température à laquelle se produirait l'explosion.

Les produits de la réaction (voyez plus loin THÉORIE CHIMIQUE DE LA COMBUSTION DE LA POUDRE) paraissent variables avec la pression. D'après Abel, sous une pression de 0m,038 de mercure, il se produit de l'acide azoteux et des gaz sulfurés, avec une odeur de raifort; sous une pression de 15 à 51 millimètres, les grains les plus proches du fil de platine entrent en ébullition, fusent et projettent une portion de la poudre qui ne brûle pas.

MÉLANGES INEXPLOSIFS DE POUDRE. — On a fait diverses tentatives pour diminuer le danger d'explosion que présentent de grands amas de poudre, en cherchant, par des mélanges convenables à diminuer sa vitesse d'inflammation.

Piobert [*Traité d'artillerie*, t. II, p. 213] a reconnu que la poudre en grains mélangée avec le tiers de son poids d'une autre matière pulvérisée brûle avec une vitesse très-réduite, et a proposé de conserver la poudre en magasin en la mélangeant avec un poids égal de poussier de charbon, de soufre ou de salpêtre triturés. Un simple tamisage permettrait de retrouver la poudre en grains avec ses propriétés explosives.

Fadeieff a fait voir que la poudre mélangée avec le tiers de son poids d'un mélange de parties égales de charbon de bois et de graphite s'enflamme difficilement, même avec une lance à feu, et que la flamme peut être éteinte au moyen de l'eau.

Gale a proposé l'emploi du verre pulvérisé très-fin qui, ajouté à la poudre dans la proportion de 1 à 4 p., ne lui laisse que la propriété de fuser ou la rend même complétement incombustible.

Ces divers moyens n'ont pu entrer dans la pratique, surtout à cause de l'augmentation de volume et de la manutention précipitée et dangereuse que nécessiterait la séparation des diverses matières, au moment de l'entrée en campagne.

Il en est de même du procédé de Boyer, qui proposait de conserver la poudre dans une atmosphère d'acide carbonique.

FULMI-COTON.

L'acide azotique fumant agissant sur les matières cellulosiques : coton, papier, ligneux, etc., donne naissance à des produits explosifs (voyez CELLULOSE, *Celluloses nitriques*, t. I, p. 780). Ces produits, connus sous les noms de fulmi-coton, poudre-coton, pyroxyle, coton azotique, nitrocellulose, pyroxyline, xyloïdine, etc., varient de propriétés avec le mode de préparation; les différents produits obtenus paraissent être des substitutions nitrées plus ou moins avancées ou des éthers de la cellulose considérée comme alcool. Le fulmi-coton employé comme matière explosive est de la trinitro-cellulose [Abel, *Phil. trans.*, 1866, p. 269; 1867, p. 181].

Ce corps jouit de propriétés explosives très-violentes qui ont conduit à en essayer l'emploi dans les armes à feu : il présenterait l'avantage de brûler sans résidu sensible (à peine 1 % de son poids), de donner peu de fumée et de ne pas attirer sensiblement l'humidité de l'air. Les expériences très-suivies tentées en Autriche par le général de Lenk n'ont pas conduit aux résultats qu'il en attendait; cette nouvelle matière est trop brisante; elle présente en outre l'inconvénient d'être, à force égale, plus coûteuse que la poudre ordinaire. L'emploi de ce corps dans les travaux de mine, pour le chargement des torpilles et peut-être des projectiles creux, peut conduire à des résultats utiles; on en fabrique dans ce but une certaine quantité en Angleterre, mais de nombreux inconvénients semblent devoir en rendre l'usage très-restreint, surtout en présence de la *dynamite*, substance qu'on obtient à bien meilleur compte et qui paraît présenter bien plus de garanties et d'efficacité.

Le plus grave inconvénient du fulmi-coton est son peu de stabilité : il arrive souvent que, sous des influences mal connues, mais parmi lesquelles l'action de la lumière et de la chaleur semble avoir une large part, le fulmi-coton se décompose. Les produits sont différents suivant les cas : à basse température, il se dégage des vapeurs rouges et il ne reste au bout d'un certain temps qu'un résidu gommeux; la décomposition peut également se faire lentement entre 60° et 100°; l'inflammation est infaillible vers 140° ou 150°. Il est probable que dans des masses de pyroxyle l'élévation de température produite par la décomposition spontanée et lente d'une partie de la masse suffit pour en déterminer l'explosion.

PRÉPARATION. — On préfère le plus généralement comme matière première le coton, lequel est formé de cellulose sensiblement pure; après les préparations préliminaires de la filature, il se trouve purifié et dans le meilleur état. On le débarrasse des matières grasses qu'il contient en le traitant par une solution faible de soude caustique, puis par un acide étendu, et enfin en le lavant et le séchant complétement.

Au lieu d'acide nitrique fumant seul, on emploie un mélange d'acides sulfurique et nitrique, en proportions différentes suivant les fabricants. De Lenk employait 1 p. en poids d'acide azotique à la densité de 1,48 à 1,50 pour 3 p. d'acide sulfurique à 66° Baumé. A la poudrerie du Bouchet, on a employé 1 volume d'acide azotique à 48° B. pour 2 volumes d'acide sulfurique à 66°. La nature du produit peut varier avec les proportions relatives des acides mélangés, leur degré de concentration, la température et la durée de l'immersion, la pureté des acides qui sont plus ou moins chargés de vapeurs nitreuses. La réaction donnant naissance à de l'eau, la concentration du mélange diminue avec la quantité de coton immergé. A la poudrerie du Bouchet, on passait 100 grammes de coton dans un litre de mélange; de Lenk employait une quantité de $10\frac{1}{2}$ de mélange acide pour 1 de coton. Il résulte d'essais faits pour la fabrication du fulmi-coton pendant le siége de Paris en 1870 que les bains plus ou moins épuisés peuvent servir pour un grand nombre d'opérations en y ajoutant un mélange convenable d'acides azotique et sulfurique : ces résultats n'ont pas été publiés.

La température a une influence notable sur la nature du fulmi-coton obtenu : à une température peu élevée, on obtient un coton peu explosif et soluble dans un mélange d'alcool et d'éther; à une température un peu plus haute, la cellulose est détruite. Le mieux est d'employer les liquides froids, d'agir dans des vases d'un petit volume et même de les refroidir pendant l'opération. A une température de — 15°, le coton se nitre très-mal (Désignolles).

La durée de l'immersion paraît avoir peu d'influence. Au bout de quelques minutes la réaction semble terminée.

De Lenk se servait de coton étiré, lavé avec une solution caustique. On plonge pendant quelques minutes 105 grammes de coton dans un vase renfermant 33k,6 de mélange; on le retire, on le presse légèrement et on le laisse en contact avec l'acide (1 de coton pour 10,5 d'acide) pendant 24 heures. Un réfrigérant empêche la température de s'élever. Avant chaque nouvelle trempe on ajoute 1k,050 d'acides neufs. Le pyroxyle est alors exprimé, soumis au turbinage (les acides ainsi extraits sont revendus), lavé jusqu'à ce que la réaction ne soit plus acide, introduit dans des sacs et suspendu dans une eau courante pendant 14 jours. On le fait enfin bouillir avec une solution de carbonate de potassium à 2° Baumé; puis on le traite par une solution de silicate de sodium contenant 198 p. de silicate pour 1000 de coton. On lave à l'eau tiède et on fait sécher à une température de 20°. Le pyroxyle ainsi traité semble être devenu moins altérable et moins inflammable.

Au Bouchet, on se servait de coton cardé tel quel, on plongeait en 4 ou 5 fois 200 grammes de coton dans un litre du mélange acide; le contact durait une heure; on exprimait à la presse les $\frac{7}{10}$ de l'acide; on lavait une heure et demie à l'eau courante, on pressait de nouveau, puis on traitait le produit par une lessive obtenue avec des cendres; on lavait, on pressait de nouveau, puis on séchait dans un courant d'air à 60°. Un accident arrivé dans ces conditions conduisit à sécher à l'air froid : les dernières traces d'humidité (1 à 2 %) ne nuisent pas aux propriétés balistiques du coton.

Les acides provenant de l'expression étaient ravivés par l'addition de 2 volumes d'acide sulfurique pour 3 volumes du mélange : le produit obtenu était presque égal à celui fourni par les acides neufs. Quant au nouveau produit d'expression, on le distillait pour en retirer les acides azotique et sulfurique, qui rentraient dans la fabrication.

Le rendement peut varier entre 165 et 178 p. pour 100 de coton. Au Bouchet, il était de 165.

Le prix de revient était de 7 francs par kilogramme.

Le procédé suivi en Angleterre à l'arsenal de Woolwich paraît ne pas différer sensiblement du procédé de Lenk, sauf que l'emploi du silicate est supprimé.

Depuis quelques années Abel a préconisé l'emploi du fulmi-coton sous une nouvelle forme. En le faisant passer dans une pile à papier, on le réduit en pâte qu'on lave à fond et qu'on soumet à l'action de la presse hydraulique. La masse, qu'on peut mouler sous diverses formes, est très-dure et susceptible d'être travaillée au tour. Dans cet état, le fulmi-coton brûle lentement à l'air libre; il ne détone que sous l'influence d'une capsule fulminante. Le nouveau produit semble posséder une stabilité plus grande que l'ancien; néanmoins il a donné lieu, en 1871, à une terrible explosion à l'usine de Stowmarket.

Emploi du fulmi-coton. — Il résulte des essais multipliés auxquels le pyroxyle a été soumis, ainsi que des nombreux et épouvantables accidents qu'ont amenés sa fabrication et son emploi, que ce corps ne présente pas des garanties de stabilité et de sécurité suffisantes pour être généralement employé. Les essais de Pelouze et Maurey [*Mémoire sur la poudre-coton, Ann. de Chim. et de Phys.*, 4e sér., t. III], faits sur un grand nombre d'échantillons de pyroxyle, ont montré qu'aucun échantillon, même parmi ceux préparés par les procédés de Lenk, ne pouvait résister à une température prolongée de 100°; l'un deux a même détoné à la température de 47°.

Abel prétend que les décompositions spontanées de fulmi-coton sont dues aux impuretés contenues dans la matière première, que les parties altérables sont éliminées par un long lavage en présence de la lumière, et que, en chargeant le coton de 1 % de carbonate de sodium, on arrête tout dégagement acide et on empêche toute décomposition.

Les effets produits par le fulmi-coton ont été étudiés en France par une commission spéciale dont le rapport est inséré au *Mémorial d'artillerie*. On a reconnu que les charges de fulmi-coton et de poudre ordinaire capables de communiquer à la balle dans le fusil d'infanterie la même vitesse, étaient dans le rapport de 1 à 2,86. Jusqu'à la charge de 4 à 5 grammes, les vitesses croissent comme les racines carrées des charges. Au delà, le tir est très-irrégulier et les balles sont déformées. Les canons de fusil supportant 30 grammes de poudre éclatent avec 7 grammes de fulmi-coton. A la charge de 2gr,86, ils ne peuvent tirer que 500 coups avant d'être mis hors d'usage, au lieu de 25,000 à 30,000 coups avec la poudre ordinaire.

Dans les canons, les projectiles creux contenant dix balles de plomb éclatent dans l'âme.

Pour le travail des mines, Combes a reconnu que 1 p. de fulmi-coton agissait à peu près comme 3 p. de poudre de guerre ou 4 p. de poudre de mine. L'explosion donnerait lieu à un dégagement abondant d'oxyde de carbone qui peut être dangereux; les gaz dégagés sont combustibles. En ajoutant au pyroxyle 10 % de salpêtre, cet inconvénient serait supprimé et la force augmentée, de sorte que 1 p. de fulmi-coton agirait comme 7 p. de poudre de mine. La considération du prix de revient à force égale est défavorable au fulmi-coton.

En résumé, dans l'état actuel de la question, le fulmi-coton présente de grands inconvénients et de graves dangers; dans les cas où il serait applicable, son prix de revient n'en rend pas généralement l'emploi avantageux. Pour certains travaux, il y a un intérêt considérable à ce que le travail puisse être poussé très-activement; par exemple, pour un tunnel dont le percement exige plusieurs années, en diminuant le temps nécessaire, on économise l'intérêt que porteraient, pendant l'excédant de temps, les sommes précédemment dépensées; il peut donc y avoir avantage à travailler plus vite, quoique avec un prix de revient plus élevé. Mais dans les cas de cette espèce comme dans les applications à l'art militaire, le fulmi-coton semble devoir céder le pas à la dynamite.

APPENDICE AUX PYROXYLES.

Xyloïdine (Braconnot). — On l'obtient en dissolvant à chaud l'amidon dans plusieurs fois son poids d'acide azotique très-concentré, et précipitant au moyen de l'eau : c'est une matière nitrée, amorphe, douée de propriétés explosives très-puissantes.

Poudre de Schultze. — Elle se prépare en découpant du bois sous forme de petits cubes débarrassant le ligneux de la matière incrustante par l'action de solutions alcalines et de chlorure de chaux, et transformant ces grains formés de cellulose en fulmi-coton. Cette matière imprégnée d'azotates de potassium et de baryum a été proposée pour les armes; mais elle présente des propriétés brisantes qui la rendent inapplicable à cet usage.

Nitromannite. — Ce corps, analogue au pyroxyle, s'obtient pareillement en traitant la mannite pure par l'acide nitrique très-concentré (voyez MANNITE AZOTIQUE, t. II, p. 314). On peut l'obtenir cristallisé. On l'avait proposé pour remplacer le fulminate de mercure dans les amorces; mais son peu de stabilité n'en recommande pas l'usage.

Le *sucre de canne nitrique* forme une substance résineuse, soluble dans l'alcool, dont on a proposé l'emploi pour recouvrir la poudre ordinaire d'un produit doué de propriétés explosives, qui la protégerait contre l'humidité.

NITROGLYCÉRINE.

La nitroglycérine provient de l'action de l'acide nitrique sur la glycérine. Ce corps possède des propriétés explosives plus puissantes encore que le fulmi-coton.

PRÉPARATION. — Le mode de préparation indiqué par E. Kopp (voyez t. I, p. 1584) a été suivi avec succès dans les carrières de grès rouge de la vallée de la Zorn, près Saverne (Alsace). La matière explosive était employée peu de temps après sa préparation : bien qu'elle fût incomplétement purifiée, on n'eut pas d'accidents à regretter. La force explosive de la matière, pour l'emploi qu'on en fait dans les carrières, est environ 6 fois 1/2 plus grande que celle de la poudre. Son prix de revient est d'environ 2 fr. 25 à 2 fr. 50 le kilogramme; celui de la poudre de mine est de 0 fr. 80 environ. L'économie à force égale est estimée à 25 ou 30 %. De plus les travaux peuvent être déblayés bien plus rapidement.

Le procédé employé industriellement par Nobel est tenu secret. Le même auteur a signalé comme avantageux, dans cette préparation, le mélange acide obtenu en dissolvant 1 p. d'azotate de potassium dans 3 p. 1/2 d'acide sulfurique concentré. En abaissant la température à 0°, la presque totalité du sulfate de potassium formé cristallise : on emploie le mélange acide après décantation.

On prépare en Allemagne des quantités considérables de nitroglycérine pour la fabrication de la dynamite. L'opération se fait dans un vase cylindrique en grès ou en tôle recouvert de plomb dans lequel on peut traiter 30 à 40 kilogrammes de glycérine à la fois. Ce vase est placé dans une cuve cylindrique où il est refroidi par un rapide courant d'eau, en même temps qu'un serpentin de plomb contribue également à refroidir les liquides à l'intérieur du vase. L'installation est complétée par un agitateur à palettes et un thermomètre dont le réservoir occupe toute la hauteur du liquide. On verse la glycérine dans le mélange acide, en ayant soin que la température ne dépasse pas 25 à 30°. L'opération terminée, on décante la nitroglycérine, qui vient se rassembler à la surface du bain acide et on la soumet à une purification soignée. La nitroglycérine renferme une quantité assez forte d'acides libres qui paraissent nuire à sa stabilité et faciliter sa décomposition spontanée; on l'en débarrasse en la lavant à l'eau ou en l'agitant pendant longtemps avec du bicarbonate de sodium ou de la craie. Après ces traitements, la nitroglycérine renferme encore une certaine proportion d'eau qui possède généralement une réaction acide et dont il est assez difficile de la priver. Le plus souvent on exécute cette opération d'une manière incomplète en la soumettant pendant un certain temps à une température de 30° environ; par le repos, la majeure partie de l'eau monte à la surface et peut être décantée.

Divers essais ont été faits pendant le siége de Paris (1870-71) au sujet de la préparation industrielle de la nitroglycérine. Champion et Pellet ont reconnu que l'action du mélange acide de Kopp (2 p. d'acide sulfurique pour 1 p. d'acide azotique fumant) sur la glycérine était presque instantanée, et ils ont proposé un mode de préparation continue consistant à faire arriver, en quantités réglées, un filet de mélange acide et un filet de glycérine dans un serpentin de verre refroidi par un courant d'eau. Mais, le mélange étant imparfait, une partie de la glycérine restait inattaquée : le rendement n'était que de 120 à 130 p. de nitroglycérine pour 100 p. de glycérine, tandis qu'on peut en obtenir 220 et même davantage. Le procédé adopté postérieurement par Champion et Pellet consiste à opérer sur de très-petites masses, par exemple 100 grammes de mélange acide, y verser brusquement la quantité de glycérine à 31° voulue, soit 16gr,6, agiter rapidement pendant quelques secondes et jeter le mélange dans un vase plein d'eau où la nitroglycérine se sépare.

Ch. Girard, A. Millot et G. Vogt ont proposé une disposition différente. Un vase de fonte à fermeture hydraulique est placé dans un baquet où il est refroidi par un courant d'eau. On laisse tomber goutte à goutte la glycérine dans le mélange acide en agitant au moyen d'un courant d'air arrivant sous pression dans la masse. On opère sur 500 grammes de glycérine; l'opération terminée, la masse est jetée dans 6 fois son poids d'eau.

A la poudrerie de Vonges, on a commencé, en 1871, la fabrication de la nitroglycérine pour la préparation de la dynamite. Le procédé suivi, et qui n'a pas été rendu public, permet d'obtenir sensiblement le rendement théorique en opérant sur de grandes masses et en écartant toute cause de danger; il donnerait une économie considérable sur la proportion d'acide nitrique employée : la nitroglycérine est obtenue complétement pure et sèche, résultat important au point de vue de la conservation du produit.

PROPRIÉTÉS DE LA NITROGLYCÉRINE (voyez t. I, p. 1584). — La nitroglycérine possède la propriété de faire explosion par des chocs même peu intenses et de se décomposer spontanément avec ou sans explosion sous des influences mal connues : son emploi a donné lieu à des accidents épouvantables.

Lorsqu'on ajoute une certaine proportion d'alcool méthylique à la nitroglycérine, les deux corps se mélangent et peuvent être ainsi conservés sans altération pendant plusieurs années, même lorsque la réaction est acide. L'addition de 15 à 20 % d'alcool méthylique donne un liquide inexplosif par le choc et qui serait même insensible à l'action des fulminates. Cette propriété a été utilisée pour permettre le transport de la nitroglycérine. La nitroglycérine est précipitée du mélange, au moment de l'emploi, par l'addition d'un excès d'eau.

Soumise pendant un certain temps à une basse température, vers 0° ou au-dessous, la nitroglycérine se prend en masse et ne reprend sa fluidité que vers 8 à 10° : la nitroglycérine gelée fait moins facilement explosion qu'à l'état liquide.

La nitroglycérine fait explosion sous l'influence d'une température de 180°; suivant Champion et Leygue, de 217° seulement.

Au point de vue de sa décomposition, la nitroglycérine peut donner lieu à des résultats variables :

1° La décomposition peut se produire lentement en donnant naissance à un assez grand nombre de produits, dont les principaux sont l'acide azotique, l'acide glycérique, l'acide oxalique, etc.

2° Enflammée au moyen d'un corps en ignition, elle brûle lentement avec une flamme bleu verdâtre, et donne naissance à des vapeurs nitreuses. Le même effet se produit, avec un dégagement de gaz plus ou moins rapide, lorsqu'on l'enflamme au moyen de poudre ou de matières fulminantes, en trop faible quantité pour produire son explosion, surtout lorsque les matières ne sont pas renfermées dans des vases résistants.

3° La nitroglycérine, sous des influences convenables, spécialement par l'effet d'un choc énergique ou par la détonation d'un composé explosif, comme le fulminate de mercure, fait explosion, c'est-à-dire produit subitement une quantité énorme de gaz et donne lieu à une action mécanique puissante. Les gaz provenant de l'explosion de la nitroglycérine paraissent ne pas renfermer de vapeurs nitreuses et n'être pas nuisibles à la santé comme les gaz de sa combustion : cet effet nuisible serait peut-être dû simplement aux vapeurs de nitroglycérine qui se dégagent dans le cas de l'inflammation sans explosion.

La nitroglycérine, $C^3H^5Az^3O^9$, contient une quantité d'oxygène supérieure à celle qui serait nécessaire pour brûler complétement ses éléments combustibles, comme le montre l'équation suivante :

$$2(C^3H^5Az^3O^9) = 6CO^2 + 5H^2O + 6Az + O.$$

Elle donnerait ainsi pour un poids de 1 gramme 406 centimètres cubes de gaz à 0° et sous $0^m,76$ de pression, soit deux fois et demie autant que la poudre ordinaire. Si l'on tient compte de la quantité de chaleur développée qui est presque double de celle dégagée par la poudre ordinaire, on comprend que les effets de la nitroglycérine dépassent ceux de la plupart des autres corps explosifs : on estime que l'effet pratique de la nitroglycérine est compris entre cinq et dix fois celui de la poudre ordinaire.

L'usage de la nitroglycérine liquide est en grande partie abandonné : on lui préfère la dynamite (voyez plus loin), qui ne présente pas les mêmes dangers. Pour employer la première, on la versait simplement dans le trou de mine, s'il était étanche, ou dans un réceptacle en fer-blanc dans le cas contraire. Le meilleur moyen de produire l'explosion est une forte amorce au fulminate de mercure coiffant l'extrémité d'une mèche et plongeant dans le liquide. Le bourrage se fait simplement en remplissant le trou de mine avec du sable ou de l'eau.

La nitroglycérine a été employée pendant plusieurs années pour l'extraction des grès de la Zorn, où on la fabriquait pour l'employer sur place ; son transport et sa conservation présentent des dangers qui y ont fait complétement renoncer.

DYNAMITE.

Nobel a reconnu qu'en imbibant de nitroglycérine certaines matières poreuses inertes, de manière que le liquide soit complétement absorbé, la nouvelle matière ainsi obtenue et que l'on nomme *dynamite* possède un pouvoir explosif sensiblement égal à celui du poids de nitroglycérine pure qu'elle contient. De plus, cette matière, lorsque la nitroglycérine est en quantité assez faible pour ne pas exsuder de la masse, peut résister aux chocs sans faire explosion et peut être maniée sans présenter les dangers de la nitroglycérine. On conçoit en effet que la masse du corps inerte, emprisonnant la matière liquide, amortisse les chocs, et que la force vive qui pourrait produire l'explosion, par élévation de température ou par ébranlement de la masse, soit employée à changer de place ou à écraser les molécules de la matière absorbante.

Nobel a utilisé cette propriété et propagé l'emploi de la nitroglycérine sous cette nouvelle forme.

Le pouvoir absorbant de la matière inerte employée doit être considérable, tant pour fournir des mélanges possédant une grande force explosive que pour présenter des garanties de sécurité. Le corps employé par Nobel est une sorte de matière siliceuse naturelle provenant d'Oberlohe, près d'Unterläss (Hanovre) et connue sous le nom de *kieselguhr;* elle est formée par les carapaces fossilisées d'une infinité d'infusoires : elle peut absorber trois fois son poids de nitroglycérine. Le tripoli, la cendre de charbon de boghead, employés pendant le siége de Paris, peuvent absorber le double de leur poids de nitroglycérine. On emploie à la poudrerie de Vonges une matière capable d'absorber neuf fois son poids de nitroglycérine, tout en restant pulvérulente et sans tacher en aucune façon le papier.

De nombreux essais faits avec la dynamite (généralement à 75 % de nitroglycérine) et l'emploi courant qui a été fait de ce corps, surtout à l'étranger, depuis quelques années, prouvent qu'elle peut être utilisée industriellement, en offrant relativement peu de dangers, lorsqu'elle a été bien préparée.

Propriétés de la dynamite. — Substance blanche, grise ou rougeâtre, suivant le corps absorbant employé, pulvérulente ou en masse malléable et un peu onctueuse. Sa densité est environ 1,6. Elle possède à peu près toutes les propriétés de la nitroglycérine, sauf une stabilité beaucoup plus considérable. Inaltérable par l'action d'une chaleur modérée, elle brûle lentement lorsqu'on l'enflamme. Si néanmoins l'échappement des gaz est soumis à un obstacle suffisamment résistant, il se produit, en ce point, une explosion qui entraîne celle de toute la masse. Ce fait s'est produit dans la combustion de grandes quantités de dynamite recouvertes de décombres : une portion de la dynamite a d'abord brûlé tranquillement; le reste a ensuite fait explosion. Un petit baril de bois bien clos, une boîte en fer-blanc remplis de dynamite et placés sur un feu ardent s'ouvrent sous la pression des gaz et laissent brûler la dynamite sans explosion. Il en est de même lorsqu'on communique le feu à une cartouche de dynamite au moyen d'une mèche Bickford. Dans des vases à parois résistantes, par exemple métalliques et parfaitement clos, la chaleur détermine toujours l'explosion de la dynamite. La dynamite, comme la nitroglycérine, commence à se congeler vers + 8° : en cet état, elle conserve ses propriétés explosives; mais celles-ci ne se manifestent que sous une action beaucoup plus énergique.

La lumière et la chaleur solaire paraissent avoir peu d'influence sur la dynamite.

La dynamite résiste relativement bien à l'action du choc, surtout lorsque la matière liquide est bien absorbée. Pour produire son explosion, il faut la soumettre à un choc intense entre deux surfaces métalliques; le choc du fer sur le bois ne la fait pas détoner; celui du fer sur la pierre provoque quelquefois l'explosion. Souvent, en frappant sur une enclume une certaine quantité de dynamite au moyen d'un instrument en fer, la partie frappée fait seule explosion, en dispersant le reste de la masse. Les projectiles d'armes à feu frappant la dynamite produisent généralement son explosion. Les projectiles creux chargés de dynamite peuvent, suivant la proportion de nitroglycérine, faire explosion dans l'âme de la pièce, par le choc au départ, ou seulement au moment de l'arrivée du projectile, ou bien résister à ces deux chocs.

Ch. Girard, A. Millot et G. Vogt ont étudié la résistance au choc de dynamites préparées avec diverses substances absorbantes [*Bull. de la Soc. chim.*, 1871, t. XV, p. 149]. Ils ont reconnu que l'une des substances qui, imprégnées de nitroglycérine, présenteraient la plus grande résistance au choc est le sucre : ce corps permet en outre de séparer la nitroglycérine par l'action de l'eau.

La dynamite bien préparée ne semble pas être sujette, au même point que la nitroglycérine, à la décomposition spontanée. Cela tient sans doute à l'état de division où se trouve le corps actif et à l'inertie opposée par la matière inerte à la propagation de la décomposition. Celle-ci ne se produit que très-lentement lorsque la dynamite devient acide. Il est prudent, pour empêcher la pression et la température de s'élever dans de la dynamite en décomposition, de la conserver et de la transporter dans des vases non hermétiquement clos. Pour empêcher le mélange de devenir acide, on lui ajoute quelquefois une certaine quantité de craie en poudre.

La stabilité de la dynamite peut aussi être influencée par la nature de la matière absorbante. Une matière absolument inerte, comme la silice, paraît présenter le plus de garanties. Il est bon de se méfier des mélanges contenant des corps pouvant réagir en présence des acides, ou des matières organiques susceptibles de se décomposer ou de fermenter sous certaines influences.

L'eau agissant sur de la dynamite en masse se substitue peu à peu à la nitroglycérine qu'elle déplace et met en liberté : l'endosmose peut être complète au bout d'un certain temps. La présence de nitroglycérine libre peut devenir un danger; aussi doit-on conserver la dynamite à l'abri de l'humidité.

Une faible quantité de dynamite exposée pendant longtemps à l'air paraît également pouvoir perdre toute sa nitroglycérine par évaporation (Girard, Millot et Vogt).

PRÉPARATION. — Il suffit de mélanger le plus intimement possible la nitroglycérine avec la matière absorbante. Le point important est que le mélange soit bien homogène, et ne présente en aucun point un excès de nitroglycérine dont la séparation pourrait faire courir de grands dangers.

Le mélange se fait généralement au moyen de spatules de bois sur des plaques de plomb munies de rebords. La matière est ensuite mise sous forme de cartouches cylindriques enveloppées de papier-parchemin ou de papier de plomb, ou d'un papier n'ayant pas de pouvoir absorbant. On en remplit également des boîtes en zinc.

Pour le transport, les cartouches liées en paquets sont emballées dans des boîtes légères et séparées par de la sciure de bois destinée à amortir les chocs et à préserver du froid.

EMPLOI DE LA DYNAMITE. — L'explosion de la dynamite s'obtient au moyen de capsules au fulminate de mercure qu'on mélange habituellement avec 20 °/₀ de nitrate ou de chlorate de potassium. Une charge de 5 à 6 décigrammes suffit généralement. Pour les applications militaires, la charge est portée jusqu'à 1 et 2 grammes. La matière fulminante est introduite dans un tube en cuivre ou en laiton fermé par un bout, d'une longueur de $0^m,04$ à $0^m,10$. Elle est fixée en versant à la surface quelques gouttes de collodion qu'on laisse évaporer. On coiffe avec une capsule ainsi préparée l'extrémité d'une mèche Bickford et on maintient la capsule en écrasant la partie supérieure du tube. La capsule est introduite dans la masse de dynamite sans y être complétement noyée, de manière que la matière détone par le choc du fulminate et ne soit pas auparavant enflammée par la mèche. Dans les applications militaires la dynamite est souvent employée sans bourrage; néanmoins un obstacle, même très-léger, augmente notablement ses effets destructeurs.

Pour charger les trous de mine, on y introduit un nombre convenable de cartouches qu'on écrase avec un bourroir en bois de manière à mouler la matière plastique contre les parois du trou. La dernière cartouche amorcée est placée à la surface de la dynamite et on fait un léger bourrage avec du sable ou de l'argile, avec toutes les précautions nécessaires pour empêcher l'explosion de l'amorce.

L'explosion de la dynamite congelée peut être obtenue au moyen d'une cartouche de dynamite non congelée, ce qu'on peut obtenir en la conservant dans la poche, ou au moyen d'une cartouche amorce de dynamite au coton-poudre (Trauzl), ou simplement au moyen d'une forte charge de fulminate.

La détonation de la dynamite sous l'eau s'obtient également au moyen d'une amorce au fulminate : mais celle-ci doit être protégée contre l'eau au moyen de cire, de poix ou de résine. On doit également employer une mèche imperméable.

DYNAMITES A BASE ACTIVE.

La nitroglycérine contenant une quantité d'oxygène supérieure à celle nécessaire pour brûler ses éléments, cet excès d'oxygène peut être employé à brûler des corps combustibles ou riches en charbon dont l'effet vient s'ajouter à celui de la nitroglycérine. D'autre part, en prenant pour matière absorbante un mélange ayant les propriétés de la poudre ordinaire, c'est-à-dire une poudre non brisante et possédant des propriétés projectives, on a espéré que l'action de cette matière se superposerait à celle de la nitroglycérine. Dans un certain nombre de cas, cet effet ne se produit que d'une manière imparfaite. Par exemple, pour l'explosion des projectiles creux, l'action de la nitroglycérine semble tellement rapide que, au moment où la poudre peut agir, les fragments du projectile sont déjà trop écartés pour en recevoir une impulsion bien énergique.

Quelques-uns des mélanges formant ce nouveau genre de dynamites sont moins sensibles à l'action de l'eau, ou à l'action du froid.

Nobel (brevet du 7 janvier 1870) a proposé comme dynamite les compositions suivantes :

Nitrate de baryum..	70	Nitrate de baryum..	68
		Charbon riche en hydrogène..........	12
Résine............	10		
Nitroglycérine.....	20	Nitroglycérine......	20
	100		100

On a d'autre part fabriqué une dynamite noire formée par un mélange de coke pulvérisé et de sable renfermant 45 °/₀ de nitroglycérine.

LITHOFRACTEUR. — Cette matière fabriquée à Deutz, près de Cologne, et qui paraît avoir été employée par les Prussiens pendant la guerre, constitue une pâte d'un gris noirâtre dont la composition est tenue secrète. Les analyses qui en ont été publiées sont très-différentes, et semblent montrer que la composition a beaucoup varié.

Beckerhinn y a trouvé 70 °/₀ de nitroglycérine et en outre du coton-poudre, du soufre, du charbon, du salpêtre, de la poudre au chlorate.

D'après les analyses de Trauzl, le lithofracteur contiendrait une quantité de nitroglycérine variant suivant les échantillons entre 35 et 52, et les corps reconnus par Beckerhinn moins le chlorate de potassium, les azotates étant l'azotate de sodium ou l'azotate de baryum.

C'est en somme un mélange de dynamite ordinaire avec une poudre de mine plus ou moins mauvaise.

On a fabriqué pendant la dernière guerre, à Paulelle, des dynamites grises à 20 ou 25 °/₀ de nitroglycérine, et dont le corps absorbant était formé par un mélange se rapprochant de la composition de la poudre.

DUALINE. — Cette poudre, inventée par Dittmar, est une sorte de dynamite dans laquelle le corps absorbant est la sciure de bois transformée en fulmi-coton par un traitement à l'acide nitrique et imprégnée de nitrate de potassium. D'après Trauzl, sa composition serait :

Sciure de bois fine............	30
Azotate de potassium.........	20
Nitroglycérine................	50
	100

On a essayé en Autriche une *poudre ternaire* analogue, dans laquelle la sciure de bois était remplacée par la cellulose, qui possède un pouvoir absorbant plus grand. Cette poudre ne détone par les moyens d'inflammation ordinaires que si elle est énergiquement comprimée ; une forte capsule fulminante en détermine toujours l'explosion. Peu sensible au choc, cette poudre peut servir à charger les projectiles creux et ne serait pas influencée par le froid comme la dynamite ordinaire. Par contre, sa composition et sa faible densité (1,2) en font une substance bien moins active que la nitroglycérine à 75 ou 90 % de nitroglycérine. De plus, la sciure de bois est un très-mauvais absorbant et son emploi présente des dangers.

DYNAMITE AU FULMI-COTON, GLYOXYLINE. — Trauzl a reconnu en 1867 que des mélanges de fulmi-coton en pâte et de nitroglycérine n'étaient nullement altérés par l'action de l'eau et qu'à l'état humide ils perdaient complétement leur inflammabilité. Ces corps peuvent conserver une proportion d'eau suffisante pour rendre leur inflammation impossible par tous les moyens ordinaires, sauf sous l'action des corps fulminants. On peut obtenir ainsi des dynamites contenant 65 à 70 % de nitroglycérine et 10 % d'eau, détonant avec une capsule chargée de 0gr,5 de fulminate de mercure et qui produiraient sensiblement le même effet que la nitroglycérine qu'ils contiennent. On pourrait avec avantage substituer la glycérine à l'eau. Cette dynamite détermine par son explosion celle de la dynamite ordinaire gelée.

Abel a proposé en Angleterre et expérimenté une dynamite analogue dans laquelle le corps absorbant est formé de fulmi-coton en poudre et de salpêtre et à laquelle il a donné le nom de *glyoxyline*. Les résultats auraient été satisfaisants, même pour le chargement des projectiles creux. L'expérience n'a pas encore prononcé au sujet des dangers que pourrait présenter ce nouveau corps.

POUDRES A BASE DE PICRATES.

L'acide picrique, $C^6H^3Az^3O^7$, est susceptible de détoner avec une grande violence vers la température de 300°. Ses sels sont également explosifs et développent une force énorme, quoique inférieure à celle de la nitroglycérine. La quantité d'oxygène contenu dans l'acide picrique ou les picrates étant insuffisante pour brûler complétement son carbone, on a proposé de l'employer mélangé à divers corps oxydants.

Le mélange par parties égales de picrate et de chlorate de potassium (Fontaine) paraît tellement dangereux, qu'on ne peut l'employer qu'en faisant le mélange au moment même de s'en servir. Il détone en effet sous l'influence du choc et du frottement.

Suivant Désignolles, lorsque le picrate de potassium déflagre à l'air libre, il donne naissance à de la vapeur d'eau, de l'azote, du bioxyde d'azote, de l'acide carbonique et de l'acide cyanhydrique, avec un résidu solide de charbon et de carbonate de potassium, d'après l'équation

$$2(C^6H^2KAz^3O^7) = 2Az + 2AzO + 4CO^2 + 2CAzH + H^2O + CO^3K^2 + 5C.$$

Au contraire, la déflagration en vase clos ou dans une arme ne donnerait naissance qu'à de l'azote, de l'acide carbonique, de l'hydrogène et de l'oxygène, la nature des produits solides restant la même :

$$2(C^6H^2KAz^3O^7) = 6Az + 5CO^2 + 4H + O + CO^3K^2 + 6C.$$

Le picrate de potassium mélangé au salpêtre seul donne des poudres éminemment brisantes ; cette propriété est affaiblie par l'adjonction du charbon. La composition des poudres proposées par Désignolles est indiquée dans le tableau suivant :

	POUDRE POUR TORPILLES.		POUDRE A CANON. ordinaire.		POUDRE A CANON. gros calibre.	POUDRE A MOUSQUET.	
	A.	B.	C.	D.	E.	F.	G.
Picrate de potassium.......	55	50	16,4	9,6	9	28,6	22,9
Charbon....................	»	»	9,2	10,7	11	6,4	7,7
Salpêtre...................	45	50	74,4	79,7	80	65,0	69,4
	100	100	100,0	100,0	100	100,0	100,0

Le mélange des matières peut être travaillé humide aux pilons, galeté, concassé, séché et lissé comme les poudres ordinaires, sans que le danger de la fabrication paraisse notablement plus grand.

Les essais faits avec ces poudres ont montré qu'elles pouvaient être avantageuses pour le chargement des torpilles ou des projectiles creux : elles sont en effet insensibles au choc initial dans les pièces d'artillerie, et comme leur puissance est bien supérieure à celle de la poudre ordinaire, on peut diminuer notablement le vide intérieur des projectiles [*Revue d'artillerie*, décembre 1872, p. 210].

Le picrate d'ammonium présente quelques propriétés différentes de celles du picrate de potassium, qui peuvent en rendre l'emploi moins dangereux : il fond et brûle sous l'influence de la chaleur sans détoner et ne détone que difficilement sous l'action du choc.

Brugère en France et Abel en Angleterre en ont proposé l'emploi en le mélangeant au salpêtre. La poudre Brugère se compose de :

Picrate d'ammonium..........	54
Nitrate de potassium.........	46
	100

Cette poudre, très-peu sensible aux chocs et

aux frottements, ne brûle à l'air libre qu'aux points soumis à l'action d'une flamme sans que la combustion se propage. Son explosion développe une force considérable et son prix de revient à égalité d'effet produit diffère peu de celui de la poudre ordinaire.

Les essais qui ont été faits pour le chargement des bouches à feu [*Revue d'artillerie*, mars 1873, p. 494] ont montré qu'elle était trop brisante et mettait rapidement les canons hors de service. Sa combustion paraît être quelquefois incomplète. Plus ou moins modifiée, cette poudre pourrait convenir au chargement des projectiles.

FULMINATES, AMORCES FULMINANTES.

La propriété des fulminates (voyez t. I, p. 1499) de détoner facilement sous l'influence de la percussion et du frottement a conduit à les employer comme moyen de déterminer l'explosion des poudres dans les divers cas. Certaines substances, comme nous l'avons indiqué plus haut, ne peuvent donner tout l'effet dont elles sont susceptibles que sous l'action d'un choc violent comme celui que détermine la détonation d'un fulminate.

La faible quantité de fulminate contenue en général dans les amorces en rend l'emploi peu dangereux; il en est tout autrement du maniement de masses un peu considérables de ces corps et même de la fabrication des capsules fulminantes.

C'est le fulminate de mercure qui sert le plus généralement à la fabrication des amorces.

Préparation du fulminate de mercure. — Un des meilleurs procédés, donnant un fort rendement en produits de qualité supérieure, est le suivant, employé depuis les recherches du Dr Ure, faites en 1831. Dans 10 p. d'acide azotique d'une densité de 1,4 on dissout 1 p. de mercure et on fait couler sous forme de filet la solution chauffée à 54° dans 8,3 p. d'alcool d'une densité de 0,83. Le mélange introduit dans une cornue spacieuse en verre commence à dégager des bulles au bout d'un quart d'heure; il se recouvre d'une écume abondante d'abord blanche, puis jaune, en dégageant des vapeurs rouges. Pendant l'opération, le fulminate se précipite graduellement sous forme cristalline. On recueille dans un réfrigérant du mercure entraîné et du nitrate d'éthyle qu'on peut décomposer par un alcali pour en retirer l'alcool. L'eau mère est décantée et jetée et les cristaux sont lavés à l'eau jusqu'à neutralité. Ils sont alors desséchés à l'air libre ou à une température de 50°, et conservés dans des boîtes de gutta-percha. Le rendement est de 130 grammes de fulminate pour 100 grammes de mercure (rendement théorique, 142 grammes). Avec des quantités d'acide ou d'alcool différentes, on obtient de moins bons résultats. Il est important que la quantité d'acide et d'eau contenus dans le mélange se rapproche de celle qui correspond à la formule de traitement indiqué, pour empêcher la précipitation d'azotate basique de mercure qui diminue la force explosive du produit.

Propriétés. — Le fulminate de mercure se décompose avec une violente explosion à 186° ou sous l'influence du choc, en donnant de l'azote, de l'oxyde de carbone et du mercure libre. Le choc doit, pour déterminer l'explosion, avoir lieu entre des corps assez durs : le choc du bois contre le bois ou du fer contre le bois détermine difficilement l'explosion. Le fulminate de mercure est, relativement à son instabilité, plus sensible au choc qu'au frottement. Le frottement entre deux surfaces de marbre poli ne l'enflamme pas.

Ce corps possède des propriétés éminemment brisantes. Détonant en contact avec la poudre, il peut la disperser sans l'enflammer. Enflammé dans un fusil, il brise le canon sans lancer le projectile à une grande distance.

Fabrication des amorces fulminantes. — Le fulminate de mercure ne pourrait, pour plusieurs raisons, être employé pur : on le mélange généralement avec 50 % de son poids de salpêtre (quelquefois avec du salpêtre et du soufre ou de la poudre ordinaire). Le mélange, humecté de 10 à 15 % d'eau, est broyé sur une table en marbre avec une molette de buis.

Les capsules qui doivent recevoir la matière sont faites en tôle de cuivre emboutie; leurs dimensions et leurs formes sont variables. Un appareil spécial permet de charger un grand nombre de capsules à la fois en introduisant dans chacune la même quantité de poudre fulminante. Il se compose essentiellement d'une trémie terminée à sa base par un fond formé de trois plaques superposées. Ces trois plaques sont percées d'un grand nombre d'ouvertures cylindriques disposées régulièrement; celle du milieu nommée *tiroir* est mobile et les trous sont disposés de manière à pouvoir, par un mouvement convenable, être mis en regard soit des trous de la plaque supérieure, soit de ceux de la plaque inférieure. La trémie étant chargée, on conçoit que par le mouvement du tiroir on puisse distribuer la matière dans les capsules disposées dans une main au-dessous de la trémie, en regard de chaque trou de la plaque inférieure. La dose de fulminate est de 15 milligrammes par capsule.

Cette opération faite, chaque capsule reçoit un poinçon et l'ensemble passe sous une sorte de laminoir qui soumet le fulminate à une pression très-énergique et le fixe dans l'amorce. La matière fulminante est ensuite recouverte d'un vernis à la gomme laque.

La fabrication des amorces demande des précautions spéciales. La matière fulminante n'est jamais maniée qu'en faible proportion. Les ouvriers sont protégés contre l'explosion assez fréquente des matières chargées dans les trémies par de forts boucliers en tôle : l'appareil est du reste placé devant une fenêtre légère qui doit céder facilement au moment de l'explosion.

Fulminate d'argent. — Le fulminate d'argent est beaucoup plus explosif et plus dangereux à préparer que le fulminate de mercure. On ne l'emploie que pour la fabrication des pois fulminants (jouets d'enfants).

Amorces au chlorate de potassium. — On a fabriqué des amorces au chlorate de potassium en mélangeant 5 p. 1,4 de chlorate de potassium finement pulvérisé avec le résidu de soufre et de charbon obtenu par le lavage de 10 p. de poudre. Les matières sont broyées avec de l'eau de manière à former une bouillie homogène : chaque capsule reçoit une goutte de cette composition qu'on y laisse sécher. Ces amorces ont l'inconvénient d'encrasser rapidement les cheminées des armes à feu par formation de sulfure et de chlorure de potassium, et de dégager du chlore qui attaque le métal. Le chlorate de potassium donne, avec un certain nombre de corps, des mélanges fulminants. Ces mélanges sont plus sensibles au frottement que ne le sont les fulminates. Les amorces des fusils à aiguille prussiens sont formées de :

Chlorate de potassium.........	52
Sulfure d'antimoine..	48
	100

Ces amorces forment des petites masses collées à la base de la balle dans la cartouche.

Les *étoupilles* (amorces pour les canons) contiennent comme corps fulminant une poudre au chlorate ainsi qu'une certaine quantité de poudre de chasse.

On a employé également des amorces à friction formées de deux parties : une tige garnie de phosphore rouge pouvant frotter dans un tube garni de chlorate de potassium. C'est l'application du procédé au moyen duquel on enflamme les allumettes amorphes.

Diverses substances explosives, notamment certains corps azoïques, ont été proposées pour remplacer les fulminates. Caro et Griess [brevet 73,286, *Bull. de la Soc. chim.*, 1867, 1er sem., p. 270] ont breveté l'emploi de la diazobenzine. Ce produit est obtenu par l'action du nitrite de calcium sur le chlorhydrate d'aniline acide. Après dégagement de l'azote, on ajoute au mélange du bichromate de potassium additionné d'acide chlorhydrique qui précipite le corps fulminant.

On a proposé également l'emploi des isopurpurates, de la nitromannite, etc., mais ces nouveaux produits n'ont reçu aucune application sérieuse pour la fabrication des amorces.

MODE D'ACTION DES POUDRES.

Les mélanges ou composés employés sous le nom de poudres peuvent être divisés en deux catégories. La première renferme les *poudres mécaniques*, mélanges plus ou moins intimes de substances qui, isolément, sont stables, mais qui peuvent réagir les unes sur les autres sous certaines influences, comme la chaleur, de manière à donner naissance à un grand volume de produits gazeux. Telle est la poudre ordinaire. La seconde catégorie comprend les composés qu'on peut nommer *poudres chimiques*, substances qui, prises isolément, peuvent faire explosion dans des conditions convenables; c'est-à-dire que ces corps sont nécessairement des composés peu stables et qui éprouveront généralement une décomposition bien plus rapide, puisque les éléments qui réagissent les uns sur les autres sont non pas à l'état de mélange mécanique, toujours plus ou moins imparfait, mais à l'état de combinaison, état qu'on peut considérer comme correspondant à un mélange parfait. La première classe comprend les mélanges de corps oxydants et de corps combustibles; les composés de la seconde classe peuvent se brûler eux-mêmes par une sorte de combustion interne. D'après cela on peut comprendre comment tous ces corps, fulminates, fulmi-coton, nitroglycérine, etc., donnent lieu à des déflagrations très-brusques et sont éminemment brisants. Aussi aucun de ces composés, explosifs par eux-mêmes, n'a-t-il pu remplacer la poudre ordinaire dans les armes à feu.

Les qualités que l'on exige d'une poudre pour son emploi dans les armes ne sont pas seulement la force, terme très-vague et correspondant à des notions complexes. La poudre la meilleure pour les armes est celle qui communique *progressivement* au projectile la plus grande vitesse, tout en détériorant le moins l'arme. Il faut pour cela que la poudre brûle d'une manière progressive et que la pression des gaz, faible au commencement, aille en croissant pendant le temps que le projectile met à sortir de l'arme. La poudre doit être une poudre relativement lente. Les poudres vives donnant, d'une façon presque instantanée, naissance à une pression énorme, détériorent ou font éclater les armes à feu, grâce à l'inertie du projectile, par le choc violent qu'elles produisent sur les parois de l'arme. Ces poudres sont nommées poudres brisantes.

Le résultat cherché est différent dans les mines. Un trou de mine étant chargé de poudre, on recouvre la poudre d'un bourrage dans des conditions telles que la résistance soit moindre, plutôt sur la paroi, de manière à briser la roche, que sur le bourrage, qui représente le projectile et ne doit pas céder. Ici l'emploi des poudres vives et brisantes peut être avantageux, la dislocation des roches étant due surtout à la pression initiale, tandis que la projection doit être surtout attribuée à un effet de détente; quelquefois ces poudres jouissent en outre de la propriété de ne pas lancer les fragments de roches comme le font souvent les poudres lentes et progressives. Néanmoins dans les grandes mines, lorsqu'on veut seulement déplacer des masses considérables de matériaux, les poudres lentes semblent préférables aux poudres vives, qui auraient surtout un effet local.

Pour le chargement des projectiles creux, le résultat cherché est double; on demande que le projectile soit convenablement fractionné, et que les fragments soient projetés avec une très-grande vitesse. La poudre qui convient le mieux est une poudre intermédiaire, ni trop lente, ni trop vive. Les poudres brisantes pulvérisent, pour ainsi dire, le projectile en donnant des éclats trop petits ne possédant que peu de force vive. Les poudres lentes fractionnent assez mal, tout en donnant une grande force de projection aux éclats.

Enfin, dans certaines applications à l'art de la guerre, il est utile d'avoir des poudres très-vives, éminemment brisantes. Ces poudres permettent de briser des obstacles, faire sauter des palissades, renverser des murs, par simple application sans qu'un bourrage soit indispensable. Elles développent leur action avec une rapidité telle que l'air oppose aux gaz, en vertu de son inertie, une résistance comparable à celle d'une paroi fixe et suffisante pour leur permettre d'agir contre les obstacles. Les résultats obtenus dans ce sens au moyen du fulmi-coton et surtout de la dynamite sont des plus remarquables. On obtient avec des quantités relativement faibles de ces corps des effets que ne produiraient pas des masses considérables de poudre ordinaire.

On ne possède que des données bien incomplètes sur la manière dont se fait la combustion de la charge et des grains élémentaires de poudre, ainsi que sur le développement de la pression à un moment donné de la course du projectile dans les armes à feu. L'attention a été appelée d'une manière spéciale sur cette question par les perfectionnements des armes rayées et à projectiles forcés, et par l'emploi d'énormes pièces de canon dans lesquelles la poudre ordinaire a souvent produit des effets désastreux.

La charge de poudre doit brûler progressivement en dégageant une quantité de chaleur considérable : à la température ordinaire, les produits de la combustion sont de deux sortes, solides ou gazeux (voyez plus loin); mais au moment où se fait la réaction, en présence de cette énorme température, capable de fondre et volatiliser le platine, une partie au moins des composés solides à la température ordinaire doit se trouver à l'état de vapeur et posséder une tension que nous ne pouvons même pas estimer; de plus, l'effet de la dissociation peut intervenir; cet effet est fonction de la température et de la pression, lesquelles varient d'une manière continue par suite de la combustion successive de la poudre, de la détente des gaz qui chassent le projectile, de la perte de chaleur correspondant à la force vive communiquée à ce dernier et enfin du refroidissement par les parois de l'arme. Les lois qui lient entre eux les volumes, les pressions et les températures des gaz n'ont été étudiées que dans des limites très-restreintes : elles ne sont nullement applicables dans le cas actuel. L'expérience a prouvé, en outre, que les produits de l'explosion peuvent varier avec les conditions dans lesquelles elle a lieu.

L'effet de la dissociation des composés qui se forment par la déflagration de la poudre (Berthelot) est d'absorber une certaine quantité de chaleur (égale à celle que produirait la combinaison des composés plus simples qui se forment). Il s'ensuit que la température des gaz doit être moindre que celle que l'on pourrait calculer d'après les produits obtenus après refroidissement. On peut dire de plus que la température et, par conséquent, la pression doivent être encore diminuées par suite de la chaleur spécifique des gaz qui, d'après les expériences de Regnault, serait plus élevée à haute qu'à basse température. Mais, d'autre part, les gaz sous la pression considérable qui se développe dans les armes doivent avoir des propriétés assez proches de celles des liquides vaporisés dont la pression augmente bien plus rapidement avec la température que cela n'a lieu pour les gaz proprement dits. Il résulte de ces considérations que l'état de la pression des gaz à un moment donné de la course du projectile est très-complexe : cette pression augmente avec la quantité de poudre brûlée, diminue par l'effet de la dissociation, fonction elle-même de la pression et de la température : la chaleur absorbée pendant la dissociation est restituée pendant la détente, lorsque, la pression et la température diminuant, les composés dissociés peuvent se combiner à nouveau. De plus, à chaque moment la force vive communiquée au projectile diminue d'autant la pression du gaz.

On peut conclure de cette analyse que la question ne peut guère, pour le moment, être étudiée que par voie expérimentale. Nous dirons quelques mots des travaux qui ont été faits à ce sujet.

Les premiers essais qui aient été tentés pour étudier la pression déterminée par la poudre brûlant sous volume constant sont ceux exécutés par Rumford en 1797 [*Traité d'artillerie* de Piobert, p. 321]. La méthode suivie consiste à brûler des quantités variables de poudre dans une capacité d'un volume constant et à mesurer la pression. Dans ce but Rumford employait un petit canon en fer forgé placé verticalement, dont la gueule était fermée au moyen d'une rondelle de cuir gras sur laquelle on plaçait un poids variable. Le diamètre de l'âme était de $0^m,00635$ et la longueur $0^m,0541$. On déterminait le poids strictement nécessaire pour équilibrer la pression de la poudre et on pouvait en déduire la pression des gaz dégagés.

Le tableau suivant résume les résultats obtenus.

Charge de poudre en grains.	Densité moyenne des produits de la combustion.	Pressions en atmosphères.	Charge de poudre en grains.	Densité moyenne des produits de la combustion.	Pressions en atmosphères.
1	0,042	78	9	0,378	1551
2	0,084	182	10	0,420	1884
3	0,126	228	11	0,462	2219
4	0,168	382	12	0,504	2574
5	0,210	561	13	0,546	3283
6	0,252	686	14	0,588	4008
7	0,294	812	15	0,630	4722
8	0,336	1105			

La valeur du grain exprimée en grammes est 0,0618.

La densité gravimétrique de la poudre employée étant 1,077, un grain occupait les $\frac{39}{1000}$ de la capacité du canon.

D'après ces données, Rumford construisit une courbe représentant la pression en fonction des quantités de poudre brûlées, ou, ce qui revient au même, des densités moyennes des produits, et fit une courbe continue, pensant ainsi corriger certaines irrégularités (1).

La discussion de ces expériences a été reprise par E. Sarrau [*Revue d'artillerie*, octobre 1872, p. 42]. Il a reconnu que l'écart entre les pressions observées et celles données par la formule d'interpolation de Rumford dépassait de beaucoup les erreurs possibles d'expérience. Les tensions observées peuvent être divisées en quatre groupes, pour chacun desquels une égale augmentation de la charge cause une augmentation à peu près constante de la pression. Cette augmentation est en moyenne de :

70 atmosphères pour les charges de........		1, 2, 3	grains de poudre.
143	—	4, 5, 6, 7	—
351	—	8, 9, 10, 11	—
716	—	12, 13, 14, 15	—

Cette augmentation de pression va en croissant pour les quatre groupes presque exactement comme les nombres 1, 2, 5, 10. Il est assez naturel d'après cela de représenter la loi par quatre fonctions continues se substituant successivement l'une à l'autre (2).

Ce fait très-remarquable de discontinuités et de sauts brusques d'une période à l'autre est lié très-probablement à des modifications dans la composition et la température des produits gazeux correspondantes à la variation des pressions. Ces tensions peuvent correspondre à des degrés de dissociation plus ou moins avancés des produits de la combustion de la poudre. Les conditions de température et de pression peuvent devenir telles à un moment donné, que la tension de vapeur d'un des composés soit brusquement remplacée par la tension de vapeur de ses éléments : par exemple, deux volumes de vapeur d'eau peuvent être brusquement transformés en trois volumes d'hydrogène et d'oxygène.

Il est utile de faire remarquer que, dans les expériences de Rumford, on mesure la tension de la poudre au moment où elle n'a effectué qu'un travail assez faible (celui de l'expansion des gaz du volume occupé par la poudre au volume total de l'âme du canon). Les résultats seraient sans doute très-différents si les gaz de la poudre, agissant sur un projectile, avaient effectué un travail bien plus considérable. Il en résulterait un abaissement de température qui modifierait complétement les conditions.

Lorsqu'on met le feu à une charge de poudre dans une arme, l'inflammation se propage dans la masse avec une certaine vitesse, variant avec les conditions de l'expérience. La vitesse d'inflammation est considérable : on admet qu'elle est au moins de 10 mètres par seconde. Elle varie avec la forme et les dimensions du grain ; elle paraît présenter un maximum pour des grains de dimension moyenne. Le minimum a lieu pour le pulvérin, pour lequel les gaz chauds peuvent difficilement se répandre dans la masse. La vitesse d'inflammation varie également avec les proportions des éléments et leur nature : elle

(1) La formule de Rumford est la suivante, p étant la pression en atmosphères et D la densité des produits gazeux par rapport à l'eau :

$$p = 1,841\,(928,5\,D)^{1-0,3714\,D}.$$

(2) Les courbes représentant ces quatre fonctions sont très-exactement des lignes droites dont les équations sont :

$$y = 570,8 - 491,8\,x$$
$$y = 2881 - 3971\,x$$
$$y = 11761 - 21232\,x$$
$$y = 32513 - 68028\,x$$

y représentant la tension en atmosphères, et $x = \frac{1}{\sqrt[3]{p}}$ est l'inverse de la racine cubique de la charge p exprimée en grains. Cette valeur de x correspond à l'intervalle moléculaire moyen des produits de l'explosion.

augmente dans une certaine limite avec la proportion de soufre.

La vitesse de combustion varie avec la pression [Castan, *Revue d'artillerie*, novembre 1872, p. 104]. Les essais ont été faits avec un tube d'acier de 0m,01 de diamètre qu'on remplissait de pulvérin de poudre tassé. On adaptait à l'orifice un bouchon muni d'une ouverture variable. Les vitesses de combustion par seconde ont été trouvées de :

10m,34	pour un orifice d'échappement égal à	0m,010
10m,64	— —	0m,008
11m,20	— —	0m,006
13m,78	— —	0m,004

Dans le dernier cas la pression intérieure mesurée par un dynamomètre sur lequel était appuyé le tube était d'environ 5 atmosphères. On peut, d'après cela, supposer que l'augmentation de la vitesse de combustion est considérable sous les pressions énormes réalisées dans les armes à feu.

La vitesse de combustion diminue avec la grosseur des grains et avec la quantité d'humidité contenue. Elle varie avec les proportions des composants. La proportion de soufre donnant la plus grande vitesse est comprise entre 8,50 et 12,20 %. Elle varie également d'une manière notable avec la trituration plus ou moins parfaite du mélange.

Il est naturel de supposer que la combustion des grains élémentaires de poudre se fait d'une manière régulière, par couches concentriques. On retrouve en général devant les bouches à feu des grains de poudre partiellement comburés qui paraissent s'être éteints, grâce au refroidissement causé par le passage de la pression considérable existant dans l'âme, à la pression atmosphérique. Ces grains ont le plus souvent une forme assez irrégulière; avec des poudres de densité 1,770 à 1,775, leur surface est creusée d'alvéoles profondes; pour des poudres d'une densité supérieure à 1,800, la forme est semblable à celle du grain primitif, ce qui donne à penser que, dans ce cas seulement, la masse est suffisamment homogène et la combustion se fait par couches concentriques.

Si l'on examine ce qui se passe, par exemple, dans une pièce de marine chargée de 24 kilogrammes de poudre, dans laquelle le projectile parcourt l'âme en $\frac{1}{80}$ de seconde avec une poudre de densité 1,845, dont la dimension moyenne des grains est égale à 0m,008, on voit que la vitesse moyenne de combustion est égale à 0m,32; comme sa valeur initiale est de 0m,010 environ, la vitesse aux hautes pressions devra atteindre 1m,50 à 2 mètres.

Considérons un grain de poudre de forme parallélipipédique, brûlant dans un canon, avec des vitesses de combustion variant avec la pression développée. Ce parallélipipède diminuant de dimensions au fur et à mesure que sa surface brûle, tout en restant toujours semblable, la quantité de gaz dégagée à un moment donné étant fonction de la surface en combustion à ce moment et de la pression, on peut déterminer la forme de ce parallélipipède de manière que la quantité de gaz émise à un moment donné ait une certaine valeur. On conçoit qu'on puisse déterminer ainsi les dimensions du grain de manière à avoir une poudre progressive. On peut se rapprocher de ces conditions en formant des galettes de poudre ayant une épaisseur telle que la combustion soit complète pendant le temps que le projectile met à sortir de l'âme, et concassant cette galette à une dimension convenable, on évite ainsi le moulage des grains, opération peu pratique.

Une poudre au dosage de 75 salpêtre, 10 soufre, 15 charbon, galetée à la presse hydraulique de manière à obtenir une densité de 1,750 et une épaisseur de 0m,004, grenée au maillet à pointes à une dimension comprise entre 0m,010 et 0m,006, paraît avoir donné des résultats remarquables, comme poudre progressive [*Revue d'artillerie*, 1873, p. 238].

Dans un important mémoire publié pendant l'impression de cet article [*Revue d'artillerie*, t. III, janvier 1874], le capitaine Castan a consigné le résultat d'études faites sur les nouvelles poudres. Il y démontre que la densité de chargement, c'est-à-dire le rapport entre le poids de la poudre et le volume qu'elle occupe, ne doit pas dépasser certaines limites, si l'on veut éviter les effets brisants.

L'augmentation du calibre des armes correspond à une plus grande rapidité de combustion.

On peut avec un même dosage faire des poudres lentes ou vives, en modifiant seulement les propriétés physiques du grain.

En modifiant le mode de chargement, on peut, avec une arme donnée, obtenir de bons résultats avec des poudres trop lentes ou trop vives pour cette arme, dans les conditions ordinaires de chargement.

Enfin, les résistances du projectile au départ correspondant à son poids, au mode de forcement, à la disposition des rayures, ont une influence considérable sur l'effet brisant.

Pour obtenir les meilleurs résultats, la poudre et l'arme qui doit en être chargée doivent être étudiées simultanément.

Poudres comprimées et poudres prismatiques. — L'idée de former pour les armes à feu des charges compactes de poudre n'ayant pas besoin d'être renfermées dans une enveloppe et pouvant être facilement conservées en magasin, sans détruire les granulations de la poudre, a pris naissance vers 1860 en Amérique. Les poudres ainsi obtenues possèdent des propriétés balistiques spéciales qui les rapprochent jusqu'à un certain point des poudres progressives. Brown recouvrait les grains de poudre d'un mucilage gommeux qui permettait de les agglomérer sous une forte pression.

Le procédé Dorémus, acheté par le ministère de la guerre en 1862, supprime l'emploi du mucilage gommeux. Il diffère peu du procédé suivi actuellement et qui consiste à laisser simplement à la poudre 0,75 à 1 % d'humidité. Les machines qui servent à comprimer la poudre peuvent avoir des dispositions très-variables : nous ne les décrirons pas. Elles doivent être installées de manière à permettre de graduer la compression, c'est-à-dire de réduire la charge à une fraction connue, par exemple $\frac{2}{3}$ ou $\frac{1}{2}$ du volume initial de la poudre.

Les poudres comprimées ne brûlent à l'air libre qu'avec une certaine lenteur, par couches concentriques : les gaz chauds ne peuvent pas pénétrer dans la masse. Dans les armes la masse semble se briser et être plus facilement pénétrée par les gaz. La quantité de gaz développée, assez faible au commencement, paraît croître très-rapidement. Ces poudres ne sont pas des poudres complétement progressives. De plus, on a reconnu qu'elles détérioraient très-rapidement les bouches à feu. Cela tient sans doute à ce que l'espace initial dans lequel se développent les gaz est notablement réduit : leur tension due à l'inertie du projectile augmente énormément et peut produire des éclatements.

Ces inconvénients ont conduit Rodman à l'idée des poudres prismatiques. Ce sont des poudres comprimées présentant des canaux cylindriques intérieurs ; si la solidité de ces blocs de poudre était suffisante, on conçoit que la forme se conserverait malgré la déflagration et que, la surface de combustion allant en croissant, les gaz seraient produits d'une manière progressive; mais, en réalité, les charges sont probablement brisées. L'avantage principal de ces poudres sur les poudres comprimées réside dans l'espace offert par les canaux au dégagement des gaz qui se forment au premier moment de la combustion. Ces poudres ont été avantageusement employées dans certaines armes. Les grains de poudre comprimée employée dans les canons de 7 français pèsent 184 grammes et forment une couronne cylindrique de $0^m,030$ de hauteur, de $0^m,034$ de diamètre extérieur et $0^m,0525$ de diamètre intérieur moyen.

Détermination expérimentale de la pression dans les armes a feu. — En 1843, Cavalli eut l'idée d'étudier la pression développée aux différents points de l'âme d'une bouche à feu, en y introduisant des canons de fusil, fixes et ouverts aux deux extrémités, et mesurant la vitesse des balles dont ils étaient chargés.

Ce procédé modifié en vissant le canon du fusil sur la chambre de culasse d'un canon servit aux expériences faites en Prusse en 1854. La pression maxima fut évaluée à 1100 atmosphères dans un canon de 6 ; 1300 dans un canon de 12, et 3000 environ dans un canon de 70.

De 1857 à 1859, Rodman fit en Amérique de nombreuses séries d'expériences avec un nouvel appareil enregistreur qui porte le nom de *piston de Rodman*. On fait dans le canon un trou cylindrique au point où l'on veut mesurer la pression et on y introduit un piston métallique ajusté contre l'âme, muni d'une coupe de métal qui empêche les fuites de gaz et portant à sa partie supérieure un outil tranchant qui vient s'appuyer sur une plaque fixe de cuivre mou. La pression développée est évaluée d'après les dimensions de l'entaille produite dans le cuivre mou. Les expériences de Rodman présentèrent des anomalies et des contradictions qui ne permettent pas d'y attacher une grande confiance. Il semble en ressortir néanmoins ce fait que la grosseur des grains de la poudre doit être proportionnée au calibre. Des expériences faites en vases clos donnèrent des indications de pressions variant entre 4900 et 12400 atmosphères.

Le système de Rodman modifié a conduit à un nouvel appareil connu sous le nom de *crusher* et adopté en Angleterre en 1860. On visse aux différents points des canons une cheville creuse dans l'intérieur de laquelle peut se mouvoir un piston qui vient presser contre un cylindre en cuivre mou maintenu contre une enclume fixe. La déformation de ce cylindre, qu'on peut reproduire sous une pression déterminée, sert à mesurer la pression du gaz.

En adaptant au canon un chronoscope électrique de Noble, on peut déterminer les pressions et le chemin parcouru par le projectile aux différents moments de sa course.

Quoique les expériences faites avec le nouvel appareil aient fourni quelques résultats contradictoires, on peut en tirer les conclusions suivantes. Le mode d'action de la poudre varie non-seulement avec les proportions du mélange, mais encore, dans de larges limites, avec la dimension et la forme des grains, avec les conditions mécaniques de leur extérieur (surface plus ou moins rugueuse ou polie), avec leur densité et avec leur dureté.

Les expériences faites sur un canon de 8 pouces ont montré qu'avec les diverses poudres le projectile parcourait l'âme dans un temps variant entre $\frac{1}{80}$ et $\frac{1}{100}$ de seconde.

Les pressions développées et par suite la fatigue subie par l'arme sont très-variables pour une même vitesse communiquée au projectile.

La poudre à canon anglaise (marque R. L. G.) est la plus vive : la pression maxima développée se produit très-rapidement, au moment où le projectile s'est à peine déplacé de $0^m,015$; elle atteint 4690 atmosphères (et même près de 8000 atmosphères en certains points). Elle décroît rapidement à partir de ce moment pendant la course du projectile.

La poudre *pellet*, poudre à gros grains prismatiques, arrondis, obtenue par moulage et peu dense, donne une pression maxima de 2730 atmosphères après une course de $0^m,11$ du projectile.

La poudre prismatique russe, dont le grain pèse 37 grammes et qui est amenée par compression à une densité de 1,64, s'enflamme lentement d'abord, puis brûle très-rapidement. Le maximum de la pression atteint 3230 atmosphères lorsque le projectile a parcouru $0^m,15$.

La poudre *pebble*, dure et d'une densité de 1,845, à gros grains anguleux fortement lissés, d'une dimension moyenne de 8 millimètres, brûle progressivement, en ne donnant qu'une pression de 2420 atmosphères sur le projectile après une course de $0^m,20$; le travail total de la pression est néanmoins plus élevé qu'avec les autres poudres. Cette poudre a été adoptée pour les gros canons de la marine anglaise.

Dans le cours de ces expériences on a observé des pressions anormales qu'on a expliquées par des mouvements ondulatoires donnant lieu à des pressions locales très-élevées : ces mouvements seraient dus à la force vive que posséderaient les gaz de la poudre au moment où ils viennent choquer le projectile et se produiraient surtout avec les charges d'une assez grande longueur enflammées vers l'une de leurs extrémités. On peut citer à l'appui de cette explication une expérience de Robins qui, en ajoutant une balle de fusil à la charge ordinaire de poudre d'un canon, le fit éclater près du siége du projectile.

Détermination théorique de la force de la poudre et des matières explosives[1].

La composition de la poudre mise en œuvre, la composition des produits de la combustion, la quantité de chaleur dégagée dans la réaction et le volume des gaz formés sont les éléments les plus importants pour la détermination de la force d'une matière explosive. Berthelot propose d'adopter le produit du volume des gaz (réduit à zéro et $0^m,760$) par la quantité de chaleur dégagée comme terme de comparaison entre les pressions développées par un même poids de matière explosive déflagrant dans une même capacité. Le travail maximum qu'une poudre puisse effectuer est en effet proportionnel à la quantité de chaleur dégagée ; quant au produit de cette quantité par le volume du gaz à zéro, c'est un élément insuffisant pour donner une indication même approchée sur l'effet que peut développer la poudre dans des conditions diverses, comme dans les armes à feu, par exemple ; car, d'une part, il est certain que la plupart des produits solides à zéro sont à l'état gazeux pendant la combustion de la poudre et agissent comme gaz ; d'autre part, la manière dont se développent les pressions successives a, comme il a été indiqué, la plus grande importance sur le résultat final.

En s'appuyant sur les analyses de Bunsen et Schischkoff et sur les données physiques connues ou déterminées par ses propres expériences, Berthelot a pu établir par le calcul les deux nombres dont il propose le produit comme caractéristique de la force des matières explosives. Pour les détails nous sommes obligés de renvoyer au mémoire original ; le tableau suivant contient les résultats obtenus :

(1) Berthelot, sur *la Force de la poudre et des matières explosives* (1872).

NATURE de la matière explosive.	COMPOSITION POUR 100 de matière.				QUANTITÉ de chaleur dégagée par kilogramme (en calories).	VOLUME des gaz formés (en mèt. cub.).	PRODUIT de ces deux nombres.
	Salpêtre.	Soufre.	Charbon.	Chlorate.			
Poudre de chasse	78,9	9,8	11,0	»	641,000	0,216	139,000
— de guerre	74,7	12,45	12,25	»	608,000	0,225	137,000
— de mine	65,0	20,0	15,0	»	510,000	0,173	88,000
— avec excès de nitre	84,0	8,0	8,0	»	673,000	0,111	75,000
Poudre à base d'azotate de sodium	»	»	»	»	764,000	0,248	190,000
— de chlorate de potassium	»	12,5	12,5	75,0	972,000	0,318	309,000
Chlorure d'azote	»	»	»	»	316,000	0,370	117,000
Nitroglycérine	»	»	»	»	1,320,000	0,710	937,000
Fulmi-coton	»	»	»	»	590,000	0,801	472,000
— mêlé d'azotate de potass.	46,0	»	»	»	989,000	0,484	480,000
— — de chlorate de potass.	»	»	»	»	1,420,000	0,484	680,000
Acide picrique	»	»	»	»	687,000	0,780	536,000
— mêlé d'azotate	»	»	»	»	923,000	0,408	376,000
— — de chlorate	»	»	»	»	1,424,000	0,408	582,000
— — d'oxyde de plomb	»	»	»	»	126,000	0,120	150,000
— — — de cuivre	»	»	»	»	407,000	0,270	109,000
— — — d'argent	»	»	»	»	262,000	0,116	29,000
— — — de mercure	»	»	»	»	190,000	0,212	40,000
Picrate de potassium	»	»	»	»	578,000	0,585	337,000
— mêlé d'azotate	»	»	»	»	852,000	0,337	286,000
— — de chlorate	»	»	»	50,0	1,422,000	0,337	478,000

N.-B. — Le corps oxydant, lorsque la proportion n'en est pas indiquée, est ajouté en quantité telle que la combustion soit complète.

MESURE DIRECTE DE LA CHALEUR DE COMBUSTION DES MATIÈRES EXPLOSIVES.

En faisant détoner une matière explosive dans un vase résistant plongé dans un calorimètre, on peut déterminer les éléments nécessaires au calcul de la quantité de chaleur dégagée par la déflagration de la matière brûlant sans volume constant.

Bunsen et Schischkoff, en opérant sur $0^{gr},7$ de poudre de chasse, ont évalué à 619,5 le nombre de calories dégagées par 1 kilogramme de cette poudre. D'après ces chimistes, la température de la flamme serait de 2093° à l'air libre et de 3340° en vase clos.

De Tromenec [*Compt. rend. de l'Acad. des sc.*, t. LXXVII, p. 120], en faisant détoner 5 grammes de poudre dans un vase du volume de $0^{l},5$ environ, a trouvé, pour le nombre de calories dégagées par la combustion de 1 kilogramme des diverses poudres, les nombres suivants :

Poudre à canon du Bouchet (1861)	840 cal.
Poudre de mine	729
Poudre de contrebande, d'origine anglaise	891

Roux et Sarrau [*Compt. rend., ibid.*, p. 138] ont trouvé les nombres suivants :

	Calories dégagées par 1 kil. de poudre.	Poids des gaz par 1 kil. de poudre.
Poudre de chasse fine	807,3	0,337
— de guerre à canon	752,9	0,412
— à chassepot, dite B	730,8	0,414
— de commerce extérieur	691,2	0,446
— de mine ordinaire	570,2	0,499

Ces résultats ont été obtenus en faisant déflagrer des charges de 8 grammes de poudre dans des vases en fonte de 6 millimètres d'épaisseur, de dimensions telles que les produits de la combustion occupaient un volume de 275 centimètres cubes.

Les auteurs ont vérifié qu'en faisant effectuer, dans l'intérieur de la bombe, un certain travail mécanique à la poudre, la quantité de chaleur dégagée était notablement diminuée.

Les auteurs remarquent que, pour les diverses poudres à base de salpêtre examinées par eux, le produit de la quantité de chaleur dégagée par le poids des gaz formés est sensiblement constant. La force explosive des poudres déterminée par la rupture de bombes d'épreuve qui éclataient toujours sous une charge comprise entre 15 et 17 grammes est aussi sensiblement la même. Il est à supposer que le poids spécifique des gaz formés avec ces diverses poudres est peu différent; le produit des nombres déterminés par Roux et Sarrau correspondrait alors au produit signalé par Berthelot comme caractéristique de la force des matières explosives.

Dans un travail récent [*Compt. rend.*, t. LXXVII, p. 478], Roux et Sarrau ont pu déduire le volume qu'occuperaient à 0° et sous la pression de $0^{m},760$ de mercure, les gaz de la poudre, de la détermination de la pression des gaz refroidis jusqu'à la température ordinaire. Cette pression était mesurée au moyen d'un manomètre différentiel fonctionnant sous volume constant. Ils en ont déduit les nombres suivants :

	Température absolue T.	Volume en litres à 0° V_0.	Pression développée en atmosphères $\frac{V_0 T}{273}$.	Travail maximum en tonneaux-mètres, EcT.
Poudre de chasse fine	4,654	234	3,989	373
— à canon	4,360	261	4,168	349
— à chassepot	4,231	280	4,339	339
Poudre de commerce extérieur	4,042	281	4,160	324
Poudre de mine ordinaire	3,372	307	3,792	270

La température absolue T (c'est-à-dire rapportée au zéro absolu situé à — 273° de l'échelle thermométrique) est égale à $273 + 17 + \frac{Q}{c}$, 17° étant la température au moment de l'expérience, Q le nombre de calories dégagé par la combustion de la poudre, indiqué dans le tableau précédent, $c = 0,185$ (Bunsen et Schischkoff) la chaleur spécifique moyenne à volume constant des produits de la combustion. V_0 est le volume des gaz à 0°, déduit de l'observation de la pression au moyen des lois de Mariotte et de Gay-

Lussac; $\frac{V_0 T}{273}$ représente, d'après les mêmes lois, la pression en atmosphères des gaz permanents, 1 kilogramme de poudre occupant un volume de 1 litre. EcT (E équivalent mécanique de la chaleur = 433) est le travail maximum produit par la détente indéfinie des gaz de 1 kilogramme de poudre, tous les produits, permanents ou non, conservant la même température à chaque instant de la détente.

Les auteurs ont également déterminé des nombres intéressants pour diverses autres matières explosives.

	Calories dégagées par 1 kil. poudre.	Poids des gaz pour 1 kil.	Volume des gaz réduit à 0° et 0m,760 pour 1 kil.
Coton-poudre	1,056,3	0,853	720lit.
Dynamite à 75 %, explosion de 2e ordre	1,200,0	0,600	455
Picrate de potassium	787,1	0,740	576
Picrate, 55 p.; salpêtre, 45 p.	916,3	0,485	334
Picrate et chlorate de potassium à poids égaux.	1,180,2	0,466	329

THÉORIE CHIMIQUE DE LA COMBUSTION DE LA POUDRE.

On a pendant longtemps admis que la combustion de la poudre se faisait d'après la formule de décomposition théorique

$$2(AzO^3K) + S + 3C = K^2S + Az + 3CO^2.$$

Cette formule correspondrait à une poudre formée de :

Salpêtre	74,84
Soufre	11,84
Charbon	13,32
	100,00

dont la décomposition donnerait naissance à :

Sulfure de potassium	40,78	
Azote	10,37 =	82,52 cent. cub.
Acide carbonique	48,85 =	248,40 —
	100,00	330,92 cent. cub.

La décomposition se passe dans la pratique d'une manière complétement différente.

Bunsen et Schischkoff ont fait la première analyse complète des produits de décomposition de la poudre [*Poggend. Ann.*, t. CII, p. 321, traduction par A. Terquem]. Ils ont opéré sur de la poudre de chasse dont la composition était la suivante :

Salpêtre		78,99
Soufre		9,84
Charbon	Carbone	7,69
	Hydrogène	0,41
	Oxygène	3,07
	Cendres	traces.
		100,00

Les expériences étaient faites avec un appareil spécial, dans lequel la poudre était brûlée à peu près sous la pression atmosphérique. La poudre donnait par la combustion :

Résidu solide	68,06
Produits gazeux	31,38
	99,44

Le volume des gaz recueillis mesurés à 0° et sous la pression atmosphérique était de 193 centimètres cubes pour 1 gramme de poudre brûlée. Ces gaz avaient la composition suivante :

Acide carbonique	52,67
Azote	41,12
Oxyde de carbone	3,88
A reporter	97,67
Report	97,67
Hydrogène	1,21
Hydrogène sulfuré	0,60
Oxygène	0,52
Protoxyde d'azote	0,00
	100,00

L'analyse du résidu total composé du résidu resté vers le point où se faisait la combustion de la poudre et de la fumée (substance entraînée avec les gaz) a donné les résultats suivants :

	Résidu.	Substance entraînée.	Résidu total.
Sulfate de potassium	56,62	65,29	62,10
Carbonate de potassium	27,02	23,48	18,58
Hyposulfite de potassium	7,57	4,90	4,80
Sulfure de potassium	1,06	»	3,13
Hydrate de potassium	1,26	1,33	»
Sulfocyanure de potassium	0,86	0,55	0,45
Azotate de potassium	5,19	2,48	5,47
Charbon	0,97	1,86	1,07
Carbonate d'ammonium	»	0,11	4,20
Soufre	»	»	0,20
	100,52	100,00	100,00

Il résulte de cette étude que la combustion de la poudre sous une faible pression ne répond en aucune façon à la formule de décomposition simple précédemment citée. Les produits solides principaux sont du sulfate et du carbonate de potassium au lieu de sulfure de potassium. Les produits gazeux renferment un peu d'oxyde de carbone outre l'acide carbonique et l'azote; leur volume est à peine les $\frac{2}{3}$ du volume calculé théoriquement. Berthelot fait remarquer que, dans le cas de la déflagration de la poudre, ce sont les produits qui doivent dégager le plus de chaleur en se formant qui se forment de préférence, d'après une relation très-générale en chimie.

Le travail de Bunsen et Schischkoff était insuffisant. Il est prouvé actuellement par les expériences de Craig et de Fedorow que les produits de la combustion varient avec la pression. Les produits donnés par la combustion de la poudre dans les armes à feu sont notablement différents de ceux examinés par les auteurs précédents.

Les tableaux suivants mettent en regard les résultats obtenus par Linck [*Ann. der Chem. u. Pharm.*, t. CIX, p. 53] opérant dans des conditions analogues à celles où se trouvaient Bunsen et Schischkoff et d'autre part par Karolyi faisant brûler la poudre dans des vases en fer munis d'une soupape qui ne s'ouvrait qu'au moment où la combustion était complète.

COMPOSITION DES POUDRES.

	Linck.	Karolyi.	
	Poudre à mousquet du Wurtemberg.	Poudre autrichienne à canon.	Poudre autrichienne à mousquet.
Matières.			
Salpêtre	74,70	73,77	77,15
Soufre	12,45	12,81	8,63
Carbone	9,05	10,88	11,78
Hydrogène	0,41	0,38	0,42
Oxygène	2,78	1,82	1,79
Cendres	»	0,31	0,28
Eau hygrométrique	0,60	»	»
	99,99	99,97	100,05

COMBUSTION DE 1 GRAMME DE POUDRE.

		Karolyi.	
Matières.	Linck.	Poudre à canon.	Poudre à mousquet.
Résidu	0,6415	0,692	0,631
Gaz	0,3551	0,307	0,318
	0,9906	0,999	0,999
Volume gazeux en cent. cub.	218,3	203,9	226,6

COMPOSITION DU RÉSIDU SOLIDE.

Matières.	Linck.	Karolyi. Poudre à canon.	Karolyi. Poudre à mousquet.
Sulfate de potassium......	45,08	53,39	55,53
Carbonate de potassium...	23,96	28,01	31,90
Sulfure de potassium......	14,94	0,16	»
Hyposulfite de potassium..	5,83	4,08	2,72
Sulfocyanure de potassium.	1,81	»	»
Azotate de potassium......	1,87	»	»
Carbonate d'ammonium....	3,18	3,88	4,08
Charbon................	2,85	3,69	3,99
Soufre..................	0,48	0,79	1,78
	100,00	100,00	100,00

COMPOSITION DU MÉLANGE GAZEUX EN VOLUME.

Matières.	Linck.	Karolyi. Poudre à canon.	Karolyi. Poudre à mousquet.
Azote....................	34,68	37,58	35,33
Acide carbonique.........	52,14	42,74	48,90
Oxyde de carbone........	4,33	10,19	5,18
Hydrogène..............	1,63	5,93	6,90
Hydrogène sulfuré........	7,18	0,86	0,67
Oxygène.................	0,04	»	»
Gaz des marais..........	»	2,70	3,02
	100,00	100,00	100,00

Il semble résulter de ces analyses que les produits de la combustion peuvent varier entre certaines limites suivant les conditions. On remarquera la proportion énorme de sulfure de potassium trouvée par Linck.

Kraig [*Dingl. Pol. Journ.*, t. CLXI, p. 462] a cherché à prouver que, dans la combustion sous forte pression, il ne se formerait que du sulfure de potassium et de l'acide carbonique.

Fedorow [*Zeitschrift für Chemie*, nouv. sér., t. V, p. 12, et *Bull. de la Soc. chim.*, 1869, t. XII, p. 161] a étudié l'influence de la pression sur les produits de la combustion de la poudre.

COMPOSITION DE LA POUDRE.

Salpêtre....................	74,175
Charbon....................	14,835
Soufre......................	9,890
Eau hygrométrique..........	1,100
	100,000

La composition du charbon était :

Carbone.....................	72,5
Hydrogène..................	2,9
Oxygène....................	22,3
Cendres.....................	2,3
	100,0

Les expériences ont été faites d'une part avec un pistolet dont le canon était prolongé par un tube de verre de 4 pieds de long, d'autre part avec un canon de 9 en cuivre. La charge du pistolet était de $0^{gr},75$ ou $1^{gr},5$; la charge du canon de 3 livres de poudre.

COMPOSITION DU RÉSIDU.

MATIÈRES.	CHARGE DE $0^{gr},75$ (pistolet).		CHARGE DE $1^{gr},5$ (pistolet).		CHARGE DE 3 LIVRES (canon).		COMBUSTION ralentie.
Sulfate de potassium........	48,25	47,61	40,83	43,28	15,00	15,15	31,57
Carbonate de potassium.....	23,44	24,13	30,96	31,90	37,00	36,20	39,09
Hyposulfite de potassium....	16,53	17,03	19,32	17,74	8,28	7,44	22,25
Sulfure de potassium......	0,97	0,54	2,49	1,67	38,18	39,55	2,01
Azotate de potassium........	5,81	5,66	2,79	1,73	»	»	»
Sulfocyanure de potassium..	0,54	0,54	0,56	0,56	0,33	0,33	0,74
Soufre....................	0,38	} 4,49 (soufre et charbon)	} 3,05 (soufre et charbon)	0,22	0,09	0,09	0,32
Charbon..................	4,08			2,90	»	1,62	4,02
Sable, oxyde de cuivre......	»	»	»	»	0,82	0,22	»

De ces analyses Fedorow tire les conclusions suivantes :

L'augmentation de la charge correspond à une combustion plus complète. On trouve moins de poudre indécomposée dans le résidu, plus de sulfure et de carbonate et moins de sulfate. L'hyposulfite diminue sous une forte pression.

Si l'on ralentit la combustion, en imprégnant les grains de poudre d'une matière grasse comme l'acide stéarique on obtient le résultat indiqué dans la dernière colonne du tableau précédent, résultat remarquable surtout par l'augmentation de la quantité d'hyposulfite et de carbonate de potassium contenue dans le résidu.

100 p. de poudre anhydre brûlant dans le canon donnaient 40,61 de résidu sec. Le produit gazeux de la combustion de 1 gramme de poudre renfermait :

Vapeur d'eau....................	$0^{gr},039$
Azote...........................	$82^{cc},6$
Acide carbonique................	$162^{cc},1$
Acide sulfureux et oxygène.......	$14^{cc},0$
Volume des gaz..................	$258^{cc},7$

le carbone étant presque complétement transformé en acide carbonique.

Fedorow pense que la combustion de la poudre se fait par deux réactions successives :

Le soufre prend feu d'abord et donne du sulfate de potassium ; l'excès de l'oxygène du salpêtre brûle le carbone et donne de l'acide carbonique qui se dégage avec l'azote. Le reste du charbon réagit alors sur le sulfate de potassium en donnant du carbonate et de l'hyposulfite de potassium et de l'acide carbonique ou de l'oxyde de carbone. Les équations suivantes représenteraient ces réactions successives :

$$2(AzO^3K) + S + C = SO^4K^2 + Az^2 + CO^2;$$
$$2(SO^4K^2) + 2C = S^2O^3K^2 + CO^3K^2 + CO^2.$$

La poudre brûlant dans un tube ouvert, les deux réactions ont lieu ; mais, sous pression, l'action réductrice du charbon s'exerce sur l'hyposulfite :

$$2(S^2O^3K^2) + 3C = 3CO^2 + 2SK^2 + 2S,$$

et le soufre libre agit sur le carbonate de potassium formé en même temps que l'hyposulfite et le décompose :

$$4S + 4CO^3K^2 = SO^4K^2 + 3SK^2 + 4CO^2.$$

Épreuve des poudres.— Avant d'être employées, les poudres sont généralement soumises à des épreuves destinées à donner des indications pratiques sur leur force. Comme, pour la plupart des usages, elles doivent présenter une force sensiblement constante, on rejette ou on renvoie à la fabrication celles qui, à l'épreuve, donnent des résultats trop différents de la moyenne exigée.

L'*éprouvette* employée pour l'essai de la poudre à canon est formée par un petit mortier dont l'âme a un diamètre de $0^m,20$ environ; on le charge avec 92 grammes de la poudre à essayer et un projectile formé par un globe métallique pesant $29^k,30$. On détermine par un tir de trois coups la portée moyenne, qui doit être d'au moins 225 mètres. Lorsque l'arme ou le globe commencent à s'altérer, on détermine la portée par comparaison avec celle obtenue avec une poudre type.

Le *fusil-pendule* donne des indications beaucoup plus précises, l'essai étant fait dans des conditions qui se rapprochent davantage de la pratique. Cet appareil repose sur ce principe que, dans la décharge d'une arme, les quantités de mouvement communiquées à l'arme et au projectile sont les mêmes. Le fusil-pendule se compose essentiellement d'un canon de fusil fixé sur un châssis en fer pouvant osciller autour de deux couteaux d'acier horizontaux. L'appareil porte une masse de plomb disposée de façon que le centre d'oscillation du pendule composé se trouve sur l'axe du fusil et sur la verticale passant par le centre de gravité. En face du fusil-pendule est disposé un récepteur formé par une boîte conique en bronze remplie de cendres recouvertes d'étoupes dans laquelle la balle doit venir se loger. Cette boîte est portée par un châssis en fer oscillant autour d'un axe parallèle à celui du fusil-pendule. Des arcs de cercle divisés sur lesquels se meuvent des curseurs permettent de mesurer l'angle décrit par le fusil-pendule ou par le pendule récepteur, lorsqu'on fait partir le coup. Il suffit de connaître l'un de ces angles et les données mécaniques qui déterminent les pendules formant l'appareil, pour en déduire avec exactitude, par une formule, la vitesse communiquée à la balle.

On emploie aussi des canons-pendules pour l'étude des poudres à canon.

Citons encore l'*éprouvette Melsens*, qui a été proposée pour l'étude des poudres et qui peut donner des indications intéressantes relativement à leur vivacité plus ou moins grande et aux pressions développées. Elle se compose essentiellement d'un grand aréomètre à tige graduée portant à sa partie supérieure une capacité de forme variable, remplie de poudre et munie d'une ouverture. La courbe qui lie l'enfoncement de l'éprouvette par suite du recul dû à la combustion de la poudre, à la dimension de l'orifice de sortie des gaz, peut, jusqu'à un certain point, caractériser la poudre expérimentée. Les indications de cet appareil seraient bien plus complètes s'il pouvait indiquer la vitesse d'enfoncement de l'éprouvette à un moment donné. F. de L.

POUDRE D'ALGAROTH. — Voyez OXYCHLORURE D'ANTIMOINE, t. I, p. 352.

POURPRE DE CASSIUS. — Voyez OR, t. II, p. 635.

POUZZOLANE. — Voyez MORTIERS, t. II, p. 468,

PRASE (Min.). — Quartz compacte d'un vert-poireau.

PRASÉOCOBALT. — Ce nom a été donné par Gibbs et Genth à un corps vert cristallisable non étudié, qui prend naissance en même temps que d'autres dérivés ammoniacaux du cobalt, lorsqu'on chauffe le sulfate roséocobaltique sec (t. I, p. 947) à la température de fusion du plomb. Après l'opération, qui doit être conduite avec soin, on dissout la masse, d'un pourpre violet, dans l'eau bouillante, on ajoute un excès d'acide chlorhydrique et l'on sépare par filtration le précipité jaune orangé qui se forme et qui renferme du sulfate et du chlorure lutéocobaltique. Le liquide filtré contient encore une certaine quantité de chlorure lutéocobaltique, du chlorure purpurocobaltique et le praséocobalt.

PRASÉOLITHE (Min.). — Cordiérite altérée de Bräkke, près Brevig (Norwége). Se présente en prismes droits, à six, huit ou douze pans, ayant un clivage parallèle à la base; d'un vert plus ou moins foncé. Éclat gras.

Dureté, 3,5. Densité, 2,75.

PRASILITHE (Min.). — Substance rare et peu connue, fibreuse, d'un beau vert, très-tendre, se réduisant en poussière entre les doigts. Silicate de magnésie, de sesquioxyde de fer et d'alumine, avec un peu de chaux, de sesquioxyde de manganèse et 18 °/₀ d'eau. Trouvé à Kilpatrick (Écosse).

Densité, 2,31 (Thomson).

PRÉCIPITÉ. — Voyez MERCURE, t. II, p. 348.

PREDAZZITE (Min.). — Roche dolomitique finement granulaire, blanche ou grisâtre, d'un éclat vitreux. Renferme $2CO^3Ca + Mg(OH)^2$; la roche contenant de la brucite, il est fort possible que ce soit un simple mélange.

PREGRATTITE. — Voyez PARAGONITE.

PREHNITE (Min.) [Syn. *Chrysolite du Cap, koupholithe, édelithe, chiltonite*]. — Silicate hydraté d'aluminium et de calcium, avec un peu d'oxyde de fer, d'oxyde de manganèse et d'alcali, $3SiO^2, Al^2O^3, 2CaO + H^2O$. Cristaux ou mamelons et rognons à structure fibreuse ou lamellaire, d'un vert pâle, parfois jaunâtre; d'un éclat vitreux; à cassure inégale. Les cristaux, tabulaires quand ils sont isolés, sont ordinairement groupés par leurs bases de manière à former des surfaces arrondies. On la trouve dans des filons qui traversent le granite, la syénite, la diorite, l'euphotide, le gneiss, le micaschiste, le mélaphyre, associée au quartz, au feldspath orthose, à l'albite, à l'asbeste, à l'épidote, à la datholithe. Elle se trouve aussi dans les cavités des amygdaloïdes basaltiques ou trappéennes, dans certains filons métallifères et dans les couches de fer oxydulé. Les localités les plus connues, sont le pays des Namaquois, Saint-Christophe

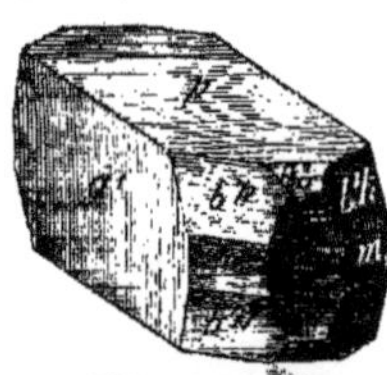

Fig. 538 et 539. — Prehnite.

(Isère), Ala (Piémont), Castle-Rock, près d'Édimbourg, Oberstein (Birkenfeld), le lac Supérieur (États-Unis), Baigorry (Pyrénées).

La variété koupholithe, en lamelles minces isolées, se trouve au pic d'Éreslids (Pyrénées) et au col du Bonhomme (Savoie).

Caractères. — Difficilement décomposé par l'acide chlorhydrique avant calcination, facilement après, avec dépôt de silice gélatineuse; dans le tube fermé, donne de l'eau; au chalumeau, fond assez facilement en un émail bulleux.

Dureté, 6 à 6,5. Poussière blanche.

Densité = 2,8 à 2,95.

Forme cristalline. — Prisme orthorhombique $mm = 99° 56'$; $pa^1 = 134° 52'$. Clivage net p; moins net m. Pyroélectrique avec polarité centrale. Le pôle analogue est au centre de la base et les pôles antilogues aux extrémités de la petite diagonale. F. et S.

PREHNITOÏDE (Min.). — Nom donné par Blomstrand à une substance vert pâle, fibreuse ou bacillaire, ressemblant à la prehnite et dont la composition se rapproche de celle du dipyre. Trouvé entre Kongsberg et Polberg (Suède).

Dureté, 7. Densité, 2,50.

PRESSION.— Les conditions de pression dans lesquelles s'effectuent les réactions chimiques peuvent modifier notablement leur vitesse aussi bien que la nature et les proportions de leurs produits. On n'a généralement à tenir compte de la pression que dans les cas où l'un au moins des corps en présence avant ou après la réaction est un gaz(1). Nous étudierons successivement : 1° le cas où la réaction a lieu entre des gaz ou des vapeurs ; 2° celui où elle prend naissance entre un gaz et un corps non gazeux ; 3° celui enfin où le corps gazeux figure parmi les produits de la réaction.

I. Mélanges gazeux. — *Réactions sans limites.* — Certaines actions de ce genre, qui n'auraient lieu ou qui ne s'accompliraient rapidement qu'à un degré de chaleur plus ou moins élevé sous la pression ordinaire,peuvent s'accomplir instantanément sous une pression diminuée. Les exemples les plus frappants d'un tel phénomène sont fournis par la combinaison de l'oxygène avec les *hydrogènes phosphoré* ou *silicé*. Mélangés *sous* le mercure dans une éprouvette de $0^m,30$ de hauteur, l'oxygène et l'hydrogène phosphoré ne réagissent pas sensiblement ; mais si l'on vient à soulever l'éprouvette au-dessus de la cuve en l'entourant soigneusement d'un linge en plusieurs doubles, la réaction s'effectue soudainement avec une violente explosion. De même l'hydrogène silicé pur ne s'enflamme dans l'air qu'à une température un peu élevée; néanmoins un mélange d'air et d'hydrogène silicé dilaté fait explosion et il est possible que le gaz produit par le siliciure de magnésium et spontanément inflammable doive cette propriété à son état de dilution dans l'hydrogène. La dilution peut en effet agir comme une diminution de pression et cette analogie se révèle très-nettement dans la combinaison de l'oxygène avec les vapeurs de *phosphore*. Celles-ci, dans une atmosphère gazeuse absolument dépourvue d'oxygène libre, ne sont pas lumineuses dans l'obscurité, mais une trace de ce gaz suffit pour provoquer leur oxydation et le dégagement de lumière. Or le phosphore ne luit pas dans l'oxygène pur, à la température et à la pression ordinaires, mais il suffit de dilater le gaz ou de le mélanger d'hydrogène, d'azote ou d'acide carbonique, pour que les vapeurs lumineuses paraissent.

Réactions simples limitées par la dissociation. — L'influence de la pression sur la combinaison ou la décomposition plus ou moins complète d'un certain nombre de corps gazeux a été étudiée avec un grand soin par MM. H. Sainte-Claire Deville, Debray et Hautefeuille. Voyez à ce sujet l'article Dissociation, t. I, p. 1179. M. Bunsen a cru pouvoir déduire d'expériences faites, à l'aide d'un eudiomètre à soupape, sur la température de combustion des mélanges détonants (*oxyde de carbone et oxygène, hydrogène et oxygène*), des conclusions très-différentes de celles qui sont adoptées par les chimistes auxquels on doit la découverte ou l'étude des phénomènes de dissociation. Selon M. Bunsen, en diluant les gaz détonants dans des quantités continûment croissantes de gaz inerte, la proportion du mélange détonant qui se combine tout d'abord (la dissociation mettant un obstacle à la combinaison totale) varie par *sauts brusques*. C'est d'abord 1/3 puis 1/2 de la masse et ainsi de suite. Ainsi à chaque degré de dilution correspond une certaine température de combustion, mais cette température peut varier entre des limites assez écartées sans que la tension de dissociation soit modifiée et celle-ci se modifie d'une manière discontinue [*Poggend. Ann.*, t. CXXXI, p. 161, et *Ann. de Chim. et de Phys.*, (4), t. XIV, p. 451]. Outre que ces conclusions sont difficilement justifiées par l'étude mathématique du phénomène, elles ne paraissent pas être appuyées sur des expériences assez précises et assez sûres pour entrer définitivement dans la science. Les expériences sur l'hydrogène, notamment, si elles étaient seules, ne conduiraient aucunement à la loi énoncée et de plus il n'est pas prouvé que la nature chimique du gaz *inerte* surajouté n'ait pas une influence appréciable sur le phénomène [Vicaire, *Ann. de Chim. et de Phys*, (4), t. XIX, p. 140]. Quoi qu'il en soit, nous avons surtout rappelé ces expériences pour les rapprocher de celles faites par M. Berthelot sur un mélange d'*acétylène* et d'*hydrogène*. Lorsqu'on fait passer l'étincelle électrique dans un tel mélange contenant un excès d'acétylène, ce dernier gaz est décomposé avec dépôt de charbon et mise en liberté d'hydrogène, jusqu'à ce que l'acétylène ne forme plus qu'une fraction déterminée du volume total. Cette fraction est égale à 12/100 à la pression atmosphérique. Elle demeure constante si l'on fait varier la pression depuis $3^m,46$ jusqu'à $0^m,41$, mais pour un nouvel abaissement de pression de 10 centimètres de mercure, c'est-à-dire à $0^m,31$ elle est brusquement réduite à 6,5/100 (environ moitié de 12/100). Enfin de $0^m,23$ à $0^m,10$, elle se fixe à une troisième valeur égale à 3,1/100 (environ un quart de 12/100). Pour l'explication de ces phénomènes et de ceux découverts autrefois par Bunsen (t. I, p. 74), il faut admettre que l'action des molécules les unes sur les autres se modifie considérablement pour de faibles variations dans leurs distances, pourvu que celles-ci soient suffisamment grandes, comme dans les gaz à de faibles tensions [*Bull. de la Soc. chim.*, 1870, t. XIII, p. 99].

Doubles décompositions limitées par l'action inverse. — M. Berthelot a fait voir que la vitesse de l'*éthérification* et la valeur de sa limite diffèrent lorsque l'on prend des systèmes gazeux au lieu de systèmes liquides. La vitesse est diminuée et la valeur de la limite accrue. Par analogie, il est probable que la pression exercée sur les systèmes gazeux agit d'une façon inverse, et augmente la vitesse en abaissant la limite.

II. Gaz agissant sur des corps non gazeux. — L'action de la pression a été surtout étudiée dans ce cas par MM. Deville, Debray et Isambert. Les premières expériences de ces savants sont décrites à l'article Dissociation, auquel nous renvoyons, t. I, p. 1176. Mais nous devons analyser un travail plus récent de M. H. Sainte-Claire Deville, ayant trait à l'action de l'*hydrogène* et de l'*eau* sur le *fer* et sur son *oxyde* à des pressions et à des températures variables [*Compt. rend. de l'Académie des sciences*, t. LXX, p. 1105 et 1201]. Le fer était contenu dans un tube de porcelaine chauffé dans un bain d'huile ou de mercure, ou bien dans la vapeur de mercure, de soufre, de cadmium ou de zinc, ou bien encore à feu nu

(1) D'après M. Favre, le sulfate de soude est plus soluble dans l'eau comprimée à 30 atmosphères que dans l'eau soumise à la pression ordinaire, et d'après MM. Girard et Delaire la production de la diphénylamine par leur procédé est entravée par la pression qui paralyse en partie l'influence d'une élévation de température.

avec la flamme de l'huile lourde de houille. On obtenait ainsi des températures variant de 150° à 1600°. Le tube de porcelaine était mis en communication d'une part avec une cornue contenant de l'eau plus ou moins refroidie, d'autre part avec une trompe de Sprengel. La tension de l'eau était toujours inférieure à celle qui correspondait à la température ambiante, parce qu'on refroidissait le récipient contenant de l'eau. On pouvait mettre en contact avec le fer un gaz quelconque (ici de l'hydrogène) à une pression variant entre 0° et 760°. Le vide étant fait dans l'appareil au moyen de la trompe, le manomètre indiquait la tension propre de la vapeur d'eau à la température de la cornue, c'est-à-dire 4, 6 millimètres si la cornue était dans la glace. Chauffait-on le tube de porcelaine, l'eau attaquait le fer, perdait une certaine quantité d'hydrogène et l'action continuait jusqu'à ce que le manomètre indiquât une certaine pression. Plus on élevait la température, moins cette pression était forte et moins l'eau était décomposée. Si, la température étant constante, on enlevait ou l'on ajoutait brusquement de l'hydrogène, le mercure du manomètre, après avoir brusquement monté ou descendu, se fixait bientôt à sa première position, une certaine quantité d'eau ayant été décomposée ou une certaine quantité d'oxyde réduite de façon à ramener l'hydrogène à sa proportion primitive. Les expériences ont été faites avec de la vapeur d'eau à des tensions supérieures à 4, 6 millimètres, et, dans ces circonstances, les tensions de l'hydrogène ont été bien plus fortes. Quand, de plus, le fer était à des températures relativement basses, on remarquait que, non-seulement l'eau était plus complétement décomposée, mais encore que l'accroissement de la tension de l'eau avait plus d'influence pour augmenter celle de l'hydrogène. Voici les nombres qui viennent à l'appui de ces considérations :

Température du fer.	Température de l'eau.	Tension de l'eau.	Tension de l'hydrogène sec.
200			95mm,9
265			64 2
360			40 4
440	0°	4mm,6	25 8
860			12 8
1,040			9 2
1,600			5 1
200	10 8	9 7	195 3
360	10 6	9 5	76 3
440	11 5	10 1	57 9
840	15 4	13 0	23 9
1,040	15	12 7	19 1
1,600 ?	19	16 3	11 7

D'après une belle expérience de M. Boussingault, l'action de l'acide carbonique de l'air sur les *feuilles* de plantes est soumise à une loi analogue à celle qui régit la combustion lente des vapeurs de phosphore. Tandis que les feuilles exposées au soleil ne décomposent pas l'acide carbonique pur, elles décomposent le même gaz dilué dans l'azote ou l'hydrogène ou même simplement dilaté par un abaissement de pression. Voyez à ce sujet l'article Assimilation, t. I, p. 437, et le mémoire de M. Boussingault [*Compt. rend.*, 1865, t. LX, p. 872].

M. Beketoff a fait voir que *l'hydrogène* sous pression était capable de réagir sur certains sels de façon à les réduire; exemples : le chlorure d'argent ammoniacal qui n'est pas réduit par l'hydrogène à la pression ordinaire, le nitrate mercureux, etc. [*Bull. de la Soc. chim.*, 1858, p. 14].

L'*oxygène* peut, selon la pression à laquelle on le considère, produire sur les animaux des effets extrêmement différents, ainsi qu'il résulte des expériences de M. Bert. Ce savant, après avoir établi deux lois physiologiques approchées sur les proportions d'oxygène et d'acide carbonique qui suffisent à la vie des oiseaux ou qui l'arrêtent sous des pressions inférieures à 2 atmosphères et demie, s'est aperçu qu'à des pressions supérieures à 3 atmosphères, l'oxygène agit sur l'organisme comme un violent toxique et que les animaux y périssent avec les symptômes de l'empoisonnement par le curare [*Compt. rend.*, t. LXXIII, p. 213, et 503; t. LXXIV, p. 617; t. LXXV, p. 29, 88, 491, 543; t. LXXVI, p. 443, 578, 1493].

Les lois de M. Bert sont celles-ci : l'empoisonnement d'un moineau par l'acide carbonique a lieu lorsque la *pression partielle* de ce gaz dans l'atmosphère qu'il respire est de 0m,19 de mercure; cette pression partielle, qui est égale au produit de la pression totale par la proportion d'acide carbonique dans le mélange gazeux, correspond, pour une pression totale de 0m,76, à une proportion de 25 %. Un moineau périt au contraire par privation d'oxygène lorsque la *pression partielle* de ce gaz est de 2 centimètres 66 de mercure, c'est-à-dire lorsque la proportion d'oxygène dans un mélange gazeux à la pression totale de 0m,76 est de 3,5/100. Dans les deux cas, on obtient les mêmes résultats pour une même pression partielle du gaz considéré, quelle que soit la proportion centésimale de ce gaz ou la pression totale, pourvu que, si l'on diminue l'un de ces facteurs, on augmente l'autre proportionnellement.

A des pressions supérieures à 2 atmosphères et demie, la première loi se trouve en défaut et l'action délétère propre à l'oxygène commence à se manifester; lorsque l'oxygène est soumis à une pression partielle de 3 atmosphères, l'animal qui le respire subit des convulsions terribles pendant lesquelles sa température s'abaisse, et qui ne tardent pas à amener la mort. L'expérience a été faite avec des mélanges très-riches en oxygène et à la pression ordinaire, ou sur de l'air commun comprimé à 15 ou 16 atmosphères. Dans tous les cas, l'excès d'oxygène ralentissait au lieu de les exagérer les phénomènes d'oxydation.

La proportion d'oxygène contenue dans le sang diminue rapidement quand la pression est moindre que celle de l'atmosphère. Elle augmente très-faiblement lorsque la pression s'accroît. Tout porte à penser que, dans le premier cas, l'oxyhémoglobine se dissocie, et que dans le second le gaz surajouté se dissout dans le sang, sans y être fixé chimiquement. Peut-être forme-t-il en outre un composé toxique, c'est ce qu'on ignore. Le sang d'un chien empoisonné par l'oxygène contenait 350 centimètres cubes de ce gaz par litre, au lieu de 180 à 200 qu'il renferme normalement.

Récemment M. Bert a étudié l'action de l'oxygène comprimé sur la germination des plantes, phénomène très-analogue à celui de la respiration des animaux. Il a trouvé que les graines ne peuvent germer dans un gaz contenant de l'oxygène à une trop faible pression partielle et périssent empoisonnées dans une atmosphère contenant soit trop d'acide carbonique, soit de l'oxygène à une pression partielle trop élevée (2 atmosphères environ). Dans ce cas, les phénomènes d'oxydation de la graine sont ralentis par l'excès de pression, comme dans les cas d'animaux.

Nous ajouterons, en terminant cette étude de l'action des gaz comprimés sur les matières non gazeuses, que certains sels instables peuvent seulement être obtenus à l'état cristallisé dans une atmosphère comprimée des gaz qu'ils émettent à la température ordinaire. Tel est le chlorure de palladium $PdCl^4$.

III. Corps non gazeux dégageant des gaz. — On s'est demandé depuis fort longtemps si la pression était susceptible d'entraver ou d'empêcher des réactions chimiques donnant naissance à des gaz. Babinet constata que l'attaque du zinc par les acides et le dégagement d'hydrogène qui en résulte sont extrêmement ralentis, sinon arrêtés, lorsqu'on opère sous une forte pression. M. Favre, qui a observé le même phénomène, étudié depuis par M. Cailletet sous des pressions allant jusqu'à 300 atmosphères, attribue ce ralentissement de l'action chimique à l'adhérence de l'hydrogène à la surface du zinc, adhérence d'autant plus forte que la pression est plus énergique, ce qui diminue de plus en plus la surface de contact. Selon ce savant, dont la manière de voir paraît devoir être adoptée, il existe une différence très-nette entre ce mode d'action de la pression et celui qui est en jeu, par exemple, dans les phénomènes de dissociation. L'électrolyse paraît aussi ralentie par la pression, mais elle n'est pas réellement influencée et M. Cailletet n'a pu constater de différence dans la déviation de l'aiguille d'un galvanomètre placé dans le circuit lorsque la pression supportée par le liquide électrolysé varie de 1 à 150 atmosphères.

L'on constate avec le carbonate de chaux et les acides des résultats tout à fait analogues à ceux obtenus avec les métaux [Babinet, *Ann. de Chim. et de Phys.*, (2), t. XXXVII, p. 183; — Favre, *Compt. rend.*, t. LI, p. 1028; — Gmelin, *Handbuch*, t. I, p. 126; — Cailletet, *Compt. rend.*, t. LXVIII, p. 395 et 723; — Berthelot, *ibid.*, p. 536 et 780].

L'action du vide est inverse de celle de la pression, les dégagements gazeux sont favorisés d'une façon notable (Cailletet).

Lavoisier s'était occupé des variations amenées dans les réactions qui accompagnent la combustion de la poudre, selon que cette combustion s'effectue en vase clos, à l'air libre ou dans le vide. Les réactions sont ici trop nombreuses pour qu'on puisse formuler une loi simple à ce sujet. M. Fedorow a trouvé qu'en général le charbon exerce une action d'autant plus réductrice que la pression est plus forte : il se forme alors du sulfure de potassium par destruction de l'hyposulfite et du carbonate [*Zeitsch. für Chem.*, nouv. sér., t. V, p. 12, et *Bull. de la Soc. chim.*, t. XII, p. 161]. — Voyez aussi l'article POUDRES, t. II, p. 1186.

C'est surtout dans les phénomènes de dissociation que l'influence de la pression est intéressante à étudier. Nous renvoyons à ce sujet à l'article DISSOCIATION, t. I, p. 1176. Mais nous analyserons, comme dans le paragraphe précédent, quelques travaux plus récents entrepris par MM. Gernez, Troost, Hautefeuille et Lemoine. M. Gernez décompose totalement par un simple courant de gaz inerte certains sels possédant une tension de dissociation sensible à la température ordinaire, c'est-à-dire perdant continuellement à cette température un élément gazeux tant que la tension de cet élément n'a pas atteint une certaine valeur. Dans ce cas évidemment, grâce au renouvellement continuel de l'atmosphère en contact avec le composé, l'élément volatil ne peut jamais acquérir la tension limite, et le corps, quelque petite que soit sa tension de dissociation, se décompose comme dans le vide. On peut ainsi par un courant d'air, d'azote ou d'hydrogène, réduire à l'état de sel neutre les bicarbonates, bisulfites, biacétates, et même convertir l'azotate de magnésie à 150° en sous-sel basique.

MM. Troost et Hautefeuille se sont occupés de la décomposition par la chaleur ou la diminution de pression du corps appelé par Graham *palladium-hydrogénium*, et dans lequel l'hydrogène était contenu sous un état inconnu. Ils ont déterminé les diverses valeurs de la tension du gaz hydrogène émis par ce corps, valeurs qui, pour une même température, sont constantes tant qu'il n'y a pas assez d'hydrogène pour donner avec le palladium le composé Pd^2H, mais qui, à partir de cette limite, croissent rapidement avec l'excès de gaz dont on a chargé le métal, et ils déduisent de ces observations l'existence d'un hydrure Pd^2H présentant les tensions de dissociation suivantes :

Températures.	Tension de dissociation.
20°	10 millimètres.
30	16
40	25
50	36
60	50
80	106
100	232
120	467
140	812
160	1475

Ce composé peut fixer de l'hydrogène comme le noir de platine, mais alors la tension est variable avec l'état de saturation du métal [*Compt. rend.*, 1874, t. LXXVIII, p. 686].

Les *hydrures* de *potassium* et de *sodium*, obtenus par Gay-Lussac et Thenard en chauffant les métaux alcalins à 300° dans l'hydrogène, subissent une décomposition analogue, mais ils *dissolvent* bien moins d'hydrogène. Ils présentent les formules K^2H, Na^2H, et leurs tensions de dissociation sont consignées dans le tableau suivant :

Températures.	Tensions de dissociation	
	K^2H.	Na^2H.
330°	45 millim.	28 millim.
340	58	40
350	72	57
360	97	75
380	200	150
400	548	447
420	916	752

Bien qu'à une basse température la tendance à la décomposion, c'est-à-dire la tension de dissociation, soit très-faible, on remarque, comme il arrive souvent, que la formation du composé est très-lente. C'est ainsi qu'on peut chauffer les métaux alcalins à 200° dans l'hydrogène sans observer d'absorption; entre 400° et 425°, les hydrures alcalins ne peuvent plus exister sous la pression de l'atmosphère puisque leur tension est supérieure à 0m,760. On se guidera sur ces remarques pour leur préparation [*Compt. rend.*, 1874, t. LXXVIII, p. 807].

Les mêmes savants ont étudié la dissociation isomérique de l'acide cyanurique et de la cyamélide en acide cyanique et celle du paracyanogène en cyanogène. Le problème était un peu plus difficile à résoudre expérimentalement que celui des dissociations non polymériques, mais le mécanisme du phénomène est le même; la combinaison des corps identiques, séparée à tort par Berzelius de la combinaison de corps différents, suit les mêmes lois que celle-ci. Vers le point d'ébullition du soufre la transformation de l'acide cyanurique est rapide, mais elle est accompagnée d'une décomposition partielle qui commence vers 360°. Mais entre 150° et 350°, cet acide, ou son isomère la cyamélide, émettent, quelle que soit leur masse, une quantité de gaz cyanique dont la pression ne dépend que de la température et croît avec elle : c'est la *tension de transformation*.

Voici quelques-uns des nombres obtenus par ces savants :

Température.	Tensions de transformation.
160°	56 millimètres.
170	68
180	94
195	125
215	157
227	180
251	235
330	740
350	1200

[*Compt. rend.*, t. LXVI, p. 735, et t. LXVII, p. 1345].

L'étude de la transformation du phosphore rouge en phosphore blanc, et réciproquement, a amené les mêmes auteurs à distinguer, dans la force élastique d'une vapeur provenant de substances à l'état de dissociation, la véritable tension de vapeur ou tension maxima des physiciens de la tension de transformation. De l'acide cyanique liquide conservé à zéro se transforme complétement en polymères; de même sa vapeur, qui possède à zéro une certaine tension maxima comme celle de tout liquide, finit bientôt par se transformer complétement en cyamélide dont la tension de transformation est nulle ou négligeable à une si basse température; sa force élastique diminue donc progressivement jusqu'à devenir nulle. A 200°, la condensation de la vapeur cyanique ne pourrait se compléter parce que la cyamélide formée possède alors une tension de transformation mesurable. La tension de transformation d'une vapeur se distingue donc de sa tension maxima à la même température par sa valeur absolue et par la lenteur avec laquelle elle s'établit.

La transformation du phosphore blanc liquide et de sa vapeur en phosphore rouge rappelle celle de l'acide cyanique liquide ou gazeux en cyamélide et acide cyanurique. A 280°, le phosphore liquide se polymérise entièrement comme l'acide cyanique à 0°, et à 260° la vapeur de phosphore est aussi stable que le gaz cyanique à une basse température. D'autre part, lorsqu'on chauffe davantage la vapeur de phosphore, celle-ci se polymérise partiellement et sa tension, d'abord *maxima*, décroît jusqu'à ce qu'elle ait atteint une certaine valeur qui est celle de la tension de transformation.

On a déterminé la tension de transformation d'après la quantité de phosphore resté en vapeur à une température donnée après un temps suffisamment long. Pour cela on a volatilisé rapidement du phosphore dans un ballon chauffé à 360° ou à 440°. On s'attachait à ce que la vaporisation soit complète, ce qui permettait d'obtenir accessoirement une limite inférieure de la tension de vapeur maxima du phosphore pour ces températures, puis on prolongeait l'action de la chaleur pendant un grand nombre d'heures (240 heures à 360°, 30 heures à 440°). Un enduit de phosphore rouge se formait à l'intérieur du récipient, on soustrayait celui-ci rapidement à l'action de la chaleur et l'on séparait le phosphore blanc qui provenait de la condensation de la vapeur; on connaissait donc le poids de celle-ci et son volume, par conséquent sa densité et la *force élastique* qui lui correspond. Pour obtenir la tension maxima de la vapeur de phosphore, on a eu recours à un moyen analogue, car il ne fallait pas penser à chauffer rapidement le métalloïde et à déterminer la pression qu'il faut exercer sur lui pour l'empêcher de bouillir; l'expérience qui a été faite à 360° et à 440° serait trop dangereuse à des températures supérieures; le résultat obtenu dans les deux cas qu'on vient de citer a seulement servi à contrôler la méthode nouvelle. Celle-ci consiste à chauffer dans un tube une quantité de phosphore supérieure à celle qui peut s'y volatiliser, puis à refroidir l'appareil sans que le phosphore blanc condensé puisse venir se mêler avec le phosphore en excès contenu à cet effet dans une petite ampoule. Le poids du phosphore condensé et celui de l'enduit de phosphore rouge représente le poids de la vapeur saturée émise par le phosphore dans la première partie de l'expérience; on en tire sa force élastique comme dans le cas précédent. On a pu ainsi déterminer les valeurs suivantes :

Températures.	Tension maxima atm.	Tension de tranformation atm.
360°	3,2	0,12
440	7,5	1,75
487	»	6,8
494	18,0	»
503	21,9	»
510	»	10,08
511	26,2	»
531	»	16,0
550	»	31,0
577	»	56,0

La polymérisation de la vapeur est d'autant plus rapide que la température est plus élevée. Ce résultat a été contrôlé par une ingénieuse expérience directe [*Compt. rend.*, t. LXXVII, p. 76 et 219, et *Ann. scient. de l'École normale supérieure*, 2e sér., t. II, p. 253].

Antérieurement à la publication du travail de MM. Troost et Hautefeuille, le même sujet avait été traité à un point de vue un peu différent par M. Georges Lemoine [*Ann. de Chim. et de Phys.*, (4), t. XXIV, p, 129, et t. XXVII, p. 289]. Ce savant avait fait voir que les deux états allotropiques du phosphore se transformaient l'un dans l'autre par l'action de la chaleur; que la quantité de phosphore ordinaire persistant à l'état de vapeur dans un ballon de 1 litre à la température de 440° était indépendante de la modification du phosphore dont on était parti et de la quantité de substance en excès; le poids du phosphore ordinaire est de 3gr,7, chiffre qui correspond précisément à la tension de transformation indiquée par MM. Troost et Hautefeuille. G. S.

PRÉSURE. — Voyez Lait, t. II, p. 191.

PREUNNERITE (Min.). — Calcite en cristaux cuboïdes d'un violet bleuâtre, jaune-brun à la lumière transmise, trouvée dans une amygdaloïde de Færoë (Esmark).

PRIMULINE. — Matière cristallisable retirée par Hünefeldt de la racine de primevère (*Primula veris*) [*Journ. für prakt. Chem.*, t. VII, p. 58].

PROCHLORITE. — Voyez Ripidolite.

PROPALANINE [Syn. *Acide amidobutyrique, méthalanine*],

$$C^4H^9AzO^2 = CH^3.CH^2.CH(AzH^2).CO^2H.$$

— Cet homologue de l'alanine et du glycocolle s'obtient par l'action de l'ammoniaque aqueuse (Schneider) ou alcoolique (Friedel et Machuca) sur l'acide monobromobutyrique. Il cristallise de sa solution alcoolique en groupes radiés de lamelles, grasses au toucher. Il est inodore, possède une saveur douce et est légèrement acide aux couleurs végétales. Il se dissout dans 3,5 p. d'eau à la température ordinaire et seulement dans 0,550 p. d'alcool bouillant; il est insoluble dans l'éther. La potasse aqueuse ne le décompose pas; la potasse fondante dégage de l'ammoniaque. Il peut se sublimer sans décomposition, mais se détruit lorsqu'on le chauffe brusquement.

La propalanine se combine avec les acides et avec les bases. Le *chlorhydrate*, $C^4H^9AzO^2.HCl$ forme des touffes d'aiguilles très-solubles; l'*azotate*, $C^4H^9AzO^2.AzO^3H$, est également en aiguilles soyeuses solubles dans l'eau et dans l'alcool. Le *sulfate* neutre, $(C^4H^9AzO^2)^2SO^4H^2$, cristallise aussi. Le *sel de plomb*, $(C^4H^8AzO^2)^2Pb, PbO^2H^2$, s'obtient en faisant bouillir la propalanine en solution aqueuse avec l'oxyde de plomb; il constitue une poudre blanche cristalline, peu soluble dans l'eau. Le composé *argentique*, $C^4H^8AzO^2Ag$, obtenu de même, se solidifie en petits cristaux qui noircissent à la lumière et se décomposent à 100° [Friedel et Machuca, *Compt. rend.*, t. LIV, p. 220; — Cahours, *ibid.*, p. 177; — Schneider, *Poggend. Ann.*, t. CXIII, p. 169; et *Ann. der Chem. u. Pharm.*, supp., t. II, p. 70]. C. F.

PROPANE [Syn. *Hydrure de propyle, hydrure de propylène*], C^3H^8. — Ce corps, homologue de l'hydrure de méthyle, est le troisième terme de la série des hydrocarbures saturés. Il se rencontre dans les gaz dégagés des sources de pétrole de l'Amérique du Nord et à l'état de dissolution dans les pétroles bruts [Ronald, *Chem. Soc. Journ.*, (2), t. III, p. 529; — Eug. Lefèvre, *Compt. rend.*, t. LXVII, p. 1352; — Fouqué, *Compt. rend.*, t. LXVIII, p. 1045].

Il a été obtenu par l'action de l'acide iodhydrique saturé à 0° sur l'iodure d'allyle, sur la benzine, sur le toluène et sur le cumène, sur le phénol, sur l'acétone, sur la glycérine. La transformation du toluène et du cumène et parfois celle de la benzine s'opère avec séparation de carbone [Berthelot, *Bull. de la Soc. chim.*, (2), t. VII, p. 56, 1867].

M. Schorlemmer l'a préparé par l'action du zinc et de l'acide chlorhydrique étendu sur l'iodure d'isopropyle. Il faut avoir soin de refroidir le ballon dans lequel se fait la réaction; néanmoins le gaz renferme toujours des vapeurs d'iodure, qu'on lui enlève par des lavages avec l'acide sulfurique fumant, avec un mélange d'acide sulfurique et d'acide azotique, et enfin avec la potasse. Le gaz doit être recueilli sur l'eau salée.

Lorsqu'on mélange le gaz ainsi obtenu avec du chlore, à la lumière diffuse, il se forme des produits chlorés, dont on peut séparer par distillation fractionnée une petite quantité de *chlorure de propyle* normal, $CH^3.CH^2.CH^2Cl$, bouillant de 42° à 46°. Ce chlorure, chauffé avec de l'acétate de potasse pendant quelques heures à 200°, a fourni un acétate qui a été chauffé à son tour avec la potasse à 120° pendant quelques heures, puis distillé. Le produit de la rectification, traité à froid par une solution étendue d'acide chromique, a donné d'abord une odeur d'aldéhyde; après un nouveau traitement par l'acide chromique, et après disparition de l'odeur d'aldéhyde, on a distillé presque à sec, neutralisé par le carbonate de sodium, desséché le sel formé, et on l'a traité par l'acide sulfurique en fractionnant les produits. On n'a obtenu que de l'acide propionique. Le chlorure de propyle avait donc fourni l'alcool propylique normal, $CH^3.CH^2.CH^2OH$, que l'auteur a d'ailleurs isolé en petite quantité et qui bouillait de 92° à 96°.

Les produits chlorés renfermaient en outre et en proportion plus considérable du *chlorure de propylène*, $CH^3.CHCl.CH^2Cl$, bouillant de 94° à 99°. Ce chlorure a fourni du propylglycol [*Proc. Roy. Soc.*, t. XVII, p. 372; *Ann. der Chem. u. Pharm.*, t. CL, p. 159; *Bull. de la Soc. chim.*, 1869, t. XII, p. 358].

Les parties bouillant au-dessus de 80°, ayant été traitées par le chlore à la lumière solaire, ont donné un produit distillant de 120° à 200°. On n'en a pas pu isoler de produit bouillant à une température constante; le produit qui passait entre 150° et 160° avait la composition de la trichlorhydrine. M. Schorlemmer le considère comme identique avec ce corps, en raison de la production par l'action de la potasse d'un corps $C^3H^4Cl^2$, bouillant de 95° à 105°, qui fixe le brome et donne un chlorobromure bouillant de 215° à 220°.

D'après les recherches de MM. Friedel et Silva, ces preuves sont insuffisantes et il n'est pas démontré que l'action du chlore sur le propane fournisse de la trichlorhydrine [*Compt. rend.*, t. LXXIV, p. 805].

Le liquide duquel M. Schorlemmer avait séparé la partie considérée comme la trichlorhydrine, ayant été traité encore pendant plusieurs jours au soleil par le chlore, bouillait alors entre 200° et 250°. La partie bouillant entre 200° et 205° laisse déposer le *propane tétrachloré*, $C^3H^4Cl^4$, cristallisable d'une solution alcoolique bouillante en petites aiguilles groupées en étoiles, ayant une odeur camphrée, se volatilisant assez rapidement à l'air; dans un tube fermé, il fond et se sublime rapidement; dans un tube capillaire, son point de fusion est 177-178°.

La partie bouillant de 205° à 250° est à peine attaquable par le chlore au soleil, même en présence de l'iode, ni par le chlorate de potasse et l'acide chlorhydrique fumant. La partie bouillant entre 245° et 250° a la composition du *propane hexachloré*, $C^3H^2Cl^6$. C'est un liquide incolore, ayant une odeur camphrée [*Proc. Roy. Soc.*, t. XVIII, p. 29; *Ann. der Chem. u. Pharm.*, t. CLII, p. 159].

Nitropropane, $C^3H^7AzO^2 = CH^3\text{-}CH^2\text{-}CH^2.AzO^2$. — En faisant réagir l'iodure de propyle normal sur l'azotite d'argent, mélangé avec du sable, chauffant ensuite au bain-marie pour achever la réaction, puis distillant au bain d'huile, lavant à l'eau, séchant et rectifiant, on obtient le nitropropane mélangé avec un peu d'azotite de propyle. C'est une huile mobile, limpide, incolore, insoluble dans l'eau, ayant une densité très-peu supérieure à celle de l'eau. Il bout à 122-127°. Les réactions sont les mêmes que celles du nitréthane; il se dissout dans la potasse; traité par la soude alcoolique, il se prend en une masse saline blanche.

La combinaison sodique, lavée à l'alcool et séchée sur l'acide sulfurique, forme une poudre blanche, détonant par la chaleur. Sa solution aqueuse précipite la plupart des solutions métalliques. Avec l'azotate d'argent, il se forme un précipité blanc devenant peu à peu brun; avec le chlorure mercurique, un précipité cristallin blanc; avec l'azotate mercureux, un précipité floconneux noir; avec l'acétate de plomb, un précipité blanc. Le chlorure de baryum ne donne rien; le chlorure ferrique, une coloration rouge de sang; le sulfate de cuivre, une belle coloration verte [V. Meyer et A. Rilliet, *Deutsch. Chem. Gesellsch.*, t. V, p. 1029; *Bull. de la Soc. chim.*, 1873, t. XIX, p. 216].

M. Cahours a obtenu le nitropropane très-peu de temps après MM. Meyer et Rilliet. Il a constaté que, traité par l'hydrogène naissant, il fournit la propylamine [*Compt. rend.*, t. LXXVI, p. 133].

Le *pseudonitropropane* ou *isonitropropane*, $C^3H^7AzO^2 = CH^3\text{-}CH.AzO^2\text{-}CH^3$, s'obtient de même avec l'iodure d'isopropyle. La même réaction avait fourni à M. Silva l'azotite d'isopropyle bouillant à 45°. Le pseudonitropropane qui se forme en même temps, et qu'on obtient en distillant au bain d'huile, bout de 112° à 117°. C'est un liquide incolore ressemblant beaucoup au nitropropane normal, donnant avec la soude alcoolique une combinaison sodique qui se sépare de la solution. Cette combinaison est plus soluble dans l'alcool et surtout dans l'eau que le sodium-nitropropane normal; elle est déliquescente. Les réactions avec les solutions métalliques sont les mêmes, sauf pour l'acétate de plomb, qui ne donne pas de précipité avec la combinaison sodique de l'isonitropropane [V. Meyer et Chojnacki, *Deutsch. Chem. Gesellsch.*, t. V, p. 1034; *Bull. de la Soc. chim.*, 1873, t. XIX, p. 216]. C. F.

PROPARGYLIQUES (COMPOSÉS). — ÉTHER PROPARGYLIQUE. — *Modes de formation et préparation.* — 1° M. Liebermann a découvert en 1865 que le bromure de propylène bromé, de même que le tribromure d'allyle, traités pendant quelques heures par la potasse alcoolique, fournissent un composé éthéré qui possède la propriété caractéristique des combinaisons acétyléniques et allyléniques, propriété qui consiste, comme on sait, à donner avec l'azotate d'argent ammoniacal et avec le protochlorure de cuivre ammoniacal des précipités renfermant du métal. Cet éther, $C^3H^3.OC^2H^5$, peut être considéré comme de l'allylène dans lequel H est remplacé par OC^2H^5 et dans lequel le groupe caractéristique de la fonction acétylénique subsiste. On peut lui attribuer la formule $CH\equiv C-CH^2.OC^2H^5$. M. Liebermann l'a nommé *éther propargylique*. Voici comment il opère pour l'obtenir. Le tribromure d'allyle est soumis pendant 4 heures à l'action de la potasse alcoolique. Il ne se dégage que des traces d'allylène. Le produit est distillé, puis traité par l'eau pour en séparer une petite quantité d'une huile bromée, enfin l'éther propargylique est précipité au moyen de la solution ammoniacale d'azotate d'argent. Le précipité est une masse blanche très-volumineuse, difficile à laver. On le lave à l'alcool, puis à l'éther, on sèche d'abord sur de la porcelaine dégourdie, puis dans le vide. Ainsi préparé, il renferme $C^3H^2Ag.OC^2H^5$. Il s'altère et brunit à la lumière ou par l'action de la chaleur. Il est amorphe. Lorsqu'on le chauffe, il fond avant de détoner. Il donne un miroir d'argent réduit, lorsqu'on le fait bouillir avec l'eau. Les acides le décomposent en mettant en liberté le corps éthéré qui flotte alors à la surface du liquide. La réaction qui donne naissance à l'éther propargylique peut être exprimée par l'équation suivante :

$$CH^2Br-CHBr-CH^2Br + C^2H^5.OH$$

Tribromure d'allyle.

$$= 3HBr + CH\equiv C-CH^2.OC^2H^5.$$

Éther propargylique.

2° M. Baeyer a montré que l'éther propargylique peut être préparé au moyen de la *trichlorhydrine* en faisant bouillir celle-ci avec 3 p. d'hydrate de potasse et une assez grande quantité d'alcool. En même temps que l'éther propargylique, il se produit un corps d'une odeur piquante, qui réduit l'azotate d'argent et qui paraît être l'acroléine [*Ann. der Chem. u. Pharm.*, t. CXXXVIII, p. 196; *Bull. de la Soc. chim.*, 1866, t. VI, p. 218].

3° M. Oppenheim a reconnu que l'éther propargylique est fourni également par l'action de la potasse sur le *bromure de propylène chloré* et sur son isomère le *bibromure de chlorure d'allyle* [*Compt. rend.*, t. LXV, p. 409].

4° MM. Liebermann et Kretschmer ont trouvé qu'il en est de même du glycide dichlorhydrique (qu'ils considéraient comme une substance unique, tandis que MM. Friedel et Silva ont démontré que c'est un mélange de deux isomères) et du bibromure d'allylène $C^3H^4Br^2$.

Voici les additions que font MM. Liebermann et Kretschmer, dans leur mémoire, aux indications primitives de M. Liebermann. Lorsque la solution alcoolique d'éther propargylique est trop étendue, la précipitation ne se fait pas; il en est de même d'une trop grande quantité d'eau en présence ou d'un excès de solution d'argent. La meilleure manière d'opérer consiste à additionner la liqueur alcoolique, ou plutôt les premières parties recueillies à la distillation, d'azotate d'argent concentré, non mélangé d'ammoniaque. Il se produit, au bout d'un certain temps, un précipité cristallin qui est facile à laver, et que l'ammoniaque transforme ensuite dans le composé amorphe.

Pour avoir l'éther propargylique pur, on lave soigneusement avec l'eau la combinaison argentique amorphe; on introduit celle-ci dans une cornue, et on la décompose par l'acide sulfurique étendu et on distille, puis on sèche sur le chlorure de calcium.

5° M. Henry prépare l'éther propargylique en faisant agir, au réfrigérant ascendant, et pendant 8 heures, la potasse alcoolique concentrée en notable excès, sur l'éther éthylallylique monobromé (1). L'éther éthylallylique monobromé est obtenu par l'action de la potasse sèche sur le produit d'addition de l'éther éthylallylique et du brome [*Deutsch. Chem. Gesells.*, t. V, p. 186, et *Bull. de la Soc. chim.*, 1872, t. XVII, p. 409]. En traitant le mélange alcoolique par l'eau, on sépare l'éther propargylique sous la forme d'une couche huileuse; les produits de distillation en fournissent encore une autre portion, et quand il ne s'en sépare plus, on peut encore obtenir avec l'azotate d'argent le précipité cristallin renfermant $2(C^3H^2Ag.C^2H^5O) + AgAzO^3$.

L'éther propargylique est difficile à dépouiller entièrement d'alcool et d'eau; le chlorure de calcium ne suffit pas pour cela; M. Henry s'est servi du sodium. Si ce dernier reste longtemps en contact avec l'éther, il finit par provoquer une vive réaction avec formation d'un corps solide blanc, qui est probablement la combinaison sodique $(C^3H^2Na)OC^2H^5$ [*Deutsch. Chem. Gesell.*, t. V, p. 276, et *Bull. de la Soc. chim.*, 1872, t. XVII, p. 410].

Propriétés de l'éther propargylique. Ainsi obtenu, l'éther propargylique $C^3H^3.OC^2H^5$ bout vers 80° (81-85°, Henry). Sa densité de vapeur est de 41,8 par rapport à l'hydrogène. La théorie exige 42,0. Densité à 7° = 0,83 (Henry).

Le brome s'y combine avec énergie et donne un composé $C^3H^3Br^2.OC^2H^5$ plus dense que l'eau, que l'amalgame de sodium transforme de nouveau en éther propargylique lorsqu'il est en solution alcoolique. Traité par une solution d'iode dans l'iodure de potassium, l'éther propargylique la décolore en devenant plus lourd qu'elle.

Le nitrate d'argent ammoniacal forme dans une solution d'éther propargylique un précipité blanc amorphe qui renferme $C^3H^2Ag.OC^2H^5$. Une solution concentrée de nitrate d'argent donne un précipité cristallin (1) qui est une combinaison double, $2(C^3H^2Ag.OC^2H^5) + AgAzO^3$.

La solution alcoolique d'éther propargylique, additionnée de chlorure d'argent ammoniacal donne un précipité caséeux, qui contient

$$2(C^3H^2Ag.OC^2H^5) + AgCl.$$

Un lavage prolongé avec l'ammoniaque enlève tout le chlorure d'argent.

La combinaison argentique d'éther propargylique est attaquée par l'acide azotique avec dégagement d'un gaz et formation de cyanure d'argent (Baeyer).

L'éther propargylique donne un précipité jaune avec le protochlorure de cuivre ammoniacal.

La combinaison cuivreuse renferme

$$(C^2H^5O.C^3H^2)^2Cu^2;$$

elle est amorphe et jaune [*Ann. der Chem. u. Pharm.*, t. CLVIII, p. 230].

Le composé argentique mis en présence de l'iode échange d'abord son atome d'argent pour prendre un atome d'iode, et puis, en présence d'un plus grand excès d'iode, se sature en fixant 2 atomes d'iode. Le premier composé, l'*éther iodopropargylique*, $C^3H^2I.OC^2H^5$, s'obtient en agitant le composé argentique avec une solution d'iode dans l'iodure de potassium aussi longtemps que celle-ci se décolore, et en distillant au bain d'huile. Le produit est une huile limpide, d'une odeur désagréable, qui cristallise à basse température.

Lorsqu'on emploie une solution éthérée d'iode en grand excès, il ne se produit pas de cristaux à l'inverse de ce qui arrive pour l'argentallylène, mais une huile lourde, assez visqueuse, jaunâtre, et perdant de l'iode lorsqu'on la chauffe, même

(1) Dans un autre mémoire, le même chimiste affirme qu'il se forme de l'oxyde d'éthyllalyle par l'action de la potasse alcoolique sur l'éther propargylique, au bain de sable dans un appareil à réfrigérant ascendant [*Deuts. Chem. Gesellsch.*, t. V, p. 455].

(1) A plusieurs reprises, en opérant avec des solutions alcooliques très-étendues d'éther propargylique et avec de l'azotate d'argent ammoniacal, MM. Friedel et Silva ont obtenu un corps cristallin ayant exactement la composition du propargylate d'argent.

légèrement. Séchée sous la machine pneumatique, privée d'iode par la potasse, et séchée sur le chlorure de calcium, elle renferme $C^3H^2I^3.OC^2H^5$. L'éther iodopropargylique fournit aussi un composé bibromé $C^3H^2IBr^2.OC^2H^5$.

ÉTHER MÉTHYLPROPARGYLIQUE, $C^3H^3.OCH^3$. — Ce composé a été obtenu par M. Liebermann, par l'action du méthylate de potassium sur le tribromure d'allyle. Ses propriétés correspondent exactement à celles de l'éther propargylique. Le précipité argentique est gélatineux et jaune-citron. On a obtenu également un composé iodé $C^3H^2I.OCH^3$. Ce dernier est une huile qui se prend par le froid en belles aiguilles fondant à 12° [*Ann. der Chem. u. Pharm.*, t. CXXXV, p. 278].

L'éther méthylpropargylique dérive aussi de l'oxyde de méthylallyle, $CH^3.O.C^3H^5$. Ce dernier prend naissance par l'action du bromure d'allyle sur le méthylate de sodium. Il bout à 46°. Sa densité à 11° est de 0,77. Sa densité de vapeur 2,40; théorie = 2,48. Il fournit un bibromure, $CH^3.O.C^3H^5Br^2$, bouillant à 185°. Ce bromure, distillé au bain d'huile avec l'hydrate de sodium solide, fournit l'oxyde de méthylallyle monobromé, $CH^3.O.C^3H^4Br$, bouillant de 115° à 116°. Densité à 10° = 1,35. Densité de vapeur = 5,00; théorie = 5,21. En même temps que l'oxyde de méthylallyle monobromé, il se forme une quantité notable d'éther méthylpropargylique.

On obtient celui-ci en plus grande quantité quand on chauffe l'oxyde de méthylallyle monobromé avec de la potasse alcoolique, au bain de sable, dans un appareil à reflux. L'éther méthylpropargylique bout de 61° à 62°. Sa densité à 12°,5 est de 0,83. Sa densité de vapeur = 2,33; théorie, 2,41 (Henry).

ALCOOL PROPARGYLIQUE.

$$C^3H^4O = CH{\equiv}C\text{-}CH^2.OH.$$

— Ce composé, découvert par M. L. Henry, s'obtient par l'action de la potasse aqueuse sur l'alcool allylique monobromé. Ce dernier est le produit de la saponification de l'acétate d'allyle monobromé par la potasse sèche à la température ordinaire, ou par la soude caustique en fragments au bain d'huile. L'acétate lui-même résulte de l'action du glycide dibromhydrique (produit de l'action de la potasse sèche sur la tribromhydrine) sur l'acétate de potasse en solution alcoolique. Nous donnerons ici quelques indications sur les propriétés de ces corps, dont la description n'a pu être faite à leur place dans ce dictionnaire.

[*L'acétate d'allyle monobromé* est un liquide incolore, se colorant peu ou point à la lumière, d'une agréable et fraîche odeur éthérée, insoluble dans l'eau; il possède une densité de 1,57 à 12°. Sa densité de vapeur = 5,8. Théorie, 6,18. Ce corps commence à se décomposer à la température d'ébullition de l'aniline, à laquelle cette densité a été prise. Son point d'ébullition est 163-164°. Le protochlorure et le perchlorure de phosphore ne l'attaquent pas à froid. Il forme des combinaisons par addition, comme les combinaisons allyliques en général.

L'action des alcalis le transforme en *alcool allylique monobromé*, $C^3H^4Br.OH$. Celui-ci ressemble à son acétate. C'est un liquide limpide, éthéré, ne jaunissant pas à l'air, insoluble dans l'eau, bouillant à 155°. Sa densité est de 1,6 à 15°. Le perchlorure de phosphore l'attaque à froid avec dégagement d'acide chlorhydrique. Après traitement par l'eau, le produit forme une huile insoluble dans l'eau et plus dense qu'elle. C'est un chlorobromure C^3H^4BrCl bouillant à 120°. Densité à 11° = 1,63. L'auteur lui attribue la formule de constitution $CH^2{=}CBr\text{-}CH^2Cl$, correspondant à celle qu'il admet pour le glycide chlorhydrique. D'après les travaux de MM. Friedel et Silva, cette formule est douteuse, le produit dont est parti M. Henry étant probablement un mélange de deux corps isomériques.]

Quant à l'alcool propargylique, on l'obtient ainsi : on ajoute une petite quantité d'eau à de l'alcool allylique monobromé, puis de la potasse solide. On chauffe au bain de sable, dans un appareil à réfrigérant ascendant, le liquide jaunâtre qui se forme. Il se produit une vive réaction et le mélange brunit. On sature l'excès de potasse par l'acide carbonique et on distille, avec addition d'un peu d'eau. Le liquide distillé additionné de carbonate de potasse sec fournit l'alcool propargylique sous la forme d'une couche huileuse légère.

En même temps que l'alcool propargylique, il se forme, dans cette réaction, une quantité notable d'*oxyde de bromallyle*, $(C^3H^4Br)^2O$. C'est un liquide incolore ayant une faible odeur. Densité à 17° = 1,7. Il bout de 212° à 215°. Densité de vapeur = 8,91. Théorie = 8,34.

Propriétés de l'alcool propargylique. Séché avec le carbonate de potasse et même à l'aide d'un peu de chaux, l'alcool propargylique distille entre 114° et 115°. On ne peut pas le sécher au moyen de la baryte, avec laquelle il forme un composé qui se présente en lamelles cristallines,

$$C^6H^4Ba.(HO)^2 + C^3H^3OH.$$

Il est incolore et mobile; son odeur agréable rappelle de loin celle de l'éther propargylique. Sa saveur est extraordinairement brûlante, il est très-soluble dans l'eau. Sa densité est de 0,9628 à 21°. Densité de vapeur, 1,88; théorie, 1,93.

Il réunit les propriétés des alcools, celles des corps non saturés et enfin celles des composés allyléniques. Les chlorures des radicaux acides l'attaquent facilement; le brome s'y combine avec vivacité en donnant un liquide plus lourd que l'eau; il se combine avec l'acide bromhydrique et régénère un alcool allylique monobromé. Il donne avec le chlorure cuivreux ammoniacal un précipité jaune-serin; avec l'azotate d'argent ammoniacal un précipité blanc.

La combinaison cuivreuse humide brunit rapidement à l'air; chauffée à l'air, elle brûle avec explosion en lançant des étincelles. Elle renferme $(C^3H^2.OH)^2Cu^2$. Les acides étendus régénèrent l'alcool propargylique. L'acide azotique l'enflamme.

La combinaison argentique se décompose assez rapidement à la lumière; légèrement chauffée, elle brûle avec explosion en laissant un charbon léger. Elle renferme C^3H^2AgHO.

L'alcool propargylique brûle à l'air avec une flamme brillante fuligineuse [*Deutsche Chem. Gesells.*, t. V, p. 452 et 569, et t. VI, p. 729, et *Bull. de la Soc. chim.*, 1872, t. XVIII, p. 236, et 1873, t. XX, p. 452].

BROMURE PROPARGYLIQUE, C^3H^3Br. — Obtenu par l'action du protobromure de phosphore sur l'alcool propargylique (voyez plus haut); il ressemble au bromure d'allyle. Il bout à 88-90°. Sa densité à 20° = 1,52. Il se forme en même temps une notable proportion du produit d'addition avec HBr, $C^3H^4Br^2$.

IODURE. — Par l'action de l'iode et du phosphore rouge sur l'alcool, il se produit un liquide décomposable à la distillation, qui paraît bouillir vers 120°.

ACÉTATE PROPARGYLIQUE, $C^3H^3(C^2H^3O^2)$. — Il a été préparé par l'action du chlorure d'acétyle sur l'alcool propargylique. C'est un liquide d'une odeur assez désagréable. Densité à 12° = 1,0031. Il bout à 124-125°. On ne peut pas l'obtenir par l'action de HCl sur l'alcool, il ne se forme ainsi que le produit d'addition.

SULFOCYANATE. — L'action du bromure sur le sulfocyanate de potassium en solution alcoolique fournit facilement un sulfocyanate $C^3H^3.CAzS$.

C'est un liquide huileux sentant fortement l'essence de moutarde. Il se décompose à la distillation.

ÉTHER AMYL-PROPARGYLIQUE, $C^3H^3.OC^5H^{11}$. — Il s'obtient comme le composé méthylique. Il forme un liquide limpide, incolore, peu odorant; il est insoluble dans l'eau. Densité à 12° = 0,84. Densité de vapeur = 4,35; théorie = 4,67. Il bout de 140° à 145° [L. Henry, *Deutsche Chem. Gesellsch.*, t. V, p. 455, et *Bull. de la Soc. chim.*, (2), t. XX, p. 452].

DIPROPARGYLE ou DIALLYLÉNYLE $(C^3H^3)^2$. — Lorsqu'on chauffe au bain d'huile le tétrabromure de diallyle avec des fragments de potasse ou de soude caustiques, on obtient un liquide plus lourd que l'eau. Ce produit n'a pas de point d'ébullition constant; il renferme, mélangé avec le dipropargyle, du diallyle dibromé $C^6H^8Br^2$. Ce dernier est un liquide incolore ayant une odeur particulière, et une saveur amère et piquante. Il se colore en jaune à la lumière. Densité, 1,656. Point d'ébullition, 205-210°. Densité de vapeur, 8,15; théorie, 8,29. Il est insoluble dans l'eau et plus lourd qu'elle. Il se combine avec 2 Br. Traité par la potasse alcoolique en excès dans un appareil à reflux, il fournit du bromure de potassium et un hydrocarbure incolore plus léger que l'eau, insoluble dans l'eau, soluble dans l'éther, très-réfringent, bouillant vers 85°. C'est le dipropargyle. Densité à 18° = 0,81. Densité de vapeur = 2,66; théorie (C^6H^6) = 2,69.

Son odeur ressemble à celle de l'éther propargylique, mais est plus pénétrante. Il brûle avec une flamme éclairante et fuligineuse, se combine avec le brome avec explosion en formant un bromure $C^6H^6Br^4$; il donne avec le chlorure de cuivre ammoniacal et l'azotate d'argent ammoniacal les précipités caractéristiques des combinaisons propargyliques. Avec l'azotate d'argent aqueux, il forme un précipité blanc amorphe, ce qui le distingue de l'éther propargylique. Ce précipité renferme $C^6H^4Ag^2 + 2H^2O$; il détone quand on le chauffe au-dessous de 100°; il produit une flamme rouge, et laisse un résidu léger de charbon.

Le composé cuivreux séché sur l'acide sulfurique sec à 90° renferme $C^6H^4Cu^2 + 2H^2O$; vers 100°, il détone.

Le tétrabromure $C^6H^6Br^4$ est un liquide épais et visqueux d'une faible odeur, d'une saveur amère, qui se colore à la lumière. Densité à 19° = 2,464. Il est insoluble dans l'eau, assez soluble dans l'alcool, soluble dans l'éther. Quand on le chauffe, il se décompose avec dégagement de HBr en laissant un résidu charbonneux. Dans l'obscurité, il se combine avec le brome en donnant sans doute un octobromure $C^6H^6Br^8$.

En raison de tous ces faits, la formule de constitution la plus probable du dipropargyle est la suivante, qui représente 2 molécules d'allylène soudées par élimination de 2H dans les deux groupes méthyliques: $CH{\equiv}C\text{-}CH^2\text{-}CH^2\text{-}C{\equiv}CH$.

L'hydrocarbure ainsi constitué est, comme on voit, octatomique et renferme deux groupes acétyléniques [*Deutsche Chem. Gesells.*, t. V, p. 456, et t. VI, p. 955, et *Bull. de la Soc. chim.*, (2), t. XX, p. 511]. C. F.

PROPIONAMIDE,

$$C^3H^7AzO = CH^3\text{-}CH^2\text{-}CO.AzH^2.$$

— Ce composé se forme par l'action de l'ammoniaque sur le propionate d'éthyle. Le potassium le détruit en donnant du cyanure, de l'hydrogène et un carbure d'hydrogène. La distillation avec l'acide phosphorique le transforme en propionitrile (voyez CYANURE D'ÉTHYLE, t. I, p. 1063) [Dumas, Malaguti et Leblanc, *Compt. rend.*, t. XXV, p. 657].

Chlorhydrate de propionamide, $C^3H^7AzO.HCl$. — Ce composé se forme en même temps que la dichloropropionamide par l'action du chlore humide sur le propionitrile :

$$C^2H^5\text{-}CAz + H^2O + HCl = C^2H^5\text{-}CO.AzH^2HCl.$$

L'action est très-énergique, il distille du cyanure d'éthyle qui laisse déposer des cristaux, insolubles dans l'éther, solubles dans l'eau et dans l'alcool, qui constituent le chlorhydrate de propionamide. Chauffé sur la lame de platine, il se volatilise en donnant des vapeurs irritantes. Le tétrachlorure de platine en sépare du chloroplatinate d'ammonium.

Dichloropropionamide, $C^3H^5Cl^2AzO$. — Ce corps, fusible à 117-118°, se forme dans la réaction précédente. L'auteur dit qu'il emploie le chlore sec, mais on ne voit pas comment, dans ce cas, il entrerait de l'oxygène dans le produit. Il se combine avec l'oxyde de mercure, lorsqu'on fait bouillir les deux corps avec l'eau. Par le refroidissement, il se dépose des aiguilles blanches et dures, réunies en mamelons. Ces cristaux fondent de 100° à 110°; ils sont solubles dans l'eau et dans l'alcool bouillant, à peine solubles dans l'éther. Ils renferment

$$(C^3H^5Cl^2AzO)^2Hg^2O.$$

Le tétrachlorure de platine en solution alcoolique ajoutée à une solution de dichloropropionamide acidulée par HCl donne du chloroplatinate d'ammonium. Tout l'azote est ainsi enlevé. Cette dernière réaction peut jeter des doutes sur la nature attribuée par M. Otto à ce composé et au précédent [Otto, *Bull. de la Soc. chim.*, 1865, t. III, p. 203].

Dipropionamide bromée, $(C^3H^4BrO)^2.AzH$ [Engler, *Ann. der Chem. u. Pharm.*, t. CXLII, p. 65, et *Bull. de la Soc. chim.*, 1868, t. IX, p. 71]. — On l'obtient en faisant agir au bain-marie molécules égales de brome et de propionitrile (cyanure d'éthyle) et faisant bouillir avec de l'eau la masse obtenue.

La dipropionamide monobromée est en aiguilles cristallines blanches, fusibles à 148°, solubles dans l'eau bouillante; une ébullition prolongée avec l'eau la détruit.

Traitée par la potasse bouillante, elle donne de l'ammoniaque, du bromure et un acide dont le sel d'argent renferme $C^3H^9O^3Ag$. C. F.

PROPIONE, $C^5H^{10}O = C^2H^5\text{-}CO\text{-}C^2H^5$ [Syn. *Métacétone* (?)] (voyez ce mot). — Ce corps est l'acétone normale de l'acide propionique et renferme deux groupes éthyliques unis au carbonyle. Il s'obtient : 1° par la distillation sèche de certains propionates [Morley, *Ann. der Chem. u. Pharm.*, t. LXXVIII, p. 187] :

$$(C^2H^5.CO^2)^2Ba = CO^3Ba + C^5H^{10}O;$$

Propionate de baryum. — Propione.

2° Par l'action du zinc-éthyle sur le chlorure de propionyle :

$$Zn(C^2H^5)^2 + 2C^2H^5.COCl$$
$$= ZnCl^2 + 2(C^2H^5.CO.C^2H^5)$$

[Pebal et Freund, *Ann. der Chem. u Pharm.*, t. CXVIII, p. 1];

3° Par l'action de l'oxyde de carbone sur le sodium éthyle :

$$CO + 2NaC^2H^5 = Na^2 + CO(C^2H^5)^2$$

[Wanklyn, *Bull. de la Soc. chim.*, (2), t. VI, p. 200];

4° Par l'oxydation de l'acide diéthoxalique à l'aide du bichromate de potassium et de l'acide sulfurique :

$$C^6H^{12}O^3 + O = CO^2 + H^2O + C^5H^{10}O$$

[Chapman et Smith, *Chem. Soc. Journ.* (2), t. V, p. 173];

5° Par l'action de l'acide chlorhydrique fumant à 150°, continuée pendant plusieurs heures, sur le diéthoxalate d'éthyle ; il se forme en même temps de l'acide éthylcrotonique [Geuther et Wackenroder, *Zeitsch. für Chem.*, (2), t. III, p. 705, et *Bull. de la Soc. chim.*, 1868, t. X, p. 34];

6° M. Linnemann a annoncé avoir obtenu de la propione, avec toutes ses propriétés, par l'action de 3,4 p. d'oxyde mercurique délayé dans 4 p. d'acide acétique cristallisable sur 1 p. d'amylène bromé, avec addition de la quantité d'eau nécessaire pour dissoudre l'oxyde à chaud [*Ann. der Chem. u. Pharm.*, t. CXLIII, p. 347].

Quoique le produit obtenu ne se combinât pas avec les bisulfites alcalins et eût un point d'ébullition compris entre 90° et 100°, propriétés qu'on attribue à la propione, il semble difficile d'admettre que ce ne soit pas un isomère de ce corps qui prenne naissance dans les conditions indiquées.

Propriétés. — La propione est un liquide incolore et mobile, plus léger que l'eau qui ne la dissout pas; elle est miscible en toute proportion à l'alcool et à l'éther. Son odeur ressemble à celle de l'acétone. Elle bout à 101°. Densité à 20° = 0,813 [E. Schmidt, *Deutsch. Chem. Gesells.*, t. V, p. 597, et *Bull. de la Soc. chim.*, 1872, t. XVIII, p. 322]; à 17°,5 = 0,815 (Popoff).

D'après MM. Freund, Wanklyn, Schmidt, elle ne se combine pas avec les bisulfites alcalins. D'après M. Popoff, cette combinaison peut se former et est cristallisable en longues aiguilles [*Ann. der Chem. u. Pharm.*, t. CLXI, p. 286]. Elle ne se produit qu'avec du bisulfite de sodium aussi concentré que possible et avec de la propione tout à fait sèche. L'eau détruit la combinaison surtout à chaud.

L'oxydation par le bichromate de potassium et l'acide sulfurique ou par l'acide azotique transforme la propione en acides acétique et propionique.

La potasse fondue l'attaque à peine.

La propione est isomérique avec le valéral, qui bout à la même température qu'elle, et avec l'aldéhyde dérivée de l'acide valérianique normal [Lieben et Rossi, *Deutsche Chem. Gesells.*, t. III, p. 915]. Elle l'est aussi avec plusieurs acétones, savoir : la méthyl-isopropyle-acétone (bouillant à 93°,5, densité à 13° = 0,8099), obtenue par l'action de l'eau de baryte sur l'éther diméthylacétone-carbonique; la méthylpropyle-acétone (bouillant à 101°, densité à 22° = 0,8046), qui se combine avec les bisulfites alcalins et qui provient de l'action de l'eau de baryte sur l'éther éthacétone-carbonique [Frankland et Duppa, *Zeitsch. für Chem.*, (2), t. II, p. 270]; le méthylbutyryle, bouillant à 110°, obtenu dans la distillation d'un mélange de butyrate et d'acétate de calcium ou du butyrate de calcium seul [Friedel, *Compt. rend.*, t. XLV, p. 1013, et t. XLVII, p. 552]. C. F.

PROPIONIQUE (ACIDE) [Syn. *Acide métacétonique ou métacétique, acide éthylformique*], $C^3H^6O^2 = C^2H^5.CO^2H$. — Cet acide a été découvert par Gottlieb parmi les produits de l'action de la potasse caustique sur le sucre, l'amidon, la gomme ou la mannite. On chauffe une solution concentrée de potasse avec du sucre (1 p. de sucre pour 3 p. KHO); après que le dégagement d'hydrogène a cessé, on distille avec de l'acide sulfurique étendu et l'on recueille un mélange des acides formique, acétique et propionique, que l'on sépare par distillation ou par saturations fractionnées, ou mieux par cristallisation des sels [*Ann. der Chem. u. Pharm.*, t. LII, p. 121].

L'acide propionique se produit dans un grand nombre de réactions diverses. 1° On en trouve dans certains vins naturels ou altérés [Béchamp, *Compt. rend.*, t. LIV, p. 1148].

2° Redtenbacher l'a obtenu en abandonnant de la levûre bien lavée, en contact avec la glycérine, pendant plusieurs mois à l'air à 20° ou 30°. On sature de temps à autre par le carbonate de soude l'acide formé, puis finalement on distille avec l'acide sulfurique [*Ann. der Chem. u. Pharm.*, t. LVII, p. 174].

3° Keller fait fermenter 1 à 1,5 kilogr. de son avec 10 fois son poids d'eau et un quart de déchets de cuir, avec addition de craie en poudre. Au bout de quelques jours en été, d'un mois en hiver, la masse, d'abord boursouflée, s'affaisse et la distillation avec l'acide sulfurique fournit un mélange d'acides acétique et propionique [*Ann. der Chem. u. Pharm.*, t. LXXIII, p. 205].

4° La putréfaction des pois ou des lentilles sous l'eau au soleil fournit de l'acide propionique et de l'acide butyrique [Bœhme, *Journ. für prakt. Chem.*, t. XL, p. 278].

5° La fermentation du tartrate de calcium en donne également [Nœllner, *Ann. der Chem. u. Pharm.*, t. XXXVIII, p. 299; — Nicklès, *Ann. der Chem. u. Pharm.*, t. LXI, p. 343; — Dumas, Malaguti et Leblanc, *Compt. rend.*, t. XXV, p. 781].

6° Il s'en forme dans la distillation du bois (Barré). Lorsque l'on concentre les solutions d'acétate de sodium brut, elles finissent par refuser de cristalliser et renferment alors beaucoup de propionate [*Compt. rend.*, t. LXVIII, p. 1222; — Anderson, *Chem. News.*, t. XIV, p. 257].

7° Il se produit dans l'oxydation de la propione, de la métacétone et de diverses acétones renfermant le groupe C^3H^7 normal ou le groupe COC^2H^5, par le bichromate de potassium et l'acide sulfurique (Morley, Gottlieb, Popoff).

8° La réaction la plus avantageuse pour préparer l'acide pur est la transformation du cyanure d'éthyle à l'aide de la potasse par l'ébullition jusqu'à ce qu'on ne sente plus l'odeur de l'éther. L'acide est mis en liberté par l'acide sulfurique ou par l'acide phosphorique sirupeux [Dumas, Malaguti et Leblanc, *Compt. rend.*, t. XXV, p. 656]:

$$C^2H^5.CAz + 2H^2O = C^2H^5.CO^2H + AzH^3.$$

MM. Frankland et Kolbe ont employé la potasse alcoolique. M. Williamson opère la transformation de l'iodure d'éthyle en cyanure, par l'action du cyanure de potassium en présence de l'alcool, dans le même appareil qui, après distillation du produit, sert à la décomposition du cyanure d'éthyle par la potasse [*Phil. Mag.*, (4), 1853, t. II, p. 205].

La transformation du cyanure d'éthyle en acide propionique peut être faite aussi par l'acide sulfurique étendu.

M. Linnemann emploie 7 p. d'acide sulfurique concentré, étendu de 3 p. d'eau, pour décomposer 7 p. de propionitrile. Il faut faire le mélange par petites parties et attendre 12 heures avant de chauffer au bain-marie pendant 6 heures dans l'appareil à reflux. Après cela, on distille, on traite le produit distillé par la soude et on recommence l'opération sur la partie du propionitrile non décomposée [*Ann. der Chem. u. Pharm.*, t. CXLVIII, p. 251]. L'acide est séparé du sel de soude sec et pur par l'acide chlorhydrique gazeux; on le purifie en y faisant passer un courant d'air sec et en le chauffant doucement.

9° L'acide acrylique traité pendant plusieurs jours par l'amalgame de sodium en présence de l'eau, et distillé avec l'acide sulfurique, après concentration, fournit une liqueur acide qui donne du propionate d'argent quand on la sature par l'oxyde d'argent [Linnemann, *Ann. der Chem.*

u. Pharm., t. CXXV, p. 317; — Caspary et Tollens, *ibid.*, t. CLXVII, p. 255].

10° En oxydant le tribromure d'allyle par l'acide chromique ou par l'acide azotique, M. Tollens a obtenu un acide $C^3H^4Br^2O^2$, qu'il regarde comme identique avec l'acide bibromopropionique de MM. Friedel et Machuca [*Ann. der Chem. u. Pharm.*, t. CLIX, p. 110].

11° En traitant l'acide lactique par le perchlorure de phosphore, M. Wurtz a obtenu le chlorure de lactyle, capable d'échanger seulement un Cl contre OH par l'action de l'eau. Il se forme alors un acide chlorolactique, dont M. Ulrich a démontré l'identité avec l'acide chloropropionique, et que l'action de l'hydrogène naissant transforme en acide propionique [Wurtz, *Ann. de Chim. et de Phys.*, (3), t. LIX, p. 165; — Ulrich, *Ann. der Chem. u. Pharm.*, t. CIX, p. 271].

12° L'acide bromhydrique, chauffé avec l'acide lactique, fournit de l'acide bromopropionique, facile à transformer en acide propionique par l'hydrogène naissant [Kekulé, *Ann. der Chem. u. Pharm.*, t. CXXX, p. 11; *Bull. de la Soc. chim.*, 1864, t. II, p. 369].

13° L'acide glycérique est transformé par l'action de l'iodure de phosphore en acide β-iodopropionique [Beilstein, *Ann. der Chem. u. Pharm.*, t. CXX, p. 230].

14° L'acide iodhydrique transforme l'acide lactique en acide propionique [Lautemann, *Ann. der Chem. u. Pharm.*, t. CXIII, p. 217].

15° M. Wanklyn a obtenu l'acide propionique par l'action de l'acide carbonique sur le sodium-éthyle. Voici comment il opère : il agite ensemble 10 p. en poids de zinc-éthyle et 1 p. de sodium, puis il ajoute du mercure pour dissoudre le zinc qui s'est séparé. L'acide carbonique étant introduit dans l'appareil transforme le liquide en une masse cristalline. Celle-ci est traitée par l'éther humide, puis par l'eau; le produit, évaporé à sec, est décomposé par l'acide sulfurique ou par l'acide phosphorique sirupeux [*Ann. der Chem. u. Pharm.*, t. CVII, p. 125].

16° L'allylène et le propylène, traités par l'acide chromique pur en dissolution, fournissent de l'acide propionique [Berthelot, *Bull. de la Soc. chim.*, (2), t. XIV, p. 115, 1870].

17° Lorsqu'on chauffe l'acide méthylcrotonique avec l'hydrate de potassium, on obtient l'acide propionique [Frankland et Duppa, *Chem. Soc. Journ.*, (2), t. III, p. 133].

18° L'argyrescine (voyez t. I, p. 1260) extraite des cotylédons de marrons d'Inde, chauffée avec la potasse, fournit également l'acide propionique en même temps que l'acide *escinique* :

$$C^{54}H^{86}O^{24} + 3H^2O = C^{48}H^{80}O^{23} + 2C^3H^6O^2$$

[Rochleder, *Wien. Akad. Ber.*, t. XLV; *Bull. de la Soc. Chim.*, 1863, t. V, p. 219].

19° L'oxydation de l'alcool propylique normal fournit de l'aldéhyde et de l'acide propionique [Linnemann, *Ann. der Chem. u. Pharm.*, t. CXLVIII, p. 250; — Chancel, Pierre et Puchot, *Compt. rend.*, t. LXXV, p. 520].

20° En chauffant un mélange d'oxalate de potassium avec de l'alcoolate de sodium sec, on voit distiller des produits huileux. Le résidu renferme des formiates et des propionates; si, après distillation avec l'acide sulfurique, on sature le produit par une base, on précipite par l'azotate d'argent, et si l'on fait bouillir pour détruire l'acide formique, il reste en dissolution du propionate d'argent [Van't Hoff, *Deutsche Chem. Gesells.*, t. VI, p. 1107].

Nous indiquerons encore, mais sous toute réserve, une réaction qui a été annoncée, mais qui a besoin de confirmation.

M. Linnemann a annoncé que le bromure d'acétone, formé par la fixation directe du brome sur l'acétone, lorsqu'on le traite, en présence de l'eau par l'oxyde d'argent, fournit une liqueur acide qui, distillée et saturée par l'oxyde d'argent, donne du propionate d'argent [*Ann. der Chem. u. Pharm.*, t. CXXV, p. 307].

Propriétés. — L'acide propionique pur et sec est solide à la température ordinaire (Dumas). Il ne se solidifie même pas à — 21° (Linnemann). Densité à 18° = 0,992 (Linnemann); à 19° = 0,9961 (le même); densité à 0° = 1,0143; à 49°,6 = 0,9607; à 99°,8 = 0,9062 (Pierre et Puchot). Il bout à 140°; à 140°,7 (Linnemann); à 146°,0 à $0^m,760$ (Pierre et Puchot). Il se mélange à l'eau en toute proportion; d'après Redtenbacher, il ne serait pas miscible en toute proportion à l'eau, mais l'acide de Redtenbacher ayant été obtenu par fermentation pourrait bien n'avoir pas été pur. L'odeur de l'acide ressemble à celle de l'acide acétique, mais en se rapprochant pourtant un peu de celle de l'acide butyrique [Isid. Pierre et Puchot, *Compt. rend.*, t. LXXV, p. 521].

PROPIONATES MÉTALLIQUES,

$$C^3H^5O^2M' \quad \text{et} \quad (C^3H^5O^2)^2M''.$$

— Les propionates sont solubles dans l'eau et pour la plupart cristallisables. Plusieurs d'entre eux présentent sur l'eau des mouvements gyratoires en se dissolvant. Distillés avec l'acide arsénieux, ils donnent des produits ayant l'odeur du cacodyle.

Propionate d'ammoniaque, $C^3H^5O^2AzH^4$. — Ce sel est transformé par l'action de l'anhydride phosphorique en cyanure d'éthyle ou propionitrile.

Propionate de potassium, $C^3H^5O^2K$. — Sel en écailles nacrées, gras au toucher, fort soluble et déliquescent.

Propionate de sodium, $C^3H^5O^2Na$. — Sel fort soluble dans l'eau et qui serait incristallisable. Gottlieb a obtenu de fines aiguilles brillantes, très-solubles dans l'eau, et qui paraissent être une combinaison d'acétate et de propionate de sodium, $C^2H^3O^2Na, C^3H^5O^2Na + 9/2H^2O$.

Propionate de baryum, $(C^3H^5O^2)^2Ba$. — Sel anhydre cristallisant en prismes clinorhombiques. Faces : m, h^1, p, a^1, o^1. Angles : mm = 97° 30'; pa^1 = 136° 4'; po^1 = 130° 32'; a^1m = 116° 25'. Il est fort soluble dans l'eau. Les cristaux tournoient sur l'eau en se dissolvant, comme le butyrate de baryum. A 17°, le sel se dissout dans 1,07 p. d'eau (Linnemann). Cristallisé à 20° ou 25°, il renferme $(C^3H^5O^2)^2Ba, H^2O$ (Pierre et Puchot).

Propionate de calcium, $(C^3H^5O^2)^2Ca + H^2O$. — Fibres soyeuses, efflorescentes, et lamelles transparentes, très-solubles dans l'eau, solubles à 17° dans 37 p. d'eau. Après dessiccation au bain-marie, le sel a la formule indiquée.

Propionate de cuivre, $(C^3H^5O^2)^2Cu + H^2O$. — Il cristallise en petits prismes obliques, très-solubles dans l'alcool, peu solubles dans l'eau. Chauffé à 100° dans un courant d'air sec, il perd avec son eau une certaine quantité d'acide. Si, à partir de ce point, la température s'élève brusquement jusqu'au rouge sombre, la décomposition s'opère rapidement avec dégagement de gaz combustibles, qui entraînent une partie du sel. Les produits de cette distillation sont un liquide odorant formé d'acide propionique et d'un corps huileux insoluble dans l'eau, de l'acide carbonique, un carbure d'hydrogène et un résidu de cuivre métallique et de charbon. On n'a pas obtenu un sublimé blanc de sel cuivreux, comme dans la décomposition de l'acétate et du butyrate de cuivre [Nicklès, *Compt. rend. des trav. de chim.*, 1849, p. 348]. D'après Wrightson, le sel cristallisé dans l'eau par évaporation lente formerait des octaèdres réguliers renfermant H^2O

après dessiccation sur l'acide sulfurique et perdant leur eau à 100°.

Propionate de plomb, $(C^3H^5O^2)^2Pb$. — D'après MM. Frankland et Kolbe, ce sel a une saveur douce et se dessèche en une masse blanche sans cristalliser; séché à 100°, il donne 63,4 d'oxyde de plomb, ce qui correspond à la formule indiquée. Strecker attribue à un propionate de plomb, formé probablement dans d'autres circonstances, la formule $(C^3H^5O^2)^2Pb, PbO$.

Lorsqu'on verse du chlorure de baryum dans une solution assez concentrée de propionate de plomb, on obtient d'abord un précipité assez copieux, qui disparaît par l'agitation. Si l'on continue l'addition du chlorure, il arrive un moment où le précipité formé ne se redissout pas; si l'on filtre alors, et qu'on laisse évaporer la liqueur lentement, il se sépare du chlorure de plomb, puis de magnifiques cristaux limpides appartenant au type quadratique, et renfermant 4,15 à 3,88 de chlore, 35,96 à 35,70 de plomb, et 24,32 à 24,2 de baryum. Il est probable que le chlore était à l'état de mélange dans les cristaux analysés [Nicklès, *Ann. der Chem. u. Pharm.*, t. LXI, p. 843].

D'après M. Linnemann, le sel neutre est incristallisable, et se solidifie sous la forme d'une masse gommeuse.

D'après MM. Tollens et Philippi, le propionate de plomb neutre cristallise difficilement, mais d'une manière complète [*Ann. der Chem. u. Pharm.*, t. CLXVII, p. 253].

Le sel basique, $3(C^3H^5O^3)^2Pb + 4PbO$, cristallise tantôt en aiguilles, tantôt en petits cristaux sableux. Il est insoluble dans 8 à 10 p. d'eau à 14°. La solution saturée à froid laisse déposer presque tout le sel quand on la chauffe. Le sel précipité est soluble dans l'eau froide. Le propionate basique se produit quand le propionate neutre de plomb ou l'acide propionique sont mêlés avec un excès de litharge et de l'eau et le mélange évaporé à sec au bain-marie. Si l'on reprend le résidu par l'eau froide et qu'on fasse bouillir la liqueur filtrée, on obtient le sel avec la composition indiquée.

Ce sel se prête à la séparation de l'acide propionique des acides acétique et formique. Lorsqu'un mélange des trois acides est évaporé à siccité avec un excès de litharge, l'eau froide n'enlève pour ainsi dire que du propionate basique de plomb. Si l'on chauffe et si l'on filtre à chaud, le propionate reste sur le filtre, et le formiate et le sous-acétate de plomb restent dans la liqueur. Le mélange d'acide acétique et d'acide butyrique, qui a reçu le nom d'acide butyro-acétique et qui a été confondu quelquefois avec l'acide propionique, ne donne pas le sel de plomb en question.

Le sous-acrylate de plomb est presque entièrement insoluble dans l'eau, ce qui permet de séparer facilement les acides propionique et acrylique.

Propionate d'argent, $C^3H^5O^2Ag$. — Il s'obtient en ajoutant de l'azotate d'argent à une solution aqueuse concentrée du sel de sodium. Il se forme alors un précipité que l'on dissout par l'ébullition et que l'on filtre à chaud. Par le refroidissement, on obtient des grains formés d'aiguilles blanches agglomérées. Parfois on l'obtient aussi en lamelles brillantes ou en grandes aiguilles plates.

Il se dissout à 18° dans 119 p. d'eau.

Le sel simplement exposé à la lumière reste blanc pendant plusieurs semaines, qu'il soit sec ou en présence de l'eau; mais lorsqu'on le chauffe à 100°, il brunit en se décomposant légèrement. A une température plus élevée, il fond et brûle tranquillement (Gottlieb). Quand le précipité est dissous dans l'eau bouillante, il se décompose en partie en perdant de l'acide (Guckelberger).

D'après M. Wanklyn, en chauffant de l'acide propionique avec du carbonate d'argent, on obtiendrait un sel acide, $C^3H^5O^2Ag + C^3H^6O^2$.

On obtient une combinaison de propionate et d'acétate d'argent en portant à l'ébullition un mélange d'azotate d'argent et d'une solution contenant à la fois du propionate et de l'acétate de soude. La solution filtrée laisse déposer le sel double sous la forme d'aiguilles dendritiques brillantes. On peut sécher les cristaux à 100° sans qu'ils s'altèrent; ils ne fondent pas à une température plus élevée et sont plus solubles dans l'eau. La solution noircit par l'ébullition.

ÉTHERS PROPIONIQUES.

Propionate d'éthyle, $C^3H^5O^2.C^2H^5$. — Cet éther a été obtenu en faisant bouillir du propionate d'argent avec un mélange d'alcool et d'acide sulfurique; l'eau sépare du mélange le propionate d'éthyle sous la forme d'un liquide plus léger qu'elle et d'une agréable odeur de fruits [Gottlieb, *Ann. der Chem. u. Pharm.*, t. LII, p. 121].

L'iodure d'éthyle est chauffé au bain-marie dans l'appareil à reflux avec du propionate d'argent pendant plusieurs heures; le produit est distillé avec addition d'eau, puis lavé à l'eau, et avec une solution de carbonate de potasse, et enfin déshydraté par l'anhydride phosphorique. Ainsi préparé, l'éther propionique bout à 98°,8; à 100°, d'après MM. Pierre et Puchot. Sa densité à 17° = 0,8945. Densité à 0° = 0,914; à l'ébullition = 0,793 (Pierre et Puchot).

L'ammoniaque transforme rapidement l'éther propionique en propionamide et alcool.

Propionate de propyle, $C^3H^5O^2.C^3H^7$. — Il bout à 124°,75. Densité à 0° = 0,902. Densité à l'ébullition = 0,763 [Pierre et Puchot, *Compt. rend.*, t. LXXV, p. 1596].

Propionate de butyle, $C^3H^5O^2.C^4H^9$. — Cet éther bout, d'après MM. Pierre et Puchot, à 135°,7. Densité à 0° = 0,893. Densité à la température de l'ébullition = 0,743 [*Compt. rend.*, t. LXXV, p. 1598].

ACIDE CHLOROPROPIONIQUE,

$$C^3H^5ClO^2H = CH^3.CHCl.CO^2H.$$

— On ne connaît jusqu'ici qu'un seul acide monochloropropionique, c'est celui qui a été désigné sous le nom d'acide α. Cet acide est identique avec l'acide chlorolactique de M. Wurtz (voyez t. II, p. 183). L'acide libre est obtenu par l'action du chlorure de lactyle (voyez ce mot), ou chlorure de chloropropionyle, sur l'eau, comme l'éther par celle du même composé sur l'alcool. L'acide chloropropionique attaque la peau, se mélange en toute proportion à l'eau, à l'alcool, à l'éther. Il bout à 186°. Sa densité est de 1,28 à 0°. Il est très-dilatable. Il reste liquide dans un mélange réfrigérant [Buchanan, *Zeitsch. für Chem.*, (2), t. IV, p. 523]. Son odeur ressemble à celle de l'acide trichloracétique. L'hydrogène naissant le transforme en acide propionique. Son sel d'argent, moins soluble dans l'eau que le propionate, est transformé par l'ébullition en acide lactique et chlorure d'argent. Le sel de plomb subit une décomposition analogue [Ulrich, *Ann. der Chem. u. Pharm.*, t. CIX, p. 271]. Le sel de baryum évaporé avec du chlorure de zinc fournit un sel de zinc ayant la composition et les propriétés (?) du sarcolactate de zinc [Lippmann, *Ann. der Chem. u. Pharm.*, t. CXXIX, p. 85].

L'acide que M. Wichelhaus avait désigné par le nom d'acide β-chloropropionique et qui prend naissance par l'action du perchlorure de phosphore sur l'acide glycérique n'est pas un acide propionique, mais bien un acide acrylique chloré [Werigo et Werner, *Ann. der Chem. u. Pharm.*, t. CLXX, p. 163].

ACIDES DICHLOROPROPIONIQUES. — On connaît,

à l'état d'éthers éthyliques, deux acides dichloropropioniques.

ACIDE α-DICHLOROPROPIONIQUE,

$$C^3H^4Cl^2O^2 = CH^3\text{-}CCl^2\text{-}CO^2H.$$

— Son éther éthylique s'obtient par l'action de l'alcool sur le chlorure produit au moyen de l'acide pyruvique, $CH^3\text{-}CO\text{-}CO^2H$, et du perchlorure de phosphore [Klimenko, *Deutsch. Chem. Gesellsch.*, t. III, p. 465, et t. V, p. 477; *Bull. de la Soc. chim.*, 1870, t. XIV, p. 453, et t. XVIII, p. 120]. L'*α-dichloropropionate d'éthyle*, $CH^3\text{-}CCl^2\text{-}CO^2.C^2H^5$, est un liquide incolore, d'une odeur agréable de pommes, bouillant à 100° et d'une densité de 1,2403 à 0°. Chauffé à 130° avec de l'eau, il donne de l'acide pyruvique. L'ammoniaque étendue le convertit en *dichloropropionamide*, $C^3H^5Cl^2O, AzH^2$, soluble dans l'alcool, cristallisant en larges feuilles rectangulaires fusibles 116°, et qui, chauffées en vase ouvert, se volatilisent avant de fondre.

L'éther α-dichloropropionique, traité par un lait de chaux bouillant, donne un acide qui, d'après l'examen des sels de calcium et de baryum, paraît être l'acide carbacétoxylique, $C^3H^4O^4$.

ACIDE β-DICHLOROPROPIONIQUE,

$$C^3H^4Cl^2O^2 = CH^2Cl\text{-}CHCl\text{-}CO^2H.$$

— La décomposition par l'eau du produit brut de l'action du perchlorure de phosphore sur l'acide glycérique, produit qui renferme $C^3H^3OCl^3$, fournit de l'acide β-dichloropropionique. Avec l'alcool, on obtient l'*éther dichloropropionique*, bouillant de 180-190°. Ce dernier se dissout dans l'eau de baryte même faible, sans rien laisser déposer. Lorsqu'on laisse évaporer la solution, après avoir enlevé l'excès de baryte par l'acide carbonique, dans le vide, ou à une température ne dépassant pas 70°, on obtient des cristaux mamelonnés qui renferment

$$C^3H^3Cl^2O^2Ba + H^2O.$$

La solution de ce sel est décomposée par l'alcool et par l'éther. Les cristaux desséchés s'échauffent au contact de l'eau. En traitant le sel par le sulfate d'argent, enlevant l'excès de sulfate d'argent par l'hydrate de baryum, l'excès de baryte par l'acide carbonique, on isole le sel, $(C^3H^2ClO^2)^2Ba$, qui n'est autre chose que le chloracrylate de baryum :

$$2C^3H^3Cl^2O^2(C^2H^5) + 2Ba(OH)^2$$
Éther dichloropropionique.

$$= (C^3H^2ClO^2)^2Ba + 2H^2O + 2C^2H^6O + BaCl^2.$$
Chloracrylate de baryum.

La décomposition du sel de baryum par l'acide sulfurique fournit l'*acide chloracrylique* libre, cristallisable en petites aiguilles radiées. Il est très-volatil à la température ordinaire. Son odeur est particulière et assez forte. Il fond à 65°. Ce sont les propriétés que M. Wichelhaus avait attribuées à son acide β-chloropropionique. En traitant l'acide par l'oxyde d'argent, on obtient le carbacétoxylate d'argent, avec réduction d'argent et formation de chlorure d'argent :

$$C^3H^3ClO^2 + 2Ag^2O$$
Acide chloracrylique.

$$= C^3H^3AgO^4 + Ag^2 + AgCl.$$
Carbacétoxylate d'argent.

La décomposition de l'éther dichloropropionique peut fournir aussi un acide qui a probablement la composition de l'acide monochlorolactique, $C^3H^5ClO^3$ [Werigo et Okulitsch, *Ann. der Chem. u. Pharm.*, t. CLXVII, p. 40; — Werigo et Werner, *ibid.*, t. CLXX, p. 163].

ACIDE MONOBROMOPROPIONIQUE,

$$C^3H^5BrO^2 = CH^3\text{-}CHBr\text{-}CO^2H.$$

— Cet acide s'obtient en chauffant 1 molécule d'acide propionique avec 1 molécule de brome, de 120° à 140° pendant quelques heures, et recueillant le produit qui passe à la distillation fractionnée entre 190° et 210° [Friedel et Machuca, *Compt. rend.*, t. LVI, p. 408].

L'action de l'acide bromhydrique gazeux sur l'acide lactique chauffé à 180-200°, donne une petite quantité d'acide bromopropionique. On en obtient davantage en chauffant pendant quelques jours à 100°, en vase clos, l'acide lactique avec plus que son volume d'une solution saturée à froid d'acide bromhydrique, agitant le produit avec de l'éther et distillant. La partie qui passe au-dessus de 180° fournit une forte proportion d'acide bromopropionique. Quelquefois il se produit de l'oxyde de carbone et un liquide odorant qui, traité par l'éther alcoolique, donne beaucoup de bromopropionate d'éthyle.

L'acide ainsi obtenu bout à 202° (corrigé 205°,5) et se solidifie à — 17° en une masse radiée [Kekulé, *Ann. der Chem. u. Pharm.*, t. CXXX, p. 11].

L'ébullition avec l'oxyde d'argent transforme l'acide bromopropionique en acide lactique (Friedel et Machuca; Buff). Il en est de même de l'ébullition avec l'oxyde de zinc (Kekulé). L'action de l'hydrogène naissant régénère l'acide propionique. Chauffé avec l'ammoniaque alcoolique, l'acide monobromopropionique fournit de l'alanine et du bromhydrate d'ammoniaque (Kekulé).

ACIDES DIBROMOPROPIONIQUES, $C^3H^4Br^2O^2$. — On connaît deux acides dibromopropioniques. Le premier, l'ACIDE α-DIBROMOPROPIONIQUE, a été obtenu par l'action du brome sur l'acide bromopropionique à 140°. Il est cristallisable, et peut être purifié par expression entre des doubles de papier. Il fond à 65° (61°, Tollens et Philippi) et distille à 227° (220-221°, Tollens) en éprouvant une légère altération. L'oxyde d'argent en présence de l'eau le transforme en un acide non bromé, dont le sel de chaux est précipitable par l'alcool [Friedel et Machuca, *Compt. rend.*, t. LIV, p. 220].

Étant dérivé de l'acide bromopropionique $CH^3\text{-}CHBr\text{-}CO^2H$ et différant de l'acide β-bibromopropionique dont la constitution résulte directement de son mode de formation, l'acide α doit avoir une constitution exprimée par la formule $CH^3\text{-}CBr^2\text{-}CO^2H$.

L'acide pur forme des tables rectangulaires microscopiques. Un mélange d'acide α et d'acide β reste longtemps liquide et ne forme qu'après des semaines des cubes microscopiques très-déliquescents.

Traité par le zinc et l'acide sulfurique, il régénère l'acide propionique.

Les sels se préparent facilement.

Le *sel de calcium*, $(C^3H^3Br^2O^2)^2Ca + 2H^2O$, forme des aiguilles soyeuses, qui perdent leur eau à 96°.

Celui de *baryum*, $(C^3H^3Br^2O^2)^2Ba + 9H^2O$, se présente en aiguilles efflorescentes perdant toute leur eau à 90°.

L'*éther éthylique* $C^3H^3Br^2O^2.C^2H^5$, obtenu par l'action de l'acide chlorhydrique gazeux sur une solution alcoolique de l'acide, forme un liquide à odeur camphrée, bouillant de 190° à 191°. Densité à 12° = 1,7536.

L'acide dibromopropionique, traité par la potasse alcoolique à l'ébullition, fournit le sel d'un acide cristallisable fusible à 60-70°, et paraissant identique avec l'acide monobromacrylique obtenu avec l'acide β-dibromopropionique (voyez plus loin).

On voit que ces deux acides présentent les mêmes différences que le bromure de propylène et le méthylbromacétol.

$CH^3\text{-}CBr^2\text{-}CO^2H$	$CH^2Br\text{-}CHBr\text{-}CO^2H$
Acide α-dibromo-propionique.	Acide β-dibromopropionique.
$CH^3\text{-}CBr^2\text{-}CH^3$	$CH^2Br\text{-}CHBr\text{-}CH^3$
Méthylbromacétol.	Bromure de propylène.

[Philippi et Tollens, *Ber. der Deutsh. Chem. Gesells.*, t. VI, p. 515].

ACIDE β-DIBROMOPROPIONIQUE,

$$C^3H^4Br^2O^2 = CH^2Br.CHBr.CO^2H.$$

— Cet acide s'obtient par l'oxydation du composé résultant de l'addition du brome à l'alcool allylique, qui n'est autre chose qu'une dibromhydrine de la glycérine ou un alcool propylique bibromé.

On mélange dans une cornue 50 grammes d'alcool propylique dibromé avec 100 grammes d'acide azotique de 1,47 à 1,48 de densité, ou mieux avec 30 grammes d'acide fumant et 70 grammes d'acide d'une densité de 1,4. On chauffe très-doucement au bain-marie jusqu'à l'ébullition, et l'on maintient celle-ci quelque temps; on lave la matière huileuse avec un peu d'eau froide pour enlever l'acide oxalique, puis on évapore au bain-marie. Il se dépose des cristaux que l'on égoutte et exprime après lavage avec un peu d'eau, et que l'on fond et laisse se solidifier pour les laver, les exprimer encore, et cela jusqu'à ce qu'on trouve un point de fusion constant de 62-64°.

L'acide ainsi préparé est une belle substance blanche cristalline, qui montre au microscope deux formes différentes; celles-ci peuvent être produites à volonté par le contact de la matière sur le point de se solidifier avec des cristaux antérieurement obtenus. Ce sont des tables rhombiques ressemblant à celles de l'hydrate de chloral, ou des cristaux compactes, qui ne sont pas autrement décrits. Le point d'ébullition est situé entre 220° et 240°; la distillation est accompagnée d'une décomposition partielle.

A 11°, 19,45 parties d'acide se dissolvent dans 1 partie d'eau.

Le chlorure de calcium et l'acide azotique le séparent de cette dissolution. 1 partie d'éther à 10° en dissout 3 p. 04. Il est très-soluble dans l'alcool. Il n'est pas déliquescent.

L'odeur de l'acide très-pur rappelle celle de l'acide propionique; l'acide impur a une odeur piquante; il agit aussi beaucoup plus fortement sur la peau que l'acide pur, qui a pourtant une action vésicante.

L'acide β-dibromopropionique perd facilement par l'action du zinc et de l'acide sulfurique étendu 2 atomes de brome pour former l'acide acrylique:

$$C^3H^4Br^2O^2 + Zn = C^3H^4O^2 + ZnBr^2.$$

Acide β-dibromopropionique. — Acide acrylique.

Lorsqu'on traite l'acide β-dibromopropionique par la potasse, on obtient l'acide monobromacrylique:

$$C^3H^3Br^2O^2K + KOH = C^3H^2BrO^2K + KBr + H^2O.$$

On fait bouillir 40 grammes d'acide avec 23 grammes d'hydrate de potasse en solution alcoolique. On sépare la solution chaude du bromure de potassium formé et on laisse cristalliser, puis on fait encore cristalliser dans l'eau. On obtient ainsi le sel de potassium pur. L'acide bromacrylique s'en isole facilement; il est cristallin et blanc et forme des prismes rectangulaires microscopiques. Son odeur ressemble à celle de l'acide propionique. Il fond à 69-70°. Il se décompose à la distillation; la partie restée blanche forme une gelée insoluble.

L'acide monobromacrylique chauffé avec l'acide bromhydrique fumant à 100°, s'y combine et régénère l'acide β-dibromopropionique [Wagner et Tollens, *Ber. der Deuts. Chem. Gesells.*, t. VI, p. 513].

β-DIBROMOPROPIONATES. — *Sel ammoniacal* $C^3H^3Br^2O^2.AzH^4$. — Lorsqu'on fait passer de l'ammoniaque dans une solution aqueuse de l'acide, on obtient des aiguilles cristallines, qui ne sont pas le sel ammoniacal, mais qui paraissent être une combinaison amidée. On y a trouvé 1 atome de Br pour 2 atomes d'azote.

En neutralisant une solution alcoolique de l'acide avec de l'ammoniaque alcoolique et ajoutant de l'éther, on précipite de belles lamelles cristallines, que l'on a simplement exprimées et desséchées sur l'acide sulfurique et qui renferment $C^3H^3Br^2O^2.AzH^4$.

Sel de potassium, $C^3H^3Br^2O^2K$. — En neutralisant l'acide en solution aqueuse par la potasse, on obtient un mélange cristallin très-soluble dans l'eau, qui renferme, avec du bromure de potassium, du bibromopropionate et un sel monobromé (probablement du bromacrylate).

En employant des solutions alcooliques, précipitant par l'éther, lavant avec l'alcool éthéré, et faisant cristalliser dans l'eau, on obtient de magnifiques lamelles d'un sel qui paraît être un mélange de bromacrylate et de bromure de potassium.

Sel de calcium, $(C^3H^3Br^2O^2)^2Ca + 2H^2O$. — Obtenu en neutralisant à l'aide du carbonate de calcium la solution alcoolique de l'acide chauffée à 40° ou 50°. Il cristallise dans l'alcool en belles aiguilles soyeuses qui s'effleurissent sur l'acide sulfurique et qui renferment la quantité d'eau indiquée plus haut lorsqu'elles sont séchées à l'air.

Sel de strontium, $(C^3H^3Br^2O^2)^2Sr + 6H^2O$. — Se prépare comme le sel de calcium et se présente en aiguilles flexibles de près de 1 centimètre de longueur.

On ne peut pas évaporer la solution alcoolique sans décomposer le sel.

Le *sel de baryum* n'a pas pu être obtenu dans un état convenable. Il se transforme en masses cornées.

Le *sel d'argent*, $C^3H^3Br^2O^2.Ag$, se précipite dans une solution de dibromopropionate de sodium par l'addition de l'azotate d'argent, en lames les microscopiques.

Un *sel de plomb* basique s'obtient en ajoutant de l'acétate de plomb au sel de sodium. Il renferme 64,33 °/₀ de plomb.

ÉTHERS β-DIBROMOPROPIONIQUES — *β-dibromopropionate de méthyle*, $C^3H^3Br^2O^2.CH^3$. — L'acide dissous dans l'alcool méthylique et saturé par l'acide chlorhydrique fournit, après deux jours, par l'addition d'eau, une couche d'éther. Celui-ci bout à 203° sous une pression de 0m,745. Il est incolore, peu huileux, et possède une odeur de fruits.

β-dibromopropionate d'éthyle, $C^3H^3Br^2O^2.C^2H^5$. — Il a été préparé de la même manière que le précédent. Il bout de 211° à 214° sous une pression de 0m,746. Il est incolore et exhale, lorsqu'il est étendu, une odeur rappelant de loin celle des fruits. Densité à 0° = 1,796; à 15° = 1,777.

β-dibromopropionate d'allyle, $C^3H^3Br^2O^2.C^3H^5$. — Préparé de même, il bout de 215° à 220° sous une pression de 0m,745. Son odeur est désagréable. Densité à 0° = 1,843; à 20° = 1,818 [Münder et Tollens, *Ann. der Chem. u. Pharm.*, t. CLXVII, p. 222].

ACIDES IODOPROPIONIQUES.

ACIDE α-IODOPROPIONIQUE,

$$C^3H^5IO^2 = CH^3\text{-}CHI\text{-}CO^2H.$$

— Cet acide se produit par l'action du diiodure de phosphore sur l'acide lactique sirupeux; après achèvement de la réaction, on verse le produit dans l'eau, on agite avec de l'éther et l'on évapore la solution éthérée. Cet acide forme une huile à peu près insoluble dans l'eau [Wicholhaus, *Ann. der Chem. u. Pharm.*, t. CXLIV, p. 352].

ACIDE β-IODOPROPIONIQUE,

$$C^3H^5IO^2 = CH^2I\text{-}CH^2\text{-}CO^2H.$$

— Il s'obtient par l'action de l'iodure de phosphore sur l'acide glycérique. On mélange 52 centimètres cubes d'acide glycérique d'une densité de 1,26 avec 100 grammes d'iodure de phosphore; après la réaction, on lave avec de l'eau glacée et on fait cristalliser l'acide dans l'eau bouillante. La partie restant dans l'eau mère est reprise par l'éther privé d'alcool, car l'évaporation de la solution aqueuse décompose l'acide.

Il constitue une masse cristalline blanche, nacrée, fusible à 82°. Il est soluble dans l'eau à chaud, très-peu à froid. La solution évaporée sur l'acide sulfurique donne de grands cristaux qui paraissent clinorhombiques. Il est soluble dans l'alcool et dans l'éther. Il décompose les carbonates. L'acide chlorhydrique transforme la solution alcoolique en éther iodopropionique.

L'acide acrylique, chauffé avec l'acide iodhydrique concentré, à 130° pendant 3 heures, se transforme en acide β-iodopropionique [Wislicenus [*Ann. der Chem. u. Pharm.*, t. CLXVI, p. 1].

L'acide β-iodopropionique étant transformé en sel de plomb, évaporé, et soumis à la distillation sèche (Beilstein), ou simplement mêlé avec de la litharge et distillé (Wislicenus), fournit de l'acide acrylique.

L'action de la potasse ou de l'oxyde d'argent sur l'acide β-iodopropionique fournit un nouvel acide sur la nature duquel les auteurs ne sont pas d'accord. Les diverses opinions émises ont été exposées dans cet ouvrage à l'article ACIDE LACTIQUE, t. II, p. 186. Depuis la rédaction de cet article, M. Wislicenus a publié de nouvelles recherches desquelles il résulterait que le produit principal de l'action de l'oxyde d'argent sur l'acide β-iodopropionique est un acide $C^3H^6O^3$, isomérique avec l'acide lactique et qu'il appelle *acide hydracrylique*. Cet acide hydracrylique, soumis à la distillation, se dédouble en eau et en acide acrylique; suivant M. Wislicenus, il différerait tout à la fois de l'acide éthylidéno-lactique (acide lactique de fermentation) et de l'acide éthyléno-lactique (sarcolactique). Mais il nous paraît que l'acide hydracrylique, d'après ses dédoublements, est réellement de l'acide éthyléno-lactique, que les autres procédés de préparation ne fournissaient pas à l'état de pureté.

Outre l'acide hydracrylique, il se produit, dans la décomposition de l'acide β-iodopropionique, un acide $C^6H^8O^4Na^2$, *l'acide paradipimalique;* un acide $C^6H^{10}O^5$, *l'acide dihydracrylique*, et de l'acide acrylique $C^3H^4O^2$ [Wislicenus, *Ann. der Chem. u. Pharm.*, t. CLXVI, p. 85, et *Bull. de la Soc. chim.*, 1873, t. XX, p. 22].

L'acide hydracrylique $C^3H^6O^3$ obtenu par l'action de l'oxyde d'argent sur l'acide β-iodopropionique régénère facilement celui-ci, quand on le chauffe en vase clos avec l'acide iodhydrique distillé [Wislicenus, *Ann. der Chem. u. Pharm.*, t. CLXVI, p. 35].

L'acide β-iodopropionique chauffé à 150° avec de l'argent divisé perd son iode et le résidu monatomique se soude à lui-même pour donner de l'acide adipique [Wislicenus, *Zeitsch. für Chem.*, nouv. sér., t. IV, p. 680]:

$$\begin{matrix} CH^2I.CH^2.CO^2H \\ CH^2I.CH^2.CO^2H \end{matrix} + Ag^2$$

Deux molécules d'acide β-iodopropionique.

$$= 2AgI + \begin{matrix} CH^2.CH^2.CO^2H \\ CH^2.CH^2.CO^2H. \end{matrix}$$

Acide adipique.

Lorsqu'on chauffe l'acide β-iodopropionique avec de l'iodure d'éthyle et avec de l'argent, on obtient de l'acide valérique normal.

Éther β-iodopropionique, $C^3H^4IO^2.C^2H^5$. — C'est un liquide incolore, ayant une odeur aromatique, plus lourd que l'eau, soluble dans ce liquide et très-soluble dans l'alcool. Il bout entre 180° et 200° et paraît se volatiliser sans décomposition [Beilstein, *Ann. der Chem. u. Pharm.*, t. CXX, p. 226, t. CXXII, p. 366].

ACIDE NITROPROPIONIQUE,

$$C^3H^5AzO^4 = C^3H^5(AzO^2)O^2.$$

— C'est une huile jaune pesante, qui se produit lorsqu'on ajoute, dans un ballon d'un litre, à 10 ou 12 grammes de butyrone, de l'acide azotique bouillant, en volume égal, et qu'on laisse réagir sans chauffer; on précipite ensuite le mélange par l'eau. Cet acide possède une odeur aromatique et une saveur douce; il est légèrement soluble dans l'eau et en toute proportion dans l'alcool. Il reste liquide à des températures très-basses. Il brûle facilement avec une flamme rouge.

Les *nitropropionates* sont des sels ordinairement jaunes et cristallisables. Les acides en séparent l'acide nitropropionique sous forme huileuse. A l'exception du sel d'ammonium, ils s'enflamment tous à une douce chaleur avec une sorte d'explosion.

Le *sel d'ammonium*,

$$C^3H^4(AzO^2)O^2(AzH^4) + H^2O,$$

peut être sublimé. Il se décompose spontanément quand on l'abandonne en vase clos pendant quelques jours. Il paraît se transformer en deux produits, l'un liquide, l'autre gazeux. L'hydrogène sulfuré le décompose avec dépôt de soufre.

Le *sel de potassium*, $C^3H^4(AzO^2)O^2K + H^2O$, s'obtient en belles paillettes jaunes lorsqu'on fait dissoudre l'acide nitropropionique dans une solution alcoolique de potasse. Il ne perd son eau de cristallisation qu'à 140° et détone à 2° ou 3° au-dessus. Il se dissout dans 20 p. d'eau et est à peine soluble dans l'alcool.

Le *sel de cuivre* est un précipité vert sale; celui de *plomb*, un précipité jaune.

Le *sel d'argent* renferme

$$C^3H^4(AzO^2)O^2Ag + H^2O.$$

Quand on mélange une solution de sel de potassium avec de l'azotate d'argent, il se produit un précipité jaune qui est probablement un sous-sel. Bouilli avec l'eau, il laisse séparer de l'oxyde d'argent, tandis qu'il reste en dissolution un sel d'argent cristallisant en tables rhomboïdales, ayant la composition ci-dessus [Chancel, *Ann. de Chim. et de Phys.*, (3), t. XII, p. 146; — Laurent et Chancel, *Journ. de Pharm.*, (3), t. VII, p. 355, t. XIII, p. 462].

ACIDE ACÉTYLPROPIONIQUE, $C^5H^8O^3$. — Ce nom a été donné, quoique sans preuve tout à fait suffisante d'une constitution correspondante, à un produit de l'action de l'éther monochloracétique sur l'acétate d'éthyle sodé. Après la réaction, la substance éthérée formée a été bouillie avec une lessive de soude, puis transformée en sel de zinc. Le sel de zinc dissous dans l'alcool et précipité par l'éther, puis cristallisé dans l'alcool bouillant, forme des lamelles nacrées incolores, renfermant $(C^5H^7O^3)^2Zn$.

L'acide ne cristallise pas. Il a servi à préparer les sels de cuivre, de chaux, en lamelles nacrées, d'argent, de plomb. Sa formule serait

$$CH^3\text{-}CO\text{-}CH^2\text{-}CH^2\text{-}CO^2H,$$

qu'il serait facile de contrôler par l'action de l'hydrogène naissant. L'acide azotique le transforme en acide succinique ordinaire [A. Noeldecke, *Zeitsch. für Chem.*, (2), t. IV, p. 681].

C. F.

PROPIONIQUE (ALDÉHYDE) [Syn. *Hydrure de propionyle*, $C^3H^6O = CH^3.CH^2.CHO$. — Cette aldéhyde s'obtient par la méthode générale qui consiste à distiller du formiate de chaux avec le sel de chaux de l'acide que l'aldéhyde peut régénérer par oxydation. Le produit distillé séché avec le chlorure de calcium fournit 3/5 de son poids d'aldéhyde propionique, un peu d'aldéhyde butyrique, et un liquide bouillant de 80° à 100° qui ne paraît pas être une aldéhyde (probablement la propione).

L'aldéhyde propionique pure est un liquide mobile, doué d'une odeur pénétrante, bouillant à 49°,5 sous la pression de 740 millimètres. Densité à 0° = 0,8047 [Rossi, *Compt. rend.*, t. LXX, p. 129].

Guckelberger, en distillant les matières albuminoïdes avec un mélange d'acide sulfurique et de peroxyde de manganèse, a obtenu, entre autres produits, un liquide limpide qu'il considère comme de l'aldéhyde propionique. Il bout entre 55° et 65° et possède une densité de 0,79 à 15° [Guckelberger, *Ann. der Chem. u. Pharm.*, t. LXIV, p. 39].

En préparant de l'aldéhyde butyrique par la distillation d'un mélange de formiate et de butyrate de calcium, Michaelson a obtenu aussi de l'aldéhyde propionique, distillant entre 54° et 63°, d'une densité de 0,8284 à 0° et se transformant en propionate d'argent par l'action de l'oxyde d'argent [Michaelson, *Bull. de la Soc. chim.*, 1864, t. II, p. 223].

D'après MM. Pierre et Puchot, l'aldéhyde propylique obtenue par l'oxydation de l'alcool propylique de fermentation bout à 46°, a une densité de 0,8329 à 0°, de 0,8201 à 9° 7 et de 0,7900 à 32° 6. Elle se dissout dans l'eau, mais pas en toute proportion. Elle s'oxyde à l'air, réduit l'azotate d'argent ammoniacal, se dissout dans le bisulfite de sodium, mais sans donner de cristaux; elle est décomposée par l'action de la potasse [*Compt. rend.*, t. LXXV, p. 1506].

L'amalgame de sodium en présence de l'eau la transforme en alcool propylique normal (Rossi).

C. F.

PROPIONIQUE (ANHYDRIDE),

$$C^6H^{10}O^3 = (C^3H^5O)^2O.$$

— En faisant réagir le chlorure de propionyle sur le propionate de sodium sec, au bain-marie dans l'appareil à reflux, jusqu'à ce qu'il ne distille plus rien, et en distillant ensuite à une température plus élevée, on obtient ce composé sous la forme d'un liquide limpide, ayant l'odeur de l'anhydride acétique. Densité à 18° = 8,01. Point d'ébullition, 164-168°.

L'action de l'amalgame de sodium transforme cet anhydride en alcool propylique normal [Linnemann, *Ann. der Chem. u. Pharm.*, t. CXLVIII, p. 257].

C. F.

PROPIONITRILE. — Synonyme de CYANURE D'ÉTHYLE, t. I, p. 1063.

PROPIONYLE (BROMURE DE),

$$C^3H^5OBr = CH^3\text{-}CH^2\text{-}COBr.$$

— Obtenu par l'action de 2 molécules de PBr^3 sur 3 molécules d'acide propionique suivie d'une distillation. Après rectification, on obtient un liquide fumant à l'air, ayant une odeur d'acide acétique et de viande salée. Densité à 14° = 1,465. Point d'ébullition, 96-98°. L'eau le transforme en acide propionique [Fausto Sestini, *Bull. de la Soc. chim.*, 1868, t. XI, p. 468].

PROPIONYLE (CHLORURE DE),

$$C^3H^5OCl = CH^3\text{-}CH^2\text{-}COCl.$$

— L'acide propionique pur est traité par le protochlorure de phosphore en proportion théorique, au bain-marie, dans l'appareil à reflux. L'acide chlorhydrique qui se dégage entraîne des quantités notables de chlorure que l'on recueille dans une solution alcaline. Chauffé avec le propionate de sodium, en quantité convenable, il donne l'anhydride propionique [Linnemann, *Ann. der Chem. u. Pharm.*, t. CXLVIII, p. 257].

PROPIONYLE (IODURE DE),

$$C^3H^5OI = CH^3\text{-}CH^2\text{-}COI.$$

— L'acide propionique (11,1 p.) est additionné de phosphore (1,6 p.) et, par petites portions, d'iode (10,6 p.); le produit de la réaction est distillé, rectifié sur du phosphore et décoloré à l'aide du mercure. L'iodure ainsi obtenu bout à 127-128°; il est plus lourd que l'eau et décomposé immédiatement par elle [F. Sestini, *Bull. de la Soc. chim.*, 1868, t. XI, p. 468].

C. F.

PROPYLAMINE,

$$C^3H^9Az = CH^3\text{-}CH^2\text{-}CH^2.AzH^2.$$

— Cette base a été obtenue par M. Mendius en hydrogénant le propionitrile à l'aide du zinc et de l'acide chlorhydrique étendu, en présence de l'alcool. On distille d'abord pour chasser l'alcool, puis on ajoute de la potasse et l'on distille. La propylamine est séchée avec de la potasse. C'est un liquide incolore très-réfringent, très-mobile, ayant une forte odeur ammoniacale, très-différente de celle de la méthylamine. Elle se mélange avec l'eau en s'échauffant. Elle bout à 50°. Sa solution aqueuse précipite les oxydes de fer, de cuivre, de plomb, d'aluminium, de nickel, de cobalt, et de mercure, et ne dissout pas les précipités quand on l'ajoute en excès.

Le précipité formé dans les solutions argentiques se redissout dans un excès du précipitant.

L'oxydation par l'acide chromique étendu la transforme en aldéhyde et acide propionique.

Elle forme avec les acides des sels cristallisés.

Le *chlorhydrate* constitue des cristaux très-déliquescents, solubles dans l'alcool, presque insolubles dans l'éther. Un peu au-dessus de 100°, ils fondent et se subliment sans altération. Dans l'alcool, il cristallise en lames carrées.

Le *chloroplatinate*, $(C^3H^9Az.HCl)^2PtCl^4$, est peu soluble dans l'alcool et dans l'eau chaude, insoluble dans l'éther. Il forme de grands cristaux.

Le *sulfate* est cristallin et déliquescent.

En traitant la propylamine par l'iodure d'éthyle, on obtient les composés suivants :

$$C^3H^7.C^2H^5.AzH.IH;\quad C^3H^7(C^2H^5)^2Az.IH;$$

et

$$C^3H^7(C^2H^5)^2Az.IC^2H^5.$$

Le dernier forme une masse blanche cristalline insoluble dans une lessive de potasse. Il cristallise dans l'alcool en longues aiguilles. L'oxyde d'argent le transforme en hydrate d'une base ammoniée. Le chloroplatinate,

$$[C^3H^7.(C^2H^5)^3AzCl]^2PtCl^4,$$

forme des octaèdres d'un jaune orangé foncé, très-solubles dans l'alcool et dans l'eau [*Ann. der Chem. u. Pharm.*, t. CXXI, p. 129].

M. Silva a obtenu la propylamine en faisant bouillir avec la potasse le mélange de cyanate et de cyanurate de propyle formé par l'action de l'iodure de propyle normal sur le cyanate d'argent. Purifiée par sa transformation en chlorhydrate, et la décomposition du chlorhydrate par la baryte anhydre, elle forme un liquide fortement alcalin, bouillant de 49° à 50°. Densité à 0° = 0,7283; à 21° = 0,7134. Elle précipite les sels d'aluminium et redissout le précipité quand on l'ajoute en excès. Le chloroplatinate, $(C^3H^9Az.HCl)^2PtCl^4$, cristallise en prismes clinorhombiques d'un jaune orange [*Compt. rend.*, t. LXIX, p. 473]. C. F.

PROPYLBENZINE. — Voyez PHÉNYLE (HYDRURE), t. II, p. 889.

PROPYLE-BENZOYLE ou **PROPYLPHÉNYLE-ACÉTONE**, $C^{10}H^{12}O = C^6H^5\text{-}CO\text{-}C^3H^7$. — Cette acétone a été obtenue par le procédé dont M. Friedel s'est servi pour obtenir la méthylphényle-acétone ou méthylebenzoyle : la distillation d'un mélange de benzoate et de butyrate de calcium. Le produit renferme de la benzine, de la butyrone, de la benzophénone, des produits supérieurs et une quantité notable de propyle-benzoyle. C'est un liquide d'une agréable odeur aromatique, qui se colore à l'air. Il bout à 220-222°. Densité à 15° = 0,990. Il ne se solidifie pas à — 20°. Il est insoluble dans l'eau, soluble en toute proportion dans l'alcool et dans l'éther. Il ne se combine pas avec les bisulfites alcalins. L'oxydation avec le bichromate de potassium et l'acide sulfurique fournit comme produits principaux les acides propionique et benzoïque; il se forme aussi de l'acide acétique et de l'acide carbonique.

L'acide azotique, par une action modérée, donne des dérivés nitrés du propyle-benzoyle; par une action plus vive, les acides benzoïque et nitrobenzoïque.

L'hydrogène naissant fournit deux produits dont l'un est la pinacone

$$\begin{array}{l} C^6H^5\text{-}C.OH\text{-}C^3H^7 \\ C^6H^5\text{-}\dot{C}.OH\text{-}C^3H^7 \end{array}$$

cristallisable dans l'alcool et dans l'acétone en longues aiguilles fusibles à 64°.

L'autre est liquide et renferme probablement l'alcool secondaire propylphénylique,

$$C^6H^5\text{-}CH.OH\text{-}C^3H^7.$$

Le brome donne des produits bromés attaquant les yeux [E. Schmidt et E. Fieberg, *Ber. der Deutsch. Chem. Gesellsch.*, t. VI, p. 498].

ISOPROPYLE-BENZOYLE OU PHÉNYLISOPROPYLE-ACÉTONE, $C^{10}H^{12}O = C^6H^5.CO.CH(CH^3)^2$. — Ce corps, isomérique avec le précédent, a été obtenu par distillation de l'isobutyrate de chaux et du benzoate. Il bout à 209-217° et fournit par oxydation de l'acide benzoïque, de l'acide acétique et de l'acide carbonique [Popoff, *Deutsch. Chem. Gesellsch.*, t. VI, p. 1255]. C. F.

PROPYLE, $(C^3H^7)' = (CH^3\text{-}CH^2\text{-}CH^2)'$. — Nom donné au radical monatomique contenu dans l'alcool propylique normal et dans beaucoup de ses dérivés. Il diffère par sa constitution de l'isopropyle, $(CH^3.CH.CH^3)'$. Mis en liberté, il se double et forme un hydrocarbure (le dipropyle), C^6H^{14}.

Dipropyle, $(C^3H^7)^2 = (CH^3.CH^2.CH^2)^2$. — Cet hydrocarbure, préparé avec l'iodure de propyle normal par l'action du sodium, bout à 69-71°; il est identique avec l'hydrure d'hexyle du pétrole (point d'ébullition, 69-70°), avec l'hydrure d'hexyle de l'acide $C^7H^{14}O^2$ (bouillant à 69,5), avec celui de la mannite (bouillant à 71° 5).

Ces trois derniers ont été transformés en alcools et ont tous donné l'alcool hexylique secondaire, le méthylbutylcarbinol, dont l'oxydation fournit de l'acide acétique et de l'acide butyrique normal [Schorlemmer, *Deutsch. Chem. Gesells.*, t. IV, p. 395]. C. F.

PROPYLE (DÉRIVÉS MÉTALLIQUES) [Cahours, *Compt. rend.*, t. LXXXVI, p. 233 et p. 748; *Bull. de la Soc. chim.*, 1873, t. XIX, p. 301, et t. XX, p. 100]. — MERCURE-PROPYLE, $Hg(C^3H^7)^2$. — Il s'obtient comme le mercure-éthyle. C'est un liquide incolore, très-mobile, d'une odeur très-pénétrante lorsqu'on le chauffe. Il est presque insoluble dans l'eau, soluble dans l'alcool, très-soluble dans l'éther. Il bout de 189° à 191°.

Densité à 16° = 2,124.

L'iode s'y combine très-énergiquement : il se forme de l'iodure de propyle et le liquide se prend par le refroidissement en une bouillie d'écailles blanches nacrées, douées d'une odeur désagréable. On peut les faire cristalliser dans l'alcool. C'est l'*iodure de mercuroso-propyle*, $Hg(C^3H^7)I$. Avec une proportion double d'iode, tout le propyle est enlevé au mercure sous la forme d'iodure de propyle.

Le brome fournit de même des lamelles brillantes. L'acide chlorhydrique, bromhydrique et iodhydrique donnent de l'hydrure de propyle et les chlorures, bromures, iodures de mercuroso-propyle.

L'acide sulfurique concentré et l'acide azotique faible l'attaquent en donnant des sels qui cristallisent en paillettes nacrées.

L'acide acétique cristallisable l'attaque à 100° en vase clos; par le refroidissement, il se dépose de belles tables d'*acétate de mercuroso-propyle*, $Hg(C^3H^7)C^2H^3O^2$.

Traité par l'oxyde d'argent humide, il fournit de l'*oxyde de mercuroso-propyle*, sans doute à l'état d'hydrate,

$$Hg\left\{\begin{array}{l} C^3H^7 \\ OH, \end{array}\right.$$

soluble dans l'eau, à réaction alcaline. Sa solution sirupeuse abandonne lentement des cristaux par son exposition sur l'acide sulfurique. Les acides séparent de cette solution les sels correspondants de mercuroso-propyle. La solution additionnée d'acide cyanhydrique fournit par évaporation des gouttes huileuses solubles dans l'alcool.

Les acides arsénique, tartrique, oxalique donnent des précipités pulvérulents blancs, peu solubles dans l'eau, solubles dans l'alcool, surtout à chaud, et y cristallisant en aiguilles feutrées. Le chromate se dépose de sa solution aqueuse bouillante en beaux cristaux orangés. Ces sels communiquent aux doigts une odeur désagréable et persistante.

ZINC-PROPYLE, $Zn(C^3H^7)^2$ (Cahours). — Il se produit par l'action du zinc à 120-130° sur le mercure-propyle. Après 10 à 12 heures de chauffe, on distille le produit dans un courant d'acide carbonique sec et on le rectifie. Le zinc-propyle passe entièrement de 158° à 160°. C'est un liquide incolore, fumant à l'air, et s'y enflammant. L'eau le décompose avec violence.

Les trichlorures de phosphore et d'arsenic réagissent vivement sur le zinc-propyle, alors même que ces produits sont délayés dans l'éther anhydre. Il se forme ainsi de la *tripropylphosphine* et de la *tripropylarsine* qu'on met en liberté par l'action de la potasse.

STANNOPROPYLE. — L'iodure de propyle, traité à 110-120° par l'étain pur, donne des cristaux rouges d'iodure d'étain et une faible quantité de lamelles blanches. Le liquide, qui répand une odeur forte et pénétrante, rappelant celle de l'iodure de stannotriméthyle, s'obtient plus facilement en chauffant au bain-marie de l'iodure de propyle avec un alliage d'étain et de 6 % de sodium. Après 8 ou 10 heures, on épuise le contenu des tubes par l'éther, on filtre, on chasse l'éther et on distille le résidu, qui passe presque entièrement de 265° à 272°, et après rectification, de 269° à 270°. Densité à 16° = 1,692. C'est l'*iodure de stannotripropyle*, $(C^3H^7)^3SnI$.

Distillé avec une solution très-concentrée de potasse, cet iodure fournit une huile pesante qui se concrète en une masse cristalline formée de prismes entre-croisés. C'est l'*hydrate de stannotripropyle*, $(C^3H^7)^3SnOH$; sa réaction est alcaline.

On obtient l'*oxyde* $[(C^3H^7)Sn]^2O$, qui est un liquide huileux, en distillant l'hydrate sur la baryte anhydre.

Cet oxyde régénère l'hydrate par l'action de l'eau, avec laquelle il se combine en s'échauffant.

Le sulfate est peu soluble dans l'eau, soluble dans l'alcool, qui l'abandonne en beaux prismes par évaporation.

Les acétate, formiate, butyrate, etc., de stannotripropyle sont magnifiquement cristallisés.

Lorsqu'on chauffe l'iodure de stannotripropyle avec du cyanure d'argent, il se sublime des aiguilles de cyanure de stannotripropyle.

L'iodure de stannotripropyle réagit à froid sur le zinc-propyle; la réaction est complète après quelques heures, au bain-marie; il se forme du stanno-tétrapropyle, $Sn(C^3H^7)^4$.

Ce composé se sépare entièrement par l'addition de potasse. C'est un liquide incolore, à odeur éthérée et piquante, bouillant à 222-225°. Densité à 140° = 1,179. Les acides sulfurique et azotique l'attaquent vivement à une douce chaleur en donnant des produits cristallisés qui sont sans doute des sels de stannotripropyle [Cahours, *Mém. cité*].

ALUMINIUM-PROPYLE, $Al^2(C^3H^7)^6$. — On le prépare comme le zinc-propyle. C'est un liquide incolore, bouillant de 248° à 252°, s'enflammant à l'air; lorsqu'on y projette de l'iode, celui-ci disparaît, il y a élévation de température, et l'on obtient une liqueur bleu-violet, renfermant de l'iodure de propyle et probablement du propyl-iodure d'aluminium.

L'aluminium-propyle brûle dans le chlore; il est décomposé énergiquement par l'eau (Cahours).

GLUCINIUM-PROPYLE. — Il a été préparé par l'action du glucinium métallique, en lames minces, sur le mercure-propyle à 130-135°. Le produit de la réaction distille entre 240° et 260°, et, après rectification, de 244° à 246°. C'est un liquide incolore, fumant à l'air, mais sans s'enflammer; il s'épaissit à — 17°, mais ne se solidifie pas. L'eau le décompose avec violence, avec dégagement de gaz et dépôt de glucine hydratée [Cahours, *Compt. rend.*, t. LXXVI, p. 1383; *Bull. de la Soc. chim.*, 1873, t. XX, p. 360].

PROPYLARSINES. — Lorsqu'on chauffe à 175-180° pendant 24 heures de l'iodure de propyle avec de l'arsenic en poudre, il se forme un liquide huileux, épais, brun, qui, par le refroidissement, se prend en prismes rougeâtres entre-croisés. Exprimé dans du papier, ce produit se dissout dans l'alcool absolu bouillant, et s'en sépare par le refroidissement en cristaux rouge-brun bien définis. C'est une combinaison d'iodure d'arsenic et d'*iodure de tétrapropylarsonium*, $AsI^3, As(C^3H^7)^4I$.

Ce produit se dédouble sous l'influence de la potasse bouillante. Il se dépose une huile qui se concrète par le refroidissement, et qui, débarrassée de potasse caustique par l'action de l'acide carbonique, cristallise dans l'alcool absolu en prismes incolores d'iodure de tétrapropylarsonium. La solution de cet iodure peut se combiner à l'iode en donnant un periodure qui se dépose en cristaux d'un brun noirâtre à reflets métalliques.

Si on distille l'iodure complexe précédent avec de la potasse, il passe une huile à odeur très-désagréable, qui est la *tripropylarsine*, $As(C^3H^7)^3$. Celle-ci s'unit à un iodure alcoolique, pour donner des iodures d'arsoniums mixtes, par exemple, $As(C^3H^7)^3CH^3I$.

Si, dans la préparation de l'iodure de tétrapropylarsonium, on remplace l'arsenic par l'arséniure de zinc, on trouve dans le tube une matière visqueuse remplie de cristaux. En reprenant le produit par l'alcool, on obtient, par l'évaporation, des prismes d'iodure de zinc et de tétrapropylarsonium, $ZnI^2, 2As(C^3H^7)^4I$.

Avec les arséniures alcalins, la réaction est plus énergique : on obtient un liquide complexe, d'odeur désagréable, et qui paraît renfermer à la fois la dipropyline d'arsenic et la tripropylarsine. Il se produit en même temps de l'iodure de tétrapropylarsonium [Cahours, *Compt. rend.*, t. LXXVI, p. 748, et *Bull. de la Soc. chim.*, 1873, t. XX, p. 192]. C. F.

PROPYLE (HYDRURE DE). — Voyez PROPANE.

PROPYLÈNE [Syn. *Tritylène*],

$$C^3H^6 = CH^3\text{-}CH{=}CH^2.$$

Modes de formation. — Ce gaz a été découvert par Reynolds en 1851; on l'obtient mélangé d'autres produits quand on fait passer de l'alcool amylique ou de l'acide valérianique dans un tube chauffé au rouge. Il se produit aussi par la distillation de l'acide oléique avec la chaux, ou la chaux sodée, et par la distillation du sucre mélangé avec son poids de chaux sodée. D'après Dusart, on l'obtient également en chauffant un mélange intime en quantités équivalentes d'acétate de potassium et d'oxalate de chaux [*Ann. der Chem. u. Pharm.*, t. XCVII, p. 127].

MM. Berthelot et de Luca ont indiqué un procédé qui permet de l'obtenir beaucoup plus pur. C'est l'action de l'acide chlorhydrique fumant et du mercure sur l'iodure d'allyle [*Ann. de Chim. et de Phys.*, (3), t. XLIII, p. 272].

D'après M. von Than, il est bon que le mercure renferme du zinc.

Il vaut mieux encore, lorsqu'on ne craint pas d'introduire dans le gaz de l'hydrogène et de l'hydrure de propyle, employer le zinc seul et opérer avec une solution alcoolique d'iodure d'allyle.

Le propylène entraîne une notable quantité d'alcool et d'iodure d'allyle, et il faut, pour l'en débarrasser, le faire passer dans une série de flacons laveurs renfermant de l'alcool et de l'eau.

Il se forme également du propylène en petite quantité par l'action de l'acide sulfurique sur l'acétone.

On en obtient beaucoup plus par l'action du même acide sur l'alcool isopropylique, et plus encore par l'action du chlorure de zinc sur le même alcool. Il se forme en même temps de l'oxyde d'isopropyle et des hydrocarbures supérieurs polypropyléniques [Friedel et Silva, *Compt. rend.*, t. LXXVI, p. 1596].

D'après MM. Rieth et Beilstein, le tétrachlorure de carbone agissant sur le zinc-éthyle donne un mélange de propylène, d'éthylène et de chlorure d'éthyle.

Il se forme du propylène et du bromure d'éthyle par l'action du zinc-éthyle sur le bromoforme [Alexeyeff et Beilstein, *Bull. de la Soc. chim.*, 1864, t. II, p. 51].

L'iodure d'isopropyle traité par la potasse alcoolique fournit du propylène.

Par l'action du sodium sur le méthylchloracétol, on obtient du propylène et non pas un isomère, $CH^3\text{-}C\text{-}CH^3$ [Friedel et Ladenburg, *Bull. de la Soc. chim.*, 1867, t. VIII, p. 146].

Le propylène se trouve parmi les produits de l'action du zinc-éthyle sur l'iodure d'allyle [Wurtz, *Bull. de la Soc. chim.*, 1863, t. V, p. 51].

Propriétés. — C'est un gaz incolore qui ne se

liquéfie pas à — 140°. Il a une odeur alliacée particulière et une saveur douce.

100 volumes d'eau	à 0°	dissolvent 44 vol. de propylène.
—	à 5	— 35 —
—	à 10	— 28 —
—	à 15	— 23 —
—	à 20	— 22 —

[de Than, *Ann. der Chem. u. Pharm.*, t. CXXIII, p. 187].

L'alcool absolu en dissout 12 à 15 volumes; l'acide acétique cristallisable, 5 volumes.

Il se combine directement avec le chlore, le brome, avec le chlorure d'iode sec ou dissous, au soleil, avec l'iode pour former les chlorure, bromure, chloroiodure, iodure propyléniques; avec l'acide iodhydrique, l'acide bromhydrique, l'acide chlorhydrique, en donnant l'iodure, le bromure, le chlorure d'isopropyle; et avec l'acide sulfurique pour former un composé sulfoconjugué qui fournit par l'action de l'eau l'alcool isopropylique.

Le chlorure cuivreux le dissout, mais moins que l'éthylène.

L'oxydation par l'acide chromique pur le transforme en acétone [Berthelot, *Compt. rend.*, t. LXVIII, p. 334].

Le permanganate de potassium le décompose en donnant les acides acétique et formique.

PROPYLÈNE CHLORÉ,

$$C^3H^5Cl = CH^3\text{-}CCl{=}CH^2,$$

isomérique avec le chlorure d'allyle,

$$CH^2\text{-}CH\text{-}CH^2Cl.$$

— Ce corps s'obtient par l'action de la potasse alcoolique sur le chlorure de propylène et sur le méthylchloracétol. Le méthylchloracétol, traité par l'acétate d'argent ou par l'ammoniaque, donne le même composé.

Il bout à 25°,5. Densité à 0° = 0,9307. Densité de vapeur = 2,83. Théorie = 2,65.

L'acide sulfurique le transforme en acétone [Oppenheim, *Compt. rend.*, t. LXV, p. 354].

Il fixe 2Br pour donner le corps

$$C^3H^5ClBr^2 = CH^3\text{-}CClBr\text{-}CH^2Br$$

bouillant de 170° à 175°. Densité à 0° = 2,064. Densité de vapeur = 8,22. Théorie = 8,068.

Ce chlorobromure perd HBr par l'action de la potasse alcoolique ou de l'acétate d'argent et donne un propylène chlorobromé,

$$C^3H^4ClBr = CH^3\text{-}CCl{=}CHBr$$

ou

$$CH^2{=}CCl\text{-}CH^2Br$$

bouillant entre 100° et 110° [Friedel, *Ann. de Chim. et de Phys.*, (4), t. XVI, p. 343]. Il est isomérique avec le glycide chlorhydrobromhydrique de M. Reboul,

$$CH^2\text{-}CBr{=}CH^2Cl.$$

Lorsqu'on chauffe le propylène chloré à 120° avec de la potasse alcoolique, on le transforme en allylène [Friedel, *Compt. rend.*, t. LIX, p. 294].

Le propylène chloré fixe l'acide iodhydrique à 100°, et donne un méthylchloroiodacétol

$$CH^3\text{-}CICl\text{-}CH^3$$

bouillant entre 110° et 130° (densité à 0° = 1,824) et dont l'action sur le benzoate d'argent fournit des cristaux de benzoate acétonique,

$$(CH^3)^2{=}C{=}(C^7H^5O^2)^2$$

(Oppenheim).

Lorsqu'on fait réagir le chlore au soleil sur le propylène chloré, on obtient un composé, $C^3H^5Cl^3$, isomérique avec la trichlorhydrine et bouillant à 127°. Ce trichlorure est identique avec le méthylchloracétol chloré.

PROPYLÈNES BICHLORÉS. — On en connaît trois. Leur isomérie est interprétée par les formules suivantes :

CHCl	CH²	CHCl
‖	‖	‖
CCl	CCl	CH
|	|	|
CH³	CH²Cl	CH²Cl.

Les deux premiers prennent naissance, en même temps, lorsqu'on traite le propylène chloré par le chlore à l'ombre; l'un bout à 75° et l'autre à 94°. Ce dernier est de beaucoup le plus abondant; il est identique avec celui qui se forme en même temps que le glycide dichlorhydrique, bouillant à 100°, par l'action de la potasse sèche sur la trichlorhydrine.

Ce glycide trichlorhydrique est le troisième isomère.

1° Le *propylène bichloré* bouillant à 75°,

$$CHCl{=}CCl\text{-}CH^3,$$

s'obtient par l'action du chlore à l'ombre sur le propylène chloré, et également dans l'action de l'eau à 180° et de la potasse alcoolique sur le méthylchloracétol chloré. Il fixe le brome moins avidement que le suivant et fournit un bromure qui bout en se décomposant partiellement vers 190°.

2° Le *propylène bichloré* bouillant à 94°,

$$CH^2{=}CCl\text{-}CH^2Cl,$$

se forme dans les deux réactions précédentes, surtout dans la première, et de plus dans celle de la potasse sèche sur la trichlorhydrine.

Il fixe le brome avec avidité et donne un bromure bouillant à 205°, très-stable. Il fixe facilement HCl lorsqu'on le chauffe avec une solution saturée à 6° et donne le méthylchloracétol chloré.

Par l'action de l'acide sulfurique, il donne de l'acétone monochlorée [Henry, *Deutsch. Chem. Gesells.*, t. V, p. 86].

Par la potasse alcoolique, il donne un éther chloré, $CH^2\text{-}CCl\text{-}CH^2.OC^2H^5$, bouillant à 110°. Densité à 0° = 1,011 et à 21°,5 = 0,995. Cet éther fixe 2Br et donne un éther chlorobromé $CH^2Br\text{-}CClBr\text{-}CH^2.OC^2H^5$.

3° Le *glycide dichlorhydrique* bouillant à 100°, $CHCl{=}CH\text{-}CH^2Cl$, se forme dans la réaction de la potasse sur la trichlorhydrine, mais mélangé avec le deuxième :

$$CH^2Cl\text{-}CHCl\text{-}CH^2Cl - HCl$$

Trichlorhydrine.

$$= \begin{cases} CHCl{=}CH\text{-}CH^2Cl \\ CH^2{=}CCl\text{-}CH^2Cl. \end{cases}$$

Glycide dichlorhydrique et isomère.

Il s'obtient pur par l'action de l'anhydride phosphorique sur la dichlorhydrine (bouillant à 174°) :

$$CH^2Cl\text{-}CH.OH\text{-}CH^2Cl - H^2O = CHCl{=}CH\text{-}CH^2Cl;$$

l'isomère de la dichlorhydrine, le bichlorure d'alcool allylique, $CH^2Cl\text{-}CHCl\text{-}CH^2.OH$, ne le fournit pas.

Il ne se combine pas avec l'acide chlorhydrique.

Il fournit également un éther chloré,

$$CHCl{=}CH\text{-}CH^2.OC^2H^5,$$

bouillant à 120-125°. Densité à 0° = 1,021; à 25° = 0,994. Il paraît identique avec celui que M. Henry a obtenu en fixant 2Cl sur l'oxyde d'éthylallyle et en traitant le produit par la potasse alcoolique. Il fixe 2Br et donne un produit distillant vers 220°, mais en se décomposant et en abandonnant des lamelles cristallines nacrées très-altérables [Friedel et Silva, *Compt.*

rend., t. LXXIII, p. 957; t. LXXIV, p. 806, et LXXV, p. 81].

Ces trois chlorures sont isomériques avec le chlorure dérivé de l'acroléine par l'action du perchlorure de phosphore, corps qui bout à 84°. Densité = 1,17 (Geuther). Sa formule, qui résulte directement de celle de l'acroléine, est

$$CH^2=CH-CHCl^2.$$

Les trois propylènes bichlorés traités par la potasse alcoolique fournissent des éthers chlorés, non saturés et finalement de l'éther propargylique. Une réserve est à faire néanmoins pour le premier, qui n'a pas encore pu être obtenu dans un état de pureté complète.

TÉTRACHLOROGLYCIDE. — En fixant du chlore sur le glycide dichlorhydrique de la trichlorhydrine, on obtient un corps, $C^3H^4Cl^4$, bouillant à 164°, appelé *tétrachloroglycide* par MM. Pfeffer et Fittig, qui l'ont obtenu. Il est incolore et a une forte odeur éthérée. Densité à 17° = 1,406. Traité par la potasse alcoolique, il fournit un chlorure, $C^3H^3Cl^3$, bouillant à 142°. Densité à 20° = 1,414.

L'ammoniaque alcoolique le transforme en une base $C^6H^7Cl^4Az = (C^3H^3Cl^2)^2HAz$, la diallylamine tétrachlorée.

C'est un liquide incolore se décomposant à 200°, alcalin, peu soluble dans l'eau, soluble dans les acides.

Son chlorhydrate forme des aiguilles blanches, solubles dans l'eau et dans l'alcool. Avec le chlorure de platine, il fournit une combinaison,

$$[(C^3H^3Cl^2)^2HAz.HCl]^2PtCl^4,$$

cristallisée en petits prismes cramoisis, solubles dans l'eau et dans l'alcool; moins solubles dans l'éther.

Le sulfate est incristallisable. Le bioxalate,

$$(C^3H^3Cl^2)^2HAz.C^2H^2O^4,$$

est très-peu soluble dans l'eau et cristallise dans l'alcool en lamelles.

Le sodium agit très-vivement sur le tétrachloroglycide; en étendant ce dernier avec des hydrocarbures et en chauffant avec précaution, on obtient un dégagement gazeux régulier; le gaz n'est pas de l'allylène pur, mais est mélangé de propylène [Pfeffer et Fittig, *Ann. der Chem. u. Pharm.*, t. CXXXV, p. 357].

Le glycide dichlorhydrique employé pouvant être un mélange d'isomères, il est difficile de se faire une idée nette sur la constitution des composés qui viennent d'être décrits.

PROPYLÈNE CHLOROBROMÉ ou GLYCIDE CHLORHYDROBROMHYDRIQUE, C^3H^4ClBr. — Il se produit dans la réaction de la potasse sèche sur la glycérine chlorhydrodibromhydrique. Il bout à 120-127°, mais en se décomposant partiellement. Densité à 14° = 1,69. Il est isomérique avec le propylène chlorobromé, dont il a été question plus haut.

Le sodium l'attaque à chaud; le liquide distillé possède une odeur alliacée.

Avec l'iode, il forme un corps blanc qu'on peut faire cristalliser dans l'éther.

Le brome se combine avec lui et forme un liquide, $C^3H^4ClBr^3$, insoluble dans l'eau, bouillant à 238°. Densité à 14° = 2,39 [Reboul, *Ann. de Chim. et de Phys.*, (3), t. LX, p. 37].

PROPYLÈNE TRICHLORÉ, $C^3H^3Cl^3$. — En décomposant du chloral crotonique impur par la soude caustique, M. Pinner a obtenu, outre l'allylène dichloré, un autre chlorure qui est le propylène trichloré. C'est un liquide d'odeur agréable, bouillant de 138° à 140°, qui ne prend pas l'odeur d'oxychlorure de carbone. Il n'a pas été d'ailleurs obtenu pur. La lessive de soude ne l'attaque guère à froid; la potasse alcoolique le transforme bientôt en *dichlorallylène* en lui enlevant une molécule d'acide chlorhydrique. Le trichloropropylène fixe du brome, 1 molécule pour 1 de chlorure [Pinner, *Deutsch. Chem. Gesellsch.*, t. V, p. 205].

PROPYLÈNES BROMÉS, C^3H^5Br. — Il paraît en exister deux, isomériques avec le bromure d'allyle, $CH^2=CH-CH^2Br$.

1° Lorsqu'on combine l'allylène avec l'acide bromhydrique, il se forme en même temps un dibromhydrate identique avec le méthylbromacétol (114-115°), et un monobromhydrate,

$$CH^3-CBr=CH^2.$$

Le dibromhydrate donne aussi ce dernier par l'action de l'alcool sodé à 100°. Le monobromhydrate bout à 48-49° sous la pression de 740 millimètres. Densité à 9° = 1,39. Il peut s'unir à Br^2 pour donner un tribromure bouillant à 190°, isomérique avec le bromure de propylène bromé bouillant à 194-196° et avec la tribromhydrine bouillant à 217°.

Chauffé à 100° avec de l'acide bromhydrique saturé à 10°, le monobromhydrate régénère le dibromhydrate.

Le même corps monobromé se forme lorsqu'on traite le bromhydrate de propylène bromé par la potasse alcoolique; ce dernier paraît donc être un mélange de dibromhydrate d'allylène et de bromure de propylène [Reboul, *Bull. de la Soc. chim.*, (2), t. XIV, p. 50; t. XVII, p. 351].

2° Lorsqu'on traite par la potasse alcoolique le bromure de propylène, on obtient un corps, C^3H^5Br, bouillant à 56°,5. Densité à 19° = 1,408 [Linnemann, *Ann. der Chem. u. Pharm.*, t. CXXXVIII, p. 122]; point d'ébullition, 54° (Reboul). D'après M. Reboul, sa constitution est exprimée par la formule $CH^3-CH=CHBr$.

L'action de l'acétate de mercure à 100° en présence de l'acide acétique cristallisable le transforme en acétone; celle de l'acide hypochloreux et de l'oxyde de mercure, en acétone monochlorée (Linnemann). Cette réaction est difficile à interpréter avec la formule de M. Reboul.

Lorsqu'on chauffe le propylène bromé à 100° avec une solution d'acide bromhydrique saturée à + 10°, on obtient du bromure de propylène. Avec la même solution étendue du tiers de son volume d'eau, on obtient un mélange de méthylbromacétol, ou de bromhydrate d'allylène et de bromure de propylène.

La présence de traces d'acide chlorhydrique dans l'acide bromhydrique ralentit la fixation et favorise la production du bromhydrate aux dépens du bromure [Reboul, *Bull. de la Soc. chim.*, 1869, t. XIV, p. 50].

Il semble que les difficultés résultant de ces réactions, en apparence contradictoires, seraient levées si l'on supposait que le propylène bromé provenant de l'action de la potasse alcoolique sur le bromure de propylène est un mélange du monobromhydrate d'allylène avec un autre bromure de la formule indiquée par M. Reboul, et non encore isolé à l'état de pureté.

Le propylène bromé, chauffé à 100° avec l'alcoolate de sodium en vase clos, fournit de l'allylène [Sawitsch, *Compt. rend.*, t. LII, p. 399].

PROPYLÈNE DIBROMÉ [Syn. *Glycide dibromhydrique*] (Reboul), $C^3H^4Br^2$. — Il s'obtient par l'action de la potasse sur la tribromhydrine:

$$\underset{\text{Tribromhydrine.}}{CH^2Br-CHBr-CH^2Br} - HBr$$

$$= \left\{\begin{matrix} CHBr=CH-CH^2Br \\ CH^2=CBr-CH^2Br. \end{matrix}\right.$$

Glycide dibromhydrique et isomère.

M. Tollens l'a obtenu par l'action du sodium sur

le même corps. M. Reboul indique pour son point d'ébullition 151-152°. M. Henry trouve un point d'ébullition de 10° inférieur. Il y a là, sans doute, ainsi que l'indique l'équation précédente, deux isomères, comme pour le glycide dichlorhydrique. Densité à 11° = 2,06.

L'ammoniaque alcoolique réagit sur le glycide dibromhydrique à 100° et fournit une base liquide dont le chlorhydrate est incristallisable et qui, avec $PtCl^4$, donne un sel peu soluble dans l'alcool. Ce dernier renferme

$$[(C^3H^4Br)^2HAz.HCl]^2.PtCl^4.$$

Cette base est la dibromallylammoniaque de M. Simpson [*Répert. de Chim.*, 1859, p. 73].

Le glycide dibromhydrique donne par l'action de l'azotate d'argent en solution alcoolique un *mononitrate de propylène bromé*, $C^3H^4Br(AzO^3)$. C'est un liquide huileux, insoluble dans l'eau.

Avec l'acétate d'argent, il fournit le *monacétate de propylène bromé*, $C^3H^4Br(C^2H^3O^2)$. Ce dernier corps est un liquide incolore, mobile, ne jaunissant pas à la lumière, d'une odeur éthérée, agréable et fraiche, insoluble dans l'eau. Densité à 12° = 1,57. Densité de vapeur = 5,8; théorie = 6,18. Point d'ébullition = 163-164°. Le trichlorure et le pentachlorure de phosphore ne réagissent pas sur lui à froid. Il forme des produits d'addition avec le chlore et le brome.

Traité par la potasse sèche à la température ordinaire, ou distillé dans une cornue avec des fragments de soude, il se transforme facilement en *alcool allylique monobromé*, C^3H^4BrOH:

$$CH^2{=}CBr\text{-}CH^2Br + KOH$$
Glycide dibromhydrique.
$$= KBr + CH^2{=}CBr\text{-}CH^2.OH.$$
Alcool allylique monobromé.

Ce composé ressemble à son acétate. C'est une liqueur incolore, mobile, d'une agréable et fraiche odeur, insoluble ou peu soluble dans l'eau. Il bout à 155°. Densité à 15° = 1,6.

Il est attaqué par le perchlorure de phosphore à froid, avec dégagement de HCl; le produit est le *chlorure d'allyle monobromé*,

$$C^3H^4BrCl = CH^2{=}CBr\text{-}CH^2Cl\ ;$$

c'est aussi un propylène chlorobromé. Il bout à 120°. Densité à 11° = 1,63.

Ce corps est probablement identique avec le glycide chlorhydrobromhydrique de M. Reboul, obtenu par l'action de la potasse sur la chlorodibromhydrine résultant de l'action du perbromure de phosphore sur l'épichlorhydrine.

L'alcool allylique monobromé, traité par la potasse alcoolique, donne l'alcool propargylique. — Voyez ce mot.

Le *sulfocyanate d'allyle chloré*, $C^3H^4Cl.CAzS$, s'obtient par réaction du glycide dichlorhydrique sur le sulfocyanate de potassium en solution alcoolique. Il ressemble beaucoup au sulfocyanate d'allyle; c'est un liquide incolore, d'odeur piquante, qui bout à 185° en se décomposant légèrement. Densité à 12° = 1,27. Il se combine avec l'ammoniaque pour donner la chlorothiosinnamine,

$$\left.\begin{matrix}C^3H^4Cl.AzH\\AzH^2\end{matrix}\right\}CS,$$

qui cristallise et fond à 90-91°. Le sulfocyanate d'allyle bromé obtenu avec le glycide dibromhydrique bout vers 200°, et la monobromothiosinnamine fond à 110-111° [Henry, *Deutsch. Chem. Gesells.*, t. V, p. 186 et 452].

PROPYLÈNE DICHLORÉ DIBROMÉ, $C^3H^2Cl^2Br^2$. — Ce corps se forme par l'addition du brome à l'allylène dichloré (79-80°) qui prend naissance dans l'action des alcalis sur le chloral crotonique :

$$C^4H^3Cl^3O + H^2O = C^3H^2Cl^2 + HCl + CH^2O^2.$$

On ne peut pas fixer plus de brome sur le produit par simple addition. Le propylène dichloré dibromé bout vers 190°. Traité par la potasse alcoolique, il perd HBr et fournit un composé,

$$C^3HCl^2Br,$$

le *dichlorobromallylène*. Celui-ci a une odeur de chloroforme et bout à 143°. Ce liquide, de même que l'allylène dichloré, prend au bout de quelque temps une odeur désagréable ressemblant à celle de l'oxychlorure de carbone.

Le dichlorobromallylène additionné de brome fournit un composé cristallisé, dont les vapeurs piquent les yeux, c'est le *dichlorotribromopropylène*, $C^3HCl^2Br^3$. La potasse alcoolique enlève simplement à ce dernier 2Br et régénère le dichlorobromallylène. Mis en digestion avec du brome à 100° pendant quelques heures, le dichlorobromallylène fournit du *dichlorotétrabromopropylène*, $C^3Cl^2Br^4$. — Les divers corps dont il vient d'être question ne fixant pas de brome ne paraissent pas appartenir à la série du propylène.

COMBINAISONS DU PROPYLÈNE.

CHLORURE DE PROPYLÈNE,

$$C^3H^6Cl^2 = CH^3\text{-}CHCl\text{-}CH^2Cl.$$

— Il se forme par l'action directe du chlore sur le propylène. On peut aussi l'obtenir avantageusement en préparant d'abord le chloroiodure de propylène et transformant ce dernier en chlorure à l'aide d'un courant de chlore [Friedel et Silva, *Compt. rend.*, t. LXXVI, p. 1596].

Il se produit dans l'action du chlore sur l'hydrure de propyle (Schorlemmer).

Le chlorure de propylène prend naissance dans la chloruration par le chlore au soleil du chlorure d'isopropyle, en même temps que le méthylchloracétol. Lorsqu'on attaque le chlorure d'isopropyle par le chlorure d'iode sec, le chlorure de propylène est le seul composé de la formule $C^3H^6Cl^2$ qui se forme [Friedel et Silva, *Compt. rend.*, t. LXXIII, p. 1380].

Le chlorure de propylène est un liquide bouillant à 96°. Densité, 1,151. Densité à 0° = 1,584; à 25° = 1,155 (Friedel et Silva).

Le chlorure de propylène traité par la potasse alcoolique fournit le même propylène chloré que le méthylchloracétol [Friedel, *Ann. de Chim. et de Phys.*, (4), t. XVI, p. 349].

CHLORURES DE PROPYLÈNE CHLORÉS. — La chloruration du chlorure de propylène au soleil fournit deux trichlorures : le méthylchloracétol chloré, $CH^3\text{-}CCl^2\text{-}CH^2Cl$, bouillant à 125°, et un chlorure, $CH^3\text{-}CHCl\text{-}CHCl^2$, bouillant vers 137° (densité à 0° = 1,402, à 25° = 1,372), mélangés avec des chlorures supérieurs, dont l'un cristallise en fines aiguilles. Lorsqu'on attaque le chlorure de propylène par le chlorure d'iode sec à 140°, on obtient de la trichlorhydrine, $CH^2Cl\text{-}CHCl\text{-}CH^2Cl$, mélangée avec une petite portion du trichlorure bouillant à 137° et avec des produits supérieurs. La trichlorhydrine ainsi formée est susceptible de fournir de la glycérine [Friedel et Silva, *Compt. rend.*, t. LXXVI, p. 1596].

MÉTHYLCHLORACÉTOL, $CH^3.CCl^2.CH^3$. — Nous ajouterons ici quelques faits à ceux qui ont été indiqués à l'article ACÉTONE (t. I, p. 33). Cet isomère du chlorure de propylène, étant traité par le chlore ou par le chlorure d'iode, ne fournit qu'un seul corps trichloré, $CH^3.CCl^2.CH^2Cl$, bouillant à 125°. Densité à 0° = 1,350; à 25° = 1,318.

Ce trichlorure identique avec celui produit par

la fixation du chlore sur le propylène chloré, et avec l'un de ceux qui se produisent dans la chloruration du chlorure de propylène par le chlore, est assez facilement décomposé par l'eau à 175-180°, et donne un produit non volatil, se résinifiant par l'évaporation à chaud, réduisant l'azotate d'argent ammoniacal, et se présentant après évaporation dans le vide sec, comme une masse jaune amorphe, brûlant avec une odeur de caramel. Le résidu insoluble dans l'eau renferme deux propylènes bichlorés, ceux bouillant à 75° et à 94° : ils dérivent du méthylchloracétol chloré par perte de H Cl [Friedel et Silva, *Compt. rend.*, t. LXXIV, p. 806].

Le méthylchloracétol, étant chauffé en présence de l'éther avec le benzoate d'argent à 100° pendant plusieurs jours, fournit les cristaux de méthylbenzacétol que M. Oppenheim a découverts en traitant de même le méthyliodochloracétol.

MÉTHYLCHLOROIODACÉTOL, $CH^3\text{-}CICl\text{-}CH^3$. — Ce composé a été obtenu par M. Oppenheim par l'action de l'acide iodhydrique sur le propylène chloré. Il se décompose partiellement par la distillation même dans le vide; la partie recueillie entre 100° et 130° sous une pression de 0m,1 de mercure avait la composition indiquée. Avec le benzoate d'argent, il donne même à la température ordinaire un benzoate, $(CH^3)^2=C=(C^7H^5O^2)^2$, le méthylbenzacétol, qui cristallise en octaèdres clinorhombiques très-brillants, et que l'eau dédouble en acétone et acide benzoïque.

Quand on chauffe le méthyliodochloracétol avec l'oxyde d'argent humide, on le transforme en acétone [Oppenheim, *Bull. de la Soc. chim.*, 1868, t. X, p. 128].

DÉRIVÉS DU MÉTHYLCHLORACÉTOL. — En traitant l'acétone bichlorée par le perchlorure de phosphore, on obtient un composé, $C^3H^4Cl^4$, bouillant à 153°, qui a été appelé *chlorure de dichloracétone* et qu'il vaut mieux désigner par le nom de *méthylchloracétol bichloré*. Densité à 13° = 2,47. En même temps, il se forme une petite quantité d'un corps pentachloré, provenant de l'acétone trichlorée.

La potasse alcoolique transforme le méthylchloracétol bichloré en un liquide bouillant à 115-116°, et renfermant $C^3H^3Cl^3$. Densité à 14° = 1,387. C'est l'*isotrichloropropylène*.

Le corps pentachloré fournit de même un propylène tétrachloré, bouillant à 165°.

Le méthylchloracétol bichloré traité par le sodium donne lieu à une vive réaction qui brise les appareils. Si on l'étend préalablement de 4 volumes d'hydrocarbures de la benzine bouillant au-dessus de 100°, on obtient un dégagement gazeux formé d'allylène; celui-ci est pur lorsqu'on a soin de condenser les hydrocarbures entraînés.

L'action du chlore sur le méthylchloracétol chloré n'a lieu qu'à chaud et au soleil; celle sur l'isotrichloropropylène est beaucoup plus facile, mais se produit également avec dégagement d'acide chlorhydrique.

Il paraît se former dans les deux cas le même composé solide, probablement $C^3H^3Cl^5$, soluble dans l'alcool et cristallisant en petits prismes qui ont l'apparence de flocons de neige; ils ont une odeur ressemblant à celle du sesquichlorure de carbone et se subliment à la température ordinaire en petits tétraèdres. Ce composé ne paraît pas avoir été obtenu à l'état de pureté [Borsche et Fittig, *Ann. der Chem. u. Pharm.*, t. CXXVIII, p. 111].

Si l'on tient compte de la formation de l'allylène aux dépens du méthylchloracétol bichloré, on sera conduit à lui attribuer la formule

$$CH^3\text{-}CCl^2\text{-}CHCl^2,$$

qui on fait le véritable tétrachlorure d'allylène.

CHLOROBROMURE DE PROPYLÈNE,

$$C^3H^6BrCl = CH^3\text{-}CHCl\text{-}CH^2Br.$$

— Lorsqu'on chauffe à l'ébullition du bromure de propylène avec du chlorure mercurique, on ne déplace qu'un des atomes de brome et l'on obtient un chlorobromure bouillant à 120°. Densité à 0° = 1,585; à 18° = 1,475. Densité de vapeur = 5,52; théorie = 5,45. Traité par la potasse alcoolique, il fournit du propylène chloré bouillant à 25-30° [Friedel et Silva, *Bull. de la Soc. chim.*, 1872, t. XVII, p. 532].

CHLOROIODURE DE PROPYLÈNE,

$$C^3H^6ClI = CH^3\text{-}CHCl\text{-}CH^2I,$$

isomérique avec le méthyliodochloracétol,

$$CH^3\text{-}CClI\text{-}CH^3.$$

— M. Maxwell Simpson a obtenu ce corps par l'action du chlorure d'iode en solution aqueuse sur le propylène. D'après lui, ce serait un liquide indistillable [*Bull. de la Soc. chim.*, 1863, t. V. p. 500].

Il s'obtient très-facilement en faisant passer le propylène dans des appareils à boules renfermant la solution de ClI, et peut être distillé sans décomposition; il bout à 149°, sous la pression atmosphérique; à 40-43°, sous une pression de 10 à 12 millimètres de mercure. Densité à 0° = 1,933; à 25° = 1,889. Il est limpide et ressemble au bromure de propylène.

Chauffé à 100° avec le bichlorure de mercure, il fournit facilement du chlorure de propylène. Il donne le même chlorure lorsqu'on le met dans un vase avec de l'eau et qu'on y fait passer du chlore jusqu'à redissolution de l'iode [Friedel et Silva, *Bull. de la Soc. chim.*, 1872, t. XVII, p. 535].

En chauffant le chloroiodure de propylène avec HI, on obtient de l'iodure d'isopropyle [Sorokin, *Deutsch. Chem. Gesellsch.*, t. III, p. 616].

BROMURES DE PROPYLÈNE. — On connaît trois bromures possédant la composition $C^3H^6Br^2$. Ce sont : le bromure de propylène normal, le bromure de propylène ordinaire et le méthylbromacétol. Les formules suivantes expriment leur constitution :

CH^2Br	CH^3	CH^3
CH^2	$CHBr$	CBr^2
CH^2Br	CH^2Br	CH^3
Bromure de propylène normal.	Bromure de propylène.	Méthylbromacétol.

BROMURE DE PROPYLÈNE,

$$C^3H^6Br^2 = CH^3\text{-}CHBr\text{-}CH^2Br.$$

— Le bromure de propylène ordinaire s'obtient par l'union directe du brome et du propylène. C'est un liquide limpide d'une odeur et d'une saveur douce, bouillant à 143°. Densité = 1,974.

Il se produit pur ou mélangé avec le méthylbromacétol, par l'action de l'acide bromhydrique saturé à 10° sur le propylène bromé (Reboul).

Il se forme également mélangé avec un autre isomère bouillant à 163°, par l'action de l'acide bromhydrique saturé à 10° sur le bromure d'allyle [Geromont, *Bull. de la Soc. chim.*, 1871, t. XVI, p. 113; — Reboul, *Bull. de la Soc. chim.*, 1872, t. XVII, p. 350].

On l'obtient encore par l'action du brome sur le bromure d'isopropyle (Linnemann).

Traité par la potasse alcoolique, il donne du propylène bromé bouillant à 54°, qui lui-même fournit de l'allylène par l'action de l'alcool sodé à la température du bain-marie [Sawitsch, *Compt. rend.*, t. LII, p. 399].

Le bromure de propylène traité par l'acétate

d'argent donne le diacétate de propylène [Wurtz, *Ann. de Chim. et de Phys.*, (3), t. LV, p. 438].

Chauffé avec le benzoate d'argent, il fournit un dibenzoate non cristallisable [Friedel et Silva, *Compt. rend.*, t. LXXIII, p. 1379].

Le bromure de propylène mélangé en proportion équivalente avec le bromure d'éthylène ne peut plus en être séparé par distillation ni par cristallisation. Le mélange bout à 134°; on peut enlever le bromure d'éthylène par la réaction de l'acétate de potasse [Bauer, *Bull. de la Soc. chim.*, 1860, p. 203].

MÉTHYLBROMACÉTOL,

$$C^3H^6Br^2 = CH^3\text{-}CBr^2\text{-}CH^3.$$

— Ce corps a été obtenu par M. Linnemann en faisant réagir le perbromure de phosphore sur l'acétone. MM. Friedel et Ladenburg l'ont obtenu par la réaction de PCl^3Br^2 sur le même composé; M. Reboul par la fixation de l'acide bromhydrique sur l'allylène et sur le monobromhydrate d'allylène. Il bout à 115-118° (Linnemann), 116° (Friedel et Ladenburg), 114° (Reboul).

BROMURE DE PROPYLÈNE NORMAL. — C'est le composé obtenu par MM. Géromont et Reboul dans l'action de l'acide bromhydrique sur le bromure d'allyle, action dans laquelle il se produit en même temps du bromure de propylène. La constitution de ce bromure est exprimée par la formule $CH^2Br\text{-}CH^2\text{-}CH^2Br$. M. Géromont l'a appelé *bromure de triméthylène* et M. Reboul *bromhydrate de bromure d'allyle*. Il bout à 162-164°. Densité à 0° = 2,017, à 19° = 1,93. La potasse alcoolique à 100° le décompose en donnant du bromure d'allyle et de l'éther allyléthylique.

IODURE DE PROPYLÈNE, $C^3H^6I^2$. — C'est un liquide qui ne se solidifie pas à — 10°. Il s'obtient en exposant au soleil le propylène en présence de l'iode ou en le chauffant à 50° ou 60°. Le liquide qui se produit est dépouillé de l'excès d'iode par la potasse. La potasse alcoolique le décompose en propylène et autres produits [Berthelot et de Luca, *Ann. de Chim. et de Phys.*, (3), t. XLIII, p. 277].

CYANURE DE PROPYLÈNE, $C^3H^6(CAz)^2$. — Le bromure de propylène est chauffé avec 2 molécules de cyanure de potassium, en présence d'une grande quantité d'alcool pendant environ 16 heures. Le mélange est ensuite filtré et l'alcool chassé par évaporation. Le résidu est traité par l'éther, et la solution éthérée évaporée.

Le cyanure ainsi obtenu forme un liquide bouillant entre 277° et 290°. Il est soluble dans l'eau, l'alcool et l'éther.

Chauffé à 100° avec 1 volume 1/2 d'acide chlorhydrique fort, il fournit de l'acide pyrotartrique. Cet acide s'extrait en traitant le produit par l'alcool absolu; la solution est évaporée et le résidu est soumis à la cristallisation dans l'eau, puis dans l'éther [$C^3H^6(CAz)^2 + 4H^2O = C^5H^8O^4 + 2AzH^3$ (Maxwell Simpson)].

SULFURE DE PROPYLÈNE, $C^3H^6S^2$. — C'est une poudre blanche amorphe qui se produit par l'action du bromure de propylène sur le sulfure de sodium en solution alcoolique (Husemann).

SULFOCARBONATE, $C^3H^6CS^3$. — Se produit par l'action du bromure de propylène sur une solution alcoolique de sulfocarbonate de sodium. C'est un liquide brun-jaune, d'une odeur désagréable. Densité à 20° = 1,31. Il peut être distillé dans un courant d'hydrogène [Husemann, *Ann. der Chem. u. Pharm.*, t. CXXVI, p. 269, et *Bull. de la Soc. chim.*, 1864, t. I, p. 37].

HYDRATES DE PROPYLÈNE OU PROPYLGLYCOLS. — On en connaît deux, savoir : le propylglycol ordinaire, qui a été découvert par M. Wurtz et qui correspond au bromure de propylène ordinaire, et le propylglycol normal, récemment découvert par M. Géromont et qui correspond au bromure de propylène normal.

PROPYLGLYCOL NORMAL,

$$C^3H^6\begin{cases}OH\\OH\end{cases} = CH^2.OH\text{-}CH^2\text{-}CH^2.OH.$$

— Le bromure de propylène normal traité par l'acétate d'argent, en présence d'acide acétique, donne un diacétate bouillant à 203-205°, et qui, saponifié par la baryte, donne le *propylglycol normal* ou *glycol triméthylénique*. Ce dernier est un liquide épais, sucré, bouillant entre 208° et 218°, qui est probablement le glycol correspondant à l'acide malonique, $COOH.CH^2.COOH$ [Géromont, *Deutsch. Chem. Gesellsch.*, t. IV, p. 548; — Reboul, *Bull. de la Soc. chim.*, 1872, t. XVII, p. 350].

PROPYLGLYCOL,

$$C^3H^6\begin{cases}OH\\OH\end{cases} = CH^3\text{-}CH.OH\text{-}CH^2.OH.$$

— C'est le second terme de la série des glycols. M. Wurtz l'a obtenu en saponifiant par la potasse en poudre au bain d'huile l'acétate de propylène. C'est un liquide incolore, huileux, ayant une saveur douce, soluble dans l'eau et dans l'alcool en toute proportion; soluble dans 12 à 13 p. d'éther. Densité à 0° = 1,051. Il bout de 188° à 189°.

Le noir de platine provoque son oxydation et sa transformation en acide lactique.

L'action de l'acide iodhydrique à 100° le réduit en iodure d'isopropyle. Avec le perchlorure de phosphore, il donne du chlorure de propylène.

Chauffé avec l'acide azotique étendu, il est décomposé en donnant de l'acide glycolique; avec de l'acide plus concentré, il donne de l'acide oxalique [Wurtz, *Ann. de Chim. et de Phys.*, (3), t. LV, p. 438].

MONOCHLORHYDRINE DU PROPYLGLYCOL,

$$C^3H^6\begin{cases}OH\\Cl\end{cases} = CH^3\text{-}CH.OH\text{-}CH^2Cl.$$

— L'acide chlorhydrique gazeux réagit assez fortement sur le propylglycol; le mélange s'échauffe d'abord, mais il faut finalement chauffer au bain-marie pour achever la réaction.

Le produit est distillé jusqu'à 135°, puis additionné de carbonate de sodium pour saturer l'acide chlorhydrique. Il se forme deux couches dont la supérieure est formée de propylglycol chlorhydrique. La plus grande partie passe à 127°. Densité de vapeur = 3,38. Théorie = 3,26. Densité à 0° = 1,1302. Il est neutre, d'une odeur éthérée, d'une saveur piquante et sucrée à la fois. Il est soluble dans l'eau, dans l'alcool, dans l'éther et dans un mélange des deux. Il n'est pas soluble dans les solutions de chlorure de sodium et de calcium. A froid, le carbonate de sodium ne le décompose pas; à chaud, il le transforme en oxyde de propylène.

La potasse aqueuse le décompose sur-le-champ en oxyde de propylène et KCl [Oser, *Bull. de la Soc. chim.*, 1860, p. 235].

Le propylglycol chlorhydrique peut être obtenu également par l'action sur le propylène de l'acide hypochloreux :

$$C^3H^6 + ClOH = C^3H^6\begin{cases}OH\\Cl.\end{cases}$$

Ainsi préparé, il bout à 127°. Cette chlorhydrine, chauffée pendant quelques jours au bain-marie, en vase clos avec la quantité correspondante de cyanure de potassium pur, donne une masse visqueuse, qu'on extrait par l'alcool, et qu'on traite par la potasse, après l'avoir étendue d'eau. Après cela on évapore à sec, et on ajoute de l'acide sulfurique étendu; on agite avec l'éther, et on évapore. On transforme en sel de plomb, pour enlever un peu d'acide sulfurique, et on met de nouveau l'acide en liberté. On obtient ainsi un acide sirupeux, incristallisable, formant des sels de zinc, de plomb et d'argent solubles dans l'eau. C'est de l'acide β-oxybutyrique (voyez t. II, p. 206), CH^3-CH.OH-CH^2-CO^2H [Markownikoff, *Zeitsch. für Chem.*, t. IV, p. 620].

M. Oppenheim a obtenu la monochlorhydrine propylénique par l'action de l'acide sulfurique sur le chlorure d'allyle et la distillation de la combinaison avec l'eau.

L'anhydride phosphorique transforme la monochlorhydrine propylénique en un mélange de chlorure d'allyle et de propylène chloré,

$$C^3H^6\left\{\begin{matrix}OH\\Cl\end{matrix}\right. - H^2O = C^3H^5Cl.$$

L'ammoniaque alcoolique réagit sur la chlorhydrine propylénique en donnant des produits analogues à ceux que fournit la chlorhydrine éthylénique.

Le brome s'unit à la chlorhydrine propylique sous l'influence des rayons solaires, sans dégagement d'acide bromhydrique [Henry et D. Henninger, *Deutsch. Chem. Gesells.*, t. IV, p. 602].

OXYDE DE PROPYLÈNE,

$$C^3H^6O = \begin{matrix}CH^3\\ | \\ CH\\ | \\ CH^2\end{matrix}\!\!>O.$$

— Pour l'obtenir, on peut prendre le propylglycol chlorhydrique brut et y ajouter de la potasse aqueuse. Il se dégage un liquide très-volatil qu'on purifie par distillation fractionnée. On ne peut pas employer le chlorure de calcium pour le dessécher, parce que l'oxyde de propylène est retenu par ce corps; mais on peut se servir de potasse fondue.

Il bout à 35°. Densité à 0° = 0,859. Densité de vapeur = 2,0. Théorie = 2,0.

C'est un liquide neutre, d'un goût âpre et piquant, d'une odeur éthérée; il est miscible en toute proportion à l'eau, à l'alcool, à l'éther. Il n'est pas soluble dans une solution de chlorure de magnésium ou de calcium. Si on l'enferme dans un tube scellé avec le chlorure de magnésium et qu'on le chauffe quelques instants, on voit se produire un précipité abondant d'hydrate de magnésie [Oser, *Bull. de la Soc. chim.*, 1860, p. 237].

L'épichlorhydrine (voyez GLYCIDE, t. I, p. 1597) n'est autre chose que l'oxyde de propylène chloré, C^3H^5ClO.

DINITRINE DU PROPYLÈNE, $C^3H^6(AzO^3)^2$. — L'acide azotique fumant agit vivement sur l'oxyde de propylène; il faut refroidir pendant la réaction. On ajoute ensuite de l'eau, et on voit se déposer une huile incolore, qui est la dinitrine,

$$CH^3-CH(AzO^3)-CH^2(AzO^3).$$

L'épichlorhydrine donne de même une chlorodinitrine de la glycérine,

$$CH^2Cl-CH(AzO^3)-CH^2(AzO^3)$$

[L. Henry, *Deutsch. Chem. Gesellsch.*, t. IV, p. 602; *Bull. de la Soc. chim.*, 1871, t. XVI, p. 294].

ACÉTATE DE PROPYLÈNE, $C^3H^6(C^2H^3O^2)^2$. — Il se produit par l'action de l'acétate d'argent en présence de l'acide acétique cristallisable, sur le bromure de propylène, au bain-marie. Le mélange est extrait par l'éther, puis distillé après filtration. L'acétate forme un liquide incolore, neutre, soluble dans 10 p. d'eau, bouillant à 186°. Densité à 0° = 1,109 [Wurtz, *Ann. de Chim. et de Phys.*, (3), t. LV, p. 438].

BENZOATE DE PROPYLÈNE, $C^3H^6(C^7H^5O^2)^2$. — M. Meyer avait décrit ce composé comme cristallisable en beaux cristaux isomorphes avec le benzoate d'éthylène [*Compt. rend.*, t. LIX, p. 444]. MM. Friedel et Silva ont montré que c'est un liquide incristallisable, visqueux, bouillant vers 240° sous une pression de 12 à 14 millimètres de mercure.

Il s'obtient en faisant réagir le bromure de propylène sur le benzoate d'argent en présence de l'éther à 100° [Friedel et Silva, *Compt. rend.*, t. LXXIII, p. 1379]. C. F.

PROPYLÈNE-DIAMINE, $C^3H^6.Az^2H^4$. — Le bromure de propylène est mis en digestion dans une autoclave émaillée avec de l'ammoniaque alcoolique. Le produit est additionné de potasse solide et chauffé au bain-marie jusqu'à expulsion de l'ammoniaque et de l'alcool. En chauffant alors plus fort, on obtient un produit distillant vers 120°. C'est la propylène-diamine. Le thermomètre s'élève ensuite rapidement jusqu'à 200° et au delà; il distille des bases visqueuses, qui sont probablement des diamines secondaires et tertiaires. Pour enlever toute l'eau à la propylène-diamine, il faut la traiter à chaud par le sodium, la distiller dans un courant d'hydrogène et renouveler l'action du sodium à l'ébullition.

La propylène-diamine anhydre est un liquide incolore, transparent, mobile, très-avide d'humidité, au point de fumer à l'air humide. Elle s'unit avidement à l'acide carbonique. Densité à 15° = 0,878. Elle bout à 117°, seulement 3° plus haut que l'éthylène-diamine. Densité de vapeur par rapport à H = 36,83. Théorie = 37.

Hydrate. — La base desséchée par la potasse autant que possible renferme $(C^3H^6Az^2H^4)^2H^2O$, tandis que l'hydrate d'éthylène-diamine renferme 1 molécule d'eau pour 1 de base. Le point d'ébullition de l'hydrate est très-voisin de celui de la base anhydre. La densité de vapeur a été trouvée de 26,7 ce qui indique, comme on pouvait s'y attendre, une dissociation en 6 volumes.

Le *chlorhydrate* de propylène-diamine,

$$(C^3H^6Az^2H^4),2HCl,$$

cristallise en longues aiguilles blanches, fort solubles dans l'eau et fondant peu au delà de 100°. Il est moins soluble dans l'alcool, et le *chloroplatinate* beaucoup plus soluble que celui d'éthylène-diamine. Le chloroplatinate forme des tables carrées d'une grande beauté. Le *bromhydrate* et l'*iodhydrate* cristallisent comme le chlorhydrate. L'*azotate* n'a pu être obtenu cristallisé [A.-W. Hofmann, *Deutsch. Chem. Gesellsch.*, t. VI, p. 308; *Bull. de la Soc. chim.*, 1873, t. XX, p. 272]. C. F.

PROPYLÉTHYLACÉTONE [Syn. *Éthylbutyryle*], $C^6H^{12}O = C^3H^7-CO-C^2H^5$. — Ce corps, qu'on a déjà mentionné dans cet ouvrage (t. I, p. 684), a été découvert par M. Friedel parmi les produits de distillation du butyrate de calcium; on l'a obtenu depuis synthétiquement dans l'action du chlorure de butyryle sur le zinc-éthyle :

$$(C^2H^5)^2Zn + 2(C^3H^7-CO-Cl)$$
$$= 2(C^3H^7-CO-C^2H^5) + ZnCl^2$$

[Boutlerow, *Bull. de la Soc. chim.*, 1866, t. V, p. 17].

C'est une acétone. Elle bout de 122° à 125°, possède à 17°,5 une densité de 0,818 et ne se combine pas à froid avec le bisulfite de sodium; mais lorsqu'on chauffe, on obtient par le refroidissement des écailles cristallines, qui se dissolvent à la longue. A l'état sec, la combinaison est stable; l'eau le dédouble rapidement en propyléthylacétone et en bisulfite de sodium.

Soumis à l'action oxydante d'un mélange de bichromate potassique et d'acide sulfurique étendu, la propyléthylacétone donne de l'anhydride carbonique et de l'acide propionique :

$$\left.\begin{matrix}C^3H^7\\C^2H^5\end{matrix}\right\}CO + O^3 = 2C^3H^5O.OH.$$

La propyléthylacétone est isomérique avec l'isobutylméthylacétone ou acétone isopropylée de Frankl nd et Duppa (t. II, p. 155) et avec le méthylvaléryle [Popoff, *Bull. de la Soc. chim.*, 1869, t. XII, p. 40; *Ann. der Chem. u. Pharm.*, t. CLXI, p. 285]. A. H.

PROPYLGLYCOL. — Voyez PROPYLÈNE.

PROPYLIQUE (ALCOOL), Syn. *alcool tritylique, alcool propionique, hydrate de propyle ou de trityle*, $C^3H^8O = CH^3\text{-}CH^2\text{-}CH^2.OH$.— C'est le troisième terme de la série des alcools primaires normaux; il a pour isomère l'alcool isopropylique $CH^3.CHOH.CH^3$, qui est un alcool secondaire. Cet isomère est le seul que la théorie permette de prévoir. L'alcool propylique a été découvert par M. Chancel en 1853, dans les résidus de la distillation des esprits de marc [*Compt. rend.*, t. XXXVIII, p. 410]. Il a été, dans ces derniers temps, l'objet d'un assez grand nombre de travaux, soit de la part de l'auteur de sa découverte [*Compt. rend.*, t LXVIII, p. 659 et 726], soit de MM. Pierre et Puchot [*Compt. rend.*, t. LXIX, p. 27 et 509], de MM. Fittig, König et Schaeffer [*Zeitschrift für Chem.*, (2), t. IV, p. 44], de M. Linnemann [*Ann. der Chem. u. Pharm.*, t. CXLVIII, p. 251], de M. Cahours [*Compt. rend.*, t. LXXVI, p. 133, 748 et 1338], de M. Tollens [*Zeitsch. fur Chem.*, t. VI, p. 457], de M. Roemer [*Deutsche Chem. Gesells.*, t. VI, p. 784 et 1101], de MM. Chapmann et Smith [*Chem. Soc. Journ.*, (2), t. VII, p. 198], de M. Rossi [*Compt. rend.*, t. LXX, p. 129], de M. Schorlemmer [*Proc. Roy. Soc.*, t. XVII, p. 372], de M. Saytzeff [*Zeitschrift für Chem.*, (2), t. VI, p. 107].

Production et synthèses. — L'alcool propylique peut être retiré des résidus de distillation d'un grand nombre de fermentations alcooliques. Il peut en être extrait par des séries répétées de distillations fractionnées, qu'il est utile de faire suivre d'une transformation en iodure ou en bromure; les éthers, étant eux-mêmes fractionnés avec soin, servent à préparer les dérivés propyliques normaux.

L'alcool propylique normal a été obtenu d'ailleurs par les procédés suivants :

1° M. Schorlemmer, en faisant agir le chlore sur l'hydrure de propyle ou propane (voyez ce mot), à la lumière diffuse, a obtenu un liquide huileux, dont les premières parties, bouillant à 42-46°, sont formées de chlorure de propyle normal $CH^3.CH^2.CH^2Cl$. Celui-ci, chauffé à 200° pendant quelques heures, avec de l'acétate de potasse et de l'acide acétique cristallisable, donne un éther acétique, qui, décomposé par la potasse aqueuse à 120°, en vase clos, fournit de l'alcool propylique. Ce dernier est isolé par distillation d'une portion du mélange et addition de carbonate de potasse.

2° M. Linnemann a obtenu l'alcool propylique normal en traitant l'anhydride propionique par l'amalgame de sodium. On ajoute l'anhydride peu à peu à l'amalgame dans un vase refroidi; lorsque le mélange cesse de s'échauffer, on l'agite avec de la neige; puis on ajoute de l'eau et un peu d'amalgame; on abandonne le mélange quelque temps, on le sépare par filtration d'une matière huileuse; on neutralise par le carbonate de potasse, on distille et on sépare l'alcool propylique à l'aide du carbonate de potasse. L'anhydride propionique est lui-même préparé avec le chlorure de propionyle et l'acide propionique dérivé du cyanure d'éthyle.

3° M. Rossi a préparé l'alcool propylique par l'hydrogénation de l'aldéhyde propionique (voyez ce mot). L'aldéhyde, dissoute dans 15 à 20 fois son poids d'eau, est additionnée de petites portions d'amalgame de sodium, et de quantités correspondantes d'acide sulfurique ou d'acide chlorhydrique. Dès que le liquide cesse de réduire la solution ammoniacale d'azotate d'argent, on distille, on filtre, pour séparer quelques gouttes d'une matière blanche, et on sépare l'alcool par addition de carbonate de potasse.

4° M. A. Saytzeff laisse tomber goutte à goutte sur l'amalgame de sodium (à 3 %) un mélange d'acide propionique et de chlorure de propionyle; il a obtenu ainsi du propionate propylique qu'il a saponifié par la potasse en vase clos, à 130-140°. La saponification a donné de l'alcool propylique normal bouillant de 95° à 97° après des rectifications sur le sodium.

5° M. Tollens a fait voir qu'en traitant l'alcool allylique par la potasse, on obtient l'alcool propylique, sans mélange d'alcool isopropylique, quoique l'on ne parvienne pas à fixer autrement l'hydrogène naissant sur l'alcool allylique.

Lorsqu'on chauffe poids égaux d'hydrate de potasse et d'alcool allylique, au bain d'huile, dans un appareil à reflux, on voit commencer à 105° le dégagement d'hydrogène. Celui-ci continue lorsqu'on élève la température jusqu'à 155°. Alors, celle-ci restant stationnaire, il ne se dégage plus de gaz, on ajoute de l'eau et on distille. On sépare d'abord une couche huileuse, puis, par addition de carbonate de potasse, un mélange alcoolique bouillant de 80° à 100°. Ce mélange est transformé en bromures, puis soumis à la distillation fractionnée et séparé ainsi en deux portions bouillant l'une à 38-45° et l'autre à 70-71°. Le premier, en faible proportion, est le bromure d'éthyle; le deuxième est le bromure de propyle normal.

Propriétés. — L'alcool propylique normal est un liquide limpide, ressemblant à l'alcool éthylique, soluble dans l'eau en toute proportion, insoluble dans une solution concentrée froide de chlorure de calcium. Le carbonate de potasse le sépare de ses solutions aqueuses.

Il bout à 97-100° (Chancel), à 98°,5 (Pierre et Puchot), à 97-98° (Chapmann et Smith), à 96° (Rossi). La présence d'un peu d'eau abaisse notablement le point d'ébullition. Il existe un hydrate $C^3H^8O.H^2O$, bouillant d'une manière constante à 87°,5 (pression bar. 0m,738), mais qui est décomposé par le carbonate de potasse. MM. Pierre et Puchot contestent l'existence de cet hydrate. Densité à 13° = 0,813 (rapportée à l'eau à 4°, Chancel); à 0° = 0,820; à 16°,3 = 0,812; à 51°,1 = 0,780; à 84° = 0,740 (Pierre et Puchot); à 16° = 0,812 (Chapman et Smith); à 0° = 0,8205 (Rossi). L'action de l'acide chromique transforme l'alcool propylique en acide propionique et, si l'on modère la réaction, en aldéhyde propionique. Il présente d'ailleurs toutes les réactions générales des alcools primaires. C. F.

PROPYLIQUES (COMBINAISONS).—*Iodure de propyle*, C^3H^7I. — Il s'obtient par l'action de l'acide iodhydrique, ou de l'iode et du phosphore sur l'alcool. Il bout à 99-101° (Chancel), à 104°,5 (Pierre et Puchot), à 102-103° (Chapmann et Smith), à 102° (Rossi). Densité à 16° = 1,7343 (Chapmann et Smith); à 0° = 1,7821 (Rossi); à 21° = 1,7102 (Linnemann); à 0° = 1,784; à 98° = 1,767; à 52° = 1,683; à 75°,3 = 1,637 (Pierre et Puchot).

Bromure de propyle, C^3H^7Br. — L'action du brome et du phosphore sur l'alcool propylique donne ce bromure. C'est un liquide limpide, bouillant à 71-71°,5 (Fittig); à 70°,3-70°,8 (Chapmann et Smith); 68-72° (Linnemann); 70-71° (Rossi); 72° (Pierre et Puchot). Densité à 16° = 1,352 (Chapmann et Smith); à 0° = 1,3887 (Rossi); à 0° = 1,3497 (Pierre et Puchot).

Chlorure de propyle, C^3H^7Cl. — Le chlorure bout à 53° (Chancel); il bout à 46°,5 (Pierre et Puchot). Densité à 0° = 0,9156.

Oxyde de propyle, $(C^3H^7)^2O$. — Obtenu par l'action de l'iodure de propyle sur le propylate de sodium. On peut aussi se contenter de verser de la potasse en poudre sur l'alcool à éthérifier, d'y ajouter l'iodure et de distiller après avoir chauffé quelque temps dans un appareil à reflux.

Il bout à 85-86°; c'est un liquide très-mobile, très-réfringent, peu soluble dans l'eau. Il a, comme les composés suivants, une odeur éthérée particulière (Chancel).

Oxyde de méthylpropyle, $(C^3H^7)(CH^3)O$. — Il se prépare par un procédé analogue, l'action de l'iodure de méthyle sur l'alcool propylique additionné de potasse. Il bout de 49° à 52° (Chancel).

Oxyde d'éthyle-propyle, $(C^3H^7)(C^2H^5)O$. — Même mode de préparation. Il bout de 68° à 70°.

Oxyde d'amyle-propyle, $(C^3H^7)(C^5H^{11})O$. — Même préparation. Il bout entre 125° et 130°.

Dans ces réactions, il se dégage souvent un hydrogène carboné, surtout lorsqu'elles s'accomplissent en présence d'un excès de potasse. Dans la préparation de l'oxyde de propyle, on obtient du propylène pur (Chancel).

Mercaptan propylique, C^3H^7SH. — Le bromure de propyle réagit sur le sulfhydrate de potassium en solution alcoolique, même à froid. Quand la liqueur surnageant le bromure de potassium ne contient plus de brome, on distille, on précipite le mercaptan par addition d'eau. C'est un liquide limpide, mobile, d'odeur particulière, bouillant de 67° à 68°, et qui n'est pas entièrement insoluble dans l'eau. Avec l'oxyde de mercure fraîchement précipité, il donne un *mercaptide*, $(C^3H^7S)^2Hg$, qui cristallise en lamelles blanches, fusibles à 68° [Roemer, *Deuts. Chem. Gesells.*, t. VI, p. 784].

Propylxanthate de potassium,

$$\left.\begin{matrix}C^3H^7\\K\end{matrix}\right\}COS^2.$$

— Lorsqu'on dissout de l'hydrate de potasse dans l'alcool propylique, et que l'on y ajoute du sulfure de carbone, on voit se séparer une masse jaunâtre, sirupeuse, qui, par cristallisation dans l'alcool, donne des aiguilles soyeuses qui sont le propylxanthogénate de potassium.

L'acide sulfurique étendu en sépare l'acide propylxanthogénique sous la forme de gouttes huileuses qui se décomposent rapidement (Roemer).

Cyanure de propyle ou *butyronitrile*, $C^3H^7.CAz$. — On l'obtient en chauffant, en tubes scellés, soit le bromure, soit l'iodure de propyle avec une solution de cyanure de potassium dans l'alcool. Il bout à 115-117° (Schmidt).

Chauffé avec la potasse, il dégage de l'ammoniaque et fournit un acide butyrique qui possède les propriétés de l'acide butyrique de fermentation (Rossi).

Sulfocyanate de propyle, $CAzS(C^3H^7)$. — Il s'obtient par l'action du bromure de propyle sur le sulfocyanate de potassium en solution alcoolique, plutôt à froid qu'à chaud. C'est un liquide huileux, d'odeur désagréable, bouillant à 163° [Schmidt, *Zeitschrift für Chem.*, (2), t. VI, p. 576].

L'*isocyanure* obtenu par l'action du bromure de propyle sur le cyanure d'argent bout à 95-100°. Il a une odeur fétide (Schmidt).

Tripropylbiuret, $(CO)^2(C^3H^7)^3H^2Az^3$. — La réaction de l'iodure et du bromure de propyle sur le cyanate d'argent ne donne pas de bons résultats. Lorsqu'on distille un mélange de cyanate de potassium et de propylsulfate de potassium, on observe un dégagement de propylène. Dans le col de la cornue, se solidifie une masse jaunâtre, d'un aspect gras, qu'on fait cristalliser dans l'alcool. C'est le tripropylbiuret (Roemer).

Chlorocarbonate de propyle,

$$CO^2Cl(C^3H^7) = CO\left\{\begin{matrix}Cl\\O.C^3H^7.\end{matrix}\right.$$

— L'oxychlorure de carbone réagit sur l'alcool propylique comme sur l'alcool éthylique. Le produit, lavé à l'eau et séché sur le chlorure de calcium, bout principalement entre 120° et 130°. Il se décompose à la distillation, ce qui empêche de le purifier par fractionnement. Il possède une odeur piquante, qui irrite fortement les yeux; il est plus lourd que l'eau et brûle avec une flamme verte [Roemer, *Deutsch. Chem. Gesells.*, t. VI, p. 1101].

Carbonate de propyle, $CO^3(C^3H^7)^2$. — Il s'obtient en faisant tomber goutte à goutte une solution éthérée de chlorocarbonate de propyle sur du propylate de sodium. Il se sépare du chlorure de sodium; on filtre, on chasse l'éther par distillation; on lave le résidu avec de l'eau à plusieurs reprises, puis on sèche avec du chlorure de calcium. L'éther carbonique ainsi préparé est un liquide incolore, mobile, plus léger que l'eau, brûlant avec une flamme bleue, bouillant de 160° à 165° [Roemer, *loc. cit.*].

Uréthane propylique,

$$CO\left\{\begin{matrix}AzH^2\\O.C^3H^7.\end{matrix}\right.$$

— Lorsqu'on fait agir un excès d'alcool propylique sur l'urée, dans un appareil à reflux ou dans des tubes scellés que l'on ouvre de temps en temps pour permettre à l'ammoniaque formée de se dégager, on obtient de la propyluréthane, facile à séparer de l'urée en excès, en reprenant le résidu par l'éther et évaporant à une douce chaleur. Le résidu, étant repris par l'eau en petite quantité, laisse l'allophanate propylique, tandis que la propyluréthane se dissout en entier. Elle s'obtient pure par évaporation. La réaction qui lui donne naissance est représentée par l'équation suivante:

$$C^3H^7.OH + CO\left\{\begin{matrix}AzH^2\\AzH^2\end{matrix}\right. = AzH^3 + CO\left\{\begin{matrix}AzH^2\\O.C^3H^7.\end{matrix}\right.$$

Elle forme de longs prismes limpides et éclatants, solubles dans l'eau, dans l'alcool et dans l'éther. Elle fond entre 51° et 58° et bout entre 194° et 196°.

Humide, elle se décompose par l'action de la chaleur, en dégageant beaucoup d'ammoniaque (Cahours).

La propyluréthane se produit également par l'action de l'ammoniaque aqueuse sur l'éther propylchloroxycarbonique.

En remplaçant l'ammoniaque par l'aniline en solution éthérée, filtrant, lavant avec l'acide chlorhydrique étendu et chauffant le résidu liquide à 120° pendant assez longtemps pour chasser toute l'eau, puis le distillant, on obtient entre 240° et 260° un produit cristallisant dans l'allonge. La bouillie cristalline, exprimée entre des doubles de papier et cristallisée dans l'alcool, est l'*éther phénylpropylcarbonique*,

$$CO(AzHC^6H^5)(C^3H^7O).$$

Ce corps fond à 57-59° (Roemer).

Allophanate propylique,

$$C^5H^{10}Az^2O^3 = CO\left\{\begin{matrix}AzH^2\\AzH\text{-}CO.OC^3H^7.\end{matrix}\right.$$

— Lorsqu'on chauffe l'alcool propylique avec un excès d'urée, le produit principal de la réaction est l'éther propylallophanique :

$$C^3H^7.OH + 2CO\left\{\begin{matrix}AzH^2\\AzH^2\end{matrix}\right. = 2AzH^3 + CO\left\{\begin{matrix}AzH^2\\AzH\text{-}CO.OC^3H^7.\end{matrix}\right.$$

Éther propylallophanique.

Cet éther se présente en lames nacrées très-peu solubles dans l'eau froide, très-solubles dans l'eau bouillante et dans l'alcool, et fondant entre 150° et 160°. Ses propriétés sont celles des éthers éthylique et amylique correspondants (Cahours).

Borate propylique, $Bo(C^3H^7O)^3$. — Lorsqu'on fait passer un courant lent de chlorure de bore pur dans de l'alcool propylique anhydre, maintenu vers 0°, on voit le gaz s'absorber et le liquide se diviser en deux couches.

La supérieure, additionnée d'une petite quantité d'alcool propylique anhydre, étant soumise à la distillation, fournit le borate tripropylique, bouillant après rectification entre 172° et 175°.

C'est un liquide incolore, très-mobile, doué d'une odeur éthérée faible. Sa saveur est brûlante, avec un arrière-goût légèrement amer. L'alcool et l'éther le dissolvent facilement. Densité à 16° = 0,867.

L'eau le dissout immédiatement et le décompose progressivement. Si la quantité d'eau ajoutée est faible, on obtient au bout de peu de temps un dépôt abondant d'acide borique. Il est inflammable et brûle avec une flamme bordée de vert en répandant d'épaisses fumées d'acide borique (Cahours).

Silicate propylique, $Si(C^3H^7O)^4$. — L'alcool propylique anhydre étant versé dans le chlorure de silicium dans la proportion de 24 p. du premier pour 17 p. du second, on observe un dégagement considérable d'acide chlorhydrique, accompagné d'un abaissement notable de température. Après rectification, le produit obtenu est l'éther propylsilicique, bouillant de 225° à 227°. Densité à 18° = 0,915.

Agité avec de l'eau distillée, il s'en sépare sous la forme d'une huile limpide nageant à la surface; par un contact de plusieurs heures avec ce liquide, l'éther silicopropionique s'altère et laisse déposer de la silice gélatineuse. L'altération est plus rapide si l'on porte à l'ébullition le mélange d'éther et d'eau.

Abandonné sous une cloche, à côté d'un vase renfermant de l'eau, l'éther propylsilicique se saponifie très-lentement au contact de la vapeur aqueuse, et donne au bout de quelques jours un dépôt de silice qui se contracte et durcit graduellement.

L'alcool propylique renfermant un peu d'eau, distillé avec l'éther propylsilicique, donne naissance à des produits à point d'ébullition très-élevé, qui renferment probablement du disilicate hexapropylique.

Lorsqu'on chauffe en vase clos à 160°, pendant 3 à 4 heures, un mélange de chlorure de silicium et de silicate propylique dans le rapport de 1 p. du premier et de 4,5 p. du second, l'on obtient un produit bouillant entre 208° et 210°, qui n'est autre que la *monochlorhydrine propylsilicique*, $SiCl(C^3H^7O)^3$. Densité = 0,980.

Si l'on fait agir le chlorure de silicium en vase clos, à la température de 160-165°, sur la monochlorhydrine propylsilicique, dans le rapport de 1 p. du premier pour 2,8 p. du second, ou si l'on soumet pareillement à la température de 170° un mélange de chlorure de silicium et d'éther propylsilicique, dans la proportion de 1 à 1,52, ces produits par leur réaction engendrent la *dichlorhydrine propylsilicique*, $SiCl^2(C^3H^7O)^2$. C'est un liquide incolore, limpide, d'odeur légèrement piquante et éthérée. Il bout à 185-188°. Densité = 1,028.

Traité par le chlorure de silicium comme dans les expériences précédentes, il donne un liquide dont le point d'ébullition est situé beaucoup plus bas, et qui est probablement la trichlorhydrine (Cahours).

Acide propylsulfurique. — L'acide sulfurique se combine avec l'alcool propylique et fournit un sel de baryum, $(C^3H^7SO^4)^2Ba + 3H^2O$ [Schmidt, *Zeitschrift für Chem.*, nouv. sér., t. VI, p. 576].

Formiate de propyle, $C^3H^7(CHO^2)$. — En mélangeant dans une cornue de l'alcool propylique avec du formiate de sodium sec, et en ajoutant de l'acide sulfurique, on obtient un produit qui, après rectification et déshydratation à l'aide du chlorure de calcium, constitue le formiate propylique pur. On le prépare également par l'action du bromure de propyle sur le formiate de sodium. C'est un liquide limpide, d'une agréable odeur de fruit, bouillant à 82° (Chancel), de 82°,5 à 83° (Pierre et Puchot).

Densité à 0° = 0,9197; à 38°,5 = 0,877; à 72°,5 = 0,836 (Pierre et Puchot).

Acétate de propyle, $C^3H^7(C^2H^3O^2)$. — Il peut s'obtenir comme le formiate ou par les autres procédés d'éthérification. Après une rectification et une purification convenables, on isole un liquide éthéré très-limpide, d'une odeur très-agréable quoique étourdissante. Il bout à 102° (Chancel et Rossi), à 103° (Pierre et Puchot).

Densité à 0° = 0,910; à 42°,5 = 0,8635; à 84°,6 = 0,8137 (Pierre et Puchot). Densité à 0° = 0,913 (Rossi).

Propionate propylique, $C^3H^7(C^3H^5O^2)$. — Il peut s'obtenir par l'oxydation ménagée de l'alcool propylique, ou par l'action de l'acide sulfurique sur un mélange d'alcool propylique et de propionate de sodium. C'est un liquide limpide, d'une odeur agréable de fruits, d'une saveur piquante, bouillant à 118-120° (Chancel), à 124°,3 (Pierre et Puchot). La potasse le dédouble en alcool propylique et propionate de potassium.

Densité à 0° = 0,903; à 51°,07 = 0,857; à 100°,6 = 0,795; à 108°,34 = 0,785 [Pierre et Puchot, *Compt. rend.*, t. LXIX, p. 271].

Butyrate propylique, $C^3H^7(C^4H^7O^2)$. — Il peut se préparer par l'action de l'acide sulfurique sur un mélange de butyrate de potassium et d'alcool propylique. Il n'est pas nécessaire de chauffer; le mélange se sépare après quelque temps en deux couches; la couche supérieure, rectifiée plusieurs fois, constitue le butyrate propylique pur. Il bout à 139-140° (Chancel); à 137°,25 sous une pression de 765 millimètres (Pierre et Puchot).

Densité à 0° = 0,888; à 47°,25 = 0,841; à 100°,25 = 0,785; à 128°,75 = 0,753 [Pierre et Puchot, *Compt. rend.*, t. LXIX, p. 509].

Valérianate propylique, $C^3H^7(C^5H^9O^2)$. — On mélange du valérianate de potasse et de l'alcool propylique, dans la proportion de 2 p. du premier pour 1 p. du second; on ajoute peu à peu en agitant 1,5 p. d'acide sulfurique ordinaire. Le liquide surnageant étant distillé et rectifié fournit l'éther propylvalérianique pur. Il bout à 157° sous la pression de 761 millimètres.

Densité à 0° = 0,887; à 50°,8 = 0,8395; à 100°,15 = 0,7935; à 113°,7 = 0,770 (Pierre et Puchot).

C. F.

PROPYLMÉTHYLACÉTONE [Syn. *Méthylbutyryle*], $C^5H^{10}O = C^3H^7\text{-}CO\text{-}CH^3$. — Cette acétone mixte, découverte par M. Friedel, se trouve déjà mentionnée t. I, p. 684. M. Boutlerow l'a obtenue synthétiquement en faisant agir le chlorure de butyryle sur le zinc-méthyle. Elle a été étudiée par M. Friedel et par M. F. Grimm, qui l'ont préparée l'un et l'autre par distillation d'un mélange d'acétate et de butyrate de calcium. C'est un liquide incolore bouillant à 111° (Friedel), 99-101° (Grimm), 95° (Boutlerow), d'une densité de 0,837 à 0° (Friedel) et de 0,8078 à 18°,5 (Grimm).

Elle se dissout seulement en petite proportion dans l'eau, mais elle est miscible avec l'alcool et l'éther.

La propylméthylacétone donne avec les bisulfites alcalins des combinaisons bien cristallisées, que l'eau bouillante suffit pour décomposer en leurs constituants; le sel de sodium renferme

$$C^5H^9NaSO^3 + 1\tfrac{1}{2}H^2O.$$

Traitée par le perchlorure de phosphore, elle se comporte comme toutes les acétones et échange son atome d'oxygène contre 2 atomes de chlore; le méthylchlorobutyrol $C^5H^{10}Cl^2$ ainsi formé, qui paraît bouillir vers 140°, se décompose par la distillation en acide chlorhydrique et en amylène chloré C^5H^9Cl bouillant vers 95°. Ce dernier, chauffé à 140° avec de la potasse alcoolique, perd de nouveau les éléments de l'acide chlorhydrique et fournit un carbure d'hydrogène d'une odeur alliacée, renfermant $C^5H^8 = C^3H^7\text{-}C{\equiv}CH$, qui distille vers 50°; cet hydrogène carboné est un véritable homologue de l'acétylène, comme le montrent sa constitution et ses propriétés. Il produit dans le protochlorure de cuivre ammoniacal un précipité jaune clair et dans l'azotate d'argent ammoniacal un précipité blanc. Le composé cuivreux ne détone pas lorsqu'on le chauffe; décomposé par l'acide chlorhydrique, il régénère le carbure primitif [Friedel, *Ann. de Chim. et de Phys.*, (4), t. XVI, p. 366].

La propylméthylacétone fixe directement l'hydrogène naissant et donne, comme l'acétone, un alcool secondaire, $C^5H^{12}O$, qui a déjà été décrit à l'article ISOAMYLIQUE (ALCOOL), t. II, p. 137, et une pinacone, $C^{10}H^{22}O^2$ [Friedel, *loc. cit.*, p. 398; — F. Grimm, *Ann. der Chem. u. Pharm.*, t. CLVII, p. 249; *Bull. de la Soc. chim.*, 1871, t. XV, p. 233].

La pinacone dérivée de la propylméthylacétone bout entre 225° et 230°; récemment distillée, elle constitue un liquide incolore, mais elle se prend au bout de quelque temps en une masse blanche cristalline, fusible à une douce chaleur.

Par l'oxydation la propylméthylacétone se dédoublera très-probablement en acides acétique et propionique.

D'après sa constitution elle doit être identique avec l'éthylacétone (t. I, p. 1162) de Frankland et Duppa; les propriétés des deux corps se confondent entièrement. Elle est isomérique avec la diéthylacétone (propione), la méthylisopropylacétone (acétone diméthylée de Frankland et Duppa), et avec le valéral. A. H.

PROPYLMÉTHYLCARBINOL. — Cet alcool est un des trois alcools amyliques secondaires; on en trouvera la description à ÉTHYLE-ALLYLE, t. I, p. 1313, et à ISOAMYLIQUE-ALCOOL, t. II, p. 137.

PROPYLPHÉNYLACÉTONE. — Voyez PROPYLE-BENZOYLE, p. 1203.

PROPYLPHYCITE. — Carius a décrit en 1865 les propriétés et les dérivés d'un corps qu'il envisageait comme un alcool tétratomique homologue de la phycite [*Ann. der Chem. u. Pharm.*, t. CXXXIV, p. 71; *Ann. de Chim. et de Phys.*, (4), t. V, p. 492; *Bull. de la Soc. chim.*, (2), t. IV, p. 385]. Sa composition devait correspondre à la formule

$$(C^3H^4)^{iv}.(OH)^4 = \begin{array}{l} CH(OH)^2 \\ \vert \\ CH.OH \\ \vert \\ CH^2.OH. \end{array}$$

Il l'obtenait en saponifiant par la baryte la dichlorhydrine de la propylphycite,

$$C^3H^4\left\{\begin{array}{l}Cl^2\\(OH)^2,\end{array}\right.$$

ou la bromodichlorhydrine,

$$C^3H^4\left\{\begin{array}{l}Br\\Cl^2\\OH.\end{array}\right.$$

Pour préparer le premier de ces deux corps, il faisait agir l'acide hypochloreux sur l'épichlorhydrine, $C^3H^5.Cl.O + ClHO = C^3H^4.(OH)^2.Cl^2$; d'un autre côté, la dichlorhydrine glycérique chauffée avec du brome fournissait la bromodichlorhydrine,

$$C^3H^5.OH\,Cl^2 + Br^2 = BrH + C^3H^4Br.OH.Cl^2.$$

Par l'action de l'acide azotique sur la propylphycite, il obtenait l'acide propylphycitique,

$$C^3H^2O.(OH)^4.$$

Ce travail de Carius a été l'occasion d'une discussion que nous allons résumer très-brièvement.

A. Claus a émis l'opinion que la propylphycite n'est autre chose que la première aldéhyde glycérique et que l'acide propylphycitique est l'acide glycérique lui-même [*Ann. der Chem. u. Pharm.*, t. CXLVI, p. 214, et *Bull. de la Soc. chim.*, 1869, t. XI, p. 153].

Cette aldéhyde glycérique ne différerait de la propylphycite que par les éléments de l'eau,

$$\begin{array}{l} CH(OH)^2 \\ \vert \\ CH.OH \\ \vert \\ CH^2.OH \end{array} - H^2O = \begin{array}{l} CHO \\ \vert \\ CH.OH \\ \vert \\ CH^2.OH. \end{array}$$

Propylphycite. Aldéhyde glycérique.

L'opinion de Claus est fortifiée par cette considération que les hydrates renfermant deux oxhydryles attachés au même atome, tels que l'hydrate de chloral, sont en général fort peu stables et perdent facilement les éléments de l'eau.

Carius a d'abord maintenu son opinion [*Bull. de la Soc. chim.*, t. XI, p. 155] que divers faits annoncés par Wolff en 1869 semblaient confirmer. Ce dernier chimiste a décrit, en effet, un hydrate cristallisé de la bromodichlorhydrine, ainsi que le mercaptan de la propylphycite,

$$C^3H^4(SH)^2(OH)^2,$$

lequel en s'oxydant par l'acide azotique devait donner l'acide sulfopropylphycitique [*Ann. der Chem. u. Pharm.*, t. CL, p. 28, et *Bull. de la Soc. chim.*, 1870, t. XIII, p. 150]. Mais l'exactitude de ces faits a été mise en doute par Claus [*Bull. de la Soc. chim.*, t. XIII, p. 432] et Carius a reconnu lui-même en 1870 [*Bull. de la Soc. chim.*, t. XIV, p. 240] que les analyses du prétendu hydrate de la bromodichlorhydrine sont inexactes, ainsi que cet autre fait annoncé par Wolff que l'hydrate dont il s'agit donne de la propylphycite lorsqu'on le traite par la baryte. A cet hydrate de la bromodichlorhydrine, Carius assigne maintenant la formule $C^3H^2Cl^2Br^2O$, la regardant comme une acétone substituée. Quant au corps qu'il avait décrit lui-même sous le nom de bromodichlorhydrine et qui résulterait de l'action du brome sur la dichlorhydrine glycérique, il le regarde maintenant comme un mélange de trois corps, savoir: de dichlorhydrine non décomposée, d'acétone substituée et de bromodichlorhydrine propylphycitique,

$$C^3H^4\left\{\begin{array}{l}Br\\Cl^2\\OH.\end{array}\right.$$

Tout cela est fort peu net, comme on voit. Aussi Claus a-t-il contesté même cette dernière opinion de Carius, qui était presque une retraite. Il nie que le corps bromochloré soit le principal produit de l'action du brome sur la bromodichlorhydrine glycérique et affirme que ce corps ne possède pas les propriétés d'une acétone [*Bull. de la Soc. chim.*, t. XIV, p. 24].

En présence des doutes qui planent encore sur ce sujet, nous ne pensons pas devoir donner une description complète de corps dont l'existence a été contestée, et nous terminerons par l'exposé succinct des propriétés de ceux qu'ont étudiés MM. Carius et Wolff.

La *propylphycite* constitue une masse solide, molle, incolore, amorphe, déliquescente, soluble dans l'alcool, elle possède une saveur sucrée; elle supporte sans se décomposer une température de 150°; chauffée avec précaution, elle se volatilise en partie, mais la plus grande partie se décompose. Elle se combine avec les terres alcalines et forme avec l'oxyde de plomb le composé $C^3H^4(OH)^2PbO^2$.

La *dichlorhydrine* est un liquide qui a la même consistance que la glycérine, elle est plus dense que l'eau, a une odeur rance faible, est assez soluble dans l'alcool et l'éther. Chauffée au delà de 200°, elle se décompose.

La *trichlorhydrine* obtenue par l'action du chlore sur la dichlorhydrine de la glycérine est une huile incolore bouillant de 172° à 173°; sa densité est 1,432 à 14°; elle forme un hydrate cristallisé en fines aiguilles fusibles déjà à — 4° (Wolff).

La *bromodichlorhydrine* [Carius, 1er mémoire] est un liquide assez mobile dont la vapeur est irritante, s'altérant à 160°, un peu soluble dans l'eau et se décomposant lentement en sa présence en brome et acide chlorhydrique.

La *nitropropylphycite*, $C^3H^4.(OH)^3AzO^3$, obtenue par l'action de l'acide azotique fumant sur la propylphycite, est liquide; chauffée longtemps avec de l'eau, elle se transforme en acide propylphycitique; en solution alcoolique, elle est réduite par le zinc et l'acide chlorhydrique, avec formation de chlorure d'ammonium et de propylphycite.

Éthers de la propylphycite. — *L'éther diacétique*, $C^3H^4.(OH)^2(C^2H^3O^2)^2$, est obtenu par l'action de l'acide acétique sur la propylphycite. Le *tétracétate* est un liquide d'une saveur amère que la baryte dédouble en acétate et propylphycite.

L'éther triéthylique, $C^3H^4.OH.(OC^2H^5)^3$, obtenu par l'action de l'alcool sur la dichlorobromhydrine à 150°, est un liquide incolore, d'une odeur faible, bouillant de 192°,8 à 193°,8 (pression de 0m,7583). Il est plus dense que l'eau. Sa densité de vapeur est égale à 6,79 (théorie 6,65). Traité par le sodium, il forme la combinaison

$$C^3H^4.ONa.(OC^2H^5)^3$$

qui est liquide à chaud. *L'éther tétréthylique* est un liquide incolore, assez fluide, bouillant entre 150° et 160°.

La *propylphycite diéthyl-diacétique*,

$$C^3H^4\begin{cases}(OC^2H^5)^2\\(C^2H^3O^2)^2,\end{cases}$$

obtenue en chauffant à 150° l'éther triéthylique avec son volume d'acide acétique, est un liquide épais, incolore, bouillant vers 210°.

L'acide propylphycitique, $C^3H^2O.(OH)^4$, obtenu par l'action de l'acide azotique étendu sur la propylphycite, est une matière incolore, amorphe, très-acide, déliquescente, se décomposant de même que ses sels à 160° en acides oxalique et acétique et peut-être aussi en acide glycolique. Le sel de plomb, $C^3H^4PbO^5.C^3H^6O^5$, paraît être cristallin.

Le *mercaptan propylphycitique*,

$$C^3H^4.(OH)^2(SH)^2,$$

obtenu par l'action d'une solution alcoolique de sulfhydrate de potassium sur la bromodichlorhydrine, est une poudre cristalline, il forme des combinaisons cuivrique et mercurique. Il est lentement oxydé par l'acide azotique et donne l'acide sulfopropylphycitique, $C^3H^8S^2O^8$. Ph. de C.

PROPYLTOLUÈNE. — Voyez Phényle (hydrure), t. II, p. 800.

PROSOPITE (Min.). — Minéral de composition douteuse, renfermant, d'après Scheerer : $SiFl^4$ = 10,71; Al^2O^3 = 42,68; MnO = 0,31; MgO = 0,25; CaO = 2?,98; K^2O = 0,15; H^2O = 15,50. Total = 92,58.

Se présente en cristaux engagés blancs ou gris, ressemblant à la barytine; à Altenberg et à Schlackenwald.

Caractères. — Attaquable à l'acide sulfurique; dans le tube, donne de l'eau et de l'acide fluosilicique.

Dureté = 4,52.

Densité = 2,89 — 2,90.

Forme cristalline. — Prisme clinorhombique (?) mm = 76°15; e^1e^1 = 116°30′.

PROTAGON. — Voyez Lécithine, t. II, p. 122.

PROTÉIQUES (SUBSTANCES). — Ce nom, qui est synonyme de *matières albuminoïdes*, a été, en 1841, donné à ces dernières substances par Mulder. Ce chimiste pensait que tous les principes albuminoïdes contiennent une sorte de radical commun, la *protéine*, qui en s'unissant à diverses quantités de soufre, de phosphore, d'oxygène ou de sels, produirait les corps albuminoïdes. Suivant cet auteur, si l'on fait quelque temps bouillir avec une lessive de potasse moyennement concentrée de l'albumine, de la fibrine, de la caséine, et qu'on sature ensuite la liqueur par de l'acide acétique, il se dégage de l'hydrogène sulfuré, tandis qu'il se précipite des flocons blancs, qui, d'après Mulder, ne contiendraient plus de soufre, et dont la composition serait constante quelle que soit le corps albuminoïde primitif. C'est à cette matière, qu'il pensait être toujours identique à elle-même, que Mulder donna le nom de *protéine* (de πρωτεῖος, *primaire*), d'où dérive le nom de *matières protéiques* appliqué à la classe tout entière des substances qui fournissent de la protéine. Mais Liebig et son école ont montré que la protéine de Mulder n'est pas une substance homogène, et qu'elle renferme toujours une notable quantité de soufre (1,4 °/₀ environ d'après Fleitmann). Si, d'un autre côté, l'on prend les nombreuses analyses de protéine qui ont été publiées [voyez Gerhardt, *Chimie organique*, t. IV, p. 516], on trouve qu'elles concordent très-exactement avec la composition de la substance obtenue par Liebig en traitant la chair musculaire par de l'acide chlorhydrique très-dilué et saturant ensuite la liqueur.

La protéine de Mulder se produit du reste dans les conditions qui donnent naissance aux corps auxquels on applique aujourd'hui le nom de *syntonines*, et qui dérivent de l'action des acides ou des bases étendues sur les substances albuminoïdes. Elle est, comme les syntonines, insoluble dans les liqueurs neutres. Elle paraît donc se confondre avec les syntonines des chimistes modernes, ou peut-être est-elle un dérivé des syntonines elles-mêmes, d'un degré un peu plus éloigné qu'elles des substances albuminoïdes dont tous ces corps proviennent.

Guidé par sa théorie, Mulder considérait l'albumine ordinaire comme une combinaison de protéine et de sulfure de phosphore PS; la fibrine comme résultant de l'union de la protéine au bisulfure de phosphore PS^2; les précipités formés par les acides et les sels dans les solutions albumineuses comme des combinaisons salines définies de protéine; le produit obtenu en faisant longtemps bouillir la fibrine dans l'eau comme du bioxyde de protéine; la pyine comme de la trioxyprotéine; les dérivés des substances albuminoïdes chauffées dans l'eau à 150° comme des combinaisons de trioxyprotéine et d'ammoniaque. C'étaient là tout autant d'hypothèses que l'analyse élémentaire ne contrôlait que très-imparfaitement et nous croyons inutile de nous y étendre davantage.

Pour l'histoire des *substances protéiques* en général, voyez MATIÈRES ALBUMINOÏDES, t. I, p. 93. A. G.

PROTHÉITE (Min.). — Pyroxène sahlite en cristaux d'un vert sombre de Zillerthal (Tyrol).

PROTIQUE (ACIDE). — Limpricht a donné ce nom à un principe mal défini qu'il a extrait de la chair du gardon (*Leuciscus rutilus*). L'extrait aqueux de la chair est porté à l'ébullition pour précipiter l'albumine, et filtré; le liquide est précipité par la baryte, et, après une nouvelle filtration, soumis à l'évaporation. On abandonne le résidu pendant 48 heures, on sépare la créatine qui s'est déposée et l'on ajoute avec précaution un acide. Il se forme un précipité blanc floconneux, formé d'acide protique; le liquide retient en solution de la taurine, de la sarcine, de la créatinine, de l'acide lactique et des sels.

L'acide protique ne se dissout que difficilement dans l'eau, même à l'ébullition, et sa solution laisse par évaporation une masse gélatineuse qui finit par se dessécher en un corps jaunâtre, cassant. Par sa composition, il se rapproche des matières albuminoïdes, car il a donné à l'analyse :

$$C = 53{,}5\text{-}54{,}8\,;\ H = 7{,}1\,;\ Az = 16{,}1\,;$$

il ne contenait pas de cendres.

L'acide protique se dissout facilement dans les acides acétique, chlorhydrique et sulfurique étendus, et encore plus facilement dans les solutions de soude, d'ammoniaque, de baryte ou de chaux. La solution acétique ne précipite pas par le ferrocyanure de potassium.

Soumis à l'ébullition avec l'acide sulfurique étendu, l'acide protique donne beaucoup de leucine et probablement pas de tyrosine [H. Limpricht, *Ann. der Chem. u. Pharm.*, t. CXXVII, p. 185; *Bull. de la Soc. chim.*, 1864, t. I, p. 647]. A. H.

PROTOBASTITE. — Voyez ENSTATITE.

PROTOCATÉCHIQUE (ACIDE), $C^7H^6O^4$. — L'acide protocatéchique,

$$C^7H^6O^4 = C^6H^3\left\{\begin{matrix}CO^2H\\(OH)^2,\end{matrix}\right.$$

est un acide oxysalicylique ou dioxybenzoïque qui fournit de la pyrocatéchine, $C^6H^4(OH)^2$, par la distillation sèche en perdant les éléments de l'acide carbonique. Il a été découvert par Strecker, qui l'obtint en fondant l'acide pipérique avec la potasse et lui donna le nom d'acide protocatéchique :

$$\underset{\text{Acide pipérique.}}{C^{12}H^{10}O^4} + 8H^2O$$

$$= \underset{\text{Acide protocatéchique.}}{C^7H^6O^4} + \underset{\text{Acide oxalique.}}{C^2H^2O^4} + \underset{\text{Acide acétique.}}{C^2H^4O^2} + \underset{\text{Acide carbonique.}}{CO^2} + \underset{\text{Hydrogène.}}{7H^2}.$$

On le produit en outre :

1° En fondant avec la potasse un grand nombre de substances, la catéchine (Malin et Hlasiwetz), la maclurine, qui fournissent en même temps de la phloroglucine (Hlasiwetz et Pfaundler), la résine de gaïac et l'acide gaïarétique, le sang-dragon, le benjoin, l'opoponax, l'assa-fœtida, la myrrhe (Hlasiwetz et Barth), l'acide caféique (Hlasiwetz), le rouge de quinquina (Remboldt), l'acide sulfanisique,

$$C^6H^3\left\{\begin{matrix}CO^2H\\OCH^3\\SO^3H\end{matrix}\right.$$

(Malin); 16 grammes d'acide sulfanisique fournissent 2 grammes d'acide protocatéchique pur; l'essence de girofle et l'acide férulique (Hlasiwetz et Grabowski);

2° Dans l'action de l'eau et de l'acide chlorhydrique à 180° sur l'acide pipéronylique, produit d'oxydation de l'acide pipérique, et qui n'est autre qu'un éther acide de l'acide protocatéchique, l'acide méthylène-protocatéchique, $C^7H^4O^4(CH^2)$ (Fittig). — Voyez ACIDE PIPÉRONYLIQUE, t. II, p. 1032.

L'acide sulfoxybenzoïque, préparé avec l'acide oxybenzoïque ordinaire, fournit de l'acide protocatéchique, quand on le fond avec la potasse. Il en est de même de l'acide bromanisique, de l'acide iodoparoxybenzoïque et de l'acide bromoparoxybenzoïque (Barth) [Strecker, *Ann. der Chem. u. Pharm.*, t. CXVIII, p. 280, et *Répert. de Chim. pure*, 1861, p. 454; — Malin et Hlasiwetz, *Ann. der Chem. u. Pharm.*, t. CXXXIV, p. 118; — Hlasiwetz et Pfaundler, *même recueil*, t. CXXVII, p. 351, et *Bull. de la Soc. chim.*, 1864, t. I, p. 203; — Hlasiwetz et Barth, *Ann. der Chem. u. Pharm.*, t. CXXX, p. 346, t. CXXXVIII, p. 61, t. CXXXIX, p. 77; *Bull. de la Soc. chim.*, 1865, t. III, p. 203; 1866, t. V, p. 62; t. VI, p. 336, et 1867, t. VII, p. 431; — Remboldt, *Ann. der Chem. u. Pharm.*, t. CXLIII, p. 273; — Hlasiwetz et Grabowski, *Ann. der Chem. u. Pharm.*, t. CXXXIX, p. 95, et *Bull. de la Soc. chim.*, 1867, t. VII, p. 178; — Malin, *Journ. für prakt. Chem.*, t. CVII, p. 317, et *Bull. de la Soc. chim.*, 1870, t. XIII, p. 539; — Hlasiwetz, *Ann. der Chem. u. Pharm.*, t. CXLII, p. 219, et *Bull. de la Soc. chim.*, 1868, t. IX, p. 124; — Barth, *Journ. für prakt. Chem.*, t. C, p. 366, et *Bull. de la Soc. chim.*, 1867, t. VIII, p. 109; *Ann. der Chem. u. Pharm.*, t. CXLVIII, p. 49, t. CLIX, p. 240, et *Bull. de la Soc. chim.*, 1869, t. XI, p. 416, et 1871, t. XVI, p. 329].

Pour obtenir l'acide protocatéchique au moyen de l'acide pipérique, Strecker opère de la manière suivante : il fond dans une capsule en argent de la potasse caustique, additionnée d'un peu d'eau, et ajoute de l'acide pipérique par petites portions. La masse brunit, l'acide se dissout et il se dégage de l'hydrogène. Lorsque la matière a cessé de se boursoufler, on dissout dans l'eau le produit de la réaction, on sursature par l'acide sulfurique, on filtre la liqueur et on l'agite avec de l'éther, qui s'empare de l'acide protocatéchique et l'abandonne par l'évaporation.

Barth transforme l'acide oxybenzoïque en acide sulfoxybenzoïque en lui faisant absorber les vapeurs d'acide sulfurique anhydre ; il étend d'eau la liqueur sirupeuse et la sature par la chaux. Le sulfobenzoate de calcium est converti en sel de potassium par le carbonate de potassium, et le sel de potassium est fondu avec la potasse. Quand la masse a pris une teinte jaune, on dissout dans l'eau, on sursature par l'acide sulfurique et on agite avec de l'éther. Le résidu de l'évaporation de la solution éthérée est une masse brune épaisse, qu'on dissout dans l'eau et qu'on précipite par l'acétate de plomb. Le premier dépôt brun est séparé; le second dépôt est blanc; on le délaye et on le décompose par l'hydrogène sulfuré. La solution filtrée concentrée fournit des aiguilles incolores d'acide protocatéchique.

Le moyen qui paraît le plus avantageux pour se procurer de l'acide protocatéchique consiste peut-être à employer l'essence de girofle, qu'on trouve dans le commerce. Suivant Hlasiwetz et Grabowski, 1 p. d'eugénate de potassium fondue avec 3 p. de potasse caustique fournit de l'acide protocatéchique, de l'acide acétique et de l'acide carbonique, en même temps que de la pyrocatéchine et un peu d'hydroquinone.

Propriétés. — L'acide protocatéchique cristallisé renferme 1 molécule d'eau qu'il perd à 100°. Il se présente en lamelles ou en cristaux réunis en gerbes (Strecker). Il est en lamelles incolores appartenant au système clinorhombique. Il fond à 198°; il se dissout facilement dans l'eau bouillante, dans l'alcool et dans l'éther; il est peu soluble dans l'eau froide. Soumis à la distillation sèche, il ne donne que de la pyrocatéchine; ce caractère semble bien le distinguer de son isomère, l'acide carbohydroquinonique, qui distillé donne de l'hydroquinone. Néanmoins Barth croit à l'identité de ces deux acides: il leur a trouvé le même point de fusion, la même forme cristalline, et l'un et l'autre chauffés avec l'acide iodhydrique fournissent un mélange de pyrocatéchine et d'hydroquinone.

L'acide protocatéchique a une réaction acide, un goût sucré et astringent à la fois. Avec le perchlorure de fer, il se colore en vert foncé, et la couleur verte passe au rouge par les alcalis en excès. Il réduit l'azotate d'argent à chaud ou en présence de l'ammoniaque; il ne trouble pas à chaud les solutions alcalines d'oxyde cuivrique. Broyé avec du brome, il donne un dérivé monobromé (Barth).

Le *sel neutre de baryum*, $(C^7H^5O^4)^2Ba, 5H^2O$, est en petites masses cristallines (Hlasiwetz et Pfaundler). Il est amorphe et anhydre à 160°. Il existe un *sel basique*, renfermant, à 150°,

$$C^{14}H^6O^8Ba^3,$$

qui se sépare sous forme de mamelons, lorsqu'on ajoute de l'eau de baryte à une solution du sel monobasique (Barth). La constitution de ce sel est facile à comprendre; elle dérive de la substitution du baryum non-seulement à l'hydrogène acide, mais encore à l'hydrogène phénolique : on peut la développer ainsi :

$$C^6H^3\left\{\begin{matrix} CO^2-Ba-CO^2 \\ O\rangle Ba \quad Ba\langle O \\ O\rangle \quad\quad \langle O \end{matrix}\right\}C^6H^3.$$

Le *sel de calcium*, $(C^7H^5O^4)^2Ca + 4H^2O$ (Hlasiwetz et Pfaundler), $+ 6H^2O$ (Hlasiwetz et Barth), cristallise difficilement.

Le *sel neutre de plomb*, $(C^7H^5O^4)^2Pb + 2H^2O$, est cristallisé (Strecker). On l'obtient en dissolvant dans l'acide acétique le sel basique suivant et laissant évaporer. Séché à 120°, il renferme H^2O (Hlasiwetz et Barth).

Le *sel basique*, $C^{14}H^6O^8Pb^3 + H^2O$, analogue au sel basique de baryum, constitue le précipité floconneux que donne l'acétate de plomb dans la solution aqueuse d'acide protocatéchique (Strecker). Suivant Hlasiwetz et Barth, il renferme

$$(C^7H^5O^4)^2Pb + 2PbO.$$

Acide protocatéchique bromé,

$$C^6H^2Br\left\{\begin{matrix} CO^2H \\ (OH)^2 \end{matrix}\right.$$

(Barth). — On le prépare en broyant l'acide protocatéchique avec du brome. Par cristallisation dans l'eau bouillante, il se dépose en groupes de fines aiguilles rhomboïdales.

Chauffé au creuset d'argent avec quatre fois son poids de potasse, il se transforme en acide gallique, $C^7H^6O^5$.

Éthers protocatéchiques. — L'acide protocatéchique,

$$C^6H^3\left\{\begin{matrix} CO^2H \\ (OH)^2, \end{matrix}\right.$$

étant triatomique, tout à la fois diphénol et acide monobasique, peut fournir plusieurs sortes de dérivés alcooliques, neutres ou acides. On n'en a encore décrit que des dérivés acides, les acides diméthyl- et diéthyl-protocatéchique, et les acides méthylène et éthylène protocatéchique.

Acide diméthyl-protocatéchique,

$$C^6H^3\left\{\begin{matrix} CO^2H \\ (OCH^3)^2 \end{matrix}\right.$$

[R. Kœlle et Malin, *Ann. der Chem. u. Pharm.*, t. CLIX, p. 240, et *Bull. de la Soc. chim.*, 1871, t. XVI, p. 330]. On chauffe à 140° poids égaux d'acide protocatéchique et de potasse pure dissoute dans l'alcool méthylique, avec un poids quadruple d'iodure de méthyle. Lorsque la réaction est terminée, on filtre pour séparer l'iodure de potassium, on chasse l'alcool au bain-marie, et l'on fait bouillir le résidu oléagineux avec de la soude faible. On neutralise ensuite par l'acide sulfurique, on agite la liqueur filtrée avec de l'éther, et on fait cristalliser dans l'eau le résidu de l'évaporation de la solution éthérée.

L'acide diméthyl-protocatéchique se présente en aiguilles blanches, brillantes, anhydres, ne se colorant pas par le chlorure ferrique, et fondant à 170-171°; distillé avec de la chaux, il donne la diméthyl-pyrocatéchine, $C^6H^4(OCH^3)^2$.

MM. Græbe et Borgemann ont décrit un acide de même formule qu'ils ont obtenu par l'oxydation de l'eugénate de méthyle au moyen du bichromate de potassium, et qu'ils ont appelé *acide biméthoxybenzoïque*. Cet acide, qui est en aiguilles fusibles à 170-180° et qui ne colore pas les sels ferriques, doit être identique, à notre avis, avec l'acide diméthyl-protocatéchique [Græbe et Borgemann, *Ann. der Chem. u. Pharm.*, t. CLVIII, p. 282, et *Bull. de la Soc. chim.*, 1871, t. XVI, p. 144].

L'eugénol, en effet, fournit de l'acide protocatéchique, de l'acide acétique et de l'acide carbonique par fusion avec la potasse (Hlasiwetz); comme de plus il donne 1 molécule d'iodure de méthyle avec l'acide iodhydrique (Erlenmeyer), il est très-probable qu'il a la formule suivante proposée par Erlenmeyer :

$$C^6H^3\left\{\begin{matrix} OH \\ OCH^3 \\ C^3H^5. \end{matrix}\right.$$

Puisque, par fusion avec la potasse, ce qui est une oxydation, l'eugénol fournit l'acide protocatéchique,

$$C^6H^3\left\{\begin{matrix} OH \\ OH \\ CO^2H, \end{matrix}\right.$$

il y a tout lieu de croire que l'oxydation de l'eugénate de méthyle

$$C^6H^3\left\{\begin{matrix} OCH^3 \\ OCH^3 \\ C^3H^5, \end{matrix}\right.$$

par le bichromate de potassium, fournirait de l'acide diméthyl-protocatéchique. MM. Græbe et Borgemann ayant obtenu un acide de cette formule, nous sommes en droit de l'identifier avec l'acide diméthyl-protocatéchique.

Le *sel de baryum* de l'acide diméthyl-protocatéchique est en aiguilles longues et déliées, peu solubles dans l'eau froide et renfermant $6H^2O$ qu'il perd à 15°.

Le *sel de sodium* est en mamelons cristallins renfermant $2H^2O$ qu'il perd à 100°.

Acide diéthyl-protocatéchique,

$$C^6H^3\left\{\begin{matrix} CO^2H \\ OC^2H^5 \\ OC^2H^5 \end{matrix}\right.$$

(R. Kœlle et Malin). — Préparé comme le précédent, il donne des aiguilles brillantes, anhydres, fusibles à 140° et ne colorant pas le chlorure ferrique : distillé avec la chaux, il donne une huile qui constitue probablement la diéthyl-pyrocatéchine.

Le *sel de baryum* renferme $3H^2O$ et cristallise en aiguilles.

Le *sel de potassium* renferme H^2O. Le sel d'argent est anhydre.

ACIDE MÉTHYLÈNE-PROTOCATÉCHIQUE,

$$C^8H^6O^4 = C^6H^3 \left\{ \begin{array}{l} CO^2H \\ \left.\begin{array}{l} O \\ O \end{array}\right\rangle CH^2 \end{array} \right.$$

[Fittig et Remsen, *Ann. der Chem. u. Pharm.*, t. CLIX, p. 129, et *Bull. de la Soc. chim.*, 1871, t. XVI, p. 331]. — Cet acide n'est autre que l'acide pipéronylique, produit d'oxydation de l'acide pipérique. MM. Fittig et Remsen ont en effet reproduit l'acide pipéronylique en chauffant à 140° l'acide protocatéchique avec de la potasse et de l'iodure de méthylène. — Voyez ACIDE PIPÉRONYLIQUE, t. II, p. 1032.

ACIDE ÉTHYLÈNE-PROTOCATÉCHIQUE,

$$C^9H^8O^4 = C^6H^3 \left\{ \begin{array}{l} CO^2H \\ \left.\begin{array}{l} O \\ O \end{array}\right\rangle C^2H^4 \end{array} \right.$$

[Fittig et Macalpin, *Zeits. für Chem.*, t. VII, p. 291, et *Bull. de la Soc. chim.*, 1871, t. XVI, p. 332]. On introduit dans un tube scellé 3gr,5 d'acide protocatéchique, 10 grammes de bromure d'éthylène, et 4gr,5 de potasse solide. Avant de chauffer le tube, il faut le plonger à plusieurs reprises dans le bain-marie et l'agiter jusqu'à ce que la potasse soit dissoute sous la forme d'une masse brune, épaisse. Après 5 ou 6 heures de chauffe au bain-marie, on reprend par l'alcool bouillant, on porte à l'ébullition avec un peu de potasse, on distille l'alcool, puis on reprend par l'eau acidulée d'acide chlorhydrique. On agite la solution aqueuse avec de l'éther, qui, par évaporation, laisse une masse brune; on purifie celle-ci avec du charbon animal, puis par sublimation.

L'acide éthylène-protocatéchique cristallise dans l'eau en cristaux incolores et confus, et dans l'alcool en mamelons formés de petits prismes brillants. Il est presque insoluble dans l'eau froide, très-soluble dans l'alcool. Il fond à 133° et se sublime sans décomposition en prismes brillants. Il donne avec le chlorure ferrique un précipité jaune.

Le *sel de baryum* forme des cristaux volumineux paraissant appartenir au système rhombique.

Le *sel de calcium* est en cristaux peu solubles. E. G.

PROTOCATÉCHIQUE (ALDÉHYDE),

$$C^7H^6O^3 = C^6H^3 \left\{ \begin{array}{l} CO.H \\ OH \\ OH \end{array} \right.$$

[Fittig et Remsen, *Ann. der Chem. u. Pharm.*, t. CLIX, p. 223, et *Bull. de la Soc. chim.*, 1870, t. XIII, p. 455, et 1871, t. XVI, p. 331]. — Elle prend naissance lorsqu'on chauffe à 200° avec de l'acide chlorhydrique étendu de 10 à 12 volumes d'eau le pipéronal ou aldéhyde méthylène-protocatéchique. Il se sépare du carbone pur, et par évaporation de la liqueur filtrée on obtient l'aldéhyde protocatéchique :

$$C^6H^3 \left\{ \begin{array}{l} CO.H \\ \left.\begin{array}{l} O \\ O \end{array}\right\rangle CH^2 \end{array} \right. = C^6H^3 \left\{ \begin{array}{l} CO.H \\ OH \\ OH \end{array} \right. + C.$$

Elle se forme également quand on traite par l'eau, à 100°, le dichloropipéronal, qui se décompose en donnant en outre de l'acide carbonique et de l'acide chlorhydrique :

$$C^6H^3 \left\{ \begin{array}{l} CO.H \\ \left.\begin{array}{l} O \\ O \end{array}\right\rangle CCl^2 \end{array} \right. + 2H^2O$$

Dichloropipéronal.

$$= C^6H^3 \left\{ \begin{array}{l} CO.H \\ OH \\ OH \end{array} \right. + CO^2 + 2HCl.$$

L'aldéhyde protocatéchique est soluble dans l'eau et cristallise par la concentration en cristaux aplatis et brillants, fusibles à 150° en se colorant et se décomposant. Le chlorure ferrique colore sa solution aqueuse en vert, qui passe au rouge par l'addition de soude. L'azotate d'argent est réduit.

La potasse fondue la transforme très-nettement en acide protocatéchique. Le permanganate de potassium produit la même réaction, mais moins nettement. E. G.

PROTOPINE — Voyez t. II, p. 622.

PROUSTITE (Min.) [Syn. *Lichtes Rothgültigerz, argent rouge arsenical*]. Arséniosulfure (sulfoarsénite) d'argent, $Ag^3AsS^3 = 1/2\,[3Ag^2S.As^2S^3]$. — Cristaux ou masses granulaires d'un rouge-groseille vif d'un éclat adamantin, transparents ou translucides. Cassure conchoïdale. Se trouve à Freiberg (Saxe), Joachimsthal (Bohême), à Chañarcillo (Chili), etc.

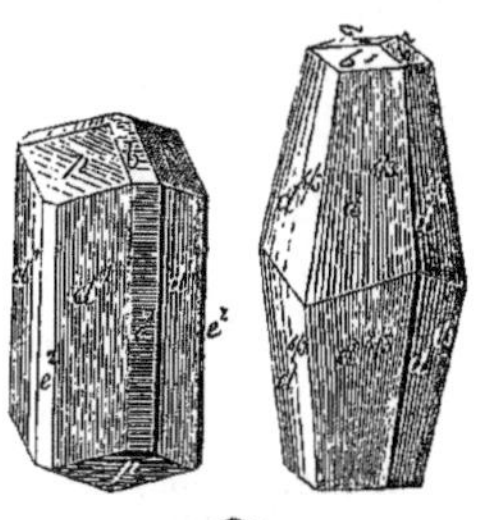

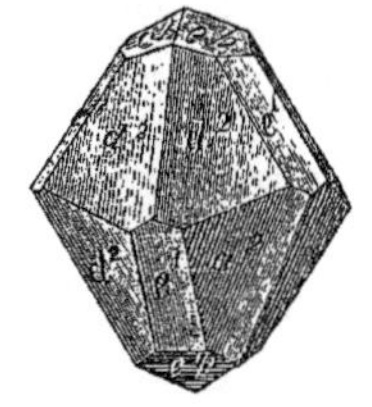

Fig. 540, 541 et 542. — Proustite.

Caractères. — Attaquable par l'acide azotique en donnant un dépôt de soufre et d'acide arsénique; dans le tube bouché, fond facilement et donne un sublimé de sulfure d'arsenic; dans le tube ouvert, fumées sulfureuses et sublimé blanc d'acide arsénieux. Sur le charbon, donne un globule d'argent.

Dureté, 2 à 2,5. Poussière rouge-cochenille vif. Densité, 5,42 à 5,56.

Forme cristalline. — Rhomboèdre $pp = 107°\,48'$. Les formes de cette substance présentent la plus grande ressemblance avec celles de l'argyrythrose, avec laquelle elle est isomorphe. F. et S.

PRUSSIQUE (ACIDE). — Synonyme de CYANHYDRIQUE (ACIDE), t. I, p. 1057.

PRZIBRAMITE (Min.). — Variété de blende cadmifère.

PRZIBRAMITE (Min.). — Variété de goethite fibreuse à surface veloutée.

PSATHYRITE. — Voyez XYLORÉTINE.

PSATUROSE (Min.) [Syn. *Schwartzerz, Sprödglaserz, Sprödglanzerz, Argent sulfuré fragile, argent noir, stéphanite*]. Antimoniosulfure d'argent, $Ag^5SbS^4 = \frac{1}{2}(5Ag^2S, Sb^2S^3)$. — Cristaux d'apparence hexagonale ou masses compactes d'un gris de fer, à cassure inégale; se rencontre avec les autres minerais d'argent à Freiberg, Schneeberg, Przibram (Bohême), Schemnitz (Hongrie, Andreasberg (Harz), au Mexique, au Pérou, etc.

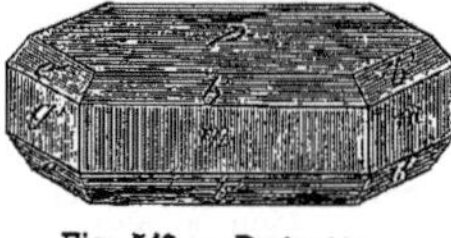

Fig. 543. — Psaturose.

Caractères. — Soluble à chaud dans l'acide azotique avec dépôt de soufre et d'acide antimonique. Dans le tube fermé, décrépite, et fond;

sur le charbon, fond avec bouillonnement et en donnant un enduit d'antimoine et un globule d'argent métallique.

Dureté, 2 à 2,5. Poussière grise. Densité, 6,27.

Forme cristalline. — Prisme orthorhombique $mm = 115°39'$; $e^{1/2}p = 126° 6'$; $b^1b^1 = 127° 50'$. Macles parallèles à m. Clivages : $e^{1/2}$ imparfait, g^1. F. et S.

PSEUDO... — Voyez le mot qui suit pour les composés qui ne se trouvent pas ici dans leur rang alphabétique.

PSEUDO-ACÉTIQUE (ACIDE). — Synonyme de BUTYRACÉTIQUE (ACIDE), t. I, p. 684.

PSEUDO-ALBITE. — Voyez ANDÉSINE.

PSEUDO-ALCARNINE. — Synonyme d'ANCHUSINE, t. I, p. 298.

PSEUDO-ALCOOLS. — Voyez ALCOOLS, t. I, p. 111, et ISOMÉRIE, t. II, p. 147.

PSEUDO-AMYLIQUES (COMPOSÉS). — Voyez AMYLÈNE, t. I, p. 238.

PSEUDO-APATITE (Min.). — Breithaupt a donné ce nom à une apatite pseudomorphique de Kurprinz, près de Freiberg (Saxe).

PSEUDOBUTYLIQUES (COMPOSÉS). — Voyez TRIMÉTHYLCARBINOL.

PSEUDOCHRYSOLITHE (Min.). — Obsidienne verte des environs de Moldauthein en Bohême.

PSEUDOCUMÈNE. — Voyez CUMÈNE, t. I, p. 1039.

PSEUDOCURARINE. — Substance contenue avec l'oléandrine dans le laurier-rose. Pour la préparer, on fait bouillir la solution aqueuse qui renferme le tannate de pseudocurarine (voyez OLÉANDRINE, p. 608) avec de la litharge finement pulvérisée; on filtre, on évapore à siccité et on traite le résidu à plusieurs reprises par l'éther, pour enlever les dernières traces d'oléandrine. Le résidu dissous dans l'alcool laisse après évaporation de celui-ci la pseudocurarine sous la forme d'un vernis jaunâtre, inodore et insipide. Elle est très-soluble dans l'eau et dans l'alcool, mais l'éther et l'essence de térébenthine ne la dissolvent pas. Elle fond lorsqu'on la chauffe, et se décompose à une température plus élevée sans se volatiliser.

La pseudocurarine est azotée; chauffée avec de la potasse, elle dégage de l'ammoniaque. Elle ramène au bleu le papier de tournesol rouge et neutralise les acides forts en donnant des sels incristallisables que les chlorures de mercure et d'or précipitent.

La pseudocurarine paraît être sans action sur l'organisme [J. Lukomski, *Répert. de Chim. appl.*, 1861, p. 77]. A. H.

PSEUDO-ÉRYTHRINE. — Ancien nom de l'orsellate d'éthyle. — Voyez ORSELLIQUE (ACIDE), t. II, p. 655.

PSEUDO-HEXYLIQUES (COMBINAISONS). — Voyez DIALLYLE, t. I, p. 1142.

PSEUDOLEUCINE. — Voyez LEUCINE, t. II, p. 218.

PSEUDOLIBÉTHÉNITE (Min.). — Deux analyses de libéthénite dues à Berthier et à Rhodius ont donné une quantité d'eau correspondant à une molécule au lieu d'une demie que renferme le minéral. Rammelsberg a fait de cette variété une espèce sous le nom de pseudolibéthénite.

PSEUDOMALACHITE. — Voyez LUNNITE.

PSEUDOMORPHINE, $C^{17}H^{19}AzO^4$. — Pelletier a donné ce nom à une base contenue dans l'opium, qui bleuit par le perchlorure de fer, comme la morphine, mais qui s'en distingue par ses autres propriétés. Pelletier n'avait pas davantage étudié cette base et ce n'est que beaucoup plus tard que M. Hesse fit connaître son mode d'extraction et caractérisa ce corps comme un alcaloïde défini [Pelletier, *Journ. de Pharm.*, t. XXI, p. 569; — O. Hesse, *Ann. der Chem. u. Pharm.*, t. CXLI, p. 87, et *Supplementband*, VIII, p. 261; *Bull. de la Soc. chim.*, 1867, t. VIII, p. 366; 1872, t. XVII, p. 464].

La pseudomorphine ne se rencontre pas en égale quantité dans tous les opiums et souvent on n'en trouve que des traces; mais jusqu'ici on n'a pu déterminer quelles sont les espèces qui en renferment le plus ou à quelles conditions se trouve subordonnée sa présence. Pour l'en extraire, on suit le procédé de Grégory pour la préparation de la morphine (t. II, p. 457), et l'on ajoute à la solution alcoolique du chlorhydrate de morphine, de codéine, etc., un léger excès d'ammoniaque; la morphine se précipite, tandis que la pseudomorphine reste en dissolution. On filtre, on sursature légèrement la solution par l'acide chlorhydrique, on chasse l'alcool par distillation, on filtre le résidu sur du charbon animal et l'on neutralise avec de l'ammoniaque; il se produit un précipité de pseudomorphine, qu'on lave avec de l'eau et qu'on fait dissoudre dans l'acide acétique. Lorsqu'on ajoute maintenant à la solution de l'ammoniaque étendue, en quantité telle que le liquide conserve une très-légère réaction acide, la pseudomorphine se précipite seule et est purifiée par cristallisation de son chlorhydrate dans l'eau.

La pseudomorphine, isolée de son chlorhydrate par l'ammoniaque, constitue un précipité cristallin blanc, d'un éclat soyeux lorsqu'il se trouve en suspension dans un liquide, mat à l'état sec. Elle est insoluble dans l'eau, l'alcool, l'éther, le chloroforme, le sulfure de carbone, l'acide sulfurique dilué et les carbonates alcalins, mais les alcalis caustiques, les terres alcalines et l'ammoniaque alcoolique la dissolvent facilement; elle est peu soluble dans l'ammoniaque aqueuse.

Elle se dissout dans l'acide sulfurique concentré avec une coloration vert-olive; avec l'acide nitrique, elle donne une solution jaune orangé qui passe bientôt au jaune; avec le même acide faible, on obtient d'abord le nitrate de la base et plus tard du nitrate de nitropseudomorphine en petits cristaux jaunes, qui se décomposent bientôt.

Le perchlorure de fer donne une coloration bleue. L'acide sulfureux, l'hydrogène sulfuré et le zinc en présence d'un liquide acide ou alcalin ne l'altèrent pas.

La pseudomorphine séchée à 120° renferme $C^{17}H^{19}AzO^4$; mise en liberté par l'ammoniaque, elle contient 1 molécule d'eau de cristallisation; précipitée d'une solution chaude de son chlorhydrate par le tartrate double de potassium et de sodium, elle est en écailles brillantes renfermant 4 molécules d'eau.

La pseudomorphine est peut-être identique avec l'oxymorphine de M. Schützenberger (t. II, p. 459).

SELS DE LA PSEUDOMORPHINE. — Cet alcaloïde est une base faible; tous ses sels offrent une forte réaction acide.

Azotate. — Petites feuilles brillantes peu solubles.

Bromhydrate. — Petits prismes très-peu solubles.

Chlorhydrate $C^{17}H^{19}AzO^4,HCl + H^2O$. — Ce sel constitue une poudre blanche cristalline, peu soluble dans l'eau, insoluble dans l'alcool et dans l'acide sulfurique faible; 1 p. se dissout à 20° dans 70 p. d'eau. La solution est fortement acide, mais sans saveur amère.

Chloroplatinate $2[C^{17}H^{19}AzO^4,HCl] + PtCl^4$. — Précipité jaune amorphe, un peu soluble dans l'acide chlorhydrique.

Chloraurate. — Précipité jaune amorphe, insoluble dans l'eau.

Chloromercurate. — La solution bouillante du chlorhydrate additionnée de chlorure mercurique, laisse déposer par le refroidissement des petits prismes incolores.

Chromate $(C^{17}H^{19}AzO^4)^2Cr^2H^2O^7 + 4H^2O$. —Petits prismes jaunes, peu solubles dans l'eau, solubles à 18° dans 1000 p. d'alcool; le sel perd les 2/3 de son eau de cristallisation dans l'air sec et le reste à 80°; il ne déflagre qu'au-dessus de 100°.

Iodhydrate $C^{17}H^{19}AzO^4,HI + H^2O$. — Petits prismes jaunâtres, solubles à 18° dans 793 p. d'eau.

Oxalate $(C^{17}H^{19}AzO^4)^2C^2H^2O^4 + 6H^2O$. — Ce sel forme un précipité blanc, composé de petits prismes, solubles dans 1940 p. d'eau à 20°.

Sulfate $(C^{17}H^{19}AzO^4)^2H^2SO^4 + 6H^2O$. — Il est en petites feuilles blanches, rappelant le gypse, presque insolubles dans l'acide sulfurique dilué, peu solubles dans l'acide chlorhydrique dilué et bouillant. 1 p. du sel hydraté se dissout dans 422 p. d'eau à 20°; le sel est insoluble dans l'alcool et l'éther.

Tartrate $C^{17}H^{19}AzO^4,C^4H^6O^6 + 6H^2O$. — C'est un sel acide; on n'a pu obtenir le sel neutre. Il constitue de petits prismes, solubles à 18° dans 429 p. d'eau et assez solubles à l'ébullition. A. H.

PSEUDONÉPHÉLINE. — Voyez NÉPHÉLINE.

PSEUDO-OCTYLIQUE (ALCOOL). — Voyez OCTYLIQUES (ALCOOLS), t. II, p. 601.

PSEUDO-ORCINE. — Ancien nom de l'ERYTHRITE, t. I, p. 1257.

PSEUDOPHITE (Min.). — Substance compacte en masses amorphes, d'un vert grisâtre, ressemblant à la serpentine. Peut être considérée comme une pennine compacte.

PSEUDOPURPURINE. — Voyez PURPURINE.

PSEUDOQUININE. — Alcaloïde trouvé par Mengarduque dans un extrait de quinquina d'origine inconnue qui ne contenait ni quinine ni cinchonine. Il cristallise en prismes irréguliers solubles dans l'alcool, insolubles dans l'eau et dans l'éther. La pseudoquinine neutralise complétement les acides, déplace l'ammoniaque de ses sels et donne un *sulfate* à peine amer, cristallisant en prismes aplatis. Sa solution dans l'eau de chlore se colore en rouge jaunâtre par l'ammoniaque. A l'analyse, elle a donné en moyenne C = 76,6; H = 8,1; Az = 10,3 [*Compt. rend.*, t. XXVII, p. 221].

La présence de la pseudoquinine dans les quinquinas est fort problématique, car rien ne prouve que l'extrait sur lequel a opéré Mengarduque ait été réellement un extrait de quinquina. A. H.

PSEUDOSOMMITE. — Voyez NÉPHÉLINE.

PSEUDOSULFOCYANOGÈNE. — Synonyme de PERSULFOCYANOGÈNE, t. II, p. 781.

PSEUDOTOXINE. — Brandes avait donné ce nom à un extrait jaunâtre, vénéneux, de feuilles de belladone, soluble dans l'eau et l'alcool aqueux, insoluble dans l'éther; ce n'était nullement un principe défini et il devait ses propriétés à l'atropine qu'il renfermait.

PSEUDOTRIPLITE (Min.). — Altération de la triphylline se trouvant en incrustations sur ce minéral et ressemblant à la triplite. De Rabenstein (Bavière).

PSEUDO-URIQUE (ACIDE), $C^5H^6O^4Az^4$ [Bæyer, *Ann. der Chem. u. Pharm.*, t. CXXVIII, p. 1; *Bull. de la Soc. chim.*, 1864, t. I, p. 49]. — Cet acide, qui présente la plupart des réactions de l'acide urique, en diffère en ce qu'il renferme 1 molécule d'eau de plus, et qu'il se comporte comme un acide monobasique. On l'obtient à l'état de sel de potassium en faisant réagir une solution aqueuse de cyanate de potassium sur l'uramile ou dialuramide $C^4O^3H^5Az^3$:

$$C^4O^3H^5Az^3 + CAzOK = C^5H^5O^4Az^4,K.$$

Dialuramide. Cyanate potassique. Pseudo-urate.

Le pseudo-urate se dépose à l'état cristallin lorsque la dialuramide a été chauffée avec un excès de cyanate de potassium jusqu'à ce que le mélange ne rougisse plus par son exposition à l'air. On fait recristalliser le sel, on le dissout dans la potasse caustique, et l'on ajoute de l'acide chlorhydrique. L'acide pseudo-urique se précipite sous la forme d'une poudre cristalline, composée de petits prismes.

Il est sans saveur et sans odeur, très-difficilement soluble dans l'eau, facilement soluble dans les alcalis caustiques : il ne perd pas de son poids à 100°. Il décompose les carbonates et les acétates, et fournit de l'alloxane et de l'urée par l'action de l'acide azotique; avec le bioxyde de plomb, il donne, non de l'allantoïne comme l'acide urique, mais de l'acide oxalurique.

Les *pseudo-urates* s'obtiennent directement en en faisant agir les différents cyanates sur la dialuramide. Il sont tous plus ou moins solubles dans l'eau.

Le *sel d'ammonium*, $C^5H^5O^4Az^4(AzH^4) + H^2O$, est en lamelles volumineuses ou en aiguilles. Il perd son eau à 100°; à 130°, il dégage de l'ammoniaque et se colore en rouge.

Le *sel de baryum*, $(C^5H^5O^4Az^4)^2Ba + 5H^2O$, est en longues aiguilles groupées en sphères.

Le *sel de calcium* est en beaux prismes.

Le *sel de potassium*, $C^5H^5O^4Az^4K + H^2O$, est cristallisé en petites écailles, ne perd son eau qu'à 140°, et se décompose à 180° en devenant rouge.

Le *sel de sodium*, $C^5H^5O^4Az^4Na + 2H^2O$, cristallise en prismes groupés en mamelons. Peu solubles dans l'eau froide, ces deux sels sont très-solubles dans la potasse et la soude; ils sont précipités de ces solutions par un courant d'acide carbonique. E. G.

PSEUDOXANTHINE, $C^5H^4Az^4O^2$. — Cette substance analogue à la xanthine prend naissance en même temps que l'acide hydurilique et le glycocolle, dans l'action de l'acide sulfurique sur l'acide urique. C'est une substance jaunâtre, pulvérulente, qui se convertit par le frottement en une masse cireuse, peu soluble dans l'eau, l'ammoniaque et l'acide chlorhydrique, mais soluble dans les alcalis et précipitable par l'acide chlorhydrique. L'acide nitrique l'attaque avec dégagement de gaz. La pseudoxanthine se distingue surtout de la xanthine parce qu'elle ne donne pas de combinaisons cristallisées avec les acides chlorhydrique et nitrique [O. Schultzen et W. Filehne, *Deutsch. Chem. Gesells.*, t. I, p. 150; *Bull. de la Soc. chim.*, 1869, t. XI, p. 496]. A. H.

PSILOMÉLANE (Min.) [Syn. *Manganèse oxydé barytifère*]. — Mélange en proportion très-variables de manganite de baryum, $BaMnO^3$ avec du sesquioxyde et avec d'autres oxydes de manganèse anhydres ou hydratés. Parfois la baryte est remplacée par la potasse. On ne connaît pas cette substance à l'état cristallisé, mais seulement sous la forme de masses concrétionnées, stalactitiques, réniformes, ou compactes. Couleur gris plus ou moins foncé; éclat demi-métallique. Accompagne les autres minerais de manganèse et alterne souvent avec la pyrolusite dans le Devonshire, le Cornouailles, à Ilefeld (Hartz), etc.

Caractères. — Soluble dans l'acide chlorhydrique avec dégagement de chlore; dans le tube bouché, quelques variétés perdent de l'eau, et au rouge de l'oxygène.

Dureté, 5 à 6. Poussière noir brunâtre.

Densité = 3,7 à 4,7. F. et S.

PSIMYTHITE (Glocker). — Voyez LEADHILLITE.

PTÉLÉYLE. — Kane avait donné ce nom au radical C^3H^3 qu'il supposait exister dans les composés mésityléniques; ainsi, il regardait le mésitylène trichloré $C^9H^9Cl^3$ comme du chlorure de ptéléyle C^3H^3Cl.

PTÉRITANNIQUE.—La racine de fougère mâle (*Aspidium Filix mas*) contient, suivant Luck, deux tannins, l'acide *tannaspidique* et l'acide *ptéritannique* [*Jahrb. für prakt. Pharm.*, 1851, t. XXII, p. 129]. On épuise la racine par l'alcool bouillant, et l'on ajoute à la solution de l'eau, un peu d'acide chlorhydrique et du sulfate de sodium; il se forme un précipité renfermant les deux tannins, qu'on sépare par l'éther qui dissout seulement l'acide ptéritannique. On évapore l'éther et on dissout le résidu dans le pétrole, la solution laisse déposer alors l'acide ptéritannique au bout de quelques mois. L'acide se présente sous forme d'une poudre brun clair, renfermant $C^{24}H^{30}O^8$; son sel de plomb a pour formule $C^{24}H^{28}O^8Pb$. Le chlore sec le transforme en un dérivé hexachloré, tandis qu'en présence de l'eau il se forme l'acide tétrachloré

$$C^{24}H^{26}Cl^4O^8 + H^2O.$$

Chauffé en solution alcoolique avec un peu d'acide chlorhydrique, il se convertit en acide *éthylptéritannique*, $C^{24}H^{29}(C^2H^5)O^8$, que l'eau précipite sous la forme d'une poudre de couleur pourpre.

L'acide *tannaspidique*, qui ne se dissout pas dans l'éther, constitue une poudre brun foncé, insoluble dans l'eau et soluble dans l'alcool; il renferme $C^{26}H^{28}O^{11}$, et son sel de plomb $C^{26}H^{26}O^{11}Pb$. Le chlore sec le convertit en un dérivé tétrachloré; en présence de l'eau, il donne un corps hexachloré; enfin, sous l'influence d'un mélange d'acide chlorhydrique et de chlorate de potassium, il fournit un acide oxytannaspidique hexachloré $C^{26}H^{20}Cl^6O^{14}$ et un dérivé octochloré du même acide. L'acide *éthyltannaspidique* $C^{26}H^{27}(C^2H^5)O^{11}$ préparé comme le dérivé ptéritannique analogue constitue une poudre violette, insoluble dans l'eau.

On ne sait pas quelle relation existe entre ces deux tannins et l'acide filicitannique retiré par Malin de la racine de fougère. — Voyez t. I, p. 1462. A. H.

PTÉROLITHE (Min.). — Lépidomélane altérée d'un vert olive tirant sur le brun; en écailles agglomérées, de Brevig.

PTYALINE. — La *ptyaline* ou *diastase salivaire* est le ferment de la salive; il communique à ce liquide la propriété de transformer rapidement l'amidon cuit en dextrine et en sucre.

Mialhe isola le premier ce ferment à l'état impur en précipitant la salive mixte filtrée par cinq à six fois son poids d'alcool absolu. La diastase salivaire ainsi préparée suffit à convertir en dextrine et en sucre plus de deux mille fois son poids de fécule [*Compt. rend.*, 31 mars 1845].

Aujourd'hui l'on sait préparer la ptyaline dans un état de pureté plus grande par le procédé de Conheim. La salive de l'homme obtenue par l'excitation de la bouche avec un peu d'éther est acidifiée par de l'acide phosphorique ordinaire, et cette solution est ensuite sursaturée avec de l'eau de chaux. Le phosphate tricalcique, qui prend naissance, entraîne avec lui le ferment salivaire mêlé à quelques matières albuminoïdes. On lave ce précipité avec de l'eau qui dissout presque entièrement la ptyaline. A cette liqueur aqueuse, on ajoute 5 à 6 fois son poids d'alcool. La ptyaline se dépose alors sous la forme de flocons qu'on dessèche dans le vide. On la purifie en la redissolvant dans l'eau, filtrant, précipitant de nouveau par de l'alcool absolu, et desséchant à basse température.

La ptyaline ainsi préparée est une substance solide, blanche, amorphe, soluble dans l'eau, l'alcool faible, la glycérine. Sa solution traitée à chaud par l'acide nitrique puis par l'ammoniaque ne se colore pas en rouge orangé; ce ferment n'est donc pas de nature protéique. La ptyaline est toutefois azotée, et brûle avec une odeur de corne brûlée en laissant des cendres.

La solution de ptyaline dans l'eau ne précipite ni par le bichlorure de mercure, ni par le chlorure de platine, ni par le tannin ou l'acide nitrique. Elle donne des flocons insolubles avec l'acétate neutre ou basique de plomb.

La ptyaline en solution aqueuse neutre, ou même très-légèrement alcaline ou acide, transforme très-rapidement l'amidon cuit en sucre, vers la température de 35°. Cette solution portée à 60° perd toute propriété saccharifiante, ce qui la distingue de la diastase de l'orge germée qui a son maximum d'action à cette température. Un petit excès de base ou d'acide entrave l'action de la ptyaline, qui reprend son activité quand on sature la liqueur, à moins que la quantité d'acide ou d'alcali n'ait été trop grande (Cl. Bernard). La présence de deux centièmes de dextrine ou de sucre empêche aussi l'action saccharifiante de la ptyaline.

Le ferment salivaire est sécrété par les cellules propres des glandes salivaires; toutefois la salive de la glande sous-maxillaire ne paraît pas en contenir.

En traitant les glandes salivaires par de la glycérine, J. Hüfner [*Bull. de la Soc. chim.*, t. XIX, p. 227] a extrait un ferment qu'il nomme aussi *ptyaline* et qui jouirait de la propriété de dissoudre la fibrine; ce ferment a la composition suivante : C = 43,1 ; H = 7,73 ; Az = 11,86 ; cendres = 6,1 ; oxygène et soufre indéterminés. A. G.

PUCCINE. — Alcaloïde d'une existence fort douteuse, qui se trouverait avec la sanguinarine dans la racine de la *Sanguinaria canadensis* [G.-D. Gibb, *Pharm. Journ. and Transact.*, 1860, (2), t. I, p. 454].

PUDDLAGE. — Voyez Acier, t. I, p. 56, et Fer, t. I, p. 1437.

PUFLÉRITE (Min.). — Variété de stilbite en petites masses sphéroïdales à surfaces rugueuses, à fibres divergentes, clivables dans deux directions rectangulaires; des fentes du mélaphyre de Pufler-Loch, à Seisser-Alp (Tyrol).

PUNICINE. — Matière âcre et incristallisable de l'écorce de grenadier (*Punica granatum*, L.) [Righini, *Journ. de Pharm.*, (3), t. V, p. 298].

PURPURAMIDE ou **PURPURÉINE** [Schützenberger, *Bull. de la Soc. chim.*, 1865, t. IV, p. 51 ; — Stenhouse, *Ann. der Chem. u. Pharm.*, t. CXXX, p. 325]. — Schützenberger a donné ce nom au dérivé ammoniacal de la purpurine qui a été décrit plus tard sous le nom de purpuréine par Stenhouse. On l'obtient en chauffant quelque temps à 90° une solution ammoniacale (avec excès d'ammoniaque) de purpurine, ou encore, en abandonnant à elle-même pendant quelques jours une semblable solution. Le liquide neutralisé par un acide ne précipite alors plus de flocons rouges de purpurine, mais des flocons violet foncé, solubles en rouge violacé foncé dans l'alcool; cette solution, abandonnée à l'évaporation spontanée, dépose des cristaux à reflets verts, comme ceux de la murexide.

La purpuréine chauffée avec de la potasse dégage de l'ammoniaque. Elle est presque insoluble dans le sulfure de carbone et dans les acides faibles à froid; elle est peu soluble dans l'éther et l'eau froide, plus soluble dans l'eau bouillante, très-soluble dans l'alcool froid et chaud et dans de l'eau alcaline. Le sel marin la précipite de ses solutions aqueuses. L'acide sulfurique concentré la dissout à froid ; l'eau la reprécipite de cette solution. Celle-ci précipite en rouge par le chlorure de zinc, en pourpre par le sublimé corrosif, en brun par le nitrate d'argent.

L'acide nitrique moyennement concentré la transforme en un produit nitré, se présentant sous la forme de beaux prismes écarlates, insolubles dans le sulfure de carbone, l'éther et l'eau; presque insolubles dans l'alcool, solubles à chaud dans l'acide nitrique moyennement concentré. Ce corps s'enflamme lorsqu'on le chauffe. P. S.

PURPURÉINE. — Voyez PURPURAMIDE.

PURPURÉOCOBALTIQUES (COMPOSÉS). — Voyez COBALTAMINES, t. I, p. 948.

PURPURINE, $C^{14}H^{8}O^{5}$. — Matière colorante très-voisine de l'alizarine, contenue, comme celle-ci, dans les racines de garance.

Les premières indications relatives à une matière colorante rouge autre que l'alizarine, contenue dans la garance, ont été fournies par Robiquet et Collin [*Mémoire sur la garance, Bull. de la Soc. industr. de Mulhouse,* t. I, p. 146]. Plus tard, MM. Gauthier de Claubry et J. Persoz [*Ann. de Phys. et de Chim.*, 2e sér., t. XLVIII, p. 69], Runge et Debus [*Journ. für prakt. Chem.*, t. V, p. 362], Wolff et Strecker [*Ann. der Chem. u. Pharm.*, t. LXXV, p. 1], E. Kopp [*Bull. de la Soc. industr. de Mulhouse*], Schützenberger et Schiffert [*Bull. de la Soc. chim.*, 1865, t. IV, p. 12], se sont occupés de cette question.

Robiquet et Collin isolent leur purpurine en traitant la garance d'Avignon par l'acide sulfurique concentré, en évitant une trop grande élévation de température. Le charbon sulfurique ainsi obtenu est lavé à l'eau, bouilli avec une solution d'alun à 12 % pendant un quart d'heure; le tout est filtré bouillant. Le liquide filtré, étant additionné d'acide sulfurique, laisse déposer, par refroidissement, des flocons rouges qu'on lave à l'eau pure. La purpurine ainsi obtenue se distingue de l'alizarine par une plus grande solubilité dans l'alun.

Persoz et Gauthier de Claubry épuisent la garancine, d'abord par le carbonate de soude qui enlève l'alizarine, puis par l'alun bouillant qui dissout la matière rose ou la purpurine qu'ils précipitent par l'acide sulfurique. Runge et Debus font bouillir la garance lavée à l'eau avec de l'eau chargée d'alun; le liquide filtré et refroidi dépose d'abord un peu d'alizarine que l'on sépare, puis, après addition d'acide sulfurique, des flocons de purpurine; ceux-ci sont lavés à l'eau et à l'acide chlorhydrique, puis purifiés par cristallisation dans l'alcool et l'éther. Wolff et Strecker séparent la purpurine de l'alizarine en combinant les deux matières colorantes à de l'alumine et en traitant la laque par le carbonate de soude qui dissout la purpurine. On doit à M. E. Kopp un procédé élégant qui permet la séparation complète de l'alizarine d'avec la purpurine. Le point de départ est la garance d'Alsace. Celle-ci est traitée à froid par une solution d'acide sulfureux qui dissout les pigments de la garance encore en combinaisons solubles, sous forme de glucosides; l'acide sulfureux empêche la fermentation qui tend à dédoubler ces glucosides en sucre et matières colorantes insolubles. Le liquide filtré est jaune; additionné de 2 à 3 % d'acide chlorhydrique et chauffé à 60° centigrades, il laisse précipiter des flocons rouges formés de purpurine, sans traces appréciables d'alizarine. Cette expérience ne réussit bien qu'avec la garance d'Alsace; le produit filtré, lavé et séché, constitue une poudre rouge, soluble en rouge dans les alcalis; il est livré au commerce sous le nom de *purpurine commerciale,* Les recherches de MM. Schützenberger et Schiffert ont prouvé que la purpurine commerciale est un mélange de quatre pigments bien définis (la purpurine, la pseudopurpurine, l'hydrate de purpurine, et un pigment jaune ou xanthopurpurine). Pour isoler ces quatre matières colorantes mélangées dans la purpurine brute de M. E. Kopp, on traite celle-ci par de l'alcool à 85° centésimaux et 50° de température. Les premières teintures alcooliques ont une couleur brune très-foncée et sont assez chargées de matières colorantes; les suivantes sont rougeâtres et ne renferment que peu de produit dissous; la plus grande partie de la masse reste insoluble.

La solution alcoolique, en se refroidissant, laisse déposer une petite quantité de fines aiguilles de purpurine encore impure. Le liquide filtré et fortement concentré se prend en une masse de grumeaux caséeux, cristallins et mous, que l'on purifie par des cristallisations répétées dans l'alcool. On obtient ainsi la purpurine orangée ou matière orangée qui se distingue des autres portions par sa grande solubilité dans l'alcool et son insolubilité dans la benzine.

La partie restée indissoute dans l'alcool tiède à 85° centésimaux est traitée à plusieurs reprises par l'alcool fort et bouillant, qui laisse déposer par refroidissement de fines aiguilles de purpurine que l'on purifie par plusieurs cristallisations dans l'alcool. Lorsque les teintures alcooliques bouillantes refusent de cristalliser par refroidissement, il reste encore une masse pulvérulente rouge-brique assez abondante que l'on dessèche et que l'on traite à plusieurs reprises par la benzine bouillante. Les solutions filtrées se prennent par refroidissement en masses cristallines de fines aiguilles feutrées. Le produit cristallisé des premiers épuisements à la benzine contient encore de la purpurine, tandis que les suivants se composent exclusivement de *pseudopurpurine.* Enfin la matière jaune ou xanthopurpurine se trouve avec la matière orange dans les premiers épuisements alcooliques tièdes et peut être extraite en évaporant à sec les eaux mères alcooliques des cristaux caséeux et en traitant le résidu par la benzine qui dissout la xanthopurpurine et laisse la matière orange.

Si l'on ne vise qu'à préparer de la *purpurine,* on trouve plus d'avantage à sublimer dans de petits creusets en porcelaine, couverts d'une feuille de papier à filtrer, le produit commercial étalé au fond en couches minces, en chauffant au bain de sable. La purpurine seule se sublime, avec production d'un culot volumineux de charbon. Pendant cette sublimation, la *pseudopurpurine* et la matière orange se décomposent, en se convertissant partiellement en purpurine. On peut aussi chauffer à 200°, avec de l'alcool fort, dans des tubes scellés, la purpurine commerciale préalablement lavée à l'alcool tiède. On trouve, après refroidissement, le produit converti presque entièrement en longues et belles aiguilles de *purpurine.* Ici encore la pseudopurpurine se change en purpurine.

Les extraits de garance que l'on trouve dans le commerce, qui se préparent en épuisant de diverses manières la poudre de garance et en purifiant les matières colorantes, sont généralement des mélanges de purpurine et d'alizarine. On peut les utiliser à la préparation de la purpurine en se fondant sur ce fait que la purpurine a des affinités acides plus grandes que l'alizarine. Si, à un semblable extrait délayé dans l'eau, on ajoute une quantité d'alcali insuffisante pour le dissoudre, et si on fait bouillir, le liquide filtré sera rouge et donnera, après addition d'un acide, un précipité floconneux rouge de purpurine exempte d'alizarine.

Propriétés de la purpurine. — Sa teinte est plus rouge que celle de l'alizarine, elle se sublime vers 250°, avec décomposition partielle et formation d'un résidu charbonneux. Les cristaux sublimés ont la forme de belles barbes de plume. La purpurine sublimée dissoute dans l'alcool bouillant se dépose par le refroidissement en belles aiguilles rouges, un peu orangées, ayant plus d'un centimètre de longueur. Avant la sublimation, la purpurine ne cristallise dans l'alcool qu'en très-petites aiguilles groupées, et cependant l'analyse ne révèle aucune différence entre ces deux produits. La purpurine est un peu plus soluble dans l'eau et l'alcool bouillants que l'alizarine; elle se dissout du reste dans les mêmes véhicules (éther, benzine, glycérine, alcool, acide sulfurique concentré, acide acétique anhydre et monohydraté, etc.).

Les alcalis dissolvent la purpurine avec une coloration rouge pourpre, caractéristique, bien distincte de la nuance presque bleue des solutions alcalines d'alizarine. On peut, de cette manière, reconnaître 1/10 d'alizarine mélangée à la purpurine. Les carbonates alcalins et en général les sels à réaction alcaline dissolvent la purpurine avec une teinte rouge. L'alun bouillant la dissout plus facilement que l'alizarine et la liqueur rouge ne la dépose pas par refroidissement; les laques alumineuses de purpurine cèdent la matière colorante à une solution bouillante de carbonate de soude.

Les combinaisons de la purpurine avec les alcalis sont solubles dans l'eau; les sels alcalino-terreux, terreux et métalliques sont insolubles. Les sels alcalins sont rouge foncé en solution et presque noirs à l'état sec. On obtient le sel de soude cristallisé en belles aiguilles, en saturant, par une solution alcoolique de soude, de la purpurine mise en suspension dans l'alcool, puis en ajoutant un peu d'éther. La laque d'alumine est franchement rouge, sans reflets bleutés, celle de fer est noire ou violette.

Composition. — Wolff et Strecker avaient donné à la purpurine la formule $C^9H^6O^3$ (carbone, 60,67; hydrogène, 3,70); Schützenberger et Schiffert avaient proposé la formule $C^{20}H^{12}O^7$ (carbone, 65,93; hydrogène, 3,29) qui cadrait avec leurs nombreuses analyses concordantes dont la moyenne donne: carbone, 65,85; hydrogène, 3,30; cette formule faisait de la purpurine l'oxyde de l'alizarine $C^{20}H^{12}O^6$ (ancienne formule). MM. Graebe et Liebermann, ayant démontré que la purpurine chauffée avec de la poudre de zinc donne, comme l'alizarine, de l'anthracène, proposent, en se fondant sur les analyses de Schützenberger et Schiffert, la formule $C^{14}H^8O^5$ (carbone, 65,62; hydrogène, 3,12), d'après laquelle la purpurine serait également l'oxyde de l'alizarine (nouvelle formule).

Dérivés de la purpurine. — La combinaison de la purpurine avec la soude chauffée avec de l'iodure d'éthyle à 180°, en présence de l'alcool, donne de l'iodure de sodium et des grains cristallins rouges, peu solubles dans l'alcool, qui ont donné : carbone, 66,82; hydrogène, 4,51.

L'ammoniaque caustique se combine à la purpurine et donne un dérivé azoté. — Voyez PURPURAMIDE et PURPURÉINE.

La purpurine intervient comme l'alizarine dans la teinture avec la garance et ses dérivés; les teintes qu'elle fournit sont solides et résistent assez bien à l'avivage. Avec les mordants d'alumine le rouge est plus vif, plus jaunâtre qu'avec l'alizarine; les violets sont moins beaux.

La *pseudopurpurine* est presque insoluble dans l'alcool bouillant, soluble dans la benzine bouillante, d'où elle se sépare presque entièrement par le refroidissement, sous la forme d'un réseau de fines aiguilles rouge-brique après dessiccation. La chaleur la décompose avec production d'aiguilles de purpurine. Elle se dissout avec une coloration rouge dans les alcalis.

Elle a donné à l'analyse : carbone, 61,00; hydrogène, 3,00, nombres qui conduisent à la formule $C^{14}H^8O^6$. La pseudopurpurine donne en teinture les mêmes nuances que la purpurine, mais elles passent entièrement à l'avivage.

Matière orangée ou hydrate de purpurine. — Insoluble dans la benzine bouillante, très-soluble dans l'alcool tiède, elle se sépare de ses solutions alcooliques concentrées, tantôt en une masse épaisse, caséeuse, formée de grumeaux cristallins, tantôt en petits feuillets orangés, notablement solubles dans l'eau bouillante. Elle donne en teinture les mêmes résultats que la purpurine. A l'analyse, elle a donné : carbone, 60,02; hydrogène, 4,01.

Purpuroxanthine. — Soluble dans l'alcool et la benzine, peu soluble dans l'eau, sublimable sans décomposition. Elle colore les mordants d'alumine en un jaune peu brillant; la teinte disparaît à l'avivage.

Cette matière colorante jaune qui se trouve toute formée dans la garance peut s'obtenir facilement par l'action de réducteurs sur la purpurine, la pseudopurpurine et la matière orangée; on peut aussi la préparer en chauffant en vase clos à 180° les produits précédents ou la purpurine commerciale avec les acides existant dans une solution aqueuse de triiodure de phosphore.

Une solution de purpurine dans la soude caustique, additionnée de stannate de soude, perd à chaud sa couleur rouge foncé et passe à l'orange.

La matière jaune peut être précipitée alors par un excès d'acide chlorhydrique, lavée, séchée et sublimée. Elle donne à l'analyse les mêmes nombres que l'alizarine. P. S.

PURPURIQUE (ACIDE). — Acide non isolé, dont on admet l'existence dans le purpurate d'ammonium, ou murexide. — Voyez t. II, p. 477.

PURPUROGALLINE. — Ce nom a été donné par M. Aimé Girard à une substance cristalline, $C^{20}H^{16}O^5$, qui prend naissance dans l'action des oxydants sur l'acide pyrogallique. — Voyez ce mot.

PURRÉE, PURRÉIQUE (ACIDE), PURRÉNONE. — Voyez EUXANTHIQUE (ACIDE) et EUXANTHONE, t. I, p. 1395.

PUS. — Le pus est une matière crémeuse qui se produit au sein des tissus enflammés qui suppurent. Il est formé, comme le sang, de deux parties : un liquide ou *plasma* et des *corpuscules* qui sont, en partie, cause de son opacité et paraissent identiques ou très-analogues aux corpuscules du sang. Le plasma ou sérum du pus peut être, quoique difficilement, séparé par filtration des corpuscules purulents. C'est un liquide clair, ambré, alcalin, coagulable par la chaleur. Il contient en dissolution une matière albuminoïde que l'acide carbonique précipite (*globuline?*), de la caséine, de la fibrine dissoute par le sel marin, de la sérine ou albumine du sérum, un peu de myosine ou une substance analogue qui se sépare quand on ajoute beaucoup d'eau (Hoppe-Seyler), quelquefois une matière albuminoïde spéciale à laquelle on a donné le nom de *pyine* (voyez ce mot), de la lécithine, des corps phosphorés d'aspect gras, de la cholestérine, des graisses et des savons à acides gras (oléates, palmitates), des matières colorantes, en général jaunes, des substances extractives et des sels, spécialement du sel marin et des phosphates alcalins avec un peu de carbonates terreux et une trace de sels de fer.

Tels sont les corps qui composent le pus normal. Mais dans quelques cas on a aussi rencontré dans le pus d'autres substances : Boedeker a signalé la chondrine et la gélatine dans le pus d'un abcès par congestion; il existe de la mucine dans le pus des muqueuses enflammées, du sucre dans celui de quelques diabétiques; les matières colorantes de la bile dans le pus des ictériques, et dans certains cas, des matières colorantes jaunes, vertes et bleues (*pyocyanine*, *pyoxanthose; vibrions, vivianite, indigo*) (voyez p. 1229); enfin l'on trouve des substances extractives : tyrosine, leucine, xanthine, urée, acide urique, acides biliaires, acide chlorrhodinique. On a signalé, dans certains dépôts purulents devenus acides, la présence des acides gras volatils.

Voici quelques analyses de pus données par divers auteurs :

1000 grammes de pus contiennent :

	D'après V. Bibra.	
	Abcès de la poitrine.	Abcès du cou.
Eau	862	907
Albumine et corpuscules secs	91	63
Graisse et cholestérine	12	9
Matières extractives	29	20
Sels alcalins et terreux	9	6

	D'après Becquerel et Rodier.		
	Pus phlegmoneux de la cuisse.	Pus d'épanchement purulent de la plèvre.	Pus d'abcès dans la carie des os.
Eau	796,63	897,77	895,15
Résidu fixe	203,32	102,23	104,87
	1000,00	1000,00	1000,00

100 parties de ce résidu fixe contenaient :

Albumine	15,77	19,83	15,32
Matières extractives	14,55	19,30	19,74
Membranes, noyaux. Substances insolubles.	51,01	35,60	29,19
Sels			8,13
Matières grasses phosphorées	1,94	1,19	1,87
Cholestérine	7,63	6,05	12,74
Savon animal	9,12	18,03	17,00
	100,00	100,00	100,00

A. G.

PUSCHKINITE (Min.). — Épidote fortement polychroïque, vert-émeraude et jaune, de Catherinebourg (Oural).

Densité = 3,066.

PUTRÉFACTION. — Toutes les fois qu'une substance végétale ou animale riche en matières protéiques est abandonnée dans des conditions convenables d'humidité et de chaleur, elle subit une décomposition profonde et dégage des produits volatils d'odeur infecte. C'est à ce phénomène qu'on a donné le nom de *putréfaction*.

Beaucoup de matières organiques, même très-azotées, peuvent se détruire à l'air, grâce à une fermentation spéciale; les solutions aqueuses de plusieurs alcaloïdes, de beaucoup d'acides organiques, d'amygdaline, etc., sont dans ce cas; mais le dégagement de gaz putrides est caractéristique de la destruction des matières protéiques.

En général, lorsqu'une certaine masse de substance protéique est abandonnée à l'air humide, sa surface se ternit et se recouvre d'abord de productions microscopiques dont nous parlerons plus loin; elle perd de sa cohérence, en même temps qu'elle absorbe de l'oxygène et dégage de l'acide carbonique et de l'azote, de l'hydrogène sulfuré et phosphoré, du sulfure d'ammonium et des effluves d'odeur infecte. La fétidité va en augmentant et persiste longtemps, puis change de nature, diminue, et disparaît enfin peu à peu; le tout finit par se dessécher en laissant une masse brune, mélange de matières humiques grasses et minérales qui subit une destruction très-lente sous l'influence de l'oxygène ambiant.

Telle est la marche générale de ce phénomène. Mais, pour le suivre pas à pas, étudions d'abord les conditions qui déterminent la putréfaction des substances animales abandonnées à l'air et les produits de leur destruction. Nous examinerons plus loin la putréfaction des parties animales et végétales qui pourrissent sous l'eau ou qui ont été enfouies dans le sol.

Dans quels cas une matière animale peut-elle se putréfier? L'air, ou plutôt son oxygène, est-il indispensable pour que la fermentation putride s'établisse et se poursuive? Les matières qui se putréfient à l'air absorbent de l'oxygène et dégagent de l'acide carbonique. Cette oxydation et ce départ d'acide carbonique sont-ils nécessaires?

Hildebrand [cité par Berzelius, Trad. franc., t. VII, p. 697] et de Saussure ont observé que, dans le gaz hydrogène, les matières animales ou végétales peuvent se putréfier et dégager de l'acide carbonique, mais que cette destruction moléculaire ne se produit que sur une minime quantité de substance. Elle languit bientôt et s'arrête. D'après J. Lemaire, la farine mouillée ou la viande abandonnée dans des ballons scellés pleins d'air subissent un commencement de putréfaction, mais celle-ci ne se poursuit pas [*Compt. rend.*, t. CVII, p. 958]. M. Pasteur a fait voir de plus que des liquides très-putrescibles, tels que l'urine, le sang, reçus directement dans des ballons remplis d'air qui avait été calciné à travers des tubes de platine chauffés au rouge, pouvaient s'y conserver sans subir de putréfaction et sans absorber notablement l'oxygène. Ce gaz n'est donc pas l'agent nécessaire ou même déterminant de la putréfaction. Mais, au contact de l'air, la destruction de la matière putrescible s'active; elle fixe alors rapidement de l'oxygène, dégage de l'acide carbonique, tandis que son azote est en partie chassé, en partie transformé en ammoniaque et en nitre. C'est ainsi que la matière putrescible se détruit et diminue rapidement de poids. On peut donc considérer l'oxygène comme apte à activer la fermentation putride et à lui permettre de poursuivre ses phases successives, mais non à la provoquer.

Les matières protéiques les plus altérables à l'état humide ne se putréfient plus lorsqu'elles ont été desséchées. Un certain degré d'humidité, ou plutôt d'imbibition par l'eau, des matières protéiques est une des conditions de leur fermentation.

Les mêmes matières, lorsqu'elles sont humides, se conservent au-dessous de 0°. A 6° ou 7° la décomposition putride commence; elle se continue surtout avec rapidité de 20° à 35°; elle diminue de 60° à 70°. Elle s'arrête à une température un peu plus élevée.

Les actions chimiques successives qui dédoublent et détruisent les matières protéiques soumises à la putréfaction ont été peu étudiées. A l'air, l'oxygène est absorbé et remplacé par un volume presque égal d'acide carbonique; ce phénomène est corrélatif de l'apparition, dans les liquides qui baignent la matière putride, de petits organismes (*bactéries, vibrions*) en quantité innombrable. Leurs générations successives et leurs diverses espèces se succèdent jusqu'à la destruction à peu près complète de la matière putrescible. Nous y reviendrons plus loin. En même temps se dégagent de l'azote, en quantité notable, de l'hydrogène carboné et phosphoré (ce dernier nié par plusieurs auteurs), de l'hydrogène, de l'hydrogène sulfuré (mais non dans les premiers temps de la putréfaction), de l'ammoniaque pure ou combinée à l'acide carbonique, à l'acide sulfhydrique ou à des acides gras. D'après Jules Lefort, il se ferait en même temps du phosphure de soufre, mais cette assertion nous paraît hasardée. L'extrême fétidité des produits putrides est en partie due aux corps précédents, mais surtout à des gaz phosphorés de nature mal connue (phosphines?), et sans doute à un entraînement des particules solides ou liquides en train de se décomposer. On ne sait encore rien de certain sur la nature de ces miasmes d'odeur infecte.

Dans le liquide alcalin putréfié on trouve toujours, à un certain moment, des acides divers (formique, acétique, butyrique, valérique, caproïque, lactique, le plus souvent à l'état de sels ammoniacaux), de la leucine et de la tyrosine. Dans quelques cas, des produits spéciaux intéressants ont été encore signalés. M. Wurtz a observé qu'en se putréfiant, la fibrine donne une matière présentant toutes les réactions de l'albumine ordinaire, ainsi que de l'acide butyrique en notable quantité [*Ann. de Chim. et de Phys.*, (3), t. XI].

La production des acides gras aux dépens de la putréfaction des matières albuminoïdes offre le plus grand intérêt physiologique et chimique. Il est aujourd'hui démontré qu'une partie des graisses qui se déposent dans les tissus pendant la vie, provient, non de l'assimilation des corps gras alimentaires, mais du dédoublement des corps albuminoïdes. On peut, en effet, fortement engraisser un animal en le nourrissant de viande absolument exempte de graisse. Dans l'empoisonnement aigu par le phosphore, tous les tissus, spécialement le globule sanguin et les fibres musculaires du cœur, subissent très-rapidement, au bout de deux ou trois jours à peine, la dégénérescence graisseuse, alors même que le patient est soumis à une diète absolue. Pendant l'incubation, la matière grasse augmente dans l'œuf, tandis que l'albumine diminue. Dans les œufs du *Limnæus stagnalis* la quantité de graisse devient 3 ou 4 fois plus grande de leur ponte à leur éclosion. Enfin nous verrons plus loin que le tissu testiculaire se transforme en graisse pendant sa mortification à l'abri de l'air. Dans ces divers cas, la destruction de la substance albuminoïde a lieu sans putridité. Les corps gras qui se forment pendant cette décomposition sont donc un des termes des dédoublements successifs que subissent les matières protéiques, soit qu'elles se putréfient à l'air, soit qu'elles se détruisent à l'abri de toute influence étrangère.

L'azote est éliminé des substances qui se putréfient en partie à l'état de liberté, en partie à l'état d'ammoniaque, en partie à l'état d'alcalis organiques complexes; à l'air, une partie est oxydée et transformée en acide nitrique et nitrate d'ammoniaque ou de chaux. Il est facile de démontrer la présence des bases organiques azotées dans les produits putrides. On les acidule par de l'acide sulfurique étendu, on passe à travers un filtre mouillé, on sature exactement la liqueur par de la potasse, on l'évapore, on traite le résidu sec par de l'eau mêlée d'un peu d'acide sulfurique, on filtre et l'on concentre; on alcalise alors le liquide avec de la potasse et on l'épuise à plusieurs reprises avec de la benzine qui se charge des alcaloïdes; on enlève enfin ceux-ci en agitant la solution benzinique avec de l'eau légèrement acidulée. Celle-ci donne par l'évaporation les sels correspondant aux divers alcalis organiques. En agissant ainsi, on obtient toujours une liqueur qui précipite abondamment par les réactifs généraux des alcalis organiques. Ceux que l'on peut ainsi séparer n'ont point été étudiés. La présence des alcalis organiques dans les matières putrides, surtout au commencement de leur décomposition, doit, dans les cas d'expertises médico-légales, faire tenir en garde contre des conclusions trop précipitées et fondées seulement sur des observations physiologiques.

Dans la putréfaction à l'air, une partie de l'azote se transforme, disions-nous, en acide nitrique. On trouve, en effet, des nitrates dans le résidu, chose d'autant plus frappante qu'en même temps il se dégage de l'hydrogène, et qu'il y a réduction d'une partie des sels dont les acides sont riches en oxygène. C'est ainsi que les sulfates sont transformés en sulfures. Nous verrons qu'il se passe, en effet, dans les liquides qui se putréfient deux séries de phénomènes. A leur surface se produit une oxydation rapide sous l'influence des mucédinées qui la recouvrent; dans leur profondeur, au contraire, il y a réduction, et réduction si puissante, qu'on a signalé dans certains cas jusqu'à des cristaux de soufre.

Le résidu de la putréfaction à l'air est une matière humoïde, de masse peu considérable, riche en sels terreux et ammoniacaux, en graisse et souvent en nitrates. — Voyez à l'article Engrais, t. I, p. 1232, l'analyse, faite par L'Hote, d'excréments abandonnés douze ans à l'air. Voyez aussi dans le même article, p. 1238, l'étude des phénomènes de putréfaction qui se passent dans le fumier de ferme. Voyez aussi l'article Terreau.

Toutes les fermentations dégagent de la chaleur. La putréfaction, surtout celle qui se fait à l'air avec développement d'acide carbonique, ne saurait échapper à cette loi. On voit souvent des masses de matières végétales humides s'échauffer au point de prendre feu. On a observé, dans certains cas, que les substances en état de putréfaction sont phosphorescentes au début. Il arrive quelquefois dans les amphithéâtres d'anatomie que certaines parties du cadavre deviennent légèrement lumineuses; ces lueurs se répandent peu à peu dans diverses directions et se communiquent *par contact* aux masses voisines. On sait aussi que la phosphorescence a été souvent observée sur le poisson ou le bois qui se pourrissent. Ce phénomène est encore mal expliqué; il peut être dû sans doute à la présence d'êtres microscopiques analogues à ceux qui produisent la phosphorescence de la mer. Les frères Cooper ont observé que les parties phosphorescentes du cadavre conservaient plusieurs jours cette propriété dans l'hydrogène, l'oxygène, l'azote, l'oxyde de carbone; qu'elles la perdaient dans l'hydrogène sulfuré et la laissaient s'affaiblir dans l'acide carbonique.

La putréfaction des masses animales ou végétales riches en matières protéiques donne naissance, quand elle a lieu sous l'eau, aux mêmes produits que la putréfaction à l'air humide. La liqueur se remplit d'infusoires, sa surface se recouvre de moisissures, et les phénomènes de dédoublements et d'oxydations successives des produits secondaires opérés par les microphytes amènent rapidement la destruction définitive de la masse entière. La tourbe, ce résidu laissé par les matières végétales après leur décomposition sous l'eau, contient, outre quelques parties végétales non entièrement détruites, de l'acide acétique et quelquefois de l'ammoniaque, des corps gras, des hydrocarbures analogues aux pétroles, dans certains cas des résines, enfin de 8 à 30 % de cendres spécialement riches en sulfate de chaux, silice, fer, alumine. Pendant que s'opérait cette putréfaction lente de matières végétales, il s'est formé aux dépens de celles-ci de l'acide carbonique, de l'eau, des composés azotés ammoniacaux, et des hydrogènes carbonés, tout spécialement de l'hydrure de méthyle.

Lorsque les substances protéiques végétales ou animales se détruisent après avoir été enfouies dans le sol, et mises presque complétement à l'abri de l'oxygène de l'air, elles donnent lieu à des phénomènes un peu différents. Mais, chose remarquable, et qui nous démontre bien que nous n'avons pas encore la clef de ces transformations successives, dans des conditions qui sont en apparence identiques, la destruction de la matière organique peut être ou totale ou presque nulle.

Lorsque, en 1840, on exhuma, pour les transporter sous la colonne de la Bastille, les corps des citoyens morts en 1830, on observa tous les degrés de décomposition depuis la dessiccation complète jusqu'à une conservation si parfaite que les individus étaient encore reconnaissables. Tous ces cadavres avaient cependant été enterrés dans le même terrain, dans les mêmes conditions, et avaient succombé au même genre de mort.

Les masses musculaires qui sont soumises à l'enfouissement se ramollissent d'abord, perdent leur teinte rosée, se saponifient, ou se changent par points en une matière gélatineuse ayant quelque analogie avec la matière qui constitue la *dégénérescence colloïde* des tissus. Plus tard, ces masses brunissent, donnent une sorte d'humus, se dessèchent, s'amincissent et finissent par disparaître. La durée de ces transformations n'a rien de fixe, mais elle est, en général, d'autant plus courte que le corps est inhumé moins profondément.

En exhumant les cadavres, on a quelquefois observé que les masses musculaires sont entièrement remplacées par une substance comparable à du suif. Fourcroy lui donna le nom d'*adipocire*. Chevreul a trouvé que cette substance était composée principalement d'un mélange de margarate et d'un peu d'oléate d'ammoniaque ou de chaux. Elle contient en outre un acide libre (probablement de l'acide lactique), des phosphates et carbonates de chaux, une matière colorante jaune, et une substance azotée indéterminée [Chevreul, *Ann. de Chim.*, 1815, t. XCV, p. 5]. Il est difficile d'admettre que les blocs d'adipocire, presque aussi volumineux que les masses musculaires qu'ils remplacent, proviennent de la saponification, par l'ammoniaque formée pendant la putréfaction, des graisses contenues dans le muscle au moment de la mort. Nous avons dit plus haut que les matières grasses étaient des dérivés des matières albuminoïdes se dédoublant dans l'organisme, ou par la destruction putride. Elles se produisent surtout lorsque l'oxygène de l'air n'arrive que difficilement à la matière qui se décompose. Une expérience récente de M. Chauveau met du reste cette transformation hors de doute. L'opération du *bistournage*, dans laquelle on détruit par la torsion les vaisseaux nourriciers du testicule, a pour résultat de mortifier cet organe à l'intérieur d'une tunique résistante et à l'abri du contact de l'air. Or cet éminent physiologiste a observé qu'après cette opération, la matière albuminoïde du testicule se transforme presque entièrement en graisse sans qu'il y ait d'ailleurs aucun dégagement de gaz putrides [*Compt. rend. de l'Acad. des sc.*, t. LXXVI, p. 1092].

Agents qui provoquent la putréfaction. — Liebig, appliquant aux *fermentations putrides* ses idées sur les fermentations en général, admettait que les molécules complexes des matières albuminoïdes sont dans un état instable de combinaison; que lorsqu'elles sont exposées à l'air, l'altération que celui-ci leur fait subir provoque chez elles une première décomposition, suivie d'un ébranlement moléculaire dont le résultat est de transformer une nouvelle portion de la matière albuminoïde en composés plus stables. Cet ébranlement se transmettant de proche en proche détermine la destruction ou la transformation de toute la masse en produits plus simples, et peut même se communiquer à des corps stables par eux-mêmes, tels que le sucre, et en provoquer la fermentation, à peu près comme il arrive pour l'azote, corps incombustible directement, mais qui s'oxyde en partie lorsqu'on enflamme dans l'eudiomètre un mélange d'air et d'hydrogène. L'oxygène est donc pour Liebig, comme pour Berzelius et pour Gay-Lussac, l'*agent excitateur nécessaire* au début de toute fermentation ou putréfaction, et l'instabilité propre des matières albuminoïdes dès que leur altération a commencé explique leur destruction successive.

L'oxygène, nous l'avons vu plus haut, ne saurait faire naître les fermentations; quand il a été porté au rouge, ou filtré sur du coton-poudre, il ne les provoque pas. De plus, cette prétendue instabilité des matières albuminoïdes, cette tendance à produire des combinaisons plus simples lorsqu'elles ont été une fois soumises à l'action de l'oxygène, n'est rien moins que démontrée. Rappelons que M. Pasteur conserve à peu près indéfiniment du sang dans ses ballons à air filtré, et que les conserves de viande Appert, bien préparées, gardent leur goût et leur composition primitive pendant dix ans et plus.

Redi avait remarqué depuis longtemps qu'il suffisait de déposer une gaze fine à la surface des infusions bouillantes pour qu'elles ne se putréfiassent plus ultérieurement, ou tout au moins pour que leur mode d'altération fût complétement modifié par ce moyen bien simple qui, dit Redi, *empêche les œufs d'insectes d'arriver jusqu'à elles*. Guidés par cette observation, par les expériences de Schwann qui démontraient que l'air chauffé est impropre à faire fermenter le moût et putréfier les infusions, Schröder et Dusch observèrent, en 1854 et 1859, que le moût de bière, le bouillon, la viande récemment bouillis se conservent, même en été, dans des ballons où l'on n'a laissé entrer que de l'air tamisé à travers du coton. Le lait, au contraire, et la viande non additionnée d'eau se putréfièrent dans leurs expériences. De ces observations contradictoires ces auteurs ne purent tirer de conclusions. « Faut-il, dit Schröder, regarder cette substance active (*putréfiante*) comme formée de germes organisés microscopiques disséminés dans l'air? Ou bien est-ce une substance chimique encore inconnue? Je l'ignore. » [*Ann. der Chem. u. Pharm.*, t. LXXXIX, p. 232.] — Voyez, sur l'état de la question à cette époque, *Ann. de Poggend.*, t. XLI, p. 184. Voyez aussi la note, *Ann. de Chim. et de Phys.*, (2), t. LXIV, p. 17, relative aux expériences de Schultze, ainsi que les observations analogues de Ure, *Journ. für prakt. Chem.*, t. XIX, p. 186, et celles de Helmholtz, *ibid.*, t. XXXI, p. 429.

Tel était l'état de la question lorsque, en 1862, M. Pasteur démontra que les liquides les plus putrescibles, tels que le lait, le bouillon, se conservent indéfiniment dans des ballons scellés pendant qu'ils étaient en ébullition, pourvu que ces liquides aient été portés quelque temps à 100° ou un peu au-dessus; il fit voir que ces matières éminemment altérables peuvent être conservées dans des vases ouverts où on les a fait bouillir et où l'air peut entrer et sortir à volonté, à la seule condition que le col effilé du ballon fasse des zigzags anguleux et soit légèrement humide; que du sang et de l'urine que l'on fait passer du corps de l'animal dans des réservoirs pleins d'air préalablement chauffé, puis refroidi, s'y conservent à peu près indéfiniment; que chaque fois qu'il y a fermentation ou putréfaction, il se développe dans le liquide altérable des microzoaires ou des mycrophytes dont l'activité et la prolifération sont en rapport avec l'activité de la fermentation; que ces germes, apportés par l'air, peuvent être arrêtés sur des tampons de coton, ou mieux de coton-poudre, ou sur des bourres de sucre candi en fil, bourres qui, redissoutes les unes dans l'éther, les autres dans l'eau, permettent de séparer ces germes, de les examiner, et de les ensemencer; enfin, allant plus loin, Pasteur annonça que chacune des fermentations particulières jusqu'ici connues est corrélative du développement d'un ferment ou germe spécifique de cette fermentation [*Ann. de Chim. et de Phys.*, (3), t. LXIV, p. 5 et suivantes].

Examinant ensuite les phénomènes qui se passent au sein même d'un liquide qui se putréfie [*Compt. rend. de l'Acad. des sc.*, t. LVI, p. 738], M. Pasteur, et avec lui bien d'autres observateurs, reconnurent qu'on y voit apparaître d'abord de minuscules infusoires, tantôt sous la forme de points très-petits englobés dans une matière semi-mucilagineuse (*Zooglea*), tantôt sous celle de ponctuations libres qui voyagent dans tout le liquide (*Monas crepusculum, Bacterium tremo*). Ces petits êtres privent rapidement la liqueur d'oxygène. En même temps à la surface se forme une mince couche de mucédinées, de mucors et de bactéries, toutes excessivement avides d'oxygène. Cette couche empêche entièrement, ou presque entièrement, l'arrivée de ce gaz dans les profondeurs du liquide. A partir de ce moment, celui-ci devient le siége de deux actions très-distinctes. Des vibrions ont succédé aux *zooglea*, aux *palmellées*, et aux ponctuations dans l'intérieur du liquide putrescible. Ils paraissent eux-mêmes, d'après de récents travaux [Béchamp, *Compt. rend.*, 1870, 1871, 1872, et O. Grimm, *Arch. für mikrosk. Anat.*, 1872, t. VIII, p. 514], n'être qu'un état de transformation supérieure des ponctuations primitives. A l'intérieur du liquide, ces vibrions changent à leur profit les matières albuminoïdes qu'ils s'assimilent en produits moins complexes, en cellulose insoluble et en gaz putrides, tandis qu'à la surface les mucédinées et les bactéries comburent puissamment les produits de ces dédoublements et arrêtent au passage l'oxygène dont l'action, au moins lorsque ce gaz est en quantité notable, anéantirait l'activité des microzoaires de la profondeur. De là ce double phénomène signalé si souvent, dans les putréfactions, de réductions et d'oxydations simultanées. De là aussi l'explication de ce fait que, lorsque l'oxygène n'est pas fourni en quantité suffisante, la putréfaction peut bien commencer, mais qu'elle ne se continue pas.

M. Pasteur pensait que l'action des vibrions devait se passer entièrement à l'abri de l'air, qui n'est nécessaire qu'à la vie des mucédinées et bactéries de la surface. Mais M. J. Lemaire [*Compt. rend.*, t. LVII, p. 958, et t. LIX, p. 696] a observé qu'un accès modéré de l'air est essentiel pour que la putréfaction se poursuive et se complète. Celle-ci se passe en deux phases : dans la première (*période fétide*) on voit se développer jusqu'à trente espèces d'infusoires, dont les principaux, décrits par Ehrenberg, sont les *Vibrio tremulans, lineola, subtilis, rugula, prolifer, bacillus*. Dans la seconde phase (*période d'épuration*), ces petits êtres sont remplacés et détruits par des matières vertes, si la putréfaction a lieu à la lumière; incolores, si elle a lieu à l'obscurité. Ce sont surtout des *Euglenæ, Vorticelles, Protococcus*, etc. Mais ici encore un certain accès de l'air est nécessaire. M. J. Lemaire a observé aussi que, suivant que le liquide était primitivement neutre, alcalin ou acide, il s'y produisait des ferments et des fermentations différentes. Dans les deux premiers cas, il est envahi par des vibrions; dans le dernier par des mycodermes, comme cela se passe pour les fruits sucrés. Il suffit de quelques millièmes à peine d'un acide quelconque et d'une faible proportion d'acide carbonique pour empêcher le développement des infusoires. Du reste, d'après M. Davaine, il peut, suivant les milieux, se développer différents microphytes. La *pourriture* des substances végétales est dans les fruits acides due au *Penicilium glaucum*. D'autres ferments envahissent les fruits sucrés, mous, compactes, et leurs espèces se succèdent à mesure que le milieu se modifie. C'est ainsi que, sur le grain de raisin dont la peau s'est entr'ouverte, se produit d'abord un champignon grisâtre, le *Polyactis*, puis au bout de deux ou trois jours des espèces roses, noires, vertes (*Penicilium, Tricholerium, Mucors*), qui toutes excitent et utilisent la fermentation putride de la pulpe.

L'activité de la plupart de ces petits organismes et leur prolifération sont extrêmes. M. Davaine a compté plusieurs millions de vibrioniens et un plus grand nombre encore de granulations dans une goutte de sang putréfié. Il a aussi observé que, si l'on étend d'eau ou mieux de sérum pur cette goutte de sang de façon qu'elle soit diluée *au billionième*, une parcelle d'un tel liquide suffit encore pour produire des accidents putrides dans le sang de l'animal à qui on l'injecte.

Du reste, en général, les produits de la putréfaction elle-même s'opposent au développement de ces vibrions; de là cette singulière remarque que tout ce qui absorbe les gaz putrides active leur prolifération et par conséquent la destruction de la matière organique. Le charbon, par exemple, et les mucédinées de la surface rendent plus rapide la disparition de la matière putrescible. D'après M. Jules Lefort (*Acad. de méd. de Paris*, séance du 24 février 1874), les phosphates terreux et alcalins sont indispensables au développement des ferments, dont ils hâtent beaucoup la prolifération.

Certains vibrioniens peuvent vivre dans le sang et les diverses humeurs de l'organisme et causer leur altération. Une goutte de sang rapidement putréfié injectée à un animal produit en général chez lui les accidents auxquels on donne le nom de *septicémiques*, et le sang de cet animal devient plus virulent encore que celui du premier sujet. Coze et Feltz, Davaine, Chantreuil, Begmann affirment avoir reconnu l'existence de vibrioniens dans le sang des animaux septicémiques [*Bull. Acad. méd.*, 17 septembre 1872, 8 octobre 1872 et *Deutsch. Zeitsch. für Chir.*, t. I, p. 4]. Chauveau, Chantreuil, Hüter, ont observé que les leucocytes du sang infecté étaient remplis de granulations anormales, de celles-là mêmes peut-être que l'on trouve en nombre infini dans les liqueurs putrides. Les accidents si graves de la *pyohémie* ou *résorption purulente* paraissent aussi dus à une putréfaction du sang dérivant de causes analogues. En 1871, Recklinghausen, Klebs, Waldeyer ont constaté sur le cadavre de pyohémiques le développement de vibrionides et Klebs n'hésite pas à admettre que la septicémie est due à l'introduction dans le sang et à la prolifération du *Microsporon septicum* [P. Vogt, *Centralblatt*, 1872, p. 690].

Les *vibrioniens de la putréfaction* sont-ils de nature végétale ou animale? Suivant Davaine [*Bull. Acad. méd.*, (2), t. XI, p. 472], ces petits organismes paraissent représenter des états intermédiaires inférieurs de champignons plus élevés. Il les compare aux conferves dénuées de chlorophylle. Leur manière de se comporter avec les réactifs les rapproche du reste plutôt des végétaux que des microzoaires. Les acides sulfurique et chlorhydrique les dissolvent; l'acide acétique agit d'abord sur leur cavité, puis fait disparaître leur corps tout entier. L'iode les teint en brun. Les granulations des globules blancs septicémiques résistent à l'action de l'ammoniaque et de la potasse. On doit ajouter que l'ébullition à 100° ne détruit, d'après Davaine, ni le virus de la septicémie, ni le ferment de la putréfaction du sang. Enfin les vibrions vivent et se nourrissent, et l'air en petite quantité leur est nécessaire (Lemaire, Grimm).

MOYENS ANTIPUTRIDES ET DÉSINFECTANTS. — Après avoir signalé les produits principaux de la putréfaction et les conditions où elle prend naissance, il nous reste à dire quelques mots des moyens par lesquels on peut la prévenir, ou la combattre quand elle a déjà pris naissance.

Les méthodes antiseptiques sont très-variées. Quelques-unes sont mises en pratique avec fruit pour conserver les viandes, les légumes et les aliments les plus usuels. Le *procédé Appert* est le plus connu. Il consiste à introduire les matières à conserver dans une boîte de fer-blanc, à souder le couvercle et à chauffer à 100° ou un peu au-dessus. On parvient ainsi à faire absorber à la substance une grande partie de l'oxygène qui est remplacé par de l'acide carbonique, et l'on détruit tous les germes de putréfaction. Les conserves de viande bien préparées par le procédé Appert ont encore leur goût agréable après plusieurs années.

La *dessiccation* est encore un moyen des plus efficaces. On conserve ainsi la chair découpée en tranches minces et séchée au soleil ou à l'étuve (*carne secca*). On prépare surtout en grand les légumes secs en les privant d'eau, à 35°, puis les comprimant à la presse hydraulique (*Procédé Masson*).

On sait aussi que la *réfrigération* au-dessous de 0° suffit pour empêcher la putréfaction des matières les plus altérables et que Pallas découvrit dans les glaces de Sibérie des corps entiers de mammouths dont les chairs n'avaient point subi de décomposition depuis des milliers d'années, sinon de siècles.

Tout le monde connaît l'action du *sucre* ou de l'*alcool* pour empêcher la destruction des matières alimentaires, des pièces anatomiques, etc.

La *salaison* est un des moyens les plus employés pour conserver les viandes. On sait qu'il suffit de les frotter de sel et de les laisser séjourner à son contact pour en empêcher la putréfaction.

Les matières qui, employées à très-petite dose, suffisent pour empêcher le développement des ferments putrides sont très-nombreuses et nous nous bornerons à les mentionner ici. Ce sont : la *fumée*, qui paraît agir surtout par ses alcools phénique et crésylique ; le *phénol* et le *crésylol* eux-mêmes, employés à faible dose, surtout quand on associe leur action à celle d'une petite quantité de sel marin. De ces agents que l'on applique surtout à la conservation des matières alimentaires, il faut rapprocher les *antiseptiques* proprement dits : les *goudrons* ou *l'asphalte*, qui ont servi longtemps aux anciens peuples dans leurs embaumements et qui aujourd'hui sont surtout réservés pour la conservation des bois. Les *sels d'alumine*, spécialement l'acétate et l'alun ; les *sulfites* et les *hyposulfites* alcalins; les *sels de zinc*, les *sels de mercure* et spécialement le bichlorure à petite dose; le *bichromate de potasse* et l'*acide chromique*, les *persels de fer*, le *bichlorure d'étain*, le chlorure de *baryum*, les *silicate et borate* de soude; l'*acide arsénieux*, l'*acide sulfureux*, l'*acide oxalique*, dans certains cas le *tannin* et le *café*; le *chloral* qui se combine aux matières albuminoïdes et les préserve d'une putréfaction ultérieure (Personne). Enfin une foule de matières volatiles à la tête desquelles il faut placer l'*acide cyanhydrique*, et les hydrocarbures retirés de la distillation de la houille, la *benzine* et ses homologues, la *naphtaline*, les *essences* odorantes en général; l'essence d'amandes amères, les *éthers volatils*, l'*alcool amylique*, les *sulfures* et *chlorures de carbone*.

Quant aux *moyens désinfectants* destinés à faire disparaître les produits putrides quand ils ont pris naissance, ils sont aussi très-nombreux. Les plus usités sont les désinfectants oxydants ou chlorurants. A leur tête on peut placer le chlore, le chlorure de chaux et l'ozone. Tous ces corps, enlevant l'hydrogène aux matières putrescibles, brûlent le reste de leur molécule avec l'excès d'oxygène qui en résulte. La volatilité du chlore et de l'ozone rend leur emploi souvent difficile ou dangereux. Les manganates et permanganates en solution, agents désinfectants par excellence, agissent en cédant aux substances putrides une partie de leur oxygène, les manganates un quart, les permanganates les trois huitièmes. Leur action est presque instantanée et permanente; leur innocuité est complète. Les gaz sulfureux et nitreux sont aussi d'excellents désinfectants que l'on peut appliquer à détruire rapidement les matières organiques qui flottent dans l'air. Le charbon poreux, en condensant l'oxygène et les gaz, agit aussi comme un comburant actif des matières putrides.

Parmi les désinfectants antiseptiques, nous pouvons citer presque toutes les *matières antiseptiques* ci-dessus signalées. Mais si toutes ces substances préviennent la putréfaction, toutes ne la font pas disparaître quand elle a commencé. Les sulfates de fer, de zinc, les nitrates de plomb, le perchlorure de fer, et en général presque tous les sels métalliques antiseptiques peuvent bien saturer quelques-uns des produits sulfurés ou phosphorés, déjà tout formés, de la fermentation putride, mais leur action n'est que passagère, et souvent elle ne suffit pas à enrayer la décomposition totale. Du reste, ces sels ne saturent ni ne décomposent les émanations organiques infectes, de nature inconnue, que font si bien disparaître le chlore et les désinfectants oxydants. Le mélange d'acide phénique et de sulfites terreux détruit en partie les miasmes infects, et enraye assez complétement la putréfaction. A. G.

PYCNITE (Min.). — Variété de topaze opaque ou subtranslucide et compacte, à structure bacillaire. Jaunâtre.

Densité = 3,49 à 3,53.

Des filons stannifères d'Altenberg (Saxe), de Schlaggenwald et de Zinnwald (Bohême).

PYCNOTROPE (Min.). — Minéral de composition inconnue trouvé dans la serpentine près de Waldheim (Saxe). Amorphe, à grains fortement engagés les uns dans les autres. Clivages peu nets dans deux directions rectangulaires. Cassure esquilleuse. Translucide, blanc grisâtre, passant au brun ou au rougeâtre.

Dureté, 3 à 4. Densité, 2,60 à 2,67.

PYINE. — Gütterbock a signalé autrefois dans le pus une substance albuminoïde propre à laquelle il donna le nom de *pyine* [*De puris natura et formatione*, Berolini, 1837, in-8°]. Vogel, Lassaigne, Bibra, Becquerel et Rodier, Dumas, considérèrent la pyine comme étant un mélange mal défini de divers corps protéiques; enfin, d'après d'autres auteurs, la pyine existerait dans quelques pus seulement. On l'en extrait en évaporant à une basse température le pus de bonne nature, l'épuisant par l'alcool, reprenant le résidu par l'eau et ajoutant à cette liqueur un petit excès d'acide acétique qui ne coagule ni l'albumine, ni la fibrine soluble, et qui précipite, puis redissout la caséine, tandis que la pyine forme des flocons insolubles dans ce réactif.

La pyine est soluble dans l'eau, sa solution coagule par la chaleur et par l'acide acétique et le précipité formé par cet acide ne se redissout pas dans un excès d'acide. Elle ne se coagule pas par l'alcool faible. Une solution d'alun la précipite. Elle ne saurait être confondue avec la gélatine, qui ne précipite ni par l'acide acétique, ni par l'alun; ni avec la chondrine, qui donne avec ce dernier sel un précipité soluble dans un excès de réactif. Les solutions de pyine ne précipitent pas par le prussiate jaune de potasse; si au mélange de pyine et de prussiate on ajoute un peu d'acide chlorhydrique, il se forme seulement un trouble qui disparaît presque aussitôt. — Voyez, pour la *bibliographie* des travaux publiés sur la pyine, Robin et Verdeil, *Chimie anatomique et physiologique*, t. III, p. 456. A. G.

PYOCYANINE, PYOXANTHOSE. — On a donné ces noms aux matières colorantes de certains pus bleus ou verts. Suivant Fordos [*Compt. rend. de l'Acad. des sciences*, t. LVI, p. 1128], on peut extraire ces substances du pus bleu en agissant comme il suit. Les bandages imprégnés de pus sont humectés d'alcool légèrement ammoniacal; le liquide chargé de matière colorante est filtré et agité avec du chloroforme, et la solution chloroformique est légèrement acidulée avec de l'acide sulfurique étendu. Il se forme ainsi peu à peu une couche rouge que l'on sépare et qu'on traite par de l'eau de baryte jusqu'à réapparition de la couleur bleue. On filtre, et l'on mêle le liquide de nouveau avec du chloroforme; cette dernière dissolution est mise à évaporer lentement. La matière colorante bleue cristallise alors sous la forme d'aiguilles ou de lames rectangulaires. C'est la *pyocyanine*, substance soluble dans l'eau, l'alcool, le chloroforme, rougissant par les acides, bleuissant de nouveau par les alcalis. Dissoute dans l'eau et les acides dilués, la pyocyanine se conserve assez bien; mais en solution chloroformique, elle passe du bleu au vert et au jaune. Le chlore, l'acide nitrique la détruisent.

Dans le chloroforme d'où l'on a séparé la pyocyanine, se retrouve encore une substance jaune, la *pyoxanthose*, que l'on obtient en laissant évaporer la solution chloroformique après l'avoir privée de graisses. Elle peut quelquefois se présenter en petits groupes d'aiguilles microscopiques. Elle est très-peu soluble dans l'eau, plus soluble dans l'alcool, l'éther, le chloroforme, la benzine. Les acides la rougissent, les alcalis la colorent en violet.

La *pyocyanine* et la *pyoxanthose* ne sont pas les seules matières colorantes des pus bleus ou verts. Mery, Lücke, et d'autres auteurs, attribuent cette coloration à un vibrion d'origine atmosphérique et inoculable d'une plaie à l'autre [Lücke, *Arch. für Klin. chir.*, 1862, t. III, p. 135]. H. Schiff a aussi signalé dans certains pus bleus de la *vivianite* ou phosphate triferreux,

$$P^2O^8Fe^3.8H^2O,$$

et Herapath a extrait du pus bleu de l'indigo qui, on le sait, peut dériver de la matière colorante jaune des urines [*Brit. Assoc. Transact.*, 1864, p. 124]. A. G.

PYRACONITIQUE (ACIDE). — Synonyme d'Itaconique (acide), t. II, p. 160.

PYRALLOLITE (Min.). — Pyroxène altéré en une matière stéatiteuse, de Storgard, Pargas et d'autres localités de Finlande.

Dureté, 3 à 4.

PYRANTIMONITE. — Voyez Kermès.

PYRARGILLITE (Min.). — Variété de cordiérite altérée se rapprochant de la fahlunite et renfermant un peu plus d'eau. Couleur noire, bleue, rouge-brun, etc. Éclat résineux; se trouve dans le granite près d'Helsingfors.

Dureté, 3,5. Densité, 2,5.

PYRARGYRITE. — Voyez Argyrythrose.

PYRAUXITE (Breithaupt). — Voyez Pyrophyllite.

PYRÈNE. — Le nom de pyrène avait été donné par Laurent à un hydrocarbure retiré du goudron de houille, un peu soluble dans l'alcool et dans l'éther, fusible entre 170° et 180°, cristallisant en lamelles rhomboïdales microscopiques, et donnant un dérivé nitré résinoïde [*Ann. de Chim. et de Phys.*, 1837, t. LXVI, p. 136].

Ce corps paraît être un mélange de divers hydrocarbures, et Græbe a donné le nom de *pyrène* à un carbure d'hydrogène, $C^{16}H^{10}$, qu'il a retiré des produits du goudron de houille bouillant à une température supérieure à celle de l'anthracène. Pour l'isoler, on traite ces produits par le sulfure de carbone, qui laisse certaines portions sans les dissoudre, on filtre la solution, on évapore le sulfure de carbone et on dissout le résidu dans l'alcool. On additionne cette solution d'une solution alcoolique d'acide picrique tant qu'il se forme un précipité rouge cristallin de picrate de pyrène. On purifie ce picrate par plusieurs cristallisations dans l'alcool bouillant, puis on le décompose par l'ammoniaque. L'hydrocarbure mis en liberté est lavé à l'eau et recristallisé dans l'alcool.

Le pyrène, $C^{16}H^{10}$, est en lamelles incolores, fusibles à 142°, se sublimant difficilement en petites tables et bouillant bien au-delà de 360°. Peu soluble dans l'alcool froid, il se dissout assez bien dans l'alcool bouillant et facilement dans le sulfure de carbone, l'éther et la benzine. Sa formule a été constatée par sa densité de vapeur. Densité trouvée, 7,2; densité calculée, 7. Avec l'acide azotique, le brome, il donne des dérivés nitrés et bromés. Un mélange de bichromate de potasse et d'acide sulfurique le convertit en pyrène-quinone. L'acide iodhydrique le convertit à 200° en *hydrure de pyrène*, $C^{16}H^{16}$.

Picrate de pyrène, $C^{16}H^{10} + C^6H^2(AzO^2)^3OH$. — Il cristallise en longues aiguilles rouges peu solubles dans l'alcool froid, solubles dans l'alcool bouillant, l'éther, le sulfure de carbone et surtout la benzine. C'est avec le picrate de naphtaline le plus stable des picrates d'hydrocarbures. L'eau bouillante le décompose lentement, les alcalis immédiatement.

Dérivés nitrés. — Le *nitropyrène*,

$$C^{16}H^9(AzO^2),$$

se forme par l'action de l'acide azotique bouillant d'une densité de 1,2 étendu de 4 fois son volume d'eau sur le pyrène. Il est en aiguilles ou en gros prismes jaunes, peu solubles dans l'alcool et dans l'éther, solubles dans l'acide azotique et la benzine, fusibles à 140-142°.

Le *binitropyrène*, $C^{16}H^8(AzO^2)^2$, se produit par l'action de l'acide azotique bouillant, d'une densité de 1,45. On lave le produit à l'alcool bouillant qui enlève le dérivé mononitré et l'on fait cristalliser le résidu dans l'acide acétique bouillant, d'où le pyrène binitré se sépare en fines aiguilles jaunes. Par une ébullition prolongée avec l'acide azotique d'une densité de 1,45, il se convertit en *tétranitropyrène*, $C^{16}H^6(AzO^2)^4$, lamelles jaunes, presque insolubles dans l'alcool, l'éther, la benzine, un peu solubles dans l'acide acétique bouillant.

Dérivés bromés. — Par l'action des vapeurs de brome sur le pyrène, on obtient le *bromure de dibromopyrène*, $C^{16}H^8Br^2,Br^2$, cristallisant dans la nitrobenzine en aiguilles jaunâtres. Par l'addition du brome à une solution de pyrène dans le sulfure de carbone, il se forme du *tribromopyrène*, $C^{16}H^7Br^3$, qui cristallise en aiguilles incolores.

Pyrène-quinone, $C^{16}H^8(O^2)$. — C'est une poudre rouge, peu soluble dans les solvants, très-soluble dans la nitrobenzine, soluble dans l'acide acétique bouillant, et qui prend naissance par l'action du bichromate de potassium et de l'acide sulfurique sur le pyrène. La poudre de zinc la réduit à l'état de pyrène. L'acide sulfurique la colore en brun.

Hydrure de pyrène, $C^{16}H^{16}$. — L'acide iodhydrique bouillant à 127°, chauffé à 200° avec du pyrène en présence de phosphore, convertit l'hydrocarbure en un hexahydrure, cristallisable en aiguilles solubles dans l'éther, la benzine et l'alcool bouillant, et ne se combinant pas à l'acide picrique. Dirigé dans un tube chauffé au rouge, il se convertit en pyrène.

Constitution du pyrène. — Græbe considère cet hydrocarbure comme étant de la phénylène-naphtaline, $C^{10}H^6(C^6H^4)$ [*Ann. der Chem. u. Pharm.*, t. CLVIII, p. 285; *Deutsch. Chem. Gesells.*, t. V, p. 15, et *Bull. de la Soc. chim.*, 1870, t. XIV, p. 413; 1871, t. XVI, p. 157; 1872, t. XVII, p. 231]. E. G.

PYRÉNÉITE (Min.). — Grenat mélanite en dodécaèdres rhomboïdaux disséminés dans un calcaire noir du pic d'Espada et du pic d'Éresdliz, près Baréges (Pyrénées).

PYRÉTHRINE. — Ce nom avait été donné par Parisel a une matière résineuse molle, mal définie, qu'il avait extraite de la racine de pyrèthre; d'après les recherches de Koene, la pyréthrine n'est pas une substance unique, mais bien le mélange d'une résine avec deux huiles. Il a trouvé dans la racine 0,25 % d'une résine insoluble dans la potasse; 1,60 d'une huile brune, âcre, soluble dans la potasse; 0,35 d'une huile jaune également soluble dans la potasse; 9,40 de gomme, 57,70 d'inuline, 19,80 de cellulose, 7,60 de sels et des traces de tannin.

Hanamann [*Vierteljahrssch. für prakt. Pharm.*, t. XII, p. 522, 1863] a analysé les fleurs de *Pyrethrum carneum*, qui à l'état pulvérisé constituent la poudre insecticide persane; d'après ce chimiste, les fleurs ne contiennent ni une base narcotique, ni de la santonine. L'action de la poudre est due à une essence jaune, qui provoque des céphalalgies et qui peut tuer de petits insectes. A. H.

PYRGOM (Min.). — Variété de diopside d'un vert foncé ou pistache, trouvée dans une roche métamorphique de Fassa (Tyrol).

PYRIDINE, C^5H^5Az. — *Modes de formation et préparation.* — Cette base a été découverte par Anderson dans les produits huileux provenant de la distillation sèche des os (*huile animale de Dippel*) [*Transact. of the Roy. Soc. Edinburgh*, t. XX, 2e part., p. 247, et *Ann. der Chem. u. Pharm.*, t. LXXX, p. 55]. Plus tard on l'a trouvée parmi les produits de la distillation des schistes bitumineux du Dorsetshire [C. Greville Williams, *Journ. of the Chem. Soc. London*, t. VII, p. 97], dans le goudron de houille, parmi les produits de distillation de la tourbe d'Irlande [Church et Owen, *Phil. Mag.*, (4), t. XX, p. 110]. Suivant Williams, les produits de distillation de la cinchonine avec la potasse renfermeraient, à côté des bases quinoléiques, une très-petite quantité d'une base, C^5H^5Az, identique ou isomérique avec la pyridine. On a aussi signalé la pyridine et ses homologues dans la fumée de tabac.

Perkin, en faisant agir l'hydrogène naissant sur l'azodinaphtyl-diamine (t. II, p. 526), a obtenu de la naphtène-diamine γ et une certaine quantité d'une base C^5H^5Az, qui serait identique avec la pyridine; la naphtène-diamine, $C^{10}H^{10}Az^2$, possède la formule double de la pyridine (voyez t. II, p. 513) [Perkin, *Journ. of the Chem. Soc. London*, (2), t. III, p. 9, et *Bull. de la Soc. chim.*, 1865, t. IV, p. 220].

Enfin, MM. Th. Chapmann et H. Smith annoncent avoir obtenu la pyridine synthétiquement en enlevant de l'eau à l'azotate d'amyle :

$$\underset{\text{Azotate d'amyle.}}{C^5H^{11}.AzO^3} = \underset{\text{Pyridine.}}{C^5H^5Az} + 3H^2O.$$

Ils ont effectué la déshydratation au moyen de l'anhydride phosphorique, en chauffant avec précaution un mélange, fait à 0°, d'azotate d'amyle et d'anhydride phosphorique. Cette réaction donne beaucoup de produits bruns, mal définis et seulement peu de base, C^5H^5Az; l'identité de cette dernière avec la pyridine n'est nullement démontrée [*Ann. der Chem. u. Pharm.*, Supplementband VI, p. 329].

La pyridine est une triamine, $C^5H^{5'''}.Az$; elle représente le premier terme connu d'une série de bases homologues, qui prennent toutes naissance en même temps qu'elle dans la distillation sèche des diverses matières organiques; ces bases sont isomériques avec les alcalis aromatiques (aniline, toluidine, etc.). On a préparé par synthèse plusieurs bases très-analogues aux alcalis de cette série (pyridine, picoline, collidine), mais leur identité avec les bases pyridiques n'est pas rigoureusement démontrée.

Les bases pyridiques sont très-stables et résistent surtout à l'action des oxydants; chauffées avec du sodium, elles subissent une transformation polymérique et se convertissent en bases dipyridiques. On connaît aujourd'hui les termes suivants :

		Points d'ébullition.	Densité à 22°.
Pyridine,	C^5H^5Az......	115°	0,924
Picoline,	C^6H^7Az......	134	0,933
Lutidine,	C^7H^9Az	154	0,945
Collidine,	$C^8H^{11}Az$....	170	0,953
Parvoline,	$C^9H^{13}Az$.....	188	0,966
Coridine,	$C^{10}H^{15}Az$....	211	0,974
Rubidine,	$C^{11}H^{17}Az$....	230	1,017
Viridine,	$C^{12}H^{19}Az$....	251	1,024

Ces chiffres, qui sont empruntés au mémoire de Thenius [*Chem. Centralbl.*, 1862, p. 53, et *Répert. de Chim. appl.*, 1862, p. 181], ne sont pas en accord avec les indications antérieures d'Anderson sur le même sujet; Anderson avait donné les constantes suivantes :

	Points d'ébullition.	Densité à 0°.
Pyridine........	116°,7	0,9858
Picoline.........	135	0,9613
Lutidine.... ...	154,5	0,9467
Collidine........	180	0,9139

Il existe donc une différence notable pour le point d'ébullition de la collidine et les poids spécifiques de toutes les bases; ces derniers diminuent, d'après Anderson, tandis qu'ils augmentent, d'après Thenius, à mesure qu'on monte dans la série. Il est vrai que les chiffres d'Anderson se rapportent aux bases de l'huile animale de Dippel, tandis que Thenius a opéré sur les bases du goudron de houille; mais les caractères chimiques des deux classes d'alcalis concordent tellement qu'on ne peut pas invoquer une isomérie. Thenius, qui a opéré sur des milliers de kilogrammes de goudron, paraît avoir obtenu des bases très-pures.

Pour extraire la pyridine des huiles provenant de la destruction des matières organiques, on suit le procédé général indiqué à l'article PICOLINE, t. II, p. 1018, et l'on obtient, après une vingtaine de rectifications méthodiques, de la pyridine passant vers 115°.

Propriétés. — La pyridine constitue un liquide incolore, très-mobile, d'une odeur particulière très-pénétrante. Elle bout à 116°,7 (Anderson), 115° (Thenius), et possède à 0° une densité de 0,9858; sa densité de vapeur a été trouvée de 2,916 (théorie, 2,734). L'indice de réfraction déterminé à 21°,5 par Gladstone et Dale est, pour la raie A, 1,4940; pour D, 1,5030; pour H, 1,5387.

La pyridine est miscible avec l'eau en toutes proportions, la potasse et la soude la séparent de cette solution. Elle bleuit le tournesol rouge et donne d'abondantes fumées blanches avec l'acide chlorhydrique. Elle précipite à froid les sels de zinc, de fer, de manganèse et d'aluminium;

les sels de nickel ne sont précipités qu'à chaud et le précipité se dissout dans un excès de réactif. La pyridine produit dans le chlorure cuivrique un précipité qui se dissout dans un excès de base, en un liquide bleu clair qui par l'évaporation, fournit des aiguilles bleu clair d'un sel double; avec le chlorure de zinc, elle donne un sel double analogue, peu soluble dans l'eau froide.

Comme toutes les bases de cette série, la pyridine est très-stable et résiste à l'action oxydante de l'*acide nitrique* fumant et de l'*acide chromique*. Le *chlore* est absorbé rapidement par la solution aqueuse de pyridine, le liquide se colore, répand une odeur piquante, et la potasse en sépare un corps résineux foncé. Lorsqu'on verse de la pyridine en excès dans un ballon rempli de *chlore sec*, elle se convertit en une masse cristalline blanche d'où l'eau extrait du chlorhydrate de pyridine, et laisse une poudre blanche insoluble; ce composé, qui se dissout dans l'alcool, est probablement du chlorhydrate de trichloropyridine, analogue au dérivé picolique. La pyridine se combine immédiatement avec la vapeur de *brome* et donne un produit solide composé presque entièrement de bromhydrate de pyridine. Lorsqu'on évapore un mélange de pyridine et de teinture d'iode, on obtient principalement l'iodhydrate de la base et une petite quantité d'une substance brune [Anderson, *Transact. Roy. Soc. Edinburgh*, t. XXI, 4e part., p. 571, 1857, et *Ann. der Chem. u. Pharm.*, t. CV, p. 335].

Chauffée pendant quelques jours avec du sodium, la pyridine se polymérise et se transforme en dipyridine. — Voyez plus loin.

Comme les bases tertiaires en général, elle fixe directement de l'iodure d'éthyle et donne l'iodure d'un ammonium; elle s'unit aussi directement au bromure d'éthylène.

Sels de pyridine. — La combinaison de la base avec les acides est très-énergique; les sels ressemblent beaucoup aux sels de picoline; ils sont en général très-solubles dans l'eau et dans l'alcool et ne se décomposent pas lorsqu'on évapore leur solution à 100°. La pyridine a une grande tendance à former des sels doubles, cristallisables, dont le métal n'est pas précipité par un excès de pyridine.

Azotate, C^5H^5Az, AzO^3H. — Il cristallise dans l'eau chaude et dans l'alcool en longues aiguilles ou plus rarement en prismes épais qui peuvent être sublimés lorsqu'on les chauffe avec précaution; chauffés brusquement, ils se décomposent légèrement, tandis que la plus grande partie distille sans altération.

Le *bromhydrate* forme des cristaux aciculaires, déliquescents.

Chlorhydrate. — Ce sel est extrêmement déliquescent, et se présente sous forme d'une masse radiée; il est encore plus soluble dans l'alcool que dans l'eau, mais ne se dissout pas dans l'éther.

Le *chloraurate*, $C^5H^5Az, HCl + AuCl^3$, se dépose de sa solution aqueuse bouillante en aiguilles jaunes, insolubles dans l'alcool.

Chloroplatinate, $(C^5H^5Az, HCl)^2 + PtCl^4$. — Il se dépose peu à peu sous forme de prismes aplatis, fort solubles dans l'eau bouillante, moins solubles dans l'alcool et insolubles dans l'éther, lorsqu'on ajoute du chlorure platinique à la solution du chlorhydrate de pyridine.

Ce chloroplatinate soumis à l'ébullition avec l'eau subit une décomposition intéressante; au bout de quelques heures d'ébullition de la solution aqueuse du sel pur, il se dépose une poudre jaune dont la formation n'est achevée qu'au bout de 5 à 6 jours; lorsqu'on filtre la solution avant que la réaction soit complète, elle laisse déposer par le refroidissement de belles lamelles d'un jaune d'or.

La poudre jaune est insoluble dans l'eau et dans les acides et n'est décomposée que lentement par la potasse à froid; à chaud, l'attaque est plus rapide et il se forme de la pyridine. Ce sel, le *chlorure de platinopyridyle-ammonium*, renferme

$$C^{10}H^{10}PtAz^2Cl^4 = (PtCl^2)'' \begin{cases} Az(C^5H^5)'''Cl \\ Az(C^5H^5)'''Cl \end{cases}$$

et il représente le chlorure de platinammonium de Gerhardt (t. II, p. 1057, V), dont l'hydrogène est remplacé par 2 fois le radical triatomique, C^5H^5. La décomposition du chloroplatinate est accélérée beaucoup par l'addition de 2 molécules de pyridine pour 1 molécule de chloroplatinate.

Le chlorure de platinopyridyle-ammonium peut être transformé en d'autres sels par double décomposition au moyen des sels d'argent; le *sulfate* est extrêmement soluble et forme une masse gommeuse; le *chromate* constitue un précipité d'un beau rouge orangé.

Les paillettes jaune d'or, qui se déposent lorsque l'ébullition du chloroplatinate avec l'eau n'a pas duré assez longtemps, représentent un sel double du chlorure précédent et de chloroplatinate de pyridine,

$$C^{10}H^{10}PtAz^2Cl^4 + (C^5H^5Az, HCl)^2PtCl^4.$$

Lorsqu'on fait bouillir le chloroplatinate de pyridine en solution aqueuse avec un excès de pyridine, le chlorure de platinopyridylammonium perd 2 atomes de chlore et se convertit en chlorure de *platosopyridyle-ammonium*,

$$C^{10}H^{10}PtAz^2Cl^2 = Pt'' \begin{cases} Az(C^5H^5)'''Cl \\ Az(C^5H^5)'''Cl, \end{cases}$$

sel dérivé du chlorure de platosammonium (t. II, p. 1053, I) par substitution de $2(C^5H^5)$ à $2H^3$.

La solution brunit beaucoup pendant l'ébullition et laisse, après évaporation au bain-marie, un résidu cristallin peu soluble dans l'eau, qui cristallise dans l'alcool en petites aiguilles. Ce chlorure donne par double décomposition avec les autres sels les sels d'argent correspondants [Th. Anderson, *Ann. der Chem. u. Pharm.*, t. XCVI, p. 199; *Ann. de Chim. et de Phys.*, (3), t. XLV, p. 366].

Iodhydrate de pyridine, C^5H^5Az, HI. — Il est en cristaux tabulaires, non déliquescents, mais très-solubles.

Le *sulfate acide*, C^5H^5Az, SO^4H^2, forme une masse cristalline, déliquescente, très-soluble dans l'eau et dans l'alcool, insoluble dans l'éther.

Éthylpyridylammonium. — L'iodure de cet ammonium,

$$C^7H^{10}AzI = (C^5H^5)'''(C^2H^5)'AzI,$$

prend naissance lorsqu'on abandonne pendant quelques jours un mélange de pyridine et d'iodure d'éthyle, ou qu'on chauffe ce mélange pendant un temps très-court à 100°. Il ressemble beaucoup à l'iodure d'éthylpicolylammonium, cristallise en tables blanches fusibles au-dessous de 100° et se solidifiant de nouveau assez rapidement par le refroidissement; il est très-soluble dans l'eau et dans l'alcool, moins dans l'éther. L'*hydrate* préparé par l'oxyde d'argent et l'iodure forme un liquide fortement alcalin, très-altérable, qui donne avec les acides des sels cristallisables. Le *chloroplatinate*, $(C^7H^{10}AzCl)^2 + PtCl^4$, peut être obtenu en grandes tables rhombiques, d'un rouge grenat, peu solubles dans l'eau froide, insolubles dans l'alcool et l'éther; le *chloraurate* est en fines lamelles jaunes, peu solubles dans l'eau froide [Th. Anderson, 1854, *Transact. Roy. Soc. Edinburgh*, t. XXI, 1re part., p. 219, et *Ann. der Chem. u. Pharm.*, t. XCIV, p. 364].

ÉTHYLÈNE-DIPYRIDYLE-DIAMMONIUM. — On obtient le bromure de cet ammonium,

$$C^{12}H^{14}Az^2Br^2 = (C^5H^5)^2(C^2H^4)Az^2Br^2,$$

en chauffant pendant 3 heures, à 100°, un mélange de bromure d'éthylène, de pyridine et d'un peu d'alcool. Il cristallise dans l'alcool en lames brillantes très-solubles dans l'alcool chaud et dans l'eau. Traité par le chlorure d'argent, il donne le *chlorure* correspondant; le *chloroplatinate*, $C^{12}H^{14}Az^2Cl^2 + PtCl^4$, cristallise dans l'acide chlorhydrique bouillant en lamelles jaunes brillantes.

Le bromure fournit, avec l'oxyde d'argent, l'*hydrate*, $(C^5H^5)^2(C^2H^4)Az^2(OH)^2$, qui est très-peu stable et qui se colore en violet, ensuite en rouge-rubis, et finit par déposer une poudre brune, en même temps qu'il se dégage une odeur rappelant l'héliotrope [J. Davidson, *Journ. of the Chem. Soc. London*, t. XIV, p. 161, et *Répert. de Chim. pure*, 1862, p. 285].

DIPYRIDINE, $C^{10}H^{10}Az^2$. — La pyridine traitée par le sodium se polymérise et se convertit en dipyridine, il se dégage à peine un peu d'hydrogène dans la réaction. On chauffe à l'ébullition, pendant un temps assez long, la base avec 1/5 de son poids de sodium, on jette la masse devenue solide après refroidissement, dans de l'eau, et l'on rectifie l'huile brune et épaisse qui se sépare. Il passe d'abord de la pyridine et à une température plus élevée une huile qui laisse déposer des cristaux par le refroidissement; on expose celle-ci au froid, on sépare les cristaux formés, on les comprime entre des doubles de papier et l'on purifie par cristallisations dans l'eau et dans l'alcool.

On obtient le même composé d'une manière plus simple, en laissant agir le sodium à froid pendant quelques jours sur la pyridine, séparant ensuite la croûte noire dont les morceaux de sodium se sont recouverts, la lavant avec un peu de pyridine et la jetant dans l'eau; il se sépare une poudre foncée qui, lavée à l'eau et exposée à l'air, se convertit en cristaux parfaitement blancs de dipyridine.

La dipyridine, $C^{10}H^{10}Az^2 = 2C^5H^5Az$, est en cristaux prismatiques blancs, inodores, fusibles à 108°, qui se volatilisent déjà à 100° et qui se subliment entièrement à une température plus élevée. Sa densité de vapeur déterminée dans un bain de plomb a été trouvée de 5,92 (théorie, 5,46). Elle se dissout aisément dans l'eau chaude, dans l'alcool et l'éther; l'eau froide n'en dissout qu'une faible quantité. Sa solution aqueuse précipite les sels de cuivre en blanc bleuâtre, le chlorure de mercure et l'azotate d'argent en blanc. Elle donne avec le ferro- et le ferricyanure de potassium une réaction très-caractéristique; en solution chlorhydrique, elle produit avec le premier de ces sels un précipité clair, qui se transforme rapidement en aiguilles d'un bleu indigo sale; celles-ci se dissolvent à chaud, formant une solution pourpre foncé, et cristallisent de nouveau par le refroidissement. Ce composé caractéristique ne se forme pas avec la solution purement aqueuse; un excès d'acide chlorhydrique le dissout facilement. Le ferricyanure de potassium, au contraire, ne précipite pas le chlorhydrate de dipyridine, mais la solution laisse déposer après quelque temps de petits prismes d'un jaune de soufre.

La dipyridine est une diamine et se combine avec deux molécules d'acide.

Azotate, $C^{10}H^{10}Az^2,2AzO^3H$. — Aiguilles jaune clair, solubles dans l'eau; à 100°, elles se colorent en rouge orangé sans subir une décomposition bien marquée. Ce sel donne avec l'*azotate d'argent* un sel double $C^{10}H^{10}Az^2,2AzO^3H + 2AzO^3Ag$; ce dernier s'obtient en précipitant le chlorure par un excès d'azotate d'argent et filtrant rapidement: le sel se dépose alors par le refroidissement en aiguilles brillantes, peu solubles.

Chlorhydrate, $C^{10}H^{10}Az^2,2HCl$. — Aiguilles aplaties, très-solubles dans l'eau, insolubles dans l'éther.

Chloroplatinate, $C^{10}H^{10}Az^2,2HCl + PtCl^4$. — Poudre jaune, très-peu soluble; le *chloropalladate* forme un précipité orangé.

Chlorozincate, $C^{10}H^{10}Az^2,2HCl + ZnCl^2$. — Lorsqu'on ajoute une solution de chlorure de zinc contenant de l'acide chlorhydrique libre à de la dipyridine, il se dépose après quelque temps, surtout par l'addition d'alcool et d'éther, de longues aiguilles, solubles dans 8 p. d'eau, moins solubles dans l'alcool et insolubles dans l'éther.

Sulfate, $C^{10}H^{10}Az^2,SO^4H^2 + 2H^2O$. — Aiguilles déliquescentes peu solubles dans l'alcool.

DIPYRIDINE DIBROMÉE. — En ajoutant du brome à la solution du chlorhydrate, on obtient une poudre blanche ou rougeâtre, insoluble dans l'eau, soluble dans l'alcool bouillant, et cristallisant de cette solution en aiguilles aplaties. Ce corps, qui renferme $C^{10}H^8Br^2Az^2$, a des propriétés basiques très-faibles.

DIÉTHYL-DIPYRIDYLAMMONIUM. — On prépare l'*iodure* de cet ammonium, $C^{10}H^{10}(C^2H^5)^2Az^2I^2$, en chauffant la dipyridine avec de l'iodure d'éthyle pendant une demi-heure à 100°. Cet iodure forme des cristaux aciculaires blancs, brillants, très-solubles dans l'eau, moins solubles dans l'alcool et dans l'éther. Le chlorure d'argent le convertit en un chlorure correspondant qui, avec le chlorure platinique, produit le *chloroplatinate*,

$$C^{10}H^{10}(C^2H^5)^2Az^2Cl^2 + PtCl^4$$

en aiguilles rouges, peu solubles. L'iodure donne avec l'oxyde d'argent une solution rouge très-alcaline, qui ne cristallise pas par l'évaporation, mais qui renferme évidemment l'*hydrate*, corps très-peu stable.

Dans l'action du sodium sur la pyridine, il se forme, en même temps que la dipyridine, une huile épaisse peu volatile, qui possède sensiblement la composition de la pyridine, et des produits beaucoup plus volatils bouillant de 107° à 182°, qui contiennent tous plus d'hydrogène que les bases de la série pyridique [Th. Anderson, *Journ. of the Chem. Soc.*, (2), t. VII, p. 406, et *Bull. de la Soc. chim.*, 1870, t. XIII, p. 408]. A. H.

PYRITE (Min.) [Syn. *Marcassite* (nom employé maintenant pour le fer sulfuré orthorhombique), *fer sulfuré jaune*, *Eisenkies*, *Schwefelkies*, *xanthopyrites* (Glocker)]. Sulfure de fer FeS^2. — Quelques variétés renferment du nickel, du cobalt, du cuivre, de l'étain (voyez BALLESTEROSITE), de l'or, de l'argent (Hongrie), et du thallium. Se présente en cristaux fréquemment fort beaux, d'un vif éclat métallique, d'un jaune d'or, d'un poli assez parfait pour pouvoir servir de miroir, et aussi en masses compactes, concrétionnées, globulaires, stalactitiques, granulaires, pseudomorphiques, modelées sur des cristaux d'autres substances ou sur des fossiles végétaux ou animaux.

Elle est abondamment répandue dans les roches de presque tous les étages géologiques. Parmi les localités qui fournissent les plus beaux échantillons on peut citer Traversella (Piémont), l'île d'Elbe, Alston-Moor (Derbyshire), Fahlun (Suède), Kongsberg (Norvége); les mines de Chessy, près Lyon, en fournissent des quantités énormes qui servent comme minerai de soufre; les schistes argileux des Ardennes renferment de jolis cristaux cubiques, etc. Il s'en dépose dans certaines sources minérales, telles que celles de

Bourbonne-les-Bains. La pyrite subit parfois une altération qui la transforme en limonite (pyrite épigène) ; la pyrite est d'ailleurs moins altérable que la marcassite. — Voyez ce mot.

Caractères. — Inattaquable par l'acide chlorhydrique ; attaquée par l'acide azotique avec séparation de soufre. Dans le tube, donne un sublimé de soufre et un résidu magnétique. Sur le charbon, brûle avec une flamme bleue en laissant un résidu de sulfure ferreux mélangé d'oxyde.

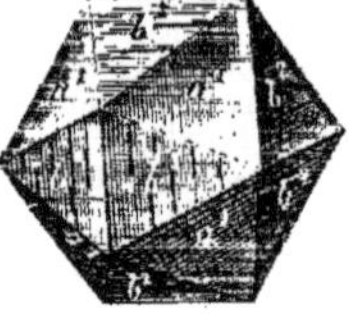

Fig. 544 et 545. — Pyrite.

Dureté, 6 à 6,5. Poussière noir verdâtre ou grisâtre. Fragile; fait feu au briquet ; fracture conchoïdale ou inégale.

Densité = 4,83 à 5,2.

Forme cristalline. — Les cristaux de pyrite appartiennent au type cubique, mais sont affectés d'hémiédrie à faces parallèles : cette hémiédrie se révèle d'ordinaire même sur les cubes par des stries qui sur chaque face sont parallèles à deux côtés opposés de la face, de manière à être perpendiculaires entre elles sur trois faces adjacentes (pyrite triglyphe, fig. 544). Outre la forme cubique, on rencontre fréquemment l'octaèdre a^1, souvent modifié par les faces du dodécaèdre pentagonal b^2 et donnant lieu, lorsque les deux formes s'équilibrent, à l'icosaèdre $a^1 \frac{b^2}{2}$ (fig. 545). Le dodécaèdre pentagonal b^2 est très-fréquent, ainsi que les hémihexoctaèdres à faces parallèles ($b^1 b^{1/3} b^{1/2}$), etc.

Fig. 546 et 547. — Pyrite.

Fig. 548 et 549. — Pyrite.

On rencontre aussi les faces : b^1, b^3, $b^{5/2}$, $b^{3/2}$, $b^{4/3}$, $b^{8/5}$ (ces deux derniers souvent d'un sens opposé au dodécaèdre b^2) ($b^1 b^{1/5} b^{1/10}$) ($b^1 b^{1/5} b^{1/8}$) ($b^1 b^{1/3} b^{1/4}$), etc.

Clivages à peine sensibles : p et a^1.

Il existe des groupements de cristaux parallèles aux faces du cube ou à celles de l'octaèdre ; parfois deux cristaux se pénètrent dans deux positions rectangulaires entre elles. Outre ces macles, il en existe d'autres qui ne sont révélées que par la propriété curieuse que possèdent les cristaux de pyrite de se partager en deux variétés, l'une positive, l'autre négative, au point de vue thermoélectrique. Cette particularité a été remarquée par M. Marbach et s'observe facilement en appliquant sur les faces des cristaux les deux fils d'un galvanomètre, l'un des fils étant chauffé. Il se produit alors une déviation de l'aiguille du galvanomètre indiquant le sens du courant. Très-souvent, sur un même cristal, on trouve des parties positives et des parties négatives ; aucun indice extérieur ne permet de distinguer si un cristal est positif ou négatif, et les groupements de parties positives et négatives ne se reconnaissent que sur certains échantillons qui montrent en quelques places des différences d'éclat dans les stries des faces cubiques (Friedel). F. et S.

PYRITE ARSENICALE. — Voyez MISPICKEL.

PYRITE BLANCHE. — Voyez MARCASSITE.

PYRITE DE CUIVRE. — Voyez CHALCOPYRITE.

PYRITE MAGNÉTIQUE. — Voyez PYRRHOTINE.

PYRITE PRISMATIQUE. — Voyez MARCASSITE.

PYROACÉTIQUE (ÉTHER OU ESPRIT). — Anciens noms pour l'ACÉTONE, t. I, p. 31.

PYROALIZARIQUE. — Nom donné primitivement à l'ANHYDRIDE PHTALIQUE, t. II, p. 1014.

PYROAURITE (Min.). — Tables hexagonales d'une couleur jaune d'or, subtranslucides, contenant, d'après M. Igelström, $Fe^2O^3,6MgO,15H^2O$. Ce minéral renferme 7 % d'acide carbonique.

Très-soluble dans l'acide chlorhydrique ; au chalumeau, ne fond pas, mais donne de l'eau.

Trouvé à Longban, en Wärmeland.

PYROBENZOLINE. — Synonyme de LOPHINE, t. II, p. 232.

PYROCATÉCHINE (*oxyphénol, acide pyrocatéchique, acide pyromorintannique*),

$$C^6H^6O^2 = C^6H^4(OH)^2.$$

— Ce corps se produit dans la distillation sèche du cachou (Reinsch, Zwenger), dans celle de l'acide morintannique (Wagner), de la gomme (Kind) et d'un grand nombre d'espèces de tannin verdissant les sels de fer, fournis par la *Krameria triandra*, la *Tormentilla erecta*, le *Ledum palustre* (Eissfeldt), de la *Vaccinium myrtillus*, la *Pyrola umbellata*, la *Calluna vulgaris* (Uloth). L'oxyphénol se rencontre aussi dans le vinaigre de bois (M. Buchner).

L'acide oxysalicylique de Lautemann fournit à la distillation sèche un mélange de pyrocatéchine et d'hydroquinone (Lautemann). L'acide protocatéchique, $C^7H^6O^4$, se dédouble nettement par la distillation en acide carbonique et pyrocatéchine (Hlasiwetz et Barth). Les mêmes auteurs ont trouvé la pyrocatéchine dans les produits fournis par la fusion du benjoin avec la potasse (50 grammes de benjoin fournissent 3 grammes de pyrocatéchine), et, en même temps que de l'hydroquinone, de la benzine, de l'acide benzoïque et du phénol, dans la distillation sèche de l'acide quinique.

Lautemann a constaté que l'iodophénol brut fournit avec la potasse de la pyrocatéchine et de l'hydroquinone ; Kœrner a montré que la pyrocatéchine se produit par l'action de la potasse sur l'iodophénol, désigné sous le nom de *méta-iodophénol* (voyez PHÉNOLS IODÉS, t. II, p. 892) [Reinsch, 1839, *Répert. für Pharm.*, t. LXVIII, p. 54 ; — Zwenger, *Ann. der Chem. u. Pharm.*, t. XXXVII, p. 327 ; — R. Wagner, *ibid.*, t. LXXXIV, p. 285 ;

— Eissfeldt, *ibid.*, t. XCII, p. 101; — Ulotli, *ibid.*, t. CXI, p. 215, et *Répert. de Chim. pure*, 1859, p. 591; — Hlasiwetz et Barth, *Ann. der Chem. u. Pharm.*, t. CXXX, p. 346, et *Bull. de la Soc. chim.*, 1865, t. III, p. 104; — *Les mêmes*, *Chem. Centr.*, t. X, p. 577, et *Bull. de la Soc. chim.*, 1866, t. V, p. 65; — Lautemann, *Ann. de Chim. et de Phys.*, (3), t. LXIII, p. 232; — Kœrner, *Zeitsch. für Chem.*, nouv. sér., t. IV, p. 322, et *Bull. de la Soc. chim.*, 1869, t. XI, p. 67; — M. Buchner, *Ann. der Chem. u. Pharm.*, t. XCVI, p. 186, et *Ann. de Chim. et de Phys.*, (3), t. XLVI, p. 377].

La pyrocatéchine est fort soluble dans l'eau, encore plus soluble dans l'alcool, très-peu soluble dans l'éther; elle se dépose de sa solution aqueuse en prismes rectangulaires terminés par un biseau et appartenant au système orthorhombique. Formes observées $g^1 h^1 e^x$; e^x sur $e^x = 116°9'$ est situé horizontalement.

Elle fond à 110-115° (Wagner), à 116° (Zwenger), à 111° (Eissfeldt, Buchner); elle se sublime un peu au-dessus de cette température en lames brillantes. Elle bout entre 240° et 245°; ses vapeurs sont incolores, d'une odeur forte, qui excite l'éternument; par le refroidissement, elles se condensent en une masse cristalline.

On peut distiller la pyrocatéchine sur la chaux, la potasse ou la baryte caustique sans l'altérer.

Ses solutions dans les alcalis et les carbonates alcalins, exposées à l'air, se colorent en vert, puis en brun et en noir. L'eau de chaux se colore en vert, puis en brun par l'addition d'une goutte d'une solution aqueuse concentrée de pyrocatéchine.

Elle réduit aisément le chlorure d'or, l'azotate d'argent et le tétrachlorure de platine à la température de l'ébullition ainsi que les liqueurs cupro-alcalines. Les sels ferreux sont sans action sur elle; avec le chlorure ferrique, elle donne une coloration vert foncé, qui passe au rouge foncé par l'addition de l'ammoniaque, de la potasse ou de l'eau de baryte.

L'acide azotique la transforme en acide oxalique, mélangé d'une petite quantité d'une matière jaune, différente de l'acide picrique. Un mélange d'acide chlorhydrique et de chlorate de potassium la convertit en quinone perchlorée (chloranile), $C^6Cl^4O^2$.

DIACÉTYLE-PYROCATÉCHINE,

$$C^6H^4(OC^2H^3O)^2$$

[Nachbaur, *Ann. der Chem. u. Pharm.*, t. CVII, p. 243, et *Répert. de Chim. pure*, 1859, p. 107]. — Produit par l'action du chlorure d'acétyle sur la pyrocatéchine, cet éther est en aiguilles insolubles dans l'eau, solubles dans l'alcool, facilement fusibles, ne colorant pas les sels de fer.

DIBENZOYLE-PYROCATÉCHINE,

$$C^6H^4(OC^7H^5O)^2$$

(Nachbaur). — Obtenu avec le chlorure de benzoyle, ce corps forme une masse visqueuse, qui se solidifie après quelques jours en une masse cristalline. Insoluble dans l'eau, il se dissout dans l'alcool d'où il cristallise en une masse composée de petits cristaux rhombiques. Il colore les sels de fer en vert.

MÉTHYLE-PYROCATÉCHINE,

$$C^6H^4\begin{cases}OH\\OCH^3.\end{cases}$$

— Ce n'est autre chose que le gaïacol. — Voyez t. I, p. 1510.

DIMÉTHYLE-PYROCATÉCHINE,

$$C^6H^4\begin{cases}OCH^3\\OCH^3\end{cases}$$

[R. Kœlle et Malin, *Ann. der Chem. u. Pharm.*, t. CLIX, p. 240, *Bull. de la Soc. chim.*, 1871, t. XVI, p. 331]. — On l'obtient en distillant avec la chaux l'acide diméthyle-protocatéchique. C'est une huile à odeur de vanille, bouillant de 210° à 215°, colorant le chlorure ferrique en vert et réduisant l'azotate d'argent.

Dans la distillation de l'acide diéthyle-protocatéchique, il se forme une huile ressemblant à la diméthyle-pyrocatéchine, d'un point d'ébullition plus élevé, et qui doit être la diéthyle-pyrocatéchine. E. G.

PYROCHLORE (Min.). — Niobate de calcium avec cérium, sodium, acide titanique, fer, urane, manganèse, etc. Se trouve en petits cristaux octaédriques ou en grains arrondis d'un brun rougeâtre, légèrement translucides, dans la syénite zirconienne de Norvége, à Brevig avec thorite, et près de Miask (Oural).

Caractères. — Plusieurs variétés sont décomposées par l'acide chlorhydrique et donnent une coloration bleue avec l'étain. Attaqué par fusion avec le bisulfate de potassium. Au chalumeau devient jaune-vert; de là son nom. Il présente un phénomène d'incandescence momentanée, comme celui de la gadolinite. Les réactions au chalumeau changent suivant la composition variable du minéral.

Dureté, 5,5. Poussière : brun-jaune.

Densité = 4,32 (Miask), 4,22 (Frederichswärn).

Forme cristalline. — Octaèdre régulier a^1, avec faces b^1, a^2, a^3.

Clivage octaédrique. F. et S.

PYROCHROÏTE (Min.). — Minéral ressemblant à la brucite, trouvé par M. Igelström, en veines minces, dans la magnétite de Paisberg (Suède), et renfermant d'après ce savant $Mn(OH)^2$. Le magnésium et le calcium remplacent une partie du manganèse. L'analyse y a signalé 3,8 °/₀ d'acide carbonique. Éclat perlé, couleur blanche passant au bronze foncé sous l'influence de l'air. Dans cet état, le minéral, en lames très-minces, laisse passer une lumière rouge.

Caractères. — Soluble dans l'acide chlorhydrique. Dans le tube bouché, devient vert, puis brun noir et donne de l'eau.

Dureté, 3,4.

PYROCITRIQUES (ACIDES). — Gerhardt avait réuni sous ce nom les acides isomères qui prennent naissance dans la distillation de l'acide citrique, à savoir les acides itaconique, citraconique, en y joignant l'acide mésaconique et même l'acide lipique, produit d'oxydation de certaines graisses par l'acide azotique. Cette dénomination est très-peu usitée aujourd'hui.

PYRODEXTRINE. — Ce nom a été donné par Gélis à un produit mal défini qui se forme dans la torréfaction de l'amidon à une température de 230°. La pyrodextrine forme une masse brune, friable, soluble dans l'eau avec une coloration brune, un peu soluble dans l'alcool faible : elle ne s'altère plus à 210°; elle n'est attaquée que très-lentement par les acides chlorhydrique et sulfurique étendus et bouillants; elle réduit les sels de cuivre alcalins, les sels d'or et d'argent. La pyrodextrine renfermerait $C^{48}H^{74}O^{37}$ et donnerait avec l'eau de baryte un précipité brun, contenant $C^{48}H^{72}Ba^2O^{38}$, et avec l'acétate de plomb, après addition d'alcool, un sel noir visqueux, $C^{48}H^{72}PbO^{37}$ [*Ann. de Chim. et de Phys.*, (3), t. LII, p. 388]. La pyrodextrine est très-probablement un mélange d'anhydrides ou d'alcools condensés dérivés de la dextrine, alcool polyatomique. A. H.

PYROFUCUSOL. — Stenhouse a donné ce nom à une substance cristallisant en aiguilles, qui se forme dans la distillation sèche du *thiofucusol*, produit de l'action de l'hydrogène sulfuré sur la *fucusamide* (t. I, p. 1506). Le pyrofucusol renferme probablement $C^9H^8O^2$ et est isomérique avec le produit de la distillation sèche du thiofurfurol.

PYROGAÏACINE. — C'est un des produits de la distillation de la résine de gaïac. — Voyez t. I, p. 1511.

PYROGAÏACIQUE (ACIDE). — Synonyme d'HYDRURE DE GAÏACYLE, t. I, p. 1510.

PYROGALLÉINE, $C^{18}H^{20}Az^6O^{10}$ [Rosing, *Compt. rend. de l'Acad.*, t. XLVI, p. 1139; *Institut*, 1858, p. 207; *Journ. für prakt. Chem.*, t. LXXV, p. 183]. — On prépare ce corps en faisant dissoudre l'acide pyrogallique dans de l'ammoniaque aqueuse et en abandonnant le liquide pendant quinze jours à l'air dans des vases plats; on ajoute de temps en temps de l'ammoniaque, puis on fait passer un courant d'oxygène pendant plusieurs heures et on évapore à siccité.

La pyrogalléine est neutre et incristallisable; l'équation suivante rend compte de sa formation :

$$3C^6H^6O^3 + 6AzH^3 + 9O$$
$$= 8H^2O + C^{18}H^{20}Az^6O^{10}.$$

Elle donne, avec un grand nombre de sels métalliques, des précipités bruns, qui ne peuvent être lavés sans subir de décomposition. Ph. de C.

PYROGALLIQUE (ACIDE) [Syn. *Acide dioxyphénique, pyrogallol*], $C^6H^6O^3$ [Scheele, *Opuscules*, 1786, t. II, p. 226; — Berzelius, *Ann. de Chim.*, t. XCIV, p. 303; — Braconnot, *Ann. de Chim. et de Phys.*, t. XLVI, p. 206; — Pelouze, *Ann. de Chim. et de Phys.*, t. LIV, p. 378; — Stenhouse, *Ann. der Chem. u. Pharm.*, t. XLV, p. 1, et *Mem. Chem. Soc. London*, t. I, p. 127; — A. Rosing, *Compt. rend.*, t. XLIV, p. 1149].— Scheele a le premier remarqué cet acide et l'a considéré comme de l'acide gallique sublimé. L. Gmelin ensuite l'a distingué de l'acide gallique, enfin Berzelius, Braconnot et Pelouze ont établi sa composition. L'acide pyrogallique, qui est un isomère de la phloroglucine, s'obtient par la distillation de l'acide gallique et du tannin : il renferme les éléments de l'acide gallique moins ceux de l'acide carbonique :

$$C^7H^6O^5 = C^6H^6O^3 - CO^2.$$

Pour le préparer, on mêle de l'acide gallique avec le double de son poids de pierre ponce; on introduit le mélange dans une cornue tubulée, de manière à n'en remplir que la moitié; on plonge la cornue jusqu'au col dans un bain de sable; on y dirige, par la tubulure, un courant d'acide carbonique, puis on chauffe. On recueille l'acide pyrogallique dans un récipient. On en obtient environ 31 à 32 °/₀ du poids de l'acide gallique [Liebig, *Ann. der Chem. u. Pharm.*, t. CI, p. 47]. On peut aussi sublimer l'extrait aqueux de noix de galle dans un appareil semblable à celui qu'on emploie pour la préparation de l'acide benzoïque (voyez t. I, p. 553). On doit dans ce cas chauffer au bain de sable à 180-185° pendant 10 à 12 heures, pour n'obtenir que 5 °/₀ d'acide pyrogallique.

V. de Luynes et G. Espérandieu [*Compt. rend.*, 1865, t. LXI, p. 487], en chauffant de l'acide gallique dans une marmite de Papin en bronze avec 2 ou 3 fois son poids d'eau pendant une demi-heure de 200° à 210°, obtiennent la quantité d'acide pyrogallique correspondant à l'équation suivante : $C^7H^6O^5 = CO^2 + C^6H^6O^3$. Ils le purifient en faisant bouillir avec un peu de charbon animal, faisant cristalliser dans l'eau et distillant dans le vide. Lorsqu'on met entre la marmite et le couvercle de la marmite des rondelles de carton, l'acide carbonique peut s'échapper, mais non l'eau.

L'acide diiodosalicylique ainsi que l'acide dibromosalicylique fournissent de l'acide pyrogallique lorsqu'on les décompose par une solution de potasse caustique [E. Lautemann, *Ann. der Chem. u. Pharm.*, t. CXX, p. 299; *Répert. de Chim. pure*, 1862, p. 190].

Les sels de potassium des deux acides isomériques sulfoconjugués du phénol chloré fournissent, par l'action de la potasse en fusion, de l'acide pyrogallique [Baehr-Predari, *Deutsch. Chem. Gesells.*, t. II, p. 693, et *Bull. de la Soc. chim.*, 1870, t. XIII, p. 440].

L'hématoxyline, fondue avec 4 fois son poids de potasse, fournit de l'acide pyrogallique [Fr. Reim, *Deutsch. Chem. Gesells.*, t. IV, p. 329; *Bull. de la Soc. chim.*, 1871, t. XVI, p. 106].

Propriétés. — L'acide pyrogallique sublimé se présente sous la forme de lamelles ou d'aiguilles d'un blanc éclatant. Sa saveur est très-amère. Il entre en fusion vers 115° et en ébullition vers 210°. Lorsqu'on le sublime, une portion se transforme constamment en acide métagallique. Sa vapeur est incolore et excite la toux. Brusquement chauffé à 250°, il noircit et se dédouble en acide métagallique (voyez t. I, p. 1510) et en eau : $C^6H^6O^3 = C^6H^4O^2 + H^2O$.

L'acide pyrogallique est vénéneux; à la dose de 2 à 4 grammes en solution étendue, il détermine la mort lorsqu'il est ingéré dans l'estomac d'un chien. Il produit les mêmes symptômes que le phosphore et semble enlever comme celui-ci l'oxygène au sang [J. Personne, *Compt. rend.*, t. LXIX, p. 749]. On s'en sert en photographie et pour teindre les cheveux.

L'acide pyrogallique se dissout dans 2 p. 1/2 d'eau à 13°. Il est moins soluble dans l'alcool et dans l'éther que dans l'eau. L'air humide ainsi que les alcalis l'altèrent. Sa solution aqueuse, qui est neutre, noircit à l'air. Au contact d'une solution de potasse, une solution aqueuse d'acide pyrogallique noircit en absorbant l'oxygène avec une telle activité, que cette réaction a été mise à profit par Chevreul et plus tard par Liebig pour l'analyse eudiométrique de l'air; Calvert [*Compt. rend.*, t. LVII, p. 873], Cloëz [*Compt. rend.*, t. LVII, p. 875] et Boussingault [*Compt. rend.*, t. LVII, p. 885] ont fait voir que ce mélange, en même temps qu'il absorbe de l'oxygène, laisse dégager une petite quantité d'oxyde de carbone.

Lorsqu'on fait bouillir de l'acide pyrogallique avec une solution concentrée de potasse, il se forme des acides carbonique, acétique et oxalique. Un lait de chaux le colore en pourpre, puis en brun; l'hydrate de baryum, en brun et en noir.

Lorsqu'on chauffe de l'acide pyrogallique avec de la baryte caustique, il se décompose, mais les produits obtenus sont de nature complexe [A. Riche, *Ann. de Chim. et de Phys.*, (3), t. LIX, p. 426].

L'acide pyrogallique colore la solution de sulfate ferreux en bleu indigo, le chlorure ferrique en rouge. Il réduit les solutions cupro-alcalines et les sels des métaux précieux.

L'acide chlorhydrique étendu ainsi que l'acide concentré sont sans action sur l'acide pyrogallique. L'acide azotique fumant transforme l'acide pyrogallique en acide oxalique.

Une solution aqueuse d'acide pyrogallique est colorée en brun par de très-faibles quantités d'acide azoteux et est par conséquent un réactif très-sensible pour cet acide. Les azotites donnent la même réaction, si on ajoute de l'acide sulfurique faible; de l'eau renfermant 1/50000 d'azotite de potassium se colore encore en brun [Schönbein, *Zeitsch. für anal. Chem.*, t. I, p. 319].

Le chlore produit une coloration noire avec l'acide pyrogallique et il se dégage de l'acide chlorhydrique; l'iode n'exerce d'action que vers 200°. Le brome transforme l'acide pyrogallique en un dérivé tribromé $C^6H^3Br^3O^3$, qui d'une solution alcoolique cristallise en gros cristaux renfermant 1 molécule d'eau de cristallisation. Ce corps est insoluble dans l'eau froide et est décomposé par l'eau bouillante ; les alcalis colorent la solution en un rouge intense qui passe au brun à l'air. Le sulfate ferreux colore en bleu intense une solution même étendue du composé bromé; au contact de l'air, le liquide devient noir à la longue.

A l'abri de l'air, l'ammoniaque n'a pas d'action sur l'acide pyrogallique (voyez PYROGALLÉINE). L'acide pyrogallique ne décompose pas les carbonates ; dissous dans un carbonate alcalin, il se colore en brun à l'air. L'acide pyrogallique se combine avec la gélatine et avec la caséine. En chauffant à 200° de l'acide pyrogallique avec de l'acide stéarique, il se produit un composé cristallisé qu'il n'est pas possible de séparer de l'excès d'acide stéarique.

Le chlorure d'acétyle agit à la température ordinaire sur l'acide pyrogallique et donne naissance avec lui à un corps presque insoluble dans l'eau, soluble dans l'alcool bouillant, et que l'eau précipite en paillettes cristallines de la solution alcoolique.

Ce corps offre à peu près les réactions de l'acide pyrogallique, quoique avec moins d'énergie. Il ne colore pas les sels de fer. Il est volatil sans décomposition. On ne peut établir la formule de ce composé, pas plus que celle du produit de l'action du chlorure de benzoyle sur l'acide pyrogallique, qui se présente sous forme d'une masse résineuse [C. Nachbaur, *Ann. der Chem. u. Pharm.*, 1858, t. CVII, p. 243, et *Rép. de Chim. pure*, 1859, p. 107 ; — V. de Luynes et G. Espérandieu, *loc. cit.*].

Lorsqu'on ajoute à de l'acide picrique additionné d'un peu d'eau de l'acide pyrogallique, il se produit une combinaison des deux acides, qui cristallise en larges feuilles et noircit facilement à l'air [V. de Luynes, *Compt. rend.*, t. XLVII, p. 656].

L'acide pyrogallique se combine avec la nicotine en un liquide huileux, brunissant peu à peu à l'air, et avec la quinine en un composé cristallisé.

Action de l'acide sulfurique sur l'acide pyrogallique. — L'acide sulfurique fumant forme avec l'acide pyrogallique une dissolution brune renfermant un sulfacide.

Rosing avait déjà reconnu que l'acide pyrogallique peut donner un acide sulfoconjugué, mais dont la purification est fort difficile. H. Schiff prépare ce produit de la manière suivante : on dissout une molécule d'anhydride sulfurique dans une molécule d'acide SO^4H^2 parfaitement exempt de fer et de vapeurs nitreuses ; cet acide disulfurique pur transforme directement l'acide pyrogallique en un acide sulfoconjugué. Si l'on emploie 25 grammes d'acide pyrogallique pour 10 centimètres cubes d'acide fumant, le mélange se solidifie après 2 minutes; après 10 minutes tout l'acide pyrogallique s'est transformé en acide sulfoconjugué cristallisé, à peu près incolore [*Deutsch. Chem. Gesells.*, t. V, p. 642, 661 et 1055, et *Bull. de la Soc. chim.*, 1872, t. XVIII, p. 339].

L'*acide pyrogallolsulfureux*,

$$C^6H^2\begin{cases}(OH)^3\\SO^2.OH,\end{cases}$$

est le véritable analogue de l'acide gallique,

$$C^6H^2\begin{cases}(OH)^3\\CO.OH.\end{cases}$$

Il est plus soluble que ce dernier, ainsi que ses sels. Il donne la même réaction avec l'eau de baryte, et l'oxychlorure de phosphore le transforme en une combinaison qui correspond à l'acide digallique.

On chauffe le mélange d'abord vers 60°, puis à 90-100°; le mélange se transforme en une gelée violette qu'on épuise par de l'éther absolu et qu'on purifie par des lavages avec de l'eau ; finalement on dissout dans de l'eau chaude.

L'anhydride se sépare en flocons incolores par l'addition d'acide chlorhydrique. Il est à l'acide pyrogallolsulfureux ce que le tannin est à l'acide gallique.

$C^6H^2\begin{cases}(OH)^3\\CO.OH\end{cases}$	$C^6H^2\begin{cases}(OH)^3\\SO^2.OH\end{cases}$
Acide gallique.	Acide pyrogallolsulfureux.
$\begin{matrix}C^6H^2\begin{cases}(OH)^3\\CO\diagdown\end{cases}\\ O\diagup\\ C^6H^2\begin{cases}(OH)^2\\CO.OH.\end{cases}\end{matrix}$	$\begin{matrix}C^6H^2\begin{cases}(OH)^3\\SO^2\diagdown\end{cases}\\ O\diagup\\ C^6H^2\begin{cases}(OH)^2\\SO^2.OH.\end{cases}\end{matrix}$
Acide tannique (digallique).	Acide sulfotannique.

Les propriétés de l'acide sulfotannique rappellent complétement celles du tannin. L'acide chlorhydrique bouillant le transforme en acide pyrogallolsulfureux.

Le sel de potassium de l'acide pyrogallolsulfureux,

$$C^6H^2.(OH)^3.SO^3K + 2H^2O,$$

cristallise en grands octaèdres rhombiques. Le sel d'argent, $C^6H^2(OAg)^3.SO^3Ag$, constitue des grains cristallins.

Suivant Personne, l'acide pyrogallolsulfureux donne un sel de baryum

$$[C^6H^2(OH)^3(SO^3)]^2Ba + H^2O,$$

bien cristallisé, et dont la solution est précipitée en violet par un excès de baryte. Il a obtenu, en outre, l'acide pyrogallol-disulfureux

$$C^6H(OH)^3(SO^3H)^2,$$

dont le sel de baryum est en croûtes cristallisées jaunâtres, donnant un précipité bleu avec un excès de baryte [*Bull. de la Soc. chim.*, t. XX, p. 531].

Action des oxydants sur l'acide pyrogallique. — Le permanganate de potassium oxyde facilement l'acide pyrogallique; en solution concentrée, il détermine le dégagement d'acide carbonique avec effervescence; Monier [*Compt. rend.*, t. XLVI, p. 577] a basé sur cette réaction un procédé de dosage volumétrique de l'acide pyrogallique.

Purpurogalline. — Suivant A. Girard [*Compt. rend.*, t. LXIX, p. 865; *Bull. de la Soc. chim.*, 1870, t. XIII, p. 357], il se dépose de l'argent et une matière neutre rouge volatile, lorsqu'on mélange une solution d'azotate d'argent avec une solution d'acide pyrogallique. Ce corps nommé *purpurogalline* a pour composition $C^{20}H^{16}O^9$.

Le meilleur procédé de préparation de cette combinaison consiste dans l'emploi de l'acide permanganique. 60 grammes de permanganate de potassium dissous dans 1 litre d'eau sont additionnés de 55 gr. d'acide sulfurique monohydraté. On ajoute ce mélange avec précaution à de l'acide pyrogallique dissous dans une faible quantité d'eau, en ayant soin d'éviter une trop grande élévation de température. Il se dégage de l'oxyde de carbone et de l'acide carbonique, et il se dépose des flocons cristallins d'un beau rouge orangé qui sont de la purpurogalline. 1250 centimètres cubes de la solution d'acide permanganique suffisent pour oxyder 10 grammes d'acide pyrogallique. On lave avec peu d'eau, on redissout dans l'alcool et on sublime. Les cristaux sont anhydres. La purpurogalline s'oxyde facilement pour former un composé amorphe brunâtre, c'est pourquoi il ne faut pas laisser trop longtemps les deux liqueurs en contact. En même temps que la purpurogalline, il se forme de l'acide oxalique. Les équations suivantes expliquent la formation de la purpurogalline :

$$4(C^6H^6O^3) + O^6 = C^{20}H^{16}O^9 + 4CO + 4H^2O;$$
$$4(C^6H^6O^3) + O^9 = C^{20}H^{16}O^9 + 4CO^2 + 4H^2O.$$

Vers 200°, la purpurogalline se sublime en belles aiguilles d'un rouge-grenat. Elle est peu soluble dans l'eau, plus soluble dans l'alcool, aussi soluble dans l'éther que dans la benzine, et colore tous ces solvants en jaune. Elle se dissout dans l'acide sulfurique et forme avec lui une combinaison cristallisable en aiguilles cramoisies, que l'eau décompose aisément ; la plupart des acides la dissolvent de même, sans l'altérer.

L'acide nitrique l'attaque vivement; l'acide monohydraté peut même l'enflammer, l'acide ordinaire la convertit en acide picrique. Les solutions de purpurogalline prennent au contact de la potasse et de l'ammoniaque une belle coloration d'un bleu foncé, mais cette coloration est éphémère; au bout de quelques minutes, la liqueur verdit, puis devient jaune. L'eau de chaux, l'eau de baryte, colorent les mêmes solutions en bleu violacé, mais ces colorations ne tardent pas à disparaître. Le sulfate d'aluminium ne modifie pas la teinte jaune des solutions de purpurogalline; mais si l'on ajoute de l'ammoniaque, il se précipite bientôt une laque qui, du violet-brun, passe peu à peu au brun.

L'acétate de plomb la précipite en brun-rouge. L'azotate d'argent la colore d'abord en bleu violacé, puis la coloration se modifie, la liqueur brunit et l'argent est ramené à l'état métallique. Le chlorure d'or donne avec ces solutions une coloration d'un rouge-carmin très-vif, qui disparaît également pour faire place à une coloration brune et à un dépôt d'or métallique. La purpurogalline est une matière tinctoriale énergique, elle teint rapidement et profondément les tissus mordancés, mais les couleurs n'ont qu'un faible éclat.

Une solution de gomme à laquelle on ajoute de l'acide pyrogallique se colore en jaune et laisse déposer après quelques heures des aiguilles cristallines, insolubles dans l'eau froide, solubles dans l'alcool et dans le chloroforme. Les alcalis caustiques ou carbonatés, ainsi que l'ammoniaque, colorent ce corps en bleu foncé; cette coloration fait place peu à peu à une teinte verdâtre, puis au jaune foncé. Il suffit de traces de ce composé pour produire ces colorations; mais s'il renferme encore des traces d'acide pyrogallique ou de ses produits de décomposition, on n'observe pas la coloration bleue par l'addition d'ammoniaque, mais seulement une coloration bleuâtre. Selon H. Struve [*Ann. der Chem. u. Pharm.*, t. CLXIII, p. 160, et *Bull. de la Soc. chim.*, 1873, t. XIX, p. 165], cette combinaison est identique avec la purpurogalline.

L'essence de térébenthine ozonée oxyde l'acide pyrogallique et il se forme de la purpurogalline, qui se dissout dans l'essence, ainsi que plusieurs autres produits.

En oxydant l'acide pyrogallique par l'acide chromique, on obtient un corps qui semble être identique avec la purpurogalline ; il se présente sous la forme de petites aiguilles enchevêtrées d'un rouge clair, fusibles au delà de 220° et se sublimant non sans décomposition. Elles sont peu solubles dans le chloroforme, la benzine, et se colorent avec l'ammoniaque d'abord en bleu, puis prennent une teinte sale. Wichelhaus [*Deutsch. Chem. Gesells.*, t. V, p. 846] assigne à la purpurogalline la formule

$$C^{18}H^{14}O^9 = (HO)C^6H^3\left\{\begin{matrix}O.O.C^6H^3(OH)^2\\O.O.C^6H^3(OH)^2.\end{matrix}\right.$$

Combinaisons de l'acide pyrogallique avec les acides et avec les aldéhydes. — L'acide pyrogallique se combine à l'acide phtalique en donnant naissance à la galline. — Voyez PHTALÉINES, t. II, p. 1009.

L'acide pyrogallique se combine également avec l'acide pyromellique, avec l'anhydride succinique et avec l'acide oxalique. La combinaison avec l'acide pyromellique présente la même couleur que la galline.

Pour obtenir la combinaison oxalique, il faut faire intervenir la glycérine ; la liqueur prend à chaud une belle couleur rouge. L'essence d'amandes amères, l'acétone et quelques autres matières paraissent également s'unir avec l'acide pyrogallique [Ad. Baeyer, *Deutsch. Chem. Gesells.*, t. IV, p. 658, et *Bull. de la Soc. chim.*, 1871, t. XVI, p. 377].

Une combinaison de l'acide pyrogallique avec l'aldéhyde formique prend naissance lorsqu'on fait dissoudre de l'acide pyrogallique dans une solution aqueuse d'acétate de méthylène non en excès, le liquide se prend en une bouillie par l'addition d'acide chlorhydrique concentré. On obtient ainsi un composé incolore, amorphe, soluble dans l'eau, et précipitant la gélatine. S'il y a un excès d'aldéhyde formique, le précipité se colore en rouge. La matière incolore bouillie avec de l'acide chlorhydrique ou de l'acide sulfurique étendus fournit de petites aiguilles incolores insolubles dans l'eau ; une ébullition prolongée communique une couleur foncée au liquide et aux cristaux [A. Baeyer, *Deutsch. Chem. Gesells.*, t. V, p. 1096].

Lorsqu'on chauffe de l'acide pyrogallique avec de l'*aldéhyde ordinaire*, en tubes scellés, on obtient une masse vitreuse d'un brun-rouge, insoluble dans la potasse. Si on ajoute de l'acide chlorhydrique ou sulfurique au mélange des deux corps et qu'on chauffe légèrement, il se produit une coloration rouge, qui passe au violet par l'addition d'un alcali.

De l'aldéhydate d'ammoniaque, dissous dans l'acide chlorhydrique et ajouté à un mélange d'acide pyrogallique et d'acide sulfurique, donne une substance soluble dans l'eau bouillante. Lorsqu'on chauffe de l'aldéhyde avec de l'acide chlorhydrique et de l'acide pyrogallique, on obtient un corps rouge. Le chloral se comporte comme l'aldéhyde.

Lorsqu'on fait chauffer de l'essence d'amandes amères avec de l'acide pyrogallique, il se produit une masse résineuse rouge-brun qui renferme une matière incolore résineuse cristallisant difficilement et un produit d'oxydation rouge. La combinaison incolore, $C^{26}H^{22}O^7$, se forme en vertu de l'équation suivante :

$$2C^7H^6O + 2C^6H^6O^3 = C^{26}H^{22}O^7 + H^2O.$$

On l'obtient pure lorsqu'on mélange à froid et qu'on agite bien une solution chlorhydrique d'acide pyrogallique, de l'acide chlorhydrique concentré et de l'essence d'amandes amères. La solution se trouble et laisse déposer le composé $C^{26}H^{22}O^7$. Si l'on chauffe, le mélange rougit; en même temps, il se dépose des cristaux de $C^{26}H^{22}O^7$; on obtient encore ce même corps en ajoutant de l'acide chlorhydrique concentré à la solution alcoolique bouillante d'essence d'amandes amères et d'acide pyrogallique; on refroidit rapidement, et après 24 heures on lave le précipité à l'alcool, dans lequel il est insoluble. Ce corps se dissout un peu dans l'acétone et cristallise en prismes obliques tronqués. Chauffé à 200°, le corps $C^{26}H^{22}O^7$ perd de l'hydrogène et donne une substance, $C^{26}H^{16}O^7$, soluble dans l'alcool, avec une couleur rouge foncé.

Le produit d'oxydation rouge dont il est question plus haut teint le coton comme la galléine (voyez PHTALÉINES, t. II, p. 1009) et se transforme en $C^{26}H^{22}O^{7}$ par l'action des réducteurs.

En faisant réagir l'acide pyrogallique sur l'hydrure de salicyle, on obtient le dérivé salicylique, $C^{26}H^{22}O^{9}$, correspondant; il est cristallisable et un peu soluble dans l'alcool [Ad. Baeyer, *Deutsch. Chem. Gesellsch.*, t. V, p. 25 et p. 280; *Bull. de la Soc. chim.*, 1872, t. XVII, p. 276 et p. 457].

Le furfurol, mélangé avec de l'acide pyrogallique, donne, par l'addition d'une goutte d'acide chlorhydrique, une belle substance d'un bleu indigo, que l'eau dissout avec une couleur verte et que l'acide chlorhydrique reprécipite en flocons bleus [Ad. Baeyer, *loc. cit.*].

Pyrogallo-quinone, $C^{18}H^{14}O^{8}$. — En ajoutant de la quinone à une solution concentrée d'acide pyrogallique, les deux corps étant employés dans la proportion de leurs molécules, la quinone se dissout et le liquide se colore en rouge, ensuite il laisse déposer une masse cristalline rouge. On filtre, on lave avec de l'eau, on fait cristalliser dans l'alcool ou on sublime. On obtient ainsi des aiguilles rouge-brique, mates ou brillantes, selon qu'on emploie l'un ou l'autre procédé. Elles sont insolubles dans l'eau et ne fondent pas encore à 200°, mais commencent à se sublimer. La pyrogallo-quinone se forme en vertu de l'équation suivante :

$$2\,C^6H^4O^2 + 2\,C^6H^6O^3$$
$$= C^6H^6O^2 + C^6H^4 \genfrac{}{}{0pt}{}{< O.O.C^6H^3(OH)^2}{< O.O.C^6H^3(OH)^2}.$$

Les alcalis décomposent la pyrogallo-quinone en produisant des colorations vives, mais fugaces; avec l'ammoniaque, on obtient une solution d'un beau bleu qui bientôt perd de son éclat.

La quinone trichlorée forme avec l'acide pyrogallique de la pyrogallo-quinone; la quinone tétrachlorée réagit à 100° en vase clos sur l'acide pyrogallique en fournissant le produit $C^6H^2Cl^4O^2$ [Wichelhaus, *loc. cit.*].

PYROGALLATES. — Ils sont plus solubles que les gallates et ont comme ceux-ci une grande tendance à s'oxyder et à se colorer au contact de l'air; aussi, pour empêcher l'altération, faut-il les évaporer dans le vide.

Pyrogallate d'ammonium, $C^6H^5O^3.AzH^4$. — Sel blanc, en cristaux distincts qui se déposent dans une solution éthérée d'acide pyrogallique, saturée d'ammoniaque [V. de Luynes et G. Espérandieu, *Ann. de Chim. et de Phys.*, (4), t. XII, p. 120].

Le *pyrogallate d'antimoine*, $C^6H^5(SbO)''O^3$, qu'on obtient en mélangeant une solution de concentration moyenne d'acide pyrogallique avec une solution bouillante d'émétique, constitue de petites feuilles nacrées, blanches, inaltérables à 130°, insolubles dans l'eau, facilement solubles dans l'acide chlorhydrique étendu [Rosing, *loc. cit.*].

Le sel de potassium cristallise, suivant Pelouze, en tables rhomboïdales. Suivant Rosing [*Compt. rend.*, t. XLVI, p. 1139], l'acide pyrogallique ne se colore pas avec les alcalis fixes. Stenhouse a décrit le sel de plomb, $C^{12}H^{10}PbO^6.PbH^2O^2$, obtenu en ajoutant goutte à goutte de l'acétate de plomb neutre à un excès d'acide pyrogallique. D'après Rosing, les combinaisons que l'acide pyrogallique forme avec le plomb et les autres oxydes métalliques ont une composition variable. Ph. de C.

PYROGÉNÉES (RÉACTIONS). — Lorsqu'on soumet un composé organique à l'action de la chaleur et que la fixité de ce corps, ou les conditions dans lesquelles on le place, l'empêchent d'échapper aux transformations que provoque l'élévation de la température, il peut se faire, aux dépens des éléments de la substance que l'on surchauffe, une série de réactions engendrées par l'action du feu, ou *pyrogénées*, d'où résultent un ou plusieurs composés nouveaux auxquels on a donné le nom de *corps* ou *dérivés pyrogénés*. Vers la fin du XVIIe siècle et au commencement du XVIIIe, les premiers chimistes préoccupés de la nature des tissus végétaux et animaux tentèrent d'en aborder l'analyse, en les soumettant aux procédés de la distillation sèche par lesquels on avait réussi à en extraire déjà certaines essences volatiles. Ils reconnurent que tous ces corps donnaient ainsi à peu près les mêmes produits généraux, de l'*eau*, de l'*huile*, de la *terre* et des *phlegmes*. Ces tentatives ne restèrent pas inutiles : les huiles empyreumatiques, l'huile animale de Dippel, l'esprit de Mendererus, le vinaigre radical, le phosphore, et les procédés pour obtenir le bleu de Prusse datent de cette époque. On reconnut aussi vaguement cette analogie profonde de composition, dévoilée par l'analyse des produits pyrogénés, entre les matières animales et végétales que l'on distingua des matières minérales, qui ne donnent ni huile, ni empyreume, ni charbon. On reconnut aussi l'existence constante de l'alcali volatil dans le résultat de la distillation sèche des matières animales et l'acidité des produits de la distillation des substances végétales. Dans le siècle suivant, un pas était encore fait en avant, et l'analyse de l'eau, des phlegmes, de l'alcali, conduisait à la connaissance des matières premières dont sont formées les substances organiques et à leur analyse élémentaire. — Voyez à ce sujet Berthelot, *Chimie fondée sur la synthèse*, t. I, Introduction, p. XXXVIII et suiv.

En ce qui concerne les lois qui règlent les réactions pyrogénées, on savait vers 1830 que la chaleur dédouble les substances organiques en produits en général plus simples : l'eau, l'oxyde de carbone, l'acide carbonique, les carbures d'hydrogène gazeux ou fixes, le charbon, etc. D'un autre côté, Th. de Saussure avait reconnu la formation de la naphtaline dans la décomposition de la vapeur d'éther ou d'alcool par la chaleur rouge. A cette époque, deux séries d'expériences ayant l'une et l'autre trait à la distillation des sels à acides organiques firent faire un pas important à la théorie.

En 1832, Liebig et Dumas reconnurent en distillant les acétates qu'il se forme ainsi de l'eau, de l'acide carbonique et de l'acétone; Persoz découvrit la décomposition des mêmes sels en acide carbonique et hydrogène protocarboné; Mitscherlich (1833) observa que la distillation sèche des benzoates donne naissance à volumes égaux d'acide carbonique et de benzine. Puis successivement on reconnut qu'un très-grand nombre d'autres sels organiques à acides volatils se décomposent d'une manière analogue.

En 1834, Pelouze, en soumettant les acides organiques fixes à la distillation sèche, montra qu'il se produit ainsi d'autres acides pyrogénés, moins aptes que leurs générateurs à former des sels polybasiques, acides et neutres, et qui diffèrent des corps primitifs soit par les éléments de l'eau ou de l'acide carbonique, soit par l'un et l'autre de ces deux corps à la fois.

A peu près vers la même époque, la distillation sèche des sels formés par les *acides gras* à équivalents élevés, des corps aromatiques, de la houille, avait successivement fait découvrir des séries de corps homologues, et spécialement d'hydrocarbures, dont la molécule était en général moins riche en carbone que celle du composé primitif. En 1855, Berthelot, en soumettant ces produits à une analyse immédiate minutieuse, reconnut qu'ils peuvent appartenir aux deux séries grasse et aromatique, et que, pour chacun de ces deux groupes, les uns étaient saturés d'hydrogène, les autres non saturés. Il établit en même temps que les réactions pyrogénées pouvaient donner naissance à des corps plus complexes, plus riches en carbone que le composé générateur. Enfin en 1866, reprenant ces études et soumettant les hydrocarbures eux-mêmes soit isolés, soit deux à deux, trois à trois, à des températures de plus en plus élevées, il établit les lois de la statique des corps pyrogénés, qui permettent aujourd'hui d'expliquer théoriquement et d'aborder expérimentalement un grand nombre de synthèses et de dédoublements.

Ainsi se sont peu à peu fondées nos connaissances actuelles sur ces réactions que la chaleur provoque dans les molécules organiques. Elles comprennent aujourd'hui un grand ensemble de faits régis par un petit nombre de lois générales. Pour les exposer avec détail et méthode, nous diviserons ce vaste sujet et nous aborderons successivement.

1° L'étude de l'action de la chaleur sur les hydrocarbures et sur leurs mélanges;

2° La décomposition pyrogénée des corps organiques contenant au nombre de leurs éléments de l'oxygène ou de l'azote.

ACTION DE LA CHALEUR SUR LES HYDROCARBURES ET SUR LEURS MÉLANGES.

Mécanisme des réactions pyrogénées [Berthelot, *Bull. de la Soc. chim.*, t. VI, p. 282]. — L'action qu'exerce la chaleur sur les carbures d'hydrogène et sur leurs mélanges peut être ramenée à un petit nombre de mécanismes généraux que nous allons signaler successivement.

1° *Condensation et décomposition inverse.* — Un carbure d'hydrogène peut, lorsqu'on le chauffe, engendrer des polymères formés par la condensation de plusieurs molécules du carbure primitif. Ainsi l'on aura, au rouge naissant :

$$3C^2H^2 = C^6H^6,$$
Acétylène. Benzine.

et encore :

$$4C^2H^2 = C^8H^8.$$
Acétylène. Styrolène.

Réciproquement, par la décomposition des carbures complexes, il pourra se produire des carbures isomères plus simples : par exemple, l'acétylène pourra dériver de la benzine et du styrolène; l'éthylène C^2H^4, du butylène C^4H^8.

2° *Combinaison directe des carbures les uns avec les autres; dédoublements réciproques.* — Deux carbures d'hydrogène chauffés ensemble peuvent s'unir directement, ainsi :

$$C^6H^6 + C^2H^2 = C^8H^8.$$
Benzine. Acétylène. Styrolène.

Réciproquement, on peut observer la décomposition inverse d'un hydrocarbure en deux autres plus simples. Ainsi le styrolène peut donner de la benzine et de l'acétylène.

3° *Décomposition par la chaleur des hydrocarbures en carbures moins hydrogénés et hydrogène ou combinaisons inverses.* — La chaleur peut dédoubler les carbures d'hydrogène en d'autres carbures et en hydrogène libre. Ainsi l'on aura à la température du rouge :

$$C^2H^4 = H^2 + C^2H^2;$$
Éthylène. Acétylène.

$$2C^6H^6 = H^2 + C^{12}H^{10}.$$
Benzine. Diphényle.

Réciproquement l'hydrogène peut s'unir aux hydrocarbures :

$$C^2H^4 + H^2 = C^2H^6.$$
Éthylène. Hydrure d'éthyle.

4° *Déplacements réciproques de groupes hydrocarbonés ou d'hydrogène au sein d'hydrocarbures plus complexes.* — Voici quelques exemples de ce mode de réactions réciproques. Dans le groupe diphényle, $C^{12}H^{10}$, l'éthylène peut déplacer de la benzine et donner du styrolène :

$$C^{12}H^{10} + C^2H^4 = C^8H^8 + C^6H^6;$$
Diphényle. Éthylène. Styrolène. Benzine.

d'autre part, il se fait en même temps la réaction suivante :

$$C^{12}H^{10} + C^2H^4 = C^{14}H^{10} + 2H^2.$$
Diphényle. Éthylène. Anthracène. Hydrogène.

De même l'on a :

$$C^6H^6 + CH^4 = C^7H^8 + H^2;$$
Benzine. Formène. Toluène. Hydrogène.

et réciproquement l'hydrogène pourra se substituer à un groupe hydrocarburé qu'il mettra en liberté :

$$C^{18}H^{12} + 2H^2 = C^{12}H^{10} + C^6H^6.$$
Chrysène. Hydrogène. Diphényle. Benzine.

Ces mécanismes se réunissent souvent deux à deux pour produire des effets plus compliqués. Il peut y avoir à la fois condensation moléculaire et décomposition en hydrogène et carbures moins hydrogénés (*benzine* changée en *diphényle* et *hydrogène, formène* changé en *acétylène* et *hydrogène, acétylène* changé en *naphtaline* et *hydrogène*). Ce mode de réaction pyrogénée est des plus fréquents.

Entre les corps dérivés de chacun de ces groupes de réactions et ceux que tend à produire la réaction inverse, il s'établit une sorte d'équilibre mobile variable avec la température, le temps pendant lequel agit la chaleur, les masses de corps réagissants, la nature des substances, telles que le charbon ou les métaux, qui sont en présence. Les réactions pyrogénées tendent ainsi à se limiter les unes les autres. De l'équilibre qui tend ainsi à s'établir, il résulte que la décomposition des carbures primitifs n'est jamais complète, parce que presque toujours les corps peuvent être régénérés aux mêmes températures par la réaction inverse qu'exercent les uns sur les autres les produits directs ou médiats qui se sont formés.

Tels sont les mécanismes principaux qui règlent et limitent les réactions que provoque la chaleur sur les hydrocarbures et sur leurs mélanges. Voyons maintenant ce qui les détermine.

Conditions qui déterminent et modifient les réactions pyrogénées. — Une chaleur suffisante décompose tous les carbures d'hydrogène et tend à les transformer en carbures plus simples, les uns plus fixes et plus riches en carbone que le corps primitif, les autres plus riches que lui en hydrogène; un hydrocarbure quelconque tend donc à se transformer ainsi finalement en carbone plus ou moins condensé et en hydrogène libre.

Il est des hydrocarbures stables qui ne se décomposent qu'à des températures extrêmement élevées, tels sont le formène, la naphtaline, l'anthracène. Ces corps se comportent à peu près comme l'eau, l'ammoniaque, l'oxyde de carbone, l'acide carbonique qui, parmi les matières minérales pouvant se produire dans les réactions pyrogénées, sont aptes à supporter les températures les plus hautes sans être sensiblement décomposés. Ce sont précisément ces composés très-stables qui se forment toujours dans les réactions que la chaleur détermine dans les hydrocarbures ou les composés plus complexes. Seuls, en effet, ces dérivés peuvent résister aux très-hautes températures et subsister comme derniers termes de ces réactions.

Si l'on cherche maintenant à se rendre compte de la loi qui préside à la stabilité de ces corps minéraux ou organiques aptes à résister à de hautes températures, on trouve qu'ils sont en général d'autant plus difficiles à décomposer qu'ils sont formés avec un dégagement de chaleur plus considérable à partir des éléments qui les constituent [Berthelot, *Bull. de la Soc. chim.*, t. VII, p. 122]. Ainsi la formation du gaz des marais par ses éléments répond pour le poids moléculaire CH^4 à un dégagement de 22000 calories; la formation de l'eau, H^2O, répond à un dégagement de 69000 calories, et celle de l'ammoniaque, AzH^3, à un dégagement de 23000 calories.

Il est au contraire des hydrocarbures que la chaleur modifie aisément ou qui réagissent facilement les uns sur les autres, tels sont l'acétylène, l'éthylène et ses homologues, la benzine quoique à un moindre degré. Ces hydrogènes carbonés sont, à l'inverse des précédents, formés *avec un dégagement de chaleur à peu près nul, souvent même avec absorption de chaleur*. Ainsi la formation de l'éthylène par les éléments répond à une absorption de 8000 calories pour le poids moléculaire C^2H^4. La formation de l'acétylène répond à une absorption d'environ 44000 calories pour C^2H^2 [Berthelot, *Ann. de Chim. et de Phys.*, (4), t. VI, p. 370 et 387].

Dans ces hydrocarbures aptes à entrer en réactions, l'énergie calorifique des éléments subsiste par conséquent et même se trouve accrue, tandis que dans ceux qui se forment avec dégagement de chaleur, l'énergie chimique a, par le fait de la formation même du corps, subi une diminution considérable. Les carbures tels que l'éthylène et l'acétylène sont, à la façon des corps simples, comme *chargés de force calorifique*; ils pourront donc s'unir aisément entre eux, à d'autres carbures, et à l'hydrogène lui-même en donnant lieu par cette combinaison à un travail positif effectué par le seul jeu de leurs affinités directes. Au contraire les corps tels que le gaz des marais jouissent de plus de stabilité et restent comme inertes dans les réactions, parce que, si l'on vient à les chauffer, on doit fournir à leurs éléments la quantité de force vive qui répond au travail positif de leur formation, avant qu'ils arrivent à cet état où le système de leurs molécules peut être considéré comme formé d'atomes délivrés de leurs puissantes attractions réciproques et pouvant dès lors agir comme s'ils étaient libres. Les hydrocarbures seront donc, en général, d'autant plus aptes à réagir et d'autant moins stables, qu'ils auront été formés, en partant de leurs éléments, avec une absorption de chaleur plus grande. Telle est la loi qui, d'après M. Berthelot, préside à la stabilité des hydrocarbures et à leur tendance aux combinaisons réciproques.

Ces décompositions et ces combinaisons elles-mêmes se passent à des températures variables. On peut à cet égard observer que, presque constamment, les hydrocarbures réagissent entre eux dans des conditions telles de température et de milieu qu'ils éprouveraient chacun, s'ils étaient isolés, un commencement de décomposition. Par exemple, les réactions de l'éthylène sur la benzine, sur le styrolène, sur le diphényle n'ont lieu qu'au rouge vif, température où chacun de ces carbures, à l'état isolé, est en partie décomposé. Au contraire, la réaction de la benzine sur la naphtaline, *carbure plus stable que les précédents*, ne s'exerce qu'au rouge blanc où commence à se détruire le second de ces corps, et le formène, plus stable encore, ne réagit sur la benzine qu'à la température du ramollissement de la porcelaine.

Équilibre entre les corps pyrogénés; réactions inverses et successives. — On a dit plus haut qu'entre les corps qui réagissent et les produits de la réaction, il s'établit au bout d'un certain temps, et pour chaque température, un équilibre mobile analogue à celui qui se produit dans la dissociation des composés binaires. Chauffe-t-on au rouge l'hydrure d'éthylène, 21 centièmes sont décomposés et transformés en éthylène et hydrogène; mais le reste de l'hydrure résiste à l'action prolongée de cette température. Il tend à se produire, en effet, entre les gaz hydrogène et éthylène dus à la décomposition de l'hydrure d'éthylène, une réaction inverse que l'on peut rendre évidente en chauffant ensemble les deux premiers corps à la température de ramollissement du verre. La réaction qu'indique l'équation

$$C^2H^4 + H^2 = C^2H^6$$

s'établit et fait, au bout d'une heure, disparaître 51 centièmes d'éthylène.

Deux réactions inverses peuvent être également possibles à la même température, sous la seule condition de modifier les proportions relatives des corps réagissants; ainsi l'on a au rouge :

$$\underset{\text{Diphényle.}}{C^{12}H^{10}} + \underset{\text{Benzine.}}{C^6H^6} = \underset{\text{Chrysène.}}{C^{18}H^{12}} + \underset{\text{Hydrogène.}}{2H^2};$$

et réciproquement le chrysène et l'hydrogène chauffés ensemble donnent du diphényle et de la benzine :

$$C^{18}H^{12} + 2H^2 = C^{12}H^{10} + C^6H^6.$$

De même encore l'on a :

$$\underset{\text{Anthracène.}}{C^{14}H^{10}} + \underset{\text{Hydrogène.}}{2H^2} = \underset{\text{Benzine.}}{2C^6H^6} + \underset{\text{Acétylène.}}{C^2H^2};$$

et par la réaction inverse l'on obtient :

$$\underset{\text{Benzine.}}{2C^6H^6} + \underset{\text{Acétylène.}}{C^2H^2} = \underset{\text{Anthracène.}}{C^{14}H^{10}} + \underset{\text{Hydrogène.}}{2H^2}.$$

On comprend que, dans ces cas très-simples, il s'établisse entre les corps réagissants un équilibre que les réactions inverses déterminent. Mais la possibilité de cette inversion n'est pas une condition nécessaire pour que les réactions pyrogénées s'équilibrent et se limitent. Ainsi la benzine, lorsqu'on la chauffe, donne du diphényle et de l'hydrogène,

$$2C^6H^6 = C^{12}H^{10} + H^2,$$

et ces deux derniers produits, lorsqu'on les chauffe, ne donnent pas lieu à une réaction inverse. Mais le diphényle d'un côté se décompose en benzine et chrysène,

$$\underset{\text{Diphényle.}}{3C^{12}H^{10}} = \underset{\text{Benzine.}}{3C^6H^6} + \underset{\text{Chrysène.}}{C^{18}H^{12}},$$

et le chrysène à son tour, traité par l'hydrogène, reproduit le diphényle et la benzine,

$$\underset{\text{Chrysène.}}{C^{18}H^{12}} + \underset{\text{Hydrogène.}}{2H^2} = \underset{\text{Diphényle.}}{C^{12}H^{10}} + \underset{\text{Benzine.}}{C^6H^6}.$$

L'équilibre se produit dans ce cas entre la benzine, le diphényle, le chrysène et l'hydrogène liés par un système de trois réactions qui tendent à se limiter l'une l'autre [Berthelot, *Bull. de la Soc. chim.*, 1867, t. VII, p. 296].

Comme nous le verrons plus loin, un des caractères de ces réactions pyrogénées, c'est leur production lente et successive. Le temps intervient donc et modifie quantitativement les résultats. Il modifie aussi leur nature. Si l'on prolonge longtemps l'action de la chaleur, l'équilibre précédent est troublé par l'intervention d'un phénomène secondaire, celui des condensations moléculaires, soit complètes, soit avec perte d'hydrogène. C'est ainsi que l'acétylène C^2H^2 chauffé quelque temps au rouge sombre donne de la benzine, $C^6H^6 = (C^2H^2)^3$, et du styrolène, $C^8H^8 = (C^2H^2)^4$. La vapeur de benzine elle-même chauffée au rouge vif dans un tube de porcelaine se détruit en partie en donnant successivement ou simultanément du diphényle et du chrysène, formés d'après les équations

$$2C^6H^6 = C^{12}H^{10} + H^2,$$

Benzine. Diphényle.

$$3C^6H^6 = C^{18}H^{12} + 3H^2.$$

Benzine. Chrysène.

Après le diphényle et le chrysène, dérivent de la condensation de la benzine à une température plus élevée des hydrocarbures plus riches encore en carbone et plus pauvres en hydrogène, tels que le benzérythrène et le bitumène, jusqu'à ce qu'enfin la matière primitive, par ces condensations successives, ne laisse plus comme résidu que du carbone à peu près pur et comme produits volatils que de l'hydrogène.

Le phénomène secondaire des condensations polymériques peut avoir aussi lieu dans les hydrocarbures mélangés, et il peut en résulter des dérivés nouveaux provenant de l'union directe des polymères aux divers hydrocarbures mis en réaction, avec ou sans perte d'hydrogène. Ainsi l'éthylène en réagissant sur la benzine donne le styrolène :

$$C^6H^6 + C^2H^4 = C^8H^8 + H^2;$$

Benzine. Éthylène. Styrolène. Hydrogène.

mais ce nouveau carbure est susceptible d'agir pour son propre compte sur l'éthylène d'une part, sur la benzine de l'autre, réactions secondaires d'où résultent la naphtaline, l'acénaphtène et l'anthracène, d'après les équations

$$C^8H^8 + C^2H^4 = C^{10}H^8 + 2H^2,$$

Styrolène. Éthylène. Naphtaline. Hydrogène.

$$C^8H^8 + C^6H^6 = C^{14}H^{10} + 2H^2.$$

Styrolène. Benzine. Anthracène. Hydrogène.

On trouvera un très-grand nombre d'exemples de ces réactions successives avec condensations croissantes dans le beau mémoire de M. Berthelot [*Bull. de la Soc. chim.*, 1867, t. VII, p. 274 et suiv.]. — Voyez aussi plus loin EXEMPLES DE RÉACTIONS PYROGÉNÉES.

Le phénomène inverse de la condensation peut aussi se produire, quoique en général à un degré moindre. Le corps condensé peut se dédoubler à son tour. Ainsi une petite quantité de benzine soumise à l'action de la chaleur se détriple et donne de l'acétylène. Le styrolène donne de la benzine et de l'acétylène :

$$(C^2H^2)^4 = (C^2H^2)^3 + C^2H^2.$$

Styrolène. Benzine. Acétylène.

Mais ce phénomène de dédoublement ne se produit en général que sur de très-minimes quantités.

Parmi les réactions pyrogénées, celles qui tendent à faire naître une série de corps homologues sont plus particulièrement intéressantes. Si l'on chauffe au rouge sombre de l'hydrure d'amylène, il donnera successivement de l'hydrure de butylène, de l'hydrure de propylène, de l'hydrure d'éthylène, du gaz des marais, tous formés d'après une équation analogue aux suivantes :

$$2C^5H^{12} = 2C^4H^{10} + C^2H^2 + H^2;$$

Hydrure d'amyle. Hydrure de butyle. Acétylène.

$$2C^4H^{10} = 2C^3H^8 + C^2H^2 + H^2,$$

Hydrure de butyle. Hydrure de propyle. Acétylène.

et ainsi de suite.

Mais en même temps l'hydrure d'amylène se décomposant par l'action de la chaleur en hydrogène et amylène, ce dernier corps donnera par une suite de dédoublements successifs ou simultanés le butylène, le propylène, l'éthylène, d'après des équations telles que les suivantes :

$$2C^5H^{10} = 2C^4H^8 + C^2H^2 + H^2;$$

Amylène. Butylène. Acétylène.

$$2C^4H^8 = 2C^3H^6 + C^2H^2 + H^2.$$

Butylène. Propylène. Acétylène.

On peut aussi, dans la série aromatique, passer du terme supérieur au terme homologue inférieur par perte d'hydrogène et d'acétylène, mais ce dernier se condensant à la même température ou s'unissant aux produits pyrogénés qui se forment, n'apparait qu'en très-faible proportion et donne surtout des molécules dérivées complexes telles que la benzine, le styrolène ou la naphtaline :

$$4C^7H^8 = C^{10}H^8 + 3C^6H^6 + 3H^2.$$

Toluène. Naphtaline. Benzine.

De même par l'action de la chaleur sur le gaz des marais on obtiendra d'abord l'éthylène,

$$2CH^4 = C^2H^4 + H^2,$$

Gaz des marais. Éthylène.

et l'éthylène, agissant à son tour sur le gaz des marais, engendrera le propylène et le butylène.

On a vu que l'acétylène prend naissance lorsqu'on chauffe jusqu'au rouge la plupart des matières combustibles. Cet hydrocarbure se produit sous l'influence de l'étincelle électrique, jaillissant entre deux cônes de charbon dans une atmosphère d'hydrogène, ou traversant une atmosphère, et d'un gaz carburé quelconque (Berthelot). Il se forme toutes les fois qu'un corps organique est enflammé au contact de l'air et brûle incomplétement avec production de noir de fumée [Berthelot, *Bull. de la Soc. chim.*, t. V, p. 91].

Il prend naissance dans les diverses réactions de dédoublement que provoque la chaleur sur les hydrocarbures, et se retrouve à la fin de l'expérience soit à l'état libre, soit sous forme de produits condensés (benzine, styrolène, etc.), suivant le temps de chauffage et la température. Mais ces produits condensés peuvent eux-mêmes, s'ils ne sont pas soustraits à l'action de la chaleur, éprouver pour leur propre compte de nouvelles décompositions et condensations successives. Ainsi prennent naissance de l'hydrogène et des carbures de plus en plus riches en carbone, puis enfin un charbon encore hydrogéné, représentant le terme extrême de cette condensation progressive. En définitive le charbon et l'hydrogène sont les termes ultimes de ces transformations pyrogénées [Berthelot, *Bull. de la Soc. chim.*, 1866, t. VI, p. 272] ; mais en réalité le charbon ainsi produit est assimilable à un carbure extrêmement condensé, très-pauvre en hydrogène et d'un poids moléculaire fort élevé, pouvant encore, à une plus haute température, céder de l'hydrogène et subir de nouvelles condensations. Ainsi s'expliquent, d'après M. Berthelot, les états isomériques multiples du carbone, qui peuvent être considérés comme les termes extrêmes des condensations polymériques de divers hydrocarbures [Berthelot, *Bull. de la Soc. chim.*, t. VI, p. 285].

INFLUENCE DES VARIATIONS DE TEMPÉRATURE SUR LES RÉACTIONS PYROGÉNÉES. — Vers la température de 600° à 700°, l'hydrogène libre, et avec lui la plupart des hydrocarbures contenant moins de 9 atomes de carbone, deviennent actifs, c'est-à-dire capables de réagir directement les uns sur les autres. A cette température, l'acétylène tend à se produire comme nous l'avons vu, à se condenser en benzine, styrolène, etc., et à s'unir aux produits de la décomposition pyrogénée, ou aux hydrocarbures en présence pour donner des molécules plus condensées, qui se détruiront elles-mêmes à une température beaucoup plus élevée.

Les réactions qui ne se passent pas à une température relativement faible peuvent être provoquées par une chaleur plus élevée. Les mélanges d'hydrogène et d'oxyde de carbone, d'hydrogène et de cyanogène, d'hydrogène et de sulfure de carbone, ne donnent pas d'acétylène par la chaleur seule ou par celle de leur combustion imparfaite. Ils le produisent, au contraire, par le passage d'une vive étincelle électrique qui porte la température à un degré bien plus intense [*Bull. de la Soc. chim.*, 1866, t. V, p. 172]. Remarquons toutefois avec M. Berthelot que l'étincelle développe à la fois sur son trajet une température excessive et des effets électrolytiques, et qu'il peut arriver que l'action chimique provoquée par l'étincelle ne puisse pas toujours être reproduite par une même élévation de température. — Voyez à ce sujet *Bull. de la Soc. chim.*, t. XI, p. 442; t. XIII, p. 107; *Ann. de Chim. et de Phys.*, (3), t. XXVI, p. 356, et t. XXXVIII, p. 351; voyez aussi, sur la condensation de l'acétylène en un corps rouge solide par l'action de l'effluve électrique, P. Thenard, *Compt. rend.*, 1874, t. LXXVIII, p. 219.

INFLUENCE DU TEMPS. — Une des conditions nécessaires à l'accomplissement des réactions pyrogénées, *c'est le temps*. Ces transformations polymériques, ces dédoublements, ces combinaisons que provoque la chaleur ne se produisent que lentement, successivement. Ainsi la température du rouge sombre, soutenue pendant 2 heures, continue encore à transformer au bout de ce temps une petite portion de l'éthylène en hydrure d'éthylène et acétylène, et successivement l'hydrure d'éthylène en formène et acétylène. Ce dernier se condense à son tour en benzine et en styrolène, si l'on continue à chauffer. Toutefois les carbures les plus simples, et spécialement l'acétylène et les carbures non saturés, semblent ne pouvoir exister que pendant un temps peu considérable à une température qui dépasse le rouge naissant.

Cette lenteur dans les actions réciproques des hydrocarbures les uns vis-à-vis des autres n'est nullement le fait de leur constitution spéciale; elle s'observe dans toutes les réactions où la température est insuffisante pour communiquer aux molécules qui doivent réagir le degré de force vive nécessaire à la combinaison instantanée. C'est ainsi qu'avec des gaz exempts de carbone et les plus aptes à s'unir entre eux, A. Gautier a observé que l'hydrogène et l'oxygène, l'oxyde de carbone et l'oxygène, etc., portés au rouge à peine naissant, ne se combinent qu'avec une lenteur extrême et sans explosion, phénomènes comparables à la lente combinaison de l'hydrogène et du chlore modérément illuminés ou chauffés, ou aux combinaisons pyrogénées réciproques des divers hydrocarbures. — Voyez une note préliminaire [*Bull. de la Soc. chim.*, 1870, t. XIII, p. 1].

INFLUENCE DES CORPS EN PRÉSENCE. — En général, un hydrocarbure mêlé des produits gazeux dus à sa décomposition résiste plus longtemps à l'action de la chaleur, soit que ces produits tendent à se réunir de nouveau pour former le gaz primitif, et limitent ainsi la réaction, soit qu'une partie de la force vive communiquée se dépense à produire des décompositions ou des polymérisations secondaires. C'est ainsi que l'acétylène n'est stable au rouge vif que s'il est mélangé avec une énorme proportion de gaz étrangers. Le diphényle et le styrolène, bien qu'ils commencent à se décomposer au rouge, peuvent subsister et même prendre naissance à une température plus élevée, à la double condition de se trouver en présence d'un excès des produits qui résultent de leur décomposition, et d'être au fur et à mesure entraînés par le courant gazeux dans une région plus froide. Mélangé de son volume d'azote, d'oxyde de carbone, de gaz des marais, d'hydrure d'éthylène, l'acétylène se transforme par la chaleur, un peu plus lentement que s'il était seul, en benzine et styrolène.

Il est une influence très-remarquable due au charbon. Dès que par l'action de la chaleur une petite quantité de carbone s'est déposée, les polymérisations et les condensations avec perte d'hydrogène marchent avec une régularité et une rapidité extrêmes. En présence du charbon proprement dit (*coke* éteint sous le mercure), la décomposition de l'acétylène est tout aussi rapide que s'il était chauffé seul, mais les produits changent; le charbon de l'hydrocarbure se précipite sur le coke, et le résidu gazeux est presque entièrement formé d'hydrogène pur.

Parmi les métaux proprement dits, le fer est celui dont l'influence est la plus notable; il détermine la destruction de l'acétylène avec une grande rapidité et à une température bien plus basse que lorsque ce gaz est chauffé seul. Les produits formés diffèrent aussi [Berthelot, *Bull. de la Soc. chim.*, 1866, t. VI, p. 270].

INFLUENCE DE LA PRESSION. — Il a été fait peu d'expériences à ce sujet; encore ont-elles été tentées en soumettant les mélanges gazeux à l'action de l'étincelle électrique. Berthelot [*Bull. de la Soc. chim.*, 1869, t. XI, p. 462] a énoncé la loi suivante : *la pression variant d'une manière continue*, l'équilibre entre l'acétylène, le carbure et l'hydrogène change par *sauts brusques et suivant des rapports multiples les uns des autres*. — Voyez aussi à ce sujet Bunsen, *Ann. de Chim. et de Phys.*, (3), t. XXXVIII, p. 351, et l'article PRESSION, t. II, p. 1189.

RELATIONS CALORIMÉTRIQUES QUI LIENT ENTRE ELLES LES RÉACTIONS PYROGÉNÉES [Berthelot, *Bull. de la Soc. chim.*, 1866, t. VI, p. 283]. — Nous avons vu que les réactions pyrogénées se réduisent à quatre mécanismes principaux : *condensation polymérique, combinaisons des carbures entre eux et avec l'hydrogène, décompositions inverses, déplacements réciproques*. En général, dans la condensation polymérique, il y a dégagement de chaleur, c'est-à-dire que le travail de cette réaction est accompli par les forces chimiques proprement dites. L'élévation de température est la cause déterminante des phénomènes, mais non sa cause efficiente et active. Aussi ces réactions peuvent-elles être provoquées à une température moins haute par le contact de divers corps, tels que le fluorure de bore, le chlorure de zinc, l'acide sulfurique, etc.

Les décompositions inverses, c'est-à-dire la régénération de corps moins condensés en partant de polymères, répond au contraire à une absorption de chaleur. Ce sont les forces thermiques qui accomplissent le travail de la réaction.

La combinaison directe des carbures avec l'hydrogène se fait avec dégagement de chaleur [*Ann. de Chim. et de Phys.*, (4), t. VI; — Mémoires sur les quantités de chaleur dégagées par la formation des combinaisons organiques, par Berthelot]. La décomposition inverse répond donc à une absorption de force vive calorifique.

La combinaison directe des carbures entre eux, et les déplacements des carbures les uns par les autres, donnent lieu à des effets complexes, la condensation produisant de la chaleur, la séparation des hydrocarbures ou de l'hydrogène en absorbant; mais la résultante est, en général, représentée par une absorption de chaleur.

Exemples de réactions pyrogénées s'exerçant entre les hydrocarbures. — Il nous reste à indiquer quelles sont les réactions particulières que l'on a observées en chauffant les divers hydrocarbures séparément ou mélangés aux autres.

Pour la rapidité de l'exposition, nous nous bornerons à donner ici les équations des réactions successives, nous renvoyons pour les détails aux mémoires de M. Berthelot [*Bull. de la Soc. chim.*, t. V, p. 405 et suiv., t. VI, p. 272 et suiv., t. VII, p. 218, t. IX, p. 458, t. X, p. 337, t. XI, p. 379].

Commençons par l'action qu'exerce *sur chacun des hydrocarbures isolés* la chaleur variant depuis le rouge obscur jusqu'à la température du ramollissement de la porcelaine :

Action de la chaleur sur l'acétylène [*Bull. de la Soc. chim.*, 1868, t. IX, p. 456, et 1869, t. XI, p. 379]. — Les réactions successives sont les suivantes :

$$\underset{\text{Acétylène.}}{3C^2H^2} = \underset{\text{Benzine.}}{C^6H^6},$$

$$\underset{\text{Benzine.}}{C^6H^6} + \underset{\text{Acétylène.}}{C^2H^2} = \underset{\text{Styrolène.}}{C^8H^8},$$

$$\underset{\text{Benzine.}}{C^6H^6} + \underset{\text{Acétylène.}}{C^2H^2} = \underset{\text{Phénylacétylène.}}{C^8H^6} + H^2,$$

$$\underset{\text{Styrolène.}}{C^8H^8} + \underset{\text{Acétylène.}}{C^2H^2} = \underset{\text{Naphtaline.}}{C^{10}H^8} + H^2,$$

$$\underset{\text{Naphtaline.}}{C^{10}H^8} + \underset{\text{Acétylène.}}{C^2H^2} = \underset{\text{Acénaphtène.}}{C^{12}H^{10}}, \text{ etc.}$$

Il se fait ensuite des carbures bitumineux, de l'hydrogène et du charbon.

Action de la chaleur sur le gaz des marais protocarboné [*Bull. de la Soc. chim.*, 1866, t. V, p. 272, 1868, t. IX, p. 458, t. X, p. 337] :

$$\underset{\text{Hydrure de methyle.}}{2CH^4} = \underset{\text{Éthylène.}}{C^2H^4} + 2H^2;$$

$$\underset{\text{Éthylène.}}{C^2H^4} + \underset{\text{Hydrure de méthyle.}}{CH^4} = \underset{\text{Propylène.}}{C^3H^6} + H^2,$$

et ainsi de suite.

Le gaz des marais donne en même temps naissance à l'acétylène,

$$2CH^4 = C^2H^2 + 3H^2,$$

et aux carbures polyméthyléniques précédents.

Action de la chaleur sur l'éthylène [*Bull. de la Soc. chim.*, 1866, t. V, p. 408, et 1868, t. IX, p. 457] :

$$\underset{\text{Éthylène.}}{C^2H^4} = \underset{\text{Acétylène.}}{C^2H^2} + H^2.$$

L'hydrogène réagissant à son tour sur le gaz éthylène donne de l'hydrure d'éthyle. De la condensation de l'acétylène résultent, comme produits secondaires, la benzine et le styrolène, et, par l'action de l'éthylène sur ce dernier corps, la formation de la naphtaline et de produits encore plus condensés.

Action de la chaleur sur l'hydrure d'éthyle [*Bull. de la Soc. chim.*, 1866, t. V, p. 405] :

$$C^2H^6 = C^2H^4 + H^2.$$

— Il se forme en même temps une trace d'acétylène et de carbures goudronneux.

Action de la chaleur sur la benzine [*Bull. de la Soc. chim.*, 1866, t. VI, p. 274] :

$$\underset{\text{Benzine.}}{2C^6H^6} = \underset{\text{Diphényle.}}{C^{12}H^{10}} + H^2;$$

$$\underset{\text{Benzine.}}{3C^6H^6} = \underset{\text{Chrysène.}}{C^{18}H^{12}} + 3H^2.$$

— Il se forme ensuite des carbures plus condensés, le succistérène, des carbures bitumineux, et une trace d'acétylène.

Action de la chaleur sur le toluène [*Bull. de la Soc. chim.*, 1867, t. VII, p. 218] :

$$\underset{\text{Toluène.}}{2C^7H^8} = \underset{\text{Dibenzyle.}}{C^{14}H^{14}} + H^2;$$

$$2C^{14}H^{14} = C^{28}H^{26} + H^2;$$

$$C^{28}H^{26} = \underset{\text{Naphtaline.}}{C^{10}H^8} + \underset{\text{Benzine.}}{3C^6H^6}.$$

— Il se forme en outre de l'anthracène, du chrysène et du benzérythrène.

Action de la chaleur sur le xylène [*Bull. de la Soc. chim.*, 1867, t. VII, p. 227]. — Le xylène donne, lorsqu'on le surchauffe, de la benzine, du toluène, du styrolène (?), de la naphtaline, de l'anthracène et des carbures orangés, résineux et bitumineux.

Action de la chaleur sur le cumène du goudron de houille [*Ibid.*, p. 220]. — Les produits formés sont la benzine, le toluène, le xylène, la naphtaline, des carbures bouillant de 250° à 320°, de l'anthracène, du chrysène, du benzérythrène.

Action de la chaleur sur le rétène [*Ibid.*, p. 231]. — C'est le quatrième homologue supérieur de l'anthracène. Il a pour formule $C^{18}H^{18}$. Il se détruit avec formation d'une grande quantité d'anthracène, de charbon, d'un peu d'acétylène, et de quelques autres carbures gazeux.

Étudions maintenant l'action de la chaleur sur les mélanges d'hydrocarbures.

Éthylène et hydrogène. — Voyez plus haut l'action de la chaleur sur l'éthylène et *Bull. de la Soc. chim.*, 1866, t. V, p. 412.

Éthylène et acétylène [*Bull. de la Soc. chim.*, 1866, t. VI, p. 270] :

$$\underset{\text{Éthylène.}}{C^2H^4} + \underset{\text{Acétylène.}}{C^2H^2} = C^4H^6.$$

Le corps C^4H^6 ainsi produit est identique ou isomérique avec le crotonylène.

Éthylène et benzine [*Ibid.*, 1867, t. VII, p. 273, et 1869, t. XI, p. 379] :

$$\underset{\text{Benzine.}}{C^6H^6} + \underset{\text{Éthylène.}}{C^2H^4} = \underset{\text{Styrolène.}}{C^8H^8} + H^2;$$

$$\underset{\text{Styrolène.}}{C^8H^8} + \underset{\text{Éthylène.}}{C^2H^4} = \underset{\text{Naphtaline.}}{C^{10}H^8} + 2H^2;$$

$$\underset{\text{Benzine.}}{2C^6H^6} + \underset{\text{Éthylène.}}{C^2H^4} = \underset{\text{Anthracène.}}{C^{14}H^{10}} + 3H^2.$$

Il se produit en outre de l'acénaphtène qui paraît répondre à la formule $C^{12}H^{10}$ et se fait d'après l'équation suivante :

$$\underset{\text{Naphtaline.}}{C^{10}H^8} + \underset{\text{Éthylène.}}{C^2H^4} = \underset{\text{Acénaphtène.}}{C^{12}H^{10}} + H^2.$$

Éthylène et acétylène sur styrolène [*Ibid.*,

t. VII, p. 285]. Il se forme de la naphtaline. — Voyez *Éthylène et benzine.*

Éthylène et chrysène [*Ibid.*, t. VII, p. 292] :

$$C^2H^4 + C^{18}H^{12} = C^6H^6 + C^{14}H^{10};$$

Éthylène. Chrysène. Benzine. Anthracène.

$$2C^2H^4 + C^{18}H^{12} = 2C^6H^6 + C^{10}H^8.$$

Éthylène. Chrysène. Benzine. Naphtaline.

Éthylène et anthracène [*Ibid.*, t. VII, p. 292] :

$$C^{14}H^{10} + C^2H^4 = C^{10}H^8 + C^6H^6.$$

Anthracène. Éthylène. Naphtaline. Benzine.

Acétylène et benzine. — Voyez plus haut l'action de la chaleur sur l'acétylène qui se triple d'abord pour former de la benzine et réagit ensuite sur ce polymère.

Acétylène et naphtaline [*Ibid.*, t. VI, p. 280]. — Ces deux corps s'unissent rapidement au rouge et paraissent donner de l'anthracène.

Acétylène et styrolène [*Ibid.*, t. VII, p. 285] :

$$C^8H^8 + C^2H^2 = C^{10}H^8 + H^2.$$

Styrolène. Acétylène. Naphtaline.

Formène et benzine [*Ibid.*, t. VII, p. 289]. — Il se produit à peine au blanc éblouissant quelques centièmes d'anthracène.

Benzine et styrolène [*Ibid.*, t. VII, p. 288] :

$$C^6H^6 + C^8H^8 = C^{14}H^{10} + 2H^2.$$

Benzine. Styrolène. Anthracène.

Benzine et naphtaline [*Ibid.*, t. VII, p. 292]. — On a seulement au rouge blanc :

$$C^{10}H^8 + 3C^6H^6 = 2C^{14}H^{10} + 3H^2.$$

Naphtaline. Benzine. Anthracène.

Hydrogène et chrysène [*Ibid.*, t. VII, p. 293]. — Il se produit par l'action réciproque de ces deux corps une grande quantité de benzine et une proportion notable de diphényle. Ce dernier résulte de la substitution de H^2 au résidu C^6H^4 du chrysène : $C^{18}H^{12} - C^6H^4 + H^2 = C^{12}H^{10}$. La benzine dérive en partie de cette réaction, en partie de la décomposition secondaire du diphényle en benzine et chrysène.

Hydrogène et naphtaline [*Ibid.*, t. VII, p. 293]. — Au rouge vif, on obtient sur de petites proportions des corps réagissants :

$$C^{10}H^8 + H^2 = C^6H^6 + 2C^2H^2.$$

Naphtaline. Benzine. Acétylène.

Hydrogène et anthracène [*Ibid.*, t. VII, p. 293]. — On obtient difficilement au rouge vif des traces de benzine et d'acétylène.

RÉACTIONS PYROGÉNÉES QUI S'EXERCENT SUR LES COMPOSÉS ORGANIQUES POUVANT CONTENIR DE L'OXYGÈNE OU DE L'AZOTE.

Les réactions que la chaleur fait naître dans les substances organiques oxygénées sont régies par les lois que nous avons déjà exprimées en traitant des dérivés pyrogénés des hydrocarbures et s'opèrent par un mécanisme semblable. Les corps qui tendent à se dégager de la molécule que l'on surchauffe sont ceux qui sont à la fois volatils à cette température et doués d'une très-grande stabilité, c'est-à-dire, comme on l'a vu, les composés qui sont formés avec un dégagement de chaleur considérable en partant des éléments qui les constituent. Tels sont l'eau et l'acide carbonique, qui se dégagent presque toujours les premiers, et plus tard l'oxyde de carbone ; à ces dérivés pyrogénés principaux viennent se joindre, dans certains cas, l'ammoniaque (dégagement de chaleur répondant à sa formation = 23000 cal.), l'aniline et quelques autres bases pour les corps azotés ; l'hydrogène sulfuré et l'acide sulfureux pour ceux qui contiennent du soufre ; l'acide chlorhydrique pour les corps chlorés ; parmi les hydrocarbures, le gaz des marais (chaleur de formation = 22000 cal.), l'éthylène, la benzine, la naphtaline, l'anthracène, l'hydrogène, qui en dérivent. Comme produits oxygénés organiques intermédiaires résultant des réactions pyrogénées, il faut citer les acides volatils tels que l'acide acétique et formique, l'alcool méthylique, les acétones, les aldéhydes, etc.

En même temps que l'oxygène de la matière organique se porte sur l'hydrogène et le carbone pour former, comme dérivés, les corps les plus fixes et les plus volatils, l'eau et l'acide carbonique, l'azote s'empare d'une portion de l'hydrogène et donne de l'ammoniaque ; en outre, il tend à se former avec plus ou moins d'énergie, suivant la température à laquelle on opère, un résidu relativement appauvri en oxygène et en hydrogène, et plus tard en carbone ; il dérive soit d'un dédoublement, soit le plus souvent d'une complication de la molécule primitive. Ce produit, ou ce mélange de produits, subit lui-même, à une température plus élevée, une série de transformations nouvelles régies par les lois précédentes. Il se dégage encore de l'acide carbonique, de l'oxyde de carbone, de l'eau, des hydrocarbures moins volatils qui dérivent soit de la destruction du résidu, soit de la complication pyrogénée des hydrocarbures plus simples ayant pu prendre naissance à une température plus basse. En même temps, il tend à se produire, comme dans les réactions précédemment étudiées, un charbon à peine hydrogéné contenant de l'azote si la molécule primitive était azotée, charbon qui représente l'ensemble des derniers termes des complications synthétiques successives de la molécule primitive soumise à l'action de la chaleur.

Tels sont les lois et les mécanismes généraux de ces réactions. Étudions-les maintenant dans quelques cas particuliers.

ACTION DE LA CHALEUR SUR LES CORPS OXYGÉNÉS NEUTRES EXEMPTS D'AZOTE. — Les règles générales que nous venons de donner s'appliquent ordinairement et entièrement dans le cas de la décomposition des corps oxygénés neutres exempts d'azote : on observe encore dans ces cas la formation des produits volatils les plus stables $H^2O, CO^2, CO, CH^4, H^2$. Du dégagement de ces corps dérive corrélativement la production des termes intermédiaires : produits secondaires du corps primitif, anhydrides successifs, aldéhydes, acétones, acides, hydrocarbures condensés eux-mêmes, plus ou moins volatils, et la formation d'un résidu qui va sans cesse en s'appauvrissant en oxygène et hydrogène et en s'enrichissant en carbone. Quelques exemples feront bien comprendre ce mécanisme.

L'alcool ordinaire soumis à la température du rouge donne de l'eau et de l'éthylène :

$$C^2H^6O = C^2H^4 + H^2O;$$

mais en même temps une autre portion se sépare en acide carbonique et hydrure de méthyle :

$$2C^2H^6O = 3CH^4 + CO^2.$$

Une autre portion encore donne de l'hydrogène, du gaz des marais et de l'oxyde de carbone :

$$C^2H^6O = CH^4 + H^2 + CO.$$

L'éthylène à son tour, sous l'influence de la température à laquelle il se produit, se décompose en hydrogène et acétylène, et ce dernier, par ses condensations successives, concourt à la production de la benzine, du styrolène, de la naphtaline et enfin des hydrocarbures charbonneux qui restent comme résidu. En même temps il se forme une faible quantité d'aldéhyde et de phénol.

Entre l'hydrogène, l'éthylène, l'acétylène, l'oxyde de carbone et l'eau formée, il s'établit un équilibre pour chaque température et avec le concours du temps, équilibre qui tend à limiter la formation de ces divers corps et des produits dérivés secondaires et tertiaires.

Soumettons la glycérine à la distillation sèche, il se forme à une température relativement basse de l'eau, de l'acroléine, de l'acide carbonique, de l'acide acétique. Si l'on continue à chauffer, apparaîtront des hydrocarbures volatils, des composés polyglycériques; enfin des produits charbonneux presque exempts d'oxygène et très-appauvris en hydrogène. Les dérivés pyrogénés que donnent les molécules plus complexes des sucres répondent aux mêmes lois. A une température modérée, ils donnent un ou plusieurs anhydrides successifs (*mannitane, glucosane, caramélane, acide caramélique*, résultant de la condensation de 6 molécules de saccharose $C^{12}H^{22}O^{11}$, avec perte de 4 molécules d'eau, *acide caramélinique* anhydre provenant de 8 molécules de sucre condensées en une). Élève-t-on la température, il se dégage de l'oxyde de carbone, de l'acide carbonique, du gaz des marais, de l'acide acétique, du furfurol, de l'acétone, de l'aldéhyde, et comme résidu de condensation finale du carbone presque pur.

Action de la chaleur sur les acides organiques exempts d'azote et sur leurs sels. — (A) *Acides peu oxygénés.* — Des expériences de Dumas, de Liebig et de Persoz rappelées plus haut sur la décomposition des acétates et des benzoates, et de leur généralisation, résulte une loi très-simple qui régit l'action qu'exerce la chaleur sur les sels alcalins des acides à deux atomes d'oxygène :

Lorsqu'on soumet à l'action de la chaleur le sel alcalin d'un acide peu oxygéné, il se scinde d'ordinaire en deux produits; d'une part de l'acide carbonique qui reste uni à la base, de l'autre un produit neutre et volatil, qui est tantôt un hydrocarbure, tantôt un principe oxygéné. Prenons comme exemple la distillation sèche des acétates; par leur décomposition ménagée l'on obtiendra à la fois de l'acide carbonique, de l'eau, de l'acétone, et du formène, suivant les équations

$$C^2H^4O^2 = CH^4 + CO^2;$$

Acide acétique. Formène.

$$2C^2H^4O^2 = C^3H^6O + CO^2 + H^2O.$$

Acide acétique. Acetone.

En même temps il se formera, comme produits secondaires, des hydrocarbures plus condensés qui dériveront de ces réactions primitives.

Si l'acide que l'on décompose par la chaleur est plus complexe, ces hydrocarbures dérivés, les uns saturés, les autres non saturés, tels que C^5H^{12} et C^5H^{10}, se décomposeront à la température élevée de la réaction en deux séries de corps plus simples tels que

$$C^4H^8, C^3H^6, C^2H^4, \text{etc., ou } C^4H^{10}, C^3H^8, C^2H^6 \ldots H^2;$$

ces corps, réagissant à leur tour les uns sur les autres, donneront des dérivés synthétiques plus complexes parmi lesquels les composés de la série aromatique. Ces dérivés secondaires se formeront d'après les lois que nous avons exposées plus haut en parlant des hydrocarbures. Ce cas se présente particulièrement lorsqu'on chauffe les sels alcalins des acides gras. — Voyez à ce sujet Berthelot, *Chim. fondée sur la synthèse*, t. I, p. 20, 56, 76.

On a dit tout à l'heure qu'il se formait souvent, dans la distillation de ces sels, des produits neutres à constitution acétonique. Ceux-ci dérivent de la duplication ou ordinairement de la triplication de l'acide avec perte d'eau et d'acide carbonique et soudure du résidu. Ainsi avec les acétates l'on a

$$2\left(\begin{array}{c} CH^3 \\ | \\ CO.OK \end{array}\right) = \begin{array}{c} CH^3 \\ | \\ CO \\ | \\ CH^3 \end{array} + CO^3K^2.$$

Acétate de potassium. Acétone.

Si l'on distille des mélanges de deux sels à acides différents, il se formera des acétones mixtes :

$$\begin{array}{c} CH^3 \\ | \\ CO.OK \end{array} + \begin{array}{c} C^2H^5 \\ | \\ CO.OK \end{array} = \begin{array}{c} CH^3 \\ | \\ CO \\ | \\ C^2H^5 \end{array} + CO^3K^2.$$

Acétate de potassium. Propionate de potassium. Éthyle-acétyle.

Un cas remarquable est celui où l'on distille un mélange de formiate et d'un sel alcalin. Il se produit ainsi des aldéhydes :

$$\begin{array}{c} C^3H^7 \\ | \\ CO.OK \end{array} + \begin{array}{c} H \\ | \\ CO.OK \end{array} = \begin{array}{c} C^3H^7 \\ | \\ CO \\ | \\ H \end{array} + CO^3K^2.$$

Butyrate de potassium. Formiate de potassium. Aldéhyde butyrique.

Ces acétones et ces aldéhydes en réagissant ensuite les unes sur les autres donnent des produits de condensation complexes tels que ceux que MM. Chancel, Friedel, Limpricht ont découverts en étudiant la distillation des butyrates.

Un autre cas intéressant à considérer est celui où l'acide que l'on soumet à la distillation sèche ménagée contient de l'hydroxyle, c'est-à-dire jouit à la fois des propriétés acides, alcooliques ou phénoliques. Il se forme alors, par perte d'acide formique ou carbonique, dans la série grasse, des aldéhydes, dans la série aromatique, des phénols; ainsi :

$$C^2H^4\left\{\begin{array}{l} CO^2H \\ OH \end{array}\right. = CHO^2H + C^2H^4O,$$

Acide lactique. Acide formique. Aldéhyde.

ou bien :

$$C^6H^4(CO^2H)OH = C^6H^6O + CO^2,$$

Acide salicylique. Phénol.

ou encore :

$$C^6H^2(CO^2H)(OH)^3 = C^3H^3(OH)^3 + CO^2.$$

Acide gallique. Pyrogallol.

Les mêmes lois s'observent dans la distillation sèche des dérivés chlorés de ces acides, ainsi :

$$C^6H^2Cl^2(CO^2H)OH = C^6H^4Cl^2O + CO^2.$$

Acide salicylique bichloré. Phénol bichloré.

Il pourra se former enfin, par l'action de la chaleur sur les sels de ces acides polyatomiques, des acétones telles que la phorone, obtenue par la distillation sèche du camphorate de calcium, ou des produits acides formés par synthèse, tels que l'acide citraconique obtenu dans la distillation sèche de l'acide lactique.

(B) *Action de la chaleur sur les acides très-oxygénés.* — Les acides organiques très-oxygénés, contenant 3 ou plus de 3 atomes d'oxygène, lorsqu'ils sont soumis à l'état libre à l'action d'une chaleur ménagée, donnent, comme les acides précédents, des dérivés qui diffèrent des acides primitifs par une ou plusieurs molécules d'eau ou d'acide carbonique ou par ces deux corps à la fois. Telle est la loi de leur génération découverte par

Pelouze en 1834 [*Ann. de Chim. et de Phys.*, (2), t. LVI, p. 306]. Gerhardt a fait de plus cette observation importante qu'un acide monobasique oxygéné soumis à la chaleur peut, en perdant ou non de l'eau, éliminer une fois le groupe CO^2, qu'un acide bibasique peut perdre CO^2 et $2CO^2$, un acide tribasique, $CO^2, 2CO, 3CO^2$ et que la basicité de l'acide primitif diminue d'une unité par chaque CO^2 ainsi éliminé [*Précis de Chim. organique*, t. I, p. 80]. Ainsi l'on a :

$$C^2H^2O^4 = CO^2 + CH^2O^2;$$

Acide oxalique (*bibasique*). Acide formique (*monobasique*).

$$C^4H^6O^6 = CO^2 + C^3H^4O^3 + H^2O;$$

Acide tartrique (*bibasique*). Acide pyruvique (*monobasique*).

$$C^8H^6O^4 = CO^2 + C^7H^6O^2;$$

Acide phtalique (*bibasique*). Acide benzoïque (*monobasique*).

$$C^7H^4O^7 = CO^2 + C^6H^4O^5;$$

Acide méconique (*tribasique*). Acide coménique (*bibasique*).

$$C^7H^4O^7 = 2CO^2 + C^5H^4O^3.$$

Acide méconique (*tribasique*). Acide pyroméconique (*monobasique*).

D'après cette loi, un acide bibasique qui perd $2CO^2$ doit donner un corps neutre ou inapte à s'unir aux bases :

$$C^8H^6O^4 = 2CO^2 + C^6H^6.$$

Acide phtalique (*bibasique*). Benzine (*corps inapte à s'unir aux bases*).

Cette loi a été étendue par M. E. Grimaux aux acides polyatomiques. Toutes les fois qu'un acide se scinde nettement en acide carbonique et en un autre corps, celui-ci possède une basicité et une atomicité de moins que l'acide générateur :

$$C^7H^6O^3 = CO^2 + C^6H^6O;$$

Acide salicylique (*monobasique et diatomique*). Phénol (*monatomique*).

$$C^7H^6O^5 = CO^2 + C^6H^6O^3.$$

Acide gallique (*monobasique et tétratomique*). Pyrogallol (*triatomique*).

On peut formuler cette loi d'une manière inverse, en disant : toutes les fois qu'un corps neutre fixe les éléments de l'acide carbonique, il donne un acide dont la basicité est égale à 1, et l'atomicité est celle du corps neutre, plus 1 : c'est ainsi que la benzine, corps neutre, donne l'acide benzoïque, monobasique; que les phénols monatomiques (phénol, crésylol, thymol, etc.) fournissent des acides monobasiques et diatomiques, comme l'acide salicylique, l'acide crésotique, l'acide thymotoïque, etc. [E. Grimaux, *Bull. de la Soc. chim.*, 1865, t. III, p. 410]. Cette loi a permis à M. Grimaux de déterminer la basicité de l'acide gallique, qu'il a le premier considéré comme monobasique et tétratomique, et de l'acide orsellique, qui est monobasique et triatomique.

Au reste, la loi de Gerhardt apparaît aujourd'hui comme une conséquence naturelle de la constitution des acides organiques proprement dits, qui renferment un ou plusieurs groupes carboxyles CO^2H. En perdant CO^2, ces groupes sont détruits et la basicité diminue d'un degré par chaque carboxyle disparu.

Si les acides organiques oxygénés perdent simplement de l'eau, il en résultera un anhydride acide ou neutre, en général apte à reproduire l'acide primitif par simple hydratation. C'est ainsi que se forment la lactide, la glycolide, la succinide, la phtalide, l'acide maléique bibasique et l'acide aconitique tribasique, comme leurs générateurs.

Action de la chaleur sur les corps organiques azotés. — Lorsqu'on soumet à l'action de la chaleur les matières animales neutres, telles que l'albumine ou l'osséine, leur distillation fournit d'abord en abondance de l'eau, de l'acide carbonique, de l'ammoniaque, et du cyanhydrate d'ammoniaque, ainsi que des produits huileux en partie solubles dans les acides. Cette dernière portion contient surtout des alcalis volatils (*méthylamine, éthylamine, propylamine et triméthylamine, aniline, picoline, lutidine, pyridine*, etc.). La partie insoluble dans les acides contient des nitriles ou éthers cyanhydriques, de la benzine et des hydrocarbures de la série grasse et aromatique, des phénols, etc. On n'a pas encore suffisamment étudié le mécanisme de ces décompositions si complexes.

Si l'on prend des corps azotés neutres beaucoup plus simples, tels que l'urée ou les uréides, ils tendent à dégager d'abord sous l'influence d'une chaleur modérée de l'eau et de l'ammoniaque, puis, à une plus haute température, de l'eau, de l'ammoniaque, de l'acide carbonique, tandis que la partie fixe tend de plus en plus à s'enrichir en carbone et en azote, sans jamais perdre cependant tout son hydrogène. Ainsi, avec l'urée, l'on a vers 170° :

$$5COH^4Az^2 = C^2O^2H^5Az^3 + C^3O^3H^3Az^3 + 4AzH^3;$$

Urée. Biuret. Acide cyanurique.

à une température un peu plus élevée :

$$4COH^4Az^2 = C^3O^2H^4Az^4 + CO^2 + 4AzH^3,$$

Urée. Acide mélanurénique.

et plus haut encore :

$$8COH^4Az^2$$

Urée.

$$= C^6H^9Az^9O^3 + 2CO^2 + 7AzH^3 + H^2O.$$

Ammélide.

Enfin il se fait au rouge de l'hydromellon,

$$C^6Az^9H^3,$$

et de l'acide hydromellonique, $C^9Az^{13}H^3$, dernier produit qui paraît être le résidu final de l'action d'une chaleur intense sur beaucoup de matières organiques azotées et qui, sans doute, peut lui-même se détruire à une température plus élevée en donnant ce charbon encore azoté et peut-être légèrement hydrogéné que l'on retrouve dans le coke et jusque dans les matières charbonneuses extraites des fontes.

Un cas particulier très-remarquable de la distillation sèche des corps azotés est celui où l'on soumet à l'action de la chaleur les sels ammoniacaux. Ainsi se forment les diverses classes des *amides* et des *nitriles* suivant que le sel ammoniacal primitif perd 1 ou 2 molécules d'eau, des *acides amidés*, lorsque le sel ammoniacal d'un acide polyatomique privé d'eau par la distillation sèche possède encore dans son résidu le groupement CO^2H qui lui conserve les propriétés acides. Mais cet intéressant sujet ayant été traité dan ce livre aux mots Amides et Nitriles, nous y renvoyons le lecteur. — Voyez t. I, p. 184, et t. II, p. 566.

CONCLUSION GÉNÉRALE.

Lorsqu'on soumet les corps organiques à l'action d'une température croissante, ils tendent tous à se résoudre en leurs éléments; mais, comme termes intermédiaires, il se produit des corps à la fois volatils et très-stables, qui sont l'eau, l'acide carbonique, l'ammoniaque, l'oxyde de carbone, le gaz des marais, l'acide chlorhydrique, *composés qui se forment avec un notable dégagement de chaleur*. Corrélativement à la formation des produits volatils précédents, il se fait un résidu en général plus stable, plus pauvre en oxygène, plus riche en carbone que la matière primitive. Si les corps fixes ou volatils formés dans ces conditions de température ne sont pas immédiatement soustraits à l'action de la chaleur et à leurs réactions mutuelles, il s'établit entre les forces thermiques, qui tendent à recombiner ces corps, et les forces calorifiques qui tendent à les dédoubler, un certain équilibre d'où résulte la limitation des réactions pyrogénées. Mais si l'on augmente la chaleur, le résidu tendra de nouveau à perdre de l'oxygène sous forme d'acide carbonique ou d'oxyde de carbone, et, quand il en sera suffisamment appauvri, à céder une partie de son hydrogène sous forme d'hydrocarbures saturés ou non ou d'ammoniaque, si le corps est azoté. Entre tous les corps volatils ainsi formés, s'établiront des réactions nouvelles par voie de synthèse ou de condensations successives qui tendront à résoudre les hydrocarbures en un charbon presque pur et en hydrogène en passant par la série des corps aromatiques (*benzine, naphtaline, anthracène*). Quant au résidu, il s'enrichira de plus en plus en carbone, et finira par ne plus consister qu'en un charbon à peine hydrogéné, tel que le graphite ou l'anthracite, ou bien contenant encore un peu d'azote, s'il provient de la calcination des corps azotés. Enfin la température croissant sans cesse, si les corps pyrogénés ne sont pas soustraits à son action dissociante, la majeure partie du corps primitif soumis à la calcination pourra être définitivement réduite en ses éléments.

A. G.

PYROGLYCÉRINE. — Synonyme d'ALCOOL DIGLYCÉRIQUE, t. I, p. 1590.

PYROGLYCÉRO-TRISULFUREUX (ACIDE). — Acide obtenu par Carius dans l'oxydation des disulfhydrate et trisulfhydrate glycériques par l'acide nitrique. — Voyez t. I, p. 1597.

PYROGLYCIDE. — Voyez GLYCÉRYLE, t. I, p. 1097.

PYROGLYCIQUE (ACIDE). — Synonyme de PYRODEXTRINE.

PYRO-ISOMALIQUE (ACIDE).— Voyez t. II, p. 280.

PYROLÉIQUE (ACIDE). — Synonyme de SÉBACIQUE (ACIDE). — Voyez ce mot.

PYROLIGNEUX (ACIDE). — Lorsqu'on distille une substance végétale en vase clos, on obtient d'abord l'eau qu'elle renferme; il se forme ensuite une autre portion d'eau aux dépens de l'oxygène et de l'hydrogène que le corps contient; une quantité proportionnelle de charbon devient libre; la chaleur augmentant successivement, le dégagement d'acide acétique commence; pendant quelque temps, on a considéré ce dernier produit comme un acide particulier, auquel on donna le nom de *pyroligneux*. A un moment donné, la quantité de carbone s'accroît au point qu'il se forme une huile empyreumatique qui, d'abord peu colorée, s'épaissit et se colore de plus en plus à mesure qu'elle se charge de plus de carbone. En même temps il se dégage de l'acide carbonique, beaucoup de carbures d'hydrogène, et vers la fin une quantité notable d'oxyde de carbone. L'excédant de charbon qui n'entre point dans ces diverses combinaisons se retrouve dans la cornue.

Fig. 550. — Appareil pour la fabrication de l'acide pyroligneux.

Dans la distillation sèche du bois, on se propose d'obtenir de l'acide acétique et du charbon; accessoirement on obtient du goudron. L'idée des appareils de carbonisation du bois tels que ceux dont on se sert généralement aujourd'hui est due à Schwartz et à Reichenbach, mais de nombreuses modifications y ont été apportées depuis. Voici la description des appareils qu'on emploie généralement en France. Le bois est introduit dans un grand cylindre (fig. 550) fait en feuilles de tôle rivées ensemble C; la partie supérieure du cylindre est fermée par un couvercle de tôle qu'on fixe au moyen de boulons; à la surface latérale supérieure s'adapte un petit cylindre en tôle; l'appareil représente, on le voit, une grande cornue; lorsqu'il est chargé de bois, il est soulevé au moyen d'une grue G et placé dans le fourneau D également cylindrique et couvert d'un dôme E en maçonnerie ou en briques. Lorsqu'on chauffe, l'humidité du bois se dégage; peu à peu le liquide condensé cesse d'être incolore et devient fuligineux. C'est alors qu'on ajuste au petit cylindre latéral un tube de dégagement qui, s'emboîtant dans un autre système de tubes, constitue l'appareil de condensation. Les moyens de condensation varient selon les localités : tantôt on refroidit la vapeur en la faisant passer à travers une série de cylindres ou de tonneaux reliés entre eux; le plus souvent on emploie pour condenser de l'eau, si on peut s'en procurer en abondance. Deux tubes cylindriques F placés l'un dans l'autre, et comprenant entre eux un espace suffisant à la circulation d'une grande quantité d'eau, sont adaptés à la cornue. Au premier tube double F est rattaché un second semblable et parfois un troisième; ces tubes se replient les uns sur les autres en zigzag, afin de ménager la place. La circulation de l'eau est déterminée de la manière suivante : de l'extrémité B du système de condensation s'élève un tube vertical dont la hauteur dépasse un peu le point culminant du système. L'eau fournie par un réservoir D' est conduite par ce tube à la partie inférieure du condensateur et se répand de là dans tout l'espace compris entre les doubles tubes. A mesure qu'elle monte dans les tubes, elle rencontre des parties de plus en plus chaudes, qu'elle refroidit en s'échauffant elle-même, et finit par arriver à l'extrémité K du premier tube où est adapté un conduit très-court qui, dirigé vers le sol, fait office de déversoir. Un réservoir en briques creusé dans le sol et couvert est en communication avec l'appareil à condensation; un tube recourbé B y dirige le liquide; lorsque le réservoir est rempli, il se vide de lui-même au moyen d'un siphon dans un autre réservoir plus grand; le tube B plonge dans le liquide et intercepte toute communication entre les gaz qui se rassemblent à la partie supérieure du réservoir et l'appareil de distillation. Les gaz non condensés sont amenés au moyen d'un tuyau N à la partie inférieure du cendrier. A quelque distance du fourneau, se trouvent des robinets servant à régler et même à interrompre le jet du gaz. Dans le fourneau le tube se redresse quelque peu au-dessus du sol et s'évase en forme de pomme d'arrosoir, de cette manière le gaz se répand uniformément au-dessous du cylindre sans que le tube soit obstrué par du fraisil ou des cendres.

La température nécessaire pour la carbonisation n'est pas d'abord considérable; à la fin, cependant, elle doit être portée jusqu'au rouge; la durée de l'opération est proportionnée à la quantité de bois sur laquelle on opère. Pour 5 mètres cubes de bois environ, il faut huit heures. La couleur de la flamme des gaz indique le terme de la carbonisation : d'abord rouge jaunâtre, elle prend une teinte bleuâtre lorsqu'il se dégage plus d'oxyde de carbone que d'hydrogène carboné; vers la fin, elle est très-pâle. On peut faire usage d'un autre moyen pour reconnaître la fin de la carbonisation et c'est à celui-là qu'on a recours d'ordinaire, on projette quelques gouttes d'eau sur le tube qui conduit les vapeurs de la cornue dans le système réfrigérant. Si la calcination est achevée, ce tube n'est pas très-chaud et les gouttes d'eau s'évaporent lentement. On détache alors le tube de communication et on le repousse dans le tube de jonction; les ouvertures sont immédiatement bouchées avec des plaques de tôle qu'on lute avec du plâtre; on retire le couvercle E du fourneau au moyen de la grue, on enlève le cylindre lui-même et on le remplace par un autre chargé d'avance. Lorsque le cylindre retiré du fourneau est entièrement refroidi, on défait son couvercle et on vide le charbon. 10 stères de bois fournissent environ 4 stères 1/2 de charbon qui est d'autant meilleur que le bois employé est plus dur; on a remarqué que le bois qui a été longtemps exposé à l'air donne un charbon de moins bonne qualité que celui qui a été carbonisé peu de temps après qu'il a été coupé.

M. Kestner, à Bellevue (Haut-Rhin), emploie un appareil donnant un bon rendement et qui est représenté en plan et en coupe dans la

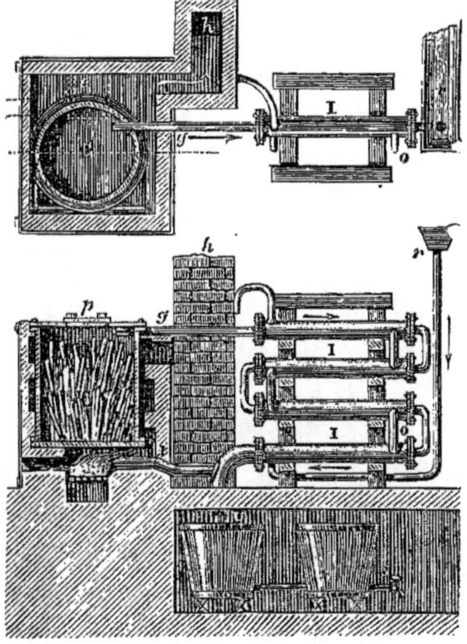

Fig. 551. — Appareil pour la distillation du bois employé par M. Kestner.

figure 551 ; 1 stère 80 de bois, soit environ 640 kilogrammes de bois, sont chargés après avoir été sciés et fendus, dans un cylindre en fonte C : on l'y introduit par une ouverture *p* pratiquée dans le couvercle du cylindre, après l'avoir préalablement débité en bûchettes de dimensions convenables. Le cylindre est placé dans un fourneau à grille que l'on charge par une porte. La flamme du combustible, qui consiste en 14 à 15 fagots par charge, s'élève en circulant tout autour du cylindre C, dans des carneaux, et se dirige enfin dans la cheminée d'appel *h*, comme il est indiqué figure 551. Les produits de la distillation se rendent par le tuyau en tôle *g* dans l'appareil de condensation, qui se compose de quatre tuyaux horizontaux placés les uns au-dessus des autres, réunis par des coudes, et enveloppés de manchons en tôle I, I..., dans lesquels on fait continuellement circuler un courant d'eau. Cet appareil est soutenu par une charpente en bois. L'eau froide arrive d'un réservoir et se rend par un tube *r* dans le manchon inférieur, puis passe successivement dans les autres manchons par les tubes verticaux o, o, o, et s'échappe enfin bouillante, par un tube recourbé. Les produits condensés de la distillation tombent par un conduit dans le premier réservoir U, tandis que les gaz inflammables se rendent par le conduit l, muni d'une valve régulatrice, sous le cylindre C; de sorte qu'il n'est besoin de charger du combustible sur la grille qu'au commencement de l'opération, la chaleur produite par la combustion des gaz non condensés étant ensuite suffisante pour achever la distillation. On laisse refroidir le charbon de bois pendant 5 à 6 heures, et on

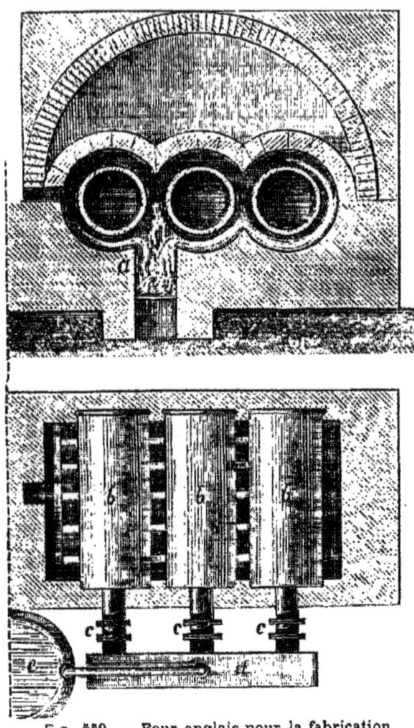

Fig. 552. — Four anglais pour la fabrication de l'acide pyroligneux.

le retire ensuite par une porte pratiquée au bas du cylindre C, et correspondant à une ouverture du fourneau. Le bois soumis à la distillation fournit par stère 134 litres d'acide pyroligneux brut, soit 38 kilogrammes par 100 kilogrammes de bois. A Bellevue, on ne distille pas de bois de sapin, on emploie principalement du hêtre et du bouleau.

En Angleterre, où l'on effectue généralement la distillation du bois dans le but spécial de la fabrication de l'acide pyroligneux, on fait usage de grandes cornues de fer placées horizontalement sur le foyer (fig. 552). La disposition adoptée fait ressembler cette distillation à celle de la houille; toutefois les cornues sont plus grandes, ayant jusqu'à 1m,33 de diamètre et 2 mètres à 2m,66 de longueur. Souvent deux ou même trois cornues sont placées dans le même fourneau *a* de manière qu'un seul feu suffise à toutes à la fois. Les ouvertures pour charger les cornues sont à l'un des bouts *b* et le tuyau de dégagement est à l'autre bout *c*; les produits de condensation se rendent d'abord en *d* où s'arrête le goudron et finalement à travers un serpentin dans un large cylindre où l'acide acétique brut est recueilli.

Dans la forêt de Dean (comté de Worcester), on fait usage de cornues à section carrée en tôle de fer ayant 1m,368 sur 0m,836 qu'on chauffe dans de grands fourneaux carrés.

A Glasgow, on a adopté les dispositions suivantes: les cylindres ont 2 mètres de long et les deux extrémités dépassent un peu la maçonnerie en briques. A l'un des bouts s'adapte un disque de fonte bien ajusté et fortement boulonné; il part du centre de ce disque un tube de fer d'environ 0m,30 de diamètre qui entre à angle droit dans le tube principal du réfrigérant. Le diamètre de ce dernier a de 0m,24 à 0m,36, suivant le nombre des cylindres.

L'autre bout de chaque cylindre s'appelle la bouche de la cornue; elle est fermée par un disque en fonte recouvert, autour de ses bords, avec un lut d'argile grasse et maintenu dans sa position à l'aide de coins en fer. On charge un tel cylindre de 406 kilogrammes de bois environ. Les bois durs tels que le chêne, le frêne, le bouleau et le hêtre, sont seuls employés, le sapin ne donnant pas un rendement satisfaisant. On chauffe pendant le jour et on laisse refroidir pendant la nuit; le lendemain, on retire le charbon et on remet une nouvelle charge de bois. La production moyenne d'acide acétique brut est de 163 litres environ; il est brun foncé, renferme beaucoup de goudron et possède une densité de 1,025; il pèse donc 136 kilogrammes; le charbon ne pèse que le cinquième du bois employé; il s'ensuit que près de la moitié de la matière pondérable du bois s'est transformée en gaz non condensables. Les cornues cylindriques conviennent plus à la distillation des grandes bûches du comté de Gloucester et aux bois impropres à la construction des navires; les cornues à section carrée sont d'un usage avantageux pour les bois légers tels qu'on les rencontre dans le comté de Galles.

A. P. Halliday (patente n° 12,275, du 28 septembre 1848, Angleterre) a proposé un mode de distillation qui a été adopté dans plusieurs usines. Il est applicable à des matériaux de rebut tels que sciure de bois et bois de teinture épuisé; on les soumet à la carbonisation en les faisant circuler, par un mouvement continu, à travers des cornues chauffées. A cet effet, le bois, qui est le plus souvent à l'état pulvérulent, est introduit par une espèce de trémie H (fig. 553) sur le devant de la cornue B où il est entraîné graduellement vers l'autre extrémité au moyen d'une vis sans fin mise en mouvement par un moteur mécanique. Pendant sa marche, la sciure de bois se carbonise complètement; les produits gazeux et liquides se dégagent à travers les tuyaux *t* et F, tandis que le charbon tombe à travers le tuyau D dans un vase rempli d'eau. Cette dernière précaution est né-

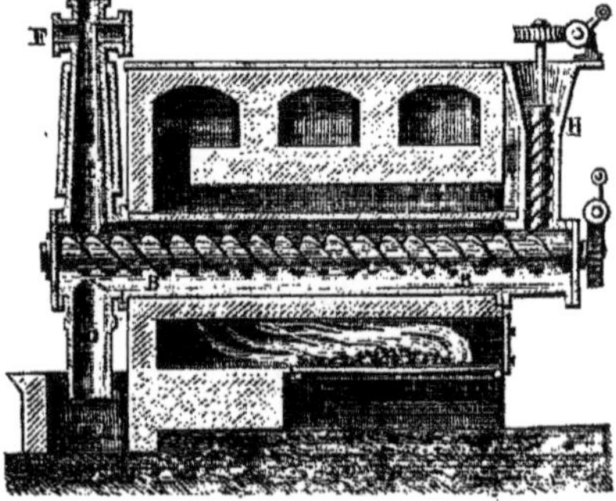

Fig. 553. — Appareil de Halliday pour la distillation du bois.

cessaire parceque le charbon est tellement divisé, qu'aucune espèce de refroidissement, ni à l'air, ni en vase clos, ne pourrait en empêcher la combustion; il est de plus sans grande valeur. On n'obtient avec ce procédé pas plus d'acide pyroligneux qu'avec celui où le bois est employé en bûches et on recueille moins d'esprit de bois et de naphte de goudron. La quantité d'acide varie cependant suivant la température. On opère généralement à la chaleur rouge sombre; une tonne de sciure de bois fournit 100 à 120 gallons de liquide, renfermant 4 °/₀ d'acide acétique, et 15 gallons de goudron (le gallon = 4 litres 5) fournissant 3 °/₀ de naphte.

Bowers a pris une patente relative à des arrangements mécaniques un peu différents pour l'introduction de la sciure de bois dans la cornue. Il l'effectue au moyen d'un plan incliné et d'une série de palettes qui entraînent la sciure.

MM. Salomons et Azulay ont fait breveter un procédé fondé sur l'emploi de la vapeur d'eau surchauffée pour effectuer la carbonisation du bois; la vapeur d'eau qui arrive directement dans la masse du bois contribue à la vérité à étendre considérablement l'acide, mais cet inconvénient est atténué par l'emploi qu'on fait de cette vapeur pour concentrer les produits de la distillation en les obligeant à traverser un serpentin disposé dans une cuve qui renferme elle-même des produits de la distillation.

Stolze a reconnu, à la suite d'un grand nombre d'expériences, que 100 kilogrammes de bois donnent par la distillation 36 à 48 kilogrammes de produits liquides, desquels on retire 12 à 31 kilogrammes d'acide pyroligneux, suivant la nature du bois employé. Les bois feuillus, durs et vieux, qui ont cru sur un sol sec, sont ceux qui donnent l'acide le plus concentré. Le bouleau blanc et le hêtre blanc donnent par 100 kilogrammes 8 kilogrammes d'huile empyreumatique et de goudron; le pin rouge donne par 100 kilogrammes 16 kilogrammes d'huile empyreumatique et de goudron.

On trouve dans le traité sur l'acide pyroligneux de Stolze (extrait du *Dictionnaire de Ure*) des déterminations précises sur le rendement en acide acétique que donnent les différentes essences de bois. Voici un tableau pour une livre de bois fournie :

Noms des bois.	Poids de l'acide brut.	Carbonate de potassium neutralisé par une once d'acide.	Poids du charbon de bois.
	onces.	grains.	onces.
Bouleau blanc (*Betula alba*).	7 1/8	55	3 7/8
Hêtre commun (*Fagus sylvatica*).................	7	54	3 7/8
Tilleul (*Tilia pataphylla*)..	6 7/8	52	3 5/8
Chêne ordinaire (*Quercus robur*).................	6 7/8	50	4 1/8
Grand frêne (*Fraxinus excelsior*).................	7 1/2	44	3 3/4
Marronnier d'Inde (*Æsculus hippocastanus*).......	7 3/8	41	3 1/2
Peuplier (*Populus dilatata*).	7 8/8	40	3 3/4
Peuplier blanc (*Populus alba*).................	7 3/8	39	3 3/4
Prunier (*Prunus padus*)...	7	37	3 1/2
Saule (*Salix*).............	7 3/8	35	3 1/2
Nerprun (*Rhamnus*).......	7 1/2	34	3 1/2
Hématoxyle de campêche (*Hematoxylon campechianum*).................	7 1/8	35	2
Aune (*Alnus*).............	7 3/8	30	3 1/2
Genévrier commun (*Juniperus communis*)........	7 1/4	29	3 5/8
Sapin (*Pinus abies*).......	6 5/8	29	3 3/8
Pin sylvestre (*Pinus sylvestris*).................	6 3/4	28	3 1/2
Genévrier sabine (*Juniperus sabina*)...........	7	27	3 5/8
Sapin en peigne (*Abies pectinata*).................	6 3/8	25	3 3/4

L'acide pyroligneux brut renferme des goudrons en dissolution. Les distillations répétées ne suffisant pas pour le purifier, il faut avoir recours à des moyens de purification particuliers. Comme il contient de la créosote, c'est-à-dire divers phénols, il possède à un haut degré des propriétés antiputrides. Aussi s'en sert-on quelquefois pour préserver certains corps de la putréfaction : ainsi la viande plongée pendant quelques heures dans l'acide pyroligneux peut être séchée à l'air sans se corrompre, mais elle devient dure, prend la consistance du cuir et ne convient pas à l'alimentation; quelquefois aussi l'acide pyroligneux sert à préparer le poisson.

Purification de l'acide pyroligneux. — On produit généralement deux acides dans l'industrie : l'acide dit de *bon goût* et l'acide ordinaire qui renferme encore des matières empyreumatiques. L'acide pyroligneux est le résultat de la simple redistillation de l'acide brut directement obtenu du bois. L'acide pyroligneux brut possède une densité qui varie de 1,028 à 1,042 suivant que le bois a été plus ou moins sec.

Pour transformer l'acide pyroligneux en acide acétique, on peut employer deux procédés : on passe soit par l'acétate de sodium, soit par l'acétate de calcium.

On le débarrasse d'abord de l'huile empyreumatique, puis on le fait écouler dans des cuves où se déposent les impuretés. On peut alors le distiller dans un alambic de cuivre, de manière à isoler une quantité assez notable d'esprit de bois qui passe en premier lieu; une forte proportion de matières goudronneuses reste comme résidu dans l'alambic. Que cette distillation soit effectuée ou non, l'acide pyroligneux est introduit au moyen de siphons dans des chaudières, où il est saturé par un lait de chaux, par de la chaux vive ou de la craie. Après avoir fait bouillir le liquide pendant quelque temps, on l'abandonne pendant 24 heures afin de laisser déposer l'excès de chaux qui entraîne aussi quelques impuretés. Parfois on le clarifie au moyen d'albumine, au lieu du sang dont on faisait usage précédemment. Au moyen de pompes, on amène la liqueur claire dans des chaudières d'évaporation; on produit la chaleur soit en allumant un feu sous les chaudières, soit en dirigeant de la vapeur d'eau dans la solution, qu'on agite sans cesse afin de faire venir les impuretés à la surface et de les enlever. A mesure que l'évaporation s'avance, il se dépose aussi de l'acétate de calcium qu'on enlève au moyen de cuillers et qu'on place dans des paniers pour le faire égoutter. Les dernières eaux mères sont évaporées à siccité et la masse obtenue soumise à la calcination fournit de l'acétone et du carbonate de calcium.

L'acétate de calcium préparé en saturant directement l'acide brut est de l'acétate brun; l'acide redistillé une fois fournit de l'acétate gris.

Actuellement, presque partout, la transformation du sel de calcium en sel de sodium est réalisée en distillant le pyrolignite de chaux avec de l'acide sulfurique et saturant l'acide distillé avec du carbonate de sodium (sel de soude).

On peut préparer aussi l'acétate de sodium avec l'acétate gris de calcium, en ajoutant le slufate de sodium à la solution filtrée d'acétate de calcium; cette réaction s'effectue en vertu de l'équation suivante :

$$(C^2H^3O^2)^2Ca + 2SO^4Na^2 = 2(C^2H^3O^2Na) + (SO^4)^2Na^2Ca.$$

On voit que pour 1 molécule d'acétate de calcium il faut faire usage de 2 molécules de sulfate de sodium; si on négligeait ce point, une partie de l'acétate de calcium échapperait à la décomposition et serait perdue. Lorsque le sulfate double de sodium et de calcium s'est déposé, on enlève la solution d'acétate de sodium ; toutes les impuretés se précipitent, on évapore jusqu'à ce que le liquide ait atteint la densité de 4,3 ; l'acétate de sodium cristallise ; on peut le purifier en le chauffant dans des vases peu profonds en tôle, à une température voisine du rouge sombre : en le frittant on carbonise les matières étrangères. Le frittage doit être exécuté avec beaucoup de précaution, pour éviter la destruction d'une partie de l'acétate lui-même. Après le refroidissement, la masse frittée est dissoute dans l'eau ; la solution filtrée est évaporée et amenée à cristallisation. Les cristaux d'acétate de sodium ainsi obtenus sont tout à fait incolores. On les décompose par l'addition d'une molécule d'acide sulfurique pour une molécule de sel. La majeure partie du sulfate de sodium est éliminée par cristallisation ; la liqueur mère est distillée. L'acide acétique ainsi préparé est purifié encore davantage par digestion et filtration avec du charbon animal, et rectification sur du bichromate (ou du manganate) de potassium.

Mollerat a proposé une méthode propre à extraire l'acide acétique de l'acétate de sodium sans l'intervention de la chaleur ; elle repose sur la faible solubilité du sulfate de sodium dans l'acide acétique concentré. 45 kilogrammes d'acétate de sodium pulvérisé placés dans une cuve en maçonnerie émaillée sont additionnés de 15 à 16 kilogrammes d'acide sulfurique concentré. L'acide est versé en une seule fois, de telle façon qu'il s'étende au-dessous de la poudre ; le mélange et la réaction s'effectuent ainsi lentement et l'on évite un dégagement de chaleur trop fort. Au bout de quelques heures la décomposition est achevée, le sulfate de sodium en grains cristallins occupe le fond du vase et l'acide acétique, en partie liquide, en partie cristallisé, se trouve au-dessus. On ajoute un peu d'acétate de calcium pour éliminer des traces de sulfate de sodium, qui est de la sorte remplacé par de l'acétate de sodium. Une petite impureté de sulfate de sodium dans l'acide acétique serait d'ailleurs sans inconvénient, tandis que l'acide sulfurique en présenterait. Dans ce procédé, on recueille du sulfate de sodium qu'on laisse égoutter et qui sert de nouveau à décomposer l'acétate de calcium, on ne dépense donc que de la chaux qui, on le sait, est à vil prix.

Voelckel, et presque en même temps Christl, ont proposé l'emploi de l'acide chlorhydrique pour décomposer l'acétate de calcium. Cette innovation a été adoptée avec succès dans les usines, notamment dans celle de M. Kestner, à Bellevue. Voici comment le premier de ces chimistes recommande d'opérer. On évapore la solution d'acétate de calcium à la moitié de son volume environ dans une bassine en fer, et l'on ajoute ensuite de l'acide chlorhydrique jusqu'à ce que, pendant le refroidissement, une réaction acide nette se produise ; les goudrons montent à la surface lorsqu'on fait bouillir et peuvent être enlevés ; la créosote et d'autres corps volatils sont également éliminés pendant l'évaporation. On doit employer de $1^{k},814$ à $2^{k},721$ d'acide chlorhydrique en moyenne pour 150 litres d'acide pyroligneux. Si au lieu d'évaporer on soumet à la distillation un pareil mélange, on obtient de l'esprit de bois.

L'acétate de calcium purifié est séché sur des plaques de fonte pour enlever le restant de goudron, ensuite il est décomposé dans un alambic muni d'un chapiteau en cuivre et d'un serpentin en plomb. La décomposition de l'acétate de calcium par l'acide sulfurique ou l'acide chlorhydrique se fait actuellement dans des cylindres en fonte semblables à ceux employés pour la fabrication de l'acide nitrique. Pour 50 kilogrammes d'acétate environ, il faut 45 à $47^{k},500$ d'acide chlorhydrique d'une densité de 1,16. L'acide distille de 100° à 120° et ne renferme que des traces de produits empyreumatiques et d'acide chlorhydrique ; sa densité varie de 1,058 à 1,061 ; il renferme plus de 40 % d'acide ; étant trop concentré pour le commerce, il convient de le diluer en ajoutant 25 p. d'eau à 90 p. d'acide chlorhydrique qu'on fait agir sur 100 p. d'acétate de calcium ; en prenant ces proportions on obtient 95 à 100 p. d'acide acétique d'une densité de 1,015. L'acide chlorhydrique est d'un emploi plus avantageux que l'acide sulfurique ; il y a économie, le produit est plus pur, les matières empyreumatiques sont plus facilement éliminées ; la fusibilité du chlorure de calcium permet à l'acide acétique de se volatiliser plus aisément qu'en présence du sulfate de calcium ; de plus, on évite complètement la formation des acides sulfhydrique et sulfureux, qui prennent naissance à la fin de l'opération lorsqu'on emploie l'acide sulfurique. L'acide acétique préparé par ce procédé peut être additionné d'une petite quantité de carbonate de sodium et redistillé ; de la sorte on le débarrasse de toute trace d'acide chlorhydrique et on le rend incolore ; on le purifie ensuite en le distillant avec 2 à 3 % environ de bichromate ou de permanganate de potassium. Cette addition a été patentée en Angleterre par H.-B. Condy. Le produit obtenu renferme néanmoins encore des quantités appréciables de substances empyreumatiques. Ajoutons que, pour la dernière distillation, il faut faire usage de serpentins en terre cuite. En Angleterre, on emploie des serpentins en étain fin et quelquefois même en argent.

Aux forges d'Audincourt, dans le département du Doubs, la production de l'acide pyroligneux a été pendant quelque temps un accessoire de la carbonisation du bois en meules.

Aujourd'hui cette fabrication, qui ne présentait pas d'avantages au point de vue pécuniaire, a été abandonnée ; toutefois, comme elle constitue un procédé intéressant, et que, dans des circonstances plus favorables, elle est peut-être susceptible d'être reprise, nous en donnerons ici une courte description.

Pour recueillir l'acide pyroligneux, on se servait de condensateurs disposés à la partie inférieure de la meule et sur tout le pourtour de celle-ci. Ces condensateurs étaient construits et installés comme il suit : une sorte de cornue A (fig. 554) en fonte, ouverte par la base, est disposée sur un trépied en fer C dans l'intérieur de la meule. Le bec de cette cornue s'engage en D dans le

Fig. 554. — Carbonisation et distillation simultanée du bois aux forges d'Audincourt.

condensateur B fait en tôle de fer; un petit orifice E laisse écouler les produits de la condensation dans des récipients en bois qu'on vide à mesure qu'ils se remplissent. Quelquefois on ajoute deux de ces condensateurs à la même cornue pour faciliter l'écoulement du liquide.

L'acide recueilli, marquant en moyenne 2° à l'aréomètre de Baumé, est transporté à la distillerie. On opère généralement sur 6 à 7,000 litres. On commence par saturer la liqueur acide par la chaux; lorsqu'elle est neutre au papier bleu de tournesol, on la décante dans trois grandes chaudières en cuivre. La liqueur marquant alors 6° est concentrée dans ces chaudières jusqu'à 10° ou 12°. Le temps nécessaire pour transvaser et saturer par la chaux la liqueur brute est de 48 heures environ, et il faut 24 heures pour la concentrer de 6° à 10° ou 12°. Parvenu à ce degré, le pyrolignite de chaux encore liquide est transvasé dans des chaudières en tôle ou en fonte dites de *fritte* ou de *torréfaction*, où l'on continue l'évaporation jusqu'à siccité; cette opération dure 24 heures. Le pyrolignite de calcium ainsi desséché ne doit peser que 50 kilogrammes l'hectolitre, et pour la quantité de liquide brut employée (6,000 à 7,000 litres), on n'obtient que 14 hectolitres environ.

Le pyrolignite de calcium desséché est introduit dans deux alambics en fonte d'une capacité de 950 litres chacun. C'est là qu'on le décompose par l'acide sulfurique. L'acide distillé est traité à froid par du bioxyde de manganèse et rectifié finalement dans un alambic en platine : le produit est de l'acide acétique bon goût, marquant 8° à l'aréomètre.

Voici quelques détails sur un essai fait en vue d'obtenir des données numériques plus précises encore que celles qui précèdent : on a opéré sur 1,000 litres de liquide acide, qui à 10° ont marqué en moyenne 2° au pèse-acide; les tonneaux, abandonnés au repos pendant un jour, ne contenaient plus de goudron en suspension. Les goudrons après décantage du liquide ont été transvasés et pesés; le poids en a été de 10 kilogrammes, soit 1 kilogramme par hectolitre.

Les 1,000 litres d'acide pyroligneux ont été versés dans la chaudière à saturation. La quantité de chaux employée a été de 1k,10 à 1k,20. Cette opération terminée, on a transvasé le liquide de la première chaudière en cuivre dans la deuxième chaudière en fonte, pour pouvoir recueillir l'esprit de bois; après avoir luté le couvercle de cette chaudière, on a chauffé doucement; il a passé à la distillation 37 kilogrammes de liquide, dont on a retiré de l'esprit de bois par une seconde rectification. Le liquide restant dans la chaudière a été décanté et passé dans la troisième chaudière (en fonte) où s'est opérée la cristallisation. Les cristaux ont été recueillis et séchés à l'air libre. Ces cristaux secs avaient conservé une teinte assez foncée. La quantité d'acétate de calcium produite a été de 2 hectolitres pesant 60 kilogrammes l'hectolitre. Cet acétate a été décomposé par l'acide sulfurique.

La quantité d'acide obtenu s'est élevée à 72 kilogrammes à 9°, soit 80 kilogrammes à 8°. Le liquide renfermait une certaine quantité de soufre en suspension. En traitant par le bioxyde de manganèse et en rectifiant de nouveau, on a perdu 5 % d'acide, et le produit ne pesait plus que 76 kilogrammes à 8° de l'aréomètre.

On payait l'acide acétique, il y a quelques années, 100 à 110 francs les 100 kilogrammes; les prix étant tombés à 60 et même à 50 francs les 100 kilogrammes, cette fabrication aux forges d'Audincourt n'étant plus rémunératrice a été interrompue. La production de l'acide était de 5,000 kilogrammes environ par mois. Pour la série des opérations décrites ci-dessus, où l'on opérait sur 2,000 à 7,000 litres de liquide, on brûlait environ 6,000 kilogrammes de houille.

La carbonisation du bois en meules fournit environ par stère de bois ordinaire de 29 à 30,5 kilogrammes de liquide marquant 2° à l'aréomètre. Par la carbonisation en vase clos, on obtient 5 à 6 fois plus d'acide. Chaque fourneau renferme 28 à 80 stères de bois. Voici le détail d'une opération : le fourneau a été construit avec 33 stères de bois. Les condensateurs ont été mis en place au nombre de 40 et la condensation s'est faits pendant 3 jours 1/2.

Le rendement a été de 166 hectolitres de charbon pesant 3,095 kilogrammes, et de 1,003 kilogrammes de liqueur acide. 26 kilogrammes de goudron ont été recueillis en égouttant les fûts qui avaient reçu l'acide à mesure de sa production.

L'acide pyroligneux est exclusivement employé dans les arts, pour beaucoup d'opérations qui n'exigent pas de l'acide acétique parfaitement pur. On en fait un grand usage dans les ateliers d'impression sur indiennes, pour la préparation de l'acétate de fer et pour celle de l'acétate d'aluminium. On s'en sert aussi pour fabriquer l'acétate de plomb.

Acétate d'aluminium. — On prépare l'acétate d'alumine en décomposant à froid l'alun par l'acétate de plomb; il se précipite du sulfate de plomb, tandis qu'il reste dans la liqueur filtrée ou décantée de l'acétate d'aluminium et de l'acétate ou du sulfate de potassium, suivant qu'on a employé plus ou moins d'acétate de plomb. L'acétate d'aluminium qu'on obtient ainsi n'est donc pas pur, mais le sel avec lequel il est mêlé ne produit aucun effet nuisible sur les couleurs qu'il s'agit de fixer. 62 p. en poids d'alun octaédrique ordinaire sont complétement décomposées par 100 p. d'acétate de plomb.

L'acétate d'aluminium se prépare aussi depuis quelque temps en traitant l'alumine pure par de l'acide acétique.

Acétate de fer. — On le prépare en traitant des rognures de fer ou de tôle par l'acide acétique étendu. Il est très-soluble dans l'eau; par une douce évaporation, il se sépare sous la forme d'une gelée d'un rouge-brun très-foncé, déliquescente. Dans les fabriques d'acide pyroligneux on le prépare en grand; on emploie à cet effet l'acide distillé.

Dans le principe, on se servait de l'acide non purifié, mais on n'obtenait jamais qu'un sel très-impur renfermant 2 % de goudron, nuisible en teinture. Les goudrons s'attachaient à la ferraille qu'on mettait en contact avec l'acide et soustrayaient le fer à l'action dissolvante de l'acide; il fallait, pour l'en débarrasser, le mettre de temps en temps en tas et y mettre le feu. Aujourd'hui on se sert généralement d'acide distillé à 3° Baumé, degré qui correspond à 6,5 % d'acide acétique anhydre. On verse cet acide sur de la tournure ou des copeaux de fer disposés dans un tonneau à double fond, muni d'un robinet placé à la partie inférieure; après quelque temps de contact, il se dégage de l'hydrogène en abondance; ce qu'on laisse écouler est reversé de temps à autre dans le tonneau; au bout de 3 à 4 jours, la dissolution est achevée. Elle marque 10° à l'aréomètre, on la concentre jusqu'à 14° ou 15°.

Dans cet état, elle est livrée au commerce, où elle est connue sous le nom de *bouillon noir*. Avec 10 p. de ferraille on obtient 100 p. de bouillon noir.

Acétate de plomb. — On prépare ce sel en saturant à chaud de l'acide acétique avec de la litharge.

Il est essentiel de se servir d'un acide acétiqu; concentré pour préparer l'acétate de plombe autrement on perdrait beaucoup de temps à rapprocher les dissolutions. L'appareil le plus convenable que l'on puisse employer est une chaudière de cuivre doublée en plomb à l'intérieur. 325 p. d'oxyde de plomb bien pulvérisé neutralisent 575 p. d'acide acétique marquant 7° à l'aréomètre de Baumé et donnent 960 p. d'acétate de plomb cristallisé. On verse peu à peu l'oxyde dans le vinaigre et l'on agite constamment le mélange, afin d'empêcher les parties solides de s'attacher au fond; la dissolution se fait immédiatement avec un grand dégagement de chaleur. On entretient l'élévation de température en faisant un peu de feu sous la chaudière dans laquelle on opère. On ajoute de l'eau provenant des lavages des opérations antérieures, et, après avoir fait bouillir le tout, on laisse refroidir lentement et reposer. Il faut alors soutirer avec un siphon la dissolution limpide et la concentrer jusqu'à 32° Baumé, en ayant soin d'y maintenir toujours un petit excès d'acide, pour empêcher la formation de sous-sels qui pourraient gêner la cristallisation ultérieure. Lorsque la liqueur concentrée est colorée, on la décolore en la filtrant sur une couche de noir en grains.

Les vases en faïence vernis au feu sont ceux qui conviennent le mieux pour cristallisoirs. On empêche l'acétate de s'attacher à leurs bords en les graissant avec du suif. Les cristaux obtenus doivent être égouttés et séchés dans une étuve, à une douce chaleur. Quand les eaux mères ne déposent plus de cristaux, on les décompose par le carbonate de sodium ou par une petite quantité de chaux, et l'on obtient un carbonate ou un oxyde de plomb que l'on peut traiter avec de nouveau vinaigre. L'acétate de sodium qui surnage peut fournir de l'acide acétique pur, en le traitant par l'acide sulfurique.

Le sel, extrait d'un liquide moyennement concentré, donne des cristaux à 4 et à 6 pans qui sont incolores et transparents; obtenu dans une dissolution plus concentrée, il cristallise en petites aiguilles qui jaunissent en se fondant, pour peu que l'acide dont on s'est servi soit impur.

Si l'acide pyroligneux renferme une quantité notable de matières goudronneuses, l'acétate de plomb ne cristallise qu'avec peine, sous la forme de concrétions imitant les choux-fleurs. On peut remédier à cet inconvénient en faisant bouillir la dissolution saline avec une très-petite quantité d'acide nitrique, qui détermine un précipité granulaire bleuâtre et donne à la liqueur une teinte rougeâtre. On filtre ensuite sur du charbon pilé, et l'on obtient une dissolution incolore qui fournit, par l'évaporation spontanée, des cristaux très-réguliers d'acétate de plomb.

Quelques-uns des acétates employés dans l'industrie peuvent être préparés par un procédé particulier, qui a pris naissance dans les fabriques d'acide pyroligneux, et qui est appliqué depuis 1844 dans l'usine de Choisy-le-Roi. La matière première est l'acétate de sodium torréfié. En traitant une dissolution de cet acétate par un sulfate soluble également en dissolution, comme le sulfate de fer ou de cuivre, il y a double décomposition; il se forme un acétate avec la base du sulfate employé et du sulfate de sodium. On arrive facilement à séparer l'acétate de cuivre ou de fer du sulfate de sodium par l'évaporation et par la différence de solubilité de ces sels. L'acétate de plomb ne saurait être obtenu par ce procédé, le sulfate de plomb étant insoluble.

Le sulfate de sodium qui résulte de cette méthode de préparer les acétates de fer et de cuivre sert de nouveau à décomposer l'acétate de calcium. Les acétates que l'on obtient ainsi sont très-purs, quoiqu'ils n'aient pas été préparés avec de l'acide acétique rectifié, ce que l'on est obligé de faire dans la préparation directe.

Alcool méthylique (esprit de bois). — Le bois soumis à la carbonisation fournit, outre l'acide pyroligneux et le goudron, de l'esprit de bois qui est en dissolution dans la partie aqueuse des produits de la distillation. Celle-ci étant décantée, pour la séparer du goudron non dissous, on la soumet à la distillation, afin d'en extraire, au moins en partie, le goudron tenu en dissolution. On recueille les dix premiers litres de chaque hectolitre de liqueur mise en distillation et l'on soumet ce produit brut à des rectifications répétées. Pour abréger, on peut, dès la première rectification, mettre dans l'alambic de la chaux vive pour retenir l'eau. Dans tous les cas, il faut employer ce réactif pour parvenir à une rectification absolue. L'esprit de bois forme environ 1 °/₀ des produits aqueux de la distillation; cette proportion est beaucoup plus forte quand on évite les décompositions résultant de la haute température de l'appareil distillatoire, en employant, par exemple, le chauffage au bain de plomb. L'alcool méthylique est usité, surtout en Angleterre, comme dissolvant et combustible.

Bibliographie. — *Dictionnaire des arts et manufactures*, par M. Ch. Laboulaye; — *Ure's Dictionary of arts, manufactures, and mines*, edited by Robert Hunt; — *Rapport de A.-W. Hoffmann sur l'exposition de Londres*, publié dans le *Moniteur scientifique* du docteur Quesneville; — Reichenbach, *Ann. der Chem. u. Pharm.*, t. XII, p. 323; — Voelckel, *Ann. der Chem. u. Pharm.*, t. LXXXII, p. 49; *ibid.*, t. LXXXVI, p. 66; — Christl, *Dingler's Polytech. Journ.*, t. CXXIV, p. 375. Ph. de C.

PYROLITHOFELLIQUE (ACIDE). — Voyez Lithofellique (Acide), t. II, p. 231.

PYROLIVILIQUE (ACIDE). — Voyez Olivile, t. II, p. 613.

PYROLUSITE (Min.) [Syn. *Manganèse, manganèse oxydé, Weichmangan, polianite*]. — Bioxyde de manganèse MnO^2. Rarement en cristaux; le plus souvent en masses fibreuses, à structure rayonnée, d'un noir de fer et d'un éclat demi-métallique; se trouvant dans les terrains anciens (variétés cristallisées) ou dans les terrains de sédiment en contact avec les premiers (variétés terreuses). A Elgersberg (Thuringe), à Mährish-Trübau (Moravie) et dans différentes localités de Bohême, de Westphalie, etc. A Romanèche (Saône-et-Loire) et à Saint-Christophe (Cher), on exploite le minerai terreux.

Caractères. — Soluble dans l'acide chlorhydrique avec dégagement de chlore. Au chalumeau, ne fond pas, mais se convertit en oxyde rouge. Avec le borax ou la soude, réactions du manganèse.

Fig. 555. — Pyrolusite.

Dureté, 2 à 5,5 (variétés cristallisées: polianite). Poussière noire ou noir bleuâtre. Le minéral tache souvent les doigts. Densité = 4,82.

Forme cristalline. — Prisme orthorhombique

$$mm = 93°40';$$

le prisme, strié longitudinalement, est souvent modifié par h^1, g^1, h^3, e^2, etc.; $ph^1 = 142°11'$. $e^2p = 160°$. Clivages m et g^1. F. et S.

PYROMALIQUE (ACIDE). — Synonyme de Maléique (Acide), t. II, p. 280.

PYROMARIQUE (ACIDE). — Voyez Sylvique (Acide).

PYROMÉCONIQUE (ACIDE), $C^5H^4O^3$. — Acide isomérique avec l'acide pyromucique et l'anhydride citraconique, que Sertuerner a obtenu en 1817 en chauffant l'acide méconique entre 220° et 300° [*Ann. der Phys. v. Gilbert*, t. LVII, p. 173].

Robiquet indiqua sa vraie composition [*Ann. de Chim. et de Phys.*, (2), t. V, p. 283, et t. LI, p. 236]. L'acide méconique se transforme d'abord en acide coménique, et celui-ci perdant de l'acide carbonique donne de l'acide pyroméconique qui distille. La quantité de cet acide s'élève au cinquième de l'acide méconique employé. En même temps, il passe dans le récipient de l'eau et de l'acide acétique.

Les réactions successives qui donnent naissance à l'acide pyroméconique sont les suivantes :

$$C^7H^4O^7 = CO^2 + C^6H^4O^5$$

Acide méconique. Acide coménique.

et

$$C^6H^4O^5 = CO^2 + C^5H^4O^3.$$

Acide coménique. Acide pyroméconique.

Pour purifier l'acide pyroméconique, on le redissout dans l'eau ou dans l'alcool et on le laisse lentement cristalliser; ou bien on le sèche entre des doubles de papier buvard et on le sublime avec précaution.

L'acide pyroméconique cristallise en aiguilles, tables ou octaèdres allongés, incolores, de saveur très-acide, avec arrière-goût amer. Il est très-soluble dans l'eau et dans l'alcool; ses solutions rougissent à peine le tournesol. Il fond à 120-125° et se sublime aisément à 100° sans laisser de résidu. Il se dissout dans l'acide sulfurique à chaud et se dépose par refroidissement. Ses solutions colorent en rouge le perchlorure et le persulfate de fer et réduisent les sels d'or.

Les pyroméconates ne précipitent pas les sels à bases alcalino-terreuses, ni l'acétate de plomb; ils donnent avec le bichlorure de mercure un précipité blanc amorphe qui se dissout à chaud.

Le chlore et l'acide nitrique détruisent l'acide pyroméconique, qu'ils transforment en acide oxalique; le brome donne avec lui de l'acide bromopyroméconique.

Pyroméconates. — Ils ont été particulièrement étudiés par Stenhouse [*Ann. der Chem. u. Pharm.*, t. XLIX, p. 18], et Brown [*ibid.*, t. LXXXIV, p. 32].

L'acide pyroméconique est monobasique. Il ne semble pas former de combinaisons stables avec les alcalis; les sels ainsi obtenus laissent, lorsqu'on les évapore, une partie de l'acide en liberté.

Pyroméconate d'argent, $(C^5H^3O^3)Ag$. — Ce sel, très-altérable, s'obtient lorsqu'on ajoute de l'oxyde d'argent à l'acide.

Pyroméconate de baryum, $(C^5H^3O^3)^2Ba + H^2O$. — Il se précipite en aiguilles soyeuses lorsqu'on mélange une solution ammoniacale d'acide pyroméconique avec l'acétate de baryum. Il est très-soluble dans l'eau, peu soluble dans l'alcool.

Pyroméconate de calcium, $(C^5H^3O^3)^2Ca + H^2O$. — Mêmes propriétés que le précédent et même mode de préparation. Il est moins soluble dans l'eau et donne de beaux cristaux.

Pyroméconate de cuivre, $(C^5H^3O^3)^2Cu$. — Il s'obtient en faisant bouillir l'acide avec un excès d'hydrate de cuivre. Par le refroidissement, il se forme des aiguilles minces vert-émeraude, peu solubles dans l'eau. On l'obtient aussi en ajoutant à l'acide du sulfate de cuivre ammoniacal.

Pyroméconate ferrique, $(C^5H^3O^3)^6(\overset{vi}{Fe^2})$. — Cristaux anhydres, couleur de cinabre, que l'on obtient en faisant bouillir l'acide pyroméconique avec l'hydrate de peroxyde de fer, redissolvant dans quelques gouttes d'acide le précipité brun qui se forme, puis laissant refroidir. On l'obtient aussi en ajoutant du perchlorure de fer à une solution bouillante et concentrée de l'acide.

Pyroméconate de magnésium, $(C^5H^3O^3)^2Mg$. — Précipité blanc, amorphe, anhydre, qui se forme en ajoutant de l'acétate de magnésium à une solution chaude d'acide pyroméconique.

Pyroméconate de plomb, $(C^5H^3O^3)^2Pb$. — Poudre blanche qui se précipite peu à peu lorsqu'on sature l'acide pyroméconique par de l'hydrate d'oxyde de plomb.

Pyroméconate de strontium,

$$(C^5H^3O^3)^2Sr + H^2O.$$

— Petites aiguilles soyeuses obtenues en mêlant une solution alcoolique de nitrate de strontium à une solution ammoniacale et alcoolique d'acide pyroméconique. Ce sel est un peu soluble dans l'eau à froid, plus soluble à chaud, et très-alcalin (Brown).

Acide bromopyroméconique, $C^5H^3BrO^3$. — Cet acide s'obtient en ajoutant peu à peu de l'eau de brome à une solution d'acide pyroméconique tant que la liqueur se décolore, mais sans dépasser ce point. Il se dépose par le repos des prismes incolores ayant la composition indiquée ci-dessus.

L'acide bromopyroméconique est peu soluble dans l'eau froide, soluble et cristallisable dans l'alcool bouillant. L'acide sulfurique le dissout aussi sans le décomposer. Soumis à la distillation, il fond, brunit, dégage de l'acide bromhydrique et laisse sublimer une matière cristalline.

Il colore les sels ferriques en rouge pourpre. Il ne précipite pas le nitrate d'argent, même en présence de l'ammoniaque; il ne donne pas de précipité avec les sels de baryum, de calcium, de magnésium.

C'est un acide monobasique. Mêlé à chaud au sulfate de cuivre ammoniacal, il y produit un précipité bleuâtre.

Bromopyroméconate de plomb,

$$(C^5H^2BrO^3)^2Pb + H^2O.$$

— Ce sel s'obtient en mélangeant une solution alcoolique d'acétate de plomb avec une solution alcoolique et chaude d'acide bromopyroméconique. C'est un précipité blanc cristallin, incolore.

Acide iodopyroméconique, $C^5H^3IO^3$ [Brown, *Phil. Mag.*, (4), t. VIII, p. 201; *Ann. de Chim. et de Phys.*, (3), t. XLV, p. 485]. — Cet acide s'obtient en aiguilles brillantes lorsqu'on ajoute du protochlorure d'iode à une solution aqueuse concentrée et froide d'acide pyroméconique. Lorsqu'on le chauffe à 100°, il fond en un liquide noir qui se décompose tout à coup en déposant de l'iode. L'acide iodopyroméconique se dissout un peu dans l'eau et l'alcool froids, mais beaucoup plus abondamment dans ces liquides chauds. Sa solution aqueuse se colore en rouge pourpre par les sels ferriques, et forme avec le nitrate d'argent un précipité jaune clair, soluble dans l'ammoniaque. L'acide iodopyroméconique traité par un excès de chlorure d'iode donne de larges lames hexagonales jaunes que Brown regarde comme une substance particulière, l'*iodomécone*, à laquelle il assigne la formule $C^3H^4I^8O^3$. A. G.

PYROMÉLANE (Min.). — Nom donné par M. Shepard à des petits grains à formes anguleuses, rougeâtres, brunâtres ou noirs, d'éclat résineux, trouvés dans les lavages d'or de Mac-Dowell County (Caroline du Nord). Donne avec les flux les réactions de l'acide titanique et du fer. Dureté, 6,5. Densité, 3,87.

PYROMÉLINE. — Voyez Morénosite.

PYROMELLIQUE (ACIDE). — Voyez Mellique (acide), t. II, p. 333.

PYROMORINTANNIQUE (ACIDE). — Synonyme de Pyrocatéchine.

PYROMORPHITE (Min.) [Syn. *Plomb phosphaté, polychrome, polysphérite, nussiérite, miésite*]. — Chlorophosphate de plomb,

$$Ph^3Pb^5O^{12}Cl = (3PhO^4)^{ix}.Pb^4(PbCl)'$$

fréquemment avec remplacement partiel de l'acide phosphorique par l'acide arsénique et du chlore par du fluor, parfois du plomb par de la chaux. Cristaux prismatiques hexagonaux, souvent fort beaux, parfois à faces arrondies, ou masses compactes, fibreuses, concrétionnées, d'un beau vert d'herbe ou d'un brun de girofle, translucides, accompagnant les autres minerais de plomb à Huelgoat (Bretagne), à Hofsgrund (Brisgau), à Johanngeorgenstadt (Saxe), à Friedrichsegen (Nassau), en Cornouailles, etc.

Caractères. — Soluble dans l'acide azotique; dans le tube bouché, donne un sublimé de chlorure de plomb; au chalumeau, fond, et par le refroidissement se solidifie en prenant une forme polyédrique. Avec le sel de phosphore saturé d'oxyde de cuivre, donne la réaction du chlore.

Dureté, 3,5 à 4. Poussière blanche, grise, jaunâtre. Densité, 6,5 à 7,1. La présence de la chaux peut abaisser cette densité jusqu'à 5.

Forme cristalline. — Prisme hexagonal *p*, *m*, souvent modifié par la pyramide b^1; $p b^1 = 130°38'$. Clivage : *m*, b^1 traces.

Isomorphe avec le mimétèse, la vanadinite et l'apatite. F. et S.

PYROMUCAMIDE, $C^5H^5AzO^2$ [Malaguti, *Compt. rend.*, 1846, t. XXII, p. 856]. — Ce composé est isomérique avec l'acide carbopyrrolique et se produit par l'action de l'ammoniaque sur le chloropyromucyle [Liès-Bodart, *Compt. rend.*, t. XLIII, p. 391] ou en chauffant pendant quelque temps à 110° le pyromucate d'éthyle avec une solution aqueuse concentrée d'ammoniaque [Schwanert, *Ann. der Chem. u. Pharm.*, t. CXVI, p. 281]. Il est en cristaux blancs, fusibles à 130°, se sublimant déjà à 100° en aiguilles déliées, solubles dans l'eau et dans l'alcool.

Pyromucamide diamidée [Syn. *Carbopyrrolamide*], $C^5H^6Az^2O$. — Cette amide, d'abord obtenue par Malaguti [*loc. cit.*] et étudiée depuis par Schwanert [*loc. cit.*, p. 270], se produit lorsqu'on soumet du mucate d'ammonium par portions de 100 grammes à la distillation; il se forme en outre du carbonate d'ammonium et du pyrrol. On extrait par l'alcool et on purifie par une nouvelle cristallisation dans le même liquide avec addition de charbon animal. L'équation suivante rend compte de la réaction :

$$C^6H^8(AzH^4)^2O^8 = C^5H^6Az^2O + CO^2 + 5H^2O.$$

Schwanert regarde la pyromucamide diamidée comme l'amide de l'acide carbopyrrolique. Elle forme des lames brillantes blanches, facilement solubles dans l'alcool et dans l'éther, moins solubles dans l'eau, fusibles à 176°,5 et se solidifiant en une masse cristalline à 133°. Lorsqu'on la fait bouillir en solution aqueuse avec de la baryte en excès, elle se transforme en ammoniaque et en acide carbopyrrolique :

$$C^5H^6Az^2O + H^2O = AzH^3 + C^5H^5AzO^2.$$

Ph. de C.

PYROMUCIQUE (ACIDE), $C^5H^4O^3$. — Cet acide, métamérique avec l'acide pyroméconique et l'anhydride citraconique, a été découvert en 1780 par Scheele [*Opusc.*, t. II, p. 114], qui le considérait comme un mélange d'acide succinique et pyrotartrique. Il a été reconnu comme un acide distinct par Houton-Labillardière [*Ann. de Chim. et de Phys.*, (2), t. IX, p. 365] et a été ensuite étudié par Boussingault[*Ann. de Chim. et de Phys.*, t. LVIII, p. 106], Stenhouse [*Journ. für prakt. Chem.*, t. XXXIII, p. 262], Cahours [*Ann. de Chim. et de Phys.*, t. XIX, p, 506], Schwanert et Schulz [*Ann. der Chem. u. Pharm.*, t. CXIV, p. 63; *Repert. de Chim. pure*, 1861, p. 334], Schwanert [*Ann. der Chem. u. Pharm.*, t. CXVI, p. 257], Schmelz et Beilstein [*Ann. der Chem. u. Pharm.*, t. suppl., t. III, p. 275; *Institut*, 1865, p. 326], Limpricht, Marquardt, Delbrück et Lessing [*Bull. de la Soc. chim.*, t. XIII, p. 257; t. XIV, p. 261; t. XIX, p. 458; *Deutsch. Chem. Gesells.*, t. II, p. 211; t. III, p. 90; *Ann. der Chem. u. Pharm.*, t. CLXV, p. 253; *Bull. de la Soc. chim.*, t. XIX, p. 458].

Préparation. — On prépare l'acide pyromucique en soumettant de l'acide mucique à la distillation sèche; le produit distillé est additionné d'eau, filtré et évaporé jusqu'à cristallisation; les cristaux sont purifiés par une nouvelle cristallisation, par distillation ou par sublimation. G. Hirzel [*Kritische Zeitschr.*, t. IX, p. 247; *Bull. de la Soc. chim.*, t. VII, p. 100] sature le produit distillé par le carbonate de soude, évapore, acidifie avec l'acide sulfurique et extrait l'acide pyromucique en agitant avec de l'éther. Le rendement par ce procédé est faible. Arppe [*Ann. der Chem. u. Pharm.*, t. LXXXVII, p. 238] obtient l'acide pyromucique en sublimant vers 140° le produit de la distillation de l'acide mucique évaporé à siccité.

Il se forme aussi de l'acide pyromucique lorsqu'on fait bouillir du furfurol avec de l'eau et de l'oxyde d'argent récemment précipité. On précipite le liquide filtré par l'acide chlorhydrique; on filtre de nouveau et l'on évapore jusqu'à cristallisation; l'acide, qui généralement est coloré en jaune, est purifié par une nouvelle cristallisation dans l'alcool faible; le rendement n'atteint que 14 %.

Une solution alcoolique de furfurol mélangée avec une solution de potasse dans l'alcool absolu se solidifie en une masse cristalline de pyromucate de potassium, au moyen duquel on peut obtenir cet acide en le distillant avec de l'acide chlorhydrique [Ulrich, *Chem. News*, t. III, p. 116; *Zeitsch. für Chem. u. Pharm.*, 1861, p. 186]; en même temps une partie de l'acide pyromucique est transformée en alcool pyromucique.

Limpricht, dans un mémoire de date récente, indique la marche suivante, qui semble être avantageuse : la potasse alcoolique qu'on emploie pour décomposer le furfurol doit être de concentration moyenne; il ne faut opérer que sur 25 grammes de furfurol à la fois et prendre un égal volume de solution de potasse. Après quelques heures on agite avec de l'éther pour enlever l'alcool furfurolique, on dissout dans peu d'eau les cristaux de pyromucate de potassium, on filtre et on ajoute de l'acide chlorhydrique. Après 24 heures l'acide pyromucique a cristallisé; on le purifie par de nouvelles cristallisations dans l'eau bouillante en ajoutant du charbon animal. La solution acide en contient encore en dissolution; on enlève ces dernières portions en agitant avec de l'éther. On obtient ainsi, en acide pyromucique, 33 % du furfurol employé.

Propriétés. — L'acide pyromucique constitue des aiguilles ou lames blanches fusibles à 127°,7 (Schwanert); à 129° (Ulrich), il se sublime aisément en émettant une odeur piquante même au-dessous de 100°. Il se dissout dans 28 p. d'eau froide et dans 4 p. d'eau bouillante et est très-soluble dans l'alcool.

L'acide azotique n'altère point l'acide pyromucique; l'anhydride sulfurique le transforme au bout de quelque temps en acide sulfopyromucique $C^5H^4O^3SO^3$ qui, avec la baryte, forme un sel dont la composition est exprimée par

$$C^5H^2BaO^3.SO^3;$$

avec le pentachlorure de phosphore, il forme du chlorure de pyromucyle, $C^5H^3O^2Cl$ [Liès-Bodart, *Compt. rend.*, t. XLIII, p. 391]. C'est un liquide bouillant à 170°. Il réfracte très-fortement la lumière; il rappelle par son odeur le chlorure de benzoyle et excite le larmoiement sans toutefois provoquer la toux. L'eau le décompose en acides pyromucique et chlorhydrique; au contact de l'ammoniaque, il donne immédiatement de la pyromucamide.

Lorsqu'on fait réagir 2 molécules de brome sur 1 molécule d'acide pyromucique, la réaction se passe suivant l'équation

$$C^5H^4O^3 + 2H^2O + 2Br^2 = C^4H^4O^3 + CO^2 + 4HBr.$$

En ayant soin d'enlever l'acide bromhydrique, on peut isoler le composé $C^4H^4O^3$, qui semble être l'aldéhyde de l'acide fumarique. La même aldéhyde se forme lorsqu'on traite l'acide pyromucique par l'oxyde puce de plomb ou par un mélange de bichromate de potassium et d'acide sulfurique. Si on n'enlève pas l'acide bromhydrique, celui-ci transforme l'aldéhyde fumarique en acide fumarique.

Lessing a remarqué qu'en traitant une molécule d'acide pyromucique délayé dans l'eau par 4 atomes de brome, et refroidissant brusquement le mélange qui s'échauffe, on obtient des cristaux abondants du corps $C^4H^3BrO^2$:

$$C^5H^4O^3 + H^2O + 2Br^2 = C^4H^3BrO^2 + CO^2 + 3HBr.$$

Ce composé forme des aiguilles groupées en barbes de plumes, douées d'une odeur camphrée, fusibles à 84°. Il est insoluble dans l'eau, même bouillante, mais se dissout aisément dans l'alcool et dans l'éther. L'amalgame de sodium le transforme en $C^4H^4O^2$, qui est un liquide incolore, plus lourd que l'eau dans laquelle il est insoluble, très-volatil, d'une odeur de benzine. Ce corps n'est attaqué ni par le sodium, ni par l'acide chlorhydrique, ni par les alcalis; il ne se combine pas non plus avec les bisulfites alcalins. Les conditions dans lesquelles ce corps se forme ne sont pas suffisamment déterminées.

Le brome en excès réagit de la manière suivante sur l'acide pyromucique :

$$C^5H^4O^3 + 2H^2O + 4Br^2 = \underset{\text{Acide mucobromique.}}{C^4H^2Br^2O^3} + CO^2 + 6HBr;$$

il se produit sans doute d'abord $C^4H^4O^3$ qui par substitution fournit de l'acide mucobromique $C^4H^2Br^2O^3$.

Le chlore transforme l'acide pyromucique en acide mucochlorique.

En distillant l'acide pyromucique avec des bases assez fortes, on obtient, suivant Rhode, du tétraphénol C^4H^4O [*Chem. Cent. Blatt.*, 1870, p. 131; *Bull. de la Soc. chim.*, 1870, t. XIII, p. 527].

PYROMUCATES. — L'acide pyromucique est monobasique. Il dissout le fer et le zinc en dégageant de l'hydrogène.

Les pyromucates des métaux alcalins sont très-solubles dans l'eau et dans l'alcool et cristallisent difficilement.

Le sel de *potassium*, $C^5H^3O^3.K$, se sépare au bout de quelque temps de la solution alcoolique mélangée d'éther en écailles et aiguilles incolores nacrées, inaltérables à l'air, très-solubles dans l'eau et dans l'alcool aqueux, peu solubles dans l'alcool absolu.

Le sel de *sodium*, $C^5H^3O^3.Na$, ressemble au sel de potassium. Pour l'obtenir à l'état cristallin, on opère comme pour ce dernier sel.

Le sel de *baryum*, $(C^5H^3O^3)^2Ba$, forme de petits cristaux solubles dans l'eau et dans l'alcool.

Le sel de *calcium*, $(C^5H^3O^3)^2Ca$, s'obtient en neutralisant l'acide aqueux par du marbre et en évaporant; il est en petits cristaux facilement solubles dans l'eau et dans l'alcool. Préparé comme le sel de potassium, il forme une poudre cristalline d'un blanc éclatant.

Le sel de *cuivre* s'obtient en saturant la solution aqueuse de l'acide par de l'hydrate d'oxyde de cuivre; il constitue de petits cristaux verts $(C^5H^3O^3)^2Cu.6H^2O$ plus solubles dans l'eau à chaud qu'à froid.

Le sel de *plomb*, $(C^5H^3O^3)^2Pb + 2H^2O$, se sépare, pendant le refroidissement, d'une solution aqueuse concentrée, en cristaux blancs durs, peu solubles dans l'eau froide, plus solubles à chaud, perdant leur eau de cristallisation à 120°.

Le sel d'*argent*, $C^5H^3O^3Ag$, forme des écailles cristallines, mais est en partie décomposé pendant l'évaporation de sa solution aqueuse; on l'obtient en faisant bouillir du furfurol avec de l'oxyde d'argent humide.

ÉTHERS PYROMUCIQUES. — On obtient le *pyromucate d'éthyle* $C^5H^3(C^2H^5)O^2$ en distillant l'acide pyromucique avec de l'alcool et de l'acide chlorhydrique [Malaguti, *Ann. de Chim. et de Phys.*, 1837, t. LXIV, p. 279, et t. LXX, p. 371]. Il est en lames cristallines, fusibles à 34°, facilement solubles dans l'alcool et dans l'éther, insolubles dans l'eau. Il bout de 208° à 210°. L'ammoniaque le transforme en pyromucamide. Traité par le chlore sec, il donne de l'*éther chloropyromucique* $C^5H^3Cl^4(C^2H^5)O^2$ sans qu'il y ait dégagement d'acide chlorhydrique. Cet éther est un liquide sirupeux, d'une odeur forte et agréable, facilement soluble dans l'alcool et dans l'éther, insoluble dans l'eau et se décomposant par la chaleur, en dégageant de l'acide chlorhydrique en abondance. La potasse bouillante en dégage de l'alcool et donne du chlorure, mais pas de pyromucate de potassium.

ACIDE ISOPYROMUCIQUE, $C^5H^4O^3$.— Cet isomère de l'acide pyromucique se produit en même temps que celui-ci dans la distillation de l'acide mucique; il a été étudié par Rhode [*loc. cit.*]. Comme il est beaucoup plus soluble que son isomère et qu'il ne décompose les carbonates que très-lentement, on peut le préparer en traitant l'acide pyromucique brut par un peu d'eau ou par du carbonate de baryum. L'acide isopyromucique, restant libre dans le liquide, en est enlevé par l'éther et purifié par cristallisation lente dans l'eau, ou plus avantageusement par sublimation à 100° dans un courant d'acide carbonique. L'acide isopyromucique forme alors de petites lamelles blanches qui se colorent en jaune à l'air et qui se ramollissent vers 70°, mais qui ne fondent complétement qu'à 82°. Il est extrêmement soluble dans l'eau, l'alcool et l'éther; les alcalis le brunissent; l'eau de baryte en excès produit un précipité volumineux; à chaud, la solution se colore en un rouge intense. L'acide isopyromucique est monobasique; le sel de *baryum* renferme $(C^5H^3O^3)^2Ba$, et le sel de *plomb* $(C^5H^3O^3)^2Pb + H^2O$; ce dernier constitue un précipité cristallin, peu soluble, qui noircit à 150°. Le sel d'argent forme un précipité blanc noircissant immédiatement; le chlorure ferrique colore la solution de l'acide libre en vert intense qui passe au rouge-brun par l'ébullition.

Le brome est vite absorbé par une solution isopyromucique; il se sépare d'abord une huile, puis des lamelles cristallines jaunâtres; le liquide contient finalement de l'acide mucobromique.

ACIDE PYROMUCIQUE β. — Suivant Stenhouse [*Ber. der Deutsch. Chem. Gesells. zu Berlin*, t. V, p. 226], le fucusol (voyez t. I, p. 1506) bouilli avec de l'oxyde d'argent humide fournit un dépôt d'argent et donne un sel d'argent dont l'acide est $C^5H^4O^3$. Cet acide est donc isomérique avec l'acide pyromucique. Il cristallise en petites tables rhombiques fusibles à 130°. Le sel d'argent diffère également des pyromucates d'argent ordinaires par la forme cristalline. Ph. de C.

PYROMUCIQUE (ALCOOL) [Syn. *Alcool furfurolique*], $C^5H^6O^2$ [Limpricht, *Ann. der Chem. u. Pharm.*, t. CLXV, p. 253, et *Bull. de la Soc. chim.*, t. XIX, p. 465]. — Il se forme en même temps que l'acide pyromucique dans l'action de la potasse alcoolique sur le furfurol; il est contenu dans la solution éthérée qu'on obtient dans la préparation de l'acide pyromucique.

On chasse l'éther par la distillation, on ajoute de l'eau au résidu, l'on distille à feu nu aussi longtemps qu'il passe du furfurol non attaqué et l'on concentre le résidu au bain-marie.

Suivant Schmelz et Beilstein [*Ann. der Chem. u. Pharm.*, t. suppl. III, p. 275], l'alcool pyromucique se produit aussi par l'action de l'amalgame de sodium sur le furfurol.

L'alcool furfurolique ne peut être distillé; à chaque distillation, la plus grande partie se résinifie et il passe de l'eau qui entraîne une certaine quantité d'alcool non décomposé. Une fois, Limpricht a obtenu un liquide incolore passant entre 170° et 180°, dont la composition se rapprochait de celle qu'exige la formule $C^5H^6O^2$. Ce liquide se colorait bientôt en vert et finissait par se transformer en une masse visqueuse. Il était soluble dans l'alcool et dans l'éther et dans 20 p. d'eau; les acides le décomposaient avec une extrême énergie, en le transformant en rouge de pyrrol. L'alcool furfurolique forme un hydrate $3C^5H^6O^2.2H^2O$. Chauffé doucement avec de la potasse en poudre, il se décompose violemment en donnant les acides formique, acétique et succinique. Suivant Schmelz et Beilstein, les alcalis le transforment en acide pyromucique. Ph. de C.

PYROPE (Min.). — Grenat alumino-magnésien. — Voyez GRENAT.

PYROPECTIQUE (ACIDE). — Nom donné par M. Fremy à un produit noir, mal défini, qui se forme dans la distillation sèche des acides pectique, métapectique ou parapectique. Il est insoluble dans l'eau et se dissout dans les alcalis avec une couleur brun foncé; il donnerait des sels noirs et incristallisables.

PYROPHORES. — Ces anciennes préparations, auxquelles plusieurs savants illustres ont laissé leur nom et qui n'offrent plus un grand intérêt aux chimistes de nos jours, sont des poudres prenant feu au contact de l'air. La plus célèbre est le fer pyrophorique de Magnus : on l'obtient très-facilement en chauffant à une température modérée de l'oxalate de fer dans un courant d'hydrogène. On peut le préparer aussi en réduisant par le même gaz, à une basse température, le sesquioxyde précipité. Le nickel, le cobalt et le manganèse réduits par l'hydrogène jouissent de la même propriété que le fer et brûlent lorsqu'on les répand dans l'air. Le pyrophore de Gay-Lussac n'est autre que du sulfure de potassium obtenu par réduction du sulfate à l'aide du noir de fumée; les autres sulfures alcalins produits dans les mêmes conditions s'enflamment aussi à l'air. Homberg produisait son pyrophore en calcinant de l'alun avec du noir de fumée, de l'amidon, du miel ou du sucre. Le tartrate et le citrate de plomb calcinés à l'abri de l'air forment de bons pyrophores. Il en est à peu près de même de tous les mélanges de métal pulvérulent et de charbon qu'on obtient en chauffant la plupart des sels organiques du fer, du plomb, etc.

La théorie de l'inflammation de ces corps est très-simple. Leur surface est énorme, leur masse et leur conductibilité très-faibles : il est donc naturel que leur oxydation produise une température très-élevée, et que sous l'influence de celle-ci elle continue à s'effectuer d'elle-même. G. S.

PYROPHOSPHAMIQUE (ACIDE). — Voyez PHOSPHORE, t. II, p. 980.

PYROPHOSPHORIQUE (ACIDE). — Voyez PHOSPHORE, t. II, p. 972.

PYROPHYLLITE (Min.). — Silicate hydraté d'alumine, $Al^2O^3,4SiO^2 + H^2O$, avec magnésie, oxyde ferrique, chaux, traces de manganèse, en cristaux bacillaires indistincts, accolés en masses globulaires radiées, facilement clivables dans une seule direction, d'un éclat nacré un peu gras, d'un vert-pomme ou d'un gris plus ou moins jaunâtre ou brunâtre, transparents ou translucides, onctueux au toucher. Engagé dans des filons de quartz, au milieu des granites, à Beresowsk et Pyschminsk (Oural), dans les schistes d'Ottrez (Belgique), au Brésil, avec disthène, etc.

Caractères. — Décomposé partiellement par l'acide sulfurique; dans le tube, donne de l'eau et prend un éclat argentin; au chalumeau, blanchit et s'exfolie en fondant difficilement sur les bords; avec l'azotate de cobalt, réaction de l'alumine.

Dureté, 1 à 2.

Densité, 2,75 à 2,92. Une partie de l'agalmatolithe se rapporte à cette espèce. F. et S.

PYROPHYSALITE (Min.). — Topaze pierreuse de Finbo et de Brodbo (Suède), de Penig (Saxe), etc.

PYROPINE. — Matière rouge extraite par Thomson des dents d'un éléphant. Elle paraît être une substance albuminoïde [*Phil. Mag.*, t. XVIII, p. 372].

PYROPISSITE (Min.). — Mélange de substances hydrocarbonées formant une couche d'une vingtaine de centimètres d'épaisseur, dans le lignite de Weissenfels, près Halle. Fond en une masse poisseuse et donne 62 % de paraffine à la distillation sèche.

PYRORACÉMIQUE (ACIDE). — Synonyme de PYRUVIQUE (ACIDE).

PYRORÉTINE (Reuss) (Min.). — Résine fossile qui se trouve en masses de la grosseur d'une noix jusqu'à celle d'une tête d'homme dans le lignite de Salesl et Probroschl, près Aussig (Bohême). Couleur brun-noir; poussière brune.

Dureté, 2,5. Densité, 1,05 à 1,18.

En l'épuisant par l'alcool chaud, on a comme résidu la stanckite de Dana, matière fortement oxygénée (16 % O), insoluble dans tous les réactifs. La solution abandonne par évaporation la pyrorétinite (Dana) contenant seulement 10,5 d'oxygène.

PYRORTHITE (Min.). — Variété impure d'allanite, ressemblant à l'orthite, et présentant à un haut degré le phénomène d'incandescence, quand on la chauffe au chalumeau.

PYROSCLÉRITE (Min.). — Silicate hydraté d'alumine et de magnésie, avec oxydes ferreux et chromique; sa composition se rapproche de celle de la kæmmererite. Il se présente en masses cristallines appartenant au type orthorhombique ou clinorhombique, avec clivages dans deux directions rectangulaires, l'un parfait, l'autre imparfait. Translucide, éclat nacré, vert-pomme, vert-émeraude, vert grisâtre; se trouve dans un filon, avec chonicrite, dans la serpentine, à Porto-Ferrajo (île d'Elbe).

Caractères. — Décomposé par l'acide chlorhydrique en faisant gelée; dans le tube, donne de l'eau; au chalumeau, fond en un verre vert grisâtre, avec les flux, réactions du chrome et du fer.

Dureté, 3. Poussière blanche. Densité, 2,74.

PYROSIDÉRITE ou **PYRRHOSIDÉRITE.** — Voyez GŒTHITE.

PYROSMALITE (Min.). — Silicate hydraté de fer et de manganèse, avec chlore. Analyse par Lang : $SiO^2 = 35,43$; $FeO = 30,72$; $MnO = 20,51$; $CaO = 0,74$; $H^2O = 7,75$; $Cl = 3,79$; $Al^2O^3 = 0,24$.

Substance lamelleuse d'un brun ou d'un jaune ›rdâtre, opaque ou translucide, en prismes ›xagonaux facilement clivables parallèlement à base, plus difficilement suivant les faces du ›isme, trouvée à Nordmark, près Philipstad, Wermeland, dans un mélange de calcaire, de agnétite et d'amphibole, et à Nya Kopperberg Vestmanland).

Caractères. — Décomposé par l'acide chlorhy›ique avec dépôt de silice. Dans le tube bouché, ›nne une eau acide; au chalumeau, fond en un ›rre noir magnétique. Avec le sel de phosphore l'oxyde de cuivre, réaction du chlore.

Dureté, 4 à 5. Poussière jaune verdâtre.

Densité, 3 à 3,2.

Forme cristalline. — Prisme hexagonal, $b^1 p$ = 148°30′.

PYROSORBIQUE (ACIDE) — Synonyme de ALÉIQUE (ACIDE). — Voyez t. II, p. 280.

PYROSTIBITE (Min.). — Voyez KERMÈS.

PYROSTILPNITE. — Voyez FEUERBLENDE.

PYROTARTRIQUE (ACIDE),

$$C^5H^8O^4 = C^3H^6\left\{\begin{matrix}CO^2H\\CO^2H.\end{matrix}\right.$$

Cet acide, découvert par Guyton-Morveau, a ›é étudié par Valentin Rose [*Journ. für Chem. Phys. v. Gehlen.*, t. III, p. 598], Fourcroy et ›auquelin [*Ann. de Chim.*, t. XXXV, p. 161; LXIV, p. 42], Goebel [*Trommsd. N. J.*, t. X, 1; 26], Gruner [*Trommsd. N. J.*, t. XXIV, 2; 55], Pelouze [*Ann. de Chim. et de Phys.*,), t. LVI, p. 297], Weniselos [*Ann. der Chem. Pharm.*, t. XV, p. 147], Arppe [*ibid.*, t. LXVI, 73, et t. LXXXVII, p. 228] et Kekulé [*ibid.*, ›applementband, t. I, p. 342; *ibid.*, Supplement›and, t. II, p. 94; *Ann. de Chim. et de Phys.*,), t. LXV, p. 120; *ibid.*, t. LXVI, p. 482].

Préparation. — On prépare l'acide pyrotar›ique en distillant dans une cornue spacieuse ›arties égales d'acide tartrique et de pierre ponce ›ulvérisée [Millon et Reiset, *Ann. de Chim. et de Phys.*, (3), t. VIII, p. 288]. Le liquide distillé est ›dditionné d'eau et filtré, pour enlever l'huile ›mpyreumatique formée, et évaporé ensuite jus›u'à cristallisation; les cristaux sont étalés sur du ›apier sous une grande cloche près d'un vase ren›ermant de l'alcool qui, en se volatilisant, dissout ›s dernières portions d'huile empyreumatique.

On obtient en acide pyrotartrique 7 % de acide tartrique employé, tandis que, si on dis›lle de l'acide tartrique ou du tartre sans pierre ›once, le rendement n'atteint que 1 % environ. ›équation suivante rend compte de la réaction :

$$2C^4H^6O^6 = C^5H^8O^4 + 3CO^2 + 2H^2O.$$

A. Béchamp [*Compt. rend.*, t. LXX, p. 1000; *Bull. de la Soc. chim.*, 1870, t. XIV, p. 253] ›ecommande d'opérer de la manière suivante : ›n chauffe l'acide tartrique à feu nu dans une ›apsule et on maintient la fusion pendant 20 mi›utes pour 400 grammes, en élevant la tempéra›ure jusqu'à ce que la matière commence à ›mettre des vapeurs acides. Quand la masse est ›n pleine fusion, on y ajoute 400 grammes de ›ierre ponce pulvérisée chaude. On coule le mé›ange dans un mortier de métal, on le pulvérise ›t on l'introduit dans une cornue en verre. On ›hauffe au bain de sable et l'on distille avec pré›aution; on obtient ainsi un liquide très-peu ›oloré. Il faut 8 à 9 heures pour terminer cette ›pération. Le liquide condensé dans le récipient ›ristallise du jour au lendemain. On y ajoute un ›olume d'eau égal au sien, et après avoir filtré pour ›éparer une huile empyreumatique, on concentre ›a liqueur au bain-marie. La matière est ensuite ›urifiée par une cristallisation dans l'alcool 90°.

Sacc [*Compt. rend.*, t. LXX, p. 1191] prépare l'acide pyrotartrique en dissolvant à chaud 100 grammes d'acide tartrique déshydraté dans 100 grammes d'acide acétique du commerce et en chauffant cette solution dans une cornue à feu nu jusqu'à consistance sirupeuse. Après quelques jours, le vase se remplit de cristaux d'acide pyrotartrique.

On obtient encore cet acide par l'action de l'amalgame de sodium sur les acides itaconique, citraconique et mésaconique :

$$C^5H^6O^4 + H^2 = C^5H^8O^4.$$

Voici comment on opère avec l'acide itaconique; on ajoute de l'amalgame de sodium à une solution aqueuse de cet acide; le liquide séparé du mercure est saturé avec de l'acide chlorhydrique et évaporé; le résidu traité par de l'alcool abandonne à celui-ci l'acide pyrotartrique, et le chlorure de sodium reste non dissous.

La solution alcoolique est évaporée à siccité et l'acide pyrotartrique est extrait du résidu par l'éther [Kekulé, *loc. cit.*].

Autres modes de formation de l'acide pyrotartrique. — L'acide pyrotartrique se produit encore dans un certain nombre d'autres réactions :

Les pyruvates ainsi qu'un mélange de pyruvate et d'acétate soumis à la distillation sèche fournissent de l'acide pyrotartrique [Wichelhaus, *Deutsch. Chem. Gesellsch.*, t. I, p. 263; *Bull. de la Soc. chim.*, 1869, t. XII, p. 278].

L'acide pyruvique sirupeux est décomposé à 200° par la chaleur en acides carbonique et pyrotartrique [Voelckel, *Ann. der Chem. u. Pharm.*, t. LXXXIX, p. 72].

Lorsqu'on soumet l'acide glycérique à la distillation sèche, il se forme de l'acide pyruvique, et par la décomposition ultérieure de celui-ci, de l'acide pyrotartrique :

$$C^3H^6O^4 = C^3H^4O^3 + H^2O;$$
$$2C^3H^4O^3 = C^5H^8O^4 + CO^2$$

[Moldenhauer, *Ann. der Chem. u. Pharm.*, t. CXXXI, p. 340; *Bull. de la Soc. chim.*, 1865, t. III, p. 202].

L'acide pyruvique chauffé en tube scellé avec de l'acide chlorhydrique fournit de l'acide pyrotartrique [de Clermont, *Bull. de la Soc. chim.*, t. XX, p. 103].

L'acide pyrotartrique se forme encore lorsqu'on fait bouillir pendant longtemps de l'acide tartrique avec de l'acide chlorhydrique [Dessaignes, *Bull. de la Soc. chim.*, 1862, p. 107], ou lorsqu'on chauffe à 180°, en tube scellé, l'acide tartrique pulvérisé avec de l'acide chlorhydrique [Geuther et Riemann, *Zeitsch. für Chem.*, (2), t. V, p. 318].

Les acides itaconique et citraconique chauffés avec un excès d'acide iodhydrique et l'acide itamonoiodopyrotartrique chauffé avec le même réactif se transforment en acide pyrotartrique [Swarts, *Bull. de l'Acad. de Belgique*, (2), t. XVIII, n° 11; *ibid.*, t. XIX; *Bull. de la Soc. chim.*, 1865, t. IV, p. 374].

L'acide dibromopyrotartrique réduit par l'amalgame de sodium fournit de l'acide pyrotartrique (Kekulé). L'anhydride monobromocitraconique se comporte de la même manière lorsqu'on ajoute de l'amalgame de sodium en quantité insuffisante.

L'iodure d'allyle chauffé avec du cyanure de potassium dans un ballon muni d'un appareil à reflux laisse dégager de l'ammoniaque; si on termine la réaction en chauffant avec de la potasse alcoolique aussi longtemps qu'il se dégage de l'ammoniaque, on obtient des acides crotonique et pyrotartrique. Il est probable que, dans cette réaction, le cyanure d'allyle fixe directement de l'acide cyanhydrique et que la dicyanhydrine ainsi produite fournit, en s'hydratant, de l'acide pyrotartrique [A. Claus, *Bericht. der Deutsch. Chem. Gesells.*, t. V, p. 612; *Bull. de la Soc. chim.*, 1872, t. XVIII, p. 323].

On obtient de l'acide pyrotartrique en chauffant à 100°, en vase clos, du cyanure de propylène avec une fois et demie son volume d'acide chlorhydrique concentré :

$$C^3H^6(CAz)^2 + 4H^2O = C^5H^8O^4 + 2AzH^3$$

[Maxwell Simpson, *Proceed. of the Roy. Soc.*, t. XI, p. 190; *Ann. de Chim. et de Phys.*, (3), t. LXIV, p. 487].

Parmi les produits d'oxydation à froid de l'amylène par le permanganate de potassium, se trouve probablement de l'acide pyrotartrique [Berthelot, *Bull. de la Soc. chim.*, 1867, t. VII, p. 124]. Il se forme encore en même temps que quelques autres corps lorsqu'on fond de la gomme-gutte avec de la potasse caustique. 500 grammes de gomme-gutte purifiée fournissent environ 40 grammes d'acide pyrotartrique [Hlasiwetz et Barth, *Ann. der Chem. u. Pharm.*, t. CXXXVIII, p. 61; *Bull. de la Soc. chim.*, 1866, t. VI, p. 336].

Propriétés. — L'acide pyrotartrique cristallise en prismes incolores à base rhombe et tronqués sur les côtés, appartenant au type clinorhombique; parfois ces cristaux sont bien développés, le plus souvent ils sont en grumeaux. Cet acide est très-soluble dans l'eau, l'alcool et l'éther; 1 p. d'acide se dissout dans 1 p. 1/2 d'eau à 20°. Il fond à 112°, commence à bouillir vers 200° en se volatilisant et en se transformant en partie en anhydride pyrotartrique, $C^5H^6O^3$.

L'acide azotique et l'acide sulfurique froid ne l'attaquent pas. Une solution aqueuse concentrée d'acide pyrotartrique ne précipite pas l'eau de baryte, de strontiane et de chaux, le nitrate et l'acétate de plomb neutre; elle forme avec le sous-acétate de plomb un précipité blanc, abondant, caillebotté, insoluble dans l'eau, mais très-soluble dans un excès de sous-acétate ou d'acide.

Lorsqu'on expose au soleil une solution à 5 % d'acide pyrotartrique (obtenu par l'action de l'amalgame de sodium sur l'acide citraconique) additionnée de 1 % de sel d'urane, la liqueur se colore bientôt en vert; il se dépose du pyrotartrate d'urane et il se dégage de l'acide carbonique; la liqueur étant complétement décolorée fournit de l'acide butyrique :

$$C^5H^8O^4 = CO^2 + C^4H^8O^2$$

[W. Seekamp, *Ann. der Chem. u. Pharm.*, t. CXXXIII, p. 253; *Bull. de la Soc. chim.*, 1865, t. IV, p. 132]. Suivant A. Béchamp [*Compt. rend.*, t. LXX, p. 909], la craie à microzymas détermine la fermentation du pyrotartrate de calcium; il se forme de l'hydrure de méthyle et de l'anhydride carbonique.

DÉRIVÉS CHLORÉS, BROMÉS ET IODÉS. — Ils sont formés, non avec l'acide pyrotartrique lui-même, mais par l'addition directe de Cl^2, Br^2, I^2 ou de HCl, HBr, HI, aux acides citraconique, itaconique et mésaconique; ils présentent des propriétés différentes, selon qu'ils dérivent de l'un ou de l'autre de ces acides. Ils ont été décrits aux articles ITACONIQUE (ACIDE) et MÉSACONIQUE (ACIDE), à l'exception des suivants :

Acide citramonochloropyrotartrique,

$C^5H^7ClO^4$.

— Il se produit lorsqu'on chauffe à 120° de l'anhydride citraconique pendant 2 ou 3 heures avec un égal volume d'acide chlorhydrique concentré; il cristallise de l'éther en lames nacrées, onctueuses. La plus légère élévation de température le décompose, qu'il soit sec ou en solution, en acides chlorhydrique et mésaconique. Chauffé avec des bases, il se décompose en acides crotonique, carbonique et chlorhydrique :

$$C^5H^7ClO^4 = C^4H^6O^2 + HCl + CO^2.$$

L'eau froide le dissout sans l'altérer et la solution n'est pas décomposée par le nitrate d'argent; lorsqu'on chauffe modérément, il se forme un précipité de chlorure d'argent [Th. Swarts, *Bull. de l'Acad. de Belgique*, t. XIX].

Acide citramonoiodopyrotartrique, $C^5H^7IO^4$. — Il n'a pu être isolé. Lorsqu'on chauffe de l'anhydride citraconique avec de l'acide iodhydrique fumant, il se sépare pendant le refroidissement une masse cristalline brune, qui soumise à la purification se transforme en acides iodhydrique et mésaconique.

Comme d'autre part l'anhydride citraconique chauffé longtemps à 100° avec de l'acide iodhydrique fumant fournit de l'acide pyrotartrique, on peut supposer que le produit intermédiaire est de l'acide citraiodopyrotartrique [Swarts, *loc. cit.*].

Acides dibromopyrotartriques. — On connaît trois acides de la composition de l'acide dibromopyrotartrique :

$$CO^2H-CH^2-CBr^2-CH^2-CO^2H,$$
Acide itadibromopyrotartrique.

$$CO^2H-CBr^2-CH^2-CH^2-CO^2H,$$
Acide citradibromopyrotartrique.

$$CO^2H-CHBr-CHBr-CH^2-CO^2H.$$
Acide mésadibromopyrotartrique.

Les deux derniers ont déjà été décrits. — Voyez CITRACONIQUE (ACIDE) et MÉSADIBROMOPYROTARTRIQUE (ACIDE).

L'*acide itadibromopyrotartrique* [Kekulé, *loc. cit.*] se forme par l'addition directe du brome à l'acide itaconique, $C^5H^6O^4$; on le prépare en agitant 4 p. d'acide itaconique avec 5 p. de brome et 4 ou 5 p. d'eau; la réaction est accompagnée d'un dégagement de chaleur; vers la fin, on chauffe un peu au bain-marie. La croûte cristalline qui se sépare pendant le refroidissement et les cristaux obtenus à l'évaporation de l'eau mère sont purifiés par une nouvelle cristallisation. L'acide dibromopyrotartrique est en cristaux incolores, facilement solubles dans l'eau, l'alcool et l'éther. L'oxyde d'argent, en présence de l'eau, le transforme en *acide homotartrique* ou *itatartrique* (t. II, p. 164):

$$C^5H^6Br^2O^4 + Ag^2O + H^2O$$
$$= 2AgBr + C^5H^8O^6.$$

L'acide itadibromopyrotartrique est bibasique; la chaleur décompose facilement ses sels en bromure métallique et en *acide aconique* (voyez t. I, p. 60) : $C^5H^4Br^2Na^2O^4 = 2NaBr + C^5H^4O^4$.

Action du brome sur l'acide pyrotartrique [B.-H. Lagermarck, *Zeitsch. für Chem.*, 1870, p. 299; *Bull. de la Soc. chim.*, 1870, t. XIV, p. 253]. — A sec et à froid l'action est lente; si l'on chauffe à 120° 10 p. d'acide pyrotartrique avec 24 p. de brome et 10 centimètres cubes d'eau, le brome disparaît; au bout de deux heures, il se forme de l'acide carbonique et on obtient après le refroidissement un liquide jaune pâle et une masse cristalline formée d'anhydride monobromocitraconique.

Il est possible que, dans cette réaction, il se forme d'abord de l'acide dibromopyrotartrique qui se décompose immédiatement de la manière suivante :

$$C^5H^6Br^2O^4 = C^5H^3BrO^3 + HBr + H^2O.$$

Avec un acide incomplétement purifié, le rendement est plus considérable. Lorsqu'on ajoute au liquide 4 à 5 volumes d'eau, il se dépose des ristaux de *bromoxaforme* (acétone pentabromée C^3HBr^5O, d'après M. E. Grimaux) :

$$C^5H^8O^4 + H^2O + 14Br = C^3HBr^5O + 2CO^2 + 9HBr.$$

Le brome sec transforme à 100° l'anhydride yrotartrique en anhydride monobromocitraco-ique.

Lorsqu'on chauffe 1 molécule d'acide pyrotar-rique avec 2 molécules de brome en présence 'eau, il se forme un peu d'anhydride carbonique, le l'anhydride monobromocitraconique, et il reste le l'acide pyrotartrique inattaqué. A sec, la réac-ion est la même (Lagermarck). Suivant Swarts, l se formerait dans ce cas de l'*acide itamono-romopyrotartrique*. — Voyez ce mot.

Acide tribromopyrotartrique, $C^5H^5Br^3O^4$. — On prépare cet acide en faisant agir 3 à 5 molé-ules de brome sur 1 molécule d'acide pyrotar-rique, en présence de l'eau; on chauffe en tube cellé pendant 3 heures à 120°, on laisse refroi-ir, on agite et on chauffe à 150° jusqu'à ce que a vapeur dans la pointe de verre ne soit plus ue rouge pâle; si on opère autrement, la masse e charbonne ou il y a explosion. En ouvrant le ube, on constate le dégagement d'acides bromhy-rique et carbonique.

Cristallisé dans l'eau, l'acide tribromopyrotar-rique est blanc; il est en prismes hexagonaux à éaction très-acide. Il ne fond pas encore à 240° t se sublime à une plus haute température sans ondre préalablement.

Le *sel d'argent*, $C^5H^3Br^3O^4.Ag^2$, est un préci-ité blanc, insoluble dans l'eau, inaltérable à la umière, qui, desséché à 100°, devient anhydre. Le el de potassium est une masse amorphe, vitreuse, acilement soluble dans l'eau.

PYROTARTRATES. — L'acide pyrotartrique est ibasique et forme des sels neutres :

$$C^5H^6O^4M^2 \quad \text{ou} \quad C^5H^6O^4M'',$$

t des sels acides :

$$C^5H^7O^4M \quad \text{ou} \quad C^{10}H^{14}O^8M''.$$

On connaît aussi un certain nombre de pyrotar-rates basiques de métaux di- et triatomiques. es sels acides des alcalis et des terres alcalines, btenus en neutralisant de l'acide pyrotartrique ar la base et en ajoutant une égale quantité 'acide, cristallisent bien; les sels neutres solubles ristallisent plus difficilement. Les pyrotartrates nt été étudiés par Pelouze, Weniselos et Arppe loc. cit.].

Pyrotartrates d'aluminium. — L'hydrate d'alu-inium humide se dissout dans l'acide pyrotar-rique, et la solution donne, par la concentration, es cristaux. On obtient un sel basique pulvéru-ent,

$$(C^5H^8O^4)^2Al^2O^3 = (C^5H^6O^4)^2Al^2(OH)^2 + H^2O,$$

n mélangeant une solution neutre de chlorure 'aluminium avec du pyrotartrate de sodium ou n faisant bouillir l'alumine humide avec une uantité d'acide pyrotartrique insuffisante pour la issoudre.

Le *pyrotartrate d'ammonium neutre* s'obtient n saturant d'ammoniaque une solution alcoo-que d'acide pyrotartrique. C'est une poudre ristalline blanche qui perd de l'ammoniaque à évaporation en donnant du sel acide. Le sel cide, $C^5H^7(AzH^4)O^4$, est en beaux prismes rhom-oïdaux, fort solubles dans l'eau, acides et inal-érables à l'air. Il se décompose à 130°.

Le *pyrotartrate d'argent*, $C^5H^6O^4Ag^2$, est un récipité blanc, caillebotté, qui noircit prompte-ent à la lumière. L'eau ammoniacale bouillante aisse déposer le sel d'argent en prismes micro-copiques.

Le brome n'agit que lentement à froid sur le pyrotartrate d'argent en présence de l'eau, mais facilement à 100°; il se forme du bromure d'argent, de l'anhydride carbonique et de l'acide pyrotartrique.

Le brome sec décompose le pyrotartrate d'argent en bromure d'argent, en acide pyrotartrique et en anhydride pyrotartrique. On obtient du pyrotartrate argenteux sous forme de poudre brune, lorsqu'on chauffe le pyrotartrate d'argent dans un courant de gaz hydrogène sec et qu'on lave à l'eau le produit devenu acide.

Pyrotartrate de baryum neutre,

$$C^5H^6O^4Ba.2H^2O.$$

— Poudre cristalline, composée de petits prismes rhomboïdaux, fort solubles dans l'eau, insolubles dans l'alcool. Ce sel perd son eau de cristallisation à 100°. On obtient le sel acide,

$$(C^5H^7O^4)^2Ba + 2H^2O,$$

en cristaux groupés sous forme d'étoiles, et fort solubles dans l'eau, en saturant l'acide pyrotartrique par le carbonate de baryum, et en ajoutant à la liqueur une quantité d'acide égale à la quantité employée. Les eaux mères évaporées au-dessus de l'acide sulfurique fournissent un sel avec $3H^2O$.

Pyrotartrate de bismuth. — L'acide pyrotartrique dissout en faible quantité l'hydrate de bismuth récemment précipité; la solution saturée se trouble à l'ébullition et s'éclaircit par le refroidissement. Elle donne, par l'eau, un précipité contenant $[C^5H^7O^4(BiO)]^2, C^5H^6O^4(BiO)^2 + H^2O$.

Pyrotartrate de cadmium. — Le sel neutre, $C^5H^6O^4Cd + 3H^2O$, se forme lorsqu'on dissout du carbonate de cadmium dans l'acide pyrotartrique; la solution donne, par la concentration, des grains cristallins fort solubles dans l'eau, insolubles dans l'alcool. Le sel retient à 200° 1 molécule d'eau. Le sel acide est une masse visqueuse dans laquelle se forment petit à petit quelques longues aiguilles.

Le *pyrotartrate neutre de calcium*,

$$C^5H^6O^4Ca + 2H^2O,$$

est assez soluble dans l'eau, insoluble dans l'alcool, et se précipite sous la forme d'une poudre blanche et cristalline, lorsqu'on mélange une solution de pyrotartrate de potassium avec du chlorure de calcium. Il est très-soluble dans les acides acétique, chlorhydrique et nitrique. Il retient une partie de son eau de cristallisation à 100°. Le sel acide obtenu par l'évaporation d'un mélange d'une solution du sel neutre et d'acide pyrotartrique forme des cristaux :

$$(C^5H^7O^4)^2Ca, 4C^5H^8O^4 + 2H^2O.$$

Pyrotartrate de chrome. — L'hydrate d'oxyde de chrome vert se dissout un peu dans l'acide pyrotartrique bouillant en donnant une solution verte très-acide qui, à l'évaporation, fournit des cristaux d'acide pyrotartrique tachetés de vert; l'hydrate d'oxyde de chrome bleu donne à froid avec une solution d'acide pyrotartrique une solution bleue, qui se décolore entièrement par l'évaporation.

Pyrotartrate de cobalt. — L'hydrate de cobalt se dissout dans l'acide pyrotartrique en donnant une liqueur acide qui, par l'évaporation, dépose des cristaux d'acide pyrotartrique, mélangés d'un sel rouge insoluble. Si on neutralise par l'ammoniaque, il se produit une poudre cristalline rosée soluble dans l'eau avec décomposition.

Le *pyrotartrate neutre de cuivre*,

$$C^5H^6O^4Cu + 2H^2O,$$

est un précipité bleu soluble dans environ 250 p. d'eau, fort soluble dans les acides et dans l'ammoniaque et retenant à 100° 1 molécule d'eau. Le sous-sel, $C^5H^6O^4Cu, CuO + 2H^2O$, est en flocons verdâtres qui se déposent, lorsqu'on évapore la solution du sel neutre dans l'ammoniaque, après y avoir ajouté de l'eau.

Pyrotartrate d'étain. — L'acide pyrotartrique dissout aisément le protoxyde d'étain. La solution, séparée par le filtre d'un sel basique insoluble, donne une liqueur qui se trouble beaucoup par l'eau; l'alcool y occasionne un précipité, paraissant contenir $C^5H^6O^4Sn, SnO$.

Pyrotartrate ferreux. — L'acide pyrotartrique dissout le fer avec dégagement d'hydrogène. La solution rougit, et donne, par l'eau ou l'alcool, des flocons rouges.

Pyrotartrate ferrique. — Le perchlorure de fer donne avec le pyrotartrate de sodium un précipité rouge et visqueux :

$$(C^5H^8O^4)^2Fe^2O^3 + 3H^2O$$
$$= (C^5H^6O^4)^2Fe^2(OH)^2 + 4H^2O.$$

Suivant Arppe, il existe deux sous-sels ferriques.

Pyrotartrate de glucinium. — L'acide pyrotartrique, saturé de glucine, donne une solution qui laisse sur l'acide sulfurique un sel cristallin acide $(C^5H^7O^4)^2Gl$. Chauffé à 180°, il laisse du pyrotartrate de glucinium neutre $C^5H^6O^4Gl$.

Pyrotartrate de magnésium. — Le carbonate de magnésium se dissout dans l'acide pyrotartrique; le liquide évaporé sur l'acide sulfurique laisse une masse gommeuse, très-friable,

$$C^5H^6O^4Mg + 3H^2O?$$

La même dissolution, évaporée à consistance sirupeuse et additionnée ensuite d'eau, laisse déposer une matière cristalline $C^5H^6O^4Mg + 6H^2O$. Le sel acide est gommeux.

Pyrotartrate de manganèse, $C^5H^6O^4Mn$. — Le carbonate de manganèse se dissout à chaud dans l'acide pyrotartrique et donne une liqueur qui laisse, par l'évaporation, une masse gommeuse fort soluble dans l'eau, insoluble dans l'alcool.

Les *sels mercureux et mercurique* sont des précipités blancs.

Pyrotartrate de nickel neutre,

$$C^5H^6O^4Ni + 2H^2O.$$

— La solution verte obtenue par la dissolution de l'hydrate de nickel dans l'acide pyrotartrique, étant évaporée et reprise par l'alcool, laisse une poudre verte cristalline, peu soluble dans l'eau. A 200°, le sel est anhydre. Lorsqu'on abandonne sur l'acide sulfurique la solution de nickel, on obtient une masse cristalline qui est le sel acide $(C^5H^7O^4)^2Ni + H^2O$.

Le *pyrotartrate de plomb*, $C^5H^6O^4Pb + 2H^2O$, est en cristaux aciculaires qui se forment lorsqu'on ajoute du pyrotartrate de sodium à de l'acétate de plomb et que la solution est acide; lorsque celle-ci est neutre, le précipité est pulvérulent. Il est un peu soluble dans l'eau bouillante qui le dépose en aiguilles par le refroidissement; il se dissout aussi dans l'azotate de plomb. Le carbonate de plomb, décomposé par l'acide pyrotartrique, donne le même sel.

Lorsqu'on précipite par l'alcool un mélange d'acide pyrotartrique rendu ammoniacal et d'acétate de plomb, on obtient un pyrotartrate de plomb fusible à chaud en gouttes huileuses (Dessaignes).

Le *pyrotartrate de potassium neutre,*

$$C^5H^6O^4K^2 + H^2O,$$

est très-soluble, déliquescent, et s'obtient difficilement en cristaux feuilletés, par l'évaporation de sa solution dans une étuve. On obtient le sel acide $C^5H^7O^4K$ en neutralisant l'acide pyrotartrique par du carbonate de potassium, et en y ajoutant autant d'acide qu'on en a déjà employé. Le liquide abandonné à l'évaporation spontanée fournit des prismes rhomboïdaux obliques, incolores, inaltérables à l'air.

Pyrotartrate de sodium. — Le sel neutre,

$$C^5H^6O^4Na^2 + 6H^2O,$$

est en lames cristallines efflorescentes, très-solubles dans l'eau, insolubles dans l'alcool. L'eau de cristallisation se dégage à 140°. Le sel acide $C^5H^7O^4Na$ est en masse cristalline composée de prismes rhombiques microscopiques, facilement solubles dans l'eau.

Le *pyrotartrate de strontium neutre,*

$$C^5H^6O^4Sr + H^2O,$$

est en petits prismes fort solubles dans l'eau, insolubles dans l'alcool, qu'on obtient en saturant à chaud l'acide pyrotartrique par le carbonate de strontium.

Pyrotartrate acide, $(C^5H^7O^4)^2Sr + 2H^2O$. — Cristallise en paillettes nacrées microscopiques, solubles dans l'eau et devenant anhydres à 130°.

Pyrotartrate d'uranium. — Une solution aqueuse d'acide pyrotartrique dissout facilement de l'hydrate d'oxyde d'uranium; le liquide jaune dépose, par l'évaporation, une poudre de même couleur, fort soluble dans l'eau, insoluble dans l'alcool. Ce sel a pour composition

$$[C^5H^7O^4(UO)]^2, C^5H^6O^4(UO)^2 + 2H^2O.$$

Pyrotartrate de zinc neutre,

$$C^5H^6O^4Zn + 3H^2O.$$

— Le carbonate de zinc se dissout à chaud dans l'acide pyrotartrique; la solution peu acide donne, par l'évaporation, un sirop épais déposant peu à peu des grains cristallins qui augmentent par l'addition d'une petite quantité d'eau. Ce sel est soluble dans l'eau; il retient à 200° encore 1 molécule d'eau.

Le zinc se dissout lentement dans l'acide pyrotartrique, l'oxyde se dissout rapidement à l'ébullition. Par l'évaporation, on obtient un sirop que l'on précipite par l'alcool; ce dépôt est soluble dans l'eau. Il se forme un sel basique qui reste à l'état insoluble, lorsque l'on concentre la solution du zinc dans l'acide pyrotartrique et qu'on reprend par l'eau.

Éthers pyrotartriques. — Pyrotartrate d'éthyle, $C^5H^6O^4.(C^2H^5)^2$ [Gruner, *Neu. Journ. der Pharm. v. Trommsdorff*, t. X, p. 1; — Malaguti, *Ann. de Chim. et de Phys.*, t. LXIV, p. 275; — Arppe, *Ann. der Chem. u. Pharm.*, t. LXVI, p. 73]. — On prépare cet éther en éthérifiant l'acide pyrotartrique par l'alcool et l'acide chlorhydrique. Il est liquide, incolore, transparent, d'une odeur aromatique et d'une saveur amère. Sa densité est de 1,016 à 18°,5; il bout à 218°, en se décomposant en partie. Il est très-soluble dans l'alcool et dans l'éther et peu soluble dans l'eau. L'eau l'acidifie peu à peu en régénérant de l'alcool.

Pyrotartrate de méthyle [Arppe, *loc. cit.*]. — En saturant d'acide chlorhydrique sec une solution d'acide pyrotartrique dans l'esprit de bois et en distillant le produit sur du chlorure de calcium et du carbonate de magnésium, on obtient une huile jaunâtre, plus dense que l'eau.

Pyrotartrimide,

$$C^5H^7AzO^2 = \left.\begin{matrix}(C^5H^6O^2)'' \\ H\end{matrix}\right\} Az.$$

— Ce corps peut aussi être considéré comme une diamide secondaire qui serait la *dipyrotartrodiamide* :

$$\left.\begin{matrix}2(C^5H^6O^2)'' \\ H^2\end{matrix}\right\} Az^2$$

[Arppe, *Ann. der Chem. u. Pharm.*, t. LXXXVII, p. 228; — Biffi, *Ann. der Chem. u. Pharm.*, t. XCI, p. 105]. Il se produit par l'action de la chaleur sur le pyrotartrate d'ammonium acide :

$$C^5H^7AzH^4O^4 = C^5H^7AzO^2 + 2H^2O.$$

On le purifie en exprimant le produit de la distillation et en le faisant cristalliser dans une petite quantité d'eau. Il constitue de petites aiguilles ou des tables hexagonales appartenant au système rhombique. Combinaison observée, p, g^1, m. Inclinaison des faces, $mm = 92°30$; $mg^1 = 133°$. Clivage parallèle à m et à p.

La pyrotartrimide est fort soluble dans l'eau, l'alcool, l'éther, les acides et les alcalis. Elle possède une saveur fraîche, légèrement amère et acide; sa solution aqueuse rougit le tournesol. Elle fond à 66°, et se prend, par le refroidissement, en une matière cristalline, grasse au toucher, et d'une cassure feuilletée. Elle se volatilise déjà au bain-marie, mais elle ne bout que vers 280°, en s'altérant en partie.

Bouillie avec la potasse, elle dégage de l'ammoniaque.

Elle dissout l'oxyde de plomb en donnant un corps alcalin $4C^5H^7AzO^2.5PbO + H^2O$, qui se dessèche en une masse gommeuse. L'eau détruit celle-ci en partie et met en liberté de l'hydrate de plomb. Ce composé est fort alcalin et sa solution attaque le papier par lequel on le filtre, en le rendant visqueux ou gélatineux.

ANHYDRIDE PYROTARTRIQUE [Syn. *Acide pyrotartrique anhydre*], $C^5H^6O^3$ [Arppe, *Ann. der Chem. u. Pharm.*, t. LXVI, p. 73]. — Il se produit par la distillation de l'acide pyrotartrique. Pour déshydrater celui-ci d'une manière complète, il faut le distiller avec l'acide phosphorique vitreux. C'est une huile incolore, neutre, plus dense que l'eau. Elle ne se solidifie pas à — 10°, bout à 230°; son odeur, nulle à 20°, rappelle, à 40°, l'acide acétique; sa saveur, d'abord douceâtre, est ensuite âcre et acide comme celle de l'acide pyrotartrique. L'anhydride pyrotartrique se dissout aisément dans l'alcool; l'eau le précipite de la solution alcoolique, et le transforme peu à peu en acide pyrotartrique. Les alcalis opèrent rapidement cette transformation.

ACIDE PYROSULFOTARTRIQUE,

$$C^3H^5\left\{\begin{matrix}CO.OH\\SO^2.OH\\CO.OH\end{matrix}\right.$$

— Lorsqu'on fait bouillir pendant plusieurs heures une molécule de sulfite neutre de potassium avec 1 molécule d'acide itaconique en solution assez concentrée, il se forme du *pyrosulfotartrate de potassium*, qui est sirupeux lorsqu'on évapore la solution, et qui est gommeux lorsqu'on le précipite par l'alcool. Les *sels de baryum et de plomb* sont des précipités gélatineux se desséchant en une masse vitreuse. Le *sel de calcium*, $(C^5H^5SO^7)^2Ca^3 + 7H^2O$, est cristallisable, soluble dans l'eau bouillante, peu soluble à froid. Ce sel perd 5 molécules d'eau à 110°, une autre à 160° et la dernière enfin à 180°. A 190-200°, le sel brunit et se décompose.

L'*acide* libre préparé par ce sel de calcium et l'acide oxalique est cristallin, très-soluble dans l'eau; mais il n'a pas encore été obtenu à l'état de pureté. En le saturant partiellement par le carbonate de potassium ou d'ammonium, on obtient des sels mamelonnés acides, solubles dans l'eau, peu solubles dans l'alcool faible, insolubles dans l'alcool fort.

Les sels de fer, de cuivre, de mercure, de zinc ne précipitent pas le sel de potassium.

Le sulfite de potassium, en agissant sur les acides citraconique et mésaconique, donne un acide qui paraît tout à fait identique avec le précédent.

Lorsqu'on fond l'acide pyrosulfotartrique, préparé par l'un des trois acides itaconique, citraconique, mésaconique, avec de la potasse, on obtient un acide $C^5H^8O^5$, qui paraît identique avec l'*acide oxypyrotartrique*. Cet acide forme des cristaux solubles dans l'eau froide, peu solubles dans l'alcool et dans l'éther: ses solutions neutres sont précipitées par les sels de cuivre. Son sel d'argent, $C^5H^6O^5Ag^2 + H^2O$, perd son eau à 60° et se décompose déjà à 100° [Th. Wieland, *Ann. der Chem. u. Pharm.*, t. CLVII, p. 34; *Bull. de la Soc. chim.*, 1871, t. XV, p. 89].

Ph. de C.

CONSTITUTION DE L'ACIDE PYROTARTRIQUE.

Acides isomères, $C^5H^8O^4$. — En considérant que l'acide pyrotartrique représente la substitution de deux groupes CO^2H à 2 atomes d'hydrogène de l'hydrure de propyle, $CH^3\text{-}CH^2\text{-}CH^3$, on comprend qu'il peut exister plusieurs acides isomères bibasiques de la formule $C^5H^8O^4$. Les théories actuelles en font prévoir quatre :

	I.	II.
CH^3 CH^2 CH^3	$CH^2\text{-}CO^2H$ $CH\text{-}CO^2H$ CH^3	$CH^2\text{-}CO^2H$ CH^2 $CH^2\text{-}CO^2H$
Hydrure de propyle.	Acide propylène dicarbonique.	Acide triméthylène dicarbonique.

III.	IV.
$CH\left\{\begin{matrix}CO^2H\\CO^2H\end{matrix}\right.$ CH^2 CH^3	CH^3 $C(CO^2H)^2$ CH^3.
Acide éthylmalonique.	Acide diméthylmalonique.

L'acide pyrotartrique ordinaire, produit dans la distillation sèche de l'acide tartrique, paraît correspondre à la première formule. M. Maxwell Simpson, au moyen de la dicyanhydrine du propylglycol, $CH^2(CAz)\text{-}CH(CAz)\text{-}CH^3$, a obtenu l'acide propylène-dicarbonique qu'il identifie avec l'acide pyrotartrique ordinaire. D'un autre côté, M. Kekulé, en fixant l'hydrogène naissant sur les acides citraconique, mésaconique et itaconique, a préparé un acide $C^5H^8O^4$ qu'il considère comme identique avec l'acide pyrotartrique; mais comme la constitution des acides pyrocitriques n'est pas certainement connue, on ne peut en déduire celle de l'acide pyrotartrique.

D'après la synthèse due à M. Simpson, l'acide pyrotartrique doit donc être un acide propylène-dicarbonique.

Quant à l'acide triméthylène-dicarbonique (formule II), il n'a pas encore été obtenu. On le préparerait sans doute au moyen du bromure de triméthylène, $CH^2Br\text{-}CH^2\text{-}CH^2Br$, décrit par MM. Géromont et Reboul, soit en réduisant l'acide improprement appelé *oxypyrotartrique*, que fournit la dicyanhydrine de la glycérine et qui est représenté par la formule

$$CH^2(CO^2H)\text{-}CH(OH)\text{-}CH^2(CO^2H)$$

(Maxwell Simpson).

Les deux autres acides des formules III et IV ont été récemment décrits.

ACIDE ÉTHYLMALONIQUE,

$$C^5H^8O^4 = C^2H^5,CH(CO^2H)^2$$

[Wislicenus et Ureck, *Ann. der Chem. u. Pharm.*, t. CLXV, p. 93, et *Bull. de la Soc. chim.*, 1873, t. XIX, p. 306]. — L'acide bromobutyrique,

$$CH^3\text{-}CH^2\text{-}CHBr\text{-}CO^2H,$$

traité par le cyanure de potassium, fournit un acide cyanobutyrique qui, avec la potasse, donne un acide sirupeux et un acide cristallisable. Ce dernier est l'acide éthylmalonique. Il présente le même aspect que l'acide pyrotartrique, fond comme lui à 111-112° et possède à peu près la même solubilité dans l'eau. Il s'en distingue en ce que, par l'action de la chaleur, il se dédouble en acide carbonique et acide butyrique, tandis que l'acide pyrotartrique perd de l'eau et donne un anhydride.

Le *sel de cuivre*, $C^5H^6O^4.Cu + 3H^2O$, est en tables d'un bleu-verdâtre, retenant $1/2\,H^2O$ à 150°.

Le *sel de plomb*, $C^5H^6O^4Pb$, est un précipité devenant peu à peu cristallin et anhydre.

Le *sel de zinc*, $C^5H^6O^4Zn + 3H^2O$, est en petites tables hexagonales allongées, se déposant par le refroidissement de la solution bouillante. Il retient $1/2\,H^2O$ à 150°.

Acide diméthylmalonique,

$$C^5H^8O^4 = (CH^3)^2\text{-}C\text{-}(CO^2H)^2.$$

— Cet acide, non encore décrit, vient d'être signalé par M. Morkownikoff qui le prépare au moyen de l'acide bromisobutyrique,

$$(CH^3)^2\text{-}CBr\text{-}CO^2H.$$

Il est probable que cet acide, soumis à l'action de la chaleur, fournira de l'acide isobutyrique et de l'acide carbonique. Il est à remarquer, en effet, que les acides bibasiques connus, dans lesquels on voit deux groupes de *carboxyle*, CO^2H, fixés à un même atome de carbone se dédoublent en un acide monobasique et acide carbonique. Ces acides sont l'acide malonique,

$$CH^2\left\{\begin{matrix}CO^2H\\CO^2H,\end{matrix}\right.$$

et les corps qui en dérivent par substitution de groupes hydrocarbonés à l'hydrogène :

$$CH^2\left\{\begin{matrix}CO^2H\\CO^2H\end{matrix}\right. = CO^2 + CH^3\text{-}CO^2H;$$

Acide malonique. — Acide acétique.

$$CH(CH^3)\left\{\begin{matrix}CO^2H\\CO^2H\end{matrix}\right. = CO^2 + CH^3\text{-}CH^2\text{-}CO^2H;$$

Acide méthyl-malonique (isosuccinique). — Acide propionique.

$$CH(C^2H^5)\left\{\begin{matrix}CO^2H\\CO^2H\end{matrix}\right. = CO^2 + C^2H^5\text{-}CH^2\text{-}CO^2H;$$

Acide éthylmalonique. — Acide butyrique.

$$C(CH^3)^2\left\{\begin{matrix}CO^2H\\CO^2H\end{matrix}\right. = CO^2 + (CH^3)^2\text{-}CH\text{-}CO^2H.$$

Acide diméthyl-malonique. — Acide isobutyrique.

Pour ce dernier corps, l'expérience n'a pas encore été faite ; nous en préjugeons le résultat par analogie. Ces dédoublements sont du reste les mêmes que celui du premier terme de la série, l'acide oxalique :

$$\begin{matrix}CO^2H\\|\\CO^2H\end{matrix} = CO^2 + CH^2O^2.$$

Acide oxalique. — Acide formique.

E. G.

PYROTARTRIQUES (ANILIDES). — Pyrotartranile [Syn. *Phényl-pyrotartrimide*],

$$C^{11}H^{11}AzO^2 = \left.\begin{matrix}(C^5H^6O^2)''\\C^6H^5\end{matrix}\right\}Az$$

$$= C^3H^6\left\{\begin{matrix}CO\\CO\end{matrix}\right\rangle AzC^6H^5$$

[Arppe, *Ann. der Chem. u. Pharm.*, t. XC, p. 138]. — On prépare ce composé en faisant fondre ensemble de l'acide pyrotartrique cristallisé et de l'aniline dans la proportion de leurs molécules et en maintenant le mélange pendant dix minutes environ à une température supérieure de quelques degrés à 100° ; il se forme une masse brune épaisse et visqueuse, qui se solidifie après le refroidissement et par l'agitation. Lorsqu'on fait dissoudre dans l'eau bouillante, ou mieux dans l'alcool faible, qu'on traite par le charbon animal et qu'on filtre, le pyrotartranile se précipite sous la forme d'une poudre blanche composée d'aiguilles microscopiques. Il fond à 98° en un liquide huileux qui se prend par le refroidissement en une masse cristalline ; il se sublime à 140° ; on peut le chauffer jusqu'à 300° environ avant qu'il entre en ébullition, et alors il se décompose en partie. Il est peu soluble dans l'eau bouillante ; l'alcool, l'éther et les acides le dissolvent à froid sans altération ; à chaud, ils le transforment en acide pyrotartranilique. Les alcalis solides le dédoublent en aniline et en acide pyrotartrique. Traité par l'acide azotique, il donne la pyrotartronitranilide.

Pyrotartronitranile [Syn. *Nitrophényl-pyrotartrimide*],

$$\left.\begin{matrix}(C^5H^6O^2)''\\C^6H^4(AzO^2)\end{matrix}\right\}Az$$

[Arppe, *Ann. der Chem. u. Pharm.*, t. XC, p. 138]. — Lorsqu'on fait dissoudre le pyrotartranile dans de l'acide azotique très-concentré, il se forme un liquide d'abord rouge, ensuite jaune ; l'eau en précipite une huile qui se concrète peu à peu. Ce corps est le pyrotartranile, il cristallise de l'alcool bouillant après purification par le charbon animal en aiguilles groupées en sphères. Il fond à 155° ; chauffé avec précaution, il se sublime sans décomposition ; il est soluble dans l'alcool et dans l'éther, presque insoluble dans l'eau. Le pyrotartronitranile se dissout dans une solution étendue bouillante de carbonate de sodium ; le liquide se colore en jaune clair et il se dégage de l'acide carbonique ; par le refroidissement, surtout après une ébullition prolongée, il se dépose de la nitraniline. L'eau mère renferme principalement de l'acide pyrotartronitranilique.

Acide pyrotartranilique [Syn. *Acide phényl-pyrotartrique*],

$$C^{11}H^{13}AzO^3 = C^3H^6\left\{\begin{matrix}CO.AzH(C^6H^5)\\CO.OH\end{matrix}\right.$$

[Arppe, *Ann. der Chem. u. Pharm.*, t. XC, p. 138]. — Cet acide se forme par l'action de l'aniline sur l'anhydride pyrotartrique. Le pyrotartranile bouilli avec les alcalis aqueux le fournit pareillement. Il se dépose d'une solution aqueuse ou alcoolique bouillante pendant le refroidissement sous la forme de précipité volumineux formé d'aiguilles cristallines brillantes. Il fond à 147° en perdant de l'eau et en se transformant partiellement en pyrotartranile. Il est peu soluble dans l'eau, facilement soluble dans l'alcool ; il rougit le tournesol et déplace l'acide carbonique des carbonates, mais il est éliminé des solutions de ses sels par l'acide acétique. Les pyrotartranilates des alcalis et des terres alcalines sont cristallisés et aisément solubles dans l'eau ; le sel d'*ammonium* obtenu par l'ébullition du pyrotartranile avec l'ammoniaque aqueuse se dessèche en une masse rayonnée très-soluble à froid, mais que l'eau chaude décompose. Sa solution forme un précipité vert bleuâtre avec le sulfate de cuivre, blanc avec le bichlorure de mercure, rouge jaunâtre avec le perchlorure de fer. Le sel de *plomb*, $C^{10}H^{14}.(C^6H^5)^2.Az^2O^6.Pb$, est un précipité blanc devenant visqueux à l'ébullition.

Acide pyrotartronitranilique [Syn. *Acide nitrophényl-pyrotartramique*],

$$C^{11}H^{12}AzO^5 = C^3H^6\left\{\begin{matrix}CO.AzH[C^6H^4(AzO^2)]\\CO.OH\end{matrix}\right.$$

[Arppe, *Ann. der Chem. u. Pharm.*, t. XC, p. 138]. — On obtient cet acide comme il est dit à l'article Pyrotartronitranile ; on le précipite par l'acide nitrique sous forme de flocons jaunâtres et on le décolore par l'ébuilition avec du charbon animal et par des cristallisations répétées. Il est peu soluble dans l'eau même bouillante, très-soluble dans l'alcool et l'éther. Il cristallise en petites tables rhombiques microscopiques de 60° et de 120°. Il fond un peu au-dessus de 150°. Il ne déplace que difficilement l'acide carbonique des carbonates. Ses sels sont très-peu stables et pour la plupart incristallisables. Les alcalis fixes, ainsi que le carbonate de potassium en solution et à l'ébullition, transforment l'acide pyrotartronitranilique en nitraniline (modification α) et en acide pyrotartrique :

$$C^{11}H^{12}Az^{2}O^{5} + H^{2}O = C^{6}H^{6}Az^{2}O^{2} + C^{5}H^{8}O^{4}.$$

Ph. de C.

PYROTECHNIE. — Art de préparer les composés ou mélanges détonants, incendiaires, lumineux ou colorés employés dans l'art de la guerre ou pour la confection des feux d'artifice. La pyrotechnie est intimement liée à la connaissance des propriétés de la poudre, à l'invention de laquelle elle a sans doute conduit; elle paraît être d'origine chinoise.

Le *feu grégeois* est la première composition pyrotechnique dont l'histoire nous rapporte les effets entourés de légendes et singulièrement exagérés par l'imagination crédule de l'époque : la nature de ce mélange est restée inconnue; mais il y a lieu de croire qu'il était analogue aux compositions incendiaires employées de nos jours.

La pyrotechnie militaire comprend l'histoire de la poudre et des matières explosives et la fabrication des divers artifices tels que amorces fulminantes, étoupilles, fusées de signaux, compositions incendiaires, etc. Ce sujet a été traité en partie à l'article POUDRE ET MATIÈRES EXPLOSIVES (voyez ce mot); nous compléterons brièvement cette étude.

COMPOSITIONS INCENDIAIRES. — La *roche à feu* est une composition très-ancienne employée pour le chargement de bombes ou d'obus incendiaires. Sa combustion donne lieu à une flamme très-intense, qui se communique facilement au bois ou aux substances combustibles auxquelles elle adhère fortement.

Le tableau suivant indique quelques compositions de roche à feu :

	I.	II.	III.	IV.	V.
Poudre en grain.....	3	3	»	1	20
Pulvérin...........	4	4	3	1	2
Soufre.............	28	16	5	4	20
Salpêtre...........	»	4	1	1	»

Les quatre premières compositions sont employées en France, la dernière en Prusse. On ajoute quelquefois de l'antimoine en poudre à ces mélanges. Le soufre est fondu, on y incorpore à une douce chaleur les autres éléments préalablement mélangés; puis on coule la masse et on la brise après refroidissement en morceaux de grosseur convenable.

Une autre composition employée par l'artillerie de terre et de mer s'obtient en fondant 1 p. de suif et 1 p. de térébenthine auxquelles on ajoute 3 p. de colophane, 4 de soufre, 10 de salpêtre et 1 d'antimoine. Ce mélange est coulé dans des cartouches en papier de manière à former des cylindres incendiaires dont on peut charger les projectiles.

Les *brûlots* employés quelquefois dans la marine militaire sont des bâtiments chargés de matières incendiaires et explosives qu'on lance contre les vaisseaux ennemis. Nous ne pouvons décrire ici les divers artifices, souvent très-complexes, qui entrent dans la confection de ces engins de guerre.

Projectiles éclairants. — Les balles à feu sont quelquefois employées dans les siéges pour éclairer les travaux de l'ennemi : elles sont formées par une composition éclairante enfermée dans un sac de toile solide. On les lance avec un mortier : une mèche de durée convenable met le feu au mélange éclairant qui contient en outre quelques petits projectiles explosifs pour empêcher l'ennemi d'en approcher et de le recouvrir de terre. L'une des compositions employées est formée de :

Salpêtre.................	8 parties.
Soufre pulvérisé..........	2 —
Antimoine pulvérisé.......	1 —

Les matières sont humectées de 5 °/₀ d'eau, passées au tamis et employées humides.

Ces artifices paraissent devoir dans l'avenir être remplacés par l'emploi de la lumière électrique ou de la lumière au magnésium.

Fusées volantes pour signaux. — Ces artifices sont formés par de solides cartouches en carton chargés d'une composition fusante assez vive. La combustion progressive de ce mélange donne lieu à un vif dégagement de gaz qui s'échappe avec une grande vitesse par la partie inférieure du cartouche, muni d'une ouverture convenable : la résistance opposée par l'air au dégagement de ces gaz communique par réaction un mouvement rapide à la fusée, dont le mouvement ascensionnel est dirigé au moyen d'une baguette.

Les fusées armées d'un projectile explosif ou incendiaire constituaient les *fusées à la congrève*, projectiles qui étaient tirés sur un chevalet en bois ou au moyen de tubes en tôles. Ces artifices ont été abandonnés par suite des perfectionnements de l'artillerie moderne. Quelques essais ont été faits sans succès pour donner plus de précision au tir des fusées en leur communiquant un mouvement de rotation au moyen d'ailettes ou d'évents inclinés sur l'axe de la fusée. La portée des grosses fusées à la congrève (de $0^m,12$ de diamètre) peut aller jusqu'à 6 ou 7,000 mètres; mais le tir, surtout aux grandes distances, n'offre aucune précision et l'artifice est facilement altéré par le transport.

Les fusées ne sont actuellement employées que comme signaux. La composition fusante est soigneusement tassée à l'intérieur du cartouche autour d'une broche de fer qui réserve un vide nécessaire pour régler la pression des gaz à l'origine du mouvement ascensionnel.

La fusée porte à sa partie supérieure une *garniture* qui peut être composée de divers artifices, le plus souvent d'étoiles colorées, auxquels le feu se communique lorsque la composition fusante a fini de brûler.

La composition généralement employée pour le chargement des fusées est formée d'un mélange assez intime préparé d'avance et contenant :

	I.	II.
Salpêtre................	44,527	46,510
Soufre..................	9,137	11,637
Pulvérin................	25,368	23,255
Charbon de bois dur......	20,368	18,608

La composition n° I est employée par l'artillerie de terre; le n° II est le mélange réglementaire pour les fusées de signaux de la marine.

Nous indiquons plus loin des compositions pour étoiles colorées. Les couleurs diverses des étoiles dont sont munies les fusées ont permis de constituer un mode de télégraphie nocturne.

La pyrotechnie civile comprend spécialement la préparation des *feux d'artifice*. Les diverses pièces qui les composent sont formées par la combinaison d'artifices élémentaires constitués en général par des cartonnages remplis d'une composition convenable.

Les différents mélanges peuvent être distingués en : *compositions rayonnantes,* lorsque la combustion a lieu avec production de nombreuses étincelles ; *compositions colorées,* lorsque la flamme possède une couleur marquée ; *compositions fusantes,* lorsque le dégagement de gaz est assez vif pour pouvoir produire un mouvement ; *composition pour feux fixes,* colorés ou non, etc.

Les feux peuvent d'autre part être fixes ou mobiles.

Les feux fixes principaux sont : les *lances de décoration,* formées par des tubes de papier remplis d'une composition brûlant avec une flamme colorée ou non ; les *pétards,* obtenus en renfermant une charge de poudre plus ou moins forte dans un cartonnage résistant ; les *gerbes,* obtenues au moyen d'une composition rayonnante chargée dans un cartouche ; les *flammes de Bengale,* etc.

Les feux mobiles comprennent les *fusées volantes,* que nous avons déjà décrites ; les *chandelles romaines,* tubes chargés alternativement de compositions rayonnantes et d'étoiles qui sont projetées par une petite charge de poudre ; les *bombes,* qu'on lance avec un mortier et qui éclatent en l'air en projetant divers artifices, par exemple des étoiles colorées ; les *soleils,* pièces auxquelles un mouvement de rotation est communiqué par des cartouches chargés de composition fusante, etc.

Nous donnerons seulement la composition d'un certain nombre de mélanges. Ils sont constitués en général par les composés de la poudre additionnés de substances communiquant des propriétés spéciales, ou tout au moins par des mélanges de corps comburants et combustibles permettant à la composition de brûler sans le concours de l'oxygène de l'air et donnant lieu à des effets lumineux d'une grande intensité.

L'effet des compositions rayonnantes est obtenu au moyen de charbon de bois dur en poudre, de limaille de fonte, de fer, d'acier, de zinc, d'antimoine, etc. Le tableau suivant indique quelques-uns de ces mélanges :

COMPOSITIONS RAYONNANTES.

GENRES DE FEUX.		Pulvérin.	Salpêtre.	Soufre.	Charbon de bois dur.	Charbon léger.	Limaille de fer ou d'acier.	Tournure de fonte.	Grenaille de zinc et antimoine.	AUTEURS.
Feu commun..	Pour fusées	10	20	5	13	»	»	»	»	École de pyrotechnie de Toulon.
	Pour chandelles romaines.	2	»	»	1	»	»	»	»	Écoles de Metz et de Toulon.
	Pour gerbes	5	»	»	1	»	»	»	»	Chertier.
Feu brillant...	Pour fusées	15	»	»	»	»	7	»	»	Id.
	Pour gerbes	40	12	12	»	»	13	»	»	École de Metz.
Feu jasmin ou pluie de feu.	Pour gerbes	500	31	31	»	»	»	250	»	École de Toulon.
		110	»	»	»	22,6	»	»	159	École de Metz.

La propriété que possèdent les sels de divers métaux de donner aux flammes une couleur variable et plus ou moins intense est utilisée pour la production des feux colorés. Les colorations communiquées par les sels de différents métaux ont été indiquées à l'article CHALUMEAU (voyez t. I, p. 838). Les tableaux suivants indiquent la composition de quelques feux colorés :

FEUX BLANCS.

	Salpêtre.	Soufre.	Pulvérin.	Sulfure d'antimoine.	Antimoine pulvérisé.	Réalgar.	Gomme laque.	AUTEURS.
Pour lances....	5	2	»	1	»	»	»	Tessier.
— étoiles...	32	10	3	»	»	5	»	École de Toulon.
— flammes..	96	18	»	»	25	12	8	Chertier.
	16	4	3	»	»	»	»	Écoles de Metz et de Toulon.

FEUX JAUNES.

	Salpêtre.	Chlorate de potassium.	Soufre.	Bicarbonate de sodium.	Oxalate de sodium.	Gomme laque.	AUTEURS.
Pour lances	125	»	62	62	»	»	École de Toulon.
— étoiles	»	12	»	»	8	3	Chertier.
— flammes	»	5	»	»	2	1	Vergnaud.

FEUX VERTS.

	Salpêtre.	Chlorate de potassium.	Soufre.	Nitrate de baryum.	Chlorate de baryum.	Oxych de cuivre.	Poudre de zinc.	Chlorure mercureux.	Gomme laque.	Chlorure de plomb.	AUTEURS.
Pour lances.....	7	»	5	36	»	»	63	»	»	»	Vergnaud.
	»	7	3	7	»	»	»	»	»	»	École de Toulon.
— étoiles....	»	»	»	2	5	»	»	1	1	»	Tessier.
	»	»	»	»	6	»	»	2	1	»	Chertier.
— flammes...	»	28	»	35	»	1	»	»	10	10	Vergnaud.

FEUX BLEUS.

	Salpêtre.	Chlorate de potassium.	Soufre.	Sulfure d'antimoine.	Sulfate de cuivre ammoniacal.	Oxychlorure de cuivre.	AUTEURS.
Pour lances et étoiles........	13	»	»	10	»	»	Vergnaud.
	»	3	1	»	1	»	Écoles de Metz et de Toulon.
— étoiles..................	»	11	4	»	»	8	Tessier.
— flammes................	»	26	1	»	»	14	Id.

FEU VIOLET.

	Chlorate de potassium.	Soufre.	Nitrate de strontium.	Oxychlorure de cuivre.	Calomel.	AUTEUR.
Pour lances, étoiles et flammes.......	42	28	18	4	3	École de Toulon.

FEUX ROUGES.

	Salpêtre.	Soufre.	Chlorate de potassium.	Nitrate de strontium.	Antimoine métallique.	Sulfate de strontium.	Noir de fumée.	Gomme laque.	AUTEURS.
Pour lances et flammes..	10	4	»	9	10	»	»	»	Vergnaud.
	»	»	26	»	»	24	»	5	Chertier.
Pour étoiles............	»	2	5	6	»	»	1	»	Poudrerie de Toulon.

Désignolles et Casthelaz ont proposé l'emploi du picrate d'ammonium mélangé à divers sels pour obtenir des feux colorés. Ces mélanges, qui donnent des colorations très-vives, sont surtout employés pour les feux de théâtre; ils ont l'avantage de ne pas contenir de soufre et de ne pas donner naissance par leur combustion à des gaz irritants.

Feu jaune....	Picrate d'ammonium....	50
	Picrate ferreux.........	50
Feu vert.....	Picrate d'ammonium....	48
	Nitrate de baryum......	52
Feu rouge....	Picrate d'ammonium....	54
	Nitrate de strontium....	46

Il n'est peut-être pas inutile de faire remarquer que les divers mélanges, et surtout ceux qui renferment des chlorates ou des picrates, doivent être opérés sans broyage (par simple tamisage) avec les matières pulvérisées séparément. Le frottement peut faire détoner ces mélanges : de graves explosions sont arrivées pour avoir négligé cette précaution.

Indiquons enfin quelques compositions pour flammes à l'alcool.

Feu jaune.	Alcool..........	1			
	Sel marin.......	3			
Feu vert..	Alcool..........	1	ou	Alcool...........	6
	Nitrate de cuivre.	3		Sulfate de cuivre.	2
				Acétate de cuivre.	4
Feu rouge.	Alcool..................	1			
	Chlorure de strontium....	1			

Nous n'entrerons pas dans le détail de la fabrication des divers artifices, ni de leur combinaison pour obtenir tels ou tels effets : tout le monde sait à quel degré de perfection cet art a été poussé, notamment par Ruggieri père et fils.

Pour terminer, ajoutons quelques mots au sujet de deux petits artifices qui ont eu un certain succès comme jouets d'enfants.

Les papiers fulminants colorés de Church sont obtenus en transformant des bandelettes de papier en fulmi-coton (voyez POUDRES ET MATIÈRES EXPLOSIVES) au moyen d'un mélange d'acide sulfurique et d'acide nitrique fumant, et trempant ce papier dans des solutions chaudes de chlorates de potassium, de baryum, de strontium ou de cuivre.

Les *serpents de pharaon*, inventés par A. Roussille, sont formés simplement par du sulfocyanate de mercure. Ce sel, moulé sous forme de petites pastilles, brûle lorsqu'on l'enflamme en donnant naissance à un dépôt très-volumineux qui se déroule du sein de la pastille comme les anneaux d'un serpent. F. de L.

PYROTECHNITE. — Voyez THENARDITE.

PYROTÉRÉBIQUE (ACIDE), $C^6H^{10}O^2$ [Rabourdin, *Journ. de Pharm.*, (3), t. VI, p. 185; — Carleton Williams, *Deutsch. Chem. gen.*, t. VI, p. 1094, et *Bull. de la Soc. chim.*, 1874, t. XXI, p. 27]. — Cet acide, qui paraît appartenir à la série acrylique, se produit par la distillation de l'acide térébique, $C^7H^{10}O^4$, qui se dédouble en acide carbonique et acide pyrotérébique. Celui-ci est huileux, d'une odeur d'acide butyrique, d'une densité de 1,01; il réfracte beaucoup la lumière. Il bout à 200° et ne se solidifie pas à — 20°. Il se dissout dans 25 fois son poids d'eau; il est plus soluble dans l'alcool et dans l'éther. Ses sels cristallisent difficilement. Les sels alcalins précipitent les sels d'argent et de plomb en solutions concentrées. Fondu avec la potasse, il se dédouble en acide acétique et en acide isobutyrique; ce qui lui assigne la formule de constitution

$$\begin{matrix}CH^3\\CH^3\end{matrix}\!\!>CH\text{-}CH=CH\text{-}CO^2H.$$

Il fixe directement le brome en donnant un acide bibromocaproïque $C^6H^{10}Br^2O^2$, qui, par l'amalgame de sodium, régénère l'acide pyrotérébique (Williams). E. G.

PYROTRITARIQUE (ACIDE), $C^7H^8O^3$. — Cet acide prend naissance en même temps que les acides pyruvique et pyrotartrique dans la distillation sèche de l'acide tartrique; il se forme surtout si la décomposition est effectuée assez rapidement; toutefois, même dans les meilleures conditions, on n'en obtient que 1,2 millièmes du poids de l'acide tartrique.

On soumet à des distillations fractionnées répétées la partie du produit brut qui passe dans la première rectification de 120° à 180°; on obtient ainsi de l'acide pyruvique entre 160° et 170° et des fractions de moins en moins grandes passant entre 180° et 210°, qui cristallisent déjà partiellement. On dissout ces portions dans l'eau chaude, on filtre à travers des filtres mouillés, pour retenir un corps huileux, et l'on obtient par le refroidissement des aiguilles jaunes, très-fines, d'acide pyrotritarique, tandis que l'acide pyrotartrique reste dans l'eau mère. On purifie cet acide par de nouvelles cristallisations avec addition d'un peu de charbon animal.

L'acide pyrotritarique, $C^7H^8O^3$, est en fines aiguilles, blanches, d'un éclat vitreux, solubles dans 400 p. d'eau bouillante, moins solubles à froid; l'alcool et l'éther le dissolvent aisément et le laissent déposer en prismes courts assez gros. Il fond à 134°,5 et se sublime déjà à cette température en fines aiguilles; il se volatilise par l'ébullition de sa solution aqueuse.

Les pyrotritarates alcalins, et probablement ceux des terres alcalines, sont solubles dans l'eau: les sels d'argent et de plomb constituent des précipités blancs qui, à la longue, deviennent cristallins; celui d'argent renferme $C^7H^7O^3,Ag$, il noircit à la lumière et détone par la chaleur.

Le chlorure d'acétyle n'agit pas sur l'acide pyrotritarique, même à 140°; à chaud, le perchlorure de phosphore réagit vivement sur lui et le transforme en un chlorure, $C^7H^7O^2.Cl$, qui, traité par l'eau, régénère l'acide. L'hydrogène naissant est sans action sur cet acide. L'acide pyrotritarique est peut-être un acide acétonique,

$$CO\begin{cases}C^5H^7\\CO^2H.\end{cases}$$

Sa formation au moyen de l'acide tartrique peut être exprimée par l'équation suivante :

$$3C^4H^6O^6 = C^7H^8O^3 + 5CO^2 + 5H^2O.$$

On n'a pas réussi à l'obtenir en partant de l'acide pyruvique [J. Wislicenus et V. Stadnicki, *Ann. der Chem. u. Pharm.*, t. CXLVI, p. 306; *Bull. de la Soc. chim.*, 1868, t. X, p. 487]. A. H.

PYRO-URIQUE. — Voyez CYANURIQUE (ACIDE).

PYROXAM [Synonyme de XYLOÏDINE]. — Voyez AMIDON, t. I, p. 196.

PYROXÈNES (Min.). — Groupe d'espèces dont la composition chimique est représentée par la formule générale $RSiO^3$; R = Ca, Mg, Fe; un certain nombre d'analyses signalent la présence d'alumine, mais cet oxyde n'y entre qu'à l'état de mélange comme dans les amphiboles.

Toutes ces espèces ont une forme cristalline commune, elles cristallisent en prismes clinorhombiques $mm = 87°5'$; $pm = 100°57'$; $ph^1 = 106°1'$; $mb^{1/2} = 121°11'$; $e^1e^1 = 120°44'$ $mb^{1/4} = 144°34'$. Macles, h^1. Clivages, m facile; h^1 quelquefois assez net; g^1 moins net; p facile dans certaines variétés.

DIOPSIDE, $(Ca, Mg)SiO^3$, souvent avec une petite quantité d'oxyde ferreux remplaçant la magnésie. Le diopside se rencontre en cristaux blancs souvent teintés de vert clair, d'un éclat vitreux, transparents, accompagnés fréquemment de grenat et de chlinochlore. Les localités qui en fournissent les plus beaux échantillons sont Ala et Mussa (Piémont), le Zillerthal (Tyrol), Zermatt (Valais), Modum (Norvége), le lac Baikal (variété baikalite), Achmatowsk (Oural), Monroë, Amity, etc. (États-Unis), etc.

Fig. 556. — Diopside.

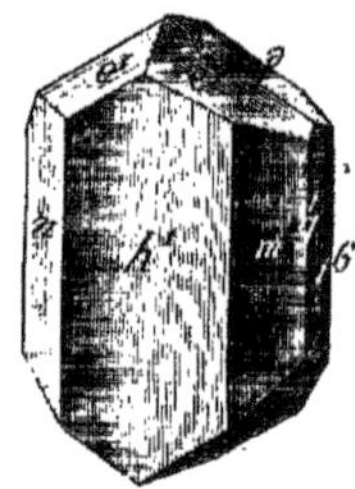

Fig. 557. — Augite maclée.

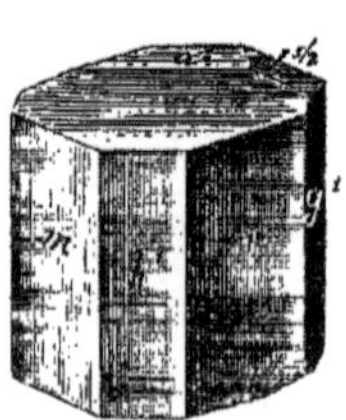

Fig. 558. — Baikalite.

Fig. 559. — Augite.

Fig. 556, 557, 558 et 559. — Pyroxènes.

Ses formes les plus habituelles sont les combinaisons de h^1, g^1, p, m, $d^{1/2}$, a^1. Les faces h^1 et g^1 sont dominantes.

Caractères. — Inattaquable aux acides; au

chalumeau, fond en un verre blanc ou grisâtre semi-transparent.

Dureté, 5 à 6. Poussière blanche. Densité, 3,3.

Variétés. — La *malacolite* d'un gris bleuâtre ou verdâtre et la *salite* d'un beau vert forment des masses laminaires dans les amas de pyrite et de fer oxydulé d'Arendal (Norvége), de Fahlun, de Langbanshyttan, de Philipstadt (Suède). La *fassaite* et le *pyrgome* sont des variétés vertes alumineuses, caractérisées par la prédominance des faces m, $b^{1/2}$, $b^{1/4}$. Ces trois dernières ont été souvent réunies sous le nom de *salite*, pour former une espèce; la petite quantité d'oxyde ferreux qu'elles renferment (moins de 5 °/₀) ne nous semble pas justifier leur séparation du diopside.

Augite, $(Ca, Mg, Fe) Si O^3$. — On peut réunir sous ce nom les pyroxènes, alumineux ou non, de chaux et de magnésie dans lesquels la quantité d'oxyde ferreux dépasse 5 °/₀, sans pourtant s'élever au-dessus de la proportion de magnésie.

L'*augite* proprement dite est le pyroxène des laves et des basaltes (Vésuve, Kaiserstuhl, Auvergne), en petits cristaux noirs isolés présentant les faces m, h^1, g^1, $b^{1/2}$, souvent maclés parallèlement à h^1 (fig. 557). Ils sont opaques ou translucides en lames minces, et ont une poussière d'un gris verdâtre.

Dureté, 6. Densité, 3,3 à 3,4.

Caractères. — Faiblement attaqué par les acides. Au chalumeau, fond facilement en un verre noir quelquefois magnétique.

Le *diallage* forme des masses laminaires d'un gris verdâtre passant au vert bronzé ou au vert d'herbe, avec clivage très-facile h^1, difficile g^1, qui se rencontrent dans les euphotides du Hartz, sur les bords du lac de Genève, dans les serpentines de l'Oural, de Baireuth (Bavière), de l'île d'Elbe, etc. Il convient de réunir à l'augite la *coccolite* et la *funkite* en masses granulaires friables composées de grains verts brillants, de Tunaberg et de Boksäter (Ostgothland).

Hédenbergite, $(Ca, Fe), SiO^3$. — Souvent avec un peu de magnésie. Cristaux ou masses cristallines d'un vert sombre ou noirs, clivables suivant m et moins facilement suivant h^1 et g^1, translucides sur les bords. Poussière gris verdâtre.

Dureté, 5,5. Densité, 3,5.

Caractères. — Au chalumeau, fond facilement en un globule noir magnétique, donne avec le borax les réactions du fer.

L'hédenbergite se trouve en masses laminaires avec calcaire, pyrite cuivreux, quartz et mica, aux environs de Tunaberg (Suède).

Schefferite, $(Ca, Mn, Mg) Si O^3$. — Masses cristallines d'un brun-rouge de Langbanshyttan (Suède).

Densité, 3,39.

La *jeffersonite* en gros cristaux corrodés, à la surface d'un vert foncé, noirs ou bruns, de Franklin (New-Jersey), présente une composition voisine de celle de la schefferite; elle en diffère par la présence d'une petite quantité de zinc.

Dureté, 4,5. Densité, 3,3 à 3,5.

Facilement fusible au chalumeau en donnant un verre noir magnétique. Faiblement attaquée par les acides.

Appendice. — On a souvent réuni au pyroxène une espèce qui s'en rapproche par sa composition et par les angles de ses clivages : c'est l'*hypersthène* qui se rencontre en masses lamellaires d'un noir brunâtre ou verdâtre, d'un brun mordoré, en fragments roulés à l'île Saint-Paul, côte du Labrador, dans les hypérites de Norvége, dans les diabases du Hartz, etc. M. des Cloizeaux a reconnu par l'examen optique que l'hypersthène, tout en ayant, comme l'enstatite, un prisme très-voisin de celui du pyroxène, cristallise dans le type orthorhombique. Fond très-difficilement au chalumeau en un émail noir verdâtre, souvent magnétique. Inattaquable aux acides.

Dureté, 5 à 6. Poussière gris verdâtre. Densité, 3,39.

La *bronzite* est intermédiaire entre l'hypersthène et l'enstatite (voyez ce mot). Elle est d'un brun verdâtre ou jaunâtre demi-métallique et se rencontre dans les serpentines à Gulsen, près Kraubat (Styrie), de Kupferberg (Bavière), de Lettowitz (Moravie), etc. F. et S.

PYROXYLE. — Voyez Cellulose, t. I, p. 781.

PYROXYLINE. — Voyez Cellulose, t. I, p. 781.

PYROXYLIQUE (ACIDE). — Nom donné par Hadow à un acide qui se formerait en même temps que les acides oxalique, nitreux et nitrique et que l'ammoniaque, lorsqu'on dissout à 70° le coton-poudre dans la potasse. On obtient un liquide foncé, qui réduit les sels d'argent. L'acide pyroxylique est peut-être identique avec l'acide saccharique.

PYRRHITE (Min.). — Petits octaèdres réguliers d'un éclat vitreux, d'une couleur jaune-orange, trouvés à Alabaschka (Oural), dans les druses d'une roche feldspathique, accompagné de lépidolithe et de topaze.

Caractères. — Insoluble dans l'acide chlorhydrique. Au chalumeau, ne fond pas, mais noircit et colore la flamme en jaune; avec le sel de phosphore se dissout difficilement, en donnant un verre jaune verdâtre lorsqu'il est saturé. Avec la soude sur le charbon, entre dans les pores du charbon, sans donner de métal; l'essai s'entoure d'une légère auréole blanche. Paraît identique avec de petits cristaux qui accompagnent l'azorite des Açores et qui seraient, d'après M. Hayes du niobate de zircone, coloré par les oxydes de fer, de manganèse et d'urane. F. et S.

PYRRHOLITE (Min.). — Substance ressemblant à la polyargite et se présentant en petites masses laminaires rose-violacé, ayant deux clivages inégaux qui font un angle de 93°. Au chalumeau, fond sur les bords en un émail blanc. Se trouve dans un quartz compacte des environs de Tunaberg. Paraît se rapporter à l'anorthite.

PYRRHOPINE. — Ce nom a été donné par Pollex à un alcaloïde retiré de la racine de la grande chélidoine (*Chelidonium majus*), qui forme des sels rouges, peu solubles; il est peut-être identique avec la sanguinarine.

PYRRHORÉTINE. — Substance humique trouvée par Forchhammer dans des débris de sapins fossiles des tourbières du Danemark, et qui serait une combinaison d'acide humique et de *bolorétine* (t. I, p. 651). Elle se dissout dans l'alcool, mais pas dans l'éther; l'ammoniaque la dédoublerait en acide humique et bolorétine.

PYRRHOSIDÉRITE. — Voyez Gœthite.

PYRRHOTINE (Min.) [Syn. *Pyrite hépatique, Magnetischerkies, Leberkies, fer sulfuré magnétique, magnétopyrite*]. — Sulfure de fer dont la composition, assez variable, se rapproche de $Fe^7 S^8$; à cause de l'analogie de la forme cristalline de cette espèce avec celles de la greenockite et de la wurtzite, on est tenté de supposer que sa formule doit être FeS; néanmoins aucune des analyses de pyrrhotine naturelle ne correspond à cette dernière, sauf celles du minéral trouvé dans les météorites et qu'on a appelé *troïlite*. D'ailleurs la pyrrhotine attaquée par l'acide chlorhydrique se dissout en dégageant de l'hydrogène sulfuré et en laissant un résidu de soufre.

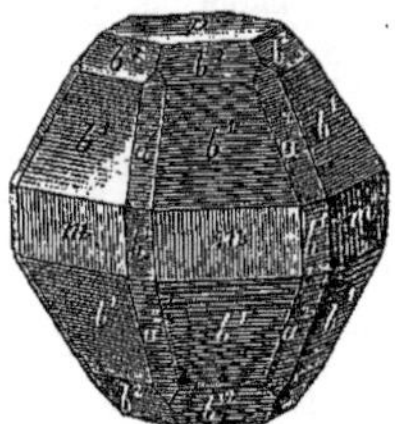

Fig. 560. — Pyrrhotine.

Se présente rarement en très-beaux cristaux hexagonaux aplatis, plus souvent en lamelles ou en masses compactes d'un éclat métallique faible, d'un jaune-tombac, à cassure conchoïde, à Kongsberg, Modum, Snarum (Norvége), Andreasberg, (Hartz), Bodenmais (Bavière); elle est souvent nickelifère et constitue alors un des principaux minerais de nickel (Varallo, Piémont, etc.). Les plus beaux cristaux viennent des mines d'or de Moro-Velho (Brésil). On en rencontre des pseudomorphoses en pyrite, en limonite et en sidérose.

Caractères. — Soluble dans les acides; dans le tube ouvert, donne de l'acide sulfureux. Sur le charbon, donne une masse noire magnétique, qui avec les flux fournit souvent les réactions du cobalt et du nickel.

Dureté, 3,5 à 4,5. Poussière gris-noir. Densité, 4,4 à 4,7.

Forme cristalline. — Prisme hexagonal pb^1 = 135°8'. Clivage p parfait; m moins facile.

F. et S.

PYRROL, C^4H^5Az. — Cette substance alcaline, volatile, a été découverte par Runge dans les produits de distillation des matières animales (corne et os) et dans le goudron de houille; ses vapeurs possèdent la propriété caractéristique de communiquer une coloration rouge purpurine au bois de sapin humecté d'acide chlorhydrique. Anderson a isolé ce corps à l'état de pureté et en a établi la composition [Runge, *Poggend. Ann. v.*, t. XXXI, p. 65; — Anderson, *Transact. Roy. Soc. of Edinburgh*, t. XX, 2e part., p. 247; t. XXI, 4e part., p. 571; *Ann. de Chim. et de Phys.*, (3), t. XXXIV, p. 332; *Ann. der Chem. u. Pharm.*, t. LXXX, p. 63, et t. CV, p. 335].

Limpricht considère le pyrrol comme le dérivé amidé d'un carbure, C^4H^4, le *tétrol*, dont il admet l'existence dans les derivés de l'acide mucique; il donne au pyrrol la formule de constitution suivante :

$$\begin{array}{l} HC=C(AzH^2) \\ \;|\quad\;\; | \\ HC=CH \end{array}$$

[*Deutsch. Chem. Gesells.*, 1869, p. 211].

Formation. — Le pyrrol se forme : 1° dans la distillation sèche des matières animales et de la houille (Runge, Anderson).

2° Dans la distillation du mucate d'ammonium [Schwanert, *Ann. der Chem. u. Pharm.*, t. CXVI, p. 257; *Répert. de Chim. pure*, 1861, p. 334] :

$$\underset{\text{Mucate d'ammonium.}}{C^4H^4\left\{\begin{array}{l} CO^2.AzH^4 \\ (OH)^4 \\ CO^2.AzH^4 \end{array}\right.}$$

$$= \underset{\text{Pyrrol.}}{C^4H^5Az} + \underset{\text{Carbonate acide d'ammonium.}}{CO^3.H.AzH^4} + CO^2 + 3H^2O.$$

3° Dans la décomposition par la chaleur de l'acide carbopyrrolique [Schwanert, *loc. cit.*] :

$$\underset{\text{Acide carbo-pyrrolique.}}{C^5H^5AzO^2} = \underset{\text{Pyrrol.}}{C^4H^5Az} + CO^2.$$

En présence de l'acide chlorhydrique, le même dédoublement a déjà lieu à 60°, mais le pyrrol formé se convertit immédiatement en rouge de pyrrol. — Voyez plus bas.

4° Le pyrrol se trouve en petite quantité parmi les produits de putréfaction de la levûre de bière [O. Hesse, *Ann. der Chem. u. Pharm.*, t. CXIX, p. 368; *Répert. de Chim. pure*, 1862, p. 151].

Préparation. — Les huiles provenant de la distillation de matières animales sont agitées avec de l'acide *sulfurique*, et la solution acide est soumise à la distillation, aussi longtemps que les vapeurs qui se dégagent rougissent encore le bois de sapin humecté d'acide chlorhydrique (voyez à l'article PICOLINE, t. II, p. 1018). Il passe avec la vapeur d'eau une huile incolore, qui noircit au bout de quelque temps; on la sèche sur de la potasse caustique, on la soumet à un grand nombre de distillations fractionnées, et l'on recueille à part les portions bouillant entre 132° et 143°. Celles-ci sont agitées avec une petite quantité d'acide sulfurique étendu, pour dissoudre les bases de la série pyridique que le produit contient encore, séchées et soumises finalement à une quinzaine de rectifications méthodiques. Le pyrrol passe alors entre 134°,5 et 138; il n'est pas encore tout à fait pur, et pour le débarrasser complétement des matières étrangères, on le chauffe, dans un vase en cuivre surmonté d'un réfrigérant ascendant, avec 5 à 6 fois son poids de potasse pulvérisée, et après avoir retourné le réfrigérant, on distille toutes les parties volatiles. Le résidu est repris par l'eau, et le pyrrol qui se sépare est séché sur la potasse et distillé; la solution aqueuse contient une certaine quantité d'acides propionique et valérianique.

On peut aussi préparer le pyrrol, et ce procédé paraît être beaucoup plus facile que le précédent, par la décomposition du mucate d'ammonium. Goldschmidt a proposé d'effectuer cette réaction à 180-200°, en présence de la glycérine; le dédoublement est alors beaucoup plus net et on n'a qu'à sécher avec de la potasse le produit distillé, à le laisser séjourner sur du chlorure de calcium, et à le rectifier plusieurs fois pour obtenir du pyrrol pur [M. Goldschmidt, *Zeitsch. für Chem.*, 1867, p. 280; *Bull. de la Soc. chim.*, 1867, t. VIII, p. 276].

Propriétés. — Le pyrrol forme un liquide incolore, d'une odeur agréable, rappelant le chloroforme, d'une saveur brûlante; il bout à 133° et possède une densité de 1,077. Sa densité de vapeur est de 2,40 (calcul, 2,31). Il est peu soluble dans l'eau, et insoluble dans les liqueurs alcalines, mais l'alcool et l'éther le dissolvent aisément.

Le pyrrol brunit à l'air; mais par la distillation il peut être obtenu de nouveau incolore. Avec le bois de sapin, surtout lorsqu'on l'a humecté d'acide chlorhydrique, les vapeurs de pyrrol donnent d'abord une coloration rose qui passe peu à peu au rouge carmin; cette réaction est très-sensible. Il ne se dissout que lentement dans les acides étendus; abandonnées à elles-mêmes pendant quelques jours, ou chauffées, les solutions se colorent et déposent un précipité gélatineux rouge, *rouge de pyrrol* (voyez plus bas), tellement abondant, qu'on peut retourner le vase sans que la masse s'écoule.

Le pyrrol se comporte vis-à-vis de la plupart des réactifs comme un corps indifférent, ou se convertit en rouge de pyrrol. Le sodium ne l'attaque que lentement, même à chaud; le potassium, au contraire, s'y dissout avec un dégagement de gaz et de chaleur considérables, en donnant un liquide presque incolore qui se fige en une masse cristalline par le refroidissement; ce composé est du pyrrol potassé, C^4H^4KAz, que l'eau décompose en régénérant le pyrrol, et qui, traité par l'iodure d'éthyle, fournit l'éthylpyrrol (Lubavin). — Voyez plus bas.

Le pyrrol réduit l'oxyde d'argent, et donne une petite quantité d'un acide cristallisable dont le sel de plomb basique est insoluble dans l'eau, et qui réduit encore l'oxyde d'argent (Lubavin). Suivant Goldschmidt, il se forme dans l'oxydation du pyrrol par l'oxyde d'argent un acide très-soluble, dont les sels d'argent et de plomb sont peu solubles.

Le chlorure ferrique et le dichromate potassique colorent la solution chlorhydrique du pyrrol en vert, puis en noir; le dichromate donne en même temps un précipité noir. L'acide nitrique l'oxyde et fournit une résine, et finalement de l'acide oxalique.

On ne connaît pas de sels du pyrrol, à cause de l'instabilité de cette base en présence des acides. Le chlorure de platine donne, après quelques minutes, un précipité noir, platinifère, dans la solution froide du chlorhydrate.

La solution alcoolique de pyrrol précipite par les chlorures de mercure et de cadmium; le *chloromercurate*, $C^4H^5Az, 2HgCl^2$, constitue une poudre blanche cristalline, insoluble dans l'eau et peu soluble dans l'alcool; le sel de cadmium, $4C^4H^5Az, 3CdCl^2$, est une poudre blanche cristalline, qui se dissout aisément dans l'acide chlorhydrique.

Le pyrrol se combine avec la potasse et donne un composé qui ne se détruit pas même au rouge, mais que l'eau dédouble en mettant du pyrrol en liberté.

Éthylpyrrol, $C^6H^9Az = C^4H^4(C^2H^5)Az$ [N. Lubavin, *Deutsch. Chem. Gesells.*, t. II, p. 99; *Bull. de la Soc. chim.*, 1870, t. XIII, p. 80]. — Ce composé se forme lorsqu'on chauffe le pyrrol potassé avec de l'iodure d'éthyle. On le prépare plus avantageusement en jetant de petits fragments de potassium (1 atome) dans un mélange de pyrrol (1 molécule) et de 5 à 7 fois son poids d'iodure d'éthyle.

Le produit s'échauffe, et lorsque tout le métal a disparu, on distille l'excès d'iodure au bain-marie, et on obtient de l'éthylpyrrol entre 155° et 175°.

Ce composé n'a pas été obtenu à l'état de pureté parfaite, car il se résinifie en partie à chaque distillation. Il forme un liquide incolore qui se colore de nouveau rapidement à l'air, d'abord en jaune, puis en rouge, et qui finit par se résinifier complétement. L'éthylpyrrol possède une odeur de térébenthine, est insoluble dans l'eau et plus léger que ce liquide. Ses vapeurs colorent en rouge le bois de sapin, humecté d'acide chlorhydrique, comme le pyrrol. Il se dissout dans l'acide chlorhydrique avec une coloration rouge foncée; la solution se fonce par l'ébullition et la potasse en précipite alors une substance amorphe.

ROUGE DE PYRROL.

On a donné ce nom au produit de transformation rouge du pyrrol sous l'influence des acides; la couleur du précipité est d'autant plus foncée, que l'action des acides a été continuée plus longtemps; d'autre part, sa composition n'est pas entièrement constante.

Le rouge de pyrrol se forme encore lorsqu'on chauffe à 60° l'acide carbopyrrolique (voyez t. I, p. 768) avec l'acide chlorhydrique.

Pour le préparer, on dissout le pyrrol dans de l'acide sulfurique étendu de 4 à 6 p. d'eau, on chauffe la solution, on recueille sur un filtre le rouge de pyrrol précipité et on le lave avec de l'eau bouillante; ensuite on l'arrose avec de la potasse étendue et on le lave de nouveau.

Le rouge de pyrrol forme une masse poreuse, rouge orangé, brunissant légèrement à l'air et augmentant de poids à 100° par suite d'une oxydation. Insoluble dans l'eau, il se dissout un peu dans l'alcool bouillant et se dépose de nouveau en flocons par le refroidissement; il est également insoluble dans les acides et dans les alcalis, mais se décompose par une ébullition prolongée avec ces réactifs. L'acide azotique l'oxyde et le convertit en une substance résineuse, puis en acide oxalique. Par la distillation sèche, il paraît régénérer une petite quantité de pyrrol, mais la majeure partie se détruit complétement.

Le rouge de pyrrol renferme, d'après Anderson, $C^{12}H^{14}Az^2O$, mais sa composition n'est pas absolument constante. Ce chimiste explique sa formation par l'équation

$$3C^4H^5Az + H^2O = C^{12}H^{14}Az^2O + AzH^3.$$

Schwanert a vérifié cette équation et confirmé par conséquent la formule d'Anderson, en déterminant les quantités d'anhydride carbonique et d'ammoniaque mises en liberté dans la transformation de l'acide carbopyrrolique par l'acide chlorhydrique; ces quantités correspondaient à l'équation suivantes :

$$3C^5H^5AzO^2 + H^2O = C^{12}H^{14}Az^2O + 3CO^2 + AzH^3.$$

Il faut ajouter que la proportion du rouge de pyrrol formé ne s'accordait pas complétement avec cette équation. A. H.

PYRUVIQUE (ACIDE) [Syn. *Acide pyroracémique* $C^3H^4O^3$] [Berzelius, *Poggendorff's Ann.*, t. XXXVI, p. 1; *Ann. der Chem. u. Pharm.*, t. XIII, p. 61; — Voelckel, *ibid.*, t. LXXXIX, p. 57; — C. Finck, *ibid.*, t. CXXII, p. 182; *Répert. de Chim. pure*, 1862, t. IV, p. 440; — Wislicenus, *Ann. der Chem. u. Pharm.*, t. CXXVI, p. 225; *Bull. de la Soc. chim.*, 1866, t. V, p. 472; — Debus, *Ann. der Chem. u. Pharm.*, t. CVI, p. 84, et t. CXXVII, p. 332; *Chem. Soc. Journ.*, (2), t. I, p. 260; *Bull. de la Soc. chim.*, 1866, t. VI, p. 40; — Moldenhauer, *Ann. der Chem. u. Pharm.*, t. CXXXI, p. 338; — Wichelhaus, *Ann. der Chem. u. Pharm.*, t. CXLIII, p. 1; *ibid.*, t. CLII, p. 260; *Bull. de la Soc. chim.*, 1868, t. IX, p. 138; *ibid.*, 1869, t. XII, p. 278; — Silva et P. de Clermont, *Bull. de la Soc. chim.*, 1869, t. XI, p. 127; — P. de Clermont, *Bull. de la Soc. chim.*, 1869, t. XVI, p. 5; *ibid.*, t. XIX, p. 103].

Cet acide, qui est monobasique et monatomique, se produit dans la distillation sèche de l'acide tartrique selon l'équation

$$C^4H^6O^6 = C^3H^4O^3 + CO^2 + H^2O.$$

Préparation. — Pour le préparer, on distille l'acide tartrique à une température s'élevant graduellement à 300°; l'acide pyruvique se trouve surtout dans la portion du liquide distillé qui, pendant la rectification, passe de 130° à 180° et on l'en extrait par la distillation fractionnée, en recueillant la portion passant de 165° à 170° qu'on abandonne dans le vide pendant quelques jours, à côté de vases renfermant de l'acide sulfurique et des morceaux de potasse caustique, jusqu'à ce que le liquide soit réduit aux trois quarts. L'acide pyruvique se produit aussi dans la distillation sèche de l'acide glycérique. L'acide carbacétoxylique, chauffé à 200° en tube scellé avec une solution aqueuse d'acide iodhydrique, fournit de l'acide pyruvique, et de l'iode est éliminé [Wichelhaus, *Ann. der Chem. u. Pharm.*, t. CXLIV, p. 351, et *Bull. de la Soc. chim.*, t. X, p. 130].

Propriétés. — L'acide pyruvique est un liquide jaune clair, d'une densité de 1,288 à 18°, d'une odeur rappelant celle de l'acide acétique, d'une saveur brûlante. Il bout à 165° environ, mais en se décomposant partiellement à chaque nouvelle distillation. Il se produit des acides carbonique et pyrotartrique en petite quantité. Il est soluble dans l'eau, l'alcool et l'éther. La solution aqueuse d'acide pyruvique se transforme au bout de quelque temps partiellement en un sirop acide, qui reste après l'évaporation de l'eau et avec lequel on obtient des sels amorphes, gommeux, tandis que l'acide pyruvique ordinaire fournit des sels cristallisés; l'acide retiré de ces derniers se présente également sous la forme de modification sirupeuse. L'acide sirupeux n'est pas volatil. Chauffé à 200°, il dégage de l'acide carbonique : il passe de l'acide pyrotartrique et il reste un résidu coloré qui, chauffé jusqu'à un certain degré, fournit les produits de décomposition du sucre.

En chauffant à 130° en tube scellé, pendant quelques jours, de l'acide pyruvique avec de l'eau, il se forme un peu d'acide carbonique sans qu'il y ait d'altération sensible.

Lorsqu'on fait agir de l'amalgame de sodium sur de l'acide pyruvique en présence de l'eau, on observe un dégagement d'hydrogène qui cesse ensuite pour reprendre plus tard : il se forme de l'acide lactique ordinaire. Si l'on continue l'action réductrice plus longtemps, il se produit de l'acide propionique. Le zinc seul ou en présence de l'acide sulfurique opère la même transformation; l'acide iodhydrique et le biiodure de phosphore agissent également comme réducteurs, quand on chauffe à 100° : il se produit de l'acide lactique et finalement de l'acide propionique.

Action du brome. — Lorsqu'on mélange 1 molécule d'acide pyruvique avec 1 molécule de brome en tube scellé et qu'on refroidit pendant quelques heures en plongeant le tube dans l'eau froide, il se forme une masse visqueuse renfermant des cristaux enchevêtrés, et la couleur du brome disparaît sans qu'il se produise une quantité notable d'acide bromhydrique. En fixant 2 atomes de brome, l'acide pyruvique se transforme, dans ces conditions, en *acide lactique dibromé*, $C^3H^4Br^2O^3$. Ce produit absorbe rapidement l'humidité de l'air et se décompose en dégagement de l'acide bromhydrique; l'alcool le décompose également. Lorsqu'on le chauffe, il fond et il se dégage de l'acide bromhydrique. On n'a pas préparé ses sels. Si dans sa préparation on fait usage de plus de 1 molécule de brome, l'excès ne réagit pas et peut être enlevé par un courant d'air sec.

L'amalgame de sodium transforme le produit bromé en acide lactique ordinaire; c'est donc bien de l'acide lactique dibromé qui prend naissance par l'action du brome sur l'acide pyruvique. Il paraît se former par une action simultanée d'addition et de substitution :

$$\begin{array}{c} CH^3 \\ | \\ CO \\ | \\ CO.OH \end{array} + Br^2 = \begin{array}{c} CH^2Br \\ | \\ CO \\ | \\ CO.OH \end{array} + HBr = \begin{array}{c} CH^2Br \\ | \\ CBr.OH \\ | \\ CO.OH. \end{array}$$

Acide pyruvique. — Acide lactique dibromé.

L'acide lactique dibromé est transformé par l'eau ou par l'exposition à l'air humide en *acide pyruvique monobromé* cristallisé, $C^3H^3BrO^3$ (?).

Dans un essai, où l'on a dissous de grandes quantités d'acide dibromolactique dans de l'eau, on a obtenu un produit cristallisé de la composition de l'acide dibromodilactique, $C^6H^8Br^2O^5$ [Wislicenus, *Ann. der Chem. u. Pharm.*, t. CXLVIII, p. 208; *Bull. de la Soc. chim.*, 1869, t. XII, p. 378].

Le chlore transforme l'acide dibromolactique en acide pyruvique dibromé :

$$C^3H^4Br^2O^3 + Cl^2 = C^3H^2Br^2O^3 + 2\,HCl.$$

On obtient l'*acide pyruvique dibromé* en chauffant à 100°, en tube scellé, de l'acide pyruvique avec 2 molécules de brome en présence de l'eau; l'acide dibromé peut être séparé de l'eau au moyen de l'éther. Il cristallise de sa solution aqueuse en grandes tables rhombiques renfermant

$$C^3H^2Br^2O^3 + H^2O.$$

Ces cristaux perdent leur eau lorsqu'on les abandonne à l'air ou plus rapidement dans le vide. L'acide effleuri cristallise dans les dissolvants anhydres en longues aiguilles fusibles à 89-91°. Si, pendant sa préparation, l'acide reste exposé longtemps à une haute température, il est décomposé avec formation d'acétone pentabromée, C^3HBr^5O :

$$C^3H^2Br^2O^3 + 3\,HBr = 2\,H^2O + C^3HBr^5O.$$

L'acide pyruvique dibromé abandonne à froid son brome à l'oxyde d'argent et se transforme principalement en acide mésoxalique, $C^3H^2O^5$; à une douce chaleur, il y a élimination d'argent et il se produit de l'acide carbonique. Une solution alcoolique d'ammoniaque le charbonne; l'ammoniaque aqueuse le transforme en acide imidopyruvique, $CH(AzH)\text{-}CO\text{-}CO^2H$.

Ce dernier composé ne possède que des propriétés acides peu prononcées et cristallise indistinctement; il se combine avec l'acide azotique et donne avec l'azotate d'argent un précipité caillebotté renfermant $C^3HAg(AzH)O^3.AgAzO^3$.

L'acide pyruvique monobromé se produit lorsqu'on chauffe à 100°, en tube scellé, de l'acide pyruvique en présence de l'eau avec 1 molécule d'eau; il est sirupeux. Traité par l'oxyde d'argent, il fournit de l'acide carbonique, aussitôt que le liquide devient neutre, même à une basse température. A une douce chaleur, il forme de l'acétate d'argent (Wichelhaus).

En traitant à 100° l'acide pyruvique étendu de son poids d'eau par le brome dans un ballon en communication directe avec un réfrigérant de Liebig, on obtient, suivant les proportions de brome employées, soit l'acide dibromé de M. Wichelhaus, soit un dérivé tribromé,

$$C^3HBr^3O^3.$$

L'*acide pyruvique tribromé*, qui se produit aussi par l'action du brome sur l'acide lactique, renferme $C^3HBr^3O^3 + 2H^2O$. Il est en fines aiguilles d'un aspect nacré.

Il fond à 104°; maintenu à 100°, il perd ses 2 molécules d'eau de cristallisation et fond alors à 90°. Peu soluble dans l'eau froide, soluble dans l'eau chaude, l'alcool et l'éther, il se dédouble par une ébullition prolongée avec l'eau en bromoforme et acide oxalique [E. Grimaux, *Bull. de la Soc. chim.*, 1874, t. XXI, p. 390].

Action du perchlorure de phosphore. — L'acide pyruvique traité par un excès de perchlorure de phosphore fournit de l'oxychlorure de phosphore et un composé chloré, qui, sous l'influence de l'eau, régénère l'acide pyruvique [Wichelhaus, *loc. cit.*].

Lorsqu'on le met en contact avec 4 à 5 fois son poids de perchlorure de phosphore, l'acide pyruvique donne lieu à un dégagement de chaleur; la totalité du perchlorure se dissout, si l'on chauffe doucement; le produit formé, ne pouvant être séparé de l'oxychlorure de phosphore, est additionné d'alcool jusqu'à cessation de dégagement gazeux; on parvient ainsi à ajouter jusqu'à 3 ou 4 volumes d'alcool. En mêlant le liquide obtenu avec beaucoup d'eau, on en sépare du *propionate d'éthyle dichloré*, $CH^3\text{-}CCl^2\text{-}CO^2.C^2H^5$, sous forme d'une huile lourde, rouge-brun. Après purification, ce composé bout à 160° en se décomposant légèrement. Il est incolore à l'état de pureté, et possède une odeur de pommes agréable. Sa densité est 1,2403 à 0°. L'ammoniaque aqueuse concentrée le décompose en le brunissant : il se dépose du chlorure d'ammonium pendant le repos. L'ammoniaque diluée le transforme au bout de 30 heures environ en une masse blanche cristalline, très-soluble dans l'alcool, peu soluble dans l'eau. Ce corps azoté renferme $C^3H^5Cl^2AzO$. Sa solution, abandonnée à l'évaporation, le laisse déposer sous forme de cristaux. L'alcool faible fournit de cette manière de larges feuilles rectangulaires fusibles à 116°, se concrétant à une température plus basse. Chauffé en vase ouvert, le corps dont il s'agit se volatilise au-dessous de 116° sans fondre auparavant; à la température ordinaire, il se volatilise déjà d'une manière sensible.

L'éther propionique dichloré, chauffé à 160° en

vase scellé pendant 30 à 40 heures, se décompose en totalité; de l'acide chlorhydrique est mis en liberté et il se sépare un corps blanc amorphe, qui est insoluble dans l'eau, l'alcool et l'éther, mais très-soluble dans les alcalis caustiques et carbonatés. La couche liquide des tubes saturée par la chaux donne un sel amorphe lorsqu'on évapore ou qu'on ajoute de l'alcool.

Bouilli avec un lait de chaux ou de l'eau de baryte, l'éther propionique dichloré se transforme en acide carbacétoxylique. Chauffé avec de l'eau à 130°, il régénère de l'acide pyruvique mélangé d'un peu d'éther pyruvique [Klimenko, *Berichte der deutsch. Chem. Gesellschaft*, t. III, p. 465, et t. V, p. 477; *Bull. de la Soc. chim.*, t. XIV, p. 252, et t. XVIII, p. 129].

Action des acides. — L'acide azotique n'agit pas à froid sur l'acide pyruvique; en chauffant doucement, il y a réaction et formation d'acide oxalique, d'acide carbonique en abondance et de traces d'acide formique.

L'acide chlorhydrique n'altère pas l'acide pyruvique à la température ordinaire; à 100° et sous pression, l'acide chlorhydrique concentré transforme l'acide pyruvique en acides carbonique et pyrotartrique.

En contact avec l'acide sulfurique froid, l'acide pyruvique ne s'échauffe et ne se colore pas beaucoup, mais à chaud il se charbonne. Il se combine avec l'anhydride sulfurique, en formant un acide sulfopyruvique. Lorsqu'on fait réagir à 110° en tube scellé du brome sur une solution aqueuse d'acide sulfopyruvique, il se forme de l'acide sulfopyruvique bromé qui est liquide et qui fournit un sel de baryte cristallisé, soluble dans l'eau.

Action des bases. — Suivant Finck, il se forme un précipité de pyruvate tribarytique,

$$(C^9H^9O^9)^2Ba^3.BaH^2O^2,$$

lorsqu'on ajoute un excès de baryte à de l'acide pyruvique; en faisant bouillir ce dépôt pendant quelques heures avec un excès d'hydrate de baryte, il se dépose de l'oxalate de baryum et le liquide renferme des acides uvitique et uvitonique. Selon Böttinger [*Berichte der deutsch. Chem. Gesellschaft*, t. V, p. 956, et t. VI, p. 787; *Bull. de la Soc. chim.*, t. XIX, p. 263], l'acide $C^9H^{12}O^9$, qui correspond au sel de baryum ci-dessus, ne se produit pas lorsqu'on traite l'acide pyruvique par la baryte; le sel basique qui se dépose fournit par l'action de l'acide carbonique de l'hydruvate de baryum soluble,

$$C^6H^8O^7.Ba,$$

et du carbonate de baryum. On obtient ce même sel en décomposant le sel basique par l'acide acétique et ajoutant de l'alcool. L'*acide hydruvique* résulte de la fixation de 1 molécule d'eau sur 2 molécules d'acide pyruvique. L'hydruvate basique de baryum soumis à l'ébullition avec de l'hydrate de baryum donne des acides uvitique et uvitonique. A 130°, l'hydruvate basique de baryum se décompose entièrement; à 160°, la décomposition est rapide : il se produit beaucoup d'acide carbonique et des corps non encore étudiés.

L'acide pyruvique réagit vivement sur le bioxyde de baryum; si l'on jette ce bioxyde en poudre sur de l'acide pyruvique concentré, la masse est projetée hors du vase. L'action est moins énergique si l'acide est dilué, il est même nécessaire de chauffer vers la fin pour achever la réaction; l'acide qui se produit est peut-être

$$C^9H^{10}O^8 = (C^3H^4O^3)^3 - H^2O.$$

Un mélange de pyruvate et d'acétate soumis à la distillation sèche fournit de l'acétone et de l'acide pyrotartrique.

L'acide pyruvique se combine avec les phénols [Baeyer, *Berichte der deutsch. Chem. Gesellschaft*, t. V, p. 26].

PYRUVATES. — On doit employer l'acide étendu pour saturer la base; autrement on obtient des produits jaunes. Les pyruvates sont ou *cristallisés* ou *gommeux*. En les préparant à une basse température, on les obtient à l'état cristallin. La modification gommeuse se produit par l'ébullition et l'évaporation de la solution étendue des sels. Une chaleur très-douce suffit pour déterminer cette modification, notamment avec les sels des terres alcalines. Les sels des deux modifications sont jaunis par l'action de la chaleur. Plusieurs d'entre eux jaunissent déjà à 100°; d'autres résistent à cette température, mais tous deviennent d'un jaune citron à 120°; cette teinte passe à l'orangé par une chaleur plus forte. L'acide sulfurique concentré décompose les pyruvates secs; le mélange, soumis à la distillation, laisse dégager de l'acide pyruvique en faible quantité et de l'acide acétique.

L'action que les sels ferreux et le sulfate de cuivre exercent sur les pyruvates peut servir à constater la présence de cet acide; on trouvera plus loin l'indication de ces caractères.

Les pyruvates insolubles se dissolvent le plus souvent dans les alcalis caustiques et carbonatés. Ces sels sont peu solubles dans l'alcool et d'autant moins qu'il est plus anhydre; ils sont insolubles dans l'éther.

Les pyruvates ont été étudiés par Berzelius.

Pyruvate d'aluminium. — L'hydrate d'alumine employé en excès donne un *sous-sel* gonflé et gélatineux, insoluble, et un sel *neutre* qui se dessèche en un sirop mou. La solution du sel neutre n'est précipitée ni par les alcalis caustiques, ni par les carbonates alcalins.

Le *pyruvate d'ammonium* est une masse jaune, déliquescente, d'une saveur très-amère.

On prépare le *pyruvate d'argent* en saturant l'acide par de l'oxyde d'argent : le liquide s'épaissit et il se sépare des feuilles cristallines; on ajoute de l'eau bouillante pour les dissoudre, on filtre à chaud et on laisse cristalliser dans un endroit obscur. Le même sel se produit lorsqu'on mélange du pyruvate de sodium avec de l'azotate d'argent. Il constitue de grandes écailles brillantes, semblables à l'acide borique, et d'un blanc de lait. Il est doux au toucher, comme le talc. Il brunit au soleil. Il est anhydre et ne jaunit qu'à une température supérieure à 100°. Il est peu soluble dans l'eau froide; sa solution dans l'eau bouillante dépose, par l'évaporation, une poudre brune; maintenue longtemps en ébullition, elle jaunit, dégage de l'acide carbonique et dépose une poudre grise métallique. L'ammoniaque dissout le pyruvate d'argent; les carbonates alcalins le décomposent sans le dissoudre. Un pyruvate gommeux, mélangé avec de l'azotate d'argent, fournit le sel gommeux. Il se produit un précipité qui, redissous d'abord, reparaît et persiste. Il est blanc, floconneux et léger, plus soluble dans l'eau chaude que dans l'eau froide; la modification gommeuse se colore plus facilement que la modification cristalline.

Le *pyruvate de baryum* est en paillettes larges et brillantes, inaltérables à l'air, assez solubles dans l'eau et renfermant 1/2 molécule d'eau qui se dégage à 100°. La solution du sel chauffée donne une masse gommeuse qui, desséchée à l'air, renferme 1 molécule d'eau, et se dissout difficilement, même dans l'eau bouillante.

Le *pyruvate de bismuth* est un sirop visqueux, soluble dans l'eau; sa solution ne précipite ni par les alcalis caustiques, ni par les carbonates alcalins.

Le *pyruvate de calcium* est en grains cristallins qu'on peut faire cristalliser de nouveau, en les dissolvant dans l'eau froide et en laissant la solution s'évaporer spontanément à une basse température; la moindre chaleur, même celle de la main, suffit pour faire passer le sel à l'état gommeux.

Le *pyruvate de cobalt* est préparé avec le carbonate de cobalt : la liqueur rouge dépose une poudre grenue et rosée. Ce sel est très-peu soluble dans l'eau froide, même aiguisée d'acide pyruvique. Si l'on chauffe, on obtient une solution rouge pâle qui, après évaporation, laisse un sel rouge, gommeux, fendillé et très-soluble dans l'eau. Le pyruvate de cobalt est insoluble dans les alcalis fixes, tant caustiques que carbonatés.

Le carbonate de cuivre se dissout dans l'acide pyruvique en donnant un liquide vert qui dépose le *pyruvate de cuivre* neutre,

$$(C^3H^3O^3)^2.Cu + H^2O,$$

sous forme d'une poudre verte. L'eau mère se dessèche en une gomme verte, formée par un sel basique, que l'eau décompose. Le sel neutre se forme encore lorsqu'on place un cristal de sulfate de cuivre dans une solution de pyruvate de sodium; la masse s'épaissit peu à peu et il se dépose un précipité blanchâtre, peu soluble dans l'eau froide, et devenant bleu par la perte de l'eau hygrométrique lorsqu'on l'abandonne sur l'acide sulfurique. Le pyruvate de cuivre est un peu plus soluble dans l'eau bouillante que dans l'eau froide; la solution est verte; par évaporation au bain-marie, on obtient une masse verte, transparente, gommeuse, assez soluble dans l'eau. Le pyruvate de cuivre est soluble dans les alcalis caustiques et carbonatés; la solution fournit, par l'évaporation, une masse transparente d'un vert foncé. La solution dans la potasse caustique est d'un bleu foncé; lorsqu'on l'étend d'eau, elle se trouble et devient verte; par l'ébullition, elle dépose de l'oxyde de cuivre noir.

On obtient le *pyruvate ferreux* en introduisant un cristal de sulfate ferreux dans une solution presque saturée de pyruvate de soude et en versant de l'huile à la surface de la liqueur, pour empêcher l'air de transformer le sel ferreux en sel ferrique. La liqueur devient rouge foncé, et, au bout de 24 heures, est remplie de grains cristallins, d'une couleur rouge plus claire que celle de la liqueur. On les purifie en les lavant à l'eau froide. Desséché sur de l'acide sulfurique, le sel ferreux est couleur de chair et ne s'altère pas à l'air. Il est très-peu soluble dans l'eau. On obtient le sel ferreux à l'état gommeux, lorsqu'on dissout à chaud du fer dans l'acide étendu et recouvert d'huile. La dissolution s'effectue lentement et le liquide devient d'un rouge tellement foncé qu'il paraît tout à fait opaque. Quand il ne se dégage plus d'hydrogène, la liqueur est épaisse et possède une saveur douceâtre et astringente. La chaleur la dessèche en une masse molle, durcissant par le refroidissement, de couleur presque noire, se dissolvant dans l'alcool et dans l'eau en donnant un liquide rouge foncé; la solution un peu étendue évaporée à chaud laisse déposer un sel ferrique basique, soluble dans l'ammoniaque avec une couleur rouge foncé; la liqueur contient un sel ferrique neutre, d'une teinte plus claire, qui donne par les alcalis un précipité brun, fort peu soluble dans un excès d'alcool.

On obtient le *pyruvate ferrique* en saturant l'acide au moyen de l'hydrate ferrique encore humide; il se dessèche en une masse rouge, soluble dans l'eau et dans l'alcool. Sa solution n'est précipitée ni par les alcalis caustiques ni par les alcalis carbonatés.

Le *pyruvate de glucinium* est, à l'état sec, une masse transparente, fendillée, et douée d'une saveur douce. Un excès de glucine le transforme en sel basique. Les alcalis caustiques et carbonatés ne précipitent pas la solution du sel de glucinium.

Le *pyruvate de lithium* est peu soluble et se prend en une croûte de grains cristallins. On peut évaporer par la chaleur sa solution presque saturée sans qu'elle devienne jaune ou gommeuse; une solution étendue donne un sel gommeux, dur, non fendillé, plus soluble dans l'eau que le sel cristallin.

Le *pyruvate de magnésium* est difficilement obtenu à l'état cristallisé, car il devient aisément gommeux. Une douce chaleur le fait passer au jaune.

Le pyruvate de *manganèse* est en cristaux confus blancs composés de petites paillettes semblables au sel de strontium; une fois à l'état solide, ce sel est peu soluble dans l'eau froide, il se dissout mieux dans l'eau chaude; l'évaporation au bain-marie le rend gommeux. Il brunit facilement et alors ne se dissout plus qu'en partie dans l'eau. Le sel gommeux est très-soluble dans l'eau.

Lorsqu'on mêle du nitrate mercureux avec une solution de pyruvate de sodium, il se dépose du *pyruvate mercureux* blanc et amorphe; l'eau bouillante le dissout légèrement en laissant une partie indissoute qui devient grise. La même altération s'opère au bout de peu de temps, sans qu'on chauffe, lorsqu'on mêle du nitrate mercureux avec la solution d'un pyruvate gommeux. On prépare le *pyruvate mercurique* en ajoutant de l'oxyde mercurique en poudre fine à l'acide pyruvique, jusqu'à ce qu'il ne s'en dissolve plus. Si l'acide est concentré, une partie du sel se dépose avant que le liquide soit saturé. On laisse pendant quelques heures la liqueur en digestion avec de l'oxyde et on filtre. Le liquide incolore laisse déposer par l'évaporation spontanée, d'abord une croûte blanche de sel neutre, qui, repris par l'eau, se décompose en sel basique blanc, insoluble dans l'eau bouillante; l'eau mère de ce sel se dessèche en une masse vitreuse et jaunâtre composée d'un sel acide. Celui-ci donne avec l'eau un sel soluble plus acide encore et un sel basique insoluble.

Il se forme encore du pyruvate mercurique en croûtes blanches lorsqu'on dissout 1 molécule de pyruvate dans la solution saturée de 1 molécule de chlorure mercurique et qu'on abandonne la liqueur à l'évaporation spontanée. Les carbonates alcalins précipitent la solution aqueuse de pyruvate mercurique, un excès de réactif redissout ce précipité, en donnant une liqueur qui dépose peu à peu un sel mercureux blanc. L'ammoniaque précipite le pyruvate mercurique sans redissoudre le précipité.

Le *pyruvate de nickel,* dans l'une et l'autre modification, se comporte comme le sel de cobalt, avec la différence qu'il est d'un vert-pomme et qu'il se dissout plus difficilement dans l'eau.

On prépare le *pyruvate neutre de plomb,*

$$(C^3H^3O^3)^2Pb + H^2O,$$

en faisant dissoudre du carbonate de plomb récemment précipité dans de l'acide pyruvique; lorsque le mélange commence à être saturé, il dépose une poudre grenue, lourde. On agite pendant quelque temps pour dissoudre l'excès de carbonate de plomb et l'on abandonne pendant 24 heures. Le même sel se produit lorsqu'on verse de l'acide pyruvique dans une solution concentrée d'acétate de plomb; au bout de quelques heures la masse s'épaissit et le sel se dépose sous forme d'une poudre grenue. A 100° il est anhydre; il jaunit à 110°; il est d'un jaune foncé à 120°. Si on le dessèche pendant longtemps, la teneur en oxyde de plomb augmente jusqu'à 62,4 % (Moldenhauer). La formule donnée plus haut exige 58,55. Le sel jaune décomposé par le carbonate de sodium donne du carbonate de plomb jaune, et une solution citrine de pyruvate de sodium dont la plus grande partie est à l'état gommeux. La liqueur acide d'où le pyruvate de plomb grenu s'est déposé donne, lorsqu'on la sature par du carbonate de plomb aussi complétement que possible, et qu'on abandonne la liqueur à l'évaporation spontanée, une masse gommeuse et acide que l'eau décompose en laissant un sel neutre insoluble. On obtient le sel gommeux à l'état de précipité léger, floconneux et qui ne s'agglutine pas, en décomposant la solution d'un pyruvate gommeux par l'acétate de plomb. Le *pyruvate basique de plomb*, $(C^3H^3O^3)^2Pb, 2PbO + H^2O$, se forme lorsqu'on traite le sel neutre par l'ammoniaque étendue; il est un peu soluble dans l'eau. On le dessèche sur l'acide sulfurique pour qu'il n'attire point l'acide carbonique.

Le *pyruvate de potassium* est déliquescent; par l'évaporation sur l'acide sulfurique, on l'obtient sous forme de petites paillettes. Sa solution étendue évaporée sur l'acide sulfurique se dessèche en une masse transparente, incolore, fendillée et gommeuse qui attire l'humidité de l'air.

Le *pyruvate de sodium neutre* cristallise par l'évaporation spontanée. La présence de l'acétate de sodium dans une solution favorise le développement des cristaux; dans un pareil liquide on obtient de gros prismes aplatis, coupés à angle droit aux extrémités; avec une solution pure on obtient tantôt des tables rectangulaires, tantôt des lames allongées. Ces cristaux sont un peu flexibles; leur poudre est douce au toucher comme du talc. Ils ne contiennent pas d'eau de cristallisation et ne jaunissent pas à 100°. Le pyruvate de sodium est soluble dans l'eau; la solution saturée à l'ébullition se prend, par le refroidissement, en une masse cristalline. L'alcool absolu et bouillant dissout un peu le sel; l'alcool aqueux le dissout mieux; néanmoins une solution aqueuse, saturée à froid, est précipitée presque en totalité par l'alcool d'une densité de 0,833.

La modification gommeuse du *pyruvate de sodium* s'obtient à l'état de masse fendillée, incolore, limpide, en évaporant sur l'acide sulfurique une solution très-étendue du sel, après l'avoir fait bouillir. Le *pyruvate de sodium acide* s'obtient sous forme de gelée transparente, lorsqu'on broie le sel neutre avec de l'acide pyruvique un peu concentré. Ce sel traité à l'état sec par l'alcool lui cède l'excès d'acide et il reste une poudre blanche, légère et gonflée, acide, d'une saveur amère, un peu aigrelette. Si l'on dissout cette poudre et qu'on évapore, on obtient une matière blanche et fendillée.

Le *pyruvate de strontium*, $(C^3H^3O^3)^2Sr + 2H^2O$, est moins soluble que celui de baryum et se prend en cristaux par l'évaporation spontanée. Délayé dans l'eau, il prend un éclat satiné : sa solution, saturée à l'ébullition, cristallise par le refroidissement en paillettes satinées. La modification gommeuse du sel est incolore et transparente; elle se fendille, devient blanche et perd son eau par l'action d'une douce chaleur.

Le *pyruvate de thorium* se comporte comme celui de zirconium. Le *sel d'uranium* est d'un beau jaune et soluble dans l'eau.

On prépare le *pyruvate d'yttrium* en mélangeant une solution de chlorure yttrique avec une solution concentrée de pyruvate de sodium; le sel se prend, au bout de quelques heures, en une croûte composée de grains blancs, peu solubles dans l'eau. Sa solution est précipitée par les alcalis caustiques et carbonatés et le précipité se redissout dans un excès de réactif. La solution peut être desséchée en une masse dure, non fendillée, d'une saveur sucrée, qui, redissoute dans l'eau, s'en dépose en partie sous forme de flocons blancs, en partie se dessèche de nouveau en une masse gommeuse.

Pyruvate de zinc, $(C^3H^3O^3)^2Zn + 3H^2O$. — Le carbonate de zinc se dissout avec dégagement de chaleur dans l'acide pyruvique; aussi faut-il étendre l'acide de son volume d'eau pour empêcher le sel de jaunir. Il se forme d'abord une liqueur claire qui dépose ensuite une poudre grenue blanche à mesure que le liquide se sature. L'eau mère, en se desséchant, laisse un sel acide incolore et gommeux qui, décomposé par l'eau, donne beaucoup de sel neutre. Le sel neutre est peu soluble dans l'eau. A 100°, il ne s'altère pas; à une température supérieure il prend une couleur jaune de plus en plus foncée et perd son eau de cristallisation. Le pyruvate de zinc gommeux (?) s'obtient en dissolvant du zinc, à chaud, dans l'acide étendu, continuant la digestion tant qu'il se dégage de l'hydrogène et faisant évaporer la solution au bain-marie; on obtient ainsi une masse transparente, jaunâtre, aisément soluble dans l'eau. Si l'on effectue la dissolution du zinc à froid, il se forme un mélange de sels cristallisé et gommeux; si l'on évapore au bain-marie, le tout passe à l'état gommeux.

Suivant Debus, quand on dissout le zinc dans l'acide pyruvique, l'hydrogène dégagé se fixe sur ce dernier et c'est du lactate de zinc que l'on obtient.

Le *pyruvate de zirconium* est soluble dans l'eau et n'est pas précipité par l'ammoniaque.

Constitution de l'acide pyruvique. L'acide pyruvique, par sa transformation en acide lactique au moyen de l'hydrogène, par sa conversion en acide dichloropropionique, etc., se comporte comme un acide acétonique. On peut le représenter par la formule $CH^3-CO-CO^2H$ (Wichelhaus. — E. Grimaux).

Éthers pyruviques. — Pyruvate de méthyle, $C^3H^3O^3.CH^3$. — Cet éther se produit lorsqu'on fait réagir l'iodure de méthyle sur le pyruvate d'argent sec. C'est un liquide transparent, bouillant de 134° à 137°. Sa densité est de 1,154. Il possède une odeur acétonique prononcée et donne avec le bisulfite de sodium une combinaison cristallisée. L'urée n'a pas d'action sur le pyruvate de méthyle. Lorsqu'on y ajoute de l'acide sulfurique ou de l'anhydride phosphorique, il se forme des flocons bruns [A. Oppenheim, *Berichte der deutsch. Chem. Gesellsch.*, t. V, p. 1051].

Pyruvine, $(C^3H^5.H^2.C^3H^3O^2)O^3$ [Schlagdenhauffen, *Compt. rend.*, t. LXXIV, p. 672, et *Bull. de la Soc. chim.*, t. XVII, p. 301]. — Pour préparer ce corps, on chauffe de la glycérine et de l'acide tartrique dans un appareil distillatoire au bain de sable; on augmente graduellement la température pendant 3 jours. Le mélange se liquéfie, jaunit : il distille d'abord de l'eau; à 170°, il se dégage de l'acide carbonique; entre 170° et 180°, il se dépose des cristaux de pyruvine dans le col de la cornue; au delà de 180°, il se dégage encore de l'acide carbonique; à 200°, il passe de l'acroléine; à 220°, le mélange de la cornue prend une teinte jaune-orange; au delà de 200° et jusqu'à 280°, la masse brunit de plus en plus et se transforme en une pâte épaisse. Le liquide acide du récipient, traité par l'éther et le chloroforme, fournit aussi de la pyruvine. Le rendement total s'élève de 8 à 9 °/₀ du poids de l'acide tartrique employé.

La pyruvine est un corps cristallin blanc, neutre, fusible à 78°; elle se concrète par le refroidissement en lames brillantes. Elle bout à 242°. A cette température, le produit en ébullition brunit et devient acide. L'alcool à 80 centièmes en dissout 15 °/₀ à 20°. La pyruvine se dissout dans 20 p. d'éther à 0° et dans 4 p. d'éther bouillant. Le sulfure de carbone la dissout moins bien que l'éther, car elle exige 8 p. de ce liquide à 35° et 40 p. à 0° pour s'y dissoudre. C'est ce véhicule qui fournit les plus beaux cristaux ; ils atteignent jusqu'à 0m,07 de long. La benzine n'en dissout que 2 % à 40° et 8 % à 60°.

La solubilité dans l'essence de térébenthine est à peu près la même que dans le sulfure de carbone : 15 p. de glycérine dissolvent 1 p. à 60°, 35 p. à 40° et 90 p. à 10°. Le chloroforme est le meilleur dissolvant.

100 p. de chloroforme	en dissolvent	240 p.	à 55°.
100	—	220	— 50.
100	—	160	— 40.
100	—	120	— 30.
100	—	80	— 20.

L'eau la dissout en la décomposant, il se forme de l'acide pyruvique sirupeux et de la glycérine. La potasse et la baryte caustique agissent comme l'eau.

L'acide acétique ordinaire dissout la pyruvine. 6 p. en dissolvent 1 p. à 30°, 10 p. d'acide en dissolvent 1 p. à 18°. L'acide chlorhydrique la dissout également.

A 100°, l'acide sulfurique décompose la pyruvine avec dégagement d'oxyde de carbone ; à une température plus élevée, la décomposition est plus profonde et il se dégage de l'acide sulfureux.

L'acide nitrique n'agit pas à froid. A 100°, il y a formation de vapeurs nitreuses et d'acide oxalique.

A 40 ou 50°, un mélange de 8 p. d'acide sulfurique et de 1 p. d'acide nitrique agit vivement sur la pyruvine ; il reste un résidu noir presque entièrement soluble dans l'eau.

La pyruvine ne précipite ni à chaud ni à froid la plupart des dissolutions métalliques.

DÉRIVÉS DE L'ALCOOL PYRUVIQUE. — On peut envisager la monochloracétone et la monobromacétone comme des éthers simples de l'alcool pyruvique $C^3H^6O^2$. Celui-ci n'est pas encore connu. La monochloracétone réagit facilement au bain-marie sur l'acétate de potassium en solution alcoolique. En distillant le produit de la réaction, on isole l'*acétate pyruvique*

$$C^3H^5O.C^2H^3O^2.$$

C'est un liquide mobile, d'une odeur fraîche et d'une saveur amère, bouillant à 175°, sous une pression de 745 millimètres ; densité à 11° = 1,053. Densité de vapeur observée = 4,02 (densité théorique = 4,0). Il est soluble dans l'eau, dans l'alcool et dans l'éther, insoluble dans une solution de carbonate potassique. Au contact de l'humidité il s'acidifie facilement. Le perchlorure de phosphore l'attaque énergiquement sans production d'acide chlorhydrique en donnant le composé $C^3H^5Cl^2.C^2H^3O^2$ (?). L'alcool pyruvique n'a pu être isolé de l'acétate ; ce dernier est détruit par la potasse caustique ; l'eau à 100-120° le décompose rapidement, mais l'alcool mis en liberté est probablement aussitôt altéré [L. Henry et Bisschopinck, *Berichte der deutsch. Chem. Gesellsch.*, t. V, p. 965 ; *Bull. de la Soc. chim.*, t. XIX, p. 219].

Ph. de C.

Q

QUARTÉNYLIQUE (ACIDE). — Geuther a donné ce nom à l'acide crotonique liquide, isomérique avec l'acide crotonique solide, qu'il nomme *acide tétracrylique*. — Voyez au supplément CROTONIQUES (ACIDES).

QUARTZ (Min.) [Syn. *Cristal de roche*]. Silice SiO^2, cristallisée dans le type hexagonal, avec une densité supérieure à celle de la *tridymite*,

Fig. 561. — Quartz.

autre espèce de silice cristallisée (voir ce mot). — Ce corps, extrêmement répandu, a servi de type pour les substances cristallisées ; il se rencontre à l'état de pureté parfaite, et en cristaux tout à fait limpides, parfois d'une très-grande dimension ; souvent aussi des mélanges intimes changent sa couleur, et, si l'on tient compte en outre du passage de l'état cristallisé à l'état amorphe, ils donnent lieu à la production d'un grand nombre de variétés que nous décrirons séparément.

I. QUARTZ HYALIN. — On nomme ainsi la variété cristallisée : elle se présente le plus souvent en prismes hexagonaux terminés par une double pyramide hexagonale. Son éclat est vitreux et vif ; sa cassure conchoïde ; il y a des indices de clivage parallèlement aux faces du rhomboèdre primitif ; on en voit aussi quelquefois parallèlement aux faces du prisme, mais il semble que ce sont plutôt des plans intérieurs d'accolement. Pur, il est incolore et limpide ; les plus beaux cristaux se trouvent dans les Alpes, dans des portions de filons très-dilatés qu'on nomme poches ou fours à cristaux ; les fragments les plus limpides viennent de Madagascar. On en trouve dans presque tous les terrains en filons, en géodes ou disséminés, par exemple à Carrare dans le calcaire, dans la marne de Meillac (Dauphiné) ; dans la plupart des filons métallifères ; en cailloux roulés dans les alluvions du Rhin et du Brésil.

Il en existe beaucoup de variétés colorées : le *quartz enfumé*, coloré en brun ou en noir par de petites quantités de matières bitumineuses, se rencontre dans les Alpes en cristaux souvent fort gros ; en Sibérie, associé à l'albite ; à Alençon et à Chanteloube, etc

Le *quartz améthyste*, d'un beau violet, vient des terrains anciens, et spécialement des amygdaloïdes, du Brésil, de Sibérie et de Ceylan.

Le *quartz jaune* ou fausse *topaze*, d'un jaune plus ou moins pur, roussâtre ou verdâtre, se trouve au Brésil et à Hüttenberg (Carinthie).

Le *quartz rose*, ou rubis de Bohême, est d'un rose laiteux; il vient d'un filon de manganèse traversant le granite à Rabenstein (Bavière). D'après Fuchs, il devrait sa couleur à 1 ou 1,5 % d'oxyde de titane.

En plongeant le quartz chauffé dans des liquides colorés, on y provoque la formation de fissures irrégulières, dans lesquelles pénètre le liquide, et qui présentent alors d'assez jolis jeux de couleur pour pouvoir être employés en joaillerie. On les nomme *rubasses*.

Dureté, 7.

Densité, 2,64 à 2,663. Après fusion, la densité s'abaisse à 2,2.

Caractères. — Attaquable seulement à l'acide fluorhydrique, soluble dans la potasse après fusion. Au chalumeau, ne fond pas. Au chalumeau oxhydrique, fond et peut être étiré en fils. Avec le carbonate de soude, fond avec bouillonnement en un verre clair.

Forme cristalline. — Rhomboèdre $pp = 94° 15'$. La forme la plus habituelle est le prisme hexagonal e^2, surmonté de la double pyramide hexagonale, formée par la réunion des faces p et du rhomboèdre inverse de même angle $e^{1/2}$. Outre ces formes, on en connaît maintenant un nombre très-considérable d'autres, mais la plupart ne se présentent que comme des modifications de très-petite dimension. Les plus importantes sont les facettes hémiédriques dont le sens est lié avec celui du pouvoir rotatoire de l'échantillon : on distingue surtout la face *rhombe* $s = d^1 d^{1/4} b^{1/2}$ qui à elle seule engendrerait une double pyramide à base de triangle équilatéral résultant de l'hémiédrie d'un isocéloèdre; dans les cristaux non maclés, elle se trouve aux deux extrémités d'une même arête du prisme hexagonal; la face p à la partie supérieure du cristal étant placée en face de l'observateur, la face s se trouve à gauche pour les cristaux ayant le pouvoir rotatoire à gauche, à droite pour les cristaux droits. Les faces *plagièdres*, qui résultent de l'hémiédrie des scalénoèdres, formeraient à elles seules des trapézoèdres dissymétriques à six faces. Il en existe

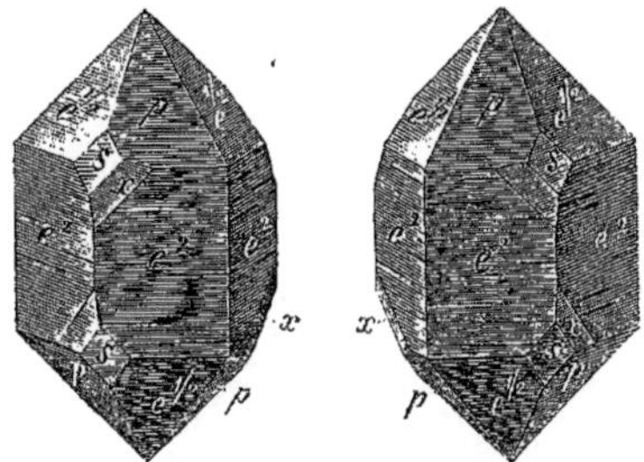

Fig. 562. — Quartz gauche. Fig. 563. — Quartz droit.

plusieurs séries appartenant à des zones distinctes. Les plus fréquentes sont contenues dans la zone $e^{1/2} s e^2$; la plus habituelle est la face $n = b^{1/4} d^1 d^{1/2}$, qui se place entre la face s et la face e^2 au-dessous de s, également à la droite ou à la gauche de l'observateur dans les cristaux droits ou gauches. Ces faces forment ensemble une hélice dextrorsum dans les cristaux ayant le pouvoir rotatoire à droite, et une hélice sinistrorsum dans ceux qui ont le pouvoir rotatoire à gauche. D'autres plagièdres plus rares offrent des dispositions inverses. — Pour les propriétés optiques, voyez l'article LUMIÈRE.

Les cristaux portant les faces rhombes ou plagièdres disposées autrement qu'il vient d'être indiqué sont des macles à faces parallèles de cristaux gauches et droits compris sous une enveloppe commune qui paraît simple. Dans certains cas (améthyste du Brésil), les groupements alternent assez régulièrement et sont formés de particules assez petites pour supprimer, plus ou moins complétement, le pouvoir rotatoire et pour permettre de voir dans les plaques à faces parallèles perpendiculaires à l'axe, même d'une assez grande épaisseur, la croix noire allant jusqu'au centre des anneaux.

Ces petits groupements se dévoilent aussi par une cassure inégale qui est comme chagrinée, et qui ressort encore mieux après une attaque à l'acide fluorhydrique. Dans un grand nombre de cristaux, ces macles parallèles sont reconnaissables par l'existence des plages à stries plus serrées, ou par des différences d'éclat des deux parties d'une même face, ou encore par des lignes de suture qu'on peut suivre.

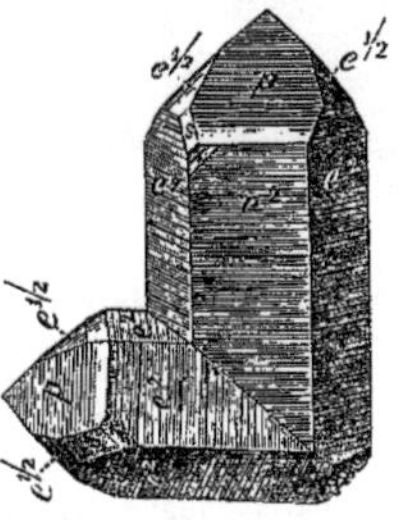

Fig. 564. — Macle du quartz.

Outre ces macles en situation parallèle, on en connaît d'autres beaucoup plus rares formées de cristaux de même rotation, qui sont parallèles à la face $\xi = d^{1/2} d^{1/5} b^1$ et à p.

Les principales faces sont : les rhomboèdres p avec son inverse $e^{1/2}$; a^4 avec son inverse b^1; e^3 et son inverse $e^{1/2}$; $e^{1/5}$ et son inverse e^1, etc.; les hémiisocéloèdres : s et ξ; les hémiscalénoèdres : x, $v = b^{1/16} d^{1/5} d^{1/8}$, $u = b^{1/8} d^1 d^{1/4}$; la base a^1 est extrêmement rare; les prismes dodécagonaux sont généralement hémièdres et forment des prismes hexagonaux symétriques : $k = b^{1/11} d^{1/4} h^{1/7}$; $k^1 = b^{1/3} d^1 d^{1/2}$. Angles : $p s = 154° 24'$; $e^{1/2} s = 151° 6'$; $e^{1/2} x = 125° 9'$; $e^{1/2} p = 133° 44'$; $e^{1/2} p$ au sommet $= 76° 26'$.

Les cristaux de quartz présentent souvent des déformations singulières : on en rencontre qui sont fortement aplatis parallèlement à une face du prisme; les faces $e^{1/2}$ et p comprises dans une même zone avec cette face du prisme se développent assez pour que la pyramide terminale, au lieu d'être terminée par un sommet, prenne l'aspect d'un toit aigu (fig. 561). Il arrive aussi que cette extension anormale de faces est accompagnée d'une sorte de torsion, de telle façon que les axes des cristaux accolés, au lieu de former comme dans les précédents un plan, constituent une surface gauche. Le sens de la torsion est toujours en rapport avec celui des faces plagièdres (fig. 565).

Il arrive aussi qu'au lieu des faces $e^{1/2}$ et p opposées au sommet, ce sont deux faces adjacentes qui se développent en même temps que leurs parallèles. Les cristaux ainsi déformés ont reçu le nom de *sphalloïdes*.

Nous citerons encore ce qu'on a appelé *Babel-quartz*. Ce sont de petits cristaux qui se sont formés sur des cristaux de fluorine eux-mêmes en voie d'accroissement. Les périodes alternatives de dépôt du quartz et de la fluorine ont produit des sortes de gradins qui se trouvent généralement sur l'une des faces du prisme.

Les cristaux de quartz renferment souvent diverses substances parmi lesquelles les plus importantes sont des liquides et des gaz qui paraissent être tantôt de l'eau, tantôt des matières hydrocarbonées et même de l'acide carbonique liquide ainsi qu'on l'a affirmé en raison du coefficient de dilatation 20 fois plus grand que celui de l'eau. Parmi les matières solides, nous citerons la chlorite, le rutile, souvent en groupes de fines aiguilles (cheveux de Vénus), le grenat, la topaze, l'amphibole, la barytine, l'or, l'argent, la goethite, la stibine, etc. L'interposition de lamelles de mica produit l'aventurine ; celle de fibres d'asbeste donne naissance au quartz œil-de-chat, dont le chatoiement devient surtout sensible par la taille en cabochon. Le quartz en petits cristaux rouges dit hyacinthe de Compostelle doit sa couleur à une argile rougeâtre au milieu de laquelle il a cristallisé.

Fig. 565. — Quartz déformé.

Le dépôt de matières diverses pendant la cristallisation du quartz, quand elle a eu lieu en assez grande abondance à certaines périodes de son accroissement, donne lieu à des cristaux dont on peut détacher des enveloppes successives et qu'on nomme quartz encapuchonné.

II. Agate. — On réunit sous ce nom toutes les variétés non cristallisées, qui sont translucides; leur cassure est terne, écailleuse ou conchoïdale; elles sont formées par dépôt de silice gélatineuse, et le plus souvent concrétionnées, réniformes, stalactitiques, et ont une structure stratiforme. La *calcédoine* est d'un blanc ou d'un gris bleuâtre; on la trouve aux îles Féroë, à Oberstein, en Auvergne; la *sardoine* est d'un jaune-brun; la *cornaline* d'un rouge souvent très-beau (Japon); la *chrysoprase* est d'un vert-pomme; les onyx sont des variétés rubanées de couleurs diverses que l'on emploie principalement pour la taille des camées. Les agates arborisées contiennent des dendrites d'oxyde de fer ou de manganèse.

Les agates se trouvent principalement dans les amygdaloïdes porphyriques ou trappéennes (Oberstein, Vicentin, Hongrie, Féroë).

III. Silex et jaspes. — On donne ce nom aux variétés de quartz plus ou moins colorées, opaques. Le *silex*, d'une couleur grise, blonde, noire, forme des rognons disséminés dans la craie de manière à y constituer des lits interrompus. La *pierre meulière* est un silex caverneux rougeâtre qu'on trouve en blocs dans les terrains d'eau douce tertiaires.

Les jaspes sont des silex fortement chargés de matières étrangères, à cassure compacte. Le quartz *lydien*, ou pierre de touche, est d'un noir foncé; l'*héliotrope* ou jaspe sanguin offre un fond vert avec de belles taches rouges; le *plasma* est d'un vert poireau; le jaspe égyptien ou caillou d'Égypte est d'un brun clair avec des couches plus foncées, contournées.

IV. Quartz pseudomorphique. — Le quartz a pris souvent la place des substances cristallisées, telles que calcite, fluorine, barytine, datolithe (haytorite), etc., et des débris de végétaux ou d'animaux. Il s'est moulé parfois dans les intervalles laissés par les lames de cristaux divers, et particulièrement de barytine. Il forme ainsi des polyèdres irréguliers renfermant quelquefois de l'eau dans leur intérieur.

Il existe aussi des pseudomorphoses de cristaux de quartz en stéatite. F. et S.

QUASSINE [Syn. *Quassite*], $C^{10}H^{12}O^3$. — Principe amer du bois de Surinam (*Quassia amara, L.*; famille des Rutacées).

Pour l'en extraire, on fait une infusion du bois et on la concentre; après refroidissement, on y ajoute de l'hydrate calcique qui précipite la pectine et d'autres substances. On abandonne le mélange pendant un jour, on filtre, on évapore au bain-marie et l'on reprend le résidu par de l'alcool à 80-90 centièmes. La solution alcoolique donne alors par distillation et évaporation une matière jaune, amère, cristalline, qui attire l'humidité de l'air; pour purifier ce produit, on le dissout dans très-peu d'alcool absolu, on mélange la solution avec beaucoup d'éther et on évapore le liquide filtré. Finalement on dissout de nouveau dans l'éther et on verse la solution dans un peu d'eau. La quassine se dépose alors en petits prismes blancs, opaques, d'une saveur fort amère, sans odeur et inaltérables à l'air. Elle est fusible et se prend par le refroidissement en une masse transparente, jaunâtre et très-cassante. A une température élevée, elle brunit, se charbonne et fournit des produits acides exempts d'ammoniaque.

100 p. d'eau en dissolvent 0,45 p. à 12°, mais sa solubilité augmente par la présence de sels ou d'acides organiques très-solubles; l'alcool et l'éther la dissolvent aisément.

Le tannin précipite en blanc la solution aqueuse de la quassine, mais l'iode, le chlorure mercurique, les sels de fer et ceux de plomb n'y donnent aucun précipité. L'acide sulfurique concentré et l'acide nitrique d'une densité de 1,25 dissolvent la quassine sans se colorer; à chaud, ce dernier acide produit de l'acide oxalique.

La quassine est exempte d'azote; son analyse a donné en moyenne les chiffres suivants (Wiggers) :

$$C = 65{,}65;\ H = 6{,}9;\ O = 27{,}45,$$

qu'on a traduits par la formule non contrôlée $C^{10}H^{12}O^3$ [Winckler, *Repert. der Pharm. v. Buchner*, t. LIV, p. 85; — A. Wiggers, *Ann. Chem. Pharm.*, t. XXI, p. 40]. A. H.

QUASSITE. — Synonyme de Quassine.

QUERCÉTAMIDE. — Voyez Quercétine.

QUERCÉTINE. — La quercétine est un produit dérivé du quercitrin ou matière colorante du quercitron; elle se forme aux dépens de ce glucoside par un dédoublement analogue à celui qui fournit l'hydrure de benzoïle avec l'amygdaline. La quercétine se trouve encore isolée ou en combinaison glucosique dans d'autres produits végétaux. Ainsi, d'après Bolley [*Ann. der Chem. u. Pharm.*, t. CXV, p. 54], les baies de nerprun cèdent à l'éther une matière jaune identique à la quercétine. Rochleder et Hlasiwetz l'ont trouvée dans les câpres, bourgeons floraux du *Capparis spinosa*, Stein dans les bourgeons floraux non développés du *Sophora Japonica*. Les fleurs du marronnier d'Inde (*Æsculus hippocastanum*) en contiennent également [Rochleder, *Compt. rend. de l'Acad. de Vienne*, t. XXXIII, p. 385]. Suivant Bolley et Mylius, la matière jaune du bois de fustel serait de la quercétine [*Schweiz Polyt. Zeitsch.*, t. IX, p. 22].

La matière colorante jaune des feuilles de sarrasin (*Polygonum fagopyrum*), la thuyine, et la mélétine paraissent n'être autre chose que du quercitrin, et peuvent, par conséquent, fournir de la quercétine par dédoublement; enfin la robinine de Zwenger extraite des fleurs d'acacia et la rutine extraite des feuilles de *Ruta graveolens*, tout en offrant des caractères distincts de ceux du quercitrin, se dédoublent néanmoins en sucre et quercétine. La quercétine et ses glucosides sont donc assez répandus dans le règne végétal.

Propriétés. — Pure, la quercétine se présente sous forme d'une poudre cristalline d'un beau jaune-citron, d'une nuance plus riche que celle du quercitrin; vue au microscope, elle offre l'apparence de fines aiguilles.

La quercétine est insoluble dans l'eau froide, à peine soluble dans l'eau bouillante. Odeur et saveur nulles. Le poids de matière déposé par le refroidissement d'une solution bouillante est insignifiant, tandis que pour la rhamétine il s'élève à 0gr,653 par litre. La quercétine est très-soluble dans l'alcool et n'y cristallise facilement que lorsqu'on y ajoute une quantité suffisante d'eau; l'acide acétique chaud la dissout également. Elle est sans action sur la lumière polarisée. Les alcalis la dissolvent avec une teinte jaune orangé; les acides reprécipitent la quercétine intacte. Sa solution ammoniacale brunit à l'air. Sa solution alcoolique donne, avec l'acétate de plomb, l'eau de baryte et l'eau de chaux, des précipités orangés. Le chlorure d'étain la colore en orangé, le perchlorure de fer en vert. Une solution alcoolique de quercétine additionnée d'une solution alcoolique de perchlorure de fer et évaporée laisse une masse amorphe vert foncé, presque insoluble dans l'eau, soluble dans l'alcool et l'éther avec des teintes qui rappellent les solutions de chlorophylle.

Lorsqu'on fait passer du chlore dans de l'eau qui tient de la quercétine en suspension, celle-ci s'oxyde et se dissout. Le chlore sec lui donne une couleur orangée en fournissant probablement des produits de substitution. L'acide nitrique fumant et l'acide nitrique ordinaire à chaud l'attaquent avec production de vapeurs nitreuses. L'hydrogène naissant réduit et décolore une solution alcoolique de quercétine. L'acide sulfurique concentré à 50° ou 60° centigrades ou mieux l'acide sulfurique fumant dissolvent la quercétine et la convertissent en un acide sulfoconjugué jaune, soluble dans l'eau, de saveur acide, susceptible de teindre directement la laine en jaune sans le concours des mordants.

Au-delà de 350° centigrades, la quercétine se décompose sans se volatiliser. La quercétine retient énergiquement une partie de son eau de cristallisation; séchée à la température ordinaire, elle perd 11,5 °/o d'eau à 120°; mais on ne parvient à la déshydrater entièrement que vers 200°. Elle renferme alors : carbone, 60,0; hydrogène, 3,9. Les beaux travaux de Hlasiwetz et Pfaundler [*Jahresb.*, 1864, p. 564] sur la quercétine et ses réactions en présence de la potasse ont amené à des résultats intéressants au point de vue de la constitution de ce produit. Sous l'influence de l'hydrate de potasse à chaud, la quercétine se dédouble en une matière sucrée, la phloroglucine, et en d'autres produits dont la nature varie avec les conditions de température et de durée de l'expérience.

Lorsqu'on ajoute 3 p. de quercétine à une solution bouillante de 3 p. d'hydrate de potasse dans 1 p. d'eau, placée dans une capsule en argent, et qu'on évapore rapidement, il arrive un moment où un échantillon prélevé sur la masse, délayé dans un peu d'eau, sur une soucoupe, donne une solution se colorant en rouge au contact de l'air et que l'acide chlorhydrique décolore en précipitant des flocons jaunes. A ce moment on peut constater la production de trois corps qui sont : la *phloroglucine*, l'*acide quercétique* et la *paradatiscine*. Pour séparer ces produits, on dissout la masse alcaline dans l'eau et on neutralise avec de l'acide chlorhydrique. L'acide quercétique et la phloroglucine restent en solution; la paradatiscine se précipite en mélange avec de la quercétine.

Le liquide filtré est additionné du quart de son volume d'alcool et agité à plusieurs reprises avec de l'éther qui s'empare de la phloroglucine et de l'acide quercétique. La couche supérieure est décantée et évaporée; le résidu est repris par l'eau et la solution est précipitée par le sous-acétate de plomb; on filtre et on enlève l'excès de plomb dans le liquide filtré par l'hydrogène sulfuré; le liquide concentré fournit des cristaux de phloroglucine $C^6H^6O^3$. Le précipité plombique est lavé, délayé dans l'eau et décomposé par un courant d'hydrogène sulfuré; on filtre et on concentre dans le vide ou dans un courant d'hydrogène. Les cristaux d'acide quercétique qui se déposent sont purifiés par de nouvelles cristallisations et des décolorations par le noir animal.

Quant à la paradatiscine précipitée par l'acide chlorhydrique de la solution potassique, on la purifie de la manière suivante : on lave à l'eau bouillante, on exprime fortement et on dissout dans l'alcool fort. Le liquide alcoolique est précipité par l'acétate de plomb qui élimine la quercétine non modifiée. Le liquide filtré est débarrassé de l'excès de plomb par l'acide sulfurique, filtré de nouveau et concentré au tiers; l'addition d'eau détermine la séparation de flocons volumineux blancs, qui, dissous dans l'alcool bouillant très-étendu, se déposent en aiguilles jaunâtres très-brillantes.

Si, dans la réaction de la potasse sur la quercétine, on dépasse le point signalé plus haut, on obtient deux nouveaux corps. L'un, l'acide *quercimérique*, s'isole comme l'acide *quercétique* dont on le sépare en mettant à profit sa plus grande solubilité dans l'eau et en opérant par la méthode des cristallisations fractionnées; l'autre, l'acide *protocatéchique*, doit être considéré comme un produit de transformation des acides *quercétique* et *quercimérique*, sous l'influence de la potasse. Il s'isole facilement en dissolvant la masse dans l'eau, neutralisant par l'acide chlorhydrique et agitant avec de l'éther.

En chauffant une solution de quercétine dans la potasse caustique avec de l'amalgame de sodium, jusqu'à ce que la teinte brune très-foncée ait été remplacée par une nuance jaune brunâtre, en neutralisant à l'abri de l'air, par l'acide chlorhydrique, et en agitant avec de l'éther, on isole, outre la phloroglucine, deux nouveaux corps dont l'un, très-soluble, aurait, d'après Hlasiwetz, pour formule $C^7H^8O^3$ et dont le second, peu soluble et facilement cristallisable, aurait pour formule $C^{13}H^{12}O^3$.

Une solution alcoolique de quercétine acidulée avec de l'acide chlorhydrique prend, sous l'influence de l'amalgame de sodium, une couleur pourpre. Le liquide concentré donne des cristaux rouges analogues à l'isomorin. Ce produit régénère facilement la quercétine, lorsqu'on le conserve en solution alcoolique, surtout en présence d'un alcali. Il a été décrit pour la première fois par Stein sous le nom de paracarthamine [*Zeitsch. für Chem. u. Pharm.*, 1863, p. 467].

La quercétine réduit le nitrate d'argent à froid, le chlorure d'or à l'ébullition ainsi que la solution alcaline de cuivre. Chauffée avec de l'ammoniaque aqueuse, à l'abri de l'air, elle donne un dérivé ammoniacal très-altérable à l'air, qui a reçu le nom de *quercétamide*. Ce corps, qui se précipite en flocons blancs de sa solution ammoniacale, est peu soluble dans l'eau, soluble dans l'alcool, l'éther, l'acide chlorhydrique et les alcalis. Il se forme également, mais beaucoup plus lentement, par un contact prolongé de la quercétine avec l'ammoniaque caustique (Schützenberger et Paraf).

Hlasiwetz et Pfaundler donnent à la quercétine séchée à 200° la formule $C^{27}H^{18}O^{12}$. Elle formerait deux hydrates, l'un, $2(C^{27}H^{18}O^{12})H^2O$, l'autre $C^{27}H^{18}O^{12}.H^2O$.

Elle peut s'unir à la potasse, à la soude et à l'oxyde de zinc, et former des composés offrant la composition suivante :

$$C^{27}H^{18}O^{12}.K^2O \quad — \quad C^{27}H^{18}O^{12}.Na^2O$$

et

$$C^{27}H^{18}O^{12}.Zn''H^2O^2.$$

Ainsi une solution concentrée et chaude de 1 p. de quercétine et de 3 p. de carbonate de potasse laisse déposer des aiguilles cristallines jaunes, très-fines et très-altérables, que l'on purifie par expression entre des doubles de papier. Ces cristaux ne peuvent être redissous dans l'eau sans décomposition, à moins que l'on n'ajoute du carbonate de potasse. Ils s'altèrent un peu à l'air et durant la dessiccation. Dans les mêmes conditions, en employant 5 p. de soude carbonatée en cristaux pour 1 p. de quercétine, on obtient la combinaison sodique.

En adoptant la formule de Hlasiwetz et Pfaundler pour la quercétine, les réactions précédemment décrites se représentent par les équations suivantes :

$$\underset{\text{Quercitron.}}{C^{33}H^{30}O^{17}} + H^2O = \underset{\text{Quercétine.}}{C^{27}H^{18}O^{12}} + \underset{\text{Isodulcite.}}{C^6H^{14}O^6};$$

$$\underset{\text{Quercétine.}}{C^{27}H^{18}O^{12}} + 2H^2O = \underset{\text{Phloroglucine.}}{2C^6H^6O^3} + \underset{\text{Acide quercétique.}}{C^{15}H^{10}O^7} + O;$$

$$\underset{\text{Acide quercétique.}}{C^{15}H^{10}O^7} + H^2O + O = \underset{\text{Acide quercimérique.}}{C^8H^6O^5} + \underset{\text{Acide protocatéchique.}}{C^7H^6O^4};$$

$$\underset{\text{Acide quercimérique.}}{C^8H^6O^5} + O = \underset{\text{Acide protocatéchique.}}{C^7H^6O^4} + CO^2.$$

Hlasiwetz considère la quercétine comme une combinaison de morin et d'acide quercétique :

$$\underset{\text{Quercétine.}}{C^{27}H^{18}O^{12}} = \underset{\text{Morin.}}{C^{12}H^8O^5} + \underset{\text{Acide quercétique.}}{C^{15}H^{10}O^7}.$$

P. S.

QUERCÉTIQUE (ACIDE), $C^{15}H^{10}O^7$ (Hlasiwetz et Pfaundler), $C^{17}H^{12}O^8$ (Hlasiwetz), $C^{21}H^{14}O^{10}$ (Zwenger et Dronke). — Cet acide se forme, en même temps que la phloroglucine, par l'action de la potasse sur la quercétine. Pour le mode de préparation et la purification de l'acide quercétique, voyez Quercétine. La dernière formule proposée par Hlasiwetz, $(C^{17}H^{12}O^8)$, rend le mieux compte du dédoublement de la quercétine : en admettant pour celle-ci la formule de Hlasiwetz, $C^{23}H^{16}O^{10}$, au lieu de $C^{27}H^{18}O^{12}$, on a

$$\underset{\text{Quercétine.}}{C^{23}H^{16}O^{10}} + H^2O = \underset{\text{Acide quercétique.}}{C^{17}H^{12}O^8} + \underset{\text{Phloroglucine.}}{C^6H^6O^3};$$

avec la formule $C^{27}H^{18}O^{12}$, de la quercétine, on a

$$\underset{\text{Quercétine.}}{C^{27}H^{18}O^{12}} + 2H^2O = \underset{\text{Acide quercétique.}}{C^{15}H^{10}O^7} + \underset{\text{Phloroglucine.}}{2C^6H^6O^3} + O.$$

Cette équation, déjà indiquée plus haut, est évidemment moins satisfaisante que la première. Elle conduirait à admettre que l'oxygène en excès brûle une portion de la matière.

L'acide quercétique est peu soluble dans l'eau froide, soluble dans l'eau bouillante, l'alcool et l'éther; il cristallise en belles aiguilles soyeuses et brillantes, efflorescentes dans une atmosphère sèche et chaude; entre 120° et 131° centigrades, elles perdent 15,49 % d'eau; ce qui conduit à la formule $C^{17}H^{12}O^8 + H^2O$ pour l'acide cristallisé. Sa réaction est faiblement acide et sa saveur astringente. Les solutions aqueuses d'acide quercétique deviennent jaunes au contact de l'air. Lorsqu'on abandonne en vase ouvert une solution très-étendue d'acide quercétique, elle devient d'abord jaune, puis d'un beau rouge. L'acide sulfurique le dissout avec une couleur rouge-brun; l'eau précipite de cette solution des flocons rouges, solubles en pourpre dans l'ammoniaque et les alcalis. Le perchlorure de fer colore l'acide quercétique en bleu foncé. Cet acide se combine avec l'urée. La potasse en fusion le convertit en un mélange d'acide quercimérique et d'acide protocatéchique. Il réduit les solutions de nitrate d'argent et les solutions alcooliques de mercure.

Lorsqu'on chauffe à 100° un mélange d'acide quercétique et de chlorure d'acétyle, en vase clos, il reste, après élimination de l'excès de chlorure d'acétyle, au moyen de la distillation, et après lavage à l'eau, un résidu blanc insoluble dans l'eau, qui est un mélange d'acides mono- et diacétylquercétique.

Le résidu étant repris par l'alcool, le liquide concentré fournit des cristaux du dérivé diacétique; la combinaison monoacétique reste en solution et peut être précipitée par l'eau en flocons blancs [Pfaundler, *Ann. der Chem. u. Pharm.*, t. CXIX, p. 213]. Le dérivé monoacétique se colore en vert par le perchlorure de fer; le dérivé diacétique se colore peu par le même réactif; il est décomposé par la chaleur avec dégagement d'acide acétique [Hlasiwetz et Pfaundler, *Journ. prakt. Chem.*, t. XCIV, p. 65; — Hlasiwetz, *Ann. der Chem. u. Pharm.*, t. CXII, p. 96; — Zwenger et Dronke, *Ann. der Chem. u. Pharm.*, t. CXXIII, p. 153]. P. S.

QUERCIMÉRIQUE (ACIDE), $C^8H^6O^5$. — Cet acide se forme dans l'action de la potasse sur l'acide quercétique ou la quercétine. Pour son mode de préparation, voyez Quercétine. Il est très-soluble dans l'eau, l'alcool, l'éther; il cristallise en grains contenant 1 molécule d'eau de cristallisation. Le perchlorure de fer le colore en bleu. Ses réactions le rapprochent en général beaucoup de l'acide quercétique. Comme ce dernier, il précipite par l'acétate de plomb, réduit le nitrate d'argent et les solutions alcalines de cuivre. La fusion avec un excès de potasse le convertit en acide protocatéchique.

QUERCITANNIQUE (ACIDE). — Stenhouse a donné ce nom au tannin contenu dans l'écorce du chêne ordinaire, qui diffère du tannin de la noix de galle en ce qu'il ne peut pas être transformé en acide gallique, et ne donne aucune trace de pyrogallol par la distillation sèche. L'acide sulfurique le convertit en un corps floconneux rouge-brun; les sels ferriques le précipitent en noir violacé [Stenhouse, *Ann. der Chem. u. Pharm.*, t. XLV, p. 16]. Suivant Rochleder [*ibid.*, t. LXIII, p. 202], le thé noir (feuilles de *Thea bohea*) contiendrait le même tannin que l'écorce de chêne.

QUERCITE, $C^6H^{12}O^5$ [Syn. *Quercine, sucre de gland*] [Braconnot, *Ann. de Chim. et de Phys.*, (3), t. XXVII, p. 392; — Dessaignes, *Ann. der Chem. u. Pharm.*, t. LXXXI, p. 103 et 251]. — On a donné ce nom à une matière sucrée contenue dans les glands. On l'obtient en épuisant par l'eau les glands broyés; la décoction est soumise à l'ébullition avec de la chaux éteinte, puis filtrée : on élimine ainsi le tannin. Le liquide est digéré avec de la levûre de bière, afin de le débarrasser du sucre fermentescible; puis filtré et évaporé à consistance sirupeuse. Les cristaux qui se séparent après quelque temps sont lavés à l'alcool et purifiés par de nouvelles cristallisations dans l'eau ou l'alcool faible. Cristaux durs appartenant au système clinorhombique.

La quercite est soluble dans 8 à 10 p. d'eau et dans l'alcool étendu et chaud; elle est inaltérable à l'air et résiste à une température de 215°; à 235°, elle fond et se sublime en partie en brunissant légèrement.

L'acide sulfurique concentré la convertit en un acide sulfoconjugué dont le sel de calcium est soluble.

L'acide azotique à chaud donne de l'acide oxalique; un mélange d'acides sulfurique et nitrique convertit la quercite en nitroquercite, corps résineux incolore, insoluble dans l'eau, soluble dans l'alcool et dont la solution alcoolique régénère la quercite sous l'influence de l'hydrogène sulfuré. Les solutions de quercite précipitent en blanc par le sous-acétate de plomb additionné d'ammoniaque. On connaît une combinaison barytique de quercite correspondant à la formule

$$C^{12}H^{24}O^{10},BaO + 2H^2O.$$

Chauffée en tube scellé à 200° avec de l'acide benzoïque, la quercite donne la benzoquercite $C^6H^{10}O^5(C^6H^5O)^2$, insoluble dans l'eau, soluble dans l'alcool et l'éther. La solution dans l'alcool absolu traitée par le gaz chlorhydrique donne de la quercite et du benzoate d'éthyle [Berthelot, *Compt. rend.*, t. XLIV, p. 452].

Dans les mêmes conditions, avec l'acide stéarique, on obtient la quercite stéarique

$$C^6H^{10}O^5(C^{18}H^{35}O)^2$$

sous forme d'une masse solide blanche.

L'acide quercitartrique,

$$C^{22}H^{32}O^{27} = C^6H^{12}O^6 + 4C^4H^6O^6 - 2H^2O,$$

se forme dans les mêmes conditions que l'acide dulcitartrique, lorsqu'on chauffe un mélange de quercite et d'acide tartrique. La formule que M. Berthelot a assignée à cet acide est très-probablement inexacte; elle doit contenir $2H^2O$ de trop; la combinaison d'une molécule de quercite avec 4 molécules d'acide tartrique doit en effet être accompagnée de l'élimination de $4H^2O$ et non de $2H^2O$. P. S.

QUERCITRIN [Syn. *Acide quercitrique*]. — M. Chevreul [*Leç. de Chim. appl. à la teint.*] a retiré le premier la matière colorante pure de l'écorce de quercitron et lui a donné le nom de *quercitrin*. Il épuise le quercitron par 10 p. d'eau bouillante; on obtient ainsi une liqueur jaune brunâtre, laissant déposer au bout de quelques jours une substance cristalline. M. Bolley, qui a repris, après M. Chevreul, l'étude de cette substance, l'a décrite sous le nom d'*acide quercitrique* [*Ann. der Chem. u. Pharm.*, t. XXXVII, p. 101]. Ce chimiste épuise le quercitron du commerce par de l'alcool à 84° centésimaux, dans un appareil de déplacement. Le tannin contenu dans cette liqueur est éliminé par la gélatine; la solution est évaporée et donne un résidu formé de croûtes cristallines que l'on purifie par plusieurs cristallisations dans l'alcool.

Certaines variétés de quercitron renferment une substance soluble dans l'eau froide et susceptible de se dédoubler à 60° centigrades, en présence de l'eau seule, en sucre et en quercitrin. Le hasard avait mis entre les mains de M. E. Schlumberger un semblable produit, avec lequel il a pu obtenir facilement du quercitrin en chauffant à 60° une infusion faite à froid; le liquide se trouble et laisse déposer une assez forte proportion de quercitrin, en paillettes nacrées à peu près pures. M. Schützenberger a vainement cherché, depuis, à reproduire ce phénomène avec d'autres matières premières. Peut-être réussirait-on mieux avec l'écorce fraîche. Le *flavin* fabriqué en Amérique par des procédés peu connus, et qui est en grande partie composé de quercitrin, est peut-être obtenu ainsi. Avec ce *flavin* il est très-facile de préparer du quercitrin pur. Il suffit de le chauffer à l'ébullition avec une grande quantité d'eau et de filtrer bouillant. Le liquide dépose, après refroidissement, des paillettes nacrées de quercitrin pur.

On peut aussi, d'après Zwenger et Dronke [*Ann. der Chem. u. Pharm.*, Supplementband, I, p. 266], épuiser le quercitron en poudre par de l'alcool; on concentre et on précipite par l'acétate neutre de plomb avec addition d'un peu d'acide acétique; le liquide filtré est précipité par l'hydrogène sulfuré, filtré de nouveau et concentré; les cristaux de quercitrin sont purifiés par de nouvelles cristallisations dans l'alcool. Rochleder et Kawalier ont retiré du quercitrin des fleurs de marronnier.

Propriétés. — Les cristaux de quercitrin perdent à 100° 5,74 °/₀ d'eau; vers 165° ils en perdent de nouveau et la perte totale s'élève à 11,81 °/₀. Ils se présentent sous forme de tables microscopiques rectangulaires et rhombiques ayant des troncatures sur les angles obtus, couleur jaune pâle en poudre. Le quercitrin est neutre, inodore, sans saveur à l'état solide, amer en solution. Desséché à 165°, il fond à 160° et forme une résine jaune foncé qui se solidifie sous forme amorphe.

Ce corps est presque insoluble dans l'eau froide, soluble dans 25 p. d'eau bouillante, soluble dans l'alcool, très-peu soluble dans l'éther. Les alcalis fixes et l'ammoniaque le dissolvent aisément avec une couleur jaune verdâtre. La solution ammoniacale s'oxyde et brunit à l'air.

La solution aqueuse de quercitrin précipite en jaune roux par l'eau de baryte; l'alun y produit une belle couleur jaune. L'acétate de plomb, l'acétate de cuivre, le chlorure d'étain y donnent des précipités floconneux jaunes. Le persulfate de fer colore sa solution en vert-olive et la précipite peu à peu. L'acide nitrique colore le quercitrin en rouge orangé; l'acide sulfurique concentré le dissout.

D'après Rigaud [*Ann. der Chem. u. Pharm.*, t. XC, p. 283], une solution aqueuse de quercitrin, additionnée d'acide sulfurique et portée à l'ébullition, ne tarde pas à se troubler, et laisse déposer, même à chaud, d'abondants flocons d'un jaune plus intense que le quercitrin et presque insolubles dans l'eau bouillante. Le phénomène est très-net et s'observe le mieux de la manière suivante : on chauffe ensemble du quercitrin pur et de l'eau contenant 1/10 d'acide sulfurique. Lorsque la température est suffisamment élevée, le quercitrin entre en dissolution, puis tout à coup le liquide devient jaune foncé, puis se trouble et se remplit de flocons de quercétine.

Le liquide séparé par filtration de la quercétine saturé par du carbonate de baryum, filtré et concentré, donne un sirop sucré. D'après Zamminer, le sirop peut cristalliser et le sucre du quercitrin est dénué de pouvoir rotatoire. Il réduit les sels de cuivre alcalins et a pour formule $C^6H^{12}O^6$.

Suivant Hlasiwetz et Pfaundler, le sirop évaporé à consistance convenable dépose de beaux cristaux ayant la forme de la saccharose. Ces cristaux se dissolvent à 18° dans 2,09 p. d'eau; ils sont solubles dans l'alcool absolu; leur saveur est plus sucrée que celle du sucre de raisin et ils dévient à droite le plan de polarisation (pouvoir spécifique = 0,0763). Ce sucre ne fermente pas et a pour formule $C^6H^{14}O^6$; à 110°, il perd 1 molécule d'eau. Il fond à 107° et réduit les solutions alcalines de cuivre. Un mélange d'acides sulfurique et azotique concentrés le change en un composé nitré de la formule $C^6H^9(AzO^2)^3O^3$. C'est un isomère de la mannite et de la dulcite et qui a reçu le nom d'isodulcite. 100 p. de quercitrin sec donnent 25,5 p. disodulcite [Hlasiwetz et Pfaundler, *Ann. der Chem. u. Pharm.*, t. CXXVII, p. 362].

Il résulte donc des expériences de Rigaud, de Hlasiwetz et Pfaundler que le quercitrin est un glucoside qui se dédouble en isodulcite et quercitrin. M. Hlasiwetz pense qu'il existe plusieurs quercitrins, différents par la nature du sucre combiné dans leur molécule. Cette opinion tend à concilier les résultats contradictoires obtenus dans l'étude du sucre de quercitrin. Les résultats obtenus par M. E. Schlumberger prouvent en outre que le quercitrin lui-même peut exister dans l'écorce sous forme de combinaison peu stable avec du sucre.

Soumis à la distillation sèche, le quercitrin fournit des produits empyreumatiques, de la quercétine et un charbon difficile à brûler. L'acide azotique concentré l'attaque énergiquement avec formation d'acide oxalique et de traces d'acide picrique. La formation d'acide picrique indiquée par Zwenger et Dronke a été niée par Stenhouse [*Ann. der Chem. u. Pharm.*, t. XCVIII, p. 179].

Chauffé avec un mélange d'acide sulfurique et de peroxyde de manganèse ou de bichromate de potassium, le quercitrin donne de l'acide formique. Il précipite en brun le nitrate d'argent, mais le précipité se réduit rapidement, en donnant de l'argent métallique. Il réduit le chlorure d'or immédiatement et les solutions alcalines de cuivre après une longue ébullition. On a proposé un assez grand nombre de formules pour le quercitrin; la formule à adopter, dans les limites des analyses les plus exactes, dépend de celle de la quercétine.

On a trouvé pour le produit séché à 200° :

	Hlasiwetz.	Zwenger et Dronke.
Carbone	56,2	56,0
Hydrogène	4,5	4,6

En représentant avec Hlasiwetz et Pfaundler le quercitrin par $C^{33}H^{30}O^{17}$ (carbone 56,7; hydrogène 4,29), on a :

$$\underset{\text{Quercitrin.}}{C^{33}H^{30}O^{17}} + H^2O = \underset{\text{Quercétine.}}{C^{27}H^{18}O^{12}} + \underset{\text{Isodulcite.}}{C^6H^{14}O^6}.$$

Le quercitrin de Rigaud et de Zwenger et Dronke qui fournissait 44,35 °/₀ de sucre était évidemment différent de celui de Hlasiwetz donnant seulement 25,5 °/₀ d'isodulcite. P. S.

QUERCITRON. — Le produit commercial qui porte ce nom est l'écorce broyée du *Quercus nigra digitata* ou *trifida*, appelé aussi *Quercus tinctoria*. C'est un arbre de la famille des amentacées, originaire d'Amérique.

Il se présente sous forme d'une poudre fine ou de filaments fibreux, de couleur jaune ou chamois.

Une décoction de quercitron offre une couleur rouge orangé; elle s'altère peu à peu, dépose du quercitrin et finit par se prendre en une espèce de caillot brun; son odeur est celle de l'écorce de chêne; sa saveur est amère et astringente, sa réaction acide. Les alcalis et les terres alcalines foncent ses teintes en donnant, pour les alcalis terreux, des précipités floconneux roux.

La décoction de quercitron donne des précipités jaunes plus ou moins roux ou virant au vert-olive, avec l'alun, le bi- et le tétrachlorure d'étain, l'acétate de plomb, l'acétate de cuivre, le chlorure de baryum, le nitrate d'argent; la gélatine donne un précipité floconneux, les sels de fer une coloration verte et un précipité olive. Les principes les plus intéressants contenus dans cette décoction sont : un tannin (acide quercitannique) qui colore les sels ferriques comme le tannin ordinaire, mais ne fournit pas d'acide gallique; le ou les quercitrins. On évalue la richesse d'un quercitron en teignant un tissu de coton mordancé comme ceux qui servent pour la garance comparativement à un type.

L'incinération de quelques grammes permet d'évaluer les substances minérales.

Le quercitron est employé en teinture, à l'état de poudre. En se fondant sur les travaux de Rigaud, Leeshing imagina, en 1855, de faire bouillir le quercitron avec de l'acide sulfurique étendu. Cette opération, suivie d'un lavage à l'eau, a pour résultat de débarrasser l'écorce du tannin et du calcaire qu'elle renferme et de transformer le quercitrin soluble en quercétine peu soluble. Un procédé semblable de purification avait été employé dès 1849 par M. Duperray à Rouen. On fait bouillir pendant une heure, à la vapeur barbotante, dans une cuve en bois doublée de plomb, un mélange de 80 mesures d'eau, 100 kilogrammes d'acide sulfurique ou 200 kilogrammes d'acide chlorhydrique d'une densité de 1,192 et 200 kilogrammes de quercitron en poudre; on laisse déposer, on décante et on lave plusieurs fois à l'eau, on filtre et on évapore. Ce produit, employé sous le nom de quercétine industrielle, offre, par rapport au quercitron, certains avantages pratiques : 1° le tannin qui tend à ternir la vivacité des couleurs se trouve éliminé; 2° il y a gain notable de matière colorante, car 100 p. de quercitron donnent 85 p. de quercétine industrielle teignant autant que 250 p. de quercitron [*Bull. de la Soc. ind. de Mulhouse*, t. XXXVII, p. 411]; 3° les nuances sont plus vives et plus nourries. Pour les besoins de l'impression, on emploie des décoctions qui doivent être employées fraîches, des extraits liquides à 10-20° Baumé, qui se conservent très-bien; enfin un produit importé d'Amérique et connu sous le nom de *flavin*. Le flavin est une poudre jaune-olive teignant autant que 16 fois son poids de quercitron; d'après Bolley, Brunner et König, il est formé tantôt de quercitrin à peu près pur, tantôt de quercétine, ou d'un mélange des deux corps.

Le quercitron et ses dérivés industriels, ainsi que les matières colorantes pures que l'on en retire, communiquent au calicot mordancé les nuances suivantes :

Mordant alumineux	Couleur	jaune-serin franc.
Oxyde ferrique	—	grise, vert-olive ou noir, selon la masse d'oxyde de fer.
— de chrome	—	jaune olivâtre.
Mélange d'alumine et de fer.	—	réséda.
Oxyde d'étain	—	jaune.

P. S.

QUINANILIDE. — Voyez Quinique (Acide).

QUINCITE (Min.). — Silicate de magnésium hydraté, contenant un peu de protoxyde de fer, trouvé en petites particules d'un rouge carmin disséminées dans un calcaire à Quincy (Cher). Sa couleur paraît être due à une matière organique.

QUINÉTINE. — M. Marchand a désigné sous le nom de *quinétine* une substance rouge, en partie soluble dans l'eau, en partie insoluble dans ce liquide et cristallisable dans l'alcool. Il l'obtient en faisant bouillir, avec du peroxyde de plomb puce, une solution de quinine à laquelle on ajoute goutte à goutte de l'acide sulfurique étendu [E. Marchand, *Journ. de Chim. méd.*, t. X, p. 362].

QUINHYDRONE (*hydroquinone verte*),

$C^{12}H^{10}O^4$

[Wœhler, *Ann. der Chem. u. Pharm.*, t. XIX, p. 294]. — La quinhydrone est une combinaison d'hydroquinone et de quinone qui se forme lorsqu'on mélange des dissolutions de ces deux corps. Elle prend également naissance toutes les fois qu'on fait agir les agents oxydants sur l'hydroquinone en quantité insuffisante pour la convertir en quinone; ces agents sont le chlore aqueux, le chlorure ferrique, l'acide azotique, l'azotate d'argent ou le chromate de potassium. Inversement, si l'on traite la quinone par les agents réducteurs, comme l'acide sulfureux, en ayant soin de n'en pas prendre un excès et de ne pas convertir toute la quinone en hydroquinone, il se fait de la quinhydrone. La même transformation de la quinone en quinhydrone se produit par l'action du chlorure stanneux, des cristaux de sulfate ferreux, du zinc métallique additionné d'acide sulfurique, ou par le courant galvanique.

La quinhydrone est en cristaux verts, minces, très-longs, qui ressemblent à la murexide et sont encore plus beaux et plus brillants. Elle fond en se volatilisant en partie et donne des vapeurs de quinone. Elle est peu soluble dans l'eau froide, très-soluble à chaud, et se détruit par l'ébullition de sa solution. Elle est soluble dans l'alcool et dans l'éther. L'azotate d'argent n'est pas réduit par la quinhydrone, l'acide sulfureux la dissout en la convertissant immédiatement en hydroquinone.

D'après son origine et ses réactions, on voit que la quinhydrone peut être représentée par la formule de constitution

$$C^6H^4 \left\{ \begin{matrix} -O-O- \\ -OH \quad HO- \end{matrix} \right\} C^6H^4.$$

D'après Wichelhaus, la formule $C^{18}H^{14}O^6$ s'accorde mieux avec les analyses que la formule $C^{12}H^{10}O^4$. M. Wichelhaus adopte cette nouvelle formule et regarde la quinhydrone comme faisant partie de la série suivante :

Phénoquinone...........	$C^{18}H^{14}O^4$
Quinhydrone............	$C^{18}H^{14}O^6$
Pyrogalloquinone........	$C^{18}H^{14}O^8$
Purpurogalline..........	$C^{18}H^{14}O^9$

[*Deutsch. Chem. Gesells.*, t. V, p. 486, et *Bull. de la Soc. chim.*, 1873, t. XIX, p. 33].

DÉRIVÉS CHLORÉS [Stædeler, *Ann. der Chem. u. Pharm.*, t. LXIX, p. 307, 314, 323]. — Ils se produisent par l'union des dérivés chlorés de l'hydroquinone et de ceux de la quinone.

QUINHYDRONE DICHLORÉE, $C^{12}H^8Cl^2O^4$. — Elle se produit soit par l'union de la chloro-hydroquinone et de la chloroquinone, soit par l'action du chlorure ferrique sur l'hydroquinone. C'est une masse cristallisée d'un brun verdâtre.

QUINHYDRONE TÉTRACHLORÉE, $C^{12}H^6Cl^4O^4$.— Produite par l'action du chlorure ferrique en quantité convenable ou de l'azotate d'argent sur l'hydroquinone dichlorée, elle est en cristaux violet foncé groupés en étoiles ou en longues aiguilles aplaties d'un vert-noir; elle renferme alors $2H^2O$ qu'elle perd à 70° ou dans l'air séché par l'acide sulfurique. Anhydre, elle est en cristaux jaunes qui rougissent à 110° et fondent à 120° en un liquide rouge. Plus fortement chauffée, elle se décompose en quinone et hydroquinone dichlorées qui se subliment. Elle est très-peu soluble dans l'eau froide, assez soluble dans l'eau bouillante, très-soluble dans l'alcool et dans l'éther.

La *quinhydrone hexachlorée*, $C^{12}H^4Cl^6O^4$, et la *quinhydrone octochlorée*, $C^{12}H^2Cl^8O^4$, n'ont pas été isolées à l'état de pureté.

A la quinhydrone octochlorée se rattachent deux composés décrits par Hesse [*Ann. de Chim. et Pharm.*, t. CXIV, p. 292, et *Répert. de Chim. pure*, 1861, p. 16]. L'un serait un dérivé monoéthylé, l'autre un dérivé monoacétylé de la quinhydrone octochlorée.

ÉTHYLQUINHYDRONE OCTOCHLORÉE,

$$C^{12}H(C^2H^5)Cl^8O^4 = C^6Cl^4 \left\{ \begin{matrix} -O-O- \\ OC^2H^5 \quad HO \end{matrix} \right\} C^6Cl^4.$$

— Le chloranile, $C^6Cl^4O^4$, soumis à l'action du gaz sulfureux sec en présence de 20 fois son poids d'alcool à 78°, se dissout peu à peu en donnant une solution colorée en jaune-brun, d'où l'eau précipite un corps que l'on purifie par cristallisation dans la benzine.

L'éthylquinhydrone octochlorée est en cristaux solubles dans l'éther, l'alcool froid, la benzine et l'acide acétique chauds. Elle fond à 236°, et se sublime déjà presque sans altération à 210°. Avec la chaux vive et une goutte d'eau, elle donne lieu à une belle coloration verte. En solution alcoolique, elle finit par s'altérer et dépose des prismes bruns, à éclat métallique, qui, chauffés, donnent des vapeurs violettes.

ACÉTYLQUINHYDRONE OCTOCHLORÉE,

$$C^{12}H(C^2H^3O)Cl^8O^4.$$

— Ce corps a été obtenu par l'action d'un courant de gaz sulfureux sur un mélange de chloranile et d'acide acétique cristallisable; on le purifie par sublimation. Il fond à 230° en se colorant en brun, et se sublime presque à la même température. Il est soluble dans l'éther, l'alcool, l'acide acétique bouillant, la benzine bouillante. Avec la chaux, il produit la même coloration verte que le précédent.

TÉTROXYQUINHYDRONE TÉTRACHLORÉE,

$$C^{12}H^6Cl^4O^8 = C^6Cl^2(OH)^2 \left\{ \begin{matrix} -O-O- \\ -OH \quad HO- \end{matrix} \right\} C^6Cl^2(OH)^2$$

(Græbe). — Dans la préparation de l'acide hydrochloranilique par l'action de l'acide sulfureux sur l'acide chloranilique (dichlorodioxyquinone) $C^6Cl^2O^2(OH)^2$ (voyez t. II, p. 1309), il se forme des aiguilles fines et noires de tétroxyquinhydrone tétrachlorée, quand on emploie une quantité insuffisante d'acide sulfureux ou que l'on ne chauffe pas assez longtemps. E. G.

QUINICINE, $C^{20}H^{24}Az^2O^2$. — M. Pasteur a donné le nom de quinicine à un alcaloïde qui n'existe pas à l'état naturel dans les écorces de quinquina, et qu'il a obtenu en soumettant la quinine à l'influence de la chaleur, dans des conditions identiques à celles qui lui ont servi à produire la cinchonicine au moyen de la cinchonine.

On obtient la quinicine en chauffant pendant trois ou quatre heures de 120° à 130° du sulfate de quinine, auquel on a eu la précaution d'ajouter une petite quantité d'eau et d'acide sulfurique. Il se forme en même temps une très-faible quantité de matière colorante. La base nouvelle est ensuite isolée à l'aide des procédés dont on se sert ordinairement pour l'extraction des alcaloïdes.

Cette base est insoluble dans l'eau, très-soluble dans l'alcool même absolu. Elle se présente sous la forme d'une résine fluide, et dévie à droite le plan de polarisation de la lumière. Elle chasse l'ammoniaque de ses combinaisons, et se combine facilement avec l'acide carbonique. Elle est fort amère et possède des propriétés fébrifuges [Pasteur, *Compt. rend. de l'Acad.*, t. XXXVII, p. 110]. E. C.

QUINIDINE, $C^{20}H^{24}Az^2O^2 + 2H^2O$. — Cet alcali a été désigné pour la première fois comme alcaloïde distinct du quinquina par MM. O. Henry et A. Delondre, en 1833. D'autres chimistes, tels que Winckler, ont indiqué sa présence dans diverses variétés de quinquina; enfin M. Pasteur, dans son travail sur les alcaloïdes des quinquinas, a prouvé que le produit complexe connu dans le commerce sous le nom de quinoïdine était un mélange en proportions variables des alcaloïdes du quinquina, tels que cinchonine, quinine, cinchonidine et quinidine. C'est ce même alcaloïde qui a été décrit par différents auteurs sous les noms de conchinine, de pitayine, β-quinidine, umuinine, quinoïdine cristallisée et cinchotine.

Préparation. — La quinidine est ordinairement retirée de cette matière complexe, connue dans le commerce sous le nom de quinoïdine. Voici comment on procède. On dissout la quinoïdine dans très-peu d'éther, on filtre pour séparer les parties insolubles, et, après avoir enlevé l'éther par la distillation, on dissout le résidu dans l'acide sulfurique dilué. On décolore ensuite la liqueur par le charbon animal; on la précipite par l'ammoniaque et on dissout dans l'éther le précipité convenablement lavé. La solution éthérée est mélangée avec le dixième de son poids d'alcool marquant 90 centièmes et abandonnée à l'évaporation spontanée. Il se dépose ainsi des cristaux de quinidine qu'on purifie par des lavages à l'alcool; les eaux mères, étant saturées par l'acide sulfurique, donnent d'abord des cristaux de sulfate de quinidine, et plus tard des cristaux de sulfate de quinine; les dernières eaux mères sont très-colorées.

M. O. Hesse prépare la quinidine (conchinine) en agitant la quinoïdine avec huit fois son poids d'éther, décantant, distillant l'éther et dissolvant le résidu dans de l'acide sulfurique étendu. Après avoir neutralisé exactement par l'ammoniaque à chaud, on ajoute à la solution du sel de Seignette jusqu'à cessation du précipité cristallin; on sépare ce précipité, qu'on lave avec une solution étendue de sel de Seignette; on décolore la liqueur filtrée par du noir animal, puis on ajoute à la liqueur chaude une solution d'iodure de potassium : par le refroidissement, la liqueur devient laiteuse et laisse déposer une poudre cristalline qui est de l'iodhydrate de quinidine. Cette précipitation doit être faite avec une solution *étendue* d'iodure de potassium; sans cette précaution il se dépose une masse résineuse. On traite le précipité par de l'ammoniaque pour mettre en liberté la base, que l'on combine ensuite à l'acide acétique; on précipite de nouveau par l'ammoniaque et on fait cristalliser dans l'alcool [O. Hesse, *Ann. der Chem. u. Pharm.*, t. CXLVI, p. 357, et *Bull. de la Soc. chim.*, 1868, t. X, p. 493].

Propriétés. — La quinidine offre une composition élémentaire identique à celle de la quinine, mais elle possède des propriétés physiques et chimiques qui ne permettent pas de la confondre avec cette dernière base; néanmoins, il est utile de faire remarquer que la description des caractères de la quinidine offre des différences assez sensibles, selon les auteurs qui en ont fait l'étude, pour faire supposer que toutes les recherches poursuivies sur cet alcaloïde n'ont pas été faites sur une seule et même substance.

La quinidine se dépose de sa solution éthérée, faite à chaud, sous la forme de gros prismes rhomboïdaux *obliques*, entièrement transparents, mais qui s'effleurissent à l'air en devenant opaques. Elle se dépose de sa solution alcoolique bouillante en gros prismes carrés brillants et efflorescents à l'air sec. Elle forme facilement avec l'alcool des solutions sursaturées qui se prennent par l'agitation en un magma de fines aiguilles, qu'on peut aussi obtenir lorsqu'on étend d'eau la solution alcoolique. La quinidine cristallise également dans l'eau.

D'après M. Winckler, elle affecte quelquefois la forme d'une poudre écailleuse qui présente au microscope l'aspect de tables rhomboïdales. D'après M. H.-G. Leers, elle cristallise de sa solution alcoolique en prismes incolores, durs et striés, dont les angles sont de 86° et 94° et qui sont terminés par des biseaux de 114°30'. D'après MM. Bussy et Guibourt, la quinidine se sépare de ses solutions hydroalcooliques, sous la forme de cristaux qui appartiennent au système du prisme orthorhombique.

Voici les principales formes observées :

L'octaèdre rectangulaire;

L'octaèdre rhomboïdal;

Le prisme droit rectangulaire plus allongé et terminé par un biseau;

Le prisme droit rhomboïdal.

Ces cristaux paraissent anhydres.

D'après Van Heizningen, la quinidine fond à 160° et se prend par le refroidissement en une masse résinoïde. D'après M. H.-G. Leers, elle fond à 175° en un liquide jaunâtre, sans dégager d'eau. Au delà de cette température, la substance se décompose et s'enflamme.

Enfin, d'après M. Van Heizningen, la quinidine fondue à 160° ne cristallise pas par le refroidissement, tandis qu'elle cristallise d'après M. Winckler.

D'autres auteurs placent le point de fusion de la quinidine à 168°. Cette base exige, pour se dissoudre, 1500 p. d'eau froide, 750 p. d'eau bouillante, 45 p. d'alcool absolu froid, 3,7 p. d'alcool ordinaire chaud, et 90 p. d'éther froid (Van Heizningen).

D'après M. Winckler, la quinidine est très-peu soluble dans l'eau froide, beaucoup plus soluble à froid dans l'alcool à 80 centièmes, soluble presque en toute proportion dans le même liquide bouillant, peu soluble dans l'éther. A la température de 12°,5, 100 p. d'éther en dissolvent seulement 0,692 (144,5 p. d'éther pour 1 de quinidine).

D'après M. H.-G. Leers, la quinidine se dissout dans 2580 p. d'eau à 17°, tandis qu'elle n'en exige que 1858 à 100°. A 17°, 12 p. d'alcool de 0,835 dissolvent 1 p. de quinidine et 100 p. d'éther ne dissolvent que 0,7 p. d'alcaloïde.

D'après MM. Bussy et Guibourt, la quinidine exige à froid de 140 à 150 p. d'éther pour se dissoudre, 45 p. d'alcool absolu, 105 p. d'alcool à 90 centièmes; elle est soluble dans 3,7 p. d'alcool absolu bouillant.

Voici d'autres indications sur la solubilité de la quinidine.

Une partie de quinidine se dissout à 15° dans 2000 p. d'eau, à 10° dans 35 p. d'éther, à 20° dans 22 p. d'éther et dans 26 p. d'alcool à 80 centièmes. Sa solubilité dans l'éther la place entre la quinine et la cinchonidine. Elle se dissout aussi en petite quantité dans la benzine, le chloroforme et le sulfure de carbone.

La solution alcoolique de quinidine dévie fortement à droite le plan de polarisation de la lumière. D'après M. Pasteur, cette base dissoute dans l'alcool absolu à 13° donne une déviation égale à $[\alpha]j = +250°75$.

La quinidine distillée avec de l'hydrate de potassium et un peu d'eau donne de la quinoléine, comme le font la quinine et la cinchonine dans les mêmes conditions.

Certains auteurs admettent que la solution de quinidine dans un acide présente la même coloration verte que la quinine par l'action de l'eau chlorée et de l'ammoniaque. D'après M. H.-G. Leers et M. Van Heizningen, au contraire, la quinidine se distingue de la quinine et de la cinchonine à l'aide de la réaction suivante : lorsqu'on pulvérise finement la quinidine et qu'on la traite par le chlore, elle se dissout, et par l'addition d'ammoniaque cette solution n'éprouve aucune altération. On sait que dans les mêmes circonstances, la quinine donne sous l'influence de l'ammoniaque, une coloration verte, et la cinchonine un précipité [O. Henry et A. Delondres, 1833, *Journ. de Pharm.*, t. XIX, p. 623; — Winckler, *Jarb. für prakt. Chem.*, t. VI, p. 65; — Liebig, *Ann. der Chem. u. Pharm.*, t. LVIII, p. 348; — Van Heizningen, *Ann. der Chem. u. Pharm.*, t. LXXII, p. 301; — Pasteur, *Compt. rend.*, t. XXXVI, p. 26, et t. XXXVII, p. 110; — M. H.-G. Leers, *Ann. der Chem. u. Pharm.*, t. LXXXII, p. 147, et *Ann. de Chim. et de Phys.*, (3), t. XXXVI, p. 112; — Bussy et Guibourt, *Journ. de Chim. et de Pharm.*, (3), t. XXII, p. 401].

Le chlore et l'ammoniaque colorent sa solution alcoolique en vert foncé. MM. H.-G. Leers et Van Heizningen disent le contraire.

Ses solutions aqueuses acides sont fluorescentes. Chauffée à 100° avec de l'acide sulfurique étendu, elle se modifie, devient amorphe et donne avec l'acide iodhydrique un sel soluble incristallisable.

La quinidine paraît former plusieurs hydrates. Précipitée d'une solution aqueuse très-étendue de chlorhydrate, elle est d'abord amorphe, mais se transforme peu à peu en petits cristaux très-efflorescents, fusibles au-dessous de 100°. Les cristaux déposés de l'alcool fondent à 120° et perdent leur eau à cette température; ils renferment 2 1/2 molécules H^2O et perdent 1 2 H^2O à l'air libre.

M. Pasteur explique les contradictions qu'on a pu remarquer dans les indications précédentes en admettant que M. Leers a eu en sa possession un des alcaloïdes purs (la cinchonidine) sans mélange de l'autre, tandis que M. Van Heizningen, au contraire, a opéré sur un produit formé en majeure partie de quinidine.

Voici maintenant les propriétés que M. Pasteur assigne à la quinidine : c'est une base hydratée efflorescente, isomère de la quinine, et qui possède comme cette dernière le caractère de la coloration verte par le chlore et l'ammoniaque. C'est elle qui aujourd'hui est la plus abondante dans les échantillons du commerce. Il est facile, en exposant à l'air chaud une cristallisation de quinidine, de reconnaître si elle contient de la cinchonidine. Tous les cristaux de cette dernière base demeureront limpides, tandis que les cristaux de quinidine s'effleuriront immédiatement en conservant leurs formes, et se détacheront en blanc mat sur ceux de l'autre base.

Soumises à l'action de la chaleur, la quinidine ainsi que la cinchonidine se transforment en deux bases isomères, poids pour poids, dans les mêmes conditions que les sels de quinine et de cinchonine. Chose curieuse, ces deux nouvelles bases sont identiques, la première avec la quinicine, la seconde avec la cinchonicine. M. Pasteur en tire cette conséquence remarquable : des quatre bases principales renfermées dans les quinquinas, quinine, quinidine, cinchonine, cinchonidine, les deux premières pouvant être transformées poids pour poids en une nouvelle base, la quinicine, sont forcément isomères, et les deux autres se transformant aussi dans les mêmes conditions en une seconde base, la cinchonicine, sont elles-mêmes forcément isomères.

M. Pasteur explique ces faits de la manière suivante : la molécule de ces bases est double et formée de deux corps actifs, l'un qui dévie beaucoup à gauche et l'autre très-peu à droite. Ce dernier, stable sous l'influence de la chaleur, résiste à une transformation isomérique, et, persistant sans altération dans la quinicine, il donne à celle-ci sa faible déviation à droite. L'autre groupe, très-actif au contraire, devient inactif quand on chauffe la quinine et que celle-ci se transforme en quinicine; cette dernière ne serait donc que de la quinine dont un des groupes actifs constituants est devenu inactif. Mais la quinidine se transforme également en quinicine; dans ce cas, M. Pasteur pense que le groupe très-actif dans la quinidine, et qui disparaît sous l'influence de la chaleur, serait droit au lieu d'être gauche comme dans la quinine, et toujours uni à ce même groupe droit peu actif et stable qui persiste dans la quinicine pour lui donner sa faible déviation à droite [Pasteur, *Compt. rend.*, t. XXXVI, p. 26, et t. XXXVII, p. 110].

M. O. Hesse a décrit sans nécessité sous le nom de quinidine un alcaloïde désigné par M. Pasteur sous le nom de cinchonidine : nom adopté dans la science et évidemment préférable, puisqu'il rappelle la similitude de composition de cet alcaloïde avec la cinchonine [*Ann. der Chem. u. Pharm.*, t. CXXXV, p. 325, et *Bull. de la Soc. chim.*, 1866, t. V, p. 459]. Ce travail, qui repose sur une confusion de mots, ne peut être reproduit dans cet article. Il suffit que le lecteur soit prévenu. M. O. Hesse a commis une autre confusion, il a étudié la quinidine et a publié le résultat de ses recherches en désignant cet alcaloïde sous le nom de conchinine [*loc. cit.*]. Voici les propriétés qu'il lui a assignées : la quinidine est dextrogyre; elle forme avec l'acide tartrique droit un sel neutre soluble qui n'est pas précipité par une solution étendue de sel de Seignette, tandis que les bases lévogyres donnent un sel neutre peu soluble dans l'eau et insoluble dans une solution de sel de Seignette.

Sels de quinidine. — La quinidine forme, comme la quinine, des sels neutres ou acides.

Acétate de quinidine. — Sel fort soluble, ne s'obtient que difficilement à l'état cristallisé; il se dépose à la longue, dans une solution sirupeuse, sous forme de beaux cristaux transparents [Van Heizningen, *loc. cit.*]. D'après O. Hesse, l'acétate serait incristallisable [O. Hesse, *loc. cit.*].

Azotate de quinidine, $C^{20}H^{24}Az^2, O^2HAzO^3$. — Se présente sous forme de gros cristaux doués d'un éclat vitreux, ou de prismes courts, anhydres, solubles dans 85 p. d'eau à 15°.

Chlorhydrate basique de quinidine,

$$C^{20}H^{24}Az^2O^2, HCl + H^2O.$$

— S'obtient en cristaux transparents, en longs prismes soyeux, solubles dans l'alcool et dans l'eau bouillante, très-peu dans l'éther. A 10°, une partie de ce sel exige 62,5 p. d'eau pour se dissoudre; il perd son eau de cristallisation à 120°.

Chlorhydrate neutre de quinidine,

$$C^{20}H^{24}Az^2O^2(HCl)^2.$$

— Se forme lorsqu'on traite par le gaz chlorhydrique l'alcali desséché; il se distingue du sel de quinine correspondant, en ce qu'on peut le faire recristalliser.

Chloroplatinate de quinidine. — Ce sel contient 4,8 °/₀ d'eau qu'il perd à 100°.

Ferrocyanhydrate de quinidine. — Il s'obtient en beaux prismes d'un jaune d'or lorsqu'on mélange des solutions étendues et chaudes de ferrocyanure de potassium et de sulfate de quinidine acide; avec des solutions concentrées on n'obtient qu'un précipité jaune.

Hyposulfite de quinidine,

$$(C^{20}H^{24}Az^2O^2)^2H^2S^2O^3 + 2H^2O.$$

— S'obtient par double décomposition et forme de petits prismes brillants, solubles dans 415 p. d'eau à 10°.

Iodhydrate basique de quinidine,

$$C^{20}H^{24}Az^2O^2, HI.$$

— Lamelles cristallines formées de petits prismes; si l'on précipite une solution concentrée d'un sel de quinidine par l'iodure de potassium, on obtient l'iodhydrate sous forme d'une poudre cristalline formée de prismes courts. Ce sel est peu soluble dans l'alcool et dans l'eau bouillante, et surtout dans l'eau froide. Il exige 1270 p. d'eau à 10° pour se dissoudre. Il est anhydre.

Iodhydrate neutre de quinidine,

$$C^{20}H^{24}Az^2O^2(HI)^2 + 3H^2O.$$

— S'obtient en beaux prismes d'un jaune d'or, en ajoutant de l'iodure de potassium à une solution de sulfate neutre de quinidine. Ce sel est assez soluble dans l'alcool et dans l'eau bouillante; il ne fond pas à 120°, mais devient brun; à l'air humide, il reprend sa couleur.

Oxalate de quinidine,

$$C^{20}H^{24}Az^2O^2, H^2C^2O^4 + H^2O.$$

— Ce sel ne peut pas s'obtenir par précipitation, comme le sel correspondant de quinine. Avec des solutions saturées à chaud, on obtient par le refroidissement des cristaux nacrés qui perdent 4,32 °/₀ d'eau à 120°.

Phosphate acide de quinidine,

$$C^{20}H^{24}Az^2O^2, H^3PO^4.$$

— Prismes quadrangulaires anhydres, solubles dans 131 p. d'eau à 10°, peu solubles dans l'alcool.

Succinate de quinidine,

$$(C^{20}H^{24}Az^2O^2)^2, C^4H^6O^4 + 2H^2O.$$

— Prismes blancs très-déliés, fusibles au-dessous de 100° en perdant leur eau, insolubles dans l'éther, très-solubles dans l'alcool. Ce sel exige 41,5 p. d'eau à 10° pour se dissoudre.

Sulfate basique de quinidine,

$$(C^{20}H^{24}Az^2O^4)^2H^2SO^4 + 6H^2O.$$

— Il exige pour se dissoudre, à la température de 10°, 350 p. d'eau et 32 p. d'alcool absolu. Il perd, à 130°, 12,6 °/₀ d'eau. Ce sel ressemble beaucoup au sulfate de quinine, seulement il est plus lanugineux. D'après M. Hesse, le sulfate de quinidine n'exige que 108 p. d'eau à 10° pour se dissoudre. Il est désigné dans le commerce sous le nom de sulfate de β-quinine, et sert quelquefois à falsifier celui-ci [Hesse, *loc. cit.*].

Sulfate neutre de quinidine,

$$C^{20}H^{24}Az^2O^2, H^2SO^4 + 4H^2O.$$

— Longs prismes incolores, solubles dans 8,7 p. d'eau à 10°.

Tartrate basique de quinidine,

$$(C^{20}H^{24}Az^2O^4)^2, C^4H^6O^8 + H^2O.$$

— Prismes soyeux, solubles dans 38,8 p. d'eau à 15°.

Tartrate acide de quinidine,

$$C^{20}H^{24}Az^2O^2, 2C^4H^6O^6 + 3H^2O.$$

— Il s'obtient en faisant bouillir le tartrate neutre avec 10 fois son poids d'eau et y ajoutant de l'acide tartrique jusqu'à dissolution; le nouveau sel se dépose en beaux prismes incolores par le refroidissement de la liqueur filtrée. L'eau froide le décompose peu à peu et en sépare une poudre blanche; à l'ébullition, cette décomposition est plus rapide et les grands prismes se transforment en petits prismes qui représentent alors un tartrate basique de la formule

$$(C^{20}H^{24}Az^2O^2)^2C^4H^6O^6 + 2H^2O.$$

Ce nouveau tartrate perd son eau de cristallisation à 120° et fond à 170° en un liquide qui se colore peu à peu; la quinidine se transforme, dans ce cas, en quinicine [O. Hesse, *Ann. der Chem. u. Pharm.*, t. CXLVII, p. 241, et *Bull. de la Soc. chim.*, 1869, t. XI, p. 175].

Tartrate double de quinidine et d'antimoine,

$$C^{20}H^{24}Az^2O^2, C^4H^5(SbO)'O^6.$$

— Ce sel a été préparé pour la première fois par M. Stenhouse, en ajoutant un excès de quinidine en poudre à une solution saturée à froid d'émétique; on chauffe le mélange jusqu'à l'ébullition, la base se dissout assez rapidement, et de l'oxyde d'antimoine se dépose. La solution filtrée à chaud laisse déposer le sel double en longues aiguilles soyeuses, peu solubles dans l'eau froide, solubles dans l'eau chaude et dans l'alcool bouillant.

La quinine, la cinchonine, la cinchonidine ne donnant pas de combinaisons analogues, ce serait un moyen de séparation de la quinidine [Stenhouse, *Ann. der Chem. u. Pharm.*, t. CXXIX, p. 15; *Proc. of the Roy. Soc. London*, t. XII, p. 491; *Bull. de la Soc. chim.*, t. I, p. 383, 1864].

D'après M. O. Hesse, ce tartrate double s'obtient plus facilement par le mélange de solutions chaudes d'émétique et d'un sel neutre de quinidine; il se sépare par le refroidissement de longues aiguilles soyeuses solubles dans 540 p. d'eau à 20°. Il renferme $4H^2O$ qu'il perd à 100° [O. Hesse, *loc. cit.*].

ACTION DE L'IODURE D'ÉTHYLE SUR LA QUINIDINE.

L'iodure d'éthyle réagit très-facilement sur la quinidine, lorsqu'on chauffe ces deux substances dans un ballon muni d'un réfrigérant. Quand la réaction est terminée, on ajoute de l'eau et on chasse par distillation l'excès d'iodure d'éthyle. On reprend le résidu par l'alcool étendu et on fait cristalliser. La liqueur se remplit de cristaux aciculaires et soyeux d'iodure d'éthylquinidylammonium, $C^{20}H^{24}Az^2O^2, C^2H^5I$.

Cet iodure, traité par le chlorure d'argent, est transformé en chlorure qui forme avec le tétrachlorure de platine un sel presque insoluble dans l'eau à froid et à chaud, légèrement soluble, à l'ébullition, dans l'acide chlorhydrique étendu. Ce sel double répond à la formule

$$C^{20}H^{24}Az^2O^2, C^2H^5Cl, PtCl^4.$$

Lorsqu'on traite l'iodure d'éthylquinidylammonium par de l'oxyde d'argent, on obtient une solution alcaline d'hydrate d'éthylquinidylammonium; cette base possède une saveur amère et attire fortement l'acide carbonique de l'air. La solution ne donne pas de cristaux lorsqu'on l'évapore [Stenhouse, *loc. cit.*].

La quinidine possède des propriétés fébrifuges.

E. C.

QUININE, $C^{20}H^{24}Az^2O^2$. — On a désigné sous le nom de quinine une des bases retirées des quinquinas. Elle possède au plus haut degré les propriétés fébrifuges de ces précieuses écorces.

Cet alcaloïde a été isolé en 1820 par Pelletier et Caventou, qui ont rendu, par cette découverte, un immense service à l'art de guérir. Liebig et Regnault ont établi sa composition centésimale, Strecker a proposé la formule adoptée aujourd'hui.

Préparation. — On retire ordinairement la quinine du sulfate de quinine, en précipitant une dissolution de ce sel par l'ammoniaque; la quinine se sépare sous la forme d'une matière blanche, floconneuse, qui reste amorphe et friable après sa dessiccation : quant à l'extraction directe des écorces, cette préparation est tellement liée à celle du sulfate de quinine, qu'il est difficile de scinder en deux ces opérations. On trouvera au paragraphe *Sulfate de quinine* la description du procédé classique qui a servi à l'extraction de la quinine et à la préparation du sulfate, ainsi que les diverses modifications apportées par l'industrie à la fabrication de ce sel [Pelletier et Caventou, *Ann. de Chim. et de Phys.*, t. XV, p. 291 et 337; — Pelletier et Dumas, *ibid.*, t. XXIV, p. 169; — Liebig, *Ann. der Chem. u. Pharm.*, t. XXVI, p. 49; — Regnault, *Ann. de Chim. et de Phys.*, t. LXVIII, p. 113; — Gerhardt, *Revue scientifique*, t. X, p. 186; — Laurent, *Ann. de Chim. et de Phys.*, (3), t. XIX, p. 364; — Strecker, *Compt. rend. de l'Acad.*, t. XXXIX, p. 58; — Badollier, *Ann. de Chim. et de Phys.*, t. XVII, p. 273; — Vorenton, *ibid.*, t. XVII, p. 439; — Geiger, *Répert. f. d. Pharm.*, t. XI, p. 79; *Magaz. de Pharm.*, t. VII, p. 44; — Büchner, *Répert. f. de Pharm.*, t. XII, p. 1; — Hermann, *Jahrb. d. Pharm.*, t. XXVII, p. 1116; — Stoltze, *Journ. f. Chemic. u. Phys.* v. Schweigger, t. XLIII, p. 457; — Henry, *Journ. de Pharm.*, t. XI, p. 334; — O. Henry et Plisson, *ibid.*, t. XIII, p. 268 et 369; — Strating, *Scheikund. Verhandl.*, Groeningue, 1822, et en extrait, *Rép. f. d. Pharm.*, t. XV, p. 139; — Pelletier, *Journ. de Pharm.*, t. XI, p. 249; — Duflos, *Jahrb. de Pharm.*, t. XXVII, p. 1100; — Cassola, *Journ. de Pharm.*, t. XV, p. 167; — Calvert, *ibid.*, (3), t. II, p. 388; — Lebourdais, *Ann. de Chim. et de Phys.*, (3), t. XXIV, p. 65].

Le nom de quinine brute ou de *quinio* a été donné à une préparation fort employée au Brésil. Ce produit retiré de l'écorce fraîche du quinquina à l'aide de la chaux et de l'alcool est extrêmement riche en quinine; il suffit de le faire bouillir avec de l'acide sulfurique étendu pour obtenir une abondante cristallisation de sulfate de quinine pur.

Le quinio est un corps jaune, d'apparence résineuse, d'une saveur amère. Insoluble dans l'eau froide, il communique une saveur amère à l'eau bouillante, qui en dissout un peu; il est très-soluble dans l'alcool et dans l'éther. Il se dissout presque entièrement dans l'acide sulfurique faible. Le quinio ne contient pas de cellulose. Chauffé sur une lame de platine, il brûle en répandant une odeur aromatique et laisse un léger résidu de chaux [Batka, *Chem. Centralb.*, 1859, n° 58, p. 913; *Journ. de Pharm. et de Chim.*, (3), t. XXXVII, p. 148].

Propriétés. — La quinine, précipitée par l'ammoniaque de la solution aqueuse d'un de ses sels, offre l'aspect d'une matière blanche incristallisable, mais capable de former des hydrates cristallisés. Elle est sans odeur, très-amère, et ramène au bleu le tournesol rougi par un acide. D'après Pelletier et Caventou, l'eau bouillante ne dissout que 0,005 de quinine desséchée, l'eau froide en dissout encore moins. D'après d'autres chimistes, la quinine exigerait 400 p. d'eau froide pour se dissoudre, et 150 p. seulement d'eau bouillante.

D'après M. Fausto Sestini, 1 gramme de quinine exige 1667 centimètres cubes d'eau à 20°, et 902 centimètres cubes à 100° pour se dissoudre, ou 1 gramme d'hydrate de quinine (avec $3H^2O$) en exige 1428 centimètres cubes à 20°, et 773,4 centimètres cubes à 100°. D'après le même auteur, les alcalis diminuent la solubilité de la quinine, la soude plus que la potasse : une lessive de soude, renfermant 1/6 d'alcali, ne dissout pas du tout la quinine [Fausto Sestini, *Zeitsch. für anal. Chem.*, nouv. sér., t. VI, p. 359, et *Bull. de la Soc. chim.*, 1869, t. XI, p. 175].

D'après Draggendorff, 1 p. de quinine se dissout dans 1167 p. d'eau distillée bouillie et froide, dans 2 p. d'alcool bouillant, dans 60 p. d'éther sulfurique et dans 1 p. 818 de chloroforme.

On voit que les solubilités trouvées pour la quinine ne sont pas très-concordantes; il est probable que ces différences tiennent à la pureté plus ou moins grande de l'alcaloïde essayé.

M. J. Regnauld a repris cette étude avec le plus grand soin, en prenant la précaution de n'opérer qu'avec de la quinine absolument pure. Voici les résultats auxquels il est arrivé et qui doivent être adoptés de préférence. 1 p. de quinine chimiquement pure se dissout dans 2266 p. d'eau à 15°, et dans 760 p. d'eau bouillante : la même quantité de quinine se dissout dans 1 p. 33 d'alcool à 15°, dans 22 p. 632 d'éther sulfurique pur à 15° et dans 1 p. 9259 de chloroforme à 15° [J. Regnauld, *Journ. de Pharm. et de Chim.*, 1874].

La quinine possède aussi la propriété de se dissoudre dans certaines huiles essentielles et dans quelques huiles grasses.

La solution aqueuse dévie à gauche le plan de polarisation de la lumière : $[\alpha]_r = -126°7$ pour la température de 22°. Ce pouvoir rotatoire diminue par une élévation de température, mais il augmente en présence des acides [Bouchardat, *Ann. de Chim. et de Phys.*, (3), t. IX, p. 236].

M. G. Bouchardat donne pour la valeur du pouvoir rotatoire spécifique de la quinine le nombre $[\alpha]_j = -270°,7$; les observations étant effectuées à une température voisine de 18° et avec des solutions renfermant de 1 à 10 °/₀ d'alcaloïde [*Bull. de la Soc. chim.*, 1873, t. XX, p. 15].

M. Otto a étudié avec soin le pouvoir rotatoire de la quinine pure et de ses sels; ses résultats s'accordent sensiblement avec ceux de M. Bouchardat.

Le pouvoir rotatoire des sels de quinine dépend de la nature du sel et de la proportion d'acide qu'il contient : ainsi lorsqu'on dissout dans la même liqueur du sulfate de quinine (supposé anhydre) avec 6 molécules SO^3, sous forme d'acide étendu, le pouvoir rotatoire spécifique du sel est augmenté de 37°,31.

La quinine a un pouvoir rotatoire plus élevé dans le sulfate acide à 1 molécule d'acide,

$$C^{20}H^{24}Az^2O^2,SO^4H^2 + 7H^2O.$$

Il ressort des expériences de M. O. Hesse ce fait intéressant que la quinine, dans sa combinaison à molécules égales avec l'acide sulfurique, possède le même pouvoir rotatoire spécifique que lorsqu'elle est dissoute dans de l'acide sulfurique concentré. Mais lorsque le sel neutre est dissous dans de l'acide sulfurique étendu, l'examen du pouvoir rotatoire de cette solution prouve que le sel neutre ne passe pas immédiatement à l'état de sulfate acide de quinine; ce n'est qu'avec le temps que cette transformation s'opère, et qu'on peut observer une plus grande déviation de la lumière.

M. G. Bouchardat n'a pu vérifier ce résultat; il a, au contraire, observé une diminution sensible pour les solutions de sulfate de quinine dans l'acide sulfurique à 30 °/₀. Le pouvoir rotatoire du sulfate neutre n'est plus alors que de 155°. M. G. Bouchardat conclut de ses observations qu'il ne faut pas attacher une importance absolue à l'action qu'exercent les dissolutions des alcaloïdes naturels sur la lumière polarisée, puisque cette action varie non-seulement avec la température, mais encore avec la nature et la proportion relative des dissolvants. Cependant il admet que l'on peut, sans commettre d'erreur notable, se servir des propriétés optiques de la quinine et de la cinchonine en dissolution pour reconnaître et même pour doser ces alcaloïdes, à la condition de les dissoudre dans l'eau acidulée par l'acide sulfurique [G. Bouchardat, *loc. cit.*].

La déviation produite par la quinine en combinaison avec l'acide chlorhydrique est plus faible que pour le sulfate, mais la marche est analogue; c'est-à-dire que la quinine produit une déviation plus forte en solution acide que lorsque la solution ne contient que le sel neutre. Le pouvoir rotatoire de la quinine dépend donc de la nature et de la quantité du dissolvant, ainsi que de la température [O. Hesse, *Ann. der Chem. u. Pharm.*, vol. CLXVI, p. 217, et *Bull. de la Soc. chim.*, 1873, t. XX, p. 406].

Une solution de quinine dans l'alcool absolu abandonnée à l'évaporation spontanée laisse une masse résineuse entremêlée de quelques aiguilles; la solution éthérée ne donne qu'un résidu résineux. Si l'on ajoute un excès d'ammoniaque à une solution étendue de sulfate de quinine et qu'on abandonne le mélange, on voit se former à la surface de fines aiguilles qui ont l'aspect d'une poudre amorphe lorsqu'elles sont desséchées. Cet hydrate renferme 3 molécules d'eau.

La quinine forme avec l'eau trois hydrates qui ont pour composition :

$$C^{20}H^{24}Az^2O^2 + H^2O,$$
$$C^{20}H^{24}Az^2O^2 + 2H^2O,$$
$$C^{20}H^{24}Az^2O^2 + 3H^2O.$$

L'hydrate à 1 molécule d'eau s'obtient à l'état cristallisé, d'après Van Heizningen, en abandonnant au contact de l'air la quinine récemment précipitée et bien lavée [Van Heizningen, *Scheik. Onderzoek*, t. V, p. 319, et *Pharm. Centralb.*, 1850, p. 90]. L'hydrate à 2 molécules d'eau se prépare en précipitant par l'ammoniaque une dissolution de sulfate de quinine dans laquelle on a fait dégager de l'hydrogène à l'aide d'un mélange d'acide sulfurique et de zinc (Schützenberger). Cet hydrate se présente sous la forme d'une masse résinoïde un peu verdâtre. Ce composé ne perd que 1 molécule d'eau à 150° et laisse pour résidu un hydrate $C^{20}H^{24}Az^2O^2 + H^2O$, qui donne des sels différents des sels de quinine et qui constitue peut-être une base particulière. — Voyez plus loin HYDRATE DE QUININE.

L'hydrate à 3 molécules d'eau, dont nous avons indiqué plus haut la préparation, fond à 120° en perdant ses 3 molécules d'eau, et se convertit par le refroidissement en une masse résinoïde transparente. Chauffé sur une lame de platine, il fond, se boursoufle, s'enflamme et brûle avec une flamme fuligineuse, en laissant un résidu de charbon.

Les acides azotique et sulfurique concentrés dissolvent la quinine sans la colorer. A chaud, la solution rougit et finit par noircir. L'acide sulfurique fumant la dissout pareillement; au bout de quelque temps la solution n'est pas précipitée par l'ammoniaque : il s'est formé une combinaison conjuguée, l'acide sulfoquinique [Schützenberger, *Compt. rend.*, 1858, t. XLVII, p. 235, et *Répert. de Chim. pure*, 1858, t. I, p. 77].

La quinine séchée à 130° se dissout dans le chlorure de benzoyle avec élévation de température. Si l'on sature par l'ammoniaque, il se forme un précipité résineux blanc qui renferme

$$C^{20}H^{23}(C^7H^5O)Az^2O^2.$$

Ce corps est basique; il est soluble dans l'alcool et dans l'éther, et insoluble dans l'eau [Schützenberger, *Compt. rend.*, 1857, t. XLVII, p. 233, et *Répert. de Chim. pure*, t. I, p. 78].

Lorsqu'on fait bouillir avec du peroxyde de plomb pur une solution de sulfate de quinine en y ajoutant goutte à goutte de l'acide sulfurique étendu, il se forme un produit rouge (*quinétine*). — Voyez ce mot.

Le permanganate de potassium oxyde la quinine en solution acide lorsqu'on chauffe vers 60°; le produit de cette oxydation, la *dihydroxylquinine*, sera étudié plus loin (p. 1296).

Quand on dirige un courant de chlore dans de l'eau tenant de la quinine en suspension, on obtient une solution rouge qui se décolore par l'action prolongée du chlore, en laissant précipiter une substance rouge. Ce produit se dissout à chaud dans les liqueurs acides, mais il s'en sépare de nouveau en grande partie par le refroidissement. Dissous dans l'alcool, il se dépose par l'évaporation spontanée sous la forme d'une poudre grenue qui paraît être composée de prismes microscopiques (Pelletier).

Un peu d'eau de chlore, puis quelques gouttes d'ammoniaque ajoutées à la solution d'un sel de quinine développent une teinte verte; cette dernière réaction, signalée par Brandes, est caractéristique pour les sels de quinine. D'après Vogel, si l'on a évité l'emploi d'un excès d'ammoniaque, la liqueur verte devient violette et finalement rouge foncé par l'addition nouvelle de quelques gouttes de chlore.

Si on verse de l'eau de chlore sur du sulfate de quinine délayé dans l'eau jusqu'à ce qu'il soit dissous, et qu'on ajoute à la liqueur jaune du ferrocyanure de potassium en poudre fine, il se produit immédiatement une couleur rouge foncé qui se maintient sans altération pendant quelques heures, mais qui ensuite, et notamment quand elle est exposée à la lumière, passe au vert. La teinte rouge n'est pas due à une combinaison cyanique, car on peut également la produire par l'eau de chaux et l'eau de baryte, par le phosphate et le borate de sodium. Cette réaction de la quinine est caractéristique et propre à faire reconnaître la pureté de cette substance.

Au lieu de chlore, on peut employer une solution d'hypochlorite de chaux additionnée d'acide chlorhydrique. Dans ce cas, par l'addition de l'ammoniaque, il se précipite une poudre verte. Les réactions précédentes ne se manifestent pas avec la cinchonine, et peuvent servir par conséquent à distinguer ces deux alcaloïdes.

Lorsqu'on broie la quinine avec de l'iode, on obtient une substance brune, amorphe, combinaison de quinine et d'iode. Cette iodoquinine existe probablement dans le sulfate d'iodoquinine découvert par Herapath. — Voyez p. 1295.

Quand on distille la quinine avec un excès de potasse caustique, il se dégage de l'hydrogène et il passe à la distillation une huile basique qu'on a nommée quinoléine brute; ce produit contient principalement de la quinoléine, de la lépidine et plusieurs autres alcalis de la série quinoléique. Le résidu paraît renfermer du formiate.

D'après M. Alvaro Reynoso, la quinine chauffée avec de l'eau à 240° ou 260° produit de la quinoléine.

L'iodure de méthyle et l'iodure d'éthyle se combinent directement avec la quinine en produisant les iodures de bases nouvelles. — Voyez p. 1296.

La quinine soumise à l'électrolyse est vivement attaquée; lorsqu'on agit sur une solution de sulfate basique de quinine, l'attaque ne se fait qu'avec difficulté, tandis qu'elle s'effectue facilement avec le sulfate neutre; le compartiment positif prend une coloration rouge qui finit par devenir très-foncée, et le gaz positif consiste en un mélange d'oxygène, d'acide carbonique et d'oxyde de carbone [Bourgoin, *Ann. de Chim. et de Phys.*, (3), t. LIV, p. 186, et *Bull. de la Soc. chim.*, 1869, t. XII, p. 443].

La quinine neutralise parfaitement les acides. C'est une base diacide, c'est-à-dire que, pour se saturer, elle a besoin de se combiner avec 2 molécules d'un acide monobasique ou avec 1 molécule d'un acide bibasique.

Les sels de quinine sont moins solubles dans l'eau que ceux de cinchonine [Van Heizningen, *Scheik. Onderzoek*, t. V, p. 319, et *Pharm. centralb.*, 1850, p. 90; — Marchand, *Journ. de Chim. médic.*, t. X, p. 362; — Pelletier, *Ann. der Chem. u. Pharm.*, t. XXIX, p. 48; *Journ. de Pharm.*, avril 1838; — Brandes, *Arch. de Pharm.*, t. XIII, p. 65; — Brandes et Leber, *ibid.*, t. XVI, p. 259; — André, *Ann. de Chim. et de Phys.*, t. LXXI,

p. 195; — A. Vogel, *Répert. f. Pharm.*, de Büchner, t. II, p. 289; *Ann. der Chem. u. Pharm.*, t. LXXIII, p. 221, t. LXXXVI, p. 122; — Gerhardt, *Revue scientifique*, t. X, p. 186; — Wertheim, *Ann. der Chem. u. Pharm.*, t. LXXIII, p. 212; — Alvaro Regnoso, *Ann. de Chim. et de Phys.*, (3), t. XLV, p. 112].

Usages de la quinine. — La quinine est administrée presque constamment à l'état de sulfate de quinine : c'est le fébrifuge par excellence. On l'emploie en général contre les maladies qui offrent le type intermittent. Le sulfate de quinine, à la dose de 25 à 60 centigrammes, peut couper l'accès d'une fièvre intermittente; mais lorsqu'il s'agit de combattre les fièvres pernicieuses des pays chauds, il faut élever la dose à 1, 2 et même 3 grammes.

Le sulfate de quinine a été aussi prescrit avec succès contre le rhumatisme articulaire, la goutte, etc.

SELS DE QUININE.

ACÉTATE DE QUININE. — Ce sel cristallise en longues aiguilles qui fondent par la chaleur en un verre incolore. Il est peu soluble dans l'eau froide, très-soluble dans l'eau bouillante. Il est peu stable et perd déjà de l'acide acétique au bain-marie.

ARSÉNIATE DE QUININE. — Ce sel ressemble entièrement au phosphate de quinine; il cristallise en longs prismes incolores, solubles dans l'eau bouillante. D'après M. Fausto Sestini, il existe trois arséniates de quinine :

$$(C^{20}H^{24}Az^2O^2)^2 AsO^4H^3 + 8H^2O,$$
$$(C^{20}H^{24}Az^2O^2)^2 AsO^4H^3 + 6H^2O,$$
$$C^{20}H^{24}Az^2O^2 AsO^4H^3 + 2H^2O$$

[*Zeitsch. für analyt. Chem.*, nouv. sér., t. VI, p. 369; *Bull. de la Soc. chim.*, 1869, t. XI, p. 175].

ARSÉNITE DE QUININE. — D'après Soubeiran, l'arsénite de quinine est un sel blanc, insoluble dans l'eau, soluble dans l'alcool. On l'obtient en faisant digérer de la quinine récemment précipitée avec une solution alcoolique d'acide arsénieux.

CARBONATE DE QUININE,

$$C^{20}H^{24}Az^2O^2, CO^3H^2 + H^2O.$$

— On obtient ce sel en faisant passer un courant d'acide carbonique dans un mélange d'eau et de quinine récemment précipitée et lavée, jusqu'à dissolution complète. Quoique saturée d'acide carbonique, la liqueur conserve toujours une réaction alcaline. Exposée à l'air, cette solution abandonne peu à peu des aiguilles transparentes de carbonate de quinine; à la fin de l'évaporation, de la quinine seule se dépose.

Le carbonate de quinine s'effleurit promptement au contact de l'air. Il est soluble dans l'alcool et insoluble dans l'éther; chauffé à 110°, il perd son acide carbonique et laisse de la quinine [Langlois, *Compt. rend.*, t. XXXVII, p. 727, et *Ann. de Chim. et de Phys.*, (3), t. XLI, p. 89].

CHLORATE DE QUININE,

$$4(C^{20}H^{24}Az^2O^2, HClO^3) + 7H^2O.$$

— Le chlorate de quinine cristallise en prismes déliés; chauffé doucement, il fond et prend l'aspect d'un vernis transparent en se refroidissant; mais exposé brusquement à l'action de la chaleur, il détone avec violence.

D'après Tichborne, le chlorate de quinine est très-soluble dans l'eau bouillante; la solution devient laiteuse par le refroidissement, le sel se précipitant en globules qui deviennent vitreux et finissent par se transformer en masses cristallines filiformes. Il se dissout dans 78,5 p. d'eau à 15°,5 centigrades; sa solubilité est augmentée par l'addition d'un acide énergique, même d'acide perchlorique en petite quantité. Le sel cristallise facilement dans l'alcool, dans lequel il est très-soluble.

Le chlorate de quinine additionné d'acide chlorhydrique et chauffé doucement dégage du chlore; si l'on ajoute alors de l'ammoniaque, la coloration verte connue se développe [Tichborne, *Chem. New.*, sept. 1866, n° 353, p. 111; *Bull. de la Soc. chim.*, 1867, t. VII, p. 449].

PERCHLORATE DE QUININE,

$$C^{20}H^{24}Az^2O^2, (ClO^4H)^2 + 7H^2O.$$

— Ce sel se prépare en décomposant le sulfate de quinine par le perchlorate de baryte. Par le refroidissement de la liqueur concentrée, le perchlorate de quinine se sépare sous forme de gouttes huileuses; on le redissout par une légère élévation de température, et finalement il se dépose sous forme d'octaèdres rhomboïdaux peu réguliers et légèrement dichroïques; la solution alcoolique de ces cristaux présente surtout un dichroïsme prononcé. Placés sous une cloche sur de l'acide sulfurique à la température ordinaire, ces cristaux fondent en une masse limpide fort dichroïque. Chauffé avec de l'eau, le perchlorate de quinine se dissout peu à peu; il est fort soluble dans l'alcool. Lorsqu'on l'expose à la chaleur, il fond vers 45° en perdant de l'eau; à 110°, cette perte est de 14,3 %; vers 150°, la masse se boursoufle, puis vers 160° elle redevient solide. Le sel a perdu à ce moment 18,63 % d'eau. Il détone à une température plus élevée.

A un certain moment de concentration de sa solution, le perchlorate de quinine se sépare en tables rhombes fort brillantes, renfermant 2 molécules d'eau de cristallisation, qu'il ne perd qu'à 210° [Boedeker jeune, *Ann. der Chem. u. Pharm.*, t. LXXI, p. 60; — Dauber, *ibid.*, t. LXXI, p. 65].

CHLORHYDRATES DE QUININE. — La quinine forme deux combinaisons avec l'acide chlorhydrique.

1° *Sel neutre.* — S'obtient en dissolvant la quinine dans un excès d'acide chlorhydrique et faisant cristalliser la solution. Il n'est point stable; en effet, l'eau le décompose en lui enlevant de l'acide chlorhydrique et en laissant un sel basique.

2° *Sel basique*, $2(C^{20}H^{24}Az^2O^2, HCl) + 3H^2O$. — Le chlorhydrate basique de quinine cristallise en longues fibres soyeuses, solubles dans l'acide chlorhydrique qui altère facilement cette combinaison, en la transformant en une matière résineuse. On obtient ce sel en dissolvant à chaud la quinine dans un léger excès d'acide chlorhydrique faible; par le refroidissement le chlorhydrate basique de quinine se dépose. On peut aussi l'obtenir par double décomposition au moyen du sulfate de quinine et du chlorure de baryum.

Chloromercurate de quinine,

$$C^{20}H^{24}Az^2O^2, (HCl)^2 HgCl^2.$$

— Ce sel se présente sous la forme d'un précipité grenu et cristallin très-peu soluble dans l'eau, l'alcool froid et l'éther. On l'obtient en mélangeant des liqueurs contenant des quantités égales de quinine et de bichlorure de mercure dissous dans l'alcool concentré; il faut avoir la précaution d'ajouter un peu d'acide chlorhydrique à la solution de quinine. Bientôt le mélange laisse déposer le chloromercurate de quinine.

Chloroplatinate de quinine,

$$C^{20}H^{24}Az^2O^2, (HCl)^2 PtCl^4 + H^2O.$$

— On obtient cette combinaison lorsqu'on ajoute à une solution de chlorhydrate neutre de quinine une solution de bichlorure de platine. Il se forme d'abord un précipité blanc jaunâtre et floconneux, qui ne tarde pas à devenir orangé et cristallin par l'agitation. D'après Gerhardt, ce sel perd une molécule d'eau à 140°.

Chlorhydrate de chlorozinc-quinine,

$$(C^{20}H^{24}Az^2O^2, 2HCl)^2ZnCl^2 + 2H^2O.$$

— On prépare cette combinaison en traitant la quinine pure dissoute dans l'alcool par le chlorure de zinc : de l'oxyde de zinc se précipite. On ajoute de l'acide chlorhydrique jusqu'à ce que le précipité soit redissous, puis on chauffe la liqueur pendant quelque temps et on la filtre bouillante. Par le refroidissement, le sel se précipite sous la forme de petits prismes aplatis.

Chlorhydrate acide de chlorozinc-quinine,

$$(C^{20}H^{24}Az^2O^2, 2HCl)^2ZnCl^2 + 2HCl + 3H^2O.$$

— Ce sel s'obtient en dissolvant le sel précédent dans de l'acide chlorhydrique étendu ou en traitant par le chlorure de zinc une solution alcoolique bouillante de chlorhydrate de quinine acidulée. Le sel cristallise en fines aiguilles ; il est assez soluble dans l'eau et dans l'alcool [Graefinghoff, *Journ. für prakt. Chem.*, t. XCV, p. 221, et *Bull. de la Soc. chim.*, 1865, t. IV, p. 303].

Citrate de quinine. — L'acide citrique donne avec la quinine un sel peu soluble cristallisé en aiguilles déliées.

Cyanurate de quinine. — Le cyanurate de quinine est un sel blanc amorphe, soluble dans l'eau et dans l'alcool.

Cyanoferrates de quinine. — On en connaît deux, l'un correspondant au ferrocyanure jaune de potassium, l'autre au ferricyanure rouge.

1° *Ferrocyanhydrate de quinine*,

$$(C^{20}H^{24}Az^2O^2)^2(FeCy^6)^{\text{iv}}H^4 + 4H^2O.$$

— Ce sel cristallin de couleur orangée s'obtient en mélangeant une solution alcoolique d'acide ferrocyanhydrique avec une solution également alcoolique de quinine.

2° *Ferricyanhydrate de quinine*,

$$(C^{20}H^{24}Az^2O^2)^2(Fe^2Cy^{12})^{\text{vi}}H^6 + 3H^2O.$$

— Cette combinaison s'obtient en ajoutant une solution concentrée de ferricyanure de potassium à une solution concentrée de chlorhydrate de quinine contenant un peu d'acide chlorhydrique libre. Il se forme un précipité jaune doré, composé de feuillets cristallins. Ce composé ne perd pas de son poids à 100° ; il se dissout facilement dans l'eau, mais on ne peut évaporer la solution sans altérer le sel [Dollfus, *Ann. der Chem. u. Pharm.*, t. LXV, p. 224].

Platinocyanures de quinine. — D'après M. Wertheim, on obtient les sels suivants :

$$C^{20}H^{24}Az^2O^2, (CyH)^2, PtCy^4 + H^2O,$$
$$C^{20}H^{24}Az^2O^2, (ClH)^2, PtCy^4,$$

en précipitant le sulfate de quinine par les sels de potasse correspondants [Wertheim, *Ann. der Chem. u. Pharm.*, t. CXXIII, p. 210].

Eugénate de quinine, $C^{20}H^{24}Az^2O^2, C^{10}H^{12}O^2$. — Ce sel s'obtient en dissolvant de la quinine et de l'essence de girofle dans l'alcool bouillant ; par le refroidissement, l'eugénate de quinine se dépose en longs prismes soyeux. Il est peu soluble dans l'eau bouillante ; la portion non dissoute fond en formant une huile qui se concrète en une masse cristalline par le refroidissement. Il se dissout à 10° dans 12 p. d'éther. Ce sel n'est décomposé ni par l'ammoniaque ni par la potasse ; il se dissout à chaud dans les solutions de ces bases et cristallise de nouveau par le refroidissement ; il fond à 110° en perdant de l'acide. Les acides en séparent l'acide eugénique [O. Hesse, *Ann. der Chem. u. Pharm.*, t. CXXXV, p. 325, et *Bull. de la Soc. chim.*, 1866, t. V, p. 459].

Fluorhydrate de quinine. — L'acide fluorhydrique forme avec la quinine récemment précipitée un sel incristallisable et très-soluble dans l'alcool. En évaporant à siccité sa solution aqueuse, on obtient une masse très-déliquescente composée d'aiguilles groupées en faisceaux [Elderhorst, *Ann. der Chem. u. Pharm.*, t. LXXIV, p. 79].

Gallate de quinine. — Les dissolutions concentrées des sels de quinine sont précipitées par l'acide gallique et les gallates alcalins. Le précipité se dissout dans l'eau bouillante ; par le refroidissement la liqueur devient lactescente et il se forme un dépôt amorphe soluble dans l'alcool et dans un excès de réactif. D'après Pfaff et Henry, l'acide gallique exempt d'acide tannique ne précipite pas les sels de quinine.

Hyposulfate de quinine. — On obtient l'hyposulfate de quinine en précipitant à chaud une solution de sulfate de quinine par une solution d'hyposulfate de baryte. Le sel cristallise par le refroidissement.

Hyposulfite de quinine,

$$(C^{20}H^{24}Az^2O^2)^2S^2O^3H^2.$$

— L'hyposulfite de quinine se précipite en flocons lorsqu'on versé une solution d'hyposulfite de sodium dans une solution de chlorhydrate de quinine. Ce sel est soluble dans l'alcool bouillant, qui le laisse cristalliser en belles aiguilles par le refroidissement [Wetherill, *Ann. der Chem. u. Pharm.*, t. LXVI, p. 150].

Iodates de quinine. — D'après Sérullas, il existe deux combinaisons de l'acide iodique avec la quinine : 1° une combinaison assez soluble dans l'eau et cristallisant en aiguilles soyeuses, obtenue en saturant l'acide iodique par la quinine ; 2° une autre combinaison obtenue en ajoutant un excès d'acide iodique à la solution du sel précédent, et qui forme un iodate peu soluble dans l'eau.

Periodate de quinine,

$$C^{20}H^{24}Az^2O^2, IO^4H + 11H^2O.$$

— Ce sel se produit lorsqu'on abandonne dans une étuve chauffée à 40° un mélange composé d'une solution alcoolique saturée de quinine et d'une solution également alcoolique d'acide periodique. Par l'évaporation lente de l'alcool, le sel se dépose sous forme de petites aiguilles peu solubles dans l'eau, mais assez solubles dans l'eau aiguisée d'acide azotique [Langlois, *Ann. de Chim. et de Phys.*, (3), t. XXXIV, p. 274].

Iodhydrates de quinine. — Il en existe deux : 1° l'*iodhydrate basique de quinine*, cristallisant en aiguilles fines, peu solubles dans l'eau, très-solubles dans l'alcool ; on l'obtient en saturant l'acide iodhydrique par la quinine ; 2° le *sel neutre*, $C^{20}H^{24}Az^2O^2, (HI)^2 + 5H^2O$, qui cristallise sous la forme de grandes lames d'un beau jaune et fort acides. Ce sel perd en partie son eau de cristallisation entre 30° et 40° et en totalité à 120°. Il absorbe de nouveau à l'air humide $2H^2O$ [O. Hesse, *loc. cit.*].

Mellate de quinine. — Le mellate de quinine est un sel peu soluble dans l'eau froide, plus soluble dans l'eau bouillante qui, en se refroidissant, l'abandonne sous forme d'un précipité blanc cristallin. Ce sel ne perd pas d'eau à 100°, mais à 130° il jaunit en dégageant un peu d'ammoniaque. On obtient le mellate de quinine en mélangeant des solutions alcooliques de quinine et d'acide mellique. Le précipité qui se forme, d'abord blanc et volumineux, ne tarde pas, après quelques lavages à l'alcool faible, à se transformer en un produit cristallin constitué par des tables rhombes très-brillantes [Karmrodt, *Ann. de Chim. et de Phys.*, t. LXXXI, p. 170].

Oxalates de quinine. — Il en existe deux : 1° $(C^{20}H^{24}Az^2O^2)^2C^4O^4H^2 + H^2O$ (à 125°), sel basique cristallisant en aiguilles excessivement fines. On le prépare en précipitant une solution d'acétate de quinine par l'oxalate d'ammoniaque; on le reprend par l'alcool bouillant dans lequel il se dissout; il cristallise par le refroidissement;

2° Un sel neutre qui cristallise en aiguilles fort solubles dans l'eau.

Phosphate de quinine,

$$(C^{20}H^{24}Az^2O^2)^2PhO^8H^3 + 2H^2O?$$

— La quinine se dissout facilement à chaud dans l'acide phosphorique; le phosphate cristallise par le refroidissement en aiguilles soyeuses groupées concentriquement. Ces cristaux perdent des quantités variables d'eau à 120°, 7,57 à 7,85; une autre préparation a donné un sel contenant 15,3 °/₀ d'eau [Anderson, *Ann. der Chem. u. Pharm*, t. LXVI, p. 59].

Picrate de quinine. — Cette combinaison s'obtient par double décomposition, et se dépose sous la forme d'une poudre jaune, peu soluble dans l'eau, très-soluble dans l'alcool. Lorsqu'on la fait bouillir dans l'eau, elle fond et surnage en gouttes huileuses.

Quinate de quinine. — Ce sel peut être retiré directement des quinquinas; on l'obtient aussi par double décomposition avec le quinate de baryte et le sulfate de quinine. Il se dépose par l'évaporation sous la forme de croûtes mamelonnées; quelquefois il cristallise en aiguilles. Il est fort soluble dans l'eau et moins soluble dans l'alcool [Baup, *Ann. de Chim. et de Phys.*, t. LI, p. 71].

Sulfarséniate de quinine,

$$C^{20}H^{24}Az^2O^2, H^2S, As^2S^5.$$

— Lorsqu'on ajoute à une solution froide d'un sel de quinine une solution de sulfarséniate de sodium, il se produit un précipité laiteux devenant peu à peu d'un jaune de soufre, et soluble dans un excès de sulfarséniate. On peut l'obtenir aussi en faisant passer un courant d'hydrogène sulfuré à travers une solution d'arséniate de quinine; en laissant reposer 24 heures, le sel se dépose [Em. Masing, *Pharm. Zeitsch. für Russland*, 1868, p. 350; *Zeitsch. für Chem.*, nouv. sér., t. V, p. 350; *Bull. de la Soc. chim.*, t. XII, p. 487].

Sulfates de quinine. — L'acide sulfurique s'unit en plusieurs proportions avec la quinine; jusqu'à présent on ne connaissait qu'un sel basique et un sel neutre. M. Hesse vient de décrire une troisième combinaison, dans laquelle 1 molécule seulement de quinine s'unit à 2 molécules d'acide sulfurique. Le sulfate basique est le plus important des sels de quinine et c'est à peu près la seule forme sous laquelle ce puissant fébrifuge est employé en médecine. La fabrication de ce produit si utile est devenue l'objet d'une industrie considérable; seulement les procédés mis en usage pour obtenir ce médicament varient presque autant que le nombre des fabricants. On a constaté que les ouvriers employés à ce genre de travail sont exposés à une maladie cutanée souvent fort grave et que ceux qui s'occupent plus spécialement de la pulvérisation des écorces de quinquina peuvent être atteints d'une fièvre particulière désignée sous le nom de *fièvre de quinquina*.

Sulfate basique de quinine,

$$(C^{20}H^{24}Az^2O^2)^2, SO^4H^2 + 7H^2O.$$

Préparation. — 1° Nous décrirons d'abord le procédé classique tel qu'il a été indiqué pour la première fois par MM. Pelletier et Caventou pour l'extraction de la quinine et la préparation de son sulfate. Ce procédé consiste à faire bouillir l'écorce de quinquina réduite en poudre grossière avec 8 à 10 p. d'eau, additionnée de 12 °/₀ d'acide sulfurique concentré ou mieux de 25 °/₀ d'acide chlorhydrique. Au bout d'une heure, on verse la décoction sur une toile et on soumet le résidu à une seconde et à une troisième ébullition avec de l'eau contenant une plus faible proportion d'acide. Après le refroidissement des liqueurs on ajoute un lait de chaux par petites portions et en léger excès. On précipite ainsi non-seulement la quinine et les autres alcaloïdes du quinquina, mais aussi la matière colorante (rouge cinchonique). Ce dépôt quino-calcaire renferme en même temps l'excès de chaux et du sulfate de chaux, dans le cas où l'on a employé de l'acide sulfurique. On laisse égoutter le précipité et on le soumet à une pression graduée; les eaux qui s'écoulent, soit des toiles, soit de la presse, sont réunies dans un même réservoir; elles donnent à la longue un nouveau dépôt. Le tourteau exprimé est desséché, puis mis en macération avec de l'alcool, en vase clos et au bain-marie. La concentration de l'alcool nécessaire à cette opération dépend de la qualité du quinquina traité; si l'on opère sur du quinquina Calisaya, particulièrement riche en quinine, il suffit d'un alcool de 75 à 80 centièmes; si les écorces traitées sont plus pauvres en quinine, il convient de prendre un alcool plus concentré, soit de 85 à 90 centièmes, la cinchonine étant bien moins soluble dans l'alcool faible que la quinine. On épuise ainsi le tourteau à l'aide de l'alcool chaud; à chaque opération on exprime le marc et on filtre les liqueurs alcooliques, puis on concentre par la distillation. Lorsqu'on a traité une écorce riche en cinchonine, cette dernière base cristallise par le refroidissement et les eaux mères retiennent la quinine plus soluble, mélangée encore d'une certaine quantité de cinchonine. On neutralise ces eaux mères par l'acide sulfurique étendu de manière à leur communiquer une réaction acide à peine sensible pour convertir les alcaloïdes en sulfates; puis on chasse l'alcool par distillation. La liqueur qui reste se prend en une masse de cristaux formée par du sulfate de quinine. Le sulfate de cinchonine plus soluble reste dans les eaux mères.

Lorsqu'on opère sur des écorces dans lesquelles la quinine domine par rapport à la cinchonine, ce qui est le cas le plus ordinaire, il n'est pas nécessaire d'effectuer directement la séparation des deux bases par la distillation de l'alcool; on utilise la différence de solubilité des deux sulfates basiques dans l'eau froide. Il suffit donc de neutraliser les deux bases comme on vient de l'indiquer et de chasser ensuite l'alcool par la distillation. Par le refroidissement le sulfate de quinine cristallise. On met cette masse cristalline à égoutter sur une toile afin de séparer l'eau mère noire qui la souille; on lave ensuite le dépôt avec un peu d'eau froide, pour le débarrasser en grande partie de l'eau mère, qui contient presque toute la cinchonine à l'état de sulfate. Le sulfate de quinine coloré qu'on obtient est réduit en pâte au moyen de l'eau chaude; on y mêle du charbon animal pulvérisé, et l'on abandonne cette pâte jusqu'au lendemain afin de permettre au charbon d'exercer son action décolorante.

On reprend la masse par parties, on la délaye dans l'eau, et l'on fait bouillir; on filtre la solution bouillante et l'on concentre suffisamment la liqueur pour que le sulfate de quinine, parfaitement blanc, se dépose par le refroidissement. Au bout de 48 heures on fait égoutter le sulfate; on enlève le sel par blocs au moyen d'une carte de corne et on le place sur quelques doubles de papier disposés sur une claie. On le porte à l'étuve et l'on a soin de le tenir couvert; à défaut de cette précaution, il se colore en jaune sous l'influence de la radiation lumineuse. Il est également indispensable de ne laisser le sulfate de quinine à l'étuve que pendant le temps nécessaire pour le sécher; afin d'éviter l'efflorescence, on doit opérer la dessiccation à une température assez basse.

Les eaux mères, qui retiennent la plus grande partie du sulfate de cinchonine, contiennent encore du sulfate de quinine; on y ajoute de l'ammoniaque qui précipite entièrement ces deux bases. On convertit les alcaloïdes en sulfates, on traite la solution chaude par du charbon animal et, s'il est nécessaire, par un peu de craie afin de saturer l'acide dans le cas où ce dernier serait en excès. La liqueur convenablement concentrée est filtrée bouillante; par le refroidissement, elle fournit de nouveaux cristaux incolores. Les eaux mères de cette opération sont traitées de la même façon, et l'on répète ce traitement jusqu'à ce que l'on ait tout transformé en sulfate cristallisé. Dans cette série d'opérations, on évite avec soin l'évaporation des eaux mères, car il se forme sous l'influence de la chaleur des produits colorés, lesquels s'attachent au sulfate de quinine et qu'on a la plus grande peine à éliminer.

Après la troisième précipitation, au lieu de dissoudre le précipité au moyen de l'acide sulfurique, on trouve quelquefois avantageux de le traiter par l'alcool à 64°, qui dissout seulement la quinine.

La haute importance que présente la quinine comme médicament a fait rechercher les méthodes les plus avantageuses pour l'extraire du quinquina et pour la purifier des bases ainsi que d'autres substances étrangères qui l'accompagnent dans les écorces.

Cette opération est assez délicate à cause de la facilité avec laquelle les alcalis des quinquinas s'altèrent et se transforment en des matières colorées résinoïdes. Aussi a-t-on fait subir diverses modifications au procédé qu'on vient de décrire.

D'abord on peut remplacer avantageusement la chaux par le carbonate de soude pour précipiter les bases organiques; car la quinine se dissout en petite quantité dans l'eau de chaux et dans le chlorure de calcium.

2° Certains fabricants font un mélange de quinquina en poudre et de chaux, qu'ils introduisent dans une série d'appareils de déplacement et traitent par de l'alcool. La solution alcoolique est distillée, puis le résidu traité par l'acide sulfurique faible. On obtient ainsi directement du sulfate de quinine fort peu coloré, et qu'une nouvelle cristallisation permet d'obtenir tout à fait incolore. Les eaux mères sont précipitées par l'ammoniaque, et le mélange des bases impures qu'on obtient ainsi rentre dans le travail des matières fraîches; mais toutes les méthodes dans lesquelles on employait l'alcool ont été abandonnées; ce véhicule d'un prix trop élevé a été remplacé par les huiles lourdes de la distillation du goudron ou des pétroles.

Thiboumery avait déjà, dès 1833, proposé de substituer à l'alcool divers autres dissolvants de la quinine, tels que les huiles fixes ou les huiles volatiles, par exemple l'essence de térébenthine.

3° On a également indiqué le procédé suivant : l'écorce de quinquina est épuisée par de l'eau bouillante contenant de l'acide chlorhydrique ou de l'acide sulfurique; les liqueurs filtrées et réunies sont additionnées de soude caustique, d'ammoniaque ou d'un carbonate alcalin, tant qu'il se forme un précipité. A ce moment la liqueur devient alcaline, et il est nécessaire que l'excès d'alcali soit aussi faible que possible. La liqueur renfermant le précipité en suspension est alors soumise à l'ébullition et additionnée d'une certaine quantité d'acides gras solides (acide stéarique ou margarique), l'acide gras entre bientôt en fusion et vient nager à la surface en formant une couche qui, sous l'influence de l'ébullition, entre peu à peu en contact avec toutes les parties solides ou liquides de la liqueur : de cette manière la quinine et la cinchonine se fixent sur l'acide gras en formant un savon insoluble; tous les alcaloïdes sont ainsi séparés. On laisse refroidir, et lorsque l'acide gras qui surnage est solidifié on le retire et on le fait bouillir dans de l'eau distillée jusqu'à ce que celle-ci conserve sa limpidité, puis on traite par de l'eau acidulée bouillante qui enlève toute la quinine ainsi que la cinchonine qui étaient combinées avec l'acide gras. La solution chaude neutralisée par un alcali laisse déposer une matière brune que l'on sépare à l'aide du filtre; par le refroidissement, le liquide laisse déposer le sulfate de quinine cristallisé [Clarke, *Archiv. de Pharm.*, t. CLII, p. 37; *Journ. de Pharm. et de Chim.*, (3), t. XXXVII, p. 409].

Ce mode de préparation a été modifié, on a remplacé l'acide gras par un corps gras neutre ou par d'autres substances insolubles pouvant dissoudre la quinine. Lorsqu'on emploie une huile fixe, il faut opérer sur une liqueur aussi peu alcaline que possible; on traite la base à chaud par l'huile qui la dissout, sans toucher à la matière brune avec laquelle elle était mélangée; on traite ensuite la solution huileuse par de l'eau additionnée d'un acide qui puisse former avec la quinine un sel soluble; puis on sépare les deux liquides au moyen d'un siphon. La quinine est ensuite précipitée par un alcali minéral.

Dans les cas où l'on emploie les hydrocarbures lourds pour l'extraction de la quinine, voici comment on opère :

4° Les tourteaux de quinine et de chaux, si l'on a opéré avec de la chaux, sont d'abord desséchés, puis mis en poudre; on les délaye en les triturant avec l'huile lourde dans un vase en cuivre étamé, chauffé au bain-marie jusqu'à 100°, en agitant continuellement pendant une heure, puis on laisse reposer, on décante; on renouvelle à trois ou quatre reprises le même traitement. Les solutions des alcaloïdes dans l'hydrocarbure sont réunies et introduites dans un vase terminé en entonnoir à sa partie inférieure et muni d'un robinet : on ajoute alors, en agitant, de l'eau acidulée par de l'acide sulfurique; cet acide s'unit aux bases organiques et forme des sels qui se dissolvent dans l'eau. On laisse reposer; la solution aqueuse gagne le fond de l'appareil, tandis que l'hydrocarbure surnage. On décante par le robinet inférieur la solution aqueuse de sulfate de quinine, on la porte à l'ébullition avec du charbon animal (lavé à l'acide chlorhydrique), on filtre bouillant et on laisse cristalliser.

5° M. Rabourdin a proposé le procédé suivant fondé sur la propriété que possèdent les alcalis fixes et caustiques employés en excès de dissoudre le tannin, le rouge cinchonique insoluble, les matières colorantes et résineuses du quinquina sans toucher à la quinine.

La méthode consiste à épuiser le quinquina en poudre dans un appareil à déplacement par de l'eau contenant 3 centièmes d'acide chlorhydrique. On verse ensuite dans ce liquide de la soude caustique en solution (lessive des savonniers) qui précipite la quinine en flocons blancs caillebottés qui se déposent assez rapidement; on décante le liquide rouge qui surnage et on recueille le précipité sur une toile où il est lavé avec un peu d'eau. La quinine est ensuite transformée en sulfate par les moyens ordinaires.

D'après M. Rabourdin, ce procédé offrirait les avantages suivants :

1° Il supprime l'emploi de l'alcool;

2° Il évite la précipitation de la quinine par la chaux, ainsi que la dessiccation du précipité à l'étuve;

3° Il supprime l'emploi du noir animal;

4° Il donnerait un produit plus abondant [Rabourdin, *Journ. de Pharm. et de Chim.*, (3), t. XXXIX, p. 408].

Propriétés du sulfate de quinine. — Le sulfate basique de quinine se présente sous forme d'aiguilles prismatiques fines, légèrement flexibles et douées d'un éclat nacré. Ces cristaux appartiennent au type du prisme clinorhombique.

Combinaison observée, p, h^1, g^1. Inclinaison des faces, p, $g^1 = 95° 50'$. Les cristaux présentent souvent des hémitropies. Clivage prononcé parallèlement à $b^{1/2}$ et m [Brooke, *Ann. of Philos. de Philips*, t. VI, p. 375].

Ce sel est très-léger et possède une saveur très-amère. Il devient phosphorescent quand on le chauffe à + 100°; le frottement augmente beaucoup cette phosphorescence, et le corps frotté se trouve chargé d'électricité vitrée. Il entre aisément en fusion; à une température plus élevée il prend une belle couleur rouge et finit par se charbonner. Il s'effleurit promptement à l'air. Il renferme 7 molécules d'eau de cristallisation qu'il perd complétement à 120°; en s'effleurissant, il ne perd que 6 molécules d'eau [Regnault, *loc. cit.*; — Baup, *Journ. de Pharm.*, t. VII, p. 402, et *Ann. de Chim. et de Phys.*, t. XXVII, p. 328].

Ce sel est bien moins soluble dans l'eau que le sulfate neutre, il exige pour se dissoudre 740 p. d'eau à 13° et environ 30 p. d'eau bouillante, la solution ramène au bleu le papier de tournesol rougi par un acide. D'après M. J. Regnauld, une partie de sulfate basique de quinine exige 755 p. d'eau distillée bouillie pour se dissoudre [*Journ. de Pharm. et de Chim.*, 1874]. Le sulfate basique se dissout à la température ordinaire dans 60 p. d'alcool d'une densité de 0,85, il est plus soluble dans l'alcool bouillant; l'éther n'en dissout que des traces.

Certains sels tels que le sel ammoniac, l'azotate de potassium, le sel marin, l'eau de savon, augmentent la solubilité du sulfate de quinine dans l'eau. La puissance de dissolution accusée par ces sels est de moitié plus forte que celle de l'eau simple prise comme point de comparaison.

Le phosphate et le bicarbonate de sodium entravent la dissolution dans l'eau, le premier en rendant libre une certaine quantité de quinine, le second en produisant une double décomposition [Calloud, *Répert. de Pharm.*, t. XVI, p. 177].

La solution du sulfate de quinine dans l'eau aiguisée d'un peu d'acide sulfurique dévie fortement à gauche le plan de polarisation de la lumière; $[\alpha]r = -147°,74$ [Bouchardat, *loc. cit.*; — de Vrij et Alluard, *Journ. de Pharm. et de Chim.*, (3), t. XLVI, p. 192].

On a vu plus haut que, d'après M. O. Hesse, le pouvoir rotatoire de la quinine variait avec les quantités d'acide combiné avec elle.

Lorsqu'on délaye le sulfate de quinine dans l'eau et qu'on ajoute à la liqueur quelques gouttes d'acide sulfurique, le tout se dissout et la liqueur montre des reflets bleus qui sont très-sensibles même lorsqu'elle a été étendue de beaucoup d'eau. L'action qu'exerce cette solution sur les rayons lumineux a été étudiée par John Herschel et par Stokes [*Philos. Transact.*, 1845, p. 143 et 147, et *Ann. de Chim. et de Phys.*, t. XXXVIII, p. 378, 380 et 495, et t. XLII, p. 85; — Stokes, *Philos. Transact.*, 1852, p. 463, et *Ann. de Chim. et de Phys.*, (3), t. XXXVIII, p. 506].

L'iode produit avec le sulfate de quinine une combinaison particulière connue sous le nom de sel d'Herapath (p. 1295).

Essai du sulfate de quinine. — En raison de son prix élevé et de la grande consommation qu'on en fait, le sulfate de quinine a souvent donné lieu à des sophistications. On l'a mêlé avec du sulfate de calcium cristallisé, de l'acide borique, de la mannite, du sucre, des acides gras, de la salicine, de l'amidon, du sulfate de cinchonine ou de quinidine, des carbonates de calcium et de magnésium, de l'oxalate d'ammoniaque, de la phlorizine, etc.

On découvre aisément la présence des matières minérales en incinérant le sulfate, qui laisse, dans ce cas, un résidu plus ou moins notable. Les substances solubles dans l'eau et neutres, telles que le sucre, la mannite, la gomme, la salicine, se reconnaissent facilement en traitant la solution de sulfate de quinine par de l'eau de baryte qui précipite la quinine et l'acide sulfurique. On filtre, et après avoir enlevé l'excès de baryte par l'acide carbonique, on évapore la liqueur filtrée. Elle laisse les matières suspectes.

Traité par l'eau acidulée avec l'acide sulfurique, le sulfate de quinine se dissout entièrement en laissant l'acide gras ou l'amidon qui peuvent y avoir été mélangés. On découvre encore l'amidon, la magnésie, les sels minéraux, en chauffant doucement, avec de l'alcool marquant 21°, 2 grammes de sel avec 120 grammes d'alcool; quand le sel est pur, il se dissout entièrement.

La salicine se reconnaît par la coloration rouge qu'elle prend lorsqu'on la chauffe légèrement avec de l'acide sulfurique concentré; cependant, lorsque le sulfate de quinine contient moins de 10 °/₀ de salicine, il vaut mieux dissoudre le mélange dans six fois son poids d'acide sulfurique concentré et ajouter 12 p. d'eau; dans ce cas la salicine se dépose à l'état de pureté.

La falsification la plus fréquente est le mélange du sulfate de quinine avec le sulfate de cinchonine. Le sulfate de quinine du commerce, néanmoins, peut contenir naturellement et sans qu'il y ait fraude 3 1/2 °/₀ de sulfate de cinchonine, ce fait provient d'une purification imparfaite dans la fabrication du sel; une proportion plus forte est frauduleuse.

Plusieurs procédés ont été proposés pour la découverte de cette falsification.

M. O. Henry, mettant à profit la différence de solubilité dans l'eau froide des acétates de quinine et de cinchonine, a indiqué le moyen suivant : on prend 10 grammes de sulfate à essayer, on y ajoute 4 grammes d'acétate de baryum et on triture le mélange avec 60 grammes d'eau pure additionnée de quelques gouttes d'acide acétique. Le mélange se prend en une masse épaisse composée de sulfate de baryum et d'acétate de quinine. On place le tout sur une toile fine ou sur une flanelle et on l'exprime rapidement. L'acétate de cinchonine reste dans la liqueur; pour obtenir cette dernière base, on ajoute un excès d'acide sulfurique à la liqueur, on la filtre, puis on l'étend du double de son volume d'alcool à 36°. On ajoute ensuite un excès d'ammoniaque et on fait bouillir quelques instants; par le refroidissement, la cinchonine se sépare en aiguilles brillantes, il ne reste plus qu'à la peser sur un filtre taré.

Le procédé suivant, donné par Liebig, est le plus généralement adopté. Il consiste à introduire 1 gramme de sulfate de quinine dans un tube de verre fermé par un bout, d'y ajouter 10 centimètres cubes d'éther alcoolisé, d'une densité de 0,740, puis 2 centimètres cubes d'ammoniaque. On agite vivement. Si le sulfate de quinine est pur, l'éther et la solution aqueuse vont former, par le repos, deux couches distinctes et transparentes. S'il renferme du sulfate de cinchonine, cette base se rassemblera à la surface de la couche aqueuse sous forme d'une couche chatoyante mince si la quantité d'alcaloïde ne dépasse pas celle qui est tolérée. Lorsque la proportion est plus forte, on peut la déterminer avec une exactitude suffisante en faisant deux opérations : la première avec l'éther, qui dissout seulement la quinine et l'abandonne par l'évaporation; la seconde, en substituant à l'éther le chloroforme, qui dissout les deux alcalis et les abandonne par l'évaporation; la différence entre les poids du second et du premier produit indique la proportion de cinchonine [Soubeiran, *Journ. de Pharm.*, (3), t. XXII, p. 409].

La quinidine reste non dissoute comme la cinchonine, si l'on ne change pas les proportions d'éther qui viennent d'être indiquées; on peut déterminer sa présence en profitant de la grande différence de solubilité qui existe entre l'oxalate de cet alcaloïde et celui de son isomère la quinine, l'oxalate de quinidine étant soluble dans l'eau et celui de quinine y étant presque insoluble. On opère comme il suit : on dissout 1 gramme de sulfate de quinine dans 30 grammes d'eau bouillante; on ajoute un excès d'oxalate d'ammoniaque et l'on filtre. La liqueur est très-peu amère et se trouble à peine par l'ammoniaque, s'il n'y a pas de quinidine. Dans le cas contraire, la liqueur est amère et l'ammoniaque la précipite abondamment.

Enfin, on a remarqué que dans certaines circonstances le mélange de sel quinique, d'ammoniaque et d'éther, au lieu de se séparer en couches de densités différentes, se prend en une sorte de masse homogène d'apparence gélatineuse. Ce phénomène est attribué à la pureté plus ou moins grande de l'éther employé à l'essai; bien que cette réaction soit encore obscure, il est utile de la signaler, cela peut éviter des embarras dans les recherches.

En ce qui concerne les modifications qui ont été apportées à ce procédé, on ne peut que renvoyer aux mémoires originaux [O. Henry, *Journ. de Pharm.*, t. XIII, p. 102; t. XVI, p. 327; — A. Delondre et O. Henry, *ibid.*, t. XX, p. 281; — Bussy et Guibourg, *ibid.*, t. XXII, p. 401; — Calvert, *ibid.*, t. II, p. 388; t. XIII, p. 341; — Guibourg, *ibid.*, (3), t. XXI, p. 47; t. XXXVII, p. 5; t. XLVI, p. 41].

M. Flückiger a proposé de faire l'essai du sulfate de quinine à l'aide de la fluorescence que présente ce sel dissous dans l'eau aiguisée d'acide sulfurique. D'après ce chimiste, le procédé consiste à projeter à la surface du liquide un faisceau de rayons lumineux au moyen d'une lentille biconvexe et à examiner le liquide contenu dans un verre à pied et placé contre un fond noir. Il se forme un cône lumineux de couleur bleue qui est encore visible en opérant avec soin lorsque la liqueur ne contient plus que $\frac{1}{100000}$ de quinine [*Polyt. Notiz.*, 1862, p. 78, et *Journ. de Pharm. et de Chim.*, t. LI, p. 435].

SULFATE NEUTRE DE QUININE,

$$C^{20}H^{24}Az^2O^2, SO^4H^2 + 7H^2O.$$

— On obtient cette combinaison en traitant le sulfate basique par un léger excès d'acide sulfurique. Le sulfate neutre se distingue du sulfate basique par sa plus grande solubilité dans l'eau; c'est toujours lui qui prend naissance quand la cristallisation se fait en présence d'un excès d'acide sulfurique. Il cristallise ordinairement par le refroidissement en aiguilles allongées, soyeuses, présentant l'aspect de l'amiante, ou en petits prismes rectangulaires terminés par une troncature, ou par deux, trois ou quatre facettes prenant naissance chacune sur les faces du prisme. Il est soluble dans 11 p. d'eau à 13° et dans 8 p. d'eau à 22°; d'après J. Regnauld, 1 p. de sulfate neutre de quinine se dissout à 15° dans 495 p. d'eau distillée; à 100°, il fond dans son eau de cristallisation. L'alcool faible ainsi que l'alcool absolu le dissolvent en plus grande quantité à chaud qu'à froid. D'après MM. Jobst et Hesse, ce sel contient 7 1/2 H^2O [Jobst et Hesse, *Ann. der Chem. u. Pharm.*, t. CXIX, p. 361; *Ann. de Chim. et de Phys.*, (3), t. LXIV, p. 364; *Rép. de Chim. pure*, 1869, p. 206.]

D'après M. G. Bouchardat, le sulfate neutre de quinine cristallise dans le système orthorhombique; il présente les combinaisons des faces m, g^1, h^1, a^1; on observe quelquefois la face h, plan des axes optiques parallèle à g^1. Aucun des cristaux examinés n'a présenté de facettes hémiédriques [G. Bouchardat, *Bull. de la Soc. chim.*, 1873, t. XX, p. 15].

Ce sel forme avec le sulfate de sesquioxyde de fer un sel double cristallisé en octaèdres semblables à ceux de l'alun.

BISULFATE DE QUININE. — M. Hesse a préparé un sulfate de quinine contenant 2 molécules d'acide sulfurique, $C^{20}H^{24}Az^2O^2, (SO^4H^2)^2 + 7H^2O$.

Ce sel s'obtient en dissolvant le sel précédent dans un excès d'acide sulfurique de concentration moyenne et évaporant la solution sur l'acide sulfurique concentré. A une basse température ce bisulfate se dépose en aiguilles prismatiques blanches, qu'on peut purifier facilement en les faisant cristalliser dans un peu d'eau chaude. Ce sel est très-soluble dans l'eau froide, encore plus soluble dans l'eau chaude, moins soluble dans l'alcool et tout à fait insoluble dans l'éther. La solution aqueuse présente d'une manière très-nette la fluorescence connue de la quinine. Sous l'influence de la lumière, il se colore bientôt en rouge-brun [O. Hesse, *Ann. der Chem. u. Pharm.*, t. CLXVI, p. 217, et *Bull. de la Soc. chim.*, 1873, t. XX, p. 406].

TANNATE DE QUININE,

$$C^{20}H^{24}Az^2O^2, (C^{27}H^{22}O^{17})^2.$$

— L'acide tannique n'étant autre que l'acide digallique $C^{14}H^{10}O^9$, l'ancienne formule du tannate de quinine doit probablement être remplacée par la formule $C^{20}H^{24}Az^2O^2, (C^{14}H^{10}O^9)^4$.

Le tannate de quinine a été décrit pour la première fois par Pelletier et Caventou, qui en ont fait connaître les principales propriétés dans leur Mémoire sur l'analyse des quinquinas. Ce sel amorphe ayant été proposé à tort pour remplacer le sulfate de quinine, et les praticiens lui ayant attribué des propriétés thérapeutiques et physiologiques très-différentes, il devenait nécessaire d'étudier le meilleur mode de préparation pour obtenir constamment un produit identique; c'est ce qui a été fait par M. J. Regnauld avec tout le soin et toute la précision désirables.

Préparation. — Les procédés suivis pour la préparation du tannate de quinine n'ont pas donné jusqu'à présent de combinaisons définies et toutes contiennent de l'acide sulfurique dont la quantité varie suivant la durée des lavages et qui s'élève en moyenne à 3,60 % du tannate sec. Les lavages, d'ailleurs, ne peuvent être poussés très-loin, car la fluorescence du liquide, quand on opère avec le sulfate neutre de quinine, prouve qu'il se dissout un composé quinique, et le volume du précipité diminue sans que l'eau cesse d'être fortement acide.

Afin d'obvier à ces inconvénients, M. J. Regnauld a perfectionné le procédé proposé par Smedt, en s'appuyant sur les observations suivantes :

1° Le tannate de quinine est insoluble dans une solution d'acétate de sodium ou d'acétate d'ammonium, même au centième. Ces sels transforment la masse gélatineuse de tannate en dépôt floconneux, se séparant immédiatement par la filtration d'une liqueur parfaitement limpide.

2° La solubilité du tannate de quinine est très-grande dans l'acide acétique et l'acide tannique; il faut neutraliser ces acides avant de procéder au lavage.

3° Enfin le tannate de quinine séché à l'air prend une cohésion suffisante pour qu'on puisse le pulvériser; on peut le laver ensuite fort longtemps sans que les eaux de lavage en entraînent la moindre quantité.

Le procédé de préparation fondé sur ces observations est bien simple : on ajoute une solution d'acide tannique à une solution d'acétate de quinine, jusqu'à ce que le précipité de tannate d'abord formé soit redissous. On neutralise ensuite la solution : le tannate de quinine se dépose; on le reçoit sur un filtre, on le lave à l'eau distillée, et aussitôt que la liqueur devient opalescente, on le fait sécher complétement à l'air, puis on le réduit en poudre et on le lave jusqu'à ce qu'il ne contienne plus de substance étrangère.

Dans cet état, le tannate de quinine offre une composition constante; il renferme une proportion de quinine pour deux d'acide tannique. Il est insoluble dans l'eau, dans l'éther et le chloroforme, il est très-soluble dans l'alcool et se dissout lentement dans la glycérine, mais en proportion considérable.

Quoique le tannate de quinine soit insoluble dans l'eau, ce dissolvant exerce sur lui, à la longue, une certaine action; l'acide tannique est enlevé de préférence par l'eau de lavage et la quinine se confine de plus en plus dans le dépôt.

Lorsqu'on chauffe le tannate de quinine avec de l'eau, cette décomposition partielle augmente avec l'élévation de la température et le contact prolongé du sel quinotannique avec l'eau. Comme l'acide tannique possède la propriété de dissoudre le tannate de quinine, il en résulte que plus ce contact est prolongé, plus aussi le tannate dissous est abondant. Quand la température s'abaisse, une portion du tannate se précipite en formant un louche dans la liqueur.

Il ressort de ce fait que le coefficient physique de solubilité dans l'eau du tannate de quinine ne peut pas être déterminé, parce que ce sel, sous l'influence de cet agent chimique, se dédouble lentement en acide tannique qui dissout une faible proportion de tannate, et en tannate plus basique qui reste indissous.

Le tannate de quinine préparé ainsi qu'on vient de l'indiquer offre une composition constante, il renferme une quantité de quinine telle que 3gr,5 de ce dernier sel équivalent à 1 gramme de sulfate de quinine ordinaire (le sulfate basique du commerce) [J. Regnauld, *Journ. de Pharm. et de Chim.*, (4), t. XIX, p. 5].

TARTRATES DE QUININE. — *Sel basique,*

$$(C^{20}H^{24}Az^2O^2)^2, C^4H^6O^6.$$

— Le tartrate basique se forme lorsqu'on mélange une solution de sulfate de quinine avec une solution de tartrate neutre de potassium. Le sel se précipite sous forme d'une poudre cristalline; il est peu soluble dans l'eau et sans action sur la teinture de tournesol [Arppe, *Journ. für prakt. Chem.*, t. LIII, p. 331].

Sel neutre, $C^{20}H^{24}Az^2O^2, C^4H^6O^6 + H^2O$. — Ce sel prend naissance lorsqu'on évapore une solution de tartrate de quinine en présence d'un excès d'acide tartrique. D'après M. Pasteur, les acides tartriques droit et gauche forment avec la quinine des sels complétement isomériques; ils ne possèdent pas la même forme cristalline, et lorsqu'on les chauffe le tartrate gauche perd plus facilement son eau de cristallisation que le tartrate droit. Le sel gauche est beaucoup plus soluble que le sel droit, surtout dans l'eau chaude. Chauffés à 160°, ces deux sels perdent la même quantité d'eau de cristallisation (4,4 %) [Pasteur, *Ann. de Chim. et de Phys.*, (3), t. XXXVIII, p. 477].

VALÉRATE DE QUININE. — On obtient le valérate de quinine en versant un léger excès d'acide valérique dans une solution concentrée de quinine dans l'alcool; on étend la liqueur de deux fois son volume d'eau et l'on évapore ensuite dans une étuve dont la température ne dépasse pas 50°. Le sel cristallise peu à peu en octaèdres ou en aiguilles soyeuses. Il possède l'odeur de l'acide valérique. Il est soluble dans 110 p. d'eau froide et dans 30 p. d'eau bouillante. L'alcool et les huiles le dissolvent également. Il est peu soluble dans l'éther, au contact duquel il se gonfle considérablement. Il renferme 3,33 % d'eau qu'il perd à 90° en entrant en fusion; la masse fondue est incolore et offre un aspect vitreux après le refroidissement.

Lorsqu'on évapore à l'ébullition la solution aqueuse du valérate de quinine, celui-ci se sépare sous la forme de gouttes huileuses qui paraissent être le sel anhydre [L.-L. Bonaparte, *Journ. de Chim. médic.*, t. VIII, p. 605, et t. IX, p. 330].

PHÉNATE DE QUININE. — A côté des sels de quinine vient se placer une combinaison de phénol et de quinine, $C^{20}H^{24}Az^2O^2, C^6H^6O$. — M. J. Romei a obtenu cette combinaison en dissolvant dans l'alcool 8,72 p. de sulfate de quinine et 3 p. de phénate de potassium, et mélangeant les deux solutions. Au bout de 24 heures, on filtre pour séparer le sulfate de potasse formé, puis on évapore le liquide à une douce chaleur. Le phénate de quinine forme de beaux cristaux aigus, avec clivages normaux à l'axe; il est presque insoluble dans l'éther, très-soluble dans l'alcool et dans les acides, mais insoluble dans l'eau [J. Romei, *Bull. de la Soc. chim.*, 1869, t. XI, p. 122].

DÉRIVÉS IODÉS DE LA QUININE.

Iodoquinine, $2(C^{20}H^{24}Az^2O^2, I)$? — Cette préparation s'obtient en triturant de la quinine avec de l'iode. L'iodoquinine est une matière brune incristallisable.

Sulfate d'iodoquinine,

$$C^{20}H^{24}Az^2O^2, I^2, SO^4H^2 + 5H^2O.$$

— Herapath a obtenu ce beau sel en ajoutant goutte à goutte une solution alcoolique d'iode à une solution de sulfate de quinine dans l'acide concentré chaud. Au bout de quelques heures la liqueur laisse déposer de larges lames minces ordinairement rectangulaires, quelquefois rhombes, octogonales ou hexagonales. A la lumière réfléchie ces cristaux présentent des reflets vert-émeraude d'un éclat presque métallique et qui rappellent la couleur des élytres des cantharides. Par transparence ils sont presque incolores et n'offrent qu'une légère teinte olivâtre. Lorsqu'on place deux de ces cristaux en croix, les deux lames superposées ne laissent presque pas passer la lumière et se comportent dans cette circonstance comme la tourmaline. Le phénomène s'observe même avec des cristaux n'ayant pas $\frac{1}{20}$ de millimètre d'épaisseur. Si la lumière transmise est polarisée, les deux plaques croisées se teignent des couleurs complémentaires : l'une devient verte, l'autre rose, et la région où elles se superposent semble d'un brun-chocolat foncé [Herapath, *Philos. Mag.*, (4), t. III, p. 161; t. VI, p. 346; *Ann. de Chim. et de Phys.*, (3), t. XL,

p. 247; *Ann. der Chem. u. Pharm.*, t. LXXXIV, p. 149].

Chloro-iodhydrate d'iodoquinine,

$(C^{20}H^{24}Az^2O^2)^4(HCl)^3(HI)^3I^4$.

— Ce composé s'obtient en abandonnant au repos, dans des vases couverts incomplétement, une solution très-étendue de quinine avec 3 molécules d'acide chlorhydrique et 3 molécules d'iodure de potassium; il se forme dans ces conditions un periodure renfermant du chlore et qui, d'après M. Jœrgensen, doit être tout à fait analogue au sel d'Herapath [Jœrgensen, *Deutsch. Chem. Gesellsch.*, t. II, p. 460, et *Bull. de la Soc. chim.*, 1870, t. XIII, p. 179].

ACTION DE L'ESSENCE D'ANIS SUR LA QUININE.

Lorsqu'on dissout dans l'alcool bouillant suffisamment concentré 5 p. de quinine et 1 p. d'essence d'anis, il se dépose par le refroidissement des cristaux qu'on peut obtenir très-blancs par plusieurs cristallisations.

Cette combinaison,

$$2C^{20}H^{24}Az^2O^2, C^{10}H^{12}O, 2H^2O,$$

se présente sous la forme de cristaux appartenant au type du prisme rhomboïdal oblique; séchés à l'air, ils possèdent à peine l'odeur de l'anis. Lorsqu'on les chauffe entre 100° et 110°, ils perdent 2 molécules d'eau et toute l'essence d'anis qu'ils renferment. L'eau froide ne les altère pas; ils se dissolvent facilement dans l'alcool bouillant et dans l'éther. L'acide chlorhydrique leur enlève la quinine qu'ils contiennent [O. Hesse, *Ann. der Chem. u. Pharm.*, t. CXXIII, p. 382; *Bull. de la Soc. chim.*, 1863, p. 153].

ACTION DU PERMANGANATE DE POTASSIUM SUR LA QUININE.

Dihydroxyl-quinine, $C^{20}H^{26}Az^2O^4 + 3H^2O$. — Dans cette réaction, que nous avons indiquée p. 1288, on admet que deux oxhydryles OH se fixent sur la quinine.

M. G. Kerner obtient la dihydroxyl-quinine de la manière suivante : on dissout la quinine dans l'acide chlorhydrique ou azotique en ajoutant la quantité d'eau nécessaire pour que la solution contienne 1 gramme de quinine par 100 centimètres cubes. On chauffe à 60°, puis on ajoute peu à peu une solution concentrée de permanganate de potassium, également chauffée à 60°. La température s'élève de 15 à 20° pendant la réaction. La liqueur filtrée, qui est alcaline, est évaporée au 1/6 de son volume et acidulée; la nouvelle substance se dépose à l'état cristallin; on la purifie par cristallisation dans l'eau et des lavages à l'alcool fort pour lui enlever des traces de quinine.

Ce composé cristallise dans l'eau en petits prismes durs, brillants et incolores, et dans l'alcool en longues aiguilles soyeuses; il est peu soluble à froid dans ces liquides, ainsi que dans les acides étendus; les acides concentrés et les alcalis le dissolvent sans décomposition; il est sans saveur et sans action sur les réactifs colorés. Le tannin, l'iodure ioduré de potassium, l'iodure mercurico-potassique et le tétrachlorure de platine le précipitent de ses solutions aqueuses ou acides. Il en est de même du phosphomolybdate de sodium. La solution nitrique possède une fluorescence bleue moins prononcée que la quinine. Le composé dont il s'agit donne avec le chlore et l'ammoniaque la même coloration verte que cette dernière. Le permanganate ne l'attaque qu'en solution acide chaude. Ses solutions brunissent à la lumière comme les solutions de quinine [Kerner, *Zeitsch. für Chem.*, t. V, p. 593, et *Bull. de la Soc. chim.*, 1870, t. XIII, p. 176].

HYDROQUININE ET OXYQUININE.

HYDROQUININE, $C^{20}H^{26}Az^2O^3$ [Schützenberger, *Compt. rend.*, t. XLVI, p. 1065]. — Ce composé, qui contient 1 molécule d'eau de plus que la quinine, se produit par l'action sur cet alcaloïde du zinc et de l'acide sulfurique. Séché à 150°, il présente la composition ci-dessus; c'est une résine amère. Séché à 120°, il retient 1 molécule d'eau. Le *monohydrate*, $C^{20}H^{26}Az^2O^3, H^2O$, se ramollit à 35° et fond à 100°; à 140°, il perd une partie de son eau et renferme alors $2(C^{20}H^{26}Az^2O^3)H^2O$. L'hydroquinine se dissout dans l'alcool et dans l'éther, et donne avec l'eau de chlore et l'ammoniaque la même coloration verte que la quinine. Ses sels sont plus solubles que les sels correspondants de quinine. Le *sulfate* cristallise difficilement. Le *chloroplatinate* séché à 100° en fournit 26,2 % de platine correspondant exactement à la formule $C^{20}H^{26}Az^2O^3$ (Schützenberger).

OXYQUININE, $C^{20}H^{24}Az^2O^3$ [Schützenberger, *Compt. rend. de l'Acad.*, 1858, t. XLVII, p. 79]. — Le sulfate de quinine bouilli avec une solution d'azotite de potassium dégage de l'azote; l'addition d'ammoniaque fournit un précipité qui traité par l'eau se présente sous forme de grains cristallins fusibles à 200°.

Cet alcaloïde, qui renferme 1 atome d'oxygène de plus que la quinine, est peu soluble dans l'eau, soluble dans l'alcool et dans l'éther.

QUININE-AMMONIUM.

La quinine est une diamine tertiaire; elle fixe directement une molécule d'un iodure alcoolique et donne des iodures d'ammoniums quaternaires; théoriquement, elle devrait pouvoir s'unir aussi à deux molécules d'iodure, mais on n'a pas encore préparé de composés de cette classe.

IODURE DE MÉTHYL-QUININE, $C^{20}H^{24}Az^2O^2, CH^3I$. — S'obtient en faisant réagir à la température ordinaire de l'iodure de méthyle sur une solution éthérée de quinine; après quelques heures on obtient des cristaux d'iodure de méthyl-quinine. Cet iodure n'est précipité ni par la potasse ni par l'ammoniaque; l'oxyde d'argent le décompose avec formation d'une base nouvelle, l'hydrate de méthyl-quinine.

IODURE D'ÉTHYL-QUININE. — Ce sel s'obtient par le même procédé que le précédent; traité par l'oxyde d'argent, il fournit l'hydrate correspondant qui est un alcali très-énergique, soluble dans l'eau et dans l'alcool. L'éther le précipite de cette dernière solution en cristaux incolores. L'hydrate d'éthyl-quinine forme, avec beaucoup d'acides, des combinaisons cristallisables. Chauffé à 120°, il se décompose.

La solution de cette base n'est précipitée ni par la potasse ni par l'ammoniaque; abandonnée à l'air, elle en absorbe l'acide carbonique en donnant des cristaux doués d'une réaction alcaline.

Chlorure d'éthyl-quinine,

$$C^{20}H^{24}Az^2O^2, C^2H^5Cl.$$

— Sel qu'on obtient en traitant une solution d'iodure d'éthyl-quinine par l'azotate d'argent, puis en mélangeant la solution concentrée et incristallisable d'azotate d'éthyl-quinine avec une solution saturée de chlorure de sodium. Le chlorure d'éthyl-quinine se sépare sous la forme d'aiguilles groupées en masses demi-sphériques.

Le *chloroplatinate* correspond à la formule $(C^{20}H^{24}Az^2O^2, C^2H^5Cl, HCl)^2PtCl^4$.

L'*iodure* se présente sous la forme de longues aiguilles radiées, soyeuses, très-légères, neutres au tournesol; leur saveur est très-amère. Chauffé à 110°, ce sel se colore en jaune.

Il se dissout facilement dans l'eau bouillante et dans l'alcool, mais il est insoluble dans l'éther.

Sulfates d'éthyl-quinine. — Il existe deux sulfates de cette base :

1° Le *sulfate neutre,*

$$[C^{20}H^{24}Az^2O^2, C^2H^5]^2 SO^4$$

sel cristallisé qui s'obtient en sursaturant la base par l'acide sulfurique et évaporant au bain-marie;

2° Le *sulfate acide,*

$$C^{20}H^{24}Az^2O^2, C^2H^5. SO^4H$$

qu'on obtient en décomposant l'iodure d'éthyl-quinine par le sulfate d'argent. Ce sel est moins soluble dans l'eau que le sel précédent [Strecker, *Compt. rend.*, 1854, t. XXXIX, p. 59]. E. C.

QUINIQUE (ACIDE), $C^7H^{12}O^6 + H^2O$. — Cet acide a été décrit pour la première fois en 1790, par Hofmann. Vauquelin, sans connaître le travail d'Hofmann, isola de nouveau l'acide quinique en 1806.

L'acide quinique et les quinates ont été étudiés par Henry et Plisson, Pelletier et Caventou, Baup, Liebig, Woskresensky, Wœhler, Stenhouse, Hesse, Zwenger et Siebert, Lautemann, Græbe, Stædeler [Hofmann, *Crell's. Chem. Ann.*, 1790, t. II, p. 314; — Henry et Plisson, *Ann. de Chim. et de Phys.*, t. XLI, p. 325; — Pelletier et Caventou, *ibid.*, t. XV, p. 307, 308 et 340; — Baup, *ibid.*, t. LI, p. 56; — Liebig, *Ann. der Chem. u. Pharm.*, t. V, p. 14, et *Ann. de Chim. et de Phys.*, t. XLVII, p. 188; — Woskresensky, *Ann. der Chem. u. Pharm.*, t. XXVII, p. 257; — Stenhouse, *ibid.*, t. XLIV, p. 100; — Wœhler, *ibid.*, t. XLV, p. 354; — Hesse, *ibid.*, t. CX, p. 194, et t. CXIV, p. 292; *Répert. de Chim. pure*, 1859, p. 419, et 1861, p. 12; — Zwenger et Siebert, *Ann. der Chem. u. Pharm.*, t. CXV, p. 108, et *Supplementband*, 1861, p. 77; *Répert. de Chim. pure*, 1861, p. 73 et 400; — Lautemann, *Ann. der Chem. u. Pharm.*, t. CXXV, p. 9, et *Bull. de la Soc. chim.*, 1863, p. 374; — Stædeler, *Ann. der Chem. u. Pharm.*, t. LXIX, p. 300; — Græbe, *ibid.*, t. CXXXVIII, p. 197].

L'acide quinique se trouve dans les quinquinas, dans le *vaccinier myrtille*, dans les graines de café. Stenhouse a signalé sa présence dans les végétaux suivants : *Ilex aquifolium, Ilex paraguayensis, Ligustrum vulgare, Hederea helix, Quercus robur, Quercus Ilex, Ulmus campestris, Fraxinus excelsior*, et *Clyclopia latifolia.* Les extraits aqueux de ces végétaux fournissent, en effet, de la quinone par l'action de l'acide sulfurique et du peroxyde de manganèse, et cette formation de quinone est caractéristique de l'acide quinique.

Préparation. — Pour extraire l'acide quinique des quinquinas, on le sépare à l'état de quinate de calcium, d'où l'on retire ensuite l'acide quinique.

Dans l'extraction de la quinine et de la cinchonine, après que les écorces de quinquina ont été traitées par l'acide sulfurique étendu, et les bases précipitées de cette liqueur par la chaux, le quinate de calcium reste dans la solution. On évapore celle-ci à consistance sirupeuse, on lave le résidu à l'alcool, puis on le dissout dans l'eau, on décolore le liquide par le charbon animal, et l'on concentre la liqueur qui fournit du quinate de calcium cristallisé (Henry et Plisson).

Baup recommande le procédé suivant pour obtenir le quinate de calcium, comme produit accessoire de la fabrication du sulfate de quinine. On fait macérer le quinquina jaune dans l'eau; après 2 ou 3 jours on décante le liquide, on précipite par un lait de chaux la quinine brute qui se sépare, on ajoute une nouvelle quantité de lait de chaux en excès, et on sépare ce second dépôt qu'on jette comme inutile, puis on évapore. (Quant aux écorces de quina, on les réserve pour en extraire la quinine, car la macération a suffi pour en retirer l'acide quinique.) La liqueur qui renferme le quinate de calcium est saturée avec de l'acide sulfurique pour enlever l'excès de chaux, le sulfate de calcium est retiré par décantation de la solution, puis celle-ci évaporée à consistance de sirop épais : le résidu se prend au bout de quelques jours en hiver, ou par un temps froid, en une masse cristalline qu'on délaye avec un peu d'eau froide, que l'on soumet à la presse, et qu'on purifie facilement par de nouvelles cristallisations dans l'eau en présence du charbon.

Pelletier et Caventou font bouillir l'extrait alcoolique de quinquina avec de la magnésie caustique et de l'eau, jusqu'à ce que la liqueur devienne incolore. Après refroidissement, on la filtre, et l'on décompose le quinate de magnésium par la chaux; la liqueur filtrée et débarrassée de l'excès de chaux par l'acide carbonique est évaporée et abandonnée à cristallisation.

On retire l'acide quinique de son sel de calcium en précipitant la solution de celui-ci par le sous-acétate de plomb, lavant le précipité et le décomposant par l'hydrogène sulfuré. La solution acide est filtrée et évaporée à une douce chaleur. On sépare les cristaux de l'eau mère, on les redissout dans une très-petite quantité d'eau bouillante, et l'on abandonne la liqueur à l'air sec.

Zwenger et Siebert ont retiré du café 0,3 % environ d'acide quinique. Suivant eux, l'*acide chlorogénique*, extrait du café par Payen, est probablement de l'acide quinique impur.

Le *vaccinier myrtille*, de la famille des Ericinées, renferme l'acide quinique en quantité assez considérable pour qu'on puisse l'en extraire avantageusement. Pour le retirer, on soumet à l'ébullition avec l'eau de chaux la plante recueillie en mai; on retire le liquide par expression, on concentre et l'on précipite le quinate par l'alcool. Le précipité est repris par l'eau, la liqueur acidulée par l'acide acétique est additionnée d'acétate neutre de plomb qui sépare quelques impuretés; la solution débarrassée de l'excès de plomb par l'hydrogène sulfuré et filtrée fournit après quelques jours une abondante cristallisation de quinate de calcium.

Propriétés. — L'acide quinique cristallise en prismes monocliniques; sa densité est de 1,637 à 8°,5. Sa solution aqueuse et celle du quinate de calcium dévient à gauche le plan de polarisation. La déviation est moindre quand la solution a été chauffée; la différence est surtout considérable entre le pouvoir rotatoire des solutions de l'acide cristallisé ou de l'acide fondu (Hesse).

Il se dissout lentement dans 2 p. 1/2 d'eau froide et dans une quantité beaucoup moindre d'eau bouillante. Presque insoluble dans l'éther, difficilement soluble dans l'alcool de 0,84, il est très-soluble dans l'alcool ordinaire.

L'acide quinique fond à 155° (Woskresensky), à 161°,6 (Hesse), en perdant 1 molécule d'eau de cristallisation. Chauffé à 200-225°, il perd encore de l'eau et se convertit en un anhydride, la *quinide*, $C^7H^{10}O^5$ (Hesse) (voyez plus loin QUINIDE). En même temps que la quinide, il se forme un peu d'acide carbohydroquinonique. Soumis à la distillation sèche, il noircit vers 280° en dégageant de l'eau; à une plus haute température il se décomp en donnant de l'hydroquinone, mélangée de phénol, de benzine, d'acide benzoïque (Wœhler) :

$$C^7H^{12}O^6 = C^6H^6O^2 + CO + 3H^2O.$$

Acide quinique.	Hydroquinone.	Oxyde de carbone.	Eau.

Le brome ajouté à une solution aqueuse d'acide quinique le convertit en acide carbohydroquinonique, $C^7H^6O^4$ (voyez t. I, p. 746). L'acide sulfurique le transforme en acide disulfohydroquinonique, $C^6H^6S^2O^4$, et l'acide phosphorique en acide phosphohydroquinonique; dans les deux cas, il se dégage de l'oxyde de carbone (voyez QUINONE, t. II, p. 1305). Chauffé en solution aqueuse avec de l'oxyde puce de plomb, il donne de l'eau, de l'acide carbonique et de l'hydroquinone (Hesse).

L'acide azotique le fait passer à l'état d'acide oxalique; il se produit en même temps un autre acide qui n'a pas été étudié.

L'acide quinique et ses sels distillés avec un mélange de peroxyde de manganèse et d'acide sulfurique fournissent de la quinone (Woskresensky). Stenhouse a constaté que cette réaction est très-sensible. Il se forme de la quinone qui se fait reconnaître à son odeur irritante, et se condense sur les parties froides de l'appareil sous l'aspect d'un sublimé jaune et cristallin. On peut ainsi découvrir l'acide quinique dans 8 grammes de quinquina; l'écorce étant bouillie avec un lait de chaux, la solution est filtrée, concentrée par l'évaporation et chauffée dans une petite capsule avec de l'acide sulfurique et du bioxyde de manganèse, immédiatement on sent l'odeur caractéristique de la quinone.

Distillés avec le mélange d'acide sulfurique, de peroxyde de manganèse et de chlorure de sodium, ou traités à l'ébullition par l'acide chlorhydrique et le chlorate de potassium, l'acide quinique et les quinates donnent des dérivés chlorés de la quinone (Stædeler).

Chauffé avec un excès d'aniline à 100°, l'acide quinique donne la quinanilide,

$$C^7H^{11}O^5, C^6H^5, HAz.$$

— Voyez plus bas QUINANILIDE.

Ingéré dans l'économie, l'acide quinique est réduit à l'état d'acide benzoïque et éliminé à l'état d'acide hippurique (Lautemann). Chauffé pendant 2 ou 3 heures à 115-120° avec une solution aqueuse saturée d'acide iodhydrique, ou traité en solution sirupeuse par l'iodure de phosphore, il est converti en acide benzoïque, $C^7H^6O^2$ (Lautemann). Fondu avec 4 p. de potasse, il donne de l'acide carbohydroquinonique, $C^7H^6O^4$. Par l'action du perchlorure de phosphore, il fournit du chlorure de chlorobenzoyle, C^7H^4ClO, Cl (Græbe).

QUINATES. — L'acide quinique est monobasique. Les quinates sont représentés par la formule $C^7H^{11}O^6$, M. La plupart de ces sels sont cristallisables, solubles dans l'eau, insolubles dans l'alcool anhydre. Soumis à la distillation sèche, ou traités par l'acide sulfurique et le bioxyde de manganèse, ils donnent de la quinone. A 100°, ils retiennent de l'eau de cristallisation. L'acide quinique comme l'acide tartrique empêche la précipitation des oxydes métalliques par les alcalis.

Sel d'ammonium. — Il est déliquescent et perd une partie de son ammoniaque par l'évaporation des solutions.

Sel d'argent, $C^7H^{11}O^6Ag$. — On l'obtient en saturant une solution faible d'acide quinique par le carbonate d'argent; la liqueur filtrée et évaporée dans le vide fournit des cristaux mamelonnés, blancs, qui noircissent à la lumière. Quand on mélange un quinate soluble avec de l'azotate d'argent, la liqueur noircit et il s'en sépare bientôt de l'argent métallique.

Sel de baryum, $(C^7H^{11}O^6)^2Ba + 6H^2O$. — On l'obtient en saturant une solution d'acide quinique par le carbonate de baryum. Il est en dodécaèdres formés par la réunion de deux pyramides aiguës. Il renferme 17,4 % d'eau de cristallisation. Il est très-soluble dans l'eau, mais très-peu soluble dans l'alcool de 0,83.

Sel de cadmium, $(C^7H^{11}O^6)^2Cd$. Il forme de petites aiguilles blanches inaltérables à 180°, solubles dans environ 253 p. d'eau froide.

Sel de calcium, $(C^7H^{11}O^6)^2Ca + 10H^2O$. — Il se trouve dans divers quinquinas. En parlant de l'extraction de l'acide quinique, nous avons dit comment on prépare le quinate de calcium. Ce sel cristallise en lames rhomboïdales d'environ 18° et 22° qui deviennent souvent hexagonales par troncature des angles aigus. Il se dissout dans 6 p. d'eau à 16° et sa solubilité croît rapidement avec la température. Il renferme 29,5 % d'eau qu'il perd à 100°.

Quinates de cuivre. — Le *sel neutre*,

$$(C^7H^{11}O^6)^2Cu,$$

se prépare par la saturation de l'acide quinique au moyen du carbonate ou de l'oxyde de cuivre, en ayant soin de laisser un excès d'acide. Par le refroidissement ou par l'évaporation spontanée de la solution, le quinate de cuivre cristallise en aiguilles efflorescentes d'un bleu pâle.

Un *sel basique de cuivre*,

$$(C^7H^{11}O^6)^2Cu, CuH^2O^2 + 12H^2O,$$

a été obtenu par Kremers [*Ann. der Chem. u. Pharm.*, t. LXXII, p. 92]. — On le prépare en chauffant directement une solution étendue d'acide quinique avec un excès de carbonate ou d'oxyde de cuivre. Liebig prépare du quinate neutre en décomposant exactement par le sulfate de cuivre une solution étendue de quinate de baryum, et ajoute à la solution une quantité d'eau de baryte à peine suffisante pour qu'elle se trouble. Par l'évaporation spontanée, il se sépare du quinate basique de cuivre en très-petits cristaux brillants, d'un beau vert et inaltérables à l'air. Ce sel se dissout dans 1150 à 1200 p. d'eau à 18°; il est plus soluble dans l'eau bouillante, qui l'abandonne cristallisé par le refroidissement.

Sel de cobalt, $(C^7H^{11}O^6)^2Co + 5H^2O$. — Il se sépare de sa solution sirupeuse en petits grains rouges qui s'effleurissent à l'air. Séchés dans l'air sec, ils perdent 5 molécules d'eau et deviennent d'un bleu rougeâtre.

Quinates de fer. — Le *sel ferrique* est une masse jaune rougeâtre, gommeuse, soluble dans l'eau. M. Hesse a décrit un *quinate basique* qui s'obtient lorsqu'on évapore rapidement une liqueur renfermant du chlorure ferrique et des quinates solubles. Il se dépose en lamelles microscopiques, de la couleur de l'oxyde de chrome, qu'on sépare des eaux mères et qu'on lave à l'eau froide. Ils ne perdent rien de leur poids à 100° et se décomposent à 170°. L'analyse conduit à la formule $C^{28}H^{42}O^{24}(Fe^2)$; c'est-à-dire qu'ils représentent la substitution d'un groupe ferrique Fe^2 à 6 atomes d'hydrogène, de 4 molécules d'acide quinique.

Le *sel de magnésium* est très-soluble et forme des excroissances cristallines.

Le *sel de manganèse* cristallise en lamelles roses.

Le *sel mercurique*, le *sel de nickel* et le *sel d'yttrium* sont incristallisables.

Quinates de plomb. — Le *sel neutre*,

$$(C^7H^{11}O^6)^2Pb + 2H^2O,$$

forme des aiguilles entièrement solubles dans l'eau et solubles dans l'alcool. Le *sel basique*, $C^7H^8O^6Pb^2$, est un précipité blanc, volumineux, insoluble dans l'eau bouillante, qu'on obtient en ajoutant du sous-acétate de plomb à un quinate alcalin.

Sel de strontium, $(C^7H^{11}O^6)^2Sr + 10H^2O$. — Il cristallise en tables devenant efflorescentes et prenant l'aspect nacré à l'air. Il se dissout dans 2 p. d'eau à 12° et dans une quantité beaucoup moindre à chaud.

ÉTHER QUINIQUE, $C^7H^{11}O^6(C^2H^5)$ [Hesse, *Ann.*

der Chem. u. Pharm., t. CX, p. 335]. — Obtenu par l'action de l'iodure d'éthyle sur le quinate d'argent, il constitue un liquide jaune, visqueux à la température ordinaire, fluide à 50°, distillant en partie sans décomposition, dans un courant de gaz carbonique, entre 240° et 250°. Il possède une saveur amère, une odeur aromatique; il est facilement soluble dans l'eau et dans l'alcool, moins soluble dans l'éther.

QUINIDE (*anhydride quinique*), $C^7H^{10}O^5$ [Hesse, *Mém. cité*]. — L'acide quinique chauffé à 220-250° perd de l'eau et laisse un résidu de quinide, que l'on dissout dans l'alcool bouillant, et qu'on obtient en laissant la solution s'évaporer à l'air. Recristallisé dans l'eau, il est en petits cristaux ressemblant au sel ammoniac. En présence des bases, il donne de l'acide quinique.

AMIDE QUINIQUE. — L'amide quinique n'est pas connue, mais on a décrit le dérivé phénylé. La *phényl-quinamide* ou *quinanilide*,

$$C^7H^{11}O^5, AzH\,C^6H^5,$$

se produit par l'action de l'aniline sur l'acide quinique. On chauffe celui-ci avec un excès d'aniline à 180°, on lave le produit à l'éther pour enlever l'aniline qui n'a pas réagi, et on fait cristalliser le résidu dans l'alcool éthéré. La quinanilide est en petites aiguilles blanches, soyeuses, contenant 1 molécule d'eau qu'elles perdent à 90°. Elle fond à 174°. Elle se dissout facilement dans l'eau et dans l'alcool, difficilement dans l'éther. E. G.

QUINIZARINE. — Grimm a donné ce nom à un composé $C^{14}H^8O^4$ isomère avec l'alizarine, qui se forme en même temps que la phtaléine de l'hydroquinone dans l'action de l'anhydride phtalique sur l'hydroquinone. — Voyez QUINONE, t. II, p. 1305.

QUINOÏDINE. — La quinoïdine est une matière complexe qui paraît être un produit d'altération des alcalis des quinquinas. Sertuerner a le premier désigné sous le nom de quinoïdine une substance incristallisable et alcaline, que l'on rencontre dans les eaux mères de la préparation du sulfate de quinine. La quinoïdine peut contenir de la quinine et de la cinchonine ainsi que leurs isomères; M. Heijningen est même parvenu à extraire de cette substance jusqu'à 50 et 60 °/₀ de quinidine cristallisée. M. Pasteur a prouvé que la quinoïdine contenait des quantités variables de quinidine et de cinchonidine. La quinoïdine paraît prendre naissance dans deux circonstances distinctes : 1° dans la fabrication du sulfate de quinine; 2° pendant la dessiccation au soleil que subit l'écorce de quinquina au moment où le bûcheron vient de l'enlever à l'arbre. Les sels de quinine et de cinchonine subiraient alors une transformation analogue à celle qu'ils éprouvent pendant la fabrication du sulfate de quinine. Cette opinion s'appuie, en effet, sur les observations suivantes de M. Pasteur : lorsqu'on expose au soleil, pendant quelques heures, un sel quelconque à base de quinine ou de cinchonine, en solution étendue ou concentrée, il se produit une telle altération que la liqueur devient d'un rouge-brun extrêmement foncé. Cette altération est d'ailleurs de même nature que celle qui s'effectue sous l'influence d'une température élevée [Sertuerner, *Ueber die neuest. Fortschrit. in d. Chem. Phys. u. Heilkunde*, t. III, p. 269]. E. C.

QUINOLÉINE [Syn. *Quinoline*],

$$C^9H^7Az = (C^9H^7)'''Az.$$

— En 1843, Runge retira du goudron de houille une base particulière à laquelle il donna le nom de *leucol*; plus tard, Gerhardt obtint un produit analogue, la *quinoléine*, en distillant quelques alcaloïdes (cinchonine, quinine, etc.) avec la potasse.

Peu de temps après, Hofmann publia des recherches sur le leucol, qui paraissait être identique avec la quinoléine; d'autre part, on considérait ces deux composés comme des produits définis; mais Laurent, en étudiant le chloroplatinate de quinoléine, fit voir que ce sel n'est pas un produit homogène, et il émit l'hypothèse que la quinoléine pourrait bien être un mélange [Runge, *Poggend. Ann.*, t. XXXI, p. 68; — Gerhardt, *Revue scient.*, t. X, p. 186; *Compt. rend. des trav. de Chim.*, 1845, p. 30; — A.-W. Hofmann, *Ann. der Chem. u. Pharm.*, t. XLVIII, p. 37; *Ann. de Chim. et de Phys.*, (3), t. IX, p. 129; — Bromeis, *Ann. der Chem. u. Pharm.*, t. LII, p. 130; — Laurent, *Ann. de Chim. et de Phys.*, (3), t. XIX, p. 367].

Depuis cette époque, Greville Williams a surtout étudié la quinoléine, et, confirmant l'hypothèse de Laurent, il a montré que le leucol de Runge et la quinoléine de Gerhardt ne sont pas des produits purs, mais bien des mélanges contenant plusieurs bases homologues, et que, d'un autre côté, les produits du goudron de houille ne sont pas identiques, mais seulement isomériques avec ceux dérivés de la cinchonine. Gr. Williams donna aux premières bases le nom de bases *leucoliques*, et aux secondes celui de bases *quinoléiques* parce que la leucoline et son isomère la quinoléine forment les premiers termes des deux séries (voyez à l'article LEUCOLINE, t. II, p. 219) [C. Greville Williams, *Transac. Roy. Soc. Edinburgh*, t. XXI, part. II; *Ann. de Chim. et de Phys.*, (3), t. XLV, p. 488; *Chem. Gaz.*, 1858, p. 321; *Chem. News*, 1860, t. I, p. 15, et 1872, t. XXV, p. 284; *Journ. of the Chem. Soc. London*, 1863, (2), t. I, p. 375]. On connaît les bases suivantes appartenant à la série quinoléique :

$(C^9H^7)'''Az$ Quinoléine.	$(C^{13}H^{15})'''Az$ Pentahiroline.
$(C^{10}H^9)'''Az$ Lépidine.	$(C^{14}H^{17})'''Az$ Isoline.
$(C^{11}H^{11})'''Az$ Dispoline.	$(C^{15}H^{19})'''Az$ Ettidine.
$(C^{12}H^{13})'''Az$ Tétrahiroline.	$(C^{16}H^{21})'''Az$ Validine.

A partir de la tétrahiroline, Williams a séparé les bases supérieures de cette série, qui distillent toutes à une température supérieure à 300°, en soumettant les chlorhydrates à des précipitations fractionnées méthodiques par le chlorure platinique; ces bases chauffées avec du sodium fournissent une matière qui colore la soie en un rouge-orangé magnifique [Gr. Williams, *Laborat.*, t. I, p. 109; *Bull. de la Soc. chim.*, 1867, t. VIII, p. 364].

Les bases de la série quinoléique sont probablement des amines tertiaires.

Modes de formation de la quinoléine. — Cette base prend naissance : 1° dans la distillation de la cinchonine, de la quinine et des isomères des deux alcaloïdes, et de la strychnine avec la potasse (Gerhardt); 2° dans la distillation de la berberine avec un lait de chaux ou avec de l'hydrate de plomb [Boedeker, *Ann. der Chem. u. Pharm.*, t. LXIX, p. 40]; la pélosine (identique avec la buxine) ne donne pas de quinoléine, comme Boedeker l'avait avancé, mais bien de la méthylamine et du pyrrol (Gr. Williams); 3° dans l'électrolyse du nitrate de cinchonine [Babo, *Jahresbericht für Chem.*, 1857, p. 407]; 4° dans la distillation de la thialdine avec un lait de chaux et dans la distillation sèche de l'acide trigénique (Liebig et Wöhler).

Préparation. — Parmi les bases qui donnent de la quinoléine par la distillation avec la potasse, la cinchonine est la plus avantageuse. On chauffe dans une cornue (une cornue en fer est trèsappropriée à cet usage) de la potasse avec très-peu d'eau, et quand la masse est fondue on y ajoute par petites portions de la cinchonine en poudre; en chauffant ensuite plus fort, de manière à porter la masse à une température voisine du rouge, on voit se dégager des vapeurs âcres accompagnées de gaz hydrogène et qui se condensent dans le récipient, en même temps que de l'eau. Il est bon de ne pas opérer sur une trop grande quantité de cinchonine à la fois. La cinchonine fournit environ 65 % de quinoléine brute (Williams); le résidu de la cornue contient de l'acide formique et de l'acide butyrique (Lubavin).

Le produit distillé est sursaturé par un acide et chauffé pendant quelques jours à l'ébullition, pour éliminer le pyrrol qui passe à l'état de rouge de pyrrol; la liqueur est ensuite saturée par un excès de potasse et la quinoléine brute qui se sépare est décantée et séchée sur des morceaux de potasse caustique. Le produit ainsi obtenu commence à bouillir à 150°, mais jusqu'à 180° il ne passe que peu de liquide; par un grand nombre de distillations fractionnées on obtient les produits suivants : vers 160-165° de la lutidine, entre 179° et 182° de la collidine, entre 210° et 243° principalement de la quinoléine; enfin les portions moins volatiles contiennent de la lépidine et les bases homologues supérieures.

Pour purifier complétement la quinoléine, on la convertit en chloroplatinate et on soumet celui-ci à un grand nombre de cristallisations fractionnées.

Propriétés. — La quinoléine se présente sous forme d'un liquide incolore, d'une odeur désagréable, rappelant celle de l'essence d'amandes amères et d'une saveur fort âcre et amère. Elle bout sans altération entre 238° et 243° et possède la densité de vapeur 4,519 (calcul 4,458). Son indice de réfraction à 24° est de 1,5567 pour la raie A, 1,5687 pour D et 1,6198 pour H. Elle est plus lourde que l'eau; sa densité n'a pas été publiée (celle de son isomère, la leucoline, est de 1,081 à 10°). La quinoléine produit sur le papier des taches grasses qui s'évaporent rapidement. Elle est peu soluble dans l'eau froide, un peu plus soluble à chaud; elle est miscible, en toutes proportions, avec l'alcool, l'alcool méthylique, l'éther, l'aldéhyde, l'acétone, le sulfure de carbone, les essences et les huiles grasses. Elle verdit le sirop de dahlias.

La quinoléine est un corps très-stable; elle ne se décompose pas au rouge.

Le mélange de *bichromate de potassium* et d'*acide sulfurique* ne paraît pas l'attaquer; le *permanganate de potassium* donne avec elle deux acides cristallisés, dont l'un a été analysé; c'est l'*acide monocarboquinoléique* C^9H^6Az,CO^2H; son sel de potassium distillé avec de la chaux fournit du pyrrol et d'autres bases [Dewar, *Bull. de la Soc. chim.*, 1872, t. XVIII, p. 257].

Lorsqu'on fait tomber goutte à goutte de la quinoléine dans une atmosphère de *chlore*, il se forme, après 12 heures, une huile jaune qui se dissout partiellement dans l'eau en laissant insoluble une substance blanche, non encore étudiée (Williams).

Le *brome* liquide et surtout les vapeurs de ce métalloïde transforment la quinoléine en un dérivé tribromé (Lubavin). — Voyez plus loin.

L'acide *azotique* fumant agit vivement sur la quinoléine sans la décomposer et la convertit en azotate de quinoléine; à chaud, un dégagement de vapeurs nitreuses a lieu et l'eau précipite alors de la solution un corps jaune amorphe.

L'acide *sulfurique*, surtout l'acide de Nordhausen, la convertissent à chaud en un acide sulfoconjugué.

Le *potassium* et le *sodium* n'attaquent pas la quinoléine à froid; à chaud, il se forme une masse rouge peu stable, sans qu'il se dégage de l'hydrogène; cette masse traitée par l'eau donne un corps brun, amorphe, insoluble.

Lorsqu'on fond la quinoléine avec de la potasse, on observe une coloration vert bleuâtre qui passe au violet foncé après quelque temps de chauffe; l'eau détruit immédiatement ces colorations, en même temps qu'il se précipite une substance brune amorphe [Lubavin, *Ann. der Chem. u. Pharm.*, t. CLV, p. 311; *Bull. de la Soc. chim.*, 1870, t. XIII, p. 177].

La quinoléine fixe directement les *iodures* de *méthyle*, d'*éthyle*, et d'*amyle* et donne des composés cristallisés. En traitant la base par du *sulfate de méthyle* ou d'*éthyle* et le produit formé, ensuite par un alcali, on obtient des matières colorantes, mal définies, que Babo a désignées par les noms de *méthyl-* et d'*éthylirisine*. — Voyez plus loin.

La quinoléine se combine aussi avec le *chlorure d'acétyle* en produisant un corps cristallin, très-déliquescent.

Sels de quinoléine. — La quinoléine s'unit facilement aux acides et donne des sels qui cristallisent en général avec facilité; les sels de son isomère, la *leucoline*, au contraire, cristallisent difficilement (Williams). La quinoléine forme aussi des combinaisons cristallisées avec un grand nombre de sels métalliques (H. Schiff).

Azotate, $C^9H^7Az,HAzO^3$. — En évaporant la base avec un excès d'acide azotique, on obtient une masse pâteuse, qui se fige par le refroidissement et qui cristallise dans l'alcool chaud en aiguilles blanches, inaltérables à l'air, qui ne fondent pas à 100°.

Le *chlorhydrate*, C^9H^7Az,HCl, n'a pas été décrit. Il forme des combinaisons cristallisées avec d'autres chlorures métalliques.

Chloraurate, $C^9H^7Az,HCl + AuCl^3$. — Belles aiguilles jaune-serin, peu solubles dans l'eau froide.

Chlorocadmate, $C^9H^7Az,HCl + CdCl^2 + H^2O$. — Lorsqu'on mélange des solutions saturées de chlorhydrate de quinoléine et de chlorure cadmique, le sel double se dépose en belles aiguilles incolores qui perdent leur eau à 100°; à une température beaucoup plus élevée, il se volatilise complétement.

Chloropalladite, $2(C^9H^7Az,HCl) + PdCl^2$. — Précipité cristallin de couleur marron, qui se dissout un peu dans l'eau.

Chloroplatinate, $2(C^9H^7Az,HCl) + PtCl^4$. — Précipité jaune cristallin, soluble dans 893 p. d'eau à 15°.

Chloroplatinite, $2(C^9H^7Az,HCl) + PtCl^2$. — On l'obtient en traitant le chlorure de platosoquinoléylammonium par l'acide chlorhydrique. C'est une poudre jaune, insoluble dans l'eau, mais qui se dissout dans la quinoléine en régénérant le chlorure primitif.

Chloro-uranylate, $C^9H^7Az,HCl + (UrO)Cl$. — Ce sel double se dépose en aiguilles jaunes, brillantes et courtes, lorsqu'on mélange la solution de chlorhydrate avec une solution de chlorure d'uranyle ammoniacal. Les cristaux qui se forment en solution étendue atteignent souvent un volume considérable.

Dichromate, $(C^9H^7Az)^2H^2Cr^2O^7$. — Ce sel est très-caractéristique; il se précipite à l'état d'une masse résineuse lorsqu'on ajoute la quinoléine à un excès d'acide chromique en solution étendue; cette masse cristallise dès qu'on la touche avec une baguette de verre. Elle se dissout dans l'eau bouillante et se dépose par le refroidissement en belles aiguilles jaunes et brillantes.

Oxalate acide, $C^9H^7Az, C^2H^2O^4$. — Il cristallise dans l'alcool en fines aiguilles soyeuses, qui perdent à 100° lentement une partie de leur base; on l'obtient à l'état d'une masse cristalline molle en mélangeant une solution de 16,5 p. d'acide oxalique dans un peu d'eau avec 24,3 p. de quinoléine [C. Greville Williams, *Trans. of the Roy. Soc. Edinburgh*, 1856, t. XXI, 3e part., p. 377; *Journ. f. prakt. Chem.*, t. LXIX, p. 355].

Les combinaisons que donne la quinoléine avec les sels métalliques peuvent être considérées comme des sels d'ammonium substitués; ils sont presque tous cristallisables, peu solubles dans l'eau froide, et se décomposent par une ébullition prolongée avec ce liquide.

Sel nitro-mercurique,

$$(C^9H^7Az)^2Hg(AzO^3)^2 = \left.\begin{matrix}(C^9H^{7'''})^2\\ Hg''\end{matrix}\right\}Az^2.(AzO^3)^2.$$

— Précipité blanc qui se dépose sous forme d'une poudre cristalline de sa solution dans l'acide azotique très-étendu.

Sel cyano-mercurique, $(C^9H^7)^2Az^2HgCy^2$. — Longs prismes brillants.

Sel chloro-zincique,

$$\left.\begin{matrix}(C^9H^7)^2\\ Zn\end{matrix}\right\}Az^2Cl^2.$$

— Il se dépose de sa solution bouillante en petits prismes brillants, qui paraissent appartenir au type clinorhombique.

La quinoléine se combine aussi avec les chlorures d'étain, de bismuth, d'antimoine et d'arsenic. Chauffés avec un acide, ces composés, à l'exception du sel mercurique, se convertissent en véritables sels doubles de la quinoléine [H. Schiff, *Ann. der Chem. u. Pharm.*, t. CXXXI, p. 112; *Bull. de la Soc. chim.*, 1864, t. I, p. 467].

Williams a décrit un dérivé platinique de la quinoléine qui prend naissance lorsqu'on chauffe cette base, à l'état sec, avec du chlorure platineux, il se sépare une poudre jaune clair qui est presque insoluble dans l'eau, mais qui se dissout dans un excès de quinoléine. Ce corps, analogue, par sa constitution, au chlorure de platosammonium (t. II, p. 1051, I, n° 1), renferme

$$C^{18}H^{14}Az^2PtCl^2 = Pt\begin{matrix}\diagup Az(C^9H^7)Cl\\ \diagdown Az(C^9H^7)Cl.\end{matrix}$$

Chlorure de platoso-quinoléylammonium.

Traité par l'acide chlorhydrique, il donne du chloroplatinite de quinoléine (voyez plus haut) [C. Gr. Williams, *Chem. Gaz.*, 1858, p. 346; *Journ. f. prakt. Chem.*, t. LXXVI, p. 251].

QUINOLÉINE TRIBROMÉE, $C^9H^4Br^3Az$ (Lubavin). — Le brome liquide agit déjà à la température ordinaire sur la quinoléine, mais les produits formés sont incristallisables; on n'obtient pas de meilleurs résultats en employant une solution aqueuse du chlorhydrate et du brome liquide; mais les vapeurs de brome convertissent la quinoléine en tribromoquinoléine cristallisée. On place sous une petite cloche dans deux vases séparément 1 p. de base et 2 p. de brome et l'on abandonne le tout jusqu'à volatilisation complète du brome, ce qui a lieu au bout de deux jours environ; on trouve alors des cristaux bruns baignés par un liquide sirupeux rouge. Cette masse paraît renfermer un produit d'addition, car l'acide sulfureux et la soude lui enlèvent facilement une partie du brome. L'alcool dissout ce dernier presque complétement en se colorant en rouge, et la solution laisse déposer peu à peu des aiguilles soyeuses, légères de tribromoquinoléine, $C^9H^4Br^3Az$. Ce corps fond à 173-175° et se prend par le refroidissement en une masse formée de longues aiguilles rayonnées; à une plus haute température, il se volatilise sans décomposition.

La tribromoquinoléine est insoluble dans l'eau, peu soluble dans l'alcool à froid, facilement à chaud. Les acides chlorhydrique et sulfurique concentrés la dissolvent aisément et l'eau ou la soude la précipitent de nouveau. La potasse alcoolique ou l'oxyde d'argent ne lui enlèvent pas de brome; l'acide sulfurique même bouillant ne l'altère pas. Avec la potasse fondante elle donne une coloration vert bleuâtre.

On obtient aussi des quinoléines bromées en chauffant l'acide sulfoquinoléique avec de l'eau et du brome en vase clos; mais les produits formés sont difficiles à séparer. M. Lubavin a analysé un produit cristallisé en mamelons, fusible à 147-150°, qui était un mélange de tri- et de tétrabromoquinoléine.

ACIDE SULFOQUINOLÉIQUE, $C^9H^6Az.SO^3H$. — Cet acide sulfoconjugué se forme lorsqu'on chauffe la quinoléine avec 10 fois son poids d'acide sulfurique ordinaire, ou mieux d'acide fumant, pendant plusieurs jours au bain-marie, jusqu'à ce que le produit dissous dans l'eau ne se trouble plus après addition de soude. On étend alors de beaucoup d'eau le liquide brun, on sature par l'hydrate de baryum, on filtre, on débarrasse le liquide, par l'acide carbonique, de la baryte libre qu'il contient, et l'on évapore presque à sec au bain-marie.

Le *sulfoquinoléate de baryum* se dépose sous la forme d'une poudre blanche amorphe qui devient jaune-brun après dessiccation. Il contient $(C^9H^6Az,SO^3)^2Ba$ et ne s'altère pas à 250°.

L'acide libre isolé du sel de baryum au moyen de l'acide sulfurique, est en beaux cristaux presque incolores, brillants et inaltérables à l'air; ils sont anhydres et contiennent C^9H^6Az,SO^3H.

Cet acide se dissout difficilement dans l'eau et dans l'alcool froids, mais à chaud il est beaucoup plus soluble; il est aussi très-soluble dans l'acide chlorhydrique; il forme facilement des solutions sursaturées. L'éther ne le dissout pas. L'acide décompose très-lentement le carbonate de baryum et donne un précipité de sulfoquinoléate de plomb avec le sous-acétate de plomb; le nitrate d'argent ammoniacal ne le précipite pas, mais après quelque temps, le liquide laisse déposer de petites aiguilles soyeuses.

L'acide sulfoquinoléique n'est pas attaqué sensiblement par l'acide azotique; fondu avec la potasse, il dégage de la quinoléine et donne un corps brun amorphe, soluble dans les acides et précipitable par les alcalis. Chauffé avec du brome et de l'eau à 100°, il perd son reste sulfureux à l'état d'acide sulfurique et donne un mélange de tri- et de tétrabromoquinoléine [N. Lubavin, *Ann. der Chem. u. Pharm.*, t. CLV, p. 113; *Bull. de la Soc. chim.*, 1870, t. XIII, p. 177].

QUINOLÉYLAMMONIUMS. — *Méthylquinoléylammonium*. — On obtient l'iodure de cet ammonium, $C^9H^7.CH^3.AzI$, en chauffant la quinoléine avec l'iodure de méthyle en vase clos pendant 10 minutes à 100°. Cet iodure est bien cristallisé; avec l'oxyde d'argent il fournit une solution qui, chauffée avec de la potasse, laisse dégager une odeur très-forte. Le *chloroplatinate*, $(C^9H^7.CH^3.AzCl)^2 + PtCl^4$, est peu soluble.

Éthylquinoléylammonium. — L'iodure de cet ammonium prend naissance lorsqu'on chauffe à 100° pendant plusieurs heures la quinoléine avec de l'iodure d'éthyle en excès; on distille l'iodure d'éthyle non combiné et on purifie le résidu par cristallisation dans l'alcool. L'*iodure*, $C^9H^7.C^2H^5.AzI$, forme de grands cristaux cubiques qui, chauffés à 100°, prennent une teinte rouge de sang, passagère.

Le *chloroplatinate*,

$$(C^9H^7.C^2H^5.AzCl)^2 + PtCl^4,$$

est un précipité jaune d'or, peu soluble.

L'iodure traité par l'oxyde d'argent et l'eau donne une liqueur incolore très-alcaline, renfermant l'hydrate d'éthylquinoléylammonium. La solution précipite les sels de fer, de plomb, de cuivre et de mercure et chasse l'ammoniaque de ses sels. Chauffée au bain-marie, la solution de l'hydrate se colore en rouge cramoisi et devient, par l'évaporation, vert-émeraude, puis bleue.

Lorsqu'on décompose l'iodure par le sulfate d'argent, on obtient une solution incolore, qui, par l'évaporation, se colore sur les bords en bleu foncé, puis en rouge cramoisi, et finit par laisser un résidu presque noir qui offre, comme l'indigo, un éclat cuivré. Ce résidu se dissout dans l'eau avec une couleur cramoisie que l'ammoniaque fait passer au rose, les acides nitrique et chlorhydrique au pourpre. Ce produit serait, d'après Williams, le sulfate d'une base formée par oxydation de l'hydrate d'éthylquinoléylammonium; la potasse en précipite une poudre d'un rouge-violet magnifique, qui est peu soluble dans l'eau, mais que l'alcool dissout en se colorant en rouge cramoisi. Cette solution précipite par le chlorure mercurique. La solution dans l'acide chlorhydrique donne avec le chlorure de platine un précipité abondant ne contenant que 23,6 % de platine.

Babo, en chauffant la quinoléine avec les sulfates de méthyle ou d'éthyle, et traitant par la potasse ou la baryte les produits formés, a obtenu des matières auxquelles il a donné les noms de *méthylirisine* et d'*éthylirisine* et qui se comportent absolument comme le produit d'oxydation du sulfate d'éthylquinoléylammonium. Il est donc très-probable que l'éthylirisine et le corps de Williams sont identiques [Babo, *Jahresbericht für Chem.*, 1857, p. 407].

Amylquinoléylammonium. — On chauffe à 100°, pendant plusieurs heures, la quinoléine avec de l'iodure d'amyle; l'*iodure*, $C^9H^7.C^5H^{11}.AzI$, qui prend naissance, cristallise facilement.

Le *chloroplatinate* correspondant est peu soluble et contient $(C^9H^7.C^5H^{11}.AzCl)^2 + PtCl^4$ [C. Greville Williams, *Transact. Roy. Soc. Edinburgh*, t. XXI, 3e part., p. 377].

Lorsqu'on chauffe l'iodure d'amylquinoléylammonium avec de la potasse, il double sa molécule avec élimination d'acide iodhydrique, et il se forme une belle matière colorante bleue qui constitue une partie de la *cyanine* (t. I, p. 1069). Ce composé est l'homologue inférieur de l'iodure de pélamine (t. II, p. 215).

La cyanine du commerce possède une composition variable; celle préparée autrefois par Ménier, à Paris, contenait principalement de l'iodure de pélamine, tandis que la matière colorante livrée par la fabrique de Müller, à Bâle, était presque exclusivement formée par l'iodure $C^{28}H^{35}IAz^2$; MM. Nadier et Merz, à qui sont dus les faits suivants, ont donné à ce dernier le nom de *quinoléine-iodocyanine*. L'équation suivante rend compte de la formation de cet iodure dans l'action de la potasse sur l'iodure d'amylquinoléylammonium :

$$2\left[\left.\begin{matrix}(C^9H^7)''' \\ C^5H^{11}\end{matrix}\right\} AzI\right] + KHO$$

Iodure d'amylquinoléylammonium.

$$= \left.\begin{matrix}C^9H^7-C^9H^7)^{iv} \\ C^5H^{10}I \\ C^5H^{11}\end{matrix}\right\} Az^2 + KI + H^2O.$$

Quinoléine iodocyanine.

Cette formule de l'iodocyanine rend parfaitement compte des réactions de ce corps; elle montre qu'on peut faire dériver de l'iodocyanine deux sortes de composés salins; les uns résultant de la fixation pure et simple de 1 ou 2 molécules d'un acide monobasique sur la diamine, les autres formés par substitution des restes OH, AzO^3, etc., à l'atome d'iode à l'intérieur de la molécule.

Les sels diacides sont incolores et très-instables; la soie les dédouble déjà et se teint en bleu. Les sels monacides sont bleus. Les composés de la seconde catégorie sont au contraire très-stables et l'ammoniaque ne leur enlève pas les restes acides.

L'iodocyanine est en prismes ou écailles couleur d'ailes de cantharide ou en grains d'un jaune de laiton; ces deux formes différentes sont dues à une différence dans la proportion d'eau de cristallisation. On l'obtient sous la première forme par l'évaporation spontanée de la solution alcoolique et sous la seconde par cristallisation dans l'alcool chaud. Elle est à peine soluble dans l'éther et dans l'eau froide, mais se dissout très-aisément dans l'alcool bouillant. Elle fond à 100° en perdant de l'eau et se solidifie de nouveau par le refroidissement. Elle donne avec l'acide chlorhydrique un *dichlorhydrate* et un *monochlorhydrate*. La solution chlorhydrique est incolore et laisse déposer par l'évaporation lente le premier sel à l'état d'écailles incolores de la formule $C^{28}H^{35}IAz^2, 2HCl$. Ce sel perd à 100° de l'acide en prenant une couleur bronzée et finit par se convertir en monochlorhydrate

$$C^{28}H^{35}IAz^2, HCl,$$

sel peu soluble dans l'eau, mais très-soluble dans l'alcool.

Lorsqu'on traite la quinoléine-iodocyanine en solution alcoolique par l'oxyde d'argent, on obtient une substance visqueuse qui contient la *cyanine*, $C^{28}H^{35}(OH)Az^2$, indépendamment d'une matière résineuse.

Quinoléine-chlorocyanine, $C^{28}H^{35}ClAz^2$. — On l'obtient en dissolvant la cyanine dans l'acide chlorhydrique et ajoutant de l'ammoniaque, ou en décomposant la sulfatocyanine décrite plus loin par du chlorure de baryum; enfin on peut encore le préparer en laissant digérer du chlorure d'argent avec une solution alcoolique d'iodocyanine.

La chlorocyanine constitue des flocons bruns qui se dissolvent aisément dans l'eau bouillante; la solution la laisse déposer en longs prismes bleus agglomérés. L'alcool la dissout également et donne, par l'évaporation lente, des aiguilles couleur ailes de cantharide, ou des prismes et tables d'un vert foncé. Les cristaux contiennent 4 molécules d'eau de cristallisation. La chlorocyanine se dissout dans les acides en formant des solutions incolores, qui renferment en dissolution des sels analogues aux deux chlorhydrates d'iodocyanine.

Le *chloroplatinate de chlorocyanine*,

$$C^{28}H^{35}ClAz^2, HCl + PtCl^4,$$

constitue un précipité jaune contenant de l'eau de cristallisation et qui se produit lorsqu'on ajoute du chlorure platinique à la solution chlorhydrique d'un dérivé de la cyanine.

Nitratocyanine, $C^{28}H^{35}(AzO^3)Az^2$. — On précipite une solution alcoolique d'iodocyanine, acidulée légèrement par l'acide nitrique, par du nitrate d'argent en excès, on enlève l'excès d'argent en ajoutant la quantité strictement nécessaire d'acide chlorhydrique, on filtre, on ajoute de l'ammoniaque et l'on distille l'alcool. Le résidu est purifié par cristallisation dans l'alcool très-faible. La nitratocyanine est en aiguilles ou prismes rhombiques, très-brillants et d'une couleur bronzée. Elle renferme 1 molécule d'eau et se dissout à peine dans l'éther ou dans l'eau froide; l'eau chaude et l'alcool la dissolvent facilement en donnant des solutions d'un bleu magnifique. La solution de la nitratocyanine dans l'acide chlorhydrique laisse déposer par l'évaporation lente de longues aiguilles transparentes de chlorhydrate $C^{28}H^{35}(AzO^3)Az^2.2HCl$ qui perdent, au-dessus de 65°, HCl et se convertissent en monochlorhydrate bleu de la formule $C^{28}H^{35}(AzO^3)Az^2, HCl$.

Lorsqu'on traite la nitratocyanine par du sulfure d'ammonium il se forme, indépendamment d'autres produits, une substance cristallisant en prismes clinorhombiques, très-brillants, d'une couleur rouge jaunâtre, qui renferment $C^{56}H^{68}Az^4S^3O^2$. Ce composé est soluble dans l'éther, qu'il colore en rouge, et possède des propriétés basiques faibles.

Sulfatocyanine, $(C^{28}H^{35}Az^2)^2SO^4 + 4H^2O$. — Ce sel se forme lorsqu'on chauffe l'iodocyanine avec un excès d'acide sulfurique concentré; il se dégage en même temps de l'iode et de l'acide sulfureux. On dissout le résidu dans l'eau; on sursature la solution incolore par l'ammoniaque et l'on dissout dans l'eau bouillante les flocons rouge-brun qui se forment. La sulfatocyanine cristallise alors par le refroidissement en longues aiguilles bleues agglomérées.

La cyanine donne aussi des composés analogues avec les acides acétique, oxalique et borique [G. Nadler et V. Merz, *Journ. für prakt. Chem.*, t. C, p. 129; *Jahresb.*, 1867, p. 512]. A. H.

QUINONAMIDE. — Voyez QUINONE, p. 1306.

QUINONE et HYDROQUINONE. — La quinone, $C^6H^4O^2$, et l'hydroquinone, $C^6H^6O^2$, sont unies par des relations étroites; l'action des agents réducteurs sur la quinone fournit l'hydroquinone, qui, inversement sous l'influence des oxydants, se convertit en quinone.

L'hydroquinone, $C^6H^4(OH)^2$, est un dérivé bihydroxylé de la benzine, C^6H^6; elle est donc un isomère de la pyrocatéchine et de la résorcine; comme eux, elle est une sorte de phénol diatomique, mais elle présente ce caractère particulier de fournir la quinone par les agents d'oxydation en perdant seulement 2 atomes d'hydrogène; les hydroquinones et les quinones constituent une fonction spéciale. — Voyez plus loin QUINONES.

La quinone a été découverte en 1838 par Woskresensky, dans l'oxydation de l'acide quinique par le peroxyde de manganèse et l'acide sulfurique. L'hydroquinone a été isolée quelques mois plus tard par Wœhler, qui l'obtint par la distillation sèche de l'acide quinique et par l'action de l'acide sulfureux sur la quinone. C'est Laurent qui établit le premier la vraie formule de ces corps et de leurs dérivés [Woskresensky, *Ann. der Chem. u. Pharm.*, t. XXXVII, p. 168; *Journ. für prakt. Chem.*, t. XVIII, p. 419, t. XXXIV, p. 251; — Wœhler, *Ann. der Chem. u. Pharm.*, t. LI, p. 148; — Laurent, *Compt. rend. des trav. de Chim.*, 1849, p. 190]. La quinone, l'hydroquinone et leurs dérivés hydroxylés, chlorés, bromés, sulfuriques, ont été étudiés par Hesse, Stædeler, Stenhouse, Wœhler, Woskresensky, Laurent, Græbe, etc. Nous indiquerons leurs mémoires à mesure que nous étudierons les corps et que nous citerons les faits.

Nous adopterons dans cet article les divisions suivantes:

HYDROQUINONE.

Dérivés sulfhydriques.
Dérivés bromés.
Dérivés chlorés et acides sulfurés de l'hydroquinone tétrachlorée.
Dérivé phosphorique.
Dérivé sulfurique.
Dérivés phtaliques.

QUINONE.

Dérivés bromés.
Dérivés chlorés.
Acides sulfurés dérivés de la tri- et tétrachloroquinone.
Dérivés amidés.

DIOXHYDROQUINONE ET DIOXYQUINONE.

Dichloroxyhydroquinone (acide hydrochloranilique).
Dioxydichloroquinone (acide chloranilique).
Amides chloraniliques.

Quant à la combinaison de quinone et d'hydroquinone connue sous les noms d'*hydroquinone verte*, et de *quinhydrone*, elle est décrite p. 1283, article QUINHYDRONE.

HYDROQUINONE.

Modes de formation. — L'hydroquinone a été découverte par Wœhler, qui l'obtint par la distillation sèche de l'acide quinique, et par l'action des agents réducteurs sur la quinone. Elle se produit également dans l'action du peroxyde de plomb sur l'acide quinique (Hesse), par le dédoublement de l'arbutine par l'action de l'émulsine (voyez ARBUTINE, t. I, p. 361); ce produit de dédoublement appelé *arctuvine* par Kawalier a été reconnu, par Strecker, identique avec l'hydroquinone. Dans la distillation sèche des extraits aqueux du *Rhododendron ferruginensis* et de la busserole (*Arctostaphylos Uva Ursi*), Uloth a obtenu un composé cristallisé qu'il a désigné sous le nom d'*éricinone* et qui, d'après Hesse, n'est autre que de l'hydroquinone.

L'hydroquinone, étant un des dérivés hydroxylés du phénol, se forme aussi au moyen des produits de substitution de ce corps; c'est ainsi que, par la fusion avec la potasse, l'ortho-iodophénol, le chlorophénol α fournissent de l'hydroquinone [Wœhler, *Ann. der Chem. u. Pharm.*, t. XLV, p. 354, et t. LI, p. 150; — Hesse, *même recueil*, t. CXIV, p. 292, et *Répert. de Chim. pure*, 1861, p. 12; — Uloth, *Ann. der Chem. u. Pharm.*, t. CXI, p. 215, et *Répert. de Chim. pure*, 1859, p. 591; Strecker, *Ann. der Chem. u. Pharm.*, t. CVII, p. 228, et *Ann. de Chim. et de Phys.*, (3), t. LIV, p. 314].

Préparation. — Le produit de la distillation sèche de l'acide quinique renferme, outre l'hydroquinone, de l'acide benzoïque, de l'hydrure de salicyle, du phénol, de la benzine. On dissout la masse dans une petite quantité d'eau chaude, on filtre pour séparer une matière goudronneuse; par le refroidissement, il se dépose de l'acide benzoïque, que l'on sépare par une nouvelle filtration, puis on distille de manière à chasser la plus grande partie des substances huileuses capables de se volatiliser avec la vapeur d'eau. Le résidu brun de la cornue dépose de nouveau de l'acide benzoïque. On sépare l'eau mère, on l'additionne d'eau qui la rend laiteuse et précipite des substances goudronneuses; on filtre, et par évaporation on obtient l'hydroquinone qui est purifiée par de nouvelles cristallisations.

Il est plus commode de préparer l'hydroquinone en traitant la quinone par les agents réducteurs. Une solution aqueuse et saturée de quinone est mêlée avec une solution d'acide iodhydrique; le liquide étant filtré et évaporé fournit de l'hydroquinone. On peut encore faire agir un courant de gaz sulfureux sur un mélange d'eau et de quinone jusqu'à ce que celle-ci soit dissoute, et évaporer la solution à cristallisation.

Propriétés. — L'hydroquinone cristallise en prismes orthorhombiques transparents et incolores, formes h^1, g^1, $b^{1/2}$, p (Hesse). Elle est sans odeur, d'une saveur douceâtre, très-soluble dans l'eau, l'alcool et l'éther.

Elle fond à 177° 5, se solidifie à 165°, et, doucement chauffée, se sublime en lames brillantes, ressemblant à celles de l'acide benzoïque sublimé. Chauffée brusquement, elle se décompose en partie, en donnant de la quinone et de la quinhydrone (hydroquinone verte). Quand sa vapeur est dirigée dans un tube chauffé au rouge faible, elle se scinde en quinone et hydrogène (Hesse). Divers agents oxydants la convertissent en une combinaison de quinone et d'hydroquinone, qui se sépare en aiguilles vertes, douées d'un éclat métallique; c'est ainsi qu'agissent le chlorure ferrique, le chlore, l'acide azotique, l'azotate d'argent, le chromate de potassium. Avec l'ammoniaque et la potasse, elle donne des matières brunes. Sa solution aqueuse colore en jaune l'acétate cuivrique, et à chaud précipite de l'oxyde cuivreux en même temps qu'il se forme de la quinone. Elle se dissout dans une solution chaude et moyennement concentrée d'acétate de plomb neutre, et la solution dépose par le refroidissement des cristaux, $C^6H^6O^2,(C^2H^3O^2)^2Pb + 1\ 1/2\ H^2O$. Ils perdent par l'acide sulfurique 5,23 °/₀ d'eau. Ces diverses réactions ont été indiquées par Wœhler.

L'acide azotique concentré transforme l'hydroquinone en acide oxalique, et un mélange d'acide chlorhydrique et de chlorate de potassium, en chloranile (tétrachloroquinone). Elle se dissout dans les sulfites alcalins et y cristallise sans altération; quelquefois cependant, on obtient des cristaux jaunes renfermant de l'acide sulfureux et de l'hydroquinone. L'acide phtalique anhydre réagit sur l'hydroquinone en donnant deux dérivés. — *Voyez plus loin* Dérivés phtaliques.

Sulfhydrates d'hydroquinone [Wœhler, *Ann. der Chem. u. Pharm.*, t. LXIX, p. 294]. — Il existe deux sulfhydrates d'hydroquinone; l'un, $4C^6H^6O^2,H^2S$, se sépare en prismes incolores, très-allongés, par l'action de l'hydrogène sulfuré sur une solution aqueuse et saturée d'hydroquinone, maintenue à 40°. Le sulfhydrate,

$$3C^6H^6O^2,H^2S,$$

se produit par l'action du gaz sur la solution froide et saturée d'hydroquinone. Il se sépare en petits cristaux brillants, qui se redissolvent à chaud pendant que le gaz continue à se dégager, puis se déposent par le refroidissement en rhomboèdres incolores et réguliers. A l'état sec, ils se conservent sans altération; l'eau les dédouble en hydrogène sulfuré et hydroquinone.

Dérivés bromés. — Les dérivés bromés et chlorés de l'hydroquinone s'obtiennent par l'action des agents réducteurs sur les quinones bromées et chlorées. L'*hydroquinone tribromée* se produit en même temps que le *dérivé tétrabromé*, quand on fait passer un courant de gaz sulfureux dans de l'eau bouillante, tenant du bromanile (quinone tétrabromée) en suspension. Elle ressemble au dérivé trichloré et se purifie de la même manière (voyez plus loin). Le dérivé tétrabromé ne s'obtient qu'en petite quantité; pour le préparer, on fait digérer le bromanile avec de l'acide iodhydrique et du phosphore. Il présente les propriétés du dérivé tétrachloré [Stenhouse, *Journ. of the Chem. Soc.*, (3), t. VIII, p. 9].

Dérivés chlorés. — Obtenus par l'action des agents réducteurs sur les quinones chlorées, ils reproduisent celles-ci par l'action des oxydants. En solution alcoolique, ils précipitent l'acétate de plomb en blanc.

Hydroquinone monochlorée, $C^6H^5ClO^2$ [...ler, *Ann. der Chem. u. Pharm.*, t. LI, — Stædeler, *même recueil*, t. LXIX, p. 306]. — Produite par l'action de l'acide sulfureux sur la quinone chlorée, ou par combinaison directe à froid de l'acide chlorhydrique et de la quinone, elle est en prismes incolores, très-solubles dans l'eau, l'alcool et l'éther, d'une odeur faible, d'une saveur douceâtre et brûlante. Elle se sublime en lamelles blanches et brillantes, mais en se décomposant en grande partie. Elle réduit l'azotate d'argent en donnant de la quinone chlorée; avec le chlorure ferrique, sa solution dépose peu à peu le dérivé chloré de la quinhydrone,

$$C^6H^3ClO^2, C^6H^5ClO^2.$$

Hydroquinone dichlorée, $C^6H^4Cl^2O^2$ (Stædeler). — On chauffe la quinone dichlorée avec une solution concentrée d'acide sulfureux; par le refroidissement, il se sépare l'hydroquinone dichlorée qui est ensuite lavée à l'eau froide. Elle est en beaux cristaux nacrés, fusibles à 164°. Elle se sublime déjà vers 120°. Les cristaux sont peu solubles dans l'eau froide, très-facilement solubles dans l'eau bouillante, l'alcool et l'éther, ainsi que dans l'acide acétique à chaud.

La solution aqueuse rougit le papier de tournesol. Elle se dissout dans la potasse faible et l'ammoniaque en donnant des solutions qui se colorent à l'air et laissent déposer ensuite des précipités colorés. L'acide azotique la convertit immédiatement en quinone bichlorée. Le chlorure ferrique, ajouté avec précaution à sa solution bouillante, la transforme en tétrachloroquinhydrone, $C^6H^4Cl^2O^2, C^6H^2Cl^2O^2$.

Hydroquinone trichlorée, $C^6H^3Cl^3O^2$ [Stædeler, *Mém. cité*; — Græbe, *Ann. der Chem. u. Pharm.*, t. CXLVI, p. 1, et *Bull. de la Soc. chim.*, 1869, t. XI, p. 327]. — Stædeler l'obtient en traitant la quinone trichlorée par l'acide sulfureux à la température ordinaire. Græbe prépare un mélange de quinone trichlorée et tétrachlorée par l'action du chlorate de potassium et de l'acide chlorhydrique sur le phénol. Le produit est mis en suspension dans l'eau et la liqueur est saturée par l'acide sulfureux : au bout de 24 heures, il se sépare des cristaux incolores, mélange d'hydroquinone trichlorée et d'hydroquinone tétrachlorée. Pour séparer les deux corps, on épuise la masse par l'eau bouillante qui dissout le dérivé trichloré et laisse le dérivé tétrachloré.

La trichloro-hydroquinone est en gros cristaux prismatiques brillants, un peu colorés en brun, fusibles à 130° (Stædeler), à 134° (Græbe). Peu soluble dans l'eau froide, elle se dissout dans l'eau bouillante en fondant d'abord, puis donnant des solutions qui présentent souvent le phénomène de la sursaturation.

L'acide azotique froid, employé en quantité insuffisante, la transforme en *hexachloro-quinhydrone*, $C^6Cl^3HO^2, C^6Cl^3H^3O^2$. Avec le perchlorure de phosphore, elle donne un mélange de benzine hexachlorée et de benzine pentachlorée (Græbe).

Græbe a obtenu deux dérivés métalliques, le *sel de potassium*, $C^6Cl^3HO^2K^2$, et le *sel de plomb*, $C^6Cl^3HO^2Pb$.

Le *dérivé diéthylique*, $C^6Cl^3HO^2(C^2H^5)^2$, préparé par l'action de l'iodure d'éthyle sur le sel de potassium, cristallise en longues aiguilles, et fond à 68°,5. Græbe a préparé le *dérivé diacétylique* (*diacétyl-trichlorhydroquinone*),

$$C^6Cl^3HO^2(C^2H^3O)^2,$$

par l'action du chlorure d'acétyle; ce dérivé diacétylique est en longues aiguilles incolores, fusibles à 153°.

Dérivé sulfoconjugué de l'hydroquinone trichlorée. — La quinone trichlorée dissoute dans le sulfite de potassium s'y combine en donnant un sel dérivé de l'hydroquinone, l'acide *trichlorohydroquinosulfonique*, $C^6Cl^3(OH)^2SO^3H$, qui, exposé au contact de l'air en présence d'un excès de potasse, se convertit en *monochlorodioxyquinosulfonate*, $C^6Cl(O^2)(OH)^2SO^3H$ (Græbe). Nous y reviendrons en traitant des dérivés sulfoconjugués obtenus avec la quinone tétrachlorée. — Voyez p. 1309.

HYDROQUINONE TÉTRACHLORÉE, $C^6H^2Cl^4O^2$ [Stædeler, *Mém. cité;* — Stenhouse, *Chem. Society*, 1868, p. 141, et *Bull. de la Soc. chim.*, 1868, t. X, p. 268; — Græbe, *loc. cit.*]. — Produite par l'ébullition d'une solution de gaz sulfureux avec la quinone tétrachlorée (Stædeler), elle s'obtient plus facilement en traitant à froid par un courant de gaz sulfureux le mélange de trichloroquinone et de tétrachloroquinone, produit de l'action de l'acide chlorhydrique et du chlorate de potassium sur le phénol. Après avoir fait passer du gaz sulfureux, on laisse reposer 24 heures, et l'on épuise le tout par l'eau bouillante qui laisse un résidu cristallin d'hydroquinone tétrachlorée (Græbe). Stenhouse prépare l'hydroquinone tétrachlorée en faisant digérer la quinone tétrachlorée pure, réduite en poudre, avec de l'acide iodhydrique de concentration moyenne et une proportion de phosphore ordinaire s'élevant au dixième du poids du chloranile : l'action est complète après une demi-heure.

Ce corps forme des lames nacrées, incolores, insolubles dans l'eau, très-solubles dans l'alcool et l'éther. Par l'action de la chaleur, il commence à se colorer à 160°, puis, au-dessus de 220°, il se sublime rapidement. Il ne fond qu'à une température plus élevée. Sa solution alcoolique saturée à chaud par la potasse dépose par le refroidissement des prismes d'un *sel de potassium*, $C^6Cl^4O^2K^2$. Chauffée au contact de l'air, la solution de ce sel absorbe de l'oxygène, perd du chlore et se convertit en chloranilate de potassium, $C^6Cl^2O^4K^2$. — Voyez plus loin ACIDE CHLORANILIQUE.

La *diéthyl-tétrachlorhydroquinone*,

$$C^6Cl^4O^2(C^2H^5)^2,$$

produite par l'action de l'iodure d'éthyle sur le sel de potassium, est en longues aiguilles incolores, insolubles dans l'eau, solubles dans l'alcool froid, très-solubles dans l'alcool bouillant et l'éther, fusibles à 112° et sublimables sans altération (Græbe). Avec l'acide iodhydrique à 140°, il régénère de l'iodure d'éthyle et de la tétrachlorhydroquinone.

Le *dérivé diacétylique*, $C^6Cl^4O^2(C^2H^3O^2)^2$, obtenu par l'action du chlorure d'acétyle sur la tétrachlorhydroquinone, est en longues aiguilles incolores, brillantes, fusibles à 245°, sublimables. Il est peu soluble dans l'alcool froid et dans l'éther, insoluble dans l'eau. Il est très-stable; la potasse bouillante l'attaque à peine. L'acide azotique fumant le convertit à l'ébullition en quinone tétrachlorée (Græbe).

Dérivés sulfoconjugués de l'hydroquinone tétrachlorée. — La quinone tétrachlorée ou chloranile, $C^6Cl^4O^2$, se combine avec les sulfites alcalins en donnant deux acides, qui peuvent être considérés comme dérivés de l'hydroquinone, et qui sous l'influence des oxydants se convertissent en nouveaux acides dérivés de la quinone. Ces acides, d'abord signalés par Hesse, ont ensuite été étudiés d'une façon complète par Græbe. Comme on ne saurait les séparer les uns des autres, nous étudierons ces divers acides en même temps, avec les dérivés de la quinone perchlorée.

ACIDE PHOSPHOHYDROQUINONIQUE [Hesse, *Ann. der Chem. u. Pharm.*, t. CXIV, p. 292, et *Répert. de Chim. pure*, 1861, p. 14]. L'acide quinique, $C^7H^{12}O^6$, se dissout dans une solution étendue d'acide phosphorique. Par la concentration, la liqueur se colore en brun, en dégageant une grande quantité de gaz. Par addition d'eau, il se dépose une matière brune, et la solution renferme un sel calcique qui précipite par l'acétate de plomb. Ce précipité amorphe serait, suivant Hesse, le sel plombique d'un acide peu stable auquel il attribue la formule $C^6H^7PhO^5$.

DÉRIVÉS SULFURIQUES [Hesse, *Ann. der Chem. u. Pharm.*, t. CX, p. 194, et t. CXIV, p. 292, *Répert. de Chim. pure*, 1859, p. 419, et 1861, p. 15]. Ils ont été obtenus, les uns par l'acide quinique, les autres par l'hydroquinone.

ACIDE DISULFOHYDROQUINONIQUE, $C^6H^6S^2O^8$. — On ajoute de l'acide sulfurique fumant à de l'acide quinique en poudre, jusqu'à ce qu'il ne se dégage plus de gaz, et, après avoir chauffé très-doucement, on étend d'eau et l'on sature par le carbonate de baryum.

L'acide libre est sirupeux, soluble dans l'eau et l'alcool, insoluble dans l'éther. Libre ou à l'état de sels, il se colore en bleu magnifique par le chlorure ferrique.

Le *sel d'ammonium* est en beaux cristaux.

Le *sel de baryum* renferme

$$C^6H^4S^2O^8Ba + 4H^2O.$$

Il est en aiguilles fines ou en beaux prismes obliques toujours colorés; il perd les trois quarts de son eau de cristallisation à 100° et le reste à 120°.

Le *sel de plomb* se précipite en petits cristaux soyeux par l'addition de l'acétate neutre de plomb à la solution du sel de baryum. Il renferme

$$C^6H^4S^2O^8Pb + PbO^2H^2.$$

Le *sel de potassium* séché à 150° perd 1 1/2 H^2O et le *sel de calcium* en perd $3H^2O$ à 160°. Tous ces sels réduisent l'azotate d'argent.

ACIDE SULFODIHYDROQUINONIQUE, $C^{12}H^{16}S^2O^9$. — L'hydroquinone se dissout dans l'acide sulfurique fumant et sa solution saturée par le carbonate de baryum donne des aiguilles rayonnées, renfermant $(C^{12}H^{15}S^2O^9)^2Ba$. Ce sel est facilement soluble dans l'eau et l'alcool, peu soluble dans l'alcool absolu, insoluble dans l'éther. Il réduit l'azotate d'argent. Sa solution se colore passagèrement en bleu foncé par le chlore ferrique.

ACIDE DISULFODIHYDROQUINONIQUE, $C^{12}H^{12}S^2O^{10}$. — L'hydroquinone sèche et pulvérisée, abandonnée sous une cloche en présence de l'acide sulfurique fumant, absorbe les vapeurs de celui-ci en se liquéfiant. L'acide sulfo-conjugué, extrait du sel de plomb, est en cristaux incolores ou rosés, solubles dans l'alcool et dans l'eau, insolubles dans l'éther. Il réduit les sels d'argent.

Le *sel de potassium* cristallisé dans l'alcool bouillant est incolore; séché à 170°, il renferme $C^{12}H^{13}S^2O^{11}K$. Avec le sous-acétate de plomb, il donne un sel de plomb insoluble.

DÉRIVÉS PHTALIQUES [F. Grimm, *Deuts. Chem. Gesells.*, t. VI, p. 506; *Bull. de la Soc. chim.*, 1873, t. XX, p. 283]. — Lorsqu'on chauffe à 130-140° un mélange d'hydroquinone et d'acide phtalique avec de l'acide sulfurique concentré, on obtient deux produits; l'un est la phtaléine de l'hydroquinone, l'autre, qui se forme en petite quantité, est la quinizarine.

Phtaléine de l'hydroquinone, $C^{20}H^{12}O^5$. — Le produit de la réaction, après avoir été lavé à l'eau, est dissous dans l'alcool absolu, et la solution additionnée peu à peu d'eau. Il se forme un premier précipité coloré de quinizarine; lorsqu'il s'est déposé, on filtre et l'on ajoute une nouvelle quantité d'eau. La phtaléine se dépose en totalité à l'état cristallin. On la purifie par une nouvelle cristallisation dans l'alcool. Ces cristaux constituent une combinaison d'alcool et de phtaléine, $C^{20}H^{12}O^5 + C^2H^6O$, qui perd son alcool à 100°.

La phtaléine de l'hydroquinone est incolore, fusible à 231-234°; précipitée de la solution alcoolique par l'eau, elle est en lamelles nacrées renfermant 1 molécule d'eau qu'elle perd seulement à 160-180°. La potasse, l'ammoniaque la dissolvent avec une couleur violette; l'ébullition avec les alcalis ne l'attaque pas. La solution alcaline est décolorée par l'ébullition avec la poudre de zinc. Chauffée à 110° avec du chlorure d'acétyle, elle donne un dérivé acétylique, $C^{20}H^{10}O^{6}(C^{2}H^{3}O)^{2}$ (?).

Quinizarine, $C^{14}H^{8}O^{4}$. — Ce composé, isomère de l'alizarine, cristallise dans l'éther en lamelles jaune-rouge; dans la benzine ou l'alcool, en aiguilles d'un rouge foncé. Cristallisée, elle fond à 192-193°; sublimée, elle fond à 194-195°. Chauffée avec de la poudre de zinc, elle donne de l'anthracène. Elle ressemble beaucoup à l'alizarine, teint comme elle le coton mordancé; ses solutions alcalines ont la même couleur. Les solutions éthérée et sulfurique de la quinizarine présentent une fluorescence jaune-vert très-prononcée et possèdent un spectre d'absorption caractéristique, différent de celui de l'alizarine.

QUINONE.

La quinone, $C^{6}H^{4}O^{2}$, découverte par Woskresensky dans l'oxydation de l'acide quinique, se produit également dans l'oxydation de l'hydroquinone ou dans sa décomposition par la chaleur (Wœhler).

La distillation sèche du café et des substances qui renferment de l'acide quinique donne de la quinone. Hofmann l'a obtenue en oxydant par le peroxyde de manganèse et l'acide sulfurique la benzidine, l'aniline et la phénylène-diamine. La benzidine surtout en fournit de grandes quantités, l'aniline n'en donne que très-peu [Hofmann, *Proceed. Roy. Society*, t. XIII, p. 4].

Pour préparer la quinone au moyen de l'acide quinique, on distille celui-ci avec 4 p. de bioxyde de manganèse et 1 p. d'acide sulfurique concentré étendu de la moitié de son poids d'eau. La masse se boursoufle et il se dégage des vapeurs épaisses de quinone qui se condensent dans le récipient en aiguilles brillantes d'un jaune doré. On les comprime entre des doubles de papier joseph et on les purifie par sublimation.

La quinone sublimée est en longues aiguilles brillantes, transparentes, d'un jaune d'or. Elle est très-peu soluble dans l'eau froide, plus soluble dans l'alcool et l'éther. Elle fond à 115°,7 en un liquide jaune, qui se solidifie à 115°,2 en une masse cristalline [Hesse, *Ann. der Chem. u. Pharm.*, t. CXIV, p. 292, et *Répert. de Chim. pure*, 1861, p. 12].

Elle se sublime à la température ordinaire, en émettant des vapeurs d'une odeur piquante et qui provoquent le larmoiement. La quinone en solution aqueuse s'altère au contact de l'air en se colorant en jaune rougeâtre et la liqueur laisse déposer une substance brune. Le chlore la convertit en dérivé trichloré. Chauffée avec le chlorate de potassium et l'acide chlorhydrique, elle donne le dérivé tétrachloré. L'acide chlorhydrique concentré la dissout; la liqueur d'abord rouge se décolore et renferme alors de l'hydroquinone monochlorée, $C^{6}H^{5}ClO^{2}$; le gaz chlorhydrique sec donne naissance au même composé (Wœhler). Avec l'ammoniaque ou la potasse caustique, la quinone devient d'un brun foncé et fournit une masse noire soluble dans l'eau bouillante (Laurent). Mais le gaz ammoniac fournit la quinonamide, $C^{6}H^{5}AzO$. — Voyez plus loin.

L'acide azotique la convertit par la chaleur en acide oxalique et acide picrique. En soumettant la quinone à l'action d'un mélange d'azotate de potassium et d'acide sulfurique concentré, étendant d'eau et ajoutant de la grenaille de zinc, on obtient après 24 heures un alcaloïde soluble dans l'alcool présentant les réactions de la cinchovatine (?) [Schoondbroodt, *Bull. de la Soc. chim.*, 1861, p. 108].

Par l'action d'un courant d'hydrogène sulfuré, il se forme deux matières amorphes, l'une d'un vert-olive est insoluble, l'autre reste en solution. Ces substances ont été appelées par Wœhler *sulfhydroquinone verte* et *sulfhydroquinone brune*; avec l'hydrogène telluré, il se précipite du tellure et la solution renferme de l'hydroquinone. Les agents réducteurs, acide sulfureux, chlorure stanneux, l'acide iodhydrique la transforment aussi en hydroquinone. L'anhydride sulfureux n'agit pas sur la quinone sèche. Des cristaux humides de quinone en contact avec la chaux ou l'hydrate de potassium prennent une couleur d'un bleu indigo; par trituration, ils acquièrent une couleur cuivrée, et donnent avec l'eau une solution d'un bleu verdâtre (Hesse). Elle se dissout dans l'iodure d'éthyle chaud, et cristallise par le refroidissement; à 118° en vase clos, il y a réaction et formation de longs cristaux blancs (Hesse). Chauffée avec de l'hydrate de potassium, elle donne l'acide quinonique, $C^{6}H^{4}O^{3}$ (Schoonbroodt). L'aniline agissant sur sa solution alcoolique donne la *diphényl-quinoyl-diamide*. — Voyez plus loin.

Sa solution mélangée avec une solution d'acide pyrogallique donne la *pyrogalloquinone*,

$$C^{18}H^{14}O^{8},$$

en aiguilles rouge-brique, que les alcalis décomposent. Par l'acide chromique, ce corps fournit le composé $C^{18}H^{14}O^{9}$ qui paraît identique avec la purpurogalline [Wichelhaus, *Bull. de la Soc. chim.*, 1873, t. XIX, p. 32].

QUINONE TÉTRABROMÉE (*bromanile*), $C^{6}Br^{4}O^{2}$ [Stenhouse, *Journ. of the Chem. Society*, (2), t. VIII, p. 9, et *Bull. de la Soc. chim.*, 1871, t. XV, p. 109.] — Il se produit par l'action du bromure d'iode sur le phénol. On prend 10 p. de brome, 3 p. d'iode, 50 p. d'eau, et on y ajoute peu à peu 1 p. de phénol. Il se produit une violente réaction; quand elle est terminée, on ajoute 5 p. d'eau, et l'on chauffe à 100° pendant une heure ou deux. Après le refroidissement, la masse fluide est filtrée à la trompe, mise en digestion à froid avec du sulfure de carbone, pour enlever le tribromophénol, puis purifiée par un ou deux lavages à l'alcool bouillant et recristallisée dans la benzine.

La quinone tétrabromée est en écailles brillantes, ressemblant à la quinone tétrachlorée. Avec la potasse, elle donne la dibromo-dioxyquinone ou acide bromanilique. Par l'action de l'acide iodhydrique, elle donne l'hydroquinone tétrabromée.

QUINONES CHLORÉES. — Les quinones chlorées s'obtiennent par l'action de l'oxyde de manganèse, de l'acide sulfurique et du chlorure de sodium sur les quinates. Les quinones tri- et tétrachlorée se produisent par l'action du chlorate de potassium et de l'acide chlorhydrique sur le phénol. Toutes les quinones chlorées sont converties en hydroquinones chlorées correspondantes par les agents réducteurs et notamment par l'acide sulfureux.

QUINONE MONOCHLORÉE (chloroquinone),

$$C^{6}H^{3}ClO^{2}$$

[Stædeler, *Ann. der Chem. u. Pharm.*, t. LXIV, p. 300]. — Quand on distille 1 p. d'un quinate (25 grammes au plus) avec 4 p. d'un mélange de 3 p. de sel marin, 2 p. de peroxyde de manganèse et 4 p. d'acide sulfurique étendu de trois fois son poids d'eau, et qu'on maintient en ébullition tant qu'il passe dans le récipient une huile se concrétant par le refroidissement, on obtient un mélange des diverses quinones chlorées. On les sépare en séchant et réduisant en poudre l'huile concrétée et la traitant à froid avec de petites quantités d'alcool froid de 85 centièmes qui dissout la quinone mono- et la quinone trichlorée, tandis que le dérivé dichloré ne se dissout pas. A la solution alcoolique on ajoute trois fois son volume d'eau, et l'on reprend le précipité par l'alcool bouillant. La quinone trichlorée cristallise d'abord en larges lames, puis, quand il commence à se mêler à ces cristaux des aiguilles de quinone chlorée, on filtre, on précipite la solution par l'eau et l'on fait cristalliser plusieurs fois le précipité de quinone chlorée.

La quinone monochlorée cristallise en longues aiguilles jaunes, solubles dans l'eau bouillante, très-solubles dans l'éther, assez solubles dans l'alcool. Elle se décompose en partie par l'ébullition de sa solution aqueuse. Elle fond à 100°; elle colore l'épiderme en pourpre.

QUINONE DICHLORÉE (*dichloroquinone*),

$$C^6H^2Cl^2O^2$$

(Stædeler). — Obtenue en même temps que la quinone monochlorée, elle se trouve avec une petite quantité du dérivé tétrachloré dans le résidu que ne dissout pas l'alcool froid. On la purifie en la redissolvant dans l'alcool bouillant. Carius obtient la quinone dichlorée en grande quantité par l'action de l'anhydride chloreux sur la benzine. Il introduit dans des fioles 48 grammes de benzine, dissous dans 300 grammes d'acide sulfurique pur, ajoute 150 grammes d'eau, puis après refroidissement, 150 grammes de chlorate de potassium et 100 autres grammes de benzine. Après huit à dix jours, à la température de 18-20°, la réaction est terminée, on chauffe alors vers 66-70°, et l'on étend d'assez d'eau pour dissoudre le sulfate de potassium; on décante la couche de benzine, on la lave, puis on la distille; il passe de la benzine, de la benzine monochlorée, et le résidu se concrète en une masse cristalline de dichloroquinone [Carius, *Ann. der Chem. u. Pharm.*, t. CXLIII, p. 315, et *Bull. de la Soc. chim.*, 1868, t. V, p. 49].

La quinone dichlorée est en prismes obliques brillants, d'un jaune foncé, fusibles à 150°, insolubles dans l'eau, presque insolubles dans l'alcool froid, très-solubles dans l'éther. Elle se dissout dans une lessive faible de potasse, et la solution laisse déposer des aiguilles d'une combinaison potassique que Stædeler a considérées comme dérivant d'un acide chloroquinonique analogue à l'acide chloranilique, mais qui, d'après Carius, précipite par l'acide chlorhydrique de l'hydroquinone dichlorée.

QUINONE TRICHLORÉE (*trichloroquinone*),

$$C^6HCl^3O^2.$$

— Obtenue par Woskresensky dans l'action du chlore sur la quinone [*Journ. für prakt. Chem.*, t. XVIII, p. 419]. Elle se produit en même temps que les autres dérivés chlorés par l'action du mélange d'acide sulfurique, de peroxyde de manganèse et de sel marin sur les quinates (Stædeler). Græbe la prépare en traitant le phénol par le chlorate de potassium et l'acide chlorhydrique, transformant le mélange de quinone trichlorée et de quinone tétrachlorée en hydroquinones chlorées correspondantes, épuisant celles-ci par l'eau bouillante, qui dissout l'hydroquinone trichlorée, et réoxydant l'hydroquinone trichlorée par l'ébullition avec le chlorure ferrique. — Voyez plus loin *Quinone tétrachlorée*.

La quinone trichlorée est en petits prismes jaunes, fusibles à 160° (Stædeler), 164-166° (Græbe). Elle est entièrement insoluble dans l'eau, soluble à chaud dans l'alcool, très-soluble dans l'éther. Elle ne colore pas l'épiderme.

Le perchlorure de phosphore la convertit à 180-200° en benzine perchlorée. Græbe, qui a observé cette réaction, admet qu'elle s'accomplit en deux phases; il se formerait d'abord de la benzine pentachlorée :

$$\underset{\text{Quinone trichlorée.}}{C^6HCl^3O^2} + \underset{\text{Perchlorure de phosphore.}}{2PhCl^5}$$

$$= \underset{\text{Benzine pentachlorée.}}{C^6Cl^5H} + \underset{\text{Oxychlorure de phosphore.}}{2PhOCl^3} + \underset{\text{Chlore.}}{Cl^2};$$

$$\underset{\text{Benzine pentachlorée.}}{C^6Cl^5H} + \underset{\text{Chlore.}}{Cl^2} = \underset{\text{Benzine perchlorée.}}{C^6Cl^6} + \underset{\text{Acide chlorhydrique.}}{HCl}.$$

Par l'action de la potasse caustique, la quinone trichlorée se comporte comme la quinone tétrachlorée ou chloranile et donne du chloranilate de potassium, $C^6Cl^2O^2(OK)^2$ (Græbe).

Par l'action du chlorure d'acétyle, la quinone trichlorée donne de la *diacétyl-tétrachlorohydroquinone*, $C^6Cl^4(OC^2H^3O)^2$, identique avec le composé qui résulte de l'action du chlorure d'acétyle sur l'hydroquinone tétrachlorée (Græbe). — Voyez plus haut *Hydroquinone tétrachloree*.

QUINONE TÉTRACHLORÉE (*quinone perchlorée, chloranile*), $C^6Cl^4O^2$ [Erdmann, *Journ. für prakt. Chem.*, t. XXIII, p. 273 et 279; — Hofmann, *Ann. der Chem. u. Pharm.*, t. LII, p. 55, et *Ann. de Chim. et de Phys.*, (3), t. XIV, p. 283; — Laurent, *Compt. rend. de l'Acad. des sciences*, t. XIX, p. 316; — Fritzsche, *Bull. de l'Acad. de Saint-Pétersb.*, 1843, t. I, p. 103; — Stenhouse, *Journ. of the Chem. Soc.*, 1868, p. 141, et *Bull. de la Soc. chim.*, 1868, t. X, p. 268; — Græbe, *Ann. der Chem. u. Pharm.*, t. CXLVI, p. 1, et *Bull. de la Soc. chim.*, 1869, t. XI, p. 323]. — La quinone perchlorée a été découverte par Erdmann et obtenue par l'action du chlore sur l'indigo : de là le nom de *chloranile* qui lui est le plus ordinairement donné, et qui vient du nom portugais (anil) de l'indigo. Laurent fixa sa formule et la rattacha ainsi au phénol. Fritzsche la rencontra dans les produits de l'action d'un mélange d'acide chlorhydrique et de chlorate de potassium sur l'aniline. Hofmann constata qu'en traitant de même le phénol, on obtient le chloranile en grande quantité; la quinone, le trichlorophénol, le binitrophénol, l'acide picrique, la salicine, l'hydrure de salicyle, l'acide salicylique, l'isatine, soumis à l'action du chlorate de potassium et de l'acide chlorhydrique, fournissent également du chloranile; la benzine, la dinitrobenzine, l'hydrure de benzoyle, l'acide benzoïque, la coumarine, l'acide coumarique n'en donnent pas (Hofmann). Il est à remarquer qu'à l'exception de la quinone, tous les composés qui peuvent se convertir en chloranile renferment un oxhydryle phénolique.

Préparation. — Pour préparer le chloranile au moyen du phénol, suivant la réaction indiquée par Hofmann, on opère comme il suit (Stenhouse). Dans 70 p. d'eau bouillante, on dissout 3 p. de chlorate de potassium et 1 p. de phénol. On verse le tout dans un vase de capacité double, on additionne de 14 p. d'acide chlorhydrique et l'on agite vivement. Au bout de quelques minutes, la liqueur s'échauffe, se trouble; une effervescence violente accompagne la réaction, et bientôt il se sépare des aiguilles de chloranile.

M. Stenhouse fait remarquer que la proportion de chloranile ainsi obtenue ne s'élève pas au delà de 40 °/₀ du poids du phénol employé, et il se trouve mélangé d'une huile rouge et de trichloroquinone; mais on parvient à transformer les produits accessoires en chloranile en traitant le produit brut (après filtration et compression) par le chlorure d'iode. A cet effet, on l'additionne d'un poids d'eau égal au sien et de la moitié de son poids d'iode, et on dirige un courant de chlore rapide dans la fiole chauffée au bain de paraffine. Après dix ou douze heures d'action, on chasse le chlorure d'iode en excès par la distillation et l'on trouve une masse de chloranile facilement cristallisable et dont le poids s'élève jusqu'à 125 °/₀ du phénol employé.

Suivant Græbe, on verse dans une capsule de l'acide chlorhydrique du commerce étendu de son volume d'eau, et l'on y ajoute peu à peu un mélange de 1 p. de phénol et de 4 p. de chlorate de potassium en chauffant doucement. Bientôt des cristaux rouges apparaissent à la surface. On continue à ajouter du chlorate par petites portions jusqu'à ce que la couleur rouge des cristaux ait fait place à une teinte jaune. Les cristaux sont un mélange de trichloro- et de tétrachloroquinone; on les lave à l'eau, puis à l'alcool froid, mais on ne peut séparer les deux composés par cristallisation dans l'alcool. On met les cristaux en suspension dans l'eau, et l'on sature la liqueur par l'acide sulfureux à la température ordinaire. Au bout de 12 à 24 heures, ils sont convertis en un mélange d'hydroquinone trichlorée et d'hydroquinone tétrachlorée. On épuise la masse par l'eau bouillante qui dissout la première et non la seconde. On purifie cette dernière par cristallisation dans la benzine ou le pétrole, et on la transforme en chloranile en l'oxydant par l'acide chlorhydrique et le chlorate de potassium. Il est difficile de l'obtenir absolument pur; le chloranile retient obstinément de la quinone trichlorée.

Koch prépare le chloranile en ajoutant de petits morceaux de chlorate de potassium fondu, aussi longtemps qu'il se fait un dépôt, à un mélange d'acide oxyphénylsulfureux et d'acide chlorhydrique ordinaire; on chauffe vers la fin et on lave le produit avec de l'eau et de l'alcool. Le chloranile prend également naissance dans l'action du perchlorure de phosphore sur le chloranilate de potassium, $C^6Cl^2O^2(OK)^2$ [Koch, *Zeitsch. für Chem.*, nouv. sér., t. IV, p. 202, et *Bull. de la Soc. chim.*, 1868, t. X, p. 270].

Propriétés. — La quinone perchlorée est en paillettes d'un jaune pâle, d'un éclat métallique et nacré. Doucement chauffée, elle se sublime sans fondre et se volatilise sans laisser de résidu. Insoluble dans l'eau, presque insoluble dans l'alcool froid, elle se dissout facilement dans l'alcool bouillant et s'en sépare en paillettes jaunes ressemblant à l'iodure de plomb cristallisé. Elle est un peu soluble dans l'éther. Elle se dissout dans la potasse en donnant du chloranilate,

$$C^6Cl^2O^2(OK)^2,$$

d'où l'acide chlorhydrique précipite l'acide chloranilique ou dioxydichloroquinone, $C^6Cl^2O^2(OH)^2$ (Erdmann). Avec l'ammoniaque alcoolique, elle donne la dichloroquinonamide, $C^6Cl^2O^2(AzH^2)^2$, et avec l'ammoniaque aqueuse, l'acide dichloroquinonamique, $C^6Cl^2O^2(AzH^2)(OH)$ (Laurent, Erdmann). Avec l'aniline, elle donne le dérivé anilique correspondant à la dichloroquinonanilide, $C^6Cl^2O^2(AzHC^6H^5)^2$ (Hesse, Hofmann). Elle est convertie par l'acide sulfureux en hydroquinone tétrachlorée (Stædeler); mais par l'action du gaz sulfureux sur sa solution alcoolique chaude, elle fournit le dérivé octochloré de la quinhydrone ou hydroquinone verte; le gaz sulfureux agissant sur la quinone perchlorée en présence de l'acide acétique cristallisable donne un dérivé acétylé et octochloré de la quinhydrone (Hesse) (voyez QUINHYDRONE, p. 1283). Le bisulfite de potassium, le sulfite de potassium et le bisulfite d'ammonium dissolvent la quinone perchlorée en fournissant des acides sulfurés (Hesse, Græbe), qui sont décrits plus loin. Chauffée à 100° avec l'acétate d'argent, la quinone perchlorée donne du chlorure d'argent et un corps qui paraît être l'anhydride chloranilique, $C^6Cl^2O^5$ (Hesse).

Lorsqu'on chauffe la quinone tétrachlorée avec le double de son poids de chlorure d'acétyle à 160-180°, il se forme une masse solide que l'on purifie par lavage à la soude étendue et sublimation, et qui n'est autre que le dérivé diacétylé de l'hydroquinone tétrachlorée,

$$C^6Cl^4(OC^2H^3O)^2.$$

Dans cette réaction, deux groupes $C^2H^3O^2$ se sont fixés simplement sur le chloranile (Græbe).

DÉRIVÉS AMIDÉS. — QUINONAMIDE [Woskresensky, *Journ. für prakt. Chem.*, t. XXXIV, p. 251]. — Quand on dirige un courant de gaz ammoniac sec dans de la quinone, elle se colore en vert en se transformant en une masse cristalline d'un vert foncé qui a reçu le nom de quinonamide et qui d'après un dosage de carbone et d'hydrogène renfermerait C^6H^5AzO. La formule de ce corps n'est pas sûrement établie.

DIPHÉNYLQUINOYLDIAMIDE,

$$C^{18}H^{14}Az^2O^2 = C^6H^2(O^2)(AzHC^6H^5)^2$$

[Hofmann, *Proc. Roy. Soc.*, t. XIII, p. 4]. — Produite par l'action de l'aniline sur la quinone en présence d'une grande quantité d'alcool bouillant, elle est en écailles d'un rouge-brun, d'un éclat métallique, se déposant par le refroidissement de la liqueur. Les eaux mères retiennent de l'hydroquinone. On connaît le composé chloré correspondant, $C^6Cl^2(O^2)(AzHC^6H^5)^2$. — Voyez plus loin AMIDES CHLORANILIQUES.

ACIDES SULFURÉS OBTENUS AVEC LA TRICHLORO- ET LA TÉTRACHLOROQUINONE.

Les acides produits par l'action des sulfites alcalins sur la tri- et la tétrachloroquinone peuvent être considérés comme dérivés les uns de la quinone, $C^6H^4(O^2)''$, les autres de l'hydroquinone, $C^6H^4(OH)^2$, les autres de l'oxyquinone, $C^6H^2O^2(OH)^2$, composés dans lesquels les atomes d'hydrogène du groupe C^6H^4 ou C^6H^2 sont remplacés totalement ou partiellement par des résidus SO^3H de l'acide sulfureux, les autres atomes d'hydrogène étant remplacés par du chlore ou par des groupes OH. De plus, dans un des composés hydroquinoniques un atome d'hydrogène d'un groupe OH est remplacé par le groupe SO^3H. Tous ces corps comprennent la série suivante dont les formules développées indiquent mieux la constitution que les noms longs et incommodes qui leur ont été assignés [Hesse, *Mém. cité*; — Græbe, *Mém. cité*].

Dérivés de l'hydroquinone, $C^6H^4(OH)^2$.

Acide trichlorohydroquinosulfonique..	$C^6\left\{\begin{array}{l}(OH)^2\\ Cl^3\\ SO^3H.\end{array}\right.$
Acide dichlorohydroquinodisulfonique.	$C^6\left\{\begin{array}{l}(OH)^2\\ Cl^2\\ (SO^3H)^2.\end{array}\right.$
Acide β-hydroquinodisulfonique.......	$C^6\left\{\begin{array}{l}(OH)^2\\ H^2\\ (SO^3H)^2.\end{array}\right.$
Acide thiochronique.................	$C^6\left\{\begin{array}{l}OH\\ O(SO^3H)\\ (SO^3H)^4.\end{array}\right.$
Acide hydreuthiochronique...........	$C^6\left\{\begin{array}{l}(OH)^1\\ (SO^3H)^2.\end{array}\right.$

Dérivés de la quinone, $C^6H^4(O^2)''$.

Acide euthiochronique................	$C^6\left\{\begin{array}{l}(O^2)^4\\ (OH)^2\\ (SO^3H)^2.\end{array}\right.$
Acide monochlorodioxyquinosulfonique	$C^6\left\{\begin{array}{l}(O^2)''\\ (OH)^2\\ Cl\\ SO^3H.\end{array}\right.$

Acide trichlorohydroquinosulfonique,

$$C^6Cl^3(OH)^2SO^3H$$

(Græbe). — La quinone trichlorée étant dissoute dans une solution chaude de sulfite de potassium donne le sel de potassium de cet acide; les eaux mères renferment de l'euthiochronate de potassium. L'acide séparé du sel de plomb par l'hydrogène sulfuré cristallise en longues aiguilles déliquescentes, solubles dans l'alcool et dans l'éther.

Le *sel de potassium* est en cristaux microscopiques renfermant 1 molécule d'eau de cristallisation qui se dégage de 110° à 120°; il est très-soluble dans l'eau chaude et dans l'alcool, un peu moins soluble dans l'eau froide. Ses solutions sont colorées en bleu foncé par le chlorure ferrique.

Acide dichlorohydroquinodisulfonique,

$$C^6Cl^2(OH)^2(SO^3H)^2$$

(Hesse). — Cet acide, découvert par Hesse, qui le désigna sous le nom d'acide bisulfobichlorosalicylique, fut obtenu à l'état de sel d'ammonium, par l'ébullition de la quinone tétrachlorée avec le bisulfite d'ammonium jusqu'à dissolution complète. Le sel de potassium se forme de même que le thiochronate par l'ébullition avec le bisulfite de potassium : il se trouve dans les eaux mères alcooliques d'où s'est déposé le thiochronate de potassium.

L'acide mis en liberté de son sel de plomb par l'hydrogène sulfuré se détruit par la concentration de la solution.

Le *sel d'ammonium,*

$$C^6H^2Cl^2S^2O^8(AzH^4)^2 + 2H^2O,$$

est en cristaux incolores, solubles dans l'eau et dans l'alcool à la température de l'ébullition, peu solubles à froid.

Le *sel de baryum* est en prismes incolores, assez solubles dans l'eau bouillante, presque insolubles dans l'alcool.

Le *sel de plomb* est un précipité jaune amorphe, renfermant $C^6H^2Cl^2S^2O^8Pb + 2PbO + H^2O$.

Le *sel de potassium,*

$$C^6H^2Cl^2S^2O^8K^2 + 2H^2O,$$

est en cristaux rhombiques, solubles dans l'eau et dans l'alcool.

Acide β-hydroquinodisulfonique,

$$C^6H^2(OH)^2(SO^3H)^2.$$

(Græbe). — Le sel de potassium se produit par l'action d'une température de 140° à 150° sur l'euthiochronate, $C^6(OH)^2(O^2)(SO^3K)^2$. Additionné de sous-acétate de plomb, il donne un précipité qui, décomposé par l'hydrogène sulfuré, fournit l'acide. Celui-ci est en tables épaisses, déliquescentes, solubles dans l'alcool, à peine solubles dans l'éther. Le chlorure ferrique le colore en bleu, comme les précédents.

Le *sel de potassium,* $C^6H^4S^2O^8K^2 + 4H^2O$, cristallise en prismes brillants avec des faces terminales obliques, très-solubles dans l'eau chaude. Il est isomérique avec le dérivé sulfoconjugué obtenu par Hesse en soumettant l'acide quinique à l'action de l'acide sulfurique (voyez p. 1304). C'est pourquoi Græbe le désigne par la lettre β.

Acide thiochronique, $C^6(OH)(OSO^3H)(SO^3H)^4$ (Hesse, Græbe). — Il se produit à l'état de sel de potassium quand on traite le chloranile par le sulfite acide de potassium; il se forme en même temps du dichlorohydroquinosulfonate. On le purifie par cristallisation dans l'alcool bouillant; l'autre sel reste dans les eaux mères alcooliques. Suivant Græbe, il est plus avantageux, pour préparer le thiochronate, d'employer le sulfite neutre de potassium, parce qu'il se forme beaucoup moins de dichlorohydroquinosulfonate de potassium. On dissout la quinone tétrachlorée dans une solution bouillante de sulfite neutre de potassium. Il se sépare par refroidissement des cristaux jaunes de thiochronate et des cristaux incolores de l'autre sel. On les sépare par lévigation, les cristaux jaunes étant les plus lourds. On les purifie par des cristallisations dans l'eau bouillante et des lavages à l'alcool bouillant.

L'acide ne peut être isolé de son sel de plomb sans se colorer.

Le *sel de baryum* est une poudre cristalline jaunâtre, devenant électrique par le frottement. Il se décompose à 150° (Hesse).

Le *sel de potassium,* $C^6HS^5O^{17}K^5 + 4H^2O$, est en cristaux jaunes, qui à 130° perdent 2 molécules d'eau. Par l'action des alcalis, il se convertit en euthiochronate de potassium. Chauffé avec de l'eau en vases clos à 140-150°, ou avec de l'acide chlorhydrique à 100°, ou traité par les agents réducteurs, il donne du bisulfite de potassium et du β-hydroquinodisulfonate de potassium.

Acide hydreuthiochronique (*acide tétroxybenzoldisulfonique*), $C^6(OH)^4(SO^3H)^2$ (Græbe). — Il se forme par hydrogénation de l'acide euthiochronique. On fait bouillir l'euthiochronate de potassium avec de l'étain et de l'acide chlorhydrique; par l'évaporation, le nouveau sel se dépose en cristaux, qui restent incolores en présence du chlorure stanneux, mais qui se colorent rapidement en orange au contact de l'air. On les sèche en les comprimant rapidement, puis les exposant dans le vide; une fois secs, ils ne sont plus altérables. Le *sel de potassium* ainsi obtenu renferme $C^6(OH)^4(SO^3K)^2 + H^2O$. Il est très-soluble dans l'eau bouillante, peu soluble dans l'eau froide; les agents oxydants ou même l'air colorent sa solution en rouge; l'azotate d'argent est réduit. En présence d'un excès de potasse et de l'air, la solution laisse déposer des cristaux d'euthiochronate.

Le *sel de sodium,* $C^6(OH)^4(SO^3Na)^2 + 2H^2O$, est en prismes très-solubles dans l'eau chaude, peu solubles dans l'eau froide.

Acide euthiochronique (*acide dioxyquinodisulfonique,* $C^6(O^2)(OH)^2(SO^3H)^2$ (Hesse, Græbe). — Son sel de potassium se produit lorsqu'on chauffe à 60-70° une solution concentrée de thiochronate de potassium avec un peu de potasse caustique; il se dépose par le refroidissement. L'acide obtenu par l'action de l'acide chlorhydrique sur le sel d'argent ou celle de l'acide sulfurique par le sel de baryum est en prismes ou lamelles jaunes, déliquescentes, très-solubles dans l'alcool et dans l'éther.

Le *sel de baryum* renferme

$$C^6O^{10}S^2Ba^2 + 4H^2O.$$

Le *sel d'argent* est anhydre.

Le *sel de potassium,* $C^6O^{10}S^2K^4 + 2H^2O$, est en cristaux jaunes, solubles dans l'eau, surtout à chaud; le chlorure ferrique le colore en brun foncé.

Le *sel de sodium* renferme

$$C^6H^1 S^2Na^4 + 4H^2O.$$

Acide monochlorodioxyquinosulfonique,

$$C^6Cl(O^2)(OH)^2SO^3H.$$

— L'acide libre n'a pas été isolé; on obtient le *sel de potassium,* $C^6Cl(O^2)(OK)^2SO^3K + 2H^2O$, en mélangeant une solution de trichlorohydroquinosulfonate de potassium avec de la potasse caustique dans une capsule plate, jusqu'à ce qu'il s'en sépare des aiguilles rouges, qu'on purifie au moyen de l'eau bouillante où elles sont très-solubles; elles sont peu solubles dans une solution alcaline, insolubles dans l'alcool. Quand on ajoute de l'acide chlorhydrique à la solution concentrée de ce sel, on voit se former un précipité de cristaux jaunes renfermant $C^6Cl(O^2)(OH)^2SO^3K$.

DIOXYHYDROQUINONE ET DIOXYQUINONE.

On ne connaît, à l'état libre, ni la dioxyhydroquinone $C^6H^6O^4 = C^6H^2(OH)^4$, ni la dioxyquinone $C^6H^6O^4 = C^6H^2O^2(OH)^2$, mais on a préparé des dérivés bromés chlorés correspondants à ces deux composés. Ce sont la dibromodioxyquinone (acide bromanilique), la dichlorodioxy-hydroquinone (acide hydrochloranilique), $C^6Cl^2(OH)^4$, qui se forme par l'hydrogénation de l'acide chloranilique, et la dichlorodioxyquinone,

$$C^6Cl^2O^2(OH)^2,$$

qui n'est autre que cet acide chloranilique. Entre celui-ci et l'acide hydrochloranilique les relations sont les mêmes qu'entre la quinone et l'hydroquinone :

$C^6H^4(O^2)$	$C^6H^4(OH)^2$
Quinone.	Hydroquinone.
$C^6Cl^2(OH)^2(O^2)$	$C^6Cl^2(OH)^2(OH)^2$
Acide chloranilique.	Acide hydrochloranilique.

ACIDE BROMANILIQUE, $C^6Br^2(OH)^2(O^2)$ (Stenhouse). Il présente les propriétés de l'acide chloranilique et se prépare comme lui. Traité en présence de l'eau par le brome, il dépose après 24 ou 48 heures un corps qui, redissous dans le sulfure de carbone, s'obtient en prismes incolores transparents, renfermant $C^6Br^{11}OH$, fusibles à 100° et que l'alcool paraît décomposer. L'acide bromanilique ne donne pas d'acide hydrobromanilique avec l'acide sulfureux.

ACIDE HYDROCHLORANILIQUE (*dichlorodioxyhydroquinone, dichlorotétroxybenzine*),

$$C^6Cl^2H^4O^4 = C^6Cl^2(OH)^4$$

[Koch, *Zeits. für Chem.*, nouv. sér., t. IV, p. 202, et *Bull. de la Soc. chim.*, 1868, t. X, p. 270; — Græbe, *Mém. cité*]. — Ce composé, découvert par Koch, se produit par l'action de l'amalgame de sodium ou mieux de l'étain et de l'acide chlorhydrique sur l'acide chloranilique. On l'obtient plus facilement en chauffant ce corps à 100° en vase clos avec une solution concentrée d'acide sulfureux. Au bout de quelques heures, la liqueur, devenue incolore, laisse déposer de longues aiguilles d'acide hydrochloranilique. Ce composé est très-soluble dans l'eau chaude, l'alcool et l'éther. Il se conserve sans altération quand il est sec; mais humide, il s'oxyde et repasse à l'état d'acide chloranilique. Les solutions aqueuses ou les solutions alcalines se colorent de même rapidement.

Soumis à l'action du perchlorure de phosphore, l'acide hydrochloranilique remplace 2 groupes OH par 2 atomes de chlore, et donne le composé $C^6Cl^4(OH)^2$, qui est isomère de l'hydroquinone tétrachlorée et représente probablement un dérivé chloré de le pyrocatéchine ou de la résorcine. Ce corps se sublime en aiguilles cristallines, en subissant une décomposition partielle. Sa solution aqueuse ou alcoolique se détruit en produisant de l'acide chloranilique (Koch).

Le chlore décompose l'acide hydrochloranilique; il se produit une masse poisseuse, soluble dans l'eau, et dont la solution est précipitée par l'azotate d'argent : le précipité renferme $C^6Cl^4O^4Ag^2$. Avec le brome, on obtient une huile qui, lavée à l'eau et reprise par l'éther, fournit des cristaux renfermant $C^6Cl^2Br^2H^4O^5$. Le chlorure d'acétyle réagit à froid sur l'acide hydrochloranilique en formant la *dichloroacétoxylbenzine* ou acide *tétracétylhydrochloranilique*, $C^6Cl^2(OC^2H^3O)^4$. Ce corps est en aiguilles incolores, insolubles dans l'eau, peu solubles dans l'alcool froid et dans l'éther, solubles dans l'alcool bouillant.

ACIDE CHLORANILIQUE (*dioxydichloroquinone*), $C^6Cl^2O^2(OH)^2 + H^2O$ [Erdmann, *Journ. für prackt. Chem.*, t. XXII, p. 281; — Stenhouse, *Journ. of the Chem. Soc.*, (2), t. VIII, p. 6, et *Bull. de la Soc. chim.*, 1871, t. XV, p. 108; — Græbe]. — Ce composé, appelé aussi *acide bichloroquinonique*, *acide bichloroquinoylique*, a été découvert par Erdmann, qui l'obtint en dissolvant à chaud la quinone tétrachlorée (chloranile) $C^6Cl^4O^2$ dans la potasse, et ajoutant ensuite de l'acide chlorhydrique. L'acide chloranilique se sépare en paillettes d'un blanc rougeâtre et d'un éclat micacé. Il dérive du chloranile, dont 2 atomes de chlore sont remplacés par 2 groupes OH :

$$\underset{\text{Chloranile.}}{C^6Cl^4O^2} + \underset{\text{Eau.}}{2H^2O} = \underset{\text{Acide chloranilique.}}{C^6Cl^2(O^2)(OH)^2} + \underset{\text{Acide chlorhydrique.}}{2HCl}$$

Græbe le prépare en humectant le chloranile brut avec de l'alcool et l'introduisant dans de la potasse étendue (1 p. de potasse pour 25 p. d'eau) chauffée à 50° jusqu'à ce qu'elle refuse d'en dissoudre. La liqueur colorée en rouge est filtrée chaude et additionnée goutte à goutte de potasse caustique, jusqu'à ce qu'une prise d'essai promptement refroidie se solidifie. Au bout de quelques heures, le chloranilate de potassium se sépare en beaux prismes d'un rouge pourpre. On en sépare l'acide chloranilique au moyen d'un acide minéral.

L'acide chloranilique est en paillettes d'un blanc rougeâtre, d'un éclat micacé, qui, vues en masse, présentent l'aspect du minium. Ces cristaux perdent 1 molécule d'eau de cristallisation à 115°; chauffés dans un petit tube, ils se subliment en partie. Ils se dissolvent dans l'eau en la colorant en violet, mais l'acide chlorhydrique et l'acide sulfurique précipitent l'acide chloranilique de sa solution aqueuse.

Chauffé avec de l'acide azotique d'une densité de 1,45, il fournit de l'acide oxalique et de la chloropicrine. En suspension dans l'eau et traité par le brome, il fournit un composé $C^6Br^8Cl^3OH$. Ce corps fond à 79°,5, distille sans décomposition, cristallise dans le sulfure de carbone en larges prismes; il est insoluble dans la benzine, l'éther et l'alcool, mais il se décompose pendant l'évaporation de sa solution alcoolique (Stenhouse).

Il se dissout sans altération dans l'acide sulfurique; sa solution aqueuse, traitée pendant plusieurs jours par le zinc et l'acide chlorhydrique, donne une poudre grise jaunâtre renfermant du zinc, et qui, décomposée par l'acide chlorhydrique concentré, laisse un résidu. Celui-ci, repris par l'eau bouillante, fournit une solution pourpre qui abandonne, par addition d'acide chlorhydrique concentré; des cristaux rouge-brique présentant la composition de l'acide chloranilique séché à 115° (Hesse).

Les dérivés métalliques de la dichlorodioxyquinone ou chloranilates renferment 2 atomes de métal monatomique (Erdmann).

Le *sel d'argent*, $C^6Cl^2O^4Ag^2$, est un précipité pulvérulent, d'un brun-rouge.

Le *sel de baryum* est en paillettes micacées rouge-brun, peu solubles dans l'eau bouillante; il renferme $C^6Cl^2O^4Ba + 3H^2O$ (Hesse).

Le *sel de cuivre*, le *sel ferrique*, le *sel mercureux*, le *sel de plomb* sont des précipités bruns ou noirs.

Le *sel de potassium*, dont nous avons indiqué plus haut la préparation, renferme

$$C^6Cl^2O^4K^2 + H^2O.$$

Soluble dans l'eau, il est presque entièrement insoluble dans un excès de potasse caustique.

Le *sel de sodium* renferme

$$C^6Cl^2O^4Na^2 + 4H^2O\,;$$

il se dissout dans l'eau et dans l'alcool en leur communiquant une couleur pourpre (Hesse).

En traitant le sel d'argent par l'iodure d'éthyle, Stenhouse a obtenu le *chloranilate diéthylique*, $C^6Cl^2O^4(C^2H^5)^2$, cristallisé en petits prismes rouges, fusibles à 107°, solubles dans la benzine, l'éther, le sulfure de carbone, peu solubles dans l'alcool, quelque peu solubles dans l'eau.

AMIDES CHLORANILIQUES. — A la dichlorodioxyquinone ou acide chloranilique, se rattachent deux composés ammoniacaux, qui dérivent du remplacement total ou partiel des groupes OH par AzH^2; les formules suivantes montrent ces relations :

$$C^6Cl^2(O^2)(OH)^2 \qquad C^6Cl^2(O^2)\left\{\begin{matrix}OH\\AzH^2\end{matrix}\right.$$

Acide chloranilique. — Acide chloranilamique.

$$C^6Cl^2(O^2)(AzH^2)^2.$$

Chloranilamide.

ACIDE CHLORANILAMIQUE (*chloranilam, acide dichloroquinonamique, acide dichloroquinoylamique, oxyamidodichloroquinone*),

$$C^6Cl^2O^3AzH^3 = C^6Cl^2(O^2)\left\{\begin{matrix}OH\\AzH^2\end{matrix}\right.$$

[Erdmann, *Journ. für prakt. Chem.*, t. XXII, p. 287; — Laurent, *Revue scient.*, 1845, t. XIX, p. 141].— Le chloranile, chauffé avec de l'ammoniaque aqueuse, s'y dissout en donnant un liquide rouge foncé, qui, par concentration, dépose des cristaux que Erdmann avait considérés comme étant du chloranilate d'ammonium, mais qui, d'après Laurent, sont formés de chloranilamate d'ammonium. La solution saturée de ce sel additionnée d'acide chlorhydrique prend une teinte violacée et laisse déposer, par le refroidissement, de belles aiguilles d'acide chloranilamique d'un noir foncé, d'un grand éclat métallique et qui ont souvent plusieurs pouces de long. On les purifie par une nouvelle cristallisation dans l'eau bouillante. Ce corps est peu soluble dans l'eau froide qu'il colore en violet. Bouilli avec la potasse, il dégage de l'ammoniaque et régénère l'acide chloranilique. Il cristallise avec 2 molécules 1/2 d'eau, $2(C^6Cl^2O^3AzH^3) + 5H^2O$.

Le *sel d'ammonium* (*chloranilammon* de Laurent), $C^6Cl^2(O^2)(AzH^2)(OAzH^4) + 2H^2O$, est en petites aiguilles aplaties, assez brillantes, perdant leur eau à 120°, se dissolvant dans l'eau en la colorant en pourpre.

Le *sel d'argent*, $C^6Cl^2(O^2)(AzH^2)OAg$, est en flocons bruns, cristallins, assez altérables.

Le *sel de baryum* est un précipité brun clair, qui se dissout à chaud avec une couleur pourpre.

Le *sel de cuivre*, le *sel mercureux*, le *sel de plomb* sont des précipités d'un brun-rouge.

CHLORANILAMIDE (*dichloroquinonamide, dichloroquinoylamide, dichlorodiamidoquinone*),

$$C^6Cl^2O^2Az^2H^4 = C^6Cl^2(O^2)(AzH^2)^2$$

[Laurent, *Mém. cité*]. — Quand on chauffe légèrement le chloranile avec une solution alcoolique d'ammoniaque, une portion se transforme en chloranilamate d'ammonium qui reste en solution, tandis qu'il se forme un précipité brun-rouge de chloranilamide. On lave le précipité à l'alcool froid, puis on le dissout dans l'alcool chaud additionné d'un peu de potasse; à la liqueur filtrée chaude, on ajoute un acide : il se sépare alors de la chloranilamide.

La chloranilamide est une poudre cristalline, cramoisi foncé et à reflets presque métalliques insoluble dans l'eau, presque insoluble dans l'alcool et dans l'éther. Elle se sublime en se décomposant en grande partie quand on la chauffe doucement. La potasse bouillante la convertit en chloranilate.

Chloranilamide diphénylée (*diphényldichloroquinoyldiamide*),

$$C^{18}H^{12}O^2Cl^2Az^2 = C^6Cl^2(O^2)(AzHC^6H^5)^2$$

[Hesse, *Mém. cité*; — Hofmann, *Proc. Roy. Soc.*, t. XIII, p. 4]. — Ce composé a été découvert par Hesse, qui l'avait appelé *dichloroquinoyl-pentaphénylamide* et représenté par la formule

$$C^{42}H^{31}Cl^4Az^5O^8.$$

Hofmann l'a analysé de nouveau et indiqué sa formule. On obtient ce corps en dissolvant à froid le chloranile en poudre dans de l'aniline anhydre. Le liquide se remplit de cristaux bruns qu'on lave à l'alcool et à l'éther, et qu'on obtient parfaitement purs en les reprenant par la benzine bouillante qui les dissout en petite quantité. Ils sont insolubles dans l'eau, l'alcool froid, l'éther, l'acide chlorhydrique, le carbonate de sodium et la soude caustique. L'alcool bouillant n'en dissout que des traces.

CONSTITUTION DE LA QUINONE. — Voyez QUINONES.

Appendice.

OXYQUINONE. — Sous le nom d'oxyquinone, on a décrit un corps de la formule $C^6H^4O^3$, mais dont les relations avec la quinone ne sont établies par aucune réaction : aussi ce nom nous semble-t-il prématurément donné. Ce composé se produit par l'action de la potasse fondante sur l'acide rufigallique, $C^{14}H^{12}O^{10}$. On traite 5 à 6 grammes d'acide rufigallique par 15 grammes environ de potasse additionnée d'un peu d'eau, jusqu'à ce qu'il se produise un abondant dégagement d'hydrogène. On étend d'eau, on sursature avec l'acide sulfurique étendu et l'on agite avec de l'éther. Celui-ci abandonne des cristaux qu'on purifie par cristallisation dans l'eau. Le nouveau corps est soluble dans l'eau bouillante, l'alcool et l'éther. Sa réaction est acide; il réduit les sels d'argent et les solutions alcalines de cuivre [Malin, *Journ. für prakt. Chem.*, t. C, p. 343, et *Bull. de la Soc. chim.*, 1867, t. VIII, p. 116]. E. G.

QUINONES et HYDROQUINONES. — Le nom de quinone fut primitivement donné au composé $C^6H^4O^2$, obtenu par Woskresensky dans l'oxydation de l'acide quinique. Soumis à l'action des hydrogénants, la quinone fixe 2 atomes d'hydrogène et donne l'hydroquinone, qui est un dérivé dihydroxylé de la benzine, $C^6H^4(OH)^2$. L'hydroquinone, isomère de la résorcine et de la pyrocatéchine, apparaît donc comme un phénol diatomique, mais elle se distingue nettement d'un tel corps en ce que, par l'oxydation, elle régénère la quinone.

L'hydroquinone et la quinone sont les premiers termes d'une série nombreuse de composés, représentant des fonctions spéciales auxquelles elles ont donné leur nom. C'est surtout aux beaux travaux de Græbe que l'on doit la détermination des propriétés caractéristiques de cet ordre de corps.

Les *hydroquinones*, d'après leur origine et leur mode de formation, sont des dérivés dihydroxylés de carbures aromatiques; telles sont l'hydroquinone proprement dite, $C^6H^4(OH)^2$, dérivée de la benzine, l'hydronaphtoquinone, $C^{10}H^6(OH)^2$, dérivée de la naphtaline. Elles se rapprochent des phénols diatomiques, en ce qu'elles contiennent 2 atomes d'hydrogène capables d'être remplacés par des radicaux acides ou alcooliques. Mais, ainsi que nous l'avons dit, les agents oxydants les convertissent en quinones en leur enlevant 2 atomes d'hydrogène. Certaines hydroquinones sont même tellement oxydables, qu'il suffit de l'influence de l'air pour les altérer; telle est l'hydronaphtoquinone. Les hydroquinones se combinent aux quinones, directement, en donnant des composés complexes; ainsi l'hydroquinone $C^6H^6O^2$ et la quinone $C^6H^4O^2$ s'unissent pour former le corps

$$C^6H^6O^2, C^6H^4O^2,$$

appelé *quinhydrone* ou hydroquinone verte (voyez QUINHYDRONE). Les quinhydrones sont généralement des matières colorées. Elles se produisent, non-seulement par l'union directe de leurs générateurs, mais encore par l'action insuffisante des oxydants sur les hydroquinones. Une partie de celle-ci s'oxyde, se convertit en quinone qui se combine à la portion non décomposée. Par exemple, la quinhydrone, $C^6H^6O^2, C^6H^4O^2$, se forme par l'action du chlorure ferrique sur l'hydroquinone; la matière rouge, que donne l'hydronaphtoquinone quand sa solution aqueuse est abandonnée au contact de l'air, ou qu'elle est additionnée de chlorure ferrique, paraît être une combinaison d'hydronaphtoquinone et de naphtoquinone.

Les hydroquinones fournissent des dérivés de substitution bromés, chlorés, qu'on obtient par l'action des agents réducteurs sur les quinones bromées et chlorées correspondantes.

Mode d'obtention des quinones et des hydroquinones. — Le procédé d'obtention des quinones n'offre rien de général; la quinone, $C^6H^4O^2$, se produit par l'oxydation de l'acide quinique; l'anthraquinone, $C^{14}H^8O^2$, par l'oxydation de l'anthracène, $C^{14}H^{10}$; la naphtoquinone, $C^{10}H^6O^2$, se forme dans une réaction compliquée (t. I, p. 520); la thymoquinone, $C^{10}H^{12}O^2$, prend naissance par l'action d'un mélange oxydant sur le thymol, $C^{10}H^{14}O$. Enfin, on obtient les quinones en enlevant aux hydroquinones correspondantes 2 atomes d'hydrogène.

La plupart des hydroquinones ne se forment qu'au moyen des quinones traitées par les agents réducteurs; les unes, comme l'hydroquinone, $C^6H^6O^2$, et l'hydrothymoquinone, $C^{10}H^{14}O^2$, s'obtiennent facilement au moyen de l'acide sulfureux; l'anthraquinone résiste à cet agent et n'est convertie en anthrahydroquinone que par l'action de la soude et de la poussière de zinc. Les hydroquinones se forment aussi dans d'autres réactions; l'hydroquinone ordinaire, par l'action de la potasse sur certains dérivés du phénol, monoiodophénol, monochlorophénol; l'hydronaphtoquinone, par la décomposition du composé

$$C^{10}H^8Cl^2(OH)^2,$$

au moyen de l'eau, qui enlève à ce corps les éléments de 2 molécules d'acide chlorhydrique (E. Grimaux).

Aux quinones et aux hydroquinones se rattachent des dérivés chlorés et hydroxylés, dont les réactions sont générales, et qui caractérisent cet ordre de composés. Avant d'en traiter, nous indiquerons les opinions actuellement admises sur la constitution de la quinone.

Constitution des quinones. — Græbe, à qui l'on doit de si importantes recherches sur les quinones, admet qu'elles dérivent des hydrocarbures aromatiques, par le remplacement de 2 atomes d'hydrogène par un groupement diatomique,

$$(O^2)'' = -O-O-.$$

Ainsi la quinone est $C^6H^4(O^2)''$ appartenant au même type de saturation que la benzine C^6H^6. Dans l'hydrogénation de la quinone, chaque atome d'oxygène prend 1 atome d'hydrogène, les 2 atomes d'oxygène se séparent l'un de l'autre, fournissant chacun un groupe OH, monatomique, substitué à un atome d'hydrogène.

La formule $C^6H^4(OH)^2$ ainsi constituée fait de l'hydroquinone un dérivé dihydroxylé de la benzine, isomère de la résorcine et de la pyrocatéchine. Cette constitution de l'hydroquinone est, du reste, en parfaite concordance avec ce fait, qu'elle est fournie par un phénol iodé, fondu avec la potasse; tandis que les phénols iodés isomères fournissent l'un de la pyrocatéchine et l'autre de la résorcine.

Quand on oxyde l'hydroquinone, il faut que les 2 atomes d'hydrogène enlevés le soient aux deux groupes OH, en admettant que la quinone ait la formule

$$C^6H^4\begin{cases}-O\\ \ \ |\\-O\end{cases}$$

C'est sur un ensemble de réactions spéciales que Græbe appuie cette formule.

Par l'action du perchlorure de phosphore sur la quinone tétrachlorée, $C^6Cl^4(O^2)''$, il se forme de la benzine hexachlorée, C^6Cl^6; il faut donc admettre que les 2 atomes d'oxygène ne représentent chacun qu'une atomicité dans la molécule $C^6Cl^4(O^2)''$, car si chaque atome y était entré remplaçant 2 atomes d'hydrogène, il serait à son tour remplacé par 2 atomes de chlore, comme cela a toujours lieu, et, par suite, il se formerait le corps C^6Cl^8. La formule de constitution

$$C^6Cl^4\begin{cases}-O\\ \ \ |\\-O\end{cases}$$

pour la quinone tétrachlorée montre parfaitement qu'appartenant au même genre de groupement que la benzine, elle remplace O^2 par Cl^2, en conservant ce même groupement. Les autres quinones chlorées subissent une réaction du même ordre avec le perchlorure de phosphore; ainsi la naphtoquinone dichlorée, $C^{10}H^4Cl^2O^2$, fournit la naphtaline pentachlorée, $C^{10}H^3Cl^5$; il se forme d'abord de la naphtaline tétrachlorée, $C^{10}H^4Cl^4$, mais l'excès de perchlorure de phosphore agissant en outre comme chlorurant la convertit en dérivé pentachloré, $C^{10}H^3Cl^5$.

Dérivés chlorés et bromés des quinones. — Ils sont plus nombreux que les quinones correspondantes, car plusieurs peuvent s'obtenir indirectement. Les dérivés chlorés et bromés de la quinone, $C^6H^4O^2$, de la thymoquinone se forment par l'action du brome et du chlore.

L'action du chlorate de potassium et de l'acide chlorhydrique sur les phénols fournit des quinones chlorées. Ainsi, avec le phénol, C^6H^6O, on obtient la trichloroquinone, $C^6H^3Cl^3O^2$, et la tétrachloroquinone, $C^6Cl^4O^2$; avec le crésylol, il se forme la toluquinone dichlorée, $C^7H^4Cl^2O^2$, et la toluquinone trichlorée, $C^7H^3Cl^3O^2$; la toluquinone correspondante n'est pas connue. Les dérivés chlorés et bromés de l'anthraquinone se produisent par l'oxydation des dérivés chlorés et bromés de l'anthracène; la naphtaquinone dichlorée se forme par l'action de l'acide azotique sur le tétrachlorure de naphtaline, et la naphtoquinone hexachlorée par l'oxydation de la naphtaline hexachlorée.

En résumé, pour ces dérivés chlorés ou bromés, trois origines : 1° action directe des agents haloïdes sur les quinones; 2° action du chlorate de potassium et de l'acide chlorhydrique sur les phénols; 3° oxydation des dérivés chlorés ou bromés des hydrocarbures.

Les quinones chlorées, soumises à l'influence des agents hydrogénants, donnent avec plus ou moins de facilité les hydroquinones chlorées, mais les hydroquinones, substituées ou non, sont généralement peu stables, et souvent s'oxydent à l'air pour repasser à l'état de composés quinoniques.

Les quinones chlorées présentent ce caractère intéressant, que la plupart peuvent remplacer leurs atomes de chlore ou de brome par des groupes OH, partiellement ou totalement, en donnant ainsi des hydroquinones, chlorées ou non. Les formules suivantes montrent les relations des quinones chlorées ou bromées et des oxyquinones :

$C^{10}H^{11}Br(O^2)''$ Bromothymoquinone.	$C^{10}H^{11}\left\{\begin{matrix}OH\\(O^2)''\end{matrix}\right.$ Oxythymoquinone.
$C^{10}H^{10}Br^2(O^2)''$ Dibromothymoquinone.	$C^{10}H^{10}\left\{\begin{matrix}(OH)^2\\(O^2)''\end{matrix}\right.$ Dioxythymoquinone.
$C^{14}H^6Br^2(O^2)''$ Dibromoanthraquinone.	$C^{14}H^6\left\{\begin{matrix}(OH)^2\\(O^2)''\end{matrix}\right.$ Dioxyanthraquinone (alizarine).

Au lieu d'employer les dérivés bromés, on se sert quelquefois des dérivés sulfoconjugués. Ainsi, l'alizarine se forme quand on fond avec de la potasse l'acide produit par l'action de l'acide sulfurique sur l'anthraquinone.

Plusieurs quinones chlorées ne perdent qu'une partie de leur chlore ou de leur brome et donnent alors des oxyquinones chlorées ou bromées :

$C^{10}H^4Cl^2(O^2)''$ Naphtoquinone bichlorée.	$C^{10}H^4Cl\left\{\begin{matrix}OH\\(O^2)''\end{matrix}\right.$ Chloroxynaphtoquinone.
$C^6Cl^4(O^2)''$ Quinone perchlorée.	$C^6Cl^2\left\{\begin{matrix}(OH)^2\\(O^2)''\end{matrix}\right.$ Dichlorodioxyquinone (acide chloranilique).

L'oxynaphtoquinone et la dioxynaphtoquinone n'ont été obtenues que par des réactions particulières. — Voyez t. I, p. 520 et suivantes.

Les oxyquinones sont des corps de fonctions mixtes, tout à la fois phénols et quinones. Comme phénols, elles donnent des éthers par l'action des chlorures d'acides, se dissolvent dans les alcalis avec lesquels elles forment des combinaisons comme les phénols : les dérivés chlorés, comme ceux des phénols, ont un caractère acide plus prononcé que ceux des phénols; aussi ces dérivés chlorés sont-ils appelés acides, quoiqu'ils diffèrent par leur constitution des véritables acides; en effet, ils ne renferment pas le groupe CO^2H qui caractérise les acides organiques.

$C^{10}H^4Cl\left\{\begin{matrix}(O^2)''\\OH\end{matrix}\right.$ Chloroxynaphtoquinone (acide chloroxynaphtalique).	$C^{10}H^4Cl\left\{\begin{matrix}(O^2)''\\OK\end{matrix}\right.$ Chloroxynaphtalate de potassium.
$C^{14}H^6\left\{\begin{matrix}(O^2)''\\(OH)^2\end{matrix}\right.$ Dioxyanthraquinone (alizarine).	$C^{14}H^6\left\{\begin{matrix}(O^2)''\\(OK)^2\end{matrix}\right.$ Alizarate de potassium.

D'un autre côté, les oxyquinones peuvent fixer de l'hydrogène et donner des dérivés hydroxylés des hydrocarbures :

$$C^{10}H^5\left\{\begin{matrix}(O^2)''\\OH\end{matrix}\right. + H^2 = C^{10}H^5(OH)^3;$$

Oxynaphtoquinone. Hydrogène. Trioxynaphtaline.

$$C^6Cl^2\left\{\begin{matrix}(O^2)''\\(OH)^2\end{matrix}\right. + H^2 = C^6Cl^2(OH)^4.$$

Acide chloranilique. Hydrogène. Acide hydrochloranilique.

Les composés qui en résultent sont peu stables; ils s'oxydent avec la plus grande facilité, même à l'air, perdent de l'hydrogène et repassent à l'état d'oxyquinones. Quelques-uns sont même si peu stables, qu'on ne peut les isoler et qu'ils existent seulement en présence des agents réducteurs.

Les quinones et les oxyquinones chauffées avec de la poudre de zinc régénèrent les hydrocarbures correspondants; il faut admettre dans cette réaction que l'hydrogène nécessaire à la réduction est fourni, soit par une destruction partielle de la molécule, soit par la petite quantité d'eau que renferme la poudre de zinc :

$$C^{14}H^6\left\{\begin{matrix}(O^2)''\\(OH)^2\end{matrix}\right. + 4Zn + H^2 = C^{14}H^{10} + 4ZnO;$$

Alizarine. Zinc. Hydrogène. Anthracène. Oxyde de zinc.

$$C^{10}H^5\left\{\begin{matrix}(O^2)''\\OH\end{matrix}\right. + 3Zn + H^2 = C^{10}H^8 + 3ZnO.$$

Oxynaphtoquinone. Zinc. Hydrogène. Naphtaline. Oxyde de zinc.

C'est cette réaction, étudiée par Græbe, qui lui a permis de fixer la formule de l'alizarine, en démontrant qu'elle se rattache à l'anthracène, et non à la naphtaline comme on l'avait cru pendant longtemps.

Les oxyquinones sont des matières colorantes qui teignent les étoffes mordancées; quelques-unes jouent un rôle important dans l'industrie; telles sont la dioxyanthraquinone ou alizarine, la trioxyanthraquinone ou purpurine. Les belles recherches de Græbe et Liebermann ont réalisé la synthèse de l'alizarine, qui aujourd'hui se produit industriellement. Plusieurs substances colorantes fournies par les réactions chimiques ou extraites des végétaux paraissent appartenir à cette classe de composés; tels sont l'acide chrysophanique, isomère de l'alizarine, suivant Græbe et Liebermann, la quinizarine, etc.

Aux quinones et aux oxyquinones se rattachent, outre les dérivés chlorés et bromés, des dérivés sulfoconjugués, nitrés, amidés, etc. — Voyez, pour les détails, les articles ANTHRACÈNE, t. I, p. 653; NAPHTOQUINONE, t. II, p. 513; QUINONE, t. II, p. 1119; PYRÈNE, t. II, p. 1230; PHÉNANTHRÈNE, t. II, p. 793.

On connaît les hydroquinones, quinones et oxyquinones indiqués dans le tableau suivant. Quant à leurs nombreux dérivés, ils sont décrits aux articles respectifs :

Série de la benzine, C^6H^6 :

Hydroquinone	$C^6H^4(OH)^2$.
Quinone	$C^6H^4(O^2)''$.

Les oxyquinones et leurs hydroquinones n'ont pas été isolées, mais on en connaît des dérivés chlorés et sulfoconjugués.

Série de l'anthracène, $C^{14}H^{10}$:

Anthrahydroquinone	$C^{14}H^8(OH)^2$.
Anthraquinone	$C^{14}H^8(O^2)''$.
Oxyanthraquinone	$C^{14}H^7\left\{\begin{matrix}(O^2)''\\OH.\end{matrix}\right.$
Dioxyanthraquinone (alizarine)	$C^{14}H^6\left\{\begin{matrix}(O^2)''\\(OH)^2.\end{matrix}\right.$
Trioxyanthraquinone (purpurine)	$C^{14}H^5\left\{\begin{matrix}(O^2)''\\(OH)^3.\end{matrix}\right.$
Hexaoxyanthraquinone (acide rufigallique?)	$C^{14}H^2\left\{\begin{matrix}(O^2)''\\(OH)^6.\end{matrix}\right.$

Série du phénanthrène, $C^{14}H^{10}$:

Phénanthrahydroquinone	$C^{14}H^8(OH)^2$.
Phénanthraquinone	$C^{14}H^8(O^2)''$.

Série de la naphtaline, $C^{10}H^8$:

Naphtohydroquinone	$C^{10}H^6(OH)^2$.
Naphtoquinone	$C^{10}H^6(O^2)''$.
Oxynaphtoquinone	$C^{10}H^5\left\{\begin{matrix}(O^2)''\\OH.\end{matrix}\right.$
Dioxynaphtoquinone (naphtazarine)	$C^{10}H^4\left\{\begin{matrix}(O^2)''\\(OH)^2\end{matrix}\right.$
Trioxynaphtoquinone	$C^{10}H^3\left\{\begin{matrix}(O^2)''\\(OH)^3.\end{matrix}\right.$

Série du toluène, C^7H^8 :

Toluquinone	$C^6H^3(CH^3)(O^2)''$

La toluquinone elle-même n'est pas connue, mais on a isolé ses dérivés chlorés.

Série du cymène, $C^{10}H^{14}$.

Thymohydroquinone............	$C^{10}H^{12}(OH)^{2}$.
Thymoquinone..................	$C^{10}H^{12}(O^{2})''$.
Oxythymoquinone..............	$C^{10}H^{11}\left\{\begin{matrix}(O^{2})'' \\ OH.\end{matrix}\right.$
Dioxythymoquinone............	$C^{10}H^{10}\left\{\begin{matrix}(O^{2})'' \\ (OH)^{2}.\end{matrix}\right.$

Série du pyrène, $C^{16}H^{10}$:

Pyraquinone....................	$C^{16}H^{8}(O^{2})''$.

Série du chrysène, $C^{18}H^{12}$.

Chrysohydroquinone............	$C^{18}H^{10}(OH)^{2}$.
Chrysoquinone..................	$C^{18}H^{10}(O^{2})''$.

Série de l'idrialène, $C^{22}H^{14}$.

Idrialoquinone................	$C^{22}H^{12}(O^{2})''$.

E. G.

QUINOTANNIQUE (ACIDE). — Les quinquinas renferment un tannin particulier, combiné en partie avec les alcaloïdes. C'est à ce tannin que l'infusion aqueuse de quinquina doit la propriété de colorer en vert les sels de fer et de précipiter les solutions de gélatine et d'émétique.

L'acide quinotannique s'obtient en faisant bouillir une infusion de quinquina avec de l'hydrate de magnésium, qui enlève l'acide quinotannique et les alcaloïdes. Le précipité lavé est dissous dans de l'acide acétique, qui abandonne une matière rouge produite par l'oxydation; on ajoute alors à la solution du sous-acétate de plomb, qui précipite le tannin. Le précipité recueilli et lavé est traité par l'hydrogène sulfuré. On filtre pour séparer le sulfure de plomb et l'on évapore dans le vide. Lorsque la matière est suffisamment sèche, on la reprend par une petite quantité d'eau qui sépare une impureté, puis on la dessèche de nouveau dans les mêmes conditions [Hlasiwetz, *Ann. der Chem. u. Pharm.*, t. LXXIX, p. 130; — Schwartz, *ibid.*, t. LXXX, p. 331].

L'acide quinotannique se présente sous forme pulvérulente et possède toujours une teinte jaune clair. Il est soluble dans l'eau, les acides étendus, l'alcool et l'éther. Il possède une saveur franchement astringente et sans la moindre amertume. Distillé à l'état sec, il répand une faible odeur d'acide phénique. Si on le traite par l'acide chlorhydrique affaibli, il donne une substance amorphe de couleur rouge, qui se dissout dans les alcalis en leur communiquant une couleur verte.

Une solution aqueuse d'acide quinotannique absorbe l'oxygène avec rapidité en se colorant en rouge-brun; cette substance existe dans les écorces de quinquinas et est désignée sous le nom de rouge cinchonique. L'oxydation est surtout favorisée par la présence d'un alcali fixe.

D'après M. O. Rembold, l'acide quinotannique se dédouble par l'ébullition avec l'acide sulfurique étendu en glucose et en *rouge quinique*. Ce dernier corps se dépose sous forme d'une poudre d'un brun-rouge. Sa composition est exprimée par la formule $C^{28}H^{22}O^{14}$; il contient 2 atomes d'hydrogène capables d'être remplacés par une quantité équivalente de métal. Fondu avec la potasse, il se dédouble en un produit brun et en acide protocatéchique, $C^{7}H^{6}O^{4}$ [*Ann. der Chem. u. Pharm.*, t. CXLIII, p. 270]. E. C.

QUINOVATANNIQUE (ACIDE). — Hlasiwetz a désigné sous ce nom un tannin qu'il a extrait du faux quinquina (*China nova*); cette substance est peut-être identique avec l'acide quinotannique; comme ce dernier, elle colore les sels de fer en vert; elle en diffère cependant en ce qu'elle ne précipite pas la gélatine ou l'émétique, et qu'elle ne s'altère pas sous l'influence des acides étendus et bouillants. Hlasiwetz représente l'acide séché à 100° par la formule $C^{14}H^{18}O^{8}$: ce tannin posséderait donc sensiblement la composition de l'acide cafétannique [*Ann. Chem. Pharm.*, t. LXXIX, p. 129].

QUINOVATIQUE (ACIDE), $C^{30}H^{48}O^{8}$. — Cet acide, désigné aussi sous les noms de *chiococcique*, *quinovique*, *amer de quinova* ou *quinovine*, a été découvert par Pelletier et Caventou dans le faux quinquina du commerce (*China nova*). Il a été retiré aussi des écorces vraies du quinquina par M. Schwartz, et M. Rochleder l'a produit artificiellement par l'action des acides et des alcalis sur l'acide caïncique.

On l'obtient en traitant le faux quinquina par un lait de chaux bouillant. On filtre et on précipite la solution par de l'acide chlorhydrique. On purifie le précipité en le dissolvant dans l'alcool et le précipitant par l'eau. On répète cette opération jusqu'à ce que l'acide quinovatique soit incolore.

Cet acide, desséché, possède une apparence gommeuse, de couleur jaune; il est peu soluble dans l'eau, mais assez soluble dans l'éther, et surtout dans l'alcool. Il possède une saveur fort amère et ne cristallise pas par l'évaporation lente de ses solutions. Lorsqu'on le soumet à la distillation, il donne de petits cristaux brillants et une huile empyreumatique d'une odeur d'encens et de pétrole. L'acide azotique l'attaque vivement sans produire d'acide oxalique.

Il se dédouble, sous l'influence des acides, en sucre et en rouge quinovique. La potasse fondante convertit ce dernier en acide protocatéchique [O. Rembold, *Ann. der Chem. u. Pharm.*, t. CXLIII, p. 270].

L'acide quinovatique forme des sels solubles dans l'eau avec la potasse, la soude, l'ammoniaque, la chaux et la magnésie. Ces solutions précipitent la plupart des solutions métalliques, mais les précipités n'ont pas de composition constante; les combinaisons salines ne sont pas cristallisables [Pelletier et Caventou, *Journ. de Pharm.*, t. VII, p. 112; — Winckler, *Repert. v. Buchner*, t. LI, p. 193; — Buchner jeune, *Ann. der Chem. u. Pharm.*, t. XVII, p. 161; — Petersen, *ibid.*, t. XVII, p. 164; — Schnedermann, *ibid.*, t. XLV, p. 277; — Rochleder et Hlasiwetz, *loc. cit.*; — Hlasiwetz, *Ann. der Chem. u. Pharm.*, t. LXXIX, p. 129; — Schwartz, *ibid.*, t. LXXX, p. 330].

Il résulte des recherches de M. Hlasiwetz que la substance primitivement désignée sous le nom d'acide quinovatique n'est pas un acide simple, mais un glucoside, la *quinovine*, $C^{30}H^{48}O^{8}$, qu'il est facile de dédoubler en un véritable acide, $C^{24}H^{38}O^{4}$, que l'auteur désigne sous le nom d'*acide quinovique*, et en un sucre particulier qui, par ses propriétés ainsi que par sa composition, se rapproche beaucoup de la mannitane. E. C.

QUINOVINE. — Voyez QUINOVATIQUE (ACIDE).

QUINOVIQUE (ACIDE), $C^{24}H^{38}O^{4}$. — L'acide quinovique s'obtient par le dédoublement de la quinovine, sous l'influence de l'acide chlorhydrique. Pour effectuer cette réaction, on dissout la quinovine dans l'alcool concentré, et l'on dirige dans la solution un courant de gaz chlorhydrique sec. La liqueur s'échauffe et il s'en sépare une poudre cristalline blanche qu'on lave à l'alcool faible, et qu'on purifie par une nouvelle cristallisation dans l'alcool concentré. Ce corps constitue l'acide quinovique.

L'acide quinovique se présente sous la forme d'une poudre d'un blanc éclatant, cristalline et légère. Les cristaux appartiennent au système du prisme orthorhombique. Il est sans saveur et insoluble dans l'eau. Fort peu soluble dans l'alcool froid, il se dissout dans une grande quantité d'alcool bouillant, et ne se sépare de cette solution à l'état cristallin que lorsque la plus grande partie du dissolvant est évaporée.

Il est peu soluble dans l'éther, soluble dans l'ammoniaque et dans les liqueurs alcalines étendues; les solutions possèdent une saveur très-amère. L'acide quinovique est précipité de la solution ammoniacale par les acides, sous forme d'une gelée volumineuse.

Chauffé, il fond et se prend par le refroidissement en une masse fendillée. A une température plus élevée, il se décompose en émettant des vapeurs aromatiques. Sa composition est exprimée par la formule $C^{24}H^{38}O^{4}$.

L'acide quinovique constitue un acide très-faible, mais stable. Il décompose les carbonates alcalins, en s'y dissolvant. La solution ammoniacale perd toute son ammoniaque par l'évaporation.

Les acides chlorhydrique et nitrique, même bouillants, sont presque sans action sur l'acide quinovique. L'acide sulfurique le dissout, et l'eau le précipite inaltéré de cette solution. Le perchlorure de phosphore l'attaque et le liquéfie; il se forme du chloroxyde de phosphore, et lorsqu'on distille la matière, ce dernier passe et le résidu noircit. D'après ses caractères, l'acide quinovique se rapproche de l'acide insolinique, $C^{9}H^{8}O^{4}$, de M. Hofmann.

Cet acide se combine avec les oxydes pour former des sels. Lorsqu'on ajoute de la potasse caustique concentrée à une solution ammoniacale d'acide quinovique, il se précipite une substance gélatineuse qui constitue le quinovate de potassium. On obtient des quinovates de baryum, de calcium et de strontium, sous forme de précipités gélatineux, en ajoutant les chlorures correspondants à la solution ammoniacale d'acide quinovique. Le quinovate d'argent, obtenu de même par double décomposition, constitue un précipité volumineux qui renferme $C^{24}H^{36}Ag^{2}O^{4}$.

La matière sucrée, formée en même temps que l'acide quinovique par le dédoublement de la quinovine, reste en dissolution dans l'alcool, mélangée avec de l'acide chlorhydrique. Il faut enlever promptement ce dernier en ajoutant à la liqueur, soit du carbonate de sodium sec, soit du carbonate de plomb. Par un traitement convenable, on obtient le sucre sous forme d'une masse incristallisable, mais possédant une certaine tendance à se solidifier.

Cette substance est hygroscopique; elle possède une saveur fade, légèrement amère; en solution concentrée, elle réduit la liqueur cupro-potassique. Par toutes ses propriétés, ainsi que par sa composition, $C^{6}H^{12}O^{5}$, elle se rapproche beaucoup de la mannitane. Exposée pendant longtemps à la température de l'eau bouillante, elle perd encore une certaine quantité d'eau.

D'après ce qui précède, le dédoublement de la quinovine est représenté par l'équation suivante :

$$\underset{\text{Quinovine.}}{C^{30}H^{48}O^{8}} + H^{2}O = \underset{\text{Acide quinovique.}}{C^{24}H^{38}O^{4}} + \underset{\text{Mannitane (?).}}{C^{6}H^{12}O^{6}}$$

[Hlasiwetz, *Ann. der Chem. u. Pharm.*, t. CXI, p. 182; *Répert. de Chim. pure*, année 1860, t. II, p. 73; *Ann. de Chim. et de Phys.*, (3), t. LVII, p. 361]. E. C.

QUINQUINAS. — Les quinquinas, qui sont les écorces de divers *Cinchonas*, rendent à la thérapeutique des services si considérables, que leur histoire constitue un des chapitres les plus importants de la matière médicale; les recherches nombreuses et variées dont ils ont été et sont encore l'objet forment une véritable science désignée sous le nom de *quinologie*.

La découverte de ces précieux végétaux a été certainement un bienfait pour l'humanité. Ils ont, en effet comblé par leurs propriétés toutes spéciales une lacune immense dans le traitement des maladies à manifestations périodiques. Aussi la découverte des alcaloïdes qui constituent la valeur thérapeutique des quinquinas a-t-elle été un fait plus considérable encore, car elle a permis de fixer d'une manière irrévocable leurs propriétés médicales souvent méconnues. Les fraudes, en effet, dont les quinquinas ont été l'objet avant cette époque avaient produit dans la pratique des mécomptes qui entravèrent longtemps leur adoption définitive. On doit à MM. Pelletier et Caventou la découverte de ces précieux alcaloïdes.

Historique. — L'introduction du quinquina en Europe remonte à la première moitié du XVIIe siècle, vers 1640. Il fut connu d'abord sous le nom de *poudre de la comtesse* : la comtesse del Cinchon, femme du vice-roi du Pérou, ayant été guérie d'une fièvre opiniâtre par la poudre de cette écorce, l'avait rapportée en Europe; plus tard, ce médicament fut désigné sous le nom de *poudre des jésuites*, qui en augmentèrent la vogue tout en laissant ignorer son origine. Ce n'est qu'en 1679 que le roi Louis XIV, guéri par le remède d'un Anglais nommé Talbot, lui acheta son secret et ordonna la divulgation de cette préparation composée de poudre de quinquina. Cependant l'arbre qui produisait cette écorce restait inconnu; ce ne fut qu'en 1738 seulement que le savant académicien Lacondamine donna la description du premier quinquina. Parmi les naturalistes qui ont le plus contribué, à la fin du siècle dernier et au commencement de celui-ci, à élucider la question importante de l'origine des divers quinquinas officinaux, il convient de citer : Ruis et Pavon, Mutis, de Humboldt et Bompland; parmi nos contemporains, figurent au premier rang MM. Weddell en France et Howard en Angleterre.

On peut encore citer MM. Delondre, Karsten, de Phœbus, ainsi que M. Triana, dont les travaux ont fourni d'utiles renseignements à l'histoire naturelle des quinquinas.

Les quinquinas appartiennent tous à l'Amérique du Sud; ils végètent dans une zone de territoire large de 12 à 18 lieues et qui s'étend sur une longueur de 800 lieues, de Caracas dans le Venezuela à Potosi en Bolivie. Toutes les altitudes ne conviennent pas à ces précieux végétaux; ils croissent sur différentes ramifications des Cordillères à une hauteur comprise entre 1,200 et 3,270 mètres.

« L'aspect des cinchonas, dit M. Planchon, paraît varier suivant les hauteurs. Supérieurement, ils s'étendent au-dessus des forêts jusqu'à la région des gentianes, et y prennent la forme d'arbustes et d'arbrisseaux; dans la partie moyenne, ils sont associés à la végétation luxuriante des forêts tropicales, et atteignent la taille des arbres les plus élevés. Ils disparaissent au contact des premières plantes de la région basse. » [Planchon, Thèse sur les quinquinas, p. 26.] Les quinquinas appartiennent à la famille des *Rubiacées*, division des Cinchonées.

Culture des quinquinas. — Les quinquinas ne vivent pas en masse compacte comme le font dans nos pays le chêne et le hêtre, ils se trouvent répandus en groupes épars dans l'immensité des forêts vierges de certaines régions de l'Amérique du Sud; la recherche de ces végétaux si utiles offre donc des difficultés de tous genres, et ce n'est qu'en affrontant de véritables dangers et après des fatigues inouïes que le chercheur de quinquinas, le *cascarillero*, arrive à faire sa récolte.

Non-seulement ce dernier doit rechercher l'arbre à quinquina au milieu de cette végétation luxuriante d'arbres divers et de lianes de toutes espèces qui le lui dissimulent, mais, lorsqu'il l'a rencontré, il doit isoler l'arbre, l'abattre, le décortiquer, sécher les écorces, et enfin les sortir à dos d'homme de la forêt qu'il a eu déjà tant de peine à parcourir. Il y a tel district où il faut que le quinquina soit porté de la sorte pendant 15 ou 20 jours avant de sortir des bois qui l'ont produit [Weddell, *Hist. nat. des quinq.*]. Une exploitation aussi peu intelligente pouvait amener la destruction des arbres à quinquinas. M. Weddel, à son retour en Europe, avait signalé ce danger aux divers gouvernements. Ce fut la Hollande qui, la première, eut l'heureuse pensée de confier, en 1852, à M. Hasskarl, directeur du jardin botanique de Buitenzorg à Java, la mission d'explorer les régions à quinquinas. Ce naturaliste rapporta, en effet, une nombreuse collection de jeunes plantes et de graines qui fut le point de départ de la culture des quinquinas dans la colonie hollandaise. Aujourd'hui l'on compte à Java environ 1,200,000 pieds de quinquinas; malheureusement l'espèce propagée est en grande partie le *Cinchona pahudiana* dont la valeur médicale est médiocre.

L'Angleterre suivit de près l'exemple de la Hollande; après quelques essais infructueux, elle envoya au Pérou M. Markham, accompagné de MM. Spruce, Vitchett, Weir et Cross, qui parcoururent le pays des quinquinas et envoyèrent aux Indes anglaises les meilleures espèces, principalement le *Cinchona succirubra* qui est le *quinquina rouge vrai*, et dont l'écorce est l'une des plus riches en alcaloïdes.

Les quinquinas ont été primitivement cultivés sur la côte de Malabar dans les montagnes des Neigheries, puis au Bengale et enfin à Ceylan. Aujourd'hui cette culture est non-seulement assurée, mais l'ingénieux procédé de M. Mac Ivor lui a fait faire d'immenses progrès.

Ce procédé consiste simplement à recouvrir de mousse le tronc des quinquinas et à les mettre ainsi à l'abri des rayons solaires. Cette manière d'opérer confirme l'opinion de M. Pasteur, qui avait avancé qu'on éviterait des pertes notables d'alcaloïde et qu'on rendrait l'extraction ultérieure des bases plus aisées, si l'on avait la précaution de mettre les quinquinas à l'abri de la lumière, immédiatement après les avoir récoltés, et d'en opérer la dessiccation dans l'obscurité (Pasteur).

Des espèces riches déjà ainsi traitées ont presque doublé leur rendement en alcaloïdes. Une écorce du *C. bomplandiana*, renouvelée sous la mousse, a donné à l'analyse 61 p. 1000, tandis que la même écorce, à l'air libre, n'en donnait que 37 p. 1000. Une autre écorce recueillie dans les mêmes conditions sur le *C. succirubra* contenait l'énorme quantité de 90 p. 1000, tandis qu'à découvert elle n'en renfermait que 69,5 p. 1000.

A ces résultats si remarquables, obtenus à l'aide de l'opération dite du moussage, il faut en ajouter un autre fort important, qui permet de conserver les arbres: c'est la reproduction facile de l'écorce dans les points où elle a été enlevée; chose curieuse, non-seulement les produits que l'on obtient ainsi ne le cèdent en rien à l'écorce qui a été primitivement enlevée, mais ils lui sont même supérieurs.

Des essais de culture ont été tentés dans divers autres pays, tels que le Brésil, la Jamaïque, l'île de la Réunion; en Algérie même, M. Hardy a fait plusieurs tentatives qui malheureusement n'ont pas été couronnées de succès.

Les Indes anglaises possédaient à la fin de 1866 plus de 2,500,000 pieds de diverses espèces de quinquina [*Hist. nat. des drog. simples*, par Guibourt, revue par Planchon, 6e édition; — Weddel, *Sur la culture des quinquinas* (actes du congrès international de botanique, 1867); *De l'Introduction et de l'acclimatation des cinchonas dans les Indes néerlandaises et dans les Indes britanniques*, par L. Soubeiran et Augustin Delondre; *Bull. de la Soc. d'acclimat.*, années 1867 et 1868].

Les alcaloïdes qui constituent le principe actif des quinquinas n'existent pas exclusivement dans l'écorce, ils se trouvent répandus d'une manière inégale, il est vrai, dans les différentes parties de la plante, et l'on pourrait utiliser les fleurs ainsi que les feuilles et même les écorces des racines des jeunes quinquinas pour en retirer les bases. M. de Vrij a constaté sur certains échantillons de jeunes racines jusqu'à 12 % d'alcaloïdes. Dans ce cas particulier, l'opération consisterait à faire des semis de quinquinas, à les arracher au bout de 2 ou 3 ans et à extraire les alcaloïdes de leurs racines; seulement l'extraction des bases offrent dans ces conditions des difficultés qui en rendraient l'exploitation industrielle peu avantageuse.

Caractères généraux des écorces. — Classifications. — Les quinquinas, selon qu'ils ont été recueillis sur le tronc, les branches ou les rameaux, arrivent en Europe sous deux formes différentes: 1° écorces épaisses et plates, *quinquinas en tables* (en *plancha*); 2° écorces minces et roulées en tuyaux, *quinquinas en tuyaux* (*canutos* ou *canutillos*). Toutes possèdent d'ailleurs une saveur amère et astringente.

Dès l'origine, les quinquinas ont été divisés en quinquinas gris, jaunes, rouges et blancs, et c'est sous ces désignations empiriques qu'ils sont encore connus dans le commerce. Guibourt assigne à ces diverses classes les caractères suivants:

« Les *quinquinas gris* contiennent en général des écorces roulées, médiocrement fibreuses, plus astringentes qu'amères, donnant une poudre d'un fauve grisâtre plus ou moins pâle, contenant surtout de la cinchonine et peu ou pas de quinine.

« Les *quinquinas jaunes* peuvent offrir un volume plus considérable, sont d'une texture très-fibreuse et d'une amertume beaucoup plus forte et plus dégagée d'astringence. Ils donnent une poudre jaune ou orangée et peuvent contenir une assez grande quantité de sels à base de calcium et de quinine pour précipiter instantanément la dissolution de sulfate de sodium.

« Les *quinquinas rouges* tiennent le milieu, pour la texture, entre les gris et les jaunes; ils sont à la fois très-amers et astringents: leur poudre est d'un rouge plus ou moins vif; ils contiennent à la fois de la quinine et de la cinchonine.

« Les *quinquinas blancs* se distinguent par un épiderme naturellement blanc, uni, non fendillé, adhérent aux couches corticales. Ils contiennent soit un peu de cinchonine, soit un autre alcaloïde plus ou moins analogue. Ils sont peu fébrifuges et ne peuvent guère compter au nombre des quinquinas médicinaux. » [Guibourt, *Histoire natur. des drog. simp.*, 4e édit. Paris, 1850, t. III, p. 100].

Le principal inconvénient de cette classification tout artificielle est de placer dans des groupes différents des écorces qui appartiennent au même arbre, ou bien de rapprocher les unes des autres des écorces souvent très-différentes. M. Weddell a constaté que les quinquinas gris ne sont que les jeunes écorces des arbres qui produisent des quinquinas jaunes et rouges.

D'autres auteurs, tels que Pereira, MM. Delondre et Bouchardat, ont classé les quinquinas d'après leur pays d'origine, généralisant ainsi un système employé dans quelques ouvrages classiques et par le commerce, mais qui offrait le grave inconvénient de ne reposer sur aucune donnée scientifique.

On doit à M. Weddell d'avoir proposé une classification basée sur la structure anatomique des écorces, idée féconde et logique, puisqu'elle conduisait naturellement à la classification des écorces d'après les espèces végétales qui les produisent. L'examen microscopique d'un jeune rameau de *Cinchona ovata* lui a présenté les caractères suivants :

1° En dehors, une rangée de cellules épidermiques brunâtres, souvent à moitié détruites ou confondues avec des thallus de lichens.

2° Plusieurs rangées de cellules oblongues, comprimées de dehors en dedans, d'un brun foncé, ne devenant pas transparentes dans l'alcool ; elles constituent le *cercle résineux* bien connu des marchands de quinquinas, et caractérisent nettement les jeunes écorces de certaines espèces. Ce n'est au fond qu'une simple modification du suber, mais assez marquée pour avoir mérité un nom spécial.

3° La tunique ou *enveloppe cellulaire*, ou encore *enveloppe herbacée*, formée de cellules oblongues comprimées de dehors en dedans ; les extérieures contiennent de la chlorophylle, les autres se remplissent de matières résineuses ou de grains de fécule.

4° Une ou deux séries de *lacunes* analogues aux *vaisseaux laticifères*.

5° Quelques fibres corticales, éparses au milieu d'un tissu cellulaire tout jeune dont les cellules deviennent plus tard régulièrement polygonales et se gorgent de matières résinoïdes [Weddell, *loc. cit.*, p. 18 ; — Planchon, *loc. cit.*, p. 31].

L'âge, cependant, apporte des modifications à ces caractères, la couche externe nommée *périderme* par M. Weddell, *enves* par les cascarilleros et simplement *épiderme* par beaucoup d'auteurs, meurt et tombe, les fibres corticales augmentent et dans la couche cellulaire placée en dedans de la couche subéreuse on aperçoit des cellules toutes spéciales qui renferment tantôt des larmes résineuses (*cellules à résine, resin-cells* des Anglais, *Harzzellen* des Allemands), tantôt des cristaux (*cellules à cristaux, cristal-cells* des Anglais, *Cristallzellen* des Allemands).

Les travaux de M. Phœbus [*Die Delondre-Bouchardat'schen Chinarinden*. Giessen, 1864, p. 17-28] établissent que, parmi les éléments divers qui composent les écorces, les fibres corticales doivent être mises en première ligne pour servir de base à la classification des quinquinas.

Aussi, dit M. Planchon dans sa thèse sur les quinquinas, p. 34, « M. Weddell a-t-il été bien inspiré en fondant sur la considération des fibres corticales la caractéristique des trois types principaux autour desquels peuvent se grouper tous les quinquinas. »

Les espèces choisies comme types sont les *Cinchona Calisaya, Cinchona scrobiculata, Cinchona pubescens.*

1° Une grosse écorce de *Calisaya* telle que nous l'offre le commerce est privée de son périderme et présente une texture fibreuse sur ses deux faces. La coupe transversale montre au microscope une trame parfaitement homogène, composée de fibres de grosseur sensiblement égale, réparties assez uniformément au milieu d'un tissu cellulaire gorgé de matières résineuses. Sur la coupe longitudinale, ces fibres paraissent courtes et fusiformes et à peine adhérentes par leurs extrémités avec les fibres qui les avoisinent.

2° Telle n'est point la structure du *Cinchona scrobiculata*. Dans une écorce de cette espèce, également dépouillée de son périderme, les deux faces sont de nature toute différente ; l'intérieure restant toujours fibreuse, l'extérieure est de texture celluleuse. La coupe transversale montre des fibres corticales nombreuses et rapprochées à la partie interne de l'écorce, mais diminuant de nombre dans la partie moyenne et disparaissant complétement à la périphérie. Ces fibres sont d'ailleurs deux fois plus longues que celles du *Calisaya*, et leurs extrémités sont complétement soudées avec celles qui les avoisinent.

3° Les écorces du *Cinchona pubescens* présentent une structure tout aussi spéciale. Comme dans le cas précédent, la surface interne est fibreuse, l'externe celluleuse ; les fibres corticales forment des séries irrégulières et concentriques dans la moitié interne de l'écorce ; elles sont enveloppées d'un tissu cellulaire abondant ; leurs dimensions sont très-considérables, trois ou quatre fois plus que celles des types précédents, ce qui résulte de ce que plusieurs d'entre elles sont soudées ensemble et réunies en faisceau.

« Ces trois types forment le centre d'autant de groupes encore incomplétement déterminés, mais qui, dans leur ensemble ne cadrent pas trop mal avec la distribution systématique des *Cinchona*.

« Ce qui paraît en tous cas bien démontré pour le moment, c'est que dans les portions d'une même écorce, la disposition des fibres corticales est foncièrement la même. Il en résulte qu'aux caractères trop souvent variables de la coloration et des apparences extérieures vient se joindre un signe d'une tout autre valeur qui tient à la constitution même du sujet à classer. » [Planchon, *Thèse, loc. cit.*, p. 37.]

Autour du *Cinchona Calisaya* viennent se grouper des espèces qui représentent le mieux le genre *Cinchona* et sont les plus riches en alcaloïdes ; autour des autres types se groupent au contraire les espèces qui ne renferment que fort peu de principes actifs.

Les recherches microscopiques de M. Weddell et de M. Phœbus semblent donc prouver que la structure anatomique des écorces est aussi un indice de leur richesse en alcaloïdes.

Nous donnons un tableau des écorces de quinquinas qui a été résumé par M. Planchon, et qui fait connaître leur origine botanique, leur provenance et leur richesse moyenne en alcaloïdes [*Dict. des Sciences médicales*, 3e série, t. Ier, p. 312].

NOMS.	SYNONYMES.	LIEUX DE PROVENANCE.	SULFATE de quinine p. 1000.	SULFATE de cinchonine p. 1000.	SULFATE de quinidine p. 1000.	SULFATE de cinchonidine p. 1000.	SOMME des sulfates des alcaloïdes p. 1000.
Quinquina Calisaya plat	Cinchona *Calisaya*, Weed.	Bolivie.	30-32	6-8	»	»	36-40
Q. Calisaya roulé	Id.	Id.	15-20	8-10	»	»	23-30
Q. Calisayas légers	C. *ovata rufinervis*, Wedd.	Pérou méridional.	Comme les Calisayas.		»	»	Comme les Calisayas.
	C. *micrantha*, R. Pav.	Huanuco.	Id.		»	»	Id.
	C. *scorbiculata*, H. B.	Cuzco.	4 gr.	12 gr.	»	»	16
	C. *amygdalifolia*, Weed.	Bolivie et Pérou.	0,31	»	»	»	0,31

NOMS.	SYNONYMES	LIEUX DE PROVENANCE.	SULFATE de quinine p. 1000.	SULFATE de cinchonine p. 1000.	SULFATE de quinidine p. 1000.	SULFATE de cinchonidine p. 1000.	SOMME des sulfates des alcaloïdes p. 1000.
Q. Huanuco plat sans épiderme.........	C. *nitida*, R. Pav.	Huanuco.	0	12	»	»	12
Q. Huanuco jaune pâle..............	C. *Peruviana*, How.	Id.	6	10	»	»	16
Q Calisaya de Bogota.	C. *lancifolia*, Mutis.	N^lle^-Grenade.	30-32	3-4	»	»	33-36
Q. jaune orangé roulé.	Id.	Id.	38	3-4	»	»	41-42
Q. jaune orangé de Mutis.............	Id.	Id.	15-30	»	»	»	»
Q. Carthagène ligneux.	Id.	Id.	16-20	»	»	»	»
Q. à quinidine......	Id.	Id.	3,5	2-7	19,5	»	25
Q. Pitayo...........	C. *Pitayensis*, Weddell.	Popayan (N^lle^-Grenade).	25,40	»	»	»	25-45
Q. Almaguer........	C. *Pitayensis*, Wedd. (var.).	Almaguer (N^lle^-Grenade).	Contenant surtout de la cinchonine.		»	»	25-40
Q. Maracaïbo.......	C. *cordifolia mutis*.	N^lle^-Grenade.	2-3	10-12	»	»	10-15
Q. jaune de Guyaquil.	C. *pubescens*, Vahl.	Équateur.	3-4	30	»	»	33-38
Q. Palton...........	C. *Palton*, Pav.	Id.	9,58	»	»	18,09	27,67
Q. rouge vrai.......	C. *succirubra*, Pav.	Province de Quito (Équateur).	20-25	10-15	»	Certaine quantité.	40-50
Q. gris fin de Loxa..	C. *Crispa Tafalla*.	Loxa.	»	»	7 - 13		7-13
Q. gris compacte....	C. *officinalis Bomplandiana*, How.	Id.	»	»		»	Riche en alcaloïdes.
Q. jaune fibreux.....	Id.	Id.	»	»	»	»	Id.
Rusty Crown Bark...	C. *officinalis Condaminea*, How.		»	7-9	»	20-30	27 à 39
Old Loxa Bark......	C. *officinalis Uritusinga*, How.	Id.	»	»	»	»	Riche en alcaloïdes.
Q. de Loxa rouge-marron...........	C. *scorbiculata*, H. B.	Jaen.	»	»	»	»	Pauvre en alcaloïdes.
Q. Payama de Loxa..	C. *rugosa*, Pav., *crispa*, Wedd.	Loxa.	»	»	»	»	9-45 surtout quinidine.
White Crown Bark...	C. *lucumæfolia*, Pav.	Id.	9-18	4-18	»	8,50	21 à 37
Q. pâle de Jaen.....	C. *pubescens*, Vahl.	Jaen.	»	»	»	»	20
Q. foncé de Jaen....	C. *Humboldtiana*, Lamb.	Id.	»	»	»	»	2 à 7,5 aricine.
Q. Huamaliès.......	C. *purpurea*, Ruiz et Pav.	Pérou.	très-peu.	0,85-6	»	»	1-6
Cascarilla lustrosa...	C. *nutida*, Ruiz et Pav.	Huanuco.	»	27	»	»	27
Q. de Lima gris-brun.	C. *micrantha*, Ruiz et Pav.	Id.	2	8-10	»	»	10-12
Q. rouge de Lima...	C. *peruviana*, How.	Id.	»	19,7	20,8	»	40,5
Q. gris de Lima, ligneux............	C. *ovata*, Ruiz et Pav.		»	»	»	»	»
FAUX QUINQUINAS :							
Quinquina Nova.....	*Cascarilla magnifolia*, Wedd.	N^lle^-Grenade.	»	»	»	»	»
Q. de Muzon........	C. *muzonensis*, Wedd.	Muzon.	»	»	»	»	»
Q. blanc de Mutis..	C. *macrocarpa*, Wedd.	N^lle^-Grenade.	»	»	»	»	»
Q. du Brésil........	C. *hexandra*, Wedd.	Brésil.	»	»	»	»	»
Q. Piton ou de Sainte-Lucie............	*Exostemma floribundum*, Röm et Schult.	Antilles.	»	»	»	»	»
Q. Caraïbe..........	*Exostemma Caribæum*, Röm et Schult.	Id.	»	»	»	»	»
Écorce d'Asmonich...	*Lasionema roseum*, Don.		»	»	»	»	»
Q. bicolore.........	*Stenostemum acutatum* (*Malanea racemosa*, Lhermin.).		»	»	»	»	»

Composition chimique des quinquinas. — Les quinquinas renferment un grand nombre de substances dont voici la nomenclature :

1° Des alcaloïdes : la *quinine*, la *cinchonine* et leurs isomères, *quinidine*, *cinchonidine*.

A ces alcaloïdes, qui représentent, les deux premiers surtout, l'action toute spéciale que les quinquinas exercent sur l'économie, il faut ajouter les suivants :

L'*aricine*, dont l'existence, niée par M. O. Hesse, semble mise hors de doute aujourd'hui par les travaux de M. Howard. Guibourt et Pereira avaient déjà, les premiers, contesté les propriétés spéciales de cet alcaloïde;

L'*hydrocinchonine*, la *paricine*, la *quinamine*, la *paytine*, et *des bases amorphes* qui semblent être des produits de modification des alcalis cristallisés et qui se forment dans les traitements que subissent ces derniers pendant leur extraction.

2° Des acides *quinique*, *quinotannique*, *quinovique*.

3° Du *rouge cinchonique* soluble et insoluble.

A ces substances viennent se joindre, pour compléter la composition des écorces de quinquinas :

De la *matière colorante jaune* et de la *matière grasse verte*, de l'*amidon*, de la *gomme*, de la *cellulose* et une petite quantité d'*huile volatile* qui communique aux écorces leur odeur particulière.

Ces substances existent en proportions fort inégales dans les écorces de quinquina, selon les diverses espèces d'où elles proviennent, et l'on peut ajouter aujourd'hui, selon les conditions climatériques dans lesquelles ont vécu les quinquinas; la culture des quinquinas aux Indes et surtout l'opération dite du *moussage*, indiquée plus haut, montrent combien les milieux où vivent les quinquinas, ainsi que leur mode de culture, exercent d'influence sur la production des alcaloïdes et peuvent faire varier leur rendement.

Plusieurs auteurs se sont occupés de cette intéressante question et sont arrivés à des résultats fort différents. M. Weddell avait dit le premier que la quinine avait de préférence son siége dans le tissu cellulaire interposé entre les fibres libériennes; cette opinion a été soutenue par M. Karsten. Enfin M. Wigand était arrivé à une conclusion analogue [*Revue bibliogr. de la soc. bot. de France*]. Cette manière de voir, qui ne reposait sur aucune expérience directe, a été combattue par M. Howard; ce dernier, ayant partagé une écorce de *Cinchona lancifolia* en deux parties distinctes, l'une comprenant les couches externes, l'autre les parties internes de l'écorce, en fit l'analyse séparément. En voici le résultat :

Partie externe..........	Quinine....	1,18 °/o.
	Cinchonine.	1,02
Partie interne..........	Quinine....	0,00
	Cinchonine.	0,93

Cette expérience fut confirmée par l'analyse de jeunes écorces de même espèce, ne renfermant guère que du tissu cellulaire qui donna des résultats analogues. M. Flückiger est arrivé aux mêmes résultats, et plus récemment M. Carles, ayant repris cette étude en l'étendant à des écorces de sortes très-diverses, a confirmé de tout point les expériences de M. Howard.

Voici le résumé de ses analyses :

Écorces entières.......	Quinine....	20,4	pour 1,000.
	Cinchonine.	6,48	—
Couches péridermiques.	Quinine....	23,40	—
	Cinchonine.	4,20	—
Couches libériennes....	Quinine....	13,20	—
	Cinchonine.	4,89	—

Ces résultats montrent que les diverses couches des écorces renferment des alcaloïdes, mais que la quinine est en proportion beaucoup plus élevée dans les couches externes que dans les couches libériennes; quant au siége de la cinchonine, M. Carles ne le considère pas comme aussi bien établi. Il ne semble donc pas douteux aujourd'hui que les alcaloïdes du quinquina, principalement la quinine, s'accumulent dans les couches externes les moins riches en fibres libériennes [*Bull. de la Soc. chim.*, t. XIX, p. 51].

Faux quinquinas. — On a désigné sous ce nom un certain nombre de plantes qui n'appartiennent pas au genre Cinchona et dont les écorces ne contiennent pas de quinine; jusqu'à présent cet alcaloïde n'a été rencontré que dans les espèces produites par le genre Cinchona. Ainsi, le nom de faux quinquinas donné à certaines espèces se justifie, non-seulement au point de vue botanique, mais aussi au point de vue de la chimie.

Parmi les végétaux qui ont reçu le surnom de faux quinquinas, on rencontre des plantes qui appartiennent à un genre très-voisin des cinchonas, des cascarilles par exemple, et d'autres qui n'appartiennent même pas à la famille des rubiacées et qui n'offrent d'autre analogie avec les quinquinas qu'une similitude éloignée de saveur et de propriétés, tels sont le *quinquina d'Afrique, Swietenia Senegalensis;* le *quinquina d'Angostora*, l'écorce d'*angusture vraie;* le *quinquina de la Caroline*, produit par le *Pinkueye pubens;* le *quinquina d'Europe*, nom donné à l'écorce du *Fraxinus excelsior* (le frêne); le *quinquina du Sénégal*, le *cailcedra*, etc. Pour avoir de plus amples détails à ce sujet, il faut consulter l'*Histoire naturelle des drogues simples*, par Guibourt, revue et augmentée par M. Planchon (6e édition, t. III, p. 182).

Dosage des quinquinas. — La quantité si variable d'alcaloïdes et principalement de quinine contenue dans les écorces de quinquinas explique toute l'importance que doit présenter un bon procédé de dosage de ces utiles écorces.

Différentes méthodes ont été proposées, mais aucune ne paraît réunir, au point de vue commercial, toutes les conditions désirables de précision et d'exactitude; les unes reposent sur le dosage en bloc des alcaloïdes contenus dans les écorces; tels sont les procédés qui ont été proposés par O. Henry, au moyen du tannin [*Journ. de Pharm. et de Chim.*, juin 1834], de Guibourt à l'aide du sulfate de sodium, de Buchner, de Woehler, qui épuisent l'écorce par l'eau acidulée et précipitent par l'ammoniaque, de Rabourdin qui dissout dans le chloroforme l'alcaloïde, précipité par la potasse caustique [*Journ. de Pharm. et de Chim.*, 3e sér., t. XIX, p. 2], etc. Les autres ont pour but le dosage spécial de la quinine, telles sont les méthodes de M. Maitre qui épuise le quinquina par l'eau acidulée, précipite par la chaux et reprend par l'éther anhydre le précipité calcaire desséché à 100°; de MM. Glénard et Guillermond, de M. Carles dont les procédés sont exposés plus loin; de tous ces procédés celui de M. Carles donne les meilleurs résultats. L'industriel, néanmoins, s'inquiète peu de connaître la quantité totale d'alcaloïdes, voire même de quinine, contenue dans une écorce; pour lui la meilleure méthode est celle qui lui indique toute la quantité de quinine qui peut en être retirée industriellement sous forme de sulfate cristallisé. Aussi le procédé le plus avantageux que l'on puisse suivre dans ce cas consiste-t-il à faire sur une certaine quantité du quinquina à essayer une fabrication de sulfate de quinine par la méthode même qui est suivie dans la fabrique : c'est le moyen d'appréciation qui semble le plus judicieux et qui ne peut induire en erreur sur les résultats commerciaux.

Procédé de MM. Glénard et Guillermond. — Ce procédé comprend la série des opérations suivantes :

1° Isoler la quinine en la dégageant de ses combinaisons au moyen d'une quantité convenable de chaux ajoutée au quinquina pulvérisé;

2° Traiter par déplacement le mélange de quinquina et de chaux par un volume déterminé d'éther pur qui dissout toute la quinine;

3° Doser la quinine dissoute dans un volume connu de la solution, par une opération alcalimétrique.

Voici le détail des opérations : on prend 10 grammes de quinquina pulvérisé, on l'humecte avec un peu d'eau chaude, au bout de quelques instants on ajoute 10 grammes de chaux pulvérisée, puis on introduit ce mélange dans un appareil spécial auquel MM. Glénard et Guillermond ont donné le nom de *quinimètre*.

Cet appareil se compose de deux tubes placés l'un au-dessus de l'autre et réunis par un robinet disposé de manière à servir d'entonnoir sur lequel on fixe un filtre maintenu par un anneau métallique. Le tube supérieur est fermé par un bouchon à l'émeri et reçoit le mélange de quinquina et de chaux ainsi que l'éther qui doit dissoudre la quinine. Lorsque le contact est jugé suffisant, on ouvre le robinet du milieu et l'on soulève le bouchon du tube supérieur. Le liquide clair s'écoule alors dans le tube inférieur sans perte sensible. Le flacon inférieur est gradué, on connaît par conséquent le volume d'éther dans lequel se trouve dissoute la quinine; on ouvre un robinet placé à la partie inférieure de ce tube et l'on en laisse couler 20 centimètres cubes qu'on reçoit dans un flacon bouché à l'émeri, on ajoute 10 centimètres cubes d'eau contenant par litre 3gr,02 d'acide sulfurique et l'on agite fortement; toute la quinine s'est combinée à une partie de l'acide sulfurique employé en excès; pour connaître le poids de la quinine contenue dans 20 centimètres cubes de la solution, on n'a qu'à doser la quantité d'acide sulfurique resté libre. On y parvient en saturant la liqueur acide par une solution ammoniacale faible et titrée de telle sorte qu'elle sature exactement son volume d'acide. Afin de bien saisir le point de saturation, on a soin d'ajouter quelques gouttes d'une solution alcoolique de bois de Brésil. Or, en prenant un volume de cette solution ammoniacale égal à celui de l'acide sulfurique employé, la quantité d'ammoniaque restée dans la burette après saturation indiquera de suite la quantité d'acide saturé par la quinine. On a donc dès lors toutes les données nécessaires pour connaître le poids de la quinine contenue dans les 10 grammes de quinquina essayé. Plus tard, MM. Glénard et Guillermond ont remplacé l'acide sulfurique par l'acide oxalique et l'ammoniaque par la potasse ou la soude [Glénard et Guillermond, *Journ. de Pharm. et de Chim.*, t. XXXVII, p. 5, et t. XLI, p. 40, 3e sér.].

2° *Procédé de M. Carles.* — Ce procédé repose sur les données suivantes :

1° Isoler la quinine en la dégageant de ses combinaisons au moyen de la chaux éteinte et mélangée au quinquina pulvérisé;

2° Emploi du chloroforme comme dissolvant;

3° Précipitation du sulfate de quinine par une solution de sulfate d'ammonium dans laquelle il est insoluble.

20 grammes d'écorce de quinquina finement pulvérisée suffisent pour faire le dosage. On mêle intimement cette poudre dans un mortier avec 8 grammes de chaux éteinte, délayée dans 35 grammes d'eau. Ce mélange est mis sur une assiette et séché à l'air libre ou au bain-marie. Lorsque toute l'humidité est partie, on place le tout dans une allonge et on y verse par affusions répétées environ 150 grammes de chloroforme. On déplace celui qui adhère à la poudre par un peu d'eau, puis on laisse évaporer le chloroforme en portant au bain-marie la capsule qui le contient. On malaxe ensuite le résidu à froid et à plusieurs reprises avec de l'acide sulfurique au 1/10e; on filtre; les matières résineuses restent et la liqueur passe incolore : on fait bouillir, puis on ajoute au moment de l'ébullition assez d'ammoniaque pour que la liqueur reste *à peine acide.* Tout le sulfate de quinine formé se dépose alors à l'état cristallisé. Il ne reste plus qu'à recueillir le précipité et à le peser. Les autres alcaloïdes restent dans les eaux mères d'où l'on peut les retirer par précipitation [Carles, *Journ. de Pharm. et de Chim.*, 4e sér., t. XII, p. 81].

Le quinquina joue un grand rôle en médecine, non-seulement par l'action spéciale des alcaloïdes qu'il renferme, mais aussi par l'ensemble des propriétés que possèdent tous les principes qui le constituent.

L'art médical l'emploie comme un tonique puissant, et c'est là, du reste, son principal usage; dans ce but, il est généralement administré sous forme de vin ou de sirop. On utilise aussi quelquefois ses propriétés astringentes. Enfin le quinquina rend encore des services dans le pansement des plaies comme antiseptique, en s'opposant, par le tannin et les alcaloïdes qu'il renferme, à la fermentation putride, qu'il combat par une action à la fois toxique et coagulante. E. C.

R

RACÉMIQUE (ACIDE). — Voyez Tartrique (acide).

RACÉMOCARBONIQUE (ACIDE). — Voyez Désoxalique (acide).

RADAUITE (Min.). — Variété de labradorite de la vallée de Radau (Hartz), d'un blanc grisâtre, avec clivages, forment un angle de 93° 3/4.

Dureté, 5. Densité, 2,77 à 2,84.

RADELERZ (Min.). — Voyez Bournonite.

RADICAUX. — On nommait autrefois *radical* d'un acide ou d'une base, le corps simple, métalloïde ou métal, uni à l'oxygène. Ainsi le soufre était le radical simple de l'acide sulfurique, le plomb celui du minium. Indépendamment de ces radicaux simples, Lavoisier distingua le premier des radicaux composés « susceptibles d'être oxydés et acidifiés. » « Des expériences, dit-il, dont quelques-unes me sont propres et dont d'autres ont été faites par M. Hassenfratz m'ont appris qu'en général presque tous les acides végétaux, tels que l'acide tartareux, l'acide oxalique, l'acide citrique, l'acide malique, l'acide acéteux, l'acide pyrotartarique, l'acide pyromucique, ont pour radical l'hydrogène et le carbone, mais réunis de manière à ne former qu'une seule base; que tous ces acides ne diffèrent entre eux que par la différence de proportion de ces deux substances, et par le degré d'oxygénation, etc. » [*Traité de Chimie*, t. I, p. 197.] Berzelius a adopté cette idée. Dans la deuxième édition suédoise de son *Traité de Chimie* (Stockholm, 1817), il s'est exprimé ainsi : « Nous trouvons que la différence entre les corps organiques et inorganiques consiste en cela que, dans la nature inorganique, tous les corps oxydés ont un *radical simple*, tandis que toutes les substances organiques sont constituées par des oxydes à radicaux composés. Dans les matières végétales, ce radical est ordinairement formé de carbone et d'hydrogène, dans les matières animales de carbone d'hydrogène et d'azote. Les expressions *acides à radicaux composés* et *acides organiques* sont donc synonymes. De même que l'ammoniaque est un alcali à radical composé, c'est-à-dire d'origine organique, dérivant principalement du règne animal, mais possédant néanmoins la plus grande analogie avec les alcalis minéraux à radical simple, de même on constate la plus grande analogie entre les acides minéraux et organiques : ce que la potasse et la soude sont aux acides sulfurique, nitrique, phosphorique, ils le sont vis-à-vis des acides acétique, oxalique, citrique, etc. »

L'idée de considérer l'ammoniaque comme un radical composé était juste de tout point : elle a été adoptée et développée quelques années plus tard (1828) par MM. Dumas et Boullay dans leur mémorable travail sur les éthers qui ont été comparés aux sels ammoniacaux. De même que ces derniers sels renferment un radical commun, l'ammoniaque AzH^3, uni aux acides sans élimination d'eau, de même les éthers renferment un radical commun, l'*éthérène* (l'éthylène d'aujourd'hui, C^2H^4), uni aux acides sans élimination d'eau.

Au reste il convient de faire remarquer que cette idée, un peu vague d'abord, de radicaux composés, doués du pouvoir de combinaison des corps simples, s'imposait aux esprits depuis la grande découverte du cyanogène. En montrant que ce composé formé de carbone et d'azote est capable de s'unir aux métalloïdes et aux métaux à la façon du chlore, Gay-Lussac a donné un corps à la théorie des radicaux. A la vérité, on en connaissait d'autres à cette époque, l'oxyde de carbone, le gaz sulfureux, le gaz oléfiant, l'ammoniaque elle-même ; mais les propriétés de ces corps n'avaient pas été envisagées à ce point de vue ; et la conception de MM. Dumas et Boullay, en ce qui concerne l'ammoniaque et le gaz oléfiant considérés comme des radicaux, était véritablement nouvelle en 1828. Rappelons brièvement les résultats théoriques de leur travail. L'analogie des éthers et des sels ammoniacaux ressort de la comparaison des formules suivantes :

$AzH^3.HCl$ Chlorhydrate d'ammoniaque.	$C^2H^4.HCl.$ Éther hydrochlorique, etc.
$AzH^3.C^2H^4O^2$ Acétate d'ammoniaque.	$C^2H^4.C^2H^4O^2$ Éther acétique.
$AzH^3.C^7H^6O^2$ Benzoate d'ammoniaque.	$C^2H^4.C^7H^6O^2$ Éther benzoïque.

En même temps que MM. Dumas et Boullay développaient cette théorie des éthers et comparaient l'éthérène à l'ammoniaque, ils en indiquèrent un autre point de vue, mais sans lui donner la préférence.

« Le résultat le plus immédiat de nos recherches, disent-ils [*Ann. de Chim. et de Phys.*, (2), t. XXXVII, p. 41], est de considérer l'éther sulfurique comme une base salifiable et l'alcool comme un hydrate d'éther. » Ce point de vue, d'ailleurs fondé sur les vues de Gay-Lussac concernant la constitution de l'alcool et de l'éther, mais rejeté par les auteurs, a été adopté par Berzelius [*Jahresb. über der Fortschritte der Chem.*, 1834, p. 185]. Ce grand maître a énoncé et fait prévaloir l'opinion que l'éther est l'oxyde d'un radical composé, capable de s'unir aux acides minéraux et organiques, à la manière d'un oxyde métallique, et de réagir sur les hydracides par double décomposition et avec élimination d'eau, le radical de l'hydracide s'unissant au radical de l'éther. Ce dernier a été nommé *éthyle* par Liebig. Le nom est resté et la théorie est encore debout, sauf les modifications introduites par le nouveau système de poids atomiques.

Un peu plus tard, en 1832, parut le travail de MM. Wöhler et Liebig sur l'essence d'amandes amères : c'est un de ceux qui font époque dans la science. On sait qu'en étudiant les métamorphoses de ce composé, les auteurs ont été conduits à l'envisager comme l'hydrure d'un radical oxygéné auquel ils ont donné le nom de *benzoyle* et dont l'acide benzoïque est l'oxyde hydraté. Ils ont insisté sur ce fait que ce radical pouvait se transporter intact d'une combinaison dans une autre. Par l'action du chlore, l'hydrure se convertit en chlorure et celui-ci se prête aux doubles décompositions lorsqu'on le fait réagir sur un iodure, sur un cyanure ou sur un sulfure métallique. Ce double caractère du radical d'offrir une certaine stabilité dans sa composition et de pouvoir se déplacer de toutes pièces ressort admirablement du travail de MM. Woehler et Liebig.

On y remarque cette autre nouveauté d'un radical oxygéné. Berzelius, peu enclin et encore moins favorable, à cette époque de sa vie, aux innovations, a combattu celle-là avec vivacité. Nous avons retracé ailleurs cette discussion, ainsi que l'opposition du grand chimiste suédois à la théorie des substitutions, opposition qui l'a conduit à donner à la théorie des radicaux une extension exagérée et une forme hypothétique peu en harmonie avec les faits [*Discours préliminaire*].

Nous ne reviendrons pas ici sur ce sujet.

Ajoutons que la découverte du cacodyle, par M. Bunsen en 1839, a donné à la notion des radicaux composés un nouveau et solide point d'appui.

Dans ce corps la faculté d'entrer en combinaison est encore plus prononcée que dans le cyanogène, et les doutes qui pouvaient rester dans les esprits ont été subjugués par les faits si frappants et si inattendus découverts par M. Bunsen, concernant ce radical formé d'arsenic, de carbone, d'hydrogène, et qui est capable d'absorber directement, et avec une énergie extrême, l'oxygène, le chlore, le brome, l'iode, etc. L'étude de composés analogues au cacodyle, et qui ont été désignés plus tard sous le nom de radicaux ou composés organo-métalliques, a singulièrement élargi nos idées sur ce sujet, en introduisant dans la science, par un nouveau côté, cette idée de saturation qui y tient aujourd'hui une si grande place et qui, appliquée aux éléments, a donné la clef de la théorie des radicaux. On sait que M. Frankland, l'auteur de la découverte des premiers radicaux organo-métalliques, a comparé le premier le stannodiéthyle à l'iodure de stannéthyle et à l'iodure d'étain lui-même [*Proc. of the Roy. Soc.*, mars 1859, t. IX, p. 672, et *Répert. de Chim. pure*, 1859, p. 416].

Voici les formules de M. Frankland dans la notation en équivalents, $C = 6$, $Sn = 59$:

$Sn\begin{cases}C^4H^5\\C^4H^5\end{cases}$ Stanno-diéthyle.	$Sn\begin{cases}C^4H^5\\I\end{cases}$ Iodure de stannéthyle.	$Sn\begin{cases}I\\I\end{cases}$ Iodure stannique.

Dans ces trois corps l'étain est saturé. Le stannodiéthyle est incapable d'absorber de l'iode sans perdre préalablement de l'éthyle. Au contraire, les corps SnC^4H^5 (stannéthyle) et SnI (iodure stanneux), incomplétement saturés, peuvent absorber l'un et l'autre de l'iode et jouent par conséquent le rôle de radicaux.

M. Cahours a magistralement généralisé ces considérations dans son beau mémoire sur les composés organo-métalliques de l'étain [*Ann. de Chim. et de Phys.*, 1861, (3), t. LXII, p. 257]. Il les a présentés sous une forme très-claire, en faisant remarquer que ces composés n'arrivent à un état d'équilibre moléculaire stable, à l'état de saturation, en un mot, que lorsque 2 équivalents d'étain ($Sn^2 = 118 = 1$ atome) y sont combinés avec 4 équivalents d'un radical ou d'un élément monatomique, de telle sorte que la formule générale de toutes ces combinaisons soit Sn^2X^4 ($Sn = 59$). M. Baeyer avait été guidé par une considération du même genre en groupant de la manière suivante les chlorures des divers méthylarsoniums :

AzMe⁴Cl, chlorure de tétraméthylarsonium.
AzMe³Cl², dichlorure de triméthylarsonium.
AzMe²Cl³, trichlorure de diméthylarsonium.
AzMeCl⁴, tétrachlorure de monométhylarsonium.

Tous ces composés appartiennent au type saturé AsX^5 [*Ann. der Chem. u. Pharm.*, 1858, t. CVII, p. 257]. Ces travaux et d'autres, en faisant connaître un grand nombre de radicaux organo-métalliques, ont contribué à consolider et à préciser la notion des saturations qui forme la base de la théorie de l'atomicité des éléments. Nous avons exposé cette théorie ailleurs (voyez article ATOMICITÉ, t. I, p. 449 et suiv.) et nous avons fait voir comment l'atomicité des radicaux découle naturellement de la notion de la saturation, et, par conséquent, de celle de l'atomicité des éléments [*ibid.*, p. 456].

Nous pouvons donc nous contenter de rappeler ici brièvement les propositions suivantes :

1° *Lorsque d'une combinaison saturée on retranche un élément ou un groupe représentant une atomicité, tel que 1 atome d'hydrogène, le reste fonctionne comme un radical monatomique.*

2° *Lorsque d'une combinaison saturée on retranche un ou plusieurs éléments représentant 2 atomicités (2 atomes H ou 1 atome O, etc.), le reste fonctionne comme un radical diatomique.*

3° *De même la soustraction d'éléments ou de groupes représentant 3, 4, 5 atomicités engendre les radicaux triatomiques, tétratomiques, pentatomiques.*

Dans ces restes ou radicaux d'atomicités diverses c'est toujours aux éléments eux-mêmes qu'il convient de ramener le pouvoir de saturation. Ainsi le radical $(C^3H^5)'''$, triatomique parce qu'il résulte de la soustraction de 3 atomes d'hydrogène de l'hydrocarbure saturé C^3H^8, doit son pouvoir de combinaison ou sa valeur de substitution au carbone tétratomique. Aucun des 3 atomes de carbone du radical glycéryle n'est saturé, ce qu'on représente par la formule suivante :

$$\begin{array}{l} -CH^2 \\ -CH = (C^3H^5)'''. \\ -CH^2 \end{array}$$

Dans la glycérine ou dans la trichlorhydrine les lacunes du radical sont comblées : elles marquent en quelque sorte le point d'attache de l'affinité, c'est-à-dire le lieu où les groupes oxhydryle ou les atomes de chlore vont se fixer :

ClCH²	HO.CH²
ClCH	HO.CH
ClCH²	HO.CH²
Trichlorhydrine.	Glycérine.

Tous les radicaux ainsi engendrés par la soustraction d'un ou de plusieurs éléments de combinaisons saturées, ou par des groupes renfermant un ou plusieurs atomes dont les atomicités ne sont pas satisfaites, tous ces radicaux, disons-nous, ne peuvent pas exister à l'état de liberté. Libres, ils sont toujours d'atomicité paire, soit qu'ils doivent leur pouvoir de combinaison ou leur valeur de substitution à des éléments d'atomicité paire, comme le carbone, par exemple, ou qu'ils le doivent à des éléments d'atomicité impaire. Ainsi l'éthylène, l'oxyde de carbone, le gaz sulfureux, l'acétylène, l'allylène, le crotonylène existent à l'état de liberté : diatomiques ou tétratomiques, ils doivent leur pouvoir de combinaison à des éléments d'atomicité paire, le carbone, le soufre. Mais, d'un autre côté, l'ammoniaque et les composés analogues, qui doivent leur atomicité à de l'azote pentatomique, existent aussi à l'état de liberté et fonctionnent comme radicaux diatomiques.

Nous avons indiqué ailleurs l'influence de la théorie des radicaux sur la nomenclature (voyez ce mot). Nous ferons remarquer à cet égard que les noms peuvent varier suivant la nature des radicaux qu'on admet ou qu'on envisage dans un composé donné. Prenons pour exemple l'hydrocarbure saturé : C^3H^8. On peut le nommer hydrure de propyle, hydrure de propylène ou hydrure de glycéryle, suivant qu'on le considère comme renfermant le radical monatomique propyle, ou le radical diatomique propylène, ou le radical triatomique glycéryle :

$C^3H^7.H$	$C^3H^6.H^2$	$C^3H^5H^3$
Hydrure de propyle.	Hydrure de propylène.	Hydrure de glycéryle.

On s'est généralement servi du premier de ces noms. M. Berthelot préfère le second. Il n'y a pas de raison pour ne pas employer, le cas échéant, le troisième. Le nom de propane nous paraît préférable à tous les autres : il fait abstraction du radical et nous débarrasse de la synonymie.

Nous bornerons là ces observations sur les radicaux, renvoyant le lecteur pour plus de détails à l'article ATOMICITÉ. A. W.

RADIOLITE (Min.). — Variété de mésotype en masses radiées de Brevig (Norvége).

RAIMONDITE (Min.). — Sulfate ferrique hydraté,

$$Fe^2O^3,3SO^3 + 7H^2O = (SO^4)^3Fe^2 + 7H^2O.$$

Petites tablettes hexagonales, ayant les angles de la base tronqués; d'une couleur jaune de miel ou jaune d'ocre, d'un éclat perlé, venant d'Ehrenfriedersdorf (Saxe).

Dureté, 3 à 3,25. Poussière jaune d'ocre.

Densité, 3,19-3,22.

Caractères. — Insoluble dans l'eau.

RAMMELSBERGITE (Min.). — Breithaupt a donné ce nom à un minéral ayant la composition de la chloanthite, $NiAs^2$, et qui au lieu d'être cubique serait orthorhombique, *mm* = 123-124°. De Schneeberg (Saxe).

RANDANITE (Min.). — Silice hydratée et pulvérulente de Randanne (Puy-de-Dôme).

RAPHANOSMITE. — Voyez ZORGITE.

RAPHILITE (Min.). — Variété d'actinote en longues aiguilles accolées, éclatantes, d'un gris cendré; se trouvant avec quartz et mica à Lanark (Canada).

RAPIDOLITHE (Min.). — Ancien nom de la wernerite.

RASTOLYTE (Min.). — Mica altéré de Warwick, comté d'Orange (États-Unis), se rapprochant de la voigtite.

RATANHIA (ROUGE DE). — La racine de ratanhia (*Krameria triandra*) contient, suivant Wittstein [*Vierteljahrsschr. f. prakt. Pharm.*, 1854, t. III, p. 348], un tannin qui colore les sels ferriques en vert et qui donne, lorsqu'on le fait bouillir avec les acides, un corps rouge. Pour isoler ce dernier, on opère de la manière suivante, d'après Grabowski. On précipite la solution bouillante de l'extrait de ratanhia par de l'acétate de plomb, on décompose le précipité par l'hydrogène sulfuré et l'on fait bouillir le liquide filtré après avoir ajouté de l'acide sulfurique.

Il se précipite une poudre rouge-brun, qu'on purifie par dissolution dans l'ammoniaque et une nouvelle précipitation par l'acide chlorhydrique.

Séché à 130°, ce corps renferme $C^{26}H^{22}O^{11}$; il possède la même composition que le produit rouge provenant de l'hydratation de l'acide *esculotannique* (t. I, p. 1261). Fondu avec la potasse, le rouge de ratanhia donne de l'acide protocatéchique et de la phloroglucine.

La solution sulfurique qui a laissé déposer le rouge du ratanhia contient un sucre difficilement cristallisable [A. Grobowski, *Wien. Acad. Ber.*, t. LV, 2ᵉ part., p. 502; *Ann. de Chim. et de Phys.*, (4), t. XIII, p. 481]. A. H.

RATANHINE, $C^{10}H^{13}AzO^3$. — Ce corps azoté, cristallisé et, d'après sa formule, homologue de la tyrosine, a été trouvé par Wittstein dans la racine de ratanhia et considéré pendant longtemps par ce chimiste comme de la tyrosine. E. Ruge fit voir que ce composé contient CH^2 en plus que la tyrosine et il le désigna par le nom de ratanhine. La substance décrite par Peschier sous le nom d'acide kramérique n'était que de la ratanhine souillée d'acide sulfurique (t. II, p. 173). La ratanhine est aussi identique avec l'*angéline*, que Peckolt [*Jahresb. für Chem.*, 1869, p. 773] a retirée d'une résine brésilienne provenant du *Ferreira spectabilis* (nom brésilien, angelim pedra) [F.-W. Gintl, *Wien. Acad. Ber.*, 2ᵉ part., t. LVIII; *Bull. de la Soc. chim.*, 1869, t. XII, p. 327].

Pour préparer la ratanhine, on dissout l'extrait de ratanhia américain, qui en contient le plus (environ 1, 2 %), dans l'eau, on précipite la solution par le sous-acétate de plomb et l'on évapore le liquide après l'avoir débarrassé, par l'hydrogène sulfuré, du plomb qu'il contient. Si l'évaporation est poussée suffisamment loin, on obtient après 12 heures une bouillie cristalline, qu'on comprime, qu'on lave avec un peu d'eau et qu'on dissout dans l'ammoniaque.

La solution donne par l'évaporation spontanée des cristaux qu'on comprime et qu'on dissout dans l'eau bouillante en ajoutant un peu de sous-acétate de plomb; finalement on précipite à chaud le plomb par l'hydrogène sulfuré et l'on filtre. La ratanhine cristallise alors sous forme de grands mamelons [E. Ruge, *Jahresb. für Chem.*, 1862, p. 493].

On peut aussi préparer la ratanhine au moyen de la résine de Ferreira qui en contient 87 p. %. Après avoir épuisé celle-ci par l'eau, on la dissout dans l'eau acidulée d'acide chlorhydrique et l'on évapore à cristallisation; le chlorhydrate brut est purifié par plusieurs cristallisations et précipité en solution aqueuse et bouillante par l'ammoniaque [F.-W. Gintl, *loc. cit.*].

La ratanhine se dépose en mamelons composés de fines aiguilles molles; à l'état sec, elle constitue une masse feutrée. Elle se dissout dans l'eau et dans l'alcool faible, mais elle est insoluble dans l'alcool absolu et dans l'éther. Elle a une très-grande tendance à former des solutions sursaturées; 1 p. se dissout dans 125 p. d'eau bouillante et dans 1800 p. d'eau à 14°; une solution faite à chaud ne dépose que très-lentement l'excès de substance dissoute; ainsi, après 24 heures, elle contient 1 p. de ratanhine pour 560 p. d'eau, et ce n'est qu'après 72 heures de repos qu'on a obtenu le chiffre 1800 p. d'eau; 1 p. se dissout dans 2350 p. d'alcool aqueux bouillant, et à 15° dans 9480 p. d'alcool.

La ratanhine ne change pas de poids à 150°; chauffée plus fort, elle fond en un liquide jaunâtre qui cristallise par le refroidissement; puis elle se volatilise en répandant une odeur aromatique.

La solution n'est précipitée ni par l'acétate, ni par le sous-acétate de plomb, ni par le chlorure mercurique. Additionnée de quelques gouttes de nitrate mercurique, elle se colore à chaud en rose, et le liquide laisse déposer des flocons rouge-brun si l'on emploie un excès de réactif. Lorsqu'on ajoute un peu d'acide azotique à de la ratanhine délayée dans l'eau et qu'on chauffe, le liquide se colore en rose, puis en rouge-rubis, en violet et finalement en bleu-indigo; cette réaction est tellement sensible qu'elle permet de déceler 1/50000ᵉ de ratanhine.

L'acide azoteux produit des colorations analogues, seulement la teinte finale est verte.

L'hydrogène naissant développé en solution acide ou alcaline est sans action sur la ratanhine.

Sels de ratanhine. — La ratanhine se combine avec les acides et les bases, comme le fait le tyrosine; elle décompose les carbonates. Les sels sont dédoublés partiellement par l'eau, par l'alcool ou par l'éther, et ne sont stables qu'en présence d'un excès d'acide; les alcalis donnent dans la solution des sels un précipité qui se redissout dans un excès du réactif. Le chlorure platinique ne produit pas de précipité, même dans des solutions concentrées : l'iodomercurate de potassium et l'acide phosphomolybdique les précipitent partiellement [Ruge, *loc. cit.*; — Gintl, *Wien. Acad. Ber.*, 2ᵉ part., t. LX, p. 668; *Bull. de la Soc. chim.*, 1870, t. XIII, p. 548].

Chlorhydrate de ratanhine, $C^{10}H^{13}AzO^3,HCl$. — Lorsqu'on ajoute de l'acide chlorhydrique concentré à la solution de ratanhine dans l'acide chlorhydrique faible, on obtient le chlorhydrate sous forme d'un précipité cristallin; par l'évaporation de sa solution, le même sel cristallise en prismes clinorhombiques qui se dissolvent dans une petite quantité d'eau, en donnant une solution acide qu'un excès de ce liquide dédouble en mettant la base en liberté; l'alcool agit de même.

Chloroplatinate, $[C^{10}H^{13}AzO^3,HCl]^2 + PtCl^4$. — Petits cristaux jaune rougeâtre, inaltérables à l'air et solubles dans l'eau, l'alcool, difficilement dans l'éther.

Azotate, $C^{10}H^{13}AzO^3,AzO^3H$. — Ce sel se forme lorsqu'on dissout la base dans l'acide azotique étendu, mais on ne peut l'isoler de cette solution.

Avec l'acide azotique concentré, on observe les réactions colorées indiquées plus haut et la solution donne avec l'ammoniaque un précipité résineux brun qui est probablement un dérivé nitré; il détone lorsqu'on le chauffe et est réduit en solution alcaline par l'hydrogène sulfuré.

Sulfate, $C^{10}H^{13}AzO^3,SO^4H^2$. — C'est un sel acide, et l'on n'a pu obtenir le sel neutre; il se dépose en cristaux incolores, orthorhombiques, lorsqu'on évapore une solution de ratanhine dans l'acide sulfurique faible.

Phosphate, $C^{10}H^{13}AzO^3,PO^4H^3$. — Petits cristaux rhombiques, se formant à la longue dans le résidu sirupeux obtenu en évaporant une solution phosphorique de la base.

La ratanhine se dissout facilement dans l'ammoniaque, mais, par l'évaporation, elle s'en sépare de nouveau. Avec la potasse et la soude, elle donne des combinaisons solides, très-déliquescentes, que l'acide carbonique décompose déjà; ces corps contiennent $C^{10}H^{11}K^2AzO^3$ et $C^{10}H^{11}Na^2AzO^3$.

Sel barytique, $C^{10}H^{11}BaAzO^3 + 2H^2O$. — Masse gommeuse légèrement colorée en jaune.

Les *sels strontique*, $C^{10}H^{11}SrAzO^3 + 2H^2O$, *calcique*, $C^{10}H^{11}CaAzO^3$, et *magnésique*

$$C^{10}H^{11}MgAzO^3,$$

sont également amorphes.

Avec les sels ferriques, aluminiques et plombiques, on n'a pu obtenir des combinaisons définies.

Sel argentique, $C^{10}H^{11}Ag^2AzO^3$. — Ce sel se précipite en lamelles microscopiques lorsqu'on ajoute une solution saturée de ratanhine dans l'ammoniaque à de l'azotate d'argent. Il se dissout dans l'eau bouillante en se décomposant partiellement; l'ammoniaque et l'acide azotique le dissolvent aisément. On peut le chauffer à 110°, sans l'altérer.

Lorsqu'on continue à ajouter de la ratanhine ammoniacale à la liqueur séparée du précipité précédent, on obtient un second précipité plus léger et plus soluble dans l'eau, qui paraît être le sel monargentique, $C^{10}H^{12}AgAzO^3$.

ACIDE RATANHINE-SULFUREUX, $C^{10}H^{12}AzO^3.SO^3H$ [Ruge, *loc. cit.*] — On dissout la base à une douce chaleur dans 5 p. d'acide sulfurique concentré, on verse la solution qui est d'un rouge foncé dans l'eau, et l'on sature le liquide presque incolore par du carbonate de baryum. On obtient ainsi un sel de baryum,

$$[C^{10}H^{11}AzO^3.SO^3]Ba + 2\tfrac{1}{2}H^2O,$$

cristallisé en fines aiguilles soyeuses; les eaux mères de ce sel donnent par l'évaporation le composé $[C^{10}H^{12}AzO^3.SO^3]^2Ba + 5H^2O$ sous forme d'une masse amorphe.

L'acide libre, $C^{10}H^{12}AzO^3.SO^3H + H^2O$, cristallise dans l'alcool en grandes tables quadratiques. Il donne avec le chlorure ferrique une coloration violette magnifique. A. H.

RATHOLITE (Min.). — Voyez PECTOLITHE.

RATOFKITE (Min.). — Fluorine bleue terreuse de Ratofka (Russie).

RAUMITE (Min.). — Substance analogue à la prascolite, de Raumo (Finlande).

RAZOUMOFFSKINE (Min.). — Substance ressemblant à une halloysite d'un blanc verdâtre. De Kosemitz (Silésie). Renferme 14,25 % d'eau.

RÉALGAR (Min.) [Syn. *Arsenic sulfuré rouge, sulfure d'arsenic*, As S]. — Beaux cristaux d'un rouge orangé, transparents ou translucides, très-fragiles, tombant en poussière à la lumière, à cassure conchoïdale; ou masses cristallines ou pulvérulentes, accompagnant les minerais d'argent et de plomb et l'arsenic natif, à Felsobanya (Hongrie), à Kapnik et Nagyag (Transylvanie), à Joachimsthal (Bohême), etc., dans une argile à Tajowa (Hongrie); dans la dolomie à Binnen; en cristaux dans les laves du Vésuve.

Fig. 506. — Réalgar.

Caractères. — Attaquable à l'eau régale avec résidu de soufre. Soluble dans les alcalis. Dans le tube bouché, fond, se volatilise et donne un sublimé rouge transparent. Dans le tube ouvert, donne de l'acide sulfureux et un sublimé cristallin d'acide arsénieux; sur le charbon, brûle avec une flamme bleue en émettant une odeur arsenicale et sulfureuse.

Dureté, 1,5 à 2. Poussière orange.

Densité, 2,4.

Forme cristalline. — Prisme clinorhombique $mm = 74°26'$; $pm = 104°12'$; $h^1a^{1/2} = 106°27'$. Faces habituelles, p, m, h^1, h^3, b^1, $b^{1/4}$, e^1, o_3, a_3, $a^{1/2}$.

F. et S.

REDRUTHITE. — Voyez CHALCOSINE.

REFDANSKITE (Min.). — Silicate hydraté de nickel, de fer et de magnésie, avec un peu d'alumine, etc.; terreux, d'un gris verdâtre sale.

Densité, 2,97.

$$O \text{ dans } RO : SiO^2 : H^2O = 3 : 4 : 2.$$

RÉFRIGÉRANTS (MÉLANGES). — Ce sont des mélanges à demi solides en voie de liquéfaction et qui empruntent aux corps avec lesquels on les met en contact la chaleur dont ils ont besoin pour fondre (voyez SOLUTION). Cette transformation de chaleur sensible en travail moléculaire (*fusion* et *diffusion* de molécules) est toujours accompagnée d'une transformation de signe contraire, c'est-à-dire d'une union plus ou moins intime des corps en présence, union dégageant de la chaleur. L'expérience nous a enseigné à utiliser des substances entre lesquelles cette dernière action est très-petite vis-à-vis de la première, et voici une liste des mélanges qui donnent les meilleurs résultats :

Table des mélanges réfrigérants.

Les substances sont prises à + 10°.

		Température produite.
Eau	1	— 10°.
Azotate d'ammonium pulvérisé	1	
Eau	1	— 19°.
Azotate d'ammonium	1	
Carbonate de sodium	1	
Eau	16	— 12°.
Azotate de potassium	5	
Chlorhydrate d'ammoniaque	5	
Eau	16	— 16°.
Chlorhydrate d'ammoniaque	5	
Azotate de potassium	5	
Sulfate de sodium	8	
Sulfate de sodium	8	— 19°.
Acide azotique	2	
Sulfate de sodium	6	— 23°.
Chlorhydrate d'ammoniaque	4	
Azotate de potassium	2	
Acide azotique	4	
Phosphate de sodium	9	— 29°.
Acide azotique	4	
Sulfate de sodium	6	— 26°.
Azotate d'ammonium	5	
Acide azotique	4	
Sulfate de sodium	20	— 8°,15.
Acide sulfurique à 36°	16	
Sulfate de sodium	8	— 17°.
Acide chlorhydrique	5	

Mélanges de glace et de sels à zéro.

Neige ou glace pilée	2	— 20°.
Sel marin	1	
Neige ou glace pilée	24	— 28°.
Sel marin	10	
Chlorhydrate d'ammoniaque	5	
Azotate de potassium	5	
Neige ou glace pilée	8	— 48°.
Chlorure de calcium cristallisé	4	
Neige ou glace pilée	5	— 24°.
Sel marin	2	
Chlorhydrate d'ammoniaque	1	
Neige ou glace pilée	12	— 31°.
Sel marin	5	
Azotate d'ammonium	5	
Neige ou glace pilée	3	— 18°.
Potasse	4	

Les plus usités parmi ces mélanges sont : celui de glace et de sel; celui de sulfate de sodium et d'acide chlorhydrique, qui sert à produire la glace dans les appareils de ménage; celui d'azotate d'ammonium et d'eau, qui est employé pour les mêmes usages. Dans ce cas, on peut se servir presque indéfiniment de la même quantité de sel, en évaporant la solution dans un poêlon après chaque opération, et faisant égoutter les cristaux; lorsqu'on a une certaine quantité d'eau mère, on l'évapore à son tour. L'addition de 2 ou 3 % de chlorhydrate d'ammoniaque à l'azotate empêche le sel frigorifique de s'acidifier trop rapidement dans ses évaporations successives.

Le mélange au chlorure de calcium est le plus puissant de tous et permet de congeler le mercure, mais il est assez difficile de se procurer du chlorure de calcium hydraté et en poudre. On peut, dans ce but, faire bouillir une solution de ce sel jusqu'à ce que son point d'ébullition soit situé à 127°. A cette température, la solution possède la composition des cristaux, et il suffira de l'agiter fortement pendant son refroidissement pour obtenir ceux-ci aussi petits qu'on voudra.

Lorsqu'on veut atteindre de très-basses températures, il est important d'enfermer les mélanges dans un vase de peu de masse, soutenu par des bouchons à l'intérieur d'un autre vase qui l'enveloppe. M. Person, en opérant dans un système de vases métalliques très-minces et bien polis, renfermés les uns dans les autres, et laissant entre eux des couches d'air de 0m,03 d'épaisseur, est arrivé à congeler plus de 700 grammes de mercure avec 400 grammes de chlorure de calcium et 300 grammes de neige.

Pour obtenir les plus basses températures connues, on doit avoir recours à l'acide carbonique solide ou au protoxyde d'azote liquéfié : le premier de ces corps bout à — 78°,16; on l'emploie à l'état de mélange avec l'éther rectifié; le second entre en ébullition à — 87°,19, et l'on peut arriver à la production d'un froid encore plus intense en le faisant bouillir dans le vide. La neige de protoxyde d'azote qu'on obtient ainsi possède, dit-on, la température — 100°.

Lorsqu'on a besoin de températures variant de — 40° à — 10°, pour prendre des points de fusion par exemple, on peut se servir de l'appareil suivant : un tube mince de 0m,04 de diamètre, bouché par en bas, est suspendu dans l'intérieur d'un grand flacon par le goulot duquel il passe. On le ferme par un bouchon à 3 trous, dont l'un donne accès à un tube de fond qui amène un courant d'air sec provenant d'une trompe ou d'un soufflet, le second sert à la sortie de l'air, et le troisième, plus large, reçoit la mince éprouvette qu'il s'agit de refroidir. On introduit dans le tube 100 à 150 centimètres cubes d'acide sulfureux liquide, et l'on fait agir le courant d'air. La température baisse aussitôt : on peut l'entretenir pendant fort longtemps au degré correspondant à la solidification du mercure; il suffit de ralentir le courant gazeux pour qu'elle s'élève doucement jusqu'à — 10°.

G. S.

REICHITE (Min.). — Calcite pure d'Alston-Moor (Cumberland), ayant un angle $pp = 105°20'$.

REISSACHERITE (Min.). — Wad de Gastein renfermant 17 % d'eau.

REMINGTONITE (Min.). — Carbonate hydraté de cobalt, de composition inconnue, se présentant en incrustations roses terreuses. Se retrouve en enduit dans des filons de serpentine traversant l'amphibole et l'épidote dans une mine de cuivre, à Finskburg (Maryland). Soluble avec effervescence dans l'acide chlorhydrique, en donnant une solution verte qui renferme du cobalt et du fer.

REMOLINITE. — Voyez Atacamite.

RÉSINAPITIQUE (ACIDE). — Reinsch a donné ce nom à un acide résineux cristallisable qui se trouve dans la résine du *Tussilago petasites* en même temps qu'une résine (pétasite), un tannin colorant les sels de fer en vert, de la mannite, de l'inuline, de la pectine, de la gomme, etc. [*Neu. Jahrb. Pharm.*, t. IV, p. 257].

RÉSINÉINE. — Par la distillation sèche de la colophane, M. Frémy a obtenu une huile insoluble dans l'eau, très-dense, bouillant au-dessus de 250°, qu'il représente par la formule $C^{20}H^{30}O$. D'après Gerhardt, la résinéine serait du colophène $C^{20}H^{32}$, incomplétement desséché [*Ann. de Chim. et de Phys.*, t. LIX, p. 12].

RÉSINES. — Il est difficile de définir exactement ce qu'on entend par *résines*, quoique ces corps soient excessivement répandus dans la nature, et qu'ils se produisent dans un grand nombre de réactions chimiques. La raison en est que les résines sont encore mal connues, et que leur fonction chimique n'est pas déterminée. On ne peut donc les définir qu'en rappelant l'ensemble de leurs propriétés.

Généralement produites par l'oxydation des huiles essentielles, les résines sont des substances amorphes (très-rarement cristallines), insolubles dans l'eau, solubles dans l'alcool, l'éther, les essences, et, à chaud, dans les huiles grasses. Elles fondent à une température peu élevée, quelques-unes sont molles à la température ordinaire. Elles ne sont pas volatiles et se détruisent par l'action de la chaleur.

On a distingué les résines en baumes, en gommes-résines et en résines proprement dites. L'expression de *baumes* s'appliquerait, suivant Gerhardt, aux résines encore mélangées d'huile essentielle, tel est le baume de copahu, mais le plus ordinairement on appelle *baumes* des résines mélangées d'acide cinnamique ou d'acide benzoïque (voyez Baumes, t. I, p. 518). On donne le nom de gommes-résines à d'autres produits, mélanges de résines et de gommes. — Voyez t. I, p. 1651.

Quand on a enlevé les acides aux baumes, on obtient de véritables résines, telles sont les résines de benjoin (t. I, p. 522). De même en traitant les gommes-résines par l'alcool, on en sépare la matière résineuse.

Enfin les résines proprement dites sont celles qui ne renferment ni essences, ni acides aromatiques, ni gommes.

On a donné le nom de *résines fossiles* à des résines qu'on rencontre dans le sol; certaines *résines fossiles* sont des carbures d'hydrogène (schéerérite, ozokérite, etc.).

Un grand nombre de résines exsudent des végétaux, mélangées d'essences. On les distille avec l'eau pour éloigner l'essence : la résine solide reste dans l'alambic. D'autres fois, on traite les parties végétales par l'alcool, pour en extraire la résine. C'est ainsi qu'on se procure la résine de jalap.

Dans un grand nombre de réactions, on obtient de véritables résines. Ainsi, la résine d'aldéhyde se produit dans l'action des alcalis sur l'aldéhyde.

Diverses essences traitées par l'anhydride phosphorique se transforment en résines. En laissant en contact pendant quelques jours de l'essence d'amandes amères avec de l'anhydride phosphorique, lavant à l'eau chaude, on obtient une résine qui présente exactement la composition de la résine α du benjoin. Cette composition est une moyenne entre celles de l'essence d'amandes amères et de l'acide benzoïque.

Avec l'acide eugénique, l'anhydride phosphorique donne une résine inodore, de l'aspect de la colophane, dont la solution alcoolique est dichroïque, bleue et violette [Hlasiwetz, Barth et Grabowsky, *Ann. der Chem. u. Pharm.*, t. CXXXIX, p. 83, et *Bull. de la Soc. chim.*, 1867, t. VII, p. 452].

Beaucoup de résines naturelles sont des mélanges de plusieurs principes, qu'on peut séparer par l'emploi successif des divers solvants, alcool, éther, benzine, chloroforme, essence de térébenthine.

Quelques résines se comportent comme des acides faibles (Unverdorben). Elles rougissent le tournesol et donnent avec les alcalis et d'autres oxydes métalliques des combinaisons insolubles, *résinates* ou *savons de résine*. Les solutions de ces savons moussent par l'agitation et sont décomposées par les acides : elles ne sont pas précipitées par le sel marin.

L'action de la potasse fondante sur les résines et les gommes-résines a donné d'intéressants résultats à Barth et Hlasiwetz [*Ann. der Chem. u. Pharm.*, t. CXXX, p. 346, t. CXXXVIII, p. 61, t. CXXXIX, p. 77; *Bull. de la Soc. chim.*, 1865; t. III, p. 203; 1866, t. V, p. 62, et t. VI, p. 336, 1867, t. VII, p. 431]. Ces chimistes ont obtenu divers corps appartenant à la série aromatique, acide protocatéchique, paroxybenzoïque, orcine, pyrocatéchine, résorcine, phloroglucine, etc. En traitant chacune de ces résines, on a fait connaître, dans cet ouvrage, leurs produits de décomposition par la potasse. Ici nous indiquerons le procédé général qu'emploient les auteurs pour décomposer les résines au moyen de la potasse, et nous résumerons les résultats obtenus avec chacun des corps.

On doit opérer sur 1 kilogramme au moins de la résine ou de la gomme-résine. On partage cette quantité en 8 portions de 125 grammes, qui sont fondues avec 3 fois leur poids de potasse caustique. La potasse solide, introduite avec un peu d'eau dans une grande capsule d'argent, est chauffée jusqu'à dissolution complète. La résine étant alors ajoutée peu à peu entre en fusion et forme avec l'alcali une masse homogène, gommeuse; il se dégage une grande quantité d'hydrogène en meme temps que des vapeurs aromatiques.

Quand le dégagement de gaz commence à diminuer, on arrête le feu. on laisse refroidir, puis on ajoute à la masse 4 fois son poids d'eau, et de l'acide sulfurique jusqu'à acidité; le liquide neutralisé, filtré, pour le séparer d'une matière résineuse, est agité avec de l'éther, la solution éthérée évaporée à siccité, le résidu repris par l'eau et la solution précipitée par l'acétate de plomb. Ce précipité lavé, décomposé par l'hydrogène sulfuré, donne une solution qui, par évaporation, laisse déposer à l'état cristallisé les produits de la réaction.

Noms des résines ou gommes-résines.	Substances fournies par l'action de la potasse.
Acaroïde (résine).	Acide paroxybenzoïque, $C^7H^6O^3$. Corps acide, $C^{14}H^{12}O^7$, combinaison d'acide protocatéchique et d'acide paroxybenzoïque. Résorcine, $C^6H^6O^2$. Pyrocatéchine, $C^6H^6O^2$.
Aloès...........	Orcine, $C^7H^8O^2$. Acide paroxybenzoïque, $C^7H^6O^3$.
Asa-fœtida......	Acide protocatéchique, $C^7H^6O^4$. Résorcine, $C^6H^6O^2$. Acides gras volatils.
Benjoin.........	Acide benzoïque, $C^7H^6O^2$. Acide paroxybenzoïque, $C^7H^6O^3$. Pyrocatéchine, $C^6H^6O^2$. Acide $C^{14}H^{12}O^7$.
Gaïac (résine de).	Acide $C^9H^{10}O^3$. Acide protocatéchique, $C^7H^6O^4$.
Galbanum......	Résorcine, $C^6H^6O^2$.
Gomme-gutte ...	Acide acétique et acide butyrique; acide pyrotartrique; acide renfermant $C^5H^8O^4$. Phloroglucine, $C^6H^6O^3$.
Myrrhe, opoponax..........	Acide protocatéchique, $C^7H^6O^4$. Pyrocatéchine, $C^6H^6O^2$.
Sagapénum.....	Résorcine, $C^6H^6O^2$.
Sang-dragon....	Acide $C^{14}H^{12}O^7$; acides benzoïque, paroxybenzoïque, protocatéchique. Phloroglucine, $C^6H^6O^3$.

Usages des résines.— Les résines ou les gommes-résines dissoutes dans l'alcool, l'essence de térébenthine ou les huiles grasses siccatives, fournissent les *vernis*. On se sert des vernis pour recouvrir les bois et le métal d'une couche mince, imperméable, brillante. On emploie surtout à cet effet le mastic, la sandaraque, la laque, l'élémi, le copal, etc. — Voyez VERNIS, TÉRÉBENTHINE.

LISTE DES RÉSINES.

I. Baumes.

Résine acaroïde (t. I, p. 4).
Benjoin (t. I, p. 522).
Liquidambar (t. I, p. 518).
Baume du Pérou (t. I, p. 518).
Storax. Id.
Styrax. Id.
Baume de Tolu. Id.

II. Gommes-résines (t. I, p. 1631).

Asa-fœtida (t. I, p. 42).
Aloès (t. I, p. 163).
Ammoniaque (gomme) (t. I, p 1628).
Euphorbe (t. I, p. 1395).
Galbanum (t. I, p. 511).
Gomme-gutte (t. I, p. 1628).
Myrrhe (t. I, p. 430).
Oliban ou encens (t. I, p. 1226).
Sagapénum (voyez ce mot).
Scammonée (voyez ce mot).

III. Résines.

Alouchi (résine) (t. I, p. 165).
Antiar (résine) (t. I, p. 342).
Arbre à brai (résine de l') (t. I, p. 361).
Bétuline (résine de bouleau) (t. I, p. 584).
Céradie (résine). — Voyez plus bas.
Colophane (t. I, p. 959).
Copahu (t. I, p. 974).
Copal. — Voyez plus bas.
Dammar (résine) (t. I, p. 1132).
Élémi (résine) (t. I, p. 1223).
Gaïac (résine de) (t. I, p. 1508).
Gomart (résine de). — Voyez plus bas.
Icica (résine) (t. II, p. 86).
Jalap (résine) (t. II, p. 167).
Labdanum. — Voyez plus bas.
Laque (t. I, p. 1629).
Mastic (t. I, p. 320).
Maynas (résine de). — Voyez plus bas.
Mecque (baume de la). — Voyez plus bas.
Olivier (résine d') (t. II, p. 612).
Sandaraque. — Voyez ce mot.
Sang-dragon. Id.
Succin. Id.
Térébenthine. Id.

Nous décrirons ici la résine céradie, le gomart, la résine de Maynas, le baume de la Mecque, le copal, le labdanum, qui n'ont pas été indiqués à leurs noms respectifs.

Résine de céradie [Thomson, *Phil. Mag.*, 1846, p. 22]. — Résine ambrée, d'une odeur d'encens, d'une densité de 1,197, renfermant C = 80,1, H = 9,8. Elle exsude de la *Ceradia furcata*, plante qui présente l'aspect du corail et se rencontre sur les côtes d'Afrique.

Labdanum ou *ladanum*.— Le labdanum exsude spontanément des feuilles et des rameaux du *Cestus creticus*, arbrisseau qui croît dans l'île de Candie. Son odeur rappelle celle de l'ambre gris. Il est noir, solide, se ramollissant entre les doigts. Il renferme :

Résine et huile volatile.........	86
Cire.............................	7
Extrait aqueux...................	1
Matière terreuse.................	6
	100

[Guibourt, *Hist. des drogues simples*, t. III, p. 611]. Jonhston y a trouvé 73,24 de carbone et 10 d'hydrogène.

Gomart (résine de).— Cette résine se rencontre sur le gomart (*Bursifera gommifera*, Linné), arbre de la famille des Térébenthinées, qui croît aux Antilles.

Elle est solide, sèche, à texture cristalline, presque blanche, et fournit à la distillation 4,7 % d'huile essentielle.

Résine de Maynas (résine de calophyllum). — Elle vient de la province de Maynas et se retire par incision du *Calophyllum caloba*, qu'on trouve dans les plaines de l'Orénoque. Traitée par l'alcool bouillant, elle donne des cristaux qui ont été mesurés par de la Provostaye [Lewy, *Ann. de Chim. et de Phys.*, t. III, p. 380]. La résine de Maynas paraît renfermer $C^{14}H^{18}O^4$; elle est en beaux cristaux jaunes, fusibles à 105°, solubles dans les alcalis, d'une densité de 1,12. Elle est insoluble dans l'eau, très-soluble dans les dissolvants habituels des résines. Fondue, elle reste longtemps en surfusion et ne se solidifie que vers 90°. L'acide acétique la dissout à froid; l'acide azotique fumant donne un acide azoté, incristallisable. L'acide azotique à chaud fournit de l'acide butyrique, une petite quantité d'acide oxalique et d'un acide cristallisable, soluble dans l'eau et ne précipitant pas les sels de calcium. Oxydée par le bichromate de potassium et l'acide sulfurique, elle fournit de l'acide carbonique et de l'acide formique.

Baume de la Mecque (*baume de Judée*). — Il s'extrait en Syrie et en Égypte d'un *Balsamodendron* (Térébenthinées). Il est d'un jaune clair, très-fluide, d'une odeur agréable. Il contient, d'après Bonastre, une essence fluide et incolore, une résine insoluble dans l'alcool froid, d'un jaune de miel, transparente, cassante, d'une densité de 1,333, se ramollissant à 44°, fondant à 90°, facilement soluble à chaud dans l'alcool et l'éther ; et enfin une résine molle, soluble dans les huiles grasses et volatiles, qui, après dessiccation, fond à 112°. Elle est inodore et insipide.

Copal (résine animé). Le copal est produit par diverses espèces du genre *Hymenæa* (Légumineuses), qui croissent à Madagascar, dans l'Inde et en Chine. On en distingue deux sortes : le *copal dur*, provenant de l'*Hymenæa verrucosa*, et le *copal tendre*, appelé aussi *courbaril*, provenant de l'*Hymenæa courbaril*.

Le copal dur est en larmes ou en grosses stalactites, d'un jaune foncé, d'une cassure vitreuse, excessivement dures, lisses et transparentes. Il ne fond qu'à une température très-élevée.

Il est inodore, insipide ; sa densité est de 1,045 à 1,139. Il ressemble au succin, dont il se différencie en ce qu'il ne fournit pas d'acide succinique à la distillation. Il est presque insoluble dans l'alcool absolu, se gonfle dans l'éther qui le dissout ensuite. Les diverses variétés commerciales présentent des différences de solubilité. Il forme avec les alcalis une combinaison soluble dans l'eau pure, mais insoluble dans une liqueur contenant un petit excès d'alcali.

Suivant M. Filhol, le copal dur de l'Inde renferme 5 résines, les unes solubles, les autres insolubles, mais ces résines ne paraissent pas être des corps définis [Filhol, *Journ. de Pharm.*, (3), t. VIII, p. 301, et 667].

Le copal tendre est en larmes globuleuses, blanches, fusibles à 100°, entièrement solubles à froid dans l'essence de térébenthine, insolubles dans l'alcool.

Le copal tendre d'Amérique est en morceaux d'un jaune pâle, à cassure vitreuse, se ramollissant dans la bouche, entièrement solubles dans l'alcool bouillant ; l'alcool froid le sépare en deux résines (Paoli). La partie soluble dans l'alcool froid serait, d'après Laurent, identique avec la résine α de térébenthine ou acide pimarique amorphe [Paoli, *Journ. de Trommsdorff*, nouv. sér., t. IX, p. 40 et 61 ; — Laurent, *Ann. de Chim. et de Phys.*, t. LXVI, p. 314].

L'analyse des divers copals a donné les résultats suivants à M. Filhol :

	Copal dur de Calcutta en larmes.	Copal en morceaux plats.	Copal dur de Bombay.		Copal dur de Madagascar.	Copal tendre.	
C =	80,66	80,34	80,29	79,70	79,80	85,30	85,36
H =	8,77	10,52	10,57	10,40	9,42	11,50	11,53
O =	10,57	9,14	9,14	9,90	10,78	3,20	3,11
	100						

E. G.

RÉSINITE. — Voyez QUARTZ.

RÉSINONE, RÉSINÉONE. — M. Fremy a donné ce nom à des liquides obtenus dans la distillation de la colophane avec 8 fois son poids de chaux. Ce sont certainement des corps impurs et les formules déduites de l'analyse sont dénuées de tout contrôle. La résinone, huile légère, insoluble dans l'eau, bouillant à 78°, renfermerait $C^{10}H^{18}O$. La résinéone, bouillant à 148°, renfermerait $C^{29}H^{46}O$? Il y a tout lieu de croire que l'auteur a analysé des hydrocarbures renfermant encore de l'eau [*Ann. de Chim. et de Phys.*, t. LIX, p. 14]. Comme la résinéine, ces deux corps doivent disparaître de la série des composés organiques.

RÉSORCINE, $C^6H^6O^2$. — La résorcine, homologue inférieur de l'orcine et isomère de la pyrocatéchine et de l'hydroquinone, a été découverte, par Hlasiwetz et Barth, dans les produits de la fusion du galbanum avec la potasse.

L'asa-fœtida, la gomme-ammoniaque, le sagapénum, la résine acaroïde (Hlasiwetz et Barth), l'extrait aqueux du bois de sapan (Schreder) fournissent également de la résorcine par fusion avec la potasse. Les eaux de lavage et les eaux mères de la préparation de la brésiline fournissent de a résorcine par la distillation [E. Kopp, *Deutsch. Chem. Gesells.*, t. VI, p. 446, et *Bull. de la Soc. chim.*, 1873, t. XV, p. 210]. La synthèse en a été faite par Kœrner au moyen du para-iodophénol, et par Oppenheim et G. Vogt, au moyen de l'acide chloroxyphénylsulfureux [Hlasiwetz et Barth, *Ann. der Chem. u. Pharm.*, t. CXXX, p. 354, et t. CXXXVII, p. 61 ; *Bull. de la Soc. chim.*, 1865, t. III, p. 204, et t. VI, p. 336 ; — Kœrner, *Zeits. für Chem.*, t. II, p. 279, et *Bull. de la Soc. chim.*, 1867, t. VII, p. 261 ; — Oppenheim et G. Vogt, *Bull. de la Soc. chim.*, 1868, t. X, p. 221].

Préparation. — Pour préparer la résorcine avec la résine de galbanum, Hlasiwetz et Barth lavent la résine avec de l'alcool pour lui enlever ses parties gommeuses, puis la chauffent avec 2 p. 1/2 à 3 p. de potasse, jusqu'à ce que la masse fondue soit homogène, ajoutent de l'eau, puis de l'acide sulfurique, laissent refroidir, filtrent, et épuisent le liquide 2 ou 3 fois par l'éther. Celui-ci évaporé au bain-marie laisse un résidu qu'on soumet à la distillation ; il passe de la résorcine qui se solidifie en cristaux rayonnés. Cette résorcine est souillée de quelques acides gras volatils, dont on la prive en la dissolvant dans un peu d'eau chaude, ajoutant de l'eau de baryte et enlevant la résorcine au moyen d'éther. La solution éthérée abandonne la résorcine sous forme d'un sirop qui cristallise au bout de peu de temps, et qu'on purifie par de nouvelles cristallisations. 30 grammes de galbanum fournissent 1 gramme de résorcine.

Le para-iodophénol fondu avec de la potasse ne fournit que de la résorcine.

Pour obtenir ce dernier corps à l'aide de la benzine chlorée, Oppenheim et Vogt la dissolvent à chaud dans l'acide sulfurique, saturent par le carbonate de baryum et transforment le sel barytique en sel de potassium. Celui-ci, fondu avec le double de son poids de potasse, donne une masse colorée en rouge ; puis, avant que cette coloration ait entièrement disparu, on arrête l'opération, on traite la masse fondue par l'acide chlorhydrique, et on agite la solution avec l'éther. Celui-ci, par évaporation, abandonne la résorcine sous forme de cristaux prismatiques ou tabulaires incolores.

Propriétés. — La résorcine fond à 99° (Hlasiwetz et Barth), 104° (Oppenheim et Vogt) ; elle bout à 270°. Elle est neutre aux réactifs colorés, d'une saveur désagréable, tout à la fois amère et sucrée. Elle est très-soluble dans l'eau, l'alcool et l'éther, insoluble dans le sulfure de carbone et le chloroforme. Les solutions doivent être très-concentrées pour cristalliser, et quelquefois restent longtemps sirupeuses sans cristalliser. Ces cristaux sont des prismes rhomboïdaux m dont les angles aigus sont surmontés par un biseau e^1. Le peu d'éclat des faces n'a conduit pour les angles qu'à des mesures rapprochées : $m : m$ (faces du prisme) = 118-119° ; $e^1 : e^1$ (sommet) = 83-84° ; $m : e^1$ = 112-113°. L'arête mm est sensiblement normale sur e^1e^1 et le système est probablement clinorhombique (Rammelsberg).

Au bout de quelque temps la résorcine prend une teinte légèrement rouge au contact de l'air. Sa solution aqueuse donne avec le chlorure ferrique une coloration violet foncé, et avec le chlorure de chaux une coloration violette très-peu stable. L'azotate d'argent est réduit à chaud en présence de l'ammoniaque. Une dissolution alcaline d'oxyde de cuivre donne un précipité d'oxyde cuivrique.

La résorcine fournit avec le chlore, le brome, l'acide azotique, l'acide azoteux, un grand nombre de dérivés. — Voyez plus loin.

Elle se dissout dans l'acide sulfurique fumant avec une coloration jaune-orange qui fonce de plus en plus et qui passe au vert, puis, après 20 à 30 minutes, à un bleu d'une grande beauté : à 100°, ce bleu vire au pourpre. Cette solution, neutralisée par la soude, devient rouge-carmin et présente une fluorescence très-marquée (E. Kopp).

La résorcine se combine directement à l'ammoniaque, à l'acide sulfurique et au sulfate de quinine.

Chauffée à 195° avec l'anhydride phtalique, elle donne la phtaléine de la résorcine ou fluorescéine. Avec l'anhydride succinique, elle donne la succinéine de la résorcine (Bæyer). — Voyez PHTALÉINES, t. II, p. 1010.

Résorcine-ammoniaque [Malin, *Ann. der Chem. u. Pharm.*, t. CXXXVIII, p. 76, et *Bull. de la Soc. chim.*, 1866, t. VI, p. 210. — Le gaz ammoniac sec, dirigé dans une solution éthérée de résorcine, s'y combine; la solution se trouble d'abord, puis abandonne des gouttes oléagineuses qui se prennent bientôt en une masse cristalline incolore. Exposés à l'air, ces cristaux tombent en déliquescence et se colorent en vert, puis en bleu indigo.

Résorcine et acide sulfurique,

$$C^6H^6O^2,4SO^4H^2$$

(Malin). — Ce sont des cristaux très-déliquescents, qu'on obtient en dissolvant à chaud la résorcine dans 4 fois son poids d'acide sulfurique.

Résorcine et sulfate de quinine (Malin). — En ajoutant une solution de résorcine à une solution de sulfate de quinine additionnée de quelques gouttes d'acide sulfurique, on obtient cette combinaison sous forme de petites aiguilles renfermant

$$2\left(SO^3\begin{cases}C^{20}H^{24}Az^2O^2\\C^6H^6O^2\end{cases}\right)+3H^2O.$$

Elle perd son eau à 120°.

ÉTHERS DE LA RÉSORCINE. — ACÉTYL-RÉSORCINE, $C^6H^4O^2(C^2H^3O)^2$. — Composé oléagineux, distillant sans décomposition (Malin).

BENZOYL-RÉSORCINE, $C^6H^4O^2(C^7H^5O)^2$. — Petites lamelles blanches, brillantes, solubles dans l'alcool, obtenues par l'action du chlorure de benzoyle sur la résorcine. Les eaux mères alcooliques, d'où s'est déposé ce corps, abandonnent la monobenzoylrésorcine, $C^6H^5O^2(C^7H^5O)$, plus soluble et cristallisable (Malin).

DIÉTHYL-RÉSORCINE, $C^6H^4O^2(C^2H^5)^2$ [Barth et Senhofer, *Ann. der Chem. u. Pharm.*, t. CLXIV, p. 109, et *Bull. de la Soc. chim.*, 1872, t. XVIII, p. 459]. — Préparée par la résorcine, l'iodure d'éthyle et la potasse, elle distille à 251°. Traitée par la potasse ou par l'acide iodhydrique, elle ne régénère pas la résorcine, mais donne une résine dont la solution alcoolique est dichroïque.

DÉRIVÉS CHLORÉS, BROMÉS, NITRÉS, AMIDÉS.

TRIBROMORÉSORCINE, $C^6H^3Br^3O^2$ (Hlasiwetz et Barth). — Ce corps est en aiguilles fines, enchevêtrées les unes dans les autres, peu solubles dans l'eau froide, assez solubles dans l'alcool. On le prépare en mélangeant de l'eau saturée de brome avec une solution aqueuse moyennement concentrée de résorcine. Il renferme de l'eau de cristallisation qu'il perd à 100°.

PENTABROMORÉSORCINE, $C^6HBr^5O^2$ [Stenhouse *Ann. der Chem. u. Pharm.*, t. CLVIII, p. 174, et *Bull. de la Soc. chim.*, 1872, t. XVIII, p. 132]. — On la prépare en ajoutant 1 p. de résorcine en solution aqueuse à 1 p. de brome étendu de près de 200 grammes d'eau. On fait cristalliser le produit dans le sulfure de carbone, d'où il se sépare en prismes incolores, fusibles à 113° 5, presque insolubles dans l'eau, solubles dans l'alcool et dans l'éther, peu solubles dans la benzine froide. L'acide iodhydrique convertit ce corps en tribromorésorcine.

La pentabromorésorcine chauffée à 150° donne des vapeurs de brome et laisse une poudre cristalline jaune, insoluble dans l'éther, et renfermant $C^6HBr^3O^2$, probablement une quinone, $C^6HBr^3(O^2)''$, la *tribromorésoquinone*, dont la pentabromorésorcine serait un produit d'addition [Liebermann et Dittler, *Deutsch. Chem. Gesells.*, t. V, p. 1090, et *Bull. de la Soc. chim.*, 1873, t. XIX, p. 265].

PENTACHLORORÉSORCINE, $C^6HCl^5O^2$ (Stenhouse). — On la prépare en ajoutant par petites portions, et alternativement, 2 p. de résorcine dissoute dans 7 p. d'acide chlorhydrique et 4 p. de chlorate de potasse, à 35 p. d'acide chlorhydrique d'une densité de 1,7. L'opération doit être conduite avec ménagements et le chlorate de potasse doit toujours être en excès. Au bout de 24 heures, on recueille le produit, on le dessèche et on le fait cristalliser dans le sulfure de carbone. La pentachlororésorcine forme des cristaux volumineux fusibles à 92° 5. Elle se sépare de l'eau bouillante où elle est un peu soluble, en une masse blanche, non cristalline, qui paraît être un hydrate. Elle se dissout facilement dans la benzine, le sulfure de carbone, l'alcool et l'éther.

NITRORÉSORCINE, $C^6H^5(AzO^2)O^2$ [Weselsky, *Ann. der Chem. u. Pharm.*, t. CLXIV, p. 1, et *Bull. de la Soc. chim.*, 1872, t. XVIII, p. 454]. — Le dérivé mononitré de la résorcine ne se forme pas par nitration directe. M. Weselsky l'a rencontré dans les produits secondaires de la préparation de la diazorésorcine (voyez plus loin). Le liquide éthéré brun qui a abandonné la diazorésorcine laisse, après distillation de l'éther, une matière résineuse foncée, qui renferme toujours plus ou moins de nitrorésorcine. On épuise cette résine par l'eau bouillante, on ajoute un peu d'acétate de plomb, on filtre, on sépare l'excès de plomb par l'acide sulfurique et l'on agite avec de l'éther. Celui-ci s'empare de la nitrorésorcine impure, qu'on purifie en la transformant en combinaison barytique qu'on fait cristalliser dans l'eau bouillante, et qu'on décompose par l'acide sulfurique étendu. Si l'on reprend par l'éther, celui-ci abandonne la nitrorésorcine pure, cristallisant dans l'eau en longues aiguilles feutrées, d'un jaune citron, fondant à 115°.

La *combinaison barytique* renferme

$$C^6H^3(AzO^2)O^2Ba + 5H^2O;$$

elle est en longues aiguilles groupées en faisceaux, de la couleur du bichromate de potassium. Ses cristaux appartiennent au système triclinique. Traitée en solution aqueuse bouillante par un courant d'acide carbonique, elle donne du carbonate de baryum, et la liqueur filtrée donne par le refroidissement de fines aiguilles d'une autre combinaison barytique,

$$[C^6H^3(AzO^2),OH,O]^2Ba + H^2O.$$

Par l'action de l'acide acétique, on obtient une

combinaison barytique en longues aiguilles cassantes renfermant

$$[C^6H^4(AzO^2)O^2]^2Ba + 2C^6H^5(AzO^2)O^2 + 2H^2O.$$

La *combinaison potassique* forme des aiguilles oranges, aplaties, facilement solubles.

La *dibromonitrorésorcine*, $C^6H^3Br^2(AzO^2)O^2$, obtenue par l'addition du brome à une solution éthérée de nitrorésorcine, se produit également dans l'action de l'acide azotique mélangé d'acide azoteux sur la tribromorésorcine. Elle est en lamelles brillantes fusibles à 147°. Sa *combinaison barytique* renferme

$$[C^6H^2Br^2(AzO^2)O^2]^2Ba + 2H^2O.$$

Elle est en petites aiguilles oranges très-peu solubles dans l'eau froide (Weselsky).

L'*amidorésorcine* s'obtient à l'état de chlorhydrate, $C^6H^5(AzH^2)O^2, HCl + 2H^2O$, par l'action de l'acide chlorhydrique et de l'étain sur la nitrorésorcine ; elle forme des cristaux incolores et brillants, appartenant au système clinorhombique (Weselsky).

Trinitrorésorcine (*acide oxypicrique, acide styphnique*), $C^6H^3(AzO^2)^3O^2$. — Ce composé, découvert en 1818 par Chevreul, analysé par Erdmann, se produit dans l'action de l'acide azotique sur plusieurs gommes-résines, telles que la résine ammoniaque, l'asa fœtida, le galbanum, le sagapénum, et sur les extraits aqueux du bois de Brésil, du bois jaune, du bois de santal, du bois de sapan. Schreder a reconnu récemment l'identité de l'acide oxypicrique avec la trinitrorésorcine [Chevreul, *Ann. de Chim.*, t. LXVI, p. 246, et t. LXXIII, p. 43; — Erdmann, *Journ. für prakt. Chem.*, t. XXXVII, p. 409, et t. XXXVIII, p. 355; — Boettger et Will, *Ann. der Chem. u. Pharm.*, t. LVIII, p. 273; — Bolthe, *Journ. für prakt. Chem.*, t. XLVI, p. 576; — Stenhouse, *Journ. of Chem. Soc.*, (2), t. IV, p. 236; *Chem. News*, t. XIII, p. 230, et *Bull. de la Soc. chim.*, 1866, t. VI, p. 391, 1871, t. XV, p. 245; — Schreder, *Ann. der Chem. u. Pharm.*, t. CLVIII, p. 244, et *Bull. de la Soc. chim.*, 1871, t. XV, p. 241, et t. XVI, p. 318].

Préparation. — On convertit la résorcine en dérivé trinitré en ajoutant peu à peu à 40 centimètres cubes d'acide azotique d'une densité de 1,45, refroidi à — 10°, la solution refroidie à 50° de 6 grammes de résorcine dans son poids d'eau bouillante. On verse la solution azotique dans 120 centilitres d'acide sulfurique froid, et après 20 minutes on précipite par l'eau glacée. On purifie le produit par cristallisation dans l'eau bouillante.

Pour obtenir la trinitrorésorcine au moyen des extraits de bois, on se sert de l'extrait de bois de Brésil qui en fournit 18 %, ou de l'extrait de bois de sapan qui est le plus avantageux. Suivant Stenhouse, on fait digérer 120 p. d'extrait aqueux de bois de sapan pendant 3 ou 4 heures avec 20 p. d'acide azotique d'une densité de 1,36, on évapore la solution jaune à consistance sirupeuse et l'on fait bouillir cet extrait pendant 4 ou 5 heures avec 6 p. d'acide azotique d'une densité de 1,45. Après que les 3/8 de l'acide ont disparu, le résidu est additionné lentement de 8 p. d'eau froide; il se sépare de l'acide oxypicrique qu'on recueille et qu'on lave. Pour le purifier, on le chauffe à l'ébullition avec 8 p. d'eau, on l'additionne d'une solution concentrée de carbonate de potassium, et l'on fait recristalliser le sel de potassium. On décompose ensuite la solution chaude de ce sel par l'acide azotique.

L'acide oxypicrique est en prismes hexagonaux d'un jaune pâle, fusibles à 173° 5, solubles dans 56 p. d'eau à 14° et 88 p. à 62°, plus solubles dans l'eau bouillante; il se dissout aussi dans l'alcool et dans l'éther. Sa saveur est astringente; ses solutions colorent l'épiderme en jaune d'une manière persistante. Il rougit fortement le tournesol et décompose les carbonates. Avec le cyanure de potassium, il donne la résorcine-indophane (voyez plus loin). Il se convertit en dérivé triamidé par l'action de l'acide chlorhydrique et de l'étain (Schreder). L'hypochlorite de chaux le transforme à froid en chloropicrine; le chlorate de potassium et l'acide chlorhydrique agissent de même (Stenhouse).

Les oxypicrates font explosion quand on les chauffe doucement.

Le *sel d'ammonium neutre,*

$$C^6H(AzO^2)^3O^2, (AzH^4)^2,$$

est en aiguilles orangées anhydres.

Le *sel d'ammonium acide,*

$$C^6H^2(AzO^2)^3O^2, AzH^4,$$

est en longues aiguilles aplaties.

Le *sel de potassium neutre*, $C^6H(AzO^2)^3O^2, K^2$, est en aiguilles orangées, minces et raccourcies, peu solubles dans l'eau.

Le *sel de potassium acide,*

$$C^6H^2(AzO^2)^3O^2, K + H^2O,$$

est en aiguilles capillaires jaunes qui deviennent anhydres à 100°.

Le *sel de baryum*, $C^6H(AzO^2)^3O^2Ba + 3H^2O$, forme de petites lames rhomboïdales jaune clair, ne perdant pas leur eau à 100° (Stenhouse).

Le *sel d'argent*, $C^6H(AzO^2)^3O^2Ag^2$, est tantôt en gros cristaux jaune clair, tantôt en aiguilles d'un brun jaunâtre. On le fait cristalliser dans l'eau en le dissolvant à une température de 60° environ.

Le *sel de cuivre*, $C^6H(AzO^2)^3O^2Cu + H^2O$, est en aiguilles vert clair.

Le *sel de cuivre et de potassium,*

$$C^6H(AzO^2)^3O^2, Cu + C^6H(AzO^2)^3O^2, K^2 + 4H^2O,$$

est en aiguilles brunes, groupées en mamelons. Par l'action de la chaleur, il détone violemment.

Le *sel de calcium,*

$$C^6H(AzO^2)^3O^2, Ca + 3\ 1/2\ H^2O\ (?),$$

est très-soluble dans l'eau et cristallise en mamelons.

Le *sel de sodium neutre,*

$$C^6H(AzO^2)^3O^2, Na^2 + 2\ 1/2\ H^2O\ (?),$$

est fort soluble dans l'eau.

Le *sel de strontium*, $C^6H(AzO^2)^3O^2Sr + 2H^2O$, cristallise en mamelons très-gros, formés de longues aiguilles d'un jaune clair.

Oxypicrate d'éthyle, $C^6H(AzO^2)^3O^2, (C^2H^5)^2$ (Stenhouse). — Il a été obtenu par l'action de l'iodure d'éthyle sur le sel d'argent; il est en longues lamelles presque incolores qui se colorent rapidement, à la lumière, en brun orangé. Il est soluble dans l'alcool, l'éther, la benzine, peu soluble dans le sulfure de carbone, insoluble dans l'eau. Il fond à 120°,5 et se volatilise à une température plus élevée, en subissant une décomposition partielle.

Triamidorésorcine [Schreder, *Mém. cité*]. — La trinitrorésorcine est vivement attaquée par l'acide chlorhydrique et l'étain; la liqueur donne par le refroidissement des prismes déliés d'un chlorure double d'étain et de triamidorésorcine, $C^6H^3(AzH^2)^3O^2, 3HCl + SnCl^2 + H^2O$. Ces cristaux sont incolores, et leur solution rougit faiblement à l'air. En précipitant l'étain par l'hydrogène sulfuré, on met en liberté le chlorhydrate de triamidorésorcine, soluble dans l'eau et qu'on précipite par l'addition d'acide chlorhydrique.

Ce chlorhydrate, par l'action de l'air ou l'addition de chlorure ferrique, donne des aiguilles d'un rouge foncé, à éclat métallique bleu, de chlorhydrate d'amido-diimidorésorcine, $C^6H^8Az^3Cl$, qu'on peut représenter par la formule

$$C^6H\left\{\begin{array}{l}(OH)^2\\ AzH\diagdown\\ AzH\diagup\\ AzH^2, HCl.\end{array}\right.$$

Ce sel est peu soluble dans l'eau froide; par l'addition des alcalis, la solution devient bleue. L'ammoniaque en sépare l'*amido-diimodorésorcine libre*, $C^6H(OH)^2(AzH)^2, AzH^2 + H^2O$, peu soluble dans l'eau, insoluble dans l'alcool et dans l'éther, possédant un éclat métallique d'un vert foncé. Desséchée dans le vide, elle se présente en amas d'aiguilles feutrées, perdant leur éclat à 100° et devenant bleues.

DÉRIVÉS AZOÏQUES [Weselsky, *Deutsch. Chem. Gesells.*, t. IV, p. 613, et *Bull. de la Soc. chim.*, 1871, t. XVI, p. 186]. — Quand on dirige un courant d'acide azoteux dans une solution éthérée de résorcine, on obtient la *diazorésorcine*,

$$C^{18}H^{12}Az^2O^6,$$

qui prend naissance par la fixation d'une molécule d'anhydride azoteux sur 3 molécules de résorcine avec élimination de 3 molécules d'eau :

$$3C^6H^6O^2 + Az^2O^3 = C^{18}H^{12}Az^2O^6 + 3H^2O.$$

La diazorésorcine est en cristaux grenus bruns, à éclat métallique, peu solubles dans l'eau, plus solubles dans l'alcool et l'acide acétique; les solutions sont d'un rouge-cerise foncé. Les alcalis dissolvent facilement la diazorésorcine avec une magnifique coloration bleu-violet.

Par l'action des acides sulfurique ou chlorhydrique concentrés sur la diazorésorcine, il se forme la *diazorésorufine*, $C^{36}H^{18}Az^4O^9$, produite par l'union de 2 molécules de diazorésorcine avec élimination de 3 molécules d'eau. Elle cristallise dans l'acide chlorhydrique concentré en petits grains foncés et brillants d'un brun-rouge. Elle est à peu près insoluble dans l'eau, l'alcool et l'éther, se dissout dans l'acide sulfurique concentré avec une couleur cramoisie, et en est précipitée de nouveau par l'addition de l'eau. Les solutions alcalines sont d'un rouge cramoisi et présentent une fluorescence rouge-cinabre.

En chauffant l'un ou l'autre des corps précédents avec l'acide chlorhydrique et l'étain, on obtient le *chlorhydrate d'hydrodiazorésorufine*,

$$C^{36}H^{30}Az^4O^9 + 3HCl,$$

qui se sépare de la solution verdâtre en lamelles brillantes ou en aiguilles d'un vert clair, solubles dans l'eau bouillante, l'alcool et l'éther. Évaporés à l'air, ces cristaux prennent un aspect cuivré. Chauffé à l'air ou traité à froid par le chlorure ferrique ou les hypochlorites, ce chlorhydrate s'oxyde et donne de la diazorésorufine.

Le *chlorhydrate de dihydrodiazorésorcine*, $C^{18}H^{10}Az^2O^5, 3HCl$, qui représente la diazorésorcine unie à 3 molécules d'acide chlorhydrique avec élimination d'une molécule d'eau, se forme en même temps qu'un dérivé acétylique résineux par l'action, à 100°, du chlorure d'acétyle sur la diazorésorcine. Ce sont des lamelles ressemblant à l'or musif, insolubles dans l'eau, solubles dans l'alcool avec une couleur jaune-paille et dans les alcalis avec une couleur violette. L'acide azotique les transforme à froid en flocons rouge-brique et à chaud en lamelles pourpres; ce sont des matières colorantes dont la solution alcoolique offre une fluorescence rouge-brique. La fluorescence de la solution ammoniacale du premier corps persiste sur la soie.

Outre ces combinaisons, il existe des dérivés tétrazoïques de la résorcine.

L'*azotate de tétrazorésorcine*,

$$C^{18}H^6Az^4O^6, (AzO^3)^3,$$

se forme par l'action de l'acide azotique concentré à chaud sur la diazorésorcine. Il est en aiguilles brillantes, d'un rouge-grenat, à éclat métallique, solubles dans l'eau, l'éther, et surtout l'alcool. Les solutions sont d'un bleu indigo.

L'*azotate de tétrazorésorufine*,

$$C^{36}H^6Az^8O^9, (AzO^3)^3,$$

dérive de l'action des acides sulfurique ou chlorhydrique concentrés sur le corps précédent. Il renferme de l'eau de cristallisation et ressemble au permanganate de potassium. L'hydrogène naissant le convertit en *azotate de dihydrotétrazorésorufine*, $C^{18}H^8Az^4O^6, (AzO^3)^3$, qui se sépare en petites aiguilles de sa solution alcoolique rouge.

Le produit final de l'action de l'acide chlorhydrique et de l'étain sur les combinaisons tétrazoïques dont nous venons de parler est le *chlorhydrate d'hydramido-tétrazorésorufine*,

$$C^{36}H^{43}Az^{14}Cl^9O^9,$$

cristallisable en longues aiguilles incolores, devenant rouges au contact de l'air, se dissolvant dans les alcalis avec une belle couleur bleue. La solution ammoniacale brunit au contact de l'air et laisse déposer des cristaux verts d'*hydro-imidotétrazorésorufine*, $C^{36}H^{23}Az^{14}O^9$. Ce corps renferme de l'eau de cristallisation, qu'il ne peut perdre entièrement sans subir une décomposition partielle. Il est insoluble dans l'eau, soluble dans les acides avec une coloration d'un rouge vineux.

THIORÉSORCINE. — M. Pazschke donne ce nom au bisulfhydrate de phényle, $C^6H^6S^2$. — Voyez t. II, p. 893. E. G.

RÉSORCINE-INDOPHANE,

$$C^9H^4Az^4O^6$$

[Schreder, *Ann. der Chem. u. Pharm.*, t. CLXIII, p. 297, et *Bull. de la Soc. chim.*, 1872, t. XVIII, p. 398]. — On dissout 100 grammes d'oxypicrate de potassium (trinitrorésorcine potassée) dans 1 litre d'eau bouillante, on laisse refroidir à 75° et l'on ajoute peu à peu 20 grammes de cyanure de potassium dissous dans 100 grammes d'eau à la température de 40° ou 50°. La liqueur devient jaune-brun, se trouble et laisse déposer un produit pulvérulent que l'on recueille sur un linge et qu'on lave à l'eau froide jusqu'à ce que les eaux de lavage soient franchement vertes. Cette combinaison potassique est impure; on la dissout dans l'eau bouillante et on l'additionne d'acide sulfurique étendu. La liqueur devient violette et il se sépare de fines aiguilles qui sont purifiées par lavage à l'eau acidulée, dissolution dans l'eau froide et addition de l'acide chlorhydrique qui précipite le corps à l'état cristallisé.

La résorcine-indophane cristallise en aiguilles microscopiques violettes, bien formées, anhydres, et prenant un aspect nacré par le frottement. Elle est soluble dans l'eau froide avec une coloration bleue, insoluble dans l'alcool et l'éther; l'acide acétique concentré la dissout en quantité notable.

La *combinaison potassique*,

$$C^9H^2Az^4O^6K^2 + H^2O,$$

s'obtient pure par l'addition de carbonate de potassium à la solution de la résorcine indophane. Elle forme des masses vertes à éclat métallique, amorphes, retenant 1 molécule d'eau qu'elle ne perd qu'en se décomposant avec explosion.

La *combinaison sodique*,

$$C^9H^2Az^4O^6Na^2 + H^2O,$$

ressemble à la précédente.

La *combinaison barytique* renferme

$$C^9H^2Az^4O^6Ba + H^2O.$$

C'est un précipité amorphe, vert foncé.

L'acide azotique convertit la résorcine-indophane en un sirop d'où se séparent des cristaux d'acide oxalique. L'étain et l'acide chlorhydrique paraissent sans action. Il en est de même du chlorure d'acétyle. L'amalgame de sodium la convertit en combinaison sodique sur laquelle l'hydrogène naissant est sans action. Chauffée avec la chaux, la résorcine-indophane perd les trois quarts de son azote à l'état d'ammoniaque; elle paraît donc renfermer un seul groupe AzO^2. E. G.

RESPIRATION. — Chez tous les êtres vivants il s'établit un échange de gaz entre leur propre substance et l'atmosphère. C'est ce qu'on nomme la *respiration*. Cette fonction diffère essentiellement dans les deux règnes organiques. Tandis que les végétaux, sous l'influence de la radiation solaire, décomposent l'acide carbonique, en mettant de l'oxygène en liberté, les animaux s'emparent de l'oxygène et le convertissent en gaz carbonique, en vapeur d'eau, qu'ils restituent à l'atmosphère. Tel est dans son ensemble et dans ses principaux résultats le phénomène de la respiration dans les deux règnes. On a exposé, à l'article Assimilation, les faits relatifs à la respiration des végétaux; il nous reste à traiter ici de la respiration dans le règne animal.

Historique. — La respiration des animaux est une combustion lente : Lavoisier l'a prouvé le premier. Avant lui divers observateurs avaient soupçonné la relation qui existe entre les phénomènes de combustion et la respiration. Dès 1669, le médecin anglais Jean Mayow énonçait l'opinion que l'air n'est point un tout homogène, mais qu'il renferme des particules propres à engendrer le salpêtre et les acides, à se fixer sur les corps en combustion et sur le sang dans la respiration [*De sale nitro et spiritu nitro aëreo* dans *Tractatus quinque medico-physici*, 1669].

Ayant fait respirer un animal et brûler une bougie dans un espace clos, Mayow a vu que les deux phénomènes s'accomplissent simultanément dans un espace de temps moitié moindre environ que lorsqu'ils ont lieu isolément; voici sa conclusion : *Credendum est animalia ignemque particulas ejusdem generis ex aere exhaurire.* Ces *particulæ igno-aereæ*, ou ce *spiritus nitro-aereus* de Mayow, c'est l'oxygène de Lavoisier que Priestley a découvert en 1774. Mayow, qui avait si justement entrevu l'absorption de ce gaz et dans les phénomènes de la combustion et dans les phénomènes de la respiration, et qui avait reconnu, à ce point de vue, l'analogie de ces phénomènes, s'était pourtant mépris sur la source de la chaleur animale. Il attribuait cette dernière à une sorte de fermentation. Son compatriote, le célèbre anatomiste Thomas Willis (1661), a émis une idée plus juste sur la corrélation de ces phénomènes. Dans son *Exercitatio medico-physica de sanguinis incalescentia sive accessione*, il adopte les idées de Mayow sur l'absorption d'un principe aérien, qu'il nomme *pabulum nitrosum* ou *particulæ nitrosæ*, pendant la combustion et la respiration; mais, plus perspicace que son compatriote, il admet que le sang s'échauffe par suite de la combustion qu'il éprouve dans la respiration. Cette combustion s'effectue lentement, mais elle a lieu chez l'homme à partir de la conception. La suffocation a lieu par la raison que les particules nitreuses qui font partie de l'air cessent d'arriver au poumon, où elles doivent réagir sur le sang!

On voit que, vers le milieu du XVIIe siècle, les médecins anglais étaient près de saisir le vrai sens des phénomènes de la respiration. Mais leurs idées sont demeurées sans écho et sans influence sur le développement de la chimie et de la physiologie. Robert Boyle, le premier président de la Société Royale de Londres, a déjà fait un pas en arrière. Il avait observé l'augmentation de poids de l'étain et du plomb pendant la calcination de ces métaux, et avait méconnu le sens du phénomène en attribuant cette augmentation de poids à l'absorption de la « matière du feu ». Il avait reconnu aussi que, pendant la combustion et pendant la respiration, quelque chose est enlevé à l'air, *some vital substance diffused through the air*, mais il était trop prudent pour assimiler cette substance vitale aux particules du salpêtre, qui, lui aussi, entretient la combustion, rapprochement qui avait été fait si heureusement et si inutilement par Hooke, Mayow et Willis.

Après Boyle, la question s'obscurcit. Le grand Boerhaave attribue la chaleur animale au frottement du sang contre les parois des vaisseaux et admet que la respiration a pour but de rafraîchir ce même sang, trop échauffé par cet exercice mécanique. En 1772, Rutherford découvre l'azote et montre que l'air est vicié par la respiration, non-seulement par les émanations nuisibles qu'elle engendre, mais encore parce qu'il reste un principe impropre à la combustion et à la respiration, principe que Lavoisier a nommé *azote*, quelques années après. Enfin paraît l'oxygène, en août 1774; mais l'auteur de sa découverte, Priestley, méconnut son rôle dans les phénomènes de la combustion. Dans un mémoire sur la calcination de l'étain dans les vaisseaux fermés (nov. 1774), Lavoisier émet l'opinion que ce n'est pas l'air tout entier, comme il l'avait cru d'abord, mais seulement une partie de l'air qui se fixe sur les métaux, et que cette même partie constituante de l'air est seule propre à entretenir la respiration. En 1775, à Pâques, il isole, à son tour, l'oxygène dégagé par la calcination de l'oxyde rouge de mercure, procédé qu'avait employé Priestley. Deux ans plus tard, paraît son mémoire « Sur la respiration des animaux et sur les changements qui arrivent à l'air en passant par leurs poumons. » Il avance l'opinion que l'oxygène est transformé par la respiration en un volume presque égal d'air fixe ou d'acide carbonique dont Priestley, et, avant lui, Black, avaient déjà constaté la présence dans l'air expiré.

Le fait de l'absorption de l'oxygène et de sa transformation en un volume presque égal de gaz carbonique, mis hors de doute par Lavoisier, lui a permis d'énoncer avec certitude la vraie théorie des phénomènes de la respiration. « En partant des connaissances acquises, dit-il(1), et en nous réduisant à des idées simples que chacun puisse facilement saisir, nous dirons d'abord, en général, que la respiration n'est qu'une combustion lente de carbone et d'hydrogène qui est semblable, en tout, à celle qui s'opère dans une lampe ou dans une bougie allumée; et que, sous ce rapport, les animaux qui respirent sont de véritables corps combustibles qui brûlent et se consument. »

Dans le mémoire que nous venons de citer (1777), Lavoisier a émis deux opinions différentes sur le siége des phénomènes de combustion respiratoire : ou bien l'oxygène se combine dans le poumon même avec le carbone du sang, de manière à le transformer en air fixe; ou bien l'oxygène est absorbé par le sang, dans le poumon, et passe avec lui dans le torrent de la circulation, tandis qu'un

1. *Mémoire sur la respiration des animaux*, reproduit dans le *Traité de Chimie*, t. II, p. 194.

volume sensiblement égal d'acide carbonique est exhalé par le poumon, la formation de ce gaz n'ayant pas lieu exclusivement dans cet organe. Lavoisier hésite entre ces deux opinions, mais incline visiblement vers la dernière, et cela par la raison que le sang prend dans le poumon une couleur vermeille qui semble indiquer une absorption d'oxygène, comme la formation des oxydes *rouges* de fer, de mercure, de plomb, est liée à une absorption d'oxygène. Cette raison tirée de l'analogie n'a qu'une faible valeur : il n'en est pas moins vrai que la théorie qu'elle devait étayer était la bonne. En 1785, Lavoisier annonça que très-probablement la respiration n'est pas limitée à une combustion de carbone, mais qu'elle produit encore la combustion d'une partie de l'hydrogène contenu dans le sang, et qu'en conséquence, la respiration donne lieu non-seulement à une formation d'acide carbonique, mais encore à une production d'eau. Lavoisier cherche à expliquer par ce fait le résultat inattendu qu'avaient donné les expériences qu'il avait entreprises avec Laplace, en 1780, sur la chaleur animale, expériences qui avaient conduit à cette conclusion, que la chaleur dégagée par un animal dans un temps donné était supérieure à celle que pouvait fournir la combustion du carbone brûlé pendant le même temps dans la respiration. Vers cette époque l'opinion de Lavoisier sur le siége et sur le mode précis des phénomènes de respiration paraît s'être modifiée, en ce sens qu'il considère maintenant le poumon comme le lieu de la formation de l'acide carbonique et de la vapeur d'eau, produits qui se formeraient par la combustion d'une substance hydrocarbonée exhalée par le poumon. « Il faut, dit-il dans son *Mémoire sur la transpiration des animaux*, publié en commun avec Seguin en 1790, qu'il existe continuellement dans les bronches une humeur qui se sépare du sang, qui se filtre à travers les membranes du poumon et qui est principalement composée d'hydrogène et de carbone. C'est cette humeur qui, se trouvant très-divisée au moment où elle sort des extrémités déliées des vaisseaux exhalants du poumon, se brûle en partie, en décomposant l'air vital avec lequel elle est en contact (l'oxygène libre était considéré comme une combinaison de l'oxygène avec le calorique ou matière de la chaleur). »

Cette combustion de carbone et d'hydrogène ainsi effectuée dans le poumon est la cause et donne la mesure de la chaleur animale. Mais comment se fait-il que cette dernière soit uniformément distribuée dans l'économie, et que le poumon ne soit pas plus chaud que les autres organes? Lavoisier et Laplace pensaient résoudre cette difficulté en faisant valoir la rapidité de la circulation et la perte de chaleur que doit éprouver le poumon par suite de l'évaporation de l'eau qu'il exhale sans cesse par perspiration, enfin en invoquant l'augmentation de capacité calorifique du sang décarbonaté, c'est-à-dire du sang artériel, raison que Crawford avait indiquée en 1788. Lagrange reconnut la faiblesse de ces explications et fit proposer de nouveau par Hassenfratz la théorie que Lavoisier avait rejetée, savoir, que l'oxygène est absorbé par le poumon et se répand avec le sang dans l'économie, et que sa transformation en acide carbonique a lieu dans le cours de la circulation. Cette opinion, qui était la bonne, n'a pas été accueillie favorablement par les physiologistes, bien que Spallanzani eût montré, dès 1803, que des escargots exposés dans une atmosphère d'hydrogène pur continuaient à exhaler de l'acide carbonique. Ce physiologiste, si clairvoyant d'ailleurs, avait attribué, par erreur, l'origine de ce gaz carbonique aux voies digestives. L'opinion dont il s'agit ne prit sa place dans la science qu'à partir de 1823, époque à laquelle W.-F. Edwards répéta, confirma et étendit les expériences de Spallanzani et rectifia son interprétation. Ayant exposé des grenouilles, des poissons et de jeunes mammifères dans une atmosphère d'hydrogène, il a constaté qu'ils exhalaient une quantité d'acide carbonique très-supérieure à celle qui pouvait correspondre à la petite quantité d'oxygène restant dans les poumons au moment de l'immersion dans le gaz hydrogène.

Les expériences de W. Edwards étaient décisives pour la question du siége des phénomènes de combustion respiratoire. Ces derniers s'accomplissent dans l'économie tout entière et non dans le poumon, qui est l'organe destiné à mettre l'organisme en rapport avec l'atmosphère, et dans lequel s'accomplissent les échanges gazeux, d'une part entre l'atmosphère et le sang, d'autre part entre le sang et l'atmosphère.

Telle est l'opinion qui a prévalu en physiologie depuis 1823, concernant le siége des phénomènes de la respiration. Quant à leur vraie nature, Lavoisier l'avait reconnue, et la physiologie moderne n'a modifié en aucune façon l'opinion qu'il avait émise. Dans ces phénomènes complexes, il y a deux choses à considérer : 1° les échanges gazeux qui s'accomplissent dans les poumons; 2° la combustion respiratoire proprement dite qui s'accomplit dans l'économie tout entière.

Dans l'exposé que nous allons faire, nous traiterons successivement de ces deux points.

Les poumons sont l'organe principal de la respiration chez les mammifères, les oiseaux et la plupart des reptiles.

Les larves des batraciens, quelques reptiles adultes tels que les protées, enfin les poissons respirent par des branchies. Les trachées, sortes de canaux aériens, sont les organes de la respiration des insectes. Chez tous une sorte de respiration supplémentaire s'accomplit par la peau. Nous devons nous contenter d'indiquer brièvement ces points, nous bornant à résumer dans les pages suivantes les données relatives à la respiration des animaux supérieurs, et spécialement à la respiration de l'homme.

I. — ÉCHANGES GAZEUX QUI S'ACCOMPLISSENT DANS LES ORGANE RESPIRATOIRES.

1° *Structure de l'appareil respiratoire.* — Le poumon est une glande en grappe formée par la ramification de la trachée-artère. Les dernières divisions de ce canal aérien se terminent en cul-de-sac par les alvéoles. Celles-ci sont des renflements pyriformes, sortes d'ampoules destinées à recevoir l'air. Elles sont bosselées à l'extérieur et divisées à l'intérieur en un certain nombre d'alvéoles secondaires ou vésicules. Leur paroi est formée par une membrane propre, recouverte d'un épithélium mince et remarquable par la richesse des réseaux capillaires qui la tapissent. C'est à travers les parois de ces vaisseaux que s'établissent les échanges gazeux dont le poumon est le siége. Le sang qui y est amené par l'artère pulmonaire y circule activement. Il s'étale en quelque sorte en nappe mince, mais très-large, à la surface de toutes les alvéoles. Là il se met en rapport avec l'air inspiré, ou plutôt avec l'atmosphère des alvéoles dont la composition n'est point celle de l'air atmosphérique, car il faut considérer que pendant l'expiration les alvéoles ne se vident qu'en partie et qu'elles retiennent une portion de l'air dont elles se sont remplies pendant l'inspiration : cet air doit posséder à peu de chose près la composition de l'air expiré. C'est donc avec un air plus riche en acide carbonique que l'air atmosphérique que le sang veineux chargé d'acide carbonique est mis en rapport dans les alvéoles. Ce fait a son importance, car les échanges gazeux qui s'accomplissent dans les poumons, en ce qui concerne l'acide carbonique, sans être rigoureusement assimilables à des phénomènes de diffusion gazeuse, sont pourtant liés à des différences de tension d'acide carbonique dans le sang d'une part, dans l'atmosphère alvéolaire de l'autre.

2° *Composition et qualités de l'air expiré.* — L'air expiré occupe à peu près le même volume que l'air inspiré, bien qu'il soit plus chaud et qu'il soit saturé de vapeur d'eau.

Sa température se rapproche de celle des poumons, mais varie naturellement suivant la température de l'air ambiant, et aussi suivant le mode d'inspiration. D'après Valentin et Brunner, la température extérieure étant de 6°,3 — 19°,5 — 41°,9, la température de l'air expiré est de 29°,8 — 37°,25 — 38°,1.

Pour une température extérieure de 22°, M. Gréhant indique 35°,3 pour la température de l'air expiré, l'expiration étant faite par le nez, et seulement 33°,9 quand elle est faite par la bouche. On voit que ces nombres ne sont pas entièrement d'accord avec ceux que nous venons de donner.

Quant à l'humidité de l'air expiré, elle varie suivant la température de l'atmosphère et celle des corps, suivant le degré de saturation et la pression de l'air inspiré, et aussi suivant les conditions de l'organisme. M. Gréhant admet qu'à 35° l'air expiré est saturé de vapeur d'eau. Valentin émet l'opinion qu'il est presque saturé, selon sa propre température, mais d'autres nient qu'il en soit ainsi. E. Smith [*Phil. Trans.*, 1852] a trouvé que pendant l'abstinence la fraction de saturation dépasse à peine 1/2. Quoi qu'il en soit, on a cherché à estimer la quantité totale d'eau exhalée par les poumons en 24 heures. M. Gréhant l'évalue à 557 grammes, Valentin pense qu'elle est comprise entre 385 et 773 grammes.

Abstraction faite de l'humidité qui s'ajoute et à température égale, le volume de l'air expiré est inférieur de 1/50 à 1/40 à celui de l'air inspiré. C'est sans doute de l'oxygène qui est retenu. Il est employé dans la combustion respiratoire et est éliminé par d'autres voies sous forme d'eau, d'urée, etc.

Quant à l'air expiré, il renferme en centièmes, abstraction faite de la vapeur d'eau :

	Composition de l'air expiré (en volumes).	Composition de l'air atmosphérique (en volumes).
Azote	79,59	79,15
Oxygène	16,03	20,81
Acide carbonique	4,38	0,04
	100,00	100,00

On voit que l'air atmosphérique renferme de 4 à 5 % d'oxygène en moins et environ 100 fois plus d'acide carbonique que l'air atmosphérique. Ceci est la composition moyenne de l'air expiré. Mais cette composition change suivant diverses circonstances.

D'abord la proportion d'acide carbonique exhalé n'est pas la même au commencement et à la fin de l'inspiration.

Chaque inspiration est en moyenne d'un demi-litre. Si l'on partage le volume de l'air expiré en deux parties égales, la première renferme 3,72 %, la seconde 5,44 % d'acide carbonique, la proportion moyenne de ce gaz dans la totalité de l'air expiré étant 4,38 % (Vierordt); toutefois Vierordt a remarqué que cette différence dans la proportion d'acide carbonique exhalée au commencement et à la fin d'une expiration disparaît lorsque l'air est retenu dans les poumons pendant 40 secondes (100 secondes d'après Stefan); mais dans ce cas la proportion d'acide carbonique s'élève notablement et peut atteindre 7, 57 %. Mais ce ne sont plus là les conditions normales de la respiration, et l'on doit admettre que dans la respiration ordinaire l'air expiré à la fin est sensiblement plus riche en acide carbonique et que sa composition doit se rapprocher de celle que présente l'air resté dans les alvéoles à la fin de l'expiration.

M. P. Bert a pu recueillir l'air des alvéoles en mettant rapidement la trachée-artère d'un chien en communication avec un flacon de 3 litres 1/2 de capacité, et dans lequel on avait fait le vide. L'air résidual ainsi recueilli renfermait :

Azote	80
Oxygène	12
Acide carbonique	8
	100

M. Gréhant s'est servi d'une autre méthode pour déterminer la composition de l'air alvéolaire. Ayant fait une inspiration de 500 centimètres cubes d'hydrogène, il fit l'expiration en deux temps, recueillant à part et analysant la seconde partie du gaz expiré. Ce gaz renfermait :

Azote	68,2
Oxygène	11,2
Acide carbonique	7,5
Hydrogène	13,1
	100,0

Remplaçant les 13 centimètres cubes d'hydrogène par 13cc,2 d'air pur dont ils tiennent la place et qui renferment 2cc,7 d'oxygène et 10cc,4 d'azote, M. Gréhant a pu attribuer à l'air alvéolaire la composition suivante :

Azote	78,6
Oxygène	13,9
Acide carbonique	7,5
	100,0

C'est dans un air ainsi composé que le sang veineux déverse par diffusion l'excès de gaz carbonique dont il est chargé et dont la proportion moyenne s'élève environ à 40 centimètres cubes pour 100 centimètres cubes de sang [P. Bert, *Leçons sur la respiration,* 1869, p. 161].

En second lieu, la proportion d'acide carbonique que renferme l'air expiré varie avec la fréquence et la profondeur des inspirations. Leur fréquence amène une diminution dans la proportion d'acide carbonique et à mesure que les pauses entre deux inspirations et aussi la profondeur des inspirations augmentent, l'air expiré devient plus riche en acide carbonique. Becher a fait sur ce sujet des expériences intéressantes, expériences qui ont été confirmées par Vierordt. Ce dernier physiologiste a trouvé que la proportion d'acide carbonique dans l'air expiré va en diminuant de la manière suivante avec le nombre d'inspirations par minute :

Nombre des inspirations par minute.	Proportion d'acide carbonique en 100 vol. d'air
6	5,7 0/0
12	4,1
24	3,3
48	2,9
96	2,7

Mais il est à remarquer qu'en même temps que la proportion d'acide carbonique diminue dans 100 volumes d'air expiré avec le nombre des inspirations, la quantité absolue de gaz exhalé dans un temps donné augmente notablement avec ce même nombre (voyez p. 1344); et cette donnée est plus importante et plus précise que l'autre, lorsqu'il s'agit d'apprécier l'activité des phénomènes de la respiration. Celle-ci est marquée et par la quantité d'oxygène absorbée dans un temps donné par l'organisme et par la quantité d'acide carbonique exhalée dans le même temps. Ces deux facteurs sont jusqu'à un certain point indépendants l'un de l'autre, et il est nécessaire de les considérer tous deux et chacun séparément. Ce n'est pas par la considération de la proportion d'acide carbonique dans l'air expiré qu'on peut les déterminer, c'est par l'analyse de l'air expiré pendant un temps donné.

Combien l'organisme consomme-t-il d'oxygène, combien forme-t-il d'acide carbonique en 24 heures? voilà le problème qu'il convient de résoudre pour mesurer l'activité de la respiration. On trouvera plus loin l'exposé des recherches qui ont été faites dans cette direction. Ici nous devons ajouter un dernier mot concernant les qualités de l'air expiré. Toutes les circonstances qui modifient l'activité de la respiration affectent aussi les proportions d'acide carbonique et d'oxygène contenues dans l'air expiré, sans que les changements arrivés dans sa composition puissent mesurer exactement les modifications survenues dans l'intensité des phénomènes respiratoires. Ainsi l'espèce, l'âge, le sexe, le poids de l'animal, la température, la pression atmosphérique, la composition de l'air inspiré, le régime, l'exercice musculaire, l'état de veille ou de sommeil, l'état de santé ou de maladie, tout cela modifie les échanges gazeux qui s'accomplissent dans le poumon, et, par conséquent, la composition de l'air expiré. Mais les effets ainsi produits et les changements survenus ne peuvent être appréciés avec sûreté qu'à la condition d'être rapportés à l'unité de temps, et, autant que possible, à des poids égaux.

Exhalation ou absorption d'azote. — Quelle est la proportion d'azote que renferment les gaz expirés par rapport à celle qui existe dans l'air inspiré? Y a-t-il exhalation ou fixation d'azote par l'économie, ou bien le sang et les poumons restituent-ils à l'atmosphère exactement la quantité d'azote qui est absorbée dans les poumons? Ces questions ont été agitées depuis longtemps et diversement résolues.

W. Edwards avait annoncé qu'il y avait exhalation d'azote dans la saison chaude, absorption à une basse température. Dulong et Despretz admettaient qu'il y a émission d'une certaine quantité d'azote. Dans des expériences sur la respiration de la tourterelle [*Ann. de Chim. et de Phys.*, (3), t. XI, p. 433], M. Boussingault est arrivé à la même conclusion, sauf pour la quantité d'azote exhalée. D'après lui une tourterelle, nourrie au millet, exhale en 24 heures environ 0^{lit},126 d'azote, c'est-à-dire le centième du volume d'acide carbonique exhalé. MM. Regnault et Reiset ont conclu de leurs nombreuses expériences que des animaux à sang chaud soumis à un régime normal exhalent généralement une petite quantité d'azote, quantité qui ne dépasse jamais et qui souvent n'atteint pas $\frac{1}{50}$ de la quantité d'oxygène absorbée [*Ann. de Chim. et de Phys.*, (3), t. XXVI, p. 299].

Chez les grenouilles la proportion d'azote exhalée ou absorbée était trop peu considérable pour pouvoir être appréciée. Plus récemment [*Ann. de Chim. et de Phys.*, t. LXIX, p. 129] M. Reiset a trouvé que les moutons exhalaient par jour de 5 à 8 grammes d'azote, les veaux de 6 à 7 grammes, les cochons environ 1 gramme et les dindons 2 grammes. Il est à remarquer que dans ces expériences, faites dans des appareils analogues à celui qui sera décrit plus loin (page 1335), l'azote exhalé pouvait provenir du poumon, de la peau et même du canal digestif. Nous devons ajouter que ces résultats ont été contestés par M. Pettenkofer, qui a fait observer que la diminution de pression qui se produit, d'après lui, dans l'appareil de M. Regnault peut faire rentrer, par aspiration, une petite quantité d'air, et par conséquent y introduire un volume d'azote d'autant plus sensible que l'expérience dure plus longtemps. Cette objection est sans valeur; car il est à remarquer que le gaz contenu dans le réservoir d'oxygène supporte une pression supérieure à celle de l'atmosphère et qu'il en est de même de l'air de la cloche dont la pression est égale à celle de l'oxygène diminuée de celle de la petite colonne d'eau déprimée dans le ballon laveur (voyez p. 1336). D'après MM. Pettenkofer et Voit, la proportion d'azote exhalée ou absorbée par le poumon est trop petite pour pouvoir être appréciée. Mais nous devons faire remarquer que leur appareil n'est pas bien approprié à cette détermination. D'un autre côté, nous ajouterons que M. W. Müller a observé l'exhalation d'une petite quantité d'azote dans des expériences faites sur les lapins [*Beiträge zur Theorie der Respiration, Ann. der Chem. u. Pharm.*, t. CVIII, p. 257].

Il résulte des indications qui précèdent que la question de l'exhalation ou de l'absorption de l'azote n'est pas résolue avec certitude et qu'elle appelle de nouvelles recherches.

Autres matériaux contenus dans l'air expiré. — MM. Regnault et Reiset, Pettenkofer et Voit ont observé la présence de petites quantités d'hydrogène et d'hydrogène protocarboné dans l'air provenant de la perspiration totale. Ces gaz provenaient sans doute du canal intestinal.

L'air expiré renferme-t-il de l'ammoniaque? Thiry [*Zeitsch. für rat. Medicin.*, t. XVII, p. 166] admet qu'il en est ainsi et a réussi à démontrer la présence de l'ammoniaque dans l'air expiré par la trachée. Grouven a fait sur l'exhalation de l'ammoniaque une série d'expériences dans la chambre respiratoire (p. 1338). Les résultats qu'il a obtenus, et qui sont consignés dans le tableau suivant, se rapportent par conséquent à la perspiration totale.

Quantité d'ammoniaque exhalée.	Homme.	Enfant.	Bœuf gras.	Bœuf maigre.	Ane.	Chien.	Cochon.
Par jour	0^{gr},0438	0^{gr},0343	0^{gr},7218	0^{gr},0958	0^{gr},2514	0^{gr},0308	0^{gr},2026
Par jour et par 100 kilogr	0 057	0 0910	0 1146	0 0198	0 1326	0 1326	0 1842

Enfin il est probable que l'air expiré renferme des substances organiques et volatiles de nature indéterminée. Tout en rapportant avec réserve les observations de M. Wiederhold [*Henle und Meissner Bericht.*, 1858, p. 316] qui assure avoir découvert dans l'eau provenant de la condensation de l'haleine humide, du chlorure de sodium, de l'acide urique et de l'urate de sodium et d'ammonium, nous ferons remarquer que cette eau doit renfermer des matières organiques par la raison qu'elle se putréfie rapidement.

Après avoir exposé dans les pages précédentes les faits relatifs à la composition et aux qualités de l'air expiré, nous devons aborder maintenant l'étude des méthodes propres à mesurer l'activité des phénomènes respiratoires.

II. — MÉTHODES PROPRES A MESURER LES QUANTITÉS D'OXYGÈNE ABSORBÉES ET D'ACIDE CARBONIQUE EXHALÉES PENDANT UN TEMPS DONNÉ.

Les méthodes employées par les premiers observateurs qui aient entrepris des recherches exactes sur la respiration consistaient à fournir à un animal une quantité donnée d'air, et à déterminer la proportion d'acide carbonique et d'oxygène contenue dans l'air qui avait servi à la respiration. Dans leurs importantes recherches sur la respiration pulmonaire de l'homme [*Phil. Trans.*, 1808], Allen et Pepys se servaient de deux petits gazomètres à mercure dans lesquels se rendaient les produits gazeux de la respiration et d'un troisième gazomètre à eau de dimensions beaucoup plus grandes et qui fournissait l'air nécessaire à la respiration. La personne soumise à l'expérience puisait cet air dans le gazomètre, en appliquant la bouche sur une tubulure munie d'un pavillon et en ouvrant des robinets placés à portée. Elle dirigeait ensuite l'air des poumons dans l'un ou l'autre des gazomètres à mercure, le nez étant d'ailleurs bouché par une pince à ressort pendant l'expérience. Ce n'étaient pas là les conditions normales de la respiration.

Dans la méthode employée par Dulong et Despretz, ces conditions étaient mieux respectées. L'animal dont on étudiait la respiration, au point de vue de la production de la chaleur, était enfermé dans une boîte en fer-blanc à doubles parois et parfaitement close, où il respirait, et qui servait en même temps de calorimètre. On y faisait arriver continuellement l'air d'un grand gazomètre, et cet air était reçu, au sortir de la boîte, après y avoir laissé l'excès de chaleur qu'il avait gagné, dans un second gazomètre de même dimension. C'étaient des gazomètres à eau. Pour empêcher autant que possible l'absorption de l'acide carbonique par cette eau, on avait disposé à la surface de celle-ci soit des flotteurs en liége, soit une couche d'huile. A ce point de vue la méthode manquait d'exactitude.

Méthode de MM. Regnault et Reiset. — Celle qui a été employée par MM. Regnault et Reiset dans leurs recherches classiques sur la respiration des animaux [*Ann. de Chim. et de Phys.*, (3), t. XXVI, p. 299] ne laisse, au contraire, rien à désirer en ce qui concerne la rigueur des déterminations. Les animaux étaient enfermés dans une cloche de verre tubulée (fig. 567), mastiquée hermétiquement sur un disque. Ce dernier portait au centre une ouverture assez grande pour que l'animal pût y être introduit facilement, et cette ouverture était ensuite fermée au moyen d'un obturateur boulonné. L'animal reposait d'ailleurs sur un petit plancher à claire-voie et en bois. La cloche était enveloppée d'un manchon de verre mastiqué dans une seconde rainure que portait le disque. Ce manchon était rempli d'eau que l'on maintenait à une température constante pendant la durée de l'expérience. Par sa tubulure, garnie d'une monture métallique, la cloche elle-même était en contact, d'un côté, avec un système de deux pipettes communiquant l'une avec l'autre par le moyen d'un tube de caoutchouc vulcanisé et à moitié remplies de potasse caustique; ces pipettes représentant deux vases communicants pouvaient s'élever et s'abaisser alternativement, au moyen d'un balancier mis en mouvement par une petite machine. En

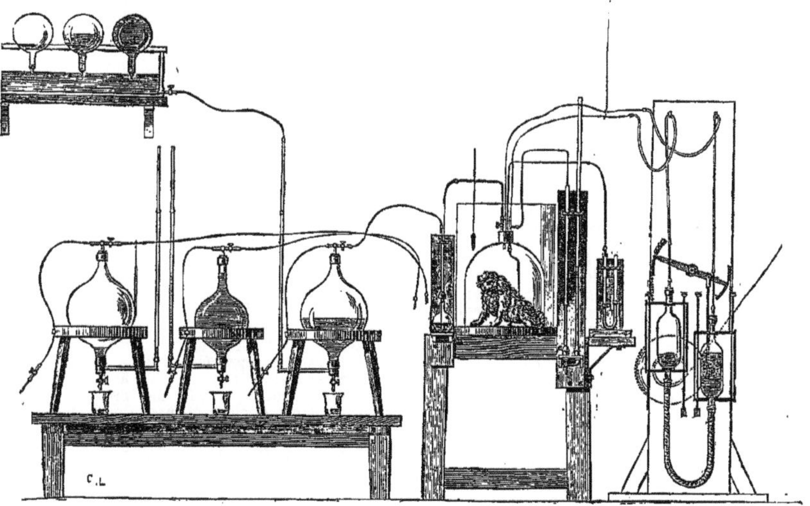

Fig. 567. — Appareil de MM. Regnault et Reiset.

s'élevant, une pipette laissait échapper la potasse dans l'autre, et le liquide qui s'écoulait par le tube communicant était remplacé par l'air qui était appelé dans la pipette par un tube disposé entre la partie supérieure de celle-ci et la cloche elle-même. Au contact de la potasse cet air se dépouillait d'acide carbonique et rentrait dans la cloche au moment où la pipette, s'abaissant de nouveau, recevait la potasse de l'autre pipette, en train de s'élever à son tour. Par ce mouvement alternatif d'abaissement et d'élévation, l'atmosphère de la cloche était incessamment et rapidement appelée dans les pipettes et s'y dépouillait complétement du gaz carbonique produit par la respiration. Mais par suite de la disparition de l'acide carbonique, ou plutôt de l'oxygène absorbé par l'animal, la tension de l'air dans la cloche devait diminuer incessamment. Cette circonstance était mise à profit pour y faire pénétrer un volume d'oxygène égal à celui qui avait disparu. Pour cela, la cloche était mise en contact, par un tube, avec un réservoir d'oxygène dans lequel ce gaz était maintenu à une pression constante.

Ce réservoir était un grand ballon (on se servait dans les expériences de trois ballons semblables), compris entre deux tubulures, l'une inférieure, l'autre supérieure. Ce ballon était d'abord rempli d'une solution de chlorure de calcium, puis rempli d'oxygène pur, q i y pénétrait par la tubulure supérieure, en même temps que la solution de chlorure de calcium s'écoulait par l'inférieure. Rempli d'oxygène, le ballon était mis en communication : 1° par la tubulure supérieure, avec l'atmosphère de la cloche, non pas directement, mais par l'intermédiaire d'un petit ballon laveur renfermant une solution de potasse à travers laquelle l'oxygène qui se rendait du réservoir dans la cloche barbotait bulle par bulle ; 2° par la tubulure inférieure et par le moyen d'un tube deux fois recourbé avec un réservoir supérieur rempli d'une solution de chlorure de calcium ; ce liquide, dont le niveau était maintenu constant, communiquait librement par ce système de tubes avec la solution de chlorure de calcium restée dans le ballon. L'oxygène du ballon était ainsi soumis à la pression de l'air, augmentée de celle d'une colonne de solution de chlorure de calcium, égale à la différence de hauteur de cette solution dans le ballon à oxygène et dans le réservoir supérieur. Qu'arrivait-il donc, lorsque la pression de l'air venait à diminuer dans la cloche? L'oxygène, qui supportait une pression supérieure dans le ballon, était appelé dans la cloche et s'y rendait après avoir traversé bulle à bulle le ballon laveur, et cet oxygène qui disparaissait du ballon y était remplacé par un volume égal d'une solution de chlorure, qui descendait du réservoir supérieur maintenu toujours plein.

Ainsi l'animal ne cessait de respirer dans une atmosphère renfermant, à peu de chose près, la proportion normale d'oxygène, et la consommation de ce gaz ainsi que la quantité d'acide carbonique pouvaient être évaluées rigoureusement. D'un autre côté, l'acide carbonique seul disparaissant de cette atmosphère, on pouvait découvrir et doser les petites quantités de gaz non absorbables par la potasse, tels que azote, hydrogène carboné, hydrogène libre, que l'animal versait dans cette atmosphère par les voies respiratoires ou digestives, et qui s'y accumulaient pendant tout le temps de l'expérience.

Tels étaient les avantages de cette ingénieuse méthode. Les inconvénients résident dans l'accumulation de la vapeur d'eau et de divers produits odorants de la perspiration, conditions qui devaient apporter, au bout de quelque temps, une certaine gêne dans la respiration.

Dans les autres méthodes qui ont été employées pour étudier l'intensité des phénomènes de la respiration, les observateurs se sont attachés principalement à doser la quantité d'acide carbonique exhalée dans un temps donné, la quantité d'oxygène consommée n'étant plus déterminée directement. Parmi ces méthodes, nous mentionnerons brièvement celles que l'on doit à MM. Letellier, Boussingault, Andral et Gavarret, plus récemment à M. Lossen et surtout à MM. Pettenkofer et Voit. Nous décrirons avec quelques détails l'appareil qu'ont employé ces derniers expérimentateurs, et nous ferons précéder cette description de quelques indications concernant les autres méthodes.

Méthode de MM. Andral et Gavarret. — MM. Andral et Gavarret [*Ann. de Chim. et de Phys.*, (3), t. VIII, p. 129] ont étudié la respiration humaine. L'individu soumis à l'expérience respirait librement dans l'intérieur d'un masque garni de bourrelets et qu'on appuyait contre la figure. Ce masque était muni de soupapes qui permettaient l'accès de l'air, mais non sa sortie par les mêmes voies, l'air expiré étant sans cesse appelé dans de grands ballons aspirateurs dans lesquels on avait fait le vide. Ces ballons, d'une capacité de 150 litres, étaient en communication avec le masque par le moyen d'un tube flexible par lequel était aspiré l'air qui avait pénétré dans le masque. On réglait cet appel de telle manière que l'aspiration déterminât à travers le masque un courant d'air suffisant pour entretenir la respiration, et aussi pour empêcher la perte d'une portion de l'air expiré par les bords du masque. Dès que l'équilibre de pression était établi entre l'atmosphère des ballons et l'air extérieur, on mettait fin à l'expérience, dont la durée était soigneusement notée, et l'on était assuré d'avoir recueilli dans les ballons la totalité du gaz carbonique expiré pendant cette durée. Pour le doser, on mettait les ballons renfermant l'air expiré en communication avec un système de ballons aspirateurs vides et d'égale capacité. En passant des premiers dans les seconds, jusqu'à égalité de pression, à travers une série d'appareils de condensation, l'air se dépouillait de la vapeur d'eau et de l'acide carbonique. Connaissant exactement le volume des ballons et la pression, et tenant compte du poids de l'acide carbonique condensé, on pouvait calculer la quantité totale d'acide carbonique qu'avait fournie la respiration de l'individu soumis à l'expérience. C'était une donnée précieuse, mais insuffisante, pour étudier dans leur ensemble les phénomènes de la respiration dans des circonstances données.

M. Scharling enfermait les individus dont il voulait étudier la respiration dans une guérite parfaitement close, où ils séjournaient pendant quelque temps et dont ils viciaient l'atmosphère. La composition de celle-ci était déterminée à la fin de l'expérience, au moyen de prises d'air.

MM. Letellier [*Ann. de Chim. et de Phys.*, (3), 1844, t. XI, p. 186] et Boussingault [*Ann. de Chim. et de Phys.*, (3), t. XI, p. 433], dans les expériences qu'ils ont entreprises sur la respiration des tourterelles, ont fait respirer ces oiseaux dans une cloche dont l'atmosphère se renouvelait sans cesse par un appel d'air, l'air vicié par la respiration étant d'ailleurs dirigé dans des appareils de condensation pour s'y dépouiller de l'acide carbonique.

Méthode indirecte. — A l'occasion de ces recherches, M. Boussingault a indiqué une autre méthode propre à déterminer indirectement les principales données concernant l'activité de la respiration, savoir : la quantité de carbone brûlée, la quantité d'oxygène consommée, la quantité d'azote exhalée ou absorbée. Cette méthode consiste à déterminer par l'analyse élémentaire la composition de la nourriture prise par un animal pendant un temps donné, et celle des produits qu'il rend pendant le même temps. Connaissant exactement les quantités de carbone, d'hydrogène, d'azote, d'oxygène, de sels absorbées par un animal soumis à la ration d'entretien, connaissant d'un autre côté la quantité des mêmes éléments contenue dans ses déjections solides et liquides, la différence entre la quantité de carbone, d'hydrogène et d'azote contenue dans les aliments, d'une part, dans les excréments, de l'autre, indiquait les quantités de carbone, d'hydrogène, d'azote éliminées par la respiration et la perspiration. Cette méthode, imaginée à l'occasion de quelques expériences faites sur de grands mammifères, cheval, vache, a été appliquée avec succès à l'étude de la respiration chez une tourterelle. L'animal, dont le poids ne variait pas sensiblement pendant l'expérience, était enfermé dans une cage, nourri avec du millet dont la composition et le degré d'humidité avaient été déterminés avec soin. On a apprécié d'autre part la proportion d'eau qu'il buvait directement. Les déjections ont été recueillies et soumises à l'analyse, après dessiccation.

Ces déterminations ont permis d'établir la balance : 1° entre les quantités de carbone, d'hydrogène, d'azote, d'oxygène, contenues d'une part dans les aliments secs, d'autre part dans les excréments secs ; 2° entre la quantité totale d'eau entrée dans l'économie, et celle qui sort par les excréments humides. Les premières comparaisons permettaient de déterminer, par différence, 1° les quantités de carbone brûlées pendant le temps de l'expérience; 2° la quantité d'hydrogène brûlée pendant le même temps. En effet, l'oxygène des aliments non retrouvé dans les excréments étant supposé éliminé sous forme d'eau et ayant par conséquent emprunté aux aliments eux-mêmes une quantité correspondante d'hydrogène, il est resté un excès d'hydrogène, qui a dû être brûlé directement par l'oxygène de l'air. En second lieu, la comparaison entre la quantité d'eau entrée dans le corps de la tourterelle et celle qu'on retrouve dans les excréments indiquait approximativement la quantité d'eau perdue par la perspiration. Employée seule, cette méthode indirecte ne peut donner que des résultats approchés, surtout à cause de la difficulté de maintenir l'animal dans un état parfait d'équilibre. Combinée avec la méthode directe, elle peut donner des résultats très-exacts ; elle permet notamment la détermination des quantités d'oxygène absorbées dans un temps donné, sans qu'on ait besoin de recourir à l'analyse eudiométrique de l'air qui a servi à la respiration, analyse qui ne donnerait que des résultats incertains, lorsque la respiration s'accomplit dans des conditions normales, c'est-à-dire lorsque l'air est suffisamment renouvelé. Dans ce cas, en effet, l'animal n'enlève à un volume d'air donné qu'une petite fraction de l'oxygène qu'il renferme, et encore bien que cette fraction pût être déterminée par l'analyse endiométrique, on conçoit que la moindre erreur de dosage doive donner lieu à une erreur considérable, par la raison qu'elle se rapporte à un énorme volume d'air.

Méthode de MM. Pettenkofer et Voit. — La méthode employée dans ces derniers temps par MM. Pettenkofer et Voit est fondée précisément sur une combinaison des méthodes directe et indirecte; elle est exempte des inconvénients précédemment signalés. La respiration s'accomplit librement et normalement, les produits de la respiration sont dosés directement; l'absorption de l'oxygène est déterminée indirectement. Voici la disposition des appareils :

L'individu soumis à l'expérience respire dans une petite chambre C (fig. 568) dont le plancher et les parois sont en tôle. Les dimensions sont suffisantes pour permettre l'introduction d'un lit, d'une table, d'une chaise, et pour rendre possibles la marche et certains mouvements. Un homme peut y séjourner pendant 24 heures, y accomplir certains travaux, sans éprouver la moindre gêne dans la respiration, à condition que l'air soit convenablement renouvelé. Ce renouvellement se fait par appel et l'aspiration est déterminée par deux cylindres munis de soupapes, sortes de gazomètres qui s'élèvent et s'abaissent alternativement dans une cuve cylindrique par le mouvement de deux bielles, transmis par l'intermédiaire d'un mécanisme régulateur. Ce dernier est mis en mouvement lui-même par une petite machine à vapeur. L'interposition de ce mécanisme régulateur, sorte de grand mouvement d'horlogerie, a pour but de donner de l'uniformité à l'élévation et à l'abaissement des cylindres aspirateurs. Cette partie de l'appareil n'est point représentée dans la figure.

Il s'agit de mesurer exactement le volume de l'air qui passe dans la chambre respiratoire, et de faire passer une fraction déterminée de cet air dans des appareils propres à en faire l'analyse exacte. A cet effet, l'air sort de la chambre par deux tubes A A qui s'y abouchent à la partie supérieure et à la partie inférieure, et qui se réunissent ensuite en un seul tube. L'air qui y est appelé sans cesse de la chambre passe d'abord dans un tambour B rempli de pierre ponce humectée d'eau. Ainsi saturé d'humidité, il se rend dans un compteur D qui en indique exactement le volume, et dans lequel le niveau de l'eau, et par conséquent la pression, restent invariables, l'air saturé d'humidité ne pouvant emporter de l'eau. Au sortir du compteur, il passe dans les cylindres aspirateurs, lesquels, en s'abaissant, le laissent échapper par des soupapes pratiquées dans la paroi supérieure. Mais il s'agit d'aspirer une fraction donnée de cet air à sa sortie de la chambre respiratoire, et avant son entrée dans le tambour, où il doit se saturer de vapeur d'eau. A cet effet, un petit tube *d* vient s'embrancher sur le gros tube abducteur de l'air de la chambre, et conduit une petite partie de cet air, par aspiration, d'abord dans des appareils propres à absorber l'eau, puis dans une petite pompe aspirante et foulante qui, à son tour, le pousse dans des appareils propres à doser l'acide carbonique et le gaz des marais.

La pompe aspirante et foulante B' (fig. 569) se compose d'un petit cylindre, lequel s'élève et s'abaisse dans une éprouvette remplie de mercure. Les tubes adducteurs et abducteurs du gaz descendent au fond de cette éprouvette, se recourbent, se relèvent de manière à former deux tubes en U, dont les orifices émergent au-dessus de la surface du mercure. L'élévation du cylindre aspirateur y appelle une certaine quantité d'air, qui a passé préalablement à travers un petit flacon renfermant du mercure et faisant fonction de soupape. L'abaissement du cylindre pousse cet air dans un second flacon semblable à l'autre, et servant de soupape comme lui.

Au sortir du gros tube, l'air, ainsi aspiré dans ce tube de dérivation, passe d'abord dans un appareil à boule A' (fig. 569) rempli d'acide sulfurique, puis dans un gros tube en U rempli de ponce sulfurique. Là, il dépose son eau; la pompe foulante pousse ensuite cet air d'abord dans un tube D' rempli de ponce imbibée d'eau, puis successivement dans deux tubes E' F' remplis d'eau de baryte titrée et légèrement inclinés, de manière que les bulles qui se succèdent régulièrement aient à faire un long parcours. Là, l'air se dépouille entièrement d'acide carbonique. Au sortir de ces tubes, il se rend dans un petit compteur *c'* (fig. 568) où il est mesuré. On connaît par conséquent le rapport de son volume à celui de la masse du gaz qui passe par le grand compteur. Le rapport des volumes étant connus, il est facile de calculer les quantités totales d'acide carbonique et de vapeur d'eau que renfermait l'air qui a servi à la respiration.

Le dosage de l'acide carbonique se fait par la méthode des volumes. L'eau de baryte est titrée par l'acide oxalique avant et après l'absorption de l'acide carbonique.

L'eau et l'acide carbonique de l'air ayant servi à la respiration étant ainsi dosés, il s'agit de défalquer l'eau et l'acide carbonique de l'air ambiant, au moment où celui-ci pénètre dans la chambre respiratoire. A cet effet, une petite pompe à mercure B, semblable à la précédente et conjuguée avec elle, appelle cet air dans un tube *d'*, qui le puise à la partie extérieure de la chambre respiratoire, près de la porte, pour le conduire et le pousser dans une série d'appareils exactement semblables aux précédents et où il se dépouille de son eau et de son acide carbonique.

Le mouvement d'élévation et d'abaissement des deux pompes conjuguées est obtenu à l'aide d'une tige de transmission C (fig. 569) et d'un levier coudé mis en mouvement par la machine à vapeur.

Pour doser l'hydrogène et le gaz des marais qui sont contenus dans l'air vicié par la respiration, ou même dans l'air ambiant, il faut employer un second système de pompes puisant d'un côté de l'air ambiant et de l'autre de l'air

Fig. 568. — Appareil de MM. Pettenkofer et Voit.

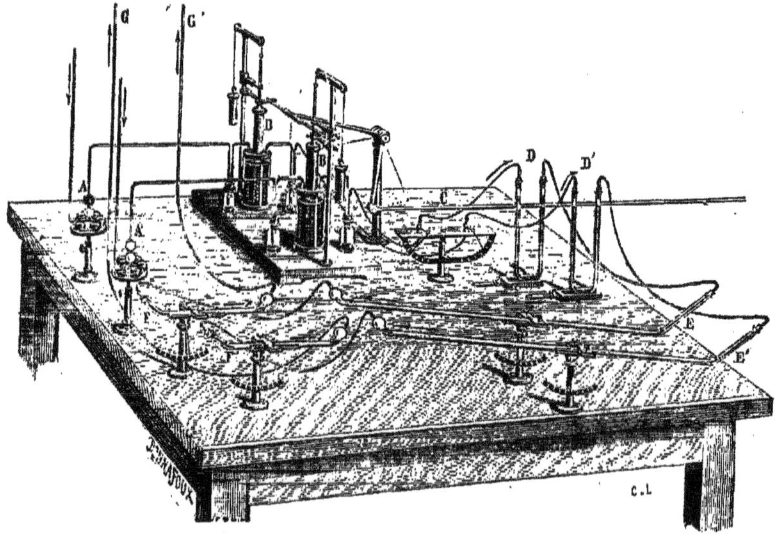

Fig. 569. — Pompe aspirante de MM. Pettenkofer et Voit.

ayant servi à la respiration et le conduisant dans un petit tube à combustion rempli d'éponge de platine, que l'on porte à l'incandescence. L'hydrogène et l'hydrogène carboné sont brûlés, forment de l'eau et du gaz carbonique, qui vont s'ajouter à ceux contenus dans l'air, et le tout sera absorbé dans une série d'appareils de condensation, semblables à ceux que nous avons décrits. Il y aura donc ici un excès d'eau et d'acide carbonique, comparativement aux quantités fournies dans l'autre série d'appareils par l'air non calciné. Cet excès d'eau et d'acide carbonique permettra de calculer, et pour l'air ambiant et pour l'air vicié, la proportion d'hydrogène et de gaz des marais. L'air ambiant n'en renferme point ou n'en renferme que des traces, mais il renferme quelques poussières organiques qui, en brûlant, donnent une très-petite quantité d'eau et d'acide carbonique dont il faut tenir compte.

La détermination exacte des quantités d'eau et d'acide carbonique, d'après cette méthode, exige la connaissance exacte du volume d'air qui a passé à travers les compteurs. Il est donc nécessaire de tenir compte de la pression, de la température et de l'état hygrométrique de l'air. Il est à remarquer d'ailleurs que le volume de l'air qui sort de la chambre est un peu moins grand que celui qui y pénètre, la différence étant due, comme on l'a indiqué plus haut, à la disparition de l'oxygène employé à former de l'eau pendant la respiration.

Dans la méthode que nous venons de décrire, il est nécessaire d'apporter la plus grande rigueur aux dosages de l'eau et de l'acide carbonique; la moindre faute commise grossirait considérablement, car elle se multiplie par le rapport du volume total de l'air à celui de l'air analysé. C'est là le côté délicat de la méthode.

M. Pettenkofer a soumis l'appareil qui vient d'être décrit à une épreuve expérimentale destinée à contrôler l'exactitude des résultats qu'il peut fournir. Il y a brûlé des bougies dont la composition élémentaire avait été déterminée par l'analyse. Après avoir brûlé pendant 10 heures, ces bougies ont donné 2000gr,0 d'acide carbonique au lieu de 2005gr,5 qu'elles auraient dû fournir. L'erreur n'est que de 1/2 °/₀; elle a été plus forte pour la détermination de l'eau, formée par la combustion d'une certaine quantité d'alcool ou, dans une autre expérience, simplement évaporée dans la chambre respiratoire. On a constaté, dans ce cas, un déficit qui est allé en diminuant avec la durée de l'expérience, mais qui, après 24 heures, a encore atteint 1,5 °/₀. Il est dû à l'absorption d'une certaine quantité d'eau par les parois hygroscopiques de la chambre.

La méthode Pettenkofer et Voit est applicable à l'étude des phénomènes de la respiration et de la nutrition. Un homme peut séjourner sans fatigue pendant 24 heures dans la chambre, y prendre ses repas, s'y livrer au travail, à certains exercices, au sommeil; un animal peut y séjourner longtemps; son poids peut être déterminé avant et après l'expérience; des aliments dont la composition est connue peuvent lui être fournis en quantité déterminée, les déjections de toute nature peuvent être recueillies, pesées et analysées. En un mot, il est facile d'établir le bilan de tout ce qui entre, de tout ce qui sort de l'économie pendant un temps donné. Et, en supposant que le poids de l'animal soit demeuré constant, il y aura une différence entre les entrées par les aliments, et les sorties par la respiration et les excrétions. Cette différence est due à l'absorption de l'oxygène atmosphérique, qu'on peut ainsi déterminer indirectement.

III. — ACTIVITÉ ET VARIATIONS DE LA RESPIRATION.

Après avoir indiqué dans les pages précédentes les méthodes propres à déterminer les quantités d'acide carbonique et d'eau formées et d'oxygène absorbées dans la respiration, il nous reste à indiquer les résultats obtenus. L'activité de la respiration est mesurée par l'intensité des phénomènes de combustion qui se passent dans l'économie, et celle-ci est évidemment liée à la consommation de l'oxygène pendant un temps donné. Cet oxygène est employé à produire de l'acide carbonique, de l'eau, de l'urée et d'autres produits d'une oxydation moins avancée, contenus dans les déjections. Pour avoir une idée bien nette du phénomène, il s'agirait donc de séparer tous ces effets et de dégager tous ces facteurs. Dans la plupart des cas, cela n'a pas été fait, et même le plus important de ces facteurs, l'absorption d'oxygène, n'a été déterminé que dans un petit nombre d'expériences. Ce qu'on a recherché le plus souvent et ce qu'il était le plus facile de déterminer, c'est la quantité d'acide carbonique formé et, par conséquent, la quantité de carbone entièrement brûlé pendant un certain temps. Cette donnée est importante, mais elle est insuffisante pour donner la mesure exacte des phénomènes de combustion respiratoire.

L'activité de la respiration varie suivant l'espèce de l'animal, suivant l'âge, la taille, le sexe, le régime, l'exercice, l'état de veille et de sommeil, de santé et de maladie. Elle varie aussi suivant la nature de l'atmosphère inspirée, son degré d'humidité, sa température, la pression à laquelle elle est soumise. Nous allons étudier ces divers cas. Et les résultats que nous allons indiquer se rapportent tantôt à la respiration et à la perspiration, c'est-à-dire à la somme des échanges gazeux effectués par les poumons et la peau, tantôt à la respiration pulmonaire seulement, qui est surtout, en ce qui concerne le gaz carbonique, la voie la plus large pour ces échanges.

1° Variations de l'activité de la respiration suivant la nature de l'animal. — Les expériences de MM. Regnault et Reiset, et, plus tard, de M. Reiset, ont fourni de nombreuses et précieuses données sur ce sujet. Des chiens, des lapins, des marmottes, des oiseaux, des reptiles, des insectes ont été introduits sous la cloche (p. 1335), et y ont séjourné un temps suffisant pour qu'on ait pu mesurer l'absorption de l'oxygène et le dégagement d'acide carbonique. Le tableau suivant indique quelques-uns des résultats obtenus :

Animaux.	Acide carbonique exhalé par heure.	Oxygène consommé par heure.	Oxygène consommé par heure et par kilogramme.	Rapport de l'oxygène contenu dans CO^2 à l'oxygène absorbé.
Lapin nº 1. — Poids 2,755gr, nourri aux carottes..........	3g,426	2g,720	0g,987	0g,916
Lapin nº 2. — Poids 4,140gr, nourri aux carottes..........	4 303	3 302	0 707	0 948
Lapin nº 3 — Poids moyen 3,998gr, nourri aux carottes....	4 692	3 590	0 897	0 950
Lapin nº 3 *inanitié*. — Poids moyen 3,577gr (il a perdu 195gr pendant la durée de l'expérience, 28h25m)..........	2 541	2 731	0 763	0 707
Chien nº 1. — Poids 6,393gr, nourri à la viande............	7 590	7 440	1 164	0 742
Chien nº 2. — Poids 6,213gr, nourri à la viande............	6 426	6 315	1 016	0 740
Marmotte éveillée. — Poids moyen 2,685gr	1 965	2 082	0 774	0 686
La même marmotte engourdie, 2,735gr.	0 061	0 111	0 040	0 399
Poule nº 1. — Poids moyen 1,610gr, nourrie à l'avoine......	2 520	1 775	1 109	1 024
La même poule inanitiée...............	1 236	1 269	0 846	0 707
La même poule nourrie à la viande....	1 862	1 766	1 670	0 767
Poule nº 2, jeune. — Poids moyen 1,051gr nourrie au grain...	1 626	1 512	1 440	0 782
La même poule inanitiée...............	0 922	1 047	1 177	0 640
La même poule nourrie à la viande....	1 292	1 482	1 593	0 627
Canard gavé avec du pain, de l'avoine et de l'eau. — Poids moyen 1,382gr.....	3 151	2 568	1 850	0 892
Verdier. — Poids 25gr.	0 336	0 325	13 000	0 760
Cinq grenouilles. — Poids 287gr.......	0 0182	0 0181	0 063	0 729

Animaux.	Acide carbonique exhalé par heure.	Oxygène consommé par heure.	Oxygène consommé par heure et par kilogramme.	Rapport de l'oxygène contenu dans CO^2 à l'oxygène absorbé.
Quatre grenouilles. — Poids 243gr	0 000	0 025	0 103	0 786
Deux grenouilles sans poumons. — Poids 115gr	0 00834	0 0075	0 006	0 795
Trois lézards éveillés. — Poids 62gr	0 0126	0 0119	0 1916	0 752
Trois lézards engourdis. — Poids 68gr,5.	0 001608	0 001685	0 0246	0 733
Quarante hannetons. — Poids 40gr,3	0 0472	0 0434	1 076	0 701
Dix-huit vers à soie prêts à filer. — Poids 42gr,5	0 0388	0 0357	0 840	0 798
Quarante-deux vers à soie au troisième âge	0 0478	0 0468	1 170	0 789
Vingt-cinq chrysalides de vers à soie	0 00446	0 00508	0 242	0 639
Vers de terre. — Poids 112gr	0 01218	0 01185	0 1013	0 776

Si les quantités d'oxygène consommées dans l'unité de temps et rapportées à des poids égaux peuvent donner la mesure de l'activité de la respiration, on voit, par les chiffres inscrits à la troisième colonne, que c'est chez les oiseaux que cette fonction est la plus active, que les mammifères ne viennent qu'en seconde ligne, que chez les insectes la respiration est très-active, enfin qu'elle l'est fort peu chez les reptiles.

On voit aussi quelle influence la taille des animaux exerce sur l'activité de la respiration. Pour se convaincre de cette influence, il suffit de comparer la respiration chez le verdier et chez la poule ou le canard. Pour maintenir son petit corps à la température de celui de la poule, le passereau est obligé de consommer, pour un même poids, une quantité d'oxygène environ neuf fois plus grande que ne fait la poule.

On remarquera aussi que M. Regnault a étudié l'influence du régime, de l'inanition et de l'engourdissement hibernal sur la respiration. Nous reviendrons sur ces points.

Respiration des poissons. — La respiration des poissons a lieu dans des conditions particulières. Ils absorbent l'oxygène de l'air qui est dissous dans l'eau. Cette absorption a lieu au contact de l'eau avec les lamelles branchiales et est facilitée par cette circonstance que le renouvellement de l'eau s'établit par un courant continu entrant par la bouche et sortant par les ouïes.

On sait, d'un autre côté, que beaucoup de poissons viennent avaler de l'air à la surface de l'eau; quelques-uns sont même organisés de manière à fonctionner alternativement, au point de la respiration, comme des animaux respirant dans l'air ou dans l'eau aérée.

La loche des étangs (*Cobitis fossilis*) présente cette particularité remarquable qu'elle avale de l'air à la surface de l'eau et le rend par l'anus dépouillé d'une partie de son oxygène. D'après M. Baumert [*Respiration des Schlammpeitzgers; Ann. der Chem. u. Pharm.*, t. LXXXIII, p. 1], l'air rendu par l'anus ne renferme plus que 7 à 12 % d'oxygène et contient 1 à 2 % d'acide carbonique. Chose curieuse, pendant que cette respiration aérienne, qui est véritablement intestinale, s'effectue chez la loche des étangs, ses branchies demeurent inactives.

La vessie natatoire que possèdent un grand nombre de poissons est-elle un organe respiratoire? Il semble en être ainsi, au moins pour quelques-uns et dans certaines circonstances. D'après M. A. Moreau [*Compt. Rend.*, 1863, p. 37 et 816], la vessie natatoire de la perche renferme de 19 à 25 % d'oxygène et celle de la tanche 8 % du même gaz. Or, lorsqu'on place les perches dans une eau faiblement aérée, elles consomment l'oxygène de leur vessie natatoire et l'épuisent avant de périr; dans les mêmes conditions, les tanches périssent sans l'avoir consommé. Au reste, la vessie natatoire des perches étant parfaitement close, l'oxygène ne peut s'y accumuler qu'à la suite d'un travail physiologique consécutif à la respiration normale; si donc ces poissons consomment avant de périr l'oxygène qu'ils avaient accumulé antérieurement dans leur vessie natatoire, c'est là, d'après M. Moreau, un pur accident, et qui ne préjuge rien au sujet des fonctions de la vessie natatoire comme organe de la respiration. De fait, la vessie natatoire d'un grand nombre de poissons d'eau douce renferme, d'après M. Owen, principalement de l'azote, avec une très-petite proportion d'oxygène et des traces d'acide carbonique. La vessie natatoire des poissons de mer, surtout de ceux qui vivent à de grandes profondeurs, renferme une plus grande quantité d'oxygène.

2° Respiration chez l'homme. — Les expériences de MM. Andral et Gavarret, Scharling, Vierordt, Valentin et Brunner, Pettenkofer et Voit ont fourni de nombreuses données concernant la respiration humaine et ses variations. La plupart de ces expérimentateurs ont eu en vue la respiration pulmonaire et se sont bornés à doser l'acide carbonique. Seuls MM. Pettenkofer et Voit ont condensé les produits de la respiration totale et ont déterminé la consommation d'oxygène.

Il résulte des expériences de MM. Andral et Gavarret, confirmées par celles de Scharling, qu'un homme adulte du poids de 65 à 68 kilogrammes exhale par les poumons, en 24 heures, 914 litres d'acide carbonique, qui renferment, en nombres ronds, 292 grammes de carbone. La quantité de carbone brûlée par heure s'élève donc à 12gr,2 environ. Le poids restant sensiblement le même, la quantité de carbone brûlée par heure diminue avec l'âge. Entre soixante et quatre-vingts ans elle ne dépasse pas en moyenne 9gr,2. La quantité absolue d'acide carbonique exhalée est moins forte chez les enfants que chez l'adulte. La quantité relative rapportée à l'unité de poids est plus considérable au contraire. Ainsi, l'activité de la respiration est plus grande dans le jeune âge : résultat d'ailleurs explicable, un enfant devant compenser par une plus forte production de chaleur les pertes relativement plus considérables que lui fait éprouver la petitesse de sa taille.

Le tableau suivant indique quelques-uns des résultats obtenus par MM. Andral et Gavarret :

Age des individus.	Leur poids moyen en kilogrammes.	Quantités de carbone brûlées, en grammes.		Quantités d'acide carbonique produites, en grammes.		Quantités de carbone brûlées en 24 heures et par kilogr.
		En 1 heure.	En 24 heures.	En 1 heure.	En 24 heures.	
8 ans	22,26	5,0	120,8	18,8	442,9	5gr,4
15 ans	46,41	8,7	208,8	31,9	765,6	4 5
16 ans	53,39	10,8	259,2	39,6	950,4	4 8
18 à 20 ans	61,26 à 60,5	11,4	273,6	41,8	1003,2	4 5
20 à 24 ans	65,0 à 68,8	12,2	292,8	44,7	1078,6	4 3
40 à 60 ans	68,8 à 65,5	10,1	247,4	37,0	888,8	3 6
60 à 80 ans	65,5 à 61,2	9,2	220,8	33,7	809,6	3 4

Ce tableau fait ressortir clairement l'influence de l'âge sur l'activité de la respiration.

Le tableau suivant indique l'influence du sexe et montre que l'activité de la respiration est plus grande chez l'homme que chez la femme :

Individus.	Age.	Poids du corps en kilogr.	Acide carbonique exhalé en 1 heure (grammes).	Acide carbonique exhalé par kilogr. en 1 heure.
Garçon.......	9 ans 3/4	22,0	20,338	0,9245
Petite fille.....	10 ans.	23,0	19,162	0,8831
Jeune homme.	16 —	57,75	34,280	0,5887
Jeune fille....	17 —	55,75	25,342	0,4546
Femme.......	28 —	82,00	36,623	0,4466
Homme.......	35 —	65,50	33,530	0,5119

3° Variations de l'activité de la respiration suivant diverses circonstances biologiques. — Il nous reste à indiquer les variations que peut éprouver l'activité de la respiration chez le même individu suivant diverses circonstances physiologiques, telles que l'état de veille et de sommeil, le régime, l'inanition, l'activité musculaire, la fréquence et la profondeur des inspirations.

Influence de l'état de veille et de sommeil. — Scharling avait déjà remarqué que la quantité d'acide carbonique exhalée diminuait notablement pendant le sommeil. Cette observation a été confirmée par MM. Pettenkofer et Voit, qui ont de plus constaté ce fait important que, pendant le sommeil, l'économie fait provision d'oxygène, une partie notable de l'oxygène absorbé ne se retrouvant pas dans l'acide carbonique exhalé. Les expériences ont été faites sur un homme de 28 ans, du poids de 60 kilogrammes, et soumis à un régime mixte ordinaire. L'individu soumis à l'expérience se livrait d'ailleurs à un travail modéré.

	Exhalation			
	d'acide carbonique par les poumons et par la peau, en grammes.	d'eau par les poumons et par la peau, en grammes.	Oxygène absorbé.	Rapport de l'oxygène contenu dans l'acide carbonique à l'oxygène absorbé
Jour. De 6h du matin à 6h du soir.	532gr,9	344gr,4	234gr,6	1,65
Nuit. De 6h du soir à 6h du matin..	378 6	483 8	474 3	0,58
Total en 24 heures.	911gr,5	828gr,2	708gr,9	0,98

On voit que l'acide carbonique exhalé pendant le jour renferme une quantité d'oxygène très-supérieure à celle qui a été absorbée pendant le jour, et que le contraire a lieu pendant la nuit. Ainsi le quotient de $\frac{\text{O dans CO}^2}{\text{O}}$ est = 1,65 pendant le jour et 0,58 pendant la nuit.

On doit interpréter ces résultats remarquables en admettant que l'oxygène absorbé pendant la nuit sert en partie à produire des oxydations incomplètes et que les produits intermédiaires ainsi formés ne subissent l'oxydation complète que pendant l'état de veille. A ce dernier état correspond, par conséquent, une production plus abondante d'acide carbonique, à l'état de sommeil une absorption plus grande d'oxygène.

On voit aussi que la quantité totale d'acide carbonique exhalée pendant vingt-quatre heures ne renferme que les 93 centièmes de l'oxygène absorbé pendant ce temps.

L'*hibernation* est un sommeil profond, un engourdissement prolongé dans lequel tombent un certain nombre d'animaux aux approches de la saison froide et qui se prolonge souvent pendant plusieurs mois.

Cet état est caractérisé par un ralentissement considérable des phénomènes de la respiration, auquel correspond un abaissement sensible de la température.

Le tableau de la page 1339 contient les faits observés à ce sujet par MM. Regnault et Reiset, dans des expériences sur les marmottes et les lézards, ces animaux étant engourdis ou éveillés.

A l'état d'engourdissement, une marmotte a consommé 19 fois moins d'oxygène qu'à l'état de veille, et les 3/5 de cet oxygène ne se sont pas retrouvés dans l'acide carbonique expiré. L'animal était resté 118 heures dans la cloche, immobile, sauf quelques faibles mouvements d'inspiration et d'expiration que l'on apercevait de loin en loin. La respiration a donc été extrêmement ralentie; de fait, l'animal n'a consommé que 13 grammes d'oxygène en 5 jours. Au sortir de l'appareil, sa température n'était que de 12 degrés, supérieure de 4 degrés seulement à celle de l'air ambiant. Pendant l'engourdissement il y a eu une absorption d'azote qui s'est élevée à 0,0174 du poids de l'oxygène consommé.

Au moment du réveil, la respiration devient très-active chez les marmottes et, dans l'espace de quelques heures, la température propre de l'animal remonte à 32° et au delà. Chez le lézard, dont la respiration est bien moins active que celle des animaux à sang chaud, les différences entre les consommations d'oxygène pour l'état de veille et d'engourdissement, bien que très-sensibles, sont moins accusées que dans le cas précédent.

Influence du travail musculaire. — Scharling avait enfermé dans sa guérite, page 1336, un homme auquel il avait recommandé d'agiter une lourde massue : se livrant à un violent travail musculaire, cet homme avait exhalé une quantité notable d'acide carbonique correspondant à une combustion de 40gr,2 de charbon par heure au lieu de 12. Vierordt, E. Smith, Sczelkow et Ludwig, Pettenkofer et Voit ont confirmé cette observation, d'ailleurs conforme au principe de l'équivalent mécanique de la chaleur. Au travail accompli correspond une absorption de chaleur, qui doit être fournie par une exagération des phénomènes de combustion; et comme il n'est pas possible qu'une quantité donnée de chaleur soit transformée tout entière en travail mécanique, il en résulte que la machine animale doit produire, en travaillant, un excès de chaleur, ce qui est conforme à l'expérience. Une fois montée, elle continue à fonctionner pendant quelque temps, avec une activité exagérée; les inspirations, plus nombreuses, exercent elles-mêmes une influence sur les phénomènes de combustion et, tout travail ayant cessé, ce n'est qu'au bout de quelque temps que la respiration reprend son calme et son rhythme ordinaire.

E. Smith a exécuté ses expériences avec un spiromètre portatif donnant le volume de l'air expiré, lequel était envoyé dans un système de compartiments remplis de potasse. La quantité d'acide carbonique expirée à l'état de repos étant 1, celle de l'acide carbonique expiré pendant une marche de 2 à 3 milles anglais à l'heure s'élevait de 1,8 à 2,6. Pendant le sommeil elle n'était que de la moitié.

MM. Sczelkow et Ludwig ont expérimenté sur des lapins au repos et sur les mêmes animaux tétanisés. Les violentes convulsions du tétanos ont eu pour effet d'augmenter dans une forte proportion la quantité d'acide carbonique exhalé et d'augmenter en même temps ce quotient de $\frac{\text{O dans CO}^2}{\text{O}}$, qui exprime le rapport de la quantité d'oxygène contenu dans l'acide carbonique à celui de l'oxygène asorbé.

Le tableau suivant indique quelques-uns des résultats obtenus :

		Durée de l'expérience en minutes.	Nombre des inspirations.	Acide carbonique exhalé	Oxygène absorbé	O dans CO^2 / O
				en une minute, en centimètres cubes.		
1	Repos..	7,6	92	4,97	12,29	0,404
	Tétanos.	6,5	82	13,69	12,11	1,13
2	Repos..	9,2	80	7,85	12,76	0,618
	Tétanos.	5,1	107	17,62	19,02	0,927
3	Repos..	9,6	82	10,58	14,13	0,749
	Tétanos.	7,1	104	19,25	18,86	1,024
4	Repos..	9,2	140	6,99	17,47	0,400
	Tétanos.	5,1	180	19,61	30,35	0,646

Enfin, nous donnons ici les résultats conformes obtenus par MM. Pettenkofer et Voit, qui ont expérimenté sur un homme qui se livrait dans la chambre respiratoire à un travail musculaire violent. En comparant ces résultats à ceux consignés plus haut, page 1341, et qui concernent le même homme se livrant à un travail modéré, on constatera une augmentation notable des quantités d'acide carbonique et d'eau exhalées pendant un travail musculaire violent.

	Acide carbonique	Eau	Oxygène absorbé.	O dans CO^2 / O
	exhalés par les poumons et par la peau, en grammes.			
Jour, exercice violent.....	884,6	1094,8	294,8	2,18
Nuit.........	399,6	947,3	659,7	0,44
Total en 24h.	1284,2	2042,1	954,5	0,93

Influence du régime. — Étudions d'abord l'influence que la composition des aliments exerce sur les combustions respiratoires, c'est-à-dire sur les quantités d'oxygène absorbées et d'acide carbonique formées. On sait que ce dernier ne renferme pas tout l'oxygène qui a été absorbé, une portion de cet oxygène ayant servi à brûler de l'hydrogène. Suivant donc que la quantité d'hydrogène qui aura été brûlée est plus ou moins considérable, le rapport qui existe entre l'oxygène contenu dans l'acide carbonique et l'oxygène absorbé tendra à diminuer ou à augmenter. Il augmente pour un régime végétal, riche en hydrates de carbone, pauvre en matières albuminoïdes et en matières grasses. Les hydrates de carbone, tels que la cellulose, les matières amylacées et sucrées, renfermant assez d'oxygène pour la combustion de l'hydrogène qu'ils contiennent, exigeront pour leur combustion complète précisément une quantité d'oxygène correspondant à leur teneur en carbone. Si donc les aliments ne renfermaient que des hydrates de carbone, il est clair que tout l'oxygène absorbé pour les brûler devrait se retrouver dans l'acide carbonique produit et le rapport $\frac{\text{O dans } CO^2}{\text{O}}$ serait égal à l'unité. Mais les aliments végétaux renferment des matières albuminoïdes et sont souvent riches en matières grasses. Or les unes et les autres, et surtout ces dernières, ne renferment pas assez d'oxygène pour brûler l'hydrogène : il reste donc un excès d'hydrogène dont la combustion doit consommer une partie de l'oxygène absorbé. Ces considérations expliquent ce double fait qui ressort principalement des expériences de M. Regnault, à savoir que, pour une même quantité d'oxygène absorbé, un carnivore rend moins d'acide carbonique qu'un herbivore, et que le rapport de l'oxygène contenu dans l'acide carbonique à l'oxygène absorbé est plus considérable chez les herbivores que chez les carnivores. Cette double conclusion découle de la comparaison des chiffres inscrits au tableau de la page 1339, et concernant les poules soumises à un régime végétal ou animal.

Nous avons dit plus haut que généralement l'oxygène absorbé ne se retrouvait pas tout entier dans l'acide carbonique exhalé. Il peut arriver pourtant qu'il n'en soit pas ainsi. En premier lieu, le fait en question est subordonné à la durée de l'expérience. Dans une expérience qui ne serait pas prolongée au delà de quelques heures, le contraire pourrait arriver. C'est ainsi que MM. Pettenkofer et Voit ont trouvé que l'acide carbonique exhalé pendant le jour peut renfermer plus d'oxygène que l'organisme n'en a absorbé. Mais, pendant la nuit, l'équilibre se rétablit, comme nous l'avons indiqué page 1341. Ainsi, dans les conditions normales et en considérant le phénomène de la respiration, non pas à un moment donné, mais pour une période d'une certaine durée, l'acide carbonique exhalé ne contient pas tout l'oxygène absorbé. On peut se convaincre de la justesse de cette observation en consultant le tableau de la page 1343

On constate que le quotient $\frac{\text{O dans } CO^2}{\text{O}}$, qui exprime le rapport de la quantité d'oxygène contenue dans l'acide carbonique à la quantité d'oxygène absorbée, dépasse l'unité dans un certain nombre de cas, soit le jour, soit la nuit, mais que pour une période de 24 heures, si l'on divise la quantité d'oxygène contenue dans l'acide carbonique exhalé par la quantité d'oxygène absorbée, ce quotient n'atteint pas l'unité.

Toutefois le phénomène dont il s'agit peut être soumis à une autre perturbation. Dans les expériences où l'on recueille tout l'acide carbonique produit dans l'organisme, celui qui provient du canal digestif se mêle à celui qui résulte des combustions respiratoires et ce dégagement d'acide carbonique produit par une sorte de fermentation intestinale peut exercer une certaine influence sur la valeur du rapport $\frac{\text{O dans } CO^2}{\text{O}}$. Cette influence a été accentuée dans les expériences de MM. Pettenkofer et Voit sur la respiration d'un chien [*Ann. der Chem. u. Pharm. 1863, Suppl. II*].

Cet animal ayant été soumis pendant 16 jours à un régime azoté, le rapport dont il s'agit a été de 0,637. Pour une période d'abstinence de 10 jours, ce même rapport s'est abaissé à 0,635. Le chien ayant été remis ensuite pendant 7 jours au régime de la viande, l'acide carbonique exhalé renfermait presque tout l'oxygène absorbé. Le même fait s'est produit, l'animal ayant reçu, pendant 8 jours, 100 grammes de graisse seulement, résultat qui semble entièrement anormal. Au bout de ce temps, le chien ayant été soumis à un régime azoté très-riche, il est arrivé que, le quatrième jour, le rapport $\frac{\text{O dans } CO^2}{\text{O}}$ a dépassé l'unité, mais que, les jours suivants, la consommation de l'oxygène ayant beaucoup augmenté, le rapport a diminué de nouveau, de manière à atteindre le 13e jour la valeur normale 0,651. Un nouveau changement de régime a amené une nouvelle perturbation. L'animal ayant été nourri avec 500 grammes de viande et 200 grammes d'amidon d'abord, de sucre ensuite, les relations entre la quantité d'oxygène consommée et d'acide carbonique produite ont été tellement modifiées que le rapport $\frac{\text{O dans } CO^2}{\text{O}}$ s'est élevé à 1,50 (à 1,25 dans une seconde expérience). Mais en même temps 7gr,2 d'hydrogène et 6gr,3 de gaz de marais ont ét trouvés dans les gaz de la perspiration : ils provenaient évidemment du tube digestif. Ces faits sont de nature à montrer l'influence que les changements de régime et les mauvaises digestions, qui produisent des gaz intestinaux, peuvent exercer sur la valeur du rapport dont il s'agit. Mais c'est là, comme nous l'avons dit plus haut, une perturbation du phénomène.

L'ingestion des aliments active les phénomènes de nutrition et de dénutrition dans l'organisme. Pendant la digestion, les quantités d'air inspirées et les quantités d'acide carbonique exhalées augmentent sensiblement.

Vierordt a fait sur ce sujet des expériences concluantes et a montré par un graphique qu'il existe une corrélation entre l'augmentation des volumes d'air respirés par minute et celle des quantités d'acide carbonique expirées pendant le même temps: les deux phénomènes atteignent leur maximum une ou deux heures après le repas. Chose curieuse, le maximum de la sécrétion de l'urée ne correspond pas avec le maximum de la formation de l'acide carbonique et n'a lieu que quelques heures plus tard.

L'*abstinence* et à plus forte raison l'*inanition* dépriment au contraire l'activité de la respiration. Les quantités d'oxygène absorbées et les quantités d'acide carbonique exhalées diminuent. On possède sur ce sujet un grand nombre d'expériences dues à MM. Boussingault, Schmidt, Regnault et Reiset, Pettenkofer et Voit, J. Ranke.

M. Boussingault a étudié la respiration chez des tourterelles soumises à l'inanition [*Ann. de Chim. et de Phys.*, (3), t. XI, p. 446].

Il énonce ainsi le résultat général de ses recherches : « Par le fait de la respiration, l'animal inanitié ne brûle environ que la moitié du carbone et de l'hydrogène qu'il consomme sous l'influence du régime alimentaire. »

MM. Regnault et Reiset ont déterminé l'absorption de l'oxygène et le dégagement d'acide carbonique pendant l'inanition chez les lapins et les poules. On voit par les nombres inscrits au tableau de la page 1339 que les combustions respiratoires se ralentissent sensiblement pendant l'inanition et que le rapport entre l'oxygène contenu dans l'acide carbonique et l'oxygène absorbé tend à diminuer chez les animaux herbivores dans ces conditions. De fait, ils vivent alors aux dépens de leur propre substance et, d'abord, de leur graisse : ils sont devenus carnivores. MM. Pettenkofer et Voit ont expérimenté sur un chien de 32 kilogrammes qui, soumis à un régime abondant, exhalait, en 24 heures, 840gr,4 d'acide carbonique. Pendant l'inanition, il n'en fournit plus que 289gr,4. La diminution de la sécrétion de l'urée était loin d'être proportionnelle à celle de l'acide carbonique. M. J. Ranke (TÉTANOS, p. 234) a observé le même fait dans une expérience qu'il a faite sur lui-même. Le tableau suivant indique les résultats qu'il a obtenus, en ce qui concerne les quantités d'acide carbonique exhalées en 24 heures pendant l'abstinence et sous l'influence de divers régimes :

	Acide carbonique exhalé en 24 heures, en grammes.	Carbone brûlé en 24 heures, en grammes.
Abstinence	662,9	180,8
Id.	663,5	180,9
Régime de la viande (1,832 grammes par jour)	847,5	231,2
Régime non azoté. 150gr de graisse. 300 d'amidon. 100 de sucre.	735,2	200,5
Régime mixte ordinaire	791,1	215,7
— très-abondant	925,6	252,4
Régime de l'équilibre de l'azote (autant d'azote dans les aliments que dans les excréments)	759,5	207

Le tableau suivant résume un certain nombre d'expériences dues à MM. Pettenkofer et Voit et indique l'influence de l'abstinence, du régime, du travail et du repos, de l'état de veille et de sommeil sur les phénomènes chimiques de la respiration chez l'homme.

NUMÉROS DES EXPÉRIENCES.		I	II	III	IV	V	VI	VII	VIII	IX	X	XI	XII	XIII	XIV	XV
RÉGIME.		ABSTINENCE.				ALIMENTATION MIXTE.					ALIMENTATION riche en azote.		ALIMENTATION sans azote.		Repas soir et matin uniformément. Repos.	Régime mixte. Repos.
		repos.	»	repos.	travail.	repos.	repos.	repos.	travail.	travail.	repos.	repos.	repos.	repos.		
Acide carbonique exhalé.	Jour	427	»	379	930	533	539	527	885	828	580	596	508	522	481	396
	Nuit	312	360	316	257	379	404	403	400	306	423	442	331	»	451	290
	En 24 heures	739	»	695	1127	912	943	930	1285	1134	1003	1038	839	»	932	686
Eau exhalée.	Jour	444	»	463	1425	344	534	446	1095	1035	696	644	566	681	535	469
	Nuit	385	428	351	352	484	475	511	947	377	414	563	359	»	536	427
	En 24 heures	829	»	814	1777	828	1009	957	2042	1412	1110	1207	925	»	1071	896
Oxygène absorbé.	Jour	450	»	420	922	235	469	418	295	795	632	566	523	551	397	379
	Nuit	330	339	323	150	474	450	449	660	211	218	310	283	»	453	215
	En 24 heures	780	»	743	1072	709	919	867	955	1006	850	876	808	»	850	594
Urée dans l'urine.	Jour	15,9	»	14,4	11,9	21,5	17,8	19,2	20,1	18,9	23,2	31,3	16,5	13,7	18,5	20,0
	Nuit	10,9	14,7	11,9	13,1	15,7	17,6	18,0	16,2	18,4	32,6	38,4	11,2	»	20,3	18,6
	En 24 heures	26,8	»	26,3	25,0	37,2	35,4	37,2	36,3	37,8	55,8	69,7	27,7	»	38,8	38,6
$\frac{\text{O dans } CO^2}{\text{O}}$	Jour	0,69	»	0,66	0,73	1,75	0,84	0,92	2,18	0,67	0,67	0,77	0,71	0,69	0,88	0,76
	Nuit	0,69	0,77	0,71	1,24	0,58	0,65	0,65	0,44	1,06	1,41	1,04	0,84	»	0,72	1,01
	En 24 heures	0,69	»	0,68	0,80	0,94	0,74	0,78	0,98	0,82	0,90	0,86	0,75	»	0,80	0,84

Le résultat le plus frappant qui se dégage des expériences rapportées dans ce tableau est l'augmentation notable de la quantité d'acide carbonique dégagée pendant le travail. A cette quantité, qui est indépendante du régime, correspond généralement une augmentation de la quantité d'oxygène absorbée.

En général aussi, la quantité d'oxygène absorbée pendant le jour dépasse notablement celle qui est absorbée pendant la nuit. Pourtant on constate à cet égard quelques données contradictoires. Enfin le quotient $\frac{O \text{ dans } CO^2}{O}$ est très-variable, suivant le régime, l'état de repos ou de travail, de veille ou de sommeil. Pour une période de 24 heures, il n'atteint jamais l'unité (p. 1342).

Influence des ingesta. — Dans ce qui précède, nous avons traité de l'influence du régime en général. Il serait utile de connaître l'action particulière qu'exercent sur les phénomènes de la respiration un grand nombre de substances ingérées, soit comme aliments, comme condiments ou comme médicaments. Malheureusement, on ne possède qu'un très-petit nombre d'expériences exactes sur ce sujet. On sait que l'ingestion de boissons alcooliques diminue la production de l'acide carbonique : ceci résulte d'une expérience déjà ancienne de Scharling, qui avait enfermé dans sa guérite (p. 1336) un ivrogne. La quantité de carbone qu'il brûlait par heure ne s'élevait qu'à 7gr,035 au lieu de 12 grammes. Cette diminution ne saurait donner la mesure exacte du ralentissement des combustions respiratoires. La quantité d'oxygène absorbée eût seule donné cette mesure. Il est à remarquer, en effet, que l'alcool renferme un excès d'hydrogène, et qu'une certaine quantité d'oxygène absorbé doit être employée à former de l'eau avec cet hydrogène.

Certaines huiles essentielles diminuent aussi la quantité d'acide carbonique exhalée. Ces substances et d'autres pourraient exercer une certaine influence sur les phénomènes de nutrition. Elles agissent à la façon de ces médicaments qui ralentissent le mouvement de dénutrition, et qui, par conséquent, rendent moins impérieux le besoin de respirer et aussi de réparer les pertes que fait éprouver la respiration. C'est ce qu'on nomme des médicaments de réserve. Leur influence sur les phénomènes de la respiration est évidente : elle aurait besoin d'être étudiée par des expériences exactes. En ce qui concerne le thé et le café, les assertions des auteurs sont contradictoires. Quelques physiologistes admettent que le thé et le café diminuent la proportion d'acide carbonique exhalée dans un temps donné. E. Smith, au contraire, range le thé et le café parmi les « excitants respiratoires ». Il assure que ces substances augmentent l'exhalation de l'acide carbonique ainsi que les sucres, le rhum, le lait, le cacao, l'ale forte, la caséine, le gluten, la gélatine, l'albumine. Ces substances sont rangées suivant l'ordre de leur activité décroissante, le thé occupant la tête de la liste. D'autres substances, telles que l'amidon, la graisse, l'eau-de-vie, le whisky, le gin, et en général les liqueurs fortes, ne sont pas des excitateurs de la respiration et n'augmentent pas la proportion d'acide carbonique exhalée. Cette classification, où le rhum occupe une place si éloignée de l'eau-de-vie, nous semble disparate. Tout cela mérite confirmation.

Influence de la fréquence des inspirations. — Nous avons déjà fait remarquer l'influence qu'exerce la fréquence et la profondeur des inspirations sur la composition de l'air expiré. A mesure que le nombre des inspirations augmente dans un temps donné, l'air expiré devient moins riche en acide carbonique. Il ne faudrait pas conclure de ce fait que l'activité des combustions respiratoires diminue dans ces circonstances. C'est le contraire qui a lieu, ainsi que l'a démontré Vierordt.

Le tableau suivant résume les expériences de ce physiologiste :

Nombre des inspirations par minute.	Acide carbonique dans 100 vol. d'air expiré.	Air expiré en 1 minute en cent. cubes.	Acide carbonique expiré en 1 minute en cent. cubes.	Acide carbonique exhalé en une inspiration en cent. cubes.
6	5,7	3,000	171	28,5
12	4,1	6,000	246	20,5
24	3,3	12,000	396	16,5
48	2,9	24,000	696	14,5
96	2,7	48,000	1,296	13,5

On voit que les quantités d'acide carbonique exhalées augmentent considérablement avec la fréquence des inspirations, ou, si l'on veut, avec les volumes d'air introduits dans le poumon pendant 1 minute, car dans ces expériences les volumes d'air qui ont passé par les poumons ont été proportionnels à la fréquence des inspirations : la profondeur des inspirations n'a pas varié.

S'il n'en était pas ainsi, si les inspirations tout en augmentant étaient superficielles, la quantité d'acide carbonique formée dans un temps donné n'augmenterait pas dans une si forte proportion, la ventilation du poumon demeurant incomplète (Lossen).

Influence de la circulation. — Par l'augmentation du nombre des battements du cœur, une plus grande quantité de sang passe dans les poumons pendant un temps donné. Dans ces conditions, le besoin de respirer devient généralement plus impérieux, et la fréquence ou la profondeur des inspirations augmente. Il entre donc dans les poumons à la fois plus de sang et plus d'air dans un temps donné. De là une augmentation dans les quantités d'oxygène absorbées et d'acide carbonique formées.

Influence des maladies. — Elle doit se faire sentir dans un très-grand nombre de cas, surtout lorsque la température subit des variations sensibles, ce qui a lieu, comme on sait, dans une foule de maladies. Malheureusement, on ne possède sur ce sujet important qu'un petit nombre d'observations. Doyère a étudié la respiration chez les cholériques [*Compt. rend.*, t. XXVI, p. 454]. Dans la période algide de cette maladie, la quantité d'acide carbonique exhalée diminue en même temps que la température; plus tard, avant la mort, la température s'élève de nouveau sans que la quantité d'acide carbonique exhalée augmente.

Plus récemment, MM. Pettenkofer et Voit ont étudié la respiration diurne et nocturne chez un diabétique et un individu atteint de leucémie. Chez le diabétique, l'absorption d'oxygène et l'exhalation d'acide carbonique ont été sensiblement moindres qu'à l'état normal (voyez le tableau de la page 1343). Aussi, prenant une quantité considérable de nourriture, ce malade a rendu par jour 394gr,5 de sucre non brûlé. Chez les deux malades, les différences notables que l'on constate, chez les individus bien portants, entre les quantités d'oxygène absorbées le jour ou la nuit, tendent à s'effacer. Le diabétique était très-affaibli, il ne se livrait à aucun exercice; l'individu atteint de leucémie ne dormait que six heures. Voici d'ailleurs les résultats numériques de ces expériences :

	Acide carbonique exhalés par la peau et les poumons, en grammes.	Eau exhalés par la peau et les poumons, en grammes.	Oxygène absorbé en grammes.	O dans CO. / O
Diabète.				
Jour..........	559,8	308,6	278,0	94
Nuit..........	300,0	302,7	294,2	79
Total	859,8	611,3	572,2	84
Leucémie.				
Jour..........	480,9	322,1	346,2	101
Nuit..........	499,0	759,2	329,2	110
Total.......	979,9	1081,3	675,4	105

4° Variations de l'activité de la respiration, suivant diverses conditions extérieures. — Nous avons indiqué dans ce qui précède les variations qu'éprouve l'activité de la respiration sous l'influence de diverses conditions biologiques. Il nous reste à étudier l'influence des conditions étrangères à l'individu, telles que la température, la pression, la composition de l'air inspiré, etc.

Influence de la température. — Elle a été reconnue et justement appréciée par Lavoisier. La température propre des animaux à sang chaud étant sensiblement constante, il est clair que l'abaissement de la température extérieure doit avoir pour conséquence une augmentation dans la production de chaleur, et, par conséquent, une exaltation dans l'activité respiratoire. Les habitants des pays froids ont besoin, pour s'échauffer et pour maintenir la température de leur corps à 30 ou 40° au-dessus de l'air ambiant, de brûler une plus grande quantité de carbone et d'hydrogène que les habitants des climats tempérés et chauds. De là des conséquences importantes, non-seulement au point de vue de la respiration, mais encore de la nutrition et du régime. Cet excès de carbone et d'hydrogène, que l'habitant des contrées glaciales est obligé de brûler, doit lui être fourni chaque jour par sa nourriture, et la composition de celle-ci doit être en rapport avec les besoins respiratoires. Il en est ainsi. On sait que les Esquimaux et les Lapons non-seulement consomment une quantité considérable d'aliments, mais encore absorbent de la graisse en abondance.

On doit à Vierordt des expériences comparatives sur l'activité de la respiration et de la circulation à différentes températures. Elles sont résumées dans le tableau suivant :

	Température, 8°,47.	Température, 19°,40.
Pulsations en une minute.......	72,9	71,3
Inspirations en une minute......	12,16	11,57
Volume de l'air inspiré en une minute, en centimètres cubes..	6672cc	6106cc
Acide carbonique expiré en une minute, en centimètres cubes..	299,3	257,11
Acide carbonique en 100 volumes d'air expiré.................	4,28	4,0
Volume d'une expiration en centimètres cubes................	548cc	520cc,8

M. Letellier [*Ann. de Chim. et de Phys.*, (3), t. XIII, p. 478] a étudié l'influence des températures extrêmes sur la respiration des animaux à sang chaud. Il a expérimenté sur des oiseaux et de petits mammifères. Dans ces expériences, la température ayant varié entre des limites plus étendues que celles qui sont indiquées dans le tableau précédent, les différences entre les quantités d'acide carbonique exhalées dans le même temps ont été beaucoup plus accentuées : la production de ce gaz a presque doublé pour un abaissement de 30° à 40°. Le tableau suivant indique les quantités d'acide carbonique produites en 1 heure par de petits animaux à la température ordinaire, à une température élevée et à une basse température :

	Température ordinaire 15 à 20°.	De 30 à 40°.	Vers 0°.
Pour un serin........	0g,250	0g,129	0g,325
Pour une tourterelle ..	0 684	0 366	0 974
Pour deux souris.....	0 498	0 268	0 531
Pour un cochon d'Inde.	2 080	1 453	3 006

Influence de la pression. — MM. de Vivenot et Lange avaient reconnu qu'une augmentation de pression, qui n'a pas dépassé 300 millimètres, a pour conséquence une augmentation de la quantité d'acide carbonique formé dans un temps donné, et aussi de la richesse de l'air expiré en acide carbonique. On a remarqué que dans ces conditions la fréquence des inspirations diminue et que leur profondeur augmente.

Les expériences récentes de M. P. Bert (1) ont jeté sur ce sujet la plus vive lumière et ont conduit à des résultats inattendus. Ce physiologiste a étudié l'influence qu'exercent la diminution et l'augmentation de la pression de l'air sur la respiration des animaux.

Lorsque la pression de l'air diminue successivement, les animaux éprouvent une gêne croissante de la respiration, qui se termine par une asphyxie mortelle. La mort peut être attribuée, dans ce cas, à divers effets. Elle peut être due à une asphyxie par défaut d'oxygène, lorsqu'on a soin d'enlever l'acide carbonique. Elle peut arriver à la fois par asphyxie d'oxygène et par empoisonnement par l'acide carbonique, lorsque l'animal respire dans une atmosphère raréfiée et confinée. Dans le premier cas, la mort arrive lorsque la raréfaction de l'oxygène est telle, que le produit de la proportion centésimale de ce gaz par la pression, exprimée en atmosphères, s'abaisse au-dessous de 3,5.

Cette raréfaction de l'oxygène peut être obtenue de deux manières, soit par la diminution de la pression, soit par la dilution dans un autre gaz. Ce qu'il faut considérer, comme M. Bert l'a fait justement remarquer, c'est la pression partielle que subit l'oxygène dans un mélange gazeux. Les petits oiseaux, tels que les moineaux, succombent presque immédiatement, dans un air raréfié à 0m,17 de pression, alors que la proportion d'oxygène atteint encore 19,6 % et que la proportion d'acide carbonique ne dépasse pas 0,6 %. Ici l'asphyxie a lieu par privation d'oxygène : le produit de la proportion centésimale (19,6) par la pression partielle $\frac{17}{76}$ est égal à 4,4 ; à plus forte raison la mort arrivera-t-elle lorsque ce produit sera devenu inférieur à 3,5, selon la formule donnée plus haut.

Prenons un autre cas. L'animal respire dans une atmosphère confinée soumise à la pression ordinaire. D'un côté, il épuise la provision de gaz oxygène, dont la tension partielle diminue de plus en plus. D'autre part, il vicie l'air en y déversant de l'acide carbonique. Au moment de sa mort, l'air ne renferme plus que 3,5 % d'oxygène et contient 14,7 % d'acide carbonique. La tension partielle de l'oxygène est égale à $3,5 \times \frac{76}{76} = 3,5$ [Bert., *loc. cit.*, p. 27]. Ainsi, dans ce cas, la mort n'est arrivée qu'à la suite d'une raréfaction de l'oxygène plus grande que dans le cas précédent, malgré l'accumulation de l'acide carbonique dans l'atmosphère mortelle.

Pour d'autres animaux, cette tension minimum de l'oxygène a une autre valeur. Elle a été en moyenne de 4,5 pour des chouettes, de 4,4 pour des chats d'un mois ou adultes, de 2,2 pour des chats de 3 jours, de 3,8 pour des lapins, de 2,5 pour des cochons d'Inde, de 3,0 pour un chien. Dans toutes ces expériences, c'est la tension partielle de l'oxygène qui exerçait seule une influence marquée. La pression barométrique ne faisait rien ou presque rien, d'après M. Bert, et la preuve en est que, dans une atmosphère plus riche en oxygène que l'air ordinaire, la pression peut diminuer sans inconvénient au-dessous de 0m,20, même de 0m,15. On a pu faire vivre des oiseaux sous une pression de 0m,08 et même de 0m,07 dans une atmosphère d'oxygène pur.

Lorsque la tension de l'oxygène augmente, soit

(1) *Recherches expérimentales sur l'influence que les modifications dans la pression barométrique exercent sur les phénomènes de la vie*, par M. Paul Bert; Paris, 1874. G. Masson.

par suite de l'augmentation de la pression, soit par la richesse plus grande de l'atmosphère en oxygène, les choses se passent autrement. Le cas le plus simple est celui où l'acide carbonique produit par la respiration est enlevé et ne vient pas ajouter son action à celle de l'air comprimé. Dans ce cas, si la pression ne dépasse pas quelques atmosphères, l'animal pourra épuiser presque entièrement la provision d'oxygène contenue dans l'air comprimé. Ainsi, à 4 atmosphères, un oiseau a épuisé, avant de mourir, l'atmosphère à 0,8 °/₀ d'oxygène; en multipliant cette proportion centésimale par la pression, on a 0,8 × 4 = 3,2, chiffre très-voisin de celui qui a été donné précédemment pour la tension minimum de l'oxygène.

Lorsque la pression de l'air atteint 15 à 20 atmosphères, d'autres phénomènes se présentent. Les animaux sont pris de violentes convulsions et succombent plus ou moins rapidement. Ils meurent empoisonnés par l'oxygène à forte tension, et cet empoisonnement mortel a lieu dès que la tension de l'oxygène atteint 350 environ. Cela arrive dans l'air lorsque celui-ci est comprimé à 17 atmosphères. En effet 21 × 17 = 357. Cela arrive dans une atmosphère d'oxygène lorsque celui-ci est comprimé entre 3 ou 4 atmosphères. 100 × 3,5 = 350. Lorsqu'un animal respire dans un air fortement comprimé, son sang devient plus riche en azote et en oxygène sans que pourtant cette augmentation de l'absorption de ces gaz, surtout en ce qui concerne l'oxygène, suive la loi de Dalton. La proportion normale de l'oxygène contenu dans le sang de chien étant de 20 centimètres cubes par 100 centimètres cubes de sang artériel, à 4 atmosphères cette proportion atteint 22^{cc},2, à 17 atmosphères 28^{cc},4, à 26 atmosphères 32^{cc},2. Chose remarquable, la quantité d'acide carbonique que contient le sang ainsi suroxygéné est au-dessous de la normale. 100 centimètres cubes de sang de chien contenant environ 40 centimètres cubes d'acide carbonique à la pression ordinaire n'en contiennent plus que 36^{cc},6 à 10 atmosphères. On doit en conclure que les combustions respiratoires se ralentissent sous l'influence d'une forte tension d'oxygène, dans un sang d'ailleurs très-riche en ce gaz. M. P. Bert a constaté, par des expériences directes, ce fait, d'ailleurs confirmé par cet autre fait, d'un abaissement de plusieurs degrés de la température des animaux soumis à ces expériences.

Un autre cas est celui où les animaux respirent sous une forte pression dans une atmosphère confinée. Alors l'action de l'acide carbonique vient compliquer celle de l'oxygène. Sous une pression de quelques atmosphères seulement cette dernière est peu sensible et les animaux n'ont pas le temps d'épuiser la provision d'oxygène avant de sentir l'influence funeste du gaz carbonique. Dans ces circonstances la mort arrive généralement lorsque la tension partielle de ce gaz a atteint à un certain chiffre, qui pour les petits oiseaux est d'environ 25. Ainsi les moineaux meurent dans un air comprimé à 6 atmosphères, par exemple, lorsque cet air renferme 4,2 °/₀ d'acide carbonique, bien qu'il renferme encore 16,0 °/₀ d'oxygène. La tension partielle de l'acide carbonique a atteint en effet 4,2 × 6 = 25,2, limite mortelle pour ces animaux. L'action nuisible de l'oxygène se fait à peine sentir dans une telle atmosphère, car sa tension partielle = 16 × 6 = 96. L'oiseau succombe principalement à un empoisonnement par l'acide carbonique; mais à des pressions plus fortes, lorsque la tension partielle de l'oxygène se rapprochera de la limite mortelle, l'action toxique de ce gaz comprimé viendra s'ajouter à l'action toxique de l'acide carbonique. Tous ces phénomènes ont été analysés avec soin par M. P. Bert dans le mémoire cité.

Les animaux soumis à une forte compression sont sujets à des accidents redoutables, qui peuvent devenir mortels lorsque la compression cesse brusquement. En effet, les gaz qui, sous l'influence de l'augmentation de pression, s'étaient dissous en proportion plus notable dans le sang et dans les humeurs, deviennent libres subitement et se dégagent non-seulement dans le sang, mais même dans les tissus. En s'accumulant dans les vaisseaux et dans le cœur, ces gaz déterminent la mort subite. Ils sont principalement formés d'azote dont ils renferment 70 à 90 °/₀, le reste étant formé par de l'acide carbonique [P. Bert, *loc. cit.*, p. 106].

Influence de la composition de l'air inspiré. — La respiration des animaux n'est aucunement influencée par la proportion d'oxygène de l'atmosphère dans laquelle ils vivent, pourvu que cette proportion soit suffisante, le gaz étant d'ailleurs soumis à la pression normale. C'est ce qui résulte des expériences exactes de MM. Regnault et Reiset [*Ann. de Chim. et de Phys.*, (3), t. XXVI, p. 406]. Ces savants, ayant fait respirer divers animaux dans des atmosphères très-riches en oxygène ou même d'oxygène presque pur (Verdier), n'ont pas remarqué que la respiration de ces animaux fût gênée ou altérée en quoi que ce soit.

Ils sont arrivés à un résultat un peu différent en faisant respirer un lapin, un chien, des grenouilles dans une atmosphère dans laquelle l'azote avait été remplacé par de l'*hydrogène*. Dans une telle atmosphère la respiration se fait librement comme dans l'air ordinaire. Seulement la consommation d'oxygène paraît un peu plus forte, ce qui tient probablement à cette circonstance que l'animal est obligé de respirer plus abondamment pour réparer une plus grande perte de chaleur, due à la conductibilité de l'hydrogène, plus grande que celle de l'azote. Au reste, on retrouvait à la fin de l'expérience la presque totalité de l'hydrogène, une petite quantité de ce gaz seulement ayant disparu, sans doute pour pénétrer comme tel dans le corps de l'animal. MM. Regnault et Reiset n'admettent pas que cet hydrogène disparu ait pu former de l'eau avec l'oxygène dans les poumons.

La présence de l'*acide carbonique* dans l'air inspiré exerce, au contraire, une influence marquée et funeste sur la respiration. Celui qui est contenu dans le sang veineux se dégage en partie dans les alvéoles pulmonaires, par la raison que sa tension est plus forte dans le sang que dans l'atmosphère alvéolaire. Si donc sa proportion et par conséquent sa tension viennent à augmenter dans cette dernière, par suite de l'inspiration d'un air riche en acide carbonique, il est clair que le dégagement de l'acide carbonique deviendra d'autant plus difficile que la différence de tension sera moins considérable, c'est-à-dire que la proportion de ce gaz augmentera dans l'atmosphère alvéolaire. Le gaz carbonique s'accumulera donc dans le sang et produira des phénomènes d'asphyxie dus à un véritable empoisonnement. Pour bien analyser ces phénomènes, il faut tenir compte de la richesse de l'air inspiré en oxygène: les choses se passeront différemment lorsque l'animal respirera dans un espace confiné où il versera du gaz carbonique, en même temps qu'il épuisera l'oxygène, ou lorsqu'il inspirera de l'air normal ou suroxygéné plus ou moins riche en acide carbonique. Dans le premier cas l'asphyxie par le gaz carbonique se complique d'une asphyxie par défaut d'oxygène. A cet égard on doit à M. W. Müller des expériences intéressantes sur la respiration dans des volumes restreints d'air confiné ou plutôt d'oxygène. Ayant débarrassé d'azote les poumons de lapins, en leur faisant respirer de l'oxygène pur, il les a introduits dans un espace dont la capacité ne dépassait pas 150 à 250 centimètres cubes et qui était rempli d'oxygène pur. Dans ces conditions les animaux non-seulement ont fait disparaître tout l'oxygène de l'atmosphère confinée, mais ils ont absorbé même l'acide carbonique, qui s'y était accumulé : tout le gaz a disparu. L'absorption totale de l'oxygène est facile à comprendre ; quant à l'absorption finale de l'acide carbonique, elle doit s'expliquer de la manière suivante. Le volume de ce gaz étant peu considérable par rapport à la masse du sang, il est arrivé un moment où, ce liquide n'étant pas complétement saturé de gaz carbonique, la tension de celui-ci dans l'atmosphère inspirée était plus forte que dans le sang. Un courant inverse s'est alors établi et l'acide carbonique a été absorbé. Cette absorption a nécessairement une limite. Elle cesse lorsque le volume absorbé est environ égal à la moitié du volume de l'animal. Si donc on fait respirer l'animal dans un espace plus considérable, il meurt dès que son sang est saturé de gaz carbonique, et la mort, due à la tension du gaz carbonique dans l'atmosphère inspirée, peut arriver même dans le cas où celle-ci renfermerait une proportion notable d'oxygène. Ce résultat indiqué par M. W. Müller a été confirmé et précisé par les expériences de M. Paul Bert, qui a fixé la valeur de cette tension mortelle de l'acide carbonique à diverses pressions. Cette valeur est égale à 25 environ, comme nous l'avons indiqué page 1340. Ainsi, à la pression de 1 atmosphère, des moineaux respirant dans une atmosphère suroxygénée ont succombé lorsque la proportion d'acide carbonique a atteint 24,8 dans l'air inspiré, ce dernier renfermant encore 64,5 % d'oxygène. Comme on voit, l'empoisonnement par l'acide carbonique n'a pas été compliqué, dans ce cas, par une asphyxie par défaut d'oxygène [P. Bert, *loc. cit.*, p. 36].

Nous ne pouvons indiquer ici que très-sommairement l'influence qu'exercent sur la respiration certains gaz tels que le *protoxyde d'azote* et l'*oxyde de carbone*. On connaît l'action que le premier exerce sur le système nerveux. Ceci est en dehors de notre sujet, car on ignore l'action qu'exerce ce gaz sur le phénomène des combustions respiratoires.

Quant à l'oxyde de carbone, il exerce une action très-délétère. Le mélange d'une très-petite proportion de ce gaz avec l'air (0,54 % d'après M. F. Le Blanc, 0,6 % d'après M. Claude Bernard) suspend l'action respiratoire et amène rapidement la mort. Ce résultat s'explique par l'action particulière que l'oxyde de carbone exerce sur les globules du sang, et qui sera indiquée ailleurs.

Mentionnons, en terminant, l'influence que l'humidité de l'air exerce sur la respiration. Un air saturé d'humidité ou qui est près de l'être emportera d'autant moins d'eau des poumons que la température extérieure sera plus élevée. De là une sensation particulière, sinon une gêne de la respiration dans les journées à la fois chaudes et humides. Dans ces cas la transpiration par la peau supplée à la perspiration pulmonaire.

IV. — RESPIRATION CUTANÉE.

On sait qu'un certain échange de gaz s'accomplit par la peau non-seulement chez beaucoup de reptiles, tels que les batraciens, mais encore chez les animaux supérieurs et chez l'homme. Chez ces derniers, cette respiration cutanée est très-peu active. Cela résulte d'expériences faites par Scharling et par MM. Regnault et Reiset. Les résultats obtenus par Scharling concernant l'activité comparée de la respiration pulmonaire et cutanée chez l'homme sont consignés dans le tableau suivant :

	Age.	Poids en kilogr.	Acide carbonique en grammes: Par les poumons et la peau en une heure.	Par la peau en une heure
Garçon	9 ans 3/4	22	20,338	0,181
Jeune homme.	16	57,75	34,280	0,181
Homme	28	82	36,623	0,373
Petite fille.....	10	23	19,162	0,124
Jeune femme..	19	»	»	0,272

MM. Regnault et Reiset [*Mém. cité*] ont étudié l'activité de la respiration cutanée en plaçant un animal dans un sac imperméable d'où la tête se dégageait et en faisant passer un courant d'air à travers le sac. Ils ont obtenu les résultats suivants :

	Poids.	Durée de l'expérience.	Quantité totale d'acide carbonique exhalée pendant l'expérience. Par la peau.	Par la peau et les poumons.
Poule...	1940gr	8h 40	0,336	18,62
	»	7h 30	0,076	16,13
	»	8h 45	0,164	19,70
Lapin...	2425gr	8h 15	0,358	20,63
	»	7h 45	0,197	19,38
Chien...	4159gr	7h 50	0,136	39,15
	»	8h 30	0,176	42,50

Dans d'autres expériences l'animal était placé dans un sac parfaitement clos et l'air confiné qui remplissait ce sac à la fin de l'expérience était soumis à l'analyse. On a obtenu ainsi les résultats suivants, pour les trois animaux ci-dessus :

	Durée de l'expérience.	100 vol. d'air confiné renferment: CO^2	O	Az
Poule.......	8h	0,27	20,76	78,97
Lapin.......	8h	0,36	20,55	79,09
Chien.......	8h 10	0,29	20,67	79,04

Dans toutes ces analyses la quantité d'oxygène est légèrement inférieure à la quantité normale contenue dans l'air, et la proportion d'acide carbonique trouvée correspond sensiblement à cette diminution d'oxygène. Il semble donc qu'au dégagement d'acide carbonique corresponde une absorption d'oxygène et que sous ce rapport la peau fonctionne comme les poumons, mais avec une intensité environ 100 fois moindre. C'est ce qui résulte de la moyenne des nombres inscrits dans les deux premiers tableaux.

Pour certains animaux inférieurs, la peau prend une part plus active dans les échanges gazeux. On peut s'en convaincre par l'examen des nombres inscrits dans le tableau de la page 1339 en ce qui concerne la respiration des grenouilles intactes et des grenouilles auxquelles on a excisé les poumons. Tandis que les animaux intacts consommaient par heure et par kilogramme 0gr,063, 0gr,089, 0gr,103, 0gr,050 d'oxygène, ils continuaient à consommer, après l'excision des poumons, 0gr,047, 0gr,063 d'oxygène. Ainsi, dans ce cas, la respiration cutanée est bien près de suppléer, sans doute par une sorte de compensation, à la respiration pulmonaire, lorsque celle-ci est supprimée.

V. — THÉORIE DE LA RESPIRATION.

Ainsi que nous l'avons dit en commençant cet article, J. Mayow et Willis avaient justement pressenti l'essence des phénomènes respiratoires dont Lavoisier a définitivement fixé la vraie nature. Mais il ne suffit pas d'avoir établi en termes généraux que la respiration est une combustion lente : il est nécessaire de préciser, autant que possible, le siége et le mode du phénomène. Et ce phénomène est complexe. D'une part, il faut considérer les échanges gazeux qui se passent dans les poumons et indiquer les principes suivant lesquels ils s'effectuent ; d'autre part, il faut expliquer les changements qu'éprouve le sang dans le cours de la circulation, en tant qu'ils sont liés aux phénomènes de la combustion respiratoire. Il nous reste à développer ces deux points.

On sait par la structure des poumons (p. 1332) combien cet organe est propre à l'absorption et à l'exhalation des gaz par le sang. On sait aussi, par la composition des gaz expirés, qu'il y a dans les poumons absorption d'oxygène, exhalation d'acide carbonique et de vapeur d'eau. Le sang veineux qui arrive dans le réseau capillaire des alvéoles se charge d'oxygène et perd de l'acide carbonique : il devient alors sang artériel et conserve ce caractère jusque dans les capillaires du système circulatoire général. Il en résulte évidemment que le sang artériel doit être plus riche en oxygène que le sang veineux, et que celui-ci doit être plus riche en acide carbonique que l'artériel. Il en est ainsi, et l'on voit quelle importance offrent, au point de vue de la théorie de la respiration, les recherches qui ont eu pour objet de fixer la composition des gaz du sang. Les anciennes expériences de Magnus avaient jeté sur ce sujet quelque incertitude. Cet habile physicien avait trouvé, en effet, dans le sang artériel plus d'acide carbonique que dans le sang veineux. Ce fait renversait la théorie actuelle de la respiration, ainsi que Gay-Lussac l'a fait justement remarquer [*Ann. de Chim. et de Phys.*, t. XI, p. 5]. Mais des recherches plus récentes, surtout celles que l'on doit à MM. Setschenow, Sczelskow, Schöffer, Mathieu et Urbain, ont considérablement avancé nos connaissances sur ce sujet et ont démontré que le sang artériel renferme à la fois plus d'oxygène et moins d'acide carbonique que le sang veineux (voyez l'article SANG). L'analyse des gaz du sang confirme donc ce double fait, que nous pouvons considérer comme établi, que le sang veineux exhale dans le poumon de l'acide carbonique et absorbe de l'oxygène.

Considérons d'abord l'absorption de l'oxygène. Il se fixe sur les globules, convertissant l'hémoglobine réduite en oxyhémoglobine (voyez ces mots). Dans cette dernière, il est engagé dans une véritable combinaison, mais combinaison très-peu stable, car elle perd son oxygène à chaud dans le vide (Hoppe-Seyler) ou par l'action de l'oxyde de carbone; l'hydrogène sulfuré et une foule de substances réductives sont capables de la détruire. Néanmoins la combinaison est définie, surtout par ses caractères optiques. Il en résulte que l'absorption de l'oxygène par le sang n'est pas une pure dissolution soumise à la loi de Dalton. Jusqu'à une certaine limite elle est indépendante de la pression. D'un autre côté, en raison même du peu de stabilité de la combinaison, de grandes variations de pression exercent une certaine influence sur l'absorption de l'oxygène. Sous de très-faibles pressions le sang prend moins d'oxygène que sous de très-fortes pressions (P. Bert, p. 1346) et l'on ne doit pas s'étonner de ce fait si l'on se rappelle que l'oxyhémoglobine perd de l'oxygène dans le vide, en vertu d'un véritable phénomène de dissociation.

Plus complexe est le phénomène de l'exhalation de l'acide carbonique dans les poumons. Ce gaz est contenu dans le sang sous deux états : à l'état de combinaison, à l'état de dissolution. Le sang est alcalin et il ne faut pas perdre de vue qu'il ne devient jamais neutre ou acide. Une portion de l'acide carbonique est donc unie à de l'alcali et forme avec lui une combinaison qui ne peut être décomposée que par l'intervention d'un autre acide. Et encore cette décomposition ne serait-elle complète qu'à la condition que l'acide mis en liberté pût se dégager entièrement. Il est évident que cette portion du gaz carbonique contenu dans le sang n'obéit pas à la loi de Dalton; elle est indépendante de l'autre. D'après les expériences de M. Setschenow, la proportion de l'acide carbonique combiné et qui n'est expulsé dans le vide que par les acides ne serait que la dixième ou la douzième partie de l'acide carbonique simplement dissous ou faiblement combiné qui peut être expulsé par le vide.

Le sang qui contient du carbonate de sodium renferme aussi du phosphate, et l'on sait que ces sels peuvent dissoudre de l'acide carbonique, de manière à former un carbonate acide. En présence du phosphate qui tend à devenir acide, ce bicarbonate est nécessairement très-peu stable et il doit s'établir entre ces deux sels un équilibre facile à rompre par des changements de température et de pression. En ce qui concerne cette portion de l'acide carbonique faiblement combiné, les expériences de M. Fernet ont démontré que le sérum se comporte exactement comme ferait une solution de carbonate et de phosphate de sodium renfermant ces sels dans la proportion où ils sont contenus dans le sérum.

Une autre portion de l'acide carbonique est simplement dissoute dans le sang et cette solution doit se comporter comme se comporterait une vraie solution d'acide carbonique. Elle doit céder à l'air, par diffusion, une portion de l'acide carbonique qu'elle renferme, et la rapidité avec laquelle elle perd son acide carbonique à une température donnée dépend du temps, de la pression et de la tension de l'acide carbonique dans l'air où il est déversé. Pour ne considérer que cette dernière condition, il est évident que la solution d'acide carbonique perdra son gaz d'autant plus facilement que la tension partielle de l'acide carbonique dans l'air des alvéoles sera plus faible.

C'est cette dernière condition qui gouverne principalement les échanges de gaz carbonique dans les alvéoles pulmonaires. L'atmosphère de ces dernières renferme du gaz carbonique, mais la tension de ce gaz est telle au moment de l'inspiration, qu'une certaine quantité de gaz carbonique peut s'échapper du sang dans les alvéoles. Les lois de la diffusion jouent certainement un rôle dans ce phénomène; mais, d'après ce que nous avons dit plus haut, elles ne le gouvernent pas tout entier, par la raison qu'une portion de l'acide carbonique est combinée dans le sang. Pour faire comprendre ceci, il suffit de rappeler un fait d'observation vulgaire. Exposez à l'air libre de l'eau distillée chargée d'acide carbonique; au bout d'un certain temps elle aura perdu son gaz. Faites la même expérience avec de l'eau de Selz naturelle, chargée au même degré, au bout d'un temps égal elle aura conservé une portion de son gaz : celui-ci est retenu par les carbonates contenus dans l'eau de Selz, même au delà de la proportion nécessaire pour les constituer à l'état de bicarbonates.

Ainsi le sang perd de l'acide carbonique par diffusion en passant dans les poumons, mais il le perd plus lentement et plus difficilement que ne ferait une solution de gaz carbonique dans l'eau pure.

Une dernière question se présente. Le dégagement de l'acide carbonique dans les alvéoles est-il favorisé par une action chimique? Une expérience que l'on doit à MM. Schöffer et Preyer semble jeter quelque jour sur cette question. M. Schöffer avait remarqué que les globules exercent une certaine action sur le dégagement de l'acide carbonique du sang, et M. Preyer a confirmé et précisé cette remarque par l'expérience suivante. Du sang est partagé en deux portions : l'une est abandonnée à la coagulation, l'autre est défibrinée. Le sérum de la première portion et le sang défibriné sont entièrement et séparément privés de gaz dans le vide. Si on les mêle ensuite et qu'on les expose de nouveau dans le vide, il s'en échappera une nouvelle quantité de gaz carbonique, et cette quantité correspond exactement à celle que le sérum privé de gaz aurait laissé dégager par l'action des acides. Il semble donc que les globules exercent sur le sérum une action analogue à celle des acides. Renferment-ils un acide qui passerait par diffusion dans le sérum? On l'ignore, et cela ne paraît pas probable. Mais l'expérience de M. Preyer tend à prouver qu'une action chimique est en jeu dans le dégagement de l'acide carbonique, et, comme dans le sang le produit de la décomposition, l'acide carbonique, vient se mêler aux matériaux qui réagissent pour produire cette décomposition (bicarbonates et globules), il doit en résulter une espèce d'équilibre entre tous ces corps. En un mot, si l'expérience de M. Preyer est exacte et bien interprétée, une question de dissociation doit intervenir dans l'explication de ces phénomènes.

Quoi qu'il en soit, cette action chimique, dont les effets viendront s'ajouter à ceux que produit la diffusion gazeuse, doit être très-faible, car il ne faut pas oublier que le sang reste alcalin et qu'il ne perd dans le poumon qu'une petite fraction de la quantité totale d'acide carbonique qu'il renferme.

Siége et mode des phénomènes de combustion respiratoire. — Le poumon n'est pas le siége des phénomènes de combustion. Les physiologistes admettent aujourd'hui que la combustion respiratoire s'accomplit dans le sang, et surtout dans les tissus. Les globules qui absorbent l'oxygène dans les poumons le portent au loin dans l'économie. Dans le parcours du système artériel, le sang conserve son apparence vermeille. L'oxyhémoglobine n'est pas modifiée ou l'est fort peu. Il est donc peu probable que le sang artériel soit un siége actif des phénomènes de combustion. Nous ne pouvons partager l'opinion contraire, récemment soutenue par MM. Estor et C. Saint-Pierre [*Journ. de Robin*, t. II, p. 302]. Leurs expériences sur les proportions relatives d'oxygène contenues dans le sang des artères carotides, rénales, crurales (21,06, — 18,22, — 7,22), auraient besoin d'une confirmation. D'ailleurs, si le sang artériel était le siége principal des phénomènes de combustion, il devrait être plus chaud que le sang veineux, et c'est le contraire qui a lieu. C'est donc dans le système capillaire et surtout à travers l'épaisseur des parois des vaisseaux capillaires, dans l'intimité même des tissus, que s'accomplissent les combustions respiratoires.

Là l'oxyhémoglobine cède l'excès d'oxygène qu'elle a absorbé et le transporte sur des matières oxydables qui doivent être éliminées de l'économie. Elle devient ainsi hémoglobine réduite. C'est donc cette curieuse matière cristalline qui forme la partie essentielle des globules du sang, qui est aussi le véhicule de l'oxygène.

Une expérience récente de M. Schützenberger, [*Bull. de la Soc. chim.*, t. XXI, p. 286] prête un nouvel appui à l'opinion qui place le siége des phénomènes de combustion dans l'intimité des tissus. D'après cet auteur, l'oxygène passerait par diffusion des globules sanguins aux cellules du plasma des organes, et cela au travers des parois des capillaires, et sous l'influence d'une propriété spéciale des cellules vivantes. Voici l'expérience. On fait circuler lentement du sang artériel rouge défibriné dans une série de canaux en baudruche mince, que l'on immerge dans une bouillie de levûre de bière, délayée dans du sérum, et maintenue à 40° environ. On constate qu'il est noir et désoxygéné à la sortie, comme le sang veineux, et qu'il conserve la propriété de redevenir rutilant à l'air. Les globules demeurent intacts. Ils ont cédé leur oxygène aux cellules de la levûre. Si, au lieu de bouillie de levûre, on emploie le sérum seul, comme liquide extérieur, toutes choses égales d'ailleurs, le sang reste artériel et rouge.

On s'est demandé si l'oxygène n'est pas contenu dans les globules sous forme d'ozone. Schönbein et His, et plus récemment A. Schmidt [*Ueber Ozon im Blute*, 1862], et Kühne et Scholz [*Virchow's Archiv.*, t. XXXIII, p. 96], ont fait des expériences à ce sujet. Schönbein et His ont remarqué que les globules rouges du sang partagent, avec le platine finement divisé, la propriété de bleuir la teinture de gaïac en présence du peroxyde d'hydrogène, de l'essence de térébenthine ozonée, de l'éther, etc., et favorisent la décoloration de l'indigo et la décomposition de l'acide iodhydrique par l'eau oxygénée et l'ozone. Ces expérimentateurs pensaient que les globules produisent l'oxydation de la teinture de gaïac, non pas directement, mais par l'intermédiaire des corps « porteurs de l'ozone », tels que l'essence de térébenthine. Cela était peu concluant, mais A. Schmidt a réussi à oxyder directement la teinture de gaïac, en déposant une goutte de sang étendu d'eau ou une goutte d'une solution étendue d'hémoglobine sur une bande de papier imprégnée de teinture de gaïac : la goutte s'entoure d'un anneau bleu intense. En outre, le sang ou une solution d'hémoglobine décomposent le peroxyde d'hydrogène avec un vif dégagement d'oxygène, et oxydent l'hydrogène sulfuré avec dépôt de soufre. D'après M. Schmidt, l'oxygène serait donc contenu dans l'oxyhémoglobine sous la forme où il est contenu dans l'ozone ou dans certains peroxydes. Toutefois il faut ajouter que l'oxygène dégagé de l'oxyhémoglobine ne montre aucun des caractères de l'ozone. En résumé, les expériences faites sur ce sujet semblent indiquer que l'oxygène qui est combiné à l'hémoglobine y est à un état qui favorise son transport sur d'autres matières et l'oxydation de ces matières, sans qu'on puisse dire qu'il est contenu dans les globules sous forme d'ozone.

La science ne possède aucune donnée précise sur le mode d'oxydation qu'éprouvent les diverses substances qui sont destinées à subir la combustion lente dans l'économie. Tout ce qu'on peut dire, c'est que cette combustion ne se fait pas brusquement, mais qu'elle parcourt des degrés, de telle sorte que les matières complexes se transforment graduellement en une série de produits intermédiaires, et que sous ce rapport les matières albuminoïdes et les matières grasses, par exemple, se comportent dans l'économie comme dans les expériences où on les soumet à l'action de réactifs oxydants tels que l'acide nitrique ou le mélange de bichromate de potassium et d'acide sulfurique. La présence d'une foule de principes immédiats, relativement simples, dans le sang, dans les humeurs et dans les tissus, doit être interprétée de cette façon : ce sont des produits de dénutrition ou de désassimilation, et les combustions respiratoires jouent évidemment le rôle principal dans leur formation. Eux-mêmes sont destinés à disparaître, au moins en partie, en subissant une oxydation plus avancée, jusqu'à ce qu'enfin, de combustion en combustion, les molécules complexes qui forment les éléments de nos humeurs et de nos tissus se trouvent réduites dans les derniers termes de leur oxydation, l'eau, l'acide carbonique, l'urée. Dans l'état actuel de la science, ces réactions peuvent être pressenties, mais non précisées. Bornons-nous donc à ajouter que la glucose joue probablement un rôle dans ces phénomènes d'oxydation et que c'est en vue de cette fonction particulière qu'elle se forme sans cesse dans l'économie des animaux supérieurs. A. W.

RÉTÈNE, $C^{18}H^{18}$. — On désigne sous ce nom un carbure d'hydrogène solide découvert en 1837 par MM. Fikentscher et Trommsdorff et étudié par Fritzsche [*Journ. für prakt. Chem.*, t. LXXV, p. 281], par M. Berthelot [*Bull. de la Soc. chim.*, 1867, t. VII, p. 46 et 231], et plus récemment par M. Wahlforss [*Bull. de la Soc. chim.*, 1869, t. XII, p. 413].

Le rétène, $C^{18}H^{18}$, est un polymère de la benzine, C^6H^6. M. Berthelot l'envisage comme le tétraméthylanthracène, $C^{14}H^6(CH^3)^4$.

On le rencontre dans la nature, sous forme d'écailles minces et onctueuses, dans du bois de pin fossile, dans des couches de tourbe et de lignite, en Danemark et ailleurs. Il est quelquefois associé à la fichtelite (voyez ce mot). Il se produit aussi par la distillation sèche du bois de sapin très-résineux, et se sépare du goudron, ou plutôt des huiles lourdes de ce goudron, sous forme d'écailles [Krauss, *Ann. der Chem. u. Pharm.*, t. CVI, p. 391]. Il est sans doute au nombre des carbures d'hydrogène solides que Fritzsche a obtenus en soumettant la colophane à la distillation sèche et en faisant passer les vapeurs à travers un tube rouge.

Pour l'extraire du bois fossile, Fritzsche épuise ce dernier par l'alcool bouillant, distille la plus grande partie de ce liquide, évapore le reste à siccité, et épuise par le sulfure de carbone, qui laisse une résine rouge acide. Le sulfure de carbone ayant été chassé par distillation, il reste du rétène impur. On le dissout à chaud dans la benzine, en même temps que de l'acide picrique : par le refroidissement, il se sépare une combinaison de rétène, de benzine et d'acide picrique sous forme d'aiguilles jaunes. On les comprime on les fait recristalliser dans l'alcool, en ayant soin d'ajouter un excès d'acide picrique. Finalement on décompose la combinaison par l'ammoniaque : le rétène se sépare. On le purifie par cristallisation dans l'alcool.

Le rétène se présente sous forme de lames brillantes, onctueuses, sans odeur ni saveur. Il tombe au fond de l'eau froide et surnage l'eau bouillante. Il fond de 98° à 99° [Fehling, *Ann. der Chem. u. Pharm.*, t. CVI, p. 388]; à 95° (Berthelot). Fondu, il se solidifie de nouveau à 90°, la température s'élevant graduellement à 95° (Fritzsche). Il se vaporise peu à peu à l'air et surtout à la chaleur du bain-marie. Il émet des vapeurs blanches qui se condensent en un sublimé laineux [Krauss, *Ann. der Chem. u. Pharm.*, t. CXXVIII, p. 345]. Il bout vers 350° et distille presque sans altération. Sous l'influence d'une température rouge, il donne une grande quantité d'anthracène (Berthelot).

Insoluble dans l'eau, il se dissout lentement dans l'alcool froid, plus rapidement dans l'alcool bouillant. Il est très-soluble dans l'éther à chaud ainsi que dans les huiles fixes et volatiles. Lorsqu'on dissout, à l'ébullition, dans l'alcool ou dans l'éther 1 p. de rétène et 3 p. d'acide picrique, on obtient par le refroidissement de fines aiguilles jaune orangé, d'une combinaison picrique renfermant $C^{18}H^{18}, C^6H^3(AzO^2)^3O$. Des lavages à l'alcool à 90° et plus facilement encore à l'alcool faible décomposent ces cristaux en rétène et acide picrique. Un mélange de rétène et d'acide picrique dissous à chaud dans la benzine laisse déposer par le refroidissement la combinaison triple dont il a été question plus haut et qui renferme $C^{18}H^{18}, C^6H^6, C^6H^3(AzO^2)^3O$. Exposée à l'air, elle devient opaque en abandonnant la benzine qu'elle renferme (Fritzsche).

Sous l'influence des agents oxydants tels que l'acide chromique, un mélange de chlorate de potassium et d'acide chlorhydrique, l'acide nitrique concentré, le rétène est converti en produits résineux. Soumis à l'ébullition avec l'acide nitrique étendu, il donne des produits cristallisés (Fehling).

D'après M. Wahlforss [*loc. cit.*], la réaction de l'acide chromique sur le rétène serait caractéristique : elle s'accomplit énergiquement à froid, avec dégagement d'acide carbonique. Il se forme en outre de l'acide acétique et de l'acide phtalique; mais le produit principal de la réaction est une poudre rouge-brique d'où l'alcool extrait un corps cristallisable en aiguilles jaune-orange, fusibles de 194° à 195°, très-solubles dans l'éther et dans la benzine, solubles dans la soude. Ce composé renferme $C^{16}H^{14}O^2$. L'auteur le nomme *dioxyrétistène*. Il décrit un dérivé bromé,

$$C^{16}H^{13}BrO^2,$$

fusible de 210° à 212°.

Chauffé avec de la poussière de zinc, le dioxyrétistène donne un carbure d'hydrogène, $C^{16}H^{14}$, le *rétistène*, qui est peut-être le diméthylanthracène, $C^{14}H^8(CH^3)^2$. Ce carbure donne avec l'acide picrique de longues aiguilles jaune-rouge fusibles à 94°.

On a décrit diverses combinaisons de rétène avec l'acide sulfurique, entre autres un acide disulfoné bien défini, $C^{18}H^{16}(SO^3H)^2$, qui se forme par un contact prolongé du rétène avec l'acide sulfurique concentré. Cet acide est cristallisable. Son sel de baryum, $C^{18}H^{16}S^2O^6Ba$, cristallise en aiguilles. Son sel de plomb, $C^{18}H^{16}S^2O^6Pb$, peu soluble dans l'eau froide, se dissout aisément dans l'eau bouillante, dont il se sépare sous forme de flocons.

L'acide qui vient d'être décrit paraît pouvoir se combiner avec l'acide sulfurique. Du moins a-t-on observé qu'une solution de rétène dans l'acide sulfurique moyennement concentré laisse déposer des cristaux renfermant

$$C^{18}H^{16}(SO^3H)^2 + SO^4H^2.$$

Enfin M. Fritzsche a décrit sous le nom de *sulforétène* un composé auquel il attribue la composition $C^{18}H^{20}SO^4$, et qui se forme lorsqu'on chauffe le rétène avec l'acide sulfurique concentré. Il se sépare de l'eau bouillante sous forme de lames nacrées, de l'alcool en croûtes ou en poudre grenue. Il paraît neutre et représente peut-être le composé $C^{18}H^{16}(SO^2)'' + 2H^2O$. A. W.

RÉTINALITE (Min.). — Serpentine compacte d'un éclat résineux et d'une couleur jaune de miel ou vert d'huile, trouvée à Grenville, C. W., et à Calumet.

Densité, 2,46 à 2,52.

RÉTINAPHTE. — Pelletier et Walter ont donné ce nom au toluène qu'ils ont décrit les premiers. Ils l'avaient retiré, par distillation fractionnée, des huiles obtenues dans la fabrication du gaz d'éclairage au moyen des résines de pins. Ils ont fixé sa formule, décrit l'action du chlore à l'ébullition, indiqué les relations du rétinaphte avec l'hydrure de benzoyle et l'acide benzoïque. — Voyez TOLUÈNE.

RÉTINASPHALTE (Min). — Masses résineuses d'un brun clair, quelquefois jaunes, vertes, rouges, opaques ou translucides. Souvent élastiques au moment où on les retire de la mine. Après dessiccation à 300°, l'alcool en dissout 54 p. Il reste 27 p. de matière organique insoluble et 13 % de cendres. La partie soluble a été appelée par Dana *rétinellite*. Elle est formée d'un acide $C^{21}H^{28}O^3$ (?) dont on connaît les sels d'argent, de plomb et de chaux. Il commence à fondre à 121° et est en pleine fusion à 160°. Il est très-soluble dans l'éther.

RÉTINIQUE (ACIDE), $C^{40}H^{54}O^{6}$ (?) — Johnston a désigné par ce nom la partie du rétinasphalte de Bovey (Devonshire), qui se dissout dans l'alcool. C'est une résine jaune brunâtre, qui fond à 120°, en perdant de son poids, et commence à se décomposer vers 205°. L'éther la dissout abondamment, et l'alcool, dans lequel elle est beaucoup moins soluble, la précipite partiellement de cette dissolution; elle est insoluble dans l'eau. La solution alcoolique de la résine donne un léger précipité avec le chlorure de calcium et précipite abondamment par une solution alcoolique d'acétate de plomb. L'acide rétinique séché à 100° a donné à l'analyse C = 75,03; H = 8,77; O = 16,20; après fusion il renferme C = 77,08; H = 8,70; O = 14,22, chiffres que Johnston représente par la formule

$$C^{40}H^{54}O^{6}\ (?).$$

Le sel de calcium contient 7,32 °/₀ Ca, et le sel d'argent 38,9 à 40,57 °/₀ Ag [*Philos. Transact.*, 1840, p. 347]. A. H.

RÉTINITE (Min.) [Syn. *Copal fossile*]. — Résine fossile d'un jaune d'or ou d'un gris passant au brun. Difficilement soluble dans l'alcool et ayant les propriétés de la résine-copal.

Densité, 1,01 à 1,05. De l'argile de Highgate-Hill, près de Londres; se trouve aussi aux Indes orientales.

RÉTINOLE. — C'est un des carbures d'hydrogène que Pelletier et Walter ont obtenus dans la distillation sèche des résines de térébenthine. Ils le décrivent comme un liquide oléagineux, presque inodore, qui bout à 238° environ. Sa densité est de 0,9 et sa densité de vapeur 7,11. Sa composition a été exprimée par la formule $C^{32}H^{32}$, qui manque absolument de contrôle; il est d'ailleurs extrêmement probable que le corps analysé n'était pas homogène. Le rétinole dissout à chaud le soufre et l'iode; il absorbe quelques gaz, particulièrement le gaz sulfureux dont il prend plusieurs fois son volume. La potasse ne l'attaque pas; le chlore donne à chaud de l'acide chlorhydrique et une masse épaisse; l'acide nitrique l'attaque rapidement en produisant un corps oléagineux [*Ann. de Chim. et de Phys.*, (2), t. LXVII, p. 269]. A. H.

RÉTINYLE. — Nom donné par Pelletier et Walter à un hydrocarbure $C^{9}H^{12}$, bouillant à 150°. Les divers hydrocarbures de cette formule sont désignés sous le nom de *cumène*. — Voyez Cumène, t. I, p. 1037.

RÉTISTÈNE. — Voyez Rétène.

RÉTISTÉRÈNE. — Nom donné par M. Dumas à la métanaphtaline (Pelletier et Walter) (voyez Métanaphtaline, t. II, p. 400). D'après M. Berthelot, la métanaphtaline n'est pas un corps pur, mais un mélange de divers hydrocarbures.

RETZBANYITE (Min.). — Minerai de bismuth d'un gris de plomb, mêlé avec des produits d'altération. Renferme: bismuth = 38, plomb = 36, soufre = 12, argent = 2, cuivre = 4, oxygène = 7.

Dureté, 2,5. Densité, 6,21.

Se trouve à Retzbanya (Hongrie).

RETZITE. — Voyez Aedelforsite.

REUSSELAERITE (Min.). — Silicate d'oxyde ferreux, de chaux, d'alumine, de magnésie, de potasse, de soude, avec un peu d'eau, se trouvant à Canton, comté de Saint-Laurent, New-York, en pseudomorphoses de cristaux d'augite.

REUSSINE (Min.). — Mirabilite impure en concrétions efflorescentes, trouvée à Sedlitz et à Saidschutz.

REUSSINE (Min.). — Matière extraite par l'alcool de la pyrorétine de Reuss (voyez ce mot). Rouge-brun, très-soluble dans l'alcool et dans l'éther.

RHAETIZITE. — Disthène en masses fibreuses ou bacillaires, blanches, bleues ou colorées en gris par le graphite, de Pfitsch en Tyrol.

RHAMNÉGINE. — Voyez Rhamnus.

RHAMNÉTINE. — Voyez Rhamnus.

RHAMNOCATHARTINE [Hubert, *Journ. Ch. Med.*, t. VI, p. 193; — Winckler, *Jahresb. prakt. Pharm.*, t. XIX, p. 221, t. XXIV, p. 1; — Binschwanger, *Repert. Pharm.*, t. CIV, p. 55]. — On donne ce nom au principe amer des baies de nerprun. Pour le préparer, on évapore le suc des baies mûres; l'extrait est épuisé avec de l'alcool; la solution alcoolique est évaporée et le résidu est mélangé avec de l'eau: il se sépare de l'acide rhamnotannique insoluble. Le liquide filtré est agité avec du noir animal tant qu'il garde une saveur amère. Le charbon retenant la matière est lavé à l'eau, séché et épuisé par l'alcool qui abandonne la rhamnocathartine par évaporation (Binschwanger).

Corps translucide, amorphe, jaune, saveur amère très-désagréable, neutre; chauffé, il fond, puis se décompose, en laissant un résidu de charbon. L'acide nitrique le change en acide picrique.

Soluble en toute proportion dans l'eau et l'alcool (Winckler); d'après Binschwanger, au contraire, il n'est soluble que dans l'eau bouillante.

Ses solutions se colorent en jaune foncé par les alcalis et l'acétate basique, en brun-vert par les sels ferriques.

Le principe décrit ci-dessus ne peut être qu'un mélange de divers corps et doit renfermer des matières colorantes. P. S.

RHAMNOTANNIQUE (ACIDE) [Binschwanger, *Repert. Pharm.*, t. CIV, p. 54]. — Matière astringente, amorphe, jaune verdâtre, neutre et friable; saveur amère et astringente. On la retire des baies de nerprun mûres, en exprimant le suc que l'on évapore à consistance d'extrait; le résidu est épuisé par l'alcool chaud; on évapore et l'on ajoute de l'eau qui sépare l'acide rhamnotannique sous forme d'une poudre jaune verdâtre.

Ce corps est à peu près insoluble dans l'eau froide, plus soluble dans l'eau bouillante et l'ammoniaque avec laquelle il donne une liqueur jaune d'or passant au brun.

L'eau de chaux et la potasse le dissolvent en jaune; ces solutions ne brunissent pas à l'air; la première dépose peu à peu des flocons jaunes; les acétates neutres et basiques de plomb produisent dans la solution aqueuse des précipités orangés. Il colore en vert-olive les sels ferriques et les précipite ensuite; ne précipite pas la gélatine; au bout d'un certain temps, il précipite en jaune l'émétique. Il est très-probable que Binschwanger n'a eu entre les mains et n'a décrit que de la matière colorante (rhamnine et rhamnétine) impure. P. S.

RHAMNOXANTHINE. — Voyez Rhamnus.

RHAMNUS (matières colorantes du). — Les graines de diverses espèces de nerpruns ou rhamnus (*Rhamnus amygdalinus, infectaria, saxatilis, cathartica*, etc.) renferment des matières colorantes jaunes utilisées par l'industrie.

Divers chimistes se sont occupés de l'étude de ces principes [Kane, *Phil. Mag.*, (3), t. XXIII, p. 3; — Gellaty, *Edimb. new philos. Journ.*, t. VII, p. 262; — Ortlieb, *Bull. de la Soc. indust. de Mulhouse*, t. XXX, p. 16; — Schützenberger et Bertèche, *Bull. de la Soc. chim.*, 1868, t. X, p. 179; — Lefort, *Compt. rend.*, t. LXIII, p. 840; — Stein, *Zeit. für Chem.*, (2), t. V, p. 183 et 568].

M. Persoz [*Traité de l'impression des tissus*, t. I] a fait observer le premier que les décoctions de graine de Perse, abandonnées longtemps à elles-mêmes, subissent une fermentation alcoolique, en même temps qu'elles déposent une substance cristalline très-peu soluble. Ce phénomène mettait sur la voie de l'existence d'un glucoside soluble dans l'eau, susceptible de se dédoubler, sous l'influence d'un ferment ou par le contact prolongé avec l'eau, en sucre qui fermente et en matière colorante jaune insoluble.

Plus tard, Gellaty a isolé, au moyen de l'alcool, une matière cristalline jaune, formée d'aiguilles soyeuses, insipides, solubles dans l'eau froide et l'alcool, insoluble dans l'éther, se dédoublant, par l'ébullition avec l'acide sulfurique étendu, en glucose et en un produit jaune insoluble. Il donna à la matière soluble le nom de *xanthorhamnine* et celui de *rhamnétine* au produit du dédoublement.

D'après mes propres observations, la graine de Perse réduite en poudre grossière épuisée par l'alcool chaud, dans un appareil de déplacement, donne un liquide qui, abandonné à l'évaporation spontanée, se prend en masse cristalline. Celle-ci étant exprimée laisse une eau mère qui, après concentration, fournit un nouveau dépôt de cristaux beaucoup moins abondants et une eau mère brune et sirupeuse; cette dernière, au bout de quelques mois, peut se prendre en une masse formée de grains volumineux arrondis, composés d'aiguilles groupées au centre. Ce troisième dépôt a été étudié à part.

La première cristallisation, lavée à l'alcool froid, puis dissoute dans l'alcool chaud, donne une solution qui, après refroidissement et addition d'un peu d'éther, dépose d'abondantes aiguilles d'un jaune d'or pur; celles-ci ont été lavées à l'éther et séchées (rhamnégine de Lefort, xanthorhamnine de Gellaty). Ce corps est très-soluble dans l'eau et l'alcool, peu soluble dans l'éther, la benzine et le sulfure de carbone; sans saveur et sans odeur; il ne fermente pas et ne réduit pas le réactif de Fehling; il fond à une température assez élevée en un liquide transparent, jaune foncé, puis se décompose un peu au-dessus de son point de fusion. Chauffé sur une lame de platine, il se boursoufle et brûle avec flamme, en laissant un résidu de charbon. La moyenne des analyses a donné : carbone, 52,5; hydrogène, 6,10. La solution aqueuse de ce corps additionnée de 1/2 °/₀ d'acide sulfurique et chauffée au bain-marie à 100° se trouble et donne en très-peu de temps un abondant précipité jaune. Lorsque la réaction est terminée, on filtre, on lave à l'eau, à l'alcool et à l'éther. Le dépôt jaune ou *rhamnétine* est insoluble dans l'eau et l'éther, à peine soluble dans l'alcool bouillant à 92 °/₀. La quercétine est, au contraire, très-soluble dans l'alcool et n'y cristallise qu'après addition d'eau. Ce produit de dédoublement ne peut donc, en aucun cas, être identifié avec la quercétine, et les indications récentes de Stein, d'après lesquelles le produit de dédoublement de la rhamnine serait de la quercétine, doivent se rapporter à un autre principe dont nous allons parler tout à l'heure.

Nous avons dit plus haut que les eaux mères de la rhamnégine ou de la rhamnine déposent au bout d'un temps assez long d'abondants cristaux. Par leur composition, ces cristaux purifiés paraissent être identiques avec les cristaux du premier dépôt, mais ils s'en distinguent par la nature du produit de dédoublement fourni par l'action de l'acide sulfurique. Ce produit est plus soluble dans l'alcool, au sein duquel il cristallise facilement par refroidissement ou par évaporation spontanée : on pourrait le confondre avec la quercétine; il s'en distingue cependant par la composition (l'analyse a donné : carbone, 61,6 au lieu de 60,7; hydrogène, 4,55 au lieu de 3,4) et par une plus grande solubilité dans l'eau (1 litre d'eau, bouillie avec un excès de produit et filtrée, laisse déposer par refroidissement 0gr,65 de matière, tandis qu'avec la quercétine le dépôt est insignifiant). En résumé, il semble résulter de ces observations que les graines de Perse renferment deux ou plusieurs glucosides solubles dans l'eau, susceptibles de se décomposer par l'ébullition avec l'acide sulfurique étendu en une matière sucrée et en principes colorants voisins les uns des autres et aussi très-rapprochés de la quercétine.

Les caractères du produit de dédoublement fourni par les premiers cristaux se rapportent à la description que Gellaty donne de la rhamnétine, qu'il dit être insoluble dans l'alcool et l'éther. *Un corps insoluble dans l'alcool ne peut pas être de la quercétine.*

Le produit de dédoublement fourni par les cristaux du glucoside le plus soluble et qui cristallise en dernier est assez soluble dans l'alcool, surtout chaud, et aussi sensiblement soluble dans l'eau bouillante (notablement plus que la quercétine, avec laquelle on ne peut donc plus le confondre).

En admettant donc l'isomérie des deux glucosides et des deux matières colorantes qui en dérivent, et en conservant la nomenclature proposée par Gellaty, ces divers produits pourraient être désignés par les noms suivants : *rhamnine* α et β (ce sont les glucosides : la xanthorhamnine de Gellaty, la rhamnégine de Lefort), et les produits de dédoublement : rhamnétine α insoluble dans l'alcool, rhamnétine β soluble dans l'alcool.

Les rhamnétines α et β fondues avec de l'hydrate de potassium se dédoublent, comme la quercétine, en phloroglucine et acide quercétique [Stein, *Zeit. für Chem.*, (2), t. V, p. 183 et 508]. Chauffées avec un excès d'anhydride acétique, elles donnent des dérivés acétiques incolores et cristallisables; la rhamnine fournit également, lorsqu'on la chauffe avec l'acide acétique anhydre, un dérivé acétique.

La matière sucrée qui représente avec la rhamnétine le second terme du dédoublement de la rhamnine s'obtient facilement en saturant par le carbonate de baryum le liquide séparé de la rhamnétine, filtrant et évaporant dans le vide; il se présente sous forme d'un sirop épais, incristallisable, fort déliquescent et hygroscopique; de saveur sucrée très-prononcée, elle réduit énergiquement la liqueur de Fehling et ne fermente pas en contact avec la levûre. Pouvoir rotatoire dextrogyre $[\alpha]_r = 17°,8$. Séché dans le vide, ce sucre renferme C = 39,27; H = 7,43; séché à 100°, C = 41,73; H 7,31. Ces derniers nombres correspondent à la formule $C^6H^{12}O^5$; les premiers à $C^6H^{14}O^6$, qui feraient de ce sucre un isomère de la mannite.

Stein dit, de son côté, que la rhamnine se dédouble par l'ébullition avec les acides étendus ou par l'action d'un ferment spécial en rhamnétine et en gomme ($C^{12}H^{20}O^8$ ou $C^{12}H^{22}O^9$); la formule que Stein donne à la *gomme* ne diffère de celle de Schützenberger que par de l'eau en moins; il est possible que, par une ébullition plus prolongée avec l'eau acide, cette gomme se convertisse en isomère de la mannite. L'auteur de cet article n'a pas étudié l'action du ferment, mais la matière sucrée qu'il a isolée de la rhamnine pure avait véritablement une saveur *très-douce* et réduisait énergiquement la liqueur de Fehling. En résumé, les divergences qui semblent exister entre les deux Mémoires trouvent leur explication dans l'examen approfondi des résultats et sont plutôt apparentes que réelles. Dans l'état actuel de la question, il serait prématuré de donner des formules définitives aux composés décrits ci-dessus; nous nous bornerons à donner les résultats analytiques obtenus et à indiquer des formules propres à les représenter.

Les rhamnines contiennent.......	C=52,3	H=6,1	
Leur dérivé acétique	C=54,99	H=5,17	Acétyle=31,9
Les rhamnétines...	C=61,40	H=4,50	
Les rhamnétines acétiques..........	C=59,10	H=4,27	Acétyle=28,45

La quantité de sucre fournie est = 60 à 63 °/₀ de rhamnine.

Ces résultats peuvent être résumés par les formules suivantes, qui n'ont pas d'autre valeur que de les traduire en abrégé :

Rhamnégine........... = $C^{24}H^{32}O^{14}$.
Rhamnétine........... = $C^{12}H^{10}O^{5}$.
Rhamnégine hexacétique = $C^{24}H^{26}(C^2H^3O)^6O^{14}$.
Rhamnétines acétiques.. = $C^{12}H^8(C^2H^3O)^2O^5$.

Équation de dédoublement :

$$C^{24}H^{32}O^{14} + 3H^2O = C^{12}H^{10}O^5 + 2C^6H^{14}O^6.$$

P. S.

RHAPONTICINE. — Synonyme de CHRYSOPHANIQUE (ACIDE), t. I, p. 900.

RHÉINE. — Synonyme de CHRYSOPHANIQUE (ACIDE), t. I, p. 900.

RHÉIQUE (ACIDE). — Synonyme de CHRYSOPHANIQUE (ACIDE).

RHEUMINE. — Synonyme de CHRYSOPHANIQUE (ACIDE).

RHINANTHINE, $C^{58}H^{52}O^{40}$. — Glucoside retiré par H. Ludwig des graines de la crête de coq (*Alectrolophus hirsutus*, famille des Rhinantacées). La rhinanthine cristallise en prismes incolores réunis en étoiles, d'une saveur amère et douceâtre, d'une réaction neutre; elle se dissout aisément dans l'eau et dans l'alcool et ne précipite pas par le sous-acétate de plomb. Chauffée en solution alcoolique avec une petite quantité d'acide chlorhydrique ou d'acide sulfurique, elle se scinde en sucre et une nouvelle substance, la *rhinanthogine*, qui colore l'alcool en vert bleuâtre. Cette dernière est incristallisable, de couleur brune, et insoluble dans l'eau. L'acide azotique colore la rhinanthine rapidement en brun foncé [H. Ludwig, *Archiv. der Pharm.*, (2), 1868, t. CXXXVI, p. 64; 1870, t. CXLII, p. 199].

RHODALITE (Min.). — Masses terreuses probablement pseudomorphiques, paraissant composées d'une multitude de petits prismes rectangulaires ou carrés et formés essentiellement d'un silicate hydraté de fer et d'alumine. Rose clair. Dureté, 2 environ. Densité, 2. Infusible au chalumeau. Disséminé avec calcaire terreux et chabasie, dans une amygdaloïde en Irlande.

RHODALOSE (Min.) [Syn. *Bieberite, sulfate hydraté de cobalt*] $SO^4Co + 7H^2O$. — Se trouve en masses stalactites ou en incrustations dans les anciens travaux de mines à Bieber (Nassau), à Leogang (Salzbourg) et à Tres-Puntas, près Copiapo (Chili). Transparent, translucide, d'un rose pâle; fragile.

Caractères. — Est soluble dans l'eau et possède une saveur astringente. Dans le tube bouché, donne de l'eau, et à une plus haute température de l'acide sulfureux.

Densité, 1,624.

Forme cristalline. — Clinorhombique, isomorphe avec la mélantérite, etc.

RHODANURES. — Synonyme de SULFOCYANATES.

RHODÉORÉTINE. — Synonyme de CONVOLVULINE, t. I, p. 973.

RHODÉORÉTINOL. — Synonyme de CONVOLVULINOLIQUE (ACIDE), t. II, p. 973.

RHODÉORÉTIQUE (ACIDE). — Synonyme de CONVOLVULIQUE (ACIDE), t. I, p. 974.

RHODIUM, Rh = 104,4 (équivalent = 52,2). — *Historique.* — Ce métal a été découvert en 1803 par Wollaston dans la mine de platine [*Philos. Transac.*, 1804, p. 419]. Il a été étudié plus tard par Vauquelin [*Ann. de Phys.*, t. LXVIII, p. 167, et XCXIII, p. 204] et par Berzelius [*Ann. Phil.*, t. III, p, 252; *Poggend. Ann.*, t. XIII, p. 437]. E. Fremy a fait connaître un procédé d'extraction de ce métal qui a permis de l'obtenir dans un plus grand état de pureté. Mais c'est surtout à Deville et Debray qu'on doit la connaissance des faits relatifs au métal pur. On doit enfin à Fremy et à Claus des recherches précises sur ses combinaisons.

Préparation. — Le rhodium se trouve dans les résidus de l'extraction du platine, en partie dans l'osmiure d'iridium, en proportions variables, en partie dans le précipité produit par le fer dans les eaux mères d'où s'est séparé le platine. Nous ne rappellerons pas les procédés employés par Wollaston, Vauquelin et Berzelius pour préparer le rhodium, les méthodes suivies par Claus, par Fremy et par Deville et Debray conduisant bien plus sûrement à l'obtention du métal pur.

1° *Procédé de Claus.* — Le résidu obtenu en précipitant par le fer les eaux mères du traitement de la mine de platine est principalement riche en rhodium. Il renferme les deux tiers de son poids de fer, de la silice, du gypse, de l'alumine, de l'acide phosphorique, de l'acide titanique, du cuivre, du plomb, du chrome et tous les métaux du platine sauf l'osmium.

Ce résidu, préalablement traité par l'eau régale pour le débarrasser du gypse, de l'alumine, du cuivre, du fer, et d'un peu de palladium, est porté à l'ébullition avec de la potasse concentrée (0^k,5 de potasse et 5 kilogrammes d'eau pour 1 kilogramme de résidu). La portion insoluble, lavée à l'acide et séchée, est mélangée avec du chlorure de sodium, puis soumise à l'action du chlore sec, au rouge sombre. La masse reprise par l'eau donne une solution rouge-brun ou rose suivant la température employée; dans le premier cas elle renferme Rh^2Cl^6 et $IrCl^2$; dans le second cas elle contient l'iridium à l'état de sesquichlorure. On évapore pour séparer la majeure partie du chlorure de sodium; on chauffe avec de l'acide azotique et on ajoute ensuite une solution concentrée de sel ammoniac. Le chloriridate d'ammonium se précipite, tandis que le chlorure double de rhodium reste dissous et cristallise par l'évaporation dans un endroit chaud. C'est le chlorure double $Rh^2Cl^{12}(AzH^4)^6 + 3H^2O$: on le fait recristalliser dans une solution de sel ammoniac. Calciné, il fournit du rhodium métallique, d'un blanc d'argent [Claus, *Beitr. zur Chem. de Platinmetalle.* — *Jahresb.*, 1855, p. 423].

2° *Procédé Fremy.* — L'osmiure d'iridium, privé par le grillage de l'osmium et du ruthénium qu'il contient, ainsi que le résidu pulvérulent, insoluble dans l'eau régale, provenant du traitement des alliages de platine, sont formés d'iridium et de rhodium. On commence par séparer la majeure partie de l'iridium en fondant le résidu avec du nitre, puis on mélange la portion insoluble, provenant de ce traitement, avec du chlorure de sodium, et on le soumet à l'action du chlore sec, au rouge sombre. La masse reprise par l'eau donne une solution rose qui fournit par l'évaporation des cristaux volumineux de chlorure double de rhodium et de sodium. Ce sel fournit du rhodium par l'action du zinc ou par la calcination dans un courant d'hydrogène. Comme ce chlorure double peut encore renfermer de l'iridium, il vaut mieux le traiter par du chlorure d'ammonium en excès; le chloriridate d'ammonium insoluble dans un excès de sel ammoniac se précipite et le chlororhodate d'ammonium reste dans les eaux mères. Ce dernier sel donne directement du rhodium pur par la calcination [*Ann. de Chim. et de Phys.*, (3), t. XLIV, p. 395].

3° *Procédé Deville et Debray.* — Les résidus renfermant le rhodium sont fondus avec 1 p. de plomb et 2 p. de litharge. Le plomb en fondant s'allie aux métaux du platine. On attaque le culot de plomb par l'acide azotique, qui dissout le plomb, le cuivre et le palladium. La substance pulvérulente qui reste est bien lavée, puis mêlée intimement à 5 p. de bioxyde de baryum exactement pesé. On chauffe au rouge pendant 1 à 2 heures, on reprend par l'eau, on fait bouillir avec l'eau régale en prenant les précautions nécessaires pour condenser les vapeurs d'anhydride perosmique. On ajoute au résidu, étendu d'eau, de l'acide sulfurique en quantité strictement nécessaire pour précipiter toute la baryte. On évapore à sec à 100° la liqueur filtrée, additionnée d'un peu d'acide azotique et d'un grand excès de sel ammoniac; on lave la masse saline avec une solution concentrée de sel ammoniac qui enlève tout le rhodium à l'état de chlorure double. Quand la solution passe incolore, on évapore la liqueur avec un grand excès d'acide azotique pour détruire le sel ammoniac.

On transforme ensuite le résidu de cette dernière opération en sulfure de rhodium qu'on décompose de nouveau par la calcination. A cet effet, on l'humecte de sulfhydrate d'ammoniaque, on y ajoute 3 à 4 p. de soufre, et on calcine le tout au rouge vif, dans un creuset brasqué. On obtient ainsi du rhodium, qui est presque pur après qu'on l'a fait bouillir longtemps et successivement avec de l'acide azotique et avec de l'acide sulfurique.

Pour le purifier tout à fait, on le fond avec 3 à 4 p. de zinc; l'alliage se fait avec une grande élévation de température, susceptible de volatiliser une partie du zinc. On brasse bien l'alliage fondu, on laisse reposer et on le coule. L'acide chlorhydrique enlève la majeure partie du zinc en laissant un alliage à proportions définies. On dissout ce dernier dans l'eau régale, au contact de l'air. La solution ammoniacale donne par l'ébullition, puis par l'évaporation un sel jaune (chloramidure de rhodium $Rh^2Cl^6, 10AzH^3$) qu'on fait cristalliser plusieurs fois, pour le transformer finalement en sulfure qu'on calcine dans un creuset brasqué [*Ann. de Chim. et de Phys.*, (3), t. LVI, p. 415].

Propriétés. — Le rhodium est moins fusible que le platine. Deville et Debray ont pu effectuer sa fusion en employant les appareils qu'ils ont fait connaître pour la fusion du platine (voyez t. II, p. 1036). La fusion du rhodium dans un creuset de chaux lui enlève les traces de silicium et d'osmium qu'il peut encore contenir. Le rhodium fond sans apparence de volatilisation; il s'oxyde superficiellement pendant cette opération et roche par le refroidissement.

Lorsqu'on chauffe le métal pulvérulent à l'air, il se transforme en oxyde, mais celui-ci se réduit de nouveau à une température plus élevée. Le rhodium fondu est ductile et malléable. Il est blanc, quelquefois bleuâtre à la surface, moins brillant que l'argent; son aspect est le même que celui de l'aluminium. Sa densité est égale à 12,1 (Deville et Debray). Chaleur spécifique = 0,055 à 0,058 (Regnault). Le rhodium est attaqué par le chlore au rouge. Il est inattaquable par les acides, même par l'eau régale, s'il est pur. Fondu avec du nitre, il se transforme en sesquioxyde. Le sulfate acide de potassium l'attaque en produisant un sulfate double. Le rhodium est également attaqué par l'acide métaphosphorique fondu.

Lorsqu'on précipite le rhodium de ses solutions par l'acide formique ou par l alcool, on l'obtient dans un grand état de division. A cet état, il décompose l'acide formique en acide carbonique et hydrogène. Au contact d'un alcool en présence d'un alcali, il y a dégagement d'hydrogène et formation d'un acétate alcalin [Deville et Debray, *Compt. rend.*, t. LXXVIII, p. 1782].

ALLIAGES DU RHODIUM. — *Rhodium et argent.* — Alliage fusible, très-malléable (Berzelius). L'acide azotique l'attaque sans dissoudre le rhodium (Wollaston).

Rhodium et bismuth. — Un alliage de 3 p. de bismuth et de 1 p. de rhodium est entièrement soluble dans l'acide azotique (Wollaston). Il en est de même de l'alliage de 3 p. de cuivre et de 1 p. de rhodium.

Rhodium et étain. — Alliage cristallin, noir et brillant, renfermant SnRh, fusible à une haute température. Il est attaqué par le chlore. On l'obtient comme l'alliage de rhodium et de zinc (Deville et Debray).

Rhodium et fer. — Un alliage de 1 p. de rhodium et de 1 p. d'acier fournit un miroir d'un bel éclat. D = 9,176.

Rhodium et or. — Un alliage de rhodium avec 4 à 5 p. d'or est très-ductile, peu fusible, de la couleur de l'or; il se recouvre d'oxyde par la calcination. Inattaquable par l'acide azotique.

Rhodium et platine. — L'alliage à 30 °/₀ de rhodium est plus fusible que le rhodium pur; il se laisse travailler facilement et n'est pas attaqué par l'eau régale [Deville et Caron, *Compt. rend.*, t. XLIV, p. 1101].

Rhodium et plomb. — Alliage soluble dans l'acide azotique (Wollaston).

Rhodium et zinc. — Alliage cristallin, se formant avec élévation de température. Il renferme $RhZn^2$ et s'obtient en dissolvant le rhodium dans un excès de zinc fondu et en enlevant cet excès par l'acide chlorhydrique. Il ne se dissout dans l'eau régale qu'avec le concours de l'air (Deville et Debray) [*Ann. de Chim. et de Phys.*, (3), t. LVI, p. 418].

CHLORURES DE RHODIUM.

Berzelius a décrit trois chlorures de rhodium, un bichlorure $RhCl^2$, le sesquichlorure Rh^2Cl^6 et un chlorure intermédiaire

$$Rh^4Cl^{10} = Rh^2Cl^6, 2RhCl^2.$$

Le sesquichlorure seul a été bien étudié.

BICHLORURE DE RHODIUM, $RhCl^2$. — Il s'obtient sous la forme d'une poudre rouge ou violet sale lorsqu'on décompose par la potasse le chlorure Rh^4Cl^{10} et qu'on redissout le précipité dans l'acide chlorhydrique; la solution est colorée en rouge par du sesquichlorure (Berzelius). Fellenberg l'a obtenu en chauffant le sulfure de rhodium dans un courant de chlore. Ce chlorure n'est pas modifié lorsqu'on le chauffe doucement dans un courant de chlore. Il est réduit par l'hydrogène à l'état métallique. Il est insoluble dans l'eau et dans les acides, indécomposable par les alcalis (Berzelius).

CHLORURE INTERMÉDIAIRE, Rh^4Cl^{10}. — Poudre rose pâle insoluble dans l'eau et dans l'acide chlorhydrique, obtenue en chauffant du rhodium réduit dans un courant de chlore, jusqu'à ce qu'il n'augmente plus de poids (d'après Claus, le produit final est le sesquichlorure). Il se forme en même temps un sublimé jaune soluble et un sublimé amorphe rouge Rh^2Cl^6. La potasse bouillante le décompose en donnant de l'hydrate rhodoso-rhodique (Berzelius).

D'après Claus, le chlorure intermédiaire décrit

par Berzelius n'est qu'un mélange de sesquichlorure et de métal non attaqué.

SESQUICHLORURE DE RHODIUM, Rh^2Cl^6. — Ce chlorure s'obtient à l'état anhydre par l'action du chlore sur le rhodium métallique réduit en poudre. On peut l'obtenir plus facilement en chauffant un des chlorures rhodiques alcalins doubles avec de l'acide sulfurique concentré. Lorsqu'on verse le mélange dans de l'eau, celle-ci dissout le sulfate alcalin et un peu de rhodium, tandis que le sesquichlorure se précipite dans le même état que celui obtenu par voie sèche. Enfin le chlorure anhydre s'obtient par la calcination au rouge du chlorure hydraté.

Le sesquichlorure de rhodium est un corps rouge-brun, insoluble dans l'eau et dans tous les autres dissolvants [Claus, *Journ. für. prakt. Chem.*, t. LXXX, p. 282; *Répert. de Chim. pure*, 1861, p. 126].

Sesquichlorure hydraté, $Rh^2Cl^6, 8H^2O$. — Il reste sous la forme d'une masse vitreuse, brun-rouge, déliquescente, soluble dans l'eau et dans l'alcool, insoluble dans l'éther, lorsqu'on évapore au bain-marie la solution chlorhydrique du sesquioxyde de rhodium, privée de potasse par un traitement à l'acide azotique. Pulvérisé, cet hydrate prend une belle couleur rouge. La calcination le transforme en sesquichlorure anhydre et insoluble (Claus). Il ne perd du chlore qu'à une température très-élevée.

La solution alcoolique, ainsi que la solution aqueuse, sont roses; la solution chlorhydrique est jaune.

Berzelius préparait ce chlorure en traitant le chlororhodate de potassium, $Rh^2Cl^6, 4KCl$, par de l'acide hydrofluosilicique, évaporant la liqueur filtrée, reprenant le résidu par l'eau et évaporant de nouveau avec addition d'acide chlorhydrique. Il le décrit comme une masse amorphe, brune et déliquescente.

Le sesquichlorure de rhodium forme des chlorures doubles appartenant à deux types :

$$Rh^2Cl^{10}M^4 = Rh^2Cl^6, 4MCl$$

et

$$Rh^2Cl^{12}M^6 = Rh^2Cl^6, 6MCl.$$

Chlororhodate d'ammonium a. $Rh^2Cl^{10}(AzH^4)^4$. — Vauquelin a obtenu ce sel, après la séparation du palladium, dans le traitement qu'il faisait subir à la mine de platine pour extraire le rhodium. Il se forme, entre autres, lorsqu'on fait cristalliser le sel suivant dans l'eau bouillante. Il cristallise en prismes quadrangulaires, d'un rouge grenat renfermant $2H^2O$. Il se dissout dans l'eau avec une coloration rouge; il est insoluble dans l'alcool. Sa solution aqueuse additionnée d'ammoniaque donne une poudre jaune insoluble, qui est du chloramidure de rhodium (Claus) (voyez COMBINAISONS AMMONIACALES, p. 1357). Elle donne avec le chlorure de platine un précipité de chloroplatinate d'ammonium et du chlorure de rhodium qui reste dissous (Wollaston).

b. $Rh^2Cl^{12}(AzH^4)^6$. — On l'obtient lorsqu'on décompose le sel sodique correspondant par le chlorure d'ammonium. Il cristallise en beaux prismes rhombiques renfermant $3H^2O$ et isomorphes avec la combinaison iridique correspondante [Keferstein, *Poggend. Ann.*, t. XCVII, p. 337].

Ces deux sels doubles laissent du rhodium métallique par la calcination.

Chlororhodate de potassium a. $Rh^2Cl^{10}K^4$. — Il a été décrit par Wollaston et par Berzelius. On l'obtient soit directement, soit en chauffant dans un courant de chlore un mélange de rhodium et de chlorure de potassium. Il forme des prismes rectangulaires pointés, d'un rouge foncé, renfermant $2H^2O$ qu'il perd à 100°. Il est soluble dans l'eau, insoluble dans l'alcool (Berzelius).

b. $Rh^2Cl^{12}K^6$. — Il s'obtient par le mélange des chlorures en solutions concentrées et cristallise en prismes peu solubles, qui s'effleurissent à l'air en perdant $3H^2O$.

Chlororhodate de sodium, $Rh^2Cl^{12}Na^6$. — Se forme par l'action du chlore sur un mélange de rhodium et de chlorure de sodium. Il cristallise dans l'eau en prismes rhombiques rouges (Wollaston) ou en octaèdres (Descotils), renfermant $18H^2O$. Ces cristaux sont efflorescents et fusibles dans leur eau de cristallisation. Ils se dissolvent dans 1 1/2 p. d'eau et sont insolubles dans l'alcool (Wollaston).

Claus a obtenu des cristaux clinorhombiques de ce sel avec $2H^2O$.

Le sesquichlorure de rhodium, ainsi que ses sels doubles, se colorent en jaune par l'addition d'azotite de potassium, et il se dépose une poudre orange, soluble dans l'acide chlorhydrique. L'addition d'alcool au liquide filtré donne un nouveau précipité. La solution du chlorure, additionnée d'azotite de sodium, donne par le sulfure ammonique un précipité de sulfure de rhodium soluble dans un excès de réactif [Gibbs, *Silim. Amer. Journ.*, (3), t. XXXIV, p. 341].

Chlororhodates de plomb, d'argent et de mercure, $Rh^2Cl^{12}Pb^3$, $Rh^2Cl^{12}Az^6$ et $Rh^2Cl^{12}(Hg^2)^3$. — Précipités roses obtenus par l'addition des azotates correspondants à la solution du sesquichlorure de rhodium (Claus).

Chlororhodate lutéocobaltique. — Le sesquichlorure de rhodium donne avec le chlorure de lutéocobaltiaque une combinaison insoluble $Rh^2Cl^6, Co^2Cl^6, 12AzH^3$, qu'on peut laver à l'eau bouillante et à l'acide chlorhydrique faible. C'est un précipité jaune pâle [Gibbs, *Sill. Amer. Journ.*, (3), t. XXXVII, p. 57 ; *Bull. de la Soc. chim.*, 1861, t. III, p. 284].

OXYDES DE RHODIUM.

La série des oxydes de rhodium correspond à celle des oxydes d'iridium. Les oxydes secs sont réduits à froid par l'hydrogène, souvent avec incandescence.

PROTOXYDE DE RHODIUM, RhO. — D'après Berzelius, cet oxyde se forme pendant le grillage du rhodium pulvérulent au rouge. Dans ce grillage, le rhodium absorbe rapidement 15,3 °/₀ d'oxygène, ce qui correspond exactement à la formation du protoxyde, cette absorption s'élève ensuite lentement à 18 °/₀ et l'on obtient une poudre noire qui renferme $(RhO)^3.Rh^2O^3$.

Claus a obtenu le protoxyde de rhodium par la calcination de l'hydrate rhodique noir

$$Rh^2O^3, 3H^2O.$$

Le protoxyde de rhodium est d'un gris foncé; il est tout à fait indifférent à l'égard des acides.

Le protoxyde de rhodium se décompose de nouveau à une température élevée. Chauffé avec du sucre il se réduit avec une légère explosion (Berzelius).

SESQUIOXYDE DE RHODIUM, Rh^2O^3. — Le sesquioxyde anhydre se forme par la calcination de l'azotate de rhodium. C'est une masse grise, poreuse, à reflets métalliques. Fremy a obtenu un sesquioxyde cristallin en chauffant au rouge le chlororhodate de sodium dans un courant d'oxygène. Il se présente alors en cristaux fibreux indéterminables; il se produit en même temps du rhodium métallique, facile à séparer par lévigation.

Hydrate Rh^2O^3, H^2O. — Cet hydrate se produit, d'après Berzelius, lorsqu'on chauffe le rhodium avec de la potasse et un peu de nitre, au creuset d'argent, et qu'on lave à l'eau bouillante la masse brune ainsi produite.

Hydrate $Rh^2O^3, 3H^2O$. — Cet hydrate a été décrit par Claus; il s'obtient lorsqu'on précipite la solution de chlororhodate de potassium par la potasse en présence d'alcool. Il est noir, gélatineux, et éprouve un retrait considérable par la dessiccation. L'acide chlorhydrique le dissout en partie, mais non les autres acides. Chauffé dans un creuset de platine, il se réduit avec incandescence à l'état de protoxyde.

Hydrate $Rh^2O^3,5H^2O$. — Il se précipite par l'addition de potasse au sesquichlorure de rhodium ou à ses sels. La couleur rouge de la solution disparaît; elle passe au jaune et il se forme un dépôt jaune-citron qui retient énergiquement de la potasse. Un excès de potasse le redissout lorsqu'il est récemment précipité, seulement il se dépose de nouveau lorsqu'on étend d'eau.

L'hydrate jaune se dissout dans les acides, même dans l'acide acétique lorsqu'il est encore humide. Il forme ainsi des sels généralement jaunes d'où la potasse le reprécipite. Lorsqu'il a été calciné, il devient insoluble dans les acides; pour le ramener en dissolution, il faut le fondre avec du bisulfate de potassium.

La précipitation de l'hydrate de rhodium par la potasse n'est jamais complète.

Oxyde ammoniacal. — Voyez COMBINAISONS AMMONIACALES, p. 1357.

BIOXYDE DE RHODIUM, RhO^2. — On l'obtient lorsqu'on fond le sesquioxyde avec de la potasse et du nitre. Il est brun, insoluble dans les acides et dans les alcalis.

Il se produit à l'état d'hydrate vert lorsqu'on fait passer un courant de chlore dans la solution d'hydrate de sesquioxyde dans la potasse. Il se forme d'abord un précipité brun qui n'est autre que de l'hydrate de sesquioxyde; mais celui-ci change peu à peu de couleur et devient vert en perdant son état gélatineux. La solution se colore en même temps en violet par suite de la formation de rhodate de potassium. L'hydrate vert, $RhO^2,2H^2O$, se produit aussi par la dessiccation de l'acide rhodique bleu, par suite d'une réduction.

L'hydrate vert se dissout dans l'acide chlorhydrique avec dégagement de chlore, en donnant une solution rose de sesquichlorure de rhodium lorsque tout dégagement de chlore a cessé.

Le bioxyde de rhodium peut être envisagé comme un *rhodate rhodique*,

$$Rh^2O^3,RhO^3 = Rh^3O^6.$$

TRIOXYDE DE RHODIUM, RhO^3. — Cet oxyde acide reste en dissolution, à l'état de sel potassique, lorsqu'on traite par le chlore une solution d'hydrate de sesquioxyde dans la potasse. La solution bleue, dans laquelle est suspendu le précipité vert, renferme du rhodate de potassium. Par le repos, elle laisse déposer une poudre bleue. L'acide azotique y produit un précipité floconneux bleu qui est probablement de l'acide rhodique. Ce dernier se réduit par la dessiccation en donnant l'hydrate vert de bioxyde [Claus, *Journ. für prakt. Chem.*, t. LXXX, p. 282; *Répert. de Chim. pure*, 1861, p. 125].

SULFURES DE RHODIUM. — Le *protosulfure*, RhS, se forme par la combinaison du soufre et du rhodium à chaud (Berzelius) et par la calcination du chlororhodate d'ammonium avec du soufre (Vauquelin). Enfin Fellenberg l'a obtenu en précipitant le chlororhodate de sodium par l'hydrogène sulfuré, lavant à l'eau et calcinant dans un courant de gaz carbonique [*Pogg. Ann.*, t. L, p. 63].

Masse fondue métallique, d'un blanc bleuâtre.

Le *sesquisulfure*, Rh^2S^3, est un précipité jaune-brun qui se forme par l'addition de sulfure ammonique au chlororhodate de sodium. Il est soluble dans le sulfhydrate de potassium et, en partie, dans la potasse, avec séparation de rhodium métallique (Berzelius). L'acide azotique le dissout avec une coloration brune (Descotils).

ARSÉNIURE DE RHODIUM. — L'alliage obtenu par fusion de l'arsenic avec le rhodium perd de l'arsenic par la calcination à l'air et laisse du rhodium cassant (Wollaston).

SELS DE RHODIUM.

La plupart des sels oxygénés du rhodium sont difficilement cristallisables. Le sesquioxyde de rhodium est de tous les oxydes des métaux du platine celui qui se combine le plus facilement avec les acides. La plupart de ses sels s'obtiennent par dissolution dans les acides de l'hydrate rhodique jaune précipité par la potasse. On est obligé, pour débarrasser entièrement l'oxyde de rhodium de la potasse qu'il retient énergiquement, de le laver à l'acide azotique faible. Berzelius avait déjà décrit des sels de rhodium, mais il ne paraît pas les avoir obtenus à l'état de pureté. C'est à Claus que l'on doit une étude plus précise à cet égard [*Journ. für prakt. Chem.*, t. LXXX, p. 282; *Répert. de Chim. pure*, 1861, p. 127].

AZOTATE DE RHODIUM, $(AzO^3)^6Rh^2 + 2H^2O$. — La solution de sesquioxyde de rhodium hydraté dans l'acide azotique est rouge et incristallisable (Berzelius). Elle laisse par l'évaporation une masse gommeuse très-hygroscopique, insoluble dans l'alcool.

Calciné, ce sel laisse du sesquioxyde de rhodium anhydre sous la forme d'une masse grise, poreuse, à reflets métalliques (Claus).

Berzelius a décrit un *azotate double de rhodium et de sodium* formant des cristaux rouge foncé, solubles dans l'eau, insolubles dans l'alcool.

SULFATE DE RHODIUM, $(SO^4)^3Rh^2 + 12H^2O$. — Masse cristalline d'un blanc jaunâtre, à saveur acide et styptique, obtenue par l'évaporation de la solution sulfurique de l'hydrate rhodique jaune et lavage du résidu à l'alcool (Claus).

Berzelius a obtenu le sulfate rhodique par l'action de l'acide azotique sur le sesquisulfure de rhodium. Il le décrit comme une poudre d'un brun-noir, attirant l'humidité en devenant rouge et fournissant par la calcination un *sulfate rhodeux* noir, insoluble dans l'eau et dans les acides.

Le sulfate rhodique forme avec le *sulfate de potassium* un sel double amorphe et soluble et un autre sel insoluble, qui renferme

$$(SO^4)^3Rh^2 + 3SO^4K^2.$$

Ce dernier a été obtenu par Claus en chauffant avec de l'acide sulfurique les eaux mères du cyanure rhodico-potassique. C'est une poudre cristalline jaune rougeâtre.

Le produit obtenu en fondant le rhodium avec du sulfate acide de potassium est rouge et translucide ou noir et opaque, suivant la quantité de rhodium attaquée. Après solidification, il est jaune ou rose. Il se dissout lentement dans l'eau avec une coloration jaune. Sa solution est complétement précipitée par l'hydrogène sulfuré et par les alcalis (Berzelius).

SULFITE DE RHODIUM, $(SO^3)^3Rh^2 + 6H^2O$. — Il s'obtient directement et forme une masse confusément cristalline, presque blanche, soluble dans l'eau, insoluble dans l'alcool. Il laisse par la calcination un oxyde de rhodium.

SULFITE DE RHODIUM ET DE POTASSIUM,

$$(SO^3)^3Rh^2 + 3SO^3K^2 + 6H^2O.$$

— On obtient ce sel double lorsqu'on fait agir un grand excès de bisulfite de potassium sur le chlororhodate de potassium, $Rh^2Cl^{10}K^4$, d'abord à froid, puis à chaud, jusqu'à ce que le précipité primitivement jaune soit devenu blanc. C'est une poudre cristalline presque insoluble dans l'eau, se dissolvant à la longue dans l'acide chlorhydrique bouillant, avec dégagement de gaz sulfureux et formation de sesquichlorure rose. La potasse bouillante ne l'attaque pas, mais le rend plus facilement soluble dans les acides. Il ne se décompose qu'au delà de 220° et donne au rouge un résidu de rhodium et de sulfate potassique (Claus).

PHOSPHATES DE RHODIUM. — Le rhodium pulvérulent, fondu avec de l'acide métaphosphorique au-dessous du rouge, donne un produit qui se dissout dans l'eau avec une coloration jaune ou brunâtre. Cette solution donne à la longue avec les alcalis une gelée qui est un sel basique ou de l'hydrate sesquirhodique. L'ammoniaque colore la solution en vert ou en bleu [Fischer, *Poggend. Ann.*, t. XVIII, p. 257].

Phosphate, $(PO^4)^4(Rh^2)^{vi}H^6 + 3H^2O$. — Ce phosphate bien défini, très-soluble dans l'eau, s'obtient en précipitant par l'alcool la dissolution de l'hydrate rhodique dans l'acide phosphorique. Cette solution laisse un résidu qui est un phosphate basique auquel Claus assigne la composition $3[(PO^4)^2Rh^2] + Rh^2O^3 + 32H^2O$.

Lorsqu'on ajoute du phosphate trisodique à une solution de sesquichlorure de rhodium, il se précipite de l'hydrate rhodique impur, retenant de l'acide phosphorique.

Le *borax* se comporte comme le phosphate trisodique.

ARSÉNIATE DE RHODIUM. — Précipité blanc jaunâtre obtenu par l'addition d'arséniate de sodium au chlororhodate de sodium (Thomson).

SULFOCYANATE DE RHODIUM. — Solution jaune-orange se décomposant par la concentration.

ACÉTATE DE RHODIUM, $(C^2H^3O^2)^6Rh^2 + 5H^2O$. — L'acide acétique dissout l'hydrate de rhodium récemment précipité, en donnant une solution jaune qui laisse, par l'évaporation au bain-marie, une masse amorphe, transparente, d'un jaune orangé, non déliquescente, soluble dans l'eau et dans l'alcool.

COMBINAISONS AMMONIACALES DU RHODIUM.

Chloramidure de rhodium,

$$Rh^2Cl^6,10AzH^3 = \left.\begin{matrix}Am^4\\ H^{14}\\ \overset{vi}{Rh^2}\end{matrix}\right\} Az^6 . Cl^6 ; (Am = AzH^4).$$

— On l'obtient par l'addition d'un excès d'ammoniaque à une solution de chlororhodate ammonique. Il se forme un précipité de sesquioxyde de rhodium hydraté et la solution filtrée fournit, par l'évaporation, un résidu jaune clair qui, lavé à l'eau pour enlever le sel ammoniac, laisse le chloramidure de rhodium. Pour purifier ce dernier, on le dissout dans l'ammoniaque bouillante et l'on concentre la solution au bain-marie. Le chloramidure cristallise en petits prismes orthorhombiques transparents [Claus, *Beitr. zur Chem. der Platinmetalle*, Dorpat, 1854; *Jahresb.*, 1855, p. 433].

Ces cristaux ont été déterminés par Keferstein [*loc. cit.*]. Ils présentent les faces m et e^1 et les inclinaisons $m : m = 115°9'$; $e^1 : e^1 = 118°30'$. Rapport des axes $= 0,6354 : 1 : 0,5949$.

Ce composé est neutre, peu soluble dans l'eau, insoluble dans l'alcool, soluble sans altération dans la potasse et dans l'ammoniaque. Les acides l'attaquent difficilement et incomplétement. La chaleur le décompose en laissant du rhodium métallique.

L'addition d'ammoniaque à une solution de chlororhodate de sodium fournit une poudre jaune-citron qui a été décrite comme un oxyde ammoniacal. Calciné, ce produit laisse du rhodium métallique.

Oxyde de rhodium ammoniacal,

$$Rh^2O^3, 10AzH^3,$$

ou *hydrate*

$$Rh^2(OH)^6.10AzH^3 = \left.\begin{matrix}Am^4\\ H^{14}\\ \overset{vi}{Rh^2}\end{matrix}\right\} Az^6(OH)^6.$$

— Ce composé basique se produit lorsqu'on fait digérer le chloramidure précédent avec de l'eau et de l'oxyde d'argent récemment précipité. C'est une masse jaunâtre, à réaction très-alcaline, qui reste lorsqu'on évapore dans le vide la solution jaune ainsi obtenue.

L'oxyde ammoniacal décompose le sel ammoniac en chassant l'ammoniaque et se transformant en chloramidure.

La solution, saturée par les acides, puis concentrée, fournit des sels dont quelques-uns sont cristallisables (Claus).

Azotate, $(AzO^3)^6Rh^2.10AzH^3$. — Sel neutre, d'un blanc jaunâtre, ne se décomposant pas à 160°.

Carbonate, $(CO^3)^3Rh^2.10AzH^3 + 3H^2O$. — Masse saline blanche, à réaction alcaline, soluble dans l'eau, insoluble dans l'alcool.

Sulfate, $(SO^4)^3Rh^2.10AzH^3 + 3H^2O$. — Cristaux prismatiques d'un blanc jaunâtre, ne se décomposant qu'au delà de 180°.

L'*oxalate* est également cristallisé.

Le *phosphate* forme une masse gommeuse jaunâtre. E. W.

RHODIUM (ANALYSE). — Les sels de rhodium sont en général roses et se comportent comme le chlorure de rhodium Rh^2Cl^6, au moins lorsqu'on les a fait bouillir avec de l'acide chlorhydrique. Leur solution produit les réactions suivantes, qui impliquent encore bien des incertitudes et même des contradictions.

Potasse. — Par l'addition de potasse une solution de sesquichlorure de rhodium reste d'abord claire, mais peu à peu elle se décolore et laisse déposer un précipité d'hydrate de sesquioxyde. A chaud, la solution rouge devient immédiatement jaunâtre et l'hydrate rhodique peut être entièrement précipité par l'ébullition.

Si l'on ajoute de l'alcool à la solution rhodique additionnée de potasse à froid, on obtient au bout de peu de temps un précipité noir; si la potasse est en trop grand excès, cette réduction peut n'être que très-faible (Claus) : réaction caractéristique.

Ammoniaque. — Coloration jaune et précipité jaune-citron formé, suivant les auteurs, d'hydrate rhodique (Claus), de chlorure ammoniacal (Fremy) ou d'oxyde ammoniacal (Berzelius). La solution se décolore. La précipitation n'est pas immédiate. Le *carbonate ammonique* se comporte de même.

Carbonate potassique. — Précipité jaunâtre d'hydrate de rhodium, se formant après quelque temps.

Carbonate barytique. — Précipitation complète d'hydrate de rhodium, à froid avec les sels oxygénés, à l'ébullition avec le sesquichlorure. La précipitation est difficile avec une dissolution d'oxyde de rhodium dans le bisulfate potassique, après ébullition de cette solution avec l'acide chlorhydrique.

Phosphate sodique. — Rien ou précipitation incomplète.

Acide oxalique, cyanure de potassium, cyanure de mercure, cyanures jaune et *rouge*. — Rien.

Chlorure d'ammonium. — Rien. Si l'on évapore la solution chlorhydrique avec du sel ammoniac, on obtient des cristaux de chlorure double.

Borax. — Précipité renfermant tout le rhodium.

Hydrogène sulfuré. — Précipité partiel brun, se formant lentement, soluble dans l'acide chlorhydrique.

Sulfure ammonique. — Précipité brun de sulfure, se formant lentement, insoluble dans un excès de réactif.

Iodure de potassium. — Coloration foncée après quelque temps et précipitation d'hydrate rhodique. Le précipité se forme immédiatement à l'ébullition (H. Rose).

Chlorure stanneux. — Coloration brune et précipité jaune-brun dans les solutions concentrées; les solutions étendues ne donnent qu'une coloration jaune (Fischer).

Sulfate ferreux. — Rien.

Acide formique. — Réduction de rhodium à l'ébullition (cette réaction a été contestée).

Azotates mercureux, d'argent, de plomb. — Ces sels donnent, dans les solutions de sesquichlorure de rhodium, des précipités roses de chlorures doubles. Ces réactions sont caractéristiques (Claus).

Sulfites alcalins. — Décoloration et formation de précipités presque blancs (Fremy).

Zinc. — Précipitation de rhodium métallique. Le précipité est dissous par le bisulfate de potassium fondu. (Le rhodium et le palladium sont les seuls métaux du groupe qui sont attaqués par le bisulfate.)

L'*hydrogène* réduit à chaud, par voie sèche, toutes les combinaisons du rhodium.

Dosage et séparation. — Pour doser le rhodium dans ses solutions, Berzelius évapore celles-ci avec du carbonate de sodium, calcine le résidu dans un creuset de platine, le lave à l'acide chlorhydrique et à l'eau, puis réduit l'oxyde restant dans un courant d'hydrogène et pèse le rhodium métallique obtenu. On peut aussi n'opérer les lavages qu'après la réduction.

La séparation du rhodium des métaux autres que ceux de la mine de platine s'appuie sur l'insolubilité du rhodium métallique ou de l'oxyde calciné dans l'acide nitrique. Ces séparations n'offrent pas de grandes difficultés. Il en est tout autrement pour la séparation du rhodium des autres métaux de la mine de platine. Cette partie est traitée d'une manière générale à l'article Séparation du platine (t. II, p. 1050). E. W.

RHODIZITE (Min.). — Très-petits cristaux en dodécaèdres rhomboïdaux avec les faces du tétraèdre ressemblant beaucoup à la boracite et paraissant être un borate de calcium. Trouvé par G. Rose sur les cristaux de tourmaline rouge de Sarapulsk et de Chaitansk (Sibérie).

Caractères. — Au chalumeau, fond avec difficulté sur les arêtes, en un verre blanc, en colorant la flamme d'abord en vert, puis en rouge.

Dureté, 8. Densité, 3,3 à 3,4.

RHODIZONIQUE (ACIDE). — Heller a désigné sous ce nom un acide qui prend naissance lorsqu'on dissout dans l'eau la combinaison d'oxyde de carbone et de potassium, qu'on obtient sous forme d'une poudre noirâtre ou d'une masse compacte de même couleur, dans la préparation du potassium. Suivant Lerch, ce produit accessoire, qui donne souvent lieu à des obstructions de l'appareil, dans la préparation du potassium, est identique avec la combinaison de potassium et d'oxyde de carbone, que Liebig a obtenue en unissant directement les deux corps. C'est une poudre très-fine, amorphe, de couleur noire, inaltérable dans l'air et dans l'oxygène secs, mais qui, à l'air humide, absorbe avidement de l'oxygène et de l'eau; cette oxydation est accompagnée d'un tel dégagement de chaleur, que la masse peut prendre feu et donner lieu souvent à de violentes explosions.

Lorsque l'absorption d'oxygène et d'eau se fait lentement, on voit la couleur du produit changer et passer successivement au grisâtre, au vert, au rouge et enfin au jaune; à ce moment, la masse est formée par le sel de potassium d'un acide découvert par Gmelin, auquel ce savant a donné le nom d'acide croconique; elle contient aussi une certaine proportion d'acide oxalique.

Dans l'oxydation du carboxyde de potassium, il se forme une série d'acides complexes qui présentent les plus étroites relations, et qu'on peut transformer les uns dans les autres. Ce sont :

L'acide trihydrocarboxylique, $C^{10}H^{10}O^{10}$, qui existe dans la masse non altérée;

L'acide bihydrocarboxylique, $C^{10}H^{8}O^{10}$, premier produit d'oxydation;

L'acide hydrocarboxylique, $C^{10}H^{6}O^{10}$, deuxième produit d'oxydation;

L'acide carboxylique, $C^{10}H^{4}O^{10}$ (1), dernier produit d'oxydation; cet acide ne peut pas exister à l'état libre, et, en s'assimilant les éléments de 2 molécules d'eau, il se scinde en 2 molécules d'acide rhodizonique, $C^{5}H^{4}O^{6}$.

Celui-ci, en perdant 1 molécule d'eau, devient acide croconique, $C^{5}H^{2}O^{5}$.

L'acide croconique s'unit directement avec 2 atomes d'hydrogène et fournit l'acide hydrocroconique, $C^{5}H^{4}O^{5}$.

Enfin l'acide croconique, en fixant sous l'influence des oxydants 3 molécules d'eau et 1 atome d'oxygène, donne l'acide oxycroconique (ou leuconique), $C^{5}H^{8}O^{9}$.

Les résultats de Brodie diffèrent de ceux obtenus par les autres expérimentateurs; suivant Brodie, le produit ultime de l'action de l'oxyde de carbone sur le potassium est un corps rouge, renfermant $C^{n}O^{n}K^{n}$ (voyez Potassium, p. 1120) (Lerch admet la même formule pour le carboxyde de potassium). Ce composé rouge cède à l'alcool absolu le 2/5 de son potassium à l'état de potasse, et laisse pour résidu un sel que Brodie nomme rhodizonate de potassium, et pour lequel il établit la formule $C^{10}K^{6}O^{8}$.

Nous allons décrire successivement ces différents acides.

ACIDE TRIHYDROCARBOXYLIQUE,

$$C^{10}H^{10}O^{10} = C^{10}H^{6}O^{6}(OH)^{4}.$$

— On le prépare en décomposant par l'acide chlorhydrique le carboxyde de potassium noir et parfaitement inaltéré,

$$C^{10}K^{10}O^{10} + 10HCl = 10KCl + C^{10}H^{10}O^{10},$$

ou bien en traitant l'acide bihydrocarboxylique par les hydrogénants (acide iodhydrique, hydrogène sulfuré, zinc et acide sulfurique étendu).

Il constitue des aiguilles blanches soyeuses, acides, plus solubles dans l'eau que dans l'alcool. A l'air humide ou à 100°, il se colore en rouge en se convertissant en acide bihydrocarboxylique.

Les oxydants énergiques donnent avec lui de l'acide oxycarboxylique.

Il forme des sels incolores; ceux des alcalis sont aisément solubles dans l'eau et cristallisent; les sels sont trop altérables pour qu'ils puissent servir à la détermination du poids moléculaire de l'acide; à l'air, ils se colorent en noir ou en rouge et se convertissent en bihydrocarboxylates ou en carboxylates [J.-U. Lerch, *Wien. Acad. Ber.*, t. XLV, 2e part., p. 721; *Bull. de la Soc. chim.*, 1863, p. 143].

ACIDE BIHYDROCARBOXYLIQUE,

$$C^{10}H^{8}O^{10} = C^{10}H^{4}O^{6}(OH)^{4}.$$

— Il diffère de l'acide précédent par H^{2} qu'il ren-

(1) Les oxydants énergiques convertissent les acides trihydro, bihydrocarboxylique et carboxylique en acide oxycarboxylique $C^{10}H^{26}O^{13}$ (?).

ferme en moins; pour le préparer, on purifie le carboxyde de potassium encore noir par des lavages à l'alcool, et on le décompose à l'air par de l'alcool contenant de l'acide chlorhydrique ou de l'acide sulfurique; il se forme une solution rouge qui, par l'évaporation, donne des cristaux d'acide bihydrocarboxylique. Cet acide constitue des prismes noirs, à éclat métallique, réunis généralement en faisceaux; les cristaux, qui appartiennent au type clinorhombique, sont transparents et de couleur jaune lorsqu'ils sont minces; ils sont trichroïques. Cet acide se dissout facilement dans l'eau et dans l'alcool, difficilement dans l'éther; les solutions sont rouges et montrent des reflets violets.

L'acide bihydrocarboxylique ne s'altère pas à l'air, même pas à 100°; les réducteurs le changent en acide trihydrocarboxylique, et le chlore ou l'acide azotique en acide oxycarboxylique.

Les bihydrocarboxylates sont très-altérables et se transforment au contact de l'air rapidement en carboxylates ou en rhodizonates; les sels alcalins sont solubles dans l'eau et forment des cristaux noirs; les autres sels constituent des précipités bleus ou rouges [Lerch, *loc. cit.*].

ACIDE HYDROCARBOXYLIQUE,

$$C^{10}H^6O^{10} = C^{10}H^2O^6(OH)^4.$$

— Cet acide diffère du précédent par H^2 qu'il contient en moins; il a été obtenu accidentellement dans la préparation de l'acide bihydrocarboxylique, au moyen d'un carboxyde de potassium déjà légèrement altéré. Il forme de longues aiguilles d'un brun-rouge foncé, que l'eau dédouble en acide bihydrocarboxylique et en acide rhodizonique [Lerch, *loc. cit.*]:

$$2C^{10}H^6O^{10} + 2H^2O = C^{10}H^8O^{10} + 2C^5H^4O^6.$$

ACIDE CARBOXYLIQUE,

$$C^{10}H^4O^{10} = C^{10}O^6(OH)^4.$$

— Cet acide ne peut être isolé de ses sels; dès qu'on le met en liberté, il se scinde en 2 molécules d'acide croconique, $C^{10}H^4O^{10} = 2C^5H^2O^5$, ou bien il fixe les éléments de l'eau et se décompose en 2 molécules d'acide rhodizonique,

$$C^{10}H^4O^{10} + 2H^2O = 2C^5H^4O^6.$$

Le carboxyde de potassium, devenu rouge à l'air humide, est formé par du carboxylate tétrapotassique, $C^{10}O^6(OK)^4$.

En traitant l'acide trihydrocarboxylique à l'air par de l'ammoniaque, Lerch a obtenu un sel ammoniacal cristallisé de l'acide carboxylique: $C^{10}O^6(OAzH^4)^3(OH)$. Il a préparé d'une manière analogue, avec l'acide bihydrocarboxylique, le carboxylate tétrapotassique rouge, $C^{10}O^6(OK)^4$, un sel tripotassique vert, $C^{10}O^6(OK)^3(OH)$, et un sel bipotassique rouge, $C^{10}O^6(OK)^2(OH)^2$: tous ces sels cristallisent [Lerch, *loc. cit.*].

ACIDE OXYCARBOXYLIQUE. — Lorsqu'on oxyde l'acide carboxylique ou les acides hydrocarboxyliques par le chlore, en présence de l'eau, ou par l'acide azotique, on obtient un acide cristallisant en prismes rhomboïdaux obliques incolores, qui ne s'altèrent pas dans de l'eau renfermant de l'ammoniaque. Lerch a désigné cet acide par le nom d'acide oxycarboxylique, et l'a représenté par la formule non contrôlée, $C^{10}H^{26}O^{23}$.

Cet acide est peu soluble dans l'eau, insoluble dans l'alcool et l'éther, mais se dissout dans l'acide azotique étendu. A 100°, il se colore en rouge-brun et se dissout alors dans l'eau en lui communiquant une coloration rouge-cerise. Chauffé avec l'eau, il dégage de l'oxygène et donne de l'acide bihydrocarboxylique; les bases lui font subir un dédoublement analogue [Lerch, *loc. cit.*].

ACIDE RHODIZONIQUE.

Berzelius et Wœhler ont remarqué les premiers qu'il se forme une substance rouge lorsqu'on traite le carboxyde de potassium par l'eau; Gmelin a observé que ce composé fournit du croconate de potassium lorsqu'on évapore la solution à l'air, et il supposait l'existence d'un acide particulier dans la masse rouge; mais c'est Heller qui a étudié le premier l'acide du sel rouge, et qui lui a donné le nom d'acide rhodizonique (du grec ῥοδίζω, je colore en rouge, à cause de la couleur de ses sels) [Heller, *Journ. für prakt. Chem.*, t. XII, p. 193; *Zeitsch. für Phys. n. verw. Wissensch.*, t. VI, p. 54, en extrait; *Ann. der Chem. u. Pharm.*, t. XXIV, p. 1, et t. XXXIV, p. 232].

L'acide rhodizonique résulte du dédoublement, avec fixation d'eau, de l'acide carboxylique (Lerch):

$$\underset{\text{Acide carboxylique.}}{C^{10}H^4O^{10}} + 2H^2O = \underset{\text{Acide rhodizonique.}}{2C^5H^4O^6}.$$

Préparation. — Pour préparer l'acide rhodizonique, on décompose à une douce chaleur le sel de potassium, dont le mode d'obtention sera indiqué plus loin, par de l'alcool d'une densité de 0,81 à 0,82, contenant assez d'acide sulfurique pour saturer la potasse; on filtre et l'on ajoute avec précaution de l'eau de baryte, jusqu'à ce qu'il commence à se former un précipité rouge clair de rhodizonate de baryum. Le liquide, filtré une seconde fois et concentré fortement à une douce chaleur, laisse déposer des aiguilles fines d'une couleur jaune clair, qu'on débarrasse de l'eau mère très-foncée par des lavages à l'alcool (Heller).

Werner, en employant dans la préparation précédente une quantité insuffisante d'acide sulfurique, a obtenu une liqueur alcoolique d'un pourpre foncé, qui, par l'évaporation, lui a fourni des aiguilles bleu noirâtre réunies en faisceaux [*Journ. für prakt. Chem.*, t. XIII, p. 404]. Le corps de Werner était peut-être un rhodizonate de potassium acide.

On peut aussi décomposer le rhodizonate de plomb délayé dans l'eau ou dans l'alcool par l'hydrogène sulfuré; mais on obtient ainsi des aiguilles foncées d'un éclat violet-vert bleuâtre (Heller), des dodécaèdres brun noirâtre (Werner).

Lerch a préparé l'acide rhodizonique libre en décomposant un carboxylate (voyez plus haut) par l'acide chlorhydrique.

Comme on le voit, les indications sur l'acide rhodizonique diffèrent beaucoup. Lerch, qui seul paraît l'avoir obtenu à l'état de pureté, le décrit sous la forme de prismes rhombiques incolores, se dissolvant aisément dans l'eau et dans l'alcool; les cristaux renferment $C^5H^4O^6 + H^2O$, et perdent leur eau de cristallisation à 100°, en se colorant en noir; à une température plus élevée, ils se charbonnent et donnent une petite quantité d'un sublimé acide. L'acide se colore en jaune à l'air, et en rouge-brun à l'air ammoniacal. Sa solution aqueuse, qui est incolore, se colore en jaune ou en rouge lorsqu'on la chauffe, et devient de nouveau incolore par le refroidissement. A la longue, elle se décompose et contient de l'acide croconique. Les oxydants (chlore ou acide azotique) le convertissent en solution aqueuse, en acide leuconique,

$$\underset{\text{Acide rhodizonique.}}{C^5H^4O^6} + 2H^2O + O = \underset{\text{Acide leuconique.}}{C^5H^8O^9}.$$

Soumis à l'action de l'acide iodhydrique à 100°, il paraît se transformer en acide hydrorhodizonique, $C^5H^6O^6$ (Lerch).

La solution alcoolique de l'acide réduit le chlorure d'or.

RHODIZONATES. — L'acide rhodizonique forme avec tous les métaux des sels dont la couleur varie du rouge au brun en passant par une foule de nuances. Il paraît être tribasique, car on a obtenu un sel plombique et surtout un sel argentique contenant 3 atomes de métal ; son atomicité n'est pas connue.

Sel d'ammonium.—Poudre brune soluble dans l'eau, peu soluble dans l'alcool.

Sel d'argent, $C^5HAg^3O^6$. — Précipité pourpre, un peu soluble dans l'eau pure, insoluble dans une solution de nitre; après séchage dans le vide, il offre un éclat vert métallique. On l'obtient en précipitant une solution aqueuse du sel de potassium par du nitrate d'argent; la liqueur devient acide (Will).

Sel de baryum, $C^5H^2BaO^6 + H^2O$. — Lorsqu'on ajoute du chlorure de baryum à la solution aqueuse du rhodizonate de potassium, il se produit un beau précipité rouge foncé et le liquide reste neutre; l'acide chlorhydrique étendu lui donne une teinte rouge carmin. Séché dans le vide, il constitue une poudre brun foncé, qui, sous le brunissoir, prend un éclat jaune verdâtre, et qui perd H^2O à 100° (Will).

Sel de plomb, $(C^5HO^6)^2Pb^3 + 2H^2O$. — Flocons d'un rouge foncé qui se forment lorsqu'on ajoute de l'acétate neutre de plomb à une solution du sel de potassium; séché dans le vide, il prend une couleur noir violacé et contient $2H^2O$, qui se dégagent entre 100° et 120° (Will).

En précipitant la solution de l'acide libre par l'acétate neutre de plomb, Lerch a obtenu un sel basique rouge, auquel il assigne la formule

$$(C^5HO^6)^2Pb^3 + 2PbH^2O^2.$$

RHODIZONATE DE POTASSIUM, $C^5H^2K^2O^6 + H^2O$. — Ce sel est le point de départ de tous les dérivés rhodizoniques; on l'obtient avec la masse noire qui se forme dans la préparation du potassium.

Préparation. — On exprime cette masse noire afin d'en séparer la plus grande partie des matières huileuses; on la recueille sur un filtre et on la traite, à plusieurs reprises, par de l'alcool d'une densité de 0,85, qui dissout la potasse, l'huile de naphte et une matière résineuse; quand l'alcool ne se colore plus beaucoup, on délaye le résidu dans le tiers de son volume d'eau, puis on y ajoute assez d'alcool pour qu'il s'opère un partage dans la liqueur; on décante la partie liquide et l'on traite de nouveau le résidu par de l'eau et de l'alcool jusqu'à ce que l'eau ne se colore plus en brun, mais en jaune. La partie liquide étant alors décantée, on expose à l'air le résidu ; celui-ci se colore ainsi en rouge, d'autant plus vite, qu'il a été débarrassé d'une manière plus complète de la potasse dont il avait été souillé. On étend d'eau la masse épaisse, on y ajoute, par petites quantités, de l'acide sulfurique étendu de 15 fois son poids d'eau (il se produit une effervescence due à un dégagement d'acide carbonique); puis on y verse de l'alcool jusqu'à ce qu'il commence à se former un précipité; on décante alors la liqueur brune, fort alcaline, et l'on continue de traiter par l'acide sulfurique dilué et par l'alcool, jusqu'à ce que le liquide décanté ne soit plus alcalin. Ce caractère indique la transformation complète de la masse en rhodizonate de potassium : on la jette alors sur un filtre, on la lave avec de l'alcool et on la dessèche dans le vide. Si l'on avait pris trop d'acide sulfurique dans les traitements précédents, de manière à avoir un produit acide, il faudrait neutraliser par un peu de carbonate de potassium (Heller).

Le rhodizonate de potassium préparé par ce procédé contient toujours du sulfate de potassium. Pour éviter la présence de ce sel, Will a remplacé l'acide sulfurique par l'acide acétique; il se forme ainsi de l'acétate potassique qui, étant soluble dans l'alcool, ne peut souiller le rhodizonate. Mais le sel obtenu contient toujours une petite quantité de charbon [Will, *Ann. der Chem. u. Pharm.*, t. CXVIII, p. 187; *Répert. de Chim. pure,* 1861, p. 397; *Ann. de Chim. et de Phys.*, (3), t. LXII, p. 495].

Le rhodizonate de potassium constitue de petits prismes clinorhombiques, d'un reflet métallique vert bleuâtre; quelquefois il se présente sous forme d'une poudre rouge kermès ou rouge cochenille; à l'état sec, il est inaltérable à l'air. Il se dissout dans 150 p. d'eau froide, plus facilement dans l'eau bouillante, mais il est insoluble dans l'alcool ; ses solutions sont d'un rouge jaunâtre. Il contient une molécule d'eau de cristallisation qui se dégage entre 120° et 150°.

Les acides décolorent la solution du rhodizonate de potassium, mais l'ammoniaque ramène la teinte primitive. La solution du sel parfaitement neutre peut être évaporée sans que celui-ci s'altère; il n'y a pas d'absorption d'oxygène et il ne se produit pas d'oxalate de potassium, comme Heller et Werner l'avaient indiqué. Mais vient-on à ajouter un peu de potasse ou de carbonate de potassium, l'acide rhodizonique s'altère, absorbe lentement de l'oxygène et se convertit en un mélange de croconate et d'oxalate de potassium; d'après Will, la formation de l'acide oxalique serait due à une impureté du rhodizonate, dont ce sel serait très-difficile à débarrasser; le rhodizonate parfaitement pur ne fournirait que du croconate de potassium, et *pas d'oxalate*.

Heller a encore décrit un très-grand nombre de sels de l'acide rhodizonique, qu'il n'a pas analysés, et il est très-probable qu'il ne les a pas obtenus à l'état de pureté. Nous nous contenterons d'énumérer ces sels, dont un grand nombre sont solubles dans l'eau ou dans l'ammoniaque; leur couleur varie du brun au rouge; ce sont les sels d'aluminium, de bismuth, de calcium, de césium, de cobalt, de cuivre, ferreux, de lithium, de magnésium, de manganèse, mercurique et mercureux, de nickel, de sodium, stannique et stanneux, de strontium, tellurique, de titane, d'uranium, de zirconium et de zinc.

ACIDE RHODIZONIQUE DE BRODIE. — Lorsqu'on traite le carboxyde de potassium (t. II, p. 1120) par l'alcool absolu, ce composé cède les 2/5 de son potassium à l'état de potasse sans qu'il se dégage un gaz, et il se forme un sel rouge que Brodie désigne par le nom de rhodizonate de potassium, et qu'il représente par la formule $C^{10}K^6O^8$:

$$C^{10}K^{10}O^{10} = 2K^2O + C^{10}K^6O^8.$$

Carboxyde de potassium.	Anhydride potassique.	α-rhodizonate de potassium.

Ce sel diffère du rhodizonate par sa grande oxydabilité; en fixant de l'eau et de l'oxygène, il se convertit en croconate :

$$C^{10}K^6O^8 + H^2O + O^3 = 2C^5K^2O^5 + 2KHO;$$

il ne se forme pas d'acide oxalique dans cette oxydation.

Brodie n'a pu étudier l'acide contenu dans le sel de potassium à cause de sa grande altérabilité; son poids moléculaire est inconnu; le sel de potassium se dissout avec une couleur rouge clair dans l'acide acétique, et cette solution donne avec l'acétate de baryum un précipité d'un beau rouge, qui se décompose déjà pendant les lavages [B. C. Brodie, *Chem. Soc. quart. Journ.*, t. XII, p. 269; *Répert. de Chim. pure,* 1860, p. 253].

ACIDE CROCONIQUE.

Cet acide, découvert par Gmelin, dérive de l'acide rhodizonique par perte d'une molécule d'eau :

$$C^5H^4O^6 = H^2O + C^5H^2O^5.$$

Acide rhodizonique. Eau. Acide croconique.

Il résulte aussi du dédoublement pur et simple de l'acide carboxylique :

$$C^{10}H^4O^{10} = 2C^5H^2O^5.$$

Acide carboxylique. Acide croconique.

Préparation. — On traite le croconate de potassium pulvérisé finement (voyez sa préparation plus loin) par de l'alcool absolu mélangé d'acide sulfurique; après une digestion de plusieurs heures faite à chaud, on filtre et on abandonne le liquide à l'évaporation spontanée. L'acide croconique cristallise alors en prismes orangés et transparents (Gmelin), en feuilles ou en cristaux grenus, d'une couleur jaune de soufre, qui contiennent $C^5H^2O^5 + 3H^2O$ (Will); ils perdent leur eau dans l'air sec ou à 100° en se réduisant en une poudre jaune clair.

La préparation de l'acide croconique par le sel de plomb et l'acide sulfurique dilué ne réussit pas bien, la décomposition n'étant pas complète. On ne peut pas non plus décomposer le croconate de plomb par l'hydrogène sulfuré, car l'acide croconique donne de l'acide hydrothiocroconique, avec ce réactif.

Propriétés. — L'acide croconique est sans odeur, d'une saveur très-acide et astringente. Il rougit le tournesol. Chauffé vers 120°, il donne une petite quantité d'un sublimé blanc; à 200°, il se charbonne en même temps qu'il se forme un sublimé jaune. L'eau le dissout aisément en fournissant une solution jaune qui se décolore à la longue; l'alcool le dissout également.

Le permanganate de potassium, même en solution étendue, oxyde facilement l'acide croconique et le convertit en acide carbonique; le chlore ou l'acide azotique donnent de l'acide leuconique (Will) :

$$C^5H^2O^5 + 3H^2O + O = C^5H^8O^9.$$

Acide croconique. Acide leuconique.

Soumis à l'action de l'acide iodhydrique à 100°, il fixe directement H^2 et fournit l'acide hydrocroconique $C^5H^4O^5$ (Lerch); l'hydrogène sulfuré le change en acide hydrothiocroconique $C^5H^4O^4S$ (Lerch) :

$$C^5H^2O^5 + 2H^2S = C^5H^4O^4S + S + H^2O$$

[L. Gmelin, *Ann. de Poggend.*, 1825, t. IV, p. 37; — Liebig, *ibid.*, t. XXXIII, p. 90; — Will, *Ann. der Chem. u. Pharm.*, t. CXVIII, p. 117; *Rép. de Chim. pure*, 1861, p. 395; Lerch, *loc. cit.*].

CROCONATES. — L'acide croconique est un acide bibasique et donne des sels bien définis avec les métaux; ces sels sont généralement colorés en jaune; de là le nom *croconique* (du latin *crocus*, safran). Ils se décomposent au-dessous du rouge en devenant incandescents et projetant des étincelles; ils ne s'altèrent ni à l'air ni à la lumière. L'acide azotique dissout tous les croconates et en décompose l'acide [L. Gmelin, *loc. cit.*; — Liebig, *loc. cit.*; — Heller, *Journ. für prakt. Chem.*, t. XII, p. 230; — Will, *loc. cit.*].

Croconate d'aluminium. — Cristaux jaunes très-solubles dans l'eau et dans l'alcool.

Sel d'ammonium. — On l'obtient en tables jaune rougeâtre, en saturant la solution alcoolique de l'acide par de l'ammoniaque et l'évaporant. Soluble dans l'eau et dans l'alcool.

Sel d'antimoine. — Le sel de potassium donne avec le chlorure d'antimoine un précipité jaune-citron, soluble dans un excès du chlorure.

Sel d'argent, $C^5Ag^2O^5$. — Précipité orangé, anhydre après séchage dans l'air sec.

Sel de baryum, $(C^5BaO^5)^2 + 3H^2O$. — Précipité jaune-citron, insoluble dans l'eau et dans l'alcool, qui, à 200°, ne cède pas encore son eau de cristallisation.

Sel de bismuth. — Précipité jaune, soluble dans le nitrate acide de bismuth, mais insoluble dans l'eau; il contient 58 % d'oxyde de bismuth.

Sel de calcium, $C^5CaO^5 + 3H^2O$ (à 100°). — Précipité jaune, pulvérulent, peu soluble dans l'eau et dans l'acide acétique étendu. Séché à 100°, il contient encore $3H^2O$ qu'il perd à 160°.

Sel de cadmium, C^5CdO^5. — Poudre d'un beau jaune, insoluble dans l'eau et dans l'alcool.

Sel de cobalt. — Lorsqu'on mélange la solution du sel de potassium avec un sel de cobalt, il se forme après quelques heures des cristaux brun foncé, transparents, avec reflets violets; ce sel se dissout dans l'eau et dans l'alcool.

Sel de cuivre, $C^5CuO^5 + 3H^3O$. — Par le refroidissement d'un mélange de dissolutions chaudes de croconate de potassium et de chlorure cuivrique, on obtient des cristaux orthorhombiques de croconate cuivrique. Formes : m, h^1; angle $mm = 108°$; clivage parallèle à m.

Les cristaux sont d'un beau reflet bleu foncé et paraissent orangés par transparence; la poudre est d'un jaune-citron. A 100°, ce sel perd $2H^2O$, tandis que la troisième molécule d'eau ne se dégage qu'à une température où la matière se détruit entièrement.

Peu soluble dans l'eau froide, le croconate de cuivre se dissout un peu mieux dans l'eau bouillante en donnant une solution jaune. Cette solution produit avec la potasse un précipité bleu qui se dissout dans un excès de réactif; l'ammoniaque dissout les cristaux en se colorant en bleu.

Sel ferreux. — Le sel de potassium colore une solution de sulfate ferreux en brun foncé et donne ensuite un précipité floconneux, qui, du jour au lendemain, se change en cristaux brun foncé; ces cristaux présentent des reflets bleus et une forme voisine de celle du croconate de cuivre. Solubles dans l'eau et dans l'alcool.

Sel ferrique. — Cristaux indistincts très-foncés, solubles dans l'eau et dans l'alcool.

Sel de lithium. — Jaune clair, soluble dans l'eau et dans l'alcool.

Sel de magnésium. — Prismes pyramidés, solubles.

Sel manganeux. — Cristaux d'un jaune sale avec reflets bleus faibles.

Sels mercureux et mercurique. — Précipités jaunes.

Sel de nickel. — Grains brun clair, solubles dans l'eau et dans l'alcool.

Sel de plomb, $C^5PbO^5 + 2H^2O$. — On précipite une solution de croconate potassique par l'acétate de plomb; on obtient ainsi des flocons jaunes qui, à 180°, perdent $2H^2O$. Ce sel se fonce lorsqu'on le chauffe, mais reprend sa couleur première par le refroidissement.

Sel de potassium, $C^5K^2O^5 + 2H^2O$. — On épuise à l'eau bouillante la masse noire qui se forme comme produit accessoire dans la préparation du potassium; l'addition d'eau doit se faire avec précaution, car la masse peut faire explosion; après avoir séparé par le filtre la partie insoluble, on concentre la solution au bain-marie et on l'abandonne à cristallisation. Le croconate de potassium se dépose en aiguilles jaunes. Le liquide en contient encore qu'on peut retirer par une nouvelle évaporation; les dernières eaux mères sont fortement colorées et renferment de l'oxalate potassique.

Le croconate de potassium impur est exprimé et purifié par cristallisation dans l'eau bouillante. Ce sel est en fines aiguilles ou en prismes de couleur citrine; il est neutre aux papiers et possède une saveur salpêtrée. Il s'effleurit à une douce chaleur en perdant son eau de cristallisation; à une température plus élevée il se charbonne.

Il est assez soluble dans l'eau, surtout à chaud; l'alcool absolu ne le dissout pas; la solution aqueuse, qui est jaune, est décolorée par le chlore ou l'acide azotique: l'acide croconique se convertit dans cette réaction en acide leuconique. La solution du croconate potassique réduit à chaud le chlorure d'or; elle précipite au bout de quelque temps le chlorure mercurique en blanc. La solution du sel neutre ou rendue alcaline par un alcali libre n'absorbe pas d'oxygène.

Gmelin a obtenu une fois un *croconate acide de potassium*, $C^5HKO^5 + C^5K^2O^5 + 2H^2O$, en traitant le sel neutre par une quantité d'acide sulfurique insuffisante pour une décomposition complète. Ce sel est en prismes plus colorés que le sel neutre et possède une légère réaction acide.

Sel de sodium. — Prismes rhomboïdaux, moins foncés que le sel de potassium, et contenant de l'eau de cristallisation. Il est fort soluble dans l'eau et peu soluble dans l'alcool.

Sel stanneux. — Poudre jaune, peu soluble dans l'eau.

Le chlorure stannique ne précipite pas le croconate de potassium.

Sel de strontium. — L'acide libre en solution concentrée donne avec le chlorure de strontium un précipité jaune cristallin, qui se dissout dans l'alcool et cristallise par l'évaporation spontanée de cette solution.

Sel d'urane. — Obtenu par l'évaporation lente d'un mélange de croconate de potassium et de nitrate d'urane, il est en cristaux jaune rougeâtre, très-solubles dans l'eau et dans l'alcool.

Sel d'yttrium. — Écailles cristallines, d'un jaune brunâtre, très-solubles dans l'eau.

Sel de zirconium. — Cristaux jaunes, transparents, solubles dans l'eau et dans l'alcool.

Sel de zinc. — Grains cristallins, solubles dans l'eau et dans l'alcool.

ACIDE HYDROCROCONIQUE.

$$C^5H^4O^5 = C^5H^2O^3(OH)^2.$$

— On chauffe le croconate de potassium avec de l'acide iodhydrique à 100°, en vase clos, on ajoute de la potasse alcoolique au produit de la réaction, qui est brun, on lave le précipité rouge sale qui se forme et on le fait cristalliser dans l'eau bouillante. On obtient ainsi l'hydrocroconate de *potassium*, $C^5H^2K^2O^5$, sous la forme d'aiguilles d'un rouge-kermès, très-solubles dans l'eau, insolubles dans l'alcool; la solution de ce sel, qui est d'un rouge de sang, s'oxyde lentement à l'air, surtout en présence d'un alcali libre, et renferme alors de l'acide croconique.

L'acide libre préparé en décomposant le sel de potassium par un acide et reprenant par l'alcool éthéré constitue une masse visqueuse jaune brunâtre, qui se dissout aisément dans l'eau, l'alcool et l'éther.

Le *sel de baryum* est un précipité cristallin rouge, insoluble dans l'acide acétique, soluble dans l'acide chlorhydrique.

Le *sel de plomb*, $C^5H^2PbO^5$, forme un précipité rouge [Lerch, *Wien. Acad. Ber.*, t. XLV, 2e part., p. 721, et *Bull. de la Soc. chim.*, 1863, p. 147].

ACIDE HYDROTHIOCROCONIQUE,

$$C^5H^4O^4S = C^5H^2O^3(OH)(SH).$$

— Lorsqu'on réduit l'acide croconique par l'hydrogène sulfuré, il se sépare du soufre et il forme indépendamment de l'acide hydrocroconique un produit sulfuré, l'acide hydrothiocroconique, en vertu de l'équation

$$C^5H^2O^5 + 2H^2S = S + H^2O + C^5H^4O^4S.$$

C'est une masse gommeuse rouge qui se dissout avec une couleur rouge jaunâtre dans l'eau, l'alcool et l'éther; ses solutions sont acides. Il forme des sels cristallisés en aiguilles rouge-grenat, avec les alcalis; les autres sels sont insolubles. Avec le nitrate d'argent, il donne du sulfure d'argent, et ses sels se dédoublent en général facilement en perdant leur soufre et en régénérant un croconate. Le sel de baryum, $(C^5H^3O^4S)^2Ba$, est de couleur orangée; celui de plomb a pour formule $C^5H^2O^4S.Pb$ [Lerch, *loc. cit.*].

ACIDE LEUCONIQUE (OXYCROCONIQUE).

L'acide leuconique ou oxycroconique,

$$C^5H^8O^9 = C^5H^5O^6(OH)^3,$$

résulte de la fixation d'un atome d'oxygène et de 3 molécules d'eau sur l'acide croconique (Will):

$$\underset{\text{Acide croconique.}}{C^5H^2O^5} + O + 3H^2O = \underset{\text{Acide leuconique.}}{C^5H^8O^9}.$$

Tous les autres dérivés du carboxyde de potassium fournissent de l'acide leuconique sous l'influence du chlore ou de l'acide azotique.

Pour le préparer, on ajoute goutte à goutte de l'acide azotique à une solution chaude de croconate de potassium; il se dégage du bioxyde d'azote exempt d'acide carbonique, et la solution se décolore. On peut aussi faire agir le chlo recomme oxydant; le liquide devient également incolore, mais il ne se dégage pas de gaz.

La solution décolorée contient de l'acide leuconique; lorsqu'on l'évapore, il se dépose du nitrate ou du chlorure de potassium et il reste finalement un sirop incolore ou légèrement jaunâtre (Will), inaltérable à 100°, et qui, au delà de cette température, se colore en jaune et se transforme en acide croconique; le zinc et l'acide sulfurique changent l'acide leuconique en acide hydrocroconique, l'hydrogène sulfuré en acide hydrothiocroconique et le sulfure d'ammonium en croconate ammonique (Lerch).

L'acide leuconique paraît être un acide tribasique; son atomicité est inconnue. Ses sels sont presque incolores, instables, et se convertissent sous l'influence des alcalis en croconates, en même temps qu'il se forme de l'oxalate, un autre sel incolore et une petite quantité d'un sel noir (bihydrocarboxylate ?).

La solution de l'acide leuconique se colore passagèrement en rouge pourpre, lorsqu'on la neutralise par un alcali ou un carbonate alcalin ou par l'ammoniaque; si la solution est un peu concentrée, elle laisse déposer des précipités abondants, solubles dans une grande quantité d'eau. Le précipité produit par l'*ammoniaque* se colore rapidement, à l'air, en vert ou en brun; le *sel de potassium* est un sel acide, $C^5H^7KO^9$.

Sel d'argent, $C^5H^5Ag^3O^9$ (séché dans le vide). — Précipité jaunâtre, à l'état sec jaune verdâtre.

Le *sel de baryum*, $(C^5H^5O^9)^2Ba^3$, s'obtient à l'état d'un précipité blanc jaunâtre floconneux, lorsqu'on ajoute de l'eau de baryte en léger excès à la solution du croconate de potassium décolorée par le chlore ou l'acide azotique. Séché dans le vide, il possède la formule indiquée ci-dessus.

Sel de plomb, $(C^5H^5O^9)^2Pb^3$. — La solution de l'acide leuconique légèrement aciduléo par l'acide acétique donne avec l'acétate neutre de plomb un précipité floconneux jaune clair, qui devient un peu plus foncé pendant le séchage [Will, *Ann. der Chem. u. Pharm.*, t. CXVIII, p. 177; *Répert. de Chim. pure*, 1861, p. 396; — Lerch, *loc. cit.*].

CONSTITUTION DES DÉRIVÉS DU CARBOXYDE DE POTASSIUM. — La constitution des composés si intéressants que nous venons de décrire n'est pas connue. Si l'on double les formules des acides rhodizonique, croconique et leuconique, on peut considérer tous ces corps comme des dérivés aromatiques renfermant le noyau benzénique [A. Basarow, *Communic. particul.*]. Dans cette hypothèse, la constitution de l'acide carboxylique tétrabasique peut être exprimée par la formule

$$C^6 \left\{ \begin{matrix} (O^2)'' \\ (CO.OH)^4; \end{matrix} \right.$$

il représenterait l'acide tétracarboné de la quinone, c'est-à-dire il serait de la quinone,

$$C^6H^4(O^2)'',$$

dont les 4 atomes d'hydrogène seraient remplacés par 4 groupes carboxyles. Cet acide, comme les acides polycarbonés de la benzine (phtalique, mellique), peut fournir directement de l'hydrogène et fournir les composés

$$C^6(H^2) \left\{ \begin{matrix} (O^2)'' \\ (CO.OH)^4, \end{matrix} \right.$$

Acide hydrocarboxylique.

$$C^6(H^4) \left\{ \begin{matrix} (O^2)'' \\ (CO.OH)^4, \end{matrix} \right.$$

Acide bihydrocarboxylique.

qui appartiennent aux produits d'addition de la série aromatique. Quant à l'acide trihydrocarboxylique, on peut l'écrire

$$C^6(H^6) \left\{ \begin{matrix} (O^2)'' \\ (CO.OH)^4 \end{matrix} \right.$$

ou plutôt

$$C^6(H^4) \left\{ \begin{matrix} (OH)^2 \\ (CO.OH)^4, \end{matrix} \right.$$

en le considérant comme l'hydroquinone de l'acide bihydrocarboxylique.

L'acide rhodizonique pourrait être envisagé comme un dérivé bihydroxylé de l'acide bihydrocarboxylique,

$$C^6H^2(OH)^2 \left\{ \begin{matrix} (O^2)'' \\ (CO.OH)^4; \end{matrix} \right.$$

les acides oxycarboxylique et leuconique seraient également des dérivés de l'acide bihydrocarboxylique, et ne différeraient que par la proportion d'eau de cristallisation :

$$C^6(OH)^4 \left\{ \begin{matrix} (O^2)'' \\ (CO.OH)^4 \end{matrix} \right. + 9H^2O;$$

Acide oxycarboxylique.

$$C^6(OH)^4 \left\{ \begin{matrix} (O^2)'' \\ (CO.OH)^4 \end{matrix} \right. + 4H^2O.$$

Acide leuconique.

Jusqu'ici l'hypothèse de M. Basarow, dans laquelle nous raisonnons, explique assez bien les faits; mais elle présente une difficulté : l'isomérie des acides carboxylique et croconique; ce dernier acide devrait posséder la formule

$$C^6 \left\{ \begin{matrix} (O^2)'' \\ (CO.OH)^4, \end{matrix} \right.$$

qui est celle de l'acide carboxylique, et l'isomérie ne pourra être due qu'aux positions différentes qu'occupent dans la molécule les groupes substitués. Dans ce cas, il faudrait admettre un changement moléculaire pendant la transformation de l'acide carboxylique en acide croconique.

L'acide hydrocroconique sera également isomérique avec l'acide dihydrocarboxylique,

$$C^6(H^4) \left\{ \begin{matrix} (O^2)'' \\ (CO.OH)^4. \end{matrix} \right.$$

Acide hydrocroconique.

L'acide hydrothiocroconique aura la formule de constitution

$$C^6(H^4) \left\{ \begin{matrix} (S^2)'' \\ (CO.OH)^4 \end{matrix} \right.$$

ou peut-être

$$C^6(H^2) \left\{ \begin{matrix} (SH)^2 \\ (CO.OH)^4. \end{matrix} \right.$$

Les formules de constitution que nous venons de développer n'expliquent pas tous les faits; elles rendent cependant compte des réactions des dérivés rhodizoniques, et de la facilité avec laquelle ces corps subissent des transformations sous l'influence des réactifs; sous ce rapport, ils se rapprochent complétement des quinones.

De nouvelles recherches sont nécessaires pour élucider certains points mal connus et surtout pour déterminer l'atomicité de ces différents acides.

A. H.

RHODOCHROME (Min.). — Kæmmererite en masses compactes ou écailleuses, d'un rose fleur de pêcher.

RHODOCHROSITE. — Voyez DIALOGITE.

RHODONITE (Min.) [Syn. *Kieselmangan, manganèse silicaté, Bustamite, fowlerite, pajsbergite, cummingtonite, Manganamphibol, kapnickite, etc.*]. — Bisilicate manganeux SiO^3Mn, avec un peu de fer, de calcium, de magnésium et parfois du zinc remplaçant une partie du manganèse.

Se trouve en jolis cristaux roses très-bien définis (pajsbergite), à Pajsberg (Suède) dans une dolomie, plus souvent en masses lamelleuses d'un rose plus ou moins pur, parfois brunes, grises ou verdâtres, à Langbanshytta (Suède), à Saint-Marcel (Piémont), à Cummington (Mass.), à Franklin (New-Jersey), à Catherinebourg (Oural), à Kapnick, à Alger, etc.

Caractères. — Difficilement attaquable aux acides; transparent ou opaque. En poudre, se dissout en partie dans l'acide chlorhydrique et laisse un résidu blanc. Sous les influences atmosphériques, s'altère et devient brun ou noir. Au chalumeau, fond avec une légère intumescence et noircit. Avec les flux, réactions du manganèse. La fowlerite (variété zincifère) donne sur le charbon une auréole de zinc.

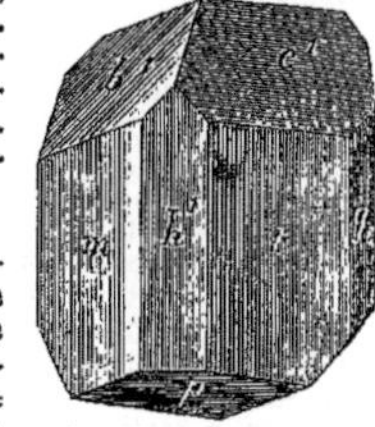

Fig. 570. — Rhodonite.

Dureté, 5,5 à 6,5. Poussière blanche.

Densité, 3,4 à 3,68.

Forme cristalline. — Prisme anorthique se rapprochant du prisme clinorhombique du pyroxène : pm (antérieur) $= 93°28'30''$; $mt = 73°48'$; $pt = 85°24'$; $mh^1 = 111°8'30''$; $pc^1 = 85°24'$. Faces habituelles, m, h^1, t, p, o^1, a^1, e^1.

Clivages : faciles et parfaits h^1 et p, imparfaits m et o^1, ces deux derniers, dans la pajsbergite.

L'altération de la rhodonite fournit les substances qui ont reçu le nom d'*allagite*, de *photi-*

zite, d'*hydropite*, d'*Hornmangan*, d'*opsimose*, de *dyssnite*, de *diaphorite*, etc. F. et S.

RHODOPHYLLITE. — Voyez Kaemmererite.

RHODOTANNIQUE (ACIDE). — Les feuilles de *Rhododendron ferrugineum* contiennent un tannin qui colore les sels de fer en vert et qui donne avec l'acétate de plomb un précipité jaune, soluble dans l'acide acétique, et qui précipite le chlorure stannique également en jaune. Le tannin libre constitue une masse amorphe d'un jaune d'ambre; chauffé avec les acides minéraux étendus, il fournit une substance jaune rougeâtre insoluble, la *rhodoxanthine* [R. Schwarz, *Wien. Acad. Ber.*, t. IX, p. 208; *Jahresb. f. Chem.*, 1852, p. 685].

RHODOXANTHINE. — Voyez Rhodotannique (acide).

RHŒADINE, $C^{21}H^{21}AzO^6$. — Le coquelicot (*Papaver rhœas L.*) ne contient pas de morphine, mais un alcaloïde particulier. Toutes les parties du coquelicot en renferment. Pour l'en extraire, on épuise la plante réduite en petits morceaux avec de l'eau chaude. On concentre fortement à une douce chaleur, on sursature la solution avec du carbonate de sodium et on agite à plusieurs reprises avec de l'éther. Le liquide éthéré est traité par une solution de bitartrate de sodium qui s'empare de la rhœadine en se colorant en jaune. On sépare la solution aqueuse de l'éther, et l'on ajoute de l'ammoniaque : il se forme un précipité volumineux gris-blanc, qui devient bientôt cristallin. Ce dépôt est lavé à l'eau froide, séché et traité par l'alcool bouillant qui enlève les matières colorantes et une base qui est très-probablement de la thébaïne, tandis que la *rhœadine* reste presque entièrement insoluble. On la dissout dans l'acide acétique, et on précipite par l'ammoniaque, après décoloration, au moyen du noir animal; la rhœadine se précipite à l'état de très-petits cristaux. On obtient des cristaux plus volumineux en versant la solution acétique dans de l'alcool bouillant contenant de l'ammoniaque ou plus simplement en dissolvant la base dans l'alcool bouillant et laissant refroidir.

La rhœadine est en petits prismes blancs ou en fines aiguilles réunies en étoiles; elle est presque insoluble dans l'eau, l'alcool, l'éther, le chloroforme, la benzine, le carbonate de sodium, la potasse, la soude, l'ammoniaque, l'eau de chaux; elle se dissout dans 1100 p. d'alcool froid à 80 centièmes, et à 18° dans 1280 p. d'éther. Ses solutions bleuissent à peine le papier de tournesol rouge. L'alcaloïde ou ses sels sont sans saveur et non vénéneux. La rhœadine fond à 232°, en brunissant et se volatilisant en partie; dans un courant de gaz carbonique elle se sublime facilement et se dépose alors en longs prismes blancs.

Les acides minéraux étendus font subir à la rhœadine une transformation intéressante. L'acide sulfurique étendu donne d'abord une masse résineuse incolore qui se dissout bientôt avec une coloration pourpre; à l'ébullition, la coloration augmente et l'on obtient par le refroidissement de petits prismes bruns à reflets verts, et la solution contient le sulfate d'une base isomère de la rhœadine, la *rhœagénine*. Dans cette réaction les 99 centièmes de la base primitive se convertissent en rhœagénine et seulement 1 centième fournit la belle matière colorante; il ne se dégage pas d'acide carbonique.

La coloration rouge que fournit la rhœadine avec les acides est tellement intense, qu'on peut, au moyen de cette réaction, déceler l'alcaloïde dans des solutions n'en contenant que $\frac{1}{800000}$; les alcalis la font disparaître, les acides la produisent de nouveau.

L'acide sulfurique concentré donne une solution vert-olive; l'acide azotique une solution jaune.

La rhœadine renferme $C^{21}H^{21}AzO^6$; elle se dissout dans les acides très-étendus, mais sans les neutraliser. Les solutions qui paraissent renfermer des sels sont incolores, mais se colorent au bout de quelque temps en s'altérant. A cause de cette instabilité, on n'est parvenu à isoler qu'un sel, l'*iodhydrate*, en ajoutant de l'iodure de potassium à la solution de la base dans l'acide acétique. Le liquide se prend en une masse cristalline composée de très-petits prismes blancs de la formule $C^{21}H^{21}AzO^6,HI + 2H^2O$. L'iodhydrate se dissout difficilement dans l'eau froide; mais à chaud, il est beaucoup plus soluble et se dépose par le refroidissement en prismes minces, groupés concentriquement.

Les solutions incolores de la base dans les acides très-étendus donnent avec le tannin un précipité blanc, amorphe; avec le chlorure mercurique, un sel double peu soluble; avec le chlorure d'or, un précipité jaune floconneux; avec le tétrachlorure de platine, un sel jaune amorphe assez soluble, de la formule

$$[C^{21}H^{21}AzO^6,HCl]^2 + PtCl^4 + 2H^2O.$$

L'iodomercurate est jaune pâle, insoluble dans les acides faibles.

La rhœadine contient 2 atomes d'oxygène en plus que la papavérine $C^{21}H^{21}AzO^4$ [O. Hesse, *Ann. der Chem. u. Pharm.*, Supplementband IV, p. 50; *ibid.*, t. CXL, p. 145, et t. CXLIX, p. 35; *Bull. de la Soc. chim.*, 1867, t. VII, p. 454, et 1869, t. XII, p. 418].

L'opium contient une base qui, sous l'influence de l'acide sulfurique, se colore en rouge comme la rhœadine, mais qui s'en distingue par ses autres propriétés. A. H.

RHŒAGÉNINE, $C^{21}H^{21}AzO^6$. — Cette base isomérique avec la rhœadine se forme lorsqu'on traite celle-ci par les acides énergiques; les 99 centièmes se convertissent en rhœagénine et un centième fournit cette belle matière qui colore la solution en un pourpre très-intense.

Pour préparer cet alcaloïde, on laisse la rhœadine en contact avec de l'acide sulfurique moyennement étendu jusqu'à ce que la solution ait pris une teinte rouge intense; on chauffe alors légèrement, on décolore par le charbon animal et l'on précipite par l'ammoniaque. Finalement, on purifie la rhœagénine par cristallisation dans l'alcool bouillant.

Elle est en petits prismes blancs ou en tables rectangulaires, solubles dans 1500 p. d'alcool froid à 80 centièmes et dans 1800 p. d'éther. Elle fond à 223°, mais ne peut pas être sublimée; elle ne se dissout qu'en petite quantité dans l'eau, l'alcool, l'éther et l'ammoniaque; la solution alcoolique bleuit le papier de tournesol rouge. Elle renferme $C^{21}H^{21}AzO^6$ et neutralise les acides en donnant des sels cristallisables à saveur amère; elle ne prend aucune coloration sous l'influence des acides.

Azotate de rhœagénine. — Prismes volumineux et brillants, peu solubles dans l'eau froide et plus solubles à chaud; ce sel fond avant de se dissoudre.

Chlorhydrate. — Aiguilles incolores, groupées concentriquement, solubles dans l'eau et dans l'alcool, peu solubles dans une solution de chlorure de sodium.

Le *chloromercurate* et le *chloraurate* constituent des précipités jaunes, presque insolubles dans les acides.

Le *chloroplatinate*,

$$[C^{21}H^{21}AzO^6,HCl]^2 + PtCl^4,$$

est un précipité jaune amorphe, soluble dans l'eau et dans l'acide chlorhydrique.

Chromate. — Précipité peu soluble, d'un beau jaune.

Iodhydrate, $C^{21}H^{21}AzO^{6},HI$. — Prismes courts peu solubles dans l'eau froide, encore moins dans une dissolution d'iodure de potassium; ce sel est anhydre; il se dissout dans l'eau chaude et se dépose par le refroidissement sous la forme d'une poudre grenue.

Oxalate. — Prismes minces et incolores.

Sulfate. — Il constitue une matière incolore neutre ayant l'apparence d'un vernis, très-soluble dans l'eau, moins dans l'alcool; ce sel n'est pas coloré par le chlorure ferrique [O. Hesse, *Mém. cité* à l'article RHOEADINE]. A. H.

RHUBARBARIQUE (ACIDE). — Synonyme de CHRYSOPHANIQUE (ACIDE), t. I, p. 900.

RHYACOLITHE (Min.). — Nom donné à un mélange d'orthose et de néphéline.

RICHTERITE (Min.). — Variété d'amphibole de magnésie, de manganèse et de chaux, de Pajsberg (Suède).

Couleur jaune-isabelle.

Un minéral de composition analogue et de forme pyroxénique a reçu de Breithaupt le même nom.

RICINÉLAÏDINE.— Félix Boudet avait donné le nom de *palmine* au produit de la réaction du peroxyde d'azote sur l'huile de ricin; le nom de *ricinélaïdine*, qui indique mieux son origine, lui a été substitué. La ricinélaïdine s'obtient en faisant passer un courant de peroxyde d'azote dans l'huile de ricin, ou bien en agitant l'huile avec 3 centièmes environ de son poids d'acide azotique, saturé de vapeurs nitreuses. L'huile devient rougeâtre et elle se prend en masse après un temps plus ou moins long. La matière solidifiée est quelquefois cassante, jaune, et ressemble à la cire; d'autres fois, elle est transparente, vitreuse, et offre dans l'intérieur l'aspect d'une cristallisation. Il faut la laver à plusieurs reprises à l'eau chaude et la faire cristalliser dans l'alcool; elle se présente alors en petits mamelons blancs, fusibles vers 45° (62 ou 66 d'après Boudet, 43 d'après Playfair).

Suivant Boudet, la ricinélaïdine se produirait aussi par l'action de l'acide sulfureux sur l'huile de ricin; il est probable que l'huile qui a servi à Boudet contenait de l'huile de médicinier qui se solidifie rapidement par l'acide sulfureux; car on n'a jamais pu reproduire la réaction avec l'huile de ricin pure.

Les alcalis transforment la ricinélaïdine en acide *ricinélaïdique.* Par l'action de la potasse très-concentrée, elle se change en acide sébacique, alcool caprylique et en d'autres acides indéterminés. Bouis considère la ricinélaïdine comme du ricinélaïdate de glycérine et lui attribue la composition

$$\underset{\text{Ricinélaïdine.}}{C^{39}H^{72}O^{7}} = 2\,(\underset{\text{Acide ricinélaïdique.}}{C^{18}H^{34}O^{3}}) + \underset{\text{Glycérine.}}{C^{3}H^{8}O^{3}} - 2H^{2}O.$$

La ricinélaïdine soumise à l'action de la chaleur dans une cornue se réduit en vapeurs qui se condensent sous forme d'un liquide d'abord noir, puis rougeâtre; en faisant passer un courant de vapeur aqueuse dans la première moitié du produit distillé, on enlève un liquide volatil, qui est l'œnanthol, identique à celui obtenu par la distillation de l'huile de ricin (Bouis). Dans la cornue, il reste une matière noire, élastique, spongieuse [F. Boudet, *Ann. de Chim. et de Phys.*, (3), t. L, p. 411; — Playfair, *Philos. Magaz.*, t. XXIX, p. 475; — Saalmuller, *Ann. der Chem. u. Pharm.*, t. LXIV, p. 108; — Bouis, *Ann. de Chim. et de Phys.*, (3), t. XLIV]. J. B.

RICINÉLAÏDIQUE (ACIDE). — Cet acide, appelé aussi acide palmique, est blanc, cristallisé en aiguilles soyeuses, groupées autour d'un centre commun ou bien réunies sous forme de palmes. Son point de fusion est à 50° (45° ou 46°, Playfair). On le prépare en saponifiant la ricinélaïdine par la potasse et décomposant le savon par l'acide chlorhydrique; l'acide ainsi obtenu n'est jamais pur; il faut le dissoudre plusieurs fois dans l'alcool et le bien exprimer entre des feuilles de papier joseph pour le débarrasser d'une matière jaunâtre dont il est imprégné.

Il peut également être obtenu en saponifiant l'huile de ricin, décomposant le savon et faisant agir le peroxyde d'azote sur les acides gras; après 24 heures de contact les acides sont pris en masse dure fondant vers 40°; on purifie l'acide comme précédemment.

Se fondant sur la composition de la ricinélaïdine et sur sa transformation, sous l'influence de la potasse, en acide sébacique et alcool caprylique avec dégagement d'hydrogène, Bouis lui attribue la composition de l'acide ricinolique et le représente par $C^{18}H^{34}O^{3}$.

Les *ricinélaïdates* se préparent par les procédés ordinaires. Le *sel de sodium* obtenu par la saturation de l'acide au moyen du carbonate de sodium ne cristallise pas. En étendant sa solution de beaucoup d'eau, le sel neutre est décomposé, et l'on obtient un sel acide cristallisant dans l'alcool en aiguilles soyeuses.

Le *sel de baryum*, $(C^{18}H^{33}O^{3})^{2}Ba$, constitue une poudre blanche savonneuse.

Le *sel de calcium* est assez soluble dans l'alcool bouillant.

Le *sel de magnésium* est soluble dans l'alcool chaud; par le refroidissement, il se sépare sous forme de petites plaques, fusibles au-dessous de 100°.

Le *sel d'argent* est insoluble dans l'alcool, soluble dans l'ammoniaque.

L'*éther ricinélaïdique* cristallise; il fond à 16°; il est très-soluble dans l'alcool bouillant. On l'obtient en faisant passer du gaz chlorhydrique dans une solution alcoolique d'acide ricinélaïdique et précipitant le mélange par l'eau. J. B.

RICININE. — D'après Petit, il existe dans le ricin deux substances pouvant réagir l'une sur l'autre en développant une odeur nauséeuse. La première serait une émulsine semblable à celle des amandes et signalée par Bower, de Philadelphie; l'autre, désignée sous le nom de *ricinine*, est une substance d'un blanc grisâtre, poisseuse, presque insipide, très-soluble dans l'eau et les acides, un peu soluble dans les huiles, soluble dans l'alcool à 56°, insoluble dans l'alcool concentré et dans l'éther. Elle possède les propriétés d'un alcaloïde. Pour préparer la ricinine, on prend du tourteau privé d'huile que l'on traite par de l'alcool à 56° bouillant; on presse dans un linge, après quoi l'on chauffe de nouveau la liqueur et l'on filtre bouillant. On recueille les flocons qui se précipitent par le refroidissement et on les lave à l'éther pour enlever le peu d'huile qu'ils peuvent retenir [*Thèse sur le ricin, présentée à l'École de pharmacie*, 1860, par M. Petit].

Tuson [*Journ. für prakt. Chem.*, t. XCIV, p. 444] extrait la ricinine en faisant bouillir les graines avec de l'eau, évaporant la liqueur filtrée à consistance d'extrait; cet extrait, repris par l'alcool bouillant, donne une solution qui dépose par le refroidissement une matière résineuse qu'on sépare; la liqueur concentrée par distillation donne la ricinine cristallisée; il ne reste plus qu'à la décolorer.

La ricinine forme des prismes rectangulaires ou des tables; sa saveur est amère. Par la chaleur elle fond en un liquide incolore, se concrétant en une masse cristalline. Elle se dissout mal dans l'éther et dans la benzine. Elle forme avec le chlorure de platine de beaux octaèdres d'un jaune orangé; avec le bichlorure de mercure, elle donne de petits cristaux brillants.

Le même alcaloïde se retrouverait dans l'huile de croton et dans l'écorce de cascarille, selon Tuson. J. B.

RICINIQUE (ACIDE). — Bussy et Le Canu ont signalé cet acide parmi les produits de la distillation de l'huile de ricin; ils l'ont également séparé des acides provenant de la saponification de la même huile.

L'acide ricinique est en masse blanche, nacrée; sa saveur est extrêmement âcre; il fond à 22°, se volatilise sans presque éprouver d'altération. On a quelquefois désigné sous le nom d'acide ricinique l'acide liquide de l'huile de ricin, que nous avons étudié sous le nom d'acide ricinolique [*Essais chimiques sur l'huile de ricin; Journ. de Pharm.*, février 1827].

RICINOLAMIDE, $C^{18}H^{35}AzO^{3}$. — Elle est solide, blanche, cristallisable en mamelons, fusible à 66° en un liquide transparent qui devient opaque et cassant par le refroidissement; elle est insoluble dans l'eau, soluble dans l'alcool et l'éther; elle brûle avec une flamme fuligineuse. En contact avec l'acide sulfurique concentré, la ricinolamide se décompose et se colore fortement en rouge; l'acide étendu ne produit aucune coloration: il se forme du sulfate d'ammonium et l'acide ricinolique est mis en liberté. La potasse ne l'attaque pas à froid; à chaud, elle dégage de l'ammoniaque si elle est tres-concentrée et il se fait du ricinolate de potassium.

Préparation de la ricinolamide.— Pour obtenir la ricinolamide, on fait passer un courant de gaz ammoniac sec dans une solution alcoolique d'huile de ricin et on abandonne le mélange à lui-même pendant 3 ou 4 mois, ou bien on opère dans un matras qu'on scelle à la lampe et qu'on chauffe dans un bain d'eau salée; dans ce cas, 3 ou 4 jours suffisent pour la transformation totale de l'huile. On évapore au bain-marie la liqueur alcoolique et l'on obtient une masse blanche que l'on exprime et que l'on purifie par des cristallisations dans l'alcool. On peut encore ajouter de l'eau à la solution alcoolique pour précipiter l'amide et la purifier au moyen de l'alcool.

Bouis, à qui est due la découverte de la ricinolamide, a démontré qu'on peut la représenter par du ricinolate d'ammonium, moins les éléments de l'eau :

$$C^{18}H^{33}O^{3},AzH^{4} - H^{2}O = C^{18}H^{35}AzO^{2}.$$

C'est en chauffant ce corps avec un excès de potasse concentrée que ce chimiste a obtenu l'alcool octylique [Bouis, *Ann. de Chim. et de Phys.*, (3), t. XLIV; *Compt. rend.*, 1851, t. XXXIII]. J. B.

RICINOLIQUE (ACIDE) [Syn. *Acide élaïodique*]. — Acide liquide retiré de l'huile de ricin. D'après Bussy et Le Canu, lorsqu'on saponifie l'huile de ricin par une lessive alcaline étendue et qu'on décompose le savon par l'acide chlorhydrique, il se sépare une couche huileuse jaune rougeâtre contenant trois acides qu'ils ont appelés *acide margaritique, acide ricinique, acide élaïodique*. Les deux premiers sont solubles et se trouvent en très-petite quantité, le dernier est liquide. Pour l'isoler, on ajoute au mélange des acides le tiers environ de son volume d'alcool et on expose la liqueur à un froid de — 10° à — 12°. On sépare le dépôt cristallin par la filtration; l'alcool étant évaporé laisse l'acide impur. On le purifie par le procédé dont Gottlieb s'est servi pour la purification de l'acide oléique.

Saalmüller a préparé et analysé un grand nombre de sels qui l'ont autorisé à admettre pour cet acide, qu'il a appelé *ricinoléique*, la composition $C^{19}H^{36}O^{3}$.

Svanberg et Kolmodin [*Journ. für prakt. Chem.*, t. XLV, p. 431] ont conclu de l'analyse du sel de baryum que l'acide liquide a pour composition $C^{18}H^{34}O^{3}$, et ils l'ont désigné sous le nom d'*acide ricinolique*. Cette composition se trouve confirmée par la production de la *ricinolamide* et par la réaction qui produit l'alcool octylique et l'acide sébacique (Bouis), comme le représente l'équation

$$\underset{\text{Acide ricinolique.}}{C^{18}H^{34}O^{3}} + 2KHO$$

$$= \underset{\text{Sébate de potassium.}}{C^{10}H^{16}O^{4}K^{2}} + \underset{\text{Alcool octylique.}}{C^{8}H^{18}O} + H^{2}.$$

A la température ordinaire, l'acide ricinolique constitue un liquide légèrement jaunâtre, d'une faible odeur et d'une saveur âcre persistante. Sa densité est de 0,940 à 15°. Soumis à un froid de — 6° à — 10°, il se prend en une masse composée d'agrégations sphériques.

L'acide ricinolique n'absorbe pas l'oxygène de l'air à la température ordinaire; on ne peut pas le distiller sans décomposition.

Les *ricinolates* se conservent à l'air sans altération; ils sont généralement solubles dans l'alcool et en partie dans l'éther.

Le *ricinolate de baryum* s'obtient en saponifiant incomplétement les acides par l'ammoniaque et en précipitant par le chlorure de baryum. Ce sel, d'abord traité par l'alcool froid, est repris par l'alcool bouillant, qui laisse déposer une matière cristalline blanche, friable, soluble dans l'ammoniaque.

Le sel de baryum fond facilement vers 100° en une masse visqueuse, s'étirant comme l'acide borique en fils très-cassants dès qu'ils sont froids.

Le *sel de calcium* forme des paillettes fondant à 80° en une masse jaune, cassante et friable.

Le *sel de magnésium* cristallise en fines aiguilles dans l'alcool.

Le *sel de plomb* se prépare en mettant l'acide ricinolique en contact avec la litharge, à une douce chaleur. Il est soluble dans l'éther qui le dépose, par l'évaporation, sous la forme d'une masse diaphane et cristalline; il fond à 100°.

Le *sel d'argent* est insoluble dans l'eau, très-soluble dans l'alcool chaud. Desséché dans l'étuve à 100°, il se colore, devient mou; refroidi, il est cassant.

Le *ricinolate d'éthyle* est une huile jaunâtre qui ne distille pas sans décomposition [Bussy et Le Canu, *Journ. de Pharm.*, t. XIII, p. 57; — Saalmüller, *Ann. der Chem. u. Pharm.*, t. LXIV, p. 108; — Svanberg et Kolmodin, *Journ. für prakt. Chem.*, t. XLV, p. 431; — Bouis, *Ann. de Chim. et de Phys.*, (3), t. XLIV, p. 77; *Compt. rend. de l'Acad.*, t. XLI, p. 603]. J. B.

RIEMANNITE. — Voyez ALLOPHANE.

RIOLIZINIQUE (ACIDE). — Synonyme de PIPITZAHUÏQUE (ACIDE), t. II, p. 1033.

RIPIDOLITHE (Min.) [Syn. *Chlorite, grangésite, lophoïte, ogkoïte, helminthe, prochlorite* (*Dana*), *delessite, etc.*]. — Silicate hydraté d'alumine, de magnésie, d'oxyde ferreux, avec un peu de manganèse. Les analyses se rapprochent des rapports exprimés par la formule

$$9RO,2Al^{2}O^{3},5SiO^{2},7H^{2}O,$$

dans laquelle $R = Mg,Fe$.

La ripidolithe se présente en lamelles hexagonales de forme indéterminable, ayant un clivage très-net, opaques ou translucides; transparentes en lames minces; très-peu biréfringentes. Éclat vitreux, nacré sur les faces de clivages. Couleur vert-poireau, vert d'herbe, vert brunâtre ou noirâtre. Flexible, mais non élastique. Elle se trouve en cristaux implantés formés de lames groupées en boules ou contournées; elle est compacte, granulaire; elle recouvre et pénètre souvent l'adulaire, le quartz et le sphène; elle forme aussi des amas dans les filons qui traversent le gneiss, le granite, les schistes chloriteux : au Saint-Gothard, au Zillerthal (Tyrol), à Saint-Christophe (Oisans), à Chamounix, à Traverselle, en Bohême, à Arendal, etc. En Cornouailles, elle constitue avec le quartz le *killas* des filons d'étain.

Dureté, 1 à 2. Poussière grise ou verdâtre.

Densité, 2,78 à 2,96.

Caractères. — Attaquable par l'acide chlorhydrique. Dans le tube, donne de l'eau. Au chalumeau, blanchit et fond difficilement sur les bords en un verre noirâtre. Avec le borax, réactions du fer.

RITTINGÉRITE (Min.). — Petites tables clinorhombiques, d'un vif éclat, translucides, d'un jaune de miel foncé, ou d'un rouge-hyacinthe, se trouvant à Joachimsthal; c'est probablement un antimoniosulfure d'argent analogue à la feuerblende.

Forme cristalline. — Prisme clinorhombique $mm = 126°18'$; $mp = 91°24'$; $b^{1/2}p = 132°24'$. Faces : p, m, $b^{1/2}$, $d^{1/2}$. Clivage p imparfait.

RIVULINE. — Matière mucilagineuse d'une algue d'eau douce, *Rivula tubulosa* [Braconnot, *Ann. de Chim. et de Phys.*, t. LXX, p. 206].

ROBINIINE. — Matière colorante jaune, qui existerait, d'après Kümmell, dans le bois du *Robinia Pseudoacacia;* on l'obtiendrait en précipitant la décoction aqueuse du bois par le sous-acétate de plomb et décomposant le précipité par l'hydrogène sulfuré.

ROBININE, $C^{25}H^{30}O^{16}$. — Zwenger et Dronke ont retiré ce glucoside des fleurs fraîches du *Robinia Pseudoacacia*. On fait bouillir ces parties de la plante avec de l'eau, on décante, on exprime et on épuise une nouvelle quantité de fleurs avec le liquide de cette première coction. Quand on a répété cette opération 6 à 8 fois, on évapore les liqueurs à consistance sirupeuse et on fait bouillir le résidu à plusieurs reprises avec de l'alcool; l'alcool est distillé et le résidu abandonné pendant quelque temps.

Il se sépare alors une matière cristallisée, qu'on comprime entre des doubles de papier, qu'on lave à l'alcool froid, et qu'on dissout dans l'eau bouillante. On ajoute de l'acétate de plomb, qui précipite les matières étrangères, on filtre et l'on débarrasse le liquide filtré, par l'hydrogène sulfuré, du plomb qu'il contient. Après une nouvelle filtration, la robinine se dépose en cristaux jaunâtres qu'on purifie complétement par plusieurs cristallisations dans l'eau bouillante.

La robinine, $C^{25}H^{30}O^{16} + 5\frac{1}{2}H^2O$, cristallise en fines aiguilles soyeuses, couleur jaune de paille, contenant 5 $\frac{1}{2}$ molécules d'eau de cristallisation qu'elles perdent à 100°. Elle fond à 195° et se fige par le refroidissement en une masse amorphe. Soumise à la distillation sèche, elle donne un liquide jaune contenant de la quercétine.

La robinine est peu soluble dans l'eau froide, mais elle se dissout aisément dans l'eau bouillante en formant une solution jaune, qui se décolore par l'addition d'un acide; l'alcool froid ne la dissout qu'en petite quantité; l'alcool chaud, dans lequel elle est plus soluble, la laisse déposer en fines aiguilles ou en grains cristallins; l'éther ne la dissout pas. Les alcalis et carbonates alcalins, en la dissolvant, prennent une couleur jaune d'or, la solution ammoniacale se colore après quelque temps en brun. Traitée par l'acide azotique concentré, la robinine fournit un peu d'acide oxalique et principalement de l'acide picrique. Elle réduit à chaud la liqueur cupropotassique, le chlorure d'or et le nitrate d'argent, ce dernier sel lentement et incomplétement.

L'acétate neutre de plomb et la plupart des sels métalliques ne précipitent pas la solution de robinine; l'acétate basique de plomb employé en excès donne un précipité.

Le chlorure ferrique produit une coloration brun foncé dans les solutions concentrées de robinine; le chlorure ferreux est sans action.

Lorsqu'on chauffe la robinine avec l'acide sulfurique ou chlorhydrique étendu, elle se dédouble facilement en quercétine qui se sépare presque complétement, et en un sucre $C^6H^{12}O^6$ (?) incristallisable, d'une saveur sucrée, réduisant le tartrate cupro-potassique, mais ne fermentant pas et donnant avec l'acide azotique de l'acide picrique et seulement des traces d'acide oxalique.

L'émulsine ne peut pas opérer le dédoublement de la robinine en quercétine et en sucre. 100 p. de robinine cristallisée fournissent 38 p. de quercétine séchée à 100°.

Zwenger et Dronke représentent ce dédoublement par l'équation suivante :

$$\underset{\text{Robinine.}}{C^{25}H^{30}O^{16}} + 2H^2O = \underset{\text{Quercétine.}}{C^{18}H^{10}O^6} + \underset{\text{Sucre,}}{2C^6H^{12}O^6}.$$

Mais la vraie formule de la quercétine étant $C^{27}H^{18}O^{12}$, et le sucre qui donne de l'acide picrique par oxydation ne pouvant renfermer $C^6H^{12}O^6$, l'hydratation de la robinine doit être exprimée par une équation différente; peut-être même la formule de ce glucoside doit-elle être changée [C. Zwenger, et F. Dronke, *Ann. der Chem. u. Pharm.*, 1861, Supplementband I, p. 257]. A. H.

ROBINIQUE (ACIDE). — Cet acide existe, suivant Reinsch [*Repert. de Pharm.*, (2), t. XXXIX, p. 198], dans la racine du robinier faux acacia (*Robinia Pseudoacacia*).

L'infusion de cette racine, évaporée à consistance de sirop et abandonnée dans un lieu frais, laisse déposer des cristaux rhomboïdaux qui constituent le robinate d'ammonium. Ce sel donne avec le sous-acétate de plomb un précipité qui, décomposé par l'hydrogène sulfuré, fournit l'acide robinique à l'état d'une masse sirupeuse; celle-ci cristallise lorsqu'on l'arrose d'alcool; exposée à l'air humide, elle tombe de nouveau en déliquescence.

ROCCELLINE, $C^{18}H^{16}O^7$. — Ce corps a été trouvé par Stenhouse dans le *Roccella tinctoria* du cap de Bonne-Espérance; il y accompagne l'acide lécanorique. Pour l'extraire, on fait bouillir avec l'alcool le produit gélatineux obtenu en précipitant par l'acide chlorhydrique l'extrait du lichen traité par la chaux. L'acide lécanorique se dédouble en orcine et en orsellate d'éthyle, tandis que la roccelline reste inaltérée. L'eau bouillante dissout l'orsellate d'éthyle et laisse la roccelline insoluble.

La roccelline, peu soluble dans l'alcool froid et dans l'éther, cristallise dans l'alcool bouillant en aiguilles soyeuses. (On y a trouvé : C = 62,67; 62,44 et H = 4,90-4,65.) Les alcalis et l'ammoniaque dissolvent la roccelline; les solutions sont inaltérables à l'air. Les alcalis bouillants ne l'attaquent pas. Elle ne précipite pas les solutions métalliques [*Ann. der Chem. u. Pharm.*, t. LXVIII, p. 69]. E. W.

ROCCELLIQUE (ACIDE), $C^{17}H^{32}O^4$. — Heeren avait rencontré cet acide dans le *Roccella tinctoria*. Il a été étudié par Schunck [*Ann. der Chem. u. Pharm.*, t. LXI, p. 78], puis, d'une manière plus complète par O. Hesse [*Ann. der Chem. u. Pharm.*, t. CVII, p. 297; *Rép. de Chim. pure*, 1862, p. 121].

Pour l'obtenir, Schunck épuise le lichen par l'ammoniaque caustique et précipite la solution étendue d'eau par le chlorure de calcium; le précipité est ensuite décomposé par l'acide chlorhydrique et traité par l'éther qui dissout l'acide roccellique mis en liberté.

O. Hesse épuise le lichen par l'éther; le liquide

éthéré laisse, par la distillation, une masse verdâtre qu'on dissout dans une petite quantité de solution bouillante de borax qui abandonne, après filtration et refroissement, l'acide roccellique cristallisé. On le purifie par cristallisation dans l'acide azotique ou dans l'alcool, avec addition de noir animal.

Hesse propose encore le procédé suivant : on épuise successivement le lichen par un lait de chaux, par l'acide chlorhydrique et par la soude.

L'acide chlorhydrique donne, dans le dernier extrait alcalin, un précipité floconneux qu'on lave, qu'on traite, en suspension dans l'eau, par le chlore, pour détruire les matières vertes, et qu'on fait ensuite cristalliser dans l'alcool avec addition de noir animal.

L'acide roccellique, auquel Schunck assignait la formule $C^{12}H^{22}O^{3}$, renferme, d'après les recherches de Hesse, $C^{17}H^{32}O^{4}$, formule qui en fait un homologue supérieur de l'acide oxalique.

$$C^{15}H^{30}\begin{cases}COOH\\COOH\end{cases}$$

Il est insoluble dans l'eau, même à 100°, soluble dans l'éther et dans l'alcool; il exige pour se dissoudre 1,81 p. d'alcool bouillant, d'une densité de 0,819, et cristallise par le refroidissement en courtes aiguilles incolores. Sa solution alcoolique rougit le tournesol.

L'acide roccellique fond à 132° en un liquide incolore, qui se concrète de nouveau vers 108° en une masse cristallisée; il ne contient donc pas d'eau de cristallisation. Chauffé vers 200°, il se sublime en partie, tandis que le reste se transforme en anhydride.

A 280°, la transformation en *anhydride roccellique* est complète. Cet anhydride, $C^{17}H^{30}O^{3}$, est un liquide oléagineux, neutre, soluble dans l'éther et dans l'alcool. Les alcalis le transforment en roccellates. L'ammoniaque paraît le transformer en *roccellamide*, qui est un produit semi-fluide.

Les alcalis et l'ammoniaque caustiques dissolvent l'acide roccellique; les solutions sont inaltérables à l'air. Les alcalis bouillants sont sans action sur cet acide qui n'est que faiblement décomposé par la potasse à 260°. Les acides minéraux concentrés, sauf l'acide azotique fumant sont également sans action sur l'acide roccellique.

Les roccellates alcalins sont très-solubles; les autres sont insolubles dans l'eau et dans l'alcool. Hesse a obtenu les sels suivants, par double décomposition avec le sel ammoniacal :

Sel de calcium, $C^{17}H^{30}O^{4}Ca + H^{2}O$.
Sel de baryum, $C^{17}H^{30}O^{4}Ba$.
Sel de plomb, $(C^{17}H^{30}O^{4}Pb)^{2}.PbH^{2}O^{2} + 2H^{2}O$.
Sel d'argent, $C^{17}H^{28}O^{4}Ag^{2}$.

Ce dernier sel est un précipité blanc, qui brunit à l'ébullition.

La solution alcoolique d'acide roccellique ne réduit pas le chlorure d'or (Stenhouse).

Le *roccellate d'éthyle*, $C^{17}H^{30}O^{4}(C^{2}H^{5})^{2}$, forme une huile jaunâtre, d'une odeur faiblement aromatique. Hesse l'a obtenu par l'action de l'acide chlorhydrique sur une solution alcoolique d'acide roccellique.

Lorsqu'on chauffe à 200° l'acide roccellique avec un excès d'aniline, on obtient la *roccellanilide*, $C^{17}H^{30}(C^{6}H^{5}.HAz)^{2}O^{2}$, qui cristallise dans l'alcool en belles lames incolores, insolubles dans l'eau, solubles dans l'alcool bouillant et dans l'éther, fusibles à 53°,5 et distillant sans décomposition à une haute température (O. Hesse). E. W.

ROCHAGE. — Le métal qui offre le plus bel exemple de rochage est l'argent. En effet, lorsque ce metal se solidifie, il se produit une sorte de végétation à sa surface, et parfois une petite portion d'argent est projetée au loin : ce soulèvement et cette projection sont les deux phénomènes qu'on observe ordinairement pendant la solidification des substances qui *rochent*. La contraction des parties voisines de la surface et la pression qui en résulte sur les parties intérieures encore en fusion ne produisent que des soulèvements faibles. Le dégagement d'un gaz dissous dans le métal fondu détermine la formation de gouttelettes, de bulles, et de volumineuses protubérances. Le rochage résulte du brusque changement de solubilité du gaz dissous dans le métal au moment de la solidification.

Si l'on expose une grande quantité d'argent fondu à un courant de gaz oxygène ou d'air atmosphérique, et qu'ensuite on laisse le métal se refroidir graduellement, sa surface se solidifie d'abord, ensuite elle se fendille; un gaz s'échappe en grande quantité par toutes ces ouvertures, et pousse devant lui une portion de métal fondu qui se solidifie et forme les protubérances ou végétations. Cette ébullition dure un quart d'heure, une demi-heure, suivant que l'on opère sur des quantités plus ou moins considérables de métal, et suivant que le refroidissement a lieu plus ou moins vite.

Le gaz qui s'échappe ainsi de l'argent est de l'oxygène, d'après Lucas, qui le premier a étudié ce phénomène. Plus tard, Gay-Lussac a observé un dégagement tumultueux de gaz oxygène en plongeant dans une cuve à eau, sous une cloche, de l'argent maintenu longtemps fondu. Dans les conditions les plus favorables, ce procédé permet de recueillir un volume de gaz 22 fois plus grand que celui du métal.

M. Levol a constaté le rochage de l'or.

Le palladium, chauffé au contact de l'air et maintenu en fusion dans une atmosphère oxydante, roche comme l'argent au moment de sa solidification. Seulement, l'oxygène ne se dégageant qu'au moment où la couche supérieure du métal est figée, le lingot qui a roché est caverneux, quoique sa surface soit parfaitement régulière (H. Sainte-Claire Deville et Debray).

Le rhodium roche de la même manière que le palladium.

Le platine présente au moment de sa solidification le phénomène du rochage. Pour faire rocher le platine, il faut maintenir en fusion dans de la chaux pendant longtemps une masse de 500 à 600 grammes de métal au moins et découvrir brusquement le bain métallique (H. Sainte-Claire Deville et Debray).

Le cuivre maintenu fondu dans le gaz hydrogène ou dans le gaz oxyde de carbone éprouve une espèce d'ébullition au moment de sa solidification et le lingot présente un ou plusieurs soulèvements (Caron).

L'hydrogène fait également rocher l'antimoine (Caron).

La fonte et l'acier chauffés dans l'hydrogène ou dans l'oxyde de carbone rochent (même lorsque le vase qui contient le métal est sans action chimique sur lui), mais il faut, pour obtenir un résultat certain, raréfier le gaz au moment de la solidification (L. Troost et Hautefeuille).

La litharge fondue qu'on abandonne au refroidissement se solidifie, puis se brise, se fendille en tous sens, quelquefois une sorte d'explosion se produit et on observe une projection de litharge encore liquide. Ce changement de structure est lié, ainsi que M. Leblanc l'a établi, au dégagement de 50 centimètres cubes de gaz oxygène par kilogramme de litharge au moment de la solidification. C'est le seul exemple bien étudié de rochage d'une substance non métallique.

Le rochage dû à l'expulsion d'un gaz peut se produire en dehors de la période de solidification.

Le plus bel exemple qu'on puisse donner d'un dégagement gazeux au sein d'une matière métallique en fusion est celui de la fonte chauffée au chalumeau, alimenté par l'oxygène et le gaz de l'éclairage, dans un creuset en chaux vive. On réalise alors à volonté l'affinage, c'est-à-dire la décarburation, avec un petit nombre d'étincelles ou avec un véritable bouquet d'artifice. Il suffit de rendre les gaz du chalumeau très-oxydants ou très-réducteurs. M. H. Sainte-Claire Deville explique la production de vives étincelles par la dissolution de l'oxyde de carbone dans le métal fondu. Ce gaz, produit par l'oxydation du carbone de la fonte pendant l'affinage, s'y dissout en quantité de plus en plus grande dans les parties les plus chaudes; il se dégage dans celles où la température est la moins élevée et projette des gouttelettes de métal incandescent. Ces gouttelettes s'oxydant dans l'atmosphère dissolvent de nouvel oxyde de carbone, et, rochant encore, se divisent en parcelles plus petites. De là les sillons lumineux, les étincelles multiples et la crépitation qui accompagnent les étincelles de la fonte.

Les fontes qui comme les fontes riches en silicium dissolvent difficilement l'oxyde de carbone s'affinent sous le dard du chalumeau sans produire d'étincelles et sans projeter de globules incandescents (Troost et Hautefeuille) [Lucas, *Ann. de Phys. et de Chim.*, (2), t. XII, p. 404; — Gay-Lussac, *ibid.*, (2), t. XLV, p. 221; — Percy, *ibid.*, (2), t. V, p. 45 et 57; — Caron, *Compt. rend.*, 1866, t. LXII, p. 296; *ibid.*, 1866, t. LXIII, p. 1129; *ibid.*, 1870, t. LXX, p. 451 et p. 1263; — Troost et Hautefeuille, *ibid.*, 1873, t. LXXVI, p. 482 et p. 562; *ibid.*, 1870, t. LXX, p. 252]. P. H.

ROCHLEDERITE (Min.). — On a donné ce nom à la partie soluble dans l'alcool, d'une substance bitumineuse appelée *mélanchyme* par Haidinger, et trouvée en masses de la grosseur de la tête à Zweifelsreuth, près Neukirchen, en Eger (Bohême). Fond à 100° et possède une composition exprimée par la formule $C^{20}H^{28}O^3$.

ROCOU (voyez Bixine, t. I, p. 619). — On nomme ainsi une matière colorante préparée avec la pulpe des fruits du *Bixa orellana*. Elle a été décrite t. I, p. 619. — Aux faits décrits dans cet article, nous joindrons les renseignements suivants. D'après W. Stein [*Journ. f. prakt. Chem.*, t. CII, p. 175], on obtient la bixine pure en traitant les fruits frais du *Bixa orellana* par de l'eau alcaline et en précipitant la solution par l'acide sulfurique. Le précipité est traité à plusieurs reprises par l'eau bouillante et l'éther pour enlever les principes amers et résineux. Le résidu renferme encore, à l'état d'impureté, une petite quantité de principes azotés; en effet, il donne à l'analyse 0,7 % d'azote. La bixine est soluble dans 25,4 p. d'alcool bouillant, 89 p. d'alcool froid, 345 p. d'éther, 3,435 p. de sulfure de carbone et 93,3 p. de chloroforme. La solution alcoolique est jaune ou rouge-brun selon sa concentration, de saveur amère; elle précipite en orangé par l'acétate de plomb basique, en jaune-brun après addition de sublimé corrosif ou d'acétate de cuivre; en rouge-brun sous l'influence du perchlorure de fer; en jaune rougeâtre par l'acétate d'aluminium; en jaune par les chlorures d'étain après addition d'ammoniaque. Bouillie avec de l'acide chlorhydrique, elle donne un précipité brun. L'acide sulfureux en solution aqueuse ne décolore qu'incomplétement à l'ébullition les solutions de rocou. Fondue avec l'hydrate de potasse, la bixine donne une masse amorphe brun-noir; l'acide sulfurique concentré la colore en bleu foncé; l'acide azotique fumant la convertit en produits nitrés. Stein donne à ce produit la formule $C^{15}H^{18}O^4$. Par l'action du chlore sur une solution de bixine dans l'alcool faible, on obtient la chlorobixine $C^{15}H^{18}Cl^2O^5$ sous forme d'une poudre amorphe jaune-brun soluble dans l'alcool et l'éther, insoluble dans l'eau. L'hydrogène naissant convertit la bixine en une masse amorphe brune insoluble dans l'eau, auquel Stein attribue la formule $C^{30}H^{38}O^7$. P. S.

RŒMERITE (Min.). — Sulfate ferroso-ferrique hydraté, avec zinc, manganèse, chaux,

$$SO^4Fe + (SO^4)^3\overset{vi}{Fe^2} + 12H^2O.$$

Masses granulaires, à grains en partie cristallisés, d'un brun de rouille; translucides, d'un éclat entre le gras et le vitreux; se trouvant dans la mine de Rammelsberg, près Goslar, avec copiapite.

Caractères. — Assez soluble pour avoir un goût astringent. Au chalumeau, réactions du fer et du zinc.

Dureté, 2,7.

Densité, 2,15 à 2,18.

Forme cristalline. — Prismes clinorhombiques $mm = 101°24'$; $pm = 98°30'$. Clivage g^1 parfait.

RŒSSLERITE (Min.). — Arséniate hydraté de magnésium, $AsO^4MgH + 6H^2O$. En petites lames cristallines blanches ou incolores à structure fibreuse; également en efflorescences vermiculaires trouvées dans les schistes cuivreux à Bieber (Nassau) avec pharmacolithe et érythrite. Éclat vitreux ou terne. Devient opaque et terne par l'exposition à l'air.

Caractères. — Soluble dans l'acide chlorhydrique. Dans le tube, donne de l'eau. Au chalumeau, fond en un émail blanc. Sur le charbon, donne des fumées arsenicales.

Dureté, 2 à 3. Clivage assez net dans une direction.

RŒTTISITE (Min.). — Substance probablement identique avec la genthite. Se trouve à Rœttis en Voigtland, en masses amorphes, ou en concrétions d'un beau vert et de peu d'éclat, translucides ou opaques.

Dureté, 2 à 2,25.

Densité, 2,35 à 2,37.

ROMANZOWITE (Min.). — Grenat essonite brunâtre de Kimito (Finlande).

ROMARIN (ESSENCE DE). — Voyez Essences, t. I, p. 1281.

ROMÉINE (Min.). — Antimonite et antimoniate de calcium, $Sb^4O^{11}Ca^3 = Sb^2O^3 . Sb^2O^5 . 3CaO$, avec un peu de fer, de manganèse et de silice. Petits cristaux groupés, d'un jaune de miel ou d'un rouge-hyacinthe, trouvés à Saint-Marcel (Piémont) en petites veines ou amas dans la gangue de feldspath et d'épidote manganifère, qui accompagne la braunite.

Dureté. 5,5. Densité, 4,71.

Caractères. — Insoluble dans les acides; au chalumeau, fond en une scorie noirâtre. Avec le borax, verre incolore au feu de réduction, violet au feu d'oxydation (manganèse). Avec la soude sur le charbon, donne des fumées d'antimoine et un globule d'antimoine.

Forme cristalline. — Octaèdre quadratique $a^1 a^1$ à la base de 110° 50′ à 111°20′. Pas de clivage.

ROSANILINE. — Voyez Aniline, t. I, p. 316.

ROSATOLUIDINE. — Voyez Aniline, t. I, p. 318.

ROSAXYLIDINE. — Voyez Aniline, t. I, p. 318.

ROSE (ESSENCE (DE). — Voyez Essences, t. I, p. 1281.

ROSELITE. (Min.). — Arséniate hydraté de cobalt et de calcium $(Co, Ca)^3(AsO^4)^2 + 8H^2O$. Petits groupes de cristaux d'un beau rose fleur de pêcher, trouvés à Schneeberg, en Saxe, sur le quartz.

Dureté, 3.

Forme cristalline. — Prisme orthorhombique $mm = 132°48'$; $pe^1 = 158°2'$. Clivage brillant et facile g^1. La forme de ce minéral le sépare de l'érythrite dont sa composition le rapproche.

ROSELLANE et **ROSITE** (Min.).— Substance d'un rose pâle, en petits grains à cassure écailleuse, ayant un clivage net dans une direction et se trouvant dans un calcaire à Aker (Sudermanland). Paraît être une anorthite altérée ou impure.

ROSÉOCOBALTIQUES (SELS). — Voyez COBALTAMINES, t. I, p. 947.

ROSITE (Huot). — Voyez WOLFSBERGITE.

ROSOCYANINE. — Voyez l'article CURCUMINE, du Supplément.

ROSOLIQUE (ACIDE). — Voyez PHÉNOL (INDUSTRIE), t. II, p. 823.

ROTHGULTIGERZ. — Voyez ARGYRYTHROSE et PROUSTITE.

ROTHIQUE (ACIDE). — Voyez NUCITANNIQUE (ACIDE), t. II, p. 576.

ROTHOFFITE (Min.). — Grenat jaune, amorphe, de Langbanshyttan (Suède). C'est une mélanite manganésifère.

ROTTLERINE. — Le fruit du *Rottlera tinctoria*, arbre de l'Inde, est couvert de poils étoilés et de glandes d'un rouge vif, qu'on détache et qu'on utilise dans l'Inde pour teindre la soie; on a aussi introduit ce produit en médecine comme médicament anthelminthique, sous le nom de *Kamala*. C'est une poudre légère, rouge-brique, qui possède une odeur aromatique; l'eau le mouille difficilement et n'en extrait que peu de matières colorantes, même à chaud. Les carbonates alcalins, ou mieux les alcalis, dissolvent la substance colorante, en donnant des solutions rouge foncé, qui teignent directement la soie en un orange vif et solide; le coton se teint au contraire très-mal dans ce bain.

D'après Anderson, qui a étudié le premier ce produit, il est composé de : eau, 3,49; matières colorantes résinoïdes, 78,19; matières albuminoïdes, 7,34; cellulose, 7,14, et cendres, 3,84; il renferme en outre une essence volatile. Anderson a réussi à retirer de ce produit une substance cristalline à laquelle il a donné le nom de *rottlerine*.

Pour l'en extraire, on reprend le kamala par l'éther, et l'on concentre la solution; il se sépare après quelque temps des cristaux jaunes soyeux de rottlerine; ce corps est insoluble dans l'eau et se dissout difficilement dans l'alcool froid, mais il est assez soluble dans l'alcool chaud. La rottlerine renferme $C^{11}H^{10}O^{3}$; elle fond lorsqu'on la chauffe et se décompose à une température plus élevée. Les alcalis la dissolvent en prenant une coloration rouge foncé; la solution alcoolique n'est pas précipitée par l'acétate de plomb. Elle donne avec le brome un produit de substitution cristallisable; avec l'acide azotique, d'abord une résine jaune, et ensuite de l'acide oxalique; enfin avec l'acide sulfurique une solution jaune qui se fonce à chaud et dégage de l'acide sulfureux.

Lorsqu'on extrait le kamala à chaud par l'alcool, on obtient une solution qui laisse déposer par le refroidissement un composé amorphe, qu'on peut presque décolorer par plusieurs dissolutions dans l'alcool et qui possède la composition $C^{20}H^{34}O^{4}$; cette matière est insoluble dans l'eau et peu soluble dans l'éther et l'alcool froids; ses solutions ne sont pas précipitées par les sels de plomb ou d'argent.

L'alcool qui a déposé ce corps retient en dissolution une substance résineuse de couleur rouge foncé qui fond à 100° et qui se dissout en toutes proportions dans l'alcool et l'éther; elle est insoluble dans l'eau. Cette résine contient $C^{30}H^{30}O^{7}$; ses solutions donnent avec l'acétate de plomb un précipité rouge orangé foncé de composition variable [Th. Anderson, *Edinburgh New. Phil. Journ.*, 1855 (new ser.), t. I, p. 300].

Leube, qui a repris plus tard l'examen du kamala, est arrivé à des résultats différents de ceux d'Anderson; mais d'après l'analyse immédiate de la matière première, qui diffère considérablement de celle d'Anderson donnée plus haut, Leube paraît avoir opéré sur un produit falsifié. Il n'a pas pu obtenir le principe cristallin, la rottlerine, décrit par Anderson, et il a seulement isolé deux résines, dont l'une peu soluble dans l'alcool et l'autre très-soluble dans ce liquide. La première fond à 191° et renferme $C^{8}H^{12}O^{5}$; le composé, très-soluble, fond à 80° et a donné à l'analyse des chiffres correspondant à la formule $C^{15}H^{18}O^{4}$. Les deux corps résineux sont cassants, de couleur jaune rougeâtre, et se dissolvent facilement avec une belle couleur rouge dans les alcalis, les carbonates alcalins et dans l'ammoniaque. L'ébullition avec l'acide sulfurique étendu ne les altère pas [G. Leube, *Viertel-jahrsschr. für prakt. Pharm.*, 1860, t. IX, p. 321]. A. H.

RUBELLANE (Min.). — Mica altéré, en lames hexagonales d'un rouge-brun, se trouvant dans un walcke, près de Schima (Bohême); dans un porphyre aux environs de Zwickau (Saxe), etc.

RUBELLITE (Min.). — Tourmaline rouge de Sibérie.

RUBERITE. — Voyez CUPRITE.

RUBERYTHRIQUE (ACIDE). — Voyez GARANCE, t. I, p. 1527.

RUBIACINE (matière orangée de la garance) [Runge, *Journ. für prakt. Chem.*, t. V, p. 367; — Robiquet, *Ann de Chim. et de Phys.*, t. LXIII, p. 311; — Higgin, *Phil. Mag.*, (3), t. XXXIII, p. 232; — Schunck, *Gmelin's Handbook*, t. XVI, p. 47]. — On a donné ce nom à une matière colorante jaune, contenue dans la racine de garance. Elle se présente sous forme d'aiguilles ou de lames jaune clair, brillantes et assez semblables, pour l'éclat, à l'iodure de plomb. Elle se sublime facilement. L'alcool bouillant la dissout assez facilement; elle est peu soluble dans l'eau chaude.

Schunck a trouvé pour sa composition : carbone, 67,1; hydrogène, 4,0, nombres qu'il traduit par la formule $C^{32}H^{22}O^{10}$. Ce corps paraît identique avec la xanthopurpurine que l'on obtient si facilement en réduisant la purpurine en solution alcaline par l'oxyde stanneux. — Voyez XANTHOPURPURINE et PURPURINE.

La rubiacine se formerait, d'après Schunck, par le dédoublement d'un glucoside sous l'influence des acides ou des alcalis ou encore sous l'influence d'un ferment spécial contenu dans la racine de garance. Ainsi, en abandonnant à elle-même une infusion aqueuse de racine fraîche de garance, elle ne tarde pas à déposer des principes insolubles parmi lesquels se trouve la rubiacine. On peut encore la préparer en traitant par des agents réducteurs alcalins (solution alcaline d'oxyde stanneux) l'acide rubiacique.

Les bains de teinture de garance épuisés sont précipités par l'acide chlorhydrique. Le précipité est repris par l'alcool bouillant; la poudre orangée qui se sépare par refroidissement est redissoute dans l'alcool bouillant; on ajoute de l'oxyde stanneux, le liquide filtré bouillant dépose la rubiacine par refroidissement.

Tous ces procédés anciens indiqués par Runge, Schunck, etc., peuvent aujourd'hui être remplacés avantageusement par la réduction de la purpurine.

La rubiacine se dissout en jaune dans l'acide sulfurique concentré; on peut chauffer la solution sans altérer le corps. L'acide nitrique fort l'attaque à l'ébullition. Les alcalis et l'ammoniaque la dissolvent en pourpre; les solutions ammoniacales précipitent en rouge foncé par les chlorures de calcium et de baryum.

Le chlorure ferrique la convertit en acide rubiacique. — Voyez ce mot.

L'hydrate d'aluminium enlève la rubiacine à une solution alcoolique; les laques alumineuses sont solubles en pourpre dans les alcalis caustiques. P. S.

RUBIACIQUE (ACIDE) [Schunck, *Ann. der Chem. u. Pharm.*, t. LXVI, p. 201, t. LXXXVII, p. 344]. — Pour l'obtenir, on fait bouillir la rubiacine ou la rubiadine ou encore les flocons bruns séparés par l'acide chlorhydrique des bains de teinture épuisés avec du chlorure ou du nitrate ferrique. On obtient une solution brun-rouge qui, additionnée d'acide chlorhydrique, dépose des flocons bruns que l'on redissout dans les carbonates alcalins bouillants et que l'on précipite de nouveau par un acide.

L'acide rubiacique pur se présente sous forme d'une poudre amorphe jaune-citron, peu soluble dans l'eau bouillante. L'acide sulfurique transforme ce corps, d'abord en rubiacine, puis en rubiafine. Il a donné à l'analyse : carbone, 57,6; hydrogène, 2,9; oxygène, 39,5.

Le sel de potassium se présente sous forme d'aiguilles rouge-brique renfermant 13,04 % de potasse.

Schunck donne à ce corps la formule

$C^{32}H^{18}O^{17}$. P. S.

RUBIADINE [Schunck, *Phil. Mag.*, (4), t. V, p. 410 et 495; t. XIII, p. 200 et 270]. — La rubiadine de Schunck est un des termes du dédoublement du rubian (voyez GARANCE). En faisant bouillir celui-ci pendant quelque temps avec de la soude caustique, on obtient un précipité formé principalement d'alizarate de sodium. L'eau mère, additionnée d'eau et d'acide sulfurique, dépose des flocons jaunes formés d'un mélange d'alizarine, de rubirétine, de vérantine et de rubiadine, tandis que le liquide surnageant contient de la glucose. Les flocons sont épuisés par l'alcool bouillant qui les dissout, à l'exception d'une matière brune provenant de l'altération du sucre sous l'influence des alcalis. On ajoute de l'acétate d'aluminium qui précipite une laque alumineuse d'alizarine; on filtre et on ajoute au liquide de l'acétate de plomb qui précipite la rubirétine et la vérantine sous forme de flocons brun-pourpre; on filtre de nouveau et on étend de beaucoup d'eau. La rubiadine se sépare alors en flocons jaunes. Ceux-ci sont redissous dans aussi peu d'alcool bouillant que possible; on agite avec de l'hydrate plombique ou stanneux qui s'empare d'un reste de rubirétine; on filtre bouillant; la rubiadine se dépose par le refroidissement.

Aiguilles jaunes ou lames rectangulaires sublimables. Insoluble dans l'eau; plus soluble dans l'alcool bouillant que la rubianine; soluble en jaune dans l'acide sulfurique concentré; en rouge de sang dans le carbonate de soude bouillant. Les solutions précipitent par les chlorures de baryum et de calcium, l'acétate de cuivre, mais ne précipitent pas par l'acétate de plomb.

Schunck y a trouvé : carbone, 69,6; hydrogène, 5,1. Le rubian chloré traité par les acides sulfurique ou chlorhydrique étendus et bouillants fournit la chlororubiadine sous forme d'un corps insoluble dans l'eau, soluble dans l'alcool, cristallisant en aiguilles brillantes ou en lames, soluble en rouge dans les alcalis et les carbonates alcalins.

Ce corps renferme, d'après Schunck : carbone, 61,7; hydrogène, 4,2; chlore, 11,2. Sa solution ammoniacale additionnée de chlorure de baryum dépose de longues aiguilles rouges renfermant 15,65 % d'oxyde de baryum. P. S.

RUBIADIPINE [Schunck, *Journ. für prakt. Chem.*, t. LIX, p. 474]. — Schunck a donné ce nom à l'un des nombreux produits formés d'après lui pendant le dédoublement du rubian.

La gelée brune qui se forme spontanément lorsqu'on abandonne dans un endroit chaud une solution aqueuse de rubian additionnée d'érythrozyme (ferment soluble de la garance) contient de l'alizarine, de la rubirétine, de la vérantine, de la rubiacine, de la rubiadipine, de la rubiagine. Cette gelée lavée à l'eau est épuisée par l'alcool bouillant, tant que celui-ci se colore en jaune, on filtre et on ajoute de l'acétate d'aluminium qui précipite l'alizarine, la vérantine et la rubiafine; on filtre et l'on ajoute de l'acide sulfurique étendu de beaucoup d'eau. Le précipité est filtré et lavé, puis redissous dans l'alcool bouillant. On ajoute un excès d'acétate de plomb et on filtre chaud. Le précipité rouge pourpre contient de l'alizarine, de la rubirétine, de la vérantine et de la rubiafine échappées à l'acétate d'aluminium. Le liquide filtré jaune contient la rubiagine et la rubiadipine. On ajoute beaucoup d'eau; il se sépare un précipité orangé formé de combinaisons plombiques de rubiadipine et de rubiagine.

Le précipité est recueilli et traité par l'acide sulfurique étendu. On lave le résidu et on le traite par l'alcool bouillant. La solution filtrée est évaporée; le résidu est repris par l'alcool froid qui redissout la rubiadipine et laisse la rubiagine que l'on peut purifier par cristallisation dans l'alcool bouillant.

La rubiadipine se présente sous forme d'une masse semi-fluide, jaune-brun, grasse, fusible en gouttes oléagineuses dans l'eau bouillante. Insoluble dans l'eau, soluble dans l'alcool et les alcalis avec lesquels elle forme un liquide rouge; sa solution alcoolique donne, avec l'acétate de plomb, un précipité qui contient 31,35 % d'oxyde de plomb. Formule de Schunck :

$C^{30}H^{24}O^{5}$. P. S.

RUBIAFINE [Schunck, *Journ. für prakt. Chem.*. t. LIX, p. 465]. — La rubiafine est, d'après Schunck, un des termes du dédoublement du rubian sous l'influence du ferment soluble de la garance.

Nous avons vu (voyez RUBIADIPINE) qu'en traitant la solution alcoolique de la gelée formée par l'action de l'érythrozyme sur le rubian, successivement par l'acétate d'aluminium et l'acétate de plomb, on obtenait des précipités complexes. Ces précipités sont décomposés par l'acide chlorhydrique. Les flocons insolubles mélangés sont recueillis sur un filtre et épuisés par l'alcool froid qui dissout la rubirétine. Le résidu contenant de l'alizarine, de la vérantine, de la rubiafine, est dissous dans l'alcool bouillant auquel on ajoute ensuite de l'acétate de cuivre; il se forme un précipité pourpre contenant la rubiafine et la vérantine. Ce précipité est décomposé par l'acide chlorhydrique; les flocons séparés sont lavés, redissous dans l'alcool bouillant auquel on ajoute ensuite de l'hydrate stanneux, la rubiafine reste seule en solution et se dépose par le refroidissement de la solution filtrée en aiguilles ou en lames jaunes brillantes. La rubiafine ne se distingue de la rubiagine que par la composition centésimale. Carbone, 69,3; hydrogène, 4,6.

Les propriétés des deux corps sont identiques. P. S.

RUBIAGINE [Schunck, *Journ. für prakt. Chem.*, t. LIX, p. 471]. — Corps formé, d'après Schunck, par la fermentation du rubian.

Nous avons vu (RUBIADIPINE) comment on isole ce corps des substances qui l'accompagnent.

Il se présente sous forme de granulations jaunes composées d'aiguilles groupées autour d'un centre. Insoluble dans l'eau bouillante, soluble dans l'alcool bouillant; soluble en jaune dans l'acide acétique, d'où il se sépare en cristaux par le refroidissement; soluble en rouge de sang dans les alcalis, l'eau de chaux et l'eau de baryte. Soluble en rouge foncé dans l'acide sulfurique concentré et froid. Avec l'acide azotique bouillant, il donne un liquide jaune qui dépose, par refroidissement, des aiguilles jaunes brillantes. La solution alcoolique additionnée d'acétate neutre de plomb passe au jaune et dépose des grains orangés peu solubles dans l'alcool bouillant, solubles dans une solution alcoolique d'acétate neutre de plomb. Cette propriété distingue la rubiagine de ses analogues la rubiacine, la rubiafine et la rubiadine. La solution alcoolique précipite en orangé par l'acétate de cuivre.

Schunck a trouvé : carbone, 68,10; hydrogène, 5,14. P. S.

RUBIAN. — Voyez GARANCE, t. I, p. 1526.

RUBIANINE. — Schunck [*loc. cit.*] donne ce nom à l'un des termes du dédoublement du *rubian*. La rubianine se forme simultanément avec l'alizarine, la rubirétine et la vérantine, par l'ébullition d'une solution aqueuse de rubian ou de l'extrait aqueux, qu'on obtient en épuisant la poudre de garance avec de l'eau bouillante. Dans ces conditions, on voit se séparer un précipité floconneux jaune orangé. Celui-ci étant dissous dans l'alcool bouillant, on filtre à chaud et on reprend le résidu par de nouvelles doses d'alcool tant que ce dernier véhicule se colore en jaune foncé. Par le refroidissement, il se sépare un mélange de rubianine et de vérantine; ce mélange étant redissous dans l'alcool bouillant, on précipite la vérantine par l'acétate de plomb, on filtre bouillant et on abandonne au refroidissement. La rubianine se dépose en cristaux.

Elle se présente sous la forme d'aiguilles jaune-citron, à éclat soyeux, contenant, après dessiccation à 100°, carbone, 57,6, hydrogène, 5,42.

Elle est plus soluble dans l'eau bouillante que la rubiacine, moins soluble dans l'alcool bouillant que la rubérétine et la vérantine. Elle se dissout en jaune à froid dans l'acide sulfurique concentré, l'acide nitrique concentré et chaud la dissout sans l'altérer. L'ammoniaque et les carbonates alcalins ne la dissolvent pas à froid; à l'ébullition, ils forment une solution rouge de sang qui dépose des cristaux après refroidissement. La solution ammoniacale précipite en rouge par les chlorures de baryum et de calcium. Les solutions concentrées de perchlorure de fer la dissolvent en brun foncé sans la convertir en acide rubiacique. L'acétate neutre de plomb ne précipite pas les solutions alcooliques. P. S.

RUBIANIQUE (ACIDE) [Schunck, *Phil. Mag.*, (4), t. XII, p. 200 et 270]. — L'un des produits d'oxydation du rubian, en présence des alcalis, paraît être un glucoside de l'alizarine, auquel Schunck a donné le nom d'acide rubianique. Ce corps se présente sous forme d'aiguilles soyeuses jaune-citron, ou de masses granuleuses cristallines, saveur amère; il rougit le tournesol.

L'acide rubianique se dissout dans l'eau, plus facilement dans l'eau chaude que froide; il est soluble dans l'alcool, insoluble dans l'éther, soluble sans décomposition dans les solutions aqueuses chaudes des acides acétique, oxalique, tartrique, phosphorique. Ses sels sont rouges; les sels alcalins seuls sont solubles.

Chauffé rapidement, il fournit de l'alizarine et du charbon. L'ébullition avec l'acide sulfurique étendu le dédouble en alizarine et glucose.

Il renferme : carbone, 55,5 à 56,6; hydrogène, 5,4 à 5,6.

Préparation. — Pour préparer l'acide rubianique, on peut employer soit le rubian purifié, soit l'extrait aqueux de la poudre de garance préparé à l'ébullition. Ce dernier est précipité successivement par l'acétate neutre et l'acétate basique de plomb. Le second précipité est décomposé par l'acide sulfurique étendu et froid. Le produit ayant été digéré avec du carbonate de plomb, on filtre et on mélange le liquide avec un excès d'eau de baryte, puis on fait passer à travers la liqueur un courant d'acide carbonique; on filtre de nouveau et on abandonne les solutions au contact de l'air. Il se sépare au bout de quelque temps une masse cristalline formée d'un mélange de rubianate de baryum et d'une combinaison de baryte avec du rubidehydran, tandis que le liquide retient du rubidehydran et de la chlorogénine. Le dépôt filiforme et floconneux des deux sels de baryum est décomposé par l'acide sulfurique étendu et froid, puis l'acide sulfurique est enlevé par le carbonate de plomb. Le précipité est traité à plusieurs reprises par l'eau bouillante, jusqu'à ce qu'il n'offre plus qu'une teinte rouge. Le liquide filtré étant évaporé, il reste une masse jaune brun, d'où l'eau froide extrait le rubidehydran, en laissant l'acide rubianique sous forme d'une poudre jaune. Cette poudre est purifiée par cristallisation dans l'eau bouillante. P. S.

RUBICELLE (Min.). — Rubis spinelle d'un jaune-orange.

RUBICHLORIQUE (ACIDE). — Principe immédiat contenu dans la racine de garance et quelques autres plantes telles que l'*Asperula odorata*, le *Galium verum*, le *Galium aparine*. Se présente sous forme d'une masse légèrement jaunâtre, inodore, de saveur fade désagréable, soluble dans l'eau et l'alcool, insoluble dans l'éther. Ses solutions aqueuses précipitent par l'acétate de plomb ammoniacal, précipité d'où on peut l'extraire par l'hydrogène sulfuré.

Le principal caractère de ce corps est sa transformation en un principe insoluble vert foncé (chlororubine) lorsqu'on le fait bouillir avec de l'acide chlorhydrique; en même temps, il se produit de l'acide formique.

La composition de l'acide rubichlorique n'est pas établie avec certitude; il paraît du reste identique avec la chlorogénine de Schunck [Rochleder, *Ann. der Chem. u. Pharm.*, t. LXXX, p. 327; — Schwarz, *Ann. der Chem. u. Pharm.*, t. LXXX, p. 333; — Willigk, *ibid.*, t. LXXXII, p. 339]. P. S.

RUBIDEHYDRAN, $C^{28}H^{32}O^{14}$(?). — Nous avons vu comment on obtient ce corps dans la préparation de l'acide rubianique au moyen du *rubian* (voyez ACIDE RUBIANIQUE). La solution aqueuse est évaporée, le résidu est repris par l'eau froide et le liquide est précipité par l'alcool. Masse gommeuse jaune rougeâtre, transparente, non déliquescente, de saveur amère, soluble en jaune dans l'eau. Ces solutions ne précipitent que par l'acétate basique de plomb.

Composition. — Carbone, 56,50; hydrogène, 5,65. Il ne semble différer du rubian que par une molécule d'eau en moins [Schunck, *loc. cit.*].

RUBIDÉNIQUE (ACIDE). — Synonyme de ISAMIQUE (ACIDE), t. II, p. 131.

RUBIDINE, $C^{11}H^{17}Az$. — Cette base, découverte par Thenius, appartient à la série pyridique; elle se forme comme tous les alcalis de ce groupe dans la distillation sèche d'un grand nombre de matières organiques. On l'a aussi signalée dans la fumée de tabac. — Voyez PYRIDINE, t. II, p. 1230.

Pour la préparer, on débarrasse les huiles provenant de la destruction pyrogénée des matières organiques, des carbures d'hydrogène, des phénols, des bases aromatiques et du pyrrol qu'elles contiennent, en suivant le procédé que nous avons indiqué à l'article PICOLINE (t. II, p. 1018), et on les soumet finalement à un très-grand nombre de distillations fractionnées. On peut aussi utiliser la méthode des précipitations fractionnées par le chlorure de platine.

La rubidine bout à 230° et constitue un liquide incolore, d'une consistance oléagineuse et d'une odeur faible. A — 17°, elle s'épaissit sans se solidifier; elle est insoluble dans l'eau, mais se dissout en toutes proportions dans l'alcool, l'éther et les essences; sa densité est de 1,017 à 17°. Le chlorure de chaux la colore en rouge, coloration qui ne disparaît pas tout à fait sous l'influence des acides; la rubidine colore en rouge le bois de sapin humecté d'acide chlorhydrique. Elle précipite les sels d'aluminium, de chrome et les sels ferriques, mais elle est sans action sur les sels de calcium, de baryum et de magnésium.

Les sels de rubidine ne cristallisent que très-lentement et se colorent en rose à l'air; de là le nom qu'on a donné à la base.

Le *chloromercurate* cristallise en aiguilles fusibles à 32°

Chloroplatinate, $(C^{11}H^{17}Az, HCl)^2 + PtCl^4$. — Poudre cristalline rouge, insoluble dans l'eau, l'alcool et l'éther. Le *chloro-aurate* est jaune rougeâtre et peu soluble [G. Thenius, *Chem. Centralb.*, 1862, p. 53; *Répert. de Chim. appliquée*, 1862, p. 184]. A. H.

RUBIDIUM, Rb = 85,4 (de *rubidus*, rouge). — La découverte de ce métal par Kirchhoff et Bunsen est liée à celle du césium et a été le couronnement des travaux célèbres de ces savants sur les raies du spectre. Le césium et le rubidium se rencontrent généralement ensemble, et associés au lithium, dans un grand nombre d'eaux minérales et de minéraux (voyez Césium, t. I, p. 800), tels que la lépidolithe (celle de Rozena renferme 0,24 °/₀ d'oxyde de rubidium), la triphylline, l'orthoclase, la carnallite, le mélaphyre (Laspeyres), le basalte (Engelbach), la pétalite d'Uto, le mica de Zinnwald, etc. Le rubidium a été extrait pour la première fois des eaux mères de l'eau minérale de Dürkheim et des résidus du traitement de la lépidolithe de Saxe, après l'extraction de la lithine.

L. Grandeau a constaté la présence du rubidium dans les cendres d'un certain nombre de végétaux, parmi lesquels il faut citer en première ligne la betterave, dont les cendres constituent la matière première la plus avantageuse pour l'extraction du rubidium (1 kilogramme de salins de betteraves fournit 1gr,08 de chlorure de rubidium).

Grandeau a aussi constaté la présence de ce métal dans les feuilles de tabac, le tartre du vin, le thé, le café, mais non le cacao; le rubidium n'est pas toujours dans les cendres accompagné de lithium. C. Than l'a trouvé exempt de lithine dans les cendres du bois de chêne.

Enfin nous citerons comme source du rubidium les dernières eaux mères du raffinage du salpêtre (Lefèbre, Grandeau).

Pour ce qui concerne la présence du rubidium dans les produits minéraux et végétaux, voyez Bunsen et Kirchhoff [*Ann. de Chim. et de Phys.*, t. LXIV, p. 259] et Grandeau [*ibid.*, t. LXVII, p. 155 à 221].

Extraction. — Pour retirer le rubidium des matières premières qui le contiennent, on suit la marche qui a déjà été indiquée à l'article Césium (voyez t. I, p. 806), et qui consiste à précipiter les métaux alcalins, potassium, césium et rubidium, sous forme de chloroplatinates qu'on sépare ensuite par les procédés indiqués. Pour attaquer les minéraux, tels que la lépidolithe, on emploie un des procédés qui ont été décrits t. II, p. 228. Le rubidium et le césium se trouvent dans les eaux mères d'où l'on a séparé la lithine.

On peut aussi attaquer le minéral par l'acide fluorhydrique ou par un mélange de fluorure de calcium et d'acide sulfurique. La masse reprise par l'eau donne une solution qui, après la précipitation par le carbonate de sodium, ne renferme que les alcalis [Lecoq de Boisbaudran, *Bull. de la Soc. chim.*, 1872, t. XVII, p. 551].

Aux procédés qui ont été indiqués t. II, p. 807, pour séparer le césium du rubidium, nous en ajouterons un autre, signalé par Sharples [*Sillim. Amer. Journ.*, t. XLVIII, p. 78, et *Bull. de la Soc. chim.*, 1869, t. XII, p. 236]. A la solution des chlorures, additionnée de son volume d'acide chlorhydrique concentré, on ajoute une solution de chlorure stannique qui précipite la presque totalité du césium sous forme de chlorostannate (1), tandis que le rubidium reste en solution avec l'excès de chlorure stannique, dont on le débarrasse aisément.

Voici le procédé que prescrit Bunsen pour retirer le chlorure de rubidium des résidus de l'extraction de la lithine des lépidolithes. Ces résidus secs renferment environ 20 °/₀ de chlorure de rubidium et seulement des traces de chlorure de césium. On dissout 1 kilogramme de ces résidus dans 2lit.5 d'eau et on précipite à froid par une solution de chlorure de platine renfermant 30 grammes de platine. Le précipité est traité 25 fois environ par de petites quantités d'eau bouillante (1 litre 1/2 en tout). Le précipité platinique est réduit par l'hydrogène au-dessous du rouge et le platine qui en provient est redissous dans l'eau régale pour être ajouté de nouveau aux eaux mères. Le chlorure de rubidium qui reste avec le platine après la décomposition du chloroplatinate est dissous dans l'eau, de manière que la solution contienne 36 grammes par litre; on y ajoute 30 grammes de platine, à l'état de chlorure, également dissous dans 1 litre, après avoir porté chacune de ces solutions à l'ébullition. Par le refroidissement jusqu'à 40°, il se dépose un précipité sablonneux qu'on lave par décantation et qu'on réduit ensuite par l'hydrogène.

Pour enlever les dernières traces de césium, on transforme le chlorure résultant en carbonate qu'on traite par l'alcool (voyez t. I, p. 807) [Bunsen, *Ann. der Chem. u. Pharm.*, t. CXXII, p. 347; *Bull. de la Soc. chim.*, 1863, t. V, p. 6].

Poids atomique. — Bunsen a trouvé pour le poids atomique du rubidium, d'après l'analyse du chlorure, le nombre 85,36; Piccard a obtenu un nombre très-voisin de celui-ci, 85,41. Ce poids atomique représente sensiblement le double de celui du potassium, plus celui du lithium $(2 \times 39) + 7 = 85$.

Comme le césium, le rubidium appartient à la classe des métaux alcalins ou monatomiques. Ses sels sont isomorphes avec ceux du potassium.

Rubidium métallique. — La préparation du rubidium par l'électrolyse du chlorure fondu ne réussit que difficilement, parce que le métal vient brûler à la surface; si l'on opère dans un courant d'hydrogène, il paraît se former un sous-chlorure bleu qui se dissout dans l'excès de chlorure. On réussit un peu mieux en employant un mélange de chlorure de rubidium et de chlorure de calcium. Le métal se sépare sous forme d'une masse fondue qui décompose l'eau.

On obtient un amalgame de rubidium par l'électrolyse d'une solution neutre et concentrée de chlorure en employant du mercure comme pôle négatif et un fil de platine comme pôle positif. Cet amalgame est cristallin et d'un blanc d'argent; il décompose l'eau à froid [Kirchhoff et Bunsen, *Ann. de Chim. et de Phys.*, (3), t. LXIV, p. 265].

(1) Le *chlorostannate de césium*, $SnCl^6Cs^2$, est un précipité cristallin presque insoluble dans l'acide chlorhydrique concentré. Il cristallise, d'après Stolba, en octaèdres. Densité des cristaux = 3,3308 à 20°,5. Il s'obtient aisément exempt de rubidium.

Bunsen a été plus heureux en fondant dans un four à potassium un mélange de

Tartrate acide de rubidium........	89,55
Tartrate neutre de calcium........	8,46
Suie d'essence de térébenthine.....	1,99

Le métal réduit fut reçu dans de l'huile de naphte. 75 grammes de tartrate acide ont donné 5 grammes de métal.

Le rubidium fond à 38° 5; à — 10°, il est encore mou comme la cire. Densité = 1,52. Il est plus électropositif que le potassium auquel il ressemble beaucoup. Il s'oxyde rapidement à l'air; il décompose l'eau en prenant feu. Chauffé au-dessus du rouge, il émet une vapeur bleue tirant sur le vert [*Ann. de Chim. et de Phys.*, (3), t. LXIX, p. 234].

Chlorure de rubidium, RbCl. — Il se dépose par l'évaporation lente en cubes facilement clivables, doués d'un éclat vitreux. Par le refroidissement ou par l'évaporation rapide de sa solution, il se sépare en cristaux très-confus. Chauffés, ces cristaux décrépitent, puis fondent au rouge naissant. Ils se volatilisent complétement dans la flamme du chalumeau.

Le chlorure de rubidium est beaucoup plus soluble que le chlorure de potassium. A 1°, 100 p. d'eau en dissolvent 76 p. 38; à 7°, 82 p. 89 (Kirchhoff et Bunsen).

Chloroplatinate $PtCl^6Rb^2$. — Précipité pesant, d'un jaune clair, formé d'octaèdres réguliers microscopiques. Il est insoluble dans l'alcool et beaucoup moins soluble dans l'eau que le chloroplatinate de potassium. — Voyez t. I, p. 807.

L'hydrogène lui enlève déjà à froid une partie de son chlore; à chaud, cette réduction est très-facile.

Bromure de rubidium, RbBr. — Cristaux cubiques solubles dans leur poids d'eau froide; à 16°, 100 p. d'eau en dissolvent 104 p. 8 (Reissig).

Iodure de rubidium, RbI. — Cubes brillants, modifiés par les faces de l'octaèdre. 100 p. d'eau à 17°,4 en dissolvent 152 p. (Reissig).

Cyanure de rubidium. — Cristaux très-altérables (Reissig).

Ferrocyanure, $FeCy^6Rb^4 + 2H^2O$. — Cristaux jaunes, paraissant appartenir au système anorthique [Piccard, *Journ. für prakt. Chem.*, t. LXXXVI, p. 449].

Hydrate de rubidium, RbHO. — On l'obtient en précipitant à l'ébullition une solution étendue de sulfate de rubidium par la baryte et évaporant rapidement la liqueur filtrée dans une capsule en argent. C'est une masse blanche, à reflets grisâtres, fusible au-dessous du rouge, sans se déshydrater. Le produit refroidi possède une cassure lamelleuse, non cristalline.

L'hydrate de rubidium est très-caustique; il se dissout dans l'eau avec élévation de température. Il tombe en déliquescence à l'air et attire peu à peu l'acide carbonique en se transformant d'abord en carbonate neutre, puis en carbonate acide. Il se dissout dans l'alcool en donnant une liqueur sirupeuse. On ne peut le fondre dans des vases de platine, qu'il attaque comme la potasse [Kirchhoff et Bunsen, *Ann. de Chim. et de Phys.*, (3), t. LXIV, p. 267]. On n'a obtenu ni l'oxyde correspondant à cet hydrate, ni un oxyde supérieur.

SELS DE RUBIDIUM.

Ces sels, qui ont beaucoup d'analogie avec ceux de potassium, sont incolores; ils ne peuvent être distingués de ces derniers et de ceux du césium que par les raies que présente leur spectre. Ils ne sont précipités ni par les sulfures ni par les carbonates solubles. Ils donnent, comme les sels potassiques, un précipité cristallin avec l'acide tartrique; un précipité transparent avec l'acide hydrofluosilicique; un précipité grenu et cristallin avec l'acide perchlorique. Ils colorent la flamme du chalumeau en violet. Ils ont été étudiés surtout par Kirchhoff et Bunsen [*Ann. de Chim. et de Phys.*, (3), t. LXIV, p. 268], par Grandeau [*ibid.*, t. LXVII, p. 221], et par Reissig [*Ann. der Chem. u. Pharm.*, t. CXXVII, p. 33, et *Bull. de la Soc. chim.*, 1866, t. VI, p. 130].

On les prépare soit par double décomposition, soit par dissolution de l'hydrate de rubidium dans les acides. Ces sels sont isomorphes avec ceux de potassium, ainsi que l'ont montré un grand nombre de déterminations cristallographiques de Kirchhoff et Bunsen. Grandeau a reconnu que les sels de rubidium n'exercent aucune action toxique lorsqu'ils sont introduits dans le sang.

Azotate de rubidium, AzO^3Rb. — Longues aiguilles confuses, ou bien prismes hexagonaux ou pyramides hexagonales, si la cristallisation est lente.

Au rapport des axes, 1 : 0,7097, correspond un dodécaèdre hexagonal ayant des angles culminants de 78° 40' et des angles à la base de 143° 0'.

L'azotate de rubidium est anhydre. Chauffé au rouge, il fond sans altération en un liquide limpide. Chauffé plus fort, il perd de l'oxygène et se transforme en azotite et oxyde de rubidium. Il est beaucoup plus soluble dans l'eau que le salpêtre. L'eau à 0° en dissout 20,1 °/₀ et à 10° 43,5 °/₀ (Kirchhoff et Bunsen).

Chlorate de rubidium, ClO^3Rb. — Petits cristaux prismatiques blancs, possédant une saveur fraîche et salée. On l'obtient par double décomposition entre le sulfate de rubidium et le chlorate de baryum. 100 p. d'eau en dissolvent 2 p. 8 à 4°,7 et 5 p. 1 à 19° (Reissig).

Perchlorate de rubidium, ClO^4Rb. — Poudre cristalline anhydre, formée de cristaux microscopiques durs, brillants et confus. L'évaporation lente de sa solution abandonne ce sel en cristaux appartenant au système rhomboïdal et paraissant isomorphes avec le sel de potassium. Chauffé au rouge, ce sel fond et se décompose en oxygène et chlorure. Il se dissout à 21°,3 dans 92 p. d'eau [Louguinine, *Ann. der Chem. u. Pharm.*, t. CXXI, p. 123].

Carbonates de rubidium. — *Carbonate neutre*, CO^3Rb^2. — Ce sel s'obtient en précipitant le sulfate de rubidium par la baryte et évaporant la liqueur filtrée avec du carbonate ammonique; on reprend par l'eau et l'on filtre pour séparer le carbonate barytique (Kirchhoff et Bunsen). Grandeau le prépare en transformant le chlorure de rubidium en azotate, par l'action de l'acide azotique, et en chauffant ensuite cet azotate sec avec de l'acide oxalique.

Par l'évaporation de sa solution aqueuse, le carbonate reste sous la forme de cristaux confus ou de croûtes cristallines. Celles-ci renferment de l'eau de cristallisation qu'elles perdent à une haute température en laissant une masse poreuse, pulvérulente et anhydre.

Le sel anhydre fond au rouge sans décomposition et se prend en masse cristalline par le refroidissement. Il est déliquescent et se dissout dans l'eau avec élévation de température. Il est très-caustique, et sa réaction alcaline est si forte qu'elle est encore accusée avec une solution au $\frac{1}{5000}$. Il est presque insoluble dans l'alcool absolu bouillant, qui n'en prend que 0,74 °/₀.

Carbonate acide, CO^3RbH. — Il se produit lorsqu'on expose la solution de sel neutre dans une atmosphère d'acide carbonique. Il se dépose par l'évaporation sur l'acide sulfurique en cristaux vitreux, inaltérables à l'air, paraissant appartenir au système prismatique. Ces cristaux possèdent une très-faible réaction alcaline et une saveur fraîche non caustique. Ils perdent facilement la moitié de leur acide carbonique.

Ils sont très-solubles. L'ébullition de leur solution en chasse de l'acide carbonique, en produisant sans doute un sesquicarbonate (Kirchhoff et Bunsen).

SULFATE DE RUBIDIUM, SO^4Rb^2. — Il se dépose de sa solution, par évaporation lente, en beaux cristaux durs et vitreux, appartenant au système orthorhombique et isomorphes avec le sulfate de potassium. Il est anhydre, inaltérable à l'air; sa saveur rappelle celle du sulfate potassique. Il décrépite par la chaleur et perd sa transparence. Il fond au rouge blanc et se volatilise complétement au chalumeau. L'eau à 70° en dissout 42,4 %, tandis qu'elle ne dissout que 9,58 % de sulfate de potassium.

Le *disulfate*, $S^2O^7Rb^2$, fond au rouge naissant, en perdant SO^3.

L'*alun*, $(SO^4)^4Al^2Rb^2 + 24H^2O$, forme de gros cristaux brillants et transparents, appartenant au système régulier. On trouvera dans le t. I, p. 807, la solubilité de ce sel.

Le sulfate de rubidium fournit aussi avec les sulfates de la série magnésienne des sels doubles renfermant 6 molécules d'eau et isomorphes avec les sels potassiques correspondants. Ces sels doubles sont moins solubles que le sulfate de rubidium (Kirchhoff et Bunsen).

HYPOSULFATE DE RUBIDIUM, $S^2O^6Rb^2$. — Beaux cristaux, terminés aux deux extrémités et isomorphes avec ceux du sel potassique (Piccard).

CHROMATES DE RUBIDIUM. — *Chromate neutre*, CrO^4Rb^2. — Il s'obtient soit en ajoutant de l'hydrate ou du carbonate de rubidium au chromate acide, soit en fondant l'azotate ou le carbonate au contact de l'air avec de l'oxyde de chrome et reprenant par l'eau. Il ressemble au chromate de potassium avec lequel il est isomorphe, ainsi que l'a démontré Piccard. Rapport des axes = 0,7400 : 1 : 0,5665. Faces observées : m, g^1, e^1, $e^{1/2}$, $b^{1/2}$, b^1. Angles à la base = 113° 18'; angles au sommet = 131° 24' [*Journ. für prakt. Chem.*, t. LXXXVI, p. 449].

Dichromate, $Cr^2O^7Rb^2$. — Il ressemble tout à fait au dichromate de potassium et s'obtient en cristaux durs, assez volumineux, qui paraissent isomorphes avec le sel potassique (Grandeau).

BORATE DE RUBIDIUM,

$$Bo^4O^7Rb^2 + 6H^2O \text{ (soit } Rb^2O, 2Bo^2O^3 + 6H^2O).$$

— Petites tables rhombiques, inaltérables à l'air, d'une saveur alcaline, plus solubles à chaud qu'à froid, obtenues en mélangeant le carbonate de rubidium et l'acide borique en solution bouillante. Faces observées : m, p, g^1. Angle mm = 98° (Reissig).

RÉACTIONS, DOSAGE ET SÉPARATION DU RUBIDIUM. — Nous avons déjà indiqué les principaux caractères des sels de rubidium. Il nous reste à examiner les caractères que présentent ces combinaisons au spectroscope.

Parmi les raies produites par le rubidium, on remarque surtout les raies Rb α et Rb β qui possèdent une grande intensité. Les raies δ et γ, quoique moins fortement accusées, se montrent encore d'une façon très-caractéristique. Elles tombent, en effet, toutes deux au delà de la raie A de Fraunhofer, soit vers K α, à l'extrémité rouge du spectre. Les autres raies, qui tombent sur la portion continue du spectre, sont moins propres à caractériser le rubidium. C'est avec le nitrate, le perchlorate, le chlorate et le chlorure qu'on produit les raies avec le plus d'intensité. Une goutte d'eau de 4 milligrammes, renfermant $0^{mgr},0002$ de chlorure de rubidium, produit encore d'une manière très-sensible les raies Rb α et β.

Quand le rubidium n'est pas mélangé à d'autres alcalis, son dosage se fait facilement par précipitation par le chlorure de platine.

La séparation analytique du rubidium d'avec le potassium et le césium n'est guère réalisable par les procédés indiqués pour isoler le rubidium et le césium. Il faut alors opérer le dosage par voie indirecte.

Si le rubidium est accompagné de potassium, on précipite les métaux par le chlorure de platine, on réduit les chloroplatinates en les chauffant dans un courant d'hydrogène. On dissout les chlorures alcalins contenus dans le résidu et on en détermine le poids A, puis on en précipite le chlore pas l'azotate d'argent. Si x représente le poids du chlorure de potassium, y celui du chlorure de rubidium et B le poids du chlorure d'argent, et si l'on pose

$$\frac{Ag + Cl}{K + Cl} = a \quad \text{et} \quad \frac{Ag + Cl}{Rb + Cl} = b,$$

on a les équations

$$x = \frac{bA - B}{b - a} \quad \text{et } y = A - x$$

ou

$$x = 1,3601\,B - 1,6143\,A.$$

Cette formule ne peut pas être employée avec certitude si les valeurs x et y sont très-éloignées l'une de l'autre ou si A est très-petit. E. W.

RUBIHYDRAN. — Se forme en même temps que l'acide rubianique et le rubidehydran par l'action du bicarbonate de baryte sur le rubian.

Le liquide jaune-brun obtenu par filtration après l'action du bicarbonate de baryum sur le rubian est additionné d'un peu de baryte pour précipiter le rubian non modifié. On filtre et on précipite l'excès de baryte par l'acide carbonique; on filtre de nouveau et on précipite par l'acétate basique de plomb. Le précipité lavé est décomposé par l'acide sulfurique étendu et froid; on ajoute du carbonate de plomb pour enlever l'excès d'acide sulfurique; on filtre; le liquide filtré est précipité par l'acide sulfhydrique, on filtre et on évapore.

Matière gommeuse, jaune-brun, transparente; saveur amère, hygrométrique. Séchée à 100° pendant longtemps, cette substance renferme 51,1 % de carbone et 6 % d'hydrogène. Elle paraît représenter du rubian hydraté, $C^{56}H^{78}O^{35}$(?).

Très-soluble dans l'eau, peu soluble dans l'alcool. Il n'est pas altéré par l'ébullition avec des solutions aqueuses d'acides oxalique, tartrique, acétique, phosphorique.

Ses solutions ne précipitent que par l'acétate basique de plomb. Sous l'influence des acides, des alcalis et du chlore, il se comporte comme le rubian [Schunck, *loc. cit.*]. P. S.

RUBIN-BLENDE. — Voyez ARGYRYTHROSE.

RUBINIQUE (ACIDE). — La solution de catéchine dans les carbonates alcalins, abandonnée au contact de l'air, se colore en rouge. Si, à ce moment, on la neutralise par l'acide chlorhydrique, on obtient un précipité floconneux rouge, très-altérable et qu'il convient de sécher dans le vide. C'est l'acide rubinique ou rufocatéchique [Svanberg, *Ann. der Chem. u. Pharm.*, t. XXIV, p. 215].

Les rubinates alcalins sont rouges; ils brunissent pendant l'évaporation de leur solution et cette solution est précipitée par les sels métalliques. On obtient le sel de potassium en saturant par l'acide acétique la solution rouge de catéchine dans le carbonate de potassium, jusqu'à ce qu'il commence à se former des flocons persistants, et en précipitant ensuite par l'alcool.

RUBIN-SPATH. — Voyez RHODONITE.

RUBIRÉTINE. — Matière résineuse brun-rouge foncé, cassante et friable à froid, se ramollit vers 65°, fond à 100° en gouttelettes brunes. On la trouve dans la poudre de garance; elle se forme aussi avec diverses matières colorantes par la décomposition du *rubian*, sous l'influence de acides ou du ferment soluble de la garance.

Très-peu soluble dans l'eau, soluble dans l'alcool, l'ammoniaque, l'acide sulfurique, les alcalis caustiques et carbonatés. Composition, $C^7H^6O^2$(?) [Schunck, *loc. cit.*].

RUBIS ORIENTAL. — Voyez CORINDON.

RUBIS SPINELLE et **RUBIS BALAIS.** — Voyez SPINELLE.

RUBITANNIQUE (ACIDE). — Variété de tannin trouvée par Willigk dans les feuilles du *Rubia tinctorum* [Willigk, *Ann. der Chem. u. Pharm.*, t. LXXXII, p. 340].

RUE (ESSENCE DE). — L'essence de rue (*Ruta graveolens*) contient principalement un corps de la formule $C^{11}H^{22}O$, sur la nature duquel beaucoup de discussions se sont élevées. Gerhardt avait donné la formule $C^{10}H^{20}O$, et avait considéré cette substance comme l'aldéhyde caprique, (voyez t. I, p. 734); plus tard, Gr. Williams, Hallwachs et Harbordt ont démontré que l'essence de rue renferme $C^{11}H^{22}O$, mais ces chimistes ont émis différentes opinions sur la nature de ce corps; pour Williams, c'était l'aldéhyde euodique; Hallwachs présumait la nature acétonique de cette essence et Harbordt et Strecker ont établi la formule $CH^3-CO-C^9H^{19}$ qui est celle de la méthylnonyl-acétone. Cette dernière formule a été confirmée par des travaux plus récents de MM. Gorup-Besanez et Grimm et de M. Giesecke.

L'essence de rue contient, outre l'acétone méthylnonylique, qui en constitue presque la totalité, de petites quantités d'un carbure $C^{10}H^{16}$ et d'un corps qui paraît être isomérique avec le bornéol; les portions les moins volatiles paraissent renfermer en faible proportion le corps $C^{12}H^{24}O$, qui a donné la densité de vapeur 6,18 (cal., 6,37). Ce serait un homologue de l'acétone méthylnonylique [Gr. Williams, *Phil. Trans.*, 1858, part. I, p. 199].

ACÉTONE MÉTHYLNONYLIQUE (méthylcaprinol),

$$C^{11}H^{22}O = \left.\begin{matrix}CH^3\\C^9H^{19}\end{matrix}\right\}CO$$

[Gerhardt, *Ann. de Chim. et de Phys.*, (3), t. XXIV, p. 103; — Cahours, *Compt. rend.*, t. XXVI, p. 262; — Will, *Ann. der Chem. u. Pharm.*, t. XXXV, p. 235; — R. Wagner, *Journ. fur prakt. Chem.*, t. LII, p. 48, et t. LVII, p. 435; — A. Giesecke, *Zeitsch. f. Chem.*, nouv. sér., t. VI, p. 429; *Bull. de la Soc. chim.*, 1871, t. XV, p. 95].

— Pour retirer cette acétone de l'essence de rue, on soumet celle-ci à un grand nombre de distillations fractionnées, en recueillant ce qui passe entre 223° et 226°. On peut aussi agiter l'essence avec du bisulfite de sodium ou d'ammonium; il se forme d'abord une masse butyreuse qui finit par devenir cristalline. On exprime ces cristaux, on les purifie par cristallisation dans l'alcool bouillant, et on les décompose par un carbonate alcalin. Cette dernière méthode est moins avantageuse qu'une série de distillations fractionnées, car elle fournit un rendement plus faible.

MM. Gorup-Besanez et Grimm ont obtenu artificiellement l'essence de rue par la distillation d'un mélange intime de caprate et d'acétate de calcium :

$$(C^9H^{19}.CO^2)^2Ca + (CH^3.CO^2)^2Ca$$
$$= 2CaCO^3 + 2\left(\left.\begin{matrix}CH^3\\C^9H^{19}\end{matrix}\right\}CO\right).$$

On effectuait la distillation de ce mélange sur des portions de 300 à 500 grammes à la fois; le produit distillé, soumis à une série de fractionnements, se séparait en trois portions : une partie passant avant 200°, une seconde entre 200° et 245°, et enfin une dernière distillant au-dessus de 300° (caprinone). La fraction entre 200° et 245°, mélangée avec de l'ammoniaque et de l'alcool et saturée de gaz sulfureux, donnait des cristaux qui, purifiés par cristallisation dans l'alcool, renfermaient $C^{11}H^{22}O.AzH^4,HSO^3 + H^2O$.

L'acétone, séparée par du carbonate de sodium de cette combinaison, passait entre 223° et 224° [Gorup-Besanez et F. Grimm, *Ann. der Chem. u. Pharm.*, t. CLVII, p. 275; *Bull. de la Soc. chim.*, 1870, t. XIV, p. 308].

L'acétone méthylnonylique est un liquide incolore, possédant une odeur désagréable, qui est celle de la plante, et une saveur aromatique âcre et légèrement amère; lorsqu'elle est obtenue par simple rectification de l'essence naturelle, elle présente toujours une fluorescence d'un violet bleu. Elle bout à 225-226° et se solidifie à + 6° sous forme de lamelles brillantes qui fondent à 15°. Sa densité est de 0,8268 à 20°,5 (Giesecke). La méthylnonylacétone artificielle bout à 224-226° et se solidifie entre + 5° et 6° en une masse cristalline fusible entre 15° et 16°; sa densité à 18°,7 est de 0,8281 (Gorup-Besanez et Grimm).

La méthylnonylacétone est insoluble dans l'eau, mais elle est miscible avec l'alcool. Elle se combine avec les bisulfites alcalins; elle s'unit aussi à la potasse; en chauffant le mélange à 320°, on n'observe aucun dégagement de gaz et le résidu jaunâtre dissous dans l'acide chlorhydrique donne une résine mélangée d'une grande quantité d'acétone non altérée. Elle paraît aussi former une combinaison cristalline avec le gaz ammoniac, mais ce corps se dédouble déjà à 0°. Le chlorure de zinc fondu l'attaque et finit par la convertir en un hydrogène carboné. L'acide sulfurique dissout l'essence de rue avec une coloration rouge brun, et l'eau détruit cette teinte en séparant l'essence non altérée; il ne forme pas d'acide sulfoconjugué.

L'acide chlorhydrique paraît faire subir à l'essence un changement isomérique; lorsqu'on dissout celle-ci dans 3 à 4 fois son volume d'alcool et qu'on y fait passer un excès de gaz chlorhydrique, le liquide devient brun; on chasse après quelque temps, par la distillation, les portions les plus volatiles, et on mélange le résidu avec de l'eau. Il se sépare ainsi une huile qui, rectifiée, a une odeur suave de fruits, bien différente de celle de l'essence de rue; cette huile bout entre 230° et 235° et est inattaquable par la potasse. Elle se concrète au bout de quelque temps et donne une masse cristalline fusible à + 13°; ces cristaux se dissolvent à froid dans l'acide sulfurique concentré en le colorant à peine; si l'on chauffe le mélange, il se produit un acide sulfoconjugué dont le sel de baryum est soluble dans l'eau. L'essence de rue primitive ne donne rien de semblable [Gerhardt, *loc. cit.*].

L'acide azotique concentré oxyde promptement l'essence à la température ordinaire et le transforme en acide pélargonique et en plusieurs autres acides gras; Gerhardt avait avancé qu'en modérant la réaction on pouvait obtenir de l'acide caprique, mais ce fait n'a pas été vérifié par les expériences récentes.

L'acétone méthylnonylique en s'oxydant suit la loi de M. Popoff et fournit un mélange d'acide acétique et d'acide pélargonique :

$$\left.\begin{matrix}CH^3\\C^9H^{19}\end{matrix}\right\}CO + O^3 = CH^3\text{-}CO^2H + C^9H^{18}O^2.$$

M. Giesecke a employé comme moyen d'oxydation un mélange de bichromate de potassium et d'acide sulfurique étendu [*loc. cit.*].

Le nitrate d'argent est à peine attaqué par l'acétone méthylnonylique, mais, en présence de l'ammoniaque et à chaud, la réduction est rapide.

Le chlore est vivement absorbé par l'essence; la masse s'échauffe, s'épaissit et dégage du gaz chlorhydrique.

Le perchlorure de phosphore donne avec cette acétone le chlorure C^9H^{19}-CCl^2-CH^3 qu'on n'a pu obtenir à l'état de pureté, car il se décompose à la distillation en acide chlorhydrique et en un composé bouillant à 221-223° et contenant C^9H^{19}-CCl=CH^2. Chauffé avec de la potasse alcoolique à 130°, ce composé fournit un hydrocarbure acétylénique distillant vers 198-202°.

L'acétone méthylnonylique fixe directement 2 atomes d'hydrogène; seulement cette hydrogénation présente de grandes difficultés. M. Giesecke l'a effectuée en jetant de petits fragments de sodium dans un mélange d'acétone et d'alcool étendu, en quantité insuffisante pour dissoudre complétement l'acétone. *L'alcool undécylique secondaire*, C^9H^{19}-$CH.OH$-CH^3, qui se forme dans cette réaction, débarrassé par le bisulfite de sodium de l'acétone non altérée qu'il contient, constitue un liquide épais comme la glycérine, insoluble dans l'eau et d'une densité de 0,826 à 19°; il bout à 228-229°. L'acide bromhydrique le transforme en un bromure qui se scinde à la distillation en acide bromhydrique et en *undécylène*, C^9H^{19}-CH=CH^2, bouillant à 192-193°.

Indépendamment de l'alcool undécylique secondaire, il se produit un corps d'un point d'ébullition très-élevé, probablement une pinacone.

Combinaisons de l'acétone méthylnonylique avec les bisulfites alcalins. — *Composé ammonique*, $C^{11}H^{22}O.AzH^4,HSO^3 + H^2O$. — Pour le préparer, on agite l'acétone avec une solution concentrée de bisulfite d'ammonium et on purifie par cristallisation dans l'alcool bouillant la masse butyreuse qui se forme d'abord et qui se concrète du jour au lendemain; on obtient le même composé en dissolvant l'acétone dans de l'alcool et saturant la solution d'abord avec du gaz ammoniac et ensuite avec du gaz sulfureux; on voit alors se séparer, au bout de quelque temps, des paillettes transparentes.

Cette combinaison est en paillettes transparentes, grasses au toucher, solubles dans l'eau; la solution se décompose aisément, à moins de contenir une certaine quantité de bisulfite d'ammonium. On peut la faire cristalliser dans l'alcool chaud. Les carbonates alcalins la décomposent en mettant l'acétone en liberté.

Composé potassique. — Lorsqu'on agite l'acétone méthylnonylique avec du bisulfite de potassium, il ne semble pas d'abord y avoir de réaction, mais, par un contact de quelques heures, le mélange se prend en une masse cristalline. Celle-ci est soluble dans l'alcool bouillant et se dépose en paillettes par le refroidissement.

Composé sodique. — Au contact du bisulfite de sodium, l'essence se prend en une masse butyreuse qui finit par devenir cristalline; la solution alcoolique de ce produit, saturée à l'ébullition, se fige par le refroidissement en une masse gélatineuse qui, du jour au lendemain, se transforme en feuillets cristallins, tendres, groupés concentriquement. La solution alcoolique étendue cristallise immédiatement sans passer par l'état gélatineux [R. Wagner, *Journ. für prakt. Chem.*, t. LII, p. 48; — Bertagnini, *Ann. der Chem. u. Pharm.*, t. LXXXV, p. 283]. A. H.

RUFIGALLIQUE (ACIDE), $C^{14}H^8O^8$. — Cette substance, qui renferme les éléments de 2 molécules d'acide gallique moins 2 molécules d'eau, a été obtenue par Robiquet dans l'action de l'acide sulfurique sur l'acide gallique [l'*Institut*, 1836, n° 161; et *Ann. der Chem. u. Pharm.*, t. XIX, p. 204].

Pour le préparer, on mélange 1 p. d'acide gallique avec 5 p. d'acide sulfurique concentré, et l'on chauffe doucement la bouillie qui se produit; elle perd alors sa consistance, devient jaunâtre et prend finalement une teinte cramoisie. Quand la température a atteint 140°, la liqueur est gluante et laisse dégager de l'acide sulfureux; on la laisse refroidir, et on la verse goutte à goutte dans de l'eau froide; il se forme un abondant précipité brun-rouge, en partie floconneux, en partie cristallin.

On sépare par des lévigations la partie floconneuse et on recueille sur un filtre la partie cristalline qui est l'acide rufigallique; on obtient ainsi 50 à 70 % de l'acide gallique employé. L'acide sulfurique agit simplement comme déshydratant (Robiquet) : $2C^7H^6O^5 = 2H^2O + C^{14}H^8O^8$.

D'après R. Wagner, la partie floconneuse ne serait autre que de l'acide rufigallique amorphe contenant 2 molécules d'eau, tandis que l'acide cristallisé serait anhydre [*Neu. Jahrb. für prakt. Pharm.*, 1860, t. XIII, p. 217].

J. Löwe conseille de ne chauffer le mélange d'acide gallique et d'acide sulfurique qu'au bain-marie et de jeter ensuite la masse dans 10 fois son poids d'eau; on lave l'acide rufigallique précipité avec de l'eau et de l'alcool [*Journ. für prakt. Chem.*, t. CVII, p. 296].

L'acide rufigallique, $C^{14}H^8O^8$, forme des grains cristallins d'un brun de kermès, renfermant 2 molécules d'eau qui se dégagent à 120°, en même temps que les cristaux perdent leur brillant (Robiquet). Suivant Wagner, l'acide cristallisé serait anhydre et se présenterait en rhomboèdres aigus microscopiques d'un rouge carmin; l'acide floconneux, au contraire, renfermerait $2H^2O$.

L'acide rufigallique peut être sublimé, et est alors en aiguilles transparentes anhydres d'un jaune rougeâtre; toutefois une grande partie se charbonne.

Il est presque insoluble dans l'eau, dont il exige environ 3500 p.; l'alcool et l'éther le dissolvent à peine; l'acide sulfurique le dissout en se colorant en rouge. Arrosé de potasse concentrée, il devient bleu indigo; la potasse étendue le dissout avec une coloration violette, mais l'abandonne de nouveau peu à peu. L'ammoniaque le colore en rouge, la solution brunit à l'air. Il est insoluble dans l'eau de baryte et donne avec cette base une masse bleu indigo.

L'acide rufigallique teint les tissus mordancés à la façon de l'alizarine, seulement les teintes sont laides et sans aucun éclat.

Lorsqu'on traite l'acide rufigallique par du chlorure d'acétyle ou de l'anhydride acétique, il se forme un dérivé tétracétylé, $C^{14}H^4(C^2H^3O)^4O^8$, qui cristallise dans l'acide acétique bouillant en petits prismes jaunes ou jaune verdâtre, très-peu solubles dans l'alcool bouillant, et que la potasse colore en jaune, puis en violet [H. Schiff, *Bull. de la Soc. chim.*, 1871, t. XVI, p. 201].

Soumis à la distillation avec de la poudre de zinc, l'acide rufigallique fournit un hydrocarbure présentant tous les caractères de l'anthracène, $C^{14}H^{10}$ [B. Jaffé, *Deutsch. Chem. Gesellsch.*, t. III, p. 684; *Bull. de la Soc. chim.*, 1870, t. XIV, p. 422].

Chauffé avec de la potasse ou de la chaux, l'acide rufigallique ne donne pas de pyrogallol.

En fondant l'acide rufigallique avec de la potasse, Malin a obtenu un composé qui possède la composition de l'*oxyquinone*, $C^6H^4O^3$. — Voyez Quinone, t. II, p. 1311.

Constitution de l'acide rufigallique. — L'acide rufigallique se rattache à la série de l'anthracène et appartient au groupe des oxyquinones; il peut être considéré comme une *hexa-oxyanthraquinone*,

$C^{14}H^8(O^2)''$	$C^{14}H^2\left\{\begin{matrix}(O^2)''\\(OH)^6\end{matrix}\right.$
Anthraquinone.	Hexa-oxyanthraquinone.

Contre cette formule plaide ce fait, qu'on n'a pu remplacer que 4 atomes d'hydrogène par le groupe acétyle, mais elle nous paraît plus probable que la formule de constitution proposée par M. Schiff, qui envisage l'acide rufigallique comme un double anhydride de l'acide gallique :

$$\left.\begin{array}{l} C^6H^2 \left\{\begin{array}{l} -CO \\ (OH)^2 \\ O'' \end{array}\right. \\ C^6H^2 \left\{\begin{array}{l} (OH)^2 \\ -CO \end{array}\right. \end{array}\right\rangle O''.$$

Un tel corps renfermerait, il est vrai, 4 groupes oxhydryles, mais les relations intimes de l'acide rufigallique avec l'anthracène et les réactions de ce composé ne nous paraissent pas ressortir de cette formule. A. H.

RUFIMORIQUE (ACIDE). — Voyez MORINTANNIQUE (ACIDE), t. II, p. 456.

RUFINE, $C^{21}H^{20}O^8$ [Mulder, *Bull. des sciences phys. et natur. en Néerlande,* 1836, p. 165]. — Cette substance se produit par l'action de la chaleur sur la phlorizine. Lorsqu'on chauffe ce corps au bain d'huile, il perd de l'eau, fond, et, par l'élévation de la température jusqu'à 200° environ, donne lieu à une effervescence de vapeur, sans dégagement de gaz ; si l'on maintient la température pendant quelque temps à 235°, le résidu est formé de rufine qui constitue une masse résinoïde d'un beau rouge, très-friable, fort soluble dans l'alcool avec une teinte orangée foncée, et presque insoluble dans l'éther. Elle se dissout à chaud dans l'eau, en se décolorant instantanément et, par le refroidissement, la solution devient laiteuse.

La rufine, renfermant $C^{21}H^{20}O^8$, diffère de la phlorizine par $2H^2O$ qu'elle contient en moins.

La rufine se dissout dans l'acide sulfurique concentré en le colorant en un beau rouge ; la solution, qui est décolorée par l'eau, contient un acide sulfoconjugué. L'acide chlorhydrique ne dissout pas la rufine ; l'acide azotique l'oxyde à chaud. Elle se dissout avec une teinte rouge dans la potasse et dans l'ammoniaque ; les acides la précipitent de cette solution. A. H.

RUMICINE. — Synonyme de CHRYSOPHANIQUE (ACIDE), t. I, p. 900.

RUTHÉNIUM, Ru = 104 (équivalent = 52). — *Historique.* — Après avoir été entrevu par Osann en 1828 [*Poggend. Ann.,* t. XIV, p. 329], le ruthénium ne fut réellement découvert qu'en 1846 par Claus [*Poggend. Ann.,* t. LXIV, p. 192]. C'est à ce dernier qu'on doit presque toutes les données précises relatives à ce métal. Les recherches de ce savant sont consignées dans une série de Mémoires publiés originairement dans les *Bulletins* de l'Académie de Saint-Pétersbourg et dans une brochure intitulée *Beitraege zur Chemie der Platinmetalle,* Dorpat, 1854 [*Jahresb.,* 1855, p. 423], puis dans les *Annales de Poggendorff* [t. LXIV, p. 192 et 624 ; t. LXV, p. 200 ; t. LXIX, p. 28] et dans d'autres recueils [*Ann. der Chem. u. Pharm.,* t. LVI, p. 257 ; t. LIX, p. 234 ; t. LXIII, p. 259 ; *Journ. für prakt. Chem.,* t. LXXX, p. 282 ; t. LXXXV, p. 129 ; *Ann. de Chim. et de Phys.,* (3), t. LIX, p. 111 ; *Répert. de Chim. pure,* 1861, p. 121].

E. Fremy a fait connaître un procédé d'extraction du ruthénium [*Ann. de Chim. et de Phys.,* (3), t. XLIV, p. 392]. Enfin on doit à Deville et Debray une très-bonne méthode de préparation de ce métal et la connaissance exacte de ses propriétés physiques [*Ann. de Chim. et de Phys.,* (3), t. LVI, p. 406]. Quant à l'étude des combinaisons ruthéniques, elle est presque entièrement due aux remarquables recherches de Claus.

Extraction. — Le ruthénium est surtout contenu dans les minerais de platine de Sibérie et d'Amérique, dans la proportion d'environ 1,5 %, et dans l'osmiure d'iridium naturel ; les échantillons examinés par Claus en contenaient de 5 à 6 % (voyez OSMIURE D'IRIDIUM, t. II, p. 126), en même temps que 10 % de platine, 1,5 à 2 % de rhodium et des traces d'autres métaux.

Les parties de la mine de platine dissoutes dans l'eau régale ne renferment pas de ruthénium.

1° *Procédé de Claus.* — On calcine les résidus de la mine de platine ou l'osmiure d'iridium avec leur poids de potasse et le double d'azotate de potassium dans un creuset d'argent qu'on dispose dans un creuset de Hesse sur une couche de magnésie. On maintient la température au rouge vif pendant une heure et demie, puis on vide la masse fondue dans une capsule en fer ; après qu'on a ainsi traité plusieurs portions, on reprend la masse fondue par de l'eau (14 litres d'eau pour 90 grammes de minerai) et on laisse reposer le tout dans un flacon rempli et bien bouché pendant quatre jours dans l'obscurité. On décante ensuite la solution orange du dépôt noir. Ce dernier est formé surtout d'oxyde d'iridium, mais il renferme encore un peu de ruthénium qu'on peut retirer par un nouveau traitement semblable au premier.

La solution alcaline orange renferme de l'osmite et du ruthénate de potassium, du peroxyde d'osmium, de l'azotite et de l'azotate de potassium. L'addition d'acide azotique en sépare du bioxyde d'osmium hydraté contenant 15 à 20 % d'oxyde de ruthénium. Ce dépôt, d'un noir velouté, est distillé avec de l'eau régale, en prenant les précautions nécessaires pour condenser le peroxyde d'osmium. Le résidu de cette distillation est formé principalement de sesquichlorure et de tétrachlorure de ruthénium. On transforme ceux-ci en chlorures ammoniacaux doubles en ajoutant du sel ammoniac à leur solution aqueuse bouillante ; le chlororuthénite, $Ru^2Cl^{10}(AzH^4)^4$, se dépose, tandis que le chlororuthénate, $RuCl^6(AzH^4)^2$, reste dissous avec une coloration rouge foncé. Pour l'isoler, on ajoute beaucoup de sel ammoniac, on évapore à sec et on lave le résidu cristallin rouge à l'alcool faible qui dissout le sel ammoniac, mais non le chlorure double. Ce sel, purifié par plusieurs cristallisations, laisse du ruthénium spongieux pur par la calcination.

La liqueur d'où se sont séparés l'oxyde d'osmium et l'oxyde de ruthénium renferme encore du ruthénium : on la fait bouillir avec de l'acide chlorhydrique pour chasser l'osmium à l'état d'acide osmique, on l'évapore à sec, on redissout le résidu et on en précipite le ruthénium par le sulfure ammonique, en ajoutant un peu d'acide libre.

Enfin, pour retirer le ruthénium du dépôt noir riche en iridium qui reste après l'attaque par le nitre et qui retient une petite quantité de potassium, on le distille avec de l'eau régale, on concentre la solution, on enlève le chloriridate de potassium, puis, par l'addition d'un peu de sel ammoniac, on sépare le reste de l'iridium à l'état de chloriridate d'ammonium. Les eaux mères additionnées de beaucoup de sel ammoniac fournissent alors le chlororuthénate brun.

2° On calcine l'osmiure d'iridium pulvérisé avec du chlorure de sodium dans un courant de chlore humide, au rouge sombre. Il se forme des chlorures doubles. On reprend par l'eau et l'on ajoute de l'ammoniaque à la solution concentrée brune ; il se produit un précipité brun-noir, mélange d'oxydes d'osmium et de ruthénium ; on expulse l'osmium en chauffant avec de l'acide azotique, puis l'on calcine le résidu avec de la potasse, au creuset d'argent. L'addition d'acide azotique à la solution aqueuse du produit fondu en sépare de l'oxyde de ruthénium.

Le traitement par le chlore doit être répété 3 à 4 fois sur le même osmiure d'iridium.

3° *Procédé de Fremy.* — Dans le grillage de l'osmiure d'iridium, une partie du ruthénium est entraînée à l'état d'oxyde, avec le peroxyde d'osmium; on peut le retenir en dirigeant les vapeurs sur des fragments de porcelaine placés à l'extrémité du tube : une partie du bioxyde de ruthénium s'y dépose en belles aiguilles; le reste recouvre le résidu métallique. Pour l'en séparer, on fond ce résidu avec de la potasse et l'on reprend la masse par de l'eau; on obtient une solution brune d'où les acides précipitent un oxyde de ruthénium.

4° *Procédé de Deville et Debray.* — L'osmiure d'iridium, désagrégé par sa fusion avec du zinc, est chauffé avec 3 p. de bioxyde de baryum et 1 p. d'azotate de baryum. La masse est introduite par petites portions dans 20 p. d'eau additionnée de 10 p. d'acide chlorhydrique et bien refroidie. Quand la réaction est terminée, on ajoute 1 p. d'acide azotique et 2 p. d'acide sulfurique; on laisse déposer, et on distille la liqueur filtrée pour chasser le peroxyde d'osmium. Le liquide restant ayant été additionné de 2 à 3 p. de sel ammoniac en poudre et de quelques centimètres cubes d'acide azotique, on évapore à sec au bain-marie. On lave le résidu avec une solution de sel ammoniac aussi longtemps que celle-ci se colore.

Le sel noir qui reste pour résidu est formé de chloriridate d'ammonium contenant du ruthénium. Il laisse par la calcination un mélange d'iridium et de ruthénium qu'on sépare par fusion avec de la potasse et du nitre au creuset d'argent, pendant 1 heure à 1 heure et demie. On reprend par de l'eau froide, on filtre sur de l'amiante et on traite la liqueur jaune par de l'acide carbonique ou de l'acide azotique : le ruthénate de potassium se décompose en donnant un précipité de bioxyde de ruthénium; celui-ci renferme un peu de silice.

Pour obtenir le ruthénium métallique, on calcine le bioxyde dans un creuset de plombagine, puis on fond le produit de la réaction, dans une coupelle de chaux, au gaz tonnant; les matières étrangères sont volatilisées ou fixées par la chaux. Le ruthénium ainsi obtenu doit être traité deux ou trois fois par la potasse et le nitre, dissous, précipité et réduit, si on veut l'obtenir tout à fait pur. La pureté du ruthénium est accusée par sa densité qui est 11,3, c'est-à-dire la moitié de celle de l'iridium, qui est le métal qu'il retient le plus facilement.

5° Nous indiquerons encore une dernière méthode proposée par Claus, mais non expérimentée : elle repose sur la séparation du ruthénium à l'état de peroxyde RuO^4 volatil (acide perruthénique), qui a été découvert par ce chimiste. On pourrait, après l'attaque par le nitre, neutraliser par un acide, ajouter de l'alcool et dissoudre dans l'acide chlorhydrique la poudre noire qui se précipite. Lorsqu'on distille cette solution avec du chlorate de potassium, les peroxydes d'osmium et de ruthénium passent. On pourrait les séparer par l'alcool, qui réduit immédiatement le peroxyde de ruthénium et seulement lentement celui d'osmium; ou bien en les transformant en sulfures qu'on soumettrait ensuite au grillage : l'osmium serait volatilisé et le ruthénium transformé en oxyde fixe.

Propriétés. — Avant les recherches de Deville et Debray qui ont réussi à fondre le ruthénium, ce métal était décrit comme formant une poudre grise ou des fragments spongieux d'un gris blanc, à éclat métallique, ayant pour densité 8,6.

C'est après l'osmium le métal le plus réfractaire; il faut le dard le plus vif du chalumeau à gaz hydrogène et oxygène pour en fondre de petites quantités. Dans cette opération, il se forme une certaine quantité de bioxyde de ruthénium qui recouvre le métal ou qui se sublime et qui répand une odeur analogue à celle du peroxyde d'osmium. Le ruthénium roche à la manière du platine et du rhodium. Il est cassant et dur comme l'iridium.

La densité du métal fondu, qui varie de 11 à 11,4, est la moitié de celle de l'iridium, dont le poids atomique est pareillement le double de celui du ruthénium. Cette densité constitue la meilleure garantie de la pureté du ruthénium, qui par ses réactions peut fort bien être confondu avec l'iridium (Deville et Debray).

Le ruthénium, à peine attaqué par l'eau régale, est inattaquable par le sulfate acide de potassium; il est facilement attaqué par la potasse en fusion additionnée d'un peu de nitre ou de chlorate de potassium : en obtient une masse fondue verte à chaud et jaunissant à froid; la solution du produit est orangée et très-altérable; elle renferme du rhuténate de potassium.

Le ruthénium très-divisé jouit des mêmes propriétés que le rhodium dans le même état (voyez t. II, p. 1354), c'est-à-dire qu'il décompose l'acide formique en acide carbonique et en hydrogène.

Le ruthénium présente, par la forme de ses combinaisons, une grande analogie avec l'osmium; il donne les mêmes séries de dérivés chlorés et d'oxydes.

Alliages du ruthénium. — Deville et Debray ont décrit deux alliages de ruthénium, l'un avec le zinc, l'autre avec l'étain. L'alliage avec le *zinc* est cristallisé en prismes hexagones, restant après dissolution de l'excès de zinc dans un acide. Il prend feu à l'air quand on le chauffe et il brule avec une légère déflagration.

L'alliage avec l'*étain* forme des cubes volumineux, ressemblant aux cristaux de bismuth; sa composition correspond à la formule $RuSn^3$.

CHLORURES DE RUTHÉNIUM.

Le ruthénium forme trois chlorures présentant les couleurs les plus variées : vert, bleu, pourpre, rouge-cerise, violet et orange. Ces chlorures sont $RuCl^2$, Ru^2Cl^6, $RuCl^4$.

Bichlorure de ruthénium, $RuCl^2$. — Lorsqu'on chauffe le ruthénium dans un courant de chlore sec, il donne d'abord des vapeurs jaunes dues sans doute à la formation d'un chlorure supérieur volatil, puis le métal noircit et il se sublime du sesquichlorure. Après quelques heures, le métal est transformé en une masse noire semi-cristalline qui constitue le bichlorure. Pour que l'attaque soit complète, il faut, à plusieurs reprises, broyer le métal attaqué.

Ce chlorure est insoluble dans l'eau et dans les acides; les alcalis l'attaquent difficilement.

Bichlorure hydraté. — Ce chlorure s'obtient à l'état dissous lorsqu'on traite la solution du sesquichlorure par l'hydrogène sulfuré : la liqueur se colore en bleu et il se dépose un précipité de sulfure brun-noir, dont la composition répond à peu près à la formule RuS^2, ce qui indique que la solution doit renfermer du bichlorure et un excès d'acide chlorhydrique :

$$Ru^2Cl^6 + 2H^2S = RuS^2 + RuCl^2 + 4HCl.$$

Cette solution bleue est produite par d'autres réducteurs, par exemple par le zinc, avant que celui-ci n'ait précipité tout le métal. Lorsqu'on évapore la solution du sesquichlorure et qu'on calcine le résidu, celui-ci devient vert, avec des taches bleues; mais on n'obtient pas, par ce procédé, une combinaison pure.

Sesquichlorure de ruthénium, Ru^2Cl^6. — Pour préparer ce chlorure, on précipite par un acide la solution du ruthénate de potassium, et l'on dissout dans l'acide chlorhydrique le précipité noir de sesquioxyde ainsi formé. On évapore la solution à siccité. Le résidu est brun et déliquescent, soluble dans l'eau et l'alcool avec une coloration orange en laissant un résidu basique. Cette solution possède une saveur astringente non métallique.

Chauffé, ce chlorure devient vert et bleu. Lorsqu'il est étendu, il se dédouble par la chaleur en acide chlorhydrique et sesquioxyde; cette dissociation peut même se produire à la température ordinaire (Claus).

L'azotite de potassium colore le sesquichlorure de ruthénium en jaune-orange, en formant un sel double soluble dans l'eau et dans l'alcool. La solution de ce sel rendue alcaline devient rouge cramoisi par l'addition d'un peu de sulfure ammonique. Ce réactif employé en excès ou l'hydrogène sulfuré en précipite du sulfure de ruthénium [Gibbs, *Sillim. Amer. Journ.*, (2), t. XXXIV, p. 341].

Le sesquichlorure de ruthénium forme avec les chlorures alcalins des sels doubles étudiés par Claus.

Chlororuthénite d'ammonium,

$$Ru^2Cl^6, 4AzH^4Cl = Ru^2Cl^{10}(AzH^4)^4.$$

— Ce sel, très-soluble, cristallise difficilement.

Chlororuthénite de baryum, $Ru^2Cl^{10}Ba^2$. — Il ressemble au sel de sodium.

Chlororuthénite de potassium, $Ru^2Cl^{10}K^4$. — Poudre cristalline brune, avec une teinte violacée, formée de cubes microscopiques brillants, de couleur orange. Ce sel, à saveur amère non métallique, est peu soluble dans l'eau froide et dans l'alcool, soluble dans l'eau bouillante, à peu près insoluble dans une solution de sel ammoniac.

La solution aqueuse neutre de ce sel se décompose facilement, surtout à chaud, en devenant plus foncée et, finalement, noire et opaque (il suffit de 1 p. de ruthénium dans 100000 p. d'eau pour rendre celle-ci noirâtre). Il se forme un dépôt noir, qui est sans doute un sel basique. Un excès d'acide empêche cette décomposition.

Chlororuthénite de sodium, $Ru^2Cl^{10}Na^4$. — Masse semi-cristalline, violacée, déliquescente, soluble dans l'alcool. Par la dessiccation il devient vert et bleu.

TÉTRACHLORURE DE RUTHÉNIUM. — Lorsqu'on dissout l'hydrate de bioxyde de ruthénium dans l'acide chlorhydrique et qu'on concentre la solution rouge, on obtient un sel hygroscopique rouge-brun, qui est le tétrachlorure (il renferme un peu de sel double potassique). Il se dissout dans l'eau et dans l'alcool avec une couleur rouge-framboise foncé. Il forme des chlorures doubles.

Chlororuthénate d'ammonium, $RuCl^6(AzH^4)^2$. — Il s'obtient comme le sel potassique. Additionné d'ammoniaque, il fournit un dérivé ammoniacal. — Voyez plus loin DÉRIVÉS AMMONIACAUX, p. 1382.

Chlororuthénate de potassium, $RuCl^6K^2$. — Ce sel peut s'obtenir en partant du métal; on attaque celui-ci par 4 p. de nitre et 1 p. de potasse au creuset d'argent, on reprend par l'eau, on sursature par l'acide chlorhydrique, on concentre et on purifie le sel par cristallisation.

Il s'obtient aussi par l'addition de chlorure de potassium à la solution chlorhydrique de l'hydrate, $RuO^2, 5H^2O$, ou par l'action de l'eau régale ou du chlorate de potassium et de l'acide chlorhydrique sur le chlororuthénite, $Ru^2Cl^{10}K^4$: dans le premier cas, l'oxydation est incomplète; dans le second, il paraît se former un chlorure de ruthénium volatil.

Le chlororuthénate de potassium paraît être dimorphe; il se présente en prismes hexagonaux microscopiques ou en octaèdres réguliers plus volumineux. C'est le plus soluble des chlorures doubles des métaux du platine; il est insoluble dans l'alcool, peu soluble dans une solution concentrée de sel ammoniac. Sa solution aqueuse est rose, avec une teinte violacée.

Il ne change pas de couleur par l'addition de potasse, ce qui le distingue du sel de rhodium.

L'*ammoniaque* en sépare par la concentration un précipité brun-isabelle constituant un dérivé ammoniacal.

L'*azotate d'argent* y donne un précipité rouge, comme avec le chlororhodate.

L'*azotate mercureux* produit un précipité jaune, et l'acétate de plomb ne donne rien.

L'*iodure de potassium* produit après quelque temps une coloration brune.

Avec le *ferrocyanure de potassium*, on obtient une coloration brune et la solution devient opaque.

Avec le *sulfocyanate de potassium*, il se produit à chaud une coloration bleue.

Chlorure stanneux. — Précipité jaune.

Acide gallique. — Coloration brune.

L'*hydrogène sulfuré* donne lentement et à chaud, dans la solution de ce sel, un précipité noir de bisulfure de ruthénium.

Chauffé au rouge, le chlororuthénate de potassium donne du chlororuthénite, du chlore et un peu de ruthénium libre.

OXYDES DE RUTHÉNIUM.

Ils correspondent aux oxydes d'osmium et présentent les mêmes caractères généraux. Après l'osmium, le ruthénium est de tous les métaux du groupe celui qui manifeste le plus d'affinité pour l'oxygène. Il s'oxyde facilement par la calcination, en donnant un oxyde bleu-noir ne se réduisant pas au rouge blanc. La potasse fondue, additionnée de nitre, le transforme en peroxyde de ruthénium (Claus).

PROTOXYDE DE RUTHÉNIUM, RuO. — Il se forme par le grillage du métal à l'air (Deville et Debray). Il se produit aussi lorsqu'on calcine dans un courant de gaz carbonique le chlorure $RuCl^4$ avec du carbonate potassique et qu'on épuise la masse par l'eau.

C'est une poudre métallique noire, insoluble dans les acides, réductible par l'hydrogène à la température ordinaire (Claus).

SESQUIOXYDE DE RUTHÉNIUM, Ru^2O^3. — Chauffé au chalumeau, le ruthénium absorbe rapidement 18 % d'oxygène, puis peu à peu 24 %.

On obtient l'*hydrate* $Ru^2O^3, 3H^2O = Ru^2(OH)^6$ lorsqu'on précipite le sesquichlorure par un alcali; il retient énergiquement 2 à 3 % d'alcali. Il se précipite aussi par l'addition d'acide azotique à la solution du ruthénate de potassium. Enfin l'hydrate se produit par le dédoublement du sesquichlorure en solution étendue et chaude.

Cet hydrate forme une poudre brun-noir, insoluble dans les alcalis, soluble dans les acides avec une couleur orange. L'hydrogène le réduit à froid.

BIOXYDE DE RUTHÉNIUM, RuO^2. — Le bioxyde anhydre constitue les aiguilles qui se subliment pendant le grillage de l'osmiure d'iridium (Fremy y a trouvé 77,6 % de ruthénium au lieu de 76,4). Il est isomorphe avec le rutile, avec l'oxyde stannique (de Sénarmont). C'est un composé très-dur, violacé, à reflets métalliques. Il est facilement réduit par l'hydrogène (Fremy). Densité = 7,2 (Deville et Debray).

Claus l'a obtenu sous la forme d'une poudre bleu-noir, avec des particules métalliques bleuâtres, par le grillage du bisulfure à l'air ou par une forte calcination du bisulfite de ruthénium.

L'*hydrate de bioxyde*, que Berzelius avait pris pour un oxyde d'iridium, s'obtient par l'addition d'un carbonate alcalin à la solution du tétrachlorure ou du chlororuthénate de potassium; il se dépose sous la forme d'un précipité gélatineux brun-jaune, retenant de l'alcali.

Desséché, il prend l'aspect de l'oxyde anhydre.

On peut préparer cet hydrate en précipitant le sesquichlorure de ruthénium ou le ruthénate de potassium par l'hydrogène sulfuré, oxydant le précipité par l'acide azotique, puis précipitant par la potasse le sulfate ruthénique formé; il faut évaporer, car il reste beaucoup d'oxyde dissous. Ainsi obtenu, c'est un précipité jaune d'ocre, couleur de rouille après dessiccation et renfermant alors $RuO^2,5H^2O$ [Claus; le vrai hydrate serait $Ru(OH)^4$]. Il se dissout dans les acides avec une coloration jaune, qui devient rose par la concentration. La solution chlorhydrique renferme du tétrachlorure.

Il se dissout aussi dans les alcalis.

Chauffé vers 300°, il perd environ $3H^2O$; chauffé plus fort, il déflagre vivement en perdant le reste de l'eau et en émettant une fumée noire.

TRIOXYDE DE RUTHÉNIUM (*anhydride ruthénique*), RuO^3. — Cet oxyde, qui paraît très-instable, n'est connu qu'en combinaison potassique.

Ruthénate de potassium. — C'est le sel qui se trouve en dissolution lorsqu'on traite par l'eau le produit de l'attaque du ruthénium par la potasse, avec addition d'azotate ou de chlorate de potassium. Cette solution est orange, à saveur astringente, colorant les matières organiques en noir. Les acides en séparent un oxyde noir, probablement du sesquioxyde. Les auteurs ne font pas mention d'un dégagement d'oxygène dans cette réaction, et pourtant le sesquioxyde en contient deux fois moins que le trioxyde.

Le ruthénate de potassium se produit aussi par l'action de la potasse sur le peroxyde de ruthénium.

TÉTROXYDE DE RUTHÉNIUM (*peroxyde; anhydride* ou *acide perruthénique*), RuO^4. — Cet oxyde, qui correspond au peroxyde d'osmium (anhydride perosmique de Claus), partage avec celui-ci la propriété d'être très-volatil (Claus).

Pour le préparer, on fond au creuset d'argent 3 grammes de ruthénium avec 24 grammes de potasse et 8 grammes d'azotate de potassium; on dissout le produit dans 48 grammes d'eau et on introduit la solution dans une cornue tubulée communiquant avec un tube entouré d'un mélange réfrigérant et terminé par un ballon renfermant un peu de potasse, pour absorber les vapeurs non condensées. On fait passer rapidement un courant de chlore dans la cornue : la chaleur produite par la réaction suffit pour entraîner le peroxyde de ruthénium formé. Celui-ci se sublime dans le col de la cornue et dans le tube en une masse cristalline jaune. Finalement, il distille de l'eau avec le peroxyde de ruthénium. Le résidu renferme un peu de sesquioxyde.

Pour purifier le peroxyde de ruthénium, on le fait fondre dans de l'eau chaude; il se concrète par le refroidissement en une masse cristalline d'un jaune d'or, renfermant des prismes rhomboïdaux brillants.

C'est un corps émettant déjà des vapeurs à la température ordinaire. Il paraît bouillir peu au-dessus de 100°. Sa vapeur est d'un jaune d'or, douée d'une odeur nitreuse qui irrite fortement les poumons, mais non les yeux, comme le peroxyde d'osmium. Sa saveur est faible et un peu astringente.

Le peroxyde de ruthénium humide ou en solution se décompose spontanément en produisant un dépôt de sesquioxyde. En présence d'un peu de chlore, il peut se conserver quelques jours dans l'obscurité, mais non à la lumière. Il noircit les matières organiques, par suite d'une réduction. L'alcool le réduit facilement. Sec, il est plus stable.

Il est peu soluble dans l'eau.

Lorsqu'on le traite par la *potasse*, il se produit une élévation de température et le peroxyde fond et se volatilise en partie; la dissolution colorée renferme du *ruthénate de potassium*.

L'*ammoniaque* donne d'abord avec lui une coloration foncée; si l'on ajoute plus d'ammoniaque, la coloration devient rouge-violet et l'on obtient un précipité jaune-brun constituant une base ammoniacale.

L'*acide chlorhydrique* donne avec le peroxyde de ruthénium une coloration foncée, sans que l'odeur disparaisse. Si l'on chauffe, il se dégage du chlore et il se forme du sesquichlorure de ruthénium.

L'*acide sulfureux* produit une coloration pourpre, puis, à chaud, bleu-violet. Le *tannin* fournit un précipité brun. Avec l'*hydrogène sulfuré*, il y a formation d'un précipité d'oxysulfure, d'un noir velouté, à composition variable.

SULFURES DE RUTHÉNIUM.

Ils correspondent sans doute aux oxydes. Le ruthénium ne se combine directement qu'à 2 ou 3 °/o de soufre.

Les précipités formés par l'hydrogène sulfuré dans les solutions des chlorures ne sont pas des combinaisons définies; elles sont très-instables et très-oxydables.

Le chlorure bleu donne avec le sulfure ammonique un précipité brun foncé qui paraît renfermer Ru^2S^3.

Le sulfure obtenu en précipitant le sesquichlorure par l'hydrogène sulfuré est jaune-brun. Il paraît constituer le bisulfure.

SELS DE RUTHÉNIUM.

On n'a jusqu'à présent décrit qu'un sulfate correspondant au tétrachlorure et des sulfites doubles correspondant au bichlorure.

Sulfate ruthénique, $(SO^4)^2Ru^{IV}$. — Lorsqu'on traite par l'acide azotique le sulfure de ruthénium obtenu par l'addition d'hydrogène sulfuré au sesquichlorure, on obtient une solution orange qui, évaporée à sec, laisse une masse amorphe ressemblant à l'or mussif, déliquescente, très-soluble, acide et astringente.

Traitée par un alcali, la solution de ce sel donne un précipité gélatineux brun jaunâtre d'hydrate ruthénique, $RuO^2,5H^2O$.

La solution n'est pas bleuie par l'hydrogène sulfuré.

Sulfite ruthéneux et sulfite potassique,

$$(SO^3)^2RuK^2.$$

— L'acide sulfureux n'exerce à froid que peu d'action sur le chlororuthénite de potassium $Ru^2Cl^{10}K^4$; mais si l'on chauffe ce dernier avec du sulfite acide de potassium, la solution devient d'un rouge plus foncé et il se dépose un précipité pulvérulent, de couleur jaune-isabelle. La solution en fournit une nouvelle portion par l'évaporation; cette solution est orange.

Si l'on répète fréquemment la dissolution et l'évaporation de ce sel, on obtient finalement un précipité presque blanc, dont la composition correspond aux sulfites doubles des autres métaux du platine $S^2O^5Ru,3SO^3K^2$.

COMBINAISONS AMMONIACALES DU RUTHÉNIUM.

Claus a décrit deux séries de combinaisons ammoniées du ruthénium [*Bull. Acad. Saint-Pétersb.*, t. IV, p. 453; *Ann. de Chim. et de Phys.*, (3), t. LIX, p. 115]. La première série, dont on ne connaît que l'hydrate, dérive d'un diammonium

$$Ru\begin{cases} AzH^3- \\ AzH^3- \end{cases}$$

et l'autre du radical

$$Ru \lt \begin{matrix} Az^2H^6- \\ Az^2H^6- \end{matrix} = Ru \lt \begin{matrix} AzH^2(AzH^4)- \\ AzH^2(AzH^4)-. \end{matrix}$$

Ces deux radicaux correspondent respectivement à la seconde et à la première base de Reiset. Claus a désigné ces bases par les noms de *ruthène-monammoniaque* et de *ruthène-biammoniaque*. Nous les nommerons ruthénammonium et ruthène-diammonium.

COMBINAISONS DE RUTHÉNAMMONIUM. — *Hydrate,*

$$Ru \lt \begin{matrix} AzH^3.OH \\ AzH^3.OH \end{matrix} + 4H^2O$$

(Claus le formulait comme de l'oxyde plus $5H^2O$). — Il dérive de l'hydrate de diammonium, par perte de 2 molécules d'ammoniaque. La solution de l'hydrate de ruthène-diammonium, étant évaporée dans le vide sur l'acide sulfurique, laisse une masse spongieuse, légère, d'un jaune brunâtre, formée d'écailles cristallines. Ce produit est très-déliquescent et se résout à l'air en une masse sirupeuse très-caustique, présentant l'odeur d'une lessive concentrée de potasse.

Claus n'a pas décrit les sels de cette base : il dit seulement qu'ils ressemblent à ceux de la base suivante, avec une couleur plus foncée.

COMBINAISONS DE RUTHÈNE-DIAMMONIUM. — *Chlorure,*

$$Ru \lt \begin{matrix} Az^2H^6.Cl \\ Az^2H^6.Cl \end{matrix} + 3H^2O = RuCl^2,4AzH^3 + 3H^2O.$$

— Lorsqu'on ajoute de l'ammoniaque à la solution du chlororuthénate d'ammonium, il ne se produit rien à froid; mais si l'on chauffe, la solution devient jaune clair et donne, après concentration, un précipité jaune dont une grande partie reste dissoute. On évapore à sec, on lave le résidu à l'alcool faible, qui dissout le sel ammoniac et laisse une poudre cristalline jaune-isabelle qui constitue le chlorure en question. Pour l'obtenir facilement, on dissout 16 grammes de chlororuthénate d'ammonium dans 250 grammes d'eau, on y ajoute 500 grammes d'ammoniaque ordinaire et 16 grammes de carbonate ammonique; on fait bouillir jusqu'à ce que la coloration rouge soit devenue jaune d'or. On évapore à sec, on fait digérer quelque temps le résidu avec 16 grammes d'eau, puis on lave à l'alcool faible, jusqu'à élimination de tout le sel ammoniac. Après dessiccation du résidu, on le redissout dans 60 grammes d'eau additionnée d'un peu de carbonate ammonique et on filtre bouillant. Par le refroidissement, le chlorure cristallise en prismes clinorhombiques aplatis, d'un jaune d'or, transparents, un peu solubles dans l'eau, mais non dans l'alcool, à saveur astringente et salée. Ces cristaux renferment 3 molécules d'eau qu'on ne peut leur enlever par la chaleur sans les décomposer. Le résidu de cette calcination est du ruthénium métallique.

Ce chlorure, dissous dans l'eau bouillante, donne avec le bichlorure de mercure un précipité cristallin qui renferme $HgCl^2, RuCl^2, 2AzH^3$ [Gibbs, *Sillim. Amer. Journ.*, (2), t. XXXIV, p. 341].

Hydrate de ruthène-diammonium,

$$Ru \lt \begin{matrix} Az^2H^6.OH \\ Az^2H^6.OH \end{matrix} = Ru \lt \begin{matrix} AzH^2(AzH^4).OH \\ AzH^2(AzH^4).OH \end{matrix}$$

(envisagé par Claus comme de l'oxyde anhydre, et représenté par la formule $RuO.4AzH^3$ qui diffère de la précédente par H^2O). — On l'obtient à l'état de solution lorsqu'on traite celle du chlorure précédent par de l'oxyde d'argent précipité. On ne peut amener cet hydrate à l'état solide, car l'évaporation dans le vide, sur l'acide sulfurique, lui enlève $2AzH^3$ pour donner l'hydrate de ruthène-ammonium.

La solution est jaune. Elle possède une réaction très-alcaline; elle attire l'acide carbonique de l'air et neutralise parfaitement les acides.

Elle chasse l'ammoniaque de ses combinaisons et précipite les oxydes métalliques; elle redissout l'alumine précipitée.

Chloroplatinate, $Ru(Az^2H^6)^2Cl^2.PtCl^4$. — Précipité jaune, formé de petites aiguilles microscopiques.

Azotate, $Ru(Az^2H^6)^2(AzO^3)^2 + 2H^2O$. — Obtenu par double décomposition entre l'azotate d'argent et le chlorure. Petits prismes brillants, d'un jaune de soufre, solubles dans l'eau bouillante, peu solubles à froid. Chauffé, ce sel se décompose avec déflagration.

Carbonate, $Ru(Az^2H^6)^2CO^3 + 5H^2O$. — Prismes rhombiques jaune clair, solubles, à saveur et à réaction alcalines.

Sulfate, $Ru(Az^2H^6)^2SO^4 + 4H^2O$. — Tables rhombiques transparentes, d'un jaune d'or, s'effleurissant à l'air en devenant opaques et en prenant un aspect métallique. E. W.

RUTHÉNIUM (ANALYSE). — Nous ne mentionnerons ici que les réactions que présentent les solutions de sesquichlorure de ruthénium, les réactions que possèdent le tétrachlorure et le peroxyde ayant déjà été signalées dans l'étude de ces composés.

La *potasse* donne, dans les solutions de sesquichlorure de ruthénium, un précipité brun-noir d'hydrate de sesquioxyde insoluble dans un excès de potasse; il reste cependant du ruthénium en dissolution.

Les *carbonates* et *phosphates* alcalins précipitent de même, incomplétement, de l'hydrate de sesquioxyde.

Le *borax* donne, à chaud, un précipité d'hydrate.

L'*ammoniaque* se comporte comme la potasse : un grand excès redissout le précipité avec une couleur brun verdâtre; à chaud, le précipité se forme de nouveau en partie.

Hydrogène sulfuré. — Un courant de gaz, plutôt qu'une solution, colore après quelque temps la solution du sesquichlorure en bleu d'azur ($RuCl^2$) en même temps qu'il se produit un précipité partiel de sulfure. Cette réaction est caractéristique.

Sulfure d'ammonium. — Précipité brun noirâtre de sulfure, à peu près insoluble dans un excès de réactif; la précipitation est presque complète.

Chlorures d'ammonium et de potassium. — Précipités cristallins bruns, à reflets violets, de chlorures doubles, si les solutions sont concentrées.

Acide formique. — Décoloration de la solution; il ne se précipite pas de ruthénium métallique.

Zinc. — D'abord coloration bleue, puis décoloration et précipitation de ruthénium.

Ferrocyanure de potassium. — D'abord décoloration de la liqueur, qui devient ensuite bleue.

Sulfocyanate de potassium. — Coloration pourpre, puis violette si l'on chauffe.

Ferricyanure. — Coloration rouge-brun.

Cyanure de mercure. — La liqueur se colore après quelque temps en vert et après 24 heures en bleu.

Acide sulfureux. — Décoloration.

Azotate d'argent. — Précipité noir, qui devient blanc après quelque temps ou par l'addition d'acide nitrique; l'addition d'ammoniaque dissout ce précipité blanc (AgCl) et précipite de l'hydrate de sesquioxyde de ruthénium.

Azotate mercureux. — Précipité rose; la liqueur se colore en brun.

Acétate de plomb. — Précipité pourpre, tirant sur le noir; la liqueur se colore en rose.

Iodure de potassium. — Après quelque temps, à chaud, précipité noir de sesquiiodure de ruthénium (Rose).

Ces réactions se trouvent souvent profondément modifiées si le ruthénium est accompagné d'autres métaux du platine.

Si le chlorure de ruthénium est accompagné de *bichlorure d'osmium*, la potasse n'y produit à froid qu'un léger trouble et une coloration verdâtre. A chaud, les oxydes des deux métaux se précipitent. L'ammoniaque en grand excès forme une solution vert-olive, qui devient brune à chaud et qui dépose alors un faible précipité jaune-brun. L'azotate d'argent produit le précipité vert-olive caractéristique de l'osmium et la liqueur devenue limpide présente la couleur rose du chlorure de ruthénium.

Si le ruthénium est accompagné d'*iridium*, la potasse produit un précipité noir, soluble dans un grand excès avec une coloration verte. A chaud, les oxydes se précipitent sans que la liqueur soit colorée par l'iridium. Avec l'ammoniaque, la liqueur est d'abord décolorée, puis elle devient rouge; cette coloration passe au bleu si l'on chauffe. Si l'on fait bouillir la liqueur avec l'acide chlorhydrique, on obtient une dissolution bleue, tandis que pour chacun des métaux isolément elle devient rouge-brun.

Une dissolution d'azotate d'argent produit un précipité brun qui n'appartient à aucun des deux métaux isolément. La liqueur qui surnage est rose, ce qui indique la présence du ruthénium. Une dissolution d'azotate mercureux donne un précipité blanc sale.

Des différences analogues s'observent lorsque le ruthénium est mélangé de rhodium ou de palladium. En général, la meilleure manière de reconnaître le ruthénium à côté de ces métaux, est l'emploi du *sulfocyanate de potassium*, qui produit la coloration rouge-pourpre qui caractérise le ruthénium.

DOSAGE ET SÉPARATION. — Le ruthénium se dose à l'état métallique, en calcinant ses chlorures doubles ou ses dérivés ammoniés dans un courant d'hydrogène. On le sépare ainsi en même temps des métaux alcalins, alcalino-terreux et autres par un lavage à l'eau bouillante et à l'acide chlorhydrique.

Les seules séparations du ruthénium qui présentent de sérieuses difficultés sont celles des autres métaux de la mine de platine. — Voyez t. II, p. 1050. E. W.

RUTHERFORDITE (Min.). — Grains cristallins ou cristaux clinorhombiques (*m m* = [illegible]°) contenant 58 % d'acide titanique, 10 % de chaux et des oxydes de cérium (?), etc., trouvé dans les mines d'or de Rutherford (Caroline du Nord), avec rutile, brookite, monazite et zircon.

Opaque; en lames minces, laisse passer une lumière rouge-brun enfumée.

Dureté, 5 à 5,5. Fragile. Cassure conchoïdale. Poussière jaune brunâtre.

Densité, 5,55 à 5,69.

RUTILE (Min.) [Syn. *Titane oxydé rouge, schorl rouge, crispite, sagénite, nigrine*]. — Acide titanique TiO^2 avec des quantités variables de fer et de manganèse. Cristaux parfois d'une grande dimension, plus souvent aiguilles plus ou moins minces. Ce sont des prismes quadratiques, généralement modifiés et fortement striés dans le sens de la longueur. Les cristaux ont une grande tendance à former des groupements (titane géniculé, réticulé ou tricoté); une partie de ces groupements sont tout à fait analogues à ceux de l'oxyde d'étain. — Voyez CASSITÉRITE.

Leur couleur est d'un rouge brunâtre, tirant parfois sur le rouge-aurore, ou sur le noir. Ils sont translucides ou opaques. Leur éclat est vif et quelquefois demi-métallique. Ils se rencontrent dans les terrains de cristallisation, en petits filons, renfermant en même temps du quartz, de l'orthose, du fer oligiste, du sphène, de la chlorite, de l'apatite, de la fluorine. Les cristaux de quartz sont souvent pénétrés de rutile, et ceux de fer oligiste sont groupés régulièrement avec eux. Les plus beaux cristaux se trouvent à Buitrago (Somo-Sierra, Espagne), à Rosenau (Hongrie), au Saint-Gothard, en Valais, au Brésil, en Norvége, en Géorgie. Cette dernière localité fournit les plus gros échantillons. On en rencontre aussi à Saint-Yrieix près Limoges, et à Saint-Christophe (Isère). A Moustiers (Savoie), il existe des aiguilles jaunes groupées en réseau sous des angles de 60°, disposées sur un calcaire ferrifère cristallin (sagénite).

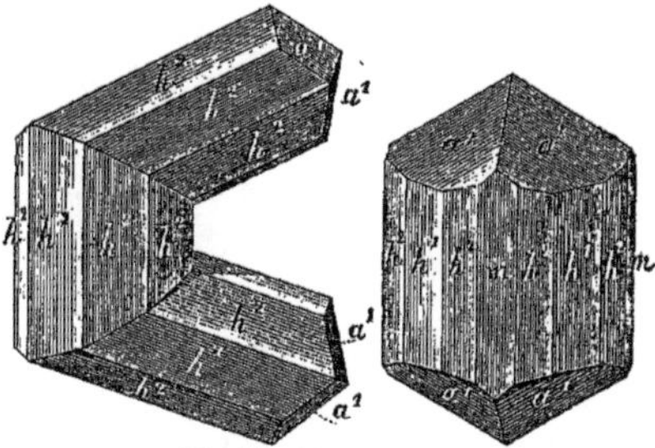

Fig. 571 et 572. — Rutile.

Dureté, 6 à 6,5. Poussière rouge-brunâtre clair Cassure inégale; fragile.

Densité, 4,18 à 4,25.

Caractères. — Insoluble dans les acides. Devient soluble par fusion avec un alcali. La solution contenant un excès d'acide donne une coloration violette lorsqu'on y introduit une lame d'étain, de cuivre ou d'argent. Au chalumeau ne fond pas. Avec le sel de phosphore, donne une perle incolore, qui, au feu de réduction, avec une addition d'étain, prend une couleur violacée; la couleur est rouge de sang lorsqu'il y a beaucoup de fer.

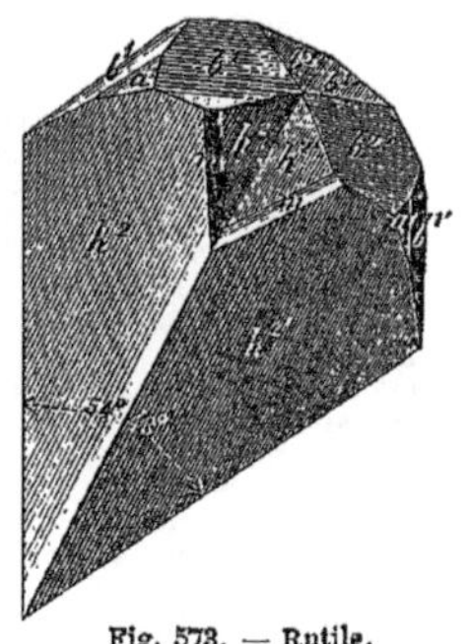

Fig. 573. — Rutile.

Forme cristalline. — Prisme quadratique; $a^1 a^1 = 123° 7'$, arêtes culminantes; $a^1 a^1 = 84° 40'$, arêtes latérales. Faces habituelles : m, a^1, h^1, h^2, b^1. Macles parallèles à b^1 (rutile géniculé, fig. 571); l'angle des axes est alors de 114° 25'. Il existe une autre macle parallèle à $b^{1/3}$ (fig. 573). Clivages : m; h^1 moins facile. F. et S.

RUTILINE. — Braconnot a donné ce nom à une matière résinoïde qui se produit dans l'action de l'acide sulfurique sur la salicine; Mulder avait désigné ce même composé, qui est probablement de la salirétine impure, sous le nom d'olivine (t. II, p. 613).

RUTINE [Syn. *Acide rutinique, phytoméline, méline*]. — C'est un composé cristallisable trouvé par Weiss dans les parties herbacées de la rue (*Ruta graveolens*) [*Pharm. Centralb.*, 1842, p. 903]; il a été étudié par Bornträger [*Ann. der Chem. u. Pharm.*, t. LIII, p. 385] et par Zwenger et Dronke [*ibid.*, t. CXXIII, p. 145]. La rutine existerait encore : 1° dans les câpres (bourgeons floraux du *Capparis spinosa*) [Rochleder et Hlasiwetz, *ibid.*, t. LXXXII, p. 197]; 2° dans les bourgeons floraux non développés du *Sophora japonica* (baies jaunes de Chine ou *Waifa* du commerce) [Stein, *Journ. für prakt. Chem.*, t. LVIII, p. 399, t. LXXXV, p. 351, t. LXXXVIII, p. 280; *Bull. de la Soc. chim.*, 1863, p. 103 et 383]; 3° dans un grand nombre de fleurs (roses de Provins) [E. Filhol, *Journ. de Pharm. et de Chim.*, (3), t. XLIV, p. 134].

La formule de la rutine n'est pas établie avec certitude.

Parmi les nombreuses analyses de ce corps qu'on a faites, nous choisissons les suivantes :

A 100° elle perd 1,61 à 2,12 % d'eau ($1/2 H^2O$) et contient alors :

	Bornträger (1).	Zwenger et Dronke (1).	Zwenger et Dronke (2).	Rochleder et Hlasiwetz (2).	Stein (3).
Carbone...	50,30	49,44	49,57	50,15	50,06
Hydrogène.	5,54	5,52	5,42	5,70	5,65

(1) Rutine de la rue; (2) des câpres; (3) du Waifa.

	Calcul pour $C^{25}H^{28}O^{15}+2H^2O$.
Carbone.............	49,66
Hydrogène..........	5,29

Entre 150° et 160° elle perd encore $2H^2O$ (5 63-5,92 %) et renferme alors :

	Zwenger et Dronke (1).	Calcul pour $C^{25}H^{28}O^{15}$.
Carbone.........	52,66	52,81
Hydrogène.......	5,02	4,93

(1) Rutine de la rue.

La nature de ce corps a donné lieu à beaucoup de discussions : Hlasiwetz l'identifie avec le quercitrin malgré la composition un peu différente de cette substance [*Ann. der Chem. u. Pharm.*, t. XCVI, p. 123], tandis que Zwenger et Dronke et Stein soutiennent que la rutine et le quercitrin sont des composés distincts et les représentent, la première par la formule $C^{25}H^{28}O^{15}$ (séchée à 150-160°), et le second par les rapports $C^{18}H^{24}O^{12}$ (séché à 100°); Spiess et Sostman ont confirmé la formule de Zwenger et Dronke [*Arch. d. Pharm.*, 1865 (2), t. CXXII, p. 75].

Il est vrai que la rutine et le quercitrin offrent les plus grandes analogies dans leurs réactions, que tous les deux se dédoublent sous l'influence des acides étendus en quercétine et en sucre; mais, tandis que le quercitrin fournit de l'isodulcite, la rutine donnerait un sucre incristallisable de la composition de la glucose, réduisant à froid les solutions cuivriques alcalines, n'agissant pas sur la lumière polarisée et n'étant pas susceptible de fermenter; l'acide nitrique le convertit en acide oxalique sans donner d'acide picrique.

Zwenger et Dronke, représentant la composition de la quercétine par la formule $C^{13}H^{10}O^6$, donnent pour le dédoublement de la rutine l'équation $C^{25}H^{28}O^{15} + 3H^2O = C^{13}H^{10}O^6 + 2C^6H^{12}O^6$.

Les indications sur les proportions de quercétine et de sucre formées dans ce dédoublement diffèrent beaucoup ; Zwenger et Dronke obtinrent 43 % de quercétine (calcul d'après l'équation ci-dessus 43,4 %); Hlasiwetz 58 % de quercétine et 44,5 % de sucre; enfin Stein 47,5 % de quercétine.

Le quercitrin donne beaucoup moins (25,5 %) de sucre (isodulcite).

En résumé, il paraît résulter de ces recherches nombreuses, mais si contradictoires, que la rutine se rapproche beaucoup du quercitrin, sans cependant se confondre avec ce corps. Il se pourrait d'ailleurs que les composés qu'on a extraits de plantes si diverses, et qu'on a décrits sous les noms de rutine et de quercitrin, ne fussent pas identiques avec la véritable rutine de la rue et le quercitrin de l'écorce de quercitron; il est probable, comme M. Hlasiwetz l'admet, qu'il existe plusieurs quercitrins, très-voisins entre eux et différents par la nature du sucre combiné dans leur molécule.

Préparation. — Pour extraire la rutine, on peut appliquer les procédés qui sont indiqués à l'article Quercitrin pour la préparation de ce corps; nous allons seulement décrire ici un mode de préparation qui est dû à Weiss et à Bornträger. On fait bouillir les feuilles sèches et coupées de la rue avec du vinaigre pendant une demi-heure; on filtre la décoction bouillante, et on l'abandonne pendant quelques semaines. La rutine se précipite alors lentement sous la forme de cristaux microscopiques, qu'on lave avec de l'eau froide, et qu'on dissout à l'ébullition dans un mélange de 4 p. d'eau et de 1 p. d'acide acétique. La liqueur filtrée laisse déposer, au bout de quelques jours, la rutine à l'état cristallin; on la lave à l'eau froide, on la dissout dans six fois son poids d'alcool bouillant en ajoutant un peu de charbon animal; on filtre, on mélange la dissolution avec un huitième d'eau, on chasse l'alcool par distillation et l'on abandonne le résidu pendant plusieurs jours dans un endroit frais. La cristallisation exige toujours beaucoup de temps et s'effectue d'autant mieux que la liqueur est plus froide.

Zwenger et Dronke ont modifié le procédé de la manière suivante : On évapore l'extrait acétique de la plante et l'on abandonne le résidu; la rutine impure se sépare lentement, mélangée d'un corps résineux vert. On la purifie d'abord par quelques cristallisations, puis on la dissout dans l'alcool, on ajoute un peu d'acide acétique et de l'acétate neutre de plomb, qui précipite quelques impuretés. La solution filtrée, débarrassée du plomb qu'elle contient par l'hydrogène sulfuré, et évaporée, fournit des cristaux de rutine encore légèrement impure. Pour l'amener à un état de pureté parfaite, on la fait cristalliser dans l'eau et on la traite par l'éther, dans lequel elle est insoluble.

Propriétés. — La rutine est en fines aiguilles jaune clair, très-peu solubles dans l'eau froide, plus solubles dans l'eau bouillante; ses solutions sont jaunes, mais les acides les décolorent. D'après Stein, la rutine du Waifa se dissout dans 10041 p. d'eau froide, dans 185 p. d'eau bouillante, dans 359 p. d'alcool absolu froid et dans 14,4 p. d'alcool bouillant; tandis que le quercitrin exige des mêmes dissolvants 2485 p.; 143,3 p.; 23,3 p., et 3,9 p.

La rutine cristallisée perd à 100° $1/2 H^2O$; entre 150° et 160°, $2H^2O$, et est alors anhydre et contient $C^{25}H^{28}O^{15}$; elle fond à 190° en donnant un liquide épais, qui se fige en une masse résineuse.

Elle ne réduit pas la liqueur de Fehling, mais bien le nitrate d'argent et le chlorure d'or. Le chlorure ferrique la colore en vert foncé, le sel ferreux en rouge-brun.

La rutine se dissout avec une coloration jaune dans les alcalis, et les solutions se foncent à l'air. Le chlorure de calcium en solution alcoolique produit dans la solution alcoolique de la rutine un précipité vert foncé, de composition variable.

L'acétate de plomb donne, dans la solution alcoolique, un précipité orangé, qui ne devient permanent que lorsqu'on a ajouté un excès de sel de plomb ; ce précipité ne présente pas une composition constante.

Chauffée avec les acides minéraux étendus (ou bien avec l'acide formique; Stein), la rutine se dédouble en quercétine et en sucre. — Voyez plus haut.

L'hydrogène naissant développé par l'amalgame

de sodium convertit la rutine en *paracarthamine* (t. II, p. 765). A. H.

RUTINIQUE (ACIDE). — Synonyme de RUTINE.

RUTIQUE (ACIDE). — Synonyme de CAPRIQUE (ACIDE), t. I, p. 733.

RUTYLÈNE, $C^{10}H^{18}$. — M. Bauer a donné ce nom à un carbure d'hydrogène qui diffère du diamylène par H^2, qu'il renferme en moins, et qu'on obtient en traitant le bromure de diamylène (t. I, p. 1147) à chaud par la soude alcoolique :

$$C^{10}H^{20}Br^2 + 2NaOH$$
$$= 2NaBr + 2H^2O + C^{10}H^{18}.$$

Le rutylène est un liquide incolore, bouillant à 150°; densité de vapeur trouvée, 4,778 (théorie, 4,843); il possède une odeur agréable rappelant l'essence de térébenthine, et est insoluble dans l'eau et miscible avec l'alcool et l'éther; il s'altère au contact de l'air en attirant de l'oxygène. Il s'unit directement au brome avec dégagement de chaleur; si l'on refroidit, on obtient le bibromure $C^{10}H^{18}Br^2$, qui se décompose spontanément après quelque temps, et qui est attaqué énergiquement par l'acétate d'argent et par la soude alcoolique. Dans ce dernier cas, le bromure perd 2HBr et il se forme un hydrocarbure, $C^{10}H^{16}$, isomérique ou identique avec le térébène; cette transformation est entourée de difficultés assez grandes, car le produit retient très-opiniâtrément de petites quantités de brome [A. Bauer, *Ann. der Chem. u. Pharm.*, t. CXXXV, p. 344; — A. Bauer et E. Verson, *ibid.*, t. CLI, p. 52; *Bull. de la Soc. chim.*, 1865, t. IV, p. 265, et t. XIII, p. 239]. A. H.

RYACOLITE. — Voyez RHYACOLITE.

S

SABADILLINE. — Cet alcaloïde se rencontre, d'après Couerbe, dans les graines de cévadille (*Veratrum sabadilla*). Cette graine renferme en outre de la vératrine, les acides vératrique et cévadique, un principe résineux, et, d'après les recherches récentes de M. Weigelin, un troisième alcaloïde, la *sabatrine*. L'existence de la sabadilline avait été mise en doute par Simon; mais d'autres observateurs, MM. Hübschmann, A. Delondre et Weigelin, ont confirmé la découverte de Couerbe.

Voici comment M. Weigelin recommande d'opérer pour la preparation de la sabadilline : les graines broyées sont épuisées par de l'eau acidulée d'acide sulfurique et bouillante, la décoction est concentrée et additionnée d'alcool pour précipiter les parties mucilagineuses. Après 24 heures de repos, on décante, on chasse l'alcool par distillation, on filtre et l'on précipite la liqueur filtrée par l'ammoniaque, à l'ébullition : il se forme un dépôt de vératrine impure. La solution ammoniacale renferme la sabatrine et la sabadilline, qu'on lui enlève par agitation avec de l'alcool amylique; le résidu de la distillation de l'alcool amylique est dissous dans l'alcool, la solution est additionnée de son volume d'eau, décolorée par le charbon animal, et débarrassée de l'alcool par la distillation. Finalement, on ajoute de l'ammoniaque au résidu aqueux et l'on traite par l'éther le précipité résineux qui se forme : la sabatrine se dissout dans l'éther, tandis que la sabadilline encore impure reste insoluble.

La *sabadilline* a pu être obtenue cristallisée dans la benzine, mais non dans l'eau ou dans l'alcool; elle n'est pas tout à fait insoluble dans l'éther. L'acide sulfurique concentré la dissout avec une coloration rouge. La sabadilline renferme $C^{41}H^{66}Az^2O^{13}$; elle s'unit aux acides; le *chlorhydrate* et le *sulfate* sont gommeux et incolores; son *chloraurate*, qui est amorphe, a pour formule $C^{41}H^{66}Az^2O^{13}, H^2Cl^2 + Au^2Cl^6$.

L'ammoniaque ne précipite pas l'alcaloïde de ses solutions; la benzine et l'alcool amylique l'enlèvent à ses solutions acides ou alcalines. La solution aqueuse de sabadilline ne produit aucune réaction avec le bichromate, le sulfocyanate, le ferrocyanure, et l'iodure de potassium, pas plus qu'avec le chlorure de platine, l'acide picrique ou le phosphate de sodium.

La sabadilline n'est ni sternutatoire, ni vomitive; elle accélère les battements du cœur.

La *sabatrine* renferme $C^{51}H^{86}Az^2O^{17}$; ses réactions et son action physiologique sont les mêmes que celles de la sabadilline. Le chlorhydrate et le sulfate sont amorphes : le premier forme deux sels doubles avec le chlorure d'or, dont l'un est amorphe, tandis que l'autre devient peu à peu cristallin [Couerbe, *Ann. de Chim. et de Phys.*, (2), t. LII, p. 352; — Weigelin, *Neu. Jahrb. für Pharm.*, t. XXXVII, p. 94; *Bull. de la Soc. chim.*, 1872, t. XVII, p. 470]. A. H.

SABATRINE. — Voyez SABADILLINE.

SABINE (ESSENCE DE). — Voyez ESSENCES, t. I, p. 1282.

SACCHARAMIDE,

$$C^6H^{12}Az^2O^6 = (C^4H^4)''(OH)^4(COAzH^2)^2$$

[W. Heintz, *Poggend. Ann.*, t. CVI, p. 93, et *Répert. de Chim. pure*, 1859, p. 309]. — Pour préparer la saccharamide ou diamide saccharique, on dissout le saccharate d'éthyle dans une petite quantité d'alcool absolu, on ajoute à cette solution huit fois son volume d'éther et l'on fait passer dans la liqueur de l'ammoniaque sèche. Il se dépose un corps visqueux, jaunâtre, qui se dessèche à l'air. L'eau froide enlève la substance qui colore le produit en jaune et laisse une poudre blanche qui est la saccharamide. L'éther qui a laissé déposer la saccharamide en fournit une nouvelle quantité sous la forme de petits cristaux aciculaires, lorsqu'on y fait passer de nouveau de l'ammoniaque.

L'eau bouillante dissout la saccharamide en la décomposant en saccharate d'ammonium, qui se transforme lui-même, par l'évaporation, en saccharate acide d'ammonium. L'eau tiède la dissout sans altération et la laisse cristalliser par refroidissement en petites tablettes hexagonales, allongées, dont deux angles opposés mesurés au microscope ont donné 117° 15' et les quatre autres 121° 30'. L'éther bouillant ne dissout pas ces cristaux, l'alcool absolu bouillant en dissout une petite quantité. L'amide saccharique brûle sans résidu en répandant l'odeur des substances azotées,

Elle bleuit un peu le papier de tournesol rouge. Les acides étendus la transforment en acide saccharique avec formation d'un sel ammoniacal. L'azote de la saccharamide ne peut pas être déterminé par la chaux sodée; mais on peut le doser facilement en décomposant l'amide par l'acide chlorhydrique et en précipitant le sel ammoniac formé par le chlorure de platine. Ph. de C.

SACCHARIDES. — M. Berthelot a donné le nom de *saccharides* aux combinaisons qui se produisent par l'action des acides organiques sur les sucres, quels qu'ils soient.

Pour produire ces corps, il convient de chauffer le mélange des principes générateurs; leur formation est accompagnée d'une élimination d'eau; par exemple :

$$2C^4H^8O^2 + C^6H^{12}O^6 = 3H^2O + C^{14}H^{22}O^7.$$

Acide butyrique. — Glucose. — Dibutyroglucose.

Ils diffèrent par leurs propriétés des corps qui leur donnent naissance, et si on les place dans des conditions qui leur permettent d'absorber de l'eau, ils régénèrent l'acide et le sucre auxquels ils doivent leur origine. On conçoit que le nombre de telles combinaisons soit pour ainsi dire illimité, les sucres et les acides organiques étant eux-mêmes très-nombreux.

Il peut arriver que les sucres, tout en étant différents, donnent les mêmes produits : cela tient à ce que les circonstances dans lesquelles les saccharides se produisent sont en même temps celles qui déterminent la transformation d'un sucre dans l'autre; ainsi, par exemple, la saccharose et la tréhalose peuvent produire des combinaisons identiques à celles que fournit la glucose. M. Berthelot [*Chimie organique fondée sur la synthèse*, Paris, 1860, t. II, p. 271], qui a fait connaître un grand nombre de saccharides et qui les a classés, y adjoint les dérivés que donnent les hydrates de carbone, tels que l'amidon, la dextrine, la cellulose, etc., avec des acides minéraux, tels que l'acide nitrique.

Une remarque importante doit se placer ici. Les combinaisons qui se forment par l'action des acides sur les sucres ne peuvent pas toujours être rattachées à ces dernières : elles dérivent quelquefois de leurs anhydrides. Il en est ainsi pour la dibutyroglucose formée selon la réaction indiquée plus haut, réaction dans laquelle il y a élimination de 3 molécules d'eau au lieu de 2. Le corps ainsi formé est à proprement parler la dibutyroglucosane.

Voici la base de la classification des saccharides établie par M. Berthelot. Elle comprend tous les saccharides tant naturels qu'artificiels.

Les saccharides sont des mono-, di-, tri- ou tétrasaccharides selon qu'ils dérivent de 1, 2, 3 ou 4 molécules de sucre. Chacune de ces classes se subdivise en divers ordres, selon que le sucre est combiné avec 1, 2 ou plusieurs molécules d'acide, et en divers sous-ordres, selon qu'un plus ou moins grand nombre de molécules d'eau sont éliminées pendant leur formation.

Pour que les saccharides prennent naissance, il faut généralement un contact prolongé des matières réagissantes, et même alors une partie du sucre reste-t-elle inattaquée à 100-120°. Pour la tréhalose, on peut même chauffer jusqu'à 180°. Les saccharides se décomposent dans les mêmes circonstances que les graisses, mais plus difficilement. A 100° et en présence de l'eau, ils se décomposent à peine; une plus grande chaleur détruit le sucre. Bouillis pendant quelque temps avec des acides faibles, ils se décomposent en acide et en sucre; une portion de ce dernier éprouve une altération plus profonde : il se forme de l'acide glucique et des matières ulmiques. Un certain nombre de saccharides sont décomposés par les ferments. Les saccharides se rapprochent des graisses en d'autres points encore : comme elles, ils sont solubles dans l'eau si l'acide qui entre dans leur constitution est volatil et ils sont insolubles dans l'eau si l'acide gras est solide. La saveur des saccharides solubles est très-amère; ils sont doués du même pouvoir rotatoire que le sucre dont ils dérivent; ils sont tous fixes et possèdent néanmoins une odeur particulière que développe la chaleur. Ph. de C.

SACCHARIMÉTRIE. — Voyez à l'article Lumière, pouvoir rotatoire des liquides, t. II, p. 252, et à l'article Sucres, des renseignements sur les pouvoirs rotatoires des différents corps sucrés.

SACCHARIQUE (ACIDE),

$$C^6H^{10}O^8 = (C^4H^4)^{vi}.(OH)^4(COOH)^2 = \begin{matrix} CO^2H \\ | \\ (CH.OH)^4 \\ | \\ CO^2H. \end{matrix}$$

— Cet acide, qui a été appelé dans les premiers temps *acide oxalhydrique*, est isomérique avec l'acide mucique; il se produit par l'action de l'acide azotique sur le sucre de canne, la glucose, la lactose et la mannite. Découvert par Scheele [*Opuscula*, t. II, p. 203], qui le prit pour de l'acide malique, il a été étudié par Guérin-Varry [*Ann. de Chim. et de Phys.*, (2), t. XLIX, p. 280; t. LII, p. 318; t. LXV, p. 332], O.-L. Erdmann [*Ann. der Chem. u. Pharm.*, t. XXI, p. 1; *Journ. für prakt. Chem.*, t. IX, p. 257; t. XV, p. 480], Hess [*Poggend. Ann.*, t. XLII, p. 347; *Ann. der Chem. u. Pharm.*, t. XXVI, p. 1; t. XXX, p. 302], et plus récemment par Thaulow et Heintz [Thaulow, *Ann. der Chem. u. Pharm.*, t. XXVII, p. 113; — Liebig, *ibid.*, t. XXX, p. 313; t. LXIII, p. 1; — Heintz, *Poggend. Ann.*, t. LXI, p. 315; t. CV, p. 211; t. CVI, p. 93; t. CXI, p. 265 et 291].

Préparation. — On fait chauffer 1 p. de sucre de canne avec 3 à 4 p. d'acide nitrique (densité, 1,27) jusqu'à ce qu'il y ait dégagement gazeux; on retire du feu et on laisse refroidir jusqu'à 60°; on maintient à cette température jusqu'à brunissement complet du liquide et on fait refroidir. Il se dépose de l'acide oxalique; on sursature le liquide par du carbonate de potassium ou de l'ammoniaque, on acidule avec de l'acide acétique. Au bout de plusieurs semaines, il se dépose des cristaux que l'on comprime, qu'on sépare, qu'on lave et qu'on purifie par plusieurs cristallisations dans l'eau bouillante; les deux dernières en présence de charbon animal. Si on concentre les eaux mères et qu'on ajoute de l'acide acétique, il se produit encore une certaine quantité de saccharate; à la fin cristallise de l'oxalate acide; en ajoutant de l'acétate de calcium au liquide dilué bouillant, on précipite l'acide oxalique; on ajoute ensuite de l'ammoniaque, on concentre et l'on transforme le saccharate de calcium qui se dépose en sel de potassium en le décomposant par du carbonate de potassium et en concentrant la solution après addition d'acide acétique. De cette manière on retire en sel de potassium acide une quantité qui équivaut à 10,9 % de celle du sucre employé (Heintz). Lorsqu'on emploie du sucre de lait pour préparer l'acide saccharique, on opère ainsi qu'il suit : Pour 1 p. de lactose on prend 2,5 p. d'acide nitrique (densité, 1,32) dilué dans 2,5 p. d'eau; il se dépose d'abord de l'acide mucique (environ 33 %); le liquide filtré renferme principalement de l'acide saccharique; on le réduit, à une douce chaleur, au tiers environ de son volume et on neutralise par du carbonate de potassium.

Pour retirer l'acide saccharique du sel de potassium acide, le mieux est de le transformer en sel de cadmium. A cet effet, on dissout le sel de potassium dans l'eau bouillante, on neutralise par la potasse ou l'ammoniaque et on mélange la liqueur à la température de l'ébullition avec une solution d'un sel de cadmium; on fait bouillir pendant quelque temps; il se précipite du saccharate de cadmium, que l'on décompose par l'hydrogène sulfuré (Heintz). Les eaux mères du saccharate cadmique retiennent en dissolution un saccharate double de potassium et de cadmium incristallisable [A. Baltzer, *Bull. de la Soc. chim.*, 1868, t. X, p. 263].

Propriétés. — L'acide saccharique se présente sous la forme d'une masse non cristallisée, incolore et friable. Il est déliquescent, facilement soluble dans l'eau et l'alcool, insoluble dans l'éther. La solution d'acide saccharique préparée avec la saccharose exerce le pouvoir rotatoire à droite. A la chaleur du bain-marie, l'acide saccharique brunit; il réduit le chlorure d'or, et à chaud la solution ammoniacale de nitrate d'argent; l'acide nitrique le transforme d'abord en acides tartrique droit et paratartrique, ensuite en acide oxalique; sur 72,6 p. d'acide tartrique, Hornemann [*Journ. für prakt. Chem.*, t. LXXXIX, p. 305] a trouvé 27,4 p. d'acide paratartrique. La potasse caustique à 250° le transforme en acides acétique et oxalique :

$$C^6H^8O^8.K^2 + 2KHO$$
$$= 2C^2H^3O^2K + C^2O^4K^2 + 2H^2O.$$

L'acide saccharique est attaqué déjà à froid par le chlorure d'acétyle : l'action s'établit peu à peu, l'élévation de température est faible, la masse se gonfle et il y a un abondant dégagement gazeux. L'acide saccharique sirupeux donne de cette manière une masse cristalline blanchâtre, qui fournit une huile non étudiée et de l'anhydride saccharique diacétylé :

$$C^6H^{10}O^8 + 4\ C^2H^3O.\ Cl$$
$$= C^{10}H^{10}O^8 + 4\ HCl + 2\ C^2H^4O^2.$$

Ce corps se décompose si facilement qu'on ne peut établir son point de fusion. Il est insoluble dans l'eau et dans l'alcool froid, soluble dans l'alcool bouillant, peu soluble dans l'éther froid ou bouillant. Il cristallise de l'alcool bouillant en aiguilles chatoyantes. Lorsqu'on arrose le saccharate d'éthyle cristallisé de plus de 4 molécules de chlorure d'acétyle, il se forme également de l'anhydride saccharique diacétylé dont la production est due à la présence de l'acide saccharique, qui accompagne toujours dans une certaine proportion l'éther par suite de l'action de l'eau.

Saccharates. — L'acide saccharique est bibasique, mais on connaît aussi des sels acides. Avec le plomb il forme un sel renfermant trois atomes de métal.

Le *saccharate d'ammonium acide*, $C^6H^9O^8,AzH^4$, se produit lorsqu'on chauffe la solution du sel neutre tant qu'elle dégage de l'ammoniaque; par le refroidissement il se dépose en prismes quadrilatères; il a une réaction acide et est un peu plus soluble dans l'eau que le sel de potassium correspondant. Le *sel neutre*, qu'on obtient en sursaturant l'acide saccharique par de l'ammoniaque et en évaporant sur de l'acide sulfurique, est une masse gommeuse.

Le *saccharate d'argent*, $C^6H^8O^8Ag^2$, s'obtient lorsqu'on mélange une solution de saccharate de potassium neutre avec du nitrate d'argent, sous la forme d'un précipité blanc inaltérable à l'ébullition en présence d'un excès de saccharate de potassium; il devient cristallin dans ces circonstances. L'ammoniaque le dissout aisément, en donnant un liquide qui se réduit à l'ébullition.

Le *sel de baryum acide*, obtenu par la dissolution du sel neutre dans l'acide saccharique, est une masse gommeuse.

Le *sel neutre* se précipite en flocons lorsqu'on mélange une solution de saccharate acide de potassium avec du chlorure de baryum et qu'on y ajoute un excès d'ammoniaque. Il se produit encore lorsqu'on précipite l'acide saccharique par un excès d'eau de baryte. Il est fort peu soluble dans l'eau.

Le *saccharate de bismuth* (sans doute un sous-sel?) se forme lorsqu'on précipite une solution très-étendue de nitrate de bismuth par du saccharate neutre de potassium. Il est floconneux et insoluble dans l'eau.

Le *sel de cadmium*, $C^6H^8O^8Cd$, est blanc, peu soluble dans l'eau froide, un peu plus soluble dans l'eau bouillante, et se produit lorsqu'on précipite le saccharate neutre de potassium par un sel de cadmium; si l'on fait usage de solutions bouillantes, le précipité est cristallin.

Le *sel acide de calcium* se dépose en cristaux de la solution du sel neutre de calcium dans l'acide saccharique. Le *sel neutre* est un précipité blanc obtenu en mélangeant le saccharate neutre de potassium avec du chlorure de calcium; il n'est pas entièrement insoluble dans l'eau, surtout bouillante, qui le dépose pendant le refroidissement en cristaux microscopiques.

Il se produit un *saccharate de cuivre* lorsqu'on traite à froid l'hydrate de cuivre par un excès d'acide saccharique. La solution est verte; en évitant un excès d'acide, le liquide dépose un précipité vert qui, lavé sur un filtre, se dissout en donnant un liquide dont on peut retirer par l'évaporation une masse amorphe.

Le fer bouilli avec l'acide saccharique se dissout en dégageant de l'hydrogène; le liquide évaporé laisse une masse gommeuse. C'est le *sel ferreux*. Le sesquioxyde de fer se dissout dans l'acide saccharique en une liqueur jaune. Le saccharate acide de potassium dissout pareillement l'oxyde de fer.

Saccharate de magnésium, $C^6H^8O^8Mg.3H^2O$.— Le sulfate de magnésium ne précipite pas le saccharate de potassium neutre, même à l'ébullition, à moins qu'on ne concentre beaucoup. L'acide saccharique ou le saccharate acide de potassium bouillis avec un excès de magnésie fournissent une poudre soluble et cristalline de saccharate de magnésium qui ne se dissout que peu dans l'eau.

Saccharate de plomb, $C^6H^8O^8Pb$. — Ce sel se produit sous la forme d'un précipité caillebotté lorsqu'on verse goutte à goutte 1 p. de saccharate acide d'ammonium dissous dans de l'acide acétique concentré chaud dans 4 p. de sel neutre de plomb; il brunit à 100°. Le sel $C^6H^4O^8Pb^3$ se forme lorsqu'on ajoute goutte à goutte 2 grammes de saccharate acide d'ammonium, neutralisé presque entièrement par du carbonate de sodium, dans 30 à 40 grammes d'acétate basique de plomb et qu'on fait bouillir une heure; il se produit encore, mais moins pur, lorsqu'on fait bouillir du saccharate de potassium avec un excès d'acétate neutre de plomb; il est alors résineux; le liquide décanté soumis à l'ébullition fournit un sel amorphe, $C^6H^6O^8.Pb^2$ (Heintz). Thaulow, en opérant de la même manière, a obtenu un précipité granuleux dense, dont la composition approximative était $C^{12}H^{10}O^{16}.Pb^5$. Si on prolonge l'ébullition, le précipité est de plus en plus riche en plomb et après 9 ou 10 heures il a la composition $C^6H^4O^8.Pb^3$ (Heintz).

Combinaison de saccharate de plomb et de chlorure de plomb. — Pour la préparer, on fait dissoudre 1 molécule de saccharate acide de potassium avec 4 molécules de chlorure de plomb dans l'eau bouillante; on précipite à l'ébullition par du saccharate neutre de potassium, on lave le précipité après refroidissement et on le dissout à l'ébullition dans une solution aqueuse de chlorure de plomb saturée à froid. Pendant le refroidissement, il se produit des tables rhombiques microscopiques qui, après lavage et dessiccation, constituent une poudre blanche nacrée. Ce corps, dont la composition est $C^6H^8O^8Pb,PbCl^2$, ne se dissout pas dans l'eau froide et se dissout peu dans l'eau bouillante.

Le *saccharate acide de potassium*, dont la préparation a été décrite plus haut, se dissout peu dans l'eau, 1 p. de sel exigeant 80 à 90 p. d'eau. Il cristallise dans le système orthorhombique; on observe les faces h^1, m, e^1, l'angle de $m : m$ est de 103° 26′, celui de $e^1 : e^1 = 131° 46'$; le rapport des axes est de 1,7631 : 2,2338 : 1; le clivage est facile suivant p [Schabus, *Bestimmungen der Kristallgestalten*, p. 56].

Le *sel neutre*, $C^6H^8O^8K^2$, est en croûtes cristallines. Les sels de sodium sont l'un et l'autre des matières gommeuses.

On obtient le *saccharate neutre de strontium*, $(C^6H^8O^8Sr)^2.3H^2O$, en précipitant le saccharate neutre de potassium par du chlorure de strontium. Le saccharate neutre de strontium dissous dans l'acide saccharique fournit des prismes droits transparents de sel acide.

Saccharate de zinc, $(C^6H^8O^8Zn)^2.H^2O$ (à 100°). — L'acide saccharique aqueux dissout le zinc. Ce sel se produit encore lorsqu'on précipite le saccharate neutre de potassium par un sel de zinc. Il est blanc, peu soluble dans l'eau bouillante, qui le dépose à l'état cristallin.

Éthers saccharriques. — *Saccharate d'éthyle neutre*, $C^6H^8O^8(C^2H^5)^2$ [Heintz, *Poggend. Ann.*, t. CV, p. 211, et *Répert. de Chim. pure*, 1859, p. 266]. — Lorsqu'on fait passer du gaz chlorhydrique dans une solution de saccharate de calcium dans de l'alcool absolu, il se sépare des cristaux de $2C^6H^8O^8(C^2H^5)^2 + CaCl^2$, que l'on lave avec de l'alcool. Ce composé, dissous dans l'eau froide, cristallise sur de l'acide sulfurique en prismes rhombiques inaltérables à l'air.

L'ébullition avec l'eau détruit la combinaison, avec formation d'acide saccharique et d'alcool. L'eau froide agit de même à la longue. On peut retirer de cette combinaison le saccharate d'éthyle; à cet effet, on dissout dans l'alcool et on traite par une solution très-concentrée de sulfate de sodium, on évapore dans le vide et on reprend par l'éther; après évaporation, l'éther saccharique se produit sous la forme d'une masse solide cristalline attirant l'humidité. Sa saveur est amère. Il est très-soluble dans l'alcool et dans l'eau, un peu moins soluble dans l'éther.

Il se forme encore du saccharate d'éthyle lorsqu'on sature à chaud de gaz chlorhydrique, de l'acide saccharique dissous dans l'alcool absolu; mais, dans ce cas, il n'est pas pur.

L'acide éthylsaccharique, $C^6H^9O^8.C^2H^5$, n'a pas été obtenu jusqu'à présent; mais, en faisant passer du gaz chlorhydrique dans de l'alcool absolu tenant en suspension du saccharate de potassium, on obtient un composé cristallisable, $C^6H^7O^7.C^2H^5$, renfermant une molécule d'eau de moins que l'acide éthylsaccharique. Cette combinaison pourrait être l'éther éthylique du premier anhydride de l'acide saccharique :

$$C^6H^{10}O^8 - H^2O = C^6H^8O^7.$$

Anhydride.

Saccharate d'éthyle tétracétylé. — On ajoute à 50 grammes de la combinaison de saccharate d'éthyle et de chlorure de calcium une quantité un peu supérieure de chlorure d'acétyle, et on opère dans un appareil muni d'un réfrigérant ascendant. On laisse réagir autant que possible à la température ordinaire, après quelques jours on chauffe au bain-marie. On obtient ainsi une masse gommeuse homogène, que l'on épuise par de l'éther. Celui-ci laisse une huile colorée d'odeur aromatique qui, dans le vide, sur l'acide sulfurique, dépose une masse cristalline. On comprime pour séparer l'huile, laquelle cristallise au bout d'un certain temps. La masse purifiée par cristallisation dans l'alcool est du saccharate d'éthyle tétracétylé,

$$CO^2(C^2H^5)-(CH.O.C^2H^3O)^4-CO^2(C^2H^5).$$

Ce corps est sans odeur, d'une saveur amère ; il se sépare d'une solution éthérée en petits cristaux prismatiques, d'une solution alcoolique, en cristaux tabulaires plus grands. Ces cristaux sont incolores, transparents, et appartiennent au système clinorhombique. Insoluble dans l'eau froide, ce corps fond dans l'eau chaude en un liquide clair sans se dissoudre. Il est très-soluble dans l'alcool et l'éther bouillants, moins soluble à froid. Il fond à 61° et reste assez longtemps visqueux, mais, au contact d'un cristal, la masse se prend en une agrégation rayonnée de cristaux [A. Baltzer, *Ann. der Chem. u. Pharm.*, t. CXLIX, p. 237; *Zeitsch. für Chem.*, 1868, p. 219; *Bull. de la Soc. chim.*, (2), t. X, p. 263]. Ph. de C.

SACCHARITE (Min.). — Andésine granulaire clivable dans une direction, à cassure écailleuse, translucide sur les bords, blanche ou verte, trouvée dans la mine de chrysoprase du Glänsendorfer Berg, près Frankenstein (Silésie).

SACCHAROSE. — Voyez Sucre, étude chimique du sucre de canne.

SACCHULMINE. — Voyez Ulmine.

SAETERSBERGITE. — Voyez Leucopyrite, t. II, p. 233.

SAFFLORITE (Min.). — Variété ferrifère de smaltine, contenant plus de 10 % de fer.

SAFRAN. — Le safran du commerce est formé par les stigmates et une partie des styles desséchés du *Crocus sativus*, plante de la famille des Iridées. Cette plante est indigène en Grèce et en Asie Mineure, mais on la cultive aussi en France, en Espagne, en Autriche, etc. Les stigmates desséchés sont d'un jaune-orange ou d'un rouge-brun, et jaunes à leur partie la plus étroite; ils possèdent une odeur aromatique très-intense, une saveur amère aromatique, et communiquent à l'eau, à l'alcool et aux huiles une coloration jaune très-intense. L'acide sulfurique concentré les colore d'abord en bleu indigo, puis en rouge et finalement en brun.

Le safran sert dans la teinture, en médecine et comme assaisonnement. Il renferme, d'après les analyses de Bouillon-Lagrange et Vogel, 7,5 % d'essence volatile, 65,0 % de matière colorante, 0,5 % de cire, 6,5 % de gomme, 0,5 % d'albumine, 10,0 % de fibres végétales et 10,0 % d'eau. Suivant Quadrat, le safran contient un corps gras, fusible vers 48°, de la glucose, un acide particulier, et 8,93 % de cendres; l'huile volatile serait jaunâtre, plus légère que l'eau, et se convertirait bientôt en une masse blanchâtre plus dense que l'eau. Cette dernière indication n'est pas en accord avec les résultats obtenus par Bouillon-Lagrange et Vogel (voyez t. I, p. 1282) [N.-E. Henry, *Journ. de Pharm.*, t. VII, p. 399; — Bouillon-Lagrange et Vogel, *Ann. der Chem. u. Pharm.*, t. LXXX, p. 198; — Quadrat, *Wien. Acad. Ber.*, 1851, t. VI, p. 543].

La matière colorante du safran a reçu les noms de *safranine* ou de *polychroïte*; nos connaissances sur cette substance sont encore incomplètes et on ne paraît pas l'avoir obtenue jusqu'ici à l'état de pureté parfaite. Rochleder regarde la safranine de Quadrat comme identique avec la *crocine*, matière colorante des baies jaunes de *Gardenia grandiflora* (t. I, p. 1002), mais cette opinion ne nous paraît pas suffisamment fondée.

Quadrat prépare la safranine en faisant bouillir avec de l'eau le safran épuisé par l'éther, précipitant la décoction par le sous-acétate de plomb, décomposant le précipité plombique par l'hydrogène sulfuré et traitant par l'alcool bouillant le sulfure de plomb qui retient la matière colorante. Le liquide alcoolique est évaporé au bain-marie, et le résidu dissous dans l'eau; la solution filtrée laisse, après une nouvelle évaporation, la safranine sous la forme d'une poudre rouge, inodore, qui est peu soluble dans l'alcool et l'éther, mais que l'eau et les solutions alcalines dissolvent aisément en se colorant en jaune. La safranine ainsi préparée et séchée à 100° renferme $C^{20}H^{26}O^{11}$. Chauffée à 120°, elle prend une teinte brun noirâtre, à 150° une couleur rouge; à 180° elle se boursoufle et se colore en rouge-brun, enfin à 200° elle se décompose complétement.

Les alcalis concentrés altèrent la safranine à 100°; les acides minéraux concentrés la décomposent en lui communiquant des colorations diverses; les acides étendus la précipitent de ses solutions à l'état de flocons brun-rouge.

Le sous-acétate de plomb donne dans les solutions de safranine un précipité rouge qui, séché à 100°, contient $C^{20}H^{26}O^{11},3PbO$; les sels de cuivre la précipitent en vert, les sels de calcium et de baryum en jaune [Quadrat, *loc. cit.*].

M. Weiss, qui a repris, il y a quelques années, l'étude de la matière colorante du safran, est arrivé à des résultats différents; il a fait voir que la matière colorante est un glucoside qu'il décrit sous le nom de *polychroïte*, et que celui-ci se dédouble facilement en fournissant un sucre, une huile volatile et un second principe colorant désigné par lui sous le nom de *crocine*. La safranine de Quadrat n'était probablement que de la crocine impure. Il ne faut pas confondre la crocine de Weiss avec la substance du même nom que Rochleder a retirée du *Gardenia grandiflora*.

Pour préparer la polychroïte, on épuise le safran, séché à 100°, par de l'éther, et on le met ensuite en digestion avec de l'eau; celle-ci dissout la matière colorante des principes gommeux et pectiques, du sucre et des matières minérales. On additionne d'alcool la solution aqueuse, qui précipite la majeure partie des produits étrangers, on filtre et l'on ajoute de l'éther au liquide alcoolique : la polychroïte se sépare alors sous la forme d'un précipité transparent rouge orangé, ayant la consistance du miel et donnant par la dessiccation une masse cassante, rouge, vitreuse et déliquescente, soluble dans l'eau et dans l'alcool étendu; l'alcool absolu ne la dissout que difficilement. La polychroïte ainsi préparée n'est pas pure; elle contient encore un peu de sucre et des matières minérales; elle est inodore et possède un goût légèrement sucré. L'acide sulfureux ne la décolore pas, l'hydrogène sulfuré lui donne une nuance plus foncée; l'acide azoteux et le chlore la décolorent facilement.

La polychroïte chauffée avec de l'acide sulfurique étendu se dédouble en *crocine* $C^{16}H^{18}O^{6}$, en une huile essentielle $C^{10}H^{14}O$ et en sucre (19,5 %). M. Weiss déduit de cette réaction la formule $C^{48}H^{60}O^{18}$ pour la polychroïte et établit pour son dédoublement l'équation suivante :

$$C^{48}H^{60}O^{18} + H^{2}O$$
$$= 2C^{16}H^{18}O^{6} + C^{10}H^{14}O + C^{6}H^{12}O^{6}.$$

Pour effectuer le dédoublement de la polychroïte, on chauffe, dans une cornue traversée par un courant d'hydrogène, une solution aqueuse de cette matière colorante avec une certaine quantité d'acide sulfurique; la crocine se dépose bientôt sous la forme d'une poudre rouge, tandis que l'essence passe à la distillation.

La *crocine* constitue une poudre d'un beau rouge, peu soluble dans l'eau, soluble dans l'alcool et dans les alcalis étendus, insoluble dans l'éther; les acides la précipitent de nouveau de sa solution alcaline sous la forme de flocons pourpres. Elle renferme $C^{16}H^{18}O^{6}$. Elle colore l'acide sulfurique concentré en bleu foncé, en violet, enfin en brun; avec l'acide azotique, elle donne une coloration verte, qui passe au jaune-brun. Les alcalis concentrés et bouillants décomposent la crocine en dégageant des vapeurs âcres.

La crocine délayée dans l'eau se dissout après addition d'acide azotique en donnant une solution incolore; il ne se forme pas d'acide oxalique dans cette réaction. Le chlore la décolore également; l'acide sulfureux est sans action.

La crocine en solution alcoolique donne, avec l'acétate de plomb, un précipité orangé de la formule $(C^{16}H^{17}O^{6})^{2}Pb$.

L'huile essentielle qui prend naissance par le dédoublement de la polychroïte est un liquide jaune, très-mobile, d'une odeur aromatique de safran, bouillant de 208° à 210°. Elle a donné à l'analyse des chiffres répondant à la formule $C^{10}H^{14}O$. Elle est miscible en toutes proportions avec l'alcool et l'éther; l'eau ne la dissout pas, mais elle la décompose à la longue en devenant acide et en se recouvrant de pellicules blanches. La potasse, à chaud, dégage avec elle des vapeurs piquantes, la potasse alcoolique la résinifie; elle réduit le nitrate d'argent, surtout en présence de l'ammoniaque; elle ne s'unit pas au bisulfite de sodium [B. Weiss, *Journ. für prakt. Chem.*, t. CI, p. 65; *Bull. de la Soc. chim.*, 1868, t. IX, p. 302]. A. H.

SAFRANINE. — On a donné ce nom à deux substances différentes : l'une constitue la matière colorante du safran (voyez ce mot), l'autre est une matière colorante dérivée de la pseudotoluidine. — Voyez TOLUIDINE (INDUSTRIE).

SAFRE. — Voyez SMALT.

SAGAPÉNUM [Syn. *Gomme séraphique*]. — Gomme-résine importée de l'Égypte et de la Perse, qui paraît provenir du *Ferula persica* (Ombellifères). Elle se rencontre dans le commerce sous la forme de masses, et quelquefois en grains détachés d'un jaune rougeâtre à l'extérieur, plus pâles et translucides à l'intérieur. La chaleur de la main suffit pour la ramollir; elle s'attache alors aisément aux doigts. Soumise à la distillation avec de l'eau, elle donne une huile essentielle. Celle-ci est jaune, très-fluide, plus légère que l'eau, et présente une odeur alliacée, fort désagréable et semblable à celle de l'assa fœtida; sa saveur, d'abord fade, devient ensuite chaude et amère et ressemble à celle des oignons. Cette essence paraît formée de deux huiles, dont la plus volatile possède l'odeur d'ail à un très-haut degré, tandis que la seconde, qui en est entièrement dépourvue, offre une odeur rappelant à la fois celle de la térébenthine et celle du camphre [Brandes, *Neu. Journ. der Pharm., von Trommsdorff*, t. II, p. 2 et 55].

La résine qui est contenue dans le sagapénum est un mélange de deux principes, tous deux solubles dans l'alcool, mais dont l'un ne se dissout pas dans l'éther.

D'après Brandes, le sagapénum contient : résine, 50,29; gomme, 32,72; huile volatile, 3,73; mucilage, 3,48; malate et sulfate de calcium, 0,85; phosphate calcique, 0,27; eau, 4,60; matières étrangères, 3,30 (total, 99,24).

Johnston a analysé la résine de sagapénum et a trouvé les chiffres : C = 70,44; H = 8,57; O = 20,99 [*Phil. Trans.*, 1840, p. 361].

Le sagapénum entre dans la composition de la thériaque et l'emplâtre diachylum gommé. A. H.

SAGÉNITE (Min.). — Variété de rutile en fines aiguilles entre-croisées régulièrement (tricotées).

SAHLITE ou **SALITE.** — Voyez PYROXÈNE.

SALAMANDRINE, $C^{34}H^{60}Az^{2}O^{5}$. — Ce nom a été donné à un alcaloïde contenu dans la sécrétion vénéneuse de la salamandre (*Salamandra maculata*), dont l'existence avait été indiquée en 1852, par MM. Gratiolet et Cloëz, mais que M. Zalesky est parvenu le premier à isoler [Zalesky, *Med. chim. Unters.*, t. I, p. 85; *Bull. de la Soc. chim.*, 1866, t. VI, p. 344].

La sécrétion vénéneuse de la salamandre est un liquide blanc, crémeux, fortement alcalin et amer; elle renferme une foule de globules microscopiques, qui disparaissent par une addition d'alcool, d'éther ou d'acide acétique. Pour isoler l'alcaloïde, on étend la sécrétion d'eau, on porte le liquide à l'ébullition, on filtre et l'on ajoute de l'acide phosphomolybdique à la solution. On obtient ainsi un abondant précipité floconneux jaunâtre, qu'on lave et qu'on dissout dans l'eau de baryte; après avoir enlevé l'excès de baryte par l'acide carbonique, on évapore la solution filtrée dans un courant d'hydrogène d'abord, à feu nu, puis au bain-marie. Il se forme de longues aiguilles qui disparaissent de nouveau après l'évaporation totale, et l'on obtient alors la salamandrine sous la forme d'une masse amorphe, soluble dans l'eau et dans l'alcool, à réaction fortement alcaline, donnant avec les acides des sels neutres.

Lorsqu'on dessèche la base, elle devient toujours partiellement insoluble dans l'eau; le résidu est soluble dans l'alcool et donne une solution fluorescente. Les dissolutions de salamandrine évaporées avec du chlorure platinique laissent *un résidu transparent* bleu, insoluble.

La composition de la salamandrine est exprimée par la formule $C^{34}H^{60}Az^2O^5$ et celle de son chlorhydrate, également amorphe à l'état sec, par les rapports $C^{34}H^{60}Az^2O^5, 2HCl$.

La salamandrine possède les propriétés vénéneuses de la sécrétion fraîche; les symptômes provoqués par l'absorption de cet alcali se révèlent au bout de 3 à 30 minutes; ils se succèdent dans l'ordre suivant : anxiété, tremblements, convulsions épileptiques, opisthotonos et mort. A. H.

SALDANITE (Huot). — Voyez ALUNOGÈNE.

SALHYDRAMIDE. — Voyez HYDROSALICYLAMIDE, t. II, p. 77.

SALICINE, $C^{13}H^{18}O^7$. — La salicine est un principe cristallisé qui existe dans plusieurs espèces de saules et de peupliers. Elle a été découverte par Leroux, qui la retira du *Salix helix*. Braconnot l'a trouvée dans le tremble (*Populus tremula*), le peuplier d'Athènes (*Populus græca*), dans le *Salix fissa*, le *Salix amygdalina*, mais ne l'a pas rencontrée dans les autres espèces de saules et de peupliers.

Wœhler a trouvé de la salicine dans le castoréum. Suivant Peschier, il existerait dans les bourgeons floraux de la reine des prés (*Spiræa ulmaria*) de la salicine qui pendant la floraison s'oxyderait et se convertirait en hydrure de salicyle.

Les principales propriétés physiques de la salicine, sa composition, les procédés propres à son extraction, ont été indiqués par Pelouze et Gay-Lussac, Braconnot, Mulder, Otto, Erdmann et Marchand, Peschier, Duflos; mais c'est surtout à Piria que l'on doit la connaissance de la constitution de la salicine. Il l'a rattachée à l'hydrure de salicyle et à l'acide salicylique, en étudiant ses produits d'oxydation, et montré que c'est un glucoside se dédoublant, sous l'influence de la synaptase, en salirétine et en glucose [Leroux, *Ann. de Chim. et de Phys.*, t. XLIII, p. 440; — Braconnot, *ibid.*, t. XLIV, p. 296; — Pelouze et Gay-Lussac, *ibid.*, t. XLIV, p. 220; — Peschier, *ibid.*, t. XLIV, p. 418; — Mulder, *Ann. der Chem. u. Pharm.*, t. XXIX, p. 297, et t. XXXIII, p. 224; — Otto, *ibid.*, t. XXIX, p. 294; — Erdmann et Marchand, *ibid.*, t. XXIX, p. 299; — Wœhler, *ibid.*, t. LXVII, p. 260; — Duflos, *ibid.*, nouv. sér., t. VIII, p. 8; — Buchner, *Neues Rep. für Pharm.*, t. II, p. 1; — Piria, *Ann. de Chim. et de Phys.*, t. LXIX, p. 281, et (3), t. XIV, p. 257].

Pour extraire la salicine, on épuise l'écorce de saule par l'eau bouillante, on concentre les extraits par l'évaporation, puis on les laisse digérer pendant 24 heures avec du massicot en poudre et l'on évapore à consistance sirupeuse le liquide filtré. Celui-ci, au bout de quelques jours, abandonne la salicine, que l'on purifie par de nouvelles cristallisations.

La salicine est blanche, cristallisée en aiguilles prismatiques. Les cristaux appartiennent au système orthorhombique.

Formes observées : m, g^1, e^1; angles : $mm = 139° 12'$; $e^1e^1 = 136° 18'$ (Schabus). Elle est insoluble dans l'éther et les huiles essentielles, soluble dans l'eau et dans l'alcool; 100 p. d'eau à 19° en dissolvent 5,6 p. A l'ébullition, l'eau la dissout en grande quantité. Elle fond à 120°, ne s'altère pas à 200° et se décompose à une température plus élevée en donnant de l'hydrure de salicyle mélangé de produits empyreumatiques (Gerhardt). Sa saveur est très-amère, ses solutions dévient à gauche le plan de polarisation de la lumière : $[\alpha]_r = 55°,8$ [Bouchardat, *Compt. rend. de l'Acad.*, t. XVIII, p. 298]. Elle ne précipite pas l'acétate de plomb neutre ou basique. Chauffée doucement avec de l'acide sulfurique ou chlorhydrique étendu, elle se dédouble en saligénine et en glucose. A l'ébullition, on obtient, non la saligénine, mais son produit de déshydratation, la salirétine. La synaptase amène nettement ce dédoublement à 40° (Piria) :

$$\underset{\text{Salicine.}}{C^{13}H^{18}O^7} + H^2O = \underset{\text{Glucose.}}{C^6H^{12}O^6} + \underset{\text{Saligénine.}}{C^7H^8O^2}$$

Ce dédoublement montre que la salicine est un dérivé glucosique de la saligénine. Quand on la traite à froid par l'acide azotique faible, elle donne l'hélicine, $C^{13}H^{16}O^7$, dérivé glucosique de l'hydrure de salicyle. Par l'ébullition avec l'acide azotique étendu de 10 fois son volume d'eau, elle donne de l'hydrure de salicyle; si l'on prolonge l'action de l'acide azotique, l'hydrure de salicyle se convertit lui-même en acide nitro-salicylique; enfin, par une action suffisamment longue, on obtient comme produit final de l'acide picrique; il se forme en même temps de l'acide oxalique. Avec le bichromate de potassium et l'acide sulfurique, la salicine fournit de l'hydrure de salicyle : c'est ainsi que Piria a obtenu ce dernier corps.

La salicine n'est pas attaquée par l'ébullition avec les solutions alcalines; fondue avec un excès de potasse, elle donne du salicylate et de l'oxalate [Gerhardt, *Revue scientifique*, t. X, p. 204].

Distillée avec de la chaux vive, elle donne du phénol et de l'hydrure de salicyle.

L'acide sulfurique concentré la colore en rouge de sang; la couleur disparaît par l'addition de l'eau. Si le mélange est chauffé, il se forme une matière résinoïde, la salirétine, produit de déshydratation de la saligénine (voyez SALIRÉTINE). Le brome et le chlore donnent des dérivés de substitution. Le chlorate de potassium et l'acide chlorhydrique convertissent la salicine en quinone perchlorée.

Avec les chlorures d'acides, elle donne des dérivés contenant des radicaux d'acides (voyez plus bas DÉRIVÉS ACÉTIQUES, BENZOÏQUES). Ajoutée à de l'alcool absolu dans lequel on a dissous du sodium, elle fournit un dérivé sodique, $C^{13}H^{17}O^7Na$, sous forme d'une masse blanche cassante; on ne réussit pas à introduire plus d'un atome de sodium par molécule de salicine [Perkin, *Chem. News.*, t. XVIII, p. 110, et *Bull. de la Soc. chim.*, 1869, t. XII, p. 301].

La salicine introduite dans l'organisme s'y convertit en hydrure de salicyle et acide salicylique, qui passent dans les urines [Laveran et Millon, *Ann. de Chim. et de Phys.*, (3), t. XII, p. 145].

DÉRIVÉ PLOMBIQUE.

Salicinate de plomb. — C'est un précipité blanc, volumineux, que Piria a obtenu en ajoutant à une solution chaude et concentrée de salicine quelques gouttes d'ammoniaque, puis du sous-acétate de plomb, jusqu'à ce que la moitié de la salicine environ soit précipitée. Il paraît renfermer $C^{13}H^{14}Pb^2O^7$.

DÉRIVÉS ACÉTIQUES ET BENZOÏQUES.

Suivant M. Moitessier [*Proc. verb. Acad. des Scienc. et Lettres,* Montpellier, 1863, p. 5 et 16], la salicine traitée à la température ordinaire par le chlorure d'acétyle donne un corps blanc, insoluble dans l'eau, difficilement soluble dans l'éther, se séparant de sa solution alcoolique en petits cristaux, et constituant une combinaison de chlorure d'acétyle et de tétracétylsalicine, $C^{13}H^{14}(C^2H^3O)^4O^7, C^2H^3OCl$. L'azotate d'argent le décompose en donnant du chlorure, de l'acide acétique et de la tétracétylsalicine,

$$C^{13}H^{14}(C^2H^3O)^4O^7.$$

Suivant Schiff, l'action du chlorure d'acétyle donne directement la tétracétylsalicine; il faut employer un grand excès de chlorure d'acétyle, opérer à basse température et en vases ouverts [Schiff, *Zeitsch. für Chem.*, nouv. sér., t. V, p. 1 et 81; *Bull. de la Soc. chim.*, 1869, t. XII, p. 405].

La tétracétylsalicine cristallise en aiguilles soyeuses, solubles dans l'eau, l'alcool et l'éther. Les acides dilués la dédoublent à chaud en acide acétique, glucose et salirétine; avec les alcalis, elle fournit de l'acide acétique et de la salicine. Les chlorures de butyryle, de valéryle et de caproyle donnent avec la salicine des dérivés incristallisables. La monochlorosalicine traitée par le chlorure d'acétyle fournit l'acétylchlorosalicine, $C^{13}H^{16}Cl(C^2H^3O)O^7$, cristallisant de sa solution alcoolique (Moitessier).

Avec le chlorure de benzoyle, à froid, la salicine fournit la benzoylsalicine, $C^{13}H^{17}(C^7H^5O)O^7$, qui n'est autre que la populine (Schiff). On peut également obtenir la di- et la tétrabenzoylsalicine, qui sont incristallisables, insolubles dans l'eau. La dernière est soluble dans l'éther.

DÉRIVÉS BROMÉS ET CHLORÉS.

BROMOSALICINE, $C^{13}H^{17}BrO^7 + 2H^2O$ [O. Schmidt, *Zeitsch. für Chem.*, (2), t. I, p. 310]. — On ajoute peu à peu du brome à une solution de salicine dans 20 fois son poids d'eau. Le liquide se prend en une masse qui, lavée à l'éther pour la débarrasser d'une substance résineuse et reprise par l'eau, cristallise en prismes renfermant 2 molécules d'eau. Ce corps a une saveur amère; il est soluble dans l'alcool; il perd son eau de cristallisation à 110° et fond à 160°. La synaptase le convertit en bromosaligénine, et les acides en bromosalirétine. Sa solution aqueuse est précipitée par le sous-acétate de plomb.

CHLOROSALICINE, $C^{13}H^{17}ClO^7 + 2H^2O$ [Piria, *Mém. cité*]. — Un courant de chlore étant dirigé dans une bouillie formée de 1 p. de salicine pulvérisée et de 4 p. d'eau, la salicine se dissout peu à peu, puis il se sépare un précipité nacré et cristallin de chlorosalicine, qui, après avoir été desséchée, lavée avec de l'éther et recristallisée dans l'eau bouillante, se présente sous la forme de longues aiguilles soyeuses.

Chauffée, elle perd soneau de cristallisation puis fond en un liquide incolore. La synaptase la dédouble en glucose et chlorosaligénine.

DICHLOROSALICINE, $C^{13}H^{16}Cl^2O^7 + H^2O$ (Piria). — Elle se produit par l'action du chlore sur la salicine; elle est en longues aiguilles blanches et soyeuses, à peine solubles dans l'eau froide, peu solubles dans l'eau bouillante, assez solubles dans l'alcool; à 100°, elle perd son eau.

PERCHLOROSALICINE, $C^{13}H^{15}Cl^3O^7 + H^2O$ (Piria). — On dissout le dérivé précédent dans de l'eau chauffée à 80°, on place dans la solution des morceaux de marbre pour absorber l'acide chlorhydrique et l'on y fait passer un courant de chlore en maintenant le tout à la même température. La perchlorosalicine se précipite sous la forme d'une poudre jaune, que l'on purifie par un lavage à l'éther et une cristallisation à chaud dans l'alcool faible.

Elle constitue de petites aiguilles jaunâtres, très-peu solubles dans l'eau bouillante, solubles dans l'alcool faible, d'une saveur amère. A 100°, elle perd son eau de cristallisation. E. G.

SALICYLACÉTIQUE (ACIDE),

$$C^9H^8O^4 = C^6H^4\begin{cases}O.C^2H^3O\\CO^2H\end{cases}$$

[Gerhardt, *Ann. de Chim. et de Phys.*, (3), t. XXXVII, p. 322; — Gilm, *Ann. der Chem. u. Pharm.*, t. CXII, p. 180, et *Répert. de Chim. pure*, 1860, p. 64; — Kraut, Schröder et Prinzhorn, *Ann. der Chem. u. Pharm.*, t. CL, p. 1; *Bull. de la Soc. chim.*, 1869, t. XII, p. 400, et 1870, t. XIII, p. 33]. — Ce corps, que Gerhardt a obtenu par l'action du chlorure d'acétyle sur le salicylate de sodium, avait été considéré d'abord comme l'anhydride acétosalicylique. D'après son mode de formation, il doit être regardé comme l'analogue des acides butyrolactique et benzolactique. On le prépare facilement en chauffant l'acide salicylique avec du chlorure d'acétyle.

Kraut et ses collaborateurs ont constaté que c'est bien le même acide salicylacétique, qui prend naissance par l'action du chlorure d'acétyle, soit sur l'acide salicylique, soit sur le salicylate de sodium.

Il est en aiguilles groupées, solubles dans l'eau bouillante, l'alcool et l'éther. Il donne avec le chlorure ferrique la réaction de l'acide salicylique. Soumis à l'action de l'acide azotique, il donne un mélange de dérivés nitrés (Gilm).

Il fond à 118°. Il décompose les carbonates et est séparé inaltéré de ses solutions alcalines. Il supporte une ébullition assez prolongée avec l'eau sans se décomposer, mais fond dans l'eau bouillante. Chauffé de 140° à 170°, il donne l'acide salicylo-salicylique (voyez ANHYDRIDES SALICYLIQUES, t. II, p. 1405). Quand on prolonge l'action du chlorure d'acétyle sur l'acide salicylique, on obtient cet acide salicylo-salicylique, et non l'acide salicylacétique. E. G.

SALICYLAMIDE,

$$C^7H^7AzO^2 = C^6H^4\begin{cases}OH\\CO.AzH^2\end{cases}$$

[Cahours, *Ann. de Chim. et de Phys.*, (3), t. X, p. 349; — Limpricht, *Ann. der Chem. u. Pharm.*, t. XCVIII, p. 256, et t. XCIX, p. 249]. — La salicylamide a été découverte par M. Cahours, qui l'obtint en abandonnant pendant plusieurs jours le salicylate de méthyle (huile de Wintergreen) avec 5 ou 6 fois son volume d'ammoniaque aqueuse, évaporant dès que la solution est complète et soumettant le résidu à une distillation ménagée. Il est plus avantageux d'employer l'ammoniaque alcoolique, en ayant soin d'agiter jusqu'à dissolution complète; le liquide étant évaporé, il se dépose des aiguilles de salicylamide qu'on purifie par une cristallisation dans l'eau bouillante (Limpricht).

La salicylamide cristallise dans l'eau en longues aiguilles brillantes, légères, d'une teinte blonde; elle possède une faible réaction acide; presque insoluble dans l'eau froide, elle se dissout assez facilement dans l'eau bouillante, dans l'alcool et dans l'éther. Elle fond à 132° (Limpricht), à 142° (E. Grimaux); elle bout à 270° en donnant des vapeurs aromatiques qui se condensent en lames brillantes; maintenue pendant quelque temps à cette température, elle se volatilise en partie, tandis que les trois quarts se convertissent en salicylonitrile, C^7H^5AzO (Limpricht); il se dégage en même temps un peu de phénol et d'ammoniaque.

Traitée par les chlorures de benzoyle et de cumyle, elle fournit le dérivé benzoïque et le dérivé cuminique. — Voyez plus loin.

Les vapeurs de la salicylamide étant dirigées sur de la chaux chauffée au rouge, il se produit du phénol, de l'ammoniaque et de l'aniline [Muspratt et Hofmann, *Ann. der Chem. u. Pharm.*, t. LIII, p. 226]. Traitée par le perchlorure de phosphore, la salicylamide fournit le nitrile de l'acide métachlorobenzoïque ou métachlorobenzonitrile, C^6H^4Cl, CAz [Henry, *Bull. de la Soc. chim.*, 1870, t. XIII, p. 252].

Dérivés métalliques (Limpricht). — La salicylamide, représentant une fonction mixte, comme l'acide salicylique, est moitié phénol, moitié amide; aussi fournit-elle des dérivés métalliques au même titre que le phénol. Le *dérivé barytique*, $(C^7H^6AzO^2)^2Ba$ (à 100°), est soluble dans l'eau; on l'obtient en traitant la salicylamide par l'eau de baryte, à l'abri de l'air. Les composés de *calcium*, de *magnésium* et de *strontium* s'obtiennent de la même manière; tous sont décomposés par l'acide carbonique. En traitant le dérivé barytique par les sulfates de potassium ou de sodium, on obtient les dérivés *potassique* et *sodique* sous l'aspect de masses radiées. Le *dérivé cuivrique*, $(C^7H^6AzO^2)^2Cu$, est en aiguilles microscopiques. Le *dérivé argentique*, $C^7H^6AzO^2Ag$, est un précipité amorphe.

NITROSALICYLAMIDE,

$$C^7H^6Az^2O^4 = C^6H^3(AzO^2), OH, COAzH^2$$

[Cahours, *Mém. cité*]. — Le nitrosalicylate de méthyle, mis en digestion avec 8 à 10 volumes d'ammoniaque, s'y dissout après quelques semaines; on évapore la solution au bain-marie, on précipite par un acide et l'on fait recristalliser dans l'alcool.

La nitrosalicylamide se présente sous la forme de petits cristaux jaunes, très-brillants, en partie volatils sans décomposition. Elle se dissout facilement dans l'ammoniaque, la potasse et la soude à froid; elle est presque insoluble dans l'eau froide, beaucoup plus soluble dans l'eau bouillante, facilement soluble dans l'alcool et dans l'éther. Sa solution aqueuse colore en rouge-cerise les sels ferriques; une solution concentrée de potasse dédouble la nitrosalicylamide à l'ébullition en acide nitrosalicylique et ammoniaque.

MÉTHYLSALICYLAMIDE,

$$C^8H^9AzO^2 = C^6H^4(OCH^3), COAzH^2$$

[E. Grimaux, *Bull. de la Soc. chim.*, 1870, t. XIII, p. 25]. — Le méthylsalicylate de méthyle,

$$C^6H^4(OCH^3)CO^2CH^3,$$

chauffé à 150° avec 5 ou 6 fois son volume d'ammoniaque aqueuse pendant quelques heures, se convertit en méthylsalicylamide; on évapore la solution au bain-marie et l'on reprend par l'éther. La solution éthérée l'abandonne sous forme de longues aiguilles brillantes, fusibles à 128-129°. Chauffée à 180°, la méthyl-salicylamide distille presque sans altération.

ÉTHYLSALICYLAMIDE,

$$C^9H^{11}AzO^2 = C^6H^4(OC^2H^5), COAzH^2$$

[Limpricht, *Ann. der Chem. u. Pharm.*, t. XCVIII, p. 260. — Elle se produit par l'action de l'ammoniaque aqueuse sur l'éthylsalicylate d'éthyle, au bout de quelques jours si l'on opère à froid, au bout de quelques heures en vase clos à 100°. L'éthylsalicylamide est soluble dans l'eau chaude, l'alcool et l'éther, et se sépare de la solution éthérée en cristaux volumineux. Elle fond à 110° et se sublime à une température élevée; elle se dissout à chaud dans la potasse, l'acide chlorhydrique et l'acide azotique, et s'en sépare sans altération par le refroidissement. Le chlorure ferrique la colore en rouge.

BENZOYLSALICYLAMIDE, $C^{14}H^{11}AzO^3$ [Gerhardt et Chiozza, *Compt. rend. de l'Acad.*, 1853, t. XXXVII, p. 86; — Limpricht, *Ann. der Chem. u. Pharm.*, t. XCIX, p. 249]. — On la prépare en chauffant entre 120° et 145° du chlorure de benzoyle et de la salicylamide, tant qu'il se dégage de l'acide chlorhydrique; on lave le produit avec de l'éther, puis on le fait cristalliser, après le refroidissement, dans l'alcool bouillant, d'où il se dépose sous forme de flocons composés d'aiguilles très-ténues. Ce corps est très-soluble dans l'ammoniaque; la solution ammoniacale précipite l'azotate d'argent et l'acétate de plomb en jaune clair, et le sulfate de cuivre en bleu clair; chauffée, la benzoylsalicylamide perd 1 molécule d'eau et donne le benzoylsalicylonitrile $C^{14}H^9AzO^2$ (Limpricht). Les alcalis la dédoublent à froid en salicylamide et acide benzoïque.

CUMYLSALICYLAMIDE, $C^{17}H^{17}AzO^3$ [Gerhardt et Chiozza]. — Obtenue avec le chlorure de cumyle, elle se dépose dans l'alcool bouillant, sous la forme d'aiguilles extrêmement ténues.

ISOPROPYLSALICYLAMIDE,

$$C^6H^4(OC^3H^7)COAzH^2$$

[Kraut, Schröder et Prinzhorn, *Ann. der Chem. u. Pharm.*, t. CL, p. 1, et *Bull. de la Soc. chim.*, 1869, t. XII, p. 400]. — L'isopropylsalicylate de méthyle chauffé avec de l'ammoniaque donne l'isopropylsalicylamide en fines aiguilles, solubles dans l'alcool et l'éther. E. G.

SALICYLANILIDE. — On a donné improprement ce nom aux dérivés aniliques de l'hydrure de salicyle, qu'il vaut mieux appeler *salhydranilide*, comme l'a fait M. Schiff. Le nom de salicylanilide doit être réservé à l'anilide de l'acide salicylique, correspondant à la salicylamide.

La salicylanilide, $C^6H^4(OH)-CO-AzH-C^6H^5$, se produit par l'action du protochlorure de phosphore sur un mélange d'acide salicylique et d'aniline, le tout finalement chauffé à 180°. Il se forme ainsi une résine jaune, d'où l'on retire la *salicylanilide*, soluble dans l'eau et dans l'alcool et cristallisant en petits prismes blancs, fusibles à 134-135°. Son *dérivé nitré*,

$$C^6H^4(OH)-CO-AzH-C^6H^4(AzO^2),$$

s'obtient d'une manière analogue au moyen de la nitraniline; il cristallise dans l'alcool en petites aiguilles jaunâtres mamelonnées [Wanstrat, *Deutsche Chem. Gesells.*, t. VI, p. 336, et *Bull. de la Soc. chim.*, 1873, t. XX, p. 290]. E. G.

SALICYLE (HYDRURE DE) (*aldéhyde salicylique, acide spiroyleux, acide salicyleux, salicylol*), $C^7H^6O^2 = C^6H^4(OH)COH$. — Ce corps a été découvert en 1835 par Pagenstecher, pharmacien à Berne, qui le retira des fleurs de l'ulmaire ou reine des prés (*Spiræa ulmaria*), l'essence de reine des prés étant formée principalement d'hydrure de salicyle, mélangé d'un hydrocarbure $C^{10}H^{16}$ et d'une matière cristallisée ayant l'apparence du camphre. Lœwig fit l'analyse du corps découvert par Pagenstecher, fit connaître un grand nombre de ses dérivés, et le désigna sous le nom d'acide spiroyleux. En 1838, Piria obtint l'hydrure de salicyle en oxydant la salicine au moyen du bichromate de potassium et de l'acide sulfurique. Enfin, M. Dumas, qui eut entre les mains de l'essence d'ulmaire, soupçonna son identité avec le produit que venait de découvrir Piria; cette identité fut mise hors de doute par les travaux d'Ettling. L'hydrure de salicyle se retire aussi des parties vertes d'autres plantes du genre Spiræa (*Spiræa digitata, lobata, filipendula*) (Wicke). Mais il n'existe pas tout formé dans les plantes qui le donnent, car on ne peut l'en retirer au moyen de l'alcool; il doit prendre naissance par le dédoublement d'une substance solide, comme l'essence d'amandes amères se produit par la transformation de l'amygdaline (Dumas). La saligénine, l'hélénine, la populine, corps de la même série que la salicine, fournissent également de l'hydrure de salicyle par oxydation (Piria). On peut également, pour sa préparation, employer l'extrait aqueux d'écorce de saule (Wöhler). Il s'en rencontre aussi dans la sécrétion des larves du *Chrysomela populi*, et les insectes eux-mêmes en fournissent par la distillation avec la vapeur d'eau [Liebig, Enz, *Jahresb. für* 1859, p. 312]. Il se produit encore de l'hydrure de salicyle dans la distillation sèche de l'acide quinique [Pagenstecher, *Rep. der Pharm. v. Büchner*, t. LI, p. 337; t. LXI, p. 364; *Ann. de Chim. et de Phys.*, t. LXIX, p. 331; Lœwig, *Ann. de Poggend.*, t. XXXVI, p. 383; *Ann. de Chim. et de Phys.*, t. LXI, p. 219; — Lœwig et Weidemann, *Ann. de Poggend.*, t. XLVI, p. 57; — Piria, *Ann. de Chim. et de Phys.*, t. LXIX, p. 281; — Dumas, *même recueil*, même volume, p. 326; — Ettling, *Ann. der Chem. u. Pharm.*, t. XXXV, p. 241 et t. LIII, p. 77; — Wœhler, *même recueil*, t. XXXIX, p. 121].

Pour obtenir l'hydrure de salicyle par l'oxydation de la salicine, on emploie les proportions suivantes, indiquées par Ettling : 3 p. de salicine, 3 p. de bichromate de potassium, 4 p. 1/2 d'acide sulfurique concentré et 36 p. d'eau; on mélange entièrement le bichromate avec la salicine et les deux tiers de l'eau, on agite le tout dans la cornue, puis on ajoute en une fois l'acide sulfurique avec l'autre quantité d'eau et l'on agite de nouveau. Il se manifeste peu à peu une légère réaction, qui dure une demi-heure ou trois quarts d'heure; la température du liquide s'élève à 60-70°, en même temps qu'il prend une couleur émeraude. Lorsque la réaction spontanée a cessé, on chauffe doucement et l'on distille jusqu'à ce que le liquide qui passe dans le récipient ne soit plus laiteux. L'hydrure de salicyle se rassemble au fond du récipient sous la forme d'une huile pesante; quant à celui qui est dissous dans l'eau, on l'enlève au moyen de l'éther. Il n'y a plus qu'à sécher le produit et à le rectifier. 250 grammes de salicine fournissent environ 60 grammes d'hydrure de salicyle.

L'hydrure de salicyle récemment distillé est une huile incolore, qui prend bientôt une teinte rouge par le contact de l'air. Il possède une odeur aromatique agréable, rappelant un peu celle de l'hydrure de benzoyle; sa saveur est âcre et brûlante. Il bout à 196°,5 (Piria), à 182° (Ettling). Sa densité est de 1,173 à 13°,5.

Il est assez soluble dans l'eau, très-soluble dans l'alcool et dans l'éther. Sa solution aqueuse se colore en violet foncé par les sels ferriques.

L'hydrure de salicyle étant un composé de fonction mixte, aldéhyde-phénol, présente les principales réactions de ces deux classes de corps. Comme aldéhyde, il est converti en acide salicylique, soit quand on le chauffe avec un excès de potasse (Piria), soit quand on le traite par le bichromate de potassium et l'acide sulfurique (Ettling); il se combine aux bisulfites alcalins (Bertagnini); avec l'ammoniaque, il donne l'hydrosalicylamide, analogue à l'hydrobenzamide (voyez t. II, p. 77); avec les ammoniaques composées et l'urée, des amides et des uréides (voyez plus loin). Traité par le perchlorure de phosphore, il remplace l'atome d'oxygène du groupe aldéhydique par 2 atomes de chlore, et fournit le dichlorocrésol, $C^6H^4(OH)CHCl^2$. Le bromure de phosphore agit autrement et se comporte comme le brome libre, en fournissant de l'hydrure de salicyle monobromé (Henry) (voyez plus bas, DÉRIVÉS BROMÉS). Il réduit les solutions alcalines de cuivre et l'oxyde d'argent en donnant des salicylates; il se combine directement à l'anhydride acétique (Perkin). Comme phénol, l'hydrure de salicyle fournit des dérivés métalliques, appelés *salicylures* : tel est le salicylure de potassium, $C^6H^3(OK)COH$; de plus, il décompose les carbonates alcalins (Lœwig). Il donne des dérivés alcooliques et acides (Cahours, Perkins), que nous décrivons plus loin. Traité par les chlorures d'acides, il donne lieu à une réaction sur la nature de laquelle les auteurs ne sont pas d'accord (voyez plus loin, ACÉTYL-SALICYLOL, BENZOYL-SALICYLOL). L'hydrure de salicyle fournit en outre, avec le brome, le chlore et l'acide azotique, des produits de substitution.

Nous décrirons les nombreux dérivés de l'hydrure de salicyle dans l'ordre suivant, en adoptant le nom de *salicylol* pour le désigner, parce que ce nom se prête mieux à la formation des mots dérivés.

Combinaisons avec l'anhydride acétique.

Diacétate de salicylol.... C^6H^4,OH / $CH\begin{cases}OC^2H^3O\\OC^2H^3O.\end{cases}$

Dérivés bromés, chlorés, iodés.

Bromosalicylol.......... $C^6H^3Br(OH)COH$.
Dibromosalicylol........ $C^6H^2Br^2(OH)COH$.
Chlorosalicylol.......... $C^6H^3Cl(OH)COH$.
Iodosalicylol............ $C^6H^3I(OH)COH$.

Dérivé cyanogéné.

Cyanosalicylol .... $C^7H^5(CAz)O^2$.

Dérivé nitré.

Nitrosalicylol........... $C^6H^3(AzO^2)(OH),COH$.

Dérivés ammoniacaux, aniliques et uréiques.

Hydrosalicylamide...... $[C^6H^4(OH)CH]^3Az^2$ (t. II, p. 77).
Hydrosalicylanilide ..... $C^6H^4(OH)CH,AzC^6H^5$, etc.

Dérivés sulfurés.

Thiosalicylol .... $C^6H^4(OH)CSH$.
Thiosalicylol bromé..... $C^6H^3Br(OH)CSH$.

Combinaisons avec les sulfites alcalins.

Sulfites de salicyl-ammonium, de salicyl-potassium, etc.

Dérivés métalliques.

Salicylures d'ammonium, de potassium, etc.

Dérivés alcooliques.

Benzyl-salicylol......... $C^6H^4(OC^7H^7)COH$.
Éthyl-salicylol.......... $C^6H^4(OC^2H^5)COH$.
Méthyl-salicylol .... $C^6H^4(OCH^3)COH$.

Dérivés acides.

Acétyl-salicylol......... $C^6H^4(OC^2H^3O)COH$.
Aniso-salicylol.......... $C^6H^4(OC^8H^7O^2)COH$.
Benzoyl-salicylol........ $C^6H^4(OC^7H^5O)COH$.
Butyryl-salicylol........ $C^6H^4(OC^4H^7O)COH$.
Cumo-salicylol.......... $C^6H^4(OC^{10}H^{11}O)COH$.
Toluo-salicylol.......... $C^6H^4(OC^8H^7O)COH$.

DIACÉTATE DE SALICYLOL,

$$C^6H^4(OH)-CH(OC^2H^3O)^2.$$

— Le salicylol, en tant qu'aldéhyde, se combine

l'anhydride acétique et fournit un dérivé analogue au diacétate d'éthylidène, CH^3-CH ($OC^2H^3O)^2$, obtenu au moyen de l'aldéhyde ordinaire et de l'anhydride acétique. Quand on chauffe à 150° pendant 4 ou 5 heures un mélange de salicylol et d'anhydride acétique, il reste parfaitement liquide; mais, lavé avec un peu de potasse étendue, il se solidifie en une masse cristalline de diacétate de salicylol. On le fait recristalliser dans l'alcool bouillant, d'où il se sépare en tables transparentes, épaisses, à bouts taillés en biseau. Il fond à 103-104°; il se décompose en partie par la distillation. Insoluble dans l'eau, peu soluble dans l'alcool froid, il se dissout assez abondamment dans l'alcool bouillant. Chauffé à 150° avec de l'eau, il se décompose en acide acétique et hydrure de salicyle. Il n'est pas altéré à froid par la potasse. Les dérivés alcooliques du salicylol (méthyl-salicylol, éthyl-salicylol, etc.) se combinent de même à l'anhydride acétique [Perkins, *Journ. of the Chem. Soc.*, (2), t. V, p. 586].

BROMOSALICYLOL,

$$C^7H^5BrO^2 = C^6H^3Br(OH)COH$$

[Lœwig, Piria, *Mémoires cités;* — Heerlein, *Journ. für prakt. Chem.*, t. XXIII, p. 65]. — Le bromosalicylol, *hydrure de bromosalicyle, acide bromosalicyleux,* appelé primitivement *bromure de salicyle* ou de *spiroyle,* se produit lorsqu'on ajoute une quantité suffisante d'eau bromée à l'hydrure de salicyle; c'est un précipité résineux, qui cristallise dans l'alcool en petites aiguilles incolores. A la température ordinaire, le pentabromure de phosphore convertit l'hydrure de salicyle en un dérivé monobromé, cristallisé en feuillets dentelés ou en lames fusibles à 98-99° [Henry, *Deutsche Chem. Gesells.*, t. II, p. 274, et *Bull. de la Soc. chim.*, 1870, t. XIII, p. 174].

DIBROMOSALICYLOL,

$$C^7H^4Br^2O^2 = C^6H^2Br^2(OH)COH$$

(Heerlein). — Obtenu en traitant l'hydrure de salicyle par un excès d'eau bromée, il forme de longues aiguilles jaunâtres, insolubles dans l'eau, solubles dans l'alcool et l'éther.

CHLOROSALICYLOL,

$$C^7H^5ClO^2 = C^6H^3Cl(OH)COH$$

(Lœwig, Piria). — Le chlore convertit l'hydrure de salicyle en un dérivé monochloré qui cristallise dans l'alcool bouillant en lames incolores, rectangulaires, nacrées, d'une odeur désagréable, d'une saveur brûlante. Il se sublime par la chaleur en longues aiguilles blanches. L'ammoniaque sèche convertit le chlorosalicylol en hydrosalicylamide chlorée (t. II, p. 77). Comme l'hydrure de salicyle, il donne des dérivés métalliques.

Le *dérivé barytique,* $(C^7H^4ClO^2)^2Ba + H^2O$, est une poudre jaune cristalline.

Le *dérivé potassique* cristallise en paillettes rouges, groupées en masses radiées.

Par l'action d'un excès de chlore sur le salicylol, Lœwig a obtenu un corps rouge, mou, fusible à 25°, formant des sels rouges, qu'il suppose être constitués par du salicylol dichloré.

IODOSALICYLOL (Lœwig). — Quand on distille un mélange de salicylol chloré et d'iodure de potassium, on obtient du chlorure de potassium, et un sublimé brun qui paraît constitué par du salicylol iodé.

CYANOSALICYLOL,

$$C^8H^5AzO^2 = C^6H^4(OCAz)CHO$$

[Cahours, *Ann. de Chim. et de Phys.*, (3), t. LII, p. 199]. — Le cyanosalicylol se produit lorsqu'on fait agir à froid le bromure de cyanogène dissous dans l'alcool anhydre sur le salicylure de potassium. Il se dépose bientôt du bromure de potassium, et l'alcool, par l'évaporation, abandonne le cyanosalicylol sous la forme d'écailles cristallisées jaunes, jouant le rôle d'une base très-faible.

NITROSALICYLOL,

$$C^7H^5AzO^4 = C^6H^3(AzO^2)(OH)CHO$$

(Lœwig). — Ce corps, appelé d'abord par Lœwig *acide spiroïlique,* se produit lorsqu'on traite l'hydrure de salicyle à une douce chaleur par de l'acide azotique moyennement concentré. Il cristallise en prismes jaunes, transparents, peu solubles dans l'eau, très-solubles dans l'alcool et dans l'éther, fondant par la chaleur, puis se sublimant en partie à une température élevée.

Il donne, avec les alcalis, des sels cristallisables qui détonent par la chaleur.

DÉRIVÉS AMMONIACAUX, ANILIQUES ET URÉIQUES.

Nous avons décrit (t. II, p. 77) l'hydrosalicylamide, produite par l'action de l'ammoniaque sur l'hydrure de salicyle, et qui renferme

$$C^{21}H^{18}Az^2O^3 = [C^6H^4,(OH)CH]^3Az^2,$$

ainsi que l'hydrosalicylamide chlorée. L'hydrosalicylamide est formée par l'union de 3 molécules d'hydrure de salicyle et 2 molécules d'ammoniaque avec élimination de 3 molécules d'eau. Par l'action simultanée de l'ammoniaque et de l'acide cyanhydrique sur l'hydrure de salicyle, on obtient deux corps cristallisés. L'un d'eux se forme lorsqu'on place de l'aldéhyde salicylique dans un vase ouvert, introduit lui-même dans un autre vase contenant du cyanure d'ammonium. Ce composé, qui renferme $C^{29}H^{21}Az^3O^3$, est insoluble dans l'eau, cristallisant par solution dans l'alcool et dans l'éther, fusible à 168°. A l'ébullition, les acides et les alcalis bouillants le dédoublent en salicylate, ammoniaque et acide cyanhydrique. Si l'on chauffe des solutions alcooliques de cyanure d'ammonium et d'aldéhyde salicylique, on obtient l'autre corps cristallisant en aiguilles jaunes, fusibles à 143°, renfermant $C^{22}H^{18}Az^2O^4$ et qui paraît identique avec l'hydrocyanosalide (t. II, p. 71), représentée par la formule $C^{22}H^{16}Az^2O^3$ [Haarmann, *Deutsche Chem. Gesells.*, t. VI, p. 338, et *Bull. de la Soc. chim.*, 1873, t. XX, p. 286].

M. Schiff a décrit des composés obtenus par l'action de l'hydrure de salicyle sur les ammoniaques composées, mais dérivant de l'union de 1 molécule d'hydrure de salicyle et par 1 ou 2 molécules d'ammoniaque composée avec élimination d'une seule molécule d'eau. L'hydrure d'éthylsalicyle, $C^6H^4(OC^2H^5)CHO$, se comporte comme l'hydrure de salicyle.

M. Schiff a signalé les composés suivants obtenus par l'aniline et l'éthyl-aniline, agissant sur le salicylol ou l'éthyl-salicylol :

$$C^6H^4\begin{cases}OH\\CH{=}Az\,C^6H^5\end{cases} \qquad C^6H^4\begin{cases}OC^2H^5\\CH.Az\,C^6H^5\end{cases}$$

Salhydranilide. Éthyl-salhydranilide.

$$C^6H^4\begin{cases}OH\\CH{=}(Az\,C^2H^5,C^6H^5)^2\end{cases}$$

Salhydréthylanilide.

$$C^6H^4\begin{cases}OC^2H^5\\CH{=}(Az\,C^2H^5,C^6H^5)^2\end{cases}$$

Éthyl-salhydréthylanilide.

Ces anilides sont des liquides jaunes, d'une odeur aromatique, insolubles dans l'eau, solubles dans l'alcool et dans l'éther. Avec l'amylamine, on obtient des dérivés analogues à ceux que fournit l'aniline. Ces composés ne présentent pas de propriétés basiques; ils se colorent en brun, à l'air.

En traitant le salicylure de cuivre

$$[C^6H^4(COH)O]^2Cu$$

par l'aniline, l'amylamine ou la toluidine fondue,

on obtient les dérivés cuivriques des bases précédentes, sous la forme de masses cristallines vertes. Avec l'aniline, le composé renferme

$$\begin{array}{l} C^6H^4\left\{\begin{array}{l} CH{=}Az\,C^6H^5 \\ O- \end{array}\right. \\ \qquad\quad \Big\} Cu \\ C^6H^4\left\{\begin{array}{l} O- \\ CH{-}Az\,C^6H^5. \end{array}\right. \end{array}$$

Avec la toluylène-diamine, on a le composé

$$Cu\left\{\begin{array}{l} O,C^6H^4,CH{=}Az \\ O,C^6H^4,CH{=}Az \end{array}\right\}C^7H^6.$$

M. Haarmann ajoute les faits suivants à l'histoire des dérivés aniliques du salicylol.

Le salicylol bromé chauffé avec l'aniline a fourni de la *monobromosalhydranilide*,

$$C^7H^5BrO,C^6H^5Az,$$

cristallisant dans l'alcool en aiguilles rouges. Avec la paranitraniline, le salicylol donne la *salhydroparanitranilide* en fines aiguilles fusibles à 115°.

La salhydranilide, C^7H^6O,C^6H^5Az, traitée par l'acide cyanhydrique anhydre, donne du cyanhydrate, $C^7H^6O,C^6H^5Az,CAzH$, en lamelles blanches décomposables à 100°. Avec la salhydryl-paranitranilide, l'acide cyanhydrique fournit un cyanhydrate en petites aiguilles rouges, fusibles à 205° [Haarmann, *Mém. cité*].

Dérivés uréiques. — La *diuréide*,

$$C^6H^4(OH)CH\left\{\begin{array}{l} AzH{-}CO{-}AzH^2 \\ AzH{-}CO{-}AzH^2, \end{array}\right.$$

se produit par l'action de l'hydrure de salicyle sur une solution aqueuse d'urée; elle cristallise en prismes renfermant une molécule d'eau qu'elle perd dans le vide.

La *triuréide*,

$$\begin{array}{l} C^6H^4(OH)CH\left\{ AzH{-}CO{-}AzH^2 \right. \\ \qquad\qquad\qquad\;\; Az{-}CO{-}AzH^2 \\ C^6H^4(OH)CH\left\{ AzH{-}CO{-}AzH^2, \right. \end{array}$$

est une poudre cristalline jaune qu'on obtient en chauffant l'hydrure de salicyle avec l'urée fondue. Les solutions de ces uréides donnent avec l'acétate de cuivre des précipités cristallins, d'un vert olive, résultant du remplacement de l'hydrogène phénolique par le cuivre.

En faisant agir l'éthylsalicylol sur l'urée fondue, on obtient l'éthyldiuréide

$$C^6H^4(OC^2H^5)CH\left\{\begin{array}{l} AzH{-}CO{-}AzH^2 \\ AzH{-}CO{-}AzH^2 \end{array}\right. + H^2O$$

[H. Schiff, *Zeits. für Chem.*, (2), t. II, p. 636, et *Bull. de la Soc. chim.*, 1869, t. XII, p. 60].

Thiosalicylol (*thiosalicol, hydrure de sulfosalicyle*), $C^7H^6OS = C^6H^4(OH)CSH$ [Cahours, 1847, *Compt. rend. de l'Acad.*, t. XXV, p. 458]. On l'obtient en traitant une solution alcoolique d'hydrosalicylamide par l'hydrogène sulfuré. Le thiosalicylol est une substance pulvérulente qui s'unit aux alcalis; il colore les sels ferriques en rouge violacé.

Le *thiosalicylol bromé*, C^7H^5BrOS, est une matière résineuse, brune, que fournit l'action du sulfhydrate d'ammonium sur le bromosalicylol. Le sulfhydrate de thiosalicylol bibromé,

$$C^7H^4Br^2OS,H^2S,$$

est également résineux, et se forme quand on traite par l'acide sulfhydrique la solution alcoolique de salicylol tribromé [Heerlein, *Journ. für prakt. Chem.*, t. XXXII, p. 68].

COMBINAISONS AVEC LES SULFITES ALCALINS.

L'hydrure de salicyle, étant une aldéhyde, se combine avec les bisulfites alcalins, comme tous les corps de cette fonction; ces combinaisons se produisent également quand on soumet les salicylures alcalins à l'action du gaz sulfureux; elles ont été décrites par Bertagnini [*Ann. der Chem. u. Pharm.*, t. LXXXV, p. 193].

Sulfite de salicyl-ammonium. — L'hydrure de salicyle se dissout en s'échauffant dans le bisulfite d'ammonium; il se forme une liqueur jaune, huileuse, qui se prend au bout de quelques heures en une masse cristalline, soluble dans l'eau à chaud, et se séparant sous la forme d'aiguilles brillantes, légèrement jaunâtres. Ce corps s'altère au contact de l'air.

Sulfite de salicyl-potassium,

$$C^7H^5SO^4K + H^2O.$$

— On l'obtient soit en agitant l'hydrure de salicyle avec du bisulfite de potassium, soit plus facilement en dissolvant à froid le salicylure de potassium dans l'alcool faible, chauffant à 40-50° et saturant par un courant de gaz sulfureux. Par le repos, le nouveau composé se sépare en fines aiguilles nacrées, fort solubles dans l'eau froide, se décomposant par l'eau chaude en dégageant de l'hydrure de salicyle par les acides et par les alcools.

Sulfite de salicyl-sodium. — Il se présente sous la forme de cristaux brillants, solubles dans l'eau pure; l'alcool bouillant les dissout, en les décomposant en partie.

Le salicylol bromé, $C^6H^3Br(OH)COH$, le salicylol chloré, $C^6H^3Cl(OH)COH$, le salicylol nitré, $C^6H^3(AzO^2)OH,COH$, se combinent également avec les bisulfites, en donnant des composés cristallisables; ce sont : *le sulfite de bromosalicyl-potassium*, de *bromosalicyl-sodium*, de *chlorosalicyl-ammonium*, de *chlorosalicyl-potassium*, de *nitrosalicyl-potassium*, et de *nitrosalicyl-sodium*.

DÉRIVÉS MÉTALLIQUES.

Salicylures [Lœwig, Piria, Ettling, *Mém. cités*]. — Le salicylol, à la fois phénol et aldéhyde, fournit des dérivés métalliques analogues à ceux des phénols, et qui ont été appelés *salicylures*. Ces corps dégagent l'odeur de salicylol quand on les traite par un acide et se colorent en rouge violacé par les sels ferriques; à l'état humide, ils s'altèrent rapidement à l'air, en se colorant en brun ou noir.

Salicylure d'ammonium, $C^6H^4(OAzH^4)COH$. — Il cristallise en aiguilles jaunes, fusibles à 115°, peu solubles dans l'eau et dans l'alcool; on l'obtient en agitant le salicylol à une douce chaleur avec de l'ammoniaque aqueuse et concentrée. Conservé à l'état humide, il se décompose, noircit, dégage de l'ammoniaque et prend une odeur de rose très-persistante (Lœwig). — Sa solution alcoolique évaporée avec un excès d'ammoniaque fournit de l'hydrosalicylamide (Ettling).

Salicylure de baryum,

$$[C^6H^4(COH)O]^2Ba + 2H^2O.$$

— On le prépare soit en précipitant une solution concentrée de salicylure de potassium par le chlorure de baryum, soit en saturant à chaud une dissolution de baryte par l'hydrure de salicyle. Il cristallise en aiguilles jaunes, peu solubles à froid, perdant leur eau de cristallisation à 160°. Le *sel de calcium* et le *sel de strontium* sont peu solubles.

Salicylure de cuivre, $[C^6H^4(COH)O]^2Cu$. — On l'obtient en dissolvant l'hydrure de salicyle dans 50 à 60 fois son volume d'acool et y ajoutant à froid une solution aqueuse d'acétate de cuivre; au bout de quelque temps, le mélange se remplit d'aiguilles vertes, miroitantes, très-peu solubles dans l'eau et dans l'alcool. Chauffé à 220°, le salicylure de cuivre fournit de l'hydrure de salicyle, du parasalicyle (voyez plus loin BENZOYL-SALICYLOL), de l'acide carbonique et du salicylate de cuivre (Ettling).

SALICYLURES DE POTASSIUM. — On en connaît deux. Le *sel normal*, $C^6H^4(OK)COH + H^2O$, ou *sel neutre*, est une masse jaune cristalline qui se produit quand on mélange l'hydrure de salicyle avec une solution concentrée de potasse. On le purifie en le faisant dissoudre à chaud dans une petite quantité d'alcool absolu. Il forme des lamelles et des tables carrées, d'un jaune doré, d'un éclat nacré, d'un toucher talqueux. Fort soluble dans l'eau, il est peu soluble dans l'alcool; humide, il se décompose à l'air en donnant une matière noire, insoluble dans l'eau, que Piria appelle *acide mélanique*, et représente par la formule $C^{10}H^8O^5$. Le salicylure de potassium renferme une molécule d'eau qu'il perd à 120° dans le vide (Ettling). Suivant Piria, il se décompose alors en partie. Quand on le dissout dans l'alcool bouillant avec une molécule d'hydrure de salicyle, il se sépare par le refroidissement de fines aiguilles groupées en faisceaux, d'un *sel acide*,

$$C^6H^4(OK)COH, C^6H^4(OH)COH.$$

SALICYLURES DE PLOMB. — L'hydrate de plomb récemment précipité, traité à froid par une solution aqueuse d'hydrure de salicyle, se convertit en une poudre jaune clair, composée de petites paillettes brillantes, et qui paraît être le *sel neutre*. — Un *sel basique*, $[C^6H^4(COH)O]^2Pb + PbO$, se précipite à l'état de grains jaune clair, lorsqu'on mélange une solution alcoolique ou aqueuse d'hydrure de salicyle avec du sous-acétate de plomb. Le précipité, d'abord floconneux, devient ensuite cristallin.

SALICYLURES DE SODIUM. — On en connaît deux. Le *sel neutre* se prépare comme le sel de potassium, auquel il ressemble. On obtient le *salicylure de sodium* anhydre, $C^6H^4(ONa)COH$, en traitant l'hydrure de salicyle par l'éthylate de sodium. On dissout du sodium dans 20 à 30 fois son poids d'alcool absolu et on mêle la solution chaude avec une quantité équivalente de salicylol; le salicylure se sépare en lames d'un jaune d'or, qu'on purifie en les lavant avec un peu d'alcool [Perkin, *Chem. News*, t. XVII, p. 110, et *Bull. de la Soc. chim.*, 1869, t. XII, p. 301].

Le *sel acide*, $C^6H^4(ONa)COH, C^6H^4(OH)COH$, est en aiguilles blanches, déliées, inaltérables à l'air.

Les *salicylures de fer* (ferreux), *de mercure*, *de magnésium*, *de zinc*, sont des précipités amorphes. Le *sel d'argent* est un précipité jaune qui ne tarde pas à noircir et à se décomposer.

DÉRIVÉS ALCOOLIQUES.

BENZYLE-SALICYLOL (*hydrure de benzyle-salicyle*), $C^6H^4(OC^7H^7)COH$ [Perkin, *Journ. of Chem. Society*, (2), t. VI, p. 122, et *Bull. de la Soc. chim.*, 1868, t. X, p. 280]. — On chauffe en vases clos à 120-140° un mélange de salicylure de sodium et de chlorure de benzyle, dissous dans un excès d'alcool; on purifie le benzyle-salicylol par distillation, puis par combinaison avec le bisulfite. Il reste longtemps liquide à la température ordinaire, mais se solidifie peu à peu par l'agitation. Il fond à 40°; il distille au-dessus du point d'ébullition du mercure. Légèrement soluble dans l'eau chaude, il se dissout dans l'alcool, l'éther, la benzine; il se combine aux bisulfites alcalins.

ÉTHYLE-SALICYLOL, $C^6H^4(OC^2H^5)COH$ [Perkin, *Journ. of Chem. Society*, (2), t. V, p. 416, et *Bull. de la Soc. chim.*, 1868, t. IX, p. 236]. — Il se forme quand on chauffe à 135-140° de l'iodure d'éthyle avec du salicylure de sodium. C'est un liquide incolore, très-réfringent, bouillant à 247-249°. Sa combinaison avec le bisulfite de sodium, $C^9H^{10}O^2, HNaSO^3$, cristallise en longs prismes efflorescents; sa combinaison avec le bisulfite d'ammonium cristallise en prismes aplatis et transparents.

Une solution d'éthyle-salicylol dans l'ammoniaque alcoolique laisse déposer, après quelques heures, une huile qui se prend après 10 à 12 heures en une masse cristalline. Ce corps renferme $C^{27}H^{30}Az^2O^3$; c'est l'*hydréthyle-salicylamide*, soluble dans l'alcool bouillant, où il cristallise en prismes aigus et brillants. Chauffée à 160-165°, l'hydréthyle-salicylamide se convertit en une base isomérique, l'*éthylsalidine*, incristallisable, ainsi que son chlorhydrate, et dont le chloroplatinate cristallin renferme $(C^{27}H^{30}Az^2O^3, HCl)^2 + PtCl^4$.

Le brome convertit l'éthyle-salicylol en un *dérivé bromé*, $C^6H^3Br(OC^2H^5)COH$, cristallisant dans l'alcool bouillant en prismes fusibles à 67-68°.

Avec l'acide azotique fumant, il donne une huile jaune, dense, probablement le dérivé nitré, qui par l'action prolongée de l'acide nitrique se convertit en un acide cristallisable, en prismes volumineux, jaune clair, fusibles à 63°, l'*acide éthylenitrosalicylique*, $C^6H^3(AzO^2)(OC^2H^5)CO^2H$.

MÉTHYLE-SALICYLOL, $C^6H^4(OCH^3)COH$ [Perkin, *même mémoire*]. — Obtenu comme le précédent, ce corps, isomère de l'aldéhyde anisique, est un liquide huileux, bouillant à 238°, plus dense que l'eau. Il se combine aux bisulfites alcalins en donnant des dérivés très-solubles dans l'eau, peu solubles dans l'alcool. La combinaison ammoniacale se sépare sous la forme d'une masse sirupeuse qui se prend peu à peu en longs prismes solubles dans l'eau et dans l'alcool froid. Le brome le convertit en *méthyle-bromosalicylol*, $C^6H^3Br(OCH^3)COH$, cristallisant dans l'alcool bouillant en prismes fusibles à 113-114°,5.

DÉRIVÉS ACIDES.

Les auteurs qui se sont occupés de l'action des chlorures d'acides sur l'hydrure de salicyle, M. Cahours et M. Perkin, sont arrivés à des résultats différents. Suivant M. Cahours, en traitant l'hydrure de salicyle par les chlorures d'acétyle, de benzoyle, de toluyle, etc., on obtient des dérivés de la formule générale, $C^6H^4(OR)COH$, R étant un radical acide.

M. Perkin n'a pu reproduire les combinaisons décrites par M. Cahours. Suivant lui, l'hydrure de salicyle traité par le chlorure de benzoyle ou le chlorure d'acétyle fournit le même corps, le disalicyle ou parasalicyle, isomère du benzoyle-salicyle et renfermant $C^{14}H^{10}O^3$, c'est-à-dire représentant 2 molécules d'hydrure de salicyle, $C^7H^6O^2$, moins 1 molécule d'eau; les chlorures d'acides agiraient comme déshydratants. — Voyez plus loin BENZOYLE-SALICYLOL.

M. Perkin a obtenu les dérivés acides de l'hydrure de salicyle en traitant le salicylure de sodium par les acides anhydres; les composés qu'il a aussi préparés diffèrent de ceux qu'a décrits M. Cahours. Ces divergences d'opinion rendraient nécessaires de nouvelles recherches; il est probable que les auteurs ont opéré dans des conditions différentes. Nous décrivons ici les composés obtenus par l'un et par l'autre.

ACÉTYLE-SALICYLOL, $C^6H^4(OC^2H^3O)COH$. — ACÉTYLE-SALICYLOL de M. Cahours (*acétosalicyle*) [Cahours, *Ann. de Chim. et de Phys*, (3), t. LII, p. 192]. — Le chlorure d'acétyle mélangé avec son volume d'hydrure de salicyle réagit à une douce chaleur; il se dégage du gaz chlorhydrique et le mélange s'épaissit. Quand le dégagement de gaz se ralentit, on scelle les tubes à la lampe et l'on chauffe pendant plusieurs heures à 100°, au bain-marie. Par un refroidissement très-lent, le liquide se prend en une masse de beaux cristaux prismatiques de couleur brunâtre, qu'on purifie par expression et par cristallisation dans l'alcool.

L'acéto-salicyle est insoluble dans l'eau, peu soluble dans l'alcool froid; soluble dans l'alcool bouillant, d'où il se sépare presque entièrement sous la forme de belles aiguilles; il est un peu soluble dans l'éther. Il est excessivement stable et peut être distillé sans altération au rouge sombre sur la baryte caustique.

ACÉTYLE-SALICYLOL de M. Perkin [Perkin, *Journ. of the Chem. Soc.*, (2), t. VI, p. 53, et *Bull. de la Soc. chim.*, 1867, t. VIII, p. 94, et 1869, t. X, p. 282]. — M. Perkin, en voulant reproduire l'acétyle-salicylol de M. Cahours par l'action du chlorure d'acétyle sur l'hydrure de salicyle, est arrivé à un tout autre résultat et a obtenu du parasalicyle (disalicyle); pour préparer l'acétyle-salicylol, il met en suspension dans l'éther du salicylure de sodium et ajoute au mélange de l'anhydride acétique; il se précipite de l'acétate de sodium, et la solution éthérée fournit, par évaporation, un liquide huileux qui se solidifie par le refroidissement. Ce corps est un acétyle-salicylol différent de celui qu'a signalé M. Cahours. Il fond à 37° et bout à 253° en distillant presque sans altération; il cristallise en aiguilles soyeuses; il est très-soluble dans l'alcool et dans l'éther. La potasse le dédouble en acétate et hydrure de salicyle: l'ébullition avec l'eau le décompose également. Il se combine à 150° avec l'anhydride acétique: la combinaison $C^6H^4(OC^2H^3O)CH(C^2H^3O^2)^2$ fond à 100-101° et se décompose par la distillation; elle est cristalline, soluble dans l'alcool, l'éther, la benzine.

L'acétyle-salicylol est un isomère de l'acide coumarique, mais ne fournit pas de coumarine par la distillation. Si on le fait bouillir pendant quelques minutes avec l'anhydride acétique et l'acétate de sodium, et si l'on ajoute de l'eau, il se sépare une huile qui, distillée, fournit de la coumarine. Le rôle de l'acétate de sodium dans cette réaction n'est pas encore expliqué. Néanmoins, la conversion de l'acétyle-salicylol en coumarine me paraît être une réaction du même genre que celle qui convertit l'aldéhyde ordinaire en aldéhyde crotonique. Dans l'hydrure d'acétyle-salicyle, on trouve, en effet, et le groupe COH d'une molécule d'aldéhyde, et le groupe $CO-CH^3$ d'une autre molécule:

$$CH^3\text{-}COH + CH^3\text{-}COH$$

Deux molécules aldéhyde.

$$CH^3\text{-}CH(OH)\text{-}CH^2\text{-}COH \qquad CH^3\text{-}CH\text{-}CH\text{-}COH.$$

Aldol. — Aldéhyde crotonique.

$$C^6H^4\left\{\begin{matrix}COH\\ O\text{-}CO\text{-}CH^3\end{matrix}\right. \qquad C^6H^4\left\{\begin{matrix}CH(OH)\\ \text{-}O\text{-}CO\end{matrix}\right\rangle CH^2$$

Hydrure d'acétyle-salicyle. — Terme intermédiaire inconnu.

$$C^6H^4\left\{\begin{matrix}CH\\ O\text{-}CO\end{matrix}\right\rangle CH$$

Coumarine.

Comme la réaction se fait à une température élevée, le terme intermédiaire correspondant à l'aldol ne peut être isolé.

ANISYLE-SALICYLOL (*aniso-salicyle*), $C^{15}H^{12}O^4$ (Cahours). — Par l'action du chlorure d'anisyle sur l'hydrure de salicyle à chaud, il se forme de l'anisyle-salicylol cristallisable en prismes incolores, transparents, fusibles, assez solubles dans l'alcool bouillant et dans l'éther. L'ébullition prolongée avec une dissolution de potasse ne l'altère pas.

BENZOYLE-SALICYLOL. — Deux corps ont été désignés sous ce nom, l'un qui est identique avec le parasalicyle d'Ettling, l'autre qui a été obtenu par M. Perkin dans l'action du chlorure de benzoyle sur le salicylure de sodium.

PARASALICYLE (*disalicyle*, *benzosalicyle* de M. Cahours), $C^{14}H^{10}O^3$ [Ettling, *Ann. der Chem. u. Pharm.*, 1845, t. LIII, p. 77; Cahours, *Mém. cité*; — Perkin, *Bull. de la Soc. chim.*, 1867, t. VIII, p. 94]. — En distillant du salicylure de cuivre à 220°, Ettling a obtenu un composé cristallisable, le parasalicyle, que M. Cahours a préparé de nouveau en soumettant l'hydrure de salicyle à l'action du chlorure de benzoyle. Il le considère donc comme étant du benzo-salicyle ou benzoyle-salicylol, $C^6H^4(OC^7H^5O)COH$. M. Perkin est arrivé au même résultat que M. Cahours, mais il a constaté de plus que le parasalicyle se forme également dans l'action du chlorure d'acétyle sur l'hydrure de salicyle. Par conséquent, le chlorure de benzoyle n'introduit pas un groupe benzoïque dans l'hydrure de salicyle; il agit comme déshydratant, ainsi que le chlorure d'acétyle, et la réaction de ces deux chlorures d'acides doit être, suivant lui, représentée par l'équation suivante, R étant l'acétyle C^2H^3O ou le benzoyle C^7H^5O:

$$RCl + 2C^7H^6O^2 = ROH + HCl + C^{14}H^{10}O^3.$$

Chlorure d'acide.	Aldéhyde salicylique.	Acide libre.	Acide chlorhydrique.	Parasalicyle.

Le chlorure de succinyle agit de la même manière.

Le parasalicyle cristallise en prismes quadrilatères, insolubles dans l'eau, facilement solubles dans l'alcool et dans l'éther. Il fond à 227° et se prend par le refroidissement en une masse radiée; à 180°, il se sublime en aiguilles incolores. L'acide azotique le convertit à chaud en acide picrique; il ne se combine pas avec les bisulfites alcalins. Chauffé à 150° avec du chlorure d'acétyle, il donne une huile non distillable, qui paraît renfermer du chlore et de l'acétyle. Traité par la potasse bouillante, il donne de l'hydrure de salicyle.

La constitution du parasalicyle n'est pas connue. M. Perkin l'a représentée par la formule $COH\text{-}C^6H^4\text{-}O\text{-}C^6H^4\text{-}COH$, ce qui en ferait un éther de l'hydrure de salicyle par son côté phénolique; mais cette formule est peu probable.

BENZOYLE-SALICYLOL,

$$C^{14}H^{10}O^3 = C^6H^4(OC^7H^5O)COH$$

[Perkin, *même mémoire*]. — C'est une huile épaisse, distillant à une température très-élevée, possédant les caractères d'une aldéhyde et d'un benzoate. Ce corps se combine avec les bisulfites alcalins; chauffé avec la potasse, il donne de l'hydrure de salicyle et du benzoate.

BUTYRYLE-SALICYLOL,

$$C^{11}H^{12}O^3 = C^6H^4(OC^4H^7O)COH$$

[Perkin, *Journ. of the Chem. Soc.*, (2), t. VI, p. 472, et *Bull. de la Soc. chim.*, 1869, t. XII, p. 300]. — On laisse en contact pendant 2 ou 3 jours une quantité équivalente de salicylure anhydre de sodium avec une solution éthérée d'anhydride butyrique; on agite avec une solution faible de soude, puis on distille sur du carbonate de sodium anhydre. A 260-270°, il passe une huile épaisse, soluble dans l'alcool et dans l'éther, qui est le butyryl-salicylol.

La potasse dédouble immédiatement ce corps en hydrure de salicyle et butyrate. Chauffé seul, il ne fournit pas de butyro-coumarine, mais, après avoir été chauffé quelques instants avec de l'anhydride butyrique et du butyrate de sodium, il donne de la butyro-coumarine, si on le soumet à la distillation. — Voyez COUMARINE, t. I, p. 979.

CUMYLE-SALICYLOL (*cumosalicyle*),

$$C^{17}H^{16}O^3 = C^6H^4(OC^{10}H^{11}O)COH$$

[Cahours, *Mém. cité*]. — Produit par l'action à chaud du chlorure de cumyle sur l'hydrure de salicyle, il se présente sous forme de prismes incolores et brillants, très-friables, insolubles dans l'eau froide, peu solubles dans l'eau bouillante, solubles dans l'alcool surtout à chaud et dans l'éther. La potasse caustique solide ou dissoute ne l'attaque ni à froid ni à chaud.

TOLUYL-SALICYLOL (*toluosalicyle*),

$$C^{15}H^{12}O^3 = C^6H^4(OC^8H^7O)COH$$

(Cahours). — Préparé comme le précédent, il est en prismes incolores, très-brillants, friables, fusibles à une température plus élevée, insolubles dans l'eau froide, peu solubles dans l'eau bouillante et l'alcool froid, facilement solubles dans l'alcool bouillant et encore plus dans l'éther. Il n'est attaqué ni par l'ébullition avec une solution de potasse, ni par la distillation sur l'hydrate de potasse solide. E. G.

SALICYLIDE. — Voyez ANHYDRIDES SALICYLIQUES, t. II, p. 1405.

SALICYLIQUE (ACIDE) (*acide oxybenzoïque* 1.2 appartenant à la série de l'acide phtalique), $C^7H^6O^3 = C^6H^4(OH)(CO^2H)$. — *Historique et mode d'obtention.* — L'acide salicylique a été découvert par Piria, qui l'obtint en fondant l'hydrure de salicyle avec la potasse. Gerhardt montra qu'il se forme en soumettant de même la salicine à l'action de la potasse. Cahours, dans un important travail, fit voir que l'essence de Wintergreen est un éther méthylsalicylique qui, saponifié par la potasse, fournit facilement l'acide salicylique. Kolbe et Lautemann réalisèrent la synthèse de cet acide, en soumettant le phénol à l'action simultanée de l'acide carbonique et du sodium [Piria, 1838, *Ann. de Chim. et de Phys.*, t. LXIX, p. 298; — Gerhardt, *Revue scientifique*, t. X, p. 207; — Cahours, *Ann. de Chim. et de Phys.*, (3), t. X, p. 337, et t. XIII, p. 90; — Kolbe et Lautemann, *Ann. der Chem. u. Pharm.*, t. CXV, p. 157, et *Répert. de Chim. pure*, 1860, p. 469].

L'acide salicylique se produit encore dans diverses réactions :

1° Quand on chauffe à 300° de l'indigo avec de la potasse (Cahours);

2° Par l'action d'une lessive de potasse concentrée sur la coumarine ou sur l'acide coumarique [Delalande, *Ann. de Chim. et de Phys.*, (3), t. VI, p. 343];

3° Quand on soumet l'acide anthranilique (méta-amidobenzoïque) à l'action de l'acide azoteux [Gerland, *Ann. der Chem. u. Pharm.*, t. LXXXVI, p. 143, et *Ann. de Chim. et de Phys.*, (3), t. XXXIX, p. 110; Hübner et Petermann, *Zeitsch. für Chem.*, nouv. sér., t. IV, p. 546, et *Bull. de la Soc. chim.*, 1869, t. XI, p. 490];

4° Le toluène monochloré, C^6H^4Cl,CH^3, traité par l'acide sulfurique donne un acide sulfoconjugué dont le sel de potassium fondu avec de la potasse fournit de l'acide salicylique [G. Vogt, *Bull. de la Soc. chim.*, 1869, t. XII, p. 221];

5° Lorsqu'on mélange molécules égales d'acide phénique et d'éther chloroxycarbonique et qu'on ajoute assez de sodium pour enlever tout le chlore, il se produit une vive réaction avec formation d'éther salicylique et de beaucoup d'éther éthyl-phényl-carbonique [Th. Wilm et Wischin, *Zeitsch. für Chem.*, nouv. sér., t. IV, p. 6, et *Bull. de la Soc. chim.*, 1868, t. X, p. 34].

Préparation. — On peut suivre le procédé de M. Cahours, qui consiste à décomposer l'essence de Wintergreen (salicylate de méthyle) par la potasse. Il suffit de la faire bouillir quelques instants avec une solution de potasse caustique, de précipiter par l'acide chlorhydrique, de laver le précipité à l'eau froide et de le faire recristalliser dans l'eau bouillante ou dans l'alcool.

Pour réaliser la synthèse au moyen du phénol, Kolbe et Lautemann opèrent de la manière suivante : Dans du phénol doucement chauffé, on dirige un courant de gaz carbonique sec, en même temps que l'on y projette des morceaux de sodium. Le métal se dissout et l'on obtient un produit solide, mélange de phénylcarbonate, de salicylate et de phénol en excès. On dissout dans l'eau, on ajoute de l'acide chlorhydrique, puis on agite le tout avec une solution de carbonate d'ammoniaque qui dissout l'acide salicylique et non le phénol. On décante la solution ammoniacale, on la concentre et on la précipite par l'acide chlorhydrique. L'acide salicylique se forme dans cette réaction, comme M. Kolbe a montré récemment dans un mémoire intéressant, par l'action de l'acide carbonique sur le phénate de sodium formé en premier lieu, et l'on peut obtenir de grandes quantités d'acide salicylique en traitant le phénate de sodium tout formé à 150-220° par le gaz carbonique sec. La moitié du phénol contenu dans le phénate devient libre et distille, et le résidu est formé presque exclusivement par du salicylate basique de sodium, $C^6H^4.ONa.CO^2Na$. Kolbe admet que la réaction se passe en deux phases : dans une première, deux molécules de phénate de sodium réagissent l'une sur l'autre en donnant du phénol et du sodium-phénate de sodium, $C^6H^4.Na.ONa$, qui, dans la seconde phase, fixe directement de l'acide carbonique et se convertit en salicylate basique de sodium. Lorsqu'on remplace dans la synthèse de l'acide salicylique le sodium par le potassium, ou le phénate de sodium par le phénate potassique, il se produit encore, à une température peu élevée (130-140°), de l'acide salicylique; mais si l'on opère à 180-220°, on obtient de l'*acide paroxybenzoïque* presque pur.

Les phénates de baryum et de calcium donnent de l'acide salicylique lorsqu'on les traite à chaud par le gaz carbonique [H. Kolbe, *Journ. für prakt. Chem.*, (2), t. X, p. 89].

L'acide salicylique a été l'objet des recherches d'un grand nombre d'auteurs, mais nos connaissances sur ce sujet sont dues surtout à M. Cahours, qui a décrit ses propriétés, fait connaître ses produits de substitution, ses éthers, etc., dans des mémoires restés classiques.

Propriétés [Cahours, *Ann. de Chim. et de Phys.*, (3), t. XIII, p. 90]. — L'acide salicylique se sépare de sa solution dans l'eau bouillante en aiguilles longues et déliées. Par l'évaporation spontanée d'une solution alcoolique, il se dépose en prismes obliques à quatre pans, assez volumineux et d'une grande netteté. L'évaporation très-lente d'une solution éthérée le laisse déposer en cristaux de 0m,03 à 0m,04 de long sur 0m,004 à 0m,006 de large. Il fond à 158° (à 156°, G. Vogt). Quand il est pur, il distille presque sans altération; impur, il se détruit en partie en donnant du phénol. Chauffé seul avec de l'eau à 210-230°, il se dédouble en acide carbonique et en phénol; mais quand on le chauffe avec de l'acide chlorhydrique, iodhydrique ou de l'acide sulfurique étendu, il se décompose déjà à 140-150° [Græbe, *Ann. der Chem. u. Pharm.*, t. CXXXIX, p. 134].

Peu soluble dans l'eau froide, il est assez soluble dans l'eau bouillante, soluble dans l'alcool, l'éther et l'alcool méthylique. L'essence de térébenthine ne le dissout pas à froid, mais à l'ébullition elle en prend le cinquième de son poids.

Sa solution aqueuse se colore en violet par le chlorure ferrique. Distillé avec de la baryte caustique, il donne du carbonate et du phénol (Gerhardt).

Avec le chlore et le brome, il donne des produits de substitution. Traité par l'anhydride sulfurique, il fournit de l'acide sulfosalicylique; chauffé avec de l'acide sulfurique étendu et du peroxyde de manganèse, il donne naissance à de l'acide formique. Par l'action de l'acide chlorhydrique et du chlorate de potassium, il se convertit en chloranile (quinone perchlorée).

L'acide azotique fumant le convertit en acide nitrosalicylique (Gerhardt). Par une réaction prolongée, il se forme de l'acide picrique.

L'action des chlorures de phosphore sur l'acide salicylique et les salicylates a été étudiée par divers auteurs.

Lorsqu'on traite l'acide salicylique ou l'essence de gaulthéria par le perchlorure de phosphore et que l'on chauffe quelque temps à 180-200° pour chasser l'oxychlorure, on obtient un résidu qui renferme $C^7H^5O^2Cl = C^6H^4(OH)COCl$, car, traité par l'eau, il donne simplement de l'acide chlorhydrique et de l'acide salicylique (Drion). Si l'on soumet ce produit à la distillation, on recueille un liquide fumant, qui constitue le chlorure de chlorobenzoyle ou chlorosalicyle $C^6H^4Cl.COCl$, car il fournit par l'eau de l'acide métachlorobenzoïque (chlorosalylique, appelé d'abord parachlorobenzoïque), $C^6H^4Cl-CO^2H$ (Chiozza) (voyez t. I, p. 556). En soumettant le chlorure de chlorosalicyle brut à de nombreuses distillations, le perchlorure de phosphore qu'il renferme encore réagit sur lui et donne du chlorure de dichlorobenzoyle, $C^6H^3Cl^2,COCl$, qu'on n'a pas obtenu à l'état de pureté, mais qui, traité par l'alcool, donne un éther dichlorobenzoïque,

$$C^6H^3Cl^2-CO^2C^2H^5$$

(Kekulé) [Gerhardt, *Compt. rend. de l'Acad.*, t. XXXVIII, p. 34; — Drion, *Compt. rend. de l'Acad.*, t. XXXIX, p. 122, et t. XLVI, p. 1228; — Chiozza, *Ann. de Chim. et de Phys.*, (3), t. XXXVI, p. 105; — Kekulé, *Ann. der Chem. u. Pharm.*, t. CXVII, p. 145; *Ann. de Chim. et de Phys.*, (3), t. LXII, p. 368, et *Répert. de Chim. pure*, 1862, p. 308]. En distillant le produit de la réaction du perchlorure de phosphore sur l'acide salicylique et recueillant ce qui passe au-dessus de 140°, décomposant par l'eau le chlorure de métachlorobenzoyle brut, Kolbe et Lautemann ont obtenu un résidu sous la forme d'un liquide oléagineux. Purifié par ébullition avec la potasse caustique, lavage à l'eau, puis distillation, ce produit se prend en une masse solide, cristalline, fondant à 30°, bouillant à 260°, dont la densité à l'état liquide est de 1,51. Ce composé, appelé *trichlorure de chlorosalicyle*, $C^7H^4Cl^4$, paraît être le chloroforme benzoïque monochloré (toluène tétrachloré), $C^6H^4Cl-CCl^3$. Chauffé à 150° avec de l'eau, il donne de l'acide métachlorobenzoïque [Kolbe et Lautemann, *Ann. der Chem. u. Pharm.*, t. CXV, p. 157; *Ann. de Chim. et de Phys.*, (3), t. LX, p. 365, et *Répert. de Chim. pure*, 1860, p. 469].

L'action de l'oxychlorure de phosphore sur le salicylate de sodium fournit des anhydrides salicyliques. — Voyez ce mot.

En traitant l'essence de Wintergreen par le perchlorure de phosphore, Couper était arrivé à des résultats différents; il avait signalé un produit distillant à 190°, liquide, transformé par l'eau en acide acétique, acide phosphorique et acide salicylique, et renfermant $C^7H^4Cl^3PhO^3$ [*Ann. der Chem. u. Pharm.*, t. CIX, p. 369]. Kekulé n'a pas retrouvé ce corps.

Traités par l'iode, l'acide salicylique et le salicylate de baryum donnent des acides iodosalicyliques (Kolbe et Lautemann). — Voyez plus loin Dérivés iodés de l'acide salicylique.

L'acide salicylique possède des propriétés antiseptiques aussi prononcées que le phénol et il présente l'avantage d'être complètement dépourvu d'odeur (Kolbe).

SALICYLATES. — L'acide salicylique est moitié acide, moitié phénol, ce que représente la formule de constitution

$$C^6H^4\left\{\begin{matrix}CO^2H\\OH.\end{matrix}\right.$$

Comme tel, il est monobasique, et, traité par les carbonates, donne des sels de la formule

$$C^6H^4\left\{\begin{matrix}CO^2M'\\OH\end{matrix}\right. \quad \text{ou} \quad \left(C^6H^4\left\{\begin{matrix}CO^2\\OH\end{matrix}\right.\right)^2M'',$$

M' étant un métal monatomique, M'' un métal diatomique. Mais comme il renferme un groupe oxhydryle OH, lié au résidu de la benzine, il possède de plus, comme les phénols, la propriété de remplacer l'hydrogène de cet oxhydryle par les métaux ou de faire la double décomposition avec les bases. Il existe donc deux séries de salicylates, les uns normaux dans lesquels l'acide salicylique fonctionne comme monobasique, les autres en partie analogues aux dérivés métalliques des phénols, peu stables et ramenés même par l'acide carbonique à l'état de sels monobasiques.

Les salicylates ont été étudiés par MM. Cahours et Piria [Piria, *Mém. cité*, et *Ann. der Chem. u. Pharm.*, t. XCIII, p. 262; — Cahours, *Mém. cité*].

Salicylate d'argent, $C^6H^4(OH)CO^2Ag$. — Il est en aiguilles d'un éclat satiné.

Salicylate d'ammonium, $C^6H^4(OH)CO^2AzH^4$. — Il est en écailles cristallines ou en aiguilles satinées. Il fond à 126°, et par la distillation se décompose en eau et salicylamide [Cahours, *Ann. de Chim. et de Phys.*, (3), t. XIII, p. 98]. Suivant Limpricht, il ne se formerait pas de salicylamide par la distillation du salicylate.

Salicylate de baryum. — Le *sel normal*,

$$[C^6H^4(OH)CO^2]^2Ba + H^2O,$$

obtenu par l'ébullition de l'acide avec le carbonate de baryum, est en petites aiguilles courtes et soyeuses, groupées autour d'un centre commun, perdant leur eau à 218° (Cahours). Par l'ébullition d'une solution concentrée avec de l'eau de baryte, il se forme le *sel* appelé *neutre* qui est un sous-sel,

$$C^6H^4\left\{\begin{matrix}CO^2\\O\end{matrix}\right. > Ba + 2H^2O,$$

en petites lames incolores, perdant leur eau à 140°, et décomposées par l'acide carbonique en sel normal et en carbonate de baryum.

Il se dissout difficilement dans l'eau, même à l'ébullition.

Salicylates de calcium. — Ils s'obtiennent comme ceux de baryum et présentent les mêmes caractères.

Le *sel normal*, $[C^6H^4(OH)CO^2]^2Ca + 2H^2O$, est soluble dans l'eau froide; par l'évaporation spontanée de sa solution, il se dépose en octaèdres bien formés.

Le *sel basique*,

$$C^6H^4\left\{\begin{matrix}CO^2\\O\end{matrix}\right. > Ca + H^2O,$$

obtenu au moyen d'une solution de chaux dans le sucre, est une poudre blanche, insoluble, qui perd son eau à 180°. Le sel correspondant de l'acide paroxybenzoïque est soluble dans l'eau et l'on peut fonder sur cette particularité un moyen de séparation facile des acides salicylique et paroxybenzoïque.

Salicylates de cuivre. — Le *sel normal*,

$$[C^6H^4(OH)CO^2]^2Cu + 4H^2O,$$

cristallise en longues aiguilles d'un bleu verdâtre qui perdent leur eau de cristallisation au-dessous de 100°. Il reste en dissolution lorsqu'on traite la solution du sel normal de baryum par le sulfate de cuivre. Traité par l'éther à froid ou par une quantité d'eau bouillante insuffisante pour le dissoudre, il se décompose en acide salicylique et en *sel basique*,

$$C^6H^4\left\{\begin{matrix}CO^2\\O\end{matrix}\right. > Cu + H^2O,$$

poudre légère, presque insoluble, d'un vert jaunâtre.

Le *salicylate cuprico-potassique*,

$$C^6H^4\left\{\begin{matrix}CO^2K \quad CO^2K\\ O-Cu-O\end{matrix}\right\}C^6H^4,$$

s'obtient par l'addition de l'acide salicylique à une solution de tartrate cuivrique dans un excès de potasse concentrée. Il se sépare alors sous la forme d'une poudre cristalline d'un vert clair très-soluble dans l'eau ; dissous dans une petite quantité d'eau chaude, il cristallise en tables rhombiques d'un vert-émeraude. L'ébullition avec l'eau le décompose en oxyde de cuivre et salicylate de potassium normal.

Le *salicylate cuprico-barytique*,

$$\left(C^6H^4\left\{\begin{matrix}CO^2\\O\end{matrix}\right.\right)^2 CuBa + 4H^2O,$$

est une poudre cristalline, insoluble dans l'eau, qui se précipite quand on traite le sel précédent par le chlorure de baryum.

Salicylate de magnésium, $[C^6H^4(OH)CO^2]^2Mg$. — Il est en aiguilles très-solubles.

Salicylate de potassium. — Le *sel normal* renferme $2[C^6H^4(OH)CO^2K] + H^2O$. On l'obtient en saturant l'acide salicylique par une solution de carbonate de potassium, évaporant à siccité et faisant cristalliser dans l'alcool concentré et bouillant. Il est en aiguilles soyeuses, incolores et brillantes.

Le chlore le convertit en dichlorosalicylate ; le brome, en dibromosalicylate. Traité par le brome en présence d'un excès de potasse, il donne une matière rouge semblable au sulfure d'antimoine, insoluble dans l'alcool, l'ammoniaque et la potasse, et ayant la même composition que le phénol tribromé.

Salicylate de plomb. — Le *sel normal*,

$$[C^6H^4(OH)CO^2]^2Pb + H^2O,$$

est en aiguilles satinées, quand il se forme par l'action d'une solution bouillante d'acide salicylique et de carbonate de plomb. Il se dépose sous la forme d'un précipité blanc et cristallin par l'addition d'une solution concentrée de salicylate alcalin à une solution également concentrée d'acétate de plomb.

[Pour les éthers, voyez l'article Salicyliques (Éthers), p. 1405.]

Produits de substitution de l'acide salicylique.

Dérivés bromés.

Acides monobromosalicyliques. — On en connaît deux. L'un se produit par l'action du brome (Gerhardt, Cahours) ou du pentabromure de phosphore (Henry) sur l'acide salicylique, ou par l'action de l'azotite de potassium sur l'acide β-amidobromobenzoïque décrit à l'article Acide oxybenzamique (t. II, p. 697) (Hübner et Heinzerling). Cet acide est désigné sous le nom d'acide β-bromosalicylique. Le second se forme de même avec l'azotite de potassium et l'acide α-bromoamidobenzoïque ; il est distingué par la lettre α.

Acide α-bromosalicylique, $C^6H^3Br.OH.CO^2H$ [Hübner et Heinzerling, *Zeitsch. für Chem.*, (2), t. VII, p. 709 ; *Bull. de la Soc. chim.*, 1872, t. XVIII, p. 315]. — Il se forme lorsqu'on traite la solution très-étendue de l'acide α-amidobromobenzoïque par l'azotite de potassium ; il est difficile à obtenir, parce qu'il se décompose facilement au moment de sa formation. Il se dépose de sa solution dans l'eau, où il est très-soluble, sous la forme de petites aiguilles fusibles à 219-220°. Il est coloré par le chlorure ferrique en rouge bleuâtre foncé. Son sel ammoniacal donne, avec l'acétate de plomb, un précipité blanc qui renferme $[C^6H^3Br(OH)CO^2]^2Pb$.

Acide β-bromosalicylique, $C^6H^3Br.OH.CO^2H$ [Gerhardt, *Ann. de Chim. et de Phys.*, (3), t. VII, p. 227 ; — Cahours, *même recueil*, (3), t. XIII, p. 100 ; — Henry, *Bull. de la Soc. chim.*, 1870, t. XIII, p. 174 ; — Hübner et Heinzerling, *Mém. cité*]. — On l'obtient en triturant l'acide salicylique avec la quantité de brome convenable, lavant le produit avec un peu d'alcool froid pour enlever l'acide en excès et faisant recristalliser dans l'alcool bouillant. On peut aussi dissoudre l'acide salicylique dans le sulfure de carbone, y ajouter le brome qui disparaît au bout de quelques heures, évaporer le sulfure de carbone et faire recristalliser le résidu.

Par l'action du pentabromure de phosphore sur l'acide salicylique, il se forme de l'acide monobromosalicylique et un corps liquide qui fournit le même acide quand on le dissout dans les alcalis et qu'on précipite par l'acide chlorhydrique. Ce corps liquide paraît être l'anhydride monobromosalicylique.

Enfin, l'acide β-bromosalicylique se forme par l'action de l'azotite de potassium sur une solution chlorhydrique étendue d'acide β-amidobromobenzoïque ; quand le dégagement d'azote se ralentit, on laisse refroidir et le liquide dépose alors des aiguilles d'acide β-bromosalicylique.

L'acide β-bromosalicylique est très-peu soluble dans l'eau, même bouillante, facilement soluble dans l'alcool et dans l'éther, surtout à chaud. Il fond à 164-165°, commence à se sublimer déjà à 150° et ne se volatilise que lentement avec la vapeur d'eau. Le chlorure ferrique le colore en violet, comme l'acide salicylique.

Mélangé avec du sable fin et un peu de baryte caustique et soumis à la distillation, il se dédouble en acide carbonique et phénol monobromé.

Les *β-bromosalicylates alcalins* sont très-solubles.

Le *sel d'argent*, $C^6H^3Br.OH.CO^2Ag$, constitue un précipité blanc, insoluble dans l'eau.

Le *sel de baryum*,

$$(C^6H^3Br.OH.CO^2)^2Ba + 3H^2O,$$

est en aiguilles brillantes, très-solubles dans l'eau.

Le *sel de cuivre*, $(C^6H^3Br.OH.CO^2)^2Cu$, est un précipité vert jaunâtre.

Le *sel de plomb normal*, $(C^6H^3Br.OH.CO^2)^2Pb$, est une poudre blanche, peu soluble dans l'eau.

La solution étendue du sel de baryum additionnée d'acétate de plomb donne un *sel neutre* en aiguilles,

$$C^6H^3Br\left\{\begin{matrix}CO^2\\O\end{matrix}\right. > Pb.$$

Les bromosalicylates de méthyle et d'éthyle ont été obtenus, non au moyen de l'acide bromé, mais par l'action du brome sur les salicylates de méthyle et d'éthyle ; c'est donc à la suite de ces éthers que nous les décrirons.

Acide dibromosalicylique,

$$C^6H^2Br^2.OH.CO^2H$$

[Cahours, *Ann. de Chim. et de Phys.*, (3), t. XIII, p. 102]. — On broie l'acide salicylique avec un excès de brome, on réduit la matière en poudre fine, on la jette sur un filtre et on la lave à grande eau. On la fait ensuite bouillir avec de l'ammoniaque jusqu'à dissolution complète. Par le refroidissement, le sel ammoniacal cristallise en aiguilles minces brillantes, qui, redissoutes dans l'eau, sont décomposées par l'acide chlorhydrique. Il se forme un précipité blanc d'acide salicylique dibromé, qui est lavé avec soin et redissous dans l'alcool bouillant. Par l'évaporation, il se sépare en prismes raccourcis, incolores ou d'un jaune légèrement rosé, à peine solubles dans l'eau, assez solubles dans l'alcool, plus solubles encore dans l'éther. Il fond à 150° environ. Distillé avec de la baryte et du sable, il donne du phénol dibromé.

Avec les bases, il donne les sels correspondants.

Le *sel de potassium*, $C^6H^2Br^2.OH.CO^2K$, se produit par l'action du brome sur le salicylate de potassium en solution concentrée, et se sépare par le refroidissement, à l'état cristallin.

ACIDE TRIBROMOSALICYLIQUE,

$$C^6HBr^3.OH.CO^2H$$

[Cahours, *même mémoire*]. — L'acide dibromé est très-stable, il ne se transforme en acide tribromé par l'action du brome que sous l'influence d'une vive insolation de 25 à 30 jours. Après ce laps de temps, on lave à l'eau distillée pour enlever l'excès de brome, et on fait cristalliser le résidu jaunâtre dans l'alcool bouillant.

L'acide salicylique tribromé est en petits prismes jaunâtres, très-durs, insolubles dans l'eau, assez solubles dans l'alcool, très-solubles dans l'éther. Distillé avec du sable et de la baryte, il donne du phénol tribromé.

Le *sel de potassium* et le *sel d'ammonium* sont cristallisables et peu solubles à froid. Ce dernier précipite les sels d'argent en orange foncé et les sels de plomb en jaune. Traité par l'acide azotique bouillant, il donne un mélange de brome et de vapeurs rutilantes en même temps qu'une matière jaune cristalline.

DÉRIVÉS CHLORÉS.

ACIDE MONOCHLOROSALICYLIQUE,

$$C^6H^3Cl.OH.CO^2H$$

[Hübner et Brenken, Hübner et Weiss, *Deutsch. Chem. Gesells.*, t. VI, p. 170 et 175; *Bull. de la Soc. chim.*, 1873, t. XX, p. 30 et 32]. — On l'obtient en dirigeant une quantité calculée de chlore dans une solution sulfocarbonique d'acide salicylique. Il se forme également par l'action de l'acide azoteux sur l'acide amidochlorobenzoïque provenant de la nitration et de la réduction de l'acide chlorobenzoïque.

Il cristallise dans l'eau bouillante en fines aiguilles fusibles à 172°,5.

Le *sel d'argent* est un précipité blanc, anhydre.

Le *sel de baryum*, $(C^6H^3Cl.OH.CO^2)^2Ba,3H^2O$, est peu soluble; il forme de petites aiguilles nacrées, perdant leur eau à 130°.

Le *sel de cuivre* est un précipité cristallin gris vert.

Le *sel de plomb* forme une poudre cristalline blanche, anhydre, à peu près insoluble.

ACIDE DICHLOROSALICYLIQUE,

$$C^6H^2Cl^2.OH.CO^2H$$

(Cahours). — Lorsqu'on fait agir le chlore sur l'acide salicylique, on obtient l'acide monochloré, qu'il est difficile de séparer de l'acide salicylique en excès, si l'on a employé une quantité insuffisante de chlore. Dans le cas contraire, le dérivé monochloré est mélangé d'acide dichloré qui est le produit le plus stable et le plus facile à obtenir pur. Pour le préparer, on traite par un courant de chlore une solution moyennement concentrée de salicylate de potassium jusqu'à ce que le précipité n'augmente plus. On lave le dépôt, on le fait cristalliser dans l'eau bouillante additionnée d'un ...s de son volume d'alcool; puis on le redissout ... l'eau, et on le décompose par l'acide chlor...que. On purifie le produit par cristallisation ... l'alcool. Il se sépare en aiguilles par le refroidissement de la solution concentrée, ou cristallise par l'évaporation d'une solution étendue, en octaèdres bien déterminés. Peu soluble dans l'eau même bouillante, il se dissout facilement dans l'alcool et encore plus dans l'éther. Par la distillation répétée avec un peu de baryte caustique et de sable, il se dédouble en acide carbonique et dichlorophénol.

Le *sel de potassium*, $C^6H^2Cl^2.OH.CO^2K$, est en petites aiguilles peu solubles dans l'eau froide, assez solubles dans l'eau bouillante.

DÉRIVÉS IODÉS.

ACIDES IODOSALICYLIQUES [Lautemann, *Ann. der Chem. u. Pharm.*, t. CXX, p. 299; *Répert. de Chim. pure*, 1862, p. 190; — Liechti, *Ann. der Chem. u. Pharm.*, Supplémentband., t. VII, p. 129; *Bull. de la Soc. chim.*, 1870, t. XIII, p. 533].

Les dérivés iodés de l'acide salicylique ont été découverts par Lautemann. On les prépare en dissolvant dans l'alcool à 80° parties égales d'iode et d'acide salicylique, faisant bouillir pendant quelques heures, distillant l'alcool, traitant le résidu par la potasse, puis précipitant les acides par l'acide chlorhydrique. Le mélange des acides est soumis à l'ébullition avec de l'eau pour chasser l'excès d'acide salicylique, puis fondu, lavé et dissous dans un excès de carbonate de sodium. En neutralisant exactement par l'acide chlorhydrique, on précipite du phénol triiodé; la liqueur, filtrée et évaporée, laisse déposer d'abord le triiodosalicylate de sodium, puis un mélange des sels de l'acide monoiodé et de l'acide biiodé; on les convertit en sels de baryum, et l'on reprend par l'eau, dans laquelle le diiodosalicylate de baryum est insoluble. Il se forme en même temps un corps rouge, $C^6H^2I^2O$, produit de décomposition du triiodosalicylate.

Liechti emploie le procédé suivant, qui fournit seulement les dérivés monoiodé et diiodé. Il dissout 1 partie d'acide salicylique dans 25 parties d'eau chaude et ajoute un mélange de 1 partie d'iode et de un tiers d'acide iodique; le liquide se trouble et dépose un liquide oléagineux qui se solidifie par le refroidissement. Avant qu'il soit solide, on le lave à l'eau bouillante pour enlever l'excès d'acide salicylique. Les acides iodés, plus solubles à froid que l'acide salicylique, le sont beaucoup moins à chaud. Le mélange des deux acides iodés est transformé en sels de baryum, que l'on sépare suivant la méthode de Lautemann. 50 grammes d'acide salicylique donnent par ce procédé 50 grammes d'acide monoiodé et 24 grammes d'acide biiodé. Si l'on emploie moins de 25 parties d'eau, c'est l'acide biiodé qui est en plus forte proportion.

ACIDE MONOIODOSALICYLIQUE,

$$C^6H^3I\left\{\begin{matrix}CO^2H\\OH.\end{matrix}\right.$$

— Il forme une poudre cristalline blanche, qui se dépose de l'eau en aiguilles arborescentes, anhydres, fondant à 196° (Lautemann), à 180° (Liechti). Sous l'eau, il fond à 98°. Il se dissout dans 893 parties d'eau à 20° et 104 parties à 100°. Une ébullition prolongée l'altère; soumis à l'action de la chaleur, il se décompose en iodophénol et acide carbonique. Il colore les sels ferriques en violet. Traité par la potasse caustique, il donne l'acide oxysalicylique (t. II, p. 716).

Le *sel d'ammonium*,

$$[C^6H^3I(OH)CO^2AzH^4]^2 + 7H^2O,$$

cristallise en grosses aiguilles, solubles dans 10,5 parties d'eau à 20°.

Chauffé pendant 6 heures à 160°, il donne de l'iodure et du carbonate d'ammonium, et un corps sublimable à 150°, qui se sépare par l'évaporation de la liqueur saturée par l'acide chlorhydrique. Ce corps renferme $C^{14}H^{12}O^7$, et cristallise en aiguilles incolores, peu solubles dans l'eau froide, plus solubles dans l'eau chaude, d'une réaction acide et fondant à 152°.

Le *sel de baryum*,

$$[C^6H^3I(OH).CO^2]^2Ba + 4H^2O,$$

forme des lamelles quadrangulaires, solubles dans 78 parties d'eau à 20°, peu solubles dans l'alcool; séché par l'acide sulfurique, il retient une molécule d'eau; suivant Lautemann, il est anhydre. Il existe un sel basique,

$$C^6H^3I\left\{\begin{matrix}CO^2\\O\end{matrix}\right\rangle Ba + 2H^2O,$$

en aiguilles groupées en faisceaux.

Le *sel de potassium*, $C^6H^3I.OH.CO^2K$, est en lamelles incolores, solubles dans 5,2 parties d'eau à 20°, solubles dans l'alcool froid, très-peu solubles dans l'éther.

Le *sel de sodium*, $C^6H^3I.OH.CO^2Na$, est en écailles incolores et anhydres, solubles dans 13 parties d'eau à 20°.

ACIDE DIIODOSALICYLIQUE, $C^6H^2I^2.OH.CO^2H$. — Il constitue une poudre cristalline se décomposant sans fondre à 197°. Il se dissout dans 1428 parties d'eau à 15°, et dans 656 parties à 100°; il est très-soluble dans l'alcool et dans l'éther. Traité par la potasse caustique, il donne de l'acide gallique et de l'acide pyrogallique.

Le *sel d'ammonium*,

$$C^6H^2I^2(OH)CO^2.AzH^4 + 1/2H^2O,$$

cristallise en petites aiguilles arborescentes, solubles dans 316 parties d'eau à 20°.

Le *sel de baryum*,

$$[C^6H^2I^2(OH)CO^2]^2Ba + 3H^2O,$$

est en longues aiguilles brillantes, solubles dans 1350 parties d'eau à 20°, très-peu solubles dans l'alcool.

Le *sel basique*,

$$C^6H^2I^2\left\{\begin{matrix}CO^2\\O\end{matrix}\right\rangle Ba + 3H^2O,$$

est en petites tables soyeuses, très-peu solubles dans l'eau.

Le *sel de calcium*,

$$[C^6H^2I^2(OH).CO^2]^2Ca + 5H^2O,$$

forme des aiguilles très-brillantes, solubles dans 1160 parties d'eau à 20°.

Le *sel de potassium*,

$$2C^6H^2I^2(OH)CO^2K + H^2O,$$

cristallise en lamelles chatoyantes, solubles dans 180,7 parties d'eau à 20°.

Le *sel de sodium*,

$$2C^6H^2I^2(OH)CO^2Na + 5H^2O,$$

forme des aiguilles aplaties et brillantes, solubles dans 49,6 parties d'eau à 20°.

ACIDE TRIIODOSALICYLIQUE, $C^6HI^3(OH)CO^2H$. — Il est jaunâtre, très-instable. Les alcalis le transforment en acide carbonique et en un corps rouge très-stable, $C^6H^2I^2O$, que l'acide azotique convertit en acide picrique. Pendant sa préparation, l'acide triiodosalicylique se décompose en partie, en donnant de l'acide carbonique et du triiodophénol, $C^6H^3I^3O$. Le corps rouge $C^6H^2I^2O$ provient de l'action des alcalis sur le triiodophénol qui prend d'abord naissance.

DÉRIVÉS NITRÉS.

ACIDE NITROSALICYLIQUE [Syn. *Acide indigotique, acide anilique, anilotique, nitrospiroylique*], $C^6H^3(AzO^2)(OH)CO^2H + H^2O$. — Cet acide a été découvert par M. Chevreul, qui l'obtint en ajoutant de l'indigo à l'acide azotique, étendu de 10 à 15 fois son poids d'eau et maintenu à l'ébullition. L'acide et ses sels furent analysés par M. Buff et M. Dumas. Gerhardt prépara l'acide indigotique en traitant l'acide salicylique par l'acide azotique fumant et montra qu'il est identique avec l'acide indigotique. Piria obtint également de l'acide nitrosalicylique en traitant la salicine par l'acide azotique étendu. M. Cahours, en soumettant le salicylate de méthyle à l'action de l'acide azotique, a préparé le nitrosalicylate de méthyle que la potasse convertit en acide nitrosalicylique [Chevreul, *Ann. de Chim.*, t. LXVII, p. 131; — Buff, *Ann. de Chim. et de Phys.*, t. XXXVII, p. 60; — Dumas, *même recueil*, t. LXIII, p. 265, et 3e série, t. II, p. 227; — Gerhardt, *même recueil*. (3), t. VII, p. 225; — Piria, *Ann. der Chem. u. Pharm.*, t. LVI, p. 35; — Cahours, *Mém. cité*].

Pour préparer l'acide nitrosalicylique, on arrose l'acide salicylique d'acide azotique fumant. La réaction est extrêmement vive, et il se forme une masse rougeâtre et résinoïde. On la lave à l'eau froide, puis on la dissout dans l'eau bouillante qui dépose, par le refroidissement, des aiguilles déliées et jaunâtres d'acide nitrosalicylique. On peut aussi faire cette préparation en chauffant doucement l'acide salicylique avec de l'acide azotique très-étendu : la réaction s'établit et s'achève presque aussitôt.

L'acide nitrosalicylique cristallise en aiguilles incolores ou jaunâtres; il fond à une température peu élevée en donnant par le refroidissement une masse cristalline formée de tables hexagonales; il se sublime à une douce chaleur. Il perd facilement sa molécule d'eau de cristallisation à 100°. Peu soluble dans l'eau froide, il est très-soluble dans l'eau bouillante et dans l'alcool. Les sels ferriques colorent ses solutions en rouge de sang.

L'acide azotique concentré le convertit en acide picrique; une solution bouillante de chlorure de chaux le transforme en chloropicrine. Avec le chlorate de potassium et l'acide chlorhydrique, il donne de la quinone perchlorée; traité par l'acide chlorhydrique et l'étain, il est réduit à l'état d'acide amidosalicylique $C^6H^3(AzH^2)OH.CO^2H$. — Voyez plus loin.

NITROSALICYLATES. — *Sel d'ammonium*,

$$C^6H^3(AzO^2).OH.CO^2AzH^4.$$

— Il se dépose par l'évaporation d'une solution d'acide dans l'ammoniaque sous la forme de belles aiguilles dorées ou orangées.

Sel d'argent, $C^6H^3(AzO^2).OH.CO^2Ag$. — Il cristallise dans l'eau bouillante en aiguilles d'un jaune-paille; on l'obtient en précipitant le sel d'ammonium par l'azotate d'argent et faisant cristalliser le précipité.

Sel de baryum,

$$[C^6H^3(AzO^2).OH.CO^2]^2Ba + 4H^2O.$$

— Aiguilles jaunes brillantes, peu solubles dans l'eau froide, insolubles dans l'alcool; elles perdent à 200° 12,7 % d'eau de cristallisation. En ajoutant de l'ammoniaque à la solution du sel précédent, on obtient un *sous-sel*,

$$C^6H^3(AzO^2)\left\{\begin{matrix}CO^2\\O\end{matrix}\right\rangle Ba + 2H^2O,$$

sous la forme d'une poudre jaune.

Sel ferrique. — Aiguilles rouge foncé, presque noires, se dissolvant lentement dans l'eau froide avec une couleur rouge de sang.

Sel de potassium, $C^6H^3(AzO^2)OH.CO^2$

Cristaux rouges soyeux, peu solubles dans l'eau froide, assez solubles dans l'alcool.

Sel de plomb,

$$[C^6H^3(AzO^2)OH.CO^2]^2Pb + H^2O.$$

— Précipité cristallin, volumineux; un *sous-sel,*

$$C^6H^3(AzO^2)\left\{\begin{matrix}CO^2\\O\end{matrix}\right\rangle Pb,$$

se produit par l'addition de l'ammoniaque à la solution chaude du sel précédent; il constitue une poudre jaune foncé entièrement insoluble dans l'eau.

Le *sel mercureux* est insoluble, les *sels de calcium, sodium, strontium, magnésium,* sont jaunes et fort solubles dans l'eau.

ÉTHERS NITROSALICYLIQUES. — Voyez ÉTHERS SALICYLIQUES, *Dérivés nitrés.*

ACIDE DINITROSALICYLIQUE (*acide nitropopulique*), $C^6H^2(AzO^2)^2OH.CO^2H$ [Cahours, *Ann. de Chim. et de Phys.*, (3), t. XXV, p. 11]. — Le *dinitrosalicylate de méthyle,* bouilli pendant quelques minutes avec une solution concentrée de potasse, donne un sous-sel de potassium, d'un rouge magnifique, en aiguilles déliées; on le traite par l'acide sulfurique concentré, en ayant soin d'empêcher que la température ne s'élève au-dessus de 50°; il se forme du sulfate de potassium, et la liqueur, additionnée d'eau froide, laisse précipiter l'acide dinitrosalicylique. Si l'on traite le sous-sel de potassium par des acides étendus, on n'obtient que le sel neutre, qui est difficilement décomposé par les acides.

L'acide dinitrosalicylique a été obtenu par M. Stenhouse, qui l'a décrit sous le nom d'*acide nitropopulique,* dans l'action de l'acide azotique étendu sur les extraits aqueux de divers peupliers (*Populus balsamifera, Populus nigra*) [Stenhouse, *Ann. der Chem. u. Pharm.*, t. LXXVIII, p. 1].

L'acide dinitrosalicylique fond à une température peu élevée; doucement chauffé, il se sublime sans altération. Il cristallise dans l'eau bouillante en aiguilles soyeuses, presque incolores, ou, par l'évaporation spontanée d'une solution étendue, en petits prismes durs. Il est très-soluble dans l'eau pure, mais peu soluble dans l'eau renfermant de l'acide sulfurique ou chlorhydrique; il est très-soluble dans l'alcool et dans l'éther. Les sels ferriques le colorent en rouge-cerise. Il communique à l'épiderme une teinte jaune persistante. L'acide azotique concentré le convertit à l'ébullition en acide picrique; l'acide chlorhydrique et le chlorate de potassium, la solution bouillante de chlorure de chaux, se comportent avec lui comme avec l'acide mononitré.

DINITROSALICYLATES. — Ces sels détonent fortement par la chaleur.

Sel d'ammonium, $C^6H^2(AzO^2)^2.OH.CO^2AzH^4$. — Il est en petites aiguilles d'un beau jaune.

Sel d'argent, $C^6H^2(AzO^2)^2.OH.CO^2Ag$. — Petits grains cristallins, très-peu solubles.

Sels de baryum. — Le *sel neutre,*

$$[C^6H^2(AzO^2)^2.OH.CO^2]^2Ba,$$

est en petits cristaux grenus, solubles dans l'eau bouillante. Le *sous-sel,*

$$C^6H^2(AzO^2)^2\left\{\begin{matrix}CO^2\\O\end{matrix}\right\rangle Ba,$$

est cristallin, très-peu soluble dans l'eau chaude.

Sels de potassium. — Le *sel neutre,*

$$C^6H^2(AzO^2)^2.OH.CO^2K,$$

se dépose sous la forme d'une poudre jaune cristalline quand on traite le sous-sel par un excès d'acide azotique étendu et bouillant; il est très-peu soluble dans l'eau froide, insoluble dans l'alcool et dans l'éther, aisément soluble dans une lessive de potasse. Il détone par la chaleur plus faiblement que le sous-sel, il n'est décomposé par l'acide chlorhydrique qu'après une ébullition prolongée avec un excès de cet acide. Le *sous-sel de potassium,* $C^6H^2(AzO^2)^2.OK.CO^2K + H^2O$, se produit par l'ébullition du dinitrosalicylate de méthyle avec une lessive concentrée de potasse; la liqueur devient d'un rouge-brun très-intense, et dépose, en se refroidissant, de belles aiguilles rouges groupées en étoiles. Il détone fortement par la chaleur.

Sel de sodium. — Il est en petits cristaux aciculaires ou en aiguilles jaunes d'un aspect satiné, peu solubles dans l'eau.

DÉRIVÉS AMIDÉS.

ACIDE AMIDOSALICYLIQUE (*acide méta-amidoxybenzoïque*), $C^6H^3(AzH^2)OH.CO^2H$ [Beilstein, *Ann. der Chem. u. Pharm.*, t. CXXXI, p. 242; — R. Schmitt, *Quart. Journ. of the Chem. Soc.*, 2e sér., t. II, p. 194, et *Bull. de la Soc. chim.*, 1865, t. III, p. 212]. — L'acide nitrosalicylique traité par l'étain et l'acide chlorhydrique donne une combinaison cristalline de chlorhydrate d'acide amidosalicylique et de chlorure stanneux que l'on dissout dans l'eau, et que l'on décompose par l'hydrogène sulfuré. La solution évaporée dans un courant de ce gaz fournit des cristaux incolores de chlorhydrate amidosalicylique En neutralisant le chlorhydrate par la soude, on obtient un réseau d'aiguilles satinées d'acide amidosalicylique.

L'acide amidosalicylique est insoluble dans l'eau froide et dans l'alcool, difficilement soluble dans l'eau chaude. En solution aqueuse, il se décompose à l'air. Il donne des sels stables quand ils sont secs, mais se décomposant promptement à l'air humide; mélangé à de la pierre ponce et soumis à la distillation sèche, il fournit de l'amidophénol ou oxaniline.

Le *chlorhydrate amidosalicylique,*

$$C^7H^5(AzH^2)O^3,HCl,$$

cristallise en longues aiguilles très-solubles à l'ébullition dans l'eau et dans l'alcool. Sa solution alcoolique traitée par l'acide nitreux donne de l'acide diazosalicylique.

L'*iodhydrate* cristallise en aiguilles jaunâtres; il est plus stable que le chlorhydrate.

Le *sulfate,* $[C^7H^5(AzH^2)O^3]^2SO^4H^2$, cristallise en prismes incolores peu solubles.

ACIDE DIAMIDOSALICYLIQUE,

$$C^6H^2(AzH^2)^2.OH.CO^2H$$

[Saytzeff, *Bull. de la Soc. chim.*, 1865, t. III, p. 244]. — On l'obtient en traitant le dinitrosalicylate de méthyle par l'iodure de phosphore et l'eau; il se forme une masse cristalline d'iodhydrate diamidosalicylique que l'on dissout dans l'alcool, et que l'on décompose par une solution aqueuse de carbonate de sodium; l'acide diamidosalicylique se précipite entièrement sous forme de petites aiguilles presque blanches, si l'on emploie les quantités suivantes : 100 grammes d'iodhydrate amidosalicylique et 25 grammes de carbonate de sodium anhydre.

L'acide diamidosalicylique est en petites aiguilles groupées concentriquement, peu solubles dans l'eau froide, plus solubles dans l'eau bouillante, presque insolubles dans l'alcool. Ses solutions dans l'eau, dans les acides et dans les alcalis se décomposent bientôt à l'air; l'iodhydrate seul est assez stable en présence de l'acide iodhydrique libre. Le perchlorure de fer colore la solution aqueuse en rouge-brun; l'acide azoteux donne des précipités noirâtres. Il ne donne pas de combinaisons dans lesquelles il joue le rôle d'acide; mais il se combine directement aux acides et forme des sels cristallisables, dans lesquels il fonctionne comme une base diacide.

Chlorhydrate diamidosalicylique,

$$C^6H^2(OH)CO^2H(AzH^2)^2, 2HCl.$$

— La solution de l'acide diamidosalicylique dans l'acide chlorhydrique cristallise, après évaporation au bain-marie, en prismes à base carrée, très-solubles dans l'eau, moins solubles dans l'alcool. Le chlorhydrate ne donne pas de combinaison avec le chlorure de platine.

Azotate diamidosalicylique. — Il cristallise en longs prismes noirs; il est peu stable.

Iodhydrate diamidosalicylique,

$$2[C^6H^2(OH)CO^2H(AzH^2)^2, 2HI] + 3H^2O.$$

— Il est en tables rhombiques légèrement jaunâtres, très-solubles dans l'eau et dans l'alcool.

Sulfate diamidosalicylique,

$$C^6H^2(OH)CO^2H(AzH^2)^2, SO^4H^2 + H^2O.$$

— Prismes à base carrée, peu solubles dans l'eau, à peine solubles dans l'alcool, perdant à 100° leur molécule d'eau de cristallisation.

DÉRIVÉ AZOÏQUE.

ACIDE DIAZOSALICYLIQUE, $C^7H^4Az^2O^3$ [Schmitt, *Dissertation inaugurale*, Marbourg, 1864, et *Zeit. Chem. Pharm.*, 1864, p. 321]. — Quand on fait passer de l'acide azoteux dans une solution alcoolique de chlorhydrate amidosalicylique, il se sépare de minces aiguilles d'acide diazosalicylique, qu'on peut faire recristalliser à chaud dans l'alcool, mais qu'une ébullition prolongée décompose, avec dégagement d'azote et formation d'acide salicylique.

L'acide diazosalicylique se dissout dans les acides chlorhydrique, azotique et bromhydrique, et les solutions refroidies laissent déposer des combinaisons cristallines.

Le *chlorhydrate diazosalicylique*,

$$C^7H^4Az^2O^3, HCl + H^2O,$$

est en longs prismes que l'eau décompose; il donne, avec le chlorure de platine, un *chloroplatinate* que l'eau décompose, et qui, chauffé vers 200°, donne un sublimé d'aiguilles d'acide monochlorosalicylique.

L'acide iodhydrique convertit l'acide diazosalicylique en acide salicylique monoiodé.

DÉRIVÉ SULFURIQUE.

ACIDE SULFOSALICYLIQUE,

$$C^6H^3(OH)\left\{\begin{matrix}SO^3H\\CO^2H\end{matrix}\right.$$

[Cahours, *Ann. de Chim. et de Phys.*, (3), t. XIII, p. 92; — Mendius, *Ann. der Chem. u. Pharm.*, t. CIII, p. 39]. — Cet acide, indiqué par M. Cahours, a été étudié par M. Mendius. On le prépare en exposant l'acide salicylique bien sec aux vapeurs d'anhydride sulfurique, dissolvant le produit dans une petite quantité d'eau, saturant par le carbonate de baryum, et décomposant le sel barytique par un petit excès d'acide sulfurique. On sature ensuite partiellement par le carbonate de plomb, on précipite le plomb par l'hydrogène sulfuré, on concentre dans l'air sec; il se dépose des cristaux d'acide sulfosalicylique que l'on sépare d'une eau mère visqueuse en les dissolvant dans l'alcool absolu (Mendius).

L'acide sulfosalicylique est en longues aiguilles minces, qui sont très-solubles dans l'eau, l'alcool et l'éther, et absorbent l'humidité de l'air. Il fond à 120° et se décompose à une température élevée en donnant du phénol et un sublimé d'acide salicylique. Il n'est pas attaqué par l'acide azotique ou l'acide chlorhydrique, même concentrés et à l'ébullition. Mais avec l'eau régale bouillante il donne la quinone perchlorée.

Il est dibasique, et fournit des sels solubles dans l'eau et presque tous insolubles dans l'alcool; avec les sels ferriques, les solutions se colorent en violet-rouge. Ils ne perdent pas toute leur eau de cristallisation entre 180° et 200°.

Sel d'argent, $C^6H^3(OH)SO^3Ag.CO^2Ag$. — Peu soluble à froid dans l'eau, assez soluble à chaud.

Sel d'ammonium. — On ne l'a pas obtenu pur. Sa solution brunit et dégage de l'ammoniaque quand on la concentre.

Sels de baryum. — Le *sel neutre*,

$$C^6H^3(OH)\left\{\begin{matrix}SO^3\\CO^2\end{matrix}\right\rangle Ba + 3H^2O,$$

est cristallin, facilement soluble dans l'eau chaude.

Le *sel acide*,

$$[C^6H^3(OH)CO^2H, SO^3]^2Ba + 4H^2O,$$

est en prismes obliques, irréguliers.

Sel de calcium,

$$C^6H^3(OH)\left\{\begin{matrix}SO^3\\CO^2\end{matrix}\right\rangle Ca.$$

— Il forme des groupes hémisphériques d'aiguilles soyeuses.

Sels de cuivre. — Le *sel neutre*,

$$C^6H^3(OH)\left\{\begin{matrix}SO^3\\CO^2\end{matrix}\right\rangle Cu$$

(à 180°), est en masses cristallines très-solubles dans l'eau.

Un *sel basique*, $C^7H^4CuSO^6, CuO + 2H^2O$, s'obtient sous forme d'une poudre cristalline verte quand on fait digérer l'acide avec de l'oxyde de cuivre récemment précipité et qu'on évapore la solution.

Sel de magnésium,

$$C^6H^3(OH)\left\{\begin{matrix}SO^3\\CO^2\end{matrix}\right\rangle Mg + 3H^2O.$$

— Il cristallise en grands prismes rectangulaires, qui deviennent opaques à l'air; il est très-soluble.

Sels de potassium. — Le *sel neutre*,

$$C^6H^3(OH)SO^3K.CO^2K + 2H^2O,$$

très-soluble dans l'eau, moins soluble dans l'alcool; il cristallise en prismes jaunâtres.

Le *sel acide*, $C^6H^3(OH)SO^3K.CO^2H + 2H^2O$, est en groupes d'aiguilles; il existe un autre sel acide ne renfermant qu'une demi-molécule d'eau.

Sel de plomb. — Il est neutre, cristallise confusément, et ne renferme pas d'eau de cristallisation.

Sel de sodium,

$$C^6H^3(OH)SO^3Na.CO^2Na + 3H^2O.$$

— Il est en prismes obliques transparents, très-solubles dans l'eau, ne perdant pas encore leur eau de cristallisation à 200°.

Il existe un *sel double sodicopotassique*,

$$C^6H^3(OH)SO^3K.CO^2Na + 4H^2O,$$

cristallisant en prismes rectangulaires, d'un éclat soyeux. On le prépare en saturant le sel acide de potassium par le carbonate de sodium.

Sel de zinc,

$$C^6H^3(OH)\left\{\begin{matrix}SO^3\\CO^2\end{matrix}\right\rangle Zn + 3H^2O.$$

— Il ressemble au sel de magnésium.

Sulfosalicylate d'éthyle,

$$C^6H^3(OH)SO^3C^2H^5.CO^2C^2H^5.$$

— Il se sépare de sa solution alcoolique en cristaux soyeux, parfaitement neutres, fusibles à 50°, distillant sans altération avec la vapeur d'eau. Il s'obtient par l'action de l'iodure d'éthyle sur le sel d'argent.

En dissolvant l'acide salicylique à chaud dans l'acide sulfurique, traitant la masse brute par le carbonate de calcium, filtrant la solution et la précipitant par le carbonate de potassium, on obtient un liquide qui dépose d'abord le sel de potassium de l'acide sulfosalicylique de Mendius; puis des eaux mères il se sépare un sel de potassium d'un acide isomérique; ce second sel de potassium est en cristaux du système quadratique; il renferme $2(C^7H^4SO^6K^2) + 8H^2O$, et perd son eau de cristallisation à 180°; l'acide correspondant n'a pas été isolé [I. Remsen, *Zeit. für Chem.*, t. VII, p. 296, et *Bull. de la Soc. chim.*, 1871, t. XVI, p. 333]. E. G.

SALICYLIQUES (ANHYDRIDES) (*acides polysalicyliques*) [Gerhardt, *Ann. de Chim. et de Phys.*, (3), t. XXXVII, p. 322; — Kraut, Schröder et Prinzhorn, *Ann. der Chem. u. Pharm.*, t. CL, p. 1, et *Bull. de la Soc. chim.*, 1869, t. XII, p. 400, et 1870, t. XIII, p. 32]. — En faisant réagir l'oxychlorure de phosphore sur le salicylate de sodium et traitant le produit de la réaction par l'alcool bouillant, Gerhardt obtint deux composés, l'un soluble dans l'alcool et qu'il regarda comme l'anhydride salicylique $C^{14}H^{10}O^5$, l'autre insoluble, qu'il appela salicylide et représenta par la formule $C^{14}H^8O^4$. Suivant Kraut, Schröder et Prinzhorn, le composé $C^{14}H^{10}O^5$ est un acide salicylo-salicylique analogue à l'acide dilactique; la salicylide serait un acide salicylique condensé, l'acide heptasalicylo-salicylique, $C^{56}H^{34}O^{17}$. Il se forme en outre, par déshydratation du premier, de l'acide trisalicylo-salicylique, $C^{28}H^{18}O^9$. Ces différents composés sont comparables aux acides polylactiques. Nous décrirons d'abord les composés signalés par Kraut, mais Schiff est arrivé à d'autres résultats, que nous indiquons plus loin.

ACIDE SALICYLO-SALICYLIQUE OU DISALICYLIQUE (*acide salicylique anhydre* de Gerhardt),

$$C^{14}H^{10}O^5 = \frac{CO^2H.C^6H^4.O}{HO.C^6H^4.CO.}$$

— On l'obtient en traitant le salicylate de sodium par l'oxychlorure de phosphore; il se forme une substance très-dure qui, chauffée avec de l'eau, se convertit en une masse emplastique et visqueuse, ne se concrétant qu'au bout d'un certain temps. Cette matière gluante se dissout en partie dans l'alcool bouillant et se dépose, après le refroidissement, sous la forme d'une huile épaisse qui ne se solidifie qu'à la longue (Gerhardt). Ce corps se produit par l'action prolongée du chlorure d'acétyle sur l'acide salicylique dans un appareil à reflux, ou par l'action d'une température de 140° à 170° sur l'acide salicylacétique. C'est une masse jaune et transparente, soluble dans l'alcool, l'éther et la benzine. Il décompose les carbonates en donnant des sels d'où les acides le séparent inaltéré aussi. Avec l'ammoniaque aqueuse, il donne de la salicylamide et du salicylate d'ammonium. Ces réactions ne laissent aucun doute sur la nature de ce corps. Par l'action de la chaleur, il se convertit en acide trisalicylo-salicylique, $C^{28}H^{18}O^9$ (Kraut, Schröder et Prinzhorn).

ACIDE TRISALICYLO-SALICYLIQUE, $C^{28}H^{18}O^9$ (Kraut, Schröder et Prinzhorn). — Pour le préparer, on chauffe à 200° l'acide salicylacétique jusqu'à ce que tout l'anhydride acétique soit dégagé. On arrête la distillation dès qu'une goutte de liquide distillé se trouble par l'eau, on épuise par l'eau bouillante, on dissout le résidu dans l'éther et l'on décolore par le charbon animal. Ce corps se présente sous l'aspect d'une huile épaisse, d'un jaune clair, devenant rapidement solide et cassant et ne se ramollissant alors qu'à 70°. Fortement chauffé, il donne de l'acide salicylique, de l'acide carbonique, du phénol et le composé C^6H^4O, oxyde de phénylène, découvert par Marcker dans l'action de la chaleur sur la salicylide de Gerhardt (voyez t. II, p. 895). Les auteurs représentent l'acide trisalicylo-salicylique par la formule

$$C^6H^4(OH)CO^2\text{-}2(C^6H^4.CO^2)\text{-}C^6H^4.CO^2H.$$

ACIDE HEPTASALICYLO-SALICYLIQUE OU OCTOSALICYLIQUE (*salicylide* de Gerhardt), $C^{56}H^{34}O^{17}$. — C'est le produit insoluble dans l'alcool bouillant que Gerhardt obtint en traitant le salicylate de sodium par l'oxychlorure de phosphore et qu'il croyait analogue à la lactide. Kraut le prépare en chauffant à 150°, dans un appareil à reflux, 2 à 3 p. de salicylate de sodium pulvérisé avec 1 p. d'oxychlorure de phosphore et chassant l'excès de ce dernier par un courant d'air sec à 100°. Il fait bouillir avec une lessive étendue de soude, puis avec de l'eau, lave le résidu avec de l'éther pour enlever l'acide disalicylique, et le dissout dans la benzine bouillante. La solution concentrée par l'évaporation est additionnée d'alcool qui précipite des flocons amorphes d'acide heptasalicylo-salicylique. Celui-ci, desséché, constitue une poudre blanche, légère, insoluble dans l'eau, l'éther et l'alcool froid, un peu soluble dans l'alcool bouillant, soluble dans la benzine. Il se dissout un peu dans la soude bouillante, d'où les acides le précipitent sans altération. La potasse bouillante le convertit en salicylate. Chauffé à 200-220° dans un courant d'hydrogène, il donne de l'oxyde de carbone, de l'acide salicylique et le composé C^6H^4O, découvert par Marcker, mais il ne se forme pas d'eau. Il se formerait, suivant Kraut, d'après l'équation

$$8C^7H^6O^3 - 7H^2O = C^{56}H^{34}O^{17}.$$

Suivant M. Schiff, en soumettant l'acide salicylique à l'action de l'oxychlorure de phosphore, on obtient un corps cristallisé et une matière résineuse. Le corps cristallisé (*salicylide*) présente la composition $C^7H^4O^2$ et doit probablement être représenté par la formule

$$C^6H^4\left\{\begin{matrix}O\text{-}OC\\CO\text{-}O\end{matrix}\right\}C^6H^4.$$

La salicylide fond à 195-200°.

La matière résineuse blanche obtenue en même temps renferme $C^{28}H^{18}O^9$; c'est la *tétrasalicylide*, qu'on peut envisager comme l'anhydride d'un acide tétrasalicylique. La tétrasalicylide fond à 230° [Schiff, *Ann. der Chem. u. Pharm.*, t. CLXIII, p. 218, et *Bull. de la Soc. chim.*, 1872, t. XVIII, p. 344]. E. G.

SALICYLIQUES (ÉTHERS). — L'acide salicylique est d'après toutes ses réactions un corps de fonction mixte, acide diatomique, mais monobasique, tout à la fois phénol monatomique et acide. La formule de constitution,

$$C^6H^4\left\{\begin{matrix}CO^2H\\OH,\end{matrix}\right.$$

rappelle ce double caractère.

Il en résulte que l'acide salicylique peut donner plusieurs séries d'éthers :

1° Des éthers neutres renfermant un seul radical alcoolique par substitution de ce radical à l'hydrogène du groupe CO^2H; tel est le salicylate de méthyle,

$$C^6H^4\left\{\begin{matrix}CO^2CH^3\\OH;\end{matrix}\right.$$

2° Des éthers neutres renfermant deux radicaux

alcooliques, par remplacement de l'hydrogène phénolique ; tels sont le salicylate diméthylique,

$$C^6H^4\left\{\begin{matrix}CO^2CH^3\\OCH^3,\end{matrix}\right.$$

les deux salicylates éthylméthyliques,

$$C^6H^4\left\{\begin{matrix}CO^2CH^3\\OC^2H^5\end{matrix}\right.$$

et

$$C^6H^4\left\{\begin{matrix}CO^2C^2H^5\\OCH^3;\end{matrix}\right.$$

3° Des éthers neutres renfermant tout à la fois un radical alcoolique substitué à l'hydrogène du groupe CO^2H, et un radical acide substitué à l'hydrogène du groupe OH. Exemple : salicylate benzoylméthylique,

$$C^6H^4\left\{\begin{matrix}CO^2CH^3\\OC^7H^5O;\end{matrix}\right.$$

4° Des éthers acides dérivant du remplacement de l'hydrogène phénolique par un radical alcoolique, tels sont : l'acide méthylsalicylique,

$$C^6H^4\left\{\begin{matrix}CO^2H\\OCH^3;\end{matrix}\right.$$

l'acide éthylsalicylique,

$$C^6H^4\left\{\begin{matrix}CO^2H\\OC^2H^5.\end{matrix}\right.$$

Ces derniers composés renfermant le groupe CO^2H sont de véritables acides, dont les dérivés alcooliques sont les éthers neutres à deux radicaux alcooliques. On comprend l'isomérie que présentent les derniers quand ils renferment des radicaux différents ; ainsi les deux salicylates éthylméthyliques sont : l'un le méthylsalicylate d'éthyle, l'autre l'éthylsalicylate de méthyle ;

5° Enfin, il existe des dérivés dans lesquels l'hydrogène phénolique est remplacé par un radical acide ; tel est l'acide acétylsalicylique,

$$C^6H^4\left\{\begin{matrix}CO^2H\\OC^2H^3O.\end{matrix}\right.$$

Nous les décrirons dans l'ordre suivant, en rattachant à chaque composé ses dérivés bromés, chlorés, nitrés, etc.

I. — *Éthers neutres renfermant un radical alcoolique.*

Salicylate d'amyle.......	$C^{12}H^{16}O^3 = C^6H^4(OH)CO^2.C^5H^{11}$.
Salicylate d'éthyle.......	$C^9H^{10}O^3 = C^6H^4(OH)CO^2.C^2H^5$.
Salicylate de méthyle....	$C^8H^8O^3 = C^6H^4(OH)CO^2.CH^3$.
Salicylate d'éthylène.....	$C^{16}H^{14}O^6 = [C^6H^4(OH)CO^2]^2.C^2H^4$.

II. — *Éthers neutres à deux radicaux alcooliques.*

Amylsalicylate de méthyle.	$C^{13}H^{18}O^3 = C^6H^4(OC^5H^{11})CO^2.CH^3$.
Éthylsalicylate de méthyle.	$C^{10}H^{12}O^3 = C^6H^4(OC^2H^5)CO^2.CH^3$.
Méthylsalicylate d'éthyle.	$C^{10}H^{12}O^3 = C^6H^4(OCH^3)CO^2.C^2H^5$.
Méthylsalicylate de méthyle.......	$C^9H^{10}O^3 = C^6H^4(OCH^3)CO^2.CH^3$.
Isopropylsalicylate de méthyle.......	$C^{11}H^{14}O^3 = C^6H^4(OC^3H^7)CO^2.CH^3$.

III. — *Éthers neutres à radical acide et radical alcoolique.*

Salicylate benzoylméthylique.......	$C^{15}H^{12}O^4 = C^6H^4(OC^7H^5O)CO^2.CH^3$.
Salicylate cuminylméthylique.......	$C^{18}H^{18}O^4 = C^6H^4(OC^{10}H^{11}O)CO^2.CH^3$.
Salicylate succinylméthylique.......	$C^{20}H^{18}O^8 = (C^6H^4CO^2CH^3)^2O^2.C^4H^4O^2$.

IV. — *Éthers acides à radical alcoolique.*

Acide benzylsalicylique..	$C^{14}H^{12}O^3 = C^6H^4(OC^7H^7)CO^2H$.
Acide éthylsalicylique ...	$C^9H^{10}O^3 = C^6H^4(OC^2H^5)CO^2H$.
Acide isopropylsalicylique.......	$C^{10}H^{12}O^3 = C^6H^4(OC^3H^7)CO^2H$.
Acide méthylsalicylique..	$C^8H^8O^3 = C^6H^4(OCH^3)CO^2H$.

V. — *Éther acide à radical acide.*

Acide acétylsalicylique....	$C^9H^8O^4 = C^6H^4(OC^2H^3O)CO^2H$.

On voit, par l'inspection de ce tableau, que les corps du groupe II sont les éthers des acides du groupe IV ; de même les corps du groupe III sont les éthers des acides du groupe V ; seulement les acides benzoylsalicylique, cumylsalicylique n'ont pas été isolés. On ne connaît que leurs éthers méthyliques.

I. — ÉTHERS NEUTRES A UN RADICAL ALCOOLIQUE.

SALICYLATE D'AMYLE,

$$C^{12}H^{16}O^3 = C^6H^4(OH)CO^2.C^5H^{11}$$

[Gerhardt et Drion, *Ann. de Chim. et de Phys.*, (3), t. XLV, p. 102]. — On le prépare en traitant le chlorure de salicyle $C^6H^4(OH)COCl$ par l'hydrate d'amyle. Il ne faut opérer que sur de petites quantités à la fois, autrement il ne se forme que peu de salicylate d'amyle, et l'on obtient surtout du phénol.

Le salicylate d'amyle est liquide, incolore, réfringent, d'une odeur agréable, plus dense que l'eau ; il bout à 250°.

SALICYLATE D'ÉTHYLE,

$$C^9H^{10}O^3 = C^6H^4(OH)CO^2.C^2H^5$$

[Cahours, *Ann. de Chim. et de Phys.*, (3), t. X, p. 360]. — M. Cahours obtient ce corps en distillant un mélange de 2 p. d'alcool absolu, 1 p. et demie d'acide salicylique et 1 p. d'acide sulfurique à 66°. Gerhardt le prépare par l'action du chlorure de salicyle sur l'alcool absolu [*Ann. de Chim. et de Phys.*, (3), t. XLV, p. 100].

Le salicylate d'éthyle est incolore, d'une odeur suave, plus pesant que l'eau ; il bout vers 230°. Il se comporte avec les divers réactifs, brome chlore, acide azotique, ammoniaque, comme le salicylate de méthyle (voyez plus loin). Mélangé avec de la baryte et soumis à la distillation, il se dédouble en acide carbonique et phénéthol (phénate d'éthyle), C^6H^5O,C^2H^5. Comme tous les éthers salicyliques de ce groupe, il donne, ainsi que ses produits de substitution, des combinaisons cristallisables avec les alcalis.

Traité par le chlorure de benzoyle, il donne le salicylate benzoylméthylique, $C^{15}H^{12}O^4$ (Gerhardt). — Voyez plus loin.

DÉRIVÉS BROMÉS ET CHLORÉS.

Dibromosalicylate d'éthyle,

$$C^6H^2Br^2(OH)CO^2.C^2H^5$$

[Cahours, *Ann. de Chim. et de Phys.*, (3), t. X, p. 364]. — Traité par un excès de brome, le salicylate d'éthyle donne le dérivé dibromé, peu soluble dans l'alcool froid, assez soluble dans l'alcool bouillant, d'où il se sépare sous forme de larges écailles nacrées. Il fond à une température peu élevée et se prend par le refroidissement en une masse cristalline, semblable à une cristalli sation de bismuth. Si l'on opère sur 10 à 15 gr., on obtient par fusion des cubes très-nets et d'un grand volume.

Dichlorosalicylate d'éthyle,

$$C^6H^2Cl^2(OH)CO^2.C^2H^5$$

[Cahours, *Ann. de Chim. et de Phys.*, (3), t. XXVII, p. 461]. — On l'obtient en faisant passer un courant de chlore, jusqu'à refus, dans de l'éther salicylique. Sur la fin de la réaction, le produit se prend en masse. Purifié par compression et par cristallisation dans l'alcool, il est en tables incolores, douées de beaucoup d'éclat.

Dérivés nitrés. — *Nitrosalicylate d'éthyle* (*éther indigotique*),

$$C^9H^9AzO^5 = C^6H^3(AzO^2)(OH)CO^2.C^2H^5$$

[Cahours, *Ann. de Chim. et de Phys.*, (3), t. X, p. 362]. — On dissout l'éther salicylique dans l'acide azotique fumant en ayant soin de refroidir, on précipite par l'eau une huile pesante qui peut demeurer liquide pendant plusieurs jours. Si l'on ajoute quelques gouttes d'ammoniaque, pour saturer l'excès d'acide, cette huile se solidifie à l'instant. Si l'on fait bouillir cette matière avec de l'eau, elle fond, et par le refroidissement se prend en une masse cristalline. Après un lavage suffisant à l'eau bouillante pour enlever l'excès d'acide azotique, on dissout le résidu dans l'alcool bouillant, d'où il se dépose sous la forme d'aiguilles jaunâtres. Il se dissout lentement dans l'ammoniaque liquide et se convertit en nitrosalicylamide.

Dinitrosalicylate d'éthyle,

$$C^9H^8(AzO^2)^2O^3 = C^6H^2(AzO^2)^2OHCO^2.C^2H^5$$

[Cahours, *Ann. de Chim. et de Phys.*, (3), t. XXV, p. 19, et t. XXVII, p. 462]. — On dissout l'acide dinitrosalicylique dans l'alcool absolu, et l'on sature la solution, à la température de l'ébullition, par le gaz chlorhydrique sec. La liqueur concentrée additionnée d'eau laisse déposer l'éther dinitrosalicylique. On peut aussi le préparer en traitant le salicylate d'éthyle par un mélange d'acide azotique et d'acide sulfurique fumants. On le purifie par cristallisation dans l'alcool bouillant, d'où il se sépare sous la forme de petites tables brillantes.

Salicylate de méthyle (*acide gaulthérique*), $C^8H^8O^3 = C^6H^4(OH)CO^2.CH^3$. — Le salicylate de méthyle constitue la plus grande partie de l'essence de Wintergreen ou de *Gaultheria procumbens*, de la famille des Bruyères et qui croît à New-Jersey. C'est le premier éther salicylique qui ait été décrit. M. Procter, chimiste américain, constata qu'il fournit de l'acide salicylique par l'action des alcalis et indiqua plusieurs de ses réactions [*Rapport annuel de Berzelius*, 1845, p. 273]. A la même époque, M. Cahours étudiant le salicylate de méthyle en fit l'histoire complète; il montra que le principe constituant de l'essence de gaultheria est un éther méthylsalicylique qu'il reproduisit au moyen de l'acide salicylique et de l'esprit de bois. Il fit connaître l'action des réactifs sur ce corps, ses dérivés métalliques, ses produits de distillation bromés, chlorés, nitrés, son dédoublement en anisol et en acide carbonique, montrant ainsi les relations de l'acide salicylique d'un côté avec le phénol, de l'autre avec l'indigo. Les recherches de M. Cahours sur les composés salicyliques ont exercé une influence considérable sur la science, et ont spécialement contribué à étendre nos connaissances sur la série aromatique. Presque tous les faits que nous rapportons ici sont extraits des mémoires de M. Cahours [Cahours, *Ann. de Chim. et de Phys.*, 1844, (3), t. X, p. 327; *Compt. rend. de l'Acad.*, 1852, t. XXXIX, p. 256].

L'essence de *Gaultheria procumbens* est constituée aux 9 dixièmes par du salicylate de méthyle; elle renferme en outre une petite quantité d'un hydrocarbure $C^{10}H^{16}$, le *gaulthérylène*. Elle commence à bouillir à 200°, mais bientôt son point d'ébullition s'élève; en la redistillant jusqu'à ce qu'il soit constant à 222°, on obtient le salicylate de méthyle pur.

On peut également obtenir le salicylate de méthyle en soumettant à la distillation un mélange de 2 p. d'acide salicylique cristallisé, 2 p. d'alcool méthylique pur et 1 p. d'acide sulfurique à 66°. Il se forme encore par l'action de l'alcool méthylique sur le chlorure de salicyle, $C^6H^4(OH)COCl$ [Gerhardt, *Ann. de Chim. et de Phys.*, (3), t. X, p. 360].

Le salicylate de méthyle est un liquide incolore, d'une odeur forte et agréable très-persistante, peu soluble dans l'eau, très-soluble dans l'alcool et dans l'éther. Il bout à 222°. Sa densité est de 1,18 à 10°. Sa solution aqueuse se colore en violet par les sels ferriques. Il donne avec les oxydes métalliques des composés cristallisables, analogues à ceux que fournit le phénol; ainsi le dérivé potassique renferme $C^6H^4(OK)CO^2.CH^3$. Les acides le séparent inaltéré de ces combinaisons; mais quand on le chauffe avec la potasse, il se dédouble en alcool méthylique et en salicylate de potassium.

Le salicylate de méthyle distillé avec un excès de baryte se dédouble en phénate de méthyle (anisol) et carbonate :

$$C^6H^4(OH)CO^2CH^3 = CO^2 + C^6H^5OCH^3.$$

L'acide azotique fumant le transforme en dérivé mononitré, et le mélange d'acide azotique et d'acide sulfurique en dérivé dinitré; avec le chlore, le brome, il fournit des produits de substitution. Il dissout l'iode sans donner de combinaisons. Avec le perchlorure de phosphore, il se comporte comme l'acide salicylique, en donnant du chlorure de méthyle, de l'oxychlorure de phosphore et du chlorure de salicyle. Par un contact prolongé avec une solution d'ammoniaque, il se dissout et se transforme en salicylamide. Les chlorures d'acides, comme le chlorure de benzoyle, le chlorure de cumyle, l'attaquent en donnant du salicylate benzoylméthylique,

$$C^6H^4(OC^7H^5O)CO^2CH^3$$

(Gerhardt).

Dérivés métalliques. — Ces dérivés sont appelés aussi *gaulthérates*.

Les *sels de plomb, de cuivre* et *de mercure* sont des précipités qu'on obtient avec le dérivé potassique.

Le *dérivé potassique*, $C^6H^4(OK)CO^2.CH^3$, s'obtient en écailles nacrées, douées de beaucoup d'éclat, quand on agite le salicylate de méthyle avec une solution de potasse pure. On le lave avec un peu d'eau froide, on le dissout dans l'alcool absolu, et on le fait cristalliser dans le vide, où il se sépare sous la forme d'aiguilles blanches d'une finesse extrême, présentant l'aspect de l'amiante. Ce sel est très-soluble dans l'eau.

Le *dérivé sodique* est semblable au dérivé potassique.

Le *dérivé barytique*,

$$(C^6H^4.CO^2CH^3.O)^2Ba + H^2O,$$

se produit sous la forme d'un précipité blanc par l'addition du salicylate de méthyle à une solution de baryte.

Dérivés bromés [Cahours, *Ann. de Chim. et de Phys.*, (3), t. X, p. 340]. — *Bromosalicylate de méthyle*, $C^8H^7BrO^3 = C^6H^3Br(OH)CO^2.CH^3$. — Lorsqu'on ajoute du brome au salicylate de méthyle, il se forme une masse cristalline, mélange du dérivé monobromé et du dérivé dibromé, que l'on sépare au moyen de l'alcool, dans lequel le premier est très-soluble, tandis que le second y est peu soluble à froid.

Le bromosalicylate de méthyle est en cristaux incolores, fondant à 55°, doués d'une odeur particulière, très-solubles dans l'alcool et dans l'éther. Il se dissout dans l'ammoniaque en donnant un corps cristallisé qui paraît être la bromosalicylamide. Traité à chaud par la potasse, il donne du bromosalicylate de potassium.

Dibromosalicylate de méthyle,

$$C^8H^6Br^2O^3 = C^6H^2Br^2(OH)CO^2.CH^3.$$

— En ajoutant un excès de brome à l'éther méthylsalicylique, on obtient facilement le dérivé dibromé, qu'on purifie par cristallisation dans l'alcool bouillant. Il s'en sépare sous forme de prismes assez volumineux, fusibles vers 145°, insolubles dans l'eau, solubles dans l'alcool et dans l'éther, surtout à chaud. Traité par le brome, même sous l'influence des vapeurs solaires, il ne subit aucune altération.

Dérivé chloré [Cahours, *même mémoire*, p. 345]. — *Dichlorosalicylate de méthyle,*

$$C^6H^2Cl^2(OH)CO^2.CH^3.$$

— Quand on fait passer un courant de chlore dans le salicylate de méthyle, on obtient une masse cristalline assez fusible, mélange du dérivé monochloré et du dérivé dichloré. On sépare ce dernier par une cristallisation dans l'alcool bouillant. Il est en aiguilles prismatiques, insolubles dans l'eau, solubles dans l'alcool et dans l'éther, fondant vers 100°, et se volatilisant sans altération. L'ammoniaque liquide le convertit en un corps cristallisé, probablement la dichlorosalicylamide. Traité pendant plusieurs jours par le chlore, en présence des rayons solaires, il ne subit pas d'altération.

Dérivés nitrés. — *Nitrosalicylate de méthyle,*

$$C^8H^7(AzO^2)O^3 = C^6H^3(AzO^2)(OH)CO^2.CH^3$$

[Cahours, *Ann. de Chim. et de Phys.*, (3), t. X, p. 345]. — Quand on ajoute du salicylate de méthyle à de l'acide azotique fumant dans un vase refroidi, il se dissout, puis le tout se prend en une masse cristalline. On lave celle-ci avec de l'eau bouillante, puis on la fait cristalliser deux ou trois fois dans l'alcool bouillant.

Le dérivé nitré se présente sous la forme d'aiguilles jaunâtres d'une finesse extrême; très-peu soluble dans l'eau bouillante, il y fond en une huile pesante; l'eau, par le refroidissement, laisse déposer des aiguilles très-fines. Il est assez soluble dans l'alcool bouillant, et fond à 88-90°. Traité à l'ébullition par l'acide azotique, il donne de l'acide picrique. La potasse bouillante le transforme en acide nitrosalicylique (indigotique).

Dinitrosalicylate de méthyle,

$$C^8H^6(AzO^2)^2O^3 = C^6H^2(AzO^2)^2(OH)CO^2.CH^3$$

[Cahours, *Ann. de Chim. et de Phys.*, (3), t. XXV, p. 6]. — Lorsqu'on verse l'éther méthylsalicylique dans un mélange d'acide azotique et d'acide sulfurique fumants, qu'on précipite par l'eau et qu'on fait cristalliser le précipité dans l'alcool bouillant, on obtient le dérivé dinitré.

Ce corps se présente sous la forme d'écailles légèrement jaunâtres; il fond entre 124° et 125°. Chauffé brusquement, il se décompose avec explosion. L'acide sulfurique le dissout à froid sans altération; à 60-70°, le mélange d'acide sulfurique et de dinitrosalicylate de méthyle prend une couleur rouge, tandis qu'il se dégage de l'acide carbonique. L'eau ajoutée à la solution la trouble et, par le refroidissement, il se sépare des aiguilles jaunes, facilement solubles dans l'eau et dans l'alcool. Le dinitrosalicylate de méthyle, se rapprochant par là des phénols nitrés, donne des sels définis.

Le *sel d'ammonium,*

$$C^6H^2(AzO^2)^2(OAzH^4)CO^2.CH^3,$$

forme des aiguilles jaunes, transparentes, peu solubles dans l'eau froide et très-solubles dans l'eau bouillante.

Le *sel d'argent* est une poudre d'un beau jaune. Traité par l'iodure d'éthyle, il fournit l'*éthyldinitrosalicylate de méthyle,*

$$C^6H^2(AzO^2)^2.OC^2H^5.CO^2CH^3,$$

en cristaux monocliniques fusibles à 80°. Cet éther traité par l'ammoniaque bouillante fournit le *dinitroanthranilate de méthyle,* fusible à 165° et renfermant $C^6H^2(AzO^2)^2AzH^2,CO^2CH^3$. — Voyez t. II, p. 699.

Trinitrosalicylate de méthyle,

$$C^6H(AzO^2)^3(OH)CO^2.CH^3.$$

— Dans les eaux mères alcooliques d'où l'on a fait cristalliser le dérivé dinitré, on trouve le dérivé trinitré cristallisant en tables jaunes, transparentes, mais il n'est pas pur et s'obtient toujours accompagné d'acide picrique.

Salicylate d'éthylène, $(C^6H^4(OH)CO^2)^2C^2H^4$ [Gilmer, *Ann. der Chem. u. Pharm.*, t. CXXIII, p. 377, et *Rép. de Chim. pure,* 1862, p. 137]. — Obtenu par l'action du bromure d'éthylène sur le salicylate d'argent, il cristallise dans l'alcool en aiguilles blanches, insolubles dans l'eau et dans les alcalis, fondant à 83°. Le perchlorure de phosphore l'attaque à chaud en donnant du chlorure d'éthylène et un corps incristallisable, présentant les caractères de l'anhydride salicylique de Gerhardt.

II. — Éthers neutres a deux radicaux alcooliques.

Ils représentent l'acide salicylique dont les 2 atomes d'hydrogène sont remplacés par des radicaux alcooliques. On les obtient en traitant par les iodures alcooliques les dérivés métalliques des éthers neutres analogues au salicylate de méthyle, ou les sels des éthers acides comme l'acide méthylsalicylique. La saponification les convertit en éthers acides (Graebe).

Amylsalicylate de méthyle,

$$C^{13}H^{18}O^3 = C^6H^4(OC^5H^{11})CO^2.CH^3$$

[Cahours, *Compt. rend. de l'Acad.*, t. XXXIX, p. 1[illegible]6]. — On l'obtient en chauffant en vases clos le dérivé potassique du salicylate de méthyle avec de l'iodure d'amyle. Il bout au-dessus de 300° et donne, avec le chlore, le brome, l'acide azotique fumant des combinaisons cristallisables.

Éthylsalicylate de méthyle,

$$C^{10}H^{12}O^3 = C^6H^4(OC^2H^5)CO^2.CH^3$$

(Cahours). — Obtenu au moyen de l'iodure d'éthyle, il est liquide et bout à 262° (265°, Kraut). En le saponifiant par la potasse, Kraut a obtenu l'acide éthylsalicylique $C^6H^4(OC^2H^5)CO^2H$. — Voyez plus loin.

Méthylsalicylate d'éthyle,

$$C^{10}H^{12}O^3 = C^6H^4(OCH^3)CO^2C^2H^5.$$

— Isomère du précédent; il s'obtient, suivant Graebe, en faisant passer un courant de gaz chlorhydrique dans une solution alcoolique d'acide méthylsalicylique. Il bout à 167° comme son isomère.

Isopropylsalicylate de méthyle,

$$C^{11}H^{14}O^3 = C^6H^4(OC^3H^7)CO^2CH^3$$

Kraut, Schröder et Prinzhorn, *Ann. der Chem.*

u. Pharm., t. CL, p. 1, et *Bull. de la Soc. chim.*, 1869, t. XII, p. 400]. — On prépare cet éther, isomère des deux précédents, en chauffant un mélange de salicylate de méthyle, d'iodure d'isopropyle et de potasse. Il est liquide, bout à 250°; sa densité à 20° est de 1,062. Chauffé avec l'ammoniaque, il donne l'isopropylsalicylamide, $C^6H^4(OC^3H^7)COAzH^2$, cristallisée en fines aiguilles solubles dans l'eau, l'alcool et l'éther.

La potasse bouillante le convertit en acide isopropylsalicylique, $C^6H^4(OC^3H^7)CO^2H$.

MÉTHYLSALICYLATE DE MÉTHYLE,

$$C^9H^{10}O^3 = C^6H^4(OCH^3)CO^2.CH^3$$

(Cahours). — Il a été obtenu par M. Cahours par l'action de l'iodure de méthyle sur le gaulthérate de potassium. On peut le préparer, suivant Graebe, en chauffant en tubes scellés de l'iodure de méthyle (1 1/2 à 2 p.), du salicylate de méthyle (1 p.) et de la potasse alcoolique (renfermant 1/2 p. de potasse solide).

C'est un liquide incolore, bouillant à 248°. Chauffé avec de la soude, il donne de l'alcool méthylique et du méthylsalicylate de sodium, $C^6H^4(OCH^3)CO^2Na$ (Graebe).

III. — ÉTHERS NEUTRES A RADICAL ACIDE ET A RADICAL ALCOOLIQUE.

SALICYLATE BENZOYLMÉTHYLIQUE,

$$C^{15}H^{12}O^4 = C^6H^4(OC^7H^5O)CO^2.CH^3$$

[Gerhardt, *Ann. de Chim. et de Phys.*, (3), t. XLV, p. 93]. — Ce corps s'obtient lorsqu'on chauffe molécules égales de chlorure de benzoyle et de salicylate de méthyle jusqu'à ce qu'il ne se dégage plus d'acide chlorhydrique. On lave le produit, quand il est solidifié, avec de la potasse, puis on fait cristalliser dans l'alcool ou l'éther. Il se dépose sous la forme de magnifiques prismes clinorhombiques, doués de beaucoup d'éclat, fusibles à 83°, insolubles dans l'eau, fort solubles dans l'alcool et l'éther. La potasse aqueuse et bouillante ne l'attaque pas; chauffé avec de la potasse solide, il donne du salicylate.

SALICYLATE CUMINYLMÉTHYLIQUE,

$$C^{18}H^{18}O^4 = C^6H^4(OC^{10}H^{11}O)CO^2.CH^3$$

[Gerhardt, *même mémoire*, p. 95]. — Ce composé s'obtient comme le précédent; seulement il faut chauffer un peu plus fort. Cristallisé dans l'alcool bouillant, il se présente sous la forme de paillettes rhombiques très-brillantes, insolubles dans l'eau, peu solubles dans l'alcool froid, très-solubles dans l'éther. Par l'évaporation spontanée, la solution éthérée l'abandonne sous la forme de prismes clinorhombiques souvent très-gros. Dissous jusqu'à saturation dans l'alcool bouillant, il s'en sépare sous la forme d'une huile qui reste longtemps liquide.

SALICYLATE SUCCINYLMÉTHYLIQUE,

$$C^{20}H^{18}O^8 = [C^6H^4.CO^2CH^3]^2O^2.C^4H^4O^2$$

(Gerhardt). — Obtenu comme les précédents, avec le chlorure de succinyle, il cristallise dans l'alcool bouillant en grosses lames rectangulaires. Il est peu soluble dans l'alcool froid et dans l'éther.

Les trois composés précédents sont des éthers méthyliques des acides benzoylsalicylique, cuminylsalicylique, succinylsalicylique qui n'ont pas été isolés.

IV. — ÉTHERS ACIDES A RADICAL ALCOOLIQUE.

On les obtient en saponifiant par la potasse les éthers du groupe II à deux radicaux alcooliques. M. Cahours avait pensé que le salicylate diméthylique et le salicylate éthylméthylique, obtenus par l'action des iodures sur le gaulthérate de potassium, fournissaient de l'acide salicylique par saponification; mais Graebe a montré qu'ils donnent l'acide méthylsalicylique et l'acide éthylsalicylique :

$$C^6H^4\begin{cases}CO^2CH^3\\OCH^3\end{cases} + H^2O$$

Salicylate diméthylique. — Eau.

$$= C^6H^4\begin{cases}CO^2H\\OCH^3\end{cases} + CH^4O.$$

Acide méthylsalicylique. — Alcool méthylique.

Graebe a décrit l'acide méthylsalicylique. Depuis on a fait connaître des acides analogues.

ACIDE BENZYLSALICYLIQUE,

$$C^{14}H^{12}O^3 = C^6H^4(OC^7H^7)CO^2H$$

[Perkin, *Journ. of the Chem. Society*, t. VI, p. 122, et *Bull. de la Soc. chim.*, 1868, t. X, p. 281]. — En chauffant à 100° en vase clos du chlorure de benzyle avec du gaulthérate de sodium, on obtient une huile qui bout vers 310° et doit être le benzylsalicylate de méthyle. Traité à l'ébullition par la potasse alcoolique, ce corps se saponifie; en dissolvant le produit de la réaction dans l'eau et le précipitant par l'acide chlorhydrique, on obtient de l'acide benzylsalicylique sous la forme d'un liquide huileux qui se solidifie au bout de 24 heures, et qu'on fait cristalliser dans le chlorure de carbone. Il cristallise en petites tables transparentes, fusibles à 75°, facilement solubles dans l'alcool, quelque peu solubles dans l'eau.

Le *sel d'argent*, $C^{14}H^{11}O^3Ag$, est un précipité blanc, fondant à 100°.

ACIDE ÉTHYLSALICYLIQUE,

$$C^9H^{10}O^3 = C^6H^4(OC^2H^5)CO^2H$$

[Kraut, Schröder et Prinzhorn, *Ann. der Chem. u. Pharm.*, t. CL, p. 1, et *Bull. de la Soc. chim.*, 1869, t. XII, p. 400]. — Obtenu par saponification de l'éthylsalicylate de méthyle, il constitue une huile incolore et inodore, se concrétant lentement par le froid en une masse cristalline fusible à 19°. Il est un peu soluble dans l'eau froide, plus soluble dans l'eau bouillante. A 300°, il se dédouble en acide carbonique et phénate d'éthyle. — Traité par l'acide azotique, il donne un dérivé nitré.

Le *sel d'argent*, $C^9H^9O^3Ag$, forme un précipité blanc, cristallisable dans l'eau bouillante en aiguilles inaltérables à la lumière.

Le *sel de baryum*, $(C^9H^9O^3)^2Ba$, est très-soluble dans l'eau, qui le laisse à l'état gommeux. Il cristallise dans l'alcool absolu en aiguilles feutrées.

Le *sel de calcium* cristallise dans l'eau en aiguilles microscopiques.

Le *sel de cuivre* renferme

$$(C^9H^9O^3)^2Cu + C^9H^9O^3.Cu(OH).$$

Il forme un précipité cristallin bleu, insoluble dans l'eau, l'alcool et l'éther.

Le *sel de plomb*, $(C^9H^9O^3)^2Pb + 2H^2O$, cristallise dans l'eau bouillante en fines aiguilles, perdant leur eau à 150°, en entrant en fusion.

ACIDE ÉTHYLNITROSALICYLIQUE, $C^9H^9(AzO^2)O^3$ (Kraut, etc.). — On l'obtient en évaporant l'acide éthylsalicylique avec de l'acide azotique d'une densité de 1,2. Cristallisé dans l'eau bouillante, il se dépose en lamelles soyeuses, incolores, fusibles à 161°. Il est peu soluble dans l'eau froide, facilement soluble dans l'eau bouillante, l'alcool et l'éther.

Le *sel d'argent* cristallise dans l'eau bouillante en petites aiguilles.

Le *sel de baryum*, $[C^9H^8(AzO^2)O^3]^2Ba + 2H^2O$

est en prismes courts et brillants, se colorant à l'air, solubles dans l'eau froide.

ACIDE ISOPROPYLSALICYLIQUE,

$$C^{10}H^{12}O^3 = C^6H^4(OC^3H^7)CO^2H$$

[Kraut, Schröder et Prinzhorn, *Mém. cité*]. — On l'obtient comme l'acide éthylsalicylique, en saponifiant l'isopropylsalicylate de méthyle décrit plus haut. Il est liquide, incolore, ne cristallisant pas à — 20°, un peu soluble dans l'eau bouillante, volatil avec la vapeur d'eau.

Le *sel d'argent* est cristallisé et renferme

$$2(C^{10}H^{11}O^3Ag) + H^2O.$$

Le *sel de baryum*, $(C^{10}H^{11}O^3)^2Ba + H^2O$, cristallise dans l'alcool en aiguilles; sa solution aqueuse le laisse à l'état gommeux.

Le *sel de calcium*, $(C^{10}H^{11}O^3)^2Ca + 2H^2O$, forme des faisceaux de fines aiguilles solubles dans l'eau bouillante.

ACIDE MÉTHYLSALICYLIQUE,

$$C^8H^8O^3 = C^6H^4(OCH^3)CO^2H$$

[Græbe, *Ann. der Chem. u. Pharm.*, t. CXXXIX, p. 134, et *Bull. de la Soc. chim.*, 1867, t. VII, p. 182]. — Pour le préparer, on fait bouillir le méthylsalicylate de méthyle avec de la soude, et l'on précipite la solution par l'acide chlorhydrique. L'acide méthylsalicylique ainsi obtenu peut être mélangé d'acide salicylique; on le purifie en faisant digérer le mélange pendant plusieurs heures au bain-marie avec un lait de chaux. L'acide salicylique fournit un salicylate de calcium basique qui est insoluble, tandis que le méthylsalicylate reste dissous.

L'acide méthylsalicylique cristallise en grandes tables anhydres. Par l'évaporation lente de sa solution alcoolique, il se dépose en prismes, appartenant au type du prisme orthorhombique. Il est très-soluble dans l'alcool et dans l'éther, peu soluble dans l'eau, dont 200 parties en dissolvent 1 partie à 20°. Chauffé au-dessus de 200°, il se dédouble en phénate de méthyle et acide carbonique.

Le *sel d'argent*, $C^8H^7O^3Ag$, est un précipité blanc.

Le *sel de baryum*, $(C^8H^7O^3)^2Ba$, est une masse mamelonnée, formée d'aiguilles microscopiques.

Le *sel de calcium*, $(C^8H^7O^3)^2Ca + 2H^2O$, est en aiguilles assez solubles dans l'eau bouillante.

Le *sel de plomb*, $(C^8H^7O^3)^2Pb + H^2O$, est en beaux cristaux prismatiques, souvent groupés en faisceaux.

ACIDE MÉTHYLNITROSALICYLIQUE, $C^8H^7(AzO^2)O^3$ [Kraut, Schröder et Prinzhorn]. — On traite l'acide précédent par l'acide azotique fumant, et on précipite par l'eau. Le dérivé nitré est en fines aiguilles incolores, fusibles à 149°, sublimables sans décomposition, solubles dans l'eau bouillante, l'alcool et l'éther.

V. — ÉTHERS A RADICAL ACIDE.

ACIDE ACÉTYLSALICYLIQUE,

$$C^9H^8O^4 = C^6H^4(OC^2H^3O)CO^2H$$

[Gerhardt, *Ann. de Chim. et de Phys.*, (3), t. XXXVII, p. 322; — Gilm, *Ann. der Chem. u. Pharm.*, t. CXII, p. 180, et *Rép. de Chim. pure*, 1860, p. 64; — Kraut, Schröder et Prinzhorn, *Mém. cité*]. — Gerhardt, en traitant le salicylate de sodium par le chlorure d'acétyle, avait obtenu à l'état impur un composé qu'il considérait comme un anhydride acétosalicylique. Kraut a extrait, au moyen de l'éther, du corps décrit par Gerhardt l'acide acétylsalicylique identique avec celui qu'avait préparé Gilm, en chauffant l'acide salicylique avec du chlorure d'acétyle.

L'acide acétylsalicylique cristallise dans l'eau bouillante en aiguilles légères, peu solubles dans l'eau froide, fondant dans l'eau bouillante, supportant même une assez longue ébullition sans se décomposer. Il fond à 118° et colore le chlorure ferrique comme l'acide salicylique. Chauffé avec de l'ammoniaque, il donne du salicylate et de l'acétamide.

ACIDES SALICYLO-SALICYLIQUES. — Kraut a donné ce nom à des anhydrides salicyliques. — Voyez ce mot, t. II, p. 1405. E. G.

SALICYLOL. — Voyez SALICYLE (HYDRURE DE).

SALICYLONITRILE,

$$C^7H^5AzO = C^6H^4(OH), CAz.$$

— Ce corps, découvert par Limpricht, qui l'appela *salicylimide*, se produit par déshydratation de la salicylamide au moyen de la chaleur. Il a depuis été étudié par E. Grimaux, qui le considéra le premier comme un nitrile de l'acide salicylique monobasique ou plutôt comme un polymère de ce nitrile, et par Henry, qui a étudié l'action qu'exercent sur ce corps le chlorure de benzoyle et le perchlorure de phosphore [Limpricht, *Ann. der Chem. u. Pharm.*, t. XCVIII, p. 161; — E. Grimaux, *Bull. de la Soc. chim.*, 1870, t. XIII, p. 25; — Henry, *Deutsche Chem. Gesells.*, t. II, p. 490, et *Bull. de la Soc. chim.*, 1870, t. XIII, p. 252]. — Pour préparer le nitrile salicylique, on maintient la salicylamide à 270° et on lave le résidu à l'alcool. Le nitrile salicylique se présente sous la forme d'une poudre jaune, apparaissant au microscope sous forme de fines aiguilles, ne fondant pas encore à 200°, insoluble dans l'eau, l'alcool, l'éther, soluble dans l'ammoniaque alcoolique, qui, par l'évaporation, abandonne le corps inaltéré (Limpricht).

La salicylamide pure étant chauffée au bain-d'huile entre 270-300° pendant quelques heures, une petite quantité passe inaltérée à la distillation; il se dégage de l'eau, un peu de phénol et d'ammoniaque. Le résidu est lavé à l'eau bouillante, puis dissous à l'ébullition dans le sulfure de carbone ou mieux dans l'essence de térébenthine. Les flocons cristallisés jaunes qui se séparent sont lavés à l'éther pour les débarrasser de l'essence de térébenthine qui les imprègne. Le salicylonitrile est une poudre jaune clair, presque insoluble dans l'alcool, l'éther, la benzine, le chloroforme, plus soluble dans le sulfure de carbone, soluble dans 200 fois son poids d'essence de térébenthine bouillante. La potasse aqueuse ou alcoolique le dissolvent à l'ébullition et les acides le reprécipitent inaltéré de ses solutions alcalines. Excessivement stable, le salicylonitrile n'est converti en acide salicylique et en ammoniaque que par la potasse en fusion. Il fond à 280-285° et supporte une température de 350° sans s'altérer; il s'en sublime alors une petite quantité sous la forme d'une poudre jaune cristalline. Il absorbe le brome avec dégagement d'acide bromhydrique; le produit bromé chauffé avec une quantité de potasse insuffisante pour le dissoudre se transforme en une poudre d'un beau rouge écarlate. Le salicylonitrile non bromé donne quelquefois la même coloration avec la potasse, dans des conditions qui n'ont pas été déterminées (E. Grimaux). D'après le point de fusion élevé de ce corps, et sa stabilité considérable, il paraît être, d'après Grimaux, un polymère n C^7H^5AzO du véritable salicylonitrile.

Le salicylonitrile traité par le perchlorure de phosphore, fournit le métachlorobenzonitrile, C^7H^4ClAz. Avec le chlorure de benzoyle, il donne le benzoylsalicylonitrile (Henry).

BENZOYLSALICYLONITRILE,

$$C^{14}H^9O^2Az = C^6H^4(OC^7H^5O), CAz$$

[Henry, *Mém. cité*]. — On chauffe le salicylonitrile avec le chlorure de benzoyle; on lave le produit de la réaction avec de l'alcool froid, et l'on reprend le résidu par l'alcool bouillant, en présence d'un peu de noir animal. Le benzoylsalicylonitrile cristallise en petites paillettes blanches, très-brillantes, peu solubles dans l'alcool froid, fusibles de 148° à 149°. Le chlorure ferrique colore en rouge la solution alcoolique. E. G.

SALICYLURIQUE (ACIDE), $C^9H^9AzO^4$ [Bertagnini, *Il nuovo Cimento*, t. I, p. 363, et *Ann. de Chim. et de Phys.*, (3), t. XLVII, p. 178]. — Cet acide représente l'acide hippurique,

$$C^9H^9AzO^3,$$

dont 1 atome d'hydrogène du benzoyle est remplacé par le groupe OH. L'acide hippurique étant le benzoyl-glycocolle, l'acide salicylurique est l'hydroxyl-benzoyl-glycocolle,

$$\begin{array}{l} CH^2\text{-}AzH(C^6H^5.CO)' \\ | \\ CO^2H \end{array}$$

Acide hippurique.

$$\begin{array}{l} CH^2\text{-}AzH[C^6H^4(OH).CO]' \\ | \\ CO^2H \end{array}$$

Acide salicylurique.

Il se produit par l'ingestion dans l'organisme de l'acide salicylique, et il s'extrait de l'urine. On évapore l'urine de manière à la réduire à un petit volume, on sépare l'eau mère des sels et on l'agite avec de l'éther. La solution éthérée abandonne, par l'évaporation, une liqueur aqueuse fortement acide, qui par une nouvelle évaporation se prend en cristaux. Ces cristaux, purifiés par expression et dissolution dans l'eau bouillante, sont un mélange d'acide salicylique et d'acide salicylurique. On les chauffe à 140-150° dans un courant d'air: il se volatilise de l'acide salicylique, tandis que le résidu est constitué par l'acide salicylurique.

Cet acide cristallise de sa solution aqueuse en aiguilles minces et brillantes. Son goût est amer, sa réaction fortement acide. Très-soluble dans l'eau bouillante, il se dissout dans l'alcool et dans l'éther. Il fond à 160°; à 170°, il brunit et commence à se décomposer. Ses solutions colorent les sels ferriques en violet, comme le fait l'acide salicylique.

Il peut être maintenu en ébullition pendant plusieurs heures avec la baryte caustique sans éprouver de décomposition. Bouilli avec l'acide chlorhydrique, il donne du glycocolle et de l'acide salicylique. Sa solution aqueuse décolore l'oxyde puce de plomb à l'ébullition, et par le refroidissement, il se sépare de petites aiguilles.

Ses *sels* cristallisent facilement.

Le *sel de baryum* forme des prismes assez épais, durs et transparents.

Le *sel de calcium* forme des aiguilles solubles dans l'eau bouillante et insolubles dans l'alcool. Ces deux sels sont obtenus au moyen de l'acide salicylurique et des carbonates. Quand on ajoute de petites quantités de lait de chaux à une solution chaude d'acide salicylurique, il se forme un autre sel en petites lamelles brillantes, insolubles dans l'eau bouillante. E. G.

SALIGÉNINE,

$$C^7H^8O^2 = C^6H^4(OH)CH^2.OH.$$

— La saligénine a été découverte par Piria, dans le dédoublement de la salicine qui en est le dérivé glucosique [*Ann. de Chim. et de Phys.*, (3), t. XIV, p. 259]. Ce chimiste étudia ses principales propriétés et montra qu'elle fournit à l'oxydation de l'hydrure de salicyle et de l'acide salicylique. La transformation de la saligénine en acide salicylique moitié phénol, moitié acide, montre qu'elle constitue un composé diatomique, moitié alcool, moitié phénol, appartenant à une nouvelle classe de composés, les *alphénols*, dont le nom indique le double caractère. Inversement, l'hydrure de salicyle, traité par l'hydrogène naissant dégagé par l'amalgame de sodium en présence de l'eau, fixe 2 atomes d'hydrogène et se convertit en saligénine [Beilstein et Reinecke, *Ann. der Chem. u. Pharm.*, t. CXXVIII, p. 179].

Pour obtenir la saligénine au moyen de la salicine, Piria opère de la manière suivante : à 50 p. de salicine bien pulvérisée, délayée dans 50 grammes d'eau distillée, on ajoute 3 grammes de synaptase. Le tout étant agité et chauffé à 40°, la salicine se dissout et la transformation est complète en 10 à 12 heures. Une partie de la saligénine se sépare en cristaux; on enlève l'autre partie en agitant la solution aqueuse avec l'éther. Les cristaux primitifs réunis au résidu de la solution éthérée sont purifiés par une cristallisation dans une petite quantité d'eau bouillante.

La saligénine cristallise en belles tables nacrées, rhomboïdales, grasses au toucher, ou en petits rhomboèdres incolores. Par l'évaporation spontanée d'une solution aqueuse étendue, elle se présente en petites masses opaques, composées de lamelles microscopiques irisées et très-brillantes. Elle se dissout dans environ 15 fois son poids d'eau à 23°, et elle est presque soluble en toute proportion dans l'eau bouillante. Elle est très-soluble dans l'alcool et dans l'éther, qui l'enlève à sa solution aqueuse. Elle fond à une température peu élevée en un liquide incolore, qui se solidifie à 80°.

Une température prolongée de 140° à 150° la convertit en un anhydride résineux, la salirétine. — Voyez ce mot.

Les acides étendus la convertissent en salirétine. L'acide sulfurique concentré la colore en rouge.

Elle se dissout dans la potasse sans altération : par l'ébullition avec la potasse, elle donne de la salirétine. Avec la potasse fondante, elle se convertit en salicylate. L'acide azotique étendu, l'acide chromique, le bichromate de potassium, l'oxyde d'argent, le noir de platine oxydent la saligénine en la transformant en hydrure de salicyle. Le bioxyde de manganèse et l'acide sulfurique dilué ne fournissent que de l'acide formique et de l'acide carbonique, sans trace d'hydrure de salicyle.

La solution aqueuse de saligénine ne donne pas de précipités avec les sels métalliques, si ce n'est un faible précipité avec le sous-acétate de plomb. Elle se colore en bleu indigo par l'addition des sels ferriques.

D'après sa constitution, la saligénine, moitié alcool, moitié phénol, semble devoir fournir des éthers, mais tous les essais ont été infructueux, et sous l'influence de la plupart des réactifs, elle fournit la *salirétine*. C'est ce qui ressort des expériences de MM. Beilstein et Seelheim [*Ann. der Chem. u. Pharm.*, t. CXVII, p. 83, et *Répert. de Chimie pure*, 1861, p. 338]. Le perchlorure de phosphore, l'anhydride acétique, l'acide chlorhydrique agissant sur une solution de saligénine dans l'acide acétique cristallisable, n'ont donné que de la salirétine.

La solution éthérée dissout le sodium, et fournit une poudre grise renfermant $C^{14}H^{13}O^3Na$, et qui paraît être un dérivé sodique de la salirétine (Beilstein et Seelheim). Ce dérivé sodique traité par le chlorure d'acétyle et l'iodure d'éthyle donne des produits résineux. M. Schützenberger, en le soumettant à l'action du glucose acétique, a obtenu la salirétine acétique et un dérivé glucosique de la salirétine. — Voyez Salirétine.

La saligénine, ingérée dans l'économie, se

convertit en acide salicylurique $C^9H^9AzO^6$ [de Nenki, *Zeitsch. für analyt. Chem.*, t. X, p. 376; et *Bull. de la Soc. chim.*, 1872, t. XVII, p. 180].

CHLOROSALIGÉNINE. — La bromosalicine et les salicines chlorées se convertissent sous l'influence de la synaptase, en dérivés analogues de la saligénine. Piria a ainsi isolé la *chlorosaligénine* $C^7H^7ClO^2$, qui cristallise dans l'eau chaude en belles tables rhomboïdales incolores. L'acide sulfurique la colore en vert, les acides étendus la changent en une résine chlorée, probablement la chlorosalirétine. E. G.

SALIRÉTINE. — La salirétine est un produit de déshydratation que fournit la saligénine lorsqu'on la chauffe avec les acides étendus. Piria la préparait en faisant bouillir la saligénine avec de l'acide chlorhydrique étendu, et comme dans cette réaction la saligénine perd 15,39 °/₀ d'eau, ce qui correspond environ à une molécule, il représentait la salirétine par la formule $C^{14}H^{12}O^2$. Gerhardt la préparait au moyen de l'acide sulfurique, et lui assignait la même formule. Moitessier, d'après ses analyses, regarde la salirétine de Piria comme renfermant $C^{14}H^{14}O^3$, dérivant de 2 molécules de saligénine, moins 1 molécule d'eau. Kraut admet la même formule, et suppose que la salirétine obtenue par Gerhardt, au moyen de l'acide sulfurique, serait, d'après les analyses de ce chimiste, la trisaligénosaligénine $C^{28}H^{26}O^5$, formée par l'union de 4 molécules de saligénine avec élimination de 3 molécules d'eau. Enfin MM. Beilstein et Seelheim ont donné des analyses de la salirétine, qui suivant Kraut mèneraient à la formule de l'heptasaligéno-saligénine $C^{56}H^{50}O^9$, fournie par l'union de 8 molécules de saligénine, ayant perdu 7 molécules d'eau. Cette manière de voir nous semble contestable, car ces différentes salirétines ne présentent pas de propriétés distinctes, qui permettent de les considérer comme des espèces chimiques différentes, et s'il existe plusieurs salirétines de propriétés analogues, rien n'indique que les analyses n'aient pas porté sur des mélanges de salirétine et de saligénine [Piria, *Ann. de Chim. et de Phys.*, t. LXIX, p. 318, (3), t. XIV, p. 268; — Gerhardt, *Rev. scient.*, t. X, p. 216; — Moitessier, *Proc. verb. Acad. Scienc. et Lettr. Montpellier*, 1863, p. 41 et 47; — Kraut, *Ann. der Chem. u. Pharm.*, t. CLVI, p. 123, et *Bull. de la Soc. chim.*, 1871, t. XV, p. 120].

Piria prépare la salirétine en faisant bouillir la saligénine ou la salicine avec l'acide chlorhydrique étendu. La salirétine se sépare alors sous la forme d'une matière résinoïde jaunâtre ou blanche et d'autant plus pure que l'acide est plus étendu.

La salirétine est insoluble dans l'eau et l'ammoniaque, soluble dans l'alcool, l'éther, l'acide acétique, la potasse et la soude; l'acide carbonique la sépare de ses solutions alcalines. L'acide sulfurique la colore en rouge de sang; l'acide azotique concentré la transforme en acide picrique.

Salirétine sodée [Beilstein et Seelheim, *Répert. de Chim. pure*, 1861, p. 338]. — La saligénine dissoute dans l'éther anhydre et traitée par le sodium donne une poudre grise, $C^{14}H^{13}O^3Na$, qui paraît être la salirétine sodée; avec l'iodure d'éthyle et le chlorure d'acétyle, ce corps ne fournit que des produits résineux. M. Schützenberger a soumis la salirétine sodée à l'action du glucose acétique; outre l'acétate de sodium, il se forme de la salirétine acétique, dérivé glucosique de la salirétine, amorphe, jaunâtre, soluble dans l'eau et l'alcool, dédoublable par l'acide sulfurique étendu en glucose et en salirétine.

La *salirétine acétique*, $C^{14}H^{13}O^3(C^2H^3O)$, est une masse amorphe, jaunâtre, insoluble dans l'eau, soluble dans l'alcool et dans l'éther [Schützenberger, *Bull. de la Soc. chim.*, 1869, t. XII, p. 200]. E. G.

SALIVE. — La salive est le liquide sécrété par les cellules propres qui tapissent les culs-de-sac des glandes salivaires, au nombre de trois principales, situées de chaque côté de la mâchoire, savoir : la glande parotide, la glande sous-maxillaire et la sublinguale. Ces glandes versent dans la bouche d'une façon continue leurs produits de secrétion, quoique en faible proportion entre les repas. C'est au moment où les aliments pénètrent dans la cavité buccale et où s'exerce la mastication que la sécrétion salivaire se produit abondamment. La salive qui vient alors imprégner les aliments est ce que l'on appelle la *salive mixte* ou *totale* versée par les trois paires de glandes à la fois. Elle est mélangée d'un peu de mucus qui est fourni par la muqueuse buccale et par les canaux des glandes elles-mêmes, mucus qui communique sa viscosité à la salive totale.

Les diverses salives fournies par chaque paire de glandes sont un peu différentes les unes des autres; aussi, avant de parler de la salive mixte, est-il bon de dire quelques mots de chacune des salives spéciales qui la composent.

La *salive parotidienne* est versée dans la bouche par le conduit de Sténon. C'est un liquide clair, non filant, à réaction un peu alcaline; sa densité est de 1,0036. Elle donne, par litre, 4 à 5 grammes de substances fixes contenant 1gr,5 environ de matières organiques (dont 5 à 6 °/₀ d'albumine et de caséine), 2 grammes à 2gr,5 de chlorures alcalins, 1 gramme à 1gr,5 de carbonate de calcium. Cette salive, même lorsqu'elle est pure, prend souvent chez l'homme une teinte rougeâtre quand on l'additionne d'une trace d'un sel ferrique, observation d'où l'on a cru pouvoir conclure à l'existence d'un sulfocyanate alcalin dans ce liquide. Cette salive est, dans notre espèce, apte à transformer rapidement l'amidon en glucose.

La *salive sous-maxillaire* s'écoule par le conduit de Warthon. C'est un produit de composition et de propriétés variables suivant les nerfs sous l'influence desquels elle est sécrétée et suivant la nature de l'excitant.

En général, c'est un liquide visqueux, louche, riche en mucus, formant des grumeaux gélatineux surtout quand sa sécrétion est sous l'influence de l'excitation des parois buccales par les alcalis ou le poivre. Cette salive transforme rapidement l'amidon en sucre et chez l'homme seulement se colore en rose par les sels ferriques. Elle peut contenir de 4 à 10 grammes de matériaux solides par litre. Jacubowitsch lui a trouvé chez le chien la composition suivante : eau = 991,45; résidu solide, 8,55. Celui-ci contient : substances organiques, 2,89; chlorures alcalins, 4,5; carbonate de calcium et phosphates de calcium et de magnésium, 1,16.

La *salive sublinguale* s'écoule dans la bouche par le canal de Bartholin. Elle est visqueuse et filante, chargée qu'elle est de mucus; sa réaction est alcaline. Elle est plus riche que les précédentes en principes fixes. On suppose qu'elle fournit la majeure partie de la ptyaline. Cette salive rougit par le perchlorure de fer.

La *salive mixte*, mélange du mucus buccal avec les trois salives dont nous venons de parler, est un liquide incolore, inodore, légèrement salé, un peu visqueux, rendu opalin par quelques cellules d'épithélium, et par des corpuscules dits *salivaires*, contenant des granulations douées d'un rapide mouvement.

Filtrée, la salive mixte forme un liquide clair, légèrement alcalin; sa densité varie de 1,004 à 1,009. Elle contient par litre de 1 à 10 parties de substances dissoutes. Elle devient rapidement fétide et ammoniacale lorsqu'on la conserve à l'air.

Les substances constitutives de la salive mixte sont celles que nous avons signalées pour les autres salives; son principe le plus important est la ptyaline, sur laquelle nous allons revenir.

Voici quelques analyses de la salive mixte chez l'homme bien portant.

	D'après Frerichs.	D'après Jacubowitsch.
Eau	994,10	995,16
Ptyaline	1,42	1,34
Mucus	2,13	»
Épithéliums		1,62
Matières grasses	0,07	»
Sulfocyanates	0,10	0,06
Chlorures alcalins	2,19	0,84
Phosphate de sodium		0,94
Sels de calcium et de magnésium		0,04

Les matières minérales de la salive sont formées d'environ 92 % de sels solubles, principalement riches en chlorures alcalins mêlés d'une faible quantité de sulfates et de phosphates, et de 6 % de sels insolubles contenant surtout des carbonates et phosphates de calcium, de magnésium, de fer, substances que l'on rencontre aussi dans les calculs et concrétions salivaires. La salive contient, en outre, des gaz dissous, environ le cinquième de son volume, formés d'acide carbonique mêlé d'une trace d'oxygène et d'azote.

Un homme adulte sécrète par jour de 150 à 1500 grammes de salive; un cheval peut en fournir 42 kilogrammes; un bœuf jusqu'à 56 kilogrammes.

Certains sels, tels que l'iodure de potassium, le chlorate de potassium, s'éliminent surtout par la salive. La digitaline, la nicotine, la fève de Calabar, le *Jaborandi*, et surtout la *muscarine*, poison extrait du champignon vénéneux l'*amanite oronge*, excitent très-puissamment la sécrétion salivaire.

PTYALINE. — La salive mixte transforme partiellement, déjà dans la bouche, l'amidon en sucre (Leuchs). Cet effet rapide est dû à un ferment spécial auquel on a donné les noms de *ptyaline* ou *diastase salivaire*, et qui a été déjà étudié dans cet ouvrage, t. II, p. 1221.

La transformation par la salive des matières amylacées en sucre a été récemment attribuée par M. Béchamp à l'existence d'organismes microscopiques dans le fluide salivaire. Mais aucune observation rigoureuse n'est encore venue confirmer cette hypothèse. A. G.

SALMARE. — Voyez SEL GEMME.

SALMIAC (Min.) [Syn. *Sel ammoniac, ammoniaque muriatée*]. Chlorhydrate d'ammoniaque,

$$AzH^4Cl.$$

— Cristaux transparents ou masses globulaires ou stalactiliques, en efflorescences, d'un blanc plus ou moins pur, se trouvant principalement sur les laves et dans les solfatares (Vésuve, Etna), dans les houillères embrasées (Saint-Étienne, Newcastle), dans le guano (îles Chincha).

Dureté, 1,5 à 2. Densité, 1,52.

Forme cristalline. — Type régulier. La forme la plus habituelle est l'icositétraèdre a^2, souvent avec déformations qui lui donnent un aspect scalénoédrique.

SALPÊTRE. — Voyez NITRE.

SALSEPARINE. — Synonyme de SARSAPARILLINE.

SALYLIQUE (ACIDE). — En soumettant à l'action de l'hydrogène naissant l'acide parachlorobenzoïque ou chlorosalylique (voyez t. I, p. 556), Kolbe et Lautemann ont obtenu un acide $C^7H^8O^2$ qu'ils ont considéré comme un isomère de l'acide benzoïque et qu'ils ont appelé *acide salylique*. Suivant Beilstein et Reichenbach, l'acide salylique purifié par une distillation avec la vapeur d'eau présente tous les caractères de l'acide benzoïque avec lequel il est identique [Kolbe et Lautemann, *Ann. der Chem. u. Pharm.*, t. CXV, p. 157, et *Ann. de Chim. et de Phys.*, (3), t. LX, p. 365; — Beilstein et Reichenbach, *Ann. der Chem. u. Pharm.*, t. CXXXII, p. 309, et *Bull. de la Soc. chim.*, 1865, t. IV, p. 53]. E. G.

SAMADÉRINE. — Matière amère extraite par Blume de l'écorce et des fruits du *Samadera indica*, arbre de Java. On épuise l'écorce, ou les fruits par l'eau, on évapore à consistance d'extrait et l'on reprend à plusieurs reprises par de petites quantités d'alcool, qui laisse la samadérine insoluble. Le résidu dissous dans l'eau et traité par le charbon animal fournit après évaporation la substance amère sous la forme d'une masse blanche, cristalline, foliée, fusible, plus soluble dans l'eau que dans l'alcool et donnant des solutions neutres.

Les acides chlorhydrique et nitrique colorent la samadérine en jaune, et l'acide sulfurique produit immédiatement une coloration rouge violacé qui disparaît plus tard, en même temps que des cristaux irisés, en forme de barbe de plume, se déposent [Blume, *Arch. de Pharm.*, (2), t. XCVI, p. 265]. A. H.

SAMARSKITE (Min.) [Syn. *Uranotantale, urano-niobite, yttroilménite* (Hermann)]. — Niobate d'urane, de fer et d'yttria, avec un peu d'acide tungstique, etc. Les analyses les plus récentes (Finkener et Stephans) ont donné pour le minéral de Miask :

$$Nb^2O^5 = 47,47;\ WO^3 = 1,36;\ U^2O^3 = 11,60;$$
$$ZrO^2 = 4,35;\ SnO^2 = 0,5;\ ThO^2 = 6,05;$$
$$FeO = 11,02;\ MnO = 0,96;\ CuO = 0,25;$$
$$CeO = 3,31;\ YO = 12,61;\ MgO = 0,14;$$
$$CaO = 0,73;\ H^2O = 0,45.\ \text{Total} = 100,55.$$

Le rapport entre l'oxygène des acides niobique et tungstique et des oxydes, en y comprenant la zircone et la thorine, se rapproche de 1 : 1.

Cristaux ou grains cristallins d'un noir de velours, disséminés dans les roches granitoïdes de Miask (Sibérie) et de la Caroline du Nord.

Caractères. — Soluble complétement, mais difficilement, dans l'acide chlorhydrique en donnant une liqueur verdâtre. Se dissout dans l'acide sulfurique concentré assez pour donner avec le zinc ou l'éther la coloration bleue caractéristique du niobium. Décomposé par fusion avec le bisulfate de potasse, il donne une masse jaune qui, traitée par l'acide chlorhydrique faible, donne de l'acide niobique blanc et, par l'ébullition de la liqueur avec le zinc métallique, une belle couleur bleue.

Dans le tube bouché, décrépite, émet une lueur comme la gadolinite et diminue de densité. Au chalumeau, fond sur les bords en un verre noir; avec le borax, donne une perle jaune verdâtre ou rouge au feu d'oxydation, et jaune ou vert noirâtre au feu de réduction. Avec le sel de phosphore, perle vert-émeraude dans les deux feux.

Dureté, 5,5 à 6. Poussière rouge-brun foncé.

Densité, 5,61-5,75.

Forme cristalline. — Prisme orthorhombique. Angles du prisme = 135° à 136°. Cet angle correspond à h^3 de la tantalite. F. et S.

SAMOÏTE (Min.). — Silicate hydraté d'aluminium formant des stalactites dans une caverne de la lave d'Upolu (archipel des Navigateurs). Renferme 30 % d'eau. Couleur blanche, grise, brunâtre; cassure résineuse; translucide. Ne happe pas à la langue. Au chalumeau, ne fond pas et devient opaque. Fait gelée avec l'acide chlorhydrique.

SANDARAQUE. — La sandaraque est une matière résineuse, en lames d'un jaune pâle, allongées, à cassure vitreuse, se réduisant en poudre sous la dent sans se ramollir. Elle paraît produite par le *Thuya articulata*, qui croît en Afrique. Suivant Johnston, elle se compose de trois résines acides : la résine α, $C^{20}H^{31}O^{2}$? peu soluble dans l'alcool; la résine β, $C^{20}H^{30}O^{3}$, qui forme les trois quarts de la sandaraque; elle est aisément soluble à froid dans l'alcool, enfin la résine γ, $C^{20}H^{30}O^{3}$, soluble dans l'alcool bouillant.

SANDBERGÉRITE (Breithaupt). — Voyez TENNANTITE.

SANG. — Le sang, qui remplit le système circulatoire artériel et veineux des divers vertébrés, n'est pas un liquide identique dans les divers points de son trajet : le sang artériel diffère beaucoup du sang veineux, et chez le même animal le sang qui sort de deux organes différents n'a pas la même composition. Il est donc nécessaire, pour éviter toute confusion dans un sujet si complexe, et pour abréger et simplifier à la fois cette exposition, de décrire d'abord d'une manière générale *le sang tout entier*, sauf à revenir ensuite sur ses principales variations.

I. — DU SANG EN GÉNÉRAL.

Le sang est un liquide un peu visqueux, de couleur rouge-pourpre ou rouge-brun, opaque même sous faible épaisseur, d'odeur fade, de saveur saline. Sa densité moyenne est chez l'homme de 1,055. Sa réaction est légèrement alcaline. Sorti des vaisseaux, il ne tarde pas à se coaguler en une masse faiblement résistante, le *caillot*, qui, se contractant peu à peu, chasse de ses pores un liquide riche en albumine auquel on donne le nom de *sérum*.

Quand on regarde le sang au microscope, on voit qu'il est constitué par une multitude de petits globules nageant dans une liqueur presque incolore qu'on a nommée le *plasma sanguin* ou *liquor sanguinis*. Ces globules sont de deux espèces : les uns, les plus nombreux, sont rouges, en forme de disques circulaires aplatis; ils portent le nom d'*hématies;* les autres sont blancs, comme chagrinés, mal arrondis : ce sont les *globules blancs* ou *leucocytes*. On voit en outre nager à côté d'eux un certain nombre de granulations irrégulières. Nous reviendrons plus loin sur chacun de ces divers éléments histologiques importants.

L'*opacité* du sang lui est communiquée surtout par les globules rouges, qui, quoique transparents, possèdent, grâce à leur pouvoir réfringent plus grand que celui du plasma où ils nagent, la propriété de réfracter le faisceau lumineux : après avoir traversé une couche sanguine peu épaisse, la lumière se diffuse dans la masse et ne peut plus être régulièrement transmise. C'est aux globules rouges qu'est due la couleur du sang.

L'*odeur* et la *saveur* du sang varient pour chaque animal. La première est due à des principes mal connus et à des sels à acides gras (*acétique, butyrique*, etc.). En effet, l'odeur du sang s'accentue fortement par l'addition d'acide sulfurique (Barruel).

La *couleur* du sang et celle de ses globules rouges eux-mêmes tiennent à une matière colorante *unique*, de nature albuminoïde et facilement cristallisable, à laquelle on a donné le nom d'*hémoglobine* ou *cruorine*, sur laquelle nous reviendrons plus loin.

La *densité* du sang normal peut varier dans de certaines limites. Chez l'homme, elle oscille entre 1,030 à 1,075. Moyenne, 1,055. Chez le bœuf, elle est en moyenne de 1,060; chez le mouton, de 1,050 à 1,060. Elle est en général un peu plus faible chez la femelle et le jeune animal.

Le sang est *alcalin;* il doit cette propriété à du bicarbonate de sodium, ainsi qu'à une trace de phosphate tribasique de sodium qu'il tient en solution.

Un peu après sa sortie des vaisseaux, le sang se *coagule*. Cette coagulation est plus rapide chez les animaux à sang chaud que chez ceux à sang froid, chez l'adulte et l'individu vigoureux que chez l'individu chétif, pour le sang artériel que pour le sang veineux. La coagulation a lieu pour l'homme, d'après Nasse, entre 1 minute 46 secondes et 6 minutes après la saignée. Le caillot est formé d'une substance à texture fibrillaire, la *fibrine*, qui, devenant insoluble, produit la coagulation du sang et emprisonne les globules rouges et blancs dans ses mailles. Ce caillot se contracte lentement, en expulsant peu à peu de ses pores une liqueur en général transparente et ambrée à laquelle on a donné le nom de *sérum*.

II. — COMPOSITION MOYENNE DU SANG NORMAL.

Le sang, avons-nous dit, n'est pas un liquide homogène, mais bien une humeur au sein de laquelle nagent des globules divers, et spécialement des globules rouges. Chacune de ses parties doit donc être séparée, étudiée et dosée à part. Mais, avant de nous étendre en particulier sur chacune d'elles, fixons d'abord les idées sur la composition générale et moyenne du sang. Les tableaux qui vont suivre donnent de la composition du sang une première idée approximative. Ils indiquent le rapport des globules au plasma et la composition de ces deux principaux facteurs.

Nous choisissons pour indiquer la composition du *sang total* l'analyse suivante, qui est la moyenne de 22 analyses faites avec soin sur le sang d'individus sains. A côté de la composition moyenne nous indiquons les maximum et minimum des dosages des diverses substances pour 1000 grammes de sang normal [Becquerel et Rodier, *Chimie pathologique*, p. 86].

1000 grammes de sang humain contiennent :

	Moyenne.	Maximum.	Minimum.
Eau	781gr,6	813gr	760gr
Globules secs	135,0	152	113
Matières albuminoïdes	70,0	75,5	62,0
Fibrine	2,5	3,5	1,5
Graisses (total)	1,6	3,3	1,0
Matières extractives / Sels solubles	8,4	9,0	5,0
Phosphates terreux	0,35	»	»
Fer	0,55	»	»
	1000,00		

1000 grammes de sang contiennent les quantités relatives suivantes des globules à l'état humide c'est-à-dire tels qu'ils existent dans nos vaisseaux et du plasma où ils nagent :

	Sang humain.		Sang de cheval.	
	1. C. Schmidt.	2. Becquerel et Rodier.	3. Hoppe-Seyler.	4. Sacharjin.
Globules	396,2	369,8	326,2	354
Plasma	603,8	630,2	673,8	646

1. Méthode de détermination des globules humides fondée sur un calcul imparfait. — 2. Calcul d'après la composition moyenne des globules à l'état sec et humide. — 3. Méthode fondée sur la quantité relative de fibrine dans le plasma et dans le dépôt de globules. — 4. Moyenne de six analyses.

Les globules humides, c'est-à-dire tels qu'ils existent dans le sang, contiennent de 60 à 67 % d'eau, et de 40 à 33 % de matières solides; le plasma ou *liquor sanguinis* contient de 90,4 à 91,2 d'eau et de 8,8 à 9,6 de substances fixes dissoutes. Voici du reste pour le sang humain la composition moyenne de ses deux parties constitutives.

1000 grammes de globules contiennent :

	Strecker.	Denis.
Eau	688,0	642,0
Hémoglobine et stroma	299,0	341,1
Graisses	2,3	16,1
Matières extractives	2,6	
Matières minérales	8,1	
	1000,0	1000,0

1000 grammes de plasma contiennent :

	Strecker.	Denis.
Eau	903,0	905,7
Fibrine concrète	4,0	3,9
Matières albuminoïdes	78,8	77,0
Graisses	1,7	13,4
Matières extractives	3,9	
Sels	8,6	
	1000,0	1000,0

[Strecker, *Handw. der Chem.*, (2), t. II, p. 115; — Denis, *Mémoire sur le sang*, Paris, 1869, tableau p. 89 et suiv.].

Les tableaux précédents ne mentionnent que les substances principales qui entrent dans la composition du sang. En étudiant séparément les globules et le plasma, nous indiquerons plus loin avec détail les principes nombreux qui forment les divers groupes de substances indiqués dans les tableaux ci-dessus.

III. — SÉPARATION DES GLOBULES ET DU PLASMA.

On ne sait pas encore séparer nettement les globules et le plasma sanguin. Lorsque, au sortir de la veine, on reçoit le sang dans une solution concentrée de sulfate de sodium, qu'on agite lentement, ce sang perd la propriété de se coaguler, les globules se contractent et tombent au fond de l'éprouvette. On peut alors les séparer par décantation, les jeter sur un filtre, les laver avec une solution concentrée de sulfate de sodium et les étudier séparément. Cette méthode, due à Hewsson, permet d'obtenir les globules exempts de plasma. Elle est générale, mais on peut lui reprocher de ne pas séparer les éléments constitutifs du sang sans les altérer.

Une seconde méthode consiste à faire couler lentement le sang au sortir de la veine dans son demi-volume d'une solution refroidie contenant 2 °/₀ de sulfate de magnésium et 2 °/₀ de sel ammoniac. Le sang a perdu ainsi la propriété de se coaguler spontanément; les globules se séparent complétement du plasma sans s'altérer et conservent même si bien toute leur matière colorante, qu'elle ne communique pas sa teinte rougeâtre au liquide surnageant. On peut dès lors les verser sur un filtre et les laver avec la solution saline précédente [Arm. Gautier, *Travail inédit*].

On peut encore soumettre le sang, recueilli dans un tube à sa sortie de la veine, à une très-rapide rotation. Sous l'influence de la force centrifuge les globules tendent à se réunir au fond du tube, où ils forment une masse agglomérée que surmonte le plasma. On n'a plus qu'à séparer par décantation ces deux principaux facteurs du sang. Cet ingénieux procédé, dû à MM. G. Salet et G. Daremberg, n'est malheureusement pas toujours d'une application très-aisée dans les laboratoires.

Une dernière méthode, due à Hoppe-Seyler, s'applique seulement au sang de cheval, qui a la propriété de ne se coaguler que très-lentement. Le sang soustrait à l'animal est recueilli dans une éprouvette mince, refroidie à — 12°. Au bout de 48 à 60 heures, il ne s'est point encore coagulé et s'est séparé en trois couches : une couche inférieure, opaque, rouge, contenant les globules rouges; une moyenne, mince, grisâtre, formée par les corpuscules blancs et les granulations hématiques; une supérieure, la plus considérable, qui n'est constituée que par le plasma. On siphonne celle-ci. C'est une liqueur jaune-ambré, transparente, qui, lorsqu'on la laisse se réchauffer, ne tarde pas à se coaguler en un caillot incolore formé de fibrine, qui se contracte lentement et expulse son sérum comme le fait le caillot du sang lui-même.

Quant aux globules, il est difficile de les priver de la petite quantité de plasma qu'ils contiennent; Hoppe-Seyler dose la fibrine dans ce précipité de globules, et comme celle-ci n'est contenue que dans le plasma, on peut, connaissant la teneur du plasma pur en cette substance, conclure, d'après le poids de la fibrine, la quantité de plasma mêlée aux globules et en tenir compte dans les recherches et les analyses faites sur les globules ainsi séparés par simple dépôt. Nous y reviendrons plus loin.

Étudions maintenant successivement les globules rouges et blancs et le plasma sanguin où ils nagent.

IV. — GLOBULES ROUGES.

Découverts en 1658 par Swammerdam dans le sang de grenouille, et quelques années après par Leeuwenhoek dans le sang humain, les globules rouges sont des éléments cellulaires, ayant la forme d'un disque circulaire à contours nets. Les centres de leurs deux faces sont légèrement excavés et présentent une demi-transparence. Le diamètre moyen des globules rouges de l'homme est de $0^{mm},007$; chez les carnivores il varie de $0^{mm},004$ à $0^{mm},008$. Chez la plupart des mammifères le globule rouge forme un disque circulaire; chez le chameau, le lama, l'alpaca, il est ovale. Il est aussi ovale chez l'oiseau et les poissons. Chez ceux-ci et chez les batraciens, les globules rouges contiennent un noyau central qui n'existe pas chez les mammifères. Le volume moyen d'un globule rouge chez l'homme est de $0^{mm.\,cube},000000072$. Un millimètre cube de sang normal en contient 4500000 environ. La superficie totale des globules rouges du sang tout entier chez un homme adulte moyen est donc de 2816 mètres carrés environ, chiffre considérable et dont il faut tenir compte si l'on veut s'expliquer l'énergie de l'hématose et la rapidité d'action de certains toxiques.

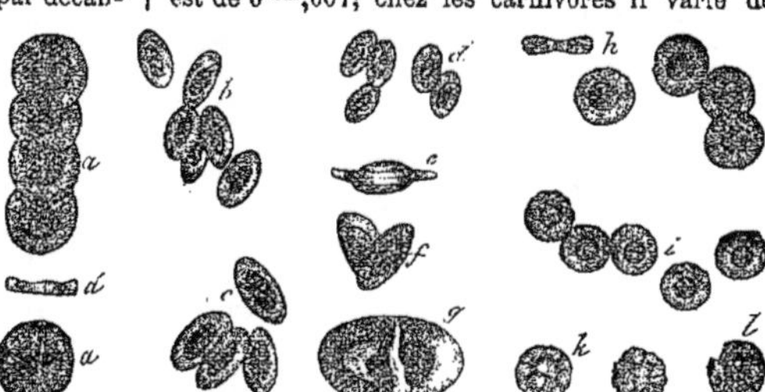

Fig. 574. — Globules sanguins (grossis).

a. Globules du sang de l'homme, vus sous différents aspects. — *b.* Globules du sang du chameau. — *c* et *d.* Id. des oiseaux. — *e.* Id. de la grenouille, vus par la tranche. — *f.* Id. du protée. — *g.* Id. de la salamandre, dont on a déchiré la membrane extérieure. — *h.* Id. de la lamproie. — *i.* Id. du homard. — *k.* Id. de la limace. — *l.* Deux leucocytes ou globules blancs du sang humain.

Le poids spécifique des globules rouges est de 1,089 d'après C. Schmidt, de 1,105 d'après Welcker.

On a cru longtemps que le globule hématique était entouré d'une membrane. On pense généralement aujourd'hui qu'il en est dépourvu, qu'il est plein, à demi solide, et comparable à une masse de substance gélatineuse imprégnée d'une matière colorante rouge orangé, l'hémoglobine. Mais il est plus sage de dire que l'existence d'une membrane enveloppante n'a pu être encore nettement démontrée. Toutefois, si l'on traite les globules frais par de l'alcool à 25° centésimaux, puis aussitôt par de la rosaniline alcoolique, on voit les globules nettement terminés par un double contour, semblant indiquer une membrane dont on peut même apercevoir quelquefois les déchirures multiples (Ranvier); d'autre part, si l'on traite les hématies par l'acide chlorhydrique très-étendu, on voit leur intérieur se liquéfier et les noyaux, s'ils en contiennent, venir tomber à la partie la plus déclive de ces éléments, réduits dès lors à l'état de petites vésicules pleines de liquide.

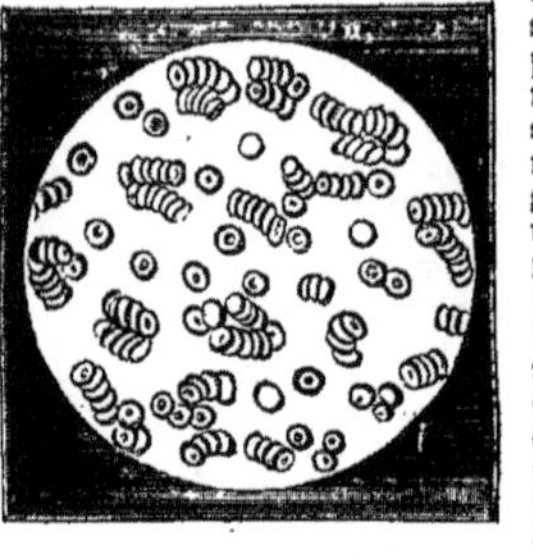

Fig. 575. — Globules du sang de l'homme.

La quantité de globules est variable dans le sang des divers animaux. L'oiseau a le sang plus riche, les batraciens et les ophidiens plus pauvre en hématies que les mammifères. Voici du reste quelques moyennes :

	Proportion des globules secs pour 1000 gr. sang.	*Auteurs.*
Homme......	137	Becquerel et Rodier.
Bœuf........	123	Poggiale.
Chien........	126	Id.
Mouton......	102	Id.
Pigeon.......	143	Id.
Poulet.......	150	Id.
Carpe........	82	Provost et Dumas.
Grenouille....	69	Id.

Pour une même espèce, la proportion de globules est la plus grande chez l'animal adulte et chez l'homme, de 30 à 40 ans.

Les substances constitutives des globules rouges sont les suivantes : l'*eau*, qui forme près des deux tiers de leur poids; la matière du *stroma*, sorte de feutrage imprégné de matière colorante rouge et auquel le globule doit sa forme; il paraît en grande partie composé de la substance à laquelle Denis donne le nom de *globuline*; l'*hémoglobine*, matière colorante albuminoïde qui forme les 92 centièmes de la totalité des parties fixes du globule chez beaucoup de mammifères; les *matières extractives*, entre autres la lécithine et la cholestérine; enfin les substances minérales. Nous allons étudier successivement ces divers principes constitutifs du plus important élément histologique.

Eau des globules rouges. — Par des méthodes diverses (voyez plus loin Analyse du sang) on est arrivé à cette conclusion que 1000 grammes de globules humides donnaient en moyenne chez l'homme 356 grammes de parties fixes et 643 grammes d'eau. D'après Lehmann, il faudrait multiplier le chiffre des globules secs par 3 pour avoir celui des globules humides; d'après Denis et la plupart des auteurs modernes, il faut multiplier ce nombre par 2,7 ou 2,8 [voyez Denis, *Mémoire sur le sang*, Paris, 1859, p. 52 et suiv.].

Stroma des globules hématiques. — D'après Rollett (voyez ses travaux dans les *Compt. rend. de l'Acad. de Vienne*, t. XLVII, 2e part., p. 356, et t. L, p. 170), si l'on fait tomber goutte à goutte du sang défibriné de cheval, de chien ou de cochon d'Inde dans une capsule métallique bien refroidie au-dessous de 0°, de façon qu'une goutte n'arrive pas sans que la précédente ait été déjà congelée, et si on le laisse se réchauffer ensuite à 20°, on remarque que le sang, après s'être reliquéfié, a perdu sa couleur pourpre et son opacité; il est devenu rouge et transparent. Cette liqueur, examinée au microscope, est composée de globules sanguins décolorés, mais ayant conservé leur forme, qui nagent dans un liquide rouge homogène. Par le refroidissement au-dessous de 0°, le globule s'est contracté et a expulsé de ses pores sa matière colorante ou hémoglobine, qui s'est ainsi dissoute dans le plasma ambiant. Le globule n'est plus dès lors constitué que de cette trame organique qui conserve sa forme et à laquelle Rollett a donné le nom de *stroma*. Nous allons bientôt décrire quelques-unes de ses propriétés.

Globuline de Denis (1) [*Mémoire sur le sang*, Paris, 1859, p. 18]. — Cette substance, de nature albuminoïde, paraît être la matière constitutive du stroma ou tout au moins une de ses parties principales. Elle existe dans les globules rouges de tous les vertébrés, mais il vaut mieux, pour la préparer, employer le sang d'oiseau, où elle est en bien plus grande abondance. A du sang de poulet défibriné, on ajoute son volume d'une solution de sel marin au 10e, et l'on agite de temps en temps. Après quelques heures, les globules se sont agglutinés et forment une masse assez semblable à de l'empois. On lave ce magma visqueux par petites portions successives avec la solution salée précédente, puis avec de l'eau pure tant que celle-ci se colore. Le résidu, rapidement privé par imbibition capillaire de la majeure partie du sel qui l'imprègne, constitue la globuline blanche et translucide.

C'est une substance formée de granulations confuses, insoluble dans l'eau pure, devenant dans l'eau salée visqueuse et filante, sans s'y dissoudre toutefois, ce qui la distingue de la fibrine et de la myosine. Elle se contracte de nouveau et se sépare lorsqu'à cette demi-solution on ajoute de l'eau pure; elle précipite aussi en partie par les alcalis et les carbonates alcalins. Les acides produisent le même effet.

Lorsqu'on verse de l'alcool sur de la globuline à l'état visqueux, elle se coagule complétement, mais le coagulum se redissout à l'ébullition dans une quantité d'alcool suffisante. L'eau bouillante coagule la matière visqueuse, mais une partie reste en dissolution et se comporte à la façon de la caséine. La globuline, abandonnée quelque temps à l'air ou en contact avec de l'alcool froid, perd la propriété de se gonfler dans l'eau salée au 10e.

Les *stromata* de Rollett, c'est-à-dire les corpuscules du sang privés de leur matière colorante (voyez plus haut), paraissent en grande partie formés de globuline mélangée d'un peu de protagon et de quelques autres substances. Schultze a reconnu que les *stromata* se fondent pour ainsi dire peu à peu dans le sang sans s'y dissoudre,

(1) Il ne faut pas la confondre avec la *globuline* ou *hématoglobuline* de Berzelius, que Funke a démontré n'être qu'une matière albuminoïde impure dérivant de la substance protéique colorante du globule, à laquelle ce dernier auteur a donné le nom d'*hématocristalline*.

et donnent de la viscosité au plasma. Ils sont sans doute modifiés par le chlorure de sodium du plasma. Les alcalis et les acides très-dilués, ainsi que les cholates alcalins, dissolvent aussi partiellement la substance fondamentale qui constitue la charpente du globule rouge.

HÉMOGLOBINE. — La préparation de cette substance, ses propriétés chimiques et optiques, ses combinaisons, ses produits de dédoublement, tout cela a déjà été exposé dans ce livre aux mots HÉMOGLOBINE et HÉMATINE (voyez t. II, p. 11 et 6). Nous n'ajouterons ici que quelques mots. 1000 grammes de sang humain contiennent en moyenne 121 grammes d'hémoglobine. La même quantité de sang contient, chez le chien, 135 grammes, chez le mouton, 112 grammes de cette substance. Chez l'homme, l'hémoglobine forme les $\frac{12}{13}$ du poids total des matériaux du globule sec. Chez l'oiseau, le globule rouge, plus riche en globuline, contient une quantité d'hémoglobine beaucoup moindre. — Voyez plus bas, § XIV.

L'hémoglobine est la seule matière colorante qui existe dans le sang. Préparée pure et dissoute dans l'eau, elle donne une liqueur rouge foncé qui possède toutes les propriétés optiques spectrales du sang observé soit dans les vaisseaux, soit à sa sortie de la veine (Hoppe-Seyler).

Les variations de couleur qu'offre le sang peuvent tenir à diverses causes. L'additionne-t-on d'eau, il devient plus transparent et plus foncé. La matière colorante du globule s'est ainsi extravasée dans le plasma dont la réfringence augmente, tandis que celle du globule rouge diminue; la lumière peut alors traverser des couches plus profondes et la coloration du sang devient plus vive. Dans le vide le sang brunit, parce que l'oxyhémoglobine passe en partie à l'état d'hémoglobine réduite. La même raison explique les couleurs du sang veineux plus foncé et du sang artériel plus clair.

La préparation de l'hématine par le procédé primitif de Lecanu [*Ann. de Chim. et de Phys.*, (2), t. XLV, p. 18] a été légèrement modifiée par Gwosden, Witsch [*Journ. für prakt. Chem.*, t. LXI, p. 11], et considérablement perfectionnée par Hoppe-Seyler [*Chem. Unters*, p. 298]. Toutes ces méthodes ne permettent toutefois d'obtenir qu'avec une très-grande lenteur et difficilement une certaine quantité d'hématine dont la pureté laisse même souvent à désirer. Mais on peut préparer rapidement cette substance à l'état de parfaite pureté, en opérant comme le fait M. P. Cazeneuve :

Du sang de bœuf, de chien ou de mouton est coagulé par deux fois son volume d'alcool fort. Au bout de 24 heures, on jette le tout sur un filtre et on lave à l'alcool, puis à l'éther la partie insoluble; on la prive entièrement ainsi des corps gras et des savons. On comprime alors fortement le résidu à la presse, et le gâteau pulvérisé donne une poudre rouge que l'on épuise avec de l'éther chargé d'acide oxalique. Sous cette influence, le précipité retenu sur le filtre se décolore entièrement; l'hémoglobine est décomposée. L'hématine se produit et se dissout abondamment dans l'éther acide avec lequel elle forme une solution rouge-brun. On sature cette liqueur exactement par quelques gouttes d'ammoniaque; il se forme alors un précipité d'hématine et d'oxalate d'ammoniaque qu'on jette sur un filtre, et qu'on lave à l'eau froide. L'hématine pure, de couleur noir bleuâtre, reste comme résidu [P. Cazeneuve, *Travail inédit*, Paris, juin, 1874].

En reprenant l'hématine par de l'éther chargé d'acides chlorhydrique, bromhydrique, iodhydrique, oxalique, M. P. Cazeneuve a obtenu les chlorhydrate, bromhydrate, iodhydrate, oxalate d'hématine cristallisés.

Matériaux qui entrent en faible proportion dans la constitution des globules rouges. — Il existe, suivant Denis, dans le globule hématique, une petite quantité de fibrine [*loc. cit.*, p. 24], suivant Hoppe-Seyler, une certaine proportion de *paraglobuline* (voyez dans cet ouvrage le mot FIBRINE, t. I, p. 1460). On peut la séparer du caillot en privant d'abord celui-ci de fibrine, diluant dans beaucoup d'eau et faisant passer à refus dans la liqueur un courant d'acide carbonique.

La *lécithine*, les *graisses* et la *cholestérine* existent dans le globule sanguin. On peut les extraire de la couche éthérée aqueuse obtenue dans la préparation de l'hémoglobine par la méthode de Hoppe-Seyler décrite t. II, p. 12. Pour cela, l'éther ayant été évaporé, il reste un résidu en partie cristallin que l'on mélange avec de l'eau. Le protagon se gonfle ainsi et devient presque insoluble dans l'éther; par des lavages répétés avec ce dernier dissolvant, on peut enlever les graisses et la cholestérine. Le protagon, ou plutôt ses produits de décomposition, et spécialement la lécithine, peuvent cristalliser dans l'alcool à 50° centésimaux. La cholestérine séchée est séparée des graisses par l'éther. — Voyez plus loin *Analyse du sang*, voyez aussi le travail de Hoppe-Seyler dans *Jahresb. d. Chem.*, 1866, p. 745.

C'est Gobley qui, le premier, a retiré du sang, en 1852, la lécithine et la cérébrine [*Journ. de Pharm. et de Chim.*, (3), t. XXI, p. 250]. Pour atteindre ce but, on peut se servir de sa méthode ou de celle de L. Hermann à qui l'on attribue à tort quelquefois la découverte du protagon dans le globule sanguin.

Le protagon ou la lécithine, dont ce dernier auteur a nié la présence dans le sérum, existent aussi dans cette partie du sang, d'après Gobley, Denis et Hoppe-Seyler.

Hoppe-Seyler [*loc. cit.*] a trouvé en moyenne 0gr,40 de cholestérine dans les globules d'un litre de sang d'oie, 0gr,48 dans ceux d'un litre de sang de bœuf, soit pour ce dernier 0gr,133 pour 100 p. de globules humides. A. Flint a dosé de 0,44 à 0,75 de cholestérine dans 1 litre de sang veineux.

MATIÈRES MINÉRALES DES GLOBULES ROUGES. — Parmi les substances minérales, les phosphates et le chlorure de potassium prédominent dans les globules rouges. Ils y sont mélangés à des phosphates terreux et à quelques sels de sodium. Par des méthodes diverses, les auteurs ont tenu compte de la petite quantité de plasma qui, dans les analyses des cendres des globules, était mélangée aux éléments figurés.

1000 grammes de globules de sang humain, supposés humides ou tels qu'ils existent dans le sang, contiennent, d'après Strecker [*Handw. d. Chem.*, (2), t. II, p. 115] :

Chlore	1,636
Acide sulfurique	0,066
Acide phosphorique	1,134
Potassium	3,828
Sodium	1,052
Phosphate de calcium	0,114
Phosphate de magnésium	0,073
Oxygène (combiné)	0,667
	8,620
Résidu fixe réel	8,12

D'après C. Schmidt, 1000 grammes de globules humides contiennent :

Sulfate de potassium	0,132	0,157
Chlorure de potassium	3,679	3,414
Phosphate tribasique de potassium	2,343	2,108
Chlorure de sodium	»	»
Phosphate tribasique de sodium	0,633	»
Phosphate tribasique de calcium	0,094	0,218
— — de magnésium	0,060	
Potasse	»	0,857
Soude	0,341	2,205

Le fer n'est pas mentionné dans ces analyses, parce que, faisant partie intégrante de l'hémoglobine, il ne peut être considéré comme appartenant aux matières minérales. On doit observer aussi qu'une proportion notable de l'acide phosphorique et de l'acide sulfurique des cendres des globules provient de l'oxydation du phosphore et du soufre des matières organiques, et que ces deux acides ainsi formés chassent eux-mêmes pendant la calcination une partie du chlore des chlorures sous forme d'acide chlorhydrique.

1000 grammes de sang contiennent les quantités suivantes de fer [Pelouze, *Compt. rend. de l'Acad. des sc.*, t. LX, p. 880] :

	Maximum.	Minimum.
Homme.........	0gr,0537	0gr,0506
Bœuf..........	0 0540	0 0480
Porc..........	0 0595	0 0506
Oie...........	0 0358	0 0347
Poulet........	0 0357	»
Grenouille......	0 0425	»

L'existence du manganèse dans les globules, affirmée par quelques auteurs, est au moins douteuse. Le cuivre trouvé dans le sang dans beaucoup de cas, et quelquefois abondamment, paraît exister dans le plasma. — Voyez plus loin.

Les globules sont en outre chargés d'oxygène et d'acide carbonique qui sont en partie libres, en partie combinés; mais nous reviendrons sur ce sujet à propos des gaz du sang.

V. — GLOBULES BLANCS ET GRANULATIONS HÉMATIQUES.

Les globules blancs et les granulations hématiques n'ont pu être isolés mécaniquement. On n'a donc pas pu procéder à leur étude chimique. Voici le peu que l'on sait à cet égard.

GLOBULES BLANCS. — Ce sont des cellules contractiles, granuleuses, à contours irréguliers de 0mm,008 à 0mm,009 de diamètre chez l'homme. Les globules blancs présentent un noyau entouré d'un protoplasma granuleux, que l'on fait nettement apparaître par imbibition d'eau pure ou mieux d'eau mêlée d'un peu d'acide acétique. Ils paraissent identiques aux globules du pus et de la lymphe. Ils présentent quelquefois à leur surface des prolongements variqueux contractiles qui semblent leur permettre de progresser d'un mouvement propre. Leur protoplasma est granuleux; il est formé d'une substance albuminoïde emprisonnant des corpuscules graisseux. Cette matière protéique se coagule en partie à 40°. Elle se gonfle dans l'acide acétique étendu et devient alors transparente. Une solution de sel marin au dixième forme avec elle une masse visqueuse, qui finit par se dissoudre au moins partiellement. Cette dissolution donne un précipité si on l'étend d'eau et se coagule par l'ébullition et par les acides.

Les globules blancs paraissent donc principalement contenir une substance analogue à la myosine, à côté de laquelle on trouve des substances protéiques insolubles dans l'eau, une trace d'albumine, des corps gras phosphorés, un peu de cholestérine et des sels minéraux.

Frey (voyez son *Traité d'histologie*, trad. française, 1870, p. 132) a trouvé dans l'état de santé, chez l'homme, 1,2 globules blancs pour 1000 globules rouges. Hirt [*Muller's Archiv.*, 1856, p. 174] n'a compté en moyenne que 0,58 globules blancs pour 1000 rouges. Mais on peut trouver aussi normalement 2, 3 et 4 globules blancs pour 1000 rouges. Les globules blancs augmentent dans le sang, surtout au commencement de la digestion, et diminuent pendant le jeûne. Leur nombre varie beaucoup dans les divers vaisseaux. On pense aujourd'hui généralement que les globules blancs sont destinés à se transformer en globules rouges.

GRANULATIONS HÉMATIQUES. — On rencontre encore dans le sang normal des agglomérations de petites granulations pâles de 0mm,0005 à 0mm,001 de diamètre [Schultze, *Arch. Anat. Microsc.*, t. I, p. 30]. On ne connaît pas leur nature chimique. Divers auteurs supposent qu'elles constituent des précipités moléculaires d'albuminates; d'autres admettent qu'elles sont surtout formées de corps gras qui peuvent en effet exister quelquefois en quantité dans le sang; d'autres enfin pensent qu'elles sont dues surtout à des sels minéraux insolubles. Nanc a découvert aussi dans le sang de l'homme et des vertébrés de petites lamelles arrondies irrégulières qui, d'après Bruch, ne seraient autre chose que de petites cellules tombées dans le torrent circulatoire [Virchow, *Gesam. Abhandl.*, p. 115].

VI. — PLASMA SANGUIN. — PRODUCTION DE LA FIBRINE.

On ne connaît qu'une méthode générale pour préparer le plasma, mais il est alors mêlé d'un corps étranger, dont on peut du reste aisément tenir compte. Cette méthode, due à Denis, consiste à recevoir le sang dans une éprouvette dont la septième partie environ est occupée par une solution concentrée de sulfate de sodium; on mêle les deux liqueurs, on les laisse en un lieu frais, et, au bout de quelques heures, les globules sont précipités, et l'on peut décanter le plasma. Si on le jette alors dans 10 fois son volume d'eau, il se prend en une seule masse en se coagulant [Denis, *Mémoire sur le sang* déjà cité, p. 31]. A. Gautier fait couler le sang goutte à goutte, dans le tiers de son volume d'une solution refroidie contenant 1 p. de chlorure de calcium dans 25 p. d'eau, en agitant doucement pour mêler les deux liquides; au bout de quelques heures, les globules sont précipités, et la liqueur claire qui surnage peut être décantée. C'est du plasma presque incolore, mêlé d'une quantité connue d'eau et de chlorure calcique.

1000 grammes de sang humain contiennent de 674 à 603 de plasma.

Avec les sangs qui ne se coagulent que très-lentement, surtout si on les refroidit au-dessous de 0°, on peut aussi séparer les globules et le plasma comme il a été dit plus haut (voyez § III), en refroidissant le sang et laissant les globules se précipiter lentement, grâce à leur plus grande densité. Mais cette méthode, qui ne s'applique guère qu'au sang de cheval, ne peut être généralisée.

Propriétés du plasma sanguin. — C'est un liquide visqueux, difficile à filtrer, de couleur jaune verdâtre chez l'homme, ambrée chez le bœuf et le cheval. Sa densité chez l'homme est en moyenne de 1,027 à 1,028. Il est alcalin. Le plasma de cheval, liquide à 0°, ne tarde pas à se coaguler en se réchauffant et donne un caillot formé par la fibrine, d'abord tremblotant et diaphane, et qui, se contractant peu à peu, devient opaque et expulse le sérum.

Le plasma contient donc : 1° une ou plusieurs matières qui, en se coagulant spontanément, produisent de la fibrine insoluble; 2° les matériaux du sérum, les uns organiques, les autres minéraux. Nous allons étudier successivement ces divers facteurs.

PLASMINE. — Après avoir séparé le plasma par sa méthode (voyez ci-dessus) et l'avoir décantée, Denis observe que, lorsqu'on l'additionne peu à peu de petites quantités de sel marin en poudre, tant qu'il peut s'en dissoudre, le plasma prend bientôt l'aspect d'une crème claire, grâce à la formation de grumeaux qui envahissent toute la masse. Ce magma est jeté sur un filtre, et lavé avec de l'eau saturée de sel marin, tant que les liqueurs coulent colorées. Il reste sur le filtre une masse molle, blanche, formée de granulations amorphes. Cette substance peut être séchée dans le vide à 40° sur du papier buvard qui absorbe la majeure partie du sel ; elle constitue la *plasmine*.

Si l'on prend cette plasmine à l'état humide et qu'on la délaye dans de l'eau un peu salée, elle s'y dissout, mais, au bout de 5 à 15 minutes, cette solution se coagule spontanément, en donnant un caillot adhérent aux vases et entièrement incolore.

Lorsqu'on presse dans un nouet de linge le coagulum précédent, on en exprime un liquide tenant en solution une matière albuminoïde soluble, identique ou très-analogue à la fibrine du sang dissoute dans le sel marin. C'est la variété de fibrine à laquelle Denis a donné le nom de *fibrine pure dissoute*. Il reste dans le nouet une substance concrète insoluble, ayant tous les caractères de la fibrine extraite du sang et modifiée par son contact avec l'eau chaude.

D'après Denis, la plasmine extraite du plasma se transforme donc hors des vaisseaux en deux substances : la *fibrine concrète* et la *fibrine dissoute*, qui est soluble dans l'eau ou dans le sérum, et ce dédoublement serait, suivant cette théorie, la cause de la coagulation du sang et de la formation de la fibrine.

D'après les recherches de Denis, 1000 grammes de sang d'un homme sain peuvent fournir, en moyenne, par le sel marin, 14gr,39 de plasmine, qui donnent 2gr,2 de fibrine concrète et 13 grammes environ de fibrine pure dissoute.

La chaleur coagule la dissolution salée de plasmine, l'alcool produit le même effet ; les acides et les alcalis la précipitent.

Paraglobuline et substance fibrinogène. — On a déjà fait à l'article Fibrine, t. I, p. 1460, l'histoire de ces deux substances et donné la théorie d'après laquelle Ch. Schmidt admet qu'elles existent primitivement dans le plasma sanguin, et que de leur combinaison *résulte la fibrine* ordinaire. Nous rappellerons seulement ici quelques faits sur lesquels nous aurons à nous appuyer plus loin.

La *paraglobuline*, que C. Schmidt appelle aussi *globuline* ou quelquefois *substance fibrino-plastique*, en solution aqueuse, passe assez rapidement par endosmose à travers les membranes animales telles que la vessie, la baudruche, etc., contrairement à l'albumine d'œuf ; la paraglobuline ne passe pas aisément à travers le papier parchemin.

Le *fibrinogène* se coagule par la chaleur et par l'alcool. Il perd la propriété de décomposer l'eau oxygénée vers 72°.

Les solutions de *paraglobuline* font coaguler les solutions de *fibrinogène* : la fibrine ordinaire résulte de l'union de ces deux substances (C. Schmidt).

Le temps nécessaire à cette coagulation augmente si l'on abaisse la température. A 50°, les deux générateurs de la fibrine perdent toute action réciproque, et, sans avoir subi d'altération sensible, ne donnent plus de fibrine.

En se produisant, la fibrine met en liberté des sels alcalins et, dit-on, quelques phosphates terreux : le sérum est plus alcalin que le plasma.

Avant de discuter les deux théories à peu près contradictoires de Denis et de Schmidt sur la coagulation, théories que nous venons d'indiquer, il convient de faire connaître la fibrine elle-même.

VII. — FIBRINES.

La fibrine ordinaire ou fibrine du sang veineux a été déjà étudiée dans cet ouvrage, mais il existe dans le sang diverses fibrines ou divers états de la fibrine que nous devons signaler ici.

(A) *Fibrine ordinaire* ou *fibrine du sang veineux battu*. — C'est celle qui est spécialement décrite au mot Fibrine, t. I, p. 1459.

Les solutions de la fibrine veineuse dans les sels neutres précipitent par les acides, même par l'acide acétique, par l'alcool, le sulfate de magnésium en poudre [Denis, *loc. cit.*, p. 44]. Ses solutions alcalines sont précipitées par le chlorure mercurique, l'acétate de plomb, le sulfate de cuivre, le ferrocyanure de potassium acétique.

D'après Arm. Gautier, lorsqu'on a dissous la fibrine dans le sel marin au dixième, on obtient une solution que l'on peut priver entièrement de chlorure de sodium par la dialyse sans que la fibrine redevienne insoluble. Cette solution, concentrée dans le vide, offre alors les caractères de l'albumine ordinaire : elle ne précipite plus à froid par l'acide acétique, mais seulement par les acides minéraux, et se coagule par la chaleur vers 61°, à la façon de cette albumine spéciale qui, d'après le même auteur, se coagule la première dans l'albumen d'œuf de poule vers la température de 62° ou 63° [*Compt. rend.*, 1874, 2e semestre].

La fibrine abandonnée quelque temps à l'air ou qui a subi quelques instants la température de 100° n'est plus soluble dans l'eau salpêtrée ou salée, ni dans l'acide chlorhydrique au millième. C'est la *fibrine concrète modifiée* de Denis. — Voyez plus bas (B). *Fibrine artérielle*.

La fibrine humide contient plus des trois quarts de son poids d'eau. Elle laisse toujours des cendres (1,9 % environ), formées d'à peu près 1,7 % de phosphate tribasique de calcium avec des traces de phosphate de magnésie, d'acide sulfurique et de carbonate de calcium.

1000 grammes de sang veineux humain contiennent 2,03 à 2,63 de fibrine (Scherer), 2,2 à 2,8 (Becquerel et Rodier), 2,5 (Nasse). Mais ce poids varie pour ainsi dire dans chaque veine. Le sang de la veine splénique est très-riche en fibrine, tandis que celui des veines sushépatiques n'en contient pas.

La *fibrine soluble* de Denis est la matière albuminoïde soluble qui résulterait, d'après cet auteur, du dédoublement de la plasmine en fibrines concrète et soluble. Elle se retrouve dans le sérum d'où l'on peut l'extraire en l'entraînant, pour ainsi dire, par l'addition d'un excès de sulfate de magnésium. Mais cette substance ne paraît en rien différer de la solution de *fibrine ordinaire* dans le sel marin, et représente sans doute cette portion de la fibrine concrète qui s'est dissoute grâce au chlorure de sodium que contient toujours le plasma.

(B) *Fibrine modifiée de Denis* ou *fibrine artérielle*. — La fibrine du sang artériel diffère de la fibrine concrète ordinaire en ce que, de quelque manière qu'on l'obtienne, elle est toujours *insoluble* dans les solutions au dixième de sels neutres à base alcaline, à la façon de la fibrine ordinaire ou veineuse un instant chauffée à 100°.

(C) *Fibrine du sang veineux coagulé au repos* [Denis, *Mémoire sur le sang*, p. 45]. — La fibrine retirée du caillot du sang veineux abandonné au repos forme au contact d'une solution de sel marin au dixième une substance visqueuse, filante, non filtrable, d'où l'eau sépare aussitôt la fibrine concrète. En précipitant la matière visqueuse par de l'alcool fort et la broyant avec lui, et reprenant par l'eau salée, on obtient, une solution de fibrine ordinaire, et un résidu insoluble.

(D) *Fibrines artificielles.* — H. Smée a annoncé [*Proc. roy. Soc.*, t. XII, p. 399] que les solutions de sérum du sang, d'albumine d'œuf, de fibrine digérée par le suc gastrique ou dissoute dans l'eau salée, lorsqu'on les maintient à 37° et qu'on les fait lentement traverser par un courant d'oxygène, laissent peu à peu se séparer des filaments ou flocons d'une substance qui ne serait autre que la fibrine ordinaire. L'auteur de cet article a obtenu les mêmes flocons avec de l'hydrogène pur, et s'est assuré en outre que l'albumine d'œuf est incapable d'absorber même au bout d'un long temps une quantité même minime d'oxygène, pourvu qu'elle ne se putréfie pas. L'observation de H. Smée demanderait donc au moins confirmation.

Brücke a donné le nom de *pseudofibrine* à une matière insoluble, décomposant très-lentement l'eau oxygénée (?) et qui résulte du lavage prolongé de l'albuminate de potasse de Lieberkühn. Cette substance me paraît due à l'altération de l'albuminate alcalin par l'air ambiant et surtout par l'excès d'eau et d'acide carbonique qui enlèvent peu à peu la potasse de l'albuminate et mettent la matière protéique en liberté.

VIII. — COAGULATION DU PLASMA ET DU SANG.

La fibrine, en se concrétant au sein du *plasma* ou *liquor sanguinis*, amène la coagulation du sang. Le caillot se forme d'abord sur les parois du vase et à la surface supérieure du liquide; chaque trabécule a pour point de départ soit une des aspérités du vase, soit une des granulations moléculaires du sang (Ranvier). La trame fibrineuse envahit de proche en proche la masse entière pour se rétracter ensuite peu à peu. Le caillot en se contractant ainsi durcit et exprime pour ainsi dire de sa masse le sérum transparent, de couleur ambrée ou rougeâtre, qui vient bientôt surnager. En même temps, la fibrine emprisonne dans ses mailles tous les éléments cellulaires, globules rouges et blancs, granulations, etc.

La coagulation du sang est lente chez les sujets vigoureux. Les individus affaiblis, les femmes, les enfants donnent un sang plus rapidement coagulable. Les sangs de chien, de cochon d'Inde, d'oiseaux, de reptiles se coagulent très-vite; celui de mouton et surtout de cheval bien plus lentement. La coagulation a lieu plus vite dans le sang artériel que dans le veineux. Le sang des épanchements anévrismaux reste quelquefois des semaines sans se coaguler. Suivant quelques auteurs, le sang des poissons se prend rapidement en une gelée qui ne tarde pas à se liquéfier de nouveau.

Le battage et l'action de l'air hâtent la coagulation du sang. La température la plus favorable à la formation de la fibrine est celle de l'animal auquel le sang appartient. Les sels alcalins neutres ou alcalino-terreux entravent ou empêchent la production de la fibrine. Il en est de même de petites quantités d'acides ou d'alcalis.

Il suffit d'ajouter au sang 1 à 2 centièmes de chlorure de calcium, 2 à 3 % d'un mélange de chlorure d'ammonium et de sulfate de magnésium cristallisé employés à parties égales, pour empêcher ou retarder beaucoup la coagulation des divers sangs. L'addition de phosphate de potassium permet ensuite au plasma resté liquide de se coaguler (A. Gautier).

Du sang défibriné réintroduit dans un cœur de tortue exsangue, mais encore vivant, y acquiert bientôt la propriété de se coaguler de nouveau (Magendie et Brown-Sequart).

La coagulation du sang ne peut être attribuée ni à l'action de l'air (on a fait coaguler le sang en le faisant passer directement de la veine dans le vide barométrique), ni à la perte d'acide carbonique ou d'une trace d'ammoniaque, ni au refroidissement du sang, ni à son état de repos, comme l'ont expérimentalement démontré H. Davy, Thiry, Strauch, Mandl, Brücke. Pourquoi donc le sang se coagule-t-il dès qu'il est extravasé, et pourquoi ne se coagule-t-il pas dans les vaisseaux?

Denis admet que la plasmine, qui existe dans le plasma sanguin à l'état fluide, ne subit aucune altération isomérique, tant que ce sang reste vivant, et qu'elle acquiert la proprieté de se dédoubler en *fibrine concrète* et en *fibrine soluble* quand le sang perd hors des vaisseaux quelques-unes de ses propriétés vitales intimes. A cette théorie un peu vague nous objecterons que, si la plasmine est la cause de la coagulation du sang, on ne saurait comprendre comment le sang défibriné, et par conséquent privé de plasmine, réintroduit dans un cœur de tortue, reprend le pouvoir de se coaguler; que cette plasmine, d'après les chiffres mêmes de Denis (voyez *Mémoire sur le sang*, Tableaux d'analyse), serait formée, suivant les cas, de proportions relatives variables de ses deux composants, *fibrine concrète* et *fibrine soluble*, ce qui n'est pas admissible pour une substance définie; que les transformations isomériques qu'elle subirait dans les quelques minutes qui suivent l'extravasation du sang restent d'ailleurs à l'état de pure hypothèse.

A. Schmidt, admettant que la fibrine se produit par l'union des deux facteurs, *paraglobuline* et *substance fibrinogène*, pense que, si la fibrine ne se coagule pas dans les vaisseaux, c'est que la matière fibrino-plastique est plus rapidement oxydée que la fibrinogène, et disparaît ainsi dans le sang, et que, d'ailleurs, la séreuse qui tapisse les vaisseaux détruit ou transforme sans cesse ces deux substances (voyez *Virchow Arch.*, 1862, p. 563). Mais on objectera à la théorie de Schmidt que, fût-il démontré que la substance fibrinoplastique se détruit dans les vaisseaux plus rapidement que la matière fibrinogène, la première étant toujours en grand excès dans le sang, cette oxydation ne saurait empêcher la coagulation de la fibrine dans les vaisseaux; que d'ailleurs les parois vasculaires ne détruisent sensiblement pas les facteurs de la fibrine, témoin cette expérience du sang défibriné injecté dans un cœur de tortue exsangue qui reprend le pouvoir de se coaguler, et celle de Hewson sur le sang conservé parfaitement coagulable entre deux ligatures de la jugulaire.

Revenant d'ailleurs sur la théorie de la coagulation du sang, admise pendant plus de dix ans par presque tous les physiologistes allemands, A. Schmidt a publié en 1872 [*Pflüger's Arch.* t. VI, 8e et 9e part., p. 413] un nouveau travail d'où il résulterait que les substances fibrinogènes et fibrinoplastiques ne réagiraient plus directement l'une sur l'autre, mais se combineraient seulement sous l'influence d'un troisième corps, véritable ferment qu'apporterait l'air et que Schmidt a même cru isoler. On s'expliquerait donc aisément la non-coagulation du sang dans les vaisseaux; mais l'existence, alors même qu'elle serait démontrée, du problématique ferment de A. Schmidt n'est point faite pour jeter une grande clarté sur cette question, car l'on sait que le sang se coagule quand il est reçu directement dans le vide ou lorsqu'on le laisse couler de la veine dans un gaz inerte exempt de tout ferment.

Brücke [Brown-Sequart, *Journ. de Physiol.*, 1858, t. I, p. 819], arrive par exclusion à reconnaître que, si le sang ne se coagule pas, c'est grâce à la seule influence des parois du vaisseau vivant.

Cette conclusion purement négative est insuffisante, et d'ailleurs Virchow a montré que des corps étrangers introduits dans des vaisseaux vivants produisent tout autour d'eux la coagulation du sang.

Enfin MM. Mathieu et Urbain viennent de donner une nouvelle et fort ingénieuse théorie de la coagulation du sang [*Compt. rend.*, t. LXXIX, p. 665 et 698, sept. 1874]. Ces auteurs remarquent d'abord que, lorsqu'on extrait rapidement par le vide les gaz du sang avant et après sa coagulation spontanée, une partie notable de l'acide carbonique disparaît en même temps que se forme la fibrine. Ainsi ils trouvent :

	100 c. c. de sang conservé à 38°.		100 c. c. de sang conservé à 10°.	
	Avant la coagulation.	Après la coagulation.	Avant la coagulation.	Après la coagulation.
CO^2.	48cc,05	39,38	54cc,50	42,50

l'acide carbonique paraît donc être fixé par la fibrine pendant qu'elle devient insoluble. Réciproquement, si l'on dissout de la fibrine dans du nitre, si l'on acidule la solution et qu'on la soumette au vide, on en extraira une quantité notable d'acide carbonique (environ 80 à 90 centimètres cubes pour 60 grammes de fibrine humide, ou 10 grammes de fibrine sèche). Si donc l'acide carbonique, en agissant sur la fibrine dissoute dans le plasma, possède la propriété de s'unir à elle et de la rendre insoluble, le sang que l'on privera de tout son acide carbonique deviendra incoagulable. Pour le démontrer, MM. Mathieu et Urbain, après avoir additionné le sang de quelques gouttes d'ammoniaque pour retarder sa coagulation, le privent de tout son oxygène, qui pourrait peu à peu donner de l'acide carbonique, en faisant traverser ce sang par un courant d'oxyde de carbone, puis ils le privent entièrement de tout son carbonate d'ammonium en le chauffant légèrement dans le vide répété de la pompe à mercure. Ils obtiennent ainsi un sang veineux incoagulable, et qui, lorsqu'on le charge de nouveau d'acide carbonique, se prend en un caillot compacte.

Pourquoi le sang ne se coagule-t-il donc pas dans les vaisseaux? Les auteurs précédents font observer que les globules sanguins ont une très-grande affinité pour l'acide carbonique. Ainsi, pour 100 grammes de sang, ils obtiennent par le vide :

	Sérum pur saturé de CO^2.		Sang défibriné saturé de CO^2.
CO^2..	125cc,15 à 139cc,5	CO^2..	225cc,5 à 256cc,6

MM. Mathieu et Urbain pensent donc que dans le sang normal l'acide carbonique, aussi bien que l'oxygène, est en très-grande partie fixé aux globules rouges, et que ce n'est qu'après cette sortie des vaisseaux, alors que les hématies ne jouissent plus de toute leur vitalité, que les matériaux des globules cèdent au plasma assez d'acide carbonique pour produire la coagulation de la fibrine.

Telle est l'ingénieuse théorie de MM. Mathieu et Urbain; elle est trop récente encore pour qu'on puisse se prononcer en l'absence de nouvelles expériences affirmatives.

IX. — MATÉRIAUX DU SÉRUM.

Le sérum est ce liquide qui vient surnager au caillot lorsqu'au bout de quelques heures celui-ci commence à se contracter. Cette liqueur représente donc à peu près le plasma sanguin moins la *fibrine concrète* ou ses principes constituants. C'est un liquide visqueux, ambré chez le cheval, rougeâtre chez le bœuf, jaune verdâtre pour le sang humain. Sa densité moyenne, chez l'homme, varie entre 1,026 et 1,029. Il est en général transparent, quelquefois opalescent ou lactescent chez les animaux très-gras. Il est plus alcalin que le plasma sanguin, grâce aux substances à réaction basique que la fibrine met en liberté en se coagulant. 1000 parties de sang donnent de 440 à 525 parties de sérum.

On trouve dans le sérum de 90 à 92 °/₀ d'eau chez le bœuf, de 91 à 92 °/₀ chez le mouton; de 88 à 95 °/₀ chez l'homme (en moyenne 90,88 °/₀), de 93 à 95 °/₀ chez le pigeon. Le sérum tient en dissolution des matières albuminoïdes, et spécialement de la sérine, des matières extractives nombreuses, des sels minéraux riches en chlorure de sodium et phosphates alcalins, enfin des gaz. Nous allons successivement étudier ces divers principes constitutifs du sérum sanguin.

Sérine. — Cette matière albuminoïde est très-analogue à l'*albumine de l'œuf* de poule, qui a déjà été étudiée dans cet ouvrage (t. I, p. 93). Nous n'insisterons ici que sur les différences qu'elle présente avec cette dernière substance.

On peut isoler la sérine en étendant le sérum avec de l'eau, y précipitant par une trace d'acide acétique la caséine et la paraglobuline (voyez plus bas), filtrant, alcalinisant *très-légèrement* et dialysant la liqueur dans un tamis de baudruche bien étanche nageant sur l'eau. Au bout de quelques jours, les peptones, une partie des matières extractives du dialyseur, les sels, etc., sont passés dans le vase extérieur. On évapore alors le liquide dans le vide, on broie finement le résidu, on le lave à l'alcool et à l'éther et on le sèche. On obtient ainsi la sérine presque pure, mais non encore entièrement exempte de sels.

Les solutions de sérine diffèrent de celles d'albumine d'œuf par les caractères suivants : elles dévient de + 56° à gauche la lumière jaune de la ligne D de Fraunhofer; elles précipitent par l'alcool, mais le précipité est soluble dans l'eau, à moins d'être resté longtemps en présence de l'alcool absolu; l'éther aqueux ne produit pas de trouble dans les solutions de sérine; le sous-acétate de plomb la précipite comme l'albumine, mais cet albuminate plombique n'est pas décomposable par l'acide carbonique comme celui que donne l'albumine de l'œuf de poule; enfin la sérine est plus endosmotique à travers les membranes animales que l'albumine d'œuf.

Autres matières protéiques du sérum. — On peut retirer successivement du sérum :

(*a*) Une substance précipitable dans le sérum très-étendu et à peine alcalin, par un courant prolongé d'acide carbonique; c'est la *paraglobuline* de Schmidt (voyez § VI). Cet auteur admet que le sang renferme un excès de paraglobuline; cet excès reste dans le sérum alors que le fibrinogène a été précipité à l'état de fibrine par une proportion correspondante de paraglobuline.

(*b*) De la *caséine* ou une substance très-analogue à l'*albuminate de soude* de Lieberkühn, qui se précipite quand on acidifie faiblement le sérum par de l'acide acétique [Dumas et Cahours, *Compt. rend.*, t. XV, p. 993; — Stass, *ibid.*, t. XXXI, p. 629; — Panum, *Virchow Archiv.*, t. XXXV, p. 251]. Cette substance est insoluble dans l'eau, même aérée, soluble dans les alcalis et les acides dilués. Elle disparaît lentement dans les solutions neutres de sels alcalins.

(*c*) De la *fibrine soluble* de Denis, résultant du dédoublement de la plasmine. On peut l'isoler, d'après ce dernier auteur, en traitant le sérum, chauffé à 50°, par un excès de sulfate de magnésium en poudre, recueillant le précipité, le lavant, et laissant ensuite les parties solubles s'égoutter sur de la porcelaine dégourdie, ou mieux les soumettant à la dialyse. Denis trouve en moyenne 12gr,2 de fibrine soluble par kilogramme de sang humain.

(*d*) Des *peptones*, dont l'existence dans le sang a été plutôt admise que bien démontrée, et qui restent quand on a coagulé ou séparé toutes les matières précédentes.

(*e*) On ne trouve pas dans le sang (sauf dans celui des leucocythémiques) de substances capables de donner de la gélatine par la coction.

MATIÈRES EXTRACTIVES DU SÉRUM. — Un grand nombre d'autres substances assimilables, ou produits de désassimilation, ont été retirées du sang normal. Ce sont :

(*a*) Des *graisses* indiquées déjà par Hunter et Schwilgué, qui présumèrent, sans le prouver, qu'elles *étaient analogues aux graisses cérébrales*, Chevreul démontra le premier le fait en 1823 [*Ann. du Muséum d'Hist. nat.*]. Le sérum contient 0,2 °/₀ de corps gras ou solubles dans leurs dissolvants habituels; le sang artériel en donne moins que le veineux; elles augmentent pendant la digestion. Ce sont, outre la lécithine et le protagon sur lesquels nous reviendrons, des savons de soude en petite proportion, des éthers à acides gras (stéarique, oléique, margarique). Malgré l'alcalinité du sang, une trace de ces acides paraît exister à l'état de liberté; on peut la séparer en agitant le sang ou le sérum avec de l'éther (Berthelot). Ces acides gras concourent à l'odeur du sang.

(*b*) Du *glucose* qui se trouve dans le sang de tous les organes, sauf dans celui de la veine-porte. Les veines sus-hépatiques en donnent le plus. Suivant Lehmann, 1000 grammes de sang normal contiennent : taureau, $0^{gr},0060$ à $0^{gr},0074$ de glucose; chien, $0^{gr},015$; chat, $0^{gr},021$. Le sang n'a jamais donné trace de *sucre de lait* ni d'*inosite*.

(*c*) De l'*alcool*, mais son existence est encore douteuse [H. Ford, *Jahresb.*, 1861, p. 792]; il peut provenir des liqueurs fermentées et résulter aussi de la fermentation intraveineuse des sucres.

(*d*) Des *acides lactique* et *hippurique;* le premier a été signalé par Scherer dans le sang de la fièvre puerpérale.

(*e*) De *l'acide urique*. Dans la maladie de Bright, Garrod a retiré $1^{gr},2$ à $1^{gr},5$ de cet acide par kilogramme de sang.

(*f*) De l'*urée*, dont l'existence a été démontrée d'abord par Prévost et Dumas dans le sang humain normal. Dans notre espèce, 1000 grammes de sang contiennent $0^{gr},142$ à $0^{gr},117$ d'urée. Bright et Babington en ont trouvé jusqu'à 15 grammes par litre chez les brightiques. — Voyez Picard, *Thèse de Strasbourg*, 1836, p. 56 et suiv., et A. Gautier, *Chimie appliquée à la physiologie*, etc., t. II, p. 314.

(*g*) De la *créatine* et de la *créatinine*, de la *xanthine* et de la *sarcine*, que l'on sait être des produits d'élimination, dus à l'activité musculaire.

(*h*) De la *cholestérine*, découverte dans le sang par Denis dès 1830 [*Recherches expér. sur le sang humain*] et qui existe constamment dans le sérum comme dans les globules. On peut la retirer de l'extrait alcoolique du sérum. Après l'avoir acidifié, on l'humecte légèrement, puis on le traite par de l'éther, qui dissout la cholestérine. Hoppe-Seyler [*Medic. Chem. Untersuch.*, t. I, p. 140] a trouvé que le sérum de 1000 centimètres cubes de sang contient, chez l'oie grasse, $0^{gr},19$ à $3^{gr},14$ de cholestérine. Sa quantité varie dans le sérum comme la teneur en graisses.

La *séroline* ou *stercorine*, matière soluble dans l'éther et très-analogue à la cholestérine par l'ensemble de ses propriétés, a été signalée aussi dans le sang par divers auteurs (Boudet, Denis). Mais, suivant A. Flint, elle n'y existerait peut-être pas normalement, et résulterait d'une décomposition de la cholestérine due à l'action des réactifs [A. Flint, *Recherches sur une nouvelle fonction du foie*, p. 70. Paris, G. Baillière, 1868].

(*i*) De la *lécithine*, que Gobley et Hoppe ont aussi signalée dans le sérum et qui augmente chez les animaux gras.

(*k*) Des *matières colorantes et odorantes* et des *matières azotées* presque inconnues. On n'a pu nettement démontrer dans le sérum la présence des pigments biliaires.

MATIÈRES MINÉRALES DU SÉRUM. — A l'exception de la petite quantité de matières alcalines que la fibrine met en liberté en se coagulant, les sels du sérum sont à peu près les mêmes que ceux du plasma. Les matières minérales dissoutes dans le sérum sont les suivantes :

(*a*) Du *chlorure de sodium*, qui peut en être retiré par simple cristallisation.

(*b*) Du *bicarbonate de sodium* (Lehmann, Liebig). On trouve dans le plasma un excès de soude et d'acide carbonique, mais pas de soude libre, car le sérum alcalin, débarrassé d'albumine par l'alcool, ne précipite pas en blanc par le sublimé, comme le fait la solution de soude caustique (Liebig).

(*c*) Les phosphates alcalino-terreux que l'on rencontre dans les cendres peuvent provenir, en partie, de la fibrine et de l'albumine, qui, en se coagulant, les mettent en liberté. Hoppe-Seyler a trouvé dans le *plasma* de cheval 0,81 °/₀ de cendres et Weber dans le même sang 0,75 °/₀. Le sérum du sang d'homme adulte donne 0,88 °/₀, celui de femme, 0,81 °/₀ de matières inorganiques. Le sérum des animaux arrivés à leur pleine croissance est plus riche en cendres que celui des jeunes. Les sérums plus minéralisés sont ceux de chèvre, de mouton et de chat. Le sérum artériel est un peu plus riche en cendres que le sérum veineux.

Suivant Lehmann, 100 grammes de cendres provenant de la calcination du sérum présentent la composition moyenne suivante :

Chlorure de sodium..........	61,087
— de potassium	4,085
Carbonate de sodium.........	28,880
Phosphate bibasique de sodium.	3,195
Sulfate de potassium.........	2,784
	100,081

Lehmann a fait sans doute dans cette analyse, à cause de leur insolubilité, et pour les raisons données ci-dessus, abstraction des phosphates terreux.

D'après C. Schmidt, 1000 grammes de sérum donnent les quantités suivantes de principes minéraux :

Sulfate de potassium.............	0,281	0,217
Chlorure de potassium...........	0,359	0,447
— de sodium	5,540	5,659
Phosphate tribasique de sodium.....	0,271	0,413
— — de calcium....	0,298	0,550
— — de magnésium.	0,218	
Soude...........................	1,532	1,074

On a signalé en outre dans le sérum ou dans le sang : de l'*acide silicique* qui, d'après Millon, serait constant (Weber en a dosé 1,19 °/₀ dans les cendres du sang de bœuf); des traces de *fluorures* (G. Wilson); du *cuivre* (Millon, Béchamp); des traces douteuses de *plomb* et de *manganèse* (Millon, Burin-Dubuisson). Jamais on n'y a trouvé de *fer*.

Les analyses précédentes montrent que le sérum est riche en sels de sodium, appauvri relativement au globule sanguin, en sels de potassium; remarquons aussi que les tableaux ci-dessus indiquent la présence d'un excès d'alcali en partie combiné durant la vie à l'acide carbonique, en partie à la sérine. Toutefois les nombres précédents, non-seulement ne peuvent être considérés comme des moyennes, mais encore sont entachés de causes d'erreur dans le dosage des acides phosphorique, sulfurique, chlorhydrique et carbonique du sérum. A ce sujet, nous renvoyons à ce qui a été dit en parlant des cendres des globules.

On n'est pas parvenu à démontrer la présence des sels ammoniacaux dans le sérum normal.

X. — GAZ DU SANG.

H. Davy fut le premier (1799) qui parvint à extraire une petite quantité d'acide carbonique du sang veineux et d'oxygène du sang artériel. Le premier aussi, il soupçonna que les phénomènes de la respiration et de l'hématose n'étaient pas simplement explicables par l'absorption ou l'exhalation de ces gaz suivant des lois physiques, mais qu'ils résultaient plutôt d'un véritable remplacement chimique de l'acide carbonique combiné au sang par l'oxygène absorbé dans les poumons [*Bedloe's. med. Contrib.*, p. 128]. Les expériences de L. Meyer [*Henle und Pfeufer's Zeitschr. f. rat. Méd.*, n. Folg., t. VIII, p. 256] et celles de Fernet [*Ann. sc. nat.*, (4), t. VIII, p. 125] prouvèrent qu'effectivement l'oxygène possédait pour le sang, et, d'après Fernet, d'une manière plus particulière pour les globules rouges, une affinité spéciale. Ce dernier auteur observa en effet qu'à 16° un même volume de chacun des liquides suivants absorbait :

	Volume d'oxygène absorbé.
Pour l'eau	0,02949
— le sérum	0,00117
— le sang	0,0958

résultats bien dignes d'attention, et qui ont précédé les connaissances précises que nous devons à Hoppe-Seyler sur la combinaison de l'oxygène avec l'hémoglobine. Déjà en 1837 Magnus avait mis en pratique la méthode qui depuis lors nous permet d'extraire par le vide barométrique les gaz contenus dans le sang [*Pogg. Ann.*, t. XL, p. 583, et t. LXVI, p. 177]. Il démontra définitivement dans ce liquide l'existence constante de l'oxygène, de l'acide carbonique et de l'azote. Ses résultats restèrent toutefois imparfaits, et il faut arriver jusqu'aux travaux de Ludwig et de ses élèves pour avoir des notions exactes sur la nature et la quantité des gaz retirés par la pompe à mercure des sangs artériel et veineux.

Quelle que soit la perfection et la rapidité avec laquelle, grâce à ce dernier instrument, on sait aujourd'hui extraire les gaz du sang, si nous remarquons que les expériences de Fernet et de Hoppe-Seyler ont démontré que l'oxygène n'est pas tout entier dissous, mais en grande partie uni aux globules, quoique par une faible affinité, nous devrons conclure que l'emploi du vide donnera toujours une quantité d'oxygène plus grande que celle qui est simplement dissoute dans le sang, plus petite que celle qui existe dans ce liquide tout entier. L'acide carbonique provient en partie du plasma, en partie des globules. La proportion qui est unie aux globules serait, d'après les travaux de divers physiologistes allemands, la cinquième partie environ de celle que l'on peut retirer du sang tout entier par la pompe à mercure. Mais nous avons vu plus haut que d'après MM. Mathieu et Urbain, une bien plus grande proportion de l'acide carbonique paraît durant la vie être unie aux globules sanguins et ne les abandonner que peu à peu pour passer dans le sérum sanguin à mesure que se fait la coagulation du sang.

Il existe, d'après ces derniers auteurs, une limite maximum de la quantité d'acide carbonique que le sang peut contenir pour rester liquide. Lorsque cette limite, qu'ils fixent à 70 centimètres cubes de gaz carbonique pour 100, est atteinte, des accidents de coagulation peuvent se produire dans l'intérieur même des vaisseaux. Cet état du sang est atteint chez les asphyxiés [*Compt. rend.*, t. LXXIX, p. 700].

Il faut encore observer que, d'après les expérimentateurs de l'école de Ludwig (Preyer, Szelkow, Schöffer), une certaine proportion de l'acide carbonique du plasma serait simplement dissoute dans cette humeur, tandis que l'autre portion, faiblement combinée, ne pourrait se dégager du plasma que par l'addition d'un acide étendu. Toutefois Pflüger, et Ludwig lui-même, ont montré que, dans le vide parfait et répété, on peut extraire à peu près tout l'acide carbonique du sérum; il suffit d'interposer entre la machine à mercure et le plasma, le sang ou le sérum, des boules chargées d'acide sulfurique, qui permettent de soustraire sans cesse et rapidement les gaz dégagés à l'action réabsorbante du sang ou de la vapeur qui s'en dégage. La portion d'acide carbonique que le vide était impuissant à épuiser, et qui paraissait faire partie d'une combinaison, devient dès lors de plus en plus faible et même nulle. Ce résultat est atteint plus aisément encore si, au lieu d'extraire les gaz du sérum pur, on le mélange de globules (d'avance épuisés de gaz par le vide). L'acide carbonique se dégage alors tout entier, et les globules agissent dans ce cas comme le ferait un acide faible (Preyer). — Voyez t. II, p. 1349.

Quant à l'azote, que l'on rencontre aussi dans les gaz extraits du sang, sa quantité, comme nous allons le voir, est fort variable; une partie paraît simplement dissoute dans le plasma sanguin, une autre semble provenir du globule. En effet Fernet [*loc. cit.*] a observé que la quantité d'azote qui peut se dissoudre dans le sérum est à peine égale à celle dont se charge un égal volume d'eau tenant en dissolution les mêmes sels. Or Setschenow, ayant trouvé au sang un coefficient d'absorption pour l'azote notablement plus élevé que celui de l'eau, en a conclu que très-probablement une certaine proportion de l'azote extrait du sang provient des globules rouges. Quoique cette conclusion soit fondée sur une induction probable, on ne saurait, en réalité, dire encore aujourd'hui sous quelle forme l'azote existe dans le sang.

L'emploi de la pompe à mercure, perfectionnée par Ludwig, Pflüger, etc., constitue le seul moyen qui permette d'extraire tous les gaz contenus dans le sang. Toutefois Cl. Bernard a observé que l'oxyde de carbone en chasse entièrement l'oxygène qu'il remplace volume à volume. De là une seconde méthode qui permet de doser ce gaz dans le sang, méthode qui d'ailleurs ne peut se généraliser et ne s'applique pas à l'extraction des autres gaz du fluide sanguin.

Nous donnons à la page suivante un certain nombre d'analyses des gaz du sang. Nous empruntons en grande partie les chiffres des trois premiers tableaux au traité de *Chimie physiologique* de Kühne.

Si de la connaissance du sérum et du sang total nous voulions conclure à la composition des gaz du plasma et des globules, nous devrions nous rappeler que le sang moyen contient 65 volumes de plasma et 35 volumes de globules rouges humides. De cette considération et des nombres consignés dans les tableaux suivants, nous arriverions, avec la plupart des auteurs allemands, à cette conséquence que le cinquième à peine de l'acide carbonique extrait du sang par la pompe était contenu dans les globules rouges. Mais pour que cette conclusion fût fondée, il faudrait démontrer qu'au moment de la coagulation une partie de l'acide carbonique des globules, ou de la fibrine qui se concrète, n'est pas cédée ou empruntée au sérum. Or les expériences de MM. Mathieu et Urbain citées plus haut (§ VII et IX) semblent précisément démontrer que pendant l'acte de la coagulation une partie de l'acide carbonique des globules sanguins passe peu à peu dans le sérum, et qu'une proportion notable est fixée par la fibrine. On ne saurait donc aujourd'hui conclure de l'acide carbonique contenu dans le sérum et dans le sang total, au partage qui se fait durant la vie entre les globules et le plasma.

Quant à l'oxygène, nous avons vu qu'il est presque entièrement combiné aux globules. L'azote est surtout dissous dans le plasma, mais une partie de ce gaz est cependant unie aux globules, comme on l'a déjà dit [Sotschenow, *Wien. Akad. Ber.*, t. XXXVI, p. 293 et suiv.].

COMPOSITION DES GAZ DU SANG ARTÉRIEL ET VEINEUX.

VOLUME du GAZ DÉGAGÉ du sang par le vide seul.	Az.	O.	CO^2 dégagé par le vide seul.	CO^2 dégagé par le vide avec l'aide d'un acide.	CO total.	ESPÈCES DE SANG.	AUTEURS.
46,42	4,18	11,39	30,88	1,90	32,78	Artériel. Chien.	Schöffer.
37,01	3,05	4,15	29,82	5,49	35,31	Veineux. —	Id.
41,34	1,66	11,76	28,02	1,26	29,28	Artériel. —	Id.
42,64	1,25	8,88	32,53	3,06	35,59	Veineux. —	Id.
34,34	0,70	6,82	26,54	6,82	33,36	Artériel. Brebis.	Preyer.
37,07	0,00	6,28	30,79	6,74	37,53	Veineux. —	Id.
36,39	0,00	6,28	30,11	7,90	38,01	Id. —	Id.
45,61	0,93	16,29	27,22	1,17	28,39	Artériel. Chien.	Sczelkow.
43,43	0,95	8,22	32,16	2,10	34,26	Veineux. —	Id.
39,5	2,6	7,9	29,0	»	29,0	Artériel. —	Pflüger [1].

1. Gaz obtenus par le vide seul. Dans les expériences de Pflüger, les gaz sont immédiatement soustraits au contact du liquide et de ses vapeurs au moyen de boules arrosées d'acide sulfurique ou par des tubes desséchants.

GAZ DU SANG DES VAISSEAUX DES MUSCLES EN REPOS OU EN CONTRACTION.

VOLUME des GAZ DÉGAGÉS par le vide.	Az.	O.	CO^2 dégagé par le vide seul.	CO^2 dégagé à l'aide des acides.	CO^2, total.	ESPÈCES DE SANG (chien).	AUTEURS.
38,92	1,11	12,08	25,73	1,38	27,0	Artériel.	Schöffer.
38,34	1,03	4,39	32,87	1,53	34,4	Veineux, M. R. [1]	Id.
44,08	1,32	4,68	38,08	1,45	39,55	Veineux, M. C.	Id.
43,17	1,64	17,33	24,20	0,34	24,54	Artériel.	Sczelkow.
39,90	1,36	7,50	31,04	0,55	31,59	Veineux, M. R.	Id.
36,63	0,92	1,27	34,44	0,44	34,88	Veineux, M. C.	Id.

1. Le signe M R. veut dire *muscles au repos;* le signe M. C. *muscles contractés.*

ACIDE CARBONIQUE DU SANG ET DE SON SÉRUM.

GAZ épuisable par le vide seul, (Az, O, CO^2).	CO^2 dégagé par le vide.	CO^2 en combinaison chimique stable.	CO^2 total.	NATURE DU LIQUIDE.	AUTEURS.
41,48	24,62	1,59	26,21	Sang.	Schöffer.
11,28	10,20	23,77	33,97	Sérum.	Id.
41,74	25,78	0,81	26,59	Sang.	Id.
17,93	16,06	16,65	32,71	Sérum.	Id.
»	8,02	15,68	23,70	Sérum.	Preyer.
»	4,96	15,46	20,42	Sérum agité avec l'air.	Id.
»	33,9	3,7	37,6	Sérum.	Pflüger [1].
»	26,8	7,1	33,9	Sérum.	»

1. Gaz extraits par le vide et soustraits à l'action dissolvante du sang par un système desséchant.

MM. Mathieu et Urbain [*Ann. de Chim. et de Phys.*, (4), t. XXX, p. 5] ont publié sur les variations des gaz extraits du sang par la pompe à mercure un important travail dont nous extrayons encore quelques observations. Ils ont examiné les gaz du sang des divers vaisseaux, ou lorsque l'animal était soumis à des changements de température ambiante, de pression extérieure, aux saignées répétées, etc.

(A) *Proportion des gaz contenus dans le sang des différentes artères.* Dans les artères de même calibre, le sang, pris à des distances différentes du cœur, contient approximativement le même volume des différents gaz et en particulier d'oxygène, contrairement à ce qu'avaient annoncé MM. Estor et Saintpierre, qui pensaient que l'oxygène se consommait très-rapidement dans les vaisseaux eux-mêmes [*Journ. de l'Anat. et de la Physiol.*, t. II, p. 302, 1863]. MM. Mathieu et Urbain ont trouvé pour 100 cent. cubes de sang :

	Artère crurale.	Artère carotide.	Artère crurale.	Artère carotide.
O.....	20,75	21,25	20,91	21,00

A ce point de vue, les observations de MM. Mathieu et Urbain ont été confirmées par M. Schützenberger qui dosait de 5 en 5 minutes l'oxygène du sang défibriné et sorti des vaisseaux. Ce n'est qu'avec une grande lenteur que l'oxygène des globules se consume et forme de l'acide carbonique.

Si l'on analyse comparativement les gaz du sang d'une grosse branche artérielle et ceux d'une petite artère, la quantité d'oxygène est toujours plus grande dans les gros vaisseaux. Cette différence tient à l'inégale quantité de globules rouges qui circulent dans les grosses et les petites artères, quantité qui est toujours plus grande dans les grosses branches, comme le démontre la numération des globules et la densité du sang, toujours inférieure dans les petites artérioles à celle du sang pris dans l'aorte ou dans la crurale.

(B) *Influence de la température extérieure sur les gaz du sang artériel.* — Chez les animaux à température constante, la quantité d'oxygène absorbée par le sang varie en raison inverse de la température de l'air qu'ils respirent. Ainsi l'on trouve chez le chien :

	Chien A.		Chien B.	
	Température extérieure, + 4°,8.	Température extérieure, + 23°,9.	Température extérieure, + 8°.	Température extérieure, + 17°,4.
O...	20,25	16,56	24,50	17,00
Az..	2,00	1,90	2,00	1,75
CO^2.	49,75	47,47	50,74	50,75

Voici encore les analyses successives du sang artériel d'un même chien auquel on faisait respirer pendant une demi-heure de l'air à différentes températures :

	Air à + 10°. Respirations, 15; Pulsations, 75.	Air à + 22°. Respirations, 16; Pulsations, 80.	Air à + 40°. Respirations, 18; Pulsations, 80.
O.....	23,50	21,25	19,75
Az.....	2,25	2,00	2,50
CO^2...	55,50	47,20	50,00

Les mêmes auteurs ont du reste constaté qu'à travers les membranes animales humides, les phénomènes d'endosmose gazeuse sont d'autant plus lents que la température s'élève davantage. Ils ont montré, de plus, que la quantité d'oxygène fixée par le sang extrait de la veine diminue lorsque la température de l'air où on l'agite s'élève davantage.

(C) *Influence de la pression atmosphérique sur les gaz du sang artériel.* — A une moindre pression barométrique correspond une moindre absorption d'oxygène par le sang et réciproquement, soit que l'animal respire des gaz dilatés, soit qu'on le fasse respirer dans de l'oxygène dilué. Voici quelques-uns des nombres donnés par MM. Mathieu et Urbain :

	Pression de l'air respiré, 734mm; Respirations, 19.	Pression de l'air respiré, 764mm; Respirations, 19.	Pression de l'air respiré, 794mm; Respirations, 17.
O....	20,50	22,50	24,00
Az...	1,50	2,00	2,00
CO^2.	49,75	51,50	56,50

Du reste, le sang extravasé prend plus d'oxygène lorsqu'on augmente la pression extérieure. Voici, à cet égard, quelques nombres donnés par P. Bert [*Recherches sur l'influence que les modifications de pression barométrique exercent sur les phénomènes de la vie,* p. 155 et 157, Paris, 1874, G. Masson].

100 volumes de sang de chien dissolvent, lorsqu'on fait varier la pression, les quantités d'oxygène suivantes :

Pressions inférieures à 1 atmosphère.

	I.	II.	III.
Air à 760mm	13cc,2	20cc,2	44cc,5
— 340	12 1	18 9	44 0
— 180	11 2	»	38 2
— 60	»	17 7	»

Pressions supérieures à 1 atmosphère.

Air à 1 atmosphère..........	14cc,9
— 6 —	18 2
— 12 —	26 0
— 18 —	31 1

(D) *Influence des saignées successives sur les gaz du sang artériel.* — Les saignées réitérées entraînent une diminution progressive de la quantité d'oxygène contenue dans le sang artériel. Les nombres suivants indiquent la composition des gaz de 100 centimètres cubes de sang pour des saignées successives de 20 centimètres cubes pratiquées sur un même chien à une heure et demie d'intervalle :

	Température de l'animal, 38°,8; resp. 18; pouls, 125.	Temp., 38°,7; resp., 16; pouls, 125.	Temp., 39°; resp., 16; pouls, 130.	Temp., 39°,1; resp. 14; pouls, 130.	Temp., 39°,0; resp. 12; pouls, 138.
O...	20,00	18,75	17,75	16,50	15,65
Az..	2,25	2,00	2,00	2,25	2,60
CO^2.	52,75	49,35	49,25	48,25	47,35

Cet abaissement progressif de l'oxygène extrait du sang provient de deux causes : de la diminution des globules et de l'abaissement de la pression intra-vasculaire, qui fait en même temps décroître le nombre des mouvements respiratoires.

(E) *Influence de divers états pathologiques.* — MM. Mathieu et Urbain [*Compt. rend.*, t. LXXIX, p. 700] ont donné quelques analyses des gaz du sang dans divers cas pathologiques.

Pendant l'inflammation, après la période d'hyperhémie qui en marque le début, les combustions et la quantité d'acide carbonique du sang s'augmentent d'une manière exagérée. Ils ont trouvé sur un chien soumis à la brûlure :

	État normal.		Influence de la brûlure.		Sang veineux un peu après.	
	Sang artériel.	Sang veineux.	Sang artériel.	Sang veineux.	Après 90'.	Après 3 h.
O....	17cc,25	9cc,90	20cc,70	2cc	4cc,25	2cc,75
CO^2..	52 75	54 75	38 14	39	73 75	61 75

Si on lie un vaisseau, ou même si l'on ralentit la circulation, la proportion d'acide carbonique augmente notablement, déversé sans doute qu'il est à travers les parois des vaisseaux, car l'oxygène ne varie pas sensiblement :

	Sang de l'artère linguale avant et après l'oblitération de la carotide correspondante.		Sang veineux de la jugulaire avant et après l'oblitération des vaisseaux.	
O......	19,00	18,75	7,19	7,14
CO^2...	44,00	60,75	48,84	59,76

Dès que la quantité d'acide carbonique extrait du sang par le vide dépasse les 4 cinquièmes de son volume, des coagulations spontanées peuvent se produire dans les vaisseaux.

XI. — SANGS DE DIVERSES ORIGINES.

Nous avons décrit jusqu'ici le sang normal moyen tel qu'il existe dans le ventricule droit du cœur; mais le sang peut subir des variations nombreuses provenant de l'espèce animale, du sexe, de l'âge, de l'état artériel ou veineux. Nous allons les indiquer ici succinctement.

Sang de divers animaux. — Nous ne nous occupons dans cet article que du sang des vertébrés. Quant aux invertébrés, ils ont dans leurs vaisseaux un liquide analogue au sang, liquide jaune, vert, orangé, quelquefois rouge, composé d'un plasma souvent coloré et de globules en suspension. Nous ne saurions nous étendre ici davantage sur ce sujet.

Les vertébrés fournissent tous un sang analogue au sang humain; tous ont des globules rouges, et, chez tous, ces globules sont chargés de cette même matière colorante albuminoïde et ferrugineuse qui sert à l'hématose, l'hémoglobine :

Les nombres suivants donnent en moyenne la proportion des corpuscules secs et de l'eau du sang de divers vertébrés :

	Corpuscules à l'état sec pour 1000 gr. de sang.	Eau pour 1000 gr. de sérum.
Homme	135	»
Bœuf	122	912
Mouton	98	914
Chien	124	918
Poulet	151	926
Pigeon	155	945
Grenouille	55	950
Anguille	60	900
Carpe	82	»

On voit que le sang d'oiseau est le plus riche en globules, celui des animaux à sang froid le plus pauvre. Les quantités de fer et d'hémoglobine varient aussi notablement pour un même poids de divers sangs et même pour un même poids de globules, mais l'hémoglobine paraît avoir *approximativement* la même composition ou du moins contenir la même quantité de fer, quel que soit l'animal qui ait fourni le sang. A ce sujet voici un tableau qui résulte des recherches de Pelouze [*Compt. rend.*, t. LX, p. 880] et de Preyer [*Ann. der Chem. u. Pharm.*, t. CXL, p. 187].

		Fer dans 1000 gr. de sang d'après Pelouze.	Hémoglobine correspondante calculée pour 1000 gr. de sang.	Hémoglobine déterminée optiquement par Preyer.
Homme	Maxim.	0gr,537	125gr	»
	Minim.	0 506	118	»
Bœuf	Maxim.	0 547	126	136
	Minim.	0 480	111	
Porc	Maxim.	0 595	139	143
	Minim.	0 506	118	
Oie	Maxim.	0 368	83,3	»
	Minim.	0 347	80,7	»
Canard	Maxim.	0 344	80,0	93
	Minim.	0 342	79,5	
Grenouille	Maxim.	0 425	98,9	»
	Minim.	»	»	»
Chien		0 579	138,0	133
Mouton		0 470	112	112

Il résulte de ces tableaux que dans le sang des mammifères l'hémoglobine forme la majeure partie du poids des globules secs; il n'en est plus ainsi pour le sang des oiseaux, chez lesquels, on l'a vu, Denis a découvert en effet que la globuline formait une partie notable du globule rouge.

Sang des deux sexes. — La densité du sang, son odeur, le poids du résidu et des globules secs sont en général plus grands chez les animaux mâles. Voici les tableaux de Becquerel et Rodier relatifs au sang normal moyen de l'homme et de la femme.

	Homme.	Femme.
Eau	779,00	791,10
Fibrine	2,20	2,20
Sérine	69,40	70,50
Corpuscules à l'état sec	141,10	127,20
Graisses (oléine, margarine)	1,62	1,64
Graisses saponifiées	1,00	1,04
Graisses phosphorées	0,49	0,46
Cholestérine	0,09	0,09
Matières extractives	0,87	»
Sels	5,93	7,15

Sangs artériel et veineux. — Le sang artériel doit surtout sa couleur rouge écarlate à l'oxyhémoglobine qu'il contient; le sang veineux est rouge brun, grâce à l'hémoglobine réduite. La densité du sang artériel est un peu moindre que celle du sang veineux : *Sang artériel*, densité, 1,053; *sang veineux*, densité, 1,055. Le sang artériel se coagule plus vite que le sang veineux; son caillot est plus consistant et donne moins de sérum. Le sang veineux contient moins de globules, plus de fibrine (:: 3 : 2) et plus d'eau (2,5 à 5 °/₀, Nasse) que le sang veineux des petites veines.

La composition du sang veineux varie avec le repos ou l'activité de l'organe qui l'a fourni. Nous ne pouvons nous étendre ici à ce sujet (voyez § IX, GAZ DU SANG, *Muscles en repos et en contraction*). Le sang veineux est plus riche en acide carbonique et plus pauvre en oxygène que le sang artériel. Le sang veineux des organes pelviens et surtout celui qui sort du cerveau sont plus riches en cholestérine que le sang artériel (A. Flint).

Sang des diverses veines. — Chaque organe imprime au sang qui le traverse un cachet spécial; voici quelques renseignements à cet égard.

(*a*) Le sang de la *veine porte* est plus aqueux que celui de la jugulaire, il est moins riche en globules; sa fibrine est visqueuse, gélatineuse; il est plus chargé de graisse. C'est le seul sang de l'économie où *n'existe pas à l'état normal de glucose en quantité appréciable.*

(*b*) Le *sang des veines sus-hépatiques*, plus riche en globules rouges, et surtout en globules blancs, que celui de la jugulaire et que le sang précédent, ne contient pas de fibrine. Sa densité est relativement faible. Il est plus pauvre en graisse et plus riche en caséine et en matières extractives que le sang de la veine porte. Celui qui sort du foie contient plus de sucre qu'aucun autre, d'après Cl. Bernard. Lehmann y a trouvé chez les chiens 0,6 à 0,9 de sucre pour 100 de résidu sec [*Compt. rend. de l'Acad. des sciences*, t. XL, p. 228].

(*c*) Le *sang des veines spléniques* renferme plus d'eau et de fibrine que le sang veineux ordinaire. Funke a trouvé pour 100 de sang [*Henle u. Pfeuffer's Zeitsch. N. F.*, t. I, p. 172] :

	Sang qui sort de la rate.	Sang de la jugulaire.
Eau	83 à 88	79,8
Fibrine	0,28 à 1,15	0,22 à 0,62

Le sang de la rate contient aussi plus de globules rouges que celui du cœur droit (Malassez) et surtout plus de globules blancs. Gray a observé dans ce sang des granulations pigmentaires et des cristaux englobés quelquefois dans la substance des globules.

(*d*) Le *sang des veines du placenta*, chez la femme au moment de l'accouchement, est très-riche en globules rouges. Il a été analysé par Denis, qui a trouvé pour 100 parties :

	Sang placentaire.	Sang veineux.
Eau	70,15	78,10
Globules secs	22,62	14,31
Albumine	5,00	5,00
Sels, graisses et matières extractives	2,25	2,59
	100,02	100,00

Suivant Stas [*Compt. rend. de l'Acad. des sciences*, t. XXXI, p. 629], la matière protéique du sang placentaire serait presque uniquement formée de caséine.

XII. — ANALYSE DU SANG.

L'analyse du sang est un problème important et délicat, dont la solution a été déjà tentée par un foule d'expérimentateurs. Les premières méthodes qui ont été employées avaient pour objet l'analyse de la masse totale du sang, sans qu'on cherchât à séparer préalablement les globules du plasma. On dosait directement la fibrine, l'albumine, les matières grasses, les matières extractives, les sels, les globules étant évalués indirectement d'après une méthode employée pour la première fois par MM. Prevost et Dumas [*Ann. de Chim. et de Phys.*, (2), t. XXIII, p. 56] et que nous rapportons ici brièvement.

Méthode de MM. Prevost et Dumas. — Au sortir de la veine, le sang est reçu par quarts dans deux capsules tarées dont la première reçoit le premier et le dernier quart, la seconde le deuxième et le troisième quart. On pèse les deux portions du sang ainsi recueilli; on laisse coaguler l'une, on bat l'autre. Cette dernière fournit la fibrine qu'on lave, qu'on sèche et qu'on pèse. La première se partage en sérum et en caillot. On décante avec soin le sérum, on le pèse, on le dessèche exactement et on pèse de nouveau. La perte de poids indique la proportion d'eau que renferme le sérum. Les matériaux solides de ce dernier sont principalement constitués par de l'albumine et des sels. En incinérant et en pesant le résidu, on trouvait approximativement la proportion de ces derniers.

Le caillot renferme la fibrine, les globules et du sérum interposé. On le desséchait et on le pesait. Le poids de la fibrine étant défalqué de celui du caillot sec, on avait le poids des globules secs augmenté de celui du sérum interposé. Dans l'impossibilité d'évaluer ce dernier, on avait recours à une hypothèse commode, mais inexacte. On supposait que toute l'eau chassée par la dessiccation du caillot provenait du sérum interposé, et comme on connaissait d'autre part la proportion d'eau et de matériaux solides que renferme le sérum, on pouvait calculer la proportion de matériaux solides correspondant à l'eau du caillot. En défalquant le poids ainsi déterminé de celui du caillot sec, déjà diminué du poids de la fibrine, on avait le poids des globules secs.

La méthode de MM. Prevost et Dumas a été diversement modifiée par Becquerel et Rodier, Bopp, etc.; elle donnait, en ce qui concerne les globules, des résultats inexacts d'une manière absolue, mais comparables entre eux. Le même reproche peut être fait au procédé de Scherer [*Otto's Beitrag zu den Analysen des gesunden Blutes.* Würzburg, 1848], méthode que nous allons indiquer brièvement.

Procédé de Scherer. — On recueille le sang dans deux éprouvettes où on le laisse coaguler. On détache le coagulum des parois afin de faciliter son retrait. On procède séparément à l'analyse du sérum et du caillot.

Le sérum de la première éprouvette est divisé en deux parties A et B que l'on pèse.

A est desséché dans une capsule de porcelaine tarée qu'on chauffe finalement à 110°. On détermine ainsi la proportion des matériaux solides du sérum. L'incinération du résidu donne la proportion des sels du sérum.

B sert au dosage de l'albumine des matières extractives et des sels solubles. On verse cette portion du sérum dans de l'eau distillée bouillante additionnée de quelques gouttes d'acide acétique. L'albumine se coagule, on la recueille, on la lave, on la dessèche et on la pèse. La liqueur filtrée, évaporée et séchée laisse les matières extractives du sérum. Ce résidu, calciné à l'air, laisse les sels solubles du sérum.

Le sang de la deuxième éprouvette est versé dans un vase taré et pesé. Il est passé ensuite à travers un linge où l'on serre fortement le caillot pour le malaxer et l'exprimer. On obtient ainsi du sang défibriné et de la fibrine qui reste dans le nouet sous forme de filaments fins qu'on lave, qu'on recueille, qu'on dessèche et qu'on pèse.

Le sang défibriné est partagé en trois parties A', B', C', qu'on pèse. Ce poids des matériaux solides du sérum et des globules donne, après dessiccation et après calcination, les matériaux inorganiques du sang défibriné.

B' (3 à 5 grammes) est versé dans l'eau bouillante additionnée d'acide acétique. L'albumine et les globules se coagulent. On recueille le coagulum sur un filtre, on le dessèche et on le pèse. On obtient ainsi la somme du poids des globules coagulés et de l'albumine. De cette somme on défalque le poids de l'albumine évaluée dans la masse totale du sang défribiné, selon l'hypothèse de Prevost et Dumas, d'après la quantité d'eau abandonnée par la dessiccation de ce même sang défribiné.

C' sert au dosage des matières grasses.

Après avoir rappelé les anciens procédés d'analyse du sang, nous allons indiquer maintenant les méthodes qui servent aujourd'hui à la détermination des principaux éléments contenus dans cette humeur.

Détermination des poids relatifs des globules humides et du plasma, de la fibrine et du sérum. — Le sang étant une liqueur non homogène formée de globules en suspension dans un plasma complexe, le problème analytique préliminaire à résoudre consiste à séparer d'abord les divers facteurs du liquide sanguin ou à connaître tout au moins leurs poids relatifs. Ce n'est qu'après que cette importante détermination aura été faite que les globules et le plasma devront être séparément analysés.

Plusieurs méthodes ont été employées pour la détermination des poids relatifs des globules et du plasma. La première est due à Hoppe-Seyler; elle ne s'applique qu'à l'analyse du sang de cheval, qui, en se refroidissant, laisse déposer les globules avant la coagulation du plasma.

Méthode de Hoppe-Seyler. — On abandonne le sang de cheval au repos dans un endroit frais, de manière à laisser les globules se déposer et se séparer autant que possible du plasma. On décante alors avec soin ce dernier, on le pèse et, après coagulation, on y dose la fibrine. La couche humide de globules qui s'était précipitée au fond du vase est délayée dans l'eau, et la fibrine provenant de la petite quantité de plasma restée interposée aux globules rouges est à son tour recueillie et pesée. Le poids de cette fibrine permet de calculer le poids proportionnel du plasma resté mélangé aux globules et par différence celui des globules à l'état humide.

Méthode de A. Gautier. — L'auteur de cet article a fait connaître une méthode propre à déterminer les poids relatifs des globules humides et du plasma; elle possède sur la précédente l'avantage d'être d'une application générale. Elle est fondée sur ce fait qu'une solution de chlorure de calcium empêche la coagulation du sang, ou du moins la retarde de telle façon que le plasma peut être dès lors séparé, par filtration, des globules qui lui cèdent à peine une faible partie de leur matière colorante. En dosant le chlorure de calcium d'abord dans le plasma, puis dans les globules, on peut calculer la proportion de plasma interposée aux globules, qui n'absorbent eux-mêmes qu'une quantité très-petite de chlorure de calcium. Voici comment on opère. On reçoit, au sortir de la veine, 20 centimètres cubes de sang dans 4 centimètres cubes d'une solution aqueuse contenant pour 100 parties 10 grammes de chlorure de calcium et 20 grammes de sel marin. On maintien le tout au repos à une assez basse température. Au bout de 24 heures, on prend le poids de la liqueur, on la jette sur un filtre humecté d'une solution de sel marin à 10 %, le plasma passe; on le recueille et on en prend le poids; on a, par différence, celui des globules qui sont restés sur le filtre mélangés avec un peu de plasma. On coagule par la chaleur le plasma mis à part, on filtre, on précipite dans la liqueur le chlorure de calcium par l'ammoniaque et l'oxalate d'ammonium, on décante, on filtre, on sèche et l'on pèse l'oxalate de calcium. L'on agit de même pour les globules, on les délaye dans de l'eau, on coagule la solution par la chaleur, on filtre et l'on dose le chlorure de calcium par l'oxalate d'ammonium. On obtient ainsi les poids relatifs de ce sel dans les globules et dans le plasma mis à part, et par conséquent, par une simple proportion, le poids du plasma interposé aux globules. En soustrayant du poids brut des globules humides le poids du plasma interposé, on a celui des globules humides.

Méthode de Bouchard. — Une autre méthode a été proposée par Ch. Bouchard. Elle est fondée sur cette observation qu'une solution de sucre de canne d'une densité de 1,026 ne dissout sensiblement aucun des principes du globule sanguin, qui sous cette influence en effet ne se déforme pas.

On recueille deux quantités égales de 15 grammes de sang environ, dans deux capsules tarées (A) et (B). L'une d'elles (B) a reçu au préalable 10 grammes de solution sucrée; on abandonne ensuite les deux prises de sang à la coagulation spontanée. Au bout de 12 à 24 heures, on prend avec une pipette dans chaque capsule 4 grammes du sérum formé. On les dilue séparément dans de l'eau acidulée et on les coagule à 100°; on lave les coagulums à l'eau chaude et à l'alcool, puis on les pèse. Ces deux pesées suffisent pour évaluer le poids total du sérum de 100 gr. de sang. Soit en effet (a) le poids d'albumine qui vient d'être déterminé de 1 gramme de sérum pur, soit (b) le poids d'albumine de 1 gramme du liquide de la capsule (B) à laquelle on a ajouté n centimètres cubes de liqueur sucrée, et soit x le poids du sérum total contenu dans chacune des deux capsules; on a pour le poids de l'albumine de la totalité du sérum :

Dans la capsule (A)....... ax
Dans la capsule (B)....... $b(x+n)$

et comme ces deux quantités sont égales,

$$ax = b(x+n),$$

d'où
$$x = \frac{bn}{a-b};$$

on connaît donc ainsi la quantité x de sérum pour 15 grammes de sang et par conséquent pour 100 grammes. D'un autre côté, on dose la fibrine dans le caillot de la capsule (A), et l'on calcule son poids pour 100 grammes de sang. On a donc le poids *sérum* + *fibrine* ou le poids du *plasma* de 100 grammes de sang et, par différence, celui des globules humides.

Méthode de Figuier. — La méthode suivante s'applique non-seulement à l'analyse du sang encore fluide, mais encore à celle du sang coagulé. Elle permet de déterminer le poids des globules humides et celui du sérum total. Elle est due à L. Figuier et a été perfectionnée par Dumas [*Ann. de Chim. et de Phys.*, (3), t. XI, p. 503, et t. XVI, p. 452]. Nous y avons introduit nous-même quelques légers changements qui découlent des notions récemment acquises sur l'hématologie.

Le sang à analyser, coagulé ou non, est reçu ou placé dans un flacon taré à large ouverture, que l'on ferme aussitôt pour empêcher toute évaporation; l'excès de poids donne celui du sang à analyser. Au bout de 24 heures on sépare le mieux possible le sérum formé; dans une portion on dose l'albumine par coagulation; on filtre la liqueur, on l'évapore, on la sèche et on note le poids du résidu sec.

Le caillot est à son tour pesé humide et reçu dans un linge fin et serré, pris dans un nouet, et malaxé dans une solution de sulfate de soude marquant 17° Baumé. La fibrine restant dans le linge est lavée avec la même solution, puis avec de l'eau, enfin séchée et pesée. Quant aux globules, ils tombent au fond de la solution saline sans qu'une proportion notable d'hémoglobine soit extravasée. Au bout de quelques heures, on décante, on jette les globules sur un filtre et on les lave au sulfate de soude aéré. Les eaux mères et les liqueurs de lavage, traitées par l'acide nitrique dilué, donnent un précipité d'albumine due au sérum interposé aux globules; et comme on a, par une expérience directe, déterminé la proportion de cette substance qui se trouve dans le sérum pur, on obtient par une simple proportion le poids du sérum resté dans le caillot. En soustrayant ce dernier poids, augmenté de celui de la fibrine déjà dosée, du poids du caillot, on aura celui des globules à l'état humide.

Hoppe-Seyler a donné une autre méthode qui permet d'arriver aux mêmes déterminations, mais elle est d'une longueur et d'une complexité extrêmes, et nous nous bornons à renvoyer le lecteur à son *Handbuch der chemischen Analyse* (2e *Aufl.*), p. 315.

Dosage particulier des matériaux des globules. — Pour doser séparément dans les globules l'*eau* et les *autres matériaux constitutifs*, on partagera le caillot en deux portions. Dans la première on déterminera le poids des globules humides comme il vient d'être dit. La seconde sera évaporée à 100°, puis chauffée dans un courant d'air sec. Le résidu, diminué du poids du sérum interposé, déterminé comme il a été dit ci-dessus, donnera le poids des globules secs. On a d'autre part leur poids à l'état humide, par conséquent la différence donnera le poids de l'eau de constitution des globules.

Pour doser les *matières extractives et les sels en solution dans l'eau* appartenant aux globules, on reprendra par l'eau tiède le caillot desséché et broyé; cette eau évaporée donnera la somme des poids des matières solubles, telles que créatine, créatinine, savons divers, urée, sucres, sels solubles. En calcinant ce résidu, on aura le poids des matières minérales solubles. On en conclura le poids des matières solubles dans l'eau à attribuer aux globules, en tenant compte de la quantité de sérum interposée, déterminée comme il a été dit ci-dessus.

En traitant successivement par l'éther, l'alcool froid et l'alcool bouillant, le résidu desséché et pulvérisé du caillot épuisé à l'eau tiède, on obtiendra le poids des matières extractives renfermant des corps gras, de la cholestérine, de la lécithine, ainsi que quelques matières pigmentaires. On pourra les doser chacune à part par des méthodes particulières dont nous avons déjà dit un mot ailleurs, mais qu'il serait trop long de donner ici séparément.

La *globuline* de Denis, la *paraglobuline* de Schmidt et l'*hémoglobine* resteront mélangées aux *sels insolubles*. La calcination d'une partie de ce résidu permettra de déterminer ces derniers. Pour la globuline, la paraglobuline et l'hémoglobine, on connaîtra leur poids total, mais il sera bon de prendre pour chacune de ces substances une certaine quantité de sang et de les doser séparément par des procédés particuliers déjà indiqués.

Dosage de l'hémoglobine. — Pour doser cette substance, on traite 10 centimètres cubes de sang défibriné par son volume d'une solution au dixième de chlorure de sodium. On chauffe 2 heures à 40°, et l'on agite au bout de 24 heures avec de l'eau et de l'éther le magma qui s'est formé. On arrive ainsi à le séparer en trois parties : la globuline reste à l'état insoluble, la majeure partie des graisses et de la lécithine se dissout dans l'éther, l'hémoglobine se dissout dans l'eau. Cette solution aqueuse est évaporée d'abord dans le vide froid et sec, puis, à 100°; l'hémoglobine reste comme résidu. Elle n'est plus mélangée qu'à quelques sels alcalins, dont on peut déterminer le poids par la calcination, et à quelques substances extractives azotées que l'on extrait en majeure partie en broyant la poudre sèche avec de l'alcool à 80° centésimaux.

On peut aussi, comme l'a fait Preyer [*Med. Centralb.*, 1866, et *Ann. der Chem. u. Pharm.*, t. CXI, p. 187], doser l'hémoglobine sur quelques gouttes de sang, par un procédé optique dont nous ne pouvons donner ici que le principe. Lorsqu'on fait passer un rayon de lumière blanche à travers une solution aqueuse assez concentrée de sang ou d'hémoglobine, la lumière rouge traverse seule; mais si l'on dilue de plus en plus cette solution, il arrive un moment où les rayons verts commencent à être perceptibles. Si donc on prend un poids connu de sang défibriné qu'on étend d'eau, et si l'on place cette solution devant la fente d'un spectroscope, puis qu'on verse de l'eau dans l'auge contenant le sang jusqu'au moment où les rayons verts commencent à être sensibles à l'œil, on pourra déterminer le poids de l'hémoglobine d'après la quantité connue d'avance d'une solution déjà dosée de cette substance produisant, sous une épaisseur égale, la même illumination de la partie verte du spectre.

Il est enfin un dernier procédé de dosage de l'hémoglobine, dû à M. Gréhant et à M. Schützenberger. Il consiste à saturer entièrement le sang frais d'oxygène en l'agitant quelque temps à l'air. La quantité d'oxygène ainsi fixée est sensiblement proportionnelle à la quantité d'hémoglobine que ce sang contient, le sérum ne dissolvant ce gaz qu'en très-faible proportion; on n'a plus dès lors qu'à doser l'oxygène ainsi combiné à l'hémoglobine, en se servant d'une solution d'indigo que l'on réduit par l'hydrosulfite de soude. Nous reviendrons avec quelques détails sur ce procédé à la fin de cet article, à propos du dosage de l'oxygène du sang.

Dosage des matériaux du plasma et du sérum. — Les *matières protéiques* du plasma (à l'exception de la fibrine que nous avons déjà appris à doser) se retrouvent toutes dans le sérum et peuvent, à l'exception d'une trace de peptones, en être séparées en bloc, par la coagulation de la liqueur à chaud, après acidification légère par l'acide acétique. Il suffit de laver le caillot à l'eau, à l'alcool et à l'éther bouillants, de le sécher et de le peser pour obtenir leur poids total. Quant au dosage de chacune de ces substances en particulier, on a vu plus haut comment on pouvait procéder à leur séparation (voyez § IX). Il est bien entendu qu'il faudra calculer tous ces nombres poûr le poids total du sérum ou du plasma, en tenant compte de la portion qui reste interposée aux globules. La fibrine et les matières albuminoïdes, calcinées séparément, donneront un poids notable de *cendres*, qu'on devra indiquer à part dans le tableau de l'analyse générale du sang.

On déterminera en bloc les *matières extractives* du sérum en évaporant lentement dans une capsule de platine ce liquide débarrassé de ses substances albuminoïdes. On séchera jusqu'à 110° et l'on pèsera le résidu. En en calcinant une partie, on obtiendra le poids des *cendres*, et, par différence avec le poids total, celui des *matières extractives du sérum*. Les *cendres* solubles provenant de la lixiviation par l'eau chaude du résidu sec simplement carbonisé devront être mises à part et distinguées des cendres insolubles qui resteront après calcination complète du résidu.

Une portion connue du résidu laissé par le sérum privé d'albumine sera traitée par l'eau chaude pour enlever les *matières extractives solubles* (urée, sucre, créatinine, sels solubles, etc.). *L'acide urique*, s'il y en existe, se séparera du jour au lendemain si l'on a le soin d'aciduler une partie de la liqueur avec quelques centièmes d'acide chlorhydrique. De cette solution aqueuse que l'on desséchera, l'*urée* pourra être extraite par l'alcool absolu et déterminée ou dosée par les méthodes ordinaires. Le *sucre* sera séparé par l'alcool à 84° d'une autre portion de l'extrait aqueux sec. A cette solution alcoolique on ajoutera une petite quantité d'alcoolate de potasse qui, au bout de quelques heures, précipitera du glucosate de potasse en stries jaunâtres adhérentes au verre.

Les *corps gras*, la *lécithine* et la *cholestérine* seront estimés comme il a été déjà dit. — Voyez § IV, Globules rouges, *Matériaux de faible poids*.

Dosage des gaz du sang. — 1° *Extraction des gaz du sang*. — L'analyse des gaz du sang se fait par les méthodes connues d'analyse des mélanges gazeux; la seule difficulté consiste à extraire rapidement du sang tous les gaz qu'il renferme.

On a déjà dit qu'on les extrait par la pompe à mercure; mais divers moyens ont été proposés par Ludwig, Pflüger, Hoppe-Seyler, Gréhant, pour introduire le sang dans l'appareil et l'épuiser rapidement de tous ses gaz. Sans critiquer ici ces diverses méthodes, nous nous bornerons à indiquer celle qui a été adoptée comme la plus exacte et publiée par l'auteur de cet article.

Le récipient à sang (fig. 576) consiste en un tube AB de 100 centimètres cubes environ de capacité, terminé par deux robinets A et B dont l'un A est à large ouverture. L'appareil ayant été vidé d'air, on remplit la tubulure EB avec une solution bouillie de sel marin à 20 ‰, puis, ouvrant B pendant que l'extrémité E plonge dans cette solution contenue dans un vase gradué, on en laisse entrer dans l'appareil 10 à 15 centimètres cubes. Le vaisseau de l'animal est alors mis en communication par l'intermédiaire d'une canule pleine d'eau avec l'extrémité E du récipient; on ouvre alors lentement le robinet B : le sang passe dans le tube AB; quand sa mousse atteint *r*, on ferme B et l'on adapte le petit appareil AB à la pompe à mercure (fig. 577) au moyen du long tube GD, qu'on a préalablement rempli de mercure en le relevant suivant la direction inclinée HC pendant que la boule N de la pompe est placée dans la position la plus élevée. En abaissant alors le tube GD, et pendant que le mercure s'écoule par son extrémité inférieure, on adapte ce tube au récipient AB; puis, relevant le tube à sang et abaissant la boule N, on laisse écouler dans l'appareil le mercure du tube GD. Celui-ci étant alors vidé, on place le récipient AB dans une longue éprouvette F. Les deux robinets A et B plongent dans l'eau qui la remplit. On entretient à 36° ou 37° la température de l'eau de l'éprouvette; on ouvre alors le robinet A et les gaz se précipitent dans le vide barométrique. En général, pour empêcher le boursouflement du sang, il est bon de placer dans la boule C du récipient (fig. 576) et avant d'y faire le vide, une seule goutte d'huile. Le tube GD, entouré de mousseline imbibée d'éther, empêche la vapeur d'eau du sang de pénétrer dans la pompe à mercure.

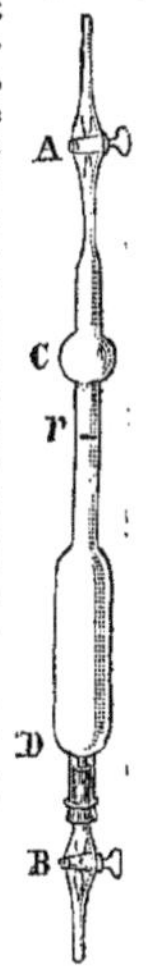

Fig. 576

Le sang est mesuré après l'expérience. Son

volume est celui du liquide qui s'écoule du récipient AB, dont on déduit le volume de la solution saline introduite.

Les principaux avantages de cette méthode sont les suivants :

1° Le sang est pris rapidement et fort aisément dans le vaisseau même de l'animal, grâce à la mobilité de l'appareil récepteur, et avec la certitude d'avoir évité toute introduction d'air;

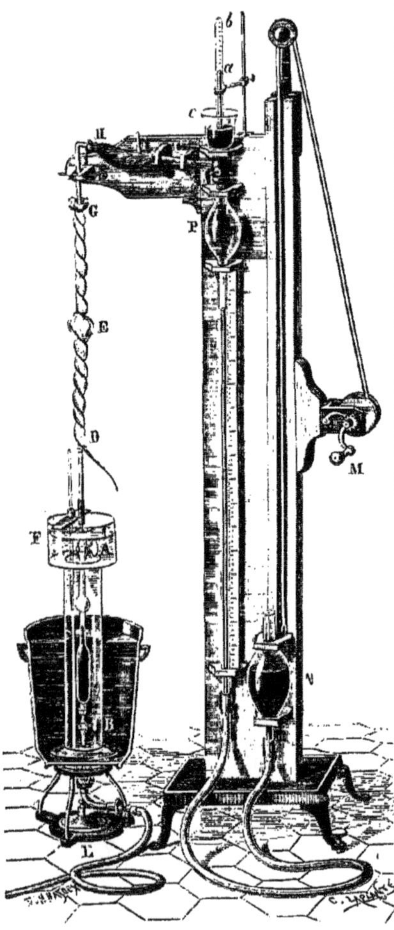

Fig. 577.

2° La coagulation du sang est empêchée pendant la durée de l'expérience. 2 à 4 parties de chlorure de sodium pour 100 de sang entravent la formation du caillot pendant 4 à 6 jours et permettent ainsi l'épuisement complet des gaz du sang, résultat qu'aucune autre méthode ne permet d'atteindre pour les sangs très-coagulables (chien, lapin, mouton, etc.);

3° Le sang remplissant presque tout l'appareil récepteur, l'épuisement des gaz par la pompe est très-rapide. La nature de ces gaz varie donc à peine sensiblement pendant l'expérience.

Si l'on veut, comme Preyer, doser avec cet appareil la quantité d'acide carbonique dit *combiné*, il suffit, après épuisement des gaz, d'ouvrir légèrement le robinet B pendant que l'extrémité du récipient plonge dans une solution d'eau acidulée, et de répéter le vide comme il est dit ci-dessus.

2° *Dosage dans le sang de l'oxygène libre ou faiblement combiné.* — Si l'on ne voulait faire dans le sang qu'un dosage d'oxygène libre ou faiblement combiné, on pourrait recourir à la méthode de Cl. Bernard, et déplacer par l'oxyde de carbone l'oxygène uni aux globules. Cette méthode n'est qu'approximative. Voici comment MM. Estor et Saint-Pierre recommandent d'opérer.

Une cloche ABCD en forme de tube en U renversé, de 40 centimètres cubes de capacité, est graduée sur ses deux branches, le *zéro* est placé à la partie supérieure; l'espace non divisé BAC a 10 centimètres cubes de capacité. La cloche étant pleine de mercure et renversée sur la cuve, on y fait passer 20 à 22 centimètres cubes d'oxyde de carbone pur.

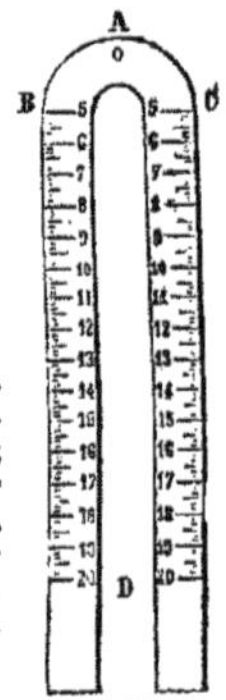

Fig. 578. Appareil de MM. Estor et Saint-Pierre.

Le sang à examiner est directement reçu au sortir du vaisseau dans une seringue à injection, préalablement remplie et débarrassée d'eau tiède pour la réchauffer et chasser tout l'air pouvant adhérer aux parois. Après l'avoir lentement vidée d'eau en poussant le piston, on emploie pour remplir de sang cette seringue toutes les précautions nécessaires : ligature exacte du vaisseau sur la canule, retrait lent du piston, etc. Puis on injecte ce sang dans une des branches de la cloche AD, et l'on agite doucement en maintenant, au moyen d'un manchon extérieur rempli d'eau, la température de la cloche à 25° ou 30°. Au bout d'une heure, l'oxygène a été déplacé, le volume total des gaz restants est déterminé par une double lecture sur les deux branches BC et BD et corrigé pour la température et pour la pression, qui est celle du baromètre diminuée de la hauteur de mercure de la branche qui ne contient pas le sang. On introduit alors *par cette branche* une boule de coke imprégnée de chlorure de cuivre ammoniacal pour absorber l'oxyde de carbone, puis, quand celui-ci est enlevé, une boule de potasse pour absorber l'acide carbonique. Enfin on peut doser l'oxygène restant en mesurant la diminution du volume gazeux après qu'on a laissé séjourner en A un bâton de phosphore. On voit que par ce procédé rapide, qui n'est évidemment qu'approximatif et donne toujours une trop faible proportion d'oxygène et une trop forte d'acide carbonique, on évite tout transvasement gazeux.

La méthode suivante, due à MM. Schützenberger et Risler [*Bull. de la Soc. chim.*, t. XX, p. 150], permet de doser l'oxygène du sang libre ou faiblement combiné à l'hémoglobine. Elle a ce grand avantage de n'exiger que 3 à 5 centimètres cubes de sang. Elle est fondée sur ce principe que, si l'on verse dans une solution de carmin d'indigo préalablement réduit par l'hydrosulfite de chaux un liquide tel que le sang contenant de l'oxygène dissous ou faiblement combiné, une certaine quantité de l'indigo réduit, proportionnelle à la quantité d'oxygène disponible, repassera à l'état d'indigo bleu, et que l'on pourra doser celui-ci en le décolorant au moyen d'une liqueur titrée d'un hydrosulfite alcalin. Quoique long à décrire, ce procédé est d'une rapidité extrême, si l'opérateur dispose des solutions d'indigo et d'hydrosulfite titrées et de l'outillage nécessaire. Nous donnerons ici la marche à suivre, renvoyant le lecteur, pour tous les détails, au mémoire original.

Pour faire un titrage d'oxygène, on introduit dans un flacon à trois tubulures (fig. 579), dont l'air est continuellement chassé par un courant d'hydrogène, 50 centimètres cubes de carmin d'indigo non titré, 250 centimètres cubes d'eau tiède et 50 centimètres cubes d'un lait à 10 °/₀ de kaolin délayé dans l'eau. Celui-ci n'est destiné qu'à masquer la couleur du sang et à rendre ainsi plus perceptible la fin de l'opération. On verse, au

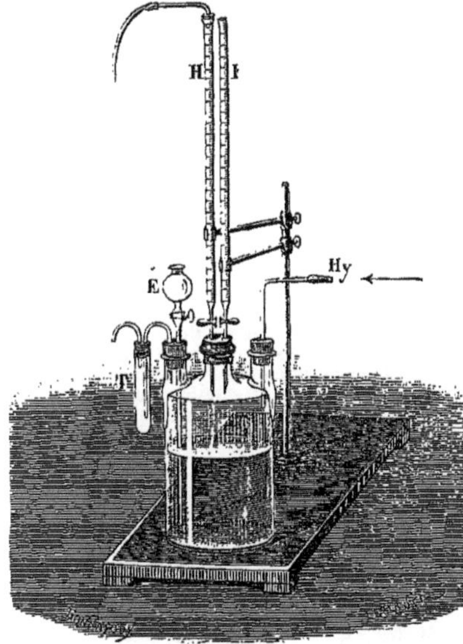

Fig. 579. — Méthode de MM. Schützenberger et Risler.

moyen d'une burette de Mohr mastiquée sur la tubulure du flacon, de l'hydrosulfite de chaux jusqu'à décoloration de l'indigo. L'atmosphère du flacon A et le liquide trouble qu'il contient étant alors entièrement privés d'oxygène, on laisse écouler dans le flacon, au moyen d'un tube à entonnoir préalablement rempli d'eau bouillie, 2 à 5 centimètres cubes de sang. On rince l'entonnoir et le tube avec de l'eau bouillie, en ayant bien soin de ne pas laisser rentrer l'air dans le flacon. L'indigo primitivement décoloré repasse en partie à l'état d'indigo bleu, proportionnellement à la quantité d'oxygène contenue dans le sang qui a pénétré dans le flacon. Il s'agit maintenant de faire disparaître par la solution d'hydrosulfite contenue dans une burette de Mohr, scellée elle-même sur le goulot du flacon, la couleur de l'indigo bleu qui vient de se former. Pour cela, on ajoute goutte à goutte la solution réductrice d'hydrosulfite et l'on s'arrête lorsqu'on est arrivé à une teinte jaune rougeâtre sans mélange de vert. On lit la quantité d'hydrosulfite employée à cet effet, et enfin l'on prend le titre de cet hydrosulfite. Pour cela, dans le même flacon, contenant déjà les liquides ayant servi aux précédentes déterminations, on laisse écouler 20 centimètres cubes d'indigo titré par rapport à l'oxygène [*Mém. cité.*, p. 148], et on le ramène avec l'hydrosulfite à la nuance de réduction jaune rougeâtre précédente. Le volume d'hydrosulfite nécessaire indique son titre par rapport à l'oxygène et permet dès lors de calculer ce dernier.

Prenons un exemple. On a trouvé : sang de bœuf frais préalablement saturé d'oxygène par agitation à l'air = 5 centimètres cubes. Hydrosulfite employé pour décolorer l'indigo bleui du flacon = 10^{cc},35. D'autre part, pour le dosage de cet hydrosulfite, on verse dans le flacon A, immédiatement après l'opération précédente et sans le vider, 20 centimètres cubes d'indigo équivalant par centimètre cube à 0^{cc},01837 d'oxygène. Poids de l'hydrosulfite nécessaire pour décolorer ces 20 centimètres cubes d'indigo = 2^{cc},8. D'après ces données, on trouve que l'oxygène de 5 centimètres cubes de sang équivalait à 73^{cc},57 d'indigo dont chaque centimètre cube vaut 0^{cc},01837 d'oxygène. D'où : oxygène de 5 centimètres cubes de sang = 1^{cc},35 et pour 100 de sang = 27 centimètres cubes.

En opérant ainsi, on trouve pour l'oxygène du sang des nombres supérieurs de 4 à 5 °/₀ à ceux que fournit l'extraction des gaz par la pompe à mercure. Cette différence tient en partie à ce que, pendant l'extraction par la pompe, le sang consomme une petite quantité de l'oxygène libre qu'il renferme, ce qui n'a pas lieu par le procédé de Schützenberger, qui permet de doser presque instantanément tout l'oxygène. A. G.

SANG-DRAGON. — On désigne sous ce nom diverses matières résineuses, d'une belle couleur rouge, employées en médecine comme astringentes. Il existe dans le commerce diverses sortes de sang-dragon : le *sang-dragon des Indes* fourni par les fruits de divers palmiers du genre *Calamus*, entre autres le *Calamus Draco;* le *sang-dragon américain*, provenant d'incisions faites au *Pterocarpus Draco* (Légumineuses), et enfin le *sang-dragon des Canaries*, provenant du *Dracœna Draco*.

Il se présente ordinairement en baguettes, en pains ou en grains. Il est d'un rouge foncé, opaque, friable, sans odeur ni saveur; sa poudre est rouge.

Le sang-dragon en grains renferme :

Résine rouge, amorphe et acide	90,7
Matière grasse, soluble à froid dans l'éther.	2,0
Oxalate de chaux	3,7
Phosphate de chaux	3,7
Acide benzoïque	3,0

[Herberger, *Journ. de Pharm.*, t. XVII, p. 225].

Sa solution alcoolique donne des précipités rouges ou violets avec plusieurs sels métalliques.

Le sang-dragon fond par la chaleur, puis se décompose en donnant de l'acide benzoïque et deux hydrocarbures, qui ont été nommés d'abord *dracyle* et *draconyle* [Glenard et Boudault, *Compt. rend.*, t. XVII, p. 503, et t. XIX, p. 505]. Le premier n'est que du toluène; le second est du métacinnamène (Hofmann). Traité par l'acide azotique, il fournit de l'acide paranitrobenzoïque.

Soumis à l'action de la potasse fondante, suivant le procédé de MM. Hlasiwetz et Barth (voyez Résines), il fournit de la phloroglucine, des acides benzoïque, paroxybenzoïque, protocatéchique, le composé $C^{14}H^{12}O^{7}$ formé par l'union de ces deux derniers, et un corps qui paraît être un éther méthylique de l'acide protocatéchique. Ces différents corps ne sont pas fournis par toutes les sortes de sang-dragons du commerce. Un échantillon a donné surtout de l'acide paraoxybenzoïque, un second, de la phloroglucine. Dans un autre essai, 500 grammes de résine de sang-dragon ont donné 40 grammes de phloroglucine brute et 20 grammes d'acide benzoïque [Hlasiwetz et Barth, *Bull. de la Soc. chim.*, 1866, t. V, p. 62]. E. G.

SANGUINARINE, $C^{17}H^{15}AzO^{4}$. — Cet alcaloïde a été découvert par Dana [*Magaz. für Pharm.*, t. XXIII, p. 125] dans la racine de *San-*

guinaria canadensis (Papavéracées); il est identique avec la *chélérythrine* retirée par Probst [*Ann. der Chem. u. Pharm.*, t. XXIX, p. 120, et t. XXXI, p. 250] du suc laiteux de la grande chélidoine (*Chelidonium majus*), et trouvé aussi par le même chimiste dans la racine de *Glaucium luteum;* les feuilles de cette dernière plante ne paraissent pas en renfermer. D'après G.-D. Gibb, la racine de *Sanguinaria canadensis* contiendrait indépendamment de la sanguinarine deux autres alcaloïdes, la *puccine* et la *porphyroxine,* et cette dernière serait probablement identique avec la base du même nom, retirée de l'opium.

Préparation. — 1° On épuise par l'éther la racine de *Sanguinaria canadensis*, desséchée et réduite en poudre, et l'on fait passer dans la solution éthérée un courant de gaz chlorhydrique : il se précipite ainsi du chlorhydrate de sanguinarine impur, qu'on fait dissoudre dans l'eau et qu'on précipite par l'ammoniaque.

Le précipité ayant été desséché, on le dissout dans l'éther, on décolore complétement la solution par le charbon animal, et on la précipite de nouveau par le gaz chlorhydrique. Le précipité écarlate de chlorhydrate de sanguinarine, décomposé en solution aqueuse par l'ammoniaque, fournit l'alcaloïde sous la forme de flocons blancs [Schiel, *Ann. der Chem. u. Pharm.*, t. XLIII, p. 233].

Naschold traite la racine pulvérisée par l'alcool à 98-99 centièmes, évapore l'alcool et reprend l'extrait par l'eau, qui sépare une résine brune; la solution aqueuse additionnée d'ammoniaque laisse précipiter la sanguinarine qu'on lave à l'eau ammoniacale, qu'on sèche sur l'acide sulfurique et qu'on dissout dans l'éther. La solution décolorée par le charbon animal est traitée par le gaz chlorhydrique ou par l'acide sulfurique, l'alcali du sel qui se précipite est mis en liberté par l'ammoniaque, et cette opération est répétée deux ou trois fois. On obtient en sanguinarine environ 2 °/₀ de la racine séchée à l'air [H. Naschold, *Journ. für prakt. Chem.*, t. CVI, p. 385; *Bull. de la Soc. chim.*, 1870, t. XIII, p. 275].

2° La racine et les fruits non mûrs de la grande chélidoine renferment plus de sanguinarine que les feuilles. Pour l'en extraire, on épuise ces parties de la plante par de l'eau aiguisée d'acide sulfurique, on précipite la solution par l'ammoniaque, on lave le précipité, on l'exprime et on le fait dissoudre, encore humide, dans de l'alcool contenant de l'acide sulfurique. On ajoute de l'eau à la solution alcoolique, on chasse l'alcool par la distillation à une douce chaleur, on précipite de nouveau par l'ammoniaque et l'on traite le précipité séché par l'éther, qui dissout principalement la sanguinarine. La solution éthérée laisse un résidu gluant qu'on reprend par très-peu d'acide chlorhydrique faible, de manière à laisser à l'état insoluble une certaine quantité de résine. On évapore à siccité la solution chlorhydrique; on lave le chlorhydrate de sanguinarine impur à l'éther, et on le dissout dans la plus petite quantité possible d'eau froide, qui laisse ordinairement à l'état insoluble une certaine quantité de chlorhydrate de *chélidonine;* on évapore à siccité, on redissout le résidu dans l'eau tant qu'il laisse encore du chlorhydrate de chélidonine. Enfin on fait cristalliser le chlorhydrate dans l'alcool absolu et on précipite la sanguinarine par l'ammoniaque. 1 kilogramme de racine de chélidoine ne fournit que quelques décigrammes de sanguinarine [Probst, *loc. cit.*].

Propriétés et réactions. — La sanguinarine se présente sous la forme d'une poudre blanche, amorphe, insipide, amorphe, excitant l'éternument; précipitée par les carbonates alcalins, elle est d'un jaune orange; elle cristallise dans l'alcool bouillant en mamelons blancs, formés d'aiguilles. Elle renferme $C^{17}H^{15}AzO^4$; chauffée, elle ne perd rien de son poids de 100° à 110°. Elle fond entre 160° et 165°, se colore à une température plus élevée, et se boursoufle finalement en émettant des vapeurs dont l'odeur rappelle celle de l'aniline. Elle est insoluble dans l'eau et peu soluble dans l'alcool froid qui n'en dissout qu'un 1/300 à 17°; l'alcool chaud et l'éther la dissolvent plus facilement et ce dernier dissolvant fournit par l'évaporation un produit visqueux se prenant peu à peu en une masse cristalline, et devenant immédiatement opaque par l'addition d'alcool absolu; le corps visqueux est probablement un hydrate. La sanguinarine est soluble dans l'alcool amylique, la benzine, le sulfure de carbone, le chloroforme, le pétrole, auxquels elle communique une fluorescence violette. Elle est sans action sur la lumière polarisée.

L'acide sulfurique décompose la sanguinarine en se colorant en jaune, et, à chaud, en brun verdâtre. L'acide azotique, même fumant, l'attaque difficilement en donnant un acide nitré cristallisable, différent des acides picrique, chrysamique, et de la trinitrorésorcine. Le chlore produit, dans la solution de ses sels, un précipité jaune, volumineux. Les agents d'oxydation, bichromate et permanganate de potassium, bioxyde de plomb, décomposent la sanguinarine.

La sanguinarine, traitée par une solution alcoolique et bouillante de potasse et par la poudre de zinc, dégage des vapeurs ammoniacales, et il se forme un nouvel alcaloïde dont la solution alcoolique est incolore et possède une fluorescence bleue; cet alcaloïde est insoluble dans l'eau, mais soluble dans l'éther.

Sels de sanguinarine [Probst, *loc. cit.*; — Naschold, *loc. cit.*]. — La sanguinarine forme avec les acides des sels très-solubles dans l'eau, cristallisables et qui possèdent une belle couleur rouge orangé; ils sont insolubles dans l'eau. Les acides carbonique et sulfhydrique ne colorent pas les solutions de sanguinarine.

Chauffée avec une solution de sel ammoniac, la sanguinarine déplace l'ammoniaque et donne naissance à un sel double qui cristallise par le refroidissement en aiguilles jaunes.

Les sels de calcium, de plomb, de cuivre, ne sont point précipités à chaud par la sanguinarine, mais les solutions fournissent par l'évaporation des cristaux qui paraissent être des sels doubles basiques.

La solution des sels de sanguinarine montre un spectre d'absorption analogue à celui du bichromate de potassium.

Les sels de sanguinarine possèdent un goût très-amer et sont vénéneux, même à petite dose. Ils sont précipités par les chlorures d'or et de platine, par le platinocyanure, l'iodomercurate, l'iodozincate de potassium, l'acide phosphomolybdique (en excès), le bichromate de potassium, l'acide picrique, le tannin (après agitation), la solution d'iode dans l'iodure de potassium; tous ces précipités sont jaunes ou jaune rougeâtre.

L'*acétate de sanguinarine* est fort soluble dans l'eau et dans l'alcool.

Chlorhydrate, $C^{17}H^{15}AzO^4, HCl + H^2O$. — On l'obtient en saturant par le gaz chlorhydrique la solution éthérée de la base libre, et lavant à l'éther le précipité rouge-cinabre qui se dépose après quelques heures; il est soluble dans l'eau et dans l'alcool; l'ammoniaque produit dans sa solution un précipité blanc de sanguinarine. Il perd son eau de cristallisation vers 95°. Chauffé pendant longtemps un peu au-dessus de 100°, il se colore en brun, en perdant de l'acide chlorhydrique, et fournit deux nouveaux corps insolubles dans l'eau. L'un d'eux se dissout dans l'acide acétique concentré en communiquant à la solution une coloration rouge orangé. L'eau précipite de cette solution une substance exempte de chlore, incomplétement soluble dans l'éther avec une belle fluorescence bleue. Le second corps se dissout dans le carbonate sodique et communique au liquide une légère teinte rouge carmin.

Le chlorhydrate de sanguinarine éprouve une décomposition analogue lorsqu'on le chauffe avec de l'eau à 150°, ou lorsqu'on évapore à chaud sa solution renfermant un grand excès d'acide.

Le chlorhydrate forme des sels doubles avec les chlorures de zinc, d'étain, de mercure, d'antimoine, de platine, d'or, etc.

Le *chloroplatinate,*

$$[C^{17}H^{15}AzO^4,HCl]^2 + PtCl^4 + 1/2H^2O,$$

se précipite en flocons jaune orangé par l'addition de chlorure platinique à la solution alcoolique du chlorhydrate; il se dissout dans l'eau bouillante.

Le *chloraurate* forme un précipité brun-rouge dense, non cristallin, qu'on prépare comme le chloroplatinate; il est très-altérable; M. Naschold établit pour ce sel une formule très-compliquée, qui est fort peu probable.

Lorsqu'on opère la précipitation en solution aqueuse, on obtient un autre chloraurate.

L'*iodomercurate* constitue un précipité volumineux, d'un rouge vif, un peu soluble dans l'alcool bouillant et renfermant

$$4(C^{17}H^{15}Az,HI + HgI^2) + C^{17}H^{15}AzO^4,HI.$$

Si l'on précipite une solution acide de sanguinarine par l'iodomercurate potassique, on obtient un précipité formé d'aiguilles entre-croisées.

Phosphate. — Il cristallise plus facilement que le sulfate; il est soluble dans l'eau et l'alcool.

Platinocyanure. — Lorsqu'on ajoute une solution de platinocyanure de potassium en excès à une solution aqueuse de chlorhydrate de sanguinarine, il se forme un précipité amorphe, jaune orangé, insoluble dans l'eau, l'alcool et l'éther; ce sel double renferme, d'après Naschold,

$$2[(C^{17}H^{15}AzO^4,HCy)^2 + PtCy^2] + C^{17}H^{15}AzO^4,HCy.$$

Si l'on ajoute le platinocyanure de potassium à une solution sulfurique acide et chaude de la base, on obtient par le refroidissement des cristaux microscopiques jaunes qui paraissent être le platinocyanure normal

$$(C^{17}H^{15}AzO^4,HCy)^2 + PtCy^2.$$

Sulfate de sanguinarine. — Il est insoluble dans l'éther, assez peu soluble dans l'eau froide; cette solution n'est pas troublée par l'alcool, mais par l'acide sulfurique étendu qui diminue la solubilité du sulfate. La solution aqueuse du sulfate est tout à fait décolorée par le noir animal, par suite de l'absorption de la base; l'acide seul reste dans la solution. Le sulfate ne forme pas de sel double avec le sulfate d'aluminium. A. H.

SANIDINE. — Nom donné à l'orthose vitreuse des volcans.

SANTAL, $C^8H^6O^3$. — Weidel a donné ce nom à un composé blanc, cristallisé, qui existe avec la santaline dans le bois de santal; ce bois est fourni par le *Pterocarpus santalinus*, L., arbre de la famille des Légumineuses (Papillonacées), indigène dans les parties tropicales de l'Asie.

Pour préparer le santal, on épuise le bois par de l'eau bouillante additionnée d'un peu de potasse, on filtre la solution rouge foncé et on la neutralise par l'acide chlorhydrique. Le précipité volumineux de couleur rouge brique qui se forme est lavé par décantation, exprimé, pulvérisé et épuisé par l'éther froid; le liquide éthéré est distillé, le résidu est étendu d'alcool et abandonné à l'évaporation spontanée. Au bout d'un à deux jours il se forme des cristaux incolores, qu'on purifie par lavage à l'alcool faible et cristallisation dans l'alcool bouillant. 1 kilogramme de bois de santal fournit environ 3 grammes de cette matière cristallisée.

Lorsqu'on continue à épuiser le précipité rouge par l'éther, les dernières solutions ne laissent déposer que peu de santal et fournissent une poudre cristalline rouge, qui est très-probablement de la santaline. — Voyez ce mot.

Le santal se dépose en petites feuilles quadrangulaires irisées ou en lames assez grandes ressemblant à l'acide benzoïque. Les cristaux possèdent un grand éclat, sont sans odeur et sans saveur, insolubles dans l'eau, peu solubles dans l'alcool froid et dans l'éther; le sulfure de carbone, le chloroforme et la benzine ne les dissolvent pas. Les solutions sont neutres aux papiers.

Le santal cristallisé renferme

$$C^8H^6O^3 + 1/2H^2O;$$

il perd son eau entre 100° et 110°, en prenant une teinte jaunâtre.

Le santal paraît être un acide faible; il se dissout dans les alcalis dilués en donnant une solution jaune clair, passant rapidement, au contact de l'air, au rouge, puis au vert, enfin au brun sale; il se dissout peu dans l'ammoniaque et presque pas dans l'eau de chaux, dans l'eau de baryte, ou dans le carbonate de sodium. Lorsqu'on ajoute à une solution de santal, préparée avec de l'eau bouillie et un peu de potasse, du chlorure de calcium ou de baryum, il se produit un précipité blanc qui se colore rapidement.

La solution alcoolique de santal est colorée en rouge foncé par le chlorure ferrique. L'acide sulfurique concentré le dissout en jaune-citron et l'addition de peroxyde de manganèse colore la solution en brun; l'acide azotique forme rapidement une solution vert-olive, dans laquelle l'eau précipite des flocons jaune sale.

Le brome le convertit en une substance cristallisant en petits grains, peu solubles dans l'alcool, qui paraît être un produit de substitution bibromé.

La potasse fondante convertit le santal en acide protocatéchique,

$$C^8H^6O^3 + O^3 = C^7H^6O^4 + CO^2.$$

Le santal est isomérique avec le pipéronal [H. Weidel, *Wien. Acad. Ber.*, 2e part., t. LX, p. 388; *Bull. de la Soc. chim.*, 1870, t. XIII, p. 471]. A. H.

SANTALINE [Syn. *Acide santalique*]. — On a donné ce nom à la matière colorante du bois de santal; elle a été préparée par un grand nombre de chimistes. Pelletier [*Ann. de Chim. et de Phys.*, (2), t. LI, p. 193], Bolley [*Ann. der Chem. u. Pharm.*, t. LXII, p. 150], L. Meier [*ibid.*, t. LXX, p. 320], Weyermann et Haeffely [*ibid.*, t. LXXIV, p. 226] se sont occupés de son étude; mais sa composition et sa nature chimique sont loin d'être éclaircies.

Plus récemment Weidel a publié un travail sur le bois de santal dans lequel il démontre que ce bois contient, indépendamment de la matière colorante, un principe incolore, qu'il a désigné sous le nom de *santal*. — Voyez ce mot.

Enfin M. Cazeneuve vient de retirer du bois de santal une substance cristallisée, différente du santal de Weidel, qu'il a désignée par le nom de *ptérocarpine;* ce corps se trouve décrit plus loin.

Pour préparer la santaline, on traite le bois par l'éther, on évapore la solution, on épuise par l'eau les cristaux qui se forment, on les dissout dans l'alcool et on précipite par l'acétate de plomb. Le précipité violet est traité à plusieurs reprises par de l'alcool bouillant, puis délayé dans ce liquide et décomposé par l'acide sulfurique dilué. La liqueur filtrée laisse déposer la santaline par l'évaporation (Meier).

Weidel, en épuisant, dans la préparation du santal, le précipité rouge plusieurs fois avec de l'éther, a constaté que les derniers liquides éthérés donnent, quand le santal s'est déposé, des grains cristallins rouges, qui sont probablement identiques avec la santaline de Meier; on les lave avec de l'alcool froid. On obtient seulement très-peu de ce produit cristallin; la majeure partie du précipité rouge ne se dissout pas dans l'éther et constitue une masse résineuse rouge, cassante et offrant des reflets métalliques verts. Il est très-probable que cette résine contient encore beaucoup de santaline, que l'éther n'enlève que très-difficilement [H. Weidel, *Wien. Acad. Ber.*, 2e part, t. LX, p. 388; *Bull. de la Soc. chim.*, 1870, t. XIII, p. 472].

La santaline est en petits cristaux d'un beau rouge (Meier), doués d'un reflet métallique vert (Weidel), sans odeur ni saveur. Elle est insoluble dans l'eau, fort soluble dans l'alcool (Meier), peu soluble dans l'alcool et très-peu soluble dans l'éther (Weidel); les solutions sont d'un rouge de feu, et l'eau en précipite des flocons amorphes, rouges. Elle fond à 104°, devient résinoïde et se boursoufle à une température élevée.

La santaline a donné à l'analyse :

$$C = 65{,}8;\ H = 5{,}2;\ O = 29{,}0$$

(Weyermann et Haeffely), chiffres qu'on a traduits par la formule $C^{15}H^{14}O^{5}$; Weidel a trouvé des résultats différents pour sa matière rouge cristallisée :

$$C = 68{,}77;\ H = 5{,}02;\ O = 26{,}21,$$

et établit la formule $C^{14}H^{12}O^{4}$.

L'acide sulfurique dissout la santaline et donne une solution jaune rougeâtre, dans laquelle l'eau précipite de nouveau la substance; l'acide acétique se comporte d'une façon analogue.

La santaline est un acide faible; elle se dissout aisément dans les alcalis et dans l'ammoniaque, auxquels elle communique une couleur rouge pourpre; les chlorures de baryum et de calcium précipitent la solution ammoniacale en rouge violacé.

Le *sel de baryum*, $(C^{14}H^{11}O^{4})^{2}Ba$, forme un précipité violet et cristallin.

Le *sel de plomb*, $(C^{14}H^{11}O^{4})^{2}Pb + PbH^{2}O^{2}$, est un précipité violet, qu'on obtient en mélangeant des solutions alcooliques de santaline et d'acétate de plomb.

La santaline distillée avec du zinc en poudre ne fournit pas d'anthracène.

La résine rouge mentionnée plus haut, que l'éther ne dissout pas, fournit de la résorcine et de la pyrocatéchine, lorsqu'on la soumet à l'action de la potasse fondante.

Ptérocarpine, $C^{12}H^{10}O^{3}$. — Pour isoler ce principe, on mélange, d'après M. Cazeneuve, le bois de santal râpé avec un quart de son poids de chaux éteinte, on ajoute un peu d'eau, on sèche au bain-marie et l'on épuise la masse par de l'éther ordinaire. L'éther est chassé par la distillation et le résidu hydralcoolique est soumis à l'évaporation spontanée : il se dépose bientôt des cristaux qu'on purifie par cristallisation dans l'alcool bouillant, qui abandonne la substance à l'état pulvérulent; on dissout la poudre dans l'éther et l'on abandonne la solution. La ptérocarpine se dépose alors en houppes soyeuses, formées par des aiguilles fines et blanches.

La ptérocarpine, $C^{12}H^{10}O^{3}$, est insoluble dans l'eau, peu soluble dans l'alcool froid, plus soluble dans l'éther et très-soluble dans le chloroforme. L'acide sulfurique la dissout en se colorant en rouge de sang; l'acide nitrique fournit une solution vert-émeraude, qui, à chaud, dégage des vapeurs nitreuses, brunit et prend finalement une couleur rose. Insoluble dans les alcalis et les acides très-étendus, elle paraît se dédoubler à chaud en glucose et en un autre corps non encore étudié [P. Cazeneuve, *Soc. chim.*, séance du 18 décembre 1874]. A. H.

SANTALIQUE (ACIDE). — Synonyme de Santaline.

SANTONINE, $C^{15}H^{18}O^{3}$. — *Historique.* — La santonine, appelée aussi *acide santonique*, est une substance cristalline retirée par Kahler et par Alms, principalement du *Semen contra*. Le semen contra n'est point une semence comme son nom pourrait le faire supposer, c'est la fleur non épanouie de diverses espèces du genre *Artemisia*, famille des Synanthérées.

Le nom de semen contra est l'abrégé de l'expression latine *semen contra vermes*, qui indique la propriété anthelminthique de cette drogue. Elle est fréquemment employée comme vermifuge [Kahler, *Archiv. u. Brandes*, t. XXXIV, p. 318; t. XXXV, p. 217; — Alms, *Archiv. u. Brandes*, t. XXXIX, p. 190].

Préparation. — La santonine s'obtient en faisant bouillir un mélange de semen contra (10 kilogrammes), de chaux (600 grammes) et d'eau (30 litres). On passe, et on répète cette opération deux ou trois fois. On filtre le liquide, on le réduit à 10 ou 12 litres, puis on y ajoute un excès d'acide chlorhydrique qui décompose la combinaison soluble de santonine et de chaux; il vient à la surface une substance noire et poisseuse que l'on sépare et on abandonne le liquide au repos pendant 4 ou 5 jours. La santonine se dépose, on décante le liquide surnageant et on lave le dépôt formé avec un peu d'eau chaude.

La santonine ainsi obtenue n'est pas encore pure, elle est accompagnée d'une matière grasse résinoïde dont on la sépare en la traitant par de l'ammoniaque qui ne paraît pas attaquer la santonine; on lave de nouveau cette dernière avec de l'eau froide, et on la fait bouillir avec de l'alcool auquel on ajoute un peu de charbon animal. La solution filtrée bouillante abandonne la santonine par le refroidissement [Calloud, *Journ. de Pharm. et de Chim.*, t. XV, p. 106]. D'autres procédés ont été indiqués, mais ils n'offrent que des différences peu sensibles avec ce dernier; celui-ci paraît donner le meilleur rendement.

Propriétés. — La santonine cristallise en prismes rectangulaires droits, incolores, qui jaunissent à la lumière; elle est insipide et inodore. La santonine fond à 136°, en donnant naissance à un liquide incolore qui se prend en masse cristalline par le refroidissement. Elle peut être sublimée; toutefois la sublimation ne réussit qu'avec de petites quantités; si on opère sur une trop grande masse à la fois, une partie se volatilise, l'autre se décompose et se transforme en huile qui se concrète par le refroidissement en une matière brune et résinoïde. La santonine est très-peu amère; insoluble dans l'eau froide, elle se dissout dans

5,500 p. d'eau	à	17°.
250	—	bouillante.
548 p. d'alcool	à	22°.
12	—	50.
27	—	80.
575 p. d'éther	à	17.
42	—	40.

[Trommsdorff jeune, *Ann. der Chem. u. Pharm.*, t. XI, p. 90].

La santonine se dissout également dans l'essence de térébenthine.

La solution de santonine rougit faiblement le

tournesol ; elle s'unit aux bases et donne des sels cristallisables.

La santonine, d'après différents auteurs, se dissoudrait dans l'acide sulfurique sans décomposition ; l'eau la précipiterait ensuite de cette solution sous la forme d'une masse résineuse non altérée. D'après M. Kossmann, les choses ne se passeraient pas ainsi : sous l'influence de l'acide sulfurique et de la chaleur, la santonine se dédoublerait en glucose et en une substance nouvelle qui se présente sous la forme d'écailles résineuses jaunâtres, sans saveur, insolubles dans l'eau, solubles dans l'alcool et à laquelle il a donné le nom de *santoniretine* [Kossmann, *Journ. de Pharm. et de Chim.*, t. XXXVIII, p. 81, (3)].

L'acide azotique concentré dissout également la santonine ; une ébullition prolongée avec cet acide étendu d'eau convertit d'abord la santonine en une matière amère et incristallisable fort soluble dans l'eau et dans l'alcool, puis en un acide cristallisable qui paraît être de l'acide succinique. La santonine se dissout très-bien dans les alcalis fixes et caustiques ; elle forme avec eux des combinaisons cristallisables. Quand on la chauffe avec une base alcaline, de l'eau et de l'alcool, la liqueur devient rouge et par le refroidissement le sel formé se dépose en belles aiguilles, d'abord rouge cramoisi, mais qui perdent leur couleur successivement de haut en bas et finissent par devenir incolores.

Lorsqu'on soumet pendant quelques jours la santonine à l'action de l'amalgame de sodium, on obtient, en neutralisant la liqueur filtrée par un acide, un précipité amorphe blanc (hydrosantonine?) soluble dans l'alcool et dans l'éther qui l'abandonne sous la forme d'une résine fusible à 107-109° et se décomposant à 120°. Ce corps ne donne pas de combinaisons cristallines avec les bases : le brome le transforme en un produit de décomposition amorphe.

Lorsqu'on ajoute du brome à une solution acétique de santonine, il se sépare après quelques heures des aiguilles rouges qui paraissent être un produit d'addition $C^{15}H^{18}O^3Br^2$ [Cannizzaro et Sestini, *Gazetta chimica*, t. III, p. 241, et *Bull. de la Soc. chim.*, t. XXI, p. 231].

Action de la lumière solaire sur la santonine. — Sous l'influence des rayons solaires, la santonine se colore en jaune. Cette action singulière a été étudiée par plusieurs chimistes : ainsi Berzelius avait remarqué que cette coloration peut se produire dans l'eau, dans l'alcool et dans l'éther ; il admettait qu'elle provient de la transposition des éléments.

Zantedeschi avait remarqué que la chaleur était sans action sur l'altération qu'éprouve la santonine par l'action des rayons solaires. Heldt, le premier, avait dit que les rayons solaires colorent en rouge les cristaux de santonine et que l'oxygène ne paraît pas jouer un rôle dans cette modification, car elle a lieu tout aussi bien dans une atmosphère d'hydrogène [*Annuaire de Chimie*, par Millon et Reiset, 1848, p. 307 ; — Berzelius, *Traité de Chimie*, t. V, p. 495, 1849 ; — *Annuario italiano di Chimica*, del professore F. Sestini, Reggio, 1844 ; — Zantedeschi e Borlinetto, *Vien. Acad. Berichte*, juillet 1856.]

Plus récemment, M. Fausto Sestini a de nouveau étudié l'action des rayons solaires sur la santonine et a isolé un produit de transformation particulier, auquel il a donné le nom de *photosantonine*. — Voyez ce mot, t. II, p. 1009.

Action du chlore sur la santonine. — Heldt a le premier étudié l'action du chlore sur la santonine ; en ajoutant à une solution de ce corps de l'acide chlorhydrique et de l'alcool, il a obtenu une matière cristallisée dont la composition s'accordait avec la formule $C^{15}H^{16}Cl^2O^3$; c'était la *bichlorosantonine* [*Ann. der Chem. u. Pharm.*, t. LXIII, p. 10].

M. Fausto Sestini a étudié cette action du chlore, et il a pu substituer un, deux et trois atomes de chlore, à un, deux et trois atomes d'hydrogène dans la molécule de santonine.

Monochlorosantonine, $C^{15}H^{17}ClO^3$. — S'obtient en ajoutant peu à peu un demi-litre d'eau chlorée récemment préparée à un volume égal d'eau distillée tenant en suspension 10 grammes de santonine. Le mélange introduit dans un flacon bouché est fréquemment agité jusqu'à ce que toute odeur de chlore ait disparu. On dissout ensuite la matière dans l'alcool et on fait cristalliser. Il se dépose d'abord de la santonine inaltérée, puis une substance cristallisée confusément qui possède la propriété de jaunir à la lumière, mais avec moins de promptitude que la santonine : c'est la monochlorosantonine.

Dichlorosantonine. — Lorsqu'on soumet la santonine en suspension dans l'eau à un courant lent de chlore pendant 10 ou 12 heures de suite, la dichlorosantonine se dépose ; dissoute dans l'alcool, elle cristallise par l'évaporation en petites lames entassées ressemblant à de petits mamelons blancs laiteux. Elle est plus soluble dans l'alcool que la trichlorosantonine ; elle se dissout bien dans le chloroforme et dans l'éther ; elle se colore en roux jaunâtre par la solution alcoolique de potasse caustique, mais elle jaunit peu et lentement par l'action directe de la lumière.

Trichlorosantonine, $C^{15}H^{15}Cl^3O^3$. — Ce corps s'obtient en faisant passer un grand excès de chlore dans de l'eau tenant de la santonine en suspension. Il se forme une matière blanche et volumineuse qui reste en suspension dans le liquide et qu'on sépare par le filtre. La trichlorosantonine ainsi formée est dissoute dans l'alcool bouillant et cristallise en prismes obliques transparents qui ne se colorent pas par une exposition prolongée aux rayons solaires.

La trichlorosantonine est presque insoluble dans l'eau ; elle est soluble dans l'alcool, l'éther et le chloroforme. Par une évaporation lente de ce dernier liquide, la trichlorosantonine se sépare en longues aiguilles soyeuses.

Cette substance est anhydre. Elle fond vers 213° et paraît s'altérer en se colorant légèrement en brun.

La potasse caustique dissoute dans l'alcool convertit la trichlorosantonine en gouttelettes huileuses incolores ou légèrement colorées en jaune, et les lessives alcooliques bouillantes la décomposent en la transformant en une substance qui ressemble à une résine [Fausto Sestini, *Bull. de la Soc. chim.*, t. V, p. 202].

Le brome donne aussi des produits cristallisés.

Action de la baryte sur la santonine. — Lorsqu'on fait bouillir la santonine pendant 12 heures avec une solution saturée d'hydrate de baryte, elle se dissout. Il se forme un acide, $C^{15}H^{20}O^4$, qui diffère de la santonine par les éléments de l'eau en plus. C'est l'*acide santonique*. On l'isole en saturant le liquide par l'acide chlorhydrique et en agitant avec de l'éther qui enlève l'acide santonique.

Cet acide se dépose dans l'alcool en cristaux orthorhombiques qui ne jaunissent pas à la lumière. Il est peu soluble dans l'eau froide, très-soluble dans l'eau bouillante, l'alcool, l'éther, le chloroforme, l'acide acétique, mais très-peu soluble dans le sulfure de carbone.

L'acide santonique fond à 161-163° ; une fusion prolongée finit par l'altérer. Il ne produit pas la couleur violette de la santonine avec la potasse alcoolique. Il décompose les carbonates. Il forme avec le sodium le sel $C^{15}H^{19}O^4Na$, et avec le baryum le sel $(C^{15}H^{19}O^4)^2Ba$, fort solubles tous les deux, mais cristallisant avec difficulté.

L'acide santonique traité par le brome donne un dérivé incolore qui n'a pas encore été étudié.

Les auteurs n'ont pu réaliser jusqu'à présent la transformation inverse, c'est-à-dire ramener l'acide santonique à l'état de santonine [Cannizzaro et Sestini, *Gazetta chimica*, t. III, p. 241, et *Bull. de la Soc. chim.*, t. XXI, p. 231].

M. O. Hesse considère la santonine comme l'anhydride d'un acide qu'il désigne sous le nom d'*acide santoninique*. Cet acide, $C^{15}H^{20}O^{4}$, isomérique avec celui que MM. Cannizzaro et Sestini ont obtenu par l'action prolongée à chaud de l'eau de baryte sur la santonine, peut, en effet, régénérer la santonine.

On l'obtient en neutralisant la solution de santoninate de sodium (combinaison de santonine et d'hydrate de sodium (voyez plus loin) par l'acide chlorhydrique et agitant aussitôt le liquide laiteux avec de l'éther qui dissout l'acide santoninique et l'abandonne en cristaux grenus. L'alcool l'abandonne en cristaux blancs qui ne jaunissent pas à la lumière.

L'acide santoninique se dissout à peine dans l'eau froide, mais il est plus soluble dans l'eau bouillante; il se dépose à l'état cristallisé par le refroidissement; la potasse ne colore pas la solution alcoolique. Il est soluble dans le chloroforme, moins cependant que la santonine. Cet acide possède une réaction acide et décompose les carbonates. Il se dédouble à 120° en eau et santonine. L'acide sulfurique produit le même dédoublement et laisse déposer la santonine; l'acide chlorhydrique agit de même, mais plus lentement.

La santonine, corps neutre, se transforme donc en un acide peu stable par la fixation de l'eau. Mais l'action prolongée de la chaleur produit un acide isomérique, l'acide santonique, qui ne peut plus régénérer la santonine [O. Hesse, *Deutsche Chem. Gesellsch.*, 1873, n° 17, t. VI, p. 1280; *Bull. de la Soc. chim.*, t. XXI, p. 324].

Sels de santonine. — La santonine forme avec les alcalis des sel définis, pour la plupart cristallins et qui se décomposent par une ébullition prolongée avec l'eau, en mettant de la santonine en liberté. L'ammoniaque ne paraît pas se combiner avec elle.

Le *sel de baryum* renferme $C^{15}H^{18}O^{3},BaO+H^{2}O$, il se présente sous la forme d'une croûte blanche un peu gélatineuse.

Le *sel de calcium* cristallise en aiguilles soyeuses. Pour l'obtenir, on évapore à siccité un mélange de santonine, de chaux et d'alcool aqueux, on reprend le résidu par l'eau, on enlève l'excès de chaux par un courant d'acide carbonique et l'on fait évaporer la liqueur jusqu'à cristallisation.

Le *sel de plomb* contient $C^{15}H^{18}O^{3}PbO$. — On obtient cette combinaison en mélangeant une solution alcoolique et bouillante de santonine et d'acétate de plomb. On filtre et on laisse évaporer à une température de 30° à 40°. Le sel se dépose sous forme de petites aiguilles nacrées.

Le *sel de potassium* est incristallisable, et forme une masse gommeuse.

Sel de sodium, $C^{16}H^{18}O^{3},NaOH$. — Ce sel cristallise en gros prismes à base rhombe; on l'obtient en mettant en digestion une solution alcoolique de santonine avec du carbonate de soude sec, jusqu'à ce que le mélange soit décoloré. On fait ensuite évaporer à siccité la solution à une température de 30°, puis on reprend le résidu par de l'alcool absolu, pour séparer l'excès de carbonate de soude. Le liquide filtré, abandonné à l'évaporation spontanée, laisse cristalliser le sel en fines aiguilles. On l'obtient sous la forme de prismes en le dissolvant dans une très-petite quantité d'eau et laissant cristalliser.

Une solution de santonine, combinée à la potasse, donne avec les persels de fer un précipité chamois; avec les sels d'argent et les sels de zinc, un précipité blanc; avec les sels mercureux, un précipité blanc; les sels mercuriques ne forment pas de précipité.

L'urine sécrétée après l'usage de la santonine présente l'aspect de l'urine biliaire. Afin de constater la présence de la santonine, M. G. Schmidt ajoute de la potasse à cette urine; sous l'influence de ce réactif, l'urine prend, selon la proportion de santonine qu'elle contient, une coloration rouge-cerise ou rouge cramoisi qui ne se détruit pas à la longue. Les acides la font disparaître, mais si on les neutralise par un alcali, la couleur reparaît.

L'urine ainsi colorée en rouge par la potasse ne laisse passer que les rayons rouge orangé et jaunes. En solution très-étendue, l'urine absorbe les rayons du centre du spectre, et ne laisse passer que les rayons rouges et bleus.

L'auteur a isolé cette matière colorante. Pour cela, il précipite l'urine d'abord avec l'acétate neutre de plomb, neutralise la liqueur filtrée et ajoute du sous-acétate de plomb tant qu'il se forme un précipité. Ce précipité qui est jaune est lavé, puis décomposé par l'acide sulfurique et l'alcool, l'excès d'acide sulfurique est enlevé à l'aide de l'eau de baryte. Ce produit coloré paraît être un acide faible, formé par l'oxydation de la santonine dans l'économie. L'auteur appuie cette manière de voir sur l'action exercée par l'acide azotique sur la santonine.

Dans cette réaction le liquide prend une couleur verdâtre qui passe au rouge orangé sous l'influence de la potasse [G. Schmidt, *Centralblatt für die medicinischen Wissenschaften*, 1870, p. 894; *Zeit. für analyt. Chem.*, t. X, p. 254; *Bull. de la Soc. chim.*, t. XVII, p. 179].

La santonine possède des propriétés vermifuges très-prononcées à la dose de 30 à 40 centigrammes; comme elle est presque insipide, l'administration en est facile et les enfants la prennent sans difficulté. Aujourd'hui son usage est très-répandu. On a remarqué que quelquefois les malades soumis au traitement de cette substance éprouvent des phénomènes visuels assez curieux. Ils voient tous les objets placés autour d'eux colorés en jaune ou en vert [*Journ. de Pharm. et de Chim.*, 1849, t. XV, p. 111]. E. C.

SAPANINE. — L'extrait du bois de sapan (*Cæsalpinia Sappan*) fondu avec la potasse fournit en même temps que de la résorcine et de la pyrocatéchine une matière cristallisée à laquelle Schreder a donné le nom de *sapanine*.

Pour préparer cette dernière, on chauffe 1 p. d'extrait de sapan avec 3 p. de soude et un peu d'eau, jusqu'à ce que la masse ne mousse plus beaucoup, et qu'un essai dissous dans l'eau et sursaturé d'acide sulfurique donne une solution jaune foncé; si la décomposition n'était pas complète, la solution prendrait une teinte rouge-brun. Ce moment atteint, on dissout le tout dans l'eau, on sursature par de l'acide sulfurique étendu et l'on épuise par l'éther. Après distillation de l'éther, on obtient un liquide sirupeux brunâtre, qui laisse déposer, après quelques jours, des cristaux de sapanine, tandis que la résorcine et la pyrocatéchine restent dans l'eau mère.

La sapanine impure est lavée à l'eau froide et soumise à plusieurs cristallisations dans l'eau bouillante; finalement, on la décolore complétement en la traitant par un peu de zinc et d'acide sulfurique; le charbon animal ne la décolore pas.

La sapanine cristallise en lamelles blanches, miroitantes, qui se colorent peu à peu et qui possèdent un goût faiblement astringent; elle est très-peu soluble dans l'eau froide, insoluble dans le chloroforme, la benzine et le sulfure de carbone, mais elle se dissout dans l'alcool, dans l'éther et dans l'eau bouillante. Elle distille presque sans altération.

Sa solution aqueuse est colorée en rouge-cerise foncé par le chlorure ferrique, et par le chlorure de chaux en vert d'herbe foncé, passant rapidement au brun. Le brome colore la solution de la sapanine d'abord en rouge-brun, puis en noir, et précipite finalement des flocons résineux. Ces trois réactions sont très-sensibles.

L'acétate de plomb donne un précipité jaunâtre, très-altérable. La sapanine réduit à chaud le nitrate d'argent ammoniacal et la liqueur de Fehling.

La sapanine cristallisée contient

$$C^{12}H^{10}O^4 + 2H^2O;$$

elle perd son eau à 100°, en perdant son éclat.

La sapanine paraît renfermer quatre oxhydryles phénoliques; car, traitée par le chlorure d'acétyle, elle donne lieu à une réaction violente et il se forme un dérivé tétracétylé, $C^{12}H^6(C^2H^3O)^4O^4$, cristallisant dans l'alcool en petits prismes brillants et incolores, à peine solubles dans l'eau. La solution alcoolique de ce composé n'offre plus les réactions colorées de la sapanine.

La potasse en fusion n'altère pas la sapanine; il en est de même de l'hydrogène naissant. L'acide azotique la convertit en trinitrorésorcine : la constitution de la sapanine pourrait donc s'exprimer par la formule

$$\begin{array}{l} C^6H^3(OH)^2 \\ | \\ C^6H^3(OH)^2 \end{array}$$

[J. Schreder, *Deutsche Chem. Gesells.*, t. V, p. 572; *Bull. de la Soc. chim.*, 1872, t. XVIII, p. 253]. A. H.

SAPHIR. — Voyez CORINDON.

SAPHIR D'EAU. — Voyez CORDIÉRITE.

SAPHIRINE (Min.) [Syn. *Sapphirine*]. — Silicate d'alumine et de magnésie. L'oxygène dans MgO, Al^2O^3 et SiO^2 est = 1 : 4 : 1. Grains cristallins bleuâtres, plus ou moins agrégés, translucides, dichroïques, se trouvant dans un micaschite à Fiskenaes (Groënland).

Dureté, 7 à 8. Densité, 3,47.

Caractères. — Inattaquable aux acides. Infusible au chalumeau. Insoluble dans le borax.

SAPONIFICATION. — Voyez SAVONS et STÉARIQUE (ACIDE).

SAPONINE. — *Historique.* — La saponine est un glucoside qui paraît être assez répandu dans le règne végétal. Cette substance a été trouvée d'abord dans la saponaire officinale (*Saponaria officinalis*) par Schrader et plus tard par Bley et par M. Bussy dans la saponaire d'Orient (*Gypsophylla Struthium*). MM. O. Henry et Boutron l'ont rencontrée dans l'écorce de quillai (*Quillaja Smegmadermos*). Braconnot en a constaté la présence dans l'écorce des *Gymnocladus* et *Canadensis*. D'après M. Fremy, elle existe aussi en quantité considérable dans les marrons d'Inde. Suivant Malapert, elle existe particulièrement dans les ovaires pendant la floraison et dans le péricarpe du fruit immédiatement après la chute des pétales. Malapert l'a également rencontrée dans la fleur de coucou (*L. Flos Cuculli*), la nielle des blés (*Lychnis Githago*). M. Scharling avait désigné sous le nom de *githagine* la saponine de la nielle des blés [*Ann. der Chem. u. Pharm.*, t. LXXIV, p. 351]. On la trouve également dans la croix de Jérusalem (*L. Chalcedonica*), le lychnis dioïque (*Lychnis dioica*), le *Silene nutans*, *Dianthus caryophyllus* (*D. Cœsius*), *D. Carthusianorum*, *D. prolifer*, *Gypsophylla fastigiata*, *G. acutifolia*, *G. altissima*, *Anagallis arvensis*, *A. cœrulea*. Enfin d'après M. Bolley, la *séneguine* retirée de la racine de polygala ainsi que l'acide polygalique de Quevenne ne sont autre chose que de la saponine [Schreder, *Neues allgem. Journ. d. Chem. v. Gehlen*, t. VIII, p. 35; — Braconnot, *Journ. de Phys.*, t. LXXXIV, p. 288; — Bussy, *Ann. de Chim. et de Phys.*, t. LI, p. 390; — O. Henry et Boutron, *Journ. de Pharm.*, t. XIV, p. 247, et t. XIX, p. 4; — Bley, *Neues Journ. v. Trommsdorff*, t. XXIV, A, p. 95; — Fremy, *Ann. de Chim. et de Phys.*, t. LVIII, p. 101; — Malapert, *Journ. de Pharm.*, (3), t. X, p. 339; — Bolley, *Ann. der Chem. u. Pharm.*, t. XC, p. 211].

M. Rochleder ne considère pas la substance extraite par M. Fremy des marrons d'Inde comme de la saponine. D'après ce chimiste, l'extrait alcoolique des cotylédons des marrons d'Inde contient un principe amer, l'*argyrescine*, une matière colorante jaune amorphe et une substance que M. Rochleder nomme *aphrodescine;* ce dernier corps, que M. Fremy envisage comme de la saponine, ne serait pas, d'après l'auteur, identique avec ce glucoside. En effet, l'*aphrodescine* est soluble dans l'eau et précipitable à chaud par l'acide chlorhydrique en flocons volumineux. Elle diffère de la saponine par sa solubilité dans l'alcool et par l'action des alcalis qui la transforment en acide escinique et en acide butyrique. M. Rochleder attribue à l'aphrodescine la formule $C^{52}H^{84}O^{23}$; son dédoublement aurait lieu d'après l'équation suivante :

$$\underset{\text{Aphrodescine.}}{C^{52}H^{84}O^{23}} + 2H^2O = \underset{\text{Acide escinique.}}{C^{48}H^{80}O^{23}} + \underset{\text{Acide butyrique.}}{C^4H^8O^2}.$$

D'après M. Rochleder, l'aphrodescine et l'acide escinique traités à chaud par l'acide chlorhydrique se dédoublent en sucre et en un nouveau corps qu'il désigne sous le nom de *télescine*.

Ce chimiste attribue à la saponine la formule $C^{32}H^{54}O^{18}$ et affirme que ce glucoside est quelquefois accompagné d'un homologue supérieur représenté par la formule $C^{38}H^{56}O^{18}$ [Rochleder, *Bull. de la Soc. Chim.*, 1863, t. V, p. 219].

Extraction. — La saponine s'obtient, d'après M. Bussy, en traitant la saponaire d'Égypte pulvérisée par l'alcool à 90° bouillant; par le refroidissement la saponine se dépose sous la forme de flocons quelquefois colorés et qu'on purifie facilement en les traitant par l'éther qui enlève la matière colorante.

D'après M. Rochleder, pour obtenir cette substance tout à fait pure, il faut la dissoudre à plusieurs reprises dans l'alcool chaud et filtrer chaque fois après le dépôt de la saponine, puis laver le précipité d'abord avec un mélange d'alcool et d'éther, puis avec de l'éther pur. Quelquefois la saponine ainsi préparée n'est pas pure, elle se trouve mélangée avec une ou plusieurs substances qui ne se rencontrent pas toujours dans la racine. Ces variations peuvent dépendre de l'époque à laquelle la racine a été récoltée.

Dans ce cas, on achève la purification de la saponine en la dissolvant dans la moindre quantité d'eau possible et en la mélangeant avec de l'eau de baryte saturée. La saponine se précipite combinée avec la baryte et les impuretés restent dans la liqueur. Le précipité lavé ensuite à l'eau de baryte et décomposé par l'acide carbonique fournit la saponine pure [Rochleder, *Répert. de Chim. pure*, 1862, p. 469].

Propriétés. — La saponine est blanche, pulvérulente, non cristalline, très-friable, sans odeur; sa saveur est d'abord douceâtre, puis styptique, âcre et persistante, mais elle ne se manifeste pas immédiatement. La saponine est un sternutatoire puissant. Elle se dissout dans l'eau en toutes proportions : 1/1000ᵉ suffit pour rendre l'eau mousseuse; sa dissolution, louche d'abord, finit par acquérir de la transparence à la faveur de quelques filtrations. A poids égal la saponine ne forme pas un mucilage aussi épais que la gomme. Elle se dissout bien dans l'alcool faible, mais l'alcool absolu et bouillant n'en prend qu'un cinquantième ; l'éther est sans action sur elle. La saponine laisse pour résidu, lorsqu'on évapore sa solution aqueuse à sec, un vernis brillant et très-friable. M. Lebœuf a le premier attiré l'attention sur le fait suivant : un grand nombre de substances insolubles dans l'eau et solubles dans l'alcool acquièrent, lorsqu'on ajoute de la saponine à leur dissolution alcoolique, la propriété de se diviser facilement dans l'eau et de former des émulsions douées d'une remarquable stabilité. On a mis à profit cette propriété pour préparer des émulsions avec les résines, avec du camphre, des huiles, etc. Le mercure même agité avec une solution alcoolique de saponine se divise en particules fort ténues qui y restent en suspension fort longtemps [Lebœuf, *Compt. rend.*, t. XXXI, p. 652].

La saponine soumise à la distillation sèche se boursoufle, noircit et donne une huile empyreumatique acide.

L'acide nitrique la dissout à froid; à chaud, il se produit une résine jaune, de l'acide mucique et de l'acide oxalique. D'après M. Bussy l'acétate neutre de plomb ne trouble pas la solution de saponine, mais le sous-acétate de plomb y produit un précipité abondant. Suivant MM. Rochleder et Schwarz, l'acétate neutre produit un précipité gélatineux, et le liquide, séparé de ce précipité par le filtre, donne un nouveau précipité lorsqu'on le porte à l'ébullition.

L'eau de baryte donne, dans une solution concentrée de saponine, un précipité blanc, soluble dans un excès d'eau et dans une solution de saponine. L'eau de chaux ne précipite pas cette solution.

La saponine additionnée d'un peu d'alcool et traitée par l'amalgame de sodium, au soleil, se dissout rapidement et laisse déposer des flocons bruns ; la solution est jaune et donne, avec l'alcool absolu, un précipité gélatineux qui se dépose sur les parois du vase; d'après M. Rochleder, ce précipité serait de la saponine; l'amalgame de sodium ne l'attaquerait pas, et détruirait seulement les impuretés qui accompagnent cette substance. M. Rochleder s'appuie sur ce fait que ce dépôt gélatineux se dédouble sous l'influence de l'acide chlorhydrique en sapogénine et en sucre [Rochleder, *Journ. für prak. Chem.*, 1867, t. CII, p. 98; *Bull. de la Soc. chim.*, 1868, t. IX, p. 387].

Action des acides. — L'action qu'exercent les acides étendus sur la saponine ne paraît pas encore suffisamment élucidée.

Lorsqu'on porte à l'ébullition une solution de saponine, additionnée d'un peu d'acide chlorhydrique ou sulfurique, un trouble se produit bientôt, et une matière blanche se précipite.

M. Bolley lui attribue la formule $C^{12}H^{18}O^5$ et lui donne le nom de *sapogénine*, M. Fremy l'envisage comme un acide qu'il appelle acide *esculique* ou *saponique* et la représente par les rapports $C^{26}H^{46}O^{12}$; M. Overbeck la nomme saporétine et l'exprime par la formule $C^9H^{14}O^3$.

MM. Rochleder et Schwartz la regardent comme identique avec l'acide quinovatique en lui donnant la formule $C^6H^{10}O^2$.

Plus tard l'étude de la réaction dont il s'agit a été reprise par M. Rochleder. D'après ce chimiste, la saponine se dédouble facilement sous l'influence des acides, mais la réaction s'achève avec difficulté. On doit attribuer, suivant lui, à cette circonstance les divergences obtenues par les divers chimistes dans l'analyse de la sapogénine. Lorsque le dédoublement est incomplet, il se produit des matières incristallisables représentant la saponine moins 2, 3 molécules de sucre. Pour obtenir un dédoublement complet, il faut continuer longtemps l'ébullition avec l'acide chlorhydrique, dans une atmosphère d'acide carbonique, et répéter l'opération sur la substance dissoute dans l'alcool absolu : dans ce cas on obtient une substance cristalisée dont la composition répond à la formule $C^{28}H^{42}O^4$.

M. Rochleder déduit la composition de la saponine de celle de la sapogénine et de la quantité de sucre produite, pendant le dédoublement de la saponine; l'équation suivante représente cette réaction :

$$\underset{\text{Saponine.}}{C^{64}H^{106}O^{36}} + 4\,H^2O = \underset{\text{Sapogénine.}}{C^{28}H^{42}O^4} + 6\,C^6H^{12}O^6.$$

Le sucre qui prend naissance dans cette réaction n'est pas du glucose; il est incristallisable. Cependant il se transforme peu à peu en glucose par l'action des acides à chaud [Rochleder, *loc. cit.*].

Enfin en 1867 M. Rochleder, reprenant l'étude de cette question, a donné une nouvelle équation du dédoublement de la saponine :

$$\underset{\text{Saponine.}}{C^{32}H^{54}O^{18}} + 2H^2O = \underset{\text{Sapogénine.}}{C^{14}H^{22}O^2} + 3C^6H^{12}O^6.$$

La sapogénine à laquelle l'auteur assigne cette nouvelle formule a été desséchée dans un courant d'acide carbonique avant d'être analysée. Elle est soluble dans l'alcool et dans l'éther; sa solution alcoolique l'abandonne en aiguilles soyeuses blanches; elle se dissout dans la potasse faible. Si l'on ajoute à cette solution de la potasse concentrée, il s'en sépare des flocons blancs qui sont une combinaison potassique. Chauffée avec de la potasse et un peu d'eau, elle se décompose en partie en donnant un corps brun, de l'acide acétique et un peu d'acide butyrique. Il arrive quelquefois que le dédoublement de la saponine ne donne naissance qu'à deux molécules de sucre; dans ce cas il se forme un corps gélatineux $C^{20}H^{32}O^7$ analogue à la quinovine.

L'acide chlorhydrique donne souvent par l'action qu'il exerce sur la saponine un mélange à équivalents égaux du corps $C^{20}H^{32}O^7$ et d'un autre principe que M. Rochleder représente par la formule $C^{34}H^{54}O^9$ [Rochleder, *loc. cit.*].

En résumé, il n'existe pas une grande concordance dans les travaux faits jusqu'à présent sur la saponine; il ne faut donc accepter les faits précédents qu'avec réserve; il est possible, il est même probable que les chimistes qui se sont occupés de cette question ont opéré sur plusieurs variétés de saponine, ce qui expliquerait la divergence des résultats obtenus. E. C.

SAPONITE (Min.) [Syn. *Pierre de savon, piotine, thalite, chalilite*]. — Silicate de magnésie et d'alumine, ayant à l'état frais la consistance du savon, mais durcissant et devenant fragile par la dessiccation à l'air. Éclat gras. Couleur blanche, jaunâtre, verdâtre, rougeâtre. Onctueux au toucher. Se laissant couper au couteau. Ne happant pas à la langue. Se trouve en veines dans la serpentine au cap Lizard (Cornouailles), dans le trapp au Lac supérieur, etc. La silice varie de 42 à 50 %; la magnésie, de 24 à 30; l'alumine, de 5 à 9, et l'eau, de 10 à 20.

Dureté, 1,5. Densité, 2,27.

Caractères. — Attaquable à l'acide sulfurique. Donne de l'eau dans le tube en noircissant. Au chalumeau, fond en fragments minces en un verre bulleux. F. et S.

SAPPARE. — Voyez DISTHÈNE.

SARCINE, $C^5H^4Az^4O$. — Cette substance, découverte dans la rate par Scherer, qui lui donnait le nom d'*hypoxanthine* [*Ann. der Chem. u. Pharm.*, t. LXXIII, p. 328, et t. CVII, p. 314], a été trouvée par Strecker dans le sérum musculaire [*Ann. der Chem. u. Pharm.*, t. CII, p. 204, et t. CVIII, p. 129; *Ann. de Chim. et de Phys.*, (3), t. LV, p. 338, et t. LV, p. 345. On pense aujourd'hui, mais sans preuve suffisante, que l'hypoxanthine de Scherer et la sarcine de Strecker sont identiques malgré quelques différences de forme cristalline et quoique la solubilité de la sarcine dans l'eau et l'acide chlorhydrique étendu paraisse être plus grande [*Ann. der Chem. u. Pharm.*, t. CVII, p. 314. — Voyez plus bas les solubilités]. On rencontre la sarcine dans les muscles, le thymus, le foie, le cerveau, l'urine, le sang des leucémiques, mais toujours en très-faible quantité. On n'a point réussi à extraire l'hypoxanthine du pancréas, où elle paraît être remplacée par la guanine, qui a, avec la sarcine, les mêmes rapports théoriques que le glycocolle avec l'acide acétique [*Répert. de Chim. pure*, t. I, p. 276]. Un kilogramme de viande de bœuf en donne 0gr,22, d'après Scherer, et de 0gr,06 à 0gr,07 d'après Neubauer. Ce dernier auteur en a retiré 0,59 % de l'extrait de viande et 0,015 % de la rate.

La sarcine paraît être l'un des termes des dédoublements et oxydations successives que subissent les matières albuminoïdes pour se transformer en acide urique et en urée. Les formules suivantes indiquent les rapports de la sarcine, de la xanthine et de l'acide urique :

Sarcine..........	$C^5H^4Az^4O$.
Xanthine..........	$C^5H^4Az^4O^2$.
Acide urique......	$C^5H^4Az^4O^3$.

Ces trois substances, chauffées doucement avec un excès d'acide nitrique, laissent un résidu jaune que la potasse fait virer au rouge. Suivant Strecker, en modérant l'oxydation de la sarcine par l'acide nitrique, saturant par la potasse et ajoutant ensuite un petit excès d'acide acétique, on obtient un précipité de xanthine. Cette réaction reste toutefois douteuse. Mais inversement, en traitant l'acide urique par l'amalgame de sodium, Rheineck l'a transformé en xanthine et en sarcine, réaction importante qui démontre bien que ces trois corps, que l'on trouve souvent ensemble dans les liquides de l'économie, dérivent les uns des autres par une série d'oxydations continues.

La sarcine peut être elle-même dérivée d'une autre base faible, la carnine, $C^7H^8Az^4O^3$, qu'on a retirée de l'extrait de viande. En traitant la carnine avec l'eau de brome ou l'acide azotique étendu, on obtient de la sarcine :

$$C^7H^8Az^4O^3 + Br^2$$
$$= C^5H^4Az^4O, HBr + CH^3Br + CO^2$$

[Weidel, *Ann. der Chem. u. Pharm.*, t. CLVIII, et *Bull. de la Soc. chim.*, t. XVI, p. 173].

Pour extraire la sarcine du sérum musculaire ou du bouillon, on ajoute aux eaux mères qui ont fourni la créatine et la créatinine (voyez ces mots) un petit excès d'acétate de cuivre et l'on réduit aux deux tiers; le précipité assez abondant qui se forme est lavé à l'eau bouillante, puis dissous dans l'acide chlorhydrique chaud et enfin décomposé à chaud par un courant d'hydrogène sulfuré. La dissolution filtrée bouillante est évaporée; elle donne en se refroidissant de l'hypoxanthine sous forme de grains ou d'aiguilles microscopiques. La substance encore impure est redissoute dans l'eau chaude, agitée avec de l'oxyde de plomb et filtrée; le liquide filtré, décomposé par le gaz sulfhydrique, donne par évaporation la sarcine à peu près pure. Un autre procédé consiste à évaporer à plusieurs reprises avec de l'eau le chlorhydrate brun cristallisé, à reprendre par le même acide bouillant, et enfin décomposer ce sel par l'ammoniaque [*Répert. de Chim. pure*, t. II, p. 147].

La sarcine forme une poudre blanche confusément cristalline, qui ne fond pas à 150°, mais se sublime à une température un peu plus élevée, en se décomposant et en dégageant de l'acide cyanhydrique. Elle est soluble dans 77 p. d'eau bouillante et 300 p. d'eau froide et 900 p. d'alcool bouillant. Toutefois Scherer [*loc. cit.*], donne d'autres nombres pour sa solubilité; d'après lui, elle se dissout dans 84 à 134 p. d'eau bouillante et dans 933 à 2905 p. d'eau froide. Elle se dissout aisément dans les bases et dans les acides dilués avec lesquels elle se combine. La sarcine est donc à cet égard analogue au glycocolle. Les acides concentrés, sauf l'acide nitrique, la décomposent difficilement même à chaud.

On connaît le chlorhydrate de sarcine,

$$C^5H^4Az^4O, HCl, H^2O,$$

et son chloroplatinate qui forme une poudre jaune cristalline, $2(C^5H^4Az^4O, HCl), PtCl^4$. Le nitrate de sarcine est en cristaux transparents que l'eau décompose et qui deviennent opaques à l'air. Le sulfate se précipite en cristaux aguillés lorsqu'on ajoute de l'acide sulfurique concentré à une solution alcoolique de sarcine. L'eau le décompose. La solution de sarcine dans l'acide nitrique chaud laisse déposer par le refroidissement d'épais cristaux prismatiques. L'acide phosphomolybdique précipite cette solution acide et forme une poudre jaune, abondante, dense, soluble dans un excès d'acide nitrique et formée de cubes microscopiques.

La sarcine s'unit aussi aux oxydes métalliques. Les combinaisons qu'elle forme avec les oxydes de zinc, de cuivre, de mercure, d'argent, sont insolubles dans l'eau. Elle se dissout dans les alcalis et les bases alcalino-terreuses.

La solution de sarcine dans l'eau de baryte bouillante additionnée d'une solution de baryte saturée à froid laisse par le refroidissement déposer des cristaux incolores répondant à la formule $C^5H^4Az^4O, BaH^2O^2$.

La sarcine se combine aussi à certains sels. Elle forme avec l'azotate d'argent un composé,

$$C^5H^4Az^4O, AzO^3Ag,$$

insoluble dans l'eau, mais soluble dans l'acide nitrique bouillant et s'en séparant à chaud sous forme de tables cristallines ou de fines aiguilles microscopiques inaltérables à la lumière.

On a fondé sur cette propriété une bonne méthode pour séparer cette substance de la xanthine et pour la doser (Neubauer). Pour cela l'urine, l'extrait de viande, le sérum musculaire, etc., privés d'albumine par la chaleur, sont précipités par l'acétate basique de plomb dont on évite d'ajouter un excès; la liqueur, débarrassée de plomb par H^2S, est concentrée en consistance de sirop : au bout de quelques jours de repos dans un endroit frais, la créatine se sépare en cristaux. On les recueille sur un filtre préalablement pesé, on les lave avec de l'alcool à 88° centigrades, on sèche à 100° et on pèse. Aux eaux mères de la créatine on réunit les eaux de lavage alcooliques, on chasse l'alcool et l'on ajoute au résidu aqueux de l'eau additionnée d'ammoniaque, puis une solution ammoniacale de nitrate d'argent : il se forme un précipité qu'on laisse bien déposer, qu'on lave une ou deux fois avec de l'eau ammoniacale et qu'on recueille sur un filtre pour achever le lavage. On perce ensuite le filtre et l'on pousse le précipité dans un petit ballon, en enlevant les dernières portions par un filet d'acide nitrique d'une densité de 1,1. On porte à l'ébullition et l'on ajoute de l'acide nitrique jusqu'à dissolution complète. Par le refroidissement et le repos, il se sépare au bout de 6 heures des cristaux de la combinaison double

$$C^5H^4Az^4O, AzO^3Ag.$$

On les jette sur un filtre pesé, on les lave avec de l'eau froide jusqu'à ce que les eaux de lavage passent neutres, puis on les sèche à 100° et on les pèse. 100 p. de cette combinaison argentique renferment 44,45 p. de sarcine. Quant à la xanthine, elle reste en dissolution, du moins en très-grande partie, dans la liqueur acide renfermant l'excès de nitrate d'argent. L'ammoniaque la précipite de cette liqueur sous forme d'une combinaison avec l'oxyde d'argent. Cette combinaison renferme sur 100 p. d'argent 70,37 p. de xanthine. — Voyez ce mot.

La sarcine n'est pas précipitée de ses solutions par l'acétate de plomb ammoniacal, qui ne donne avec elle qu'un trouble insignifiant. La solution de sarcine, saturée à la température ordinaire, ne forme pas de précipité par l'acétate de cuivre, mais, lorsqu'on chauffe la liqueur presque jusqu'à l'ébullition, la combinaison cuivrique s'en sépare sous forme de flocons verts amorphes; ce précipité se dissout dans les acides acétique et chlorhydrique.

Le sublimé forme avec la sarcine un précipité floconneux, soluble dans l'acide chlorhydrique.

Dans quelques rares circonstances, cette substance a été trouvée dans les sédiments urinaires sous la forme de cubes à angles un peu arrondis et souvent groupés ensemble (*Munk*). A. G.

SARCOCOLLE, SARCOCOLLINE. — Sorte de gomme exsudée de divers arbustes de la famille des Pénéacées (*Pœnea mucronata, P. sarcocolla, P. squamosa*) de l'Afrique méridionale. Elle est formée de grains irréguliers, accolés, friables, jaune rosé ou grisâtres; elle est inodore, son goût est légèrement amer et sucré.

La sarcocolle, examinée d'abord par Thompson [*Système de Chimie*, Paris, 1818-1822], puis par Pelletier [*Bull. de Pharm.*, t. V, p. 5], possède, d'après ce dernier auteur, la composition immédiate suivante :

Sarcocolline	65,30
Gomme	4,60
Matière gélatineuse	3,30
Matières ligneuses	26,80

La matière gélatineuse et la gomme se rapprochent chacune beaucoup de la bassorine et de l'acide gumacique de la gomme ordinaire. Quant à la *sarcocolline*, c'est un principe à la fois amer et sucré, ayant quelque analogie avec la glycyrrhizine. On l'extrait de la sarcocolle brute en traitant celle-ci par l'éther pour enlever une matière résineuse; puis on épuise le résidu par l'alcool qui dissout la sarcocolline et la laisse déposer par évaporation sous la forme d'une masse amorphe semi-transparente.

La sarcocolline se dissout dans 40 p. d'eau froide et dans 25 p. d'eau bouillante. Sa solution, saturée à chaud, laisse précipiter un liquide sirupeux qui ne se redissout plus dans l'eau. D'après Pelletier, elle donne à l'analyse élémentaire les nombres suivants : C = 57,15; H = 8,34; O = 34,51 (calcul fait avec l'ancien poids atomique du carbone). Mais, suivant Johnston, la sarcocolline n'est qu'un mélange de plusieurs substances, qu'on peut séparer en les combinant aux bases. L'acétate de plomb précipite de sa solution alcoolique un sel de plomb d'où l'on peut extraire par l'hydrogène sulfuré un corps possédant la composition exprimée par la formule $C^{20}H^{50}O^{8}$. La liqueur d'où s'est précipité le sel de plomb précédent donne, lorsqu'on la traite par l'ammoniaque, un nouveau précipité qui n'a pas été examiné. A. G.

SARCOLACTIQUE (ACIDE). — Voyez Lactique (acide), t. II, p. 186.

Nous ajoutons ici un extrait du travail important publié sur l'acide sarcolactique par M. Wislicenus depuis l'impression de l'article cité [*Ann. der Chem. u. Pharm.*, t. CLXVII, p. 302].

L'acide lactique ou plutôt le mélange des acides lactiques de la viande peut être retiré commodément de l'extrait de viande du commerce de la manière suivante :

On traite 1 p. d'extrait de viande par environ 4 p. d'eau tiède, puis on précipite la solution, en agitant continuellement, par l'addition de 8 p. d'alcool à 90°. Après quelque temps de repos, les portions solides de l'extrait se déposent en grande partie sous la forme d'une masse brune visqueuse. La solution claire est décantée, et le résidu traité encore par 2 p. d'eau chaude et précipité par l'alcool. Les solutions alcooliques distillées au bain-marie laissent une solution aqueuse brune qui est évaporée en consistance sirupeuse. Une nouvelle addition d'alcool produit une précipitation de matières que l'on réunit aux premiers précipités, lesquels peuvent servir avantageusement à la préparation des bases de la viande.

La solution aqueuse, privée d'alcool par distillation, est acidulée fortement par l'acide sulfurique étendu et agitée avec 6 fois son volume d'éther pur. Les extraits éthérés abandonnent à l'évaporation les acides lactiques de la chair, encore impurs et souillés d'un peu d'acide sulfurique, entre autres. Pour les purifier, on les dissout dans l'eau, on les fait bouillir avec un peu de carbonate de plomb; on filtre la solution et on la traite par l'hydrogène sulfuré, on chauffe dans une capsule, pour chasser l'hydrogène sulfuré, puis on neutralise à chaud par le carbonate de zinc. On évapore la solution des sels de zinc jusqu'à ce qu'elle commence à déposer des cristaux par le refroidissement, et on la mélange rapidement avec 4 à 5 fois son volume d'alcool à 90°. La liqueur, d'abord limpide, se trouble bientôt et laisse déposer une bouillie volumineuse de cristaux qu'on filtre et qu'on lave à l'alcool. Les eaux mères alcooliques évaporées laissent un liquide sirupeux qui donne encore quelques cristaux par l'addition d'alcool absolu. Ce dernier véhicule dissout le sel de zinc très-difficilement cristallisable d'un acide qui dans les anciens travaux sur l'acide sarcolactique est toujours resté mélangé avec celui dont le sel de zinc est cristallisable. La quantité de sel de zinc difficilement cristallisable est du reste très-faible en proportion de l'autre. On l'obtient en plus grande proportion lorsqu'on emploie pour son extraction la viande de boucherie; l'acide est contenu plus abondamment encore dans certains liquides pathologiques de l'économie animale. M. Wislicenus considère ce dernier acide comme identique avec l'acide *éthyléno-lactique*.

Le sel de zinc précipité par l'alcool doit être purifié par dissolution dans l'eau et par précipitation à l'aide de l'alcool, puis finalement par cristallisation dans l'eau. On en obtient ainsi 2 p. pour 100 p. d'extrait de viande. Ce sel est formé par un acide sarcolactique doué du pouvoir rotatoire et que l'auteur désigne sous le nom d'acide *paralactique*.

Acide paralactique. — Il peut être isolé de son sel de zinc par l'hydrogène sulfuré; mais la solution renferme, après évaporation à consistance sirupeuse, encore un peu de zinc; on la reprend par l'éther qui ne dissout pas le sel de zinc.

Le *paralactate de zinc* renferme

$$(C^3H^5O^3)^2Zn + 2H^2O.$$

Il forme des cristaux plutôt isolés que groupés en croûtes, comme ceux du lactate de fermentation. Par le refroidissement d'une solution presque saturée à l'ébullition, il se sépare en un sable cristallin formé de cristaux microscopiques isolés. Par évaporation lente, il forme des prismes isolés, épais et courts, très-brillants.

Il perd toute son eau en peu de temps à 100-105°, et reste inaltéré jusqu'à 170-180°.

Le paralactate de zinc, comme le lactate de fermentation, perd une petite quantité de son acide pendant l'évaporation à 100° de ses solutions. Cristallisé, il se dissout dans 17,5 fois son poids d'eau à 14-15°. Le lactate de fermentation cristallisé exige de 58 à 63 p. d'eau. L'un et l'autre forment facilement des solutions sursaturées. L'alcool à 98° bouillant ne dissout que $\frac{1}{9,64}$ de son poids de paralactate cristallisé; l'alcool froid encore moins.

Le *sel de calcium* ressemble, par son aspect, à celui du lactate de fermentation. Il renferme $(C^3H^5O^3)^2Ca + 4\,1/2\,H^2O$.

La transformation de l'acide paralactique en acide lactique des fermentations, en passant par la lactide, transformation indiquée par Strecker, a été vérifiée par M. Wislicenus avec l'acide pur. Cette transformation est extrêmement lente à 130-135°; elle est plus rapide à 150°, température à laquelle distille de la lactide fusible à 124°,5 comme celle dérivée de l'acide lactique de fermentation. Cette lactide a fourni de l'acide lactique de fermentation par l'ébullition avec l'eau, ou avec un mélange d'eau et de carbonate de zinc.

M. Wislicenus a fait voir [*Ann. der Chem. u. Pharm.*, t. CLXIV, p. 181] que l'acide lactique de fermentation se transforme à la longue, à la température ordinaire, en ses anhydrides dans le vide sec. Il en est de même de l'acide paralactique; les anhydrides ou éthers ainsi formés avec ce dernier sont optiquement actifs. Au bout de 21 mois, une solution sirupeuse d'acide paralactique s'était transformée en un mélange d'anhydride (84,19 %) et de lactide (16,04 %). Le pouvoir rotatoire de ce mélange était $[\alpha] = -85°93$.

Quant à l'acide lui-même, il dévie à droite le plan de polarisation, mais, par addition d'eau à la solution, le pouvoir rotatoire spécifique diminue fortement, puis croît de nouveau à la longue, mais sans reprendre sa valeur première. Les anhydrides se produisant même en solution aqueuse, il n'est pas possible de déterminer le pouvoir rotatoire de l'acide.

Le sel de zinc cristallisé dévie le plan de polarisation à gauche de 7°7. Le sel en solutions sursaturées a un pouvoir rotatoire moindre que dans les solutions normales.

Pour le sel de chaux cristallisé, $[\alpha] = -3°87$.

L'acide sulfurique étendu décompose l'acide paralactique, à 130-140°, en aldéhyde et acide formique; la même réaction a lieu pour l'acide lactique de fermentation.

L'oxydation par le bichromate de potassium et l'acide sulfurique étendu a donné aussi de l'acide formique et de l'aldéhyde, ainsi que de l'acide acétique, mais ni acide malonique, ni acide oxalique.

M. Wislicenus admet comme probable pour l'acide paralactique une formule de constitution identique avec celle de l'acide de fermentation, c'est-à-dire $CH^3\text{-}CH.OH\text{-}CO^2H$, supposant ainsi que l'isomérie de ces deux composés est seulement une isomérie géométrique, dépendant de relations de position différentes des atomes, leurs relations de saturation restant les mêmes.

Le mot isomérie physique semblerait préférable; en tous cas, il paraît évident que ces deux acides lactiques ont entre eux les mêmes relations que l'acide tartrique inactif et l'acide tartrique droit.

Pour compléter l'article Acide lactique, nous devons encore indiquer les résultats obtenus par M. Wislicenus dans l'étude de l'acide éthyléno-lactique et dans celle de l'acide qu'il a appelé hydracrylique, corps qui avaient été confondus [*Ann. der Chem. u. Pharm.*, t. CLXVII, p. 346].

Acide éthyléno-lactique. — L'acide éthyléno-lactique, $CH^2.OH\text{-}CH^2\text{-}CO^2H$, dérive de la monocyanhydrine du glycol par l'action des alcalis ou des acides :

$$CH^2.OH\text{-}CH^2\text{-}CAz + 2H^2O$$
$$= AzH^3 + CH^2.OH\text{-}CH^2\text{-}CO^2H.$$

Il forme des sels extrêmement solubles et difficilement cristallisables. Il est presque impossible de l'obtenir à l'état de pureté. Les sels alcalins sont déliquescents; ils sont solubles dans l'alcool absolu à chaud et s'en séparent de nouveau par le refroidissement à l'état solide. A une température élevée, ils donnent de l'eau et laissent un résidu ayant à peu près la composition des acrylates.

Le sel de sodium se décompose à 160°, sans fondre. L'hydracrylate fond à 143°.

Le sel de calcium est gommeux, déliquescent et toujours mélangé de cristaux de lactate. Il est soluble dans l'alcool.

Le sel de zinc est très-soluble dans l'alcool et déliquescent. L'hydracrylate cristallise facilement.

L'acide éthyléno-lactique chauffé avec l'acide iodhydrique ne se transforme pas en acide β-iodopropionique, ce que fait facilement l'acide hydracrylique.

L'acide de la viande qui donne des sels sirupeux est identique, d'après M. Wislicenus, avec le précédent.

Acide hydracrylique. — On l'obtient en faisant réagir l'oxyde d'argent en présence de l'eau sur l'acide β-iodopropionique (voyez p. 1202). Il diffère à la fois de l'acide lactique des fermentations, de l'acide paralactique et de l'acide éthyléno-lactique.

Son sel de sodium ne se décompose pas à l'évaporation comme les lactates de fermentation et les paralactates. L'acide résultant de la réaction de l'oxyde d'argent sur l'acide β-iodopropionique étant converti en sel de sodium, l'alcool à 95° bouillant extrait du sel de sodium brut ainsi obtenu l'hydracrylate, qui cristallise par refroidissement. Ce dernier est accompagné, dans le mélange, de deux sels difficilement solubles et d'un autre insoluble dans l'alcool.

L'*hydracrylate de sodium* cristallise dans l'alcool à 95° en prismes aplatis anhydres, souvent réunis en croûtes peu cohérentes; il est déliquescent, mais peut être desséché complétement au bain-marie. Dans l'alcool plus étendu, il se sépare sous forme de sirop. A sec, il fond à 142-143° en un liquide incolore, qui cristallise par le refroidissement. A 180°, il commence à se décomposer, et à une température plus élevée il perd H^2O sans se colorer en se transformant en un sel, qui est un mélange d'acrylate et d'un isomère de ce dernier, isomère qui possède la propriété de se combiner avec H^2O en s'échauffant.

L'*hydracrylate de zinc*, $(C^3H^5O^3)Zn + 4H^2O$, s'obtient cristallisé lorsqu'on abandonne à l'air humide sa solution sirupeuse ou bien lorsqu'on laisse refroidir la solution plus étendue. Les cristaux sont beaux et d'un vif éclat. Ils appartiennent au type anorthique et présentent les faces p, a^1, et dans la zone la plus développée g^1, t, m, g^x. Angles : $g^1\,t = 106°53'$; $g^1\,g^x = 149°16'5$; $g^1\,p = 95°44'$; $p\,t = 140°12'$; $p\,a^1 = 107°34'$; $g^1\,a^1 = 90°16'$; etc.

Les cristaux sont inaltérables à l'air humide mais efflorescents dans l'air sec. A 60°, ils fondent dans leur eau de cristallisation et à froid cristallisent de nouveau par le refroidissement au contact d'un cristal. Cette propriété disparaît lorsqu'on maintient la fusion pendant quelque temps; mais si l'on ajoute la portion d'eau perdue, la cristallisation redevient possible.

100 parties du sel cristallisé se dissolvent à 16°,5 dans 89 parties d'eau.

Le sel de zinc perd H^2O au-dessus de 160°, et sa composition se rapproche alors de celle de l'acrylate. Comme pour le sel de sodium, une partie du résidu est susceptible de reprendre de l'eau en s'échauffant.

L'*hydracrylate de calcium*,

$$(C^3H^5O^3)^2Ca + 2H^2O,$$

cristallise par évaporation lente. Il perd de l'eau à une température élevée et possède alors la composition de l'acrylate de calcium. Il est identique avec celui décrit par M. Socoloff sous le nom de glycérinaldéhydate de calcium.

L'*hydracrylate double de zinc et de calcium*, $(C^3H^5O^3)^4ZnCa$, a été décrit par M. Heintz [*Ann. der Chem. u. Pharm.*, t. CLVII, p. 291]. Il s'obtient facilement en mélangeant les solutions des sels de calcium et de zinc. Il se présente en beaux cristaux qui ne perdent pas de leur poids à 140°.

L'*hydracrylate d'argent*, $C^3H^5O^3Ag$, constitue des prismes minces et des aiguilles, facilement solubles dans l'eau.

L'*acide hydracrylique* libre, séparé du sel de sodium par l'acide sulfurique et séparé à l'aide de l'éther, forme un sirop acide ressemblant tout à fait à l'acide lactique. Il ne fournit pas trace de lactide par la distillation, mais se décompose en eau et acide acrylique. Cette décomposition se produit encore plus facilement en présence de l'acide sulfurique, $C^3H^6O^3 = C^3H^4O^2 + H^2O$.

L'oxydation par l'acide chromique ou par l'acide azotique ne transforme pas l'acide hydracrylique en acide malonique, mais en acide oxalique avec dégagement de CO^2. En le traitant par l'oxyde d'argent, on a une fois obtenu un acide ayant les propriétés de l'acide carbacétoxylique; mais d'autres expériences n'ont fourni que de l'acide glycérique et de l'acide oxalique.

La potasse fondante donne de l'acide formique, de l'acide acétique et probablement un peu d'acide glycolique.

L'acide hydracrylique et ses sels sont transformés facilement par l'acide iodhydrique en acide β-iodoproconique.

Chauffé avec l'iode et la potasse, suivant les indications de M. Lieben [*Bull. de la Soc. chim.*, (2), t. XIV, p. 226], l'acide hydracrylique ne donne pas d'iodoforme; il ne contient donc pas le groupe CH^3.

M. Wislicenus attribue à l'acide hydracrylique la formule

$$\begin{array}{l} \quad CH^2OH \\ \quad | \\ O \langle \; CH \\ \quad | \\ \quad COH \\ \quad | \\ \quad H \end{array}$$

et par suite à l'acide β-iodopropionique, à l'acide acrylique, à l'acroléine, à l'acide glycérique les formules suivantes :

$$\begin{array}{cccc} CH^2I & CH^2 & CH^3 & CH^2.OH \\ | & | & | & | \\ O\langle\, CH & O\langle\, C & O\langle\, C & O\langle\, C.OH \\ | & | & | & | \\ C.OH & C.OH & CH & C.OH \\ | & | & | & | \\ H & H & H & H \\ \text{Acide β-iodo-propionique.} & \text{Acide acrylique.} & \text{Acroléine.} & \text{Acide glycérique.} \end{array}$$

Il paraît difficile d'admettre au moins la formule attribuée à l'acroléine, car le chlorure que MM. Hübner et Geuther en ont dérivé devrait être, si l'acroléine avait la constitution indiquée, identique avec l'un de ceux que MM. Friedel et Silva ont obtenus par l'action du chlore sur le propylène chloré, ce qui n'est pas.—Voyez PROPYLÈNE.

Les sels qui se trouvent mélangés avec le produit brut de l'action de l'oxyde d'argent sur l'acide β-iodopropionique présentent les caractères suivants :

L'un est entièrement insoluble dans l'alcool; il est précipitable de ses solutions aqueuses par l'alcool absolu, sous la forme d'un sirop qui se solidifie à la longue. C'est le sel de sodium de l'acide *paradipimalique*, $C^6H^8Na^2O^5 + H^2O$.

Les autres sels, tous deux difficilement solubles dans l'alcool, sont difficiles à séparer. Après les avoir isolés du précédent, on les dissout dans l'alcool à 90°; par le refroidissement, il se forme sur les parois une cristallisation du sel *a* tandis que l'autre reste en grande partie dissous. Ce dernier est l'acrylate, qui n'est guère plus soluble à chaud qu'à froid. Le sel *a* est formé par l'acide *dihydracrylique*, $C^6H^8Na^2O^5$, que l'auteur avait pris d'abord pour un mélange d'acrylate et d'hydracrylate, mais qu'on ne parvient pas à dédoubler en ces deux sels. Il n'est d'ailleurs pas déliquescent, comme le sont l'acrylate et l'hydracrylate. La solution aqueuse est troublée par l'acétate de plomb et précipitée en flocons par l'azotate; un excès du précipitant dissout le précipité. Le sel se présente en masses cristallines soyeuses formées de petits prismes [*Ann der Chem. u. Pharm.*, t. CLXVI, p. 3]. C. F.

SARCOLITE. — Nom donné par Vauquelin à la gmélinite. Il a été appliqué également à l'analcime rose de Fassa.

SARCOLITE (Min.) [Syn. *Analcime carnea*]. — Silicate d'alumine, de chaux, avec un peu de soude et de potasse. Les rapports d'oxygène dans la chaux, l'alumine et la silice sont 1 : 1 : 2, comme pour les grenats.

Cristaux transparents, d'un rose de chair pâle, très-fragiles, à éclat vitreux, à cassure conchoïdale, se trouvant à la Somma (Vésuve), avec néphéline, humboldtilite, wollastonite, etc., dans des blocs pyroxéniques rejetés.

Dureté, 6.

Densité, 2,54 à 2,93.

Caractères. — Fait gelée avec les acides. Fond au chalumeau en un émail blanc.

Forme cristalline. — Prismes quadratiques : $pb^1 = 138° 25'$. Les faces les plus fréquentes sont : $m, p, a^3, a^1, b^1, a_{1/3}, a_3, h^1, h^2$. F. et S.

SARCOPSIDE (Min.). — Fluophosphate hydraté de fer, de manganèse, avec un peu de chaux, en masses irrégulières d'un rouge de chair, passant au bleu de lavande, d'un éclat gras, translucides en lames minces, se trouvant avec vivianite et hureaulite en filon dans le granite à Michelsdorf (Silésie). Paraît être une variété de triplite.

Dureté, 4. Poussière jaune de paille ou verte.

Densité, 3,7.

SARCOSINE (*méthylglycocolle*),

$$C^3H^7AzO^2 = \begin{array}{l} CH^2.AzH.CH^3 \\ | \\ CO^2H. \end{array}$$

— La sarcosine a été obtenue par Liebig comme un produit de dédoublement de la créatine qui, sous l'influence de l'eau de baryte, s'assimile les éléments de l'eau et donne de la sarcosine et de l'urée. Cette dernière se convertit dans la réaction en ammoniaque et carbonate barytique,

$$\underset{\text{Créatine.}}{C(AzH)\left\{\begin{array}{l} AzH^2 \\ Az(CH^3)\text{-}CH^2\text{-}CO^2H \end{array}\right.} + \underset{\text{Eau.}}{H^2O}$$

$$= \underset{\text{Sarcosine.}}{\begin{array}{l} CH^2.AzH(CH^3) \\ | \\ CO^2H \end{array}} + \underset{\text{Urée.}}{COAz^2H^4.}$$

M. Volhardt a réalisé la synthèse de la sarcosine en faisant réagir l'acide chloracétique sur la méthylamine. Cette synthèse a dévoilé la constitution de la sarcosine, en montrant qu'elle est analogue au glycocolle, dont elle constitue le dérivé méthylé. M. Otto Schultzen a également obtenu, par le dédoublement de la caféidine par la baryte, un corps de la formule $C^3H^7AzO^2$, que MM. Rosengarten et Strecker ont identifié avec la sarcosine [Liebig, *Ann. de Chim. et de Phys.*, (3), t. XXIII, p. 157; — Volhardt, *Ann. der Chem. u. Pharm.*, t. CXXIII, p. 261, et *Bull. de la Soc. chim.*, 1864, t. I, p. 48; — Schultzen, *Zeits. für Chem.*, nouv. sér., t. III, p. 614, et *Bull. de la Soc. chim.*, 1868, t. IX, p. 240; — Rosengarten et Strecker, *Ann. der Chem. u. Pharm.*, t. CLVII, p. 1, et *Bull. de la Soc. chim.*, 1871, t. XV, p. 66].

Pour obtenir la sarcosine au moyen de la créatine, on ajoute à celle-ci, en solution saturée et bouillante, 10 fois son poids d'hydrate de baryum, et l'on maintient l'ébullition avec des additions successives d'eau et d'hydrate de baryum, jusqu'à ce qu'il ne se dégage plus d'ammoniaque provenant de la destruction de l'urée. On sature l'excès de baryte par l'acide carbonique, et on filtre la solution qui, après concentration à consistance sirupeuse, fournit par le refroidissement des feuillets incolores et transparents de sarcosine. Pour l'obtenir tout à fait pure, on la convertit en sulfate : pour cela, on la dissout dans un excès d'acide sulfurique étendu, on évapore et on lave le résidu sirupeux avec de l'alcool, jusqu'à ce qu'il soit transformé en une poudre blanche et cristalline de sulfate de sarcosine. Celui-ci est alors dissous dans l'eau, et la solution chauffée avec du carbonate de baryum jusqu'à cessation d'effervescence. Après filtration, la liqueur ne renferme que de la sarcosine pure.

Pour opérer la synthèse de la sarcosine, on chauffe le chloracétate d'éthyle à 120-150° avec de la méthylamine en solution aqueuse et concentrée. Le produit de la réaction est additionné d'eau de baryte et soumis à l'ébullition jusqu'à ce qu'il ne se dégage plus de méthylamine, puis la baryte est exactement séparée au moyen de l'acide sulfurique : la liqueur évaporée au bain-marie donne des cristaux de chlorhydrate de sarcosine que l'on purifie par compression et cristallisation dans l'alcool bouillant. Le chlorhydrate dissous dans l'eau est décomposé par le carbonate d'argent, et la liqueur filtrée est évaporée à consistance de sirop.

La sarcosine est en prismes incolores, transparents, appartenant au système orthorhombique. Formes observées : faces m, a^1, et faces $b^{1/2}$ et p plus rares et peu développées; angle $mm = 77°$ (H. Kopp). Elle est fort soluble dans l'eau, très-peu soluble dans l'alcool et dans l'éther.

Sa solution aqueuse possède une saveur faiblement sucrée; elle n'exerce aucune action sur le papier de tournesol. Elle se combine avec les acides et donne des sels définis; elle ne précipite pas l'azotate d'argent et le sublimé corrosif en solution étendue; néanmoins, elle se dissout dans une solution concentrée de ce dernier, puis la liqueur se prend en une masse de fines aiguilles d'un chloromercurate. Elle se combine également avec le chlorure de zinc.

Lorsqu'on porte à 100° pendant quelques heures un mélange de solution alcoolique de sarcosine et de cyanamide, on voit se déposer par le refroidissement des cristaux de créatine [Volhardt, *Zeitsch. für Chem.*, nouv. sér., t. V, p. 318, et *Bull. de la Soc. chim.*, 1869, t. XII, p. 264]. En opérant comme l'avait fait Strecker pour la préparation de la glycocyamine avec la cyanamide et le glycocolle, on obtient 130 grammes de créatine pure avec 100 grammes de sarcosine [Strecker et Rosengarten, *Mém. cité*].

Lorsqu'on dirige un courant de gaz nitreux dans la solution de la sarcosine, on obtient un acide nitré, sirupeux, soluble dans l'éther, et dont le sel de calcium soluble dans l'eau, plus soluble dans l'alcool, cristallise en grandes aiguilles; M. Schultzen le représente par la formule $[C^3H^5(AzO)O^2]^2Ca + 1/2H^2O$ [O. Schultzen, *Mém. cité*].

SELS DE SARCOSINE (Liebig). — Le *chlorhydrate* cristallise en aiguilles transparentes, solubles dans l'alcool.

Le *sulfate*, $[C^3H^7AzO^2]^2SO^4H^2 + H^2O$, perd son eau de cristallisation à 100°. Dissous dans 10 à 12 fois son poids d'alcool bouillant, il cristallise par le refroidissement en tables quadrangulaires, incolores, d'un grand éclat.

Le *chloroplatinate*,

$$(C^3H^7AzO^2, HCl)^2, PtCl^4 + 2H^2O,$$

se présente sous la forme d'octaèdres aplatis, de couleur jaune, groupés en trémies.

La sarcosine en solution alcoolique additionnée de chlorure de zinc fournit une combinaison double, $(C^3H^7AzO^2)^2, ZnCl^2$, soluble dans 2600 p. d'alcool absolu, très-soluble dans l'eau, et se séparant par l'évaporation de sa solution aqueuse en masses compactes formées de prismes à base carrée, anhydres [Buliginsky, *Bull. de la Soc. chim.*, 1868, t. X, p. 312]. E. G.

SARDOINE (Min.). — Calcédoine de couleur rouge-brun. — Voyez QUARTZ.

SARRACÉNINE. — Alcaloïde qui existerait, d'après M. Stan. Martin, dans la racine de *Sarracenia purpurea*; on épuise l'extrait aqueux de la racine par de l'éther, on évapore ce liquide, et l'on traite le résidu par de l'acide sulfurique étendu. On obtient ainsi le sulfate de sarracénine, qui cristallise facilement; pour en isoler l'alcaloïde, on décompose le sel par du bicarbonate de sodium, on évapore, on traite le résidu par l'alcool et l'on évapore de nouveau. La sarracénine constitue une masse blanche, amère, soluble dans l'alcool et dans l'éther [Stan. Martin, *Bull. de la Soc. chim.*, 1867, t. VII, p. 358].

SARSAPARILLINE [Syn. *Salséparine, smilacine, parigline*] [Pallota, *Journ. f. Chem. u. Phys. v. Schweigger*, t. XLIV, p. 147; — Poggiale, *Journ. de Pharm.*, octobre 1834; — Thubeuf, *Ann. der Chem. u. Pharm.*, t. XIV, p. 76; — Petersen, *ibid.*, t. XV, p. 74, t. XVII, p. 166]. — Cette substance, contenue dans la racine de salsepareille (*Smilax Sarsaparilla*, L.), se dépose sous forme cristalline lorsqu'on concentre l'extrait alcoolique de cette racine, préalablement décoloré par le charbon animal; on la purifie par une nouvelle cristallisation.

La sarsaparilline est en aiguilles incolores, inodores, fort solubles dans l'eau et dans l'alcool bouillants, moins solubles à froid. Elle se dissout également dans l'éther et dans les essences; les huiles grasses la dissolvent peu. Ses solutions moussent lorsqu'on les agite.

La sarsaparilline renferme 8,56 % d'eau, qu'elle perd à 100°; séchée à cette température, elle a donné en moyenne à l'analyse

$$C = 62{,}43;\ H = 8{,}70;\ O = 28{,}86,$$

chiffres que Poggiale traduit par la formule

$$C^{16}H^{30}O^6.$$

Petersen a trouvé des chiffres un peu différents :

$$C = 63{,}52;\ H = 9{,}02;\ O = 27{,}46,$$

et admet les rapports $C^{18}H^{30}O^6$. Ces deux formules manquent absolument de contrôle.

L'acide sulfurique colore la sarsaparilline d'abord en rouge foncé, puis en violet et enfin en jaune; l'eau la précipite de la solution sans altération. L'acide azotique la décompose. A. H.

SARTORITE (Dana). — Voyez SCLÉROCLASE.

SASPACHITE (Min.). — Minéral zéolithique, paraissant être une stilbite, en petits globules fibreux, qui, examinés dans la lumière polarisée parallèle, offrent une croix noire et un ou deux anneaux, comme font certains sels artificiels (cristaux circulaires de Brewster). Se trouve dans les cavités de la dolérite de Saspach (Kaiserstuhl), avec faujasite. Blanc transparent ou translucide. Éclat soyeux ou vitreux.

Dureté, 4,5. Densité, 1,465.

Caractères. — Difficilement attaquable par l'acide chlorhydrique. Au chalumeau, fond en un verre bulleux incolore.

SASSAFRAS (ESSENCE DE). — Voyez Essences, t. I, p. 1282.

SASSAFRIDE. — Cette substance existe dans l'écorce de la racine de sassafras (*Laurus Sassafras*); elle forme des grains cristallins brunâtres, sans goût, qui chauffés à l'air émettent des vapeurs âcres. A la distillation, elle fournit un sublimé blanc qui donne un précipité bleu verdâtre avec les sels ferriques.

L'eau chaude dissout la sassafride, et la solution se trouble par le refroidissement; l'alcool la dissout facilement, l'éther peu. La solution concentrée de la sassafride précipite par l'eau de chaux, l'eau de baryte et différents sels métalliques; la teinture de noix de galle et le ferrocyanure de potassium sont sans action [Reinsen, *Répert. de Pharm.*, t. XXXIX, p. 180]. A. H.

SASSOLINE (Min.) [Syn. *Acide boracique, acide borique*], $BoO^3H^3 = \frac{1}{2}(Bo^2O^3 + 3H^2O)$. — Petites lamelles cristallines, masses stalactiques ou efflorescences d'un éclat nacré, d'une couleur blanche, parfois rendue jaune par un peu de soufre, douces au toucher, se trouvant sur les bords des lagonis de Toscane, et principalement à Sasso.

Dureté, 1. Densité, 1,48.

Caractères. — Au chalumeau, seul ou surtout avec le mélange de bisulfate de potasse et de fluorure de calcium, donne à la flamme une belle coloration verte.

Forme cristalline. — Prisme anorthique $mt = 118° 30'$; $pm = 95° 3'$; $pt = 80° 33'$. Clivage net parallèle à p.

SAUALPITE. — Voyez Zoïsite.

SAUGE (ESSENCE DE). — Voyez Essences, t. I, p. 1283.

SAUSSURITE (Min.). — Les minéraux du mont Rose, du mont Genèvre (Suisse) et du val d'Orezza (Corse), qui ont reçu ce nom, paraissent se rapporter à la méionite.

La saussurite du lac de Genève, de Neurode et de Zobten (Silésie), sont des labradorites.

SAVITE (Min.). — Mésotype magnésifère, du gabbro de Toscane.

SAVONS. — Les sels des acides gras portent le nom de *savons*. Les matières grasses neutres, traitées par les alcalis ou les oxydes métalliques, mettent la glycérine en liberté et se transforment en savons solubles si la base est alcaline, en savons insolubles si la base est terreuse ou métallique.

Cette transformation des matières grasses s'appelle *saponification*. La même dénomination s'applique, par extension, à la décomposition des matières grasses neutres en acides, soit que l'on emploie de la vapeur d'eau, soit que l'on fasse usage d'acide sulfurique ou de tout autre agent chimique. Enfin, en se basant sur la constitution des corps gras, les chimistes ont donné ce nom de saponification à la transformation des éthers en leurs éléments constituants.

Pendant longtemps on a cru que les corps gras possédaient la propriété de se combiner purement et simplement avec les alcalis, et l'on savait préparer de très-bons savons sans connaître la théorie de cette opération. Les travaux mémorables de M. Chevreul ont démontré, il y a soixante ans, que les corps gras se décomposent sous l'influence des alcalis en acides gras, qui, se combinant avec l'alcali, donnent le savon, et en principe doux des huiles ou glycérine, corps neutre qui joue dans les corps gras le rôle que joue un alcool dans les éthers composés. Les savons sont donc des sels, et les matières grasses neutres sont des éthers de la glycérine, considérée comme un alcool triatomique, $C^3H^5(OH)^3$.

Ainsi, d'après les expériences de M. Berthelot, la stéarine, qui constitue l'élément principal des graisses, est un tristéarate de glycéryle ou tristéarine, et peut être représentée par la formule $C^3H^5(O.C^{18}H^{35}O)^3$. Sous l'influence des hydrates alcalins, la stéarine ou l'éther se décompose en glycérine et en stéarate de sodium d'après l'équation

$$\underset{\text{Tristéarine.}}{C^3H^5(O.C^{18}H^{35}O)^3} + 3NaOH$$
$$= \underset{\text{Glycérine.}}{C^3H^5(OH)^3} + \underset{\text{Tristéarate de sodium ou savon.}}{3[C^{18}H^{35}O.ONa]}.$$

L'oléine, la palmitine, ont une constitution analogue.

Les savons à base de potasse, de soude et d'ammoniaque sont solubles dans l'eau; c'est sur cette propriété que repose leur action détersive. Ils sont solubles dans l'alcool et dans l'éther.

Les autres savons sont insolubles et s'obtiennent en traitant les matières grasses par la chaux ou les oxydes métalliques, ou bien par double décomposition; ils n'ont que des emplois très-limités. Nous les passerons sous silence, pour ne nous occuper que des savons solubles de potasse ou de soude. Nous diviserons ces derniers en savons durs et en savons mous; les premiers ont pour base la soude, les autres ont pour base la potasse. Cependant l'huile de ricin forme avec la potasse un savon dur et cassant. Les savons ont une consistance d'autant plus ferme que les matières grasses neutres qui les ont produits contiennent plus d'acides solides.

La saponification s'opère ordinairement à chaud, en faisant bouillir les matières grasses avec des lessives caustiques de potasse ou de soude dans de grandes chaudières; c'est le procédé dit *à la grande chaudière*, par opposition au procédé *à la petite chaudière*, ou *à froid*, ou *par empâtage*, que nous décrirons plus loin.

Historique. — Il serait difficile de préciser l'époque à laquelle le savon a été inventé; sa découverte doit avoir été précédée de l'emploi de décoctions de plantes *savonneuses*, produisant de la mousse avec l'eau et jouissant de propriétés détersives comme la saponaire. Nous savons même qu'on s'est servi avec succès de quelques matières animales, telles que la bile et les excréments de porc. L'observation aura conduit à reconnaître des propriétés analogues dans les graisses traitées par les cendres de bois; ces produits étaient connus dans l'antiquité, car les écritures sacrées en font mention. Les Celtes employaient le mot *saboun*, qui est resté dans la langue provençale, et dont les Grecs firent *sapon*. Les anciens se servaient du savon comme cosmétique ou l'employaient dans les maladies de la peau. Pline attribue son invention aux Gaulois, qui en faisaient usage pour lisser les cheveux. Voici ce qu'il dit dans son *Histoire naturelle*, liv. XXVIII, chap. XII: *Prodest et sapo Galliarum hoc inventus rutilandis capillis. Fit ex sebo et cinere. Optimus fagino et caprino; duobus modis spissus, ac liquidus.* Les fouilles exécutées à Pompéi prouvent du reste que cette fabrication était connue des Romains. Dans le VIIIe siècle, des savonneries existaient en Espagne et en Italie; cette industrie fut introduite en France à la fin du XIIe siècle. Jusque-là, la fabrication ne paraît pas avoir été considérable; elle ne devint importante que lorsque s'introduisit l'usage des toiles de coton.

D'après certains auteurs, c'est à *Savone* que les premières manufactures de savon de soude semblent avoir été établies; de là la substitution du mot français savon au mot *sapo*, que l'on retrouve dans le mot italien *sapone*, par lequel les Latins désignaient les composés de corps gras et d'alcali. Au XVe siècle, Savone avait pour cette fabrication la réputation dont a joui plus tard Gênes. Marseille sut aussi rapidement conquérir une grande renommée par la supériorité de ses produits, qui étaient expédiés sur tous les points du globe. Au XVIIe siècle, le territoire d'Arles fournissait toute la soude végétale nécessaire à la fabrication marseillaise; mais l'usage du linge s'étant répandu plus généralement, la consommation du savon augmenta, et Marseille fut obligée de demander des soudes à l'Espagne et à l'Italie. Malgré les cinquante fabriques qui existent encore à Marseille, il s'est élevé des savonneries dans tous les grands centres de population, et Paris, Rouen, Lyon, Nantes, Bordeaux, font une concurrence sérieuse à la métropole de la Provence.

Vouloir décrire en détail l'*art du savonnier*, ce serait dépasser de beaucoup le cadre étroit qui nous est tracé, et nous exposer à répéter ce qui se trouve dans tous les traités spéciaux. Ce que nous désirons, c'est d'indiquer les principes nécessaires à la compréhension des phénomènes variés que présente cette fabrication, et de donner un aperçu des divers procédés usités de nos jours.

Les matières brutes employées pour la fabrication du savon sont des *lessives alcalines* et des *matières grasses*.

Les *lessives alcalines* primitivement employées à Marseille provenaient des soudes naturelles récoltées dans le midi de la France ou en Espagne ; mais au commencement de ce siècle, les soudes naturelles, n'arrivant plus d'Espagne avec laquelle la France était en guerre, furent remplacées par la soude artificielle. Avant de faire réagir la soude sur les corps gras, on la rend caustique à l'aide de la chaux. La savonnerie marseillaise seule consomme annuellement 50 millions de kilogrammes de soude. Dans l'Amérique du Nord on se sert pour la saponification d'*aluminate de sodium*, provenant de la décomposition de la cryolithe, et connu sous le nom de *Natrona refined saponifier*.

Dans la fabrication des savons mous la soude est remplacée par la potasse seule ou mélangée à la soude.

Jusqu'au commencement de ce siècle, l'huile d'olive pure était seule admise dans la fabrication des savons de Marseille. Mais le prix élevé de cette huile détermina certains fabricants à essayer l'huile d'œillette, puis les huiles de sésame et d'arachide. Le savon de Marseille est aujourd'hui fabriqué avec un mélange d'huile d'olive et des huiles que nous venons d'indiquer. Les huiles de chènevis, de lin, de colza, de navette, entrent surtout dans la composition des savons mous.

On fabrique également des savons avec le suif, l'huile de palme, l'huile de coco, l'acide oléique, etc.

Ces différentes matières grasses peuvent être traitées par le procédé dit *à la grande chaudière* ou par le procédé dit *à la petite chaudière, à froid* ou *par empâtage*.

Dans la première méthode, on utilise la faible solubilité des sels de soude dans l'eau salée et on obtient des savons dits *lavés sur lessives* ou *sur gras*, produit aussi pur que le serait un sel qui aurait cristallisé et qui aurait abandonné les matières étrangères dans les eaux mères.

Dans le second procédé, le corps gras et l'alcali nécessaire pour le saponifier sont ajoutés successivement, et le produit obtenu, sans séparation de glycérine et des impuretés des matières premières, est livré immédiatement à la consommation.

Fabrication du savon. — La fabrication des savons exige les opérations suivantes :

1° Préparation des lessives;

2° Empâtage des matières grasses;

3° Séparation de la pâte saponifiée des lessives faibles ou *relargage;*

4° Cuite du savon ou coction;

5° Coulage du savon dans les mises.

A ces opérations, on peut ajouter le *madrage* lorsqu'il s'agit de savon marbré et le *découpage* et la *dessiccation* pour les savons durs.

Les opérations se font dans de grandes chaudières en maçonnerie, en fonte ou en fer battu.

Ces chaudières ont une capacité de 100, de 200 et même de 300 hectolitres.

Généralement, leur capacité est calculée de telle sorte qu'elle soit de 3 hectolitres pour 100 kilogrammes de matière grasse à traiter.

Elles ont une forme conique, le fond étant concave; à la partie inférieure elles portent une ouverture munie d'un robinet appelé robinet d'*épinage* et destiné à faire écouler les lessives usées.

A Marseille, toutes les chaudières sont en maçonnerie, à l'exception du fond qui est en cuivre ou en tôle.

Les chaudières en fonte sont de petite dimension et ne sont guère employées qu'en Belgique et en Angleterre.

Les chaudières en fer battu sont les plus en usage à Paris et dans toute la France, à l'exception de Marseille.

On chauffe les chaudières à feu nu ou par la vapeur. Il est inutile de dire que dans les nouvelles savonneries on ne chauffe qu'à la vapeur circulant dans des serpentins en fer qui occupent le fond des chaudières.

Préparation des lessives. — La préparation des lessives caustiques s'effectue en traitant les soudes brutes ou le carbonate de soude par la chaux. Ordinairement on obtient trois espèces différentes de lessives : 1° lessive caustique marquant de 20° à 25° à l'aréomètre de Baumé, employée vers la fin de l'empâtage, pour donner plus de consistance à la pâte; 2° lessive marquant de 15° à 18°, servant vers le milieu de l'empâtage; 3° lessive marquant de 8° à 10°, employée pour l'empâtage.

Depuis quelque temps, les fabricants de produits chimiques livrent aux savonniers de la soude caustique sous le nom de *soude anglaise* ou *pierre de savon*.

Indépendamment de la soude douce on prépare des soudes salées, qui sont un mélange de soude douce et de sel marin dans les proportions de 30 à 40 °/o du poids de la soude. Elles donnent plus de dureté et de consistance au savon. Les lessives alcalino-salées portent le nom de *lessives de cuite*.

Pour la fabrication des savons mous on se sert de lessives de potasse que l'on prépare avec les perlasses d'Amérique ou de Russie ou les potasses raffinées de betteraves. Depuis quelques années, les savonniers mélangent, surtout pendant l'été, la potasse avec une certaine proportion de soude. Si la proportion de soude excède de 10 à 15 °/o du poids de la potasse, le savon manque de transparence.

Les fabricants de savon mou ont besoin d'avoir à leur disposition des lessives imparfaitement caustiques, ce qu'on nomme *doucette*, par opposition à la lessive caustique forte, dite *mordante*.

Empâtage. — L'empâtage est le premier degré d'union des matières grasses avec la lessive; dans cette opération on forme une émulsion qui, contenant les matières grasses dans un grand état de division, favorise la formation du savon. C'est une partie très-importante de la fabrication qui s'effectue avec une lessive caustique à 10°. Lorsque la lessive entre en ébullition, on y introduit les huiles et on brasse continuellement le mélange avec un râble; il se produit bientôt un mouvement tumultueux dans la masse et la formation d'une écume blanche abondante, puis l'écume s'affaisse et disparaît; la pâte, parfaitement liée, a l'aspect d'un blanc mat; on fait bouillir pendant 4 ou 5 heures et on ajoute de la lessive à 18° ou 20° en agitant pendant dix minutes. Lorsque la masse a acquis la consistance voulue et est devenue tout à fait homogène, l'opération de l'empâtage est terminée.

Il arrive quelquefois que les huiles se séparent de la pâte et viennent nager à la surface; on remédie à cet accident en ajoutant au mélange 5 à 6 °/₀ du poids des matières grasses de rognures de savon ou en introduisant dans la chaudière de la lessive très-faible ou même de l'eau.

Relargage. — Si l'on voulait terminer la saponification avec de la lessive plus forte, on n'y parviendrait pas, parce que la grande quantité d'eau qu'on a été obligé d'ajouter à la masse, sous forme de lessive d'empâtage, rendrait inactive la lessive forte. De là résulte la nécessité de séparer le savon des lessives faibles et usées où il a pris naissance et l'on y parvient en se fondant sur la propriété remarquable que possède le sel marin de séparer complétement le savon de toutes ses dissolutions aqueuses. Cette opération s'appelle *relargage* ou *salage;* elle ne doit être effectuée que lorsque l'on est bien certain que toutes les parties de matières grasses sont complétement combinées avec les lessives. On procède au relargage en projetant par petites portions, sur la pâte savonneuse, des lessives de recuit claires et limpides marquant de 25° à 30°. Pendant ce temps, un ouvrier, debout sur une planche placée sur la chaudière, agite avec un râble la masse de bas en haut. La pâte se transforme alors en grumeaux et la lessive s'en sépare par le repos : elle vient occuper la partie inférieure de la chaudière, d'où on la fait écouler, en ouvrant le robinet de vidange.

La pâte, ainsi privée de l'excès de lessive faible qu'elle renfermait, est dans les conditions favorables pour la cuite.

Cuite ou coction. — La coction complète l'entière combinaison des matières grasses avec l'alcali; elle augmente le poids du savon, lui donne plus de dureté, de consistance, et empêche sa décomposition. On procède à la cuite des savons avec des lessives alcalino-salées marquant de 20° à 25°, que l'on remplace à plusieurs reprises après les avoir maintenues en ébullition pendant quelques heures; il peut y avoir trois ou quatre *services*. Le premier service se fait quelquefois avec de la lessive douce à froid.

Les lessives qui ont servi à la cuite prennent le nom de lessives de recuit; on les passe sur de vieux marcs de soude et on les emploie pour le relargage.

La cuite du savon se reconnait à ce que les grains de savon pressés chauds entre les doigts forment des écailles minces, dures, sèches et friables, et à ce que la lessive amenée par l'ébullition à la surface du savon est encore alcaline et caustique. D'après M. Bignon, la coction serait inutile et il se croit fondé à dire qu'empâtage et coction sont un seul et même phénomène. M. Pelouze a proposé de remplacer les alcalis caustiques par les sulfures alcalins. Lorsqu'on met un corps gras, à froid, en présence de l'eau et du sulfure de sodium, on obtient du savon de soude et du sulfhydrate de sodium. Si on opère à chaud, le sulfure, en entier, sert à la saponification, et il se forme, avec le savon, de l'acide sulfhydrique [*Comptes rendus,* 1864, t. LIX, p. 22]. Ce procédé, plutôt théorique que pratique, n'est pas appliqué dans l'industrie.

Le savon achevé est retiré de la chaudière et coulé dans des mises.

Ces mises, de forme quadrangulaire, sont en maçonnerie, en fer ou en bois. Les mises en maçonnerie sont généralement employées à Marseille. Les mises en fer sont formées de fortes feuilles de tôle solidement rivées ensemble pour établir une juxtaposition exacte entre les parties.

Les mises en bois sont en chêne ou en sapin. La plupart de ces mises sont formées de quatre parties réunies entre elles par de longues tiges de fer munies d'un écrou à l'une de leurs extrémités. Lorsque le savon est froid, c'est-à-dire après dix à douze jours, on desserre les écrous et on enlève les côtés de la mise; le bloc de savon reste à nu sur le fond. C'est alors qu'on le coupe en plaques au moyen d'un long fil de fer. Ces plaques sont ensuite divisées en pains.

Certains savons sont directement placés dans des caisses au sortir des mises; ceux qui sont destinés à être moulés sont desséchés dans des séchoirs à l'air libre ou à l'air chaud. Dans les séchoirs où l'air peut facilement circuler, on établit des étagères sur lesquelles on place les morceaux de savon qu'on veut sécher. Ce serait le meilleur mode de séchage et le plus régulier, s'il n'était soumis à toutes les variations de l'atmosphère. Dans beaucoup de fabriques, le séchoir consiste en une chambre plus ou moins grande autour de laquelle on a disposé des étagères garnies de clayons sur lesquels on pose les morceaux de savon. Au milieu de la pièce se trouve un poêle qu'on chauffe de manière que la température de l'air ne dépasse pas 25°. Il faut établir des tuyaux d'appel pour enlever l'humidité répandue dans l'atmosphère.

Les morceaux de savon, desséchés convenablement, sont moulés dans une matrice en bronze dans laquelle on a gravé, en relief ou en creux, les différentes empreintes qu'on veut reproduire sur les morceaux de savon.

Savon blanc de Marseille. — Ce savon, préparé autrefois presque exclusivement à Marseille avec de l'huile d'olive, était très-pur et jouissait d'une grande réputation; il était très-employé pour le blanchiment des soies écrues. Pour la préparation de ce savon on doit choisir de l'huile d'olive blanche, limpide; quelquefois on mêle à cette huile une proportion plus ou moins considérable d'autres huiles, notamment d'huile d'arachide.

Liquidation. — Pour épurer le savon blanc, il faut lui faire subir une dernière opération, connue sous le nom de *liquidation.* On verse dans la chaudière de la lessive douce à 8° ou 10°, et on chauffe en agitant fortement. Lorsque le savon s'est ramolli et qu'il paraît à moitié fondu, on laisse reposer et on épine. La pâte commence à se dépouiller de la matière colorante et de l'excès d'alcali. Pour compléter son épuration, on verse dans la chaudière de la lessive douce à 5° ou 6°, et on chauffe modérément en agitant continuellement la masse. La pâte devient de plus en plus fluide et se dépouille peu à peu des parties colorées qui se précipitent vers le fond; cette épuration est activée par de petites doses de lessive à 2° ou 3°, qu'on ajoute de temps en temps. L'opération est terminée lorsque la pâte est devenue fluide et que le liquide, que le râble amène à la surface, a acquis une coloration noirâtre et de la viscosité.

On laisse alors reposer la masse, en recouvrant la chaudière de planches pour conserver la chaleur le plus longtemps possible. Le savon ferrugineux et l'excès d'alcali se séparent avec les lessives faibles. Après 30 ou 40 heures de repos on enlève l'écume qui s'est formée à la surface, et on extrait le savon blanc, homogène, à l'aide de cuillers en fer, dont on remplit des vases en bois munis de deux anses et portant le nom de *servidous*. Les ouvriers versent le contenu de ces vases dans les mises. On vide ainsi la chaudière jusqu'à ce que l'on soit arrivé au savon noir. Quand tout le savon a été versé dans les mises, on l'agite avec un râble pour l'obtenir bien homogène.

Lorqu'il est solidifié dans les mises, on l'aplanit en le battant fortement avec de larges pilons de bois, à surfaces plates, afin de resserrer ses molécules et de remplir les vides provenant de l'air qui se trouve interposé dans le savon.

Récemment fabriqué, le savon blanc de Marseille est toujours un peu mou. Avant de le mettre en caisse, on l'expose pendant quelques jours dans des séchoirs à l'air libre. On doit éviter de le mettre au soleil.

100 parties de ce savon renferment en moyenne :

Acide gras	50,2
Soude	4,6
Eau	45,2
	100,0

1,000 kilogrammes d'huile d'olive ne produisent, comme maximum, que 1,350 kilogrammes de savon épuré.

Savons marbrés. — Ces savons s'obtiennent au moyen de l'huile d'olive mélangée d'huiles d'arachide, d'œillette ou de sésame, et de lessive de soude brute contenant du sulfure. Pendant l'opération de l'empâtage, on ajoute à la pâte une dissolution de sulfate de fer. Après la coction, le savon se sépare en une masse homogène ayant une couleur gris bleu, produite par la présence d'un savon à base de fer et d'une certaine quantité de sulfure de fer. Cette coloration n'étant pas agréable à l'œil, on cherche à la transformer en veines colorées, qu'on obtient au moyen de la *madrure*.

L'opération de la madrure a donc pour objet de disséminer les savons d'alumine et de fer dans la masse du savon blanc. Pour obtenir ce résultat, on emploie des lessives usées à faibles degrés et on chauffe légèrement; le savon de fer se dépose, tandis que la partie supérieure contient le savon blanc. Si maintenant, au lieu de laisser le savon en repos pendant le refroidissement, on le brasse au moment convenable, les particules de savon coloré se répandent dans la masse et forment les veines bleuâtres.

Le savon marbré est fabriqué dans un grand nombre de localités, et l'on fait entrer dans sa préparation, indépendamment de l'huile d'olive, de l'huile de palme, de l'huile de coco, du saindoux ou du suif.

100 kilogrammes d'huile donnent de 170 à 175 kilogrammes de savon marbré. Un savon marbré bien réussi ne peut pas renfermer plus de 30 à 35 °/₀ d'eau.

Thenard avait donné pour la composition du savon marbré :

Soude	6
Acides gras	64
Eau	30
	100

On trouve maintenant des savons marbrés renfermant à peu près le double d'alcali et un peu moins d'eau.

Souvent on produit la madrure en ajoutant au savon presque terminé une dissolution de soude contenant du sulfure et du sulfate de fer; par le brassage de la masse la madrure prend naissance. Le savon est mis à refroidir dans des mises un peu inclinées. Par l'action de l'air atmosphérique, le sulfure de fer et le savon de fer se transforment peu à peu en savon de peroxyde de fer, ce qui fait que les veines prennent à la surface une coloration jaune brunâtre.

Pour madrer le savon, on commence ordinairement par verser dans la chaudière la plus forte lessive, puis la moyenne, et on termine par la plus faible; il ne faut employer qu'une chaleur modérée pour maintenir la pâte fluide, et agiter presque continuellement la pâte pendant l'opération.

Savon de suif d'os. — Ce savon se prépare avec le suif d'os ou la graisse de cheval, d'abatis et des lessives de sel de soude. Si l'on se servait de lessives de soude artificielle, le savon serait moins blanc et exigerait pour son épuration une liquidation plus complète. Le savon de suif allemand est généralement préparé par voie indirecte en saponifiant le suif avec une lessive de potasse et en transformant le savon en sel de soude au moyen du sel marin dans l'opération du relargage; mais la transformation n'est jamais complète, et il reste du savon de potasse qui lui communique de la souplesse. D'après Oudemans, il n'y aurait que la moitié de la potasse remplacée par la soude. Le savon de suif a ordinairement une odeur forte qui trahit son origine; aussi a-t-on l'habitude de le parfumer avec des essences communes de lavande, d'aspic, de thym.

Savon jaune de suif et de résine. — La résine ne se saponifie pas, mais elle a la propriété de se dissoudre dans les alcalis : elle forme une combinaison sans consistance. Par l'addition du suif, on produit un savon jaune très-soluble dans l'eau et propre au savonnage. On peut l'obtenir en saponifiant du suif et en ajoutant au savon formé et séparé de la lessive une certaine proportion de résine dissoute dans la soude et qu'on appelle improprement *savon résineux*. Ce dernier s'obtient en projetant par petites portions, dans la lessive en ébullition, de la résine réduite en poudre et passée au travers d'un tamis à mailles un peu larges. On agite le mélange, et, lorsqu'il est devenu très-fluide, on le verse dans le savon de suif liquidé. Les deux savons étant mélangés, on les coule dans des mises en bois et on brasse la pâte jusqu'à ce qu'il se forme des pellicules à sa surface. 1,000 kilogrammes de suif et 600 kilogr. de résine produisent en moyenne 2,500 kilogrammes de savon.

Souvent on prépare le savon de suif et de résine en ajoutant la résine au savon de suif pendant la coction et en faisant bouillir jusqu'à complète saponification de la résine, ce que l'on reconnaît à la causticité de la lessive après 4 ou 5 heures d'ébullition. La coction étant terminée, on épine, on opère la liquidation au moyen de lessives à 7° ou 8°, et on procède de la même manière que pour la liquidation du savon blanc. Ce savon jaune donne au savonnage une mousse épaisse, très-abondante, très-détersive. On lui ajoute quelquefois de l'huile de palme pour corriger sa couleur brune et masquer en partie l'odeur de suif.

En Angleterre, on prépare ce savon en chauffant dans un autoclave, sous une pression de deux atmosphères, le mélange suivant :

Suif	490 kilogrammes.
Huile de palme	100 —
Résine en poudre	200 —
Lessive caustique à 25°	700 litres.

Après une heure d'action, on coule le savon dans les mises. Les savons mêlés de résine, dont la fabrication a été autorisée par la loi du 11 juin 1845, sont très-répandus, car ils sont d'un prix inférieur aux autres savons; ils moussent très-abondamment et ils permettent d'effectuer le savonnage dans des eaux séléniteuses et dans l'eau de mer. Mais, à côté de ces avantages, ils présentent, pour certains emplois, des inconvénients sérieux.

On attribue à l'emploi de ces savons les *tares* que l'on remarque dans les draps foulés avec ce produit. On a reconnu aussi qu'il donne un luisant graisseux aux étoffes, que les laines lavées avec ce savon prennent mal l'apprêt et le mordançage et se teignent inégalement.

Il est donc quelquefois très-important de pouvoir constater par l'analyse la présence de la résine dans le savon.

Savon d'acide oléique. — A la création de l'industrie stéarique, l'acide oléique a été un très-grand embarras, car il n'avait aucun emploi. MM. Alcan et Peligot avaient bien indiqué son utilisation dans le graissage des laines, mais les quantités consommées étaient très-limitées.

M. de Milly, ne pouvant le faire adopter par les savonniers qui avaient l'habitude de ne traiter que les huiles neutres, se détermina à créer une savonnerie, et, après des efforts persévérants, parvint à produire le savon d'acide oléique, connu sous le nom de *savon de l'Étoile*.

Ce savon entra bientôt en concurrence avec le savon de Marseille, et aujourd'hui il est si bien apprécié des blanchisseurs qu'ils le payent plus cher que le savon de Marseille. La fabrication du savon d'acide oléique a pris un immense développement, car elle est nécessairement liée à celle de la bougie stéarique.

L'acide oléique que l'on rencontre dans le commerce est connu sous le nom impropre d'*oléine* ou d'*huile de suif*. Il provient soit de la saponification calcaire, soit de la saponification sulfurique, et, dans ce dernier cas, il est distillé. Il n'est pas indifférent pour la fabrication du savon de connaître son origine. Les savonniers préfèrent l'acide oléique de saponification calcaire; il y a ordinairement dans le prix d'achat un écart de 10 francs par 100 kilogrammes en sa faveur. Cette différence tient à ce que l'acide oléique de distillation renferme souvent des matières étrangères non saponifiables. Lorsque l'acide oléique distillé est pur, il donne les mêmes résultats que l'acide de saponification calcaire.

L'acide oléique peut être employé seul ou additionné de suif ou d'huile de palme pour la fabrication du savon. Le procédé de fabrication est à peu de chose près le même que celui usité pour le savon de Marseille. La pâte de ce savon, fine et homogène, le rend d'une coupe très-douce et ne lui permet de se dissoudre que par la surface; comme il est formé d'un acide liquide, on ne peut lui faire absorber que de 20 à 25 °/₀ d'eau.

Dans certaines fabriques, on parfume le savon dans les mises en ajoutant 100 grammes d'essence de mirbane par 100 kilogrammes de savon. L'odeur forte de l'acide oléique est aussi masquée par l'addition au savon d'huile de palme.

Le savon d'acide oléique se vend par morceaux carrés en poids de 500 grammes et moulés dans une matrice en bronze gravée intérieurement.

Un bon savon d'acide oléique contient :

Acides gras	66
Soude	13
Eau	21
	100

M. le docteur Campbell-Morfit a pris un brevet en date du 22 avril 1862 pour l'emploi des cristaux de soude dans la saponification de l'acide oléique des *stéarineries*. Les corps gras et l'alcali sont pesés exactement; l'acide oléique étant chauffé, on ajoute peu à peu le sel de soude en agitant continuellement pour faciliter le dégagement d'acide carbonique. L'opération est terminée dès que tout le carbonate est incorporé.

M. Campbell-Morfit s'est réservé de remplacer les cristaux de soude par des proportions bien calculées d'eau et de sel de soude en poudre très-fine.

On comprend tout l'avantage de ce procédé qui ne demande qu'un travail restreint, sans lessive, ni soutirage, ni lavage, ni réchauffe.

Ce moyen a été du reste depuis longtemps essayé dans des fabriques et l'expérience n'a pas confirmé les prévisions de la théorie. Le savon se forme évidemment, mais il n'a pas l'aspect et la consistance du savon *marchand*.

Dans la fabrication du savon d'acide oléique à base de soude, M. A. Belhommet, fabricant à Landerneau (Finistère), a remarqué que la couche moyenne, après l'empâtage, se compose d'oléate de soude blanc, d'oléate de fer verdâtre, d'oxy-oléate de soude et de sébate de soude. L'acide oxy-oléique provient de l'oxydation de l'acide oléique au contact de l'air. L'acide sébacique se forme presque entièrement aux presses à chaud et se trouve emprisonné dans les gâteaux d'acide stéarique; on dit alors que la matière est *piquée*. Si l'on fait bouillir ces gâteaux avec de la vapeur d'eau, l'eau devient laiteuse par le repos; il se précipite une matière blanche floconneuse, qui n'est autre chose que l'acide sébacique [*Rép. de Chim. appl.*, 1861, t. III, p. 333].

La formation d'acide sébacique dans ces circonstances est difficile à admettre; nous l'avons plusieurs fois recherché sans pouvoir constater sa présence.

M. Mége-Mouriès a présenté en 1864 à l'Académie des sciences un travail sur un procédé de fabrication des savons fondé sur l'état globulaire des corps gras. Nous ne pouvons mieux faire que de citer quelques passages de ce mémoire :

1° Un corps gras à l'état ordinaire, le suif par exemple, rancit rapidement quand il est exposé à l'air humide; à l'état de globules, au contraire, il peut se conserver très-longtemps à l'état de lait ou à l'état sec en une sorte de poudre blanche. L'état globulaire peut être produit par le jaune d'œuf, par la bile, par les matières albumineuses, etc.; industriellement, on l'obtient en mélangeant du suif fondu à 45° avec de l'eau à 45° contenant en dissolution 5 à 10 °/₀ de savon.

2° Le suif, à l'état ordinaire, repousse les lessives de soude salées et chaudes et ne s'y combine qu'avec une difficulté extrême; à l'état de globules, au contraire, il absorbe immédiatement cette lessive en quantité variable suivant la température, de sorte qu'on peut gonfler et dégonfler chaque globule en abaissant ou en élevant la température de 45 à 60°.

Dans ce cas, chaque globule de corps gras, attaqué de toutes parts par l'alcali, abandonne sa glycérine assez rapidement pour qu'en peu de temps on obtienne un lait dont chaque globule est formé de savon parfait gonflé de lessive.

3° Ces globules saponifiés ont la propriété, quand ils sont exposés au-dessus de 60°, de rejeter peu à peu la lessive dont ils sont imprégnés et de ne garder que l'eau de composition nécessaire au savon ordinaire. Ils deviennent alors transparents, demi-liquides, et leur masse confondue forme une couche de savon en fusion au-dessus de la lessive qui retient la glycérine. Dans cette saponification l'acide oléique est très-pur, presque incolore et peut servir pour faire du savon de première qualité, soit en l'employant seul, soit en l'employant mélangé à d'autres huiles. Lorsque l'acide oléique est mélangé à d'autres huiles ou lorsqu'on n'emploie que des huiles neutres, on fait passer ces corps gras à l'état globulaire; on maintient les globules en mouvement dans la lessive chaude et salée, jusqu'à saponification complète; on sépare par la fusion les globules saponifiés, et la masse de savon fondu, séparée de la lessive, est versée dans les mises, où elle se solidifie par le refroidissement [*Compt. rend.*, 9 mai 1864].

Le procédé décrit par M. Mége-Mouriès a été l'objet de critiques de la part de plusieurs fabricants de savon et on lui a reproché de ne pas être pratique. M. de Milly a adressé à ce sujet une note à la Société d'encouragement dans laquelle il démontre qu'il n'y a aucun avantage à retirer de l'emploi de ce moyen.

Nous savons d'ailleurs que des procédés très-analogues ont été antérieurement brevetés et essayés en grand à Paris et à Marseille et qu'ils n'ont fourni que de très-mauvais résultats.

Savons mous. — Ces savons proviennent de l'action de la potasse sur les matières grasses; ils sont souvent désignés sous le nom de *savons verts* ou *noirs*. On les fabrique principalement dans les pays du Nord et particulièrement en Hollande, qui a la réputation de fournir les meilleurs produits.

Les savons mous sont plus alcalins que les savons durs; ils renferment la glycérine et la lessive qui a été employée à la saponification. Aussi est-il convenable de n'introduire que la proportion d'alcali nécessaire à la saponification des huiles.

Par suite de la réaction alcaline du savon mou, on le préfère pour le foulage et le dégraissage des draps et de la laine.

Les seules matières grasses employées sont les huiles, qu'on divise en *huiles chaudes* et *huiles froides*. Les premières ont la propriété de ne se congeler qu'au-dessous de 0°; elles produisent des savons résistant aux grands froids sans subir d'altération. Ce sont les huiles de lin, de chènevis, de cameline, d'œillette; elles sont surtout travaillées l'hiver et le savon qui en provient conserve toute sa transparence. Les *huiles froides* ou *dures* se congèlent à quelques degrés au-dessous de 0°; elles comprennent les huiles de colza, de navette, les huiles de poisson, l'acide oléique; elles ne sont employées que pendant les saisons tempérées, car leurs savons, soumis à l'influence d'une gelée même faible, se troublent, deviennent opaques et se gèlent en prenant l'aspect de la corne ou de la colle forte; on dit alors que le savon est *cornâtre*. Dès que la température s'élève au-dessus de 0°, ces savons se liquéfient et sont hors d'usage; il faut les refondre et les mélanger en chaudière avec de nouvelles matières grasses.

On introduit quelquefois dans la fabrication des savons mous une certaine quantité de résine. Les potasses d'Amérique et de Russie sont les alcalis presque exclusivement employés en Hollande. Les potasses raffinées de betteraves donnent de bons résultats; elles produisent un savon plus consistant, ce qui peut provenir d'une petite quantité de soude qu'elles renferment. Depuis une quinzaine d'années la plupart des fabricants introduisent dans leur savon de la soude, surtout pendant l'été.

Il est important de ne pas employer cet alcali en trop fortes proportions, parce qu'on formerait des savons plus ou moins opaques et qui manqueraient de liant et d'homogénéité.

La composition du savon mou hollandais peut être représentée ainsi :

Acides gras..................	42 à 44
Alcali (potasse et soude)......	8,5 à 9
Eau et sels....................	49 à 49,5

En Hollande, les chaudières pour la préparation du savon mou sont presque toujours très-plates, évasées et placées sur un fourneau en élévation au-dessus du sol, ce qui permet de soutirer le savon par un simple robinet.

La fabrication des savons mous s'opère en faisant bouillir dans des chaudières les huiles avec des lessives caustiques, que l'on y introduit en plusieurs services, à degrés différents, en commençant par les lessives faibles. Lorsque tout l'alcali nécessaire à la saponification a été introduit et que le savon a acquis une consistance convenable, on le cuit pour en chasser l'excès d'eau. Lorsque la coction a fait perdre au savon une partie de son eau, on remarque qu'il se forme à la surface de la masse des pellicules larges qui se superposent les unes aux autres. Le savon est terminé si un échantillon placé sur une lame de verre devient, après son refroidissement, assez consistant pour pouvoir être enlevé du verre.

Ne pouvant entrer dans les détails de la fabrication des savons mous, nous ne pouvons mieux faire que de signaler un travail très-consciencieux et très-complet sur cette question dû à M. Léon Droux, ingénieur civil, et imprimé dans les *Annales du génie civil*.

La facilité avec laquelle on peut incorporer des matières étrangères au savon mou sans modifier sensiblement son aspect a favorisé la fraude et aujourd'hui on trouve dans cette sorte de savon du sulfate de soude, de l'alun, du sel marin, du sulfate de baryte, du verre soluble, de la colle forte, de la gélatine, de la fécule, du sang.

Ces corps étrangers ne sont introduits dans la pâte que vers la fin de la cuite; souvent même ils sont mélangés au savon en dehors de la chaudière. L'introduction du sulfate de soude s'opère en semant lentement les cristaux à la surface de la chaudière; on peut en introduire jusqu'à 12 à 15 kilogrammes par 100 kilogrammes d'huile saponifiée. Le sulfate de soude peut s'employer en toute saison. L'addition du sel marin ne s'opère généralement que lorsque la cuite est terminée. On peut introduire jusqu'à 15 % d'eau salée dans la pâte du savon. Le verre soluble est fréquemment employé en Allemagne; il donne de bons résultats.

La gélatine et la colle forte s'emploient en dissolution et lorsque le savon est déjà froid. L'addition de la fécule de pomme de terre a la propriété de rendre la pâte plus ferme et plus souple et d'aider à la conservation du savon dans les touries. On peut ajouter à la pâte du savon jusqu'à 5 % de fécule. L'addition de fécule se compose généralement, par 100 kilogrammes de savon, de :

4 kilogrammes de fécule en poudre;
4 litres d'eau ou d'eau salée, suivant la saison;
4 litres de lessive non caustique ou d'eau salée.

Ces matières mélangées sont versées dans le savon chaud, en ayant soin de bien agiter la masse. Dans la préparation des savons communs on ajoute même du sang. On le mélange dans la chaudière avec les huiles au moment de l'empâtage. Il a l'inconvénient de colorer le savon en rouge-marron et de lui communiquer souvent une mauvaise odeur.

Savons de toilette. — Pour la toilette on fait usage de deux sortes de savons : les savons de potasse mous pour la barbe et le bain (crème d'amandes), et les savons durs, à base de soude, qu'on emploie pour les mains. Le savon de toilette ne doit pas contenir trop d'eau, dont la présence hâterait l'altération des essences; il doit être dépouillé d'alcali, qui pourrait agir d'une manière fâcheuse sur la peau; il ne doit pas contenir un excès de corps gras non saponifiés, qui laisserait les mains poisseuses après le lavage; il doit enfin avoir une consistance qui rende prompte et facile sa dissolution dans l'eau.

Ces diverses qualités ne peuvent être réunies que par des savons préparés par le procédé de la grande chaudière, bien épurés sur lessive. Cependant, dans quelques contrées et principalement en Allemagne, on fabrique le savon de toilette à froid. Ce mode de fabrication de savons dans lesquels on laisse incorporées dans la masse la glycérine et toutes les impuretés des corps gras rend ces sortes de produits inférieurs à ceux obtenus à la grande chaudière.

On fabrique les savons de toilette de trois manières différentes :

1° En refondant des savons bruts ;

2° En parfumant à froid des savons inodores ;

3° Par préparation directe.

En Angleterre, certains parfumeurs achètent du savon brut aux fabricants de savons proprement dits, le fondent dans une chaudière en le brassant continuellement, y ajoutent les substances odorantes et le coulent dans les moules. Dans le procédé qui consiste à parfumer le savon à froid, on dessèche le savon, on le divise en copeaux au moyen d'une machine appropriée et on le pétrit dans un mortier de marbre avec la quantité d'essence qu'on veut incorporer. Amené par le *pilage* à l'état de pâte homogène plastique, on lui fait subir l'opération du *pelotage* par laquelle on lui donne la forme de petits pains qui sont moulés au moyen d'une presse à levier fonctionnant à peu près comme la presse monétaire.

Pour la fabrication des savons de toilette on emploie généralement des matières grasses de première qualité : ce sont la graisse de porc ou axonge, le suif de bœuf et de mouton, les huiles de palme et de coco; cette dernière, employée dans de faibles proportions, rend les savons plus mousseux. Les diverses nuances des savons du commerce sont produites par des substances étrangères qu'on incorpore dans les pâtes de savon. Le vermillon fournit le rose; la terre de Sienne calcinée, le caramel donnent le brun ; l'ocre jaune, le curcuma, la gomme-gutte produisent le jaune. Depuis quelque temps on fait usage des couleurs d'aniline.

Le savon blanc d'axonge est sans odeur ; il forme la base des beaux savons de toilette, blancs et roses. Le savon de suif est moins onctueux que celui d'axonge ; il résiste mieux aux températures chaudes. Mélangé avec le savon d'huile de palme, il forme la base de presque tous les savons jaunes connus sous le nom de savons *guimauves*.

Dans une communication faite à la Société d'encouragement, M. Mialhe a fait voir que tous les savons sont alcalins et peuvent absorber des proportions plus ou moins fortes d'acide carbonique. Les savons fabriqués à chaud, à l'aide de lessives faibles, sont ceux qui en contiennent le moins ; mais ceux qu'on fabrique à froid avec des lessives concentrées, afin de conserver dans leur pâte la glycérine qui les rend plus onctueux, contiennent des quantités assez fortes d'alcali caustique.

Pour préparer un savon neutre, M. Mialhe prend du savon de toilette fabriqué à froid; il le réduit en copeaux très-minces; il place ces copeaux sur des clayons, dans une chambre close qu'il remplit d'acide carbonique. Le savon absorbe un volume de gaz proportionnel à la quantité d'alcali caustique libre qu'il contient et qui est transformé en bicarbonate ; cette absorption s'arrête brusquement quand la saturation est complète, et le savon est entièrement neutre. Dans cet état, il n'attaque plus la peau et les membranes muqueuses ; il est onctueux, adoucissant et parfaitement approprié aux usages de la toilette (séance de la Société d'encouragement du 13 juin 1873).

Savon de Windsor. — Cette espèce de savon a eu une réputation universelle et était très-recherchée comme savon de toilette. On le fabriquait, il y a quelques années encore, avec du suif de mouton pur ou avec de la graisse d'os; aujourd'hui on y ajoute de la graisse de porc, ou de l'huile d'olive, ou de l'huile de coco. On saponifie ces corps gras, à la manière ordinaire, par une lessive de soude caustique ; lorsque la pâte devient grumeleuse, on y ajoute, pour 1,000 kilogrammes de pâte, 9 kilogrammes d'essences de carvi, de lavande, de romarin, de bergamote, de thym. On agite toute la matière ; on laisse évaporer pendant deux heures et on coule dans les mises.

Le *savon de coco* est très-blanc lorsqu'il est préparé avec de l'huile blanche; il est très-ferme, malgré la grande quantité d'eau qu'il peut retenir; il est toujours alcalin et salé, parce qu'il contient toute la lessive et l'eau salée qui ont servi à le préparer. Les savons de coco ne subissent jamais de liquidation. Le seul moyen de les avoir purs, c'est de calculer exactement les proportions de lessive pour saturer les acides gras de l'huile. On ne peut employer que des lessives fortes pour la préparation de ce savon.

En introduisant une certaine quantité de potasse dans la préparation des lessives, on obtient un savon plus mousseux, plus doux, plus détersif que celui qui est préparé avec la soude seule; la potasse possède en outre la propriété de l'empêcher de devenir efflorescent, c'est-à-dire de pousser au sel.

Nous avons vu, à une des grandes expositions universelles, de magnifiques blocs de savon de coco qui, petit à petit, se sont effleuris et ont été réduits à une simple feuille de carton ; ils renfermaient 80 % d'eau. Le savon de coco a toujours une odeur désagréable ; il pique très-fortement à la langue, et ce simple essai suffit souvent pour reconnaître la présence de l'huile de coco dans les savons.

Pour donner au savon de coco une odeur agréable, on le parfume avec des essences qu'on introduit aussitôt que le savon est dans les mises. Les proportions d'essences à ajouter sont ordinairement de 8 grammes par kilogramme.

D'après M. Legrand, il est possible de fabriquer, avec l'huile de coco seule, du savon à *chaud sur lessives*, et même d'obtenir un produit parfaitement blanc, solide comme le marbre; mais ce travail difficile, très-dispendieux, ne peut avoir de résultat utile qu'en vue de mélanges avec les savons de toilette de qualité supérieure. L'opération consiste à déterminer la formation des acides gras sous l'action des lessives fortes, et à débarrasser le corps gras de sa partie mucilagineuse, en précipitant celle-ci dans les lessives avec l'apparence de l'albumine coagulée [*Répert. de Chim. appl.*, 1861, p. 130].

Le rendement du savon est sensiblement diminué par ce moyen, car on retrouve à peine le poids en savon de la matière employée, malgré une dépense excédant d'un tiers en soude, en sel marin et en combustible. L'élévation de son prix de revient est un empêchement à son emploi.

Fabrication des savons transparents. — Le moyen usité jusqu'ici pour fabriquer des savons de toilette transparents consiste à dissoudre le savon ordinaire, préalablement desséché, dans l'alcool et à faire évaporer le dissolvant ; on obtient ainsi des savons très-beaux, mais dont le prix de revient est élevé. M. Payne arrive au même résultat en faisant un mélange, par parties égales, de savon sec et de glycérine, en chauffant pendant quelques heures dans une chaudière en cuivre et en brassant fréquemment. La solution étant effectuée est coulée dans des moules où elle se prend par le refroidissement [*Annales du génie civil*, novembre 1867, p. 738].

Pour colorer les savons transparents, on emploie un extrait alcoolique de cochenille ou des couleurs d'aniline pour le rouge; l'acide picrique, le curcuma pour le jaune.

Tous les savons solides ne sont pas également propres à préparer les savons transparents; il faut donner la préférence au beau savon de suif ou au savon résineux à base de suif.

Savons légers. — Le savon léger ou spongieux renferme, à volume égal, moitié moins de substance que les autres savons. Il doit sa légèreté et sa porosité à l'introduction d'une certaine quantité d'air dans la pâte. Pour le préparer, on fond du savon avec environ la moitié de son poids d'eau, et l'on brasse continuellement avec un agitateur muni d'ailes jusqu'à ce que la masse écumeuse ait atteint le double de son volume. La température doit être entre 70° et 80°. On le coule ensuite dans des mises, en ne donnant au savon qu'une épaisseur de 15 à 20 centimètres. Après sept à huit jours, on le coupe en briques et on le divise en tablettes.

Savon en poudre. — On trouve dans le commerce du savon en poudre qui sert pour la barbe. Il donne immédiatement une émulsion abondante avec l'eau. On l'obtient en réduisant du savon en copeaux très-minces, en le faisant sécher à l'air, et en le pilant dans un mortier de marbre. On le passe à travers un tamis à tambour. On l'aromatise avant de le réduire en poudre.

Quand on veut obtenir la poudre de savon rose, on pile le savon avec 4 grammes de vermillon par kilogramme. On donne à la poudre une coloration jaune en pilant le savon avec 5 ou 10 grammes de gomme-gutte.

Le savon doit être soluble dans l'eau et dans l'alcool bouillant; il est souvent fraudé par du talc ou de la fécule.

Les *savonnettes* que nos pères employaient pour la barbe et que l'on voit encore chez les barbiers de village se préparent en fondant du savon de soude et en y mêlant de l'amidon très-fin.

Nous avons déjà vu que dans les savons mous on incorpore une foule de matières étrangères; pareille chose se fait avec les savons durs, soit qu'on agisse avec l'intention de les améliorer, soit qu'on cherche à augmenter leur poids avec des matières sans valeur.

Nous indiquerons pour mémoire les savons soi-disant hygiéniques, dans lesquels on a fait entrer des carbures liquides, du goudron, des résidus d'eau de mer ou d'eaux minérales, du lait, etc.

Dans cette classe, nous citerons encore, pour l'usage des bains, un savon rendu léger et poreux par l'introduction dans la pâte, à l'aide d'une pompe, d'une forte proportion d'acide carbonique.

On vend également des savons dans la composition desquels on fait entrer des décoctions de matières végétales détersives, telles que la pariétaire, la saponaire, l'écorce de panama.

Le *savon des pauvres,* de Liverpool, est du savon qui contient tous les éléments des os. Pour le fabriquer, on concasse les os, on les ramollit avec une lessive de potasse et l'on mélange la masse ramollie pendant l'ébullition avec l'huile à saponifier.

Un autre *savon d'os* est obtenu en ajoutant de la gélatine à du savon de résine ou de coco.

Le *savon ponce,* obtenu par l'addition de ponce pulvérisée au savon ordinaire, a joui à une époque d'une certaine vogue; souvent la ponce a été remplacée par du sable fin et l'on trouve dans le commerce sous le nom de *savon minéral* un composé formé de savon et de sable et servant au nettoyage des meubles. Il contient 85 °/o de sable.

Savons de verre soluble. — Afin d'augmenter les propriétés détersives du savon et de diminuer son prix de revient, on a cherché à introduire dans le savon du verre soluble. Les savons de suif et d'huile d'olive, en raison de leur grande dureté, se prêtent mal à ce mélange et se recouvrent de cristallisations. Les savons d'huile de palme et d'huile de coco acquièrent, par l'addition du silicate alcalin, plus de dureté et plus d'alcalinité. Convenablement colorés et parfumés, ils forment des savons de toilette recherchés à cause de leur bas prix.

En 1855, M. Martin a donné la composition d'un savon économique en fondant à une douce température :

Huile de palme blanchie..	4 kilogrammes.
Huile de coco............	4 —
Soude caustique à 32°....	5k,500
Eau	5 500

et en faisant arriver peu à peu dans ce mélange une dissolution de verre soluble de soude à 36°, 20 kilogrammes dans 10 litres d'eau.

L'analyse de deux savons d'origine viennoise a donné à M. Guido Schnitzer les résultats suivants :

	Savon de toilette marbré de rouge.	Savon parfumé rouge.
Soude............	12	12,5
Silice............	10	8,5
Eau..............	30	33,0
Acides gras........	48	46,0

Avant de couler le savon, on le colore en ajoutant quelques gouttes de matière colorante, le plus souvent une couleur d'aniline dissoute dans de la glycérine. Cette coloration disparaît par le refroidissement du savon, mais après quelques jours elle reparaît.

On prépare aussi des savons de résine au verre soluble.

Les savons mous au verre soluble s'obtiennent en ajoutant au savon vert ordinaire du verre soluble de potasse.

Statistique. — En réunissant toutes les espèces de savons, on trouve qu'en 1873, 390 fabriques ont fonctionné en France. Elles ont employé 5,254 ouvriers et utilisé la force de 709 chevaux. Toutefois l'on doit dire que ce dernier renseignement n'a pu être fourni que par quelques départements, un nombre important d'usines étant encore chauffées à feu sec.

Quant à la production, elle a été, pour toutes les usines réunies, de 1,864,281 quintaux métriques, d'une valeur totale de 174,876,757 francs.

Voici la liste des départements qui fabriquent le plus de savon :

		Quint. mét.
800,000 quintaux...	Bouches-du-Rhône...	800,000
De 500,000 à 200,000 quintaux.	Seine..............	498,693
	Nord..............	224,879
De 40,000 à 20,000 quintaux.	Loire-Inférieure.....	40,600
	Rhône.............	36,060
	Pas-de-Calais........	35,339
	Somme.............	30,940
	Seine-Inférieure.....	30,410
	Var................	29,000
	Hérault............	21,000

En 1873, il a été importé en France 24,110 quintaux de savons, non compris les savons de toilette; l'exportation s'est élevée à 156,672 quintaux.

ESSAI DES SAVONS. — Dans l'analyse des savons, on peut avoir à rechercher la nature et la proportion des corps qui entrent normalement dans leur composition ou bien on peut vouloir constater la présence de matières étrangères introduites frauduleusement. Dans le premier cas, le chimiste dose la proportion d'eau, la proportion d'alcali, celle du corps gras, et il en détermine sa nature; connaissant la composition moyenne des savons, il voit rapidement si le savon analysé se trouve dans les conditions normales. Les procédès qu'il met en pratique pour cela sont si simples que nous allons les décrire sommairement.

S'il s'agit, au contraire, de reconnaître des fraudes, l'examen peut devenir plus difficile et il faut s'en rapporter aux connaissances analytiques et à la sagacité de l'opérateur. Disons cependant que les matières généralement employées pour falsifier les savons sont connues et que leur recherche ne présente presque jamais de difficulté.

Supposons d'abord qu'il s'agisse d'analyser un savon normal, soit de soude, soit de potasse.

Dosage de l'eau. — Pour doser l'eau dans un savon dur, on en prend un morceau coupé dans l'épaisseur du pain, de manière à avoir l'intérieur et l'extérieur, on le réduit en copeaux minces et on en pèse 10 grammes, par exemple. On place le savon dans une capsule tarée et on le porte dans une étuve que l'on chauffe d'abord très-modérément pour ne pas fondre le savon; on élève graduellement la température jusqu'à 110° ou 120°. On pèse de temps en temps la capsule, et lorsque deux pesées successives sont semblables, on note la perte de poids qui représente la quantité d'eau. Avant de peser définitivement la capsule, on la laisse refroidir sous une cloche à côté d'un vase contenant de l'acide sulfurique.

MM. Dalican et F. Jean dissolvent 2 grammes de savon dans la plus petite quantité possible d'alcool; à la dissolution, ils ajoutent un poids connu de sable fin bien sec, de façon à absorber tout le liquide; ils maintiennent la capsule à l'étuve jusqu'à ce qu'elle ne perde plus rien de poids et ils pèsent.

Dosage des acides gras. — Pour doser la matière grasse, on prend 10 grammes de savon que l'on place dans une capsule avec de l'eau distillée, on chauffe et on ajoute peu à peu de l'acide sulfurique étendu jusqu'à ce que le liquide reste acide. Le savon est décomposé, les acides gras surnagent. On ajoute alors un poids égal d'acide stéarique bien sec, et, après quelques minutes d'ébullition, on enlève la capsule du feu et on la laisse refroidir dans un endroit tranquille. La couche huileuse qui est à la surface de l'eau se prend en masse; on perce le gâteau avec une baguette en verre et on décante le liquide de manière à ne perdre aucune parcelle de matière solide. On ajoute de l'eau distillée, on fait bouillir quelques instants et on recommence comme précédemment jusqu'à ce que l'eau de lavage ne soit plus acide. Cela fait, on laisse égoutter et on maintient à 100° ou 110° la capsule jusqu'à ce que la matière grasse soit bien desséchée, ce qui arrive lorsque la fusion est tranquille et qu'on n'aperçoit plus de bulles au fond du vase; on prend le poids total de la capsule et de la matière grasse; on nettoie la capsule, on la pèse de nouveau : la perte indique le poids de la matière grasse. En retranchant de ce poids la quantité d'acide stéarique ajouté, on trouve le poids de la matière grasse contenue dans le savon.

Souvent, au lieu d'opérer comme nous venons de le dire, on enlève le gâteau de matière grasse qui surnage l'eau, on le presse légèrement entre des doubles de papier buvard et on le dessèche sous une cloche à côté d'un vase contenant de l'acide sulfurique ou bien dans le vide. On obtient ainsi le poids des acides gras à l'état d'hydrate et on retranche 3,25 °/₀ du poids trouvé, en admettant que ce nombre représente la proportion d'eau qui constitue les hydrates d'acides gras. Nous considérons le premier procédé comme plus exact.

On remplace quelquefois l'acide stéarique par de la cire blanche.

Ce moyen d'analyse indique la proportion d'acide gras, mais ne fait pas connaître la nature de ces matières. Il est cependant des circonstances où il est bon de savoir si le savon a été fait avec des huiles ou avec des corps gras solides; on peut aussi avoir à reconnaître leur nature. Il faut alors décomposer le savon par l'acide sulfurique étendu sans ajouter ni acide stéarique, ni cire. La matière grasse qui surnage l'eau présente une consistance molle, si le savon a été fait avec de l'huile, et une consistance plus ferme, s'il provient du suif ou de graisses. Le point de fusion des acides obtenus peut être mis à profit dans cette détermination. On a encore proposé de mesurer la couche de matière grasse séparée au lieu de la peser; mais ce procédé est tout à fait inexact et ne peut donner qu'une approximation. Des analyses faites sur diverses variétés de savons du commerce ont donné par 100 kilogrammes :

	Kilogrammes d'acides gras contenus dans 100 kil. de savon.
Savon marbré de Marseille......	62 à 65
— de suif...........	60 à 62
Savon d'acide oléique..........	55 à 60
— blanc de Marseille........	48 à 52
— de suif et résine.........	40 à 50
— de Glascow..............	50 à 52
— d'huile de coco..........	15 à 50

Pour reconnaître si les matières grasses contenues dans le savon sont parfaitement saponifiées, on recommande de précipiter une solution de savon avec du chlorure de calcium. On forme ainsi un savon calcaire qu'on lave, qu'on sèche et qu'on traite par de l'éther ou par du sulfure de carbone afin de dissoudre la matière neutre.

Le savon additionné de sable et desséché peut être directement traité par le sulfure de carbone dans une petite allonge; l'évaporation du sulfure de carbone laisse pour résidu la matière grasse neutre.

Dosage des alcalis. — Dans un savon normal, l'alcali combiné aux acides gras peut être de la soude ou de la potasse; pour en déterminer la proportion, on pèse dans une capsule 10 grammes de savon et on l'incinère soit à l'aide d'une lampe, soit en introduisant la capsule dans un moufle. On reprend le résidu de l'incinération par l'eau, et, au moyen d'un essai alcalimétrique, on dose la quantité d'alcali. On parvient au même résultat en décomposant un poids donné de savon par de l'acide sulfurique titré. Au besoin, la liqueur, séparée des acides gras, est évaporée à sec et le résidu fortement calciné donne du sulfate de potassium ou du sulfate de sodium dont on détermine le poids. Par le calcul on en déduit la quantité d'alcali anhydre.

Nous avons dit que les savons mous renfermaient habituellement de la potasse et de la soude. L'essai que nous venons d'indiquer n'est pas alors suffisant, et dans le produit de l'incinération il faut doser la potasse et la soude par les méthodes décrites à l'article Sodium.

Les savons mous et les savons faits par empâtage ou à la petite chaudière renferment un excès d'alcali libre; la plupart du temps, même les savons de soude ordinaires sont un peu alcalins, et on constate cet excès d'alcali au moyen du calomel qui, appliqué sur le savon, noircit immédiatement. Un savon neutre bien préparé doit résister à cette épreuve, c'est-à-dire ne doit pas noircir le sel de mercure.

Si l'on veut doser la proportion d'alcali libre, on se fonde sur la propriété que possèdent les dissolutions concentrées de sel marin de séparer complétement le savon de ses dissolutions aqueuses ou alcalines. On dissout donc un poids déterminé de savon dans de l'eau distillée; on chauffe pour favoriser la dissolution qui n'a pas besoin d'être limpide; on ajoute à la solution du sel marin pur en poudre et on remue avec une baguette de verre; le savon neutre se sépare en petits grains qui viennent surnager et l'alcali en excès reste dissous dans l'eau salée.

On ajoute du sel marin jusqu'à ce que les dernières portions ne se dissolvent plus. On reçoit le savon sur un filtre et on le lave avec une dissolution saturée de sel marin tant que le liquide qui filtre est alcalin au papier de tournesol. Le lavage terminé, on fait un essai alcalimétrique avec la solution.

Détermination de la glycérine. — Tous les savons mous et ceux faits par empâtage renferment la glycérine qui a été mise en liberté sous l'influence des alcalis. On constate sa présence en dissolvant le savon dans l'eau, le décomposant par la plus petite quantité possible d'acide sulfurique et filtrant pour retenir les acides gras insolubles. La solution neutralisée par du carbonate de sodium est évaporée à une douce chaleur, et le résidu est traité par l'alcool qui dissout la glycérine en laissant les sels à l'état insoluble. Après l'évaporation de l'alcool la glycérine se présente avec tous ses caractères; elle présente une saveur sucrée; elle est insoluble dans l'éther; elle réduit l'acide iodique. La proportion de glycérine étant assez faible, on ne la doserait pas exactement par ce moyen; il faudrait mieux en déterminer la proportion par différence.

Détermination des matières étrangères. — Nous avons dit qu'on introduisait frauduleusement dans les savons, surtout dans les savons mous, des substances minérales telles que la craie, le sulfate de baryum, le kaolin, la silice, etc., ou des matières organiques, fécule, gélatine, résine, etc.

Presque toutes ces matières sont insolubles dans l'alcool fort et bouillant, tandis que le savon est très-soluble dans ce liquide. Partant de ce fait, on traite 20 grammes ou 25 grammes de savon par de l'alcool à 90°, on fait bouillir pendant quelques minutes et on laisse reposer. Si le savon est exempt de mélange, la solution est limpide et ne présente au fond du vase qu'un résidu insignifiant, s'élevant tout au plus à 1 %.

Si, au contraire, la solution alcoolique reste trouble ou si l'on aperçoit au fond du vase un précipité, on peut dire que le savon a été falsifié. Afin de déterminer la nature de ces matières, on filtre le liquide alcoolique et on épuise le résidu insoluble par l'alcool. Ce résidu est traité par l'eau froide qui dissout le sulfate de sodium, le sel marin, le silicate de sodium, s'il y en a. A l'aide des réactifs appropriés, chlorure de baryum, azotate d'argent, etc., on reconnaît aisément les sels qui ont été dissous. L'eau bouillante entraîne ensuite la fécule qui forme de l'empois et se colore en bleu par l'iode (après refroidissement). S'il y a de la gélatine, la solution se trouble par une infusion de noix de galle, et, par l'évaporation, elle laisse un résidu qui brûle en répandant une odeur animale empyreumatique. Le résidu, épuisé par l'eau froide et par l'eau chaude, est repris par l'acide chlorhydrique qui dissout la craie, ainsi qu'une partie de la silice et l'alumine à l'état gélatineux.

Enfin la matière insoluble dans l'acide chlorhydrique peut être du kaolin, du sulfate de baryum, etc.

Nous ne pouvons entrer dans les détails de cette analyse que tout chimiste un peu exercé exécutera sans peine.

Un grand nombre de fabricants ajoutent à leur savon de la résine, non pas comme moyen de fraude, mais pour donner au produit certaines qualités. Il est toutefois utile de pouvoir reconnaître cette addition dans un savon donné, et voici le moyen qui nous paraît le plus simple.

On transforme le savon résineux en savon de magnésie insoluble, et on le reprend par l'alcool qui dissout la résine.

Nous ne pouvons recommander le procédé de Sutherland basé sur ce fait que la résine, soumise à l'action de l'acide azotique bouillant, se transforme en acide térébique, tandis que les acides gras subissent peu d'altération.

M. F. Jean a également indiqué dans le *Moniteur scientifique*, juin 1872, un procédé un peu compliqué pour le dosage de la résine dans les savons.

On pourra encore consulter pour l'analyse des savons un travail de M. Marius Rampal, présenté en 1857 à la Société industrielle de Mulhouse, et un mémoire de M. Cailletet inséré dans le *Bulletin* de la même Société, n° 144, t. XXIX, p. 8. J. B.

SAYNITE. — Voyez GRUNAUITE.

SCAMMONÉE. — Gomme-résine produite par deux *Convolvulus* (*C. Scammonia*, L. et *C. hirsutus*, Stev., suivant Guibourt) qui croissent en Syrie et dans l'Asie Mineure.

On distingue dans le commerce la scammonée d'Alep et la scammonée de Smyrne.

La scammonée d'Alep, de qualité supérieure et la plus estimée, se présente sous la forme de masses plates assez légères et souvent caverneuses à l'intérieur. Ces masses sont ordinairement recouvertes d'une poussière grise provenant du frottement réciproque des morceaux. Sa cassure est terne et d'un gris noirâtre; les éclats minces présentent une certaine transparence. Elle est friable et jouit d'une odeur forte. La scammonée affecte aussi quelquefois la forme de pains orbiculaires aplatis; elle est alors compacte, pesante, sans aucune caverne à l'intérieur. Sa cassure est noire et vitreuse, les éclats minces sont très-transparents; elle est friable et d'une odeur semblable à la précédente, seulement plus faible.

La scammonée de Smyrne est d'un brun terne, pesante, dure, dépourvue de friabilité, à cassure terne et vitreuse. Son odeur est faible, et cependant désagréable. Ses caractères sont très-variables, en raison des altérations qu'elle subit dans le commerce.

M. Cl. Marquart [*Pharm. Centralbl.*, 28 octobre 1837], qui a analysé plusieurs sortes de scammonée d'Alep, a trouvé 81,25, 78,5 et 77,0 % de matière résineuse soluble dans l'alcool, et, en outre, de la cire, des matières extractives, de la gomme, de l'amidon, des matières albuminoïdes, du sable et des cendres.

La partie résineuse de la scammonée, la *scammonine*, est identique, comme Spirgatis l'a démontré, avec la *jalapine*, existant dans la résine de jalap. — Voyez t. II, p. 167.

La scammonée est un purgatif drastique. Elle entre dans la composition de la poudre de *tribus*, des pilules mercurielles de Belloste, ainsi que d'un grand nombre d'électuaires et d'alcoolés purgatifs.

La résine de scammonée est souvent falsifiée avec de la colophane, de la résine de gaïac, ou de la résine de jalap. La présence des deux premières résines se reconnaît, suivant Bull [*Journ. de Pharm.*, (3), t. XXII, p. 446], en ce que l'acide sulfurique concentré produit dans la masse une coloration cramoisi foncé devenant verdâtre par l'addition de l'eau, tandis que la scammonée pure ne présente pas cette réaction; de plus, l'essence de térébenthine, qui dissout la colophane, laisse presque entièrement indissoute la scammonée. Enfin cette dernière se distingue de la résine de jalap par sa complète solubilité dans l'éther. A. H.

SCAMMONINE. — Synonyme de JALAPINE, t. II, p. 167.

SCAMMONIQUE (ACIDE). — Synonyme de JALAPIQUE (ACIDE), t. II, p 169.

SCAMMONOLIQUE (ACIDE). — Synonyme de JALAPINOLIQUE (ACIDE), t. II, p. 168.

SCAPOLITHE. — Voyez WERNERITE.

SCARBROITE (Min.). — Silicate hydraté d'alumine, à cassure conchoïdale, blanc, happant fortement à la langue; se trouve en veines dans les calcaires de la côte de Scarborough, en Angleterre.

Densité, 1,48.

SCHAETZELLITE. — Voyez SYLVINE.

SCHALSTEIN (Werner). — Voyez WOLLASTONITE.

SCHAPBACHITE (Min.). — Mélange de bismuthine en aiguilles, d'argyrose et de galène, qui a été considéré comme un bismuthure d'argent.

SCHÉELIN CALCAIRE. — Voyez SCHÉELITE.

SCHÉELIN FERRUGINEUX. — Voyez WOLFRAM.

SCHÉELITE (Min.) [Syn. *Tungsten, schéelin calcaire, Scheelspath*]. — Tungstate de chaux, $CaO.WO^3$. Cristaux octaédriques, parfois d'assez grande dimension, ou masses compactes, réniformes, granulaires, d'un éclat adamantin, d'une couleur blanche, parfois jaunâtre, rougeâtre, verdâtre ou brune; transparent ou translucide. Se rencontre à Schlaggenwald et à Zinnwald (Bohême), à Ehrenfridersdorf (Saxe), dans les filons stannifères, à Traverselle (Piémont), à Framont (Vosges), etc.

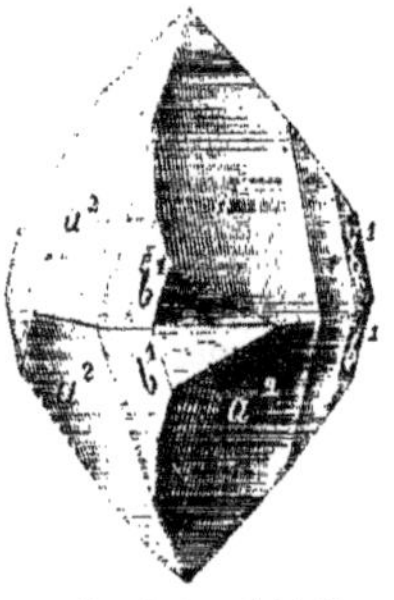

Fig. 580. — Schéelite.

Dureté, 4,5 à 5. Fragile; cassure inégale. Poussière blanche.

Densité, 5,9 à 6,07.

Caractères. — Attaquable par l'acide chlorhydrique en laissant une poudre jaune soluble dans l'ammoniaque. Fond au chalumeau en un verre demi-transparent. Avec le borax, donne un verre transparent qui devient opaque en cristallisant par le refroidissement. Avec le sel de phosphore, verre incolore au feu oxydant, vert à chaud et bleu à froid au feu de réduction. Cette réaction pour réussir, avec les variétés riches en fer, exige un traitement préalable par l'étain sur le charbon.

Forme cristalline. — Type quadratique : octaèdre $b^1 b^1 = 100° 40'$; $b^1 b^1$ par-dessus $h^1 = 130° 33'$; $a^2 a^2 = 107° 18'$. Les cristaux sont les combinaisons de deux octaèdres b^1 et a^2, ce dernier est d'ordinaire dominant. Il existe des dioctaèdres hémièdres à faces parallèles ($b^1 b^{1/3} h^{1/2}$) et ($b^{1/2} b^{1/4} h^1$).

Clivages : b^1 distinct, a^2 moins net, p traces. Plans de macles, m, h^1. F. et S.

SCHÉELITINE (Beudant) [Syn. *Stoltzite*]. — Tungstate de plomb, $PbO.WO^3$. — Petits cristaux formant souvent des groupes irréguliers, d'un éclat adamantin, d'une couleur verdâtre ou brunâtre, faiblement translucide. Se trouve à Zinnwald (Bohême), avec quartz et mica, à Bleiberg (Carinthie), avec wulfénite, au Chili, province de Coquimbo, et à Southampton (Mass.).

Dureté, 2,75 à 3. Poussière incolore.

Densité, 7,87 à 8,1.

Caractères. — Décomposé par l'acide azotique en laissant un résidu jaune d'acide tungstique. Au chalumeau, fond facilement en une perle cristalline. Sur le charbon, avec la soude, donne du plomb. Avec le sel de phosphore, au feu de réduction, perle bleue à froid.

Forme cristalline. — Octaèdres quadratiques $b^1 b^1 = 99° 44'$; $b^1 b^1$ par-dessus $h^1 = 135° 25'$. Clivage p imparfait, b^1 à peine sensible. Isomorphe avec la schéelite. F. et S.

SCHEERÉRITE (Min.). — Hydrocarbure solide se rencontrant en lames rhomboïdales ou à six pans, souvent allongées parallèlement à g^1, d'un éclat perlé ou résineux, translucides, fragiles, inodores, incolores. Soluble dans l'alcool et dans l'éther, fond à 44°. On lui a attribué la composition

$$nCH^4 \ (?).$$

Distille sans décomposition à une température peu élevée (92° (?) Prinsep). Trouvé dans un lignite tertiaire, à Usnach, près de Saint-Gall (Suisse).

Dureté, 1 à 1,2.

Forme cristalline. — Prisme clinorhombique.

SCHEFFÉRITE (Min.). — Pyroxène compacte de Longban (Suède), rouge-brun, renfermant de la chaux, de la magnésie et du protoxyde de manganèse, sans oxyde de zinc, ce qui le distingue de la jeffersonite. Densité, 3,39.

SCHEFFÉRITE (Min.). — Breithaupt a rapporté à la schefférite un minéral de la même localité qui paraît en différer beaucoup et qui se trouve en cristaux clinorhombiques $mm = 120° 45'$.

Densité, 3,33 à 3,43. Semble se rapporter plutôt à l'amphibole.

SCHILFGLASERZ. — Voyez FREIESLEBENITE.

SCHILLERSPATH. — Voyez BASTITE.

SCHLANITE (Min.). — M. Dana a séparé cette espèce de l'anthracoxène (voyez ce mot) dont il constitue la partie soluble dans l'éther. Poudre brune renfermant C = 81,47; H = 8,71; O = 9,82; total = 100.

SCHMELZSTEIN. — Voyez WERNERITE.

SCHNEIDÉRITE (Min.). — Laumonite de la serpentine de Monte-Catini, décrite par Meneghini; elle ne renferme que 3,41 °/ₒ d'eau et 11,03 °/ₒ de magnésie. Noyaux à structure radiée.

Dureté, 3.

SCHORL (Werner). — Voyez TOURMALINE.

SCHORL BLANC (Romé de l'Isle). — Voyez ALBITE.

SCHORL CRUCIFORME (Romé de l'Isle). — Voyez STAUROTIDE.

SCHORL ROUGE (Romé de l'Isle). — Voyez RUTILE.

SCHORLITE (Kirwan). — Voyez TOPAZE.

SCHORLOMITE (Min.). — Silico-titanate de chaux et d'oxyde ferrique, avec traces de magnésie et d'oxyde ferreux. Les rapports d'oxygène dans la chaux, l'oxyde ferrique, l'acide titanique et la silice sont approximativement 4 : 3 : 4 : 6, ce qui éloigne la schorlomite du grenat dont ses propriétés extérieures sembleraient la rapprocher. Petites masses compactes et rarement cristaux, paraissant appartenir au type cubique, d'un noir de poix, ou d'un brun-rouge foncé, opaques; accompagnées d'un grenat mélanite, qui semble y passer par degrés insensibles, et d'apatite, avec éléolite, et arkansite, aux monts Ozark, Magnet-Cove, Arkansas; on en trouve également au Kaiserstuhl (Bade), dans une phonolite, près d'Obers-chaffhausen.

Dureté, 7 à 7,5. — Poussière gris-noir.

Densité, 3,74 à 3,86.

Caractères. — Fait gelée avec l'acide chlorhydrique; la solution devient bleue par l'ébullition avec l'étain. Au chalumeau, fond en un verre noir non magnétique. Réaction du titane avec le sel de phosphore. F. et S.

SCHREIBERSITE (Min.). — Phosphure de fer et de nickel, avec un peu de cobalt, se trouvant en masses flexibles ou en paillettes d'un gris d'acier, dans les fers météoriques. Composition : phosphore, de 7 à 15 °/ₒ; fer, de 55 à 87 °/ₒ; nickel, de 4 à 28 °/ₒ.

Dureté, 6,5. Densité, 7,01 à 7,22.

SCHRIFTERZ. — Voyez SYLVANITE.

SCHROTTÉRITE (Min.). — Silicate hydraté d'alumine amorphe, à cassure conchoïdale, semi-transparent, d'un vert-de-gris sale, brun jaunâtre par places, se trouvant au Dollingerberg, près Freienstein, en Styrie, entre un calcaire cristallin et un schiste argileux. Rapport d'oxygène dans $R^2O^3, SiO^2, H^2O = 4 : 1 : 4$.

Dureté, 3 à 3,5.

Densité, 1,98 à 2,01.

Une matière semblable a été trouvée à la base du terrain carbonifère, aux chutes de Little-River, comté de Cherokee (Alabama).

SCHULZITE. — Voyez Géocronite.

SCHUTZITE. — Voyez Célestine.

SCHWARZENBERGITE (Min.).— Oxychlorure et iodure de plomb, $Pb(ICl)^2, 2PbO$, en croûtes amorphes, terreuses ou en druses de petits cristaux rhomboédriques, d'un vif éclat, d'un jaune de miel plus ou moins rougeâtre, trouvés sur la galène à 10 lieues du port de Paposo, désert d'Atacama (Chili).

Dureté, 2 à 2,5. Poussière jaune pâle.

Densité, 5,7 à 6,3

Caractères. — Avec l'acide azotique devient brun, puis blanc, et se dissout ensuite complétement dans l'eau à chaud. Dans le matras, donne des vapeurs d'iode. Sur le charbon, fond facilement et donne du plomb.

SCHWARZERZ. — Voyez Alabandine, Panabase, Psaturose.

SCHWARZGUELTIGERZ. — Voyez Panabase, Psaturose.

SCHWARZMANGANERZ. — Voyez Haussmannite.

SCHWARZSPIESGLANZERZ (Werner). — Voyez Bournonite.

SCHWATZITE (Min.). — Panabase mercurifère de Schwatz (Tyrol).

SCHWERBLEIERZ. — Voyez Plattnerite.

SCHWERSPATH. — Voyez Barytine et Célestine.

SCILLITINE. — On a donné ce nom à la substance active de la scille (*Scilla maritima*); elle a été étudiée par un grand nombre de chimistes, mais les résultats obtenus sont loin d'être concordants [A. Vogel, *Journ. der Phys. u. Chem. v. Schweigger*, t. VI, p. 101 ; — Tilloy, *Journ. de Pharm.*, t. XII, p. 635; *ibid.*, (3), t. XXIII, p. 406; — Bley, *Arch. der Pharm.*, (2), t. LXI, p. 141 ; — Marais, *Journ. de Pharm.*, (3), t. XXX, p. 130; — Landerer, *Répert. de Pharm.*, t. XLVII, p. 442 ; — Mandet, *Compt. rend.*, t. LI, p. 87].

Pour préparer la scillitine, on épuise l'extrait aqueux de la scille par l'alcool, on évapore la solution et l'on traite le résidu par l'eau ; la solution est précipitée par l'acétate de plomb, le liquide est débarrassé par l'hydrogène sulfuré du plomb qu'il contient, et évaporé (Vogel).

Marais traite la scille sèche par l'alcool à 56 °/₀ ou bien les bulbes frais par l'alcool à 90 °/₀, agite la solution avec un lait de chaux et évapore la dissolution filtrée. Le résidu composé de scillitine et de graisse est traité de nouveau par l'alcool, qui laisse la dernière insoluble.

La scillitine est une masse blanche ou légèrement jaunâtre, friable, d'une saveur d'abord extrêmement amère, puis nauséabonde et douceâtre. Suivant Bley et Landerer, la scillitine peut être obtenue cristallisée en aiguilles ; elle devient amorphe lorsqu'on la chauffe, même légèrement, et a perdu alors sa propriété de cristallisation. Elle est très-hygroscopique et se dissout aisément dans l'eau (la scillitine de Tilloy, Marais et Landerer ne se dissolvait pas dans l'eau). Elle est soluble dans l'alcool et l'éther. Sa solution n'est pas précipitée par l'acétate de plomb.

La scillitine se dissout avec une couleur violette dans l'acide sulfurique et l'eau précipite des flocons verts de la solution ; avec l'acide azotique, on obtient une solution rouge, qui perd rapidement sa coloration. Elle est insoluble dans l'acide chlorhydrique, mais elle se dissout dans l'ammoniaque et dans les alcalis, en se décomposant et perdant sa saveur amère. Elle se combine avec l'acide acétique et précipite en jaune par les chlorures ferrique et platinique (Marais).

D'après les observations de Landerer, la scillitine posséderait une réaction alcaline, et neutraliserait les acides en donnant des sels cristallisés.

La composition de la scillitine n'est pas connue ; elle renferme de l'azote, car Marais a observé qu'elle dégage de l'ammoniaque lorsqu'on la chauffe avec la potasse.

La scillitine est purgative, excite les vomissements et peut donner la mort, à dose élevée. Mandet avance que la scille renferme deux principes distincts : la *sculéine*, vénéneuse ; et la *scillitine*, inoffensive ; cette opinion n'est pas suffisamment appuyée sur des faits. A. H.

SCLERÉTINITE (Min.). — Résine fossile en petites gouttes ou larmes, noire, translucide en lames minces, se trouvant dans la houille de Wigan (Angleterre) : C = 77, H = 9, O = 10. Cendres, 4.

Dureté, 3. Poussière brun cannelle.

Densité, 1,15.

Caractères. — Insoluble dans l'alcool, l'éther, les alcalis et les acides étendus. Sur la lame de platine, fond et brûle avec une flamme fuligineuse en laissant un charbon difficile à brûler, puis une cendre grise.

SCLEROCLASE (Min.). — Arsénio-sulfure de plomb, $PbAs^2S^4 = PbS.As^2S^3$, espèce qui avait été confondue avec la dufrénoysite à laquelle elle ressemble beaucoup. Se trouve en cristaux orthorhombiques allongés et cannelés parallèlement à l'arête $p\,h^1$, d'un gris de plomb foncé, d'un éclat métallique, opaques, fragiles, dans la dolomie de Binnen (Valais).

Dureté, 3. Poussière brun-rouge.

Densité, 5,39.

Caractères. — Dans le tube chauffé, décrépite fortement; pour le reste, caractères de la dufrénoysite.

Forme cristalline. — Prisme orthorhombique de 123° 21′; $b^{1/2}b^{1/2} = 135° 46′$; $b^{1/2}b^{1/2}$ par-dessus $m = 105° 3′$. Faces habituelles : $b^{1/2}$, p, g^1, h^1 et nombreuses modifications e^x, et a^x. Les cristaux sont allongés parallèlement à la zone des a.

Clivage p distinct. F. et S.

SCOLÉSITE (Min.) [Syn. *Mésotype de chaux, poonahlite*]. — Silicate hydraté d'alumine et de chaux, avec un peu de soude,

$$CaO, Al^2O^3, 3SiO^2, 3H^2O.$$

Masses fibreuses et rayonnées, blanches, très-rarement cristaux nets et terminés, se trouvant dans les cavités des roches amygdaloïdes, basaltiques ou trappéennes, à Berufjord (Islande), à Skyl, au Groënland, en Auvergne, à Poonah (Inde). Éclat vitreux, pyroélectrique ; l'extrémité libre offre le pôle antilogue.

Dureté, 5 à 5,5. Densité, 2,16 à 2,3.

Caractères. — Fait gelée avec l'acide chlorhydrique. Au chalumeau, blanchit, gonfle et fond facilement en un verre blanc bulleux. Ne perd de l'eau qu'au-dessus de 100° ; à 300° en perd 5 °/₀ qu'elle est susceptible d'absorber de nouveau. Au rouge, perd la propriété de se recombiner avec l'eau.

Forme cristalline. — Prisme clinorhombique $mm = 91° 22′$; $d^{1/2}m = 116° 34′$; $d^{1/2}d^{1/2} = 144° 40′$. Faces habituelles : m, g^1, $b^{1/2}$, $d^{1/2}$, h^1, h^3, etc.

Clivage : m parfait.

Les cristaux sont toujours maclés parallèlement à h^1, et la face g^1, commune aux deux demi-cristaux, est marquée de stries faisant en son milieu un angle de 24° à 26°. F. et S.

SCOLEXÉROSE (Min.) [Syn. *Scolésite anhydre*]. — Nom donné par Beudant à une wernerite blanche de Pargas (Finlande).

SCOPARINE, $C^{21}H^{22}O^{10}$. — Stenhouse a donné le nom de *scoparine* à une matière colorante jaune cristallisée, qu'il a retirée des fleurs du genêt, *Sportium Scoparium*, famille des Légumineuses.

Cette matière s'obtient en évaporant au dixième une décoction de fleurs de genêt; par le refroidissement l'extrait se prend en une masse gélatineuse contenant la scoparine, de la chlorophylle et de la spartéine, alcaloïde liquide et volatil, d'après M. Stenhouse.

On enlève la chlorophylle en faisant dissoudre le tout à plusieurs reprises dans l'eau aiguisée d'abord d'un peu d'acide chlorhydrique, et en évaporant la liqueur à siccité au bain-marie. La chlorophylle reste alors insoluble.

La scoparine se dépose par l'évaporation spontanée en cristaux jaunes groupés en étoiles, peu solubles dans l'eau froide et fort solubles dans l'eau bouillante et dans l'alcool.

Cette substance est sans action sur les réactifs colorés, elle n'a ni odeur ni saveur; elle n'est pas volatile. Elle se dissout aisément dans les alcalis, les acides la précipitent de cette solution.

L'acétate et le sous-acétate de plomb précipitent la solution de scoparine, tandis que le nitrate d'argent et le bichlorure de mercure sont sans action sur cette matière.

Sous l'influence de l'acide azotique, la scoparine se transforme en acide picrique.

D'après M. Hlasiwetz, la scoparine appartient au groupe de la quercétine, parce qu'elle donne comme cette dernière, sous l'influence de la potasse, de la phloroglucine et de l'acide protocatéchique. M. Hlasiwetz pense que la formation de ces substances est précédée de la production d'une combinaison intermédiaire analogue à l'acide quercimérique.

La formule de la scoparine donnée par M. Stenhouse étant admise, la réaction peut être exprimée par l'équation suivante :

$$C^{20}H^{22}O^{10} + 5O$$

Scoparine.

$$= C^6H^6O^3 + 2C^7H^6O^4 + CO^2 + 2H^2O$$

Phloroglucine. Acide protocatéchique.

[Stenhouse, *Annalen der Chem. u. Pharm.*, t. LXXXVIII, p. 15; — Hlasiwetz, *Ann. der Chem. u. Pharm.*, t. CXXXVIII, p. 190; nouv. sér., mai 1866, t. LXII; *Bull. de la Soc. chim.*, t. VI, p, 411].

La scoparine a été préconisée comme diurétique, on la prescrit à la dose de 0,25 à 0,30 centigrammes. Elle est fort peu employée. E. C.

SCORDÉINE. — Matière jaune, aromatique, trouvée dans le *Teucrium Scordium* [Winckler, *Répert. de Pharm.*, t. XXVIII, p. 352].

SCORODITE (Min.) [Syn. *Néoctèse*]. — Arséniate hydraté de fer, $Fe^2O^3, As^2O^5 + 4H^2O$. Cristaux octaédriques souvent groupés en croûtes, d'un vert pâle, bleuâtre, ou, par suite d'altération, d'un brun de foie, d'un éclat vitreux assez vif, transparents ou translucides; cassure inégale. Se trouve à Vaulry, près Chanteloube, à Schwarzenberg (Saxe), à Löling (Carinthie), à Nertschinsk (Sibérie); à Minas-Geraes (Brésil) avec linionite en beaux cristaux, et à Victoria (Australie); fréquemment sur le quartz, avec mispickel.

Dureté, 3,5 à 4. Poussière blanche.

Densité, 3,1 à 3,3.

Caractères. — Soluble dans l'acide chlorhydrique. Dans le tube bouché, donne de l'eau et jaunit. Attaquable par la potasse en laissant un résidu de sesquioxyde de fer. Au chalumeau, fond facilement en émettant sur le charbon des fumées d'arsenic, et en laissant une scorie noire magnétique.

Forme cristalline. — Prisme orthorhombique, $mm = 98°2'$; $b^{1/2}b^{1/2} = 114°34'$ (pyr) $= 103°5$; par-dessus $m = 110°58'$. Faces habituelles : $b^{1/2}$, g^1, h^1, b^1, g^3.

Clivages : g^3, imparfait; h et g^1, traces. F. et S.

Fig. 581. — Scorodite.

SCORZA (Min.). — Sable vert formé d'épidote, se trouvant sur les bords de la Rangos, près de Musca (Transylvanie).

SCOTIOLITE (Min.). — Variété d'hisingérite, vert foncé ou noire, contenant moins de magnésie et moins d'eau que l'hisingérite.

SCOULÉRITE (Min.) [Syn. *Pierre de pipe*]. — Silicate hydraté d'alumine et d'alcalis avec de l'oxyde de fer. Masses compactes renfermant de petites écailles, ressemblant à une argile. Cassure terreuse, opaque, gris bleuâtre, poussière bleu clair, se coupant au couteau. Vient de l'Orégon et sert aux Indiens à tailler des pipes.

Infusible au chalumeau.

Dureté, 1,5. Densité, 2,61.

SCOULÉRITE (Min.). — Thomson a désigné sous ce nom un minéral qui paraît être une thomsonite.

SCROFULACRINE. — Walz a donné ce nom a une matière résineuse, irritante, soluble dans l'alcool et dans l'éther, et contenue dans le *Scrofularia aquatiqua*, L.

SCROFULARINE. — Matière cristallisant en écailles, amère, soluble dans l'eau et précipitable en blanc par le tannin, que Walz a retirée du *Scrofularia nodosa*, L.

Le *Scrofularia aquatiqua* contient une matière analogue à la précédente, qui s'en distingue néanmoins par son goût et par sa solubilité [Walz, 1853, *Jahrb. f. prakt. Pharm.*, t. XXVI, p. 296].

SCULÉINE. — Voyez SCILLITINE.

SCUTELLARINE. — Matière amère du *Scutellaria laterifolia* [Cadet de Gassicourt, *Journ. de Pharm.*, t. X, p. 433].

SCYLLITE. — Staedeler et Frerichs ont donné ce nom à un principe neutre, se rapprochant de l'inosite, qu'ils ont trouvé dans les poissons cartilagineux (Chondroptérygiens) et surtout dans le groupe des *plagiostomes*. La scyllite se rencontre le plus abondamment dans les reins de quelques raies (*Raja batis* et *claviculata*) et du requin (*Scillium canicula*); elle existe aussi dans le foie et la rate du premier poisson et dans le foie et les branchies du second.

Pour préparer la scyllite, on broie ces organes avec du verre concassé, et l'on délaye la masse dans 1 1/2 à 2 volumes d'alcool, on comprime, et l'on répète cette opération plusieurs fois. Les solutions alcooliques réunies et filtrées sont évaporées, le résidu est traité par l'eau et la solution est évaporée de nouveau. Il reste un sirop qu'on traite par l'alcool absolu chaud : le liquide se partage en deux couches, une couche supérieure alcoolique peu colorée, contenant principalement de l'urée et quelquefois de petites quantités de leucine, et une couche inférieure colorée en brun, renfermant de la scyllite et de la taurine. Cette couche inférieure dissoute dans l'eau et soumise à l'évaporation lente fournit des cristaux de taurine et de scyllite, qu'on sépare au moyen du sous-acétate de plomb, qui précipite la scyllite dans des solutions moyennement concentrées.

La scyllite paraît se rapprocher de l'inosite ; sa composition n'est pas connue. Elle cristallise en prismes clinorhombiques brillants et anhydres ; elle est moins soluble dans l'eau que l'inosite et ne donne pas avec l'acide azotique, l'ammoniaque et le chlorure de calcium la coloration rose, caractéristique de l'inosite. Elle est insoluble dans l'alcool absolu et son goût est légèrement sucré.

La solution de la scyllite produit avec l'acétate basique de plomb un précipité blanc, gélatineux, dont on peut extraire de nouveau la scyllite par l'hydrogène sulfuré.

La scyllite n'est pas colorée à chaud par les alcalis et ne réduit pas la liqueur de Fehling. L'acide azotique d'une densité de 1,3 la dissout lentement à chaud, sans dégager de gaz ; la solution contient de la scyllite inaltérée qu'on peut précipiter par l'addition d'alcool. L'acide sulfurique concentré ne la décompose qu'à chaud [Stædeler et Frerichs, *Journ. für prakt. Chem.*, t. LXXIII, p. 48]. A. H.

SÉBACINE, $C^{10}H^{18}$. — C'est un hydrocarbure qui se produit dans la distillation du sébate de calcium, avec un excès de chaux [voyez Sébacique (acide)). Il se sépare dans le récipient sous la forme d'une masse solide graisseuse. Purifié par dissolution dans l'acide sulfurique, précipitation par l'eau et cristallisation dans l'alcool, il constitue des lames presque incolores, qui s'agglomèrent facilement. Il est inodore et insipide, plus léger que l'eau. Il fond à 55°, se volatilise au-dessus de 300°. Il est insoluble dans l'eau, très-soluble dans l'alcool et dans l'éther, se dissout dans l'acide sulfurique en le colorant en rouge, et en est précipité par l'eau. Il est à peine attaqué par l'acide azotique et par la potasse [Petersen, *Ann. der Chem. u. Pharm.*, t. CIII, p. 187]. C. F.

SÉBACIQUE (ACIDE) [Syn. *Acide pyroléique*],

$$C^{10}H^{18}O^4 = C^8H^{16}(CO^2H)^2.$$

— Cet acide, homologue supérieur de l'acide succinique, a été découvert par Thenard dans les produits de la distillation des corps gras. Il se précipite, par le refroidissement, de l'extrait aqueux bouillant de ces produits, en lamelles cristallines [*Ann. de Chim.*, t. XXXIV, p. 193]. Redtenbacher a montré que sa production a lieu aux dépens de l'acide oléique [*Ann. der Chem. u. Pharm.*, t. XXXV, p. 188]. Pour l'obtenir, on peut distiller l'acide oléique brut tel qu'il s'obtient dans la fabrication des bougies. Il passe à la distillation de l'eau acide, des acides gras et des hydrocarbures huileux.

On fait bouillir le mélange avec l'eau et on filtre bouillant. La première infusion se prend d'ordinaire en masse par le refroidissement ; on répète ces traitements jusqu'à ce que les liqueurs ne déposent plus rien par le refroidissement. Les cristaux ainsi obtenus sont dissous dans le carbonate de soude, et la solution est soumise à l'ébullition avec le charbon animal qui la décolore.

Le liquide filtré est évaporé à siccité au bain-marie, le résidu est pulvérisé et repris à une douce chaleur par l'alcool anhydre, qui enlève la petite quantité de caprylate et de rutate qu'il peut contenir. Le résidu insoluble est redissous dans l'eau, et décomposé à chaud par l'acide chlorhydrique. L'acide sébacique se dépose par le refroidissement. On le purifie par de nouvelles cristallisations dans l'eau bouillante. Les quantités de produit obtenues en suivant ce procédé sont très-faibles.

Il est préférable de se servir de la méthode indiquée par M. Bouis, et qui consiste à traiter l'huile de ricin par la potasse très-concentrée.

L'acide ricinolique, qui dans l'huile de ricin est combiné à la glycérine, est dédoublé par l'action de la potasse en acide sébacique et en alcool octylique secondaire, avec dégagement d'hydrogène. — Voyez t. II, p. 598.

On obtient aussi l'acide sébacique en traitant les graisses par l'acide azotique. D'après Arppe, le spermaceti et l'acide stéarique en fournissent par l'action de l'acide azotique [*Ann. der Chem. u. Pharm.*, t. CXXIV, p. 98]. D'après Wagner, l'acide caprique en donne également.

Propriétés. — L'acide sébacique cristallise en aiguilles blanches, nacrées, très-légères, ressemblant à celles de l'acide benzoïque. Il possède une saveur acide et rougit le papier de tournesol. Son poids ne change pas à 100°. Il fond à 127°, et se prend en une masse cristalline par le refroidissement. A une température très-élevée, il peut être sublimé. Densité de l'acide fondu = 1,317. Sa vapeur irrite le palais et présente l'odeur particulière des corps gras.

Il est peu soluble dans l'eau à froid, très-soluble à chaud ; très-soluble dans l'alcool, dans l'éther et dans les huiles grasses.

Quand on le fait fondre avec la potasse, il laisse dégager de l'hydrogène, et donne un sel d'où l'acide sulfurique sépare un acide gras volatil et liquide (Gerhardt).

Le chlore l'attaque au soleil en donnant des produits chlorés, les acides *chloro-* et *dichlorosébacique*, jaunes et pâteux à la température ordinaire [Carlet, *Compt. rend.*, t. XXXVII, p. 130].

L'acide azotique concentré, à l'ébullition, le transforme, non en acide pyrotartrique, comme l'avait indiqué M. Schlieper, mais en acide succinique (Carlet) ; en acides succinique, pimélique et peut-être adipique [Wirz, *Ann. der Chem. u. Pharm.*, t. CIV, p. 280] ; en acides succinique et pimélique [Arppe, *Ann. der Chem. u. Pharm.*, t. XCV, p. 242, et t. CXXIV, p. 100 ; Schlieper, *Ann. der Chem. u. Pharm.*, t. LXX, p. 121].

Le perchlorure de phosphore le transforme en anhydride sébacique avec dégagement d'acide chlorhydrique et formation d'oxychlorure de phosphore [Gerhardt et Chiozza, *Compt. rend.*, t. XXX, p. 1050].

La distillation sèche du sébate de calcium fournit une huile qui, rectifiée, bout en partie de 85° à 90° ; cette portion est douée d'une odeur éthérée agréable et renferme un corps qui a été regardé, à tort sans doute, comme l'aldéhyde propionique. Entre 156° et 200°, il passe de l'œnanthol (Calvi). La même distillation, faite avec un excès de chaux, donne de la *sébacine* (voyez ce mot), et un mélange d'huiles dont la partie la plus volatile fournit de la nitrobenzine avec l'acide azotique, et est donc probablement de la benzine ; entre 90° et 100° il passe, d'après Petersen, de l'aldéhyde propionique (?) et à 180° de l'œnanthol. Ces deux dernières parties donnent avec l'acide azotique de l'acide propionique et de l'acide œnanthylique [Petersen, *Ann. der Chem. u. Pharm.*, t. CIII, p. 184]. Le corps fournissant de l'acide propionique par oxydation nous paraît être plutôt la propione.

L'acide sébacique distillé avec un excès de baryte donne du carbonate de baryum et un hydrocarbure, C^8H^{18}, bouillant à 127° [Riche, *Répert. de Chim. pure*, 1860, p. 127].

Lorsqu'on sature par l'acide chlorhydrique gazeux une solution alcoolique d'acide sébacique, on obtient une huile qui traitée par l'ammoniaque fournit de la sébamide ou de l'acide sébacique. C'est un mélange d'éther sébacique et d'acide éthylsébacique [Rowney, *Ann. der Chem. u. Pharm.*, t. LXXXII, p. 103].

Sébates. — L'acide sébacique, étant bibasique, forme une série de sels neutres et une série de sels acides. Les sels alcalins et ceux des terres alcalines sont solubles dans l'eau.

Le *sébate d'ammonium neutre* est très-soluble dans l'eau; il ne cristallise pas nettement et perd de l'ammoniaque à la dessiccation. Le *sel acide* forme des cristaux groupés en plumes, peu solubles dans l'alcool.

Le *sébate de potassium*, $C^{10}H^{16}O^4K^2$, cristallise de sa solution concentrée en petits mamelons très-solubles dans l'eau, non déliquescents, peu solubles dans l'alcool absolu.

Le *sébate de sodium* est analogue, mais moins soluble dans l'eau.

Le *sébate de calcium* renferme $C^{10}H^{16}O^4Ca$, à 100°. Le chlorure de calcium donne avec le sébate d'ammonium un précipité de sébate de calcium peu soluble dans l'eau. Sa solution étendue cristallise, par évaporation lente, en paillettes blanches, fines et brillantes.

Le *sébate de fer* s'obtient par double décomposition. C'est un précipité couleur de chair. Traité par le carbonate d'ammoniaque, il se décompose; une partie du sel reste en dissolution et une autre se change en sous-sel. La liqueur est rouge. Le sel neutre fond par la chaleur et se décompose ensuite en se boursouflant.

Le *sébate de plomb* constitue un précipité blanc, qui cède une partie de son acide à l'ammoniaque, en laissant un sous-sel.

Le *sébate d'argent*, $C^{10}H^{16}O^4Ag^2$, est un précipité blanc caillebotté qui s'obtient en traitant le sébate d'ammoniaque par l'azotate d'argent. Il est peu soluble dans l'eau; chauffé dans un tube bouché, il laisse de l'argent métallique et donne un sublimé cristallin.

Le *sébate mercureux* est peu soluble.

ÉTHERS SÉBACIQUES. — Le *sébate de méthyle*, $C^{10}H^{16}O^4(CH^3)^2$, s'obtient en dissolvant l'acide sébacique dans l'acide sulfurique concentré et versant peu à peu de l'esprit de bois dans la liqueur refroidie avec de l'eau. On ajoute ensuite beaucoup d'eau au mélange, de manière à en séparer le sébate de méthyle et on lave celui-ci à l'eau alcaline, puis à l'eau pure, et on fait cristalliser dans l'alcool [Carlet, *Compt. rend.*, t. XXXVII, p. 130].

Le sébate de méthyle est solide, il fond à 25°,5 et cristallise en belles aiguilles en se solidifiant. Il est plus dense que l'eau quand il est solide, et moins quand il est fondu. Son odeur est très-faible. Il bout à 285° sans s'altérer.

La potasse caustique le saponifie et l'ammoniaque le transforme en sébamide,

Le *sébate d'éthyle* s'obtient facilement en traitant une solution alcoolique d'acide sébacique par l'acide chlorhydrique gazeux. Il faut chasser par une douce chaleur le chlorure d'éthyle qui se forme en même temps. On lave le produit à l'eau alcaline, on le sèche sur le chlorure de calcium et on rectifie [Redtenbacher, *Ann. der Chem. u. Pharm.*, t. XXXV, p. 193].

Le sébate d'éthyle est liquide au-dessus de — 9°, il est plus léger que l'eau, possède une odeur agréable et bout à 308°. Il est insoluble dans l'eau froide, mais facilement soluble dans l'alcool. L'ammoniaque le transforme en sébamide.

Sébate diglycérique ou *sébine*,

$$C^{16}H^{30}O^8 = \begin{matrix} C^3H^5 < (OH)^2 \\ \quad > O \\ \quad > O \\ C^3H^5 < (OH)^2 \end{matrix} \Big\} C^{10}H^{16}O^2$$

— Il s'obtient en petite quantité sous la forme d'un corps cristallisable, en chauffant de la glycérine à 200° avec de l'acide sébacique. On l'obtient aussi, mais mélangé de chlorhydrine, par l'action de l'acide chlorhydrique sur un mélange de glycérine et d'acide sébacique chauffé à 100°. Ainsi obtenu, il est d'abord liquide, mais après dessiccation à 120°, il se solidifie en partie après quelques jours, et complétement à une température de — 40°. Il donne de l'acroléine quand on le chauffe. La litharge le saponifie. Avec l'acide chlorhydrique en solution alcoolique, il donne de la glycérine et du sébate d'éthyle [Berthelot, *Ann. de Chim. et de Phys.*, (3), t. XLI, p. 293]. C. F.

SÉBAMIDES. — La *sébamide*,

$$C^{10}H^{20}Az^2O^2 = C^8H^{16}\Big\{\begin{matrix} CO.AzH^2 \\ CO.AzH^2, \end{matrix}$$

s'obtient par l'action de l'ammoniaque sur les éthers méthyle- et éthyle-sébaciques. On la purifie par cristallisation dans l'alcool. Elle est neutre aux papiers réactifs et forme de petites masses sphériques composées d'aiguilles microscopiques; elle est insoluble à froid, peu soluble à chaud dans l'eau, insoluble dans l'ammoniaque, beaucoup plus soluble dans l'alcool à chaud qu'à froid. L'eau la transforme peu à peu en sébamate et en sébate d'ammoniaque. La potasse ne l'attaque pas à froid, mais la décompose à chaud avec dégagement d'ammoniaque [Rowney, *Chem. Soc. quart. Journ.*, t. IV, p. 334; — Carlet, *Compt. rend.*, t. XXXVII, p. 128].

L'*acide sébamique*,

$$C^{10}H^{19}AzO^3 = C^8H^{16}\Big\{\begin{matrix} CO.OH \\ CO.AzH^2, \end{matrix}$$

se produit dans l'action de l'ammoniaque sur l'acide éthylsébacique qui n'a pas été isolé. Pour obtenir l'acide, on fait digérer avec l'ammoniaque aqueuse forte, pendant plusieurs semaines, en vase clos, le produit de l'action de l'acide chlorhydrique gazeux sur une solution alcoolique d'acide sébacique. Il se forme une masse granulaire de sébamide, que l'on sépare par filtration et qu'on lave. Les eaux mères sont concentrées au bain-marie, puis l'acide sébamique précipité par l'acide chlorhydrique, lavé à l'eau et cristallisé dans l'eau [Rowney, *Chem. Soc. quart. Journ.*, t. XXXVII, p. 128].

On l'obtient aussi par la distillation sèche du sébate d'ammoniaque. Le produit huileux formé est dissous dans l'ammoniaque et précipité par HCl [Kraut, *Gmelin Handbook*, t. XIV, p. 501]. L'acide sébamique se produit aussi par l'action de l'eau sur la sébamide [Carlet, *Compt. rend.*, t. XXXVII, p. 128].

Cet acide forme des grains arrondis ou une masse blanche cristalline pulvérulente. Il est peu soluble à froid, facilement à chaud, dans l'eau, l'alcool et l'ammoniaque.

A l'ébullition, il décompose le carbonate de calcium avec dégagement d'acide carbonique et fournit un sel de calcium légèrement soluble dans l'eau. La solution de sébamate d'ammoniaque ne précipite pas les sels des terres alcalines, mais bien l'acétate de plomb et l'azotate d'argent. Le sébamate d'argent est soluble dans l'ammoniaque et dans l'acide azotique.

La potasse le décompose à l'ébullition avec dégagement d'ammoniaque. Le sel de sodium traité par le chlorure de benzoyle fournit une huile, soluble dans l'éther, qui dégage de l'ammoniaque par l'action de la potasse fondante, qui est insoluble dans l'eau et à laquelle l'ammoniaque enlève seulement une petite quantité d'acide libre. C'est donc, sans doute, un anhydride benzoyle-sébamique. C. F.

SÉBÉSITE (Min.). — Nom donné par Breithaupt à la tremolite de Sebes (Transylvanie).

SÉBINE. — Voyez *Éthers sébaciques*, à l'art. SÉBACIQUE (ACIDE).

SELBITE (Min.). — Argent carbonaté (?). Les minéraux qui ont été désignés sous ce nom, de même que la plata azul des Mexicains, ne paraissent être que des mélanges.

SÉLÉNALDINE,

$$C^6H^{13}AzSe^2 = Az\left\{\begin{array}{l}C^2H^4.SeH\\C^2H^4.SeH\\C^2H^3.\end{array}\right.$$

— Base analogue à la thialdine et obtenue par Liebig et Wœhler par l'action de l'hydrogène sélénié sur une solution aqueuse et assez concentrée d'aldéhyde-ammoniaque, dans un appareil purgé d'air par un courant d'hydrogène. Quand les cristaux de sélénaldine se sont déposés, on chasse l'excès d'hydrogène sélénié par de l'hydrogène, on déplace lentement l'eau mère contenant du sélénhydrate d'ammoniaque par de l'eau bouillie et froide, on recueille les cristaux sur un filtre, on les exprime et on les dessèche sur l'acide sulfurique. Ils sont incolores, d'une saveur désagréable, peu solubles dans l'eau, solubles dans l'alcool et dans l'éther, mais ne cristallisent pas par l'évaporation de ces dernières solutions. Ils paraissent être isomorphes avec la thialdine.

La sélénaldine sèche ou au sein de l'eau se décompose par la chaleur avec dégagement de vapeurs fétides. Sa solution dans l'eau, l'alcool ou l'éther dépose à l'air une poudre orangée amorphe, insoluble dans l'alcool et dans l'éther: il se forme de l'aldéhyde-ammoniaque. La poudre orangée fond sous l'eau bouillante en une masse rouge jaunâtre. A la distillation elle donne une huile infecte contenant du sélénium.

La sélénaldine se dissout dans l'acide chlorhydrique dilué, la solution précipite par l'ammoniaque et s'altère promptement en déposant une poudre jaune et en dégageant une odeur fétide. G. S.

SÉLÉNIOCYANIQUE (ACIDE), CHAzSe. — Acide correspondant aux acides cyanique et sulfocyanique et dont les sels ont été découverts en 1820 par Berzelius [*Schweizer Journ.*, t. XXXI, p. 60].

Il a été étudié par Crookes [*Chem. Soc. quart. Journ.*, t. IV, p. 12] et Lassaigne [*Journ. de Chim. médic.*, t. XVI, p. 618]. On le prépare en faisant passer un courant rapide d'hydrogène sélénié dans une solution tiède de sulfocyanate de plomb contenant un excès du même sel en suspension. On filtre pour séparer le sulfure de plomb; on chauffe vers 100° la liqueur filtrée, pour chasser l'hydrogène sulfuré, et on sépare un peu de sélénium par une nouvelle filtration. On ne peut concentrer la solution même dans le vide sec sans l'altérer; le contact de l'air froid la décompose assez rapidement. Elle est très-acide, dissout le fer et le zinc avec dégagement d'hydrogène; elle fait effervescence avec les carbonates. Presque tous les acides en précipitent du sélénium; il se forme en même temps de l'acide cyanhydrique (Crookes).

ANHYDRIDE SÉLÉNIOCYANIQUE OU SÉLÉNIURE DE CYANOGÈNE, $Se(CAz)^2$. — M. Linnemann, en faisant réagir l'iodure de cyanogène sur le séléniocyanate d'argent, a obtenu cet anhydride sous la forme d'une masse cristalline volatile ressemblant tout à fait à l'anhydride sulfocyanique [*Ann. der Chem. u. Pharm.*, 1861, t. CXX, p. 36].

SÉLÉNIOCYANATES. — *Séléniocyanate d'ammonium*, $CAzSe(AzH^4)$. — Obtenu avec l'acide libre et l'ammoniaque, il cristallise en petites aiguilles analogues à celles du composé potassique et très-déliquescentes.

Séléniocyanate de potassium, CAzSeK. — Berzelius l'a préparé, en fondant dans une cornue du ferrocyanure de potassium avec le sélénium. Il se dégage de l'azote et peut-être du séléniure de carbone et il reste du séléniocyanate mêlé de carbure de fer:

$$C^6Az^6FeK^4 + Se^4 = 4CAzKSe + FeC^2 + Az^2.$$

Crookes emploie 1 p. de sélénium pour 3 p. de prussiate sec. Le produit de la réaction est une masse noir verdâtre qu'on épuise par l'alcool absolu. On fait passer dans celui-ci du gaz carbonique qui déplace les acides cyanhydrique et cyanique et précipite du carbonate de potasse; on chasse ces acides en même temps que l'alcool par distillation; on traite le résidu par l'eau et on évapore la solution dans le vide sec. Le sel cristallise en fines aiguilles ayant la forme et le goût du sulfocyanate, plus déliquescentes encore que celui-ci, et manifestant au papier une forte réaction alcaline. Ce sel produit du froid en se dissolvant dans l'eau et la solution est décomposée par les acides faibles avec production d'acide cyanhydrique et de sélénium. Le séléniocyanate de potassium peut être fondu en vase clos sans s'altérer; au contact de l'air, il se décompose vers 100°.

Séléniocyanate de sodium, CAzSeNa. — Sel analogue au précédent, obtenu avec l'acide libre et le carbonate de sodium, cristallisant en lamelles feuilletées; très-alcalin et très-soluble.

Séléniocyanate de baryum. — Préparé avec l'acide libre et le carbonate de baryum, ne donne pas de cristaux définis.

Séléniocyanate de strontium. — Obtenu comme le précédent; cristallise en prismes.

Séléniocyanate de calcium. — Cristallise en étoiles composées de fines aiguilles.

Séléniocyanate de magnésium. — Se présente par évaporation de sa solution sous la forme d'une masse gommeuse.

Séléniocyanate de zinc. — Se prépare en dissolvant le zinc ou son oxyde dans l'acide libre; cristallise en prismes groupés, non déliquescents.

Séléniocyanate ferrique. — L'oxyde de fer précipite le sélénium de l'acide séléniocyanique. On n'obtient pas davantage de séléniocyanate ferrique par double décomposition. Crookes a obtenu une seule fois dans la préparation du sel de potassium une solution alcoolique rouge-sang, dont la couleur disparaissait à l'air en même temps qu'il se déposait du sélénium.

Séléniocyanate de cuivre. — Obtenu par double décomposition sous la forme d'un précipité brun; se décompose, même à la température ordinaire avec formation de séléniure de cuivre et d'hydrogène sélénié.

Séléniocyanate de plomb, $(CAzSe)^2Pb$. — Il se précipite sous la forme d'une poudre jaune-citron lorsqu'on traite le sel de potassium par l'acétate de plomb. Il se dissout presque sans altération dans l'eau bouillante et s'en sépare par le refroidissement en aiguilles légères, jaunes et brillantes, insolubles dans l'alcool, inaltérables à 100° lorsqu'elles sont sèches, se colorant un peu en rose lorsqu'elles sont humides (Crookes).

Séléniocyanate de mercure. — On obtient, en ajoutant un excès de chlorure de mercure au séléniocyanate de potassium, un magma d'aiguilles jaunâtres renfermant $(CAzSe)^2Hg + HgCl^2$. On les lave à l'eau et on les fait recristalliser dans l'alcool. Elles sont très-peu solubles dans l'eau froide, plus solubles dans l'eau chaude, encore davantage dans l'alcool et dans l'acide chlorhydrique faible; celui-ci cependant, au bout d'un peu de temps, produit un précipité de sélénium. Le sel double se dissout dans l'acide nitrique ou l'eau régale sans résidu. Il ne se décompose pas à 100°; mais à une température supérieure il se détruit en se boursouflant considérablement comme le sulfocyanate (Crookes).

Séléniocyanate d'argent, CAzSeAg. — Le nitrate d'argent donne avec le séléniocyanate de potassium un précipité caillebotté, mais le nitrate d'argent ammoniacal fournit de petits cristaux de sel d'argent, très-brillants et offrant l'éclat du satin. Ce sel noircit rapidement à la lumière; il est insoluble dans l'eau, très-peu soluble à froid dans les acides étendus. L'ébullition avec les acides forts le détruit instantanément et, à moins que ceux-ci ne soient oxydants, le sélénium est précipité (Crookes).

ÉTHERS SÉLÉNIOCYANIQUES. — On n'en connaît qu'un, c'est le dérivé allylique analogue à l'essence de moutarde : $CAzSe(C^3H^5)$ [Wœhler, *Ann. der Chem. u. Pharm.*, t. CIX, p. 125]. On le prépare en maintenant à l'ébullition pendant 12 heures dans un appareil à reflux 1 molécule de sulfocyanate de potassium en solution alcoolique avec 1 molécule d'iodure d'allyle. On distille et on ajoute de l'eau au produit de la distillation. Après addition de chlorure de calcium on rectifie, mais on ne peut mettre en évidence un point d'ébullition bien fixe. La portion recueillie à 150° contient 42 °/₀ de sélénium au lieu de 54,4. Le liquide bout jusqu'à 184°. Il possède une odeur alliacée insupportable, et s'altère à l'air avec séparation de sélénium. Il n'est pas vésicant comme le sulfocyanate et ne donne pas de composé cristallin avec l'ammoniaque. G. S.

SÉLÉNIOXANTHIQUE (ACIDE). — Voyez SÉLÉNIUM, p. 1465.

SÉLÉNITE. — Voyez GYPSE.

SÉLÉNIUM, Se = 79,5. — Ce métalloïde a été découvert par Berzelius en 1817 dans les résidus d'une usine d'acide sulfurique de Gripsholm près Fahlun (Suède). Quoique fort peu répandu, il entre dans la constitution d'un assez grand nombre de minéraux, où il joue un rôle analogue à celui du soufre. Il accompagne cet élément dans le soufre natif de Vulcano; dans les pyrites de Fahlun (Suède), de Kraslitz et de Luckawitz (Bohême), de Theux et d'Oneux (Belgique); dans la chalcopyrite de Rammelsberg et d'Anglesea et dans quelques galènes. On l'a rencontré d'abord à l'état de séléniure d'argent et de cuivre (*eucaïrite*), puis de séléniure de cuivre (*berzéline*), d'argent et de plomb (*naumannite*), de plomb (*clausthalite*), de cuivre et de plomb (*zorgite*), de cuivre et de thallium (*crookésite*), de plomb et de mercure (*lehrbachite*), etc. Le sélénium a été étudié principalement par Berzelius et l'acide sélénique par Mitscherlich [Berzelius, *Schweitz. Ann.*, t. XXIII, p. 309 et 430; t. XXXIV, p. 79; *Poggend. Ann.*, t. VII, p. 242; t. VIII, p. 423; — Mitscherlich, *ibid.*, t. IX, p. 623].

EXTRACTION. — On retire le sélénium des séléniures naturels de cuivre et de plomb, et surtout des dépôts qui se forment dans les chambres de condensation des fabriques d'acide sulfurique où l'on emploie des soufres ou des pyrites sélénifères.

1° *Extraction du sélénium des séléniures de plomb et de cuivre du Hartz.* — Le minerai pulvérisé est débarrassé des carbonates terreux par l'acide chlorhydrique. Le résidu, lavé et séché, est mélangé avec son poids de flux noir et calciné modérément pendant une heure. La masse ainsi obtenue est traitée par l'eau bouillante qui s'empare du séléniure de potassium formé, et la solution, abandonnée à elle-même au contact de l'air, s'oxyde en laissant déposer du sélénium sous la forme d'une poudre grise. On recueille celle-ci, on la sèche et on la distille.

2° *Extraction du sélénium des boues des chambres de plomb.* — Ces dépôts renferment souvent du sélénium et du thallium. Le sélénium se rencontre même fréquemment dans l'acide sulfurique du commerce; dans ce cas, il suffit pour l'isoler d'étendre l'acide de 4 volumes d'eau et d'y faire passer un courant de gaz sulfureux [Personne, *Bull. de la Soc. chim.*, 1872, t. XVIII, p. 173; — Lamy et Scheurer Kestner, *ibid.*, p. 174].

Certaines dispositions des chambres, ayant pour but d'isoler la première de la circulation des acides, permettent de produire de l'acide sulfurique moins impur et d'accumuler dans le dépôt le thallium et le sélénium. On peut en séparer le sélénium de la façon suivante : On mêle ce dépôt avec du carbonate et du nitrate de potassium et on projette le tout dans un creuset rouge. Il se forme du séléniate de potassium; on ajoute à la masse de l'acide chlorhydrique et on évapore le tout à un petit volume; une réduction se fait alors et il se produit de l'acide sélénieux. On sature la solution avec du gaz sulfureux et l'on porte à l'ébullition : le sélénium se dépose en flocons rouges.

H. Rose sèche le dépôt et le soumet, au rouge, à l'action du chlore. Les chlorures de sélénium et de soufre sont reçus dans l'eau; on filtre pour séparer un peu de soufre sélénifère, puis on précipite le sélénium par le sulfite de sodium. Brunner remplace le chlore par de l'air. Il se forme du gaz sulfureux et il se sublime de l'acide sélénieux qu'on purifie par dissolution dans la potasse et d'où l'on peut retirer le sélénium.

Liebe traite le dépôt par l'eau régale, ajoute de l'acide sulfurique, chasse l'excès d'acide par la chaleur, lave le résidu froid avec de l'eau et neutralise la solution avec du carbonate de sodium. Il évapore alors à sec, chauffe modérément le nouveau résidu avec son poids de sel ammoniac jusqu'à ce qu'il devienne rouge-brun (l'odeur du sélénium ne doit pas se faire sentir), puis il reprend la masse brune par l'eau. Le sélénium reste à l'état insoluble.

3° *Extraction du sélénium des suies de certains fourneaux de grillage.* — Bœttger a trouvé dans les suies de l'usine de désargentation de Mansfeld (Saxe) du sélénium libre dont la proportion, d'après Kemper, peut aller jusqu'à 9 °/₀. Bœttger soumet le dépôt à la lévigation, lave les parties les plus pesantes à l'eau aiguisée d'acide chlorhydrique, puis à l'eau pure. Enfin il les fond avec du carbonate de potassium ou de sodium, pulvérise la masse, l'épuise par l'eau et abandonne la solution à l'air [Bœttger, *Journ. für prakt. Chem.*, t. LXXI, p. 512; — Kemper, *Arch. Pharm.*, (2), t. CI, p. 25].

PROPRIÉTÉS PHYSIQUES. — Comme le soufre, le sélénium se présente sous plusieurs états physiques différents. On en connaît quatre avec certitude : un seul est nettement cristallisé [Hittorff, *Poggend. Ann.*, t. LXXXIV, p. 214; — Mitscherlich, *Journ. für prakt. Chem.*, t. LXVI, p. 301, et *Ann. de Chim. et de Phys.*, (3), t. XLVI, p. 301; — Regnault, *Ann. de Chim. et de Phys.*, (3), t. XLVI, p. 287; — Rathke, *Ann. der Chem. u. Pharm.*, t. CLII, p. 181, et *Bull. de la Soc. chim.*, 1870, t. XIII, p. 304].

α. *Sélénium noir.* — Il se dépose par l'action de l'air sur les solutions des séléniures alcalins. Il est cristallin, mais ne donne pas de cristaux mesurables. Sa densité à + 15° est de 4,808 (Hittorff), de 4,76 à 4,788 (Mitscherlich). Il est insoluble dans le sulfure de carbone, et conduit la chaleur et l'électricité sensiblement mieux que la modification vitreuse. Selon Mitscherlich, il est identique avec le sélénium granulaire qui se produit lorsqu'on chauffe à 100° le sélénium vitreux. Entre 96° et 97°, le changement moléculaire dont nous parlons s'accomplit rapidement avec un dégagement de chaleur considérable, et qui suffirait, selon Regnault (si la chaleur était exclusivement employée à chauffer le sélénium), à élever la température de celui-ci à 200°. Mitscherlich a obtenu encore la même modification en chauffant un sélénium quelconque à 217°, refroidissant graduellement jusqu'à 180° et entretenant pendant quelque temps cette température. Ce sélénium granulaire et noir se ramollit au-dessus de 200° et n'est complétement fondu qu'au-dessus de 250° (selon Hittorff, il fond sans ramollissement préalable à 217°). Dans son état pâteux, on peut l'étirer en fils qui sont d'un rouge-rubis par transparence.

Sa chaleur spécifique, selon Regnault, est de 0,07616 entre + 98° et + 20° et de 0,07446 entre + 7° et — 20° (0,0804 d'après Bettendorff et Wüllner). On verra que la chaleur spécifique du sélénium vitreux entre 90° et + 20° est beaucoup plus considérable : la différence disparaît aux basses températures.

On n'a pu obtenir de cristaux de sélénium noir.

Ce corps est insoluble, dans le sulfure de carbone. Il se dissout abondamment dans le chlorure de sélénium, mais il se sépare de la dissolution en petites masses sphériques réunies en grappes. Il est insoluble dans le sulfure d'éthyle, fort peu soluble dans le séléniure d'éthyle et n'a pu être isolé à l'état cristallin de ce dernier dissolvant.

β. *Sélénium rouge cristallisé.* — On l'obtient en dissolvant dans le sulfure de carbone le sélénium rouge amorphe soluble (sélénium δ) : 1000 p. de ce liquide en dissolvent 1 p. à l'ébullition (en se colorant fortement en rouge), et seulement 0,16 à zéro. Pendant le refroidissement, il se dépose de très-petits grains rouge foncé éclatants qui peuvent acquérir 1 millimètre de long par des réchauffements et des refroidissements successifs. Ces cristaux appartiennent au type clinorhombique; voici leurs principaux angles d'après Mitscherlich : $mm = 64°56'$; $h^3 h^3 = 103° 40'$; $ph^1 = 104°6'$; $pb^{1/2} = 112°36'$; $pd^{1/2} = 124°13'$.

Leur densité à + 15° est de 4,46 à 4,509. Chauffés en tubes scellés dans de l'eau à 100°, ils ne s'altèrent pas, mais, à 150° ils deviennent noirs et insolubles dans le sulfure de carbone sans toutefois changer de poids. Leur densité est alors de 4,7, presque égale à celle du sélénium α.

γ. *Sélénium rouge amorphe et insoluble* dans le sulfure de carbone. — Il se sépare d'une dissolution d'acide sélénieux, soit par l'électrolyse, soit par l'action de l'acide sulfureux (*sélénium électropositif*). On le prépare encore en décomposant l'acide sélénio-dithionique ou de chlorure de sélénium. Abandonné au contact du sulfure de carbone pendant quelques semaines, il devient soluble dans ce liquide et cristallin. Densité = 4,26. Lorsqu'on refroidit assez brusquement le sélénium fondu, il devient vitreux et ses propriétés ressemblent tout à fait à celles du sélénium rouge amorphe. Comme lui, il se transforme à + 96° en sélénium noir (Se α); il est presque absolument insoluble dans le sulfure de carbone. Sa densité est de 4,28. Chauffé au-dessus de 100°, il devient pâteux et analogue à la cire à cacheter en fusion. La transformation en Se α est alors incomplète.

Lorsqu'on laisse refroidir très-lentement une masse de sélénium fondu, la température baisse régulièrement, mais il arrive un moment où la transformation moléculaire qui donne le sélénium α se produit, et alors le thermomètre remonte de 112 à 120°. Lorsque le refroidissement est rapide, la marche du thermomètre est tout à fait régulière et le métalloïde conservant une partie de sa chaleur latente de fusion donne la modification vitreuse.

Chaleur spécifique du sélénium vitreux entre + 87 et + 19° = 0,1036 (Regnault). Chaleur spécifique du sélénium fondu et projeté en gouttes dans l'eau froide, entre + 25° et + 38°, 0,0953; à + 52°, 0,1104; à + 61°, 0,1147 (Bettendorff et Wüllner). Ce sélénium se ramollit à 40°.

Indice de réfraction du sélénium amorphe fondu : $n_A = 2,654$; $n_B = 2,73$; $n_C = 2,787$; $n_C = 2,857$; $n_D = 2,90$. Au delà de D la lumière ne traverse plus une plaque de 0mm,003 d'épaisseur [Sirks, *Poggend. Ann.*, 1871, t. CXLIII, p. 429].

δ. *Sélénium rouge amorphe et soluble* dans le sulfure de carbone; c'est celui qui se sépare de la solution d'hydrogène sélénié, soit par l'action de la pile, soit par celle de l'air. C'est avec lui qu'on prépare le sélénium cristallisé (Se β).

La modification α paraît correspondre au soufre octaédrique par sa densité supérieure, le sélénium β est clinorhombique comme le soufre β (Rathke). Quant aux variétés amorphes et vitreuses, elles ont leurs analogues dans les deux soufres amorphes et dans le soufre mou.

Le sélénium bout à une température voisine du rouge; sa vapeur est rouge-brun; elle offre, lorsqu'on la surchauffe, un beau spectre d'absorption dont les bandes sont surtout nombreuses dans le bleu et le violet [Gernez, *Bull. de la Soc. chim.*, 1872, t. XVIII, p. 172]. Elle se condense suivant les dimensions du récipient en une poudre écarlate analogue à la fleur de soufre ou en gouttes liquides.

La densité de vapeur du sélénium prise à une température peu supérieure à son point d'ébullition, c'est-à-dire à 860° dans la vapeur de cadmium, est anomale (7,67 par rapport à l'air), mais elle diminue peu à peu, si l'on élève la température, de façon à correspondre vers 1450° à la formule Se^2 = 2 volumes (5,68 par rapport à l'air à 1420°. Théorie, 5,54. Par rapport à l'hydrogène, cette densité expérimentale est 82. Théorie = 79,5.) [H. Deville et Troost, *Ann. de Chim. et de Phys.*, (3), t. LVIII, p. 290 et 297].

Le spectre du sélénium dans un tube de Geissler est composé de bandes ombrées deux fois plus écartées que celles du soufre.

Propriétés chimiques. — Le sélénium est insoluble dans l'eau, mais légèrement soluble dans l'acide sulfurique d'où l'addition d'eau le précipite. Frankenheim a obtenu des cristaux, sans doute clinorhombiques, par le refroidissement de cette solution. Le sulfure de carbone dissout certaines modifications allotropiques du sélénium (Se β et Se δ). Cette solution précipite à l'état de séléniures plusieurs solutions métalliques alcalines [P. Guyot, *Bull. de la Soc. chim.*, 1871, t. XV, p. 186].

Le sélénium s'enflamme assez difficilement et brûle avec une flamme bleue qui présente un spectre cannelé analogue au spectre primaire du soufre. Il se sublime de l'anhydride sélénieux et du sélénium non oxydé : en même temps on perçoit une odeur très-caractéristique et très-désagréable de raifort pourri due à un oxyde inférieur.

Le chlore et le brome se combinent à froid au sélénium. A chaud, celui-ci s'unit directement au soufre, au phosphore, à l'iode, à l'hydrogène et aux métaux. Il absorbe à froid les vapeurs d'anhydride sulfurique en donnant une poudre jaune contenant $SeSO^3$ et décomposable par l'eau ou la chaleur. Dans ces conditions on n'obtient que peu d'anhydride sélénieux; à 100°, la réaction est très-rapide, mais il se forme beaucoup d'anhydrides sélénieux et sulfureux [Schultz-Sellack, *Bull. de la Soc. chim.*, 1871, t. XV, p. 48].

Le sélénium est oxydé à chaud par l'acide nitrique et par l'eau régale. Il se dissout dans la solution chaude de cyanure de potassium en formant du séléniocyanate.

COMBINAISONS DU SÉLÉNIUM AVEC LES MÉTALLOÏDES MONATOMIQUES.

Hydrogène sélénié ou Acide sélénhydrique, H^2Se. — Densité par rapport à l'air = 2,795; théorie = 2,84. Berzelius a préparé ce gaz à l'aide des séléniures de potassium ou de fer et de l'acide chlorhydrique. On le recueille sur le mercure. On pourrait le produire aussi en faisant agir à chaud le sélénium sur l'acide iodhydrique gazeux ou en solution concentrée [Hautefeuille, *Bull. de la Soc. chim.*, 1867, t. VII, p. 199].

Il possède une odeur qui, au premier moment, ressemble à celle de l'hydrogène sulfuré, mais, au bout d'un instant, il irrite très-fortement les muqueuses. Il provoque la toux, le larmoiement et des maux de tête qui peuvent durer quinze jours. On l'a analysé comme l'acide sulfhydrique en le faisant réagir à chaud sur l'étain ; il contient son volume d'hydrogène. Un froid de — 15° ne le liquéfie pas.

Il est plus soluble dans l'eau que l'hydrogène sulfuré et la solution est un liquide incolore d'une odeur faible et d'une saveur hépatique. Cette solution colore la peau en brun et rougit le tournesol. Elle se décompose au contact de l'air : il se forme de l'eau et du sélénium amorphe soluble (sélénium δ). L'iode en sépare du sélénium qui se combine ensuite à l'excès d'iode. Elle précipite la plupart des solutions des métaux lourds à l'état de séléniures; les sels de manganèse, de zinc et de cérium à l'état de séléniures hydratés.

L'hydrogène sélénié peut s'obtenir par synthèse directe en chauffant le sélénium avec de l'hydrogène vers 500° [Vellsmann, *Ann. der Chem. u. Pharm.*, t. CXVI, p. 122]. La combinaison a lieu avec absorption de chaleur (Hautefeuille). Le gaz sélénhydrique se détruit partiellement dès 150°. M. Ditte a fait voir que dans ce cas il s'établit un équilibre entre la quantité de gaz décomposé par la chaleur et celle qui se forme à chaque instant par l'action inverse. Cet équilibre présente cette particularité que la quantité de gaz décomposé *croît* avec la température de 150° à 270°; qu'elle *décroît* ensuite et passe par un minimum vers 520° enfin qu'elle *croît* de nouveau continûment à partir de cette température. C'est donc à 520° que l'acide sélénhydrique est le plus stable [*Compt. rend.*, t. LXXVI, 1872, p. 980].

M. Corenwinder a réalisé facilement l'union de l'hydrogène et des vapeurs de sélénium en présence de la ponce chauffée au rouge [*Ann. de Chim. et de Phys.*, (3), 1852, t. XXXIV, p. 77]. Lorsqu'on chauffe à 520° du sélénium dans un tube contenant de l'hydrogène, de l'acide sélénhydrique prend naissance et du sélénium, formé par la décomposition de ce gaz par l'abaissement de température, cristallise dans les parties froides de l'appareil (Hautefeuille).

Chlorures de sélénium. — *Protochlorure*, Se^2Cl^2. — Berzelius a obtenu ce corps en traitant le perchlorure par le sélénium. Sacc le prépare en faisant passer du chlore sur des fragments de sélénium vitreux contenus dans un tube de verre incliné. La chaleur due à la réaction suffit pour volatiliser le protochlorure, qui s'écoule en gouttes huileuses par le bas de l'appareil. On le reçoit dans un récipient refroidi et bien sec. C'est un liquide dense, épais, d'un jaune-brun, d'une odeur piquante, beaucoup plus volatil d'après Sacc que Berzelius ne l'a annoncé, et décomposable par l'eau froide (plus rapidement par l'eau bouillante) en acide chlorhydrique, acide sélénieux et sélénium précipité. Celui-ci retient du bichlorure [Sacc, *Ann. de Chim. et de Phys*, (3), t. XXIII, p. 124].

Tétrachlorure ou *perchlorure*, SCl^4 [Berzelius, *Ann. de Chim et de Phys.*, (2), t. IX, p. 235]. — On le produit en faisant passer du chlore sur du sélénium. Il se forme d'abord du protochlorure, puis celui-ci se concrète en une masse blanche. Lorsqu'on la chauffe, cette masse se volatilise avant de fondre et donne un sublimé de petits cristaux blancs, c'est le tétrachlorure; ses vapeurs sont jaunes et donnent un beau spectre d'absorption (Gernez). L'addition de sélénium transforme le perchlorure en protochlorure. L'eau le décompose avec production d'acide sélénieux, $SeCl^4 + 3H^2O = 4HCl + SeO^3H^2$. Une moindre quantité d'eau ou l'humidité atmosphérique donne naissance à l'oxychlorure $SeOCl^2$ (voyez p. 1464). Lorsqu'on chauffe un séléniate avec du chlorure de sodium et de l'acide sulfurique. Il se dégage un mélange de tétrachlorure de sélénium et de chlore, puis des vapeurs vertes qui se condensent en un mélange oléagineux d'acides sélénieux et sulfurique [H. Rose, *Pogg. Ann.*, t. XXVII, p. 577].

Si l'on introduit du tétrachlorure de sélénium dans un vase bien bouché avec de l'anhydride sulfurique et si l'on maintient le tout à une température peu supérieure à la température ordinaire, on voit les deux corps s'unir sans dégagement de chlore ni d'acide sulfureux en donnant une huile épaisse et dense d'un jaune verdâtre dans laquelle l'anhydride sulfurique en excès nage sous forme de cristaux. En chauffant légèrement, on chasse l'anhydride et l'on obtient une masse cristalline blanche. Chauffe-t-on davantage, la substance fond et jaunit, dégage du chlore et des vapeurs rouges analogues à celles du peroxyde d'azote. Ces vapeurs se condensent en un sirop incolore lequel se prend lui-même en une masse cireuse. Cette dernière substance étant redistillée passe à 187° sans altération. Elle contiendrait, d'après H. Rose,

$$2(SeCl^6.5SO^3) + 5(SeCl^4.SeO^2)\ (?)$$

[*Poggend. Ann.*, t. XLIV, p. 315]. Berzelius pense qu'elle renferme principalement le corps

$$SeCl^4.SO^3.$$

Bromures de sélénium. — *Protobromure*, Se^2Br^2 [Schneider, *Bull. de la Soc. chim.*, 1867, t. VII, p. 241]. — Pour le préparer, on ajoute, sous une couche de sulfure de carbone, 1 molécule de brome à 1 molécule de sélénium. Le sulfure de carbone étant chassé, il reste un liquide visqueux, rouge de sang très-foncé, d'une densité de 3,604 à + 15°, d'une odeur forte et désagréable, colorant la peau en rouge. C'est le protobromure de sélénium. Ce corps se décompose par l'humidité selon l'équation

$$2Se^2Br^2 + 2H^2O = 4HBr + SeO^2 + 3Se.$$

Il est soluble dans le sulfure de carbone, dans le chloroforme, dans l'iodure d'éthyle, lequel se transforme peu à peu en bromure d'éthyle avec production d'iodure de sélénium. L'alcool absolu le convertit en perbromure selon l'équation : $2Se^2Br^2 = 3Se + SeBr^4$. Il faut ajouter un peu de sulfure de carbone, sans quoi il se forme une masse solide de sélénium qui englobe du protobromure non décomposé.

Quand le protobromure renferme du perbromure, celui-ci se sublime vers 80°.

Lorsqu'on chauffe le protobromure, il se décompose : il passe d'abord du perbromure, puis à 225° une certaine quantité de protobromure, et il reste du sélénium.

On peut obtenir du protobromure en dissolvant Se^3 dans $SeBr^4$. Si l'on ajoute du brome à du protobromure contenant du sulfure de carbone on obtient une poudre jaune qui paraît renfermer du carbone.

Tétrabromure ou *perbromure*, $SeBr^4$ [Sérullas; Schneider, *Bull. de la Soc. chim.*, 1867, t. VIII, p. 90]. — Le sélénium et son protobromure sont avides de brome et se combinent avec celui-ci à froid : en chassant l'excès de brome par un courant d'air, on obtient une poudre d'un rouge brun contenant $SeBr^4$. On peut encore le préparer en ajoutant du brome à la solution de Se^2Br^2 dans le sulfure de carbone. Chauffé vers 75-80°, le perbromure perd du brome; il se sublime des écailles noires (sélénium?) et des cristaux rouge-orangé $SeBr^4$. On a signalé aussi des aiguilles jaunes dont l'analyse paraît correspondre à $SeBr^5$. Il est volatil à la température ordinaire et possède une odeur analogue à celle du chlorure de soufre; il se dissout dans l'eau, mais se décompose bientôt avec formation d'acide sélénieux et d'acide bromhydrique. S'il contient du protobromure, on voit paraître en outre le sélénium d'après l'équation ci-dessus indiquée.

Il est soluble dans le sulfure de carbone, le chloroforme, le chlorure d'éthyle : fondu avec l'anhydride sélénieux, il donne une masse brune cristallisée en aiguilles, peut-être $SeBr^2O$. La solution chlorhydrique se décompose et donne du protochlorure.

Iodures de sélénium. — Ils sont peu stables. Si l'on fond de l'iode avec du sélénium, on obtient une masse d'un noir grisâtre d'où l'alcool extrait la totalité de l'iode (Trommsdorff).

R. Schneider dissout du protobromure de sélénium dans l'iodure d'éthyle et chauffe à 100° en vase clos : il se forme du bromure d'éthyle et il se sépare par refroidissement une masse cristalline grise fusible à 68-70° et constituant le protoiodure Se^2I^2. L'eau le décompose selon l'équation suivante :

$$2Se^2I^2 + 2H^2O = 4HI + SeO^2 + 3Se.$$

En substituant au protobromure le perbromure on obtient le periodure. On peut le préparer plus facilement en mélangeant des solutions concentrées d'acide iodhydrique et d'acide sélénieux : $4HI + SeO^2 = SeI^4 + 2H^2O$. Il se sépare à l'état d'un précipité brun entièrement décomposable par l'eau.

Fluorure de sélénium. — En faisant passer sur du fluorure de plomb, contenu dans un creuset de platine, de la vapeur de sélénium, G.-J. Knox a produit un fluorure de sélénium qui se sublime en cristaux. Ceux-ci se volatilisent à une haute température sans s'altérer; ils se dissolvent dans l'acide fluorhydrique concentré, mais l'eau les décompose instantanément en acides fluorhydrique et sélénieux.

COMBINAISONS DU SÉLÉNIUM AVEC LES MÉTALLOÏDES DIATOMIQUES.

Oxydes de sélénium. — Le sélénium fournit un sous-oxyde à peu près inconnu et un bioxyde correspondant à l'anhydride sulfureux (anhydride sélénieux SeO^2). On ne connaît pas le trioxyde correspondant à l'anhydride sulfurique SO^3. Les hydrates SeO^3H^2 et SeO^4H^2 (acides sélénieux et sélénique) donnent des sels bien étudiés et tout à fait analogues aux sulfites et aux sulfates.

Sous-oxyde de sélénium, SeO (?). — Il se forme par la combustion incomplète du sélénium ou par l'oxydation du sulfure de sélénium à l'aide de l'eau régale, lorsque la proportion d'acide nitrique n'est pas suffisante pour peroxyder le sélénium. C'est un gaz incolore, peu soluble dans l'eau et dont la solution ne possède pas de propriétés acides. C'est à lui qu'on doit attribuer l'odeur particulière du sélénium en combustion (Berzelius).

Anhydride sélénieux, SeO^2. — On l'obtient en fondant du sélénium dans une petite cornue où l'on fait pénétrer un courant d'air ou d'oxygène; il se sublime un peu au-dessous du rouge sous la forme d'aiguilles blanches à quatre pans. L'infusibilité et la volatilité au rouge de l'anhydride sélénieux constituent un des caractères pyrognostiques du sélénium.

On peut encore traiter le sélénium par l'eau régale ou l'acide nitrique chauds et évaporer à sec; la masse blanche produite se sublime en chauffant davantage. Au moment de la vaporisation des dernières traces d'acide nitrique et de la solidification de l'anhydride, la température s'élève brusquement et on peut perdre alors de celui-ci si l'on opère en vase ouvert. Pour avoir des cristaux exempts d'acide sulfurique, on les dissout dans l'eau, on ajoute de l'eau de baryte aussi longtemps qu'il se forme un précipité permanent (le sélénite de baryum étant soluble dans un excès d'acide), puis on évapore à sec et on sublime; l'acide sélénieux, qui se forme très-facilement en dissolvant SeO^2 dans l'eau, se décompose avec une égale facilité lorsqu'on évapore la solution et laisse l'anhydride comme résidu. Ce dernier est fort soluble dans l'alcool (Berzelius). Les vapeurs d'anhydride sélénieux sont jaunâtres et donnent des bandes d'absorption dans le bleu et le violet (Gernez).

Acide sélénieux;

$$SeO^3H^2 = SeO^2 + H^2O = SeO\left\{\begin{matrix}OH\\OH.\end{matrix}\right.$$

— On l'obtient en faisant réagir l'eau sur l'anhydride. La solution chaude le laisse déposer par refroidissement sous forme de cristaux ressemblant beaucoup au nitre. Ceux-ci deviennent opaques à l'air humide et adhèrent les uns aux autres sans toutefois sembler mouillés. La solution est acide au goût, et au papier; elle neutralise les alcalis, fait effervescence avec les carbonates et décompose à chaud, à cause de son peu de volatilité, les chlorures et les nitrates. Elle est réduite, surtout à chaud, par l'acide sulfureux ou par les sulfites. Il se dépose du sélénium rouge amorphe (Se γ). Tous les métaux (même l'argent) à l'exception de l'or, du platine et du palladium, opèrent une réduction analogue; il en est de même du chlorure stanneux, mais non du sulfate ferreux. L'acide sulfhydrique produit un précipité jaune qui, d'après Berzelius, est un sulfure de sélénium, SeS^2 (voyez ce mot), mais que Rose ne considère que comme un mélange [*Poggend. Ann.*, t. CVII, p. 186].

L'ébullition avec l'acide chlorhydrique n'altère pas l'acide sélénieux. Celui-ci est transformé en acide sélénique par tous les agents oxydants, tels que le chlore en présence de l'eau, le bichromate de potassium, les peroxydes de manganèse et de plomb, le nitre en fusion, etc.

L'acide sélénieux précipite les sels d'argent et de plomb.

C'est un acide diatomique et bibasique.

Les *sélénites* sont neutres ($SeO^3R'^2$) ou acides ($SeO^3R'H$). On connaît des sels quadracides comme $SeO^3KH + SeO^3H^2$.

Ils sont réduits par le charbon avec formation de séléniures ou de sélénium. Avec le carbonate de sodium ils donnent, au feu de réduction, une odeur de sélénium et fournissent une masse hépatique qui, humectée et posée sur une lame d'argent, la colore en brun. Chauffés avec du chlorhydrate d'ammoniaque, ils donnent un sublimé de sélénium. Les sélénites alcalins sont solubles, ceux des métaux lourds sont insolubles dans l'eau, mais solubles dans l'acide nitrique, à l'exception des sélénites de plomb et d'argent qui s'y dissolvent à peine.

On ne connaît pas d'*éthers sélénieux neutres.* On obtient l'*acide méthylsélénieux,*

$$SeO\begin{matrix}\diagup OCH^3\\ \diagdown OH,\end{matrix}$$

en oxydant les séléniures de méthyle par l'eau régale; la réaction est très-violente. Après évaporation et refroidissement, l'acide méthylsélénieux reste à l'état d'une masse cristalline. Cet éther acide donne des sels avec les bases et se combine avec l'acide chlorhydrique pour former des prismes transparents contenant, d'après Wœhler et Dean, $CH^3SeO^2Cl + H^2O$, et selon Rathke,

$$CH^3.SeO^2H + HCl.$$

La première formule est celle de la chlorhydrine de l'acide méthylsélénieux; la seconde correspondrait à un composé du sélénium d'un degré d'oxydation moins élevé que l'acide sélénieux. Rathke a obtenu en oxydant le sélénéthyle un composé analogue, $C^2H^5.SeO^2H + HCl$, et Wœhler, en faisant réagir sur le composé méthylique les acides bromhydrique ou iodhydrique, a préparé les combinaisons bromées ou iodées correspondantes [Wœhler et Dean, *Ann. der Chem. u. Pharm.*, t. XCVII, p. 5; — Rathke, *ibid.*, t. CLII, p. 181].

Acide sélénique, SeO^4H^2. — On obtient les séléniates en fondant avec le nitre du sélénium, des séléniures ou des sélénites, ou encore en faisant passer du chlore dans une solution alcaline de sélénite de potassium (Berzelius). H. Rose produit l'acide sélénique en traitant le sélénium ou l'acide sélénieux par l'eau de chlore. Balard a employé l'acide hypochloreux. Thomsen prépare l'acide sélénique à l'état de pureté en saturant l'acide sélénieux par le carbonate d'argent (ou en le précipitant par le nitrate); il introduit le sélénite d'argent, très-peu soluble, dans de l'eau qu'il additionne peu à peu de brome et agite jusqu'à décoloration presque complète. Il filtre alors pour séparer le bromure d'argent et fait évaporer. La solution ne renferme pas d'acide sélénieux [*Bull. de la Soc. chim.*, t. XIII, p. 331, 1870]. Wohlwill sature de chlore de l'eau tenant en dissolution de l'acide sélénieux ou tenant en suspension du sélénite de cuivre; puis il chasse l'excès de chlore par un courant d'air, ajoute du carbonate cuivrique, filtre pour séparer le sélénite non altéré, précipite le séléniate par l'alcool et le décompose par l'hydrogène sulfuré [*Ann. der Chem. u. Pharm.*, t. CXIV, p. 162].

Von Hauer calcine l'anhydride sélénieux avec un mélange de nitrate de calcium et de sodium. Il se forme, lorsqu'on ajoute de l'eau, du séléniate de calcium peu soluble. On le fait bouillir avec de l'oxalate de cadmium, on filtre pour séparer l'oxalate de calcium et on a une solution de séléniate de cadmium qu'on décompose par l'hydrogène sulfuré [*Jahresb.*, 1860, p. 85].

La solution la plus concentrée d'acide sélénique bout à 280°. Elle renferme un peu plus d'eau que n'en exige la formule SeO^4H^2, mais ne peut perdre cet excès d'eau sans se réduire partiellement à l'état d'acide sélénieux avec dégagement d'oxygène. Elle ressemble beaucoup à l'huile de vitriol; sa densité est de 2,6. Elle est très-hygroscopique et s'unit à l'eau avec un dégagement considérable de chaleur. Comme l'acide sulfurique, elle précipite les sels de baryum en solutions acides, mais elle se distingue de cet acide par ce caractère d'être réduire et de dégager du chlore lorsqu'on la fait bouillir avec de l'acide chlorhydrique,

$$SeO^4H^2 + 2HCl = SeO^3H^2 + H^2O + Cl^2.$$

L'acide sélénique résiste pourtant à certains agents réducteurs qui détruisent l'acide sélénieux. Il n'est décomposé ni par l'acide sulfureux ni par l'hydrogène sulfuré, ni par l'hydrogène naissant qui se dégage lorsqu'on y dissout du fer ou du zinc. D'un autre côté, il est réduit à chaud par le cuivre et l'or; le métal se dissout et il se forme de l'acide sélénieux. Le platine ne se dissout pas dans l'acide sélénique.

L'acide sélénique est diatomique et bibasique.

Les *séléniates* sont très-analogues aux sulfates, avec lesquels ils sont isomorphes : comme ceux-ci ils donnent des aluns. On ne connaît cependant qu'un seul séléniate acide, celui qui correspond au bisulfate de potassium, SeO^4KH. Les séléniates sont généralement solubles, excepté ceux de baryum, de strontium et de plomb, qui sont insolubles dans l'eau et même dans l'acide nitrique. Les séléniates alcalins se préparent directement avec les séléniures ou sélénites et le nitre; les autres avec l'acide libre ou par double décomposition. La chaleur rouge est sans action sur beaucoup d'entre eux. Projetés sur un charbon incandescent, ils fusent en laissant généralement un séléniure et en émettant l'odeur caractéristique de raifort pourri. Ils sont aussi réduits à l'état de séléniures par l'hydrogène, et cela à une chaleur modérée. Chauffés avec le sel ammoniac, ils fournissent du sélénium. Avec l'acide chlorhydrique, ils donnent la réaction de l'acide sélénique. Le séléniate de baryum, insoluble dans l'acide nitrique, se dissout lentement à chaud dans l'acide chlorhydrique, mais c'est en dégageant du chlore et en se transformant en sélénite.

Les *éthers séléniques* sont inconnus, à l'exception de l'acide éthylsélénique, que Fabian a obtenu en chauffant à 100° parties égales d'acide sélénique et d'alcool. C'est un acide très-peu stable, qui se dédouble spontanément et dont on a préparé quelques sels solubles dans l'eau [*Ann. der Chem. u. Pharm., Supplementb.*, I, p. 241, 1861].

Oxychlorure de sélénium [Syn. *Chlorure de sélényle*], $SeOCl^2$ [R. Weber, *Poggend. Ann.*, t. CVIII, p. 613, et *Journ. für prakt. Chem.*, t. XCV, p. 745]. — Liquide jaune et pesant (densité = 2,44) produit par l'action d'une petite quantité d'eau ou de l'humidité atmosphérique sur le perchlorure de sélénium, $SeCl^4$. On le prépare en faisant passer les vapeurs de perchlorure sur l'anhydride sélénieux chauffé dans un tube coudé. Il bout à 220° (179°,5 selon Michaelis). Il fume à l'air et donne avec un excès d'eau de l'acide sélénieux et de l'acide chlorhydrique. Il se combine au perchlorure d'étain, avec lequel il forme une masse cristalline renfermant $2SeOCl^2 + SnCl^4$. On connaît les combinaisons analogues du titane, $2SeOCl^2 + TiCl^4$, et de l'antimoine, $SeOCl^2 + SbCl^5$.

D'après Michaelis, l'action du perchlorure de phosphore sur l'anhydride sélénieux donne probablement d'abord de l'oxychlorure de sélénium, puis du tétrachlorure [*Zeitsch. für Chem.*, 1870, p. 464].

Sulfures de sélénium, [Ditte, *Compt. rend.* t. LXXIII, p. 625 et 660; — Rathke, *Ann. der Chem. u. Pharm.*, t. CLII, p. 181, et *Bull. de la Soc. chim.*, t. XIII, p. 325]. — Berzelius a décrit un composé obtenu en fondant le soufre et le sélénium dans les proportions indiquées par la formule SeS^2 et un autre préparé d'une façon analogue et renfermant SeS^3. Ces sulfures sont solubles dans des sulfhydrates alcalins; le premier fond vers 100° et se volatilise sans décomposition. Berzelius pensait qu'il était identique avec le précipité jaune produit par l'hydrogène sulfuré dans la solution froide d'acide sélénieux. Postérieurement Rose a publié que ce précipité n'était qu'un mélange, et de fait, lorsqu'on le dissout dans le sulfure de carbone, les portions qui cristallisent sont de plus en plus riches en sélénium. D'après Rathke, il en est de même du corps SeS^2 obtenu par fusion. Il paraît donc que la simple cristallisation dans le sulfure de carbone peut amener des variations dans la composition du produit.

Malgré cela, en dissolvant dans ce liquide le précipité de Rose et séparant les premiers cristaux obtenus par évaporation spontanée, Rathke a pu préparer des cristaux rouge-orangé, rhomboïdaux, qui renferment 63,80 °/₀ de sélénium, c'est-à-dire moins que la formule SeS n'en exige et plus que la quantité indiquée par la formule SeS^2.

Le précipité produit par l'acide sulfureux dans la solution d'hydrogène sélénié a été chauffé par le même auteur à 100° (pour rendre insoluble le sélénium libre), puis dissous dans le sulfure de carbone. Par cristallisation fractionnée, M. Rathke a obtenu d'abord des cristaux excessivement peu solubles, d'un rouge rubis (composition : Se^2S), puis des prismes rouges, solubles dans 263 p. de CS^2 (composition : à peu près SeS), et enfin des tables rouge-orangé, solubles dans 57 p. de CS^2 (composition : 65 % de sélénium comme les cristaux dérivés de l'acide sélénieux). Ces deux derniers composés cristallins sont considérés par l'auteur comme des mélanges isomorphiques de SeS^2 et de SSe^2.

Ditte a préparé récemment un sulfure auquel il donne la formule SeS. Il lave le précipité de H. Rose et le sèche dans le vide, puis le mouille avec un peu de sulfure de carbone et l'abandonne à lui-même. Du soufre entre en dissolution et il se sépare des paillettes qu'on lave à la benzine et à l'alcool et qu'on sèche. Leur densité à zéro = 3,056. Leur chaleur spécifique = 0,1274. Lorsqu'on les chauffe, elles fondent, puis se décomposent. Dissoutes dans le sulfure de carbone, elles abandonnent par évaporation d'abord du soufre pur, puis des cristaux de plus en plus riches en sélénium.

L'action de l'hydrogène sulfuré sur le sélénite de potassium donne un précipité brun contenant du soufre à l'état de mélange visible. Traité comme le précédent, il fournit très-rapidement des paillettes d'un rouge brun de SeS, légèrement altérées à la surface.

Bottendorff et vom Rath [*Poggend. Ann.*, t. CXXXIX, p. 329, 1870] ont étudié les sulfures de sélénium obtenus par fusion. D'après eux, ils ne cristallisent qu'après leur dissolution dans CS^2. Les composés obtenus en fondant ensemble

$$Se + S^2 \ldots \quad Se + S^3 \ldots \quad Se + S^4,$$

fournissent des cristaux de la même forme cristalline dérivée d'un prisme clinorhombique. Faces observées : $h^3, g^1, b^{1/2}, d^{1/2}, e^2$; $h^3h^3 = 124°22'$; $d^{1/2}, d^{1/2} = 119°30'$; $d^{1/2}, h^3 = 132°35'$.

Lorsque la proportion de soufre dépasse S^4 pour Se on obtient, par la cristallisation dans CS^2, de grands octaèdres rouge-orangé dérivant du type orthorhombique et renfermant SeS^5. Ce sulfure n'est pas plus stable que les autres et se décompose par les cristallisations en sulfures moins riches en soufre et en soufre libre.

Acide sélénio-sulfurique ou sélénio-hyposulfureux, $SSeO^3H^2$ [Rathke, *Bull. de la Soc. chim.*, 1865, t. IV, p. 347, et 1866, t. VI, p. 314]. — Cet acide et le suivant, ou plutôt leurs sels, car les acides ne sont pas connus à l'état libre, sont les seuls représentants de la série thionique du sélénium. M. Cloëz a d'abord obtenu le séléniosulfate de potassium (analogue à l'hyposulfite) en faisant réagir à 150° en vase clos le sélénium sur le sulfite neutre de potassium.

M. Rathke le prépare en dissolvant à chaud le sélénium dans le sulfite neutre de potassium ; il se dépose d'abord un sel peu soluble (séléniotrithionate), et le séléniosulfate reste dans les eaux mères. Celles-ci l'abandonnent par l'évaporation en tables hexagonales déliquescentes, qui brunissent lorsqu'on les chauffe et se transforment en séléniure de potassium.

Traité par les acides, le séléniosulfate donne du sélénium et du gaz sulfureux ; l'eau de baryte ou le chlorure de baryum en précipitent du sulfite et du sélénium. L'azotate d'argent ammoniacal le transforme en sulfate de potassium et séléniure d'argent, $SSeO^3K^2 + Ag^2O = Ag^2Se + SO^4K^2$.

Les sels de cadmium donnent un précipité de séléniosulfate instable.

Acide séléniotrithionique, $S^2SeO^6H^2$. — Le sel de potassium, obtenu comme il vient d'être dit, se présente en petits cristaux brillants et incolores, inaltérables à l'air. On peut le préparer en mélangeant le sel précédent avec du bisulfite de potassium. Les acides bouillants le décomposent avec dépôt de sélénium et dégagement de gaz sulfureux : l'azotate d'argent ammoniacal donne les mêmes produits que le sel précédent, plus de l'acide sulfurique libre,

$$S^2SeO^6K^2 + Ag^2O + H^2O$$
$$= SO^4K^2 + SO^4H^2 + Ag^2Se.$$

Le chlorure de baryum ne le détruit pas. La solution de séléniotrithionate se décompose spontanément en partie en sélénium, sulfate de potassium et acide sulfureux, en partie en sélénium et hyposulfate de potassium. C'est à cette dernière décomposition, qui se produit surtout par l'évaporation rapide à chaud, que l'on doit la préparation singulière de l'hyposulfate de potassium indiquée par M. Rathke. Celle-ci consiste à dissoudre du sélénium dans un sulfite alcalin bouillant et à évaporer rapidement. On obtient des cristaux d'hyposulfate, de sulfate et du sélénium régénéré. Les cristaux de séléniotrithionate de potassium sont clinorhombiques. Formes observées : $m, h^1, b^{1/2}, a^1, p$; $m\,m = 112°42'$; $m\,b^{1/2} = 142°6'$; $b^{1/2}\,b^{1/2} = 98°22'$.

Tellurure de sélénium. — Voyez Tellure.

COMBINAISONS DU SÉLÉNIUM AVEC LES MÉTALLOÏDES TRIATOMIQUES

Séléniure de phosphore. — Voyez t. II, p. 977.
Séléniure d'arsenic. — Voyez t. I, p. 410.
Séléniure d'antimoine. — Voyez t. I, p. 351.
Séléniure de bismuth. — Voyez t. I, p. 611.

COMBINAISONS DU SÉLÉNIUM AVEC LES MÉTALLOÏDES TÉTRATOMIQUES.

Séléniure de carbone, CSe^2 [Rathke, *loc. cit.*]. — Ce corps se produit en petites quantités lorsqu'on fait passer des vapeurs humides de tétrachlorure de carbone sur le séléniure de phosphore, P^2Se^5, chauffé au rouge sombre. L'hydrogène sélénié produit par l'action de l'eau réagit alors sur le chlorure de carbone selon l'équation

$$CCl^4 + 2H^2Se = CSe^2 + 4HCl.$$

On obtient très-peu de produit et l'on doit répéter bien des fois l'opération en cohobant le produit distillé. Au bout d'une semaine on traite par l'eau bouillante pour détruire le chlorure de sélénium formé par une réaction secondaire, on sèche et on distille. Il passe du chlorure de carbone liquide (77°), puis la température s'élève jusqu'à 100° et il reste du sesquichlorure de carbone solide. Le liquide distillé de 77 à 100° est jaune, son odeur est désagréable, il irrite les yeux ; il ne contient guère que 1 à 2 % de CSe^2.

Si dans ce liquide on fait tomber goutte à goutte une solution de potasse dans l'alcool absolu, on obtient des aiguilles feutrées jaunes et altérables à l'air de *sélénioxanthate de potassium*, $C^3H^5Se^2OK$, dont la solution décolore l'iodure de potassium ioduré en se troublant elle-même.

Si, au lieu de potasse dissoute dans l'alcool absolu, on prend de la potasse alcoolique ordinaire, le liquide se colore en rouge foncé. On ajoute alors de l'eau pour séparer le chlorure de carbone, puis on fait bouillir avec de l'acide chlorhydrique étendu dans un appareil à reflux : il se forme un léger sublimé sélénifère et insoluble qu'on n'a pu analyser et une masse solide brune imprégnée d'un liquide huileux. Cette masse distillée dans un tube coudé fermé aux deux bouts donne un liquide jaune d'or d'une odeur intolérable et d'une composition correspondant à la formule de l'*éther sélénioxanthique*,

$$C^3H^5Se^2O.C^2H^5.$$

SÉLÉNIURE DE SILICIUM. — Voyez SILICIUM.

SÉLÉNIURES MÉTALLIQUES.

Ces composés sont décrits avec les divers métaux. Les uns se rencontrent dans la nature; on peut produire les autres artificiellement, soit en fondant le métal avec le sélénium, soit en précipitant des sels métalliques par l'hydrogène sélénié ou par un séléniure soluble, soit en réduisant des sélénites ou des séléniates par l'hydrogène ou le charbon, enfin dans quelques cas en fondant des carbonates ou des oxydes avec le sélénium: il se forme alors concurremment des sélénites.

Au chalumeau, sur le charbon, les séléniures émettent l'odeur de raifort pourri. A la flamme réductrice, ils s'entourent d'un enduit de sélénium; dans le tube ouvert, ils fournissent un sublimé de sélénium et des aiguilles blanches peu volatiles d'anhydride sélénieux.

SÉLÉNIURES ET SÉLÉNHYDRATES ALCOOLIQUES. — Voyez aux ALCOOLS. G. S.

SÉLÉNIUM (SÉPARATION ET DOSAGE). — Nous avons donné les réactions des sélénites, des séléniates et des séléniures aux pages 1463, 1464 et 1466. Nous ne nous occuperons donc ici que de l'analyse quantitative des composés séléniés.

Le sélénium se dose généralement à l'état de liberté, quelquefois à l'état de sulfure; le séléniate de baryum n'est pas assez insoluble et entraîne trop facilement des sels pour se prêter à l'analyse.

A. *Dosage à l'état de sélénium.* — Ce dosage s'applique aux sélénites dissous; s'il y a de l'acide nitrique en présence, on le détruit en faisant bouillir avec de l'acide chlorhydrique jusqu'à cessation du dégagement de chlore. On acidule avec de l'acide chlorhydrique et l'on ajoute un sulfite alcalin. La liqueur rougit et se trouble; on chauffe pour réunir le dépôt de sélénium et on répète le traitement par le sulfite jusqu'à ce qu'il ne se produise plus de coloration rouge. Le sélénium est recueilli, lavé, séché à 100° et pesé.

Il suffit d'abandonner à l'air les dissolutions de séléniures alcalins pour que tout le sélénium se dépose à l'état libre. On le sèche à 100° et on le pèse.

B. *Dosage à l'état de sulfure.* — On fait passer de l'hydrogène sulfuré dans l'acide sélénieux. Le précipité renferme du soufre et du sélénium dans le rapport SeS^2. On le sèche à 100° avant de le peser.

C. *Réduction des séléniates.* — On fait bouillir les séléniates avec de l'acide chlorhydrique jusqu'à cessation d'odeur de chlore et l'on précipite le sélénium par un sulfite alcalin (A). Les séléniates insolubles comme celui de baryum, se réduisent difficilement par l'acide chlorhydrique; on doit les transformer au préalable en séléniates alcalins par digestion avec le carbonate de potassium ou de sodium; mais s'il y a du sulfate de baryum en présence, la séparation sera incomplète (Rose). Wohlwill propose de fondre dans ce cas le mélange de sulfate et de séléniate de baryum avec un mélange à parties égales de carbonates de potassium et de sodium, et de peser le carbonate barytique formé; la différence entre le poids des sels primitifs et celui du carbonate, multiplié par $\frac{140,5}{24}$, donne le séléniate de baryum.

D. *Séparation à l'état de séléniocyanate.* — Cette méthode, due à Oppenheim, s'applique aux séléniures, sélénites et séléniates. On fond le sel avec 8 à 10 p. de cyanure de potassium dans un matras traversé par un courant d'hydrogène. On dissout dans l'eau et l'on fait bouillir quelque temps; tout le sélénium est alors à l'état de sélénocyanate de potassium. On laisse refroidir, on sursature par l'acide chlorhydrique et l'on abandonne pendant 24 heures. Au bout de ce temps, le sélénium est déposé : on le sèche à 100° et on le pèse. Lorsqu'on a affaire aux acides libres, on les sature d'abord par le carbonate de sodium et l'on évapore, puis on opère comme ci-dessus [Oppenheim, *Journ. für prakt. Chem.*, t. LXX, p. 266, et H. Rose, *Poggend. Ann.*, t. CXIII, p. 472, 621].

S'il y a du soufre et du tellure dans le sel analysé, le soufre se trouve, après l'attaque au cyanure, à l'état de sulfocyanate et le tellure à l'état de tellurure alcalin. Avant d'ajouter l'acide chlorhydrique, on fait passer un courant d'air pour détruire le tellurure : tout le tellure est précipité et peut être pesé. On acidule alors et l'on recueille le sélénium. Le soufre reste en solution.

E. *Transformation des sels oxydés du sélénium en séléniures.* — Elle s'accomplit dans un creuset de porcelaine traversé par un courant d'hydrogène. On additionne la substance de 5 ou 6 fois son poids d'un mélange de parties égales de carbonate de potassium, de sodium et d'autant de chlorure alcalin. On maintient la masse en fusion pendant un quart d'heure. On laisse refroidir dans le courant d'hydrogène, on dissout dans une grande quantité d'eau, puis l'on fait passer lentement un courant d'air. Au bout de 24 heures, on filtre, on sèche et l'on pèse. Cette méthode n'est pas sans défauts. On doit dans plusieurs cas lui en substituer d'autres.

F. *Transformation des séléniures en chlorures.* — On l'effectue dans une boule de verre peu fusible terminée par deux tubes : l'un amène du chlore sec; l'autre, recourbé à angle droit, s'engage dans un tube en U présentant plusieurs renflements et contenant de l'eau (H. Rose). (voyez la figure à l'article SOUFRE (ANALYSE). On chauffe modérément le séléniure en faisant passer le chlore. On chasse le chlorure solide qui peut obstruer les tubes et, l'opération terminée, on laisse s'hydrater la portion condensée dans le tube en U qui n'aurait pas eu le contact de l'eau. Celle-ci contient alors de l'acide sélénique qu'on traite par réduction, comme il est dit en C. Les chlorures métalliques restent dans la boule. Le chlorure de mercure seul (et si l'on chauffe très-fort, le chlorure de plomb) se volatilise avec le chlorure de sélénium. Dans ce cas, on pourrait saturer le liquide de chlore, précipiter l'acide sélénique par un sel de baryum, séparer l'excès par l'acide sulfurique et précipiter le chlorure de mercure par un formiate. — Voyez O.

G. *Acides du sélénium et acides du soufre et du tellure.* — Voyez D.

H. *Acides du sélénium et de l'arsenic ou de l'antimoine.* — On dissout dans l'acide chlorhydrique ou dans l'eau régale; on ramène, s'il y a lieu, le sélénium à l'état d'acide sélénieux par l'acide chlorhydrique. On ajoute de l'acide tartrique (dans le cas de l'antimoine) et l'on réduit par l'acide sulfureux (A). Si l'on traitait selon la méthode indiquée en F, tous les chlorures se retrouveraient dans le tube à eau. On y pourrait précipiter le sélénium par l'acide sulfureux sans inconvénient.

I. *Acide sélénieux et acide sélénique.* — On précipite par l'hydrogène sulfuré la liqueur acidulée à l'aide de l'acide chlorhydrique (B). On chasse l'excès de gaz, on réduit l'acide sélénique par l'acide chlorhydrique (C).

J. *Acides du sélénium et métaux alcalins.* — On calcine avec le sel ammoniac à plusieurs reprises, il reste les métaux alcalins à l'état de chlorures. Pour doser le sélénium dans les sélénites, voyez A; dans les séléniates, voyez C; dans les séléniures, voyez A.

K. *Acides du sélénium et métaux alcalino-terreux*, voyez D. — Les séléniates de ce groupe, même celui de baryum, digérés avec des carbonates alcalins, se transforment intégralement en séléniates alcalins qu'on peut traiter comme il est dit en C.

L. *Acides du sélénium et chrome, urane, nickel, cobalt, fer, zinc, manganèse.* — Si le sélénium est à l'état d'acide sélénieux, on peut le précipiter à l'état de sulfure (B) ou au moyen de l'acide sulfureux (A), ou encore le transformer en séléniate en ajoutant à la solution aqueuse ou acide de la potasse en léger excès, faisant passer du chlore à refus, sursaturant par l'ammoniaque, ajoutant du sulfhydrate d'ammoniaque et filtrant. Les séléniates se traitent selon la méthode indiquée en C. Les séléniures sont transformés en sélénites avec l'acide nitrique ou l'eau régale.

M. *Acides du sélénium et cuivre, bismuth, cadmium.* — Les séléniures se prêtent en général au traitement par le chlore (F). Les séléniates sont traités par l'hydrogène sulfuré qui précipite les métaux, les sélénites sont transformés en séléniates par le chlore.

N. *Acides du sélénium et plomb.* — Les séléniures se traitent par le chlore (F). Le séléniate est mis en suspension dans l'eau et traité par l'hydrogène sulfuré pour séparer le plomb. Le sélénium se dose alors par réduction (C). Le sélénite est dissous dans l'acide nitrique étendu d'eau, additionné d'alcool (1/8 de volume) et le plomb précipité par l'acide sulfurique étendu; on chasse l'alcool de la liqueur filtrée, on décompose l'acide nitrique par l'acide chlorhydrique et l'on précipite le sélénium par l'acide sulfureux (A).

O. *Acides du sélénium et mercure.* — Le sélénium renferme presque toujours du mercure. On peut, en calcinant la substance avec la chaux et un carbonate alcalin, lui faire perdre son mercure, mais une analyse par voie humide permet seule la *séparation* réelle.

On dissout la combinaison oxydée ou non dans l'eau régale. On étend d'une *grande* quantité d'eau et on ajoute de l'acide phosphoreux (ou phosphatique). On abandonne à la température ordinaire. Le mercure est précipité à l'état de calomel, l'acide sélénieux n'est pas réduit, on filtre et on dose le sélénium selon A.

P. *Acides du sélénium et argent.* — Le sélénium est traité selon F. Les autres combinaisons solubles dans l'acide nitrique concentré, sont dissoutes dans ce liquide et précipitées par un chlorure soluble.

POIDS ATOMIQUE DU SÉLÉNIUM. — Berzelius, en faisant la synthèse du perchlorure de sélénium, a trouvé pour le poids atomique du sélénium 79,32. Dumas, par la même méthode, et en faisant passer l'excès de chlore dans deux tubes dont l'un était refroidi à —20° et l'autre rempli d'amiante, est arrivé au nombre 79,46. On adopte généralement 79,5.

G. S.

SELLAÏTE (Min). — Petits cristaux quadratiques incolores, d'un éclat vitreux, transparents, donnant les réactions du fluor et du magnésium et paraissant être un fluorure de magnésium. Trouvé avec karsténite à Geibroula (Piémont).

Dureté, 5. Densité, 2,97.

Angles, $mb^1 = 123°30'$; $h^1 : h^2 = 161°34'$. Clivages : *m* et *h*, parfaits.

SELS. — Les sels sont une classe de corps très-importants et qu'on définit communément en disant qu'ils résultent de l'action des acides sur les bases.

Le mot et la notion elle-même remontent au delà des origines de la chimie. C'est évidemment le sel marin ou sel commun qui les a introduits dans le langage et dans la science. Le mot est grec. Ἅλς signifie, au masculin, grain de sel, et est employé, au féminin, dans le langage poétique, pour désigner la mer. Mais déjà dans l'antiquité on avait étendu à d'autres corps la dénomination de sels, soit, comme le fait remarquer H. Kopp, par ignorance de leur véritable nature et de leurs différences réelles, soit par une vague appréciation de leurs analogies génériques. Ainsi Aristote nomme sel le résidu cristallin qui se dépose par le refroidissement des lessives de cendres concentrées. Dioscoride et Pline comptent au nombre des sels l'alcali fixe.

La notion a été fixée sans doute par la considération de deux qualités du sel ordinaire qui étaient de nature à frapper les observateurs les plus vulgaires : la saveur et la solubilité. Ces deux qualités ou attributs du sel commun et de ses congénères ont joué un grand rôle dans les conceptions vagues et les définitions obscures des alchimistes : le sel représentait et personnifiait, si l'on pouvait s'exprimer ainsi, la solubilité et la saveur, qui sont des qualités communes à un grand nombre de substances. C'est dans ce sens que Basile Valentin a pu dire que toutes les substances organiques étaient faites de sel, de soufre et de mercure, et que Paracelse envisageait ces trois substances comme les éléments de tous les corps : elles étaient pour lui les représentants matériels des qualités inhérentes à ces corps.

Dans ces conceptions, l'idée de définir et de rapprocher les corps par des caractères tirés de leur composition même, dans le sens que nous attachons aujourd'hui à ce mot, faisait absolument défaut. Cette idée ne devait naître que dans la seconde moitié du XVIIIe siècle. Il est vrai que l'analogie de composition imprime quelquefois aux corps une certaine similitude de propriétés. Voilà pourquoi on a pu, dès le moyen âge, rapprocher les uns des autres le sel marin, le sel de roche, le sel de nitre, le sel ammoniac, le sel végétal. Les vitriols ont fait de bonne heure une classe distincte, mais, par une singulière contradiction, Basile Valentin leur refusait le nom de sels, quoiqu'ils possédassent à un haut degré les caractères essentiels de la saveur et de la solubilité. Bernard de Palissy se montre plus conséquent en rangeant dans la classe des sels, le sel commun, le salpêtre, les vitriols, l'alun, le borax, le sublimé corrosif, le tartre, le sel ammoniac, le *sucre*.

L'idée de Paracelse se retrouve dans la définition de Becher. Pour ce dernier, le sel représente ce qu'il y a de fixe, d'incombustible, et, en quelque sorte, de minéral dans les corps. « *Per salem*, dit-il, *intelligo omnem terram, lutum, limum, saxum, lapidem, silicem, calcem, arenam, glaream.* »

R. Boyle combat cette extension de la notion du sel à la représentation abstraite de quelque propriété fondamentale ou générale des corps. Le grand Stahl se dégage avec peine des idées de Becher et des alchimistes, et ses définitions du mot sel sont confuses et contradictoires. D'un côté, il regarde comme analogues les acides, les sels, les alcalis, les terres, et semble confondre sous le nom de sels toutes les combinaisons chimiques. Mais, d'un autre côté, il sait que les sels neutres, tels que le sel marin, renferment un acide et une base; il admet aussi que les solutions métalliques renferment un métal uni aux acides, idée qui a été adoptée par Rouelle et qui s'est propagée jusqu'à

Lavoisier. Mais l'analogie qu'il admettait, comme on le faisait généralement au commencement du XVIIIe siècle, entre les acides, les sels et les alcalis, le portait à penser que les uns peuvent se transformer dans les autres et le conduisit à l'idée inexacte que les sels marquent en quelque sorte le passage des alcalis aux acides, et que tous ces corps renferment les mêmes principes fondamentaux, un acide universel, une partie terreuse et de l'eau.

Ainsi, à travers quelques vues justes, des erreurs et des réminiscences d'un passé dont quelques-uns de ses contemporains et même de ses prédécesseurs, moins illustres que lui, s'étaient déjà affranchis. Ce qui a contribué à maintenir une certaine confusion dans les esprits sur la notion du mot sel, c'est le caractère acide de quelques-uns, le caractère alcalin de quelques autres; des premiers on a naturellement rapproché les acides, des seconds les alcalis.

On a d'abord nommé sels *moyens* ceux que nous nommons neutres aujourd'hui, et on les regardait comme résultant de l'union d'un acide avec un autre corps doué de propriétés opposées, et qu'on nommait la base. Van Helmont avait dit le premier que chaque acide peut donner un sel par son union avec une base (1620). En 1666, Tachenius a donné dans son *Hippocrates chimicus* » la définition suivante : « *Omnia salia in duas dividuntur partes, in alcali nimirum et acidum.* Pour Nicolas Lemeri, un *sel salé* est un *mélange d'acide ou d'alcali* ou plutôt *un alcali soulé ou rempli d'acide.* Mais il est à remarquer que ces opinions, qui étaient justes, n'ont jamais obtenu l'assentiment de tous les chimistes, sans compter que les sels métalliques proprement dits restaient toujours en dehors de la définition : on les désignait généralement sous le nom de vitriols. C.-J. Geoffroy a montré le premier en 1728 que les véritables vitriols renferment de l'acide sulfurique et sont de nature saline. Depuis lui, on s'est habitué à ranger parmi les sels neutres, d'abord les sulfates métalliques ou vitriols, et puis les sels métalliques en général.

Les travaux de Geoffroy ont donc marqué un progrès, mais ce dernier ne s'est accentué véritablement qu'à partir de 1744, date de la présentation à l'Académie des Sciences d'un mémoire important sur les sels, mémoire qui est dû à G.-F. Rouelle, alors démonstrateur de chimie au Jardin du Roi.

Pour montrer l'état des connaissances sur les sels à cette époque, nous ne pouvons mieux faire que de reproduire un passage de ce mémoire, et nous empruntons cette citation à l'excellent ouvrage de M. Hermann Kopp, où nous avons puisé la plupart des indications qui précèdent [*Geschichte der Chemie*, t. III, p. 68].

« La plupart des chymistes, dit Rouelle, ne donnent le nom de sel neutre, moyen, ou salé, qu'à un très-petit nombre de sels; il y en a même qui n'ont donné ce nom qu'au seul tartre vitriolé, demandant pour caractère de ces sels que l'acide et l'alcali qui les forment soient tellement unis qu'ils résistent à toute décomposition; d'autres ont admis avec le tartre vitriolé les deux sels neutres formés par l'union des acides du sel marin et du nitre à des bases alcali fixes : tels sont le sel marin et le nitre; d'autres y joignent trois autres sels formés par l'union des trois acides à un alcali volatil, qui sont le sel ammoniacal secret de Glauber, ou le sel ammoniacal vitriolique, le sel ammoniacal ordinaire et le sel ammoniacal nitreux; il y a eu d'autres chymistes qui ont joint au nombre de ces sels neutres plusieurs autres substances salines. Je donne à la famille des sels neutres toute l'extension qu'elle peut avoir; j'appelle sel neutre, moyen ou salé tout sel formé par l'union de quelque acide que ce soit, ou minéral ou végétal, avec un alcali fixe, un alcali volatil, une terre absorbante, une substance métallique, ou une huile. »

Ainsi la classe des sels est définie désormais par leur composition même. On ne s'attache plus aux caractères extérieurs, à la solubilité, à la saveur. Un sel est formé « par l'union d'un acide avec une substance quelconque qui lui sert de *base* et lui donne une forme concrète ou solide. » A ce titre, le calomel et le plomb corné (chlorure de plomb) prennent leur place parmi les sels neutres. Rouelle (1754) les envisageait comme formés d'acide chlorhydrique et de mercure ou de plomb, comme les vitriols renferment de l'acide sulfurique uni à un métal. Dans ces sels la base est métallique. Mais Rouelle ne s'est pas arrêté là; il distingue différentes espèces de sels. Dans un mémoire publié en 1754, il prouve qu'un seul et même oxyde peut s'unir à différentes proportions d'acide. Indépendamment des sels neutres parfaits ou salés, il existe des sels neutres avec excès ou surabondance d'acide, enfin des sels neutres qui ont une très-petite quantité d'acide et qui par cela même sont peu ou point solubles. Dans cette dernière classe, il range le plomb corné et le calomel. Le calomel et le sublimé offrent l'exemple de deux sels avec des proportions différentes d'acide. Le sublimé est un sel neutre avec excès d'acide, et cet excès d'acide « n'est pas simplement mêlé avec le sel neutre; il fait combinaison avec lui, » et il faut « qu'il y en ait une juste quantité »; l'excès d'acide a aussi son point de « saturation ». Tout cela est fort remarquable, et il semble que Rouelle avait non-seulement des idées plus nettes et plus exactes sur les sels que la plupart de ses contemporains, mais encore qu'il avait le sentiment des proportions définies. Faisons remarquer toutefois qu'il confondait sous la dénomination de sels neutres, non-seulement les sels neutres proprement dits, qu'il appelait sels neutres parfaits, mais encore les sels acides et les sels basiques. Il a trouvé dans Baumé un violent contradicteur. Bergman le soutint et eut occasion plus tard de rectifier une de ses idées. Rouelle avait admis que les sels métalliques étaient des combinaisons d'acides avec des métaux. Bergman démontra que ce ne sont pas les métaux, mais les chaux métalliques qui forment des sels avec les acides. Dès lors les idées sur la constitution des sels prennent une grande simplicité. En effet, les alcalis et les terres étaient rangés à cette époque dans la catégorie des corps simples, et comparables par conséquent aux chaux métalliques, qui étaient des métaux déphlogistiqués. Tous les sels semblaient donc résulter de l'union d'un acide avec une base qui était réputée corps simple.

Lavoisier adopta les idées de Bergman sur la constitution des sels métalliques, mais en émit de nouvelles et de fondamentales sur le phénomène de la combustion et par conséquent sur la nature des chaux métalliques. Tous les sels métalliques sont formés par l'union d'un acide oxygéné avec un oxyde métallique, et il semble que ce soit l'oxygène contenu et dans l'acide et dans la base qui serve en quelque sorte de lien entre ces deux éléments du sel. Les sels alcalins et terreux doivent posséder sans doute une constitution analogue, leur base étant sans doute un oxyde encore indécomposé. Cette supposition a été énoncée d'une manière formelle pour l'alumine, base terreuse de l'alun, et a été admise implicitement pour les alcalis. On sait qu'en ce qui concerne les alcalis, la supposition de Lavoisier a été confirmée, en 1807, par sir Humphry Davy, dont la découverte fait époque dans la science. Mais la réduction des terres proprement dites ne réussit que vingt ans plus tard, grâce aux efforts combinés d'Oersted et de F. Wœhler. Oersted ayant découvert en 1826 les chlorures anhydres d'aluminium, de glucinium et d'yttrium, M. Woehler les réduisit par le potassium en 1827 et 1828. Les idées de Lavoisier sur la constitution des sels oxygénés étaient donc confirmées et complétées par ces découvertes.

Mais sur un autre point son système s'est trouvé en défaut. Il avait admis que l'oxygène entrait dans la composition de tous les acides, et voici que Berthollet démontre, dès 1789, du vivant de Lavoisier, que les acides cyanhydrique et sulfhydrique ne renferment pas d'oxygène. C'étaient à la vérité des acides faibles, à peine dignes de ce nom, et cette exception ne pouvait infirmer la règle. L'acide muriatique, disait-on, bien qu'il ne soit pas un produit d'oxydation est pourtant un acide oxygéné. En se combinant avec les alcalis et les oxydes, il forme les muriates. Le sel marin est le muriate de soude. Cette opinion régna longtemps. En 1809, Gay-Lussac et Thenard reconnurent que l'acide muriatique ne forme pas des sels en s'unissant intégralement aux oxydes, mais que cette union est toujours accompagnée de l'élimination d'une certaine quantité d'eau qui renferme tout l'oxygène des oxydes. D'après eux, cette eau était combinée avec l'acide muriatique proprement dit, qui ne peut pas exister à l'état anhydre. Quant au chlore, il est une combinaison d'acide muriatique anhydre avec l'oxygène; c'est l'acide muriatique oxygéné. Le poids de cet oxygène est égal à celui que renferme l'eau, laquelle en s'unissant à l'acide chlorhydrique sec constitue le gaz chlorhydrique. Ainsi celui-ci devient chlore en perdant de l'hydrogène, et lorsque le chlore s'unit à l'hydrogène, il se forme de l'eau, laquelle demeure combinée au gaz chlorhydrique. Une année plus tard, H. Davy a émis l'opinion que les muriates secs pouvaient être envisagés comme des combinaisons d'un corps simple, le chlore, avec des métaux. Ainsi apparaissait pour la première fois cette idée, qu'il existe deux espèces de sels, les uns renfermant de l'oxygène, les autres dépourvus d'oxygène. Elle ne fut pas immédiatement adoptée, beaucoup de chimistes retenant l'opinion que l'acide muriatique est l'hydrate d'un acide oxygéné hypothétique, qui perd son eau en s'unissant aux oxydes. Gay-Lussac et Thenard défendaient encore cette opinion en 1811, mais dès 1812 ils ont donné la préférence à l'hypothèse de Davy. Gay-Lussac ayant décrit en 1814 des combinaisons de l'iode avec les métaux, et en 1815 des composés du cyanogène avec les métaux, les uns et les autres possédant l'apparence de véritables sels, l'existence de sels non oxygénés ne pouvait plus être révoquée en doute. Et pourtant Berzelius, une des grandes autorités de ce temps-là, ne se rendit pas. Encore en 1820 il maintenait fermement la définition de Lavoisier, en disant : « Un sel est une combinaison d'un acide avec un alcali, une terre ou un oxyde métallique » [*Lehrbuch*, t. 1, p. 817, 1820]. D'après la théorie nouvelle, les chlorures ne rentraient pas dans cette définition.

« Les muriates, dit-il, ne sont pas des sels dans cette théorie; par exemple, le sel marin n'est pas une combinaison de soude avec un acide, mais bien un composé de chlore et de sodium. En conséquence, le muriate de soude ou sel marin (qui, d'après sa ressemblance générique avec d'autres sels a donné lieu à l'extension de ce mot à la classe entière des sels) n'est plus un sel. »

Etant donnée la définition de Lavoisier, cette conclusion était logique : elle devait naturellement s'étendre aux iodures, aux sulfures, aux cyanures. Pourtant en ce qui concerne ces derniers composés, Berzelius était moins affirmatif. Dans son opinion on pouvait ranger les cyanures dans la classe des sels, par la raison qu'ils renferment peut-être de l'oxygène. Ils sont bien formés par l'union d'un métal au charbon et à l'azote. Mais ce dernier corps n'est pas un élément : c'est le composé oxygéné d'un radical inconnu, le nitricum. Telle est l'opinion que le grand chimiste suédois maintenait encore en 1820 sur la nature de l'azote. A la même époque, il n'avait pas encore adopté les idées de Davy sur la nature du chlore, et il a fallu que Faraday découvrît, en 1821, les combinaisons du chlore avec le carbone (protochlorure, sesquichlorure, bichlorure), pour mettre fin à l'hésitation de Berzelius sur ce point important. En effet, d'après l'ancienne théorie du chlore [1], les chlorures de carbone apparaissaient comme des combinaisons d'acide muriatique anhydre avec des oxydes du carbone (oxyde de carbone, acide oxalique anhydre, acide carbonique). Or Berzelius reconnut que les propriétés de ces chlorures de carbone étaient peu en harmonie avec une telle hypothèse sur leur composition, et que cette hypothèse serait en tout cas moins probable que celle de Davy sur la nature du chlore. Ce n'est donc qu'à partir de 1821 qu'il abandonna franchement l'idée de représenter le chlore comme un composé d'acide muriatique anhydre et d'oxygène. Quelques années plus tard, il eut la fortune de découvrir lui-même des faits qui donnèrent une nouvelle extension à la classe des sels et qui modifièrent profondément ses opinions sur ce sujet. Il découvrit, en 1825, des combinaisons formées de deux sulfures, dont l'un jouait le rôle d'acide ou d'élément électro-négatif, et l'autre celui de base ou élément électro-positif. Le premier était un *sulfide*, l'autre un *sulfure*, et le produit de leur combinaison un *sulfosel*. Ainsi le sulfide arsénieux s'unissant au sulfure de potassium forme le sulfarsénite de potassium. Des composés de ce genre offrent les caractères et la complication moléculaires des sels oxygénés, et pourtant l'oxygène y fait défaut. Ayant ainsi acquis la preuve que ce corps n'est pas un élément nécessaire des sels, il modifia ses premières idées sur ce sujet et les énonça comme il suit dans son compte rendu annuel de 1826 [*Jahresb.*, t. VI, p. 185]. « Lorsque, par exemple, le sodium se combine avec le chlore, le produit est le sel commun, le plus caractéristique de tous les sels; mais quand le sodium se combine avec l'oxygène, il n'engendre pas un sel, mais une substance qui n'acquiert les propriétés d'un sel qu'en se combinant avec un acide. L'idée qu'exprime le mot sel ne peut, par conséquent, pas être déduite de la composition, car, dans le premier cas le sel est formé par deux éléments, dans le second par deux oxydes. Il convient donc de faire dériver la notion de sel de cette sorte d'indifférence électro-chimique que les chimistes ont justement qualifiée, dès les temps anciens, de *neutralité*, et qui résulte de la combinaison de substances de la nature la plus diverse, eu égard aux éléments dont le composé neutre est formé. »

Prenant en considération la nature de ces éléments, Berzelius a donc divisé les sels en deux classes : 1° les *sels haloïdes*, ainsi nommés parce qu'ils résultent directement de l'union d'un corps

(1) Le chlore était, d'après Berthollet, l'acide muriatique oxygéné. L'acide muriatique lui-même était, selon une idée ancienne de Lavoisier, un composé d'oxygène avec un corps inconnu, le radical muriatique. Berzélius a longtemps défendu ces idées, en les modifiant légèrement. Pour lui, l'acide muriatique anhydre (hypothétique) était une combinaison de 2 atomes d'oxygène avec 1 atome d'un élément hypothétique, le *muriaticum;* le chlore étant une combinaison de ce même élément avec 3 atomes d'oxygène (*superoxydum muriatosum*) et le gaz muriatique une combinaison d'acide muriatique anhydre et d'eau (*murias hydricus*, 1819).

halogène, tel que le chlore, l'iode, le fluor, avec un métal; 2° les *sels amphides,* ainsi nommés parce que, formés de deux combinaisons du premier ordre, acide et base, ils renferment néanmoins un élément commun ou corps *amphigène,* tel que l'oxygène, le soufre, le sélénium, le tellure. Ces corps simples, en s'unissant à d'autres corps simples, engendrent en effet deux sortes de composés : des composés acides, dans le sens le le plus large du mot et des composés basiques. Ainsi l'oxygène peut former à la fois des acides et des oxydes, le soufre des sulfides et des sulfures, le sélénium, des sélénides et des séléniures, etc. Les acides, sulfides, sélénides présentent un caractère acide, les oxydes, sulfures, séléniures présentent un caractère basique. La grande classe des sels amphides peut donc se subdiviser en plusieurs autres, savoir : les sels *oxy-sels,* les *sulfo-sels,* les *sélénio-sels,* les *telluri-sels* [*Traité de Chim.*, édit. franç. t. III, p. 318, 1831].

Sels doubles. — Certains sels se combinent entre eux pour former des sels doubles. Cette dénomination se trouve déjà dans les œuvres de Stahl, mais on l'appliquait alors aux sels moyens qu'on qualifiait de *salia composita,* par opposition aux sels plus simples qui étaient les acides et les alcalis [voyez p. 1464]. C'est ainsi que le tartre vitriolé, ou *arcanum duplicatum* (sulfate de potasse), était considéré comme sel double, et encore Bergman, dans sa *Sciagraphia,* nomme les combinaisons d'un acide avec une base *sales duplices.* Toutefois on connaissait déjà à cette époque de véritables sels doubles, seulement on les nommait des sels triples (*sales triplices*).

On a longtemps appliqué cette dénomination aux sels doubles ammoniaco-magnésiens que Berman avait signalés et que Fourcroy avait obtenus à l'état cristallin; inutile d'ajouter qu'elle convenait aussi à l'alun.

Quant aux sels doubles formés par l'union des chlorures ou des iodures entre eux, ils ont été signalés pour la première fois, en 1827, par Bonsdorff et par Boulay jeune. Le premier a décrit des chloromercurates, le second des iodures doubles.

Idées modernes sur les sels. — L'exposé historique qui précède nous mène à une époque peu éloignée de la nôtre, nous pourrions même dire jusqu'à nos jours; car un certain nombre de chimistes retiennent encore les idées de Berzelius sur la définition, la constitution et la classification des sels, idées qui ne sont que la reproduction agrandie et corrigée des conceptions de Lavoisier sur le même sujet.

De nos jours, ces idées se sont modifiées. Dans son *Introduction à l'étude de la chimie par le système unitaire,* Gerhardt s'exprime ainsi : « Nous appellerons sels ou corps binômes tous les composés chimiques formés par deux parties, l'une métallique, l'autre non métallique, pouvant ainsi s'échanger par double décomposition. »

Gerhardt a donc essayé de définir les sels en tenant compte à la fois de leur composition et de leurs propriétés. La composition est visée, en quelque sorte, par l'indication de la nature métallique d'un des éléments, et aussi de la séparation du sel en *deux* parties, lesquelles peuvent s'échanger par double décomposition; et c'est là propriété la plus générale des sels. Il est assez piquant de voir que l'auteur du système *unitaire,* l'adversaire déterminé des idées dualistiques qui étaient principalement fondées sur la constitution binaire des sels, est obligé de reconnaître lui-même qu'un sel est formé de deux parties, l'une métallique, l'autre non métallique. Là n'est donc pas l'innovation ; elle est dans la manière de partager les éléments. Pour Gerhardt, le métal est d'un côté, le reste des éléments est de l'autre, que ce reste soit un corps simple comme le chlore, ou un groupe oxygéné tel que SO^4, AzO^3. Ici nous entrons dans le vif de la question, car l'idée énoncée par Gerhardt est restée dans la science. Elle n'est pas de lui et il faut en rechercher les origines.

Dans un mémoire publié en 1815 sur les combinaisons de l'iode avec l'oxygène, H. Davy avait émis l'opinion que dans l'acide iodique hydraté les propriétés acides sont en rapport avec l'hydrogène de cet acide; que cet hydrogène est remplaçable par des métaux, et qu'on pouvait lui attribuer un rôle dans la formation des acides, en considérant qu'il forme des composés de ce genre, soit en s'unissant à 1 atome d'iode seul, soit en s'unissant à 1 atome d'iode et à 3 atomes d'oxygène (6 équivalents). Le même point de vue a été étendu à l'acide chlorique et aux chlorates.

Dans ces derniers, un métal remplace l'hydrogène de l'acide chlorique et celui-ci doit précisément à cet hydrogène son caractère d'acide. Les chlorates et les iodates offrent cela de particulier qu'on peut leur enlever tout l'oxygène qu'ils renferment sans que pour cela le résidu cesse d'être sel neutre. Inversement, le chlorure de potassium est, en effet, un sel de ce genre et il ne cesse pas de l'être si l'on y ajoute assez d'oxygène pour le convertir en chlorate. Dans ce cas, il ne faut pas admettre que l'oxygène se partage entre le potassium et le chlore : le chlorate de potasse n'est pas une combinaison d'acide chlorique anhydre et de potasse, mais bien une combinaison triple de potassium, de chlore et d'oxygène, comme l'acide chlorique lui-même est une combinaison triple d'hydrogène, de chlore et d'oxygène.

Dulong a fait un pas de plus en 1816. Pour lui les acides hydratés sont des combinaisons analogues aux hydracides : ils renferment de l'hydrogène uni non à un corps simple, mais à un corps composé renfermant de l'oxygène, à ce que nous nommons aujourd'hui un groupe ou radical oxygéné; les sels eux-mêmes renferment un métal uni à ce même groupe. Dulong a appliqué ce point de vue à tous les acides oxygénés et l'a surtout développé pour l'acide oxalique. Cet acide a été envisagé par lui comme renfermant, d'une part de l'acide carbonique, de l'autre de l'hydrogène : c'est l'hydracide de l'acide carbonique, C^2O^4,H^2. De même les acides sulfurique et azotique sont les acides hydrogénés de radicaux composés renfermant de l'oxygène.

L'opinion de Dulong a été vivement combattue par Gay-Lussac, et le principal argument qui devait la battre en brèche était tiré de la composition, méconnue alors, des sels ammoniacaux. « Lorsque, disait Gay-Lussac, les acides chlorique, sulfurique, nitrique se combinent avec l'ammoniaque, l'eau, ou si l'on veut les éléments de l'eau avec laquelle chaque acide est combiné, se sépareront et j'aurai des chlorates, des sulfates, des nitrates ne renfermant plus la portion d'hydrogène qui, dans l'opinion de M. Dulong, serait la cause de leurs propriétés acides. » L'argument portait à faux, car les éléments de l'eau ne se séparent pas lorsque les acides oxygénés se combinent avec l'ammoniaque. Et pourtant la théorie des acides hydrogénés est restée pendant vingt ans sans défenseurs et sans crédit dans la science. Berzelius l'a accueillie froidement et lui a donné en quelque sorte une approbation purement platonique.

« Certes, dit-il [*Traité de Chimie,* édit. franç., 1831, t. III, p. 324], Dulong a rendu un grand service en rétablissant par ces vues l'harmonie dans la théorie des combinaisons salines, qui paraissait être détruite par les idées nouvelles sur la nature de l'acide hydrochlorique, et, en général, par les phénomènes produits par les hydracides et l'existence des sels haloïdes. »

En 1837, Liebig essaya de tirer les idées de Davy et de Dulong du discrédit dans lequel elles étaient tombées [*Ann. der Chem. u. Pharm.*, t. XXVI, p. 172]. Il entre en matière par des excuses. « J'ose à peine avouer, dit-il, que je me suis efforcé, depuis des années, à trouver des arguments en faveur de cette hypothèse, qui, dans mon opinion, présente une haute signification, si erronée et absurde (*verkehrt und widersinnig*) qu'elle paraisse. En effet, elle établit un lien harmonique entre toutes les combinaisons chimiques, en renversant les barrières que nous avions établies entre les combinaisons appartenant aux sels oxygénés et aux sels haloïdes. »

Comparant l'acide sulfurique hydraté à l'acide sulfhydrique, les acides oxygénés du chlore à l'acide chlorhydrique, il représente ces acides par les formules suivantes :

Acide sulfhydrique..........	$S + H^2$
Acide sulfurique..............	$SO^4 + H^2$
Acide chlorhydrique..........	$Cl^2 + H^2$
Acide hypochloreux..........	$Cl^2O^2 + H^2$
Acide chloreux................	$Cl^2O^4 + H^2$
Acide chlorique..............	$Cl^2O^6 + H^2$
Acide perchlorique...........	$Cl^2O^8 + H^2$

Il propose en conséquence les définitions suivantes pour les acides et pour les sels.

Les *acides* sont certaines combinaisons hydrogénées dans lesquelles l'hydrogène peut être remplacé par des métaux.

Les *sels neutres* sont des combinaisons du même ordre dans lesquelles l'hydrogène est remplacé par une quantité équivalente d'un métal.

Ce sont ces définitions que nous acceptons encore aujourd'hui. Mais il est nécessaire de les compléter en indiquant les conditions qui rendent possible une telle substitution, et qui, d'une manière générale, rendent compte du caractère binaire des acides et des sels, ou, en d'autres termes, de cette facilité d'échange entre l'hydrogène et les métaux ou entre les métaux eux-mêmes lorsqu'ils sont contenus dans les sels.

Liebig a parfaitement limité la classe des acides à *certaines* combinaisons hydrogénées. Toutes les combinaisons hydrogénées ne possèdent pas, en effet, la faculté d'échanger leur hydrogène contre un métal. Pour qu'il soit remplaçable par un élément électro-positif tel qu'un métal, il faut que cet hydrogène ait lui-même ce caractère ou, en d'autres termes, qu'il possède cette polarité électrique qu'il n'acquiert que dans le voisinage d'éléments doués d'une polarité opposée. Dans l'acide chlorhydrique, l'hydrogène uni au chlore fortement électro-négatif prend en conséquence une tension électrique opposée qui fait qu'il devient facilement remplaçable par un métal. Dans l'acide azotique, AzO^3H, dans l'acide sulfurique, SO^4H^2, ce sont les groupes oxygénés AzO^3, SO^4 qui communiquent à l'hydrogène la même polarité, et ce sont les atomes d'oxygène dans le voisinage desquels il est placé qui le rendent apte à être remplacé par des métaux. Lavoisier avait donc raison en attribuant à l'oxygène le pouvoir d'engendrer les acides. Mais la composition des hydracides n'étant pas connue de son temps, il ne pouvait savoir que d'autres éléments tels que le chlore, le soufre, partagent cette propriété avec l'oxygène; et comme c'est toujours l'hydrogène contenu dans les acides proprement dits qui acquiert des propriétés spéciales par son contact avec des éléments électro-négatifs, Davy et Dulong ont vu plus juste en considérant cet élément comme le principe caractéristique des acides. Cela est si vrai, qu'une combinaison hydrogénée parfaitement neutre peut acquérir les propriétés d'un acide si l'on introduit dans sa molécule des éléments ou des groupes électro-négatifs. Ainsi l'éthane ou hydrure d'éthyle,

$$\begin{array}{c} CH^3 \\ | \\ CH^3 \end{array}$$

est un hydrogène carboné parfaitement indifférent. Mais qu'on introduise dans sa molécule le groupe oxygéné AzO^2, ce qu'on peut réaliser par des procédés indirects, un des atomes d'hydrogène placés dans le voisinage de l'oxygène de ce groupe deviendra remplaçable par un métal. Le nitréthane,

$$\begin{array}{l} CH^3 \\ | \\ CH^2(AzO^2), \end{array}$$

fonctionne comme un acide. Chose curieuse, l'isomère de ce nitréthane, le nitrite d'éthyle est une combinaison neutre; ce même atome d'hydrogène qui peut être remplacé par un métal lorsqu'il est placé dans le voisinage de 2 atomes d'oxygène, ne l'est plus lorsqu'il est en rapport avec *un seul* atome d'oxygène, dans le nitrite d'éthyle,

$$\begin{array}{l} CH^3 \\ | \\ CH^2.O.AzO. \end{array}$$

On pourrait citer beaucoup d'autres exemples analogues au précédent. Parmi les plus frappants, nous indiquerons les suivants : le nitroforme,

$$CH(AzO^2)^3,$$

qui présente un caractère acide et qui peut former avec les bases de véritables sels qui ont été décrits par M. Schischkoff; l'acide picrique,

$$C^6H^2(AzO^2)^3OH,$$

ainsi que les dérivés chlorés et bromés du phénol, composés qui présentent un caractère acide bien plus prononcé que le phénol lui-même. On voit que dans ces composés les groupes AzO^2 jouent vis-à-vis d'un atome d'hydrogène le même rôle que les deux atomes d'oxygène du carboxyle, CO^2H, qui est contenu dans les acides organiques proprement dits.

L'alcool $C^2H^5.OH$ est un hydrate parfaitement neutre; son analogue, le mercaptan $C^2H^5.SH$, présente un caractère acide : l'hydrogène du sulfhydryle SH est remplaçable par du mercure. De fait, en ce qui concerne ce caractère acide, on constate entre l'alcool et le mercaptan la même différence qu'entre l'eau et l'hydrogène sulfuré.

Les considérations qui précèdent jettent quelque lumière sur le caractère binaire des sels et des acides eux-mêmes qui ne sont que des sels d'hydrogène. La polarité que prennent les éléments opposés des sels, le corps simple ou le groupe électro-négatif d'un côté, l'hydrogène ou le métal de l'autre, favorise les doubles décompositions. Les attractions étant respectivement plus fortes, les déplacements deviennent plus faciles, les éléments qui sont attirés le plus fortement chassant les autres.

Rien n'est donc plus vrai que le dualisme dans les *propriétés* des sels, et nous venons de développer les principes qui en donnent l'explication. Mais ce dualisme existe-t-il aussi dans la constitution ou dans la structure moléculaire des sels? c'est là une autre question. Lavoisier et Berzelius admettaient qu'il en est ainsi : ils groupaient d'un côté les éléments de l'acide anhydre, de l'autre ceux de l'oxyde, et Berzelius appuyait son opinion sur le mode de décomposition que le courant de la pile fait éprouver aux sels. L'acide, dit-il, se rend au pôle positif, l'oxyde au pôle négatif. Ainsi le sulfate de soude se dédouble en acide sulfurique et en soude, et si les éléments du sulfate de cuivre se partagent d'une façon différente, si le cuivre se rend au pôle négatif, l'oxygène se dégageant au pôle positif où se rend aussi l'acide, cela a lieu en vertu d'une action secondaire que le courant exerce sur l'oxyde de cuivre lui-même qu'il décompose. Ainsi, d'après Berzelius, le courant de la pile ne fait que résoudre les sels en leurs éléments immédiats, qui sont l'acide et l'oxyde.

Nous savons aujourd'hui que cette interprétation est inexacte. Dans l'électrolyse des sels, ce n'est pas l'oxyde, c'est le métal qui se rend au pôle négatif; seulement lorsque ce métal peut décomposer l'eau comme fait le sodium, il se forme, en vertu d'une réaction secondaire, un hydrate métallique, un alcali au pôle négatif. Ainsi l'électrolyse du sulfate de sodium et celle du sulfate de cuivre s'accomplissent au fond de la même manière : d'un côté un métal qui se dépose, c'est le cas du cuivre, ou qui décompose l'eau, c'est le cas du sodium; de l'autre, le groupe oxygéné SO^4 qui se dédouble en oxygène et en acide anhydre lequel reprend de l'eau. Il en résulte que l'électrolyse des sels fournirait plutôt un argument en faveur de la théorie des hydracides de Davy et Dulong.

Mais, quoi! convient-il d'admettre que la constitution des acides et des sels est véritablement dualistique, de telle sorte que l'hydrogène se trouve d'un côté, l'élément électro-négatif et le groupe oxygéné de l'autre, dans le sens des formules que Liebig a données et que nous avons indiquées plus haut. Nos idées modernes sur le groupement des atomes dans les combinaisons nous interdisent une pareille opinion. Quel pourrait être ce groupement binaire dans le nitroforme, $CH(AzO^2)^3$? L'atome d'hydrogène remplaçable par un métal n'est-il pas uni, dans ce corps, au carbone au même titre que les trois groupes $(AzO^2)^3$? Et de même dans les acides oxygénés nous savons que l'hydrogène est uni directement à de l'oxygène sous forme d'oxhydryle, lequel est combiné avec un élément ou avec un autre groupe oxygéné. Il en est ainsi dans les combinaisons suivantes que nous choisissons pour exemples :

$Cl.OH$	$O^2Az.OH$	$S''\begin{smallmatrix}\diagup O\text{-}OH \\ \diagdown O\text{-}OH\end{smallmatrix}$ (1).
Acide hypochloreux.	Acide azotique.	Acide sulfurique.

Ces formules expriment les rapports qui existent entre les atomes, dans ces divers acides ou dans leurs sels, mais ne révèlent en aucune façon ce partage (2) en deux camps, cette démarcation entre les atomes d'hydrogène et le reste des éléments, en un mot cette structure binaire qu'admettait la théorie du dualisme, bien que ces mêmes formules rendent compte d'une manière satisfaisante de l'opposition électrique qui existe entre l'hydrogène et les autres éléments, et du partage que le courant de la pile opère entre les éléments d'un acide. Et les mêmes considérations s'appliquent aux sels, car les métaux de ces derniers représentent l'hydrogène basique des acides.

Mais c'est assez insister sur ce point. On voit que la définition du sel repose sur la définition de l'acide. Nous avons essayé, dans ce qui précède, d'exposer à la lumière des idées modernes ce que ces deux notions d'acide et de sel offrent de général et de caractéristique au point de vue de la constitution.

PROPRIÉTÉS DES SELS. — Ce qu'il y a de fondamental dans leurs propriétés est lié, comme nous l'avons fait voir, à leur constitution même. C'est la facilité des doubles décompositions, c'est une certaine mobilité de l'élément métallique qui se transporte aisément d'une combinaison dans une autre et qui prend aussi une direction particulière, lorsque tout le système est soumis à l'action décomposante du courant de la pile.

Nous allons développer quelques points relatifs à cette propriété des sels, renonçant d'ailleurs à exposer ici toutes les notions élémentaires qui trouvent ordinairement place dans les ouvrages didactiques, concernant la solubilité, la cristallisation et les caractères généraux des divers genres de sels.

1° La mobilité de l'élément métallique des sels se manifeste de la manière la plus nette dans l'action que les métaux exercent sur les sels neutres. Lorsqu'on plonge dans les solutions de certains sels métalliques des métaux doués d'affinités qui l'emportent sur les affinités de celui qui est uni, dans le sel dissous, à un groupe oxygéné ou à un corps halogène, ce dernier métal est déplacé et se précipite. Ainsi le zinc précipite le plomb de l'acétate, le mercure déplace l'argent du nitrate, l'étain chasse l'antimoine du chlorure, le fer précipite le cuivre du sulfate, etc., etc. Ces

(1) Ou peut-être

$$\begin{matrix} O \\ | \\ O \end{matrix} \!\!>\! S^{IV} \!<\! \begin{matrix} OH \\ OH. \end{matrix}$$

(2) L'exemple de l'acide sulfurique

$$S\begin{matrix}\diagup O.OH \\ \diagdown O.OH\end{matrix}$$

ou du sulfate de baryum

$$S\begin{matrix}\diagup O.O \diagdown \\ \diagdown O.O \diagup\end{matrix} Ba''$$

montre combien ce partage en deux serait arbitraire. Laissant le soufre en rapport immédiat avec 2 atomes d'oxygène, on pourrait faire les deux coupes suivantes dans la molécule :

$$\begin{matrix} SO^2 + O^2H^2 & \qquad & SO^2.O^2 + H^2 \\ SO^2 + O^2Ba & \qquad & SO^2.O^2 + Ba \end{matrix}$$

Les dernières formules sont celles de Dulong indiquées par Liebig; elles séparent arbitrairement les deux atomes d'hydrogène des deux atomes d'oxygène avec lesquels ils sont en rapport.

Les premières formules sont de Longchamp : elles séparent arbitrairement deux atomes d'oxygène des deux autres atomes d'oxygène ou de l'atome de soufre avec lesquels ils sont en rapport.

Donc pas de structure binaire dans l'acide sulfurique et les sulfates, mais un système d'atomes unis de telle sorte que leur groupement détermine la propriété basique de l'hydrogène.

L'hypothèse de Longchamp, rappelée plus haut, a été développée par lui dans deux mémoires, publiés l'un en 1833, l'autre en 1836. Dans le dernier, inséré aux *Annales de Chimie*, (2), t. LVI, p. 53, sous ce titre : *Théorie des acides hydrogéniques*, on remarque le passage suivant. Il y dit (p. 57) : « L'acide sulfureux est donc le terme de la combinaison du soufre et de l'oxygène, et j'ai dès lors considéré l'acide sulfurique comme étant en dehors de cette combinaison, et je n'ai plus vu dans cet acide qu'un *composé binaire* formé d'acide sulfureux et d'un corps nommé deutoxyde d'hydrogène, que j'appelle *oxyde hydrogénique*. »

« Cet oxyde hydrogénique entre dans la composition d'autres acides, tels que l'acide nitrique, qui est une combinaison d'acide nitreux et d'oxyde hydrogénique. » Conformément à cette théorie, les sulfates étaient envisagés comme renfermant de l'acide sulfureux uni à un peroxyde, et les nitrates comme renfermant de l'acide nitreux uni à un peroxyde. L'acide sulfurique agit-il sur la litharge, l'oxygène de l'oxyde hydrogénique se combine d'abord à l'oxyde plombique pour le convertir en bioxyde, lequel s'unit à l'acide sulfureux : et de fait cette union est possible directement. Ne sait-on pas que le gaz sulfureux et le peroxyde de plomb s'unissent directement pour former du sulfate de plomb [*loc. cit.*, p. 63]?

L'argument n'était pas mauvais, mais la théorie n'était pas sérieuse. Longchamp ne se préoccupe guère de l'hydrogène de ses acides hydrogéniques : il sous-entendait qu'il est éliminé à l'état d'eau, lorsque ces acides réagissent sur les oxydes; mais il ajoute, et en cela il avait raison, que c'est lui et non l'hydrogène de l'eau qui se dégage lorsque ces acides hydrogéniques réagissent sur un métal tel que le fer.

réactions sont trop connues pour qu'il soit nécessaire d'y insister. Elles se trouvent réunies dans le tableau suivant, qui a été dressé par M. Malaguti :

SELS DONT LES DISSOLUTIONS SONT RÉDUCTIBLES PAR CERTAINS MÉTAUX.

Sels		
Sels d'étain		réduits par le fer et le zinc.
— d'antimoine		
— de bismuth		
— de cuivre... — de mercure.	réduits par le fer et le zinc et tous ceux qui précèdent le cuivre	
— d'argent.... — de platine.. — d'or........	réduits par le fer, le zinc, le manganèse, le cobalt et tous ceux qui précèdent l'argent	

Nous n'entrons pas dans les détails de ces phénomènes et nous nous bornons à faire remarquer que la précipitation des métaux est influencée par le degré de cohérence ou de compacité que prend le métal précipité et aussi par la nature de certains composés insolubles qui peuvent se former et se déposer sur le métal précipitant (chlorure de plomb sur le plomb), enfin par la condition acide ou alcaline de la liqueur, etc.

2° La facilité des échanges dans les sels est attestée par les décompositions qui se produisent par l'action des acides et des bases sur les sels et par l'action réciproque des sels eux-mêmes. Ce sont là des réactions qui ont fixé depuis un siècle l'attention des chimistes et dont l'étude a fait faire les plus grands progrès à la science. Rappelons d'abord les anciens travaux de Bergman sur les décompositions et sur les doubles décompositions auxquelles président, dans le premier cas, « des attractions électives simples, » dans le second cas, « des attractions électives doubles. » Ces deux sortes d'attractions entrent en jeu, par exemple, dans la décomposition de la craie par l'acide sulfurique, et dans la décomposition du sulfate de sodium et de l'azotate de baryum.

Berthollet a combattu ces idées. Dans les réactions dont il s'agit, ce n'est pas l'affinité ou l'attraction chimique qui est en jeu, ou du moins qui joue le premier rôle, ce sont des propriétés physiques : ce sont la cohésion, l'insolubilité, la cristallisation, la fusibilité, la volatilité qui sont les causes déterminantes du phénomène. C'est là l'idée fondamentale des célèbres lois de Berthollet, idée qu'on retrouve dans sa conception de l'affinité chimique qu'il voudrait ramener à des forces mécaniques. Au fond c'était là une grande idée, mais elle ne pouvait aboutir de son temps, et elle a induit le grand savant qui l'a conçue dans de mémorables erreurs. La théorie qui fera un jour aboutir cette idée n'était pas née ou naissait à peine à cette époque. C'est la théorie des atomes qui seule a permis de formuler des idées claires sur la constitution et les réactions des corps et qui fournira un point d'appui solide à la mécanique chimique. Quant à l'affinité elle-même, nous savons que le travail de cette force mécanique a une mesure dans les phénomènes thermiques qui accompagnent les réactions chimiques. Ce sont là des choses fondamentales et Berthollet opérait en dehors. Il n'en est pas moins vrai que dans la conception des lois posées par lui pour l'interprétation des décompositions et des doubles décompositions des sels, il a montré une merveilleuse sagacité, et, s'il n'a pas donné lui-même à ces lois leur forme définitive, il a permis à ses élèves et à ses successeurs, Gay-Lussac, Thenard, M. Dumas, d'achever son œuvre.

Le principe général de ces réactions a déjà été donné dans cet ouvrage (t. I, p. 73, article Affinité). C'est le principe du partage.

I. Action des acides sur les sels. — Deux acides sont en présence d'une base : ils tendent à se la partager suivant le degré de leurs affinités. Mais ce partage pourra être troublé :

1° Par la volatilité d'un des acides qui se dérobe en s'échappant soit à la température ordinaire, soit lorsqu'on chauffe. Exemples :

Acide sulfurique et carbonate de sodium : l'acide carbonique se dégage et il ne forme que du sulfate de sodium.

Azotate de potassium et acide sulfurique : partage de la base entre les deux acides à la température ordinaire; si l'on chauffe, il se dégagera de l'acide azotique, et l'acide sulfurique prendra la place de l'acide éliminé.

2° Le partage peut être troublé par l'insolubilité de l'un des acides. Celui-ci se déposant sous forme solide se soustrait à la réaction ; une portion correspondante de l'autre acide prend sa place et la décomposition s'achève dans ce sens. Exemple : silicate de potassium et acide chlorhydrique, etc.

3° Par l'insolubilité d'un nouveau sel qui se produit. Exemple : azotate de baryum et acide sulfurique.

En dehors de ces conditions, les deux acides se partagent la base, mais ce partage peut être très-inégal en raison de la différence de leurs affinités pour la base. Exemple : borax et acide sulfurique, la liqueur étant chaude ou assez étendue pour que l'acide borique reste en solution. Ici le partage est tellement inégal, en raison de la faible affinité de l'acide borique pour la soude, que la décomposition du borax semble complète dès que la proportion d'acide est suffisante pour saturer la soude. Mais ce n'est là qu'une apparence, les proportions du phénomène qu'il s'agirait de constater tombant dans les limites des erreurs d'observation. C'était l'opinion de Gay-Lussac contre Thenard qui soutenait que le partage n'avait pas lieu dans le cas où l'affinité de l'un des acides l'emporte beaucoup sur celle de l'autre [*Traité de Chimie*, 5e édit., t. V, p. 504].

Il y a un autre cas où ce partage s'effectue dans des conditions particulières et d'une façon très-inégale. C'est lorsque l'un des acides, le plus faible, agit en grand excès, l'autre étant enlevé continuellement. La décomposition peut, dans ce cas, marcher dans le sens opposé à l'ordre des affinités. C'est l'*influence des masses* si bien étudiée par Berthollet. L'acide carbonique décompose l'hydrate de baryum; mais qu'on fasse passer un courant de vapeur d'eau sur du carbonate de baryum chauffé au rouge dans un tube de porcelaine, la réaction inverse s'accomplira, et l'acide carbonique sera chassé. S'achèvera-t-elle dans ce sens? il est permis d'en douter. En tout cas cette décomposition par *action de masse* rentre dans le principe du partage. La vapeur arrive pure dans le tube, déplace une portion de l'acide carbonique. Si petite qu'elle soit, cette portion sera remplacée par une quantité correspondante d'eau et il se formera un hydrate. Mais l'acide carbonique ayant été éliminé et la vapeur continuant à affluer, une nouvelle quantité de gaz carbonique ira « s'évaporant » dans cette atmosphère de vapeur d'eau et le phénomène continuera ainsi, jusqu'à décomposition complète du carbonate ou jusqu'au moment où la tension de décomposition du carbonate (mêlé d'hydrate) soit réduite à zéro dans la vapeur d'eau, à la température où l'on opère. Cette action de masse est donc un pur phénomène de dissociation.

II. Action des bases sur les sels. — Lorsqu'on verse une base soluble telle qu'un alcali dans un sel soluble, deux bases se trouvent en présence d'un acide et tendent à se le partager ; mais ce partage est troublé comme dans le cas précédent par la volatilité ou l'insolubilité de l'une des bases, par l'insolubilité du nouveau sel qui peut se produire.

Exemples : sulfate d'ammoniaque et potasse, — sels métalliques divers et alcalis, — sulfate de sodium et hydrate de baryum. Ces réactions sont tellement connues qu'il nous paraît inutile de nous y arrêter.

Ainsi les bases solubles déplacent les bases insolubles de leurs sels. Mais qu'on fasse intervenir une base insoluble sur un sel métallique, il pourra y avoir échange de bases, c'est-à-dire de métaux, et cet échange sera déterminé par les seules forces chimiques, selon l'ordre des affinités (contrairement aux idées de Berthollet). Ainsi, qu'on fasse bouillir du nitrate de cuivre avec un excès d'oxyde d'argent, ce dernier déplacera de l'oxyde de cuivre, et, si la quantité d'oxyde argentique est suffisante, le déplacement pourra être complet (Gay-Lussac). L'oxyde argentique est plus puissant que l'oxyde cuivrique dans son affinité pour l'acide nitrique : sa chaleur de neutralisation est sans doute plus grande. L'oxyde cuivrique à son tour peut déplacer l'oxyde ferrique. Et ce dernier, dont les solutions sont toujours acides, est déplacé même par les carbonates neutres, tels que celui de calcium ou de baryum, fait qui a reçu une utile application en analyse. Nous n'insistons pas.

Action mutuelle des sels. — Encore ici la règle est que les deux acides se partagent entre les deux bases, de telle sorte que la liqueur renferme quatre sels, lorsque ces derniers sont tous solubles. Ainsi dans un mélange de chlorure de sodium et de sulfate de magnésium il se formera, par double décomposition, du sulfate de sodium et du chlorure de magnésium, et cette décomposition s'accomplira dans la liqueur jusqu'à une certaine limite où elle s'arrêtera par suite d'un équilibre qui se produira entre le système des quatre sels dissous ensemble. De même un mélange de chlorure de sodium et de sulfate de cuivre renfermera non-seulement ces deux sels, mais encore du sulfate de sodium et du chlorure de cuivre, résultat d'un échange partiel de bases et d'acides, échange qui devient d'ailleurs visible par la couleur verte que prend la liqueur et qui est due au chlorure de cuivre formé. De même un changement de couleur attestera la décomposition entre l'acétate sodique et le chlorure ferrique : l'acétate ferrique formé communiquera à la liqueur une couleur rouge. Ainsi, dans les exemples précédents, deux sels ayant été mélangés et s'étant décomposés partiellement, deux nouveaux sels se sont formés, de telle sorte que la solution en renfermait quatre, savoir :

I.	II.	III.
Chlorure de sodium.	Chlorure de sodium.	Chlorure de potassium.
Chlorure de magnésium.	Chlorure de cuivre.	Chlorure ferrique.
Sulfate de sodium.	Sulfate de sodium.	Acétate de potassium.
Sulfate de magnésium.	Sulfate de cuivre.	Acétate ferrique.

Mais dans quelles limites se sont effectuées ces doubles décompositions? Il est difficile de les établir exactement, au moins dans un grand nombre de cas. Pour certains sels, M. Malaguti a essayé de déterminer ces limites par l'expérience directe. Ce chimiste a employé un procédé fort ingénieux pour constater la proportion des sels qui se décomposent réciproquement pour chaque couple pouvant donner naissance à un système de quatre sels solubles. Il dissout des quantités équivalentes de certains sels, tels que l'acétate de strontium et l'azotate de potassium, dans la moindre quantité d'eau possible, et, après avoir laissé reposer le mélange pendant quelques heures, il le verse dans un grand excès d'alcool éthéré. Il obtient un dépôt formé par les azotates des deux bases, tandis que deux acétates restent en dissolution. L'analyse de ces différents produits démontre que le partage a été inégal. En effet, le tiers seulement de l'acétate de strontium s'est décomposé avec l'acétate de potassium, de manière à former de l'acétate de potassium et de l'azotate de strontium. Cette fraction est ce que M. Malaguti nomme le *coefficient de décomposition*. Dans le cas présent il est égal à 33. Il a été déterminé, par le même mode d'expérimentation, sur un certain nombre d'autres sels solubles. On a indiqué ailleurs (t. I, p. 74) les résultats de ces recherches. Nous n'y reviendrons pas. Bornons-nous à ajouter que le sens général de ces réactions paraît être celui-ci :

La décomposition partielle que subiront les deux sels sera d'autant plus étendue que, l'un d'eux renfermant un acide énergique uni à une base relativement faible, l'autre un acide faible uni à une base relativement forte, l'échange de ces éléments portera l'acide énergique sur la base la plus forte. Ainsi, lorsqu'on mélange les solutions de certains sels ammoniacaux, formés par des acides puissants, tels que le nitrate, le sulfate, le chlorure, avec des carbonates alcalins, la décomposition des premières est presque complète, l'acide le plus fort se combinant ici avec la base la plus énergique. M. Berthelot a constaté cette décomposition en observant les phénomènes thermiques que produit le mélange des solutions [*Compt. rend.*, t. LXXIII, p. 1050]. Mais la réaction inverse a lieu néanmoins dans une proportion restreinte. Dans tous les cas, la décomposition s'accomplira jusqu'au point où la réaction inverse sera prête à se produire. A ce moment, le phénomène aura atteint sa limite naturelle, comme il arrive dans les cas de dissociation.

Des phénomènes thermiques se produisent dans ces doubles décompositions. En effet les chaleurs de neutralisation des acides pour les bases qui sont en présence ne sont pas les mêmes. Leur échange donne lieu à des effets calorifiques, dont la résultante sera ou une production ou une absorption de chaleur, en laissant de côté les cas où il se produit un dépôt solide et dans lesquels la chaleur abandonnée par suite du changement d'état complique le phénomène.

M. Berthelot a donné une formule qui exprime les effets thermiques produits par le mélange de sels neutres en fonction de la chaleur de neutralisation des acides et des bases qu'ils renferment (1). Ces chaleurs de neutralisation ont été déterminées par MM. Berthelot et Thomsen. Ce dernier physicien a donné des tables très-complètes, indiquant les valeurs en calories des chaleurs de neutralisation des différentes bases par les acides sulfurique, chlorhydrique, azotique, acétique. En les consultant, on constate que les différences entre les chaleurs de neutralisation des différents alcalis et terres alcalines pour un même acide sont assez faibles. Pour une même base, la chaleur de neutralisation de l'acide sulfurique est plus forte que celle des acides chlorhydrique, azotique, phosphorique; mais ces trois acides diffèrent peu entre eux sous ce rapport. On comprend donc que les effets thermiques produits par les mélanges d'un grand nombre de sels alcalins ou terreux, donnant lieu à quatre

(1) On mélange d'un côté équivalents égaux de sulfate d'ammonium et d'azotate de potassium, et de l'autre équivalents égaux de sulfate de potassium et d'azotate d'ammonium : la différence des effets thermiques $K - K'$ est égale au reste que l'on obtient en retranchant la différence des chaleurs de neutralisation des deux acides par l'une des bases $(N - N_1)$ de la différence $(N' - N_1')$ des chaleurs de neutralisation des deux acides par l'autre base, $K - K' = (N - N_1) - (N' - N_1')$ [*Compt. rend.*, t. LXVIII].

sels solubles, doivent être eux-mêmes assez restreints. C'est ce qui arrive.

Nous avons étudié précédemment les cas de doubles décompositions entre les sels neutres, lesquelles, ne donnant lieu qu'à des sels solubles, sont limitées par la décomposition inverse. Ces limites tombent et la décomposition s'achève lorsque l'un des sels formés se dérobe par son insolubilité. Qu'on refroidisse un mélange de solutions convenablement concentrées de chlorure de sodium et de sulfate de magnésium, une portion du sulfate de sodium, moins soluble à froid, se déposera sous forme de cristaux, et une nouvelle portion du même sel pourra se former dans la liqueur, parce que l'équilibre qui s'était formé dans le système est troublé par suite de l'élimination partielle d'un des facteurs qui servent à le maintenir.

La décomposition marchera donc dans ce sens jusqu'à ce qu'un nouvel équilibre se soit formé à une plus basse température. Elle sera complète ou à peu près, dans le cas où l'insolubilité du nouveau sel présentera le même caractère. Ainsi, entre le nitrate de baryum et le sulfate de sodium, il y aura un échange complet de bases et d'acides, de telle sorte que la liqueur ne renfermera plus que du nitrate de sodium, l'autre sel, le sulfate de baryum, s'étant dérobé complètement par son insolubilité. Ces faits, mis en évidence par Berthollet, sont trop connus pour qu'il soit nécessaire d'y insister.

M. Berthelot a cherché à connaître ce qui se passerait si un précipité insoluble, et placé dans des conditions où il devrait rester tel d'après les lois de Berthollet, était susceptible de dégager de la chaleur en réagissant sur un autre corps par voie de double décomposition. Il a mis, par exemple, de l'acétate d'argent dans de l'acide nitrique faible; la double décomposition s'est produite contrairement à ce que faisait prévoir la règle de Berthollet. Il s'est formé de l'azotate d'argent soluble, lequel s'est dissous avec une absorption de chaleur assez forte pour masquer le dégagement dû à la double décomposition elle-même, de sorte qu'en fin de compte le système s'est refroidi et le précipité s'est dissous. Le signe de l'action thermique primitive influe donc d'une manière prépondérante sur le sens de la réaction [*Compt. rend.*, t. LXXVII, p. 393].

Action décomposante de l'eau sur les sels. — Toutes les réactions que nous avons analysées précédemment se passent au sein de l'eau. Cette dernière sert-elle purement de véhicule et demeure-t-elle en quelque sorte témoin passif de toutes ces réactions? Il ne faudrait pas croire qu'il en est toujours ainsi. On connaît depuis longtemps l'action décomposante que l'eau exerce sur certains sels, soit en leur enlevant de l'acide et en déterminant la formation de sels basiques, soit en leur enlevant une portion de leur base et en les convertissant en sels acides. Dans l'un et l'autre cas il peut arriver que les sels basiques ou acides se précipitent. Ainsi l'eau, en décomposant les solutions de bismuth, en précipite des sels basiques; en décomposant les stéarates neutres, elle en précipite, d'après M. Chevreul, des bistéarates (sans doute comparables aux biacétates). Mais de semblables décompositions peuvent s'effectuer même au sein de l'eau et sans qu'il se forme un précipité. C'est ce qui résulte des recherches thermochimiques de M. Berthelot sur divers sels à acides faibles, notamment sur les borates.

En neutralisant de l'acide borique, BoO^3H^3, par des quantités fractionnées d'ammoniaque ou de soude, on constate des effets thermiques bien différents pour le premier, le deuxième et le troisième tiers. De plus l'addition de l'eau à des borates tout formés détermine une absorption de chaleur, qui s'accroît avec le volume de l'eau ajoutée. Celle-ci enlève au borate (borate acide d'ammonium ou de sodium) une certaine quantité de base en mettant une quantité correspondante d'acide en liberté, le tout demeurant en dissolution.

L'eau agit de la même façon sur d'autres sels formés par des acides faibles : elle entre en partage avec cet acide par une portion de la base. En voici un exemple. Nous avons mentionné plus haut la décomposition des sels ammoniacaux à acides énergiques par les carbonates de potassium et de sodium. Ici la décomposition marche dans le sens de la combinaison des acides énergiques avec les bases fortes, et il semblerait qu'on dût observer un dégagement de chaleur : il n'en est rien, la réaction s'accomplit avec absorption de chaleur et celle-ci est déterminée par la décomposition que l'eau fait éprouver au carbonate neutre d'ammoniaque qui devrait se former [Berthelot, *loc. cit.*]. Cet exemple montre clairement le rôle de l'eau dans des décompositions de ce genre, en même temps qu'il dévoile la nature complexe des phénomènes dont il s'agit.

L'eau réagit-elle de même sur les éléments des sels réputés stables, c'est-à-dire formés par l'union d'acides énergiques avec des bases fortes? M. Berthelot n'admet pas qu'il en soit ainsi. Les phénomènes thermiques qui accompagnent la formation de ces sels ne sont influencés ni par la saturation fractionnée, ni par la dilution avec l'eau, ni par la présence d'un excès de base ou d'acide. En faut-il conclure que l'action de l'eau est nulle? Nous ne le pensons pas. C'est une question de degré, et il nous semble qu'il est logique d'admettre que l'eau agit sur tous les sels, énergiquement sur ceux qui sont formés par des acides faibles, très-faiblement sur ceux qui renferment des acides énergiques unis à des bases fortes. Ici l'action peut être tellement faible qu'elle échappe à toute vérification expérimentale. Si ce point de vue est exact, on devrait admettre que, le sulfate de sodium se dissolvant dans l'eau, la solution renferme, indépendamment de ce sel, une trace d'acide sulfurique ou de sulfate acide de sodium et une trace de soude libre. C'est un point à débattre.

Action des sels solubles sur les sels insolubles. — On sait par les expériences déjà anciennes de Dulong [*Ann. de Chim.*, t. LXXXII, p. 273] que l'échange de bases et d'acides s'accomplit même entre les éléments d'un sel insoluble et ceux d'un sel soluble lorsqu'on soumet un tel mélange à l'ébullition. Ainsi, que l'on fasse bouillir du sulfate de baryum avec une solution d'une quantité équivalente de carbonate de sodium, il se formera du carbonate de baryum, et du sulfate de sodium entre en dissolution. Mais dans ces conditions on ne pourra décomposer qu'un peu moins d'un cinquième du sulfate de baryum, car cette réaction est limitée par la réaction inverse. Qu'on fasse bouillir, en effet, du carbonate de baryum avec une quantité équivalente de sulfate de sodium, les deux tiers du carbonate barytique se convertiront en sulfate, et la solution renfermera du carbonate de sodium; mais que dans la première expérience on quintuple la dose du carbonate de sodium, on parviendra cette fois à opérer la décomposition du quart du sulfate de baryum au lieu du cinquième. Que l'on remplace maintenant le sulfate de baryum par le chromate, l'ébullition, avec une quantité équivalente de carbonate de sodium, décomposera le premier sel dans la proportion d'un quart. Ces fractions sont ce que M. Malaguti, auquel on doit ces expériences, a nommé les *coefficients de décomposition* des sels. On doit admettre que les sels insolubles se comportent dans ces circonstances comme des sels très-peu solubles et que la réaction s'accomplit en réalité entre les solutions très-étendues de ces dernières et les éléments du sel soluble (voyez à cet égard les remarques qui ont été présentées t. I, p. 74, à l'article AFFINITÉ). Si donc on fait bouillir du sulfate de baryum avec une quantité équivalente de carbonate de sodium, et, d'autre part, du carbonate de baryum avec une quantité équivalente de sulfate de sodium, les conditions ne sont les mêmes qu'en apparence; en réalité, en raison de la différence de solubilité du carbonate et du sulfate de baryum, la portion dissoute du carbonate plus soluble se trouve en présence d'un excès de sulfate moins considérable que l'excès de carbonate de soude qui réagit dans la première expérience sur la trace de sulfate qui se dissout. Voilà pourquoi la proportion du carbonate de baryum décomposée dans la seconde expérience n'atteint que les deux tiers au lieu des quatre cinquièmes qui seraient la proportion correspondante au résultat de la première expérience.

Nous avons considéré, dans ce qui précède, la propriété fondamentale des sels, cette faculté d'échange qui rend si facile la double décomposition dans ce genre de composés. Les autres propriétés des sels sont moins caractéristiques et se trouvent indiquées à différents articles de ce dictionnaire (voyez en particulier l'article SOLUTION). A. W.

SELWYNITE (*Min.*). — *Silicate hydraté* d'alumine et de sesquioxyde de chrome, avec un peu de magnésie. Substance compacte vert-émeraude, opaque, fragile, à cassure inégale, trouvée à Heathcote, Victoria (Australie), dans le terrain silurien supérieur.

Au chalumeau, blanchit et fond sur les bords en un vert bulleux grisâtre. Partiellement attaquable par les acides forts.

Dureté, 3,5. Densité, 2,53.

C'est probablement un mélange.

SÉMÉLINE. — Voyez SPHÈNE.

SEMIBENZIDAM. — Voyez PHÉNYLÈNE-DIAMINE β, t. II, p. 897.

SEMINAPHTALIDAM. — Voyez NAPHTÈNE-DIAMINE α, t. II, p. 512.

SENARMONTITE (Min.) [Syn. *Antimoine oxydé octaédrique*]. — Acide antimonieux, Sb^2O^3, cristallisé dans le type cubique, tandis que la valentinite (voyez ce mot) est le même acide cristallisé dans le type orthorhombique.

Cristaux octaédriques parfois d'une assez grande dimension et masses cristallines, granulaires ou compactes; d'un blanc tirant parfois sur le gris; d'un éclat presque adamantin. Les plus beaux échantillons viennent de la province de Constantine (Algérie); on en a trouvé aussi à Perneck, près Malaczka (Hongrie); à Endellion, Cornouailles, etc.

Caractères. — Soluble dans l'acide chlorhydrique. Dans le tube fermé, fond et se sublime en partie. Sur le charbon, fond et donne des fumées et un enduit d'acide antimonieux.

Dureté, 2 à 25. Densité, 5,22 à 5,3.

Forme cristalline. — Octaèdres réguliers a^1 sans modifications. Clivages : a^1. F. et S.

SÉNÉGUINE. — Identique avec SAPONINE, t. II, p. 1437.

SEPIOLITHE. — Voyez MAGNÉSITE.

SÉPIRINE. — Voyez SIPIRINE.

SERBIANE. — Voyez MILOSCHINE.

SÉRICINE. — Nom donné par Schlossberger à la substance constitutive principale de la soie, qui portait déjà le nom de fibroïne. — Voyez FIBROÏNE, t. I, p. 1461.

SÉRICINE. — Voyez SOIE.

SERICITE (Min.). — Substance paraissant voisine de la damourite; formant des écailles d'aspect soyeux, vert-poireau ou jaunâtres, se trouvant à Naurod, près de Wiesbaden (Nassau). Difficilement attaquée par les acides.

Dans le matras, donne de l'eau et du fluorure de silicium. Au chalumeau, s'exfolie en émettant une vive lumière, et fond sur les bords en un émail gris. Dureté, 1. Densité, 2,9.

Renferme, d'après K. List : $SiO^2 = 50,0$; $TiO^2 = 1,6$; $Al^2O^3 = 23,6$; $FeO = 8,1$; $K^2O = 9,1$; $Na^2O = 1,7$; $MgO = 0,9$; $CaO = 0,6$; $Fl = 1,2$; $Ph^2O^5 = 0,3$; $H^2O = 3,4$. Total, 100,5.

SÉRINE. — La sérine est la substance albuminoïde principale du sérum sanguin. Ce liquide en contient chez l'homme de 62 à 73 grammes pour 1000.

Il est difficile d'isoler la sérine à l'état de pureté. Le meilleur moyen consiste à diluer le sérum dans deux fois son poids d'eau et à le traiter goutte à goutte par de l'acide acétique très-étendu jusqu'à ce qu'il ne précipite plus, à filtrer alors, à alcaliniser à peine la liqueur, puis à la soumettre en lieu très-froid à la dialyse dans un tamis à fond de baudruche dont on a bouché chaque trou avec une goutte de collodion. Au bout de quelques jours, toutes les parties dialysables ont passé dans le vase extérieur dont l'eau doit se renouveler sans cesse. On n'a plus alors qu'à concentrer la liqueur dans le vide et à la dessécher. La sérine contient toutefois encore 1 °/₀ de cendres.

A l'état sec, c'est une substance de couleur ambrée, transparente, cassante, analogue au blanc d'œuf desséché à basse température. Entièrement privée d'eau, elle peut être portée à 100° sans perdre sa solubilité. D'après Hoppe-Seyler, son pouvoir rotatoire est de 56° pour la ligne D de Frauenhofer.

Les solutions de sérine louchissent à peine à 60°; elles se coagulent à 71°. En même temps la liqueur bleuit sensiblement le tournesol, ce qui semble démontrer que la sérine était unie à des corps alcalins qui la maintenaient à l'état soluble. Une certaine quantité de sérine reste incoagulable à chaud, grâce peut-être à l'alcali mis en liberté ou à la perte d'acide carbonique due au premier coagulum. On la précipite en ajoutant quelques gouttes d'acide acétique.

Suivant Engelhardt, si l'on étend le sérum de beaucoup d'eau, la sérine ne se coagule plus par la chaleur; mais cette propriété lui est commune avec l'albumine de l'œuf, dont on ne coagule qu'une très-faible portion à 100°, lorsqu'on étend l'albumen filtré de 8 à 10 fois son poids d'eau. La partie incoagulable à chaud a pris désormais les propriétés de la caséine et se précipite à froid par une trace d'acide acétique ou même par un courant d'acide carbonique.

La sérine se coagule par l'alcool partiellement ou en totalité, suivant la concentration de l'alcool, mais le précipité se redissout dans l'eau à moins qu'il ne soit resté trop longtemps en présence de l'alcool fort. L'éther aqueux ne produit pas de trouble dans le sérum, tandis qu'il donne peu à peu des flocons dans les solutions d'albumine. Le sous-acétate de plomb précipite la sérine, mais ce précipité n'est pas décomposable par l'acide carbonique, comme il arrive pour celui qui se forme avec l'albumine ordinaire. La sérine est plus facilement dialysable à travers les membranes animales que l'albumine d'œuf de poule. Telles sont les différences principales qui existent entre ces deux matières albuminoïdes.

L'acide chlorhydrique et les alcalis caustiques un peu concentrés transforment la sérine en une substance précipitable par la saturation de la liqueur (*syntonine*).

100 grammes de sérine de sang de vache

pure contiennent, d'après Boussingault, 0gr,0803 de fer. A. G.

SÉROLINE. — Ce nom a été donné par Boudet [*Ann. de Chim. et de Phys.*, (2), t. LII, p. 337] à une substance qu'il n'a obtenue qu'à l'état impur et qu'il a extraite du sérum en le desséchant, le faisant bouillir avec de l'eau, évaporant de nouveau et reprenant le résidu par de l'alcool bouillant. Par le refroidissement, l'alcool laisse déposer des flocons nacrés de séroline. Boudet la décrit comme formée par des filaments microscopiques renflés de distance en distance. Cette substance a été étudiée aussi par Denis, par Lecanu [*Études sur le sang*, thèse de Paris, 1837, p. 55], par Becquerel et Rodier [*Compt. rend.*, 1844, t. XIX, p. 1084], par William Marcet et Verdeil [*Journ. de Pharm.*, (3), t. XX, p. 89].

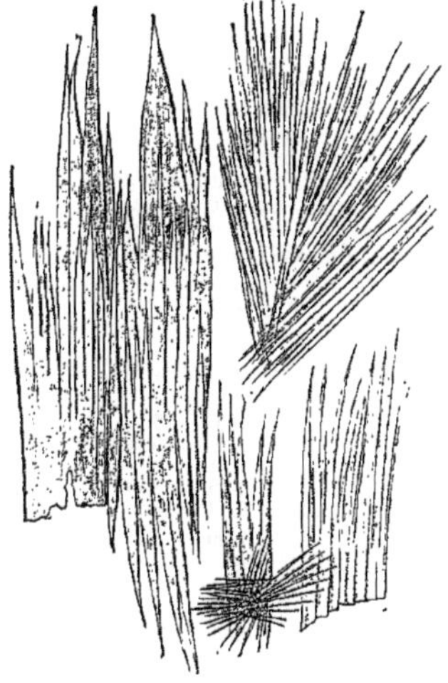

Fig. 582. — Séroline.

Ils l'ont tous obtenue en lames cristallines nacrées. Gobley [*Journ. de Pharm.*, (3), t. XXI, p. 421] avait supposé qu'elle n'était qu'un mélange de corps gras et de cholestérine. Mais s'il est vrai que la séroline décrite par Boudet était mélangée de corps gras, on peut affirmer aujourd'hui que la séroline de W. Marcet et Verdeil, et celle qui a été isolée par Robin et Verdeil [voyez leur *Chim. anatom.*, t. III, p. 67] était un principe immédiat défini et cristallisé, qu'on ne saurait confondre avec la cholestérine et qui, d'après Flint, serait identique à la *stercorine* que ce dernier auteur a le premier extrait des excréments.

Pour obtenir la séroline à l'état cristallisé, Robin et Verdeil opèrent comme il suit : le sang débarrassé de fibrine est coagulé par la chaleur, ou bien le caillot est comprimé dans un linge, et la liqueur est filtrée et évaporée. Pendant l'évaporation on ajoute un peu de sulfate de calcium en poudre. Ce sel précipite les substances albumineuses et les graisses saponifiables en solution. Après concentration, on filtre et l'on évapore presque à siccité à la température de 65° à 70°. On traite alors le résidu par de l'alcool absolu bouillant : la solution alcoolique étant distillée et filtrée à chaud, laisse déposer par refroidissement des cristaux de séroline.

Cette substance est formée principalement d'aiguilles et de lamelles striées dont les extrémités présentent de profondes fissures qui les divisent en pointes longues et aiguës. La séroline est neutre, soluble dans l'alcool chaud, peu soluble à froid. Elle fond à 36°. Elle n'est pas saponifiable par les alcalis. Tous ces caractères la rapprochent de la stercorine.

Le sang fournit, d'après Becquerel et Rodier, de 0gr,020 à 0gr,027 de séroline pour 1000. A. G.

SÉROSITÉS. — On donne le nom de sérosités à ces liquides en général albumineux et de couleur ambrée, qui exsudent de la surface des membranes séreuses, surtout lorsqu'elles sont enflammées. Chez l'homme sain, les sérosités sont des liquides jaune clair ou presque incolores, légèrement filants et fluorescents, fades ou un peu salés, à réaction faiblement alcaline. Ils tiennent surtout en suspension quelques cellules épithéliales et des cristaux de cholestérine. On trouve dissoutes dans ces humeurs un grand nombre de substances : de la sérine (1 à 25 pour 1000; une trace de caséine; souvent des matières aptes à donner de la fibrine en se coagulant spontanément; des substances extractives, telles que urée, acide urique, leucine, tyrosine, graisse, cholestérine, etc.; enfin 6 à 8 pour 1000 de sels minéraux identiques à ceux du plasma sanguin. Les exsudats des séreuses enflammées sont plus riches en albumine et en fibrine, en matières grasses, en cholestérine et substances extractives et en sels minéraux que le sérum sanguin et, en général, que les sérosités normales.

Nous ne pouvons, dans cet ouvrage, décrire en particulier et avec détail chacune des sérosités pleurale, péritonéale, etc. Nous nous bornerons à donner pour chacune d'elles les renseignements les plus importants et le résultat de leur analyse immédiate.

Sérosité pleurale. — Elle lubrifie seulement la plèvre à l'état normal; elle devient abondante lorsque la plèvre s'enflamme. Les liquides qui sont alors sécrétés sont jaunâtres, dichroïques, d'odeur fade, de consistance visqueuse. Ils se prennent en général en gelée dès qu'ils sont extraits du thorax. Le liquide de l'hydrothorax est limpide, inodore et sans viscosité. Suivant Mehu, le résidu sec laissé par les sérosités de la pleurésie aiguë pèse en moyenne 65 grammes par litre et la densité de la liqueur est supérieure à 1,018. Si la pleurésie est sous la dépendance d'un obstacle à la circulation du sang (*cirrhose, maladie du cœur*, etc.), le liquide épanché laisse moins de 50 grammes de résidu sec par litre et sa densité est supérieure à 1,015.

Les trois analyses suivantes sont dues à Becquerel et Rodier. Elles sont relatives au liquide fourni par le même sujet atteint d'une pleurésie devenant peu à peu chronique. Le liquide *c* a été extrait quelques jours après *b* et fort peu avant la mort :

	a.	*b.*	*c.*
Eau	945,6	953	941
Fibrine	1,09	0,91	0,0
Albumine	47,30	32	42,2
Matières extractives et graisses	6,0	6,0	7,2
Sels minéraux	»	8	8,

Sérosité péritonéale. — Elle est à peine appréciable à l'état normal. Dans l'ascite, on peut extraire du péritoine une liqueur un peu visqueuse, citrine, d'odeur fade, de densité variant de 1,005 à 1,024. Cette sérosité est plus pauvre en résidu fixe que le sérum sanguin. Elle contient de la sérine, une proportion moyenne de matières fibrinogènes, de l'hydropisine précipitable par le sulfate de magnésium, quelquefois de la paralbumine et une substance qui lui communique de la viscosité et que coagule l'acide acétique (*muco-*

sine?). On y a signalé aussi de l'urée, de la cholestérine, de l'acide urique, de la xanthine, de la créatine, des graisses, du sucre chez les diabétiques. Les sels sont en grande partie formés de chlorure de sodium avec un peu de carbonate de sodium, de phosphate de calcium et de lactate de sodium. On y trouve en outre des gaz (acide carbonique, azote, oxygène), dont 95 °/₀ d'acide carbonique et 0,15 °/₀ d'oxygène. Les analyses suivantes sont dues à Drivon [*Thèse de Montpellier*, 1869, p. 67] :

	Ascite dans un cancer de l'ovaire.	Cirrhose du foie.	Cirrhose du foie.
Eau	946,50	978,2	956,4
Albumine	19,40	11,31	32,91
Hydropisine	18,85	0,93	1,13
Mucosine	0,95	1,05	6,06
Sels solubles	5,52	8,2 (solubles et insolubles)	4,47
Sels insolubles	7,53		
Matières solides	53,50	21,83	43,60
Densités	1017,9	1011,6	1015,0

Sérosité péricardique. — Elle se trouve quelquefois, en petite quantité, dans le péricarde. Elle est souvent coagulable spontanément. C'est un liquide citrin, un peu visqueux, non filant, légèrement alcalin et salé. Gorup-Bésanez [*Physiolog. Chem.*, p. 372] donne les analyses suivantes de la sérosité péricardique de deux suppliciés :

Eau	962,83	955,13
Albumine	21,62	24,68
Fibrine	0,00	0,81
Matières extractives	8,21	12,69
Sels minéraux	7,34	6,69
	1000,00	1000,00

Ce liquide peut contenir pendant la péricardite jusqu'à 35 pour 1000 d'albumine. On y a signalé de la cholestérine, de l'urée, de l'acide urique, quelquefois du pus. Le sucre y existe quelquefois chez les diabétiques.

Sérosité de l'hydrocèle. — Sa densité varie de 1,016 à 1,022, sa couleur est citrine ou verdâtre. Elle est neutre dans la majorité des cas et ne se coagule presque jamais spontanément, mais le plus souvent lorsqu'on l'additionne de sérum sanguin.

Elle peut contenir de 10 à 60 grammes pour 1000 d'albumine, une notable proportion de fibrinogène, de la cholestérine, de l'acide succinique, des matières colorantes biliaires, des graisses, dans quelques cas de l'inosite. Les sels sont surtout formés de chlorure de sodium avec un peu de phosphates alcalins et terreux. Les analyses suivantes sont dues à Drivon [*loc. cit.*, p. 49] :

	I.	II.	III.
Eau	952,2	951,8	931,1
Albumine	20,68	23,08	38,41
Hydropisine	11,36	9,24	15,34
Mucosine	0,40	non dosée.	0,93
Sels solubles	13,86 (solubles et insolubles)	9,89	8,21
Sels insolubles		3,84	5,45
Matériaux solides	47,82	48,23	68,91
Densités	1019,6	1018,7	10·2,4

Observations. — I. Liquide de couleur citrine, peu visqueux, limpide. — II. Sérosité neutre, couleur citrine, non visqueuse. — III. Sérosité limpide, peu visqueuse, jaune intense, neutre.

Sérosité hydro-ovarique. — C'est un liquide de composition extrêmement variable, en général sirupeux, souvent de couleur brunâtre. Sa viscosité paraît due en partie à la *paralbumine*, substance albuminoïde coagulable par la chaleur et par l'alcool, et jouissant, lorsqu'elle est gonflée dans l'eau, de la propriété de s'étirer en filaments. Elle n'est pas précipitée par le sulfate de magnésie comme le sont l'hydropisine et la caséine. La paralbumine se modifie lentement sous l'influence de l'acide acétique.

Les sels minéraux mentionnés dans l'analyse sont, pour plus des deux tiers, formés de sel marin. Les analyses suivantes sont encore extraites de l'excellent travail de Drivon [*loc. cit.* p. 73] :

	Liquide neutre, un peu visqueux, teinte brune.	Liquide brun, un peu visqueux, neutre.
Eau	948,0	924,48
Albumine	40,25	48,85
Hydropisine	1,31	5,69
Mucosine	»	11,23
Sels solubles	3,40	8,85
Sels insolubles	8,99	1,80
Matières solides	52,00	75,52
Densités	1018,0	1025,05

Liquide cérébro-spinal. — Cette humeur ne saurait être considérée comme de nature séreuse. C'est un liquide légèrement alcalin, salé et ne contenant que 1 à 2 millièmes d'une matière albuminoïde analogue à la caséine et incoagulable par la chaleur. On y trouve aussi une substance qui réduit le réactif cupro-potassique et qui est infermentescible et inactive sur la lumière polarisée. Le liquide qui remplit à l'état normal les cavités arachnoïdiennes du cerveau et de la moelle, et celui que l'on y trouve dans les cas d'hydrocéphalie, ne paraissent différer que par leur quantité et fort peu par leur composition.

Composition du liquide céréhro-spinal ventriculaire, d'après Ch. Robin.

Eau	990 à 985
Urée	traces notables.
Cholestérine	0,21
Graisses	0,05 à 0,12
Matières albuminoïdes	0,54 à 1,66
Lactate sodique	2,30 à 3,21 (lactate et principes extractifs)
Principes extractifs	
Chlorures potassique et sodique	5 à 7
Sulfate de sodium	0,146
Carbonate de sodium	0,057
Phosphates alcalins et terreux	0,09 à 0,10

Liquide amniotique; liquide allantoïdien. — Le liquide allantoïdien remplit dans les premiers mois de la vie fœtale la vésicule allantoïde qui est en connexion, par l'*ouraque*, avec la vessie du fœtus. On trouve dans cette liqueur, outre l'allantoïne, $C^4H^6Az^4O^2$, une albumine spéciale, des lactates, du chlorure sodique, des phosphates, enfin du sucre, au moins chez les herbivores.

	LIQUIDE allantoïdien.		LIQUIDE amniotique.		
	5e semaine. Mouton.	12e semaine. Vache.	12e semaine. Vache.	9e mois. Femme.	Naissance. Femme.
Eau	98,98	98,86	98,55	95,40	98,49
Matières organiques	0,650	2,34	0,876	»	0,95
Matières inorganiques	0,870	0,804	0,570	»	5,60
Albumine	»	»	0,097	2,288	0,857
Sucre	0,241	0,605	0,191	nul.	nul.
Urée	0,40	0,645	0,298	»	0,380
Acide phosphorique	0,005	0,022	0,051	»	»
Acide sulfurique	0,005	0,097	0,022	»	»

La matière albuminoïde se modifie et disparaît peu à peu.

Le liquide amniotique qui remplit l'*amnios* et dans lequel nage le fœtus, d'abord clair dans les premiers mois de la grossesse, devient ensuite jaunâtre et trouble. Son goût est salin; sa densité varie de 1,002 à 1,030. On y a signalé de l'albumine, plus abondante au début que plus tard, du glucose, de l'urée, de la créatine, et parmi les substances minérales, du sel marin, des carbonates alcalins, une trace à peine de sulfates et de phosphates, enfin de l'acide carbonique libre. Majewski a publié des analyses des liquides allantoïdien et amniotique (voyez le tableau ci-dessus) [*Journ. für prakt. Chem.*, t. LXXVI, p. 99, et Schlossberger, *Ann. der Chem. u. Pharm.*, t. XCVI, p. 67, et t. CIII, p. 193].

MÉTHODES D'ANALYSE DES SÉROSITÉS. — Pour faire l'analyse d'une sérosité, on peut recourir à la méthode suivante : on détermine le *poids du résidu fixe et de l'eau totale* par l'évaporation au bain-marie, puis dans un courant d'air sec à 100°, de 50 à 100 grammes de liquide. On calcine ensuite lentement, dans un creuset couvert et jusqu'à *carbonisation*, tout ou partie du résidu précédent. On pulvérise ce charbon et on le traite à deux ou trois reprises par l'eau chaude pour dissoudre tous les sels solubles. On verse ensuite le tout dans un filtre de papier de Suède préalablement lavé à l'eau acidulée, puis à l'eau. Le charbon restant doit être ensuite calciné avec le filtre. On obtient ainsi le poids des sels insolubles, déduction faite des traces de cendres du filtre. Dans ce résidu et dans la partie soluble dans l'eau, on dose chaque sel par les méthodes habituelles.

Pour doser les substances organiques, on additionne une notable quantité de sérosité de quelques gouttes de sang, on sépare au tamis de soie au bout de 24 heures, et après agitation avec un petit balai, la fibrine qui a pu se produire. On la lave à l'eau, à l'alcool et à l'éther. On peut alors la détacher du filtre en bloc, la sécher et la peser.

Au liquide filtré, on ajoute quelques gouttes d'acide acétique étendu pour coaguler les substances caséiques et la mucosine. On jette sur un filtre, on lave et l'on redissout la caséine dans un petit excès d'acide acétique. Le liquide d'où l'on a isolé les matières précédentes contient, outre les sels minéraux et les matières extractives, de l'albumine et de l'hydropisine. On peut se borner à doser ensemble ces deux dernières. Il suffit de porter la liqueur à 100° pour les coaguler, de laver le caillot à l'eau acidulée, à l'eau, à l'alcool, à l'éther, de le sécher et de le peser. On obtient ainsi le poids des deux matières albuminoïdes précédentes, défalcation faite des cendres qu'elles laissent par leur calcination. Si l'on veut doser l'albumine et l'hydropisine séparément, on sature 250 grammes de sérosité filtrée par du sulfate de magnésium, on jette le tout sur un filtre et on lave avec une solution saturée du même sel. L'hydropisine est retenue avec le sel magnésien, l'albumine traverse seule le filtre et peut être coagulée par la chaleur; la partie restée sur le filtre, délayée dans l'eau et coagulée à son tour, donne l'hydropisine.

La liqueur d'où l'on a séparé l'albumine, l'hydropisine et la fibrine contient encore des matières albuminoïdes et organiques diverses et des sels minéraux. Après carbonisation, extraction par l'eau des sels solubles et calcination du résidu charbonneux, on pourra doser le poids des sels solubles et insolubles et par différence on aura celui des matières extractives, que l'on pourra du reste déterminer comme on a appris à le faire dans l'analyse immédiate du sérum musculaire.

Les gaz s'extraient des sérosités par la pompe pneumatique à mercure, et s'analysent par les méthodes ordinaires. A. G.

SERPENTARINE. — Synonyme d'ARISTOLOCHINE, t. I, p. 385.

SERPENTINE (Min.). — Silicates hydratés de magnésium, $2SiO^2, 3MgO + 2H^2O$ ou $3H^2O$. Une partie de la magnésie est d'ordinaire remplacée par de l'oxyde ferreux. Quelquefois on y trouve aussi de petites quantités des oxydes de chrome et de nickel. Les substances désignées comme serpentines sont plutôt des roches que des minéraux bien définis.

La plupart des cristaux qui ont été considérés comme appartenant à l'espèce sont de simples pseudomorphoses, soit de péridot (Snarum et Chursdorf, près Penig), soit de pyroxène ou d'amphibole (Easton). Néanmoins, la variété connue sous le nom d'antigorite, qui est en lames schisteuses se clivant assez facilement dans une direction, présente des caractères optiques qui lui assignent, comme type cristallin probable, le prisme orthorhombique.

Les serpentines se présentent en masses compactes, parfois un peu foliacées, à cassure esquilleuse, quelquefois en minces filons à structure fibreuse, dont les fibres sont dirigées à peu près normalement aux parois du filon (*chrysolithe, picrolite, metaxite, baltimorite*).

La couleur dominante de la serpentine est un vert plus ou moins gris, plus ou moins brun, qui peut passer au beau vert de chrome, au vert jaunâtre et même au jaune verdâtre. Il est souvent mêlé de noir et de rouge. L'éclat est faible, quelquefois gras. Les variétés vert clair ou jaunes, qui sont souvent mélangées de calcaire, sont appelées *serpentines nobles;* elles montrent dans la lumière polarisée des couleurs irrégulières.

La serpentine se rencontre en grandes masses, dont quelques-unes sont exploitées comme pierre de construction ou d'ornement, en Tyrol, près de Florence, en Suède, en Saxe, en Cornouailles, dans les Vosges, dans le Var, etc. Elle présente un grand développement au Canada et aux États-Unis. C'est dans la serpentine que l'on croit avoir trouvé les restes organiques les plus anciens (Eozoon Canadense). La serpentine est souvent associée au fer chromé, et doit quelquefois sa coloration au chrome. Elle renferme dans beaucoup de localités des cristaux de diallage.

Caractères. — En poudre, complètement attaquable par les acides chlorhydrique et sulfurique, avec séparation de silice pulvérulente. Dans le tube, noircit et donne de l'eau. Au chalumeau, blanchit et fond difficilement en émail sur les bords minces. Avec le borax, réaction du fer. Avec l'azotate de cobalt, coloration rose.

Dureté, 2,5 à 4. Tendre, se laisse couper au couteau. Tenace. Poussière blanche, douce au toucher.

Densité, 2,5 à 2,65; pour quelques variétés fibreuses, 2,2 à 2,3. C. F.

SÉSAME (HUILE DE). — Voyez HUILES, t. II, p. 49.

SÉVÉRITE (Min.). — Halloysite blanche terreuse de Saint-Sever (Landes).

SEYBERTITE (Min.) [Syn. *Clintonite*]. — Cette substance, très-voisine de la brandisite (voyez ce mot), se présente en tables hexagonales, ou en pyramides à six faces, tronquées. Il existe un clivage facile parallèle à la base. La double réfraction est forte; il y a deux axes très-rapprochés qu'une élévation de température fait écarter. La couleur est brune ou rougeâtre.

Caractères. — Attaquable à l'acide chlorhydrique. Infusible au chalumeau.

Dureté, 4,65. Densité, 3,15.

Les rapports d'oxygène dans RO : R^2O^3 : SiO^2 (sans tenir compte de l'eau), seraient, d'après Brush, 4 : 6 : 3. RO = MgO, CaO, avec un peu de soude et de potasse, R^2O^3 = Al^2O^3, Fe^2O^3.

La seybertite, en masses lamellaires, se rencontre dans des couches calcaires traversées par la serpentine, avec amphibole pyroxène, spinelle et graphite, à Amity et à Warwick (New-York). C. F.

SHEPARDITE (Min.). — Nom donné par Haidinger à un sesquisulfure de chrome douteux, qui serait contenu dans les météorites.

SIBÉRITE (Min.). — Tourmaline rouge de Sibérie.

SICILIANITE. — Voyez CÉLESTINE.

SIDÉRÉTINE (Beudant). — Voyez PITTIZITE.

SIDÉRITE (Haidinger). — Voyez SIDÉROSE.

SIDÉRITE (Min.). — Variété de quartz bleu indigo venant de Golling, près Salzbourg.

SIDÉRITE. — Nom attribué, sans doute par confusion avec la précédente substance, à la klaprothine.

SIDÉROBORINE. — Voyez LAGONITE.

SIDÉROCHALZITE. — Voyez APHANÈSE.

SIDÉROCHROME. — Voyez CHROMITE.

SIDÉROCLEPTE (Saussure). — Peridot altéré de Limburg (Brisgau).

SIDÉROCONITE (Min.). — Variété de calcite colorée par du sesquioxyde de fer hydraté.

SIDÉRODOT (Breithaupt) (Min.). — Sidérose calcifère de Radstadt (Salzbourg).

Densité, 3,41.

SIDÉROMÉLANE (Min.). — Variété d'obsidienne très-riche en sesquioxyde de fer.

SIDÉROPLÉSITE (Breithaupt). — Variété de sidérose riche en magnésie de Pöhl.

Densité = 3,63. Angle de pp = 107° 6'.

SIDÉROSCHISOLITHE (Min.). — Substance noire rhomboédrique paraissant être une cronstedtite de Conghonõs do Campo (Brésil).

SIDÉROSE (Min.) [Syn. *Fer carbonaté, fer spathique*]. — Carbonate ferreux, $FeCO^3$, avec mélange plus ou moins abondant de

$$CaCO^3, MgCO^3, MnCO^3.$$

Se présente en cristaux parfois d'une assez grande dimension, plus souvent en masses lamelleuses, grenues, oolithiques, compactes ou terreuses; on rencontre aussi de petites masses concrétionnées et fibreuses (*sphérosidérite*). Sa couleur est le blanc tirant plus ou moins sur le blond, quand il est inaltéré; plus souvent il présente, par suite d'une transformation partielle en sesquioxyde de fer hydraté ou anhydre, une coloration d'un jaune ou d'un brun plus ou moins foncé, ou d'un rouge d'ocre. Le fer carbonaté *lithoïde* des houillères est souvent noir. D'un éclat vitreux ou terne. Transparent, translucide ou opaque.

Se rencontre en amas ou en filons dans les roches anciennes, et fournit un minerai recherché, surtout lorsqu'il est manganésifère, la fonte manganésifère qu'il fournit étant propre à être employée dans la fabrication du métal Bessemer.

La variété lithoïde est en couches continues ou en rognons alignés de manière à former couche dans le terrain houiller. La variété oolithique se rencontre dans les grès et les argiles des terrains secondaires et même tertiaires.

Caractères. — Soluble dans les acides avec une effervescence lente à froid, plus rapide à chaud. Dans le tube fermé, décrépite et dégage de l'oxyde de carbone et de l'acide carbonique, en noircissant et en devenant magnétique. Sur le charbon donne un globule magnétique. Avec les flux, réactions du fer. Sur la lame de platine, avec le carbonate de sodium, donne d'ordinaire la réaction du manganèse.

Dureté, 3,5 à 4,5. Fragile, poussière blanche.

Densité, 3,7 à 3,9.

Forme cristalline. — Rhomboèdre pp = 107°. La forme la plus habituelle est le rhomboèdre primitif. On rencontre aussi les faces a^1, b^1, $e^{3/2}$, e^1.

Les faces sont souvent courbées comme celles de la dolomie en selle.

Clivages : p.

La variété nommée *oligonspath* ou *oligonite* renferme 25 % de $MnCO^3$. pp = 107° 4'.

Densité, 3,71 à 3,74. C. F.

SIDÉROTANTALE. — Voyez TANTALITE.

SIDÉROXÈNE. — Voyez HESSENBERGITE.

SIEGÉNITE (Min.). — Linnéite nickélifère.

SILBERGLANZ. — Voyez ARGYROSE.

SILBERKUPFERGLANZ. — Voyez STROMEYERINE.

SILBERPHYLLINGLANZ (Min.). — Cette substance, trouvée dans le gneiss à Deutsch-Pilsen, paraît être une nagyagite.

SILBERSPIESSGLANZ. — Voyez DISCRASE.

SILEX (Min.). — Variété compacte et pierreuse de quartz colorée en jaune, en brun, en noir, par des matières organiques et qui est particulièrement abondante dans la craie. Elle est formée de silex amorphe et renferme une petite proportion d'eau (de 1 à 2 %) et environ 1 % de sesquioxyde de fer et d'alumine. — Voyez QUARTZ.

SILICIUM, Si = 28. — Cet élément, l'un des plus répandus, n'existe pas dans la nature à l'état de liberté; on le trouve toujours combiné avec l'oxygène, pour lequel il a une puissante affinité. Il est tétratomique, comme le carbone, avec lequel il présente une grande analogie, non-seulement par la structure atomique de ses composés, mais encore par cette particularité que les atomes de silicium sont susceptibles, comme ceux de carbone, de se grouper ensemble par suite d'une saturation partielle et de former entre eux, ou unis à des groupes hydrocarbonés, des chaînes analogues à celles des composés organiques. Ce qui le distingue du carbone, c'est, d'une part, qu'il est essentiellement tétratomique et que l'on ne connaît jusqu'ici aucun composé où il fonctionne comme diatomique; c'est ensuite cette circonstance que ses hydrates étant relativement stables, il a une grande tendance à former des composés compliqués par élimination d'eau entre diverses molécules d'hydrate. L'accumulation d'atomes de silicium se fait dans ce cas par l'intermédiaire de l'oxygène, qui sert à souder entre elles les molécules qui ont perdu une certaine quantité d'eau.

Comme le carbone, le silicium peut exister sous plusieurs états : on le connaît cristallisé, graphitoïde ou amorphe.

Silicium amorphe. — Berzelius a obtenu, le premier, le silicium amorphe en chauffant 10 p. de fluosilicate de potassium sec dans un tube de verre ou de fer avec 8 ou 9 p. de potassium. Le fluosilicate de potassium peut être remplacé par celui de sodium et le potassium par le sodium. Il se forme du fluorure de potassium ou de sodium, et le silicium est mis en liberté. La masse est traitée par l'eau d'abord à froid, puis à chaud, aussi longtemps qu'il se dissout quelque chose.

Le silicium amorphe se produit aussi lorsqu'on fait passer un courant de chlorure de silicium sur du potassium ou sur du sodium, chauffés dans des nacelles de porcelaine placées dans des tubes de verre ou de porcelaine [H. Deville, *Ann. de Chim. et de Phys.*, (3), t. XLIX, p. 68], ou encore par l'électrolyse d'un mélange fondu de fluorure et de fluosilicate de potassium (Ulik).

Il se produit dans la combustion incomplète de l'hydrogène silicé, ou dans la décomposition de ce gaz par l'étincelle électrique; il paraît également se former lorsqu'on fait passer le courant d'une forte pile entre deux pôles de silicium cristallisé, dans une atmosphère d'hydrogène. Les pôles se recouvrent d'une matière brune pulvérulente, tout à fait analogue à celle produite par la décomposition de l'hydrogène silicé.

Le silicium amorphe se présente sous la forme d'une poudre brun foncé, plus lourde que l'eau. Il ne conduit pas l'électricité. Il tache les doigts. Il n'est pas attaqué par les acides azotique et sulfurique, mais il est facilement dissous par l'acide fluorhydrique aqueux et par la potasse. Lorsqu'il est chauffé à l'air, il brûle avec éclat en se transformant en silice. Celle-ci fond et recouvre souvent le silicium non brûlé.

Dans une atmosphère peu oxydante, il fond à une température intermédiaire entre celles auxquelles fondent l'acier et la fonte de fer.

Silicium graphitoïde. — Le silicium amorphe, étant chauffé fortement dans un creuset, s'agglomère, augmente de densité et devient plus foncé de couleur et moins facilement oxydable (Berzelius).

M. H. Deville a obtenu le silicium graphitoïde en électrolysant le chlorure sodico-aluminique, pour préparer l'aluminium. Les électrodes de charbon renferment de la silice, qui est réduite dans ces conditions et qui fournit du silicium graphitoïde; ce dernier s'isole en dissolvant dans l'acide chlorhydrique les premières parties d'aluminium obtenues. Il constitue des lamelles ressemblant au graphite [*Ann. de Chim. et de Phys.*, (3), t. XLIII, p. 21].

M. Wöhler le prépare en fondant à la température de fusion de l'argent, dans un creuset de terre, de 20 à 40 p. de fluosilicate de potassium avec 1 p. d'aluminium. Le culot métallique, étant traité par l'acide chlorhydrique, donne des lamelles hexagonales de silicium graphitoïde [*Compt. rend.*, t. XLII, p. 48].

On peut encore fondre 1 p. d'aluminium avec 5 p. de verre exempt de plomb et 10 p. de cryolithe en poudre.

Le silicium graphitoïde possède une densité de 2,49. Il n'est pas altéré lorsqu'on le chauffe au blanc dans l'oxygène. Chauffé au rouge avec le carbonate de potassium, il décompose l'acide carbonique, avec lumière, en donnant de la silice. Avec l'azotate et le chlorate de potassium, il n'est attaqué qu'au blanc et brûle alors avec éclat. Il est inattaquable par les acides, sauf par un mélange d'acides azotique et fluorhydrique. Une solution concentrée de potasse ou de soude le dissout lentement avec dégagement d'hydrogène. Au rouge sombre, le chlore le transforme en chlorure de silicium.

Silicium cristallisé. — Lorsqu'on fait fondre le silicium amorphe dans un creuset de platine soigneusement garni de chaux caustique, on obtient des gouttes elliptiques, d'un gris foncé demi-métallique, présentant des indices de cristallisation et des faces courbes (H. Deville).

On obtient le silicium cristallisé en faisant passer un courant lent de chlorure de silicium sur de l'aluminium pur et surtout exempt de fer, chauffé au rouge très-vif, dans un appareil rempli d'hydrogène sec. Les nacelles de porcelaine dans lesquelles se trouvait l'aluminium, étant retirées du tube, se trouvent remplies de belles aiguilles de silicium cristallisé. Ces aiguilles sont d'un gris de fer et souvent irisées. Elles sont très-dures, rayent et coupent le verre. Elles sont formées d'une série d'octaèdres réguliers superposés parallèlement à l'une des faces de l'octaèdre et présentent souvent, par disparition de la face perpendiculaire à l'axe de groupement, une apparence rhomboédrique. Souvent les aiguilles sont hexagonales; elles sont alors terminées sur les côtés par les faces du dodécaèdre rhomboïdal [Senarmont, *Ann. de Chim. et de Phys.*, (3), t. XLVII, p. 169].

Le chlorure de silicium peut être remplacé par le fluorure, seulement alors les aiguilles de silicium sont accompagnées de fluorure d'aluminium cristallisé en octaèdres et inattaquable par presque tous les réactifs.

La méthode la plus commode de préparation consiste à introduire dans un creuset de terre chauffé au rouge un mélange de 15 p. de fluosilicate de potassium bien sec, 4 p. de sodium coupé en petits fragments et 20 p. de grenaille de zinc distillé. On chauffe au rouge, mais au-dessous de la température de volatilisation du zinc, jusqu'à fusion complète, puis on laisse refroidir lentement.

Le culot de zinc est rempli d'aiguilles et de cristaux de silicium qu'on peut dégager par un traitement à l'acide chlorhydrique, suivi d'un traitement à l'acide azotique bouillant, puis à l'acide fluorhydrique.

Si l'on élève beaucoup la température, on peut chasser le zinc par distillation : le silicium reste à l'état fondu. On peut alors le couler comme de la fonte, sans avoir à craindre une trop vive oxydation. Les barreaux de silicium ainsi obtenus sont brillants [H. Deville et Caron, *Ann. de Chim. et de Phys.*, (3), t. LXVII, p. 435].

Le silicium cristallisé s'agglomère lorsqu'on le chauffe longtemps à un rouge vif dans un tube de porcelaine parcouru par un courant de chlorure de silicium. Le silicium est en même temps purifié, il prend une couleur gris de fer plus clair. Il conduit bien l'électricité (Friedel et Ladenburg). MM. Troost et Hautefeuille ont expliqué la formation d'aiguilles cristallisées de silicium, qui se déposent dans ces circonstances dans certaines parties du tube, par la production et la décomposition successives d'un sous-chlorure de silicium.

Le silicium cristallisé n'est attaqué que par le mélange d'acide fluorhydrique et d'acide azotique. Il ne s'oxyde que très-lentement à la surface, lorsqu'on le chauffe fortement dans un courant d'oxygène. Cependant il décompose l'acide carbonique au rouge vif en donnant de l'oxyde de carbone.

COMBINAISONS DU SILICIUM AVEC L'HYDROGÈNE ET AVEC LES MÉTALLOÏDES MONATOMIQUES.

HYDROGÈNE SILICÉ, SiH^4. — *Préparation.* — On l'obtient à l'état impur, c'est-à-dire mélangé avec un grand excès d'hydrogène, quand on fait passer le courant de 8 à 12 couples de Bunsen dans une solution de chlorure de sodium, en employant comme électrode positive une lame d'aluminium allié de silicium.

Le dégagement d'hydrogène est dû à une action secondaire, qui se produit en même temps qu'une partie de l'aluminium se dissout à l'état de chlorure. L'eau est décomposée; il se produit de l'alumine, et l'hydrogène naissant se combine partiellement au silicium.

L'hydrogène silicé se produit aussi par la décomposition de divers siliciures métalliques par l'action de l'acide chlorhydrique. Celui dont l'emploi est préférable est le siliciure de magnésium, qui se prépare en faisant un mélange intime de 40 p. de chlorure de magnésium fondu, de 35 p. de fluosilicate de sodium sec, et de 10 p. de sel marin fondu, et introduisant le tout, avec 20 p. de sodium en petits fragments, dans un creuset de Hesse chauffé au rouge. Le creuset doit être couvert immédiatement et chauffé jusqu'à ce qu'il ne se dégage plus de vapeurs de sodium. D'après M. Wöhler, la masse gris-noir ainsi obtenue renferme deux siliciures de magnésium, dont l'un dégage de l'hydrogène silicé quand on l'attaque par l'acide chlorhydrique, et dont l'autre ne donne que de l'hydrogène et un hydrate d'oxyde de silicium.

Le gaz silicé s'obtient en attaquant le siliciure de magnésium dans un appareil entièrement rempli d'eau bouillie, dans lequel on verse l'acide chlorhydrique à l'aide d'un entonnoir, l'eau étant déplacée à mesure. On le recueille sur une cuve à eau, et dans des éprouvettes remplies également d'eau bouillie [Wöhler et Buff, *Ann. der Chem. u. Pharm.*, t. CII, p. 128; t. CIII, p. 218; t. CIV, p. 94; t. CVII, p. 112].

On obtient l'hydrogène silicé à l'état de pureté en chauffant doucement avec du sodium l'éther siliciformique tribasique (voyez ce mot). Il se produit un dédoublement, qui n'est pas expliqué, mais qu'exprime l'équation suivante :

$$4\,SiH(OC^2H^5)^3 = SiH^4 + 3\,Si(OC^2H^5)^4$$

[Friedel et Ladenburg, *Ann. de Chim. et de Phys.*, (4), t. XXIII, p. 1871].

Propriétés. — L'hydrogène silicé est un gaz incolore, insoluble dans l'eau. Il est spontanément inflammable à l'air quand il est impur, et, pour le gaz pur, sous une pression moindre que celle de l'atmosphère. Il suffit pour enflammer le gaz pur de la présence d'un objet chaud, tel qu'une lame de couteau chauffée modérément (Friedel et Ladenburg). Il brûle avec dépôt de silicium dans un vase empêchant partiellement l'accès de l'air. La chaleur le décompose en hydrogène et en silicium pulvérulent brun. Il en est de même de l'étincelle électrique. L'hydrogène silicé ne se produit pas par l'action de l'arc électrique éclatant entre deux pôles en silicium dans un courant d'hydrogène (Friedel).

Il est facilement attaqué par le chlore. L'acide chlorhydrique et l'acide sulfurique étendus sont sans action sur lui ; la potasse le décompose avec une augmentation de volume, qui est de 4 pour 1, pour le gaz pur. Il réagit sur une solution de sulfate de cuivre, en donnant un précipité de siliciure de cuivre; avec celle d'azotate d'argent, il donne de l'argent métallique mélangé d'une matière noire, qui est probablement du siliciure d'argent. Avec le chlorure de palladium, on n'obtient qu'un dépôt de palladium métallique, sans silicium. Les solutions de plomb et de platine ne sont pas précipitées.

L'hydrogène silicé, dégagé du siliciure de magnésium, est attaqué par les perchlorures de phosphore, d'antimoine, d'étain; par l'iode, qui donne $SiHI^3$ et SiI^4; par le chlorure d'iode; par le brome, qui fournit du bromure de silicium et un composé solide fondant à 89° et distillant vers 231°. Ce dernier est décomposé par l'eau, avec formation d'un corps blanc amorphe, que l'ammoniaque transforme en silice avec dégagement d'hydrogène. On peut le sublimer dans l'hydrogène, ou dans l'acide carbonique, mais à l'air, il fond, d'abord, puis brûle en donnant une fumée blanche [R. Mahn, *Zeitsch. für Chem.*, (2), t. V, p. 729].

Silicibromoforme, $SiHBr^3$. — Ce corps, non encore isolé, forme sans doute, mélangé avec du bromure de silicium, le produit de la réaction de l'acide bromhydrique gazeux sur le silicium chauffé au-dessous du rouge [Wöhler et Buff, *Ann. der Chem. u. Pharm.*, t. CIV, p. 99].

Silicichloroforme, $SiHCl^3$. — Ce corps a été obtenu par MM. Wöhler et Buff dans la réaction de l'acide chlorhydrique sec sur le silicium, à une température inférieure au rouge. Ne l'ayant pas complètement purifié, ils l'ont considéré comme le chlorhydrate d'un chlorure de silicium. $Si^2Cl^3\,2\,HCl$ (Si = 21). MM. Friedel et Ladenburg ont montré que ce n'est pas là sa formule, mais qu'en le séparant complètement du chlorure de silicium formé en même temps, on lui trouve une composition exprimée par les rapports $SiHCl^3$. Pour l'isoler, on recueille dans des récipients refroidis à la glace le mélange de silicichloroforme et de chlorure silicique, et on le soumet ensuite à des distillations fractionnées. La portion recueillie après plusieurs distillations de 34° à 37°, est le silicichloroforme sensiblement pur; de 55° à 60°, on recueille principalement du chlorure de silicium; les portions intermédiaires sont des mélanges.

Le silicichloroforme est un liquide limpide, ressemblant au chlorure de silicium, très-mobile, fumant à l'air, détonant au contact d'un corps en ignition, lorsque sa vapeur est mélangée avec l'air. Densité de vapeur = 4,64; théorie = 4,69. L'eau et surtout l'ammoniaque, le décomposent facilement, avec dégagement d'hydrogène et dépôt d'une matière blanche. Le chlore le transforme à la température ordinaire en chlorure de silicium, avec dégagement d'acide chlorhydrique. Le brome ne réagit pas à froid; mais à 100°, il donne un chlorobromure de silicium $SiBrCl^3$.

Il réagit sur l'alcool absolu en donnant l'éther siliciformique tribasique et sur l'eau glacée avec formation d'anhydride siliciformique (voyez p. 1489), [*Ann. de Chim. et de Phys.*, (4) t. XXIII, p. 434].

Siliciodoforme, $SiHI^3$. — Lorsqu'on fait passer de l'acide iodhydrique gazeux sur du silicium chauffé à une température inférieure au rouge, on recueille dans la partie du tube qui fait suite au silicium un produit le plus souvent souillé d'un excès d'iode. Il se dégage de l'hydrogène à l'extrémité du tube. Le produit est débarrassé de l'iode qu'il renferme par dissolution dans le sulfure de carbone et agitation avec du mercure métallique. Après décantation et distillation du sulfure de carbone, il reste un liquide se prenant en une masse cristalline qui est formée en grande partie d'iodure de silicium (voyez Silicium), et qui pourtant dégage de l'hydrogène en petite quantité par l'action de l'eau.

Lorsqu'au lieu d'employer l'acide iodhydrique seul, on l'amène dans le tube renfermant le silicium en même temps qu'un grand excès d'hydrogène sec, il se condense dans la partie froide du tube un mélange de cristaux blancs d'iodure de silicium et d'un liquide qui peut en être partiellement séparé par décantation, et ensuite par distillation dans un courant d'acide carbonique. Après des distillations convenables, on arrive à isoler un liquide, bouillant vers 220°, ayant une composition exprimée par la formule $SiHI^3$, et qu'on peut appeler *siliciodoforme*. Il est très-dense et très-réfringent. L'eau le décompose en donnant une matière blanche qui, en contact avec l'eau non refroidie, se transforme en silice avec dégagement d'hydrogène; c'est l'anhydride siliciformique. — Voyez p. 1489.

Densité à 0° = 3,362; à 20° = 3,314.

Le produit obtenu directement par l'action de l'acide iodhydrique sur le silicium avait été regardé par MM. Wöhler et Buff comme un iodhydrate d'iodure de silicium $Si^2I^3,2\,HI$ (Si = 21) [*Ann. der Chem. u. Pharm.*, t. CIV, p. 93; — C. Friedel, *Ann. de Chim. et de Phys.*, (4), t. XXV, p. 423].

Bromures de silicium. — Tétrabromure, $SiBr^4$. — Ce composé, découvert par Sérullas, se prépare en faisant passer du brome sur un mélange intime de silice et de charbon, chauffé à une température très-élevée. On enlève l'excès de brome par agitation avec du mercure et on distille. C'est un liquide incolore, ayant une densité de 2,813. Son odeur est piquante. Il fume à l'air humide et ressemble beaucoup au chlorure de silicium. Avec l'eau, il se transforme immédiatement en acide bromhydrique et en silice. Il bout à 153°,4 sous la pression de 762 millimètres. Il se solidifie à 12° ou 15° en une masse blanche, opaque, nacrée. Il détone lorsqu'on le chauffe avec du potassium. — Voyez aussi plus haut Silicibromoforme.

Hexabromure de silicium, Si^2Br^6. — L'hexaiodure de silicium (voyez p. 1484) traité par le brome en présence du sulfure de carbone se transforme en *hexabromure* avec dépôt d'iode. Après fixation de l'iode à l'aide du mercure et filtration, on distille le sulfure de carbone; il reste un corps qui cristallise en lamelles. Celles-ci n'appartiennent pas au type hexagonal, car elles ont deux axes de double réfraction. L'hexabromure bout vers 240°.

CHLOROBROMURE DE SILICIUM, $SiCl^3Br$. — Ce composé, présentant les caractères du bromure et du chlorure de silicium, se produit dans l'action du brome à 100° sur le silicichloroforme,

$$SiHCl^3 + 2Br = SiBrCl^3 + BrH,$$

et dans celle du brome à froid sur le silicimercaptan trichloré,

$$2(SiCl^3,SH) + 3Br^2 = 2SiBrCl^3 + 2BrH + S^2Br^2.$$

C'est un liquide limpide, bouillant à 80°. Densité de vapeur = 7,25. Théorie = 7,42. L'eau le décompose immédiatement avec dépôt de silice et formation d'acide bromhydrique et d'acide chlorhydrique. Il paraît exister d'autres chlorobromures de silicium, entre autres le produit $SiBr^2Cl^2$, qui se forme en très-petite quantité par l'action du brome sur le silicichloroforme [Friedel et Ladenburg, *Ann. de Chim. et de Phys.*, (4), t. XXIII, p. 434, et t. XXVII, p. 424].

CHLORURES DE SILICIUM. — TÉTRACHLORURE, $SiCl^4$. — Il prend naissance lorsque l'on chauffe du silicium dans un courant de chlore sec. Il se produit aussi en même temps que le silicichloroforme lorsqu'on fait passer de l'acide chlorhydrique gazeux sur du silicium chauffé au-dessous du rouge.

On le prépare habituellement en chauffant au rouge vif un mélange de charbon et de silice précipitée, et en y faisant passer un courant de chlore. Le charbon et la silice sont mêlés avec de l'huile et façonnés en boulettes qui sont calcinées en vase clos et introduites encore chaudes dans un tube de porcelaine ou, pour de plus grandes quantités, dans une cornue de grès à deux tubulures bien séchée. La réaction est exprimée par l'équation

$$SiO^2 + 2Cl^2 + 2C = SiCl^4 + 2CO.$$

La vapeur de chlorure de silicium et les gaz qui se dégagent traversent une série d'appareils condensateurs refroidis avec des mélanges réfrigérants. On emploie avantageusement, pour la condensation, des tubes en Y. Le chlorure de silicium est purifié par distillation et par agitation avec du mercure métallique.

Pur, il bout à 59°. Densité à 0° = 1,5237; 1,522 (Friedel et Crafts). Densité de vapeur = 5,939 (Dumas). Théorie = 5,890.

Il est doué d'une odeur piquante, due surtout à la décomposition de sa vapeur par l'humidité avec dégagement d'acide chlorhydrique. L'eau le décompose instantanément avec dépôt de silice et dégagement de HCl. Une partie de la silice reste dissoute dans l'eau acide. Le potassium et le sodium le décomposent au rouge avec séparation de silicium et formation de chlorures alcalins. L'aluminium agit de même. Le potassium fondu, étant versé dans le chlorure de silicium, détermine une explosion. La vapeur de chlorure chauffée au rouge en présence d'argent métallique fournit du chlorure d'argent et du silicium. Avec l'hydrogène, il donne une petite quantité de silicichloroforme (Friedel et Ladenburg).

Chauffé au rouge vif en présence de l'oxygène ou de certains oxydes, il se transforme en oxychlorure de silicium (voyez p. 1489). Avec les oxydes de zinc, de plomb, etc., il donne des silicates et des chlorures.

Chauffé à une température très-élevée en présence du silicium, il fournit des sous-chlorures de silicium (Troost et Hautefeuille).

Le chlorure de silicium réagit facilement sur l'alcool avec dégagement d'acide chlorhydrique et formation d'éther silicique, $Si(OC^2H^5)^4$ [voyez ÉTHYLE (SILICATE D')]. Les alcools méthylique et amylique donnent des réactions analogues.

Avec l'acide acétique cristallisable ou avec l'anhydride acétique, il donne l'anhydride mixte silico-acétique.

Chauffé avec le zinc-éthyle à 160-180°, il fournit le silicium-éthyle, $Si(C^2H^5)^4$ (voyez p. 1498) avec formation de chlorure de zinc. Le zinc-méthyle se comporte de même.

HEXACHLORURE DE SILICIUM. — L'hexaiodure de silicium (voyez p. 1484), chauffé doucement avec du bichlorure de mercure, donne un *hexachlorure*. Ce dernier constitue un liquide limpide distillant à 146°, décomposable facilement par l'eau avec formation d'un produit qui reste en grande partie dissous dans la solution chlorhydrique et que l'ammoniaque précipite sous la forme d'une masse floconneuse avec dégagement d'hydrogène.

Il fume à l'air; il est incolore et cristallise à — 1° [Friedel, *Compt. rend.*, t. LXXIII, p. 1011].

MM. Troost et Hautefeuille ont obtenu le même chlorure par l'action du chlorure de silicium sur le silicium à la température de fusion de cet élément. Densité à 0° = 1,58. Point de solidification — 14°. Densité de vapeur, 9,7. Théorie, 9,31.

Sa vapeur s'enflamme quand elle est chauffée fortement à l'air. Il se décompose lentement à 350°; plus rapidement à 440°, complétement à 800°, en silicium et tétrachlorure.

PROTOCHLORURE DE SILICIUM. — En même temps que l'hexachlorure (ou sesquichlorure), MM. Troost et Hautefeuille ont obtenu un autre chlorure qu'ils considèrent comme le *protochlorure*, mais qu'ils n'ont pu avoir à l'état de pureté. Il est mélangé d'oxychlorures. Sa vapeur s'enflamme au contact de l'air à une température inférieure au rouge sombre. Il décompose l'eau en présence de l'ammoniaque, en dégageant une quantité d'hydrogène plus grande que le sesquichlorure. Au contact de l'eau à zéro, il donne un oxyde hydraté, qui réduit non-seulement le permanganate de potassium et l'acide chromique comme l'hydrate silicioxalique, mais le chlorure d'or et l'acide sélénieux dissous dans l'eau. Il paraît jouer le rôle de base vis-à-vis des acides énergiques [*Compt. rend.*, t. LXXIII, p. 564]. Pour les OXYCHLORURES DE SILICIUM, voyez p. 1489.

IODURES DE SILICIUM. — TÉTRAIODURE, SiI^4. — On fait passer un courant d'acide carbonique ou mieux d'oxyde de carbone, desséché sur l'acide sulfurique et sur l'acide phosphorique, dans un tube en verre vert étiré en deux endroits. La première partie du tube renferme de l'iode sec. Dans la deuxième, se trouve du silicium qui remplit le tube sur une longueur de 25 centimètres environ. Cette partie est entourée de clinquant et chauffée au rouge sombre. La troisième partie porte des renflements dans lesquels peut se réunir le produit formé. Après avoir chassé l'air de l'appareil, on chauffe le silicium, puis on volatilise lentement l'iode. On voit alors se condenser dans la partie froide du tube un liquide jaunâtre qui se prend en une masse cristalline. Lorsque la distillation de l'iode est trop rapide, le produit est mélangé d'iode qu'on peut enlever en dissolvant le mélange dans le sulfure de carbone et agitant avec du mercure. Après filtration et distillation du dissolvant, l'iodure de silicium restant peut être distillé sans altération dans un courant de gaz carbonique. A l'air, sa vapeur prend feu lorsqu'elle est chauffée et brûle avec une flamme rouge en répandant des vapeurs d'iode. Il est incolore ou légèrement jaunâtre. Il bout vers 290°. Il fond et se prend à 120°,5 en une masse cristalline à reflets moirés, et presque toujours colorée en rose, à cause de la légère décomposition qui se produit quand on scelle le vase qui le renferme. Sur les bords, il se forme souvent des dendrites analogues à celles du sel ammoniac. Sa forme cristalline appartient au type cubique. Dans le sulfure de carbone ou par sublimation lente, on l'a obtenu en petits octaèdres sans action sur la lumière polarisée.

Il fume à l'air et est rapidement décomposé par l'eau avec formation de silice et d'acide iodhydrique. Il est attaqué facilement par le brome avec dépôt d'iode. Il se forme du bromure de silicium et probablement aussi une petite quantité d'un iodobromure, SiI^2Br^2.

Densité de vapeur prise dans la vapeur de mercure, le ballon étant préalablement rempli de gaz carbonique = 19,12. Théorie = 18,56.

Si l'on fait tomber de l'alcool sur l'iodure de silicium, on voit se dégager de l'acide iodhydrique; lorsqu'on distille, il passe de l'iodure d'éthyle mélangé d'alcool et il reste une masse spongieuse de silice.

L'iodure de silicium, étant chauffé pendant quelques heures à 100° avec de l'éther desséché sur le sodium, donne de l'iodure d'éthyle, du silicate tétréthylique et des polysilicates éthyliques. Ces derniers sont dus soit à l'introduction d'une petite quantité d'humidité avec l'iodure de silicium, soit peut-être à une action de l'iodure de silicium lui-même sur le silicate éthylique formé. La réaction principale est exprimée par l'équation

$$SiI^4 + 4(C^2H^5)^2O = Si(OC^2H^5)^4 + 4C^2H^5I.$$

Lorsqu'on chauffe le tétraiodure de silicium avec l'argent métallique à la température de 280°, on obtient l'hexaiodure de silicium [C. Friedel, *Ann. de Chim. et de Phys.*, (4), t. XXV, p. 423].

Hexaiodure de silicium, Si^2I^6. — Ce corps, le premier connu de la série éthylique du silicium, s'obtient en chauffant pendant plusieurs heures au bain d'huile, à 280° environ, dans un matras scellé, du tétraiodure de silicium avec de l'argent métallique finement divisé, tel qu'on le prépare en réduisant par le zinc et l'acide chlorhydrique du chlorure d'argent fraîchement précipité. L'argent enlève un atome d'iode à 2 molécules de tétraiodure et donne le corps Si^2I^6. Quand on juge la réaction assez avancée, on reprend le produit à froid par une petite quantité de sulfure de carbone, qui dissout les deux iodures siliciques, mais beaucoup plus facilement le tétraiodure; on reprend ensuite à chaud par une plus grande quantité de sulfure de carbone pour dissoudre l'hexaiodure, on filtre à l'abri de l'humidité et on sépare les deux iodures par des cristallisations successives dans le sulfure de carbone. L'hexaiodure se sépare par refroidissement de sa solution dans le sulfure de carbone en lames hexagonales incolores très-nettes ou en rhomboèdres basés d'une assez grande dimension. Ces lames se comportent à la lumière polarisée à la façon des cristaux à un axe optique. L'hexaiodure de carbone cristallise également en lames hexagonales (Gustavson).

L'hexaiodure de silicium fume à l'air et se décompose avec formation d'une matière blanche. Traité par la potasse, il donne lieu à un vif dégagement d'hydrogène. La quantité d'hydrogène dégagé correspond exactement à l'équation

$$Si^2I^6 + 4H^2O = 2SiO^2 + 6HI + 2H.$$

L'hexaiodure de silicium ne peut être distillé ni sous la pression atmosphérique, ni dans le vide. Il se sublime partiellement, mais en se décomposant en grande partie en tétraiodure, et en laissant un résidu orangé dont la composition paraît correspondre à la formule SiI^2 et qui est insoluble dans le sulfure de carbone, dans la benzine, dans le chloroforme et dans le chlorure de silicium. Ce dernier iodure est transformé par l'eau en une matière blanche ou grisâtre, qui dégage au contact de la potasse plus d'hydrogène que l'hexaiodure.

L'hexaiodure fond dans le vide à une température voisine de 250° en paraissant se décomposer partiellement. 1 p. de sulfure de carbone en dissout 0,26 à la température de 27°. Dans les mêmes conditions, il se dissout 2,2 p. de tétraiodure.

Lorsqu'on projette les cristaux d'hexaiodure dans de l'eau glacée, ils se décomposent lentement sans dégagement d'hydrogène. Il se forme une matière blanche, qui, séchée dans le vide, puis à 100°, présente une composition qui répond à la formule $Si^2O^4H^2$. Par la potasse, elle dégage une quantité d'hydrogène répondant à l'équation $Si^2O^4H^2 + H^2O = 2SiO^2 + H^2O + H^2$.

L'eau, en agissant sur l'hexaiodure, a transformé celui-ci, avec production d'acide iodhydrique, en un hexahydrate disilicique $Si^2(OH^6)$ qui n'est pas stable et qui, en perdant de l'eau, se transforme en un anhydride $Si^2O^4H^2$. Celui-ci correspond à l'acide oxalique et peut être appelé *hydrate silicioxalique*. Cet hydrate ne donne pas de sels; les bases même les plus faibles le décomposent avec dégagement d'hydrogène, comme fait la potasse dans d'autres circonstances pour l'acide oxalique.

Il réduit le permanganate de potassium et lentement l'acide chromique, mais non le chlorure d'or ni la solution aqueuse d'acide sélénieux.

L'hexaiodure réagit à une douce chaleur sur le zinc-éthyle, en donnant le *silicium-hexéthyle* (voyez ce mot) [Friedel et Ladenburg, *Compt. rend.*, t. LXVIII, p. 920].

Fluorure de silicium, $SiFl^4$. — Le fluorure de silicium se produit par l'action de l'acide fluorhydrique sur la silice, en présence de l'acide sulfurique :

$$SiO^2 + 4HFl = SiFl^4 + 2H^2O.$$

Ce dernier est nécessaire pour empêcher la décomposition du fluorure de silicium par l'eau.

On le prépare en attaquant, par l'acide sulfurique concentré, un mélange de fluorure de calcium pulvérisé, avec de la silice, ou du verre également en poudre fine. Le gaz qui se dégage doit être recueilli sur le mercure dans des vases bien séchés.

Le fluorure de silicium est un gaz incolore fumant fortement à l'air, d'une odeur suffocante. Il rougit le papier de tournesol, même quand il est sec (Davy). Il se liquéfie sous une forte pression (Faraday), et se solidifie à — 140° (Natterer). Il éteint les corps en combustion. Il se dissout en grande quantité dans l'eau, en se décomposant en silice et acide fluosilicique :

$$3SiFl^4 + 2H^2O = 2(SiH^2Fl^6) + SiO^2.$$

Un tiers de la silice est précipité.

Les alcalis et les terres alcalines agissent sur lui comme l'eau en donnant des fluosilicates, ce qui a lieu pour la potasse; ou bien précipitent toute la silice en formant un fluorure, comme cela arrive pour la soude.

Beaucoup d'oxydes métalliques anhydres absorbent le fluorure de silicium, avec production de chaleur et formation d'un fluorure métallique et de silice. Pour la chaux vive, l'action est assez énergique pour la faire rougir.

Le potassium, à la température ordinaire, est à peu près sans action sur le fluorure de silicium; mais fondu, il noircit et brûle avec une flamme rouge, en absorbant une portion du gaz et donnant une masse brun foncé de silicium (Gay-Lussac et Thenard). Le sodium agit de même.

Le fluorure de silicium se combine avec le double de son volume de gaz ammoniac, en produisant le composé volatil $SiFl^4(AzH^3)^2$, que l'eau décompose avec formation de silice, de fluosilicate et de fluorure ammoniques (J. Davy) :

$$2\,[SiFl^4(AzH^3)^2] + 2H^2O = SiFl^6(AzH^4)^2 + SiO^2 + 2\,(AzH^4Fl).$$

L'alcool absolu refroidi absorbe une grande quantité de fluorure de silicium, en produisant un mélange de silicate tétréthylique et d'acide fluosilicique [Knop et Wolf, *Chem. Centralb.*, 1861, p. 812].

ACIDE FLUOSILICIQUE, SiH^2Fl^6. — Ce composé se forme par l'action de l'eau sur le fluorure silicique. Pour le préparer, on place un mélange de fluorure de calcium et de silice ou d'un silicate dans un vase de verre et on ajoute de l'acide sulfurique concentré. Le tube de dégagement doit être assez large et aboutir dans du mercure recouvert d'une couche d'eau, afin qu'il ne soit pas bouché par la silice gélatineuse qui se sépare. Lorsque l'eau est presque prise en gelée, on arrête l'opération, on sépare la silice en l'exprimant à travers un linge et on filtre à travers du papier.

On l'obtient également en dissolvant de la silice dans l'acide fluorhydrique.

La solution saturée d'acide fluosilicique forme un liquide fumant très-acide, qui peut être évaporé sans résidu dans des vases de platine. Elle n'attaque le verre que si on l'évapore en sa présence. Par l'évaporation, l'acide fluosilicique se décompose avec dégagement de fluorure silicique; il reste de l'acide fluorhydrique qui attaque le verre, et se dégage alors aussi sous la forme de fluorure de silicium.

Densité des solutions d'acide fluosilicique :

SiH^2Fl^6 °/°	Densité.
0,5	1,0040
1	1,0080
1,5	1,0120
2	1,0161
5	1,0407
10	1,0834

[Stolba, *Journ. für prakt. Chem.*, t. XC, p. 193].

Fluosilicates. — Voyez t. I, p. 1475.

COMBINAISONS DU SILICIUM AVEC LES MÉTALLOÏDES DIATOMIQUES.

ANHYDRIDE SILICIQUE OU SILICE, SiO^2. — La silice a été formulée tantôt SiO (Si = 7, O = 8), SiO^2 (Si = 14, O = 8), SiO^3 (Si = 21, O = 8). La densité de vapeur du chlorure, du bromure, de l'iodure de silicium, des silicates d'éthyle et de méthyle, et plus encore l'existence de dérivés de ces corps dans lesquels les éléments ou groupes monatomiques sont remplacés par quart ont tranché la question en faveur de la formule SiO^2 (Si = 28, O = 16). L'isomorphisme des fluosilicates avec les fluotitanates et les fluostannates, démontré par M. Marignac, se trouve d'ailleurs d'accord avec les considérations physiques et chimiques. Nous ne croyons pas utile de donner ici l'historique de cette discussion, qui se trouve résumée dans le Mémoire de MM. Friedel et Crafts sur les éthers siliciques [*Ann. de Chim. et de Phys.*, (4), t. IX, p. 5].

La silice se rencontre dans la nature en grande quantité à l'état libre, anhydre sous la forme de *quartz* (voyez ce mot) avec toutes ses variétés, et hydratée sous celle d'*opale* (voyez ce mot). Dans ces derniers temps, on a montré qu'elle peut exister encore sous une autre forme anhydre et cristallisée, à laquelle on a donné le nom de *tridymite*. — Voyez ce mot.

La silice se produit par la combustion du silicium dans l'air ou dans l'oxygène, à une température élevée et par l'action de la vapeur d'eau, au rouge sur le silicium. Elle prend naissance par l'action de l'eau sur le fluorure silicique, avec formation simultanée d'acide fluosilicique, et par celle de l'eau sur les chlorure, bromure et iodure siliciques, avec production d'acides chlorhydrique, bromhydrique, iodhydrique :

$$SiCl^4 + 2H^2O = SiO^2 + 4HCl.$$

La silice obtenue est à l'état gélatineux et hydraté; elle devient anhydre par la calcination.

On peut l'avoir également pure par fusion du quartz avec un carbonate alcalin et décomposition du silicate alcalin, à l'aide de l'acide chlorhydrique.

Lorsqu'il n'est pas nécessaire de l'avoir dans l'état de division où elle se sépare par précipitation, il suffit d'*étonner* du quartz en le chauffant au rouge et en le plongeant rapidement dans de l'eau froide, puis d'achever de le réduire en poudre au mortier d'agate.

Le quartz pur a une densité de 2,6. Cette densité s'abaisse à 2,2 par la fusion. Celle-ci peut se faire à l'aide du chalumeau à gaz hydrogène et oxygène, ainsi que l'ont montré M. Gaudin et M. H. Deville. Le quartz fondu peut s'étirer en fils.

La silice obtenue par décomposition des silicates et calcination possède une densité de 2,2. Cette variété amorphe existe aussi naturellement, soit seule, soit mélangée de quartz. La densité de la tridymite naturelle, ou de celle qu'on obtient artificiellement en fondant de la silice ou un silicate avec du sel de phosphore, est intermédiaire entre celle de la silice amorphe, et celle du quartz; elle est de 2,31.

L'acide silicique d'une densité de 2,6 se dissout dans l'acide fluorhydrique lentement et sans grand dégagement de chaleur. La silice amorphe au contraire se dissout rapidement et en s'échauffant beaucoup, lorsque l'acide fluorhydrique est concentré.

La silice cristallisée en poudre fine est à peine attaquable par l'ébullition avec une solution de potasse. La silice amorphe s'y dissout au contraire facilement déjà à froid, mais surtout à chaud. Avec une solution de carbonate de potassium, la dissolution, à peu près nulle à froid, pour les deux variétés de silice, est sensible à chaud pour le quartz cristallisé, et environ quinze fois plus forte, toutes choses égales d'ailleurs, pour la silice amorphe.

Lorsqu'on fond de la silice mélangée à du carbonate de potassium ou de sodium, il se forme du silicate de potassium ou de sodium, avec dégagement d'acide carbonique. M. Mallard a fait voir que, pour une température donnée, la proportion d'acide carbonique expulsée tend vers une limite fixe; cette proportion s'accroît quand la température s'élève. La limitation paraît due à la réaction réciproque entre la silice, le bisilicate et le silicate neutre [*Compt. rend.*, t. LXXV, p. 472].

Lorsqu'on fait fondre un silicate ou de la silice avec du sel de phosphore, on trouve, après le refroidissement, la masse pénétrée de petites lamelles hexagonales souvent groupées par trois et rappelant tout à fait les groupements des cristaux de tridymite naturelle.

Sous cette forme, la silice n'est pas soluble dans la lessive de potasse, ni même, d'après G. Rose, dans le carbonate de potassium. Sa densité est de 2,31.

La même modification de la silice paraît se produire dans la fusion de la silice avec une très-petite quantité de carbonate de sodium, avec de la wollastonite et avec du borax.

Quand le quartz cristallisé finement pulvérisé est calciné fortement, sa densité diminue. Dans une expérience de H. Rose, la densité est descendue de 2,651, au feu d'un four à porcelaine, à 2,394, et après une deuxième calcination, à 2,329. La densité de la silice amorphe précipitée s'élève au contraire par la calcination, et semble tendre vers la même limite. De 2,2 elle s'est élevée à 2,31 [*Pogg. Ann.*, t. CVIII, p. 1].

D'après G. Rose, le quartz et la silice amorphe sont tous deux transformés, par l'action de la chaleur, en tridymite, et la poudre présente une structure cristalline, que le microscope polarisant rend visible. Certaines opales naturelles paraissent contenir des cristaux de tridymite [*Berichte der deutsch. Chem. Gesellsch.*, t. II, p. 389.]

H. de Senarmont a obtenu le quartz cristallisé, en chauffant en tube scellé à 200-300° de la silice gélatineuse avec de l'acide chlorhydrique étendu [*Ann. de Chim. et de Phys.*, (3), t. XXXII, p. 142]. M. Daubrée en a obtenu également par la décomposition du verre par l'eau à une haute température [*Compt. rend.*, t. XLV, p. 792].

La silice est décomposée au rouge par le potassium, avec formation de silicium et de silicate de potassium. Le charbon en présence du fer, du cuivre, de l'argent, la réduit, au rouge blanc, en oxyde de carbone, et siliciures de fer, de cuivre et d'argent.

Hydrates siliciques, $Si(OH)^4$. — Le silicium, élément tétratomique à caractère électro-négatif, forme un tétrahydrate qui est l'hydrate silicique normal $Si(OH)^4$ et auquel répondent les orthosilicates $SiO^4M'^4$.

L'hydrate normal n'a pas été obtenu à l'état de liberté; il perd trop facilement une partie de son eau; mais les éthers siliciques normaux et bon nombre de composés, tels que les péridots, les grenats, etc., rendent son existence probable.

Il se trouve sans doute à l'état de dissolution dans le liquide qu'on obtient en soumettant à la dialyse une solution étendue de silicate alcalin, décomposée par un excès d'acide chlorhydrique (voir à l'article Dialyse). Cette solution, qui, dans les conditions dans lesquelles opérait Graham, renfermait environ 5 % de silice anhydre, peut être concentrée par évaporation dans une fiole, jusqu'à contenir environ 14 % de silice; on ne peut opérer dans un vase ouvert; dans ce dernier cas, il se forme sur les bords un anneau de silice insoluble, qui détermine la coagulation du tout.

La solution à 14 % est limpide et ne présente aucune viscosité; elle est d'ailleurs peu stable et, au bout de quelques jours, elle devient légèrement opaline, puis elle se coagule tout entière assez rapidement en formant une gelée ferme, transparente, incolore, ou légèrement opaline et insoluble dans l'eau. Après quelque temps, cette gelée se contracte, même en vase clos, et laisse dégager de l'eau pure. L'hydrate silicique en solution est coagulé en quelques minutes par une solution contenant 0,0001 d'un carbonate alcalin ou terreux; mais l'ammoniaque caustique ainsi que les sels neutres ou acides sont sans action sur lui.

Les acides sulfurique, azotique, acétique ne coagulent pas la solution silicique; mais quelques bulles d'acide carbonique que l'on fait passer à travers la solution produisent cet effet au bout d'un certain temps.

L'acide chlorhydrique augmente la stabilité de la solution, de même qu'une très-petite quantité de potasse ou de soude.

L'alcool et le sucre n'agissent pas comme précipitants; mais ne donnent pas non plus de stabilité à la dissolution. Le calcaire solide précipite la silice pure à sa surface, sans en être pénétré. L'enduit forme une sorte de vernis qui s'écaille en séchant.

La solution d'hydrate silicique possède une réaction acide plus marquée que celle d'acide carbonique. Il a fallu 1,85 de potasse ou une proportion équivalente de soude ou d'ammoniaque pour neutraliser 100 p. de silice soluble. Les silicates formés, appelés par Graham *colli-silicates* ou *cosilicates*, sont solubles et plus stables que l'hydrate silicique; mais ils sont coagulés après quelques minutes par l'acide carbonique et par les carbonates alcalins. Le sel de potassium, desséché dans le vide, donne naissance à une pellicule transparente de matière hydratée non décomposable par l'eau, et soluble seulement dans 10,000 parties d'eau.

La silice soluble forme dans l'eau de chaux un précipité gélatineux, contenant 6 % et au delà de base. Ce sel n'a d'ailleurs pas une composition bien définie; il abandonne au lavage un silicate plus basique.

La solution d'hydrate silicique est précipitée par la gélatine, l'alumine soluble et l'oxyde ferrique soluble. Elle paraît insipide, mais après quelques instants elle produit dans la bouche une sensation désagréable et persistante, due probablement à la précipitation de la silice [Graham, *Phil. Trans.*, 1861, p. 204; et *Ann. de Chim. et de Phys.*, (3), t. XLV, p. 169].

Premier anhydride silicique. — En perdant une molécule d'eau, l'hydrate silicique normal forme un premier anhydride SiO^3H^2, dont la stabilité est plus grande que celle de l'hydrate normal, et qui peut être obtenu par évaporation dans le vide de la solution d'hydrate silicique, purifiée par dialyse. Cet hydrate vitreux, transparent, brillant, renferme, après être resté pendant deux jours sur l'acide sulfurique, 21,99 p. 0/0 d'eau, ce qui correspond à peu près à la formule indiquée (Graham). Il existe beaucoup de silicates, tels que l'enstatite SiO^3Mg, etc., dans lesquels le rapport de l'oxygène de la base et de la silice est 1 : 2, de même que pour l'eau et la silice dans l'hydrate précédent. Les raisons manquent pour trancher la question de savoir si c'est à cette formule même, ou à l'un de ses multiples, qu'ils correspondent en réalité.

Hydrates polysiliciques. — Mais ce n'est pas seulement une molécule isolée d'hydrate silicique qui est susceptible de perdre son eau et de former un anhydride. Cet hydrate possède au plus haut degré la propriété de constituer par élimination d'eau, entre plusieurs molécules, des groupes de condensation croissante, qui peuvent être très-compliqués.

L'exemple le plus simple de ce fait est donné par la condensation de deux molécules d'hydrate silicique en une seule avec élimination d'une molécule d'eau : $2SiO^4H^4 - H^2O = Si^2O^7H^6$.

Il importe de remarquer que, dans ce dernier groupement, les deux atomes de silice sont reliés par l'intermédiaire d'un atome d'oxygène; cette constitution peut être exprimée par la formule

$$(HO)^3Si-O-Si(OH)^3.$$

Il en est de même de tous les autres composés polysiliciques; la soudure se fait toujours par l'intermédiaire de l'oxygène, et non pas directement d'atome de silicium à atome de silicium. Cette propriété distingue le silicium du carbone pour lequel les groupements moléculaires sont dus avant tout à la saturation du carbone par lui-même, bien que ces deux modes différents de complication moléculaire existent pour chacun de ces éléments.

L'*hydrate disilicique*, $Si^2O^7H^6$, a été obtenu par Ebelmen, dans l'action de l'air humide sur l'éther silicique, sous la forme d'une masse vitreuse transparente [*Ann. de Chim. et de Phys.*, (3), t. XVI, p. 129].

A cet hydrate correspond le disilicate hexéthylique de MM. Friedel et Crafts [voyez Siliciques (éthers)], et peut-être aussi quelques silicates métalliques, tels que la serpentine (en ne tenant pas compte de l'eau qu'elle renferme) et la laumonite (en regardant comme basique l'eau qui ne s'échappe qu'au rouge).

D'autres hydrates siliciques ont été obtenus : Doveri ayant desséché dans le vide la silice précipitée d'une solution de silicate alcalin soit par l'acide chlorhydrique, soit par l'acide carbonique, et celle provenant de la décomposition du fluorure de silicium, a trouvé que ces produits renfermaient en moyenne 17,3 °/₀ d'eau, ce qui se rapproche de la proportion correspondant à la formule $3SiO^2,2H^2O$, qui en exige 16,6.

A 100°, l'hydrate précédent perd la moitié de son eau et se transforme en un autre hydrate défini, $3SiO^2.H^2O$. Ce dernier, séché à 120°, ne renferme plus que 6 °/₀ d'eau; à 150°, 4,2 °/₀; à 220°, 2,5 °/₀, et à 370°, seulement des traces [Doveri, *Ann. de Chim. et de Phys.*, (3), t. XXI, p. 48].

Les résultats obtenus par Fuchs [*Ann. der Chem. u. Pharm.*, t. LXXXII, p. 119] ne sont pas d'accord avec les précédents. Ce savant ayant maintenu l'hydrate silicique préparé par décomposition du fluorure silicique, dans le vide sec, pendant 30 jours, est arrivé à l'hydrate

$$3SiO^2.H^2O,$$

renfermant 9,1 à 9,6 °/₀ d'eau. Chauffé à 100°, pendant 18 jours, cet hydrate s'est transformé en un autre qui ne contient plus que 6 à 6,7 °/₀ d'eau, ce qui correspond à peu près à la formule $4SiO^2.H^2O$.

Les hydrates siliciques naturels (voyez Opale) renferment des quantités d'eau qui s'approchent le plus souvent de l'une ou de l'autre de ces deux dernières proportions, mais qui pourtant sont parfois inférieures, par exemple dans l'*hyalite*.

Silicates métalliques. — Il semble qu'il devrait être fort simple de classer les nombreux silicates connus, en prenant l'un après l'autre, dans leur ordre de complication, les divers hydrates siliciques possibles et en y rattachant les combinaisons du même type. Plusieurs tentatives ont été faites dans ce sens : les principales sont dues à MM. Odling [*Philos. Magazine*, t. XVIII, p. 360, et *Répert. de Chim. pure*, t. II, p. 45], Wurtz [*Répert. de Chim. pure*, t. II, p. 449, et *Philosophie chimique*, p. 180; Hachette, 1864], Stædeler [*Journ. für prakt. Chem.*, t. XCIX, p. 70, *Bull. de la Soc. chim.*, (2), t. VII, p. 405], Weltzien [*Systematische Zusammenstellung*, etc., Heidelberg]. Quoique dans ces mémoires les véritables principes aient été posés, la plus grande partie des silicates reste à classer, et cela pour les motifs que nous allons indiquer.

La composition d'un grand nombre de silicates n'est pas encore connue d'une manière certaine et ne peut pas être exprimée par une formule rationnelle pour quelques-uns de ceux qui sont les plus importants au point de vue minéralogique. Ceci tient aux variations considérables de composition des échantillons analysés, variations dont les unes sont dues, sans doute, au mélange de composés isomorphes, mais dont une grande partie aussi doit être expliquée par des impuretés.

Si l'on est souvent dans l'ignorance de la formule rationnelle des silicates, réduite pour plus de simplicité aux rapports des quantités d'oxygène contenues dans la silice et dans les bases, dans presque tous les cas où ces rapports sont connus, on ignore le véritable poids de la molécule; la raison de simplicité conduit à admettre le poids le plus réduit possible; mais rien ne dit que le vrai poids moléculaire n'en soit pas un multiple.

Nous avons signalé plus haut la faculté que possède l'hydrate silicique de former des molécules complexes par élimination d'eau, ou, ce qui revient au même, la propriété qu'ont les molécules silicées de s'annexer un certain nombre de molécules du premier ou du deuxième des anhydrides siliciques. Lorsque la silice est combinée simplement à l'eau ou aux oxydes des métaux monatomiques, il ne peut exister aucun doute sur la cause à laquelle il faut attribuer la complication moléculaire. Il n'en est plus de même lorsqu'on a affaire à des oxydes de métaux diatomiques, et encore moins lorsque la silice, comme il arrive souvent, est combinée à l'aluminine. Dans ce dernier cas, en particulier, l'aluminium, comme élément polyatomique, peut avoir une part dans la complication de la molécule. Rien ne prouve non plus que l'alumine soit tout entière saturée par la silice; il se peut que, fonctionnant comme acide, elle soit partiellement saturée par les bases contenues dans la molécule. Elle peut aussi, et ceci s'étend également aux bases diatomiques, être partiellement saturée par l'eau. C'est pour n'avoir pas tenu compte de ces diverses circonstances que l'auteur d'une classification des silicates, Weltzien, a énuméré un nombre indéfini d'hydrates siliciques, en décrivant les silicates métalliques correspondants; ces hydrates étaient formés à ses yeux par simple polymérisation de l'hydrate normal, sans élimination d'eau. De pareils composés ne peuvent évidemment exister que si les bases, et particulièrement l'alumine, interviennent pour souder les diverses parties du groupement moléculaire, et ce n'est plus alors à des dérivés proprement dits des hydrates siliciques que l'on a affaire.

Une autre difficulté pour la classification des silicates réside dans l'ignorance où l'on est souvent du rôle que jouent dans les molécules complexes divers corps simples tels que le bore, le fluor et en particulier l'hydrogène. On sait que l'eau peut jouer alternativement le rôle d'acide et celui de base, c'est-à-dire se combiner avec les oxydes alcalins ou avec les oxydes acides. Elle s'ajoute aussi à des molécules salines saturées, sous forme d'eau de cristallisation. Parfois on peut distinguer l'eau de cristallisation de l'eau de constitution; mais cela n'est pas toujours possible dans l'état actuel de nos connaissances. Quant à la question de savoir si l'eau de combinaison sature l'acide ou la base, c'est encore bien plus difficile, et pour cela l'on est obligé de se laisser guider par la plus ou moins grande simplicité des rapports auxquels on arrive suivant que l'on admet l'une ou l'autre hypothèse.

Nous ferons encore remarquer que, si rationnelle que puisse paraître une classification ayant pour but de grouper tous les composés qui se rapportent à un même hydrate silicique, cette classification laisserait parfois à désirer au point de vue minéralogique. Nous avons, dans la famille des feldspaths, un exemple frappant de l'inconvénient qu'elle aurait à ce point de vue. Ces minéraux, si semblables par leurs propriétés extérieures et par le rôle qu'ils jouent dans les roches, présentent des variations considérables dans les rapports entre l'oxygène des bases et celui de l'acide; ils ne correspondent pas à un même hydrate; mais on peut les considérer comme faisant partie d'une série dont l'anorthite ($CaOAl^2O^32SiO^2$) est le premier terme. Ce premier terme est un orthosilicate dans lequel le rapport de l'oxygène des bases à celui de l'acide est

$$1 : 1 \ (CaO : Al^2O^3 : SiO^2 = 1 : 3 : 4).$$

Les termes suivants en dérivent par addition de $nSiO^2$, comme certains polylactates dérivent de l'éther lactique par addition de lactide [Wurtz et Friedel, *Ann. de Chim. et de Phys.*, (3), t. LXIII, p. 112]. Ce qu'il y a de remarquable, c'est que cette addition de silice ne fait varier les propriétés physiques et chimiques des feldspaths que dans des limites très-restreintes. Les mêmes considérations paraissent pouvoir s'appliquer aux minéraux du groupe des wernerites.

Nous faisons suivre ces réflexions générales de

la liste des silicates appartenant aux types de composition les plus simples, en nous bornant à ceux dont la composition peut être considérée comme connue avec assez de certitude.

ORTHOSILICATES. — Rapport d'oxygène dans MO et $SiO^2 = 1 : 1$:

Silicates de RO. — Péridot, fayalite, monticellite, téphroïte, knebellite, willemite, gadolinite, phénacite.

Hydratés : Dioptase (l'eau étant considérée comme basique), calamine (l'eau étant considérée comme de cristallisation), cérerite (l'eau étant regardée comme de cristallisation).

Silicates de RO et R^2O^3. — Anorthite, meionite, zoïsite, épidote, allanite, grenat, sarcolite, idocrase, humboldtilithe, micas.

Hydratés : Mésotype (avec l'eau regardée comme basique), prehnite (id.), laumonite (id.), euclase (l'eau étant considérée comme saturant en partie l'alumine), liévrite (l'eau étant regardée comme saturant en partie Fe^2O^3), cronstedtite (id.).

Silicate de RO^2. — Zircon.

DISILICATES HEXABASIQUES. — Rapport d'oxygène dans MO et $SiO^2 = 3 : 4$: okenite (en regardant l'eau comme basique), serpentine (sans tenir compte de l'eau), laumonite (avec l'eau qu'elle conserve au-dessous du rouge), kaolin (en ne tenant pas compte de l'eau).

BISILICATES. — Rapport d'oxygène dans MO et $SiO^2 = 1 : 2$.

Silicates de RO. — Wollastonite, enstatite, pyroxènes, hypersthène, rhodonite, amphiboles (l'eau étant regardée comme basique), anthophyllite (id.).

Silicates de RO et R^2O^3. — Émeraude, amphigène, pollux, andésine, achmite, babingtonite.

Hydratés : Talc (en regardant l'eau comme basique), pectolithe (id.), calamine (en regardant l'eau comme saturant en partie le zinc), analcime (en ne tenant pas compte de l'eau), chabasie (id.), laumonite (id.), carpholite (id.).

TRISILICATES : O dans MO : $SiO^2 = 1 : 3$. — Orthose, albite, œdelforse, mancinite.

SILICATES BASIQUES : $M^2O^3 : SiO^2 = 3 : 2$. — Andalousite, disthène.

PROPRIÉTÉS GÉNÉRALES DES SILICATES. — Les silicates sont insolubles dans l'eau, sauf ceux de potassium et de sodium (voyez POTASSIUM et SODIUM). L'eau, par une action prolongée et surtout aidée par les moyens mécaniques, tels que la pulvérisation et le frottement, décompose un certain nombre de silicates d'alumine et d'alcalis, en leur enlevant un silicate alcalin et en laissant un silicate hydraté d'aluminium : c'est là le mode de formation de la plupart des argiles. M. Daubrée ayant fait subir à des fragments d'orthose une rotation prolongée dans un cylindre, en présence de l'eau, a obtenu un limon très-tenace, tandis que l'eau renfermait, à la fin de l'opération, de la potasse en quantité notable [*Bull. de la Soc. géolog.*, 2e série, t. XXVIII].

En chauffant sous pression à 300° et au delà des tubes en verre en présence de l'eau, M. Daubrée a vu le verre se transformer en une matière fibreuse ayant la composition de la wollastonite.

Un grand nombre de silicates sont attaquables par l'acide chlorhydrique ou par l'acide azotique, après avoir été réduits en poudre. Ce sont particulièrement les silicates hydratés et ceux qui ne renferment pas une trop forte proportion de silice. Un petit nombre, tels que la sodalite, la cancrinite, l'haüyne, la mésotype, peuvent se dissoudre d'une manière complète dans l'acide chlorhydrique très-étendu. Dans un acide plus concentré, ils font gelée. Parmi ceux qui sont ainsi attaquables, les uns donnent de la silice pulvérulente, les autres de la silice gélatineuse. Les premiers sont moins facilement décomposés que les seconds.

L'acide sulfurique étendu décompose également un grand nombre de silicates. Lorsqu'on emploie cet acide sous pression à des températures de 220° à 240°, on peut attaquer des silicates qui résistent dans les conditions ordinaires, tels que tourmalines, amphiboles, staurotide [A. Mitscherlich, *Journ. prakt. Chem.*, t. LXXXVI, p. 1, et *Bull. de la Soc. chim.*, t. V, p. 16, 1863].

Quelques silicates attaquables par les acides dans leur état naturel, deviennent inattaquables après fusion. D'autres, tels que l'idocrase, l'épidote, l'axinite, deviennent plus facilement attaquables après calcination ou fusion.

Tous les silicates sont attaquables par digestion avec l'acide fluorhydrique et par fusion avec le fluorhydrate d'ammoniaque, avec dégagement de fluorure silicique.

Tous également deviennent attaquables par les acides chlorhydrique ou azotique étendus après fusion avec une quantité de carbonate de potassium ou de sodium ou encore d'hydrate de potassium ou de sodium, montant à 3 ou 5 fois leur poids. Pour certains minéraux, tels que l'andalousite, le disthène, le zircon, il faut que la température soit très-élevée.

On peut employer aussi pour les désagréger la calcination avec les carbonates de baryum, de strontium, de calcium ou avec la litharge.

Pour les silicates renfermant des alcalis, on peut extraire ces derniers par l'eau, après calcination avec la chaux. Quelquefois, il suffit de faire bouillir ou même simplement digérer à froid la poudre du minéral avec un lait de chaux.

En fondant un silicate au chalumeau avec du sel de phosphore, on voit la substance se désagréger ; il reste un squelette de silice. G. Rose a fait voir que ce dernier est composé de silice cristallisée par fusion en lamelles hexagonales maclées (tridymite).

La silice et les silicates, fondus avec le carbonate de sodium, donnent lieu à une effervescence ; il se produit un verre transparent et restant tel après le refroidissement, quand le silicate renferme une quantité de silice correspondant à peu près à la formule $MO.SiO^2$. Les silicates renfermant moins de silice sont également décomposés, mais donnent seulement une masse frittée [Berzelius, *Anwendung des Löthrohrs, Nürnberg*, 1844, p. 190].

L'on trouvera aux différents métaux la description des SILICATES MÉTALLIQUES et à la page 1491 des détails sur l'analyse de ces silicates. Nous voulons seulement signaler ici plusieurs résultats nouveaux concernant les silicates d'alumine.

SILICATES D'ALUMINE (voyez ARGILES). — M. Schloesing, en mettant à profit la propriété qu'ont les argiles de rester longtemps en suspension dans l'eau distillée faiblement alcaline, et en recueillant les dépôts successifs, a pu séparer quelques-unes des parties constituantes des mélanges argileux. Après plusieurs jours de repos de la liqueur argileuse, celle-ci se sépare en couches superposées dont l'opacité va croissant de haut en bas et qui descendent peu à peu. Ces diverses couches correspondent probablement à plusieurs silicates, qui se classent ainsi par ordre de densité. Quand l'argile est pure et ne contient qu'un seul silicate, on ne voit descendre qu'une seule couche et la composition des divers dépôts est constante. Certaines argiles, que M. Schloesing appelle colloïdales, ne se séparent pas même par le repos le plus prolongé, mais peuvent être coagulées par addition d'une petite quantité d'acides ou de sels divers.

En employant ce mode de séparation, on a pu constater que le silicate $Al^2O^3, SiO^2, 2H^2O$ est de beaucoup le plus abondant dans les argiles kaoliniques et qu'il en constitue plusieurs à lui seul. Ces argiles kaoliniques sont tantôt cristallines, tantôt amorphes, sans que des variations de composition accompagnent ces variations d'état.

L'application de cette méthode nouvelle à l'examen des argiles ne manquera pas de jeter du jour sur la question si compliquée jusqu'ici de leur composition immédiate [*Compt. rend.*, t. LXXVIII, p. 1438, et t. LXXIX, p. 376 et 473].

Pour les éthers siliciques, voyez SILICIUM (COMPOSÉS ORGANIQUES), p. 1495.

ANHYDRIDE SILICIFORMIQUE,

$$Si^2O^3H^2 = HOSi.O.SiOH.$$

— Lorsqu'on fait passer lentement la vapeur de silicichloroforme pur dans de l'eau glacée, en se servant d'un tube terminé en entonnoir, pour éviter les obstructions, on obtient une poudre blanche, ressemblant assez à la silice. On la recueille rapidement, on la lave à l'eau glacée, on l'exprime entre des doubles de papier joseph, et on la sèche dans le vide sur l'acide sulfurique. Ainsi séché, ce corps se conserve très-bien et peut même être porté à 150° sans altération. En contact avec l'eau à la température ordinaire, il se décompose lentement avec dégagement d'hydrogène. On l'analyse en le décomposant par l'ammoniaque dont l'action est beaucoup plus prompte que celle de l'eau pure; on peut doser l'hydrogène par l'action de la potasse, sur la cuve à mercure.

Ce corps s'est formé aux dépens du silicichloroforme, par remplacement de 3 Cl par $\frac{3}{2}$ O :

$$2\,SiHCl^3 + 2H^2O = (SiOH)^2O + 6\,HCl.$$

Il se produit ainsi un anhydride, qui est au silicium ce que l'anhydride formique serait au carbone.

L'anhydride siliciformique brûle avec flamme [Wöhler et Buff, *Ann. der Chem. u. Pharm.*, t. CIV, p. 94, et t. CXXVII, p. 268; Friedel et Ladenburg, *Ann. de Chim. et de Phys.*, (4), t. XXIII, p. 430].

Éther siliciformique tribasique, $SiH(OC^2H^5)^3$. — Lorsqu'on verse goutte à goutte de l'alcool absolu (purifié par une digestion préalable à chaud avec du silicate d'éthyle) dans du silicichloroforme, on voit se produire un vif dégagement d'acide chlorhydrique. Quand tout l'alcool a été ajouté dans la proportion de 3 molécules d'alcool pour 1 de silicichloroforme, on chauffe doucement et on distille. Il passe d'abord quelques gouttes d'alcool, puis un liquide éthéré, qui est pur quand le silicichloroforme employé est lui-même pur. Lorsque ce dernier est mélangé de chlorure de silicium, il faut fractionner le produit à plusieurs reprises, pour séparer le silicate tétréthylique formé en même temps que l'éther siliciformique tribasique.

Au bout de quelques rectifications, on isole un produit bouillant de 134° à 137°, et ayant une composition qui répond à la formule $SiH(OC^2H^5)^3$. Il est au silicichloroforme ce que l'éther silicique est au chlorure de silicium. C'est un liquide incolore, facilement altéré par l'air humide, d'une odeur agréable, qui rappelle celle du silicate d'éthyle. L'eau le décompose lentement, l'ammoniaque et la potasse plus rapidement avec dégagement d'hydrogène. Sa vapeur, mêlée avec l'air, détone quand on allume le mélange. Sa constitution le rapproche de l'*éther formique tribasique*, que M. Kay a obtenu en faisant réagir le chloroforme sur l'alcoolate de sodium.

Lorsqu'on y projette un fragment de sodium, et que l'on chauffe doucement, il se décompose avec dégagement d'hydrogène silicé (voyez ce mot) pur et formation de silicate tétréthylique [Friedel et Ladenburg, *Ann. de Chim. et de Phys.*, (4), t. XXIII, p. 430].

SILICONE. — MM. Wœhler et Buff ont décrit un autre oxyde du silicium dont la décomposition par l'eau paraît donner l'anhydride siliciformique. — Voyez SILICONE, p. 1504.

OXYCHLORURES DE SILICIUM. — On a décrit divers oxychlorures de silicium. Le premier de ces composés, l'*oxyde de trichlorosilicium*,

$$Si^2OCl^6,$$

a été obtenu par MM. Friedel et Ladenburg, qui le préparent en faisant passer du chlorure de silicium dans un tube renfermant des fragments de feldspath, chauffé au rouge vif; la quantité d'oxychlorure est plus grande quand on fait en même temps passer dans le tube un courant d'air ou mieux d'oxygène. Il se volatilise des chlorures alcalins, le feldspath étant visiblement attaqué; quand on opère en présence de l'oxygène, il se dégage du chlore libre. En distillant les produits condensés et en répétant l'opération un grand nombre de fois, on réunit une certaine proportion d'un liquide, qui, après fractionnement, bout entre 136° et 139°. Il est limpide, fume à l'air, est décomposé avec énergie par l'eau, et laisse déposer de la silice, avec dégagement d'acide chlorhydrique. Avec beaucoup d'eau, la silice reste dissoute. Il renferme $Si^2OCl^6 = Cl^3Si\text{-}O\text{-}SiCl^3$.

Traité par l'alcool absolu, il donne le disilicate hexéthylique $(C^2H^5O)^3Si\text{-}O\text{-}Si(OC^2H^5)^3$. — Voyez t. I, p. 1346.

Chauffé avec le zinc-éthyle pendant 16 à 18 heures à 180°, il donne de l'oxyde de silicium triéthyle $(C^2H^5)^3Si\text{-}O\text{-}Si(C^2H^5)^3$.

Sa densité de vapeur est de 10,05. Théorie, 9,86 [*Compt. rend.*, t. LXVI, p. 539].

MM. Troost et Hautefeuille ont reconnu que, dans la même réaction, il se produit encore d'autres oxychlorures de silicium, bouillant à une température élevée. En faisant passer l'oxyde de trichlorosilicium dans un tube de verre rempli de fragments de porcelaine, chauffé sur une grille à gaz, on le transforme partiellement en ces mêmes oxychlorures. Il se régénère en même temps du chlorure de silicium. Il ne se dégage ni chlore, ni oxygène.

Voici un tableau qui indique les formules attribuées à ces composés et leurs points d'ébullition :

$Si^2O^{1/2}Cl^7$..........	vers 125°
Si^2OCl^6..........	136°-139°
$Si^2O^{3/2}Cl^5$..........	152°-154°
$Si^4O^4Cl^8$..........	198°-202°
$Si^8O^{10}Cl^{12}$..........	vers 300°
$Si^2O^3Cl^2$..........	au-dessus de 400°
$Si^4O^7Cl^2$..........	solide à 440°

Nous ne pensons pas que tous ces produits soient des composés définis. Il est visible que le premier, bouillant vers 125°, est simplement de l'oxyde de trichlorosilicium mélangé avec une petite quantité de chlorure de silicium.

Il en est de même du produit bouillant de 152° à 154°. Des analyses faites après des distillations répétées, et contrôlées par des densités de vapeur, nous ont montré que c'est un mélange de l'oxychlorure Si^2OCl^6 avec un autre oxychlorure.

En laissant de l'alcool absolu tomber dans l'oxychlorure $Si^4O^4Cl^8$, chauffé vers la température de son ébullition, on obtient, avec dégagement d'acide chlorhydrique, un produit qui passe presque en totalité à la distillation entre 270° et 290°. Il renferme $Si^4O^4(OC^2H^5)^8$. Il est mobile, très-soluble dans l'éther et dans l'alcool. L'eau ne le dissout pas; il y reste sous la forme de gouttes huileuses qui deviennent opalines, puis se décomposent en silice et alcool. Avec l'eau alcoolisée, la décomposition est plus rapide.

Densité à 0° = 1,071; à 14°,7 = 1,054. Densité de vapeur = 19,54. Théorie pour

$$Si^4O^4(OC^2H^5)^8 = 18,55.$$

Si l'on fait dissoudre ce silicate éthylique dans l'éther sec, et que l'on y fasse passer un courant d'ammoniaque sèche, il y a de l'alcool mis en liberté. On enlève par distillation l'ammoniaque, l'éther et l'alcool, et il reste un liquide huileux dont la composition correspond à la formule

$$Si^4O^{11}(C^2H^5)^7AzH^2.$$

En prolongeant beaucoup l'action du gaz ammoniac, on obtient un second produit dont la composition répond à peu près à la formule

$$Si^4O^{10}(C^2H^5)^6(AzH^2)^2;$$

mais ce corps se décompose lentement pendant sa purification à chaud dans le vide.

Le même réactif mis en contact avec le disilicate hexéthylique fournit une amide

$$Si^2O^6(C^2H^5)^5AzH^2.$$

C'est un liquide oléagineux, se vaporisant lentement dans le vide vers 280°. Il résiste assez bien à l'action de l'eau pour qu'on puisse le purifier en le traitant par l'eau, et le dessécher ensuite dans le vide.

On obtient aussi le composé

$$Si^2O^5(C^2H^5)^4(AzH^2)^2;$$

mais il se décompose lentement quand on le purifie dans le vide.

Les mêmes dérivés ammoniacaux, ou plutôt amidés, peuvent être obtenus en dissolvant les oxychlorures correspondants dans de l'éther anhydre, et y faisant passer de l'ammoniaque [*Compt. rend.*, t. LXXIII, p. 568; t. LXXIV, p. 161; t. LXXV, p. 1710].

SULFURE DE SILICIUM, SiS^2. — Il se produit par l'action du sulfure de carbone sur la silice à une température très-élevée, ou mieux sur un mélange de silice et de charbon, comme celui qui sert pour la préparation du chlorure de silicium. Le sulfure se condense dans la partie froide du tube en longues aiguilles soyeuses, flexibles, qui forment bouchon lorsqu'elles sont assez abondantes et qui peuvent être volatilisées dans un courant de gaz. Le contact de l'air humide le transforme, avec dégagement d'hydrogène sulfuré, en silice ; cette dernière conserve la forme du sulfure.

L'eau le dissout entièrement, avec dégagement de H^2S, et la solution, évaporée lentement à l'air, laisse la silice sous la forme d'une masse vitreuse transparente.

L'alcool et l'éther réagissent sur le sulfure en donnant des composés organiques sulfurés.

L'hydrogène ne le décompose pas, même à chaud.

L'acide azotique le transforme en silice et acide sulfurique avec séparation de soufre [Fremy, *Ann. de Chim. et de Phys.*, (3), t. XXXVIII, p. 314].

CHLOROSULFHYDRATE DE SILICIUM OU SILICIMERCAPTAN TRICHLORÉ, $SiCl^3,SH$. — M. Isidore Pierre a découvert ce composé, qui s'obtient en faisant passer de l'hydrogène sulfuré dans du chlorure de silicium et en faisant traverser au gaz mélangé de vapeur un tube de porcelaine chauffé au rouge. L'appareil est terminé par des tubes en U fortement refroidis, dans lesquels se condense le produit mélangé avec un excès de chlorure de silicium [*Ann. de Chim. et de Phys.*, (3), t. XXIV, p. 286]. MM. Friedel et Ladenburg ont fait voir que la réaction fournit, non pas comme l'avait admis M. Pierre, un chlorosulfure de silicium, mais un composé renfermant du silicium, du soufre, du chlore et de l'hydrogène, et formé suivant l'équation

$$SiCl^4 + SH^2 = SiCl^3,SH + HCl.$$

Le produit brut, après avoir été soumis à plusieurs distillations fractionnées, se sépare en chlorure de silicium et en un produit bouillant en grande partie de 95° à 97°, qui est le *mercaptan silicique trichloré*. C'est un liquide limpide, se décomposant rapidement par l'eau, avec dégagement d'acide chlorhydrique et d'hydrogène sulfuré et avec dépôt de silice. Il fume à l'air et répand une odeur d'hydrogène sulfuré.

Densité de vapeur, 5,78. Théorie, 5,83.

On peut l'analyser en le décomposant en vase clos par l'ammoniaque aqueuse pour doser le chlore et le silicium. Pour doser le soufre, il faut l'oxyder par l'acide azotique pareillement en vase clos. L'hydrogène peut être isolé à l'état gazeux si l'on fait passer le produit sur de la tournure de cuivre chauffée au rouge, dans un appareil analogue à celui qui sert pour les dosages d'azote par la méthode de M. Dumas. L'hydrogène se trouve mélangé d'une petite quantité d'oxyde de carbone provenant de la réduction de l'acide carbonique soit par l'hydrogène, soit par le silicium. Il vaut mieux d'ailleurs doser l'hydrogène par le procédé ordinaire des analyses organiques. On peut facilement s'assurer de la présence de cet élément dans le composé par l'action du brome, qui l'attaque immédiatement à froid avec dégagement d'acide bromhydrique et formation de chlorobromure de silicium (voyez ce mot) et de bromure de soufre, exactement comme il fait pour les mercaptans proprement dits, qui échangent également (SH)' contre un atome de brome :

$$2(SiCl^3,SH) + 3Br^2 = 2SiCl^3Br + S^2Br^2 + 2BrH.$$

C'est donc un trichlorure de l'acide sulfhydrosilicique ou un mercaptan silicique trichloré.

L'alcool absolu le décompose à la température ordinaire avec dégagement d'acide chlorhydrique ; il se forme un composé, $Si(SH)(OC^2H^5)^3$, qui dérive du mercaptan silicique par le remplacement de Cl^3 par trois groupes oxéthyle, mais ce composé ne s'obtient pas pur ; il est mélangé de silicate d'éthyle normal qui bout à la même température et qui se produit par l'action de l'alcool sur le composé $Si(SH)(OC^2H^5)^3$ lui-même. En effet, ce dernier mis en contact avec de l'alcool absolu dégage de l'hydrogène sulfuré en s'échauffant et fournit de l'éther silicique bouillant de 165° à 168° :

$$Si(SH)(OC^2H^5)^3 + C^2H^5OH = Si(OC^2H^5)^4 + H^2S$$

[*Ann. de Chim. et de Phys.*, (4), t. XXVII, p. 416].

SULFURE, SÉLÉNIURE, TELLURURE SILICOHYDRIQUES. — Voyez SILICONE.

COMBINAISONS DU SILICIUM AVEC LES MÉTALLOÏDES TRIATOMIQUES.

AZOTURE DE SILICIUM. — Ce corps s'obtient par l'action de l'ammoniaque sur le chlorure de silicium et par celle de l'azote sur le silicium à une température élevée. C'est une masse blanche amorphe, de composition encore indéterminée, infusible et inaltérable aux températures les plus élevées, et qui ne s'oxyde pas par calcination à l'air. Aucun acide ne l'attaque, si ce n'est l'acide fluorhydrique, qui le dissout avec formation de fluosilicate d'ammonium. Fortement chauffé dans un courant d'acide carbonique et de vapeur d'eau, il se décompose en donnant du carbonate d'ammoniaque ; il se décompose aussi lentement à l'air humide, comme le prouve l'odeur d'ammoniaque qu'il dégage. Les alcalis aqueux sont sans action sur lui ; mais fondu avec la potasse caustique, il se dissout avec dégagement d'ammoniaque et formation de silicate. Fondu avec le carbonate de potassium, il donne de même du silicate avec production de cyanate, ou de cyanure si l'azoture est en excès. Chauffé avec le minium, il réduit le plomb avec incandescence, en dégageant des vapeurs nitreuses [Deville et Wöhler, *Ann. der Chem. u. Pharm.*, t. CIV, p. 256; t. CX, p. 248].

SILICIURES MÉTALLIQUES.

Le silicium se combine facilement avec le calcium, le cérium, le cuivre, le fer, le magnésium, le manganèse, le platine. Il se dissout à chaud dans l'aluminium et dans le zinc et s'en sépare en cristaux par le refroidissement. La présence d'une proportion même peu considérable de silicium suffit pour rendre fragiles et aigres les métaux auxquels il est combiné. Cet effet se manifeste d'une manière particulièrement fâcheuse dans les fontes et les aciers, pour lesquels l'effet dû au silicium semble s'ajouter en quelque mesure à celui dû au carbone. Les siliciures métalliques ont été décrits aux divers métaux; nous ne parlerons ici que de celui de calcium, dont il n'a pas été question.

SILICIURE DE CALCIUM, $CaSi^2$ (?). — On le prépare en mélangeant intimement 2 p. de silicium pulvérisé avec 20 p. de chlorure de calcium dans un mortier chauffé, ajoutant rapidement dans un vase fermé 2,3 p. de sodium coupé en petits morceaux, qu'on y mêle en agitant. On introduit alors le tout dans un creuset de Hesse chauffé au rouge et renfermant déjà un peu de chlorure de sodium fondu, et 2,3 p. de sodium. On recouvre le tout d'une couche de sel marin préalablement fondu. On ferme le creuset et on donne un coup de feu; après que la vapeur de sodium a cessé de se dégager, on continue le feu pendant une demi-heure, en élevant la température jusque vers le point de fusion de la fonte. Après refroidissement, on brise le creuset; on trouve le siliciure de calcium réuni en un culot, dont il est facile de séparer la scorie. Il faut le conserver dans un vase bien clos.

Le siliciure ainsi obtenu renferme du sodium, et du silicium libre; il renferme aussi d'ordinaire de l'aluminium, du magnésium et du fer. Sa composition est très-variable; elle paraît se rapprocher de celle qui correspond à la formule $CaSi^2$.

Le siliciure de calcium est d'un gris de plomb; il a un éclat métallique; sa texture est cristalline et à grandes lames. A la surface, on remarque des faces cristallines, qui permettent de supposer que sa forme est hexagonale.

A l'air, il se divise en une masse de lamelles ressemblant au graphite. Sous l'eau, la même transformation a lieu plus rapidement, avec un dégagement lent d'hydrogène. L'eau devient alcaline et contient alors de la soude, de l'hydrate de chaux, et un peu de chlorure de calcium. Après cette transformation, la matière a augmenté de poids; il s'est formé une combinaison oxydée.

L'acide azotique même fumant n'attaque pas le siliciure de calcium.

L'acide chlorhydrique l'attaque avec un vif dégagement d'hydrogène, et en donnant une matière jaune-orange (*silicone*, voyez ce mot).

Les acides sulfurique et même acétique agissent de même, mais surtout l'acide fluorhydrique. Avec ce dernier, il se forme aussi le corps jaune, mais celui-ci blanchit ensuite, puis disparaît [Wöhler, *Ann. der Chem. u. Pharm.*, t. CXXVII, p. 257]. C. F.

SILICIUM (ANALYSE). — ANALYSE DES SILICATES. — Le silicate à analyser est réduit en poudre dans le mortier d'acier, ou dans un mortier d'agate. Il faut tenir compte de la petite quantité de fer ou de silic qui peut être détachée du mortier dans la pulvérisation. Celle-ci devra être d'autant plus soigneusement faite, que le silicate est plus difficilement attaquable. Pour avoir une poudre assez fine, on la passe dans un tamis de soie, ou bien l'on a recours à la lévigation. La poudre fine est desséchée à l'air sec, à 100°, ou au-dessus, suivant les cas.

Certains silicates hydratés perdent dans ces conditions une partie de leur eau de cristallisation. Pour d'autres tels que l'idocrase et l'euclase, il faut aller jusqu'à une température extrêmement élevée et presque jusqu'à leur fusion. Il est utile de recueillir l'eau dégagée pour s'assurer si elle est pure. Elle est parfois accompagnée de matières organiques, comme cela a lieu pour l'émeraude de Muzo (Lewy), et l'on peut déterminer ces dernières en les brûlant dans un courant d'oxygène. La différence entre le poids de l'eau obtenue par la calcination dans un courant d'hydrogène et d'azote d'une part, et dans un courant d'oxygène de l'autre, donne l'hydrogène de la matière organique, dont le carbone est fourni par l'augmentation du poids de l'appareil à potasse.

Lorsqu'on veut déterminer ainsi la proportion d'eau, il est bon d'opérer sur une portion de matière autre que celle qui est destinée à l'analyse, parce qu'il arrive d'ordinaire que la calcination rend le silicate plus difficilement attaquable.

Dosage de la silice. — Le silicate ainsi préparé est rendu attaquable par l'acide chlorhydrique, s'il ne l'est pas déjà, à l'aide de l'un des moyens qui ont été indiqués p. 1448 (à la réserve de l'acide fluorhydrique et du fluorure ammonique, bien entendu). Après digestion avec HCl, pour doser la silice, on évapore à sec au bain-marie. Par cette évaporation, on rend insoluble la silice dont une certaine quantité était restée dissoute dans la liqueur acide au moment de la décomposition du silicate; on peut en séparer à l'aide de l'eau, et au besoin de l'acide chlorhydrique, les chlorures des bases qui étaient combinées avec la silice, ou qu'on a ajoutées pour l'attaque.

L'évaporation ne doit pas se faire à une température élevée, parce qu'il peut arriver dans certains cas qu'une partie des bases, se combinant de nouveau avec la silice, ne puisse plus être enlevée par l'acide chlorhydrique. Cette évaporation peut se faire dans une capsule de platine, quand le silicate ne renferme aucun métal dont les chlorures attaquent le platine, comme le manganèse, le cérium et le fer (à l'état de peroxyde). Dans le cas contraire, il faut se servir d'une capsule de porcelaine. La silice est recueillie sur un filtre, lavée, séchée à l'étuve et calcinée. L'incinération du filtre doit être faite à part, après séparation de la proportion la plus grande possible de la silice adhérente.

M. H. Sainte-Claire Deville préfère attaquer les silicates décomposables par les acides au moyen de l'acide azotique, dans une petite capsule mince de platine, recouverte d'une feuille de platine et tarée. Lorsque la décomposition est faite, il évapore à siccité et chauffe au bain de sable jusqu'à ce qu'une baguette de verre, trempée dans l'ammoniaque, ne produise plus de fumées blanches quand on l'approche de la capsule. Si le silicate contient beaucoup de manganèse, il faut chauffer plus longtemps, en continuant jusqu'à ce que la masse soit devenue uniformément noire.

On humecte ensuite le résidu de la dessiccation au moyen d'une dissolution concentrée d'azotate d'ammonium; on chauffe le tout, et on répète l'opération jusqu'à ce qu'il ne se dégage plus d'ammoniaque libre. On ajoute de l'eau, et on fait digérer à une température peu élevée.

On recueille sur un filtre l'acide silicique, mélangé avec de l'alumine et du sesquioxyde de fer, qui sont mis en liberté par l'action de la chaleur, et avec du manganèse à l'état de peroxyde.

On traite le résidu par l'acide azotique, qui dissout le sesquioxyde de fer et l'alumine; on sépare ces derniers en réduisant le fer par l'hydrogène et en chauffant dans un courant d'acide chlorhydrique de façon à volatiliser du chlorure de fer (voyez FER, t. I, p. 1429). Quant au manganèse, on le sépare de la silice au moyen de l'acide sulfurique, avec addition d'un peu d'acide oxalique et d'acide azotique.

Dans la liqueur séparée par filtration de la silice et des bases insolubles, on ajoute un peu d'ammoniaque; ce réactif ne doit pas y produire de précipité. On sépare ensuite la chaux par l'oxalate d'ammonium; on évapore la liqueur filtrée, on chauffe pour chasser les sels ammoniacaux, on ajoute un peu d'eau et d'acide oxalique, pour transformer les nitrates en oxalates, puis par calcination en carbonates, et on sépare les carbonates alcalins de la magnésie au moyen de l'eau chaude.

Lorsque le silicate renferme des alcalis que l'on veut doser, l'attaque aux carbonates alcalins ne peut plus être employée; il faut alors la remplacer par l'un des procédés suivants :

Attaque à l'azotate de baryum. — Ce procédé, peu employé, présente l'inconvénient d'exiger l'emploi d'un creuset d'argent, ce qui limite la température que l'on peut atteindre. Il faut se servir d'un creuset assez grand et y introduire peu à peu, en chauffant, le mélange d'azotate de baryum et du silicate, mélange qui se boursoufle fortement à la calcination. Pour enlever du creuset la matière calcinée, il faut autant que possible se servir d'eau seulement; en employant l'acide chlorhydrique, on obtient de la silice mélangée de chlorure d'argent; ce dernier peut bien être enlevé à l'aide de l'ammoniaque, mais on risque de dissoudre en même temps un peu de silice.

Attaque au carbonate de baryum. — Le silicate réduit en poudre excessivement fine est mélangé avec beaucoup de soin à 5 ou 6 fois son poids (Gehlen), 1 fois son poids pour un silicate de la composition du feldspath (Deville), de carbonate de baryum précipité par le carbonate d'ammoniaque.

Il y a avantage à employer une petite proportion de carbonate de baryum, parce que la masse se fritte mieux, et que l'on risque moins de perdre de l'alcali par volatilisation.

La calcination doit être effectuée à une haute température sur un chalumeau à gaz.

Après refroidissement, la masse frittée est traitée par l'eau, puis par l'acide chlorhydrique pur étendu. L'action de cet acide étant épuisée, il faut s'assurer que la matière a été totalement décomposée par la calcination avec le carbonate de baryum. Dans le cas contraire, il faudrait chauffer le résidu non décomposé avec une nouvelle portion de carbonate.

La silice se dose comme on l'a indiqué plus haut. Dans la liqueur filtrée, on précipite la baryte par un léger excès d'acide sulfurique : on peut y doser ensuite les alcalis, après avoir séparé l'alumine et le sesquioxyde de fer par l'ammoniaque, la chaux par l'oxalate d'ammonium, la magnésie par le phosphate d'ammonium. Les alcalis restent à l'état de sulfates : on les pèse après une calcination faite avec précaution dans une capsule de platine, calcination qui chasse les sels ammoniacaux.

On peut aussi précipiter la baryte avec l'alumine, le sesquioxyde de fer, etc., par le carbonate d'ammonium. Après calcination, les alcalis restent à l'état de chlorures, mais mélangés d'une très-petite proportion de chlorure de baryum, le carbonate de baryum n'étant pas tout à fait insoluble dans l'eau.

L'attaque au carbonate de baryum peut être faite avec addition d'un peu de chlorure de baryum; la température nécessaire est alors beaucoup moins élevée.

Attaque au carbonate de calcium. — Le carbonate de calcium employé doit être très-pur, tel qu'on l'obtient en précipitant le chlorure ou l'azotate de calcium purs par le carbonate d'ammonium. L'azotate pur est préparé, d'après M. Deville, en dissolvant du marbre blanc dans l'acide azotique, évaporant la dissolution à siccité, chauffant le résidu dans une capsule de platine jusqu'à décomposition partielle de l'azotate, faisant bouillir avec l'eau et filtrant. La précipitation doit être faite à chaud, pour obtenir un carbonate plus compacte.

La quantité de carbonate ne doit pas être trop grande; plus elle est forte, plus la température nécessaire pour obtenir une masse vitreuse homogène est élevée. M. Deville n'emploie que 0,4 de carbonate pour 1 p. de feldspath; 0,5 à 0,7 pour 1 p. des minéraux très-riches en alumine; 0,8 à 1 pour les aluminates et le corindon, enfin 1,1 à 1,2 pour la silice pure. Dans ces conditions, il ne se volatilise pas d'alcali, même à la température de fusion du platine (H. Deville). La proportion de carbonate de calcium ajoutée doit être pesée avec soin. Après fusion, on doit retrouver le poids du silicate, plus celui du carbonate de calcium, moins celui de l'acide carbonique que ce dernier renfermait. Si le minéral renferme de la chaux, on la trouve en dosant la chaux totale et en en retranchant la portion ajoutée.

La masse fondue se détachant difficilement du creuset, on en fera l'analyse sur une portion seulement, ce qui est légitime, puisqu'elle est homogène. Il faudra la pulvériser avec soin avant de l'attaquer par l'acide azotique (voyez Wöhler, *Traité pratique d'analyse chimique*, édition française par MM. Grandeau et Troost. Paris, Gauthier-Villars, 1865).

M. Lawrence Smith a proposé d'ajouter au carbonate de calcium, dont il emploie de 5 à 8 p., 1 p. de sel ammoniac en poudre fine; ce dernier est mélangé avec soin au silicate finement pulvérisé; le carbonate est ajouté ensuite par portions et le tout est bien mélangé. L'attaque peut se faire au chalumeau ou même sur un simple bec de Bunsen convenablement disposé, surtout quand le creuset est entouré d'une cheminée en tôle. On peut employer un creuset de platine ordinaire; mais il vaut mieux faire usage d'un creuset spécial allongé, ayant environ 10 centimètres de hauteur; en chauffant ce creuset de côté, mais seulement à sa partie inférieure, on évite une légère perte d'alcali qui peut se produire (1). La calcination dure de 40 minutes à 1 heure. La masse se détache facilement du creuset. On la traite comme il a été indiqué plus haut, si l'on veut faire une analyse complète du silicate. Si l'on ne veut isoler que les alcalis, on se contente de la reprendre par l'eau chaude en lavant bien; on filtre, on précipite la solution par le carbonate d'ammonium; on l'évapore au bain-marie jusqu'à un petit volume; on ajoute de nouveau un peu de carbonate d'ammonium et d'ammoniaque caustique, puis on filtre. La liqueur filtrée renfermera tous les alcalis avec un peu de chlorhydrate d'ammoniaque. On s'assure, à l'aide d'une goutte de carbonate d'ammonium, qu'il n'y a plus de chaux [Law. Smith, *Mineralogy and Chemistry*, Louisville, K.Y., 1873].

(1) L'appareil complet, brûleur, support et creuset, se trouve chez M. Wiesnegg, rue Gay-Lussac.

Attaque à la potasse. — On a encore employé, pour l'attaque des silicates, l'hydrate de potasse, qui les décompose en effet plus facilement que le carbonate, mais qui exige l'emploi d'un creuset d'argent. Le bisulfate de potassium, qui a été également indiqué, ne présente pas d'avantages; l'acide silicique isolé après son emploi renferme du sulfate de potasse même après un lavage prolongé.

La silice séparée à l'aide d'une des méthodes précédentes doit être soumise à un essai propre à constater sa pureté. On peut la faire fondre pour cela avec du carbonate de soude, sur le charbon, au chalumeau; si la silice est sensiblement pure, la perle est incolore et limpide. Pourtant il vaut mieux dissoudre la silice dans l'acide fluorhydrique; les oxydes qui peuvent y être contenus, en particulier l'alumine, restent à l'état de fluorures après évaporation de l'acide. On peut aussi, particulièrement pour les silicates d'alumine que l'on a attaqués au carbonate alcalin, faire fondre la silice avec le carbonate et la traiter comme la matière primitive.

Enfin l'on peut dissoudre la silice à l'aide d'une solution moyennement concentrée et chaude de carbonate de soude et filtrer à chaud pour éviter la précipitation de la silice; les matières étrangères restent indissoutes.

Attaque par l'acide fluorhydrique. — Cette méthode est due à Berzelius; elle ne permet pas d'isoler et de doser la silice; mais elle a l'avantage de ne pas introduire de substances fixes et est préférable lorsqu'il s'agit seulement de doser les oxydes combinés avec la silice. L'acide fluorhydrique, plus ou moins étendu, suivant que le silicate est plus ou moins attaquable, est ajouté, dans une capsule de platine, à la substance réduite en poudre fine; puis le mélange est chauffé doucement et additionné avec précaution d'acide sulfurique concentré et pur. Le tout est évaporé à siccité, la température étant élevée peu à peu. Le résidu est repris par l'acide chlorhydrique, puis par l'eau. Il arrive quelquefois que la dissolution n'est pas complète. Cela peut tenir à deux circonstances : ou bien qu'une partie du minéral n'a pas été attaquée, et il faut alors répéter le traitement par l'acide fluorhydrique, ou bien que le minéral renfermait de la baryte.

D'après M. A. Mitscherlich, il y a avantage à mélanger l'acide fluorhydrique d'acide chlorhydrique.

La silice étant chassée à l'état de fluorure de silicium, la dissolution renferme les oxydes à l'état de sulfates et de chlorures; on les dose par les procédés connus.

Parfois on remplace l'acide fluorhydrique par le fluorure de calcium que l'on mélange au silicate et qui décompose lorsqu'on ajoute de l'acide sulfurique, mais on introduit ainsi toute la chaux du fluorure dont d'ailleurs il est assez difficile de garantir la pureté.

Attaque au fluorhydrate d'ammoniaque. — Ce sel agit sur les silicates au moins aussi énergiquement que l'acide fluorhydrique et l'emploi en est fort avantageux. — Pour sa préparation, voyez t. I, p. 222.

On mélange dans une capsule de platine le silicate réduit en poudre fine avec 7 fois son poids de fluorure d'ammonium; on y ajoute une très-petite quantité d'eau; on chauffe légèrement pendant quelque temps, et lorsque la masse est bien sèche, on élève la température au rouge sombre et on chauffe jusqu'à ce qu'il ne se dégage plus aucune vapeur. Il ne faut pas dépasser le rouge sombre, pour éviter la formation de fluorure d'aluminium très-difficilement attaquable par l'acide sulfurique. On traite le résidu par cet acide et on en chasse l'excès. Si les sulfates obtenus ne se dissolvent pas entièrement dans l'eau à l'aide de l'acide chlorhydrique, il faut renouveler le traitement par le fluorhydrate d'ammonium.

Séparation du silicium et du fluor. — Les silicates fluorifères perdent tous leur fluor à l'état de fluorure de silicium, lorsqu'on les calcine à une température suffisamment élevée. Si la proportion de silice était faible par rapport à celle de l'eau, il pourrait se dégager un peu de fluor sous la forme d'acide fluorhydrique, soit par l'action de l'eau contenue dans la substance, soit par celle de l'eau de la flamme; cet inconvénient sera évité si l'on ajoute une quantité suffisante de silice à la matière. Quand la combinaison est anhydre, on peut déterminer le fluor par la perte de poids qu'éprouve la substance à la calcination et qui est due à la volatilisation du fluorure de silicium. Lorsqu'il existe de l'eau dans le composé, il faut d'abord en calciner une portion avec addition d'un grand excès de litharge préalablement chauffée; alors le fluorure de silicium est retenu par l'oxyde de plomb et l'eau seule se dégage. Une deuxième calcination sans addition de litharge donne la perte totale.

On peut effectuer la même opération en introduisant la substance dans un creuset de platine que l'on recouvre d'un creuset plus grand retourné, et que l'on place ainsi disposé dans un troisième. L'intervalle des deux creusets intérieurs est rempli de carbonate de calcium desséché et pesé. On chauffe d'abord au rouge-cerise pour décomposer le carbonate de calcium, puis au rouge blanc pendant assez longtemps pour que le fluorure de silicium se dégage entièrement. On pèse tout le système après l'avoir laissé refroidir. La perte de poids ne doit représenter que l'acide carbonique du carbonate de calcium, et l'eau de la substance.

En enlevant avec soin la chaux, on peut retirer le creuset moyen et isoler le creuset intérieur, dont le poids comparé au poids primitif donne la perte en fluorure de silicium et en eau que le minéral a éprouvée.

La chaux dans laquelle se sont arrêtés le fluor et le silicium peut être, comme vérification, traitée par l'azotate d'ammonium; la chaux se dissout avec dégagement d'ammoniaque; le fluorure et le silicate de calcium restent non dissous. On peut les transformer par l'acide sulfurique en sulfate de chaux avec dégagement de fluorure silicique, et après un lavage suffisamment prolongé à l'eau chaude, tout devra se dissoudre, sauf un résidu insensible de silice [Troost et Grandeau, trad. de Wöhler, *Traité pratique d'analyse chimique*].

Dans les fluosilicates décomposables par l'acide sulfurique, on peut doser le fluor, en présence du silicium, en attaquant la substance par cet acide dans un petit ballon communiquant avec un appareil condensateur à trois boules renfermant de l'eau. Un courant d'acide carbonique sec peut être dirigé à travers tout l'appareil, pour le balayer. On traite le silicate fluorifère, réduit en poudre fine, par au moins six fois son poids d'acide sulfurique concentré, en faisant passer lentement l'acide carbonique. Au bout de quelque temps, on chauffe doucement, de manière à chasser tout le fluorure silicique, mais sans faire distiller d'acide sulfurique. Lorsqu'il ne se sépare plus de silice dans l'appareil condensateur, on arrête l'opération; une baguette humectée d'ammoniaque, présentée à l'ouverture du ballon, ne doit produire aucune fumée blanche.

On verse dans un verre le contenu du récipient en détachant bien l'acide silicique qui peut adhérer à celui-ci. On ajoute à la liqueur un tiers de son volume d'alcool, et on laisse la silice se déposer. On filtre et on lave avec de l'eau contenant de l'alcool, jusqu'à ce que l'eau de lavage ne rougisse plus le papier de tournesol. Puis on sèche la silice, on la calcine et on la pèse.

A la liqueur filtrée, on ajoute du chlorure de baryum ; on laisse déposer le précipité de fluosilicate de baryum ; on le recueille sur un filtre pesé à l'avance ; on le lave avec de l'eau alcalisée, et on le pèse après l'avoir séché à 100°.

La liqueur filtrée renferme encore de la silice, qui ne se précipite pas avec le fluosilicate de baryum. On l'obtient en évaporant au bain-marie à siccité, reprenant par l'eau additionnée d'un peu d'acide chlorhydrique, et filtrant. La quantité de silicium contenu dans le fluosilicate de baryum doit être double de celle contenue dans la silice que l'on a recueillie en deux portions.

Pour les silicates fluorifères non attaquables à l'acide sulfurique, on pourrait opérer d'une façon analogue dans une cornue où l'on fondrait la substance avec du bisulfate de potassium.

Pour les fluosilicates, il faut avoir soin d'ajouter un excès de silice à la matière à analyser afin d'éviter qu'une partie du fluor ne se dégage sous la forme d'acide fluorhydrique.

Pour analyser les fluosilicates peu solubles, on peut, d'après Berzelius, sursaturer légèrement par le carbonate de sodium leur solution dans l'eau bouillante, et ajouter une solution d'oxyde de zinc dans l'ammoniaque aussi longtemps qu'il se forme un précipité, et même un peu au delà de ce point. On évapore pour chasser l'ammoniaque ; le silicium du fluosilicate se sépare à l'état de silicate de zinc, tandis que le fluorure de sodium et celui du métal qui était combiné avec l'acide fluosilicique restent dissous. On lave à l'eau le silicate de zinc ; on le décompose par l'acide azotique, on évapore à sec, on reprend par l'eau acidulée avec l'acide azotique et l'on a ainsi la silice. La liqueur alcaline séparée du silicate de zinc étant légèrement évaporée, ce qui détermine la séparation d'une partie du fluorure de sodium, le reste est précipité par l'alcool en présence d'un excès d'acide acétique.

Quand il y a du fluorure de potassium, il est nécessaire de se rappeler que celui-ci est un peu plus soluble dans l'alcool que le fluorure de sodium. On peut, dans la liqueur alcaline, précipiter le fluor à l'état de fluorure de calcium, mélangé de carbonate, dont on sépare ensuite le carbonate à l'aide de l'acide acétique.

Dosage du chlore en présence de la silice. — Les silicates chlorifères sont décomposés à froid par l'acide azotique, d'une densité de 1,2, après fusion avec le carbonate de sodium si cela est nécessaire. Dans la solution, on laisse déposer l'acide silicique séparé, on filtre et on précipite le chlore dans la liqueur filtrée, par l'azotate d'argent. Après avoir recueilli le chlorure d'argent, et l'avoir séché et pesé, on le décompose au rouge par l'hydrogène, puis on dissout dans l'acide azotique l'argent réduit et le siliciure d'argent qui peut y être mélangé ; on évapore à siccité, on humecte avec l'acide azotique et on reprend par l'eau, qui laisse la silice.

Acide phosphorique et silice. — Lorsqu'une combinaison silicatée contenant de l'acide phosphorique est décomposable par les acides, tout l'acide phosphorique se trouve dans la liqueur séparée de la silice. La décomposition doit être faite par l'acide azotique. L'acide phosphorique est séparé des bases par les procédés habituels.

Lorsque le silicate n'est pas décomposable par les acides, il faut l'attaquer par fusion avec le carbonate de sodium ; on reprend ensuite par l'acide azotique ou par l'acide chlorhydrique.

Acide sulfurique et soufre des silicates. — Pour doser l'acide sulfurique dans un silicate, on décompose celui-ci par l'acide chlorhydrique, soit directement, si cet acide l'attaque, soit après l'avoir préalablement calciné avec le carbonate de potassium ou de sodium ; la masse est évaporée à siccité au bain-marie et reprise par l'eau, après avoir été humectée d'acide chlorhydrique. L'acide sulfurique est contenu dans la liqueur filtrée et il y est précipité au moyen du chlorure de baryum.

Pour y doser le soufre, on attaque le silicate par l'acide azotique fumant ou par le chlorate de potassium et l'acide chlorhydrique ; ou bien on le mélange avec de l'azotate et du carbonate alcalins et on le fait fondre. Puis on traite comme il a été dit plus haut pour le dosage de l'acide sulfurique.

Dans le cas de silicates renfermant à la fois de l'acide sulfurique et un sulfure, on peut attaquer la matière dans un petit ballon par l'acide chlorhydrique et recueillir l'hydrogène sulfuré dégagé dans un appareil condensateur renfermant du chlorure cuivrique ; le précipité de sulfure de cuivre convenablement oxydé fournit à l'état d'acide sulfurique le soufre qui existait comme sulfure ; l'acide sulfurique est dosé dans la solution chlorhydrique qui reste dans le ballon.

Oxyde de chrome et silice. — Si le silicate n'est pas attaquable par les acides, on le calcine avec du carbonate de potassium, avec addition d'un peu d'azotate, dans un creuset de platine. On sursature la masse calcinée par l'acide chlorhydrique, dans un verre, au besoin avec addition d'alcool pour réduire l'acide chromique à l'état de sesquichlorure de chrome. On opère ensuite comme d'ordinaire, évaporant à siccité, humectant le résidu d'acide chlorhydrique et reprenant par l'eau pour isoler la silice, puis traitant convenablement le mélange des bases.

Acide vanadique et silice. — On ne réussit à séparer l'acide vanadique de la silice qu'en volatilisant cette dernière à l'état de fluorure silicique, par l'action de l'acide fluorhydrique et de l'acide sulfurique. Après volatilisation de ces deux acides, l'acide vanadique reste.

Acide titanique et silice. — Si les silicates sont attaquables par l'acide chlorhydrique, on les traite par cet acide à une douce température ; l'attaque étant complète, au lieu d'évaporer, on laisse déposer la silice après addition d'eau, puis on filtre. Dans la liqueur filtrée, on peroxyde le fer à l'aide de l'eau de chlore et sans chauffer, puis on précipite par l'ammoniaque l'acide titanique avec le sesquioxyde de fer, avec un peu de silice qui se trouvait dissoute, etc. Après séparation de la liqueur renfermant la chaux, la magnésie, etc., on redissout l'acide titanique et le fer, que l'on sépare par les procédés qui seront indiqués à l'article TITANE. La silice séparée n'est pas pure et renferme surtout de l'acide titanique ; il faut la chasser à l'aide de l'acide fluorhydrique.

Les silicates non attaquables aux acides pourront être fondus avec le bisulfate d'ammonium ; il faut employer pour cette opération une quantité de bisulfate équivalente à six fois le poids de la matière réduite en poudre fine. Après refroidissement, on reprend par l'eau et on lave l'acide silicique par l'eau, avec addition d'un peu d'acide chlorhydrique pour dissoudre plus facilement le sulfate de calcium. La liqueur filtrée renferme l'acide titanique avec la chaux, etc. On peut en précipiter l'acide titanique par une ébullition prolongée, en ayant soin d'ajouter de l'acide sulfureux pour empêcher que le fer ne soit précipité en même temps.

La séparation est plus complète et plus exacte dans le cas où l'on emploie l'acide fluorhydrique ou le fluorhydrate d'ammoniaque.

Fuchs avait proposé de doser l'acide titanique en le réduisant par le cuivre et l'acide chlorhydrique en sesquioxyde de titane, après l'avoir préalablement dissous en attaquant le minéral par l'hydrate de potassium. La silice était séparée par filtration de la liqueur violette ; et le lavage était terminé à l'acide azotique. La liqueur filtrée renfermant le titane était évaporée à sec et l'acide titanique séparé par l'eau et l'ammoniaque. La quantité d'acide titanique était déduite de la perte de poids des lames de cuivre.

Cette méthode n'a pas donné de bons résultats, mais il est possible que, modifiée convenablement, elle devienne exacte, son principe étant rationnel.

Zircone et silice. — Pour séparer la zircone de la silice, dans l'analyse du zircon, par exemple, le meilleur moyen est d'attaquer le minéral par fusion avec le carbonate de sodium, de traiter par l'acide chlorhydrique, d'évaporer à siccité au bain-marie et de dissoudre la zircone par l'acide sulfurique concentré. Lorsqu'on traite simplement la masse évaporée par l'acide chlorhydrique, on obtient un acide silicique renfermant de la zircone, et la zircone précipitée de la solution chlorhydrique renferme une petite quantité de silice.

On peut attaquer complétement le zircon par fusion avec le carbonate de calcium avec addition de chlorure ammonique.

L'acide fluorhydrique ne peut pas servir pour l'attaque du zircon, mais pour la détermination de la zircone contenue dans l'acide silicique séparé.

Acide borique et silice. — Lorsque le silicate est facilement attaquable par l'acide chlorhydrique (datolithe), on le décompose par cet acide dans un ballon fermé de manière à éviter la volatilisation de l'acide borique. On étend d'eau, on filtre la silice séparée, puis on sursature d'ammoniaque. On précipite la chaux par l'acide oxalique, et on évapore avec addition d'ammoniaque, au bain-marie, la solution d'acide borique; après évaporation, on calcine le résidu bien sec dans un creuset de platine couvert. Puis on reprend l'acide borique par l'eau et on recueille une petite quantité de silice qui y était mélangée. Dans ces opérations, on perd facilement un peu d'acide borique.

Pour doser l'acide borique dans les silicates non attaquables aux acides, il faut les décomposer par fusion avec le carbonate de potassium, reprendre par l'eau, précipiter la silice et l'alumine par le sel ammoniac, puis après sursaturation par l'hydrate de potassium, et concentration de la liqueur, précipiter l'acide borique à l'état de fluoborate de potassium, par addition d'acide fluorhydrique.

Quand on calcine au rouge blanc des silicates fluorifères renfermant de l'acide borique, tels que certaines tourmalines, tout l'acide borique reste dans le résidu et il ne se dégage que du fluorure silicique.

Acides tantalique et niobique et silice. — On fait fondre la substance avec de l'hydrate de potassium et on reprend par l'eau. Les tantalate et niobate alcalins restent insolubles. C. F.

SILICIUM (COMPOSÉS ORGANIQUES). — On connaît des composés organiques du silicium de diverse nature. Les uns sont des éthers siliciques, c'est-à-dire des dérivés alcooliques des divers hydrates siliciques. D'autres sont des combinaisons du silicium avec les radicaux alcooliques. Enfin un troisième groupe comprend des composés mixtes dans lesquels le silicium est uni à la fois à des radicaux alcooliques et à des corps simples tels que le chlore et l'oxygène, ou à des groupes monatomiques tels que l'oxhydryle et l'oxéthyle. Pour donner au lecteur un aperçu de tous ces composés, nous présenterons ici quelques remarques générales sur leur constitution et leur nomenclature.

1° *Éthers siliciques.* — Ce sont les dérivés alcooliques des divers hydrates siliciques et polysiliciques. On a donné ailleurs des détails sur leur constitution (t. I, p. 1345). Ajoutons seulement ici que les composés chlorés tels que la monochlorhydrine éthylsilicique se rattachent naturellement aux éthers siliciques. Rappelons la constitution et la nomenclature de quelques-uns de ces composés.

$$Si^{IV}(OC^2H^5)^4$$

Silicate d'éthyle normal.

$$\begin{array}{c} Si^{IV}(OC^2H^5)^3 \\ | \\ O \\ | \\ Si^{IV}(OC^2H^5)^3 \end{array}$$

Disilicate hexéthylique.

$$Si^{IV}O\begin{array}{l} \diagup OC^2H^5 \\ \diagdown OC^2H^5 \end{array}$$

Métasilicate d'éthyle.

$$Si^{IV}\left\{\begin{array}{l} Cl \\ (OC^2H^5)^3 \end{array}\right.$$

Monochlorhydrine éthylsilicique.

Aux éthers siliciques proprement dits, on peut rattacher le dérivé acétylé de l'hydrate silicique normal, qui est une sorte d'anhydride silico-acétique,

$$Si^{IV}(OC^2H^3O)^4 = \left\{\begin{array}{l} SiO^2 \\ (C^2H^3O)^4O^2 \end{array}\right.$$

Silicate tétracétique.

2° Les *combinaisons du silicium avec les radicaux alcooliques* sont nombreuses et importantes. Les principales sont le silicium-méthyle, le silicium-éthyle et quelques dérivés mixtes.

$$Si^{IV}\left\{\begin{array}{l} CH^3 \\ CH^3 \\ CH^3 \\ CH^3 \end{array}\right.$$

Silicium-méthyle.

$$Si^{IV}\left\{\begin{array}{l} C^2H^5 \\ C^2H^5 \\ C^2H^5 \\ C^2H^5 \end{array}\right.$$

Silicium-éthyle.

$$Si^{IV}\left\{\begin{array}{l} C^2H^5 \\ C^2H^5 \\ C^2H^5 \\ CH^3 \end{array}\right.$$

Silicium-triéthyle-méthyle.

$$\begin{array}{l} Si^{IV}\left\{\begin{array}{l} C^2H^5 \\ C^2H^5 \\ C^2H^5 \end{array}\right. \\ \ | \\ Si^{IV}\left\{\begin{array}{l} C^2H^5 \\ C^2H^5 \\ C^2H^5 \end{array}\right. \end{array}$$

Silicium-hexéthyle.

Le silicium joue évidemment dans ces composés le même rôle que celui que remplit le carbone dans certains hydrocarbures de la série saturée :

$$C(CH^3)^4 = C^5H^{12}$$

Hydrure de pentyle.

$$C(C^2H^5)^4 = C^9H^{20}$$

Hydrure de nonyle.

$$C\left\{\begin{array}{l} (C^2H^5)^3 \\ CH^3 \end{array}\right. = C^8H^{18}$$

Hydrure d'octyle.

En effet, de même que dans ces carbures d'hydrogène un ou plusieurs atomes d'hydrogène peuvent être remplacés par du chlore, de l'oxéthyle, de l'oxacétyle, etc., en formant par cette substitution des dérivés alcooliques divers, de même aussi dans les composés siliciques correspondants, les mêmes substitutions peuvent être effectuées en donnant naissance à des dérivés analogues aux précédents. On est donc autorisé à comparer les composés alcooliques du silicium dont il s'agit aux composés alcooliques des hydrocarbures correspondants.

Prenons un exemple. L'hydrure de nonyle, C^9H^{20}, étant attaqué par le chlore, il en résulte un chlorure, $C^9H^{19}Cl$, auquel correspondent un hydrate, $C^9H^{19}.OH$, et un acétate,

$$C^9H^{19}.C^2H^3O^2.$$

Le silicium-éthyle donne les mêmes dérivés et se comporte comme de l'hydrure de nonyle dont un atome de carbone serait remplacé par un atome de silicium; de là le nom de siliconoyle. Le parallèle suivant semble justifier le principe de cette nomenclature :

C^9H^{20}	$C^9H^{19}.Cl$	$C^9H^{19}.OH$
Hydrure de nonyle.	Chlorure de nonyle.	Hydrate de nonyle.
$\left(\begin{matrix}Si\\C^8\end{matrix}\right)H^{20}$	$\left(\begin{matrix}Si\\C^8\end{matrix}\right)H^{19}Cl$	$\left(\begin{matrix}Si\\C^8\end{matrix}\right)H^{19}.OH$
Hydrure de silicononyle. (Silicium-éthyle.)	Chlorure de silicononyle.	Hydrate de silicononyle.

Dans le même ordre d'idées, le silicium-méthyle apparaît comme l'hydrure de silicopentyle, le silicium-triéthyle-méthyle comme l'hydrure de silico-octyle :

C^5H^{12}	C^8H^{18}
Hydrure de pentyle.	Hydrure d'octyle.
$\left(\begin{matrix}Si\\C^4\end{matrix}\right)H^{12}$	$\left(\begin{matrix}Si\\C^7\end{matrix}\right)H^{18}$
Hydrure de silicopentyle.	Hydrure de silico-octyle. (Silicium-triéthyle-méthyle.)

Le silicium-hexéthyle présente une analogie de plus avec les composés hydrocarbonés. Deux atomes de silicium y sont liés ensemble à la façon des atomes de carbone et remplacent deux de ceux-ci. On peut envisager ce corps comme faisant partie de ce que l'on peut appeler la série *éthylique du silicium*, série qui dérive de l'hexaiodure :

$$Si\left\{\begin{matrix}C^2H^5\\C^2H^5\\C^2H^5\end{matrix}\right. \qquad Si\left\{\begin{matrix}I\\I\\I\end{matrix}\right.$$
$$|\qquad\qquad\qquad |$$
$$Si\left\{\begin{matrix}C^2H^5\\C^2H^5\\C^2H^5\end{matrix}\right. \qquad Si\left\{\begin{matrix}I\\I\\I\end{matrix}\right.$$

Silicium-hexéthyle. — Hexaiodure de silicium.

3° *Composés mixtes*.—On connaît un assez grand nombre de composés dans lesquels les affinités du silicium étant incomplètement saturées par des radicaux alcooliques, la saturation est pour ainsi dire complétée par des corps simples tels que le chlore, l'oxygène, ou par des groupes tels que l'oxhydryle, l'oxéthyle. Nous allons considérer quelques-uns de ces composés.

a. $Si^{iv}\left\{\begin{matrix}(C^2H^5)^3\\Cl\end{matrix}\right.$ $\quad Si^{iv}\left\{\begin{matrix}(C^2H^5)^3\\OH\end{matrix}\right.$ $\quad [Si^{iv}(C^2H^5)^3]^2O$

Dans ces corps, le silicium est combiné avec 3 groupes éthyliques, la quatrième atomicité étant saturée par du chlore, de l'oxhydryle, de l'oxygène, etc. Suivant l'ordre d'idées indiqué plus haut, on est autorisé à comparer ces composés aux dérivés heptyliques,

$C^7H^{15}Cl,$	$C^7H^{15}.OH,$	$(C^7H^{15})^2O$
$\left(\begin{matrix}Si\\C^6\end{matrix}\right)H^{15}.Cl$	$\left(\begin{matrix}Si\\C^6\end{matrix}\right)H^{15}.OH$	$\left[\left(\begin{matrix}Si\\C^6\end{matrix}\right)H^{15}\right]^2O.$
Chlorure de silicoheptyle.	Hydrate de silicoheptyle.	Oxyde de silicoheptyle.

b. On connaît des composés mixtes dans lesquels le silicium n'est uni qu'à deux groupes éthyliques, les deux autres atomicités étant satisfaites par de l'oxygène, de l'oxéthyle, etc.

$Si^{iv}\left\{\begin{matrix}(C^2H^5)^2\\O''\end{matrix}\right.$	$Si^{iv}\left\{\begin{matrix}(C^2H^5)^2\\(O.C^2H^5)^2\end{matrix}\right.$
Oxyde de Silicodiéthyle.	Silicium-diéthyle-dioxéthyle.

ou, en transformant ces formules selon le principe énoncé plus haut :

$\left(\begin{matrix}Si\\C^4\end{matrix}\right)H^{10}O$	$\left(\begin{matrix}Si\\C^4\end{matrix}\right)H^{10}(OC^2H^5)^2$
Oxyde de ilicopentylène.	Diéthylate de silicopentylène.

c. Enfin dans les composés où le silicium n'est uni qu'à un seul groupe alcoolique, la saturation est complétée par trois groupes monatomiques ou leur équivalent, par exemple par

$$Cl^3;\quad (O''.OH);\quad (OC^2H^5)^3.$$

En voici des exemples :

$Si\left\{\begin{matrix}(CH^3)'\\(OC^2H^5)^3\end{matrix}\right.$	$Si\left\{\begin{matrix}(C^2H^5)'\\O''\\(OH)'\end{matrix}\right.$	$Si\left\{\begin{matrix}(C^6H^5)'\\Cl^3\end{matrix}\right.$
Éther silico-acétique tribasique.	Acide silico-propionique.	Chlorure de chloro-silicobenzol.

$$Si\left\{\begin{matrix}(C^6H^5)'\\O''\\(OH)'\end{matrix}\right.$$

Acide silico-benzoïque.

Les noms qui ont été donnés à ces composés sont tirés des rapprochements indiqués plus haut entre les composés siliciques et les composés carbonés correspondants.

Ainsi les acides silicopropionique et silicobenzoïque possèdent une constitution analogue à celle des acides propionique et benzoïque :

$\begin{matrix}C^2H^5\\ \vert \\ CO.OH\end{matrix}$	$\begin{matrix}C^6H^5\\ \vert \\ CO.OH\end{matrix}$
Acide propionique.	Acide benzoïque.
$\begin{matrix}C^2H^5\\ \vert \\ SiO.OH\end{matrix}$	$\begin{matrix}C^6H^5\\ \vert \\ SiO.OH\end{matrix}$
Acide silici-propionique.	Acide silici-benzoïque.

Le chlorure de chloro-silicobenzol rappelle le composé $C^6H^5.CCl^3$, et l'éther silicoacétique tribasique

$$\begin{matrix}CH^3\\ \vert \\ Si(OC^2H^5)^3\end{matrix}$$

est l'analogue du composé

$$\begin{matrix}CH^3\\ \vert \\ C(OC^2H^5)^3\end{matrix}$$

qui serait l'éther triacétique dérivé de l'hydrate

$$C^2H^4O^2 + H^2O = \begin{matrix}CH^3\\ \vert \\ C(OH)^3.\end{matrix}$$

DÉRIVÉS ÉTHÉRÉS DE L'ACIDE SILICIQUE.

ANHYDRIDE MIXTE SILICO-ACÉTIQUE,

$$SiO^4(C^2H^3O)^4.$$

— Lorsqu'on chauffe, dans un appareil à reflux, un mélange d'acide acétique cristallisable avec un peu moins de la quantité correspondante de chlorure de silicium, aussi longtemps qu'il se dégage de l'acide chlorhydrique, on obtient soit immédiatement par le refroidissement, soit seulement après un certain temps, une belle cristallisation d'anhydride mixte. On peut remplacer l'acide acétique par l'acide acétique anhydre : il se forme alors du chlorure d'acétyle. Ce corps se forme en vertu des équations suivantes :

$$SiCl^4 + 4(C^2H^3O^2H) = SiO^4(C^2H^3O)^4 + 4HCl$$

et

$$SiCl^4 + 4(C^2H^3O)^2O = SiO^4(C^2H^3O)^4 + 4C^2H^3OCl.$$

Lorsque les cristaux d'anhydride se sont déposés, on décante l'excès d'anhydride acétique et le chlorure d'acétyle formé, et on lave à plusieurs reprises avec de l'éther séché sur du sodium. Il suffit ensuite de faire passer un courant d'air sec pour l'obtenir pur.

Ainsi préparé, l'anhydride silico-acétique se

présente en cristaux et en masses cristallines d'un beau blanc. Il n'a pas été possible d'en déterminer la forme ; cependant quelques cristaux ont présenté un prisme quadrangulaire surmonté d'un octaèdre aigu placé sur les angles du prisme et pouvant appartenir au type quadratique.

Il est extrêmement avide d'eau, et lorsqu'on y laisse tomber une goutte d'eau on entend un bruit pareil à celui d'un fer rouge plongé dans l'eau. On voit se séparer de la silice gélatineuse; en même temps, il se forme de l'acide acétique.

Avec l'alcool, il se forme de l'acétate d'éthyle et de la silice gélatineuse. Dans l'éther, l'anhydride se dissout et cristallise par le refroidissement. La solution éthérée, chauffée à 200°, donne de la silice, de l'anhydride acétique, mais pas sensiblement d'éther acétique ou de silicate d'éthyle.

Avec l'ammoniaque sèche, on obtient de l'acétamide et de la silice hydratée.

L'anhydride silico-acétique ne peut pas être distillé sous la pression ordinaire; vers 160-170°, il se décompose en laissant de la silice boursouflée et en donnant de l'acide acétique anhydre. Lorsqu'on réduit la pression à 5 ou 6 millimètres de mercure, on peut le distiller; il bout alors vers 148°, et se condense en belles masses blanches cristallines, qui fondent à 110°.

En employant pour la préparation de l'anhydride mixte de l'acide acétique non entièrement privé d'eau, on obtient une masse gélatineuse renfermant peut-être des anhydrides mixtes correspondant aux acides et aux éthers polysiliciques [Friedel et Ladenburg, *Ann. de Chim. et de Phys.*, (3), t. XXVII, p. 428].

Éthers siliciques. — Silicates d'amyle. — Voyez t. I, p. 248.

Silicates d'éthyle. — Voyez t. I, p. 1344.

Silicates de méthyle. — Le *silicate normal* $Si(OCH^3)^4$ s'obtient en faisant réagir l'alcool méthylique pur et parfaitement sec (rectifié sur une petite quantité d'anhydride phosphorique) sur du chlorure de silicium. La réaction se passe comme pour la préparation du silicate d'éthyle (voyez t. I, p. 1344). Quand l'alcool employé est parfaitement sec, on n'obtient, pour ainsi dire, que le silicate normal ; lorsqu'il est légèrement humide, il se produit en même temps du disilicate hexaméthylique que l'on en sépare facilement par quelques distillations fractionnées. S'il se trouve que le produit renferme encore une petite quantité de chlore, il faut le chauffer avec un excès d'alcool méthylique pur [Friedel et Crafts, *Ann. de Chim. et de Phys.*, (4), t. IX, p. 32].

Le silicate méthylique bout de 121° à 122°. Sa densité est de 1,0589 à 0°. Densité de vapeur = 5,38. Théorie = 5,26. C'est un liquide limpide, incolore, d'une odeur éthérée assez agréable. Il est assez soluble dans l'eau ; la dissolution reste claire et ne laisse déposer de la silice gélatineuse qu'au bout de quelques semaines. Il brûle en repandant des fumées blanches. L'humidité le décompose assez rapidement et l'alcool méthylique aqueux le transforme en éthers condensés.

Chlorhydrines méthylsiliciques. — *Monochlorhydrine*, $SiCl(OCH^3)^3$. — On l'obtient en chauffant 3 molécules de silicate de méthyle et 1 molécule de chlorure de silicium pendant 1 heure à 150°, dans des tubes scellés. Après fractionnement, le produit passe de 114°,5 à 115°,5. Densité à 0° = 1,1954.

Densité de vapeur = 5,58. Théorie = 5,42.

C'est un liquide d'une odeur éthérée, brûlant avec une flamme bordée de vert et répandant des fumées blanches de silice. L'humidité le décompose facilement. Avec l'alcool méthylique, il régénère le silicate de méthyle, et avec les alcools éthylique et amylique, des silicates mixtes.

Dichlorhydrine, $SiCl^2(OCH^3)^2$. — Elle a été préparée en chauffant pendant une heure à 160° 2 molécules de monochlorhydrine méthylsilicique avec 1 molécule de chlorure de silicium. La réaction est un peu moins nette que pour la monochlorhydrine.

Point d'ébullition, 98° à 103°. Densité à 0° = 1,2595. Densité de vapeur = 5,66. Théorie = 5,57.

Ses propriétés se rapprochent beaucoup de celles de la monochlorhydrine.

Trichlorhydrine, $SiCl^3(OCH^3)$. — On l'a préparée en chauffant 1 molécule de chlorure de silicium et 3 molécules de dichlorhydrine, pendant 12 heures, à 220°. Elle s'obtient encore plus difficilement que l'éther précédent. Après plusieurs fractionnements, elle passe de 82° à 86°.

Densité de vapeur = 5,66. Théorie = 5,73.

Silicate triméthyle-monéthylique,

$$Si(OCH^3)^3(OC^2H^5).$$

— La monochlorhydrine méthylsilicique, traitée par un léger excès d'alcool ordinaire, réagit sur celui-ci avec dégagement d'acide chlorhydrique. Le produit principal est le silicate triméthyle-monéthylique, bouillant de 133° à 135°.

Densité à 0° = 1,023.

Il se forme en même temps un peu de silicate diméthyle-diéthylique (voyez plus bas), par la réaction de l'alcool sur le silicate formé, avec élimination d'alcool méthylique.

Silicate diméthyle-diéthylique,

$$Si(OCH^3)^2(OC^2H^5)^2.$$

— Ce composé se produit lorsqu'on chauffe pendant une vingtaine d'heures, à 210°, un mélange d'alcool méthylique et de silicate d'éthyle. Après plusieurs distillations fractionnées, on recueille comme produit principal un liquide bouillant de 143° à 147°, qui est l'éther mixte diméthyle-diéthylique. Même en chauffant pendant plusieurs heures à 250° avec un excès d'esprit de bois, les portions de la réaction précédente bouillant au-dessous de 150°, on n'obtient pas une quantité notable d'éthers plus riches en méthyle.

On obtient encore le même éther par l'action de l'alcool sur la dichlorhydrine méthylsilicique.

Densité à 0° = 1,004. Densité de vapeur = 6,18. Théorie = 6,23.

Silicate monométhyle-triéthylique,

$$Si(OCH^3)(OC^2H^5)^3.$$

— On l'obtient en faisant réagir la monochlorhydrine éthylsilicique sur l'alcool méthylique. Il bout de 155° à 157°.

Densité à 0° = 0,980.

Il se produit en même temps un peu d'éther diméthyle-diéthylique, avec élimination d'alcool.

Silicate diméthyle-diamylique,

$$Si(OCH^3)^2(OC^5H^{11})^2.$$

— On l'a préparé en faisant réagir la monochlorhydrine méthylsilicique sur l'alcool amylique. Après quelques distillations fractionnées, la majeure partie du produit passe entre 225° et 235°.

Cet éther est difficile à décomposer, et, pour l'analyser, il faut employer, au lieu de la solution alcoolique d'ammoniaque, une solution alcoolique de potasse.

Disilicate hexaméthylique,

$$Si^2O(OCH^3)^6 = (CH^3O)^3Si-O-Si(OCH^3)^3.$$

— Il se forme dans la préparation du silicate méthylique normal, lorsque l'alcool méthylique employé renferme un peu d'eau. On peut l'obtenir aussi en chauffant l'éther normal avec de l'alcool méthylique renfermant la quantité nécessaire d'eau.

Il bout de 201° à 202°,5. Il ressemble beaucoup par ses propriétés au silicate tétraméthylique.

Densité à 0° = 1,1441. Densité de vapeur = 9,19. Théorie = 8,93 [Friedel et Crafts, *Ann. de Chim. et de Phys.*, (4), t. IX, p. 32].

ÉTHER SILICIFORMIQUE. — Voyez t. II, p. 1489.

DÉRIVÉS HYDROCARBONÉS DU SILICIUM.

SILICIUM-MÉTHYLE, $SiC^4H^{12} = Si(CH^3)^4$. — Ce composé, tout à fait analogue au silicium-éthyle, peut s'obtenir par la réaction du chlorure de silicium sur le mercure-méthyle à 180-200°; mais la réaction est difficile à compléter.

On réussit mieux en chauffant vers 200° du zinc-méthyle avec du chlorure de silicium en proportions correspondantes : $SiCl^4$ pour $2Zn(CH^3)^2$. La réaction ne commence que vers 180°, et il faut maintenir la température pendant 10 heures à 200° pour l'achever. On refroidit ensuite le digesteur avec de la glace avant de laisser échapper les gaz, car, le silicium-méthyle étant très-volatil, les gaz en entraînent une partie qu'il faut réduire autant que possible. On distille en condensant les produits dans des récipients refroidis avec de la glace. On rectifie le produit distillé, après l'avoir traité par la potasse.

On obtient ainsi un liquide limpide, plus léger que l'eau, bouillant de 30° à 31° et brûlant avec une flamme éclairante qui répand des fumées blanches de silice. C'est le silicium-méthyle

$$Si(CH^3)^4.$$

Le silicium-méthyle est très-stable; une petite quantité chauffée deux jours à 200° avec de l'acide azotique fumant n'est qu'incomplétement oxydée.

Densité de vapeur = 3,06. Théorie = 3,045 [Friedel et Crafts, *Ann. de Chim. et de Phys.*, (4), t. XIX].

SILICIUM-ÉTHYLE ou HYDRURE DE SILICONONYLE, $SiC^8H^{20} = Si(C^2H^5)^4$. — Ce corps, découvert par MM. Friedel et Crafts, renferme le silicium uni à 4 groupes éthyle d'une manière assez intime pour que la molécule entière puisse fonctionner dans nombre de réactions, comme ferait un hydrocarbure, et donner, comme ces derniers, en perdant seulement de l'hydrogène, un reste qui peut s'unir au chlore, à l'oxacétyle, à l'oxhydryle.

Préparation. — Le silicium-éthyle s'obtient en chauffant au bain d'huile, à 180-200°, dans un digesteur de cuivre, pendant quelques heures, du zinc-éthyle avec un excès de chlorure de silicium. On peut opérer dans des tubes de verre épais; si ces derniers sont entièrement plongés dans le bain, la température peut être réduite à 160-170°. A l'ouverture des vases, il se dégage un mélange de gaz hydrocarbonés, éthylène, hydrure d'éthyle et diéthyle. Il reste du chlorure de zinc et du zinc métallique baignés dans un liquide. Quand on distille, il commence à se dégager vers 40° un gaz qui ne se condense pas à 0° (éthyle); vers 60°, on recueille une quantité notable de chlorure de silicium, puis le thermomètre s'élève rapidement jusqu'à 150°, et la plus grande partie du liquide passe de 150° à 155°. Les parties distillées avant 130° ou 140° sont mises à part pour une nouvelle opération. Celles recueillies entre cette température et 160° sont lavées à l'eau et à la potasse pour détruire une petite quantité de chlorure de silicium, puis traitées à plusieurs reprises à l'acide sulfurique concentré, qui dissout une faible proportion d'oxyde de silicium-triéthyle (voyez plus bas) qu'elles renferment, lavées de nouveau à l'eau et séchées à l'aide du chlorure de calcium fondu. On obtient la moitié environ de la quantité théorique répondant à celle du zinc-éthyle employé.

Il ne se forme pas de produits intermédiaires entre le chlorure de silicium et le silicium-éthyle, et ces deux corps chauffés ensemble à 240° pendant quinze heures n'ont pas réagi l'un sur l'autre [*Ann. de Chim. et de Phys.*, (4), t. XIX].

Le silicium-éthyle peut s'obtenir également par l'action du zinc-éthyle en présence du sodium sur la monochlorhydrine de l'éther silicique et sur les dérivés de ce produit, ainsi que sur le silicate d'éthyle [Ladenburg, *Deutsche Chem. Gesells.*, t. V, p. 565].

Propriétés. — Purifié comme il a été dit plus haut, le silicium-éthyle passe à la distillation à 152°,5. Sa densité à 22°,7 est de 0,7687 (Friedel et Crafts); à 0° = 0,8341 (Ladenburg). Sa densité de vapeur a été trouvée de 5,14. Théorie, 4,99.

Le silicium-éthyle constitue un liquide limpide, non spontanément inflammable, mais brûlant à l'air au contact d'un corps en ignition, avec une flamme éclairante et en répandant des fumées blanches de silice. Il possède une odeur qui n'est pas très-forte et qui rappelle celle de certains hydrocarbures. Avec le temps, son odeur paraît changer et devenir beaucoup plus désagréable, sans doute par suite d'une oxydation lente.

Il est insoluble dans l'eau et inattaquable à la potasse et à l'acide azotique ordinaire. Il n'est pas attaqué par l'acide sulfurique concentré et est insoluble dans ce réactif, dont on se sert pour lui enlever l'oxyde de silicium-triéthyle. L'acide azotique fumant l'attaque par une longue ébullition en le transformant en un corps qui paraît être l'oxyde de silicium-diéthyle, $SiO(C^2H^5)^2$. Chauffé en vase clos à 180-190° avec l'acide azotique fumant, le silicium-éthyle s'oxyde complétement. C'est ainsi que l'on a pu y déterminer la proportion de silicium. L'attaque peut aussi être faite en vase clos et à la même température, au moyen du chlorate de potasse et de l'acide chlorhydrique.

Le chlore l'attaque à froid avec dégagement d'acide chlorhydrique en donnant des silicium-éthyle chlorés (voyez plus bas).

Le brome ne réagit sur lui qu'à chaud. A 140°, au bout d'une heure et demie, le mélange des deux corps est décoloré; il se dégage de l'acide bromhydrique, mais pas de bromure d'éthyle. On n'a pas réussi à isoler le silicium-éthyle monobromé; en traitant le produit par l'acétate de potassium, on n'a pas obtenu un composé renfermant le groupe acétyle. En traitant par la potasse à plusieurs reprises, on a réussi à enlever presque tout le brome, et en dissolvant ensuite le liquide obtenu dans l'acide sulfurique pour en séparer un peu de silicium-éthyle, puis en précipitant par l'eau, on a obtenu de l'oxyde de silicium-triéthyle.

L'iode chauffé pendant 12 heures à 180° avec le silicium-éthyle ne donne que très-peu d'acide iodhydrique et pas du tout d'iodure d'éthyle.

SILICIUM-ÉTHYLES CHLORÉS. — Lorsqu'on fait passer du chlore sec dans le silicium-éthyle placé dans un matras refroidi avec de l'eau, on voit d'abord le liquide se colorer fortement en jaune par suite de la dissolution du chlore. Tout à coup il se décolore avec dégagement d'acide chlorhydrique, sans qu'on puisse remarquer jamais la formation de chlorure d'éthyle. A partir de ce moment le chlore est régulièrement absorbé sans que le liquide se colore de nouveau. Pour éviter autant que possible la formation de produits très-chlorés, on interrompt la réaction au bout d'un certain temps, on soumet le produit à la distillation et on fait passer de nouveau le chlore dans les parties qui ont été distillées avant 160°. Quand on a répété à plusieurs reprises cette série d'opérations, on soumet les produits chlorés à la distillation fractionnée.

On ne parvient pas, par la seule distillation, à séparer des produits ayant un point d'ébullition constant et offrant la composition exacte du silicium-éthyle monochloré et du silicium-éthyle bichloré. D'après l'analyse de divers produits, le premier composé paraît bouillir vers 180° et le deuxième vers 210°. A 230°, le mélange se décompose. Après plusieurs distillations, la plus grande partie du produit bout de 190° à 195°, et est formée d'un mélange à équivalents égaux de silicium-éthyle monochlorés et bichlorés. De ce mélange, on peut isoler le silicium-éthyle monochloré par l'action ménagée de l'acétate de potassium en excès, en présence de l'alcool absolu. Si l'on ne dépasse pas la température de 130-140°, maintenue pendant 3 ou 4 heures, le silicium-éthyle bichloré est seul attaqué. La réaction se produit avec dégagement de gaz combustibles (acétylène et éthylène ou éthylène chloré) et avec formation d'oxyde de silicium-triéthyle. Ce fait prouve que le silicium-éthyle bichloré renferme les deux atomes de chlore dans un même groupe éthyle et a donc pour formule $Si(C^2H^5)^3(C^2H^3Cl^2)$. Le silicium-éthyle monochloré peut être isolé en traitant le contenu des tubes par l'eau, puis le liquide huileux surnageant par l'acide sulfurique concentré. La partie insoluble dans ce réactif est le silicium-éthyle monochloré, mélangé avec le silicium-éthyle qu'il pouvait renfermer primitivement.

Acétate de siliconoNyle,

$$SiC^{10}H^{12}O^2 = Si(C^2H^5)^3, C^2H^4(C^2H^3O^2).$$

— Si l'on chauffe le silicium-éthyle monochloré à 180° pendant quelques heures avec un excès d'acétate de potassium additionné d'alcool absolu, on voit se former un dépôt de chlorure de potassium. Lorsqu'on ouvre le tube, on ne constate aucun dégagement gazeux, contrairement à ce qu'on observe avec le mélange des deux chlorures. On traite le tout par l'eau, puis après avoir décanté la partie surnageante, on additionne celle-ci de deux ou trois fois son volume d'acide sulfurique concentré pour séparer le chlorure qui a pu échapper à la réaction et les traces de silicium-éthyle qui pouvaient être contenues dans le mélange. On décante soigneusement à l'aide d'une pipette l'acide sulfurique qui a dissous l'acétate de siloconoyle et on le verse dans une fiole renfermant assez d'eau pour que le mélange ne s'échauffe pas beaucoup.

Le liquide huileux qui se rassemble à la surface de l'eau, lavé et séché, bout presque en totalité de 208° à 214°. Il possède une légère odeur éthérée et acétique et brûle avec une flamme éclairante, en répandant des fumées blanches de silice.

C'est le dérivé acétique du silicium-éthyle monochloré que l'on peut appeler *acétate de siliconoyle*, en regardant le silicium-éthyle monochloré lui-même comme le chlorure d'un radical SiC^8H^{19}, dérivé d'un hydrocarbure C^9H^{20}, hydrure de nonyle, dans lequel un atome de carbone serait remplacé par un atome de silicium servant à grouper les quatre radicaux éthyle. — Voyez p. 1496.

MM. Friedel et Ladenburg ont fait voir qu'il peut exister de pareils hydrocarbures, car en faisant réagir le zinc-éthyle sur le méthylchloracétol, ils ont obtenu un carbure diméthylique diéthylique, $C(CH^3)^2(C^2H^5)^2$, dont la constitution est tout à fait analogue à celle du silicium-éthyle [*Compt. rend.*, t. LXIII, p. 1083, et *Bull. de la Soc. chim.*, (2), t. VII, p. 65].

L'acétate de siliconoyle ne peut pas être saponifié par la potasse aqueuse, même quand on chauffe le mélange à 180° pendant quelques heures. La saponification se fait facilement à 120-130° avec la potasse alcoolique; la solution alcoolique renferme alors de l'acétate de potassium. Par addition d'eau, elle laisse se déposer l'*hydrate de siliconoyle*.

Hydrate de siliconoNyle,

$$SiC^8H^{20}O = Si(C^2H^5)^3(C^2H^4OH).$$

— Ce corps est le dérivé hydroxylé du silicium-éthyle monochloré ou de l'acétate de siliconoyle. Il s'obtient, comme il vient d'être indiqué, par la saponification de cet acétate à l'aide de la potasse alcoolique. Lorsqu'on ajoute de l'eau, l'hydrate de siliconoyle se sépare à la surface du mélange, C'est un liquide huileux, d'une odeur camphrée. bouillant vers 190°. Il dissout le sodium avec dégagement d'hydrogène, et avec formation d'une matière d'apparence gélatineuse que l'eau décompose en régénérant le liquide primitif et en devenant fortement alcaline.

Oxyde de silicium-triéthyle ou Oxyde de silicoheptyle, $Si^2O(C^2H^5)^6 = [Si(C^2H^5)^3]^2O$. — Nous avons indiqué, en donnant la méthode de préparation du silicium-éthyle, la formation d'une petite quantité d'un composé silicé soluble dans l'acide sulfurique concentré et qui n'est autre chose que l'oxyde de silicium-triéthyle. Le silicium-tétréthyle, ayant perdu un des groupes éthyle qu'il renferme, se transforme en un radical monatomique qui donne un oxyde en se doublant à la façon de l'éthyle lui-même. Le même oxyde se produit dans nombre d'autres réactions et paraît former un des groupements les plus stables de la série du silicium-éthyle.

On l'obtient en traitant par la potasse le silicium-éthyle bromé; on l'obtient aussi en traitant par l'acétate de potassium à 130-140° le mélange de silicium-éthyle monochloré et de silicium-éthyle bichloré, séparant par l'eau les produits silicés, reprenant par l'acide sulfurique concentré, qui dissout l'oxyde de silicium-triéthyle formé, décantant le silicium-éthyle monochloré qui est insoluble dans l'acide sulfurique, et versant la solution sulfurique dans beaucoup d'eau. L'oxyde de silicium-triéthyle se sépare et surnage. Sa formation est accompagnée d'un dégagement gazeux; elle se fait aux dépens du silicium-éthyle bichloré et probablement d'après l'équation

$$\begin{aligned}&2Si(C^2H^5)^3(C^2H^3Cl^2) + 2C^2H^3O^2K\\&= 2KCl + (C^2H^3O)^2O + 2(C^2H^3Cl)\\&\quad + Si^2O(C^2H^5)^6.\end{aligned}$$

On a constaté que le gaz qui se dégage est chloré et absorbable par le brome, au moins pendant une partie de la réaction; on a reconnu aussi qu'il renferme de l'acétylène.

L'oxyde de silicium-triéthyle se forme aussi par l'action du zinc-éthyle sur l'oxychlorure de silicium Si^2OCl^6, qui est le chlorure correspondant (voyez p. 1490) [Friedel et Ladenburg, *Compt. rend.*, t. LXVI, p. 541].

Il prend naissance en outre par l'action de l'anhydride phosphorique et de l'acide sulfurique sur le triéthylsilicol (voyez p. 1501) et par celle de la potasse aqueuse sur le chlorure de silicium-triéthyle.

L'oxyde de silicium-triéthyle est un liquide huileux, d'une odeur souvent désagréable qui ne lui est pas propre; il bout de 232° à 235°. Il est soluble dans l'acide sulfurique. L'eau le précipite de cette solution.

Lorsqu'on le chauffe à une température élevée avec du chlorure d'acétyle, il est attaqué avec formation d'un mélange d'acétate de silicium-triéthyle et de chlorure de silicium-triéthyle,

$$Si(C^2H^5)^3.C^2H^3O^2 \quad \text{et} \quad Si(C^2H^5)^3Cl$$

(Friedel).

L'acide iodhydrique transforme l'oxyde de silicium-triéthyle en oxyde de silicium-diéthyle (Ladenburg).

SILICIUM-HEXÉTHYLE, $Si^2C^{12}H^{30} = [Si(C^2H^5)^3]^2$. — Ce corps, qui est à l'oxyde de silicium-triéthyle (voir plus haut) ce que l'éthyle libre ou diéthyle est à l'oxyde d'éthyle, et dans lequel on voit deux atomes de silicium joints ensemble à la manière des atomes de carbone, s'obtient par la réaction à une douce chaleur de l'hexaiodure de silicium (voyez ce mot) sur le zinc-éthyle. Quand on a ajouté la proportion convenable d'iodure [Si^2I^6 pour $3Zn(C^2H^5)^2$], la réaction est terminée. On distille alors et on traite par l'eau le produit distillé, pour décomposer un léger excès de zinc-éthyle. Après avoir décanté l'eau, on lave un grand nombre de fois à l'acide sulfurique concentré, pour enlever une matière soluble dans ce liquide et qui paraît être l'oxyde de silicium-triéthyle. Enfin le produit lavé à l'eau et desséché est soumis à la distillation fractionnée. On sépare ainsi deux liquides : l'un bouillant de 150° à 154°, c'est du silicium-éthyle; l'autre recueilli de 250° à 253°, c'est le silicium-hexéthyle, $Si^2(C^2H^5)^6$.

C'est un liquide limpide, d'une faible odeur, analogue à celle du silicium-éthyle, et qui brûle avec une flamme éclairante en donnant des fumées de silice. Densité de vapeur = 8,5. Théorie, 7,96. Après l'opération, le liquide contenu dans le ballon renfermait une petite quantité d'un produit soluble dans l'acide sulfurique, sans doute d'oxyde de silicium-triéthyle, dont la formation est facile à comprendre et dont la présence a dû élever la densité [Friedel et Ladenburg, *Compt. rend.*, 1869, t. LXVIII, p. 920].

SILICIUM-ÉTHYLE-MÉTHYLE, $Si(C^2H^5)^3(CH^3)$. — On a chauffé dans un digesteur, à 100°, un mélange d'iodure d'éthyle et de méthyle avec de la tournure de zinc et un alliage de zinc et de sodium. Le produit distillé, qui commençait à bouillir à une température inférieure à celle du zinc-éthyle, a été additionnée d'une petite quantité de zinc-méthyle, puis chauffé à 190° pendant 7 heures avec du chlorure de silicium. Le produit, traité par la potasse et par l'acide sulfurique concentré, a été soumis à la distillation fractionnée. La plus grande partie a passé entre 63° et 67°. L'analyse a donné des nombres se rapprochant de la formule $Si(C^2H^5)^3(CH^3)$; le point d'ébullition semblait indiquer un produit plus riche en méthyle. Mais le produit pouvait être mélangé d'une petite quantité d'un hydrocarbure saturé, que l'acide sulfurique ne pouvait pas lui enlever. C'était certainement un produit intermédiaire entre le silicium-éthyle et le silicium-méthyle [Friedel et Crafts, *Ann. de Chim. et de Phys.*, (4), t. XIX, p. 364].

SILICIUM PHÉNYLE-TRIÉTHYLE, $SiC^6H^5(C^2H^5)^3$. — Lorsqu'on chauffe pendant assez lontemps à 175° du zinc-éthyle avec du chlorure de silicium-phényle [voyez SILICOBENZOÏQUES (DÉRIVÉS)], on obtient, en mélangeant le produit des tubes avec de l'eau, dissolvant l'oxyde de zinc avec HCl, et séparant le liquide huileux à l'aide de l'éther, un produit qui, lavé et distillé, se sépare en trois portions.

La plus importante est le silicium-phényle-triéthyle, qui bout à 230°. C'est un liquide incolore, lequel, à une température élevée, possède une odeur d'essence de girofle. Il est insoluble dans l'eau, soluble dans l'éther. Il brûle avec une flamme éclairante en laissant de la silice. Densité à 0° = 0,9042.

Les autres produits qui n'ont pas été isolés à l'état de pureté paraissent être du silicium-éthyle (147-152°) et du silicium-diphényle (vers 310°).

On n'a réussi à obtenir ni dérivé nitré, ni dérivé sulfoné du silicium-phényle-triéthyle. Le groupe phényle paraît se séparer par l'action des acides nitrique et sulfurique.

Le brome agit à chaud avec formation de HBr, mais il paraît y avoir dédoublement en même temps que substitution; une partie du produit bout plus bas que le silicium-phényle-triéthyle.

Le chlore agit plus régulièrement et à froid. En opérant avec précaution, on obtient un chlorure, $SiC^{12}H^{19}Cl$, bouillant de 260° à 265°. Il se forme aussi des produits bouillant à une température inférieure.

Le chlorure $SiC^{12}H^{19}Cl$ est insoluble dans l'eau et indécomposable par elle. Densité à 0° = 1,0185. Il brûle avec une flamme fumeuse bordée de vert en laissant de la silice. Son odeur est faible; il est fluide. L'acétate de potassium en solution alcoolique ne paraît pas l'attaquer même à 250° [Ladenburg, *Deutsche Chem. Gesells.*, t. VII, p. 387].

DÉRIVÉS MIXTES DU SILICIUM.

OXYDE DE SILICIUM-DIÉTHYLE OU DE SILICOPENTYLE, $SiO(C^2H^5)^2$. — On a obtenu un corps ayant cette composition, en faisant bouillir pendant longtemps du silicium-éthyle, avec de l'acide azotique fumant, dans un appareil à reflux, entièrement en verre. Le produit a été lavé à l'eau et repris par l'éther, dans lequel il était en grande partie soluble. La solution éthérée a été filtrée et évaporée et a laissé un liquide visqueux, qu'il n'a pas été possible de distiller, mais que l'on s'est contenté de dessécher en le laissant longtemps dans le vide sur l'acide sulfurique [Friedel et Crafts, *Ann. de Chim. et de Phys.*, (4), t. XIX].

M. Ladenburg a obtenu un corps possédant une composition et des propriétés analogues par l'action de l'eau sur le chlorure de silicium-diéthyle et par celle de l'acide iodhydrique sur le silicium-diéthyle-dioxéthyle (voyez SILICIUM-ÉTHYLE-DIOXÉTHYLE). L'oxyde de silicium-diéthyle est distillable à une haute température. Il ne se solidifie pas à — 15°. Il est insoluble dans l'eau, peu soluble dans l'alcool, très-soluble dans l'éther. Son traitement par la potasse a donné de l'acide silicopropionique.

SILICIUM-DIÉTHYLE-DIOXÉTHYLE,

$$Si(C^2H^5)^2(C^2H^5O)^2.$$

— Ce composé a été obtenu pour la première fois par MM. Friedel et Ladenburg dans l'action du zinc-éthyle (1 molécule) et du sodium sur la monochlorhydrine éthylsilicique (1 molécule) [voyez SILICOPROPIONIQUE (ACIDE)]. Il y a réduction, par le sodium-éthyle, de l'éther silicopropionique formé tout d'abord. C'est une réaction analogue à celle par laquelle MM. Frankland et Duppa ont obtenu la boréthyle, en faisant réagir le zinc-éthyle sur l'éther borique [*Compt. rend.*, 1868, t. LXVI, p. 818].

Cette manière de voir a été confirmée par les recherches ultérieures de M. Ladenburg, qui a obtenu le même éther en plus grande quantité par la réaction du zinc-éthyle et du sodium sur l'éther silicique normal. Cette réaction se produit par degrés et s'arrête à tel ou tel point suivant la proportion plus ou moins grande de zinc-éthyle que l'on emploie; selon cette proportion, on obtient surtout l'un ou l'autre des produits suivants : l'*éther silicopropionique*, le *silicium-diéthyle-dioxéthyle*, l'*oxyde de silicoheptyle et d'éthyle*, le *silicium-éthyle* et l'*hydrure de silicoheptyle*.

Le silicium-diéthyle-dioxéthyle est un liquide incolore, d'une agréable odeur, bouillant à 155°,8. Densité à 0° = 0,8752. Densité de vapeur par rapport à l'hydrogène = 173,9. Poids moléculaire, 176. Il est insoluble dans l'eau, soluble dans l'alcool et dans l'éther; il ne s'altère pas à l'air. Il se distingue de l'éther silicopropionique tribasique en ce qu'il n'est pas attaquable par l'ammoniaque alcoolique, et qu'il n'est pas décomposé par l'acide sulfurique concentré. Il résiste beaucoup mieux aussi à la potasse concentrée. Ce n'est qu'au bout de quelques heures d'ébullition avec celle-ci qu'on voit la quantité du liquide huileux diminuer. De la solution alcaline, on peut séparer de l'acide silicopropionique, comme toujours mélangé d'un peu de silice.

Lorsqu'on chauffe pendant quelques heures à 200°, en tube scellé, molécules égales de chlorure d'acétyle et de silicium-diéthyle-dioxéthyle, ce dernier en léger excès, on obtient un chlorure bouillant de 146° à 148°, fumant à l'air, brûlant avec une flamme verte, se décomposant lentement par l'eau avec formation d'une huile épaisse qui n'est plus chlorée. Ce chlorure renferme

$$SiC^6H^{15}ClO = Si(C^2H^5)^2(C^2H^5O)Cl.$$

Il se forme en même temps de l'acétate d'éthyle.

En employant 2 molécules de chlorure de benzoyle pour une de silicium-diéthyle-dioxéthyle, et en chauffant à 250°, on obtient du benzoate d'éthyle et un chlorure bouillant de 128° à 130°. Ce dernier renferme $Si(C^2H^5)^2Cl^2$. Il est incolore, fume à l'air et possède une odeur analogue à celle du chlorure de silicium. Il brûle avec une flamme fortement bordée de vert, en laissant un dépôt de silice. Sa vapeur mélangée d'air détone au contact d'un corps enflammé. L'eau le décompose avec formation d'une matière sirupeuse non chlorée, qui brûle avec une flamme brillante en laissant de la silice.

Ce dernier corps est identique avec celui que l'on obtient par l'action de l'acide iodhydrique sur le silicium-diéthyle-dioxéthyle. La réaction se fait dans l'appareil à reflux. L'huile formée, séparée du liquide aqueux, lavée, séchée et distillée, fournit entre 70° et 80° de l'iodure d'éthyle. Le thermomètre s'élève ensuite au-dessus de 300°, le résidu peut être distillé sous la pression atmosphérique ou dans le vide à une température supérieure à celle d'ébullition du mercure. Ce produit a une composition et des propriétés qui se rapprochent de celles de l'oxyde de silicium-diéthyle (voyez ce mot), obtenu par MM. Friedel et Crafts en oxydant le silicium-éthyle [*Ann. der Chem. u. Pharm.*, t. CLXIV, p. 307].

COMPOSÉS SILICOHEPTYLIQUES. — OXYDE DE SILICOHEPTYLE ET D'ÉTHYLE, $Si(C^2H^5)^3C^2H^5O$. — Ce composé, dans lequel 3 groupes oxéthyle sont remplacés par autant de groupes éthyle, prend naissance par l'action prolongée du zinc-éthyle et du sodium sur le silicate d'éthyle normal qui fournit

$$Si(OC^2H^5)^4 + 3C^2H^5,Na$$
$$= Si(C^2H^5)^3(OC^2H^5) + 3C^2H^5.ONa.$$

Il est liquide, incolore, bout à 153°, son odeur ressemble à celle des autres produits de réduction de l'éther silicique. Il est insoluble dans l'eau, miscible en toute proportion à l'alcool et à l'éther, inaltérable à l'air. Sa densité à 0° = 0,8403. Double densité par rapport à l'hydrogène = 161,6. Poids moléculaire = 160.

L'oxyde de silicoheptyle et d'éthyle est soluble dans l'acide sulfurique concentré. L'eau à 250° l'attaque en fournissant des produits bouillant de 150° à 260°. L'ammoniaque alcoolique et l'aniline ne l'attaquent pas même à 250°.

CHLORURE DE SILICOHEPTYLE, $Si(C^2H^5)^3Cl$. — Le chlorure d'acétyle, chauffé à 180° avec l'oxyde de silicoheptyle et d'éthyle, fournit de l'acétate d'éthyle et un produit bouillant vers 143°,5 qui brûle avec une flamme verte en laissant un résidu blanc, et qui fume à l'air. Son odeur est piquante et camphrée à la fois. Densité à 0° = 0,9249. Il renferme $Si(C^2H^5)^3Cl$. L'eau ne le décompose que lentement. L'alcool absolu ne paraît pas réagir à froid sur lui. La solution d'azotate d'argent donne immédiatement un dépôt de chlorure d'argent. L'ammoniaque aqueuse ou alcoolique le décompose immédiatement. L'aniline de même.

Le cyanure de mercure n'est pas attaqué à 270° par une solution éthérée du chlorure. L'hydrogène naissant produit par l'amalgame de sodium et l'acide acétique cristallisable ne réagit pas sur le chlorure.

Quand on évite avec soin l'échauffement de la liqueur et son acidification, l'ammoniaque aqueuse donne un composé dérivé du chlorure par simple remplacement de Cl par OH : c'est le *triéthylsilicol*, $Si(C^2H^5)^3OH$. Quand il y a échauffement, il se produit en même temps de l'oxyde de silicium-triéthyle.

TRIÉTHYLSILICOL, $Si(C^2H^5)^3OH$. — Cet alcool silicique s'obtient comme il vient d'être dit; on peut aussi le préparer à peu près pur en laissant tomber goutte à goutte le chlorure de silicoheptyle dans une solution aqueuse d'ammoniaque refroidie avec de l'eau.

On peut l'obtenir encore par l'action prolongée de l'anhydride acétique sur l'oxyde de silicoheptyle et d'éthyle à 250°. Cette action fournit l'*acétate de silicoheptyle*, $Si(C^2H^5)^3C^2H^3O^2$, bouillant à 168°, ayant une odeur éthérée et camphrée à la fois. Densité à 0° = 0,9039. Double densité de vapeur par rapport à l'hydrogène = 165,1. Poids moléculaire = 174. Il est soluble dans l'alcool et dans l'éther. Le contact avec l'air humide le décompose lentement. Pour le saponifier complétement, il faut le faire bouillir peu de temps avec une solution étendue de carbonate de soude dans l'appareil à reflux; on sépare l'huile du liquide aqueux, on la lave et on la distille. Elle est formée d'hydrate de silicoheptyle pur. La solution renferme de l'acétate de sodium.

L'hydrate de silicoheptyle ou *triéthylsilicol* est un liquide visqueux, incolore, doué d'une forte odeur camphrée. Il est insoluble dans l'eau, miscible à l'alcool et à l'éther. La solution de carbonate de soude en dissout une petite quantité qui se sépare quand on ajoute de l'acide sulfurique.

Double densité de vapeur par rapport à l'hydrogène = 134,8 et 124,3. Poids moléculaire = 132. Densité à 0° = 0,8709. Point d'ébullition, 154°. Le triéthylsilicol se comporte comme un alcool.

Le chlorure d'acétyle s'échauffe après quelques instants de contact avec le triéthylsilicol, avec dégagement d'acide chlorhydrique. Cette réaction ne fournit pas un acétate pur, sans doute par suite d'une décomposition produite par l'acide chlorhydrique.

Le sodium se dissout dans une solution éthérée de triéthylsilicol avec dégagement d'hydrogène. Au bout d'un certain temps, il se sépare une masse blanche amorphe de *triéthylsilicolate de sodium*. Ce corps a été obtenu une fois cristallisé en prismes à quatre pans très-déliquescents et donnant, lorsqu'on les chauffe avec l'eau, une odeur de triéthylsilicol. Lorsqu'on fait passer dans la solution éthérée de ce composé sodé de l'acide carbonique sec, on constate une forte élévation de température. Au bout d'un certain temps, il se sépare une substance amorphe qui est peu soluble dans l'éther et qui peut être séparée par filtration et lavage à l'éther de l'excès de silicol. Ce corps est très-instable; à l'air humide, il tombe en déliquescence. Dans le vide, il perd du triéthylsilicol. Il faut se contenter de l'exprimer et de le laisser peu de temps sur l'acide sulfurique. La calcination dans le creuset de platine laisse du carbonate de sodium. C'est donc un silicoheptyle-carbonate de sodium qui a dû se décomposer suivant l'équation

$$2\,Si(C^2H^5)^3CO^3Na$$
$$= [Si(C^2H^5)^3]^2O + CO^3Na^2 + CO^2.$$

Le triéthylsilicol se dissout dans l'acide sulfurique fumant qui le décompose à chaud. Il se dégage de l'acide sulfureux et des gaz brûlant avec une flamme éclairante. Lorsque le dégagement se ralentit, on arrête l'opération et on verse le mélange dans l'eau. Il se sépare de l'acide silicopropionique.

Le brome n'agit qu'à chaud sur le triéthylsilicol. Le produit de substitution formé avec dégagement de H Br n'est pas distillable. L'eau et l'acétate de potassium ne le décomposent pas. La potasse alcoolique lui enlève le brome à chaud. Le produit huileux formé bout entre 150° et 250°. L'acide iodhydrique bouillant à 127°, chauffé à 200° avec du triéthylsilicol, fournit de l'oxyde de silicium-diéthyle avec dégagement d'hydrure d'éthyle. L'action de l'acide iodhydrique peut d'ailleurs être poussée plus loin. L'acide sulfurique et l'anhydride phosphorique transforment le triéthylsilicol en oxyde de silicium-triéthyle. Ce dernier peut régénérer le triéthylsilicol à l'aide de l'acide sulfurique et de l'eau.

Hydrure de silicoheptyle, $Si(C^2H^5)^3H$. — Lorsqu'on traite l'oxyde de silicoheptyle et d'éthyle par le zinc-éthyle et le sodium, il se forme à la fois du silicium-éthyle et de l'hydrure de silicium-triéthyle avec dégagement d'éthylène :

$$Si(C^2H^5)^3(OC^2H^5) + C^2H^5Na$$
$$= Si(C^2H^5)^3H + C^2H^4 + C^2H^5.ONa.$$

La réaction est très-vive et doit être faite en plusieurs fois. Après rectification, on sépare un liquide incolore bouillant à 107°, dont l'odeur rappelle celle des carbures du pétrole. Il est insoluble dans l'eau et dans l'acide sulfurique concentré. Il est soluble dans l'alcool et dans l'éther. Il brûle avec une flamme éclairante en laissant de la silice. Densité à 0° = 0,7510. Double densité de vapeur par rapport à l'hydrogène = 118,4. Poids moléculaire = 116.

L'acide azotique fumant l'attaque violemment. L'acide sulfurique fumant l'attaque à froid avec dégagement d'acide sulfureux et formation d'oxyde de silicium-triéthyle. Le brome réagit à froid avec vivacité et produit un dégagement d'acide bromhydrique. Le bromure formé, $Si(C^2H^5)^3Br$, bout à 161°. Il se décompose lentement à l'air. La potasse aqueuse ou le carbonate de soude lui enlèvent le brome et le transforment en oxyde de silicium-triéthyle. Avec l'ammoniaque aqueuse il donne aussi du silicol [Ladenburg, *Ann. der Chem. u. Pharm.*, t. CLXIV, p. 313]. C'est l'hydrogène directement lié au silicium qui donne lieu à ces propriétés si différentes de celles du silicium-éthyle.

Composés silico-acétiques. — Éther silico-acétique tribasique, $SiCH^3(OC^2H^5)^3$. — Lorsqu'on chauffe successivement à des températures croissant de 120° à 300°, en ouvrant les tubes de temps à autre pour laisser échapper les gaz, du zinc-méthyle et du sodium avec de l'éther silicique, on obtient après traitement convenable un liquide bouillant de 145° à 151°. C'est l'éther silico-acétique tribasique. Il est insoluble dans l'eau, qui le décompose lentement ; il est soluble dans l'alcool. Densité à 0° = 0,9283. Double densité de vapeur par rapport à l'hydrogène = 170,8. Poids moléculaire = 178.

Il se comporte en général comme l'éther silicopropionique tribasique. Décomposé par l'acide iodhydrique, il fournit un corps silicé, combustible, et dont l'analyse conduit à la formule $SiCH^3O^2H$. Ce dernier corps, l'*acide silico-acétique*, est insoluble dans l'éther et soluble dans la potasse concentrée. Il est amorphe [Ladenburg, *Deutsche Chem. Gesellsch.*, t. VI, p. 1029].

Composés silicopropioniques. — Éther silicopropionique tribasique, $SiC^2H^5(C^2H^5O^2)$. — Lorsqu'on mélange du zinc-éthyle avec la monochlorhydrine éthylsilicique, on ne voit se produire aucune réaction, même à l'ébullition. Si l'on ajoute quelques fragments de sodium, on détermine immédiatement, avec l'aide d'une douce chaleur, un dégagement de gaz qui peut devenir extrêmement vif. Au commencement, ce gaz est principalement formé de chlorure d'éthyle ; plus tard, le chlore disparaît et les gaz sont simplement hydrocarbonés (éthyle et hydrure d'éthyle). Le sodium se recouvre de zinc en poudre et finit par disparaître, et le mélange renferme alors du chlorure de sodium.

Quand le dégagement gazeux a cessé, on arrête l'opération et on distille. La majeure partie du produit passe, après plusieurs fractionnements, de 159° à 160°, si l'on a employé seulement 1 molécule de zinc-éthyle pour 2 molécules de monochlorhydrine.

C'est l'*éther silicopropionique tribasique*,

$$SiC^2H^5(C^2H^5O)^3,$$

qui est à l'acide silicopropionique ce que l'éther formique tribasique de Kay est à l'acide formique. On peut encore le considérer comme la triéthyline d'une glycérine dans laquelle 1 atome de carbone serait remplacé par 1 atome de silicium. Le groupe $Si(C^2H^5)'''$ (le *silico-allyle*), est triatomique comme l'allyle $(C^3H^5)'''$. Il s'est produit par le remplacement de Cl par le groupe C^2H^5 dans la monochlorhydrine de l'éther silicique normal $SiCl(C^2H^5O)^3$.

L'éther silicopropionique tribasique peut être obtenu immédiatement par la réaction du zinc-éthyle en présence du sodium sur le silicate tétréthylique.

L'éther dont il s'agit a une densité de 0,9207 à 0°. Densité de vapeur = 6,92. Théorie = 6,55.

C'est un liquide éthéré doué d'une odeur agréable qui rappelle celle de l'éther silicique. Il est insoluble dans l'eau, soluble en toutes proportions dans l'alcool et dans l'éther. L'humidité le transforme peu à peu en alcool et en produits bouillant à une température plus élevée, et qui sont sans doute des polysilicates analogues à ceux que donne l'éther silicique.

L'ammoniaque et même la potasse alcoolique ne le décomposent pas entièrement. Il participe de la stabilité du silicium-éthyle et n'est oxydé complétement par l'acide azotique qu'au-dessus de 200°. L'acide sulfurique concentré le décompose instantanément. Avec la potasse très-concentrée et à chaud, il se produit une vive réaction et l'éther se décompose rapidement avec formation de deux couches que l'eau dissout toutes deux avec séparation de quelques gouttes huileuses seulement. La solution renferme l'acide silicopropionique [Friedel et Ladenburg, *Compt. rend.*, t. LXVI, p. 816].

L'acide iodhydrique aqueux (distillant à 127°) décompose l'éther silicopropionique tribasique à une douce chaleur en donnant de l'acide silicopropionique et de l'iodure d'éthyle suivant l'équation :

$$Si(C^2H^5)(C^2H^5O)^3 + 3\,HI$$
$$= SiC^2H^5O^2H + 3\,C^2H^5I + H^2O.$$

L'acide silicopropionique s'obtient ainsi facilement, mais toujours mélangé avec une petite portion de silice.

L'action du chlorure d'acétyle et du chlorure de benzoyle sur l'éther silicopropionique tribasique fournit avec beaucoup de difficulté un corps qui paraît être le trichlorure de l'acide ortho-silicopropionique, $SiC^2H^5Cl^3$. Il se forme en même temps de l'acétate et du benzoate d'éthyle. Le chlorure est un liquide bouillant vers 100°, ressemblant au chlorure de silicium, fumant à l'air, et décomposable par l'eau. Il brûle avec une flamme verte en laissant un résidu de silice. L'eau et l'ammoniaque aqueuse le décomposent vivement avec dégagement d'acide chlorhydrique et formation d'acide silicopropionique. Il réagit aussi sur l'alcool absolu.

Le perchlorure de phosphore attaque, à une douce chaleur, l'éther silicopropionique tribasique, avec dégagement de chlorure d'éthyle, en donnant de l'oxychlorure de phosphore et un corps bouillant de 143° à 153°, qui est encore mélangé d'oxychlorure, et qui paraît être

$$SiC^2H^5(C^2H^5O)^2Cl.$$

L'équation suivante rend compte de sa formation :

$$SiC^2H^5(C^2H^5O)^3 + PhCl^5$$
$$= SiC^2H^5(C^2H^5O)^2Cl + POCl^3 + C^2H^5Cl$$

[Ladenburg, *Ann. der Chem. u. Pharm.*, t. CLXIV, p. 304].

Éther méthyle-silicopropionique tribasique, $SiC^2H^5(OCH^3)^3$. Lorsqu'on fait réagir à une douce chaleur du zinc-éthyle et du sodium sur de l'éther méthyle-silicique, on obtient après les fractionnements convenables un liquide bouillant entre 125° et 126°. C'est l'éther méthylique tribasique de l'acide silicopropionique. Densité à 0° = 0,9747. Densité de vapeur par rapport à l'hydrogène = 146,9. Poids moléculaire = 150.

Il est insoluble dans l'eau et ressemble à l'éther silicopropionique tribasique. Il est néanmoins plus stable. L'acide iodhydrique le transforme en acide silico-propionique avec formation d'iodure de méthyle.

On voit que le zinc-éthyle n'agit pas dans cette réaction simplement comme réducteur, mais qu'il se produit une substitution de C^2H^5 à OCH^3 [Ladenburg. *Deutsche Chem. Gesells.*, t. V, p. 1081].

Acide silicopropionique, $SiC^2H^5O^2H$. — Lorsqu'on neutralise par l'acide chlorhydrique la solution de l'éther silicopropionique tribasique dans la potasse ou, mieux encore, lorsqu'on ajoute à la liqueur neutralisée du chlorhydrate d'ammoniaque, on voit se produire un précipité blanc floconneux ressemblant à la silice. Ce précipité recueilli sur un filtre et séché sur l'acide sulfurique constitue une poudre blanche qui, chauffée sur une lame de platine, brûle et devient noire. Il est soluble dans la potasse et précipitable de nouveau par l'acide chlorhydrique. La solution faiblement alcaline donne avec l'azotate d'argent un précipité blanc ou jaunâtre, soluble dans l'ammoniaque et renfermant de l'oxyde d'argent et un acide silico-carboné.

Cet acide n'a pas pu être obtenu entièrement pur, mais les nombres trouvés à l'analyse indiquent que c'est l'acide *silicopropionique*, mélangé avec une petite quantité de silice [Friedel et Ladenburg, *Compt. rend.*, t. LXVI, p. 816, 1868].

Composés silicobenzoïques (voyez p. 1496). — Lorsqu'on chauffe pendant quelques heures à 300° du mercure-phényle avec du chlorure de silicium, on voit se former des lames cristallines de chlorure de mercure-phényle. On distille à plusieurs reprises le contenu des tubes et on finit par séparer un liquide bouillant de 197° à 198° qui possède une composition représentée par la formule $SiC^6H^5Cl^3$. C'est le *trichlorure de silicium-phényle* ou le *chlorure de chlorosilico-benzol*, liquide incolore, fumant à l'air, ayant l'odeur du chlorure de silicium, mais plus faible. Double densité de vapeur par rapport à l'hydrogène = 219,8. Poids moléculaire = 211,5. Il est plus lourd que l'eau, qui le décompose lentement à froid, rapidement à chaud ou par l'addition d'ammoniaque. Cette réaction fournit l'acide *silicobenzoïque*, $SiC^6H^5C^2H$. L'alcool absolu fournit un composé éthéré, le *silicobenzoate tribasique d'éthyle*, $SiC^6H^5(OC^2H^5)^3$. Ce dernier bout à 237°. Il est incolore et possède une odeur éthérée et piquante à la fois, provenant peut-être d'une petite quantité de chlorure non décomposé. Densité à 0° = 1,0133 ; à 10° = 1,0055. L'humidité de l'air et le contact de l'eau le transforment en éthers polybenzoïques. L'acide iodhydrique le décompose entièrement en donnant de l'iodure d'éthyle et une masse solide souillée d'iode, qu'on purifie par l'action répétée de AzH^3, et par lavage à l'eau bouillante. C'est un acide silicobenzoïque, qui paraît identique avec celui formé par le chlorure. Les acides des deux provenances sont solubles dans l'éther, dans la potasse aqueuse et alcoolique, peu solubles dans l'alcool, insolubles dans l'eau. Lorsqu'on les dissout dans une solution de potasse dans l'alcool absolu, qu'on fait passer de l'acide carbonique dans la liqueur, que l'on filtre pour séparer le carbonate de potassium et que l'on évapore la liqueur alcoolique, on obtient comme résidu un liquide sirupeux épais, qui finit par se transformer en une masse fragile. Lavée à l'eau et séchée à 100°, cette substance présente la composition de l'*anhydride silicobenzoïque*, $(SiC^6H^5O)^2O$. Ce dernier est soluble dans l'éther et reste, après évaporation de celui-ci, en petites sphères fragiles, ressemblant à du verre fondu. Il est un peu soluble dans l'alcool, et presque insoluble dans l'eau. Il se dissout à chaud dans la potasse aqueuse et est en partie précipité par l'acide sulfurique. Par addition d'ammoniaque, on provoque la précipitation de l'acide silicobenzoïque. La solution potassique étant évaporée à sec et le résidu chauffé, il distille de la benzine. L'anhydride chauffé à l'air se ramollit et fond en un liquide assez fluide, peu coloré ; à une température plus élevée, il se dégage des vapeurs combustibles et il reste une masse boursouflée [Ladenburg, *Deutsche Chem. Gesells.*, t. VI, p. 379].

Composés silicotolyliques. — Acide silicotolylique. — On chauffe en tube scellé, à 320° environ, molécules égales de mercure-ditolyle (para-) fondant à 238° et de chlorure de silicium. Par distillation fractionnée, on isole un liquide incolore bouillant entre 215° et 220°, qui est le trichlorure de silicium-tolyle $SiC^7H^7Cl^3$. Il brûle avec une flamme verte, fuligineuse ; son odeur ressemble à celle du chlorure de silicium ; il fume à l'air et est soluble dans l'éther sec.

L'eau le décompose lentement ; l'ammoniaque aqueuse, rapidement. Il se forme un corps insoluble dans l'eau, qui se dissout dans l'éther, et qui, par évaporation du dissolvant, reste sous la forme d'une masse blanche, amorphe, translucide, dure. Chauffé à 100°, il présente une composition intermédiaire entre celle de l'acide *silicotolylique*, $SiC^7H^7O^2H$, et de l'*anhydride*, $(SiC^7H^7O)^2O$. A 200°, sa composition est celle de l'anhydride.

L'acide silicotolylique ressemble beaucoup, par ses propriétés, à son homologue, l'acide silicobenzoïque. Il est facilement soluble dans la potasse, surtout lorsqu'il n'a pas été chauffé préalablement au-dessus de 150°. Il se décompose difficilement quand on le chauffe, et laisse de la silice mélangée de charbon [Ladenburg, *Deutsche Chem. Gesells.*, t. VII, p. 389]. C. F.

SILICO-ALLYLE. — Voyez t. II, p. 1502.

SILICOBOROCALCITE. — Voyez Howlite.

SILICONE ou **CHRYSÉONE.** — C'est le produit orangé que l'on obtient en traitant le siliciure de calcium par les acides chlorhydrique, sulfurique ou acétique. Pour le préparer, on verse de l'acide chlorhydrique fumant sur du siliciure de calcium pulvérisé ou transformé en lamelles par l'action de l'eau. On refroidit le vase dans lequel se fait la réaction. Il se dégage de l'hydrogène et la silicone se sépare. On agite fréquemment et on laisse à l'abri de la lumière, jusqu'à ce que tout dégagement gazeux ait cessé. On étend alors de 6 à 8 volumes d'eau, on filtre, toujours dans l'obscurité, on lave, on exprime entre des doubles de papier; on dessèche dans le vide sur l'acide sulfurique, toujours à l'abri de la lumière.

La silicone est d'un jaune orangé vif. Elle est composée de lamelles transparentes, qui ne sont probablement que des pseudomorphoses du siliciure de calcium. Elle est insoluble dans l'eau, dans le chlorure silicique, dans le protochlorure de phosphore, dans le sulfure de carbone. Quand on la chauffe, elle devient plus foncée, mais non d'une manière permanente. A une température plus élevée, elle s'enflamme et brûle avec une légère déflagration, en répandant quelques étincelles et en laissant de la silice brunie par la présence de silicium amorphe. Chauffée à l'abri de l'air, elle dégage de l'hydrogène et laisse des lamelles brun-noir qui sont un mélange de silice et de silicium amorphe.

Quand la silicone a été préparée avec un acide quelque peu étendu, elle est mélangée du corps blanc que M. Wœhler a nommé *leucone* et qui est identique, d'après lui, avec le corps blanc dérivé du silicichloroforme, et que MM. Friedel et Ladenburg ont appelé anhydride siliciformique. Dans ce cas, la silicone impure se décompose dans le tube avec dégagement d'hydrogène silicé spontanément inflammable. La silicone se décompose déjà à 100° seule ou en présence de l'eau. Elle dégage de l'hydrogène. Chauffée à 100° dans un tube scellé avec de l'eau, elle se transforme en lamelles de silice, et le tube renferme de l'hydrogène.

L'action que la lumière exerce sur ce corps est remarquable. Dans l'obscurité, il ne s'altère pas, même à l'état humide. A la lumière diffuse, il devient de moins en moins coloré, et à la lumière solaire il devient blanc, le tout avec dégagement d'hydrogène. Placé sous l'eau au soleil, il dégage immédiatement de l'hydrogène.

La silicone n'est attaquée ni par le chlore, ni par l'acide azotique fumant, ni par l'acide sulfurique concentré, même à chaud. L'acide fluorhydrique s'échauffe à son contact; la silicone y blanchit et s'y dissout.

Les alcalis la dissolvent en s'échauffant, avec dégagement d'hydrogène. Même l'ammoniaque étendue agit ainsi. Les alcalis carbonatés exercent une action plus lente.

Elle se comporte comme un réducteur puissant, surtout en présence des alcalis, à l'égard des sels de plusieurs métaux. Elle noircit dans les sels de cuivre et d'argent. Elle brunit dans le chlorure d'or. Elle donne des précipités noirs, en présence des alcalis, avec les solutions de chlorure de palladium et d'acide osmique. Elle précipite une poudre violet-noir de la solution de chlorure d'or alcalisée par la soude. Tous ces précipités paraissent être des silicates d'oxydules. Elle réduit le plomb en solution alcaline à l'état métallique. M. Wöhler lui attribue l'une des formules $Si^4H^4O^3$ et $Si^6H^6O^4$.

Le produit de décomposition de la silicone par l'action de la lumière et de l'eau est blanc et ne s'altère plus à la lumière. Il brûle quand on le chauffe à l'air, en laissant de la silice mélangée avec un peu de silicium. Ses propriétés sont tout à fait celles de l'anhydride siliciformique. C. F.

SILICONONYLIQUES (COMBINAISONS). — Voyez t. II, p. 1498.

SILICOTUNGSTIQUE et **SILICODÉCITUNGSTIQUE (ACIDES).** — Voyez TUNGSTIQUE (ACIDE).

SILLIMANITE (Min.) [Syn. *Fibrolithe, faserkiesel, bucholzite, monrolite, bamlite, xenolite, wörthite*]. — Silicate d'alumine, Al^2O^3,SiO^2, ou d'après Damour, $8Al^2O^3,9SiO^2$, avec un peu de fer et parfois d'eau et de magnésie. Se rencontre en longs prismes minces, souvent cannelés, aplatis et contournés, traversant un quartz compacte dans un filon de gneiss à Chester, Connecticut, à Monroe, etc., souvent en masses fibreuses à fibres très-serrées et rangées parallèlement, en Tyrol, en Norvége, en Bohême, en France, près d'Issoire, etc. Présente un clivage facile. Éclat vitreux assez vif. Couleur blanc jaunâtre, grisâtre ou brunâtre. Transparent ou translucide.

Caractères. — Inattaquable aux acides. Infusible au chalumeau. Avec l'azotate de cobalt, donne une coloration bleue.

Dureté, 6 à 7. Poussière blanche. Densité, 3,2 à 3,3.

Forme cristalline. — Prisme orthorhombique $mm = 111°$, $g^5g^5 = 91° 45$. Clivage facile h^1. F. et S.

SILVANITE (Kirwan). — Voyez TELLURE NATIF.

SIMILOR. — Alliage de cuivre et de zinc. — Voyez t. I, p. 1008.

SINAMINE. — Voyez ALLYLCYANAMIDE, t. I, p. 158.

SINAPINE, $C^{16}H^{23}AzO^5$. — La sinapine est un alcali contenu dans la graine de moutarde blanche, à l'état de sulfocyanate. Elle a été isolée par MM. Babo et Hirschbrunn [Babo et Hirschbrunn, *Ann. der Chem. u. Pharm.*, t. LXXXVI, p. 10].

Préparation. — La sinapine s'obtient de la manière suivante : on comprime fortement la farine de moutarde blanche, pour en extraire l'huile, et on traite successivement le résidu avec de l'alcool froid et de l'alcool chaud à 85° centigrades. On réunit ensuite les extraits alcooliques dans un appareil distillatoire et l'on chauffe jusqu'à ce que les trois quarts environ de l'alcool soient passés dans le récipient. Lorsque la distillation a été arrêtée à un point convenable, assez difficile à saisir, d'après les auteurs, le résidu doit se séparer en deux couches, dont la supérieure est formée par une huile et dont l'inférieure constitue une solution alcoolique de sulfocyanure de sinapine. Quelquefois cette couche inférieure se prend en un magma de cristaux de sulfocyanure de sinapine. On sépare ce sel par filtration à travers une toile et par expression de la liqueur un peu visqueuse au sein de laquelle il s'est déposé, puis on le dissout à chaud dans l'alcool à 90°. Par le refroidissement, des cristaux se déposent; on les dissout dans de l'eau bouillante, cette nouvelle dissolution, décolorée par le charbon animal, laisse déposer, par le refroidissement, du sulfocyanure de sinapine en aiguilles jaunâtres, soyeuses et groupées en aigrettes.

La sinapine n'est connue qu'en dissolution aqueuse ; pour l'obtenir à cet état, il suffit d'additionner, avec de l'acide sulfurique, la solution alcoolique et chaude de sulfocyanure de sinapine, par le refroidissement le sulfate de sinapine se dépose. Ce sel dissous de nouveau dans l'eau est décomposé par la quantité d'eau de baryte nécessaire à la précipitation de la totalité de l'acide sulfurique; la sinapine reste en solution.

La sinapine ne peut être obtenue pure et sèche à cause de la facilité avec laquelle elle se dédouble en *acide sinapique* et en un nouvel alcali, la *sincaline*.

La solution aqueuse de sinapine est d'un jaune intense, elle possède une réaction manifestement alcaline et peut précipiter un certain nombre de sels métalliques. Ainsi elle forme un précipité vert avec les sels de cuivre et un précipité marron avec les sels de mercure et les sels d'argent.

La sinapine se combine avec les acides pour former des sels. Elle donne des combinaisons cristallisables avec les acides azotique, chlorhydrique, sulfurique et sulfocyanique.

Le *chlorhydrate* cristallise en aiguilles fort solubles dans l'eau.

Le *sulfate*, $C^{16}H^{23}AzO^5, SO^4H^2 + 2H^2O$, cristallise sous la forme de paillettes rectangulaires Ce sel possède une réaction acide, se dissout dans l'eau et dans l'alcool bouillant.

L'*azotate* se présente sous forme d'aiguilles fort solubles.

Le *sulfocyanate de sinapine*,

$$C^{16}H^{23}AzO^5, CSAzH,$$

existe tout formé dans la graine de moutarde blanche. On l'obtient par le procédé qui a été indiqué plus haut.

Ce sel cristallise en petites aiguilles, groupées en faisceaux, légèrement jaunâtres et fort volumineuses. Il est peu soluble à froid, mais soluble à chaud dans l'eau et dans l'alcool. Cette solution offre ordinairement une teinte jaunâtre, qui disparaît complétement par l'addition d'une goutte d'acide.

Le sulfocyanate de sinapine pur et sec peut être chauffé sans altération jusqu'à 130°. A cette température, il fond et se prend en une masse vitreuse par le refroidissement. Si l'on élève la température, le sel brunit en exhalant des vapeurs fétides; ces vapeurs renferment un alcaloïde qui est peut-être la méthylamine; enfin il se produit des huiles empyreumatiques contenant du soufre.

Le sulfocyanate de sinapine rougit immédiatement les sels de sesquioxyde de fer. D'après les auteurs, il existerait une modification de cette substance qui ne possède pas cette propriété lorsque la réaction se fait à froid.

L'acide sulfurique faible et l'acide chlorhydrique dégagent de l'acide sulfocyanique; l'acide azotique le colore instantanément en rouge foncé.

Ce sel se dissout dans les alcalis caustiques en formant une solution d'un jaune intense; cette réaction fort sensible se produit aussi avec les carbonates alcalins et même avec l'oxyde de plomb. Lorsqu'on ajoute un acide à la solution, le sulfocyanate se précipite de nouveau; mais si la solution alcaline a été préalablement soumise à l'ébullition, les acides minéraux y produisent un précipité cristallin d'acide sinapique [Babo et Hirschbrunn, *Ann. der Chem. u. Pharm.*, nouv. sér., t. VII, p. 1; — Henry et Garot, *Journ. de Chim. méd.*, t. I, p. 430 et 487; *Ann. de Phys. et de Chim.*, t. XXXVIII, p. 168; *Journ. de Pharm. et de Chim.*, t. XXIII, p. 394]. E. C.

SINAPIQUE (ACIDE), $C^{11}H^{12}O^5$. — L'acide sinapique est un produit de dédoublement de la sinapine sous l'influence des alcalis minéraux. Cette réaction est exprimée par l'équation suivante :

$$\underset{\text{Sinapine.}}{C^{16}H^{23}AzO^7} + H^2O = \underset{\text{Acide sinapique.}}{C^{11}H^{12}O^5} + \underset{\text{Sincaline.}}{C^5H^{13}AzO}.$$

Cet acide se prépare de la manière suivante : on fait bouillir le sulfocyanate de sinapine pur avec de la potasse caustique et on sursature par l'acide chlorhydrique. Il se précipite de l'acide sinapique que l'on purifie par plusieurs cristallisations dans l'alcool à 60 %.

L'acide sinapique peut cristalliser en petits prismes peu solubles dans l'eau et dans l'alcool froids, plus solubles dans ces véhicules chauds, insolubles dans l'éther. Exposés trop longtemps à l'air, ils s'altèrent en brunissant.

Cet acide se combine aux bases pour former des combinaisons cristallisables, mais très-altérables à l'exception du sel de baryte.

La solution d'acide sinapique dans la potasse ou la soude, surtout lorsqu'elle est neutre, s'altère très-rapidement à l'air; elle se colore en rouge, en vert et en brun.

L'acide sinapique fond entre 150° et 200°; à une température plus élevée, il se décompose en produisant une huile incolore qui se concrète sous l'influence de l'ammoniaque.

Avec l'acide azotique, l'acide sinapique se comporte comme la sinapine elle-même en prenant une coloration rouge intense.

Le *sinapate de potassium* se précipite en feuillets irisés si l'on ajoute de l'alcool absolu au sel de potasse; ces cristaux se décomposent promptement dès qu'on enlève l'alcool. Ce sel précipite le chlorure de calcium, le chlorure de baryum et l'alun en blanc; il précipite et réduit les solutions de mercure, d'argent et d'or.

Le *sinapate de baryum* s'obtient par double décomposition en traitant le sinapate d'ammonium par le chlorure de baryum : le sel de baryum se précipite; il est un peu soluble dans un excès de chlorure de baryum; sa composition répond à la formule

$$C^{11}H^{10}O^5Ba.$$

[Babo et Hirschbrunn, *loc. cit.*]. — Voyez SINAPINE.

SINAPOLINE. — Voyez ALLYLE.

SINCALINE, $C^5H^{13}AzO$. — La sincaline est un alcaloïde qui se forme dans le dédoublement de la sinapine sous l'influence des alcalis. Il se produit en même temps de l'acide sinapique.

Préparation. — On l'obtient en chauffant le sulfocyanate de sinapine avec de l'eau de baryte jusqu'à ce que tout l'acide sinapique soit déposé à l'état de sel de baryte. On filtre, on acidule la liqueur avec de l'acide sulfurique, puis on précipite l'acide sulfocyanique à l'aide d'une solution de sulfate de fer et de sulfate de cuivre. Le nouveau précipité séparé par le filtre, on ajoute un excès d'eau de baryte qui précipite l'oxyde de fer et l'oxyde de cuivre; on sépare encore ce précipité par le filtre et l'on se débarrasse de l'excès de baryte par un courant d'acide carbonique.

On évapore au bain-marie la solution filtrée, et, par la concentration, on obtient une masse cristalline déliquescente de carbonate de sincaline. Pour en isoler l'alcaloïde, on transforme le carbonate de sincaline en chlorhydrate qu'on décompose ensuite par l'oxyde d'argent. On filtre et l'on évapore au bain-marie ou dans le vide.

La sincaline ainsi obtenue constitue une masse cristalline incolore ou légèrement brunâtre, attirant l'humidité et l'acide carbonique de l'air. Cet alcali n'est pas volatil, il se décompose par la distillation sèche en dégageant des vapeurs inflammables et possédant l'odeur de la méthylamine. La sincaline se comporte dans un grand nombre de réactions comme la potasse caustique; elle précipite la plupart des oxydes métalliques de leurs solutions, sans en excepter la chaux, la baryte, l'oxyde de mercure.

L'alumine et l'oxyde de chrome se dissolvent dans un excès d'alcaloïde, et le précipité chromique se reprécipite par l'ébullition de la solution, comme c'est le cas d'une solution d'oxyde de chrome dans la potasse.

La sincaline dissout le soufre avec formation de sulfure et d'hyposulfite.

La sincaline forme des combinaisons salines cristallisables, mais très-déliquescentes, avec les acides chlorhydrique, azotique, carbonique et sulfurique. Cet alcali donne, avec le bichlorure de platine, une combinaison qu'on obtient cristallisée en prismes magnifiques de couleur orangée. Sa composition est exprimée par la formule

$$2(C^5H^{13}AzO,HCl),PtCl^4.$$

Le chlorure d'or produit avec la sincaline un chloraurate sous la forme d'une poudre jaune et cristalline peu soluble dans l'eau; il répond à la formule $C^5H^{13}AzOHCl,AuCl^3$ [Babo et Hirschbrunn, *loc. cit.*]. — Voyez SINAPINE.

D'après MM. A. Claus et C. Keesé, la sincaline serait identique avec la névrine; le chloroplatinate de cette dernière base présente la forme qu'affecte de préférence le chloroplatinate de sincaline. Les chloraurates de ces deux bases seraient tout à fait identiques; les sels se comportent de même les uns et les autres, sous l'influence de la chaleur; on retrouve toujours l'odeur de la triméthylamine [A. Claus et C. Keesé, *Journ. für prakt. Chem.*, t. CII, p. 24, 1867, n° 17, et *Bull. de la Soc. chim.*, t. IX, p. 242]. E. C.

SINOPITE (Min.). — Argile d'Asie Mineure, happant fortement à la langue, et d'une couleur rouge tachetée de blanc. Se divisant dans l'eau en gros fragments sans tomber en poussière. Était employée dans l'antiquité pour la peinture.

SIPIRINE [Syn. *Sépirine*]. — Alcaloïde qui existerait à côté de la bébirine dans l'écorce de *Nectandra Rodiei*, arbre de la Guyane anglaise [Maclagan, *Ann. der Chem. u. Pharm.*, t. XLVIII, p. 106]. Pour le mode de préparation de cet alcaloïde, voyez l'article BÉBIRINE, t. I, p. 521.

La sipirine se présente après l'évaporation de sa solution alcoolique, sous la forme d'une masse résineuse brun-rouge foncé et transparente, qui se détache du verre en écailles; elle se dissout facilement dans l'alcool, très-peu dans l'eau, et est insoluble dans l'éther. Les sels de cet alcaloïde laissent après l'évaporation une masse amorphe brun-olive.

SISMONDINE (Min.) [Syn. *Chloritoïde, chloritspath, barytophyllite, masonite*]. — Silicate hydraté d'alumine et d'oxyde ferreux avec un peu de magnésie remplaçant le fer,

$$FeO.Al^2O^3.SiO^2 + H^2O.$$

Petites masses feuilletées formées de lames ondulées et engagées dans une ripidolithe schisteuse vert foncé, avec grenat rouge, fer oxydulé et pyrite, à Saint-Marcel (Piémont). Cassure inégale. Se trouve aussi à Rhode-Island, à Chester (Mass.), à Pregratten (Tyrol), etc. Faiblement translucide en masses minces. Fortement dichroïque. Noire sous une plus grande épaisseur.

Caractères. — En poudre fine complétement attaquable par les acides. Au chalumeau, presque infusible, devient noire et magnétique. La masonite fond avec difficulté en un émail noir magnétique. Dans le tube, donne de l'eau.

Dureté, 5,5 à 6. Poussière grisâtre ou légèrement verdâtre.

Densité, 3,5 à 3,6.

Forme cristalline. — Paraît être un prisme anorthique d'environ 100°. La base suivant laquelle existe un clivage parfait fait avec l'une des faces du prisme un angle de 93° environ. Il y a un clivage moins facile parallèlement à cette face du prisme. La troisième face offre à peine des indices de clivage. F. et S.

SISSERSKITE (Min.) [Syn. *Iridosmine*]. — Osmiure d'iridium particulièrement riche en osmium, $IrOs^3$ ou $IrOs^4$. Il est d'un gris plus foncé que l'osmiure riche en iridium (newjanskite).

Densité, 21,12.

Trouvé à Nischné-Tagilsk, Sissersk, Kystchimsk (Oural).

SKOGBOLITE (Nordenskiöld). — Voyez TANTALITE.

SKUTTERUDITE (Min.). — Arséniure de cobalt, $CoAs^3$, avec traces de fer et de soufre. Cristaux du type cubique, d'un gris de fer passant au blanc d'étain, dans les cassures fraîches, se ternissant à l'air; se trouvant à Skutterud près Modum (Norvége), dans un gneiss amphibolique, avec cobaltine et sphène.

Caractères. — Analogues à ceux de la smaltine.

Dureté, 6.

Densité, 6,74 à 6,84.

Forme cristalline. — Cubes, cubo-octaèdres, octaèdres et dodécaèdres rhomboïdaux. Clivage p; b^1 traces.

SLOANITE (Min.). — Substance en petites masses rayonnées, se clivant suivant deux directions faisant entre elles un angle de 105°, blanche, opaque, d'un éclat nacré, renfermant : $SiO^2 = 42,19$; $Al^2O^3 = 35,0$; $CaO = 8,12$; $MgO = 2,67$; $Na^2O = 0,25$; $K^2O = 0,30$; $H^2O = 12,50$. Paraît provenir de l'altération de la picrothomsonite.

SMALT. — Le smalt est un verre bleu coloré par le cobalt et réduit en poudre. Il a été découvert vers 1540 par Christoph Schuerer, verrier bohémien. — Voyez l'article COBALT, t. I, p. 936.

On le prépare en fondant un mélange de minerais de cobalt grillés, de sable quartzeux et de carbonate de potassium.

Les minerais de cobalt employés sont le cobalt gris ou *cobaltine* et le cobalt arsenical ou *smaltine*.

On grille ces minerais pour oxyder le cobalt et séparer la majeure partie du soufre et de l'arsenic; le grillage se fait dans un four à réverbère à grille latérale; les produits de la combustion et du grillage se rendent dans des chambres de condensation où l'acide arsénieux se dépose. Grillés, les minerais de cobalt portent le nom de *safre*, et renferment du sesquioxyde et du protoxyde de cobalt, de l'arsenic, du nickel et des traces de soufre, d'oxyde de manganèse, de fer, bismuth, etc. En Suède on prépare quelquefois le safre en précipitant le sulfate de protoxyde de cobalt par le carbonate de potassium.

On mélange le safre, c'est-à-dire les minerais grillés et tamisés, avec un sable quartzeux en les broyant ensemble dans des moulins; on ajoute du carbonate de potassium sec et on fond le tout dans de grands creusets chauffés comme ceux qui servent pour la fabrication du verre. Les proportions à employer varient beaucoup avec le ton qu'on désire et la nature des minerais; on emploie en général 2 p. de sable quartzeux et 1 p. de carbonate de potassium fondu et on fait varier le safre jusqu'à ce qu'on ait un smalt convenable. Il faut environ 8 ou 10 heures de chauffe pour que la masse soit en fusion. Les creusets contiennent alors à la partie supérieure une couche fondue de smalt et au fond les substances étrangères au cobalt contenues dans le safre, réunies en une masse fondue connue sous le nom de *speiss*. On puise le smalt dans les creusets avec des poches de tôle et on le verse dans l'eau, ce qui le rend cassant et plus facile à pulvériser.

La matière vitreuse bleue ainsi obtenue est bocardée à sec, puis broyée avec de l'eau entre des meules de granite.

L'eau tenant en suspension la matière pulvérisée est dirigée dans des bacs; par le repos, il se dépose d'abord le *gros bleu*, qu'on repasse généralement sous la meule; après une heure environ vient la *couleur*, puis l'*eschel*, et enfin les *boues* qu'on remet dans les fontes suivantes. On distingue encore différentes qualités de *couleurs* et d'*eschels* suivant les nuances et la richesse. A l'état de poudre impalpable, le *smalt* prend quelquefois le nom d'*azur*.

D'après des analyses de Ludwig, le smalt serait

un silicate double de potassium et de protoxyde de cobalt; voici les résultats de ces analyses :

	Smalt de Norvége.	Smalt d'Allemagne.	
	Couleur foncée.	Eschel foncé.	Couleur grossière pâle.
Silice	70,86	66,20	72,11
Protoxyde de cobalt.	6,49	6,75	1,95
Potasse et soude	21,41	16,31	1,80
Alumine	0,43	8,64	20,04

Ces smalts contenaient en outre des traces de protoxyde de fer, de chaux, de protoxyde de nickel, d'acide arsénique, d'acide carbonique et d'eau.

On ne peut, dans la préparation du smalt, remplacer le carbonate de potassium par celui de sodium, parce que le bleu qu'on obtient avec la soude n'est jamais d'une nuance pure.

Les *speiss* qui se réunissent au fond des creusets pendant la fonte sont utilisés pour préparer le nickel (voyez NICKEL, MÉTALLURGIE); ils renferment environ 50 °/₀ de nickel, 40 °/₀ d'arsenic, et 10 °/₀ de soufre, fer, cobalt, cuivre, etc. L'analyse d'un échantillon de speiss de l'Erzgebirge a conduit M. Wagner aux résultats suivants :

Nickel	48,20
Cobalt	1,63
Bismuth	2,44
Fer	0,65
Cuivre	1,93
Arsenic	42,08
Soufre	3,07

Les principaux lieux de production du smalt sont la Saxe, la Prusse, la Suède et la Norvége.

Le smalt sert à azurer le papier, à passer le linge au bleu et à colorer le verre et l'émail.

G. V.

SMALTINE (Min.) [Syn. *Cobalt arsenical, speisscobalt,* $CoAs^2$, une partie du cobalt étant remplacée par du nickel et du fer]. — Cristaux et masses cristallines, réticulées, compactes, d'un gris d'acier et d'un blanc d'étain, devenant grisâtre par exposition à l'air. Se trouve souvent dans les filons avec les autres minerais de cobalt et de nickel et accompagnant ceux d'argent ou de cuivre, à Schneeberg, Freiberg, Annaberg (Saxe), à Joachimsthal (Bohême), à Riechelsdorf (Hesse), à Tunaberg (Suède), à Allemont (Dauphiné), etc.

Caractères. — Attaquable à l'acide azotique en donnant un résidu d'acide arsénique et une solution rose quand il n'y a que peu de nickel et de fer, jaune quand il y a mélange de ces métaux. Dans le tube bouché, donne un sublimé d'arsenic. Sur le charbon, fumées arsenicales et formation d'un globule de sous-arséniure, dans lequel, avec le borax, on peut trouver successivement le fer, le cobalt et le nickel.

Dureté, 5,5 à 6. Poussière gris noirâtre. Cassure inégale et grenue, fragile.

Densité, 6,4 à 7,2.

Forme cristalline.— Cubique, faces p, a^1, b^1, a^2. Clivages : a^1 distinct, p traces.

Les variétés nickelifères passent à la chloanthite; la variété ferrifère a été désignée par le nom de safflorite. F. et S.

SMARAGDITE (Min.). — Variété d'amphibole d'un beau vert, formant avec un feldspath compacte une variété d'euphotide. Vient de Corse.

SMARAGDOCHALCITE. — Nom donné par Haussmann à l'atacamite et par Mohs au dioptase.

SMECTITE. — Voyez ARGILE.

SMÉLITE (Min.). — Masses argileuses compactes, à cassure écailleuse ou unie. Opaque, blanc grisâtre, happant légèrement à la langue. Ductile. Les écailles minces ont une structure fibreuse visible à la loupe. Infusible au chalumeau; en poudre, peu soluble dans l'acide chlorhydrique, presque entièrement décomposable par l'acide azotique chaud. Forme une couche au-dessus des porphyres trachytiques de Telkibanya (Hongrie) et de Karlsburg (Transylvanie), dont elle paraît être une altération.

SMILACHINE. — Nom donné par Reinsch [*Rép. de Pharm.*, t. LXXXII, p. 145] à une substance cristalline qu'il a retirée de la racine de *Smilax China, L.*

SMILACINE. — Synonyme de SALSAPARILLINE.

SMITHSONITE (Min.) [Syn. *Calamine, zinc carbonaté, herrerite* (del Rio), *zinkspath.* — Carbonate de zinc, CO^3Zn. Petits cristaux rhomboédriques, tapissant des cavités, ou masses réniformes, botryoïdales, concrétionnées, compactes, grenues ou terreuses. D'un blanc jaunâtre, grisâtre, verdâtre, vert ou brun; transparent à éclat vitreux ou nacré; translucide, fracture inégale, fragile. Se trouvant en filons et en couches ou en amas, avec la blende, la galène et les minerais de cuivre et de fer. Ordinairement associé à la calamine et à la limonite. Les plus beaux cristaux (verts) viennent de Chessy; on en trouve à Moresnet (Belgique), à Wiesloch (Bade), à Nertschinsk (Sibérie), etc.

Caractères. — Soluble dans l'acide chlorhydrique avec effervescence. Sur le charbon, infusible; donne au feu de réduction un enduit jaune à chaud, blanc à froid et devenant vert avec l'azotate de cobalt. Avec les flux, d'ordinaire réaction du fer, et parfois celles du cuivre et du manganèse.

Dureté, 5. Poussière blanche.

Densité, 4,4 à 4,5.

Forme cristalline. — Rhomboèdre de 107° 40'; $pa^1 = 137° 3'$. Formes habituelles : p, d^1, a^1, b^1, e^1, etc. La face p est généralement courbe et rugueuse. Clivage p parfait. F. et S.

SNARUMITE (Min.). — Substance compacte avec deux clivages, dont l'un est micacé, d'un blanc tirant sur le gris ou le rougeâtre. Trouvé près de Snarum, et paraissant être, d'après une analyse de Richter, un silicate d'alumine, de lithine, de soude et de potasse.

Dureté, 4 à 5,5 sur la surface de clivage.

Densité, 2,83.

SODAÏTE ou **EKEBERGITE.** — Voyez WERNERITE.

SODALITE (Min.). — Silicate chlorifère d'alumine et de soude. On lui a attribué la formule

$$12SiO^2, 3Na^2O, 3Al^2O^3 + 2NaCl,$$

qui manque de vraisemblance. Cristaux dodécaédriques, grains arrondis, ou masses granulaires, se trouvant dans les masses erratiques de la Somma, dans les laves anciennes ou modernes, dans les trachytes des environs de Naples; à Lamoe, près Brevig, avec éléolithe et feldspath; à Miask, à Litchfield (Maine), variété bleue, etc.

Éclat vitreux, couleur blanche, verdâtre, rose, bleue, jaune. Transparent ou translucide. Cassure conchoïde ou inégale.

Caractères. — Attaquable par les acides en faisant gelée.

Dans le tube bouché, la variété bleue devient blanche et opaque. Au chalumeau, fond en se gonflant en un verre incolore brillant.

Dureté, 5,5 à 6. Poussière incolore.

Densité, 2,27 à 2,29.

Forme cristalline.— Cubique, faces b^1, p^1, a^1, a^2. Les cristaux sont souvent allongés suivant une diagonale du cube. Plan de macles, a^2. Clivage b^1 assez net. F. et S.

SODAMIDE. — Voyez t. II, p. 1519.

SODAMMONIUM. — Voyez t. II, p. 1519.

SODIUM (*Natrium*), Na = 23. — L'histoire du sodium s'est développée parallèlement à celle du potassium. Ce métal a été isolé pour la première fois par H. Davy, en 1807, par voie électrolytique. Ses composés sont très-répandus dans la nature, notamment le chlorure, qu'on rencontre dans les eaux de la mer ou à l'état de roche (*sel gemme*). L'azotate se trouve en bancs puissants au Chili et au Pérou où il donne lieu à une exploitation considérable. Le carbonate, ainsi que le borate et le sulfate sont contenus dans certains lacs ou dans certaines sources. Le sodium entre comme partie constituante dans une foule de minéraux et de roches et se rencontre dans les cendres de toutes les plantes et surtout des plantes marines. Sa diffusion dans la nature est si grande, qu'on le retrouve pour ainsi dire partout lorsqu'on fait usage du spectroscope; les poussières de l'air en sont abondamment pourvues.

Préparation. — La préparation du sodium se fait comme celle du potassium. Nous ne répéterons donc pas ce qui a été dit à l'occasion de ce métal. Il est seulement à remarquer que la préparation du sodium est beaucoup plus facile que celle du potassium, et qu'elle n'expose pas aux mêmes dangers, car elle ne donne pas lieu aux mêmes produits secondaires. Cette circonstance, jointe aux avantages qui résultent du facile maniement du sodium, fait que ce dernier est d'un usage beaucoup plus fréquent. Jusqu'en 1856, la préparation du sodium s'est faite dans les appareils qui ont été décrits à l'article POTASSIUM avec de légères modifications dans la marche de l'opération. Depuis cette époque, grâce aux patientes recherches de H. Sainte-Claire Deville, motivées par la fabrication de l'aluminium, la préparation du sodium est devenue industrielle et ce métal se trouve aujourd'hui à très-bas pris dans le commerce.

Ce prix, qui avant l'époque que nous indiquons était très-élevé, s'est abaissé successivement jusqu'à 15 francs le kilogramme. D'après un calcul de H. Deville, le prix de revient serait, pour des opérations bien conduites, de 9 fr. 25.

Fig. 583. — Four Deville, pour la fabrication du sodium.

Fabrication du sodium. — Le procédé d'extraction de H. Deville est basé sur la réduction du carbonate de sodium par la houille [*Ann. de Chim. et de Phys.*, (3), t. XLIII, p. 18, et t. XLVI, p. 421].

Dans ses premières expériences, Deville faisait usage de l'appareil Donny et Mareska pour l'extraction du potassium (voyez t. II, p. 1118). La condition essentielle de réussite est la présence d'un léger excès de charbon et l'addition d'une matière inactive destinée à maintenir le mélange pâteux pendant l'action du feu; la matière inactive employée est la craie. Voici le mélange qui a donné les meilleurs résultats :

Le carbonate de sodium desséché, le charbon et la craie ayant été réduits en une pâte sèche avec de l'huile, on calcine cette pâte dans une bouteille à mercure coupée, qui sert de creuset. La matière grise et poreuse est concassée, introduite dans l'appareil et chauffée comme pour la préparation du potassium.

Carbonate de sodium.........	717
Charbon.....................	175
Craie.......................	108
	1,000

Deville a aussi employé le procédé de Gay-Lussac et Thenard, lequel consiste à décomposer la soude par le fer. Gay-Lussac et Thenard indiquaient déjà la nécessité d'ajouter de la potasse à la soude. On chauffe dans une bassine de fonte 1,000 grammes de soude caustique et 100 grammes de potasse jusqu'à ce qu'il ne se dégage plus de vapeur d'eau, puis on y introduit en agitant 200 grammes de chaux grasse bien vive et de la tournure de fer broyée et tamisée, en quantité telle que le mélange soit compacte. On étale cette matière sur une lame de tôle pour qu'elle se divise facilement par le refroidissement; on y mélange encore une forte proportion de tournure de fer et on introduit le tout dans une bouteille à mercure munie de son canon de fusil; on garnit l'espace resté vide avec de la tournure de fer.

Pour les opérations en grand on facilite beaucoup l'extraction du sodium en remplaçant le charbon de bois par la houille sèche, à longue flamme. Voici le mélange qui donne les meilleurs résultats :

Carbonate de sodium..	30 kilogrammes.
Houille de Charleroi..	13 —
Craie de Meudon.....	5 —

Le carbonate de sodium doit être préparé par la dessiccation et le broyage des cristaux de soude. Le tout doit être bien pulvérisé, tamisé et mélangé intimement. Avant d'être introduit dans les appareils, on soumet ce mélange à une forte calcination qui réduit considérablement son volume. La réduction dans les bouteilles en fer doit être menée rapidement, de manière qu'une bouteille chargée de 2 kilogrammes de mélange puisse être chauffée et vidée en deux heures. Il faut s'arrêter quand on voit baisser la flamme jaune du sodium qui sort des récipients. La température nécessaire pour cette réduction n'est pas aussi élevée qu'on est porté à le croire; d'après une estimation de Rivot, elle serait inférieure à celle qui règne dans la partie moyenne du four à zinc dans laquelle sont chauffées les cornues de la Vieille-Montagne.

Appareil continu. — Cet appareil consiste en un tube T (fig. 583), de 1^m,20 de longueur, de 0^m,14 de diamètre intérieur et de 0^m,010 à 0^m,01[illegible] d'épaisseur. L'une des extrémités de ce tube est fermée par une plaque percée d'un trou tout près de la paroi du cylindre. Ce trou est destiné à recevoir un tube de 0^m,05 à 0^m,06 de longueur et de 0^m,015 à 0^m,020 de diamètre intérieur et terminé en forme de cône pour pouvoir s'adapter au récipient, qui est le même que celui de Donny et

Mareska. L'autre extrémité du tube T est fermée par un tampon en fer muni d'un crochet. C'est par cette ouverture qu'on introduit le mélange.

Les tubes T, qui peuvent être associés par séries de deux ou de trois dans un même fourneau, doivent être enduits d'un lut résistant qu'on entoure lui-même d'un manchon en terre réfractaire de $0^m,01$ d'épaisseur. Le lut est composé de parties égales d'argile grise et de terre à poêle que l'on pétrit avec de l'eau et du sable de Fontainebleau; on laisse sécher le tube lentement, puis on l'introduit dans le manchon de terre, en remplissant l'espace vide avec de la brique réfractaire pulvérisée.

Le four qu'a employé Deville est représenté par les figures 583 et 584. La grille et le foyer sont partagés en deux parties égales par un petit mur en briques réfractaires de $0^m,40$ à $0^m,50$ de hauteur sur lequel repose la partie moyenne des cylindres de réduction. Le combustible, mélange de coke et de houille, est introduit par des ouvertures latérales K formées par le combustible accumulé sur les tablettes M. Un autel sépare le foyer d'un four à réverbère. Cet autel oblige la flamme du foyer de circuler autour des cylindres. Le réverbère sert à calciner les mélanges pour sodium ou pour aluminium. Comme la température de la sole s'élève au rouge blanc, on pourrait y disposer une série de cylindres de réduction.

Le mélange, calciné pour occuper un plus petit

Fig 584. — Four Deville, pour la fabrication du sodium.

volume, est introduit dans des gargousses de toile ou de papier. On glisse ces gargousses dans le tube et on ferme le tampon à l'aide de terre à poêle. La réduction dure 4 heures; quand elle est finie, on retrouve les gargousses avec leur forme; mais leur diamètre est réduit à $0^m,02$ à $0^m,03$ et elles sont très-spongieuses. On les retire et on les remplace par de nouvelles gargousses, au moyen d'une pelle demi-cylindrique. On replace le tampon, on ajuste les récipients, etc.

Quand la fabrication marche bien, on ne recueille que du sodium pur; cependant quand une opération est terminée, avant de rajuster le récipient on en gratte les plaques et on fait tomber dans de l'huile de schiste la matière qui se détache; on l'introduit ensuite dans une bouteille en fer et on distille, d'abord l'huile, puis le sodium qui y est contenu.

E. Dolbear a proposé de fabriquer le sodium par la réaction du fer sur le sulfure de sodium [*Chem. News*, t. XXVI, p. 33].

Le sodium brut est parfaitement pur; on le fond sous une petite couche d'huile de schiste qu'on décante quand le métal est fondu. Celui-ci est alors coulé dans des lingotières.

Propriétés. — Le sodium est un métal d'un blanc d'argent, doué d'un éclat très-brillant lorsque sa surface est fraîchement coupée; mais cette surface se ternit très-vite. Exposée à l'air, sa coupure fraîche offre une phosphorescence verte; le potassium est doué d'une phosphorescence rouge [Linnemann, *Journ. für prakt. Chem.*, t. LXXV, p. 128].

A la température ordinaire, il est mou comme la cire, à — 20° il possède une certaine dureté. Il fond à 95°,6 (Bunsen), à 97°,6 (Regnault). Il est moins volatil que le potassium, car il ne distille qu'au rouge vif. Sa vapeur est incolore.

La densité du sodium est égale à 0,97223 à 15° (Gay-Lussac et Thenard), 0,985 (Schrœder).

Le sodium est bon conducteur de la chaleur et de l'électricité. Sa conductibilité calorifique est représentée par 365, celle de l'argent étant 1000 (Calvert et Johnson); conductibilité électrique = 37,43 à 21°,7, celle de l'argent étant 100 (Matthiessen). Sa chaleur spécifique est égale à 0,2934, ce qui conduit à admettre le poids atomique 23, qui est aussi l'ancien équivalent [Regnault, *Ann. de Chim. et de Phys.*, (3), t. XLVI, p. 268].

Le sodium cristallise en octaèdres quadratiques présentant un angle culminant de 50° (cet angle pour le potassium est de 76°). La lumière émise par les faces de ces cristaux est rouge après plusieurs réflexions; pour le potassium elle est verte. On obtient le sodium cristallisé en le fondant dans un tube rempli de gaz d'éclairage et décantant le métal liquide, après la solidification partielle [Long, *Quart. Journ. of the Chem. Soc.*, t. XIII, p. 122].

Les affinités du sodium sont beaucoup moins énergiques que celles du potassium. Il s'oxyde moins vite à l'air et cette oxydation s'arrête quand il s'est formé une certaine couche d'oxyde : aussi se contente-t-on de le conserver dans des boîtes bien closes, à l'abri de l'humidité, sans le placer sous une couche de naphte. Il décompose l'eau comme le potassium; mais la température produite est beaucoup moins élevée, et l'hydrogène qui se dégage ne s'enflamme que si la quantité d'eau est très-faible et rendue un peu visqueuse par de la gomme ou une autre substance; l'hydrogène brûle alors avec une flamme jaune. La décomposition de l'eau par le sodium est souvent accompagnée de violentes explosions, dont la cause réelle est encore inconnue.

Chauffé à l'air, le sodium ne s'enflamme qu'à une température élevée et brûle avec une flamme jaune en donnant de l'oxyde Na^2O; chauffé dans l'oxygène, il se transforme en peroxyde Na^2O^2.

Lorsqu'on examine le spectre produit par la flamme du sodium, on ne remarque qu'une seule raie jaune, qui occupe la position de la raie D de Fraunhoffer. D'après Rutherford, la raie du sodium est composée de neuf raies fines juxtaposées.

La différence d'énergie dans les affinités du sodium et du potassium est surtout remarquable à l'égard des métalloïdes halogènes. Tandis que le potassium brûle vivement dans le chlore sec et se combine au brome et à l'iode avec une sorte d'explosion, le sodium peut être chauffé doucement dans le chlore sec sans s'y combiner (Wanklyn) [*Chem. News*, t. XX, p. 271]. Mis en présence du brome, même à 200°, ou fondu avec de l'iode, il ne s'y combine pas, d'après Merz et Weith. Des différences du même ordre s'observent lorsqu'on fait agir les métaux alcalins sur certaines matières organiques, telles que l'aniline et la benzine [*Deutsche Chem. Gesells.*, t. VI, p. 1518].

Poids atomique. — Le sodium est un métal monatomique, au même titre que le potassium. Son protoxyde renferme Na^2O et son chlorure NaCl. Son poids atomique, qui se confond avec son équivalent, est égal à 23. L'analyse du chlorure de sodium avait conduit Berzelius au nombre 23,17 et Pelouze au nombre 22,97. Penny a trouvé 23,0 par la synthèse du nitrate de sodium. Dumas est arrivé au nombre 23,014; enfin, d'après les déterminations de Stas, il faudrait admettre le nombre 23,013.

Usages. — Le sodium est surtout employé industriellement pour la fabrication de l'aluminium, ainsi que du magnésium. Il est devenu, en outre, d'un usage très-fréquent dans les laboratoires depuis que l'industrie peut le livrer à bas prix au commerce.

Alliages du sodium. — Comme le potassium, le sodium forme des alliages avec un grand nombre de métaux.

Antimoine et sodium. — Il s'obtient comme l'alliage d'antimoine et de potassium auquel il ressemble (t. I, p. 344). Il décompose l'eau.

Arsenic et sodium. — L'arséniure de sodium, déjà préparé par Gay-Lussac et Thenard, s'obtient en ajoutant peu à peu des fragments de sodium à de l'arsenic finement pulvérisé et chauffé dans un fourneau à bon tirage, jusqu'à ce que le mélange soit devenu fluide, ce qui arrive lorsque la proportion de sodium ajoutée correspond à peu près à la formule $AsNa^3$.

Après chaque addition de sodium, il faut recouvrir le creuset qui renferme l'arsenic. La combinaison est très-vive et se fait avec incandescence. L'alliage obtenu est très-oxydable; il possède une texture cristalline et une couleur d'un bleu d'argent. Il décompose l'eau avec dégagement d'hydrogène arsénié; ce gaz se produit déjà sous l'influence de l'humidité de l'air, aussi ne faut-il manier cet alliage qu'avec prudence. Il sert à la préparation des arsines tertiaires [Landolt, *Ann. der Chem. u. Pharm.*, t. LXXXIX, p. 201].

Bismuth et sodium. — Voyez t. I, p. 606.

Étain et sodium. — Voyez t. I, p. 1285.

Fer et sodium. — Voyez t. I, p. 1405.

Mercure et sodium (amalgame de sodium). — L'amalgame de sodium, dont l'usage s'est beaucoup répandu dans les laboratoires pour réduire ou hydrogéner les combinaisons organiques, se prépare avec une grande facilité. On place le mercure dans un creuset en terre ou dans une bassine en fonte, on le chauffe légèrement, puis on y introduit peu à peu le sodium coupé en fragments jusqu'à ce que l'on ait atteint la proportion voulue. Chaque fragment de sodium ajouté s'unit au mercure avec incandescence. Comme il peut se produire des projections, il faut prendre quelques précautions pour s'en garantir. Il est inutile de continuer à chauffer, car la température s'élève d'elle-même.

Mühlhäuser fait arriver un filet de mercure dans du sodium fondu sous une couche de naphte. Le sodium se gonfle et finit par former une masse solide qu'on laisse refroidir sous le naphte [*Zeitsch. für Chem.*, 1864, p. 720].

L'amalgame de sodium se solidifie par le refroidissement et cristallise en longs cristaux prismatiques enchevêtrés qu'on débarrasse facilement par expression de l'excès de mercure en présence duquel ils se maintiennent très-bien à froid. Ces cristaux ne s'altèrent que lentement à l'air; ils se liquéfient par la chaleur.

Plomb et sodium. — Voyez t. II, p. 1073.

Potassium et sodium. — Les alliages de ces deux métaux sont remarquables par leur fusibilité. Celui qui renferme 10 à 30 °/。 de potassium est encore liquide à zéro (Gay-Lussac et Thenard).

COMBINAISONS DU SODIUM AVEC LES ÉLÉMENTS MONATOMIQUES.

Hydrure de sodium, Na^4H^2. — Le sodium absorbe le gaz hydrogène à partir de 300°; la combinaison produite se dissocie à 421°.

L'hydrure de sodium est mou comme la cire, plus fusible que le sodium. Il devient cassant et cristallin un peu avant son point de fusion. Densité, prise dans l'huile de naphte, = 0,959. (L. Troost et P. Hautefeuille, *Comptes rendus*, t. LXXVIII, p. 807.)

Le sodium ne peut s'unir qu'à un seul atome des éléments halogènes. Cependant, suivant H. Rose, on obtient un *sous-chlorure* d'un gris-bleu. Na^4Cl^2, lorsqu'on fond le chlorure de sodium dans un courant d'hydrogène. Ce sous-chlorure décompose l'eau avec dégagement d'hydrogène et formation de chlorure et d'hydrate de sodium [*Poggend. Ann.*, t. CXX, p. 1].

Chlorure de sodium (*sel marin, sel commun, sel de cuisine, sel gemme, muriate de soude*), NaCl. — Ce corps, qui est abondamment répandu dans la nature, se produit artificiellement par l'union du sodium et du chlore à chaud et par l'action de l'acide chlorhydrique sur la soude, sur le carbonate de sodium, etc. Il prend naissance dans une foule de réactions de laboratoire.

L'industrie du chlorure de sodium, qui s'est beaucoup perfectionnée depuis une trentaine d'années au point de vue de l'extraction des sels qui accompagnent le chlorure de sodium, se partage en deux branches suivant qu'elle se propose de le retirer des bancs de sel gemme ou des sources qui les traversent, ou bien des eaux de la mer.

Extraction du sel gemme. — Le sel gemme forme des bancs extrêmement puissants principalement dans le nouveau grès rouge ou associé à la marne rouge supérieure. On l'exploite soit par galeries, soit par dissolution. Les principales mines exploitées en Europe sont celles de Wieliczka en Pologne, de Hall (Tyrol), du Salzburg et d'Ischl (Autriche), de Stassfurt, près Magdebourg, de Vic et de Dieuze en Alsace-Lorraine, de Bex en Suisse, etc. A Wieliczka, la couche de sel gemme présente une étendue considérable; son épaisseur est de 360 mètres environ. Le sel gemme présente quelquefois une grande pureté et peut être livré tel quel à la consommation; dans d'autres cas, une cristallisation suffit pour l'amener à un degré de pureté suffisant. La composition de certains sels gemmes est donnée par les tableaux suivants que nous empruntons au *Dictionnaire* de Watts :

COMPOSITION DES SELS GEMMES.

	WIELICZKA.	BERCHTESGADEN.	HALL.	HALLSTADT.	VIC.
Chlorure de sodium	100,00	99,85	99,43	98,14	99,30
— de potassium	»	traces.	traces.	traces.	»
— de calcium	»	traces.	0,25	»	»
— de magnésium	traces.	0,15	0,12	»	»
Sulfate de calcium	»	»	0,20	1,86	0,50
Oxydes de fer, argile, etc.	»	»	»	»	0,20
	100,00	100,00	100,00	100,00	100,00

	ALGÉRIE.			BORING A STASSFURT.		CHESHIRE.	CARDONA.
	DJEBEL-MERAH.	OULED.	KOBBAH.				
Chlorure de sodium	97,0	98,89	72,16	94,57	25,09	98,30	98,55
— de calcium	»	»	1,65	»	»	»	0,99
— de magnésium	»	1,11	5,57	0,97	»	0,05	0,02
Sulfate de sodium	»	»	»	»	1,57	»	»
— de calcium	3,0	»	10,72	0,89	1,23	1,65	0,44
— de magnésium	»	»	2,06	»	42,07	»	»
Carbonate de calcium	»	»	3,71	»	»	»	»
— de magnésium	»	»	2,89	»	»	»	»
Argile, oxyde de fer, etc.	»	»	1,24	3,25	1,83	»	»
Eau	»	»	»	0,22	28,21	»	»
	100,00	100,00	100,00	100,00	100,00	100,00	100,00

L'exploitation des gisements par dissolution se fait par deux méthodes. Dans la première on ouvre dans le gisement des galeries et des chambres de dissolution dans lesquelles on fait arriver de l'eau douce sur une hauteur de 0m,50 environ; cette eau creuse peu à peu les parois des chambres et les élargit. On augmente alors peu à peu le volume de l'eau, de manière à atteindre le plafond. Lorsque l'eau s'est saturée de sel, on la fait arriver dans les chaudières d'évaporation. La saturation de l'eau exige un temps très-long, aussi met-on dans un même gisement une série de chambres de dissolution. La mine de Dürremberg, en Saxe, renferme trente-trois lacs salés d'une contenance moyenne de 20,000 mètres cubes.

Dans ce genre d'exploitation, les chaudières d'évaporation doivent être placées en contre-bas du niveau de l'eau dans les chambres.

Dans le second procédé, l'exploitation a lieu par des trous de sonde. On fait arriver de l'eau ordinaire dans les trous de sonde dans lesquels s'engagent une série de tuyaux de cuivre réunis à vis à la suite les uns des autres et terminés à la partie supérieure par un corps de pompe. Le trou de sonde étant rempli d'eau, celle-ci se chargera de sel et la solution saline viendra occuper la partie inférieure du trou de sonde, c'est donc elle qui entrera dans les tuyaux par de petites ouvertures pratiquées à leur partie inférieure, pour être ensuite aspirée et soulevée par la pompe et envoyée dans les appareils d'évaporation, après clarification dans des réservoirs.

Dans certains cas il existe des nappes d'eau dans les gisements salins; cette eau se trouve nécessairement saturée, et il suffit de l'amener à la surface et de l'évaporer.

Sources salées. — Les sources salées sont dues à des infiltrations d'eau dans des gisements de sel d'où les eaux sortent plus ou moins chargées. Pour qu'elles puissent être exploitées, il faut qu'elles contiennent au moins 5 °/o de sel; elles en renferment fréquemment 12 °/o. Les substances qui accompagnent le sel dans ces eaux sont celles qui lui sont associées dans le sel gemme : savoir, les sulfates de sodium, de calcium, de magnésium, les chlorures de calcium et de magnésium. Les eaux salées exhalent en outre une odeur bitumeuse.

Voici la composition de quelques sources salées en exploitation :

	Düremberg.	Hall.	Lunebourg
Chlorure de sodium	7,53	7,40	24,67
— de potassium	»	0,16	»
— de calcium	»	0,17	»
— de magnésium.	0,12	0,50	0,30
Sulfate de potassium	0,08	»	0,03
— de calcium,	0,56	0,27	0,35
— de magnésium	»	»	0,24
Craie, silice et ox. de fer.	»	»	0,11
Eau	91,71	91,50	74,30
	100,00	100,00	100,00

Pour amener ces eaux à un degré de concentration tel qu'on puisse ensuite les évaporer économiquement sur le feu, on emploie une disposition imaginée au XVIe siècle par Abith, médecin allemand, et qui porte le nom de système de *graduation*. Ce système, du reste, tend à être abandonné depuis que par des sondages convenables on est arrivé à puiser les eaux salées plus près des gisements, c'est-à-dire dans un plus grand état de concentration. Dans les salines de la Lorraine, le dernier *bâtiment de graduation* a été abandonné en 1865.

Les bâtiments de graduation (fig. 585) sont de vastes hangars de 250 à 300 mètres de long sur 8 à 10 mètres de large dans lesquels sont disposés des amas de broussailles et de fascines destinés à éparpiller l'eau et à augmenter ainsi les surfaces d'évaporation. Tout le bâtiment est orienté de manière à présenter les faces latérales aux vents qui règnent le plus souvent dans la contrée.

Fig. 585. — Bâtiment de graduation.

L'eau salée est amenée par une pompe à la partie supérieure des hangars dans une rigole en bois qui règne sur toute la longueur et d'où elle se déverse sur les fagots. Le bâtiment est recouvert d'un toit pour le protéger contre la pluie. On fait écouler l'eau à volonté sur l'une des deux faces du bâtiment, suivant la direction du vent. L'eau se réunit dans un bassin inférieur d'où on la fait remonter dans les rigoles. On pousse cette évaporation jusqu'à ce que les eaux marquent de 14° à 20° Baumé. Le bâtiment est ordinairement divisé en deux sections dans le sens de la longueur; l'une reçoit les eaux venant directement de la source, l'autre les eaux qui ont subi une première concentration. Les fagots de la première portion du bâtiment se recouvrent assez rapidement d'un dépôt de sulfate calcique mélangé de carbonate calcique et d'oxyde de fer, ce qui nécessite leur remplacement.

A Moustiers, en Savoie, l'eau à concentrer s'écoule le long de cordes, dont le développement total est de 100,000 mètres, et qui facilitent l'évaporation.

Les bâtiments de graduation présentent plusieurs inconvénients. Il y a une perte considérable de sel, évaluée à 10 °/₀ et résultant d'une dispersion mécanique de l'eau; en outre les opérations sont d'une grande lenteur et les bâtiments occupent un espace considérable.

Les eaux salées ayant une concentration suffisante, soit au sortir des puits, soit après avoir passé par les bâtiments de graduation, ont besoin d'être concentrées par évaporation, opération qui s'effectue dans des chaudières.

En raison des énormes masses d'eau à traiter, ces chaudières présentent une grande surface d'évaporation; leur profondeur ne dépasse pas $0^{m},40$; dans les salines de l'Autriche, la surface de chauffe a plus de 150 mètres carrés. Ces chaudières sont en fonte ou en tôle et reposent sur les parois du four et sur une série de piliers en briques. Elles sont recouvertes d'une hotte en bois qui se termine par une cheminée de manière à provoquer un tirage qui enlève la vapeur d'eau.

Au commencement de l'ébullition il se produit une écume abondante provenant de matières organiques décomposées; quelquefois on hâte leur coagulation par l'addition de sang de bœuf. Il se fait ensuite peu à peu un dépôt abondant nommé *schlot* et qui est formé de sulfate double de sodium et de calcium; on le retire avec des rables et on le dépose dans de petites auges percées de petits trous où il s'égoutte au-dessus de la chaudière; on introduit alors dans celle-ci une nouvelle quantité d'eau salée qui donne lieu à un nouveau *schlotage.*

On procède alors au *salinage,* qui consiste à enlever à l'aide de râbles le sel qui se dépose pendant l'évaporation. Il se fait soit dans la même chaudière, soit dans une seconde chaudière. Le salinage dure plusieurs jours. Le sel, qui n'est guère plus soluble à chaud qu'à froid, se dépose en grains plus ou moins fins ou en trémies, suivant que le feu a été poussé avec plus ou moins d'activité.

A la fin de l'opération, il se forme une nouvelle quantité de schlot, mais celui-ci se dépose en croûtes compactes et dures qu'il faut détacher à coups de ciseau après douze à quinze cuites. Ce dépôt, qui porte le nom d'*écailles* (*Pfannenstein* en allemand, *panstone* en anglais), est une cause de détérioration des chaudières. Voici la composition d'un de ces dépôts :

NaCl	SO^4Na^2	SO^4K^2	SO^4Ca	SO^4Mg
44,28	20,67	2,13	27,38	1,64

CO^3Mg	Al^2O^3 et Fe^2O^3	SiO^2	H^2O	Total.
0,41	0,03	0,02	3,44	100

Les eaux mères du salinage renferment tous les sels étrangers; on les utilise aujourd'hui pour l'extraction du sulfate de sodium, du brome et de l'iode si elles contiennent ces éléments. Le sel qui a été enlevé pendant le salinage est porté dans des séchoirs disposés dans le voisinage de la chaudière pour utiliser une partie de la chaleur perdue.

L'est de la France et la Lorraine sont très-riches en mines de sel. Les principales salines en exploitation sont celles de Dieuze, de Vic, de Moyenvic et de Varangeville; celles de Sarralbe, de Salzbronn et du Hareas; dans le Doubs, celle d'Arc; dans le Jura, celles de Salins et de Montmorot; dans la Haute-Saône, celles de Gouhenans et de Melecey. Toutes ces salines à peu près sont exploitées par des trous de sonde. Les eaux élevées par les pompes sont amenées dans des réservoirs en bois (*bessoirs*); de là elles sont conduites par des tuyaux aux *poêles* ou chaudières d'évaporation munies de leur hotte. On prévient le dépôt de schlot compacte en *chaulant* les eaux avant de les évaporer. A cet effet, on les traite par un lait de chaux qui décompose les sulfates en donnant un précipité de magnésie et de sulfate calcique qu'on laisse bien déposer. C'est principalement à Montmorot que ce chaulage est pratiqué.

Fig 586. — Plan d'un marais salant de l'Ouest.

Suivant l'aspect que présente le sel, il porte le nom de *sel gros, moyen, fin, finfin*. Ce dernier est généralement produit lorsque l'évaporation a lieu par ébullition et que l'enlèvement du sel est continu. Il est aussi produit à une température plus basse (85°) lorsqu'on soumet le liquide à une agitation continue (*spatulage*), ainsi que cela a lieu à Montmorot.

Extraction du chlorure de sodium des eaux de la mer. — Ce sont les eaux de la mer qui constituent la source la plus abondante du chlorure de sodium. La composition de ces eaux est assez variable ainsi qu'on le verra si l'on se rapporte au tableau qui a été donné t. I, p. 1210.

L'évaporation des eaux de la mer s'exécute dans de grands bassins ménagés sur les côtes et désignés sous le nom de *marais salants* dans l'Ouest, de *salins* dans le Midi.

Dans les marais de l'Ouest, l'eau arrive par un petit canal muni d'une vanne dans un grand réservoir nommé *jas* ou *vasière* (fig. 586), dont le niveau est tel qu'il domine celui des autres réservoirs et qu'il ne peut se remplir qu'aux grandes marées. De là, elle passe dans un bassin nommé *cobier* (2), puis, après une première concentration, dans une série de compartiments rectangulaires (4), désignés sous le nom de *couches*, puis dans d'autres bassins (8 et 9) (*fares* et *adernes*). Enfin après avoir séjourné dans des bassins (7) appelés *morts*, elle arrive dans les cristallisoirs ou *œillets* qui portent sur le plan les n°s 6, qui occupent la partie centrale et la plus basse de l'exploitation.

La profondeur des *vasières* varie de $0^{m},60$ à 2 mètres, celle des *couches* est de $0^{m},25$ à $0^{m},45$, La superficie des *fares* est de 70 à 80 mètres; celle des *adernes*, de 100 mètres; enfin celle des *œillets*, de 70 à 75 mètres. La réunion de ces compartiments constitue la saline proprement dite, qui est séparée des grands réservoirs par des digues élevées de 5 mètres environ pour les préserver des inondations; ces digues portent les noms de *bosses* et de *trémets*.

Quand la saison est favorable, l'eau se concentre rapidement dans les fares et les adernes et elle arrive dans les œillets où le sel se dépose. On le recueille en petits tas T sur le bord des œillets. Quand ces premiers tas se sont suffisamment égouttés, on les réunit en un tas plus considérable (mulon) qu'on recouvre d'une couche de terre glaise; les sels déliquescents continuent à s'écouler par de petits canaux ménagés dans la masse. Le sel ainsi obtenu, qui constitue le ***sel gris***, a généralement besoin d'être raffiné. A cet effet, on le dissout dans l'eau, on précipite la magnésie par la chaux, on filtre dans des vases dont le fond est percé de trous et recouvert de nattes. On évapore enfin la dissolution dans des chaudières.

La campagne commence vers le 15 mai et le salinage dans les œillets s'établit vers le 1er juin; la saison finit vers le mois de septembre.

Comme les eaux mères ne sont jamais évacuées, elles s'accumulent dans les œillets et il arrive un moment où la récolte du sel doit cesser. Les eaux mères, qui marquent alors 33° à 35° Baumé, sont surtout chargées de chlorure de magnésium; or ce sel diminue la solubilité du chlorure de

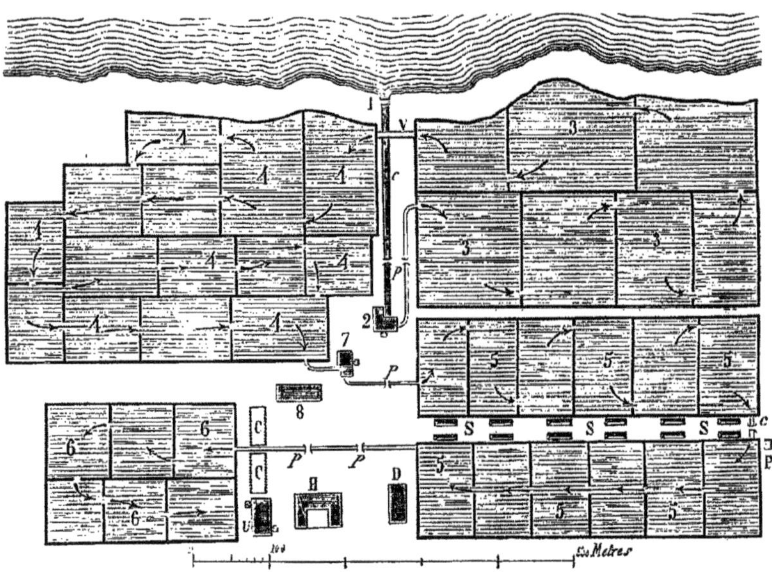

Fig. 587. — Marais salant du Midi

sodium. Ce dernier ne se formera donc plus par cristallisation, mais par précipitation lorsqu'on fera arriver dans l'œillet l'eau concentrée des adernes. Le sel précipité retient une grande quantité d'eau mère très-riche en sels déliquescents et par suite est lui-même déliquescent. Ce phénomène, connu sous le nom d'*échauffement d'œillet*, met fin au salinage. Il faut alors vider l'œillet et le nettoyer.

Salins du Midi. — Les marais salants du Midi ne peuvent pas avoir la même disposition que ceux de l'Ouest, à cause de l'absence de marée dans la Méditerranée. Les bassins dont se composent ces marais, et qui doivent se trouver dans un terrain argileux, sont divisés en deux étages ou *parténements*, quelquefois en trois. L'eau de la mer arrive dans le bassin inférieur, ou *parténement extérieur*, par des pentes naturelles; elle y subit une première concentration et est alors élevée à l'aide de machines dans les *parténements intérieurs* dans le parcours desquels elle continue à se concentrer. On l'élève alors dans les tables salantes où s'effectue le dépôt du sel.

La figure 587 représente le plan d'un marais salant du Midi : 1 est la prise d'eau à la mer; 2 et 7 sont les pompes à vapeur pour élever l'eau. Celle-ci est conduite dans les échauffoirs 3, 3, 3 d'où elle s'écoule après une première concentration dans les bassins 4, 4, 4, et de là sur les tables salantes 5, 5, 5. Les eaux mères de la première cristallisation sont amenées ensuite dans les réservoirs 6, 6, 6. Les lettres P, U, H, D, C, et le n° 8 figurent les bâtiments de service et les hangars.

La campagne commence au mois de mars, après qu'on a fait aux parténements et aux tables salantes les réparations nécessaires. On remplit le premier compartiment et, après un certain temps d'évaporation, on fait écouler l'eau dans le second compartiment et l'on renouvelle l'eau dans le premier. Il s'établit ainsi depuis la prise d'eau jusqu'aux tables une circulation continue d'eau dont la concentration augmente graduellement. La circulation est interrompue la nuit. C'est vers la fin de mai que commence le travail des tables salantes. Ces tables doivent subir une préparation indispensable. On nivelle grossièrement le sol, on y promène durant une quizaine de jours des eaux faiblement concentrées, qu'on fait écouler de nouveau, puis on comprime le sol pour le rendre uni.

Depuis quelques années on recouvre, dans certaines salines, le sol des tables d'un revêtement végétal, nommé *feutre*, que l'on développe artificiellement sous l'influence d'eaux douces; le feutre donne de l'imperméabilité au sol et permet de recueillir le sel sans mélange de terre; mais sa conservation exige beaucoup de soin. L'adoption de ce feutre donne d'excellents résultats dans les salines du Portugal [Maltrot, *Enquête sur les sels*, t. III, p. 335].

On ne fait arriver l'eau salée dans la pièce maîtresse que lorsqu'elle a déposé son sulfate calcique et qu'elle commence à déposer du sel; elle marque alors 25° Baumé. Le premier sel qui se dépose est très-pur. C'est le *sel de pièces maîtresses*. Le plus souvent on ne retire pas ce sel des pièces et l'on continue l'évaporation jusqu'à ce que les eaux refusent de fournir du sel, ce qui a lieu lorsqu'elles marquent 32° environ. On fait alors écouler les eaux mères dans des puits et on recueille soigneusement le sel qu'on met en tas, qu'on laisse se ressuyer et qu'on emmagasine ensuite. L'exposition à l'air purifie le sel des sels déliquescents qui l'accompagnent.

Industrie saunière du Portugal. — Les centres d'exploitation sont Setubal, Lisbonne, Aveiro et les Algarves. La disposition des marais à Setubal est fort simple. Ils représentent une vaste cuvette de 1 à 2 hectares, divisés en carrés de 100 à 150 mètres de superficie et de $0^m,20$ de profondeur, séparés par des chemins de 1 mètre de large et communiquant avec un grand réservoir. L'eau se distribue dans ces carrés où elle dépose directement le sel. En automne, on recouvre le marais de $0^m,50$ à $0^m,60$ d'eau; au printemps, cette eau s'évapore et au mois de juin les chaussées se découvrent, ce qui permet de nettoyer les carrés. L'évaporation est très-rapide et après une vingtaine de jours on trouve dans chaque carré un dépôt presque sec de sel de $0^m,04$ à $0^m,05$ d'épaisseur; on le lave, on renouvelle l'eau et on fait une nouvelle récolte après vingt autres jours, mais on ne laisse pas l'eau s'évaporer complétement. On tente une troisième récolte si la saison le permet, puis on inonde les marais. Comme on ne retire jamais les eaux mères, on devrait penser que l'accumulation des sels magnésiens devrait rendre, après un certain temps, la saunaison impossible. Il n'en est rien, cependant, et pourtant la première récolte est très-peu chargée en sels magnésiens, comme le montre le tableau suivant :

	Première récolte.	Deuxième récolte.
Matière insoluble	0,015	0,030
Sulfate de calcium......	1,087	2,081
— de magnésium...	0,268	1,881
Chlorure de magnésium.	0,097	1,824
— de sodium.....	98,533	94,184
	100,000	100,000

La disparition des sels magnésiens doit être attribuée à un phénomène de dialyse favorisé par le dépôt d'un feutre compacte qui se développe dans les marais de Setubal [A. Girard, *Compt. rend.*, t. LXXIV, p. 1195].

Le procédé de Lisbonne est en quelque sorte intermédiaire entre celui de Setubal et celui suivi dans les marais de la Méditerranée.

Eaux mères des marais salants. — Ces eaux mères sont exploitées pour en retirer la potasse et le brome (voyez t. II, p. 1125) ainsi que le sulfate de sodium.

Extraction du sel par la gelée. — Ce procédé est usité dans les pays froids, où l'évaporation dans des marais salants n'est pas possible. Soumise à la congélation, l'eau de mer fournit de la glace pure et la partie restée liquide se concentre. On finit par avoir ainsi une eau très-chargée, dont on achève la concentration dans des chaudières. On obtient ainsi un sel impur. Ainsi celui d'Oustkout renferme :

Sel marin.................	74,85
Sulfate de sodium.........	15,20
Chlorure d'aluminium......	1,17
— de calcium........	5,21
— de magnésium	5,57 (Hess).

On obtiendrait un sel beaucoup plus pur si l'on faisait subir un chaulage aux eaux mères.

Nous terminerons cet aperçu sur l'industrie saunière en indiquant la composition de quelques sels communs. Ce tableau est emprunté au *Dictionnaire* de Watts :

	Schœnebek.	Stassfurt.	Durrenberg.	Ludwigshall.	Cheshire.	Lynington.	Saint-Malo.	Saint-Uber.	Cadix.
Chlorure de sodium.....	95,402	97,094	96,061	99,45	98,250	98,80	96,00	89,04	92,53
— de calcium....	»	»	»	»	0,025	»	»	»	»
— de magnésium.	0,80	0,345	0,218	»	0,075	0,50	0,30	2,38	»
Sulfate de sodium......	»	»	»	0,05	»	»	»	1,44	0,99
— de potassium....	0,414	0,390	»	»	»	»	»	trace.	trace.
— de calcium......	0,732	0,727	1,227	0,28	1,550	0,10	2,35	0,98	0,33
— de magnésium...	0,471	0,180	0,279	»	»	0,50	0,45	»	»
Silicate de sodium......	»	»	»	»	»	»	»	0,02	trace.
Nitrate de sodium......	»	»	»	»	»	»	»	trace.	»
Matières insolubles.....	»	»	0,015	»	»	»	»	0,28	0,27
Eau.................	2,901	1,264	2,155	»	»	»	»	6,10	6,30
	100,000	100,000	100,000	100,000	99,900	99,90	99,10	100,25	100,34

Propriétés. — Le chlorure de sodium cristallise en cubes ou en octaèdres, mais surtout en cubes, qui ont une grande tendance à se grouper en trémies. Le sel gemme est le plus souvent en masses fibreuses colorées en gris, en rouge, etc. Il renferme fréquemment des bulles de gaz emprisonnées; ces gaz sont des hydrocarbures. Les cristaux de chlorure de sodium sont transparents ou translucides; ils sont diathermanes. Ces cristaux sont anhydres, mais leurs groupements renferment de l'eau d'interposition qui les fait décrépiter vivement lorsqu'on les chauffe. Densité des cristaux = 2,078 (Karsten; 2,15, H. Kopp; 2,145, Buignet).

Le chlorure de sodium fond au rouge et se prend par le refroidissement en une masse cristalline; il se volatilise au blanc dans des vases ouverts, mais moins facilement que le chlorure de potassium.

Il possède une saveur salée pure.

Sa solubilité dans l'eau n'augmente pas beaucoup avec la température, ainsi qu'on le voit par les déterminations suivantes :

1 p. de sel se dissout, d'après Gay-Lussac, dans $2^p,78$ d'eau à 14°, dans $2^p,70$ à 60°, dans $2^p,48$ à 109°,7.

D'après Unger, 1 p. de sel exige $2^p,77$ d'eau à + 1° et $2^p,50$ d'eau bouillante. Il se dissout à

25° dans 2p,8 d'eau (Kopp) et à 18°,75 dans 2p,738 (Karsten).

Nous donnons enfin, suivant Page et Keightley, la solubilité à 15°,5 suivant que la solution a été faite par digestion à froid ou par dissolution à chaud et refroidissement. Dans le premier cas, 100 p. de dissolution renferment 26p,34 de sel (D = 1,20403); dans le second cas, 100 p. de dissolution renferment 26p,61 de sel (D = 1,20693) [*Journ. of the Chem. Soc.*, 1872, t. X, p. 566].

La solution étant saturée à 18°,75 a pour densité 1,2046 (Karsten). Voici, d'après H. Schiff et d'après Gerlach, la densité des solutions de chlorure de sodium provenant de diverses concentrations :

Na Cl %.	D (à 20°). (H. Schiff.)	Na Cl %.	D (à 15°). (Gerlach.)
26,46	1,2021	26,395	1,2043
17,64	1,1299	25	1,1922
11,76	1,0847	20	1,1551
8,82	1,0617	15	1,1115
5,88	1,0402	10	1,0734
2,94	1,0201	5	1,0362

La solution saturée de sel bout à 109° (Kremers). Les solutions de différentes concentrations bouillent aux températures suivantes :

NaCl :	1 %	5 %	10 %	15 %	20 %	25 %	29 %
	100°,21	100°,10	102°,38	103°,99	105°,46	107°,27	108°,83 (Karsten).

La congélation d'une solution de sel en sépare de la glace pure. D'après Rüdorff, la solution saturée se congèle à — 21°.

Si l'on refroidit à — 10° une solution concentrée, celle-ci laisse déposer des tables hexagonales qui constituent du chlorure de sodium hydraté $NaCl + 2H^2O$. Ces cristaux perdent leur eau un peu au-dessus de — 10° et se convertissent alors en amas de petits cubes de sel anhydre (Lowitz, Fuchs). Suivant Nœlle [*Ann. der Pharm.*, t. II, p. 93], les cristaux d'hydrate se forment déjà à —5°. Enfin, d'après Mitscherlich [*Poggend. Ann.*, t. XVII, p. 315], l'hydrate forme de grands prismes limpides ayant la forme du sulfhydrate de sodium et s'effleurissant au-dessous de 0°.

Un mélange de neige et de sel constitue un bon moyen de réfrigération. Le maximum de froid, — 21°, est obtenu par le mélange de 32 p. de sel et de 100 p. de neige (Rüdorff).

L'acide chlorhydrique précipite le chlorure de sodium de ses solutions concentrées, ce qui permet de distinguer et de séparer approximativement ce sel du chlorure de potassium qui se précipite difficilement [Margueritte, *Compt. rend.*, t. XLIII, p. 50].

Le chlorure de sodium est insoluble dans l'alcool absolu, mais il est un peu soluble dans l'alcool aqueux. Voici les nombres qui expriment cette solubilité, suivant divers auteurs.

L'alcool à 75° centésimaux dissout :

	à 14°	38°	71°,5
NaCl %	0,661	0,734	1,033

Alcool à 95°,5 centésimaux :

	à 15°	77°,25
NaCl %	0,174	0,171 (R. Wagner).

Alcool à 53° centésimaux (D = 0,9282) :

	à 4°	10°	13°	23°	32°	44°	51°	60°
NaCl %	10,9	11,1	11,4	11,9	12,3	13,1	13,8	14,1

[Gérardin, *Ann. de Chim. et de Phys.*, (4), t. V, p. 129].

Enfin, à la température de 15°, 100 p. d'alcool faible dissolvent :

Alcool à...	0 %	10 %	20 %	30 %	40 %	50 %	60 %	80 %	Alcool méthylique. 40 %
NaCl %...	26,4	22,2	18,4	14,0	11,7	8,9	5,6	1,2	13,0

[H. Schiff, *Ann. der Chem. u. Pharm.*, t. CXVIII, p. 362].

Le chlorure de sodium est décomposé par l'acide sulfurique avec production de sulfate de sodium et d'acide chlorhydrique. Cette décomposition se produit aussi par l'action d'un mélange de gaz sulfureux et d'air sur le chlorure de sodium fortement chauffé (Hargreaves). Calciné avec de la silice hydratée, il est décomposé avec formation de silicate et d'acide chlorhydrique. Cette réaction est facilitée par l'intervention de la vapeur d'eau.

Chauffé avec de l'acide oxalique, il est partiellement décomposé (Berthollet); l'acide acétique est sans action.

Traité par le potassium, il donne du sodium et du chlorure de potassium (H. Davy).

Lorsqu'on ajoute du bicarbonate d'ammonium à sa solution aqueuse concentrée, il se précipite du carbonate acide de sodium. Cette réaction a été utilisée dans l'industrie.

Traitée par l'oxyde de plomb, sa solution se décompose : il se forme un chlorure de plomb basique et de l'hydrate de sodium (Scheele).

Le chlorure de sodium forme beaucoup de sels doubles.

Il absorbe l'anhydride sulfurique, en donnant une masse cristalline grenue qui paraît avoir pour composition $NaCl(SO^3)^4$ [Schultz-Sellack, *Deutsch. Chem. Gesells.*, t. IV, p. 109; *Bull. de la Soc. chim.*, 1871, t. XV, p. 46].

Usages. — Les usages du chlorure de sodium sont nombreux et donnent lieu à une consommation considérable. Il est employé, comme on sait, dans l'économie domestique et dans l'agriculture. L'industrie en emploie des quantités considérables. Il sert à la fabrication de l'acide chlorhydrique et du sulfate de sodium, préparé lui-même en vue de la fabrication de la soude. On l'emploie encore dans le vernissage des poteries.

Bromure de sodium, NaBr. — Ce sel se prépare comme le bromure de potassium. Il cristallise à la température ordinaire en cubes anhydres. Mais si on le fait cristalliser à une basse température, il se dépose en prismes clinorhombiques renfermant $NaBr + 2H^2O$ (Mitscherlich).

La densité des cristaux cubiques est égale à 3,079, rapportée à celle de l'eau à 17°,5 (Kremers).

Ce sel est très-soluble dans l'eau et sa solution saturée bout à 121°. Voici, d'après Kremers, les quantités d'eau nécessaires pour dissoudre 1 p. NaBr :

à 0°	20°	40°	60°	80°	100°
1p,29	1,13	0,96	0,90	0,89	0,87

Le bromure de sodium est soluble dans l'alcool.

Iodure de sodium, NaI. — Ce sel est contenu dans les eaux mères des soudes de varechs. Sa préparation s'exécute comme celle de l'iodure de potassium. Il cristallise en cubes à la température de 40° ou 50°; à froid, il se dépose en longs prismes clinorhombiques [Mitscherlich, *Poggend. Ann.*, t. XVII, p. 385]. Ces cristaux, qui constituent l'hydrate NaI + $2H^2O$, fondent à une douce chaleur; ils s'effleurissent à l'air sec, mais sont déliquescents à l'air humide.

L'iodure de sodium anhydre est moins fusible que celui de potassium; chauffé au delà du point de fusion, il se volatilise avec production de vapeurs d'iode. Il est déliquescent. Exposé à l'air, il brunit après quelque temps par suite d'une mise en liberté d'iode.

Il est extrêmement soluble dans l'eau et sa solution saturée bout à 141°. Les quantités d'eau nécessaires pour dissoudre 1 p. d'iodure de sodium sont, d'après Kremers :

à 0°	20°	40°	60°	80°	100°	120°	140°
0p,63	0,56	0,48	0,39	0,33	0,32	0,31	0,30

Il se dissout aussi dans l'alcool.

Fluorure de sodium, NaFl. — On l'obtient en saturant l'acide fluorhydrique par la soude ou par le carbonate de sodium pur. Berzelius le préparait en faisant bouillir 100 p. de fluosilicate de sodium avec 112 p. de carbonate de sodium sec et un peu d'eau, aussi longtemps qu'il y a effervescence, et épuisant alors le produit par l'eau bouillante et faisant cristalliser la solution.

On peut le préparer en grand en fondant avec un excès de charbon un mélange de fluorure de calcium (100 p.), de carbonate de calcium (140 p.) et de sulfate de sodium anhydre (200 p.). On reprend par l'eau bouillante qui dissout le fluorure de sodium et laisse un mélange de chaux et de sulfure de calcium [Jean, *Compt. rend.*, t. LXVI, p. 918; *Bull. de la Soc. chim.*, 1869, t. XI, p. 260].

Le fluorure de sodium cristallise en cubes anhydres ou en octaèdres. Il ne fond qu'au delà de la température de fusion du verre. Il est peu soluble dans l'eau. D'après Berzelius, il exige 23 p. d'eau à 16° pour se dissoudre, 25 p. à 15° d'après Fremy. Il n'est guère plus soluble à chaud qu'à froid et est presque insoluble dans l'alcool. Sa solution aqueuse attaque le verre.

Fluorhydrate de fluorure de sodium,

$$NaFl, HFl.$$

— La solution de fluorure de sodium dans l'acide fluorhydrique en excès abandonne par l'évaporation de petits cristaux rhomboédriques à réaction fortement acide : c'est le fluorhydrate de fluorure. Ce sel est notablement plus soluble à chaud qu'à froid et cristallise par le refroidissement. Il perd de l'acide fluorhydrique par la chaleur (Berzelius).

Les cristaux rhomboédriques, qui présentent un angle de 74° 36', sont souvent maclés (Marignac).

Le fluorure de sodium se combine avec le sulfate de sodium, formant des lamelles hexagonales,

$$SO^4Na^2 + NaFl,$$

décomposables par l'eau pure [Marignac, *Ann. des Mines*, (5), t. XV, p. 221].

Il s'unit au fluorure de bore, au fluorure de silicium, etc. (voyez t. I, p. 1474, 1476 et suiv.), ainsi qu'au fluorure d'aluminium (cryolithe).

COMBINAISONS DU SODIUM AVEC LES ÉLÉMENTS DIATOMIQUES.

Oxydes de sodium. — On en a décrit trois : un *sous-oxyde* Na^4O(?), le *protoxyde* Na^2O et le *peroxyde* Na^2O^2.

Sous-oxyde, Na^4O (?). — Il forme une masse grise amorphe et cassante, qui s'obtient comme le sous-oxyde de potassium. Il décompose l'eau (H. Davy, Gay-Lussac et Thenard).

Protoxyde, Na^2O. — Cet oxyde, qui est fort peu important, se produit par la combustion du sodium dans l'air sec ou par l'action du sodium sur l'hydrate de sodium. Il est extrêmement avide d'eau, à laquelle il se combine en donnant l'hydrate NaHO.

C'est une masse grise, à cassure conchoïde, fusible au rouge vif. Sa densité est égale à 2,805 (Karsten).

Hydrate de sodium (*soude caustique*), NaHO. — *Préparation.* — L'hydrate de sodium se produit en solution aqueuse lorsqu'on décompose l'eau par le sodium :

$$Na^2 + 2H^2O = H^2 + 2NaHO.$$

On l'obtient en général en traitant le carbonate de sodium par la chaux ou par la baryte. Il se produit encore par l'action de ces bases sur d'autres sels, notamment le sulfate; par l'action de l'oxyde de plomb sur une solution de chlorure de sodium; par l'action de certains oxydes, tels que ceux de fer et de manganèse (Arrott), de zinc et de cuivre (Hunt) sur les sulfures de sodium; de la chaux sur le silicate de sodium, etc. (Gossage). L'industrie a cherché à tirer parti de ces réactions pour la *caustification* de la soude.

Cette opération se pratique le plus généralement en ajoutant 1 p. de chaux, délayée dans 3 p. d'eau à 3 p. de carbonate de sodium cristallisé, dissous dans 15 p. d'eau. Elle est conduite, du reste, comme pour la préparation de la potasse caustique (voyez t. II, p. 1120). La soude ainsi obtenue est purifiée par un traitement à l'alcool.

La caustification du sulfate de sodium par la chaux réussit bien, suivant Hunter [*Chem. Centralbl.*, 1866, p. 975], en chauffant une solution de ce sel, offrant une densité de 1,10, avec un lait de chaux, sous une pression de 3 à 4 atmosphères et en opérant la décantation sous pression afin d'empêcher la réaction inverse.

La décomposition du chlorure de sodium par l'oxyde de plomb a déjà été observée il y a longtemps. Bachet a fait connaître récemment un procédé de fabrication fondé sur cette réaction. Voici ce procédé, tel qu'il a été décrit par Calvert-Clopham [*Chem. News*, t. XXI, p. 148; et *Bull. de la Soc. chim.*, t. XIV, p. 343].

On écrase à la meule un mélange, arrosé avec un peu d'eau, de 100 p. de litharge, 70 p. de sel et 50 p. de chaux, puis on soumet la pâte obtenue à une pression de 10 kilogrammes environ par centimètre carré. Le liquide qui s'écoule est une lessive de soude, qu'on débarrasse d'une petite quantité de plomb en la faisant passer sur de la chaux. Le chlorure de plomb qui reste dans la masse est de nouveau transformé en oxyde par un lait de chaux bouillant, pour servir à une nouvelle opération.

Nous signalerons enfin un procédé de préparation de la soude, consistant à décomposer la cryolithe ou fluorure double d'aluminium et de sodium par la chaux :

$$Al^2Na^6Fl^{12} + 6CaH^2O^2$$
$$= 6NaHO + Al^2H^6O^6 + 6CaFl^2.$$

On calcine le mélange pulvérisé de chaux et de cryolithe et l'on reprend la masse par l'eau bouillante, ou bien on soumet immédiatement le mélange à une ébullition prolongée avec de l'eau. Ce procédé est exploité à Copenhague, Harbourg, etc.

Propriétés. — La soude, telle qu'on l'obtient en fondant le résidu de l'évaporation de la lessive, constitue une masse opaque blanche, cassante, à texture fibreuse. Elle fond au-dessous du rouge et est moins volatile que la potasse. Densité = 2,00 (Dalton).

Lorsqu'on refroidit au-dessous de 0° une lessive de soude d'une densité de 1,385, on obtient de grands cristaux vitreux, fusibles à + 6°; la densité des cristaux fondus est égale à 1,405. Ces cristaux ont pour composition $2NaHO + 7H^2O$. Ils perdent $4H^2O$ par leur exposition sur l'acide sulfurique. Ils attirent l'acide carbonique et l'humidité de l'air. Leur forme est celle de prismes orthorhombiques de 98°, tronqués sur les arêtes aiguës [Hermès, *Deutsche Chem. Gesells.*, 1870, p. 122]. Ils ne renferment que des traces de chlorure et de carbonate de sodium.

Une lessive d'une densité de 1,215 ne fournit pas de cristaux à — 16° ou — 22° (Lindroth).

La soude est déliquescente; mais comme elle absorbe aussi l'acide carbonique de l'air, elle donne du carbonate qui est efflorescent.

La soude fondue se dissout dans l'eau avec élévation de température; les cristaux, au contraire, se dissolvent avec abaissement de température, en donnant une lessive incolore, très-caustique. La solution saturée à froid renferme, d'après Dalton, 36,8 % de soude, et sa densité est égale à 1,500; elle bout à 130°. Voici, d'après Tünnermann, la teneur en soude (Na^2O) des lessives de diverses densités, à 15° [*Neu. Journ. für Pharm.*, t. XVIII, p. 2] :

Densité.	Na^2O %.	Densité.	Na^2O %.
1,4285	30,220	1,2392	15,110
1,4193	29,616	1,2280	14,506
1,4101	29,011	1,2178	13,901
1,4011	28,407	1,2058	13,297
1,3923	27,808	1,1948	12,692
1,3836	27,200	1,1841	12,088
1,3751	26,594	1,1734	11,484
1,3668	25,989	1,1630	10,879
1,3586	25,385	1,1528	10,276
1,3505	24,780	1,1428	9,670
1,3426	24,176	1,1330	9,066
1,3349	23,572	1,1238	8,462
1,3273	22,967	1,1137	7,857
1,3198	22,363	1,1042	7,253
1,3143	21,894	1,0948	6,648
1,3125	21,458	1,0855	6,044
1,3053	21,154	1,0764	5,440
1,2082	20,550	1,0675	4,835
1,2912	19,945	1,0587	4,231
1,2843	19,341	1,0500	3,626
1,2775	18,730	1,0414	3,022
1,2708	18,132	1,0330	2,418
1,2642	17,528	1,0246	1,813
1,2578	16,923	1,0163	1,209
1,2515	16,319	1,0081	0,604
1,2458	15,714	1,0040	0,302

Dalton a dressé de même des tables de densité, qui vont jusqu'à la densité de 2,0, qui est celle de la lessive saturée. Nous donnons les chiffres qui complètent le tableau précédent.

Densité.	Na^2O %.	Densité.	Na^2O %.
2,00	77,8	1,56	41,2
1,85	63,6	1,50	36,8
1,72	53,8	1,47	34,0
1,63	46,6	1,44	31,0

Les réactions de la soude sont en général celles que donne la potasse. Elle doit dans bien des cas être préférée à cette dernière, car son prix est moins élevé et la quantité qu'il faut en employer est plus faible, dans le rapport des poids moléculaires de NaHO et de KHO, soit de 5 à 7.

La soude est notamment employée dans la savonnerie.

Peroxyde de sodium, Na^2O^2. — Gay-Lussac et Thenard, puis Davy, avaient admis que les peroxydes de potassium et de sodium sont des trioxydes. Vernon Harcourt a reconnu que la composition du peroxyde de sodium est Na^2O^2 et celui de potassium K^2O^4.

Le peroxyde de sodium se forme dans les mêmes conditions que celui de potassium, mais les phénomènes qui accompagnent sa production sont moins frappants. Il prend naissance par l'action de l'oxygène, employé en excès, sur du sodium chauffé. Ce composé est d'un blanc pur; il jaunit momentanément sous l'influence de la chaleur. Il tombe lentement en déliquescence à l'air, mais se solidifie de nouveau après s'être transformé en carbonate. Il est soluble dans l'eau et s'y dissout avec élévation de température. Sa dissolution est décomposée par l'ébullition, avec dégagement d'oxygène.

Lorsqu'on évapore lentement sa solution, elle laisse déposer des cristaux tabulaires ayant pour composition $Na^2O^2 + 8H^2O$ et perdant $6H^2O$ par leur exposition sur l'acide sulfurique. Il reste ainsi l'*hydrate*, $Na^2O^2 + 2H^2O$, soit $Na^2H^4O^4$ (la solution de peroxyde de potassium ne fournit pas d'hydrate cristallisé).

La solution de peroxyde de sodium acquiert une plus grande stabilité lorsqu'elle est acidulée.

L'évaporation de la solution neutralisée exactement par un acide laisse comme résidu un sel sodique ordinaire.

Lorsqu'on fond le bioxyde de sodium dans un courant d'azote, il noircit, mais ne dégage pas d'oxygène. La nacelle d'argent dans laquelle on fait l'expérience s'oxyde.

L'oxyde d'argent décompose la solution de Na^2O^2 avec dégagement d'oxygène.

Le bioxyde de sodium absorbe l'oxyde de carbone avec formation de carbonate de sodium :

$$CO + Na^2O^2 = CO^3Na^2.$$

Il est décomposé à chaud par l'acide carbonique avec dégagement d'oxygène :

$$CO^2 + Na^2O^2 = CO^3Na^2 + O.$$

Le protoxyde d'azote convertit le bioxyde de sodium, chauffé vers son point de fusion, en azotite, et il se dégage de l'azote :

$$Na^2O^2 + 2Az^2O = 2AzO^2Na + Az^2.$$

Le bioxyde d'azote est complétement absorbé, au delà de 150°, par le bioxyde de sodium :

$$Na^2O^2 + 2AzO = 2AzO^2Na.$$

Traité par la vapeur d'iode, le bioxyde de sodium dégage de l'oxygène et il se forme une masse blanche fusible dont la composition est celle d'un *oxyiodure* Na^2I^2O ; celui-ci représente une combinaison ou un mélange d'iodure et d'iodate :

$$3Na^2O^2 + 3I^2 = 5NaI + IO^3Na + 3O$$

[V. Harcourt, *Quart. Journ. of the Chem. Soc.*, t. XV, p. 267; *Répert. de Chim. pure*, 1862, t. IV, p. 374].

Si l'on ajoute une solution de peroxyde de sodium à une solution de sel cuivrique en excès, on précipite du peroxyde de cuivre jaune. Si l'on opère en sens inverse, il se précipite d'abord du peroxyde de cuivre, mais celui-ci se transforme en hydrate cuivrique.

En général, les solutions de peroxydes de potassium et de sodium se comportent comme les solutions d'alcalis additionnées de peroxyde d'hydrogène [Brodie, *Proceed. of the Roy. Soc.*, t. XII, p. 209].

Sulfures de sodium. — Le sodium forme la même série de sulfures que le potassium, et ces sulfures se préparent d'une manière analogue. Au protosulfure Na^2S correspond le sulfhydrate NaHS.

Protosulfure de sodium, Na^2S. — Ce sulfure s'obtient en saturant une quantité donnée de soude par l'hydrogène sulfuré en ajoutant ensuite une quantité de soude égale à la première. Il cristallise en octaèdres volumineux incolores ou en prismes pyramidés, du système quadratique (Vauquelin, Berzelius). La saveur de ces cristaux est hépatique, alcaline et amère; ils s'altèrent peu à peu à l'air. Ils sont très-solubles dans l'eau avec abaissement de température, et se dissolvent aussi dans l'alcool, qui cependant précipite le sulfure de la solution aqueuse concentrée (Berzelius).

D'après Rammelsberg [*Pogg. Ann.*, t. CXXVIII, p. 172], le sulfure de sodium cristallisé renferme $Na^2S + 9H^2O$, composition déjà trouvée par Kircher [*Ann. der Pharm.*, t. XXXI, p. 339], et appartient au système quadratique. Rapport des axes = 1 : 1 : 0,983269. Faces observées : $b^{1/2}$, m et quelquefois $a^{1/2}$. Angles : $b^{1/2}\ b^{1/2} = 110°$ et 108°15'; $b^{1/2}\ m = 114°15'$; $m\ a^{1/2} = 129°30'$.

Finger a observé en outre que, lorsqu'on fait passer un courant d'hydrogène sulfuré dans une lessive de soude d'une densité de 1,37, il se dépose d'abord des aiguilles incolores et transparentes appartenant au type orthorhombique (faces : m, g^1, e^1) et renfermant $Na^2S + 3H^2O$. Elles se transforment facilement en cristaux à $9H^2O$ [*Poggend. Ann.*, t. CXXVIII, p. 635].

Le sulfure de sodium est contenu avec d'autres impuretés dans les eaux mères de la soude artificielle.

Lorsqu'on traite à l'ébullition ces eaux mères par de l'azotate de sodium, le sulfure est transformé en sulfate et l'azotate en azotite, lorsque le point d'ébullition des eaux mères est situé vers 140° :

$$Na^2S + 4AzO^3Na = SO^4Na^2 + 4AzO^2Na.$$

Si la concentration est telle que l'ébullition ait lieu à 154°, il se produit un dégagement d'ammoniaque :

$$Na^2S + AzO^3Na + 2H^2O$$
$$= SO^4Na^2 + NaHO + AzH^3.$$

Enfin, si l'ébullition a lieu au delà de 154°, il se dégage de l'azote :

$$5Na^2S + 8AzO^3Na + 4H^2O$$
$$= 5SO^4Na^2 + 8NaHO + 8Az$$

[Ph. Pauli, *Phil. Mag.*, (4), t. XXIII, p. 248, et *Répert. de Chim. appl.*, 1862, t. IV, p. 90].

Les eaux thermales des Pyrénées renferment une petite quantité de sulfure de sodium (Filhol).

SULFHYDRATE DE SODIUM, NaHS. — Sa solution est incolore et fournit par la concentration des cristaux déliquescents, solubles dans l'alcool (Berzelius). D'après Gay-Lussac et Thenard, le sodium décompose le gaz hydrogène sulfuré avec dégagement d'hydrogène et en donnant par un excès d'hydrogène sulfuré un sulfure qui paraît renfermer Na^3HS^2 (soit $Na^2S.NaHS$).

POLYSULFURES DE SODIUM. — Le sulfure de sodium peut s'unir à un excès de soufre en donnant des polysulfures dont la solution aqueuse est jaune. Suivant Vauquelin, le foie de soufre sodique obtenu par la fusion du carbonate de sodium avec son poids de soufre représente un mélange de sulfate et de tétrasulfure de sodium. L'alcool dissout ce dernier et fournit alors par cristallisation des aiguilles jaunes opaques et des cubes transparents jaunes.

Tétrasulfure, Na^2S^4. — Lorsqu'on fait dissoudre jusqu'à saturation du soufre dans une lessive bouillante de protosulfure de sodium et qu'on ajoute de l'alcool à la solution évaporée à consistance sirupeuse, on en sépare des mamelons formés de lamelles jaunes et brillantes, très-hygroscopiques et ayant pour composition :

$$Na^2S^4 + 6H^2O.$$

Ces cristaux, peu solubles dans l'alcool absolu, insolubles dans l'éther, fondent à 25° et perdent $4H^2O$ à 100-120°. Le résidu se décompose par la calcination.

Si, au lieu d'ajouter de l'alcool à la solution du polysulfure précédent, on évapore celle-ci dans le vide, on obtient des cristaux mamelonnés, déliquescents, offrant la composition d'un pentasulfure :

$$Na^2S^5 + 6H^2O.$$

Néanmoins, la solution de ces cristaux fournit du tétrasulfure, $Na^2S^4, 6H^2O$, par l'addition d'alcool. Il est donc probable qu'ils représentent un sulfhydrate, sans doute $Na^2S^4.H^2S + 6H^2O$ [E. Schoene, *Poggend. Ann.*, t. CXXXI, p. 380, et *Bull. de la Soc. chim.*, 1867, t. VIII, p. 167].

SÉLÉNIURE ET TELLURURE DE SODIUM. — Ces combinaisons, analogues à celles de potassium, n'ont pas été étudiées.

SODIUM ET ÉLÉMENTS TRIATOMIQUES.

AZOTURE DE SODIUM, $AzNa^3$. — Il reste comme résidu, d'après Gay-Lussac et Thenard, lorsqu'on décompose l'amidure de sodium, AzH^2Na, par la chaleur : $3AzH^2Na = 2AzH^3 + AzNa^3$.

AMIDURE DE SODIUM (*sodium-amide*), AzH^2Na. — Ce composé a été découvert par Gay-Lussac et Thenard [*Rech. physico-chim.*, t. I, p. 354] qui, en se fondant sur la quantité d'hydrogène mise en liberté par l'action du sodium sur le gaz ammoniac sec, lui ont assigné la formule AzH^2Na, qui a été confirmée par H. Davy. Son étude a été reprise il y a une quinzaine d'années par Beilstein et Geuther [*Ann. der Chem. u. Pharm.*, t. CVIII, p. 88, et *Répert. de Chim. pure*, 1859, p. 163].

Pour préparer l'amidure de sodium, on place du sodium, par portion de 2 grammes, dans une série de ballons, chauffés au bain de sable et remplis préalablement d'hydrogène qu'on déplace ensuite par du gaz ammoniac sec. L'amidure se sépare en un liquide dense et vert sur lequel nage l'excès de sodium qui disparaît peu à peu. Le produit se prend par le refroidissement en une masse cristalline d'un vert-olive, moins dense que l'eau.

Soumis à la calcination, l'amidure de sodium donne un dégagement d'ammoniaque et un résidu d'azoture, $AzNa^3$. Il brûle vivement lorsqu'on le chauffe à l'air.

Traité par l'eau, il dégage de la chaleur et se décompose d'après l'équation

$$AzH^2Na + H^2O = AzH^3 + NaHO.$$

L'alcool le décompose de même, sans produire d'éthylamine.

L'acide chlorhydrique le décompose en donnant du chlorure de sodium et du chlorure d'ammonium.

Traité par le sel ammoniac, il donne du chlorure de sodium et du gaz ammoniac :

$$AzH^2Na + AzH^4Cl = NaCl + 2AzH^3.$$

Chauffé dans un courant d'oxyde de carbone, il donne du cyanure de sodium, de la soude et de l'ammoniaque, ces derniers résultant de l'action de l'eau formée dans la réaction principale :

$$AzH^2Na + CO = CAzNa + H^2O.$$

Avec le sulfure de carbone, la réaction est très-vive et est accompagnée quelquefois d'un phénomène d'incandescence; il se forme du sulfocyanate de sodium et de l'hydrogène sulfuré, mais ce dernier à son tour donne naissance à du sulfure de sodium et à de l'ammoniaque.

Avec l'acide carbonique, la réaction est également très-énergique. Il ne se forme pas de cyanate de sodium, mais un composé présentant les réactions de la cyanamide :

$$2AzH^2Na + CO^2 = CAz^2H^2 + 2NaHO.$$

Le gaz chloroxycarbonique ne produit pas d'urée. Arrosé de chloroforme, l'amidure de sodium fait explosion sous le choc. Chauffé avec du chlorure d'éthyle, il donne du chlorure de sodium, du gaz éthylène et de l'ammoniaque, mais pas d'éthylamine.

SODAMMONIUM, $Az^2H^6Na^2$. — Cette combinaison

a été obtenue par Weyl, par l'action du sodium métallique sur de l'ammoniaque liquéfiée dans un tube Faraday. Une des branches du tube renfermait le sodium, l'autre du chlorure d'argent saturé de gaz ammoniac. En chauffant cette seconde branche et refroidissant la première, le gaz ammoniac se liquéfie en présence du sodium qui s'y dissout en donnant une masse liquide, opaque, présentant les reflets métalliques du cuivre ou du laiton. Par le refroidissement du chlorure d'argent, l'ammoniure de sodium se défait; le gaz ammoniac est réabsorbé et le sodium remis en liberté. Le composé instable qui s'était produit renferme, d'après les déterminations synthétiques de Weyl, $Az^2H^6Na^2$.

Si au lieu de sodium on emploie un amalgame pulvérulent de parties égales de sodium et de mercure, on obtient une masse homogène métallique ayant la couleur du bronze.

Lorsqu'on emploie dans ces expériences le gaz ammoniac en grand excès, on obtient un liquide bleu qui, suivant Weyl, renferme l'ammonium, Az^2H^8, et qui plus tard se transforme en un liquide jaune. Ce dernier, en perdant l'ammoniaque, laisse un composé cristallin qui décompose l'eau avec dégagement d'ammoniaque [*Poggend. Ann.*, t. CXXI, p. 607, et t. CXXIII, p. 365, et *Bull. de la Soc. chim.*, 1865, t. III, p. 186].

Si l'on traite par le gaz ammoniac liquéfié un mélange de sodium et d'un chlorure métallique, on obtient un mélange de chlorure de sodammonium et d'ammoniure métallique, par exemple celui de baryum. On voit d'abord l'ammoniure de sodium se produire et surnager le chlorure de baryum, sur lequel il réagit ensuite d'après l'équation

$$2AzH^3Na + 2AzH^3 + BaCl^2$$
$$= 2AzH^3NaCl + (AzH^3)^2Ba.$$

Si l'on traite le sodium par un mélange de gaz ammoniac en excès et d'oxygène, il se forme d'abord de l'amidure de sodium, puis une combinaison liquide d'oxyde et d'amide, qui est d'un rouge rubis. Avec le potassium, on obtient une combinaison d'un bleu foncé.

Lorsqu'on soumet le sulfure de sodium Na^2S à l'action du gaz ammoniac liquéfié, on obtient une substance jaune-orange. Celle-ci, en se décomposant, laisse un produit qui renferme encore de l'ammoniaque. Weyl présume que la substance jaune est du sulfure de tétrasodammonium $(AzNa^4)^2S$ [*Poggend. Ann.*, t. CXXIII, p. 350].

Seely regarde le composé liquide, décrit par Weyl comme de l'ammoniure de sodium, comme une simple dissolution de sodium dans le gaz ammoniac liquéfié [*Chem. News*, t. XXII, p. 217].

PHOSPHURE DE SODIUM, PNa^3 (?). — Ce phosphure se produit lorsqu'on projette des fragments de phosphore dans du sodium fondu dans un creuset de fer, au milieu d'une atmosphère de gaz carbonique. Mais la réaction n'est pas sans danger et il vaut mieux l'effectuer sous une couche d'huile de naphte ou d'hydrocarbures du goudron de houille. La combinaison a lieu avec production de lueurs et avec élévation de température. Le phosphure formé se sépare du sodium; on ajoute peu à peu un excès de phosphore.

On traite le phosphure de sodium par le sulfure de carbone pour lui enlever le phosphore en excès, puis on le sèche au bain-marie dans un courant de gaz carbonique. Il est noirâtre et pulvérulent, inaltérable à l'air sec, mais décomposable par l'humidité, avec production d'hydrogène phosphoré.

Mis en présence des éthers iodhydriques, il les transforme facilement en phosphines [Vigier, *Bull. de la Soc. chim.*, 1861, p. 6].

SELS DE SODIUM.

Les caractères généraux des sels de sodium seront décrits plus loin (voyez SODIUM, ANALYSE). Nous dirons seulement qu'à de rares exceptions près ces sels sont solubles dans l'eau. Nous les décrirons en suivant l'ordre alphabétique du radical de l'acide.

ANTIMONIATE ET ANTIMONITE DE SODIUM. — Voyez t. I, p. 348 et p. 346.

SULFANTIMONIATE DE SODIUM. — Voyez t. I, p. 351.

ARSÉNIATES ET ARSÉNITES DE SODIUM. — Voyez t. I, p. 405 et p. 401.

SULFARSÉNIATES ET SULFARSÉNITES DE SODIUM. — Voyez t. I, p. 406, 407 et 410.

AZOTATE DE SODIUM, AzO^3Na (*salpêtre cubique, salpêtre du Chili*). — Ce sel forme des gisements considérables au Chili et au Pérou et donne lieu à une exploitation très-active. L'origine et la nature de ces gisements, ainsi que leur exploitation, ont fait l'objet d'un article spécial (voyez t. II, p. 558). La préparation du sel pur a lieu par cristallisation.

L'azotate de sodium naturel renferme généralement de l'iodate de sodium.

L'azotate de sodium cristallise dans le système rhomboédrique, avec un angle de 106°,30' (Brooke). Les cristaux sont anhydres et ont pour densité 2,24 d'après H. Kopp; 2,256 d'après Schrœder. Ils sont déliquescents et cette circonstance empêche d'employer ce sel pour la fabrication de la poudre. D'après Roberts et Dale, l'azotate de sodium devient propre à cet usage lorsqu'il est mélangé de 18 °/₀ de sulfate de sodium anhydre.

Chauffé, l'azotate de sodium fond, puis se décompose. La solidification du sel fondu a lieu à 313°; celle de l'azotate de potassium fondu à 338°. Un mélange des deux azotates fond à une température plus basse; le point de fusion le moins élevé, 226°, s'observe lorsque le mélange renferme 54,3 °/₀ d'azotate de potassium [Schaffgotsch, *Poggend. Ann.*, t. CII, p. 293].

Les produits de la décomposition de l'azotate de sodium par la chaleur sont d'abord de l'azotite, puis de l'oxyde de sodium.

L'azotate de sodium est très-soluble dans l'eau; sa dissolution produit un abaissement de température qui peut aller jusqu'à 18°,5 (Rüdorff). L'eau à 15°,6 en dissout 84,5 °/₀; la densité de cette solution est égale à 1,378 (Page et Keightley).

Suivant Maumené [*Compt. rend.*, t. LVIII, p. 81], sa solubilité dans l'eau à diverses températures est donnée par les chiffres suivants :

Température.	AzO^3Na fondu.	Température.	AzO^3Na fondu.	Température.	AzO^3Na fondu.
0°	70,94 °/₀	50°	120,00 °/₀	100°	178,18 °/₀
10	78,57	60	131,11	110	194,26
20	87,97	70	142,31	119°,4	213,43
30	98,26	80	158,72		
40	109,01	90	165,55		

Sa solution saturée bout à 122° (Kremers).

La densité des solutions à 20°,2 a été déterminée par H. Schiff :

AzO^3Na °/₀.	D.	AzO^3Na °/₀.	D.
46,48	1,3806	15,50	1,1075
30,99	1,2326	10,33	1,0698
20,66	1,1478	5,16	1,0342

La présence d'acide azotique libre diminue beaucoup la solubilité de l'azotate de sodium, ainsi que le montre le tableau suivant qui indique en même temps la solubilité de l'azotate de potassium dans l'acide azotique [C. Schultz. *Zeitsch. für Chem.*, 1869, p. 531].

Quantité d'acide nécessaire pour dissoudre 1 p. de sel :

	Acide concentré (AzO^3H).	Acide ordinaire ($2AzO^3H + 3H^2O$). à 20°.	à 123°.
AzO^3K....	1p,4	3p,8	1p
AzO^3Na...	66	32	4

On voit qu'il existe une grande différence de solubilité dans l'acide azotique, pour les azotates de potassium et de sodium. On peut en tirer parti dans certains cas pour séparer ces deux sels.

L'azotate de sodium est peu soluble dans l'alcool. D'après Wittstein, il exige, à 19-20°, 108 p. d'alcool à 93 centièmes et 13p,5 d'alcool à 62 centièmes.

La solubilité dans l'alcool de diverses concentrations, à 15°, est indiquée par les chiffres suivants, qui expriment la quantité de sel contenue dans 100 p. de la solution (H. Schiff) :

Degré alcoolique.	AzO^3Na dissous.	Degré alcoolique.	AzO^3Na dissous.
0°	45,9	40	20,5
10	39,5	60	10,2
20	32,8	80	2,7
30	26,2		

Gérardin a donné le tableau suivant [*Ann. de Chim. et de Phys.*, (2), t. V] :

100 p. d'alcool dissolvent à 18° :

Force de l'alcool. Densité.	Degré.	AzO^3Na.
1	0	86,1
0,9904	7	72
0,9793	17	50
0,9573	36,5	24
0,8967	66,3	6

Enfin une solution saturée dans l'alcool méthylique à 40 centièmes renferme 24,4 °/₀ AzO^3Na (H. Schiff).

Usages. — L'azotate de sodium est employé pour préparer le salpêtre, préparation qu'on réalise en le décomposant par le chlorure de potassium (voyez t. II, p. 558). Il sert à la fabrication de l'acide nitrique, en fournissant en même temps du sulfate de sodium. Enfin, il entre dans la composition des engrais artificiels.

Azotite de sodium, AzO^2Na. — Ce sel s'obtient soit par la calcination de l'azotate de sodium, soit par double décomposition entre les azotites métalliques et le carbonate de sodium. Enfin, on peut le préparer en saturant une lessive de soude par les vapeurs nitreuses produites par l'action de l'amidon sur l'acide azotique. Il se produit en même temps de l'azotate de sodium qu'on sépare de l'azotite par cristallisation et par un traitement à l'alcool qui dissout aisément l'azotite.

Quand on le prépare par la fusion de l'azotate, on reprend la masse fondue par l'eau, on neutralise exactement par l'acide azotique ou par l'acide acétique et on ajoute de l'alcool à la solution, pour précipiter une partie de l'azotate. La solution alcoolique, évaporée à sec, laisse un résidu qui, abandonné à l'air, se liquéfie en partie par suite de la déliquescence de l'azotite. La partie liquéfiée est ensuite évaporée dans le vide [Fischer, *Poggend. Ann.*, t. LXXIV, p. 115; — Nicklès, *Compt. rend.*, t. XXVII, p. 244].

Hampe prépare l'azotite de sodium en fondant 5 p. d'azotate avec 6 p. de plomb, reprenant le produit fondu par l'eau, saturant la solution par l'acide carbonique et concentrant. Les eaux mères d'une première cristallisation sont alors évaporées à sec et le résidu est repris par l'alcool absolu bouillant qui ne dissout que l'azotite. Ce sel reste après la distillation de l'alcool sous forme d'une poudre cristalline blanche déliquescente [*Ann. der Chem. u. Pharm.*, t. CXXV, p. 334; *Bull. de la Soc. chim.*, 1863, p. 334].

L'azotite de sodium cristallise par l'évaporation lente de sa solution aqueuse en beaux rhomboèdres transparents. Il est très-soluble dans l'eau et déliquescent, peu soluble dans l'alcool froid, soluble dans l'alcool bouillant. Sa solution aqueuse n'est pas précipitée par l'alcool.

Borates de sodium. — On en a décrit six qui sont les suivants :

Tétraborate hexasodique..........	$Bo^4O^9Na^6$	$= 2Bo^2O^3, 3Na^2O$.
Métaborate........	BoO^2Na	$= 1/2(Bo^2O^3, Na^2O)$.
Tétraborate disodique (borax).....	$Bo^4O^7Na^2$	$= 2Bo^2O^3, Na^2O$.
Octoborate........	$Bo^8O^{13}Na^2$	$= 4Bo^2O^3, Na^2O$.
Pentaborate.......	Bo^5O^8Na	$= 1/2(5Bo^2O^3, Na^2O)$.
Dodécaborate.....	$Bo^{12}O^{19}Na^2$	$= 6Bo^2O^3, Na^2O$.

Ces sels correspondent, pour la plupart, à des acides polyboriques, produits de condensation avec déshydratation partielle de l'hydrate borique normal. — Voyez t. I, p. 655, et t. II, p. 1143.

L'*orthoborate*, $Bo'''(ONa)^3$, soit $Bo^2O^3, 3Na^2O$, n'est pas connu.

Tétraborate hexasodique. — Il se produit, suivant Arfvedson lorsqu'on fond le borax avec un excès de carbonate sodique.

Métaborate, BoO^2Na (*borate neutre*). — Il se produit, avec effervescence, lorsqu'on fait bouillir une solution de borax avec du carbonate de sodium ou qu'on chauffe un mélange de 382 p. de borax prismatique (1 molécule) avec 106 p. de carbonate de sodium sec, à la température de fusion de l'argent. Le produit de la calcination se dissout dans l'eau avec élévation de température.

Le métaborate cristallise par un refroidissement lent en grands prismes clinorhombiques. Ces cristaux renferment $4H^2O$; ils fondent à 57° dans leur eau de cristallisation et fournissent par le refroidissement à 0° des cristaux indistincts contenant $3H^2O$. Suivant Benedict, le sel séché dans le vide renferme $2H^2O$ [*Deut. Chem. Gesells.*, t. VII, p. 700]. D'après Hahn, les cristaux de métaborate renfermant $4H^2O$ présentent les faces $d^{1/2}, m, p, h^1, g^1$. Angles $mm = 87°$; $h^1p = 106°41'$; $pd^{1/2} = 138°57'$. Macle fréquente sur la face h^1 [*Arch. für Pharm.*, 1859, t. XCIX, p. 146]. Les cristaux mesurés par Hahn ne seraient pas des cristaux de métaborate, d'après Benedict. Les cristaux de métaborate appartiennent, suivant cet auteur, au type anorthique [*loc. cit.*].

Exposés à l'air, ces cristaux attirent l'acide carbonique et donnent un mélange de borax et de carbonate sodique [Berzelius, *Poggend. Ann.*, t. XXXIV, p. 566].

La combinaison $BoO^2Na, 3NaFl$ a été décrite t. I, p. 1474.

Tétraborate disodique.—Voyez Borax, t. I, p. 652.

Ce tétraborate forme, avec le fluorure de sodium, une combinaison à laquelle on a attribué la formule $Bo^4O^7Na^2, 12NaFl + 22H^2O$.

Octoborate disodique, $Bo^8O^{13}Na^2 + 10H^2O$.— Bolley a obtenu ce borate en versant une solution de borax dans une solution de chlorure d'ammonium ; il se dégage de l'ammoniaque et la solution fournit, par la concentration, d'abord des cristaux de borax, puis des croûtes cristallines d'octoborate. Ce sel est soluble dans 5 à 6 p. d'eau froide. Il ne se boursoufle pas autant que le borax quand on le chauffe [*Ann. der Chem. u. Pharm.*, t. LXVIII, p. 122].

Pentaborate monosodique, $Bo^5O^8Na + 5H^2O$(?). — On l'obtient en faisant cristalliser une solution d'acide borique dans la soude, dans le rapport de $5Bo^2O^3$ à Na^2O. Il forme des aiguilles minces, fusibles dans leur eau de cristallisation. [*Bull. de la Soc. chim.*, t. XXI, p. 351].

Dodécaborate disodique, $Bo^{12}O^{19}Na^2$. — Il se

produit lorsqu'on dissout jusqu'à refus de l'acide borique dans une solution de borax (Laurent).

Bromate de sodium, BrO^3Na. — On le prépare comme le bromate de potassium. Il cristallise au-dessus de 4° en petits cristaux anhydres, isomorphes avec ceux du bromate de potassium. Ce sont des tétraèdres ou des octaèdres rhomboïdaux (Rammelsberg).

D'après Lœwig, il cristallise au-dessus de 4° en fines aiguilles à quatre pans, qui s'effleurissent à l'air.

Il fond au rouge et se décompose en oxygène et bromure de sodium.

Les cristaux anhydres ont pour densité 3,339 (Kremers). Ils exigent pour se dissoudre :

à 0°	3p,63 d'eau.
20	2 61 —
40	1 99 —
60	1 60 —
80	1 32 —
100	1 10 —

Leur solution saturée bout à 109°.

Combinaison de bromate et de bromure de sodium, α. — $2BrO^3Na + NaBr + 2H^2O$. — Cette combinaison a été décrite par Marignac [*Compt. rend.*, t. XLV, p. 650]. Cristaux clinorhombiques offrant les angles $m\,m = 77°6'$; $p\,h^1 = 80°44'$; $p\,m = 94°10'$; $mp = 85°10'$; $m b^{1/2} = 136°20'$.

β. — $3BrO^3Na + 2NaBr + 3H^2O$. — Aiguilles clinorhombiques présentant les faces m, h^1, g^1, $b^{1/2}$, p. Rapport des axes 0,71004 : 1 : 0,78714. Inclinaison de l'axe principal = 80°43'. Angles $m\,m = 77°9'$; $m\,b^{1/2} = 136°13'$; $m\,p = 94°16'$ [Fritzsche, *Ann. der Chem. u. Pharm.*, t. CIV, p. 180]. On voit que ces deux combinaisons ont absolument la même forme cristalline.

Carbonates de sodium. — On connaît le carbonate neutre et deux carbonates acides.

Carbonate neutre de sodium (*soude, sel de soude, cristaux de soude*), CO^3Na^2.

Préparation. — Ce sel, qui dans les circonstances ordinaires renferme $10H^2O$, mais qui présente un grand nombre d'autres degrés d'hydratation, est d'une grande importance industrielle. Sa fabrication est exposée dans un article spécial (voyez Soude). Autrefois, elle consistait uniquement à traiter les cendres de varechs ; mais depuis la découverte de Leblanc ce procédé primitif est abandonné presque généralement. Celui de Leblanc repose sur la transformation du chlorure de sodium en sulfate et sur la calcination de ce sel avec de la craie et du charbon, opération dans laquelle il se produit d'abord du carbonate de sodium et du sulfate de calcium ; l'addition de charbon a pour but de soustraire le sulfate calcique au mélange en le réduisant à l'état de sulfure, qui en s'unissant avec la chaux forme un oxysulfure insoluble ; il en résulte que pendant le lessivage du produit brut il ne peut pas se produire une réaction inverse.

D'autres procédés ont été proposés pour la fabrication de la soude artificielle ; le seul qu'on puisse regarder aujourd'hui comme pouvant faire concurrence au procédé Leblanc est celui dont le principe a été indiqué par MM. Schlœsing et Rolland. Il est fondé sur la double décomposition qui se produit entre le chlorure de sodium et le bicarbonate ammonique en solutions aqueuses : il se précipite du bicarbonate sodique qu'on réduit par la chaleur en carbonate. Solvay a eu le mérite d'introduire ce procédé dans l'industrie.

R. Wagner a proposé de décomposer le sulfate de sodium par le carbonate barytique naturel.

Pour purifier le carbonate de sodium du commerce, on le fait dissoudre dans l'eau bouillante jusqu'à saturation, on filtre et on fait refroidir brusquement la solution filtrée, en l'agitant constamment. Il se forme ainsi une farine de très-petits cristaux faciles à priver de leur eau mère par des lavages avec de petites quantités d'eau. La calcination du bicarbonate fournit également du carbonate neutre pur.

Propriétés. — Le carbonate anhydre, CO^3Na^2, obtenu par la calcination des cristaux est une poudre blanche, fusible au rouge en perdant un peu d'acide carbonique. Il possède une densité de 2,4659 (Karsten). Il se combine à l'eau avec élévation de température. Ses réactions sont en général semblables à celles du carbonate de potassium.

Hydrates. — On a décrit un grand nombre de degrés d'hydratation du carbonate de sodium.

L'hydrate habituel renferme $10H^2O$, soit 62,937 % d'eau : c'est le carbonate du commerce (*cristaux de soude*).

Il forme des prismes rhomboïdaux volumineux ou des pyramides tronquées réunies par la base. Sa forme cristalline, d'après de Senarmont, appartient au type clinorhombique. Les faces habituelles sont m, g^1, h^1, $b^{1/2}$ et a^1. Angle $m\,m = 79°41'$ et $b^{1/2}\,b^{1/2} = 76°28'$; $h^1\,a^1 = 121°8'$.

La densité de ces cristaux est égale à 1,423 (Haidinger ; 1,463 Buignet). Ils s'effleurissent rapidement à l'air. Chauffés, ils commencent à fondre dans leur eau de cristallisation à 34°. Si l'on évapore ensuite le carbonate liquéfié, à la température de 75° à 87°, on obtient le sel à 1 molécule d'eau. Le même hydrate se produit lorsqu'on laisse effleurir les cristaux de soude à 37°,5 à l'air (Schindler), ou lorsqu'on fait évaporer à cette température leur solution concentrée (Haidinger), enfin par l'ébullition d'une solution saturée (Lœwel). L'efflorescence des cristaux à la température de 12° produit le sel à $5H^2O$. Celui-ci prend aussi naissance lorsqu'on expose le sel monohydraté à l'air humide. Il a été observé en octaèdres rhomboïdaux transparents dans la fabrique de Bouxwiller [Persoz, *Poggend. Ann.*, t. XXXII, p. 303].

Le carbonate de sodium est très-soluble dans l'eau et présente facilement des phénomènes de sursaturation qui ont été étudiés par Lœwel [*Ann. de Chim. et de Phys.*, (3), t. XXXIII, p. 337]. Lorsque ces solutions sursaturées cristallisent à une température voisine de 0°, les cristaux qui se déposent renferment toujours $10H^2O$. Mais si la cristallisation a lieu à 25° environ, le sel qui se dépose ne renferme que $7H^2O$. Suivant les circonstances de la cristallisation, cet hydrate est en tables carrées minces ou en cristaux rhomboédriques agglomérés en masses transparentes. Les premières se produisent lorsque la cristallisation de la solution sursaturée a lieu en vase clos à la température de + 8° ou lorsqu'elle a lieu à 25° au contact de l'air. Lorsqu'au contraire la température à laquelle se fait la cristallisation en vase clos est comprise entre 10° et 16°, ce sont les cristaux rhomboédriques qui prennent naissance. Ces cristaux se redissolvent entièrement à 21-22° et se forment de nouveau lorsque la température s'abaisse au-dessous de 19°. Ils sont beaucoup plus solubles que le sel à $7H^2O$ cristallisé en tables. Les sels à $7H^2O$ sont l'un et l'autre plus solubles que le sel à $10H^2O$ [Lœwel, *loc. cit.*, p. 382].

D'après Rammelsberg et d'après Marignac [*Compt. rend.*, t. XLV, p. 650], le sel à $7H^2O$ cristallise dans le type orthorhombique.

Le carbonate de sodium présente un maximum de solubilité ; il est un peu plus soluble à 34° qu'à 104°, point d'ébullition de la solution saturée. L'ébullition de la solution saturée laisse déposer de petits cristaux prismatiques d'un sel offrant une composition qui le rapproche beaucoup de l'hydrate $CO^3Na^2 + H^2O$ (Lœwel).

L'hydrate $CO^3Na^2 + H^2O$ a été décrit par Lœwel ; Marignac l'a obtenu en faisant cristalliser une solution de carbonate sodique saturée en même temps de carbonate de potassium, ou en évaporant la solution de carbonate sodique à 80°. Il cristallise en tables orthorhombiques. Faces m, h^1, g^1, p, $a^{1/2}$, a^1, $e^{1/3}$, $e^{1/2}$, $mm = 100°50'$; $e^{1/3}\ e^{1/2} = 108°$; $h^1\ a^1 = 116°4'$; $h^1\ a^{1/2} = 134°22'$.

Ces faits, signalés par Lœwel, ont été confirmés par Payen [*Ann. de Chim. et de Phys.*, (3), t. XLIII, p. 233], qui, pour les solutions saturées, a trouvé les rapports suivants entre les quantités de sel dissous et d'eau :

	Sel à 10 H^2O.	Eau.	Ce qui correspond à CO^3Na^2 %.
à + 14°	60P,4	100	13,87
36	833	100	33,07
104	445	100	30,26

Voici, d'après Lœwel et Poggiale, la quantité de carbonate de sodium qui se dissout dans 100 p. d'eau à diverses températures :

	Sel anhydre.		Sel avec 10 H^2O.
	(Poggiale).	(Lœwel).	(Lœwel).
à 0°	7,08	6,97	21,33
10	16,66	12,06	40,94
15	»	16,20	63,20
20	25,83	21,71	92,82
25	30,83	28,50	149,13
30	35,90	37,24	273,64
38	»	51,67 (1)	1142,17
104	48,50	45,47	539,63

Lorsqu'on fait cristalliser une solution de carbonate de sodium à — 20°, on obtient, suivant Jacquelain, des cristaux qui renferment 15 H^2O [*Ann. de Phys. et de Chim.*, (3), t. XXXII, p. 205].

Enfin, lorsqu'on fait cristalliser entre + 30° et 40° une solution de carbonate neutre dans laquelle on a fait naître un précipité de carbonate acide, le sel qui se dépose renferme 9 H^2O [Jacquelain, *loc. cit.*, p. 207].

Rappelons enfin que Thomson a décrit un sel avec 8 H^2O, obtenu par le refroidissement du sel à 10 H^2O fondu dans son eau de cristallisation. Lœwel pense que ce sel est un des deux sels à 7 H^2O.

Voici, d'après Tünnermann, la teneur en carbonate anhydre des solutions de carbonate sodique de diverses densités, à 15° :

Densité.	CO^3Na^2 %.	Densité.	CO^3Na^2 %.
1,1816	14,880	1,0847	7,440
1,1748	14,508	1,0802	6,768
1,1698	14,136	1,0757	6,396
1,1648	13,764	1,0713	6,324
1,1598	13,392	1,0669	5,972
1,1549	13,020	1,0625	5,580
1,1500	12,648	1,0578	5,208
1,1452	12,276	1,0537	4,836
1,1404	11,904	1,0494	4,464
1,1356	11,532	1,0452	4,092
1,1308	11,160	1,0410	3,720
1,1261	10,788	1,0368	3,348
1,1214	10,416	1,0327	2,976
1,1167	10,044	1,0286	2,504
1,1120	9,672	1,0245	2,232
1,1074	9,300	1,0204	1,850
1,1028	8,928	1,0163	1,488
1,0982	8,556	1,0121	1,116
1,0937	8,184	1,0081	0,744
1,0892	7,812	1,0040	0,372

D'après H. Schiff, la densité des solutions de carbonate à 10 H^2O est la suivante, à 22° :

$CO^3Na^2 + 10H^2O$.	Densité.
48,81 %	1,1995
32,54	1,1307
21,70	1,0859
16,27	1,0638
10,85	1,0430
5,43	1,0219

(1) Cette solution, saturée à 38°, correspond à peu près à la composition du sel à 5 H^2O.

Enfin le tableau suivant, dressé par Gerlach, se rapporte au carbonate anhydre comme celui de Tünnermann; mais on remarquera que l'accord laisse à désirer et que la teneur en sel anhydre est constamment plus forte dans le dernier tableau que dans le premier.

Densité.	CO^3Na^2 %.	Densité.	CO^3Na^2 %.
1,1535	14,354	1,0843	8
1,1495	14	1,0631	6
1,1274	12	1,0420	4
1,1057	10	1,0210	2

Le carbonate de sodium se dissout dans son poids environ de glycérine froide (Klever).

Sesquicarbonate de sodium (*natron, trona, urao*), $(CO^3)^3Na^4H^2$. — Ce sel représente une combinaison de carbonate neutre et de carbonate acide de sodium, $CO^3Na^2, 2CO^3NaH$. Il contient soit 2 H^2O, soit 3 H^2O.

Le *trona* a pour composition

$$(CO^3)^3Na^4H^2 + 3H^2O,$$

car il contient 22 % d'eau, y compris l'eau de constitution. Il se rencontre en grande quantité dans certains lacs d'Égypte, de Perse, de l'Inde, du Thibet; dans les plaines qui bordent la mer Caspienne et la mer Noire, en Hongrie et surtout dans le Fezzan, près du Sahara.

L'*urao*, qui diffère du trona par une molécule d'eau en moins, $(CO^3)^3Na^4H^2 + 2H^2O$ (17, 40 % d'eau totale), se rencontre dans la vallée de Mexico. — Voyez Trona et Urao.

Le sesquicarbonate de sodium s'obtient artificiellement, avec la forme et la composition du trona, lorsqu'on fait bouillir la solution aqueuse du carbonate acide (bicarbonate) et qu'on laisse refroidir la solution concentrée (Philipps).

Lorsqu'à une solution aqueuse de carbonate de sodium neutre et de bicarbonate de sodium, on ajoute 2 volumes d'alcool, sans mêler les liquides, on observe à la couche de séparation de fines aiguilles non efflorescentes de sesquicarbonate ayant la composition de l'urao ; le reste de ce sel, qu'on peut supposer exister en dissolution, se dédouble en bicarbonate qui se dépose et carbonate neutre qui reste dissous ou qui se dépose sur le bicarbonate en cristaux volumineux (Winckler).

Le sesquicarbonate est plus soluble dans l'eau que le bicarbonate ; sa solution donne par l'évaporation un mélange de bicarbonate et de carbonate neutre. La solution ne précipite pas les sels de magnésie.

100 p. d'eau à	0°	dissolvent	12,63	de sesquicarbonate.
—	20	—	18,30	—
—	40	—	23,95	—
—	60	—	29,68	—
—	80	—	35,80	—
—	100	—	41,59	—

[Poggiale, *Compt. rend.*, t. XVIII, p. 1191].

Carbonate monosodique (*bicarbonate, carbonate acide de sodium*),

$$CO^3NaH.$$

Ce sel existe en dissolution dans certaines eaux minérales, notamment dans les eaux de Vichy ; aussi le désigne-t-on quelquefois sous le nom de *sel de Vichy*.

Il se produit quand le carbonate neutre est mis en présence d'un excès d'acide carbonique, aussi sa préparation est-elle très-facile.

On place les cristaux de soude dans un vase présentant une grande élévation, muni à sa partie inférieure d'une ouverture dans laquelle s'engage le tube qui amène l'acide carbonique; l'excès de gaz sort par un tube disposé à la partie supérieure. De cette manière le gaz traverse une colonne étendue de carbonate neutre et est presque entièrement absorbé. Comme le carbonate neutre renferme 63 % d'eau environ et que le carbonate acide est exempt d'eau de cristallisation, toute l'eau des cristaux de soude se trouve finalement éliminée et s'écoule, saturée de bicarbonate. Pour commencer la réaction, il est utile d'humecter les cristaux de soude. Cette disposition, qui ne constitue en réalité qu'un appareil de laboratoire, est un peu modifiée dans les appareils industriels.

Les cristaux de soude sont placés sur des châssis disposés dans une chambre en maçonnerie dont le sol est légèrement incliné, de manière à permettre l'écoulement des eaux qui abandonnent les cristaux. L'eau qui s'écoule des châssis supérieurs suit de petites rigoles, de manière à ne pas ruisseler sur les châssis inférieurs. C'est la disposition qui est adoptée à Vichy et à Hauterive (Allier), où l'on tire parti du gaz carbonique qui se dégage en abondance des eaux minérales. On entoure la source d'un puits en maçonnerie dans lequel plonge une cloche portant à sa partie supérieure un tube par lequel s'échappe le gaz; celui-ci, avant d'arriver dans la chambre, traverse un laveur.

Dans d'autres fabriques, les cristaux de soude sont entassés dans de grandes cuves en bois portant un double fond percé de trous par lesquels s'écoule l'eau mise en liberté; elle s'accumule dans le double fond d'où on la soutire par un robinet. Le gaz arrive par le double fond et traverse toute la couche de cristaux. Celui qui n'est pas absorbé se rend dans une seconde cuve semblable.

On peut employer de la même façon l'acide carbonique produit dans une foule d'opérations. Ainsi on combine la fabrication du bicarbonate avec celle du sulfate de magnésie préparé par l'action de l'acide sulfurique sur la dolomie.

En absorbant l'acide carbonique, les cristaux de soude se déshydratent, deviennent opaques, poreux et friables, les fragments, qui ont conservé leur forme, sont du bicarbonate pur. En effet, le chlorure et le sulfate de sodium que contiennent les cristaux de soude du commerce sont dissous par l'eau qui abandonne les cristaux et sont éliminés avec elle. Il ne reste plus qu'à pulvériser ces fragments et à les sécher.

Lorsqu'on fait passer un courant de gaz carbonique dans une solution de carbonate sodique neutre, il est absorbé, et le bicarbonate beaucoup moins soluble se dépose quelquefois en cristaux volumineux. On obtient encore un dépôt de bicarbonate lorsqu'on traite une solution du sel neutre par une quantité d'acide acétique ou d'un autre acide suffisante pour saturer seulement la moitié de la soude; dans ce cas, l'acide carbonique au lieu de se dégager se combine à l'autre moitié du carbonate neutre :

$$CO^3Na^2 + \underset{\text{Acide acétique.}}{C^2H^3O^2H} = CO^3NaH + \underset{\text{Acétate de sodium.}}{C^2H^3O^2.Na.}$$

Enfin, en raison de la faible solubilité du bicarbonate, on peut le préparer par double décomposition entre le chlorure de sodium, en solution aqueuse, et le carbonate acide d'ammonium. Le procédé Solvay, pour la fabrication industrielle de la soude, est fondé sur cette importante réaction.

Lorsque le carbonate neutre est complétement transformé en bicarbonate, il ne rougit plus le curcuma et ne précipite plus les sels de magnésium.

Le carbonate monosodique présente encore une légère saveur alcaline, en même temps que salée; il bleuit le papier de tournesol rouge et verdit le sirop de violette. A ce point de vue, le nom de carbonate acide de sodium serait impropre.

Il cristallise en prismes rectangulaires, inaltérables à l'air sec. Exposé à l'air humide, il perd peu à peu de l'acide carbonique et se transforme en sesquicarbonate. Chauffé, il perd de l'acide carbonique et de l'eau et se transforme en carbonate neutre pur :

$$2CO^3NaH = CO^3Na^2 + H^2O + CO^2.$$

On peut tirer parti de cette décomposition pour faire l'essai d'un bicarbonate du commerce en mesurant l'acide carbonique dégagé.

La densité du carbonate monosodique est égale à 2,163 (Buignet).

Sa solubilité est indiquée par les chiffres suivants, d'après M. H. Dibbits [*Journ. für prakt. Chem.*, (2), t. X, p. 417] :

100 p. d'eau dissolvent :

Temp.	CO^3NaH.	Temp.	CO^3NaH.
0°	6p,9	35°	11p,9
5	7 45	40	12 7
10	8 15	45	13 55
15	8 85	50	14 45
20	9 6	55	15 4
25	10 35	60	16 4
30	11 1		

Chauffé au-dessus de 70°, la solution laisse dégager de l'acide carbonique; ce dégagement devient très-rapide à l'ébullition et la solution renferme finalement du carbonate neutre. A froid, elle se décompose aussi, mais beaucoup plus lentement. Elle perd de l'acide carbonique dans le vide.

Le carbonate monosodique est d'un emploi fréquent en médecine. Il fait disparaître l'acidité de certaines sécrétions, notamment de l'urine, et est employé contre la gravelle. C'est à lui que l'eau de Vichy doit son efficacité.

Carbonate double de sodium et de calcium. — Voyez Gay-Lussite, t. I, p. 1520.

Carbonate double de sodium et de potassium, $CO^3KNa + 6H^2O$. — Ce sel a été décrit d'abord par Marignac [*Compt. rend.*, t. XLV, p. 650] qui l'a obtenu en faisant cristalliser un mélange à équivalents égaux des deux carbonates. Il se présente en prismes rhomboïdaux obliques inaltérables à l'air. Faces : m, h^1, g^1, h^3, g^3, p, $b^{1/2}$, $a^{1/2}$, a^1 $(b^1\ b^{1/3}\ h^{1/2})$, e^1, $e^{1/2}$. Angles : $m\ m = 108°34'$; $p\ h^1 = 131°48'$; $p\ m = 122°46'$; $m\ a^1 = 124°48'$; $m\ a^{1/2} = 84°19'$.

On doit aussi à Zepharovich des déterminations cristallographiques de ce sel. D'après cet auteur, le rapport des axes est 0,0673 : 1 : 1,2226. Inclinaison de l'axe oblique = 84° 34' 18" [*Vien. Acad. Ber.*, t. LII, p. 237].

D'après Fehling [*Ann. der Chem. u. Pharm.*, t. CXXX, p. 247], qui lui a trouvé la même forme, ce sel est efflorescent. Il est fusible dans son eau de cristallisation et perd celle-ci à 100°. Fehling avait observé ce sel dans des résidus de fabrique.

La densité des cristaux est égale à 1,63 à 14°, celle du sel fondu est égale à 2,53 à 2,56.

Ce sel se dissout à 12°,5 dans 0p,75 d'eau et à 15° dans 0p,54. La solution saturée à 15° a pour densité 1,3071. Lorsqu'on soumet ce sel à une nouvelle cristallisation, on obtient des cristaux plus riches en sodium, tandis que les eaux mères sont plus riches en potassium [Stolba, *Journ. für prakt. Chem.*, t. XCIV, p. 406; *Bull. de la Soc. chim.*, 1865, t. IV, p. 102]. Ce dernier fait semble indiquer l'existence du sel double $(CO^3)^2Na^3K + 9H^2O$ décrit par Margueritte [*Compt. rend.*, t. XX, p. 504] et que Marignac n'avait pu reproduire.

En faisant évaporer pendant les chaleurs de l'été une solution de carbonate sodico-potassique, Stolba a observé la formation de fines aiguilles soyeuses ou de longs prismes clinorhombiques. L'analyse de diverses cristallisations a conduit aux formules d'un sesquicarbonate

$$(CO^3)^3(KNa)^2H^2 + 2H^2O \quad \text{et} \quad + 2\tfrac{1}{2}H^2O;$$

le rapport du sodium au potassium est variable [*Journ. für prakt. Chem.*, t. XCIX, p. 46].

SULFOCARBONATE DE SODIUM, CS^3Na^2.— On l'obtient en faisant digérer à 30° du sulfure de sodium avec le sulfure de carbone, puis évaporant la solution. Il est très-soluble dans l'eau et ne cristallise que dans sa solution très-concentrée. Ces cristaux sont déliquescents, et ont une saveur fraîche, puis hépatique. La chaleur décompose ce sel en charbon et trisulfure de sodium. Il est soluble dans l'alcool (Berzelius).

SULFOCARBONITE DE SODIUM (sesquisulfocarbonate), $C^2S^3Na^2$. — Ce sel se produit, d'après O. Lœw, par l'action de l'amalgame de sodium sur le sulfure de carbone :

$$4CS^2 + Na^6Hg = 2C^2S^3Na^2 + HgS, Na^2S,$$

ou lorsqu'on chauffe à 140°, en tubes scellés, du sulfure de carbone et du sodium. Pour l'obtenir pur, il vaut mieux décomposer la combinaison barytique C^2S^3Ba par le sulfate de sodium. Le sel barytique s'obtient en traitant par le sulfure de baryum l'acide $C^2S^3H^2$ produit par la décomposition du sel sodique brut par l'acide chlorhydrique.

Le sulfocarbonate de sodium forme par l'évaporation de sa solution aqueuse une masse brune, hygrométrique, s'altérant à l'air [*Zeitsch. für Chem.*, 1865, p. 722, et 1866, p. 173; *Bull. de la Soc. chim.*, 1866, t. VI, p. 443].

PERCHLORATE DE SODIUM, ClO^4Na. — Lamelles transparentes et déliquescentes ou rhomboèdres (Penny) très-solubles dans l'eau, solubles aussi dans l'alcool. Cette solubilité le distingue du perchlorate de potassium [Serullas, *Ann. de Chim. et de Phys.*, (2), t. XLVI, p. 297].

CHLORATE DE SODIUM, ClO^3Na. — Il se prépare comme celui de potassium. La séparation du chlorure de sodium formé en même temps est plus difficile que celle du chlorure de potassium, à cause de la solubilité du chlorate de sodium. Cette séparation peut s'effectuer par l'alcool qui dissout facilement le chlorate.

On peut aussi préparer ce sel en décomposant le chlorate d'ammonium par le carbonate de sodium. Voici la marche indiquée par Wittstein [*Repert. für Pharm.*, t. XXXVIII, p. 43].

On dissout 3 p. de sulfate ammonique et 5 p. de chlorate de potassium dans 15 p. d'eau; on évapore au bain-marie jusqu'à ce qu'il se forme une bouillie claire, puis, après refroidissement, on ajoute au liquide quatre fois son poids d'alcool. Le chlorate d'ammonium se dissout. On filtre. L'alcool ayant été chassé du liquide filtré, on ajoute à la solution 5 p. de carbonate de sodium; le carbonate ammonique produit se dégage par la chaleur et le chlorate de sodium reste.

Le chlorate de sodium est anhydre, il cristallise dans le système cubique; la forme dominante est le cube; les formes secondaires les plus fréquentes sont le dodécaèdre rhomboïdal, le dodécaèdre pentagonal et le tétraèdre dont la combinaison donne naissance à des faces hémiédriques. Les cristaux hémièdres possèdent le pouvoir rotatoire qui manque dans les solutions [Marbach, *Ann. de Chim. et de Phys.*, (3), t. XLIII, p. 352; — Biot, *ibid.*, t. XLIV, p. 45].

Chauffé avec de l'acide azotique, il dégage de l'oxygène et du chlore, en même temps qu'il se forme du perchlorate (Penny).

Sa densité est égale à 2,289 (Bœdecker).

Il est un peu hygrométrique.

Sa solubilité a été déterminée par Kremers :

1 p. de chlorate	se dissout	à 0°	dans 1p,22	d'eau.
—	—	20	— 1 01	—
—	—	40	— 0 81	—
—	—	60	— 0 68	—
—	—	80	— 0 59	—
—	—	100	— 0 49	—

Sa solution saturée bout à 132°.

CHLORITE DE SODIUM, ClO^2Na. — C'est un sel déliquescent, un peu plus soluble que celui de potassium et qui se prépare comme ce dernier. Il se décompose à 250° en entrant d'abord en fusion et en jaunissant [Millon, *Ann. de Chim. et de Phys.*, (3), t. VII, p. 326].

HYPOCHLORITE DE SODIUM, $ClONa$ (*chlorure de soude, eau de Labarraque*). — Il se produit par l'action du chlore sur une solution de carbonate de sodium. On l'obtient dans un plus grand état de pureté lorsqu'on décompose une solution de chlorure de chaux par le carbonate de sodium. Les caractères de cette solution sont les mêmes que ceux de l'hypochlorite de potassium.

Si l'on évapore rapidement la solution d'hypochlorite de sodium, ce sel se dépose en cristaux aiguillés [Philipps, *Phil. Mag.*, t. I, p. 376]. Une ébullition prolongée décompose l'hypochlorite en chlorate et chlorure (Faraday).

Lorsqu'on fait passer un courant de chlore sur du carbonate monosodique humecté d'un peu d'eau, on obtient un mélange décolorant renfermant du chlorure et de l'hypochlorite de sodium, en même temps qu'une petite quantité de bicarbonate (Ph. Mayer et Schindler).

PERIODATES DE SODIUM. — On en connaît deux, le periodate neutre et le periodate dit basique. Ces sels hydratés renferment

$$IO^4Na + 2H^2O \quad \text{et} \quad + 3H^2O$$

et

$$I^2O^9Na^4 + 3H^2O.$$

Si on regarde l'acide periodique normal comme renfermant IO^6H^5, ces sels deviennent

$$IO^6NaH^4 + H^2O \quad \text{et} \quad IO^6Na^2H^3$$

(voyez t. II, p. 123). Envisagés à l'état anhydre, ces sels constituent, le premier, le métaperiodate, le second le paradiperiodate.

Métaperiodate, $IO^4Na + 3H^2O$. — On l'obtient en dissolvant le sel suivant dans une solution d'acide periodique ou en le traitant par l'acide azotique étendu et évaporant à cristallisation.

Le periodate se dépose en cristaux dérivés d'un rhomboèdre de 94° 28′ et renfermant $3H^2O$. Ces cristaux sont solubles dans 12 p. d'eau froide; ils s'effleurissent à l'air et perdent leur eau sur l'acide sulfurique ou à 100°.

Si, dans la préparation de ce sel par l'action de l'acide azotique sur le paradiperiodate, l'acide azotique est en excès, on obtient des cristaux de métaperiodate anhydre, IO^4Na. Ces cristaux appartiennent au type quadratique. Faces $b^{1/2}$ et a^1, angles $b^{1/2}\, b^{1/2} = 99°\ 30'$ (terminal) et 134° 4′ (latéral). Rapport des axes = 1 : 1,59 [Rammelsberg, *Journ. für prakt. Chem.*, t. CIII, p. 278; *Bull. de la Soc. chim.*, t. X, p. 233].

Magnus et Ammermüller ont décrit le sel anhydre.

Langlois [*Ann. de Chim. de Phys.*, (2), t. XXXIV, p. 263] n'a trouvé dans le métaperiodate cristallisé que 2 molécules d'eau, ne se dégageant qu'à 140° (14,47 °/₀ d'eau). Les cristaux qui se déposent par la concentration à 50° ou 60° sont indiqués comme étant rhomboïdaux. Lautsch a obtenu le même sel que Langlois [*Journ. für prakt. Chem.*, t. C, p. 65].

Chauffé à 275°, le periodate de sodium se transforme en iodate.

Paradiperiodate de sodium (ou *periodate basique*), $I^2O^9Na^4 + 3H^2O$, soit $IO^6Na^2H^3$. — Ce sel, découvert par Magnus et Ammermüller [*Pogg. Ann.*, t. XXVIII, p. 514], est caractérisé par sa faible solubilité dans l'eau. Il se produit lorsqu'on fait passer un courant de chlore dans une solution chaude d'iodate de sodium additionnée de soude caustique; il se dépose sous forme d'une poudre cristalline peu soluble dans l'eau bouillante. Il se dissout dans l'acide acétique en produisant de l'iodate de sodium et de l'acide formique (?) [Banckiser, *Ann. de Pharm.*, t. XVIII, p. 254].

Sa formation a lieu en vertu de l'équation

$$2IO^3Na + 6NaHO + 4Cl = I^2O^9Na^4 + 3H^2O + 4NaCl.$$

Soumis à la calcination, ce sel perd de l'eau et de l'oxygène et laisse un résidu à réaction alcaline, ayant pour composition $I^2O^3Na^4$ et qui, chauffé plus fort, se décompose lui-même en laissant un résidu d'iodure et d'oxyde de sodium (ou de peroxyde).

Le résidu $I^2O^3Na^4$ peut être envisagé comme un mélange d'iodure et d'*iodite basique* de sodium,

$$I^2O^3Na^4 = IO^3Na^3 + NaI$$
$$IO^3Na^3 = (IO^2Na + Na^2O)$$

ou comme un *hypoiodite* basique,

$$2IONa + Na^2O;$$

l'acide carbonique le décompose en mettant l'iode en liberté.

Le chlore, en agissant sur le periodate basique de sodium en suspension dans l'eau bouillante, le dissout et le transforme en métaperiodate.

La solution renferme, en outre, du chlorate et du chlorure de sodium :

$$3I^2O^9Na^4 + 3Cl^2 = 6IO^4Na + ClO^3Na + 5NaCl.$$

L'iode agit d'une manière analogue, en donnant de l'iodate :

$$I^2O^9Na^4 + I^2 = 3IO^3Na + NaI.$$

L'iodure de sodium lui-même agit sur les periodates avec formation d'iodate :

$$3IO^4Na + NaI = 4IO^3Na$$
$$3I^2O^9Na^4 + 2NaI + 3H^2O = 8IO^3Na + 6NaHO$$

[J. Philipps, *Deutsch. Chem. Gesell.*, 1869, p. 149].

Iodate de sodium, IO^3Na. — Ce sel, qui existe naturellement dans le salpêtre du Chili et du Pérou, se forme en même temps que l'iodure lorsqu'on dissout l'iode dans la soude, l'iodure étant très-soluble reste dans les eaux mères. Liebig l'obtenait en traitant l'iode en suspension dans l'eau par du chlore jusqu'à dissolution et neutralisant par le carbonate de sodium. Cette neutralisation remet une grande partie de l'iode en liberté; on le redissout par le chlore, on neutralise de nouveau et l'on répète ce traitement, jusqu'à transformation de tout l'iode. On évapore alors au dixième, on ajoute de l'alcool à la solution et on sépare les cristaux qu'on lave à l'alcool faible [*Poggend. Ann.*, t. XXIV, p. 362].

Un autre procédé consiste à neutraliser du trichlorure d'iode aqueux par la soude et à précipiter l'iodate par l'alcool [Serullas, *Ann. de Chim. et de Phys.*, (2), t. XLIII, p. 125].

On peut aussi faire passer du chlore directement dans un mélange d'iode et de carbonate de sodium, mais il faut éviter un excès de chlore qui donnerait du periodate.

L'iodate de sodium se produit dans un certain nombre de réactions par la décomposition des periodates de sodium.

Il forme divers degrés d'hydratation. Le sel anhydre, obtenu par la dessiccation de ces hydrates, à 150°, fond quand on le chauffe, puis se décompose en dégageant de l'oxygène et un peu d'iode et en laissant un résidu oxygéné alcalin, qui a pour composition I^3ONa^4, d'après Rammelsberg, qui l'envisage comme un mélange d'iodure et de peroxyde de sodium : $6NaI + Na^2O^2$. Traité par l'acide azotique, il se transforme en periodate.

Sa densité est égale à 4,277.

D'après Kremers, il exige pour se dissoudre :

à 0°	20°	40°	60°	80°	100°
39p,75	11,08	6,95	4,79	3,61	2,95 p. d'eau.

Sa solution saturée a pour densité, à 19°, 1,0692; elle renferme alors 8,13 % de sel anhydre.

Il est insoluble dans l'alcool.

Par le refroidissement de sa solution saturée à chaud, ou par l'évaporation à une douce chaleur l'iodate de sodium cristallise en fines aiguilles soyeuses, groupées en faisceaux, renfermant $IO^3Na + H^2O$ et perdant leur eau à 150° (Rammelsberg, Penny).

Quand la cristallisation a lieu à 20°, il se dépose en longs prismes quadrangulaires efflorescents [Penny, *Ann. der Pharm.*, t. XXXVII, p. 203].

Enfin, lorsque l'évaporation a lieu vers 5°, on obtient des prismes à 8 faces, terminés par une pyramide et renfermant $IO^3Na + 5H^2O$. Ces cristaux s'effleurissent à l'air en perdant $4H^2O$.

Iodate acide de sodium. — Ce sel se produit par l'action de l'acide iodique ou d'un autre acide sur l'iodate neutre. Millon a décrit plusieurs iodates acides; mais ces sels fournissent par l'évaporation des masses gommeuses incristallisables.

L'iodate de sodium forme des combinaisons cristallisées avec le chlorure, le bromure et l'iodure de sodium. Elles s'obtiennent par la dissolution de l'iodate dans une solution concentrée et chaude de ces sels.

Iodate de sodium et iodure de sodium,

$$2IO^3Na, 3NaI + 20H^2O.$$

— Ce sel double cristallise, d'après Marignac, en tables hexagonales. Faces observées : a^1, e^2, p, a^3; angles $a^1p = 115°7'$; $a^1a^3 = 133°10'$ [*Ann. des Mines*, (5), t. XII, p. 1]. Cette composition et la forme cristalline ont été confirmées par Rammelsberg.

Mitscherlich a décrit une combinaison renfermant $NaI, NaIO^3 + 10H^2O$, et qui cristallise en prismes à six pans [*Pogg. Ann.*, t. XI, p. 162, et t. XVII, p. 481].

Iodate de sodium et bromure de sodium,

$$IO^3Na, 2NaBr + 9H^2O.$$

— Ce sel double se dépose par le refroidissement en lamelles hexagonales transparentes. Il est soluble dans l'eau. Il perd $6H^2O$ par l'évaporation sur l'acide sulfurique [Rammelsberg, *Journ. für prakt. Chem.*, t. LXXXV, p. 436].

Iodate de sodium et chlorure de sodium,

$$2IO^3Na, 3NaCl + 9H^2O.$$

— Pyramides tricliniques portant des troncatures sur toutes les arêtes et sur les sommets. Elles sont souvent maclées par la base, de manière à présenter la forme de tables. Rapport des axes, $a : b : c$ (axe principal) $= 1,1309 : 1 : 1,0436$. Angles, $a : b = 94°56'$; $b : c = 102°57'$; $a : c = 99°9'$; $g^1h^1 = 97°16'$; $ph^1 = 104°$; $pg^1 = 100°63'$ [Rammelsberg, *Poggend. Ann.*, t. XLIV, p. 548; *Journ. für prakt. Chem.*, t. LXXXV, p. 436].

Cette combinaison se produit lorsqu'on neutralise le trichlorure d'iode par le carbonate de sodium : il cristallise d'abord de l'iodate pur, puis la combinaison avec NaCl.

Iodite de sodium (?), $I^2O^3Na^4 + 10H^2O$. — Cette combinaison n'est autre que celle d'iodate et d'iodure décrite par Mitscherlich.

Hypoiodite de sodium basique,

$$I^2O^3Na^4 = 2IONa + Na^2O.$$

— C'est le résidu de la calcination du paradiperiodate. Il possède les propriétés décolorantes des hypochlorites. Exposé à l'air, il perd de l'iode par suite de l'action de l'acide carbonique. L'eau bouillante le décompose en produisant de l'iodate, de l'iodure et de la soude.

On peut admettre la présence d'hypoiodite de sodium dans la solution de l'iode dans la soude.

Enfin il est possible que le composé I^2ONa^2, produit par l'action de l'iode sur le peroxyde de sodium, représente un mélange ou une combinaison d'hypoiodite et d'iodure $IONa + NaI$.

Phosphates de sodium. — Il existe trois phosphates de sodium dérivés de l'acide phosphorique PO^4H^3 ; ce sont les composés : PO^4Na^3, PO^4Na^2H et PO^4NaH^2. Le premier est le phosphate normal et est désigné sous le nom de phosphate basique.

Le second et le plus important est le phosphate PO^4Na^2H, désigné sous le nom de phosphate neutre bien qu'il ne soit pas saturé. Le troisième est le phosphate acide.

Phosphate trisodique, $PO^4Na^3 + 12H^2O$ (dit phosphate basique). — Ce sel se produit par l'addition de soude au phosphate disodique, mais non par l'action du carbonate de sodium sur ce dernier, si ce n'est par la voie sèche.

Pour le préparer, on ajoute à une solution concentrée de phosphate ordinaire de sodium une quantité de soude qui soit dans le rapport de PO^4Na^2H à $NaHO$; on évapore à cristallisation et on laisse refroidir. Le phosphate trisodique cristallise alors en prismes déliés à six pans, tronqués sur les sommets.

Ces cristaux renferment $PO^4Na^3 + 12H^2O$. Ils fondent à 76°,7 ; ils ont pour densité 1,618 (H. Schiff). Ils se dissolvent à 15°,5 dans 5p,1 d'eau (Graham). La densité de leur solution est, d'après H. Schiff, à 15° :

Densité.	$PO^4Na^3 + 12H^2O$.
1,1035	22,03 °/o
1,0812	17,60
1,0495	11,00
1,0393	8,80
1,0193	4,40

Rammelsberg a observé une fois des cristaux renfermant $10H^2O$; ils avaient été obtenus avec du carbonate de sodium brut et constituaient des octaèdres réguliers fusibles à 100° dans leur eau de cristallisation [*Journ. für prakt. Chem.*, t. XCIV, p. 237].

La solution du phosphate trisodique possède une réaction alcaline. Elle attire l'acide carbonique de l'air et contient alors le phosphate disodique et du carbonate de sodium. Chauffée avec un sel d'ammonium, elle en déplace l'ammoniaque. Le tiers du sodium est donc retenu avec très-peu d'énergie. Sa réaction avec l'azotate d'argent donne le phosphate triargentique et de l'azotate de sodium ; la solution, qui était alcaline, devient neutre (Graham).

Les cristaux de phosphate trisodique absorbent le gaz sulfureux et tombent alors en déliquescence ; l'addition d'alcool précipite alors du phosphate acide PO^4NaH^2 [Gerland, *Journ. für prakt. Chem.*, (2), t. IV, p. 97].

Phosphate disodique (phosphate neutre, phosphate de sodium ordinaire), $PO^4Na^2H + 12H^2O$. — On prépare ordinairement ce sel en transformant le phosphate calcique des os en phosphate acide dont on décompose la solution par le carbonate de sodium. On filtre pour séparer le carbonate calcique précipité et l'on fait cristalliser le liquide filtré. Le phosphate ainsi obtenu est purifié par plusieurs cristallisations (Berzelius). Il peut quelquefois renfermer de l'arséniate ; dans ce cas, il faut précipiter l'arsenic par l'hydrogène sulfuré après avoir ramené l'acide arsénique à l'état d'acide arsénieux par l'acide sulfureux.

L'acide chlorhydrique qui a servi au traitement des os pour en extraire la gélatine renferme beaucoup d'acide phosphorique. Pour transformer celui-ci en phosphate de sodium, on peut suivre la marche indiquée par Graeger. On traite la solution par un lait de chaux ; on recueille le dépôt et on le décompose par une quantité d'acide sulfurique équivalente à la chaux existant dans le précipité. La solution filtrée est ensuite neutralisée par le carbonate de sodium, filtrée de nouveau et concentrée [*Arch. für Pharm.*, (2), t. CXIX, p. 106].

Jean fait subir au phosphate calcique un traitement qui rappelle le procédé de fabrication de la soude de Leblanc. Il mélange 1 molécule de phosphate $(PO^4)^2Ca^3$ avec 3 molécules de sulfate de sodium anhydre et un excès de charbon. Par calcination du mélange, il se produit une double décomposition et le sulfate calcique est réduit, donnant un mélange insoluble de chaux et de sulfure de calcium. En lessivant le produit, on retire le phosphate de sodium formé, mais ce sel est accompagné de sulfure dont la séparation est difficile [*Monit. scientif.*, 1868, p. 897].

Nous indiquerons en terminant le procédé proposé par Boblique pour transformer les phosphates calciques naturels en phosphate de sodium. On fond dans un haut-fourneau 100 p. de phosphate naturel pulvérisé avec 60 p. de minerais de fer, qu'on fait alterner avec des couches de combustible. Il se produit ainsi un phosphure de fer cristallisé, renfermant 15 à 20 °/o de phosphore. On le pulvérise, puis on le traite par 2 fois son poids de sulfate de sodium et par deux à trois dixièmes de son poids de charbon. Le mélange est fondu au four à soude ; il se forme du sulfure double de fer et de sodium insoluble et du phosphate de sodium, facile à enlever par des lavages. Pour utiliser le sulfure insoluble produit, on le soumet au grillage, qui donne de l'acide sulfureux, de l'oxyde du fer et du sulfate de sodium [*Bull. de la Soc. chim.*, 1866, t. V, p. 24]].

Le phosphate disodique cristallise au-dessous de 30° en prismes clinorhombiques transparents qui renferment $12H^2O$ (Clark, Graham, Fresenius, etc.). Malaguti a décrit un phosphate renfermant $PO^4Na^2H + 13H^2O$ [*Compt. rend.*, t. XV, p. 220].

La forme cristalline du phosphate disodique a été déterminée par Mitscherlich. Angles : $mm = 67°50'$; $pm = 106°57'$; $pa^1 = 129°2$. Faces p, m, g^1, h^1, $d^{1/2}$, h^2, o^1, etc.

Ces cristaux sont efflorescents et perdent facilement $5H^2O$ à la température ordinaire. Chauffés à 100° ou exposés dans le vide sur l'acide sulfurique, ils se déshydratent complétement. Le sel déshydraté PO^4Na^2H reprend peu à peu à l'air une quantité d'eau telle qu'il se forme l'hydrate $PO^4Na^2H + 7H^2O$. Chauffé au delà de 300°, le sel sec se transforme en pyrophosphate :

$$2(PO^4Na^2H) = P^2O^7Na^4 + H^2O.$$

Les cristaux à $12H^2O$ ont pour densité 1,525 (H. Schiff ; 1,550, Buignet).

L'hydrate $PO^4Na^2H + 7H^2O$, qui se produit par l'efflorescence des cristaux précédents à l'air, s'obtient en cristaux clinorhombiques isomorphes avec l'arséniure de sodium correspondant, lorsque la cristallisation s'effectue à la température de 33°. Ils ne sont pas efflorescents (Clark).

Le phosphate cristallisé avec $12H^2O$ se dissout dans environ 4 p. d'eau froide et dans 2 p. d'eau bouillante. D'après Ferrein, il exigerait, au contraire, 11p,73 d'eau à 13° et se dissoudrait presque en toute proportion dans l'eau bouillante. Neese [*Arch. für Pharm.*, (2), t. CIII, p. 212] a trouvé que ce sel se dissout

à 15° dans 6p,7 d'eau.
20 — 5 8 —
25 — 3 2 —

Le sel à $7H^2O$ exige 8 p. d'eau à 23° pour se dissoudre (Neese). Nous donnons ci-dessous la table dressée par Poggiale [*Compt. rend.*, t. XVIII, p. 1191] et qui indique la quantité de sel séché à 100° que peuvent dissoudre 100 p. d'eau :

à 0°	1,55 %	à 60°	55,29
10	4,10	70	68,72
20	11,08	80	81,29
30	19,95	90	95,02
40	30,88	100	108,20
50	43,31	106°,2	114,43

Densité des solutions, d'après H. Schiff :

$PO^4Na^2H + 12H^2O$.	Densité.
10,59 %	1,0442
6,99	1,0292
5,29	1,0220
4,66	1,0198
3,50	1,0160
2,33	1,0114
1,16	1,0067

La solution saturée à l'ébullition bout à 106°,2.

Le phosphate de sodium forme assez facilement des solutions sursaturées.

La solution possède une légère réaction alcaline. Elle donne, avec l'azotate d'argent, un précipité jaune de phosphate d'argent, tandis que de l'acide azotique est mis en liberté :

$$PO^4Na^2H + 3AzO^3Ag$$
$$= PO^4Ag^3 + 2AzO^3Na + AzO^3H.$$

Ce sel est contenu en petite quantité dans l'urine. La médecine en fait usage comme purgatif.

Phosphate monosodique, $PO^4NaH^2 + H^2O$ (phosphate acide). — Ce sel s'obtient en ajoutant de l'acide phosphorique au phosphate précédent jusqu'à ce que la solution ne précipite plus le chlorure de baryum; on concentre et on abandonne la solution à la cristallisation (Mitscherlich).

Le phosphate monosodique cristallise toujours avec 1 molécule d'eau. Il est dimorphe et se présente sous la forme de cristaux orthorhombiques incompatibles : 1re forme : $mm = 101°30'$; $e^1e^1 = 126°53'$; faces $m, e^1, e^{1/2}, b^{1/2}$. 2e forme : $mm = 93°54'$; $a^1p = 134°18'$; faces $m, p, a^1, b^{1/2}, h^1$ (Mitscherlich). Sa densité est égale à 2,040 (H. Schiff). Il perd son eau de cristallisation à 100°. Si on le chauffe à 194-204°, il perd de l'eau de constitution pour donner un pyrophosphate acide $P^2O^7Na^2H^2$; au delà de 204°, il se transforme en métaphosphate, PO^3Na (Graham).

Il est très-soluble dans l'eau, insoluble dans l'alcool. Sa solution est acide. Elle réagit sur l'azotate d'argent en produisant du phosphate triargentique et de l'acide azotique libre (Graham) :

$$PO^4NaH^2 + 3AzO^3Ag$$
$$= PO^4Ag^3 + AzO^3Na + 2AzO^3H.$$

Phosphate sodico-ammonique (sel de phosphore), $PO^4Na(AzH^4)H + 4H^2O$. — La préparation de ce sel a déjà été indiquée, en même temps que quelques-unes de ses propriétés, t. I, p. 227. Il cristallise dans le type clinorhombique; ses cristaux ont été mesurés par Mitscherlich.

Angles : $mm = 38°44'$; $ph^1 = 99°18'$; $o^1p = 149°46'$; $a^1h^1 = 116°8'$. Faces : $m, p, h^1, h^2, a^1, a^{1/2}, o^1, o^{1/2}, b^1$, etc.

Leur densité est égale à 1,554.

Uelsmann a obtenu une fois ce sel avec $5H^2O$, en longs prismes qui se sont effleurés sans perdre d'ammoniaque.

L'addition d'ammoniaque concentrée à une solution du sel de phosphore en précipite des lamelles nacrées qui, d'après Uelsmann, renferment

$$PO^4Na(AzH^4)^2 + 4H^2O$$

et qui perdent facilement 1 molécule d'ammoniaque en s'effleurissant. Lorsqu'on dissout à l'ébullition, jusqu'à saturation, du sel de phosphore dans l'ammoniaque, on obtient par le refroidissement des cristaux grenus ayant pour composition

$$(PO^4)^2Na(AzH^4)^3 + 6H^2O$$

[*Arch. für Pharm.*, (2), t. XCIX, p. 138].

On n'a pas obtenu jusqu'à présent le sel

$$PO^4Na^2(AzH^4).$$

Phosphate sodico-potassique,

$$PO^4NaKH + 8H^2O.$$

— Ce sel se produit lorsqu'on neutralise le phosphate monosodique par la potasse ou le phosphate monopotassique par la soude. Il cristallise, d'après Mitscherlich, dans le système clinorhombique. Angles : $mm = 78°40'$; $h^1p = 96°21$; $pa^1 = 128°37$. Faces : $p, m, h^1, h^3, g^1, b^{1/2}, d^{1/2}, a^1$. D'après H. Schiff, les cristaux de ce sel ne renferment que $7H^2O$ comme le supposait Gmelin, en raison de l'isomorphisme avec l'arséniate disodique qui renferme cette quantité d'eau. Densité = 1,671 (H. Schiff).

Pyrophosphates de sodium. — *Pyrophosphate neutre*, $P^2O^7Na^4$. — Il prend naissance par la calcination du phosphate disodique. Il fond au rouge en un verre transparent. Il est soluble dans l'eau chaude et donne par le refroidissement des cristaux clinorhombiques (Haidinger), renfermant $5H^2O$, qui se dégagent par l'exposition sur l'acide sulfurique ou par la calcination, et que le sel sec reprend spontanément à l'air [Blücher, *Poggend. Ann.*, t. L, p. 542]. Il est moins soluble dans l'eau que le phosphate disodique; sa solution présente une réaction alcaline. Une ébullition longuement prolongée le transforme en phosphate ordinaire. Ses solutions donnent avec l'azotate d'argent un précipité blanc de pyrophosphate d'argent.

Les cristaux présentent, d'après Handl, les faces m, e^1, a^1, o^1, p; angles : $mm = 76°5'$, $e^1e^1 = 56°10'$; $pe^1 = 118°8'$; $pa = 118°30$; $po^1 = 129°46'$.

Voici, d'après Poggiale, la solubilité du pyrophosphate de sodium dans 100 p. d'eau à diverses températures.

Température.	Sel anhydre.	Sel hydraté.
0°	3,16	5,41
10	3,95	6,81
20	6,23	10,92
30	9,95	18,11
40	13,50	24,97
50	17,45	33,25
60	21,83	44,07
70	25,62	52,11
80	30,04	63,40
90	35,11	77,47
100	40,26	93,11

[*Compt. rend.*, t. XVIII, p. 1191].

Lorsqu'on chauffe le pyrophosphate de sodium dans la vapeur de sulfure de carbone, il se transforme en une masse semi-fondue, soluble dans l'eau et présentant les caractères des métaphosphates et du sulfure de sodium. Ce produit, qui représente une combinaison de métaphosphate et de sulfure de sodium,

$$2PO^3Na + Na^2S, \quad \text{soit} \quad (P^2O^6S)Na^4,$$

dégage après quelque temps de l'hydrogène sulfuré et sa solution renferme alors du pyrophosphate [W. Müller, *Poggend. Ann.*, t. CXXVII, p. 404].

Pyrophosphate acide de sodium, $P^2O^7Na^2H^2$. — Ce sel acide se produit lorsqu'on chauffe le phosphate monosodique à 235° (Graham). La masse effleurie qui reste se dissout dans l'eau et possède une réaction acide. Sa solution évaporée laisse une croûte friable. Elle précipite le chlorure de baryum et l'azotate d'argent.

Le pyrophosphate neutre se dissout dans l'acide acétique : l'addition d'alcool à cette solution sépare le sel acide sous la forme d'un précipité cristallin très-soluble dans l'eau [Schwartzenberg, *Ann. der Chem. u. Pharm.*, t. LXV, p. 133]. J. Bayer l'a obtenu par ce procédé en prismes hexagonaux aplatis et transparents, renfermant

$$P^2O^7Na^2H^2 + 3H^2O.$$

Pyrophosphates doubles. — *Pyrophosphate de sodium et de potassium,* $P^2O^7Na^2K^2 + 12H^2O$. — Aiguilles prismatiques, à saveur alcaline, obtenues en évaporant à consistance sirupeuse le sel acide précédent neutralisé par la potasse ou son carbonate (Schwartzenberg).

Pyrophosphate sodico-ammonique,

$$P^2O^7Na^2(AzH^4)^2 + 5H^2O.$$

— Prismes rhomboïdaux obtenus comme le sel précédent (Schwartzenberg).

Le pyrophosphate de sodium forme facilement des sels doubles métalliques qu'on obtient en dissolvant les pyrophosphates insolubles dans le pyrophosphate de sodium. Ces sels, entrevus par Stromeyer, ont été étudiés en premier lieu par Persoz [*Ann. de Chim. et de Phys.*, (3), t. XX, p. 315], par Fleitmann et Henneberg [*Ann. der Chem. u. Pharm.*, t. LXV, p. 385], par Baer [*ibid.*, t. LXXV, p. 152] et par Pahl [*Bull. de la Soc. chim.*, 1873, t. XIX, p. 115].

Les pyrophosphates doubles de sodium et de calcium, baryum, strontium s'obtiennent en versant les chlorures correspondants dans une solution bouillante de pyrophosphate de sodium maintenu en excès. Ils renferment $6P^2O^7\overset{''}{M}{}^2 + P^2O^7Na^4$; l'eau les décompose (Baer).

Pyrophosphate cuprico-sodique.—Par le refroidissement d'une solution bouillante de pyrophosphate de cuivre dans celui de sodium, il se dépose des croûtes cristallines blanches,

$$(P^2O^7)^2Cu^3Na^2 + 3\ 1/2\,H^2O$$

(Fleitmann et Henneberg). Les eaux mères donnent successivement par la concentration les sels cristallins bleuâtres, $P^2O^7Cu''Na^2 + 6H^2O$ et $(P^2O^7)^2Cu''Na^6 + 12H^2O$ (Persoz). Le premier de ces sels a été obtenu par Pahl en lamelles rhombiques, renfermant $10H^2O$. Les derniers peuvent cristalliser en prismes renfermant $10H^2O$.

Pyrophosphate ferrico-sodique,

$$(P^2O^7)^3(\overset{VI}{Fe^2})^2 + 2P^2O^7Na^4 + 7H^2O.$$

— Se précipite par l'addition d'alcool à sa solution (Fleitmann et Henneberg).

Pahl décrit ce sel avec $6H^2O$ et l'obtient par la concentration de la solution ; celui qui se précipite par l'addition d'alcool renferme, suivant lui, $(P^2O^7)^4(\overset{VI}{Fe^2})Na^{10} + 3\ 1/2\,H^2O$.

Pahl a fait connaître les *pyrophosphates de manganèse et de sodium,*

$$P^2O^7Na^2Mn + 4H^2O$$

et

$$(P^2O^7)^5Mn^6Na^8 + 24H^2O.$$

Pyrophosphate de cadmium et de sodium,

$$P^2O^7Na^2Cd + 4H^2O.$$

— Prismes microscopiques (Pahl).

Pyrophosphate de zinc et de sodium. — Voyez Zinc.

Métaphosphates de sodium. — Ces sels, qui correspondent à l'acide métaphosphorique et à ses divers polymères, ont principalement été étudiés par Fleitmann et Henneberg [*Ann. der Chem. u. Pharm.*, t. LXV, p. 304, et *Poggend. Ann.*, t. LXXVIII, p. 233; *Ann. de Chim.*, 1849, p. 90, et 1850, p. 62]. Nous avons déjà signalé ces sels (t. II, p. 971) et nous ne traiterons ici que du *métaphosphate ordinaire,* PO^3Na. — On l'obtient : 1° en neutralisant exactement l'acide métaphosphorique ; 2° en calcinant le phosphate acide, PO^4NaH^2, ou le pyrophosphate acide, $P^2O^7Na^2H^2$; 3° en calcinant le phosphate sodico-ammonique, $PO^4Na(AzH^4)H$. On peut remplacer ce dernier par un mélange de phosphate disodique et de sel ammoniac :

$$PO^4Na^2H + AzH^4Cl$$
$$= PO^3Na + NaCl + AzH^3 + H^2O.$$

Le produit de la calcination, étant repris par de l'alcool à 50 centièmes, lui cède le chlorure de sodium [Jamieson, *Ann. der Chem. u. Pharm.*, t. LIX, p. 350].

Le métaphosphate de sodium fondu se dissout dans l'eau et cristallise par l'évaporation à 30° en prismes dissymétriques, $PO^3Na + 2H^2O$, solubles dans 4 p. 1/2 d'eau froide. Cette solution possède une saveur fraîche et salée. Elle se conserve longtemps. Elle est neutre; mais elle devient acide par l'ébullition, le métaphosphate se transformant en phosphate monosodique,

$$PO^4NaH^2.$$

Le métaphospnate est insoluble dans l'alcool.

Sa solution donne avec l'azotate d'argent un précipité blanc de métaphosphate d'argent. Additionnée de chlorure de baryum, le métaphosphate restant en grand excès, elle donne par l'évaporation des groupes étoilés du sel double

$$(PO^3)^3Ba''Na + 4H^2O.$$

On obtient de même des sels doubles cristallisés,

$$(PO^3)^3Ca''Na \quad \text{et} \quad (PO^3)^3Sr''Na$$

(Fleitmann et Henneberg).

D'après Graham [*Poggend. Ann.*, t. XXXII, p. 56], les caractères du métaphosphate de sodium sont différents suivant la température à laquelle on l'a produit. S'il s'est formé à 315°, il se dissout presque entièrement dans l'eau et sa solution présente les caractères du pyrophosphate acide $P^2O^7Na^2H^2$. Si le produit a été fortement calciné, mais sans fondre, il est insoluble dans l'eau bouillante. Enfin, s'il a été fondu, on obtient un verre transparent et déliquescent.

Sa solution est très-faiblement acide; évaporée à 38°, elle laisse une masse gommeuse (c'est le caractère du tétramétaphosphate de Fleitmann et Henneberg).

Phosphites de sodium. — Ces sels ont été décrits par Rose [*Poggend. Ann.*, t. IX, p. 28] et par Wurtz [*Ann. de Chim. et de Phys.*, (3), t. XVI, p. 209].

Phosphite neutre, $PHO^3Na^2 + 5H^2O$. — Masse cristalline déliquescente à l'air et s'effleurissant dans le vide. D'après Dulong, il cristallise en rhomboèdres voisins du cube. Il est très-soluble dans l'eau, ainsi que dans l'alcool.

Phosphite acide,

$$2(PHO^3HNa) + PHO^3H^2 + 1/2\,H^2O.$$

— On l'obtient en neutralisant l'acide phosphoreux au tiers par du carbonate de sodium. Il cristallise dans le vide en prismes très-nets et brillants, très-déliquescents à l'air.

Hypophosphite de sodium, PH^2O^2Na. — On l'obtient en décomposant le sel de calcium par le carbonate de sodium. La solution filtrée donne par l'évaporation dans le vide des tables nacrées rectangulaires. Il est très-déliquescent et soluble dans l'alcool absolu (H. Rose, Dulong). Il a été préconisé contre la phthisie.

Séléniate de sodium, SeO^4Na^2. — Ce sel se produit lorsqu'on chauffe du sélénium avec de l'azotate de sodium, ou lorsqu'on neutralise de l'acide sélénique par la soude. Il est soluble dans l'eau et présente comme le sulfate de sodium, avec lequel il est isomorphe, un maximum de solubilité à 33° Mitscherlich, *Poggend. Ann.*, t. XVII, p. 138].

Il est anhydre lorsqu'il cristallise au delà de 40°. Il est alors isomorphe avec le sulfate de sodium anhydre. Sa densité est égale à 3,095 (Topsœe). Quand il cristallise à la température ordinaire, il contient $10H^2O$.

Sélénites de sodium. — Ils ont été décrits par Berzelius, puis par Muspratt [*Ann. der Chem. u. Pharm.*, t. LXX, p. 274] et par L.-F. Nilson [*Bull. de la Soc. chim.*, 1874, t. XXI, p. 253].

Sélénite neutre, SeO^3Na^2 — Il cristallise par l'évaporation dans le vide en petits grains insolubles dans l'alcool, inaltérables à l'air et fusibles sans décomposition (Muspratt).

Suivant Nilson, il cristallise de sa solution sirupeuse en petites aiguilles ou en grands prismes renfermant $5H^2O$. Le sel anhydre s'obtient, par l'évaporation à 60°, en prismes tétragonaux.

Sélénite acide, SeO^3NaH. — Le refroidissement lent de sa solution sirupeuse produit des aiguilles non efflorescentes, fusibles, en perdant de l'eau, en un liquide jaune qui cristallise par le refroidissement et qui constitue l'anhydrosélénite

$$Se^2O^5Na^2 = \begin{array}{l} SeO\diagup ONa \\ \quad\;\diagdown \\ \quad\quad O \\ \quad\;\diagup \\ SeO\diagdown ONa \end{array}$$

Il perd de l'acide sélénieux au rouge. D'après Muspratt, il renferme H^2O. Suivant Nilson, il ne renferme pas d'eau.

Tétrasélénite, $SeO^3Na^2, 3SeO^3H^2 + H^2O$, soit SeO^3NaH, SeO^3H^2. — Il cristallise en aiguilles ou en grands prismes (Nilson) qui se comportent à chaud comme le précédent.

Silicates de sodium. — La silice hydratée se dissout facilement dans une lessive de soude. La silice se combine également à la soude ou au carbonate de sodium par voie sèche, et l'on obtient ainsi des silicates sodiques solubles. On arrive au même résultat en chauffant à une température élevée la silice avec l'azotate ou avec le chlorure de sodium. Dans ce dernier cas, l'intervention de la vapeur d'eau est nécessaire pour amener la transformation en silicate (verre soluble à base de soude). Ces solutions attirent l'acide carbonique de l'air et abandonnent peu à peu de la silice.

On a décrit divers silicates de sodium à proportions définies.

L'*orthosilicate de sodium*, SiO^3Na^4, n'a pas encore été obtenu.

Métasilicate de sodium, SiO^3Na^2. — On connaît ce sel à divers degrés d'hydratation.

Hydrate $SiO^3Na^2 + 5H^2O$. — Cet hydrate a été observé par Ph. Petersen [*Deutsche Chem. Gesells.*, t. V, p. 409; *Bull. de la Soc. chim.*, t. XVIII, p. 183]. Il avait été obtenu en traitant par l'eau un dépôt résultant de la fusion de la soude caustique brute. La lessive obtenue à l'aide de ce dépôt ayant été évaporée à 37° B. laissa déposer par le repos des cristaux limpides présentant la composition indiquée. Ces cristaux sont des prismes clinorhombiques; le rapport des axes y est $a : b : c = 1,723771 : 1 : 1,4365492$. Inclinaison de l'axe oblique = 84° 10'. Ils sont fusibles dans leur eau de cristallisation; ils se déshydratent facilement, mais sans cesser d'être solubles.

Hydrates $SiO^3Na^2 + 6H^2O$ et $+ 9H^2O$. — On dissout dans une lessive de soude une quantité de silice égale à celle de la soude tenue en dissolution, on évapore et on abandonne à cristallisation. Si la lessive est concentrée, on obtient après quelques jours une masse cristalline; si elle est plus étendue, il s'y produit des masses radiées hémisphériques ou des croûtes cristallines. Les cristaux sont tantôt à 6, tantôt à 9 molécules d'eau.

Ceux à $6H^2O$ forment des prismes tricliniques (Fritzsche), ceux à $9H^2O$ sont des prismes quadratiques terminés par les faces de l'octaèdre. Ces cristaux s'effleurissent de part en part sur l'acide sulfurique. Ils attirent l'acide carbonique de l'air. Ils fondent à 40° et ne se concrètent alors que lentement [Fritzsche, *Poggend. Ann.*, t. XLIII, p. 135].

Hydrate $SiO^3Na^2 + 7H^2O$. — Cristaux obtenus par Ph. Yorke. On traite par l'eau la masse cristalline que fournit la fusion de 23 p. de silice et de 54 p. de carbonate de sodium sec et l'on concentre la solution dans le vide. Les mêmes cristaux se forment lorsqu'on dissout la silice hydratée dans la soude et qu'on concentre la solution. Ils se déshydratent à 150° [*Philos. Transact.*, 1857, p. 533].

Hydrate $SiO^3Na^2 + 8H^2O$. — Cet hydrate a été signalé par R. Hermann et s'obtient d'après lui en faisant cristalliser les eaux mères de la purification de la soude brute. Ces cristaux sont, d'après lui, rhomboédriques; ils fondent dans leur eau de cristallisation et se déshydratent en laissant une masse boursouflée [*Journ. für prakt. Chem.*, t. XII, p. 204].

B.-V. Ammon [*Jahresb.*, 1862, p. 138] prépare ce silicate en dissolvant la silice dans la soude, concentrant à l'abri de l'air, soumettant la lessive à un froid de — 22°, puis faisant cristalliser dans l'eau la masse cristalline qui se sépare ainsi. Les cristaux obtenus appartiennent au type clinorhombique. Faces : $m, h^3, a^1, o^1, e^2, (b^2, b^{2\,3}, h^1), (d^{2/3}, d^2, h^1), (b^3, b^{3/7}, h^1), (d^{3/7}, d^3, h^1)$. Le rapport des axes est 1 : 27077 : 1 : 1,34443. Angles : $mm = 79°50'$; $ma^1 = 112°56'$; $a^1o^1 = 80°34'$; $e^2e^2 = 115°22'$.

La solution de ces cristaux est alcaline; elle est décomposée par l'acide carbonique, comme les cristaux eux-mêmes. Ceux-ci fondent à 45°; chauffés plus fort, ils se déshydratent. Le sel déshydraté est encore soluble dans l'eau.

Ordway prépare cet hydrate en ajoutant 2 fois son volume d'alcool à une solution concentrée du silicate (renfermant 2,25 molécules SiO^2 pour 1 molécule Na^2O), redissolvant le précipité dans son poids de soude d'une densité de 1,32 et faisant cristalliser à basse température [*Sillim. Amer. Journ.*, (2), t. XL, p. 186].

L'addition du chlorure de baryum, de calcium, etc., à la solution du métasilicate de sodium en précipite les métasilicates de baryum, de calcium, etc., SiO^3Ba, SiO^3Ca.

Trimétasilicate de sodium,

$$Si^3O^7Na^2 + 3H^2O = \begin{array}{l} SiO\diagup ONa \\ \quad\;\diagdown O \\ SiO\diagup \\ \quad\;\diagdown O \\ SiO\diagup \\ \quad\;\diagdown ONa \end{array} + 3H^2O.$$

— C'est la composition que possède, d'après H. Scheerer, le précipité abondant que l'on obtient par l'addition d'alcool à une lessive de soude saturée de silice à l'ébullition, qu'on lave ensuite à l'alcool et qu'on sèche sur l'acide sulfurique. Cet hydrate perd le tiers de son eau à 100°, le reste au rouge [*Poggend. Ann.*, t. XCI, p. 415]. Forchhammer avait attribué à ce précipité la même composition, mais il l'a décrit comme anhydre [*ibid.*, t. XXXV, p. 343].

La fusion de 100 p. de quartz avec 40 p. de soude donne, après un refroidissement lent, un verre cristallin renfermant, outre 2 % d'alumine provenant du creuset, 21,6 Na^2O et 76,4 SiO^2.

Tétramétasilicate de sodium,

$$Si^4O^9Na^2 + 12H^2O\,(1).$$

(1) Sa formule rationnelle est analogue à celle du trimétasilicate.

— Lorsqu'on sature de silice hydratée une lessive concentrée et bouillante de soude, et qu'on dessèche à 117°, il reste une masse vitreuse transparente qui se boursoufle par la calcination, en perdant de l'eau. Ce produit attire l'humidité, mais ne se dissout que lentement dans l'eau.

La solution de ce silicate, étendue d'eau de manière à renfermer 3 à 10 °/₀ de silice et neutralisée exactement par un acide, se prend en une gelée solide et transparente; si elle est trop étendue, la gelée ne se produit qu'après 12 heures ou même ne se produit pas du tout. Un excès de l'acide empêche cette prise en gelée. Celle-ci est aussi provoquée par l'addition de sels ammoniacaux [A.-J. Walker, *Quart. Journ. of Sc.*, t. III, p. 371].

Autres polysilicates. — Un mélange de 1 molécule de soude avec 9 molécules de silice fond au fourneau à vent; mais avec 15 molécules de silice le mélange n'entre plus en fusion (Mitscherlich). D'après Forchhammer [*loc. cit.*] la solution de silice précipitée dans une dissolution bouillante saturée de carbonate de sodium dépose par le refroidissement un précipité qui renferme $Si^{36}O^{73}Na^2 + 4H^2O$.

Réactions des silicates sodiques en solution. — Les sels de potassium, de sodium, de lithium, et surtout ceux d'ammonium donnent dans les solutions de silicate alcalin un précipité qui, d'après Flückiger, est de la silice.

Lorsqu'on ajoute une solution concentrée d'azotate de sodium à une solution de silicate possédant une densité de 1,302, il se précipite immédiatement de la silice (Flückiger); si l'azotate est dissous dans 2 p. d'eau, il ne se produit pas de précipité, mais la solution fait gelée si l'on chauffe à 54°; cette gelée se redissout par le refroidissement; mais l'on chauffe le mélange à l'ébullition, la silice devient insoluble.

L'ammoniaque produit dans la lessive des silicates alcalins un dépôt de silice gélatineuse qui se redissout si l'on chauffe.

Beaucoup de matières organiques provoquent de même une séparation de silice. Telles sont le phénol, l'hydrate de chloral, l'albumine et la gélatine [*Zeitschr. für Chem.*, t. VII, p. 89].

Suivant Heintz, le précipité que fournit une lessive de silicate est formé de tétrasilicate $Si^4O^9Na^2$ lorsqu'il est produit par l'ammoniaque, et de métasilicate SiO^3Na^2 lorsque sa formation est déterminée par l'addition d'azotate de sodium [*Dingler's Polytech. Journ.*, t. CC, p. 396].

Ordway arrive à la même conclusion que Heintz, le précipité produit par les sels alcalins est formé de silicates plus riches en silice que le silicate qui se trouve en dissolution. Lorsque leur teneur en silice ne dépasse pas celle correspondant à la formule $Si^9O^{20}Na^4 = 9SiO^2 2Na^2O$, ils se dissolvent dans l'eau après séparation de l'eau mère [*Sillim. Amer. Journ.*, (2), t. XXXV, p. 185].

Usages. — Les lessives de silicate de sodium sont d'un emploi fréquent dans l'industrie. On les substitue souvent aux lessives de verre soluble à base de potasse ou bien on les y associe. Elles présentent sur celles-ci plusieurs avantages. Elles sont d'un prix de revient beaucoup moins élevé; elles sont moins altérables et ne font gelée que dans un plus grand état de concentration.

Outre leurs usages dans la construction, usages qui ont été signalés (voyez t. II, p. 1144), on les emploie dans l'industrie des toiles peintes, pour le fixage des mordants; dans la savonnerie; enfin on s'en sert pour le lavage des laines.

Le silicate de sodium possède des propriétés antifermentescibles très-prononcées.

Fabrication industrielle. — La fabrication des silicates de sodium a lieu comme celle des silicates de potassium; elle consiste à fondre la silice (quartz, sable) avec de la soude caustique ou avec du carbonate desséché. Ordway emploie du sulfate de sodium desséché et mélangé de charbon.

Le silicate ainsi obtenu renferme un peu de sulfure de sodium dont Ordway le débarrasse par l'addition d'arséniate de sodium au produit encore en fusion [*Sillim. Amer. Journ.*, (2), t. XXXII, p. 153 et 339].

Ungerer prépare directement le silicate de sodium en partant du sel marin. Celui-ci est mélangé avec 2 fois son poids de sable fin, puis chauffé sur la sole de fours spéciaux. Quand la masse est fondue, on y fait passer de la vapeur d'eau. Il se dégage de l'acide chlorhydrique qu'on peut recueillir et il se forme du silicate qu'on dissout dans l'eau [*Dingler's Polyt. Journ.*, t. CXCVII, p. 343].

Le silicate qui sort des fours en fusion est semblable au verre ordinaire et présente en général la composition $Si^3O^7Na^2$. La dissolution de ce silicate dans l'eau bouillante en sépare une certaine quantité de silice, de sorte que le silicate dissous est plus alcalin. Cette solution, qui marque 20° Baumé (densité = 1,16), dépose une nouvelle quantité de silice par la concentration à 50° Baumé (densité = 1,53). La composition du silicate qui reste alors en dissolution est sensiblement celle du métasilicate SiO^3Na^2. Pour beaucoup d'usages ce silicate est trop alcalin, et le silicate non concentré, c'est-à-dire qui n'a pas déposé de silice, est préférable [Scheurer-Kestner, *Répert. de Chim. pure*, 1863, t. V, p. 150].

On prépare aujourd'hui des silicates sodiques très-riches en silice par la dissolution de la gaize ou de la terre à infusoire dans une lessive de soude chauffée sous pression.

SULFATES DE SODIUM. — Outre le sulfate neutre SO^4Na^2, on connaît le sulfate acide (bisulfate) SO^4NaH et son anhydride $S^2O^7Na^2$, un disulfate trisodique $(SO^4)^2Na^3H$ et un disulfate monosodique $(SO^4)^2NaH^3$.

SULFATE NEUTRE, SO^4Na^2 (*sel de Glauber*). — On rencontre ce sel dans la nature à l'état anhydre (*thenardite*), cristallisé en octaèdres orthorhombiques, et à l'état d'hydrate, mais associé à du sulfate de magnésium. Le premier se trouve en Espagne dans plusieurs gisements, notamment à Espartine, près Madrid, et au Pérou, à Tarapaca; le second (*bloedite, lowéite*, etc.) se rencontre à Ischl (Autriche).

La *glaubérite* est un sulfate sodico-calcique anhydre qu'on trouve à Vic, à Villa-Rubia (Espagne) et à Iquique (Pérou).

Le sulfate de sodium existe en dissolution dans les eaux de la mer; dans plusieurs lacs de la basse Autriche et de la Hongrie; dans les eaux minérales de Carlsbad, de Pulna, etc.

Fabrication. — On trouvera à l'article SOUDE (INDUSTRIE) la description des procédés de fabrication du sulfate de sodium, fabrication entreprise en vue de celle du carbonate. Nous n'indiquerons ici que sommairement les différents procédés usités.

Le sulfate naturel, qui, en Espagne, forme des gisements considérables, y est largement exploité surtout à Alcanadra et à Andosilla.

Les eaux mères des salines constituent pareillement une source importante de ce sel. Ces eaux mères renferment du chlorure de sodium et du sulfate de magnésium; par le froid, il s'accomplit une double décomposition : le sulfate de sodium, dont la solubilité est diminuée en présence d'un excès de chlorure de sodium, cristallise, tandis que le chlorure de magnésium reste dans les eaux mères. A chaud, la réaction inverse se produirait.

Le sulfate de sodium est aussi contenu, uni au sulfate de calcium, dans le schlott obtenu dans l'extraction du chlorure de sodium. — Voyez p. 1512.

Le principal mode de fabrication du sulfate de sodium consiste dans la décomposition du chlorure de sodium par l'acide sulfurique. — Voyez SOUDE (INDUSTRIE).

Ce sel se produit de même, comme résidu, dans la fabrication de l'acide nitrique par le nitre du Pérou et l'acide sulfurique; dans celle du sel ammoniac par le sulfate d'ammonium et le chlorure de sodium.

Il se forme par l'action du chlorure de sodium sur les solutions de sulfate de fer. Cette réaction est employée à Fahlun en Suède pour utiliser les eaux mères du sulfate de fer. Ces eaux, additionnées de chlorure de sodium, sont évaporées à sec; le résidu est calciné, puis traité par l'eau qui extrait le sulfate de sodium.

On obtient ce sel aussi par une réaction analogue en grillant les pyrites en présence du chlorure de sodium; en décomposant le sulfate d'aluminium par le chlorure de sodium. Lorsqu'on calcine le mélange de ces deux derniers sels, il se dégage de l'acide chlorhydrique et il reste de l'alumine insoluble et du sulfate de sodium.

Le chlorure de sodium est transformé presque entièrement en sulfate lorsqu'on le soumet à l'action combinée de la vapeur d'eau, de l'acide sulfureux et de l'air; la réaction a lieu au-dessous du rouge. Il se dégage de l'acide chlorhydrique que l'on condense dans des tours [Hargreaves, *Bull. Soc. d'encour.*, 1873, p. 360].

Margueritte a proposé un procédé de fabrication fondé sur la décomposition du sulfate de plomb par le sel marin à une température élevée, dans un four qui permette la volatilisation du chlorure de plomb qui se forme. Le sulfate de sodium se produit en outre dans une foule de réactions de laboratoire.

Le *sulfate de sodium anhydre* s'obtient par l'efflorescence du sel cristallisé à la température ordinaire ou sous l'influence de la chaleur. Suivant de Coppet, le sel anhydre obtenu dans ces deux conditions présente certaines différences à l'égard des solutions sursaturées de sulfate de sodium. Celui produit par l'efflorescence à froid possède la propriété de déterminer la production de cristaux à $7H^2O$ dans une solution sursaturée, ce que ne fait pas celui séché à 100°. Gernez attribue cette différence à la présence d'une trace de sel hydraté dans le premier sel anhydre [*Compt. rend.*, t. LXXVIII, p. 194, 283 et 498].

Le sulfate anhydre s'obtient cristallisé lorsqu'on chauffe à 40° la solution saturée à 33°. La forme de ces cristaux est celle de la *thenardite* (voyez ce mot). Ce sont des octaèdres orthorhombiques, isomorphes avec le sulfate d'argent. On a trouvé pour le rapport des axes : 0,4734 : 1 : 0,8005 [Mitscherlich, *Poggend. Ann.*, t. XII, p. 138, et t. XXV, p. 301].

Le sulfate qui cristallise en présence d'un grand excès de soude est anhydre [Schultz-Sellack].

Le sulfate anhydre a pour densité 2,693 (Schrœder), 2,631 (Karsten), 2,645 (Thomson), 2,73 (Cordier). Chauffé au rouge vif, il fond en un liquide clair qui se prend par le refroidissement en une masse cristalline. Il n'est que très-peu volatil. Chauffé avec du charbon, il se transforme en sulfure de sodium Na^2S.

Chauffé avec un excès de sel ammoniac, il se transforme en chlorure.

Il est neutre; sa saveur est salée et amère.

Le sulfate de sodium est très-soluble dans l'eau, mais il présente un maximum de solubilité qui est situé à 33°,75. Nous indiquerons plus loin quelle est cette solubilité. Si l'on dépasse cette température, une partie du sel se dépose de nouveau à l'état anhydre. Si la solution se refroidit, elle reste sursaturée ou bien dépose des cristaux qui, suivant la température, renferment $7H^2O$ ou $10H^2O$.

Sulfate à 7 molécules d'eau, $SO^4Na^2 + 7H^2O$. — Il se dépose à la température voisine de + 5° d'une solution saturée ou sursaturée, soit spontanément, soit sous l'influence d'une cause extérieure. La forme des cristaux de cet hydrate est celle de prismes paraissant appartenir au type orthorhombique. Faces : m, h^1, g^1, e^1, e^3. Angles : mm = 87° 20'; e^1e^1 = 88° 0'. Marignac en a déterminé les éléments cristallographiques et il fait remarquer qu'ils appartiennent peut-être au type quadratique. La rapidité avec laquelle ces cristaux perdent leur éclat à l'air rend les déterminations difficiles [*Ann. des Mines*, (5), t. XII, p. 1].

Ziz ainsi que Faraday admettaient dans ce sel $8H^2O$. Les expériences de Lœwel ont montré qu'il ne renferme que $7H^2O$, le reste étant de l'eau d'interposition [*Ann. de Chim. et de Phys.*, (3), t. XXIX, p. 125].

Sulfate à 10 molécules d'eau,

$$SO^4Na^2 + 10H^2O.$$

— On le désignait anciennement sous le nom de sel de Glauber (*sal mirabile Glauberi*). C'est la forme habituelle sous laquelle cristallise le sulfate de sodium. Ses cristaux constituent des prismes clinorhombiques incolores, striés, qui sont isomorphes avec le chromate et le séléniate de sodium, qui renferment également $10H^2O$. Axes : $a : b : c$ = 0,8062 : 1 : 1,109. Inclinaison des axes b et c = 72° 15', mm = 93° 29', ee^1 = 80° 24', ph^1 = 107° 45'. Faces habituelles : m, g^1, h^1, p, e^1, $b^{1/2}$, etc.

Ces cristaux sont transparents et volumineux. Leur densité est égale à 1,471 (Buignet). Ils s'effleurissent rapidement à l'air et perdent peu à peu toute leur eau. Ils fondent à 33° dans leur eau de cristallisation; celle-ci se dégage ensuite si l'on chauffe davantage et laisse du sulfate anhydre.

La solubilité du sulfate de sodium est considérable. Elle présente un maximum de solubilité vers 33°, température à laquelle les cristaux fondent dans leur eau. Si l'on chauffe au delà de 40° une solution saturée à 33°, une partie du sulfate se sépare en cristaux anhydres. Si on laisse refroidir la solution à l'abri des poussières de l'air, elle ne laisse point déposer de cristaux, mais reste sursaturée. Cet état de sursaturation cesse aussitôt qu'on met la solution en contact avec un cristal de sulfate ou avec les poussières de l'air qui tient ce sel en suspension. Ces phénomènes ont principalement été étudiés par Lœwel [*Ann. de Chim. et de Phys.*, (3), t. XXIX, p. 62; t. XXXVII, p. 157; t. XLIX, p. 32]. Ils avaient déjà été entrevus par Gay-Lussac. Ils ont fait l'objet de travaux plus récents dus surtout à Terreil [*Compt. rend.*, t. LV, p. 505]; H. Baumhauer [*Journ. für prakt. Chem.*, t. CIV, p. 449]; Tomlinson [*Chem. News*, t. XVIII, p. 2]; Violette [*Compt. rend.*, t. LX, p. 831, 973]; Gernez [*ibid.*, t. LX, p. 1027, et t. LXVIII, p. 283] et de Coppet [*Bull. de la Soc. chim.*, (2), 1872, t. XVII, p. 146; *Compt. rend.*, t. LXXVIII, p. 194 et 498]. On trouvera l'étude de ces phénomènes à l'article SURSATURATION.

Exposées à une température de 5-7° les solutions sursaturées de sulfate de sodium laissent déposer du sel à $7H^2O$; néanmoins elles restent encore sursaturées, et lorsqu'on fait cesser cet état c'est le sel à $10H^2O$ qui cristallise. L'addition d'un cristal de celui-ci détermine immédiatement la cristallisation, ce qui n'a pas lieu par l'addition d'un cristal à $7H^2O$ ou du sulfate desséché à 100°.

L'addition d'alcool à la solution en sépare le sel à $7H^2O$.

Le sulfate de sodium anhydre et ses deux

hydrates n'ont pas la même solubilité. Celle-ci a été déterminée par Lœwel qui a dressé le tableau suivant dans lequel sont en même temps indiqués les nombres trouvés par Gay-Lussac :

SOLUBILITÉ D'APRÈS GAY-LUSSAC.			SOLUBILITÉ DES TROIS MODIFICATIONS DE SULFATE DE SODIUM D'APRÈS LŒWEL.							
Température.	100 p. d'eau tiennent en dissolution à l'état de saturation		Température.	Sel anhydre cristallisé. 100 p. d'eau tiennent en dissolution à l'état de saturation		Cristaux à 10 H^2O. 100 p. d'eau tiennent en dissolution à l'état de saturation		Sel cristallisé à 7 H^2O. 100 p. d'eau tiennent en dissolution à l'état de saturation		
	Sel anhydre.	Sel à 10 H^2O.		Sel anhydre.	Sel à 10 H^2O.	Sel anhydre.	Sel à 10 H^2O.	Sel anhydre.	Sel à 7 H^2O.	Sel à 10 H^2O.
0°	5,02	12,16	0°	»	»	5,02	12,16	19,62	44,84	59,23
11 67	10,12	26,33	10	»	»	9,00	23,04	30,49	78,90	112,73
13 30	11,74	31,29	15	»	»	13,20	35,96	37,43	105,79	161,57
17 91	16,73	48,15	18	53,25	371,97	16,80	48,41	41,63	124,59	200,00
25 05	28,11	99,08	20	52,76	361,51	19,40	58,85	44,73	140,01	234,40
28 76	37,35	160,92	25	51,53	337,16	28,00	98,48	52,94	188,46	365,28
30 75	43,05	215,02	26	51,31	333,06	30,00	109,81	54,97	202,61	411,45
31 84	47,37	269,07	30	50,37	316,19	40,00	184,09	»	»	»
32 73	50,65	321,16	33	49,71	305,06	50,76	323,13	»	»	»
33 88	50,04	310,50	34	49,53	302,07	55,00	412,22	»	»	»
40 15	48,78	290,00	40 15	48,78	290,00	»	»	»	»	»
45 04	47,81	275,31	45 04	47,81	275,31	»	»	»	»	»
50 40	46,82	261,36	50 40	46,82	261,36	»	»	»	»	»
59 79	45,42	242,89	59 79	45,42	242,89	»	»	»	»	»
70 61	44,35	229,87	70 61	44,35	229,87	»	»	»	»	»
84 42	42,96	213,98	84 42	42,96	213,98	»	»	»	»	»
103 17	42,65	210,67	103 17	42,65	210,67	»	»	»	»	»

Lœwel fait remarquer qu'il résulte de ces chiffres que le sulfate de sodium présente en réalité trois maxima de solubilité : l'un vers 33° (32° 75, d'après Gay-Lussac), lorsqu'il se trouve à l'état de sel cristallisé avec 10 H^2O ; l'autre vers 26° ou 27°, lorsqu'il se trouve sous la forme du sel à 7 H^2O ; la troisième à 17° ou 18° environ, lorsqu'il constitue le sel cristallisé anhydre. La richesse des solutions en sulfate anhydre est à peu près la même à ces trois points maxima.

Deacon a trouvé pour la solubilité du sel anhydre de 100 p. d'eau des nombres très-voisins de ceux de Gay-Lussac :

Température..	0°	17°,9	24°,1	33°
SO^4Na^2......	4,53	16,28	25,92	50

La densité des solutions de sulfate de sodium a été déterminée par W. Schmidt, par Kremers et par Gerlach :

Densité.	$SO^4Na^2 + 10H^2O$ % (W. Schmidt).	Densité à 19°.	$SO^4Na^2 + 10H^2O$ % (Kremers).	Densité à 15°.	SO^4Na^2 % (Gerlach).
1,010	2,52	1,0131	3,33	1,0182	2
1,020	5,03	1,0263	6,66	1,0365	4
1,030	7,54	1,0398	10,00	1,0550	6
1,040	10,03	1,0533	13,34	1,0738	8
1,050	12,51	1,0806	20,01	1,0928	10
1,060	14,98	1,1222	30,01	1,1117	11
1,070	17,43				
1,080	18,96				
1,090	22,28				
1,100	24,67				

La solution saturée de sulfate de sodium bout à 103°,1.

Le sulfate de sodium se dissout dans l'eau avec abaissement de température. Cet abaissement est surtout considérable lorsqu'on dissout le sulfate de sodium dans l'acide chlorhydrique. Le froid le plus considérable est produit par un mélange de sulfate de sodium cristallisé, 1,500 grammes, acide chlorhydrique, 1,200 grammes. Ce moyen est très-avantageux pour produire du froid dans les laboratoires.

Le sulfate de sodium est insoluble dans l'alcool absolu. L'alcool faible en dissout une certaine quantité. Cette solubilité a été déterminée par H. Schiff [*Ann. der Chem. u. Pharm.*, t. CXVIII, p. 365].

Solution saturée à 15° dans l'alcool de		
Densité.	Degré cent.	$SO^4Na^2 + 10H^2O$ %.
1,000	0	25,6
0,976	10	14,35
0,972	20	5,6
0,939	40	1,3

Lorsqu'on mélange du sulfate de sodium cristallisé avec du sel ammoniac, le mélange se réduit en bouillie, par suite de la mise en liberté de l'eau de cristallisation et de la formation de sulfate ammonique et de chlorure de sodium (H. Schiff).

Lorsqu'on sature d'acide carbonique une solution de sulfate de sodium et qu'on l'agite avec du carbonate de baryum, il y a formation de sulfate de baryum et de carbonate de sodium [Lawr. Smith, *Chem. News*, t. XXVII, p. 316].

Traitée par la chaux, ou mieux par la baryte, la solution de sulfate de sodium est transformée en soude caustique.

DISULFATE TRISODIQUE,

$$(SO^4)^2Na^3H = SO^4Na^2 + SO^4NaH.$$

— Ce sel a été obtenu par Mitscherlich [*Poggend. Ann.*, t. XXXIX, p. 198]. Il se forme lorsqu'on soumet le sulfate acide, SO^4NaH, à une nouvelle cristallisation et constitue les premiers cristaux qui se déposent. D'après les déterminations de Marignac, ces cristaux appartiennent au type clinorhombique [*Ann. des Mines*, (5), t. XII, p. 1].

SULFATE ACIDE DE SODIUM, SO^4NaH (*bisulfate*). — C'est ce sel qui prend naissance dans la décomposition du chlorure de sodium ou de l'azotate par l'acide sulfurique lorsque la température reste fort au-dessous du rouge. On l'obtient en chauffant 10 p. de sulfate neutre anhydre avec 7 p. d'acide sulfurique; il cristallise par le refroidissement lorsqu'on dissout le produit dans le double de son poids d'eau bouillante (Berzelius). On l'obtient aussi lorsqu'on fait cristalliser à 50° le sulfate dissous dans de l'acide sulfurique étendu et bouillant (Marignac).

Il cristallise en longs prismes à quatre pans appartenant, d'après les déterminations de Marignac, au système triclinique. Ces cristaux deviennent mats à l'air (Marignac). Leur densité est égale à 1,8 (Thomson). Ils ne perdent pas de poids à 140°. Chauffés au rouge sombre, ils se transforment en *anhydrosulfate*, $S^2O^7Na^2$, qui se décompose ensuite en sulfate neutre et anhydride sulfurique.

Lorsqu'on fait cristalliser la solution de sulfate neutre dans l'acide sulfurique par refroidissement au lieu de l'évaporer à 50°, on obtient des cristaux plus stables à l'air et qui appartiennent au type clinorhombique. Ils renferment $SO^4NaH + H^2O$ [Marignac, *loc. cit.*].

L'eau et surtout l'alcool décomposent le sulfate acide de sodium en acide sulfurique et sulfate neutre (Graham). Cette décomposition se produit à l'air par suite de la déliquescence du sel.

Le sulfate acide de sodium peut servir à la préparation de l'acide sulfurique fumant.

Il est employé dans l'analyse chimique pour l'attaque de certains minéraux, notamment des cérites, etc., et des minéraux alumineux tels que le corindon.

DISULFATE MONOSODIQUE,

$$(SO^4)^2NaH^3 = SO^4NaH + SO^4H^2.$$

— Ce sel s'obtient en longs prismes incolores et brillants lorsqu'on fait cristalliser par le refroidissement une solution de sulfate de sodium dans moins de 7 fois son poids d'acide sulfurique. Il se dépose en longs prismes incolores et brillants, fusibles vers 100° et ressemblant au sel de potassium obtenu par le même procédé [Schultz-Sellack, *Poggend. Ann.*, t. CXXXIII, p. 137, et *Bull. de la Soc. chim.*, 1868, t. X, p. 240].

SULFATE DOUBLE DE SODIUM ET D'AMMONIUM,

$$SO^4Na(AzH^4) + 2H^2O.$$

— Ce sel cristallise par l'évaporation lente d'une solution mixte de chlorure de sodium et de sulfate d'ammonium ou de chlorure d'ammonium et de sulfate de sodium. Ses cristaux se déshydratent sur l'acide sulfurique; leur densité est égale à 1,63 à 15° [H. Schiff, *Ann. der Chem. u. Pharm.*, t. CXIV, p. 68].

DISULFATE SODICO-TRIPOTASSIQUE, $(SO^4)^2K^3Na$. — Ce sel, qui a été regardé autrefois comme du sulfate de potassium, s'obtient dans la cristallisation des eaux mères des soudes brutes naturelles. Cette cristallisation, notamment lorsqu'elle a lieu à la température de 38°, est accompagnée de jets de lumière. Le même phénomène se produit lorsqu'on détache la croûte solide qui s'est formée ou qu'on touche le liquide saturé à chaud avec un cristal froid, etc. Il n'a pas lieu lorsqu'on soumet le sel à une nouvelle cristallisation [Penny, *Phil. Mag.*, t. X, p. 401, et *Jahresber.*, 1855, p. 332]. Une solution de 1 molécule SO^4Na^2 et de 3 molécules SO^4K^2 laisse d'abord déposer du sulfate de potassium, puis le sel double. Les cristaux de ce sel appartiennent au type rhomboédrique. Ils ont été étudiés par V. Hauer [*Journ. für prakt. Chem.*, t. LXXXIII, p. 256].

TRISULFATE SODICO-PENTAPOTASSIQUE, $(SO^4)^3K^5Na$. — Il se produit, d'après Gladstone [*Quart. Journ. of the Chem. Soc.*, t. VI, p. 106], lorsqu'on fond le sulfate de potassium neutre ou acide avec du chlorure de sodium. Il cristallise de sa solution bouillante en prismes à six faces terminés par des pyramides.

SULFATE DOUBLE DE SODIUM ET D'ALUMINIUM. — Voyez ALUN DE SODIUM, t. I, p. 176.

SULFATE SODICO-CALCIQUE. — Voyez t. I, p. 706.

SULFATE ET AZOTATE DE SODIUM,

$$2(SO^4Na^2, AzO^3Na) + 3H^2O.$$

— Lamelles orthorhombiques nacrées obtenues par l'évaporation dans le vide d'une solution sursaturée de sulfate de sodium additionnée, jusqu'à saturation, d'azotate de sodium [Marignac, *Ann. des Mines*, (5), t. XII, p. 1].

SULFITES DE SODIUM. — On connaît le sulfite neutre, SO^3Na^2, et un sulfite acide, SO^3NaH.

SULFITE NEUTRE, SO^3Na^2. — On obtient le sulfite neutre en transformant le carbonate de sodium en sulfite acide, auquel on ajoute ensuite une quantité de carbonate égale à la première. Il n'est pas nécessaire de dissoudre le carbonate dans l'eau; les cristaux absorbent très-facilement l'acide sulfureux en perdant leur eau de cristallisation et en dégageant de l'acide carbonique qui transforme d'abord une autre partie du carbonate en bicarbonate, ce qui contribue à liquéfier les cristaux. Le dégagement d'acide carbonique devient très-abondant lorsque l'acide sulfureux porte son action sur le bicarbonate formé. On obtient finalement une bouillie cristalline de sulfite acide à laquelle on ajoute la seconde portion du carbonate; la transformation en sulfite neutre se fait alors avec un vif dégagement d'acide carbonique :

$$CO^3Na^2 + 2SO^2 + H^2O = 2SO^3NaH + CO^2$$

et

$$2SO^3NaH + CO^3Na^2 = 2SO^3Na^2 + H^2O + CO^2.$$

L'acide sulfureux peut être produit par la réduction de l'acide sulfurique par le charbon ou par la combustion du soufre. Dans ce dernier cas, il faut faire brûler le soufre sous une longue cheminée en tôle qui détermine un tirage et qui conduit le gaz sulfureux formé dans une caisse cloisonnée; il y circule au-dessus d'une solution alcaline qui peut être l'eau provenant des cristaux obtenus dans une opération précédente. Le gaz sulfureux non absorbé se rend ensuite dans une caisse cylindrique à double fond, remplie de cristaux de soude qui tombent peu à peu en déliquescence.

Muspratt a décrit le sulfite de sodium comme renfermant $SO^3Na^2 + 10H^2O$; il l'a obtenu en grands prismes obliques, efflorescents, en évaporant sa solution sur l'acide sulfurique.

Mais ce sel cristallise ordinairement avec $7H^2O$ (Rammelsberg, Marignac, Schultz Sellack) et forme des cristaux clinorhombiques très-solubles dans l'eau et donnant facilement des solutions sursaturées; les cristaux qui se déposent quand la sursaturation cesse renferment $7H^2O$. La forme cristalline de ce sel a été déterminée par Marignac et par Rammelsberg. Faces : $m, p, h^1, o^1, a^{1/2}$; angles : $mm = 65°0'$; $ph^1 = 93°36'$; $po^1 = 144°40'$. Comme le sulfate de sodium, ce sel présente un maximum de solubilité qui, d'après Mitscherlich, est situé à 33°. Quand on chauffe une solution saturée au delà de ce maximum, elle laisse déposer des cristaux qui sont le sel anhydre et qui se redissolvent après le refroidissement (Rammelsberg, Schultz-Sellack).

Ce sel anhydre est inaltérable à l'air; arrosé d'eau, il se prend en masses compactes par suite de la formation de cristaux hydratés.

Schultz-Sellack n'a pas pu obtenir les cristaux à $10H^2O$ de Muspratt [*Journ. für prakt. Chem.*, (2), t. II, p. 459].

La densité des cristaux de sulfite hydraté est égale à 1,561 (Buignet).

Ce sel perd toute son eau à 130°. A une température plus élevée, il se décompose en donnant un mélange de sulfure et de sulfate de sodium (Rammelsberg).

Le sulfite de sodium se dissout dans 4 p. d'eau froide, avec abaissement de température, et dans moins de son poids d'eau bouillante (Fourcroy et Vauquelin). D'après Kremers, 1 p. de sel anhydre se dissout dans 7,07 p. d'eau à 0°, dans 3,49 p. à 20°, dans 2,02 p. à 40°. Il est un peu soluble dans l'alcool aqueux.

La solution de ce sel est légèrement alcaline; sa saveur est d'abord fraîche, puis sulfureuse. Elle s'oxyde lentement à l'air ainsi que les cristaux eux-mêmes.

Sulfite acide (*bisulfite*), SO^3NaH. — Ce sel cristallise en prismes brillants qui perdent facilement du gaz sulfureux. Il s'oxyde plus rapidement à l'air que le sulfite neutre. Suivant certaines circonstances, qui n'ont pas encore été déterminées, ce sel est anhydre ou hydraté (Muspratt, Marignac). L'alcool le précipite de sa solution en cristaux grenus.

D'après Schultz-Sellack [*loc. cit.*], le bisulfite anhydre,

$$S^2O^5Na^2 = \begin{matrix} SO <^{ONa}_{O} \\ SO <_{ONa} \end{matrix}$$

se produit lorsqu'on sature une solution de carbonate de sodium par l'acide sulfureux et qu'on fait cristalliser la solution par le froid.

Ce sel possède une réaction acide et une saveur sulfureuse désagréable.

Sulfite sodico-ammonique,

$$(SO^3)^2Na^2(AzH^4)H + 4H^2O.$$

— Ce sel a été décrit par Marignac [*loc. cit.*] qui l'a obtenu en tables minces du système clinorhombique.

Les sulfites de sodium sont employés comme *antichlore* dans le blanchiment des tissus et de la pâte à papier; dans la sucrerie, ils servent pour empêcher la fermentation des jus de betterave (Melsens). Le bisulfite est fréquemment employé dans les laboratoires, soit au lieu d'acide sulfureux, soit pour isoler certains composés (aldéhydes, acétones) avec lesquels il forme des combinaisons.

Sulfite sodico-cadmique, $(SO^3)^4Cd^3Na^2$. — Poudre cristalline blanche.

Sulfite sodico-zincique,

$$(SO^3)^4Zn^3Na^2 + 7\,1/2\,H^2O.$$

— Petits cristaux grenus [E. Berglund, *Bull. de la Soc. chim.*, 1874, t. XXI, p. 213].

Thiosulfate ou Hyposulfite de sodium,

$$S^2O^3Na^2 = SO^2 <^{ONa}_{SNa.}$$

— Ce sel a été découvert par Vauquelin en 1802 dans les résidus de la fabrication de la soude artificielle. Il se produit par l'oxydation des sulfures de sodium à l'air.

Préparation. — Le procédé le plus simple consiste à dissoudre à chaud du soufre dans le sulfite neutre de sodium, à filtrer la solution et à la faire cristalliser. Avec le bisulfite de sodium, il ne se forme que fort peu d'hyposulfite, mais bien du sulfate résultant sans doute de la décomposition, sous l'influence de l'ébullition, de l'hyposulfite de sodium produit [Faget, *Journ. de Pharm.*, 1849, t. XV, p. 333].

On obtient aussi l'hyposulfite de sodium en faisant passer de l'acide sulfureux dans une solution de polysulfure de sodium jusqu'à décoloration, filtrant et faisant cristalliser (Capaun).

Un autre procédé consiste à faire réagir les sulfures de sodium sur le sulfite neutre : on dissout jusqu'à saturation du soufre dans la soude bouillante et l'on verse cette solution dans une solution de sulfite (Lenz). On peut aussi employer dans les deux cas le sulfure de sodium résultant de l'action du charbon sur le sulfate ou celui qu'on obtient par la fusion du carbonate de sodium avec du soufre.

Fleck recommande d'introduire dans une solution de polysulfure de sodium le produit du grillage d'un mélange de soufre et de carbonate de sodium. On concentre la solution; il cristallise du sulfate et l'hyposulfite s'accumule dans les eaux mères [*Dingler's Polyt. Journ.*, t. CLXVI, p. 353].

Enfin on peut décomposer par le carbonate de sodium l'hyposulfite de calcium qui est contenu dans les marcs de soude et dans la masse provenant de l'épuration du gaz.

Propriétés. — L'hyposulfite de sodium cristallise en gros prismes transparents et incolores qui contiennent $S^2O^3Na^2 + 5H^2O$. Leur densité est égale à 1,672 (Buignet), 1,734 (H. Schiff). Ils fondent à 45° dans leur eau de cristallisation et restent fort longtemps en surfusion. Ils ne s'altèrent pas à l'air.

La forme de ces cristaux est celle de prismes clinorhombiques. Faces observées : $p, h^1, g^1, m, g^3, e^1, b^{1/2}, i = (b^{1/2}, d^{1/4}, g^1)$. Angles : $mg^1 = 108°45'$; $mp = 103°10'$; $mh = 103°55'$; $g^3g^1 = 124°5'$; $e^1g^1 = 105°$; $ig^1 = 145°45'$ [de Senarmont, *Ann. de Chim. et de Phys.*, (3), t. XLI, p. 337].

Chauffés doucement, les cristaux d'hyposulfite se déshydratent. A une température plus élevée, le sel sec perd du soufre et laisse un mélange de sulfure et de sulfate de sodium.

Suivant Mitscherlich [*Poggend. Ann.*, t. XII, p. 140], le sel qui se dépose d'une solution chaude est anhydre.

L'hyposulfite de sodium se dissout dans l'eau avec abaissement de température : un mélange de 110 p. de sel cristallisé et de 100 p. d'eau produit un abaissement de 18°,7 (Rüdorff). D'après Kremers, 1 p. d'hyposulfite déshydraté se dissout :

à 0°	20°	40°	60°
dans 2p,01	1p,44	0p,96	0p,52 d'eau.

Les phénomènes de sursaturation sont très-marqués avec ce sel.

H. Schiff a déterminé la densité des solutions d'hyposulfite :

$S^2O^3Na^2 + 5H^2O$ contenu dans 100 p. de la solution.	Densité à 19°.
56,88	1,3434
37,92	1,2170
25,28	1,1396
18,96	1,1030
12,64	1,0674
6,32	1,0338

L'hyposulfite de sodium est insoluble dans l'alcool. Sa solution aqueuse s'altère peu à peu à l'air en s'oxydant et en laissant déposer du soufre. Même à l'abri de l'air, il s'y forme peu à peu un dépôt de soufre, en même temps que la solution renferme du sulfite neutre.

La saveur de la solution est fraîche, puis amère, en même temps qu'un peu alcaline et sulfureuse.

Le cuivre agit sur l'hyposulfite de sodium, fondu dans son eau de cristallisation, en lui enlevant du soufre, à l'état de sulfure de cuivre, et en produisant du sulfite de sodium (Merz et Weith).

La solution d'hyposulfite de sodium possède des propriétés qui rendent ce sel très-utile dans l'analyse. Ainsi elle précipite complétement l'alumine, mélangée de soufre, de ses solutions bouillantes, tandis qu'elle ne précipite ni les sels de fer ni les sels de manganèse; si le fer est au maximum, il est seulement ramené à l'état de sel ferreux. Chancel a fondé sur ces réactions une méthode de séparation du fer et de l'alumine. D'après Wolcott Gibbs [*Sillim. Amer. Journ.*, (2), t. XXXVII, p. 346], les sels ferreux décomposent l'hyposulfite à 130-140°, sous pression, avec formation de sulfure de fer. Le nickel est complétement précipité de ses solutions à l'état de sulfure, par l'ébullition de celles-ci avec de l'hyposulfite; le cobalt l'est de même, mais moins complétement. Il se forme sans doute dans ces réactions de l'hyposulfate de sodium :

$$NiCl^2 + 2S^2O^3Na^2 = NiS + S^2O^6Na^2 + 2NaCl.$$

Le zinc n'est précipité qu'incomplétement, et seulement à 120°.

L'hyposulfite de sodium dissout peu à peu l'hydrate cuivreux, en donnant une solution incolore d'où l'ébullition sépare du sulfure de cuivre. Il transforme à chaud le chlorure d'antimoine en sulfure (vermillon d'antimoine).

Il dissout l'iodure de plomb en donnant une solution incolore; il dissout de même l'iodure d'argent et l'iodure de mercure ainsi que l'oxyde de mercure. Ce dernier est transformé à chaud en sulfure rouge. Ces solutions renferment des hyposulfites doubles.

Il dissout encore d'autres sels insolubles ou peu solubles dans l'eau, notamment le sulfate de plomb et le sulfate de calcium. Aussi le sulfate de plomb ne se précipite pas si la solution renferme de l'hyposulfite [Field, *Journ. of the Chem. Soc.*, (2), t. 1, p. 28].

D'après Diehl, la solution de sulfate calcique dans l'hyposulfite de sodium renferme un *hyposulfite sodico-calcique*. Ce sel se précipite par l'addition d'alcool en un liquide épais qui se prend après quelque temps en un amas d'aiguilles [*Journ. für prakt. Chem.*, t. LXXIX, p. 130; *Rép. de Chim. pure*, 1860, t. II, p. 312].

Usages. — L'hyposulfite de sodium est employé comme antichlore et comme antiputride. On s'en est servi pour injecter les cadavres. Il est employé en outre dans la photographie pour fixer les images. L'analyse chimique l'utilise aussi comme réactif, ainsi qu'on l'a vu plus haut.

HYPOSULFATE DE SODIUM (*dithionate*), $S^2O^6Na^2$. — On l'obtient en décomposant l'hyposulfate de baryum ou de manganèse par le carbonate de sodium et faisant cristalliser la liqueur filtrée. On peut aussi l'obtenir par l'action du peroxyde de manganèse sur le sulfite de sodium.

Il cristallise par l'évaporation lente en grands prismes orthorhombiques renfermant $2H^2O$, inaltérables à l'air, solubles dans 1p,1 d'eau à 16° et dans 2p,1 d'eau bouillante, insolubles dans l'alcool. Leur densité est égale à 2,188 (Topsoë). La solution, qui est très-amère, ne s'altère ni au contact de l'air ni par l'ébullition [Heeren, *Poggend. Ann.*, t. VII, p. 76]. Faces : m, $b^{1/2}$, h^1, a^1, $(b^1, b^{1/3}, g^1)$, $mm = 90°38'$; a^1a^1 (par-dessus p) $= 118°0'$.

Les cristaux obtenus par l'évaporation à + 5° de la solution additionnée d'acide sulfureux renferment 6 ou $7H^2O$ (Kraut).

Hyposulfate sodico-argentique,

$$S^2O^6AgNa + 2H^2O.$$

— Grands cristaux isomorphes avec les hyposulfates de sodium et d'argent, efflorescents sur l'acide sulfurique, mais non à l'air [Kraut, *Ann. der Chem. u. Pharm.*, t. CXVIII, p. 95].

Hyposulfate sodico-barytique,

$$(S^2O^6)^2BaNa^2 + 4H^2O.$$

— Grands cristaux limpides, à faces arrondies. Ils se décomposent en partie lorsqu'on les fait cristalliser de nouveau (Kraut). Schiff a décrit ce sel double avec $6H^2O$ [*Ann. der Chem. u. Pharm.*, t. CV, p. 239].

TRITHIONATE DE SODIUM, $S^3O^6Na^2$. — Ce sel n'a été obtenu qu'en dissolution; il en est de même du *pentathionate*.

TÉTRATHIONATE DE SODIUM, $S^4O^6Na^2$. — On le prépare comme celui de potassium, par l'addition d'iode à l'hyposulfite. Il ne se précipite que par l'addition de beaucoup d'alcool.

Fordos et Gélis ont observé sa formation dans l'action du trichlorure d'or sur l'hyposulfite de sodium; Kessler, par l'action du chlorure cuivrique et Schlagdenhauffen par celle du chlorure ferrique sur ce sel. Ce dernier mode de formation, par exemple, s'explique par l'équation

$$Fe^2Cl^6 + 2S^2O^3Na^2$$
$$= 2FeCl^2 + 2NaCl + S^4O^6Na^2.$$

Le tétrathionate de sodium fond dans son eau de cristallisation, en abandonnant du soufre et en dégageant du gaz sulfureux [Kessler, *Poggend. Ann.*, t. LXXIV, p. 249].

HYDROSULFITE DE SODIUM,

$$SO^2NaH = SO\begin{cases}H\\ONa.\end{cases}$$

— Ce sel, découvert par Schützenberger [*Bull. de la Soc. chim.*, (2), 1869, t. XII, p. 123], se produit dans l'action du zinc sur le sulfite acide de sodium : le fer, le manganèse, le magnésium agissent de même sur ce sel. L'hyposulfite de sodium se forme aussi par voie électrolytique dans les conditions suivantes : lorsqu'on introduit du sulfite acide de sodium dans un vase poreux placé dans de l'acide sulfurique étendu et qu'on électrolyse ce système en plongeant le pôle négatif dans le sulfite, on voit de l'oxygène se dégager au pôle positif, tandis que le liquide négatif acquiert les propriétés réductrices de l'hydrosulfite de sodium.

Pour obtenir ce sel à l'aide du sulfite acide de sodium et du zinc, on introduit des copeaux de zinc dans une solution concentrée de bisulfite refroidie avec de l'eau et contenue dans un ballon que l'on bouche. Le zinc disparaît en partie, sans qu'il y ait dégagement d'hydrogène. Après une demi-heure, il se dépose une cristallisation abondante de sulfite double de zinc et de sodium. La solution qui surnage est extrêmement oxydable, et si elle est exposée en couche mince à l'air, elle s'échauffe et répand de la vapeur d'eau. Exposée pendant quelque temps à l'air, elle ne renferme plus que du sulfite double.

Pour isoler l'hydrosulfite existant dans la solution primitive, on verse celle-ci dans 3 fois son volume d'alcool contenu dans un ballon qu'il faut remplir complétement et bien boucher. Il se dépose presque aussitôt du sulfite de zinc et de sodium avec un peu d'hydrosulfite; on enlève ce dépôt et on abandonne la solution claire dans un endroit frais. Elle se prend alors en une bouillie cristalline formée de fines aiguilles incolores et feutrées. On recueille rapidement et on sèche ce dépôt dans le vide, car il s'échauffe au contact de l'air.

L'hydrosulfite de sodium sec est peu altérable à l'air; il est soluble dans l'eau, mais très-peu dans l'alcool fort. Préparé comme il a été dit, il ne renferme plus que 1 à 2 % de zinc, qu'on peut du reste lui enlever en le redissolvant dans l'eau et répétant le traitement à l'alcool.

Son oxydation à l'air le transforme intégralement en sulfite acide de sodium.

L'hydrosulfite de sodium produit toutes les réactions qui caractérisent l'acide hydrosulfureux : réduction de l'indigo, du sulfate de cuivre, etc. — Voyez SOUFRE (*Acide hydrosulfureux*).

TELLURATES DE SODIUM. — Berzelius a décrit le tellurate neutre et deux tellurates acides.

Tellurate neutre, TeO^4Na^2. — L'acide tellurique se dissout à chaud dans la soude en excès et l'on obtient par le refroidissement des grains cristallins ou des croûtes cristallines. L'addition d'alcool aux eaux mères sépare une nouvelle quantité de ces cristaux. Ceux-ci renferment $TeO^4Na^2 + 2H^2O$. Ils se dissolvent très-lentement dans l'eau et l'évaporation de la solution laisse une masse gommeuse très-soluble, qui redevient peu soluble par la dessiccation et même insoluble, sans changer de composition lorsqu'on la calcine.

Tellurate acide (bitellurate),

$$2(TeO^4NaH) + 3H^2O.$$

— Il se précipite lorsqu'on ajoute de l'acide acétique à une dissolution faite à chaud d'acide tellurique dans le carbonate de sodium; mais il se redissout aussitôt. L'évaporation à sec laisse un mélange d'acétate et de bitellurate de sodium d'où l'alcool fort extrait l'acétate, tandis qu'il laisse le bitellurate sous forme d'une poudre blanche soluble dans l'eau. La solution l'abandonne sous forme gommeuse par l'évaporation.

On obtient aussi ce sel en combinant 2 molécules d'acide tellurique avec un peu plus de 1 molécule de carbonate sodique; le bitellurate se dépose par l'évaporation en gouttes limpides qui forment une couche sirupeuse.

Chauffé jusqu'à déshydratation complète, le bitellurate devient jaune et se transforme en un mélange d'anhydroquadritellurate $Te^4O^{13}Na^2$ et de tellurate neutre.

Anhydroquadritellurate de sodium, $Te^4O^{13}Na^2$. — L'évaporation spontanée d'une solution d'acide tellurique, dans la quantité requise de carbonate de sodium, abandonne ce sel sous la forme d'une masse gommeuse qui devient laiteuse par la chaleur. L'eau la redissout lentement en laissant une poudre blanche insoluble dans l'eau bouillante et qui est du quadritellurate hydraté, analogue à celui de potassium (voyez t. II, p. 1135). L'anhydroquadritellurate produit par la dessiccation de cet hydrate est jaune et insoluble.

Tellurites de sodium. — *Sel neutre*, TeO^3Na^2. — Il s'obtient en cristaux volumineux et réguliers lorsqu'on fond l'acide tellureux avec une quantité équivalente de carbonate de sodium. Refroidie brusquement, la masse fondue se boursoufle au moment de se solidifier. Elle se dissout lentement dans l'eau. L'addition d'alcool à sa solution fournit après quelques jours des cristaux volumineux hydratés.

Anhydro-bitellurite, $Te^2O^5Na^2$. — On l'obtient par voie sèche; il est très-fusible et cristallise par refroidissement. L'eau le décompose comme le sel potassique.

Tétratellurite, $Te^4O^9Na^2$. — Il s'obtient comme le sel potassique et cristallise en écailles nacrées et en tables hexagonales qui renferment $5H^2O$, fait $(TeO^3)^2NaH^3 + H^2O$ ou

$$2TeO^3NaH + 2TeO^3H^2 + 2H^2O.$$

Sulfotellurite de sodium,

$$TeS^2, 3Na^2S = TeS^5Na^6.$$

— Il se produit par l'action du gaz sulfhydrique sur le tellurate de sodium. Il est soluble dans l'eau et reste après évaporation sous la forme d'une masse saline jaune que l'air décompose. E. W.

SODIUM (ANALYSE). — Les sels de sodium sont incolores lorsque l'acide est incolore. Leurs solutions ne sont précipitées ni par l'hydrogène sulfuré, ni par le sulfure ammonique, ni par le carbonate ammonique; aussi est-il facile d'éliminer par ces réactifs tous les métaux contenus en même temps dans la solution, sauf le magnésium, le potassium et le sodium.

Ces solutions se distinguent de celles des combinaisons potassiques en ce qu'elles ne sont pas précipitées par le *chlorure platinique*, le *sulfate d'aluminium*, l'*acide tartrique*, l'*acide perchlorique* et l'*acide periodique*. Cependant les solutions très-concentrées de soude ou de son carbonate donnent avec l'acide tartrique un précipité volumineux de tartrate acide, mais il se distingue très-facilement du précipité cristallin de crème de tartre.

L'*acide hydrofluosilicique* produit dans les dissolutions sodiques, qui ne sont pas trop étendues, un précipité gélatineux de fluosilicate de sodium.

Le *pyroantimoniate acide de potassium* (voyez t. I, p. 348) donne dans les dissolutions neutres ou alcalines de soude un précipité floconneux, peu soluble, de pyroantimoniate de sodium. Si la solution est étendue, le précipité ne se forme qu'après quelques heures et devient cristallin. Si elle est acide, il faut la sursaturer par un excès de potasse. La solution ne doit contenir en outre aucun métal autre que le potassium ou le lithium; l'ammoniaque ne gêne pas.

L'*acide periodique* en excès donne un précipité peu soluble de periodate acide de sodium.

La manière la plus sûre de reconnaître la soude est d'introduire le sel à examiner dans une flamme. Celle-ci se colore en jaune intense, que ce soit la flamme du chalumeau ou la flamme de l'alcool. Examinée au spectroscope, cette flamme présente une raie très-vive dans le jaune; cette raie correspond à la raie D de Fraunhofer. On ne peut découvrir d'autres raies s'il n'y a que de la soude en solution; si celle-ci est accompagnée de potasse, on remarque en même temps les raies du potassium alors même que ce métal ne colore pas la flamme en violet (cette coloration violette est masquée par la flamme jaune du sodium).

Vue à travers un verre coloré en bleu par le cobalt, la flamme du sodium est à peine visible (Bunsen).

Pour reconnaître la soude dans une combinaison insoluble, il faut décomposer celle-ci en séparant l'acide combiné (acides stannique, antimonique, tellurique, titanique). — Voyez les métaux correspondants.

Pour déceler la soude, ainsi que la potasse, dans un silicate (verre, silicates naturels), il faut désagréger ce silicate par un des procédés décrits plus haut. — Voyez Silicates (analyse).

Pour la retrouver dans une combinaison organique, il faut incinérer celle-ci et soumettre les cendres à l'analyse ou doser alcalimétriquement le carbonate formé.

Dosage. — On dose le sodium, suivant les circonstances, à l'état de chlorure, de sulfate ou de carbonate.

Dosage à l'état de chlorure. — On opère comme pour le dosage du potassium (voyez t. II, p. 1145). Il faut calciner le sel avec beaucoup de précaution tant qu'il est humide, à cause de la facilité avec laquelle il décrépite. Le chlorure de sodium est bien moins volatil que le chlorure de potassium, aussi les résultats sont-ils plus rigoureux. Comme vérification, on peut transformer le chlorure en sulfate et peser celui-ci. 1 p. de chlorure de sodium correspond à 0,3931 de sodium et à 0,5299 d'oxyde Na^2O.

Dosage à l'état de sulfate. — Comme pour le potassium, 1 p. SO^4Na^2 correspond à 0,3239 de sodium et à 0,4366 d'oxyde Na^2O. Calciné avec un excès de sel ammoniac, le sulfate de sodium se transforme en chlorure.

Dosage à l'état de carbonate. — Ce procédé peut s'appliquer au dosage direct du carbonate de soude tenu en dissolution; on évapore à sec, on calcine au rouge et l'on pèse. Si l'on a à doser la soude caustique, on peut en évaporer une prise d'essai avec du carbonate ammonique et chauffer finalement au rouge.

Le carbonate monosodique (bicarbonate) se dose facilement par ce procédé; sa calcination donne du carbonate pur.

La détermination du sodium dans les matières solubles dans l'eau ou dans les acides a lieu en suivant la marche ordinaire des analyses. Quand il est combiné à l'acide phosphorique, il faut séparer celui-ci à l'état de phosphate d'argent ou de fer (voyez t. II, p. 985), les alcalis restent dans la liqueur filtrée.

Quand il est uni à l'acide borique, on traite le sel, débarrassé des autres métaux, par l'acide chlorhydrique en excès, on évapore à sec, on chauffe jusqu'à expulsion de tout l'acide chlorhydrique, on reprend par l'eau et on dose le chlore par l'azotate d'argent; le poids du sodium est déduit de celui du chlore.

Enfin, lorsqu'on veut déterminer la soude dans les silicates, il faut attaquer ceux-ci par un réactif exempt d'alcali : magnésie, baryte, carbonate de calcium, acide fluorhydrique. — Voyez SILICATES (ANALYSE).

SÉPARATION DU SODIUM. — Le sodium reste dans les analyses chimiques après l'action des réactifs généraux, hydrogène sulfuré, sulfure et carbonate ammoniques, avec le magnésium, le potassium, l'ammoniaque, le lithium, le césium et le rubidium.

La séparation du lithium a déjà été indiquée t. II, p. 231, ainsi que celle du magnésium, t. II, p. 279.

Celle du césium et du rubidium se fait aisément par le chlorure platinique qui précipite ces métaux plus complétement que le potassium. L'ammoniaque et ses sels sont facilement éliminés par l'action de la chaleur.

Il ne nous reste donc à étudier que la séparation du sodium et du potassium.

Séparation par le chlorure de platine. — Les deux alcalis doivent être ramenés à l'état de chlorures, ce qui peut se faire en les calcinant à plusieurs reprises avec du sel ammoniac s'ils sont à l'état d'azotates ou de sulfates, ou en précipitant l'acide sulfurique par la baryte, l'excès de baryte par l'acide carbonique, et transformant la liqueur filtrée en chlorures. On pèse ensemble les deux chlorures; on les redissout dans fort peu d'eau et on additionne la solution de chlorure platinique aussi neutre que possible, et en excès, de manière à transformer la totalité des chlorures en chloroplatinates, on évapore *jusqu'à siccité* au bain-marie, on reprend le résidu par de l'alcool à 70 ou 80 centièmes. Après quelques heures, on recueille le précipité cristallin sur un filtre et on le lave à l'alcool pour le traiter ensuite comme il a été dit à l'article POTASSIUM (t. II, p. 1146). On retranche du poids des chlorures celui du chlorure de potassium donné par le chloroplatinate et l'on en déduit le poids de chlorure de sodium.

Ce procédé donne toujours une petite perte de potassium. On peut diminuer encore la solubilité du chloroplatinate de potassium en ajoutant à l'alcool un cinquième de son volume d'éther.

Méthodes indirectes. — Ces méthodes donnent les poids relatifs du potassium et du sodium contenus dans un mélange, mais ils n'opèrent pas la séparation proprement dite. L'une consiste à peser successivement le sodium et le potassium à l'état de chlorures et à l'état de sulfates, c'est la méthode la plus expéditive. Le poids de chacun des deux métaux est donné par une opération analogue à celle qui est développée ci-dessous.

Ou bien, ce qui est préférable, on pèse les chlorures, on les redissout dans l'eau et l'on y détermine le chlore, soit à l'état de chlorure d'argent, soit par la liqueur titrée, en suivant la marche indiquée par Mohr. Cette méthode consiste à ajouter la solution titrée d'argent à la solution des chlorures additionnée d'une goutte de chromate de potassium; ce dernier occasionne un précipité jaune dès que tout le chlore est précipité. Du poids des chlorures et du poids du chlore qui y est contenu, on déduit la proportion des chlorures de sodium et de potassium par les formules

$$x = P - y \quad \text{et} \quad x\frac{Cl}{KCl} + y\frac{Cl}{NaCl}$$
$$= y\frac{35,5}{74,5} + x\frac{35,5}{58,5} = C,$$

dans lesquelles P représente le poids des chlorures; C la quantité de chlore qui y est contenue, x le chlorure de potassium et y le chlorure de sodium. On tire de ces équations :

$$y = \frac{C - 0,4765\ P}{0,1303}.$$

Enfin on peut peser le mélange des sulfates de potassium et de sodium, redissoudre dans l'eau et doser l'acide sulfurique par le chlorure de baryum. Les quantités de sulfate de sodium et de sulfate de potassium (et par suite de potassium et de sodium) sont alors données par le calcul suivant : P = poids des sulfates trouvés; x représente le poids du sulfate de potassium et y celui du sulfate de sodium; enfin S = poids de l'anhydride sulfurique déduit du poids du sulfate de baryum :

$$x + y = P \quad \text{ou} \quad x = P - y$$
$$\text{et} \quad x\frac{K^2}{SO^4K^2} + y\frac{Na^2}{SO^4Na^2} = S,$$
$$\text{ou} \quad x.0,45919 + y\ 0,56338 = S,$$

d'où l'on tire

$$y = \frac{S - 0,45919\ P}{0,10419}.$$

Les procédés par dosage indirect ne sont guère applicables que lorsque le mélange renferme des quantités notables de l'un et de l'autre métal. Dans ce cas ils se recommandent surtout par la rapidité.

ESSAI DES CARBONATES ALCALINS. — Cet essai se fait volumétriquement à l'aide d'acide sulfurique normal (49 grammes SO^4H^2 par litre) en prenant un poids de potasse ou de soude égal pour la première à 47 grammes, pour la seconde à 31 gr. que l'on dissout dans 550 centimètres cubes d'eau (ou le dixième dans 50 centimètres cubes d'eau). Les poids employés par Gay-Lussac sont 50gr d'acide et 48gr,16 de potasse ou 31gr,63 de soude (voyez ANALYSE, t. I, p. 255). La quantité d'acide à ajouter indique le titre pondéral de l'alcali. Ce qu'on appelle dans le commerce le titre alcalimétrique est celui que fournit l'essai lorsque l'on en pèse 50 grammes au lieu de 48gr,16 (Descroizilles). Pour passer du titre pondéral P au titre alcalimétrique, plus en usage dans le commerce, on pose les proportions

$$4,816 : 5 = P : x \text{ pour la potasse},$$
$$3,163 : 5 = P : x \text{ pour la soude}.$$

Le titre pondéral indique la proportion d'oxyde de potassium ou de sodium contenu dans l'essai; pour ramener le résultat à la potasse hydratée, on le multiplie par le rapport

$$\frac{KHO}{1/2K^2O} = \frac{56}{47} = 1,191;$$

pour le ramener au carbonate de potassium, on le multiplie par

$$\frac{CO^3K^2}{K^2O} = 1,468.$$

On multiplie de même le titre pondéral par les rapports

$$\frac{NaHO}{47} = 0,851 \quad \text{ou} \quad \frac{CO^3Na^2}{47} = 1,127$$

si l'alcali à doser est la soude et si le poids de l'essai a été pris comme pour la potasse, ou par les rapports

$$\frac{NaHO}{1/2Na^2O} = 1,290 \quad \text{ou} \quad \frac{CO^3Na^2}{Na^2O} = 1,71$$

si l'on a pris 31gr,63 de l'essai (poids de l'essai de soude), lorsqu'on veut en connaître la teneur en hydrate ou en carbonate de sodium.

La soude est généralement exempte de potasse, tandis que cette dernière renferme très-souvent de la soude. Pour déterminer la proportion de cette soude, on emploie une des méthodes décrites pour doser le sodium avec le potassium, notamment la méthode indirecte, consistant à transformer les carbonates en sulfates et à doser l'acide sulfurique de ces sulfates, soit par pesée du sulfate de baryum, soit à l'aide d'une liqueur titrée de chlorure de baryum.

Pesier [*Journ. de Chim. et Pharm.*, 1844, (3), t. III] transforme les carbonates en sulfates et traite la solution de ces sels par le perchlorate de baryum, évapore à sec et reprend par l'alcool qui dissout les perchlorates de baryum et de sodium. On transforme ces sels en sulfates et on pèse le sulfate de sodium séparé du sulfate de baryum.

Pesier a aussi imaginé un appareil qu'il a désigné sous le nom de *natromètre*, destiné à doser la soude dans les potasses. Il est fondé sur la transformation de la potasse à essayer en sulfate, qu'on traite ensuite par une solution saturée à 20° de sulfate de potassium pur qui dissout le sulfate de sodium. La quantité de ce sel dissous est indiquée par un aréomètre portant une double échelle; l'une indiquant les affleurements dans une solution de sulfate potassique pur à diverses températures, et l'autre indiquant les centièmes de soude. Cet instrument, qui exige une certaine pratique, donne des résultats satisfaisants.

Graeger indique le procédé volumétrique suivant pour la détermination de la soude dans les potasses. On dissout une prise d'essai de 6gr,911 dans 100 centimètres cubes d'eau, on recueille et pèse les matières insolubles, on dose volumétriquement dans une portion de la liqueur l'acide sulfurique et l'acide chlorhydrique combinés, on les transforme par le calcul en sels de potassium et on conclut, par différence, le poids des carbonates alcalins purs.

On procède ensuite au titrage des carbonates à l'aide d'une solution normale d'acide azotique (63 grammes AzO^3H par litre, correspondant à 69 grammes CO^3K^2). Le rapport du carbonate de sodium au carbonate de potassium est donné par la table suivante :

CO^3K^2.	CO^3Na^2.		Acide normal.	CO^3K^2.	CO^3Na^2.		Acide normal.
1gr,00	+ 0,00	exige	14cc,47	0gr,45	+ 0,55	exige	16cc,89
0 95	+ 0,05	—	14 69	0 40	+ 0,60	—	17 11
0 90	+ 0,10	—	14 92	0 35	+ 0,65	—	17 33
0 85	+ 0,15	—	14 14	0 30	+ 0,70	—	17 55
0 80	+ 0,20	—	15 35	0 25	+ 0,75	—	17 76
0 75	+ 0,25	—	15 57	0 20	+ 0,80	—	17 97
0 70	+ 0,30	—	15 79	0 15	+ 0,85	—	18 19
0 65	+ 0,35	—	16 01	0 10	+ 0,90	—	18 40
0 60	+ 0,40	—	16 23	0 05	+ 0,95	—	18 62
0 55	+ 0,45	—	16 45	0 00	+ 1,00	—	18 84
0 50	+ 0,50	—	16 67				

[*Journ. für prakt. Chem.*, t. XCVII, p. 496].

On a aussi proposé des dosages rapides de la soude :

1° Par la transformation des alcalis en sulfates, puis en alun qu'on pèse; à ce poids il faut faire une correction relative à la quantité d'alun resté en dissolution. On en déduit le poids de la potasse; celui de la soude est donné par différence, la totalité des alcalis ayant été dosée volumétriquement;

2° En transformant la potasse en tartrate acide qu'on pèse, et dont on évalue la quantité par la hauteur qu'il occupe dans un tube gradué [Anthon, *Journ. de Chim. et Pharm.*, 1844, (3), t. III, p. 169]. Tous ces moyens sont assez expéditifs, mais incertains.

Évaluation de la causticité des alcalis. — Le procédé le plus simple consiste, après avoir établi le titre alcalimétrique, à précipiter une portion de l'essai par le chlorure de baryum en excès. La liqueur séparée du carbonate de baryum précipité renferme de la baryte caustique et du chlorure alcalin ou, ce qui revient au même, l'alcali caustique contenu dans l'essai et du chlorure de baryum. Il donne par un courant d'acide carbonique une quantité de carbonate barytique correspondant à l'alcali caustique et qu'on pèse après dessiccation [Barreswil, *Journ. de Pharm.*, (3), t. VIII, p. 101].

Mohr a un peu modifié ce procédé en titrant, par une solution normale d'acide azotique, la liqueur précipitée par le chlorure de baryum. E. W.

SOIE. — La soie est un produit sécrété par diverses espèces de chenilles ou larves d'insectes connus sous le nom générique de Bombyx. Le plus important de tous est le *Bombyx mori* qui se nourrit des feuilles du mûrier blanc ou *Morus alba*.

Le *Bombyx cynthia*, élevé en grandes quantités par les indigènes du Bengale et les Japonais, nommé *Aremdy-Arria* par les Hindous et *Yama-Maï* par les Japonais, se nourrit des feuilles du ricin, du chardon à foulon, de la chicorée sauvage et de l'*Aylanthus glandulosa*. La chenille de cette variété est moins délicate que celle du mûrier; la soie en est moins belle, mais très-solide. Le *Bombyx cinthia* peut s'acclimater.

Le *Bombyx pernyi* (Chine et Mongolie) se nourrit de feuilles de chêne. Il a pu être acclimaté.

Le *Bombyx mylitta*, qui vit également sur les feuilles du chêne et d'autres arbres de nos climats, fournit un cocon très-gros et des fils six ou sept fois plus forts que ceux du ver à soie ordinaire. Il ne peut pas être élevé artificiellement et en captivité. Il se trouve dans toutes les parties du Bengale, presque sur les monts Himalaya, et y fait l'objet d'un commerce important.

Le *Bombyx polyphemus* vit sur le chêne et le peuplier.

Le *Bombyx cecropia* se nourrit des feuilles d'orme, d'épine blanche et de mûrier sauvage.

Le *Bombyx platensis* se trouve sur une espèce de mimosa.

Le ver à soie élabore la fibre textile avec laquelle il construit l'enveloppe du cocon qui doit le protéger pendant sa métamorphose en papillon, à l'aide d'organes glanduleux ayant l'apparence de longs canaux repliés sur eux-mêmes et susceptibles d'être développés. Ils sont au nombre de deux, disposés parallèlement à l'axe de la chenille, au-dessous du tube digestif et reposent sur les ganglions nerveux. Leur diamètre va en augmentant vers les points où ils doivent se terminer. Ils forment là une sorte de réservoir qui se continue en un canal excréteur capillaire plus ou moins long. Celui-ci aboutit à la lèvre inférieure où se trouve un tubercule mobile ou trompe dans laquelle s'opère la réunion des deux conduits en un seul. Ce dernier conduit se termine par un véritable trou de filière.

Le contenu fluide du réservoir se compose de deux parties distinctes : un noyau en soie pure, transparente et incolore comme le cristal, et une enveloppe de *grès* liquide, incolore ou coloré en jaune suivant l'espèce de ver [Duseigneur, *Recherches sur le cocon et le fil de soie* (*Ann. des sc. phys. de Lyon*), (2), t. III, p. 306]. On donne le nom de grès à l'ensemble des matières étrangères qui recouvrent la fibroïne comme d'un fourreau.

Une section transversale du réservoir montre que la surface occupée par le grès représente 20 à 25 % du volume total. C'est environ ce que les soies perdent au décreusage qui élimine le grès.

Chaque réservoir fournit un brin simple à la bave composée et ce brin est agglutiné à son voisin par le grès frais. La bave sortant de la trompe est donc toujours double. On a utilisé la matière soyeuse lorsqu'elle est encore liquide et contenue dans les organes sécréteurs pour obtenir des fils plus grossiers, mais très-résistants. A cet effet, on tire de la larve la substance de la soie que l'on allonge pour en former une sorte de gros crin qui sert pour la pêche à la ligne et sur laquelle on monte des hameçons (*racine*, mord à *pêche*).

Pour obtenir la soie qui, par son éclat, sa finesse, sa résistance à la rupture et la beauté des couleurs qu'elle est susceptible de prendre en teinture, constitue la plus précieuse des fibres textiles, on procède à une véritable éducation des chenilles productrices.

Nous allons suivre rapidement les diverses phases de la sériciculture, dont les développements détaillés ne peuvent pas trouver place ici.

Les œufs pondus par le papillon femelle sont conservés jusqu'au printemps sur des tissus de laine où ils ont été déposés. Pour les faire éclore, on ramollit dans l'eau tiède la substance glutineuse qui les colle au tissu et on les gratte avec une spatule. Puis on met la graine dans l'eau pour séparer les œufs qui surnagent et qui sont stériles; les autres sont lavés, séchés avec précaution et placés en couches minces dans une étuve dont la température s'élève progressivement de 19° à 27° centigrades depuis le premier jour jusqu'au dixième. Les vers éclosent le onzième ou le douzième jour; on les couvre de branches de mûrier chargées de feuilles, ils y grimpent et on les transporte sur des claies couvertes de papier blanc. Les chenilles offrent cinq âges d'une durée de 5, 7 et 10 jours, séparés par quatre mues ou changements de peau. A la fin du cinquième âge qui dure 10 jours, elles sont prêtes à filer leur cocon.

100 grammes d'œufs produisent, dans de bonnes conditions, 150 à 200 kilogrammes de cocons, en consommant 3500 à 5000 kilogrammes de feuilles.

Lorsque les vers sont sur le point de filer, on leur fournit des cabanes formées de petits fagots secs de bruyère ou de genêt.

On est averti de leurs dispositions par divers signes, tels que la cessation de l'alimentation, le raccourcissement des anneaux, la peau ridée au cou. Ils ne tardent pas à grimper dans les abris et à commencer leur travail utile.

Au bout de trois jours et demi à quatre jours, le cocon est achevé et le ver se change en chrysalide. Les cocons sont détachés (décrassés), on choisit ceux qu'on destine à la reproduction en ayant soin de conserver plus de femelles que de mâles. Les sexes se reconnaissent à la forme, au poids et au tissu plus ou moins serré.

Les focons femelles sont moins pointus aux extrémités, un peu plus lourds et moins serrés au milieu. Sur quatorze parties de cocons, on doit en réserver une pour la graine.

Les cocons de semence sont abandonnés à eux-mêmes dans un endroit dont la température est de 19° à 20°. Les papillons naissent du dix-huitième au vingtième jour. Ils sortent de la coque en détruisant les fils du côté de la pointe où était la tête qu'ils appuient très-fortement et en tournant, de manière à faire céder les fils abreuvés de l'humidité dont le corps est couvert.

On est parvenu à dévider les cocons percés et à les utiliser comme fibre textile normale [Mme de Corneillan, *Compt. rend. de l'Acad. des sciences*, t. LVI, p. 878].

Les cocons que l'on veut filer sont tués par immersion dans l'eau bouillante ou par une exposition au four.

Le cocon se compose de trois parties : 1° la bourre, bourrette ou araignée; 2° la soie trame; 3° la partie la plus interne, composée d'une soie fine et gommeuse qu'il est impossible de dévider

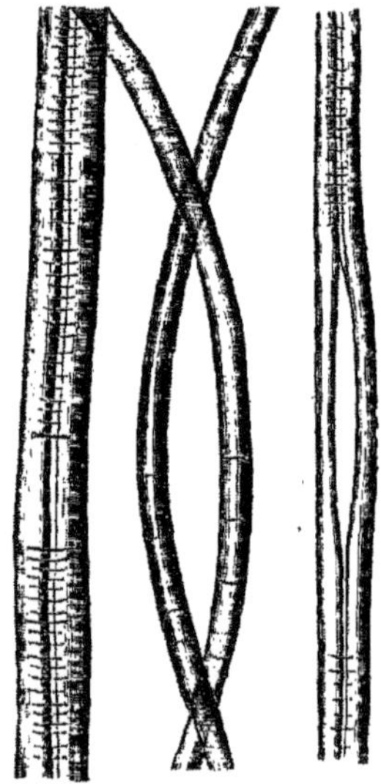

Fig. 588. — Fibres de soie.

entièrement. Le brin diminue de diamètre à mesure qu'il s'approche du centre du cocon.

Le fil d'un cocon a environ 350 mètres de longueur ; son diamètre minimum est de 18 millièmes de millimètre. Il se présente au microscope sous forme d'un cylindre aplati, avec une rainure longitudinale médiane qui se reproduit sur les deux faces, ce qui donne à sa section transversale la forme d'un 8 un peu étranglé. Cette cannelure correspond à la soudure des deux brins qui ont formé la bave au moment de l'excrétion de la matière fluide. Cette soudure n'est pas toujours complète (fig. 588).

Les soies grèges ou soies filées dérivent du dévidage des cocons. Les fils de soie grège sont formés par la réunion ou la soudure de plusieurs baves (3 à 15); 100 kilogrammes de cocon donnent environ 8 kilogrammes de soie filée. A cet effet, les cocons sont réunis en nombre variable, selon la grosseur du fil que l'on veut obtenir, dans des bassines renfermant de l'eau chaude. Au moyen de petits balais, l'ouvrière cherche les bouts de fil, et le fil unique est posé sur un tourniquet qui le dévide en écheveaux. Les diverses baves qui concourent à la formation d'un fil de grège sont unies par l'intermédiaire du grès ramolli par la chaleur. Il y a soudure réelle de ces différentes parties, et elle est plus ou moins parfaite selon les procédés de filature; une température suffisamment élevée de l'eau et la compression facilitent ce résultat. On donne le nom de *moulinage* à l'opération au moyen de laquelle on réunit par torsion plusieurs baves; quelquefois on emploie les fils de soie simple en leur faisant subir un *tordage* qui les rend plus gros et les arrondit.

La soie grége, de même que la soie moulinée, renferme toujours de fortes proportions d'eau hygroscopique variant de 10 à 18 °/₀. Cette proportion peut même s'élever dans certaines circonstances à 30 °/₀, sans que pour cela la soie paraisse humide et que l'on puisse apprécier la quantité d'eau à simple vue. Aussi dans les transactions commerciales est-on obligé de conditionner les soies, c'est-à-dire de déterminer par deux pesées avant et après le passage à l'étuve, la quantité d'eau fixée sur la fibre textile. On donne le nom de *conditions publiques des soies* aux établissements où cette opération s'exécute régulièrement dans les conditions les plus favorables pour l'exactitude et la rapidité du travail.

Composition de la soie. — Chaque brin de soie est formé de deux parties distinctes par l'aspect, la composition et les propriétés. La couche externe (grès) se compose de plusieurs principes (albuminoïdes, gras et résineux, colorants). La partie centrale constitue la fibre textile proprement dite ou fibroïne.

Roard [*Mémoire sur le décreusage de la soie* (*Ann. de Chim.*, (1), t. LXV, p. 64)], Mulder [*Analyse chimique de la soie* (*Ann. Poggend.*, t. XXXVII, p. 394, et t. LXIX, p. 266)], et enfin Stædeler et Cramer et P. Bolley se sont occupés de l'étude chimique de la soie. Roard a extrait de la soie par un traitement à l'alcool : 1° une matière cireuse identique avec l'acide cérotique de la cire d'abeille ; 2° un principe colorant qui reste après évaporation de l'alcool sous la forme d'une masse résinoïde rouge-brun. Cette masse, traitée par la potasse à froid et à chaud, cède à ce dissolvant des matières grasses et résineuses, tandis que le pigment reste intact (Mulder). Il est rouge, insoluble dans l'eau, soluble dans l'alcool, l'éther, les huiles grasses et volatiles. Le chlore et l'acide sulfureux le décolorent. La fibre, épuisée par l'alcool chaud, cède encore à l'éther une certaine quantité de graisse. La soie jaune est alors devenue tout à fait blanche. L'eau bouillante enlève à la soie une matière azotée qui, par sa composition et ses propriétés, paraît être de la gélatine (gomme de Roard). Cependant, comme Mulder a fait bouillir la soie avec de l'eau pendant huit heures pour obtenir la gélatine, on peut se demander si ce principe ne dérivait pas d'une transformation d'un corps insoluble analogue à l'osséine.

Le résidu de ces traitements à l'eau, l'alcool, l'éther, cède à l'acide acétique concentré et bouillant un principe azoté offrant la composition centésimale de l'albumine et dont la solution acétique précipite par le cyanure jaune. Mulder donne à ce principe le nom d'albumine, bien qu'il fasse ressortir lui-même des différences assez notables entre la matière protéique extraite de la soie et l'albumine des œufs.

D'après Mulder, la soie renferme :

	Soie jaune de Naples.	Soie blanche du Levant.
Fibroïne	53,37	54,04
Gélatine	20,66	19,08
Albumine	24,43	25,47
Cire	1,39	1,11
Matière colorante	0,05	0
Matières grasses et résineuses	0,10	0,30
	100,00	100,00

D'après Stædeler et Cramer, la fibre proprement dite est formée environ de 50 °/₀ de fibroïne (voyez ce mot), offrant la composition et les propriétés de la substance cornée (kératine) et de la mucine; sa composition répondrait à la formule $C^{15}H^{23}Az^5O^6$. L'enduit gommeux ou séricine est soluble en partie dans l'eau, soluble dans l'eau de savon ou d'autres liquides alcalins; il aurait pour formule $C^{15}H^{25}Az^5O^8$. Bolley admet que dans les glandes du ver à soie il n'y a qu'une substance, la fibroïne molle, qui se transformerait superficiellement en séricine sous l'influence de l'air, par oxydation et hydratation. On a en effet :

$$C^{15}H^{23}Az^5O^6 + O + H^2O = C^{15}H^{25}Az^5O^8.$$

La soie brute contient des matières minérales pouvant s'élever à la dose de 0,64 °/₀ et renfermant :

Chaux	0,526
Albumine et oxyde de fer.	0,418

Moyens de distinguer la soie des autres fibres textiles. — On commence d'abord par examiner les fibres au microscope. La soie se présente sous la forme de cylindres lisses, amorphes, sans longueur déterminée et sans cassure intérieure, d'un diamètre à peu près constant. La laine offre, au contraire, des écailles épidermiques disposées comme les tuiles d'un toit et qui, même à un grossissement de 30 diamètres, apparaissent sous forme de lignes transversales placées les unes à côté des autres. Les filaments de coton se distinguent très-bien par leur apparence de lanières aplaties et contournées en spires allongées.

Caractères chimiques de la soie permettant de distinguer cette fibre du coton et des fibres végétales, et qui, reposant sur son origine animale, sont communs à toutes les fibres animales :

1° Solubilité dans une solution bouillante de potasse;

2° Combustion avec odeur de corne brûlée et production d'une boule carbonisée poreuse à l'extrémité du fil qui a subi la combustion ;

3° Coloration jaune par l'acide azotique d'une densité de 1,2 à 1,3;

4° Coloration rouge intense avec l'azotate mercureux;

5° Coloration jaune intense par l'acide picrique;

6° La soie plongée dans la solution incolore formée par l'ébullition de la fuchsine avec un alcali, puis plongée dans l'eau et lavée, se colore en rouge.

Caractères chimiques permettant de distinguer la soie d'avec la laine. — La soie est soluble dans la solution d'oxyde de cuivre ammoniacal et dans celle d'oxyde de nickel ammoniacal, dans le chlorure de zinc basique, dans l'acide azotique pur et quadrihydraté, dans l'ammoniaque et l'acide acétique à 150°; la laine résiste à ces agents;

2° La soie ne renferme pas de soufre; la laine en contient.

Si donc on vient à chauffer la laine avec une solution de plombite de potasse, elle noircira, ou si on la chauffe avec de la potasse, et si l'on ajoute à la solution du nitroprussiate de sodium, on verra apparaître la coloration violette caractéristique des sulfures.

La soie ne donnera que des résultats négatifs. P. S.

SOLANIDINE. — Voyez SOLANINE.

SOLANINE. — *Historique.* — La solanine a été découverte en 1821 par M. Desfosses, pharmacien à Besançon, dans les baies de la morelle (*Solanum nigrum*); elle a été trouvée plus tard dans les tiges, les feuilles et les baies de plusieurs autres solanées, principalement la douce-amère (*Solanum dulcamara*), par M. Legrip; MM. Chevalier et Payen l'ont rencontrée dans le *Solanum verbascifolium,* MM. Fodéré et Hecht dans les fruits du *Solanum lycopersicum*, M. Pellotier dans les fruits du *Solanum ferox*. La plupart de ces auteurs, et M. Otto le premier, ont aussi rencontré cet alcaloïde dans les germes que poussent les pommes de terre au printemps ou en hiver dans les caves humides. D'après M. Haaf, la solanine se trouve surtout dans les pommes de terre trop jeunes ou trop vieilles et principalement dans les épluchures.

Voici, d'après l'auteur, les proportions de cette substance calculées sur 500 grammes.

	Tubercules germés.	Tubercules jeunes.
Le tubercule entier en contient...	0,21	0,16
La partie charnue contient.......	0,16	0,12
Les épluchures contiennent......	0,24	0,18

[Haaf, *Neu. Repert. für Pharm.*, t. XIII, p. 560; *Journ. de Pharm. et de Chim.*, (4), t. I, p. 296; — Desfosses, *Journ. de Pharm.*, 1821, t. VII, p. 414; — Payen et Chevalier, *Journ. de Chim. médic.*, t. I, p. 517; — Otto, *Ann. der Chem. u. Pharm.*, t. VII, p. 150; t. XXVI, p. 232].

La solanine possède des propriétés basiques assez faibles et forme des sels définis dont quelques-uns cristallisent; néanmoins c'est aussi un glucoside, car sous l'influence des acides elle se dédouble en sucre et en une base nouvelle, la solanidine.

Composition. — La formule de la solanine ne semble pas encore établie d'une manière certaine.

Gmelin avait nié la nature basique de la solanine; il attribuait à des impuretés l'azote qui existe dans cet alcaloïde [Gmelin, *Ann. der Chem. u. Pharm.*, t. CX, p. 167; — *Répert. de Chim. pure*, 1859, p. 437].

M. Delffs avait proposé pour la solanine la formule $C^{20}H^{32}O^{7}$. Elle était fondée sur l'équation suivante qui paraît défectueuse, car le dédoublement des glucosides est toujours accompagné de l'absorption des éléments de l'eau :

$$C^{20}H^{32}O^{7} = C^{6}H^{12}O^{6} + C^{14}H^{20}O$$

[Delffs, *Neues Jahrb. für prakt. Pharm.*, t. XI, p. 356; — *Répert. de Chim. pure*, 1860, t. II, p. 102].

MM. C. Zwenger et A. Kind expriment la composition de la solanine par la formule

$$C^{43}H^{70}AzO^{16},$$

formule incorrecte et qu'on doit représenter plutôt par les nombres $C^{43}H^{71}AzO^{16}$ qui s'accordent encore mieux avec les analyses des auteurs [C. Zwenger et A. Kind, *Ann. der Chem. u Pharm.*, t. CXVIII, p. 129; *Repert. de Chim. pure*, 1862, t. IV, p. 74].

Enfin M. Kletzinsky, s'appuyant sur le dédoublement qu'éprouve la solanine sous l'influence de l'amalgame de sodium, représente cette base par la formule $C^{21}H^{35}AzO^{7}$ [Kletzinsky, *Zeit. für Chem.*, nouv. sér., t. II, p. 127; *Bull. de la Soc. chim.*, 1867, t. VII, p. 452].

Préparation. — M. Reuling retire la solanine des germes de pommes de terre; il opère de la manière suivante. On épuise par l'eau bouillante, faiblement acidulée par l'acide sulfurique, les germes frais convenablement divisés, puis on ajoute de l'ammoniaque à la décoction chaude. La solanine se précipite rapidement avec une certaine quantité de phosphate de calcium. On épuise à l'aide de l'alcool bouillant le précipité recueilli et séché. Par le refroidissement, la solution alcoolique laisse déposer la solanine presque complétement. On la purifie par trois ou quatre cristallisations dans l'alcool.

Les eaux mères alcooliques renferment encore de la solanine, et, lorsqu'on les concentre par l'évaporation, elles se prennent en une masse gélatineuse qui devient cornée par la dessiccation. Il suffit, pour obtenir la base cristallisée, de la dissoudre dans un acide, de précipiter la solution par un lait de chaux, et de reprendre le précipité séché par de l'alcool bouillant; par le refroidissement, la solanine se dépose sous forme cristalline.

On reconnaît la pureté de cette base à la propriété qu'elle possède de se dissoudre entièrement dans l'acide chlorhydrique froid et de concentration moyenne. Dans cette préparation, il est essentiel de n'employer que des germes de pommes de terre frais et courts [Reuling, *Ann. der Chem. u Pharm.*, t. XXX, p. 225].

Otto traite les germes de pommes de terre par de l'eau acidulée au moyen de l'acide sulfurique et précipite les matières gommeuses et colorantes ainsi que l'acide sulfurique et l'acide phosphorique contenus dans la solution à l'aide de l'acétate de plomb. Ce chimiste sature ensuite la liqueur par un lait de chaux et fait bouillir le précipité sec avec de l'alcool à 80°. La solanine se dépose peu à peu; elle est purifiée par des dissolutions dans l'alcool plusieurs fois renouvelées.

Propriétés. — La solanine est blanche, elle se dépose du sein de sa solution alcoolique chaude en aiguilles très-fines, soyeuses, qui apparaissent sous le microscope en prismes rectangulaires droits. Précipitée de ses sels par un alcali minéral, elle se présente sous la forme de flocons gélatineux devenant cornés par la dessiccation; dans cet état, elle est hydratée. Vue au microscope, cette masse cornée paraît composée de fines aiguilles. La solanine est à peu près insoluble dans l'eau, peu soluble dans l'éther, dans les huiles et dans l'alcool, plus soluble à chaud dans ce dernier liquide. A l'état sec, elle n'a point d'odeur; mais en s'hydratant elle prend une légère odeur, semblable à celle de l'eau dans laquelle on a fait cuire des pommes de terre. Sa saveur est âcre, amère et nauséeuse; elle laisse dans le pharynx un sentiment d'âcreté persistante. Elle est fusible à 240°. A une température plus élevée, elle se décompose; elle répand une odeur de caramel et donne un sublimé de solanidine. Par la distillation sèche, elle donne une masse épaisse, acide, qui, indépendamment de produits aromatiques, tient en suspension de la solanidine.

La solanine n'éprouve aucune décomposition lorsqu'on la chauffe avec de la potasse caustique. Elle réduit à l'ébullition le chlorure d'or et le nitrate d'argent, mais elle ne précipite pas une solution alcaline d'oxyde cuivrique.

L'acide sulfurique concentré colore la solanine en orangé; cette teinte passe peu à peu au violet foncé et au brun.

L'acide chlorhydrique concentré la jaunit.

L'acide azotique concentré dissout la solanine à froid en formant une liqueur incolore; mais au bout de peu de temps la solution prend une coloration pourpre magnifique qui disparaît bientôt.

La solanine possède une réaction alcaline extrêmement faible et forme, avec les acides, des sels neutres ou acides le plus souvent amorphes. Les sels neutres possèdent une réaction faiblement acide, une saveur amère et brûlante. Ils se dissolvent facilement dans l'alcool et dans une petite quantité d'eau. Une grande quantité d'eau les décompose, surtout à chaud, en produisant un précipité blanc, floconneux, de solanine. Seul le sulfate de solanine est inaltérable par l'eau, même bouillante.

La solanine est facilement dédoublée à chaud par les acides sulfurique et chlorhydrique étendus et ajoutés en excès, en une base nouvelle, la solanidine, et en glucose.

La solanine est donc un glucoside; c'est le premier alcaloïde qui rentre dans cette classe de composés.

Sels de solanine. — Les sels de solanine sont, pour la plupart, incristallisables.

Chlorhydrate de solanine. — Corps gélatineux fort soluble; s'obtient en dissolvant la solanine dans l'alcool additionné d'acide chlorhydrique et en précipitant la solution alcoolique par l'éther.

Chloroplatinate de solanine. — Ce sel constitue un précipité jaune, floconneux, insoluble dans l'éther. Il s'obtient lorsqu'on ajoute une solution de tétrachlorure de platine au sel précédent. Il répond à la formule $2\,(C^{43}H^{71}AzO^{16}, HCl)\,PtCl^4$.

Phosphate de solanine. — Sel se présentant sous la forme d'une poudre blanche et cristalline. D'après M. V. Kletzinsky, ce sel serait une combinaison très-bien cristallisée. Ce chimiste a même donné une formule nouvelle pour la solanine, déduite de l'analyse de ce sel et de la solanine elle-même [V. Kletzinsky, *loc. cit.*].

Sulfate acide de solanine. — Obtenu comme le chlorhydrate, en précipitant la solution alcoolique par l'éther; ce sel constitue à l'état sec une masse blanche amorphe fortement acide et qui renferme $C^{43}H^{71}AzO^{16}, SO^4H^2$.

Sulfate neutre de solanine. — Ce sel se présente, après l'évaporation de sa solution dans le vide, sous la forme d'une masse incolore transparente, gommeuse, qui renferme

$$2\,(C^{43}H^{71}AzO^{16})\,SO^4H^2.$$

Oxalate de solanine. — Sel formant des croûtes cristallines qui renferment probablement

$$(C^{43}H^{71}AzO^{16})^2\,C^2H^2O^4 + 7\,H^2O.$$

On a obtenu d'autres combinaisons de la solanine avec différents acides, tels que les acides formique, tartrique, malique, citrique, azotique, benzoïque, chromique; tous sont incristallisables, excepté le chromate de solanine, qui forme des aiguilles jaune foncé [V. Zwenger et A. Kind, *loc. cit.*].

Action des acides sur la solanine. — *Solanidine.* — Lorsqu'on fait bouillir la solanine avec un excès d'acide sulfurique ou d'acide chlorhydrique en solution étendue, cette base se dédouble en solanidine et en glucose.

On obtient facilement la solanidine en dissolvant la solanine dans une solution très-étendue d'acide sulfurique, et en faisant bouillir cette solution jusqu'à ce qu'elle prenne une couleur jaune et qu'elle commence à se troubler. Par le refroidissement, le sulfate de solanidine se dépose en grande partie. Lorsqu'on dépasse le point indiqué, le sel se sépare sous la forme d'une masse résineuse molle, mais qui reprend sa texture cristalline lorsqu'on l'arrose avec de l'eau froide. Pour en isoler la solanidine, on dissout le sel dans l'alcool étendu et l'on décompose à chaud la solution par le carbonate de baryum. Il suffit de traiter le précipité séché à l'air, et composé de sulfate de baryum, de carbonate de baryum en excès et de solanidine, par de l'alcool bouillant; la solution filtrée chaude laisse déposer, par le refroidissement, des cristaux blancs de solanidine. On purifie ces cristaux en les dissolvant à froid dans l'éther et laissant évaporer la solution spontanément.

On peut employer de préférence l'acide chlorhydrique pour opérer ce dédoublement, car le chlorhydrate de solanidine, moins soluble que le sulfate, se dépose facilement et complétement, et peut être purifié par solution dans l'alcool et précipitation par l'éther. Dans ce cas, on peut dissoudre le chlorhydrate dans l'alcool faible et précipiter par l'ammoniaque; il se forme un précipité gélatineux qu'on peut faire cristalliser dans l'alcool et ensuite dans l'éther.

Le dédoublement de la solanine est très-net; la solanidine et le glucose en sont les seuls produits; on peut l'exprimer par l'équation suivante:

$$\underset{\text{Solanine.}}{C^{43}H^{71}AzO^{16}} + 3H^2O = \underset{\text{Solanidine.}}{C^{25}H^{41}AzO} + \underset{\text{Glucose.}}{3\,C^6H^{12}O^6}$$

On a attribué à la solanilide la formule

$$C^{25}H^{40}AzO;$$

cette formule est incorrecte, et il est plus rationnel d'adopter la formule $C^{25}H^{41}AzO$; cette dernière exige en effet $C = 80{,}9$; $H = 11{,}05$; les auteurs ont trouvé en moyenne

$$C = 80{,}9;\ H = 11{,}15;$$

leurs analyses coïncident donc très-bien avec les nombres $C^{25}H^{41}AzO$.

Propriétés de la solanidine. — Cette base se dissout avec facilité dans l'alcool concentré chaud et dans l'éther, même froid. Elle est à peine soluble dans l'eau bouillante. Elle cristallise en aiguilles incolores, longues, très-fines et très-soyeuses. On peut quelquefois l'obtenir en cristaux plus volumineux ayant la forme de prismes quadrilatères, en la laissant se déposer de la solution éthérée par une évaporation lente. La solution alcoolique possède une saveur amère et un peu astringente. La solanidine est inaltérable à 100°. Elle fond au-dessus de 200°. On peut la sublimer, surtout à l'aide d'un courant d'air, en la chauffant au delà de son point de fusion. La potasse caustique ne lui fait éprouver aucune altération; elle ne réduit ni l'azotate d'argent, ni le chlorure d'or, ni les solutions alcalines cuivriques.

Sous l'influence de l'acide sulfurique concentré, la solanidine se colore en rouge, et se dissout peu à peu en formant une solution rouge qui renferme deux nouveaux alcaloïdes. On peut les précipiter par l'eau.

Lorsqu'on ajoute une trace de solanine à un mélange à volumes égaux d'acide sulfurique concentré et d'alcool, il se produit une teinte rouge rosé; une plus grande quantité de solanine donne une coloration rouge-cerise qui disparaît en 5 ou 6 heures; l'addition à la solanine d'un poids de morphine égal au sien n'altère pas la réaction [Bach, *Journ. für prakt. Chem.*, 1873, p. 248, et *Journ. de Pharm. et de Chim.*, t. XIX, p. 486].

La solution de solanidine possède une réaction alcaline un peu plus prononcée que celle de la solanine. Cette base forme, avec les acides, des sels neutres et acides qui cristallisent généralement bien. Les sels neutres possèdent une réaction neutre ou à peine acide et se distinguent par leur faible solubilité dans l'eau et dans les acides.

La glucose, qui résulte du dédoublement de la solanine, s'obtient à l'état cristallin, en neutralisant par le carbonate de baryum la liqueur acide d'où la solanidine s'est déposée [C. Zwenger et A. Kind, *Ann. der Chem. u. Pharm.*, t. CIX, p. 245, et t. CXVIII, p. 129; *Répert. de Chim. pure*, 1859, t. I, p. 353, et 1862, t. IV, p. 74; *Ann. de Chim. et de Phys.*, (3), t. LXIII, p. 377.

Action de l'hydrogène sur la solanine. — La solanine soumise à l'influence de l'amalgame de sodium se dédouble en *acide butyrique* et en *nicotine*; cette dernière a été isolée par la distillation et l'agitation du produit distillé avec l'éther. L'analyse en a été faite, ainsi que celle de sa combinaison avec le tétrachlorure de platine. L'acide butyrique se trouve dans le résidu de la distillation à l'état de butyrate de sodium; sa nature a été établie par l'analyse des sels de baryum et d'argent.

M. Kletzinski, en adoptant pour la solanine la formule $C^{21}H^{35}AzO^{7}$, exprime ce dédoublement par l'équation suivante :

$$\underset{\text{Solanine.}}{2\,C^{21}H^{35}AzO^{7}} + 2\,H^{2} + 2\,H^{2}O = \underset{\text{Acide butyrique.}}{8\,C^{4}H^{8}O^{2}} + \underset{\text{Nicotine.}}{C^{10}H^{14}Az^{2}}.$$

On doit faire remarquer que les quantités de produits obtenus par le dédoublement n'ont pas répondu à cette équation [V. Kletzinski, *Zeitsch. für Chem.*, nouv. sér., t. II, p. 127, et *Bull. de la Soc. chim.*, 1867, t. VII, p. 452].

Action de la solanine sur l'économie animale. — La solanine est vénéneuse ; elle produit, d'après Magendie, des vomissements violents et ensuite de la somnolence et de l'assoupissement [Magendie, *Formulaire*, p. 157].

L'action de la solanine paraît être très-différente de celle des autres alcalis des solanées. Elle ne dilate pas la pupille, et elle agit cependant comme un stupéfiant énergique ; elle produit, à dose un peu élevée, une paralysie presque complète des membres postérieurs.

Le docteur Vulpian a vérifié dernièrement, avec beaucoup de soin, l'absence de toute action mydriatique chez les malades soumis au traitement de la solanine pure et bien cristallisée ; néanmoins, il a constaté que l'extrait de douce-amère produit une dilatation énergique de la pupille. Il existe donc dans cette plante une substance qu'il serait intéressant d'isoler, distincte de la solanine et qui communique à son extrait des propriétés mydriatiques. Il est probable que les recherches entreprises par M. J. Regnauld sur ce sujet la feront connaître ultérieurement. E. C.

SOLUTION. — On nomme ainsi l'acte de dissoudre et le produit de cet acte. Un liquide *dissout* un corps solide, liquide ou gazeux, quand, par son action sur celui-ci, il donne naissance à un liquide homogène.

Cette action est-elle d'ordre chimique ? Oui, pour une grande partie, dans les cas les plus fréquents ; nullement, dans certains autres. Des exemples expliqueront cette distinction. L'eau, en dissolvant la baryte ou l'anhydride sulfurique, réagit chimiquement sur ces corps ; elle forme avec eux des molécules nouvelles. Ce n'est pas à proprement parler une dissolution, mais bien une réaction que la chaleur dégagée nous signale même comme très-énergique. Le rôle de la force chimique, bien que plus effacé, est encore considérable dans la dissolution d'un sel neutre tel que le chlorure de calcium, pouvant donner avec l'eau des hydrates définis et cristallisés. Dans ces composés, les systèmes moléculaires, sel et eau, ne sont pas confondus et les liens qui les unissent sont d'un autre ordre que ceux qui joignent entre eux les atomes constitutifs, chlore et calcium, hydrogène et oxygène. Cependant c'est encore l'affinité qui est à l'œuvre, c'est elle sans doute qui détermine la grande solubilité du sel et qui enchaîne ses molécules à celles du dissolvant. Mais où trouver dans la dissolution du chlorure de sodium ou du sucre dans l'eau les caractères d'une combinaison ? Le sel ou le sucre peuvent être isolés de leur dissolvant avec la plus grande facilité et sans altération aucune. Bien plus, un caractère physique aussi délicat que le pouvoir rotatoire se conserve intact dans le sucre dissous. De semblables exemples d'une dissolution purement physique sont plus rares qu'on ne pense, mais ils existent ; et si l'on ne doit pas pousser la rigueur jusqu'à en faire les seuls cas de dissolution véritable, au moins doivent-ils nous servir à discerner dans les cas ordinaires la part de l'affinité et celle de la solubilité simple. Ces deux parts étant fort variables, les phénomènes de solution présentent une grande diversité.

Nous étudierons successivement l'influence que peuvent avoir sur la solution : la nature des corps (1) ; la température (2) ; les substances déjà dissoutes (3) ; enfin la présence d'un autre dissolvant (4). Nous dirons ensuite quelques mots de la sursaturation (5) ; puis nous signalerons les phénomènes chimiques qui accompagnent la solution (6) et les modifications qui se produisent dans les propriétés physiques des corps en présence : densité (7), chaleur spécifique (8), température de solidification (9), température d'ébullition (10), couleur (11), indice de réfraction (12), pouvoir rotatoire (13), actions capillaires (14). Nous renvoyons pour la dissolution des gaz à l'article ABSORPTION.

1. INFLUENCE DE LA NATURE DES CORPS. — Un liquide ne peut dissoudre, dans des circonstances données, qu'une quantité déterminée de chaque substance. Cette quantité, qui est d'ailleurs proportionnelle à celle du dissolvant, varie de 0 à ∞ selon la nature des corps, la température, etc.

L'influence de la nature des corps ne peut se formuler en règle, malgré le vieil adage alchimique d'après lequel *le semblable dissout son semblable*. Les graisses, les résines et les corps très-carbonés se dissolvent facilement, il est vrai, dans les carbures, les huiles, l'éther ; les sels métalliques sont surtout solubles dans l'eau, que sa composition et ses propriétés rapprochent des oxydes métalliques. L'acide formique et l'acide acétique se mêlent à l'eau en toutes proportions et leurs homologues supérieurs plus carbonés ne sont pas mouillés par ce liquide. Mais comment se fait-il que, la plupart des sels de baryum et de magnésium étant solubles dans l'eau comme la plupart des sulfates, le sulfate de baryum soit absolument insoluble, et que celui de magnésium se dissolve au contraire dans moins de 4 p. d'eau ? La règle donnée plus haut ne doit donc pas être prise à la rigueur, car des corps très-analogues peuvent avoir des solubilités très-différentes ; mais elle rappelle à l'esprit ce qui différencie surtout la force dissolvante de l'affinité, la première s'exerçant principalement entre des corps analogues, la seconde entre des substances de propriétés opposées.

2. INFLUENCE DE LA TEMPÉRATURE. — Généralement, un solide est d'autant plus soluble que la température est plus élevée ; le contraire arrive pour les gaz. Si le solide ne contracte aucune union chimique avec le dissolvant, sa solubilité croît régulièrement avec le degré de chaleur ; c'est-à-dire que la quantité de matière entrée en solution varie régulièrement avec la température et quelquefois proportionnellement à celle-ci. On comprend qu'il en soit autrement lorsque l'action chimique fait naître dans la dissolution des corps dont la nature et la proportion peuvent varier avec la température. Aussi, si l'on représente par des courbes les relations de la solubilité avec la température, comme Gay-Lussac nous a enseigné à le faire, en prenant pour ordonnées les quantités pondérales de matière qui se dissolvent dans 100 p. du dissolvant et les degrés du thermomètre pour abscisses, ces lignes seront des droites ou des courbes régulières dans le cas des dissolutions simples, et dans les autres elles offriront des courbures plus ou moins irrégulières et des points singuliers. La figure 589 nous montre une réunion des principales courbes de Gay-Lussac. On voit d'après leur forme que la solubilité des chlorures de potassium et de baryum croît proportionnellement à la température ; celle du chlorure de sodium en est presque indépendante ; celle des azotates croît plus rapidement que la température. Enfin, la proportion de sulfate de sodium

qui se dissout dans 100 p. d'eau augmente rapidement avec la température jusqu'à 33°, puis diminue progressivement à mesure que l'on chauffe davantage.

L'on a représenté dans ce tableau la solubilité de l'azotate de soude, celle de l'azotate de potasse et celle du sulfate de soude cristallisé

$$(SO^4Na^2 + 10H^2O)$$

d'une façon particulière. Comme ces sels sont très-solubles, les ordonnées sont fort grandes et forceraient à prolonger le tableau dans le sens vertical; on a préféré diviser les courbes en plusieurs fragments. C'est ainsi que la courbe BC est en réalité continuée par la courbe DE, celle-ci par FG et FG, à son tour par HIK, la portion LM fait suite à IK. On ne doit donc pas oublier que les solubilités représentées par les points de la ligne DE sont comprises entre 100 et 200 p. et non entre 0 et 100 p.; celles correspondant aux lignes FG, LM sont comprises entre 200 et 300 p.; enfin la section HIK figure des solubilités variant de 300 à 327 p.

Plusieurs sels de calcium, l'hydrate, le sucrate, le butyrate et le citrate en particulier, sont beaucoup plus solubles à froid qu'à chaud, mais ces cas sont fort rares.

Pour déterminer la solubilité d'une substance à

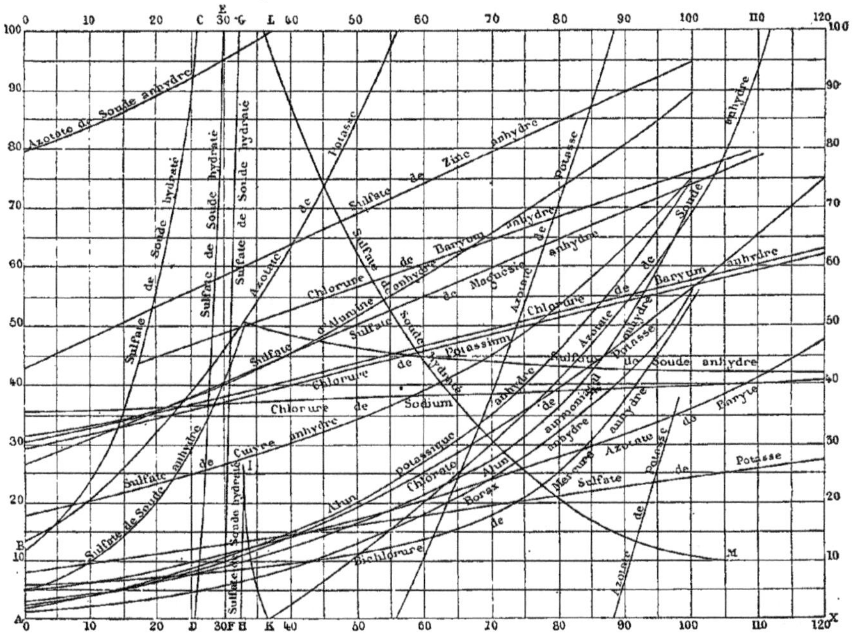

Fig. 589. — Courbes de solubilité de Gay-Lussac.

une certaine température, on en introduit un excès avec le dissolvant dans une fiole et on l'agite pendant longtemps dans une enceinte ayant la température demandée. Si la substance est en poudre et si on la suspend à la partie supérieure du liquide de façon que la solution saturée et dense tombant au fond soit constamment remplacée par une quantité nouvelle de liquide dissolvant, l'opération sera fort abrégée. Lorsqu'on aura agité suffisamment le mélange, on l'abandonnera au repos pendant une heure ou deux. Puis, après avoir vérifié la température, on prendra une certaine quantité du liquide clair et on y dosera la matière dissoute par des procédés chimiques selon la méthode des poids ou celle des volumes, ou bien encore on chassera le dissolvant par évaporation et l'on pèsera le résidu. L'opération qui demande le plus de soin est la prise de l'échantillon si la température est un peu élevée. En effet, la solution peut cristalliser ou perdre de l'eau par évaporation pendant la manipulation. Celles-ci doivent donc être très-rapides. Gay-Lussac recommande pour l'évaporation l'emploi d'une fiole; alors il faut, lorsque le résidu paraît sec, chasser à l'aide d'un courant d'air la vapeur du dissolvant qui existe encore dans la fiole.

3. Influence des substances déjà dissoutes. — Une solution saturée d'un sel peut généralement dissoudre une certaine quantité d'un sel tout différent : et alors elle devient apte à se charger d'une quantité supplémentaire du premier sel. Supposons que celui-ci soit de l'azotate de potassium et le second du chlorure de sodium; il se fera un double échange et la liqueur contiendra quatre sels, savoir : les deux premiers, plus de l'azotate de sodium et du chlorure de potassium, et aucun de ces sels ne sera à sa limite de saturation. On pourra donc dissoudre une nouvelle quantité d'azotate de potassium. Pour des raisons semblables, 100 grammes d'eau saturée de sel ammoniac à + 18° et agités avec un excès d'azotate de potassium contiendront :

Sel ammoniac.............	37,93
Azotate de potassium......	37 68

100 grammes d'eau étant saturés d'azotate de potassium à + 18° et agités avec un excès de sel ammoniac contiendront :

Sel ammoniac..............	44g,33
Azotate de potassium.......	30 56

Enfin 100 grammes d'eau étant mis en présence à + 18° d'un excès des deux sels contiendront :

Sel ammoniac..............	39g,84
Azotate de potassium........	38 62

Tous ces chiffres sont différents.

On peut se mettre à l'abri des doubles décompositions en prenant deux sels d'une même base ou d'un même acide. Dans ce cas, qui, semble-t-il, devrait être fort simple, il peut se faire au contraire que la solubilité des substances soit accrue, ou bien que celle d'une seule d'entre elles soit augmentée, ou enfin que celles de toutes les deux soient diminuées (ce dernier cas paraît répondre à des dissolutions simples). Cela résulte d'expériences nombreuses, effectuées avec des sels tels que les sulfates de sodium, de magnésium et de cuivre par Karsten [*Mém. de l'Acad. de Berlin*, 1840], Pfaff [*Ann. der Chem. u. Pharm.*, 1856] et surtout par Diacon [*Thèse de la Faculté des Sciences de Montpellier*, 1864]. D'après C. de Hauer, si à une solution saturée de sulfate de potassium on ajoute un sel de potassium beaucoup plus soluble et isomorphe avec le sulfate, par exemple du chromate, celui-ci entre en dissolution et tout le sulfate se dépose [*Journ. für prakt. Chem.*, t. CIII, 1868].

Dans ce cas, la notion de saturation est très-difficile à déterminer. En effet, si l'on chauffe de l'eau avec un excès de deux sels de même acide ou de même base, et qu'on laisse refroidir, on obtiendra un dépôt mixte et une liqueur qui dans certains cas sera *saturée* : elle refusera en effet de dissoudre une nouvelle quantité de chacun des deux sels. Mais, dans d'autres cas, quand on ajoutera une quantité supplémentaire d'un des sels, il s'en dissoudra une partie pendant qu'une portion de l'autre sel se déposera [Rudorff, *Journ. de Phys.*, t. II, p. 367]. Voici des couples salins du premier genre : KI, KCl ; AzH^4Cl, AzH^4AzO^3 ; $NaCl, KCl$, etc.; en voici d'autres appartenant au second groupe :

$$SO^4K^2, SO^4(AzH^4)^2;$$
$$AzO^3K, AzO^3(AzH^4);$$
$$(AzO^3)^2Ba, (AzO^3)^2Pb;$$
$$SO^4Cu, SO^4Fe.$$

4. Influence d'un second dissolvant. — Elle a été précisée dans ces derniers temps par MM. Berthelot et Jungfleisch [*Bull. de la Soc. chim.*, t. XIII, p. 303, 307]. Étant donnés deux dissolvants non miscibles l'un à l'autre et un corps soluble dans chacun d'eux et pouvant se dissoudre intégralement dans les conditions de l'expérience, les quantités dissoutes par un même volume des deux liqueurs sont entre elles dans un rapport constant qui ne dépend que de la nature des corps, de la concentration et de la température. Ce rapport ou *coefficient de partage* semble tendre vers une limite pour les liqueurs très-étendues et vers une autre limite pour les liqueurs voisines de la saturation. Cette dernière limite n'est pas, comme on aurait pu le croire, exprimée par le rapport des solubilités dans les deux liquides envisagés isolément; du reste, il ne pouvait en être ainsi d'une façon absolument générale, car il existe un coefficient de partage fini même lorsque le rapport des solubilités séparées est infini, le corps se dissolvant dans un des liquides en toutes proportions. Dans des liqueurs étendues, *deux* corps étant mis en présence simultanément de deux dissolvants se partagent entre eux comme si chacun de ces corps agissait isolément.

5. Influence de la sursaturation. — Un liquide en contact avec un excès de corps soluble ne peut prendre de celui-ci qu'une quantité déterminée pour chaque température; une solution saturée peut cependant être concentrée ou refroidie sans déposer de cristaux. Il suffit généralement pour cela qu'aucune parcelle soluble du corps dissous ou d'un corps isomorphe ne tombe dans la liqueur et qu'enfin l'on ne pousse pas trop loin l'abaissement de température ou la concentration. Souvent un repos complet est aussi nécessaire.

L'existence des solutions ainsi *sursaturées* et leur cristallisation soudaine a beaucoup préoccupé les chimistes, et il y a seulement quelques années que les recherches de MM. Violette et Gernez ont jeté sur ce sujet mystérieux une vive lumière [Violette, *Compt. rend.*, t. LX, p. 831; — Gernez, *ibid.*, t. LX, p. 833 et 1207; t. LXI, p. 71, 289, 847; t. LVIII, p. 207, 843].

On connaissait depuis longtemps les solutions sursaturées de sulfate de sodium, mais on les voyait souvent cristalliser ou ne pas cristalliser dans des circonstances qui paraissaient identiques. Un seul moyen provoquait sûrement la cristallisation : c'était le contact d'un cristal de sulfate de sodium à 10 molécules d'eau. Un courant d'air produisait le plus souvent le même effet, mais une expérience de Lœwel avait prouvé que l'air filtré sur du coton perdait toute son activité. L'analogie de cette expérience avec celles de M. Pasteur sur les fermentations donna à penser à MM. Violette et Gernez que l'air contenait des petits cristaux de sulfate de sodium qu'il déposait sur tous les corps soumis à son action, en leur communiquant ainsi la propriété de détruire l'état de sursaturation du sulfate de sodium.

La preuve de la réalité de cette supposition fut bientôt établie. On fit voir que toute substance placée dans des conditions où des cristaux de sulfate de sodium à $10H^2O$ ne peuvent exister est inactive, et que l'air contient réellement de l'acide sulfurique et de la soude, décelables par les moyens ordinaires de la chimie. Grâce à ces découvertes, les expériences de sursaturation sont devenues aujourd'hui très-nettes et très-faciles à répéter. En voici quelques-unes : On enferme une solution de sulfate de sodium saturée à + 33° dans des ballons à col effilé et recourbé comme ceux de M. Pasteur, ou simplement dans des fioles dont le col est incliné à 45° de l'horizontale; l'air a libre accès dans le vase, mais les corpuscules pesants sont arrêtés par la disposition du col; la cristallisation n'a pas lieu. On plonge dans la solution une baguette mouillée, la liqueur reste limpide; il en est de même si l'on chauffe la baguette au-dessus de 33°, température à laquelle l'hydrate à $10H^2O$ fond dans son eau de cristallisation; vient-on au contraire à toucher avec la baguette refroidie soit un cristal de sulfate de sodium, soit un peu de poussière, et à l'introduire de nouveau dans la liqueur, celle-ci cristallise immédiatement. On peut aussi verser doucement une solution sursaturée de sulfate de sodium sur une solution également sursaturée d'acétate de sodium. Si l'on y projette un cristal d'acétate, celui-ci traversera la solution de sulfate sans la faire cristalliser, mais provoquera immédiatement la cristallisation de la seconde couche.

De toutes les solutions sursaturées, la plus facile à préparer est celle de l'hyposulfite de sodium. On fait fondre le sel dans son eau de cristallisation, puis on verse la liqueur dans une bouteille qu'on vient de rincer et on la bouche avec un bouchon de caoutchouc également humecté d'eau.

M. Lecoq de Boisbaudran a préparé des solutions sursaturées d'une façon particulière en produisant chimiquement les corps à étudier au sein d'une quantité insuffisante de dissolvant. On doit se mettre en garde contre un tel phénomène lorsqu'on veut déterminer si une liqueur donnée en précipite une autre.

Toutes les solutions sursaturées n'ont pas la stabilité de celles que nous venons d'énumérer. D'autres, bien qu'elles exigent comme les premières, pour cristalliser par simple contact, d'être touchées par une particule solide de la substance qu'elles renferment, peuvent aussi cristalliser quand on frotte au sein du liquide une tige de verre ou de métal contre la paroi du vase ou encore quand on frotte l'un contre l'autre deux corps solides. La cristallisation commence alors aux points frottés. Telles sont les solutions de chlorure de calcium, de biacétate de potassium, d'azotate d'ammonium, etc.

La manière dont s'accroît un cristal dans la solution d'un corps isomorphe permettait de supposer que le contact d'un cristal donné détruirait la sursaturation d'une substance isomorphe. Le fait a été vérifié par M. Gernez pour les aluns et il permet de préciser la notion d'isomorphisme, comme nous l'avons fait voir t. II, p. 153. Si en effet l'isomorphisme n'était qu'une propriété géométrique, tous les corps du système régulier devraient faire cristalliser les solutions sursaturées d'alun. Or il n'en est pas ainsi et il faut encore que le solide et le corps dissous aient la même structure moléculaire, c'est-à-dire le même nombre d'atomes ou de groupes faisant fonction d'atomes, arrangés dans le même ordre.

Cette faculté des isomorphes d'agir dans ce cas comme des corps identiques ôte quelque peu de valeur à une méthode d'analyse infiniment délicate, fondée par l'emploi des solutions sursaturées. D'après cette méthode, on sursature une liqueur contenant une substance inconnue, puis on la touche avec différents cristaux. La substance inconnue est identique ou *isomorphe* avec celle qui a provoqué la cristallisation.

M. Gernez a tiré parti des solutions sursaturées pour isoler facilement l'un de l'autre les tartrates droit et gauche de sodium et d'ammonium; dans une solution sursaturée contenant les deux sels, un cristal *droit* provoque seulement la formation de cristaux droits, et un cristal gauche celle de cristaux gauches. Rien n'est donc plus facile que de séparer ces sels à l'état de pureté. Du reste, l'évaporation de la solution simplement saturée au contact des deux cristaux offre un moyen encore plus aisé de résoudre le même problème : le sel gauche se dépose sur le sel gauche et le sel droit sur le sel droit (Jungfleisch).

M. Lecoq de Boisbaudran a étudié avec beaucoup de soin ce qui se passe quand on met une solution sursaturée d'un sel pouvant cristalliser dans des types cristallins différents et avec un nombre variable de molécules d'eau en présence des différents hydrates cristallisés d'un sel isomorphe [*Ann. de Chim. et de Phys.*, (4), t. IX, p. 173, et t. XVIII, p. 261]. Voici les principaux résultats de cette étude, qui porte sur les sulfates de la série magnésienne :

$SO^4Mg \ldots Zn \ldots Ni;\ Co \ldots Fe;\ Cu.$

Les trois premiers sulfates cristallisent d'ordinaire dans le type orthorhombique, ceux de cobalt et de fer dans le type clinorhombique, le dernier dans le type anorthique. Si à une solution sursaturée d'un sel de ces trois groupes on ajoute un cristal d'un autre groupe, on obtient des cristaux isomorphes avec celui du sel ajouté; on a donc déterminé la formation de cristaux présentant un degré d'hydratation et un type cristallin différents de ceux qu'ils offrent naturellement. Cela fait, si on touche le liquide avec un cristal appartenant au même groupe que le sel sursaturé, il se forme de nouveaux cristaux bien plus nombreux, et à leur contact les précédents deviennent opaques et prennent la structure propre aux derniers. Les molécules peuvent donc prendre, sous l'influence d'un noyau étranger, des arrangements cristallins qu'elles ne prendraient pas spontanément, et revenir avec la plus grande facilité à leur type stable si elles subissent l'action d'un cristal de ce type. L'addition d'un cristal appartenant à un type différent du type stable peut aussi détruire les premiers cristaux; ceux-ci sont donc moins stables que les seconds, lesquels disparaissent à leur tour par l'addition d'un cristal pareil à ceux qui se forment d'ordinaire. Il y a par conséquent des degrés dans leur stabilité et l'on peut ranger par ordre de stabilité croissante les cristaux suivants :

Température ordinaire.

$SO^4Cu + 6H^2O$, quadratique.
$+ 7H^2O$, clinorhombique.
$+ 5H^2O$, anorthique.
$SO^4Fe + 5H^2O$, anorthique.
$+ 7H^2O$, orthorhombique.
$+ 6H^2O$, clinorhombique.
$+ 7H^2O$, clinorhombique.
$SO^4Mg + 6H^2O$, quadratique.
$+ 6H^2O$, clinorhombique.
$+ 7H^2O$, clinorhombique.
$+ 7H^2O$, orthorhombique.

Les derniers cristaux de chaque colonne sont les plus stables; ce ne sont pas toujours ceux qui se forment spontanément à l'abri des poussières de l'air ou par évaporation de la liqueur au contact des impuretés insolubles; c'est en effet le type clinorhombique à $6H^2O$ qui se produit dans ce cas lorsqu'on expérimente sur les sulfates de cobalt, de nickel, de zinc et de magnésium.

Les mélanges de deux solutions sursaturées présentent, au point de vue de la cristallisation, un grand intérêt. En effet, l'ordre des stabilités peut être différent dans les deux sels, mais chacun d'eux est obligé de cristalliser avec la forme sous laquelle l'autre se dépose. L'ordre de stabilité des cristaux fournis par les couples salins sera déterminé en partie par les proportions des deux sels dans le mélange et en partie par la stabilité de chaque type dans chacun des sels. Le type le plus stable sera généralement celui qui est le plus stable dans le sel le plus abondant, ou encore un type assez stable et commun aux deux sels. La stabilité de deux types cristallins peut être amenée par l'emploi de quantités convenables des sels constituants à être presque égale. Dans ce cas, il n'est pas rare qu'un changement très-faible dans la température n'intervertisse ces stabilités. Alors la destruction d'un type par l'autre est excessivement lente, et si avant qu'elle ne soit complète la température vient à varier, le type primitif peut gagner du terrain et dominer à son tour.

6. Variation de température par l'acte de la solution. — Ce qui semble distinguer d'une façon fort nette la dissolution simple de la combinaison, c'est que la première dégage du froid et l'autre de la chaleur (1). Nous verrons tout à l'heure que cette notion est loin d'être absolument exacte, puisque par un simple changement dans la température initiale on peut faire que telle dissolution dégage de la chaleur au lieu d'en

(1) On sait que certains amalgames se forment avec un abaissement considérable de température; tel est celui de bismuth. Il s'emmagasine ainsi de l'énergie dans l'alliage, qui devient plus électro-positif (J. Regnauld).

absorber. Toujours est-il que la dissolution est une source importante et facile de froid. Voici, d'après Rüdorff, les chiffres qui expriment l'abaissement de température produit par la dissolution dans l'eau des sels les plus usuels [*Deutsche Chem. Gesellsch.*, t. II, p. 68].

	Quantité mélangée avec 100 p. d'eau.	Température initiale.	Température finale.	Abaissement de température.
Alun cristallisé..	14	+10°,8	+9°,4	1°,4
Chlorure de sodium.........	36	12, 6	10, 1	2, 5
Sulfate de potassium...... ...	12	14, 7	11, 7	3, 0
Phosphate de sodium cristallisé.	14	10, 8	7, 1	3, 7
Sulfate d'ammoniaque........	75	13, 2	6, 8	6, 4
Sulfate de sodium cristallisé.....	20	12, 5	5, 7	6, 8
Sulfate de magnésium cristallisé.	85	11, 1	3, 1	8, 0
Carbonate de sodium cristallisé.	40	10, 7	1, 6	9, 1
Azotate de potassium..........	16	13, 2	3	10, 2
Chlorure de potassium.......	30	13, 2	0, 6	12, 6
Carbonate d'ammonium......	30	15, 3	3, 2	12, 1
Acétate de sodium cristallisé.	85	10, 7	— 4, 7	15, 4
Chlorure d'ammonium.......	30	13, 3	— 5, 1	18, 4
Azotate de sodium.........	75	13, 2	— 5, 3	18, 5
Hyposulfite de sodium cristallisé.	110	10, 7	— 8	18, 7
Iodure de potassium.........	140	10, 8	—11, 7	22, 5
Chlorure de calcium cristallisé.	250	10, 8	--12, 4	23, 2
Azotate d'ammonium.........	60	13, 6	—13, 6	27, 2
Sulfocyanate d'ammonium.......	133	13, 2	—18	31, 2
Sulfocyanate de potassium.....	150	10, 8	—23, 7	34, 5

Inversement, les solutions qui cristallisent dégagent de la chaleur, et si la cristallisation est rapide, comme c'est le cas avec les solutions sursaturées, cette chaleur peut être très-notable. On réalise à ce sujet dans les cours des expériences très-démonstratives et très-élégantes. On plonge dans une solution sursaturée d'hyposulfite de sodium un thermomètre à air, bien propre, puis on détermine la cristallisation; l'index prend aussitôt un mouvement d'ascension rapide. On peut aussi verser à la surface de la solution une couche d'éther; celui-ci, lorsque le dépôt de cristaux commence, entre en ébullition, et si on a adapté à la fiole un bouchon traversé par un tube, il sort par ce tube un jet gazeux qu'on peut allumer (Gernez).

M. Berthelot a prouvé récemment par des expériences directes, et par la comparaison de données recueillies par divers savants, que si l'on choisit pour effectuer la solution une température suffisamment élevée, la chaleur absorbée par la solution et par la dilution peut diminuer jusqu'à être nulle ou même négative [*Compt. rend.*, t. LXXVIII, p. 1722]. C'est une conséquence de ce fait que ces dégagements ou ces absorptions de chaleur sont toujours petits et que les solutions étendues ont généralement une chaleur spécifique inférieure à celle de leurs éléments constitutifs, sel et eau, séparés. La chaleur spécifique moléculaire des solutions très-étendues finit même par être moindre que celle de l'eau seule qui les constitue. Il est très-facile de faire voir comment ces circonstances expliquent le changement de sens du phénomène thermique. Reportons-nous à la relation qui existe entre une réaction accomplie à T° et la réaction accomplie à $t°$. Cette relation, formulée par M. Berthelot, est écrite à la page 830 du tome Ier de cet ouvrage. On peut la traduire graphiquement de la façon suivante. Figurons par des ordonnées les quantités de chaleur qui sont absorbées par une dissolution saline ou par ses éléments, sel et eau: un dégagement de chaleur sera représenté par des ordonnées négatives. Prenons pour abscisses les degrés de température; soit A un point représentant l'état thermique à la température actuelle t du système eau et sel séparés. La hauteur de l'ordonnée qui détermine ce point est indéterminée, puisque nous ne connaissons pas la quantité réelle de chaleur que possède un corps à $t°$ et que nous ne pouvons connaître que la variation apportée à cette quantité dans les circonstances observables. Si l'on dissout le sel dans l'eau en maintenant la température constante, on observera, je suppose, une absorption de chaleur AB. Élevons maintenant la température de la solution jusqu'à T° : il faudra pour cela fournir à celle-ci une quantité de chaleur déterminée par la chaleur spécifique du mélange. Son état thermique sera représenté par la portion de courbe BC. Si la chaleur spécifique est constante dans cet intervalle, BC sera une droite d'autant plus inclinée sur l'axe de X qu'il faudra plus de chaleur pour élever la température de 1°. En d'autres termes, l'angle de BC avec OX sera d'autant plus grand que la chaleur spécifique du mélange sera plus grande; de fait cette chaleur spécifique est égale à la tangente trigonométrique de cet angle. C représente l'état thermique de la solution à T°; séparons l'eau et le sel, il y a dégagement de chaleur; nous figurons ce dégagement par CD. Refroidissons le sel et l'eau de T à $t°$. La chaleur spécifique des corps séparés étant généralement différente de celle du système dissous, l'état thermique des corps sera représenté par une ligne DA, non parallèle à BC; il est certain que cette ligne passe par A, puisque ce point représente l'état thermique des corps non dissous à $t°$ et que cet état est indépendant des changements qui ont pu se produire transitoirement dans la température ou dans la quantité de chaleur. Si AB, BC, AD sont connus (c'est-à-dire si l'on connaît la chaleur de dissolution à $t°$, la chaleur spécifique moyenne entre $t°$ et T° et la chaleur spécifique de la solution entre les mêmes limites de température), la chaleur de dissolution à T, c'est-à-dire DC, est déterminée. Inversement, que l'on observe AB, CD, DA, et on connaîtra la chaleur spécifique moyenne du système dissous BC entre t et T°.

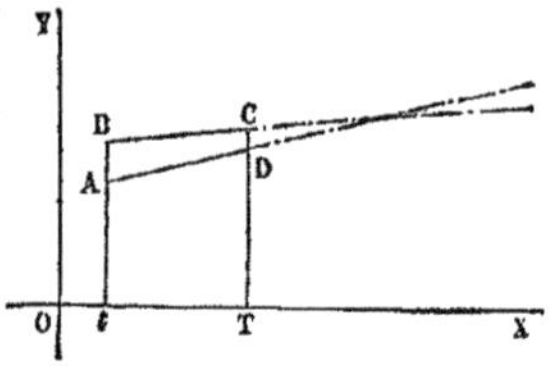

Fig. 590.

D'après ce qui a été dit plus haut, ces chaleurs spécifiques des solutions sont plus petites que les chaleurs spécifiques des systèmes séparés; BC tend donc à se rapprocher de AD à mesure que la température s'élève, les deux lignes peuvent ainsi se couper, et alors au-dessus de la température correspondant à ce croisement la dissolution dégagera de la chaleur. On peut ainsi calculer que la température d'inversion sera

Pour KCl, dissous dans $100H^2O$, vers 130°.
AzO^3Na — — 160
AzO^3K — $200H^2O$, 200

Pour SO^4Na^2 dans $400 H^2O$, la température d'inversion observée est $+ 7°$, elle se rapproche beaucoup de la température calculée; celle de $CO^3K^2 + 3/2 H^2O$ dans $360 H^2O$ est située vers $+ 25°$.

En présence de ces faits, il faut donc définir avec soin la température à laquelle se fait une solution lorsqu'on mesure la quantité de chaleur que celle-ci dégage ou absorbe. Voici, pour une température uniforme de 18°, les quantités de chaleur dégagées par la dissolution d'une molécule (en grammes) d'un certain nombre de corps dans *n* molécules d'eau [Thomsen, *Bull. de la Soc. chim.*, t. XX, p. 489].

	n.	Calories (1) absorbées (—) ou dégagées (+).
$NaCl$	200	— 1,180
KCl	200	— 4,440
	100	— 4,410
AzH^4Cl	200	— 3,880
$BaCl^2 + 2H^2O$	400	— 4,930
$NaBr$	200	— 0,150
KBr	200	— 5,080
AzH^4Br	200	— 4,380
NaI	200	+ 1,220
KI	200	— 5,110
AzH^4I	200	— 3,550
$SnCl^4$	300	+ 29,920
$TiCl^4$	1 600	+ 57,870
$SiCl^4$	3 000	+ 69,260
PCl^3	1 000	+ 65,140
Br^2	600	+ 1,080
AzO^3Na	200	— 5,060
AzO^3K	200	— 8,520
AzO^3AzH^4	200	— 6,320
	100	— 6,160
AzO^3Ag	200	— 5,440
$(AzO^3)^2Ba$	400	— 9,400
SO^4Na^2	400	— 0,060
$SO^4Na^2 + 10H^2O$	400	— 18,760
	100	— 18,130
SO^4K^2	400	— 6,380
$SO^4(AzH^4)^2$	200	— 2,330
$SO^4Mg + 7H^2O$	400	— 3,910
$SO^4Fe + 7H^2O$	400	— 1,510
$SO^4Cu + 5H^2O$	400	— 2,750
$SO^4Cu + H^2O$	400	+ 8,720
$C^2H^3O^2Na + 3H^2O$	400	— 4,810
ClO^3K	400	— 10,040
$Mn^2O^8K^2$	1 200	— 19,180
$Cr^2O^7K^2$	800	— 17,030
$C^2O^4K^2 + H^2O$	800	— 7,410
$S^2O^3Na^2 + 5H^2O$	400	— 11,370
$CO^3Na^2 + 10H^2O$	300	— 16,490
$PO^4HNa^2 + 12H^2O$	800	— 22,920
SeO^2	400	— 0,920
IO^3H	200	— 2,170
PO^3H^3	400	0
$Bo^2O^3 + 3H^2O$	800	— 10,780
$C^2O^4H^2 + 2H^2O$	500	— 8,560
$C^4H^6O^4$	400	— 6,680
$C^4H^6O^5$	400	— 3,600
$C^6H^8O^7 + H^2O$	400	— 6,430
SO^3	1 600	+ 39,170
$SO^3 + 1/2 H^2O$	1 600	+ 26,900
SO^4H^2	1 600	+ 17,850
AzO^3H	320	+ 7,580
	20	+ 7,510
$AzO^3H + H^2O$	320	+ 4,280
$HCl + H^2O$	100	+ 11,680
$HCl + 50H^2O$	100	+ 0,115
$C^2H^4O^2$	100	+ 0,150
Gaz.		
Cl^2	1 000	+ 4,870
H^2S	900	+ 4,750
CO^2	1 500	+ 5,880
SO^2	250	+ 7,690
AzO^2	300	+ 7,750

(1) Kilogramme-degré.

	n.	Calories absorbées (—) ou dégagées (+).
AzH^3	200	+ 8,435
HCl	300	+ 17,310
HBr	400	+ 19,940
HI	500	+ 19,210

La théorie mécanique de la chaleur a permis à Kirchhoff de relier par une équation l'effet thermique d'une dissolution à la tension de vapeur finale du mélange. L'accord de cette relation très-curieuse et très-simple avec les expériences antérieures a été signalé par M. Moutier [*Ann. de Chim. et de Phys.*, (4), t. XXVIII, p. 515]. Il serait intéressant d'observer si cet accord se maintient à des températures très-différentes.

7. Variations de densité causées par la solution. — On observe généralement une contraction quand un sel entre en dissolution. La cristallisation a donc lieu avec dilatation; c'est ainsi qu'en trempant des pierres dans une solution de sulfate de sodium et laissant sécher, on voit celles-ci se fendiller par cristallisation si elles sont *gélives*. Les solutions d'hyposulfite de sodium, d'azotate de sodium ou de potassium, celle de chlorure de potassium, etc., se dilatent aussi en cristallisant. A + 15°, 117cc,480 de sel marin solide mélangés avec 908cc,007 d'eau, c'est-à-dire 1025cc,487 de substance donnent 1 litre de solution; 79cc,026 de chlorure de baryum cristallisé et 944cc,236 d'eau fournissent aussi 1 litre de solution avec une contraction de 23cc,262. Seule, la solution de sel ammoniac a un volume plus grand que celui de ses composants. 109cc,468 de sel et 887cc,199 donnent 1 litre de solution au lieu de 996cc,667 [A. Michel et Kraft, *Ann. de Chim. et de Phys.*, (3), t. XLI, p. 481].

M. Valson a donné, pour calculer la densité à + 15° d'une solution aqueuse renfermant un *équivalent* de sel par litre, la règle suivante, qui n'est vraisemblablement qu'approximative à cause des rôles très-différents que peut jouer l'eau dans les solutions salines.

Soit a la densité de la solution de sel ammoniac = 1,015. Si on remplace dans cette solution AzH^4 par K, la densité sera accrue de 0,030 et le remplacement de AzH^4 par K dans tout autre composé élèvera aussi la densité de la solution (à 1 équivalent) de 0,030. Le remplacement du chlore par le brome, par un résidu d'acide oxygéné, etc., sera aussi accompagné d'un accroissement de densité indépendant de la nature de la base, de sorte que si l'on change à la fois le métal et l'acide, la nouvelle densité sera donnée en additionnant les *modules* correspondant au métal et à l'acide, et en ajoutant $a = 1,015$ [*Compt. rend.*, t. LXIII, p. 441].

8. Variation de chaleur spécifique. — Nous avons déjà dit que la chaleur spécifique moléculaire (1) d'une solution saline étendue était inférieure à la somme de celle du sel anhydre et de l'eau qui le dissout. L'écart va croissant avec la dilution en paraissant tendre vers une certaine limite telle, que la chaleur spécifique moléculaire des solutions étendues finit par être moindre que celle de l'eau seule qui la constitue [Person, *Ann. de Chim, et de Phys.*, (3), t. XXXIII, p. 438; — Marignac, *Arch. des sc. phys. et nat.*, 1870; — Thomsen, *Poggend. Ann.*, t. CXLII, p. 337; — Schüller, *Ann. de Chim. et de Phys.*, (4), t. XVII, p. 478].

Les chaleurs spécifiques moléculaires de solutions de sucre ou d'ammoniaque dans l'eau, d'iode

(1) Chaleur spécifique rapportée à l'unité de poids, multipliée par le poids moléculaire, c'est-à-dire par celui de 1 molécule de sel + n molécules d'eau.

ou de phosphore dans le sulfure de carbone, sont à très-peu près égales à celles de leurs composants.

9. Variation du point de solidification. — L'eau de mer et les dissolutions aqueuses ont un maximum de densité à une température inférieure à + 4°. Elles se congèlent (le liquide étant agité) à une température inférieure à zéro. L'abaissement de ces deux températures au-dessous de + 4° et de zéro est sensiblement proportionnel à la quantité de sel dissous dans l'eau : la température du maximum de densité s'abaisse plus rapidement que celle de la solidification (Despretz). Voici quelques nombres à l'appui de ces règles.

Substances.	Poids dans 997,45 d'eau.	Maximum de densité.	Point de solidification.
Eau de mer.........	»	— 3°67	— 1°88
Chlorure de sodium.	12,346	+ 1 19	— 0 71
	24,692	— 1 69	— 1 41
	37,039	— 4 75	— 2 12
	74,078	— 16 00	— 4 30
Sulfate de potassium.	6,173	+ 2 92	— 0 15
	12,346	+ 1 91	— 0 27
	24,692	— 0 11	— 0 55
	37,039	— 2 28	— 2 09
	74,078	— 8 87	— 4 08

La richesse saline de la glace formée est toujours très-inférieure à celle de la partie non congelée : la glace d'eau de mer est douce. Il se peut que le sel ne soit contenu que dans l'eau d'interposition des cristaux.

Rüdorff a déterminé des points de solidification de solutions salines en abaissant progressivement la température jusqu'à quelques degrés au-dessous de celle où, d'après une expérience préalable, la liqueur commençait à cristalliser lorsqu'on la plaçait dans un mélange réfrigérant; puis il provoquait la cristallisation de l'eau par l'addition d'un cristal de neige. Le mercure du thermomètre montait un peu et se fixait au point réel de solidification. En opérant sur des chlorures et des nitrates, l'auteur a fait voir que la température de solidification était abaissée au-dessous de zéro d'une quantité généralement proportionnelle à la quantité de sel anhydre dissous, mais que, pour vérifier cette proportionnalité, il fallait souvent considérer les sels à l'état hydraté : tel est le cas pour le chlorure de calcium ($CaCl^2 + 6H^2O$), et même pour le sel marin au-dessous de — 9° : à cette température, la composition du sel qui vérifie la règle de Despretz est $NaCl + 2H^2O$, et c'est en effet l'hydrate que la solution dépose à cette température. M. de Coppet a enregistré un assez grand nombre de cas où la règle de Despretz est en défaut, et il attribue ces divergences à la présence dans les solutions de plusieurs hydrates définis [*Ann. de Chim. et de Phys.*, (4), t. XXIII, p. 366]. M. Lecoq de Boisbaudran a été conduit par l'étude de la sursaturation à la même hypothèse.

10. Variation du point d'ébullition et de la tension de vapeur. — Les sels dissous dans l'eau retardent son point d'ébullition, et cela d'autant plus que leur proportion est plus forte. Lorsque le liquide est saturé, la température ne varie plus pendant tout le temps que le sel se dépose; il peut y avoir surchauffe avant que ce dépôt ne commence à s'effectuer, mais la température descend au point fixe dès que la cristallisation commence. Voici, d'après Legrand, la température d'ébullition des principales solutions salines saturées (température du liquide).

Sels dissous.	Poids de sel dans 100 p. d'eau.	Point d'ébullition.
Chlorure de sodium.........	41,2	108°,4
— potassium......	59,4	108°,3
— baryum...	60,1	104°,4
Carbonate de sodium........	48,5	104°,63
Phosphate de sodium.........	112,6	106°,6
Chlorate de potassium.......	61,5	104°,2
Nitrate de sodium............	224,8	121
— d'ammoniaque........	8	180
Chlorhydrate d'ammoniaque..	88,9	114°,2
Chlorure de strontium.......	117,5	117°,85
— de calcium.........	325	179°,5
Tartrate de potassium.......	296,2	114°,67
Carbonate de potassium.... .	205	135
Nitrate de calcium..........	362	151
Acétate de sodium..........	209	124°,37
— de potassium.........	798,2	169

Lorsque la solution n'est pas saturée, le point d'ébullition s'élève continuellement, à moins qu'on ne fasse refluer la vapeur condensée dans la solution. Voici, comme exemple de l'influence de la concentration sur le point d'ébullition, les nombres obtenus par divers expérimentateurs avec la solution de sel marin.

NaCl %.	Point d'ébullition d'après Bischof (I).	Karsten (I).	Legrand (II).	Gerlach (III).
5	101°,50	101°,10	100°,80	100°,9
10	103°,03	102°,38	101°,75	101°,9
15	104°,63	103°,88	103°,00	103°,3
20	106°,26	105°,46	104°,60	105°,3
25	107°,93	107°,27	106°,60	107°,6

(I). *Karsten u. Dechen's Archiv.*, t. XX, p. 45-49. — (II). *Ann. de Chim. et de Phys.*, (2), t. LIX, p. 431. — (III). *Sp. Gew. der Salzlösungen*, p. 93.

La température de la vapeur émise par la solution s'observe avec un thermomètre préalablement chauffé et contenu dans une double enveloppe traversée par la vapeur. Elle est toujours supérieure à 100°, mais n'atteint celle de la solution qu'au contact de celle-ci (Gay-Lussac et Faraday, Magnus).

Au-dessous du point d'ébullition, la tension de vapeur de chaque solution est toujours inférieure à celle de l'eau, et cela d'un nombre de degrés proportionnel à la quantité de sel dissous par un poids d'eau constant.

Chaque unité de poids de sel dissous dans 100 p. d'eau amènera dans la tension de la vapeur d'eau f la diminution δ suivante :

$\delta = 0{,}00601\,f$ pour le chlorure de sodium;
$\delta = 0{,}00236\,f$ pour le sulfate de sodium (il n'y a aucun changement à + 33°).
$\delta = 0{,}00383\,f - 0{,}00000190\,f^2$ pour le sulfate de potassium;
$\delta = 0{,}00196\,f + 0{,}00000108\,f^2$ pour le nitrate de potassium.

Une loi analogue régit les solutions de deux sels ne pouvant faire la double décomposition, mais la diminution n'est pas égale à la somme des δ [Wüllner, *Ann. de Chim. et de Phys.*, (3), t. LIII, p. 499, et t. LVI, p. 250].

11. Variation de couleur. — Certains sels n'ont une coloration qu'à l'état de cristaux hydratés ou de solution : exemple, le sulfate de cuivre. Le chlorure de cuivre possède différentes couleurs selon la dilution de sa solution : celle-ci est verte à l'état concentré et bleue lorsqu'on l'étend d'eau. Les sels de cobalt sont généralement bleus lorsqu'ils sont anhydres et roses en solution étendue. Tous ces faits se rattachent à l'action chimique de l'eau sur ces sels.

En effet, Gladstone a pu rendre verte la solution bleue de chlorure de cuivre en la chauffant, et inversement amener au bleu une solution verte en la refroidissant fortement. Or l'élévation de température favorise, comme on sait, la déshydratation.

Un fait plus singulier, dans lequel il est bien difficile de voir l'influence de la force chimique, c'est la différence de coloration des solutions d'iode dans le sulfure de carbone, dans le chloroforme et dans l'eau. Tout le monde sait que ces solutions sont respectivement violette, rouge-pourpre et jaune-brun, mais on ignore complétement la cause de cette anomalie.

12. Variation de l'indice de réfraction. — Biot et Arago ont formulé sur les indices des gaz une loi d'après laquelle l'expression $\frac{n^2-1}{d}$ est constante, quelles que soient la température et la pression, n étant l'indice et d la densité. Ce *pouvoir réfringent* se conserverait de même dans les mélanges. Aujourd'hui c'est la constance de l'expression $\frac{n-1}{d}$ qui paraît démontrée : toujours est-il que la valeur de $n-1$ se rapproche beaucoup de n^2-1 pour les indices gazeux.

M. Fouqué a cherché à appliquer la loi de Biot et Arago aux solutions salines, et il est arrivé à ce résultat que, sur 123 solutions, 107 vérifient la loi. Pour 16 seulement l'indice calculé d'après la constance du pouvoir réfringent différait de l'indice observé d'une quantité supérieure aux erreurs d'observation [*Compt. rend.*, t. LXV, p. 121]. Nous devons ajouter qu'aujourd'hui, après les travaux de Gladstone, de Landolt, etc., l'on admet pour les solutions salines comme pour les gaz la constance de l'expression $\frac{n-1}{d}$. — Voyez Lumière, t. II, p. 242.

Les solutions de sel ammoniac et de chlorure de lithium sont les seules qui aient un pouvoir réfringent plus grand que celui de l'eau.

13. Variation du pouvoir rotatoire. — Nous avons donné à la page 252 du présent tome quelques indications sur l'influence des dissolvants inactifs sur le pouvoir rotatoire des corps dissous. Dans un travail récent, M. Oudemans s'est occupé spécialement de cette influence, et, d'après les résultats obtenus, la notion du *pouvoir rotatoire moléculaire ou spécifique* perd quelque peu de son importance. Ce nombre, en effet, peut varier beaucoup selon la nature et la proportion du dissolvant, comme il résulte du tableau ci-joint :

Substances.	Dissolvant.	Poids de la substance dans 1 de dissolvant.	Pouvoir rotatoire spécifique.
Sucre	Eau	0,056	+ 66°,9
	Alcool à 50 %	0,050	+ 66°,4
Essence de cubèbe ($d = 0{,}856$; ébullition, 221)°.	Rien	—	— 40°,8
	Alcool absolu	0,061	— 41°,6
	Benzine	0,061	— 41°,6
	Chloroforme	0,075	— 41°,7
Sulfate de cinchonine, $(C^{20}H^{24}Az^2O)^2H^2SO^4 + 2H^2O$.	Eau	0,014	+169
	Alcool	0,023	+191
	Alcool	0,055	+193
Nitrate de cinchonine, $C^{20}H^{24}Az^2O.HAzO^3 + 1/2\,H^2O$.	Eau	0,020	+154
	Alcool	0,022	+172
Chlorhydrate de cinchonine, $C^{20}H^{24}Az^2O.HCl + 2H^2O$.	Eau	0,016	+162
	Eau	0,026	+158
	Eau	0,031	+156
	Alcool à 93 %	0,054	+175
Brucine (séchée à 100°)	Alcool	0,054	— 85
	Chloroforme	0,019	—127
	Chloroforme	0,049	—119
Phlorizine	Alcool	0,046	— 52
	Esprit de bois	0,039	— 52

D'après ce tableau, la cinchonine en solution alcoolique possède un pouvoir rotatoire de 228°, et en solution chloroformique un pouvoir rotatoire de 212° seulement. On aurait dû, semble-t-il, trouver des valeurs intermédiaires pour un mélange des deux dissolvants; mais il n'en est pas ainsi : on peut ajouter à l'alcool son poids de chloroforme sans changer sensiblement le pouvoir rotatoire de la solution de cinchonine; mais si on additionne le chloroforme de quelques gouttes d'alcool, ce pouvoir rotatoire augmente rapidement et atteint un maximum fort élevé, 237° pour 10 % d'alcool.

La solubilité de la cinchonine dans des mélanges d'alcool et de chloroforme suit une marche analogue, seulement le maximum de solubilité correspond à environ 20 % d'alcool. Un tel mélange dissout 5,88 % de cinchonine, tandis que l'alcool en dissout 0,77 % et le chloroforme 0,28 seulement [*Bull. de la Soc. chim.*, 1873, t. XIX, p. 553].

14. Variation des actions capillaires. — Parmi les solutions salines, il n'y a que celles de chlorure de lithium et de chlorhydrate d'ammoniaque qui s'élèvent plus haut que l'eau dans les tubes capillaires; chose remarquable, seules ces solutions ont un pouvoir réfringent plus grand que celui de l'eau.

M. Baliginski a multiplié la hauteur à laquelle une solution saline s'élève dans un tube donné par la densité de cette solution à la même température. Il a obtenu ainsi ce qu'il appelle la constante de capillarité du sel (C); ce nombre croît proportionnellement à la quantité de sel contenue dans 100 p. de la liqueur (p). On a ainsi, en prenant la constante de capillarité de l'eau = 100,

$$C = 100\,(1 + Kp).$$

K est égal à 0,1628 pour le salpêtre, à 0,3995 pour le chlorhydrate d'ammoniaque, etc. [*Ann. de Chim. et de Phys.*, (4), t. XV, p. 505].

D'après les recherches de M. Valson, les constantes capillaires sont en relation très-simple avec le poids moléculaire. En effet, si l'on fait des solutions contenant *1 équivalent* de sel anhydre par litre, et si l'on prend pour point de départ la hauteur à laquelle s'élève la solution de sel ammoniac, le remplacement du chlore ou de l'ammonium par un métal ou un métalloïde donné sera accompagné par une dépression déterminée pour chaque métal ou chaque métalloïde et indépendante de l'élément auquel ce métal ou ce métalloïde sera uni. Il y a donc un *module* pour chaque élément métallique ou chaque résidu d'acide, oxygéné ou non; module d'après lequel, étant donnée la hauteur à laquelle parvient une solution de sel ammoniac, on peut calculer celle où s'élèverait toute autre solution saline *équivalente*.

L'énoncé de cette règle étant tout à fait semblable à celle qui sert à M. Valson à calculer les densités des solutions équivalentes, il était naturel que le produit des hauteurs capillaires par les densités des solutions équivalentes fût constant. C'est ce qui a lieu, en effet, d'une façon très-approchée [*Compt. rend.*, t. LXX, p. 1042, et t. LXXIV, p. 103]. G. S.

SOMBRERITE (Min.). — Parties dures du guano de Sombrero, composé essentiellement de phosphate de chaux.

SOMERVILLITE. — Voyez CHRYSOCOLLE.

SOMERVILLITE (Brooke). — Voyez HUMBOLDTILITE.

SOMMITE (Min.). — Néphéline en petits cristaux à éclat vitreux de la Somma.

SON. — Voyez PANIFICATION.

SORBAMIDE. — Voyez SORBIQUE (ACIDE).

SORBANILIDE. — Voyez SORBIQUE (ACIDE).

SORBINE, $C^6H^{12}O^6$. — Cette matière sucrée, isomère de la glucose, a été trouvée par Pelouze dans le suc fermenté des baies de sorbier (*Sorbus aucuparia*) [*Ann. de Chim. et de Phys.*, (3), t. XXXV, p. 222]. Byschl n'a pas réussi à retirer de la sorbine du suc frais, non fermenté [*Journ. fur prakt. Chem.*, t. LXII, p. 504], et Delffs a récemment confirmé ce résultat. D'après les observations de ce dernier chimiste, la sorbine ne préexiste pas dans les baies de sorbier, mais se forme pendant la fermentation aux dépens de l'acide malique; dans le suc fermenté, cet acide a disparu et on peut alors en extraire de la sorbine [*Chem. News*, 1871, t. XXIV, p. 75]. Enfin MM. J. Boussingault et A. Müntz n'ont rencontré la sorbine ni dans le suc frais ni dans le suc fermenté du sorbier des oiseleurs; ces liquides contiennent de la sorbite.— Voyez ce mot (*Communic. partic.*). Les faits connus jusqu'ici ne permettent pas d'expliquer ces divergences; il est probable que la sorbine ne prend naissance que sous l'influence d'un certain ferment, tandis que d'autres la détruisent peut-être; or Pelouze n'a pas précisé suffisamment le genre de fermentation qu'il faut faire subir au jus des baies de sorbier pour y former de la sorbine.

Pelouze a obtenu la sorbine de la manière suivante : le suc des baies de sorbier avait été abandonné à lui-même pendant treize à quatorze mois; il s'y était formé, à plusieurs reprises, des dépôts et des végétations, puis la liqueur s'était éclaircie spontanément. Évaporée à une douce chaleur, jusqu'à la consistance d'un sirop épais, cette liqueur a laissé déposer des cristaux d'un brun foncé, que deux traitements par le charbon animal ont suffi pour décolorer complétement; les eaux mères ont donné par la concentration de nouvelles quantités de cristaux qu'on a purifiés de la même manière.

La sorbine est incolore, d'une saveur franchement sucrée; les cristaux, transparents et durs, croquent sous la dent comme le sucre candi; leur densité est de 1,654 à 15°; ils appartiennent au type orthorhombique. Formes observées : a^1, e^1, p, $a^{1/m}$. Angles : a^1a^1 (à la base) = 142° 53'; e^1e^1 = 141°11'; $a^1a^{1/m}$ = 164° 20'; a^1p = 108° 10' (Berthelot).

L'eau dissout à peu près le double de son poids de sorbine; la solution est un peu plus dense que le sirop de sucre ordinaire; l'alcool bouillant dissout la sorbine en très-petite proportion seulement. Chauffée, la sorbine fond sans perdre de poids; une chaleur plus forte la convertit en une matière rouge foncé, l'*acide sorbinique* (voyez ce mot). Jetée sur des charbons ardents, elle répand une forte odeur de caramel.

La sorbine renferme $C^6H^{12}O^6$, elle est par conséquent isomérique avec la glucose; elle dévie à gauche le plan de polarisation, $[\alpha]_r = -35°,97$; ce pouvoir rotatoire paraît varier avec la température, mais la présence des acides ne le modifie pas. La sorbine n'est pas fermentescible; elle réduit à chaud la liqueur de Fehling.

L'acide sulfurique faible ne lui fait subir aucune altération et ne la rend pas fermentescible; l'acide concentré la colore rapidement en rouge-jaunâtre. L'acide nitrique l'attaque vivement et la convertit en acide oxalique.

Traitée à froid par le chlore en solution aqueuse, elle donne, comme la lévulose, de l'acide glycolique :

$$C^6H^{12}O^6 + 3H^2O + 3Cl^2 = 3C^2H^4O^3 + 6HCl$$

[Hlasiwetz et Habermann, *Wien. Acad. Ber.*, 2e part., t. LXII, p. 125, et *Bull. de la Soc. chim.*, 1870, t. XIV, p. 264].

Chauffée avec les alcalis, la solution de sorbine se colore fortement en jaune en exhalant une odeur de caramel; l'eau contenant $\frac{1}{2000}$ de ce sucre jaunit encore très-sensiblement par la potasse. La sorbine dissout une proportion assez considérable de chaux ou de baryte; les solutions se colorent en jaune par la chaleur et laissent déposer un précipité floconneux en même temps qu'il se manifeste une odeur de caramel.

L'oxyde de plomb se dissout à chaud dans la sorbine en donnant un liquide jaune d'une odeur de sucre brûlé. La sorbine ne trouble pas le sous-acétate de plomb, mais l'addition de l'ammoniaque détermine la formation d'un précipité blanc renfermant 73,6 à 75,4 % d'oxyde de plomb.

L'hydrate cuivrique se dissout dans la sorbine; la solution, d'un bleu intense, laisse peu à peu déposer de l'oxyde cuivreux rouge. La sorbine donne avec le sel marin une combinaison cristallisée qui paraît appartenir au système cubique.

La sorbine se combine à 100° avec l'acide tartrique et fournit un acide sorbitartrique (Berthelot). A. H.

SORBINIQUE (ACIDE). — Pelouze a donné ce nom à un produit mal défini qui prend naissance lorsqu'on maintient la sorbine pendant quelque temps à une température de 150° à 180°; ce sucre dégage, dans ces circonstances, des vapeurs aqueuses, légèrement acides, et laisse un résidu rouge foncé d'acide sorbinique. On dissout ce résidu dans la potasse ou dans l'ammoniaque, on filtre et l'on sursature la solution par l'acide chlorhydrique étendu; il se forme ainsi un précipité floconneux d'un rouge très-intense, qu'on lave à l'eau et que l'on dessèche à 120-150°.

L'acide sorbinique est amorphe et d'un rouge si foncé qu'il paraît noir; il est insoluble dans l'eau, l'alcool et les acides faibles, mais il se dissout aisément dans les alcalis et dans l'ammoniaque avec lesquels il forme des solutions d'une teinte sépia très-riche.

L'acide sorbinique a donné à l'analyse :

$$C = 57,06;\ H = 5,51;\ O = 36,53,$$

chiffres que Pelouze représente par la formule $C^{32}H^{36}O^{18}$. Les sorbinates alcalins donnent des précipités volumineux jaune rougeâtre avec les sels de calcium, de baryum, d'aluminium, de fer, d'étain, d'or et de platine; le sulfate de cuivre précipite en vert jaunâtre et le dépôt est soluble dans l'ammoniaque à laquelle il communique une couleur d'un vert très-intense. Le sorbinate de cobalt constitue un précipité brun, ocreux, insoluble dans l'ammoniaque, tandis que le sel de nickel est brun rougeâtre et se dissout entièrement dans l'ammoniaque; cette solution est rouge.

Le sorbinate de plomb contient 51,35 % d'oxyde de plomb [Pelouze, *Mém. cité* à l'article SORBINE]. A. H.

SORBIQUE (ACIDE), $C^6H^8O^2 = C^5H^7\text{-}CO^2H$. — Acide monatomique découvert par Hofmann et produit par une transformation isomérique de l'acide *parasorbique*, qui existe dans les baies du sorbier. Cette transformation s'effectue facilement lorsqu'on chauffe l'acide parasorbique dont la préparation sera indiquée plus loin, pendant quelque temps, avec de la potasse à 100° ou qu'on le fait bouillir avec de l'acide chlorhydrique [A.-W. Hofmann, *Ann. der Chem. u. Pharm.*, t. CX, p. 129, et *Répert. de Chim. pure*, 1859, p. 307].

L'acide sorbique peut être purifié aisément par cristallisation dans l'eau bouillante; sa solution faite à chaud dans un mélange de 1 volume d'alcool et de 2 volumes d'eau le laisse déposer en longues aiguilles blanches très-solubles dans l'alcool et dans l'éther. L'acide sorbique est sans odeur; il fond à 134°,5 et se volatilise sans décomposition (Hofmann). D'après les observations récentes de MM. Barringer et Fittig, l'acide pur commence à distiller vers 225° et distille en partie sans altération; une autre partie se décompose, dégage une odeur d'acroléine et fournit une masse brune, très-épaisse, durcissant par le refroidissement et ne régénérant pas d'acide sorbique lorsqu'on la chauffe avec de l'eau. L'acide sorbique distille facilement avec les vapeurs aqueuses sans s'altérer [*Zeitsch. f. Chem.*, 1870, p. 425, et *Bull. de la Soc. chim.*, 1871, t. XV, p. 93].

L'acide sorbique renferme $C^6H^8O^2$, formule qui en fait un homologue des acides stéarolique, palmitolique, etc. Comme ces derniers, il fixe directement le brome en donnant un *dibromure*, $C^6H^8Br^2O^2$, et un *tétrabromure*, $C^6H^8Br^4O^2$, et l'hydrogène naissant en donnant un *acide hydrosorbique*, $C^6H^{10}O^2$. — Voyez plus loin.

Chauffé avec de l'hydrate de baryum, l'acide sorbique fournit du carbonate barytique et un hydrocarbure liquide, aromatique.

Sels de l'acide sorbique. — L'acide sorbique est un acide monatomique; il décompose les carbonates; il forme des sels cristallisables.

Le *sorbate d'ammonium* cristallise en longues aiguilles et est précipité en solution concentrée par le chlorure de *calcium* et la plupart des sels des métaux lourds, mais il ne donne pas de précipité avec les chlorures de *baryum*, de *strontium* et de *magnésium*.

Le *sorbate d'argent*, $C^6H^7AgO^2$, constitue un précipité cristallin, blanc; les sels de *baryum*, $(C^6H^7O^2)^2Ba$, et de *calcium*, $(C^6H^7O^2)^2Ca$, cristallisent en écailles d'un éclat argentin. Les sels de *potassium* et de *sodium* sont difficilement cristallisables.

Le *sorbate d'éthyle*, $C^6H^7(C^2H^5)O^2$, obtenu par l'action du chlorure de sorbyle sur l'alcool ou en faisant passer du gaz chlorhydrique sec dans une solution alcoolique de l'acide, forme un liquide bouillant à 195°,5, d'une odeur aromatique rappelant celle de l'éther benzoïque.

Chlorure de sorbyle, $C^6H^7O.Cl$. — On le prépare en traitant l'acide sorbique par le perchlorure de phosphore, ou bien le sorbate de potassium par le trichlorure de phosphore. L'eau décompose ce chlorure en régénérant l'acide; avec l'alcool, on obtient l'éther sorbique; avec l'ammoniaque, la *sorbamide*, et avec l'aniline, la *sorbanilide* (Hofmann).

Sorbamide, $C^6H^7O.AzH^2$. — Aiguilles blanches, très-fusibles, solubles dans l'eau et dans l'alcool, qu'on obtient en faisant agir le gaz ammoniac sec sur le chlorure de sorbyle brut, ou l'ammoniaque liquide, à 120°, sur l'éther sorbique.

La *phénylsorbamide* ou *sorbanilide* est une huile qui cristallise après quelque temps (Hofmann).

Dibromure de l'acide sorbique, $C^6H^8Br^2O^2$. — On le prépare en arrosant l'acide sorbique de 10 fois son poids de sulfure de carbone et ajoutant peu à peu et en refroidissant une molécule de brome; le sulfure de carbone étant chassé par distillation, il reste une huile jaune qui se prend bientôt en une bouillie cristalline. On exprime cette masse et on la fait cristalliser dans la benzine.

Le dibromure constitue de petites lames brillantes, fusibles à 94-95°, perdant leur brillant sur l'acide sulfurique. Il est soluble dans l'éther, l'alcool, le sulfure de carbone et la benzine bouillante. Il est peu soluble dans l'eau chaude et se dépose de nouveau en cristaux par le refroidissement. La potasse alcoolique décompose cet acide à froid. Ses sels sont plus solubles que ceux du tétrabromure sorbique.

Le produit liquide qui accompagne le dibromure solide est peut-être un isomère de ce dernier [E. Kachel et R. Fittig, *Ann. der Chem. u. Pharm.*, t. CLXVIII, p. 276, et *Bull. de la Soc. chim.*, 1874, t. XXI, p. 221].

Tétrabromure de l'acide sorbique, $C^6H^8Br^4O^2$. — Lorsqu'on broie l'acide sorbique sous l'eau avec du brome, on obtient une masse semi-liquide, formée principalement de tétrabromure sorbique; le produit brut dissous dans l'alcool chaud fournit par l'évaporation lente une huile épaisse qui, séparée de l'eau-mère, se fige presque complétement au bout de quelques jours.

Au lieu de traiter l'acide sorbique sous l'eau par le brome, il est préférable d'opérer en présence du sulfure de carbone : on arrose l'acide pulvérisé de 10 fois son poids de sulfure de carbone et on ajoute par petites portions, en refroidissant, la quantité théorique de brome (Br^4 pour 1 molécule d'acide); il ne se forme que des traces d'acide bromhydrique. Après 24 heures, la majeure partie du tétrabromure s'est déposée en cristaux; les eaux mères en fournissent une nouvelle portion par l'évaporation.

Purifié par expression et par plusieurs cristallisations dans l'alcool, le tétrabromure sorbique se présente en grands cristaux transparents, bien formés, qui paraissent appartenir au type clinorhombique; il est très-peu soluble dans l'eau bouillante d'où il se dépose en aiguilles déliées. Il fond à 178-179°. L'amalgame de sodium, en présence de l'eau, paraît d'abord lui enlever le brome pour régénérer l'acide sorbique qui fixe ensuite 2 atomes d'hydrogène en donnant naissance à de l'acide hydrosorbique.

Le tétrabromure sorbique possède encore les propriétés d'un acide monobasique et fournit des sels bien cristallisés, décomposables en solution aqueuse bouillante avec formation de bromure métallique et d'acide bromhydrique, qui met en liberté une partie de l'acide. Lorsqu'on neutralise par du carbonate barytique l'acide bromhydrique au fur et à mesure qu'il se forme, on constate la production de vapeurs très-irritantes, acroléiques, qui se condensent en un liquide neutre non encore étudié.

Le *sel d'ammonium* forme des aiguilles fines assez solubles.

Sel d'argent. — Précipité amorphe.

Sel de baryum, $(C^6H^7Br^4O^2)^2Ba + 1\,1/2\,H^2O$. — Préparé par double décomposition; il est en petites lames brillantes assez solubles.

Le *sel de calcium* est moins soluble que celui de baryum; il contient $7H^2O$.

Le *sel de potassium* est très-soluble; celui de *plomb* constitue un précipité amorphe.

Sel de sodium, $C^6H^7Br^4O^2.Na + 2H^2O$. — Obtenu par saturation de l'acide par du carbonate de sodium, il forme de belles lames d'un blanc d'argent, solubles dans l'eau et dans l'alcool, presque insolubles dans une solution concentrée de carbonate sodique [Barringer et Fittig, *loc. cit*; — Kachel et Fittig, *loc. cit.*].

Acide hydrosorbique, $C^6H^{10}O^2 = C^5H^9\text{-}CO^2H$.

— L'amalgame de sodium transforme très-facilement l'acide sorbique en un acide $C^6H^{10}O^2$, qui est isomérique avec l'acide éthyle-crotonique, et peut-être identique avec l'acide pyrotérébique; les faibles différences qu'on a observées entre les propriétés des deux acides peuvent tenir à un état de pureté plus grand de l'un d'eux, de l'acide hydrosorbique probablement.

Il ne se forme pas d'acide caproïque dans l'hydrogénation de l'acide sorbique.

L'acide hydrosorbique est un liquide incolore, d'une odeur rappelant celle de la sueur, peu soluble dans l'eau, d'une densité de 0,969 à 19°. Il bout à 201° (204°,5 corrigé) et ne se solidifie pas à — 18°.

Lorsqu'on traite l'acide hydrosorbique par le brome, il ne se forme que peu d'acide bromhydrique en même temps qu'un *dibromure* très-épais, non volatil sans décomposition, que la potasse alcoolique transforme en acide sorbique en lui enlevant 2 HBr. A 180°, l'acide hydrosorbique n'est pas encore attaqué par la potasse. A une température plus élevée, l'acide se décompose et donne les acides acétique et butyrique :

$$C^6H^{10}O^2 + 2H^2O = C^2H^4O^2 + C^4H^8O^2 + H^2.$$

L'acide hydrosorbique est un acide monatomique.

L'*hydrosorbate d'argent*, $C^6H^9AgO^2$, constitue un précipité blanc, insoluble dans l'eau, brunissant vers 90-100°.

Le *sel de baryum*, $(C^6H^9O^2)^2Ba$, cristallise en fines aiguilles soyeuses, très-solubles dans l'eau; celui de *calcium*, $(C^6H^9O^2)^2Ca + H^2O$, est en petites aiguilles très-solubles, réunies en groupes. Le *sel de cuivre*, $(C^6H^9O^2)^2Cu$, constitue un précipité vert bleuâtre, perdant déjà à 100° un peu d'acide et fondant entre 180° et 185°.

L'*hydrosorbate d'éthyle*, $C^6H^9(C^2H^5)O^2$, forme un liquide incolore, d'une odeur de fruits, peu soluble dans l'eau et bouillant à 166-167° [Barringer et Fittig, *loc. cit.*; — Kachel et Fittig, *loc. cit.*].

Acide parasorbique, $C^6H^8O^2$. — Cet acide, trouvé par M. Merck dans les baies du sorbier, constituerait, d'après M. Hofmann, un isomère de l'acide sorbique. Lorsque, dans la préparation de l'acide malique, on distille dans un alambic le liquide qui, après saturation incomplète par la chaux, a laissé déposer le malate calcique et qu'on ajoute à la fin un peu d'acide sulfurique, on obtient un liquide acide qu'on neutralise par du carbonate sodique et qu'on évapore. La solution évaporée est décomposée par l'acide sulfurique, l'huile brune qui se précipite est dissoute dans l'éther et purifiée par distillation, après évaporation de l'éther.

L'acide parasorbique ainsi préparé renferme $C^6H^8O^2$; il constitue un liquide incolore, d'une densité de 1,068 à 15° et bouillant à 221°; pendant la distillation, même si on l'effectue dans un courant d'hydrogène, une partie de l'acide se convertit en une résine jaune. Les vapeurs de l'acide parasorbique possèdent une odeur désagréable, stupéfiante.

L'acide parasorbique possède les propriétés d'un acide faible; il se dissout un peu dans l'eau à laquelle il communique une réaction acide; il est miscible en toute proportion avec l'alcool et l'éther. Ses solutions dans l'ammoniaque, dans les alcalis, ou dans l'eau de baryte, laissent par l'évaporation des résidus amorphes. Les carbonates alcalins dissoudraient l'acide parasorbique *sans dégagement d'acide carbonique*. Le sel d'argent, qui forme un précipité blanc gélatineux, noircissant à la lumière, renferme $C^6H^7AgO^2$.

La potasse et l'acide chlorhydrique à 100° font subir à l'acide parasorbique un changement moléculaire donnant naissance à l'acide sorbique [A.-W. Hofmann, *Ann. der Chem. u. Pharm.*, t. CX, p. 129]. MM. Barringer et Fittig ont mis en doute l'existence de l'acide parasorbique. D'après leurs expériences, cet acide ne serait autre que de l'acide sorbique impur, et se dissoudrait dans les carbonates alcalins avec dégagement d'acide carbonique. L'acide parasorbique, traité en solution, même très-étendue, par l'amalgame de sodium, fournit également de l'acide hydrosorbique, seulement cet acide est moins pur que celui préparé avec l'acide sorbique. Lorsqu'on neutralise l'acide parasorbique à chaud par du carbonate barytique, la solution contient du sorbate de baryum et le carbonate de baryum employé en excès se trouve souillé d'une matière résineuse; les vapeurs aqueuses entraînent en même temps une huile neutre possédant l'odeur particulière de l'acide parasorbique. Ces expériences paraissent démontrer que l'acide parasorbique sur lequel ces chimistes ont opéré n'était autre que de l'acide sorbique contenant une matière résineuse et un principe neutre volatil [J. Barringer et R. Fittig, *Zeitsch. für Chem.*, 1870, p. 426]. A. H.

SORBITE, $C^6H^{14}O^6$. — Cette matière sucrée, isomérique avec la mannite et la dulcite, a été découverte par M. J. Boussingault dans les baies de sorbier; on a pu la retirer des sorbes non fermentées, aussi bien que de celles qui avaient subi la fermentation et l'action prolongée des moisissures; mais dans aucun cas on n'a pu rencontrer la sorbine de Pelouze.

Pour préparer la sorbite, on exprime les sorbes et on abandonne le jus à la fermentation alcoolique; on filtre, on précipite par le sous-acétate de plomb et l'on débarrasse le liquide filtré de nouveau, par l'hydrogène sulfuré, du plomb qu'il contient. On évapore la solution jusqu'à consistance de sirop épais et l'on abandonne celui-ci dans un flacon; au bout de plusieurs mois ce sirop cristallise en partie, et l'on trouve dans le flacon une masse visqueuse contenant une multitude de petits cristaux aciculaires. Cette masse, exprimée fortement, lavée à l'alcool froid et exprimée une seconde fois, est dissoute à chaud dans l'alcool absolu qui abandonne la sorbite par le refroidissement.

La sorbite se présente sous la forme de mamelons blancs ou de houppes soyeuses contenant $C^6H^{14}O^6 + 1/2\,H^2O$; elle commence à fondre vers 65° et est entièrement fondue à 102°; à cette température, elle perd complétement son eau de cristallisation; la sorbite anhydre ne fond que vers 110-111°. Elle forme avec l'eau une solution sirupeuse qui ne dépose des cristaux qu'au bout d'un temps assez long. Elle est inactive vis-à-vis de la lumière polarisée et ne réduit pas les solutions alcalines d'oxyde de cuivre. L'acide sulfurique la dissout à chaud, sans la charbonner, et la transforme en un acide conjugué qui donne un sel barytique soluble. Traitée par l'acide azotique, la sorbite ne fournit pas d'acide mucique [J. Boussingault, *Ann. de Chim. et de Phys.*, (4), t. XXVI, p. 376]. A. H.

SORDAWALITE (Min.). — Silicate hydraté d'alumine, de fer et de magnésie, avec acide phosphorique. Matière amorphe, à cassure conchoïdale, opaque, d'un éclat résineux, d'un noir de poix passant au brun noirâtre, se trouvant en masses feuilletées, ou en rognons, dans un trapp, près de Sordawala (Finlande); on en trouve aussi à Bodenmais (Bavière) avec la pyrrhotine.

Caractères. — Partiellement attaquable à l'acide chlorhydrique. Dans le tube, donne de l'eau. Au chalumeau, fond en un globule noir faiblement magnétique.

Dureté, 2,5. Poussière brun clair.

Densité, 2,53 à 2,58. Magnétique.

SOUDE (INDUSTRIE DES SELS DE). — En industrie, on comprend sous le nom de *sel de soude,* non une combinaison de sodium avec un acide quelconque, mais spécialement le *carbonate de sodium* ou carbonate de soude plus ou moins pur. On désigne en outre par *natron* et *trona* le carbonate de soude naturel; par *barille,* ce sel préparé par incinération de plantes maritimes, de manière que le nom de *sel de soude* est plus spécialement réservé au carbonate de soude artificiel, obtenu par la décomposition du sel marin, du sulfate de soude ou de la cryolithe.

On distingue dans le commerce surtout trois espèces de sels de soude : 1° le *sel de soude carbonaté;* c'est un carbonate de soude anhydre qui, outre quelques impuretés accidentelles, ne doit renfermer que de 0 à 5 °/₀ de soude caustique; 2° le *sel de soude caustique;* c'est également un carbonate de soude anhydre, mais pouvant contenir de 6 jusqu'à 18 °/₀ de soude caustique; 3° les *cristaux de soude;* c'est le carbonate de soude cristallisé avec 62,8 °/₀ d'eau de cristallisation, $CO^3Na^2 + 10H^2O$. Il ne doit pas renfermer de soude caustique.

A. CARBONATE DE SOUDE NATUREL — NATRON ET TRONA. — Le *natron* est $CO^3Na^2 + H^2O$ mélangé avec des quantités plus ou moins grandes d'autres matières, surtout avec NaCl et SO^4Na^2. Le natron peut prendre naissance soit par la délitation de roches ou de minéraux renfermant une proportion notable de soude, soit par la réaction du sel marin sur des roches calcaires, soit par la décomposition putride des plantes riches en sels sodiques à acides organiques.

Lorsque l'humidité du sol s'évapore en été, la solution de carbonate de soude monte par capillarité à la surface, s'y concentre et finit par produire des efflorescences de ce sel plus ou moins considérables.

D'autres fois les eaux chargées de carbonate de soude se rassemblent en hiver dans des bassins à fond glaiseux ou pierreux, d'une étendue quelquefois assez grande pour constituer de véritables lacs. Au retour des chaleurs, l'eau s'évapore et il se dépose sur tout le sol, mais principalement sur les bords, des croûtes cristallines, d'épaisseur variable, généralement colorées, à cassure grenue et souvent translucides et même transparentes.

Dans les plaines de la Hongrie, situées entre le Danube et la Theiss, la soude naturelle provient de la délitation des minéraux constituant le sable de ces plaines. Là où le sol argileux permet la stagnation des eaux, celles-ci s'y concentrent et la terre s'imprègne de carbonate de soude. Cette matière première très-impure, *szekso,* est rassemblée, lessivée, et la solution étant évaporée fournit la soude naturelle de Hongrie, dont la production s'élevait en 1852 à 8,500 quintaux métriques, mais est depuis tombée à moins de 2,500 quintaux métriques.

En Égypte, à l'ouest du Nil, à quelque distance de Terraneh, dans le désert, se trouvent des lacs natronifères dont les bords sont recouverts à la fin de l'été d'une croûte saline de 0m,40 à 0m,50 d'épaisseur, *sottanée,* qui est recueillie et constitue le natron d'Égypte. On en exporte chaque année environ 25,000 quintaux métriques (au prix de 14 francs les 100 kilogrammes). Le natron d'Égypte est souvent aussi désigné par le nom de *trona :* il renferme en effet, indépendamment du carbonate de soude neutre, toujours une certaine quantité de sesquicarbonate,

$$(CO^3)^3(Na^4H^2) + 3H^2O.$$

Des lacs natronifères se rencontrent également en Arabie (près d'Aden), au Thibet, dans les plaines qui bordent la mer Noire et la mer Caspienne, dans les plaines de l'Araxès (en Arménie), dans l'Indostan (territoire de Nizzam), en Amérique, etc.

Le trona est principalement du sesquicarbonate de soude, $3CO^2,2Na^2O + 4H^2O$. Il est beaucoup plus rare que le natron. On l'a rencontré en Afrique dans certains lacs du Fezzan, sur les bords du désert de Sahara, à l'entrée du Soudan, en Amérique dans la Colombie (intercalé dans des terrains tertiaires) et au Mexique, où il est aussi désigné sous le nom d'*urao.*

Un grand nombre de sources minérales en France, en Suisse, en Allemagne, en Autriche, etc., renferment du carbonate, mais surtout du bicarbonate de soude.

COMPOSITION DE QUELQUES SOUDES NATURELLES.

a, Croûtes du lac Tasch-burun en Arménie. — *b,* Croûtes du fond d'un lac près du petit Ararat en Arménie. — *c,* Croûtes des bords du même lac. — *d,* Natron d'Aden en Arabie. — *e, f,* Trona d'Égypte. — *g,* Trona de Fezzan. — *h,* Urao du Mexique.

	a.	*b.*	*c.*	*d.*	*e.*	*f.*	*g.*	*h.*
Carbonate de soude	22,91	16,09	18,42	51,05	18,43	»	»	»
Sesquicarbonate de soude	»	»	»	»	47,29	32,60	75,00	80,22
Sel marin	51,49	1,62	1,92	24,94	8,16	15,00	»	»
Sulfate de soude	16,05	80,56	77,44	»	2,15	20,80	2,50	»
Eau	9,88	0,55	1,18	19,66	19,67	31,60	22,50	18,80
Sable et autres sels	»	»	»	4,35	4,31	»	»	0,98

B. CARBONATE DE SOUDE DES CENDRES DE PLANTES MARITIMES. — Quoique la plupart des végétaux soient organisés de manière à absorber surtout la potasse, comme principe minéral nécessaire, il existe cependant un certain nombre de plantes pour le développement desquelles la soude est également indispensable.

Ces plantes, désignées sous le nom de *salifères* ou *marines,* vivent dans le voisinage de la mer et des lacs salés; elles y absorbent le sel marin, l'élaborent pendant l'acte de la végétation et le transforment, au moins en partie, en sels organiques sodiques. Lorsqu'on incinère ces plantes, elles laissent beaucoup de cendres, renfermant, outre des sels de potasse et du sel marin, une quantité variable de carbonate de soude provenant de la combustion des oxalate, tartrate et autres sels organiques sodiques. Il est à remarquer que les plantes vivant dans la mer même (les varechs, fucus, etc.) sont beaucoup moins sodifères que celles qui croissent sur le rivage et même jusqu'à une certaine distance dans l'intérieur des terres.

Les plantes marines appartiennent en Europe pour la plupart à la famille des Atriplicées, renfermant les genres : *Atriplex* (*portulacoïdes*), *Chenopodium, Salsola* (*soda, kali, tragus, arenaria, clavifolia, vermiculata, brachiata*), *Salicornia* (*arenaria, annua, europœa*), *Kochia* (*sedoïdes*). On incinère encore le *Statice* (*limonium*) et le *Triglochin* (*maritimum*), et dans les contrées plus chaudes, des *Reaumeria, Tetragonia, Nitraria, Mesembryanthemum* (*crystallinum* et *glaciale*), appartenant à la famille des Ficoïdées.

Leur incinération a lieu de la manière suivante : dans un terrain sec, on creuse une fosse de 1 mètre à 1^{m},50 de diamètre sur environ 1 mètre de profondeur; le fond de la fosse est dallé ou pavé avec soin. On y jette une brassée de plantes soudières bien sèches et l'on y met le feu. Lorsque la combustion est en pleine activité, l'on ajoute de nouvelles brassées de plantes, mais jamais en grande quantité à la fois, de manière que l'air se trouve toujours en excès dans la fosse et que l'incinération soit la plus complète possible. Ces charges successives déposent des cendres qui, par suite de la haute température à laquelle parvient l'intérieur de la fosse, subissent une demi-fusion et se transforment en une masse agglomérée, d'apparence un peu vitreuse, généralement de couleur foncée, qui constitue la soude naturelle. L'opération dure ordinairement plusieurs jours; lorsqu'elle est achevée, on brasse le produit demi-fluide pour le rendre homogène, puis on laisse refroidir et l'on brise enfin le gros bloc ainsi formé en fragments plus petits.

La soude ainsi obtenue est de composition et d'aspect très-variables suivant les localités. Une des meilleures est celle produite en Espagne par l'incinération de la barille ou *Salsola vermiculata*. Les soudes de Malaga, de Carthagène et d'Alicante étaient autrefois très-recherchées; on distinguait trois variétés de soude d'Alicante : la *barille douce*, d'un aspect cendré, formant une masse bien fondue et renfermant de 20 à 25 °/₀ de carbonate de soude, indépendamment de sel marin, sulfate de soude et de potasse, carbonate et phosphate de chaux, silice, magnésie, sable; la *barille mélangée*, masse celluleuse noirâtre, à cassure nette; enfin la *bourde*, qualité très-inférieure, très-chargée de charbon, de sel marin et de matières terreuses.

En France, on produisait deux espèces de soude : l'une, *dite de Narbonne*, provenait de l'incinération du salicor (*Salicornia annua*) et renfermait 10 à 15 °/₀ de carbonate de soude; l'autre, désignée par le nom de *blanquettes* ou *soude d'Aigues-Mortes*, était obtenue avec un assez grand nombre de plantes recueillies sur les bords de la Méditerranée (*Salicornia europæa, Atriplex portulacoïdes, tragus* et *kali; Statia limonium*) et ne renfermant que 4 à 10 °/₀ de carbonate sodique.

On prépare encore de la soude naturelle en quantité plus ou moins grande sur les côtes de l'île de Sardaigne (5,000 quintaux métriques par an), de la Sicile, de l'Afrique (au Maroc), de l'île de Ténériffe, sur les côtes d'Écosse et d'Irlande, enfin dans les steppes de la Russie méridionale et de l'Arménie.

C. SOUDE ARTIFICIELLE. — *Historique.* — Jusqu'à la fin du siècle dernier c'était la potasse qui était employée partout où l'on avait besoin d'un alcali fixe; la soude ne servait, pour ainsi dire, qu'à la fabrication des savons durs, et le natron et la barille (cette dernière surtout) constituaient les sources où l'industrie et le commerce s'alimentaient de soude. Ces produits cependant étaient loin de présenter le degré de pureté désirable et leur production ne marchait point de pair avec le grand développement industriel de cette époque; à cela s'ajoutait le renchérissement constant et considérable des potasses, qu'il fallait maintenant faire venir de Russie et d'Amérique, par suite de la forte diminution de la richesse forestière dans l'Europe centrale.

Duhamel du Monceau ayant démontré en 1736 que le sel marin renfermait comme base la soude, l'Académie des sciences fonda en 1775 un prix de 2,400 francs pour la transformation du sel marin en carbonate de soude. Deux ans plus tard, Malherbe proposa de convertir le sel marin d'abord en sulfate, puis de calciner celui-ci avec du charbon et du fer. L'on obtenait ainsi, en effet, une certaine quantité de carbonate de soude encore impur, ce qui détermina Macquer et Montigny de faire un rapport favorable sur ce procédé.

En 1782, Guyton de Morveau et Carny fondèrent au Croisic une petite fabrique, où de la chaux arrosée d'eau salée était étendue en couches au contact de l'air; bientôt du carbonate de soude venait s'effleurir à la surface de ce mélange. Le rendement toutefois était peu considérable.

En 1789, De la Métherie proposa de calciner le sulfate de soude avec du charbon, espérant que la réaction s'accomplirait de manière à produire du carbonate de soude comme résidu et un dégagement d'acide sulfureux. En réalité, il n'obtint que du sulfure de sodium, ou, suivant les circonstances (influence de l'acide carbonique et de la vapeur d'eau), un mélange de sulfure de sodium avec plus ou moins de carbonate de soude. Le procédé n'était donc point pratique, mais il mit un autre chercheur sur la véritable voie. Cet inventeur était Leblanc (né en 1750 à Issoudun, officier de santé, chirurgien du duc d'Orléans, Philippe-Égalité), qui, depuis 1787, s'occupait également de la solution du problème, et qui, en associant du calcaire au mélange de sulfate de soude et de charbon, le résolut, en effet, de la manière la plus satisfaisante.

La réalité de la découverte de Leblanc ayant été constatée par d'Arcet et par son préparateur Dizé, le duc d'Orléans consentit à verser un capital de 200,000 francs pour l'exploitation du procédé. Leblanc, associé avec Dizé et Shée (un homme d'affaires du duc), construisit la première fabrique de soude artificielle à Saint-Denis et obtint, le 23 septembre 1791, sur le rapport de d'Arcet, Desmarets et de Servières, un brevet d'invention de quinze années. Dans ce brevet, la fabrication de la soude brute est décrite, quant aux fours et aux proportions des matières à employer, à peu de choses près, comme elle se pratique encore aujourd'hui.

L'usine de Saint-Denis marchait à peine, lorsqu'elle fut malheureusement arrêtée par suite du séquestre qui fut mis, après la condamnation de Philippe-Égalité, sur tous ses biens. Le brevet lui-même dut être sacrifié au salut de la patrie. La guerre continentale ayant mis un obstacle à l'importation des barilles d'Espagne, la savonnerie française était privée d'une de ses matières premières essentielles. Le Comité de salut public, sur la proposition de Carny, somma tous les possesseurs de procédés pour la transformation de sel marin en soude de les rendre publics. Leblanc n'hésita pas à le faire.

De ce moment, il fut ruiné; il ne parvint pas à se procurer l'argent nécessaire pour recommencer l'exploitation de sa découverte, et, quoique plus tard (17 floréal de l'an VIII), l'usine de Saint-Denis, la Franciade, fût rendue à Leblanc et qu'il reçût quelques secours, entre autres 2,000 francs de la Société d'encouragement, il ne put se relever et mourut de chagrin en 1806.

Le procédé Leblanc ne tarda cependant pas à se répandre et à être pratiqué dans plusieurs usines : la première fut celle de Payen près de Paris, la seconde, celle de Dieuze, où le procédé fut installé par Carny.

Déjà, en 1806, Saint-Gobain avait exposé des glaces fabriquées avec la soude artificielle. Celle-ci était toujours un peu trop sulfureuse. D'Arcet, en rendant la sole du four à soude elliptique de rectangulaire qu'elle était, fit disparaître ce défaut, et, à partir de ce moment, l'industrie soudière prit un rapide essor.

En 1812, malgré la prohibition des soudes étrangères, le prix de la soude artificielle avait baissé des deux tiers. Le monopole du sel fut néanmoins, aussi bien en Allemagne qu'en France, un grand obstacle au développement grandiose de la nouvelle industrie.

Il n'en fut pas de même en Angleterre, où le monopole du sel fut aboli en 1823. Déjà en 1814, et d'une manière très-limitée, le procédé Leblanc y avait été importé par Losh; en 1824, James Muspratt établit la première grande fabrique de soude artificielle dans les environs de Liverpool. Au début, il eut à lutter contre les préjugés des savonniers en faveur de la barille; il fut obligé de distribuer gratuitement des centaines de quintaux de sel de soude pour faire accepter le nouveau produit; mais ce but une fois atteint, la demande fut extraordinaire, et la fabrique put à peine y suffire. Pendant six années Muspratt resta le seul fabricant de soude artificielle en Angleterre; mais alors cette fabrication se répandit et grandit au point qu'elle constitua bientôt une des industries les plus importantes du pays le plus manufacturier du monde.

Par suite de l'extension de la fabrication, les prix des sels de soude baissèrent proportionnellement, comme le montre le tableau suivant :

	En 1814.	1824.	1861.	1865.	1873.
Les 100 kilogrammes de sel de soude calcinée valaient...	» »	60f »	22f »	19f »	18f »
— — de cristaux de soude valaient.......	150f »	37 50	11 20	10 »	9 25

Le procédé Leblanc a été successivement perfectionné dans les différentes phases des opérations et complété par une meilleure utilisation des résidus; mais, malgré le grand nombre de propositions qui ont été faites pour le suppléer, aucune d'elles n'a pu lui faire une concurrence un peu sérieuse, à l'exception toutefois de deux procédés, dont l'un, datant de 1858, est basé sur l'utilisation de la cryolithe, et dont l'autre repose sur la double décomposition du sel marin par le bicarbonate d'ammoniaque. Ce dernier procédé date déjà de 1838, mais, par suite des grandes difficultés que présente son exécution, il fut successivement abandonné et repris, et ce n'est que dans ces dernières années, surtout à la suite de l'exposition de Vienne, que l'attention publique s'est de nouveau reportée sur lui, et qu'il menace réellement de faire au procédé Leblanc une concurrence redoutable.

Une classification rationnelle des différentes méthodes de préparation artificielle de carbonate de soude ou même de soude caustique peut être établie sur les bases suivantes :

1° Emploi de la cryolithe;

2° Traitement du sel marin, sans transformation en sulfate;

3° Traitement du sulfate de soude, quel que soit son procédé de préparation;

4° Traitement du nitrate de soude, de silicates naturels sodiques, etc.

Les méthodes appartenant à la quatrième catégorie ne sont pas précisément industrielles et ne sont applicables que dans quelques cas et dans des buts tout spéciaux.

I. **Emploi de la cryolithe.** — La cryolithe, $[Al^2Fl + 6NaFl]$, qui renferme 13,07 % d'aluminium et 33,35 % de sodium, était connue depuis 1795, mais ne constituait jusqu'en 1855 qu'une rareté minéralogique. A cette époque, l'on découvrit au Groënland, tout près de la mer et presque à la surface du sol, des gisements extrêmement abondants de cryolithe d'une grande pureté. Le gouvernement danois en concéda l'exploitation à une compagnie qui fournit les 100 kilogrammes de minerai, renfermant au moins 95 % de cryolithe, à raison de 5 rixd. (14 fr. 25) rendus à Herbourg. Au début, l'on destinait ce minéral à la fabrication de l'aluminium, mais les applications de ce métal étant restées assez restreintes, la cryolithe fut bientôt employée (d'abord à Oersund, près Copenhague, en 1857, puis successivement à Harbourg, Prague, Mannheim, etc.), à la fabrication de sels d'alumine et de carbonate de soude. En 1867, il y avait en Allemagne cinq grandes fabriques traitant la cryolithe, mais depuis que les États-Unis d'Amérique se sont assuré le monopole de la cryolithe du Groënland, qui est traitée à Pittsbourg, ce genre de fabrication du sel de soude a cessé presque partout, excepté à Oersund où l'on traite aujourd'hui (1874) encore 20,000 quintaux métriques de cryolithe. La quantité de sel de soude ainsi produite peut être évaluée à 135,000 quintaux métriques.

Le traitement de la cryolithe peut se faire de deux manières, par la voie sèche ou par la voie humide.

a. Traitement par la voie sèche. — C'est le procédé ordinairement employé. La cryolithe, ne renfermant que quelques pour 100 de galène, de fer spathique, de quartz et de colombite, est d'abord réduite en poudre fine. On la mélange ensuite intimement avec 2/3 de son poids de carbonate de chaux également pulvérisé, et l'on soumet le mélange à une température qui ne doit point dépasser le rouge obscur. Il se forme de l'aluminate de soude, du fluorure de calcium, et il se dégage de l'acide carbonique. La réaction est exprimée par la formule suivante :

$$(Al^2Fl^6 + 6NaFl) + 6CO^3Ca$$
$$= Al^2O^6Na^6 + 6CaFl^2 + 6CO^2.$$

En ajoutant au mélange une certaine quantité de fluorure de calcium, l'on est parvenu dans ces derniers temps à élever le rendement d'alumine de 13 à 18 % et celui du sel de soude de 60 à 70 % du poids de la cryolithe.

La décomposition de celle-ci commence bien au-dessous du rouge, mais ne s'achève bien dans les conditions industrielles qu'à cette température. Il faut toutefois éviter avec soin que le mélange entre en fusion (ce qui rendrait la lixiviation du produit très-difficile); il doit tout au plus se fritter légèrement.

L'on opère dans un four à réverbère d'une construction particulière, à deux foyers situés des deux côtés du four. La sole est horizontale, de forme elliptique et repose sur des piliers en briques réfractaires placées en quinconce. Le feu de l'un des foyers s'étale très-uniformément sous la sole, la suit dans toute sa longueur, rejoint à l'extrémité le feu du second foyer, et les deux flammes réunies entrent par-dessus un autel assez élevé dans le four même, longent la voûte en sens opposé du feu du premier foyer et entrent enfin dans un carneau qui les conduit à volonté soit dans la cheminée, soit sous une chaudière plate placée au-dessus de la voûte du four. Les grilles des deux foyers ont 1 mètre de longueur sur 0m,40 de largeur. La sole du four est longue de 4 mètres et large de 2m,50. Le mélange de cryolithe et de craie est introduit par deux entonnoirs traversant les parois du four obliquement, étalé sur la sole et remué presque continuellement pendant la calcination. Chaque opération, exécutée sur 500 kilogrammes de mélange, dure environ deux heures.

La matière frittée est alors extraite, séparée des masses fondues qui par mégarde auraient pu se former (ces dernières sont pulvérisées et ajoutées à une nouvelle opération) et soumise encore assez chaude à une lixiviation méthodique, d'abord à l'eau froide, finalement à l'eau bouillante. Le résidu insoluble consiste principalement en fluorure de calcium coloré en rougeâtre par un peu d'oxyde ferrique : il peut parfaitement servir comme excellent fondant dans des opérations métallurgiques. La solution brunâtre, très-fortement alcaline d'aluminate de soude,

$$(Al^2O^3, 3Na^2O),$$

est introduite dans des chaudières munies d'agitateurs et traitée par un courant d'acide carbonique. On emploie à cet effet les gaz qui s'échappent du four à calcination, qu'on aspire par un ventilateur et qu'on condense dans la solution alcaline, après les avoir lavés et refroidis :

$$Al^2O^3, 3Na^2O + 3CO^2 = Al^2O^3 + 3CO^3Na^2.$$

Il en résulte de l'alumine hydratée qui se précipite et une solution de carbonate sodique. On laisse écouler le tout dans des bassins de clarification où l'alumine se dépose en couches parfaitement blanches. Cette alumine qui, même après lavage, retient toujours quelques centièmes de soude, sert principalement à la préparation du sulfate d'alumine, $(SO^4)^3Al^2 + 18\,H^2O$, tout à fait exempt de fer.

La solution alcaline décantée (les eaux de lavage rentrent dans le courant de la fabrication) et concentrée fournit par le refroidissement des cristaux de soude $(CO^3Na^2 + 10H^2O)$; en l'évaporant jusqu'à siccité, on obtient du sel de soude très-pur. Souvent la solution alcaline, sans être concentrée, est traitée par de l'hydrate de chaux pour la caustifier, évaporée à siccité et chauffée dans des chaudières en fonte jusqu'à fusion ignée, fournissant ainsi une des soudes caustiques les plus belles et les plus pures du commerce. En effet, elle peut renfermer jusqu'à 75 °/₀ de $NaHO$; elle est complétement exempte de sel marin et ne peut contenir en fait de sulfate que la minime quantité provenant des gaz de la houille.

b. Traitement par la voie humide. — La cryolithe peut également être décomposée par ébullition avec un lait de chaux. On emploie pour 700 kilogrammes de cryolithe en poudre très-fine, 500 kilogrammes de CaH^2O^2. On opère dans des vases en plomb et prolongeant l'ébullition jusqu'à ce qu'il se soit formé $CaFl^2$ insoluble et

$$Al^2O^3, 3Na^2O$$

en solution. Cette solution peut être traitée comme cela a été décrit plus haut. Mais l'on peut aussi opérer d'une autre manière.

La solution d'aluminate sodique est mise en ébullition avec une nouvelle quantité de cryolithe très-fine. La réaction qui s'accomplit est représentée par l'équation

$$(Al^2Fl^6 + 6FlNa) + Al^2O^3, 3Na^2O$$
$$= 2Al^2O^3 + 12FlNa.$$

Il faut prolonger l'ébullition jusqu'à ce qu'il n'y ait plus d'aluminate de soude en solution, ce que l'on reconnaît en ajoutant à une petite quantité de liqueur un peu de chlorure ammonique, qui ne doit point donner naissance à un dégagement d'ammoniaque. Dans la pratique, cette opération présente des difficultés, puisque l'alumine précipitée enveloppe facilement une certaine quantité de cryolithe et en retarde la décomposition.

Après avoir laissé déposer l'alumine, l'on soutire la solution limpide de fluorure de sodium $(NaFl)$ et on la fait bouillir avec de l'hydrate de chaux, $12NaFl + 6CaH^2O^2 = 12NaHO + 6CaFl^2$. Il se forme du fluorure de calcium insoluble et une solution de soude caustique, qu'on évapore à siccité. 100 kilogrammes de cryolithe fournissent 44 kilogrammes de $NaHO$ ou 75 kilogrammes de CO^3Na^2 et 24 kilogrammes d'alumine (Al^2O^3). Il ne faut point perdre de vue que les bénéfices du traitement de la cryolithe reposent plutôt sur l'emploi utile et facile de l'alumine (pour la fabrication du sulfate d'alumine ou de l'alun) que dans la production économique du carbonate de soude ou de la soude caustique.

II. TRAITEMENT DU SEL MARIN SANS TRANSFORMATION EN SULFATE SODIQUE. — Le sel marin, $(NaCl)$, étant la matière première sodifère la plus abondante et la moins dispendieuse, il n'est point étonnant que dès le début, il y a plus de quatre-vingt-six ans, l'on ait cherché à le convertir en carbonate de soude, par des réactions simples ou par des doubles décompositions sans avoir à le transformer préalablement en sulfate de soude.

1° PROCÉDÉ PAR LA CHAUX. — Nous l'avons déjà mentionné plus haut. La première idée émanait de Scheele; Guyton de Morveau et Carny avaient essayé son application industrielle, qui dut cesser par défaut de rendement.

2° PROCÉDÉ PAR L'OXYDE DE PLOMB. — Ce procédé, fondé également sur une expérience de Scheele, fut appliqué par Chaptal et Bérard; il consiste à triturer le sel avec de la litharge sous l'influence de l'eau. La réaction donne naissance à un oxychlorure de plomb insoluble et à de la soude caustique soluble :

$$2NaCl + 2PbO + H^2O$$
$$= 2NaHO + [PbCl^2, PbO].$$

Cette dernière tient en dissolution une certaine quantité d'oxyde de plomb, dont on peut la débarrasser par l'hydrogène sulfuré ou le sulfure de sodium en proportion convenable. Le peu d'emploi de l'oxychlorure de plomb en peinture, le prix élevé de la litharge, l'énorme quantité qu'il en fallait et les pertes et dépenses occasionnées par la régénération de PbO au moyen de l'oxychlorure de Pb, rendent ce procédé industriellement impraticable. Il n'en a pas moins été breveté de nouveau par M. Bachet en 1872.

3° PROCÉDÉ PAR LE BICARBONATE D'AMMONIAQUE, APPELÉ AUSSI PROCÉDÉ A L'AMMONIAQUE. — *Historique.* — En 1838, Dyar, Hemming, Grey et Harris en prirent des brevets pour l'Angleterre. On se promettait de grands succès qui ne se réalisèrent nullement. En 1854, Turck à Nancy, et Schloesing et Rolland, prirent de nouveaux brevets; ces derniers remplacèrent le bicarbonate d'ammoniaque par l'acide carbonique et l'ammoniaque; en 1855, une société fut constituée à Paris pour exploiter les procédés Schloesing et Rolland, et une usine fut fondée à Puteaux; mais des conjonctures défavorables et les inconvénients provenant du monopole du sel rendirent le succès impossible, et la fabrication fut abandonnée en 1868. Pendant les années 1865-1867, E. Nicklès essaya en vain d'introduire le procédé Turck perfectionné en quelques points, dans les salines de la Lorraine. A l'exposition de Paris, en 1867, on apprit que le procédé à l'ammoniaque avait été étudié de nouveau par Margueritte et de Sourdeval à Paris, par J. Young (le fabricant de paraffine) en Angleterre, et que la maison Solvay et Cie à Couillet, en Belgique, fondée en 1865, avait déjà exposé des sels de soude fabriqués industriellement d'après ce procédé : elle n'obtint alors qu'une médaille de bronze. Solvay avait pris un premier brevet en 1863; il en prit un second en France le 5 mars 1872 (sous le nom de Boulevard à Marseille). On ne parlait du reste guère de ce procédé jusqu'au moment de l'exposition de Vienne en 1873, où l'on constata, non sans quelque surprise, que M. Solvay produisait à Couillet, journellement 40 à 50,000 kilogrammes de sel de soude, qu'il y occupait plus de cent ouvriers et qu'il faisait une concurrence victorieuse aux fabriques environnantes travaillant d'après le procédé Leblanc.

On apprit en même temps qu'une fabrique, en

Russie (près de Kama), et une autre en Westphalie (à Schalcke, près Gelsenkirchen), produisaient aussi des sels de soude par le procédé à l'ammoniaque.

Le diplôme d'honneur attribué par le jury à MM. Schloesing et Rolland comme premiers promoteurs et à M. Solvay, pour avoir surmonté les difficultés pratiques du nouveau procédé, attirèrent sur celui-ci l'attention générale. Aujourd'hui de nombreuses fabriques se créent en Angleterre (à Liverpool et à Preston), en Hongrie, en Westphalie, en Thuringe, à Wyhlen, près Bâle, en France, près de Nancy, etc.

Exposé du procédé Solvay. — Le procédé à l'ammoniaque repose sur un principe extrêmement simple. Le bicarbonate d'ammoniaque donne avec le sel marin par double décomposition du bicarbonate de soude peu soluble et du chlorure ammonique très-soluble dans l'eau :

$$NaCl + AzH^3 + H^2O + CO^2 = CO^3NaH + AzH^4Cl,$$

ou :

$$NaCl + CO^3H.AzH^4 = CO^3HNa + AzH^4Cl.$$

En conséquence, une solution presque saturée de sel marin est chargée de bicarbonate d'ammoniaque, ou, ce qui revient au même, additionnée d'ammoniaque caustique, plus ou moins mélangée de carbonate d'ammoniaque et sursaturée ensuite par l'acide carbonique.

Le bicarbonate sodique est recueilli, lavé, séché et finalement calciné. Il se convertit par là en carbonate de soude, avec dégagement de la moitié d'acide carbonique, qu'on fait rentrer dans la fabrication :

$$2CO^3NaH = CO^3Na^2 + H^2O + CO^2.$$

Le chlorure ammonique des eaux mères, bouilli avec de la chaux, fournit du chlorure de calcium et laisse dégager tout l'ammoniaque, qu'on condense dans une solution fraîche de chlorure sodique,

$$2AzH^4Cl + CaO = CaCl^2 + H^2O + 2AzH^3.$$

Dans la solution de sel marin chargée d'ammoniaque, on fait de nouveau passer un excès d'acide carbonique, etc.

Rien de plus simple, de plus facile et de plus rationnel à première vue ; un beau sel de soude, sans causticité aucune, ne pouvant renfermer ni fer, ni alumine, ni silice, ni sulfate, ni sulfure, pas d'autre résidu que du chlorure de calcium inoffensif ; plus de fours à pyrite, de chambres de plomb, de fours à sulfate et de tours de condensation, plus d'acide chlorhydrique en grand excès ou de charrées de soude encombrantes. Comme le procédé s'applique directement aux eaux salées naturelles, pourvu qu'elles soient suffisamment concentrées et pures, il offre encore, sous ce rapport, un grand avantage sur le procédé Leblanc, qui demande la mise en œuvre de sel gemme ou de sel marin desséché.

Tous ces avantages ont été reconnus de prime abord ; et cependant il a fallu trente années pour que le procédé à l'ammoniaque ait pu prendre racine et s'établir définitivement dans l'industrie. C'est que pour réussir il fallait prendre en considération bien des circonstances et surtout construire des appareils tels, que le bicarbonate sodique soit obtenu très-exempt d'eaux mères et que toute perte d'ammoniaque soit évitée ou du moins réduite au minimum possible.

Il faut d'abord tenir compte de ce fait, que la réaction entre NaCl et $CO^3H.AzH^4$ n'est point aussi nette que le représente l'équation. Si l'on opère sur des équivalents égaux de AzH^3 et de NaCl, quand même l'on fournit l'acide CO^2 en excès, l'on n'obtient que les 2/3 de la soude à l'état de bicarbonate et une forte proportion de bicarbonate d'ammoniaque est sans emploi.

Si, au contraire, les proportions sont 2 équivalents de NaCl ou même seulement 1 équivalent 1/2 de NaCl sur l'équivalent d'ammoniaque, les 4/5 de AzH^3 sont utilisés, mais il reste alors une forte proportion de NaCl non décomposé ; il est donc presque indispensable d'avoir le sel marin à très-bon marché, pour pouvoir se dispenser de traiter les eaux mères en vue du sel qu'elles renferment encore.

Cette condition est facile à réaliser dans les salines, qui possèdent des eaux salées naturellement concentrées. L'eau salée ne doit du reste point être complétement saturée, et si elle l'était, il faudrait en abaisser le degré de 25° à 23° ou 24° Baumé par l'addition d'eau C'est que l'eau salée saturée, si l'on y condense l'ammoniaque, laisse facilement déposer du chlorure de sodium cristallisé, qui échappe alors à la double décomposition ; en outre, après la saturation avec l'acide CO^2, le dépôt de bicarbonate sodique contient presque toujours une certaine proportion (jusqu'à 6 %) de bicarbonate ammonique cristallisé, peu soluble et dont il est par conséquent difficile de débarrasser, même par lavage, le bicarbonate sodique.

Plus le chlorure sodique est en excès, moins on a à craindre le dépôt de bicarbonate ammonique.

L'acide carbonique étant d'autant plus facilement absorbé qu'il est plus pur, que les liqueurs sont plus froides et qu'on opère sous pression, il importe de réaliser ces trois conditions.

On prépare le plus économiquement l'acide CO^2 par la combustion complète du coke. La chaleur développée par cette combustion est en outre utilisée pour calciner du calcaire ou de la dolomie.

Les fours employés à cet effet sont tout à fait semblables à ceux employés dans les fabriques de sucre de betterave. Les gaz de ces fours sont pompés par des machines aspirantes et foulantes puissantes, débarrassés par des lavages (ce qui produit en même temps leur refroidissement) des poussières et autres impuretés entraînées et injectés ensuite dans les appareils renfermant la solution de sel marin chargée d'ammoniaque.

L'on arrive ainsi à obtenir un mélange gazeux (azote et CO^2 avec un peu d'oxygène libre et CO) renfermant jusqu'à 20 % de CO^2, et comme produit accessoire l'on a en outre la chaux vive (avec ou sans magnésie) nécessaire pour le traitement des eaux mères chargées de chlorure ammonique.

Il sera toujours utile de refroidir la solution de $NaCl + AzH^3$ par des serpentins réfrigérants ; du reste, si l'acide carbonique est injecté au bas d'une haute colonne de cette solution, de manière qu'il se dilate en s'élevant, cette dilatation ou expansion produit déjà par elle-même une notable absorption de chaleur et contre-balance jusqu'à un certain point le développement de chaleur dû à la combinaison de CO^2 avec la soude ou l'ammoniaque.

Pour que le dépôt de bicarbonate sodique ne se tasse pas ou ne se prenne pas trop facilement en croûtes compactes et solides, il sera bon d'injecter l'acide CO^2, non en un courant continu et régulier, mais pour ainsi dire par bouffées, produisant ainsi une violente agitation du liquide.

La précipitation du bicarbonate sodique étant accomplie, il s'agit de le débarrasser le plus complétement possible des eaux mères, chargées de CO^3HNa, de AzH^4Cl, de NaCl et de $CO^3H.AzH^4$.

L'on y arrive par l'emploi d'hydro-extracteurs et par des lavages, soit à l'eau froide, soit avec une solution de CO^3HNa pur. Ces opérations doivent s'exécuter en vases clos pour éviter toute déperdition de carbonate ammonique.

Comme l'on obtient des quantités très-grandes d'eaux mères chargées de chlorure ammonique, qu'il faut porter à l'ébullition pour en chasser avec le concours de la chaux ou de la magnésie jusqu'aux dernières traces d'ammoniaque, il importe d'établir des appareils utilisant de la manière la plus rationnelle le combustible. Il faudra donc employer des séries de chaudières superposées l'une à l'autre, et dont la supérieure est toujours chauffée par la vapeur s'échappant de la chaudière inférieure; en un mot, des appareils semblables à ceux bien connus qu'on emploie pour obtenir l'ammoniaque, soit des eaux vannes ou des urines putréfiées, soit des eaux ammoniacales des usines à gaz.

Enfin, pour être certain de ne point perdre d'ammoniaque, tous les gaz ou toutes les vapeurs, avant de s'échapper dans l'air, devront traverser des tours de condensation à coke humecté d'acide sulfurique ou d'acide chlorhydrique et alimentés par un filet de ces acides, pour y être débarrassés des dernières traces d'ammoniaque qu'ils pourraient avoir entraînés.

Ajoutons encore qu'on ne laisse point perdre le gaz carbonique pur (chargé d'une petite quantité de carbonate d'ammoniaque) qui se dégage lors de la calcination du bicarbonate sodique pour le convertir en carbonate sodique ou en sel de soude, mais qu'on le fait rentrer dans le courant de la fabrication. De l'acide carbonique pur peut d'ailleurs aussi être produit assez économiquement par la décomposition au rouge de calcaire ou de dolomie par un courant de vapeur d'eau surchauffée.

Application du procédé Solvay. — Voici quelques détails, à la vérité assez incomplets, sur la manière dont Solvay pratique le procédé à l'ammoniaque : La transformation du sel marin en bicarbonate de soude se fait dans trois appareils dépendant l'un de l'autre. Le premier sert à préparer la solution concentrée de sel; dans le second, cette solution se trouve saturée d'ammoniaque, et, dans le troisième, le liquide ammoniacal est décomposé par l'acide carbonique.

La solution de sel se fait dans un réservoir bas, de fer, de pierre ou de bois, divisé en six compartiments ou plus par des cloisons verticales. Ces compartiments communiquent ensemble, de telle sorte que l'eau que l'on verse dans le premier finit par arriver dans le dernier, après avoir traversé tous les autres en zigzag. On remplit de sel ce réservoir et on laisse entrer l'eau par un tuyau débouchant tout près du fond et dans un coin du réservoir; ce tuyau arrive du fond d'un bac également rempli d'eau. Ce bac est divisé en deux compartiments par une cloison verticale; l'eau arrive par un robinet dans le compartiment voisin du réservoir, et comme la cloison est exactement de la même hauteur que celle du réservoir, l'eau est toujours au même niveau dans les deux récipients; quant au liquide qui coule par-dessus la cloison du bac dans le deuxième compartiment, il est conduit au dehors par un tuyau. En traversant les divers compartiments du réservoir à dissolution, l'eau se transforme en une solution saturée de sel; comme on aurait ainsi une liqueur un peu trop concentrée, on laisse couler constamment dans le dernier compartiment un filet d'eau qui abaisse le degré aréométrique de la solution de 25° à 23° ou 24°. Ce dernier compartiment est en outre plus vaste que les autres et contient une sorte de filtre qui, lorsque le liquide passe dans l'appareil suivant, en retient les impuretés.

Cet appareil se compose d'un récipient plus haut que large, en tôle galvanisée ou en plomb soutenu par un revêtement de bois; il est placé plus bas que le réservoir où se fait la solution et communique avec son dernier compartiment au moyen d'un tube qui va du fond de l'un au fond de l'autre; il s'ensuit que le niveau des liquides s'établit d'après le principe des vases communicants. Ce récipient est muni d'un double fond percé de trous; c'est au-dessous de ce double fond qu'arrive l'ammoniaque qui, divisée par le double fond en un grand nombre de bulles, se trouve aisément absorbée par la solution; cette opération augmente sensiblement le volume du liquide, en même temps sa densité diminue et s'abaisse de 23° ou 24° à 13° ou 16°. Comme, d'après le principe des vases communicants, le niveau s'élève dans le même rapport, on a ainsi un moyen fort simple de régler l'opération, de manière qu'il ne sorte du deuxième appareil qu'une liqueur assez saturée d'ammoniaque. Il n'y a pour cela qu'à adapter au haut du récipient un tuyau d'écoulement latéral à l'endroit même où s'élève le liquide lorsqu'il a une densité de 16° aréométriques.

Comme l'absorption du gaz ammmoniac produit une notable élévation de température, la solution saturée passe d'abord dans un réfrigérant, c'est-à-dire dans un réservoir où elle est refroidie par un serpentin dans lequel circule de l'eau froide; elle arrive alors dans l'appareil d'absorption, dans lequel a lieu la décomposition par l'acide carbonique; cet acide est préparé soit par la calcination du carbonate de chaux, soit en décomposant un carbonate par l'acide chlorhydrique.

L'appareil dont il s'agit se compose d'un cylindre de 10 à 16 mètres de haut, d'une largeur un peu moindre que la hauteur, et qui est représenté par les figures 591 et 592.

Le cylindre contient un certain nombre de cloisons convexes *b b* percées de petits trous et disposées chacune au-dessus d'une cloison plane *cc*, percée d'un trou ou seulement d'un petit nombre de trous *o*, qui permettent le passage du gaz et de la solution saturée sans que la solution nouvelle puisse se mélanger avec les liqueurs saturées qui tombent au fond de l'appareil. Au bord des cloisons percées de trous, il est bon de pratiquer des échancrures *z* (fig. 592) qui, dans le cas où les trous se trouveraient obstrués, laisseraient encore passer les gaz à travers l'appareil. On maintient toujours cet absorbeur presque rempli de liquide et on fait arriver le gaz carbonique à sa partie inférieure par le tube au moyen d'une pompe foulante. De cette façon, non-seulement le gaz se trouve en contact intime avec le liquide, mais encore il effectue un certain travail mécanique qui absorbe assez de chaleur pour empêcher l'échauffement résultant de la combinaison chimique, échauffement qu'il serait difficile d'éviter autrement. Le liquide entre environ à la moitié de la hauteur du cylindre par un tube *G* dans lequel il arrive au sortir d'une auge *f*. Cet écoulement est réglé de manière que le niveau soit constant, et se maintienne toujours à 3 mètres environ de l'extrémité supérieure du cylindre. L'auge est fermée et communique avec la partie supérieure du cylindre par un tube, non indiqué dans la figure, de telle sorte que la pression soit la même de part et d'autre. Cette auge peut alimenter plusieurs absorbeurs. De cette façon, on ne renouvelle la liqueur que dans la partie supérieure de l'appareil, ce liquide descend très-lentement, et comme il se trouve rapidement saturé d'acide carbonique, il absorbe facilement l'ammoniaque qui pourrait se trouver enlevée par les gaz à la partie inférieure de l'appareil.

Les absorbeurs doivent être assez élevés pour qu'au moins la moitié du gaz CO^2, qui entre à la partie inférieure, se trouve absorbée et que toute l'ammoniaque contenue dans le liquide se trouve tout de suite convertie en bicarbonate; on obtient les meilleurs résultats avec une hauteur de liquide de 11 à 16 mètres et une pression des gaz de 1 1/2 à 2 atmosphères. Il est bon de ne pas faire arriver les gaz sous forme de courant continu, parce qu'une agitation irrégulière empêche que le bicarbonate formé ne se dépose à certains endroits. Malgré cela, les petits trous des cloisons

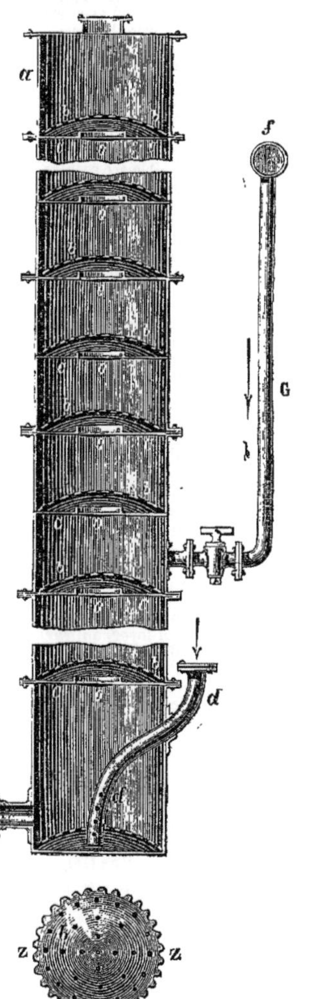

Fig. 591 et 592. — Appareil d'absorption.

se trouvent de temps en temps bouchés par une croûte dure. Dans ce cas, on vide l'appareil, on le remplit d'eau, on y injecte de la vapeur, et quand les croûtes sont dissoutes, on soutire la solution, on remplit l'appareil avec le liquide d'un autre absorbeur et on continue l'opération.

Il est bon de soutirer environ toutes les demi-heures le liquide saturé d'acide carbonique; quant au bicarbonate qu'il tient en suspension, on le rassemble sur un filtre à vide et on le lave avec très-peu d'eau froide. Si l'on veut vendre ce bicarbonate comme tel, on peut le dessécher sur le filtre en faisant passer au travers de ce filtre de l'air ou un autre gaz chauffé à 50° centigrades. On peut aussi dans le même appareil convertir le bicarbonate en carbonate neutre, en faisant traverser le filtre par un courant de vapeur surchauffée ou par les gaz provenant des fours à chaux; pourtant il est préférable, pour la dessiccation et pour la transformation en carbonate neutre, de se servir des appareils suivants :

Dans un cylindre vertical se trouvent, à distance convenable l'une de l'autre, des plaques rondes percées d'ouvertures au centre et à la circonférence; un arbre vertical traverse le couvercle et le fond du cylindre et supporte des bras armés de raclos, qui amènent la matière alternativement vers le centre de l'un des plateaux, puis vers la périphérie du plateau inférieur, de sorte que la substance déposée sur le plateau le plus élevé finit par arriver sur le fond du cylindre.

Les plaques elles-mêmes sont creuses et chauffées par un jet de vapeur ou un gaz chaud d'une source quelconque, qui arrive par des tuyaux. Le bicarbonate est distribué dans le haut du cylindre au moyen d'un appareil qui ressemble à l'auget d'un moulin à blé, et dont le bras se meut lentement. Cet auget est constamment maintenu plein pour qu'il ne s'échappe pas d'acide carbonique. La masse desséchée arrive sur le fond du cylindre finement pulvérisée et prête à être empaquetée. Les gaz chassés pendant la dessiccation s'échappent par un tuyau placé sur le couvercle.

Quand on ne veut pas se servir des plaques creuses, on peut conduire directement le gaz chaud à travers le cylindre.

Un autre appareil de séchage qu'on peut employer pour la préparation du sel de soude se compose d'une chaudière en fer, fermée par un couvercle au travers duquel tourne un arbre dans une boîte à étoupe. Cet arbre porte dans le bas des bras avec ramasseurs qui agitent le bicarbonate qu'on charge, tandis que la chaudière est chauffée au degré requis par un feu placé dessous.

Le gaz qui sort de l'un ou de l'autre de ces appareils est d'abord amené, par une pompe à air, dans un appareil de lavage, qui retient toute l'ammoniaque qu'il peut renfermer; quand on produit du carbonate neutre de soude, l'acide carbonique chassé est ramené aux absorbeurs.

Il ne reste plus qu'à décrire le travail de la révivification de l'ammoniaque du sel ammoniac qui a été engendré par les réactions et qui se trouve dans les eaux mères.

Le sel marin étant dans l'opinion de M. Solvay complétement décomposé dans ses absorbeurs, la liqueur qui s'écoulait du bicarbonate devait être principalement une dissolution de sel ammoniac contenant un peu d'acide carbonique libre (et autant de bicarbonate de soude qu'il peut s'en dissoudre dans ces circonstances); elle n'avait donc besoin que d'être décomposée par la chaux. A cet effet, on avait introduit dans la première patente la description d'un appareil particulier, qui se composait d'un long cylindre en tôle, semblable à une chaudière à vapeur, dont l'une des extrémités était chauffée par la flamme d'un foyer à la température de l'eau bouillante. Au milieu, on distribuait par une disposition mécanique la chaux broyée, et il se dégageait du sel ammoniac de l'ammoniaque gazeuse qui était refroidie à l'autre extrémité qu'entourait de l'eau froide; là elle était débarrassée d'une grande partie de la vapeur d'eau, pour se dégager enfin par un tube conduisant à l'appareil, où elle était absorbée par la saumure.

D'après une nouvelle patente, on se sert pour régénérer l'ammoniaque de la liqueur qui a été séparée du bicarbonate, des méthodes ordinaires bien connues; mais dans les localités où l'acide chlorhydrique est à un prix élevé, on emploie à cela la magnésie ou le chlorure basique de magnésium. La solution de chlorure de magnésium qui reste après le dégagement de l'ammoniaque est évaporée à siccité et le résidu chauffé dans la vapeur jusqu'à ce qu'il ne se dégage plus d'acide chlorhydrique; on condense celui-ci ou on s'en sert pour préparer directement du chlore. Il reste ainsi de la magnésie plus ou moins mélangée de chlorure de sodium, puisqu'il y a toujours du sel en excès.

Après avoir lavé la magnésie, on la fait servir de nouveau à la décomposition de la solution de sel ammoniac, et ainsi de suite. Enfin, on cherche encore à utiliser le sel marin qui a échappé à la décomposition et qui se retrouve dans les eaux de lavage de la magnésie. Il faut cependant observer que le chlorure de magnésium, si facilement décomposable à une température élevée par la vapeur d'eau, le devient beaucoup moins lorsqu'il est mélangé à du chlorure de sodium et constitue avec lui le chlorure double de magnésium et de sodium, $[MgCl^2 + 2NaCl]$.

Nous ne pensons pas que la valeur de la magnésie, de l'acide chlorhydrique et du sel marin, qu'on peut retrouver par ce traitement des eaux mères, puisse compenser les frais de combustible, d'appareils et de main-d'œuvre dépensés pour les obtenir. Il sera probablement toujours plus simple et plus avantageux (surtout si l'on peut opérer avec de l'eau salée naturelle) de laisser écouler le chlorure de calcium avec tout le sel marin qu'il peut encore renfermer, après en avoir toutefois chassé jusqu'à la dernière trace d'ammoniaque.

Pour la réussite du procédé à l'ammoniaque, les conditions de solubilité des sels résultant de la réaction de l'acide carbonique sur la solution de sel marin chargée d'ammoniaque sont évidemment de la plus haute importance. M. Günsberg pense que la production d'une solution saturée de sel ammoniac est une des conditions favorables. En opérant à la température ordinaire (17° centigrades), on y arrive en dissolvant 58,5 p. de NaCl dans 180 p. d'ammoniaque liquide contenant 10,396 % de gaz AzH^3 et saturant d'acide CO^2. Une solution saturée de sel ammoniac renfermant sur 100 p. 25,89 % de AzH^4Cl peut retenir en dissolution à cette température et sous la pression ordinaire 5,742 % de bicarbonate de soude. Comme cette quantité de CO^3NaH restant dans les eaux mères se retransforme en NaCl et en carbonate d'ammoniaque et se trouve perdue, il importe de déterminer très-exactement les conditions dans lesquelles il restera le moins de bicarbonate de soude possible dans ces eaux mères.

Dans le tableau suivant, l'on trouve quelques indications sur les quantités de matières premières nécessaires pour l'obtention de 100 kilogrammes de sel de soude à 90 %.

(Une eau salée saturée possède une densité de 1,204 et renferme sur 100 kilogrammes environ 20kg,5 de NaCl.)

Sel marin ou sel gemme.	180k	200k	200k	190k	177k
Houille.	129	250	200	160	150
Coke.	72	50	»	»	»
Calcaire.	135	100	150	140	130
Sel ammoniac.	3,5	4-4,5	5	4	3
Acide sulfurique à 50° B.	»	10	10	8	6

Le sel ammoniac sert à compenser les pertes d'ammoniaque, jusqu'ici inévitables, éprouvées pendant les diverses opérations.

On doit en outre compter 4 fr. de main-d'œuvre et 1 fr. 25 à 1 fr. 50 de frais généraux. D'après cela, le prix de revient du sel de soude à 90° varierait de 22 à 24 francs les 100 kilogrammes.

Appareil de J. Young. — M. J. Young, de Kally, en Écosse, a également fait patenter en 1872 un appareil pour la fabrication de sel de soude par l'ammoniaque; il consiste en plusieurs grands cylindres rotatoires, communiquant non-seulement les uns avec les autres, mais aussi avec les réservoirs d'acide carbonique et avec l'appareil distillatoire fournissant l'ammoniaque, au moyen de tubes à robinets. Les cylindres peuvent en outre être chauffés soit par la flamme d'un foyer, soit par injection de vapeur. M. Young opère dans le même cylindre, d'abord la condensation de AzH^3 (35 p.) dans la solution de NaCl (300 eau et 100 NaCl), puis la réaction par l'acide CO^2 (au lieu de refroidir, il chauffe à 50°?), il laisse écouler ensuite les eaux mères, opère le lavage de CO^3HNa toujours dans le même cylindre; il y fait enfin arriver de l'eau bouillante et prolonge l'ébullition jusqu'à ce que le bicarbonate ait été transformé en carbonate et que la solution enfin évacuée soit assez concentrée pour cristalliser par le refroidissement. Ces dispositions ne nous paraissent nullement réaliser les conditions voulues pour la bonne réussite du procédé et nous croyons devoir nous borner à ces indications sommaires.

4° DÉCOMPOSITION DU SEL MARIN PAR LA SILICE. — En faisant passer au rouge de la vapeur d'eau sur un mélange de sel marin et de silice, il se forme du silicate de soude et il se dégage de l'acide chlorhydrique:

$$SiO^2 + 2NaCl + H^2O = SiO^3Na^2 + 2HCl.$$

A plusieurs reprises on a cherché à utiliser cette réaction au point de vue industriel. Déjà Vauquelin voulait s'en servir pour fabriquer de l'acide chlorhydrique. Blanc, Bazille et Tilghmann en Angleterre, Fritzche en Autriche ont proposé de chauffer un mélange de sable et de sel marin, placé dans des cylindres en fonte, jusqu'au rouge cerise, et d'y faire ensuite passer de la vapeur d'eau; Gossage faisait passer sur de la silice au rouge blanc à la fois la flamme du foyer, qui sur son passage produisait la volatilisation du chlorure de sodium et l'entraînait en vapeur avec elle, et de la vapeur d'eau surchauffée. L'acide chlorhydrique dégagé était condensé à la manière ordinaire. Le silicate de soude produit, un véritable verre soluble était concassé, pulvérisé, enfin dissous dans l'eau bouillante, ce qui bien souvent ne se faisait pas sans beaucoup de difficulté. Une fois la solution obtenue, on la décomposait soit par ébullition avec un lait de chaux, ce qui donnait naissance à du silicate de chaux insoluble et à de la soude caustique soluble.

$$SiO^3Na^2 + CaH^2O^2 = SiO^3Ca + 2NaHO,$$

soit par l'acide carbonique pour obtenir une précipitation de silice hydratée et une solution de carbonate de soude,

$$SiO^3Na^2 + CO^2 + H^2O = CO^3Na^2 + SiO^3H^2.$$

La pierre d'achoppement de ce procédé réside dans le fait que le silicate de chaux, tout aussi bien que la silice hydratée, se précipitent sous forme de masses gélatineuses extrêmement volumineuses qui emprisonnent plus de 100 fois leur poids de liquide et dont le lavage devient complétement impossible dès qu'on opère sur une certaine échelle.

5° DÉCOMPOSITION DU SEL MARIN PAR L'ALUMINE. — Cette réaction, qui donne naissance à de l'aluminate de soude et à du gaz chlorhydrique,

$$Al^2O^3 + 2NaCl + H^2O = Al^2O^4Na^2 + 2HCl,$$

exige une très-haute température. Il faut donc faire passer sur un minerai d'alumine, par exemple la bauxite, chauffé au rouge blanc, à la fois de la vapeur de NaCl et de la vapeur d'eau surchauffée. L'aluminate de soude formé est dissous dans de l'eau et décomposé par l'acide carbonique, comme cela a été indiqué en parlant du traitement de la cryolithe. Il faut éviter l'emploi de silicate d'alumine au lieu d'alumine. La difficulté principale de ce procédé consiste dans les hautes températures qui, d'un côté, occasionnent une très-forte dépense de combustible, et de l'autre détruisent très-rapidement les appareils.

Un procédé qui rentre dans la même catégorie (et qui ne nous paraît guère plus avantageux) est celui patenté en 1872 par Hargreaves et Robinson et qui consiste à mélanger 1 p. de chlorure sodique avec 2 à 3 p. d'oxydes de chrome et de manganèse, à en former des briques et à traiter ces dernières au rouge vif par de l'air surchauffé, lorsqu'on veut dégager du chlore,

$$Cr^2O^3 + 4\,NaCl + O^5 = 2\,CrO^4Na^2 + 4\,Cl,$$

ou par de l'air mélangé de vapeur d'eau, lorsqu'on tient à produire de l'acide chlorhydrique,

$$Cr^2O^3 + 4\,NaCl + O^3 + 2\,H^2O = 2\,CrO^4Na^2 + 4\,HCl.$$

Le chromate alcalin qui prend en même temps naissance, étant réduit par du charbon ou par un hydrocarbure, régénère de l'oxyde de chrome et produit du carbonate de soude :

$$2\,CrO^4Na^2 + O + C^2 = Cr^2O^3 + 2\,CO^3Na^2.$$

6° DÉCOMPOSITION DU SEL MARIN PAR L'ACIDE FLUOSILICIQUE. — L'acide fluosilicique,

$$2\,HFl, SiFl^4,$$

ayant la propriété de précipiter le potassium et le sodium de tous leurs sels solubles à l'état de fluosilicates très-peu solubles dans l'eau, MM. Splisbury, Maugham, Anthon, Kessler et Tessié du Motay ont successivement proposé de mettre à profit cette réaction pour la décomposition du sel marin.

L'acide fluosilicique peut être préparé industriellement en fondant à l'aide du coke dans une espèce de haut-fourneau un mélange de fluorure de calcium $CaFl^2$, de silice SiO^2, d'alumine et de charbon moulé en briquettes. La charge, en descendant, dégage d'abondantes vapeurs de fluorure de silicium, et il s'écoule un laitier formé de silicates doubles de chaux et d'alumine, rendu plus fusible par la présence d'une certaine quantité (15 à 20 %) de fluorure de calcium non décomposé. Les gaz du gueulard sont recueillis et conduits dans une série de chambres de condensation, où ils se trouvent en contact avec de l'eau très-divisée.

Le fluorure de silicium s'y décompose en silice gélatineuse et acide fluosilicique aqueux,

$$6\,SiFl^4 + 4\,H^2O = 4\,SiFl^6H^2 + 2\,SiO^2.$$

On obtient facilement une solution d'acide fluosilicique, $SiFl^6H^2$, marquant 5° à 8° Baumé.

En dissolvant dans 100 litres d'acide à 5° ou 6° Baumé environ 5 kilogrammes de chlorure de sodium, l'on obtient un précipité gélatineux de fluosilicate sodique, tandis que de l'acide chlorhydrique libre reste en solution :

$$SiFl^6H^2 + 2\,NaCl = SiFl^6Na^2 + 2\,HCl.$$

Le précipité recueilli, égoutté et séché, étant calciné en vase clos, se décompose en fluorure de silicium volatil (qu'on condense de nouveau dans l'eau) et en fluorure de sodium,

$$SiFl^6Na^2 = 2\,NaFl + SiFl^4.$$

Le fluorure de sodium, ($NaFl$), ainsi obtenu, peut maintenant être transformé par ébullition avec de la chaux hydratée en fluorure de calcium et soude caustique,

$$2\,NaFl + CaH^2O^2 = CaFl^2 + 2\,NaHO,$$

ou par traitement avec du calcaire en fluorure de calcium et carbonate de soude,

$$2\,NaFl + CO^3Ca = CO^3Na^2 + CaFl^2.$$

Le fluorure de calcium régénéré peut rentrer dans la série des opérations.

Le prix relativement encore assez élevé de l'acide fluosilicique (120 francs les 100 kilogrammes à 5° Baumé) et surtout l'état gélatineux et extrêmement volumineux des précipités ainsi que la dépense assez notable en combustible, s'opposent à la réalisation industrielle de ce procédé.

III. EMPLOI DU SULFATE DE SOUDE, QUEL QUE SOIT SON MODE DE PRÉPARATION. — Ce chapitre important se décompose naturellement en trois sections ayant pour objet la description d'opérations distinctes.

A. Obtention du sulfate de soude.

Le sulfate de soude étant obtenu, sa conversion en carbonate ou hydrate de soude par divers procédés, qui peuvent également se diviser en deux grandes catégories, savoir :

B. Procédés qui reposent sur la décomposition du sulfate de soude, sans réduction, c'est-à-dire où l'acide sulfurique du sulfate se reporte sur une autre substance ayant servi à sa transformation.

C. Procédés reposant sur la réduction préalable ou simultanée du sulfate de soude en sulfure de sodium et la transformation du sulfure de sodium en carbonate ou hydrate sodique.

Le procédé Leblanc, par exemple, est compris dans les sections A et C.

A. OBTENTION DU SULFATE DE SOUDE. — 1° *Sulfate de soude à l'état naturel.* — L'on rencontre le sulfate de soude naturel soit anhydre (la thénardite, SO^4Na^2), soit hydratée,

$$(SO^4Na^2 + 10\,H^2O),$$

soude sulfatée (mirabilite), soit associée à du sulfate de chaux (glaubérite). Nous avons déjà vu, en parlant du natron et du trona, que le carbonate de soude naturel renferme presque toujours des quantités plus ou moins considérables de $NaCl$ et de SO^4Na^2 et très-souvent la proportion de sulfate de soude l'emporte de beaucoup sur celle de carbonate de soude.

Il n'y a pas très-longtemps que des gîtes assez puissants de sulfate de soude hydraté ont été trouvés dans la vallée de l'Èbre, notamment aux environs de Lodosa, entre des lits d'argiles grasses et de gypse. Les couches de sulfate sodique ont de 0m,50 et 0m,60 jusqu'à plusieurs mètres d'épaisseur.

On en a encore rencontré en Catalogne, dans la Vieille-Castille et dans quelques autres localités.

2° *Extraction du sulfate de soude des eaux mères et produits secondaires des salines, des eaux mères des marais salants, etc.* — *a.* On sait qu'un assez grand nombre d'eaux minérales renferment des proportions plus ou moins notables de sulfate de soude ou de sulfate de magnésie et qu'il n'existe presque pas d'eau salée proprement dite dans laquelle on ne rencontre des quantités variables, quelquefois minimes, mais souvent aussi très-appréciables de sulfate. Dans l'eau de mer, les sulfates sont relativement assez abondants, et il n'est pas étonnant que l'exploitation des salines donne naissance à des produits secondaires ou à des eaux mères, où les sulfates se sont accumulés et dont on peut finalement retirer du sulfate de soude.

C'est ainsi, par exemple, que, pendant la préparation du sel de cuisine, l'on retire à plusieurs époques des poêles à sel, en conséquence de l'opération du schlottage ou par suite de la concentration continuelle des eaux salées, des *schlots* et des *curins*, formés principalement d'une combinaison de sulfate de chaux et de sulfate de soude, mélangés avec plus ou moins de sel. Ces matières sont généralement abandonnées en tas à l'air libre, qui produit peu à peu une espèce de délitation des masses trop compactes; les pluies en entraînent surtout du sel, mais comparativement peu de sulfate double de chaux et de soude. Pendant l'hiver les matières délitées sont épuisées par l'eau bouillante (le mieux d'une matière méthodique); l'on obtient ainsi un résidu insoluble, formé principalement de sulfate de chaux, qui trouve un emploi comme amendement, et une solution concentrée de sulfate de soude avec une certaine quantité de sel marin. Cette solution marque de 25° à 26° Baumé. On la laisse écouler dans des cristallisoirs en bois, quelquefois doublés de plomb, placés à l'air libre ou recouverts simplement d'un toit; ces cristallisoirs ne doivent être ni trop grands ni trop profonds. Pendant la nuit il s'y opère la cristallisation du sulfate de soude hydraté ou *sel de Glauber*,

$$SO^4Na^2 + 10H^2O,$$

en petites aiguilles allongées.

Les cristaux sont recueillis sur des égouttoirs en bois et arrosés avec une petite quantité d'eau très-froide pour en délaver les eaux mères; on les laisse sécher à la température ordinaire, jusqu'à l'apparition des premiers symptômes d'effleurissement, puis ils sont empaquetés en tonneaux.

b. Sulfate de soude extrait des eaux mères des marais salants. — Ce mode de préparation a été étudié à fond par M. Balard et est surtout mis en pratique dans les marais salants de la Méditerranée.

Lorsque les eaux de la mer, concentrées par évaporation spontanée, ne laissent plus déposer de sel marin sensiblement pur, elles fournissent en se concentrant davantage (de 32° 1/2 à 35°, Baumé) un dépôt cristallin renfermant environ poids égaux de sulfate de magnésie hydraté et de sel marin, désignés sous le nom de sels mixtes. Ces sels mixtes sont mis en camelles, c'est-à-dire en grands tas ayant la forme de prismes triangulaires tronqués à leurs deux bouts et posés sur le sol par la face restée rectangulaire. Là ils s'égouttent le plus possible, pour se débarrasser du chlorure de magnésium déliquescent.

Les sels mixtes sont alors redissous dans l'eau, de manière à obtenir une dissolution, dont on achève la saturation en l'agitant avec une quantité complémentaire de ces sels. On obtient ainsi des solutions marquant de 31° à 32° Baumé. Ces solutions sont maintenant soumises à la réfrigération, soit naturelle des nuits d'hiver, soit artificielle au moyen des appareils Carré. Il se produit alors une double décomposition entre le sulfate de magnésie et le sel marin, d'où résulte du sulfate de soude qui cristallise et des eaux mères renfermant du chlorure de magnésium, qu'on laisse écouler avant qu'elles aient pu se réchauffer.

Le sulfate de soude est ramassé, mis en camelles, égoutté, et peut finalement être déshydraté dans des caisses en fer qu'on place dans des fours ou carneaux chauffés à la houille.

La double décomposition se fait le plus complétement lorsqu'on emploie 1 molécule de sulfate de magnésie pour 3 molécules de sel marin. L'excès de sel favorise la cristallisation du sulfate de soude, dont on obtient par un refroidissement de — 1° à — 2° centigrades près des 4/5 de ce que le sel mixte peut fournir.

Les eaux mères des sels mixtes conservées dans des réservoirs, jusqu'aux froids de l'automne, fournissent, aux températures de + 5° à + 6°, des quantités assez considérables de sulfate de magnésie hydraté presque pur.

A une température plus basse, il se déposerait en outre du chlorure double de magnésium et de potassium, $MgCl^2 + 2KCl$ (ce qu'il faut éviter avec soin). Il est évident que ce sulfate de magnésie, redissous dans une solution chaude convenablement concentrée de sel marin, fournit de nouveau par le refroidissement de la liqueur à 0°, une nouvelle quantité de sulfate de soude cristallisé et une eau mère de chlorure de magnésium :

$$SO^4Mg + 2NaCl = SO^4Na^2 + MgCl^2.$$

c. Préparation du sulfate de soude par le sel marin et la kieserite à Stassfurth. — Cette même réaction est utilisée depuis 1864 à Stassfurt, où, à côté des sels potassiques bien connus (Abraumsalze), on rencontre une grande quantité de kieserite, $SO^4Mg + H^2O$, accompagnée de sel marin. Les résidus de la fabrication de chlorure de potassium renferment également 25 à 30 °/₀ de kieserite, 55 à 60 °/₀ de sel marin, le reste consiste en anhydrite, argile, eau et un peu de KCl. Ces résidus sont soumis en tas à la délitation; la kieserite, dans ces conditions, absorbe peu à peu de l'eau et devient par là facilement soluble dans l'eau. La délitation s'étant opérée d'une manière assez complète, l'on traite enfin ces résidus par de l'eau bouillante, pour obtenir des solutions suffisamment concentrées, renfermant, sur 3 molécules de NaCl, 1 molécule de

$$SO^4Mg + 7H^2O.$$

Ces solutions marquant 27° à 28° Baumé sont soumises pendant l'hiver ou pendant les nuits de gelée à un fort refroidissement qui détermine une abondante cristallisation de $SO^4Na^2 + 10H^2O$. Lorsque ce sel n'est pas assez pur, il est soumis à une nouvelle cristallisation avant de le déshydrater par la chaleur. L'on pourrait également obtenir par le même procédé du sel de Glauber, en employant, au lieu de sulfate de magnésie, du sulfate d'ammoniaque,

$$SO^4(AzH^4)^2 + 2NaCl = SO^4Na^2 + 2AzH^4Cl,$$

ou bien du sulfate ferreux (vitriol vert),

$$SO^4Fe + 2ClNa = SO^4Na^2 + FeCl^2.$$

Dans le premier cas, il reste du sel ammoniac, dans le second du chlorure ferreux dans les eaux mères.

3° *Préparation du sulfate de soude par calcination de sel marin avec divers sulfates.* — L'on a tenté à plusieurs reprises de se dispenser de la fabrication d'acide sulfurique pour décomposer le sel ordinaire, en faisant usage de sulfates naturels assez abondants, ou de sulfates constituant des produits secondaires d'autres exploitations. Pour que de pareils procédés puissent devenir industriels, il faudrait d'abord que les sulfates à employer fussent très-abondants et à très-bas prix et ensuite que la dépense en combustible, en appareils et en main-d'œuvre ne fût pas plus grande que celle occasionnée par la méthode ordinaire de préparation du sulfate de soude. Or ces conditions n'ayant pu être réalisées jusqu'ici que dans des circonstances exceptionnelles, nous pouvons nous dispenser d'entrer dans les détails des procédés proposés. Les principaux sont les suivants :

a. Calcination de sel marin avec de l'alun ou du sulfate d'alumine (procédé Constantin et Dundonald). — Le produit de la réaction est du sulfate de soude, de l'alumine et du gaz acide chlorhydrique :

$$(SO^4)^3Al^2 + 6NaCl + 3H^2O$$
$$= 3SO^4Na^2 + Al^2O^3 + 6HCl.$$

Ce dernier se dégage et l'on sépare le sulfate de

soude de l'alumine par lixiviation, filtration, concentration et cristallisation.

b. Calcination du sel marin avec du sulfate ferreux (procédé Athenas, Vanderballen, Macfarlane) ou avec du *sulfate ferrique* (procédé Pelouze et Kuhlmann). — La réaction peut être exprimée, suivant les circonstances, par les équations suivantes :

$$2SO^4Fe + 4NaCl + O^3 = 2SO^4Na^2 + Fe^2O^3 + 2Cl^2,$$
$$2SO^4Fe + 4NaCl + 2H^2O + O = 2SO^4Na^2 + Fe^2O^3 + 4HCl.$$

Le sulfate ferreux est souvent un produit accessoire, obtenu en grandes quantités dans d'autres fabrications (comme, par exemple, celle du cuivre de cémentation, de l'alun au moyen de schistes pyriteux délités, etc.). En le desséchant et le mélangeant intimement avec du sel marin, enfin soumettant le mélange dans un four à réverbère ou dans un four à moufle à un grillage oxydant, il se dégage du chlore, lorsqu'on évite la présence de la vapeur d'eau, et au contraire du gaz chlorhydrique, lorsqu'on fait intervenir la vapeur d'eau. Si cette dernière n'est pas en quantité suffisante, il peut se dégager un mélange de chlore et de gaz chlorhydrique.

Pour obtenir une décomposition complète du sel, il faut employer un petit excès de vitriol vert et élever la température jusqu'au rouge.

La réaction s'opère plus facilement en faisant usage de sulfate ferrique,

$$(SO^4)^3Fe^2 + 6NaCl + 3H^2O = 3SO^4Na^2 + Fe^2O^3 + 6HCl.$$

Aussi MM. Kuhlmann et Pelouze avaient-ils proposé d'utiliser à cet effet les sulfates basiques d'alumine et d'oxyde ferrique qui s'obtiennent en quantités très-notables, soit comme boues dans les bassins de clarification, soit comme dépôts dans les fours à concentration des lessives des schistes alumineux oxydés.

La fabrication de l'alizarine artificielle entraînant la production de fortes quantités de sulfate de chrome et de potasse, la calcination de ce résidu avec du sel marin donnerait naissance à de l'oxyde de chrome et à un mélange de 3 molécules de sulfate de soude avec 1 molécule de sulfate de potasse :

$$(SO^4)^3Cr^2 + SO^4K^2 + 6NaCl + 3H^2O = Cr^2O^3 + 3SO^4Na^2 + SO^4K^2 + 6HCl.$$

Citons encore la production de sulfate de soude par la calcination du mélange de sel marin avec du sulfate mercureux (avec sublimation de calomel), avec du sulfate mercurique (avec sublimation de sublimé corrosif), avec du sulfate ammonique (avec sublimation de sel ammoniac), enfin avec du sulfate de zinc (avec volatilisation de chlorure de zinc).

Ces réactions sont représentées par les équations

$$SO^4Hg^2 + 2NaCl = SO^4Na^2 + Hg^2Cl^2,$$
$$SO^4Hg + 2NaCl = SO^4Na^2 + HgCl^2,$$
$$SO^4(AzH^4)^2 + 2NaCl = SO^4Na^2 + 2AzH^4Cl,$$
$$SO^4Zn + 2NaCl = SO^4Na^2 + ZnCl^2.$$

c. Calcination du sel marin avec du sulfate de magnésie. — M. Ramon de Luna avait proposé cette réaction, pensant que la décomposition serait nette et s'accomplirait suivant l'équation

$$SO^4Mg + 2NaCl + H^2O = SO^4Na^2 + MgO + 2HCl.$$

Mais il paraît se former dans ces circonstances un sulfate double de magnésie et de soude, qui n'agit plus sur le chlorure sodique, à moins d'employer des températures très-élevées, ce qui rendrait l'opération fort peu industrielle. La réaction est représentée par l'équation

$$2SO^4Mg + 2NaCl + H^2O = SO^4Mg, SO^4Na^2 + MgO + 2HCl.$$

Il faut donc dissoudre le produit de la calcination dans de l'eau chaude, ajouter de l'hydrate de chaux pour convertir le sulfate de magnésie en sulfate de chaux et en magnésie hydratée insolubles, filtrer ou décanter, et faire cristalliser le sel de Glauber. Mais cela est long et dispendieux et a fait abandonner ce procédé, dont la première idée est d'ailleurs due à Scheele.

4° *Préparation du sulfate de soude au moyen du chlorure de sodium et du sulfate de plomb.* — M. Margueritte a proposé de calciner au rouge le mélange de SO^4Pb avec le sel marin; il se forme du sulfate de soude fixe, et du chlorure de plomb volatil qui se condense au dehors du four à calcination. Le $PbCl^2$ agité avec des solutions très-étendues de sulfate de magnésie ou de sulfate de chaux se convertit de nouveau en SO^4Pb, tandis qu'il se forme $MgCl^2$ ou $CaCl^2$ qu'on jette. Le SO^4Pb ainsi obtenu est de nouveau mélangé et calciné avec $2NaCl$ et ainsi de suite.

Ce procédé n'a jamais eu de véritable application industrielle.

5° *Préparation du sulfate de soude au moyen de sulfures métalliques et spécialement de pyrites ferrugineuses et cuivreuses* (procédés de Carny, Longmaid, Mesdach, Thibierge, Hargreaves, Robinson, Kenyon et Swindells, etc.). — L'idée de l'emploi des pyrites pour la transformation du sel marin en sulfate de soude est déjà très-ancienne; elle a été plusieurs fois mise en pratique et de nouveau abandonnée, après avoir été l'objet d'exploitations sur une assez grande échelle; dans ces derniers temps, elle a de nouveau été reprise d'une manière, à ce qu'il paraît, très-sérieuse, mais sans qu'on puisse cependant affirmer son établissement définitif dans de grandes fabriques de produits chimiques.

L'on peut opérer de deux manières différentes, soit en mélangeant les sulfures métalliques et spécialement les pyrites avec le sel marin et soumettant le mélange au grillage, soit en grillant les pyrites à part et exposant le sel marin aux produits gazeux résultant de ce grillage; dans les deux cas, suivant qu'on opère le grillage sans ou avec le secours de la vapeur d'eau, les produits gazeux peuvent varier dans leur nature et leur composition.

Si l'on mélange intimement $NaCl$ avec FeS^2, réduits en poudre et soumettant ce mélange, comme le faisait Longmaid (qui opérait avec une pyrite de fer un peu cuivreuse), au grillage dans un four à réverbère, les réactions peuvent s'accomplir d'après les équations suivantes :

$$FeS^2 + 4NaCl + O^8 = 2SO^4Na^2 + \tfrac{1}{2}(Fe^2Cl^6) + Cl;$$
$$2FeS^2 + 8NaCl + O^{19} = 4SO^4Na^2 + Fe^2O^3 + Cl^8,$$

ou bien, en faisant intervenir encore la vapeur d'eau :

$$2FeS^2 + 8NaCl + 4H^2O + O^{15} = 4SO^4Na^2 + Fe^2O^3 + 8HCl.$$

On comprend que la pyrite soumise au grillage oxydant (sans vapeur d'eau) tend à se transformer en oxyde ferrique, Fe^2O^3, et acide sulfureux, SO^2. Mais SO^2, en présence d'un excès d'air ou d'oxygène et en même temps de $NaCl$, tend à s'oxyder davantage, et peut passer à l'état d'acide sulfurique, qui s'unit à la soude pour donner naissance au sulfate de soude, tandis que le chlore est chassé; d'un autre côté, une certaine quantité de pyrite peut passer à l'état d'abord de sulfate ferreux, puis de sulfate ferrique, qui, par double décomposition avec le sel marin, forme du chlorure ferrique et du sulfate sodique. Généralement les deux réactions s'accomplissent simultanément.

Longmaid obtenait, en effet, en même temps du chlore et du chlorure ferrique volatils, et, comme produit restant dans le four, de l'oxyde ferrique et SO^4Na^2 fixes, ces deux derniers étant séparés par lixiviation. Par un traitement ultérieur, dont nous n'avons pas à nous occuper ici, on retirait du résidu insoluble d'oxyde ferrique, le cuivre qui y était contenu.

Au lieu d'opérer sur un mélange pulvérulent de NaCl et FeS^2, il paraît plus avantageux de donner au mélange la forme de briques poreuses (ce qui s'effectue sans trop de difficultés en mouillant ce mélange, le comprimant dans des formes, qu'on dessèche ensuite à un feu modéré); ces briques sont superposées dans le four à griller et présentent ainsi une surface de réaction beaucoup plus considérable. Les frais de moulage et de dessiccation des briques sont en partie compensés par une diminution de main-d'œuvre résultant de ce fait qu'on est dispensé de ratisser constamment un mélange pulvérulent pour en renouveler les surfaces. Le concours de la vapeur d'eau facilite beaucoup la réaction, puisque d'un côté SO^2 s'oxyde plus facilement sous son influence pour passer à l'état d'acide sulfurique, et que, de l'autre côté, le chlore de NaCl est éliminé plus aisément à l'état de gaz HCl que comme chlore libre.

Une variante de ce procédé consiste à ajouter au mélange de NaCl et de FeS^2 une certaine quantité de combustible également en poudre. Les briques ainsi constituées peuvent être traitées dans des fours appropriés (des espèces de fours coulants), avec ou sans foyers auxiliaires, de manière à obtenir un grillage continu.

Dans certaines localités (comme, par exemple, dans la saline de Gouhenans, dans la Haute-Saône) l'on extrait de la mine des schistes très-carbonifères, mais en même temps riches en pyrites. Par lavage, bocardage, etc., l'on tâche de séparer la pyrite du combustible; comme produit secondaire de ce traitement l'on obtient des boues noires, s'écoulant principalement des tables laveuses, et qui se déposent ensuite dans des bassins. Ces boues sont constituées par de la houille, de la pyrite et de la gangue en poussière très-fine. La gangue étant de nature argileuse donne au mélange humide une certaine plasticité; rien n'est donc plus facile que d'y incorporer la proportion convenable de sel marin et de mouler le tout en briques. Par la calcination ou le grillage de ces briques, le sel marin est transformé en sulfate de soude.

En présence de gangue siliceuse ou argileuse, il faut soigneusement régler la température et empêcher qu'elle ne s'élève trop, pour n'avoir pas à risquer que le sulfate de soude déjà formé ne soit décomposé par SiO^2 ou Al^2O^3, avec production de silicate et aluminate de soude.

Les obstacles principaux que rencontre ce procédé sont :

1° La difficulté avec laquelle l'on réalise la décomposition complète du sel marin ; le sulfate de soude en renferme toujours des quantités plus ou moins notables, qu'il faut éliminer par cristallisation, ou bien, comme cela se pratiquait dans une usine d'Écosse, en ajoutant au produit refroidi du grillage des briques une certaine quantité d'acide sulfurique (qui décomposait NaCl avec dégagement de HCl), calcinant ensuite de nouveau le tout assez fortement (pour détruire les sulfates ferrique et aluminique qui auraient pu se former, et pour achever la réaction du bisulfate de soude sur NaCl) et opérant seulement ensuite la lixiviation ;

2° La nécessité de cette lixiviation afin de séparer les matières insolubles du SO^4Na^2. On n'obtient ainsi que du sel de Glauber,

$$SO^4Na^2 + 10H^2O,$$

qu'il faut ensuite encore déshydrater et calciner pour obtenir le sulfate sodique anhydre.

Il n'est plus nécessaire de lessiver et les inconvénients cités ainsi que la lixiviation disparaissent lorsqu'on opère suivant la deuxième méthode, c'est-à-dire lorsqu'on fait réagir les produits gazeux du grillage des sulfures métalliques ou des pyrites sur le sel marin.

Si l'on ne fait pas intervenir la vapeur d'eau, la réaction est représentée par l'équation

$$2NaCl + SO^2 + O^2 = SO^4Na^2 + Cl^2.$$

Sous l'influence de la vapeur d'eau, qui facilite extraordinairement la réaction et dont le concours dans ces conditions est presque indispensable, l'on a :

$$2ClNa + SO^2 + O + H^2O = SO^4Na^2 + 2HCl.$$

On voit que dans ce procédé le gaz sulfureux (provenant du grillage des pyrites), mélangé d'un excès d'air et de vapeur d'eau, convertit le sel marin en sulfate de soude et en acide chlorhydrique, exactement comme cela a lieu d'après le procédé ordinaire, avec cette différence, toutefois, qu'on est dispensé de fabriquer préalablement l'acide sulfurique et qu'on économise les dépenses considérables qu'entraînent les chambres de plomb et l'emploi de l'acide nitrique ou des vapeurs nitreuses.

Mais jusque dans ces derniers temps la pierre d'achoppement du procédé résidait dans l'impossibilité de convertir tout le sel marin en sulfate, de manière que ce dernier restait toujours mélangé avec une très-forte proportion de sel et que l'acide HCl qui se dégageait était constamment accompagné de beaucoup d'acide sulfureux, très-nuisible aux principales applications de cet acide chlorhydrique.

C'est à MM. Hargreaves et Robinson, directeurs de la grande fabrique de produits chimiques de Widnes, en Angleterre, que revient le mérite d'avoir surmonté, par la disposition de leurs appareils et par leur manière de conduire l'opération, les difficultés qui s'étaient opposées à l'adoption du procédé dans la grande pratique industrielle. Ils opèrent de la manière suivante.

La première opération a pour but de convertir le sel marin en une masse à la fois dure et résistante et cependant très-poreuse. A cet effet le sel est mouillé avec une certaine quantité d'eau et étendu ensuite sur des plaques de fer légèrement chauffées par-dessous, de manière à obtenir une dessiccation très-lente, quoique complète, sans décrépitation, ni projection. Le sel ClNa est converti en masses à la fois très-dures et très-poreuses; on les concasse mécaniquement en fragments de grosseur uniforme, dont on remplit une série de gros cylindres en fonte de 3 à 5 mètres de diamètre sur autant de hauteur. Ces cylindres, au nombre de six à douze et même plus, sont disposés verticalement dans un massif en briques, qui permet de les chauffer extérieurement.

Ils communiquent, en outre, les uns avec autres par des canaux disposés de manière que les gaz entrant par le sommet de l'un quelconque de ces cylindres sortent par le fond du dernier, après avoir traversé successivement tous les autres cylindres du sommet à la base. L'appareil réalise en principe les dispositions de la lixiviation rationnelle, avec cette différence qu'il s'agit ici d'épuiser l'action d'un courant gazeux au lieu d'un courant liquide. Au-dessus de chaque cylindre se trouve une ouverture, pouvant être fermée hermétiquement, par laquelle se fait le chargement, tandis qu'à la base se trouve également une porte, pouvant être facilement et parfaitement close, par laquelle s'opère le déchargement.

Les communications entre les différents canaux qui relient les cylindres entre eux et les deux canaux principaux d'amenée et de sortie des gaz doivent être arrangées de manière qu'un cylindre quelconque peut être mis hors d'activité (pour cause de déchargement et de rechargement) sans que la circulation méthodique soit interrompue dans les autres cylindres. L'on chauffe maintenant les cylindres à 427-430° centigrades, et, lorsque le sel a atteint cette température, on fait passer à travers tous les cylindres un mélange de vapeur d'eau, d'air et de gaz sulfureux, provenant du grillage des pyrites. Le mélange gazeux n'agit point sur le sel au-dessous de 427°; mais, à partir de ce moment, la réaction se produit et elle persiste sans qu'il soit nécessaire de chauffer extérieurement; la chaleur des gaz (qu'on prend immédiatement à la sortie des fours à pyrite), jointe à celle produite par l'action chimique, suffit pour maintenir la température nécessaire à la réussite de l'opération.

Lorsque le sel du premier cylindre est complétement converti en sulfate de soude, on isole le cylindre, on enlève SO^4Na^2 et on le remplace par une nouvelle quantité de $NaCl$.

L'on remet ensuite l'appareil en activité, seulement le cylindre qui avait été auparavant le second dans la série est maintenant le premier, tandis que celui qui avait été le premier, et qui vient d'être vidé et remonté, est devenu le dernier.

Il faut de quinze jours à trois semaines pour la conversion complète du sel du premier cylindre en SO^4Na^2, mais, après cette première période, on obtient facilement la transformation du contenu d'un cylindre en quelques jours, quelquefois même en un jour (de manière à vider et recharger chaque jour un cylindre), en employant une série contenant un nombre suffisant de cylindres.

L'acide chlorhydrique qui s'échappe au bout de la série est condensé par les procédés ordinaires (bombonnes et tours de condensation).

Depuis dix-huit mois, l'on fabrique, d'après ce procédé, à Widnes, de 30,000 à 40,000 kilogrammes de sulfate de soude par semaine. Quelques autres grandes fabriques se disposent à introduire dans leurs usines le procédé Hargreaves, qui, s'il parvient à se maintenir et à se répandre, pourra être considéré comme un des progrès les plus notables réalisés dans la grande fabrication des produits chimiques.

6° *Fabrication du sulfate de soude par la décomposition du sel marin au moyen de l'acide sulfurique.* — C'est par ce procédé qu'on prépare la majeure partie du sulfate de soude, ordinairement désigné simplement par le terme de « sulfate » qui est employé directement dans les arts et manufactures ou qui sert à la fabrication du carbonate de soude. Comme la réaction donne naissance à un dégagement d'acide chlorhydrique, la fabrication du sulfate a pour corollaire nécessaire celle de l'acide muriatique du commerce.

L'opération de la transformation du sel en sulfate s'accomplit en deux phases, dont l'une commence déjà à la température ordinaire et n'exige pour se terminer qu'une chaleur assez modérée, tandis que la seconde ne s'accomplit qu'à une température assez voisine du rouge.

Dans la première phase, représentée par l'équation suivante,

$$2NaCl + SO^4H^2 = HCl + SO^4NaH + NaCl,$$

il se forme du bisulfate de soude avec dégagement de la moitié de l'acide chlorhydrique.

Dans la seconde phase, qui s'accomplit selon l'équation $SO^4NaH + NaCl = SO^4Na^2 + HCl$, le bisulfate réagit à son tour sur le sel non encore décomposé : il en résulte du sulfate de soude neutre avec dégagement de la deuxième moitié de l'acide hydrochlorique.

Examinons successivement d'abord les matières premières qu'on fait réagir les unes sur les autres, puis les appareils dans lesquels s'accomplissent les réactions, enfin les manipulations nécessaires pour la bonne réussite des opérations.

a. Matières premières. — Les matières premières sont l'acide sulfurique et le sel.

L'acide sulfurique n'a besoin d'être ni très-pur, ni tout à fait concentré; mais il faut aussi éviter l'emploi d'un acide sulfurique trop étendu, comme le serait, par exemple, l'acide des chambres de plomb de 50° à 51° Baumé. L'on emploie généralement un acide sulfurique concentré dans les appareils en plomb ou dans la tour de Glover marquant 58-61° Baumé. Souvent l'on achève la concentration dans un réservoir en plomb, faisant partie du four à sulfate, pour jouir de l'avantage que procure l'emploi d'un acide préalablement chauffé. Pour un sulfate destiné aux cristalleries, il faut éviter de faire usage d'un acide sulfurique trop chargé de sulfate de fer (provenant de pyrites), la majeure partie du fer restant dans le sulfate. L'acide arsénieux de l'acide sulfurique, par contre, est transformé par le sel marin en chlorure d'arsenic ($AsCl^3$) volatil, qui accompagne les vapeurs d'acide chlorhydrique et se condense avec elles.

Toutes les espèces de sel ne conviennent pas pour la fabrication du sulfate. On préfère avec raison le sel raffiné, le sel de cuisine, puisqu'il est à peu près exempt d'impuretés insolubles, et puisque sa porosité le rend facilement pénétrable pour l'acide sulfurique; il permet ainsi une attaque complète et la production d'un sulfate peu chargé de chlorure de sodium non décomposé. Le sel de cuisine ne renferme cependant guère plus de 91 à 93 °/₀ de $NaCl$ pur. Le reste est de l'eau 4 à 5 °/₀, du chlorure de magnésium, du sulfate de chaux, quelquefois un peu de sulfate de soude, du chlorure de potassium, etc.

Lorsqu'on fait usage de sel gemme, celui-ci doit être choisi avec soin parmi les sortes les plus pures; il faut surtout éviter celles qui renferment des quantités un peu notables d'argile, ou d'oxyde de fer, ou de gypse, ou de sulfate de magnésie. Le sel gemme doit aussi être finement pulvérisé (égrugé) et exige, en outre, un travail très-soigné dans les fours à sulfate. En effet, étant très-dense et de consistance pour ainsi dire vitreuse, il ne se laisse point pénétrer par l'acide sulfurique et des fragments tant soit peu volumineux sont aptes à se recouvrir extérieurement d'une croûte de sulfate, qui protége ensuite le noyau de sel gemme contre toute attaque par l'acide ou par le bisulfate de soude; l'ouvrier doit donc travailler la masse avec un soin extrême, briser à coups de ringard tous les morceaux agglomérés et pulvériser pour ainsi dire le sulfate dans le four même.

b. Les appareils. — Ils se composent du four à sulfate, des tuyaux de conduite pour le gaz chlorhydrique et des appareils pour sa condensation.

Le four à sulfate, quelle que soit d'ailleurs sa construction (nous laissons de côté les fours à cylindres depuis longtemps abandonnés), comprend toujours deux compartiments, l'un *à cuvette*, soit en plomb, soit en fonte, où s'accomplit la première phase de l'opération, et l'autre, *la calcine*, qui peut être à réverbère, c'est-à-dire à feu direct ou à moufle; on y calcine le mélange et l'on en retire le sulfate terminé. Les fours à sulfate portent aussi le nom de bastringues.

Les fours à sulfate présentent ordinairement la forme d'un parallélipipède rectangulaire et sont généralement construits en briques fortement cuites, souvent goudronnées; on emploie aussi quelquefois des pierres siliceuses, qui, tout en étant denses, ne sont point sujettes à éclater ou à s'écailler par des changements un peu brusques de température.

Nous allons indiquer les dispositions essentielles de quelques-uns des fours à sulfate les plus usités.

1° *Bastringue ordinaire*, c'est-à-dire *four à cuvette en plomb avec calcine à réverbère*. — Il se compose d'un foyer A, chauffé au coke, dont la flamme passe par-dessus l'autel *b* dans le four à réverbère B, qui constitue la calcine et dont la sole est formée de briques très-serrées. Un registre en fonte *e* permet d'établir à volonté la communication entre la calcine et le second compartiment du four, E, celui qui renferme la cuvette. La partie supérieure de E est voûtée et

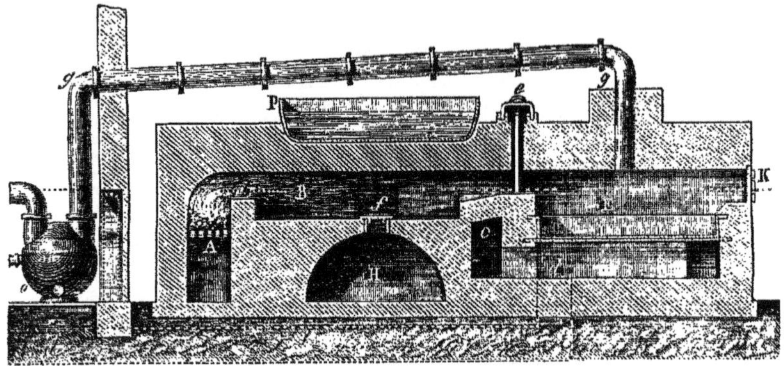

Fig. 593. — Four à sulfate ou bastringue.

porte à la voûte 1 ou 2 tuyaux de dégagement en grès *g*, qui conduisent le gaz chlorhydrique aux appareils de condensation O. La partie inférieure du compartiment E est formée par la cuvette, qui, lorsqu'elle est en plomb, présente la forme d'une caisse rectangulaire pas trop profonde reposant sur une forte plaque de fonte.

La cuvette est chauffée par-dessous au moyen des produits de la combustion du foyer A, lesquels, après avoir traversé la calcine, sont introduits dans 2 carneaux C placés à droite et à gauche du registre *e*, et, après avoir parcouru deux fois la longueur du fond de la cuvette, reviennent de chaque côté s'engager dans des conduits qui les dirigent vers d'autres appareils de condensation, pour s'y dépouiller, au moins en partie, des vapeurs d'acide H Cl, qu'ils ont entraînées de la calcine.

Au-dessus de la voûte de la calcine (ou dans un autre endroit convenable du four à sulfate), se trouve posé le réservoir en plomb P, dans lequel l'acide sulfurique est chauffé et concentré à 60°. Voici comment se conduit l'opération.

Le sel marin est chargé par la porte K dans la cuvette; à l'aide d'un siphon à robinet, on y fait couler l'acide sulfurique à 60°, dont il faut approximativement un poids égal à celui du sel. On mélange bien, puis on ferme et lute la porte. La réaction devient très-vive; il se dégage des torrents de gaz hydrochlorique presque pur, et, par conséquent, d'une condensation très-facile; souvent la masse se boursoufle et s'élève à une certaine hauteur au-dessus de la porte. Cependant peu à peu la réaction se ralentit, malgré le chauffage de la cuvette; le mélange d'acide sulfurique et de sel, aux deux tiers et même aux trois quarts décomposé, acquiert une consistance pâteuse assez ferme. A ce moment, on cesse momentanément de chauffer; on soulève le registre, pour établir la communication entre le compartiment à cuvette et la calcine, puis, au moyen d'une espèce de pelle creuse, on fait passer le sulfate inachevé de la cuvette dans la calcine B. A peine ce transport effectué, on abaisse de nouveau le registre, on recharge la cuvette de sel et d'acide sulfurique et l'ouvrier s'occupe maintenant de travailler le sulfate transporté dans la calcine. A cet effet, il étale la matière aussi uniformément que possible sur la sole, et, après avoir activé le feu du foyer, il concasse tous les gros morceaux avec son râble, remue très-fréquemment la masse de sulfate ainsi granulée, enfin s'efforce de faire réagir le sulfate acide de soude sur le sel non encore décomposé. Tout le sulfate est chauffé à la fin au rouge naissant, et prend une coloration jaune-citron (qui disparaît plus tard par le refroidissement). Lorsque la réaction est achevée, de telle sorte que la masse ne renferme plus ni sel non décomposé, ni acide sulfurique libre (généralement on admet cependant volontiers dans le sulfate 1 à 1 1/2 % d'acide libre, pourvu que la proportion de chlorure soit la plus petite possible), l'ouvrier soulève une plaque *f* au centre de la sole de la calcine, et, au moyen d'un racloir, fait tomber le sulfate dans une cave ou compartiment voûté H, largement ouvert par le devant, où le sulfate peut se refroidir et n'est enlevé qu'au moment où une nouvelle opération est achevée.

Dans de pareils fours à sulfate, on décompose de 100 à 250 kilogrammes de sel par opération; l'opération dure de une heure et demie à trois heures. L'on ne doit pas pousser trop vivement la réaction dans la cuvette, de peur de provoquer la fusion du plomb. Avec un peu de soin, il n'est nullement difficile d'obtenir un très-bon sulfate, ne renfermant que peu de sel non décomposé et assez peu de sulfate de fer, pour qu'un pareil sulfate soit recherché par les verreries, cristalleries et fabriques de glaces.

A ces fours l'on a apporté, dans diverses usines, les modifications suivantes :

a. L'on chauffe la cuvette (et en même temps

le bassin de concentration de l'acide sulfurique) au moyen d'un foyer spécial à la houille ; par contre, on économise du coke dans le foyer de la calcine, à laquelle on donne des dimensions plus allongées. Les gaz provenant de la calcine ne passent plus sous la cuvette, mais se rendent directement aux appareils de condensation.

b. Au lieu de condenser séparément les gaz de la cuvette et ceux de la calcine, on les réunit dans le même carneau et on les amène ensemble aux appareils de condensation.

On obtient ainsi un mélange gazeux, uniformément chargé de gaz chlorhydrique, dont la condensation est à la vérité moins facile que cela n'a lieu pour le gaz pur de la cuvette, mais qui, par contre, n'est de longtemps pas aussi difficile à condenser que s'il s'agissait des gaz extrêmement dilués et chauds provenant de la calcine seule.

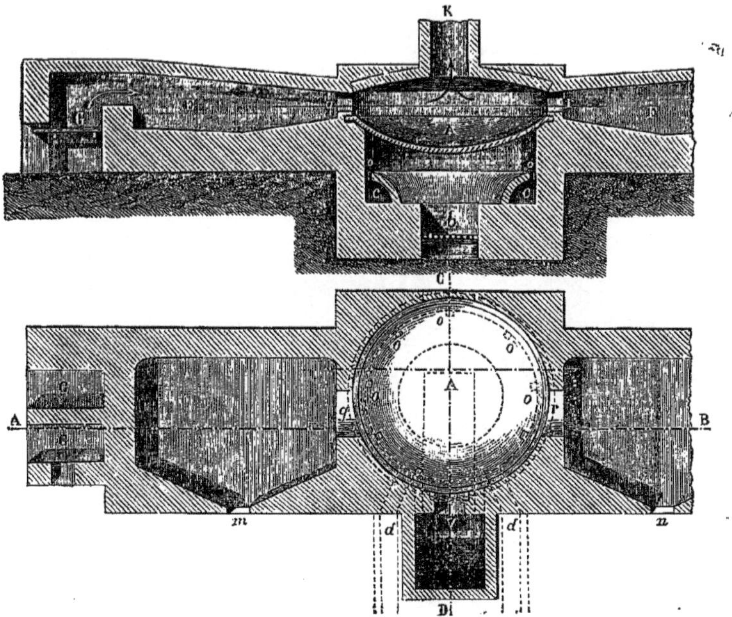

Fig. 594. — Four à cuvette en fonte et à deux calcines.

c. A Floreffe, en Belgique, un four à sulfate renferme deux cuvettes en plomb et une seule calcine plus grande (à moufle), dans laquelle s'achèvent les opérations préparées dans les deux cuvettes.

Tandis que, sur le continent, on fait encore un grand usage de cuvettes en plomb, en Angleterre on a introduit presque partout les cuvettes en fonte, de grandes dimensions, qui se caractérisent par la rapidité du travail et par la quantité de sel qu'on peut y décomposer en une seule fois. Chez MM. Tennant, chaque cuvette reçoit par charge 300 kilogrammes de sel et une opération dure 1 heure 1/2. Il y a donc 16 charges par four en 24 heures.

A Newcastle, les cuvettes reçoivent 400 kilogrammes de sel par charge ; l'opération ne dure que 1 heure et il y en a 24 par four en 24 heures.

Chez MM. Hutchinton, à Widney, chaque cuvette reçoit 500 kilogrammes de sel par charge; l'opération dure également 1 heure et il y en a 24 par four en 24 heures. L'on voit qu'un seul pareil four peut décomposer 12,000 kilogrammes de sel par jour.

Les cuvettes présentent le plus souvent les dimensions suivantes : diamètre, $3^m,30$; profondeur, $0^m,50$; épaisseur des parois en fonte, $0^m,115$ à $0^m,120$. La partie de la cuvette non recouverte par la maçonnerie et exposée directement au feu présente un diamètre de $2^m,50$ à $2^m,65$ (voyez fig. 594).

On a soin de choisir pour ces cuvettes une fonte à la fois compacte et tenace, qui offre une résistance considérable aux acides, et ne soit pas trop sujette à se fendre par des variations de température. Le four est d'ailleurs construit de manière à rendre ces dernières aussi peu fortes que possible.

A cet effet, la grille *b* (longue de 2 mètres sur une largeur de $0^m,80$) est placée à une distance assez considérable au-dessous de la cuvette ($1^m,25$ à $1^m,30$). La flamme, après avoir frappé la cuvette A, se replie contre les parois du four pour rentrer par neuf ou dix ouvertures placées symétriquement et à des distances égales l'une de l'autre dans un carneau circulaire *oo* dont la partie la plus élevée n'est éloignée que de $0^m,24$ du fond et de $0^m,80$ du rebord de la cuvette, reposant sur la maçonnerie. La voûte en briques, très-surbaissée au-dessus de la cuvette, n'est distante, dans sa partie la plus élevée, que de $0^m,60$ environ du niveau de la cuvette, et présente sur la ligne médiane, et un peu en arrière, une ouverture de $0^m,60$ à $0^m,70$ de diamètre formant le commencement du canal de dégagement K du gaz chlorhydrique. On conçoit que, par ces arrangements, on puisse réaliser un chauffage de la cuvette à la fois très-énergique et très-uniforme.

Pendant le travail, on peut facilement éviter le refroidissement trop considérable de la cuvette en n'y enfournant que du sel préalablement desséché et fortement chauffé, en y faisant couler l'acide sulfurique aussi chaud que possible, et seulement après l'introduction du sel, enfin en ne vidant jamais complétement la cuvette du sulfate, lorsqu'on passe les opérations de la cuvette dans la calcine. Une croûte de sulfate de $0^m,01$ à $0^m,02$ d'épaisseur, non-seulement empêche le refroidissement brusque de la fonte lors des charges, mais la préserve encore très-efficacement contre l'action corrodante des acides. Les cuvettes sont chauffées très-fortement; aussi le dégagement de gaz chlorhydrique est-il quelquefois tellement abondant, surtout au moment où l'on brasse le mélange d'acide sulfurique et de sel pour la première fois, que la matière menace de déborder et que les ouvriers ont fréquemment recours à l'introduction d'une petite quantité d'huile (1 à 2 cuillerées) pour abattre l'effervescence. 100 p. de sel ordinaire peuvent fournir (en tenant compte des impuretés et de l'humidité) environ 58 p. de gaz chlorhydrique, dont 70 % sont dégagés dans les cuvettes et les 30 % restant dans la calcine. On passe les opérations lorsque la masse devient très-pâteuse.

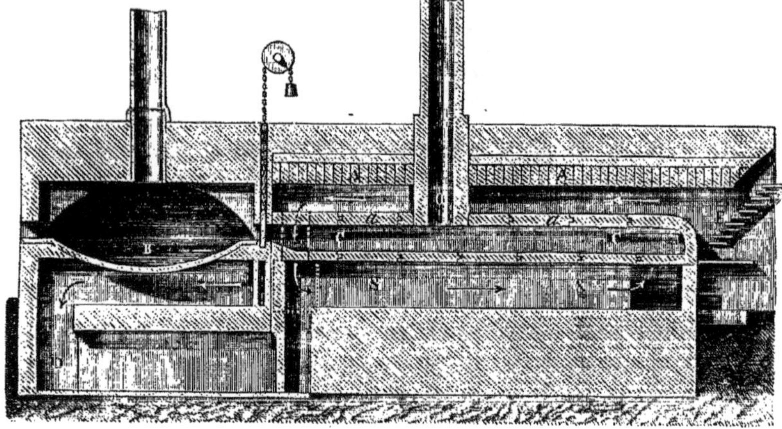

Fig. 595. — Four à sulfate à cuvette en fonte, calcine et moufle.

A cause du travail si rapide des cuvettes en fonte, on construit quelquefois des fours à soude (comme le représente la figure 594) dans lesquels deux calcines sont desservies par une seule cuvette.

Dans la figure 594, les deux calcines E et F sont à réverbère et possèdent chacune son foyer G et G. Les gaz de la combustion, avec l'acide chlorhydrique dégagé dans la dernière phase de la fabrication du sulfate, après avoir traversé réciproquement les deux calcines, se réunissent avec le gaz chlorhydrique s'échappant en abondance de la cuvette A, et c'est le mélange de tous ces gaz qui se rend par un large et long carneau K aux appareils de condensation. Ces derniers, à cause de la masse des gaz à traiter et à condenser, doivent être, dans de pareils cas, des tours ou colonnes à coke. Rien n'empêcherait, du reste, d'établir deux registres, interrompant les communications entre les calcines et la cuvette, pour pouvoir condenser séparément les gaz de la cuvette et les gaz des deux calcines, qui dans ce dernier cas s'échapperaient par des carneaux spéciaux vers les appareils condensateurs.

On pourrait aussi supprimer le chauffage spécial de la cuvette et le remplacer par la circulation, au-dessous d'elle, des gaz des deux calcines, lesquels ne seraient dirigés sous les appareils condensateurs qu'après avoir abandonné à la cuvette l'excédant de leur chaleur. Comme cela a déjà été indiqué plus haut, le gaz chlorhydrique de la calcine à réverbère est extrêmement difficile à condenser, étant excessivement dilué avec les produits de la combustion du foyer e avec de l'air atmosphérique, qui s'introduit dans la calcine par la porte de travail, pendant que l'ouvrier brasse, concasse et granule le sulfate.

On se trouve placé entre ces deux alternatives également fâcheuses, ou de laisser échapper beaucoup de gaz chlorhydrique dans l'atmosphère, au grand détriment de la végétation à l'entour de la fabrique, ou de forcer la condensation par de grandes surfaces condensatrices, abondamment arrosées d'eau pure, ce qui amène une production d'énormes quantités d'un acide chlorhydrique très-faible, dont on n'a point l'emploi, qu'on ne peut laisser écouler dans les ruisseaux et rivières et dont, par conséquent, on ne peut souvent se débarrasser, sans d'énormes inconvénients et dommages.

Dans quelques pays, comme en Angleterre et en Belgique, la législation défend même, sous peine de fortes amendes, de laisser échapper dans l'atmosphère de l'acide chlorhydrique au delà d'une certaine proportion fort réduite (5 % suivant l'Alcali Act du 28 juillet 1863; il est même aujourd'hui question de réduire à $\frac{1}{2000000}$ la quantité de gaz HCl ou SO^2, qu'il est permis de laisser échapper avec les gaz de la cheminée dans l'atmosphère). La conséquence en a été l'établissement des calcines à moufles, dont l'usage devient de plus en plus général, quoique leur travail soit sensiblement moins rapide que celui des calcine à réverbère.

La figure 5 donne une idée d'un four à sulfate à cuvette en fonte et calcine à moufle; dans ce système la flamme du foyer F n'entre plus dans la calcine C, mais circule d'abord entre deux voûtes, dont l'inférieure *a* est la voûte de la calcine et dont la supérieure A fait partie des parois du four. Arrivée dans le voisinage de la cuvette, la flamme descend par deux carneaux situés à droite et à gauche du registre, puis circule sous la sole de la calcine S, dont elle suit d'abord les parties latérales en se rapprochant du foyer pour se replier ensuite de nouveau et retourner vers la cuvette, en chauffant cette fois-ci la partie centrale de la sole; elle se rend enfin, soit sous la cuvette B pour échauffer encore celle-ci, soit sous le réservoir en plomb à acide sulfurique, et débouche finalement dans le carneau D de la cheminée.

Pour que la chaleur ne soit point obligée de traverser une couche de brique épaisse, la sole et la voûte de la calcine sont faites en poterie façonnée; la voûte consiste en plaques régulièrement courbées dont les parties saillantes s'engrènent avec les parties rentrantes, ce qui permet d'obtenir une solidité suffisante avec une épaisseur peu considérable. La voûte est donc assez fortement chauffée pour qu'elle devienne rouge et lumineuse et pour que rien ne vienne altérer sa solidité, le gaz chlorhydrique se dégage ordinairement non par une ouverture O pratiquée au point le plus élevé de la voûte (comme cela est représenté dans la figure), mais par plusieurs ouvertures disposées latéralement à une

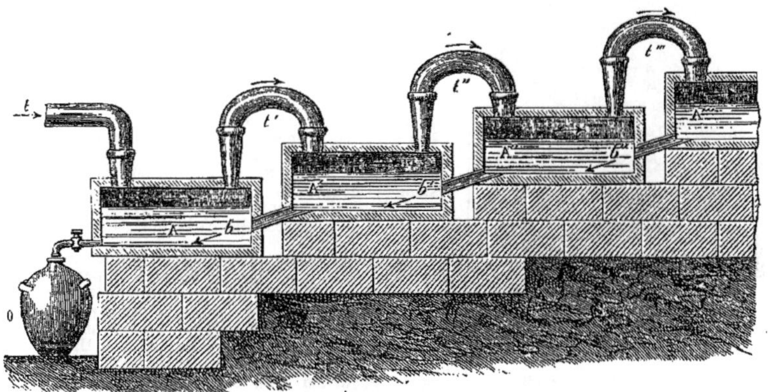

Fig. 596. — Appareil de condensation à auges.

petite hauteur au-dessus de la sole et communiquant avec un même canal horizontal, qui aboutit à la conduite qui mène enfin le gaz chlorhydrique aux appareils condensateurs. La sole de la calcine est faite en grandes dalles bien dressées et ajustées, reposant sur des murettes qui par cela même deviennent les carneaux à travers lesquels circule la flamme du foyer. Il est évident que pour le four à sulfate avec calcine à moufle, de même que pour les fours précédents, et même avec plus de raison, l'on peut réunir les gaz de la cuvette à ceux de la calcine pour les amener ensemble aux appareils de condensation.

D'après la théorie, 100 p. de chlorure de sodium pur devaient fournir 121 de sulfate sodique anhydre; mais à cause de l'humidité et des impuretés du sel marin on n'obtient généralement de 100 ClNa que 105 à 113 de sulfate. Ce dernier renferme de 93 à 97 °/₀ de SO^4Na^2 pur; 0,5 à 2 °/₀ de ClNa non décomposé; 0,5 à 2 °/₀ d'acide sulfurique en excès; 0,3 à 1 1/2 °/₀ de sulfate de fer, etc.

100 p. de sel marin devraient fournir industriellement vers 160 p. d'acide chlorhydrique liquide de 21° Baumé (à 32 °/₀ en poids de gaz HCl). Avec les calcines à moufle on en obtient assez souvent 150 p.; mais avec les calcines à réverbère, le rendement en acide hydrochlorique liquide de 21° Baumé restait anciennement souvent au-dessous de 100 d'acide pour 100 de sel marin.

Appareils condensateurs de l'acide chlorhydrique. — Tant qu'on lançait de grandes quantités de gaz chlorhydrique dans l'atmosphère, on le faisait généralement par l'intermédiaire de très-hautes cheminées, possédant un tirage énergique parce qu'on y faisait en même temps aboutir les gaz très-chauds d'un certain nombre de foyers. C'est ainsi, par exemple, que la cheminée de la fabrique de MM. Tennant à Glascow présente une hauteur de 133 mètres, avec un diamètre de 12^m,6 à la base et de 3^m,6 au sommet. La cheminée de M. Muspratt, à Newton, était haute de 128 mètres; on espérait, par ces hautes cheminées, réaliser une diffusion et dilution des gaz acides avec un tel volume d'air, que le mélange, en descendant peu à peu vers le sol, n'exercerait plus guère d'action corrosive et destructrice sur la végétation. Cet espoir toutefois a été déçu dans bien des cas, et surtout par les temps humides, les gaz acides forment des panaches inclinés (visibles encore même lorsque la proportion de gaz HCl n'est que de $\frac{1}{100000}$ de l'air), longs souvent de 500 à 1,500 mètres, nuisibles surtout par le dommage causé aux feuillages des arbres et aux cultures maraîchères (moins aux moissons), et par l'oxydation et corrosion des objets métalliques.

Ces hautes cheminées, néanmoins, n'en sont pas moins utiles, parce que leur fort tirage permet la mise en activité d'appareils de condensation très-énergiques, au moyen desquels l'on condense aujourd'hui presque généralement, en Angleterre et en Belgique, et pareillement dans beaucoup d'usines de France et d'Allemagne, près des 99/100 du gaz chlorhydrique dégagé.

Les appareils de condensation les plus employés sont les auges en pierre, les bombonnes et les tours à coke ou à briques.

Les auges en pierres siliceuses (grès des Vosges) furent employées les premières; après avoir été abandonnées, elles paraissent devoir jouer de nouveau un rôle assez important.

Ces auges (fig. 596) sont à parois épaisses (0^m,20 à 0^m,25), souvent goudronnées; leur base à peu près carrée mesure 1m,8 à 2 mètres, sur 0m,6 de hauteur et elles ont par conséquent de 2 à 2mc,4 de capacité intérieure. Les auges, étant remplies d'eau jusqu'aux deux tiers de la hauteur, offrent une surface de condensation assez considérable;

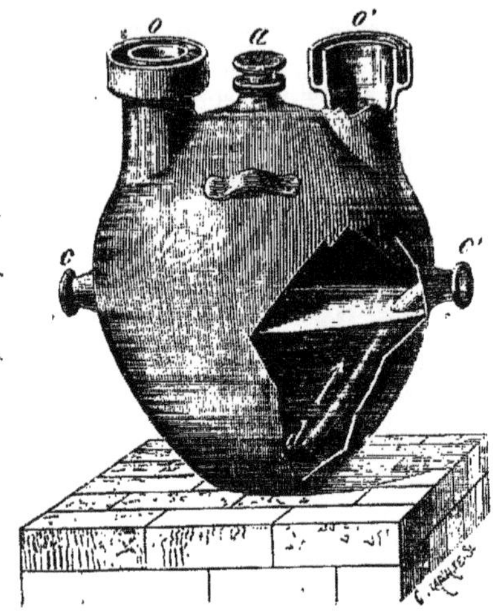

Fig. 597. — Bombonne à condensation.

on les dispose : A, A', A'', A''', etc., en gradins les unes à la suite des autres. Les gaz arrivent du four à sulfate par le tuyau *t* dans l'auge inférieure A et parcourent successivement toute la série ascendante des auges en passant par les tuyaux en poterie coudés *t,' t'', t'''*, etc., tandis que l'eau chemine en sens inverse depuis l'auge la plus élevée jusqu'à celle la plus basse, en passant par les petits tuyaux *b'', b', b;* elle se charge ainsi de plus en plus de gaz chlorhydrique et s'écoule enfin plus ou moins saturée dans la bombonne O.

Tout récemment, on a essayé en Angleterre (près de Newcastle), au lieu de faire parcourir les auges par un courant lent d'eau froide, d'y mettre les gaz des fours à sulfate en contact avec de l'eau réduite en poussière et remplissant l'auge entière sous forme d'un nuage très-fin. La pulvérisation de l'eau s'obtient en la faisant s'échapper sous une pression de 3 atmosphères à travers une pointe de platine de 0m,0015 d'ouverture et rencontrer à peu de distance un petit disque, également en platine, qui fait rebondir le petit jet d'eau et le projette dans toutes les directions.

Douze pareilles auges doivent suffire à la condensation des gaz de quatre fours à sulfate.

Ces gaz étant déjà chauds par eux-mêmes, l'on conçoit que leur condensation rapide, par suite de la mise en liberté de leur chaleur latente, développe beaucoup de chaleur. Aussi doit-on les refroidir le plus possible par tous les moyens et entre autres en donnant aux tuyaux coudés qui font communiquer deux auges une très-grande longueur. A la suite de la dernière auge on place une petite colonne de condensation à coke. L'eau injectée doit être parfaitement claire et limpide et au besoin filtrée pour prévenir toute obstruction des pointes en platine.

Les appareils condensateurs à bombonnes se rencontrent généralement dans les usines travaillant sur une échelle moyenne. Il existe divers systèmes; nous nous contenterons de décrire celui à écoulement continu qui fonctionne de la manière la plus rationnelle et la plus satisfaisante.

La figure 597 donne les détails de la configuration d'une bombonne. Elle est en grès et porte deux larges ouvertures O, O', à fermeture hydraulique; dans ces ouvertures s'ajustent des tuyaux recourbés en poterie, par lesquels s'opèrent l'entrée et la sortie des gaz venant des fours à sulfate. Une petite ouverture *a*, ordinairement bouchée, permet l'introduction d'un siphon pour vider la bombonne. A mi-hauteur se trouvent, l'une opposée à l'autre, deux ouvertures plus petites *c, c'*, servant à la circulation de l'eau ou de l'acide chlorhydrique liquide. L'une d'elles, *c'*, est soudée à un tube en poterie *c'd*, qui plonge jusqu'au fond de la bombonne; de cette manière on empêche le liquide aqueux léger entrant par *c* de s'écouler directement et par le plus court chemin vers *c'*; ce liquide en s'accumulant dans la bombonne oblige au contraire, le liquide déjà acide plus lourd d'entrer par *d* dans le tube *dc'* et de s'écouler au niveau le plus élevé de la bombonne suivante.

Fig. 598. — Système de bombonnes.

La figure 598 donne une idée du mode d'assemblage des bombonnes en un système condensateur.

Les deux bombonnes se trouvent au milieu de l'une des séries. L'eau pure entre par le tube en *b* (à gauche), passe par *a* pour se rendre dans la bombonne suivante (à droite), etc.

La communication entre les bombonnes pour la circulation du liquide est rendue étanche au moyen de bouts de tubes en caoutchouc vulcanisé, fortement liés sur les ouvertures *b*, *b*, *b*, etc. L'eau coule donc de gauche à droite et la circulation est facilitée par la disposition des bombonnes en gradins. Les gaz du four à sulfate circulent au contraire de droite à gauche. Ils entrent par le large tuyau dans la bombonne à droite, s'écoulent au-dessus du liquide, lui abandonnent du gaz, et ils passent ensuite par le tuyau courbe du milieu dans la bombonne à gauche, y laissent condenser une nouvelle quantité de HCl, etc., etc. En sortant de la dernière bombonne à gauche, ils sont mis en communication soit avec une tour de condensation à coke, soit avec le carneau qui mène à la cheminée principale dont l'appel provoque une aspiration assez énergique à travers toute la série des bombonnes. Pour condenser l'acide chlorhydrique provenant de 100 kilogrammes de sel et obtenir un acide liquide de 21° Baumé, il faut faire couler à travers le système de bombonnes environ 140 à 146 litres d'eau.

On condense généralement séparément les gaz de la cuvette et ceux de la calcine. Ceux de la cuvette étant riches en acide chlorhydrique (600 grammes H Cl par mètre cube), relativement froids et humides, sont faciles à condenser, même avec une série de bombonnes pas trop nombreuse (de 35 à 50) tout en fournissant un acide chlorhydrique liquide très-concentré. Ceux de la calcine, au contraire, étant très-délayés (souvent seulement 2 grammes H Cl par mètre cube de gaz) très-chauds et secs, sont très-difficiles à condenser; on leur fait souvent parcourir des séries de 70 à 80 bombonnes, et, malgré cela, il s'échappe encore une notable quantité de gaz HCl dans l'atmosphère et il est difficile d'obtenir un acide liquide de 21° Baumé.

En 1836, Gossage réalisa un grand perfectionnement dans la condensation du gaz chlorhydrique par l'établissement *des tours ou colonnes condensatrices*, désignées souvent aussi par le mot de *condenseurs*. Le principe de ces appareils consiste à faire traverser aux gaz acides de bas et haut une colonne plus ou moins haute, remplie de substances poreuses, constamment humectées par un courant d'eau descendant, de telle manière que l'acide chlorhydrique très-divisé rencontre l'eau extrêmement éparpillée en gouttes ou en filets très-minces et que, par suite de leur contact sur une surface des plus considérables, il s'opère une condensation très-rapide et très-complète. Les dimensions de ces condenseurs doivent être naturellement d'autant plus considérables que la quantité de gaz chlorhydrique à condenser est plus grande dans un moment donné, ou que sa condensation, par suite de mélange avec des gaz inertes, est plus difficile.

Pour la construction des tours de condensation, il faut observer les précautions suivantes :

Ces tours doivent reposer sur des fondations solides. Lorsque ces fondations ont été faites avec des pierres ou avec du béton calcaire, ou lorsqu'on s'est servi, pour lier la maçonnerie, de mortier ordinaire, il faut apporter un soin extrême à prévenir les infiltrations d'acide chlorhydrique liquide.

A cet effet, on fait reposer le fond de la chambre à gaz et à acide sur une couche bien unie d'asphalte ou de brai sec, résidu de la distillation des goudrons.

La chambre à gaz doit être construite tout entière en pierres siliceuses, non attaquables par les acides (grès, molasse, granite, etc.). On choisit de préférence des pierres de taille de grandes dimensions, dont les joints sont cimentés très-soigneusement avec du soufre, ou, à défaut, avec de l'asphalte ou du brai. On coule ces matières très-chaudes jusqu'à refus des joints, et, après refroidissement, on repasse la surface des joints avec un fer chaud. Les pierres doivent avoir été séchées avec beaucoup de soin.

Le soufre est la matière qui résiste le mieux aux acides, et dont l'emploi est à conseiller toutes les fois qu'on n'a pas à craindre que la température s'élève au-dessus de 100°.

Le plafond de la chambre à gaz est formé tantôt par une voûte percée de larges ouvertures, tantôt par une espèce de grille en pierre. Lorsque la tour est un peu large, il faut avoir la précaution de soutenir les prismes en pierre, constituant le grillage, par des piliers en grès ou en granite.

Le système de construction de la tour de condensation proprement dite est un peu subordonné aux matériaux de construction qu'on a le plus facilement à sa disposition.

Des tours de petites dimensions, et surtout de faible hauteur, peuvent être établies au moyen de gros cylindres en grès superposés. Mais leur emploi est coûteux, et l'on court toujours le risque d'écraser le cylindre inférieur par le poids des cylindres supérieurs, à moins que ces derniers ne soient équilibrés à l'aide d'un échafaudage en bois.

La meilleure matière à employer est, sans contredit, la pierre siliceuse. On peut en construire la tour tout entière, si la pierre se trouve sur place ou dans le voisinage. On peut aussi construire la tour en briques, et revêtir les parois intérieures de grandes dalles siliceuses, s'ajustant exactement les unes aux autres. Les joints doivent toujours être rendus bien étanches, soit au moyen de soufre, soit avec de l'asphalte ou du brai sec fondus.

A la rigueur, une tour de condensation peut aussi être construite en briques ordinaires, mais à la condition que ces dernières soient rendues inattaquables par un enduit de goudron ou de brai sec.

A cet effet, on fait bouillir du goudron ordinaire de manière à le déshydrater complétement; on y fait fondre à chaud une certaine quantité de brai gras ou sec, et l'on y plonge les briques préalablement portées à une température élevée.

Après quelque temps, on les retire; on laisse égoutter l'excédant du goudron fondu, et l'on s'en sert immédiatement. C'est ce goudron encore adhérent qui constitue le ciment qui relie les briques l'une à l'autre; mais la couche ne doit pas être trop épaisse, et la brique doit être assez chaude pour qu'une pression exercée sur la brique supérieure en fasse pénétrer les aspérités ou rugosités dans celles de la brique inférieure, et pour que l'excédant du goudron soit exprimé et refoulé vers les joints. Si les briques avaient été goudronnées à l'avance, il faudrait réchauffer les faces qui doivent être soudées, et il peut être utile de les saupoudrer légèrement, au moment de la mise en place, de sable siliceux, préalablement lavé, puis desséché et fortement chauffé.

Ces précautions sont nécessaires, d'abord pour garantir les briques contre l'action corrosive de l'acide chlorhydrique liquide, puis pour déterminer leur adhérence et prévenir leur glissement, pour le cas où la température dans l'intérieur de la tour viendrait à s'élever notablement par suite de la condensation énergique de gaz non suffisamment refroidis.

Même en construisant une tour en briques, il sera utile d'insérer de temps en temps dans toute l'épaisseur des parois des pierres de taille siliceuses, faisant saillie à l'intérieur, afin de pouvoir s'en servir comme point d'appui pour l'établissement d'un arceau, ou même d'une voûte percée d'ouvertures, ou pour y poser des prismes en pierre siliceuse, dans le but d'y soutenir une certaine hauteur de coke et d'empêcher que son poids, pesant sur le coke inférieur, ne finisse par l'écraser.

Le haut de la tour peut être terminé soit par une voûte, soit par de grandes dalles.

On y pratique les ouvertures donnant accès à l'eau qui alimente les colonnes.

Lorsque les tours ont été solidement construites, on peut leur faire supporter le poids des réservoirs d'eau.

Le coke est la matière dont on se sert presque généralement pour remplir les tours.

Cependant l'on emploie aussi à cet usage des gaz de calcines à réverbère. On y fait usage à la fois de briques et de coke. Dans ces cas, les briques occupent la partie inférieure des tours et le coke la partie supérieure. Quant à la distribution des eaux au sommet des tours, elle doit se faire d'une manière uniforme, et l'on peut y arriver de différentes manières : par une pomme d'arrosoir, par l'éparpillement d'un jet d'eau tombant sur une surface plane ou concave, etc.; on a même suggéré l'idée très-rationnelle de l'emploi du tourniquet hydraulique.

La figure 599 représente le bas d'une tour de condensation. A, fondations du condenseur; B, partie inférieure de la tour construite en dalles de grès et contenant le coke; R, voûte perforée ou grille sur laquelle repose le coke; C, chambre dans laquelle arrive le gaz chlorhydrique et où se rassemble l'acide chlorhydrique liquide concentré; J, tuyau qui amène l'acide liquide dans la deuxième auge D; b, tuyau qui conduit l'acide liquide du fond de D dans la première auge E; r, tuyau à robinet pour pouvoir soutirer l'acide de l'auge E; a, a', a'', tuyaux par lesquels les gaz à condenser arrivent du four à sulfate dans l'auge E, de là dans l'auge D et de celle-ci enfin dans le condenseur. Bien souvent les auges D et E sont remplacées par des séries de bombonnes plus ou moins nombreuses, ce qui constitue un système mixte (bombonnes et condenseur) fréquemment usité sur le continent. En Angleterre, la plupart des fabriques ont abandonné les bombonnes pour n'opérer qu'avec des condenseurs seuls.

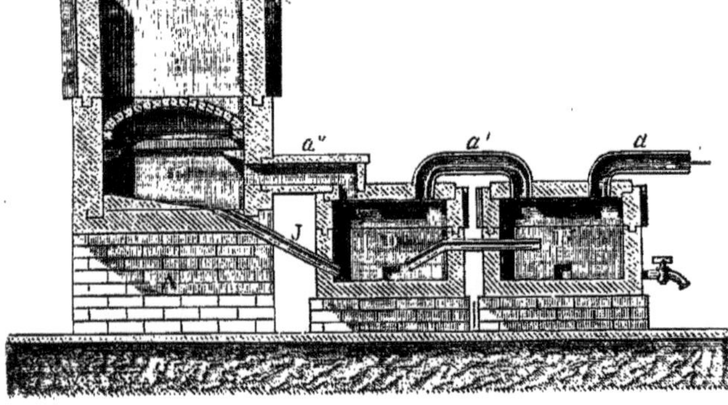

Fig. 599. — Four à condensation à deux auges.

briques peu attaquables, disposées de manière à laisser des intervalles entre elles. On a fabriqué des briques spéciales, perforées d'ouvertures circulaires. On dispose ces briques de manière que les ouvertures ne correspondent point exactement (ce qui donnerait lieu à des canaux verticaux), mais empiètent un peu l'une sur l'autre; il en résulte des canaux ayant une direction oblique, ou plutôt en zigzag, au moyen desquels l'inventeur de ces briques perforées espère obtenir une condensation plus parfaite.

On a même rempli des tours avec des pièces de poteries, fabriquées d'une manière très-rationnelle, pour obtenir une grande surface de condensation, et en même temps une distribution très-uniforme des gaz. Les pièces ressemblent à de petits pots à fleurs. Elles sont percées au fond d'une ouverture et latéralement de plusieurs ouvertures, et placées renversées et en quinconce les unes sur les autres. L'eau humecte les parois et les gaz s'échappant par les ouvertures sont obligés de lécher les parois humides et de s'y condenser. Ce système, irréprochable au point de vue théorique, présente le défaut pratique d'être très-dispendieux.

Le coke, lorsqu'il est destiné aux tours à condensation, doit être de qualité supérieure. Il doit être poreux et cependant dur, et peu sujet à se déliter et à s'écraser.

On l'emploie en morceaux assez volumineux, surtout à la partie inférieure des tours. La pose doit être faite d'une manière très-soignée et exige beaucoup de dextérité et d'habitude de la part des ouvriers poseurs. Il est inutile d'insister sur les conditions qui doivent être remplies; elles ressortent de tout ce qui précède.

On emploie quelquefois un système mixte, surtout pour les tours qui doivent condenser les

Dans la plus grande fabrique de produits chimiques d'Angleterre, la « Newcastle Chemical Works Company, » qui possède 220 fours à pyrite, grillant annuellement 240,000 quintaux métriques de pyrite et alimentant de SO^2 trente chambres de plomb, chacune longue de 60 mètres, large et haute de 7 mètres, avec une capacité de 2,940 mètres cubes, et qui décompose par semaine 7,500 quintaux métriques de sel, les tours à condensation ne sont pas isolées, mais réunies par groupes de 6, dans un même bâti en charpente.

Les parties supérieures traversent une chambre commune contenant les réservoirs d'eau et à laquelle on arrive par un escalier; cette chambre facilite la surveillance de la marche des appareils et permet d'y faire des prises de gaz pour constater le degré d'absorption du gaz chlorhydrique.

Les condenseurs qui servent exclusivement aux gaz venant de la cuvette sont très-élevés et terminés en haut par un simple tuyau en terre cuite débouchant dans l'atmosphère. La distance moyenne de ces condenseurs aux fours à sulfate est d'environ 54 mètres, et telle est aussi la longueur des conduits, qui ne sont pas des carneaux souterrains, mais des tuyaux en grès, d'un diamètre intérieur de $0^m,40$, placés à l'air libre et en pente descendante depuis les cuvettes jusqu'aux pieds des tours.

La figure 600 donne une idée de la construction

de chacune de ces six tours, dont les dimensions sont les suivantes. Elles sont à base carrée; le côté du carré a 1m,53, la section est donc de 232 décimètres carrés.

La hauteur totale de chaque tour est de 38m,10 et se décompose comme suit :

Pour la base en maçonnerie A au-dessus du sol, 1m,65;

Pour la chambre à gaz C où se collecte l'acide chlorhydrique liquide, 1m,07;

Pour la colonne de coke, sous-divisée en trois parties sensiblement égales, B, B', B", 29m,83;

Pour la citerne à eau E, 4m,60;

Le tuyau d'échappement *t* des gaz non condensés s'élève encore au-dessus de la citerne de 0m,95.

Dans la hauteur de la citerne est compris l'espace vide réservé au jet d'eau s'éparpillant sur la surface supérieure du coke. La citerne, dont la base carrée est égale à celle de la tour, n'a que 1m,42 de hauteur et peut contenir environ 3,300 litres d'eau.

Elle est alimentée au moyen d'une pompe foulante, dont le tuyau ascendant *m* s'élève un peu au-dessus du condenseur pour se recourber ensuite dans la citerne.

Lorsqu'il s'agit de la condensation des gaz de la calcine (surtout si c'est une calcine à réverbère), lesquels, à cause de leur haute température, de leur sécheresse et de leur pauvreté en acide chlorhydrique, opposent une grande résistance à la condensation de ce dernier, il faut réaliser le plus possible les conditions suivantes :

1° Faire parcourir aux gaz un carneau suffisamment long et large pour qu'ils puissent circuler sans trop de frottement et en ayant le temps de perdre leur température trop élevée;

2° Ne point refroidir l'eau de la première bombonne ou auge condensatrice et ne point la comprendre dans la circulation de l'acide chlorhydrique liquide. En effet, elle doit moins servir à condenser le gaz chlorhydrique qu'à le saturer d'humidité avant son entrée dans les tours, puisqu'un gaz chlorhydrique impur humide se condense infiniment mieux que lorsqu'il est sec. Cette première auge ou bombonne retient en outre des quantités très-notables d'acide sulfurique entraîné de la calcine par les gaz qui la parcourent et qui s'en échappent;

3° Donner à la tour de condensation une section suffisamment grande, non-seulement pour multiplier les points de contact entre l'eau et les gaz, mais encore pour obtenir un ralentissement considérable de vitesse de ce dernier, conditions évidemment favorables à une bonne condensation. Très-souvent deux tours sont associées, la première (*condenser*) fournissant un acide fort et la dernière (*post-condenser*) seulement un acide très-faible. Le tirage est provoqué et maintenu par la mise en communication de la dernière tour avec le carneau de la cheminée principale de l'usine, fonctionnant comme cheminée d'appel.

Lorsque cette cheminée possède un fort tirage, on peut, sans inconvénient et souvent même avec profit, faire aboutir les gaz de plusieurs calcines dans la même tour de condensation, en arrangeant toutefois les opérations de ces calcines de manière que l'une touche à sa fin lorsque l'autre commence. On réalise alors un afflux plus régulier de gaz chargés d'acide chlorhydrique dans la tour de condensation, où l'eau descendant toujours en même quantité trouve aussi à peu près la même quantité de gaz à condenser, et produit un acide liquide faible de force plus constante, qui est ensuite distribué aux différentes séries de bombonnes ou de citernes condensatrices.

La marche des gaz dans les tours accouplées

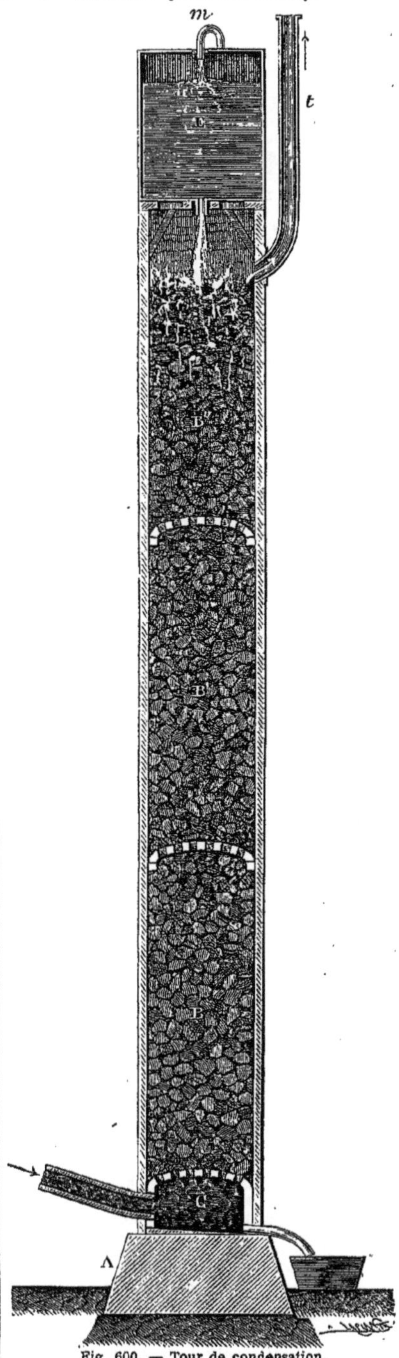

Fig. 600. — Tour de condensation.

doit toujours se faire d'après le principe de l'encontre en direction opposée de l'eau et des gaz. L'alimentation des tours par l'eau se faisant évidemment de haut en bas, les gaz doivent se diriger de bas en haut. Étant donc arrivés au haut de la première tour, il faut les faire redescendre par des tuyaux en poterie, fixés soit à l'extérieur, soit à l'intérieur de la tour, pour les amener au bas de la deuxième tour où ils montent de nouveau, et ce n'est que du haut de cette deuxième tour qu'on les fait redescendre par d'autres tuyaux en poterie pour les mener dans le carneau qui communique avec la cheminée d'appel.

Les tuyaux en poterie peuvent être remplacés par des carneaux verticaux, vides de coke, établis dans l'intérieur des tours contre l'une de leurs parois.

La capacité intérieure des tours de condensation doit être calculée de manière que, pour 100 kilogrammes de sel décomposé par 24 heures, l'on alloue aux gaz facilement condensables des cuvettes 0,60 à 1 mètre cube et aux gaz de la calcine 3 à 4 mètres cubes.

En moyenne, en supposant réunis les gaz des cuvettes et de la calcine (et ces dernières à moufle), il convient d'avoir un espace condensateur de $1^{mc},4$ à $1^{mc},7$.

Quoique la condensation ne soit pas toujours proportionnelle aux dimensions des condensateurs, l'on peut cependant admettre qu'il en est ainsi dans la majorité des cas.

Dans quelques cas, à la vérité exceptionnels, l'on se sert de l'acide faible de la deuxième tour pour alimenter la première tour et n'obtenir ainsi que de l'acide chlorhydrique liquide concentré; mais, quoique théoriquement cela paraisse très-simple, l'opération d'élever un liquide acide à 15 et 20 mètres de hauteur n'en présente pas moins de sérieuses difficultés dans la pratique.

Ne pouvant faire usage des pompes et tuyaux métalliques, et des pompes ou tuyaux en poterie, qui courent trop de risques d'être brisés par les chocs, il faut avoir recours à des espèces de monte-jus. Ce sont des réservoirs en pierre siliceuse très-compacte ou en fonte garnie à l'intérieur de gutta-percha, hermétiquement fermés et munis de tubes à robinets, dont l'un amène l'acide faible; l'autre, partant à peu de distance du fond et s'élevant jusqu'au haut de la colonne, sert à monter l'acide faible, et dont le troisième, débouchant à la partie supérieure du réservoir, sert à l'introduction d'air atmosphérique comprimé par une pompe foulante à air. Un quatrième tube donne issue à l'air lorsqu'on remplit le réservoir d'acide faible. Il est évident que l'air comprimé à 2 et $2^{at},5$, exerçant sa pression à la surface de l'acide, le force de s'élever dans le tuyau ascendant et de se déverser dans la cuve-réservoir placée en haut de la première tour de condensation.

La difficulté de condensation des dernières traces d'acide chlorhydrique a engagé quelques fabricants à faire usage de substances qui se combinent chimiquement avec cet acide.

On peut faire usage de tours condensatrices ou de cheminées traînantes remplies de moellons calcaires constamment humectés d'eau. Il se forme une solution faible de chlorure de calcium qu'on peut laisser écouler sans inconvénients. En place de calcaire, M. Kuhlmann, à Lille, employait de la withérite (carbonate de baryte naturel) et obtenait ainsi une solution de chlorure de baryum, qui servait à la préparation de blanc fixe (sulfate de baryte artificiel).

Applications du sulfate de soude et de l'acide chlorhydrique liquide. — Le sulfate de soude est surtout employé à la préparation du carbonate de soude; il sert en outre à la fabrication des verres à bouteilles, à vitre, à glaces, et du verre soluble, à celle du sel de Glauber

$$(SO^4Na^2 + 10H^2O),$$

à la double décomposition de sels solubles de calcium ou de baryum pour obtenir les sels correspondants de sodium (par exemple hypochlorite, acétate, nitrate, bisulfanthraquinonate, etc.), par réduction pour préparer du sulfure de sodium, etc.

L'acide chlorhydrique concentré qui, en hiver, doit marquer au moins 21° Baumé, en été, 19°-20° Baumé, est employé pour la plus grande quantité à la fabrication du chlorure de chaux; en quantité plus restreinte à celle des hypochlorites alcalins, des chlorures de baryum, d'étain, de zinc, d'antimoine, du sel ammoniac, etc.; à la purification du charbon animal; à la fabrication du superphosphate au moyen d'os calcinés, de guanos et de nodules phosphatés (phosphorites); à celle de la gélatine et des colles fortes; à l'épuration des argiles et sables ferrugineux; à la préparation de l'eau régale et d'acide chlorhydrique pur; c'est enfin un des acides les plus employés dans les blanchisseries, les teintureries, dans l'impression des tissus et dans la préparation des produits chimico-pharmaceutiques.

Un moyen très-simple et économique pour obtenir avec l'acide du commerce un acide chlorhydrique à peu près chimiquement pur consiste à ajouter d'abord un peu de chlorate de potasse (pour transformer l'acide sulfureux en acide sulfurique), puis quelques cristaux de chlorure stanneux, enfin à faire digérer quelque temps avec des lames de cuivre (pour précipiter l'arsenic), enfin de distiller avec ou sans addition d'acide sulfurique et de condenser les gaz ou vapeurs dans de l'eau distillée, après leur avoir fait traverser un petit flacon laveur.

B. Utilisation directe du sulfate de soude (sans réduction) pour l'obtention de carbonate de soude ou de soude caustique. — Plusieurs procédés rentrant dans cette catégorie ont été indiqués, mais aucun d'eux n'ayant reçu de sanction pratique, il suffit de les énumérer, en indiquant la cause principale de leur non-réussite.

1° Décomposition du sulfate de soude par les acétates impurs ou pyrolignites de chaux, de baryte ou de plomb, qui sont transformés en sulfates correspondants, insolubles ou très-peu solubles, tandis que l'acétate sodique fort soluble reste en solution. Après filtration, on évapore à siccité et l'on calcine l'acétate, qui se transforme en carbonate. L'acétate de soude ayant aujourd'hui une valeur bien plus considérable que le carbonate, on comprend l'impossibilité industrielle d'un pareil procédé;

2° Décomposition du sulfate sodique par le carbonate de baryte, par calcination ou par voie humide.

Dans les deux cas, la décomposition est incomplète et l'on n'obtient qu'un sel de soude très-riche en sulfate. Cela se comprend, puisqu'en faisant fondre ou bouillir du sulfate de baryte avec du carbonate de soude, une partie du sulfate barytique se trouve convertie en carbonate de baryte, qu'on peut ensuite dissoudre par l'acide chlorhydrique;

3° Décomposition du sulfate sodique par le bicarbonate barytique, ou plutôt par le carbonate de baryte avec le secours d'un courant d'acide carbonique.

Cette réaction, recommandée par M. Wagner, s'opère, en effet, d'une manière très-complète, surtout si l'on opère sous pression. Il en résulte du bicarbonate de soude soluble et du sulfate de baryte. La solution de bicarbonate sodique évaporée à siccité fournit du sel de soude très-blanc et pur.

Les inconvénients du procédé sont : la faible solubilité du bicarbonate de soude et la difficulté d'utiliser le sulfate de baryte formé, dont la reconversion en carbonate de baryte (en transformant d'abord en sulfure de baryum par calcination avec un mélange de charbon et de goudron, extraction par l'eau bouillante et décomposition de la solution de SBa par CO^2, avec production de CO^3Ba et dégagement de H^2S) n'est pas extrêmement facile et occasionne des frais assez considérables ;

4° Décomposition du sulfate sodique par l'hydrate de baryte pour obtenir de la soude caustique hydratée :

$$SO^4Na^2 + BaH^2O^2 = SO^4Ba + 2NaHO.$$

Ce procédé serait irréprochable, si ses promoteurs avaient en même temps indiqué un procédé très-économique pour se procurer de la baryte caustique anhydre ou hydratée au moyen de carbonate ou de sulfate de baryte ;

5° Décomposition du sulfate sodique par la chaux hydratée, soit par simple ébullition (Claussen), soit sous pression (Hunter). Des expériences faites avec soin ont démontré qu'une simple ébullition avec la chaux ne fournit qu'environ 1/100 de soude caustique, sur la quantité renfermée dans le sulfate. Sous pression (à 5 à 6 atmosphères) il n'y a qu'environ 6 °/₀ de sulfate qui sont caustifiés, et même si l'on augmente la pression jusqu'à 15 à 20 atmosphères, il est difficile d'obtenir plus de 13 à 15 °/₀ de rendement. M. Hill a toutefois constaté qu'en opérant sous pression et employant équivalents égaux de sulfate sodique et de chaux hydratée, avec adjonction d'un équivalent de carbonate de baryte, tout le sulfate était décomposé et converti en soude caustique (NaOH). Reste cependant la difficulté de l'utilisation du résidu formé d'un mélange de sulfate de baryte et de carbonate de chaux.

C. Utilisation indirecte du sulfate de soude, préalablement réduit a l'état de sulfure de sodium pour la préparation du carbonate de soude ou de la soude caustique. — Le sulfate de soude mélangé de charbon étant chauffé au rouge perd son oxygène et se transforme en sulfure de sodium :

$$SO^4Na^2 + C^4 = Na^2S + 4CO.$$

Ce composé, à cause des fortes affinités du soufre pour certains métaux, et, d'un autre côté, à cause du peu d'énergie, comme acide, de l'hydrogène sulfuré, se prête à des réactions plus variées et plus nombreuses que ne le sont celles du sulfate lui-même.

1° *Préparation de la soude caustique liquide par la réaction d'oxydes métalliques sur la solution bouillante de sulfure de sodium.* — Les seuls oxydes dont on peut faire usage, parce qu'il n'en faut pas un grand excès, sont ceux de zinc (Hunt et Parnell), de plomb et de cuivre (Prückner, Persoz et Possoz). Mais le cuivre est d'un prix trop élevé, surtout si l'on considère qu'il faut faire usage d'oxyde cuivreux, Cu^2O, puisque l'oxyde cuivrique, CuO exerce une action oxydante sur le sulfure de sodium et le convertit partiellement en sulfate et en hyposulfite ; l'oxyde de plomb a contre lui son poids atomique trop élevé et sa solubilité dans la soude caustique. L'emploi de l'oxyde de zinc, quoique également soluble dans un excès de lessive alcaline, sera donc toujours le plus avantageux.

Une des difficultés de cette méthode réside dans la circonstance qu'il est très-difficile d'obtenir en grand un sulfure de sodium très-pur, exempt de carbonate. Pendant la réduction du sulfate en sulfure dans un four, il se dégage de l'acide carbonique, qui, à la faveur de la vapeur d'eau provenant du combustible, réagit sur du sulfure déjà formé, en donnant naissance à du carbonate de soude et à de l'hydrogène sulfuré :

$$Na^2S + H^2O + CO^2 = CO^3Na^2 + H^2S.$$

Or ce carbonate sodique n'est pas décomposé par les oxydes métalliques, et il s'ensuit que la soude caustique liquide ainsi produite renferme toujours des quantités plus ou moins grandes de carbonate de soude.

Une autre difficulté provient de l'action corrosive énergique du sulfure de sodium sur les briques et autres matériaux des fours, d'où résultent du silicate et de l'aluminate sodiques, solubles dans l'eau, qui restent mélangés au sulfure de sodium.

Du reste, la remise en valeur du sulfure de zinc n'est pas non plus des plus faciles (sous ce rapport, l'oxyde cuivreux présente bien moins de difficultés). Hunt avait proposé de convertir par grillage le sulfure de zinc en sulfate ; de faire réagir le sulfate de zinc sur le sel marin au rouge, pour obtenir du sulfate de soude fixe et du chlorure de zinc volatil,

$$SO^4Zn + 2NaCl = SO^4Na^2 + ZnCl^2;$$

de dissoudre le $ZnCl^2$ dans de l'eau et de précipiter de la solution de l'oxyde de zinc au moyen de la chaux,

$$ZnCl^2 + CaH^2O^2 = CaCl^2 + ZnH^2O^2.$$

Si l'on voulait décomposer le sulfure de sodium par l'oxyde ferreux, FeO ou l'oxyde ferrique Fe^2O^3, non-seulement il faudrait plusieurs équivalents de ces oxydes pour 1 équivalent de sulfure sodique, mais FeO donnerait naissance à des composés doubles de sulfure de fer et de sodium, $Fe^2K^2S^3$ et $Fe^2K^2S^4$, insolubles et indécomposables par l'eau, mais solubles dans une lessive de soude caustique tant soit peu concentrée ; et, avec Fe^2O^3, il y aurait en outre formation d'une certaine quantité d'hyposulfite sodique.

Les oxydes de manganèse présenteraient des difficultés semblables.

2° *Préparation du carbonate de soude liquide par la réaction de carbonates métalliques sur la solution bouillante de sulfure de sodium.* — Il est évident qu'en substituant aux oxydes cités leurs carbonates, l'on obtiendrait au lieu de soude caustique du carbonate sodique ; mais le sel de soude ainsi obtenu reviendrait trop cher. Habich avait proposé d'employer à cet effet le fer spathique (carbonate ferreux naturel) si abondant dans certaines localités, et l'on avait aussi préconisé l'usage du carbonate de manganèse. Mais l'on s'est heurté contre la difficulté indiquée plus haut pour les oxydes, c'est-à-dire la nécessité de faire réagir plusieurs équivalents de ces carbonates sur l'équivalent de sulfure de sodium, pour en opérer la décomposition complète.

3° *Décomposition du sulfure de sodium par l'oxyde de fer et le charbon.* — Ce procédé, déjà indiqué en 1775 par Malherbe, essayé plus tard, mais sans succès, par Alban, a été perfectionné en 1854 par E. Kopp et Stromeyer, mais sans qu'il pût soutenir la concurrence avec le procédé Leblanc.

On fond dans un four à réverbère un mélange de 160 kilogrammes de sulfate de soude, 80 d'oxyde de fer et 55 à 65 de houille. L'on défourne et le pain de soude brute ferrugineuse, qu'on ne pourrait lessiver directement (puisque le sulfure de fer se dissoudrait en même temps que le sulfure de sodium), est soumis à l'action simultanée de l'humidité et de l'acide carbonique. Sous cette influence, les pains se délitent (avec dégagement d'une certaine quantité d'hydrogène sulfuré), et en lessivant méthodiquement la masse pulvérulente, l'on obtient d'un côté une solution limpide et incolore de carbonate de soude, fournissant par évaporation à siccité un sel de soude très pur, blanc, de 92 à 98 %, et, de l'autre côté, un résidu noir insoluble de sulfure de fer, renfermant une proportion notable de sulfure double insoluble de fer et de sodium, $Fe^2Na^2S^3$. Ce résidu desséché brûle avec la plus grande facilité, dégage de l'acide sulfureux et se transforme en un mélange d'oxyde ferrique et de sulfate de soude pouvant servir à une nouvelle opération, après y avoir ajouté les quantités voulues de sulfate de soude et de charbon.

Ce procédé, irréprochable au point de vue de la conversion du sulfate de soude en carbonate, est, par contre, très-défectueux pour ce qui concerne le remploi du soufre. En effet, le grillage de FeS et de Na^2S, qui passent à l'état d'oxyde ferrique et de sulfate sodique, ne fournit que peu d'acide sulfureux proportionnellement au poids des matières; et par suite de la fixation d'une quantité très-considérable d'oxygène, le gaz sulfureux est mélangé de tant d'azote, qu'il ne peut servir à la fabrication de l'acide sulfurique dans les chambres de plomb. Du reste, depuis la découverte de méthodes de régénération du soufre des marcs de soude, le motif principal qui avait provoqué le procédé de la soude brute ferrugineuse a cessé d'exister. Cette observation s'applique également aux procédés qui suivent.

4° *Décomposition du sulfure de sodium par l'acide carbonique sous l'influence de l'eau.* — Cette réaction, si simple et si rationnelle au point de vue théorique et qui a été l'objet de l'attention de chimistes et praticiens éminents (Dumas, Beringer, Gossage, Hunt, Clemm, etc.), n'a, malgré cela, point réussi dans la pratique industrielle. Elle présente cependant l'avantage de dispenser de l'emploi du calcaire, de ne point occasionner de résidus incommodes et de dégager le soufre sous une forme qui paraît faciliter son remploi.

L'acide carbonique décompose le sulfure de sodium, qu'il soit en solution ou en fragments, sans grande difficulté; dans ce dernier cas, on fait intervenir la vapeur d'eau. Mais, évidemment, si l'on veut dégager de l'hydrogène sulfuré pur, il faut aussi faire réagir de l'acide carbonique pur. L'on avait pensé utiliser H^2S pur, en le brûlant et dirigeant les produits de sa combustion, H^2O et SO^2, dans les chambres de plomb. Mais la transformation en acide sulfurique a toujours présenté les plus grandes difficultés. Cela tient probablement au grand volume d'azote dans lequel sont délayés les gaz actifs dans les chambres.

Si, par le grillage de FeS^2, 4 volumes d'oxygène sont employés utilement à produire

$$2SO^2 = S^2O^4$$

et 1 volume et demi d'oxygène inutilement pour oxyder le fer en $1/2\,Fe^2O^3$, par contre, pour brûler $2H^2S = H^4S^2$, sur quatre d'O employés utilement à produire $2SO^2 = S^2O^4$, il y en a 2 O, employés à transformer H^4 en $H^4O^2 = 2H^2O$. En brûlant donc même de l'hydrogène sulfuré parfaitement pur, il entre plus d'azote dans les chambres qu'en grillant des pyrites. Il est probable que la grande quantité de vapeur d'eau accompagnant le gaz SO^2 met également obstacle aux réactions qui donneraient naissance à de l'acide sulfurique.

On a ensuite cherché à traiter H^2S plus ou moins pur par SO^2, de manière à donner naissance à de la vapeur d'eau, et précipiter du soufre, d'après la réaction

$$2H^2S + SO^2 = 2H^2O + 3S,$$

ou, ce qui revient à peu près au même, de brûler incomplétement l'hydrogène sulfuré, d'après l'équation $H^2S + O = H^2O + S$. Mais encore ici, dès qu'on a voulu opérer en grand, les obstacles se sont accumulés et n'ont pu être vaincus.

Gossage a eu recours à la masse de Laming, qui est appliquée à la purification du gaz de l'éclairage, en faisant absorber l'hydrogène sulfuré très-impur (dégagé par l'acide carbonique provenant d'un foyer incandescent) dans une tour renfermant de l'oxyde ferrique hydraté, qui se transforme en un mélange de protosulfure de fer et de soufre. Mais évidemment ce mélange était trop pauvre en soufre pour pouvoir être utilisé comme pyrite. Le résultat aurait été probablement plus favorable, si, après avoir épuisé le pouvoir absorbant d'une pareille tour, on y avait remplacé le courant de H^2S par un courant d'air qui n'aurait pas tardé à convertir le sulfure de fer humide en oxyde ferrique hydraté et soufre libre:

$$2FeS + 3H^2O + O^3 = S^2 + Fe^2O^3, 3H^2O.$$

Le pouvoir absorbant de la tour aurait été ainsi entièrement restauré, et, comme pour la masse de Laming, par une série de sulfurations et oxydations successives, on aurait pu accumuler finalement dans le contenu de la tour jusqu'à 50 à 55 % de soufre. Dès lors son grillage pour la fabrication de l'acide sulfurique devenait réellement avantageux.

Quoi qu'il en soit, aujourd'hui que l'usage des pyrites s'est généralement répandu, il semble rationnel, en principe, de ne point faire choix d'un procédé de fabrication de la soude, en se laissant guider par la considération du remploi du soufre, mais qu'il faut d'abord faire de la soude par le procédé le plus économique et le plus avantageux, quitte à voir ensuite si ce procédé permet de récupérer plus ou moins le soufre contenu dans le sulfate ou sulfure sodiques.

5° *Décomposition du sulfure de sodium par des bicarbonates alcalins ou terreux.* — Les bicarbonates étant décomposés par l'eau bouillante et par la vapeur à 100° en carbonates neutres et acide carbonique libre, on comprend que ce dernier réagisse ensuite sur le sulfure de sodium et en dégage l'hydrogène sulfuré. Cette réaction peut être utilisée avec avantage, même dans la fabrication en grand, lorsqu'il s'agit de débarrasser des lessives de soude carbonatées de petites quantités de sulfure de sodium, par l'addition de quantités proportionnelles de bicarbonate sodique. Mais des procédés complets de fabrication de la soude fondés sur cette réaction n'ont jamais eu de succès dans l'industrie. Nous citerons néanmoins le procédé de Clemm, parce qu'il est ingénieux et peut servir de type pour se faire une idée de méthodes analogues.

Clemm fond le sulfate de soude mélangé de charbon (houille menue) dans un four avec de la magnésie ou même avec du sulfate de magnésie. Le produit, consistant en sulfure de sodium et en magnésie, est coulé en masses cylindriques, qui après refroidissement sont humectées et placées dans une atmosphère d'acide carbonique. On les y laisse jusqu'à ce que MgO se soit transformé en bicarbonate hydraté.

On retire alors les cylindres et on les chauffe dans un four à 200° centigrades. A cette température, le bicarbonate de MgO est entièrement décomposé; son acide CO^2 décompose Na^2S humide, avec dégagement de H^2S et il reste un mélange de CO^3Na^2 et de MgO qu'on soumet à la lixiviation.

Pour obtenir de l'acide CO^2 pur, Clemm expose de la magnésie (de préférence celle qui avait été calcinée avec la soude et qui est plus active) dans des cylindres aux gaz des foyers convenablement humectés et refroidis, jusqu'à ce que la MgO soit presque entièrement transformée en bicarbonate. On intercepte alors le courant du gaz. Les cylindres étant ensuite chauffés à 260°, tout l'acide carbonique se dégage et est utilisé; la magnésie est de nouveau carbonatée par les gaz des foyers, et ainsi de suite.

6° *Décomposition du sulfure de sodium par le carbonate de chaux* (procédé Leblanc). — Ce procédé de fabrication est encore aujourd'hui presque tel qu'il a été indiqué par Leblanc; les perfectionnements qui y ont été apportés ne concernent que des dispositions de détails et ne présentent qu'une importance secondaire.

Les matières premières sont :

a. Le sulfate de soude anhydre, qui doit être poreux et léger, d'une nature homogène, ne renfermant pas plus de 0,2 °/₀ de NaCl et 1,2 à 1,6 °/₀ de SO^4H^2 libre. La présence d'une petite quantité d'acide SO^4H^2 libre paraît avantageuse pour obtenir une soude brute peu sulfurée et poreuse. On l'emploie tel qu'il est fourni par les fours à sulfate.

Anciennement, pour préparer la soude destinée aux savonniers, on faisait usage d'un sulfate renfermant 10 à 35 °/₀ de sel (NaCl) non décomposé, qui accompagnait la soude dans toutes les phases de la fabrication et se retrouvait finalement dans le sel de soude. Aujourd'hui, l'on préfère, avec raison, n'opérer qu'avec des matières aussi pures que possible, et si l'industrie demande des sels de soude salés (pour la séparation des savons), il est beaucoup plus rationnel d'incorporer à la fin au sel de soude la quantité de sel marin requise.

b. Le calcaire ou carbonate de chaux doit être aussi blanc et aussi pur que possible, surtout exempt de magnésie et d'argile. S'il n'a pas été préalablement desséché, on doit toujours déterminer la quantité d'humidité qu'il contient (elle peut s'élever suivant les conditions atmosphériques de 4 à 18 °/₀) pour en tenir compte lors du dosage des mélanges. On concasse les gros blocs de calcaire en morceaux plus petits, que l'on jette ensuite sous des meules en fonte verticales, où ils sont broyés et criblés à la grosseur maximum d'une noisette.

c. Le charbon. — Comme matière réductrice, on peut faire usage de charbon de bois, de houille, de lignite, même d'anthracite, de sciure de bois, de goudron, de tourbe.

Généralement, on emploie la menue houille, en choisissant toutefois une qualité de houille grasse, contenant le moins de cendres et exempte le plus possible de sulfure de fer. On concasse la houille au moulin, comme le calcaire, mais sans la réduire en poudre trop fine, comme on le prescrivait autrefois. Il est même utile de conserver un certain nombre de fragments de houille un peu gros pour obtenir des pains de soude bruts plus poreux et plus faciles à lixivier.

Les matières premières étant préparées, on les mélange grossièrement en les mettant ordinairement en tas devant la porte de travail du four à soude; quelquefois le tas est arrosé d'une certaine quantité d'eaux mères du sel de soude carbonaté (eaux rouges), soit pour leur trouver un emploi utile, soit pour humecter un peu les matières et empêcher qu'elles ne soient entraînées trop facilement par le vif tirage du four.

Le dosage des matières se fait dans des proportions variables, mais qui toutefois ne diffèrent pas très-essentiellement de celles qui avaient été indiquées par Leblanc, savoir :

Sulfate de soude...........	100
Calcaire....................	100
Charbon de bois............	55

et qui correspondent assez exactement à 2 molécules SO^4Na^2 sur 3 molécules de CO^3Ca.

Les variations les plus grandes s'observent dans la proportion de houille employée, ce qui s'explique parfaitement, si l'on considère que certains fabricants peuvent faire usage de houille anthraciteuse, donnant jusqu'à 80 °/₀ de coke et ne renfermant que 4 à 8 °/₀ de cendres, tandis que d'autres industriels sont obligés d'employer des houilles ne fournissant pas 60 °/₀ de coke et laissant de 10 à 15 et même jusqu'à 18 °/₀ de cendres.

Le tableau suivant indique les proportions employées dans des usines d'Angleterre, de France et d'Allemagne.

SO^4Na^2........	100	100	100	100	100	100	100	100	100	100	100
CO^3Ca..........	100	110	103	98	115	120	115	94	100	92	106
Houille..........	75	50	62	56	40	46	68	41	41	42	55

Généralement, pour produire du sel de soude carbonaté, l'on force un peu la dose de calcaire et l'on diminue celle de la houille, tandis qu'on fait l'inverse pour la soude brute devant fournir des sels de soude caustique.

FABRICATION DE LA SOUDE BRUTE. — Elle s'exécute dans les fours à soude, qui sont tous des fours à flamme, mais de formes et dimensions assez variées. Un des fours les plus usités, surtout en Angleterre, est celui à 2 soles, dont la figure 601 représente une vue d'ensemble, la figure 602 la section verticale et la figure 603 la section horizontale.

Le four est construit en briques réfractaires solidement maintenues par de fortes armatures en fer. Les deux soles S et S', dont la plus éloignée du foyer S' est élevée au-dessus de l'autre S d'environ 0m,10, sont supportées par une masse de béton et formées de briques réfractaires, de préférence plutôt alumineuses que siliceuses, disposées de champ. Elles sont elliptiques et à angles partout arrondis. La voûte V ou le plafond du four va s'abaissant depuis le foyer jusqu'au carneau O; sa distance de la première sole est d'environ 0m,40 et de la deuxième sole d'environ 0m,30.

Le four a deux portes de travail P et P', une pour chaque sole, et devant chacune d'elles est fixé très-solidement un rouleau horizontal en fonte K, destiné à faciliter la manœuvre des longs et lourds râbles en fer. Dans un pareil four l'on traite à la fois environ 500 kilogrammes de matière sur chaque sole; chaque opération dure une heure, de manière qu'en 24 heures l'on peut obtenir vingt-quatre pains de soude brute pesant chacun à peu près 300 kilogrammes. 100 de sulfate peuvent fournir, suivant les dosages, de 153 à 168, en moyenne 160-162 de soude brute.

En opérant sur une moindre quantité de matière à la fois, on rend le travail moins pénible, la manipulation plus facile, la température plus égale et plus facile à régler; enfin la matière en fusion reste moins longtemps soumise à une chaleur très-intense, qui peut provoquer une perte notable de sodium par volatilisation. Le travail est conduit de la manière suivante, en supposant le four entier déjà chauffé au rouge.

Une charge du mélange de 225 kilogrammes de SO^4Na^2, 240 de CO^3Ca et 120 de houille est introduite à la pelle (ce qui mélange encore davantage les matières) par la porte de travail P' sur la sole supérieure et y est ensuite égalisée. La porte est refermée, et pendant l'espace d'une heure, on ne brasse qu'à deux ou trois reprises. La houille prend feu, la température du mélange s'élève, le sulfate commence à fondre et à se réduire en sulfure de sodium.

Au bout d'une heure, la sole inférieure venant d'être nettoyée, l'ouvrier y pousse la masse M. Celle-ci, étant maintenant plus rapprochée de l'autel A, y est exposée à une chaleur beaucoup plus intense. La fusion du mélange devient plus parfaite et l'apparition de nombreuses petites flammes d'oxyde de carbone indique le début d'une réaction énergique. On la régularise en travaillant de temps en temps toute la masse avec les râbles, afin de présenter constamment de nouvelles surfaces à l'action de la flamme F. Peu à peu la masse change d'aspect; elle devient pâteuse, semi-fluide; à sa surface s'échappent constamment de petits jets gazeux, appelés chandelles par les ouvriers, qui brûlent avec une flamme jaune vif. A partir de ce moment le brassage doit être continué d'une manière active jusqu'à ce que les chandelles commencent à diminuer et que la masse commence à perdre de sa fluidité. Elle est alors amenée au moyen de râteaux vers la porte de travail P, d'où on la fait tomber dans un chariot en tôle de fer C où elle se moule en blocs ou pains de soude brute (black-ash ou ball soda). Par le refroidissement elle se solidifie (en dégageant de l'ammoniaque). On conduit alors le chariot au magasin des pains où on le renverse; la masse solide, d'un gris rosé, s'en détache et est généralement adossée contre le mur ou contre un pain déjà refroidi. Un pain noir est généralement sulfureux, un pain gris blanchâtre renferme souvent du sulfate non décomposé, enfin un pain marbré de taches rouge-brique indique un brassage imparfait et un défaut d'homogénéité dans la masse.

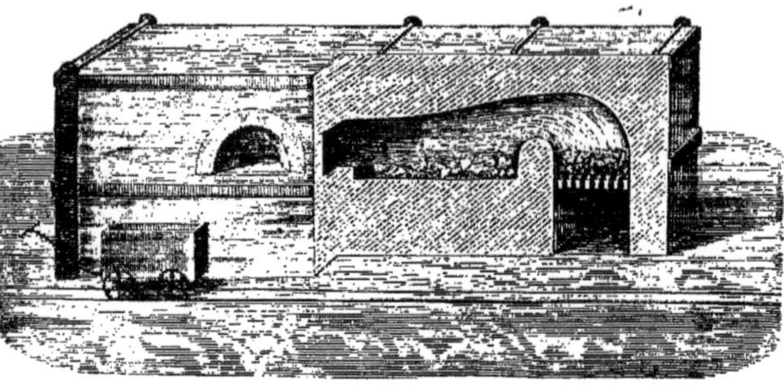

Fig. 601. — Four à soude ordinaire à deux soles.

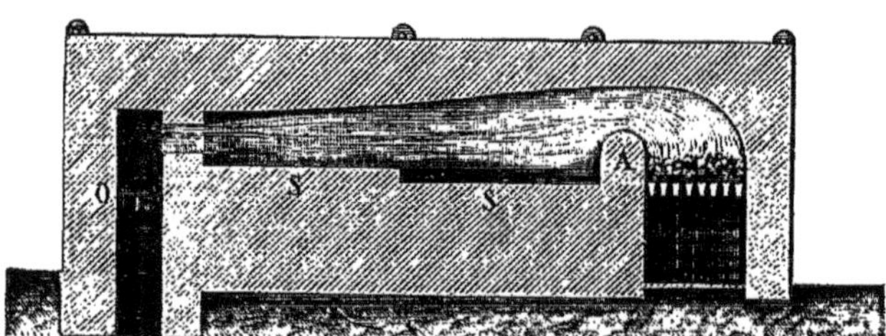

Fig. 602. — Four à soude ordinaire à deux soles. Section verticale.

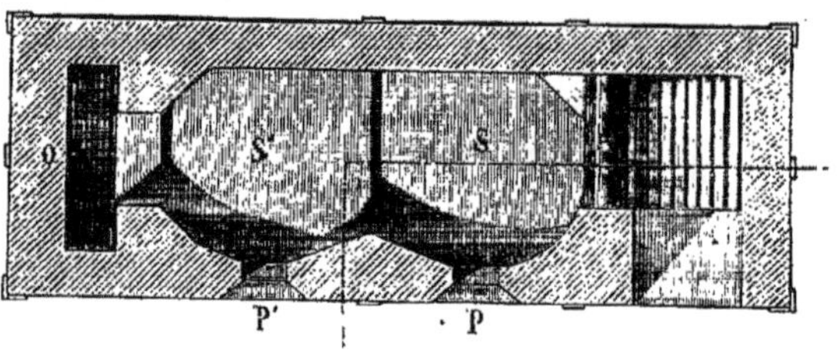

Fig. 603. — Four à soude ordinaire à deux soles. Section horizontale.

Les pains sont généralement abandonnés jusqu'à refroidissement presque complet, même dans leur intérieur. Lorsque l'air extérieur est humide, ils absorbent volontiers de l'humidité, se gonflent, se fissurent et se séparent spontanément en fragments plus ou moins volumineux. Un contact trop prolongé avec l'air humide est à éviter, puisque, par absorption d'oxygène, les sulfures passent peu à peu à l'état d'hyposulfites et même de sulfates et qu'il en résulterait une perte notable d'alcalinité.

Théorie de la fabrication de la soude brute. — En ne tenant compte que des réactions principales, elle est assez simple. Le sulfate de soude est d'abord réduit par le charbon en sulfure de sodium,

$$2SO^4Na^2 + 6C = 2Na^2S + 2CO^2 + 4CO.$$

Le sulfure de sodium réagit, molécule pour molécule, sur le carbonate de chaux pour donner naissance à du carbonate de soude et du sulfure de calcium,

$$2Na^2S + 2CO^3Ca = 2CO^3Na^2 + 2CaS.$$

La troisième molécule de carbonate de chaux sous l'influence de la haute température et de l'excès de charbon, se transforme en chaux vive avec dégagement d'oxyde de carbone (c'est la dernière phase de la réaction):

$$CO^3Ca + C = 2CO + CaO.$$

L'ensemble peut donc se représenter par l'équation suivante :

$$2SO^4Na^2 + 3CO^3Ca + 7C = 2CO^3Na^2 + 2CaS + CaO + 2CO^2 + 6CO.$$

Ou bien, en admettant que l'acide carbonique est réduit par l'excès de charbon à l'état d'oxyde de carbone,

$$2SO^4Na^2 + 3CO^3Ca + 9C = 2CO^3Na^2 + 2CaS + CaO + 10CO.$$

En outre, par suite de l'attaque des briques du four par le carbonate de soude, il se forme une petite quantité de silicate et aluminate sodiques; le fer renfermé à l'état d'oxyde dans le calcaire, dans le sulfate et dans les briques ou abandonné par les râbles (qui sont assez rapidement mangés), donne naissance par sa réaction sur les sulfures de sodium et de calcium à du sulfure de fer.

La soude brute peut en outre encore renfermer du sel marin provenant du sulfate, du sulfate de soude et du carbonate de chaux non décomposés, des traces de magnésie. Elle contient d'ailleurs toujours du charbon en excès, variant de 1,20 à 8 %.

Avant les travaux de de M. Scheurer-Kestner, qui a fait voir l'existence dans les mares de soude du sulfure de calcium, simplement mélangé avec un excès de chaux [*Bull. de la Soc. chim.*, 1864, t. I, p. 169], on admettait généralement que le sulfure de calcium et la chaux forment une combinaison insoluble dans l'eau, l'oxysulfure de calcium 2 Ca S, Ca O, fort peu stable à la vérité, mais présentant néanmoins des affinités moins énergiques que chacun de ses composants.

Les principaux faits invoqués à l'appui de leur opinion par les partisans d'un oxysulfure de calcium étaient les suivants :

Le dosage le plus avantageux pour la fabrication de la soude brute est représenté par 2 molécules de SO^4Na^2 et 3 molécules de CO^3Ca, et non par molécules égales de ces deux substances : l'oxysulfure de calcium (la charrée de soude) caustifie une solution de carbonate de soude beaucoup plus lentement et imparfaitement que ne le ferait la chaux vive et hydratée.

L'oxysulfure de calcium ne décompose presque pas, même après un contact prolongé et même employé en grand excès, une solution de chlorure de manganèse, sur laquelle la chaux vive ou hydratée libre réagit presque instantanément.

Quoi qu'il en soit, voici la composition des pains de soude brute, en admettant l'existence séparée du sulfure de calcium et la chaux vive :

Sulf. de calcium Ca S.	29,96	28,70	28,87	27,34	33,19
Carbonate de soude.	44,80	36,90	44,40	38,50	41,50
Sulfate —	0,92	0,39	1,54	1,54	0,75
Silicate —	1,52	1,18	1,30	1,12	1,16
Aluminate —	1,44	1,70	0,80	1,02	0,39
Chlorure de sodium.	1,85	2,53	1,42	1,75	1,31
Chaux vive CaO....	9,68	9,27	10,44	10,18	9,32
Carbonate de chaux.	5,92	3,31	3,20	»	0,90
Oxyde de fer.......	1,21	2,66	1,75	2,40	3,02
A reporter....	97,30	86,64	93,72	83,85	91,54
Report........	97,30	86,64	93,72	83,85	91,54
Charbon...........	1,20	7,01	5,42	5,43	4,72
Impuretés diverses : sable, silicate de magnésie, etc....	»	»	»	»	»
Total.....	100,00	100,00	100,00	100,00	100,00

AUTRES FORMES DE FOURS A SOUDE. — Sur le continent, surtout en France et en Belgique, on fait encore usage, dans un certain nombre d'usines, de fours de dimensions beaucoup plus considérables pouvant recevoir des charges de 1,200, 1,500, 1,800 et même jusqu'à 3,000 kilogrammes à la fois (fig. 604, 605 et 606). Les fours sont alors à une seule sole elliptique, à cinq ou six portes de travail D, D, dont l'une dans la paroi du four, juste opposée au foyer.

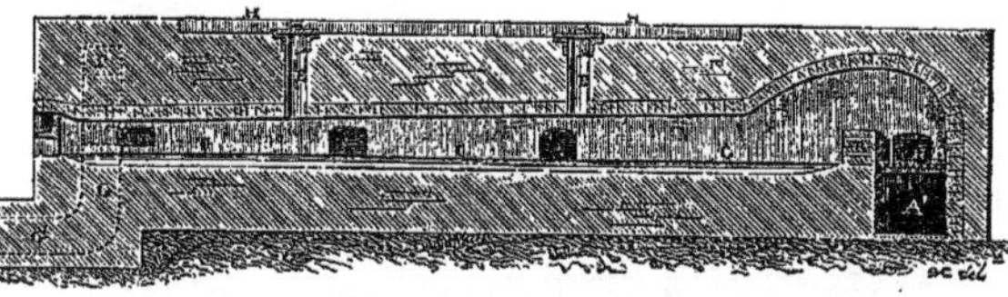

Fig. 604. — Grand four à soude à une sole. Section verticale.

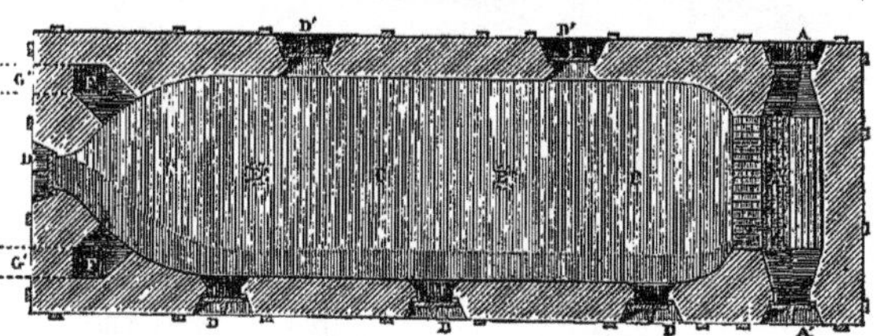

Fig. 605. — Grand four à soude à une sole. Section horizontale.

La flamme s'échappe par deux carneaux F, à droite et à gauche de cette dernière porte, et est conduite pour utiliser la chaleur perdue, soit sous des chaudières à évaporer les lessives, soit sous des plaques sur lesquelles est desséché et déshydraté le sel de soude carbonaté. Dans la voûte se trouvent une ou deux ouvertures E, E, ordinairement fermées, par lesquelles se font les chargements. On ne fait en 24 heures que six opérations.

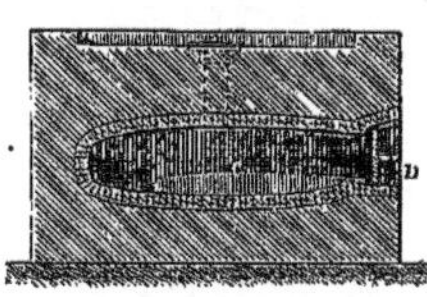

Fig. 606. — Section transversale.

Fours à soude et à sulfate associés. — Lorsque le four n'est qu'à deux compartiments (fig. 607 et 608), le plus rapproché du foyer constitue le four à soude, le second est à la fois cuvette et calcine et est chauffé par la flamme qui a traversé le four à soude.

Lorsque le four est à trois compartiments, le plus éloigné du foyer constitue la cuvette, celui du milieu la calcine, et celui près du foyer naturellement le four à soude. Dans ces systèmes de four, qui sont tous à réverbère et traversés par un courant très énergique (condition indispensable pour le fonctionnement du four à soude), il est presque impossible de condenser le gaz chlorhydrique, dont la majeure partie ou même la totalité s'échappe dans l'atmosphère.

Dans une usine suisse, sur le bord du lac de Zurich, on est cependant parvenu à vaincre la difficulté par la disposition suivante. La calcine est à moufle. La flamme quittant le four à soude passe d'abord au-dessus de la voûte, puis sous la sole de la calcine, de là elle se rend sous la cuvette, y circule et s'échappe enfin dans le carneau de la cheminée. Le gaz chlorhydrique, tant de la cuvette que de la calcine, n'étant plus mélangé avec les gaz de la combustion, est facilement condensé dans une tour de condensation à coke.

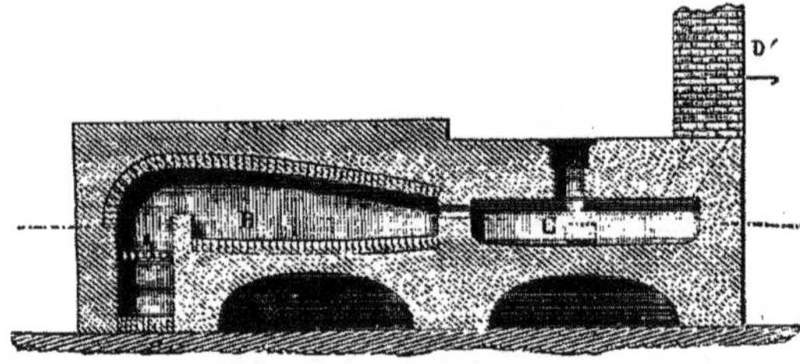

Fig. 607. — Four à soude et à sulfate associés. Section verticale.

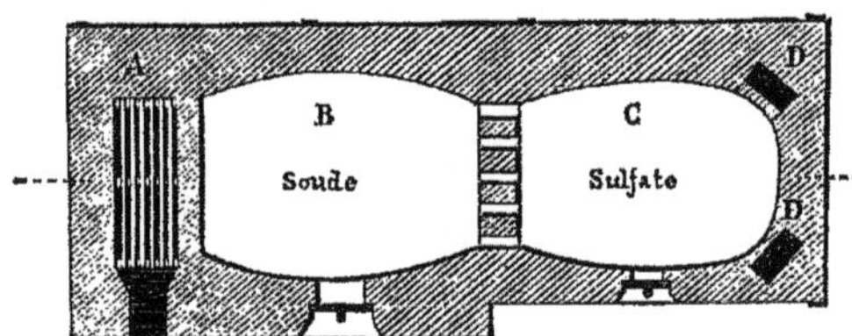

Fig. 608. — Four à soude et à sulfate associés. Section horizontale.

Au four ordinaire à deux soles, on annexe très-souvent un four à réverbère à voûte surbaissée dont la sole est formée par une longue chaudière en tôle, peu profonde, reposant sur des piliers et dans laquelle se fait l'évaporation par surface des lessives de carbonate de soude. Outre les portes de travail des deux soles du four à soude, le four est muni de portes de travail de la chaudière. Très-souvent ces lessives y sont évaporées à siccité. Le gaz carbonique des gaz du foyer étant en partie absorbé par la lessive et par le sel de soude déjà desséché, la causticité en est très-sensiblement diminuée. Ces sels de soude servent de préférence à la fabrication des cristaux de soude.

Four tournant à soude. — Ce four, breveté en 1853 par MM. Elliot et Russel, et perfectionné par MM. Stevenson et Williamson, qui, dans deux usines (à Jarrow et à Friars Goose) possèdent maintenant douze de ces fours produisant 400,000 quintaux métriques de sel de soude calciné, tend de plus en plus à se répandre en Angleterre, à cause de l'économie notable de main-d'œuvre et de combustible qu'il réalise.

Les figures 609, 610 et 611 donnent une idée de sa construction et de son fonctionnement.

Le four est un énorme cylindre A en fonte de $4^m,57$ de longueur sur $2^m,77$ de diamètre extérieur, doublé intérieurement d'une maçonnerie en briques réfractaires, et mobile autour de son grand axe, qui est horizontal. Deux ouvertures circulaires *a*, d'environ $0^m,75$ de diamètre, ménagées à chaque extrémité, permettent à la flamme d'un foyer voisin B de traverser le cylindre comme un grand carneau, d'outre en outre, et de chauffer le mélange qu'il renferme. Ce cylindre repose sur quatre galets roulants ou roues indépendantes *c*, supportées elles-mêmes par un massif de maçonnerie très-solide. Sur sa circonférence est fixée une roue dentée *f*, engrenant avec un pignon commandé par une petite machine à vapeur H. Une ouverture K, pratiquée au milieu du cylindre, et qui peut être fermée pendant le travail par une simple plaque de fonte à clavettes, sert à l'enfournement et au défournement des matières.

Le cylindre ayant été chauffé au rouge vif, est arrêté dans une position telle, que l'ouverture soit placée au-dessous d'une trémie T, dans laquelle des wagons viennent verser le mélange. On charge d'abord 1,370 kilogrammes de calcaire et 636 kilogrammes de charbon en menus morceaux, puis on donne au cylindre un mouvement de rotation de dix révolutions à l'heure.

Après une heure environ (il est très-important de bien saisir cette phase de l'opération) le calcaire est en grande partie converti en chaux; on ajoute 1,220 kilogrammes de sulfate de soude avec 258 kilogrammes de charbon, et on laisse tourner encore une demi-heure à la même vitesse. Au bout de ce temps, les réactions commençant avec la fusion des éléments en présence, la vitesse de rotation du cylindre est portée à deux tours par minute. Enfin une demi-heure de cette chauffe suffit pour terminer l'opération. Elle a duré deux heures et un quart environ. On arrête le cylindre de manière que l'ouverture soit en bas, et on fait tomber la soude fondue, pâteuse, dans une série de wagonnets L, placés les uns à la suite des autres. Un grand tirage est nécessaire pour permettre à la combustion de s'opérer dans toute la longueur du carneau cylindrique avec rapidité, énergie et un effet maximum vers le milieu. Malgré cela, il y a économie notable de combustible comparativement à celui qu'exigent les fours fixes. Ceux-ci consomment 540 kilogrammes, ce four tournant 370 kilogrammes de houille par 1,000 kilogrammes de soude brute produite. Dans ces derniers temps on a cependant disposé très-généralement à la suite du four tournant, d'abord un compartiment à poussière d'une assez grande capacité, puis deux bassins d'évaporation juxtaposés longitudinalement de $2^m,4$ à $2^m,7$ de large, $7^m,5$ de longueur et $0^m,6$ de profondeur. Le feu, amené par un carneau bifurqué au-dessus de chaque bassin, passe sous une voûte surbaissée. Sur la voûte sont disposés très-souvent des bassins avant-chauffeurs de lessives.

Chaque four tournant doit être muni de sa machine à vapeur et d'une cheminée à très-bon tirage. On peut traiter dans un pareil four, à raison de dix opérations en 24 heures, 33,000-34,000 kilogrammes de mélange et produire 18,000-19,000 kilogrammes de soude brute, au lieu de 6,000 que fournit un four ordinaire. De plus, la décomposition du sulfate est plus complète, le rendement en soude plus grand et la qualité supérieure. Un four tournant coûte, complétement installé, environ 50,000 francs.

LIXIVIATION DE LA SOUDE BRUTE. — Le lessivage de la soude brute est une opération aussi importante que délicate; d'un côté, on doit dissoudre

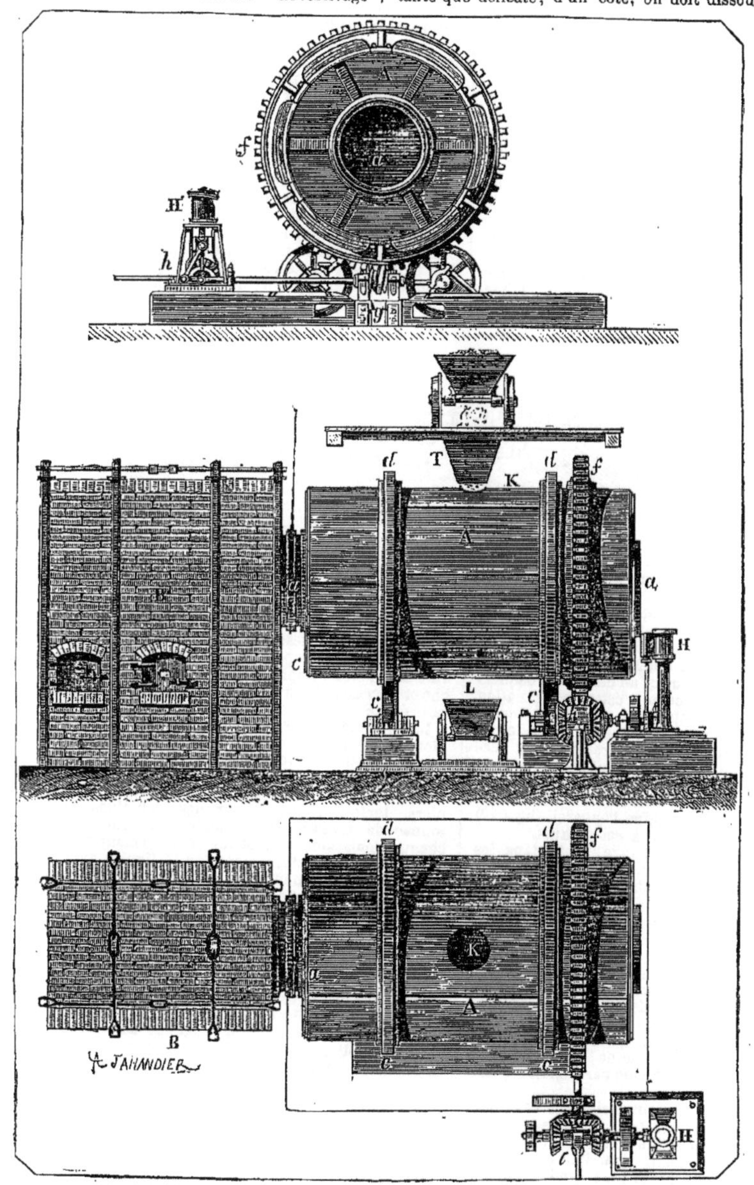

Fig. 609, 610 et 611. — Four tournant pour la fabrication de la soude brute.

›ut le carbonate de soude et de l'autre côté il ›aut éviter que CO^3Na^2 réagisse sensiblement ›ur CaO et sur CaS, donnant naissance à de › soude caustique et à du sulfure de sodium :

$CO^3Na^2 + CaO + H^2O = CO^2Ca + 2NaHO$, et $CO^3Na^2 + CaS = CO^3Ca + Na^2S$.

Or les conditions de la lixiviation la plus complète, c'est-à-dire l'emploi d'eau chaude en grand excès et un lessivage prolongé, sont précisément celles qui provoquent le plus facilement la formation de la soude caustique et du sulfure de sodium. L'eau dissout naturellement aussi le sel marin, le sulfate non décomposé, une certaine quantité d'aluminate et de silicate de soude et même du sulfure de fer. Ce dernier est le résultat de la réaction du sulfure de calcium ou de sodium sur l'oxyde de fer renfermé dans les pains. Le sulfure de fer est par lui-même insoluble dans une solution de carbonate sodique, mais il y devient soluble à la faveur du sulfure de sodium, surtout en présence de soude caustique. Cette combinaison colore en vert pâle les lessives de carbonate de soude; mais lorsqu'elle est concentrée et chaude, la solution offre une coloration jaune-orange et même rouge-orange. Une pareille liqueur, lorsqu'elle est étendue d'eau froide et surtout exposée à l'air, laisse déposer du sulfure de fer noir insoluble, qui retient toujours une quantité assez notable de sulfure de sodium. C'est le même composé dont il a été question plus haut en parlant de la fabrication de la soude brute ferrugineuse.

L'emploi d'eau chaude favorisant trop la formation de Na^2S et de $NaHO$ et l'emploi de l'eau froide augmentant extrêmement la durée du lessivage (ce qui est tout aussi nuisible) et ne fournissant d'ailleurs pas de lessives concentrées, tandis que le fabricant a intérêt à produire des lessives aussi fortes que possible (pour avoir le moins d'eau à évaporer), il a fallu choisir un moyen terme, employer pour le lessivage de l'eau tiède de 30-40° et faire usage d'appareils opérant une lixiviation rapide, méthodique et cependant aussi complète que possible.

Le lessivage de la soude brute se faisait autrefois moyennant une série de trois à quatre cuves remplies chacune presque jusqu'au bord de soude brute assez finement concassée. Ces cuves étaient

Fig. 612. — Lixiviateur Clément Desormes.

placées à différents niveaux, de telle manière que les liqueurs faibles provenant des cuves supérieures, qui contenaient une matière déjà partiellement lessivée, s'écoulaient dans les cuves inférieures chargées d'une matière moins épuisée. Cet arrangement rendait nécessaire le transport de la soude brute non épuisée des cuves inférieures dans les supérieures, au moyen de baquets ou de pelles. Non-seulement cette manipulation était très-pénible, mais elle rendait la masse très-compacte ou, pour nous servir d'un terme industriel, très-puddlée; on altérait ainsi sa perméabilité pour le liquide lixiviateur d'une manière si sensible, que les solutions obtenues dépassaient rarement une densité de 1,15 à 1,17.

Clément Desormes imagina l'appareil (fig. 612) qui remédiait partiellement à ces défauts.

Au lieu d'introduire la soude brute dans les cuves, Desormes la concassait en morceaux d'une grandeur convenable et la plaçait dans des paniers en tôle perforée, *a, b, c, d, e*, qu'il immergeait avec leur contenu dans l'eau des différentes cuves, A, B, C, D, E, F, placées en gradins. En outre, ces paniers étaient munis d'anses, qui permettaient de les soulever facilement et de les transporter d'une cuve à l'autre jusqu'à ce qu'ils eussent parcouru la série de cuves. Le transport de la soude brute s'opérait ainsi avec beaucoup moins de peine et le puddlage ou tassement se produisait sensiblement moins que lorsqu'on transférait la soude elle-même par pelletée d'une cuve à l'autre.

Le travail de déplacement était donc beaucoup diminué; et, au lieu de trois ou quatre cuves seulement, il fut possible d'en employer une série beaucoup plus nombreuse. Par ce procédé, on épuisait la soude brute plus graduellement, et, par conséquent, d'une manière plus complète. Les paniers contenant la soude brute se succédaient en remontant de cuve en cuve; chaque panier plein était introduit avec une charge fraîche dans la cuve la plus inférieure, et on le retirait épuisé de celle qui occupait l'extrémité supérieure dans la série. L'eau coulant dans une direction opposée était introduite pure dans la cuve supérieure A, qui recevait en même temps les eaux d'égouttage du panier épuisé *e*, et descendait en passant de cuve en cuve, rencontrant toujours une soude brute moins épuisée et devenant plus riche en alcali à mesure qu'elle descendait; arrivée dans la cuve la plus basse, elle filtrait à travers un panier rempli de soude brute toute fraîche et s'écoulait de là en F et G à l'état de solution saturée de soude.

Le système de Desormes constituait indubitablement un grand progrès comparativement aux arrangements antérieurs, très-défectueux. Mais il était loin d'être parfait; il fallait beaucoup de travail et de main-d'œuvre pour soulever les paniers, lorsqu'on opérait sur des centaines de tonnes de matières par semaine. En outre, à chaque déplacement, la soude brute, n'étant plus supportée hydrostatiquement par le liquide dans lequel elle était immergée, se tassait en masses de plus en plus compactes, et il en résultait par cela même, quoique à un moindre degré, cette perte de porosité qui constituait l'objection la plus importante au premier procédé. De plus, la méthode de lessivage indiquée par Desormes était très-lente, et l'appareil occupait beaucoup de place comparativement aux résultats obtenus.

Shanks, un fabricant anglais, mit en pratique le principe du *lessivage méthodique* au moyen d'un appareil qui rendait inutile le transport de la soude brute d'une cuve à l'autre en réunissant les avantages en apparence incompatibles d'une *disposition horizontale* des cuves à lessivage avec l'écoulement *par descente* du liquide lixiviateur à travers chacune d'elles.

Pour arriver à ce résultat, il profita du fait que les solutions deviennent plus denses à mesure qu'elles sont plus chargées et plus concentrées, et qu'une colonne d'une solution faible d'une certaine hauteur est contre-balancée par une colonne plus courte, d'une solution plus dense.

D'après ce principe, dans une série de cuves disposées horizontalement, à travers lesquelles on fait couler de l'eau qui, dans sa course, opère la lixiviation d'une matière soluble ou partiellement soluble, et qui devient de plus en plus chargée, le niveau de l'eau s'abaissera successivement de cuve en cuve, depuis la première qui reçoit l'eau pure, jusqu'à la dernière d'où elle s'écoule saturée. Ainsi, quoique les cuves elles-mêmes soient horizontales, les niveaux de leurs eaux représenteront un plan incliné; et quoique le courant qui traverse ces cuves soit, en un sens, dans un plan horizontal, il sera néanmoins incliné en réalité.

Cette déclivité réelle sera d'autant plus grande que l'eau se chargera plus rapidement en passant de cuve en cuve; en d'autres termes, elle sera proportionnelle à la différence de densité des solutions dans les différentes cuves. Cette concentration accélérée du liquide sera évidemment produite à mesure qu'il avancera dans les cuves, si on le met dans chacune en présence d'une charge toujours plus fraîche et moins épuisée de matières à lessiver. Les arrangements sont faits en conséquence, et la déclivité utilisable qu'on obtient ainsi n'est pas de moins de 12 à 15 pouces ($0^m,30$-$0^m,45$) d'un bout à l'autre de la série des cuves, malgré leur disposition horizontale.

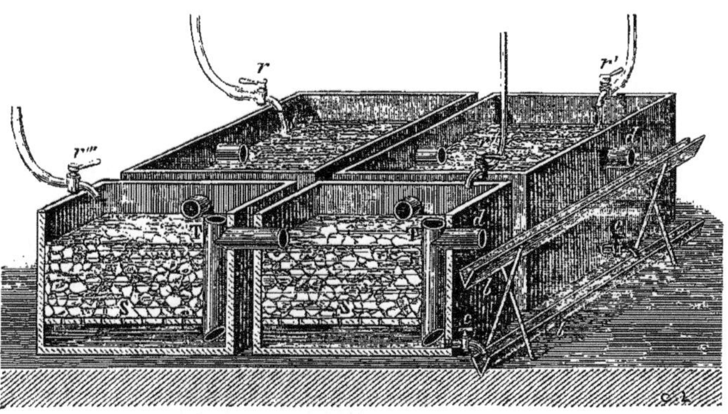

Fig. 613. — Appareil à lixiviation; méthode de Shanks.

Mais cette pente ne serait en elle-même d'aucune utilité pour le but qu'on se propose si son point le plus élevé et le plus bas ne pouvait être transféré au gré de l'opérateur à deux cuves contiguës quelconques de la série.

A cet effet, les cuves sont reliées entre elles par des tuyaux, de manière à former une série rentrante, n'ayant, pour ainsi dire, ni commencement ni fin, et fournissent à l'eau un passage non interrompu, qui lui permet de couler sans cesse dans une espèce de cercle.

Cet arrangement met l'opérateur à même de choisir deux cuves contiguës quelconques, et d'en faire les cuves d'entrée et de sortie du liquide lixiviant; le courant du liquide est naturellement dirigé à travers tout le cercle de cuves intermédiaires, au moyen des tubes qui les font communiquer.

Les cuves étant alternativement vidées et remplies, celle qu'on a chargée en dernier lieu, et qui contient, par conséquent, la matière la plus riche, est aussi celle dans laquelle le liquide, saturé le plus complétement, devient le plus dense et reste au niveau le plus bas; en conséquence, cette cuve sera, jusqu'à nouvel ordre, la cuve de sortie, d'où l'on fait découler la solution saturée.

D'un autre côté la cuve qui, au même moment, renferme la matière la plus épuisée est nécessairement celle qui contient la liqueur la plus faible et qui, pour cette raison, possède le niveau d'eau le plus élevé. Cette cuve forme, par conséquent, le sommet de la déclivité, et est la cuve d'entrée pour l'eau pure.

Les cuves intermédiaires renferment des solutions de saturation et de densité intermédiaires, lesquelles se maintiennent à des niveaux correspondants et constituent une pente uniforme entre les deux cuves extrêmes de cette espèce de plan incliné.

Lorsque la charge dans la cuve d'entrée qui reçoit l'eau parfaitement pure est complétement épuisée, on la laisse égoutter, puis on l'enlève et on remplit la cuve de nouvelle matière à lessiver; alors, en ouvrant une série de robinets, on transforme cette cuve en cuve de sortie, celle de laquelle la liqueur saturée s'écoule dans le réservoir placé plus bas. Après avoir été le point le plus élevé de la déclivité, cette cuve fraîchement remplie en devient subitement l'extrémité inférieure.

On dirige en même temps le courant d'eau pure dans la cuve la plus voisine, c'est-à-dire dans celle qui contient alors la charge à peu de chose près déjà épuisée; cette cuve se trouve donc à son tour la première et la plus élevée de la série, celle qui, contenant la solution la plus faible, présente la colonne de liquide la plus haute. Une charge après l'autre étant ainsi épuisée, chaque cuve, à son tour, est vidée et remplie; et, de cette manière, chacune d'elles occupe successivement le point le plus élevé, puis tous les points intermédiaires de la déclivité et enfin le point le plus bas. Ces principes étant posés, il sera facile de se rendre compte des dispositions spéciales de l'appareil représenté dans la figure 613.

Les cuves à lixiviation, ordinairement de quatre ou six pour chaque série, sont en tôle et munies de doubles fonds S S perforés, qui supportent les morceaux de soude brute (souvent de la grosseur d'une tête, et même plus gros lorsque la soude brute est bien poreuse) et au-dessous desquels se rassemble la lessive claire. C'est dans cette couche de lessive que débouche l'extrémité inférieure du tube vertical T, etc., qui fait passer la lessive dans la cuve voisine, ou au dehors, au moyen d'un tube d'embranchement horizontal *dd*.

Ce dernier s'embranche de $0^m,40$ à $0^m,50$ au-dessous du niveau supérieur des cuves, laissant cette hauteur comme marge pour la variation du niveau du liquide dans les différentes cuves. L'eau tiède (quelquefois l'eau de lessivage est chauffée dans les cuves mêmes par la vapeur perdue d'une chaudière ou machine à vapeur) peut couler à volonté par les tubes et robinets *r*, *r'*, *r''*, etc., dans l'une quelconque des cuves. On règle sa vitesse de manière à obtenir une lessive d'une densité d'environ 1,3. La lessive concentrée s'écoule par le caniveau supérieur *b* dans un grand réservoir, d'où elle est pompée dans les bassins de dépôt.

Les eaux de drainage très-faibles d'une cuve à soude brute épuisée (ces eaux ne doivent plus marquer que 0°,5 Baumé tout au plus) s'écoulent par le robinet *c'* dans un autre réservoir, pour en être pompées et déversées à la place d'eau pure sur la cuve la plus épuisée. Les avantages de ce mode de lixiviation sont les suivants :

1° Économie de main-d'œuvre par suite de la suppression du transport de la soude brute de cuve en cuve ;

2° La soude brute restant constamment immergée et immobile est supportée hydrostatiquement, de manière qu'elle ne se transforme pas en boue imperméable et devient, au contraire, de plus en plus poreuse à mesure que la lixiviation avance ;

3° Le courant descendant déplace sans cesse les portions les plus denses des lessives, de sorte que la lixiviation s'opère avec moins d'eau, en moins de temps et d'une manière plus parfaite ;

4° La rapidité et continuité du lessivage soustraient promptement le carbonate de soude à l'action du sulfure de calcium et de la chaux, de manière que les lessives sont les moins sulfurées et caustiques possible ;

5° Enfin la grande concentration des lessives économise une portion notable de combustible nécessaire pour leur évaporation et l'obtention de sel de soude anhydre.

Quel qu'ait été le mode de lessivage employé, les lessives fortes de 24° à 30° Baumé sont pompées dans de grands bassins de dépôt en tôle, pour s'y clarifier complétement. Le local où se trouvent ces bassins doit être maintenu constamment à une température d'environ 40-60° centigrades (les bassins sont souvent placés à claire-voie sur des rails en fer à T au-dessus du magasin où l'on amène et laisse refroidir les pains de soude brute), pour empêcher qu'en hiver il ne se forme des cristaux de $CO^3Na^2 + 10H^2O$, qui obstrueraient les robinets et conduits.

Il se dépose dans ces bassins une certaine quantité de substance noire boueuse, constituée, pour la majeure partie, par du sulfure de fer.

Quant au résidu insoluble qui reste dans les bassins de lixiviation et qui est désigné sous le nom de *marc de soude* ou de *charrée de soude*, on l'utilise maintenant généralement pour la régénération du soufre qu'il renferme, par diverses méthodes dont il sera question plus loin.

FABRICATION DU SEL DE SOUDE. — ÉVAPORATION DES LESSIVES. — Suivant qu'on veut obtenir le sel de soude *carbonaté* ou le sel de soude caustique, on opère la concentration des lessives de deux manières très-différentes. La plus simple est celle employée pour la *fabrication du sel de soude caustique*. Elle s'exécute dans des fours spéciaux dits fours marseillais. Chaque four (fig. 614) est surmonté par deux bassins en tôle D et E communiquant entre eux et chauffés par la flamme perdue du four ABC. C'est dans ces bassins qu'on amène la lessive bien clarifiée provenant du lessivage des pains de soude brute caustique.

Cette lessive s'y concentre jusqu'à ce qu'elle marque à chaud 33° à 34° Baumé et est ensuite siphonnée ou amenée dans le four à réverbère. La sole du four, lorsqu'elle est en briques, doit toujours être recouverte d'une couche assez épaisse de sel de soude déjà desséché; mais pour des fours à sole en fonte (on emploie avantageusement des briques en fonte, placées de champ et très-serrées) cette précaution n'est point nécessaire. Au moment où l'on introduit la lessive concentrée, mais liquide, dans le four, l'ouvrier a soin de bien activer le feu, de fermer F et d'ouvrir G. En effet, le carneau C communique avec les deux carneaux C' et C'' et les registres F et G permettent de diriger les gaz et vapeurs s'échappant par C, soit sous les bassins E et D, soit directement dans la cheminée d'appel. Sous l'influence du feu vif venant du foyer A, l'eau s'évapore rapidement et bientôt la sole se trouve recouverte d'une pâte ou bouillie semi-liquide. A partir de ce moment l'ouvrier ne touche plus le foyer que le plus rarement possible, pour éviter l'entraînement des cendres, diminuer la chaleur dans l'intérieur du four et avoir un feu clair et oxydant; il ferme le registre G et ouvre F pour faire circuler la flamme sous les bassins au-dessus du four.

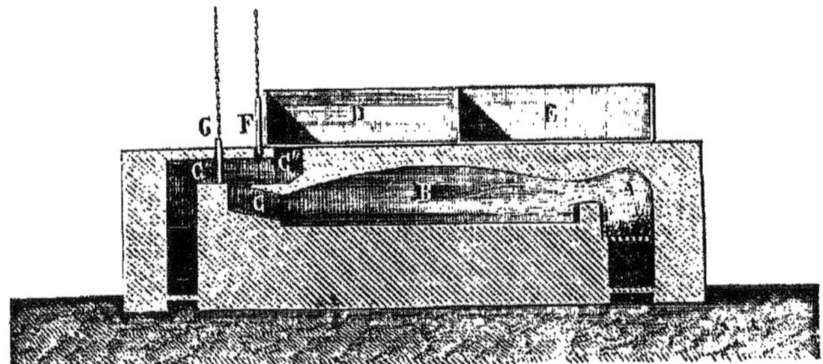

Fig. 614. — Four marseillais; fabrication du sel de soude caustique.

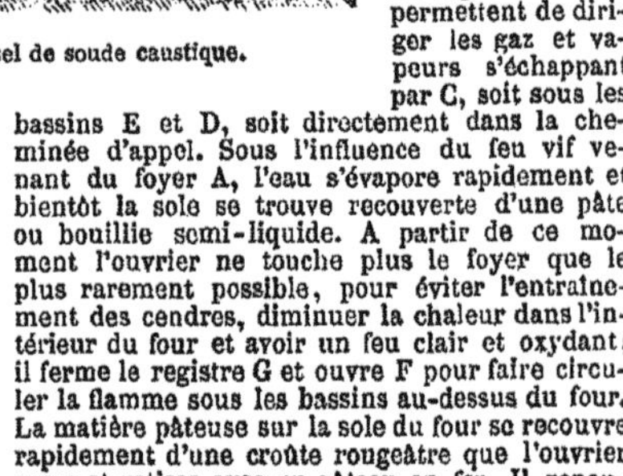

La matière pâteuse sur la sole du four se recouvre rapidement d'une croûte rougeâtre que l'ouvrier casse et ratisse avec un râteau en fer. Il renouvelle ainsi les surfaces et facilite la combustion et l'oxydation des matières organiques, ainsi que des sulfures de fer et de sodium.

Aussitôt que la masse commence à durcir, un ringard en fer est substitué au râteau et peu à peu tout le sel de soude est rassemblé en un seul grand tas assez éloigné du foyer. La température ne doit guère dépasser celle de la fusion du plomb et il faut éviter avec soin que le sel ne fonde. L'ouvrier écrase et granule ensuite le mieux possible le sel de soude caustique, qui est devenu tout à fait blanc, et l'opération étant terminée, il amène le sel en avant pour le faire tomber par la porte de travail dans un wagonnet en tôle de fer. On le conduit aux grands réservoirs en tôle, où le sel de soude est jeté à travers de forts cribles à mailles assez larges. Les morceaux trop volumineux (qui toutefois ne doivent pas se rencontrer en grand nombre) sont concassés soit à la main, soit broyés sous une meule en fonte.

Un sel de soude caustique bien préparé et fabriqué avec de bonnes lessives ne doit ni jaunir, et encore moins noircir au contact de l'air humide. Un pareil sel, lorsque son titre d'alcalinité est, par exemple, de 82°, présente très-souvent un titre de causticité de 16°. Cela veut dire que 100 grammes de ce sel exigent pour leur saturation exacte 82 grammes d'acide sulfurique SO^4H^2 à 66° Baumé, dont 16 grammes sont saturés par la soude encore à l'état caustique et les autres 66 grammes par la soude combinée à l'acide carbonique.

On conçoit que le sel de soude caustique, d'après son mode même de préparation, doit renfermer toutes les impuretés de la lessive, il contient donc toujours une petite quantité de silice, d'alumine, d'oxyde de fer, etc.; mais si la calcination a été bien faite, en dissolvant le sel dans l'eau, une bonne partie de ces impuretés reste à l'état insoluble et se dépose assez rapidement en flocons blanchâtres.

Un sel de soude demi-caustique est obtenu dans les usines qui concentrent les lessives par la flamme des fours à soude léchant la surface du liquide. On comprend qu'une partie de la soude caustique des lessives se trouve carbonatée par l'acide carbonique de la flamme. Les bassins n'étant pas chauffés en dessous, il n'y a pas de risque que le sel de soude s'y attache au fond et il suffit que l'ouvrier brise de temps à autre la croûte saline qui se forme à la surface, afin d'exposer sans cesse de nouvelles portions du liquide à l'action de la chaleur. Lorsque beaucoup de sel se trouve précipité au fond du bassin, on le retire au moyen des portes de travail latérales et on le répand sur une surface inclinée ou on le jette dans une espèce de caisse inclinée en tôle, dont les parois et le fond sont percés de trous, afin de laisser égoutter les eaux mères, très-riches en sulfure de sodium et en soude caustique.

Quelques fabricants lavent le sel ainsi obtenu avec une solution saturée de carbonate de soude, mais généralement ce procédé de purification n'est pas pratiqué. Ordinairement le sel simplement égoutté qui renferme le carbonate de soude combiné à 1 équivalent d'eau de cristallisation, et qui est très-coloré, est introduit dans un four à réverbère et soumis à la calcination, comme dans le four marseillais.

Le sel ainsi obtenu présente ordinairement un aspect gris ou jaune peu agréable. La proportion des sulfite et sulfate sodiques s'y trouve sensiblement augmentée par suite de l'absorption du gaz sulfureux, dégagé pendant la combustion de la houille toujours un peu sulfurée, et le sel renferme en outre toutes les impuretés entraînées mécaniquement du four à soude dans les bassins d'évaporation.

Fabrication du sel de soude carbonaté. — Le but qu'on se propose dans ce procédé de fabrication est de séparer le plus complétement possible le carbonate de soude pur de toutes les autres substances (soude caustique, sulfure, chlorure, sulfate, silicate et aluminate sodiques, sulfure de fer) qui se trouvent avec lui en solution dans la lessive de la soude brute carbonatée. Une pareille lessive présente en moyenne la composition suivante :

Carbonate de soude	20.50
Soude caustique	3.30
Chlorure de sodium	1.70
Sulfate de soude	0.60
Sulfure de sodium	0.10
Silice et alumine	0.17
Sulfure de fer	0.03
Eau	73.60
	100.00

Si l'on concentre une pareille lessive, il arrive bientôt un moment où tout le carbonate de soude ne peut plus être tenu en dissolution. Il commence donc à se précipiter à l'état de

$$CO^3Na^2 + H^2O.$$

Tous les autres sels sont encore dissous. En recueillant donc le sel précipité, le laissant bien égoutter (ce qui a lieu facilement, les eaux mères étant encore peu concentrées, peu colorées et encore riches en carbonate de soude), enfin en le calcinant pour chasser l'eau d'hydratation, on a du carbonate de soude à peu près chimiquement pur. C'est le sel de soude carbonaté de 90° alcalimétriques du commerce.

En concentrant davantage, on obtient un nouveau précipité de $CO^3Na^2 + H^2O$, mais auquel commence à se mélanger du sulfate de soude, et l'eau mère, déjà plus concentrée et plus visqueuse, ne s'égoutte plus aussi complétement. Après calcination, c'est encore du sel de soude à peu près complétement carbonaté, mais ne présentant plus un titre alcalimétrique aussi élevé; il sera, par exemple, de 85°.

Par une nouvelle concentration le sel précipité et pêché ne fournira plus qu'un sel de soude de 80° dont la causticité sera déjà très-sensible. L'aspect des eaux mères éprouve en même temps un changement remarquable. Tandis que la lessive primitive était légèrement jaunâtre ou verdâtre, les eaux mères prennent une teinte de plus en plus rougeâtre et deviennent finalement rouge-orange ou rouge-brique (une coloration brun noirâtre indique une lessive de composition anormale). Les derniers sels recueillis sont très-impurs et naturellement colorés en rouge par l'eau mère adhérente; mais, lorsqu'ils sont exposés à l'air, cette teinte disparaît assez rapidement par suite de l'oxydation du sulfure double de fer et de sodium, qui est la cause de cette coloration.

A ce moment on arrête l'opération. Les sels successivement précipités sont enlevés au moyen de larges écumoires et déchargés dans de grandes trémies en tôle, divisées en plusieurs compartiments et disposées à l'extrémité de la chaudière, de manière que les eaux mères égouttées y retombent. Dans ces compartiments l'on trouvera donc disposés l'un à la suite de l'autre les sels classés suivant leurs différents degrés de pureté. Les portions les plus pures (les sels carbonatés de 90°) étant enlevées des compartiments de la trémie sont ordinairement desséchés sur des plates-formes en fonte, assez fortement chauffées, où on les remue et pulvérise constamment au moyen de ringards en fer. Les sels impurs et fortement caustiques sont, au contraire, desséchés et calcinés plus avantageusement dans des fours à réverbère, où l'acide carbonique de la flamme sature en partie la soude caustique.

Les dernières eaux mères (eaux rouges) sont ramassées finalement dans la chaudière assez refroidie et conservées dans de grands réservoirs en tôle. Elles y déposent encore une certaine quantité de sels très-impurs, très-caustiques, colorés en noir par du sulfure de fer, et constituent alors la matière première de la fabrication de la soude caustique fondue. Ces sels impurs, et souvent aussi les eaux rouges elles-mêmes, sont ajoutés, par 25 à 30 kilogrammes chaque fois, au mélange de sulfate, de calcaire et de houille qui, dans les fours à soude, produit la soude brute.

Le tableau suivant donne une idée de la composition des sels de soude successivement déposés et extraits de la chaudière d'évaporation, puis calcinés.

1. Premier dépôt de sel de soude.
2. Second dépôt (n° 1 et 2 réunis fournissent le sel de soude carbonaté à 90° alcalimétriques).
3. Dépôt employé pour le sel de soude de 80°.
4. Dépôt suivant également employé pour le sel de soude de 80°.
5. Dépôt salin des liqueurs rouges.
6. Eaux rouges claires de 43° Baumé. Densité, 1,424. Le titre alcalimétrique est celui de 10 gr. de liquide.

	1.	2.	3.	4.	5.	6.
Titre alcalimétrique........	92°	89°,5	82°,5	78°,2	60°,5	74°
Titre de causticité.........	1°	2°	10°	17°,2	30°	73°
CO^3Na^2 pur....	98,20	94,60	77,42	70,61	33,00	1,16
$NaHO$..........	0,80	1,60	8,16	14,03	24,50	29,10
SO^4Na^2.........	0,50	0,80	7,15	8,06	3,30	1,00
$NaCl$..........	0,50	9,90	7,10	7,10	33,30	11,07
Fer, SiO^2, Al^2O^3, Soufre........	»	0,05	0,17	0,20	5,90	1,04
Mat. insoluble..	»	2,05	»	»		»
Eau............	»	»	»	»	»	56,63

Les chaudières employées pour l'évaporation des lessives présentent dans les différentes fabriques des formes assez diverses. Souvent elles sont à fond plat, longues de 8 à 10 mètres, larges de 3 mètres et profondes de $0^m,50$ à $0^m,70$. Le foyer à une ou deux grilles se trouve en avant et au-dessous de la ligne médiane longitudinale de la chaudière. La flamme va en ligne droite jusqu'à l'autre extrémité et s'y recourbe en se partageant en deux pour suivre les deux côtés de la chaudière. Les parties latérales sont donc moins fortement chauffées que le milieu où l'ébullition est la plus forte; aussi les sels précipités ont une tendance naturelle à se déposer près des parois latérales où ils sont plus facilement relevés. On les y pousse d'ailleurs avec des ringards. Cependant il s'en attache toujours une certaine quantité aux tôles, où ils reçoivent les coups de feu, ce qui les expose à être facilement brûlées, et nécessite de fréquentes réparations. Il est d'ailleurs indispensable d'écailler la chaudière

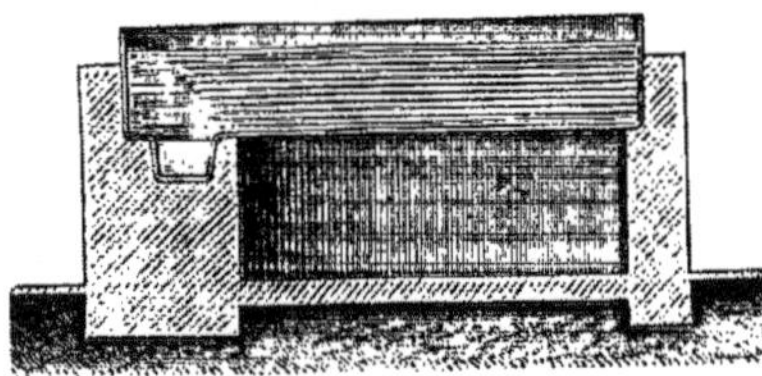

Fig. 615. — Chaudière à rainure latérale.

après chaque opération pour détacher les croûtes salines adhérentes et permettre de nouveau le contact direct de la lessive avec la tôle.

Quelquefois les chaudières sont à rainures, soit latérale (fig. 615), soit médiane (fig. 616), c'est-à-

Fig. 616. — Chaudière à rainure médiane.

dire que le fond au lieu d'être plat présente une dépression, une espèce de gouttière abritée par la maçonnerie contre l'action directe du feu, dans laquelle se rassemble le sel précipité et d'où il peut aisément être retiré. La rainure latérale est plus commode que la rainure médiane pour le service de la chaudière.

Le même effet est obtenu par la chaudière à bateau (fig. 617) dont le fond repose sur une voûte supportée par un mur mitoyen. Cette voûte est perforée au-dessus du foyer pour que la flamme puisse lécher d'abord l'une des parois latérales

Fig. 617. — Chaudière à bateau.

de la chaudière, puis, contournant le mur mitoyen, revenir en avant en léchant la paroi opposée et se rendre enfin par de nouvelles perforations de la voûte dans le carneau de la cheminée.

L'opération de l'évaporation des lessives peut elle-même être conduite de plusieurs manières. Quelquefois une chaudière avant-chauffeur est accolée à la chaudière de concentration proprement dite et les lessives y sont portées presque à l'ébullition par le feu perdu de cette dernière chaudière. D'autres fois les feux de deux ou trois chaudières de concentration se réunissent pour chauffer les lessives accumulées dans un bassin plus grand avant-chauffeur. Dans quelques usines la chaudière n'est remplie qu'une seule fois et la concentration est poussée jusqu'à la limite permise, mais plus souvent après que l'évaporation a réduit la lessive de la chaudière à la moitié de son volume primitif (ce qui permet de faire deux à trois levées de sels assez purs), on remplit une seconde fois la chaudière avec des lessives fraîches et quelquefois même une troisième fois avant de pousser la concentration jusqu'aux eaux rouges.

Lorsqu'une chaudière a été fraîchement remplie, il faut ordinairement faire bouillir la lessive pendant 2 à 3 heures avant que le carbonate de soude monohydraté, ($CO^3Na^2 + H^2O$), ne commence à se déposer. A ce moment, le liquide se couvre d'une croûte saline qui met obstacle à toute évaporation, excepté aux endroits de la chaudière les plus fortement chauffés, où le bouillonnement brise constamment cette croûte saline. L'ouvrier doit donc agiter sans cesse la lessive pour augmenter la surface d'évaporation. Ce travail fatigant, puisque la croûte se reproduit instantanément dès qu'on cesse l'agitation, peut être avantageusement remplacé par un mécanisme très-simple, par exemple par un râteau à dents en fer, suspendu à une espèce de pendule qui dans ses mouvements de va-et-vient parcourt, soit en longueur, soit en largeur, toute la surface de la chaudière.

Dans beaucoup de fabriques bien organisées, surtout là où l'on a intérêt à produire la plus grande quantité possible de sel de soude carbonaté de 90° et où l'on applique les sels impurs d'un titre d'alcalinité au-dessous de 80° à la fabrication des cristaux de soude, l'on soumet les lessives telles qu'elles s'écoulent des lessivoirs et avant de les introduire dans les bassins de dépôt à un traitement très-important qui a pour but leur *oxydation* et leur *carbonatation*.

A cet effet les lessives sont pompées au haut

d'une tour en tôle de fer assez élevée d'où elles descendent en nappes minces en coulant sur de nombreuses chicanes en tôle, soit sur du coke. Elles rencontrent un courant ascendant assez rapide d'acide carbonique, soit pur, soit mélangé d'air; le tirage énergique est provoqué soit par un jet de vapeur, soit par la mise en communication du haut de la tour avec le carneau d'une haute cheminée de l'usine.

L'acide carbonique pur est obtenu soit par la réaction des résidus de chlore très-acides sur du calcaire, soit par la saturation d'acide chlorhydrique faible par le calcaire ou la dolomie; l'acide carbonique impur mélangé d'air en excès provient d'un feu de coke disposé de manière que CO soit complétement brûlé et transformé en CO^2. Dans ce feu, l'on peut avantageusement calciner en même temps du calcaire qui se convertit en chaux vive, en augmentant notablement la proportion d'acide carbonique. A la rigueur l'on peut enfin tout simplement puiser les gaz dans les carneaux provenant de foyers fumivores à vive combustion.

L'action de l'oxygène et de l'acide carbonique est facile à comprendre.

L'oxygène se porte sur le sulfure de sodium et le fait passer à l'état d'hyposulfite ou même de sulfate. Le sulfure de fer qui n'était soluble qu'à la faveur du sulfure de sodium ne pourra donc plus être tenu en dissolution et sera obligé de se déposer complétement dans les bassins de dépôt.

L'acide carbonique peut exercer une double action : il se combine à la soude caustique et la fait passer à l'état de carbonate; il réagit sur le sulfure de sodium et le transforme également en carbonate avec dégagement d'hydrogène sulfuré. Si le traitement de la lessive a été complet et si l'on a laissé au sulfure de fer le temps de bien se déposer dans les bassins de dépôt, la lessive ne sera plus ni sulfurée, ni caustique, ni ferrugineuse et fournira évidemment une proportion notablement plus grande de sel de soude carbonaté riche; les sels à degrés faibles seront blancs et produiront facilement de beaux cristaux de soude.

Il est encore à observer que, si l'acide carbonique introduit au bas de la tour de carbonatation est très-chaud, la lessive s'échauffera également et se concentrera très-notablement pendant sa descente.

Dans telle usine on fabrique le sel de soude à la fois par les deux procédés, celui de Leblanc et celui à l'ammoniaque, et dans telle autre où l'on peut se procurer à bon marché du bicarbonate de soude, la carbonatation des lessives pourra être obtenue d'une manière plus simple et probablement plus économique que par l'usage de la tour. Il suffira de dissoudre dans la lessive caustique et sulfurée une quantité de bicarbonate sodique proportionnelle ou légèrement supérieure à $NaHO$ et Na^2S existant dans la lessive.

L'addition du bicarbonate sodique sera faite convenablement dans les bassins avant-chauffeurs des lessives, afin de permettre au sulfure de fer de se déposer au fond de ces bassins avant de faire écouler la lessive claire dans les chaudières d'évaporation.

Voici la composition de quelques sels de soude carbonatés et caustiques du commerce. Les premiers, qui sont sans causticité, sont des sels de soude raffinés, d'origine anglaise. Ils sont préparés en redissolvant dans l'eau des sels de soude secs parfaitement carbonatés par les gaz des foyers, mais d'un aspect gris sale. On laisse la solution s'éclaircir complétement dans des bassins de dépôt, puis on l'évapore de nouveau à siccité. De là vient aussi la faible quantité de matières insolubles qu'on rencontre dans ces sels de soude raffinés.

Sels de soude carbonatés, sans causticité.

Eau	2,22	3,11	1,15	1,00	0,40
Matières insolubles	0,12	0,22	0,08	»	0,06
$NaCl$	12,48	6,41	3,28	2,11	0,99
SO^4Na^2	8,51	3,25	2,15	1,50	0,35
CO^3Na^2	76,67	87,01	93,34	95,39	98,20

Sels de soude, avec causticité.

Eau	2,18	1,50	2,48	1,38	0,50	»
Mat. insolubles	0,12	0,11	0,21	0,09	4,20	0,60
$NaCl$	4,32	2,43	3,50	4,11	2,80	4,30
SO^4Na^2	8,80	1,02	2,15	2,56	1,40	2,50
CO^3Na^2	82,47	88,09	84,54	81,67	88,20	84,60
$NaHO$	2,11	6,25	7,12	10,25	2,90	8,00

Dans la fabrication du sel de soude d'après le procédé Leblanc, l'on éprouve d'assez grandes pertes de soude, qu'on peut évaluer de 14 à 18 et même à 20 %. Cette perte se répartit à peu près de la manière suivante : sulfate non décomposé, 1 1/2 à 3 %; combinaisons sodiques insolubles dans la charrée, 4 à 5 1/2 % (la perte augmente avec la proportion de calcaire dans le mélange pour soude brute); sodium volatilisé dans le four à soude, 1 %; perte par suite d'un lessivage incomplet de la soude brute, 3 à 3 1/2 %; pertes pendant les évaporations et calcinations, 4 à 6 %.

Pour désigner la richesse de la soude en carbonate de soude sec, on dit qu'elle est à *n* % ou à *n* degrés. Nous donnons dans la table suivante les degrés alcalimétriques des différents pays.

Pour 100 en oxyde sodique Na^2O.	Pour 100 en carbonate sodique CO^3Na^2.	Degrés anglais % en Na^2O ancien équivalent.	Degrés français d'après Decroizilles.	Pour 100 en oxyde sodique Na^2O.	Pour 100 en carbonate sodique CO^3Na^2.	Degrés anglais % en Na^2O ancien équivalent.	Degrés français d'après Decroizilles.
30,0	51,29	30,39	47,42	37,5	64,11	37,99	59,27
30,5	52,14	30,90	48,21	38,0	64,97	38,50	60,06
31,0	53,00	31,41	49,00	38,5	65,82	39,00	60,85
31,5	53,85	31,91	49,79	39,0	66,68	39,51	61,64
32,0	54,71	32,42	50,58	39,5	67,53	40,02	62,43
32,5	55,56	32,92	51,37	40,0	68,39	40,52	63,22
33,0	56,42	33,43	52,16	40,5	69,24	41,03	64,01
33,5	57,27	33,94	52,95	41,0	70,10	41,54	64,81
34,0	58,13	34,44	54,74	41,5	70,95	42,04	65,60
34,5	58,98	34,95	54,53	42,0	71,81	42,55	66,39
35,0	59,84	35,46	55,32	42,5	72,66	43,06	67,18
35,5	60,69	35,96	56,11	43,0	73,52	43,57	67,97
36,0	61,55	36,47	56,90	43,5	74,37	44,07	68,76
36,5	62,40	36,98	57,69	44,0	75,23	44,58	69,55
37,0	63,26	37,48	58,48	44,5	76,08	45,08	70,34

Pour 100 en oxyde sodique Na^2O.	Pour 100 en carbonate sodique CO^3Na^2.	Degrés anglais % en Na^2O ancien équivalent.	Degrés français d'après Decroizilles.	Pour 100 en oxyde sodique Na^2O.	Pour 100 en carbonate sodique CO^3Na^2.	Degrés anglais % en Na^2O ancien équivalent.	Degrés français d'après Decroizilles.
45,0	76,95	45,59	71,18	61,5	105,15	62,31	97,21
45,5	77,80	46,10	71,92	62,0	106,01	62,82	98,00
46,0	78,66	46,60	72,71	62,5	106,86	63,32	98,79
46,5	79,51	47,11	73,50	63,0	107,72	63,83	99,58
47,0	80,37	47,62	74,29	63,5	108,57	64,33	100,37
47,5	81,22	48,12	75,08	64,0	109,43	64,84	101,16
48,0	82,07	48,63	75,87	64,5	110,28	65,35	101,95
48,5	82,93	49,14	76,66	65,0	111,14	65,85	102,74
49,0	83,78	49,64	77,45	65,5	111,99	66,36	103,53
49,5	84,64	50,15	78,24	66,0	112,85	66,87	104,32
50,0	85,48	50,66	79,03	66,5	113,70	67,37	105,11
50,5	86,34	51,16	79,82	67,0	114,56	67,88	105,90
51,0	87,19	51,67	80,61	67,5	115,41	68,39	106,69
51,5	88,05	52,18	81,40	68,0	116,27	68,89	107,48
52,0	88,90	52,68	82,19	68,5	117,12	69,40	108,27
52,5	89,76	53,19	82,98	69,0	117,98	69,91	109,06
53,0	90,61	53,70	83,77	69,5	118,83	70,41	109,85
53,5	91,47	54,20	84,56	70,0	119,69	70,92	110,64
54,0	92,32	54,71	85,35	70,5	120,53	71,43	111,43
54,5	93,18	55,22	86,14	71,0	121,39	71,93	112,23
55,0	94,03	55,72	86,93	71,5	122,24	72,44	113,02
55,5	94,89	56,23	87,72	72,0	123,10	72,95	113,81
56,0	95,74	56,74	88,52	72,5	123,95	73,45	114,60
56,5	96,60	57,24	89,31	73,0	124,81	73,96	115,39
57,0	97,45	57,75	90,10	73,5	125,66	74,47	116,18
57,5	98,31	58,26	90,89	74,0	126,52	74,97	116,97
58,0	99,16	58,76	91,68	74,5	127,37	75,48	117,76
58,5	100,02	59,27	92,47	75,0	128,23	75,99	118,55
59,0	100,87	59,77	93,26	75,5	129,08	76,49	119,34
59,5	101,73	60,28	94,05	76,0	129,94	77,00	120,13
60,0	102,58	60,79	94,84	76,5	130,79	77,51	120,92
60,5	103,44	61,30	95,63	77,0	131,65	78,01	121,71
61,0	104,30	61,80	96,42	77,5	132,50	78,52	122,50

La première colonne de cette table contient la richesse centésimale en soude ou oxyde de sodium Na^2O, calculée d'après l'équivalent exact ou le demi-poids moléculaire de la soude, 31. Elle correspond à ce qu'en France on nomme degrés de Gay-Lussac. La deuxième colonne donne les quantités de carbonate de soude (CO^3Na^2) qui correspondent aux quantités de soude (Na^2O) de la première colonne. En Allemagne, en Russie, etc., la soude calcinée est vendue suivant sa richesse centésimale en carbonate de soude. La troisième colonne contient la richesse centésimale en soude Na^2O d'après l'épreuve anglaise, qui est basée sur l'ancien équivalent encore usité dans le commerce de la soude ou sur le demi-poids moléculaire, 32. La quatrième colonne donne les degrés correspondants de l'alcalimètre de Decroizilles, qui sont employés en France et dans quelques autres pays du continent. Les degrés Decroizilles indiquent combien de parties en poids d'acide sulfurique monohydraté sont neutralisées par 100 p. de la substance essayée. Les degrés Decroizilles s'appliquent évidemment tout aussi bien à la soude caustique qu'à celle carbonatée. C'est ainsi que 3gr,875 de Na^2O, 5 grammes de NaHO et 6gr,625 de CO^3Na^2 présentent le même titre alcalimétrique, exigeant la même quantité de SO^4H^2 (6gr,125) pour la saturation.

FABRICATION DES CRISTAUX DE SOUDE. — Cette fabrication, très-simple en elle-même, est surtout facile en hiver. Elle se pratique généralement dans un local naturellement frais, même en été, dont le sol doit être dallé ou bituminé.

Les cristaux de soude qui correspondent à la formule $CO^3Na^2 + 10H^2O$ et renferment 64 % d'eau sont préférés pour beaucoup d'applications aux sels de soude secs, parce qu'ils sont exempts de matières insolubles et de substances incristallisables ou très-difficilement cristallisables, telles que NaHO, SiO^3Na^2, $Al^2O^4Na^2$. On peut bien obtenir les cristaux de soude en laissant cristalliser directement les lessives, surtout lorsqu'elles ont été préalablement oxydées, carbonatées et bien clarifiées par le repos, mais le produit ainsi obtenu est souvent un peu coloré et l'on préfère employer des sels de soude préalablement calcinés, qu'on redissout dans le moins d'eau possible; une pareille solution bien éclaircie fournit des cristaux transparents, limpides et parfaitement incolores. On opère de la manière suivante (fig. 613).

Une grande chaudière conique en tôle A, placée dans une enveloppe E, non conductrice de la chaleur, munie d'un tuyau à vapeur C qui débouche vers le fond, est remplie aux trois quarts d'eau, amenée par la conduite B. Le sel de soude à dissoudre est placé dans une espèce de panier ou de cuve en tôle D percé de trous, mobile au moyen de poulies; on l'immerge dans l'eau de manière que le bord supérieur de la cuve dépasse légèrement le niveau de l'eau et l'on a soin pendant l'opération de la soulever au fur et à mesure que le volume de la solution augmente par suite de la condensation de la vapeur d'eau arrivant par C.

L'eau devient bientôt bouillante et la dissolution du sel se fait très-rapidement. Lorsque la solution marque 30° à 32° Baumé, on enlève la cuve et l'on recouvre la chaudière pour laisser déposer toutes les impuretés. La solution limpide est ensuite siphonnée et conduite dans les cristallisoirs. Ces cristallisoirs peuvent avoir des formes et des dimensions très-diverses. Tantôt ce sont des grandes caisses en tôle de 5 mètres de longueur sur 2 mètres de largeur de 0m,45 de profondeur. Il y faut 5 à 8 jours pour que la cristallisation soit terminée; on laisse écouler les eaux mères par un trou de bonde situé à la partie inférieure et fermé par un tampon en bois; les cristaux sont détachés à coups de ciseau et de maillet et égouttés sur une aire inclinée; d'autres fois les cristallisoirs ont des dimensions plus restreintes, 1 à 2 mètres de longueur sur 1 mètre à 0m,50 de largeur et 0m,25 à 0m,35 de profondeur.

Souvent on se sert aussi de marmites en fonte mince de 0m,40 à 0m,50 de diamètre. La cristallisation étant achevée, on perce la croûte cristalline de la surface, on laisse écouler les eaux

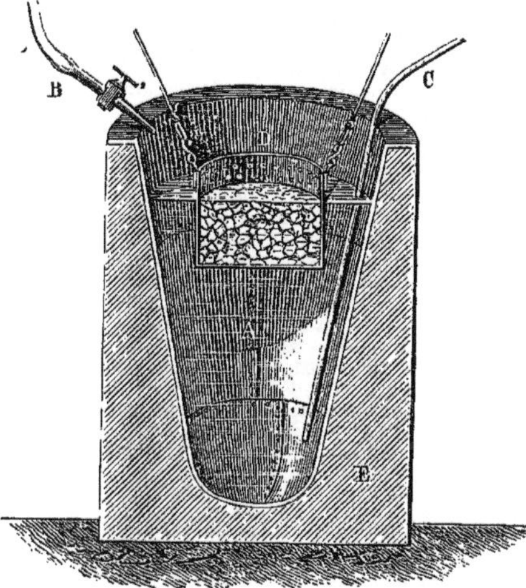

Fig. 618. — Fabrication de cristaux de soude

mères, puis on détache le pain de cristaux. Pour cela on place la marmite sur l'ouverture circulaire d'une caisse dans laquelle arrive la vapeur. La marmite s'échauffe, les cristaux adhérents aux parois commencent à fondre légèrement et il suffit de la renverser pour que le pain de cristaux se détache en un seul bloc. Dans beaucoup d'usines l'on fait usage de petites caissettes en tôle mince et flexible de 0m,70 de longueur sur 0m,30 de largeur et 0m,24 à 0m,25 de profondeur, pouvant recevoir 40 à 45 litres de solution. Les bords supérieurs sont renforcés et munis d'anses, ce qui permet de les manier aisément. On superpose toute une série de ces caissettes en les croisant et les espaçant un peu pour permettre la circulation de l'air et un rapide refroidissement. La cristallisation a lieu en 24 à 36 heures. On déverse les eaux mères et l'on fait sortir les petits pains de cristaux, opération rendue extrêmement facile par l'élasticité du fond et des parois du vase. Les pains sont adossés deux à deux pour l'égouttage.

Quel que soit le mode de cristallisation adopté, dès que les cristaux sont bien égouttés, en supposant toutefois qu'ils soient de qualité irréprochable, on les enlève de l'aire inclinée pour les déposer dans les séchoirs, grands locaux dont la température est maintenue de 15° à 18° centigrades. Aussitôt que les cristaux, dont les morceaux trop gros ont été brisés, sont secs et commencent à s'effleurir très-légèrement, on les enlève pour les embariller sur-le-champ, de peur que le contact de l'air ne leur fasse perdre de leur eau de cristallisation et ne les transforme finalement en carbonate de soude mono- ou bihydraté.

Les eaux mères des cristaux qui renferment, outre le carbonate de soude (ce dernier évidemment en proportion d'autant plus considérable que la température du local de cristallisation était plus élevée), encore de la soude caustique, du sel marin, du sulfate, etc., sont évaporées à siccité et fournissent des sels de soude caustiques, de 40° à 50° alcalimétriques.

Comme exemple, nous citerons la composition de pareilles eaux mères, ayant marqué 25°,5 Baumé, densité = 1,2131, et dont le titre d'alcalimétrie sur 10 grammes était de 13°.

CO^3Na^2	8,20
$NaHO$	4,30
$NaCl$	3,30
SO^4Na^2	3,08
Fe et Al^2O^3	0,23
Eau	80,89
	100,00

Il arrive quelquefois que les cristaux préparés avec des sels de soude très-impurs, ou mal calcinés, ou simplement enlevés des trémies des chaudières d'évaporation sans avoir été soumis à une calcination oxydante et carbonatante, présentent des teintes vertes, jaunes ou brunâtres, ou bien n'offrent pas la limpidité et la transparence exigées par le commerce. Dans ces cas, il faut les soumettre à une nouvelle recristallisation. A cet effet, on les fait fondre (avec addition d'une très-petite quantité d'eau) dans une chaudière semblable à la précédente, mais chauffée à feu nu. Tout étant liquéfié, on verse quelquefois dans la solution un peu de lait de chaux ou même de solution de chlorure de chaux. Les flocons de CO^3Ca, provenant de la double décomposition, entraînent en se précipitant toutes les impuretés en suspension, tandis que le chlore détruit la matière colorante. La liqueur s'étant éclaircie, on la siphonne dans les cristallisoirs. On obtient ainsi les cristaux de soude raffinés.

Fabrication de la soude caustique liquide et fondue. — La soude brute, le sel de soude et les cristaux de soude ne sont pas les seules formes sous lesquelles l'alcali est livré au commerce. Depuis 1851, la soude caustique a été produite en quantités de plus en plus grandes, soit sous forme de solution très-concentrée, soit, et plus fréquemment, sous forme d'hydrate de soude fondu. Cet article se fabrique en quantités considérables en Angleterre, soit pour la consommation intérieure, soit pour l'exportation; sur le continent, cette fabrication s'est également développée depuis une dizaine d'années.

Pendant assez longtemps, on produisait invariablement la soude caustique en traitant les solutions non concentrées de soude brute par la chaux caustique; c'est un fait bien connu que les solutions concentrées de carbonate de soude ne peuvent pas être entièrement décarbonatées par la chaux vive. Pour épargner le combustible qu'aurait nécessité l'évaporation de cette énorme quantité d'eau, beaucoup de manufacturiers se servent de cette soude caustique faible en place d'eau pour alimenter leurs générateurs de vapeur et y concentrent les lessives jusqu'à une densité de 1,24 à 1,25 sans le moindre inconvénient. Elles sont alors écoulées dans des vases en fonte ouverts, et évaporées à une densité de 1,9; à ce degré de concentration, elles se solidifient par le refroidissement.

Aujourd'hui, la soude caustique se fabrique principalement au moyen des eaux ou liqueurs rouges, dont nous avons parlé précédemment. Les liqueurs ayant été amenées à une densité de 1,5 à 1,6, presque tous les sels étrangers se sont précipités, et il reste en solution de la soude caustique, le composé rouge particulier de sulfure de sodium avec du sulfure de fer (ce qui a fait donner à ces solutions le nom de liqueurs rouges), ainsi que de petites quantités de carbonate, de sulfure, de chlorure, de ferrocyanure et quelquefois de sulfocyanure de sodium.

Dans quelques fabriques, après avoir ajouté une petite quantité de chlorure de chaux ou de nitrate de soude, on concentre encore les liqueurs rouges dans les chaudières-bateaux, décrites plus haut, jusqu'à ce qu'on les ait amenées à une densité de 1,6 et à une température de 130°. Pendant cette évaporation, il se précipite une nouvelle quantité de sels qu'on retire au moyen de poches perforées. On écoule ensuite la liqueur concentrée dans les vases à cristallisation, et on la laisse refroidir; elle dépose encore une certaine quantité de sels.

On ajoute alors une certaine proportion de nitrate de soude et on concentre davantage dans une chaudière en fonte hémisphérique, assez épaisse pour supporter la chaleur rouge. A mesure que l'eau s'évapore, le nitrate de soude réagit sur le sulfure et sur le cyanure de sodium, et il se dégage des masses d'ammoniaque et même de l'azote. Une notable portion de cette ammoniaque provient de la destruction des cyanures, mais la majeure partie est certainement due à l'oxydation d'une certaine quantité de sulfures, etc., par l'oxygène provenant de la décomposition de l'eau, dont l'hydrogène réduit l'acide nitrique à l'état d'ammoniaque. A une température voisine du rouge, on voit apparaître à la surface, du graphite très-divisé provenant du carbone du cyanogène. Le nitrate de soude ne tarde pas cependant à l'oxyder et à le faire disparaître.

D'après des observations faites, la nature de la réaction dépend en grande partie de la température du liquide. Entre 138° et 143°, le nitrate est simplement réduit en nitrite; à 155°, l'ammoniaque est dégagée en grande abondance, produisant une violente ébullition. La quantité d'alcali volatil qui se dégage ainsi est, en effet, si considérable, qu'il vaudrait peut-être la peine de la condenser, en faisant communiquer la chaudière à évaporation avec une tour à coke ordinaire, si la tendance du liquide à mousser et à déborder ne s'y opposait. Lorsqu'on concentre davantage la liqueur rouge, de manière à porter le point d'ébullition bien au delà de 155° centigrades, la formation d'ammoniaque cesse, et fait place à un dégagement tumultueux d'azote pur.

Les réactions peuvent être représentées par les formules suivantes :

$$2Na^2S + 2NaAzO^3 + 4H^2O = 2SO^4Na^2 + 2NaHO + 2AzH^3$$

et

$$5Na^2S + 8NaAzO^3 + 4H^2O = 5SO^4Na^2 + 8NaHO + 8Az.$$

La quantité de nitrate de soude exigée pour faire de la soude caustique au moyen de la liqueur rouge varie suivant la composition de cette dernière. On en emploie généralement 40 à 80 kilogrammes par tonne de soude caustique.

Pour économiser le nitrate de soude, on fait souvent cristalliser préalablement le carbonate sodique, et après avoir écoulé les eaux mères rouges, on les laisse s'oxyder en les faisant filtrer à travers un courant d'air ascendant, par lequel le sulfure de sodium est converti en sulfate et le liquide décoloré. Dans quelques fabriques anglaises, on suit une pratique opposée; au moyen d'une pompe à air, mise en mouvement par la vapeur, on chasse l'air atmosphérique en filets très-déliés à travers la liqueur chaude des cuves. Six ou huit heures de ce traitement suffisent pour oxyder complétement les sulfures et pour décolorer le liquide.

L'évaporation à siccité de la solution de soude caustique très-concentrée présente quelques difficultés, à cause de la tendance, qu'elle présente à un certain moment, à bouillonner et à couler par-dessus les bords du vase. On y remédie soit en agitant, soulevant et déversant vivement le liquide au moyen de poches en fer, soit en y appliquant le principe des sources jaillissantes du Geyser en Islande, c'est-à-dire en plaçant dans la chaudière une espèce d'entonnoir en tôle renversé et ne s'appuyant que par quelques points sur les parois de la chaudière. La vapeur, à mesure qu'elle se forme, fait mousser le liquide, l'entraîne dans l'intérieur de l'entonnoir et l'amène jusqu'au haut, où il se déverse continuellement, et empêche ainsi l'ébullition trop violente du liquide en dehors de l'entonnoir.

La soude caustique est maintenue assez longtemps en fusion ignée. L'oxyde de fer se contracte alors et se dépose à l'état anhydre. Il paraît même que l'alumine est complétement éliminée à l'état de silicate aluminique, insoluble et cristallin. En effet, en maintenant la soude caustique en fusion ignée pendant 12 heures, on trouve les parois de la chaudière tapissées d'excroissances en forme de choux-fleurs, qui renferment SO^4Na^2, $NaCl$, CaO, Al^2O^3, Fe^2O^3, et SiO^2.

Lorsque la soude caustique est assez concentrée pour contenir environ 60 % de soude anhydre, on la coule, avec précaution et en ayant soin de ne point soulever le dépôt du fond de la chaudière, dans des barils en feuilles de tôle très-minces et dont les assemblages sont lutés avec du plâtre. Dans cet état, on l'expédie en grandes quantités. La soude caustique solide est d'un usage très-commode pour les fabricants qui n'emploient que de faibles quantités de lessive caustique, puisqu'elle dispense de l'opération de la caustification si ennuyeuse et si pénible quand on n'opère que sur de petites quantités de carbonate de soude. Très-souvent, cependant, on préfère à la soude caustique solide la solution moyennement concentrée, qu'on transporte dans de grands cylindres ou caisses en fer.

Au lieu d'oxyder les sulfures de Na et de Fe par le nitre et par l'air, pendant que les eaux rouges sont encore passablement aqueuses, on peut en opérer l'oxydation par un courant d'air dans la soude caustique très-concentrée et presque en fusion ignée. L'air lancé sous une pression convenable par une machine de compression est introduit par un tube en fer, terminé à la partie inférieure par un cercle d'environ 0m,40 de diamètre, perforé de nombreuses ouvertures et qui plonge presque jusqu'au fond de la chaudière. De grandes précautions doivent être prises pour qu'avec l'air il ne s'introduise aucune parcelle d'eau dans la soude caustique fondue, de peur d'explosion et de projection. Le liquide igné est agité très-violemment dès que commence l'insufflation, et sa température s'élève par suite de l'oxydation des sulfures.

Avec des liqueurs rouges préalablement et partiellement nitrées, 2 à 3 heures d'insufflation suffisent; dans le cas où le traitement par le nitrate de soude n'a pas été employé, il devient nécessaire d'insuffler pendant 8 et même 12 heures. Souvent le liquide s'éclaircit presque subitement et un échantillon de soude caustique refroidi apparaît tout à fait incolore. Si l'oxydation a été prolongée trop longtemps, la soude caustique solide est verte, quelquefois bleue; la coloration est sans doute due à la formation d'un peu de manganate sodique. L'ouvrier cherche à faire disparaître cette coloration en introduisant dans la soude caustique ignée un petit fragment de soufre, ou bien une ou deux poches pleines de soude fondue non encore oxydée, et puisée dans une chaudière voisine.

Les dépôts des chaudières (mélange de soude caustique et de peroxyde de fer anhydre) sont généralement coulés dans des bacs en tôle très-secs, très-larges et peu profonds. Après refroidissement, on fait tomber les plaques de soude impure ainsi obtenues, on les brise et on les traite par de l'eau chaude. La soude caustique se dissout, l'oxyde de fer se dépose et est lavé sur des filtres. La solution claire et concentrée est évaporée et fournit soit des lessives concentrées de soude caustique, soit de l'hydrate de soude cristallisé, soit de la soude caustique fondue. Dans quelques fabriques de produits chimiques, on applique le sulfate de plomb des chambres de plomb, après l'avoir bien lavé à l'eau bouillante (pour enlever les dernières traces d'acide sulfurique), à la désulfuration des eaux rouges non concentrées : on obtient ainsi une soude caustique liquide, à la vérité très-impure, mais parfaitement blanche et limpide. SO^4Pb produit avec Na^2S par double décomposition SO^4Na^2 et PbS, ce dernier insoluble, le premier peu soluble dans le liquide. Avec le sulfure de plomb se précipite aussi le sulfure de fer. L'opération est beaucoup facilitée par la propriété du sulfate de plomb de se dissoudre dans la soude ; mais, par la même raison, il faut faire bien attention de ne pas employer trop de sulfate de plomb, ce qui rendrait la soude caustique liquide plombifère. Dans ce cas, elle noircit par l'addition d'eaux rouges. Il vaut mieux laisser une minime quantité de sulfure de sodium dans la soude caustique, puisque sous l'influence de l'air ce sulfure finit par s'oxyder. Une pareille soude caustique liquide bien préparée ne doit point noircir le sulfate de plomb et ne doit point être noircie par l'addition d'eau rouge. Il est évident qu'elle renfermera, du reste, toutes les impuretés ($NaCl$, SO^4Na^2, CO^3Na^2, Al^2O^3 et SiO^2) que contenaient les eaux rouges brutes.

On a encore proposé d'autres méthodes de désulfuration des eaux rouges (oxyde de cuivre, hématite, fer spathique, CO^3Fe; sulfate et carbonate de zinc, sulfate de fer, SO^4Fe, etc.), mais aucune d'elles n'a été consacrée par la pratique industrielle.

On trouve aussi dans le commerce une soude caustique solide, mais encore passablement aqueuse et facilement fusible, qui est désignée sous le nom très-impropre de potasse factice. Elle a ordinairement une teinte rougeâtre, mais elle est parfois couleur de chair, jaune rougeâtre, quelquefois seulement jaunâtre. On la prépare en concentrant assez fortement les eaux rouges pour que le nitrate de soude réagisse sur les sulfures et les oxyde avec dégagement d'ammoniaque. La concentration est alors poussée assez loin pour que la liqueur se prenne en une masse solide par le refroidissement. En ce moment, on la coule dans des bacs plats en tôle et on la brise après solidification en gros morceaux qui sont de suite embarillés, pour éviter leur liquéfaction par absorption d'humidité au contact de l'air.

Une des grandes difficultés de la fabrication de la soude caustique fondue, c'est le choix des vases en fonte. La fonte doit pouvoir supporter de fortes variations de température sans se fêler (qualité qui appartient à la fonte grise et non à la blanche) et, d'un autre côté, ne doit pas se laisser attaquer et perforer par la soude caustique fondue (qualité qui appartient à la fonte blanche et non à la grise). Il faut donc trouver une qualité de fonte de texture serrée, ni trop grise, ni trop blanche, qu'on se procure plus facilement en Angleterre que sur le continent.

Traitement des marcs ou charrées de soude. — Régénération du soufre. — Le résidu insoluble de la lixiviation de la soude brute, lequel, égoutté, mais encore humide, pèse à peu près autant que la soude brute elle-même, contient à l'état frais de 12 à 16 °/₀ de soufre (selon la quantité d'eau qu'il retient). Abandonné en couches pas trop épaisses au contact de l'air, il s'oxyde lentement. Il se forme des polysulfures solubles de calcium, puis des hyposulfite, sulfite et finalement du sulfate de chaux. Mais dans un tas un peu considérable ces transformations ne s'opèrent que très-lentement. Les polysulfures, en se dissolvant, s'en écoulent graduellement et, par leur action destructive sur les organismes végétaux et animaux, rendent les tas de charrées une source continuelle de plaintes et réclamations de la part des voisins.

On avait bien proposé de les employer soit seuls, soit mélangés avec du peroxyde de fer impur (pyrites grillées) pour en faire des tuiles, des murailles, des espèces de ciments et de bétons; de les employer, après leur oxydation complète, comme amendements de terrains non calcaires; de s'en servir comme matière première pour la fabrication d'hyposulfite de chaux, qu'on transformait ensuite par du sulfate de soude en hyposulfite de soude.

Lorsqu'on mélange la charrée un peu oxydée avec SO^4Na^2, l'oxydation marche bien plus rapidement, et au bout de 15 à 20 jours, on peut extraire par lixiviation de la masse une quantité assez notable d'hyposulfite de soude. Mais toutes ces applications même réunies ne pouvaient faire disparaître qu'une partie bien minime de l'énorme quantité de charrée, produite journellement par une fabrique de produits chimiques.

Aujourd'hui ces charrées sont traitées de manière à en retirer une partie notable du soufre qu'elles renferment et à transformer le résidu du traitement en un produit inoffensif.

Des milliers de quintaux de soufre sont ainsi récupérés, et l'on est presque autorisé à dire que tout le cycle de fabrication de l'acide sulfurique, du sulfate de soude et des sels de soude d'après la méthode de Leblanc, ne constitue qu'un procédé, à la vérité compliqué, mais cependant rémunérateur, pour extraire le soufre des pyrites.

Le traitement des charrées peut se faire suivant trois méthodes, celles de Dieuze, de Mond et de Schaffner :

1° Le procédé pratiqué à *Dieuze*, et dû à MM. Buquet, Hoffmann et Kopp, est le plus complet, sous ce rapport qu'il utilise et dénature à la fois deux résidus embarrassants et nuisibles : la charrée de soude et le résidu liquide et acide de la fabrication du chlore.

Ce dernier (à cause du fer et de la baryte qui se rencontrent presque toujours dans les manganèses du commerce) présente, en moyenne, la composition suivante (après avoir laissé déposer les impuretés insolubles telles que SO^4Ba, silice, sable, etc., dans un bassin de clarification) :

$MnCl^2$	22,00
Fe^2Cl^6	5,53
$BaCl^2$	1,06
Chlore libre	0,09
HCl libre	6,80
Eau	64,55

La composition des charrées est extrêmement variable, car elle dépend non-seulement des dosages divers pour la soude brute, mais encore des réactions accomplies pendant le lessivage, et de la manière plus ou moins complète dont il aura été opéré.

En effet, on y rencontre de 28 à 38 °/₀ de CaS, 81 à 5 °/₀ de CaO, 18 à 26 °/₀ de CO^3Ca, 1,5 à 7 °/₀ de Na^2S, 3 à 8 °/₀ de coke, 3 à 6 °/₀ de sable, fragments de briques, 3 à 7 °/₀ FeS, Al^2O^3, SiO^2, MgO.

Après quelque temps d'exposition à l'air on y rencontre en outre des bi- et trisulfure de calcium solubles, CaS^2 et CaS^3, un oxysulfure soluble dont la composition peut être représentée par la formule $CaOS$, des sulfates, sulfites, des hyposulfites de soude et de chaux, quelquefois aussi un sulfhydrate de calcium CaS^2H^2, assez gênant à cause de la facilité avec laquelle il dégage de l'hydrogène sulfuré, lorsqu'il est mis en contact, non-seulement avec de l'acide HCl, mais encore avec des sels neutres, comme les chlorures de manganèse et de fer :

$$CaS^2H^2 + 2\,HCl = CaCl^2 + 2H^2S\,;$$
$$CaS^2H^2 + MnCl^2 = CaCl^2 + MnS + H^2S.$$

A Dieuze l'on se sert d'un artifice très-simple pour activer extraordinairement l'oxydation de la charrée ; il consiste à y introduire une certaine quantité de sulfure de fer et de manganèse. Cette opération qui a en même temps pour effet d'obtenir une solution de $MnCl^2$, complétement exempte de fer et ne renfermant, outre $MnCl^2$, que $CaCl^2$, s'exécute de la manière suivante.

Les résidus de chlore neutralisés sont pompés dans un bassin établi sur le chantier d'oxydation ; dans l'un des angles de ce bassin se trouve une vanne qui en occupe toute la hauteur, et qui est entourée vers l'intérieur d'un revêtement ou manteau en osier, pour qu'aucune partie solide, mais seulement le liquide puisse s'écouler lorsqu'on lève la vanne. Dans le bassin aux trois quarts rempli de liqueur, on jette 5 à 6 mètres cubes de charrées par pelletées pendant que des ouvriers remuent le tout très-énergiquement avec des pelles à draguer. Il est probable qu'il y aurait avantage à opérer le mélange et le remuage par voie mécanique, qui réduirait en même temps la charrée en poudre fine. On continue à remuer jusqu'à ce que tout le fer soit précipité à l'état de sulfure : cela se reconnaît très-facilement en filtrant un peu du liquide et versant quelques gouttes d'eau jaune dans la liqueur filtrée. Le précipité est noir tant qu'il y a encore du fer en solution ; lorsqu'il n'y en a plus que des traces, le précipité est gris; lorsque tout le fer a disparu, le précipité est jaune ou couleur de chair.

On emploie à dessein, pour le déferrage de la liqueur, un très-grand excès de charrée par rapport à la quantité de fer qu'il s'agit de précipiter, non-seulement parce que cet excès accélère la précipitation du fer, sans pour cela précipiter une quantité notable de manganèse, mais aussi parce qu'il faut une proportion de charrée suffisante pour englober le sulfure de fer précipité, le retenir dans ses pores et l'empêcher de s'échapper avec la liqueur lorsqu'on lève la vanne.

Le but est atteint en réalité d'une manière des plus satisfaisantes. La solution de chlorures de manganèse et de calcium se sépare en effet avec la plus grande facilité et s'écoule parfaitement limpide.

Mais ce qui constitue, en outre, le grand avantage du déferrage, c'est que cette opération effectue en même temps la préparation de la charrée pour l'oxydation. En effet, la charrée qui a servi au déferrage, non-seulement renferme tout le sulfure de fer, mais elle est encore imprégnée de tout le chlorure de manganèse qui ne s'est pas écoulé par la vanne. Cette charrée, au sortir du bassin de déferrage, est mélangée avec le reste de la charrée sortant des bacs, et c'est avec le mélange qu'on construit le premier tas d'oxydation. Le déferrage a remplacé très-rationnellement l'arrosage de la charrée fraîche avec la solution neutralisée des résidus du chlore. La charrée ainsi préparée s'oxyde maintenant très-rapidement au contact de l'air.

Il est assez facile de se rendre compte des réactions accomplies pendant cette oxydation. Les chlorures de fer et de manganèse en contact avec la charrée fraîche sont transformés en sulfures de ces métaux, en donnant en même temps naissance à du chlorure de calcium.

Les sulfures de fer et manganèse au contact de l'air attirent l'oxygène et se transforment en un mélange d'oxydes hydratés, de soufre et d'une petite quantité de sulfates :

$$2\,FeS + O^3 + H^2O = Fe^2O^3, H^2O + S^2\,;$$
$$2\,MnS + O^3 + H^2O = Mn^2O^3, H^2O + S^2\,;$$
$$FeS + O^4 = SO^4Fe\,;$$
$$MnS + O^4 = SO^4Mn.$$

Mais le soufre mis en liberté trouve du sulfure de calcium, CaS, capable de s'y combiner et de former des bisulfures et polysulfures de calcium solubles.

D'un autre côté, les sulfates de fer et de manganèse, en présence du sulfure de calcium, éprouvent une double décomposition, d'où résultent du sulfate de chaux, et de nouveau des sulfures de fer et de manganèse :

$$SO^4, Fe + SO^4Mn + 2\,CaS$$
$$= 2\,[SO^4, Ca] + FeS + MnS.$$

Les oxydes de manganèse et de fer hydratés, à leur tour, en présence de l'excès de sulfure de calcium, réagissent sur ce dernier, et il en résulte de la chaux hydratée et des sulfures de fer et de manganèse, susceptibles de nouveau de s'oxyder :

$$Mn^2O^3 + 3\,CaS = 3\,CaO + 2\,MnS + S\,;$$
$$Fe^2O^3 + 3\,CaS = 3\,CaO + 2\,FeS + S.$$

Il est probable qu'entraînés dans la réaction oxydante, par suite de l'élévation de température du tas, le sulfure et le bisulfure de calcium s'oxydent eux-mêmes en donnant naissance, le premier à un composé dont la composition se rapproche extrêmement de celle d'un oxysulfure de calcium, représentant du bisulfure de calcium, dont 1 atome de soufre serait remplacé par 1 atome d'oxygène, et soluble dans l'eau, comme le bisulfure, $CaS + O = CaOS$, le second à de l'hyposulfite de chaux également soluble dans l'eau, $CaS^2 + O^3 = S^2O^3Ca$.

En définitive, par suite de ces réactions, le soufre qui, dans la charrée, était engagé dans une combinaison insoluble, se trouve finalement transformé soit en sulfate de chaux, soit en nouveaux composés sulfurés solubles dans l'eau.

Dans la pratique, on opère de la manière suivante :

La charrée est amenée, par voie ferrée, du local où on l'extrait des bacs de lixiviation, à l'atelier de dénaturation. Là une partie de cette charrée est jetée dans le bassin de déferrage, tandis que le reste est culbuté des wagonnets sur le sol.

Le déferrage ayant été opéré, et la solution de chlorure de manganèse pur et neutre soutirée, on extrait du bassin la charrée qui a servi au déferrage et qui est imprégnée de sulfure de fer et de chlorure de manganèse. On la mélange, à la pelle, à la charrée ordinaire non préparée, et l'on en fait un tas de 1m,50 à 2 mètres de hauteur, 3 à 4 mètres de large, et 15 mètres de longueur. On a quatre bassins, afin de pouvoir rendre les opérations continues.

La charrée reste exposée à l'air pendant six à sept jours dans l'intervalle desquels on a soin de retourner le tas en le déplaçant et le rapprochant des bassins de lixiviation. On remarque, au moment du déplacement, que les tas sont fortement échauffés. Les bassins sont disposés sur une ligne parallèle à celle des bassins de déferrage (qu'on pourrait aussi appeler bassins de préparation de la charrée).

Leurs parois sont en maçonnerie bien cimentée; un faux fond en planches percées de trous permet de soutirer les liquides parfaitement clairs; leur capacité est telle, que chaque bassin peut contenir le produit d'une journée et, en outre, 30 mètres cubes d'eau. Les bassins communiquent entre eux par des tuyaux en fonte disposés de façon à permettre un lessivage méthodique; des robinets placés à la partie inférieure permettent de faire couler les eaux jaunes soit dans un chenal en bois qui communique avec une citerne, soit avec des conduits en plomb qui les amènent au bassin de neutralisation.

Le bassin de lixiviation étant rempli de charrée, on y fait arriver les eaux jaunes faibles de l'un des autres bassins, eaux faibles qui ont été obtenues en faisant couler de l'eau pure sur le bassin renfermant la charrée la plus épuisée. Les eaux jaunes, au bout de peu de temps, se saturent de polysulfure; quand on les soutire, elles marquent généralement 15° Baumé et possèdent une température de 50° centigrades. La charrée séjourne environ trois jours dans un bassin, y compris le temps qu'il faut pour en vider et en remplir un chaque jour; au moment où l'on soutire les eaux jaunes pour s'en servir ou pour remplir la citerne, on fait arriver l'eau douce dans le bassin le plus épuisé, et, dans ces moments seulement, le lessivage est continu; le reste du temps il est stationnaire.

Cette opération fournit les *eaux jaunes premières*, très-polysulfurées.

Le lessivage étant terminé, on retire la charrée épuisée du bassin et on en forme un nouveau tas, un peu plus en arrière. Au bout de peu de temps, ce tas s'oxyde et s'échauffe de nouveau. On l'abandonne à lui-même pendant trois jours, puis on procède, dans une nouvelle série de bassins de lixiviation, à un second lessivage.

La charrée ayant considérablement diminué de volume, on a trouvé avantageux de réunir la charrée de deux jours en une seule opération; la seconde série de bassins est donc un peu plus grande que la première; chaque bassin se remplit à moitié de charrée qui a été exposée à l'air deux jours et à moitié de charrée qui a séjourné trois jours à l'air.

On conçoit que, pendant ces manipulations de la charrée, les surfaces soient renouvelées et que l'oxydation y devienne passablement uniforme. Cette seconde oxydation donne naissance à une assez forte proportion d'hyposulfite de calcium. Ce sont les *eaux jaunes oxydées*. Le deuxième lessivage se pratique, du reste, comme le premier; on soutire le liquide marquant 14-16° Baumé, qui est entièrement consacré à la neutralisation des liquides acides de chlore, conjointement avec une certaine proportion des premières eaux jaunes sulfurées.

La charrée reste trois jours dans les bassins de la deuxième série; après égouttage on la retire et on la jette définitivement. Ce résidu exposé à l'air s'échauffe encore; ce sont FeS et MnS qui s'oxydent et tout ce qui restait encore de CaS passe à l'état de sulfite, finalement à l'état de sulfate. Il n'occupe plus que les deux tiers du volume primitif de la charrée; il ne contient plus aucune substance qui, en se dissolvant dans les eaux de drainage, pourrait devenir nuisible. Les eaux sont incolores et ne renferment que du sulfate et du bicarbonate de chaux.

Ayant décrit la préparation des eaux jaunes sulfurées et oxydées, nous devons exposer maintenant comment elles sont utilisées pour le traitement des résidus de chlore clarifiés.

Ces résidus contiennent trois substances qui concourent activement à la précipitation du soufre ; ce sont : l'acide chlorhydrique, le chlore libre, le chlorure ferrique.

L'action du chlore et celle du chlorure ferrique sont faciles à comprendre : elles s'exercent sur les sulfures. Quant à l'acide chlorhydrique, il agit à la fois sur les sulfures et les hyposulfites, mettant en liberté du soufre, de l'acide sulfureux et de l'hydrogène sulfuré. Par la réaction réciproque de ces derniers, il se forme une nouvelle quantité de soufre.

On fait arriver dans un même bassin un mélange en proportions convenables des deux espèces d'eaux jaunes, de manière toutefois à maintenir en faible excès l'acide sulfureux et les résidus acides de la préparation du chlore. On reconnaît le moment de la neutralisation quand le précipité de soufre, qui est d'abord d'un jaune pur, devient gris par la présence d'une trace de sulfure de fer. Le précipité de soufre est très-abondant et d'une consistance telle, qu'il se dépose rapidement et qu'il laisse passer facilement les liquides : on le lave sur filtre, on l'exprime et on le dessèche.

L'opération précédente a neutralisé les résidus de la fabrication du chlore; en même temps le chlore a disparu, et le chlorure ferrique a été réduit à l'état de chlorure ferreux.

Primitivement, le liquide neutralisé était pompé dans des réservoirs particuliers où on éliminait le fer par précipitation fractionnée, en ajoutant peu à peu une dissolution d'eaux jaunes sulfurées au mélange des chlorures de fer et de manganèse; on obtenait ainsi un précipité de sulfure de fer contenant 45 % de soufre et valant les menues pyrites pour la fabrication de l'acide sulfurique. On a renoncé à cette fabrication du sulfure de fer, parce que les cendres (l'oxyde de fer) résultant du grillage n'ont aucune valeur et constituent un résidu encombrant; outre cela le sulfure de fer en pâte a une consistance singulière, qu'on peut comparer à celle du goudron ou d'un corps gras; il se lave et s'égoutte difficilement, s'attache à tous les corps qui viennent en contact avec lui, et ne peut être enlevé que par un lavage énergique. Les ouvriers montraient une certaine répugnance à le travailler. On préfère donc employer les eaux jaunes sulfurées à la préparation du sulfure de manganèse, qui est plus avantageux et d'un travail plus facile, et on élimine le fer par l'opération du déferrage. —Voyez plus haut.

Les liquides qui en résultent ne contiennent plus que les chlorures de manganèse et de calcium. Après clarification dans un bassin spécial, on y fait arriver les eaux jaunes sulfurées et on obtient au beau précipité couleur de chair de sulfure manganeux, exempt de fer, mais mélangé à du soufre. On évite avec soin d'employer pour cette précipitation des eaux jaunes qui contiennent de l'hyposulfite, car ce dernier ne précipite pas les sels de manganèse, et le soufre correspondant serait perdu.

Quand le précipité est formé, on le laisse déposer, on décante le liquide clair pour le laisser couler à la rivière; le sulfure de manganèse est recueilli, lavé, égoutté, et séché sur des plaques chaudes.

La préparation du sulfure de manganèse sur une grande échelle a permis d'étudier de près les propriétés chimiques de ce corps. Tel qu'il est obtenu à Dieuze, il contient 58,6 % de soufre; le sulfure de carbone en dissout les deux tiers si on l'a séché rapidement; il n'y a donc qu'un tiers du soufre combiné au manganèse.

D'après ces données, il se composerait de :

Soufre........................	40
Sulfure de manganèse.......	55
Oxyde de manganèse........	5

approximativement pour 1 atome de manganèse 3 atomes de soufre; d'où l'on peut conclure que les eaux jaunes sulfurées contiennent du trisulfure de calcium. Exposé à l'air, il brunit rapidement; cette coloration est due à un phénomène d'oxydation remarquable, qui a pour effet de séparer le soufre du manganèse; ce dernier s'oxyde seul. Cette combustion est continue, et le résultat final serait la décomposition totale du sulfure en soufre libre et en Mn^2O^3; il ne se forme pas de sulfate.

On n'éprouve aucune difficulté à brûler le sulfure de manganèse; cette combustion se fait simplement dans les fours dans lesquels on brûlait le soufre de Sicile; l'acide sulfureux se rend dans les chambres de plomb.

Le résidu de la combustion se compose de :

Sulfate manganeux.........	44,5
Bioxyde de manganèse.....	18,9
Protoxyde.................	36,6

Le poids des cendres est la moitié du poids du sulfure employé. Le sulfate manganeux produit dans cette réaction paraissait un obstacle sérieux à l'emploi du sulfure de manganèse; sa formation donne lieu à une perte de soufre, et lui-même, à cause de sa solubilité, constituait un résidu aussi gênant que le chlorure de manganèse. Cette difficulté a été levée d'une manière si ingénieuse, que non-seulement l'acide sulfurique correspondant au sulfate manganeux n'est pas perdu, mais que l'oxyde de manganèse se trouve régénéré en grande partie.

Les cendres du sulfure de manganèse sont mélangées avec une quantité équivalente de nitrate de sodium; ce mélange, chauffé dans les fours à soufre ou à sulfure de manganèse, dégage les vapeurs nitreuses nécessaires à la fabrication de l'acide sulfurique. Le résidu de la calcination est un mélange de sulfate neutre de sodium et d'un oxyde de manganèse, contenant 55 % de bioxyde et valant les manganèses naturels. Dans certains cas, il pourrait être avantageux pour le fabricant de produire un oxyde plus riche; dans ce cas, on emploierait le sulfate manganeux pur et on obtiendrait un oxyde contenant 70 % de bioxyde.

2° *Procédé de Mond.*— D'après ce procédé, l'on oxyde les marcs de soude dans les bassins de lixiviation mêmes où ils sont restés comme résidus insolubles. Cette oxydation a lieu au moyen d'un courant d'air comprimé qui traverse toute la masse. Celle-ci ne tarde pas à s'échauffer et peu à peu la température s'élève jusqu'à 94° centigrades; il se dégage beaucoup de vapeur d'eau et la couleur de la charrée passe graduellement au vert, puis au jaune; après 12 ou 24 heures, lorsque l'on juge l'oxydation assez avancée, on arrête l'insufflation et l'on procède à un premier lessivage méthodique qui dure 6 à 8 heures; après égouttage l'on opère une deuxième oxydation semblable à la première, suivie d'un deuxième lessivage; souvent les opérations sont répétées une troisième fois. La charrée est alors complétement épuisée et le résidu final, qu'on extrait des cuves pour le jeter, est surtout composé de sulfate et carbonate de chaux. Il faut chercher à régler l'oxydation de manière que les lessives sulfurées renferment 2 molécules de polysulfures de calcium sur 1 molécule d'hyposulfite.

Pour la précipitation du soufre, on fait généralement usage d'acide chlorhydrique. On procède par saturations partielles dans un grand bassin, en alternant les additions d'acide et de lessives alcalines, ayant soin à la fin de laisser un petit excès d'eaux sulfureuses. Au moyen d'un jet de vapeur, la température du liquide est portée à 60° centigrades.

Le soufre précipité est recueilli sur filtres, lavé, pressé et fondu finalement dans un vase en fonte.

Si l'on veut substituer à l'acide chlorhydrique les résidus de chlore, on fait pénétrer au moyen d'un entonnoir des lessives jaunes pas trop oxydées au fond du liquide acide, afin que H^2S qui se dégage soit décomposé à son passage à travers la solution par le chlore libre et par le perchlorure de fer. Si la quantité de lessive est juste suffisante pour saturer l'acide chlorhydrique libre et ramener Fe^2Cl^6 à l'état de $FeCl^2$, on obtiendra un précipité noir, facile à fondre, et qui, suivant Mond, contiendra 95 % de soufre. Dans cette opération $MnCl^2$ et $FeCl^2$ restent naturellement dans les liqueurs, en même temps que $CaCl^2$ formé, et sont écoulés avec lui.

3° *Procédé de Schaffner*, pratiqué à Aussig, en Autriche. — On abandonne les charrées en grands tas à l'oxydation spontanée pendant plusieurs semaines. Lorsque l'intérieur des tas a pris une teinte vert jaunâtre, on procède à la lixiviation méthodique. On obtient ainsi les eaux jaunes sulfurées. Le résidu du lessivage est jeté dans des fossés larges et profonds d'environ 1 mètre pour être soumis à une deuxième oxydation et à un deuxième lessivage. Quelquefois ces opérations sont répétées une troisième et même une quatrième fois.

Schaffner a du reste aussi emprunté pour les deuxième, troisième et quatrième oxydations, la méthode de Mond, en laissant la charrée dans les lessivoirs et y insufflant ou de l'air ou les gaz d'un foyer en activité. L'acide carbonique peut donner lieu aux réactions suivantes :

$$CaS + CO^2 + O = CO^3Ca + S;$$
$$2CaS + CO^2 + H^2O = CO^3Ca + CaS^2H^2;$$
$$CaS^2H^2 + O^4 = S^2O^3Ca + H^2O;$$
$$2CaS + CO^2 + 4O = S^2O^3Ca + CO^3Ca.$$

Les derniers lessivages fournissent des eaux jaunes oxydées, riches en hyposulfites. Les deux espèces de lessives sont mélangées en proportion telles qu'on ait environ 2 molécules de polysulfures de calcium sur 1 molécule d'hyposulfite.

La décomposition du mélange des lessives s'opère en vases clos et s'accomplit en vertu des réactions suivantes :

$$S^2O^3Ca + 2HCl = Cl^2Ca + SO^2 + S + H^2O$$

et

$$2CaS^4 + 3SO^2 = 2S^2O^3Ca + 7S.$$

Pour la première opération, on emploie une lessive très-oxydée et par conséquent très-riche en hyposulfite; en se décomposant par l'acide chlorhydrique elle donnera beaucoup de SO^2, qu'à l'aide de l'ébullition l'on amène dans la lessive riche en polysulfures de calcium CaS^4 et CaS^3. Il y aura donc une forte précipitation de soufre et destruction des polysulfures avec production d'hyposulfite. Cette lessive ainsi préparée, lorsqu'à son tour elle sera traitée par HCl, ne dégagera donc plus d'hydrogène sulfuré H^2S, mais seulement du gaz SO^2, qui est à son tour amené dans une lessive sulfurée, etc.

On emploie pour la précipitation des appareils en pierre ou en fonte (ces derniers doivent cependant être attaqués au bout de quelque temps) représentés dans la figure 619.

A et B sont deux grands récipients contenant les lessives. Celles-ci arrivent par le tube *l*, qui, au moyen d'un tuyau en caoutchouc vulcanisé, peut être relié alternativement avec les ouvertures *q* et *q'*; T et T' sont des tubes en grès servant à l'introduction de l'acide chlorhydrique; *c* et *d* sont des tubes à deux branches. La petite branche de *c* ne fait que déboucher en A, tandis que la longue branche plonge jusqu'au fond de B;

c'est l'inverse pour le tube *d* qui s'arrête au haut de B et plonge en A. Le robinet *a* reste fermé lorsque les gaz doivent passer de A en B; lorsque le contraire doit avoir lieu, c'est le robinet *b* qui est clos et alors les gaz de B traversent le liquide contenu en A. Les gaz non condensés se dégagent par le tube R. Lorsque la décomposition opérée par l'acide chlorhydrique est complète, on fait entrer la vapeur d'eau par les robinets V ou V' pour chasser tout le gaz sulfureux encore en dissolution. Par les ouvertures O et O', on laisse écouler le chlorure de calcium chargé de soufre précipité. Les robinets *h* et *h'* servent à constater par l'odeur des gaz s'il se dégage encore SO^2; par les robinets *f* et *f'* on s'assure de la hauteur du liquide dans les réservoirs et l'on prend des échantillons pendant l'opération.

Le soufre précipité se sépare aisément de la solution de $CaCl^2$ et est facile à filtrer et à laver. Il est mélangé avec une certaine quantité de SO^4Ca (gypse) en poudre fine, provenant de la décomposition du trithionate de chaux, S^3O^6Ca,

Fig. 619. — Appareil Schaffner pour la précipitation du soufre.

formé par la réaction de SO^2 ou de HCl sur S^2O^3Ca :

$$S^3O^6Ca = SO^4Ca + SO^2 + S\,;$$
$$5S^2O^3Ca + 6HCl$$
$$= 3Cl^2Ca + 3H^2O + 2S^3O^6Ca + 4S\,;$$
$$2S^2O^3Ca + 3SO^2 = 2S^3O^6Ca + S.$$

Pour purifier le soufre et l'obtenir à l'état de soufre jaune fondu, on lave le soufre et on l'introduit avec une certaine quantité d'eau et un peu de liqueur jaune ou même de charrée fraîche dans un cylindre en fonte fermé, à double enveloppe, qui reçoit à l'extérieur comme à l'intérieur de la vapeur de 1 3/4 à 2 atmosphères de pression. On met en même temps en mouvement un agitateur. Le soufre fond sous l'eau et se rend fondu au fond du cylindre, d'où il est facile de le faire écouler dans des formes quelconques.

Le chlorure de calcium encore adhérent se dissout dans l'eau; le gypse y reste en suspension et, s'il s'était précipité avec le soufre un peu d'arsenic, ce dernier se combinerait à l'état de sulfure d'arsenic avec le sulfure de calcium, donnant naissance à du sulfarsénite calcique soluble.

L'obtention du soufre pur n'est, du reste, point un privilége du procédé Schaffner.

Le soufre peut être obtenu tout aussi pur d'après les méthodes de Dieuze et de Mond, lorsqu'on décompose le mélange d'eaux jaunes sulfurées et oxydées par de l'acide chlorhydrique. Rien n'empêche de fondre le soufre dans une solution un peu concentrée de $CaCl^2$, dont le point d'ébullition est supérieur à celui de la fusion du soufre.

Les eaux jaunes oxydées se prêtent très-facilement à la préparation de l'hyposulfite de soude. On y fait passer du gaz sulfureux (provenant d'une source quelconque) jusqu'à ce que la liqueur ne présente plus qu'une très-légère réaction alcaline; si elle était devenue acide, on n'aurait qu'à y ajouter des eaux jaunes jusqu'à rétablissement de l'alcalinité. Puis l'on y introduit la quantité nécessaire de sulfate de soude, pour produire la double décomposition en $S^2O^3Na^2$ et SO^4Ca. On filtre et exprime le gypse et l'on évapore la solution d'hyposulfite de soude dans des chaudières en tôle ou en fonte, jusqu'à ce qu'elle cristallise par refroidissement. Pendant la concentration, l'on enlève avec des écumoires les croûtes cristallines de SO^4Ca.

Une nouvelle cristallisation suffit pour obtenir $S^2O^3Na^2 + 5H^2O$ suffisamment pur. E. K.

SOUFRE, S = 32 (équivalent 16). — État naturel. — Le soufre a été connu de tout temps. Il existe à l'état natif aux abords des volcans et surtout de ces volcans éteints, dont l'activité ne se manifeste plus que par des émissions gazeuses, des *solfatares*. On le trouve en cristaux ambrés et transparents, ou en masses cristallines opaques et jaunes dans une argile récente, ou associé avec le sel gemme, le gypse, la célestine, etc. — Voyez Soufre (Min.).

Les composés sulfurés naturels sont très-nombreux. Les minerais les plus abondants de plomb, de cuivre, de mercure, d'antimoine, etc., sont des sulfures. — Voyez Galène, Blende, Chalcopyrite, Chalcosine, Pyrite, Marcassite, Cinabre, Stibine, Réalgar, etc.

L'hydrogène sulfuré et surtout les sulfures alcalins minéralisent toute une classe d'eaux médicinales; l'anhydride sulfureux est un élément très-fréquent des émanations volcaniques; enfin l'acide sulfurique a été rencontré à l'état de liberté dans plusieurs rivières qui descendent des Cordillères.

Un certain nombre de minéraux importants sont constitués par des sulfates : le gypse, la barytine et la célestine sont des sulfates de calcium, de baryum et de strontium; les sulfates de magnésium et de sodium se rencontrent dans beaucoup d'eaux minérales.

L'air atmosphérique contient des parcelles de sulfate de sodium et sans doute d'autres composés sulfurés. La fumée de la houille y répand, en quantité assez considérable, du gaz sulfureux, qui ne tarde pas à passer à l'état d'acide sulfurique. On peut souvent découvrir dans l'air de l'hydrogène sulfuré provenant de la décomposition des matières organiques.

Le soufre existe en effet dans les matières albuminoïdes végétales ou animales; on le trouve aussi dans la laine, dans la corne, dans le succin, dans les huiles de colza et de navette, et dans certains principes organiques bien définis, tels que la taurine, la cystine, l'essence d'ail et celle de moutarde.

Extraction. — 1. Le soufre natif n'a besoin que d'être distillé pour être livré au commerce. L'opération se fait sur les lieux d'extraction, à Pouzzoles, dans une série de pots en terre placés sur deux rangées parallèles dans un long four en briques. Le soufre se condense à l'état liquide dans des pots semblables aux premiers, placés des deux côtés du fourneau, et le liquide s'écoule par des ouvertures pratiquées à la base des récipients dans des baquets pleins d'eau froide. Le *soufre brut* ainsi produit contient à peine 3 °/₀ de matières étrangères; pour en apprécier la pureté, les industriels se contentent d'en allumer un poids déterminé et de peser le résidu. Un soufre brut beaucoup plus impur se produit par simple fusion du minerai dans les provinces de Catane, de Girgenti et de Palerme; mais ce procédé se perfectionne actuellement d'année en année. — Voyez Soufre (industrie).

On le *raffine* en France en le distillant une seconde fois dans des cylindres de fer, et on condense la vapeur dans de vastes chambres de briques. Tant que celles-ci ne sont pas échauffées, le soufre se précipite sous forme d'un brouillard composé de gouttelettes extrêmement ténues, dont la surface est solidifiée quand elles gagnent le sol. On obtient ainsi la *fleur de soufre*. Mais bientôt la température du condensateur ayant dépassé 120°, le soufre ruisselle le long des parois et s'accumule à l'état liquide sur le sol de la chambre. En ouvrant le robinet de décharge, on le fait couler dans des moules cylindro-coniques refroidis; il s'y solidifie, et bientôt il donne le *soufre en canon*.

2. Une des sources les plus abondantes de soufre est la pyrite de fer. Ce minerai est employé directement, dans les usines à acide sulfurique, au lieu de soufre. Si on veut en extraire le métalloïde à l'état de liberté, il suffit de le calciner en vase clos : $3\,FeS^2 = Fe^3S^4 + S^2$; équation semblable à celle de la préparation de l'oxygène par la pyrolusite. Comme une grande partie de l'acide sulfurique est employée aujourd'hui à la préparation de la soude par le procédé Le Blanc, le soufre des résidus de soude est en définitive emprunté aux pyrites. — Voyez plus loin, et l'article Soude (industrie), p. 1593.

3. Les usines qui produisent le cuivre sur le continent fabriquent accessoirement des quantités considérables de soufre. On y grille la chalcopyrite dans d'immenses tas ou meules semblables aux meules à charbon et contenant environ 2 millions de kilogrammes de minerai (voyez t. I, p. 1032). Sous l'influence de la chaleur dégagée par la combustion d'une portion des pyrites, une autre portion est décomposée; le soufre est mis à nu; il distille et s'écoule par les interstices de la meule dans des excavations pratiquées dans ses parois. On l'en retire avec des cuillers, et on le coule dans des moules. On recueille ainsi 20,000 kilogrammes de soufre brut par meule. D'autres fois, la calcination s'effectue dans des fours, et le soufre est recueilli dans de vastes chambres.

4. Les usines à soude produisent par jour plusieurs milliers de kilogrammes de *charrée* de soude, c'est-à-dire d'un mélange de sulfure de calcium, de chaux et de carbonate de calcium [voyez Soude (industrie)]. On a cherché à utiliser ces résidus et à en retirer le soufre, en les traitant par les résidus de chlore que l'on obtient dans la fabrication concomitante de chlorure de chaux. L'excellent procédé suivi à Dieuze d'après les indications de M. E. Kopp est décrit à l'article Soude (industrie), p. 1593.

M. Mond oxyde les marcs de soude dans les cuves mêmes où s'est opérée la lixiviation de la soude. Pour cela, il y fait passer successivement de l'air et de l'eau chaude. Il se forme une solution de sulfites et d'hyposulfites. On précipite par l'acide chlorhydrique. On recueille le soufre qu'on purifie en le traitant, dans des cornues, par de la vapeur surchauffée [*Bull. de la Soc. chim.*, t. XV, p. 299]. — Voyez p. 1596.

5. On extrait aussi le soufre du sulfure ferreux provenant de la purification du gaz de houille par l'hydrate ferrique. Ce sulfure, exposé à l'air, régénère de l'hydrate ferrique en donnant du soufre, $2\,FeS + H^2O + O^3 = H^2Fe^2O^4 + S^2$; la masse ainsi obtenue sert de nouveau à la purification du gaz; elle s'enrichit donc en soufre. Au bout de quelques opérations, elle en contient 40 à 50 °/₀. On la distille alors dans des cornues de fer.

Le soufre se produit encore dans une foule d'opérations chimiques: par exemple, dans la réaction des acides sur les polysulfures; dans celle de l'acide sulfureux, du chlore, du brome, de l'acide nitrique sur l'acide sulfhydrique, dans la décomposition du chlorure de soufre par l'eau, dans la décomposition spontanée de l'acide hyposulfureux, dans certaines putréfactions, etc.

Propriétés physiques. — Le soufre est un corps jaune, insipide et à peu près inodore, transparent lorsqu'il est cristallisé, fragile, conduisant mal la chaleur et moins bien encore l'électricité. Frotté avec une peau de chat, il s'électrise négativement d'une façon très-vive. La densité des cristaux naturels est égale à 2,05. — Voyez pour leur forme l'article Soufre (Min.).

Le soufre se présente sous plusieurs états allotropiques, il est dimorphe, il offre des irrégularités dans sa fusion et possède deux densités de vapeur. Tous ces faits se rattachent à sa polyatomicité qui permet à ses atomes de s'unir de plusieurs façons différentes.

Lorsqu'on chauffe du soufre natif vers 113° (112° Marchand, Scheerer, Frankenheim, 114°,5 Brodie), il commence à fondre et est tout à fait liquide à 120°. Il fond entièrement à 114° si on le plonge en petites quantités dans un bain à cette température. Si l'échauffement est lent, la fusion complète s'effectue à une chaleur plus élevée (Pisati).

Si l'on ne dépasse pas de beaucoup 120°, il redevient solide à 120°, et lorsque la cristallisation est lente, il se forme de longs prismes clinorhombiques que nous décrirons tout à l'heure. Au-dessus de 120°, le soufre fondu brunit et devient visqueux; à 200-250°, on peut retourner le vase sans qu'il s'écoule. Il subit au-dessus de 250° une sorte de seconde fusion qui absorbe beaucoup de chaleur et au-dessus de 300° il présente une liquidité peu inférieure à celle qu'il avait à 120°. Il bout à 440° (447°,3 Regnault, 448°,2 Becquerel) et se transforme en une vapeur orange qui absorbe fortement les rayons très-réfrangibles; lorsqu'on la surchauffe, elle s'éclaircit et donne un spectre d'absorption dont les bandes se trouvent surtout dans le bleu. L'indice de réfraction de la vapeur de soufre au point d'ébullition est de 1,001629 pour les rayons rouges (Le Roux).

Le coefficient de dilatation du soufre liquide passe par un minimum entre 150° et 200°; il est en effet de :

	Despretz, (d'après Berthelot)	
De 0,000622	entre 110°	et 130°
0,000352	150	200
0,000381	200	250

M. Moitessier et M. Pisati ont vérifié le phénomène, mais ont trouvé des nombres un peu différents. Voici les nombres :

	Pisati.	Despretz.
De 110° à 130°....	0,000512	0,000622
110 150.....	0,000498	0,000581
110 200.....	0,000358	0,000454
110 250.....	0,000352	0,000428

[Moitessier, *Thèses de Montpellier*, 1864; — Pisati, *Journ. de Phys.*, t. III, p. 259].

La densité de la vapeur du soufre prise à 500° et à des températures voisines est de 6,654 par rapport à l'air (96,1 par rapport à l'hydrogène) (Dumas), ce qui correspond à une molécule renfermant 6 atomes ($1/2 S^6 = 96$); à 1000°, elle n'est plus que 2,22 (31,75 par rapport à l'hydrogène; $1/2 S^2 = 32$) (Bineau). Entre 500° et 1000°, la densité diminue d'abord lentement, puis plus vite, enfin la diminution se ralentit de nouveau et s'annule vers 1000°, la vapeur est alors constituée par des molécules renfermant (S^2) (Deville et Troost) [voyez *Ann. de Chim. et de Phys.*, (3), t. LVIII, p. 286, et t. LIX, p. 456].

Le soufre est faiblement volatil à la température ordinaire; une lame d'argent placée à quelque distance d'un morceau de soufre noircit.

Le spectre secondaire du soufre s'obtient en faisant passer des étincelles électriques dans la vapeur de soufre à une moyenne tension; il est caractérisé par de nombreuses raies dans le jaune, le vert, le bleu et le violet.

Voici les longueurs d'ondre de quelques-unes de ces lignes : 1er *groupe* 567; 564,7; 561. — 2e *groupe* 547,7; 545,5; 544,5; 543,2. — 3e *groupe* 535; 532. — 4e *groupe* 522; 521,7; 520,5. — 5e *groupe* 503; 502,4; 501,3; 500,8; 499.

Le spectre obtenu avec des tubes de Geissler ou avec de simples tubes à électrodes rapprochées, renfermant de la vapeur de soufre à très-faible tension et en employant la bobine d'induction, est composé de bandes dégradées vers le rouge et courant depuis l'orangé jusqu'au violet (spectre primaire). Voici les principales de ces bandes, on

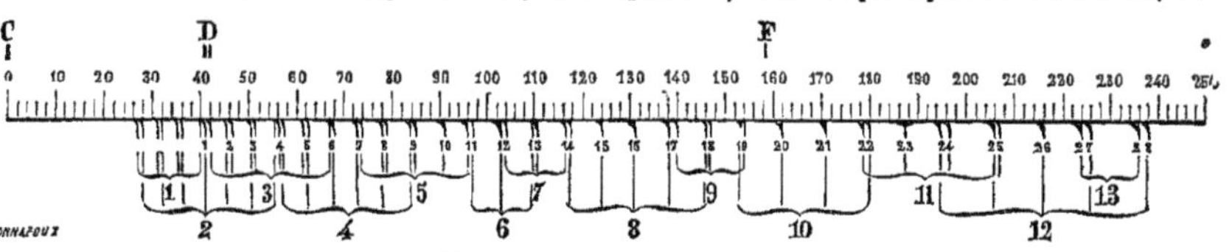

Fig. 620. — Spectre du soufre.

les a groupées en séries dans lesquelles leur distance suit une loi régulière. Un semblable spectre primaire a été obtenu au moyen de la flamme d'hydrogène dans des conditions décrites à l'article SOUFRE (analyse).

ÉTATS ALLOTROPIQUES. — 1. Le soufre, tel qu'il existe dans la nature, se présente sous le plus stable de ses états allotropiques, celui qui possède la plus forte densité et auquel toutes les autres modifications peuvent être ramenées, la plupart avec dégagement de chaleur. On désigne parfois ce soufre *orthorhombique* par le symbole $S\alpha$. Il fond, selon Brodie, à 114°,5; il est très-soluble dans le sulfure de carbone; 100 p. de ce dernier corps en dissolvent, d'après Cossa [*Bull. de la Soc. chim.*, t. XI, p. 137] :

16p,54 à	— 11°
18 75	— 6
23 99	zéro
37 15	+ 15
41 65	+ 18,5
46 05	+ 22
94 57	+ 38
146 21	+ 48,5
181 34	+ 55

La solution saturée bout à 55°, le dissolvant seul bouillant à 46°,8. Le soufre est aussi soluble dans la benzine, le pétrole et l'essence de térébenthine, l'hydrogène sulfuré liquéfié, etc.

100 p. de benzine en dissolvent		0,965 à	+ 26°
		4,377	+ 71
— toluène	—	1,479	+ 23
— éther	—	0,972	+ 23,5
— chloroforme	—	1,205	+ 22
— phénol	—	16,35	+ 174
— aniline	—	85,96	+ 130

Les huiles de houille le dissolvent d'autant plus qu'elles sont plus denses. Voici les quantités dissoutes par 100 grammes de ces hydrocarbures.

	Benzines légères, passant de 85° à 120°.	Benzines lourdes, passant de 150° à 200°.	Huiles lourdes, passant de 120° à 300°.
à 15°.	2,5	2,6	7,0
80	4,0	5,8	8,5
100	18,3	26,4	54,0

[J. Pelouze, *Compt. rend.*, t. LXVIII, p. 1179, et t. LXIX, p. 56].

Au-dessus de 120° les huiles lourdes sont miscibles au soufre fondu en toutes proportions. L'huile de lin en dissout 9 % à 1500, et 0,9 % à + 5°.

Le soufre octaédrique possède un grand pouvoir refringent ($n = 2,115$ d'après Brewster).

Le soufre se dépose sous la modification α quand on évapore ses solutions. Nous verrons cependant qu'on peut obtenir une autre sorte de cristaux.

M. Schützenberger, en abaissant peu à peu la température du soufre fondu dans un ballon à col recourbé, a pu le conserver quelque temps liquide à + 90°. Il se forme alors de gros cristaux octaédriques qu'on peut isoler en retournant rapidement le ballon. L'addition de quelques gouttes de sulfure de carbone avant la fusion du soufre facilite la réussite de l'opération.

Chauffé vers 110°, un cristal de soufre α se transforme en une agrégation de cristaux de soufre β.

Si on laisse le soufre fondu se solidifier lentement, par exemple si l'on en abandonne quelques kilogrammes dans un poêlon, jusqu'à ce qu'il se forme à la surface une croûte cristalline, et si l'on enlève cette croûte après l'avoir percée pour faire écouler le soufre resté liquide, on trouve un magnifique lacis d'aiguilles d'un jaune légèrement brunâtre, tout à fait différentes des octaèdres orthorhombiques de la nature. Ce sont des prismes *clinorhombiques* (*mm*) de 89°28' dans lesquels on a $pm = 85°54$, $e^1 e^1 = 90°18'$. Leur densité n'est que de 1,98. D'après Brodie, le soufre clinorhombique (Sβ) fond et se solidifie à 120°, mais une trace de soufre mou abaisse le point de fusion à 111°,5. Au bout de quelques jours, à la température ordinaire, les cristaux de S β deviennent opaques et jaunes, ils sont alors constitués par une infinité d'octaèdres de Sα. La transformation s'effectue immédiatement avec dégagement de chaleur lorsqu'on raye un cristal de la modification β; il se forme des taches opaques aux points rayés et celles-ci envahissent bientôt toute la masse.

Le soufre β a les mêmes dissolvants que le soufre α. Lorsqu'on abandonne au refroidissement une solution de soufre dans l'essence de térébenthine chaude, il se dépose d'abord des cristaux β, puis à une basse température des cristaux α. On obtient aussi des cristaux β en refroidissant brusquement la solution de soufre dans le sulfure de carbone chauffée au moins à 80° (Debray). L'action d'un noyau cristallin peut contre-balancer celle de la température, de telle sorte qu'on obtienne à + 15°, par exemple, des cristaux β. En effet, M. Gernez fait dissoudre du soufre dans de la benzine ou du toluène au-dessous de 80°, il laisse refroidir la solution jusqu'à + 15°, elle est alors fortement sursaturée. Il y plonge un cristal de Sα ou un cristal de Sβ; sur le premier il se dépose des octaèdres et sur l'autre des prismes.

La formation des cristaux α dans ces conditions n'est pas très-rapide : les cristaux β, comme on pouvait le penser, dégagent moins de chaleur par leur formation, mais ils se forment plus vite. Ils se conservent indéfiniment en tubes scellés dans le dissolvant. Vient-on à les toucher avec un cristal α, ils s'opacifient et se transforment en un agrégat d'octaèdres [*Compt. rend.*, t. LXXIX, p. 219]. M. Pasteur avait déjà signalé la formation spontanée de quelques cristaux β dans une solution sulfo-carbonique froide. Ceux-ci s'opacifient au contact des octaèdres. Nul doute qu'ils n'aient été produits par la chute d'une parcelle de Sβ contenu dans l'air du laboratoire [*Compt. rend.*, 1848, t. XXVI, p. 48].

2. Si l'on concentre les rayons solaires à l'aide d'une lentille au sein d'une solution de soufre dans le sulfure de carbone, le soufre se dépose à l'état insoluble (Lallemand).

Le soufre fondu et en suspension dans une solution convenablement concentrée de chlorure de zinc cristallise bien au-dessous de 114°, surtout si le diamètre des globules est petit. Ceux de 1/2 millimètre de diamètre peuvent être très-longtemps maintenus liquides à la température ordinaire. Ils cristallisent spontanément ou sous l'influence d'un corps étranger. On les voit alors devenir opaques et tomber au fond du verre [Dufour, *Ann. de Chim. et de Phys.*, (3), t. LXVIII, p. 376].

3. L'addition des acides étendus à une solution de polysulfure de potassium, de sodium et de calcium donne un précipité laiteux et grisâtre de *soufre amorphe soluble*, $K^2S^5 + 2HCl = 2KCl + H^2S + S^4$. Les petits grains qui forment cette variété deviennent cristallins lorsqu'on les conserve. Ils ont les mêmes dissolvants que les variétés α et β. Le soufre qui se dépose au pôle positif dans l'électrolyse des solutions de sulfures et d'hydrogène sulfuré possède les mêmes propriétés. Il en est de même de la partie interne des utricules qui forment la fleur de soufre : cette portion cristallise au bout de quelque temps. Ces variétés, ainsi que les soufres α et β, constituent pour M. Berthelot le *soufre électronégatif*. En effet, c'est sous cette forme que les composés où le soufre joue le même rôle que l'oxygène le déposent soit par une action chimique, soit par celle de la pile [*Ann. de Chim. et de Phys.*, (3), t. XLIX, p. 430. Voir la bibliographie, *ibid.*, p. 432].

Nous devons cependant faire remarquer que l'électrolyse de l'acide sulfhydrique a donné à M. Cloëz un soufre contenant 1/6 seulement de son poids de soufre soluble. Peut-être la portion insoluble était-elle produite secondairement par l'action oxydante du pôle positif sur l'hydrogène sulfuré ; car, le contact des corps oxydants donne, d'après M. Berthelot, du soufre insoluble [*Compt. rend.*, t. XLVII, p. 819 et 910].

4. Les variétés suivantes sont *insolubles* dans le sulfure de carbone. M. Berthelot les rassemble sous le titre de *soufre électropositif*.

La découverte du soufre insoluble est due à M. Ch. Deville [*Ann. de Chim. et de Phys.*, (3), t. XLVII, p. 94]. Son histoire a été très-développée par Fordos et Gelis [*Ann. de Chim. et de Phys.*, (3), t. XXXII, p. 385], Magnus [*ibid.*, (3), t. XLVII, p. 200], et Berthelot [*ibid.*, (3), t. XLIX, p. 439 ; t. LV, p. 211, et (4), t. I, p. 394].

Le *soufre électropositif proprement dit* (S γ) se prépare par l'action de l'eau sur le chlorure de soufre, $2S^2Cl^2 + 3H^2O = 4HCl + H^2S^2O^3 + S^2$: il y a formation d'acide hyposulfureux dont la destruction spontanée fournit aussi du soufre insoluble. Il est jaune orangé, absolument insoluble dans le sulfure de carbone en excès à chaud, dans l'éther, l'alcool, etc., mais il peut être ramené par le contact de certains corps à l'état soluble, d'après la remarque de M. Berthelot. Suivant ce savant, l'unique produit de l'action de l'eau sur le chlorure de soufre pur est du soufre insoluble ; s'il y a du soufre α en dissolution dans ce dernier liquide, on le retrouve sans accroissement ni perte de poids après l'opération. Suivant M. Cloëz, la décomposition du chlorure de soufre par l'humidité atmosphérique donne du soufre α en gros cristaux. Les conditions de la réaction auraient donc une influence prédominante.

Du reste, M. Berthelot a insisté sur la nécessité d'opérer rapidement, tout en évitant l'élévation de température, lorsqu'on veut préparer le soufre γ, beaucoup de causes physiques tendant, lorsqu'il n'a pas encore acquis toute sa cohésion, à le ramener à l'état plus stable S α.

Il se transforme en S α lorsqu'on le chauffe à 300° et qu'on le laisse se refroidir lentement, ou lorsqu'on le sublime. Maintenu à 100° pendant dix heures, il reste en partie insoluble ; à 111°, il se change tout entier en S β, avec un notable dégagement de chaleur. Bouilli avec de l'alcool absolu pendant un quart d'heure, il ne s'y dissout pas sensiblement et ne devient pas soluble dans le sulfure de carbone.

Le sulfure de sodium en 8 jours en dissout 1 p. et change le reste en soufre soluble et cristallisable.

La potasse et l'ammoniaque en trois jours le blanchissent et le transforment aussi en soufre soluble.

L'acide sulfhydrique en trois jours en transforme une portion seulement en soufre cristallisable.

5. On obtient une autre variété de soufre insoluble, beaucoup moins stable que la précédente, par l'action de la chaleur suivie d'un refroidissement brusque, c'est le *soufre trempé insoluble* S δ.

Lorsqu'on trempe le soufre en le portant fondu dans l'eau froide, on obtient des produits différents selon la température initiale : si celle-ci est comprise entre 110° et 170°, le soufre trempé est dur et jaune ; à 190°, on a un soufre mou et transparent qui devient bientôt fragile et opaque en prenant la teinte du soufre ordinaire ; à 220°, la trempe donne un soufre élastique transparent et brunâtre; à 230-260°, le produit est parfaitement ductile, transparent, rougeâtre; sa couleur est rouge-brun si on a chauffé jusqu'à l'ébullition. Le soufre trempé au-dessus de 260° est connu sous le nom de *soufre mou*. Il s'altère au bout d'un certain temps avec production d'une quantité croissante de soufre soluble.

En trempant le soufre dans un mélange d'acide carbonique et d'éther, M. Brodie a obtenu un solide dur et transparent qui prend à la température ordinaire la mollesse et l'élasticité du soufre mou ordinaire [*Ann. der Chem. u. Pharm.*, t. XCII, p. 237].

Lorsqu'on n'a pas dépassé 150°, le soufre trempé est soluble. A 155° correspond l'apparition dans le produit d'une trace de soufre insoluble; à 170°, on en trouve ordinairement 25 °/₀; à 200°, 29 °/₀; à 230°, 30 °/₀. Mais en employant un refroidissement très-rapide, par exemple en versant le soufre fondu dans l'éther, on peut doubler la proportion de soufre insoluble.

D'après M. Berthelot, c'est à 170° que le soufre se transforme dans sa modification insoluble; la température où s'effectue ce travail moléculaire correspond au minimum du coefficient de dilatation, à la production de la viscosité et au commencement de la formation du soufre mou.

Le soufre revient à l'état soluble si pendant son refroidissement le travail inverse a le temps de s'accomplir; dans le soufre trempé, une notable portion reste insoluble.

Cette portion (S δ) est la moins stable des variétés insolubles. L'alcool bouillant la dissout (Ch. Deville). L'ébullition avec une petite quantité de ce liquide suffit pour transformer la partie non dissoute en soufre soluble dans le sulfure de carbone (Berthelot). A 100°, elle se transforme en une heure en soufre soluble; à 111°, la transformation a lieu avec un faible dégagement de chaleur.

Entre les variétés γ et δ, il faut placer divers états d'agrégation intermédiaires. Ainsi la vapeur de soufre condensée dans l'eau ou dans l'air froid donne un soufre mou qui, durci, est en partie insoluble. Cette partie insoluble possède une stabilité moindre que S γ, mais le contact de l'acide nitrique fumant ou de l'acide sulfureux lui donne la propriété de résister à l'action de l'alcool. La pellicule qui entoure les globules de *fleur de soufre* est constituée par une variété analogue, elle prend naissance, en effet, dans une atmospère chargée d'acide sulfureux (1).

Ces actions de contact sont assez communes; ainsi une trace d'iode détermine la production facile du soufre insoluble dès 155°; on sait que l'iode présente vis-à-vis du phosphore une particularité semblable.

Le soufre mou provenant de la décomposition des hyposulfites par l'acide chlorhydrique fournit, dans de bonnes conditions, une certaine quantité de soufre insoluble. Celui-ci est fort instable et se change à 100° en un quart d'heure en soufre soluble. Il peut être liquide lors de sa séparation, il contient alors du persulfure d'hydrogène.

Le soufre qui se dépose dans la combustion incomplète de l'hydrogène sulfuré et du sulfure de carbone est en grande partie insoluble, comme il fallait s'y attendre, vu la présence de l'acide sulfureux.

M. Lallemand a fait voir que le soufre dissous dans le sulfure de carbone se précipitait à l'état insoluble sous l'influence de la lumière; la surface du soufre fondu au soleil présente la même insolubilité. On n'a pas fait d'observation particulière sur ce soufre insoluble. Il ne se produit pas quand le sulfure de carbone est saturé d'hydrogène sulfuré (Berthelot).

Les variétés appelées par Magnus *soufre rouge*, *soufre noir*, et produites par des trempes successives suivies d'un traitement par le sulfure de carbone, paraissent devoir leur origine à des impuretés telles que des matières grasses (Mitscherlich).

Propriétés chimiques. — Le soufre est analogue à l'oxygène par son atomicité et par ses affinités. Il s'unit facilement à presque tous les éléments. Il s'enflamme dans l'*air* à 250° (Violette) et brûle avec une flamme d'un bleu pâle en produisant de l'anhydride sulfureux SO^2. A 200°, il est phosphorescent dans l'air et dans l'oxygène, pourvu que la pression de ce dernier gaz ait une valeur comprise entre deux limites déterminées (Joubert). Fondu dans un courant de *chlore*, il donne du chlorure de soufre, il se combine de même au *brome* et à l'*iode*. Il s'unit au rouge à l'*hydrogène* et au *carbone*, donnant des composés de formules analogues à l'eau et à l'acide carbonique (H^2S et CS^2). Ces deux composés commencent à se détruire à la température à laquelle ils se produisent. L'hydrogène sulfuré (H^2S) se forme plus difficilement que le sulfure de carbone (CS^2). Cependant on peut l'obtenir aisément en volatilisant le soufre dans l'étincelle électrique au milieu d'une atmosphère d'hydrogène. La vapeur de soufre brûle dans l'hydrogène, et celui-ci dans la vapeur de soufre, mais avec difficulté.

Le soufre s'unit directement au *sélénium*, au *phosphore*, à l'*arsenic*, au *bore*, au *silicium* et à la plupart des *métaux*. Le *cuivre* devient incandescent dans la vapeur de soufre, le *plomb*, le *fer*, le *zinc*, l'*étain*, l'*argent* plus ou moins chauffés y brûlent également. Un mélange de fleur de soufre humectée d'*eau* et de limaille de *fer* s'échauffe peu à peu et donne du protosulfure hydraté (Volcan de Lémery). La limaille de cuivre agit d'une façon analogue.

L'*eau* est en partie décomposée par le soufre bouillant; il se forme de l'hydrogène sulfuré et de l'acide pentathionique selon l'équation

$$10S + 5H^2O = S^5O^6H^2 + 5H^2S.$$

L'*anhydride carbonique* réagit sur le soufre bouillant. Il se produit de l'oxysulfure de carbone:

$$2CO^2 + 3S = 2COS + SO^2$$

[Cossa, *Deutsch. Chem. Gesellsch.*, 1868, p. 117; — Miers, *Bull. de la Soc. chim.*, t. XIII, p. 498].

Le *gaz iodhydrique* et sa solution saturée sont décomposés par le soufre. A la température ordinaire, il se forme de l'hydrogène sulfuré et de l'iode. En solution étendue c'est, comme on sait, l'iode qui décompose l'hydrogène sulfuré. Avec des solutions concentrées, la première réaction a lieu quand on chauffe, mais, par le refroidissement, elle s'intervertit et le soufre cristallise en octaèdres [Hautefeuille, *Bull. de la Soc. chim.*, t. VII, p. 199].

L'*anhydride hypochloreux* s'unit directement au soufre en suspension dans le chlorure de soufre et donne du chlorure de thionyle:

$$S + OCl^2 = SOCl^2 \text{ (Wurtz).}$$

Le soufre volatilisé dans l'étincelle électrique au milieu d'une atmosphère d'*oxyde de carbone* donne de l'oxysulfure de carbone COS; avec l'acide carbonique, on obtient en outre de l'acide sulfureux [Chevrier, *Compt. rend.*, t. LXIX, p. 56].

Chauffé à 130°, avec du *trichlorure de phosphore*, il donne du sulfochlorure $PSCl^3$ bouillant à 125-128° [Henry, *Bull. de la Soc. chim.*, t. XIII, p. 495].

Le soufre se dissout dans l'eau régale et dans

(1) Celui-ci se fixe à la surface des globules et se change, sous l'influence de l'air, en acide sulfurique.

l'*acide nitrique* en réduisant celui-ci et en donnant de l'acide sulfurique. Péan de Saint-Gilles a montré que le soufre insoluble (Sγ) était beaucoup plus facilement attaqué par l'acide nitrique que le soufre soluble, même lorsque celui-ci a identiquement la même structure mécanique que le premier, et qu'on l'a obtenu, par exemple, en laissant du soufre γ en contact avec l'acide sulfhydrique [*Ann. de Chim. et de Phys.*, (3), t. LIV, p. 50]. Le soufre se dissout dans les *alcalis*, dans l'*eau de chaux*, etc., en donnant des hyposulfites et des sulfhydrates ou des polysulfures :

$$4KHO + S^4 = 2KHS + K^2S^2O^3 + H^2O;$$
$$2KHS + S^4 = K^2S^5 + H^2S.$$

Le soufre agit à l'ébullition sur l'*aniline*; il se forme un produit de substitution sulfuré et de l'acide sulfhydrique. Il y a aussi production d'hydrogène sulfuré lorsqu'on chauffe le soufre avec de la *graisse*, de la *glycérine*, de la *naphtaline*, etc. [Merz et Weith, *Zeitsch. für Chem.*, (2), t. V, p. 603]. M. Pfankuch, en calcinant du *benzoate de baryum* avec un excès de soufre, a obtenu de la benzine, de la benzophénone et jusqu'à 90 % de tolane $(C^6H^5C)^2$. Il se produit aussi du sulfure de tolane [*Bull. de la Soc. chim.*, t. XVIII, p. 497].

Poids atomique. Atomicité. — L'atome de soufre pèse 32 (H = 1). Dumas, par la synthèse du sulfure d'argent, est arrivé au nombre 32,0196 (Ag = 108). Stas adopte le nombre 32,0742 (Ag = 107,93). La chaleur spécifique atomique du soufre (Sα) est de 5,68 entre 14° et 99° (Regnault). Sa densité de vapeur à 1000° est de 31,75 par rapport à l'hydrogène.

Le soufre, dans ses rapports chimiques avec les autres corps, joue le même rôle que l'oxygène et peut le remplacer atome pour atome. Il est donc diatomique, mais il peut manifester une atomicité plus élevée; par exemple, dans le chlorure $S^{iv}Cl^4$ et dans l'iodure de triéthylsulfine

$$S^{iv}(C^2H^5)^3I.$$

Usages. — Le soufre est employé en proportions considérables pour le soufrage des vignes; cette opération a pour but d'empêcher le développement d'un champignon microscopique, l'*Oidium Tuckerii*. Il est assez volatil pour atteindre le cryptogame dans toutes les parties d'une grappe sur laquelle on l'a projeté à l'état de fleur de soufre, ou de soufre pulvérisé.

Le soufre est un parasiticide fort usité; il sert à la fabrication de la pommade sulfurée alcaline des hôpitaux avec laquelle la gale est traitée avec un succès assuré.

Sa fusibilité le fait employer pour prendre des empreintes et faire des scellements.

On continue à s'en servir en France pour la préparation des allumettes, bien qu'il ait été avantageusement remplacé pour cet usage, en Angleterre, en Allemagne et en Suède, par la paraffine; on en consomme aussi de grandes quantités pour la fabrication de la poudre.

Il sert enfin à la préparation des sulfures, polysulfures, hyposulfites, sulfites, de l'acide sulfureux, à la vulcanisation du caoutchouc, enfin et surtout à la fabrication de l'acide sulfurique.

COMBINAISONS DU SOUFRE AVEC LES MÉTALLOÏDES MONATOMIQUES.

Hydrogène sulfuré [Syn. *Acide sulfhydrique*, *sulfide hydrique*], H^2S. — Ce gaz a été découvert par Rouelle et étudié par Scheele, Berthollet, Thenard, Davy et Berzelius. Il existe naturellement dans certaines eaux minérales (voyez t. I, p. 1205) et se produit dans la putréfaction des matières organiques sulfurées. Il se forme synthétiquement lorsqu'on fait passer de l'hydrogène dans de la vapeur de soufre, mais la plus grande partie de l'hydrogène ne se combine pas (Scheele, Davy). On obtient un meilleur résultat avec l'étincelle d'induction (Chevrier). — Voyez plus haut.

Préparation. — On le prépare, dans les laboratoires à froid, avec le sulfure de fer artificiel et l'acide chlorhydrique (ou sulfurique) faible :

$$FeS + 2HCl = FeCl^2 + H^2S.$$

Le sulfure de fer contenant toujours du fer, le gaz est mélangé d'hydrogène. Les appareils employés sont identiques à ceux qui servent à préparer l'hydrogène. — Voyez t. II, p. 72, fig. 340.

Pour l'avoir pur, on doit traiter à chaud la stibine ou sulfure d'antimoine par l'acide chlorhydrique : $Sb^2S^3 + 6HCl = 3H^2S + 2SbCl^3$.

On lave le gaz dans une petite quantité d'eau, on le sèche avec du chlorure de calcium (car il décompose lentement l'acide sulfurique) et on le recueille sur la cuve à mercure.

Reinsch a recommandé pour les laboratoires l'usage d'un mélange de suif et de soufre comme source d'hydrogène sulfuré. Ce mélange fournit du gaz aussitôt qu'on le chauffe; il cesse d'en donner et se solidifie lorsqu'on l'abandonne à lui-même. Galletly remplace le suif par la paraffine.

L'ébullition de l'eau avec le soufre ou les polysulfures donne un peu d'acide sulfhydrique. La vapeur d'eau agissant sur la vapeur de soufre à 440° en fournit davantage. Il se forme en même temps de l'acide pentathionique.

L'hydrogène naissant produit par l'action de l'acide chlorhydrique sur l'aluminium, le fer ou le zinc, est susceptible de se combiner avec le soufre libre en suspension dans le liquide; le soufre insoluble donne plus d'hydrogène sulfuré que le soufre soluble et l'aluminium plus que le fer et surtout que le zinc (Cloëz).

Propriétés. — Le gaz sulfhydrique peut être condensé sous l'effort de sa propre pression lorsqu'on le produit dans un espace clos tel que le tube coudé de Faraday. On met dans une des branches un mélange d'acide sulfurique et de sulfure de fer exempt de fer (calciné plusieurs fois avec du soufre) ou mieux du persulfure d'hydrogène humide que l'on chauffe légèrement, et l'on refroidit l'autre branche. L'hydrogène sulfuré s'y condense sous la forme d'un liquide incolore réfringent, excessivement mobile, d'une densité de 0,9 et qui, placé dans un mélange d'acide carbonique et d'éther sous la cloche de la machine pneumatique, se solidifie en une masse transparente fusible à — 85°,5.

La densité du gaz sulfhydrique est de 1,1912 par rapport à l'air (17,2 par rapport à l'hydrogène; théorie, 17). Les premiers observateurs avaient déjà remarqué que l'hydrogène ne change pas de volume en s'unissant au soufre; en effet, H^2S occupe le même volume que H^2.

On établit la composition volumétrique du gaz sulfhydrique en le décomposant dans une cloche courbe par l'étain ou le cadmium; le volume ne change pas : $H^2S + Sn = SnS + H^2$.

Si l'on prenait le potassium ou le sodium, il y aurait une diminution de volume de moitié :

$$K + H^2S = KHS + H$$

(Gay-Lussac et Thenard).

L'acide sulfhydrique est soluble dans l'alcool et dans l'eau, qui en prend environ 3 fois son volume. — Voyez t. I, p. 3.

La solution aqueuse d'acide sulfhydrique jouit des propriétés du gaz. Elle doit être conservée à l'abri de l'air, sans cela elle s'altère, dépose du soufre et contient bientôt un peu d'acide sulfurique. Wœhler, en faisant passer à — 20°, de l'hydrogène sulfuré dans de l'eau étendue d'alcool de façon qu'elle ne gelât pas, a vu se former des cristaux d'apparence octaédrique qui fondent en bouillonnant à une température un peu plus élevée. C'est probablement un hydrate d'acide sulfhydrique.

Le gaz sulfhydrique possède l'odeur des œufs pourris et une saveur douceâtre. Respiré à l'état de pureté, il amène une asphyxie très-rapide provenant de l'altération profonde du globule sanguin. Le sang agité avec ce gaz devient en effet brun noirâtre et le fer qu'il contient est transformé en sulfure. A l'état de dilution dans l'air, il produit un malaise accompagné de nausées et de vertige. Un moineau plongé dans une atmosphère en contenant 1/1500 y périt en très-peu de temps; 1/250 suffit pour tuer un cheval.

Le gaz hydrogène sulfuré se détruit lorsqu'on le fait passer dans un tube de porcelaine chauffé au rouge; sa décomposition commence même à 400°; il est décomposé par l'étincelle électrique, mais assez lentement. Il est inflammable; un morceau de fer ou de charbon chauffé au rouge suffit pour l'allumer dans l'air. Il s'enflamme aussi au contact du trioxyde de thallium (Carstanjen), des peroxydes de manganèse, de plomb et d'argent, de divers chlorates et chromates et même du chlorure de plomb. Les oxydes de cuivre, de nickel, d'argent, le peroxyde de baryum et beaucoup de sels d'argent et de mercure s'échauffent seulement au contact du gaz; l'iodure d'azote et le fulminate d'argent détonent [Bœttger, *Journ. für prakt. Chem.*, t. CIII, p. 308].

L'hydrogène sulfuré brûle avec une flamme d'un bleu pâle, dégageant assez peu de chaleur (voyez THERMOCHIMIE). Il se forme de l'eau et de l'acide sulfureux, à moins que l'accès de l'oxygène soit insuffisant, alors il se dépose du soufre. Un mélange préparé dans les proportions requises par la formule $H^2S + O^3 = H^2O + SO^2$ brûle avec explosion; un autre préparé avec H^2S et O donne de l'eau pure et du soufre, $H^2O + S$; cette réaction est exploitée dans l'industrie.

Lorsqu'on plonge un charbon, un fragment de pierre ponce ou un morceau de bois incandescent dans un mélange d'air et d'hydrogène sulfuré, celui-ci brûle lentement en produisant des fumées épaisses qui se forment au contact du corps chaud et envahissent toute la masse gazeuse. Les fumerolles d'Agnano, près Naples, offrent un phénomène exactement semblable. Le platine spongieux ne rougit pas lorsqu'on le plonge à la température ordinaire dans un mélange d'hydrogène sulfuré et d'oxygène, il faut le chauffer à 100° pour que le phénomène se produise, et alors le mélange peut prendre feu. Les balles d'argile platinées agissent très-lentement sur ce mélange, il se dépose à leur surface du soufre qui entrave leur action. S'il y a de l'hydrogène présent, celui-ci ne se combine pas d'abord à l'oxygène, et l'hydrogène sulfuré est brûlé le premier.

Ce gaz s'oxyde lentement à l'air en présence de l'humidité. Il se forme de l'acide sulfurique. Dumas a fait passer un courant d'air et d'acide sulfhydrique sur des morceaux de linge contenus dans un tube; il n'y a pas d'action à froid si les gaz sont secs, mais, s'ils sont humides, l'acide sulfurique se produit, et cette production devient beaucoup plus rapide si l'on élève un peu la température.

Dans plusieurs circonstances, l'acide sulfurique se forme naturellement par un procédé analogue.

L'acide oxalique calciné dans un courant d'hydrogène sulfuré donne du soufre (D = 1,87), de l'eau et de l'oxyde de carbone [Müller, *Poggend. Ann.*, t. CXXVII, p. 404].

Les oxydants agissent énergiquement sur l'hydrogène sulfuré, dont le rôle est celui d'un réducteur assez puissant. Si l'on verse un peu d'acide nitrique fumant dans un flacon rempli de ce gaz, il y a inflammation et production de vapeurs rouges et de soufre. Le gaz hypochloreux provoque aussi son inflammation. L'acide sulfureux lui-même lui cède de l'oxygène, mais il faut que les gaz soient humides. Il se forme de l'eau, du soufre et de l'acide pentathionique :

$$5H^2S + 5SO^2 = 4H^2O + H^2S^5O^6 + S^5$$

(Berthelot).

L'acide sulfurique, surtout celui de Nordhausen, subit aussi une réduction; il se produit de l'acide sulfureux et du soufre.

Au contact de l'hydrogène sulfuré, beaucoup d'oxydes sont transformés en sulfures. Le chlore, le brome, l'iode donnent de l'acide chlorhydrique, bromhydrique, iodhydrique et du soufre, ou, s'ils sont en excès, du chlorure de soufre, du bromure de soufre, etc. Si, de plus, on agit en présence de l'eau, il y a formation d'acide sulfurique.

La solution aqueuse d'acide sulfhydrique est oxydée avec dépôt de soufre par l'eau oxygénée et par l'acide iodique (il y a séparation d'iode). Avec l'acide sélénieux il se précipite du sulfure de sélénium. Avec l'acide nitrique et certains nitrates, il se produit de l'eau, du soufre, de l'acide sulfurique, du bioxyde d'azote et de l'ammoniaque.

L'hydrogène sulfuré sec agit sur le sel marin fondu et en chasse partiellement l'acide chlorhydrique. Il agit plus profondément s'il contient de la vapeur d'eau [Kingsett, *Journ. of the Chem. Soc.*, (2), t. XI, p. 456].

L'hydrogène sulfuré est fréquemment employé en chimie à cause de ses propriétés réductrices; par exemple, pour la transformation des sels ferriques en sels ferreux, de la nitrobenzine en aniline, etc. Mais il sert surtout en analyse comme acide faisant la double décomposition dans des cas bien déterminés et donnant des sels (sulfures et sulfhydrates) doués de propriétés bien tranchées. Exemple : $CuCl^2 + H^2S = CuS + 2HCl$. — Voyez SULFURES MÉTALLIQUES.

C'est un acide faible, car il rougit légèrement le papier de tournesol.

On reconnaît sa présence à son odeur et à la propriété qu'il possède de noircir du papier imprégné d'acétate de plomb ou une lame d'argent humide. — Voyez SULFURES MÉTALLIQUES, p. 1623, et SOUFRE (ANALYSE).

PERSULFURE D'HYDROGÈNE. — Formule probable, H^2S^3. — Ce corps, découvert par Scheele, s'obtient en versant par petites portions une solution concentrée de persulfure de potassium, de sodium ou de calcium dans un grand excès d'acide chlorhydrique étendu de 2 fois son volume d'eau et contenu dans un vase conique :

$$CaS^5 + 2HCl = CaCl^2 + H^2S^3 + S^2.$$

On recueille au fond du vase une couche oléagineuse qui est du persulfure d'hydrogège tenant en dissolution du soufre; de cette dernière circonstance vient l'incertitude qui règne sur la formule à donner à ce composé. On lui en a longtemps attribué une analogue à celle de l'eau oxygénée. De fait, comme celle-ci, le persulfure d'hydrogène est décomposé par la chaleur, il réduit l'oxyde d'argent avec incandescence et se détruit facilement au contact des corps poreux, du platine, etc., enfin il possède des propriétés décolorantes. Toutefois M. Schœnbein a fait voir que l'indigo décoloré par le persulfure d'hydrogène reprenait sa couleur lorsqu'on décomposait celui-ci, de sorte qu'il semble n'y avoir là qu'une combinaison instable.

M. Hofmann a produit le persulfure d'hydrogène dans des circonstances où il ne peut pas être mélangé de soufre : sa formule correspond alors à H^2S^3. Ce savant ajoute une solution alcoolique de sulfure ammonique chargée de soufre à une solution alcoolique de strychnine. Au bout de 12 heures, les parois du vase sont tapissées de longues aiguilles d'un rouge orangé, solubles dans l'eau, l'alcool, l'éther et le sulfure de carbone, qui, lavées à l'alcool froid, renferment

$$C^{21}H^{22}Az^2O^2.H^2S^3.$$

Arrosées d'acide sulfurique concentré, elles se décolorent, et si l'on ajoute de l'eau il se sépare des gouttelettes huileuses contenant H^2S^3 [*Deutsch. Chem. Gesellsch.*, 1869, p. 81].

Le persulfure d'hydrogène possède une odeur sulfureuse irritante et un goût douceâtre mêlé d'amertume; il brûle avec une flamme bleue; abandonné à l'air à la température ordinaire, il se détruit lentement en perdant de l'hydrogène sulfuré et en se chargeant de soufre. En vase clos, la même transformation a lieu, et l'hydrogène sulfuré se liquéfie. Bunsen a fait voir que, si l'on exclut l'humidité et si l'on introduit un peu de chlorure de calcium avec le persulfure, celui-ci ne s'altère pas [*Poggend. Ann.*, t. XLVI, p. 103]. Il se détruit très-vite au contact des polysulfures alcalins et aussi des alcalis. Le contact des acides lui donne au contraire de la stabilité; de là, dans sa préparation, l'indication de verser le polysulfure dans l'acide, et cela par très-petites portions.

PROTOCHLORURE DE SOUFRE, S^2Cl^2. — Ce liquide a d'abord été décrit par Thomson et par Berthollet. On le prépare en faisant passer du chlore sur un excès de soufre maintenu en fusion, et on rectifiant pour séparer le soufre entraîné; on peut aussi l'obtenir en distillant un mélange de 1 p. de soufre avec 9 p. de chlorure stannique ou 8 p. 1/2 de chlorure mercurique. Il est mobile, jaune rougeâtre, fumant, et possède une odeur particulière et désagréable. Sa densité est de 1,687; celle de sa vapeur 4,77 par rapport à l'air (68,9 par rapport à l'hydrogène: $1/2\,S^2Cl^2 = 67,5$). Il bout à 136°. Il dissout le soufre abondamment, la solution saturée (D = 1,7) contient 66,7 % de soufre. Une telle solution mêlée de benzine sert à vulcaniser le caoutchouc. Le chlorure de soufre se dissout dans le sulfure de carbone, et aussi dans l'alcool et dans l'éther, mais non sans décomposer ces deux derniers corps. Lorsqu'on sature de chlore le protochlorure de soufre dans l'obscurité, on obtient des liquides bruns qui passent à la distillation au-dessous de 136°, mais en se décomposant. On enseignait autrefois qu'il s'échappait un excès de chlore et qu'il distillait à 64° du chlorure SCl^2. Les recherches de Carius et de Chevrier, etc., tendent à prouver qu'on n'a pas affaire à un composé défini, mais seulement à un mélange de protochlorure S^2Cl^2 avec un perchlorure SCl^4, qui possède, même à une basse température, une tension notable de dissociation [Carius, *Ann. der Chem. u. Pharm.*, t. CVI, p. 291, et t. CX, p. 209; — Chevrier, *Compt. rend.*, t. LXIV, p. 302]. Le chlorure SCl^2 pourrait à la vérité exister aussi dans le mélange et posséder la même propriété de se dissocier à une basse température. Hübner et Guéroult pensent même que SCl^2 est un composé défini, mais instable, tandis que le chlore en excès est tenu à l'état de dissolution, qu'il peut être chassé par un gaz inerte et que SCl^4 n'existe pas [*Zeitch. fur Chem.*, t. VI, p. 455; — Dalziel et Thorpe, *Chem. News*, t. XXIV, p. 159]. Les arguments de Carius, de Michaelis, etc., sont surtout d'ordre chimique, on les trouvera résumés plus bas.

Le protochlorure de soufre dissout le brome et l'iode, mais sans former avec eux de composés définis. Le produit commence à bouillir au-dessous de 136°, mais cette température est rapidement atteinte et alors il passe du protochlorure (Chevrier).

Le phosphore ajouté par petites portions au protochlorure de soufre dans la proportion indiquée par l'équation suivante donne du chlorosulfure de phosphore et un dépôt de soufre :

$$3S^2Cl^2 + P^2 = 2PSCl^3 + S^4 \text{ (Chevrier).}$$

En employant un excès de phosphore il se forme du trichlorure de phosphore et un sulfure de phosphore signalé par Wœhler [*Ann. de Chim. et de Phys.*, t. XLIV, p. 56].

Si l'on projette de l'antimoine dans du chlorure de soufre en ébullition, la liqueur s'échauffe fortement et se prend en une masse solide de soufre mélangé de protochlorure d'antimoine :

$$Sb^2 + 3S^2Cl^2 = S^6 + 2SbCl^3 \text{ (Chevrier).}$$

Le soufre se présente en aiguilles β et en octaèdres α.

Les sulfures d'arsenic et d'antimoine sont aussi très-vivement attaqués. Il se dépose du soufre et il se forme des chlorures. L'étain en feuilles réagit énergiquement sur le chlorure de soufre, il se dépose du soufre et il distille du perchlorure d'étain (Wœhler, Baudrimont). Le sulfure d'étain n'est attaqué qu'à chaud. L'aluminium battu agit à une température peu élevée, il distille un liquide brun-rouge, et il se dépose des cristaux incolores, probablement un composé de chlorure d'aluminium avec le chlorure de soufre. Le mercure donne à chaud du chlorure mercurique ou mercureux, selon les proportions, et un dépôt de soufre.

Le fer réduit par l'hydrogène n'attaque guère le chlorure de soufre qu'à l'ébullition; il donne du chlorure ferrique; le zinc agit avec aussi peu d'énergie. Le magnésium et le sodium ne le décomposent pas du tout, même à l'ébullition.

L'eau le convertit très-lentement en acide chlorhydrique, soufre et acide hyposulfureux, celui-ci donnant à son tour du soufre et de l'acide sulfureux :

$$2S^2Cl^2 + 3H^2O = 4HCl + S^2 + H^2S^2O^3;$$
$$H^2S^2O^3 = H^2SO^3 + S.$$

Si l'on amène les vapeurs d'anhydride sulfurique dans du protochlorure de soufre fortement refroidi, on obtient le composé

$$S^7O^{15}Cl^2 = S^2Cl^2, 5SO^3,$$

liquide très-instable, qui, à la température ordinaire, perd $5SO^2$ et se transforme en

$$S^2O^5Cl^2 = SO^3, SO^2Cl^2.$$

Ce dernier corps est le *chlorure de pyrosulfuryle*. Il se produit aussi lorsqu'on distille le chlorure de soufre avec de l'acide sulfurique de Nordhausen : c'est une huile incolore, bouillant à 146°, possédant une densité de 1,818 à +16°, et donnant avec l'eau de l'acide sulfurique et du gaz chlorhydrique. Elle réagit sur le gaz ammoniac sec en produisant du sulfamate neutre d'ammonium [H. Rose, *Poggend. Ann.*, t. XLIV, p. 291; t. XLVI, p. 167; t. LII, p. 69].

Le gaz ammoniac s'unit aux vapeurs de chlorure de soufre. Le produit possède la formule

$$S^2Cl^2, 4AzH^3.$$

Il se conserve longtemps dans l'air; il se dissout dans l'alcool absolu : l'eau précipite du soufre de cette solution, qui contient dès lors du chlorure et de l'hyposulfite d'ammonium [Martens, *Journ. de Chim. méd.*, t. XIII, p. 430].

Le trichlorure de phosphore, chauffé pendant 6 heures à 160°, avec du protochlorure de soufre, donne du perchlorure du phosphore, PCl^5, et du sulfochlorure de phosphore, $PSCl^3$ [Michaelis, *Bull. de la Soc. chim.*, t. XV, p. 185].

Les sulfates chauffés avec du chlorure de soufre donnent généralement des chlorures, du chlorure de sulfuryle, de l'anhydride sulfureux et du soufre (Carius). Exemple :

$$2\,S^2Cl^2 + SO^4Na^2 = 2\,NaCl + SO^2Cl^2 + SO^2 + S^3.$$

Le benzoate de sodium donne du sulfure ou du chlorure de benzoyle, selon les équations suivantes :

$$2\,S^2Cl^2 + 2\,C^7H^5O^2Na = (C^7H^5O)^2S + Na^2S + 2\,SOCl^2,$$

ou $$= 2\,C^7H^5OCl + 2\,NaCl + SO^2 + S^3.$$

L'acide benzoïque agit de la même façon, mais donne surtout du chlorure de benzoyle. Dans la première réaction, le sulfure métallique réagit partiellement sur le chlorure de thionyle, $SOCl^2$, pour donner du sulfate et du soufre :

$$5\,Na^2S + 4\,SOCl^2 = 8\,NaCl + Na^2SO^4 + S^8.$$

Les acétates et en général les sels d'acides organiques monatomiques agissent d'une manière analogue.

La réaction du chlorure de soufre sur l'alcool ordinaire est fort complexe. Il se forme de l'acide chlorhydrique, de l'acide sulfureux, des chlorures d'éthyle et de thionyle, du sulfite d'éthyle et généralement un peu de mercaptan, d'acide éthylsulfureux et de soufre. Les alcools méthylique et amylique donnent des produits tout semblables. Voici les équations par lesquelles Carius explique ces réactions :

$$S^2Cl^2 + C^2H^6O = SOCl^2 + C^2H^6S;$$
$$3\,SOCl^2 + 4\,C^2H^6S = 4\,HCl + 2\,C^2H^5Cl + (C^2H^5)^2SO^3 + S^6;$$
$$SOCl^2 + 2\,C^2H^6O = HCl + C^2H^5Cl + C^2H^5.H.SO^3.$$

M. Guthrie a obtenu des combinaisons de chlorure de soufre avec les hydrocarbures diatomiques de la série grasse. Il les formule ainsi : $(C^2H^4)^2.S^2Cl^2$ et $(C^5H^{10})^2.S^2Cl^2$. — Voyez t. I, p. 238 et 1372.

En ajoutant 2 p. de cyanure d'argent à 1 p. de chlorure de soufre dissous dans 10 p. de sulfure de carbone, M. Schneider a obtenu des lamelles brillantes, solubles dans le sulfure de carbone et jaunissant rapidement même en tubes scellés. Elles contiennent alors du sulfure de cyanogène $(CAz)^2S$, sublimable à 30°, mêlé avec un corps jaune orangé, le *xanthane* de Berzelius, $(CAz)^2S^3$, dont une modification soluble existait peut-être déjà dans les cristaux [*Bull. de la Soc. chim.*, t. X, p. 372].

BICHLORURE DE SOUFRE, SCl^2. — Selon Carius, ce corps n'existe pas. Le liquide rouge et fumant, qu'on obtient en saturant de chlore le composé S^2Cl^2 vers + 3°, offre la composition centésimale exigée par la formule SCl^2; mais si la saturation a lieu à une température plus ou moins élevée, la teneur en chlore change dans des limites fort étendues. De plus, les réactions sont celles d'un mélange contenant une forte quantité de SCl^4 : la formation du chlorure de thionyle ou de l'acide sulfureux dans une foule de cas en est une preuve convaincante.

D'un autre côté, Rose a obtenu, par l'action du chlore sur l'orpiment, un liquide brun, $2\,(AsCl^3).SCl^2$, dans lequel il suppose l'existence du bichlorure de soufre [*Poggend. Ann.*, t. XCII, p. 536]. Guthrie, ayant fait réagir l'éthylène et l'amylène sur le chlorure rouge, a vu se produire des corps, $C^2H^4.SCl^2$ et $C^5H^{10}\,SCl^2$ (t. I, p. 237 et 1372). Enfin Soubeiran a décrit les composés $SCl^2, 2\,AzH^3$ et $SCl^2, 4\,AzH^3$, engendrés par l'action directe du chlorure rouge sur l'ammoniaque (t. I, p. 217).

Il se peut donc que SCl^2 existe à tout le moins en combinaison. L'étude plus approfondie des tensions de dissociation du chlorure rouge permettra de dissiper cette incertitude.

TÉTRACHLORURE DE SOUFRE, SCl^4. — On n'a pas isolé ce corps à l'état de pureté. Mais selon Carius le chlorure de soufre saturé de chlore à une basse température est un mélange de S^2Cl^2 et de SCl^4 dont la tension de dissociation est considérable, même à la température ordinaire. MM. Michaelis et Schifferdecker pensent que le liquide jaune-brun qu'on obtient en faisant passer du chlore dans S^2Cl^2 à — 20° est du tétrachlorure pur. Il en a du moins la composition. D'après eux, à une température supérieure, le liquide contient d'abord un mélange de SCl^4 et de SCl^2, puis vers + 20° il n'existe plus de SCl^4 et l'on a affaire à un mélange de SCl^2 et de S^2Cl^2. La dissociation présente un saut brusque entre 85° et 90° [*Deutsch. Chem. Gesells.*, t. VI, p. 993]. La théorie de M. Carius est plus simple; en tout cas, le tétrachlorure correspondant à l'anhydride sulfureux paraît exister réellement. Le principal argument à l'appui de cette opinion, c'est la formation de composés sulfureux dans une foule de réactions du chlorure de soufre rouge. On a, en effet, avec les alcools de la série grasse :

$$SCl^4 + C^2H^6O = HCl + SOCl^2 + C^2H^5Cl$$

et

$$SOCl^2 + C^2H^6O = HCl + SO^2 + C^2H^5Cl.$$

Avec l'acide benzoïque :

$$SCl^4 + C^7H^6O^2 = C^7H^5O.Cl + HCl + SOCl^2$$

et

$$SCl^4 + 2C^7H^6O^2 = 2C^7H^5O.Cl + 2\,HCl + SO^2.$$

Avec le benzoate de sodium, la réaction se passe surtout selon la deuxième équation. Avec l'acétate de sodium elle a toujours lieu dans le même sens, mais le chlorure d'acétyle donne avec l'acétate de sodium de l'acide acétique anhydre. MM. Michaelis et Schifferdecker utilisent cette facile production de chlorure de thionyle à l'aide du chlorure de soufre saturé de chlore à — 20° pour la préparation du chlorure de thionyle. Ils font réagir sur le chlorure SCl^4 les vapeurs d'anhydride sulfurique dans un courant de chlore. En employant 20 p. de SCl^4 et 50 p. de SO^3, la réaction est la suivante :

$$SCl^4 + 2SO^3 = SOCl^2 + S^2O^5Cl^2.$$

Le produit est cristallin à zéro. On le débarrasse d'un excès de chlore par un courant d'acide sulfurique et on sépare le chlorure de thionyle par distillation. Il reste du chlorure de pyrosulfuryle $S^2O^5Cl^2$ (voyez p. 1604). En employant deux fois plus de SCl^4, le chlorure de thionyle est le seul produit non gazeux :

$$SCl^4 + SO^3 = SOCl^2 + SO^2 + Cl^2.$$

Les auteurs ont fait aussi réagir le chlorure de soufre saturé de chlore sur l'acide chlorosulfurique. A — 18° il se forme une masse cristalline, déjà signalée par Millon, d'oxytétrachlorure de soufre $S^2O^3Cl^4 = SO^2Cl.O.SCl^3$ et de l'acide chlorhydrique Les deux tiers du chlorure donnent cette réaction, un autre tiers se comporte comme du bichlorure SCl^2 [*Deutsch. Chem. Gesells.*, t. V, p. 924, t. VI, p. 996].

L'oxytétrachlorure de soufre fond à 57° en se décomposant partiellement et en donnant des chlorures de thionyle et de pyrosulfuryle S^2OCl^2. Il réagit sur le sulfure de carbone selon l'équation suivante :

$$7S^2O^3Cl^4 + 5CS^2$$
$$= 3COCl^2 + 2CO + 6SO^2 + 7S^2Cl^2 + 4SOCl^2.$$

On connaît des combinaisons de tétrachlorure de soufre avec les chlorures métalliques. On les obtient généralement en faisant passer du chlore sur les sulfures [H. Rose, *Poggend. Ann.*, t. XLII, p. 517, etc.]. Le composé stannique, qui renferme $SnCl^4, 2SCl^4$, forme de beaux cristaux fumants à l'air, fusibles et sublimables sans décomposition, donnant avec l'eau un liquide acide contenant du soufre en suspension. Le composé titanique de composition indéterminée est en cristaux jaunes déliquescents. Enfin le corps correspondant de l'antimoine renferme $2SbCl^5.3SCl^4$; lorsqu'on le chauffe, il fond et donne du trichlorure d'antimoine, du chlore et du protochlorure de soufre.

Weber a produit le composé aluminique en chauffant modérément un mélange de chlorure d'aluminium et de protochlorure de soufre et faisant passer dans la masse rouge foncé un courant de chlore à une température un peu plus élevée. On obtient ainsi une huile jaune qui finit par cristalliser; elle renferme $Al^2Cl^6.SCl^4$. L'eau la décompose avec production d'alumine, de soufre et d'acides chlorhydrique, sulfurique et hyposulfureux [*Pogg. Ann.*, t. CIV, p. 421].

BROMURE DE SOUFRE. — Le brome mis en contact avec un excès de soufre donne, sans dégagement sensible de chaleur, un liquide rouge d'une odeur analogue à celle du chlorure de soufre et contenant, d'après Löwig, S^2Br^2. Il perd du soufre à la distillation ou par évaporation à l'air, et l'on admettait autrefois qu'il se transformait en SBr^2.

M. Michaelis, en faisant passer du gaz sulfureux dans du brome placé sous une couche de trichlorure de phosphore, a obtenu un liquide d'un brun-rouge contenant du brome, de l'oxychlorure de phosphore et du protobromure de soufre et distillable à 210-220° dans un courant rapide d'acide carbonique. Ce bromure paraît provenir de la destruction du composé SBr^4. Les quantités réagissantes étaient en effet celles exigées par la formule

$$2PCl^3Br^2 + SO^2 = 2POCl^3 + SBr^4$$

[*Bull. de la Soc. chim.*, t. XV, p. 186].

M. Haunay a introduit du phosphore dans le protobromure S^2Br^2; le phosphore s'est dissous, mais en chauffant légèrement on a eu une explosion. Or celle-ci aurait eu lieu immédiatement si le brome eût été libre. La combinaison S^2Br^2, quoique très-instable, existe donc. Le chlorure d'iode la transforme en chlorure de soufre et bromure d'iode [*Journ. of the Chem. Society*, t. XI, p. 823].

IODURES DE SOUFRE. — Le soufre se combine à l'iode à une température peu élevée, même sous l'eau. Avec 32 p. de soufre et 127 p. d'iode, on obtient une masse d'un gris noirâtre, brillant, à structure cristalline et radiée, fusible au-dessous de 60°, insoluble dans l'eau et se décomposant à la distillation et même par l'action de l'alcool (Gay-Lussac); c'est le protoiodure S^2I^2, qui a été employé en médecine. Selon Henry Rose, le produit distillé serait un iodure de soufre contenant 11,24 % de ce métalloïde.

M. Guthrie a obtenu le corps S^2I^2 en cristaux tabulaires par l'action de l'iodure d'éthyle sur le chlorure de soufre S^2Cl^2.

Si l'on fait dissoudre dans le sulfure de carbone 1 atome de soufre et 6 atomes d'iode, on obtient par l'évaporation des prismes rhomboïdaux d'un iodure de soufre SI^6 semblable à l'iode par son aspect et se décomposant entièrement par la chaleur [Lamers, *Journ. für prakt. Chem.*, t. LXXXIV, p. 349].

On connaît encore d'autres iodures de soufre, peu définis, par exemple celui que Grosourdy a obtenu en traitant le trichlorure d'iode par l'hydrogène sulfuré et qui est d'un rouge-cinabre et d'une composition correspondant à peu près à S^3I^2 [*Journ. de Chim. méd.*, t. IX, p. 429; — Lamers, *loc. cit.*], et le produit de la réaction de 1 atome de soufre sur 2 d'iode, lequel possède une structure lamellaire et une faible odeur d'iode [E. Henry, *Journ. de Pharm.*, t. XIII, p. 403].

FLUORURE DE SOUFRE. — Ce corps, d'une composition indéterminée, se produit, selon Davy et M. Dumas, en distillant le fluorure de plomb ou de mercure avec du soufre [*Ann. de Chim. et de Phys.*, (2), t. XXXI].

COMBINAISONS DU SOUFRE AVEC DES MÉTALLOÏDES DIATOMIQUES.

Les combinaisons du soufre avec le sélénium et le tellure étant décrites avec ces métalloïdes, nous ne parlerons ici que des composés oxydés. Ceux-ci se réduisent à deux : l'anhydride sulfureux et l'anhydride sulfurique. Les acides proprement dits formés par le soufre sont beaucoup plus nombreux. En voici la liste :

Acide hydrosulfureux.	.... SO^2H^2.
Anhydride sulfureux..	SO^2.
Acide sulfureux......	$SO^2 + H^2O = SO^3H^2$.
Anhydride sulfurique.	SO^3.
Acide sulfurique......	$SO^3 + H^2O = SO^4H^2$.
— pyrosulfurique..	$2SO^3 + H^2O = S^2O^7H^2$
Acide hyposulfureux (thiosulfurique).....	.... $S^2O^3H^2$.
Acide dithionique.....	.... $S^2O^6H^2$
— trithionique....	.... $S^3O^6H^2$.
— tétrathionique..	.... $S^4O^6H^2$.
— pentathionique..	.... $S^5O^6H^2$.

Nous décrirons ces divers composés, ainsi que leurs chlorures et leurs amides dans l'ordre adopté dans ce tableau.

ACIDE HYDROSULFUREUX, SO^2H^2 [Schützenberger, *Bull. de la Soc. chim.*, t. XII, p. 121, t. XIX, p. 152, et t. XX, p. 145]. — Cet acide n'a pas été isolé à l'état de pureté. La solution aqueuse se décompose rapidement; son sel de sodium cristallise, mais il est fort instable. La propriété caractéristique de l'acide et de ses sels est un pouvoir réducteur très-considérable dont l'industrie tire déjà parti par la transformation de l'indigo bleu en indigo blanc.

Schœnbein avait autrefois signalé la décoloration de l'indigo par la solution d'acide sulfureux tenue quelque temps en contact avec du zinc; mais il l'attribuait au pouvoir oxydant de l'ozone, tandis que M. Schützenberger a prouvé qu'elle est due à l'action réductrice d'un nouvel acide du soufre. Si l'on ajoute du zinc en tournure à une solution concentrée d'acide sulfureux, il n'y a pas de dégagement d'hydrogène et on observe au bout de quelques instants une coloration jaune; l'acide hydrosulfureux existe alors dans la liqueur et la colore; bientôt la quantité de celui-ci décroît et avec elle le pouvoir réducteur; on trouve alors dans le liquide de l'hyposulfite de zinc et il se dépose du soufre. Le liquide jaune, qu'on peut obtenir beaucoup plus concentré et avec une couleur orange en traitant l'hydrosulfite de sodium par l'acide sulfurique, donne instantanément à froid avec le sulfate de cuivre un précipité d'hydrure cuivreux Cu^2H^2, et s'il y a un excès de sulfate, un mélange de cuivre et d'hydrure. L'acide hydrosulfureux réduit aussi les sels d'argent et de mercure; il décolore l'indigo et le tournesol; la couleur reparaît à l'air. Son pouvoir réducteur mesuré avec le permanganate est juste une fois et demie celui de la solution primitive d'acide sulfureux ; ce qui s'accorde parfaitement avec la formule SO^2H^2. En effet SO^2H^2 exige O^2 pour fournir un corps non réducteur (l'acide sulfurique); SO^3H^2 ou SO^3Zn exigent O seulement; donc, dans l'équation

$$2\,SO^3H^2 + Zn = SO^3Zn + SO^2H^2 + H^2O$$

le pouvoir du premier réducteur du premier membre est représenté par 2O, et celui du second par 3O.

Hydrosulfite acide de sodium, SO^2HNa. — Ce corps est bien mieux défini que l'acide, puisqu'il cristallise; mais son altérabilité est extrême. Pour le produire, on met en contact avec de la tournure de zinc ou des lames de zinc bien décapées et tordues une solution concentrée et maintenue froide de bisulfite de sodium. — Voyez t. II, p. 1536.

La solution jouit des propriétés de l'acide : le pouvoir décolorant du bisulfite est augmenté d'un tiers par l'action du zinc, ce qui correspond à la formule SO^2HNa.

$$3SO^3HNa + Zn$$
$$= SO^3Na^2 + SO^3Zn + SO^2HNa + H^2O.$$

L'hydrosulfite acide de sodium peut être obtenu avec l'hydrogène électrolytique. Il suffit de remplacer dans une pile de Bunsen l'acide azotique par le bisulfite de sodium; la pile fonctionne régulièrement et le bisulfite se transforme en hydrosulfite.

Hydrosulfite neutre, SO^2Na^2. — On l'obtient en solution en ajoutant un excès de lait de chaux à la solution d'hydrosulfite acide, après la cristallisation du sulfite de zinc (p. 1536). Ce sel absorbe bien moins vite l'oxygène que le premier; aussi ses solutions conservent-elles mieux leur titre dans des flacons bien bouchés; elles servent au dosage de l'oxygène dont nous avons parlé (t. II, p. 712) (1), et dans l'industrie, à la teinture et à l'impression en bleu d'indigo. — Voyez Teinture.

Anhydride sulfureux, SO^2 [Syn. *Acide sulfureux, sulfuryle*]. — Ce gaz se produit dans la combustion du soufre; on le trouve dans les émanations gazeuses des volcans, et en dissolution dans les eaux qui les avoisinent. Il a été décrit comme corps particulier par Libavius et sa composition a été déterminée par Lavoisier. On peut le fabriquer en brûlant à l'air du soufre ou des pyrites, c'est le procédé industriel; ou en réduisant l'acide sulfurique, c'est le procédé des laboratoires. On peut encore chauffer du soufre avec du peroxyde de manganèse ou de l'oxyde de cuivre, ou bien encore avec de l'anhydride sulfurique; dans ce dernier cas, si l'on opère dans un tube courbé et scellé dont on refroidit une des branches, l'on obtient très-facilement l'anhydride sulfureux à l'état liquide :

$$S + 2SO^3 = 3SO^2$$

[Wach, *Schweizz. Journ.*, t. L, p. 26].

Préparation. — On chauffe dans un ballon de l'acide sulfurique avec son poids de mercure ou le tiers de son poids de cuivre en tournure; dans ce dernier cas la réaction est un peu vive, et d'après Maumené, il se forme, outre le sulfate cuivreux, un peu de sulfures cuivreux et cuivrique :

$$Hg + 2SO^4H^2 = SO^4Hg + 2H^2O + SO^2.$$

On recueille le gaz sous le mercure après l'avoir lavé à l'eau et séché au chlorure de calcium si on veut l'avoir tout à fait pur. Il est commode de le condenser, car il est liquide au-dessous de — 10°, et il suffit pour le liquéfier de faire passer le courant gazeux dans des matras refroidis avec un mélange de glace et de sel.

(1) M. Schützenberger opère maintenant dans un courant d'hydrogène [*Bull. de la Soc. chim.*, t. XX, p. 145].

M. Melsens prépare l'anhydride sulfureux en chauffant du soufre avec de l'acide sulfurique dans des vases de fonte ou dans des vases de terre remplis de pierre ponce [*Compt. rend.*, t. LXXVI, p. 92].

M. Stolba recommande de chauffer du soufre avec du sulfate de fer, de cuivre ou de plomb, mais mieux avec du sulfate de fer, le produit de la réaction étant du sulfure de fer utilisable dans le laboratoire. On broie 12 p. de sulfate ferreux sec avec 5 p. de soufre. On chauffe dans un ballon en élevant peu à peu la température; les tubes de dégagement doivent être larges à cause du soufre entraîné. Le sulfure produit est pyrophorique à chaud [*Journ. für prakt. Chem.*, t. XCIX, p. 54].

Lorsqu'on veut préparer la solution d'anhydride sulfureux, on se sert de l'appareil de Woulf; il est inutile d'employer les métaux pour réduire l'acide sulfurique, le charbon suffit, mais alors il se produit de l'acide carbonique selon la réaction $C + 2SO^4H^2 = 2H^2O + 2SO^2 + CO^2$. Ce gaz n'est que faiblement absorbé par l'eau chargée d'anhydride sulfureux. — Voyez plus bas Acide sulfureux.

Propriétés. — L'anhydride sulfureux se liquéfie facilement sous l'influence du froid (Bussy. — 10° à la pression normale) ou de la pression (3 atmosphères aux températures ordinaires). Le liquide bout à — 10°,08 (Regnault), — 8° (I. Pierre); il est incolore, très-mobile, à peine plus réfringent que l'eau, et possède une densité de 1,45. Sa tension de vapeur est de $1165^{mm},06$ à zéro et de $2462^{mm},05$ à + 20° (Regnault). On peut le conserver sans crainte dans des bouteilles à eau de Seltz.

A la pression ordinaire, il s'évapore avec rapidité et sa température s'abaisse considérablement. En le faisant traverser par un vif courant d'air sec, on atteint facilement le point de congélation du mercure [voyez Réfrigérants (mélanges)]. Évaporé dans le vide, ou introduit dans le mélange d'anhydride carbonique solide et d'éther, il se solidifie en flocons blancs cristallins, fusibles à — 79°.

Le gaz sulfureux possède une densité de 2,234 par rapport à l'air et de 32,25 par rapport à l'hydrogène ($1/2SO^2 = 32$).

Il présente dans sa compressibilité et dans sa dilatation de légères irrégularités dues à sa facile liquéfaction. Il est incolore, incombustible, suffocant et complétement irrespirable. Dilué dans l'air, il présente l'odeur connue du soufre brûlé.

A l'état liquide, il agit sur beaucoup de corps comme un dissolvant neutre analogue au sulfure de carbone. Il dissout le brome, l'iode, le phosphore, le chloroforme, l'éther et la benzine; ces deux derniers corps lui communiquent une teinte jaune [Fausto Sestini, *Bull. de la Soc. chim.*, t. X, p. 226].

A l'état de gaz il est soluble dans l'eau et très-soluble dans l'alcool. — Voyez t. I, p. 3.

Il est décomposé par l'étincelle électrique en donnant du soufre, de l'oxygène et de l'anhydride sulfurique. On obtient les mêmes produits lorsqu'on refroidit à l'aide d'un tube métallique maintenu froid du gaz sulfureux chauffé à 1200°. — Voyez t. I, p. 1176 (H. Deville).

Priestley et Berthollet avaient déjà fait voir que le gaz humide passant au travers d'un tube chauffé au rouge donnait du soufre et de l'acide sulfurique concentré.

Bien qu'il n'entretienne en aucune manière la combustion des matières organiques et qu'il soit même employé à cause de cette propriété à éteindre les feux de cheminée, il peut jouer vis à vis de plusieurs métaux le rôle de comburant; le potassium y brûle avec éclat en donnant du polysulfure, du sulfate et de l'hyposulfite. L'étain divisé s'y enflamme aussi à une température modérément élevée; il se forme de l'acide stannique et du sulfure d'étain. Le fer finement divisé y rougit lorsqu'on le chauffe un peu; il se produit du sulfure et du sulfate. Le plomb précipité s'y convertit lentement en sulfure, le peroxyde de manganèse à une douce chaleur s'y transforme en sulfate manganeux. L'oxyde cuivrique donne de l'oxyde cuivreux et du sulfure cuivrique. L'antimoine réagit lentement et fournit du trisulfure, l'arsenic en vapeur donne du sulfure et de l'anhydride arsénieux [Schiff, *Ann. der Chem. u. Pharm.*, t. CXVII, p. 92].

Le bioxyde de plomb s'empare avec énergie de l'anhydride sulfureux et s'y convertit en sulfate avec un dégagement considérable de chaleur : $PbO^2 + SO^2 = PbSO^4$. L'hydrogène au rouge le réduit avec formation d'eau et de soufre.

Le gaz sulfureux s'unit au peroxyde d'azote pour donner le corps $S^2O^7(AzO)^2$ (cristaux des chambres ?). A l'état liquide, il s'unit aussi en quelques jours au nitrate de potassium en formant le corps $KAzOSO^4$.

Véritable radical libre, il peut se combiner directement au chlore et à l'oxygène. Un mélange de 2 volumes SO^2 et de 1 volume O donne, en effet, à une température peu élevée et au contact de la mousse de platine ou de la ponce platinée, d'abondantes vapeurs d'anhydride sulfurique SO^3. Volumes égaux d'anhydride sulfureux et de chlore se combinent peu à peu sous l'influence des rayons solaires, ou dans les pores de la braise purifiée par lavage et calcination dans le chlore; il se forme du chlorure de sulfuryle, SO^2Cl^2.

Lorsqu'on dirige du gaz sulfureux sur du perchlorure de phosphore, il se fait de l'oxychlorure de phosphore et du chlorure de thionyle par substitution de Cl^2 à O :

$$SO^2 + PCl^5 = SOCl^2 + POCl^3.$$

— Voyez p. 1610.

L'ammoniaque sèche s'unit au gaz sulfureux pour donner de l'acide thionamique ou sulfitammon (voyez p. 1610). L'aniline fournit par addition des composés décrits t. II, p. 846.

Les solutions alcalines absorbent le gaz sulfureux en donnant des sulfites. La solution de borax l'absorbe également; elle n'absorbe pas le gaz carbonique.

Selon Stas, l'anhydride sulfureux préparé et maintenu dans l'obscurité présente certaines réactions différentes de celles que l'on obtient sous l'influence de la lumière. Il donne un précipité blanc de sulfite dans les solutions neutres ou très-légèrement acides de nitrate ou de sulfate d'argent. La solution ne se colore pas. Le précipité abandonné à la lumière avec un excès d'acide sulfureux devient gris; il se forme de l'argent et du sulfate. Le même gaz réduit le chlorate, le bromate et l'iodate d'argent à l'état de chlorure, de bromure, d'iodure, sans formation d'argent métallique ni de sulfure d'argent. L'acide sulfureux insolé, comme aussi à un moindre degré celui produit par l'action du soufre sur l'acide sulfurique ou sur le bioxyde de manganèse, donne avec la solution de nitrate d'argent un précipité gris, et le liquide noircit en laissant déposer du sulfure. Il réduit le chlorate, le bromate, l'iodate à l'état de chlorure, bromure, etc., mais avec formation de sulfure d'argent, et cela même dans l'obscurité complète [*Jahresb.*, 1867, p. 150].

Ces réactions sont sans doute dues à de minimes quantités d'un corps étranger. De fait la solution d'acide sulfureux exposée pendant deux mois à la lumière solaire commence à laisser déposer du soufre en même temps qu'il se forme de l'acide sulfurique [O. Lœw, *Bull. de la Soc. chim.*, t. XIV, p. 101]. Chauffée à 200° en vases clos, elle subit la même décomposition (Geitner), et Morren a fait voir que le gaz sulfureux lui-même est décomposé en soufre et anhydride sulfurique sous l'influence de la lumière solaire concentrée à l'aide d'une lentille [*Compt. rend.*, t. LXIX, p. 399].

L'anhydride sulfureux est employé pour le blanchiment de la laine, de la soie, des peaux, etc., pour conserver certains corps organiques [voyez SOUFRE (INDUSTRIE)], il a beaucoup d'usages en chimie comme réducteur; nous allons parler de ceux-ci à propos de l'acide sulfureux.

ACIDE SULFUREUX [Syn. *Solution d'acide sulfureux*], $SO^3H^2 = SO(OH)^2 = SO^2, H^2O$. — On peut considérer la solution d'anhydride sulfureux comme renfermant ce corps. 1 volume d'eau dissout 79,8 volumes d'anhydride à la température de zéro et 39,4 volumes à celle de + 20° (Schœnfeld et Carius. — Voyez t. I, p. 3).

Sims a obtenu des nombres un peu différents; selon lui, 1 volume d'eau dissout 53,9 volumes de gaz à 10° et 36,4 volumes à + 20° [*Ann. der Chem. u. Pharm.*, t. CXVIII, p. 340].

Lorsqu'on fait passer de l'anhydride sulfureux humide à travers un tube refroidi par un mélange de glace et de sel, il s'y dépose des lamelles blanches qui restent solides au-dessous de + 5° et qui renferment selon de la Rive $SO^2 + 14 H^2O$. A + 5°, elles fondent et abandonnent leur gaz. Peut-être contiennent-elles de la glace.

I. Pierre, en exposant à la température de zéro une solution saturée d'anhydride sulfureux continuellement traversée par un courant de gaz sulfureux, a obtenu des cristaux orthorhombiques fusibles à + 4°, se décomposant avec bouillonnement et sifflement lorsqu'on les projette sur un corps à + 25° : ils renfermaient

$$SO^2, 9H^2O \text{ ou } SO^3H^2 + 8H^2O$$

[*Ann. de Chim. et de Phys.*, (2), t. XXIII, p. 416]. Dœpping a préparé les mêmes cristaux, auxquels il attribue par erreur la formule SO^3H^2.

Voici la densité des solutions saturées d'acide sulfureux :

à zéro	1,06091
à + 10°	1,05472
à + 20°	1,02386
à + 40°	0,95548

(Schœnfeld).

L'acide sulfureux est bien plus oxydable que son anhydride. Abandonné au contact de l'air, surtout à la lumière, il contient bientôt de l'acide sulfurique; il suffit d'ajouter à la solution de l'acide chlorhydrique et du chlorure de baryum pour s'en convaincre. C'est un réducteur puissant. Il s'empare à la température ordinaire de l'oxygène de l'acide iodique, mettant de l'iode à nu et se transformant en acide sulfurique : en présence de l'eau et d'un excès d'acide sulfureux, l'iode se redissout et il y a formation d'acide iodhydrique. Même réaction avec les iodates. On peut déceler dans un mélange gazeux des traces d'anhydride sulfureux en profitant de cette faculté réductrice. Pour cela, on y plonge un morceau de papier collé à l'amidon et trempé dans une solution d'iodate de potassium. L'iode mis à nu colore fortement le papier en bleu. On peut encore humecter un morceau de papier de sulfate ferrique et de ferricyanure de potassium; la réduction du sel de fer le fera bleuir également.

L'acide sulfureux, en présence d'une grande quantité d'eau, dissout l'iode en donnant une solution incolore d'acide iodhydrique et d'acide sulfurique; c'est la réaction fondamentale de la méthode volumétrique de Bunsen.

Il est très-employé en chimie organique à l'état de bisulfite pour s'emparer de l'iode libre. Il dissout l'hydrate platinique en donnant du sulfate platineux; décolore le permanganate de potassium en formant du sulfate et de l'hyposulfate manganeux (Buignet) :

$$Mn^2O^8K^2 + 6SO^3H^2$$
$$= SO^4K^2 + SO^4Mn + S^2O^6Mn$$
$$+ 2SO^4H^2 + 4H^2O.$$

Il dissout le peroxyde de manganèse en donnant le même hyposulfate. Il réduit complétement à chaud les sels ferriques à l'état de sels ferreux, transforme l'acide phosphorique en acide phosphoreux, précipite le sélénium et le tellure des acides tellureux et sélénieux, et sépare le mercure du nitrate mercureux.

Son action sur les oxydes de l'azote sera décrite à propos de l'industrie de l'acide sulfurique.

Il décolore beaucoup de substances végétales, les pétales de violettes, le vin, le jus de fruits, etc., mais la matière colorante n'est pas détruite; elle reparaît si l'on traite par un acide plus fort, qui chasse l'acide sulfureux.

Comme il se combine à l'ammoniaque et détruit l'hydrogène sulfuré, on l'a employé comme désinfectant.

Il dissout certains sulfures métalliques récemment précipités. Il se forme des hyposulfites, sans doute par suite de la production préalable d'un sulfite et l'élimination de l'hydrogène sulfuré qui donne au contact de l'acide sulfureux du soufre capable de s'unir au sulfite. On peut constater, en effet, la présence du soufre et de l'acide sulfhydrique et avec los métaux dont les sulfites sont très-insolubles, comme le plomb, on obtient uniquement du sulfite, le soufre n'ayant pas le temps de réagir. L'expérience se fait dans les meilleures conditions avec les sulfures de manganèse, de zinc et de fer [Guéroult, *Compt. rend.*, t. LXXV, p. 1276].

Une solution chlorhydrique de chlorure stanneux réagit sur l'acide sulfureux, de façon à donner du tétrachlorure et des sulfures stanneux et stannique; il peut même y avoir dépôt de soufre et production d'hydrogène sulfuré. Dans ce cas, c'est l'acide sulfureux qui subit la réduction :

$$4SnCl^2 + 4HCl + SO^2$$
$$= 3SnCl^4 + SnS + 2H^2O.$$

Lorsque la liqueur renferme, indépendamment du chlorure stanneux, des métaux précipitables par l'hydrogène sulfuré (5e et 6e groupes), on obtient des précipités. Le trichlorure d'antimoine donne de la sorte du sulfure et de l'oxyde d'antimoine exempt d'étain :

$$9SnCl^2 + 2SbCl^3 + 3SO^2 + 12HCl$$
$$= Sb^2S^3 + 9SnCl^4 + 6H^2O.$$

Avec le cadmium, on précipite du sulfure d'étain pur; avec les sels de plomb, tantôt du sulfure d'étain, tantôt un chlorosulfure de plomb jaune [Fédorow, *Zeitsch. für Chem.*, t. V, p. 15].

Lorsqu'on fait bouillir de l'acide chlorhydrique étendu, renfermant de l'acide sulfureux, au contact d'une lame de cuivre ou d'argent, il y a encore réduction et production de sulfure métallique [Reinsch, *Dingl. polyt. Journ.*, t. CLXIII, p. 286, t. CLXXXI, p. 332].

Lorsqu'on met en contact l'acide sulfureux avec du zinc à la température ordinaire, il y a d'abord coloration et production d'acide hydrosulfureux (voyez p. 1607), puis la liqueur se décolore et laisse déposer du soufre. Elle contient alors des acides sulfureux, hyposulfureux, trithionique et une trace de sulfure de zinc. Si la solution renferme de l'acide chlorhydrique, il se forme un peu d'hydrogène sulfuré.

Le cadmium agit comme le zinc, mais il se dépose du sulfure. L'aluminium et le magnésium ne donnent ni hydrogène sulfuré ni soufre, il se forme, outre les acides précédents, un peu d'acide sulfurique [Schweitzer, *Chem. News*, t. XXIII, p. 293].

D'après Barruel, le cuivre, au contact de l'acide sulfureux, donne du sulfure et du sulfate à la température ordinaire.

Outre ces réactions, dans lesquelles la molécule sulfureuse est profondément altérée, l'acide sulfureux peut en montrer d'autres où il fonctionne comme un acide ordinaire. Il est bibasique et donne des sulfites et des bisulfites (voyez plus bas). Il rougit fortement le tournesol. Il est chassé facilement de ses sels à cause de la volatilité de son anhydride; mais il peut chasser l'acide nitrique du nitrate d'argent à cause de l'insolubilité presque absolue du sulfite d'argent.

Il décolore le chlorure d'or bien avant de le réduire à l'état d'or métallique; il contracte donc avec l'or une combinaison particulière.

Il donne de même avec le tétrachlorure de platine un véritable acide sulfoné contenant

$$Pt\begin{cases}Cl\\SO^3H,\end{cases}$$

étudié par M. Birnbaum [*Ann. der Chem. u. Pharm.*, t. CLIX, p. 116].

L'acide sulfureux dissout un grand nombre de phosphates en donnant des composés particuliers. Sa combinaison avec le phosphate tricalcique présente, à l'état cristallin, la formule

$$Ca^3P^2O^8.SO^2.2H^2O$$

[Gerland, *Journ. für prakt. Chem.*, (2), t. IV, p. 97].

SULFITES. — Les sulfites présentent la formule $SO^3R'^2$ ou SO^3R'' ou encore $3(SO^3)R'''^2$ selon l'atomicité du métal, les bisulfites sont des sulfites acides $SO^3R'H$; on connaît des anhydrosulfites $S^2O^5R'^2 = SO^3R'^2,SO^2$. Ils ont été surtout étudiés par Muspratt [*Ann. de Chim. et de Pharm.*, t. L, p. 259, t. LXIV, p. 240] et Rammelsberg [*Poggend Ann.*, t. LXVII, p. 245, 391]. Les bisulfites de baryum, de strontium, de calcium, le sulfite de magnésium, ainsi que les sulfites et bisulfites alcalins, sont solubles dans l'eau; ces derniers sont neutres au papier de tournesol; les sulfites alcalins ont une réaction alcaline. Les bisulfites ont une certaine tension de dissociation à la température ordinaire. D'après ce qu'on sait des éthers correspondants, ils pourraient présenter des cas d'isomérie. Les sels de l'acide sulfureux ont une grande analogie avec ceux de l'acide carbonique, avec lesquels ils sont la plupart du temps isomorphes. Les sulfites et carbonates d'argent, de plomb, de baryum et de strontium sont anhydres; ceux de manganèse et de potassium cristallisent avec $2H^2O$, ceux de magnésium avec $3H^2O$; ceux de sodium avec $10H^2O$. Chauffés au rouge, les sulfites se décomposent en sulfate et en sulfure ou bien en oxyde et en anhydride. Chauffés avec du charbon, ils donnent des sulfures ou quelquefois des oxydes. En solution, ils sont réduits par le chlorure stanneux, par le zinc et l'acide chlorhydrique, etc. Il se forme du sulfure d'étain ou de l'acide chlorhydrique, etc. Nous avons vu plus haut l'action du zinc seul sur les bisulfites (p. 1606).

Ils sont oxydés au contraire et convertis en sulfates par le contact de l'air, le chlore et les autres oxydants. Le pouvoir réducteur des sulfites et des bisulfites a été mis à profit dans l'industrie, où ils ont servi comme antichlore, et dans les laboratoires. Les sulfites alcalins donnent avec les azotites des sels particuliers. — Voyez SULFAZOTÉS (SELS).

Les éthers sulfureux neutres et acides de la série grasse ne se préparent pas de la façon ordinaire. On les obtient soit avec le chlorure de thionyle, soit avec le chlorure de soufre ou en oxydant un éther sulfuré. L'éther éthylique acide obtenu par oxydation, et celui préparé à l'aide du sulfite neutre d'éthyle et de la potasse à froid, sont isomériques; le premier (acide éthyl-sulfureux) contient, selon Wurtz, $C^2H^5O\ S.O.OH$; le second (acide éthorosulfureux), $C^2H^5O.O.S.OH$. Les éthers acides de la série aromatique ont, en chimie, une grande importance; on les a appelés acides *sulfonés*. On les obtient avec l'acide sulfurique ordinaire ou fumant. Exemple :

$$C^6H^6 + H^2SO^4 = C^6H^5.SO^3H + H^2O.$$

Par cette substitution d'un radical hydrocarboné à OH, la combinaison passe de la série sulfurique à la série sulfureuse. Ces composés sulfonés sont singulièrement stables; ils ne sont saponifiés que par la potasse en fusion.

Pour l'analyse des sulfites, voyez SOUFRE (ANALYSE).

Dérivés de l'acide sulfureux.

CHLORURE DE THIONYLE [Syn. *Chlorure sulfureux*], $SOCl^2$. — Ce liquide représente de l'anhydride sulfureux dans lequel la moitié de l'oxygène est remplacé par du chlore ou encore de l'acide sulfureux

$$SO\begin{cases}OH\\OH,\end{cases}$$

dans lequel le chlore s'est substitué aux groupes oxhydryles.

On le prépare en faisant passer de l'anhydride sulfureux sur le perchlorure de phosphore [Schiff, *Ann. der Chem. u. Pharm.*, t. CII, p. 111], ou en chauffant de l'oxychlorure de phosphore avec du sulfite de calcium,

$$3SO^3Ca + 2POCl^3 = P^2O^8Ca^3 + 3SOCl^2$$

[Carius, *Ann. der Chem. u. Pharm.*, t. LXX, p. 297].

M. Wurtz en a fait la synthèse en recevant du gaz hypochloreux Cl^2O dans du protochlorure de soufre refroidi à — 10° et tenant du soufre en suspension, $S + OCl^2 = SOCl^2$ [*Compt. rend.*, t. LXII, p. 460].

Il se produit encore lorsqu'on traite par l'alcool, le benzoate de sodium, etc., le protochlorure de soufre.

C'est un liquide incolore, d'une odeur piquante, très-réfringent, bouillant à 78° sous la pression de 0,748 (Wurtz), à 82° (Schiff). Densité à zéro 1,675 (Wurtz). Il décompose l'eau, comme tous les chlorures acides, en donnant de l'acide sulfureux et de l'acide chlorhydrique. Il réagit sur les alcools en donnant de l'acide chlorhydrique et des éthers chlorhydrique et sulfureux. Avec l'ammoniaque il y a formation de thionamine :

$$SOCl^2 + 4AzH^3 = 2AzH^4Cl + SO(AzH^2)^2.$$

Le chlorure de thionyle réagit à froid sur le cyanure d'argent; le produit de la réaction traité par l'éther anhydre donne des aiguilles blanches de cyanure de thionyle $SO(CAz)^2$. Densité $= 1,44$ à $+ 18°$; ce corps fond à 70° et s'altère à l'air; il est insoluble dans l'eau, plus soluble dans l'éther que dans l'alcool.

Le zinc-éthyle est aisément attaqué par les vapeurs de chlorure de thionyle mélangées d'anhydride carbonique. Il se forme du sulfure d'éthyle, de l'oxyde d'éthyle, de l'oxyde et du chlorure de zinc [Gauhe, *Ann. der Chem. u. Pharm.*, t. CXLII, p. 263].

CHLORURE TRICHLOROMÉTHYLSULFUREUX,

$$SO\begin{cases}OCCl^3\\Cl.\end{cases}$$

— Ce corps, produit par la réaction du chlore humide sur le sulfure de carbone, est un dérivé oxychlorométhylique du chlorure de thionyle. Il est décrit t. II, p. 426.

THIONAMIDE, $SO(AzH^2)^2$. — On fait passer lentement du gaz ammoniac dans du chlorure de thionyle bien refroidi. Il se forme un corps blanc, pulvérulent, dont l'eau froide extrait du sel ammoniac. Il reste la thionamide : l'eau chaude la convertit en sulfite d'ammonium,

$$SO(AzH^2)^2 + 2H^2O = SO^3(AzH^4)^2;$$

les alcalis en chassent de l'ammoniaque et les acides du gaz sulfureux (H. Schiff). C'est l'amide de l'acide sulfureux, dont l'acide thionamique est l'acide amidé.

ACIDE THIONAMIQUE [Syn. *Sulfitammon*],

$$SO\begin{cases}AzH^2\\OH.\end{cases}$$

— Il se forme lorsqu'on fait agir du gaz ammoniac sur un excès d'anhydride sulfureux,

$$SO^2 + AzH^3 = SO(OH)(AzH^2).$$

C'est une substance volatile et cristalline, jaune ou rougeâtre. Elle se dissout dans l'eau et se décompose bientôt d'une façon assez compliquée en donnant du sulfate et du trithionate d'ammonium, etc. : la solution finit par déposer du soufre.

Avec un excès d'ammoniaque, on obtient du thionamate d'ammonium,

$$SO.(AzH^2)(OAzH^4) = SO^2.2AzH^3,$$

sel amorphe, volatil, neutre et déliquescent [Millon, *Ann. de Chim. et de Phys.*, (2), t. LXIX, p. 89; — Forchhammer, *Compt. rend.*, t. IV, p. 395; — H. Rose, *Poggend. Ann.*, t. XXXIII, p. 275; t. XLII, p. 415].

ANHYDRIDE SULFURIQUE [Syn. *Acide sulfurique anhydre*], SO^3. — On peut obtenir ce corps en faisant passer un mélange d'oxygène et d'anhydride sulfureux sur du platine en feuille ou en mousse, légèrement chauffé, ou sur de l'oxyde de chrome ou de cuivre chauffé au rouge sombre. Il se forme aussi lorsqu'on fait éclater des étincelles électriques dans le même mélange gazeux. Mais ces procédés n'offrent guère qu'un intérêt théorique. Lorsqu'on veut se procurer de l'anhydride sulfurique, on distille l'acide sulfurique de Saxe ou de Nordhausen. Celui-ci peut être considéré comme une solution de SO^3 dans l'acide sulfurique ordinaire, SO^4H^2. Chauffé à une douce chaleur, il abandonne des fumées d'anhydride, que l'on condense sous forme de cristaux blancs dans des ballons bien refroidis.

On peut aussi chauffer au rouge faible du sulfate acide de sodium, SO^4HNa; il se forme de l'anhydro-sulfate, $S^2O^7Na^2$, et il distille de l'eau. Si l'on élève alors la température, il passe de l'anhydride sulfurique, et il reste du sulfate neutre, $S^2O^7Na^2 = SO^3 + SO^4Na^2$. Les sulfates ferrique, platinique, antimonieux et bismuthique donnent aussi de l'anhydride sulfurique sous l'influence d'une chaleur élevée.

D'après Barreswill, lorsqu'on distille de l'anhydride phosphorique avec de l'acide sulfurique, on recueille de l'anhydride sulfurique,

$$SO^4H^2 + P^2O^5 = 2HPO^3 + SO^3.$$

Propriétés. — L'anhydride sulfurique se présente sous forme de cristaux incolores, déliés, soyeux, offrant l'apparence de l'asbeste. Selon Marignac, son point de fusion n'est pas constant : récemment préparé, il fond à $+ 18°$; conservé pendant longtemps, il ne fond qu'à $+ 100°$. Ces différences tiennent, d'après M. Marignac, à l'existence de deux modifications isomériques de ce corps [*Ann. der Chem. u. Pharm.*, t. LXXXVIII, p. 228]. M. Buff n'a pas confirmé ces observations;

mais, d'après les travaux récents de M. Schultz-Sellack, l'anhydride à l'état de pureté fond et se solidifie à + 16° : pendant cette fusion, il reste souvent des flocons blancs cristallins, qui finissent par envahir la masse tout entière, si l'on opère à la température de + 25°; à + 27°, la transformation ne continue pas. L'anhydride modifié ne se liquéfie que peu à peu au delà de 50° et en se volatilisant [*Deutsch. chemische Gesellschaft*, t. III, p. 215]. Densité de l'acide solide à + 13°, 1,9546 (Morveau).

A l'état liquide, c'est une huile fumante, moins fluide que l'acide sulfurique, probablement incolore à l'état de pureté, mais généralement rendue brunâtre par la présence de quelque matière organique. Sa densité est de 1,97 à + 20°.

Son coefficient de dilatation, entre + 25° et + 45°, est égal à 0,0027, plus des deux tiers de celui des gaz.

Il bout à + 46°, sous la pression de 0,76.

Tension de vapeur du liquide à + 20°, 200 millim.; du solide à la même température, 30 à 40 millim. (Schultz-Sellack).

La densité de vapeur est normale : 2,74 à 2,76, selon Sellack, par rapport à l'air; 39,5 à 39,85, par rapport à l'hydrogène (1/2 $SO^3 = 40$).

L'anhydride sulfurique projeté dans l'eau fait entendre un sifflement et s'y dissout instantanément en donnant de l'acide sulfurique. Il attire l'humidité de l'air avec énergie; il charbonne le bois, le papier. Il se combine avec la baryte légèrement chauffée, avec dégagement de chaleur et de lumière, en fournissant du sulfate de baryum : ce n'est pas cependant un véritable acide. Il ne rougit le tournesol qu'en présence de l'eau.

Il est soluble sans altération dans le sulfure de carbone; la solution à une basse température se prend en une masse déliquescente de cristaux entrelacés. Au bain-marie, il s'établit entre les deux corps une réaction fort nette, dont voici le produit : $CS^2 + SO^3 = COS + SO^2 + S$ (Armstrong).

La vapeur d'anhydride sulfurique se scinde partiellement au rouge vif en acide sulfureux et oxygène. A cette température, la réaction inverse commence à se produire.

Le phosphore s'enflamme dans la vapeur d'anhydride sulfurique, même à froid; il se précipite du soufre. L'hydrogène phosphoré réagit sur les cristaux d'anhydride. Il se dégage du gaz sulfureux, et il se dépose sur les parois du vase un enduit rouge d'oxyde de phosphore, selon Rose, mais peut-être de phosphore amorphe. L'hydrogène sulfuré cède de l'hydrogène à l'anhydride sulfurique. Il se forme de l'acide sulfurique, et il se dépose du soufre dont une partie se dissout dans ce liquide, en lui communiquant une couleur bleue (Geuther) :

$$4SO^3 + 3H^2S = 3H^2SO^4 + S^4.$$

Le soufre se dissout en effet dans l'anhydride sulfurique, à la température de 20°, en diverses proportions; la plus faible (1/10) correspond à un liquide bleu, la plus forte à un liquide brun; il existe un liquide vert intermédiaire. Ces liquides s'altèrent à la lumière et dans diverses circonstances; la présence d'une petite quantité d'acide sulfurique paraît nécessaire à leur formation. Ils sont décomposés par l'eau, en produisant de l'acide sulfureux, de l'acide sulfurique et du soufre [Vogel, Wach, *Schweizer Journ.*, t. L, p. 1; — Fischer, *Poggend. Ann.*, t. XVI, p. 119; — H. Rose, *ibid.*, t. XXXII, p. 98].

L'anhydride sulfurique forme aussi avec l'iode un composé vert (SO^3I^2 ?) qu'on peut obtenir à l'état cristallisé.

Lorsqu'on fait passer des vapeurs de peroxyde d'azote sur de l'anhydride sulfurique d'abord refroidi avec soin, puis légèrement chauffé à la fin de la réaction, on obtient une masse cristalline, fusible sans décomposition à une température peu élevée, et dont la composition paraît répondre à la formule SO^3AzO^2. Si l'on chauffe ce composé plus fortement, il perd de l'oxygène et un peu de peroxyde d'azote, et si on le refroidit après que le dégagement gazeux a cessé, on obtient un corps tout semblable, mais renfermant

$$S^2O^7(AzO)^2 = 2(SO^3.AzO^2) - O$$

[Weber, *Poggend. Ann.*, t. CXXIII, p. 337] (voyez t. I, p. 488). Cet *anhydro-sulfate de nitrosyle* s'obtient aussi en faisant passer des vapeurs de peroxyde d'azote dans de l'anhydride sulfureux liquide [de la Provostaye, *Ann. de Chim. et de Phys.*, (2), t. XXIII, p. 362] ou en faisant réagir du bioxyde d'azote sur l'anhydride sulfurique [Brüning, *Ann. der Chem. u. Pharm.*, t. XCVIII, p. 377] :

$$2SO^2 + 4AzO^2 = S^2O^7(AzO)^2 + Az^2O^3;$$
$$3SO^3 + 2AzO = S^2O^7(AzO)^2 + SO^2.$$

Morren en a signalé la formation dans l'action de l'étincelle électrique sur l'anhydride sulfureux mêlé d'air [*Ann. de Chim. et de Phys.*, (4), t. IV, p. 300].

Weber, en faisant passer des vapeurs d'anhydride sulfurique dans l'acide azotique pur entouré d'eau glacée, a obtenu de beaux cristaux renfermant $SO^3Az^2O^5.3SO^4H^2$. Ils sont extrêmement solubles dans l'eau. La solution ne contient pas sensiblement d'acide nitreux [*Poggend. Ann.*, t. CXLII, p. 602]. Le même savant a préparé une combinaison analogue, en saturant l'anhydride sulfurique avec les vapeurs qui se dégagent de l'eau régale chauffée (chlorure de nitrosyle en partie); cette combinaison renferme $SO^3.AzOCl$, et se présente sous la forme d'une masse cristalline analogue à l'acide stéarique. Elle fond sans subir d'altération, mais à une température plus élevée elle jaunit et se décompose. L'eau la transforme en acides sulfurique et chlorhydrique, en bioxyde d'azote et acide azotique (produits de décomposition de l'acide azoteux). Elle se dissout dans l'acide sulfurique concentré avec dégagement d'acide chlorhydrique, et si l'on chauffe la liqueur, il distille surtout de l'acide chlorosulfurique, SO^3HCl [Weber, *Pogg. Ann.*, t. CXXIII, p. 233].

Les éléments de l'anhydride sulfurique se portent intégralement sur ceux de l'ammoniaque. Il se forme du sulfamate d'ammonium (voyez p. 1619). Une addition semblable des éléments de l'anhydride sulfurique à ceux de l'acide chlorhydrique donne de l'acide chlorosulfurique. Du reste, les combinaisons directes de l'anhydride sulfurique ne sont pas rares; on en connaît une qui renferme une molécule de l'anhydride iodique I^2O^5 plus une molécule d'anhydride SO^3. On l'obtient à 100°; c'est une masse granulaire jaunâtre que l'alcool absolu résout en ses deux constituants. La potasse alcoolique la transforme en iodate et sulfate de potassium. L'acide sulfurique concentré est sans action, l'addition de l'eau occasionne une vive réaction et une séparation d'iode. L'acide chlorhydrique la dissout avec dégagement de chlore et formation de chlorure d'iode [Kæmmerer, *Journ. für prakt. Chem.*, t. LXXXII, p. 72].

L'anhydride sulfurique absorbe avidement l'anhydride sulfureux, il paraît se former le corps $SO^2,2SO^3$; c'est un liquide mobile et très-volatil (H. Rose).

Schützenberger a fait absorber des vapeurs d'anhydride acétique par de l'anhydride sulfurique. Il se produit une masse jaune, gommeuse, soluble dans l'eau. La solution, neutralisée par l'eau de baryte et filtrée, donne des cristaux de sulfacétate de baryum. On obtient l'acide sulfacétique,

$$C^2H^4SO^5 = C^2H^4O^2 + SO^3,$$

en remplaçant l'anhydride par l'acide acétique, et on prépare d'une façon analogue l'acide sulfobenzoïque

$$C^7H^6SO^5 = C^7H^6O^2 + SO^3$$

[*Compt. rend.*, t. LIII, p. 538].

Lorsque l'anhydride sulfurique ou l'acide de Nordhausen réagissent sur les carbures de la série aromatique, il y a encore addition des éléments de SO^3. Exemple :

$$C^6H^6 + SO^3 = C^6H^5.SO^3H.$$

Dans toutes ces réactions il s'effectue une transposition moléculaire qui donne naissance à de véritables éthers sulfureux acides. Exemples :

$$C^6H^5.SO^3H \qquad C^6H^4\begin{cases}CO^2H\\SO^3H.\end{cases}$$

Acide phénylsulfureux. Acide sulfobenzoïque.

— Voyez t. II, p. 914.

L'anhydride sulfurique s'unit à l'acide sulfurique et aux sulfates pour donner des anhydrosulfates ou pyrosulfates. Nous en parlerons un peu plus bas. Les chlorures, fluorures et azotates absorbent aussi des quantités diverses de SO^3 [Schultz-Sellack, *Deutsch. Chem. Gesellsch.*, t. IV, p. 109].

Le perchlorure de phosphore attaque vivement l'anhydride sulfurique, il se forme du chlorure de pyrosulfuryle et du chlorure de phosphoryle :

$$2SO^3 + PCl^5 = POCl^3 + S^2O^5Cl^2.$$

L'action du trichlorure n'est pas moins énergique; il se produit de l'anhydride sulfureux,

$$SO^3 + PCl^3 = POCl^3 + SO^2$$

[Michaelis, *Zeitsch. für Chem.*, t. VII, p. 151].

Le protochlorure de carbone (éthylène perchloré C^2Cl^4) chauffé à 150° avec de l'anhydride sulfurique donne de l'anhydride sulfureux et de l'aldéhyde perchlorée : $C^2Cl^4 + SO^3 = C^2Cl^4O + SO^2$. La réaction commence à froid.

Avec le sesquichlorure C^2Cl^6 on obtient au-dessus de 100° de l'aldéhyde perchlorée et du chlorure de pyrosulfuryle :

$$C^2Cl^6 + 2SO^3 = C^2Cl^4O + S^2O^5Cl^2$$

[Prudhomme, *Bull. de la Soc. chim.*, t. XIV, p. 355].

Le même corps avait été préparé par M. Schützenberger par l'action de l'anhydride sulfurique à 50° ou 60° sur le tétrachlorure de carbone CCl^4 :

$$CCl^4 + 2SO^3 = COCl^2 + S^2O^5Cl^2.$$

— Voyez plus loin.

Armstrong en a aussi constaté la formation dans la réaction de l'anhydride sulfurique sur le chloroforme.

La plupart des métaux réduisent l'anhydride sulfurique. Le mercure, à une température peu élevée, donne de l'anhydride sulfureux et du sulfate mercurique; le fer au rouge, du sulfure ferreux et de l'oxyde ferrosoferrique; le zinc, du sulfure et de l'oxyde zincique [A. d'Heureuse, *Ann. der Chem. u. Pharm.*, t. LXVIII, p. 242].

Le sulfure de potassium réagit vivement sur un excès d'anhydride en fusion; il se forme de l'anhydrosulfate ou pyrosulfate de potassium et du gaz sulfureux :

$$5SO^3 + K^2S = S^2O^7K^2 + 4SO^2.$$

Le sulfure de plomb naturel (galène) donne une réaction analogue, mais il se forme un sulfate simple et il se sépare du soufre qui colore le liquide sulfurique en bleu :

$$2SO^3 + PbS = PbSO^4 + SO^2 + S.$$

Le sulfure d'antimoine naturel (stibine) se dissout moins rapidement; les réactions sont les mêmes.

La pyrite, la chalcopyrite et le sulfure ferreux ne réagissent pas [Geuther, *Ann. der Chem. u. Pharm.*, t. CXI, p. 177].

ACIDE SULFURIQUE [Syn. *Acide vitriolique, huile de vitriol, acide sulfurique anglais, acide sulfurique monohydraté*],

$$SO^4H^2 = SO^2\begin{cases}OH\\OH\end{cases} = SO^3,H^2O.$$

— Cet acide est connu depuis des siècles. Basile Valentin parle de sa préparation par la distillation du sulfate de fer ou vitriol vert; cette méthode est encore suivie en Saxe et fournit l'acide le plus concentré; elle a donné naissance à l'expression d'*huile de vitriol*. On reconnut dans la suite que la combustion du soufre, en présence du nitre, donnait des vapeurs d'acide sulfurique. Plus tard, on oxyda régulièrement l'acide sulfureux à l'aide de l'air et des composés nitreux; le procédé se perfectionna de plus en plus à la fin de ce siècle, en Angleterre et à Rouen; il est aujourd'hui si parfait que le rendement est souvent les 98/100 de celui indiqué par la théorie.

Nous n'entrerons dans aucun détail touchant l'importante industrie de l'acide sulfurique, nous contentant de renvoyer le lecteur à un article spécial [voyez SULFURIQUE (ACIDE)]. Nous ne traiterons que de la purification du produit commercial, après avoir signalé les circonstances où l'on a trouvé l'acide sulfurique dans la nature et les réactions où il prend naissance.

L'acide sulfurique existe dans la nature aux environs des volcans. De Rivero l'a rencontré accompagné d'acide chlorhydrique dans le Pasambio ou *Rio Vinagre*, torrent des Cordillères. Ce torrent en entraîne plus de 40,000 kilogrammes par jour (Boussingault). M. Lewy a trouvé dans l'eau d'un torrent qui sort du Paramo de Ruiz 3gr,66 SO^4H^2 et 0,456 HCl par litre. Les eaux de la mer à Santorin contiennent aussi de l'acide sulfurique libre qui dissout l'oxyde de cuivre du doublage des navires (Landerer). On en a encore signalé la présence dans les vapeurs d'un volcan de Java (Vauquelin) et dans les boues des volcans de Guatemala, de San-Salvador, etc. (Dolfus et de Montserrat). M. Boussingault attribue l'origine de l'acide sulfurique à l'action de l'acide chlorhydrique sur les sulfates au rouge, l'acide chlorhydrique provenant lui-même de l'attaque des silicates trachytiques par les chlorures et la vapeur d'eau [*Ann. de Chim. et de Phys.*, (5), t. II, p. 76].

Il se produit de l'acide sulfurique par l'action de l'eau sur l'anhydride sulfurique, sur le chlorure de sulfuryle, sur l'acide chlorosulfurique, sur le chlorure de pyrosulfuryle, etc., par l'oxydation du soufre, de l'acide sulfureux, de l'hydrogène sulfuré, par la décomposition des acides thioniques et par l'électrolyse des sulfates, etc.

Purification de l'acide commercial. — Cet acide renferme du sulfate de plomb, des produits nitreux et, quand il a été obtenu avec certaines pyrites, de l'acide arsénique, du sélénium, etc. Il suffit d'ajouter une grande quantité d'eau pour déceler le sulfate de plomb ; ce sel, qui est insoluble dans l'eau et dans les acides faibles, trouble la liqueur et se dépose sous forme d'une poudre blanche. On reconnaît les produits nitreux en faisant bouillir l'acide avec un peu d'indigo : celui-ci est décoloré. On peut encore ajouter du sulfate ferreux en poudre ; il prend une teinte rose ou brune. M. Kopp se sert pour cette recherche du sulfate de diphénylamine dissous dans un excès d'acide sulfurique pur. Cette liqueur colore en bleu intense l'acide contenant des traces de composés nitreux et peut servir ainsi à un dosage colorimétrique. L'arsenic se retrouve à l'aide de l'appareil Marsh. Le sélénium, dont la présence est beaucoup plus fréquente dans l'acide à 60° des usines que dans celui à 66° du commerce, se dépose à l'état de flocons rouges quand on ajoute de l'acide sulfureux.

Selon Nicklès, on rencontre quelquefois de l'acide fluorhydrique décelable à l'aide d'une lame de quartz.

Lorsqu'on agite fortement l'acide sulfurique avec de l'air dans un flacon bouché, les gaz dissous sont déplacés par l'air. On trouve alors souvent dans l'atmosphère du flacon des composés nitreux ou du gaz sulfureux. M. Warington décèle des traces de ce dernier gaz à l'aide d'un papier amidonné qu'il trempe avant de s'en servir dans une solution très-faible d'iode; dans ces conditions, le papier se décolore par l'action de l'acide sulfureux; il se décolore aussi à l'air au bout de quelque temps [*Chem News*, t. XXII, p. 75].

Pour débarrasser l'acide impur des composés nitreux et du sulfate de plomb, on le distille en ayant soin de rejeter le premier tiers de l'acide qui a passé. Pelouze a conseillé de chauffer l'acide avec 2 à 3 millièmes de sulfate d'ammonium; l'hydrogène de l'ammoniaque réduit les composés nitreux et il se dégage de l'azote.

L'acide distillé avec soin est exempt, non-seulement de sulfate de plomb, mais encore d'arsenic. Cependant on peut, pour plus de sûreté, faire précéder la distillation d'un traitement par le gaz chlorhydrique à une température voisine de 300°; l'arsenic est volatilisé à l'état de chlorure et les composés nitreux sont entraînés. On a recommandé aussi de traiter l'acide arsenical par un peu de sulfure de baryum; il se forme du sulfure d'arsenic et du sulfate de baryum, tous deux insolubles; on décante la liqueur clarifiée par le repos et l'on distille. D'après M. W. Skey, l'acide étendu peut être débarrassé des produits nitreux par une simple agitation avec du charbon de bois pulvérisé. Le procédé ne réussit pas avec l'acide concentré [*Chem. News*, 1866, p. 217].

Toutes les distillations d'acide sulfurique, dans les laboratoires, s'effectuent dans une cornue de verre chauffée par une grille circulaire; il importe que l'ébullition se fasse par les couches supérieures, car, comme le liquide mouille le verre parfaitement et dissout fort peu de gaz, surtout à 300°, il se fait des soubresauts, et, l'acide sulfurique étant très-dense, ces soubresauts sont très-violents quand les bulles partent du fond. On peut régulariser l'ébullition en mettant dans la cornue quelques lames de platine.

Propriétés physiques. — Le véritable acide sulfurique, $SO^4H^2 = SO^3,H^2O$, est un solide au-dessous de $+10°,5$. On l'obtient à l'aide de l'acide distillé, lequel contient toujours une petite quantité d'eau en excès et ne cristallise que vers $-30°$. Pour cela, on y ajoute 5 millièmes d'anhydride ou 15 millièmes d'acide de Nordhausen, puis on fait cristalliser à $-6°$. On sépare les cristaux à mesure qu'ils se forment; ils constituent l'acide pur. Celui-ci une fois fondu reste en surfusion, même à zéro, mais il cristallise aussitôt au contact d'un cristal d'acide solide. Le composé SO^4H^2 commence à subir la dissociation dès la température de $+30°$ ou 40°. Il perd alors une trace d'anhydride sulfurique; il commence à bouillir à 290° en en perdant davantage, puis le thermomètre se fixe à 338° (Marignac). Il reste dans la cornue l'acide le plus concentré du commerce, c'est-à-dire le liquide huileux bien connu dont la densité est de 1,854 à zéro de 1,842 à $+12°$, qui marque 66° à l'aréomètre de Baumé et renferme $SO^4H^2 + \frac{1}{12}H^2O$ [Marignac, *Ann. de Chim. et de Phys.*, (3), t. XXXIX, p. 184]. Ce résidu offre à très-peu près la même composition, que la distillation se soit effectuée sous la pression de 3 ou de 314 centimètres de mercure [Diittmar, *Journ. of the Chem. Soc.*, (2), t. VII, p. 446]. Cependant Pfaundler a montré qu'il était d'autant plus concentré que l'évaporation a été effectuée à une plus basse température, cette évaporation étant faite à la pression ordinaire dans un courant d'air [*Zeitsch für Chem.*, t. VI, p. 66].

La cristallisation sépare l'acide SO^4H^2 d'un mélange contenant aussi bien un petit excès d'anhydride qu'un petit excès d'eau.

La densité de vapeur de l'acide sulfurique correspond à celle d'un composé presque entièrement dissocié en $SO^3 + H^2O$. Prise à 440°, elle est en effet de 25,1 par rapport à l'hydrogène (H. Deville et Troost) : $\frac{SO^3+H^2O}{4} = 24,5$. M. Marignac a fait voir en outre que la chaleur de volatilisation de l'acide sulfurique est très-supérieure aux chaleurs de volatilisation ordinaires et voisine de la chaleur absorbée par la séparation de SO^3 et de H^2O. Il a obtenu des nombres supérieurs à 0,3 cal. par gramme, l'union de SO^3 à H^2O dégageant 0,348 cal. pour la même quantité de matière dans les mêmes conditions [*Bull. de la Soc. chim.*, 1869, t. XI, p. 225].

Enfin MM. Wanklyn et Robinson, ayant fait diffuser la vapeur d'acide sulfurique, ont constaté qu'il s'échappait du vase plus d'eau que d'anhydride, de sorte que la portion qui y reste contenue peut renfermer 40 % SO^3 [*Compt. rend.*, t. LVI, p. 547]. D'anciennes observations faites par Gmelin, Julin et Hess prouvaient déjà que l'huile de vitriol abandonnée pendant plusieurs jours à une température voisine de son ébullition perdait de l'eau et devenait fumante. Tout conduit donc à penser que, malgré la vive affinité que l'anhydride sulfurique manifeste pour l'eau à la température ordinaire, l'acide sulfurique, en se volatilisant, se décompose presque aussi facilement que l'acide sulfureux.

L'acide ordinaire, avec son léger excès d'eau, ne cristallise que vers $-35°$ ou $-25°$. Un petit excès d'anhydride abaisserait de même à $-20°$ environ le point de fusion de l'acide normal.

Action de l'eau. — Si l'on ajoute à SO^4H^2 une molécule d'eau H^2O, soit 18,3 % du poids de l'acide, on obtient un corps cristallisable en gros prismes à six pans à une température voisine de zéro. C'est l'*acide sulfurique glacial*. Il a une densité de 1,78, fond à $+7,5$ et bout vers 220°, mais son point d'ébullition s'élève continuellement à mesure que la liqueur s'enrichit dans la cornue. Il présente aussi le phénomène de surfusion. Le mélange de SO^4H^2 avec $2H^2O$ (soit 49 p. SO^4H^2 et 18 p. d'eau) dégage une chaleur considérable, et lorsque le liquide est revenu à la température ordinaire, on trouve que le volume qu'il occupe est de près de 8 % inférieur à la somme des volumes des deux composants. C'est la plus grande contraction connue pour un mélange d'acide sulfurique et d'eau ; on a conclu de ce fait à l'existence d'un hydrate $SO^4H^2 + 2H^2O$. Cet hydrate bout, en perdant de l'eau, à 193°; à 205° l'eau commence à être acide.

Il est souvent fort utile de savoir la relation qui existe entre la densité d'une solution aqueuse d'acide sulfurique et sa richesse en acide réel ou en anhydride. La table suivante, due à M. J. Kolb, sera donc souvent consultée; elle diffère à peine de la table classique de M. Bineau [*Société industrielle de Mulhouse*, 1872, p. 209].

DENSITÉS DES SOLUTIONS AQUEUSES D'ACIDE SULFURIQUE A + 15°, D'APRÈS J. KOLB.

Degrés Baumé.	DENSITÉ.	SO^3 p. 100.	SO^4H^2 p. 100.	SO^3 en kilog. par litre.	Degrés Baumé.	DENSITÉ.	SO^3 p. 100.	SO^4H^2 p. 100.	SO^3 en kilog. par litre.	Degrés Baumé.	DENSITÉ.	SO^3 p. 100.	SO^4H^2 p. 100.	SO^3 en kilog. par litre.
0	1,000	0,7	0,9	0,007	23	1,190	21,1	25,8	0,251	46	1,468	46,4	56,9	0,681
1	1,007	1,5	1,9	0,015	24	1,200	22,1	27,1	0,265	47	1,483	47,6	58,3	0,706
2	1,014	2,3	2,8	0,023	25	1,210	23,2	28,4	0,285	48	1,498	48,7	59,6	0,730
3	1,022	3,1	3,8	0,032	26	1,220	24,2	29,6	0,295	49	1,514	49,8	61,0	0,754
4	1,029	3,9	4,8	0,040	27	1,230	25,3	31,0	0,311	50	1,530	51,0	62,5	0,780
5	1,037	4,7	5,8	0,049	28	1,241	26,3	32,2	0,326	51	1,540	52,2	64,0	0,807
6	1,045	5,6	6,8	0,059	29	1,252	27,3	33,4	0,342	52	1,563	53,5	65,5	0,830
7	1,052	6,4	7,8	0,067	30	1,263	28,3	34,7	0,357	53	1,580	54,9	67,0	0,867
8	1,060	7,2	8,8	0,076	31	1,274	29,4	36,0	0,374	54	1,597	56,0	68,6	0,894
9	1,067	8,0	9,8	0,085	32	1,285	30,5	37,4	0,392	55	1,615	57,1	70,0	0,922
10	1,075	8,8	10,8	0,095	33	1,297	31,7	38,8	0,411	56	1,634	58,4	71,6	0,954
11	1,083	9,7	11,9	0,105	34	1,308	32,8	40,2	0,429	57	1,652	59,7	73,2	0,986
12	1,091	10,6	13,0	0,116	35	1,320	33,9	41,6	0,447	58	1,071	61,0	74,7	1,019
13	1,100	11,5	14,1	0,126	36	1,332	35,1	43,0	0,468	59	1,691	62,4	76,4	1,055
14	1,108	12,4	15,2	0,137	37	1,345	36,2	44,4	0,487	60	1,711	63,7	78,1	1,092
15	1,116	13,2	16,2	0,147	38	1,357	37,2	45,5	0,505	61	1,732	65,2	79,9	1,129
16	1,125	14,1	17,3	0,159	39	1,370	38,3	46,9	0,525	62	1,753	66,7	81,7	1,169
17	1,134	15,1	18,5	0,172	40	1,383	39,5	48,3	0,546	63	1,774	68,7	84,1	1,219
18	1,142	16,0	19,6	0,183	41	1,397	40,7	49,8	0,569	64	1,796	70,6	86,5	1,268
19	1,152	17,0	20,8	0,196	42	1,410	41,8	51,2	0,589	65	1,819	73,2	89,7	1,332
20	1,162	18,0	22,2	0,209	43	1,424	42,9	52,8	0,611	66	1,842	81,6	100	1,503
21	1,171	19,0	23,3	0,222	44	1,433	44,1	54,0	0,634					
22	1,180	20,0	24,5	0,236	45	1,453	45,2	55,4	0,657					

Si l'on mélange 4 p. d'acide sulfurique avec 1 p. d'eau, la température s'élève au-dessus de 100°. En opérant avec de la neige au lieu d'eau, le thermomètre monte encore au delà de 60°. Mais si, renversant le rapport, on fait un mélange de 1 p. d'acide et de 4 p. de glace pilée ou de neige, on observe un notable abaissement de température dû à l'absorption de la chaleur de liquidité de la glace. L'abaissement serait bien plus considérable si l'on employait l'acide déjà hydraté

$$SO^4H^2 + 2H^2O \text{ ou } SO^4H^2 + H^2O;$$

avec 3 p. de ce dernier à l'état cristallin et 8 p. de glace, on obtient la température de — 26°,5 (Pierre et Puchot). On indiquera à l'article THERMOCHIMIE les quantités de chaleurs dégagées par l'addition de 1, 2, *n* molécules d'eau à une molécule d'acide sulfurique.

Pfaundler a déterminé les chaleurs spécifiques des divers hydrates d'acide sulfurique. Voici ses nombres :

SO^4H^2	entre	77 et 13°......	0,3413
—	—	98 et 16.......	0,3542
—	—	137 et 15.......	0,3740
$SO^4H^2.H^2O$	—	75 et 14.......	0,4478
—	—	98 et 18.......	0,4527
$SO^4H^2.2H^2O$	—	70 et 14.......	0,4703
—	—	98 et 16.......	0,4703

Ainsi la chaleur spécifique augmente avec le nombre des molécules d'eau d'hydratation et avec la température. L'influence de la température est d'autant plus sensible que l'acide est plus concentré.

L'acide sulfurique est souvent employé en chimie comme agent desséchant; il agit plus énergiquement que le chlorure de calcium, mais moins cependant que l'anhydride phosphorique. Il attire rapidement l'humidité de l'air, et peut ainsi doubler de poids en quelques jours. Il peut non-seulement déshydrater certaines combinaisons, mais même enlever les éléments de l'eau à des corps qui ne renferment pas celle-ci toute formée. C'est ainsi qu'il transforme l'alcool en éthylène, l'acide formique en oxyde de carbone, l'acétone en mésitylène, qu'il charbonne le bois et le sucre de canne. Il brunit lorsqu'il est exposé à l'air, parce qu'il carbonise les poussières qui y tombent. Il dissout cependant l'acide urique sans altération et ne fait que convertir l'amidon en amidon soluble.

Action de la pile. — L'acide sulfurique étendu est décomposé par la pile. On recueille de l'hydrogène au pôle — et de l'oxygène au pôle +, celui-ci provient de la destruction du groupe

$$SO^4 = SO^3 + O$$

mis à nu par le courant. Bourgoin a dosé l'acide régénéré au pole + par l'hydratation de SO^3, il a vu que sa proportion était trop faible pour que tout l'oxygène provienne de la destruction des groupes SO^4. L'eau a donc été en partie décomposée. M. Bourgoin admet que c'est de l'eau d'hydratation qui formait le composé $SO^4H^2 + 2H^2O$. De fait, pour des dilutions très-différentes, il a toujours obtenu trois fois plus d'oxygène au pôle + que de molécules SO^3 séparées à ce pôle.

L'acide concentré est aussi décomposé par la pile, il se forme du soufre au pôle —, soufre qui peut, à une température un peu plus élevée, donner de l'acide sulfureux.

Action de la chaleur. — Lorsqu'on fait passer les vapeurs d'acide sulfurique dans un tube de porcelaine rempli de fragments de porcelaine et chauffé au rouge, ou bien dans un tube de platine incandescent, on obtient de l'anhydride sulfureux, de l'eau et de l'oxygène. C'est une méthode économique, indiquée par H. Deville pour la préparation de ce dernier gaz, $SO^4H^2 = SO^2 + H^2O + O$. Si l'on dirige en même temps dans le tube incandescent un excès de gaz hydrogène, il se forme du gaz sulfhydrique.

L'acide sulfurique s'unit à l'anhydride azoteux pour former une masse cristalline (voyez t. I, p. 488).

Le phosphore prend feu dans la vapeur d'acide sulfurique, il se dépose du soufre. Le soufre réduit l'acide sulfurique à l'état d'acide sulfureux, à une température peu élevée; il devient lui-même anhydride sulfureux, $2SO^4H^2 + S = 3SO^2 + 2H^2O$.

Le zinc, le fer, le cuivre, le mercure, l'argent et presque tous les métaux (sauf l'or et le platine), le charbon lui-même dégagent à chaud du gaz sulfureux par une réaction analogue. Le sélénium et le tellure se dissolvent dans l'acide sulfurique et sont précipités par l'eau ; à chaud, il se forme de l'acide sélénieux ou tellureux et du gaz sulfureux. Chauffé avec certains composés métalliques très-oxydés, comme les peroxydes de manganèse et de plomb, les acides manganique, chromique et ferrique, l'acide sulfurique produit directement des sulfates avec dégagement d'oxygène. Acide fort et peu volatil, il chasse les acides de beaucoup de sels, soit à la température ordinaire, soit à chaud. Il est chassé à son tour de ses combinaisons par l'acide borique et la silice au rouge. Il est décomposé par le fer, le zinc et les métaux plus électropositifs, le métal se substitue à l'hydrogène. Cette action, peu intense avec l'acide concentré, s'accomplit énergiquement en présence d'une certaine quantité d'eau :

$$Zn + SO^4H^2 = H^2 + SO^4Zn.$$

L'acide sulfurique concentré peut être conservé dans des vases en fer, pourvu qu'on évite l'accès de l'air. L'amalgame de zinc, en agissant sur l'acide concentré, produit un dégagement, non-seulement d'hydrogène, mais bientôt d'acide sulfhydrique et enfin d'anhydride sulfureux. Il se dépose alors du soufre par la réaction de ces deux gaz [Walz, *Chem. News*, t. XXIII, p. 245].

L'acide sulfurique s'unit aux bases avec un dégagement de chaleur qui peut aller jusqu'à l'incandescence (baryte, strontiane, magnésie), voy. THERMOCHIMIE. Cependant, quand la baryte est très-sèche et que l'acide sulfurique ne contient ni eau ni anhydride en excès, il faut chauffer pour décider la réaction, qui est ordinairement presque explosive. En solution dans 6 p. d'alcool absolu, l'acide sulfurique ne rougit pas le tournesol et ne décompose pas les carbonates anhydres.

L'acide sulfurique est bibasique. Sa formule

$$SO^2\begin{cases}OH\\OH\end{cases}$$

indique que l'on peut remplacer un ou deux atomes d'hydrogène par une quantité équivalente d'un métal ou d'un radical alcoolique, on a ainsi les *bisulfates* et les *sulfates neutres*, les *éthers sulfuriques acides* et les *éthers neutres*.

$$SO^2\begin{cases}OK\\OH\end{cases}$$
Bisulfate ou sulfate acide de potassium.

$$SO^2\begin{cases}OC^2H^5\\OH\end{cases}$$
Acide sulfovinique ou sulfate acide d'éthyle.

$$SO^2\begin{cases}OK\\OK\end{cases}$$
Sulfate neutre de potassium.

$$SO^2\begin{cases}OC^2H^5\\OC^2H^5\end{cases}$$
Éther sulfurique neutre ou sulfate d'éthyle.

Le groupe

$$SO^2\begin{cases}—\\OH\end{cases}$$

qui appartient à tous les sulfates et éthers sulfuriques acides, et qui est un reste de la molécule primitive

$$SO^2\begin{cases}OH\\OH\end{cases}$$

fait de tous ces corps des acides monobasiques.

Lorsqu'il s'agit de corps organiques et principalement de composés aromatiques, l'acide sulfurique subit souvent, en entrant en combinaison, une réelle réduction et donne des dérivés *sulfureux* que l'on peut transformer en sulfites par l'action de la potasse fondante. Ces dérivés contiennent le groupe SO^3H uni au carbone du composé organique sans l'intermédiaire d'un atome d'oxygène ; ce sont donc des *sulfites* acides ou acides sulfonés. — Voyez SULFITES.

$$\begin{matrix}S\text{-}OX \\ \vert \\ O\text{-}OH\end{matrix}$$
Acide sulfoné.

$$\begin{matrix}S\text{-}O\text{-}OH \\ \vert \\ O\text{-}OH\end{matrix}$$
Acide sulfurique.

Exemples :

$$C^6H^6 + SO^4H^2 = C^6H^5.SO^3H + H^2O;$$
Benzine. — Acide phényl-sulfureux.

$$C^6H^5.OH + SO^4H^2 = C^6H^4.\begin{cases}OH\\SO^3H\end{cases} + H^2O.$$
Phénol. — Acide oxyphényl-sulfureux.

L'acide sulfurique peut s'unir aux carbures diatomiques de la série grasse sans élimination et directement. Il se forme ainsi, avec l'éthylène, de l'acide sulfovinique, et, avec l'amylène, de l'acide amyléno-sulfurique, $C^5H^{10}.SO^4H^2$; mais, en même temps, une forte proportion de l'amylène est polymérisée.

Cette action polymérisante est encore plus marquée avec l'essence de térébenthine.

L'acide sulfurique se combine avec l'épichlorhydrine.

Il réagit sur la chlorhydrine du glycol, sur le chlorure de benzoyle, etc., en en chassant une molécule d'acide chlorhydrique ; SO^4H se substitue alors à Cl. Dans le cas du chlorure de benzoyle, on obtient l'acide benzoyle-sulfurique isomère avec l'acide sulfo-benzoïque (Oppenheim).

L'acide sulfurique peut subir une déshydratation partielle et donner naissance à un acide condensé, acide *disulfurique* ou *pyrosulfurique ;* ce corps n'est autre chose que l'acide fumant de Nordhausen ou de Saxe, et on l'obtient d'une façon inverse en hydratant incomplétement l'anhydride.

A cet acide correspondent des sels que l'on décrira plus loin. Voici l'équation génératrice de l'acide disulfurique, équation qui donne en même temps sa constitution :

$$\begin{matrix}SO^2\begin{cases}OH\\OH\end{cases}\\SO^2\begin{cases}OH\\OH\end{cases}\end{matrix} = \begin{matrix}SO^2\begin{cases}OH\\O\end{cases}\\SO^2\begin{cases}\\OH\end{cases}\end{matrix} + H^2O$$

2 mol. acide sulfurique. — Acide disulfurique.

Nous ne parlerons pas des usages de l'acide sulfurique ; ils sont excessivement nombreux dans l'industrie [voyez, à ce sujet, les articles ACIDE SULFURIQUE (INDUSTRIE), SOUDE, ACIDES PYROLIGNEUX, CHLORHYDRIQUE, AZOTIQUE, HUILES, ÉTHER, TEINTURES, SUPERPHOSPHATES, PHOSPHORE, AFFINAGE, etc.]. Les chimistes se servent aussi beaucoup de l'acide sulfurique ; ils le considèrent comme l'acide par excellence. Il serait quelquefois avantageux pour eux de le remplacer par l'acide chlorhydrique, qui est moins cher ; par exemple, dans la préparation de l'hydrogène et de l'hydrogène sulfuré, pour faire fonctionner les piles, etc.

SULFATES. — Les sulfates neutres ont une composition représentée par les formules

$$SO^4R'^2 \text{ ou } SO^4R'' \text{ ou } (SO^4)^3R'''^2,$$

selon l'atomicité du métal. Les bisulfates sont des sulfates acides, SO^4HR'. Nous parlerons des disulfates ou pyrosulfates, qui sont des anhydrosels, à propos de l'acide pyrosulfurique ou acide de Nordhausen.

Les sulfates neutres sont généralement bien cristallisés : beaucoup renferment de l'eau de cristallisation.

On connaît de nombreux sels doubles ; les plus importants sont les aluns octaédriques,

$$(\overset{\mathrm{VI}}{N^2})R'^2(SO^4)^4 + 24H^2O$$

$(N^2 = Al^2, Fe^2, Cr^2, Mn^2 ; R = K, Na, AzH^4, Tl)$,

et les sels doubles de la série magnésienne, dont la formule générale est

$$M''R'^2(SO^4)^2 + 6H^2O$$

$(R = K, Na, Tl, AzH^4 ; M = Mg, Zn, Cu, Fe, Ni, Co)$.

Les sulfates simples de ces derniers métaux sont isomorphes dans leurs différents états d'hydratation dont voici la liste :

I. $SO^4\overset{''}{M} + 5H^2O$. Anorthique.
II. $SO^4\overset{''}{M} + 7H^2O$. Clinorhombique.
III. $SO^4\overset{''}{M} + 6H^2O$. Clinorhombique.
IV. $SO^4\overset{''}{M} + 7H^2O$. Orthorhombique.
V. $SO^4\overset{''}{M} + 6H^2O$. Quadratique.

Ajoutons que cette liste est un peu trop générale, M. Lecoq de Boisbaudran n'ayant pu, aux températures ordinaires, produire, parmi ces 30 composés, les sels III et IV avec le cuivre, le sel V avec le fer, les sels I et V avec le cobalt, le sel I avec le magnésium, le zinc et le nickel.

Ces sulfates perdent leur eau à une température peu élevée, à l'exception de la dernière molécule, qu'ils retiennent avec opiniâtreté à 200° et parfois au-dessus ; Graham envisageait cette eau comme eau de constitution. Selon cette hypothèse, l'acide sulfurique tendrait à fonctionner comme tétrabasique. M. Erlenmeyer suppose, au contraire, que dans ces sels l'acide sulfurique reste à demi saturé de métal, tandis que celui-ci est à moitié à l'état d'hydrate,

$$\left\{\begin{array}{l}O.H\\O.MgOH.\end{array}\right.$$

Ce sont là d'ingénieuses spéculations, qui attendent encore leur vérification expérimentale.

Les sulfates sont généralement solubles ; ceux de potassium et de thallium le sont peu ; ceux de calcium, de strontium et d'argent, encore moins ; enfin, ceux de plomb et surtout de baryum sont complétement insolubles. Le sulfate mercurique est décomposé par l'eau en sulfate acide soluble et sulfate basique insoluble.

Voici les quantités de quelques sulfates insolubles dans l'eau qui sont dissoutes dans 100 p. d'acide sulfurique (α ordinaire, β fumant) :

	α.	β.
Sulfate de calcium	2,03	10,17
— de baryum.....	5,69	15,89
— de strontium ...	5,68	9,77
— de plomb	0,13	4,19

[Struve, *Zeitsch. für analyt. Chem.*, t. IX, p. 34].

Les sulfates de métaux lourds, sauf le sulfate d'argent, ont une réaction acide ; ceux des métaux alcalins, de calcium, de magnésium et de manganèse sont neutres. Il existe beaucoup de sulfates basiques de métaux diatomiques ; Odling les envisage comme des sels normaux, dont l'eau d'hydratation est en partie remplacée par de l'oxyde métallique. Ainsi

$SO^4Zn.ZnO$ correspondrait à $SO^4Zn.H^2O$,

et $SO^4Cu.2CuO.3H^2O$ à $SO^4Cu.5H^2O$.

Les sulfates basiques sont généralement insolubles dans l'eau. Quelques-uns sont décomposés par ce liquide.

Chauffés au rouge blanc, les sulfates de lithium, de sodium, de potassium, se volatilisent sans qu'on puisse constater de décomposition ; les sulfates de magnésium, de calcium, de plomb, perdent de l'anhydride sulfurique, comme le carbonate de calcium perd du gaz carbonique, et cela à une température qui n'est peut-être pas beaucoup plus élevée. A la température de fusion du fer, les sulfates de strontium et de baryum sont aussi décomposés ; on perd même une partie de la base. On opérait dans un creuset de platine, et les gaz du chalumeau, pénétrant au travers de celui-ci, pouvaient peut-être réduire l'oxyde et volatiliser le métal [Boussingault, *Compt. rend.*, t. LXIV, p. 1159].

Le sulfate ferreux, par l'action de la chaleur, devient sous-sulfate ferrique, en dégageant du gaz sulfureux, puis il perd son anhydride sulfurique en partie dissocié et se transforme en colcothar :

$$2SO^4Fe = SO^2 + Fe^2SO^6 ;$$
$$Fe^2SO^6 = Fe^2O^3 + SO^3.$$

Le sulfate de zinc donne aussi à une très-haute température de l'oxygène et de l'anhydride sulfureux : il reste de l'oxyde. La même réaction se passe avec le cadmium, le cuivre, etc. Avec les métaux nobles, l'oxyde étant détruit par la chaleur, la réduction est complète.

A des températures variant entre le rouge sombre et le rouge cerise, les sulfates de baryum, de strontium, de calcium, de potassium et de sodium sont décomposés par le gaz chlorhydrique sec [Boussingault, *Ann. de Chim. et de Phys.*, (5), t. II, p. 120].

Les sulfates sont décomposés au rouge par le charbon. Avec le sel de zinc ou de magnésium, on obtient l'oxyde,

$$2SO^4Mg + C = 2MgO + 2SO^2 + CO^2.$$

Avec les sels de bismuth, d'argent, de mercure, (et le sulfate de cuivre à une température modérée), on met à nu le métal,

$$SO^4Ag^2 + C = Ag^2 + SO^2 + CO^2.$$

Avec le sulfate de plomb, et, à une haute température, avec les sulfates de cuivre et de zinc, on produit le sulfure,

$$SO^4Pb + 2C = PbS + 2CO^2.$$

Enfin, avec le sulfate manganeux, on donne naissance à un oxysulfure, MnS, MnO.

Les sulfates alcalins donnent au rouge blanc du sulfure et de l'anhydride carbonique, ou de l'oxyde de carbone si le charbon est en excès. Au rouge, il y a production de polysulfure.

Le fer réduit aussi les sulfates alcalins. Il se forme de l'oxyde alcalin, du sulfure ferreux et de l'oxyde ferrique. Le zinc donne, au contraire, du sulfure alcalin et de l'oxyde de zinc. Les sulfates de calcium, de baryum et de strontium, calcinés avec le fer, sont réduits à l'état de sulfures et il se forme divers oxydes de fer. Avec le zinc on obtient de la chaux, de la baryte, etc., du sulfure de zinc et de l'oxyde de zinc.

L'hydrogène réduit les sulfates au rouge ; avec le sel de potassium, on obtient du sulfure ; avec celui de magnésium, de l'oxyde ; avec le sel de manganèse, de l'oxysulfure.

Les sulfates mêlés de carbonate de soude donnent sur le charbon au chalumeau du sulfure de sodium.

Le sodium et le magnésium chauffés avec les sulfates, comme avec tous les composés sulfurés, donnent du sulfure facile à reconnaître. C'est un moyen de déceler le soufre recommandé par Bunsen.

Les solutions de sulfates de calcium, de sodium, de potassium donnent, au contact des matières organiques, de l'hydrogène sulfuré. On a fait l'expérience avec de la gomme, du sucre, etc. Au bout de six mois on a décelé dans la liqueur de l'hydrogène sulfuré, de l'acide carbonique, du sulfure.

du carbonate et de l'acétate. La même réaction se passe souvent dans la nature : au fond du lac d'Enghien, par exemple, où les matières organiques pénétrant jusqu'à la couche aquifère, laquelle contient une eau sulfatée, changent celle-ci en une eau très-fortement sulfureuse (Kastner, Chevreul).

Les *bisulfates* alcalins possèdent des propriétés d'un mélange de sulfate neutre et d'acide sulfurique. De nombreuses données physiques prouvent toutefois qu'ils constituent, même en solution, des composés parfaitement définis. L'acide chlorhydrique, en agissant sur un sulfate alcalin, ou l'acide sulfurique en agissant sur un chlorure (à une température modérée), donnent du bisulfate. Exemple :

$$SO^4Na^2 + HCl = NaCl + SO^4NaH;$$
$$SO^4H^2 + NaCl = HCl + SO^4NaH.$$

DÉRIVÉS DE L'ACIDE SULFURIQUE.

CHLORURE DE SULFURYLE [Syn. *Acide chlorosulfurique* de Regnault], SO^2Cl^2. — M. Regnault a obtenu ce composé en faisant réagir le chlore sur son volume d'anhydride sulfureux, au soleil ; la réaction est fort lente [*Ann. de Chim. et de Phys.*, (2), t. LXIX, p. 170 ; t. LXXI, p. 445]. Selon H. Schiff, il se produit aussi par l'action de l'anhydride sulfurique sur le perchlorure de phosphore ; mais, d'après Michaelis, c'est le chlorure de pyrosulfuryle, $S^2O^5Cl^2$, qu'on obtiendrait de cette façon. — Voyez p. 1619.

M. Gustavson le prépare en chauffant pendant 8 heures à 120° 2 molécules d'anhydride sulfurique avec 1 molécule de chlorure de bore dans des tubes scellés. Il se fait du chlorure de sulfuryle et une combinaison amorphe d'anhydrides borique et sulfurique qui reste lorsqu'on a distillé le chlorure acide :

$$2BoCl^3 + 4SO^3 = 3SO^2Cl^2 + Bo^2O^3.SO^3.$$

Le chlorure de silicium donne, par une réaction analogue, du chlorure de pyrosulfuryle.

Melsens prépare le chlorure de sulfuryle en dirigeant dans l'obscurité des courants de chlore sec et d'anhydride sulfureux dans de l'acide acétique cristallisable. Il se forme en même temps des acides chloracétiques. On peut encore l'obtenir, d'après le même savant, en faisant absorber successivement du chlore et de l'anhydride sulfureux à de la braise purifiée par de nombreux lavages et des calcinations dans le chlore [*Compt. rend.*, t. LXXVI, p. 92].

C'est un liquide incolore et fumant, d'une densité de 1,66. Il bout à 77° et peut être distillé sur la chaux ou la baryte. Il tombe au fond de l'eau et s'y dissout peu à peu en donnant de l'acide sulfurique :

$$SO^2Cl^2 + 2H^2O = 2HCl + SO^2(OH)^2.$$

Avec l'alcool, la réaction est la même, seulement l'acide sulfurique donne de l'acide sulfovinique :

$$SO^2Cl^2 + 3C^2H^5.OH$$
$$= 2C^2H^5.Cl + H^2O + SO^2.OH.OC^2H^5.$$

Regnault, qui a constaté l'union du chlorure de sulfuryle avec l'ammoniaque, pensait qu'il se formait de la sulfamide,

$$SO^2Cl^2 + 4AzH^3$$
$$= 2AzH^4Cl + SO^2\left\{\begin{matrix}AzH^2\\AzH^2,\end{matrix}\right.$$

mais, d'après Rose, il ne se produirait qu'un mélange de sel ammoniac et de sulfamate d'ammonium.

Le perchlorure de phosphore réagit peu à peu sur le chlorure de sulfuryle à la température ordinaire, selon l'équation suivante :

$$SO^2Cl^2 + PCl^5 = SOCl^2 + POCl^3 + Cl^2$$

Chlorure de thionyle. Oxychlorure de phosphore.

[Michaelis, *Zeitsch. für Chem.*, t. VI, p. 149].

Le chlorure de sulfuryle et la benzine ne réagissent qu'à 150° ; il se forme de l'acide chlorhydrique, de l'anhydride sulfureux et de la benzine monochlorée. Avec le phénol, la réaction a lieu à la température ordinaire ; elle est toute semblable et donne du phénol monochloré [Dubois, *Zeitsch. für Chem.*, nouv. sér., t. II, p. 705].

ACIDE CHLOROSULFURIQUE [Syn. *Acide chlorhydrosulfureux, chlorhydrine sulfurique*],

$$SO^2\left\{\begin{matrix}OH\\Cl.\end{matrix}\right.$$

Williamson a défini et étudié, sinon découvert, ce composé dont l'existence a eu une grande importance théorique pour les chimistes. C'était, en effet, le premier exemple connu d'un corps appartenant à un type mixte et de molécules réunies par la diatomicité d'un radical :

$$\left.\begin{matrix}H\\H\end{matrix}\right\}O \qquad \left.\begin{matrix}H\\(SO^2)''\end{matrix}\right\}O$$
$$HCl \qquad\qquad Cl.$$

Type. Acide chlorosulfurique.

C'est le produit de la substitution incomplète du chlore à l'oxhydryle dans l'acide sulfurique,

$$SO^2\left\{\begin{matrix}OH\\OH\end{matrix}\right. \quad SO^2\left\{\begin{matrix}OH\\Cl\end{matrix}\right. \quad SO^2Cl^2$$

[*Proc. Roy. Soc.*, t. VII, p. 11].

Williamson l'a obtenu par l'action de l'humidité de l'air sur le chlorure de sulfuryle, et par celle du perchlorure de phosphore sur l'acide sulfurique. Ce dernier mode de préparation est excellent si l'on prend 3 molécules d'acide sulfurique pour 1 de perchlorure. En ce cas, il se forme de l'acide métaphosphorique d'après Michaelis :

$$3SO^4H^2 + PCl^5$$
$$= 2HCl + PO^2(OH) + 3SO^2(OH)Cl.$$

En employant plus de perchlorure, on recueillerait bien de l'acide chlorosulfurique selon l'équation de Williamson,

$$SO^4H^2 + PCl^5 = SO^2(OH)Cl + POCl^3 + HCl,$$

mais l'oxychlorure de phosphore réagirait sur une partie du composé $SO^2(OH)Cl$, en donnant du chlorure de pyrosulfuryle. Avec un excès d'acide sulfurique on recueillerait, au contraire, de l'anhydride sulfurique provenant de l'acide pyrosulfurique, engendré d'après l'équation suivante :

$$SO^2(OH)Cl + SO^2(OH)^2$$
$$= HCl + (SO^2)^2.O(OH)^2$$

[St. Williams, *Chem. Soc. Journ.*, t. VII, p. 304].

Une manière d'opérer peut-être meilleure encore consiste à faire réagir l'oxychlorure de phosphore sur l'acide sulfurique,

$$2SO^4H^2 + POCl^3$$
$$= 2SO^2(OH)Cl + PO^3H + HCl.$$

Enfin on peut remplacer l'oxychlorure par le trichlorure,

$$3SO^4H^2 + 2PCl^3$$
$$= 2SO^2 + 5HCl + P^2O^5 + SO^2(OH)Cl.$$

On a pu produire le même composé par l'union directe de l'anhydride sulfurique (dissous dans un peu d'acide), avec le gaz chlorhydrique ; ou par l'action du noir de platine sur un mélange légèrement humide de chlore et d'anhydride sulfureux ;

ou enfin, d'après Rose, par celle du perchlorure de soufre sur l'acide sulfurique fumant.

L'acide chlorosulfurique est un liquide incolore, bouillant à 158°,4 (corrigé : Michaelis), se décomposant très-vite au contact de l'eau. Sa densité est de 1,776 à 18°.

Il se décompose en partie à l'ébullition. Sa densité de vapeur à 216° est de 32,80 par rapport à l'hydrogène, ce qui correspond à 3 volumes 1/2, n'est-à-dire à une dissociation presque complète en SO^3 et HCl. C'est un véritable acide. Il chasse à une température peu élevée l'acide chlorhydrique du sel marin. Il se forme un chlorosulfite, $SO^2(ONa)Cl$.

Avec le nitrate de sodium, il se produit du sulfate acide avec élimination de chlorure d'azotyle :

$$AzO^2.ONa + SO^2(OH)Cl$$
$$= SO^2(OH)(ONa) + AzO^2Cl.$$

Un mélange de PCl^5 et $3SO^2(OH)Cl$ donne déjà à froid, et mieux à chaud, de l'anhydride sulfureux, de l'anhydride phosphorique et du chlorure de pyrosulfuryle $S^2O^5Cl^2$.

On connaît des éthers chlorosulfuriques qui se préparent avec les chlorures d'éthyle, de phényle, etc., et l'anhydride sulfurique. Le composé éthylique, $SO^2(OC^2H^5)Cl$, obtenu avec les vapeurs de C^2H^5Cl et l'anhydride sulfurique, est une huile piquante, incolore, réfringente, plus lourde que l'eau, dans laquelle elle ne se décompose qu'excessivement lentement, et très-probablement avec formation d'acide sulfovinique [R. Williamson, *Chem. Soc. quart. Journ.*, t. X, p. 100].

Elle a été décrite de nouveau par de Purgold [*Compt. rend.*, t. LXVII, p. 451]. D'après ce savant, sa densité est de 1,379 à zéro, de 1,3556 à + 27°, de 1,3240 à + 61°. Elle bout à 80-82° dans le vide. Chauffée avec de l'eau à 100°, elle donne de l'oxyde d'éthyle, un peu de chlorure d'éthyle, des acides chlorhydrique et sulfurique.

Le chlorure d'éthyle liquide étant agité avec un excès d'anhydride sulfurique en tube scellé donne le corps

$$C^2H^3.OH \left\{ \begin{matrix} SO^2Cl \\ SO^2OH \end{matrix} \right. = C^2H^5Cl + 2SO^3,$$

qui, décomposé par l'eau, fournit un acide dont le sel de potassium cristallise en petites aiguilles blanches,

$$C^2H^3.OH \left\{ \begin{matrix} SO^2OK \\ SO^2OK. \end{matrix} \right.$$

Le produit de l'action du chlorure de phényle sur l'anhydride sulfurique,

$$C^6H^5SO^3Cl = C^6H^4Cl.SO^3H\ (?),$$

traité par un lait de chaux en excès, donne un sel de calcium soluble et cristallise en tables, $(C^6H^4Cl.SO^3)^2Ca$ [Hutchings, *Chem. Soc. quart. Journ.*, t. X, p. 102].

A 100°, l'acide chlorosulfurique réagit sur le sulfure de carbone d'après l'équation suivante :

$$CS^2 + SO^2(OH)Cl = HCl + SO^2 + COS.$$

En réagissant sur 1 molécule d'alcool il produit une masse goudronneuse et noirâtre que l'eau décompose avec dégagement de chaleur et production d'un gaz irritant. Avec 2 molécules d'alcool, il y a formation d'un liquide épais renfermant du sulfate d'éthyle insoluble dans l'eau, et de l'acide sulfovinique soluble. Avec l'oxyde d'éthyle, il se produit aussi du sulfate d'éthyle.

Chauffé à 140° avec 1 molécule 1/2 d'acide acétique, l'acide chlorosulfurique donne de l'acide glycolylsulfureux (sulfacétique) $C^2H^4SO^5$. Avec l'acide butyrique, il fournit l'acide disulfopropioique (propylène-disulfureux)

$$C^3H^8S^2O^6 = C^3H^6 \left\{ \begin{matrix} SO^3H \\ SO^3H; \end{matrix} \right.$$

enfin en réagissant sur 1/2 molécule d'anhydride acétique à 100° dans un courant de gaz carbonique, il donne naissance à un acide $C^2H^6SO^7$ qui, séparé de son sel de plomb $C^2H^4PbSO^7$, forme une masse cristalline déliquescente, insoluble dans l'alcool et dans l'éther [Baumstark, *Ann. der Chem. u. Pharm.*, t. CXL, p. 75].

L'acide chlorosulfurique absorbe l'éthylène avec production de chaleur et dégagement de gaz chlorhydrique; si l'on chauffe à 80°, on obtient bientôt une huile brune qui, traitée par l'eau, donne de l'anhydride iséthionique et un nouvel acide $C^2H^8SO^6$. Si l'on refroidit, au contraire, on a une huile piquante que l'eau transforme en un corps $C^2H^5SO^3Cl$, avec dégagement de chlorure d'éthyle et formation d'acides sulfurique et chlorhydrique [Baumstark, *Zeitsch. für Chem.*, t. III, p. 565].

L'iodure d'éthyle réagit énergiquement sur l'acide chlorosulfurique : il y a formation d'acide éthylsulfureux. Le bromure d'éthylène donne un acide $C^2H^4BrSO^3H$ [Wroblewsky, *Zeitsch. für Chem.*, (2), t. V, p. 280]. Knapp a obtenu avec la benzine de la sulfobenzide (t. I, p. 539) et de l'acide phénylsulfureux (ou son chlorure),

$$SO^2(OH)Cl + C^6H^6 = C^6H^5.SO^2OH + HCl$$
$$\text{ou} = C^6H^5.SO^2.Cl + H^2O$$

Acide ou chlorure phénylsulfureux.

$$SO^2(OH)Cl + 2C^6H^6$$
$$= C^6H^5.SO^2.C^6H^5 + H^2O + HCl$$

Sulfobenzide.

[*Zeitsch. für Chem.*, (2), t. V, p. 41].

BROMURE DE SULFURYLE, SO^2Br^2. — Corps blanc cristallin, volatil à la température ordinaire ; très-semblable dans ses propriétés au chlorure de sulfuryle et obtenu d'une façon analogue. Chauffé avec le sulfate d'argent, il régénère l'anhydride sulfurique, $SO^2Br^2 + SO^4Ag^2 = 2AgBr + 2SO^3$ [Odling et Abel, *Chem. Soc. quart. Journ.*, t. VII, p. 2].

ACIDE SULFAMIQUE,

$$SO^2 \left\{ \begin{matrix} AzH^2 \\ OH. \end{matrix} \right.$$

— Ce corps est inconnu à l'état de liberté. Son sel neutre d'ammonium n'est autre chose que le composé anciennement nommé *sulfate anhydre d'ammoniaque, sulfatammon, sulfamide.*

Sulfamate neutre d'ammonium,

$$SO^2 \left\{ \begin{matrix} AzH^2 \\ O.AzH^4 \end{matrix} \right. = SO^3\ 2AzH^3.$$

— Rose le prépare en faisant réagir le gaz ammoniac sur de l'anhydride sulfurique, en renouvelant incessamment les contacts. C'est une poudre cristalline blanche, neutre, amère, soluble sans décomposition sensible dans 9 p. d'eau, insoluble dans l'alcool. La solution aqueuse laisse déposer dans le vide de beaux cristaux quadratiques hémiédriques que Rose, sans raison suffisante, semble-t-il, prenait pour un isomère du corps précédent (*parasulfatammon*) et non pas pour ce dernier à l'état de pureté.

Le chlorure de platine précipite à l'état de sel d'ammonium la moitié de l'azote de ce sel, qui ne donne pas de sulfate de baryum avec le chlorure de baryum, excepté à l'ébullition. Les eaux mères du parasulfatammon donnent, par une évaporation plus prolongée, un sel hydraté déliquescent et assez instable, $SO^3Az^2H^6 + 1/2H^2O$.

Sulfamate acide d'ammonium,

$$SO^3AzH^2(AzH^4).SO^3AzH^3.$$

— Il se produit en même temps que le sel neutre. C'est une masse vitreuse déliquescente, qui se dissout dans l'eau avec sifflement. Woronin, en laissant évaporer à l'air la solution du sulfamate neutre, a obtenu une belle cristallisation de sel acide. Ce sel ne précipite pas par le chlorure de baryum, mais lorsqu'on l'a neutralisé par l'ammoniaque, il se produit un dépôt de *sulfamate barytique basique;* celui-ci, traité par la quantité nécessaire d'acide sulfurique, donne du sulfate de baryum et une solution de *sulfamate neutre de baryum,* $(SO^3AzH^2)^2Ba$. Ce sel cristallise bien; il est peu soluble dans l'eau froide et est décomposé par l'eau bouillante avec formation de sulfate de baryum. Le sulfamate neutre d'ammonium traité par la quantité requise d'eau de baryte dégage de l'ammoniaque et donne un sel barytique cristallisable et soluble (le même?) [Woronin, *Répert. de Chim. pure,* t. II, p. 452].

Le *sulfamate neutre de potassium* s'obtient par double décomposition avec le sulfate de potassium et le sulfamate de baryum. Il donne de petits cristaux transparents (Woronin).

Le *sulfamate neutre de méthyle* ou sulfométhylane, $SO^2(AzH^2)OCH^3$, a été produit en dissolvant le sulfate de méthyle dans l'ammoniaque aqueuse; il cristallise dans le vide en gros cristaux déliquescents (t. II, p. 424). On a décrit d'abord comme *acide phénylsulfamique* ou *acide sulfanilique,* l'acide amidophénylsulfureux (voyez t. II, p. 846). Les composés aromatiques analogues sont traités dans cet ouvrage avec leur radical hydrocarboné.

ACIDE DISULFURIQUE OU PYROSULFURIQUE [Syn. *Acide sulfurique fumant, acide sulfurique de Saxe ou de Nordhausen*],

$$S^2O^7H^2 = O\begin{cases} SO^2\text{-}OH \\ SO^2\text{-}OH \end{cases} = 2SO^3.H^2O.$$

— Le liquide oléagineux, fumant, ordinairement un peu brun, qu'on connaît sous ce nom, se prépare en Bohême et se préparait, surtout autrefois dans le Harz, à Nordhausen, par la distillation du sulfate de fer ou vitriol vert. Cette distillation, comme on l'a vu, donne de l'anhydride sulfurique, mais celui-ci est reçu dans de l'acide ordinaire et s'y combine : ajoutons que le sulfate ferreux est déjà presque entièrement transformé en sulfate ferrique par grillage lorsqu'on le distille, de façon que le rendement est bien supérieur à ce qu'il serait si le fer se peroxydait aux seuls dépens de l'anhydride sulfurique.

L'acide commercial se congèle vers zéro. Le véritable acide disulfurique, dont la constitution a été donnée à la page 1615, s'obtient en distillant l'acide commercial et en recueillant les premières portions qui se prennent en une masse cristalline à la température ordinaire; ces cristaux ne fondent qu'à + 35°. On peut encore le préparer en faisant cristalliser de l'acide de Saxe additionné d'un léger excès d'anhydride et en exposant les cristaux sous une cloche au-dessus de l'acide sulfurique ordinaire, qui s'empare de l'anhydride en excès. Ces cristaux ont, en effet, une tension bien moins grande que l'anhydride, bien qu'à une température peu élevée l'acide disulfurique se décompose en acide et en anhydride. L'acide de Saxe est employé pour dissoudre l'indigo. — Voyez ce mot.

DISULFATES, PYROSULFATES OU ANHYDROSULFATES. — Le sel de potassium $S^2O^7K^2$ se forme par la calcination du bisulfate, ou par l'action de l'anhydride sulfurique sur le sulfate neutre, à une température élevée; il fond au delà de 300° et non à 210°, comme l'a indiqué Jacquelain (t. II, p. 1133). Schultz-Sellack a décrit un disulfate acide obtenu en dissolvant le sel neutre dans l'acide fumant; ce sont des prismes transparents, fusibles à 168°, ne fumant pas à l'air et renfermant S^2O^7HK. Le sel de baryum S^2O^7Ba'' a été préparé par Schultz-Sellack en chauffant à 150° la solution de sulfate de baryum dans l'acide fumant. Les cristaux ne se dissolvent pas par le refroidissement, ils sont anhydres, infusibles et ne se décomposent qu'au rouge naissant. Le disulfate d'argent se sépare en cristaux incolores de la solution du sulfate neutre dans l'acide fumant [Schultz-Sellack, *Deutsch. Chem. Gesell.*, t. IV, p. 109]. Le sel de potassium bouilli avec une solution alcoolique de sulfhydrate de potassium donne des quantités notables d'hyposulfite. Avec la soude alcoolique, on obtient de l'éthylsulfate :

$$S^2O^7K^2 + 2KHS$$
$$= SO^2(OK)^2 + SO^2\begin{cases} OK \\ SK \end{cases} + H^2S;$$
$$S^2O^7K^2 + C^2H^5NaO$$
$$= SO^2\begin{cases} OK \\ ONa \end{cases} + SO^2\begin{cases} OK \\ OC^2H^5 \end{cases}$$

[Drechsel, *Journ. für prakt. Chem.*, t. V, p. 367].

CHLORURE DE PYROSULFURYLE ou de DISULFURYLE, $S^2O^5Cl^2$. — D'après M. Michaelis, ce chlorure a été souvent confondu avec le chlorure de sulfuryle. C'est lui qu'on obtient lorsqu'on fait réagir l'anhydride sulfurique ou l'acide chlorosulfurique sur le perchlorure de phosphore,

$$2SO^3 + PCl^5 = S^2O^5Cl^2 + POCl^3$$

ou

$$2SO^2(OH)Cl + PCl^5$$
$$= S^2O^5Cl^2 + 2HCl + POCl^3,$$

ou encore lorsqu'on chauffe à 160° en tubes scellés 3 molécules d'anhydride sulfurique avec 1 molécule d'oxychlorure de phosphore,

$$5SO^3 + 2POCl^3 = 3S^2O^5Cl^2 + P^2O^5.$$

A l'état de pureté, il bout, selon Michaelis, à 146° (corrigé); sa densité à 18° = 1,819. Ce sont les chiffres donnés par Rose pour le même composé obtenu par lui en faisant réagir le protochlorure de soufre S^2Cl^2 sur l'anhydride sulfurique [Michaelis, *Zeitsch. für Chem.*, (2), t. VI, p. 149, 1871; — Rose, *Poggend. Ann.*, t. XLIV, p. 291; t. XLVI, p. 167, et t. LII, p. 69]. Schützenberger a préparé le chlorure de pyrosulfuryle par l'action de l'anhydride sulfurique sur le chlorure de carbone CCl^4 [*Bull. de la Soc. chim.*, t. XII, p. 198]. Mais il donne 130° pour le point d'ébullition, et signale la rapide décomposition de son produit par l'eau, tandis que celui de Michaelis s'y dissout lentement.

M. Prudhomme a produit le même corps par une réaction analogue avec le chlorure C^2Cl^6 (voyez p. 1612), et M. Armstrong avec le chloroforme $CHCl^3$ [*Zeitsch. für Chem.*, (2), t. VI, p. 361]. Point d'ébullition, selon M. Prudhomme, vers 140°; selon M. Armstrong, de 144° à 148°.

Enfin, M. Rosenstiehl, en distillant de l'anhydride sulfurique sur du sel marin pulvérisé, a obtenu un produit sans doute un peu plus impur, bouillant entre 145° et 150° (D = 1,762), et se décomposant rapidement au contact de l'eau. Il charbonne les matières organiques; avec l'acétate de sodium, il fournit du chlorure d'acétyle; il dégage du chlore au contact des manganates et donne avec les chromates alcalins de l'oxychlorure de chrome, $CrO^4K^2 + S^2O^5Cl^2 = S^2O^7K^2 + CrO^2Cl^2$ [*Compt. rend.*, t. LIII, p. 658].

Le *bromure de pyrosulfuryle* a été obtenu avec l'anhydride sulfurique et le bromoforme (Armstrong).

ACIDE HYPOSULFUREUX OU THIOSULFURIQUE,

$$S^2O^3H^2 = SO^2\begin{cases} SH \\ OH. \end{cases}$$

— Il est regrettable que les noms d'acide hyposulfureux et d'hyposulfites soient tellement consacrés par l'usage, qu'on ne puisse leur substituer les noms plus systématiques d'acido thiosulfurique et de thiosulfates, en réservant à l'acide de M. Schützenberger l'appellation d'acide hyposulfureux. Ce dernier est bien en effet un acide sulfureux moins oxydé, tandis que le corps qui nous occupe est un acide sulfurique dans lequel un atome de soufre (Θήιον) est substitué à un atome d'oxygène. Quoi qu'il en soit, l'acide hyposulfureux ou thiosulfurique est inconnu à l'état de liberté. Lorsqu'on ajoute un acide fort à une solution d'hyposulfite, il se forme les produits de sa destruction, savoir : de l'acide sulfureux et du soufre mou. Cependant, d'après Rose, lorsqu'on opère avec des solutions très-étendues, l'acide ne se décompose qu'au bout d'un temps fort long [*Chim. anal.*, t. I, p. 475]. Rose a opéré dans les circonstances suivantes : ayant traité un mélange de cadmium pulvérisé, de sulfure de cadmium et de soufre humecté d'alcool, par l'acide sulfureux, il a filtré et laissé évaporer l'acide sulfureux, puis il a traité la liqueur par l'hydrogène sulfuré, filtré de nouveau et chassé l'excès de ce gaz. Il a obtenu une solution qui donnait encore la réaction de l'acide hyposulfureux au bout de cinq mois.

Flückiger a trouvé de petites quantités de cet acide dans des échantillons de soufre de diverses provenances (fleurs de soufre, soufre précipité, soufre en canon, soufre cristallisé dans le sulfure de carbone). Il se produit, d'après le même savant, à froid et plus abondamment à 80° en vase clos par l'action de la solution d'acide sulfureux sur le soufre [*Jahresb.*, 1863, p. 149].

Hyposulfites ou Thiosulfates. — Ces sels se forment par la destruction des hydrosulfites, lorsqu'on traite les sulfites acides par le zinc, le fer, etc. ;

Par la décomposition des acides thioniques (voyez plus loin);

Par l'action d'un courant de gaz sulfureux sur un sulfure alcalin :

$$2Na^2S + 3SO^2 = 2S^2O^3Na^2 + S,$$
$$2Na^2S^5 + 3SO^2 = 2S^2O^3Na^2 + S^9;$$

Par l'action du soufre sur une solution bouillante de sulfite alcalin (ce procédé est le plus employé dans les laboratoires), $SO^3Na^2 + S = S^2O^3Na^2$;

Par l'ébullition de l'eau de chaux avec le soufre : il se forme du pentasulfure et de l'hyposulfite, $3Ca(OH)^2 + S^{12} = S^2O^3Ca + 2CaS^5 + 3H^2O$.

La solution du pentasulfure s'oxyde elle-même par un long contact avec l'air et devient incolore; elle renferme alors une nouvelle portion d'hyposulfite, $CaS^5 + O^3 = CaS^2O^3 + S^3$.

C'est par une semblable oxydation qu'on extrait de l'hyposulfite du sulfure de calcium obtenu dans la purification du gaz ou dans la préparation du carbonate de soude.

Bunge a observé la formation de l'hyposulfite de sodium par l'action réductrice de l'azotite d'amyle sur une solution concentrée de bisulfite de sodium.

Les hyposulfites alcalins sont très-solubles dans l'eau; ceux des métaux alcalino-terreux et de magnésium le sont moins; celui de baryum l'est peu. Ceux des métaux lourds (mercure, plomb, argent) sont insolubles; ils sont blancs et noircissent bientôt après leur formation, en donnant des sulfures et de l'acide sulfurique :

$$S^2O^3Ag^2 + H^2O = Ag^2S + SO^4H^2.$$

Ils ont une grande tendance à former, avec l'hyposulfite alcalin, des sels doubles solubles.

La solution d'hyposulfite de sodium dissout le chlorure, le bromure et l'iodure d'argent, le calomel, l'iodure et le sulfate de plomb, le sulfate de calcium, les hydrates cuivreux et cuivrique et l'iodure de mercure. Lorsqu'on chauffe ces trois dernières solutions, elles déposent du sulfure de mercure ou des oxydes de cuivre [Field, *Chem. Soc. quart. Journ.*, t. XVI, p. 28].

Les ferrocyanures de zinc, de manganèse, de cobalt, de nickel, de cadmium, d'étain, et de ferrosum sont insolubles dans la solution d'hyposulfite de sodium; ceux de potassium, de cuivre, de plomb et d'argent et les ferricyanures d'argent et de mercure s'y dissolvent. Le bleu de Prusse et celui de Turnbull sont transformés en composés blancs (Frœhde).

Lorsqu'on verse une solution d'hyposulfite alcalin dans du chlorure stanneux, du nitrate mercureux, un sel de nickel ou de cobalt, il y a précipitation de sulfure. Les sels ferreux ne donnent du sulfure qu'à 130-140° en vase clos, les sels de zinc ne sont que partiellement précipités, même à 120°. Ceux de manganèse exempts de fer ne le sont pas du tout (mais le sulfure de fer entraîne du sulfure de manganèse (Gibbs). A l'ébullition, l'alumine est précipitée de ses solutions; il y a dépôt de soufre (Chancel, voyez t. I, p. 179) :

$$(SO^4)^3Al^2 + 3S^2O^3Na^2$$
$$= Al^2O^3 + S^3 + 3SO^2 + 3SO^4Na^2.$$

Le chlorure ferrique donne d'abord de l'hyposulfite ferrique rouge-brun; puis la liqueur se trouble, et il se dépose du soufre. Elle contient alors le fer à l'état de sel ferreux (tétrathionate).

Bouillis avec l'acide chlorhydrique, les hyposulfites donnent de l'acide sulfureux et du soufre jaune. Traités par l'iode, ils donnent de l'iodure et du tétrathionate :

$$2S^2O^3Ba + I^2 = BaI^2 + S^4O^6Ba.$$

Ces deux réactions différencient l'acide hyposulfureux de l'acide sulfureux.

En solution aqueuse, l'iodate de potassium n'agit pas sur un excès d'hyposulfite de sodium, mais si l'on ajoute un acide fort, les premières portions de celui-ci mettent à nu l'acide iodique, lequel convertit l'hyposulfite en tétrathionate et la liqueur devient *alcaline*. Elle n'est neutralisée que par une quantité d'acide 5 fois plus forte :

$$6S^2O^3Na^2 + KIO^3 + 6HCl$$
$$= 3S^4O^6Na^2 + KI + 6NaCl + 3H^2O$$

[Sonstadt, *Chem. News*, t. XXVI, p. 98].

Les hyposulfites sont convertis par le chlore et les hypochlorites en sulfates à la température ordinaire :

$$S^2O^3Na^2 + Cl^8 + 5H^2O = 8HCl + 2SO^4HNa.$$

La même réaction se passe en solution alcaline avec le permanganate de potassium, 1 molécule d'hyposulfite exigeant pour son oxydation 4 atomes d'oxygène [Péan de Saint-Gilles, *Ann. de Chim. et de Phys.*, (3). t. LV, p. 374]. En solutions neutres, il se forme aussi du dithionate. Les chromates neutres n'ont pas d'action, mais les bichromates sont réduits à l'état de chromates avec précipitation de CrO^2 [E. Kopp, *Jahresb.*, 1864, p. 233].

Le cuivre métallique mis en contact avec l'hyposulfite de sodium fondu dans son eau de cristallisation se transforme en sulfure; avec la solution l'action est lente et ne commence guère qu'à 170°.

Traités par le zinc et l'acide chlorhydrique, les hyposulfites donnent du soufre et beaucoup d'acide sulfureux; chauffés, les sels alcalins donnent un polysulfure et un sulfate :

$$4S^2O^3Na^2 = 3SO^4Na^2 + Na^2S^5.$$

Les hyposulfites alcalino-terreux dégagent, par l'action de la chaleur, un peu de soufre et d'acide sulfhydrique; il reste un sulfure mélangé de sulfate et souvent d'une assez forte quantité de sulfite. Les hyposulfites des métaux proprement dits laissent généralement un sulfure pendant qu'il se dégage du soufre et de l'anhydride sulfureux.

Frœhde a proposé de se servir des hyposulfites de sodium, de baryum et d'ammonium dans l'analyse par la voie sèche. Fondus avec ces hyposulfites les sels métalliques sont transformés en sulfures et les sels des terres alcalines en sulfates.

Chauffés avec l'hyposulfite de sodium dans un petit tube d'essai, les sels métalliques prennent une couleur caractéristique sur l'examen de laquelle on peut fonder une méthode pyrognostique. Voici les colorations obtenues [Landaner, *Deutsch. Chem. Gesellsch.*, t. V, p. 406] :

	Essai à l'hyposulfite de sodium.	Essai au borax. Flamme oxydante.
Oxyde d'antimoine........	Rouge.	Incolore.
Acide arsénieux..........	Jaune.	»
Oxyde de plomb...........	Noir.	Incolore.
— de chrome..........	Vert.	Vert-jaune.
— de fer.............	Noir.	Jaune.
— d'or...............	Noir.	Réduit.
— de cadmium.........	Jaune.	Incolore.
— de cobalt..........	Noir.	Bleu.
— de cuivre..........	Noir.	Bleu.
— de manganèse.......	Vert pâle.	Violet.
— de nickel..........	Noir.	Rouge-brun.
Acide molybdique.........	Brun.	Incolore.
Oxyde de platine.........	Noir.	Réduit.
— de mercure.........	Noir.	»
— d'argent...........	Noir.	Incolore.
— d'urane............	Noir.	Jaune.
— de bismuth.........	Noir.	Incolore.
— de zinc............	Blanc.	Incolore.
— d'étain............	Brun.	Incolore.

M. Otto a essayé de préparer des substances organiques sulfurées à l'aide de l'hyposulfite de sodium. L'alcool ordinaire, chauffé à 120° avec ce sel pendant longtemps, donne un peu de sulfhydrate d'éthyle; l'iodure d'éthyle fournit du sulfhydrate et du sulfure d'éthyle en même temps qu'un corps iodé renfermant sans doute de l'iodure de triéthylsulfine. Le chlorure de benzyle donne naissance à un produit brun renfermant du soufre libre et donnant à la distillation, avec beaucoup d'acide sulfurique, un peu de sulfhydrate de benzyle, du toluène, du stilbène, enfin du thionessal et du sulfure de tolallyle [*Zeit. für Chem.*, t. VI, p. 25].

L'hyposulfite de sodium est très employé en photographie pour dissoudre les sels d'argent non altérés par l'action de la lumière. On s'en sert également dans l'industrie comme *antichlore*, dans la fabrication du vert d'aniline et dans son application sur les tissus de laine, etc.

Acide sélénio-hyposulfureux ou sélénio-sulfurique. — Voyez t. II, p. 1465.

ACIDES DE LA SÉRIE THIONIQUE.

ACIDE DITHIONIQUE OU HYPOSULFURIQUE, $S^2O^6H^2$.

— Cet acide a été découvert par Welter en 1819 [Welter et Gay-Lussac, *Ann. de Chim. et de Phys.*, (2), t. X, p. 312]. Il se produit à l'état de sel de manganèse par l'action d'un courant de gaz sulfureux sur du bioxyde de manganèse finement pulvérisé, en suspension dans l'eau :

$$MnO^2 + 2SO^3H^2 = S^2O^6Mn + 2H^2O.$$

L'absorption est très-rapide et il faut refroidir l'appareil; sans cette précaution on n'obtiendrait presque que du sulfate. On précipite avec de l'hydrate de baryte; il se sépare plus ou moins de sulfate avec de l'hydrate manganeux et l'on a une solution pure de dithionate de baryum d'où l'on peut chasser l'acide à l'aide d'une quantité déterminée d'acide sulfurique. La solution d'acide dithionique peut être concentrée dans le vide jusqu'à la densité de 1,347. C'est alors un liquide inodore, très-acide, dissolvant le zinc avec dégagement d'hydrogène. On ne peut le concentrer davantage, car il se décompose alors en acide sulfurique et anhydride sulfureux :

$$S^2O^6H^2 = SO^4H^2 + SO^2.$$

Les solutions étendues subissent à chaud la même transformation. Elles s'oxydent à l'air ou sous l'influence du chlore, de l'acide nitrique, etc., et donnent de l'acide sulfurique [Gay-Lussac, Heeren, *Poggend. Ann.*, t. VII, p. 55].

Otto a réduit l'acide dithionique par le zinc, le sodium, etc. Il a toujours obtenu, même à zéro, de l'acide sulfureux [*Ann. der Chem. u. Pharm.*, t. CXLVII, p. 187].

Gélis a donné un second mode de préparation de cet acide : il fait passer un courant de gaz sulfureux dans de l'eau contenant de l'hydrate ferrique en suspension. Il obtient ainsi une solution de sulfite ferrique, $(SO^3)^3Fe^2$. Celle-ci, conservée en vase clos, devient bientôt d'un vert clair, elle contient alors un mélange de sulfite et de dithionate ferreux,

$$(SO^3)^3Fe^2 = SO^3Fe + S^2O^6Fe,$$

qu'on traite par la baryte comme plus haut [*Ann. de Chim. et de Phys.*, (3), t. LXV, p. 222].

Rathke et Zschiesche font dissoudre du sélénium dans une solution bouillante de sulfite alcalin, puis ils évaporent rapidement; il se forme une masse de cristaux de dithionate mêlé de sulfite et fortement colorée par du sélénium régénéré; les eaux mères donnent encore du dithionate, puis du sulfate et de l'hyposulfite [*Journ. für prakt. Chem.*, t. XCII, p. 141 ; t. XCV, p. 1].

On peut encore obtenir le dithionate alcalin en faisant bouillir une solution de sulfite alcalin avec le peroxyde de manganèse (Von Hauer).

Dithionates ou Hyposulfates. — Ces sels ont surtout été examinés par Heeren. Ils sont solubles dans l'eau ; ils se résolvent par l'action de la chaleur (quelquefois à 100°) en sulfates et anhydride sulfureux sans séparation de soufre. Les acides, surtout à chaud, donnent rapidement naissance à la même réaction, avec production d'acide sulfurique. A l'ébullition, les dithionates réduisent le permanganate de potassium. Le sel de sodium sec distillé avec le perchlorure de phosphore fournit de l'oxychlorure de phosphore et du chlorure de thionyle :

$$PCl^5 + S^2O^6Na^2 = POCl^3 + SO^4Na^2 + SOCl^2.$$

On ne connaît pas de dithionates acides, mais on a préparé des sels doubles; par exemple :

$$S^2O^6AgNa + 2H^2O; \quad S^2O^6NaBa^{1/2} + 2H^2O.$$

Les dithionates de potassium, de plomb, de strontium et de calcium jouissent, à l'état cristallisé, du pouvoir rotatoire [Pape, *Poggend. Ann.*, t. CXXXIX, p. 124]. Ils sont hémièdres [Bichat, *Bull. de la Soc. chim.*, t. XX, p. 436].

Acide trithionique, $S^3O^6H^2$ [Syn. *Acide hyposulfurique sulfuré*]. — Le sel de potassium de cet acide a été découvert par Langlois en 1842, dans le produit de la réaction du soufre sur le bisulfite de sodium, t. II, p. 1134.

D'après Matthieu-Plessy et Saint-Pierre, l'action du soufre se borne à concourir à la formation de l'hyposulfite, qu'un excès d'acide sulfureux fait passer à l'état de trithionate. De fait, on peut obtenir du trithionate en chauffant le bisulfite seul et en vase clos. Il y a alors dépôt de soufre [*Bull. de la Soc. chim.*, 1866, t. V, p. 245].

On peut préparer le trithionate de potassium par les procédés de Plessy, de Rathke, de Chancel et Diacon (t. II, p. 1135). Pour isoler l'acide trithionique, on précipite son sel de potassium par l'acide tartrique, l'acide perchlorique ou l'acide hydrofluosilicique, et l'on concentre la liqueur dans le vide sec. La solution est très-acide, amère, sans odeur; elle ne peut être concentrée que jusqu'à un certain point, à partir duquel, même à zéro, elle perd de l'anhydride sulfureux et laisse déposer du soufre. Avec les oxydants, tels que le chlore, l'acide nitrique, l'acide iodique, elle est immédiatement décomposée en acide sulfurique et en soufre. Bouillie avec de la potasse, elle donne de l'hyposulfite et du sulfite (Fordos et Gélis) ou du sulfate (Kessler).

TRITHIONATES. — Ils sont solubles et peu stables. Ils donnent, sous l'influence de la chaleur, seuls ou par l'addition d'un acide, des sulfates et de l'anhydride sulfureux avec dépôt de soufre. Les trithionates alcalins traités par le sulfate de cuivre donnent lentement à froid, rapidement à l'ébullition, du sulfure de cuivre et de l'acide sulfurique. Le monosulfure de potassium les transforme en hyposulfites sans dépôt de soufre,

$$S^3O^6K^2 + K^2S = 2S^2O^3K^2.$$

Les oxydants les convertissent en sulfates.

ACIDE SÉLÉNIOTRITHIONIQUE. — Voyez t. II, p. 1465.

ACIDE TÉTRATHIONIQUE, $S^4O^6H^2$ [Syn. *Acide hyposulfurique bisulfuré*]. — Découvert par Fordos et Gélis en 1843. Ces chimistes préparent d'abord le sel de baryum en faisant agir l'iode jusqu'à saturation sur de l'hyposulfite de baryum en suspension dans une petite quantité d'eau :

$$2S^2O^3Ba + I^2 = BaI^2 + S^4O^6Ba.$$

Ils épuisent le magma cristallin par l'alcool qui dissout l'iodure de baryum et l'iode en excès, puis ils le font recristalliser en le dissolvant dans très-peu d'eau, ajoutant un peu d'alcool et laissant évaporer. Les beaux cristaux qu'on obtient ainsi sont dissous dans l'eau et la baryte est précipitée par la quantité requise d'acide sulfurique. On peut concentrer fortement la liqueur acide [*Compt. rend.*, t. XV, p. 920]. Kessler, pour éviter la présence du trithionate qui se forme en petite quantité dans cette préparation, emploie le sel de plomb qu'il obtient en ajoutant 1 p. d'iode à l'hyposulfite de plomb humide, préparé lui-même en versant une solution tiède de 3 p. d'acétate de plomb dans une solution également tiède de 2 p. d'hyposulfite de sodium. Au bout de quelques jours, la masse est transformée en iodure de plomb imprégné de tétrathionate pur. Celui-ci est traité par l'acide sulfurique, l'excès d'acide est enlevé par la baryte, et la liqueur acide est concentrée.

On pourrait préparer le tétrathionate de plomb ou de baryum, en ajoutant avec précaution de l'acide sulfurique à un mélange d'hyposulfite et de peroxyde de ces métaux :

$$2S^2O^3Pb + PbO^2 + 2SO^4H^2$$
$$= S^4O^6Pb + 2SO^4Pb + 2H^2O.$$

Le bioxyde de plomb transforme aussi l'acide pentathionique en tétrathionate :

$$4S^5O^6H^2 + 5PbO^2 = 5S^4O^6Pb + 4H^2O.$$

L'acide tétrathionique est un liquide incolore, inodore, très-acide. Ses solutions étendues peuvent supporter l'ébullition sans altération, mais lorsqu'elles sont concentrées, elles se décomposent en acide sulfurique, anhydride sulfureux et soufre (Fordos et Gélis). Elles ne sont décomposées à froid ni par l'acide chlorhydrique ni par l'acide sulfurique faible; mais à chaud ce dernier acide donne, si les liqueurs sont moyennement concentrées, de l'hydrogène sulfuré. Bouilli avec de la potasse, l'acide tétrathionique fournit de l'hyposulfite, du sulfate et du sulfure de potassium; chauffé avec l'acide nitrique, il le réduit et donne du soufre libre. Le chlore le transforme en acide sulfurique.

TÉTRATHIONATES. — Ces sels sont solubles dans l'eau et insolubles dans l'alcool. Ils sont plus stables que les pentathionates, mais se décomposent cependant facilement à chaud; les tétrathionates des bases fortes donnent des thionates contenant moins de soufre (trithionates, etc.); ceux des métaux lourds, des sulfures et des sulfates. Par l'ébullition avec du sulfure de potassium, le tétrathionate de potassium donne de l'hyposulfite et du soufre :

$$S^4O^6K^2 + K^2S = 2S^2O^3K^2 + S.$$

ACIDE PENTATHIONIQUE, $S^5O^6H^2$. — Il a été préparé pour la première fois en 1845, par Wackenroder au moyen de l'acide sulfhydrique et de l'acide sulfureux :

$$5SO^3H^2 + 5H^2S = S^5O^6H^2 + 9H^2O + S^5$$

[*Ann. der Chem. u. Pharm.*, t. LX, p. 189].

F. Kessler recommande de faire passer alternativement dans de l'eau, des courants de gaz sulfureux et de gaz sulfhydrique, jusqu'à ce que le soufre précipité forme un magma épais au fond du vase; de faire digérer le liquide filtré avec un peu de carbonate de baryum récemment précipité, puis de concentrer la liqueur au bain-marie jusqu'à la densité de 1,25 à 1,3 et de continuer l'évaporation dans le vide. On obtient ainsi un acide d'une densité de 1,6 à + 22°.

Selon M. Risler Bonnet, la solution d'acide sulfureux réduite par le zinc donnerait, avant de contenir de l'hyposulfite, les réactions de l'acide pentathionique. Comme on sait aujourd'hui qu'elle renferme alors de l'acide hydrosulfureux, il est probable que c'est à ce dernier corps que M. Risler Bonnet avait affaire.

On a dit qu'il se formait aussi de l'acide pentathionique par la décomposition du chlorure de soufre au moyen de l'eau et de l'acide sulfureux, sans que toutefois la présence de ce dernier corps fût indispensable (H. Rose).

M. Miers a trouvé de l'acide pentathionique dans le produit de l'action de la vapeur d'eau sur le soufre bouillant.

La solution aqueuse d'acide pentathionique est incolore, inodore, très-acide, un peu amère. Elle se conserve à la température ordinaire, mais si on veut la concentrer par l'action de la chaleur, on ne peut dépasser la densité de 1,37 sans qu'elle se décompose en dégageant de l'acide sulfhydrique, puis du gaz sulfureux et en se transformant en acide sulfurique avec dépôt de soufre. Elle n'est pas altérée par les acides chlorhydrique et sulfurique étendus, mais elle est décomposée par l'acide sulfurique concentré. Elle est convertie en acide sulfurique par les oxydants (chlore, acide hypochloreux, acide nitrique). Le cuivre la décompose à l'ébullition avec formation de sulfure de cuivre et d'anhydride sulfureux. Le fer dans les mêmes conditions dégage d'abord du gaz sulfhydrique, puis du gaz sulfureux. Elle n'émet l'odeur du gaz sulfureux, lorsqu'on la fait bouillir, que si elle est très-concentrée. En présence de l'acide chlorhydrique, c'est l'odeur d'acide sulfhydrique que l'on perçoit. Par l'ébullition avec la potasse, elle donne du sulfate, de l'hyposulfite et du sulfure (Kessler). Avec le bioxyde de plomb, il se forme de l'acide tétrathionique.

L'affinité qui retient le cinquième atome de soufre est si faible, qu'en précipitant par l'acétate de potassium alcoolique l'acide pentathionique (D = 1,32), lavant à l'alcool et reprenant par l'eau tiède, celle-ci laisse une grande quantité de soufre qui s'est séparé, et se charge de tétrathionate de potassium.

PENTATHIONATES. — Ces sels sont à peine connus à l'état solide. Les solutions se décomposent lorsqu'on les concentre. Lenoir a obtenu cependant à l'état cristallisé le pentathionate de baryum en précipitant sa solution par l'alcool (t. I, p. 511), et Rammelsberg a mesuré les cristaux de pentathionate de potassium (t. II, p. 1135). Bouillis avec la potasse, ils se transforment en hyposulfites :

$$2S^5O^6K^2 + 6KHO = 5S^2O^3K^2 + 3H^2O.$$

COMBINAISONS DU SOUFRE AVEC LES MÉTALLOÏDES TRIATOMIQUES.

SULFURE D'AZOTE. — Voyez t. I, p. 496.
SULFURES DE PHOSPHORE. — Voyez t. II, p. 975.
SULFURE D'ARSENIC. — Voyez t. I, p. 400.
SULFURES D'ANTIMOINE. — Voyez t. I, p. 349.
SULFURES DE BISMUTH. — Voyez t. I, p. 611.
SULFURE DE BORE. — Voyez t. I, p. 656.

COMBINAISONS DU SOUFRE AVEC LES MÉTALLOÏDES TÉTRATOMIQUES.

SULFURES DE CARBONE. — Voyez t. I, p. 759.
SULFURES DE SILICIUM. — Voyez SILICIUM, t. II, p. 1490.

COMBINAISONS DU SOUFRE AVEC LES MÉTAUX.

SULFURES et SULFHYDRATES MÉTALLIQUES. — Ces corps sont les sels de l'acide sulfhydrique,

HHS	R'HS	R'R'S
Acide sulfhydrique.	Sulfhydrate.	Sulfure.

Ils correspondent aux oxydes et aux hydrates. De même que les oxydes s'unissent aux acides, de même les sulfures des métaux électro-positifs (*sulfobases*) peuvent s'unir aux sulfures des métalloïdes ou de métaux électro-négatifs (*sulfacides*, *sulfides*) et donnent ainsi des *sulfosels* (Berzelius). Le sulfure d'antimoine ou le sulfure d'étain, par exemple, se dissolvent dans le sulfure de sodium.

Les formules des sulfures sont semblables à celles des oxydes et permettent de classer ces composés de la même manière (t. II, p. 712).

Dans la classe des *monosulfures* on rencontre les protosulfures alcalins $(R')^2S$, lesquels se dissolvent et cristallisent dans l'eau. Leur solution contient peut-être de l'hydrate et du sulfhydrate, résultant de l'action de l'eau sur le sulfure,

$$K^2S + H^2O = KHS + KHO.$$

Ils se distinguent des oxydes par la facilité avec laquelle ils donnent des composés contenant plus de métalloïde (*polysulfures*) ; ils s'en rapprochent par leurs propriétés basiques. Leur solution prend à l'air une couleur jaune, provenant de la formation d'un polysulfure, mais bientôt l'oxydation continuant, il se forme de l'hyposulfite incolore :

$$2KHS + O = K^2S^2 + H^2O;$$
$$K^2S^5 + O^3 = K^2S^2O^3 + S^3.$$

Le sulfure d'argent Ag^2S est insoluble dans l'eau, l'ammoniaque et les acides étendus, il se rapproche beaucoup par tous ses caractères du sous-sulfure de cuivre, Cu^2S, qui existe comme lui cristallisé en prismes orthorhombiques dans la nature et qu'on obtient même à froid en triturant du soufre avec du cuivre sous l'eau. Le sous-sulfure de mercure, Hg^2S, est, au contraire, fort instable s'il existe. Les protosulfures alcalino-terreux, $(R'')S$, sont solubles dans l'eau, mais non sans décomposition (1), ils donnent de véritables sulfhydrates, $R''(SH)^2$, et des polysulfures. On ne connaît pas de polysulfure de magnésium.

Tous les autres sulfures métalliques sont insolubles dans l'eau. Ceux qui, comme les sulfures de molybdène, de tungstène (et d'arsenic), présentent une très-faible solubilité, sont insolubles dans les acides faibles. Les protosulfures des métaux lourds $(R'')S$, n'ont pas les propriétés basiques des oxydes ; ils sont insolubles ; ils se séparent souvent en présence de l'eau à l'état d'hydrates amorphes,

$$FeS + H^2O, \quad SnS + H^2O, \quad MnS + H^2O, \text{ etc.}$$

Ces précipités peuvent être considérés comme des hémisulfhydrates, $Mn''(SH)(OH)$. Ils ont souvent une couleur et des caractères fort différents de ceux du sulfure anhydre. Exposés à l'air, ils s'oxydent et donnent, soit un oxyde et du soufre, soit un sulfate. Avec les acides forts ils dégagent de l'hydrogène sulfuré.

Les *disulfures*, comme les dioxydes, ont des formules de constitution très-différentes. On en connaît qui correspondent au suroxyde de potassium, et dans lesquels les atomes de soufre se soudent, grâce à leur polyatomicité, $K^2(S^2)''$, $Ba(S^2)''$. Les disulfures qui seraient analogues aux bioxydes de manganèse et de plomb, $Mn^{iv}O^2$, $Pb^{iv}O^2$, sont inconnus, la pyrite $Fe^{iv}S^2$ paraît être le seul représentant de ce groupe, et, dans ce cas, c'est l'oxyde que l'on ne connaît pas.

Au bioxyde d'étain correspond le bisulfure SnS^2 ; c'est un *sulfacide* assez énergique dont on connaît l'hydrate,

$$SnS^2 + 2H^2O = Sn^{iv}(SH)^2(OH)^2.$$

Chauffé avec un acide fort, celui-ci ne dégage pas de gaz sulfhydrique.

Le bisulfure de platine donne aussi des sels avec les *sulfobases* ; il est très-stable en présence des acides.

Les *trisulfures* sont peu importants, ils ne forment guère de sels, ne se rencontrent pas dans la nature et ne se préparent pas par les procédés ordinaires. Les trisulfures alcalins, $K^2(S^3)''$ ressemblent aux autres polysulfures. Le sesquisulfure d'or, $(Au''')^2S^3$, est instable, ceux de chrome et de fer, $(Cr^2)^{vi}S^3$, $(Fe^2)^{vi}S^3$, au contraire, s'obtiennent à une haute température. On connaît un hydrate de sulfure ferrique, $Fe^2S^3, 3H^2O$ (?). Le représentant sulfuré de l'acide chromique anhydre n'existe pas.

Les *tétrasulfures* sont, ou bien des composés quelque peu indéterminés obtenus parmi les polysulfures alcalins et alcalino-terreux,

$$K^2(S^4)'', \ Ba(S^4)'',$$

ou bien des sulfures analogues à l'oxyde salin de fer, Fe^3S^4.

Le sulfure osmique, OsS^4, n'a pas une existence bien certaine.

Les *pentasulfures* des métaux alcalins sont, au contraire, des corps très-bien définis qui n'ont pas d'analogues dans la série des oxydes ; ils correspondent à un type moléculaire que les composés sulfurés présentent souvent,

$$S^6; \ K^2S^5; \ K^2S^2O^3; \ K^2SO^4.$$

Les pentasulfures alcalino-terreux sont peu stables (moins stables que les tétrasulfures) ; il en est de même du pentasulfure de vanadium $(V^v)^2S^5$.

On n'a pas préparé de sulfures contenant plus de cinq atomes de soufre.

PRÉPARATION DES SULFURES. — 1. On met le soufre et le métal finement divisés en contact à froid (sulfures de mercure, de cuivre), ou à froid et en présence de l'eau (sulfure de fer), ou enfin à une température plus ou moins élevée (sulfure de cuivre, de fer, d'étain, etc.).

2. On chauffe l'oxyde d'un métal lourd ou de certains métalloïdes avec du soufre ; il se dégage du gaz sulfureux :

$$2CuO + S^3 = 2CuS + SO^2;$$
$$2As^2O^3 + S^9 = 2As^2S^3 + 3SO^2.$$

On chauffe un alcali libre ou carbonaté avec du

(1) Dans une quantité d'eau insuffisante, ces sulfures donnent une solution de sulfhydrate et de l'hydrate qui reste en partie indissous.

soufre ; il se forme de l'hyposulfite ou du sulfate (au rouge) :

$$3CO^3K^2 + S^{12} = 2K^2S^5 + S^2O^3K^2 + 3CO^2;$$
$$4CO^3K^2 + S^{16} = 3K^2S^5 + SO^4K^2 + 4CO^2.$$

On chauffe un oxyde métallique avec du carbonate alcalin et du soufre, c'est-à-dire en réalité avec du pentasulfure alcalin (sulfure de chrome, d'urane). On calcine un sulfate (de fer, de cuivre, de plomb, etc.) avec du soufre ; il se dégage de l'acide sulfureux.

3. On fait passer de l'acide sulfhydrique gazeux sur un métal chauffé (étain, etc.). Avec les métaux alcalins, on obtient un sulfhydrate.

4. On dirige un courant de sulfure de carbone en vapeur sur un oxyde chauffé au rouge,

$$TiO^2 + CS^2 = TiS^2 + CO^2,$$

ou sur un mélange incandescent d'oxyde et de charbon, (Al^2S^3) (?).

5. On réduit par le charbon ou par l'hydrogène les sulfates, sulfites et hyposulfites, au rouge :

$$SO^4Ba + C^4 = BaS + 4CO;$$
$$SO^4Pb + C^2 = PbS + 2CO^2.$$

6. On fait réagir l'hydrogène sulfuré sur un oxyde, un hydrate ou un sel.

α. L'oxyde est porté au rouge :

$$PbO + H^2S = PbS + H^2O.$$

Dans le cas du fer, il se dégage de l'hydrogène.

β. L'oxyde ou l'hydrate sont mis en suspension dans l'eau. On peut avoir un sulfhydrate :

$$CdO + H^2S = CdS + H^2O;$$
$$KHO + H^2S = KHS + H^2O.$$

γ. On opère avec un sel en solution :

$$(AzO^3)^2Pb + H^2S = 2AzO^3H + PbS.$$

Certains groupes de sels ne donnent pas de précipités ; ce sont ceux dont les sulfures sont solubles dans les acides étendus. — Voyez Analyse.

7. On agit sur un sel avec un sulfure ou un sulfhydrate :

$$2KHS + FeCl^2 + H^2O$$
$$= 2KCl + FeS.H^2O + H^2S;$$
$$KHS + HgCl^2 = KCl + HCl + HgS;$$
$$K^2S + CuCl^2 = 2KCl + CuS.$$

8. On chauffe un métal avec un sulfure de métalloïde : $Fe^3 + Sb^2S^3 = 3FeS + Sb^2$.

Propriétés. — On trouve dans la nature beaucoup de sulfures cristallisés. Les uns sont translucides et rouges (*cinabre* HgS, *realgar* As^2S^2) ou jaunes (*orpiment* As^2S^3). Les plus nombreux sont opaques, doués d'un éclat presque métallique (*stibine* Sb^2S^3, *galène* PbS, *pyrite* FeS^2, *chalcopyrite* $CuFeS^2$, etc.). La *blende* (ZnS) bien pure est transparente et vitreuse ; la galène en lame mince laisse passer un peu de lumière. Ils sont en général cassants, sauf l'*argyrose* (Ag^2S), la *chalcosine* (Cu^2S) et les sulfures d'étain (SnS ; SnS^2) qui se laissent couper au couteau. Les sulfures sont plus fusibles que les métaux qu'ils renferment, lorsque ceux-ci fondent difficilement ; c'est le contraire qui a lieu avec les métaux très-fusibles. Les uns sont fixes et très-stables sous l'action de la chaleur (*sulfure de zinc*), ou ne perdent qu'une partie de leur soufre (*bisulfure de fer, persulfure de cuivre, d'étain*), d'autres se décomposent très-facilement (*sulfure d'or*), quelques-uns sont volatils sans décomposition (*sulfures de mercure, d'arsenic*).

L'air sec n'a pas d'action sur les sulfures à la température ordinaire. En présence de l'humidité il convertit quelques sulfures (les sulfures de fer et de cuivre et surtout la *marcassite*) en sulfates, et les sulfures alcalins et alcalino-terreux en hyposulfites. A une haute température, tous les sulfures sont plus ou moins oxydés au contact de l'air. Les sulfures d'argent et de mercure donnent du métal et de l'anhydride sulfureux. Ceux d'antimoine, de bismuth, d'étain, un oxyde et de l'anhydride sulfureux ; les sulfures alcalins fournissent des sulfates. Il en est de même pour les sulfures de fer et de cuivre à la température du rouge faible ; si la chaleur était plus élevée, on obtiendrait de l'oxyde. Le sulfure de plomb donne de l'oxyde et du sulfate.

Le grillage des sulfures est très-employé dans l'industrie métallurgique. On fait subir dans l'analyse pyrognostique la même opération aux essais que l'on chauffe dans un tube ouvert.

Le chlore attaque tous les sulfures ; à chaud il se forme des chlorures métalliques et du chlorure de soufre. Dissous ou délayés dans l'eau, les sulfures sont décomposés par le même agent : il se dépose du soufre. L'hydrogène, à une température élevée, réduit à l'état métallique les sulfures d'antimoine, de mercure et de bismuth. La vapeur d'eau convertit certains sulfures chauffés au rouge vif en oxydes et acide sulfhydrique. L'oxyde peut à son tour réagir sur le reste du sulfure et donner de l'anhydride sulfureux et du métal réduit. Les acides, et surtout l'acide chlorhydrique, attaquent un grand nombre de sulfures. Il se forme un sel et de l'hydrogène sulfuré. Les polysulfures donnent en outre un dépôt de soufre. L'acide sulfurique étendu n'attaque pas les sulfures d'antimoine, de plomb et de bismuth ; l'acide chlorhydrique dissout au contraire assez facilement les deux derniers et très-facilement le premier.

Certains acides faibles peuvent ne pas dissoudre des sulfures qui sont décomposés par un acide minéral fort. C'est ainsi que l'hydrogène sulfuré ne précipite pas le chlorure de zinc en solution, légèrement acidulée par l'acide chlorhydrique, parce que ce dernier acide décomposerait le sulfure formé, tandis qu'il précipite complétement l'acétate de zinc en solution acétique, le sulfure formé restant inattaqué.

L'acide azotique très-étendu peut agir sur les sulfures en déplaçant l'acide sulfhydrique ; mais pour peu qu'il soit concentré, l'on obtient une rapide oxydation ; l'oxyde métallique s'unit généralement à l'acide azotique et le soufre est mis à nu. Il finit par se dissoudre à son tour en donnant de l'acide sulfurique. De là parfois la formation d'un sulfate insoluble : ainsi le sulfure de plomb donne un dépôt blanc de sulfate. Le sulfure de mercure n'est pas attaqué.

Les sulfures de radicaux alcooliques sont des éthers d'une physionomie particulière. Ils ont les allures de composés non saturés. Ils fixent un ou deux atomes d'oxygène ou même une molécule d'iodure d'éthyle (voyez t. I, p. 1329). Les sulfhydrates correspondent aux alcools, mais ils donnent très-facilement des dérivés métalliques. Le sulfhydrate d'éthyle est le mercaptan, t. I, p. 1325. G. S.

SOUFRE (ANALYSE). — Nous traiterons dans cet article : 1° de la recherche qualitative du soufre dans ses composés ; 2° de celle des acides hydrosulfureux, sulfureux, sulfurique, hyposulfureux et des acides thioniques ; 3° de la séparation et du dosage du soufre dans les combinaisons minérales et organiques ; 4° de la séparation et du dosage des divers acides du soufre.

I. — RECHERCHE DU SOUFRE.

Au chalumeau. — La substance est chauffée avec le *carbonate de sodium*, sur le *charbon* au feu de réduction. Il se forme du sulfure de sodium qui, humecté d'eau, noircit l'argent et le papier d'acétate de plomb (Berzelius) (voyez t. I, p. 837). Il faut se rappeler que les composés du sélénium noircissent l'argent dans les mêmes circonstances : mais l'odeur du sélénium ne permet guère de méconnaître la présence de ce métalloïde. On recommande de mélanger la soude d'un peu de *borax* pour empêcher l'essai de pénétrer aussi facilement dans le charbon.

La méthode de recherche du soufre par la soude est très-générale; elle peut servir à déceler de très-petites quantités de soufre existant dans des combinaisons très-diverses, dans le gaz d'éclairage, par exemple. Il suffit de promener une perle de soude à la périphérie d'une flamme de gaz pendant une minute ou deux pour obtenir, s'il y a des composés sulfurés dans le gaz, du sulfure de sodium dont la solution colorera le nitroprussiate de sodium en rouge (Wartha). De là l'indication de faire les essais pyrognostiques avec une lampe à huile ou une chandelle lorsqu'il s'agit de retrouver des traces de soufre (Tollens).

Comme certains charbons contiennent une petite quantité de sulfates, on peut réduire la substance dans une petite cuiller de platine à l'aide d'un mélange de parties égales d'acide tartrique et de soude.

Les sulfures grillés dans le tube ouvert donnent tous de l'anhydride sulfureux dont les plus petites traces sont sensibles à l'odorat ou mieux au papier iodaté amidonné.

Les sulfates des métaux lourds donnent le même gaz par calcination sur le charbon ou mieux avec du charbon en poudre dans un petit tube bouché.

Par la flamme de l'hydrogène. — Tout composé sulfuré volatilisé dans la flamme de l'*hydrogène* donne à celle-ci la propriété de se colorer en

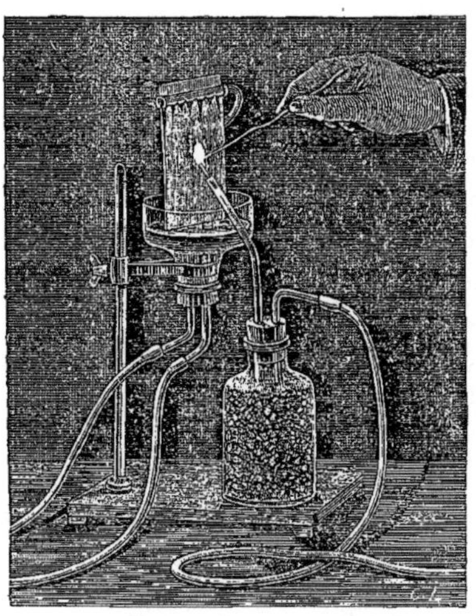

Fig. 621. — Recherche du soufre.

bleu violacé lorsqu'on la refroidit. La seule condition à remplir, c'est que le soufre existe seulement en petite quantité et que la flamme ne contienne pas une quantité notable de corps carbonés. La réaction est rendue excessivement sensible lorsqu'on se sert de l'appareil représenté par la figure 621. Un jet d'hydrogène dépouillé de composés sulfurés par la potasse et le sulfate de cuivre est dirigé obliquement contre une lame de verre ou de métal sur la surface de laquelle coule verticalement une nappe d'eau. Le courant d'eau est amené par un tube de laiton percé de trous, qui sert en même temps de support à la lame de verre. On allume l'hydrogène au bout d'un ajutage qui doit être en platine, et on écrase la flamme contre la surface toujours nette et toujours froide de la nappe d'eau. Dans ces conditions, si l'on fait arriver dans la flamme des vapeurs sulfurées, ou si l'on y porte un sulfure, un sulfite, un hyposulfite, un sulfate décomposable par la chaleur, etc., on observe contre la paroi froide une couche lumineuse d'un bleu violacé tout à fait caractéristique du soufre. Le sélénium, en effet, colore la flamme presque tout entière en bleu, tandis que, dans le cas du soufre, la coloration est confinée au noyau de la flamme et à la partie refroidie. Si l'on a affaire à un composé très-stable, comme le sulfate de baryum, il faut mettre l'acide sulfurique en liberté, par exemple au moyen du sel de phosphore dépouillé lui-même de soufre par une calcination préalable dans la flamme d'hydrogène jusqu'à cessation de la réaction. On observe alors, conjointement avec la couche bleue, un anneau vert dû au phosphore, mais les deux couleurs ne se confondent pas.

On peut placer l'appareil devant le spectroscope et observer la flamme par la tranche. On obtient alors le spectre primaire du soufre (t. II. p. 236. *Planche chromolithographiée*, n° 10). Celui-ci s'étendant sur un espace beaucoup plus large que celui du phosphore, l'emploi du spectroscope ne rend pas la recherche plus délicate : à peine la rend-il plus certaine, tellement l'aspect et la position de la couche lumineuse sont caractéristiques (G. Salet).

Par la voie humide. — Les solutions de sulfures traitées par les *acides* dégagent de l'hydrogène sulfuré; elles précipitent en noir par les *sels de plomb et d'argent* et colorent en pourpre le nitroprussiate de sodium. L'acide sulfhydrique ne donne pas de coloration avec ce dernier réactif. Parmi les sulfures non solubles, les uns donnent la même réaction avec les acides, les autres sont inattaquables; ceux-ci, traités à une douce chaleur, par un mélange de 1 p. d'*acide chlorhydrique* et de 3 p. d'*acide azotique ordinaire*, ou par l'*acide azotique fumant*, donnent de l'acide sulfurique décelable par le chlorure de baryum. Le métal est généralement le premier à s'oxyder et l'on peut constater la formation transitoire du soufre libre. Si, la température étant trop élevée, celui-ci s'agglomère ou fond, il devient très-long à oxyder complétement. Lorsque le métal donne un sulfate insoluble (plomb), celui-ci se dépose et par conséquent l'acide sulfurique peut manquer dans la liqueur. Les sulfures insolubles, chauffés avec la *potasse* fondante, donnent du sulfure alcalin; fondus avec 3-4 p. de carbonate de sodium et 4 p. de nitre, ils se transforment en sulfates (voyez plus loin F α); mis en poudre avec du *fer porphyrisé* exempt de soufre dans un tube avec de l'acide chlorhydrique faible, ils dégagent de l'hydrogène sulfuré; le réalgar, l'orpiment et la molybdénite ne donnent pas cette réaction (Kobell).

Le sulfure de plomb naturel broyé avec du bisulfate de potassium dégage de l'hydrogène sulfuré; la blende n'en dégage que fort peu; les sulfures d'antimoine, de fer, de mercure et d'argent, ainsi que les sulfures complexes contenant du plomb (boulangérite, zinckénite, etc.), ne donnent pas d'odeur sensible (Jannetaz).

Pour reconnaître la présence du soufre dans des matières comme l'albumine, la laine, etc., on les fait bouillir avec une solution de *soude*, il se forme du sulfure qu'on reconnaît avec le sel de plomb (acétate de plomb précipité par la soude et redissous dans un excès) ou en chassant l'acide sulfhydrique et caractérisant ce gaz.

On peut aussi projeter la substance dans une capsule d'argent contenant, à l'état de fusion, 12 p. de potasse et 6 p. de nitre, et continuer la fusion jusqu'à ce que la masse soit blanche. On la dissout dans l'eau et l'on cherche dans la solution l'acide sulfurique avec le chlorure de baryum.

Dans d'autres cas, on préférera l'oxydation par voie humide à l'aide de l'acide azotique fumant (voyez plus loin I β) ou du mélange de chlorate de potassium et d'acide azotique. On caractérisera l'acide sulfurique de la façon ordinaire.

II. — RECHERCHE DES ACIDES DU SOUFRE.

ACIDE HYDROSULFUREUX. — La réaction caractéristique des hydrosulfites et de l'acide hydrosulfureux est leur pouvoir décolorant vis-à-vis de l'*indigo*, joint à leur transformation spontanée en *hyposulfites*, et, en présence de l'air, en *sulfites*.

ACIDE SULFUREUX. — Les sulfites traités par de l'acide *chlorhydrique* ou *sulfurique* faible donnent du gaz sulfureux, reconnaissable à son odeur et à son action sur le papier iodaté. Il n'y a pas dépôt de soufre. Ils donnent, avec le *nitrate d'argent*, un précipité blanc de sulfite, soluble dans l'ammoniaque, insoluble dans l'acide sulfureux, mais soluble dans un excès de sulfite alcalin. Ces deux réactions servent à distinguer les sulfites des hyposulfites.

Ils décolorent le *chlorure d'or*, mais ne le réduisent que lorsqu'on met l'acide sulfureux en liberté à l'aide d'un autre acide; ils décolorent les manganates et les permanganates.

Ils précipitent en blanc par le *chlorure de baryum* et les *sels de plomb*, ce que ne font pas les dithionates.

On décèle des traces d'acide sulfureux ou de sulfite soluble, en ajoutant à la liqueur du *chlorure stanneux* en cristaux ou en solution chlorhydrique. Il se forme, avec le temps, un précipité brun, puis jaune de sulfure d'étain. Il vaut mieux chauffer et ajouter une goutte de sulfate de cuivre; on obtient un précipité noir de sulfure de cuivre. On peut encore ajouter de très-petites quantités de sulfite à un mélange d'acide chlorhydrique faible et de zinc pur; l'hydrogène se charge aussitôt d'acide sulfhydrique, susceptible de précipiter en noir l'acétate de plomb, etc. (Fordos et Gélis). Si à une solution aqueuse de sulfite alcalin, acidulée par l'acide acétique, on ajoute très-peu de *nitroprussiate de sodium*, et un peu plus de *sulfate de zinc*, on a un précipité ou une coloration rouge pourpre. S'il y a trop peu de sulfite, il suffit d'ajouter un peu de ferrocyanure de potassium. Les hyposulfites ne donnent pas cette réaction (Bœdeker).

ACIDE SULFURIQUE. — Les sulfates solubles sont précipités par le *chlorure de baryum* même en liqueurs très-étendues et fortement acides. Les séléniates seuls offrent une réaction semblable, et l'on peut facilement les distinguer à l'aide du chalumeau. On doit se souvenir que, le chlorure et le nitrate de baryum étant beaucoup moins solubles dans l'acide que dans l'eau, une liqueur très-acide peut précipiter par ces réactifs sans qu'il y ait d'acide sulfurique en présence. Le précipité se dissout alors facilement, lorsqu'on étend d'eau la liqueur. Les sulfates insolubles, que l'on fait bouillir avec une solution de *carbonate de sodium* ou de *potassium*, donnent une solution de sulfate alcalin où l'acide sulfurique peut être reconnu avec le sel de baryum.

Les *sels de plomb* donnent, avec les sulfates, un précipité blanc de sulfate de plomb, presque aussi caractéristique que celui de baryum, et insoluble dans l'acide nitrique étendu. Une solution de sulfate de potassium, contenant 1 p. SO^3 pour 50,000 p. d'eau, donne un trouble léger avec le nitrate de baryum, et un trouble plus faible avec le nitrate de plomb; avec des solutions deux fois plus étendues, l'addition du nitrate de baryum donne encore un trouble, et le nitrate de plomb cesse d'en donner. Avec 1 p. d'acide dans 200,000 p. d'eau, le sel de baryum occasionne encore une légère opalescence; la liqueur deux fois plus étendue, ne donne pas de réaction (Lassaigne). L'*alcool fort* ne dissout pas les sulfates, à l'exception du sulfate ferrique, chromique et de quelques autres sels à base faible; par suite, si un mélange de sulfate et d'acide sulfurique libre est traité par l'alcool fort, l'acide non uni aux bases entrera seul en dissolution. Ce fait est assez important, puisque beaucoup de sulfates neutres métalliques ont une réaction acide. Du reste, on peut reconnaître la présence de l'acide sulfurique libre dans un liquide salin plus ou moins acide (dans un vinaigre, par exemple) en l'évaporant au bain-marie, avec un peu de *sucre de canne*. Celui-ci est alors charbonné, et donne sur la capsule une tache noire. On obtient encore une tache vert foncé avec une goutte d'acide sulfurique à $\frac{1}{8000}$. La réaction est caractéristique, même en présence des sulfates, de l'acide phosphorique libre, etc. (Runge). Dans le même but, on peut faire bouillir dans une cornue 50 centimètres cubes du vinaigre à essayer avec une trace d'amidon, jusqu'à réduction de moitié du volume. S'il y a de l'acide sulfurique, la liqueur ne donnera plus à froid la réaction de l'amidon avec la teinture d'iode.

ACIDE HYPOSULFUREUX OU THIOSULFURIQUE. — Les solutions d'hyposulfites traitées par un *acide* donnent lentement à froid, beaucoup plus rapidement à chaud, un dépôt de soufre et un dégagement de gaz sulfureux. Les sels secs font effervescence avec l'acide, par suite de ce dédoublement.

La solution d'hyposulfite de sodium précipite le *permanganate de potassium* en brun (hydrate manganique). Elle donne avec le *nitrate d'argent* de l'hyposulfite d'argent blanc très-instable, devenant bientôt jaunâtre, puis noir, surtout à chaud. La liqueur qui a donné ce dépôt de sulfure contient de l'acide sulfurique. Avec une petite quantité de *chlorure mercurique*, la réaction est la même: avec un excès, le précipité reste blanc. Une solution de *chlorure d'or* traitée par très-peu d'hyposulfite de sodium devient noire, à l'ébullition il se dépose immédiatement du sulfure d'or. Mais un excès d'hyposulfite donne, avec dépôt de soufre, une liqueur qui contient de l'hyposulfite auroso-sodique (sel de Fordos et Gélis). L'acide hyposulfureux colore ou précipite en brun l'*acide chromique* (Miers), sur lequel l'acide pentathionique est sans action. L'hyposulfite de sodium en solution concentrée précipite par le *chlorure de baryum*, mais le précipité est soluble dans l'eau bouillante ou dans une grande quantité d'eau froide.

Lorsqu'on a en dissolution un sulfure alcalin et un hyposulfite, on peut décomposer le sulfure par l'acétate de zinc, filtrer et chercher l'hyposulfite dans la liqueur. Les sulfures alcalins sont solubles dans l'alcool; ce caractère permet de les séparer des hyposulfites qui sont insolubles.

ACIDE DITHIONIQUE OU HYPOSULFURIQUE. — Quand on additionne d'*acide chlorhydrique* une solution de dithionate, il ne se produit rien à la température ordinaire; mais à l'ébullition il se dégage du gaz sulfureux, et il se forme de l'acide sulfurique ou un sulfate insoluble *sans* dépôt de soufre. Les sels de *baryum* et de *plomb* ne précipitent pas les dithionates. Leur solution, bouillie avec de l'*acide azotique*, donne de l'acide sulfurique en quantité double de celle nécessaire pour saturer la base.

Acide trithionique. — Les sels des acides trithionique, tétrathionique et pentathionique ont des caractères très-voisins; il n'y a souvent que l'analyse quantitative qui permette de les reconnaître d'une façon certaine.

L'acide trithionique est le moins stable des trois ; on peut presque le confondre avec l'acide hyposulfureux. Mais cependant il peut être déplacé par un acide fort, à froid, sans se détruire sur-le-champ.

Si l'on fait bouillir une solution de trithionate alcalin, additionnée ou non d'*acide chlorhydrique*, il se produit un sulfate, de l'anhydride sulfureux et du soufre. Par une longue ébullition avec une solution de *potasse*, les trithionates se convertissent en sulfites et hyposulfites. Ils précipitent en blanc par le *nitrate d'argent*, et le précipité devient jaune, brun et noir par un contact prolongé avec la liqueur. La réaction est la même avec le *chlorure de mercure*, à moins que celui-ci ne soit en excès, alors le précipité reste blanc.

Avec le *sulfate de cuivre* à l'ébullition, on obtient tout de suite un précipité noir de sulfure, à moins qu'il n'y ait un sulfite en présence.

Avec le *nitrate mercureux*, on a un précipité noir qui devient bientôt blanc, et que l'ébullition ne fait plus changer de couleur. S'il y a un trop grand excès de trithionate, le précipité reste noir.

Acide tétrathionique. — Mis en liberté par l'action d'un *acide* sur un tétrathionate en solution, il ne se décompose pas. A l'ébullition et s'il est concentré, il perd de l'anhydride sulfureux, et donne de l'acide sulfurique et du soufre. A la même température en solutions moyennement concentrées, additionnées d'*acide chlorhydrique*, il dégage de l'hydrogène sulfuré, d'après Kessler. Bouilli avec de la *potasse* en excès, il donne du sulfite et de l'hyposulfite.

Les solutions de tétrathionates précipitent le *nitrate d'argent* en jaune, le précipité devient brun et noir, surtout à chaud. C'est du sulfure d'argent mêlé de soufre. La liqueur contient alors de l'acide sulfurique. Par une longue ébullition avec le *sulfate de cuivre*, il se forme aussi un précipité brun. Avec le *nitrate mercureux* à froid, le précipité est jaune, mais il noircit peu à peu à l'ébullition ; celui qu'on obtient avec le *cyanure de mercure* noircit immédiatement à chaud. Avec le *chlorure mercurique*, on a un précipité jaunâtre de sulfure mêlé de soufre. En solution ammoniacale, le tétrathionate d'ammonium n'est précipité ni par le *nitrate d'argent* ammoniacal, ni par le *cyanure de mercure*, ni par l'*acide sulfurique*, ce qui le distingue des pentathionates (Kessler).

Acide pentathionique. — Les pentathionates dissous dans l'eau ne sont pas décomposés par l'acide chlorhydrique étendu. Par une assez longue ébullition avec cet acide, ils dégagent un peu d'hydrogène sulfuré, puis de l'acide sulfureux, et il se dépose du soufre. Conservés à la température ordinaire, ils donnent du soufre et de l'acide tétrathionique.

Bouillies avec de la *potasse*, les solutions de pentathionates fournissent de l'hyposulfite.

Avec le *nitrate d'argent*, ils réagissent comme les tétrathionates ; le précipité devient noir à froid s'il y a un excès de pentathionate.

Avec le *chlorure mercurique*, le *cyanure mercurique*, le *nitrate mercureux*, et le *sulfate de cuivre*, elles donnent la même réaction que les tétrathionates.

Mais l'acide pentathionique mêlé rapidement avec un excès d'ammoniaque donne, avec le *nitrate d'argent* ammoniacal, un précipité brun qui devient bientôt noir.

III. — SÉPARATION ET DOSAGE DU SOUFRE.

Le soufre des matières minérales et organiques se dose généralement à l'état de sulfate de baryum, quelquefois à l'état de soufre libre ou de sulfure métallique, ou encore, d'après la méthode volumétrique, à l'état d'hydrogène sulfuré, d'acide sulfureux ou sulfurique. Nous traiterons d'abord de ces modes de dosages, puis des opérations nécessaires pour amener les substances sulfurées sous la forme où ces dosages sont applicables.

A. Dosage a l'état de sulfate de baryum. — La dissolution d'acide sulfurique ou de sulfate étant assez étendue et acidulée, s'il est besoin, avec un peu d'acide chlorhydrique, on chauffe vers 90° et l'on verse un léger excès de chlorure de baryum. On lave par décantation à l'eau chaude, on filtre, on lave à l'eau chaude jusqu'à ce que le liquide filtré ne précipite plus par l'acide sulfurique, on sèche à 100°, on incinère le filtre à part et l'on calcine le précipité au rouge faible. On laisse refroidir dans l'air sec et l'on pèse froid. $SO^4Ba \times 0{,}13734 = S$.

Les résultats ne sont pas toujours aussi exacts qu'on le pensait autrefois. Un peu de sulfate de baryum peut rester en solution dans les solutions fortement acides. Le précipité peut entraîner au contraire une petite quantité de certains sels surtout d'azotate de baryum et de sels alcalins, quelquefois plus de 1 %. Pour se mettre à l'abri de cette dernière cause d'erreur, Fresenius conseille d'humecter le précipité pesé avec quelques gouttes d'acide chlorhydrique, d'ajouter de l'eau tiède, en remuant avec un fil de platine, et de filtrer sur un petit filtre. Si la liqueur filtrée précipite par l'acide sulfurique, on continue le lavage à l'eau tiède jusqu'à cessation de précipité et l'on achève comme ci-dessus. A froid, les acides dissolvent très-peu de sulfate de baryum. D'après Calvert, 1000 p. d'acide azotique de densité 1,032 n'en dissolvent que 0,062 ; mais 1000 p. du même acide concentré (densité = 1,167) en dissolvent 2 p. ; de même 230 centimètres cubes d'acide chlorhydrique (densité = 1,02) au bout d'un quart d'heure d'ébullition avec 679 milligrammes de sulfate de baryum en ont pris 48 milligrammes (Siegle). Certains sels entravent la précipitation du sulfate de baryum (t. I, p. 74). Parmi eux, Fresenius signale le chlorure de magnésium, d'autres auteurs, les citrates et surtout l'azotate d'ammonium. Dans le cas des citrates, l'acide chlorhydrique détermine la précipitation. L'acide métaphosphorique peut empêcher une portion ou même la totalité du sulfate de baryum de se précipiter ; encore le précipité, s'il y en a, contient-il de l'acide phosphorique (Scheerer ; Rube).

B. Dosage a l'état de soufre libre. — Lorsque, dans l'oxydation d'un composé sulfuré, il se forme un ou plusieurs globules de soufre d'un jaune pur, on peut peser ces globules, après les avoir lavés et séchés à 60°. On peut aussi, dans certains cas, extraire le soufre libre d'un mélange par le sulfure de carbone. Pour cela, on introduit la substance dans une petite allonge fixée dans le bouchon d'une fiole à distillation ; on l'épuise 5 ou 6 fois par le sulfure de carbone et l'on distille de façon à recueillir de nouveau le dissolvant qu'on emploie de la même manière. Le sulfure de carbone est chassé à 60° ; les vapeurs sont expulsées par un courant d'air sec et l'on pèse le résidu dans la fiole (analyse des poudres selon Linck).

C. Dosage volumétrique a l'état d'acide sulfurique. α. — On prépare une solution titrée de chlorure de baryum ; on peut prendre la liqueur normale contenant $1/2(BaCl^2 + 2H^2O) = 121^{gr},96$ par litre. On ajoute à la liqueur sulfurique, qui ne doit pas contenir d'acide précipitant la baryte en liqueur neutre, une quantité de liqueur barytique connue et un peu plus que suffisante pour précipiter tout l'acide sulfurique. La liqueur primitive ne doit pas être trop acide; on la saturera presque avec du carbonate de sodium s'il est besoin. Comme il y a maintenant un excès de chlorure de baryum, on précipitera ce sel par un mélange de carbonate d'ammonium et d'ammoniaque dont l'excès étant soluble ne gênera pas. Le précipité bien lavé contient, à l'état de sulfate de baryum, tout l'acide sulfurique de la liqueur primitive, et à l'état de carbonate, tout le baryum de la liqueur titrée ajoutée en trop. A l'aide d'un dosage alcalimétrique on déterminera facilement le carbonate de baryum, ce qui donnera, par une opération d'arithmétique très-simple, le sulfate de baryum (t. I, p. 256). Le dosage alcalimétrique se fera commodément avec l'acide azotique en solution normale; le nombre de centimètres cubes de solution barytique normale employée, moins celui de centimètres cubes de la solution azotique, donnera le nombre n d'équivalents (exprimés en milligrammes) d'acide sulfurique, et par conséquent de soufre, présents dans la liqueur.

Le poids absolu du soufre sera $n \times 16$ milligrammes (Ch. Mohr).

β. — Le procédé suivant est plus simple en principe, mais il est peut-être moins rigoureux. On recourbe un tube à entonnoir de la façon indiquée par la figure 622. On coiffe l'ouverture de l'entonnoir d'un morceau de papier Berzelius en double entre deux mousselines et l'on assujettit le tout contre le rebord avec un fil ciré sans déchirer le papier. On monte l'appareil comme il est figuré dans le dessin, et alors il suffit d'ouvrir la pince A pour avoir du liquide du vase B parfaitement exempt de sulfate de baryum en suspension. Pour faire un dosage, on introduit de l'eau chaude dans B et l'on amorce le siphon, puis on remplace cette eau par de l'eau bouillante et l'on ajoute la solution sulfurique légèrement acide. On fait couler peu à peu avec une burette du chlorure de baryum titré, contenant par exemple 61 grammes de chlorure cristallisé par litre $(1/4 BaCl^2 + 2H^2O)$. Lorsque l'on croit approcher de la saturation, on agite, on fait écouler, en ouvrant la pince, une quantité de liquide un peu plus grande que celle que renferme le tube; pour cela, on la reçoit dans un petit verre à trait, et l'on reverse ce liquide en B; puis on fait tomber de nouveau du liquide filtré dans un tube d'essai et l'on y verse deux gouttes de solution barytique avec la burette. S'il y a encore précipitation, on rejette l'essai dans le verre B et l'on ajoute un peu de baryte. On fait encore écouler du liquide dans le verre à trait, puis dans le tube, etc., et l'on s'arrête lorsque la liqueur du tube d'essai additionnée de deux gouttes de la solution barytique ne se trouble pas au bout de 2 minutes. Il ne reste plus qu'à faire la lecture. On ne compte pas les deux dernières gouttes. Avec la liqueur au titre ci-dessus, 1 centimètre cube correspond à 8 milligrammes de soufre $(1/4 S)$. Si l'on dépassait le point de saturation, on ajouterait 1 centimètre cube d'acide sulfurique à un titre équivalent à celui de la liqueur barytique et on finirait l'essai comme ci-dessus. On retrancherait ensuite 1 centimètre cube du volume de chlorure de baryum employé (Wildenstein).

Fig. 622. — Appareil de M. Wildenstein, pour le dosage de l'acide sulfurique.

D. Dosage du soufre a l'état de sulfure d'argent. — Ce précipité est lavé, séché à 100° et pesé. Comme il peut contenir un excès de soufre quand il a été obtenu avec un sulfure alcalin, on doit le réduire par l'hydrogène. La perte de poids donne le soufre. On peut encore l'oxyder et le transformer en sulfate de baryum, $Ag^2S \times 0,129 = S$.

E. Dosage volumétrique a l'état d'acide sulfureux ou d'hydrogène sulfuré. — Ces dosages ont été décrits t. I, p. 260 et 261; dans cette dernière page, ligne 25, au lieu de 4 à 5 centièmes, lisez 4 à 5 dix-millièmes.

F. Séparation du soufre de ses combinaisons métalliques (voie sèche). — α. *Oxydation par les azotates.* — Cette méthode s'applique à tous les sulfures. S'ils ne perdent pas de soufre par la chaleur, on les mélange, après les avoir pulvérisés finement, avec 3 p. de carbonate de sodium déshydraté et 4 p. d'azotate de potassium. On chauffe peu à peu au creuset de platine jusqu'à fusion, puis après quelque temps on laisse refroidir. On épuise le résidu par l'eau chaude et dans le liquide filtré on dose l'acide sulfurique par le chlorure de baryum (A). S'il y a du plomb, qui se dissoudrait partiellement dans la liqueur alcaline, on le précipite d'abord par l'acide carbonique. Si les sulfures perdaient trop facilement leur soufre, on les mélangerait avec 4 p. de carbonate de sodium, 8 p. de nitre et 24 p. de chlorure de sodium comme fondant et l'on opérerait comme ci-dessus.

β. *Oxydation par le chlore gazeux.* — Ce procédé est excellent pour l'analyse des sulfures complexes de la nature. Le composé pulvérisé est introduit dans le renflement d'un tube coudé A communiquant avec un laveur B contenant de l'eau, ou une solution d'acide tartrique dans l'acide chlorhydrique faible s'il y a de l'antimoine

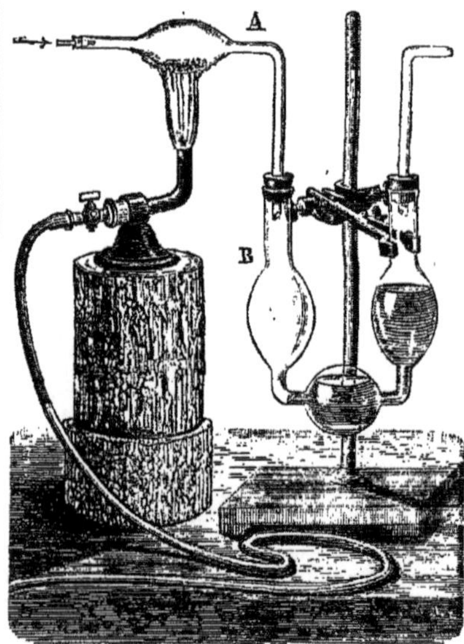

Fig. 623. — Attaque des sulfures par le chlore.

dans la substance. On fait d'abord passer à froid dans tout l'appareil du chlore sec. On absorbe l'excès avec de la lessive de potasse, ou mieux avec de la chaux éteinte contenue dans un grand flacon. On chauffe ensuite doucement le sulfure dans le chlore en chassant avec la flamme le sublimé qui pourrait boucher le tube coudé A. Le sulfure est alors entièrement décomposé, les chlorures non volatils restent dans l'ampoule, les autres sont recueillis dans le tube B et sont analysés à part (1); le soufre a fourni du chlorure de soufre qui en présence de l'eau et du chlore en excès a donné de l'acide sulfurique. On coupe le tube A entre A et B pour séparer les chlorures non volatils des chlorures volatils qui sont en dissolution dans l'eau et au bout du tube A. On abandonne pendant un jour après avoir fermé la partie coupée avec un caoutchouc; les chlorures volatils non dissous sont alors assez hydratés par les vapeurs du liquide B pour se dissoudre dans l'eau sans perte; on les réunit au liquide du tube B à l'aide d'un peu d'acide chlorhydrique. On chauffe ce liquide pour chasser le chlore, on pèse le soufre déposé lorsqu'il s'est bien solidifié (B) et l'on dose l'acide sulfurique par le chlorure de baryum (A) (Berzelius, H. Rose).

γ. *Oxydation par l'oxygène de l'oxyde mercurique.* — Voyez plus bas H δ.

G. Séparation du soufre de ses combinaisons métalliques (voie humide). — α. *Oxydation par le chlore en liqueur alcaline.* — On pulvérise finement le sulfure (la substance organique ou le soufre brut), et on le chauffe pendant plusieurs heures avec de la lessive de potasse (exempte de sulfate), puis l'on fait passer du chlore dans le liquide (à chaud surtout pour les matières organiques).

Le soufre transformé en sulfate dosable selon (A) se trouve dans la solution alcaline, les métaux lourds restent insolubles à l'état d'oxydes (le plomb à l'état de peroxyde); l'arsenic et l'antimoine à l'état d'acides passent dans la liqueur filtrée. Si le sulfure n'était pas pulvérisé très-finement, il se dégagerait de l'oxygène en présence de certains corps (sable, quartz, pyrite, oxyde de cuivre), et l'action oxydante du chlore serait presque nulle. (Rivot, Beudant et Daguin).

Les sulfates alcalino-terreux insolubles, s'il s'en trouve, sont analysés à part.

β. *Oxydation par l'acide azotique fumant.* — On introduit celui-ci dans un flacon à l'émeri assez spacieux et l'on ajoute la substance pesée et pulvérisée, dans un petit tube. On bouche le flacon et l'on agite de façon à faire sortir la matière du tube. On remue de temps à autre, puis la réaction s'étant opérée et les vapeurs s'étant condensées, on ouvre le bouchon, on lave avec un peu d'acide nitrique, on chauffe légèrement, l'on étend d'eau et l'on dose l'acide sulfurique selon (A). Lorsqu'il reste du soufre libre d'un jaune pur et bien aggloméré, on le pèse et on le volatilise. Le résidu, s'il y en a, est défalqué du poids du soufre, ou analysé s'il contient un sulfate insoluble. On peut aussi oxyder complétement le soufre dans la liqueur azotique en chauffant très-légèrement et en ajoutant des pincées de chlorate de potassium. Les sulfates insolubles sont analysés à part. L'emploi de l'acide azotique fumant seul est à recommander lorsqu'on analyse le sulfure d'argent ou de bismuth.

γ. *Oxydation par le chlorate de potassium.* — On mélange le sulfure finement broyé *à part*, avec du chlorate de potassium, on met le tout dans un ballon et on y fait arriver par petites portions, à l'aide d'un entonnoir posé sur le col, de l'acide chlorhydrique moyennement concentré. Il se dégage du chlore en présence duquel l'hydrogène sulfuré que certains sulfures pourraient dégager est immédiatement détruit. A la fin, on chauffe très-légèrement. Quand la substance est oxydée et tout le chlorate détruit (le chlore cessant de se dégager et l'acide chlorhydrique existant encore dans la liqueur), on chauffe pour chasser le chlore dissous. On dose l'acide sulfurique selon (A). Les sulfates insolubles sont analysés à part. Cette méthode convient pour l'analyse des sulfures d'arsenic et d'antimoine.

δ. *Oxydation par le permanganate de potassium.* — Cette méthode n'est pas générale. L'acide sulfureux, par exemple, ne donne qu'en partie de l'acide sulfurique. Mais elle peut servir à l'estimation du soufre libre dans la poudre à tirer.

ε. *Transformation en acide sulfhydrique.* — Quand le sulfure ne contient pas d'excès de soufre et se décompose totalement par l'acide chlorhydrique, on le traite directement par la méthode sulfhydrométrique s'il est soluble, sinon on dégage l'hydrogène sulfuré et l'on dose le gaz de la même façon (t. I, p. 260), ou bien on le conduit dans du nitrate d'argent ammoniacal et l'on pèse le sulfure. On peut doser volumétriquement le soufre des sulfures ou sulfhydrates solubles à l'aide d'une solution ammoniacale de zinc ou d'argent d'un titre connu. Cette méthode industrielle est assez bonne. On a atteint la saturation lorsque la liqueur posée sur une carte glacée à la céruse ne la noircit plus, ou qu'elle ne précipite pas par la liqueur d'argent.

S'il y a excès de soufre (polysulfure), on peut peser cet excès de soufre après la décomposition par l'acide chlorhydrique ou bien opérer selon (G α), ou bien selon (G ζ).

ζ. *Pesée du soufre en nature.* — Cette méthode, indiquée par Mortreux pour l'analyse des polysulfures alcalins, repose sur ce fait que l'iode chasse le soufre de ces sortes de combinaisons. On ajoute goutte à goutte à la solution, contenue dans une burette à robinet, de l'iodure de potassium chargé d'iode jusqu'à ce que le liquide soit juste décoloré et qu'un essai ne brunisse plus le papier au sulfate de fer. On verse alors dans la burette du sulfure de carbone, on la bouche et on agite. Après repos, on fait écouler la presque totalité du sulfure de carbone, on en ajoute d'autre, on remue, etc.; finalement, l'on évapore les solutions sulfocarboniques. Il reste du soufre qu'on pèse (B).

η. Pour le *dosage du soufre dans les fers*, voyez t. I, p. 1431.

H. Séparation du soufre de ses composés organiques (voie sèche). — Dans ces composés le carbone, l'hydrogène et l'azote, s'il y en a, se dosent à part dans une combustion à l'aide du chromate de plomb. Le tube à analyse a $0^{m},60$ à $0^{m},80$ et l'on ne doit chauffer qu'au rouge très-faible les 15 centimètres de chromate de plomb qui précèdent immédiatement les appareils condenseurs.

α. *Oxydation par le nitre.* — Elle ne convient qu'aux matières peu sulfurées et nullement volatiles comme la corne, l'albumine, etc. On fond dans un grand creuset d'argent de la potasse avec 1/8 de son poids de nitre et on ajoute peu à peu la substance organique jusqu'à ce que la masse soit blanche. On ajoute de nouveau du nitre s'il est besoin. La masse dissoute dans l'eau et acidulée est traitée par le chlorure de baryum. Il faut presque toujours reprendre le précipité sec par l'acide chlorhydrique et l'eau chaude (A) (Liebig).

β. *Oxydation par le chlorate de potassium.* — Elle se fait dans un tube à analyse long de $0^{m},45$.

(1) Le chlorure de fer, reconnaissable à sa couleur, peut se trouver partiellement dans A et dans B.

On met au fond un peu de chlorate pur, puis un mélange de 1 p. de chlorate avec 8 p. de carbonate de sodium anhydre (7 ou 8 centimètres), puis la substance. On ajoute une égale quantité de mélange salin et l'on mêle exactement avec la tige de cuivre; enfin on achève d'emplir le tube avec le mélange salin. On détermine la formation d'un canal pour les gaz en frappant à plat sur la table, puis on chauffe comme pour un dosage de carbone. On dissout le contenu du tube qu'on traite comme ci-dessus (H α) (Kolbe). Les résultats sont bons lorsqu'il s'agit de substances peu volatiles contenant au moins 5 °/₀ de soufre.

γ. *Oxydation par le chromate alcalin.* — Ce procédé s'applique aux substances volatiles ou non. On commence par faire dissoudre ensemble 149 p. de bichromate de potasse et 106 p. de carbonate de soude (exempts de soufre), on évapore à sec, on pulvérise la masse et, après l'avoir chauffée au rouge, on la conserve dans un matras comme l'oxyde de cuivre. On procède à une combustion de la matière organique comme avec l'oxyde de cuivre, et l'on fait passer à la fin de l'opération un courant d'oxygène sec pendant 1/2 heure à 1 heure. On dissout le contenu du tube dans l'eau, on filtre, on ajoute un excès d'acide chlorhydrique, et l'on réduit l'excès de chromate avec l'alcool; mais si l'on se bornait à doser l'acide sulfurique dans la liqueur, on aurait un résultat inexact, car l'oxyde de chrome formé pendant la combustion, et qui reste à l'état insoluble, retient de l'acide sulfurique. On lave donc celui-ci à l'acide chlorhydrique très-faible, puis à l'alcool, on le sèche, on l'oxyde par la voie sèche avec 1 p. de chlorate de potassium et 2 p. de carbonate alcalin. C'est alors du chromate de potassium. On le traite par l'acide chlorhydrique et par l'alcool et on l'ajoute à la liqueur qu'on avait séparée par filtration de l'oxyde de chrome (Debus).

δ. *Oxydation par l'oxyde de mercure.* — C'est encore une combustion. On commence à remplir le tube avec un peu d'oxyde mercurique, puis avec un mélange de parties égales d'oxyde mercurique et de carbonate de sodium anhydre auquel on mêle la substance. On finit avec du carbonate de sodium mélangé d'un peu d'oxyde mercurique. On chauffe la partie antérieure fortement et l'on dirige les vapeurs mercurielles sous l'eau. On chauffe aussi en arrière, mais en ayant soin qu'il reste jusqu'au bout de l'analyse, en quelques endroits, de l'oxyde non décomposé. Enfin on chauffe la totalité du tube pendant quelques minutes. On dissout dans l'eau, on ajoute un peu de chlorure mercurique pour décomposer le peu de sulfure de sodium qui aurait pu se former, on oxyde avec le chlorate de potassium et l'acide chlorhydrique et l'on traite selon (A) (Russell-Bunsen).

ε. *Oxydation par le chromate de cuivre.* — On opère comme dans une combustion par l'oxyde de cuivre. La partie antérieure du tube ne doit pas être trop chauffée. On reprend le contenu du tube par l'acide chlorhydrique qu'on additionne d'alcool et on précipite le sulfate de cuivre par le chlorure de baryum (A) (Otto).

ζ. *Oxydation par le peroxyde de plomb.* — On opère comme pour une analyse par l'oxyde de cuivre. On peut recueillir et doser l'acide carbonique et l'eau. La matière du tube, additionnée de bicarbonate de sodium en solution, est abandonnée pendant 24 heures. Dans la liqueur filtrée on dose le soufre selon (A) (Warren).

I. Séparation du soufre de ses composés organiques (voie humide).

α. *Par le chlore en solutions alcalines.* — Voyez G α.

β. *Par l'acide azotique.* — Cette méthode est excessivement générale. Les corps organiques, contenus dans une ampoule, sont placés avec 50 ou 100 fois leur poids d'acide nitrique (D = 1,4) dans des tubes que l'on scelle solidement. On chauffe à 150°, ou même à 180° et 200°, si la substance est très-peu oxydable, pendant 1 à 8 heures. On ouvre les tubes avec précaution (en ramollissant la pointe qui doit être assez forte et d'un diamètre intérieur très-petit). On dose selon (A) après avoir chassé l'acide nitrique par évaporation au bain-marie (Carius). Pour les substances les plus rebelles, on emploie l'acide mélangé de 1/4 de bichromate de potassium. — Voyez t. I, p. 293.

γ. *Par l'acide azotique en présence de l'azotate de plomb.* — On ajoute à la substance qui ne doit pas être trop volatile une quantité pesée d'azotate ou d'acétate de plomb, puis de l'acide azotique plus ou moins concentré selon la nature du corps à analyser; enfin un peu d'azotate d'ammonium. On évapore à sec, l'on calcine et l'on pèse. Les diverses substances oxydantes ont agi successivement et l'on n'a plus affaire qu'à un mélange d'oxyde et de sulfate de plomb.

Comme on connaît le poids de l'oxyde que le sel de plomb était susceptible de fournir, l'excès de poids est celui de l'anhydride sulfurique SO^3 correspondant au soufre de la substance,

$$SO^3 \times 0,4 = S.$$

J. Séparation du soufre et des métalloïdes monatomiques. — L'on oxyde par le chlore en liqueur alcaline; on dose l'acide sulfurique.

K. Séparation du soufre et des métalloïdes diatomiques (sélénium et tellure). — Cette méthode, qui s'applique aussi aux composés oxydés, consiste à fondre la substance avec 8 à 10 fois son poids de cyanure de potassium dans un matras à long col traversé par un courant d'hydrogène. On dissout la masse fondue; on abandonne à l'air Le tellure, qui existe à l'état de tellurure alcalin, se sépare bientôt par l'action de l'oxygène. On filtre, on sursature par l'acide chlorhydrique dans un ballon communiquant avec un laveur à la potasse pour ne pas perdre de vapeurs acides. Le sélénium se sépare en une journée (plus vite si l'on chauffe); on filtre. On traite la totalité de la liqueur sulfurée par le chlore en solution alcaline (G α) (Oppenheim, Rose).

L. Séparation du soufre, de l'azote et du phosphore. — On traite par la potasse et ensuite selon (G α).

M. Séparation du soufre, de l'arsenic et de l'antimoine. — On emploie la méthode du chlorate (G γ).

N. Séparation du soufre, du carbone et du silicium. — Voyez pour le carbone le dosage du soufre dans les matières organiques (H δ) et (I β). Les sulfures de silicium s'analysent au moyen du chlore en solution alcaline (G α).

O. Séparation des sulfures et des séléniures. —On traite par le chlore sec (F β) et l'on fait passer le chlore pendant un temps assez considérable pour qu'il ne reste dans le laveur qu'un peu de soufre, de l'acide sélénique et de l'acide sulfurique. On pèse le soufre et on sépare les acides selon (J J).

P. Séparation générale des sulfures et des sels des acides du premier groupe. — Si les sels sont en solution, on ajoute de l'azotate d'argent et de l'acide nitrique faible; il se précipite du sulfure d'argent qu'il est nécessaire d'analyser. S'ils sont insolubles, on chasse l'hydrogène sulfuré par un acide et on le dose : ou si l'acide est sans action, on fond avec la soude et le nitre et l'on sépare l'acide sulfurique.

Q. Séparation des sulfures et des silicates. — Si la substance est décomposée par les acides, on traite par l'acide nitrique fumant (G β) ou par la méthode de Carius (I β). On étend d'eau, on filtre, on sépare le reste de la silice par le carbonate d'ammonium, on dose selon (A). Si la substance résiste aux acides, on la fond avec 4 p. de carbonate de sodium et 1 p. de nitre, l'on dissout dans l'eau, sépare la silice comme ci-dessus et dose selon (A).

R. Séparation des sulfures et des chlorures. — Si tout est dissous, on précipitera le sulfure par le nitrate d'argent fortement ammoniacal (D). Dans la liqueur filtrée et acidulée, on précipitera le chlore par le sel d'argent. On peut encore oxyder une portion du mélange et y doser le soufre à l'état de sulfate de baryum; on détruira dans une autre portion l'acide sulfhydrique à l'aide du sulfate ferrique et l'on y dosera le chlore avec le sel d'argent.

IV. — DOSAGE ET SÉPARATION DES ACIDES DU SOUFRE.

1. Hydrosulfites. — Ces sels, peu connus, se dosent volumétriquement par leur action sur l'indigo ou sur tout autre corps réductible tel que les sels cuivriques, le permanganate de potassium, etc.

2. Sulfites. — Ils sont dosés à l'état de sulfates ($SO^4Ba \times 0{,}27468 = SO^2$), ou volumétriquement.

AA. *Oxydation par l'acide nitrique fumant.* — C'est la méthode (G β). Elle s'applique aux sulfites solides ou aux solutions très-concentrées.

BB. *Oxydation par le chlore.* — Elle s'applique aux solutions étendues et s'effectue à la température ordinaire; on doit cependant chauffer lorsque la liqueur est saturée de chlore.

CC. *Oxydation par la voie sèche.* — On emploie le nitre (F α) ou le chlorate; celui-ci doit être additionné de carbonate de sodium; on le mêle avec le sulfite et on projette le mélange par petites quantités dans un creuset au rouge.

DD. *Dosage volumétrique par l'iode.* — Il s'applique aux solutions très-faibles d'anhydride sulfureux (3 ou 4 pour 10000) ou aux solutions des sulfites également étendues et sursaturées d'acide chlorhydrique (voyez t. I, p. 261). Fordos et Gélis, qui employaient avant Bunsen la méthode de l'iode, opéraient dans les solutions beaucoup plus fortes et renfermant l'acide sulfureux libre ou combiné. Pour neutraliser l'effet de l'acide iodhydrique qui régénérerait avec l'acide sulfurique formé de l'acide sulfureux, ils se servent de carbonate de magnésium qui l'absorbe au fur et à mesure qu'il se produit. Les résultats sont très-exacts.

EE. *Séparation des sulfites et des sulfates.* — On précipite par le chlorure de baryum en présence de l'acide chlorhydrique. On fait passer le chlore dans une autre portion de la liqueur, on ajoute encore du chlorure de baryum et on a un précipité qui renferme l'acide sulfurique du premier, plus celui provenant de l'oxydation de l'acide sulfureux et qu'il est facile de calculer.

3. Sulfates. — Nous avons décrit plus haut le dosage de l'acide sulfurique dans ses combinaisons solubles (A, C). Nous donnerons ici l'analyse des sulfates insolubles ou peu solubles, puis la séparation des sulfates et des autres sels ($SO^4Ba \times 0{,}34335 = SO^3$).

FF. *Séparation de l'acide sulfurique, de la baryte, de la strontiane et de la chaux.* — On mêle la substance bien pulvérisée avec 5 p. d'un mélange de carbonate de potassium et de sodium et l'on fond au creuset de platine. On épuise par l'eau bouillante, on filtre à chaud pour séparer les carbonates alcalino-terreux; on lave le précipité avec de l'eau contenant un peu d'ammoniaque et de carbonate d'ammonium. La liqueur filtrée contient l'acide sulfurique à l'état de sulfate alcalin. Le sulfate de baryum réclame un second traitement par les carbonates alcalins. (Rose).

GG. *Séparation de l'acide sulfurique et de l'oxyde de plomb.* — On emploie le bicarbonate de potassium en solution froide. On filtre, on lave. On dose l'acide sulfurique dans la liqueur. La méthode est encore bonne en présence de la strontiane et de la chaux. S'il y avait de la baryte, il faudrait calciner le mélange avec les carbonates alcalins, dans un creuset de porcelaine, ou recommencer le traitement FF plusieurs fois; encore aurait-on du plomb dans la liqueur filtrée; il faudrait le précipiter par l'acide carbonique avant filtration. Le sulfate de plomb pur réduit par l'hydrogène donne du sulfure de plomb.

HH. *Séparation des sulfures et des sulfates.* — Le mélange étant soluble, on le traite par une solution ammoniacale de nitrate d'argent. Le sulfure d'argent est lavé à l'eau et analysé (D). La liqueur filtrée sursaturée d'acide chlorhydrique et filtrée est traitée par le chlorure de baryum (A). L'eau tiède bien purgée d'air (acidulée à la fin d'un peu d'acide chlorhydrique) suffit pour séparer les sulfures de baryum et de strontium des sulfates des mêmes métaux.

II. *Séparation des sulfates et des sélénites.* — La dissolution, acidulée d'acide chlorhydrique, est traitée par l'hydrogène sulfuré. Il se précipite du sulfure de sélénium. Dans la liqueur filtrée on dose l'acide sulfurique (A). Dans beaucoup de combinaisons solides on peut se servir du cyanure de potassium (K).

JJ. *Séparation des sulfates et des séléniates.* — On ajoute de l'acide chlorhydrique à la solution concentrée et l'on chauffe avec précaution jusqu'à ce que toute odeur de chlore ait disparu. On traite selon (II). Si le composé est insoluble, on emploie la méthode du cyanure (K).

KK. *Séparation des sulfates et des arsénites, arséniates, phosphates, borates, fluorures, oxalates, tartrates, silicates, carbonates.* — Elle s'effectue en liqueurs acides par le chlorure de baryum. Si les sels de baryum, quoique solubles dans l'acide chlorhydrique, sont insolubles dans l'eau (principalement les oxalates, tartrates, etc.), ils sont entraînés en petite quantité par le précipité de sulfate de baryum. Fresenius, pour purifier le précipité, le fait digérer ensuite avec du bicarbonate de sodium dans un entonnoir bouché par le bas; il remplace le bicarbonate par de l'eau, puis par de l'acide chlorhydrique et enfin par de l'eau pour terminer.

LL. *Séparation des sulfates et des fluorures insolubles dans l'eau.* — L'acide chlorhydrique séparerait fort mal le fluorure de calcium du sulfate de baryum. Pour analyser un tel mélange, on le fond avec 6 p. de carbonate de potassium et de sodium et 2 p. d'acide silicique. On traite la masse refroidie par l'eau et la solution de carbonate d'ammonium. On lave la silice précipitée avec la même solution et on ajoute à la liqueur de l'acide chlorhydrique et du chlorure de baryum (A). Pour doser le fluor, on acidulerait avec l'acide azotique; on précipiterait par l'azotate de baryum et dans le liquide filtré et saturé par le carbonate de sodium on précipiterait le fluorure de baryum par l'alcool fort. On le laverait à l'alcool à 50 °/₀, puis avec l'alcool concentré, on le sécherait et on le pèserait.

MM. *Séparation des sulfates et des chromates.* — Ces sels (ou leurs acides) en solutions très-concentrées sont séparés par l'ébullition avec l'acide chlorhydrique concentré, jusqu'à cessation de dégagement de chlore. On précipite le sel de chrome par l'ammoniaque, on chasse l'ammoniaque par la chaleur, on acidule et on précipite l'acide sulfurique par le chlorure de baryum. Comme l'oxyde de chrome entraîne un peu d'acide sulfurique, on peut, après l'avoir déjà lavé, le redissoudre dans l'acide chlorhydrique et le reprécipiter par l'ammoniaque. Fresenius se contente de doser le chrome par la quantité de chlore dégagé dans la réaction de l'acide chlorhydrique et évalué par la méthode volumétrique de Bunsen ou de Mohr.

Lorsque les solutions sont étendues, Rose recommande d'opérer la réduction du chromate en le faisant bouillir avec l'acide chlorhydrique additionné d'*un peu* d'alcool. S'il y en avait trop, on pourrait avoir de l'acide sulfovinique non précipitable par la baryte. Du reste, s'il s'en forme un peu, on n'a qu'à faire bouillir pendant quelque temps la liqueur où l'on a versé l'acide chlorhydrique et le chlorure de baryum. La précipitation de l'acide sulfurique est alors complète.

Si les sels sont insolubles dans l'eau et dans les acides, on peut les pulvériser finement et les traiter comme les solutions concentrées, ou mieux les faire bouillir avec du carbonate de potassium; la solution alcaline filtrée contient les acides chromique et sulfurique.

NN. *Séparation des sulfates et des molybdates.* — On précipite l'acide sulfurique par le chlorure de baryum en solution fortement acidulée par l'acide chlorhydrique. Pour doser le molybdate, on précipite dans la liqueur l'excès de baryte par un très-léger excès d'acide sulfurique, on filtre, on ajoute de l'ammoniaque et on évapore, on chasse le sulfate d'ammonium par la chaleur et l'on réduit le résidu par l'hydrogène.

4. Hyposulfites. — On dose facilement l'acide hyposulfureux dans ses sels par la méthode volumétrique décrite t. I, p. 261. On peut aussi l'oxyder complétement ou le dédoubler.

OO. *Dosage de l'acide hyposulfureux par oxydation complète.* — On oxyde les sels secs par l'acide nitrique fumant (G β) et les dissolutions par le chlore en liqueur alcaline à chaud (G α). Le soufre non oxydé est pesé (B).

PP. *Dosage de l'acide hyposulfureux par dédoublement.* — Dans la solution neutre d'hyposulfite, on ajoute un excès de nitrate d'argent en solution *étendue*. On chauffe. On filtre et on lave le sulfure d'argent à l'eau chaude, on le pèse ou l'on dose l'acide sulfurique dans la liqueur.

$Ag^2S = 248$ ou $SO^4Ba = 233$ correspond à $S^2O^3R^2$.

QQ. *Séparation des hyposulfites, des sulfures, des sulfates et des carbonates solubles.* — Cette méthode a été employée par G. Werther pour l'analyse des résidus de la combustion de la poudre. On ajoute au mélange salin de l'eau tenant en suspension du carbonate de cadmium (précipité à l'aide du carbonate d'ammoniaque). On agite fréquemment dans un flacon bouché. On filtre, il reste sur le filtre du carbonate de cadmium et tout le soufre des sulfures à l'état de sulfure de cadmium. On se débarrasse du carbonate à l'aide de l'acide acétique et l'on oxyde le sulfure par le chlorate de potassium et l'acide chlorhydrique ou par l'acide azotique fumant (G β, γ). On dose ainsi les sulfures à l'état de sulfate de baryum. La liqueur, séparée du sulfure, est précipitée à chaud par l'azotate d'argent neutre. Le précipité (carbonate d'argent et sulfure d'argent provenant de l'hyposulfite) est traité par l'ammoniaque; le carbonate se dissout, on acidule la liqueur filtrée avec l'acide nitrique et l'on précipite l'argent par le chlorure de sodium, $2AgCl = 287$, correspondant à $CO^3(R')^2$; seulement de la quantité de carbonate alcalin calculée, il faut retrancher une quantité équivalente au sulfure trouvé, c'est-à-dire celle qui s'est formée par la réaction du carbonate de cadmium sur le sulfure alcalin.

On dissout le sulfure d'argent dans l'acide azotique chaud et on dose l'argent à l'état de chlorure, $2AgCl = 287$, correspondant à $S^2O^3(R')^2$.

Reste à déterminer le sulfate dans la liqueur d'où l'on a séparé par filtration le sulfure et le carbonate d'argent. On enlève l'excès d'argent par l'acide chlorhydrique et l'on précipite par le chlorure de baryum.

Comme il y a eu de l'acide sulfurique formé dans la liqueur par la destruction de l'hyposulfite, on retranchera de l'anhydride SO^3, calculé d'après le sulfate de baryum total, le poids de chlorure d'argent qui a servi à déterminer l'hyposulfite multiplié par 0,28.

Quand il n'y a dans la liqueur que du sulfure alcalin et de l'hyposulfite et qu'on ne veut doser que le sulfure, on peut précipiter ce dernier par une dissolution concentrée d'azotate d'argent fortement ammoniacale (Lestelle). L'hyposulfite n'est pas altéré. Le sulfure d'argent doit être analysé ou réduit.

Si l'on précipite une autre portion de la liqueur par le nitrate d'argent neutre et qu'après 24 heures on reprenne par l'ammoniaque, on aura une quantité de sulfure d'argent plus grande, puisqu'elle contiendra celui dû à la décomposition de l'hyposulfite qui peut être ainsi dosé.

On peut se contenter dans une analyse moins complète de dissoudre le sulfure alcalin dans l'alcool.

Si l'on veut déterminer les sulfites et les hyposulfites au moyen de liqueurs titrées, on peut employer l'une des méthodes suivantes, qui ont été proposées récemment. M. Garrigou opère dans un appareil spécial destiné à garantir autant que possible les substances du contact de l'air; il dose avec la solution d'iode le soufre total; un second essai, fait avec la solution privée de sulfure et d'hydrogène sulfuré par l'acétate de zinc, permet de connaître le soufre des hyposulfites. L'auteur propose de faire un troisième essai avec la solution traitée par le chlorure de zinc légèrement acide qui ne précipiterait que le sulfure alcalin. Cet essai donnerait donc la somme de l'hyposulfite et de l'hydrogène sulfuré, et, par reste, le sulfure. Cette dernière partie de l'opération paraît d'une exécution difficile [*Compt. rend.*, t. LXVIII, p. 457].

M. Schlagdenhaufen a trouvé que dans les liqueurs alcalines l'oxydation de l'hyposulfite et des sulfures par le permanganate de potassium était complète, $4Mn^2O^8K^2$ oxydant $3Na^2S$ ou $3S^2O^3Na^2$. Il verse donc la liqueur, alcalisée s'il le faut, dans une quantité connue de permanganate jusqu'à décoloration. Il dose ensuite les sulfures dans une autre partie de la liqueur par du nitrate d'argent ammoniacal ou le sulfate de cadmium en solution titrée. De la comparaison des deux essais on tire la composition en sulfure et hyposulfite. L'auteur croyait de plus pouvoir déterminer le rapport du sulfure à l'hydrogène sulfuré en combinant deux essais, faits l'un avec le nitrate d'argent et l'autre avec le sulfate de cadmium; mais on ne peut évidemment pas fixer cette quantité par le moyen proposé [*Bull. de la Soc. chim.*, t. XXII, p. 16].

RR. Dithionates ou hyposulfates. — *Dosage.* — Ces sels secs ou en solution concentrée sont oxydés par l'acide nitrique ou par le chlorate de potassium et l'acide chlorhydrique (G β, γ). Les solutions étendues sont oxydées par le chlore en présence de la potasse. Toutes ces opérations réclament l'application de la chaleur. On précipite par le chlorure de baryum : 2 molécules de sulfate correspondent à 1 molécule de dithionate.

On peut analyser les hyposulfites en les calcinant. Il reste des sulfates : dans ce cas, 1 molécule de sulfate correspond à 1 molécule de dithionate. Lorsqu'on opère avec du dithionate alcalin, on doit traiter le sulfate par une petite quantité de carbonate d'ammoniaque et calciner de nouveau.

SS. *Séparation des sulfates et des dithionates.* — On précipite l'acide sulfurique par le chlorure de baryum dans une portion de la liqueur. On oxyde une autre portion et l'on dose l'acide sulfurique total (celui dû à l'oxydation et celui existant primitivement).

TT. Trithionates, tétrathionates et pentathionates. — *Dosage.* — Il s'effectue par des méthodes indirectes. Une oxydation par l'acide nitrique ou par le chlorate de potassium (G β, γ) permet de doser le soufre, la pesée du sulfate donne facilement la quantité de métal; mais, comme les sels sont généralement en dissolution, on a un état d'hydratation inconnu, il faut une troisième opération pour déterminer l'oxygène (UU, VV).

UU. *Dosage de l'oxygène des acides du soufre par le chlore.* — La méthode de Langlois s'applique surtout aux trithionates, elle serait fautive avec les pentathionates. Elle repose sur la transformation du sel thionique en sulfate par le chlore et sur le dosage du chlore employé dans cette oxydation, c'est-à-dire passé à l'état d'acide chlorhydrique. Le chlore bien débarrassé d'acide chlorhydrique est amené dans la liqueur : on continue à faire passer le gaz jusqu'à ce que le liquide reste coloré en jaune par le chlore dissous. On absorbe celui-ci par le mercure métallique, on filtre et on précipite par le nitrate d'argent. Chaque double molécule de chlorure d'argent ($2\,AgCl = 287$) correspond à 1 atome d'oxygène ($O = 16$) fixé sur le sel. Les sulfites en exigent 1 pour donner des sulfates, les dithionates 1 pour donner un sulfate et de l'acide sulfurique, les trithionates 4, les tétrathionates 7 (les pentathionates en exigeraient 10).

VV. *Dosage de l'oxygène par le cyanure de mercure.* — Les dissolutions de trithionates, tétrathionates et pentathionates chauffées avec du cyanure de mercure donnent de l'acide sulfurique, du sulfure de mercure et du soufre. Les trithionates fournissent ainsi 2 molécules d'acide sulfurique et 1 de sulfure de mercure; les tétrathionates 2 molécules d'acide sulfurique et 2 atomes de soufre (libre ou combiné au mercure); et les pentathionates 2 molécules d'acide sulfurique et 3 atomes de soufre combiné ou non. On détermine l'acide sulfurique dans la solution; le précipité (soufre et sulfure) est traité par le chlore en liqueur alcaline (G α) et le soufre total dosé à l'état de sulfate de baryum. Le mercure peut être dosé, il est équivalent au métal du sel. Les choses se passent, en un mot, comme si on analysait

$$2SO^3.K^2S, \quad 2SO^3.K^2S^2, \quad 2SO^3.K^2S^3,$$

et non

$$S^3O^6K^2, \quad S^4O^6K^2, \quad S^5O^6K^2.$$

Rose propose l'emploi de sels d'argent au lieu du cyanure de mercure.

WW. Séparation des divers acides du soufre. — Cette méthode, due à Fordos et Gélis, présente un intérêt purement scientifique; elle n'est pas tout à fait rigoureuse. On suppose qu'on a en dissolution un sulfate, un sulfite, un hyposulfite, un dithionate, et un tétrathionate ou un trithionate. On divise la liqueur en quatre portions égales. Dans la première on verse du chlorure de baryum et on lave le sulfate de baryum avec une grande quantité d'eau bouillante, autant que possible à l'abri de l'air, puis avec de l'acide chlorhydrique étendu, et enfin avec de l'eau froide. On a ainsi déterminé l'*acide sulfurique*.

Dans la deuxième portion, on dose les *acides sulfureux et hyposulfureux*; à cet effet, on ajoute peu à peu de l'iode en présence du carbonate de magnésium (DD) jusqu'à cessation de la décoloration. L'acide sulfurique existant alors dans la liqueur est précipité par le chlorure de baryum; du poids du sulfate obtenu, on retranche celui qui a été trouvé dans la première portion, la différence représente l'acide sulfurique qui s'est produit par l'oxydation de l'acide sulfureux contenu dans la liqueur.

On a noté l'iode employé. Chaque molécule de sulfate de baryum produite par oxydation de l'acide sulfureux a consommé 1 molécule d'iode I^2. S'il y a eu plus d'iode introduit dans la liqueur, chaque atome en excès a été employé à transformer 1 molécule d'acide hyposulfureux en acide tétrathionique, ($S^4O^6H^2$). On connaît donc l'acide hyposulfureux.

On dose l'*acide tétrathionique* dans la troisième portion de la liqueur. Pour cela, on traite par l'iode comme tout à l'heure, le sulfite est transformé en sulfate et l'hyposulfite en tétrathionate; on ajoute 100 p. d'eau et l'on fait passer du chlore. Celui-ci transforme l'acide tétrathionique en acide sulfurique et n'oxyde pas le dithionate. La saturation effectuée, on ajoute du chlorure de baryum. Le sulfate de baryum, qu'on doit bien laver à l'eau bouillante, contient le soufre des acides sulfureux, sulfurique et tétrathionique. On connaît la quantité de sulfate fournie par les deux premiers acides, l'excès est dû à l'acide tétrathionique; mais, comme l'oxydation de l'acide hyposulfureux a donné naissance à de l'acide tétrathionique, ce n'est que la différence entre cette quantité connue et celle calculée d'après le sulfate qui représente l'acide tétrathionique contenu primitivement dans la liqueur. Avec cette manière d'opérer, l'acide trithionique, s'il existait dans le mélange, serait compté comme acide tétrathionique. On dose, en effet, le soufre des acides et non les acides eux-mêmes.

L'*acide dithionique* est déterminé d'une façon analogue. On traite par la potasse la quatrième portion, on évapore à sec, on oxyde par le chlorate de potassium et l'acide chlorhydrique, ou chauffe pour compléter l'action et l'on précipite encore par le chlorure de baryum. Le sulfate obtenu pèse plus que celui fourni par la portion 3 : la différence est due à l'acide sulfurique provenant de l'oxydation de l'acide dithionique. G. S.

SOUFRE (INDUSTRIE). — Le soufre se trouve en assez grande abondance dans la nature, soit à l'état natif, soit à l'état de combinaisons, dont les plus importantes sont : les sulfures métalliques, les sulfarséniures, les sulfantimoniures et les sulfates.

Parmi les combinaisons du soufre qui se rencontrent le plus fréquemment, l'on peut citer :

	Soufre
La pyrite de fer (FeS^2), renfermant	53,3 %
La pyrite cuivreuse (chalcopyrite ($Fe^2Cu^6S^6$)	34,9 —
La pyrite magnétique (Fe^7S^8)	39,5 —
La blende (ZnS)	33,0 —
La galène (PbS)	13,4 —
L'anhydrite ($CaSO^4$)	23,5 —
La kiéserite ($MgSO^4 + H^2O$)	23,1 —
Le gypse ($CaSO^4 + 2H^2O$)	18,6 —
La célestine ($SrSO^4$)	17,5 —
La barytine ($BaSO^4$)	13,7 —

Cependant, à l'exception des pyrites, qui, par leur emploi dans la fabrication de l'acide sulfurique et par l'exploitation des résidus de soude, ont donné lieu dans ces dernières années à la production d'une quantité assez notable de soufre, l'on peut dire que presque tout le soufre employé dans l'industrie provient du soufre natif. Celui-ci se rencontre en beaucoup de points du globe, mais nulle part en aussi grande abondance qu'en Sicile. On le trouve d'abord comme dépôts superficiels, provenant d'émanations volcaniques (dont un certain nombre encore aujourd'hui en activité); ce sont les *solfatares;* ensuite dans des gisements profonds, où le soufre est associé à des roches sédimentaires des terrains tertiaires (calcaire marneux et bitumineux, gypse lamelleux, souvent aussi célestine ou sulfate de strontiane); ce sont les *solfares* ou soufrières. Ces dernières sont de beaucoup les plus importantes.

En dehors de l'Italie, les solfares les plus connues sont celles de Radoboy (Croatie), de Swoswica en Gallicie, de Czarkow en Pologne, de l'île de Chilo, d'Apt dans le département de Vaucluse, de la province de Murcie en Espagne, de Bahava près de la mer Rouge; on en trouve également en Islande, en Arménie, au Brésil, en Californie, dans la régence de Tunis, etc.

L'Italie continentale possède les solfares de la Romagne (produisant annuellement plus de 120,000 quintaux métriques de soufre), celles de Latera (province de Viterbe) et de Scrofano. La présence du soufre a également été constatée dans les provinces de Volterre, Grosseto et Avellino.

En Sicile on exploite actuellement plus de 50 soufrières produisant 186,170 tonnes de soufre dont le prix de revient est évalué à 2,473,000 livres. Si l'on y ajoute le soufre brûlé dans les calcaroni, on trouve que la quantité totale de soufre extraite en Sicile peut être estimée à 250,000 tonnes par an. La production se répartit de la manière suivante entre les diverses provinces, d'après une moyenne des années 1869, 1870 et 1871.

	Quint. mét.
Province de Caltanisetta	781,400
— Catania	175,300
— Girgenti	826,200
— Palermo	78,800
Total	1,861,700

L'exportation du soufre de Sicile a été :

En 1867 de 192,320 tonnes, dont	46,855	en France.
En 1870 de 172,752	—	29,205	—
En 1871 de 171,236	—	17,000	—

Le minerai que l'on exploite est un calcaire marneux injecté de soufre, dont la présence se trahit d'ordinaire par des affleurements blanchâtres, composés d'une substance granuleuse ou pulvérulente que les mineurs du pays appellent *briscale*, et qui n'est autre chose que du sulfate de chaux hydraté. La profondeur des mines varie de 40 à 100 mètres; on y descend par des galeries inclinées que l'on creuse en suivant les filons et qui sont soutenues par des piliers abandonnés. Les mineurs ou *picconieri* abattent les blocs du soufre au moyen du pic (*piccone*), espèce de marteau-hache du poids de 5 à 6 kilogrammes, et l'enlevage a lieu à dos d'enfants. La journée d'un mineur est de six à huit heures, dont cinq à six heures de travail effectif, et lui rapporte environ 2 fr. 50. Il lui faut en moyenne trois jours pour abattre une caisse (*cassa*) de minerai, unité de volume conventionnelle qui varie beaucoup suivant les localités, depuis 2 mètres cubes 1/2 jusqu'à 5 mètres cubes; en moyenne la *cassa* représente 3 mètres cubes 1/2. Les porteurs qui enlèvent les blocs de soufre dans des sacs qu'ils chargent à dos sont des enfants de dix à dix-huit ans; ils gagnent de 1 fr. 35 à 1 fr. 70 en faisant de vingt à quarante voyages par jour, et chaque *picconiere* emploie, selon la profondeur de la mine, un, deux, trois ou quatre porteurs.

Depuis 1867, l'exploitation des mines a cependant fait de notables progrès; on a creusé des puits, régulièrement construits et munis de machines à vapeur d'extraction, allant jusqu'à 140 mètres de profondeur. En 1872, on comptait 21 solfares des plus importantes possédant des machines avec une force totale de 400 chevaux-vapeur.

Le minerai de soufre mis en tas (*catasta*) au sortir de la mine est ordinairement divisé en trois catégories : 1° minerai très-riche de 30 à 40 % donnant un rendement de 20 à 25 % de soufre; 2° minerai riche de 25 à 30 % avec rendement de 15 à 20 %; minerai ordinaire de 20 à 25 % avec rendement de 10 à 15 % de soufre.

Extraction du soufre natif de son minerai. — Dans les localités où le combustible ordinaire est à assez bas prix, l'on peut séparer le soufre de la roche qui l'accompagne toujours par l'une des méthodes suivantes :

1° *Méthode par fusion.* — Lorsque le minerai est extrêmement riche (au moins de 50 %) ou qu'on a affaire à du soufre en poudre purifié par lévigation et dépôt (*talamone*), on se contente de le faire fondre dans une chaudière en fonte B, chauffée par un foyer A (fig. 624).

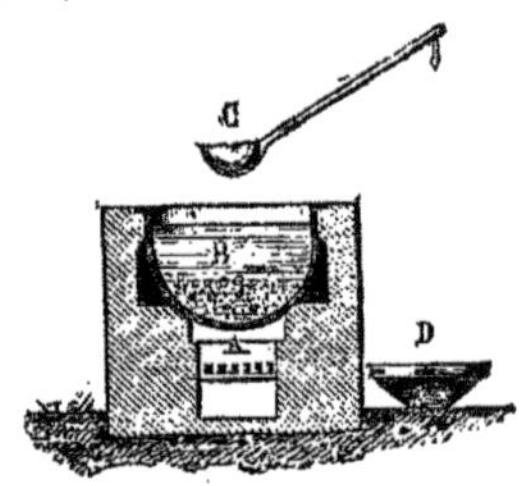

Fig. 624. — Méthode par fusion.

On a soin de maintenir la température entre 120° et 140°, pour que le soufre fondu reste bien fluide et ne s'enflamme pas. Au moyen d'une poche en fer perforée de nombreuses petites ouvertures (en forme de passoire), on enlève la gangue grossière, en la laissant bien égoutter, puis on ajoute de nouveau du minerai et on répète l'opération jusqu'à ce que la chaudière soit tout à fait remplie. On la couvre alors et on laisse tomber le feu; les impuretés plus fines (*metale*) se déposent. Avant que le soufre se solidifie, on l'enlève avec précaution au moyen d'une cuiller C ou bien on le décante et on le verse dans un baquet ou dans une auge en tôle D préalablement mouillés. Les résidus terreux encore très-imprégnés de soufre sont traités d'après le procédé qui suit :

2° *Méthode par distillation.* — Elle s'applique aux minerais pauvres et aux sables imprégnés de soufre volcanique. Ceux-ci sont introduits dans des pots en terre A (fig. 625) (*pignatti di argilla*) disposés sur deux rangs dans un fourneau en forme de voûte prolongée, dit galère. Chaque pot reçoit 25 à 30 kilogrammes de matière et est ensuite fermé par un couvercle luté avec de l'argile. Un tuyau assez large fait communiquer chaque pot A avec un autre pot B, placé à l'extérieur du four, qui reçoit et condense la vapeur de soufre. Le produit liquide s'écoule par C dans un récipient D. Il peut arriver, surtout lorsque le feu du four est poussé un peu trop vivement, que, par suite de boursou-

Fig. 625. — Méthode par distillation.

flements et d'une vive ébullition, des matières étrangères soient entraînées avec la vapeur de soufre, et que ce dernier ne constitue qu'un soufre brut renfermant de 3 à 10 °/₀ d'impuretés.

Au lieu du fourneau à galère, on pourrait aussi employer pour la distillation du minerai l'appareil suivant (fig. 626), consistant en une chaudière distillatoire en fonte A et un condensateur B, communiquant par le tuyau *m*. La flamme, après avoir circulé sous A, échauffe encore les parois en maçonnerie contenant le minerai. Ce dernier est donc avant-chauffé lorsqu'on le fait tomber par l'ouverture *p* dans la chaudière A.

Le produit liquide est écoulé de temps à autre

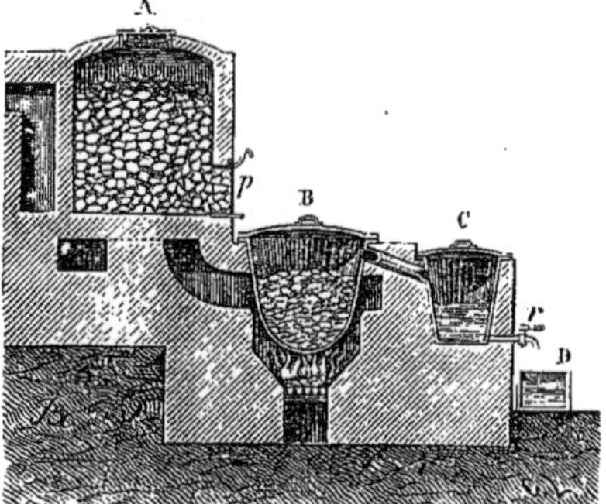

Fig. 626. — Distillation du soufre.

de B dans le récipient K. Nous devons cependant faire observer que ces appareils et procédés, reproduits dans presque tous les traités de technologie chimique, ne sont que très-rarement employés. On n'en a jamais fait usage en Sicile.

Avant 1850, on y extrayait le soufre par une sorte de liquation, en entassant sous forme de meules (*calcarelle*) 2,000 à 4,000 kilogrammes de minerai. Ordinairement ce tas de 2 à 3 mètres de diamètre était entouré d'un petit mur, à l'extérieur duquel était creusé un fossé pour recevoir le soufre fondu. On plaçait au fond les plus gros morceaux et à la surface du tas le menu minerai. A l'approche de la nuit l'on allumait à découvert le tas par la partie supérieure; le matin le soufre commençait à s'écouler et était puisé dans le fossé au moyen de poches en tôle pour être coulé en blocs ou pains. Le soir la fusion était terminée. Ce procédé n'occasionnait que peu de frais, mais par contre l'on ne recueillait pas même le tiers du soufre renfermé dans le minerai; tout le reste s'en allait sous forme d'acide sulfureux empoisonner les campagnes environnantes.

La transformation des calcarelle en calcaroni représentant, à la vérité, le même système, mais beaucoup plus grands, mieux construits et mieux dirigés, doit être signalée comme un véritable progrès. Les calcaroni sont généralement établis sur le flanc d'une colline abritée du vent. On y creuse une excavation de forme circulaire ou plutôt demi-elliptique, de 8 à 10 mètres de diamètre, et de $2^m,05$ de profondeur. Le sol forme un plan assez fortement incliné en avant. La communication avec l'extérieur, qui porte le nom singulier de « la morte, » et qui se trouve à la partie la plus basse, consiste en une ouverture de $1^m,20$ de hauteur, et $0^m,25$ de largeur. L'intérieur du calcarone est garni d'un mur en calcaire compacte dont l'épaisseur, en arrière, est de $0^m,40$ à $0^m,50$, et, en avant, de $0^m,100$ à $0^m,120$. Le mur est recouvert d'un revêtement lisse en plâtre, qui est impénétrable au soufre fondu.

Pour remplir un calcarone, les ouvriers (*riempitori*) recouvrent la sole qui est formée par la terre tassée ou mieux encore par un dallage en pierre, d'abord d'une couche de terre fine et légère (*genese*), résidu de minerais déjà brûlés, puis de gros morceaux de minerai (*tozzi*). Du côté du trou de coulée (*la morte*), on forme avec des blocs à peu près stériles une espèce de voûte, qui empêche la température de s'élever outre mesure près de l'orifice qui doit donner passage au soufre liquide. On remplit alors le calcarone avec le minerai (400 à 800 tonnes) en plaçant de préférence les gros blocs au centre et les menus morceaux à la circonférence. On a soin de ménager par-ci par-là des espèces de cheminées verticales, surtout vers la partie postérieure du calcarone, pour que l'air puisse pénétrer partout à peu près uniformément. On termine le tas en le recouvrant à la partie supérieure, d'abord de minerai en poudre (*sterro*), enfin d'une couche de *genese*. Cette couche supérieure porte le nom de chemise (*camicia*).

Au moment d'allumer le tas, ce qui se fait en jetant des tisons de paille soufrée dans les cheminées verticales, on clôt l'ouverture de communication avec l'extérieur par un mur mince en briques ou en plâtre dans lequel on a ménagé à différentes hauteurs de petites ouvertures provisoirement closes par des bouchons d'argile. Peu à peu la combustion s'active et s'étend de haut en bas. On bouche alors toutes les issues (ce qui a lieu généralement une heure après l'allumage), et l'on abandonne le calcarone à lui-même pendant 8 à 9 jours.

Il est assez facile de se rendre compte de ce qui se passe dans l'intérieur du tas. La chaleur développée par la combustion d'une partie du soufre, se propageant peu à peu de haut en bas à mesure que le minerai brûle, provoque la fusion de l'autre partie du soufre; le soufre fondu descend par les intervalles entre les blocs de minerai. D'abord il se solidifie de nouveau en arrivant au contact du minerai encore froid; mais de nouvelles quantités de soufre fondu continuent à descendre, et, la chaleur se propageant, les couches solidifiées entrent de nouveau en fusion et finissent par arriver jusque sur la sole inclinée en avant. En attendant, la température continue à s'élever dans les couches où a lieu la combustion et finit par atteindre le rouge; ce soufre liquide qui, devenu épais et visqueux par suite de la forte élévation de température, n'avait pu s'écouler, se réduit en vapeurs; les vapeurs de soufre, très-lourdes, au lieu de s'élever, se précipitent également dans les intervalles, entre les blocs de minerai, s'y condensent et provoquent la fusion d'une nouvelle quantité de soufre, et ainsi de suite. Peu à peu *la morte* se remplit de soufre liquide et fluide.

Vers le dixième jour des vapeurs d'acide sulfureux mélangées de vapeurs d'eau (provenant du gypse ou de l'humidité du minerai) et d'un peu de soufre sublimé commencent à traverser la chemise du calcarone. En enlevant de temps à autre les bouchons en argile, on s'assure de la quantité du soufre liquide (*olio*) accumulée dans *la morte*.

La figure 627 représente la section verticale, la figure 628 la section horizontale d'un pareil calcarone.

Dès qu'il y a du soufre fondu en quantité suffisante, les ouvriers fondeurs (*arditori*) percent la cloison en plâtre à la partie inférieure et recueillent le soufre qui s'écoule dans des formes humectées, en bois de peuplier (*gavite*), ayant la forme de pyramides tronquées. Les pains de soufre qui en résultent (*balate*) pèsent de 50 à 60 kilogrammes et sont directement livrés au commerce.

La capacité des calcaroni est très-variable. On en voit de 10, 20, 50, 100, 200 et même 500 caisses, c'est-à-dire qu'ils renferment depuis 35 jus-

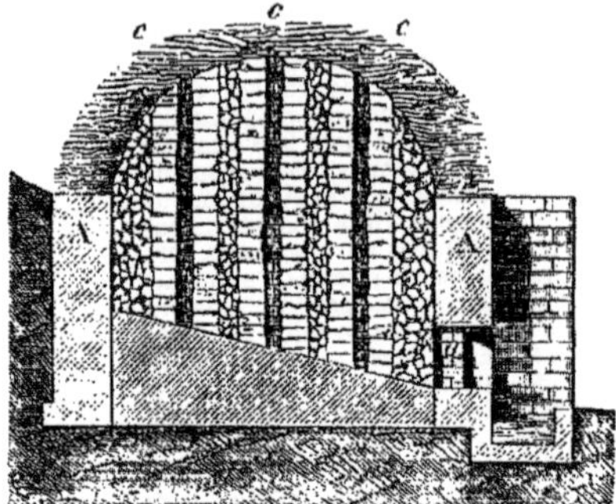

Fig. 627. — Section verticale d'un calcarone.

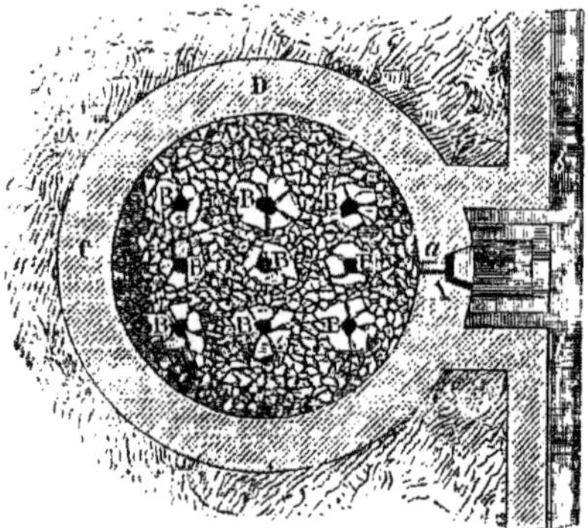

Fig. 628. — Section horizontale d'un calcarone.

qu'à 2,000 mètres cubes de minerai. Dans les centres miniers, où les calcaroni marchent toute l'année, ils ont généralement des dimensions assez modestes; là, au contraire, où on ne peut fondre le soufre qu'une partie de l'année, on construit des calcaroni de très-grande dimention où l'on brûle en quatre ou cinq mois le produit de toute l'année.

La durée de l'opération depuis la mise en marche du calcarone jusqu'à la coulée de la dernière balata varie nécessairement avec la nature du minerai, les circonstances atmosphériques, etc.

Pour un calcarone de	50 à 60 caisses,	on compte de	30 à 35 jours.
	200 à 250	—	—	50 à 60 —
	400 à 500	—	—	80 à 90 —

Avec un calcarone de 500 caisses, on ne peut guère entreprendre qu'une fusion par an, car l'opération complète, en y comprenant le temps nécessaire pour le refroidissement, demande quatre mois, et ce n'est qu'en été qu'on peut trouver une période de temps aussi longue à peu près sans pluie. Un calcarone moyen, de 200 à 250 caisses, peut opérer trois fusions; un calcarone de 100 caisses peut en opérer, sans difficulté, six ou huit par an. C'est pour cette raison que les calcaroni de petites dimensions sont beaucoup plus profitables, bien que les frais de construction soient relativement plus élevés pour eux.

En moyenne, pour obtenir 1 quintal de soufre brut, il faut 7 quintaux de minerai, qui valent 3 fr. 57. En comptant 0 fr. 53 pour la fusion, 1 fr. pour les frais généraux, 1 fr. 50 pour la redevance à payer au propriétaire du sol, on trouve que le prix de revient du quintal de soufre brut est de 6 fr. 60 livré sur place, et il ne paraît guère possible d'aller au-dessous.

C'est que, malgré les inconvénients qu'il offre, le procédé des calcaroni est encore le plus expéditif et le moins coûteux pour opérer la fusion du minerai. Les inconvénients sont nombreux. D'abord, on perd par la combustion 25 ou 30 % du soufre que renferme le minerai; ensuite les vapeurs sulfureuses qui se dégagent vont se répandre dans l'atmosphère au grand dommage des cultures et de la santé des ouvriers. Dans les centres miniers, où l'on travaille toute l'année, il est défendu d'établir des calcaroni à moins de 200 mètres des habitations et à moins de 100 mètres des champs cultivés; dans les provinces où cette restriction n'est pas appliquée, on ne peut brûler le soufre que du 1er août au 31 décembre, c'est-à-dire depuis l'époque des moissons jusqu'à celle de la germination des semailles nouvelles.

Dans ces derniers temps, on a essayé plusieurs procédés nouveaux où la fusion du soufre est obtenue à l'aide de combustible ordinaire. Aux mines de col di Scrio (Lercara) on a expérimenté le four Hirzel, où le minerai est chauffé en vase clos; le minerai est épuisé d'une manière plus complète, mais le prix de revient du quintal de soufre est augmenté de 20 %. Le système Gill, fondé sur l'emploi de l'air chaud, et celui de M. Kayser (sublimation dans des cornues de fonte), n'ont pas été trouvés plus pratiques. Le système de M. Condy Bollmann, qui repose sur l'emploi du sulfure de carbone, et qui a été expérimenté en 1868, aux Bagnoli, près de Naples, serait, d'après M. Parodi, un bon procédé de laboratoire, mais ne supporterait pas l'application en grand. Malgré cela, ce procédé n'est pas complétement abandonné, et il est de nouveau question d'utiliser, dans la Romagne, la grande solubilité du soufre dans le sulfure de carbone bouillant (146 %) pour extraire par des lessivages méthodiques le soufre de ses minerais.

Enfin le four Thomas est fondé sur l'emploi de la vapeur d'eau surchauffée à 130° comme agent de transmission de la chaleur engendrée par un combustible ordinaire. Au mois de janvier 1868 commençait à fonctionner, à Palerme, un appareil construit pour le compte de la société privilégiée pour la fusion du soufre en Italie. Depuis cette époque le système a été notablement simplifié, et la société a installé ses appareils dans un certain nombre de mines (Madore, della Croce, Montedoro, Sommatino, Floristella, etc.) où elle se charge de la fusion du minerai, moyennant un prélèvement d'environ 30 % sur le produit brut; ces 30 % représentent l'augmentation de rendement obtenu par la nouvelle méthode, car le minerai traité au four Thomas doit rendre 21 % au lieu de 14, comme dans les calcaroni. Mais la fusion coûte encore avec ces appareils 2 fr. 56 par quintal de soufre obtenu, et il en résulte que le procédé n'offre, au point de vue économique, aucun avantage sérieux sur les calcaroni. Il est possible que l'établissement des chemins de fer en Sicile, qui procurera une économie notable des prix de transport du soufre de l'intérieur jusqu'aux ports de la Sicile, en rendant également moins coûteux le transport des machines, d'appareils et de combustible minéral, pourra contribuer au succès définitif des procédés perfectionnés.

La qualité des soufres obtenus au moyen des calcaroni dépend de la nature et de la richesse du minerai. Les minerais riches fournissent du soufre jaune de pureté suffisante; les minerais pauvres et pulvérulents, des soufres bruts de couleur brunâtre. Le commerce distingue quatre sortes principales de soufre : la première, la belle seconde, la seconde et la troisième. De la première à la troisième, les impuretés du soufre varient de 2 à 6 %.

Extraction du soufre de ses combinaisons.

a. *Utilisation des pyrites.* — La pyrite FeS^2 renferme jusqu'à 53 % de soufre. En Saxe et en Bohême on la distille dans des tuyaux en poterie (A fig. 629), de section cylindrique, rarement quadrangulaire, rangés horizontalement

Fig. 629. — Distillation des pyrites.

dans un fourneau de galère, au nombre de douze ou vingt-quatre, et recevant chacun 25 kilogrammes environ de pyrites. Ces tuyaux sont fermés aux deux bouts. Un tuyau en terre *b*, adapté à l'une des extrémités, conduit les vapeurs de soufre dans un récipient C, où elles se condensent. En chauffant très-fortement, on pourrait chasser de la pyrite la moitié du soufre qu'elle renferme, c'est-à-dire 26,5 %; mais on se contente d'en extraire 13 à 14 % pour que le résidu Fe^2S^3 reste pulvérulent et ne détruise pas les cylindres en fondant. Ce résidu mis en tas et humecté s'oxyde et produit du sulfate de fer. En grillant, les pyrites de fer et de cuivre dans des espèces de fours à manche ayant la forme de fours à chaux, l'on peut, en bien réglant l'accès de l'air, qui ne doit jamais être en excès, obtenir également une distillation de soufre, condensable dans des canaux disposés près du gueulard, qui lui-même est obstrué par un couvercle mobile. La masse de Laming, mélange de sulfate de fer, de chaux, et de sciure de bois, oxydé à l'air, qui sert à la purification du gaz de l'éclairage, qu'elle débarrasse d'hydrogène sulfuré, se charge par des révivifications successives d'une quantité notable de soufre :

$$Fe^2O^6H^6 + 3\,H^2S = Fe^2S^3 + 6\,H^2O;$$
$$Fe^2S^3 + 3\,H^2O + O^3 = Fe^2O^6H^6 + 3S;$$
$$3S + Fe^2O^6H^6 + 3\,H^2S = Fe^2S^3 + 3\,S + 6\,H^2O;$$
$$3S + Fe^2S^3 + 3\,H^2O + O^3 = Fe^2O^6H^6 + 6\,S;$$

etc.

En la distillant finalement à la manière des pyrites, l'on peut en retirer une partie du soufre. Il est cependant plus avantageux d'utiliser la masse très-riche en soufre pour la fabrication de l'acide sulfurique.

Dans la fabrication de l'iode au moyen des cendres de varechs, l'on obtient une certaine quantité de soufre, comme produit secondaire, par suite de la décomposition de polysulfures et d'hyposulfites lors de la neutralisation des eaux mères par l'acide sulfurique.

La précipitation du soufre dans la réaction des gaz hydrogène sulfuré et sulfureux, réaction qui joue un rôle très-important dans la régénération du soufre des charrées de soude, a été indiquée dans le chapitre consacré à l'exploitation des résidus de la fabrication du chlore et du carbonate de soude (p. 1593).

b. *Raffinage du soufre.* — Pour un certain nombre d'applications industrielles, comme par exemple pour la fabrication des poudres de chasse et de guerre, le soufre a besoin d'être purifié ou raffiné. Le raffinage s'opère par distillation et permet d'obtenir le soufre purifié soit à l'état de cylindres solides, *canons*, soit à l'état de poussière fine, *fleur de soufre*.

L'appareil distillatoire usité en France (fig. 630) se compose de deux chaudières ou cornues B en fonte, à fond très-épais, communiquant par un gros tuyau ascendant, assez court, et qui peut être fermé par un registre manœuvré de l'extérieur R, avec une chambre en maçonnerie de briques à joints minces bien cimentés, dans laquelle les vapeurs du soufre viennent d'abord se condenser sous forme de neige ou de fleurs, et se liquéfient ensuite, lorsque par une série de distillations successives les parois de la chambre ont été portées à une température supérieure à celle du point de fusion du soufre, 110°.

Au-dessus des deux chaudières distillatoires B, une troisième D est chauffée par la chaleur perdue des foyers, et sert à fondre le soufre, qui s'écoule ensuite par un tuyau F dans l'une ou l'autre des chaudières B.

Pour fabriquer la fleur de soufre dans un appareil dont la chambre présente 80 à 100 mètres cubes de capacité, et les chaudières 1 mètre à 1m,10 de diamètre, on ne fait usage que d'une seule des deux chaudières B, qu'on charge de deux en trois heures chaque fois de 150 kilogrammes de soufre liquide. De temps en temps l'on s'assure par un petit regard, pratiqué dans la porte de la chaudière B, par laquelle on extrait les impuretés minérales du soufre, lorsqu'elles se sont accumulées en certaine quantité, de l'état de la chaudière B, et s'il y reste encore du soufre à volatiliser. Une soupape S, placée à la partie supérieure de la voûte, s'ouvre lorsque la pression est trop forte, et rend les explosions, provoquées par l'inflammation du soufre dans la chambre, par suite d'un feu trop vif, moins dangereuses.

Les coups de feu sous la chaudière distillatoire produisent aussi très-souvent, à l'entrée du conduit dans la chambre, du soufre liquéfié qui se fige et se colle sur les parois froides; ce soufre porte le nom de *candi;* il est très-beau et très-pur.

Lorsqu'une distillation est terminée, on laisse refroidir la chambre, on ferme le registre, on ouvre la soupape et une porte pratiquée près du sol de la chambre; puis on y pénètre pour enlever la fleur de soufre. Même lorsque les soufres distillés ne renferment pas plus de 2 à 3 °/₀ de matières minérales, la perte est cependant évaluée en moyenne à 15 °/₀; elle est surtout provoquée par des fuites de tout genre dans les appareils et par la rapide détérioration des fonds de la chaudière distillatoire.

On peut obtenir le soufre en canons dans le même appareil; mais généralement on emploie des chambres de condensation moins grandes et on fait marcher à la fois les deux chaudières, de manière à distiller 2,400 kilogrammes de soufre par vingt-quatre heures et d'une manière continue. Les parois s'échauffent bientôt au point

Fig. 630. — Raffinage du soufre.

de fusion du soufre, et ce dernier s'accumule au fond de la chambre, qui présente une légère inclinaison vers H. Lorsqu'il y a assez de soufre liquide, on ouvre H et on fait couler une certaine quantité de soufre dans une petite chaudière L, légèrement chauffée pour maintenir le soufre liquide; on l'y puise avec une cuiller et on le verse dans des moules en bois M, légèrement coniques, préalablement refroidis par de l'eau froide. On laisse refroidir les moules, on en sort les canons de soufre, qui sont mis en caisses N ou en barils.

La fabrication de la fleur de soufre dans le midi de la France a pris un assez grand développement, en raison de son efficacité pour combattre l'oïdium par le soufrage de la vigne.

Dans le seul département de l'Hérault, 12 millions de kilogrammes de soufre ont été consacrés annuellement à cet usage. Mais la fleur de soufre a perdu de nouveau de son importance, depuis qu'il a été constaté que le soufre bien trituré sous des meules et bluté au tamis de soie produit le même effet.

La fleur de soufre, non lavée à l'eau, présente généralement une réaction acide due à la présence de 15 à 31 dix-millièmes de son poids d'acide sulfurique. Examinée au microscope, elle se présente en petits cristaux ou en granules globuleux, isolés ou réunis en petits chapelets plus ou moins ramillés (le soufre broyé se présente naturellement en fragments irréguliers et anguleux).

Le sulfure de carbone ne dissout point entièrement la fleur de soufre, parce qu'elle renferme du soufre amorphe insoluble. Dans les bonnes fleurs fines, la proportion de ce dernier varie de 22 à 35 °/₀ de leur poids. Dans les fleurs grossières, elle ne dépasse guère 14 à 18 °/₀.

La fleur de soufre n'est pas mouillée par l'eau, mais bien par l'alcool et l'éther.

Les principales applications du soufre sont, outre le soufrage de la vigne, la fabrication des acides sulfurique, sulfureux et sulfhydrique, de certains sulfures, sulfates, sulfites et hyposulfites, des différentes espèces de poudres explosives, des allumettes; il sert en outre à faire des luts et mastics, à vulcaniser le caoutchouc, à prendre des empreintes et couler des médailles, à soufrer les tonneaux, à blanchir les laines et soies, à faire des fumigations, etc. E. K.

SOUFRE (Min.). — Soufre pur ou mélangé rarement avec un peu de sélénium, souvent avec de l'argile et des matières bitumineuses. Beaux cristaux octaédriques, croûtes cristallines, masses compactes, concrétionnées, stalactitiques, enduits terreux ou pulvérulents, se trouvant dans le voisinage des volcans éteints ou en activité (solfatares de Pouzzoles, de la Guadeloupe, Etna, etc.), ou bien dans des couches renfermant des sulfates de chaux, de baryte, de strontiane (Sicile, Conilla (Espagne). Dans le premier gisement, il provient de la décomposition de l'hydrogène sulfuré par l'acide sulfureux ou par l'oxygène de l'air. Dans le second, il résulte de la réduction des sulfates par les matières organiques.

On en rencontre de petites quantités dans les dépôts de sources minérales sulfureuses, dans certains filons de sulfures métalliques, etc.

Jaune d'or, jaune sale ou brun. Transparent ou translucide. Éclat résineux vif. Cassure conchoïdale.

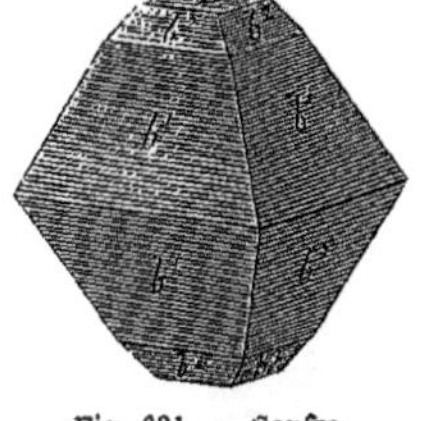

Fig. 631. — Soufre.

Dureté, 1,5 à 2,5. Poussière jaune clair ou blanche.

Densité, 2,072.

Forme cristalline. — Prisme orthorhombique, $mm = 101° 46'$; b^1 b^1 (par-dessus a^1) $= 106° 25'$; b^1 b^1 (par-dessus e^2) $= 85° 7'$; b^1 b^1 (par-dessus m) $= 143° 23'$. Faces habituelles : b^1, b^2, b^3, b^5, m, p, e^2, e^6, g^1, a^2, a^6, etc.

Clivages. — Traces : $b^{1/2}$ et m; plan de macles, m.

F. et S.

SPADAITE (Min.). — Silicate hydraté de magnésie, avec traces d'alumine et d'oxyde ferrique. Amorphe, à éclat nacré, à cassure imparfaitement conchoïdale. Se dissout dans l'acide chlorhydrique concentré en laissant de la silice gélatineuse. Dans le tube fermé, donne de l'eau et devient gris. Au chalumeau, fond en un émail gris bulleux.

Se trouve en petites masses terreuses engagées dans les interstices des cristaux de wollastonite, qui remplissent des cavités de la lave de Capo di Bove, près de Rome.

SPANIOLITE (Min.). — Variété mercurifère de panabase.

SPANIOLITMINE. — Voyez Tournesol.

SPARTAITE (Min.). — Calcite légèrement manganésifère de Sparta (New-Jersey).

SPARTALITHE. — Voyez Zincite.

SPARTÉINE, $C^{15}H^{26}Az^2$. — Cet alcali volatil a été découvert par Stenhouse dans le *Spartium scoparium*, L. (*Cytisus scoparius*, Linck), et représenté par la formule

$$C^{15}H^{13}Az$$

(anciens poids atomiques) que Gerhardt, dans son *Traité de Chimie organique*, a changée en

$$C^{16}H^{13}Az.$$

Mills a montré postérieurement que la composition de la spartéine correspond bien à la formule de Stenhouse, mais qu'il faut doubler celle-ci ; il représente par conséquent la spartéine par les rapports $C^{15}H^{26}Az^2$ [Stenhouse, *Phil. Transact.*, 1851, 2e part., p. 422 ; *Ann. der Chem. u. Pharm.*, t. LXXVIII, p. 15 ; E. J. Mills, *Chim. Soc. quart. Journ.*, t. XV, p. 1 ; *Bull. de la Soc. chim.*, 1863, p. 381].

Pour préparer la spartéine, on fait bouillir le *Spartium scoparium* avec de l'eau, et l'on évapore la décoction ; par le refroidissement, le résidu se prend en une gelée brun verdâtre, composée principalement d'une matière colorante jaune (scoparine. — Voyez ce mot), de chlorophylle et de spartéine. On reprend cette gelée par de l'eau bouillante aiguisée de quelques gouttes d'acide chlorhydrique ; la chlorophylle et la matière colorante se précipitent de nouveau par le refroidissement, tandis que la spartéine reste dans les eaux-mères acides. On concentre celles-ci, et on distille le résidu avec un excès de carbonate de sodium, tant que le produit qui passe possède une saveur amère. On sature le liquide distillé par du sel marin, et l'on rectifie l'huile alcaline qui se sépare [Stenhouse].

Mills épuise la plante avec de l'eau faiblement acidulée par l'acide sulfurique, évapore la solution et distille le résidu après addition de carbonate sodique, jusqu'à ce que le liquide qui passe n'offre plus de réaction alcaline. Le liquide distillé, saturé par de l'acide chlorhydrique, est évaporé à sec au bain-marie, et le résidu est distillé avec de la potasse solide et un peu d'eau. Il se dégage d'abord de l'ammoniaque, puis la spartéine passe sous la forme d'un liquide épais, qu'on déshydrate en le traitant par le sodium à une douce chaleur, dans un courant d'hydrogène, et qu'on rectifie ensuite, après avoir enlevé le sodium en excès.

La spartéine constitue une huile incolore, peu fluide, plus dense que l'eau et bouillant à 287°. Elle possède une odeur faible rappelant celle de l'aniline ; sa saveur est excessivement amère : elle brunit peu à peu à l'air. L'eau ne la dissout que très-peu et le chlorure de sodium le sépare de sa solution.

La spartéine est vénéneuse et possède des propriétés narcotiques.

Elle offre une forte réaction alcaline et neutralise parfaitement les acides.

L'acide nitrique concentré et bouillant décompose la spartéine. Le produit de la réaction, étant traité par le chlorure de chaux, fournit de la chloropicrine ; distillé avec de la potasse, il donne un alcali volatil.

L'acide chlorhydrique bouillant altère également la spartéine, en développant une odeur de souris. Le brome s'échauffe beaucoup avec la spartéine et la transforme en une résine brune.

La spartéine est une diamine tertiaire ; elle fixe directement 1 ou 2 molécules d'iodure d'éthyle, et fournit des iodures d'ammonium quaternaires.

Sels de spartéine. — La spartéine donne des sels qui ne cristallisent que difficilement.

Elle précipite le chlorure cuivrique en vert ; le précipité contient de la spartéine. Elle donne de même des précipités avec l'acétate et le sous-acétate de plomb.

Les *chlorhydrate, bromhydrate, iodhydrate* et *nitrate* de spartéine ne cristallisent pas.

Le *chloraurate*, $C^{15}H^{26}Az^2, H^2Cl^2 + AuCl^3$, constitue un précipité jaune cristallin, très-peu soluble dans l'eau et dans l'alcool, soluble à chaud dans l'acide chlorhydrique qui le dépose par le refroidissement en cristaux micacés.

Chloromercurate, $C^{15}H^{26}Az^2, H^2Cl^2 + HgCl^2$. — Lorsqu'on mélange des solutions de chlorhydrate de spartéine et de bichlorure de mercure, on obtient un précipité cristallin qui se dissout dans l'acide chlorhydrique chaud et qui se dépose en cristaux par le refroidissement. Ceux-ci appartiennent au système orthorhombique. Formes : $g^1, h^1, g^3, h^3, b^{1/2}, e^1$. Angles : $b^{1/2} b^{1/2}$ (à la base) $= 75° 24'$; $e^1 e^1 = 54° 50'$; $g^1 g^3 = 151° 5'$; Clivage g^1 parfait (W. H. Miller).

Le chloromercurate est presque insoluble dans l'eau et dans l'alcool.

Chloroplatinate,

$$C^{15}H^{26}Az^2, H^2Cl^2 + PtCl^4 + 2H^2O.$$

— On l'obtient sous la forme d'un précipité jaune

par l'addition du chlorure platinique à la solution de chlorhydrate de spartéine; ce chloroplatinate se décompose par l'ébullition avec de l'eau ou avec de l'alcool, mais il se dissout à chaud dans l'acide chlorhydrique et se dépose de la solution en critaux orthorhombiques. Formes : $m, g^1 h^1, e^1, a^1$; angles : $m m = 82°16'$; $e^1 e^1$ (à la base) = $97°48'$; $a^1 a^1$ (à la base) = $105°24'$ (Miller). Le chloroplatinate, séché dans le vide, contient 2 molécules d'eau qu'il perd à 130°.

Le *chlorozincate* et l'*iodozincate* de spartéine cristallisent.

L'*oxalate* s'obtient difficilement en cristaux aciculaires.

Le *picrate de spartéine*,

$$C^{15}H^{26}Az^2, [C^6H^3(AzO^2)^3O]^2,$$

cristallise en longues aiguilles jaunes et brillantes, très-peu solubles à froid dans l'eau et dans l'alcool, plus solubles, à chaud. La potasse ne décomposerait pas ce sel à froid.

DÉRIVÉS ÉTHYLÉS DE LA SPARTÉINE. — *Iodure d'éthyle-spartéylammonium*, $C^{15}H^{27}(C^2H^5)Az^2, I^2$. — On chauffe volumes égaux de spartéine, d'iodure d'éthyle et d'alcool pendant quelques heures à 100°, en vase clos; le mélange brunit et fournit l'iodure du dérivé monéthylé en cristaux solubles dans l'alcool et dans l'eau. L'oxyde d'argent transforme cet iodure dans l'hydrate

$$C^{15}H^{27}(C^2H^5)Az^2(OH)^2.$$

Iodure de diéthyle-spartéylammonium,

$$C^{15}H^{26}(C^2H^5)^2Az^2, I^2.$$

— Lorsqu'on soumet l'hydrate de l'ammonium monéthylé à l'action de l'iodure d'éthyle à 100°, en présence de l'alcool, on obtient un nouvel iodure, souillé par de l'iode libre dont on le débarrasse par un traitement à l'hydrogène sulfuré et par cristallisation dans l'alcool. Traité par le chlorure d'argent, il se convertit en *chlorure* incristallisable dont la combinaison platinique est soluble dans l'alcool et cristallisable. L'iodure donne avec l'oxyde d'argent l'hydrate

$$C^{15}H^{26}(C^2H^5)^2Az^2(OH)^2$$

[Mills, *loc. cit.*]. A. H.

SPECKSTEIN. — Voyez STÉATITE.

SPECTRE. — Voyez ANALYSE SPECTRALE, t. I, p. 294, et LUMIÈRE, t. II, p. 233.

SPEISS. — Voyez SMALT et NICKEL (MÉTALLURGIE).

SPEISSCOBALT. — Voyez SMALTINE.

SPERKIES. — Voyez MARCASSITE.

SPERMACÉTI. — Voyez BLANC DE BALEINE, t. I, p. 619.

SPESSARTINE. — Voyez GRENATS.

SPHALERITE. — Voyez BLENDE.

SPHÈNE (Min.) [Syn. *Rayonnante en gouttière* (Saussure), *titane silicocalcaire* (Haüy),

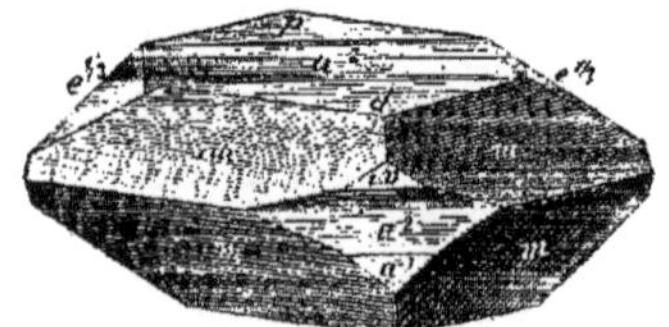

Fig. 632. — Sphène.

titanite; diverses variétés de forme cristalline ont reçu le nom de *semeline*, ou *spinthère*, *aspidélite*; la *greenowite* est un sphène manganésifère]. — Silicotitanate de calcium,

$$CaO, TiO^2, SiO^2.$$

Se trouve en cristaux d'ordinaire brun-rouge et aplatis (fig. 632) dans le granite, le gneiss, le micaschiste, les schistes chloriteux; les calcaires cristallins renferment plutôt les cristaux jaunes ou verdâtres. Les localités les plus connues sont le Saint-Gothard, Tavetsch, Pfunders, Sainte-Marie-aux-Mines, Amity et Monroe (N.-Y.), etc. On en trouve également dans les laves anciennes (Auvergne et lac de Laach; Vésuve), ainsi que dans les amas de minerais de fer (Arendal, Gustavsberg (Suède), Framont (Vosges).

Transparent ou translucide. Éclat adamantin. Couleur blanche, jaune, brune, noire, rouge, verte. Cassure conchoïdale.

Caractères. — Complétement attaquable à l'acide sulfurique et à l'acide fluorhydrique. Au chalumeau, fond sur les bords avec bouillonnement en un verre foncé. La solution chlorhydrique, qui ne se fait qu'imparfaitement et à chaud, donne avec l'étain la coloration violette du sesquichlorure de titane. Au chalumeau, réaction du titane. Dureté, 5 à 5,5.

Fig. 633 et 634. — Sphène.

Poussière blanche, rougeâtre pour la greenowite. Fragile. Densité, 3,4 à 3,56.

Forme cristalline. — Prisme clinorhombique $m m = 113°31'$; $p h^1 = 119°43'$; $h^1 o^2 = 140°43'$; les faces les plus fréquentes sont : $m, p, h^1, g^1, h^2, o^1, a^1, e^{1/2}, d^{1/2}, d^1, b^{1/2}, a^2$.

Clivages : m assez marqué; moins nets h^1, b^1; faciles $d^{1/2}$, moins faciles $b^{1/2}$ dans la greenowite. Plans de macles : h^1 (rayonnante en gouttière); p, $a^{9/4}$. F. et S.

SPHÉNOCLASE (Min.). — Silicate d'alumine et de chaux avec fer, magnésie, manganèse. Le rapport d'oxygène dans RO, Al^2O^3, SiO^2 est comme 2 : 1 : 4; massif avec indices de structure foliacée, gris jaunâtre pâle, subtranslucide. Trouvé en Norvége, à Jjellebäck, avec wollastonite et edelforsite, dans un calcaire bleu granulaire.

Caractères. — Légèrement attaquable par les acides : après calcination, fait gelée avec l'acide chlorhydrique. Au chalumeau, fond facilement en donnant un verre vert.

Dureté, 5,5 à 6. Densité, 3,2.

SPHÉRITE (Min.). — Phosphate hydraté d'alumine avec un peu de magnésie et de chaux; concrétions globulaires d'un gris clair, bleuâtre ou rougeâtre, avec une surface couverte de facettes, mais ne présentant pas de structure fibreuse. Clivage dans une direction. Se trouve dans l'hématite à Zajecow (Bohême), dans les schistes siluriens inférieurs, avec wavellite.

Caractères. — Dans le tube, donne de l'eau; avec l'azotate de cobalt, belle coloration bleue. Au chalumeau, ne fond pas et colore la flamme en vert bleuâtre.

Dureté, 4. Densité, 2,54.

SPHÉROLITE (Min.). — Nom donné par Beudant aux globules striés du centre à la circonférence qu'on trouve dans les perlites de Hongrie et dans quelques obsidiennes.

SPHÉROSIDÉRITE (Min.). — Variété globulaire et fibreuse de sidérose.

SPHÉROSTILBITE (Min.).—Beudant a donné ce nom à des globules à structure rayonnée d'un éclat nacré, qui sont probablement identiques avec la thomsonite globuleuse de Naalsoë.

SPHRAGIDE (Min.) [Syn. *Terra sigillata*]. — Bol de l'île de Stalimène.

SPIAUTERITE. — Voyez WURTZITE.

SPIESSGLANZ. — Voyez ANTIMOINE.

SPILANTHINE. — Walz a donné ce nom à une substance âcre contenue dans le *Spilanthes oleracea*, L. La spilanthine se présente sous forme de cristaux blancs groupés en barbes de plumes, solubles dans l'alcool et dans l'éther, peu solubles dans l'eau [Walz, *Neu. Jahrb. d. Pharm.*, t. XI, p. 283, 1859].

SPINELLANE. — Voyez NOSÉANE.

SPINELLE (Min.) [Syn. *Rubis spinelle, rubis balais, ceylanite, pléonaste, chlorospinelle, picotite*]. — Aluminate de magnésie, $MgAl^2O^4$, pur ou bien avec des quantités variables de fer (ceylanite, pléonaste et chlorospinelle), de chrome (picotite). Le rubis spinelle, d'ordinaire d'un rose plus ou moins pâle, transparent, à éclat vitreux, se rencontre dans les roches anciennes et dans les calcaires métamorphiques et dolomies qui leur sont subordonnés. On le trouve souvent dans les sables provenant de la désagrégation de ces roches : principalement au Pégu, à Ceylan, et autres localités de l'Inde. Le pléonaste noir, subtranslucide, à éclat vitreux, se trouve quelquefois roulé, mais plus souvent dans les calcaires, comme à Sparta, New-York ; on le trouve aussi dans les blocs éruptifs de la Somma et dans les roches cristallines de Monzoni (Tyrol), etc.

Une variété d'un bleu pâle contenant 3 à 4 °/₀ d'oxyde ferreux se trouve dans un calcaire, à Aker (Sudermannie), à la Somma, à Ceylan, etc.

Caractères. — Inattaquable aux acides, décomposé par fusion avec le bisulfate de soude ou de potasse. Au chalumeau ne fond pas, et subit seulement des changements de couleur passagers Avec le borax et le sel de phosphore, les variétés qui renferment du fer et du chrome donnent les réactions de ces métaux.

Dureté, 8. Poussière blanche. Densité, 3,52 à 3,57 pour le rubis ; jusqu'à 3,8 pour les autres variétés.

Forme cristalline. — L'octaèdre régulier a^1, avec parfois b^1 et a^3. Macle parallèle à a^1. Clivage a^1. F. et S.

SPINELLES (GROUPE DES). — Groupe d'espèces caractérisées par une composition répondant à la formule générale, MR^2O^4, dans laquelle M peut être = Mg, Fe, Zn, Mn, et R = Al, Fe, Mn, Cr, Ti, et dont la forme cristalline appartient au type cubique.

Les principales espèces de ce groupe sont le spinelle magnésien, ou rubis, $MgAl^2O^4$; la gahnite, $ZnAl^2O^4$; l'hercynite, $FeAl^2O^4$; la magnétite, $FeFe^2O^4$; la magnésioferrite, $MgFe^2O^4$; la franklinite, $ZnFe^2O^4$; la chromite, $FeCr^2O^4$; l'isérine, $FeTi^2O^4$. — Voyez ces mots.

SPINTHÈRE. — Voyez SPHÈNE.

SPIRÉINE. — C'est la matière colorante jaune des fleurs de la reine-des-prés (*Spiræa ulmaria*), que l'on extrait par l'éther. Elle constitue une poudre jaune cristalline, insoluble dans l'eau, fort soluble dans l'alcool et dans l'éther : ses solutions concentrées sont d'un vert foncé. Lœwig et Weidmann la représentent par la formule douteuse $C^{20}H^{24}O^{10}$ [*Journ. für prakt. Chem.*, t. XIX, p. 236].

SPODUMÈNE. — Voyez TRIPHANE.

SPONGINE. — Substance fondamentale des diverses éponges. Elle est analogue à la *fibroïne* de la soie (quelques auteurs lui ont même donné ce nom), ainsi qu'à l'osséine des os et à la substance qui forme les poils et les ongles. Elle est du reste à peine connue. On la prépare en hachant l'éponge, épuisant sa poudre avec de l'acide chlorhydrique étendu, puis avec une lessive de soude très-faible, enfin avec de l'eau. Elle contient de l'oxygène, de l'hydrogène et de l'azote, et se comporte, quand on la chauffe, comme la substance épidermique. Elle se ramollit et fournit à la distillation une notable quantité de carbonate d'ammoniaque. Elle se dissout aisément dans les solutions alcalines et dans les acides minéraux concentrés. Ces liqueurs précipitent par l'infusion de noix de galle. La substance des éponges contient, à l'état insoluble, une dose notable d'iode, sans doute sous forme d'iodures alcalins combinés à la matière organique. Ces iodures se retrouvent lorsqu'on carbonise l'éponge et qu'on la reprend par l'eau. A. G.

SPREUSTEIN. — Synonyme de BERGMANNITE.

SPRÖDGLANZERZ ou **SPRÖDGLASERZ.**— Voyez PSATUROSE.

STAFFELITE (Min.). — Mamelons verdâtres, translucides, recouvrant la phosphorite de Staffel (Nassau). Phosphate de chaux, impur, contenant environ 3 °/₀ d'acide carbonique.

STANECKITE (Min.). — Partie insoluble dans l'alcool bouillant de la pyrorétine de Reuss.

STANNINE (Min.) [Syn. *Étain sulfuré*]. — Sulfure d'étain, de cuivre et de fer, avec zinc; la formule générale, $2RS, SnS^2$, dans laquelle

$$R = Cu^2, Fe, Zn,$$

est celle qui représente le mieux les analyses. Se rencontre en masses d'un gris d'acier, passant au jaune de bronze, à cassure inégale, dans les roches stannifères de Cornouailles et de Bohême.

Caractères. — Facilement attaquable à l'acide azotique, en donnant une solution bleue, et un résidu d'acide stannique. Dans le tube ouvert, donne une odeur sulfureuse; au chalumeau, sur le charbon, fond et donne un enduit blanc d'acide stannique près de l'essai, et un résidu renfermant du cuivre et du fer.

Dureté, 4. Fragile ; poussière noire. Densité, 4,3 à 4,51.

Forme cristalline. — Cubique ; clivages très-distincts, p, b^1. Kenngott la regarde comme quadratique et hémièdre à la façon de la chalcopyrite. F. et S.

STANZAÏTE. — Voyez ANDALOUSITE.

STAPHISAGRINE (*Staphisain*) [Couerbe, *Ann. de Chim. et de Phys.*, (2), t. LII, p. 352]. — Couerbe a donné ce nom à un principe existant à côté de la *delphine* dans le *Delphinium staphisagria*. Dans la préparation de cet alcaloïde on obtient une substance insoluble dans l'éther qui est le staphisain ou staphisagrine (voyez t. I, p. 1135). C'est un corps solide, non cristallin, légèrement jaunâtre, qui ne fond qu'à 200°. L'eau et l'éther ne le dissolvent presque pas, mais il est très-soluble dans l'alcool; son goût est très-âcre. Il se dissout dans les acides sans les neutraliser. Le chlore l'altère à 150°, et l'acide nitrique chaud le transforme en une résine amère et acide.

STAPHISAGRIQUE (ACIDE). — Acide d'une existence douteuse qui se trouverait, d'après Hofschläger, dans les graines de la staphisaigre (*Delphinium staphisagria*). Cet acide constituerait une masse blanche, cristalline et sublimable, et agirait comme vomitif.

STAPHISAIN. — Voyez STAPHISAGRINE.

STASSFURTITE (Min.). — Boracite compacte de Stassfurt.

STAUROTIDE (Min.) [Syn. *Staurolithe, schorl cruciforme, pierre de croix, croisette, granatite* (Werner), *grenatite* (Saussure)]. — Silicate d'alumine, de fer, avec un peu de magnésie et des traces de manganèse.

Le fer avait été considéré comme existant uniquement à l'état de sesquioxyde. A. Mitscherlich a affirmé qu'il était à l'état de protoxyde; d'après Rammelsberg, il y a à la fois du sesquioxyde et du protoxyde. Cette circonstance se joignant à cette autre, démontrée par M. Lechartier, que les cristaux de staurotide sont généralement remplis d'impuretés, jette beaucoup de doute sur la formule qu'il convient d'attribuer à ce minéral. Les cristaux les moins impurs, soumis à un traitement préalable par l'acide fluorhydrique étendu, renferment de 28 à 29 % de silice avec de petites quantité, d'acide titanique. Leur densité est alors de 3,7 à 3,76. Ils contiennent de 1 à 2 % d'eau qu'ils perdent par la calcination. En admettant que le fer est à l'état de protoxyde, les nombres des analyses correspondent à peu près aux rapports $4RO.8Al^2O^3.7SiO^2$.

Fig. 635. — Staurotide.

Se trouve en cristaux isolés dans les gneiss, les schistes micacés et talqueux; elle est accompagnée fréquemment de grenat, de tourmaline, de disthène. Les gisements les plus connus sont les schistes de Bretagne, le Saint-Gothard, la Bolivie. Au Saint-Gothard, les cristaux de staurotide sont souvent groupés régulièrement avec des cristaux de disthène. Les cristaux sont souvent maclés à angle droit, ou obliquement; ils sont d'un brun rougeâtre, ou plus foncés et même noirs, subtranslucides, à cassure conchoïdale.

Caractères. — Inattaquable aux acides, sauf à l'acide sulfurique à chaud et en vase clos. Infusible au chalumeau, sauf la variété manganésifère de Suède (nordmarkite). Difficilement soluble dans le borax et le sel de phosphore, en donnant les réactions du fer et de la silice. Fusible avec effervescence, avec la soude en une scorie jaune.

Dureté, 7 à 7,5. Poussière blanchâtre ou grise. Densité, 3,4 à 3,8.

Forme cristalline. — Prisme orthorhombique $mm = 129° 26'$; $ma^1 = 137° 58'$; faces m, p, a^1, g^1. Macles : 1° parallèle à $e^{2/3}$; les axes des cristaux font entre eux des angles droits et les arêtes h sont dans un même plan. 2° Les arêtes mg^1 sont dans un même plan; plan de macle $n = (b^1 b^{1/5} g^{1/2})$.

Clivages : net, g^1; imparfait, m. F. et S.

Fig. 636 et 637. — Staurotide.

STÉARAMIDE, $C^{18}H^{37}AzO = C^{18}H^{35}O.AzH^2$. — On chauffe au bain d'eau salée pendant 20 à 25 jours, le stéarate d'éthyle avec de l'ammoniaque alcoolique et on purifie l'amide brute par quelques cristallisations dans l'alcool et par plusieurs lavages à l'éther froid. La stéaramide fond à 107°,5 [H. Carlet, *Bull. de la Soc. chim.*, 1859, p. 79].

STÉARANILIDE ou **PHÉNYLE-STÉARAMIDE**,

$$C^{24}H^{41}AzO = \left.\begin{matrix} C^6H^5 \\ C^{18}H^{35}O \\ H \end{matrix}\right\} Az.$$

— S'obtient en distillant au bain d'huile chauffé à 230° de l'acide stéarique sur un excès d'aniline; il se dégage de l'eau et l'acide se transforme en totalité en une anilide, cristallisable dans l'alcool en fines aiguilles blanches, fusibles à 93°,6 [Pébal, *Ann. der Chem. u. Pharm*, 1854, t. XCVII, p. 257].

STÉARÈNE. — Voyez STÉARONE.

STÉARÉRINE (de στέαρ, suif; et ἔριον, laine). — C'est une substance que M. Chevreul a indiquée dans le suint de mouton. Dans l'analyse de la laine de mérinos publiée par ce chimiste en 1828, on voit que le suint renferme 8,57 % de *stéarérine* et d'*élaïérine* ou *élœaérine* (ἔλαιον, huile, ἔριον, laine). Ces deux matières constituent la partie insoluble du suint; elles sont de nature grasse et doivent avoir la composition de la stéarine et de l'oléine; elles donnent avec la potasse du stéarérate et de l'élæérate de potasse. Le mélange de ces deux corps gras a été désigné sous le nom de *suintine* par MM. Maumené et Rogelet. Nous renvoyons pour plus de détails à l'article SUINT. J. B.

STÉARGILITE (Min.). — Argile smectique, formant des amandes dans une argile traversant les calcaires de l'oolithe inférieure, près de Poitiers. Blanc jaune, vert-pistache, semitranslucide; ressemble à de la cire ou à du savon.

STÉARIDIQUE (ACIDE), $C^{18}H^{34}O^2$. — Cet acide, isomérique avec l'acide oléique, prend naissance dans le dédoublement du bromostérate d'argent, $C^{18}H^{34}BrO^2Ag = AgBr + C^{18}H^{34}O^2$; il constitue une masse amorphe, fusible à 35° et volatile sans décomposition. Il est plus soluble dans l'alcool que l'acide élaïdique et ne cristallise pas de cette solution. Ces sels alcalins précipitent par les sels métalliques (Oudemans).

STÉARINE,

$$C^{37}H^{110}O^6 = (C^3H^5)''' (C^{18}H^{35}O^2)^3.$$

— La stéarine est un glycéride, c'est-à-dire un éther de la glycérine, et à l'article GLYCÉRIDES, tome I, p. 1586, on a fait connaître les propriétés de la monostéarine, de la distéarine et de la tristéarine.

Dans le langage commercial, le mot stéarine signifie acide stéarique, de même que l'oléine représente l'acide oléique; on donne aussi à la stéarine le nom de suif purifié.

La stéarine naturelle, qui se rencontre en grande quantité dans les suifs, est de la tristéarine. La stéarine naturelle obtenue par le procédé de Le Canu et purifiée par de nombreuses cristallisations dans l'éther ou la benzine, n'a jamais fourni par la saponification de l'acide stéarique pur fondant à 70°; il est toujours souillé par d'autres acides gras. MM. Bouis et Pimentel ont retiré des graines du brindonier de la stéarine à l'état absolu de pureté [*Compt. rend.*, t. XLIV, p. 1355]. Cette stéarine est très-blanche, cristallisée en mamelons rayonnés, nacrés, surmontés d'aiguilles très-déliées. Fondue, cette stéarine est beaucoup plus transparente que celle obtenue par le suif; elle est très-cassante; elle donne directement par la saponification de l'acide stéarique fondant à 70°; son analyse s'accorde avec la formule de la tristéarine; elle a donné :

		Calcul.
C =	76,50 —	76,85,
H =	12,37 —	12,36;

elle a fourni 95,72 % d'acide stéarique, le calcul exige 95,73.

Nous pensons que c'est la première fois qu'on s'est procuré la stéarine naturelle pure.

M. Duffy admet trois modifications de la stéarine naturelle, présentant des différences dans leur point de fusion et dans leur densité.—Voyez t. I, p. 1586.

Nous ne pouvons admettre ces trois états isomériques, et, en 1855, nous avons montré que l'on peut faire varier à volonté les points de fusion et de solidification des matières grasses neutres. Nous avons expliqué ces phénomènes en admettant que les corps gras absorbent, *emmagasinent*, une quantité de chaleur d'autant plus grande qu'ils ont été chauffés à une température plus élevée, et qu'ils ne l'abandonnent, à cause de leur mauvaise conductibilité, que très-lentement; ce qui peut occasionner un retard dans le point de solidification ou une avance dans le point de fusion. Nous avons fait connaître, à cette occasion, un petit appareil permettant de déterminer les dilatations et les contractions des corps gras aux différentes températures, et, par suite, leur densité [*Ann. de Chim. et de Phys.*, juillet 1855]. J. B.

STÉARIQUE (ACIDE), $C^{18}H^{36}O^2$ [Chevreul, *Ann. de Chim.*, t. LXXXVIII, p. 225; *Ann. de Chim. et de Phys.*, (2), t. II, p. 354, et t. XXIII, p. 19. *Recherches sur les corps gras*]. — L'acide stéarique, découvert en 1811 par M. Chevreul, s'obtient par la saponification des matières grasses contenant de la stéarine; c'est le plus commun des acides gras solides et il est à peu près certain que beaucoup d'acides décrits sous d'autres noms ne sont que l'acide stéarique imparfaitement purifié, tels seraient les acides bassiques, anamirtique, stéarophanique [Hardwick, *Chem. Soc. quart. Journ.*, t. II, p. 232; — Crowder, *Phil. Mag.*, (4), t. IV, p. 21; — Francis, *Ann. Chem. u. Pharm.*, t. XLII, p. 256; — Heintz, etc.] Les corps gras solides renferment en effet habituellement, deux acides solides et l'on éprouve de grandes difficultés à les isoler complétement. L'acide stéarique est très-abondant dans les graisses de bœuf et de mouton; il se trouve aussi dans le beurre de vache, la graisse humaine, celle d'oie, celle de serpent, de cantharides et dans le spermacéti. Les graisses végétales, telles que le beurre de cacao, l'huile d'olive, l'huile de moutarde noire, etc., en renferment également.

Il se trouve habituellement à l'état de glycéride stéarique, mais, parfois pourtant, à l'état libre; c'est ce qui a lieu, par exemple, dans la coque du Levant.

L'acide qui constitue les bougies stéariques est un mélange d'acides solides formé généralement d'acides stéarique et margarique ou palmitique; dans le commerce on lui donne le nom d'acide stéarique ou de stéarine.

L'acide stéarique du commerce s'obtient par la saponification des matières grasses neutres au moyen des procédés décrits à l'article suivant; mais cet acide n'est jamais pur; il est toujours formé par le mélange de plusieurs acides. Pour l'obtenir à l'état de pureté, M. Chevreul a recommandé le premier de faire avec du suif un savon de potasse, de décomposer ce savon par l'eau afin de produire du stéarate et du margarate de potasse peu solubles, de traiter ces sels par l'alcool qui dissout plus facilement le margarate et de décomposer enfin le stéarate par un acide.

Ce procédé, dont nous n'indiquons que le principe, est très-long et est avantageusement remplacé par la méthode des précipitations fractionnées. Pour cela, on saponifie le corps gras par un alcali, et on décompose le savon par de l'acide chlorhydrique; on dissout les acides gras dans beaucoup d'alcool et l'on précipite la solution bouillante, *en partie seulement*, par une solution concentrée d'acétate de baryte ou de plomb ou de magnésie; la liqueur alcoolique laisse déposer du stéarate qu'on décompose par de l'acide chlorhydrique étendu; on fait cristalliser l'acide stéarique et on réitère sur ce produit les précipitations partielles jusqu'à ce que le point de fusion soit constant (Heintz).

On peut encore arriver au même résultat en dissolvant l'acide stéarique du commerce dans de l'alcool chaud; par le refroidissement une grande partie de l'acide se sépare; on décante l'excès d'alcool, on exprime l'acide entre des doubles de papier buvard et on recommence cette opération plusieurs fois jusqu'à ce que le point de fusion de l'acide soit fixe à 70°.

Quel que soit le procédé suivi, on ne parvient que très-difficilement à se procurer l'acide stéarique exempt de tout mélange.

MM. Bouis et Pimentel ont retiré des graines du brindonier de la stéarine pure donnant directement par la saponification de l'acide stéarique fusible à 70°.

Propriétés. — L'acide stéarique pur est incolore, inodore; il fond à 75° et se solidifie à 70°, d'après M. Chevreul; d'après M. Heintz, il fond à 69°,1; d'après M. Pebal, à 69°,2; par le refroidissement, il cristallise en aiguilles brillantes, grasses au toucher; il est insoluble dans l'eau, soluble en toute proportion dans l'alcool bouillant; la liqueur refroidie laisse déposer des lames nacrées; il est très-soluble dans l'éther. Il brûle avec une flamme blanche et éclairante. Fondu ou dissous dans l'alcool, il rougit le tournesol.

De tous les acides qui entrent communément dans la composition des graisses, l'acide stéarique est le moins soluble, dans les divers véhicules.

M. H. Kopp a constaté que l'acide stéarique éprouvait une augmentation de volume de 11 % au moment de la fusion. Le volume étant 1 à 0° devient 1,0169 à 20°; 1,0278 à 40°; 1,0539 à 60°; 1,0793 à 70° et 1,1980 à l'état bien fluide. L'acide du commerce se dilate un peu plus à la même température.

L'acide stéarique fondu a une densité de 0,854; sa densité, à 4°, est de 1,01 (Saussure). Entre 9° et 10°, sa densité est la même que celle de l'eau.

Le chlore et le brome attaquent l'acide stéarique fondu en donnant des produits chlorés ou bromés [Hardwick, *The quart. Journ. of the Chem. Soc.*, octobre 1849].

L'acide sulfurique concentré dissout l'acide stéarique sans coloration à une douce chaleur; l'addition de l'eau précipite l'acide gras sous la forme de flocons blancs. Lorsqu'on chauffe la solution sulfurique, il y a dégagement d'acide sulfureux et formation d'un acide fusible à 44° qui a les propriétés de l'acide élaïdique.

L'acide azotique attaque par l'ébullition l'acide stéarique et le transforme successivement en acides subérique, pimélique, adipique, succinique, caprique, œnanthylique, etc. [Bromeis, *Ann. der Chem. u. Pharm.*, t. XXXV, p. 86; t. XXXVII, p. 303].

L'acide phosphorique anhydre lui enlève les éléments de l'eau et le transforme en une masse cassante qui se liquéfie entre 54° et 60° [Erdmann, *Journ. für prakt. Chem.*, t. XXV, p. 500].

Le perchlorure de phosphore attaque vivement l'acide stéarique à une douce chaleur; le mélange noircit et donne, en élevant la température, de l'acide chlorhydrique, un hydrocarbure et un produit solide moins soluble dans l'alcool que l'acide stéarique [Chiozza, Gerhardt, *Traité de Chimie*, t. II, p. 851].

Le stéarate de potassium, traité par l'oxychlorure de phosphore, donne une gelée brun foncé, qui constitue sans doute le chlorure de stéaryle, et qui donne avec l'alcool le stéarate d'éthyle (Pebal).

Dans le vide, l'acide stéarique pur distille sans altération; sous la pression atmosphérique, la distillation le décompose, si l'on opère sur des quantités un peu fortes; on obtient d'abord des produits blancs dont le point de fusion est sensiblement le même que celui de l'acide employé, puis des produits plus fusibles; il reste un résidu goudronneux. La température et la rapidité de l'opération font varier la nature des produits distillés. Si l'opération est lente, il se forme des gaz et des matières non acides, parmi lesquelles une substance fondant à 77°, nacrée, très-friable, que M. Bussy a appelée *margarone* (Redtenbacher et Varentrapp). L'acide stéarique distillé avec la chaux donne la stéarone. — Voyez ce mot.

D'après Heintz, la distillation de l'acide stéarique fournit, outre l'acide inaltéré qui passe, de l'anhydride carbonique, de l'eau, de la stéarone, des acides acétique, butyrique, et d'autres acides gras; des hydrocarbures, C^nH^{2n}, et des acétones moins carbonés que la stéarone.

L'acide stéarique, chauffé en présence de l'oxygène et du noir de platine à 200°, se convertit entièrement en acide carbonique et eau [Reiset et Millon, *Ann. de Chim. et de Phys.*, (3), t. VIII, p. 285].

L'action de l'acide chromique en présence de l'acide sulfurique et de l'eau abaisse le point de fusion de l'acide, en formant l'acide qui a été considéré par Retenbacher comme l'acide margarique.

Le permanganate de potasse oxyde complétement l'acide stéarique en donnant de l'acide carbonique [Cloëz et Guignet, *Compt. rend.*, t. XLVI, p. 1110].

Distillé avec l'aniline, l'acide stéarique donne de la stéaranilide (Pebal).

Chauffé avec les alcools méthylique, éthylique et leurs homologues, la mannite, la quercite, la pinite, les sucres, la glycérine, l'orcine, la cholestérine, il donne des composés éthérés. Chauffé avec l'acide pyrogallique à 200° pendant 36 heures, il forme un composé cristallin [Rosing, *Compt. rend.*, t. XIV, p. 1149].

Stéarates. — Les stéarates neutres à base d'alcali se dissolvent sans altération dans 10 à 20 p. d'eau chaude; par l'addition d'une grande quantité d'eau, il y a décomposition; il se sépare un sel acide et le liquide prend une réaction alcaline. Les stéarates à base d'alcali sont solubles dans l'alcool, mieux à chaud qu'à froid. L'éther ne les dissout pas; il enlève l'excédant d'acide aux bistéarates et les transforme en sels neutres. L'eau chargée de sels ne dissout les stéarates alcalins qu'en très-petite quantité; cette propriété est mise à profit dans la fabrication du savon.

Les stéarates solubles à base d'alcali sont décomposés par les sels des autres oxydes métalliques; il se forme dans ce cas des stéarates insolubles.

Les acides minéraux étendus décomposent les stéarates alcalins et en séparent l'acide stéarique.

Les stéarates, en général, sont assez fusibles.

Stéarates d'ammonium. — (*a*) *Sel neutre.* — Sel blanc, d'une saveur alcaline; se produit lorsqu'on abandonne de l'acide stéarique dans une atmosphère de gaz ammoniac.

(*b*) *Sel acide.* — Masse grasse au toucher et inodore obtenue par la dessiccation du sel neutre à l'air. On peut l'obtenir en paillettes nacrées en versant la solution ammoniacale du sel neutre dans une grande quantité d'eau bouillante et laissant refroidir.

Stéarate de potassium. — (*a*) *Sel neutre,*

$$C^{18}H^{35}KO^2.$$

— Grains cristallins obtenus en mettant en digestion de l'acide stéarique avec son poids de potasse dissoute dans 20 p. d'eau; dans l'alcool, il cristallise en paillettes brillantes. L'addition de l'eau en sépare du bistéarate. Le stéarate neutre est soluble dans 6 p. 2/3 d'alcool absolu et bouillant; il est très-peu soluble dans l'éther, même bouillant. 1 p. du sel se dissout entièrement dans 25 p. d'eau bouillante, et la solution se prend par le refroidissement en une masse nacrée.

(*b*) *Sel acide,* $C^{18}H^{35}KO^2, C^{18}H^{36}O^2$. — Obtenu en décomposant le sel neutre par l'addition de 1000 p. d'eau ou davantage; se dépose de sa solution alcoolique sous forme d'écailles d'un éclat argentin. 100 p. d'alcool absolu dissolvent, à l'ébullition, 27 p. de bistéarate de potasse.

Stéarates de sodium. — (*a*) *Sel neutre,*

$$C^{18}H^{35}NaO^2.$$

— S'obtient en neutralisant une solution alcoolique et bouillante d'acide stéarique par une solution concentrée de carbonate de sodium. Il constitue des lamelles brillantes ou bien il forme un savon dur et transparent; il se dissout fort peu dans l'eau froide; l'eau bouillante le décompose moins aisément que le sel de potasse. Il est soluble dans 20 p. d'alcool bouillant de 0,821; il est insoluble dans l'eau chargée de sel marin.

(*b*) *Sel acide.* — Se prépare en dissolvant 1 p. de stéarate neutre de sodium dans 2000 ou 3000 p. d'eau bouillante. Il se sépare en lamelles nacrées.

Sel de baryum, $(C^{18}H^{35}O^2)^2Ba$. — Poudre cristalline nacrée. On le prépare en versant une solution alcoolique bouillante d'acide stéarique dans une solution aqueuse et chaude d'acétate de baryte, ou bien en précipitant à chaud par du chlorure de baryum une solution alcoolique de stéarate neutre de soude.

Stéarate de strontium. — Analogue au précédent.

Stéarate de calcium. — Se prépare comme les précédents par le mélange d'un sel de chaux avec une solution alcoolique de stéarate de potassium ou de sodium.

Stéarate de magnésium, $(C^{18}H^{35}O^2)^2Mg$. — Il se prépare en précipitant le stéarate de sodium par le sulfate de magnésium. Il se précipite aussi lorsqu'on ajoute un sel de magnésium ammoniacal à une solution alcoolique d'acide stéarique sursaturé d'ammoniaque. Ce sel est blanc, soluble dans l'alcool bouillant, qui le dépose par le refroidissement sous la forme de paillettes légères. Il fond par la chaleur avant de se décomposer.

Stéarate de cuivre, $(C^{18}H^{35}O^2)^2Cu$. — Poudre amorphe d'un bleu clair verdâtre; il fond en un liquide vert; s'obtient par double décomposition.

Stéarate de plomb. — (*a*) *Sel neutre,*

$$(C^{18}H^{35}O^2)^2Pb.$$

— On le produit en versant une solution d'acétate de plomb, additionnée d'acide acétique, dans une solution de stéarate de sodium. Ce sel est blanc, très-dense quand il est sec, fusible vers 125°, peu soluble dans l'alcool et l'éther, soluble en toute proportion dans l'essence de térébenthine bouillante, qui le laisse déposer, par le refroidissement, à l'état gélatineux. Il renferme 26,8 % d'oxyde de plomb. L'eau ne le mouille pas.

(*b*) *Sel acide,* $(C^{18}H^{35}O^2)^2Pb, 2C^{18}H^{36}O^2$. — Il se prépare en fondant 100 p. d'acide stéarique avec 21 p. de litharge en poudre. Masse radiée, d'un gris clair, fusible entre 95° et 100°; peu soluble dans l'alcool; l'éther lui enlève une partie de son acide stéarique. On obtient encore un sous-sel mal défini en faisant digérer, à l'abri de l'air, de l'acide stéarique dans une dissolution bouillante de sous-acétate de plomb.

Le *sel diplombique*, $(C^{18}H^{35}O^2)^2Pb + PbO$, ou peut être $C^{18}H^{35}O^2PbOH$, se prépare en faisant bouillir de l'acide stéarique en vase clos avec de l'acétate triplombique, lavant à l'eau, puis à l'alcool bouillant. Il forme un savon blanc, transparent, friable, liquide à 100° (Chevreul).

Stéarate mercurique. — Obtenu par précipitation avec l'azotate mercurique, il constitue une poudre facilement fusible qui se ramollit sous les doigts.

Stéarate mercureux. — Sel grenu, blanc grisâtre, fusible, insoluble dans l'eau et dans l'alcool froid, peu soluble dans l'alcool bouillant, très-soluble dans l'éther. Il s'obtient par double décomposition.

ÉTHERS STÉARIQUES.

Stéarate de méthyle, $C^{18}H^{35}O^2, CH^3$. — On le prépare en faisant digérer pendant une demi-heure environ 1 p. d'acide stéarique avec 2 p. d'esprit de bois et 2 p. d'acide sulfurique concentré; il vient nager à la surface du mélange; ou encore en chauffant l'acide stéarique avec l'alcool méthylique pendant un jour en vase clos; c'est une masse cristalline, demi-transparente, fusible à 85° et insoluble dans l'eau [Lassaigne, *Ann. der Chem. u. Pharm.*, t. XIII, p. 168].

Stéarate d'éthyle, $C^{18}H^{35}O^2, C^2H^5$. — Lassaigne a obtenu cet éther en faisant passer jusqu'à saturation un courant de gaz chlorhydrique dans une solution alcoolique d'acide stéarique, chauffant le mélange et l'agitant avec de l'eau chaude. On l'obtient encore en faisant bouillir pendant une demi-heure un mélange d'acide stéarique, d'alcool et d'acide sulfurique concentré. Cet éther se forme instantanément lorsqu'on agite une solution éthérée de stéarine avec une solution alcoolique de potasse insuffisante pour produire la saponification complète (Bouis). Il se produit aussi lorsqu'on fait bouillir une solution de stéarine et d'éthylate de soude dans l'alcool absolu [Duffy, *The quart. Journ. of the Chem. Soc.*, t. V, p. 311], ou lorsqu'on chauffe à 100°, pendant cent deux heures, une solution alcoolique d'acide stéarique additionnée d'acide acétique [Berthelot, *Ann. de Chim. et de Phys.*, (3), t. XLI, p. 441].

L'éther stéarique est solide, sans odeur, translucide; il fond à 31° (Redtenbacher), à 33°,7 (Duffy); il distille à 224° en se décomposant. Il cristallise dans l'alcool sous la forme d'aiguilles blanches et soyeuses. Il est soluble dans l'alcool et dans l'éther. La solution éthérée ne le donne pas à l'état cristallin (Duffy).

Il est décomposé par l'eau partiellement à 100°; il l'est par l'acide chlorhydrique et par la potasse alcoolique, mais non par la potasse aqueuse. La baryte anhydre le dédouble à 200° en stéarate et en alcoolate de baryum; il ne se forme pas d'oxyde d'éthyle:

$$2C^{18}H^{35}O^2.C^2H^5 + 2BaO$$
$$= (C^{18}H^{35}O^2)^2Ba + (C^2H^5O)^2Ba$$

[Berthelot et de Fleurieu, *Ann. de Chim. et de Phys.*, (3), t. LXVII, p. 79].

Stéarate d'amyle, $C^{18}H^{35}O^2, C^5H^{11}$. — L'éther stéarique de l'alcool amylique se prépare comme le précédent; il présente l'aspect d'une masse molle, gluante et demi-transparente, fusible à 25°,5 (Duffy), très-soluble dans l'alcool et l'éther bouillants. Une solution aqueuse de potasse ne l'attaque pas, mais une solution alcoolique de potasse le dédouble en stéarate de potasse et en alcool amylique.

Stéarate d'octyle, $C^{18}H^{35}O^2C^8H^{17}$. — Obtenu en chauffant l'acide avec l'alcool octylique à 200° pendant une journée. Il est incolore, inodore, neutre, et fond à 45° [Hanhart, *Compt. rend.*, t. XLVII, p. 230].

Stéarate de cétyle, $C^{18}H^{35}O^2C^{16}H^{33}$. — Un mélange de 1 p. d'éthal avec 4 à 5 p. d'acide stéarique est chauffé à 200°, dans un tube scellé, pendant 8 à 10 heures. Le produit est mélangé avec un peu d'éther, puis avec de l'eau de chaux pour enlever l'excès d'acide, chauffé quelques minutes à 100°, puis repris par l'éther pour dissoudre l'éthal et le stéarate cétylique, et enfin par l'alcool, qui ne dissout que l'éthal. On fait cristalliser le stéarate de cétyle dans l'éther. Il forme des lames larges, brillantes, ressemblant au spermacéti, fondant à 55-60°, et se prenant en une masse cristalline. Il est neutre; mais se décompose lorsqu'on le chauffe, avec mise en liberté d'un peu d'acide [Berthelot, *Ann. de Chim. et de Phys.*, (3), t. LVI, p. 70].

M. Berthelot a encore préparé les éthers stéariques suivants, qui ressemblent à la stéarine et à la palmitine, et qui sont dérivés de la *glucose*, de la *mannite*, de la *dulcite*, de la *pinite*, de la *quercite* : le distéarate glucique, $C^{42}H^{78}O^7$; les distéarates dulcitique, mannitique, pinitique, quercitique, $C^{42}H^{80}O^7$; le tétrastéarate dulcitanique, $C^{78}H^{148}O^9$; les tétrastéarates mannitique et pinitique, $C^{78}H^{150}O^{10}$; l'hexastéarate mannitique, $C^{114}H^{218}O^{12}$ [Berthelot, *Ann. de Chim. et de Phys.*, (3), t. XLVII, p. 324].

Mannites stéariques. — L'acide stéarique peut se combiner avec la mannite pour donner deux éthers neutres : la mannite tétrastéarique et la mannite héxastéarique.

Mannite tétrastéarique, $C^{78}H^{150}O^{10}$, ou *mannitane tétrastéarique*,

$$C^6H^8(C^{18}H^{35}O^2)^4O = C^{78}H^{148}O^9.$$

— Ce composé se prépare : 1° en chauffant la mannite avec l'acide stéarique entre 200° et 250° pendant 15 ou 20 heures; 2° en chauffant de même la mannitane avec l'acide stéarique dans des tubes scellés. Après réaction, on ouvre les tubes, on enlève la couche de matière grasse, on la fond au bain-marie, on y ajoute un peu d'éther, puis un excès de chaux éteinte, et on maintient au bain-marie pendant 10 minutes; on épuise par l'éther bouillant et on évapore au bain-marie la solution éthérée.

C'est une matière solide, neutre, blanche, insoluble dans l'eau, soluble dans le sulfure de carbone, peu soluble dans l'éther froid. Sa solution éthérée laisse déposer, par refroidissement, des cristaux microscopiques analogues à ceux de la stéarine.

Chauffée sur une lame de platine, la mannite stéarique émet des vapeurs abondantes; elle se carbonise et brûle sans résidu.

L'oxyde de plomb et la baryte la saponifient à 100° et la transforment en acide stéarique et en mannitane. Chauffée avec de l'eau à 240° pendant quelques heures dans un tube scellé, la mannite stéarique régénère l'acide stéarique et la mannitane :

$$C^6H^8(C^{18}H^{35}O^2)^4O + 4H^2O$$
$$= C^6H^{12}O^5 + 4C^{18}H^{36}O^2.$$

Ce phénomène est semblable à celui de la saponification des corps gras neutres.

Mannite hexastéarique,

$$C^{114}H^{218}O^{12} = C^6H^8(C^{18}H^{35}O^2)^6.$$

— Ce corps est tout semblable à la tristéarine; il se prépare en faisant réagir le précédent sur un grand excès d'acide stéarique, entre 220° et 250° pendant 20 ou 30 heures [Berthelot, *Ann. de Chim.*, t. XLVII, p. 297].

Stéarate de camphyle, bornéol ou *camphol stéarique*. — Voyez t. I, p. 659.

Stearate éthylénique ou *glycol distéarique*. — Voyez t. I, p. 1611.

Stéarates glycériques. — Voyez t. I, p. 1586.

Orcine stéarique. — Voyez t. II, p. 647.

PRODUITS DE SUBSTITUTION.

ACIDE BROMOSTÉARIQUE, $C^{18}H^{35}BrO^{2}$. — Ce corps s'obtient en chauffant 7 p. d'acide stéarique avec de l'eau et 4 p. de brome, dans un tube scellé à 130° ou 140°, au moins, jusqu'à ce que la couleur du brome ait disparu. Après lavage à l'eau, on dissout le contenu du tube dans 20 fois son poids d'alcool à 80 °/₀, on refroidit à — 10° : l'acide stéarique non altéré cristallise. Le liquide est ensuite mélangé avec un égal volume d'eau et un excès de carbonate de sodium et évaporé à sec au bain-marie. La masse saline est reprise par 10 p. d'alcool à 80 °/₀, bouillant; le liquide filtré à chaud laisse déposer le bromostéarate sodique, qui est purifié par des cristallisations répétées dans l'alcool. L'eau mère renferme du dibromostéarate de sodium.

L'acide bromostéarique est séparé du sel de sodium à l'aide de l'acide sulfurique étendu; il forme une masse cristalline jaune, fusible à 41°. Densité = 1,0653 à 20°.

Il se décompose lentement lorsqu'on le chauffe avec un excès de potasse caustique. Le bromostéarate d'argent, chauffé en présence de l'eau, donne du bromure d'argent et de l'*acide stéaridique*, $C^{18}H^{34}O^{2}$.

L'acide bromostéarique est insoluble dans l'eau, mais très-soluble dans l'alcool et dans l'éther. Il forme avec les alcalis des savons cristallisables dans l'alcool. Le sel de potassium est plus soluble que celui de sodium. Les sels alcalins donnent des précipités avec la plupart des sels métalliques [Oudemans, *Journ. für prakt. Chem.*, t. LXXXIX, p. 195].

L'ACIDE DIBROMOSTÉARIQUE, $C^{18}H^{34}Br^{2}O^{2}$, reste dans la solution qui a laissé déposer le monobromostéarate sodique. Le dibromostéarate de sodium est incristallisable, brun, visqueux, hygrométrique. Il forme avec l'eau une liqueur savonneuse opaque [Oudemans, *loc. cit.*].

ACIDE CHLOROSTÉARIQUE, $C^{18}H^{35}ClO^{2}$. — Obtenu en traitant par le chlore sec l'acide stéarique chauffé à 100°. La matière s'épaissit et devient résineuse, et forme avec la potasse un sel qui ne cristallise pas dans l'alcool. Les sels de baryum et de plomb sont insolubles dans l'eau [Hardwick, *Chem. Soc. quart. Journ.*, t. II, p. 252].

ANHYDRIDE STÉARIQUE, $C^{36}H^{70}O^{3} = (C^{18}H^{35}O)^{2}O$. — S'obtient par le procédé général de préparation des anhydrides d'acides monatomiques. Il est difficile à séparer de l'acide stéarique [Chiozza, *Ann. der Chem. u. Pharm.*, t. XCI, p. 104].

STÉARATE BENZOÏQUE,

$$C^{25}H^{40}O^{3} = (C^{18}H^{35}O)O(C^{7}H^{5}O).$$

— On le prépare en chauffant à 100° le stéarate de potassium avec le chlorure de benzoyle, et reprenant par l'éther. Il cristallise en lames brillantes, fondant à 100° (Chiozza).

STÉARIQUE (ACIDE) (INDUSTRIE). — Dans cet article, nous allons exposer les divers procédés à l'aide desquels on transforme les matières grasses en produits propres à la fabrication des bougies. Nous voulions entrer d'abord dans de grands développements en rapport avec l'importance de cette industrie; mais nous avons dû changer notre plan et restreindre nos descriptions, afin de ne pas dépasser les limites qui nous sont assignées. Nous examinerons seulement les procédés actuellement suivis, laissant de côté les nombreuses modifications qui ont été proposées, le plus souvent, dans le seul but d'éluder des brevets.

L'industrie de l'acide stéarique, née à peine depuis un demi-siècle, a pris un développement immense dans le monde entier. En 1831, la première fabrique, établie à la barrière de l'Étoile, produisait par an quelques milliers de paquets de *Bougie de l'Étoile;* les documents officiels accusent, en 1873, une production, en France, de plus de 30 millions de kilogrammes d'acide stéarique et par conséquent de quantités proportionnelles de glycérine et de savon d'acide oléique.

Voici d'ailleurs les résultats de l'enquête faite par le gouvernement :

Les fabriques de bougies stéariques, lesquelles, outre les bougies, fournissent certains produits accessoires, comme l'oléine, la glycérine, etc., sont en France au nombre de 156, ayant occupé 2,901 ouvriers et employé 1,195 chevaux-vapeur. Leur production totale a été, en 1873, de 302,379 quintaux qui, au prix moyen de 173 fr. 05 le quintal, ont atteint une valeur de 52,320,685 fr.

A lui seul, le département de la Seine fabrique 80,522 quintaux de bougies stéariques et produits accessoires; c'est le quart de la production française.

Viennent ensuite les départements suivants :

De 30,000 à 25,000 quintaux.	Bouches-du-Rhône........	30,000
	Hérault..................	30,000
	Rhône....................	29,750
De 12,500 à 7,500 quintaux.	Nord.....................	12,000
	Finistère................	9,600
	Gironde..................	9,000
	Marne....................	8,352
	Somme....................	7,870
	Gard.....................	7,800
	Seine-Inférieure.........	7,600

Cette fabrication s'étend à 43 départements.

En 1873, la France a exporté pour 7,067,291 fr. de produits stéariques. (Statistique de la France.)

Certaines contrées plus favorisées que la France sous le rapport des prix de revient, comme l'Angleterre, la Belgique, la Hollande, versent sur les marchés d'énormes quantités de produits qui font à nos fabriques une sérieuse concurrence, et cette lutte redoutable ne peut se soutenir que par la supériorité des produits et par une grande économie dans tous les détails de la fabrication.

N'oublions pas d'ailleurs que l'industrie stéarique est éminemment française : depuis la découverte des acides gras par M. Chevreul, la théorie de leur formation, leur préparation en grand, leur application industrielle, jusqu'aux procédés pratiques pour la pression, le coulage, le moulage, etc., tout nous appartient : c'est donc pour nous un devoir de ne pas nous laisser devancer par les étrangers. Dans la description des procédés nous rendrons à chacun la part qui lui revient dans le mérite de la découverte.

Deux phases bien distinctes se présentent dans la fabrication des bougies, la première a pour but de transformer les matières grasses neutres en acides plus ou moins colorés, et cette transformation peut s'exécuter par des *procédés chimiques* très-différents. Dans la seconde phase de l'opération, on prend les acides gras formés, et par des *moyens purement mécaniques* on sépare les acides solides blancs des acides liquides, et on les transforme en bougies.

Ajoutons, avant d'aller plus loin, qu'en termes de fabrique et dans le langage commercial, stéarine et oléine signifient acide stéarique et acide oléique. Ces dénominations impropres sont les seules employées, et les cotes de la Bourse ne les désignent pas autrement.

Transformation des matières grasses neutres en acides gras. — Nous avons déjà signalé à plusieurs reprises, dans ce recueil et notamment à l'article Savon, les remarquables travaux de M. Chevreul sur la saponification; cet illustre chimiste a démontré que, sous l'influence des bases, les corps gras neutres se dédoublent en *glycérine*, et en acides gras dont le point de fusion est plus élevé que celui de la matière neutre; ainsi, la stéarine fusible à 60° se transforme en acide stéarique fusible à 70°; la margarine, dont le point de fusion est inférieur à 50°, fournit l'acide margarique fondant à 60°. C'est là un fait capital pour la fabrication des bougies. La même transformation des corps gras neutres en acides et en glycérine s'opère sous l'influence de l'acide sulfurique. De là deux modes distincts de saponification, l'un par les *alcalis*, l'autre par l'*acide sulfurique*.

Bien que la nature des acides gras fût connue par les travaux de M. Chevreul commencés en 1811, ce n'est que plus tard que Gay-Lussac et M. Chevreul songèrent à appliquer ces corps à l'éclairage. Dans ce but, ils prirent, le 5 janvier 1825, un brevet d'invention. La lecture de ce brevet démontre clairement que les procédés qui y sont décrits ne sont pas praticables *industriellement*. Ils faisaient, en effet, usage de potasse ou de soude pour la saponification et se servaient d'alcool pour leur séparation; d'un autre côté, les acides gras brûlaient très-mal avec les mèches ordinaires, comme nous le verrons plus loin. Ces deux chimistes n'exploitèrent jamais leur brevet, ni un autre en date du 9 juin 1825, pris en Angleterre par Mosès-Poole et attribué à Gay-Lussac. Dans ce dernier brevet, il est question de la saponification alcaline et de la distillation du suif ou de la graisse, et aussi de la pression pour éliminer l'acide liquide.

A la même époque, Cambacérès s'occupa de la même question, et dans ses brevets, en date du 10 février 1825, du 2 mars 1825, du 17 novembre et du 20 octobre 1826, il est surtout question de la forme des mèches et de la pression en exposant la substance dans une étuve à des températures de plus en plus élevées. Les bougies produites par Cambacérès étaient grasses au toucher, jaunâtres, exhalaient une odeur désagréable, et brûlaient très-mal; ses produits ne se vendant pas, il renonça bien vite à cette fabrication.

La question de l'éclairage par les acides gras solides fut reprise en 1829, par deux jeunes docteurs en médecine, MM. de Milly et Motard, qu'une étroite amitié unit encore. Après des essais nombreux et persévérants, ils parvinrent à saponifier en grand, à l'aide *de la chaux*, ce que personne n'était parvenu à exécuter. C'est de cette découverte, qui eut lieu en 1831, que date la véritable création de l'industrie stéarique. Une fabrique fut alors installée près de la barrière de l'Étoile, sur les terrains occupés aujourd'hui par l'usine Tronchon; de là le nom de *Bougies de l'Étoile* connu dans le monde entier.

Ajoutons, avant d'aller plus loin, que les deux amis continuèrent à diriger ensemble leur entreprise, et qu'en 1834 le jury de l'Exposition leur décerna une médaille d'argent. Cette récompense honorifique ne suffisait pas à la nouvelle Société, qui avait dépensé beaucoup d'argent sans retirer encore de bénéfices, et l'année suivante, en 1835, les deux associés se séparèrent. M. de Milly, persévérant et infatigable, resta seul en possession de l'usine. M. Motard, quelques années plus tard, alla fonder à Berlin une fabrique qui fonctionne encore aujourd'hui sous sa direction et dans laquelle on emploie exclusivement le procédé par la distillation. De son côté, M. de Milly transporta son usine rue Rochechouart et, plus tard, il alla s'installer dans la plaine Saint-Denis, où il a fondé un établissement d'une grande importance dans lequel la saponification s'opère par différents procédés et qui produit de grandes quantités de glycérine et de savon d'acide oléique.

Saponification calcaire. — La saponification calcaire, telle qu'elle venait d'être indiquée par MM. de Milly et Motard, fut longtemps exclusivement suivie par les fabricants des différents pays. Actuellement elle n'est mise en pratique que par des fabricants arriérés ou placés dans des localités isolées des grands centres industriels. Nous allons toutefois décrire brièvement ce procédé qui a été le point de départ de l'industrie stéarique.

Dans des cuves en bois on dépose le suif que l'on veut saponifier, et l'on y ajoute environ son poids d'eau. Les cuves sont chauffées par de la vapeur qui arrive par un tuyau percé de trous et circulant au fond de la cuve; cette vapeur détermine la fusion du suif. D'un autre côté on éteint une quantité de chaux vive équivalente à 14 ou 15 °/ₒ du poids du suif et on y ajoute une proportion d'eau suffisante pour en former un lait de chaux homogène. On verse ce lait de chaux dans la cuve au suif fondu, en le faisant passer à travers un crible pour retenir les pierres ou les débris grossiers que la chaux pourrait contenir. Le courant de vapeur continuant toujours, la combinaison s'opère peu à peu. On l'accélère par une agitation constante; autrefois on employait un agitateur à palettes, mû par le générateur; aujourd'hui on active le mélange à bras d'homme avec une sorte de râble en bois ou *mouveron*. Peu à peu le corps gras s'empâte et se transforme en une matière blanche et dure; l'opération est arrivée à son terme quand le savon calcaire se granule tout à coup, ce qui exige environ huit heures; le savon calcaire formé de stéarate, de margarate et d'oléate de chaux est en masses dures, blanches, à cassure brillante, baignées dans une solution jaunâtre de glycérine. Après le refroidissement de la masse, on soutire l'eau chargée de glycérine par un robinet placé à la partie inférieure de la cuve. Les eaux glycérineuses ayant été écoulées, on procédait autrefois à l'enlèvement du savon calcaire, qui était cassé grossièrement à bras d'homme ou au moyen de deux cylindres en bois. Aujourd'hui on se dispense généralement du concassage des savons calcaires et on préfère faire agir directement l'acide sur les grumeaux de savon déposés encore dans la cuve à saponification et qu'on a coupés en tous sens à la bêche. Dans ce cas, les cuves doivent être doublées en plomb. La décomposition du savon calcaire s'opère avec de l'acide sulfurique marquant 20° ou 25° Baumé. Théoriquement, pour neutraliser une molécule de chaux = 56, il faut une molécule d'acide sulfurique = 98 du poids spécifique de 1,840, c'est-à-dire 175 kilogrammes d'acide pour 100 kilogrammes de chaux; dans la pratique, on ajoute un excès d'acide dont on porte le poids au double de celui de la chaux; on étend l'acide d'eau pour le ramener à 20° ou 25°. A l'aide du tableau suivant, il sera, du reste, facile de reconnaître les proportions d'acide à employer suivant le degré aréométrique.

S'il s'agit de saturer 100 kilogrammes de chaux et si on a par exemple de l'acide à 49° Baumé, il faudra en employer 271 kilogrammes et l'étendre de 457 litres ou 303 litres d'eau pour obtenir de l'acide marquant 20° ou 25° Baumé.

Si la quantité de chaux à saturer est plus faible ou plus forte que 100 kilogrammes, une simple proportion indiquera la quantité d'acide nécessaire à cette saturation.

TABLEAU DES QUANTITÉS D'ACIDE SULFURIQUE A DIVERS DEGRÉS ARÉOMÉTRIQUES POUR SATURER 100 KILOGRAMMES DE CHAUX.

DEGRÉS ARÉOMÉTRIQUES de l'acide.	QUANTITÉ D'ACIDE à 66° Baumé contenu dans l'acide.	QUANTITÉ D'ACIDE à employer par 100 kilogr. de chaux.	QUANTITÉ D'EAU EN LITRES POUR 100 KILOGRAMMES D'ACIDE A 66° BAUMÉ à ajouter pour avoir un acide marquant				
			5° Baumé.	10° Baumé.	15° Baumé.	20° Baumé.	25° Baumé.
		kilog.					
66° B.	100,00	175	2477	1318	831	554	400
65	97,04	180,3	2471	1313	826	548	395
64	94,10	186	2465	1303	820	543	389
63	91,16	196,5	2455	1297	800	532	380
62	88,22	198,4	2451	1294	807	529	376
61	85,28	205,2	2446	1288	801	525	370
60	82,24	212,5	2439	1280	794	516	362
59	80,72	216,8	2434	1276	789	512	358
58	79,12	221,2	2430	1272	785	508	354
57	77,52	226	2425	1267	780	503	349
56	75,92	230,5	2421	1263	775	498	344
55	74,32	235,4	2416	1255	770	494	339
54	72,70	240,7	2411	1252	765	488	334
53	71,17	245,9	2405	1247	760	481	329
52	69,30	252,5	2399	1241	754	476	322
51	68,05	257,2	2394	1235	748	471	318
50	66,49	263,3	2386	1230	743	465	314
49	64,37	271,9	2379	1222	734	457	309
48	62,80	278,7	2372	1214	727	450	297
47	61,32	285,4	2366	1208	721	443	289
46	59,85	292,4	2359	1201	714	436	282
45	58,02	302	2349	1188	704	427	273

Le savon calcaire étant placé dans les cuves à décomposition avec l'eau acidulée, on fait arriver la vapeur et on brasse au moyen d'un agitateur; il se forme du sulfate de chaux qui se précipite et les acides gras viennent à la surface du liquide. Lorsque l'opération est terminée, on arrête la vapeur, afin que la précipitation du sulfate de chaux s'opère plus facilement. On procède ensuite au lavage des acides gras. Pour cela, on les décante au moyen de robinets placés à différentes hauteurs et qui les font couler dans les rigoles destinées à les conduire aux cuves de lavage, ou bien on les décante au moyen d'un monte-jus qui les envoie à ces cuves. Ces dernières sont en bois, doublées de plomb et chauffées par un serpentin de vapeur.

Le premier lavage se fait avec de l'acide sulfurique à 20°; au-dessous de 80°, l'acide sulfurique étendu n'a pas d'action sur les acides gras; à 100°, il les colore légèrement, mais, comme l'action ne se porte que sur l'acide oléique, cela n'a aucune importance.

Le second lavage s'exécute avec de l'eau pure qu'on porte à l'ébullition; s'il restait de l'acide sulfurique, on procéderait à un deuxième lavage à l'eau bouillante.

Les eaux de lavage contenant le sulfate de chaux sont conservées pendant plusieurs jours dans de grands réservoirs, afin de séparer le plus possible l'acide gras qui vient se rassembler à la surface du liquide. Malgré toutes les précautions pour bien opérer, le sulfate de chaux retient toujours une petite proportion de matière grasse.

Les acides gras bruts ayant été ainsi obtenus, nous verrons plus loin comment il convient de les traiter pour les rendre propres à la confection des bougies.

Saponification calcaire dans l'autoclave. — Théoriquement, la quantité de chaux pure nécessaire pour saponifier le suif est de 9,5 %. Dans la pratique, on emploie 14, 15 et même 17 % de chaux, pour obtenir une saponification complète; c'est donc une proportion de 6 à 7 % de chaux, et par suite du double d'acide sulfurique, qui est inutilement consommée. On a cherché des moyens pour perfectionner la saponification et réduire la quantité de chaux. Déjà en 1834, MM. de Milly et Motard avaient essayé la saponification dans un autoclave chauffé à 136°, mais, le moyen de chauffage étant défectueux, ce procédé avait été abandonné. En 1852, nous fondant sur la constitution des matières grasses, nous avons essayé dans la marmite de Papin, du Conservatoire des arts et métiers, d'opérer le dédoublement des corps gras neutres à l'aide de l'eau seule. Nos essais n'ayant pas complètement réussi, M. de Milly eut l'idée heureuse d'activer l'opération en mettant dans l'autoclave une certaine quantité de chaux, inférieure à celle indiquée par la théorie. Pendant deux ans, des essais multipliés furent faits pour rendre le procédé pratique, et, en 1855, M. de Milly fit connaître un procédé permettant d'opérer la saponification dans un autoclave, à l'aide de 4 à 5 % de chaux seulement. Cette proportion a même été réduite à 2 ou 3 %, en opérant sous la pression de huit atmosphères. On comprend l'importance de ce procédé, réduisant dans de telles proportions l'emploi de l'acide sulfurique.

Cette méthode, actuellement adoptée par tous les fabricants, avait rencontré beaucoup d'incrédules, même parmi les savants, qui la regardaient comme impossible. Avant d'interpréter les résultats qu'elle fournit, nous allons décrire la manière d'opérer.

Le vase dans lequel se fait la saponification ou *autoclave* est une chaudière cylindrique en cuivre d'une épaisseur de $0^m,015$ à $0^m,016$ terminée par deux calottes; sa longueur est de 5 mètres et son diamètre de 1 mètre. Il est établi aux deux tiers au-dessous du sol; il est encastré au niveau du sol dans une garniture en briques qui s'élève verticalement jusqu'à la naissance de la calotte supérieure; il repose par la calotte inférieure sur un socle. Autour de l'autoclave il règne un vide de 1 mètre qui permet de circuler pour les réparations qui deviendraient nécessaires.

Dans la partie supérieure il existe :

1° *Un tuyau de charge* F, muni d'un robinet et destiné à l'introduction de l'eau, des matières grasses et de la chaux;

2° *Un tuyau de vidange* C descendant jusqu'au fond de l'autoclave;

3° *Un tube d'introduction de la vapeur* B, de 0m,030 de diamètre intérieur, pénétrant jusqu'à 0m,05 du fond de l'autoclave. La vapeur arrive

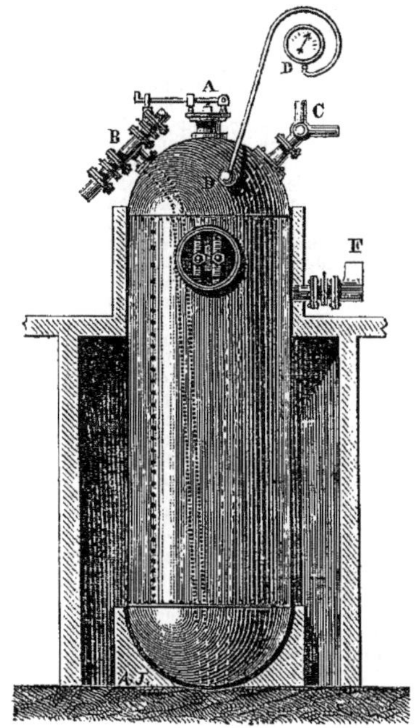

Fig. 638. — Autoclave de M. de Milly.

sur une plaque de cuivre formant bouclier. Dans sa partie extérieure ce tube est à deux branches munies chacune d'un robinet; l'une va aux générateurs à basse pression, l'autre va aux générateurs à haute pression;

4° *Une soupape de sûreté* A;

5° *Un manomètre* D;

6° *Un trou d'homme.*

Par le tuyau de charge on introduit le suif fondu avec de l'eau, puis le lait de chaux. Dans chaque opération, on traite 2,000 kilogrammes de matière grasse par 1,000 litres d'eau contenant 60 kilogrammes de chaux; on fait arriver par le tube d'introduction de la vapeur provenant de générateurs à basse pression jusqu'à ce que la pression arrive à peu près à 4 atmosphères; après cela, on fait usage de générateurs à haute pression, timbrés à 10 ou 12 atmosphères et situés à une certaine distance de l'autoclave. L'autoclave est ainsi isolé de tout foyer pour éviter les chances d'incendie. La pression s'élève graduellement dans l'autoclave jusqu'à la limite assignée de 8 atmosphères (172°). Le générateur est ordinairement chauffé à 9 atmosphères. L'arrivée de la vapeur est réglée pour que l'autoclave soit maintenu à 8 atmosphères pendant 4 heures. Si la pression du générateur venait à diminuer, il faudrait fermer les robinets de communication pour éviter le retour de la matière grasse dans les générateurs.

Pendant tout le temps de l'opération, qui dure 8 heures, une très-petite ouverture, pratiquée sur la soupape, permet un écoulement constant d'un petit jet de vapeur.

Lorsque l'opération est terminée, on cesse de faire arriver la vapeur, on laisse la température s'abaisser à 130° environ et l'on ouvre le robinet à trois eaux qui permet au liquide chargé de glycérine d'être conduit dans une cuve; dès qu'il arrive avec l'eau un peu de matière grasse, on tourne la clef du robinet à trois eaux et on dirige par le deuxième embranchement du tube la matière grasse saponifiée et à l'état pâteux dans une cuve doublée de plomb où doit se faire la saturation par l'acide sulfurique. Le savon calcaire est un savon très-acide qu'on peut considérer comme formé d'une petite quantité de savon neutre délayé dans des acides gras; aussi la matière arrive dans un grand état de division au sein de l'eau contenant l'acide sulfurique, et la décomposition se fait presque instantanément.

Les avantages de ce procédé sur l'ancien sont: 1° qu'il ne faut pas pulvériser le savon calcaire; 2° que la proportion d'acide sulfurique est diminuée considérablement; 3° que la quantité de sulfate de chaux produite est très-faible et que par suite ce sel retient moins de matière grasse; 4° qu'on obtient plus facilement la glycérine et sans aucune perte; 5° qu'un seul ouvrier peut faire marcher plusieurs autoclaves à la fois, n'ayant que des robinets à manœuvrer.

On a donné de cette opération plusieurs explications. Considérons la tristéarine : lorsqu'elle est soumise à l'action d'une quantité de chaux insuffisante pour saturer l'acide stéarique, on pourrait supposer qu'il se forme du stéarate de chaux, de la mono- ou de la distéarine, sans séparation de glycérine. Il n'en est pas ainsi, car les procédés nombreux et variés que nous avons mis en usage nous ont constamment donné de la glycérine, à *toutes les époques de l'opération,* et de la tristéarine non modifiée. Il y a donc saponification complète, et, pour la produire, l'eau intervient en même temps que la base fixe et il se forme à la fois du stéarate de chaux et de l'acide stéarique. Cela est si vrai que si l'on remplace l'eau par l'alcool, ou, en d'autres termes, si l'on saponifie la stéarine par une quantité de potasse alcoolique insuffisante pour saturer l'acide stéarique, il se forme du stéarate de potassium et du stéarate d'éthyle, en même temps qu'il se sépare de la glycérine; cette réaction est instantanée [*Compt. rend. de l'Acad. des sc.,* t. XLV]. Ainsi en traitant de la stéarine par 1 molécule de potasse dans l'alcool, il se forme du stéarate de potassium et 2 molécules d'éther stéarique.

On peut supposer que lorsque la tristéarine se saponifie à la fois par une base comme la chaux et par l'eau, la base fixe réagissant d'abord, il se forme le stéarate correspondant et de la glycérine; qu'ensuite l'eau en excès, réagissant sur le stéarate fixe, mette en liberté de l'acide stéarique et régénère l'hydrate de la base, qui peut attaquer une nouvelle quantité de tristéarine, ce cercle de réactions continuant jusqu'à saponification complète de cette dernière.

MM. Stas et Pelouze ont émis un point de vue analogue à celui qui vient d'être exposé. Ils ont admis que la saponification avait lieu par le savon formé dans la première phase d'opération, en admettant que l'eau décompose le savon neutre au fur et à mesure qu'il se forme en un savon acide et en un savon basique qui agit sur le corps gras neutre restant, comme agirait la chaux ellemême.

On a enfin supposé que, l'eau seule pouvant produire la saponification, la chaux accélère l'opération en combattant l'affinité contraire qui se manifeste au contact de l'acide gras libre et de la glycérine et tend à les reconstituer en un corps gras neutre.

Dans une thèse présentée en 1863 à Gœttingue, M. L. Buff a avancé que la saponification est imparfaite si la chaux est pure et qu'il faut ajouter un peu de potasse ou de soude pour que le dédoublement de la matière neutre soit complet.

Le reproche que l'on a fait à ce procédé de ne jamais donner des produits complétement saponifiés n'est pas plus fondé que le précédent, et nous pouvons certifier que les saponifications en vase clos à l'aide d'une petite quantité de *chaux ordinaire* sont très-complètes, que les acides qui en proviennent sont exempts de matière neutre. Il faut seulement se rappeler que la saponification exige une température et, par suite, une pression d'autant plus élevées que la quantité de chaux employée est plus faible. En employant 5 à 6 °/₀ de chaux, une pression de 6 atmosphères suffit; en ne faisant usage que de 2 ou 3 °/₀ de chaux, la pression doit s'élever à 8 atmosphères ou 172°.

Saponification par l'eau, système Tilghmann.— M. Tilghmann a cherché dès 1854 à tirer parti de l'action de l'eau sur les corps gras à une haute température et sous une pression très-élevée.

Presque en même temps (avril 1854), M. Berthelot annonçait que l'eau dédouble les corps gras neutres en acides gras et en glycérine, pourvu que l'on opère à 220° et en vase clos.

Après avoir mélangé les matières grasses à un tiers ou à la moitié de leur volume d'eau, M. Tilghmann les soumettait à l'action d'une température égale à celle du plomb fondu (330°); ou bien il faisait passer le mélange des matières grasses et de l'eau à travers des tubes en fer très-résistants, chauffés à la température indiquée et sous la pression de 90 à 100 atmosphères. Le mélange (transformé alors en acides gras libres et en une solution de glycérine) s'échappait par une soupape de sûreté, chargée d'un poids considérable. Ce procédé, très-dangereux à cause des explosions auxquelles on était exposé, a été rapidement abandonné [*Brevets anglais* du 25 mars et du 18 juillet 1854].

Saponification par l'eau, système Melsens. — Presque en même temps que M. Tilghmann, un professeur de chimie de Bruxelles, M. Melsens, prenait en Belgique un brevet pour la saponification au moyen de l'eau pure ou faiblement aiguisée par un acide. L'eau pouvait être acidulée par 1 à 10 °/₀ d'acide sulfurique du poids du corps gras employé. La présence d'une petite quantité d'acide sulfurique favorisait singulièrement la production des acides gras; l'appareil était maintenu à une température de 180° à 200° [*Brevet* du 7 décembre 1854]. Dans un brevet d'addition du 4 juin 1855, M. Melsens a décrit un autoclave spécial pour exécuter cette opération; les autoclaves doivent être doublés de plomb; mais il se produit des déformations et des déchirures difficiles à éviter.

La saponification par l'eau est très-longue et l'on n'est jamais certain d'obtenir des acides exempts de matière neutre; aussi ce procédé a-t-il été abandonné. Il en a été de même d'un appareil à circulation, connu sous le nom de système Wright et Fouché, fonctionnant à 12 ou 15 atmosphères.

SAPONIFICATION PAR L'ACIDE SULFURIQUE. — On sait depuis longtemps que l'acide sulfurique agit sur les matières grasses en les modifiant et en les rendant plus solides. Achard, de Berlin, avait annoncé qu'en ajoutant deux parties d'acide vitriolique (sulfurique) à de l'huile chauffée presque jusqu'à l'ébullition, on obtient une masse noire ayant la consistance de la térébenthine ou de la cire [*Observations et Mémoires sur la physique, l'histoire naturelle,* de l'abbé Rozier, p. 410 et 416].

Braconnot avait aussi étudié l'action de l'acide sulfurique et de l'acide nitrique sur le sui [*Annal. de Chim.*, t. XCIII, p. 250 à 254]. C'est à M. Chevreul que l'on doit reporter l'honneur d'avoir démontré que sous l'influence de l'acide sulfurique concentré les corps gras se dédoublent en acides gras et en glycérine. D'après les expériences de M. Frémy, exécutées en 1836, il se formerait pendant la réaction des combinaisons de l'acide sulfurique avec la glycérine et avec les acides gras, de telle sorte qu'on obtiendrait d'abord des acides *sulfo-stéarique, sulfo-margarique, sulfo-oléique, sulfo-glycérique;* mais sous l'influence de l'eau, et surtout de l'eau bouillante, ces corps se dédoubleraient en acides gras, en glycérine et en acide sulfurique. Quoi qu'il en soit, on trouve en définitive des acides gras qui surnagent et une dissolution aqueuse de glycérine et d'acide sulfurique. C'est là la *saponification sulfurique.*

Cette transformation ne se produit pas sans que les matières grasses aient subi un commencement de décomposition; il se dégage en effet de l'acide sulfureux et la matière noircit par suite de la formation d'une matière goudronneuse. La proportion de *goudron* formé dépend surtout de la quantité d'acide sulfurique employé et de la température à laquelle on opère. Pendant longtemps on ne faisait usage dans cette fabrication que d'*huile de palme,* de *graisses d'os,* de *graisses vertes,* mélange des matières grasses, résidus des cuisines recueillis chez les restaurateurs, de *graisses de Reims et de Tourcoing.* Aujourd'hui on emploie principalement le suif ordinaire et l'huile de palme, la perte en matière grasse étant devenue moins forte par suite des perfectionnements introduits dans l'opération.

L'emploi industriel de l'acide sulfurique pour la décomposition des matières grasses ne remonte qu'à 1840, et a été mis en pratique en Angleterre par M. Georges Clarke d'un côté, par MM. G.-G. Wynne et G.-D. Wilson de l'autre. A peu près à la même époque, MM. Masse et Tribouillet

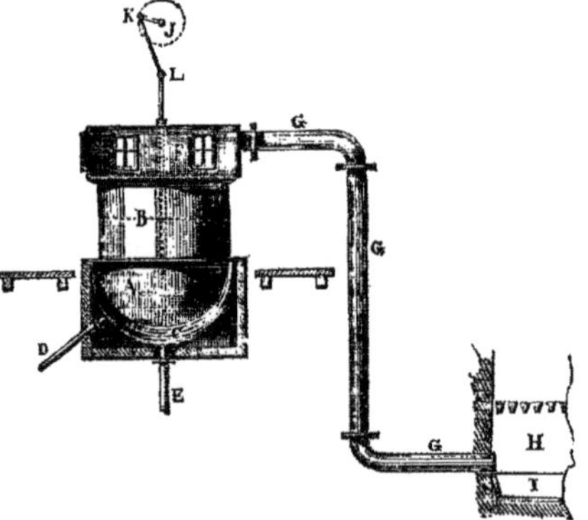

Fig. 639. —Appareil de MM. Masse et Tribouillet.

installaient à Neuilly une usine pour le traitement des corps gras par l'acide sulfurique. Voici comment ils opéraient : la saponification s'effectuait dans une chaudière A en cuivre ou en fer, doublée de plomb, chauffée par la vapeur arrivant par le tuyau D dans une double enveloppe C (fig. 639). La chaudière était surmontée d'une chambre B en tôle doublée de plomb; à la partie supérieure se trouvaient deux regards F et un trou d'homme G'; le tuyau G conduisait les vapeurs sous le foyer des générateurs, afin de brûler les substances pyrogénées à odeur infecte. Un tube E permettait d'enlever l'eau de condensation; les matières étaient continuellement mélangées par un agitateur mécanique mû par une manivelle JK. A l'origine du procédé, on ajoutait aux graisses 35 °/₀ d'acide sulfurique à 66° et on laissait les réactions s'opérer pendant vingt-quatre ou trente-six heures à la température de 90° à 92°. Plus tard, on réduisit la proportion pour l'huile de palme à 9 °/₀, pour les suifs à 12 °/₀, et pour les graisses vertes à 10 ou 12 °/₀; mais en même temps on éleva la température de 90° à 100°, 115° et au delà.

Dans cette décomposition des matières grasses par l'acide sulfurique, il se produit des acides gras et des matières noires, molles, élastiques, analogues au goudron, qui restent en dissolution dans les acides gras; ces matières noires proviennent principalement de l'action de l'acide sulfurique sur la glycérine et sur l'acide oléique; les acides solides sont peu attaqués. Il se dégage en même temps de l'acide sulfureux, de l'acroléine, etc.

Nous avons constaté que la glycérine chauffée avec l'acide sulfurique devient violette, puis noire, avec formation d'une matière très-soluble dans l'eau; si l'on continue à chauffer, la matière se boursoufle, dégage des vapeurs d'une odeur très-forte, acide, puis il se produit de l'acroléine et une matière spongieuse insoluble dans l'eau. L'acide oléique se colore déjà à froid par l'acide sulfurique et dégage de l'acide sulfureux.

L'acide stéarique, au contraire, se colore très-difficilement et devient brun rougeâtre, même lorsqu'on chauffe jusqu'à production de vapeurs. Des lavages à l'eau chaude enlèvent la matière colorante.

Généralement la saponification sulfurique se pratique aujourd'hui en traitant les matières grasses par 3 ou 4 °/₀ d'acide sulfurique concentré dans des cuves en bois doublées de plomb; les matières sont chauffées à 115° ou 120° par la vapeur pendant une demi-heure, puis soumises à l'ébullition avec de l'acide sulfurique marquant 30° ou 35° pendant cinq à six heures. L'acide sulfureux se dégage directement dans les ateliers, qui doivent être bien aérés, ou bien on recouvre les cuves d'un couvercle en bois au centre duquel se trouve une cheminée formée de quatre planches, qui conduit le gaz au dehors ou dans des corps qui l'absorbent.

Vers 80° ou 90°, la matière commence à se colorer en violet; au-dessus de 100° elle noircit en dégageant de l'acide sulfureux; la production de gaz s'observe surtout vers 115°. Il se sépare de la matière noire goudronneuse, que l'on enlève souvent avec des râteaux sous forme de matière élastique, ou bien qu'on laisse déposer dans les cuves. Son poids s'élève à 4 à 5 °/₀. Par des lavages à l'eau, une portion de cette matière noire se dissout en colorant fortement le liquide. Nous avons observé que cette matière, soluble dans l'eau, se précipite lorsqu'on ajoute au liquide un acide minéral ou même la solution d'un sel; il se dépose alors sur les parois du vase une matière plastique, noire, qui se redissout dans l'eau pure, et qui forme avec les sels de chaux, de baryte, de plomb, des composés insolubles. C'est un corps qui se comporte avec les bases comme les acides, mais ce n'est pas un acide gras; il se rapproche beaucoup plus des acides ulmiques.

La proportion des matières grasses détruites par l'acide sulfurique atteignait autrefois 15 et 20 °/₀; aujourd'hui elle ne représente que 5 à 6 °/₀.

Le simple contact de l'acide sulfurique avec les matières grasses portées à 90° ou 100° laisse toujours une portion de matière non acidifiée; par une ébullition prolongée pendant cinq ou six heures en présence d'acide sulfurique dilué, la proportion de matière neutre diminue. Le suif se saponifie beaucoup plus difficilement que l'huile de palme, et le mélange de ces deux corps gras paraît s'acidifier plus rapidement que si le suif est seul. Nous avons vu que les acides obtenus par l'action de l'acide sulfurique sont colorés en noir; leur texture est plus ou moins cristalline, surtout si l'on a saponifié un mélange de suif et d'huile de palme : certains fabricants pressent les acides à froid et distillent séparément les acides solides et les acides liquides. Ils prétendent que par cette méthode les acides solides distillés sont plus blancs et peuvent être immédiatement transformés en bougies; l'acide liquide, en effet, passe beaucoup plus difficilement à la distillation : il se décompose en partie et colore les acides solides. Ce moyen est très-peu employé.

Lavage des acides gras. — Les produits de l'opération précédente sont ensuite soumis au *lavage*, qui a pour but d'opérer leur décomposition et la séparation de l'acide sulfurique. Ce lavage doit être fait à 100° pour que la décomposition soit complète; à une température inférieure, il se fait une émulsion avec l'eau et l'on éprouve des pertes. Cette opération s'exécute dans des cuves doublées de plomb contenant de l'eau chauffée par un jet de vapeur; le lavage est répété plusieurs fois. Par le repos, les acides gras surnagent, mais ils sont noirs et ils ont besoin, avant d'être convertis en bougies, d'être soumis à la distillation.

Saponification spontanée ou instantanée. — Pour abréger le temps nécessaire à la saponification et pour diminuer la quantité de goudron formé, M. Knab a proposé d'opérer la saponification à l'aide d'un grand excès d'acide sulfurique et par un contact de quelques instants, le tout étant parfaitement mélangé. Cette méthode, indiquée en 1855, a été désignée sous le nom de *méthode par fractionnement* ou *saponification spontanée*. On ferait mieux de l'appeler *saponification instantanée*. Elle consiste à chauffer à 90°, dans des vases séparés, d'un côté l'acide sulfurique à 66° (25 kil.) et de l'autre les matières grasses (50 kil.); on fait couler les matières dans un vase à bascule doublé de plomb, on agite pour que le mélange soit bien fait, et au bout de deux minutes, par un mouvement de bascule, on fait déverser le mélange dans une cuve située au-dessous et contenant de l'eau bouillante. On recommence immédiatement l'opération, que l'on répète jusqu'à ce que l'on ait employé 1,000 kilogrammes de matière grasse; l'opération dure une heure environ. On continue à faire bouillir l'eau de la cuve, on laisse reposer quatre heures et on décante les acides gras noirs qui surnagent dans une cuve où ils sont soumis au lavage, puis à la distillation. L'énorme quantité d'acide sulfurique consommé a fait abandonner cette méthode.

Saponification sulfurique, procédé de Milly. — En 1867, M. de Milly a cherché à éviter la distillation, tout en opérant avec de l'acide sulfurique concentré et dans un temps très-court. Pour cela, on fait couler le suif chauffé à 120°, dans un entonnoir dans lequel arrive en même temps un filet d'acide sulfurique concentré en quantité telle qu'il représente 6 d'acide pour 100 de suif; le mélange serpente dans une rigole garnie de chicanes et met environ 2 minutes pour faire le trajet; il tombe alors dans une cuve remplie d'eau bouillante où se dissout la glycérine, et où se séparent, par une ébullition prolongée à la surface de l'eau, des acides gras extrêmement colorés. Mais ces acides sont colorés par une matière soluble dans l'acide oléique ; par conséquent, on pressant la matière à froid, puis à chaud, on obtient des acides très-blancs. L'acide liquide contenant la matière colorante est soumis à la distillation et fournit encore 9 à 10 % d'acides gras solides.

Ce procédé a donné des résultats surprenants ; mais il suffit qu'une opération ne soit pas bien surveillée pour qu'il se forme un peu de matière colorante insoluble, et dès lors tout l'avantage du procédé disparaît. C'est en effet ce qui s'est présenté en essayant le procédé indiqué, en 1855, par M. Frémy et qui consistait à faire réagir l'acide sulfurique étendu marquant 25° sur les corps gras pendant 24 heures au moins, quelquefois 48 heures. Malgré tous les soins apportés dans l'opération, les acides renfermaient des traces de matière colorante insoluble qui se concentrait par les pressions dans les acides solides, et leur donnait une couleur ambrée qui les rendait impropres à la confection des bougies ; de plus, l'opération se prolongeait trop longtemps. Mais la cause principale qui a fait renoncer à ces divers procédés doit être attribuée à cette observation que l'acide sulfureux résultant de l'action prolongée de l'acide sulfurique sur les matières grasses donne un rendement en acides solides plus fort que ne le donnerait la saponification alcaline. On attribue cette augmentation de rendement à la formation d'une certaine quantité d'*acide élaïdique*. Tandis que la saponification calcaire du suif fournit environ 45 % d'acides solides, la saponification sulfurique bien pratiquée donne 60 % d'acides solides un peu plus fusibles, il est vrai. Il résulte de là que, les procédés de saponification rapide ne produisant pas assez d'acide sulfureux, il est important que l'action de l'acide sulfurique soit prolongée pendant un certain temps.

Saponification dite rationnelle, procédé Bock. — Il y a quelques années, il a été beaucoup question d'un procédé d'acidification par l'acide sulfurique donnant des acides gras solides d'un point de fusion très-élevé et dans des proportions bien supérieures à celles obtenues précédemment. L'auteur de ce procédé, M. Bock, de Copenhague, a tenté des essais dans beaucoup de fabriques, et nous pensons que nulle part son moyen n'a fourni les résultats annoncés. Nous avons lu attentivement tout ce qui a été écrit sur ce sujet, et nous devons avouer que nous n'avons pu nous rendre compte de l'importance que l'on a attachée à ce procédé.

Cependant, comme M. Bock insiste beaucoup sur sa méthode et qu'il vient de la publier dans plusieurs recueils scientifiques, nous allons nous efforcer de faire comprendre sa pensée en nous servant de ses propres expressions. Nous discuterons ensuite ses assertions. Les corps gras neutres consistent en globules formés d'une enveloppe composée, dans les corps gras d'origine animale, de tissu cellulaire, de gélatine, de fibrine et d'albumine, et dans ceux d'origine végétale, de mucilage, d'albumine végétale et de cellulose ; l'intérieur des globules est rempli d'un corps gras particulier dans un état plus ou moins complet de développement. Partant de ce point, M. Bock a annoncé, en 1869, une méthode d'acidification qu'il appelle rationnelle. Dans la saponification par la chaux, la transformation à laquelle on donne le nom d'empâtage n'est autre chose que la dissolution de l'albumine qui rend possible la formation du savon calcaire et la séparation de la glycérine. Dans les méthodes par distillation à la vapeur surchauffée et par chauffage sous pression, c'est l'élévation de la température qui détermine la désorganisation des enveloppes albumineuses.

L'opération, à laquelle on donne le nom d'acidification ou saponification acide, dit M. Bock, n'est en aucune façon une décomposition. Les mots saponification acide constituent une expression particulièrement impropre. Après que l'acidification est complète, le corps gras lavé avec l'eau est toujours un corps gras neutre ; après l'acidification par l'acide sulfurique concentré, on n'observe plus de traces de formation de glycerine. Pour qu'il y ait formation de glycérine, l'eau est indispensable. L'acidification considérée sous le point de vue rationnel n'est qu'une opération préparatoire, ayant pour objet de briser les enveloppes albumineuses ou de les corroder ou carboniser en partie. Dans une acidification rationnelle, il ne doit y avoir que les enveloppes qui noircissent, et les enveloppes ne sont pas solubles dans les corps gras neutres ou acides. Si, en réalité, la solution noircit, c'est seulement parce qu'une portion de la matière grasse proprement dite a été brûlée, ce qui ne doit jamais se présenter dans une acidification opérée dans les règles.

Lorsque l'acidification est terminée, le corps gras neutre est pour ainsi dire déshabillé, c'est-à-dire débarrassé des enveloppes, ou du moins celles-ci sont suffisamment crevées ou corrodées pour que le contenu des globules puisse s'écouler librement au dehors. Le corps est alors dans l'état où il peut se laisser décomposer, et c'est ce qui a lieu en quelques heures, directement et rationnellement avec la quantité d'acide chimiquement nécessaire, à savoir 4 à 4 1/2 %, et la quantité d'eau indispensable. Après l'écoulement de l'eau chargée de glycérine, on trouve les acides gras plus ou moins colorés en noir. Le point principal de la nouvelle méthode est de se dispenser de la distillation et de faire disparaître la coloration noire. Les masses noires sont les enveloppes albumineuses qui ont été partiellement carbonisées et qui nagent dans les acides gras. Il n'y a qu'une portion relativement faible qui se précipite au fond, parce que le poids spécifique est le même que celui des acides gras. On surmonte cette difficulté en soumettant les matières à une oxydation (par les agents d'oxydation connus), au moyen de laquelle on augmente le poids spécifique du tissu cellulaire albumineux dans le rapport de 0,9 à 1,3. Les masses colorées peuvent alors être précipitées et on peut laver parfaitement les acides gras. D'après M. Bock, l'acide stéarique provenant du suif a un point de fusion s'élevant de 58° à 60° et le rendement est de 55 à 60 % du suif [*Moniteur scientifique*, février 1874 et septembre 1875 ; — *Compt. rend. de l'Acad. des sciences*, mai 1875].

En somme, M. Bock traite les matières grasses par l'acide sulfurique et les fait bouillir avec de l'eau acidulée ; jusque-là nous ne voyons rien de neuf, c'est ce qui se pratique dans toutes les usines. Le seul point qui paraîtrait nouveau, c'est l'oxydation de la matière noire pour la rendre plus dense. Examinons maintenant l'interprétation que M. Bock donne de ses différentes opérations. L'action de l'acide sulfurique concentré sur les matières grasses aurait simplement pour but de carboniser les enveloppes albumineuses, en maintenant les corps à l'état neutre. L'expérience journalière prouve le contraire, et l'on sait parfaitement que le contact des matières neutres avec l'acide sulfurique concentré pendant deux ou trois minutes suffit pour acidifier la plus grande partie du corps gras. M. Bock se trompe lorsqu'il prétend qu'après le traitement par l'acide sulfurique concentré la *matière est absolument neutre* et n'a *subi aucun dédoublement*. C'est une manière de voir que nous n'admettons pas et qui est en contradiction avec ce qui se pratique ; toutes les fois que la matière a noirci et qu'il s'est formé des matières charbonneuses, de la glycérine est mise en liberté. Pour rendre la saponification *plus complète* et séparer en même temps une partie du goudron formé, tous les fabricants font bouillir pendant plusieurs heures les matières grasses avec de l'eau acidulée par l'acide sulfurique. D'où provient la matière noire charbonneuse? M. Bock l'attribue aux cellules albumineuses qui sont détruites par l'acide sulfurique; mais c'est là une interprétation toute gratuite. Comment expliquer alors les saponifications obtenues sans colorer sensiblement les matières grasses, lorsqu'on opère à une basse température soit avec l'acide sulfurique étendu, soit avec du savon (procédé Mège-Mouriès)? D'ailleurs, en traitant des acides gras bien exempts de glycérine, préparés par la saponification calcaire ou alcaline, par l'acide sulfurique concentré, on obtient encore la matière charbonneuse. On ne peut plus l'attribuer ici aux cellules albumineuses; c'est surtout l'acide oléique qui se trouve détruit.

La coloration des acides gras est due aux enveloppes carbonisées suspendues dans la masse et qui ne se précipitent pas parce que leur poids spécifique est le même que celui du milieu dans lequel elles nagent. Or M. Bock pense qu'en oxydant le tissu albumineux, la matière carbonisée devient plus dense et se précipite. Nous ne voyons pas la nécessité de faire intervenir l'oxydation, ni un changement de densité. Par l'effet de l'ébullition, les particules très-ténues de matière solide noire se réunissent, s'agrégent et se séparent du corps gras. C'est pour nous un simple effet mécanique, analogue à celui qui se produit lorsqu'on précipite du mercure au sein d'une dissolution; il est excessivement divisé et on n'arrive à le réunir en gouttelettes que par une ébullition prolongée.

De même, lorsqu'on fait longtemps bouillir avec de l'eau les acides gras contenant de la matière goudronneuse, celle-ci se réunit en masses plus ou moins volumineuses et se sépare du corps gras; il n'y a eu ni oxydation, ni changement de densité. La matière noire qui souille les acides gras n'est pas toujours à l'état de charbon; elle se dissout souvent dans l'eau pure, et par des lavages prolongés on l'enlève complétement. Ces faits sont très-connus, et si ce procédé n'est pas habituellement suivi, c'est qu'il exige un temps trop long. Nous ferons connaître plus tard les moyens d'activer l'opération et de la rendre pratique. Déjà, en 1867, M. de Milly avait fait voir qu'après le traitement des matières grasses par l'acide sulfurique et des lavages à l'eau, on obtenait par la pression seule, *sans distillation,* des acides concrets d'une éclatante blancheur. M. Bock lui-même a pu constater le fait, *de visu,* en notre présence.

Disons, en terminant cette critique, que l'augmentation de rendement n'est pas plus forte que par la saponification acide ordinaire, et que l'élévation du point de fusion des acides gras à 58° ou 60° nous paraît difficile à expliquer et à admettre. Les acides bruts de la fabrication courante fondent entre 43° et 44°, et ce n'est que par des pressions répétées à chaud qu'on peut arriver à isoler des acides fondant à 58°; c'est sans doute ce que M. Bock a voulu dire.

DISTILLATION DES CORPS GRAS. — La distillation, appliquée aux acides gras, a principalement pour but de décolorer, de blanchir les acides après leur traitement par l'acide sulfurique ; appliquée au contraire aux corps neutres, elle les dédouble en acides gras et en glycérine. Les conditions de la distillation ne sont pas les mêmes dans les deux cas, car on sait que les acides gras distillent à une température bien inférieure à celle des matières neutres, et ces dernières trop chauffées donnent facilement des produits de décomposition. Il est donc bien important de connaître les conditions les plus avantageuses pour la distillation. L'expérience a appris que dans un courant de vapeur d'eau, l'acide margarique ou palmitique distille vers 170° à 180°; que l'acide oléique exige au moins 200°, et l'acide stéarique 230°; tant qu'on ne dépasse pas la température de 240°, les quatre cinquièmes des acides gras qui distillent sont peu colorés; au-dessus de 260°, ils commencent à se colorer, et de 320° à 335°, la coloration est jaune-brun. Déjà vers 300°, les acides gras s'altèrent et donnent des liquides dichroïques qui, n'étant pas acides, constituent des pertes sensibles. A plus forte raison les matières neutres éprouvent-elles une décomposition plus grande ; il faut donc que les acidifications soient bien complètes afin qu'on puisse distiller à la température la plus basse possible.

Pour arriver à un bon résultat pratique, on a fait beaucoup de tâtonnements et l'on a essayé de distiller les corps gras avec de l'eau, sous pression (système Tilghmann), ou bien d'opérer la distillation à la vapeur à basse pression, à feu nu, au bain de sable, au bain d'air, au bain métallique, etc., ou enfin de se servir de vapeur surchauffée avec ou sans barbotage.

Saponification par l'eau combinée avec la distillation. — Dans un mémoire sur la distillation, lu à l'Académie des sciences le 4 juillet 1825, MM. Bussy et Le Canu s'exprimaient ainsi : « Nous avons distillé un grand nombre de corps gras appartenant au règne animal et au règne végétal, du suif, de l'axonge, des huiles d'olive, de pavots, d'amandes douces et de lin.

« A partir du moment où l'ébullition se détermine, il se forme, outre les produits gazeux, une quantité plus ou moins considérable d'acides oléique et margarique dont la présence caractérise essentiellement cette première époque de la distillation. »

La chaleur seule peut dédoubler les matières neutres, mais il se produit des quantités considérables d'acroléine qui irrite vivement les yeux.

Le 17 septembre 1841, M. Dubrunfaut prit un brevet dans lequel il pose les conditions dans lesquelles les corps gras, acides ou neutres, soumis à l'action de la chaleur, passent à la distillation, et indique les produits qui prennent naissance dans les diverses circonstances. « En soumettant l'huile de palme à la température d'ébullition à un courant de vapeur d'eau divisé, il y a distillation de l'acide gras développé; et puis, quand la température a été portée à 330°, on peut continuer la distillation par un courant de vapeur d'eau, même à une température inférieure. La distillation élimine ainsi tout l'acide gras que l'huile peut produire, etc. »

Et dans une addition à son brevet on trouve, page 1 : « En soumettant un acide gras chauffé de 200° à 230° à un courant de vapeur d'eau divisé, il y a distillation d'autant plus abondante du corps gras, que la température est plus élevée, et la distillation s'achève presque sans résidu quand l'acide gras est exempt de matières non acidifiées; alors aussi il n'y a nulle trace ni d'acroléine, ni d'hydrogène carboné. »

Dans le *Mecanic Magazine,* numéro du 3 juillet 1841, t. XXXV, p. 12, on trouve la description d'un brevet de Walther, dans lequel on dit : « Ces perfectionnements consistent à faire passer de la vapeur à haute pression au travers d'une plaque de métal perforée; ces petits courants de vapeur traversent une quantité de ces huiles, graisse ou suif, enclos dans des vases très-forts.

« Le patenté propose d'opérer sur les huiles à l'état brut, ou après qu'elles ont été traitées par l'acide sulfurique. »

En 1855, M. G. Wilson a fait connaître au jury de l'Exposition universelle qu'il était parvenu, à l'aide de la chaleur et de l'eau, à rendre simultanément libres les acides gras et la glycérine qui composent l'huile de palme, et à opérer en même temps la distillation de ces acides et de la glycérine, de manière à obtenir tous ces produits à l'état de pureté chimique. Pour arriver à ce résultat, il suffit de chauffer et de maintenir la matière grasse et la glycérine dans un vase distillatoire, à une température comprise entre 290° et 315°, et d'y faire passer, par *barbotage*, de la *vapeur d'eau surchauffée* à la température de 315°. Au-dessous de 290° la saponification et la distillation des produits sont fort lentes; au-dessus de 315°, la distillation est plus rapide; mais, dans ce cas, il y a production d'acroléine. [Rapport de M. Stas au jury de l'Exposition de 1855, t. I, p. 496.]

Ce procédé n'est autre que celui de M. Dubrunfaut légèrement modifié, en ce sens qu'on se sert de vapeur surchauffée; il présente les mêmes inconvénients : il donne naissance à beaucoup d'acroléine. L'opération est en outre très-longue; elle exige trois fois plus de temps que lorsqu'on opère sur des matières acides. Nous maintenons que ce procédé ne se pratique nulle part, malgré tout ce qu'on en dit dans les ouvrages modernes; c'est un de ces procédés, comme il y en a beaucoup, qui sont mis en avant au moment des expositions. Tout au plus peut-on l'appliquer à l'huile de palme, qui est souvent en partie acidifiée, et en ne distillant que ce qui passe à 290°; pour que les matières du suif puissent distiller, il faut que la température s'élève au moins à 315° ou 320°; or, à cette température, l'acide oléique et la glycérine sont détruits avec formation de divers produits carburés et d'acroléine.

M. Wilson, dit-on, a eu principalement pour but, dans ce procédé, de préparer de la glycérine pure. A cet effet, il concentre la glycérine à l'air libre, en la chauffant jusqu'à 150° ou 155°, à l'aide de la vapeur circulant dans un serpentin à retour. Lorsque la glycérine commence à émettre des vapeurs, on la place dans un alambic et on la distille à l'aide de la vapeur surchauffée à 280° ou 290°. Ce procédé est encore illusoire, car si l'on soumet à la distillation de l'huile de palme en grande partie acidifiée, il ne passe pas de glycérine, puisqu'elle a été enlevée par les lavages préalables ; l'huile de palme neutre fournirait de la glycérine impure, très-odorante, que la distillation seule ne purifierait pas.

Saponification sulfurique, combinée avec la distillation des acides gras à la vapeur. — Ce procédé, connu sous le nom de procédé par *la voie sèche*, consiste à distiller, au moyen de la vapeur surchauffée, les acides gras obtenus en décomposant les matières grasses par l'acide sulfurique. Ainsi, bien que les travaux de MM. Chevreul, Frémy, Dubrunfaut, eussent fait connaître, d'un côté, la saponification acide, de l'autre la distillation des corps gras, ce n'est qu'en 1843 que MM. W.-C. Jones et G.-F. Wilson se sont munis d'une patente pour la combinaison des deux moyens. Dans la même année, MM. G. Wyne et Wilson proposèrent, dans une nouvelle patente, de n'employer à la décomposition des corps gras que 5 à 9 °/₀ d'acide sulfurique concentré au lieu de 25 °/₀. Ce mélange était maintenu à 100° pendant deux heures, puis successivement :

1 heure à 120°
1 — 138°
1 — 154°
1 — 177°

Dans cette patente, on signala la première application du principe proposé en 1839, par MM. Laurens et Thomas, de la vapeur surchauffée à la distillation des corps gras.

Cette méthode est exécutée aujourd'hui dans presque toutes les fabriques et elle s'applique à toutes les matières grasses. Nous avons vu précédemment comment on traitait les corps gras par l'acide sulfurique; les acides noirs obtenus, étant bien lavés, sont placés dans une cuve chauffée directement par la chaleur perdue d'un fourneau ou mieux par un serpentin à retour de vapeur, afin de les dessécher complétement. On fait ensuite couler la matière desséchée dans un alambic en fonte dans lequel pénètre un tube terminé en pomme d'arrosoir ou en serpentin, et amenant de la vapeur surchauffée en passant à travers des tubes en fer placés dans le foyer.

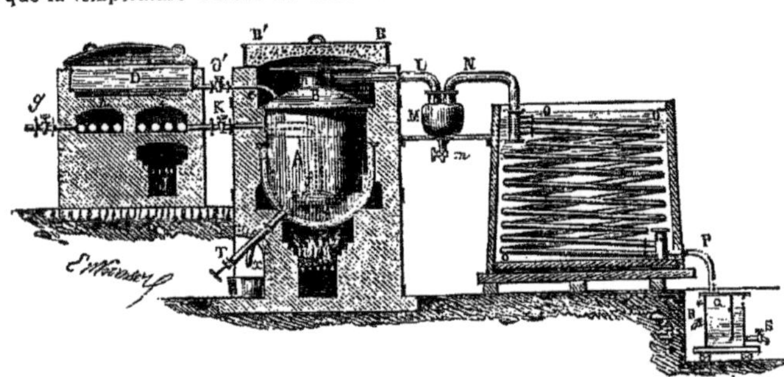

Fig. 640. — Appareil pour la distillation des acides gras à la vapeur.

La figure 640 indique la forme d'un des appareils employés. D est une chaudière plate où se fait la dessiccation des acides gras à l'aide de la chaleur perdue d'un foyer J dont la flamme, passant sous les voûtes *h*, *i*, chauffe les tubes en fonte d'un serpentin horizontal; *g* est un robinet d'introduction de la vapeur, et *k* est le robinet qui dirige la vapeur surchauffée dans la chaudière A. BB′ est un couvercle rempli de cendres pour maintenir la température; M est un purgeur destiné à retenir des portions de matière grasse projetée; OO est un serpentin à double hélice dont l'extrémité Q communique avec un récipient florentin destiné à séparer l'eau des acides gras. T*x* est un tube de vidange à soupape ouvrant dans la chaudière.

Des modifications importantes ont été introduites quant à la forme de l'alambic et à la disposition des condensateurs.

Les alambics aujourd'hui employés présentent généralement la forme sphérique ou même elliptique, de manière à offrir une grande surface d'évaporation ; ces alambics sont en fonte et chauffés par la chaleur perdue du fourneau servant à surchauffer la vapeur ; il y aurait de grands dangers d'incendie à les mettre directement en contact avec le foyer. La condensation des vapeurs s'obtient en faisant arriver les vapeurs d'acides gras et d'eau dans des réservoirs munis de chicanes et plongés dans des caisses dans lesquelles circule de l'eau froide ; ou bien on peut utiliser le système de tubes verticaux employé dans les usines à gaz. Ces tubes condensateurs sont en cuivre, accouplés deux à deux, et présentent un développement plus ou moins considérable qui peut-être diminué en plongeant les premiers tubes dans de grands réservoirs remplis d'eau ou bien encore en les entourant de tubes concentriques et en faisant circuler dans l'intervalle de l'eau froide, comme dans le réfrigérant Gay-Lussac. La figure 641 montre l'ensemble des dispositions d'un des derniers appareils employés. Dans les tubes condensateurs rapprochés de l'alambic, la température de l'eau au point d'échappement doit être environ de 50° afin que les acides gras condensés ne se solidifient pas ; par conséquent, la rapidité de la circulation de l'eau froide doit être calculée d'après la proportion de de vapeur d'eau introduite dans l'alambic.

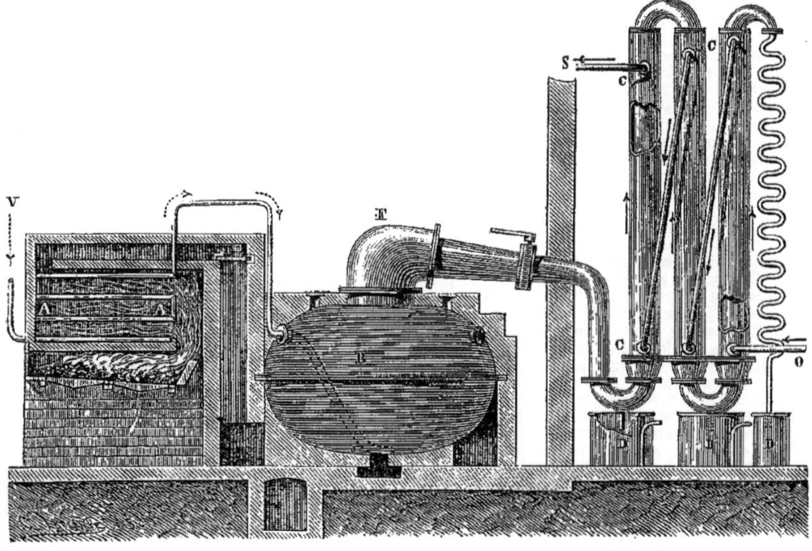

Fig. 641. — Appareil perfectionné pour la distillation des acides gras à la vapeur.

Le rapport entre les poids d'eau et d'acides gras qui passent à la distillation dépend de la température à laquelle on opère. Entre 200° et 230°, il passe sept fois autant d'eau que d'acide ; entre 230° et 260°, trois à quatre fois ; entre 325° et 350°, il distille poids égaux d'eau et d'acide. Ces chiffres, cités dans plusieurs ouvrages, ne sont pas l'expression de la vérité, et si la distillation est bien conduite, le rapport entre l'eau et l'acide doit être bien plus faible.

Un même alambic peut servir pour distiller d'une manière continue ou discontinue. Cependant, pour éviter des pertes de temps et de main-d'œuvre, il paraîtrait convenable d'employer des appareils de grande dimension lorsque la marche doit être discontinue ; aussi dans certaines usines place-t-on 5 à 6,000 kilogrammes à la fois dans les alambics. Nous pensons que des appareils plus petits sont préférables ; la distillation s'opère plus facilement, à une température plus basse, et la proportion de goudron formé doit être inférieure.

En opérant par la méthode discontinue, on charge ordinairement l'alambic avec 1,200 kilogrammes d'acides gras qu'on porte à la température de 200° environ, et on fait arriver la vapeur surchauffée ; l'opération dure environ douze heures. Après avoir laissé refroidir convenablement l'appareil, on introduit une nouvelle charge et on chauffe de nouveau. Ce n'est qu'après plusieurs opérations qu'on enlève le goudron.

Dans la méthode continue on fait couler dans l'alambic, par un entonnoir à soupape, les acides gras préalablement portés à une température élevée, de manière à remplacer ceux qui sont volatisés. Après avoir introduit environ 5,000 kilogrammes, on n'alimente plus et l'on achève de distiller ce qui est dans l'appareil. On soutire le goudron et on recommence une nouvelle opération.

Dans certains alambics le goudron est enlevé à l'aide d'un tube plongeant au fond de l'appareil et grâce à la pression de la vapeur. La plupart du temps ce tube n'existe pas et on soutire les matières goudronneuses par un tube de vidange situé à la partie inférieure de l'alambic. Il faut avoir le soin de bien laisser refroidir l'appareil avant d'exécuter cette opération, surtout lorsque la distillation a été poussée assez pour laisser un goudron sec ; dans ce cas, la matière est très-inflammable et l'introduction de l'air suffit pour qu'elle prenne feu.

Comme il est très-difficile d'obtenir des saponifications parfaites, on distille souvent les 4/5 des matières versées dans l'alambic et le cinquième restant est mis de côté et traité de nouveau par l'acide sulfurique et redistillé.

En pénétrant dans un atelier de distillation, on reconnaît bien vite si les matières que l'on traite sont bien acidifiées ou si elles renferment encore des matières neutres; dans ce dernier cas l'acroléine qui se répand dans l'atmosphère irrite très-fortement les yeux; il se forme alors des hydrocarbures liquides et gazeux qui se dégagent à l'extrémité des condenseurs. Ces liquides qu'on appelle souvent dans l'industrie des liquides *bleus* contiennent des matières solides semblables à de la paraffine.

MM. Cahours et Demarçay sont parvenus à extraire de ces matières, à l'aide de traitements successifs par l'acide sulfurique et le carbonate de soude, les *hydrures d'amyle*, d'*hexyle*, d'*heptyle*, d'*octyle*, de *nonyle*, de *décyle* et de *duodécyle* dans un état de pureté parfaite, présentant l'identité la plus complète avec ces mêmes hydrocarbures extraits des pétroles d'Amérique. Un hydrocarbure bouillant vers 280° a paru présenter tous les caractères de l'*hydrure de cétyle* ou d'*hexadécyle*.

La formation de ces produits est attribuée à la décomposition des acides gras sous l'influence de la vapeur vers 300°. Nous pensons qu'ils ne doivent leur origine qu'à la décomposition des goudrons, et voici sur quoi nous nous fondons : lorsqu'on distille des matières mal acidifiées, il se produit des proportions de goudron plus ou moins fortes, et l'on obtient alors des hydrocarbures en grande quantité. Des acides gras bien constitués provenant, par exemple, d'opérations faites dans l'autoclave, ne nous ont jamais fourni d'hydrocarbures dans des distillations convenables. Nous savons, en outre, que ces liquides *bleus* se forment *surtout* à la fin de l'opération, lorsqu'on décompose les goudrons de manière à produire un coke léger dans l'alambic. On arrive au même résultat en mettant dans une cornue en grès du coke, en le chauffant vers 350° et en faisant arriver par la tubulure de la cornue du goudron fondu; on obtient dans le réfrigérant placé à l'extrémité de la cornue un liquide volatil, que l'on a appelé *photogène*, et qui pendant longtemps a remplacé le pétrole pour l'éclairage. Il est bien entendu que, si le coke est trop chauffé, on n'obtient que des produits gazeux. Aujourd'hui dans un grand nombre d'usines on emploie les goudrons à la préparation du gaz de l'éclairage.

Nous passerons sous silence, comme n'ayant pas été employés industriellement, les procédés de saponification par les oxydes anhydres, le chlorure de zinc, les savons, les sulfures alcalins, etc., la transformation de l'acide oléique en acide élaïdique par l'acide azotique ou les vapeurs nitreuses, etc. Nous aurions désiré pouvoir mentionner les résultats de l'action de la potasse sur l'acide oléique, en vue de transformer celui-ci en acide palmitique; mais les efforts persévérants et très-coûteux des chimistes qui s'occupent de cette question n'ont pu parvenir encore à rendre le procédé économique.

En résumé, on peut dire qu'actuellement, à part quelques rares exceptions, les matières grasses neutres ne sont transformées en acides gras que par deux procédés : 1° la saponification dans l'autoclave à l'aide d'une petite quantité de chaux; 2° la saponification sulfurique suivie de la distillation par la vapeur surchauffée. Ces deux méthodes peuvent marcher de front dans la même usine et se prêter un mutuel concours. Chacune présente ses avantages et ses inconvénients. Dans la saponification par l'autoclave, on retire à peu de frais environ 6 1/2 °/₀ de glycérine des suifs traités, et cette glycérine peut être livrée directement au commerce sans aucune préparation autre que la concentration. Par la saponification sulfurique, on ne peut obtenir que 2 1/2 ou 3 °/₀ de glycérine, en partie altérée, odorante, et qui a une valeur bien moindre que la précédente.

Les acides gras retirés de l'autoclave ne fournissent à la distillation que 1/2 pour 100 de goudron, tout au plus. Les acides de saponification sulfurique distillés dans les mêmes conditions donnent 1/2 à 2 pour 100 de goudron qu'il faut ajouter aux 5 ou 6 °/₀ de goudron produit dans le traitement par l'acide sulfurique.

L'acide oléique résultant de la saponification calcaire a plus de valeur que celui de la saponification sulfurique. En revanche, la saponification calcaire des suifs donne 93,5 à 94 °/₀ d'acides gras bruts; ces acides pressés à froid et à chaud fournissent, en moyenne, 45 °/₀ d'acides gras fusibles entre 54° et 55°, et capables d'être transformés en bougies de première qualité. Le même suif traité par l'acide sulfurique et distillé produit de 58 à 59 °/₀ d'acide fusible de 50°,5 à 51°. Par cette dernière méthode il y a donc de 13 à 14 °/₀ d'augmentation de rendement en acides solides. Cet avantage est un peu diminué par la qualité des acides produits, qui ont un point de fusion plus bas, et par la destruction d'une portion de l'acide oléique. C'est donc au fabricant à voir si l'augmentation de rendement en matière solide compense et au delà la perte en matière grasse.

Dans le traitement par l'acide sulfurique, l'augmentation notable de rendement en acides solides ne paraît pas s'accorder avec l'abaissement dans le point de fusion. Ce fait trouve son explication dans les observations de M. Gottlieb et dans les nôtres propres, relatives aux mélanges des acides gras. Dans le cas qui nous occupe, il se forme de l'acide élaïdique qui abaisse le point de fusion de l'acide stéarique [Gottlieb, *Ann. der Chem. u. Pharm.*, t. LVII, p. 34; — J. Bouis, *Ann. de Chim. et de Phys.*, 1855, (3), t. XLIV, p. 152].

Conversion des acides gras en bougies. — Après avoir examiné les procédés chimiques à l'aide desquels on transforme les matières grasses neutres en acides, nous devons passer en revue les moyens mécaniques propres à convertir les acides gras en bougies.

Ces procédés mécaniques comprennent :
1° Le moulage des acides gras;
2° Le pressage à froid;
3° Le pressage à chaud;
4° La préparation des mèches;
5° Le moulage en bougies;
6° L'étendage et le blanchiment;
7° Le polissage et le rognage des bougies;
8° Le paquetage.

I. *Moulage et cristallisation des acides.* — Les acides gras, ayant été préparés par une des méthodes que nous avons indiquées, sont formés par un mélange d'acides solides et d'acide oléique; ils sont plus ou moins jaunâtres et leur point de fusion ne s'élève pas au-dessus de 44°. Il faut donc se débarrasser de l'acide oléique. Autrefois on coulait les acides fondus dans des moules en fer-blanc d'une capacité de 30 décimètres cubes environ et on les laissait refroidir jusqu'au lendemain. On en retirait alors des *pains* cristallisés pesant environ 25 kilogrammes. Ces pains étaient râpés à l'aide d'un couteau à volant mû par une machine et la matière grasse divisée par ce moyen était ensuite placée dans des sacs et soumise à l'action de la presse.

Après quelques années de pratique, M. de Milly, pour diminuer la main-d'œuvre, abandonna le moulage en blocs, l'usage du couteau, et fit faire de petites caisses en fer-blanc sous forme de parallélipipèdes, un peu plus ouverts par le haut que par le bas; c'est dans ces moules que sont versés les acides gras, où ils se refroidissent et cristallisent; ils ont des dimensions convenables pour être portés directement sous la presse. Les moules ou mouleaux, qu'on appelle aussi les formes, se font encore en fonte émaillée ou en cuivre mince étamé.

Pour réduire le temps nécessaire au moulage, on fait usage de l'installation suivante : les moules sont étagés sur des châssis verticaux munis de tringles horizontales sur lesquelles on les dispose en colonnes. Chacun des mouleaux est percé sur l'un de ses petits côtés et à peu de distanee au-dessous du bord supérieur d'une ouverture longitudinale; tous ces mouleaux sont rangés sur la hauteur et relativement à cette ouverture en série alternative; les acides arrivent par un caniveau dans le mouleau supérieur, et lorsqu'il est plein il peut déverser la matière liquide dans celui immédiatement au-dessous, et cela dans toute la hauteur de la colonne. On arrête l'écoulement de la matière un peu avant que le mouleau le plus inférieur soit rempli.

Les acides moulés sont abandonnés à une cristallisation lente qui exige de 12 à 20 heures selon la saison. Lorsque la masse est bien refroidie, elle est jaunâtre, et par la pression du doigt on doit faire suinter l'acide liquide. On parvient à donner une texture cristalline aux matières qui en sont dépourvues et qui ne peuvent se presser convenablement, en ajoutant aux acides gras bruts les résidus des presses à chaud, ou bien en faisant des mélanges convenablement. Chaque fabricant a pour cela son tour de main particulier. Nous pouvons dire cependant d'une manière générale qu'on arrive à un bon résultat en mélangeant des produits de saponification calcaire avec des acides distillés, et si l'on n'emploie que la distillation, en opérant sur un mélange, à proportions variables de suif et d'huile de palme.

II. *Pressage à froid.* — Les acides gras sortis des mouleaux doivent être soumis à l'action de la presse à froid. A cet effet on place les pains dans des tissus ou treillis de chanvre, ou plus généralement dans des étoffes en laine appelées *malfils;* on donne à ces étoffes le nom de sacs. Pour le pressage à froid on emploie la presse hydraulique verticale ordinaire (fig. 642); on la charge en mettant sur la plate-forme inférieure de la presse et à côté les uns des autres 2, 3 ou 4 sacs, suivant la largeur de la bâche; sur ces sacs on met une seconde couche, puis une plaque de tôle ou de zinc, et on recommence ainsi à charger la presse jusqu'à ce qu'on arrive au plateau supérieur. Au moyen de quelques coups de piston avec la grosse pompe on fait remonter le cylindre et on diminue le volume de la charge; on ouvre le robinet de décharge pour desserrer la presse et faire redescendre le plateau. On comble le vide produit par de nouveaux sacs et on recommence ordinairement la même opération deux fois. Quand on juge que la charge est complète, on procède à la pression définitive en faisant agir la pompe d'une manière graduelle et lente. L'acide oléique s'écoule sur les plaques métalliques munies d'une rigole et se rend au moyen d'un caniveau dans des bacs placés dans les caves. Lorsque l'acide oléique ne suinte plus à travers les sacs, on laisse égoutter pendant quelques instants, on tourne le robinet de la pompe pour desserrer la presse; on décharge les sacs et on enlève les tourteaux.

Les pains, qui avaient environ $0^m,05$ d'épaisseur, sont réduits après la pression à $0^m,02$ ou $0^m,025$.

La pression équivaut environ à 200,000 kilogrammes.

Pour qu'elle s'exerce régulièrement, il faut que les sacs aient la même épaisseur, et l'on atteint ce résultat au moyen des mouleaux qui sont d'égale dimension. La pression doit s'exécuter avec lenteur, car en allant trop vite l'acide oléique pourrait être projeté sous forme de jet et entraînerait des acides solides.

Par le pressage à froid, on retire environ 45 % d'acide oléique du poids des acides employés; il en reste, par conséquent, environ 10 % qu'on ne peut enlever par ce moyen.

Fig. 642. — Presse hydraulique pour le pressage des acides gras à froid.

Dans la préparation de bougies communes on peut ne se servir que de la presse à froid, à la condition d'avoir des tourteaux très-minces. La proportion d'acides solides restant dans les sacs dépend de la température à laquelle on travaille. Dans les pays froids le rendement est plus fort que dans les pays chauds, et cette différence se fait sentir avec les saisons. Pour être dans de bonnes conditions, les ateliers devraient être maintenus à 15° ou 16°. MM. Mignon et Rouart obtiennent le refroidissement de l'air par le contact avec un liquide refroidi.

On a proposé de remplacer la pression à froid par l'emploi de la force centrifuge; dans le t. XVII, p. 42, des *Brevets,* MM. Binet et Taurin ont décrit pour cet usage un appareil qu'ils ont nommé hydro-extracteur; il est fondé sur les mêmes principes que la *toupie* employée dans la fabrication du sucre. Cet appareil n'est pas adopté.

III. *Pressage à chaud.* — A l'origine de l'industrie stéarique, on ne se servait que des presses à froid pour l'extraction de l'acide oléique; aussi produisait-on des acides solides colorés, odorants et souvent un peu mous. M. de Milly adopta l'emploi des presses hydrauliques horizontales nécessaires aux pressions à chaud, et il fut obligé de faire faire les premières en Angleterre; elles furent considérées comme de nouveaux modèles, et entrèrent en France exemptes du droit de douane. Ajoutons qu'elles ont reçu depuis d'importants changements, mais leur emploi dans la stéarinerie est resté acquis.

Les pains résultant des presses à froid, maintenus dans des sacs de laine, sont placés dans des tissus en crin, désignés sous le nom d'*étreindelles*, disposées entre deux plaques en fonte chaudes. Autrefois ces plaques étaient plongées dans l'eau bouillante au moment où l'on commençait l'opération, et servaient ensuite à charger la presse, en mettant alternativement une plaque et une étreindelle, en terminant toujours la charge par une plaque. Une presse peut contenir de 25 à 30 pains d'acide stéarique. Le chauffage des plaques étant souvent inégal, la pression était défectueuse. Plus tard, on a ménagé dans la bâche de la presse un double fond, et l'on a chauffé à la vapeur les plaques et les étreindelles. Quand tout était porté à une température convenable, on chargeait la presse le plus rapidement possible.

Fig. 643. — Machine pour presser à chaud les acides gras.

Dans les presses actuellement en usage, les plaques ne sortent jamais de la bâche (fig. 643); elles sont creuses à l'intérieur et elles sont chauffées à la température convenable par l'introduction de la vapeur dans l'intérieur, au moyen de tuyaux articulés pouvant se déplacer à droite et à gauche. Quelquefois ces tubes métalliques sont remplacés par des tuyaux en caoutchouc ou en toile caoutchoutée. La presse étant chargée, on fait arriver la vapeur à la température de 70° environ, puis on laisse retomber la température à 35° ou 40°. On fait alors agir la pompe et avancer doucement le piston. Cette pression détermine l'expulsion de l'acide oléique qui entraîne une certaine quantité d'acide solide, et le tout s'écoule au fond de la bâche dans un caniveau qui le conduit dans des citernes.

Une pression dure une heure, chargement et déchargement compris.

Les étreindelles en crin sont rapidement mises hors de service. Elles s'imprègnent de sels de fer qui obstruent les pores du tissu; de plus, la chaleur fournie par la vapeur rend les étreindelles dures comme du bois, et elles fonctionnent mal.

On a essayé de faire des étreindelles avec des cheveux.

Certains cylindres de presse sont munis d'un manomètre communiquant avec un avertisseur électrique, dont la sonnerie indique le moment où la pression atteint le maximum fixé et où l'ouvrier doit décharger la presse. Cet avertisseur est, à notre sens, plutôt théorique que pratique, et l'ouvrier qui s'y fierait ferait un mauvais travail. La pression à chaud est très-difficile à conduire et exige une grande surveillance; elle varie en effet avec la nature des matières et l'épaisseur des tourteaux. Si la pression se fait trop rapidement, les acides sont incomplétement pressés et souvent les cylindres éclatent; un point important à observer, c'est la température à laquelle les tourteaux sont portés. Ces presses doivent pouvoir aller jusqu'à 500,000 kilogrammes.

Les acides gras qui s'écoulent dans les pressions à chaud sont conservés dans les caves où une portion des acides solides se sépare; on peut les enlever en partie en décantant l'acide oléique, ou bien en les puisant avec des écumoires, ou en les filtrant; on les soumet alors à une nouvelle pression; mais quoi qu'on fasse, on ne parvient pas à dépouiller l'acide oléique des acides solides qu'il tient en dissolution, et ce qu'il y a de mieux à faire c'est de renvoyer, à l'aide d'une pompe, l'acide oléique des presses à chaud dans les cuves où se fait le mélange des acides gras avant le moulage. Ces acides ont l'avantage de faciliter la cristallisation des matières grasses.

Épuration des acides. — Lorsque la pression à chaud est terminée, l'ouvrier presseur écarte avec un morceau de bois les plaques de fonte, ouvre les étreindelles et en retire les *galettes* d'acides solides qui sont devenus durs, secs, blancs. Les bords des galettes sont colorés par de l'acide oléique qui n'a pu être entraîné; des ouvrières nommées *ébarbeuses* enlèvent les parties jaunâtres et mettent de côté les acides bien pressés. Les portions trop colorées sont moulées de nouveau et repassent aux presses à chaud.

Les galettes ébarbées sont souvent colorées à la surface par de l'oxyde de fer provenant des appareils; elles peuvent aussi contenir un peu de chaux ou des matières étrangères. Avant de les couler en bougies il faut encore leur faire subir une épuration. On place donc les galettes dans une cuve contenant de l'eau acidulée par l'acide sulfurique et marquant 3° B. La température du bain est élevée par la vapeur circulant dans des serpentins; les acides fondent et abandonnent le fer et la chaux à l'acide sulfurique; après une heure de contact on laisse reposer.

On décante les acides gras dans une autre cuve contenant de l'eau pure qu'on renouvelle jusqu'à ce que les eaux de lavage ne soient plus acides. Autrefois on achevait la purification en ajoutant aux acides fondus des blancs d'œufs battus avec de l'eau. L'albumine, en se coagulant, entraînait les matières étrangères. Enfin on ajoutait à l'eau un peu d'acide oxalique pour précipiter la chaux.

Les acides gras parfaitement limpides et incolores surnagent; ils peuvent ainsi être moulés et livrés au commerce, ou bien ils sont immédiatement transformés en bougies.

Les acides gras ainsi purifiés fondent entre 54° et 55° s'ils proviennent de la saponification calcaire du suif dans l'autoclave; les bougies qu'on voit aux expositions et qui fondent à 57° ou 58° sont des produits d'une fabrication exceptionnelle; l'acide qui a servi à leur confection a reçu deux pressions à chaud ou bien un traitement à l'alcool.

Les acides provenant de l'huile de palme distillée présentent un point de fusion de 50° à 51°.

Avant de nous occuper du moulage des bougies, nous pensons qu'il est utile de parler des mèches et d'indiquer la préparation qu'on leur fait subir.

A partir de cette seconde phase de la fabrication, le travail est habituellement confié à des femmes.

IV. *Mèches.* — La flamme est le résultat de la combustion d'un gaz. Dans une bougie qui brûle, les matières grasses sont portées dans l'intérieur de la flamme par l'intermédiaire *de la mèche*, et l'on a fait connaître p. 1404, t. I, la constitution de la flamme et les transformations que les acides gras subissent avant de brûler.

La flamme opère d'abord la fusion de la matière solide, et celle-ci, s'élevant alors par capillarité dans les interstices des fibres de la mèche, arrive dans la flamme où elle se transforme en gaz d'une manière continue; on peut comparer la combustion d'une bougie à une usine à gaz microscopique, et de même qu'un bec de gaz éclaire plus ou moins bien selon que l'on fait varier la pression ou que le bec est plus ou moins encrassé, ou que la proportion d'air qui arrive sur le gaz est plus ou moins forte, de même aussi une bougie donnera une lumière différente suivant l'appel de l'air, la dimension et la nature de la mèche. Une mèche trop forte absorberait trop rapidement la matière fondue, la flamme serait exagérée et son alimentation se ferait dans de mauvaises conditions. Une mèche trop petite produirait l'effet inverse; il se formerait au pourtour de la bougie un rebord qui, ne recevant plus une quantité de chaleur suffisante, resterait à l'état solide; la cavité qui sert de réservoir à la matière liquéfiée ou *le godet* se trouverait trop plein et la bougie coulerait. Ainsi la section de la bougie, la grosseur de la mèche, l'appel de l'air dans la flamme doivent être entre eux dans des rapports déterminés pour qu'il y ait toujours équilibre entre la quantité de matière fondue et celle que décompose la flamme. Il faut tenir compte de la pureté de l'air, et de même que l'homme a besoin pour vivre en bonne santé d'un air pur, de même une bougie, pour bien brûler, exige un air pur. C'est un fait que l'on peut observer le soir, dans les réunions nombreuses; d'abord les bougies éclairent bien, mais à mesure que l'air s'altère par la diminution d'oxygène et la production d'acide carbonique, la lueur des bougies s'affaiblit de plus en plus, ce qui indique que l'air est devenu insalubre et qu'il faut le renouveler.

Ces conditions ne suffisent pas encore pour qu'une bougie brûle convenablement, et la confection de la mèche a toujours été la grande préoccupation des fabricants. La mèche doit être, en outre, placée dans l'axe de la bougie, sans cela, elle reste trop longue, produit de la fumée et obscurcit la flamme; si l'extrémité reste exactement dans l'axe, l'air n'arrive pas jusqu'à elle, elle charbonne et forme un champignon qui, tombant dans le godet, fait couler la bougie et finit par obstruer la mèche; il faut alors la moucher comme on le fait pour la chandelle.

Pour éviter cet inconvénient, Gay-Lussac et M. Chevreul, dans leur brevet du 4 août 1825, avaient indiqué l'emploi de mèches plates ou cylindriques, d'un tissu inégal ayant la propriété de les faire courber. Antérieurement à cela, Cambacérès, dans un brevet en date du 10 février 1825 et dans des additions postérieures, avait indiqué les mèches creuses à l'intérieur, les mèches tressées ou nattées. L'emploi des mèches tressées a été heureux, car à mesure que la bougie brûle, la mèche se courbe jusque dans le blanc de la flamme; cependant, comme les matières ne sont jamais absolument pures, il se forme des cendres qui obstruent la mèche, et après un certain temps la combustion languit. Afin de se débarrasser de ces cendres, Cambacérès avait proposé, le 17 novembre 1825, d'imbiber les mèches dans de l'eau tenant en dissolution de l'acide sulfurique. Mais ces mèches s'altéraient spontanément, et l'on se trouvait alors en possession de bougies sans mèche. Au mois de juin 1836, M. de Milly trouva qu'on remédie à tous ces inconvénients en imprégnant la mèche d'une certaine quantité d'acide borique, qui, s'unissant aux cendres de la mèche, donne naissance à un corps fusible qui est rejeté sous forme de gouttelette ou de perle vers l'extrémité de la mèche.

Ce perfectionnement est le plus important qu'on ait réalisé pour faciliter la combustion des acides gras; il fixe la date (1836, dit M. Stas dans son rapport sur l'exposition de 1855) de *la création complète de l'industrie stéarique.*

On prépare les mèches en les trempant pendant deux ou trois heures dans de l'eau tenant en dissolution 1 1/2 % d'acide borique et 1/2 % de sulfate d'ammoniaque. Après les avoir extraites du liquide, on les exprime en les tordant ou on les soumet à un appareil à force centrifuge connu sous le nom d'hydro-extracteur ou *essoreuse;* on les sèche ensuite dans une étuve.

On a aussi proposé l'emploi du phosphate d'ammoniaque, du chlorhydrate d'ammoniaque, de l'azotate de bismuth.

En Russie et en Autriche, on imprègne les mèches d'une forte proportion de phosphate ou de sulfate d'ammoniaque; elles ont l'inconvénient de se courber beaucoup; elles restent presque horizontales et étalent la flamme; en France, on est habitué à ce qu'elles se tiennent légèrement inclinées.

Pour la confection des mèches on emploie aujourd'hui exclusivement le coton de préférence au lin et au chanvre. Ces mèches sont composées de quatre-vingts ou quatre-vingt-dix fils, et le retordage a lieu à trois brins plus ou moins serrés, selon la qualité. Lorsqu'elles viennent d'être tressées, elles contiennent des filaments qui sont nuisibles à la bonne combustion de la bougie; on grille alors les mèches en les faisant passer dans une flamme d'alcool ou de gaz. Une bonne bougie ne doit pas couler dans un air tranquille; dans un courant d'air ou par l'agitation le coulage aura toujours lieu. Plusieurs moyens ont été proposés pour obvier à cet inconvénient; aucun n'a réussi. Ainsi on fait des bougies traversées par trois ou quatre rigoles cylindriques dans le sens de la longueur pour recevoir la stéarine fondue et l'empêcher de s'écouler au dehors; mais ces rigoles se bouchent bientôt par la stéarine solidifiée. Pour atteindre le même but, Clarke avait imaginé une espèce de manchette en verre percée de trous et devant descendre sur la bougie au fur et à mesure que celle-ci brûle. Cet appareil a été appelé *Lychnophylœ*.

Terminons ce qui a rapport aux mèches en indiquant comment Cambacérès a expliqué la courbure de la mèche pendant la combustion.

En examinant attentivement la tresse à trois

brins, on remarque que sur les deux faces les brins forment une série d'angles dont les côtés sont parallèles, et présentent dans l'une leurs sommets en bas comme des V, et dans l'autre leurs sommets en haut comme des V renversés [Λ].

Dans cette dernière, si l'on considère les côtés parallèles à droite ou à gauche de l'axe, il est facile de voir qu'ils sont formés par deux brins, dont le supérieur est croisé par l'inférieur, tandis que sur l'autre face le brin supérieur s'enroule bien autour de l'inférieur, mais c'est en passant de l'autre côté de l'axe. Il en résulte qu'il est tout à fait indépendant du brin parallèle, qui est placé immédiatement au-dessous de lui, et qu'il ne peut tourner autour de ce brin comme autour d'un point fixe. La mèche, en brûlant, doit donc, par le serrement des fils produit à chaque croisement, s'incliner du côté où l'on remarque les V renversés.

V. *Moulage des bougies.* — Les acides gras parfaitement purifiés doivent être coulés dans des moules pour être convertis en bougies; cette opération, très-simple en apparence, a présenté de grandes difficultés pour arriver à offrir au public des bougies à surface unie et lisse, car les acides abandonnés à une cristallisation lente deviennent friables et cassants. Nous empruntons au rapport du jury de l'Exposition universelle de Londres 1852, page 620, la description du procédé aussi simple qu'ingénieux, inventé par M. de Milly pour atteindre ce but : « Nous ne pouvons nous dispenser de mentionner ici les nombreux essais faits dans le but de rompre la cristallisation de l'acide stéarique pendant le moulage des bougies. La première tentative consista à introduire un autre acide dans l'acide stéarique, et quoiqu'elle réussît en procurant le résultat désiré, le choix de la substance employée, l'acide arsénieux avait été malheureux, et il fut de nature à compromettre l'existence de l'industrie naissante; il est vrai que cette substance délétère n'était employée qu'en petites quantités, mais elle était incompatible avec l'hygiène, et son usage ne tarda pas à être prohibé en France par l'autorité, et en Angleterre par l'opinion publique tout aussi puissante; ici recommencèrent toutes les tribulations du manufacturier (de Milly); de tous côtés il chercha un corps pouvant remplacer l'acide arsénieux et ne trouva rien; enfin, après des essais innombrables, et alors que le désespoir commençait à s'emparer de lui, il mit la main sur deux expédients bien simples une fois trouvés, et qui réussissaient aussi bien que le procédé réprouvé. Les moyens aujourd'hui employés pour éviter la cristallisation sont l'addition dans l'acide stéarique d'une petite quantité de cire, et un moyen plus simple encore consiste à faire refroidir l'acide stéarique jusqu'à une température voisine de son point de solidification avant de le verser dans les moules qui ont été préalablement chauffés à la même température que les acides gras. Le refroidissement de la matière pendant qu'elle est constamment brassée produit une pâte liquide qui se solidifie dans les moules, sans effet de cristallisation. »

L'acide arsénieux se dissout très bien dans l'acide stéarique et lui donne l'aspect de la porcelaine opaque; il suffit de faire bouillir l'acide gras dans l'eau pour que l'acide arsénieux se dissolve et l'acide stéarique se présente de nouveau avec son aspect cristallisé. A cette occasion relevons des erreurs reproduites dans la plupart des ouvrages de chimie. D'après les uns, l'introduction de l'acide arsénieux dans les bougies sert à rendre la graisse plus dure, la flamme plus blanche, et à faire adhérer la mèche; d'autres prétendent qu'on imprègne les mèches d'acide arsénieux pour faciliter leur combustion. L'acide arsénieux n'a jamais été employé dans ce but, il n'a servi autrefois qu'à troubler la cristallisation de l'acide stéarique. En France on ajoutait un millième d'acide arsénieux aux acides gras, en Angleterre la proportion paraissait être plus forte. Ces bougies arséniées répandaient en brûlant une odeur alliacée et l'arsenic métallique se déposait sur les corps environnants. L'histoire nous apprend qu'en 1670 on tenta d'empoisonner l'empereur Léopold Ier au moyen de bougies arsenicales. Ambroise Paré et Zacchias rapportent que le pape Clément VII fut empoisonné par une torche arsenicale qu'on portait devant lui pour lui faire honneur.

L'emploi de la cire a été abandonné d'abord à cause de son prix élevé et ensuite parce que les bougies qui en contiennent jaunissent avec le temps. La proportion de cire qu'on ajoutait à l'acide stéarique était de 25 %; cette addition a été réduite à 10, à 5 et même à 2 %.

Quelques fabricants lui ont substitué la paraffine dont le prix est beaucoup plus faible. Nous verrons plus loin qu'on fabrique des bougies avec la paraffine seule ou mélangée à l'acide stéarique.

Lorsqu'on veut procéder au moulage des bougies, on fait arriver les acides gras fondus dans des cuviers en bois ou en fonte émaillée où on les laisse refroidir jusqu'à ce que la cristallisation commence à se produire à la surface; à l'aide d'un morceau de bois ou par une agitation mécanique, on brasse la masse jusqu'à ce qu'elle prenne un aspect trouble et laiteux; on accélère le refroidissement des acides fondus en jetant dans les cuves de l'acide solide provenant du démoulage des bougies. Les ouvrières chargées de ce service se nomment *barboteuses*.

La matière étant arrivée au point convenable est puisée dans des poêlons et versée dans les moules.

Les moules sont des tubes légèrement coniques formés de 1 p. d'étain et de 2 p. de plomb. Ils portent à la partie supérieure un réservoir destiné à contenir des acides gras en excès servant à alimenter le corps de la bougie pendant le refroidissement et à éviter les trous qui peuvent se produire par la contraction que la matière éprouve en passant de l'état liquide à l'état solide. Cette masse alimentaire se nomme *masselotte*, et sert à enlever la bougie après son refroidissement; on arrive à ce résultat en plongeant dans la masselotte encore liquide des corps formant poignée qu'on retire avec la bougie lorsqu'elle est complétement refroidie.

Pour accélérer le travail, on a réuni un certain nombre de moules disposés sur plusieurs rangs dans un bassin appelé porte-moules; il n'y a alors qu'une masselotte générale qui permet de démouler d'un seul coup toutes les bougies. Ces porte-moules contiennent 24 ou 30 moules.

Avant de couler, il faut garnir les moules de mèches préparées comme nous l'avons indiqué plus haut. A cet effet les moules sont placés dans une position horizontale et des femmes appelées *enfileuses* insèrent les mèches à l'aide d'un petit outil en acier fourchu, placé dans un étui en bois ou en corne, afin de ne pas rayer l'intérieur du moule. Au moyen d'un ressort à boudin, on fait sortir le crochet par le bout conique du moule, on enfile la mèche et on la fait sortir par le bout opposé. On la fixe à la partie supérieure avec un petit disque évidé, dans le centre duquel un trou laisse passer la mèche qu'arrête un nœud fait au bout. La mèche est fixée à la partie inférieure par une cheville en bois appelée fosset. On a remplacé les chevilles par des robinets qui fixent et coupent la mèche au démoulage en un quart de tour de clef.

La figure 644 représente un porte-moules à chevilles, de trente moules disposés sur trois rangs de dix chacun.

Les mèches étant fixées dans les moules, il est indispensable de chauffer ceux-ci, avant le moulage, à une température de 50° à 55°. Ce chauffage s'est exécuté en portant les moules dans de l'eau chaude ou dans des étuves, ou bien encore en posant les porte-moules sur un chauffoir AB (fig. 644) formé de caisses en tôle à double enveloppe CC et environnées par un bain d'air maintenu à une température de 100°, au moyen d'un jet de vapeur lancé dans la double enveloppe CC. L'air chassé sort en *r*; l'eau de condensation en *r'*.

Les moules étant suffisamment chauds, on les amène près des cuves de fonte et on les emplit jusqu'aux quatre cinquièmes de leur entonnoir des acides ayant l'aspect laiteux. On place dans la masselotte des poignées en fer-blanc qui se scellent dans l'acide stéarique solidifié. Après le refroidissement des moules, on ôte la cheville qui retient la mèche ou on tourne le robinet pour la couper; et à l'aide des poignées en fer-blanc, on enlève les trente bougies à la fois. On casse la masselotte qu'on jette dans une chaudière à refonte; une partie sert aussi à refroidir les acides gras fondus. Au moyen d'un couteau on coupe la mèche qui retient la petite rondelle.

Le procédé de moulage que nous venons de décrire est encore employé par les *couleurs*, c'est-à-dire par des personnes étrangères à la fabrication, qui achètent de l'acide stéarique tout préparé et se bornent à le couler en bougies. Quelques fabriques arriérées le mettent aussi en pratique.

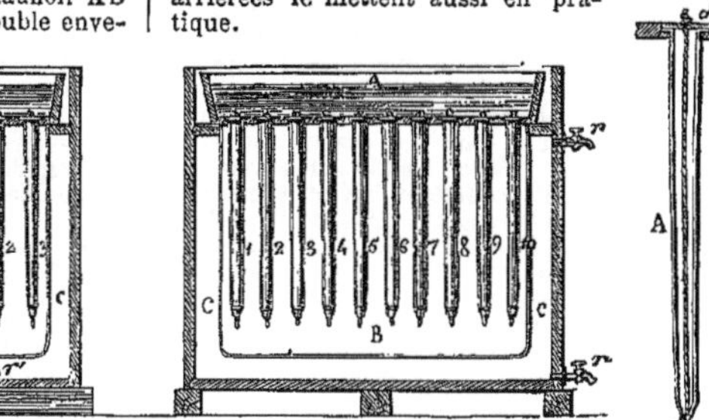

Fig. 644. — Porte-moules à cheville de trente moules disposés sur trois rangs.

Il est facile de comprendre que ce mode d'opérer est très-onéreux par suite de la main-d'œuvre, de la perte de temps employé, de la détérioration des moules, etc. On est parvenu par des perfectionnements successifs à remédier à ces inconvénients en introduisant dans la pratique l'enfilage continu des mèches en chauffant les moules par la vapeur ou l'eau chaude et accélérant le refroidissement au moyen de la ventilation ou de l'eau froide. Le système d'enfilage continu indiqué par Marshall et Newton a subi de grandes modifications de la part de MM. Cahouet (1846), Fournier (1847), Kendal (1852), Binet et Cahout (1853), Morane (1856).

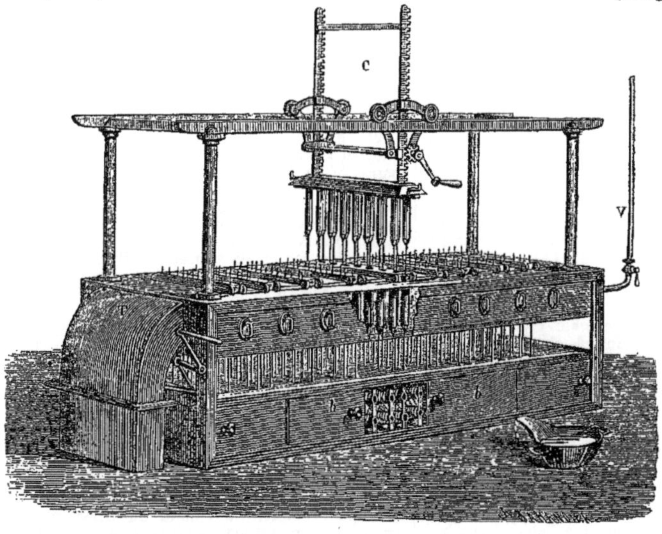

Fig. 645. — Machine a couler les bougies par enfilage continu.

Ne pouvant décrire les diverses transformations qu'on a fait subir à ces appareils avant de les rendre pratiques, nous nous bornerons à faire connaître les machines perfectionnées, généralement employées aujourd'hui et sortant des ateliers de M. P. Morane.

On peut se faire une idée de la structure de cette machine à l'inspection de la figure 645 qui représente en élévation une machine à couler les bougies par enfilage continu, chauffage sur place et refroidissement par ventilation, à dix porte-moules de vingt moules.

La machine se compose de deux compartiments superposés; dans le compartiment inférieur se trouvent les bobines horizontales sur lesquelles sont enroulées les mèches en nombre égal à celui des moules, et disposées de telle façon que chaque fois qu'on retire une bougie la mèche la suive et se déroule d'une quantité déterminée. Le compartiment supérieur, dit boîte de chauffage, est une caisse en tôle, renfermant les moules montés à vis sur les bassins; l'extrémité inférieure des moules est munie d'une garniture qui laisse passer la mèche à frottement, de manière à lui donner la tension convenable. Dans la partie haute du bâti se trouve un chariot mobile sur quatre galets, courant sur des traverses et faisant chemin de fer. Ce chariot porte des crémaillères verticales commandées par deux roues dentées, montées sur l'arbre d'une manivelle.

Pour se servir de l'appareil, on fait arriver de la vapeur dans la boîte de chauffage et, quand les moules sont arrivés à la température convenable, on supprime l'admission de vapeur et on effectue la coulée; puis, pour activer le refroidissement, on fait arriver un courant d'air injecté par un ventilateur. Lorsque les bougies sont refroidies, on procède au démoulage : on amène le chariot au-dessus des moules, on accroche les crémaillères sur les poignées de la barre de traction, on passe les goupilles qui s'engagent au-dessus de la traverse qui réunit les crémaillères, on tourne en sens inverse la manivelle et on démoule en enlevant vingt bougies à la fois; on fixe un pince-mèche à coulisse qui cintre en même temps les mèches qui sont maintenant dans l'intérieur des moules; à l'aide d'un couteau on coupe les mèches au-dessus du pince-mèches et on décroche les bougies qui sont portées sur une table et séparées de la masselotte.

Dans une autre disposition, le chauffage et le refroidissement se font à l'eau; il n'y a pas ici de récipient général enveloppant tous les moules, car on dépenserait trop d'eau; mais chaque porte-moules est enveloppé de son récepteur particulier. L'eau chaude ou l'eau froide, versée dans un entonnoir, descend dans un tuyau horizontal et monte peu à peu par des tuyaux verticaux dans les récipients qui renferment les porte-moules. Un robinet placé à l'extrémité du tube horizontal permet de vider l'eau.

Le démoulage des bougies peut s'exécuter autrement que dans les appareils précédents, en exerçant une pression de bas en haut. Ces moyens s'appliquent surtout aux produits mous, tels que les *composites*, formés d'acides gras mélangés d'huile de palme blanchie, de coco, de suif, qui n'éprouvent pas par le refroidissement un grand retrait, ou dont la mèche pourrait être facilement déplacée. M. Cowper a proposé de faire usage de l'air atmosphérique comprimé qu'on injecte dans le moule et qui, en pressant sur le bout mince de la bougie, la chasse hors du moule et la lance à une hauteur telle qu'un ouvrier puisse la saisir au vol. L'extrémité inférieure de chaque moule est munie d'un ajustage à robinet communiquant, à l'aide d'un tube, avec le réservoir à air comprimé. La bougie étant refroidie, il suffit d'ouvrir la clef du robinet pour qu'elle sorte du moule. Ce moyen, employé en Angleterre dans quelques usines, exige trop de main-d'œuvre puisqu'il faut démouler chaque bougie l'une après l'autre. On arrive plus économiquement au même résultat à l'aide de machines à enfilage continu dans lesquelles les bougies sont poussées de bas en haut par des tiges se mouvant dans l'intérieur des moules comme un piston, en s'élevant à volonté à une hauteur déterminée. L'avantage de ce système est de supprimer la masselotte. Parmi ces machines, nous pouvons citer celle de Rieding, construite principalement en vue de la fabrication de la chandelle moulée, et celle de M. P. Morane.

Dans la dernière machine construite par M. P. Morane, il n'y a presque pas de culot à refondre, car, dès que les moules sont pleins, on se débarrasse de l'excès de stéarine en le faisant tomber dans des gouttières au moyen d'un mouvement de bascule imprimé au réservoir; à l'aide de cet appareil, on peut mettre différents calibres sur la même machine et on peut varier à volonté la longueur des bougies en descendant les repoussoirs au point convenable. Pour rendre le travail continu et rapide, M. P. Morane place des machines sur une plaque tournante, de manière qu'elles viennent successivement se mettre en face d'un robinet amenant l'eau chaude ou l'eau froide pour chauffer les moules ou les refroidir. La figure 646 représente un système de douze machines disposées sur une plaque tournante au centre de laquelle se trouvent les réservoirs E F, à eau chaude et à eau froide. Nous ne pouvons entrer ici dans la description de cette machine ingénieuse, dont la manœuvre sera facilement comprise de tous les fabricants.

Dans l'ancien procédé de moulage, les chariots portant les moules étaient amenés près des cuves contenant les acides gras, et, la coulée étant faite, on les enlevait pour laisser refroidir les bougies. Avec le système actuel d'enfilage continu, les machines sont fixes et peuvent être éloignées des cuves à acides gras; dans ce cas, de petits réservoirs contenant l'acide stéarique prêt à être coulé sont placés sur de petits chariots et amenés sur des rails à côté des machines à mouler.

D'après ce que nous venons de dire sur le moulage, on se rend compte de la main-d'œuvre, du matériel et de l'espace nécessaire dans les deux systèmes, et on voit facilement que l'avantage est du côté de l'enfilage continu.

VI. *Étendage et blanchiment.* — Les bougies, au sortir des moules, sont légèrement jaunâtres et on les blanchit en les exposant à la lumière. On les place pour cela sur des planches percées de trous ou sur des grillages en fer galvanisé à travers lesquels passent les bougies, et on les expose à l'air et à la lumière.

Certains fabricants pensent qu'il faut laisser les bougies à l'air libre, exposées à l'action de la lumière solaire et de la rosée; cela n'est pas nécessaire et la lumière, même diffuse, suffit. Dans les fabriques bien organisées, l'étendage se fait dans de vastes salles vitrées de toutes parts, de manière à garantir les bougies des impuretés de l'atmosphère; en quelques heures d'exposition à la lumière, la teinte jaunâtre a disparu, sans le secours de la rosée, ni du soleil qui, du reste, ne se montre pas souvent en hiver dans certaines contrées. L'avantage des salles vitrées est que les bougies ne sont pas salies, qu'on peut se dispenser de les laver avant de les polir.

On avait essayé autrefois de blanchir les bougies par l'emploi du chlore, du chlorure de chaux; on ignorait alors qu'il se forme des produits de substitution du chlore et que la matière grasse, en brûlant, dégage des vapeurs d'acide chlorhydrique. Vers 1840, MM. Tresca et Eboli, guidés par les travaux de M. Chevreul sur la théorie des couleurs complémentaires, ont cherché à détruire le ton jaunâtre de l'acide stéarique, en faisant usage de matières colorantes dont le mélange pouvait fournir le bleu violet. Ils ont employé avec succès un mélange de carmin et de bleu de Prusse, ou mieux encore le bleu cobalt ou l'outremer. La matière colorante doit être ajoutée à l'acide stéarique en très-petite quantité. On a remplacé l'outremer par le bleu d'aniline dissous dans l'éther ou l'alcool absolu. Ce moyen physique de faire paraître la bougie plus blanche est souvent employé; mais il ne trompe pas l'œil du connaisseur, qui aime mieux la bougie blanchie naturellement, ce qui est l'indice d'une bonne fabrication.

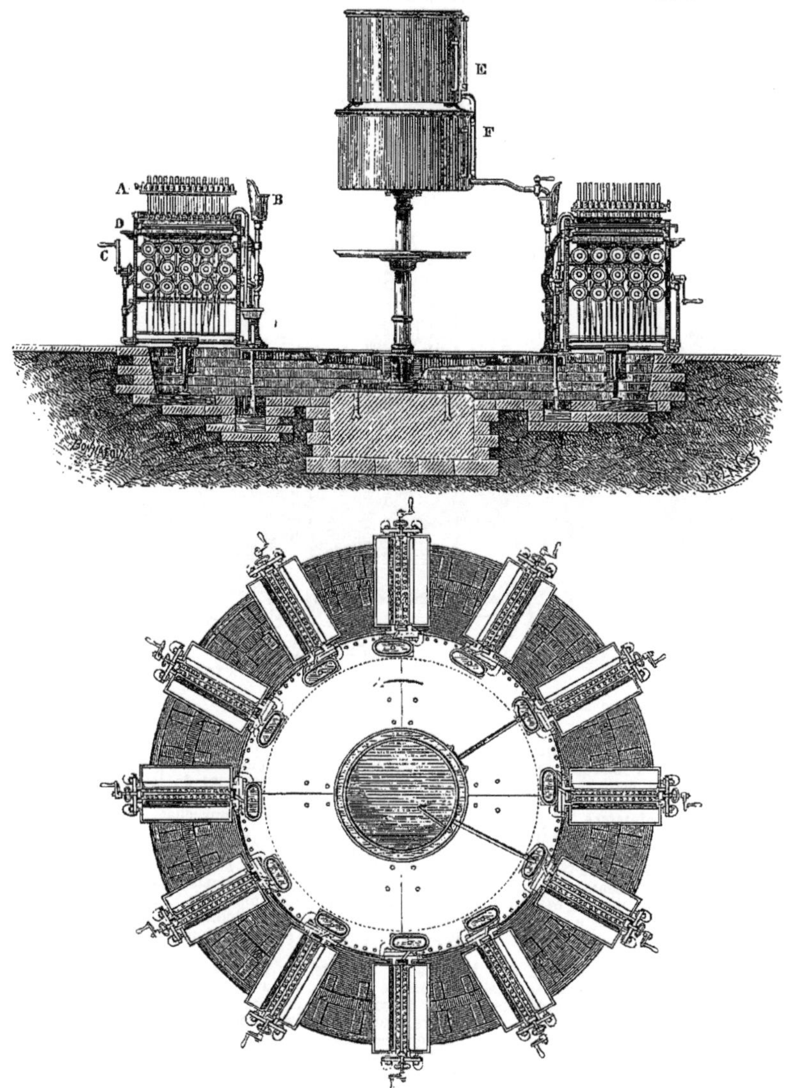

Fig. 646. — Machine perfectionnée de M. Morane.

VII. *Polissage et rognage.* — A l'origine, les bougies sortant de l'étendage et salies par de la poussière ou de la suie provenant des cheminées étaient lavées avec des dissolutions légèrement alcalines, soit de savon, soit de carbonate de soude marquant 1°. Après les avoir rincées à l'eau pure et essuyées, on les rognait à la longueur voulue à l'aide d'un couteau. Ce moyen de rognage donnant beaucoup de rebut, on essaya de les rogner sur le tour au moyen d'une fraise ou d'un calibre de longueur monté à charnières. Le polissage s'exécutait ensuite à la main, à l'aide d'un chiffon de flanelle humecté d'un peu d'alcool. Ces procédés exigeant beaucoup de main-d'œuvre ne seraient plus praticables aujourd'hui, par suite de l'extension de l'industrie stéarique. On a construit des machines exécutant les diverses opérations d'une manière continue; dans les unes les bougies étaient rognées et lavées, dans les autres elles étaient polies. On a maintenant tout réuni en une machine qui rogne, polit et marque la bougie. Une seule machine peut rogner, polir et marquer 20,000 bougies dans une journée.

La figure 647 représente une machine à rogner et à polir. Les bougies sont placées sur un tambour à cannelures C destiné à amener les bougies devant la scie circulaire L, animée d'un mouvement rapide par une corde sans fin passant sur une poulie. Les bougies rognées tombent sur une table formée de rouleaux en bois, tournant dans le même sens qu'elles; là, elles sont brossées et polies par une brosse B, animée d'un mouvement parallèle à leur axe.

Marque. — M. de Milly a eu le premier l'idée de mettre sur chaque bougie une marque de

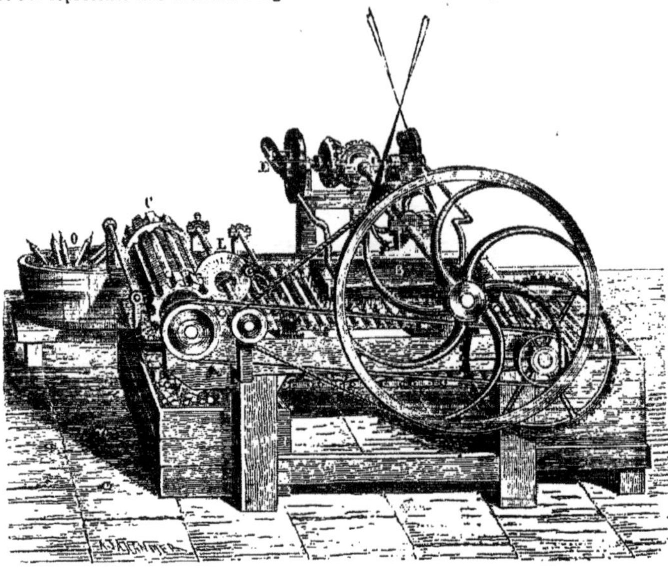

Fig. 647. — Machine à rogner et à polir les bougies.

fabrique. C'est une garantie pour le fabricant et pour le consommateur. Cette marque se pose très-facilement à l'aide d'un petit cachet en argent, portant, gravées en creux, les lettres qu'on veut imprimer. Ce cachet maintenu à 70° par une petite lampe était placé devant l'ouvrière chargée de rogner les bougies; elle appliquait la bougie sur le cachet avant de la présenter à la scie circulaire. Dans les machines récentes, le cachet chauffé par la vapeur se trouve placé à l'extrémité de la table à polir, et chaque bougie qui passe sur lui reçoit son empreinte, par un mouvement calculé et produit par un excentrique.

VIII. *Paquetage.* — A l'extrémité de la machine à polir, se trouve une table sur laquelle arrivent par une pente douce les bougies rognées, polies et marquées. Des ouvrières prennent ces bougies, les réunissent en paquets de cinq ou de huit, et les enferment dans des étuis en carton; d'autres ouvrières collent sur l'étui une bande de papier indiquant le nom, la marque du fabricant, etc. On applique enfin la vignette de la régie.

Chaque paquet doit peser 500 grammes net, et la scie circulaire est disposée de manière qu'un nombre déterminé de bougies produise ce poids. Par suite du mouvement continu de la machine, la scie peut se déplacer légèrement et donner des bougies d'un poids trop faible, ce qui exposerait le fabricant à être poursuivi pour vente à faux poids. Aussi, comme contrôle, dans les usines bien installées, une personne est chargée de vérifier le poids des bougies avant de les mettre en paquets.

L'usage avait fait adopter pour chaque paquet le poids de 485 grammes; certains fabricants ne mettaient souvent que 435 grammes, en employant un 3 ressemblant beaucoup à un 8; d'autres formaient des paquets d'un poids moindre. A la suite de nombreuses réclamations, une ordonnance a imposé l'obligation d'inscrire le poids en caractères de un centimètre de dimension.

BOUGIES DIVERSES. — *Bougies robées.* — Sous le nom de bougies robées ou enrobées, on trouve dans le commerce des bougies de qualité inférieure, revêtues à l'extérieur d'une couche de matière de qualité supérieure.

Ordinairement, ces bougies sont formées d'un cylindre creux en acide stéarique dans lequel on coule de l'acide moins pur, de l'huile de palme, de l'huile de coco exprimée ou même du suif. On a éprouvé de grandes difficultés pour atteindre convenablement ce but; nous nous dispenserons d'indiquer les moyens qui ont été employés, d'autant plus que les bougies robées sont remplacées par des bougies de troisième qualité, provenant de produits distillés et non pressés ou n'ayant subi que le pressage à froid.

Les bougies robées répandent une mauvaise

odeur en brûlant, surtout lorsqu'on les éteint.

Les bougies fabriquées avec ces divers mélanges portent, en Angleterre, le nom de *composites*.

Bougies colorées. — Les bougies colorées ne présentent aucune garantie de pureté; elles sont ordinairement fabriquées avec des produits très-communs. Elles sont colorées en jaune par l'addition d'huile de palme ou bien avec de la rhubarbe ou du rocou, ou du chromate de plomb ou de l'orpiment. On les colore en rouge avec de l'orcanette ou du cinabre broyé avec l'acide stéarique sur un marbre chauffé; on emploie aussi le minium, le sang-dragon et le rouge d'aniline. La couleur verte s'obtient avec du vert-de-gris ou du stéarate de cuivre ou du vert de Schweinfurt. Les bougies ainsi colorées brûlent mal, la mèche se trouvant facilement obstruée; elles ont en outre l'inconvénient grave de répandre dans l'air des vapeurs très-dangereuses pour la santé. On a proposé de colorer les bougies en noir en chauffant l'acide stéarique pendant quelques minutes avec des noix de l'*Anardium orientale* concassées.

Le chromate de plomb et le minium produisent du plomb; le cinabre donne des vapeurs mercurielles; l'orpiment, le vert de Schweinfurt donnent naissance à des vapeurs arsenicales. Les bougies colorées n'ont heureusement qu'un emploi très-limité.

Bougies de paraffine. — Le moulage de la paraffine offre de grandes difficultés, à cause de la contraction très-forte que subit ce corps pendant le refroidissement. Les bougies de paraffine doivent être coulées à une température voisine de celle où elles se figent, et leur refroidissement doit être rapide.

Pour obtenir des bougies à cassure sèche, il faut couler la paraffine à 60° ou 70° dans des moules préalablement chauffés à la même température ou un peu au-dessus. Au bout de quelques minutes on plonge les moules dans de l'eau froide pour déterminer un refroidissement rapide et uniforme de la matière. Au bout d'une heure on peut retirer les bougies de leurs moules.

Si la paraffine n'a pas été refroidie brusquement, le démoulage se fait avec peine et il s'effectue à l'aide de l'air comprimé s'insinuant par le bas, entre le moule et la bougie.

La fluidité de la paraffine est telle que, pour empêcher le coulage lorsqu'elle est convertie en bougie, il faut diminuer d'un cinquième environ le nombre de fils composant la mèche; comme le pouvoir éclairant de la paraffine est supérieur à celui de l'acide stéarique, la bougie conserve encore un pouvoir éclairant égal à celui d'une bougie d'acide stéarique de même dimension.

Les bougies qui présentent le plus bel aspect sont généralement préparées avec des paraffines qui fondent à 45°; il en résulte que dans les appartements chauffés, les bougies se déforment, se courbent, ont une tendance à couler, surtout dans un air agité.

Pour qu'une paraffine soit apte à la fabrication d'une bonne bougie, il faut qu'elle puisse supporter l'épreuve suivante : un cylindre de paraffine, de 1 1/2 à 2 centimètres de diamètre sur 35 centimètres de longueur, reposant sur ses deux extrémités, doit rester rigide pendant vingt-quatre heures dans un air chauffé de 18° à 20°. Les paraffines qui se courbent dans ces conditions produisent des bougies qui s'infléchissent et coulent quand on les allume.

On n'emploie pour ainsi dire jamais la paraffine seule; on lui associe des acides gras dans le rapport de 5, 10, 15 et 20 %; les bougies prennent alors l'aspect de la cire. On ne peut pas ajouter des proportions quelconques de paraffine aux acides gras, à cause du point de fusion qui est considérablement abaissé. Ainsi, en fondant ensemble des poids égaux d'acide palmitique fondant à 55°,2 et de paraffine fusible à 50°, on obtient un mélange dont le point de fusion est de 45°.

J. .B

STÉAROCONOTE. — Ce nom a été donné par Couerbe à une matière grasse extraite de la substance cérébrale par l'éther. Elle se dissout dans ce véhicule à la faveur des huiles grasses qui l'accompagnent et reste après évaporation de l'extrait éthéré, et après traitement de ce dernier par l'alcool qui enlève le céphalote. C'est une matière pulvérulente, jaune brun, insoluble dans l'alcool et dans l'éther. Elle renfermerait à la fois du soufre et du phosphore [*Ann. de Chim. et de Phys.*, (2), t. LVI, p. 164].

D'après Fremy, c'est un mélange d'albumine du cerveau, d'oléophosphates et d'acide érébrique [*Ann. de Chim. et de Phys.*, (3), t. II, p. 463]. D'après les recherches plus récentes de Bibra, [*Untersuchungen über das Gehirn*, etc.] et de W. Müller [*Die Chem. Bestandtheile des Gehirns*, etc.], le produit de Couerbe serait essentiellement un mélange d'acides gras.

STÉAROLAURÉTINE. — Nom donné par Grosourdi à une matière grasse solide qui se sépare au bout de quelque temps, à 10°, de l'huile exprimée à chaud du péricarpe des baies de laurier. Ce sont des masses mamelonnées [*Journ. de Chim. médic.*, (3), t. VII, p. 257].

STÉAROLAURINE. — Matière grasse d'un blanc jaune obtenue en traitant les cotylédons de baies de laurier, comme on traite le péricarpe, pour avoir la stéarolaurétine (Grosourdi).

STÉAROLÉIQUE (ACIDE), $C^{18}H^{32}O^2$. — Cet acide s'obtient en chauffant, pendant 6 à 8 heures à 100°, de l'acide oléique monobromé avec une solution alcoolique de potasse renfermant au moins 2 molécules d'hydrate de potasse pour 1 d'acide. Il se sépare du bromure de potassium, et après refroidissement de la liqueur décantée, et additionnée d'eau, on obtient un dépôt d'acide stéaroléique. La potasse enlève à l'acide oléique monobromé une molécule d'acide bromhydrique, de telle sorte que le nouvel acide renferme 2H de moins que l'acide oléique.

On purifie le produit brut en le fondant, le lavant à l'eau, puis le dissolvant dans l'alcool et ajoutant de l'eau aussi longtemps qu'il ne se produit pas un trouble persistant. L'acide stéaroléique se sépare de cette solution en grandes aiguilles blanches soyeuses. Une nouvelle cristallisation dans l'alcool le fournit en prismes d'un blanc éclatant et longs de plusieurs centimètres.

Il fond à 48°; il se colore à peine à 260° et peut être en grande partie distillé sans décomposition.

Il est insoluble dans l'eau, peu soluble dans l'alcool froid, très-soluble dans l'alcool chaud et dans l'éther.

Ses sels sont en général cristallisables et s'électrisent facilement par le frottement.

Les *sels de potassium* et de *sodium* cristallisent difficilement et sont très-solubles dans l'eau chaude.

Le *sel d'ammonium* se sépare par le refroidissement de la solution de l'acide dans l'ammoniaque, en lamelles nacrées, ou en tables rhombiques. Il est soluble dans l'alcool et dans l'éther. La solution perd de l'ammoniaque à l'ébullition, et se trouble.

Le sel neutre perd de l'ammoniaque quand on le broie simplement.

Le *sel de baryum*, $(C^{18}H^{31}O^2)^2Ba$, a été obtenu en traitant par le chlorure de baryum une solution ammoniacale de l'acide; il est soluble dans l'alcool chaud. Il cristallise et se décompose sans fondre au-dessus de 200°.

Sel de calcium, $(C^{18}H^{31}O^2)^2Ca + H^2O$. — Petites aiguilles groupées, solubles dans l'alcool même à froid et dans l'éther. Il perd son eau à 150° en fondant en une masse vitreuse.

Le *sel d'argent*, $C^{18}H^{31}O^2Ag$, a été obtenu en mélangeant des solutions alcooliques d'acide stéaroléique et d'azotate d'argent. C'est un précipité grenu blanc, noircissant lentement à la lumière, mais pas dans l'obscurité, même à 100°. Il est soluble dans l'alcool chaud avec décomposition partielle; dans l'éther, il ne s'en dissout que des traces.

L'acide stéaroléique ne fixe pas l'hydrogène naissant et se comporte en cela comme l'acide oléique lui-même.

Il se combine directement, en s'échauffant, avec 2 atomes de brome et donne le *dibromure stéaroléique* qui est un acide oléique bibromé. C'est une huile incolore, plus lourde que l'eau, insoluble dans l'eau, soluble dans l'alcool et dans l'éther.

Au soleil et avec un excès de brome, on obtient le *tétrabromure stéaroléique*. Ce corps cristallise dans l'alcool en grandes lames blanches brillantes, qui deviennent molles lorsqu'on veut les broyer. L'acide fond à 70° et ne cristallise que longtemps après.

Le dibromure stéaroléique n'est attaqué par la potasse alcoolique ni à froid ni à chaud. Ce n'est qu'après une longue action à 160°, qu'on obtient du bromure de potassium, et une huile qui ne renferme plus de brome, et de laquelle on a pu extraire une petite quantité d'acide stéaroléique.

Le tétrabromure semble se comporter d'une manière analogue.

Lorsqu'on fait réagir l'acide azotique fumant sur l'acide stéaroléique, il se produit de l'*acide azélaïque*, $C^9H^{16}O^4$, un corps huileux ayant la composition de l'*aldéhyde azélaïque*, $C^9H^{16}O^3$, et enfin un acide, $C^{18}H^{32}O^4$, l'*acide stéaroxylique* (voyez ce mot) [Overbeck, *Ann. der Chem. u. Pharm.*, t. CXL, p. 39].

Lorsqu'on fond l'acide stéaroléique avec de la potasse, en élevant la température aussi haut que possible sans décomposer le produit, et en la maintenant longtemps, on obtient, après avoir décomposé le sel de potassium par l'acide chlorhydrique, un acide solide, qui cristallise facilement dans l'alcool, et qui séché à 100° fond à 53,5-54°. C'est l'acide myristique, $C^{14}H^{28}O^2$.

Si la réaction s'accomplit à une température aussi basse que possible, on obtient, au lieu d'acide myristique, un acide huileux que l'on peut purifier par distillation avec la vapeur d'eau surchauffée. Il donne à l'analyse des nombres s'accordant avec la formule de l'acide hypogéique, $C^{16}H^{30}O^2$, avec lequel il est identique ou seulement isomérique [Marasse, *Berichte der deutsch. chem. Gesellsch.*, t. II, p. 359]. C. F.

STÉARONE. — En distillant de l'acide stéarique avec le quart de son poids de chaux vive, M. Bussy a obtenu des carbures d'hydrogène liquides et un corps solide auquel il a donné le nom de *stéarone*. On l'a appelé aussi *stéarène* et on l'a souvent confondue avec la *margarone*. Pour le séparer des carbures d'hydrogène dont il est imprégné, on soumet le mélange à la presse et l'on traite le résidu solide par l'éther qui le laisse déposer en paillettes nacrées, incolores. On l'obtient aussi par la distillation sèche de l'acide stéarique. La stéarone est insoluble dans l'eau, soluble dans l'alcool bouillant, l'acide acétique concentré, les huiles grasses; elle devient très-électrique par le frottement; elle brûle avec une belle flamme [Bussy, *Journ. de Pharm.*, t. XIX, p. 635 et 643].

La stéarone est inattaquable par les alcalis; l'acide sulfurique concentré et chaud la charbonne et dégage de l'acide sulfureux. Le chlore la transforme en une masse visqueuse et incolore; le brome l'attaque et donne une huile qui se concrète au contact de l'eau; le produit purifié forme des cristaux fusibles entre 43° et 45°. Par la distillation, elle laisse un résidu de charbon.

Rowney admet que la stéarone a la même composition que la myristone; mais cela n'est pas bien démontré. Cette composition varie selon que l'on emploie pour sa préparation de l'acide stéarique pur ou de l'acide du commerce qui renferme de l'acide margarique ou palmitique. Aussi le point de fusion de la stéarone a été indiqué par M. Bussy comme situé à 86°, celui de la margarone à 77°; d'autres chimistes, confondant les deux corps, lui attribuent pour point de fusion 76° ou 77° [Rowney, *The Quart. Journ. of the Chem. Soc.*, t. VI, p. 97; — Varrentrapp, *Ann. der Chem. u. Pharm.*, t. XXXV, p. 80; — Redtenbacher, *ibid.*, p. 57]. J. B.

STÉAROPHANINE. — Nom donné au glycéride extrait de la coque du Levant. Il a toutes les propriétés de la tristéarine, mais fond à 35° ou 36°, sans doute en raison de la présence d'impuretés.

STÉAROPHANIQUE (ACIDE). — Nom donné à l'acide stéarique extrait de la coque du Levant.

STÉAROPTÈNES. — Voyez ESSENCES, t. I, p. 1269.

STÉAROXYLIQUE (ACIDE), $C^{18}H^{32}O^4$. — Lorsqu'on fait tomber goutte à goutte de l'acide azotique fumant dans de l'acide stéaroléique refroidi, il se produit, avec dégagement d'abondantes vapeurs nitreuses, un liquide verdâtre, qui laisse déposer une masse grenue. Le produit est formé d'acide stéaroxylique, d'acide azélaïque et d'un corps ayant la composition de l'aldéhyde azélaïque. Ce dernier est le produit principal; on obtient de 15 à 20 °/₀ d'acide stéaroxylique.

Le produit brut, lavé à l'eau aussi longtemps qu'il lui communique une réaction acide, est ensuite dissous dans l'alcool chaud. Après filtration ou refroidissement, on obtient des lamelles jaunâtres, brillantes d'acide stéaroxylique. Celles-ci fondent à 86°, et sont peu solubles à froid, très-solubles à chaud dans l'alcool; solubles dans l'éther.

Le sel d'argent, $C^{18}H^{31}AgO^4$, forme une poudre cristalline montrant des aiguilles au microscope; il se précipite lorsqu'on mélange des solutions chaudes alcooliques de l'acide et d'azotate d'argent. Insoluble dans l'éther. Ne noircit pas à 120° dans l'obscurité. Devient fortement électrique.

Le sel de baryum, $(C^{18}H^{31}O^4)^2Ba$, obtenu par précipitation de la solution ammoniacale neutre de l'acide par le chlorure de baryum, se sépare sous la forme d'une masse demi-solide cohérente; insoluble dans l'alcool. Dans l'éther, il se divise en une poudre ténue adhérente aux doigts comme une résine.

L'acide stéaroxylique ne fixe pas de brome [Overbeck, *Ann. der Chem. u. Pharm.*, t. CXL, p. 62]. C. F.

STÉATITE. — Voyez TALC.

STEINHEILITE (Min.). — Nom donné à la cordiérite d'Orijärfvi (Finlande).

STEINMANNITE (Min.). — Galène renfermant un mélange d'arséniosulfure et d'antimoniosulfure de plomb.

STEINMARK. — Voyez LITHOMARGE.

STELLITE. — Voyez PECTOLITHE.

STEPHANITE. — Voyez PSATUROSE.

STERCORINE. — La cholestérine, sans cesse versée dans la partie supérieure de l'intestin des omnivores, ne se rencontre pas dans leurs fécès. Elle paraît s'y transformer en une substance que Flint a extraite le premier des matières fécales, et qu'il pense être identique à la *séroline* (voyez ce mot) du sang. La stercorine existe constamment dans les fécès, excepté dans le cas où la bile ne peut plus s'écouler dans l'intestin. Un adulte produit 0gr,67 de stercorine par jour.

Pour l'obtenir, Flint évapore les fécès à siccité,

les pulvérise et les fait digérer pendant vingt-quatre heures avec de l'éther chaud. Il filtre la liqueur sur du noir animal, et la distille ensuite. Le résidu est mis en digestion à 100° avec une lessive de potasse caustique qui dissout les graisses; on étend ensuite d'eau, on filtre et on

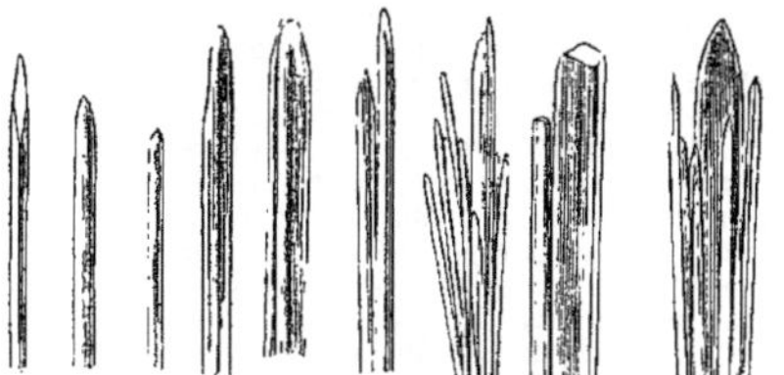

Fig. 648. — Stercorine cristallisée.

lave. La partie insoluble est desséchée au bain-marie et traitée par de l'éther; cette dernière solution est évaporée, et le résidu est repris par l'alcool qui, à son tour évaporé, laisse la stercorine à l'état pur.

C'est une substance qui cristallise en aiguilles

Fig. 649. — Stercorine cristallisée.

transparentes très-déliées, juxtaposées, quelquefois salies de globules de corps gras (voyez fig. 648 et 649). Elle est neutre, inodore, insoluble dans l'eau, soluble dans l'éther, très-soluble dans l'alcool chaud. Les alcalis caustiques ne la saponifient pas. L'acide sulfurique concentré la colore en rouge, comme il le fait pour la cholestérine. A. G.

STERCORITE (Min.). — Phosphate ammoniaco-sodique, $PhO^4(NaAzH^4H) + 4H^2O$, trouvé dans le guano, aux îles d'Ichaboë, côte ouest de l'Afrique.

STERNBERGITE (Min.) [Syn. *Argent sulfuré flexible* (Bournon)]. — Sulfure de fer et d'argent. La seule analyse qui en ait été faite a donné des nombres répondant à la formule peu probable, $AgFe^2S^3$. Petits cristaux facilement clivables en lames flexibles et tendres, d'un brun de tombac, à éclat métallique, marquant sur le papier. Les cristaux sont souvent groupés en éventail. Trouvé à Joachimsthal (Bohême), à Johanngeorgenstadt et à Himmelsfurst, près Freiberg (Saxe), avec argyrythrose et argyrose.

Caractères. — Décomposable par l'eau régale en laissant du chlorure d'argent. Au chalumeau, brûle avec une flamme bleue, répand une odeur sulfureuse et fond en un globule magnétique couvert d'argent réduit. Dureté, 1 à 1,5. Poussière noire. Densité, 4,215.

Forme cristalline. — Prisme orthorhombique, $mm = 119°30'$; $b^{1/2}p = 121°0'$. Faces $p, b^{1/2}, b^1, g^1$. Clivage p très-facile. Macles parallèles à m.

STETEFELDTITE (Min.). — Produit d'oxydation de minerais antimoniaux, renfermant oxyde d'antimoine, argent, cuivre et soufre. Compacte, d'un brun noir; vient de South-Easton (Nevada).

STÉTHAL ou **STÉTHYLIQUE (ALCOOL)**, $C^{18}H^{38}O$. — Cet alcool homologue supérieur de l'éthal ou alcool cétylique n'a pas encore été préparé à l'état pur. Heintz admet son existence dans le blanc de baleine. — Voyez BLANC DE BALEINE, t. I, p. 619; et CÉTYLIQUE (ALCOOL), t. I, p. 810.

STIBICONISE (Min.) (voyez CERVANTITE). — Dana a appliqué ce nom aux variétés hydratées de cervantite, en leur attribuant la formule Sb^2O^4, H^2O. Beudant l'avait donné indistinctement aux variétés anhydres et hydratées.

STIBINE (Min.) [Syn. *Antimoine sulfuré, Antimonglanz*]. — Sulfure d'antimoine Sb^2S^3. Se présente souvent en beaux cristaux, ou en masses bacillaires ou grenues, quelquefois en aiguilles très-ténues d'un gris de plomb, d'un éclat métallique, remarquables par un clivage longitudinal très-facile. Constitue à lui seul des filons dans le granite ou les terrains schisteux cristallins, dans le Cantal, le Puy-de-Dôme, la Haute-Loire, l'Ardèche; à Wolfsberg et Clausthal (Saxe); Przibram (Bohême); Monte-Cavallo, Toscane; dans un calcaire en Algérie, etc.

Caractères. — Attaquable par l'acide chlorhydrique à chaud, avec dégagement d'hydrogène sulfuré, très-fusible au chalumeau, et même à la flamme d'une bougie; il donne sur le charbon des fumées, un enduit blanc et une odeur sulfureuse; il se volatilise entièrement.

Dureté = 2. Poussière grise. Densité = 4,62.

Forme cristalline. — Prisme orthorhombique $mm = 90°45'$; $b^1b^{1/2}$ (en avant) $= 108°10'$. Faces $m, h^1, g^1, b^1, b^3, a^3, a^4$, etc. Clivage très-net g^1; moins nets b^1, p, m. Les cristaux sont fortement striés en long.

STIBINES. — On a donné ce nom générique aux radicaux organo-métalliques fournis par l'union de l'antimoine avec les radicaux d'alcool. L'antimoine étant un élément pentatomique doit pouvoir fournir plusieurs combinaisons. On connaît en effet des stibines dans lesquelles le radical alcoolique satisfait 3, 4, et probablement même 5 atomicités de l'antimoine.

Les stibines à trois radicaux alcooliques correspondent à la stibamine SbH^3 ou hydrogène antimonié. On les connaît à l'état de liberté et elles jouent le rôle de radicaux diatomiques. Elles se combinent à 1 atome d'oxygène, 2 atomes de chlore, etc.

Les stibines correspondant à la stibamine sont toutes des stibines tertiaires; on ne connaît aucune stibine primaire ou secondaire, c'est-à-dire qui dérive de SbH^3 par substitution de 1 ou 2 radicaux d'alcool seulement. Elles se forment par l'action de l'antimoine ou de ses alliages avec les métaux alcalins sur les iodures alcooliques.

Enfin, les stibines tertiaires, en fixant 1 molécule d'iodure alcoolique, fournissent des combinaisons saturées dans lesquelles 4 atomicités de l'antimoine sont satisfaites par 4 radicaux alcooliques, et la dernière par un élément électronégatif, par exemple

$$[Sb(CH^3)^4]'I \quad \text{ou} \quad [Sb(C^2H^5)^4]^2S.$$

Ces combinaisons sont du même ordre que les ammoniums, les arsoniums et les phosphoniums; on les a nommées *stiboniums*. Les stiboniums ne sont pas connus à l'état de liberté.

La réaction du zinc-méthyle, etc., sur les iodures tertiaires parait conduire aux dérivés organométalliques saturés, $Sb(CH^3)^5$, par exemple.

Les stibines à deux radicaux d'alcool sont d'un autre ordre; elles correspondent au cacodyle ou diméthylarsine, $[As(CH^3)^2]^2$. On n'en connait qu'une, la diamylstibine $Sb(C^5H^{11})^2$, dont la molécule, à l'état de liberté, doit être doublée. Ses combinaisons sont peu nombreuses.

Dans cette classe de combinaisons on peut envisager l'antimoine comme triatomique ou comme pentatomique, en admettant que dans la molécule du radical libre il y a échange de 1 ou de 3 atomicités entre les 2 atomes d'antimoine.

$$\begin{matrix} & C^5H^{11} \\ Sb''' < & C^5H^{11} \\ | \quad > & C^5H^{11} \\ Sb''' < & C^5H^{11} \end{matrix} \quad \text{ou} \quad \begin{matrix} & C^5H^{11} \\ Sb^{v} < & C^5H^{11} \\ ||| \quad > & C^5H^{11} \\ Sb^{v} < & C^5H^{11} \end{matrix}$$

Dans l'oxyde de ce radical, les 2 atomes d'antimoine sont reliés par l'oxygène :

$$O < \begin{matrix} Sb''' < C^5H^{11} \\ \quad\quad < C^5H^{11} \\ Sb''' < C^5H^{11} \\ \quad\quad < C^5H^{11} \end{matrix}$$

On ne connait pas encore de combinaisons de ce radical avec les éléments monatomiques dont il doit pouvoir fixer soit 1, soit peut-être 3 atomes, pour donner par exemple :

$$\begin{matrix} Sb''' < C^5H^{11} \\ \quad < C^5H^{11} \\ Sb''' < C^5H^{11} \\ \quad < C^5H^{11} \end{matrix} + Cl^2 = 2 \quad Cl\text{-}Sb''' < \begin{matrix} C^5H^{11} \\ C^5H^{11} \end{matrix}$$

Cette combinaison correspondrait au chlorure de cacodyle $[As(CH^3)^2]'Cl$.

De même il pourrait exister une combinaison $[Sb^v(C^5H^{11})^2]'''Cl^3$ correspondant au trichlorure de cacodyle $[As(CH^3)^2]'''Cl^3$. Voyez Cacodyle (diméthylarsine), t. I, p. 422.

STIBINES MÉTHYLIQUES.

Diméthylstibine, $[Sb(CH^3)^2]^2$. — On ne connait pas la diméthylstibine correspondant au cacodyle. Cependant son *oxyde* $[Sb(CH^3)^2]^2O^3$ (?) parait être contenu dans les produits d'oxydation de la triméthylstibine à l'air.

Si l'on fait passer un courant d'hydrogène sulfuré à travers la solution aqueuse de ce produit d'oxydation, on en précipite le *sulfure* correspondant $[Sb(CH^3)^2]^2S^3$ sous la forme d'une poudre jaune qui ressemble au sulfure de cadmium. Ce sulfure est insoluble dans l'eau et dans l'alcool, peu soluble dans l'éther. Il se dissout facilement dans le sulfure ammonique et s'en sépare de nouveau par l'addition d'un acide.

Chauffé dans un tube, il fond au-dessous de 100°; chauffé plus fort, il fournit des vapeurs spontanément inflammables [Landolt, *Journ. für prakt. Chem.*, t. LXXXIV, p. 328; *Répert. Chim. pure*, 1862, t. IV, p. 270].

Triméthylstibine, $Sb(CH^3)^3$. — Cette combinaison a été découverte par Landolt, à qui l'on doit aussi l'étude de tous ses dérivés. Il a décrit dans ses deux premiers mémoires la préparation de la triméthylstibine et les combinaisons du méthylstibonium [*Annal. der Chem. u. Pharm.*, t. LXXVIII, p. 91, et t. LXXXIV, p. 44; *Annal. de Chim. et de Phys.*, (3), t. XXXIV, p. 44, et t. XXXVII, p. 69]. Dans un mémoire postérieur, il a fait connaître plus particulièrement la triméthylstibine elle-même et ses combinaisons [*Journ. für prakt. Chem.*, t. LXXXIV, p. 328; *Répert. Chim. pure*, 1862, t. IV, p. 270].

Préparation. — On fait agir, dans une petite cornue, l'iodure de méthyle sur un alliage de 4 p. d'antimoine et de 1 p. de sodium que l'on a pulvérisé et mélangé de son volume de sable. Lorsqu'on chauffe, il passe d'abord de l'iodure de méthyle, puis la triméthylstibine; la séparation immédiate de ces deux corps étant difficile, on fait passer les vapeurs dans un flacon tubulé contenant de l'eau et traversé par un courant de gaz carbonique. Les deux composés s'unissent bientôt en formant de l'iodure de tétraméthylstibonium $Sb(CH^3)^4I$, que l'on sépare de l'eau et que l'on distille dans un courant de gaz carbonique avec de l'antimoniure de potassium, après l'avoir séché. La rectification du produit doit avoir lieu dans un courant de gaz carbonique sec.

Propriétés. — La triméthylstibine pure forme un liquide limpide et incolore, mobile, doué d'une odeur d'oignon. Elle bout à 80°,6. Sa densité à 15° est égale à 1,523. Elle est peu soluble dans l'eau et dans l'alcool faible, mais miscible à l'alcool absolu, l'éther, le sulfure de carbone. Elle s'oxyde à l'air, répand des fumées et peut même s'enflammer. Si l'on répand sa vapeur dans une atmosphère d'hydrogène, ce gaz devient spontanément inflammable. Elle s'unit aussi directement aux halogènes et aux iodures alcooliques. Elle est diatomique.

Sa solution alcoolique réduit les sels d'or, de mercure et d'argent.

Les combinaisons de triméthylstibine sont amères.

Oxyde de triméthylstibine, $[Sb(CH^3)^3]''O$. — L'oxydation de la triméthylstibine à l'air ne donne pas l'oxyde pur; celui-ci est en effet mélangé d'un autre oxyde, qui est celui de diméthylstibine. Pour le préparer, on décompose la solution de sulfate de triméthylstibine par la baryte; on sépare l'excès de cette dernière par l'acide carbonique; on filtre, on évapore à sec et on reprend le résidu par l'alcool. Par l'évaporation de la solution alcoolique, l'oxyde reste sous la forme d'une masse radiée insoluble dans l'éther.

La solution de l'oxyde de triméthylstibine (ou peut-être son hydrate $Sb(CH^3)^3(OH)^2$) (?) donne avec l'acide chlorhydrique un précipité cristallin de chlorure $Sb(CH^3)^3Cl^2$. L'hydrogène sulfuré en sépare le sulfure correspondant. L'acétate de plomb, le sulfate de cuivre, le nitrate mercureux y produisent des précipités, mais non le bichlorure de mercure, le chlorure de platine et le nitrate d'argent. Ce dernier est réduit à chaud.

La solution de l'oxyde dissout l'oxyde d'argent en donnant un liquide brun très-alcalin.

Sulfure de triméthylstibine, $Sb(CH^3)^3S$. — Il se forme par l'action de l'hydrogène sulfuré sur la solution de l'oxyde ou par l'union directe du soufre avec la triméthylstibine, en solution éthérée. L'évaporation de ses solutions l'abandonne en lamelles brillantes, solubles dans l'alcool et dans l'éther, peu solubles dans l'eau. Chauffé, ce corps laisse un résidu de sulfure d'antimoine rouge.

Chlorure de triméthylstibine, $Sb(CH^3)^3Cl^2$. — La triméthylstibine s'enflamme dans le chlore. Le chlorure s'obtient par l'action du chlore sur la solution sulfocarbonique de la stibine ou par l'action de l'acide chlorhydrique sur la solution de l'oxyde.

La triméthylstibine ne réagit que sous pression sur l'acide chlorhydrique.

Le chlorure de triméthylstibine cristallise dans

le système rhomboédrique. Faces $b^{1/2}$ et m; angles : $b^{1/2} m = 144° 25'$; $b^{1/2} b^{1/2}$ [culminant] $= 132° 0'$; rapport des axes 1 : 1,2102. Il est inodore, peu soluble dans l'eau froide, très-soluble dans l'eau bouillante. Sa solution alcoolique l'abandonne en fines aiguilles.

Oxychlorure, $Sb(CH^3)^3O + Sb(CH^3)^3Cl^2$. — Octaèdres réguliers, durs et brillants, solubles dans l'eau et dans l'alcool, obtenus en évaporant une solution d'oxyde dont la moitié a été transformée en chlorure.

Bromure de triméthylstibine, $Sb(CH^3)^3Br^2$. — Précipité cristallin blanc, peu soluble dans l'eau froide et dans l'alcool. Sa solution aqueuse bouillante l'abandonne en cristaux isomorphes avec ceux du chlorure.

Oxybromure, $Sb(CH^3)^3O + Sb(CH^3)^3Br^2$. — Comme l'oxychlorure, mais peu soluble dans l'alcool.

Iodure de triméthylstibine, $Sb(CH^3)^3I^2$. — Lorsqu'on verse de la triméthylstibine sur l'iode, elle prend feu. Lorsqu'on mélange les solutions alcooliques des deux corps, l'iode est décoloré et il se dépose un amas volumineux de fines aiguilles blanches d'iodure. Celui-ci est aisément soluble dans l'eau bouillante et dans l'alcool, très-peu dans l'éther. Sa solution aqueuse l'abandonne en prismes basés, à six pans, qui deviennent peu à peu jaunes et opaques.

On l'obtient facilement en beaux cristaux par l'action directe de l'antimoine sur l'iodure de méthyle, en chauffant les deux corps sous pression, à 140° [Buckton, *Quart. J. of Chem. Soc.*, t. XIII, p. 115].

L'iodure fond à 107° dans le gaz carbonique; si l'on chauffe plus fort, il distille des gouttelettes jaunes, à odeur désagréable, qui se concrètent à l'air, et il reste une masse jaune-orange peu soluble dans l'eau et dans l'alcool, et qui se produit aussi lorsqu'on chauffe longtemps les solutions de l'iodure.

Oxyiodure, $Sb(CH^3)^3O + Sb(CH^3)^3I^2$. — Octaèdres réguliers, d'un jaune-citron.

Azotate de triméthylstibine, $(AzO^3)^2Sb(CH^3)^3$. — Cristaux semblables à la wavellite. Ce sel s'obtient par la neutralisation de l'oxyde par l'acide azotique ou par double décomposition entre l'iodure de triméthylstibine et l'azotate d'argent.

Chauffé, il déflagre, et laisse un résidu d'oxyde d'antimoine.

Sulfate de triméthylstibine, $SO^4.Sb(CH^3)^3$. — La solution de ce sel, obtenue par double décomposition, l'abandonne par l'évaporation en croûtes cristallines blanches, solubles dans l'eau, peu solubles dans l'alcool.

Combinaisons de tétraméthylstibonium ou de stibméthylium. — Ces combinaisons, renfermant le radical $(Sb(CH^3)^4)'$, s'obtiennent en mettant à profit l'action de l'iodure de méthyle sur la triméthylstibine, qui en fixe une molécule :

$$Sb(CH^3)^3 + CH^3I = Sb(CH^3)^4I.$$

Le radical $Sb(CH^3)^4$ n'a pas été obtenu à l'état de liberté, quoique Buckton ait eu entre les mains un produit présentant cette composition; ce produit constituait sans doute un mélange de $Sb(CH^3)^3$ et de $Sb(CH^3)^5$, composé qui se forme surtout par l'action du zinc-méthyle sur l'iodure de triméthylstibine. Les combinaisons de tétraméthylstibonium ont été décrites par Landolt [*loc. cit.*]. Elles ont toutes une saveur amère et ressemblent beaucoup aux sels de potassium. Les réactions de l'antimoine y sont masquées. On n'obtient que de légères taches d'antimoine avec l'appareil de Marsh.

Ces sels n'exercent pas d'action vénéneuse sur l'économie; ils ne provoquent pas les vomissements.

Iodure de tétraméthylstibonium, $Sb(CH^3)^4I$. — La préparation de ce corps a été indiquée plus haut (préparation de la triméthylstibine). Il cristallise dans l'eau ou dans l'alcool en belles tables hexagones souvent superposées en gradins, solubles dans 3 p. 3 d'eau à 23°. La forme de ces cristaux appartient au type hexagonal. Faces m, p, $b^{1/2}$. Angles, $b^{1/2} b^{1/2} = 129° 26$ (culm.) et 117°20′ (latéral). Rapport des axes = 1 : 1,422 [vom Rath., *Poggend. Ann.*, t. CX, p. 115].

Il est peu soluble dans l'éther.

Sa saveur est salée, puis amère. Chauffé dans un tube, il se décompose à 120° en émettant des vapeurs blanches qui se condensent en partie, et une vapeur spontanément inflammable, qui brûle en produisant de l'oxyde d'antimoine.

L'iodure de tétraméthylstibonium se comporte à l'égard des acides et des halogènes comme l'iodure de potassium. Sa solution dissout l'iodure mercurique jaune; l'iodure rouge s'y dissout à chaud, et s'en dépose en partie à l'état d'iodure jaune par le refroidissement.

L'électrolyse de sa solution aqueuse fournit de l'iode et un peu d'oxygène au pôle négatif, tandis qu'il se dégage au pôle positif un gaz très-riche en antimoine, combustible, et absorbable par l'iode; en même temps la liqueur devient très-alcaline.

Traitée par l'amalgame de sodium, la solution de cet iodure donne lieu à de petites explosions accompagnées de lumière; il se dépose de l'antimoine.

Bromure de tétraméthylstibonium, $Sb(CH^3)^4Br$. — Landolt l'a obtenu en traitant une solution chaude de l'iodure par une solution bouillante de bromure de mercure. Il cristallise par l'évaporation de la liqueur filtrée. Il est très-soluble dans l'eau et dans l'alcool, insoluble dans l'éther.

Chlorure de tétraméthylstibonium, $Sb(CH^3)^4Cl$. — On l'obtient par le même procédé que le bromure ou en traitant l'oxyde de méthylstibonium par l'acide chlorhydrique. Il cristallise en tables hexagonales incolores, très-solubles dans l'eau et dans l'alcool, presque insolubles dans l'éther. Il se comporte comme l'iodure quand on le chauffe.

Sa solution donne avec le chlorure platinique un précipité cristallin jaune, cristallisant dans l'eau bouillante en petits cristaux d'un jaune orangé. C'est le *chloroplatinate* $[Sb(CH^3)^4]^2PtCl^6$.

Cyanure de tétraméthylstibonium. — L'addition de cyanure de mercure à la solution d'iodure de tétraméthylstibonium produit un précipité jaune qui se redissout dans la liqueur. Celle-ci fournit par l'évaporation des cristaux durs et brillants, qui n'ont pas été analysés et qui paraissent constituer une combinaison d'iodure mercurique et du cyanure cherché.

Oxyde de tétraméthylstibonium, $[Sb(CH^3)^4]^2O$, ou plus probablement Hydrate, $Sb(CH^3)^4OH$. — Il reste en dissolution lorsqu'on décompose l'iodure correspondant par l'oxyde d'argent précipité. L'hydrate reste par l'évaporation dans le vide sous la forme d'une masse cristalline blanche.

Ce corps présente une grande ressemblance avec la potasse; il est très-caustique, fort soluble dans l'eau et dans l'alcool, insoluble dans l'éther. Il attaque l'épiderme comme la potasse. Il attire l'acide carbonique et se convertit en carbonate.

Il est très-peu volatil; néanmoins il répand des vapeurs blanches lorsqu'on lui présente une baguette humectée d'acide chlorhydrique. Si on le chauffe avec précaution, on peut le volatiliser; mais si on le chauffe brusquement, il émet des vapeurs inflammables, et donne de l'antimoine métallique.

Sa solution possède l'odeur des lessives alcalines. Elle déplace l'ammoniaque à froid et précipite les oxydes métalliques comme la potasse; elle redissout l'hydrate de zinc précipité, mais non l'hydrate de cuivre. Elle précipite les sels mercuriques en jaune, etc.

Cette solution dissout le soufre, à la manière de la potasse. Elle dissout l'iode; le liquide incolore fournit par évaporation des cristaux d'iodure de tétraméthylstibonium en même temps qu'une petite quantité d'un corps noir qui est peut-être l'iodate. Ce composé, insoluble dans l'eau, dégage de l'iode quand on le chauffe, et s'enflamme ensuite en laissant de l'iodure d'antimoine.

SULFURE DE TÉTRAMÉTHYLSTIBONIUM, $Sb[(CH^3)^4]^2S$. — Poudre amorphe verte obtenue en saturant d'hydrogène sulfuré une solution de l'oxyde et y ajoutant ensuite une quantité de ce dernier égale à la première, puis évaporant à l'abri de l'air.

Ce sulfure possède l'odeur du mercaptan; il est très-soluble dans l'eau et dans l'alcool, insoluble dans l'éther. Ses solutions sont incolores et précipitent le nitrate d'argent en noir.

Il passe assez facilement à la distillation avec l'eau ou avec l'alcool. Chauffé dans un petit tube, il fond, puis se décompose en laissant un résidu de sulfure rouge d'antimoine.

Exposé à l'air, il se transforme en une poudre jaune qui blanchit peu à peu. Ce produit, insoluble dans l'alcool, ne se redissout qu'en partie dans l'eau. Chauffé sur une lame de platine, il se colore momentanément en vert, puis s'enflamme.

AZOTATE DE TÉTRAMÉTHYLSTIBONIUM,

$$AzO^3Sb(CH^3)^4.$$

— Ce sel, obtenu par double décomposition entre l'iodure de méthylstibonium et l'azotate d'argent, cristallise en petites aiguilles, très-solubles dans l'eau, peu solubles dans l'alcool et dans l'éther. Sa saveur est âcre et amère. Chauffé, il produit une explosion accompagnée de lumière.

CARBONATE DE TÉTRAMÉTHYLSTIBONIUM. — *Sel neutre*, $CO^3[Sb(CH^3)^4]^2$. — On l'obtient par double décomposition. Il est très-soluble dans l'eau et dans l'alcool, et reste par l'évaporation de sa solution sous la forme d'une masse jaunâtre, confusément cristalline, très-déliquescente, à réaction alcaline. Sa saveur est alcaline et amère. Il est instable et acquiert peu à peu l'odeur de la triméthylstibine.

Sel acide. — Obtenu en saturant la solution du sel neutre par l'acide carbonique. Cristallise en petites aiguilles étoilées, peu solubles, à saveur alcaline. Sa solution dégage de l'acide carbonique à chaud.

SULFATE DE TÉTRAMÉTHYLSTIBONIUM. — *Sel neutre*, $SO^4[Sb(CH^3)^4]^2 + 5H^2O$. — On l'obtient par double décomposition. La solution l'abandonne par l'évaporation en cristaux incolores, inaltérables à l'air, paraissant appartenir au système orthorhombique. Ces cristaux perdent 15,4 % d'eau à 100°. Ils fondent à 150° et se décomposent à 180° avec production de lumière. Ce sel est très-soluble dans l'eau et dans l'alcool. Le sel anhydre s'échauffe beaucoup au contact de l'eau.

Sel acide, $Sb(CH^3)^4.HSO^4$. — On le prépare en ajoutant au sel neutre une quantité d'acide égale à celle qu'il renferme. La solution l'abandonne en cristaux durs et transparents parmi lesquels on rencontre des tables quadrilatères dont les angles sont tronqués obliquement. Il est soluble dans l'eau, peu soluble dans l'alcool, presque insoluble dans l'éther. Sa saveur est acide et amère. Il ne contient pas d'eau.

OXALATE DE TÉTRAMÉTHYLSTIBONIUM. — Sel cristallisable, déliquescent, renfermant beaucoup d'eau de cristallisation, soluble dans l'alcool. Il n'a pas été analysé. Il en est de même des sels suivants.

ACÉTATE. — Cristallise difficilement, très-instable.

TARTRATE ACIDE. — Il est beaucoup plus soluble que le tartrate acide de potassium.

PENTAMÉTHYLSTIBINE, $Sb(CH^3)^5$. — Ce composé paraît se former par l'action du zinc-méthyle dissous dans l'éther sur le biiodure de triméthylstibine

$$Sb(CH^3)^3I^2 + Zn(CH^3)^2$$
$$= Sb(CH^3)^5 + ZnI^2.$$

La réaction est très-énergique. Si l'on chauffe au-dessus de 100° le produit de la réaction, débarrassé de l'éther, il distille un liquide dense peu coloré. Celui-ci, rectifié dans du gaz d'éclairage, se partage en portions bouillant de 80° à 86°, de 86° à 96° et de 96° à 100°. La première présente la composition de la triméthylstibine, $Sb(CH^3)^3$; la dernière, une composition se rapprochant beaucoup de $Sb(CH^3)^5$. La portion intermédiaire est peut-être le radical $[Sb(CH^3)^4]^2$, peut-être aussi ne représente-t-elle qu'un mélange des deux autres [Buckton, *Quart. Journ. of Chem. Soc.*, t. XIII, p. 115; *Répert. de Chim. pure*, 1860 t. II, p. 405].

STIBINES ÉTHYLIQUES.

La découverte des stibines éthyliques a précédé celle des stibines méthyliques. Elle est due à Lœwig et Schweizer qui avaient cherché à les obtenir en se fondant sur l'analogie que présente l'antimoine avec l'arsenic [*Ann. der Chem. u. Pharm.*, t. LXXV, p. 315; *Ann. de Chim. et de Phys.*, (3), t. XXXIV, p. 91]. On ne connaît pas la stibine diéthylique qui correspond au cacodyle. La stibine triéthylique se produit à l'état d'iodure par l'action de l'antimoine ou des antimoniures sur l'iodure d'éthyle. Les dérivés tétréthylés s'obtiennent par l'action de l'iodure d'éthyle sur la triéthylstibine. Si l'on remplace l'iodure d'éthyle par l'iodure de méthyle, on obtient l'iodure de triéthylméthyle-stibine dont les dérivés ont été étudiés par Friedlaender.

TRIÉTHYLSTIBINE (*stibéthyle*), $Sb(C^2H^5)^3$. *Préparation.* — Lœwig et Schweizer ont préparé ce composé par l'action de l'iodure d'éthyle sur l'antimoniure de potassium, alliage dont la proportion a été indiquée t. I, p. 344.

On obtient la triéthylstibine en combinaison avec l'iode, par l'action directe de l'antimoine sur l'iodure d'éthyle à 140°, sous pression. Il se produit dans ce cas un liquide oléagineux formé sans doute d'iodure de stibéthyle et d'un peu d'iodure d'antimoine (Buckton).

L'iodure de stibéthyle, obtenu ainsi ou par une autre voie, donne le stibéthyle libre par l'action de l'antimoniure de potassium ou, plus simplement, par celle du zinc grenaillé (Buckton).

Voici comment opèrent Lœwig et Schweizer pour préparer le stibéthyle. On verse l'iodure d'éthyle sur un grand excès d'antimoniure de potassium pulvérisé et mélangé de trois fois son poids de sable fin, dont on a rempli aux deux tiers des ballons de 100 à 120 centimètres cubes de capacité. La réaction se déclare bientôt avec vivacité et il distille de l'iodure d'éthyle non décomposé. On change alors rapidement de récipient de manière à recevoir le produit suivant dans un ballon traversé par un courant d'acide carbonique et dans lequel on a placé de l'antimoniure de potassium. On achève la réaction en chauffant jusqu'à ce qu'il ne distille plus rien, puis on remplace le premier ballon générateur par un second, puis par un troisième, jusqu'à ce que le récipient renferme une quantité suffisante de liquide. On rectifie celui-ci en prenant les mêmes précautions pour empêcher l'accès de l'air.

Le stibéthyle peut se préparer facilement par l'action du trichlorure d'antimoine sur le zincéthyle (Hofmann) :

$$3Zn(C^2H^5)^2 + 2SbCl^3$$
$$= 3ZnCl^2 + 2Sb(C^2H^5)^3.$$

Propriétés. — La triéthylstibine est un liquide

incolore et limpide, très-mobile, réfringent, d'une odeur d'oignon insupportable, mais peu persistante. Il ne se solidifie pas à —29° et commence à bouillir à 150° sous une pression de 730 millimètres; le thermomètre monte ensuite rapidement et reste stationnaire à 158°,5. La densité de vapeur a été trouvée égale à 107,63, rapportée à l'hydrogène; la densité théorique, en prenant 122 pour le poids atomique de l'antimoine, est égale à 104,5.

Il est insoluble dans l'eau, très-soluble dans l'alcool et dans l'éther.

Le stibéthyle $[Sb(C^2H^5)^3]''$ possède une grande tendance à s'unir directement à d'autres corps capables de saturer ses deux atomicités libres. Merck avait cru pouvoir conclure de ses expériences que le stibéthyle est monatomique [*Journ. für prakt. Chem.*, t. LXVI, p. 52]; mais Strecker a montré que Merck avait donné à ses expériences une fausse interprétation, et il a fait voir que l'iodure de Merck, par exemple, $Sb(C^2H^5)^3I$, constitue en réalité un oxyiodure,

$$Sb(C^2H^5)^3I^2.Sb(C^2H^5)^3O,$$

ou l'hydrate correspondant, $Sb(C^2H^5)^3I.OH$ [*Ann. der Chem. u. Pharm.*, t. CV, p. 306].

Action de l'air. — Le stibéthyle répand des fumées blanches à l'air et finit par prendre feu; il brûle avec une flamme blanche très-lumineuse. Lorsqu'on le fait arriver lentement dans un ballon, en évitant son inflammation, il se produit d'épaisses vapeurs qui se condensent sur les parois du ballon en une poudre blanche insoluble dans l'éther. En même temps, il se forme une masse transparente et incolore, soluble dans l'éther. Cette dernière constitue l'oxyde de triéthylstibine. Quant à la poudre blanche, elle constitue un acide soluble dans l'eau et dans l'alcool. Cet acide, que Lœwig et Schweizer ont nommé *acide éthylostibique*, dérive, d'après eux, d'un radical SbC^2H^5, l'*éthylostibyle* résultant de l'élimination de deux groupes éthyles. Ce radical serait pentatomique, ce qui n'est pas admissible, et la formule $(SbC^2H^5)^2O^5$ assignée par Lœwig et Schweizer à l'acide éthylostibique doit certainement être modifiée.

L'acide éthylostibique décompose les carbonates. Ses solutions s'épaississent comme de l'empois lorsqu'on les chauffe, et laissent par l'évaporation une masse porcelanée, très-friable. Leur saveur est très-amère. Traitées par l'hydrogène sulfuré, elles fournissent un précipité jaune.

L'oxydation de la triéthylstibine n'a lieu que très-lentement dans l'eau: aussi est-il bon de la conserver sous ce liquide.

La triéthylstibine se combine directement au soufre et au sélénium; elle s'enflamme au contact du chlore et du brome. L'acide azotique étendu ne l'attaque qu'à chaud, avec formation de vapeurs nitreuses. L'acide chlorhydrique gazeux et sa solution concentrée se comportent avec la triéthylstibine comme avec certains métaux, tels que le zinc; il se dégage de l'hydrogène et il se forme du chlorure de stibéthyle:

$$[Sb(C^2H^5)^3]'' + 2HCl = H^2 + [Sb(C^2H^5)^3]''Cl^2;$$
$$Zn'' + 2HCl = H^2 + ZnCl^2.$$

La triéthylstibine ne réagit pas sur le sulfure de carbone comme le fait la triéthylphosphine. Traitée par l'iodure d'éthyle ou de méthyle, elle s'y combine pour donner des iodures de tétréthylstibine et de triéthylméthylstibine (Lœwig). Elle ne réagit pas sur le bromure d'éthylène, si ce n'est à 140°, mais alors les tubes renfermant le mélange font explosion (Buckton).

Oxyde de triéthylstibine, $Sb(C^2H^5)^3O$. — Il se produit dans l'oxydation lente du stibéthyle. Pour l'obtenir à peu près exempt d'acide éthylostibique, on laisse évaporer lentement, dans un verre à pied, une solution alcoolique étendue de stibéthyle. Pendant l'évaporation de la solution éthérée, c'est, au contraire, l'acide éthylostibique qui domine. On purifie l'oxyde en reprenant le résidu de l'évaporation par l'éther, qui dissout principalement le stibéthyle.

On l'obtient immédiatement pur en décomposant la solution de l'iodure par l'oxyde d'argent ou celle du sulfate par la baryte. Dans ce dernier cas, le résidu de l'évaporation de la liqueur filtrée est une combinaison d'oxyde de triéthylstibine et de baryte, soluble dans l'alcool et décomposable par l'acide carbonique.

Enfin, on peut agiter une solution alcoolique de triéthylstibine avec de l'oxyde de mercure qui est rapidement réduit.

L'oxyde de triéthylstibine (ou plus probablement son hydrate) $Sb(C^2H^5)^3.(OH)^2$ forme une masse visqueuse ou molle, transparente, incristallisable, soluble dans l'eau et dans l'alcool, un peu moins dans l'éther. Il ne paraît pas être vénéneux, car il ne détermine même pas de nausées.

Il est inaltérable à l'air et n'est pas volatil. Chauffé, il dégage d'épaisses vapeurs blanches et laisse un résidu charbonneux et antimonié; toutefois la majeure partie de l'antimoine a passé dans les produits volatilisés.

Le potassium le transforme en triéthylstibine.

L'acide azotique fumant le décompose avec ignition; l'acide étendu le dissout.

L'acide sulfurique concentré le dissout sans décomposition. Les hydracides s'y combinent en mettant de l'eau en liberté.

Sa solution aqueuse précipite les solutions métalliques.

L'hydrogène sulfuré ne colore pas sa solution, si celle-ci ne renferme pas d'acide éthylostibique; si l'on évapore ensuite la solution, il reste du sulfure de triéthylstibine.

Sulfure de triéthylstibine, $Sb(C^2H^5)^3S$. — Il se produit par la réaction qui vient d'être indiquée ou par l'union directe du soufre avec la triéthylstibine.

On fait bouillir la solution éthérée de cette dernière avec des fleurs de soufre. La solution décantée se prend par le refroidissement en un amas d'aiguilles d'un blanc éclatant.

Ce corps possède une odeur désagréable et persistante, rappelant celle du mercaptan; sa saveur est hépatique et amère. Il est très-soluble dans l'eau et dans l'alcool, fort peu dans l'éther froid. Il est inaltérable à l'air quand il est sec. Il fond au-dessus de 100° en un liquide incolore qui cristallise par le refroidissement. Chauffé plus fort, il donne un liquide qui paraît être du sulfure d'éthyle. Le potassium le réduit immédiatement.

La solution aqueuse de sulfure de triéthylstibine se comporte avec les acides et les solutions métalliques comme les sulfures alcalins.

Lorsqu'on fait bouillir la solution de sulfure de triéthylstibine avec du cyanure de potassium, il se produit de la triéthylstibine et du sulfocyanate de potassium (Buckton).

Séléniure de triéthylstibine. — La triéthylstibine en solution éthérée bouillante dissout le sélénium à l'ébullition. Le séléniure cristallise par le refroidissement. Il possède les propriétés générales du sulfure, mais il s'altère rapidement à l'air.

Iodure de triéthylstibine, $Sb(C^2H^5)^3I^2$. — L'iode est absorbé par une solution alcoolique de triéthylstibine. La solution incolore abandonne par l'évaporation de longues aiguilles transparentes et incolores qu'il faut faire cristalliser plusieurs fois dans l'alcool et dans l'éther pour les débarrasser d'un produit jaune insoluble dans l'éther. Cet iodure est très-soluble dans l'eau, sa saveur est très-amère; il possède une faible odeur de triéthylstibine.

Il fond à 70°,5 en un liquide incolore et transparent qui cristallise par le refroidissement. A 100°, il se sublime en petite quantité, mais si l'on chauffe plus fort il se décompose en émettant des vapeurs blanches.

Le potassium lui enlève instantanément l'iode. L'acide chlorhydrique le décompose en produisant du chlorure de triéthylstibine. L'acide nitrique le transforme de même en nitrate, et l'acide sulfurique en sulfate.

Merck avait annoncé que l'iodure décrit par Lœwig et Schweizer renferme non $Sb(C^2H^5)^3I^2$, mais $Sb(C^2H^5)^3I.HI$, et que l'ammoniaque le dédouble en iodure d'ammonium et en un iodure $Sb(C^2H^5)^3I$, qui se produit aussi par l'addition de triéthylstibine à l'iodure de Lœwig et Schweizer. Dans ce dernier cas, les eaux mères qui ont laissé cristalliser l'iodure $Sb(C^2H^5)^3I$ fourniraient, d'après Merck, des cristaux d'un autre iodure $Sb(C^2H^5)^3HI$.

Strecker a démontré [*loc. cit.*] que le prétendu iodure $Sb(C^2H^5)^3I$ est en réalité un oxyiodure et que la formule de Lœwig et Schweizer est exacte. Si Merck a obtenu cet oxyiodure par l'addition de triéthylstibine à $Sb(C^2H^5)^3I^2$, c'est que la triéthylstibine subit une oxydation à l'air. Il a fait voir en outre que les sels (azotate et sulfate) décrits par Merck [*loc. cit.*] sont des sels basiques. Du reste, les résultats analytiques de Merck s'accordent mieux avec les formules qu'a données Strecker qu'avec les siennes propres.

Oxyiodure de triéthylstibine,

$$[Sb(C^2H^5)^3]^2I^2O.$$

— On vient de voir dans quelles circonstances il se forme. Sa formation par l'action de l'ammoniaque sur l'iodure s'explique par l'équation

$$2Sb(C^2H^5)^3I^2 + 2AzH^3 + H^2O$$
$$= 2AzH^4I + [Sb(C^2H^5)^3]^2I^2O.$$

Il se forme aussi par l'union directe de l'iodure avec l'oxyde, dissous en proportions atomiques.

Si le composé $Sb(C^2H^5)^3HI$ signalé par Merck se produit réellement dans la réaction de la triéthylstibine sur l'iodure $Sb(C^2H^5)^3I^2$, cette réaction peut se concevoir sans qu'on soit obligé d'admettre avec Strecker l'oxydation préalable de la triéthylstibine. On a, en effet,

$$2Sb(C^2H^5)^3I^2 + 2Sb(C^2H^5)^3 + H^2O.$$
$$= [Sb(C^2H^5)^3]^2I^2O + 2Sb(C^2H^5)^3HI.$$

Cet oxyiodure cristallise en octaèdres ou en tétraèdes volumineux, brillants, durs, anhydres, à peu près inaltérables à l'air (Merck).

Chlorure de triéthylstibine, $Sb(C^2H^5)^3Cl^2$. — On l'obtient sous la forme d'une huile incolore très-réfringente, par l'addition d'acide chlorhydrique à la solution concentrée de l'azotate ou du sulfate. Sa densité est égale à 1,540. Il ne se solidifie pas à — 12°. Il est insoluble dans l'eau, très-soluble dans l'alcool et dans l'éther. Il distille en petite quantité avec la vapeur d'eau. Chauffé, il se comporte comme le bromure. L'acide sulfurique concentré en dégage de l'acide chlorhydrique et donne du sulfate.

Oxychlorure de triéthylstibine

$$[Sb(C^2H^5)^3]^2Cl^2O.$$

— Merck [*loc. cit.*] l'a envisagé comme le chlorure $Sb(C^2H^5)^3Cl$ et l'a obtenu en traitant l'oxyiodure par une solution de bichlorure de mercure. Il est très-soluble et reste après évaporation de la solution aqueuse, sous la forme d'une masse cristalline très-déliquescente. L'acide chlorhydrique le transforme en bichlorure.

Chlorure de platosotriéthylstibine et d'aurosotriéthylstibine,

$$Pt''\begin{cases}Sb(C^2H^5)^3Cl\\Sb(C^2H^5)^3Cl\end{cases} \quad \text{et} \quad Au'[Sb(C^2H^5)^3Cl].$$

— Ces sels, analogues aux dérivés ammoniacaux du platine et de l'or, sont cristallisables. Ils prennent naissance par l'addition d'une solution alcoolique de triéthylstibine aux perchlorures de platine ou d'or. Le premier correspond à la 2e base de Reiset :

$$Pt\begin{cases}AzH^3Cl\\AzH^3Cl\end{cases}$$

[Hofmann, *Ann. der Chem. u. Pharm.*, t. CIII, p. 357].

Bromure de triéthylstibine, $Sb(C^2H^5)^3Br^2$. — On ajoute une solution alcoolique de brome à une solution de triéthylstibine, tant que la première se décolore et en refroidissant avec de la glace. L'addition d'eau à la solution alcoolique en précipite le bromure. Celui-ci forme un liquide incolore et limpide qui se prend à — 10° en une masse cristalline blanche. Sa densité à 17° est égale à 1,953. Il possède une odeur désagréable de térébenthine; sa vapeur irrite vivement les yeux. Il est insoluble dans l'eau, très-soluble dans l'alcool et dans l'éther. Il n'est pas volatil et ne distille pas avec la vapeur d'eau. Il brûle avec une flamme blanche. Distillé, il donne un liquide fumant, ayant l'odeur du chloral. L'acide sulfurique en dégage de l'acide bromhydrique. Le chlore en déplace le brome.

Cyanure de triéthylstibine. — Il paraît s'obtenir par l'action du sulfure de triéthylstibine sur le cyanure de mercure. La solution présente les caractères du cyanure de potassium. Elle s'altère rapidement et dégage alors de l'ammoniaque par l'action des alcalis.

L'iodure de triéthylstibine donne, avec une solution alcoolique de cyanure de mercure, des cristaux qui paraissent constituer une combinaison de *cyanure de triéthylstibine et d'iodure mercurique.*

Azotate de triéthylstibine, $(AzO^3)^2Sb(C^2H^5)^3$. — On l'obtient par dissolution de l'oxyde de triéthylstibine dans l'acide azotique étendu ou en traitant de la triéthylstibine qui s'oxyde d'abord aux dépens d'une partie de l'acide. Par l'évaporation de la liqueur acide au bain-marie, l'azotate formé se dépose en gouttes huileuses se solidifiant par le refroidissement. On redissout le sel dans l'eau et on le fait cristalliser par évaporation lente.

L'azotate cristallise en beaux prismes rhomboïdaux très-solubles dans l'eau, fort peu solubles dans l'éther. Sa solution est acide et amère.

Il fond à 62°,5 et se concrète à 57° en une masse cristalline blanche; chauffé, il déflagre comme un mélange de nitre et de charbon. La solution concentrée, additionnée d'acide chlorhydrique, laisse déposer des gouttes de chlorure. L'hydrogène sulfuré est sans action.

Azotate basique,

$$\begin{matrix}AzO^3\\OH\end{matrix}>Sb(C^2H^5)^3.$$

— Merck, qui l'envisageait comme l'azotate neutre [*loc. cit.*], l'obtenait par double décomposition entre l'oxyiodure de triéthylstibine et l'azotate d'argent. L'évaporation de la solution dans le vide l'abandonne sous la forme d'une masse radiée. L'acide azotique étendu le dissout et le transforme dans le sel neutre.

Sulfate de triéthylstibine, $SO^4Sb(C^2H^5)^3$. — Obtenu par l'action du sulfure de triéthylstibine sur le sulfate de cuivre. Ce sel est très-soluble et se dépose de sa solution sirupeuse en petits cristaux blancs; un excès d'acide empêche sa cristallisation. Les cristaux se ramollissent à 100° et fondent quelques degrés au-dessus en un liquide incolore.

Ce sel a une saveur amère très-persistante; il

est inodore. Il est assez soluble dans l'alcool et presque insoluble dans l'éther. L'acide chlorhydrique ajouté à sa solution en précipite du chlorure.

Sulfate basique, $SO^4[Sb(C^2H^5)^3OH]^2$. — Sel incristallisable, très-soluble dans l'eau, que Merck a obtenu en décomposant l'oxyiodure par le sulfate d'argent.

COMBINAISONS DE TÉTRÉTHYLSTIBONIUM ou de STIBÉTHYLIUM. — Elles renferment le métal composé monatomique $Sb(C^2H^5)^4$ et ont pour point de départ l'iodure de tétréthylstibonium qui se forme par l'union directe de la triéthylstibine avec l'iodure d'éthyle. Elles ont été principalement étudiées par Lœwig [*Journ. für prakt. Chem.*, t. LXIV, p. 415; *Ann. de Chim. et de Phys.*, (3), t. XLIV, p. 373].

IODURE DE TÉTRÉTHYLSTIBONIUM, $Sb(C^2H^5)^4I$. — L'iodure d'éthyle et le stibéthyle, chauffés ensemble dans l'eau, au bain-marie, se combinent après quelques heures. La solution aqueuse laisse déposer par l'évaporation, au bain-marie, des prismes blancs qui renferment

$$2Sb(C^2H^5)^4I + 3H^2O.$$

Une partie du sel se dépose quelquefois par l'évaporation à chaud en cristaux mamelonnés qui ne renferment que la moitié de cette quantité d'eau de cristallisation.

Par l'évaporation à froid, on obtient des prismes hexagonaux volumineux et transparents. L'eau à 20° dissout 19,02 °/₀ de ce sel.

L'addition de bichlorure de mercure à une solution aqueuse d'iodure de stibéthylium en sépare un précipité blanc, fusible, qui constitue un iodomercurate $2Sb(C^2H^5)^4I + 3HgI^2$.

PERIODURE DE TÉTRÉTHYLSTIBONIUM,

$$Sb(C^2H^5)^4I^3.$$

— Joergensen a obtenu ce periodure en exposant à l'air de l'iodure de stibéthylium arrosé d'acide iodhydrique concentré. Il cristallise en longs cristaux d'un vert métallique.

La solution alcoolique de ce periodure, additionnée d'iodure, de bromure ou de chlorure de bismuth, donne les sels doubles suivants qui se déposent en tables hexagonales :

$$3Sb(C^2H^5)^4I + 2BiI^3,$$

Cristaux rouges.

$$3Sb(C^2H^5)^4Br + 2BiBr^3,$$

$$3Sb(C^2H^5)^4I + 2BiBr^3,$$

$$3Sb(C^2H^5)^4I + 2BiCl^3$$

Cristaux jaunes.

[*Deutsch. chem. Gesells.*, t. II, p. 460; *Bull. de la Soc. chim.*, 1870, t. XIII, p. 181].

CHLORURE DE TÉTRÉTHYLSTIBONIUM, $Sb(C^2H^5)^4Cl$. — On peut l'obtenir soit par l'acide chlorhydrique et l'oxyde correspondant, soit en décomposant 8 molécules d'iodure de stibéthylium par 3 molécules de bichlorure de mercure. Il se forme 3 molécules de chlorure de stibéthyle qui restent en dissolution et 2 molécules d'iodomercurate qui se précipitent :

$$8Sb(C^2H^5)^4I + 3HgCl^2$$
$$= 6Sb(C^2H^5)^4Cl + 2Sb(C^2H^5)^4I, 3HgI^2.$$

La solution, séparée de ce sel double, abandonne dans le vide le chlorure en beaux cristaux anhydres.

Chloromercurates. — Il en existe deux :

1° $2Sb(C^2H^5)^4Cl + 3HgCl^2$.

Lames incolores, solubles dans l'eau et dans l'alcool.

2° $4Sb(C^2H^5)^4Cl + 3HgCl^2$.

Poudre peu soluble.

Chloroplatinate, $4Sb(C^2H^5)^4Cl, 3PtCl^4$. — Beaux cristaux jaunes assez solubles dans l'eau et dans l'alcool, inaltérables à l'air (Lœwig) :

$$2[Sb(C^2H^5)^4Cl], PtCl^4 = [Sb(C^2H^5)^4]^2PtCl^6.$$

Sel peu soluble dans l'alcool (Buckton).

BROMURE DE TÉTRÉTHYLSTIBONIUM, $Sb(C^2H^5)^4Br$. — Obtenu en saturant l'oxyde par l'acide bromhydrique. Sa solution l'abandonne en aiguilles blanches par l'évaporation.

OXYDE DE TÉTRÉTHYLSTIBONIUM, $[Sb(C^2H^5)^4]^2O$, ou plutôt *hydrate*, $Sb(C^2H^5)^4OH$. Il se produit par la décomposition d'une solution d'iodure de stibéthylium par l'oxyde d'argent précipité. Sa solution retient en dissolution un peu d'argent qu'il faut précipiter par une goutte d'acide chlorhydrique. La concentration de la solution dans le vide laisse un liquide épais et incolore. C'est une base très-caustique qui se comporte comme la potasse avec les solutions métalliques.

AZOTATE DE TÉTRÉTHYLSTIBONIUM,

$$AzO^3Sb(C^2H^5)^4.$$

— Il a été obtenu par double décomposition entre l'iodure de stibéthylium et l'azotate d'argent. Il cristallise par évaporation dans le vide en longues aiguilles incolores.

SULFATE DE TÉTRÉTHYLSTIBONIUM,

$$SO^4[Sb(C^2H^5)^4]^2.$$

— Obtenu par double décomposition ou par saturation de l'hydrate précédent. Il se dépose par évaporation dans le vide en cristaux durs et anhydres.

(Lœwig a constaté l'existence d'un grand nombre d'autres sels : carbonate, formiate, acétate, succinate, tartrate et racémate.)

PENTHÉTHYLSTIBINE, $Sb(C^2H^5)^5$. — Ce composé paraît se produire par l'action du zinc-éthyle sur l'iodure de triéthylstibine. La réaction est énergique : il se forme une masse pâteuse que baigne un liquide jaunâtre dense. Lorsqu'on distille le produit, il passe un gaz inflammable chargé de triéthylstibine et il distille un liquide jaunâtre passant de 150° à 170°. Les parties distillant de 150° à 160° sont du stibéthyle; celles qui passent de 160° à 170° ont à peu près pour composition $Sb(C^2H^5)^4$ et représentent un mélange de

$$Sb(C^2H^5)^3 \text{ et de } Sb(C^2H^5)^5.$$

Ce dernier se décompose sans doute par la distillation d'après l'équation

$$Sb(C^2H^5)^5 = Sb(C^2H^5)^3 + C^2H^4 + C^2H^6.$$

Le brome produit sur la portion distillant de 160° à 170° une décomposition analogue, car il se forme du bromure de triéthylstibine, du bromure d'éthylène et de l'hydrure d'éthyle. Cette même portion est transformée par le soufre en un mélange de sulfure de triéthylstibine et de sulfure d'éthyle [Buckton, *Quart. Journ. Chem. Soc.*, t. XIII, p. 115; *Répert. de Chim. pure*, 1860, t. II, p. 405].

COMBINAISONS DE MÉTHYLTRIÉTHYLSTIBONIUM ou de STIBMÉTHYLTRIÉTHYLIUM. — Ces combinaisons, tout à fait parallèles à celles du tétréthylstibonium, se produisent par les transformations de l'iodure $Sb(C^2H^5)^3CH^3.I$, obtenu par l'action de l'iodure de méthyle sur la triéthylstibine. Leur étude est due à Friedlaender [*Journ. für prakt. Chem.*, t. LXX, p. 449].

La préparation de ces dérivés est tout à fait semblable à celle des dérivés de tétréthylstibonium. Nous nous bornerons donc à faire connaître leurs caractères.

IODURE DE MÉTHYLTRIÉTHYLSTIBONIUM,

$$Sb(C^2H^5)^3(CH^3)I.$$

— On ajoute l'iodure de méthyle à la triéthylstibine placée sous l'eau, dans une atmosphère d'acide carbonique.

Cristaux ayant l'apparence de prismes rhomboïdaux, et qui se déposent par l'évaporation de la solution aqueuse au bain-marie. Ils ont un éclat d'abord vitreux, puis nacré. Ils sont inaltérables à l'air, solubles dans l'alcool, à peu près insolubles dans l'éther. L'eau à 20° en dissout 50 %. La solution est amère. Elle dévie à droite le plan de polarisation.

La solution de cet iodure produit avec le bichlorure de mercure la même réaction que l'iodure de tétréthylstibonium. Il se forme du chlorure qui reste dissous et de l'*iodomercurate*

$$2Sb(C^2H^5)^3CH^3I + 3HgI^2$$

qui se précipite sous forme d'un liquide oléagineux jaune, cristallisant par le refroidissement.

Cet iodomercurate cristallise dans l'éther en aiguilles fusibles à 100°. Il est insoluble dans l'eau, soluble dans l'alcool.

On obtient un autre *iodomercurate* à molécules égales en ajoutant de l'iodure mercurique à la solution de l'iodure ; il cristallise en petites tables rhombiques.

Chlorure de méthyltriéthylstibonium,

$$Sb(C^2H^5)^3(CH^3)Cl.$$

— Cristallise en petites aiguilles.

Cyanure. — Sel mal défini.

Hydrate de méthyltriéthylstibonium,

$$[Sb(C^2H^5)^3(CH^3)]OH.$$

— On l'obtient en décomposant l'iodure ou le sulfate par l'oxyde d'argent ou la baryte.

Liquide jaunâtre, épais, très-soluble dans l'eau et dans l'alcool. Sa saveur est très-amère. Il chasse l'ammoniaque de ses sels et précipite les oxydes métalliques. Il redissout, lorsqu'on l'emploie en excès, les hydrates de zinc et d'aluminium. Il n'est pas volatil.

Sulfure de méthyltriéthylstibonium,

$$[Sb(C^2H^5)^3(CH^3)]^2S.$$

— Masse oléagineuse très-soluble, se comportant comme les sulfures alcalins.

Azotate de méthyltriéthylstibonium,

$$AzO^3Sb(C^2H^5)^3CH^3.$$

— Aiguilles soyeuses, anhydres, peu déliquescentes.

Sulfate de méthyltriéthylstibonium,

$$SO^4[Sb(C^2H^5)^3CH^3]^2.$$

— Cristaux blancs et brillants, très-déliquescents, fusibles à 100°.

Carbonate. — L'évaporation de sa solution à 100° laisse un résidu blanc résineux.

Formiate de méthyltriéthylstibonium. — Peu soluble dans l'eau froide et dans l'alcool, soluble à 100° et cristallisant par le refroidissement en aiguilles feutrées, soyeuses, anhydres.

Acétate. — Aiguilles incolores et anhydres, solubles et un peu déliquescentes.

Butyrate. — Masse cristalline blanche et anhydre, non déliquescente, fusible à 100°.

Oxalate de méthyltriéthylstibonium. — *Sel neutre*, $C^2O^4[Sb(C^2H^5)^3CH^3]^2$. — Aiguilles brillantes et anhydres, assez solubles.

Le *sel acide*, $C^2O^4H.Sb(C^2H^5)^3CH^3$, ressemble au précédent. On les obtient par neutralisation directe de l'hydrate.

Tartrate neutre. — Produit sirupeux, très-avide d'eau.

Stibines amyliques.

Nous trouvons dans cette série une stibine qui ne se rencontre pas dans les séries précédentes ou qui n'est que très-vaguement indiquée, c'est la diamylstibine $2[Sb(C^5H^{11})^2]$ correspondant au cacodyle. Les stibines amyliques ont été décrites par F. Berlé [*Journ. für prakt. Chem.*, t. LXV, p. 385 ; *Ann. de Chim. et Phys.*, (3), t. XLV, p. 372].

Diamylstibine ou Stibdiamyle,

$$[Sb(C^5H^{11})^2]^2 = \begin{matrix}C^5H^{11}\\C^5H^{11}\end{matrix}\!>Sb\cdot Sb\!<\!\begin{matrix}C^5H^{11}\\C^5H^{11}.\end{matrix}$$

— Ce radical se forme lorsqu'on distille à une température élevée le produit de la réaction de l'iodure d'amyle sur l'antimoniure de potassium (voyez Triamylstibine), après avoir préalablement distillé l'iodure d'amyle en excès. Le produit de la distillation, chauffé à 80°, laisse dégager un gaz antimonié combustible. Le résidu constitue la diamylstibine.

Ce composé forme un liquide d'un vert jaunâtre, assez soluble, d'une odeur aromatique particulière et d'une saveur amère. Il ne fume pas à l'air ; allumé, il brûle avec une flamme très-éclairante qui répand des fumées blanches ; chauffé dans l'oxygène, il détone avec violence. Il est insoluble dans l'eau et plus dense que ce liquide. Il est miscible en toutes proportions à l'alcool et à l'éther. L'acide azotique l'attaque énergiquement.

Exposée à l'air, la diamylstibine se transforme en oxyde et même en carbonate.

Oxyde de diamylstibine. — On dissout la diamylstibine dans l'alcool et on la combine au brome. Le bromure formé se précipite par l'addition d'eau. On décompose ce bromure par l'oxyde d'argent délayé dans l'alcool et on précipite de nouveau par l'eau la solution filtrée ; l'alcool amylique, qui est souvent mélangé à la diamylstibine, reste dans les liqueurs alcooliques faibles.

Carbonate de diamylstibine, $CO^3(Sb(C^5H^{11})^2$. — Masse visqueuse, soluble dans l'alcool et dans l'éther.

Triamylstibine, $Sb(C^5H^{11})^3$. — Ce radical diatomique se produit comme ses homologues.

On fait agir dans de petits ballons de l'iodure d'amyle sur un mélange d'antimoniure de potassium et de sable. On chauffe doucement pour commencer la réaction. Après avoir distillé l'excès d'iodure d'amyle, on laisse refroidir et l'on épuise le résidu par l'éther. Les solutions éthérées sont introduites dans un grand ballon rempli de gaz carbonique et mélangées avec un peu d'eau, puis soumises à la distillation.

La triamylstibine reste sous la forme d'un liquide jaunâtre et visqueux à froid, transparent. Sa densité est égale à 1,1333 à 17°. Elle est insoluble dans l'eau, peu soluble dans l'alcool, assez soluble dans l'éther. Elle fume à l'air sans s'enflammer ; elle charbonne immédiatement le papier.

Son odeur est aromatique, sa saveur amère, un peu métallique et très-persistante.

Chauffée avec l'iodure d'amyle, la triamylstibine ne s'y combine pas.

Chlorure de triamylstibine, $Sb(C^5H^{11})^3Cl^2$. — Liquide visqueux, insoluble dans l'eau, soluble dans l'alcool et dans l'éther. On l'obtient en traitant l'oxyde par l'acide chlorhydrique.

Bromure de triamylstibine. — On le prépare comme l'iodure.

Iodure de triamylstibine, $Sb(C^5H^{11})^3I^2$. — Il peut être obtenu par l'oxyde et l'acide iodhydrique ou par combinaison directe de l'iode avec la triamylstibine

Oxyde de triamylstibine, $Sb(C^5H^{11})^3O$. — Masse jaunâtre et résineuse obtenue par l'évaporation lente à l'air de la solution éthérée de triamylstibine.

Lorsqu'on expose la triamylstibine à l'air, il se produit une poudre blanche insoluble dans l'eau, l'alcool et l'éther, et qui paraît être une combinaison d'oxyde d'antimoine et d'oxyde de triamylstibine.

Cette poudre blanche, traitée par l'hydrogène sulfuré, se convertit en une combinaison orangée qui est le *sulfure double*

$$Sb(C^5H^{11})^3S + Sb^2S^3.$$

Azotate de triamylstibine, $(AzO^3)^2Sb(C^5H^{11})^3$. — Cristaux étoilés, soyeux et blancs, insolubles dans l'eau et dans l'éther, très-solubles dans l'alcool aqueux. On l'obtient en décomposant l'iodure ou le chlorure de triamylstibine par une solution alcoolique d'azotate d'argent.

Sulfate de triamylstibine, $SO^4.Sb(C^5H^{11})^3$. — Il est incristallisable et se forme par double décomposition. E. W.

STIBIOGALÉNITE. — Voyez Bleinière.

STIBLITE. — Voyez Stibiconise.

STILBÈNE (diphényle-éthylène),

$$C^{14}H^{12} = \begin{matrix} CH\text{-}C^6H^5 \\ | \\ CH\text{-}C^6H^5 \end{matrix}$$

— Le stilbène a été découvert par Laurent, qui l'obtint parmi les produits de la distillation de l'hydrure de sulfobenzoyle (t. I, p. 578). Le nom de stilbène vient de l'aspect des cristaux de cet hydrocarbure, qui ressemblent à la stilbite. Dans la distillation des sulfures de benzyle, M. Marker a recueilli, entre autres produits, un hydrocarbure qu'il appela *toluylène*, mais dont l'identité avec le stilbène fut ultérieurement reconnue. Le stilbène se forme également par l'action du sodium sur l'hydrure de benzoyle, suivant M. Greville Williams. On ajoute du sodium à l'essence d'amandes amères, on distille, on traite de nouveau par le sodium le produit distillé, puis on soumet le mélange à la distillation fractionnée. Au-dessus de 265°, il ne passe que du stilbène brut.

Un autre mode d'obtention consiste à distiller un mélange de soufre et de phényl-acétate de baryum. Le produit de la distillation cristallisé dans l'alcool et dans l'éther constitue du stilbène pur (Radzizewski). Le rendement en stilbène est assez considérable, suivant l'auteur, pour qu'on puisse employer cette réaction comme préparation du stilbène, l'acide phényl-acétique s'obtenant lui-même avec facilité.

Enfin il se produit de petites quantités de stilbène dans l'action du sodium sur le toluène bromé (Fittig) et sur le chlorobenzol à l'ébullition (Limpricht). D'après Zinin, le corps obtenu par Fittig est un dicrésyle $C^{14}H^{14}$ fusible à 121°, et non du stilbène. Le composé $C^{14}H^{11}Cl$, obtenu dans l'action du perchlorure de phosphore sur la désoxybenzoïne, fournit, suivant Zinin, du stilbène par l'action de l'amalgame de sodium. Goldschmidt a obtenu du stilbène en traitant au rouge par la poudre de zinc, le diphényle-trichloréthane $C^{14}H^{11}Cl^3$. Lorenz prépare le stilbène en laissant tomber goutte à goutte (une goutte par dix secondes) du toluène sur de l'oxyde de plomb chauffé au rouge sombre dans un tube de fer. Le rendement est de 10 % du toluène employé [Laurent, *Revue scientifique*, t. XVI, p. 373; — Marker, *Ann. der Chem. u. Pharm.*, t. CXXXVI, p. 75, et *Bull. de la Soc. chim.*, 1866, t. VI, p. 59; — Greville Williams, *Chemical News*, 1867, p. 244, et *Bull. de la Soc. chim.*, 1867, t. VIII, p. 341; — Radzizewski, *Deutsch. chem. Gesells.*, t. VI, p. 390, et *Bull. de la Soc. chim.*, 1873, t. XX, p. 292; — Fittig, *Ann. der Chem. u. Pharm.*, t. CXLI, p. 158, et *Bull. de la Soc. chim.*, 1867, t. VIII, p. 348; — Limpricht, *Ann. der Chem. u. Pharm.*, t. CXXXIX, p. 303; — Zinin, *Compt. rend. de l'Acad.*, t. LXVIII, p. 720; — Goldschmidt, *Deutsch. chem. Gesells.*, t. VI, p. 985, et *Bull. de la Soc. chim.*, t. XX, p. 54?; — Lorenz, *Deutsch. chem. Gesells.*, t. VII, p. 1096, et *Bull. de la Soc. Chim.*, 1875, t. XXII, p. 325].

Le stilbène, improprement appelé toluylène par M. Marker, cristallise en tables rhomboïdales, sans odeur, incolores, possédant l'éclat nacré de la stilbite, et appartenant au système monoclinique. Il est peu soluble dans l'alcool froid, assez soluble dans l'alcool bouillant et dans l'éther (Laurent). Il fond à 118° (Laurent); à 119°,5 (Fittig), à 110° (Marker, Williams). Il bout vers 292°, et distille sans altération (Laurent).

Il se combine directement au chlore et au brome (Laurent). Dans l'action du brome sur le stilbène en solution éthérée, il se forme, outre le bromure de stilbène, des dérivés bromés, $C^{14}H^9BrO^2$ et $C^{14}H^8Br^2O^2$, qui donnent le corps $C^{14}H^{10}O^2$ par l'action de l'amalgame de sodium. Ce corps, appelé *oxytolidène*, est un isomère du benzile [Limpricht et Schwanert, *Zeitsch. für Chem.*, t. V, p. 596, et *Bull. de la Soc. chim.*, 1870, t. XIII, p. 253].

Le stilbène chauffé pendant quelques heures à 140-150° avec de l'acide iodhydrique se convertit en dibenzyle, $C^{14}H^{14}$ [Limpricht et Schwanert, *Zeitsch. für Chem.*, t. III, p. 684, et *Bull. de la Soc. chim.*, 1868, t. IX, p. 329]. L'acide sulfurique fumant le dissout; il se forme un acide non cristallisable, dont le *sel de baryum* est un précipité jaunâtre, amorphe.

Traité par l'acide azotique bouillant, il donne des matières jaunes, résineuses, que Laurent regarde comme des produits de substitution nitrés, et une poudre légère, jaunâtre, cristallisée, l'*acide nitrostilbique*, $C^{14}H^{11}(AzO^2),O^5$ presque insoluble dans l'eau, soluble dans l'alcool et dans l'éther (Laurent). Suivant M. Marker, il se forme un corps difficilement cristallisable, le *nitrostilbène*, $C^{14}H^{10}(AzO^2)^2$, dont les produits de réduction sont peu stables; il a obtenu une fois un *diamidostilbène*, $C^{14}H^{10}(AzH^2)^2$, en aiguilles blanches.

Par oxydation du stilbène au moyen de l'acide chromique concentré, Laurent a obtenu de l'hydrure de benzoyle, fait qui a été confirmé par Limpricht et Schwanert, et par Zincke [*Deutsch. chem. Gesells.*, t. IV, p. 836, et *Bull. de la Soc. chim.*, 1872, t. XVII, p. 70].

Chauffé à 150° avec l'acide bromhydrique concentré, le stilbène donne un corps non encore analysé, probablement $C^{14}H^{13}Br$ (Zincke).

Bromure de stilbène, $C^{14}H^{12}Br^2$ (Laurent). — Il se produit par l'addition du brome au stilbène.

Suivant Limpricht et Schwanert, on dissout le stilbène dans le sulfure de carbone, et l'on ajoute du brome. Le bromure de stilbène, presque insoluble, se sépare en petites aiguilles, que l'on purifie par des lavages à l'éther et à l'alcool bouillant. Il prend également naissance par l'action du brome sur le dibenzyle chauffé [Limpricht et Marquardt, *Zeitsch. für Chem.*, t. V, p. 337, et *Bull. de la Soc. chim.*, 1869, t. XII, p. 395]. Il fond à 232-233°.

Le bromure de stilbène se transforme par la distillation en stilbène bromé, et acide bromhydrique. Chauffé à 130° pendant quelques heures avec de la potasse alcoolique, il donne le stilbène bromé, $C^{14}H^{11}Br$, liquide huileux, que l'action prolongée de la potasse à 130° convertit en tolane, $C^{14}H^{10}$. Avec l'ammoniaque et l'aniline à 150°, il régénère le stilbène; avec l'eau, à 150°, il donne, outre du stilbène, du benzile, $C^{14}H^{10}O^2$. Avec l'acétate d'argent, l'acétate de potassium, il fournit des acétates de stilbène correspondant à l'hydrobenzoïne ou à l'isohydrobenzoïne (voyez *Glycol stilbénique*). Chauffé à 140° avec l'oxyde d'argent, il est décomposé avec production de stilbène et d'un corps huileux, $C^{28}H^{24}O^{3}$ [Limpricht et Schwanert, *Ann. der Chim. u. Pharm.*, t. CXLV, p. 330].

Le *bromostilbène*, $C^{14}H^{11}Br$, est un liquide jaunâtre, huileux, soluble dans l'alcool et dans l'éther, non distillable sans décomposition; en solution éthérée, il fixe le brome. Le nouveau produit, *bromure de bromostilbène*, $C^{14}H^{11}Br,Br^{2}$ cristallise en aiguilles blanches, facilement solubles à chaud dans l'alcool et dans l'éther, fusibles à 100°, donnant du tolane par l'action à chaud de la potasse alcoolique (Limpricht et Schwanert).

CHLORURE DE STILBÈNE, $C^{14}H^{12}Cl^{2}$ (Laurent). — Il se présente en petits cristaux transparents, très-peu solubles dans l'éther, presque insolubles dans l'alcool bouillant, ou en tables octogonales très-solubles. Une solution de potasse alcoolique le convertit à l'ébullition en *chlorostilbène*, $C^{14}H^{11}Cl$, liquide huileux, que Zinin a obtenu également par l'action du perchlorure de phosphore sur la désoxybenzoïne. Le chlorostilbène fixe le chlore et fournit le *chlorure de chlorostilbène*, $C^{14}H^{11}Cl,Cl^{2}$, en masses blanches et opaques, fusibles à 85°. Le chlorostilbène fixe également le brome, avec production de *bromure de chlorostilbène*, $C^{14}H^{11}Cl,Br^{2}$, qui est en cristaux mal déterminés, solubles dans l'éther.

Le chlorostilbène cristallise par le froid et fond alors à 25°. Chauffé à 140° avec de l'acétate d'argent et de l'acide acétique, il donne une combinaison, $C^{14}H^{11}(C^{2}H^{3}O^{2})$ (Limpricht et Schwanert).

Le stilbène chloré donne par la distillation du tolane, $C^{14}H^{10}$. Par l'action du chlore et du brome sur le tolane, ou par l'action du zinc sur le tétrachlorure de tolane, il se forme des composés $C^{14}H^{10}Cl^{2}$, $C^{14}H^{10}Br^{2}$, $C^{14}H^{9}Cl^{3}$, qu'on peut considérer comme des stilbènes chlorés. Les bromures $C^{14}H^{10}Br^{2}$ chauffés avec de l'eau à 200° donnent du tolane et du benzile $C^{14}H^{10}O^{2}$. — Voyez TOLANE.

MM. Zincke et Forst ont obtenu divers chlorures de stilbène isomériques. L'action du chlore sur le stilbène dissous dans le chloroforme fournit deux chlorures : l'un est fusible à 190°, et donne, avec de l'acétate d'argent, un éther acétique de l'hydrobenzoïne; l'autre est fusible à 92-93°. En solution chloroformique, le stilbène donne un troisième chlorure fusible à 69-70°. L'étude de ces corps n'est pas terminée. — Voyez les sources à l'article STILBÉNIQUE (GLYCOL).

DÉRIVÉS NITRÉS ET AMIDÉS. — Nous avons dit précédemment que l'action de l'acide azotique sur le stilbène a donné à Laurent l'*acide nitrostilbique*, $C^{14}H^{11}(AzO^{2})O^{6}$, et à Marker un *dérivé nitré*, $C^{14}H^{10}(AzO^{2})^{2}$, cristallisant difficilement; ce dernier possède la composition d'un dinitrostilbène. On a décrit un autre *dinitrostilbène* ainsi que ses produits de réduction [Strakosch, *Deutsch. chem. Gesells.*, t. VI, p. 328, et *Bull. de la Soc. chim.*, 1873, t. XX, p. 291].

DINITROSTILBÈNE, $C^{14}H^{10}(AzO^{2})^{2}$. — Il s'obtient indirectement et prend naissance par l'action de la potasse sur le chlorure de nitrobenzyle :

$$2\,[C^{6}H^{4}(AzO^{2}),-CH^{2}Cl]+2KHO = \begin{array}{l}CH-C^{6}H^{4}(AzO^{2})\\ \vert\\ CH-C^{6}H^{4}(AzO^{2})\end{array} +2KCl+2H^{2}O.$$

On l'obtient facilement en ajoutant de la potasse aqueuse à une solution alcoolique chaude de chlorure de nitrobenzyle.

Il cristallise en aiguilles jaunes, à reflets verts, peu solubles dans l'alcool, à peu près insolubles dans l'éther et dans la benzine, solubles dans la nitrobenzine et l'acide acétique. Il fond au-dessus de 280° et se sublime en lamelles jaunes.

Traité à l'ébullition par une solution alcoolique de sulfhydrate d'ammoniaque, il donne le *nitro-amidostilbène*, $C^{14}H^{9}(AzO^{2})AzH^{2}$, qui cristallise dans la nitrobenzine en lamelles pourpres, fusibles à 229-230°, sublimables. Son *chlorhydrate* est jaune, décomposable par l'eau; il cristallise dans l'alcool acidulé.

Si l'on opère la réduction du dinitrostilbène en vases clos, à 100°, on obtient le *diamidostilbène*, $C^{14}H^{8}(AzH^{2})^{2}$. Celui-ci cristallise dans l'alcool bouillant en lamelles brunissant à l'air, peu solubles dans l'eau, l'éther et la benzine. Il fond à 170°, et se sublime, avec décomposition partielle, en lamelles blanches.

Le *chlorhydrate*, $C^{14}H^{8}(AzH^{2})^{2},2HCl$, cristallise en lames blanches, solubles dans l'eau et dans l'acide chlorhydrique bouillant, peu solubles dans l'alcool.

L'*azotate de diamidostilbène* est en grains cristallins jaunes, peu solubles dans l'eau et dans l'alcool. Le *sulfate* cristallise en aiguilles.

L'acide nitrique fumant (7 grammes) étant ajouté goutte à goutte à du stilbène (1 gramme) dissous dans l'éther (26 grammes) il se sépare un corps cristallisé en aiguilles, fondant à 220° avec production de vapeurs nitreuses, insolubles dans la benzine, le chloroforme, l'éther, le sulfure de carbone, et renfermant $C^{14}H^{11}Az^{3}O^{2}$ (Lorenz).

OXYDE DE STILBÈNE (désoxybenzoïne), $C^{14}H^{12}O$. — La désoxybenzoïne, obtenue par Zinin dans l'action de l'hydrogène naissant sur la benzoïne, a été décrite t. I, p. 549.

Elle a été considérée par Grimaux comme l'anhydride du glycol stilbénique (hydrobenzoïne), et représentée par la formule de constitution

$$\begin{array}{l}CH(C^{6}H^{5})\\ \vert\\ CH(C^{6}H^{5})\end{array}\!>\!O$$

qui en fait un corps analogue à l'oxyde d'éthylène

$$\begin{array}{l}CH^{2}\\ \vert\\ CH^{2}\end{array}\!>\!O.$$

La production de la désoxybenzoïne par l'action de la potasse alcoolique sur l'acétate de stilbène venait à l'appui de cette manière de voir; d'un autre côté, la désoxybenzoïne fixe 2 atomes d'hydrogène, comme Grimaux l'avait prévu, pour donner un alcool $C^{14}H^{14}O$ [E. Grimaux, *Bull. de la Soc. chim.*, 1867, t. VII, p. 378; — Limpricht et Schwanert, *Bull. de la Soc. chim.*, 1868, t. IX, p. 329].

Mais des recherches postérieures conduisent à regarder la désoxybenzoïne comme une acétone

$$\begin{array}{l}CO-C^{6}H^{5}\\ \vert\\ CH^{2}-C^{6}H^{5}\end{array}$$

la benzoyl-benzylacétone, présentant avec l'oxyde de stilbène les mêmes relations que l'aldéhyde avec l'oxyde d'éthylène.

En effet, traitée par le perchlorure de phosphore, elle donne non le chlorure de stilbène, mais le stilbène chloré, de même que l'acétone ordinaire donne du propylène chloré [Zinin, *Compt. rend. de l'Acad.*, t. LXVII, p. 720].

L'alcool qu'elle fournit par hydrogénation régénère de la désoxybenzoïne par oxydation; c'est donc un alcool secondaire. — Voyez plus loin, *Hydrate de stilbène*.

De plus, les anhydrides qu'on obtient en traitant l'hydrobenzoïne et ses isomères par l'acide sulfurique diffèrent de la désoxybenzoïne dont ils présentent la composition; il est vrai que ce pourraient être des polymères.

Mais ce qui tend surtout à faire considérer la désoxybenzoïne comme une acétone, c'est un nouveau mode de production qui a été observé par M. Radzizewski. En effet, elle prend naissance par la distillation d'un mélange de benzoate et de phénylacétate de calcium, ce qui en fait la benzoylbenzyl acétone [Radzizewski, *Deutsch. chem. Gesells.*, et *Bull. de la Soc. chim.*, 1873, t. XX, p. 399].

Aux faits précédents, il faut ajouter les suivants, récemment découverts, et qui complètent l'histoire de la désoxybenzoïne. Dans l'hydrogénation de la désoxybenzoïne, il se forme, outre l'hydrate de stilbène, un composé $C^{28}H^{26}O^2$, qui est à ce corps ce que la pinacone est à l'acétone, et qu'on pourrait appeler *stilbo-pinacone*. Ce composé est en petites aiguilles brillantes, fusibles à 156°.

La désoxybenzoïne est transformée par l'acide iodhydrique en dibenzyle. Avec le brome, elle donne un *dérivé monobromé*, $C^{14}H^{11}BrO$, en cristaux mamelonnés blancs, fusibles à 50°, et un *dérivé bibromé* $C^{14}H^{10}Br^2O$, en prismes blancs, fusibles à 110-112°, présentant les réactions du chlorobenzile, $C^{14}H^{10}Cl^2O$ (t. I, p. 551). Ce dernier peut être considéré comme de la désoxybenzoïne bichlorée, car il est représenté par la formule

$$\begin{array}{l} CCl^2(C^6H^5) \\ | \\ CO\ (C^6H^5) \end{array}$$

La désoxybenzoïne bibromée est transformée en benzile

$$\begin{array}{l} CO\ (C^6H^5) \\ | \\ CO\ (C^6H^5) \end{array}$$

par l'action de l'acide azotique; ces diverses réactions ont été observées par Limpricht et Schwanert [*Deutsch. chem. Gesells.*, t. III, p. 397, et *Bull. de la Soc. chim.*, 1870, t. XIV, p. 299].

La désoxybenzoïne est attaquée par la potasse alcoolique, à froid. Après quinze jours de réaction au contact de l'air, il se forme un corps cristallisé en aiguilles fusibles à 225°, renfermant $C^{70}H^{56}O^4$, la *benzamarone*, qu'une ébullition prolongée avec la potasse alcoolique dédouble en désoxybenzoïne et *acide amarique*, dont le sel de potassium renferme $C^{42}H^{40}O^7K^2 + H^2O$. L'acide libre $C^{42}H^{42}O^7$ est cristallin, et perd H^2O à 125°; à 140°, il fond de nouveau en perdant $1\,^1/_2\,H^2O$, devient alors solide, et ne fond plus qu'à 155° : il renferme alors $C^{84}H^{70}O^7$ [Zinin, *Bull. de l'Acad. de Saint-Pétersb.*, t. XV, p. 340, et *Bull. de la Soc. chim.*, 1871, t. XV, p. 259].

MM. Limpricht et Schwanert, en traitant leur alcool toluylénique, mélange d'hydrobenzoïne et d'isohydrobenzoïne, et l'hydrobenzoïne par l'acide sulfurique, ont obtenu deux composés, *oxydes de stilbène* (?) $C^{14}H^{12}O$; celui qui provient de l'alcool toluylénique fond à 195°. Celui de l'hydrobenzoïne fond à 125°.

HYDRATE DE STILBÈNE (*alcool stilbylique*), $C^{14}H^{14}O$. — Cet alcool secondaire,

$$C^6H^5 - CH(OH) - CH^2 - C^6H^5,$$

se forme dans l'hydrogénation de la désoxybenzoïne. Il s'obtient également quand on soumet la désoxybenzoïne ou l'hydrobenzoïne à l'action de la potasse alcoolique, à 150°. Dans le premier cas, il se produit aussi un corps $C^{18}H^{18}O^2$, en fines aiguilles fusibles à 100°.

L'hydrate de stilbène est en aiguilles, il fond à [illegible]2°; il est soluble dans l'alcool et l'éther. Traité par l'acide azotique, il donne de la désoxybenzoïne. L'acide sulfurique étendu et bouillant, et la potasse alcoolique à 180°, lui enlèvent une molécule d'eau et le convertissent en stilbène [Limpricht et Schwanert, *Bull. de la Soc. chim.*, 1870, t. XIV, p. 299].

DIACÉTATE DE STILBÈNE. — Voyez *Glycol stilbénique*).

CONSTITUTION DES DÉRIVÉS STILBÉNIQUES. — La constitution des dérivés stilbéniques, donnée par E. Grimaux, appuyée par Kekulé, est admise aujourd'hui par la plupart des chimistes (voyez t. I, p. 551). Seulement la désoxybenzoïne doit être, d'après les nouvelles recherches, considérée comme une acétone, ainsi que nous l'avons dit plus haut.

Quant à l'acide benzilique, il n'appartient pas à cette série; sa réduction en acide diphénylacétique, montre qu'il constitue l'acide diphénylglycolique $CH(C^6H^5)^2 - CO^2H$. Dans sa production par le benzile, il y a changement complet de la molécule [Iéna, *Bull. de la Soc. chim.*, 1870, t. XIV, p. 302].

E. G.

STILBÉNIQUE (GLYCOL). — L'hydrobenzoïne $C^{14}H^{14}O^2$, obtenue par M. Zinin dans l'hydrogénation de l'aldéhyde benzoïque, a été considérée comme le glycol stilbénique (diphénylé-thylénique)

$$\begin{array}{l} CH(C^6H^5)OH \\ | \\ CH(C^6H^5)OH \end{array}$$

par M. E. Grimaux, qui établit le premier les relations du stilbène, de l'hydrobenzoïne, de la benzoïne, etc. (t. I, p. 551).

Le bromure de stilbène présentant avec l'hydrobenzoïne les mêmes rapports que le bromure d'éthylène avec le glycol, les formules rationnelles de ces corps faisaient prévoir la possibilité de convertir le stilbène en hydrobenzoïne; de plus, la benzoïne devait fournir par hydrogénation la même hydrobenzoïne, qui se présentait alors comme le glycol du stilbène. En effet, M. Grimaux parvint à hydrogéner la benzoïne, suivant cette prévision, et d'autre part MM. Limpricht et Schwanert, au moyen du bromure de stilbène, obtinrent un diacétate qui, saponifié, fournit un glycol $C^{14}H^{14}O^2$. Ce glycol fut identifié d'abord avec l'hydrobenzoïne, car il avait comme elle la propriété de donner de la benzoïne par oxydation. Néanmoins, le glycol stilbénique ainsi obtenu présentait un point de fusion différent de l'hydrobenzoïne, et depuis, MM. Limpricht et Schwanert ont regardé le produit de saponification de l'acétate de stilbène comme renfermant 2 isomères de l'hydrobenzoïne, auxquels ils ont donné le nom d'*alcool toluylénique* et d'*alcool isotoluylénique*. Comme ces deux corps se comportent exactement comme l'hydrobenzoïne lorsqu'on les oxyde, M. Grimaux avait mis en doute l'existence de ces deux corps comme distincts de l'hydrobenzoïne. Récemment MM. Forst et Zincke ont montré que les alcools toluylénique et isotoluylénique n'existent pas, mais que le produit de la saponification des acétates stilbéniques est un mélange d'hydrobenzoïne et d'isohydrobenzoïne. — Voyez plus loin.

De plus, M. Ammann, en hydrogénant l'aldéhyde benzoïque par l'amalgame de sodium et l'eau, a obtenu avec l'hydrobenzoïne un isomère, l'isohydrobenzoïne, qui s'en distingue nettement par ce qu'elle ne fournit pas de benzoïne par l'acide azotique.

HYDROBENZOÏNE (*glycol stilbénique*), $C^{14}H^{14}O^2$. — Ce composé, découvert par M. Zinin, a été décrit t. I, p. 550. Il se produit également par l'hydrogénation de la benzoïne au moyen de l'amalgame de sodium (E. Grimaux) ou par celle de l'hydrure de benzoyle; dans cette dernière réaction, il se forme en même temps de l'isohydrobenzoïne.

MM. Zincke et Forst, en reprenant la réaction étudiée par MM. Limpricht et Schwanert, ont obtenu ces deux isomères au moyen du bromure de stilbène. Ces recherches présentent des particularités intéressantes, et divers points sont encore à l'étude [Grimaux, *Ann. de Chim. et de Phys.*, (4), t. XXVI, p. 352; — Ammann, *Zeit. für Chem.* t. CVII, p. 83, et *Bull. de la Soc. chim.*, 1871, t. XV, p. 257; — Zincke et Forst, *Deuts. chem. Gesells.*, t. VIII, p. 708 et 797; *Bull. de la Soc. chim.*, 1875, t. XXIV, p. 206].

Lorsqu'on chauffe le bromure de stilbène avec l'acétate de potassium et l'alcool à 170-180°, il se fait principalement du stilbène monobromé. Si, au contraire, on opère avec l'acétate dissous dans l'acide acétique cristallisable, on obtient, indépendamment d'une petite quantité de stilbène régénéré et de stilbène monobromé, deux éthers, l'un monoacétique, l'autre diacétique, qui fournissent tous deux de l'*isohydrobenzoïne* à la saponification.

Si l'on remplace l'acétate de potassium par l'acétate d'argent, il ne se forme pas de stilbène dans la réaction : on obtient les éthers acétiques précédents, et de plus un diacétate fournissant de l'hydrobenzoïne.

Avec l'oxalate d'argent, en présence du xylène, le bromure de stilbène ne donne pas de corps cristallisés, mais des substances résineuses, bromées et fournissant de l'hydrobenzoïne et du stilbène par la saponification. Un de ces corps bromés, se présentant sous l'aspect de croûtes jaunâtres, fournit en même temps des traces d'isohydrobenzoïne.

Il résulte de là que le bromure de stilbène peut fournir deux glycols stilbéniques isomères, suivant les conditions.

On ne peut admettre une isomérie dans les bromures de stilbène, car le stilbène régénéré de l'hydrobenzoïne ou de l'isohydrobenzoïne fournit un bromure identique au bromure primitif, et donnant comme lui l'un ou l'autre des alcools, suivant les conditions. De plus, avec l'hydrobenzoïne ou son isomère, le pentabromure de phosphore donne un même bromure.

Néanmoins l'isomérie des bromures pouvant être méconnue, les auteurs ont étudié les chlorures de stilbène, et ont obtenu divers isomères, dont l'étude n'est pas encore achevée; nous les avons mentionnés à l'article STILBÈNE.

L'hydrobenzoïne est en prismes quadrangulaires, volumineux, du système orthorhombique (angles de 60° et 120°). Elle fond à 132° (Limpricht et Schwanert), à 132°,5 (Ammann), à 134° (Zinin), à 134°-135° (Grimaux). Suivant Ammann, l'hydrobenzoïne se dissout dans 80 p. d'eau bouillante et 400 p. d'eau à 15°.

Monoacétate. — Obtenu en traitant l'hydrobenzoïne par l'acide acétique. Il est en longues aiguilles très-solubles dans l'alcool, fondant à 84° (Zincke et Forst). Limpricht et Schwanert avaient indiqué 77°.

Diacétate. — Obtenu soit par le bromure de stilbène et l'acétate d'argent, soit par l'action du chlorure d'acétyle sur l'hydrobenzoïne préparée avec l'essence d'amandes amères, il est en beaux cristaux prismatiques, assez solubles dans l'alcool chaud, moins solubles à froid, fusibles à 134°.

Dibenzoate. — Obtenu dans les mêmes conditions, il est en petites aiguilles, très-peu solubles dans l'alcool chaud, plus solubles dans l'acide acétique bouillant. Il fond à 246-247°.

ISOHYDROBENZOÏNE, $C^{14}H^{14}O^2$. — Elle a été obtenue par M. Ammann dans l'hydrogénation de l'hydrure de benzoyle par l'amalgame de sodium et l'eau. On la sépare de son isomère par des cristallisations répétées dans l'alcool où elle est un peu plus soluble. Nous avons vu plus haut dans quelles conditions elle se produit avec le bromure de stilbène. Elle cristallise dans l'eau en longues aiguilles brillantes renfermant de l'eau de cristallisation, et s'effleurissant rapidement. Elle se sépare de l'alcool en cristaux hexagonaux fusibles à 119°,5.

Traitée par le perchlorure de phosphore, elle donne un chlorure de stilbène fusible à 184°, et identique avec celui que donne l'hydrobenzoïne. L'action du perbromure de phosphore donne également le même bromure.

Avec l'acide azotique, elle ne donne pas de benzoïne, mais des dérivés résineux qui finissent par cristalliser. Par le bichromate de potassium et l'acide sulfurique, elle se convertit en hydrure de benzoyle et acide benzoïque.

Zincke et Forst ont décrit les dérivés suivants; l'éther diacétique avait déjà été indiqué par Ammann.

Monoacétate. — Préparé par l'action du bromure de stilbène sur les acétates de potassium ou d'argent, il est en aiguilles courtes et larges, insolubles dans l'alcool, fusibles à 87-88°.

Diacétate. — Préparé comme son isomère dérivé de l'hydrobenzoïne, il cristallise en lamelles ou en prismes bien formés; les premières fondent d'une manière constante à 117-118°; les prismes, au contraire, fondent la première fois à 117-118°, la seconde ou la troisième fois à 105-106°. Les lamelles peuvent être converties par cristallisation en prismes et offrent alors la même singularité.

Dibenzoate. — Il est en aiguilles blanches, cassantes, très-solubles dans l'alcool chaud, fusibles à 153-154°.

MM. Zincke et Forst pensent que l'isomérie de l'hydrobenzoïne et de l'isohydrobenzoïne peut être représentée par les formules suivantes :

$$C^6H^5\text{-}CH,OH\text{-}CH,OH\text{-}C^6H^5,$$

Hydrobenzoïne.

$$C^6H^5\text{-}CH^2\text{-}C(OH)^2\text{-}C^6H^5$$

Isohydrobenzoïne.

E. G.

STILBITE (Min.) [Syn. *Desmine*]. — Silicate hydraté d'alumine et de chaux avec un peu de soude ou de potasse, $CaO,Al^3O^3,6SiO^2,6H^2O$. La stilbite perd une partie de son eau dans l'air sec, et la reprend à l'air humide. Beaux cristaux, généralement fasciculés, blancs, jaunes, rouges; d'un éclat vitreux, nacré sur la face g^1 (clivage facile); à cassure inégale; se rencontrant dans les amygdaloïdes d'Écosse, de Féroë, d'Islande, de Poonah (Inde), etc.; dans les basaltes de Nassau, du Puy-de-Marman (Auvergne); dans les diorites, dans les schistes amphiboliques, du pic d'Ereslidz, Pyrénées; des Alpes, du Saint-Gothard; dans les mines d'Andreasberg, de Kongsberg, etc. En Islande, les cristaux de calcite sont souvent couverts de stilbite.

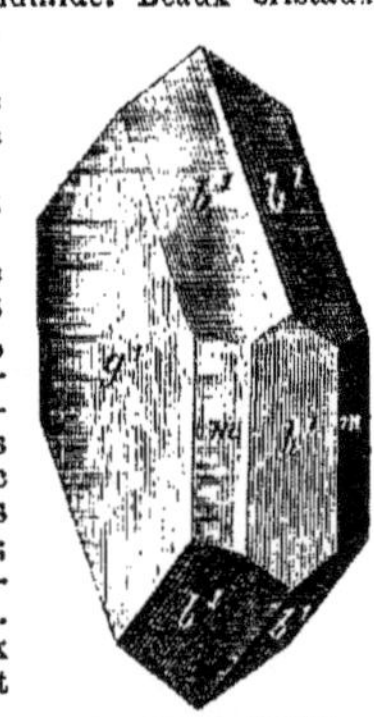

Fig. 650. — Stilbite.

Caractères. — Décomposable par l'acide chlorhydrique, en laissant de la silice pulvérulente.

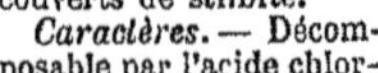

Au chalumeau, se gonfle, s'exfolie et fond en un émail blanc.

Dureté, 3,5 à 4. Densité, 2,1 à 2,2.

Forme cristalline. — Prisme orthorhombique $mm = 94° 16'$; $p\,b^{1/2} = 132° 0'$. Faces m, g^1, h^1, a^1, $b^{1/2}$, $a^{2/3}$. Les faces g^1 et h^1 sont striées fortement, parallèlement à leur intersection. Clivage g^1; h^1 traces. Macles : rarement a^1. F. et S.

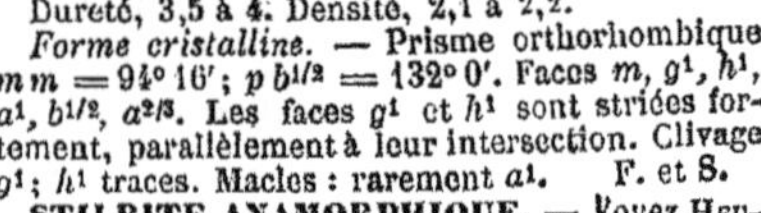

STILBITE ANAMORPHIQUE. — Voyez HEULANDITE.

STILLISTEARIQUE (ACIDE). — Suivant M. Borck, la matière grasse des fruits du *Stillingia sebifera* (suif végétal de la Chine) fournirait par saponification un acide gras $C^{15}H^{30}O^2$, l'acide stillistéarique, cristallisant en lames nacrées, fusibles à 61-62° [*Journ. für prakt. Chem.*, t. XLIX, p. 395]. Heintz considère cet acide comme un mélange d'acides gras, et Maskelyne n'a pu isoler que de l'acide palmitique et de l'acide oléique des fruits de *Stillingia sebifera* [*Journ. Chem. Soc. London*, t. VIII, p. 1].

STILPNOMÉLANE (Min.). — Silicate hydraté de fer, avec 5 à 6 °/₀ d'alumine, un peu de magnésie et des traces de chaux et de potasse. Rammelsberg, qui regarde tout le fer comme étant à l'état de protoxyde, donne la composition suivante pour la stilpnomélane d'Obergrund, près Zuckmantel en Silésie : $SiO^2 = 46,0$, $Al^2O^3 = 5,8$, $FeO = 35,6$, $CaO = 0,2$, $MgO = 1,8$, $K^2O = 0,7$, $H^2O = 8,6$.

Masses cristallines à structure feuilletée, grenue, ou fibreuse, offrant parfois des lames hexagonales facilement clivables parallèlement à leur base. Cassure écailleuse, opaque; éclat vitreux; noir ou vert très-foncé. Se trouve dans les schistes dévoniens, avec calcaire, quartz, fer oxydulé, limonite, pyrrhotine, et quelquefois ripidolithe, en Silésie, en Moravie, à Weilburg (Nassau).

Caractères. — Difficilement attaquables aux acides; dans le tube, donne de l'eau; au chalumeau, fond facilement en un globule magnétique noir.

Dureté, 3 à 4. Poussière vert-olive. Densité, 3 à 3,4. F. et S.

STILPNOSIDÉRITE. — Voyez LIMONITE.

STOLPÉNITE (Min.) [Syn. *Bol de Stolpen*]. — Substance argileuse fusible en un émail blanc, se trouvant entre des colonnes basaltiques à Stolpen (Saxe).

STOLZITE. — Voyez SCHEELITINE.

STORAX. — Voyez BAUMES, t. I, p. 519.

STRAHLERZ. — Voyez APHANÈSE.

STRAHLSTEIN. — Voyez AMPHIBOLE.

STRAHLZEOLITHE. — Voyez STILBITE.

STRAKONITZITE (Min.). — Cristaux de pyroxène transformés en une matière stéatiteuse, trouvés à Mutenitz, près Strakonitz (Bohême).

STRASS. — Voyez VERRE.

STRATOPÉITE (Min.). — Rhodonite altérée de Suède.

STRIEGISANE. — Voyez WAVELLITE.

STROGONOVITE (Min.). — Variété de paranthine verdâtre présentant la composition de la méionite, engagée dans un calcaire avec baïkalite et parfois glaucolite, sur les bords de la rivière Sludianka, près du lac Baïkal (Sibérie).

STROMEYERINE (Min.) [Syn. *Cuivre sulfuré argentifère*, Ag^2S, Cu^2S]. — Cristaux isomorphes avec de la chalcosine, ou masses compactes d'un gris d'acier foncé; trouvé avec chalcopyrite à Schlangenberg, près de Kolyvan (Sibérie), à Rudelstadt (Silésie); au Chili, au Pérou, etc.

Caractères. — Soluble dans l'acide azotique. Au chalumeau, fond; donne une odeur sulfureuse et un globule demi-malléable, renfermant du cuivre et de l'argent.

Dureté, 2,5 à 3. Rayé au couteau; la trace est brillante. Densité, 6,2 à 6,3.

Forme cristalline. — Prisme orthorhombique $m = 119°35'$. Faces p, g^1, b^1, b^2. Macles m, b^1.

STROMNITE (Min.). — Strontianite renfermant une forte proportion de sulfate de baryte.

STRONTIANE CARBONATÉE. — Voyez STRONTIANITE.

STRONTIANE SULFATÉE. — Voyez CÉLESTINE.

STRONTIANITE (Min.) [Syn. *Strontiane carbonatée*]. — Carbonate de strontiane, $SrCO^3$. Se rencontre très-rarement en cristaux; les cristaux eux-mêmes sont ordinairement de petite dimension et plutôt en aiguilles; le plus souvent le minéral se présente en masses fibreuses, rayonnées, d'un blanc passant au jaunâtre ou au verdâtre. C'est ainsi qu'il se trouve à Strontian (Écosse), dans un filon de galène traversant le gneiss; on en trouve aussi à Léogang (Salzbourg), à Braunsdorf, et Clausthal (Saxe), etc.

Caractères. — Soluble dans l'acide chlorhydrique avec effervescence. Au chalumeau, se gonfle et fond difficilement sur les bords en colorant la flamme en rouge.

Dureté, 3,5 à 4. Poussière blanche. Densité, 3,6 à 3,71.

Forme cristalline. — Isomorphe avec l'aragonite. Prisme orthorhombique $mm = 117°19'$; $b^{1/2}\,b^{1/2} = 130°1'$; $e^1 e^1 = 108°12'$. Faces m, p, g^1, e^1, $b^{1/2}$, b^1, etc. Clivage m assez facile, g^1 traces. Macles m.

STRONTIANOCALCITE (Min.). — Variété de calcite contenant une petite quantité de strontianite.

STRONTIUM, $Sr = 87,5$. — Le strontium a été découvert par Crawford en 1790 dans un minéral provenant de la mine de plomb de Strontian dans l'Argylshire (Écosse) et nommé *strontianite* ou strontiane carbonatée. Ce minéral avait été confondu avec la baryte carbonatée. Crawford, ayant remarqué dans sa solution chlorhydrique quelques propriétés autres que celles du chlorure de baryum, supposa qu'il renfermait une nouvelle terre. Cette supposition fut confirmée quelques années après, en 1793 et 1794, par les recherches simultanées de Hope, de Klaproth et de Kirwan [Hope, *Transact. of Roy. Soc. Edinburgh*, t. IV, p. 3; — Klaproth, *Ann. de Crell.*, 1793, t. II, p. 189, et 1794, t. I, p. 99; — Kirwan, *ibid.*, 1795, t. II, p. 119 et 209; — Vauquelin, *Ann. de Chim.*, t. XXIX, p. 270].

Le strontium se rencontre encore dans la nature à l'état de sulfate (*célestine*), il existe quelquefois en petite quantité dans l'aragonite et dans la brewstérite. On en rencontre des traces dans certaines eaux minérales, notamment dans celles de Karlsbad et dans celles de Vichy, ainsi que dans les eaux de la mer.

Préparation. — Davy a isolé le premier le strontium en 1808, en suivant le procédé qui lui avait servi à isoler le baryum (voyez t. I, p. 503). Il le décrit comme un métal blanc, beaucoup plus dense que l'eau et se convertissant en strontiane au contact de l'air ou de l'eau.

Hare et Clarke l'ont isolé également de la même manière que le baryum.

Matthiessen prépare le strontium métallique par l'électrolyse du chlorure fondu. Le chlorure de strontium, mélangé d'un peu de chlorure d'ammonium, est placé dans un petit creuset dans lequel on dispose un petit vase poreux qui reçoit le même mélange, de telle manière que le niveau du chlorure fondu y soit plus élevé que dans le creuset. Le pôle négatif, qui plonge dans le vase poreux, est un fil de fer très-fin enroulé autour d'un fil plus gros engagé dans un tuyau de pipe qu'il ne dépasse que de 1 à 2 millimètres. Le pôle positif est un cylindre de fer qui entoure la cellule poreuse et plonge dans le creuset. On règle la chaleur de telle sorte qu'il se forme une croûte à la surface du chlorure fondu dans le vase poreux et l'on fait passer le courant. Le métal se rassemble au-dessous de cette croûte [*Quart. Journ. of Chem. Soc.*, t. VIII, p. 107].

Caron réduit le chlorure de strontium fondu par un alliage de sodium avec le plomb, l'étain, le bismuth, l'antimoine, etc., le sodium seul n'opérant pas cette réduction. Mais on obtient ainsi des alliages du strontium avec le métal uni au sodium. L'alliage avec l'antimoine décompose l'eau; l'hydrogène dégagé est fortement antimonié.

Benno Franz prépare le strontium en chauffant au rouge naissant son amalgame dans un courant d'hydrogène. Cet amalgame est lui-même obtenu en chauffant à 90° de l'amalgame de sodium (à 25 %) avec une solution concentrée de chlorure de strontium. Il est très-altérable et doit être lavé rapidement, puis séché dans du papier.

Le strontium reste après l'opération sous la forme d'une masse fondue [*Journ. für prakt. Chem.*, t. CVII, p. 253; *Bull. de la Soc. chim.*, 1870, t. XIII, p. 235].

Propriétés. — Le strontium ressemble au calcium par sa couleur jaune, mais il est un peu plus foncé. Sa densité a été trouvée égale à 2,5418 (moyenne des nombres extrêmes 2,5041 et 2,5796); à 2,4 (B. Franz). Il est plus dense que le baryum. Il brûle comme le calcium et se comporte comme ce dernier avec le chlore, l'iode, etc., ainsi qu'avec de l'eau et les acides (Matthiessen). Il fond au rouge naissant et ne se volatilise pas au rouge vif (B. Franz).

Le strontium se trouve placé entre le calcium et le magnésium dans l'échelle électrochimique : K, Na, Li, Ca, Sr, Mg, etc.

Sa conductibilité électrique est représentée par 6,71 à 20°, celle de l'argent à 0° étant 100 (Matthiessen).

Poids atomique. — Le poids atomique avait été fixé en 1816 par Stromeyer au nombre 88,22 auquel il était arrivé en déterminant la quantité d'acide carbonique dégagée dans l'action de l'acide nitrique sur le carbonate strontique.

La quantité de chlorure d'argent fournie par la décomposition du chlorure de strontium a donné à H. Rose le nombre 87,34; à Pelouze, 87,70; à Marignac, 87,54, et à Dumas 87,50 qui est le nombre adopté.

COMBINAISONS DU STRONTIUM AVEC LES ÉLÉMENTS MONATOMIQUES.

Le strontium ne forme avec ces éléments qu'une seule série de combinaisons, dans lesquelles il est diatomique.

BROMURE DE STRONTIUM, $SrBr^2$. — On l'obtient par l'action de l'acide bromhydrique sur l'hydrate ou le carbonate de strontium. Il cristallise en aiguilles non efflorescentes qui renferment

$$SrBr^2 + 6H^2O.$$

Chauffés, ces cristaux éprouvent la fusion aqueuse, puis se déshydratent en donnant une masse blanche fusible au rouge sans décomposition. Ce sel anhydre a pour densité 3,962 (Boedecker). Il est très-soluble dans l'eau et se dissout dans l'alcool. Sa solubilité dans l'eau est représentée par le tableau suivant (Kremers) :

1 p. $SrBr^2$ se dissout :

à	0°	dans	1,14	p. d'eau.
	20	—	1,01	—
	40	—	0,89	—
	60	—	0,75	—
	80	—	0,55	—
	100	—	0,40	—

La densité de ces solutions rapportée à celle de l'eau à 19°,5 est, d'après Kremers :

Solution renfermant $SrBr^2$ %.	Densité.
16,15	1,1327
35,05	1,2620
49,51	1,3784
69,57	1,5106
98,13	1,6309

Le bromure de strontium anhydre absorbe 3,2 % de gaz ammoniac, ce qui conduit à la formule $2SrBr^2 + AzH^3$ (H. Rose).

CHLORURE DE STRONTIUM, $SrCl^2$. — Il se forme par l'action du chlore sur le strontium [R. Weber, *Poggend. Ann.*, t. CXII, p. 619]. On le prépare généralement de la même manière que le chlorure de baryum en partant du sulfate naturel.

Il cristallise dans l'eau en longues aiguilles déliquescentes, $SrCl^2 + 6H^2O$, fusibles dans leur eau de cristallisation. Le chlorure anhydre resté après la déshydratation de ses cristaux forme un émail blanc, ou, s'il a été fondu, une masse vitreuse transparente.

Les cristaux $SrCl^2 + 6H^2O$ appartiennent au type hexagonal. Faces ∞R et R. Angles R : R (terminal) = 128° 0'; ∞R : R = 120° 25' [Marignac, *Ann. des Mines*, (5), t. IX]. Densité = 1,921 (Buignet). La densité du chlorure anhydre est égale à 2,8033.

Le chlorure de strontium est très-soluble dans l'eau. 1 p. de chlorure anhydre se dissout, d'après Kremers, dans :

2 p. 27	d'eau à	0°
1,88	—	20
1,54	—	40
1,18	—	60
1,08	—	80
0,98	—	100

Voici la densité de ces solutions :

$SrCl^2$ anhydre.	Densité à 19°5.	$SrCl^2$ contenu dans 100 p. de solution.	Densité à 15°.
9,81 % d'eau	1,0823	5 %	1,0453
20,12	1,1632	10	1,0929
30,57	1,2401	15	1,1439
41,04	1,3114	20	1,1989
51,69	1,3816	25	1,2581
		30	1,3220
		33,378	1,3685

Le chlorure anhydre exige pour se dissoudre 116 p. d'alcool froid à 99 centièmes et 262 p. d'alcool bouillant (Fresenius). Gérardin [*Ann. de Chim. et de Phys.*, (4), t. V] a déterminé la solubilité à 18° dans l'alcool de diverses concentrations du chlorure hydraté.

Densité de l'alcool.	$SrCl^2 6H^2O$ dissous par 100 p. d'alcool.
0,9904	49,8
0,9851	47,0
0,9726	39,6
0,9665	35,9
0,9528	30,4
0,9390	26,8
0,9088	19,2
0,8464	4,9
0,8322	3,2

La solution alcoolique brûle avec une belle flamme rouge.

L'acide chlorhydrique libre diminue beaucoup la solubilité du chlorure de strontium.

Le chlorure de strontium anhydre absorbe 46 % de gaz ammoniac sec et se transforme en une poudre blanche, ayant pour composition

$$SrCl^2 + 8AzH^3$$

[H. Rose, *Poggend. Ann.*, t. XX, p. 155].

Il se combine avec d'autres chlorures, ceux de mercure et d'étain, par exemple.

FLUORURE DE STRONTIUM, $SrFl^2$. — On le prépare en traitant la strontiane ou son carbonate par l'acide fluorhydrique ou en précipitant une solution strontique par un fluorure alcalin. C'est une poudre blanche insoluble dans l'eau et dans l'acide fluorhydrique; ce caractère le distingue du fluorure de baryum qui est dissous par un excès d'acide fluorhydrique.

Pour les fluorures doubles, voyez FLUOSELS, t. I, p. 1472 et suiv.

Iodure de strontium, SrI^2. — Ce sel est très-soluble dans l'eau et cristallise en tables hexagonales renfermant $SrI^2 + 6H^2O$, et fusibles dans leur eau de cristallisation [Croft, *Journ. für prakt. Chem.*, t. LXVIII, p. 402]. L'iodure anhydre fond sans décomposition dans un vase fermé; mais à l'air il dégage de l'iode et se transforme en oxyde. Densité de l'iodure anhydre = 4,415 (Boedecker).

Il exige pour se dissoudre, suivant Kremers :

0 p. 61	d'eau à	0°
0,56	"	20
0,51		40
0,40		70
0,27		100

La densité de ces solutions rapportée à celle de l'eau à 19° 5 est :

SrI^2 pour 100 p. d'eau	Densité.
27,5	1,2160
58,4	1,4329
89,9	1,6269
127,9	1,8349
156,9	1,9725

OXYDES ET SULFURES DE STRONTIUM.

Le strontium forme deux oxydes, SrO et SrO^2 et les hydrates correspondants SrH^2O^2 et SrH^2O^3. On connaît plusieurs sulfures de strontium.

Protoxyde de strontium, SrO. — On prépare l'oxyde de strontium anhydre en décomposant l'azotate de strontium par la chaleur, dans une cornue de porcelaine. Il se produit aussi lorsqu'on calcine à un violent feu de forge un mélange de carbonate de strontium et de charbon.

C'est une masse poreuse comme la baryte anhydre, de couleur grise, infusible et fixe. Chauffé au chalumeau, il produit une vive incandescence. Densité = 3 ou 4 (Davy); 3,932 (Karsten).

Il attire l'humidité et l'acide carbonique de l'air. Il se combine à l'eau en produisant une grande élévation de température et se convertit en hydrate.

Chauffé au rouge dans un courant de chlore sec, il se convertit en chlorure (R. Weber).

Hydrate de strontium ou Strontiane,

$$SrH^2O^2 = SrO.H^2O.$$

— Pour préparer l'hydrate de strontium, on traite l'oxyde par l'eau, ou bien on opère comme pour la baryte en décomposant par un oxyde métallique en présence de l'eau, le sulfure produit par la réduction du sulfate, et faisant cristalliser la solution.

On l'obtient aussi par le simple traitement du sulfure par l'eau, ainsi qu'on le verra plus loin.

L'hydrate de strontium est soluble dans l'eau et cristallise par le refroidissement de la solution bouillante en longues aiguilles qui ont pour composition $SrH^2O^2 + 8H^2O$. Ces cristaux sont des prismes quadratiques portant des troncatures sur les arêtes de la base et faisant avec celles-ci un angle de 137° 48′ [Brooke, *Ann. Phil.*, t. XXIII, p. 287]. Ils absorbent l'acide carbonique de l'air et sont déliquescents.

Chauffés, ils perdent $8H^2O$ à 100° et laissent l'hydrate SrH^2O^2 qui fond au rouge sombre et se prend par le refroidissement en une masse radiée grise. D'après Bloxam, la chaleur rouge transforme l'hydrate en oxyde [*Quart. Journ. Chem. Soc.*, t. XIII, p. 48].

Les cristaux d'hydrate de strontium se dissolvent dans 52 p. d'eau froide et dans 2p,4 d'eau bouillante. La solution, qui porte le nom d'*eau de strontiane*, est incolore, très-alcaline, avide d'acide carbonique qui en précipite du carbonate de strontium.

Peroxyde de strontium, SrO^2. — Il ne se produit pas comme celui de baryum par la calcination du protoxyde dans un courant d'air ou d'oxygène. On ne l'obtient que par l'action de la chaleur sur l'hydrate de peroxyde. Il reste sous forme d'une poudre blanche.

Hydrate de peroxyde de strontium, $SrO^2, 8H^2O$. — Thenard a obtenu cet hydrate par l'action du peroxyde d'hydrogène sur une solution de strontiane [*Ann. de Chim. et de Phys.*, t. VIII, p. 313]. Em. Schœne le prépare de la même manière en faisant remarquer que la strontiane doit être en excès, sans quoi il se forme une combinaison de peroxyde d'hydrogène et de peroxyde de strontium.

Il se précipite en lamelles cristallines qui, d'après l'examen microscopique, paraissent appartenir au système quadratique. Elles offrent les faces m et p et les troncatures h^1; elles sont souvent groupées en dendrites. Ces cristaux sont isomorphes avec les combinaisons correspondantes de calcium et de baryum. Ils ont pour composition $SrO^2 + 8H^2O$, sont peu solubles dans l'eau, à réaction alcaline, et perdent leur eau à 130°. Chauffé plus fort, le résidu anhydre se décompose sans fondre, en oxygène et protoxyde anhydre, tandis que le peroxyde de calcium fond avant de se décomposer [*Deutsch. chem. Gesells.*, t. VI, p. 1172; *Bull. de la Soc. chim.*, t. XXI, p. 268].

J. Conroy, qui a de son côté étudié cet hydrate, l'a obtenu également en lamelles cristallines, par l'action d'une solution de peroxyde de sodium, additionnée d'acide nitrique sur une solution de strontiane. Ces lamelles renferment suivant lui 8, 10 ou 12 molécules d'eau, suivant les circonstances [*Journ. of Chem. Soc.*, (2), t. XI, p. 808 *Bull. de la Soc. Chim.*, t. XX, p. 444].

Sulfure de strontium, SrS. — Le sulfure de strontium se prépare, comme celui de baryum, par la réduction du sulfate par le charbon. Il est blanc, grenu et friable. L'eau bouillante le décompose en produisant l'hydrate et du sulfhydrate de strontium,

$$2SrS + 2H^2O = SrH^2S^2 + SrH^2O^2.$$

Traité par une quantité d'eau insuffisante pour le décomposer complétement, il donne une solution contenant principalement du sulfhydrate de strontium. Le résidu, traité par une nouvelle quantité d'eau, fournit de l'hydrate presque pur (Berthollet, H. Rose).

Le sulfure de strontium, comme les autres sulfures alcalino-terreux, possède la propriété d'être phosphorescent dans l'obscurité après avoir été exposé à la lumière, propriété connue depuis longtemps (phosphore de Bologne, de Canton, etc.), et qui a surtout été étudiée par Ed. Becquerel. La couleur de la phosphorescence du sulfure de strontium varie beaucoup avec le mode de préparation. Celui qui résulte de l'action du soufre sur le carbonate de strontium ou du noir de fumée sur le sulfate présente une très-belle phosphorescence vert jaune; celui obtenu en chauffant au-dessus de 500° de la strontiane anhydre avec du soufre possède une phosphorescence violette. Des échantillons préparés en variant ces procédés montrent des phosphorescences jaune orangé, rose, blanc [*Ann. de Chim. et de Phys.*, (3), t. LV, p. 46, et t. LXII, p. 71]. Forster, qui a aussi étudié ces phénomènes, a obtenu des résultats analogues. Aux procédés fondés sur l'action du soufre sur la strontiane ou son carbonate naturel, ou sur la réduction du sulfate par le charbon ou l'hydrogène, il en ajoute deux autres fondés sur la décomposition de l'hyposulfite et du sulfite de strontium par la chaleur.

Le premier de ces sels laisse un résidu formé de soufre, de sulfure et de sulfate de strontium : $4S^2O^3Sr = SrS + 4S + 3SO^4Sr$. Il présente une fluorescence jaune vert. Le sulfate laisse de même un mélange de sulfure et de sulfate, qui paraît jaune bleuâtre ou jaune verdâtre dans l'obscurité, après avoir été insolé [*Poggend. Ann.*, t. CXXXIII, p. 94].

Sulfhydrate de strontium, SrH^2S^2. — On a déjà vu comment il se produit par l'action de l'eau sur le sulfure. On l'obtient aussi en dirigeant un courant d'hydrogène sulfuré à travers de l'eau de strontiane. Il reste par l'évaporation de la solution aqueuse en larges prismes striés, fusibles dans leur eau de cristallisation qu'ils perdent ensuite, en même temps que de l'hydrogène sulfuré, et il reste du monosulfure. Il ressemble, du reste, au sulfhydrate de baryum. Si l'on fait bouillir sa solution à l'abri de l'air, elle perd de l'hydrogène sulfuré et le sulfhydrate se convertit en hydrate.

Polysulfures de strontium. — Lorsqu'on fait digérer 3 atomes de soufre et 1 molécule de sulfure de strontium avec de l'eau, on obtient une solution qui, évaporée à une température ne dépassant pas 17°, laisse un résidu sirupeux rouge brun, se solidifiant à 8° en une masse cristalline. Celle-ci a pour composition $SrS^4 + 6H^2O$. Ce composé très-hygroscopique est soluble dans l'eau et dans l'alcool. Exposée à l'air, la solution de ce polysulfure s'oxyde; il s'y dépose du soufre et un peu de carbonate de strontium, tandis qu'il reste de l'hyposulfite de strontium en dissolution.

Lorsque le résidu sirupeux précédent est concentré à 100°, on évapore dans le vide à 20 ou 25°, le tétrasulfure se dépose sous forme d'une masse jaune pâle contenant $2H^2O$.

Chauffé au delà de 100°, ce polysulfure est décomposé par son eau de cristallisation. Il n'est pas attaqué par le sulfure de carbone.

La solution alcoolique du tétrasulfure de strontium fournit par l'exposition à l'air des cristaux transparents rouges, décomposables par l'eau et qui constituent un oxysulfure,

$$SrO, SrS^4 + 12H^2O;$$

ce dernier paraît être identique avec le bisulfure de strontium décrit par Gay-Lussac [*Ann. de Chim. et de Phys.*, (2), t. XIV, p. 362].

Le tétrasulfure de strontium peut encore dissoudre 1 atome de soufre, mais le pentasulfure ne peut exister qu'en solution. Si l'on concentre celle-ci dans le vide à 20°, elle laisse un résidu formé par un mélange de soufre et de tétrasulfure [Em. Schœne, *Pogg. Ann.*, t. CXVII, p. 56].

Sulfarséniate. — Voyez t. I, p. 410.

Sulfantimoniates. — Voyez t. I, p. 351.

Séléniure et Sélénhydrates de strontium. — Ces composés sont solubles. Berzelius a décrit un polyséléniure qui forme un précipité couleur de chair, décomposable par les acides, et qui s'obtient par l'addition de polyséléniure de potassium à un sel de strontium.

SELS DE STRONTIUM.

Les sels de strontium sont incolores; ils possèdent un grand nombre des caractères des sels de calcium et de baryum. Leur densité est intermédiaire entre les densités de ces derniers. Ils ne sont pas toxiques comme les sels de baryum.

Les sels de strontium sont caractérisés par une raie rouge coïncidant à peu près avec la raie C de Fraunhofer et par une raie bleue entre les lignes F et G (Bunsen et Kirchhoff). Ce caractère avait déjà été reconnu par Talbot qui distinguait la flamme rouge que donnent les sels de strontium de celle que donnent les sels de lithium en ce que la première, vue à travers un prisme, laissait voir une belle raie bleue, une orange et plusieurs raies rouges, tandis que la flamme de la lithine ne lui montrait qu'une seule raie rouge [*Poggend. Ann.*, t. XXXI, p. 592].

Antimoniate de strontium. — Voyez t. I, p. 348.

Arséniate de strontium. — Voyez t. I, p. 405.

Azotate de strontium, $(AzO^3)^2Sr$. — Ce sel s'obtient comme l'azotate de baryum. Ses cristaux, obtenus par l'évaporation de la solution à chaud, sont anhydres. Lorsqu'on le fait, au contraire, cristalliser par évaporation lente à froid, on obtient des cristaux qui ont pour composition

$$(AzO^3)^2Sr + 5H^2O.$$

Laurent [*Ann. de Chim. et de Phys.*, (3), t. XXXVI, p. 352] y a trouvé $4H^2O$ seulement, ainsi que Souchay et Lenssen [*Ann. der Chem. u. Pharm.*, t. XCIX, p. 45] et Ordway.

Les cristaux anhydres forment des octaèdres réguliers ou des cubo-octaèdres limpides, ayant pour densité 2,962 (Bœdecker).

Les cristaux hydratés sont très-efflorescents et se déshydratent complétement à 100°. Leur densité est égale à 2,305 (Buignet).

Ils appartiennent au type clinorhombique et forment des prismes qui offrent les angles principaux $mm = 66°25'$; $g^2 g^2 = 120°$; $e^1 g^2$ (en avant) $68°2'$; (en arrière) $= 69°4'$; $e^1 e^1 = 48°20'$; $a^{1/2} m = 49°45'$, etc. [de Senarmont, *Ann. de Chim. et de Phys.*, (3), t. XLI, p. 326]. Ils sont fortement biréfringents.

Ce sel s'assimile les teintures végétales lorsqu'il cristallise et prend alors à un haut degré des propriétés polychroïques; aussi a-t-il servi de préférence à de Senarmont pour l'étude de ces phénomènes.

L'azotate de strontium hydraté se dissout dans 5 p. d'eau froide et dans 1/2 p. d'eau bouillante; il est insoluble dans l'alcool, ce qui permet de le séparer facilement de l'azotate de calcium. Sa saveur est fraîche et piquante.

Chauffé, l'azotate de strontium se déshydrate d'abord puis entre en fusion vers le rouge et se décompose en donnant d'abord de l'azotite et en laissant finalement un résidu d'oxyde de strontium.

Il donne avec les corps combustibles, charbon, soufre, des mélanges qui brûlent avec une belle flamme rouge. Cette propriété le fait employer dans la pyrotechnie.

Azotite de strontium, $(AzO^2)^2Sr$. — On le prépare soit par la décomposition de l'azotate par la chaleur, en le maintenant fondu à une température aussi basse que possible, soit en dirigeant les vapeurs nitreuses produites par l'action de l'amidon sur l'acide nitrique, à travers une solution de strontiane, et faisant cristalliser cette solution. On l'obtient plus pur en décomposant l'azotite d'argent par le chlorure de strontium [*Journ. für prakt. Chem.*, t. LXXXV, p. 295].

Dans le premier cas, on obtient un mélange d'azotite et de strontiane qu'on reprend par l'eau; on sature une partie de la strontiane par les vapeurs nitreuses et on précipite le reste par l'acide carbonique. On fait cristalliser la liqueur filtrée et l'on sépare l'azotate de l'azotite par l'alcool, qui ne dissout que l'azotite [Hampe, *Ann. der Chem. u. Pharm.*, t. CXXV, p. 334].

Dans le second cas, on obtient un mélange d'azotate et d'azotite qu'on fait cristalliser. L'azotate se sépare d'abord en partie, tandis que l'azotite, très-soluble, s'accumule dans les eaux mères. On le sépare du reste de l'azotate en y ajoutant le double du volume d'alcool qui précipite l'azotate et retient l'azotite. On chasse l'alcool par la distillation et l'on fait cristalliser le résidu aqueux [Nicklès, *Compt. rend.*, t. XXVII, p. 244].

L'azotite de strontium cristallise en aiguilles soyeuses, groupées en éventail, déliquescentes. Il est anhydre, d'après Nicklès et d'après Lang. Suivant Hampe, au contraire, il renferme

$$(AzO^2)^2Sr + H^2O,$$

et peut cristalliser en octaèdres lorsque l'évaporation a lieu à basse température.

Bromate de strontium, $(BrO^3)^2Sr$. — On l'obtient par l'action de l'acide bromique sur la strontiane ou son carbonate, ou par double décomposition. Il se produit aussi par l'addition de brome à l'hydrate de strontium et peut être facilement séparé par cristallisation du bromure formé en même temps. Il cristallise en prismes orthorhombiques; formes : m, p, h^1, g^1, e^1, a^1; angles : $m\,m = 98° 40'$ $e^1\,e^1 = 78° 15'$.

Ces cristaux renferment 1 mol. d'eau qui se dégage à 120°. Ils sont solubles dans 3 p. d'eau froide.

Perchlorate de strontium, $(ClO^4)^2Sr$. — Ce sel est soluble dans l'eau et se dépose, par l'évaporation de sa solution à consistance sirupeuse, en cristaux prismatiques déliquescents, facilement solubles dans l'alcool [Serullas, *Ann. de Chim. et Phys.*, (2), t. XLVI, p. 304].

Chlorate de strontium, $(ClO^3)^2Sr$. — On le prépare comme celui de baryum ; il cristallise en aiguilles déliquescentes, solubles dans l'alcool, à saveur fraîche et piquante. Chauffé, ce sel décrépite, fond et se décompose.

Waechter l'a obtenu en cristaux pyramidés anhydres [*Journ. für prakt. Chem.*, t. XXX, p. 321].

D'après Souchay [*Ann. der Chem. u. Pharm.*, t. CII, p. 381], il se dépose, par l'évaporation de sa solution sur l'acide sulfurique, en petits cristaux grenus, renfermant $5H^2O$. Chénevix avait également trouvé 28 °/₀ d'eau dans ce sel.

Chlorite de strontium, $(ClO^2)^2Sr$. — Ce sel est cristallin et déliquescent. Il se décompose à 200° en donnant un mélange de chlorure et de chlorate [Millon, *Ann. de Chim. et de Phys.*, t. 337].

Periodate de strontium, $(IO^4)^2Sr$. — On l'obtient par dissolution du carbonate de strontium dans l'acide periodique. Il cristallise de sa solution, maintenue acide, en prismes pointés ou en tables hexagonales transparentes ou laiteuses, appartenant sans doute au type anorthique. Ces cristaux renferment 6 H^2O; ils perdent 4 H^2O sur l'acide sulfurique.

La solution est acide et est précipitée par l'ammoniaque.

Anhydroperiodate, $I^2O^9Sr^2 + 4H^2O$. — Il cristallise de la solution précédente, entièrement neutralisée, ou de la dissolution, dans fort peu d'acide periodique, du précipité produit par l'ammoniaque dans le sel précédent. On l'obtient en croûtes cristallines, mélangées de cristaux du sel normal ; ce dernier peut être enlevé par l'eau. Il perd 1/3 de son eau à 100° [Rammelsberg, *Journ. für prakt. Chem.* t. CIV, p. 434 ; *Bull. de la Soc. chim.*, t. X, p. 357].

La calcination de l'iodate de strontium laisse, suivant Rammelsberg et suivant Langlois, un periodate pentabasique.

Iodate de strontium, $(IO^3)^2Sr$. — L'addition d'iode à de l'hydrate strontique en précipite de l'iodate de strontium. Ce sel, qui s'obtient aussi par double décomposition, est peu soluble et se dépose, si la précipitation a lieu à chaud, sous la forme d'une poudre blanche qui renferme

$$(IO^3)^2Sr + H^2O$$

(Gay-Lussac). Si la précipitation a lieu à froid, le précipité est composé de petits octaèdres contenant 6 H^2O.

Ce sel se dissout, d'après Gay-Lussac, dans 416 p. d'eau à 15° et dans 138 p. d'eau bouillante ; d'après Rammelsberg, dans 342 p. d'eau à 16° et dans 110 p. d'eau bouillante.

Sélénites de strontium. — *Sel neutre*, SeO^3Sr — Poudre blanche, insoluble et infusible, produite par la décomposition du sélénite acide (Berzelius). Nilson l'a obtenu sous forme d'une poudre cristalline renfermant 3 H^2O qu'elle perd par exposition à l'air sec [*Bull. de la Soc. chim.*, t. XXI, p. 254].

Sélénite acide, $(SeO^3)^2SrH^2$. — Ce sel, un peu soluble dans l'eau bouillante, se dépose par l'évaporation sous forme d'une masse blanche, laiteuse et amorphe. Calciné, il perd de l'eau et la moitié de l'anhydride sélénieux, en laissant un sélénite neutre spongieux (Berzelius). Nilson (*loc. cit.*) l'a obtenu, par l'évaporation, en grands prismes brillants ne renfermant pas d'eau de cristallisation.

Sulfate de strontium, SO^4Sr. — Il est connu en minéralogie sous le nom de célestine [t. I, p. 779].

Il se précipite par l'addition d'acide sulfurique ou d'un sulfate soluble à la solution d'un sel de strontium. C'est une poudre blanche qui se dissout, d'après Hope, dans 3840 p. d'eau bouillante; d'après Brandes et Silber, dans 3544 p. d'eau bouillante, et dans 15029 p. d'eau froide. Il est moins soluble en présence des sulfates solubles ou de l'acide sulfurique étendu. Lorsqu'on fait bouillir une solution de sulfate de strontium avec du sulfate de potassium, il se précipite un sulfate double, insoluble, surtout en présence du sulfate alcalin en excès. Suivant Fresenius, il serait moins soluble dans l'eau bouillante que dans l'eau pure.

La solution de sulfate de calcium précipite les sels de strontium, et la solution de sulfate de strontium précipite les sels de baryum.

Le sulfate de strontium se dissout dans 474 p. d'acide chlorhydrique froid à 8,5 °/₀ et dans 432 p. d'acide azotique à 4,8 °/₀. Il se dissout dans une solution de sel marin, mais l'addition d'acide sulfurique le précipite. La précipitation est empêchée ou diminuée par la présence de l'acide métaphosphorique ou des citrates alcalins.

	Solution de NaCl à °/₀			Solution de KCl à °/₀			Solution de $MgCl^2$ à °/₀			Solution de $CaCl^2$ à °/₀		
	22,17	15,54	8,44	18,08	12,54	8,22	13,63	4,03	1,59	33,70	16,51	8,67
SO^4Sr dissous....	0,1811	0,2186	0,1653	0,2513	0,1933	0,1925	0,2419	0,2057	0,1986	0,1706	0,1853	0.1756

Virck a déterminé la solubilité du sulfate de strontium dans certaines solutions salines [*Chem. Centrabl.*, 1862, p. 402].

Digéré avec une solution de carbonate ammonique, il se transforme peu à peu en carbonate, ce qui n'a pas lieu avec le sulfate de baryum (H. Rose).

La densité du sulfate précipité est de 3,707 (Schrœder).

Il fond à une température élevée, sans se décomposer. Calciné avec le charbon, il est réduit à l'état de sulfure. Cette réduction s'accomplit plus facilement que celle du sulfate de baryum.

Sulfate acide de strontium, $S^2O^8SrH^2$. — Le sulfate neutre se dissout dans l'acide sulfurique concentré et est de nouveau précipité par l'eau (Hope, Klaprott).

Schultz-Sellack a obtenu un bisulfate défini, renfermant $S^2O^8SrH^2 + H^2O$ en dissolvant à saturation le sulfate neutre dans l'acide sulfurique et laissant la solution attirer l'humidité de l'air. Le bisulfate se sépare en lamelles brillantes.

L'addition de sulfate potassique à la solution

sulfurique en précipite le sel $S^2O^8SrH^2$ [*Poggend. Ann.*, t. CXXXIII, p. 137; *Bull. de la Soc. chim.*, t. X, p. 241, 1868]. D'après H. Struve, qui a observé les mêmes faits, l'acide ordinaire dissout 5,68 % de sulfate de strontium et l'acide fumant 9,77 % [*Zeitsch. für analyt. Chem.*, t. IX, p. 34].

SULFITE DE STRONTIUM, SO^3Sr. — On l'obtient par double décomposition, et il se sépare sous la forme d'une poudre blanche insoluble dans l'eau, soluble dans une solution d'acide sulfureux, et s'en déposant en grains cristallins. Il se produit aussi lorsqu'on traite par l'acide sulfureux le carbonate de strontium en suspension dans l'eau [Musprat, *Ann. der Chem. u. Pharm.*, t. IV, p. 259].

D'après Rammelsberg, ce sel est toujours anhydre. Il le décrit comme formant des lamelles aplaties.

Le sulfite de strontium s'oxyde à l'air et se convertit en sulfate.

PHOSPHATE DE STRONTIUM, $(PO^4)^2Sr^3$. — Poudre blanche insipide, fusible au chalumeau, insoluble dans l'eau, soluble dans les acides et dans les sels ammoniacaux (Brett).

La solution du phosphate $(PO^4)^2Sr^3$ dans l'acide phosphorique laisse déposer à une douce chaleur des croûtes cristallines insolubles dans l'eau. La solution renferme le phosphate

$$(PO^4)H^3 + (PO^4)^2SrH^4.$$

Pyrophosphate, $(P^2O^7)Sr^2 + H^2O$. — Précipité bleu, devenant cristallin par l'ébullition (Schwartzenberg).

PHOSPHITE DE STRONTIUM, $(PO^3H^2)^2Sr$. — Le phosphite de strontium cristallise par évaporation lente. Rammelsberg lui a assigné la formule $P^2O^6H^2Sr^2, H^2O$. Chauffé, il dégage de l'hydrogène et laisse comme résidu du pyrophosphate de strontium [*Poggend. Ann.*, t. IX, p. 372 et t. XII, p. 84].

D'après Dulong, l'eau chaude le décompose en un sel basique insoluble et un sel acide qui reste dissous.

HYPOPHOSPHITE DE STRONTIUM $(PO^2H^2)^2Sr$. — Ce sel se prépare comme celui de baryum, en faisant bouillir une solution de sulfure de strontium avec du phosphore. Il cristallise en mamelons formés par de petites lames concentriques, inaltérables à l'air et à 100°, très-solubles dans l'eau, insolubles dans l'alcool [Ad. Wurtz, *Ann. de Chim. et de Phys.* (3), t. XVI, p. 194].

BORATES DE STRONTIUM. — *Borate neutre* ou *dimétaborate* $(BoO^2)^2Sr$ ou Bo^2O^4Sr. — Aiguilles brillantes, obtenues en fondant au creuset de charbon un mélange, molécule à molécule, d'oxyde de strontium et d'anhydride borique [Ditte, *Compt. rend.*, t. LXXVII, p. 783].

Tétramétaborate, Bo^4O^7Sr (soit $2Bo^2O^3 . SrO$. — Il se précipite par l'addition de borax à une solution d'un sel de strontium, sous forme d'une poudre blanche à réaction alcaline, soluble dans 130 p. d'eau bouillante (Hope) et soluble dans les sels amoniacaux (Krett). Il est sans doute hydraté.

Ditte (*loc. cit.*) l'a obtenu en longues aiguilles déliées, insolubles à froid dans l'acide azotique. Ce chimiste fond avec un chlorure alcalin le borate cristallin produit par l'action de l'acide borique sur le carbonate de strontium.

Hexamétaborate, $Bo^6O^{11}Sr^2$. — Ditte l'a obtenu, comme le précédent, en ajoutant au mélange de l'oxyde de strontium. Il forme des prismes à 4 pans, striés et volumineux.

Lorsqu'on ajoute de l'hexamétaborate de sodium à un sel de strontium on obtient un précipité blanc soluble dans l'eau et à réaction alcaline (Laurent).

CARBONATE DE STRONTIUM, CO^3Sr. — Ce sel constitue la strontianite naturelle (Voyez ce mot), qui est isomorphe avec l'aragonite. Il se forme par l'action de l'acide carbonique sur l'hydrate de strontium ou d'un carbonate alcalin sur un sel de strontium. La densité du carbonate précipité est égale à 3,55-3,62 (Schroeder).

Chauffé au feu de forge, il perd de l'acide carbonique; cette décomposition est beaucoup activée si l'on fait intervenir la vapeur d'eau. Chauffé au chalumeau, il fond sur les bords, puis se boursoufle. Chauffé au rouge avec du charbon, il donne de la strontiane et de l'oxyde de carbone.

Il est à peu près insoluble dans l'eau. Suivant Hope, il exige 1536 p. d'eau bouillante pour se dissoudre, et 18000 p., d'après Fresenius. L'eau froide en dissout un cent millième (Bineau). Il se dissout dans les sels ammoniacaux, mais il est reprécipité par l'ammoniaque et le carbonate d'ammoniaque. Il déplace l'ammoniaque à chaud (Vogel, Brett, Wittstein).

Il se dissout un peu dans l'eau chargée d'acide carbonique et s'en sépare de nouveau en aiguilles. (Pleischl).

La présence du métaphosphate de sodium empêche sa précipitation (Rube).

SULFOCARBONATE DE STRONTIUM. — Masse cristalline radiée, d'un jaune citron, plus soluble que le sel de baryum.

SILICATES DE STRONTIUM. — La silice fondue avec son poids de strontiane fournit un verre jaunâtre ou un émail blanc. La fusion opérée avec 3 p. de strontiane, donne une masse grise, sonore, peu soluble dans l'eau, soluble dans les acides (Vauquelin).

FLUOSILICATES DE STRONTIUM. — Voyez t. I, p. 1476.

HYPOSULFATE DE STRONTIUM, S^2O^6Sr. — Ce sel se prépare comme l'hyposulfate de baryum [t. I, p. 510]. Il se présente en cristaux rhomboédriques, clivables suivant la base *p* et isomorphes avec les cristaux d'hyposulfate de calcium et de plomb. Ces cristaux renferment $4H^2O$, sont inaltérables à l'air et décrépitent quand on les chauffe.

Ce sel se dissout dans 4 p. d'eau à 16° et dans 1 1/2 p. d'eau bouillante (Heeren).

HYPOSULFATE DOUBLE DE STRONTIUM ET DE PLOMB. — Voyez t. II, p. 1857.

TÉTRATHIONATE DE STRONTIUM, S^4O^6Sr. — Il se prépare comme celui de baryum, mais n'est précipité qu'incomplétement par l'alcool. L'évaporation lente de la solution aqueuse l'abandonne en prismes minces contenant H^2O, mais en même temps il éprouve une décomposition partielle dans laquelle il se dégage de l'acide sulfurique et il se dépose du soufre et du sulfate de strontium [Kessler, *Poggend. Ann.*, t. LXXIV, p. 249].

HYPOSULFITE DE STRONTIUM, S^2O^3Sr. — Il s'obtient comme le sel de baryum [t. I, p. 510], par double décomposition, ou par l'action de l'acide sulfurique sur une solution de sulfure. Quand on mélange des solutions chaudes d'azotate de strontium et d'hyposulfite de sodium, il cristallise par le refroidissement. L'alcool le précipite de sa solution aqueuse en aiguilles soyeuses. Il peut s'obtenir aussi en cristaux rhomboïdaux, volumineux et transparents (Gay-Lussac).

Obtenu par l'évaporation à 50°, il se dépose en petits cristaux qui renferment seulement une molécule H^2O (Kessler) (*loc. cit.*).

Les cristaux obtenus à froid renferment 5 molécules d'eau; ils n'en perdent que 4 à 100°. Chauffés à 200°, il retiennent encore 1/2 molécule d'eau, de sorte qu'il reste $2(S^2O^3Sr) + H^2O$ [*Letts Journ. of Chem. Soc.* (2), t. VIII, p. 424].

Calciné, ce sel laisse un mélange de sulfure et de sulfate de strontium.

Il se dissout dans 6 p. d'eau froide [Gay-Lussac]; dans 4 p. d'eau à 13° et dans 1 3/4 à 100° [Herschell].

Tellurate de strontium, TeO^4Sr. — Il s'obtient en versant une solution de chlorure de strontium dans une solution de tellurate de sodium. Il se précipite sous forme d'une poudre floconneuse blanche, soluble dans une grande quantité d'eau [Berzelius].

Tellurite de strontium, TeO^3Sr. — Ressemble au tellurate de baryum. E. W.

STRONTIUM (Analyse). — Caractères analytiques. — Les sels de strontium sont incolores. Introduits dans une flamme, ils colorent celle-ci en rouge. Leurs caractères ont beaucoup d'analogie avec ceux des sels de baryum.

L'*hydrogène sulfuré* et le *sulfure ammonique* n'y produisent pas de précipité.

L'*acide sulfurique* et les sulfates solubles, y compris celui de calcium, y produisent un précipité de sulfate de strontium très-peu soluble dans l'eau. Si la solution est étendue, le précipité ne se forme que lentement; si elle est très-étendue, il peut même ne pas se former (voyez p. 1683).

Le *chromate neutre de potassium* donne dans les sels strontiques un précipité cristallin jaune qui se forme lentement. La solution de chromate strontique précipite les sels de baryum. Le *chromate acide de potassium* n'occasionne pas de précipité dans les sels strontiques.

L'*acide hydrofluosilicique* n'y produit pas de précipité, même si l'on chauffe.

L'*acide perchlorique* ne les précipite pas non plus.

La *potasse* donne dans les solutions concentrées de strontiane ou de sels de strontium un précipité d'hydrate, soluble dans l'eau.

Les *carbonates alcalins* donnent un précipité de carbonate strontique, d'abord volumineux, mais qui augmente peu à peu de densité.

L'*ammoniaque* pure ne produit pas de précipité.

L'*acide oxalique* et l'*oxalate acide de potassium* donnent un précipité qui se forme lentement dans les solutions étendues. L'addition d'ammoniaque précipite immédiatement l'oxalate de strontium.

Dosage du strontium. — Le strontium se dose à l'état de sulfate ou de carbonate.

A l'état de sulfate. — On ajoute à la solution du sel de strontium, qui ne doit pas contenir beaucoup d'acide chlorhydrique ou azotique libre ni de sels gênant la précipitation (voyez p. 1683), un excès d'acide sulfurique étendu, puis de l'alcool en quantité à peu près égale à celle du liquide; on laisse déposer douze heures, on filtre, on lave à l'alcool faible, on sèche parfaitement et l'on calcine.

Si les circonstances ne permettent pas l'emploi de l'alcool, on concentre la solution autant que possible, on laisse le précipité se déposer pendant vingt-quatre heures, puis on le filtre et on le lave avec de l'eau froide. Dans ce cas le résultat est moins exact que si l'on emploie l'alcool. A la rigueur on peut faire subir à ce résultat la correction nécessitée par la solubilité du sulfate strontique.

A l'état de carbonate. — On suit la même marche que pour la précipitation de la baryte. Les résultats sont plus rigoureux que par le sulfate. La présence des sels ammoniacaux est sans inconvénient notable.

Séparation. — La strontiane se sépare des autres bases en même temps que la baryte et la chaux, généralement à l'état de carbonate, après que l'on a précipité les bases des autres sections par l'hydrogène sulfuré et le sulfure ammonique.

Pour la séparation de la baryte et de la chaux, voyez t. I, p. 514 et 711. E. W.

STRUTIINE. — Syn. de Saponine, p. 1437.

STRUVITE (Min.). — Phosphate ammoniaco-magnésien $PO^4(AzH^4, Mg) + 6H^2O$, trouvé sous le pavé de la ville de Hambourg, et dans le guano de la baie de Saldanha (côte d'Afrique).

Forme cristalline. — Prisme orthorhombique

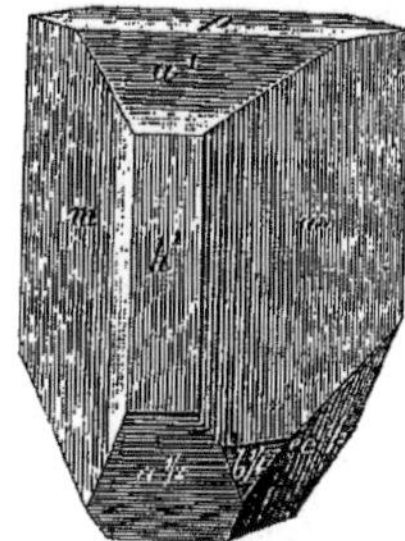

Fig. 651. — Struvite.

hémiédre $mm = 96°48'$; $pa^1 = 137°37'$. Faces: p, m, a^1, e^1, $a^{1/2}$, $b^{1/2}$, h^1; ces deux dernières formes, hémièdres.

STRYCHNINE, $C^{21}H^{22}Az^2O^2$. — La strychnine est un alcaloïde végétal découvert en 1818 par Pelletier et Caventou, dans la fève de *Saint-Ignace* (*Ignatia amara*) et dans la *noix vomique*, *Strychnos nux vomica*, semence du *vomiquier*. Ces deux plantes appartiennent à la tribu des Strychnées, famille des Loganiacées. Un autre alcaloïde, la *brucine* (voyez ce mot, t. I, p. 671), accompagne presque constamment la strychnine. Ces alcalis existent encore dans d'autres végétaux: le *bois de couleuvre*, racine ligneuse des *Strychnos nux vomica* et *Strychnos colubrina*; l'*upas tieuté* (tschettik des Javanais), écorce de la racine du Strychnos tieuté: il contient de la strychnine et de la brucine; l'écorce de *fausse angusture*, qui est l'écorce du *Strychnos nux vomica*: cette écorce ne contient guère que de la brucine, et n'est employée que pour l'extraction de cette base.

La présence dans les strychnos, d'un troisième alcaloïde, l'Igasurine a été signalée par M. Desnoix, qui l'a retiré des eaux mères ayant servi à la préparation de la strychnine et de la brucine.

Les strychnées sont des plantes tropicales qui se trouvent en Asie, en Amérique et en Afrique.

La strychnine et la brucine représentent la partie active des diverses Strychnées; ce sont de redoutables poisons qu'on a appelé *tétaniques*, en raison de leur manière spéciale d'agir sur l'économie. M. Claude Bernard les a désignés aussi sous le nom de convulsivants [Pelletier et Caventou (1818), *Ann. de Chim. et de Phys.*, t. X, p. 142; t. XXVI, p. 46; — *Journ. de Pharm.*, t. VIII, p. 305; — Pelletier et Dumas, *Ann. de Chim. et de Phys.*, t. XXIV, p. 176; — Liebig, *ibid.*, t. XLVII, p. 171; t. XIX, p. 244; *Ann. der Chem. u. Pharm.*, t. XXVI, p. 56; — Regnault, *Ann. de Chim. et de Phys.*, t. LXVIII, p. 113; — Gerhardt, *Revue scientifique*, t. X, p. 192; — Nicholson et Abel, *Ann. de Chim. et de Phys.* (3), XXVII, p. 401; et *Ann. der Chem. u. Pharm.*, t. LXXI, p. 79].

Préparation. — Plusieurs procédés ont été indiqués pour extraire la strychnine; le premier est dû à Pelletier et Caventou, qui l'ont employé pour retirer le principe actif de la fève de Saint-Ignace. Voici en quoi il consiste: on râpe cette substance, on la traite par l'éther pour lui enlever les matières grasses, puis on l'épuise par de l'alcool bouillant, à plusieurs reprises; ces solutions alcooliques étant réunies et distillées, il reste une matière très-amère à laquelle on ajoute une solution de potasse caustique qui précipite la strychnine.

Les mêmes chimistes ont isolé le principe actif de la noix vomique ou du bois de couleuvre, en modifiant leur procédé de la manière suivante : on épuise ces substances par l'alcool bouillant, on réunit les solutions alcooliques et on les distille ; il reste une matière fort amère et très-colorée, qu'on redissout dans l'eau; on ajoute ensuite à la liqueur du sous-acétate de plomb jusqu'à ce qu'il ne se forme plus de précipité. La plus grande partie de la matière colorante a été enlevée sous forme insoluble, et la strychnine reste en dissolution dans la liqueur, qui renferme en outre un peu de matière colorante et un excès de sous-acétate de plomb. On se débarrasse du sel de plomb par l'hydrogène sulfuré; on filtre, puis on fait bouillir la liqueur filtrée avec de la magnésie en excès. La strychnine se précipite avec l'excès de magnésie; on recueille ce précipité, on le lave à l'eau froide, on le sèche au bain-marie, puis on le traite par de l'alcool à 90°, qui dissout la strychnine. On filtre et l'on fait évaporer une partie de l'alcool : par la concentration la strychnine cristallise. Un peu de brucine reste en dissolution dans les eaux mères.

D'après Henry, après avoir épuisé la noix vomique réduite en poudre, par plusieurs décoctions dans l'eau bouillante, on évapore les solutions jusqu'à consistance de sirop très-épais, et on y ajoute par portions un léger excès de chaux (120 grammes de chaux environ par kilogramme de noix vomique). Il se forme un dépôt de sel de chaux qui entraîne avec lui le principe actif de la noix vomique. Ce dépôt, lavé et séché, est repris par de l'alcool à 85° qui dissout la strychnine, la brucine et un peu de matière colorante. L'alcool distillé laisse déposer des cristaux de strychnine que l'on transforme en nitrate et que l'on purifie par plusieurs cristallisations. Le nitrate de brucine, presque incristallisable, reste dans les eaux mères.

Wittstock traite directement la noix vomique par l'alcool bouillant jusqu'à épuisement, réunit les liqueurs, et distille la plus grande partie de l'alcool; il ajoute ensuite de l'acétate de plomb, tant qu'il se forme un précipité, lave ce précipité, fait évaporer le liquide aux deux tiers, et ajoute de la magnésie en excès qui précipite les alcalis. Il purifie ensuite les alcalis comme on l'a indiqué précédemment, en les dissolvant dans l'alcool, et en les transformant en nitrates.

Enfin on prépare encore la strychnine à l'aide du procédé proposé par Corriol, et auquel Soubeiran a apporté quelques légères modifications.

On fait bouillir avec de l'eau la noix vomique râpée pendant deux heures environ, on passe et l'on soumet le résidu à une deuxième et finalement à une troisième décoction. Toutes ces liqueurs sont évaporées en consistance sirupeuse; on ajoute alors de l'alcool à 90° qui précipite les matières mucilagineuses; on filtre, on lave le précipité à l'alcool et on distille les liqueurs alcooliques. Il reste un extrait qu'on redissout dans l'eau et qu'on traite par un lait de chaux : la strychnine se précipite. On recueille le précipité calcaire, on le lave à l'eau froide, puis après l'avoir séché au bain-marie ou à l'étuve, on l'épuise par l'alcool à 90° bouillant. On filtre, puis on distille la solution alcoolique; il reste un résidu qu'on traite par de l'alcool à 53°, lequel enlève seulement la matière colorante et la brucine. La strychnine reste : on la purifie en la dissolvant dans de l'alcool à 80° bouillant, qui l'abandonne à l'état cristallin par le refroidissement [Henry, *Journ. de Pharm.*, t. VIII, p. 401; — Corriol, *ibid.*, t. XI, p. 492; — Robiquet, *ibid.*, t. XI, p. 580; — Wittstock, *Traité de chimie de Berzelius*; — Henry fils, *Journ. de Pharm.*, t. XVI, p. 752].

Propriétés. — La strychnine cristallise par l'évaporation spontanée de sa solution alcoolique en octaèdres ou en prismes à 4 pans terminés par des pyramides à 4 faces. Elle est incolore et sans odeur; sa saveur est métallique et d'une amertume insupportable. Une liqueur qui ne contient que 1/600000ᵉ de strychnine possède encore une saveur caractéristique. Malgré l'intensité de sa saveur, cet alcaloïde est à peine soluble dans l'eau; 1 gramme de strychnine exige, en effet, pour se dissoudre, 6667 grammes d'eau à la température de 10°, et 2500 grammes d'eau bouillante.

L'alcool anhydre ne dissout que des traces de strychnine; son véritable dissolvant est l'alcool à 90°. Elle se dissout aussi dans le chloroforme et dans certaines huiles essentielles, mais elle est à peu près insoluble dans l'éther pur, dans les huiles grasses et dans les alcalis caustiques.

Dragendorff donne les indications suivantes sur la solubilité de la strychnine dans quelques liquides.

100 p.	de benzine dissolvent	0,607	de strychnine
—	alcool amylique...	0,55	—
—	Éther............	0,08	—
—	Alcool (95° 0/0)...	0,936	—

La brucine est beaucoup plus soluble dans la benzine, et tandis que la strychnine se dépose de cette solution à l'état cristallisé, la brucine ne se dépose qu'après, à l'état amorphe. Ce moyen permet de séparer approximativement ces deux alcaloïdes.

D'après Dragendorff, la noix vomique renferme environ 2,531 % d'un mélange de strychnine et de brucine [*Zeits. für Chem.*, nouv. sér., t. II, p. 27 et *Bull. de la Soc. chim.*, 1866, t. VI, p. 134].

La dissolution alcoolique de la strychnine dévie fortement à gauche le plan de polarisation de la lumière; $[\alpha]_r = -132°,07$ [Bouchardat, *Ann. de Chim. et de Phys.*, (3). t. IX, p. 228].

La strychnine est anhydre; elle ne paraît être ni fusible ni volatile, car elle ne fond qu'au moment où elle se décompose; cependant, d'après certains auteurs, la strychnine fondrait à 300°.

La strychnine pure soumise à l'action de l'acide azotique ne se colore pas en rouge comme le fait la brucine dans les mêmes conditions.

La réaction suivante est caractéristique pour la strychnine. Si l'on triture une très-faible quantité de strychnine avec une trace de bioxyde de plomb, et si l'on ajoute au mélange une goutte d'acide sulfurique contenant 1/100ᵉ d'acide azotique, il se produit aussitôt une magnifique couleur bleue qui passe rapidement au violet puis au rouge, et après quelques heures au jaune serin [E. Marchand, *Journ. de Pharm.*, (3) t. IV, p. 200]. D'après Otto, la réaction est plus nette si l'on ajoute un peu de bichromate de potassium à une solution de strychnine dans l'acide sulfurique [Otto, *Journ. für prakt. Chem.*, t. XXXVIII, p. 511].

D'après M. Lefort il ne serait pas indispensable de faire intervenir l'action de l'acide azotique lorsqu'on veut reproduire la réaction violette indiquée plus haut. La coloration, qui est très-peu stable, se maintiendrait un peu plus longtemps lorsqu'on fait réagir simplement l'acide sulfurique et le bioxyde de plomb sur la strychnine.

D'après le même auteur, la strychnine parfaitement pure, mise en contact avec de l'acide iodique, des iodates et de l'acide sulfurique se colore, et de l'iode est mis à nu; si l'on emploie des cristaux de strychnine, on voit apparaître des colorations violettes.

Par le seul contact de la strychnine et du sulfate rouge de manganèse on obtient une coloration violette. Les acides chloreux et chlorique, le chlorate de potassium, donnent avec la strychnine pure et l'acide sulfurique une coloration rouge [Lefort, *Journ. de Pharm. et de Chim.* (3), t. XXI, p. 173].

Wormley a étudié la sensibilité de quelques réactions servant à caratériser la strychnine pure; voici le résultat auquel il est arrivé.

D'après ce chimiste, la réaction fondée sur l'emploi simultané du bichromate de potassium et de l'acide sulfurique, peut encore donner un résultat satisfaisant avec une solution de strychnine au millième.

Quand la strychnine est sèche, la coloration est faible lorsqu'on n'emploie que 1/500ᵉ de grain; la présence de la morphine (2 à 3 fois le poids de strychnine) empêche la coloration de se produire.

L'ammoniaque indique 1/2500ᵉ de strychnine et 1/5000ᵉ au microscope; la potasse et le carbonate de potassium donnent le même résultat; le carbonate d'ammoniaque 1/1000ᵉ.

Une solution de strychnine au 100ᵉ est précipitée en quelques secondes par une solution d'iodure de potassium; au bout de deux minutes, lorsqu'elle est au 500ᵉ; après 7 minutes, lorsqu'elle est au 2000ᵉ, enfin au 5000ᵉ la solution iodurée précipite encore la strychnine après un temps plus long.

Le sulfocyanate de potassium indique immédiatement la présence de 1/100ᵉ de strychnine et celle de 1/1000ᵉ après quelques minutes.

L'acide tannique précipite bien une solution de strychnine au 1/20000ᵉ, mais il ne précipite plus une solution au 1/40000ᵉ; le précipité se redissout dans l'acide acétique et dans la potasse quand les liqueurs sont très-étendues.

Le chlorure de platine donne immédiatement un précipité jaune dans une solution au 100ᵉ. Ce même précipité se forme encore après quelque temps dans une solution au 5000ᵉ.

Le chlorure d'or précipite une solution de strychnine au 1000ᵉ, mais la réaction n'existe plus au 40000ᵉ.

Le chromate neutre de potassium donne un faible précipité au bout de quelque temps dans une solution au 1000ᵉ; le chromate acide est encore sensible dans une solution au 15000ᵉ.

L'acide picrique en solution alcoolique précipite après quelques minutes une solution de strychnine au 20000ᵉ.

La solution d'iode dans l'iodure de potassium est le réactif le plus sensible. Elle forme un précipité jaune floconneux, avec une liqueur qui ne renferme que 1/80000ᵉ de strychnine et donne encore un trouble avec une solution d'alcaloïde qui n'en renferme que 1/100000ᵉ.

Le brome dissous dans l'acide bromhydrique donne, avec une solution de 1/10000ᵉ de strychnine, un précipité vert-jaunâtre; avec une solution de 1/50000ᵉ, un précipité jaune sale qui se redissout bientôt [F.-G. Wormley, *Silliman's American Journal of Science*, t. XXVIII, nᵒ 83, p. 216; *Répert. de Chim. pure,* 1861, p. 156].

M. Wenzell recommande, comme le réactif le plus sensible de la strychnine, une dissolution d'une partie de permanganate de potassium dans 200 p. d'acide sulfurique. On pourrait, à l'aide de cette solution, déceler dans un liquide la présence de 1/900000ᵉ d'alcaloïde; d'après le même auteur, le bichromate de potassium solide a pour limite de sensibilité 1/100000ᵉ [Wenzell, *Zeit. für analyt. Chim.*, t. X, p. 226; *Bull. de la Soc. Chim.*, 1872, t. XVII, p. 48].

Lorsqu'on chauffe légèrement la strychnine avec de l'acide nitrique concentré il ne se forme pas de vapeurs nitreuses et il reste une matière jaune brunâtre qui, projetée dans l'eau, forme des caillots jaunes; ces derniers fondent dans l'eau bouillante et finissent par s'y dissoudre. Par le refroidissement, cette matière se dépose à l'état cristallin.

D'après Gerhardt, cette substance est fort soluble dans l'alcool, et lorsqu'elle est sèche, si on la soumet à l'action de la chaleur, elle se décompose brusquement en produisant une explosion. Elle constitue probablement un dérivé nitré.

D'après M. Rousseau, lorsqu'on traite la strychnine par un mélange de chlorate de potassium et d'acide sulfurique, on transforme cette base en un acide qui a reçu le nom d'*acide strychnique*. Cet acide se présente sous forme d'aiguilles cristallines, minces, incolores, à la fois acides et amères; il est fort soluble dans l'eau et peu soluble dans l'alcool. Il n'est pas volatil et peut former des sels cristallisables avec quelques bases [Rousseau, *Journ. de Chim. médic.* (3), t. X, p. 1]. Le chlore et le brome attaquent la strychnine en donnant des produits de substitution.

L'iode forme avec cette base une combinaison particulière.

Lorsqu'on distille la strychnine avec une solution concentrée de potasse, il se forme une petite quantité de quinoléine.

M. Schützenberger a fait réagir l'azotite de potassium sur le sulfate de strychnine en solution aqueuse bouillante; la réaction est vive et il se dégage de l'azote. La liqueur est précipitée par l'ammoniaque; le dépôt dissous dans l'alcool fournit deux sortes de cristaux, les premiers d'un beau jaune orangé constituent une nouvelle base désignée par M. Schützenberger sous le nom d'*oxystrychnine;* les seconds, dont la couleur est rouge, renferment un deuxième alcaloïde qu'il nomme la *bioxystrychnine*. M. Schützenberger représente la composition de l'oxystrychnine par la formule $C^{21}H^{28}Az^2O^6$, et celle de la bioxystrychnine par la formule $C^{21}H^{28}Az^2O^7$.

La formule généralement adoptée pour la strychnine étant $C^{21}H^{22}Az^2O^2$, il faut donc admettre que, tout en s'oxydant, la strychnine fixe en même temps 3 molécules d'eau [*Répert. de Chim. pure,* 1859, p. 37, et *Compt. rend.*, t. XLVII, p. 79].

En faisant réagir le chlorure de benzoyle sur la strychnine cristallisée, M. Schützenberger a obtenu un produit de substitution répondant à la formule $C^{21}H^{21}(C^7H^5O)Az^2O^2$. C'est un corps neutre, solide, incolore, peu amer, très-soluble dans l'eau, ainsi que dans l'alcool et dans l'éther [*Répert. de Chim. pure*, 1859, p. 78, et *Compt. rend.*, t. XLVII, p. 233].

Lorsqu'on ajoute une solution de sulfure d'ammonium chargée de soufre à une solution alcoolique de strychnine, il se produit bientôt de petits cristaux brillants, et après 12 heures les parois du vase sont tapissées de longues aiguilles d'un rouge orange qu'on purifie en les lavant à l'alcool froid. Ces cristaux sont solubles dans l'eau, l'alcool, l'éther et le sulfure de carbone; arrosés d'acide sulfurique concentré, ils se décolorent et si l'on ajoute de l'eau, il se sépare des gouttelettes huileuses de persulfure d'hydrogène.

Leur composition est exprimée par la formule

$$C^{21}H^{22}Az^2O^2, H^2S^3.$$

qui représente d'après M. Hofmann, une combinaison de strychnine et de persulfure d'hydrogène, et qui conduirait à admettre, pour ce dernier, la formule H^2S^3. La quinine, la cinchonine et la brucine, ne donnent pas de combinaisons analogues dans les mêmes circonstances [A.-W. Hofmann, *Deutsch. chem. Gesellsch.*,

t. I, p. 81; *Bull. de la Soc. chim.*, 1868, t. X, p. 493].

Sous l'influence de l'électrolyse, le sulfate de strychnine est promptement attaqué. Dès le début le compartiment négatif se remplit d'une multitude de petits cristaux, et il se dégage au pôle positif de l'acide carbonique et de l'oxyde de carbone; puis une belle coloration jaune se manifeste dans le compartiment positif et les cristaux disparaissent rapidement de la solution négative qui reste limpide pendant toute l'expérience [Bourgoin, *Bull. de la Soc. chim.*, 1869, t. XII, p. 442].

La strychnine forme un composé insoluble avec le tannin de la noix de galle; c'est à cause de cette propriété que l'infusion de noix de galle est considérée comme le meilleur antidote de ce redoutable poison.

D'après M. W.-F. de l'Arbre, quelques sels d'alcaloïdes naturels tels que la strychnine, forment, avec le taurocholate et le glycocholate de soude contenus dans la bile, des combinaisons pour la plupart très-peu solubles dans l'eau. Les unes résultent d'un remplacement total de la soude par l'alcaloïde, d'autres renferment un excès d'acides de la bile ou un excès d'alcaloïde.

Les combinaisons à excès d'acide s'obtiennent lorsqu'on emploie une solution de taurocholate ou de glycocholate de soude neutralisée par l'acide acétique.

Le glycocholate de strychnine est cristallin. Ces sels se dissolvent dans un excès de bile ou dans un excès de sel de soude. L'acide chlorhydrique étendu dédouble la plupart de ces combinaisons. L'ammoniaque et les autres bases les décomposent aussi plus ou moins complétement.

Le glycocholate de strychnine dissous dans un excès de bile et introduit sous la peau d'une grenouille agit un peu moins énergiquement que l'azotate de la même base [*Neues Jahrb. für Pharm.*, t. XXXVII, p. 99; *Bull. de la Soc. chim.*, 1872, t. XVII, p. 463].

Lorsqu'on ajoute à une solution froide d'un sel de strychnine, une solution de sulfarséniate de sodium, il se produit un précipité volumineux jaune, qui se transforme après quelques heures en cristaux capillaires [Em. Marsing, *Pharm. Zeitschr. für Russland*, 1868, p. 350; *Bull. de la Soc. chim.*, t. XII, p. 487].

D'après M. F.-L. Sonnenschein, la strychnine est un produit d'oxydation de la brucine. Cette dernière a pour formule $C^{23}H^{26}Az^2O^4$; elle peut donc se transformer en strychnine, $C^{21}H^{22}Az^2O^2$, en perdant, par l'oxydation, de l'eau et de l'acide carbonique.

Cette transformation s'accomplit lorsqu'on chauffe doucement de la brucine avec de l'acide azotique étendu; la solution se colore en rouge et il se dégage des gaz, entre autres de l'acide carbonique. On évapore la solution au bain-marie, on sursature par de la potasse, puis on agite avec de l'éther qui enlève une résine jaunâtre et une base présentant tous les caractères de la strychnine [*Deutsch. chem. Gesells.*, t. VII, p. 212, et *Bull. de la Soc. chim.*, t. XXIV, p. 220].

SELS DE STRYCHNINE.

Les sels de strychnine sont, pour la plupart, cristallisés et d'une saveur très-amère. Le chlore produit un trouble dans la solution de ces sels. L'infusion de noix de galle y fait naître aussi un précipité; dans ce cas, il se forme une combinaison peu soluble du tannin de la noix de galle avec l'alcaloïde. En raison de cette réaction, la noix de galle est considérée comme le meilleur antidote de la strychnine.

Le sulfocyanate de potassium produit aussi un précipité cristallin lorsqu'on l'ajoute à une solution peu étendue d'un sel de strychnine.

Acétate de strychnine. — Ce sel est fort soluble, il ne cristallise qu'en présence d'un excès d'acide.

Azotate de strychnine, $C^{21}H^{22}Az^2O^2, Az\,H\,O^3$. — Ce sel s'obtient en saturant la strychnine par de l'acide azotique étendu. Il cristallise en aiguilles groupées en faisceaux, plus solubles à chaud qu'à froid, peu solubles dans l'alcool et insolubles dans l'éther. Chauffé au-dessus de 100° il jaunit et se décompose en produisant une légère explosion; chauffé avec de l'acide azotique concentré, l'azotate de strychnine jaunit et se transforme en *azotate de nitrostrychnine*.

La solution aqueuse de l'azotate de strychnine dévie à gauche le plan de polarisation de la lumière; $[\alpha]_r = -20°,25$ [Bouchardat, *loc. cit.*].

Bromhydrate de strychnine, $C^{21}H^{22}Az^2O^2, H\,Br$. — Se prépare en dissolvant la strychnine dans une solution d'acide bromhydrique; on obtient ainsi un sel cristallisé soluble dans l'eau et qui abandonne son eau de cristallisation dans le vide. M. M.-G. Macdonald le prépare en décomposant exactement le sulfate de strychnine par le bromure de baryum [*Neues Jahrb. für Pharm.*, t. XXXVIII, p. 322; *Bull. de la Soc. chim.*, 1873, t. XX, p. 308].

Carbonate de strychnine. — Le carbonate de strychnine s'obtiendrait, dit-on, en précipitant la solution d'un sel de strychnine par un carbonate alcalin.

D'après Langlois, ce sel n'existe pas, car ayant soumis à l'action d'un courant d'acide carbonique, de la strychnine pure en suspension dans l'eau, il a vu l'alcaloïde se dissoudre à la faveur d'un excès d'acide, mais cette solution, maintenue à zéro pendant un temps assez long, laissa déposer des cristaux qui ne faisaient pas effervescence en se dissolvant dans les acides, et qui fondaient à 300° comme la strychnine pure [Langlois, *Ann. de Chim. et de Phys.*, t. XLVIII, p. 503].

Chlorate de strychnine. — Il cristallise en prismes minces et courts; on l'obtient en saturant l'acide chlorique étendu par la strychnine.

Perchlorate de strychnine,

$$C^{21}H^{22}Az^2O^2, Cl\,H\,O^4 + H^2O.$$

— Cristallise en prismes brillants, peu solubles dans l'eau froide, beaucoup plus solubles dans l'alcool. Ce sel séché à l'air perd à 170°, 3,8 % d'eau [Boedeker jeune, *Ann. der Chem. u. Pharm.*, t. LXXI, p. 62].

Chloraurate de strychnine,

$$C^{21}H^{22}Az^2O^2, H\,Cl + Au\,Cl^3.$$

— Ce sel se dépose de la solution alcoolique sous la forme de cristaux orangé clair. On l'obtient en ajoutant une solution de chlorure d'or à une solution de chlorhydrate de strychnine; il se produit un précipité volumineux qu'on purifie rapidement par des lavages à l'eau froide et qu'on dissout ensuite dans l'alcool. Ce sel est décomposé par l'eau bouillante qui met de l'or métallique en liberté.

Chlorhydrate de strychnine,

$$2(C^{21}H^{22}Az^2O^2, H\,Cl) + 3H^2O.$$

— Cristallise sous forme d'aiguilles très-déliées, groupées en mamelons; il renferme de l'eau de cristallisation qu'il perd dans le vide sur l'acide sulfurique; il est neutre aux réactifs colorés et plus soluble que le sulfate de la même base.

La solution aqueuse du chlorhydrate de strychnine dévie à gauche le plan de polarisation de la lumière; $[\alpha]_r = -28°,18$ (Bouchardat).

Chloromercurate de strychnine,

$$C^{21}H^{22}Az^2O^2, Hg\,Cl^2.$$

— Cette combinaison s'obtient lorsqu'on ajoute

une solution de bichlorure de mercure à une solution de strychnine dans l'alcool faible. Il se forme un dépôt blanc cristallin, insoluble dans l'eau, dans l'alcool et dans l'éther.

Le bichlorure de mercure forme aussi des combinaisons avec le chlorhydrate et le sulfate de strychnine.

Le *chloromercurate de chlorhydrate de strychnine*, $C^{21}H^{22}Az^2O^2, HCl, + HgCl^2$, cristallise par le refroidissement de sa solution alcoolique bouillante; il est peu soluble dans l'eau; on l'obtient en dissolvant le chloromercurate de strychnine dans l'acide chlorhydrique, ou en ajoutant une solution de bichlorure de mercure à une solution de chlorhydrate de strychnine.

Le composé de *sulfate de strychnine et de bichlorure de mercure*,

$$C^{21}H^{22}Az^2O^2, SO^4H^2 + 2HgCl^2,$$

se présente sous forme cristalline et s'obtient en dissolvant le chloromercurate de strychnine dans l'acide sulfurique.

Chloropalladite de strychnine,

$$2(C^{21}H^{22}Az^2O^2, HCl), + PdCl^2.$$

— Ce sel est soluble dans l'eau et dans l'alcool; il cristallise en aiguilles brun foncé par le refroidissement d'une solution bouilllante; on l'obtient en ajoutant une solution de protochlorure de palladium à une solution de chlorhydrate de strychnine.

Chloroplatinate de strychnine,

$$2(C^{21}H^{22}Az^2O^2, HCl) + PtCl^4.$$

— Précipité jaune clair presque insoluble dans l'eau et dans l'éther, peu soluble dans l'alcool froid ou chaud; il se forme lorsqu'on ajoute du tétrachlorure de platine à une solution de chlorhydrate de strychnine.

Chlorozincate de strychnine

$$2(C^{21}H^{22}Az^2O^2, HCl) + ZnCl^2.$$

— Lorsqu'on fait bouillir une solution alcoolique de strychnine avec du chlorure de zinc, il se précipite de l'hydrate de zinc; la solution filtrée laisse déposer, par le refroidissement, des paillettes nacrées du chlorozincate. En dissolvant ce sel dans l'acide chlorhydrique, évaporant au bain-marie et faisant cristalliser le résidu dans l'alcool, on obtient le chlorozincate hydraté, cristallisé en beaux prismes transparents. Ces cristaux renferment $2(C^{21}H^{22}Az^2O^2, HCl) + ZnCl^2 + 4H^2O$.

A 130° ils perdent une partie de leur eau de cristallisation [Græfinghoff, *Journ. für prakt. Chem.*, t. XCV, p. 221; *Bull. de la Soc. chim.*, 1865, t. IV, p. 391].

Cyanhydrate de strychnine. — Cette combinaison n'est pas stable; la strychnine se dissout cependant dans une solution aqueuse d'acide cyanhydrique, mais si l'on soumet cette solution à l'évaporation, tout l'acide cyanhydrique se dégage.

Cyanomercurate de strychnine. — La strychnine forme une combinaison cristallisée

$$2(C^{21}H^{22}Az^2O^2)HgCy^2$$

avec le cyanure de mercure; on l'obtient en mélangeant une solution de strychnine dans l'alcool faible avec un excès de cyanure de mercure. Cette combinaison est un peu soluble dans l'eau et dans l'alcool et insoluble dans l'éther.

On connaît aussi deux combinaisons de chlorhydrate de strychnine avec le cyanure de mercure.

L'une renferme 2 molécules de sel de strychnine et 1 molécule de cyanure de mercure,

$$2(C^{21}H^{22}Az^2O^2HCl), HgCy^2.$$

On l'obtient en mélangeant des solutions aqueuses et bouillantes très-étendues de chlorhydrate de strychnine et de cyanure de mercure.

L'autre répond à la formule

$$C^{21}H^{22}Az^2O^2HCl, 2HgCy^2,$$

qui représente la combinaison d'une molécule de sel de strychnine avec 2 molécules de cyanure de mercure. C'est un sel cristallisé en tables rectangulaires et nacrées [Nicholson et Abel, *Ann. de Chim. et de Phys.*, (3), t. XXVII, p. 401, et *Ann. der Chem. u. Pharm.*, t. LXXI, p. 79].

Chromates de strychnine.—Il existe deux combinaisons de l'acide chromique avec la strychnine, le sel acide et le sel neutre. Ce dernier renferme

$$(C^{21}H^{22}Az^2O)^2H^2CrO^4.$$

On l'obtient en ajoutant une solution de chromate neutre de potassium à une solution neutre de chlorhydrate de strychnine: il se forme un précipité brun jaunâtre, soluble dans l'eau bouillante qui, par le refroidissement, le laisse déposer en belles aiguilles orangées; ce sel est neutre aux réactifs colorés et peu soluble dans l'eau et dans l'alcool.

FERROCYANHYDRATES DE STRYCHNINE. — La strychnine forme plusieurs combinaisons avec l'acide ferrocyanhydrique:

1° La première renferme

$$2(C^{21}H^{22}Az^2O^2, H^2FeCy^4) + 5H^2O \text{ (1)}.$$

On l'obtient en versant une solution alcoolique d'acide ferrocyanhydrique dans une solution alcoolique de strychnine, jusqu'à ce que la liqueur soit légèrement acide; il se dépose un sel blanc presque insoluble dans l'alcool et dans l'eau très-hygrométrique, non cristallin, présentant une forte réaction acide.

Lorsqu'on délaye ce sel dans une lessive faible de potasse jusqu'à neutralisation, il se produit une matière blanche floconneuse, qui bleuit à l'air et dont la composition n'est pas encore bien connue.

2° *Ferrocyanhydrate de strychnine*,

$$(C^{21}H^{22}Az^2O^2)^4H^4FeCy^6 + 8H^2O.$$

On l'obtient en mélangeant des solutions saturées à froid de ferrocyanure de potassium et d'un sel neutre de strychnine; le précipité se forme immédiatement. Si le sel de strychnine contenait un excès d'acide libre, ce dernier altérerait le ferrocyanhydrate de strychnine.

Ce sel cristallise en aiguilles presque incolores; lorsqu'on emploie pour le produire des solutions étendues, il se dépose des cristaux qui peuvent atteindre jusqu'à 2 centimètres de longueur. Ce sont des prismes rectangulaires terminés par un biseau. Le sel est peu soluble à froid dans l'eau; cependant il est hygrométrique; il se dissout dans l'alcool froid, il est soluble à chaud dans l'alcool et dans l'eau.

3° *Ferricyanhydrate de strychnine*,

$$(C^{21}H^{22}Az^2O^2)^6H^6Fe^2Cy^{12} + 12H^2O.$$

On l'obtient en mélangeant une solution de ferricyanure de potassinm avec un sel de strychnine. On peut opérer avec des solutions saturées à l'ébullition. On peut le préparer aussi en faisant bouillir du bleu de Prusse avec de la strychnine

Il est peu soluble à froid dans l'eau, soluble dans l'alcool, et se présente sous la forme de petits cristaux de couleur dorée d'un vif éclat. Lorsqu'on le soumet à une ébullition prolongée, il se dégage de l'acide cyanhydrique et il se dépose de l'oxyde ferrique et de la strychnine.

La solution de ferricyanhydrate de strychnine donne avec des sels ferreux, un précipité bleu foncé. Avec les sels ferriques, il donne une solution bleue qui laisse déposer, au bout de

(1) Il est à remarquer que H^2FeCy^4 diffère de l'acide ferrocyanhydrique par $2HCy$.

quelque temps, des flocons de bleu de Prusse.

La potasse, l'ammoniaque ajoutées à une solution de ce sel, le décomposent en mettant de la strychnine en liberté. Lorsqu'on le chauffe au delà de 130° il se décompose; à une température plus élevée de 180° à 200°, il devient noir [Brandis, *Ann. der Chem. u. Pharm.*, t. LXVI, p. 257].

Fluorhydrate de strychnine,

$$C^{21}H^{22}Az^2O^2, 4HFl + 2H^2O.$$

— Il se présente sous la forme de gros prismes rhomboïdaux, groupés concentriquement et qui peuvent atteindre une longueur de 3 à 4 centimètres. Ces cristaux sont fort solubles dans l'eau chaude ainsi que dans l'alcool bouillant, insolubles dans l'éther; ils se décomposent à une température supérieure à 150°. On obtient le fluorhydrate de strychnine en dissolvant cet alcaloïde dans une solution chaude et moyennement concentrée d'acide fluorhydrique, puis on fait évaporer la liqueur : les cristaux se déposent lorsque la solution est suffisamment concentrée [Elderhost, *Ann. der Chem. u. Pharm.*, t. LXXIV, p. 77].

Iodate de strychnine. — L'iodate de strychnine s'obtient en chauffant de la strychnine avec une solution d'acide iodique. La liqueur prend la couleur rouge du vin, à moins qu'on ne prenne le soin de ne pas employer un excès d'acide iodique; on la filtre bouillante, et on la place dans un endroit sec, où elle abandonne bientôt de longues aiguilles transparentes d'iodate de strychnine. Ce sel est très-soluble dans l'eau et se décompose brusquement par la chaleur.

Periodate de strychnine. — Ce sel forme des cristaux volumineux ayant la forme de prismes à six pans terminés par une pyramide à quatre faces. Il est assez soluble dans l'eau et dans l'alcool. Il se décompose par la chaleur sans produire d'explosion. On l'obtient en traitant la strychnine dissoute dans l'alcool par l'acide périodique. En soumettant la liqueur à l'évaporation dans le vide les cristaux se déposent [Langlois, *Ann. de Chim. et de Phys.*, (3), t. XXXIV, p. 277].

Iodhydrate de strychnine, $C^{21}H^{22}Az^2O^2, HI$. — Cristallise en aiguilles prismatiques peu solubles dans l'eau, plus solubles dans l'alcool. On obtient ce sel en traitant la strychnine par l'acide iodhydrique étendu et bouillant. Il faut enlever rapidement par des lavages l'excès d'acide iodhydrique pour éviter la formation de produits secondaires.

Iodomercurate de strychnine,

$$C^{21}H^{22}Az^2O^2, HI + HgI^2.$$

— Ce composé s'obtient en faisant digérer une solution alcoolique chaude de triiodure de strychnine avec du mercure; la liqueur se décolore complétement par suite de la formation du nouveau sel double qui est soluble dans l'eau et très-peu soluble dans l'alcool bouillant. Il se sépare de cette solution en cristaux d'un beau jaune pâle ayant l'éclat du diamant; ce sont des tables triangulaires à angle droit et dont les angles aigus sont tronqués.

Si l'on chauffe ce sel double avec de l'acide azotique étendu, il se dépose du biiodure de mercure rouge.

Lorsqu'on le traite, suspendu dans l'eau, par l'hydrogène sulfuré, il y a formation de sulfure de mercure [S. M. Joergensen, *Ann. de Chim. et de Phys.*, (4), t. XI, p. 121].

Oxalates de strychnine. — 1°

$$(C^{21}H^{22}Az^2O^2)^2, C^2O^4H^2,$$

sel neutre très-soluble dans l'eau.

2° $C^{21}H^{22}Az^2O^2, C^2O^4H^2$, sel acide cristallisable qu'on obtient par l'addition d'acide oxalique au sel neutre.

Phosphates de strychnine — Il en existe deux. L'un, $C^{21}H^{22}Az^2O^2, PhO^4H^3 + 2H^2O$, s'obtient en abandonnant un mélange de strychnine et d'acide phosphorique à une douce chaleur : le sel se dépose par le refroidissement en longues aiguilles radiées; ces cristaux se dissolvent dans 5 à 6 fois leur poids d'eau froide.

L'autre phosphate,

$$(C^{21}H^{22}Az^2O^2)^2PhO^4H^3 + 9H^2O,$$

s'obtient en laissant digérer de la strychnine en poudre fine dans une solution du sel précédent; la combinaison contenant 2 molécules de strychnine se forme et se dépose par le refroidissement sous la forme de tables rectangulaires, minces, irisées, peu solubles dans l'eau [Th. Anderson, *The Quart. Journ. of the Chem. Soc.*, t. I, p. 55, et *Ann. der Chem. u. Pharm.*, t. LXVI, p. 58].

Sulfates de strychnine. — L'acide sulfurique forme avec la strychnine deux combinaisons, l'une neutre, l'autre acide.

Sulfate neutre de strychnine,

$$(C^{21}H^{22}Az^2O^2)^2SO^4H^2 + 7H^2O.$$

— Se présente sous la forme de petits prismes rectangulaires solubles dans moins de 10 p. d'eau et doués d'une excessive amertume. Ils perdent leur eau de cristallisation par la chaleur ou dans le vide. D'après M. Bouchardat, la solution aqueuse de ce sel dévie à gauche la lumière polarisée : $[\alpha]_r = -25°,58$.

D'après M. Descloiseaux, les cristaux de sulfate de strychnine offrent deux ou trois octaèdres différents, dont le plus ordinaire, et de beaucoup le plus prédominant, a des incidences de 92° 30′ sur les arêtes culminantes et de 155° 54′ sur les arêtes latérales; ces octaèdres ont presque toujours une base très-développée, suivant laquelle se fait un clivage très-facile.

Dans la lumière polarisée convergente, ces octaèdres basés montrent des anneaux nets et serrés, traversés par une croix, dont le centre, au lieu d'être parfaitement noir offre une teinte bleuâtre d'autant moins foncée que l'épaisseur du cristal est plus grande. [Descloizeaux, *Ann. de Chim. et de Phys.*, (3), t. LI, p. 365].

Sulfate acide de strychnine. — Ce sel cristallise en aiguilles longues et minces, très-acides. On l'obtient en ajoutant de l'acide sulfurique étendu au sel précédent.

Enfin lorsqu'on fait bouillir de la strychnine avec une solution de sulfate de cuivre, une partie de l'oxyde de cuivre est déplacée, et il se dépose par l'évaporation un sel sous forme de longues aiguilles vertes qui paraissent constituer du sulfate double de strychnine et de cuivre.

Tartrates de strychnine. — On en connaît deux, le sel neutre et le sel acide. Ils s'obtiennent facilement en faisant dissoudre dans l'eau chaude des quantités d'alcaloïde et d'acide correspondant aux formules des deux tartrates.

Tartrate neutre de strychnine,

$$(C^{21}H^{22}Az^2O^2)^2, C^4H^6O^6 + 4H^2O.$$

— M. Pasteur a fait connaître le tartrate neutre droit de strychnine et le tartrate neutre gauche du même alcaloïde. Le sel droit chauffé jusqu'à 100° perd toute son eau de cristallisation à cette température. Chauffé à 170°, il reste parfaitement blanc, et ne commence à s'altérer que vers 190°.

Le sel gauche perd aussi toute son eau de cristallisation à 100°, mais il peut supporter une température de 200° sans altération sensible. Si l'on maintient les deux sels à cette température pendant une demi-heure environ, l'altération est considérable pour le sel droit, tandis que le gauche est à peine attaqué.

Tartrates acides droit et gauche de strychnine,

$C^{21}H^{22}Az^2O^2, C^4H^6O^6 + 3H^2O$. — Ces deux sels perdent chacun à 100° toute leur eau de cristallisation, 10,3 % environ, et la perte est la même pour les deux combinaisons. A la température de 170° les deux sels commencent à se colorer, mais le sel droit s'altère d'une manière beaucoup plus énergique que le sel gauche.

Les tartrates acides droit et gauche de strychnine ont la même composition chimique, mais ils retiennent leur eau de cristallisation avec une énergie très-différente. Le sel gauche la laisse échapper bien plus vite que le sel droit. Si l'on verse de l'alcool absolu sur le sel gauche, il commence par s'y dissoudre en quantité très-sensible, puis il devient opaque, s'effleurit et ne se dissout plus. Le tartrate droit, au contraire, ne se dissout pas dans l'alcool absolu, et y conserve toute sa limpidité. M. Pasteur ajoute qu'il croit pouvoir affirmer que les formes cristallines de ces deux sels sont fort différentes [Pasteur, *Ann. de Chim. et de Phys.*, (3), t. XXXVIII, p. 475].

DÉRIVÉS DE LA STRYCHNINE.

DÉRIVÉS CHLORÉS DE LA STRYCHNINE. — *Strychnine chlorée*, $C^{21}H^{21}ClAz^2O^2$. — Lorsqu'on fait passer un courant de chlore dans une solution chaude de chlorhydrate de strychnine, il se développe une couleur rose et la solution laisse déposer une matière résineuse au bout de quelque temps. La solution filtrée renferme de la strychnine chlorée et une matière étrangère que l'on sépare en ajoutant goutte à goutte de l'ammoniaque étendue; on agite constamment, et aussitôt qu'un trouble léger et permanent se produit, on filtre; en ajoutant un excès d'ammoniaque à la solution filtrée, on obtient un précipité blanc de strychnine chlorée.

Sulfate de strychnine chlorée,

$$(C^{21}H^{21}ClAz^2O^2)^2H^2SO^4 + 7H^2O.$$

— Sel cristallisé qui s'obtient en neutralisant le précipité précédent par l'acide sulfurique et en faisant évaporer la solution. Ce sel est aussi vénéneux que le sulfate de strychnine [Laurent, *Ann. de Chim. et de Phys.*, (3), t. XXIV, p. 313].

Strychnine trichlorée, $C^{21}H^{19}Cl^3Az^2O^2$ (?). — Pelletier a obtenu cette matière en faisant passer un courant de chlore à travers une solution très-étendue d'un sel de strychnine. Sous l'influence du chlore, la liqueur devient promptement acide, et des pellicules blanches ne tardent pas à se montrer. On les recueille, on les lave à l'eau chaude, puis on les dissout dans l'éther, qui laisse cristalliser, par l'évaporation, la strychnine trichlorée.

Cette substance est blanche, brillante et cristallise dans l'alcool en aiguilles microscopiques, à peine solubles dans l'eau, mais solubles dans l'alcool et dans l'éther. Elle possède la saveur amère de la strychnine. Elle ne fond pas par la chaleur; elle ne sature pas les acides, cependant ils augmentent sa solubilité [Pelletier, *Journ. de Pharm.*, avril 1838].

DÉRIVÉ BROMÉ DE LA STRYCHNINE. — Lorsqu'on traite une solution de chlorhydrate de strychnine par le brome, il se forme deux produits, l'un résineux qui se précipite et un autre qui reste en solution L'ammoniaque fait naître dans cette solution un précipité blanc, soluble dans l'alcool et pouvant cristalliser en aiguilles par l'évaporation de ce dernier. Ce précipité est de la strychnine bromée mêlée d'un peu de strychnine non attaquée [Laurent, *Ann. de Chim. et de Phys.*, (3), t. XXIV, p. 312].

ACTION DE L'IODE SUR LA STRYCHNINE. — *Iodostrychnine*, $4C^{21}H^{22}Az^2O^2, 3I^2$. — Cette combinaison s'obtient en broyant la strychnine avec la moitié de son poids d'iode : l'alcaloïde prend une couleur rouge brunâtre. On ajoute de l'eau en continuant à broyer pendant quelque temps, puis on reprend la masse par l'eau bouillante qui dissout l'iodhydrate de strychnine et laisse une masse insoluble brune d'iodostrychnine. Cette matière brune reprise par l'alcool bouillant s'y dissout entièrement, et par le refroidissement de la liqueur, se dépose sous forme de petits cristaux lamelleux d'un jaune orangé ayant l'apparence de l'or mussif.

Pelletier a encore obtenu l'iodostrychnine en versant une solution d'acide iodique dans une solution d'iodhydrate de strychnine : il se forme un précipité brun d'iodostrychnine et d'iode libre. En faisant digérer ce mélange dans une solution de bicarbonate de potassium, l'excès d'iode se dissout et l'iodostrychnine qui n'est pas attaquée par ce sel, apparaît alors avec la couleur jaune orangé qui lui est propre.

L'iodostrychnine est insoluble dans l'eau froide et excessivement peu dans l'eau bouillante ; elle est peu soluble dans l'alcool à 40°; son meilleur dissolvant est l'alcool à 36° bouillant. Elle est insoluble dans l'éther.

Sa saveur, d'abord peu sensible, se développe au bout d'un certain temps avec un peu d'astringence. Elle est infusible. Chauffée sur une lame de platine, elle se ramollit, se boursouffle, laisse dégager de l'iode et se charbonne.

Les acides étendus n'ont pas d'action à froid sur l'iodostrychnine, mais par une ébullition prolongée, ils s'emparent de la strychnine en mettant de l'iode en liberté.

L'acide azotique concentré sépare, même à froid, de l'iode en détruisant ou altérant la matière organique; l'acide sulfurique concentré produit le même effet, mais avec moins d'énergie. L'acide chlorhydrique concentré n'exerce aucune action à froid, mais à chaud, il se combine avec la strychnine en mettant de l'iode en liberté.

L'ammoniaque n'a d'action sur l'iodostrychnine ni à froid ni à chaud ; la potasse et la soude ne l'attaquent qu'à l'aide de la chaleur.

L'azotate d'argent en précipite rapidement à froid de l'iodure d'argent, tandis que la strychnine plus ou moins altérée reste en solution dans la liqueur [Pelletier, *Ann. de Chim. et de Phys.*, (3), 1836, t. LXIII, p. 164; — Regnault, *Ann. der Chem. u. Pharm.*, t. XXIX. p. 61].

PERIODURE DE STRYCHNINE. — Sous le nom de *triiodure de strychnium* M. Joergensen a fait connaître une nouvelle combinaison de strychnine à laquelle il a attribué la formule

$$C^{21}H^{22}Az^2O^2, HI, I^2.$$

Ce triiodure déjà décrit par Herapath qui en avait étudié les caractères optiques [*Chem. Gaz.*, 1855, p. 320], s'obtient en ajoutant une solution étendue d'iodure de potassium iodure a une solution également étendue d'azotate de strychnine. Il se forme un précipité qui cristallise en prismes très-minces d'un jaune doré qui atteignent souvent plusieurs centimètres de longueur. Il est préférable de ne pas ajouter toute la quantité nécessaire de la solution d'iode, afin d'éviter la formation d'un composé plus iodé, très-instable et qui gêne considérablement le dépôt des cristaux de triiodure.

La masse cristalline ainsi formée est lavée par décantation, avec de l'eau froide, jusqu'à ce que l'eau de lavage, évaporée sur une lame de platine, ne laisse plus de résidu solide après la calcination. On dissout alors la masse, encore humide, dans de l'alcool à 90°, à l'aide de la chaleur du bain-marie et l'on abandonne la solution brune et limpide; au bout de quelques jours elle laisse déposer de longues aiguilles brillantes d'un brun foncé, et qui possèdent un éclat métallique bleuâtre semblable à celui du permanganate de potassium.

Le triiodure de strychnine est assez soluble dans l'alcool chaud, très-peu soluble dans le chloroforme, froid ou bouillant, presque insoluble dans le sulfure de carbone froid ou chaud, à peine soluble dans l'éther bouillant. L'eau en dissout environ 1/14000ᵉ à 15°.

L'acide sulfurique concentré et bouillant dissout le triiodure en se colorant en rouge cramoisi et en dégageant des vapeurs d'iode. Chauffé doucement avec l'acide azotique, il se dissout en colorant l'acide en rouge; par l'ébullition, des vapeurs d'iode se dégagent. L'acide chlorhydrique chaud et concentré paraît le dissoudre sans altération. Une solution d'azotate d'argent décompose déjà à froid le triiodure.

Les propriétés optiques de cette combinaison sont très-remarquables. En effet, lorsqu'on examine ces cristaux en les plaçant de telle sorte que l'axe longitudinal se trouve parallèle au plan de polarisation, ils offrent une teinte d'un brun foncé presque noir, et, au contraire, lorsque l'axe est vertical à ce plan, ils se montrent d'un jaune pâle et à peu près incolores.

La strychnine ne forme pas de composé plus iodé. Le triiodure de strychnine ne paraît pas avoir de rapports avec le composé ioduré obtenu par Pelletier, qui ne possède pas de propriétés optiques [S. M. Joergensen, *Ann. de Chim. et de Phys.*, (4), 1867, t. XI, p. 115].

Action du bromure d'éthylène sur la strychnine. — La strychnine chauffée au bain-marie pendant un quart d'heure avec du bromure d'éthylène, se transforme en une masse blanche soyeuse; cette masse, soluble dans l'eau chaude, cristallise par le refroidissement.

M. Ménétriès admet que ces cristaux représentent le bromure de brométhylstrychnium,

$$C^{21}H^{22}Az^2O^2(C^2H^4Br)Br,$$

analogue au bromure de brométhyltriméthylammonium de M. Hofmann.

Cette substance donne avec l'acide sulfurique et le bichromate de potassium la réaction caractéristique de la strychnine. Elle forme des précipités avec le bichromate de potassium, le bichlorure de mercure et le tétrachlorure de platine. L'azotate d'argent ne précipite que la moitié du brome et fournit en même temps de l'azotate de brométhylstrychnium,

$$C^{21}H^{22}Az^2O^2(C^2H^4Br)AzO^3.$$

Ce sel cristallise en fines aiguilles peu solubles dans l'eau froide, solubles dans l'eau chaude.

On obtient le sulfate d'une manière analogue.

Le chlorure est difficilement cristallisable. Le tétrachlorure de platine y fait naître un précipité jaune orangé clair. La base isolée n'est pas cristallisable.

La solution de brométhylstrychnine mise en digestion à chaud avec de l'oxyde d'argent prend la couleur rouge du vin et renferme l'hydrate d'oxyde de vinyle-strychnium,

$$C^{21}H^{22}Az^2O^2(C^2H^3)OH.$$

Cette solution évaporée abandonne une masse blanche, se colorant d'une manière passagère avec l'acide sulfurique et le bichromate de potassium [*Bull. de l'Acad. de Saint-Pétersbourg*, t. IV; p. 570; *Bull. de la Soc. Chim.*, 1863, p. 107.

Action de l'acide monochloracétique sur la strychnine. — Lorsqu'on chauffe à 180° pendant 5 heures de la strychnine avec de l'acide monochloracétique dans la proportion de 3 p. de base pour 1 p. d'acide, il se forme un produit soluble dans l'eau. L'ammoniaque ajoutée à cette solution y fait naître un précipité, c'est de la strychnine inaltérée; par l'évaporation de la liqueur filtrée, il se dépose des aiguilles blanches : c'est une base nouvelle répondant à la formule $C^{23}H^{24}Az^2O^4$.

Ces cristaux sont peu solubles dans l'eau froide et insolubles dans l'éther; ils se dissolvent bien dans l'eau bouillante et dans l'alcool.

La solution de cette base donne avec l'azotate d'argent une combinaison argentique qui se présente sous la forme de longues aiguilles incolores. Avec le tannin, elle donne un précipité; l'eau bromée y forme un abondant précipité floconneux.

Cet alcaloïde traité par un mélange de bichromate de potassium et d'acide sulfurique, donne dans cette réaction la même coloration que la strychnine. Il peut aussi, introduit sous la peau, produire, comme cette dernière base, des accidents tétaniques.

Il forme des sels dont l'azotate et l'oxalate sont très-peu solubles. Le chromate est un précipité cristallin jaune.

Les auteurs pensent que sa constitution peut être représentée par la formule suivante :

$$(C^{21}H^{22}AzO^2)'''Az^2 <^{CH^2}_{O}> CO$$

et qu'on peut lui donner le nom de *glycolile-strychnine*, [Strecker et Rœmer, *Deutsch. chem. Gesells.*, 1871, t. IV, p. 821, et *Bull. de la Soc. chim.*, 1872, t. XVI, p. 344].

Action des iodures alcooliques sur la strychnine. — Hydrate de méthylstrychnium.

$$C^{21}H^{22}Az^2O^2(CH^3)OH + 4H^2O.$$

— Lorsqu'on mélange de la strychnine avec un léger excès d'iodure de méthyle, il se produit au bout de quelque temps une vive réaction et il se forme une masse dure. On chauffe cette masse au bain-marie pour séparer l'excès d'iodure de méthyle, puis on la dissout dans l'eau chaude; par le refroidissement il se dépose de belles lames nacrées, peu solubles dans l'eau : c'est l'iodure de *méthylstrychnium;* on ne peut pas fixer plus d'une molécule de méthyle sur la strychnine.

L'hydrate de méthylstrychnium s'obtient en soumettant le sel précédent à l'action de l'oxyde d'argent. La solution de la base, d'abord incolore, devient promptement violette; par l'évaporation elle verdit et finit par déposer une matière résineuse noirâtre.

Il est préférable de convertir l'iodure par le sulfate d'argent en sulfate, et de décomposer ce dernier par de la baryte; quoiqu'il y ait encore dans ce cas décomposition et coloration, l'hydrate de méthylstrychnium se dépose néanmoins en gros cristaux, lorsqu'on concentre la solution.

Il est soluble dans l'eau et dans l'alcool, à peine dans l'éther.

Il précipite les sels de cuivre, de peroxyde de fer, de nickel, de cobalt, d'alumine, etc., mais elle ne redissout pas cette dernière.

En présence du peroxyde de plomb ou du bichromate de potassium et de l'acide sulfurique, l'hydrate de méthylstrychnium ne se colore pas en violet comme la strychnine; il se forme une masse brune qui se dissout dans l'eau en prenant une belle couleur rouge; celle-ci disparaît au bout de 24 heures, et immédiatement si l'on élève la température.

Cette base n'est pas vénéneuse et ne possède pas la saveur amère de la strychnine.

Sels du méthylstrychnium. — *Azotate de méthylstrychnine.* — Sel formant des aiguilles feutrées, peu solubles dans l'eau et l'alcool froids, insolubles dans l'éther.

L'*azotite* se présente en masse cristalline rayonnée, très-soluble dans l'alcool et dans l'eau.

Le *bromhydrate* s'obtient en mélangeant des solutions de chlorhydrate de méthylstrychnine et de bromure de potassium. Il constitue des aiguilles fines, peu solubles dans l'eau froide et très-solubles dans l'eau chaude ainsi que dans l'alcool.

Le *chlorhydrate* cristallise en beaux prismes renfermant 2 molécules d'eau.

Le *chloroplatinate*,

$$2(C^{22}H^{25}Az^2O^2, HCl) + PtCl^4,$$

forme un précipité jaune clair, peu soluble dans l'eau et dans l'alcool, insoluble dans l'éther.

Le *chloro-aurate* est analogue au sel précédent; par une longue ébullition il est réduit et de l'or métallique se dépose.

Le *ferrocyanhydrate* cristallise en houppes; on l'obtient en précipitant le chlorure par le ferrocyanure de potassium et faisant cristalliser dans l'eau le précipité jaunâtre. La solution se décompose à l'ébullition en se colorant en vert, il se dégage de l'acide cyanhydrique et il se dépose des flocons bleus. Avec les persels de fer, elle donne un précipité bleu.

Le *ferricyanhydrate* cristallise en petits prismes brillants, solubles dans l'eau chaude et insolubles dans l'alcool. Ce sel se décompose par l'ébullition et précipite en bleu les sels ferreux.

Le *phosphate* constitue une masse cristalline soluble dans l'eau et dans l'alcool.

Le *sulfate* est un sel très-soluble dans l'eau qui cristallise, quoique plus difficilement que les sels précédents, en petites lamelles nacrées qui renferment 2 molécules 1/2 d'eau. On peut aussi obtenir un sel acide cristallisé qui renferme 1 molécule d'eau [C. Stahlschmidt, *Pogg. Ann.*, 1859, t. CVIII, p. 513, et *Répert. de Chim. pure*, 1860, t. II, p. 135].

HYDRATE D'ÉTHYLSTRYCHNIUM

$$C^{21}H^{22}Az^2O^2(C^2H^5)OH.$$

— On le prépare comme le dérivé méthylique correspondant.

Azotate d'éthylstrychnium $C^{23}H^{27}Az^2O^2, AzO^3$. —Prismes incolores, peu solubles dans l'eau froide.

Carbonates. — Le sel neutre, obtenu par double décomposition entre l'iodure et le carbonate d'argent, forme une masse cristalline.

Le sel acide $C^{23}H^{27}Az^2H^2, HCO^3$ est précipité de sa solution alcoolique par l'éther en prismes incolores; la réaction de ce sel est alcaline.

Iodure d'éthylstrychnium $C^{23}H^{27}Az^2O^2, I$. — Préparé par fixation directe de l'iodure d'éthyle sur la strychnine, il constitue des prismes blancs à quatre pans [How, *Trans. Roy. Soc. Edinburgh*, t. XXI, part. I, p. 27].

HYDRATE D'AMYLSTRYCHNIUM

$$C^{21}H^{22}Az^2O^2(C^5H^{11})OH.$$

— Cet hydrate se forme dans l'action de l'oxyde d'argent humide sur le chlorure d'amylstrychnium.

Azotate d'amylstrychnium

$$2(C^{26}H^{33}Az^2O^2.AzO^3) + H^2O.$$

— Aiguilles incolores, groupées concentriquement.

Chlorure d'amylstrychnium

$$2(C^{26}H^{33}Az^2O^2.Cl) + H^2O.$$

— On chauffe à 100°, pendant 100 heures, la strychnine avec du chlorure d'amyle et de l'alcool, et l'on purifie le chlorure brut par cristallisation dans l'eau chaude. Il est en prismes incolores clinorhombiques [How., *loc. cit.*].

ACTION DE L'IODE SUR L'IODURE DE MÉTHYLE-, D'ÉTHYLE- ET D'AMYLSTRYCHNIUM.—*Triiodure de méthylstrychnium*, $C^{21}H^{22}Az^2O^2, CH^3, I^3$. — Lorsqu'on dissout dans l'alcool chaud 1 molécule d'iodure de méthylstrychnium avec 1 molécule d'iode, il se dépose, par le refroidissement très-lent, une grande quantité d'aiguilles douées de l'éclat du diamant et présentant souvent plusieurs centimètres de longueur. Elles sont colorées en jaune brun, la lumière réfléchie est d'une nuance bleue très-belle.

Lorsque la lumière polarisée traverse les aiguilles, celles-ci présentent une coloration jaune pâle, si l'axe de cristallisation se trouve vertical au plan de la polarisation; elles sont d'un rouge pourpre, s'il est placé parallèlement à ce plan.

Triiodure d'éthylstrychnium,

$$C^{21}H^{22}Az^2O^2, C^2H^5, I^3.$$

— Cette combinaison s'obtient en ajoutant à une solution d'iodure d'éthylstrychnium, de la teinture d'iode tant qu'il se forme un précipité coloré en jaune brun clair. Ce précipité, lavé à l'eau froide, est repris par de l'alcool chaud. Par le refroidissement lent il se dépose de longues aiguilles quadrilatères, colorées en jaune brun doué d'un éclat de diamant et d'un très-beau reflet bleu d'azur. Si l'axe des aiguilles est placé verticalement au plan de la polarisation, la lumière polarisée traversant les cristaux est d'un jaune pâle; s'il se trouve parallèle à ce plan, elle présente une teinte bleu pourpre foncé.

Ce composé, bouilli avec de l'eau, se dissout en répandant des vapeurs d'iode. Lorsque la liqueur est complétement décolorée, il reste en solution de l'iodure d'éthylstrychnium et la liqueur prend une réaction acide. L'auteur admet dans ce cas qu'il s'est formé un produit de substitution et de l'acide iodhydrique.

Le triiodure d'éthylstrychnium ne forme aucun composé plus iodé.

Triiodure d'amylstrychnium,

$$C^{21}H^{22}Az^2O^2, C^5H^{11}, I^3.$$

— Ce composé s'obtient en traitant une solution de chlorure d'amylstrychnium par une solution d'iodure de potassium ioduré. Le précipité jaune brun lavé à l'eau froide est dissous dans de l'alcool chaud et abandonné à un refroidissement lent.

Il se dépose des aiguilles d'un jaune brun clair, extrêmement minces et entrelacées, qui présentent au microscope polarisant les mêmes propriétés optiques que les combinaisons précédentes.

L'iodure d'amylstrychnium forme deux combinaisons différentes avec l'iode, l'une contenant 3 atomes d'iode, l'autre 5 atomes. Il est donc nécessaire, pour préparer le triiodure d'amylstrychnium à l'état de pureté, de verser dans la solution du chlorure d'amylstrychnium, une dissolution d'iodure de potassium ioduré qui contienne exactement 2 atomes d'iode libre pour 1 atome de chlore dans le chlorure d'amylstrychnium.

Pentaiodure d'amylstrychnium,

$$C^{21}H^{22}Az^2O^2, C^5H^{11}, I^5.$$

— Ce corps s'obtient en dissolvant le précipité brut jaune brun du triiodure d'amylstrychnium dans de l'alcool chaud contenant de l'iode en excès. Par le refroidissement, le pentaiodure se dépose sous forme d'aiguilles quadrilatères colorées presque en noir avec une nuance bleu grisâtre. Vus au microscope, les cristaux présentent dans la lumière réfléchie l'éclat vif de l'acier poli. Dans la lumière polarisée, ils sont parfaitement opaques si l'axe de cristallisation se trouve dans le plan de polarisation. Si l'axe du cristal est situé perpendiculairement à ce plan, ils présentent une couleur violet pourpre foncé, phénomène qui ne s'observe que si les aiguilles sont très-minces.

Ces cristaux supportent à l'état sec une température de 100°, sans dégager de l'iode et sans fondre. La détermination des points de fusion de ces composés n'a pu se faire, parce qu'ils dégagent de l'iode avant d'entrer en fusion [S. M. Joergensen, *Ann. de Chim. et de Phys.*, (4), 1867, t. XI, p. 122].

ACTION DE LA STRYCHNINE SUR L'ÉCONOMIE ANIMALE. — La strychnine est un des poisons les plus terribles que l'on connaisse, et les mélanges que composent les sauvages indiens pour empoisonner leurs flèches doivent à cet alcaloïde l'énergie de leurs propriétés vénéneuses. Introduite dans l'économie, cette substance détermine promptement la mort, même sous une faible dose, en agissant sur les centres nerveux et en produisant des convulsions d'une violence extrême. L'ingestion de 0,10, de 0,05 et même de 0,02 centigrammes peut déterminer des accidents mortels.

La strychnine et ses sels sont peu employés en pharmacie; cependant on les utilise pour combattre certaines paralysies. L'emploi à l'intérieur de ce médicament est tellement dangereux, qu'on ne doit le prescrire qu'à très-petite dose, en commençant par 0,001 ou 0,002 milligrammes.

Enfin la strychnine avait été indiquée par le docteur Liebreich comme pouvant servir d'antidote au chloral; mais cette manière de voir a été combattue par une longue série d'expériences publiées par le docteur Oré, qui a démontré que des lapins soumis à l'influence d'une dose mortelle de chloral succombaient toujours, même après l'injection d'une certaine quantité d'un sel de strychnine [O. Liebreich, *Compt. rend.*, t. LXX, p. 403, et *Bull. de la Soc. chim.*, t. XIV, p. 85; — Oré, *Compt. rend.*, t. LXXIV, p. 1493, 1579, et t. LXXV, p. 36 et 215; *Bull. de la Soc. chim.*, t. XVIII, p. 269]. E. C.

STRYCHNIQUE (ACIDE). Syn. D'IGASURIQUE (ACIDE). — Voyez t. II, p. 88.

STÜBELITE (Min.). — Masses réniformes et botryoïdes d'un noir de velours ou d'un noir de poix; se trouve aux îles Lipari, et renferme, d'après Stübel, $SiO^2 = 27$; $Al^2O^3 = 5,4$; $Fe^2O^3 = 10,2$; $Mn^2O^3 = 21,9$; $CuO = 15,2$; $MgO = 1$; $H^2O = 16,8$; $Cl = 0,8$.

Dureté, 4 à 5. Poussière brun foncé. Fragile; cassure conchoïdale, 2,11 à 2,26.

STUDERITE (Fellenberg) (Min.). — Variété de panabase arsénifère de Ausserberg (Valais supérieur). Densité, 4,66.

STYCÉRINE (*Phénylglycérine*), $C^9H^{12}O^3$ [E. Grimaux, *Bull. de la Soc. chim.*, 1873, t. XX, p. 117]. — La stycérine est un alcool triatomique de la série aromatique, qu'on peut considérer comme de la glycérine ordinaire dont 1 atome d'hydrogène du radical est remplacé par le groupe C^6H^5, et représenter par la formule $C^3H^4(C^6H^5),(OH)^3$. Elle se produit par la saponification de son éther dibromhydrique $C^9H^{10}Br^2O$. Pour opérer cette saponification, on chauffe la dibromhydrine pendant 24 heures avec 30 fois son poids d'eau, en présence d'acétate d'argent destiné à fixer au fur et à mesure l'acide bromhydrique mis en liberté. La liqueur filtrée et évaporée dans le vide abandonne la stycérine sous l'aspect d'une masse gommeuse d'un jaune clair, très-soluble dans l'eau et dans l'alcool, presque insoluble dans l'éther. Sa saveur est amère. Comme elle est incristallisable, et qu'elle ne peut être distillée, même dans le vide, elle n'a pas été obtenue entièrement pure. Mais la réaction de l'acide formique avec lequel elle donne de l'eau et de l'acide carbonique comme la glycérine ordinaire, et l'analyse des éthers de la stycérine ne laissent aucun doute sur la nature et la fonction de ce corps.

STYCÉRINE DIBROMHYDRIQUE,

$$C^9H^{10}Br^2O = CH(C^6H^5)Br\text{-}CHBr\text{-}CH^2.OH.$$

— Ce composé, appelé aussi *bromure de styrone*, se produit par l'action directe du brome sur la styrone ou alcool phénylallylique

$$CH(C^6H^5){=}CH\text{-}CH^2.OH$$

décrit dans ce livre sous le nom d'*alcool cinnylique* (t. I, p. 924). On dissout la styrone dans le chloroforme et l'on y ajoute goutte à goutte du brome dilué lui-même dans le chloroforme en ayant soin d'empêcher l'élévation de la température. Le brome est immédiatement absorbé sans dégagement d'acide bromhydrique. Lorsque la coloration jaune ambré du liquide annonce un excès de brome, on abandonne la solution à l'évaporation spontanée. Après 24 ou 48 heures, on obtient une masse dure, cristalline, que l'on purifie par compression et par cristallisation lente dans l'éther.

La stycérine dibromhydrique

$$CH(C^6H^5)Br - CHBr - CH^2.OH,$$

se présente en lamelles blanches, larges, brillantes ou en groupes de fines aiguilles, fusibles à 74°. Elle est insoluble dans l'eau, facilement soluble dans l'alcool et dans l'éther. Par une ébullition prolongée avec l'eau, elle se saponifie en perdant tout son brome à l'état d'acide bromhydrique.

Lorsqu'on la chauffe avec un grand excès d'acide bromhydrique, elle se convertit en tribromhydrine $C^9H^9Br^3$. Traitée par le chlorure d'acétyle, à une douce chaleur, elle fournit l'acétodibromhydrine

$$C^9H^9\begin{cases}Br^2\\OC^2H^3O.\end{cases}$$

Lorsqu'on traite la styrone par le brome sans la diluer dans le chloroforme et sans refroidir, on obtient une masse pâteuse, qui, reprise par l'alcool bouillant, fournit un produit blanc, peu soluble, formé de tribromhydrine impure, fondant entre 121° et 127°. Les eaux mères alcooliques retiennent la dibromhydrine plus soluble.

STYCÉRINE ACÉTODIBROMHYDRIQUE,

$$C^{11}H^{12}Br^2O^2$$
$$= CH(C^6H^5)Br\text{-}CHBr\text{-}CH^2.OC^2H^3O.$$

— On chauffe légèrement la stycérine dibromhydrique avec un excès de chlorure d'acétyle, jusqu'à ce qu'il ne se dégage plus d'acide chlorhydrique. Le produit de la réaction, évaporé au bain-marie, donne l'acétobromhydrine qu'on fait cristalliser dans l'éther. Ce corps est en beaux prismes obliques, d'une odeur agréable de fleurs, solubles dans l'alcool et dans l'éther, fusibles à 85-86°.

Chauffée à 100° pendant 24 heures avec de l'acétate d'argent et de l'acide acétique cristallisable, l'acétodibromhydrine fournit du bromure d'argent et un corps incristallisable, soluble dans l'éther, qui paraît être la triacétine correspondante.

STYCÉRINE TRIBROMHYDRIQUE,

$$C^9H^9Br^3 = CH(C^6H^5)Br\text{-}CHBr\text{-}CHBr.$$

— On l'obtient de diverses manières. Quand on distille la dibromhydrine avec un grand excès d'une solution concentrée d'acide bromhydrique et qu'on cohobe deux ou trois fois la liqueur, la tribromhydrine passe dans le récipient avec les vapeurs d'eau. On la purifie par une ou deux cristallisations dans le chloroforme.

On la prépare également par l'addition du brome à l'éther bromhydrique de la styrone C^9H^9Br; à cet effet, on fait bouillir pendant plusieurs heures de la styracine (éther cinnamique de la styrone) avec de l'acide bromhydrique, et on distille. La styracine se convertit en acide cinnamique et en éther bromhydrique de la styrone qui passe dans le récipient avec un peu d'acide cinnamique.

On agite la solution aqueuse avec du chloroforme, on lave celui-ci avec un alcali pour en enlever l'acide bromhydrique et l'acide cinnamique, et l'on additionne de brome la solution chloroformique. Celle-ci, par évaporation, abandonne la tribromhydrine qu'on purifie en la faisant cristalliser une seconde fois dans le chloroforme.

Enfin il se produit également de la tribromhydrine par l'addition directe du brome à la styrone, comme il a été dit plus haut.

La tribromhydrine se présente sous l'aspect de petites aiguilles brillantes, d'une odeur forte à chaud, peu odorantes à froid. Elle fond à 124°. Elle est peu soluble dans l'alcool et dans l'éther, plus soluble dans le chloroforme.

STYCÉRINE CHLORHYDRODIBROMHYDRIQUE,

$$C^9H^9Br^2Cl = CH(C^6H^5)Br - CHBr - CH^2Cl.$$

— Soumise à une ébullition prolongée avec un grand excès d'acide chlorhydrique, la styracine se saponifie difficilement; néanmoins on obtient ainsi une petite quantité d'un corps huileux, neutre, l'éther chlorhydrique de la styrone, C^9H^9Cl, qui, additionné de brome, fournit la chlorodibromhydrine, $C^9H^9Br^2Cl$. Dissous dans l'éther bouillant, cet éther s'en sépare en belles lames transparentes qui, par la dessiccation, se réunissent en une masse légère et nacrée. Ce corps est assez soluble dans le chloroforme, peu soluble à froid dans l'éther; il fond à 96°,5.

STYCÉRINE TRIACÉTIQUE. — L'acétodibromhydrine chauffée à 110° pendant 24 heures avec de l'acétate d'argent dissous dans l'acide acétique cristallisable, donne du bromure d'argent et un sirop épais incristallisable, d'une odeur aromatique à chaud et qui paraît être la triacétine. E. G.

STYLOTYPE (Min.). — Sulfoantimonite cuivreux, avec fer et argent, $Sb^2S^3, 3Cu^2S$. Prismes orthorhombiques d'un éclat métallique et d'une couleur noir de fer, trouvés à Copiapo, Chili.

Caractères. — Au chalumeau, décrépite et fond aisément; sur le charbon, donne un globule gris d'acier magnétique, des fumées d'antimoine et un léger enduit de plomb.

Dureté, 3. Poussière noire. Densité, 4,79.

Forme cristalline. — Prisme orthorhombique $mm = 92°,30'$. Isomorphe avec la bournonite. Macles cruciformes, sous un angle voisin de 90°.

STYPHNIQUE (ACIDE). — (Syn. d'*oxypicrique (acide)*. — Voyez TRINITRORÉSORCINE, t. II, p. 1328.

STYPTÉRITE. — Voyez ALUNOGÈNE.

STYPTICITE. — Voyez FIBROFERRITE.

STYRACINE (cinnamate de cinnyle). — Voyez t. I, p. 918.

STYRACONE. — Nom donné par M. Simon à la styrone impure.

STYRAX. — Voyez BAUMES, t. I, p. 520.

STYRILAMINE. — Synonyme de CINNYLAMINE, t. I, p. 925.

STYRILINE. — Nom donné à l'huile incolore qui se forme dans la distillation du carbo-styrile, et qui paraît être de l'amido-cinnamène. — Voyez t. I, p. 921.

STYROL ou **STYROLÈNE** (cinnamène), voyez t. I, p. 912. — L'éthylbenzine, C^6H^5, C^2H^5, traitée à 140° par le brome en quantité suffisante, fournit du bromure de cinnamène [E. Grimaux, *Bull. de la Soc. chim.*, 1873, t. XIX, p. 585. — Radziszewski, *Deutsch. chem. Gesells.*, 1873, t. VI, p. 452].

STYROLYLIQUE (ALCOOL) [Syn. *Alcool phényléthylique*]. — L'éthylbenzine traitée à l'ébullition par une quantité suffisante de brome fournit un dérivé monobromé, $C^6H^5 - C^2H^4Br$, qui se comporte comme un éther bromhydrique, et fournit l'acétate styrolylique, $C^6H^5 - C^2H^4 - OC^2H^3O$, par double décomposition avec l'acétate de potassium.

Ces faits ont été établis par M. Berthelot, qui a décrit l'alcool, l'acétate, le benzoate, l'iodure, et confirmés par M. Thorpe, qui de plus a fait connaître l'oxyde mixte de styrolyle et d'éthyle.

Les réactions précédentes montrent bien que l'éthylbenzine bromée est un éther bromhydrique, mais on ne savait si l'on devait la représenter par la formule $C^6H^5 - CH^2 - CH^2Br$, ou par la formule $C^6H^5 - CHBr - CH^3$; en d'autres termes, si l'alcool correspondant est un alcool primaire ou un alcool secondaire. M. Radziszewski, ayant repris l'étude du bromure de styrolyle qu'il appelle phénylbrométhyle, a montré qu'il fournit un alcool secondaire, identique avec l'alcool obtenu par MM. Emmerling et Engler dans l'hydrogénation du méthylbenzoyle de Friedel, appelé par les auteurs acétophénone et qui renferme $C^6H^5 - CO - CH^3$ [Berthelot, *Bull. de la Soc. chim.*, 1868, t. X, p. 343; — Thorpe, *Proceed. of the Roy. Soc.*, t. XVIII, p. 123; *Bull. de la Soc. chim.*, 1871, t. XV, p. 273; — Radziszewski, *Deuts. chem. Gesells.*, t. VII, p. 140; *Bull. de la Soc. chim.*, 1874, t. XXII, p. 210; — Emmerling et Engler, *Deutsch. chem. Gesellsch.*, t. IV, p. 147, et t. VI, p. 1005; *Bull. de la Soc. chim.*, 1871, t. XV p. 272, et t. XX, p. 549].

ALCOOL STYROLYLIQUE,

$$C^6H^5 - CH.OH - CH^3 = C^8H^{10}O.$$

— Il a été obtenu par la saponification de l'acétate correspondant. La saponification par la potasse alcoolique donne principalement du cinnamène et du métacinnamène; elle donne de meilleurs résultats quand on emploie une solution aqueuse de soude additionnée d'un peu d'alcool (Radziszewski).

L'alcool styrolylique se produit également dans l'action de l'amalgame de sodium sur l'acétophénone dissoute dans l'alcool faible. Il se forme en même temps la pinacone correspondante,

$$(C^6H^5 - C.OH - CH^3)^2,$$

en cristaux fusibles à 120°.

L'alcool styrolylique est un liquide incolore, réfringent, insoluble dans l'eau, d'une densité de 1,013, bouillant à 202-203° (Emmerling et Engler); à 225° (Berthelot).

Chauffé avec du chlorure de zinc, il donne de l'eau, de la benzine et du cinnamène.

CHLORURE DE STYROLYLE,

$$C^8H^9Cl = C^6H^5 - CHCl - CH^3.$$

— Ce dérivé chloré de l'éthylbenzine se produit par l'action d'un courant de gaz chlorhydrique sur l'alcool correspondant.

Il est liquide, incolore, d'une odeur aromatique, soluble dans l'alcool et dans l'éther, insoluble dans l'eau. Il paraît bouillir à 194°.

BROMURE DE STYROLYLE,

$$C^8H^9Br = C^6H^5 - CHBr - CH^3.$$

— Appelé aussi *phénylbrométhyle*, ce corps a été décrit avec l'éthylbenzine, t. II, p. 889. Il s'obtient pareillement quand on traite l'alcool par l'acide bromhydrique [Engler et Bethge, *Deutsch. chem. Gesellsch.*, t. VII, p. 1125; *Bull. de la Soc. chim.*, 1875, t. XXIII, p. 332]. Traité par le sodium, il donne un hydrocarbure, $(C^6H^5 - CH - CH^3)^2$. — Voyez plus loin STYROLYLE.

Traité par une solution alcoolique de cyanure de potassium, il fournit du cinnamène, du métacinnamène, plusieurs autres produits non étudiés et une petite quantité d'un nitrile. Ce dernier fournit à la saponification un acide liquide, dont le sel de sodium est très-soluble et qui est peut-être l'acide hydratropique.

Chauffé avec la poudre de zinc et la benzine, le bromure de styrolyle donne du diphényléthane, $CH^3 - CH(C^6H^5)^2$ (Radziszewski).

En présence du toluène, il donne, lorsqu'on le chauffe avec la poudre de zinc, un hydrocarbure,

$$CH^3 - CH\left\{\begin{matrix} C^6H^5 \\ C^6H^4, CH^3, \end{matrix}\right.$$

le *crésylphényléthane* [Bandrowski, [*Deutsch. chem. Gesellsch.*, t. VII, p. 1016; *Bull. de la Soc. chim.*, 1875, t. XXIII, p. 79].

ACÉTATE DE STYROLYLE,

$$C^8H^9O,C^2H^3O = C^6H^5\text{-}CH(OC^2H^3O)\text{-}CH^3.$$

— Le bromure de styrolyle traité par l'acétate de potassium en solution alcoolique fournit très-peu d'acétate, les produits principaux sont de l'acétate d'éthyle, du styrol et de l'oxyde styrolyléthylique (Thorpe). Radziszewski emploie l'acétate d'argent délayé dans l'acide acétique cristallisable.

L'acétate de styrolyle est liquide, d'une agréable odeur de jasmin. Il bout à 217-220° (Berthelot, Thorpe). Il distille entre 213° et 216°, et se dédouble en partie par la distillation en cinnamène et acide acétique; sa densité à 17° est égale à 1,05. (Radziszewski).

IODURE DE STYROLYLE, $C^8H^9I = C^6H^5I\text{-}CHI\text{-}CH^3$. — Liquide dense bouillant avec décomposition entre 300° et 310°.

BENZOATE DE STYROLYLE. — Il est cristallisé et volatil sans décomposition (Berthelot).

OXYDE D'ÉTHYLE ET DE STYROLYLE, $C^8H^9.O.C^2H^5$. — C'est un liquide incolore, d'une odeur agréable distillant de 185° à 187°; d'une densité de 0,931, à 21°,9. On l'obtient en chauffant à 100°, pendant quelques heures, le bromure de styrolyle avec de l'ammoniaque alcoolique.

STYROLYLE, $C^{16}H^{18}$. — M. Berthelot a désigné sous ce nom un hydrocarbure qu'il a obtenu par l'action du sodium sur l'éthylbenzine bromée (bromure de styrolyle), C^8H^9Br. Il le décrit comme une huile épaisse, bouillant au delà de 300°. M. Thorpe est arrivé aux mêmes résultats. MM. Engler et Bethge ont obtenu dans les mêmes conditions un hydrocarbure solide, qu'ils ont appelé *diphényldiméthyléthane*,

$$C^{16}H^{18} = \begin{array}{l} CH \begin{cases} C^6H^5 \\ CH^3 \end{cases} \\ | \\ CH \begin{cases} CH^3 \\ C^6H^5 \end{cases} \end{array}$$

Ce corps cristallise dans l'éther en fines aiguilles incolores fusibles à 124°,5 et sublimables. E. G.

STYRONE. — Ce n'est autre que l'alcool phénylallylique, cinnamique ou cinnylique, décrit t. I, p. 924. — Voyez aussi STYCÉRINE, t. II, p. 1694.

FIN DU DEUXIÈME VOLUME

Coulommiers. — Typ. P. BRODARD et GALLOIS.

www.ingramcontent.com/pod-product-compliance
Ingram Content Group UK Ltd.
Pitfield, Milton Keynes, MK11 3LW, UK
UKHW022316190726
13856UKWH00001B/37